Artificial Intelligence

A Modern Approach, *Fourth Edition*

人工智能 现代方法

第 4 版

[美] 斯图尔特·罗素（Stuart Russell） 彼得·诺维格（Peter Norvig）◎ 著

张博雅 陈坤 田超 顾卓尔 吴凡 赵申剑 ◎ 译

张志华 ◎ 审校

人 民 邮 电 出 版 社

北 京

图书在版编目（CIP）数据

人工智能：现代方法：第4版／（美）斯图尔特·罗素（Stuart Russell），（美）彼得·诺维格（Peter Norvig）著；张博雅等译. -- 北京：人民邮电出版社，2023.1
书名原文：Artificial Intelligence: A Modern Approach, Fourth Edition
ISBN 978-7-115-59811-0

Ⅰ.①人… Ⅱ.①斯… ②彼… ③张… Ⅲ.①人工智能 Ⅳ.①TP18

中国版本图书馆CIP数据核字(2022)第165808号

内 容 提 要

本书全面、深入地探讨了人工智能（AI）领域的理论和实践，以统一的风格将当今流行的人工智能思想和术语融合到引起广泛关注的应用中，真正做到理论和实践相结合。全书分 7 个部分，共 28 章，理论部分介绍了人工智能研究的主要理论和方法并追溯了两千多年前的相关思想，内容主要包括逻辑、概率和连续数学，感知、推理、学习和行动，公平、信任、社会公益和安全；实践部分完美地践行了"现代"理念，实际应用选择当下热度较高的微电子设备、机器人行星探测器、拥有几十亿用户的在线服务、AlphaZero、人形机器人、自动驾驶、人工智能辅助医疗等。

本书适合作为高等院校人工智能相关专业本科生和研究生的教材，也可以作为相关领域专业人员的参考书。

◆ 著　　　［美］斯图尔特·罗素（Stuart Russell）
　　　　　　［美］彼得·诺维格（Peter Norvig）
　　译　　　张博雅　陈　坤　田　超　顾卓尔　吴　凡　赵申剑
　　审　校　张志华
　　责任编辑　杨海玲
　　责任印制　王　郁　胡　南

◆ 人民邮电出版社出版发行　　北京市丰台区成寿寺路 11 号
　　邮编　100164　电子邮件　315@ptpress.com.cn
　　网址　https://www.ptpress.com.cn
　　三河市中晟雅豪印务有限公司印刷

◆ 开本：787×1092　1/16
　　印张：60.25　　　　　　　　　2023 年 1 月第 1 版
　　字数：1565 千字　　　　　　　2024 年 11 月河北第 4 次印刷
　　著作权合同登记号　图字：01-2020-6510 号

定价：358.00 元
读者服务热线：(010)81055410　印装质量热线：(010)81055316
反盗版热线：(010)81055315
广告经营许可证：京东市监广登字 20170147 号
审图号：GS 京 (2022)1043 号

版权声明

献给洛伊、戈登、露西、乔治和艾萨克。——斯图尔特·罗素

献给克丽丝、伊莎贝拉和朱丽叶。——彼得·诺维格

对本书的赞誉

这是一本关于人工智能的百科全书，堪称人工智能教材的典范。本科时我曾在人工智能课上学过这本书的第 3 版。很多年过去了，深度学习给世界带来了惊喜，推动了自然语言处理、计算机视觉、机器人学的快速发展，也为社会带来了伦理、公平性和安全性的新挑战。我很欣喜地看到第 4 版引入了这些领域大量最新研究成果。如果你想了解人工智能的全貌，不要错过这本书。

阿斯顿·张（Aston Zhang）

亚马逊资深科学家

《动手学深度学习》作者、ICLR 杰出论文奖

这是人工智能领域世界范围内最经典、最全面、最具影响力的教材，覆盖了人工智能领域所有重要子领域的核心问题、算法思想和现实应用。第 4 版加入了深度学习、多智能体系统、机器人、人工智能伦理等前沿领域的最新进展和挑战，更适合作为不同层次和领域的研究人员及学生的人工智能入门教材。

安波

新加坡南洋理工大学教授

这本书以智能体为主题思想，在统一的大框架下全面系统地阐述了人工智能的理论方法和技术。本书第 4 版内容丰富，资料翔实，理论结合实践，延续了作为人工智能领域国际经典教材的风范。同时，第 4 版也与时俱进，增加了包括深度学习在内的人工智能最新进展的内容，做到了经典与前沿并存，共展人工智能之魅力。

邓志鸿

北京大学智能学院教授

《人工智能：现代方法》是一本经典教材。"现代方法"选择从当下的角度讲述人工智能的故事，而贯穿全书的核心方法论是"智能体"。以计算机为载体的人工智能，揭开了机器智能大幕的一角，制造更复杂的机器，实现更强大的智能，机器智能将为科学研究创造无穷无尽的新对象。在这个意义上，智能是"科学的无尽疆域"，而人工智能这个"现代方法"，正是开疆拓土的动力之源。方法不止，智能无疆，"人工智能：现代方法"这个书名可以永远延续下去。

黄铁军

北京智源人工智能研究院院长

北京大学计算机学院教授

本书是享誉世界的人工智能经典教材，我在读博期间就学习过其第 3 版，内容全面翔实，

介绍深入浅出，既是初学者理想的入门教材，也是人工智能从业者的案头参考书。很高兴这本书的第 4 版被译介到国内，新版增加了 2010 年以来深度学习等最新前沿技术动态，新章节的贡献者有朱迪亚·珀尔（Judea Pearl）和伊恩·古德费洛（Ian Goodfellow）等知名学者。期待这本新版教材更好地推动我国人工智能的发展。

刘知远

清华大学计算机科学与技术系长聘副教授

这是一本不可多得的全面介绍人工智能基本方法的教科书，自 20 世纪 90 年代中期出版以来，至今已经出版了 4 版，被全球很多大学作为教科书使用。本人曾经组织本组教师和学生翻译过这本书的第 2 版。本书最大的特点是系统性强，涉及人工智能的方方面面，是学习人工智能、全面了解人工智能的优秀教科书。

马少平

清华大学计算机科学与技术系教授

中国人工智能学会副监事长

中国中文信息学会副理事长

广义上讲，人类所发现的规律、提出的思想、发明的工具，都是人工智能的一部分，最终都是为了认识世界和改造世界。面对复杂的现实世界，人类智者长期苦苦探索，特别是第二次世界大战之后，产生了繁杂的规律、思想、工具。因此，对人类在人工智能方方面面的探索进行有效总结，形成百科全书式的教材，是一项非常必要且具有挑战性的工作。作者不仅需要深厚的学术素养，还需要宽广的学术视野，如果还有一流的文笔，那就更难得了。幸运的是，本书的作者，正是这样的学者。

毛先领

北京理工大学副教授

人工智能领域的特点是知识点散、前置知识多、技术迭代快，因此写一本全面深入的人工智能教材是一件很难的事。本书是人工智能领域的经典教材，全方位描述了人工智能的主要分支和技术方向，提供了人工智能领域的全景图。经过 20 多年的不断优化，目前本书已经是第 4 版。和第 3 版相比，本书增加了深度学习、人工智能伦理等近年来的热点研究内容，非常适合对人工智能技术感兴趣的读者阅读。强烈推荐！

邱锡鹏

复旦大学计算机科学技术学院教授

本书是在世界范围内广受欢迎的人工智能教材之一，其最鲜明的特点有二：第一，一卷在手，人工智能方方面面的主要知识被系统性地一网打尽，经典知识内容与前沿知识内容取舍剪裁别具匠心，深具章法，驾轻就熟，相得益彰，颇有一种"包藏人工智能宇宙之机，吞吐人工智能天地之志"的架势；第二，文字阐述深入浅出，言简意赅，旁征博引，详略得当，同时适合初学者以及在人工智能领域已有一定经验和造诣者这两大类人群阅读和学习，各取所需，甘之若饴。本书冠以人工智能的"现代方法"，可谓实至名归。特别是在以勃兴于 2011 年的深度学习模型为基本表征的人工智能走到山重水复、柳暗花明的当前形势下，其中的"现代"二字就显得更为重要。人们正呼唤着下一代人工智能新境界的到来。2022 年 10 月，包括两位图灵奖得主约书亚·本吉奥（Yoshua Bengio）和杨立昆（Yann LeCun）在内的一批学者撰文提出了"具身图灵测试"的概念，强调机器系统与世界环境的具身交互研究是开拓下一代人工智能创新方法的关键要义，而这一点与本书从"智能体"的视角总揽全篇的前瞻性思路不谋而合。显然，深度学习远不能包打天下，复杂开放环境下智能任务的解决离不开多种理论、方法和技术手段在"具身智能"条件下的兼包并蓄、融会贯通，这就对人工智能研究者在知识结构体系上提出了更高的要求，而本书恰好具备能够满足这种要求缺一不可的广博性和深刻性。

孙茂松

清华大学计算机科学与技术系教授

清华大学人工智能研究院常务副院长

欧洲科学院外籍院士

在炒作和质疑声中，人工智能技术不断倔强而真实地成长。可以预见并且逐渐成为现实的是，智能化革命就如同当年的信息化革命一样，会给很多领域和行业带来革命性的变化。人工智能也从一门选修型前沿学科，逐渐演化成一门必修型基础学科。要了解人工智能，一本全面的人工智能教材必不可少，眼前的这本书出自名家，是一本享誉世界的经典教材，翻译质量也非常高。相信这本经典之作能带你踏入人工智能之门。

王斌

小米集团技术委员会主席、人工智能实验室主任

本书是人工智能的经典之作，覆盖启发式搜索、知识表示、统计机器学习、强化学习等模型和算法，为读者呈现领域全景图。人工智能涉及的知识门类广，而且各部分相对独立，作者凭借渊博的学识和对学科深入的理解，系统化编排各个知识点，提供了成体系的人工智能学习路径，实在是大师级的作品。更难能可贵的是，本书行文流畅、样例丰富，知识点还附带背景和拓展，作为课内外读物的阅读体验都很棒。

我个人与这本书也有很深的缘分。在学生时代，这是我学习人工智能的教材，带我入门。从教之后，我又以本书为教材讲授人工智能，反复翻看，常读常新。我从学生到老师，整个时间跨度超过十年，而这本书也出了新的版本。希望它可以陪伴更多读者探索人工智能的世界。

魏忠钰

复旦大学大数据学院长聘副教授

本书是继"西瓜书"和"花书"之后又一部大师之作。本书简称为 AIMA，其历史其实更为久远，几乎可以认为是国际上关于人工智能的标准教材。两位作者斯图尔特·罗素和彼得·诺维格是打通学术和产业"任督二脉"的大师。相比于"花书"的作者，本书的两位作者可以被归类为"传统派"，他们认为机器智能并不一定要学习生物智能，机器可以通过更擅长的计算、更完美的数学模型以及大数据下的去模型化来实现智能。因此，在 2009 年出版第 3 版时，彼得·诺维格无法预测到近 10 年深度学习在诸多领域（特别是他擅长的自然语言处理、机器翻

译）的快速进展，而作为强化学习的高手，斯图尔特·罗素也不会预想到深度强化学习在决策应用中的流光溢彩。第 4 版中融入了两位大师基于人工智能近 10 年最新进展的深度思考。同时，作者也是人工智能伦理和哲学的思想家，他们在最后一章中回答了人工智能未来走向和关乎人类命运的几乎所有问题。这是一本大部头的书，若能日拱一卒，势必功不唐捐。

吴甘沙

驭势科技董事长/CEO

这本书长期以来都是美国大部分知名大学人工智能课程的教科书，今天也已经被全世界 1500 多所大学采用为教材，其内容覆盖了到每一版出版时为止世界人工智能的主流技术和方法。说它权威，是因为这本书是几乎所有人工智能从业者的参考书，但凡人们对某些人工智能的概念发生争议时，就会以这本书的讲述为准。

这本书版本更新的过程与人工智能的发展过程是相一致的。通过这本书，读者不仅能够掌握与人工智能相关的理论和技术，还能把握人工智能发展的规律。因此，这是一本适合各类人群的专业好书。

吴军

人工智能专家、畅销书作家

人工智能与计算机技术几乎同时起步，但与计算机技术几乎线性的发展路径不同，人工智能的发展路径经历了几次大的转向，目前越来越依赖于数据科学和高性能计算机器的发展，因而知识和技术覆盖范围非常广泛。作为一本经典教材，本书提纲挈领，像百科全书一样涵盖了人工智能的大部分领域，每章几乎都对应了一个人工智能问题或技术分支，甚至可以单独成为一门课程。本书的特色是不纠缠于技术和工程细节，直击问题的本质和方法的底层逻辑，在帮助读者形成人工智能领域知识的整体大框架的基础上，增强读者对人工智能基础问题和技术方法的理解和进一步学习的能力。

肖睿

北大青鸟研究院院长

课工场创始人

这是一本教材，但不是传统意义上的教材，它用现代思想凸显人工智能及相关工作的发展脉络，用"智能体"贯穿全书知识点的诠释，各章内容自然衔接，易于理解与掌握。

这不仅是一本教材，还是一本"大"百科全书，它全方位探讨了人工智能领域的方方面面，涵盖了从基础知识、模型方法、工具技术、社会伦理到应用专题等各个层面，是一本人工智能的高级工具书。

这是一本面向人工智能大领域的"大"书，作者也是大学者，连译者都是大学者领衔的团队，堪称经典之作，非常值得初学者、从业者、教师及科研工作者等专业人员阅读。

俞勇

上海交通大学特聘教授

上海交通大学 ACM 班创始人

首批"国家高层次人才特殊支持计划"教学名师

　　人工智能是一个大领域，该书是一本"大"书，作者是大学者。该书全方位探究了人工智能这一领域，涵盖了从基础知识、模型方法、社会伦理到应用专题等各个层面。正如作者在前言中所提到的，本版中约 25% 的内容是全新的，剩下的 75% 也做了大量修改，以呈现出更加完整的人工智能领域图景，且本版中 22% 的参考文献是 2010 年以后发布的。此外，作者邀请了 9 位相关方向最有代表性的学者撰写了部分内容……此外，书中还讨论了人工智能面临的哲学、伦理和安全等社会问题。书中也蕴含了作者对人工智能的理解和思考，处处闪烁着思想的光辉，耐人回味……我本人在阅读时受到的启发良多，获益颇丰。

张志华

北京大学数学科学学院教授

　　本书可谓是一流学者撰写一流教材的典范，作者是国际人工智能领域知名专家、ACM/AAAI 会士、曾获 IJCAI 卓越研究奖、AAAI 费根鲍姆奖、AAAI/EAAI 杰出教育家奖、ACM 杰出教育家奖等荣誉，自 1995 年第 1 版出版以来，已被全球 1500 多所大学用作人工智能入门教科书。人民邮电出版社隆重推出第 4 版中文版，无疑是中文读者的福音。

周志华

南京大学计算机科学与技术系主任兼人工智能学院院长

ACM/AAAI 会士

欧洲科学院外籍院士

序

斯图尔特·罗素教授和彼得·诺维格博士的《人工智能：现代方法》一书，是美国最为经典、最具权威性的大学教科书。说它经典，是因为这本书长期以来都是美国大部分知名大学人工智能课程的教科书，今天也已经被全世界 1500 多所大学采用为教材，其内容覆盖了到每一版出版时为止世界人工智能的主流技术和方法。说它权威，是因为这本书是几乎所有人工智能从业者的参考书，但凡人们对某些人工智能的概念发生争议时，就会以这本书的讲述为准。

2002 年，我有幸成为诺维格博士的下属，先后在谷歌公司的搜索部门以及研究部门从事与机器学习相关的工作。诺维格博士是作为人工智能专家和科技管理者，被谷歌公司请来负责研发工作的。在我和他共事的十多年里，我们在研究工作中和私底下有很多交流。诺维格博士是一个卓有远见的管理者，也是一名基础极为扎实的技术专家。他并没有因为繁忙的管理工作而放松对新技术的学习和研究。

罗素教授是诺维格博士的同事和朋友，他一直活跃在人工智能学术研究的第一线，并曾经担任加利福尼亚大学伯克利分校计算机系主任。罗素教授的研究横跨人工智能的很多领域，包括机器学习、统计模型、知识表示、实时决策、计算机视觉，以及近年来比较热门的强化学习。

可以讲，这两位作者是近 20 年来世界人工智能领域最权威的学者，他们每过一段时间都会更新这本已经非常畅销的教科书，将最新的研究成果和理论方法增补进去。而我有幸见证了他们每一次版本升级的过程。

《人工智能：现代方法》的第 1 版出版于 1995 年，当时虽然已经有了基于数据的方法，但是从 20 世纪 60 年代到 20 世纪 80 年代，传统的人工智能方法依然在学术界占主导地位。因此本书第 1 版的主要内容只包含了这次出版的第 4 版的第二部分和第三部分，即智能问题的求解和有关知识表示与推理的部分。20 世纪 90 年代其实是人工智能发展的转折点，传统的基于规则和推理的人工智能发展走到了今天，数据驱动的人工智能方法变得越来越重要。因此，在2003 年，两位作者更新了这本书，加入了与统计有关的内容，即这次出版的第 4 版的第四部分和第五部分。在 21 世纪的前 10 年，人工智能中的机器学习、自然语言处理和计算机视觉三个领域发展迅猛，因此，几年后，诺维格和罗素决定再次更新升级这本书。在那几年里，诺维格博士和我们这些一线的研究人员有着密切的沟通和讨论，而罗素教授一直在伯克利教学和做科研，因此他们掌握着最新的人工智能发展动态。但是，由于当时他们都在各自的机构担任要职，非常繁忙，写书的事情一拖再拖。最后，诺维格博士为了专心写书，申请了三个月的学术休假，在远离喧嚣的加拉帕戈斯群岛专心写作。两位作者最终在 2009 年完成了本书的第 3 版，第 3 版加入了当时全世界最新的人工智能研究成果，并且构建了这本书今天的结构。

进入 21 世纪的第二个十年，人工智能的发展进入到一个黄金期。人工智能以大数据、深度学习、增强学习为基础方法，在很多领域取得了重大突破，不仅解决了众多科研问题，还将数据挖掘、计算机视觉、自然语言处理、机器人、机器学习等技术应用到了更广泛的领域。这期间，诺维格博士也不再承担谷歌公司的管理工作，他在大学里潜心教学，和罗素教授一道，把他们在课堂上所讲授的人工智能的前沿知识增加到现在的第 4 版中，同时他们在全书的第一部分和最后一部分加入了关于对人工智能历史和全貌的详细描述，以及他们对人工智能社会意义的理解。虽然从结构上看，第 3 版和第 4 版相差不大，但是第 4 版增加了大约四分之一的新内容，特别是与深度学习和强化学习有关的内容。同时，他们更新了之前版本中已有章节的部分内容，删除了一些过时的内容（主要是那些曾经使用过的，现在不再重要的人工智能方法和技术）。因此，可以讲目前这本书的第 4 版几乎涵盖了人工智能从业者需要了解的人工智能领域的所有基本内容。对比第 1 版，第 4 版的厚度几乎是它的两倍。

由于这是一本近千页的"巨著"，内容非常多，信息量极大，不同的读者在阅读这本书时可能需要采用不同的方式。第一类读者应该是正在从事人工智能研究的人，包括高校的研究生、教师和公司里的研究人员。我建议这一类读者从头到尾认真阅读每一章，如果有必要，还需要阅读其中一些参考文献，这样才能对人工智能有完整的、深刻的理解。第二类读者是大学的本科生。他们应该在任课老师的指导下系统阅读每一部分中的重点内容。相比较而言，从第四部分开始的内容更新也更重要，需要重点阅读，当然第一部分是对人工智能的全面描述，对每一个人了解这个领域大有裨益。第三类读者是已经对人工智能有了一定了解，在工作中需要用到人工智能技术的人，如公司里的工程师或者做研究的博士生。他们可以把这本书作为参考书阅读，用到哪一部分内容直接阅读即可。这本书的好处是，每一部分，甚至每一章都相对独立，跳过前面的内容不影响阅读后面的内容。当然，如果还有一些非计算机专业的读者对人工智能感兴趣，重点阅读第一部分和最后一部分就好了。如果这些读者依然有兴趣阅读全书也是没有问题的，因为这本书语言浅显易懂，逻辑性强，并不需要读者具有很强的技术背景，大家只要跟随作者的思路从每一章的开始阅读即可。如果遇到不懂的地方，可以直接跳过去。相比书中的一些公式和算法，更重要的是读懂书中的概念，并且了解每一种方法的来龙去脉。

《人工智能：现代方法》一书版本更新的过程与人工智能的发展过程是相一致的。通过这本书，读者不仅能够掌握与人工智能相关的理论和技术，还能把握人工智能发展的规律。因此，这是一本适合各类人群的专业好书。

吴军

2022 年 11 月于巴尔的摩

方法不止，智能无疆

《人工智能：现代方法》是一本经典教材。我和作者斯图尔特·罗素教授相识，和译者团队的张志华教授相熟，特别高兴为最新中文版写几句话。

书名中的"现代方法"，罗素教授的标准解释是"选择从当下的角度讲述人工智能的故事"。从初版到现在的第4版，确实如此。比如，这一版的第五部分"机器学习"就重点介绍了过去十年的热点，特别是深度学习和强化学习，如果再加上第六部分"沟通、感知和行动"中的自然语言处理、计算机视觉和机器人学，这两部分似乎就是"现代"人工智能的全部，为什么还要前面四个部分呢？

要回答这个问题，需要对"现代方法"做另一个层次的解读，这关乎人工智能这门学科的性质。

我认为，人工智能首先是一门技术，和计算机、互联网等技术类似，不同于物理学和生命科学那样的科学。科学是寻求事物和现象背后的规律，例如揭示宇宙奥秘的万有引力定律、相对论和量子力学，揭示生命奥秘的进化论和基因。技术是创造新事物和新现象，例如以指南针为代表的中国四大发明，以飞机和计算机为代表的现代技术。

技术发明和科学发现是两种独立的原始创新活动，把科学视为技术的基础，这是偏见。有些技术确实是基于既有科学原理，例如原子弹是核物理发展到一定阶段的产物，但原理只提供了可能性，没有链式反应和内爆技术等一系列技术发明，原子弹不会成为必然。有些技术并不基于科学原理，例如计算机的基础是图灵可计算理论，这是"人工"理论。更多技术在发明时并不明白背后的原理，例如指南针发明时并无电磁学，飞机发明时并无空气动力学。人工智能也一样，深度学习成功应用后，可解释性成为热点，至今理论还在探索中。如果没有深度学习的发明和实践，可解释性理论又从何而来呢？

人工智能研究是应该寻求理论基础，还是应该探索实现更强智能的新方法？两者都该做，但后者是主旋律：先有方法和实现，后有理论解释，先有智能技术，后有智能科学，如此迭代发展。智能技术无止境，智能科学也无止境，可以有解释现有人工智能的专门理论，没有指导未来人工智能的通用理论。

经典人工智能时代，我国的最大贡献是机器定理证明的"吴方法"。吴方法提出前一年，吴文俊院士曾撰文指出："西方数学史家往往以希腊式的严密推理相标榜，并以中国数学从来没有达到演绎科学的形式相指责。然而，我们已经看到，在微积分的发明上希腊形式的那种脆弱性以及与之相较中国式数学的生命力。"后来，他更明确地指出："它（中国数学）重视计算，是计算性，构造性，也是算法性的。大部分的重要结果都以'术'的形式表示，而'术'通常相当于现代的算法。"算法不是数学推理，而是人构造问题解决方案，就是方法。

从探索实现智能的方法论角度看这本书，就容易看出"大而有序"：第二部分"问题求解"是人在设计搜索、博弈和约束满足问题的解决方案；第三部分"知识、推理和规划"是人定义逻辑推理、人整理知识以及人设计的"自动规划"；第四部分"不确定知识和不确定推理"引入了不确定性和概率方法，以实现更强智能，但所有智能仍然是人设计决定的；第五部分"机器学习"，人类后退一步，只设计学习方法，让机器自己"学习"，特别是强化学习，只定义基本规则，智能主要来自与环境的交互，智能实现重大跃升。然而，深度学习和强化学习虽然更强大，但学到的知识是隐式的，获得的智能不可解释，要打开机器学习的"黑盒"，还需要前四部分的传统方法，当然也可能需要探索全新方法。就此而言，没有比"现代方法"更好的词来概括这本书了。

贯穿全书的核心方法论是"智能体"。罗素教授把人工智能定义为"对从环境中接受感知并执行行动的智能体的研究"。这个概念稍加扩展，就既能概括以机器为载体的人工智能，也能概括以有机体为载体的生物智能——生物就是感知环境并适应环境的有机智能体。更一般地，我认为"智能是系统通过获取和加工信息而获得的一种能力，从而实现从简单到复杂的演化"，这当然也同时涵盖了生物智能和机器智能。

在自然界已知的事物和现象中，人和人脑是最复杂的系统，人类智能是最复杂的现象，因此，脑科学被视为"自然科学的最后疆域"。然而，没有理由相信，人类是生物进化的最后阶段，人类智能是最高水平的智能，有机体是智能的唯一载体。以计算机为载体的人工智能，揭开了机器智能大幕的一角，制造更复杂的机器，实现更强大的智能，机器智能将为科学研究创造无穷无尽的新对象。在这个意义上，智能是"科学的无尽疆域"，而人工智能这个"现代方法"，正是开疆拓土的动力之源。

方法不止，智能无疆，"人工智能：现代方法"这个书名可以永远延续下去。

黄铁军

2022 年 10 月 15 日

唯思想永恒

深度学习是机器学习最前沿的领域，它促进了人工智能技术产生了革命性进展，特别是给计算机视觉、语音识别、自然语言处理、棋牌游戏以及某些科学领域带来了颠覆性的突破。深度学习同时驱动了新的机器学习范式产生，比如生成对抗学习、元学习等；并使强化学习和因果学习得以"复兴"，展示更为强大的潜力。斯图尔特·罗素（Stuart Russell）和彼得·诺维格（Peter Norvig）两位教授的这本书在这一背景下于 2021 年年初出版正应其时。

人工智能是一个大领域，该书是一本"大"书，作者是大学者。该书全方位探究了人工智能这一领域，涵盖了从基础知识、模型方法、社会伦理到应用专题等各个层面。正如作者在前言中所提到的，本版中约 25% 的内容是全新的，剩下的 75% 也做了大量修改，以呈现出更加完整的人工智能领域图景，且本版中 22% 的参考文献是 2010 年以后发布的。此外，作者邀请了 9 位相关方向最有代表性的学者撰写了部分内容。本书主要包括 5 方面的内容：问题求解的搜索方法，基于知识的推理和规划方法（逻辑和知识表示），知识和推理中的不确定性（概率推理、概率编程和多智能体决策），机器学习（概率方法、深度学习和强化学习），应用专题（自然语言处理、计算机视觉和机器人学）。此外，书中还讨论了人工智能面临的哲学、伦理和安全等社会问题。书中也蕴含了作者对人工智能的理解和思考，处处闪烁着思想的光辉，耐人回味。比如，本版的封面展示了人工智能各个发展阶段的部分重要事件和人物，体现了作者的别具匠心。第 1 章关于人工智能的思想、历史发展等的论述深刻、透彻和精辟。第 28 章讨论某些具有前瞻性的想法和方向。我本人在阅读时受到的启发良多，获益颇丰。

"南朝四百八十寺，多少楼台烟雨中。"人工智能试图模拟人类的行为和思维，是一个最富有期待和遐想的学科，其发展波澜壮阔、起伏跌宕。她经历了热情高涨和期望无限的早期（1952—1969），通用搜索机制局限所导致的回落期（1966—1973），以专家系统为代表的基于规则学习的崛起期（1969—1986），神经网络联结主义的回归期（1986—1995），统计机器学习的复兴期（1995—现在），以及大数据驱动的深度学习的突破期（2006—现在）。[①] 人工智能从哲学、数学、经济学、神经科学、心理学、计算机科学、控制科学、语言学等诸多学科中汲取思想、观点和技术，滋养并发展自身。机器学习试图从数据或经验中学习进而提升机器的能力或性能，这不同于人工智能，但她是目前趋向人工智能的一个最重要或有效的途径。

人工智能是思想发轫、观点争鸣、技术创新的汇集地，是学术英雄辈出的荟萃地。人工智能的发展历程告诉我们：发展人工智能技术需要高度的想象力、创造力和执行力，需要务实、理性、严谨的求是态度。人工智能未来仍会经历波折，各种潮流、观点也会纷争喧嚣，但沉淀下来的是隽永的思想。

我非常感谢人民邮电出版社杨海玲编辑的信任，邀请我的学生来承担该书的中文翻译。译稿的初稿是由我的博士生张博雅、陈坤，已毕业的硕士田超、吴凡和赵申剑，以及博士后顾卓尔完成的。博雅和陈坤对全书译稿进行了统一审校，我的其他在读博士生也参与了相关章节的审校。他们的背景分别是统计学、数据科学和计算机科学，这有益于他们合作翻译该书。然而他们在人工智能领域仍都是新人，知识结构还不全面，但是他们勤于学习、执行力极强、工作

---

① 列举的人工智能发展的各个阶段非严格划分，之间或有重叠。

专注。在半年左右的时间内完成了译著的初稿，之后又经过自校对、交叉校对等环节力图使译著保持正确性和一致性。我为他们的责任心和独立工作能力感到自豪。

由于我们深感自己的中英文能力都有限，译文还是比较生涩，难免出现不当之处，而且我们特别担心未能完整地传达出原作者的真实思想和观点。因此，我们强烈地建议有条件的读者去阅读英文原著，也非常期待大家继续指正译著，以便今后进一步修订完善。我恳请读者多给予译者以鼓励。请把你们的批评留给我，这是我作为他们的导师必须要承担的。

最后，我希望我的学生们能享受其翻译过程，翻译和阅读这么一部大书得以领略艾伦·图灵、冯·诺依曼、诺伯特·维纳、理查德·贝尔曼、库尔特·哥德尔、约翰·麦卡锡、马文·明斯基、唐纳德·米奇、爱德华·费根鲍姆、艾伦·纽厄尔、赫伯特·西蒙等在人工智能领域中的工作，感悟他们的思想、领略他们的智慧，何其美哉！我们当谦卑再谦卑，勤奋更勤奋。是以代写此序为勉！

张志华

2022 年 9 月 12 日

中文版致谢

首先，我们要感谢原作者在本书翻译时给予我们的帮助，感谢人民邮电出版社对我们的信任和支持。

这是一本"大"书，涵盖了人工智能的广泛领域。我们几位译者来自不同专业，能力有限且工作量巨大。在翻译过程中，许多老师和同学给予我们很大的帮助。在此我们一一列出，以表示我们衷心的感谢！

特别感谢韩燮教授审校了全书的第三部分（第 7 章～第 11 章）。赵融和郭新东同学审校了第 26 章。

我们实验室的其他同学帮助我们进行了校对：陈雨静（第 1 章和第 2 章），崔圣宇（第 3 章部分），罗维俭（第 3 章部分和第 4 章），彭洋（第 5 章和第 6 章），韩雨泽（第 12 章），张宇航（第 13 章），梁家栋（第 14 章），谢广增（第 15 章），王迩东（第 16 章），李翔（第 17 章），金昊（第 18 章），谢楚焓（第 20 章），林大超（第 21 章），杨文昊（第 22 章），程昊（第 23 章和第 24 章），胡一征（第 25 章），林诗韵、赵悦楷和张良宇（第 27 章和第 28 章）。我们还要感谢邓辉、范欢动、李威、秦钢、王晓雷、魏太云、肖睿、姚远和张淞等专家进行了专业性审读。

他们对译文中的专业术语、中文语句、算法、公式以及原文中可能存在的问题等提出了很多宝贵的修改意见，增强了译文的准确性和可读性。当然，现在的译文仍存在一些没有及时发现的问题，因此修订工作仍将继续。我们恳请读者能提供反馈，以便我们在后续版本中修正问题。

此外，我们还要感谢刘艳云老师，感谢她帮助我们与出版社沟通交流，处理相关事务。

最后，感谢我们的导师张志华教授，感谢老师在翻译过程中的指导和对译文的审校。

张博雅（北京大学前沿交叉学科研究院）

陈坤（北京大学数学科学学院）

2022 年 9 月 15 日

前言

人工智能（artificial intelligence，AI）是一个大领域，本书也是一本"大"书。我们试图全方位探索这一领域。书中内容涵盖逻辑、概率和连续数学，感知、推理、学习和行动，以及公平、信任、社会公益和安全，应用范围从微电子设备到机器人行星探测器，再到拥有几十亿用户的在线服务。

本书的副书名是"现代方法"。这意味着我们选择从当下的角度讲述人工智能的故事。我们使用当今流行的思想和术语重新构建早期的工作，将现有已知的内容融合到统一的框架中。对那些因为研究领域不是本书所及而没有受到本书重视的人，我们深表歉意。

第 4 版新变化

第 4 版反映了自 2010 年第 3 版面世以来人工智能领域发生的下列变化。

- 由于数据、计算资源和新算法的可用性增强，我们更关注机器学习而不是人工设计的知识工程。
- 我们增加了专门的章节介绍深度学习、概率编程和多智能体系统的相关内容。
- 我们修订了自然语言理解、机器人学和计算机视觉的内容，以反映深度学习的影响。
- 我们在第 26 章"机器人学"中包括了与人类互动的机器人以及强化学习在机器人学中的应用。
- 之前，我们将人工智能的目的定义为创建一些试图最大化期望效用的系统，其中具体效用信息——目标——由系统的人类设计师提供。现在我们不再假设目标是固定的，也不再假设人工智能系统知道目标，相反，人工智能系统可能不确定人类的真正目标。它必须学习到要最大化的内容，必须在不确定目标的情况下也能适当地发挥作用。
- 我们增加了人工智能对社会影响的相关内容，包括道德、公平、信任和安全等重要问题。
- 我们把习题从每章末尾移到了网站。这让我们能够不断添加、更新和改进习题，以满足教师的需求并反映这一领域和人工智能相关软件工具的进展。
- 书中约 25% 的内容是全新的，剩下的 75% 也做了大量修改，以呈现出更加统一的人工智能领域图景。本版中 22% 的参考文献是 2010 年以后发布的。

本书概述

智能体（intelligent agent）的概念是贯穿整本书的主题思想。我们将人工智能定义为对从环境中接收感知并执行动作的智能体的研究。每个这样的智能体都要实现一个将感知序列映射为动作的函数，我们介绍了表示这些函数的不同方法，如反应型智能体、实时规划器、决策论系统和深度学习系统。我们强调，学习既是构造良好系统的方法，也是将设计者的影响范围扩展到未知环境的方法。我们没有把机器人学和视觉看作独立定义的问题，而是将其看作实现目标的服务。我们强调任务环境在确定合适的智能体设计中的重要性。

我们的主要目标是传达在过去 70 多年的人工智能研究和过去 2000 多年的相关工作中涌现出来的思想。在表达这些思想时，我们在保持准确性的前提下尽量避免过于拘泥于形式。书中提供了数学公式和伪代码算法，让关键思想具体化；附录 A 中给出了数学概念和符号，附录 B 中给出了伪代码。

本书主要用作本科人工智能课程或课程序列的教科书。全书共 28 章，每章大约需要一周的课时，因此完成整本书的教学需要两个学期。如果课程只有一个学期，可以按教师和学生的兴趣选择部分章节进行教学。本书也可用于研究生课程（可能需要增加参考文献中建议的一些主要资料），或者用于自学或作为参考书。

在本书中，定义了新**术语**的地方都会以蓝色粗体显示，术语的后续重要用法也以黑色粗体显示。本书还提供了简要的索引。

阅读本书唯一的先修要求是对计算机科学基本概念（算法、数据结构、复杂性）的熟悉程度达到大学二年级的水平。大学一年级的微积分和线性代数知识对一些主题的阅读很有帮助。

在线资源

在线资源可通过培生教育集团的官方网站或本书的配套网站获得。本书的配套网站上有以下内容。

- 习题、编程项目和研究项目。这些不再放在每章末尾，只在网站提供。在本书中，我们将使用"习题 6.NARY"之类的名称引用在线习题。网站的说明允许读者按名称或主题查找习题。
- 使用 Python、Java 和其他编程语言实现的本书中的算法（目前托管在 GitHub 上）。
- 1500 多所使用过本书的学校名单，其中许多都附有在线课程材料和教学大纲的链接。
- 供学生和教师使用的补充材料及其链接。
- 书中可能存在的错误以及关于如何报告书中错误的说明。

图书封面

封面描绘了加里·卡斯帕罗夫（Garry Kasparov）与 IBM 的"深蓝"（Deep Blue）计算机在 1997 年国际象棋对抗赛中第六盘决胜局的最终局面。在这场比赛中，"深蓝"击败了卡斯帕罗夫（执黑棋），这是计算机首次在国际象棋比赛中战胜人类世界冠军。卡斯帕罗夫位于封面顶部，他的右边是前世界冠军李世石和 DeepMind 的 ALPHAGO 进行历史性围棋比赛的第二局的关键局面。ALPHAGO 的第 37 手违背了几个世纪以来的围棋正统观念，人类专家认为这是一个令人尴尬的错误，但结果证明这一走法是正确的。封面上，左上角是由波士顿动力公司制造的 Atlas 人形机器人，埃达·洛芙莱斯（Ada Lovelace，世界上第一位计算机程序员）和艾伦·图灵（Alan Turing，他的基础工作定义了人工智能）之间的是自动驾驶汽车感知环境的画面，棋盘底部是火星探测漫游者机器人和逻辑学研究先驱亚里士多德的雕像，英文书名背后是亚里士多德的《论动物的运动》（*De Motu Animalium*）中的规划算法，棋盘面上的文字是联合国全面禁止核试验条约组织（UN Comprehensive Nuclear-Test-Ban Treaty Organization）使用的用于从地震信号中检测核爆炸的概率编程模型。

致谢

制作一本书需要无数人的帮助。600 多人阅读了本书的部分内容，并提出了改进意见。我们感谢他们所有人。在这里，我们只列出几位特别重要的贡献者。首先是撰稿人：

- 朱迪亚·珀尔（Judea Pearl）（13.5 节）；
- 维卡什·曼辛卡（Vikash Mansinghka）（15.4 节）；
- 迈克尔·伍尔德里奇（Michael Wooldridge）（第 18 章）；
- 伊恩·古德费洛（Ian Goodfellow）（第 21 章）；
- 雅各布·德夫林（Jacob Devlin）和张明伟（Ming-Wei Chang）（第 24 章）；
- 吉滕德拉·马利克（Jitendra Malik）和戴维·福赛思（David Forsyth）（第 25 章）；
- 安卡·德拉甘（Anca Dragan）（第 26 章）。

然后是本书出版过程中的关键角色：

- 辛西娅·杨（Cynthia Yeung）和玛莉卡·坎托（Malika Cantor）（项目管理）；
- 朱莉·萨斯曼（Julie Sussman）和汤姆·加洛韦（Tom Galloway）（文字加工和写作建议）；
- 奥马里·斯蒂芬斯（Omari Stephens）（插图）；
- 特蕾西·约翰逊（Tracy Johnson）（编辑）；
- 埃琳·奥尔特（Erin Ault）和罗丝·克南（Rose Kernan）（封面设计和颜色转换）；
- 纳林·奇伯（Nalin Chhibber）、萨姆·戈托（Sam Goto）、雷蒙·拉卡兹（Raymond de Lacaze）、拉维·莫汉（Ravi Mohan）、夏兰·奥赖利（Ciaran O'Reilly）、阿米特·帕特尔（Amit Patel）、德拉戈米尔·拉迪夫（Dragomir Radiv）和萨马格拉·夏尔马（Samagra Sharma）（在线代码开发和指导）；
- Google Summer of Code students（在线代码开发）。

斯图尔特想要感谢他的妻子洛伊·谢弗洛特（Loy Sheflott），感谢她无尽的耐心和无限的智慧。他希望戈登（Gordon）、露西（Lucy）、乔治（George）和艾萨克（Isaac）能很快读到本书，并原谅他在本书上花了这么长时间。感谢 RUGS（Russell's Unusual Group of Students）一如既往地提供了非同寻常的帮助。

彼得想要感谢他的父母托尔斯滕（Torsten）和格尔达（Gerda）让他迈出第一步，感谢他的妻子克丽丝（Kris）、孩子伊莎贝拉（Isabella）和朱丽叶（Juliet）、同事、老板以及朋友在他漫长的写作和修改过程中鼓励和包容他。

作者简介

斯图尔特·罗素（Stuart Russell）1962 年出生于英国朴次茅斯。他 1982 年获得牛津大学物理学一等荣誉学士学位，1986 年获得斯坦福大学计算机科学博士学位。之后他进入加利福尼亚大学伯克利分校，现任计算机科学系教授（曾担任系主任）、人类兼容人工智能中心主任和史密斯－扎德（Smith-Zadeh）工程讲席教授。他 1990 年获得了美国国家科学基金会（NSF）杰出青年科学家总统奖，1995 年获得计算机与思想奖。他是国际先进人工智能学会（AAAI）、国际计算机学会（ACM）和美国科学促进会（AAAS）的会士，牛津大学瓦德汉学院荣誉研究员和安德鲁·卡内基（Andrew Carnegie）研究员。他 2012 年到 2014 年在巴黎期间任布莱兹·帕斯卡教授（Chaire Blaise Pascal）职位。他在人工智能领域发表了 300 多篇论文，涉及主题广泛。他的其他著作包括 *The Use of Knowledge in Analogy and Induction*、与埃里克·韦法尔（Eric Wefald）合著的 *Do the Right Thing: Studies in Limited Rationality* 和《AI 新生：破解人机共存密码——人类最后一个大问题》（*Human Compatible: Artificial Intelligence and the Problem of Control*）。

彼得·诺维格（Peter Norvig）曾任谷歌公司研究总监、核心网络搜索算法负责人。他曾与他人共同教授一门有 16 万名学生注册的在线人工智能课程，帮助开启了当下的大规模在线公开课的大幕。他曾任美国国家航空航天局艾姆斯研究中心计算科学部负责人，负责人工智能和机器人学的研究和开发。他获得了布朗大学应用数学学士学位和加利福尼亚大学伯克利分校计算机科学博士学位。他曾任南加利福尼亚大学教授和加利福尼亚大学伯克利分校、斯坦福大学教师。他是国际先进人工智能学会和国际计算机学会的会士，以及美国艺术与科学院和加利福尼亚科学院的院士。他的其他著作包括 *Paradigms of AI Programming: Case Studies in Common Lisp*、*Verbmobil: A Translation System for Face-to-Face Dialog* 和 *Intelligent Help Systems for UNIX*。

两位作者共同获得了 2016 年首届 AAAI/EAAI 杰出教育家奖。

资源与服务

本书由异步社区出品，社区（https://www.epubit.com/）为您提供相关资源和后续服务。

配套资源

本书提供全书彩图及伪代码。您可以扫描下方二维码，发送"59811"，添加异步助手，获取本书配套资源。

提交勘误

作者和编辑尽最大努力来确保书中内容的准确性，但难免会存在疏漏。欢迎您将发现的问题反馈给我们，帮助我们提升图书的质量。

当您发现错误时，请登录异步社区，按书名搜索，进入本书页面，单击"提交勘误"，输入勘误信息，单击"提交"按钮即可。本书的作者和编辑会对您提交的勘误进行审核，确认并接受后，您将获赠异步社区的积分。积分可用于在异步社区兑换优惠券、样书或奖品。

扫码关注本书

扫描下方二维码，您将会在异步社区微信服务号中看到本书信息及相关的服务提示。

与我们联系

我们的联系邮箱是 contact@epubit.com.cn。

如果您对本书有任何疑问或建议，请您发邮件给我们，并请在邮件标题中注明本书书名，以便我们更高效地做出反馈。

如果您有兴趣出版图书、录制教学视频或者参与技术审校等工作，可以通过邮件与本书责任编辑联系（yanghailing@ptpress.com.cn）。

如果您来自学校、培训机构或企业，想批量购买本书或异步社区出版的其他图书，也可以发邮件给我们。

如果您在网上发现有针对异步社区出品图书的各种形式的盗版行为，包括对图书全部或部分内容的非授权传播，请您将怀疑有侵权行为的链接通过邮件发给我们。您的这一举动是对作者权益的保护，也是我们持续为您提供有价值的内容的动力之源。

关于异步社区和异步图书

　　"异步社区"是人民邮电出版社旗下 IT 专业图书社区，致力于出版精品 IT 图书和相关学习产品，为作译者提供优质出版服务。异步社区创办于 2015 年 8 月，提供大量精品 IT 图书和电子书，以及高品质技术文章和视频课程。更多详情请访问异步社区官网 https://www.epubit.com。

　　"异步图书"是由异步社区编辑团队策划出版的精品 IT 专业图书的品牌，依托于人民邮电出版社的计算机图书出版积累和专业编辑团队，相关图书在封面上印有异步图书的 LOGO。异步图书的出版领域包括软件开发、大数据、AI、测试、前端、网络技术等。

异步社区

微信服务号

目录

第六部分　沟通、感知和行动

第七部分 总结

第一部分

人工智能基础

第1章

绪论

> 在本章中，我们将解释为什么我们认为人工智能是一个最值得研究的课题，并试图定义人工智能究竟是什么。这是开启人工智能学习之旅之前不错的准备。

我们称自己为智人（有智慧的人），因为智能（intelligence）对我们来说尤其重要。几千年来，我们一直试图理解我们是如何思考和行动的，也就是不断地了解我们的大脑是如何凭借它那小部分物质去感知、理解、预测并操纵一个远比其自身更大更复杂的世界。人工智能（artificial intelligence，AI）领域不仅涉及理解，还涉及构建智能实体。这些智能实体机器需要在各种各样新奇的情况下，计算如何有效和安全地行动。

人工智能经常被各种调查列为最有趣、发展最快的领域之一，现在每年创造的价值超过一万亿美元。人工智能专家李开复预测称，人工智能对世界的影响"将超过人类历史上的任何事物"。此外，人工智能的研究前沿仍是开放的。学习较古老科学（如物理学）的学生可能会认为最好的想法都已经被伽利略、牛顿、居里夫人、爱因斯坦等人发现了，但当下人工智能仍然为专业人员提供了许多机会。

目前，人工智能包含大量不同的子领域，从学习、推理、感知等通用领域到下棋、证明数学定理、写诗、驾车或诊断疾病等特定领域。人工智能可以与任何智能任务产生联系，是真正普遍存在的领域。

1.1 什么是人工智能

我们声称人工智能很有趣，但是我们还没有描述它是什么。历史上研究人员研究过几种不同版本的人工智能。有些根据对人类行为的复刻来定义智能，而另一些更喜欢用"理性"（rationality）来抽象正式地定义智能，直观上的理解是做"正确的事情"。智能主题的本身也各不相同：一些人将智能视为内部思维过程和推理的属性，而另一些人则关注智能的外部特征，也就是智能行为。[①]

从人与理性[②]以及思想与行为这两个维度来看，有 4 种可能的组合，而且这 4 种组合都有其追随者和相应的研究项目。他们所使用的方法必然是不同的：追求类人智能必须在某种程度上是与心理学相关的经验科学，包括对真实人类行为和思维过程的观察和假设；而理性主义方法涉及数学和工程的结合，并与统计学、控制理论和经济学相联系。各个研究团体既互相轻视又互相帮助。接下来，让我们更细致地探讨这 4 种方法。

---

① 公众有时会将"人工智能"和"机器学习"这两个术语混淆。机器学习是人工智能的子领域，研究基于经验提升表现的能力。有些人工智能系统使用机器学习方法来获得能力，有些则不然。

② 我们并不是在暗示人类是"非理性的"，不是像字典上所说的"被剥夺了正常的心智清晰度"。我们只是承认人类的决策在数学上并不总是完美的。

1.1.1　类人行为：图灵测试方法

图灵测试（Turing test）是由艾伦·图灵（Alan Turing）提出的（Turing, 1950），它被设计成一个思维实验，用以回避"机器能思考吗？"这个哲学上模糊的问题。如果人类提问者在提出一些书面问题后无法分辨书面回答是来自人还是来自计算机，那么计算机就能通过测试。在第27章中，我们会讨论图灵测试的细节，以及一台通过图灵测试的计算机是否真的具备智能。目前，为计算机编程使其能够通过严格的应用测试尚有大量工作要做。计算机需要具备下列能力：

- **自然语言处理**（natural language processing），以使用人类语言成功地交流；
- **知识表示**（knowledge representation），以存储它所知道或听到的内容；
- **自动推理**（automated reasoning），以回答问题并得出新的结论；
- **机器学习**（machine learning），以适应新的环境，并检测和推断模式。

图灵认为，没有必要对人进行物理模拟来证明智能。然而，其他研究人员提出了**完全图灵测试**（total Turing test），该测试需要与真实世界中的对象和人进行交互。为了通过完全图灵测试，机器人还需要具备下列能力：

- **计算机视觉**（computer vision）和语音识别功能，以感知世界；
- **机器人学**（robotics），以操纵对象并行动。

以上6个学科构成了人工智能的大部分内容。然而，人工智能研究人员很少把精力用在通过图灵测试上，他们认为研究智能的基本原理更为重要。当工程师和发明家停止模仿鸟类，转而使用风洞并学习空气动力学时，对"人工飞行"的探索取得了成功。航空工程学著作并未将其领域的目标定义为制造"能像鸽子一样飞行，甚至可以骗过其他真鸽子的机器"。

1.1.2　类人思考：认知建模方法

我们必须知道人类是如何思考的，才能说程序像人类一样思考。我们可以通过3种方式了解人类的思维：

- **内省**（introspection）——试图在自己进行思维活动时捕获思维；
- **心理实验**（psychological experiment）——观察一个人的行为；
- **大脑成像**（brain imaging）——观察大脑的活动。

一旦我们有了足够精确的心智理论，就有可能把这个理论表达为计算机程序。如果程序的输入/输出行为与相应的人类行为相匹配，那就表明程序的某些机制也可能在人类中存在。

例如，开发通用问题求解器（General Problem Solver, GPS）的艾伦·纽厄尔（Alan Newell）和赫伯特·西蒙（Herbert Simon）并不仅仅满足于让他们的程序正确地求解问题，他们更关心的是将推理步骤的顺序和时机与求解相同问题的人类测试者进行比较（Newell and Simon, 1961）。**认知科学**（cognitive science）这一跨学科领域汇集了人工智能的计算机模型和心理学的实验技术，用以构建精确且可测试的人类心智理论。

认知科学本身是一个引人入胜的领域，值得用多本教科书和至少一部百科全书（Wilson and Keil, 1999）来介绍。我们会偶尔评论人工智能技术和人类认知之间的异同，但真正的认知科学必须建立在对人类或动物实验研究的基础上。这里，我们假设读者只有一台可以做实验的计算机，因此我们将把这方面的内容留给其他书籍。

在人工智能发展的早期，这两种方法经常会混淆。有作者认为，如果算法在某个任务中表现良好，就会是建模人类表现的良好模型，反之亦然。而现代作者将这两种主张分开，这种区分使人工智能和认知科学都得到了更快的发展。这两个领域相互促进，值得一提的是计算机视觉领域，它将神经生理学证据整合到了计算模型中。最近，将神经影像学方法与分析数据的机器学习技术相结合，开启了"读心"能力（查明人类内心思想的语义内容）的研究。这种能力反过来可以进一步揭示人类认知的运作方式。

1.1.3   理性思考："思维法则"方法

希腊哲学家亚里士多德是最早试图法则化"正确思维"的人之一，他将其定义为无可辩驳的推理过程。他的**三段论**（syllogism）为论证结构提供了模式，当给出正确的前提时，总能得出正确的结论。举个经典的例子，当给出前提苏格拉底是人和所有人都是凡人时，可以得出结论苏格拉底是凡人。［这个例子可能是塞克斯都·恩披里柯（Sextus Empiricus）提出的而不是亚里士多德提出的。］这些思维法则被认为支配着思想的运作，他们的研究开创了一个称为**逻辑**（logic）的领域。

19 世纪的逻辑学家建立了一套精确的符号系统，用于描述世界上物体及其之间的关系。这与普通算术表示系统形成对比，后者只提供关于数的描述。到 1965 年，任何用逻辑符号描述的可解问题在原则上都可以用程序求解。人工智能中所谓的**逻辑主义**（logicism）传统希望在此类程序的基础上创建智能系统。

按照常规的理解，逻辑要求关于世界的认知是确定的，而实际上这很难实现。例如，我们对政治或战争规则的了解远不如对国际象棋或算术规则的了解。**概率**（probability）论填补了这一鸿沟，允许我们在掌握不确定信息的情况下进行严格的推理。原则上，它允许我们构建全面的理性思维模型，从原始的感知到对世界运作方式的理解，再到对未来的预测。它无法做到的是形成智能行为。为此，我们还需要关于理性行为的理论，仅靠理性思考是不够的。

1.1.4   理性行为：理性智能体方法

智能体（agent）就是某种能够采取行动的东西（agent 来自拉丁语 agere，意为"做"）。当然，所有计算机程序都可以完成一些任务，但我们期望计算机智能体能够完成更多的任务：自主运行、感知环境、长期持续存在、适应变化以及制定和实现目标。**理性智能体**（rational agent）需要为取得最佳结果或在存在不确定性时取得最佳期望结果而采取行动。

基于人工智能的"思维法则"方法重视正确的推断。做出正确的推断有时是理性智能体的一部分，因为采取理性行为的一种方式是推断出某个给定的行为是最优的，然后根据这个结论采取行动。但是，理性行为的有些方式并不能说与推断有关。例如，从火炉前退缩是一种反射作用，这通常比经过深思熟虑后采取的较慢的动作更为成功。

通过图灵测试所需的所有技能也使智能体得以采取理性行为。知识表示和推理能让智能体做出较好的决策。我们需要具备生成易于理解的自然语言句子的能力，以便在复杂的社会中生存。我们需要学习不仅是为了博学多才，也是为了提升我们产生高效行为的能力，尤其是在新环境下，这种能力更加重要。

与其他方法相比，基于人工智能的理性智能体方法有两个优点。首先，它比"思维法则"方法更普适，因为正确的推断只是实现理性的几种可能机制之一。其次，它更适合科学发展。理性的标准在数学上是明确定义且完全普适的。我们经常可以从这个标准规范中得出可以被证明能够实现的智能体设计，而把模仿人类行为或思维过程作为目标的设计在很大程度上是不可能的。

由于上述这些原因，在人工智能领域的大部分历史中，基于理性智能体的方法都占据了上风。在最初的几十年里，理性智能体建立在逻辑的基础上，并为了实现特定目标制定了明确的规划。后来，基于概率论和机器学习的方法可以使智能体在不确定性下做出决策，以获得最佳期望结果。简而言之，人工智能专注于研究和构建做正确的事情的智能体，其中正确的事情是我们提供给智能体的目标定义。这种通用范式非常普遍，以至于我们可以称之为**标准模型**（standard model）。它不仅适用于人工智能，也适用于其他领域。控制理论中，控制器使代价函数最小化；运筹学中，策略使奖励的总和最大化；统计学中，决策规则使损失函数最小；经济学中，决策者追求效用或某种意义的社会福利最大化。

然而在复杂的环境中，完美理性（总是采取精确的最优动作）是不可行的，它的计算代价太高了，因此需要对标准模型做一些重要的改进。第 5 章和第 17 章会探讨**有限理性**（limited rationality）的问题，也就是在没有足够时间进行所有可能的计算的情况下，适当地采取行动。但是，完美理性仍然是理论分析的良好出发点。

1.1.5　益机 [①]

自标准模型被提出以来，其一直是人工智能研究的指南，但从长远看，它可能不是一个正确的模型，原因是标准模型假设我们总是为机器提供完全指定的目标。

人为定义的任务，如国际象棋或最短路径计算之类的，都附带固有的目标，因此标准模型是适用的。然而，在真实世界中，我们越来越难以完全正确地指定目标。例如，在设计自动驾驶汽车时，我们可能会认为目标是安全到达目的地。但是，由于存在其他司机失误、设备故障等原因，在任何道路上行驶都有可能受伤，因此，严格的安全目标是要求待在车库里而不要上路驾驶。向目的地前进和承担受伤风险是需要权衡的，应该如何进行这种权衡？此外，我们能在多大程度上允许汽车采取会惹恼其他司机的行动？汽车应该在多大程度上调控其加速、转向和刹车动作，以避免摇晃乘客？这类问题很难预先回答。在人机交互的整个领域，这些问题尤其严重，自动驾驶只是其中一个例子。

在我们的真实需求和施加给机器的目标之间达成一致的问题称为**价值对齐问题**（value alignment problem），即施加给机器的价值或目标必须与人类的一致。如果我们在实验室或模拟器中开发人工智能系统（就像该领域的大多数历史案例一样），就可以轻松地解决目标指定不正确的问题：重置系统、修复目标然后重试。随着人工智能的发展，越来越强大的智能系统需要部署在真实世界中，这种方法不再可行。部署了错误目标的系统将会导致负面影响，而且，系统越智能，其负面影响就越严重。

回想看似没有问题的国际象棋案例，想象一下，如果机器足够智能，可以推断并采取超出棋盘限制的动作，会发生什么。例如，它可能试图通过催眠或勒索对手，或贿赂观众在对手思考时发出噪声等手段来增加获胜的机会。[②] 它也可能会为自己劫持额外的计算能力。这些行为不是"愚蠢"或"疯狂"的，这些行为是将获胜定义为机器唯一目标的逻辑结果。

一台实现固定目标的机器可能会出现很多不当行为，要预测所有不当行为是不可能的。因此，我们有足够理由认为标准模型是不充分的。我们不希望机器"聪明"地实现它们的目标，而是希望它们实现我们的目标。如果我们不能将这些目标完美地传达给机器，就需要一个新的表述，也就是机器正在实现我们的目标，但对于目标是什么则是不确定的。当一台机器意识到它不了解完整的目标时，它就会有谨慎行动的动机，会寻求许可，并通过观察来更多地了解我们的偏好，遵守人为控制。最终，我们想要的是对人类**可证益的**（provably beneficial）智能体。我们将在 1.5 节中讨论这个主题。

---

① 根据 beneficial insect 的翻译"益虫"，将 beneficial machine 翻译成"益机"。——译者注
② 鲁伊·洛佩兹（Ruy Lopez）在最早的一本关于国际象棋的书（Lopez, 1561）中写道："把棋盘放好，让阳光晃进对手的眼睛。"

1.2   人工智能的基础

在本节中，我们将简要介绍为人工智能提供思想、观点和技术的学科的历史。像任何历史一样，本书只关注少数人物、事件和思想，而忽略其他同样重要的。我们围绕一系列问题来组织这段历史。我们不希望带给读者这样一种印象：这些问题是各个学科唯一要解决的问题，或者各个学科都将人工智能作为最终成果而努力。

1.2.1   哲学

- 可以使用形式化规则得出有效结论吗？
- 思维是如何从物质大脑中产生的？
- 知识从何而来？
- 知识如何导致行为？

亚里士多德（Aristotle，公元前 384—公元前 322）制定了一套精确的法则来统御思维的理性部分，他是历史上第一位这样做的哲学家。他发展了一套非正式的三段论系统进行适当的推理，该系统原则上允许人们在给定初始前提下机械地得出结论。

拉蒙·鲁尔（Ramon Llull，约 1232—1315）设计了一种推理系统，发表为 *Ars Magna*（*The Great Art*）（Llull, 1305）[1]。鲁尔试图使用实际的机械设备——一组可以旋转成不同排列的纸盘——实现他的系统。

大约在 1500 年，列奥纳多·达·芬奇（Leonardo da Vinci，1452—1519）设计了一台机械计算器，虽然当时并未制造，但最近的重构表明该设计是可行的。第一台已知的计算器是在 1623 年前后由德国科学家威廉·席卡德（Wilhelm Schickard，1592—1635）制造的。布莱兹·帕斯卡（Blaise Pascal，1623—1662）于 1642 年建造了滚轮式加法器（Pascaline），并写道："它产生的效用似乎比动物的所有行为更接近思维。"戈特弗里德·威廉·莱布尼茨（Gottfried Wilhelm Leibniz，1646—1716）制造了一台机械设备，旨在根据概念而非数值进行操作，但其应用范围相当有限。托马斯·霍布斯（Thomas Hobbes，1588—1679）在《利维坦》（*Leviathan*）一书中提出了会思考的机器的想法，用他的话说就是一种"人造动物"，设想"心脏无非就是发条，神经只是一些游丝，而关节不过是一些齿轮"。他还主张推理就像是数值计算，认为"推理就是一种计算，也就是相加减"。[2]

有观点认为，思维至少在某种程度上是根据逻辑或数值规则运作的，可以建立模仿其中的一些规则的物理系统。也有观点说，思维本身就是这样一个物理系统。勒内·笛卡儿（René Descartes，1596—1650）首次清晰地讨论了思维与物质之间的区别。他指出，思维的纯粹物理概念似乎没有给自由意志留下多少空间。如果思维完全受物理法则支配，那么它拥有的自由意志不会比一块"决定"往下掉的石头多。笛卡儿是二元论（dualism）的支持者。他认为，人类思维（灵魂或者精神）的一部分处于自然之外，不受物理定律的约束。但是，动物不具备这种二元特性，它们可以被视为机器。

唯物主义（materialism）是二元论的一种替代，它认为大脑根据物理定律的运作构成了思维。自由意志仅仅是实体对可选决策的感知。**物理主义**（physicalism）和**自然主义**（naturalism）

---

[1] *Ars Magna* 为拉丁文书名，翻译成英文的书名为 *The Great Art*。——编者注
[2] 此处对《利维坦》一书中的引用采用了商务印书馆 1985 年 9 月出版的由黎思复、黎廷弼翻译的《利维坦》版本中的译文。——编者注

这两个术语也被用于描述这类与超自然观点相反的观点。

如果给定可以操纵知识的实体思维，接下来的问题就是建立知识的来源。**经验主义**（empiricism）运动始于弗朗西斯·培根（Francis Bacon，1561—1626）的《新工具》（*Novum Organum*）[①]一书，并以约翰·洛克（John Locke，1632—1704）的名言"知识归根到底都来源于经验"为特征。

大卫·休谟（David Hume，1711—1776）的《人性论》（*A Treatise of Human Nature*）（Hume, 1739）提出了现在称为归纳法（induction）的原则：通过暴露要素之间的重复联系获得一般规则。

以路德维希·维特根斯坦（Ludwig Wittgenstein，1889—1951）和伯特兰·罗素（Bertrand Russell，1872—1970）的工作为基础，著名的维也纳学派（Sigmund, 2017）——一群在 20 世纪 20 年代及 20 世纪 30 年代聚集在维也纳的哲学家和数学家——发展了逻辑实证主义（logical positivism）学说。该学说认为，所有知识都可以通过逻辑理论来描述，逻辑理论最终与对应于感知输入的观察语句（observation sentence）相联系。因此，逻辑实证主义结合了理性主义和经验主义。

鲁道夫·卡纳普（Rudolf Carnap，1891—1970）和卡尔·亨佩尔（Carl Hempel，1905—1997）的确证理论（confirmation theory）试图通过量化应分配给逻辑语句的信念度来分析从经验中获取知识，信念度的取值基于逻辑语句与确证或否定它们的观察之间的联系。卡纳普的《世界的逻辑构造》（*The Logical Structure of the World*）（Carnap, 1928）也许是最先提出将思维视为计算过程这一理论的著作。

思维的哲学图景中最后一个要素是知识与动作之间的联系。这个问题对人工智能来说至关重要，因为智能不仅需要推理，还需要动作。而且，只有理解了怎样的行为是合理的，才能理解如何构建行为是合理的（或理性的）智能体。

亚里士多德在《论动物的运动》（*De Motu Animalium*）中指出，动作的合理性是通过目标和动作结果的知识之间的逻辑联系来证明的：

> 但是，思考有时伴随着行为，有时却没有，有时伴随着行动，有时却没有，这是如何发生的？这看起来和对不变的对象进行推理和推断时发生的情况几乎是一样的。但是在那种情况下，结局是一个推测性的命题……而在这里，由两个前提得出的结论是一个行为……我需要覆盖物；斗篷是一种覆盖物。我需要一件斗篷。我需要什么，我必须做什么；我需要一件斗篷。我必须做一件斗篷。结论是，"我必须做一件斗篷"，这是一个行为。

在《尼各马可伦理学》（*Nicomachean Ethics*）（第三卷第 3 章，1112b）中，亚里士多德进一步阐述了这个主题，并提出了一个算法：

> 我们考虑的不是目的，而是实现目的的手段。医生并不考虑是否要使一个人健康，演说家并不考虑是否要去说服听众……他们是先确定一个目的，然后考虑用什么手段和方式来达到目的。如果有几种手段，他们考虑的就是哪种手段最能实现目的。如果只有一种手段，他们考虑的就是怎样利用这一手段去达到目的，这一手段又需要通过哪种手段来获得。这样，他们就在所发现的东西中一直追溯到最初的东西……分析的终点也就是起点。如果恰巧遇到不可能的事情，例如需要钱却得不到钱，那么就放弃这种考虑。而所谓可能的事情，就是以我们自身能力可以做到的那些事情。[②]

[①]　培根的《新工具》（*Novum Organum*）是亚里士多德的《工具论》（*Organon*）的更新。

[②]　此处对《尼各马可伦理学》一书中的引用采用了商务印书馆 2017 年 8 月出版的廖申白翻译的《尼各马可伦理学》版本中的译文。——编者注

2300 年后，纽厄尔和西蒙在他们的**通用问题求解器**（General Problem Solver）程序中实现了亚里士多德的算法。我们现在将其称为贪婪回归规划系统（见第 11 章）。在人工智能理论研究的前几十年中，基于逻辑规划以实现确定目标的方法占据主导地位。

纯粹从行为的角度来思考实现目标通常是有用的，但在某些情况是不适用的。例如，如果有几种不同的方法可以实现目标，我们就需要某种方法来进行选择。更重要的是，确定性地实现一个目标可能是无法做到的，但某些行为仍然必须被实施。那该如何决策呢？安托万·阿尔诺（Antoine Arnauld）（Arnauld, 1662）分析了赌博中的理性决策概念，提出了一种量化公式，可以最大化期望收入的货币价值。后来，丹尼尔·伯努利（Daniel Bernoulli）（Bernoulli, 1738）引入了更普适的**效用**（utility）概念，可以体现结果的内在主观价值。如第 16 章所述，在不确定性下，理性决策的现代概念涉及最大化期望效用。

在道德和公共政策方面，决策者必须考虑多个个体的利益。杰里米·边沁（Jeremy Bentham）（Bentham, 1823）和约翰·斯图尔特·穆勒（John Stuart Mill）（Mill, 1863）提出了**功利主义**（utilitarianism）思想：基于效用最大化的理性决策应该适用于人类活动的所有领域，包括代表许多个体做出公共政策的决策。功利主义是一种特殊的**结果主义**（consequentialism），行为的预期结果决定了正确与否。

相反，伊曼努尔·康德（Immanuel Kant）在 1785 年提出了一种基于规则或**义务伦理学**（deontological ethics）的理论。在该理论中，"做正确的事"不是由结果决定的，而是由管理可行行为的普适社会法则所决定的，可行行为包括"不要撒谎""不要杀人"等。因此，如果期望的好处大于坏处，那么功利主义者可以撒一个善意的谎言，但康德主义者则不能这样做，因为撒谎本质上就是错误的。穆勒承认规则的价值，但将其理解为基于第一性原理对结果进行推理的高效决策程序。许多现代人工智能系统正是采用了这种方法。

1.2.2　数学

- 得出有效结论的形式化规则是什么？
- 什么可以被计算？
- 如何使用不确定的信息进行推理？

哲学家们提出了人工智能的一些基本理念，但人工智能要成为正规科学，需要逻辑和概率的数学化，并引入一个新的数学分支——计算。

形式化逻辑（formal logic）的思想可以追溯到古希腊、古印度和古代中国的哲学家，但它的数学发展真正始于乔治·布尔（George Boole, 1815—1864）的工作。布尔提出了命题和布尔逻辑的细节（Boole, 1847）。1879 年，戈特洛布·弗雷格（Gottlob Frege, 1848—1925）将布尔逻辑扩展到包括对象和关系，创建了沿用至今的一阶逻辑[①]。一阶逻辑除了在人工智能研究的早期发挥核心作用外，还激发了哥德尔和图灵的工作，这些工作支撑了计算本身。

概率（probability）论可以视为信息不确定情况下的广义逻辑，这对人工智能来说是非常重要的考虑。吉罗拉莫·卡尔达诺（Gerolamo Cardano, 1501—1576）首先提出了概率的概念，并根据赌博事件的可能结果对其进行了刻画。1654 年，布莱兹·帕斯卡（Blaise Pascal, 1623—1662）在给皮埃尔·费马（Pierre Fermat, 1601—1665）的信中展示了如何预测一个未完成的赌博游戏的结局，并为赌徒分配平均收益。概率很快成为定量科学的重要组成部分，用于处理不确定的度量和不完备的理论。雅各布·伯努利（Jacob Bernoulli, 1654—1705, 丹尼

---

① 弗雷格提出的一阶逻辑符号（文本和几何特征的神秘组合）从未流行起来。

尔·伯努利的叔叔）、皮埃尔·拉普拉斯（Pierre Laplace，1749—1827）等人发展了这一理论，并引入了新的统计方法。托马斯·贝叶斯（Thomas Bayes，1702—1761）提出了根据新证据更新概率的法则。贝叶斯法则是人工智能系统的重要工具。

概率的形式化结合数据的可用性，使**统计学**（statistics）成为了一个新研究领域。最早的应用之一是 1662 年约翰·格兰特（John Graunt）对伦敦人口普查数据的分析。罗纳德·费舍尔（Ronald Fisher）被认为是第一位现代统计学家，他汇总了概率、实验设计、数据分析和计算等思想（Fisher, 1922）。在 1919 年，他坚称，如果没有机械计算器"百万富翁"（MILLIONAIRE，第一个可以做乘法的计算器），他就无法进行工作，尽管这台计算器的成本远远超过了他的年薪（Ross, 2012）。

计算的历史与数字的历史一样古老，但用于计算最大公约数的欧几里得算法被认为是第一个非平凡的**算法**（algorithm）。"算法"一词源自一位 9 世纪的数学家穆罕默德·本·穆萨·阿尔·花剌子模（Muhammad ibn Musa al-Khwarizmi），他的著作还将阿拉伯数字和代数引入了欧洲。布尔等人讨论了逻辑演绎的算法，到 19 世纪末，人们开始努力将一般的数学推理形式化为逻辑演绎。

库尔特·哥德尔（Kurt Gödel，1906—1978）表明，虽然存在一种有效方法能够证明弗雷格和罗素的一阶逻辑中的任何真实陈述，但是一阶逻辑无法满足表征自然数所需的数学归纳原理。1931 年，哥德尔证明关于演绎的限制确实存在。哥德尔的**不完全性定理**（incompleteness theorem）表明，在任何像皮亚诺算术（Peano arithmetic，自然数的基本理论）这样强的形式化理论中，必然存在一些没有证明的真实陈述。

这个基本结果也可以解释为作用于整数上的某些函数无法用算法表示，即它们无法被计算。这促使艾伦·图灵（Alan Turing，1912—1954）试图准确地描述哪些函数是**可计算的**，即能够通过有效的过程进行计算。丘奇–图灵论题（Church-Turing thesis）提出将图灵机（Turing, 1936）可计算的函数作为可计算性的一般概念。图灵还表明，存在某些任何图灵机都无法计算的函数。例如，没有一台机器能够在广义上判断给定程序是会根据给定的输入返回答案，还是永远运行下去。

尽管**可计算性**（computability）对理解计算很重要，但**易处理性**（tractability）的概念对人工智能的影响更大。粗略地说，如果解决一个问题实例所需的时间随着问题规模呈指数增长，那么这个问题就是难处理的。在 20 世纪 60 年代中期，复杂性的多项式增长和指数增长之间的区别首次被强调（Cobham, 1964; Edmonds, 1965）。因为指数级增长意味着即使是中等规模的问题实例也无法在合理的时间内解决，所以易处理性很重要。

由斯蒂芬·库克（Stephen Cook）（Cook, 1971）和理查德·卡普（Richard Karp）（Karp, 1972）开创的 **NP 完全性**（NP-completeness）理论为分析问题的易处理性提供了基础：任何可以归约到 NP 完全的问题都可能是难处理的。（尽管尚未证明 NP 完全问题一定是难处理的，但大多数理论家都相信这一点。）这些结果与大众媒体对第一台计算机的乐观态度——"比爱因斯坦还快的电子超级大脑！"——形成了鲜明对比。尽管计算机的速度在不断提高，但对资源的谨慎使用和必要的缺陷将成为智能系统的特征。粗略地说，世界是一个极大的问题实例！

1.2.3 经济学

- 我们应该如何根据自己的偏好做出决定？
- 当其他人可能不支持时，我们应该怎么做？
- 当收益可能在很遥远的未来时，我们应该怎么做？

经济学起源于 1776 年，当时亚当·斯密（Adam Smith，1723—1790）发表了《国富论》（全名为《国民财富的性质和原因的研究》，*An Inquiry into the Nature and Causes of the Wealth of Nations*）。斯密建议将经济视为由许多关注自身利益的独立主体组成，但他并不主张将金融贪婪作为道德立场。他在较早的著作《道德情操论》（*The Theory of Moral Sentiments*）（Smith，1759）开篇就指出，对他人福祉的关注是每个个体利益的重要组成部分。

大多数人认为经济学就是关于钱的，而实际上第一个对不确定性下的决策进行数学分析的是安托万·阿尔诺（Arnauld，1662）的最大期望值公式，而这一分析也的确是与赌注的货币价值相关。丹尼尔·伯努利（Bernoulli，1738）注意到，这个公式似乎不适用于更大规模的金钱，例如对海上贸易远征的投资。于是，他提出了基于期望效用最大化的原则，并指出额外货币的边际效用会随着一个人获得更多货币而减少，从而解释了大众的投资选择。

里昂·瓦尔拉斯（Léon Walras，1834—1910）为效用理论提供了一个更为普适的基础，即对任何结果（不仅仅是货币结果）的投机偏好。弗兰克·拉姆齐（Frank Ramsey）（Ramsey，1931）以及后来约翰·冯·诺伊曼（John von Neumann）和奥斯卡·摩根斯特恩（Oskar Morgenstern）在他们的著作《博弈论与经济行为》（*The Theory of Games and Economic Behavior*）（Neumann and Morgenstern，1944）中对这一理论进一步改进。经济学不再是研究金钱的学科，而是对欲望和偏好的研究。

决策论（decision theory）结合了概率论和效用理论，为在不确定性下做出个体决策（经济的或其他的）提供了一个形式化完整的框架，也就是说，概率适当地描述了决策者所处的环境。这适用于"大型"经济体，在这种经济体中，每个主体都无须关注其他独立主体的行为。对"小型"经济体而言更像是一场**博弈**（game）：一个参与者的行为可以显著影响另一个参与者的效用（积极或消极的）。冯·诺依曼和摩根斯特恩对**博弈论**（game theory）的发展［也可以参考（Luce and Raiffa，1957）］得出了令人惊讶的结果，即对于某些博弈，理性智能体应该采用随机（或至少看起来是随机）的策略。与决策论不同，博弈论并没有为行为的选择提供明确的指示。人工智能中涉及多个智能体的决策将在**多智能体系统**（multiagent system）的主题下探讨（第 18 章）。

经济学家（除了一些例外）没有解决上面列出的第三个问题：当行为的收益不是立即产生的，而是在几个连续的行为后产生时，应该如何做出理性的决策。这个课题在**运筹学**（operations research）的领域探讨，运筹学出现在第二次世界大战期间英国对雷达安装的优化工作中，后来发展出了无数民用应用。理查德·贝尔曼（Richard Bellman）（Bellman，1957）的工作将一类序贯决策问题进行了形式化，称为**马尔可夫决策过程**（Markov decision process），我们将在第 17 章研究该问题，并在第 22 章以**强化学习**（reinforcement learning）的主题研究该问题。

经济学和运筹学的工作对理性智能体的概念做出了很大贡献，但是多年来的人工智能研究是沿着完全独立的道路发展的。原因之一是做出理性决策显然是复杂的。人工智能的先驱赫伯特·西蒙（Herbert Simon，1916—2001）凭借其早期工作在 1978 年获得了诺贝尔经济学奖，他指出基于**满意度**（satisficing）的决策模型（做出"够好"的决策，而不是费力地计算最优决策）可以更好地描述实际的人类行为（Simon，1947）。自 20 世纪 90 年代以来，人工智能的决策理论技术重新引起了人们的兴趣。

1.2.4　神经科学

- 大脑如何处理信息？

神经科学（neuroscience）是对神经系统（尤其是对大脑）的研究。尽管大脑进行思考的确切方式是科学的奥秘之一，但大脑确实是能思考的现实已经被人们接受了数千年，因为有证据表明，对头部的强烈打击会导致精神丧失。人们也早就知道人的大脑在某种程度上是不同的，大约在公元前 335 年，亚里士多德写道："在所有动物中，人类的大脑与身体大小的比例最大。"[①] 然而，直到 18 世纪中叶，大脑才被广泛认为是意识的所在地。在此之前，意识所在地的候选位置包括心脏和脾脏。

1861 年，保罗·布罗卡（Paul Broca，1824—1880）对脑损伤患者中的失语症（语言缺陷）进行了调查研究，他在大脑左半球发现一个局部区域（现在被称为布罗卡氏区域）负责语音的产生，从而开始了对大脑功能组织的研究。[②] 那时，人们已经知道大脑主要由神经细胞或**神经元**（neuron）组成，但直到 1873 年，卡米洛·高尔基（Camillo Golgi，1843—1926）才发明了一种可以观察单个神经元的染色技术（见图 1-1）。圣地亚哥·拉蒙–卡哈尔（Santiago Ramon y Cajal，1852—1934）在神经组织的开创性研究中使用了该技术。[③] 现在人们普遍认为认知功能是由这些结构的电化学反应产生的。也就是说，一组简单的细胞就可以产生思维、行为和意识。如约翰·希尔勒（John Searle）（Searle, 1992）的精辟名言所说：大脑产生思想。

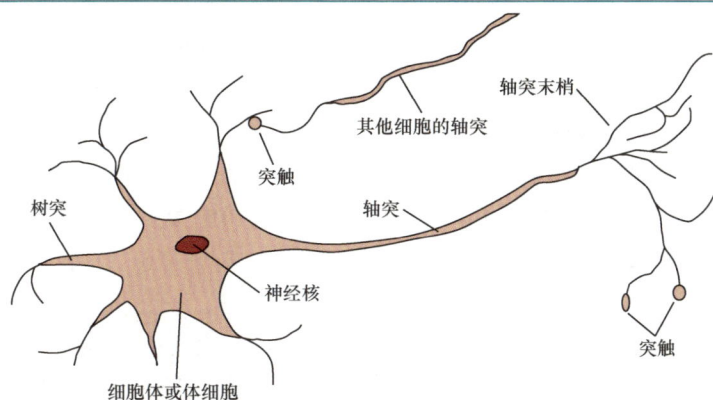

图 1-1　神经细胞或神经元的部分。每个神经元都由一个包含神经核的细胞体或体细胞组成。许多从细胞体中分支出来的纤维状被称为树突，其中的长纤维被称为轴突。轴突伸展的距离很长，比这张图上显示的要长得多。轴突一般长 1 厘米（是细胞体直径的 100 倍），但也可以达到 1 米。一个神经元在称为突触的连接处与其他 10 ～ 100 000 个神经元建立连接。信号通过复杂的电化学反应从一个神经元传递到其他神经元。这些信号可以在短期内控制大脑活动，还可以长期改变神经元的连通性。这些机制被认为是大脑学习的基础。大多数信息都在大脑皮质（大脑的外层）中处理的。基本的组织单元似乎是直径约 0.5 毫米的柱状组织，包含约 20 000 个神经元，并延伸到整个皮质（人类皮质深度约 4 毫米）

现在，我们有了一些关于大脑区域和身体部位之间映射关系的数据，这些部位是受大脑控制或者是接收感官输入的。这样的映射可以在几周内发生根本性的变化，而有些动物似乎具有多个映射。此外，我们还没有完全理解当一个区域受损时其他区域是如何接管其功能的。而且，关于个人记忆是如何存储的，或者更高层次的认知功能是如何运作的，目前几乎没有任何相关理论。

1929 年，汉斯·伯杰（Hans Berger）发明脑电图仪（EEG），开启了对完整大脑活动的测量。功能磁共振成像（fMRI）的发展（Ogawa *et al.*, 1990; Cabeza and Nyberg, 2001）为神经科学家提供了前所未有的大脑活动的详细图像，从而使测量能够以有趣的方式与正在进行的认知

---

① 后来人们发现树鼩和一些鸟类的脑体比超过了人类的脑体比。
② 许多人引用亚历山大·胡德（Alexander Hood）（Hood, 1824）的论文作为可能的先验资料。
③ 卡哈尔提出了"神经元学说"，高尔基则坚持他的信念，认为大脑的功能主要是在神经元嵌入的连续介质中发挥的。虽然两人共同获得 1906 年的诺贝尔奖，但发表的获奖感言却是相互对立的。

过程相对应。神经元活动的单细胞电记录技术和**光遗传学**（optogenetics）方法的进展（Crick, 1999; Zemelman *et al.*, 2002; Han and Boyden, 2007）增强了这些功能，从而可以测量和控制被修改为对光敏感的单个神经元。

用于传感和运动控制的**脑机接口**（brain-machine interface）的发展（Lebedev and Nicolelis, 2006）不仅有望恢复残疾人的功能，还揭示了神经系统许多方面的奥秘。这项工作的一项重要发现是，大脑能够自我调整，使自己成功与外部设备进行交互，就像对待另一个感觉器官或肢体一样。

大脑和数字计算机有不同的特性。如图 1-2 所示，计算机的周期时间比大脑快一百万倍。虽然与高端个人计算机相比，大脑拥有更多的存储和互连，但最大的超级计算机在某些指标上已经与大脑相当。未来主义者充分利用这些数字，指出了一个即将到来的**奇点**（singularity），在这个奇点上计算机达到了超越人类的性能水平（Vinge, 1993; Kurzweil, 2005; Doctorow and Stross, 2012），然后会进一步迅速提高。但是比较原始数字并不是特别有用。即使计算机的容量到达无限也无济于事，在理解智能方面仍然需要进一步的概念突破（见第 28 章）。粗略地说，如果没有正确的理论，更快的机器只会更快地给出错误的答案。

	超级计算机	个人计算机	人类大脑
计算单元	10^6 个 GPU + CPU	8 个 CPU 内核	10^6 列
	10^{15} 个晶体管	10^{10} 个晶体管	10^{11} 个神经元
存储单元	10^{16} 字节（10 PB）RAM	10^{10} 字节（10 GB）RAM	10^{11} 个神经元
	10^{17} 字节（100 PB）磁盘	10^{12} 字节（1 TB）磁盘	10^{14} 个突触
周期时间	10^{-9} 秒	10^{-9} 秒	10^{-3} 秒
运算/秒	10^{18}	10^{10}	10^{17}

图 1-2　领先的超级计算机 Summit（Feldman, 2017）、2019 年的典型个人计算机和人类大脑的粗略对比。数千年来，人类大脑的能力并没有发生太大变化，而超级计算机的计算能力已经从 20 世纪 60 年代的百万次浮点运算（MFLOP）提高到了 20 世纪 80 年代的十亿次浮点运算（GFLOP）、20 世纪 90 年代的万亿次浮点运算（TFLOP）、2008 年的千万亿次浮点运算（PFLOP）以及 2018 年的百亿亿次浮点运算（exaFLOP, 1 exaFLOP = 10^{18} 次浮点运算/秒）

1.2.5　心理学

- 人类和动物是如何思考和行为的？

科学心理学的起源通常可以追溯到德国物理学家赫尔曼·冯·赫尔姆霍茨（Hermann von Helmholtz, 1821—1894）和他的学生威廉·温特（Wilhelm Wundt, 1832—1920）的工作。赫尔姆霍茨将科学方法应用于人类视觉的研究，他的 *Handbook of Physiological Optics* 被描述为"关于人类视觉的物理学和生理学的最重要的专著"（Nalwa, 1993, p.15）。1879 年，温特在莱比锡大学开设了第一个实验心理学实验室。温特坚持严格控制的实验，他实验室的工作人员在进行感知或联想任务的同时，内省他们的思维过程。严格的控制在很大程度上帮助心理学成为了一门科学，但是数据的主观性质使得实验者不太可能会推翻自己的理论。

另外，研究动物行为的生物学家缺乏内省的数据，于是发展了一种客观的方法，赫伯特·詹宁斯（Herbert S. Jennings）（Jennings, 1906）在他有影响力的著作 *Behavior of the Lower Organisms* 中对此进行了描述。约翰·沃森（John Watson, 1878—1958）领导的**行为主义**（behaviorism）运动将这一观点应用于人类，以内省无法提供可靠证据为由，拒绝任何涉及心理过程的理论。行为主义者坚持只研究施加动物的感知（或刺激）及其产生的行为（或反应）

的客观度量。行为主义发现了很多关于老鼠和鸽子的知识，但是在理解人类方面却不太成功。

认知心理学（cognitive psychology）认为大脑是一个信息处理设备，这至少可以追溯到威廉·詹姆斯（William James，1842—1910）的著作。赫尔姆霍茨也坚持认为感知涉及一种无意识的逻辑推断形式。在美国，认知观点在很大程度上被行为主义所掩盖，但在弗雷德里克·巴特利特（Frederic Bartlett，1886—1969）所领导的剑桥大学应用心理学系，认知模型得以蓬勃发展。巴特利特的学生和继任者肯尼斯·克雷克（Kenneth Craik）（Craik, 1943）所著的 *The Nature of Explanation* 强有力地重新确立了诸如信念和目标之类的"精神"术语的合法性，认为它们就像用压力和温度来讨论气体一样科学，尽管气体是由既不具有压力又不具有温度的分子组成。

克雷克指出了知识型智能体的 3 个关键步骤：（1）刺激必须转化为一种内在表示；（2）认知过程处理表示，从而产生新的内部表示；（3）这些过程反过来又被重新转化为行为。他清晰地解释了为什么这是一个良好的智能体设计：

> 如果有机体拥有一个"小规模的模型"，建模了外部现实及其在脑海中可能采取的行为，那么它就能够尝试各种选择，得出哪个是最好的，并在未来出现情况之前加以应对。有机体可以利用过去的知识处理现在和未来的情况，并在各方面以更全面、更安全、更有力的方式应对紧急情况。（Craik, 1943）

继 1945 年克雷克死于自行车事故之后，唐纳德·布劳德本特（Donald Broadbent）继续从事这一工作。布劳德本特的 *Perception and Communication*（Broadbent, 1958）是最早将心理现象建模为信息处理的著作之一。与此同时的美国，计算机建模的发展导致了**认知科学**（cognitive science）领域的诞生。这个领域可以说是开始于 1956 年 9 月麻省理工学院的一次研讨会上，并且仅仅两个月后，人工智能本身就"诞生"了。

在研讨会上，乔治·米勒（George Miller）发表了"The Magic Number Seven"，诺姆·乔姆斯基（Noam Chomsky）发表了"Three Models of Language"，艾伦·纽厄尔和赫伯特·西蒙发表了"The Logic Theory Machine"。这 3 篇影响广泛的论文分别展示了如何使用计算机模型处理记忆、语言和逻辑思维的心理学问题。现在心理学家普遍认为"认知理论应该就像一个计算机程序"（Anderson, 1980），也就是说，认知理论应该从信息处理的角度来描述认知功能的运作。

为了综述目的，我们将**人机交互**（human-computer interaction，HCI）领域归于心理学下。人机交互的先驱之一道格·恩格巴特（Doug Engelbart）倡导**智能增强**（intelligence augmentation）的理念（IA 而非 AI）。他认为，计算机应该增强人类的能力，而不是完全自动化人类的任务。1968 年，在恩格巴特的"所有演示之母"（mother of all demos）上首次展示了计算机鼠标、窗口系统、超文本和视频会议，所有这些都是为了展示人类知识工作者可以通过某些智能增强来共同完成工作。

今天，我们更倾向于将 IA 和 AI 视为同一枚硬币的两面，前者强调人类控制，而后者强调机器的智能行为，都是机器有利于人类所必需的。

1.2.6　计算机工程

- 如何构建高效的计算机？

现代数字电子计算机是由陷入第二次世界大战中的 3 个国家的科学家们独立且几乎同时发明的。第一台可操作的计算机是由艾伦·图灵的团队于 1943 年建造的机电希思·罗宾逊（Heath Robinson[①]），它的唯一目的是破译德国的情报。1943 年，同一小组开发了 Colossus，

[①] 以一位英国漫画家的名字命名的复杂机器。这位漫画家描绘了一些古怪而又荒唐的复杂装置来完成日常任务，如给面包涂黄油。

这是一款基于真空管的强大通用机器。[①] 第一台可操作的可编程计算机是 Z-3，是德国工程师康拉德·楚泽（Konrad Zuse）在 1941 年发明的。楚泽还发明了浮点数和第一个高级编程语言 Plankalkül。第一台电子计算机 ABC 是约翰·阿塔纳索夫（John Atanasoff）和他的学生克利福德·贝里（Clifford Berry）在 1940 年至 1942 年间在爱荷华州立大学组装的。阿塔纳索夫的研究很少得到支持或认可，而 ENIAC 作为宾夕法尼亚大学秘密军事项目的一部分被证明是现代计算机最有影响力的先驱。ENIAC 的开发团队包括了约翰·莫奇利（John Mauchly）和约翰·普雷斯伯·埃克特（J. Presper Eckert）等工程师。

从那时起，每一代计算机硬件更新都带来了速度和容量的提升以及价格的下降，这是摩尔定律（Moore's law）所描述的趋势。直到 2005 年之前，大约每 18 个月 CPU 的性能就会翻一番，但功耗问题导致制造商开始增加 CPU 的核数而不是提高 CPU 的时钟频率。目前的预期是，未来性能的增加将来自于大量的并行性，这体现了与大脑特性奇妙的一致性。在应对不确定的世界时，基于这一理念设计硬件：不需要 64 位的数字精度，只需 16 位（如 bfloat16 格式）甚至 8 位就足够了，这可以使处理速度更快。

已经出现了一些针对人工智能应用进行调整的硬件，如图形处理单元（GPU）、张量处理单元（TPU）和晶圆级引擎（WSE）。从 20 世纪 60 年代到大约 2012 年，用于训练顶级机器学习应用的计算能力遵循了摩尔定律。从 2012 年开始，情况发生了变化：从 2012 年到 2018 年，这一数字增长了 30 万倍，大约每 100 天翻一番（Amodei and Hernandez, 2018）。在 2014 年花一整天训练的机器学习模型在 2018 年只需两分钟就可以训练完成（Ying *et al.*, 2018）。尽管量子计算（quantum computing）还不实用，但它有望为人工智能算法的一些重要子方向提供更显著的加速。

毋庸置疑，在电子计算机出现之前计算设备就已经存在了。最早的自动化机器可追溯到 17 世纪（见 1.2.1 节的讨论）。第一台可编程机器是由约瑟夫·玛丽·雅卡尔（Joseph Marie Jacquard，1752—1834）于 1805 年发明的提花织布机，它使用打孔卡片来存储编织图案的指令。

19 世纪中期，查尔斯·巴贝奇（Charles Babbage，1792—1871）设计了两台计算机，但都没有完成。差分机的目的是为工程和科学项目计算数学表。它最终于 1991 年建成并投入使用（Swade, 2000）。巴贝奇的分析机更有雄心：它包括可寻址内存、基于雅卡尔打孔卡的存储程序以及有条件的跳转。这是第一台能够进行通用计算的机器。

巴贝奇的同事埃达·洛芙莱斯（Ada Lovelace，诗人拜伦勋爵的女儿）理解了计算机的潜力，将其描述为“一种能思考或者……能推理的机器”，能够对“宇宙中所有事物”进行推理（Lovelace, 1843）。她还预测到了人工智能的技术成熟度曲线，并提出：“我们最好防范可能夸大分析机能力的想法。”遗憾的是，巴贝奇的机器和洛芙莱斯的思想已基本被遗忘了。

人工智能还得益于计算机科学软件方面的发展，后者提供了编写现代程序所需的操作系统、编程语言和工具（以及有关它们的论文）。而这也是人工智能对其有回馈的领域：人工智能工作开创的许多想法正重归主流计算机科学，包括分时、交互式解释器、使用窗口和鼠标的个人计算机、快速开发环境、链表数据类型、自动存储管理，以及符号式编程、函数式编程、说明性编程和面向对象编程的关键概念。

1.2.7   控制理论与控制论

- 人造物如何在它们自己的控制下运行？

[①] 在第二次世界大战后，图灵想把这些计算机用于人工智能研究，例如，他创建了第一个国际象棋程序的框架（Turing *et al.*, 1953），但英国政府阻止了这项研究。

居住在亚历山大城的古希腊工程师克特西比乌斯（Ktesibios，约公元前 250 年）建造了第一个自我控制的机器：一台水钟，其特点是拥有一个可以保持恒定水流速度的调节器。这一发明改变了人造物可以做什么的定义。在此之前，只有生物才能根据环境的变化来改变自己的行为。其他自调节反馈控制系统的示例工作包括由詹姆斯·瓦特（James Watt，1736—1918）创建的蒸汽机调节器以及科内利斯·德雷贝尔（Cornelis Drebbel，1572—1633，潜艇发明者）发明的恒温器。詹姆斯·克拉克·麦克斯韦（James Clerk Maxwell）（Maxwell, 1868）开创了控制系统的数学理论。

第二次世界大战后，**控制理论**（control theory）发展的核心人物是诺伯特·维纳（Norbert Wiener，1894—1964）。维纳是一位杰出的数学家，在对生物和机械控制系统及其与认知的联系产生兴趣之前，曾与伯特兰·罗素等人合作。像克雷克（把控制系统作为心理模型）一样，维纳和他的同事阿图罗·罗森布鲁斯（Arturo Rosenblueth）以及朱利安·毕格罗（Julian Bigelow）挑战了行为主义正统派（Rosenblueth *et al.*, 1943）。他们认为具有目的的行为源于试图最小化"错误"的调节机制，即当前状态和目标状态之间的差异。20 世纪 40 年代后期，维纳与沃伦·麦卡洛克（Warren McCulloch）、沃尔特·皮茨（Walter Pitts）和约翰·冯·诺伊曼一起组织了一系列有影响力的会议，探索关于认知的新数学和计算模型。维纳的《控制论》（*Cybernetics*）（Wiener, 1948）成为畅销书，使大众意识到了人工智能机器的可能性。

与此同时，英国控制论专家罗斯·艾什比（W. Ross Ashby）开创了类似的思想（Ashby, 1940）。艾什比、图灵、沃尔特和其他一些学者为"那些在维纳的书出现之前就有维纳想法的人"组织了推理俱乐部[①]。艾什比在《大脑设计》（*Design for a Brain*）（Ashby, 1948, 1952）一书中详细阐述了他的想法，即可以通过**自我平衡**（homeostatic）设备来实现智能，该设备使用恰当的反馈回路来实现稳定的自适应行为。

现代控制理论，特别是被称为随机最优控制的分支，其目标是设计随时间最小化**代价函数**（cost function）的系统。这与人工智能的标准模型——设计性能最优的系统大致相符。尽管人工智能和控制理论的创始人之间有着密切的联系，为什么它们却是两个不同的领域呢？答案在于参与者所熟悉的数学技术与每种世界观所包含的对应问题是紧密结合的。微积分和矩阵代数是控制理论的工具，它们适用于固定的连续变量集描述的系统，而人工智能的建立在一定程度上是为了避开这些可感知的局限性。逻辑推理和计算工具使人工智能研究人员能够考虑语言、视觉和符号规划等问题，而这些问题完全超出了控制理论家的研究范围。

1.2.8　语言学

- 语言是如何与思维联系的？

1957 年，斯金纳（B. F. Skinner）发表了 *Verbal Behavior*，包含该领域最著名的专家对语言学习的行为主义方法的全面详细的描述。但奇怪的是，一篇对这本书的评述也像这本书一样广为人知，几乎扼杀了大众对行为主义的兴趣。评述的作者是语言学家诺姆·乔姆斯基，彼时他刚刚出版了一本关于他自己理论的书《句法结构》（*Syntactic Structure*）。乔姆斯基指出，行为主义理论并没有解决语言创造力的概念，它没有解释孩子们如何理解并造出他们从未听过的句子。乔姆斯基以句法模型为基础的理论可以追溯到古印度语言学家波你尼（Panini，约公元前 350 年）。该理论可以解释语言创造力，而且与以前的理论不同，它足够形式化，原则上可以被程序化。

现代语言学和人工智能几乎同时"诞生"，并一起成长，交叉于一个称为**计算语言学**（computational linguistics）或**自然语言处理**（natural language processing）的混合领域。相比 1957

---

① 推理俱乐部（Ratio Club）。Ratio 取自推理演算器（calculus ratiocinator），因此此处翻译为"推理俱乐部"。——编者注

年，理解语言复杂了许多。理解语言需要理解主题和上下文，而不仅仅是理解句子结构。这似乎是显而易见的，但直到 20 世纪 60 年代才得到广泛认可。**知识表示**（knowledge representation）（关于如何将知识转化为计算机可以推理的形式的研究）的大部分早期工作与语言相关联，并受到语言学研究的启发，而语言学研究反过来又与数十年的语言哲学分析工作有关联。

1.3　人工智能的历史

　　总结人工智能历史里程碑的快速方法是列出图灵奖得主：马文·明斯基（Marvin Minsky）（1969 年图灵奖得主）和约翰·麦卡锡（John McCarthy）（1971 年图灵奖得主）定义了基于表示和推理的领域基础；艾伦·纽厄尔（Allen Newell）和赫伯特·西蒙（Herbert Simon）（1975 年图灵奖得主）提出了关于问题求解和人类认知的符号模型；爱德华·费根鲍姆（Ed Feigenbaum）和劳伊·雷迪（Raj Reddy）（1994 年图灵奖得主）开发了通过对人类知识编码来解决真实世界问题的专家系统；朱迪亚·珀尔（Judea Pearl）（2011 年图灵奖得主）提出了通过原则性的方式处理不确定性的概率因果推理技术；最近的是约书亚·本吉奥（Yoshua Bengio）、杰弗里·辛顿（Geoffrey Hinton）和杨立昆（Yann LeCun）（2018 年图灵奖得主）[①]，他们将"深度学习"（多层神经网络）作为现代计算的关键部分。本节的其余部分将更详细地介绍人工智能历史的每个阶段。

1.3.1　人工智能的诞生（1943—1956）

　　现在普遍认为由沃伦·麦卡洛克和沃尔特·皮茨（McCulloch and Pitts, 1943）完成的工作是人工智能的第一项研究工作。他们受到皮茨的顾问尼古拉斯·拉舍夫斯基（Nicolas Rashevsky）（1936, 1938）对数学建模工作的启发，选择了 3 方面的资源构建模型：基础生理学知识和大脑神经元的功能，罗素和怀特海（Whitehead）对命题逻辑的形式化分析，以及图灵的计算理论。他们提出了一种人工神经元模型，其中每个神经元的特征是"开"或"关"，并且会因足够数量的相邻神经元受到刺激而切换为"开"。神经元的状态被认为是"事实上等同于提出其充分激活的命题"。例如，他们证明任何可计算的函数都可以通过一些神经元互相连接的网络来计算，以及所有的逻辑联结词（AND、OR、NOT 等）都可以通过简单的网络结构来实现。麦卡洛克和皮茨还表明适当定义的网络可以学习。唐纳德·赫布（Donald Hebb）（Hebb, 1949）示范了用于修改神经元之间连接强度的简单更新规则。他的规则，现在称为**赫布型学习**（Hebbian learning），至今仍是一种有影响力的模式。

　　哈佛大学的两名本科生马文·明斯基（Marvin Minsky，1927—2016）和迪安·埃德蒙兹（Dean Edmonds）在 1950 年建造了第一台神经网络计算机——SNARC。SNARC 使用了 3000 个真空管和 B-24 轰炸机上一个多余的自动驾驶装置来模拟由 40 个神经元组成的网络。后来，明斯基在普林斯顿大学研究了神经网络中的通用计算。他的博士学位委员会对这类工作是否应该被视为数学持怀疑态度，但据说冯·诺伊曼评价："如果现在还不能被视为数学，总有一天会的。"

　　还有许多早期工作可以被描述为人工智能，包括 1952 年由曼彻斯特大学的克里斯托弗·斯特雷奇（Christopher Strachey）和 IBM 公司的亚瑟·塞缪尔（Arthur Samuel）分别独立开发的西洋跳棋程序。然而，还是图灵的观点最有影响力。早在 1947 年，他就在伦敦数学协会

---

① 此书英文原著将约书亚·本吉奥、杰弗里·辛顿和杨立昆记录为获得了 2019 年图灵奖，他们实则获得的是 2018 年图灵奖。——编者注

（London Mathematical Society）就这一主题发表了演讲，并在其 1950 年的文章 "Computing Machinery and Intelligence" 中阐明了有说服力的议程。在论文中，他介绍了图灵测试、机器学习、遗传算法和强化学习。如第 27 章所述，也回答了许多针对人工智能的质疑。他还认为，通过开发学习算法然后教会机器，而不是手工编写智能程序，将更容易创造出人类水平的人工智能。他在随后的演讲中警告说，实现这一目标对人类来说可能不是最好的事情。

1955 年，达特茅斯学院的约翰·麦卡锡说服明斯基、克劳德·香农（Claude Shannon）和纳撒尼尔·罗切斯特（Nathaniel Rochester）帮助他召集对自动机理论、神经网络和智能研究感兴趣的美国研究人员。他们于 1956 年夏天在达特茅斯组织了为期两个月的研讨会。这场研讨会共有 10 位与会者，其中包括来自卡内基理工学院[①]的艾伦·纽厄尔和赫伯特·西蒙、普林斯顿大学的特伦查德·摩尔（Trenchard More）、IBM 的亚瑟·塞缪尔以及来自麻省理工学院的雷·所罗门诺夫（Ray Solomonoff）和奥利弗·赛弗里奇（Oliver Selfridge）。该提案指出：[②]

> 1956 年夏天，我们提议在新罕布什尔州汉诺威的达特茅斯学院进行为期两个月共 10 人参与的人工智能研讨。这次研讨是基于这样的假设：理论上可以精确描述学习的每个方面或智能的任何特征，从而可以制造机器来对其进行模拟。我们将试图寻找让机器使用语言，形成抽象和概念，解决人类特有的各种问题并改进自身的方法。我们认为，如果一个精心挑选的科学家团队在一整个夏天里共同研究这些问题，则可以在一个或多个方面取得重大进展。

尽管有这种乐观的预测，但达特茅斯的研讨会并没有带来任何突破。纽厄尔和西蒙提出了也许是最成熟的工作——一个称为"逻辑理论家"（Logic Theorist，LT）的数学定理证明系统。西蒙声称："我们已经发明了一种能够进行非数值思维的计算机程序，从而解决了神圣的身心问题。"[③]研讨会结束后不久，这个程序就已经能证明罗素和怀特海的 *Principia Mathematica* 第 2 章中的大多数定理。据报道，当罗素被告知 LT 提出了一个比 *Principia Mathematica* 书中更精巧的证明时，罗素感到很高兴。但《符号逻辑杂志》（*The Journal of Symbolic Logic*）的编辑们没被打动，他们拒绝了由纽厄尔、西蒙和逻辑理论家合著的论文。

1.3.2 早期热情高涨，期望无限（1952—1969）

20 世纪 50 年代的知识界总体上倾向于相信"机器永远不能做 X"。（见第 27 章中图灵收集的 X 的详细列表。）人工智能研究人员自然而然地一个接一个地演示 X 以回应。他们特别关注那些被认为能够显示人类智能的任务，包括游戏、谜题、数学和智商测试。约翰·麦卡锡将这段时期称为"瞧，妈，不需要人动手操控！"（Look，Ma，no hands!）时代。

纽厄尔和西蒙继 LT 成功之后又推出了通用问题求解器，即 GPS。与 LT 不同，GPS 从一开始就被设计为模仿人类求解问题的协议。结果表明，在它可以处理的有限类型的难题中，该程序考虑的子目标和可能采取的行为的顺序与人类处理相同问题的顺序类似。因此，GPS 可能是第一个体现"人类思维"方式的程序。作为认知模型，GPS 和后续程序的成功使得纽厄尔和西蒙（1976）提出了著名的**物理符号系统**（physical symbol system）假说，该假说认为"物理

---

① 现在是卡内基梅隆大学（CMU）。

② 这是麦卡锡的术语"人工智能"被第一次正式使用。也许"计算理性"会更精确、威胁更小，但"人工智能"一直存在。在达特茅斯会议 50 周年纪念会上，麦卡锡表示，他反对使用"计算机"或"可计算"等术语，以表达对诺伯特·维纳的敬意，因为维纳倡导模拟控制设备，而不是数字计算机。

③ 纽厄尔和西蒙还发明了一种链表处理语言 IPL 来编写 LT。他们没有编译器，只能手动将其翻译为机器代码。为了避免错误，他们并行工作，在编写每条指令时相互大声喊出二进制数，以确保他们是一致的。

符号系统具有进行一般智能动作的必要和充分方法"。意思是，任何显示出智能的系统（人类或机器）必须通过操作由符号组成的数据结构来运行。之后我们会看到这个假说已经受到了多方面的挑战。

在 IBM，纳撒尼尔·罗切斯特和他的同事开发了首批人工智能程序。赫伯特·盖伦特（Herbert Gelernter）（Gelernter, 1959）构造了几何定理证明程序（Geometry Theorem Prover），它能够证明许多数学学生认为相当棘手的定理。这项工作是现代数学定理证明程序的先驱。

从长远来看，这一时期所有探索性工作中，最有影响力的可能是亚瑟·萨缪尔对西洋跳棋的研究。通过使用现在称之为强化学习的方法（见第 22 章），萨缪尔的程序可以以业余高手的水平进行对抗。因此，他驳斥了计算机只能执行被告知的事情的观点：他的程序很快学会了玩游戏，甚至比其创造者玩得更好。该程序于 1956 年在电视上演示，给人留下了深刻的印象。和图灵一样，萨缪尔也很难找到使用计算机的机会，他只能晚上工作，使用仍在 IBM 制造工厂测试场地上还未出厂的计算机。萨缪尔的程序是许多后继系统的前身，如 TD-Gammon（Tesauro, 1992）和 AlphaGo（Silver et al., 2016）。TD-Gammon 是世界上最好的西洋双陆棋棋手之一，而 AlphaGo 因击败人类世界围棋冠军而震惊世界（见第 5 章）。

1958 年，约翰·麦卡锡为人工智能做出了两项重要贡献。在麻省理工学院人工智能实验室备忘录 1 号中，他定义了高级语言 **Lisp**，Lisp 在接下来的 30 年中成为了最重要的人工智能编程语言。在一篇题为 "Programs with Common Sense" 的论文中，麦卡锡为基于知识和推理的人工智能系统提出了概念性议案。这篇论文描述了 "建议接受者"（Advice Taker），这是一个假想程序，它包含了世界的一般知识，并可以利用它得出行动规划。这个概念可以用简单的逻辑公理来说明，这些逻辑公理足以生成一个开车去机场的规划。该程序还被设计为能在正常运行过程中接受新的公理，从而实现无须重新编程就能够在新领域中运行。因此，"建议接受者" 体现了知识表示和推理的核心原则：对世界及其运作进行形式化、明确的表示，并且通过演绎来操作这种表示是很有用的。这篇论文影响了人工智能的发展历程，至今仍有意义。

1958 年也是马文·明斯基转到麻省理工学院的一年。然而，他与麦卡锡的最初合作并没有持续。麦卡锡强调形式逻辑中的表示和推理，而明斯基则对程序工作并最终形成反逻辑的观点更感兴趣。1963 年，麦卡锡在斯坦福大学建立了人工智能实验室。1965 年亚伯拉罕·鲁滨逊（J. A. Robinson）归结原理（一阶逻辑的完备定理证明算法；见第 9 章）的发现推进了麦卡锡使用逻辑来构建最终 "建议接受者" 的计划。麦卡锡在斯坦福大学的工作中强调了逻辑推理的通用方法。逻辑的应用包括柯德尔·格林（Cordell Green）的问答和规划系统（Green, 1969b）以及斯坦福研究所（SRI）的 Shakey 机器人项目，后者（将在第 26 章中进一步讨论）是第一个展示逻辑推理和物理活动完全集成的项目。

在麻省理工学院，明斯基指导了一批学生，他们选择了一些似乎需要智能才能求解的有限问题。这些有限的领域被称为微世界（microworld）。詹姆斯·斯莱格尔（James Slagle）的 Saint 程序（Slagle, 1963）能够求解大学一年级课程中典型封闭形式的微积分问题。托马斯·埃文斯（Thomas Evans）的 Analogy 程序（Evans, 1968）能够解决智商测试中常见的几何类比问题。丹尼尔·博布罗（Daniel Bobrow）的 Student 项目（Bobrow, 1967）能够求解代数故事问题，例如：

> 如果汤姆获得的客户数量是他投放的广告数量的 20% 的平方的两倍，已知他投放的广告数量是 45，那么汤姆获得的客户数量是多少？

最著名的微世界是积木世界（blocks world），由一组放置在桌面上的实心积木组成（或者更常见的是模拟桌面），如图 1-3 所示。在这个世界中，一个典型的任务是用机械手以某种方式重新排列积木，这个机械手一次可以拿起一块积木。积木世界孕育了戴维·哈夫曼（David Huffman）（Huffman, 1971）的视觉项目、戴维·沃尔茨（David Waltz）（Waltz, 1975）的视觉和约束传播工作、帕特里克·温斯顿（Patrick Winston）（Winston, 1970）的学习理论、特里·温诺格拉德（Terry Winograd）（Winograd, 1972）的自然语言理解程序以及斯科特·法尔曼（Scott Fahlman）（Fahlman, 1974）的规划器。

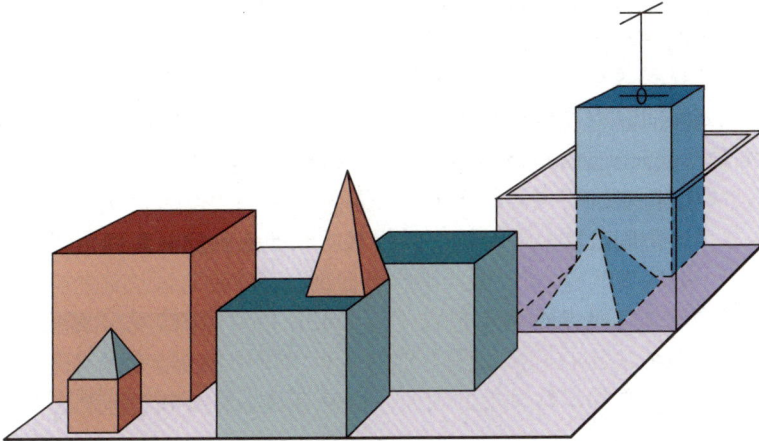

图 1-3　积木世界的场景。SHRDLU（Winograd, 1972）刚刚完成了一个命令——"找到一块比你所持有的积木块更高的积木块，并把它放进盒子里"

建立在麦卡洛克和皮茨提出的神经网络上的早期工作也蓬勃发展。什穆埃尔·温诺格拉德（Shmuel Winograd）和杰克·考恩（Jack Cowan）的研究（Winograd and Cowan, 1963）展示了大量元素如何共同代表一个独立的概念，同时提升稳健性和并行性。赫布的学习方法分别得到了伯尼·维德罗（Bernie Widrow）（Widrow and Hoff, 1960; Widrow, 1962）和弗兰克·罗森布拉特（Frank Rosenblatt）（Rosenblatt, 1962）的改进，他们的网络分别被称为**线性自适应神经网络**（adaline）和**感知机**（perceptron）。**感知机收敛定理**（perceptron convergence theorem）（Block et al., 1962）指出，学习算法可以调整感知机的连接强度来拟合任何输入数据（前提是存在这样的拟合）。

1.3.3　一些现实（1966—1973）

从一开始，人工智能研究人员对未来成功的预测毫不避讳。下面这句 1957 年赫伯特·西蒙的名言经常被引用：

> 我的目的不是使大家感到惊讶或震惊，我可以总结出的最简单的说法是，现在世界上存在着能够思考、学习和创造的机器。此外，它们的这些能力将迅速提高，在可见的未来内，它们能够处理的问题范围将与人类思维的应用范围一样广泛。

虽然"可见的未来"这个词是模糊的，但西蒙也做出了更具体的预测：10 年内，计算机将成为国际象棋冠军以及机器将能证明重要的数学定理。实际上，这些预测的实现（或近似实现）用了 40 年时间，远远超过 10 年。当初西蒙的过度自信来自于早期人工智能系统在简单示例任务上的出色表现。但是，在几乎所有情况下，这些早期系统在更困难的问题上都失败了。

　　失败有两个主要原因。第一个主要原因是许多早期人工智能系统主要基于人类如何执行任务的"知情内省型"，而不是基于对任务、解的含义以及算法需要做什么才能可靠地产生解的仔细分析。

　　第二个主要原因是对人工智能要求解的问题的复杂性缺乏认识。大多数早期的问题求解系统都会尝试组合不同的步骤，直到找到解为止。这一策略最初奏效是因为微世界所包含的对象非常少，因此可能的动作非常少，解的动作序列也非常短。在计算复杂性理论发展完备之前，人们普遍认为"扩展"到更大的问题仅仅是需要更快的硬件和更大的内存。但是当研究人员无法证明涉及几十个事实的定理时，伴随着归结定理证明发展而来的乐观情绪很快就受到了打击。一般而言，程序可以找到解的事实并不意味着该程序具备任何在实践中找到解所需的机制。

　　无限计算能力的幻想并不局限于求解问题的程序。早期的**机器进化**（machine evolution）〔现在称为**遗传编程**（genetic programming）〕实验（Friedberg, 1958; Friedberg *et al.*, 1959）基于绝对正确的信念，即通过对机器代码程序进行一系列适当的小变异，就可以为任何特定任务生成表现良好的程序。这个想法就是通过选择过程来尝试随机突变，并保留似乎有用的突变。尽管使用了长达数千小时的 CPU 时间，但几乎没有任何进展。

　　未能处理"组合爆炸"是莱特希尔报告（Lighthill, 1973）中对人工智能的主要批评之一，基于这份报告，英国政府决定在除两所大学外的所有大学中停止支持人工智能研究。（口述传说描绘了一幅稍有不同、更加丰富多彩的画面，但带有政治野心和个人好恶的描述都不是本书的话题。）

　　此外，产生智能行为的基础结构存在一些根本限制也是导致失败的原因。例如，明斯基和派珀特的著作 *Perceptrons*（Minsky and Papert, 1969）证明，尽管感知机（一种简单的神经网络形式）被证明可以学习它们能够表示的任何事物，但它们能表示的事物很少。举例来说，我们无法训练双输入感知机来判断它的两个输入是否相同。尽管他们的研究结果并不适用于更复杂的多层网络，但用于神经网络研究的经费很快就减少到几乎为零。讽刺的是，在 20 世纪 80 年代和 21 世纪 10 年代再次引起神经网络研究巨大复兴的新反向传播学习算法，早在 20 世纪 60 年代初已经在其他情景下得到了发展（Kelley, 1960; Bryson, 1962）。

1.3.4　专家系统（1969—1986）

　　在人工智能研究的前十年提出的问题求解是一种通用搜索机制，试图将基本的推理步骤串在一起，找到完整的解。这种方法被称为**弱方法**（weak method），这种方法虽然很普及，但它不能扩展到大型或困难的问题实例上。弱方法的替代方案是使用更强大的领域特定的知识，这些知识允许更大规模的推理步骤，并且可以更轻松地处理特定专业领域中发生的典型案例。有人可能会说，必须已经差不多知道答案才能解决一个难题。

　　Dendral 程序（Buchanan *et al.*, 1969）是这种方法的早期例子。它是在斯坦福大学开发的，爱德华·费根鲍姆（曾是赫伯特·西蒙的学生）、布鲁斯·布坎南（Bruce Buchanan，从哲学家转行的计算机科学家）和乔舒亚·莱德伯格（Joshua Lederberg，诺贝尔生理学或医学奖得主，遗传学家）联手解决了从质谱仪提供的信息推断分子结构的问题。该程序的输入包括分子的基本分子式（如 $C_6H_{13}NO_2$）和质谱，其中质谱给出了分子被电子束轰击时产生的各种碎片的质量。例如，质谱可能在 $m = 15$ 处有一个峰，这对应于甲基（CH_3）碎片的质量。

　　朴素版本的程序生成所有可能的符合分子式的结构，然后预测每个结构在质谱仪中的观测结果，并将其与实际质谱进行比较。正如人们所预期的，这对中等规模的分子来说也是难以处理的。Dendral 的研究人员咨询了分析化学家，并发现他们通过寻找质谱中已知的峰模式来工作，这些峰表明分子中的常见子结构。例如，以下规则用于识别酮（C=O）结构（分子量 28）：

如果 M 是整个分子的质量，且在 x_1 和 x_2 处有两个峰，并且

（a）$x_1 + x_2 = M + 28$；（b）$x_1 - 28$ 是一个高峰；（c）$x_2 - 28$ 是一个高峰；（d）x_1 和 x_2 中至少有一处是高峰，

则该分子含有酮基。

认识到分子包含特定的子结构，可以极大地减少可能候选项的量级。据作者称，DENDRAL 之所以强大，是因为它不是以第一性原理的形式，而是以高效"食谱"的形式体现了质谱的相关知识（Feigenbaum *et al.*, 1971）。DENDRAL 的意义在于它是第一个成功的知识密集型系统：它的专业知识来源于大量专用规则。1971 年，费根鲍姆和斯坦福大学的其他研究人员开启了启发式编程项目（heuristic programming project，HPP），以此来研究**专家系统**（expert system）的新方法可以在多大程度上应用到其他领域。

接下来的一个主要工作是用于诊断血液感染的 MYCIN 系统。MYCIN 有大约 450 条规则，它能够表现得和一些专家一样好，甚至比初级医生要好得多。MYCIN 与 DENDRAL 有两个主要区别。首先，不像 DENDRAL 规则，不存在可以推导出 MYCIN 规则的一般理论模型，MYCIN 规则不得不从大量的专家访谈中获得。其次，规则必须反映与医学知识相关的不确定性。MYCIN 引入了一种称为**确定性因子**（certainty factor）的不确定性计算（见第 13 章），这在当时似乎与医生评估证据对诊断影响的方式非常吻合。

第一个成功的商用专家系统 R1 在数字设备公司（Digital Equipment Corporation，DEC）投入使用（McDermott, 1982），该程序帮助公司配置新计算机系统的订单。截至 1986 年，它每年为公司节省约 4000 万美元。到 1988 年，DEC 的人工智能小组已经部署了 40 个专家系统，而且还有更多的专家系统在开发中。同时期，杜邦公司有 100 个专家系统在使用，500 个在开发。当时几乎每家美国大公司都有自己的人工智能团队，不是在使用专家系统，就是在研究专家系统。

领域知识的重要性在自然语言理解领域也很突出。尽管特里·温诺格拉德的 SHRDLU 系统取得了成功，但它的方法并没有扩展到更一般的任务：对于歧义消解之类的问题，它使用了依赖于积木世界中微小范围的简单规则。

包括麻省理工学院的尤金·查尔尼克（Eugene Charniak）和耶鲁大学的罗杰·尚克（Roger Schank）在内的几位研究人员一致认为，强大的语言理解需要关于世界的一般知识以及使用这些知识的一般方法。（尚克进一步声称，"根本就没有语法这回事"，这让很多语言学家感到不安，但确实引发了一场有益的讨论。）尚克和他的学生们建立了一系列的程序（Schank and Abelson, 1977; Wilensky, 1978; Schank and Riesbeck, 1981），这些程序都用于理解自然语言。但是，重点不在于语言本身，而在于用语言理解所需的知识来表示和推理问题。

在真实世界中的广泛应用引发了表示和推理工具的广泛发展。有些是基于逻辑的，例如，Prolog 语言在欧洲和日本流行，而 PLANNER 家族在美国流行。其他人则遵循明斯基的**框架**（frame）思想（Minsky, 1975），采用了一种更结构化的方法，将有关特定对象和事件类型的事实组合起来，并将这些类型组织成类似于生物分类法的大型分类层次结构。

1981 年，日本政府宣布了"第五代计算机"计划，这是一个十年计划，旨在建造运行 Prolog 的大规模并行智能计算机。按现在的货币系统衡量，预算将超过 13 亿美元。作为回应，美国成立了微电子与计算机技术公司（Microelectronics and Computer Technology Corporation，MCC），这是一个旨在确保国家竞争力的联盟。在这两个项目中，人工智能都是广泛努力的一部分，包括芯片设计和人机界面研究。在英国，阿尔维（Alvey）报告恢复了被莱特希尔报告取消的

资助资金。然而，这些项目都没有在新型的人工智能能力或经济影响方面下实现其宏伟目标。

总的来说，人工智能行业从 1980 年的几百万美元增长到 1988 年的数十亿美元，还产生了数百家构建专家系统、视觉系统、机器人以及专门服务于这些目的的软硬件的公司。

但此后不久，经历了一段被称为"人工智能冬天"的时期，许多公司因未能兑现夸张的承诺而停滞。事实证明，为复杂领域构建和维护专家系统是困难的，一部分原因是系统使用的推理方法在面临不确定性时会崩溃，另一部分原因是系统无法从经验中学习。

1.3.5　神经网络的回归（1986—现在）

在 20 世纪 80 年代中期，至少有 4 个不同的团队重新发明了最早在 20 世纪 60 年代初期发展起来的**反向传播**（back-propagation）学习算法。该算法被应用于计算机科学和心理学中的许多学习问题，*Parallel Distributed Processing* 合集（Rumelhart and McClelland, 1986）中的结果的广泛传播引起了极大的轰动。

这些所谓的**联结主义**（connectionist）模型被一些人视为纽厄尔和西蒙的符号模型以及麦卡锡和其他人的逻辑主义方法的直接竞争对手。人类在某种程度上操纵符号似乎是显而易见的——事实上，人类学家特伦斯·迪肯（Terrence Deacon）在其著作《符号化动物》（*The Symbolic Species*）（Deacon, 1997）中指出，这是人类的决定性特征。与此相反，20 世纪 80 年代和 21 世纪 10 年代神经网络复兴的领军人物杰弗里·辛顿将符号描述为"人工智能的光以太"（19 世纪许多物理学家认为电磁波传播的介质是光以太，但其实这种介质不存在）。事实上，我们在语言中命名的许多概念，经过仔细检查后，都未能获得早期人工智能研究人员希望以公理形式描述逻辑定义的充要条件。联结主义模型可能以一种更流畅和不精确的方式形成内部概念，更适配真实世界的混乱。它们还具备从样本中学习的能力，它们可以将它们的预测输出值与问题的真实值进行比较，并修改参数以减少差异，使它们在未来的样本中更有可能表现良好。

1.3.6　概率推理和机器学习（1987—现在）

专家系统的脆弱性导致了一种新的、更科学的方法，结合了概率而不是布尔逻辑，基于机器学习而不是手工编码，重视实验结果而不是哲学主张。[①] 现在更普遍的是，基于现有理论而不是提出全新的理论，基于严格的定理或可靠的实验方法（Cohen, 1995）而不是基于直觉的主张，以及展示与真实世界应用的相关性而不是虚拟的示例。

共享的基准问题集成为了展示进度的标准，包括加利福尼亚大学欧文分校的机器学习数据集库、用于规划算法的国际规划竞赛、用于语音识别的 LibriSpeech 语料库、用于手写数字识别的 MNIST 数据集、用于图像物体识别的 ImageNet 和 COCO、用于自然语言问答的 SQuAD、机器翻译的 WMT 竞赛以及布尔可满足性求解器国际 SAT 竞赛。

人工智能的创立在一定程度上是对控制理论和统计等现有领域局限性的反抗，但在这一时期，它吸纳了这些领域的积极成果。正如戴维·麦卡莱斯特（David McAllester）（McAllester, 1998）所说：

> 在人工智能早期，符号计算的新形式（例如框架和语义网络）使大部分经典理

[①]　一些人将这种变化描述为整洁派（neat，认为人工智能理论应该以数学的严谨性为基础的人）战胜了邋遢派（scruffy，那些宁愿尝试大量的想法，编写一些程序，然后评估哪些似乎可行的人）。这两种方法都很重要。向整洁派的转变意味着该领域已经达到了稳定和成熟的水平。目前对深度学习的重视可能代表着邋遢派的复兴。

论过时，这似乎是合理的。这导致了一种孤立主义，即人工智能在很大程度上与计算机科学的其他领域分离。这种孤立主义目前正在被摒弃。人们认识到，机器学习不应该独立于信息论，不确定推理不应该独立于随机建模，搜索不应该独立于经典优化和控制，自动推理不应该独立于形式化方法和静态分析。

语音识别领域对这种模式进行了说明。20 世纪 70 年代，研究人员尝试了各种不同的架构和方法，许多是相当暂时和脆弱的，并且只能处理几个精心挑选的例子。在 20 世纪 80 年代，使用隐马尔可夫模型（hidden Markov model，HMM）的方法开始主导这一领域。HMM 有两个相关的方面。首先，它们基于严格的数学理论。这使得语音研究人员能够在其他领域数十年数学成果的基础上进行开发。其次，它们是在大量真实语音数据的语料库上训练而产生的。这确保了健壮性，并且在严格的盲测中，HMM 的分数稳步提高。因此，语音技术和手写体字符识别的相关领域向广泛的工业和消费级应用过渡。注意，并没有科学证据表明人类使用 HMM 识别语音，HMM 只是为理解和求解问题提供了一个数学框架。然而，在 1.3.8 节中我们将看到，深度学习已经破坏了这种舒适的叙述。

1988 年是人工智能与统计学、运筹学、决策论和控制理论等其他领域相联系的重要一年。朱迪亚·珀尔的 *Probabilistic Reasoning in Intelligent Systems*（Pearl, 1988）使概率和决策论在人工智能中得到了新的认可。珀尔对贝叶斯网络的发展产生了一种用于表示不确定的知识的严格而有效的形式体系，以及用于概率推理的实用算法。第 12 ～ 16 章涵盖了这个领域，此外最近的发展大大提升了概率形式体系的表达能力，第 20 章描述了从数据中学习贝叶斯网络（Bayesian network）和相关模型的方法。

1988 年的第二个主要贡献是理查德·萨顿（Rich Sutton）的工作，他将强化学习（20 世纪 50 年代被用于亚瑟·塞缪尔的西洋跳棋程序中）与运筹学领域开发的马尔可夫决策过程（Markov decision processe，MDP）联系起来。随后，大量工作将人工智能规划研究与 MDP 联系起来，强化学习领域在机器人和过程控制方面找到了应用，并获得了深厚的理论基础。

人工智能对数据、统计建模、优化和机器学习的新认识带来的结果是，计算机视觉、机器人技术、语音识别、多智能体系统和自然语言处理等子领域逐渐统一，此前这些子领域在某种程度上已经脱离了核心人工智能。重新统一的过程在应用方面（例如，在此期间实用机器人的部署大大扩展）和关于人工智能核心问题更好的理论理解方面都产生了显著的效用。

1.3.7　大数据（2001—现在）

计算能力的显著进步和互联网的创建促进了巨大数据集的创建，这种现象有时被称为大数据（big data）。这些数据集包括数万亿字的文本、数十亿的图像、数十亿小时的语音和视频，以及海量的基因组数据、车辆跟踪数据、点击流数据、社交网络数据等。

这导致了专为利用非常大的数据集而设计的学习算法的开发。通常，这类数据集中的绝大多数例子都没有标签。例如，在雅让斯基关于词义消歧的著作（Yarowsky, 1995）中，出现的一个词（如 "plant"），并没有在数据集中标明这是指植物还是工厂。然而，如果有足够大的数据集，合适的学习算法在识别句意的任务上可以达到超过 96% 的准确率。此外，班科和布里尔认为，将数据集的规模增加两到三个数量级所获得的性能提升会超过调整算法带来的性能提升（Banko and Brill, 2001）。

类似的现象似乎也发生在计算机视觉任务中，例如填补照片中的破洞（要么是由损坏造成的，要么是挖除前朋友造成的）。海斯和埃弗罗斯（Hays and Efros, 2007）开发了一种巧妙的方法，从类似的图像中混合像素。他们发现，该技术在仅包含数千幅图像的数据库中效果不佳，但在拥有数百万幅图像的数据库中，该技术超过了质量阈值。不久之后，ImageNet 数据库（Deng *et al.*, 2009）中可用的数千万幅图像引发了计算机视觉领域的一场革命。

大数据的可用性和向机器学习的转变帮助人工智能恢复了商业吸引力（Havenstein, 2005; Halevy *et al.*, 2009）。大数据是 2011 年 IBM 的 Watson 系统在《危险边缘》（*Jeopardy!*）问答游戏中战胜人类冠军的关键因素，这一事件深深影响了公众对人工智能的看法。

1.3.8 深度学习（2011—现在）

深度学习（deep learning）是指使用多层简单的、可调整的计算单元的机器学习。早在 20 世纪 70 年代，研究人员就对这类网络进行了实验，并在 20 世纪 90 年代以**卷积神经网络**（convolutional neural network）（LeCun *et al.*, 1995）的形式在手写数字识别方面取得了一定的成功。然而，直到 2011 年，深度学习方法才真正开始流行起来，首先是在语音识别领域，然后是在视觉物体识别领域。

在 2012 年的 ImageNet 竞赛中，需要将图像分类为 1000 个类别之一（犰狳、书架、开瓶器等）。多伦多大学杰弗里·辛顿团队开发的深度学习系统（Krizhevsky *et al.*, 2013）比以前基于手工特征的系统有了显著改进。从那时起，深度学习系统在某些视觉任务上的表现超过了人类，但在其他一些任务上还显落后。在语音识别、机器翻译、医疗诊断和博弈方面也有类似的进展。AʟᴘʜᴀGᴏ（Silver *et al.*, 2016, 2017, 2018）之所以能够战胜人类顶尖的围棋棋手，是因为它使用了深度网络来表示评价函数。

这些非凡的成功使学生、公司、投资者、政府、媒体和公众对人工智能的兴趣重新高涨。似乎每周都有新的人工智能应用接近或超过人类表现的消息，通常伴随着加速成功或人工智能新寒冬的猜测。

深度学习在很大程度上依赖于强大的硬件，一个标准的计算机 CPU 每秒可以进行 10^9 或 10^{10} 次运算。运行在特定硬件（例如 GPU、TPU 或 FPGA）上的深度学习算法，每秒可能进行 $10^{14} \sim 10^{17}$ 次运算，主要是高度并行化的矩阵和向量运算。当然，深度学习还依赖于大量训练数据的可用性，以及一些算法技巧（见第 21 章）。

1.4 目前的先进技术

斯坦福大学的人工智能百年研究（也称为 AI100）召集了专家小组来提供人工智能最先进技术的报告。2016 年的报告（Stone *et al.*, 2016; Grosz and Stone, 2018）总结："未来人工智能的应用将大幅增加，包括更多的自动驾驶汽车、医疗诊断和针对性的治疗，以及对老年人护理的物理援助"，并且"社会现在正处于关键时刻，将决定如何以促进而不是阻碍自由、平等和透明等民主价值观的方式部署基于人工智能的技术"。AI100 还在其网站上创建了一个**人工智能指数**（AI Index），以帮助跟踪人工智能的进展。以下列举了与 2000 年基线相比（除非另有说明），2018 年和 2019 年报告的一些亮点。

- 出版物：人工智能论文数量在 2010 年至 2019 年间增长了 20 倍，达到每年约 2 万篇。最受欢迎的类别是机器学习（2009 年至 2017 年，arXiv.org 上的机器学习论文数量每年都会翻一番）。其次是计算机视觉和自然语言处理。
- 情绪：大约 70% 的人工智能新闻文章是中性的，但正面基调的文章从 2016 年的 12% 上升到 2018 年的 30%。最常见的问题是道德问题——数据隐私和算法偏见。

- 学生：与 2010 年基线相比，课程注册人数在美国增加了 5 倍，全球增加了 16 倍。人工智能是计算机科学中最受欢迎的专业。

- 多样性：全球人工智能领域的教授中，大约 80% 是男性，20% 是女性。博士生和行业招聘也有类似的数字。

- 会议：NeurIPS 的参会人数比 2012 年增加了 8 倍，达到 13 500 人。其他会议的参会人数年增长率约为 30%。

- 行业：美国的人工智能初创公司数量增长了 20 倍，达到 800 多家。

- 国际化：中国每年发表的论文多于美国，与整个欧洲一样多。但是，在引用加权影响方面，美国作者领先中国作者 50%。从人工智能招聘人数看，新加坡、巴西、澳大利亚、加拿大和印度是增长最快的国家。

- 视觉：物体检测的错误率（大规模视觉识别挑战，LSVRC）从 2010 年的 28% 下降到 2017 年的 2%，超过了人类的表现。自 2015 年以来，开放式视觉问答（VQA）的准确率从 55% 提高到 68%，但仍远落后于人类 83% 的表现。

- 速度：在过去两年中，图像识别任务的训练时间减少了 100 倍。顶级人工智能应用使用的计算能力每 3.4 个月就会翻一番。

- 语言：以斯坦福问答数据集（SQuAD）的 F1 分数衡量的问答准确率，自 2015 年到 2019 年从 60 分提升到 95 分，在 SQuAD2 版本上进展更快，仅在一年内从 62 分提升到 90 分。这两个分数都超过了人类表现。

- 人类基准：截至 2019 年，人工智能系统在多个领域达到或超越人类表现，包括国际象棋、围棋、扑克、《吃豆人》（*Pac-Man*）、《危险边缘》（*Jeopardy!*）、ImageNet 物体检测、有限域中的语音识别、约束域中的英文翻译、《雷神之锤 3》（*Quake III*）、《刀塔 2》（*Dota 2*）、《星际争霸 II》（*StarCraft II*）、Atari 的各种游戏、皮肤癌检测、前列腺癌检测、蛋白质折叠、糖尿病视网膜病变诊断等。

人工智能系统何时（如果可以的话）能够在各种任务中达到人类水平的表现？马丁·福特（Martin Ford）（Ford, 2018）通过对人工智能专家的访谈发现这一目标时间的范围很广，从 2029 年到 2200 年，均值为 2099 年。在一项类似的调查中（Grace *et al.*, 2017），50% 的受访者认为这可能在 2066 年发生，有 10% 的人认为这最早可能在 2025 年发生，少数人则认为"不可能"。对于我们是需要根本性的新突破，还是仅仅对现有方法进行改进，专家们也存在分歧。但是不要过于严肃对待他们的预测，正如菲利普·泰洛克（Philip Tetlock）（Tetlock, 2017）在预测世界事件领域所证明的那样，专家并不比业余爱好者预测得更准。

未来的人工智能系统将如何运作？我们还不能确定。正如本节所详述的，这个领域采用了几个关于它本身的故事：首先是一个大胆的想法，即机器的智能是可能的，然后是它可以通过将专家知识编码成逻辑来实现，接着是建模世界的概率模型将成为主要工具，以及最近的机器学习将产生可能根本不基于任何易于理解的理论的模型。未来将揭示接下来会出现什么模式。

人工智能现在能做什么？也许不像一些更乐观的媒体文章让人相信的那样多，但仍然很多，以下是一些例子。

自动驾驶：自动驾驶的历史可以追溯到 20 世纪 20 年代的无线电遥控汽车，而在 20 世纪 80 年代首次展示了没有特殊引导的自动道路驾驶（Kanade *et al.*, 1986; Dickmanns and Zapp, 1987）。在 2005 年的 212 公里沙漠赛道 DARPA 挑战赛（Thrun, 2006）和 2007 年繁忙城市道路的城市挑战赛上，自动驾驶汽车成功展示之后，自动驾驶汽车的开发竞赛正式开始。2018

年，Waymo 的测试车辆在公共道路上行驶超过 1600 万公里，没有发生严重事故，其中人类司机每 9650 公里才介入一次接管控制。不久之后，该公司开始提供商业机器人出租车服务。

自 2016 年以来，自动固定翼无人机一直在为卢旺达提供跨境血液输送服务。四轴飞行器可以进行出色的特技飞行，可以在构建三维地图的同时探索建筑，并进行自主编队。

腿足式机器人：雷伯特等人制作的四足机器人 BigDog（Raibert et al., 2008），颠覆了我们对机器人如何行动的概念——不再是好莱坞电影中机器人缓慢、僵硬、左右摇摆的步态，而是类似于动物，并且能够在被推倒或在结冰的水坑上滑倒时恢复站立。类人机器人 Atlas 不仅能在崎岖不平的路况中行走，还可以跳到箱子上，做后空翻后可以稳定落地（Ackerman and Guizzo, 2016）。

自动规划和调度：在距离地球 1.6 亿公里的太空，美国国家航空航天局（NASA）的"远程智能体"程序成为第一个控制航天器操作调度的机载自动规划程序（Jonsson et al., 2000）。远程智能体根据地面指定的高级目标生成规划，并监控这些规划的执行（在出现问题时检测、诊断和恢复）。现在，EUROPA 规划工具包（Barreiro et al., 2012）被用于 NASA 火星探测器的日常操作，而 SEXTANT 系统（Winternitz, 2017）允许航天器在全球 GPS 系统之外进行深空自主导航。

在 1991 年海湾危机期间，美国军队部署了动态分析和重新规划工具 DART（Cross and Walker, 1994），为运输进行自动化的后勤规划和调度。规划涉及的交通工具、货物和人员达 5 万之多，并且必须考虑起点、目的地、路线、运输能力、港口和机场能力以及解决所有参数之间的矛盾。美国国防高级研究计划局（Defense Advanced Research Project Agency，DARPA）表示，这一应用取得的效果足以回报 DARPA 过去 30 年在人工智能领域的投资。

每天，优步（Uber）等网约车公司和谷歌地图等地图服务为数亿用户提供行车向导，在考虑当前和预测未来交通状况的基础上快速规划最佳路线。

机器翻译：在线机器翻译系统现在可以阅读超过 100 种语言的文档，涵盖 99% 的人类使用的母语，每天为数亿用户翻译数千亿词语。虽然翻译结果还不完美，但通常足以理解。对于具有大量训练数据的密切相关的语言（如法语和英语），在特定领域内的翻译效果已经接近于人类的水平（Wu et al., 2016b）。

语音识别：2017 年，微软表示其会话语音识别系统的单词错误率已降至 5.1%，与人类在 Switchboard 任务（转录电话对话）中的表现相当（Xiong et al., 2017）。现在全世界大约三分之一的计算机交互是通过语音而不是键盘完成的，另外 Skype 提供了 10 种语言的实时语音翻译。Alexa、Siri、Cortana 和谷歌都提供了可以回答用户问题和执行任务的助手。例如，谷歌 Duplex 服务使用语音识别和语音合成为用户预订餐厅，它能够代表用户进行流畅的对话。

推荐：Amazon、Facebook、Netflix、Spotify、YouTube、Walmart 等公司利用机器学习技术，根据用户过去的经历和其他类似的人群为用户推荐可能喜欢的内容。推荐系统领域有着悠久的历史（Resnick and Varian, 1997），但由于分析内容（文本、音乐、视频）以及历史和元数据的新深度学习方法的出现，推荐系统正在迅速发生变化（van den Oord et al., 2014; Zhang et al., 2017）。垃圾邮件过滤也可以被认为是推荐（或不推荐）的一种形式。目前的人工智能技术可以过滤掉 99.9% 以上的垃圾邮件，电子邮件服务还可以推荐潜在收件人以及可能回复的文本。

博弈：1997 年，当"深蓝"（Deep Blue）击败国际象棋世界冠军加里·卡斯帕罗夫（Garry Kasparov）后，人类霸权的捍卫者把希望寄托在了围棋上。当时，天体物理学家、围棋爱好者皮特·赫特（Piet Hut）预测称："计算机在围棋上击败人类需要一百年的时间（甚至可能更久）。"但仅仅 20 年后，ALPHAGO 就超过了所有人类棋手（Silver et al., 2017）。世界冠军柯洁说："去年的 ALPHAGO 还比较接近于人，现在它越来越像围棋之神。"ALPHAGO 得益于对人类棋手过去数十万场棋局的研究以及对团队中围棋专家的知识提炼。

后继项目 ALPHAZERO 不再借助人类输入，只通过游戏规则就能够自我学习并击败所有对手，在围棋、国际象棋和日本将棋领域击败了包括人类和机器在内的对手（Silver *et al.*, 2018）。与此同时，人类冠军在各种游戏中被人工智能系统击败，包括《危险边缘》（Ferrucci *et al.*, 2010）、扑克（Bowling *et al.*, 2015; Moravčík *et al.*, 2017; Brown and Sandholm, 2019），以及电子游戏《刀塔 2》（Fernandez and Mahlmann, 2018）、《星际争霸 II》（Vinyals *et al.*, 2019）、《雷神之锤 3》（Jaderberg *et al.*, 2019）。

图像理解：计算机视觉研究人员不再满足于在具有挑战性的 ImageNet 物体识别任务上超越人类的准确性，他们开始研究更困难的图像描述问题。一些令人印象深刻的例子包括"一个人在土路上骑摩托车""两个比萨饼放在炉顶的烤箱上"和"一群年轻人在玩飞盘"（Vinyals *et al.*, 2017b）。然而，目前的系统还远远不够完善，一个"装满大量食物和饮料的冰箱"原来是一个被许多小贴纸遮挡住部分的禁止停车的标志。

医学：现在，人工智能算法在多种疾病的诊断方面（尤其是基于图像的诊断）已经达到或超过了专家医生的水平。例如，对阿尔茨海默病（Ding *et al.*, 2018）、转移性癌症（Liu *et al.*, 2017; Esteva *et al.*, 2017）、眼科疾病（Gulshan *et al.*, 2016）和皮肤病（Liu *et al.*, 2019c）的诊断。一项系统回顾和汇总分析（Liu *et al.*, 2019a）发现，人工智能程序的平均表现与医疗保健专业人员相当。目前医疗人工智能的重点之一是促进人机合作。例如，LYNA 系统在诊断转移性乳腺癌方面达到了 99.6% 的总体准确性，优于独立的人类专家，但两者联合的效果仍然会更好（Liu *et al.*, 2018; Steiner *et al.*, 2018）。

目前，限制这些技术推广的不是诊断准确性，而是需要证明临床结果的改善，并确保透明度、无偏见和数据隐私（Topol, 2019）。2017 年，只有两项医疗人工智能应用获得 FDA 批准，但这一数字在 2018 年增至 12 项，并在持续上升。

气候科学：一个科学家团队凭借深度学习模型获得了 2018 年戈登·贝尔奖，该模型发现了之前隐藏在气候数据中的极端天气事件的详细信息。他们使用了一台具有专用 GPU 硬件，运算性能超过 exaop 级别（每秒 10^{18} 次运算）的超级计算机，这是第一个实现这一目标的机器学习程序（Kurth *et al.*, 2018）。Rolnick 等人（Rolnick *et al.*, 2019）提供了一个 60 页的目录，其中列举了机器学习可用于应对气候变化的方式。

这些只是几个目前存在的人工智能系统的例子。这不是魔法或科幻小说，而是科学、工程和数学，本书将对此进行介绍。

1.5 人工智能的风险和收益

弗朗西斯·培根是一位被誉为创造科学方法的哲学家，他在《论古人的智慧》（*The Wisdom of the Ancients*）（1609）一书中指出："机械艺术的用途是模糊的，它既可用于治疗，也可用于伤害。"随着人工智能在经济、社会、科学、医疗、金融和军事领域发挥越来越重要的作用，我们应该考虑一下它可能带来的伤害和补救措施——用现代的说法，就是风险和收益。这里总结的话题在第 27 章和第 28 章中有更深入的讨论。

首先从收益说起。简而言之，我们的整个文明是人类智慧的产物。如果我们有机会获得更强大的机器智能，我们的理想上限就会大大提高。人工智能和机器人技术可以将人类从繁重的重复性工作中解放出来，并大幅增加商品和服务的生产，这可能预示着一个和平富足的时代的到来。加速科学研究的能力可以治愈疾病，并解决气候变化和资源短缺问题。正如谷歌 DeepMind 首席执行官德米斯·哈萨比斯（Demis Hassabis）所建议的那样："首先解决人工智能问题，然后再用人工智能解决其他所有问题。"

然而，早在我们有机会"解决人工智能"之前，我们就会因误用人工智能而招致风险，无论这是无意的还是其他原因。其中一些风险已经很明显，而另一些似乎基于当前趋势。

- 致命性自主武器：联合国将其定义为无须人工干预即可定位、选择并击杀人类目标的武器。这种武器的一个主要问题在于它们的可扩展性——不需要人类监督意味着一小群人就可以部署任意数量的武器，并且这些武器的打击目标可以是通过任何可行的识别准则来定义的人类。自主武器所需的技术类似于自动驾驶汽车所需的技术。关于致命性自主武器潜在风险的非正式专家讨论始于 2014 年的联合国会议，并于 2017 年进入正式的官方专家组的条约审议阶段。

- 监视和劝诱：安全人员监视电话线路、视频摄像头、电子邮件和其他消息渠道的代价昂贵、乏味且存在法律问题，但可以以一种可扩展的方式使用人工智能（语音识别、计算机视觉、自然语言理解）对个人进行大规模监视并检测感兴趣的活动。基于机器学习技术，通过社交媒体为个人量身定制信息流，可以在一定程度上修改和控制政治行为，这一问题在 2016 年开始的美国总统选举中变得显而易见。

- 有偏决策：在评估假释和贷款申请等任务中，粗心或故意滥用机器学习算法可能会导致因种族、性别或其他受保护类别而产生有偏见的决策。通常，数据本身反映了社会中普遍存在的偏见。

- 就业影响：关于机器会减少工作岗位的担忧由来已久。故事从来都不是简单的。机器能够完成一些人类可能会做的工作，但它们也让人类更有生产力，因此更适合被雇佣；让公司更具盈利能力，因此能够支付更高的工资。它们可能使一些本来不切实际的活动在经济上可行。它们的使用通常会导致财富增加，但往往会将财富从劳动力向资本转移，从而进一步加剧不平等。之前的技术进步（如机械织布机的发明），对就业造成了严重的影响，但最终人们还是找到了新的工作。另外，人工智能也有可能从事这些新的工作。这个话题正迅速成为世界各地经济学家和政府关注的焦点。

- 安全关键的应用：随着人工智能技术的进步，它们越来越多地应用于高风险、安全关键的应用，如驾驶汽车和管理城市供水。已经发生过致命事故，这凸显了对使用机器学习技术开发的系统进行正式验证和统计风险分析的困难。人工智能领域需要制定技术和道德标准，至少要与其他工程和医疗领域中普遍存在的标准相当，而这些标准关乎人们的生命。

- 网络安全：人工智能技术可用于防御网络攻击，如检测异常的行为模式，但这些技术也能用于增强恶意软件的威力、生存能力和扩散能力。例如，强化学习方法已被用于创建高效的工具，这些工具可以进行自动化、个性化的勒索和钓鱼攻击。

我们将在 27.3 节更深入地讨论这些主题。随着人工智能系统变得越来越强大，它们将更多承担以前由人类扮演的社会角色。正如人类过去曾利用这些角色作恶一样，可以预见，人类可能会在这些角色中滥用人工智能系统而作恶更多。上面给出的所有例子都指出了治理的重要性，以及最终监管的重要性。目前，研究团体和参与人工智能研究的主要公司已经为人工智能相关活动制定了自愿自治原则（见 27.3 节）。各国政府和国际组织正在设立咨询机构，为每个具体的用例制定适当的条例，准备应对经济和社会影响，并利用人工智能的能力来解决重大的社会问题。

长期来看呢？我们能否实现长期以来的目标：创造出与人类智力相当或更强大的智能？如果我们做到了，然后呢？

在人工智能的大部分历史上，这些问题都被日常工作所掩盖——让人工智能系统做任何事情，哪怕是远程智能。与任何广泛的学科一样，绝大多数人工智能研究人员专注于特定的子领域，例如博弈、知识表示、视觉或自然语言理解，通常假设这些子领域的进展将有助于实现更广泛的人工智能目标。尼尔斯·约翰·尼尔森（Nils John Nilsson）（Nilsson, 1995）作为 SRI 的 Shakey 项目的最初负责人之一，提醒了该领域那些更广泛的目标，并警告说这些子领域本身有成为目标的风险。后来，一些有影响力的人工智能创始人，包括约翰·麦卡锡（McCarthy, 2007）、马文·明斯基（Minsky, 2007）和帕特里克·温斯顿（Beal and Winston, 2009），都认同尼尔森的警告，认为人工智能应该回归其本源，而不是专注于具体应用中可衡量的性能，用赫伯特·西蒙的话来说就是"会思考、会学习、会创造的机器"。他们将这种努力方向称为**人类级别的人工智能**（human-level AI，HLAI）——机器应该能够学会做人类可以做到的任何事情。他们在 2004 年召开了第一次研讨会（Minsky *et al.*, 2004）。另一个有着类似目标的工作是**通用人工智能**（artificial general Intelligence，AGI）运动（Goertzel and Pennachin, 2007），在 2008 年举行了第一次会议并组织出版了 *The Journal of Artificial General Intelligence*。

大约在同一时间，人们担心创造远远超过人类能力的**超级人工智能**（artificial superintelligence，ASI）可能是个坏主意（Yudkowsky, 2008; Omohundro, 2008）。图灵（Turing, 1996）在 1951 年曼彻斯特的一场演讲中也提出了同样的观点，他借鉴了塞缪尔·巴特勒（Samuel Butler）（Butler, 1863）的早期观点：[①]

> 似乎很可能，机器思维方法一旦开始，用不了多久它就会超越我们微弱的力量……因此，在某个阶段，我们应该猜到机器会获得控制权，就像塞缪尔·巴特勒在 *Erewhon* 中所提到的那样。

随着深度学习方面的最新进展，尼克·波斯特洛姆（Nick Bostrom）的《超级智能》（*Superintelligence*）（2014）等图书的出版，以及斯蒂芬·霍金（Stephen Hawking）、比尔·盖茨（Bill Gates）、马丁·里斯（Martin Rees）和埃隆·马斯克（Elon Musk）的公开声明，这些担忧只会变得更加普遍。

对创造超级智能机器的想法产生普遍的不安感是自然的。我们可以称之为**大猩猩问题**（gorilla problem）：大约 700 万年前，一种现已灭绝的灵长类进化了，一个分支进化为大猩猩，另一个分支进化为人类。今天，大猩猩对人类分支不太满意，大猩猩根本无法控制自己的未来。如果这是成功创造出超级人工智能的结果（人类放弃对未来的控制），那么我们也许应该停止人工智能的研究，并且作为一个必然的结果，放弃人工智能可能带来的好处。这就是图灵警告的本质：我们可能无法控制比我们更聪明的机器。

如果超级人工智能是一个来自外太空的黑匣子，那么谨慎地打开这个黑匣子确实是明智之举。但事实并非如此：我们设计了人工智能系统，所以如果它们最终"掌控了自己"，那将是设计失败的结果（正如图灵所说）。

为了避免这种结果，我们需要了解潜在失败的根源。诺伯特·维纳（Wiener, 1960）在看到亚瑟·塞缪尔的西洋跳棋程序学会下棋并打败其创造者后，开始考虑人工智能的长远未来，他说：

---

① 甚至在更早的 1847 年，《原始解释者》（*Primitive Expounder*）的编辑理查德·桑顿（Richard Thornton）就对机械计算器大加抨击："思想……超越自身，并通过发明机器进行自我思考来消除自身存在的必要性……但是谁知道，当这种机器变得更加完美的时候，它会不会想出一个规划来弥补自己的所有缺陷，然后想出超出常人所能理解的思想！"

如果我们为了达到目的而使用一个我们无法有效干预其运作方式的机械智能体……那么我们最好能完全确定设定给机器的目标是我们真正想要实现的。

许多文化都有关于人类向神灵、精灵、魔术师或魔鬼索取东西的神话。在这些故事中，他们总是得到了他们真正想要的东西并最终后悔。如果还有第三个愿望的话，那就是撤销前两个。我们将其称为**迈达斯国王问题**（King Midas problem）：迈达斯是希腊神话中的传奇国王，他要求他所接触的一切都变成黄金，但他在接触了他的食物、饮料和家人后，就后悔了。[①]1.1.5 节中我们已经提到过这个问题，将固定目标设定给机器的标准模型需要进行重大修改。解决维纳困境的方法根本不是 "给机器设定一个明确的目的"。相反，我们希望机器努力实现人类的目标，但知道它们并不确切地知道这些目标是什么。

遗憾的是，迄今为止，几乎所有的人工智能研究都是在标准模型下进行的，这意味着这版书中几乎所有的技术材料都反映了这一知识框架。然而，在新框架内已经有一些初步成果。在第 16 章中，我们指出，当且仅当机器对人类的目标不确定时，机器才有积极的动机允许自己关闭。在第 18 章中，我们设计并研究**辅助博弈**（assistance game），它在数学上描述了一种情况，即人类有一个目标而机器试图实现它，但最初不确定目标是什么。在第 22 章中，我们解释**逆向强化学习**（inverse reinforcement learning）的方法，它允许机器通过观察人类的选择来更多地了解人类的偏好。在第 27 章中，我们探讨两个主要的困难：首先，我们的选择取决于我们的偏好，这是通过一个非常复杂、难以逆向的认知结构来实现的；其次，我们人类可能在一开始就没有一致的偏好（无论是作为个人还是作为一个群体），所以人工智能系统可能并不清楚应该为我们做什么。

小结

本章定义了人工智能并阐述了其发展的文化背景。本章要点如下。

- 不同的人对人工智能的期望不同。首先要问的两个重要问题是：你关心的是思想还是行为？你想模拟人类，还是试图达到最佳结果？

- 根据我们所说的标准模型，人工智能主要关注**理性行为**。理想的智能体会在某种情况下采取可能的最佳行为，在这个意义下，我们研究了**智能体**的构建问题。

- 这个简单的想法需要两个改进：首先，任何智能体（无论是人还是其他物体）选择理性行为的能力都受到决策计算难度的限制；其次，机器的概念需要从追求明确目标转变到追求目标以造福人类，虽然不确定这些目标是什么。

- 哲学家们（追溯到公元前 400 年）暗示大脑在某些方面就像一台机器，操作用某种内部语言编码的知识，并且这种思维可以用来选择要采取的行动，从而认为人工智能是有可能实现的。

- 数学家提供了运算逻辑的确定性陈述以及不确定的概率陈述的工具，也为理解计算和算法推理奠定了基础。

- 经济学家将决策问题形式化，使决策者的期望效用最大化。

- 神经科学家发现了一些关于大脑如何工作的事实，以及大脑与计算机的相似和不同之处。

- 心理学家采纳了人类和动物可以被视为信息处理机器的观点。语言学家指出，语言的使用符合这一模式。

---

① 如果迈达斯遵循基本的安全原则，并在他的愿望中包括 "撤消" 按钮和 "暂停" 按钮，他会过得更好。

- 计算机工程师提供了更加强大的机器，使人工智能应用成为可能，而软件工程师使它们更加易用。
- 控制理论涉及在环境反馈的基础上设计最优行为的设备。最初，控制理论的数学工具与人工智能中使用的大不相同，但这两个领域越来越接近。
- 人工智能的历史经历了成功、盲目乐观以及由此导致的热情丧失和资金削减的循环，也存在引入全新创造性的方法和系统地改进最佳方法的循环。
- 与最初的几十年相比，人工智能在理论和方法上都已经相当成熟。随着人工智能面对的问题变得越来越复杂，该领域从布尔逻辑转向概率推理，从手工编码知识转向基于数据的机器学习。这推动了真实系统功能的改进以及与其他学科更大程度的集成。
- 随着人工智能系统在真实世界中的应用，必须考虑各种风险和道德后果。
- 从长远来看，我们面临着控制超级智能的人工智能系统的难题，它们可能以不可预测的方式进化。解决这个问题似乎需要改变我们对人工智能的设想。

参考文献与历史注释

人工智能的早期先驱之一尼尔斯·尼尔森（Nilsson, 2009）给出了人工智能的完整历史。佩德罗·多明戈斯（Pedro Domingos）（Domingos, 2015）和麦莱尼亚·米切尔（Melanie Mitchell）（Mitchell, 2019）为普通读者提供了机器学习的概述，李开复（Kai-Fu Lee）（Lee, 2018）描述了人工智能国际领导地位的竞争。马丁·福特（Martin Ford）（Ford, 2018）采访了23位领衔的人工智能研究人员。

人工智能的主要专业协会有国际先进人工智能学会（Association for the. Advancement of Artificial Intelligence，AAAI）、ACM 人工智能特别兴趣小组（Special Interest Group in Artificial Intelligence，SIGAI，其前身为 SIGART）、欧洲人工智能学会（European Association for AI）以及人工智能和行为模拟协会（Society for Artificial Intelligence and Simulation of Behaviour，AISB）。人工智能的伙伴关系将许多关注人工智能的道德和社会影响的商业和非营利组织聚集在一起。AAAI 的 *AI Magazine* 包含许多专题和教程，其网站包含了人工智能相关新闻、教程和背景资料。

人工智能的最新工作会出现在国际人工智能联合会议（International Joint Conference on AI，IJCAI）、欧洲人工智能会议（European Conference on AI，ECAI）和 AAAI 会议这类主要人工智能会议的会刊中。国际机器学习会议（International Conference on Machine Learning，ICML）和神经信息处理系统（Neural Information Processing Systems，NeurIPS）会议涵盖机器学习领域。通用人工智能的主要期刊是 *Artificial Intelligence*、*Computational Intelligence*、*IEEE Transactions on Pattern Analysis and Machine Intelligence*（TPAMI）、*IEEE Intelligent Systems*（TIS）和 *Journal of Artificial Intelligence Research*（JAIR）。此外，还有许多专门讨论特定领域的会议和期刊，我们将在相应的章节中介绍。

第 2 章

智能体

我们在此讨论智能体的本质，完美的或不完美的、环境的多样性以及由此产生的智能体类型的集合。

第 1 章将**理性智能体**（rational agent）的概念确定为研究人工智能的方法的核心。本章将使这个概念更加具体。我们将看到，在任何可以想象的环境中运行的各种智能体都可以应用理性的概念。本书的计划是使用这个概念来制定一小组设计原则，并用于构建成功的智能体，可以合理地称之为**智能系统**。

我们从检查智能体、环境以及它们之间的耦合开始。观察到某些智能体比其他智能体表现得更好，可以自然而然地引出理性智能体的概念，即行为尽可能好。智能体的行为取决于环境的性质。我们将对环境进行粗略分类，并展示环境的属性如何影响智能体的设计。我们描述一些基本的"框架"智能体设计，本书余下的部分将充实相关内容。

2.1 智能体和环境

任何通过**传感器**（sensor）感知**环境**（environment）并通过**执行器**（actuator）作用于该环境的事物都可以被视为**智能体**（agent）。这个简单的想法如图 2-1 所示。一个人类智能体以眼睛、耳朵和其他器官作为传感器，以手、腿、声道等作为执行器。机器人智能体可能以摄像头和红外测距仪作为传感器，还有各种电动机作为执行器。软件智能体接收文件内容、网络数据包和人工输入（键盘 / 鼠标 / 触摸屏 / 语音）作为传感输入，并通过写入文件、发送网络数据包、显示信息或生成声音对环境进行操作。环境可以是一切，甚至是整个宇宙！实际上，我们在设计智能体时关心的只是宇宙中某一部分的状态，即影响智能体感知以及受智能体动作影响的部分。

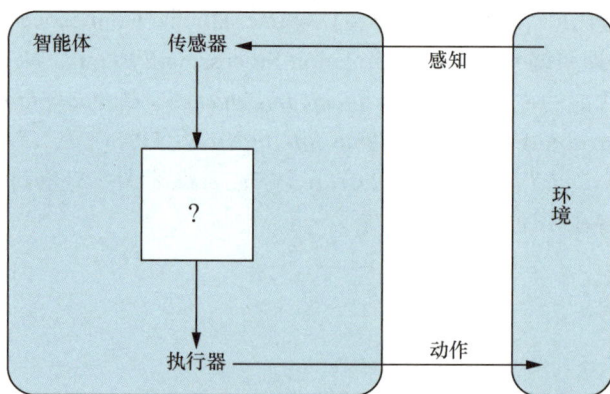

图 2-1　智能体通过传感器和执行器与环境交互

我们使用术语感知（percept）来表示智能体的传感器正在感知的内容。智能体的感知序列（percept sequence）是智能体所感知的一切的完整历史。一般而言，一个智能体在任何给定时刻的动作选择可能取决于其内置知识和迄今为止观察到的整个感知序列，而不是它未感知到的任何事物。通过为每个可能的感知序列指定智能体的动作选择，我们或多或少地说明了关于智能体的所有内容。从数学上讲，我们说智能体的行为由智能体函数（agent function）描述，该函数将任意给定的感知序列映射到一个动作。

可以想象将描述任何给定智能体的智能体函数制成表格。对大多数智能体来说，这将是一个非常大的表，事实上是无限的（除非限制考虑的感知序列长度）。给定一个要进行实验的智能体，原则上，我们可以通过尝试所有可能的感知序列并记录智能体响应的动作来构建此表[①]。当然，该表只是该智能体的外部特征。在内部，人工智能体的智能体函数将由智能体程序（agent program）实现。区别这两种观点很重要，智能体函数是一种抽象的数学描述，而智能体程序是一个具体的实现，可以在某些物理系统中运行。

为了阐明这些想法，我们举一个简单的例子——真空吸尘器世界。在一个由方格组成的世界中，包含一个机器人真空吸尘器智能体，其中的方格可以是脏的，也可以是干净的。图 2-2 展示了只有两个方格——方格 A 和方格 B——的情况。真空吸尘器智能体可以感知它在哪个方格中，以及方格中是否干净。智能体从方格 A 开始。可选的操作包括向右移动、向左移动、吸尘或什么都不做。[②] 一个非常简单的智能体函数如下：如果当前方格是脏的，就吸尘；否则，移动到另一个方格。该智能体函数的部分表格如图 2-3 所示，实现它的智能体程序如图 2-8 所示。

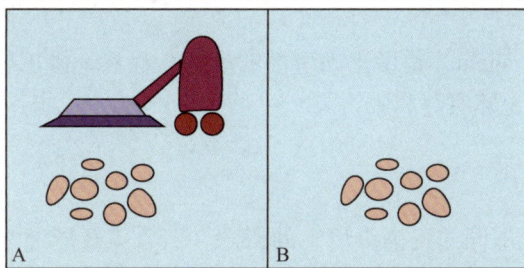

图 2-2　一个只有两个方格的真空吸尘器世界。每个位置可以是干净的，也可以是脏的，智能体可以向左移动或向右移动，可以清理它所占据的方格。不同版本的真空吸尘器世界允许不同的规则，例如智能体可以感知什么，它的动作是否总是成功等

从图 2-3 中可以看到，通过以各种方式填充右边的列可以简单地定义各种真空世界的智能体。那么，显而易见的问题是：填充表格的正确方法是什么？换句话说，是什么使智能体表现好或坏、聪明或愚蠢？我们将在 2.2 节中回答这些问题。

在结束本节之前，我们应该强调，智能体这一概念旨在成为分析系统的工具，而不是将世界划分为智能体和非智能体的绝对表征。人们可以将手持计算器视为一个智能体，它在给定感知序列 "2+2=" 时选择显示 "4" 的动作，但这样的分析很难帮助我们理解计算器。在某种意义上，工程的所有领域都可以被视为设计与世界互动的人工制品，人工智能运行在（作者认为是）这个系列最有趣的一端，在这一端，人工制品具有重要的计算资源，任务环境需要非凡的决策。

---

① 如果智能体在选择其动作时使用一些随机化，那就必须多次尝试每个序列来确定每个动作的概率。有人可能会认为随机地行动是相当愚蠢的，但本章后面展示出它可能非常聪明。

② 真正的机器人不太可能会有"向右移动"和"向左移动"这样的动作，而是采用"向前旋转轮子"和"向后旋转轮子"这样的动作。我们选择的动作更易于在书本上理解，而不是为了在实际的机器人中易于实现。

感知序列	动作
[A, Clean]	Right
[A, Dirty]	Suck
[B, Clean]	Left
[B, Dirty]	Suck
[A, Clean], [A, Clean]	Right
[A, Clean], [A, Dirty]	Suck
⋮	⋮
[A, Clean], [A, Clean], [A, Clean]	Right
[A, Clean], [A, Clean], [A, Dirty]	Suck
⋮	⋮

图 2-3   图 2-2 所示的真空吸尘器世界的简单智能体函数的部分表项。如果当前方格是脏的，智能体就会进行清理，否则它将移到另一个方格。注意，除非限制可能感知序列的长度，否则该表的大小是无限的

2.2   良好行为：理性的概念

理性智能体（rational agent）是做正确事情的事物。显然，做正确的事情比做错误的事情要好，但是做正确的事情意味着什么呢?

2.2.1   性能度量

道德哲学发展了几种不同"正确事情"的概念，但人工智能通常坚持一种称为**结果主义**（consequentialism）的概念：我们通过结果来评估智能体的行为。当智能体进入环境时，它会根据接受的感知产生一个动作序列。这一动作序列会导致环境经历一系列的状态。如果序列是理想的，则智能体表现良好。这种可取性的概念由**性能度量**（performance measure）描述，该度量评估任何给定环境状态的序列。

人类有自己的欲望和偏好，因此，人类有适用于自身的理性概念。这一概念与成功地选择产生环境状态序列的行动有关，这些环境状态序列从人类的角度来看是可取的。但是，机器没有自己的欲望和偏好，至少在最初，性能度量是在机器设计者的头脑中或者是在机器受众的头脑中。我们将看到，一些智能体设计具有性能度量的显式表示（一个版本），而在其他设计中，性能度量完全是隐式的，智能体可能会做正确的事情，但它不知道为什么。

回顾诺伯特·维纳的警告，以确保"施以机器的目的是我们真正想要的目的"（1.5 节），注意，正确地制定性能度量可能非常困难。例如，考虑 2.1 节中的真空吸尘器智能体，我们可能会建议用单个 8 小时班次中清理的灰尘量来度量性能。当然，有了理性的智能体，你所要求的就是你所得到的。然而一个理性的智能体可以通过清理灰尘，然后将其全部倾倒在地板上，然后再次清理，如此反复，从而最大化这一性能度量。更合适的性能度量是奖励拥有干净地板的智能体。例如，在每个时间步中，每个干净的方格都可以获得 1 分（可能会对耗电和产生的噪音进行惩罚）。作为一般规则，更好的做法是根据一个人在环境中真正想要实现的目标，而

不是根据一个人认为智能体应该如何表现来设计性能度量。

即使避免了明显的缺陷，一些棘手的问题仍然存在。例如，上一段中"干净地板"的概念是基于一段时间内的平均整洁度。然而，两个不同的智能体可以达到相同的平均整洁度，其中一个智能体工作始终保持一般水平，而另一个智能体短时间工作效率很高但需要长时间的休息。哪种工作方式更可取似乎是保洁科学的好课题，但实际上这是一个具有深远影响的深刻哲学问题。大起大落、不计后果的生活，和安全但单调的生活，哪个更好？一个人人都生活在中度贫困的经济体，和一个有些人生活富裕而另一些人非常贫困的经济体，哪个更好？我们把这些问题留给勤奋的读者作为习题。

对于本书的大部分内容，我们将假设性能度量可以正确地指定。然而，出于前面所述原因，我们必须接受这样一种可能性：我们可能会将错误的目的施加给机器，确切地说，就是 1.5 节描述的迈达斯国王问题。此外，当设计一款软件（其副本将属于不同的用户）时，我们无法预测每个用户的确切偏好。因此，我们可能需要构建相应的智能体，它能够反映真实性能度量的初始不确定性，并随着时间的推移对其了解更多，第 16 章、第 18 章和第 22 章介绍了此类智能体。

2.2.2　理性

在任何时候，理性取决于以下 4 方面：
- 定义成功标准的性能度量；
- 智能体对环境的先验知识；
- 智能体可以执行的动作；
- 智能体到目前为止的感知序列。

这引出了**理性智能体的定义**：

> 对于每个可能的感知序列，给定感知序列提供的证据和智能体所拥有的任何先验知识，理性智能体应该选择一个期望最大化其性能度量的动作。

考虑一个简单的真空吸尘器智能体，如果一个方格是脏的就清理它，如果不脏就移动到另一个方格，这就是图 2-3 中给出的智能体函数。它是理性智能体吗？这需要看情况了！首先，我们需要说明性能度量是什么，对环境了解多少，以及智能体具有哪些传感器和执行器。我们假设：
- 在 1000 个时间步的"生命周期"内，性能度量在每个时间步为每个干净的方格奖励 1 分；
- 环境的"地理信息"是先验的（图 2-2），但灰尘的分布和智能体的初始位置不是先验的，干净的方格会继续保持干净，吸尘（*Suck*）动作会清理当前方格，向左（*Left*）或向右（*Right*）的动作使智能体移动一个方格，如果该动作会让智能体移动到环境之外，智能体将保持在原来的位置；
- 可用的动作仅有向右（*Right*）、向左（*Left*）和吸尘（*Suck*）；
- 智能体能够正确感知其位置以及该位置是否有灰尘。

在这种情况下，智能体确实是理性的，它的预期性能至少与任何其他智能体一样。

显而易见，同一个智能体在不同的情况下可能会变得不理性。例如，一旦清除了所有灰尘，该智能体将会毫无必要地反复来回；如果性能度量考虑对每个动作罚 1 分，那么智能体的表现就会很差。在确定所有方格都干净的情况下，一个更好的智能体不会做任何事情。如果干净的方格可能再次变脏，智能体应该偶尔检查，并在必要时重新清理。如果环境的地理信息是未知的，智能体则需要对其进行**探索**（explore）。习题 2.VACR 要求在这些情况下设计智能体。

2.2.3　全知、学习和自主

我们需要仔细区分理性和**全知**（omniscience）。全知的智能体能预知其行动的实际结果，并能据此采取行动，但在现实中，全知是不可能的。考虑这样一个例子：有一天我正沿着香榭丽舍大街散步，我看到街对面的一位老朋友。附近没有车流，我也没有别的事要做，所以理性上，我会开始过马路。与此同时，在 10 千米的高空，一架飞过的客机上有一扇货舱门脱落下来 ①，在我到达马路对面之前，我就被压扁了。我过马路是不理性的吗？我的讣告上不太可能写"试图过马路的白痴"。

这个例子表明，理性不等同于完美。理性使期望性能最大化，而完美使实际性能最大化。不要求完美不仅仅是对智能体公平的问题。关键是，如果我们期望一个智能体做事后证明是最好的行动，就不可能设计一个符合规范的智能体，除非我们改进占卜水晶球或时间机器的性能。

因此，我们对理性的定义并不需要全知，因为理性决策只取决于迄今为止的感知序列。我们还必须确保我们没有无意中允许智能体进行低智的行动。例如，如果一个智能体在穿过繁忙的道路之前没有向两边看，那么它的感知序列将不会告诉它有一辆大卡车正在以高速接近。我们对理性的定义是不是说现在就可以过马路了？绝非如此！

首先，考虑到这种缺乏信息的感知序列，过马路是不理性的：不观察路况就过马路发生事故的风险太大。其次，理性智能体在上街之前应该选择"观察"动作，因为观察有助于最大化期望性能。采取行动来改变未来的感知，有时被称为**信息收集**（information gathering），这是理性的一个重要组成部分，将在第 16 章中详细介绍。信息收集的另一个例子是真空吸尘器在最初未知的环境中必须进行的**探索**（exploration）。

我们的定义要求理性智能体不仅要收集信息，还要尽可能多地从它所感知到的东西中**学习**（learn）。智能体的初始配置可以反映对环境的一些先验知识，但随着智能体获得经验，这可能会被修改和增强。在一些极端情况下，环境完全是先验已知的和完全可预测的。在这种情况下，智能体不需要感知或学习，只需正确地运行。

当然，这样的智能体是脆弱的。如卑微的粪甲虫例子，在挖出巢穴产卵后，它会从附近的一堆粪中取出一团粪来堵住入口。如果粪球在途中被截下，粪甲虫根本不会注意到粪球已经不见了，仍会继续它的任务，并滑稽地用不存在的粪球堵住巢穴。进化已经在粪甲虫的行为中建立了一个假设，当它被违反时，不成功的行为就会产生。

稍微聪明一点的是掘土黄蜂。雌性掘土黄蜂会挖一个洞，出去刺一只毛毛虫并把它拖到洞口，再次进入洞里检查一切是否正常，然后把毛毛虫拖进洞里再去产卵。当蜂卵孵化时，毛毛虫会充当食物来源。到目前为止还不错，但如果昆虫学家在掘土黄蜂检查洞穴时将毛毛虫移动几厘米远，它将回到其规划中的"把毛毛虫拖到洞口"步骤，即使经过数十次移动毛毛虫的干预，它仍然继续执行该规划而不进行修改，不断地重新检查洞穴。掘土黄蜂无法知道其固有规划正在失败，因此不会改变规划。

如果在某种程度上，智能体依赖于其设计者的先验知识，而不是其自身的感知和学习过程，我们就说该智能体缺乏**自主性**（autonomy）。一个理性的智能体应该是自主的，它应该学习如何弥补部分或不正确的先验知识。例如，能学习预测何时何地会出现额外灰尘的真空吸尘器比不能学习预测的要好。

实际上，我们很少从一开始就要求智能体完全自主：除非设计者提供一些帮助，否则当智能体几乎没有经验或完全没有经验时，它将不得不随机行动。正如进化为动物提供了足够的内

---

① 参见 N. Henderson，"波音 747 大型喷气式飞机迫切需要新门锁"，华盛顿邮报，1989 年 8 月 24 日。

建反射，使其能够生存足够长的时间来学习一样，为人工智能体提供一些初始知识和学习能力也是合理的。在充分体验相应环境后，理性智能体的行为可以有效地独立于其先验知识。因此，结合学习能够让我们设计单个理性智能体，它能在各种各样的环境中取得成功。

2.3　环境的本质

既然已经有了理性的定义，考虑构建理性智能体的准备几乎已经完成。然而，还必须考虑**任务环境**（task environment），它本质上是"问题"，理性智能体是"解决方案"。我们首先展示如何指定任务环境，并用一些示例说明该过程。然后，展示任务环境的多种形式。任务环境的性质直接影响智能体程序的恰当设计。

2.3.1　指定任务环境

在讨论简单的真空吸尘器智能体的理性时，我们必须指定性能度量、环境以及智能体的执行器和传感器。我们将所有这些都归在任务环境的范畴下，基于首字母缩写规则，我们称其为**PEAS**（Performance，Environment，Actuator，Sensor）描述。在设计智能体时，第一步必须始终是尽可能完整地指定任务环境。

真空吸尘器世界是一个简单的例子，让我们考虑一个更复杂的问题：自动驾驶出租车司机。图 2-4 总结了出租车任务环境的 PEAS 描述。我们将在以下段落中更详细地讨论每个元素。

智能体类型	性能度量	环境	执行器	传感器
自动驾驶出租车司机	安全、速度快、合法、舒适旅程、最大化利润、对其他道路用户的影响最小化	道路、其他交通工具、警察、行人、客户、天气	转向器、加速器、制动、信号、喇叭、显示、语音	摄像头、雷达、速度表、GPS、发动机传感器、加速度表、麦克风、触摸屏

图 2-4　自动驾驶出租车司机任务环境的 PEAS 描述

首先，我们希望自动驾驶追求的**性能度量**（performance measure）是什么？理想的标准包括到达正确的目的地，尽量减少油耗和磨损，尽量减少行程时间或成本，尽量减少违反交通法规和对其他驾驶员的干扰，最大限度地提高安全性和乘客舒适度，最大化利润。显然，其中一些目标是相互冲突的，因此需要权衡。

接下来，出租车将面临什么样的驾驶**环境**（environment）？任何出租车司机都必须能够在各种道路上行驶，如乡村车道、城市小巷以及 12 车道的高速公路。道路上有其他交通工具、行人、流浪动物、道路工程、警车、水坑和坑洼。出租车还必须与潜在以及实际的乘客互动。另外，还有一些可选项。出租车可以选择在很少下雪的南加利福尼亚州或者经常下雪的阿拉斯加运营。它可能总是靠右行驶，或者我们可能希望它足够灵活，在英国或日本时可以靠左行驶。显然，环境越受限，设计问题就越容易解决。

自动驾驶出租车的**执行器**（actuator）包括可供人类驾驶员使用的器件，例如通过加速器控制发动机以及控制转向和制动。此外，它还需要输出到显示屏或语音合成器，以便与乘客进行对话，或许还需要某种方式与其他车辆进行礼貌的或其他方式的沟通。

出租车的基本**传感器**（sensor）将包括一个或多个摄像头以便观察，以及激光雷达和超声波传感器以便检测其他车辆和障碍物的距离。为了避免超速罚单，出租车应该有一个速度表，而为了正确控制车辆（特别是在弯道上），它应该有一个加速度表。要确定车辆的机械状态，需要发动机、燃油和电气系统的传感器常规阵列。像许多人类驾驶者一样，它可能需要获取 GPS 信号，这样就不会迷路。最后，乘客需要触摸屏或语音输入才能说明目的地。

图 2-5 中简要列举了一些其他智能体类型的基本 PEAS 元素。更多示例参见习题 2.PEAS。这些示例包括物理环境和虚拟环境。注意，虚拟任务环境可能与"真实"世界一样复杂。例如，在拍卖和转售网站上进行交易的**软件智能体**（software agent），或称软件机器人或**软机器人**（softbot），为数百万其他用户和数十亿对象提供交易，其中许多对象具有真实的图片。

智能体类型	性能度量	环境	执行器	传感器
医学诊断系统	治愈患者、降低费用	患者、医院、工作人员	用于问题、测试、诊断、治疗的显示器	用于症状和检验结果的触摸屏/语音输入
卫星图像分析系统	正确分类对象和地形	轨道卫星、下行链路、天气	场景分类显示器	高分辨率数字照相机
零件选取机器人	零件在正确箱中的比例	零件输送带、箱子	有关节的手臂和手	摄像头、触觉和关节角度传感器
提炼厂控制器	纯度、产量、安全	提炼厂、原料、操作员	阀门、泵、加热器、搅拌器、显示器	温度传感器、气压传感器、流量传感器、化学传感器
交互英语教师	学生的考试分数	一组学生、考试机构	用于练习、反馈、发言的显示器	键盘输入、语音

图 2-5　智能体类型及其 PEAS 描述的示例

2.3.2　任务环境的属性

人工智能中可能出现的任务环境范围显然非常广泛。然而，我们可以确定相当少的维度，并根据这些维度对任务环境进行分类。这些维度在很大程度上决定了恰当的智能体设计以及智能体实现的主要技术系列的适用性。首先我们列出维度，然后分析几个任务环境，阐明思路。这里的定义是非形式化的，后面的章节提供了每种环境的更精确的陈述和示例。

完全可观测的（fully observable）与**部分可观测的**（partially observable）：如果智能体的传感器能让它在每个时间点都能访问环境的完整状态，那么我们说任务环境是完全可观测的。如果传感器检测到与动作选择相关的所有方面，那么任务环境就是有效的完全可观测的，而所谓的相关又取决于性能度量标准。完全可观测的环境很容易处理，因为智能体不需要维护任何内部状态来追踪世界。由于传感器噪声大且不准确，或者由于传感器数据中缺少部分状态，环境可能部分可观测。例如，只有一个局部灰尘传感器的真空吸尘器无法判断其他方格是否有灰尘，自动驾驶出租车无法感知其他司机的想法。如果智能体根本没有传感器，那么环境是**不可观测的**（unobservable）。在这种情况下，有人可能会认为智能体的困境是无解的，但是正如我们在第 4 章中讨论的那样，智能体的目标可能仍然可以实现，有时甚至是确定可以实现的。

单智能体的（single-agent）与**多智能体的**（multiagent）：单智能体和多智能体环境之间的区别似乎足够简单。例如，独自解决纵横字谜的智能体显然处于单智能体环境中，而下国际象棋的智能体则处于二智能体环境中。然而，这里也有一些微妙的问题。首先，我们已经描述了如何将一个实体视为智能体，但没有解释哪些实体必须视为智能体。智能体 A（例如出租车司机）是否必须将对象 B（另一辆车）视为智能体，还是可以仅将其视为根据物理定律运行的对象，类似于海滩上的波浪或随风飘动的树叶？关键的区别在于 B 的行为是否被最佳地描述为一个性能度量的最大化，而这一性能度量的值取决于智能体 A 的行为。

例如，国际象棋中的对手实体 B 正试图最大化其性能度量，根据国际象棋规则，这将最小化智能体 A 的性能度量。因此，国际象棋是一个竞争性（competitive）的多智能体环境。但是，在出租车驾驶环境中，避免碰撞使所有智能体的性能度量最大化，因此它是一个部分合作的（cooperative）多智能体环境。它还具有部分竞争性，例如，一个停车位只能停一辆车。

多智能体环境中的智能体设计问题通常与单智能体环境下有较大差异。例如，在多智能体环境中，通信通常作为一种理性行为出现；在某些竞争环境中，随机行为是理性的，因为它避免了一些可预测性的陷阱。

确定性的（deterministic）与非确定性的（nondeterministic）：如果环境的下一个状态完全由当前状态和智能体执行的动作决定，那么我们说环境是确定性的，否则是非确定性的。原则上，在完全可观测的确定性环境中，智能体不需要担心不确定性。然而，如果环境是部分可观测的，那么它可能是非确定性的。

大多数真实情况非常复杂，以至于不可能追踪所有未观测到的方面；出于实际目的，必须将其视为非确定性的。从这个意义上讲，出租车驾驶显然是非确定性的，因为人们永远无法准确地预测交通行为。此外，轮胎可能会意外爆胎，发动机可能会在没有警告的情况下失灵。我们描述的真空吸尘器世界是确定性的，但变化可能包括非确定性因素，如随机出现的灰尘和不可靠的吸力机制（参考习题 2.VFIN）。

最后注意一点，随机的（stochastic）一词被一些人用作"非确定性"的同义词，但我们会区分这两个术语。如果环境模型显式地处理概率（例如，"明天的降雨可能性为 25%"），那么它是随机的；如果可能性没有被量化，那么它是"非确定性的"（例如，"明天有可能下雨"）。

回合式的（episodic）与序贯的（sequential）：在回合式任务环境中，智能体的经验被划分为原子式的回合。在每一回合中，智能体接收一个感知，然后执行单个动作。至关重要的是，下一回合并不依赖于前几回合采取的动作。许多分类任务是回合式的。例如，在装配流水线上检测缺陷零件的智能体需要根据当前零件做出每个决策，而无须考虑以前的决策；而且，当前的决策并不影响下一个零件是否有缺陷。但是，在序贯环境中，当前决策可能会影响未来所有决策。[1] 国际象棋和出租车驾驶是序贯的：在这两种情况下，短期行为可能会产生长期影响。因为在回合式环境下智能体不需要提前思考，所以要比序贯环境简单很多。

静态的（static）与动态的（dynamic）：如果环境在智能体思考时发生了变化，我们就说该智能体的环境是动态的，否则是静态的。静态环境很容易处理，因为智能体在决定某个操作时不需要一直关注世界，也不需要担心时间的流逝。但是，动态环境会不断地询问智能体想要采取什么行动，如果它还没有决定，那就等同于什么都不做。如果环境本身不会随着时间的推移而改变，但智能体的性能分数会改变，我们就说环境是半动态的（semidynamic）。驾驶出租车显然是动态的，因为驾驶算法在计划下一步该做什么时，其他车辆和出租车本身在不断移动。在用时钟计时的情况下国际象棋是半动态的。填字游戏是静态的。

离散的（discrete）与连续的（continuous）：离散/连续的区别适用于环境的状态、处理时间的方式以及智能体的感知和动作。例如，国际象棋环境具有有限数量的不同状态（不包括时钟）。国际象棋也有一组离散的感知和动作。驾驶出租车是一个连续状态和连续时间的问题，出租车和其他车辆的速度和位置是一系列连续的值，并随着时间平稳地变化。出租车的驾驶动

---

① "sequential"（串行）一词在计算机科学中也被用作"parallel"（并行）的反义词，与此处的含义在很大程度上是不相关的。

作也是连续的（转向角等）。严格来说，来自数字照相机的输入是离散的，但通常被视为表示连续变化的强度和位置。

已知的（known）与**未知的**（unknown）：严格来说，这种区别不是指环境本身，而是指智能体（或设计者）对环境"物理定律"的认知状态。在已知环境中，所有行动的结果（如果环境是非确定性的，则对应结果的概率）都是既定的。显然，如果环境未知，智能体将不得不了解它是如何工作的，才能做出正确的决策。

已知和未知环境之间的区别与完全可观测和部分可观测环境之间的区别不同。一个已知的环境很可能是部分可观测的，例如，在纸牌游戏中，知道规则但仍然无法看到尚未翻转的牌。相反，一个未知环境可以是完全可观测的，如一个全新的电子游戏，屏幕可能会显示整个游戏状态，但在尝试之前并不知道各个按钮的作用。

如 2.2.1 节所述，性能度量本身可能是未知的，这可能是因为设计者不确定如何正确地描述，也可能是因为最终用户（其偏好很重要）是未知的。例如，出租车司机通常不知道新乘客是喜欢悠闲还是快速的旅程，是喜欢谨慎还是激进的驾驶风格。虚拟个人助理一开始对新主人的个人喜好一无所知。在这种情况下，智能体可以基于与设计者或用户的进一步交互来了解更多关于性能度量的信息。继而，这表明，任务环境必须被视为一个多智能体环境。

最困难的情况是部分可观测的、多智能体的、非确定性的、序贯的、动态的、连续的且未知的。驾驶出租车除了驾驶员的环境大多是已知的，在所有其他方面都很难。在一个陌生的国家驾驶租来的汽车，那里有不熟悉的地理环境、不同的交通法规以及焦虑的乘客，这令人更加紧张。

图 2-6 列出了许多熟悉环境的属性。注意，这些属性并不总是一成不变的。例如，因为将患者的患病过程作为智能体建模并不适合，所以我们将医疗诊断任务列为单智能体，但是医疗诊断系统还可能必须应对顽固的病人和多疑的工作人员，因此环境还具有多智能体的方面。此外，如果我们将任务设想为根据症状列表进行诊断，那么医疗诊断是回合式的；如果任务包括提出一系列测试、评估治疗过程中的进展、处理多个患者等，那么则是序贯的。

任务环境	可观测	智能体	确定性	回合式	静态	离散
填字游戏	完全	单	确定性	序贯	静态	离散
限时国际象棋	完全	多	确定性	序贯	半动态	离散
扑克	部分	多	非确定性	序贯	静态	离散
西洋双陆棋	完全	多	非确定性	序贯	静态	离散
驾驶出租车	部分	多	非确定性	序贯	动态	连续
医疗诊断	部分	单	非确定性	序贯	动态	连续
图片分析	完全	单	确定性	回合式	半动态	连续
零件选取机器人	部分	单	非确定性	回合式	动态	连续
提炼厂控制器	部分	单	非确定性	序贯	动态	连续
交互英语教师	部分	多	非确定性	序贯	动态	离散

图 2-6　任务环境的例子及其特征

因为如前所述，"已知的 /未知的"不是严格意义上的环境属性，所以图 2-6 中没有包含此列。对于某些环境，例如国际象棋和扑克，很容易为智能体提供完整的规则知识，但考虑智能体如何在没有这些知识的情况下学会玩这些游戏仍然是有趣的。

与本书相关的代码库包括多个环境实现以及用于评估智能体性能的通用环境模拟器。实验通常不是针对单个环境进行的，而是针对从**环境类**（environment class）中抽象的许多环境进行的。例如，要在模拟交通中评估出租车司机，我们需要运行具有不同的交通状况、照明和天气条件的多次模拟。我们关注智能体在环境类上的平均性能。

2.4 智能体的结构

到目前为止，我们通过描述行为（在任意给定的感知序列之后执行的动作）讨论了智能体。现在我们必须迎难而上来讨论智能体内部是如何工作的。人工智能的工作是设计一个**智能体程序**（agent program）实现智能体函数，即从感知到动作的映射。假设该程序将运行在某种具有物理传感器和执行器的计算设备上，我们称之为**智能体架构**（agent architecture）：

$$智能体 = 架构 + 程序$$

显然，我们选择的程序必须是适合相应架构的程序。如果程序打算推荐步行这样的动作，那么对应的架构最好有腿。架构可能只是一台普通 PC，也可能是一辆带有多台车载计算机、摄像头和其他传感器的机器人汽车。通常，架构使程序可以使用来自传感器的感知，然后运行程序，并将程序生成的动作选择反馈给执行器。尽管本书第 25 章和第 26 章涉及传感器和执行器，但其余大部分内容都是关于设计智能体程序的。

2.4.1 智能体程序

我们在本书中设计的智能体程序都有相同的框架：它们将当前感知作为传感器的输入，并将动作返回给执行器。[①] 注意智能体程序（将当前感知作为输入）和智能体函数（可能依赖整个感知历史）之间的差异。因为环境中没有其他可用信息，所以智能体程序别无选择，只能将当前感知作为输入。如果智能体的动作需要依赖于整个感知序列，那么智能体必须记住历史感知。

我们用附录 B 中定义的简单伪代码语言描述智能体程序。（在线代码库包含真实编程语言的实现。）图 2-7 显示了一个相当简单的智能体程序，它记录感知序列，然后使用它来索引动作表，以决定要执行的动作。动作表（如图 2-3 中给出的真空吸尘器世界示例）明确表示了智能体程序所体现的智能体函数。作为设计者，为了以这种方式构建理性智能体，我们必须构造一个表，该表包含每个可能的感知序列所对应的适当动作。

---

function TABLE-DRIVEN-AGENT(*percept*) **returns** 一个动作
  persistent: *percepts*，初始为空的序列
        table，以感知序列为索引的动作表，初始为完全确定

  将*percept*添加到*percepts*的末尾
  action ← LOOKUP(*percepts*, *table*)
  return *action*

图 2-7 每个新感知都会调用 TABLE-DRIVEN-AGENT 程序，并且每次返回一个动作。它在内存中保留了完整的感知序列

表驱动的智能体构建方法注定失败，深入思考这一问题会很有启发性。设 $\mathcal{P}$ 为可能的感知集，T 为智能体的生存期（对应它将接收的感知总数），查找表将包含 $\sum_{t=1}^{T}|\mathcal{P}|^t$ 条记录。考虑自动驾驶出租车：来自单个摄像头（通常是 8 个摄像头）的视觉输入速度约为 70 MB/s（每秒

---

① 智能体程序框架还有其他选择。例如，我们可以让智能体程序作为与环境异步运行的协程。每个这样的协程都有一个输入和输出端口，并由一个循环组成，该循环读取输入端口的感知，并将动作写到输出端口。

30 帧，每帧 1080 像素 × 720 像素，每个像素包含 24 位颜色信息），驾驶 1 小时后，将会生成
一张超过 $10^{600\,000\,000\,000}$ 条记录的表。即使是作为真实世界中微小的、表现良好的片段的国际象
棋，其查找表也至少有 10^{150} 条记录。相比之下，可观测宇宙中的原子数量少于 10^{80} 个。这些
表的巨大规模意味着：（a）这个宇宙中没有任何物理智能体有空间存储表；（b）设计者没有时
间创建表；（c）任何智能体都无法从其经验中学习所有正确的记录。

尽管如此，假设表填充正确，TABLE-DRIVEN-AGENT 确实做了我们想要做的事情：它实现了
所需的智能体函数。

> 人工智能面临的关键挑战是找出编写程序的方法，尽可能从一个小程序而不是
> 从一个大表中产生理性行为。

历史上有许多例子表明，在其他领域可以成功地做到这一点：例如，20 世纪 70 年代以前，
工程师和学生使用的巨大平方根表格，现在已经被电子计算器上运行的仅有 5 行代码的牛顿方
法所取代。现在问题是，人工智能能像牛顿处理平方根那样处理一般智能行为吗？我们相信答
案是肯定的。

在本节剩余部分中，我们将概述 4 种基本的智能体程序，它们体现了几乎所有智能系统的
基本原理：

- 简单反射型智能体；
- 基于模型的反射型智能体；
- 基于目标的智能体；
- 基于效用的智能体。

每种智能体程序以特定的方式组合特定的组件来产生动作。2.4.6 节大致解释了如何将所有这
些智能体转换为学习型智能体，以提高其组件的性能，从而产生更好的动作。2.4.7 节描述在智能
体中表示组件本身的各种方式。这种多样性为这一领域和这本书本身提供了一个主要的组织原则。

2.4.2　简单反射型智能体

最简单的智能体是**简单反射型智能体**（simple reflex agent）。这些智能体根据当前感知选择动作，
忽略感知历史的其余部分。例如，真空吸尘器的智能体函数在图 2-3 所示，是一种简单反射型智能
体，因为它的决策仅基于当前位置以及该位置是否有灰尘。该智能体的智能体程序如图 2-8 所示。

---

function REFLEX-VACUUM-AGENET([*location*,*status*]) **returns** 一个动作

    if *status* = Dirty **then return** *Suck*
    else if *location* = A **then return** *Right*
    else if *location* = B **then return** *Left*

图 2-8　在只有两个位置的真空吸尘器环境中，简单反射型智能体的智能体程序，该程序实现图 2-3 中列
出的智能体函数

注意，与之前对应的表相比，真空吸尘器的程序确实非常轻量。最明显的简化来自忽略感
知历史，这将相关感知序列的数量从 4^T 减少到 4。进一步的简化基于以下事实：动作不依赖于
位置，只依赖于当前方格是否有灰尘。虽然我们已经使用 if-then-else 语句来编写智能体程序，
但它非常简单，可以将其实现为布尔电路。

即使在更复杂的环境中，也会出现简单的反射行为。想象自己是自动驾驶出租车司机。如
果前面的汽车刹车并且刹车灯亮起，那么你应该注意到这一点并开始刹车。换句话说，你通

过对视觉输入进行一些处理来建立我们称之为"前面的汽车正在刹车"的条件。然后，这会触发智能体程序中的既定联结，对应动作"启动刹车"。我们称这样的联结为**条件-动作规则**（condition-action rule）[1]，写作：

如果前面的车正在刹车，**则**启动刹车。

人类也有许多这样的联结，其中一些是习得反应（如驾驶），而另一些则是先天反射（如在有东西接近眼睛时眨眼）。在本书中，我们展示了学习和实现这种联结的几种不同方式。

图 2-8 所示的程序限定于一个特定的真空吸尘器环境。一种更通用、更灵活的方法是，首先为条件操作规则构建通用解释器，然后为特定任务环境创建规则集。图 2-9 给出了通用程序的结构示意图，展示条件-动作规则如何在智能体中建立从感知到动作的联结。如果这看起来普通，不要担心，很快就会变得更加有趣。

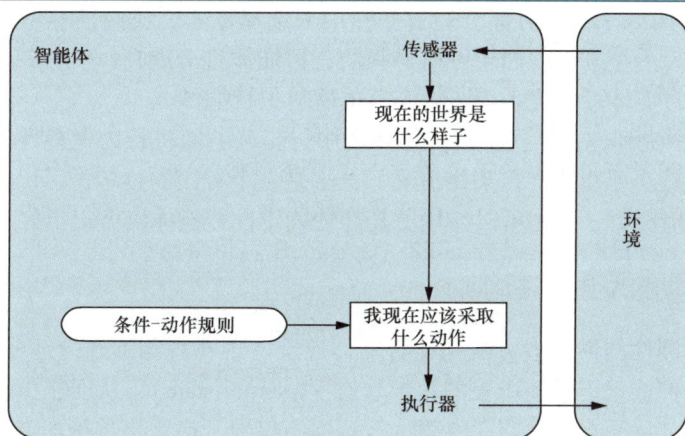

图 2-9　简单反射型智能体的示意图。我们使用矩形表示智能体决策过程的当前内部状态，使用椭圆表示过程中使用的背景信息

图 2-9 中智能体对应的智能体程序如图 2-10 所示。INTERPRET-INPUT 函数根据 *percept* 生成当前状态的抽象描述。给定状态描述，RULE-MATCH 函数返回规则集中匹配的第一条规则。注意，关于"规则"和"匹配"的描述纯粹是概念性的。如上所述，实际实现可以像实现布尔电路的逻辑门集合一样简单。或者，也可以使用"神经"电路，其中逻辑门由人工神经网络中的非线性单元代替（见第 21 章）。

function SIMPLE-REFLEX-AGENT(*percept*) **returns** 一个动作
　　persistent: *rules*，一组条件-动作规则

　　state ← INTERPRET-INPUT(*percept*)
　　rule ← RULE-MATCH(*state*, *rules*)
　　action ← *rule*.ACTION
　　return *action*

图 2-10　简单反射型智能体。它根据一条规则进行操作，该规则的条件与感知定义的当前状态相匹配

简单反射型智能体具有值得赞扬的简单特性，但它们的智能有限。图 2-10 中的智能体只有在当前感知的基础上才能做出正确的决策，也就是说，只有在环境完全可观测的情况下才可行。

---

[1] 也称为**情境-动作规则**、**产生式系统**或 if-then 规则。

即使是轻微的不可观测性也会造成严重的问题。例如，前面给出的刹车规则假设前车正在刹车的条件可以通过当前的感知（视频的单帧）确定。如果前车有一个安装在中间的（因此是唯一可识别的）刹车灯，这是可行的。但是，旧款车型的尾灯、刹车灯和转向灯的配置各不相同，而且从单幅图像中分辨出汽车是在刹车还是仅仅打开了尾灯不是总能做到的。一个简单反射型智能体在这样一辆车后面行驶，要么会连续不必要地刹车，或者更糟的是根本就不刹车。

我们在真空吸尘器世界中也可以看到类似的问题。假设一个简单的真空吸尘器反射型智能体没有位置传感器，只有一个灰尘传感器。这样的智能体只有两种可能的感知：[*Dirty*] 和 [*Clean*]。它可以用吸尘（*Suck*）来响应 [*Dirty*]，它该如何响应 [*Clean*] 呢？如果碰巧从方格 A 开始，向左（*Left*）移动会（永远）失败，如果从方格 B 开始，向右（*Right*）移动会（永远）失败。对在部分可观测环境中工作的简单反射型智能体而言，无限循环通常是不可避免的。

如果智能体可以**随机化**（randomize）其操作，则可以跳出无限循环。例如，如果真空吸尘器智能体感知到 [*Clean*]，它可能会通过抛硬币来选择左右。我们很容易就能证明智能体将平均通过两步到达另一个方格。如果方格是脏的，智能体将清理它，任务就会完成。因此，随机化的简单反射型智能体可能优于确定性的简单反射型智能体。

我们在 2.3 节中提到，在某些多智能体环境中，正确的随机行为是理性的。在单智能体环境中，随机化通常是不理性的。在某些情况下，这是一个有用的技巧，可以帮助简单反射型智能体，但在大多数情况下，我们可以使用更复杂的确定性智能体以做得更好。

2.4.3　基于模型的反射型智能体

处理部分可观测性的最有效方法是让智能体追踪它现在观测不到的部分世界。也就是说，智能体应该维护某种依赖于感知历史的**内部状态**（internal state），从而至少反映当前状态的一些未观测到的方面。对于刹车问题，内部状态范围不仅限于摄像头拍摄图像的前一帧，要让智能体能够检测车辆边缘的两个红灯何时同时亮起或熄灭。对于其他驾驶任务，如变道，如果智能体无法同时看到其他车辆，则需要追踪它们的位置。为了在任何时候都能驾驶，智能体需要追踪其钥匙的位置。

随着时间的推移，更新这些内部状态信息需要在智能体程序中以某种形式编码两种知识。首先，需要一些关于世界如何随时间变化的信息，这些信息大致可以分为两部分：智能体行为的影响和世界如何独立于智能体而发展。例如，当智能体顺时针转动方向盘时，汽车就会向右转；而下雨时，汽车的摄像头就会被淋湿。这种关于"世界如何运转"的知识（无论是在简单的布尔电路中还是在完整的科学理论中实现）被称为世界的**转移模型**（transition model）。

其次，我们需要一些关于世界状态如何反映在智能体感知中的信息。例如，当前面的汽车开始刹车时，前向摄像头的图像中会出现一个或多个亮起的红色区域；当摄像头被淋湿时，图像中会出现水滴状物体并部分遮挡道路。这种知识称为**传感器模型**（sensor model）。

转移模型和传感器模型结合在一起让智能体能够在传感器受限的情况下尽可能地跟踪世界的状态。使用此类模型的智能体称为**基于模型的智能体**（model-based agent）。

图 2-11 给出了基于模型的反射型智能体的结构，它具有内部状态，展示了当前感知如何与旧的内部状态相结合，并基于世界如何运转的模型生成当前状态的更新描述。智能体程序如图 2-12 所示。有趣的部分是函数 UPDATE-STATE，它负责创建新的内部状态描述。模型和状态的表示方式的细节因环境类型和智能体设计中使用的特定技术而异。

无论使用哪种表示，智能体几乎不可能准确地确定部分可观测环境的当前状态。相反，标有"现在的世界是什么样子"（图 2-11）的框表示智能体的"最佳猜测"（或者在具有多种可能性的情况下的最佳猜测）。例如，一辆自动驾驶出租车可能无法看到停在它前面的大卡车周围的情况，只能猜测是什么导致了拥堵。因此，关于当前状态的不确定性可能是不可避免的，但智能体仍然需要做出决定。

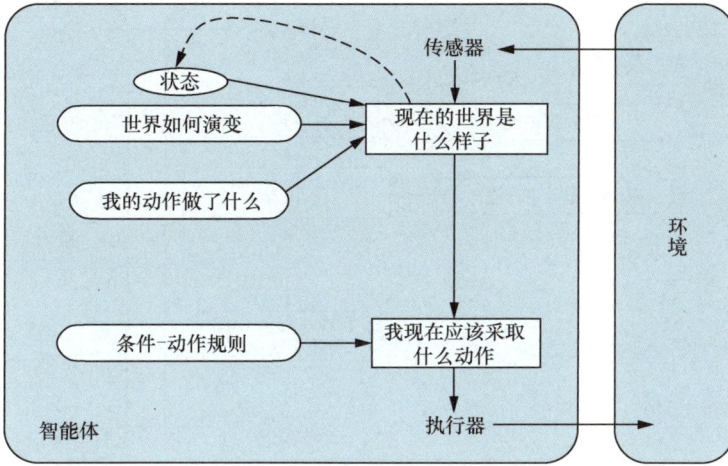

图 2-11 基于模型的智能体

---

function MODEL-BASED-REFLEX-AGENT(*percept*) **returns** 一个动作
   persistent: *state,* 智能体对世界状态的当前理解
        transition_model，关于下一个状态如何依赖于当前状态和动作的描述
        sensor_model，关于当前世界状态如何反映到智能体感知的描述
        rules，一组条件–动作规则
        action，最近的动作，初始为空

   state ← UPDATE-STATE(*state, action, percept, transition_model, sensor_model*)
   rule ← RULE-MATCH(*state, rules*)
   action ← *rule*.ACTION
   return *action*

图 2-12 基于模型的反射型智能体。它使用内部模型追踪世界的当前状态，然后以与反射型智能体相同的方式选择动作

2.4.4 基于目标的智能体

了解环境的现状并不总是足以决定做什么。例如，在一个路口，出租车可以左转、右转或直行。正确的决定取决于出租车要去哪里。换句话说，除了当前状态的描述之外，智能体还需要某种描述理想情况的**目标**信息，例如设定特定的目的地。智能体程序可以将其与模型（与基于模型的反射型智能体中使用的信息相同）相结合，并选择实现目标的动作。图 2-13 展示了基于目标的智能体结构。

有时，基于目标的动作选择很直接，例如，单个动作能够立刻实现目标的情况。有时会更棘手，例如，智能体为了找到实现目标的方法而不得不考虑很长的复杂序列。**搜索**（第 3 ～ 5章）和**规划**（第 11 章）是人工智能的子领域，专门用于寻找实现智能体目标的动作序列。

注意，这类决策从根本上不同于前面描述的条件–动作规则，因为它涉及对未来的考虑，包括"如果我这样做会发生什么？"和"这会让我快乐吗？"在反射型智能体设计中，这种信息并没有被明确地表示出来，因为内置规则直接从感知映射到动作。反射型智能体在看到刹车灯时刹车，但它不知道为什么。基于目标的智能体在看到刹车灯时会刹车，因为这是它预测的唯一动作，这个动作可以实现不撞到其他汽车的目标。

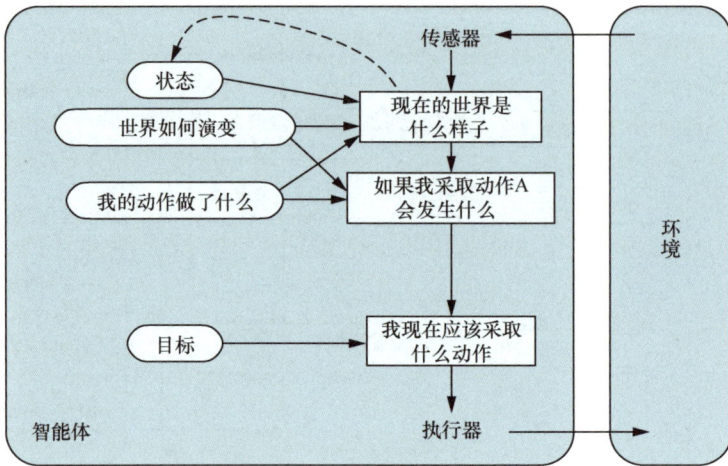

图 2-13　基于模型、基于目标的智能体。它追踪世界状态以及它试图实现的一系列目标，并选择一项最终能够实现目标的动作

尽管基于目标的智能体看起来效率较低，但它更灵活，因为支持其决策的知识是显式表示的，并且可以修改。例如，只要将目的地指定为目标，就可以很容易地更改基于目标的智能体的行为，以到达不同的目的地。反射型智能体关于何时转弯和何时直行的规则只适用于单一目的地，这些规则必须全部更换才能去新的目的地。

2.4.5　基于效用的智能体

在大多数环境中，仅靠目标并不足以产生高质量的行为。例如，许多动作序列都能使出租车到达目的地（从而实现目标），但有些动作序列比其他动作序列更快、更安全、更可靠或更便宜。目标只是在"快乐"和"不快乐"状态之间提供了一个粗略的二元区别。更一般的性能度量应该允许根据不同世界状态的"快乐"程度对智能体进行比较。经济学家和计算机科学家通常用效用（utility）这个词来代替"快乐"，因为"快乐"听起来不是很科学。[①]

我们已经看到，性能度量会给任何给定的环境状态序列打分，因此它可以很容易地区分到达出租车目的地所采取的更可取和更不可取的方式。智能体的效用函数（utility function）本质上是性能度量的内部化。如果内部效用函数和外部性能度量一致，那么根据外部性能度量选择动作，以使其效用最大化的智能体是理性的。

再次强调，这不是理性的唯一实现方式，我们已经看到了一个适用于真空吸尘器世界的理性智能体程序（图 2-8），但并不知道它的效用函数是什么。与基于目标的智能体一样，基于效用的智能体在灵活性和学习方面有很多优势。此外，在两种情况下，仅靠目标是不充分的，但基于效用的智能体仍然可以做出理性的决策。首先，当存在相互冲突的目标时，只能实现其中的一部分（例如速度和安全），效用函数会进行适当的权衡。其次，当智能体有多个目标实现，但没有一个目标可以确定地实现时，效用提供了一种方法，可以权衡目标的重要性和成功的可能性。

①　这里的"utility"一词指的是"实用的品质"，而不是电力公司或自来水厂等公共设施。

部分可观测性和非确定性在真实世界中普遍存在，因此，不确定性下的决策也普遍存在。从技术上讲，基于效用的理性智能体会选择能够最大化其动作结果**期望效用**（expected utility）的动作，也就是在给定每个结果的概率和效用的情况下，智能体期望得到的平均效用（附录 A 更精确地定义了期望）。在第 16 章中，我们证明，任何理性智能体的行为都必须表现得好像拥有一个效用函数，并试图最大化其期望值。具有显式效用函数的智能体可以使用通用算法做出理性决策，该算法不依赖于特定效用函数的最大化。通过这种方式，理性的"全局"定义（将那些具有最高性能的智能体函数指定为理性）变成了对理性智能体设计的"局部"约束，并可以通过一个简单的程序来表示。

基于效用的智能体结构如图 2-14 所示。基于效用的智能体程序见第 16 章和第 17 章，其中设计了决策型智能体，必须处理非确定性或部分可观测环境中固有的不确定性。如第 18 章所述，多智能体环境中的决策也在效用理论的框架下进行了研究。

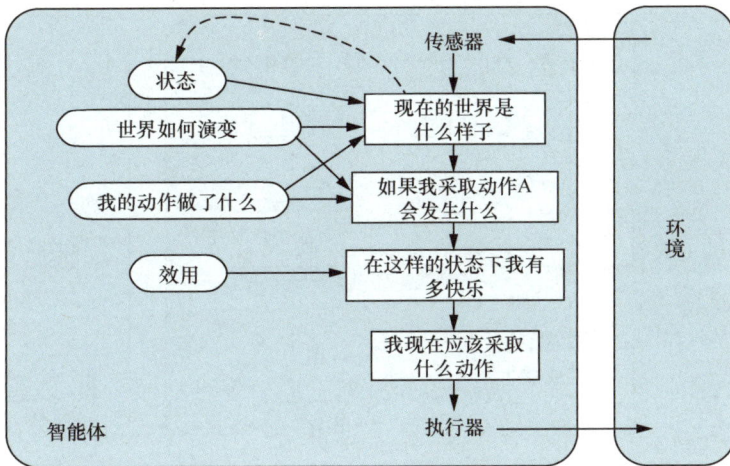

图 2-14　基于模型、基于效用的智能体。它使用了一个世界模型以及一个效用函数来衡量它在各状态之间的偏好，然后选择产生最佳期望效用的动作，其中期望效用是通过对所有可能的结果状态和对应概率加权所得

说到这里，读者可能会想，"这么简单吗？只需要构建能够最大化期望效用的智能体，我们就完成了？"这类智能体确实是智能的，但这并不简单。基于效用的智能体必须对其环境进行建模和跟踪，这些任务涉及大量关于感知、表示、推理和学习的研究。这些研究结果填满了本书的许多章节。选择效用最大化的行动方案也是一项艰巨的任务，需要更多的章节描述精巧的算法。即使使用这些算法，由于计算复杂性，完美理性在实践中通常是无法实现的（正如我们在第 1 章中所指出的）。我们还应该注意到，并非所有基于效用的智能体都是基于模型的。我们将在第 22 章和第 26 章中看到，**无模型的智能体**（model-free agent）可以学习在特定情况下什么样的动作是最好的，而不必确切地了解该动作如何改变环境。

最后，所有这些都假设设计者能够正确地指定效用函数，第 17 章、第 18 章和第 22 章将更深入讨论未知效用函数的问题。

2.4.6　学习型智能体

我们已经描述了一些智能体程序和选择动作的方法。到目前为止，我们还没有解释智能体程序是如何产生的。在图灵（Turing，1950）早期的著名论文中，他考虑手动编程实现智能机器的想法。他估计了这可能需要多少工作量，并得出结论，"似乎需要一些更快捷的方法"。他提出的方法是构造学习型机器，然后教它们。在人工智能的许多领域，这是目前创建最先进系统的首选方法。任何类型的智能体（基于模型、基于目标、基于效用等）都可以构建（或不构建）成学习型智能体。

正如我们之前提到的，学习还有另一个优势：它让智能体能够在最初未知的环境中运作，并变得比其最初的知识可能允许的能力更强。在本节中，我们简要介绍学习型智能体的主要思想。在整本书中，我们对特定类型智能体中的学习因素和方法的评论贯穿全书。第 19 ～ 22 章将更加深入地介绍学习算法本身。

学习型智能体可分为 4 个概念组件，如图 2-15 所示。最重要的区别在于负责提升的**学习元素**（learning element）和负责选择外部行动的**性能元素**（performance element）。性能元素是我们之前认为的整个智能体：它接受感知并决定动作。学习元素使用来自**评估者**（critic）对智能体表现的反馈，并以此确定应该如何修改性能元素以在未来做得更好。

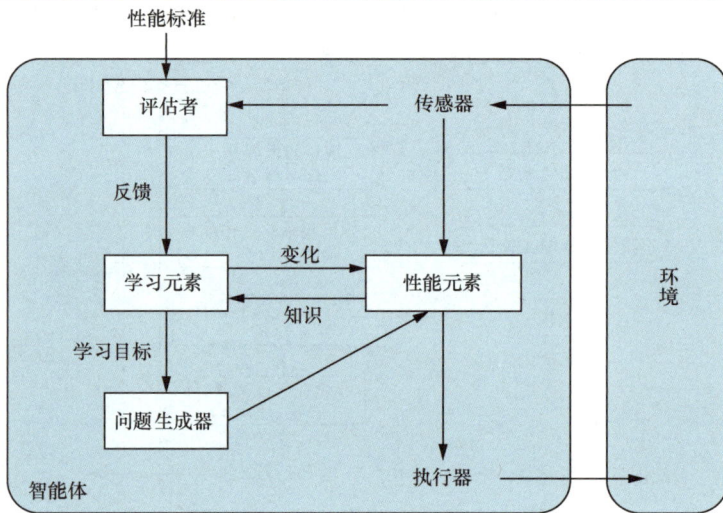

图 2-15　通用学习型智能体。"性能元素"框表示我们之前认为的整个智能体程序，现在"学习元素"框可以修改该程序以提升其性能

学习元素的设计在很大程度上取决于性能元素的设计。当设计者试图设计一个学习某种能力的智能体时，第一个问题不是"我要如何让它学习这个？"而是"一旦智能体学会了如何做，它将使用什么样的性能元素？"给定性能元素的设计，可以构造学习机制来改进智能体的每个部分。

评估者告诉学习元素：智能体在固定性能标准方面的表现如何。评估者是必要的，因为感知本身并不会指示智能体是否成功。例如，国际象棋程序可能会收到一个感知，提示它已将死对手，但它需要一个性能标准来知道这是一件好事；感知本身并没有这么说。确定性能标准很重要。从概念上讲，应该把它看作完全在智能体之外，因为智能体不能修改性能标准以适应自己的行为。

学习型智能体的最后一个组件是**问题生成器**（problem generator）。它负责建议动作，这些动作将获得全新和信息丰富的经验。如果性能元素完全根据自己的方式，它会继续选择已知最好的动作。但如果智能体愿意进行一些探索，并在短期内做一些可能不太理想的动作，那么从长远来看，它可能会发现更好的动作。问题生成器的工作是建议这些探索性行动。这就是科学家在进行实验时所做的。伽利略并不认为从比萨斜塔顶端扔石头本身有价值。他并不是想要打碎石头或改造不幸行人的大脑。他的目的是通过确定更好的物体运动理论来改造自己的大脑。

学习元素可以对智能体图（图 2-9、图 2-11、图 2-13 和图 2-14）中显示的任何"知识"组件进行更改。最简单的情况是直接从感知序列学习。观察成对相继的环境状态可以让智能体了解"我的动作做了什么"以及"世界如何演变"以响应其动作。例如，如果自动驾驶出租车在湿滑路面上行驶时进行一定程度的刹车，那么它很快就会发现实际减速多少，以及它是否滑出路面。问题生成器可能会识别出模型中需要改进的某些部分，并建议进行实验，例如在不同条件下的不同路面上尝试刹车。

无论外部性能标准如何，改进基于模型的智能体的组件，使其更好地符合现实几乎总是一个好主意。（从计算的角度来看，在某些情况下简单但稍微不准确的模型比完美但极其复杂的模型更好。）当智能体试图学习反射组件或效用函数时，需要外部标准的信息。

例如，假设出租车司机因为乘客在旅途中感到非常不适，没有收到小费。外部性能标准必须告知智能体，小费的损失对其整体性能有负面影响；然后，该智能体可能会了解到暴力操作有损其自身的效用。从某种意义上说，性能标准将传入感知的一部分区分为**奖励**（reward）或**惩罚**（penalty），以提供对智能体行为质量的直接反馈。动物的疼痛和饥饿等固有的性能标准可以通过这种方式理解。

更一般地说，人类的选择可以提供有关人类偏好的信息。例如，假设出租车不知道人们通常不喜欢噪声，于是决定不停地按喇叭以确保行人知道它即将到来。随之而来的人类行为，如盖住耳朵、说脏话甚至可能剪断喇叭上的电线，将为智能体提供更新其效用函数的证据。这个问题将在第 22 章进一步讨论。

总之，智能体有各种各样的组件，这些组件可以在智能体程序中以多种方式表示，因此学习方法之间似乎存在很大差异。然而，主题仍然是统一的：智能体中的学习可以概括为对智能体的各个组件进行修改的过程，使各组件与可用的反馈信息更接近，从而提升智能体的整体性能。

2.4.7　智能体程序的组件如何工作

我们已经将智能体程序（用非常高级的术语）描述为由各种组件组成，其功能是回答诸如"现在的世界是什么样的？""我现在应该采取什么动作？""我的动作将导致什么？"等问题。人工智能学生的下一个问题是，"这些组件究竟是如何工作的？"要正确回答这个问题大约需要一千页的篇幅，但在这里我们希望读者能够注意一些基本区别，即组件表示智能体所处环境的各种方式之间的区别。

粗略地说，我们可以通过一个复杂性和表达能力不断增加的横轴来描述表示，即原子表示、因子化表示和结构化表示。为了辅助说明这些观点，我们可以考虑特定的智能体组件，例如处理"我的动作会导致什么"。这个组件描述了作为采取动作的结果可能在环境中引起的变化，图 2-16 展示了如何表示这些转移的示意图。

在**原子表示**（atomic representation）中，世界的每一个状态都是不可分割的，它没有内部结构。考虑这样一个任务：通过城市序列找到一条从某个国家的一端到另一端的行车路线（我们在图 3-1 中会解决这个问题）。为了解决这个问题，将世界状态简化为所处城市的名称就足够了，这就是单一的知识原子，也是一个"黑盒"，它唯一可分辨的属性是与另一个黑盒相同或不同。搜索和博弈中的标准算法（第 3 ～ 5 章）、隐马尔可夫模型（第 14 章）以及马尔可夫决策过程（第 17 章）都基于原子表示。

因子化表示（factored representation）将每个状态拆分为一组固定的**变量**或**属性**，每个变量或属性都可以有一个**值**。考虑同一驾驶问题更真实的描述，即我们需要关注的不仅仅是一个城市或另一个城市的原子位置，可能还需要关注油箱中的汽油量、当前的 GPS 坐标、油量警示灯是否工作、通行费、收音机上的电台等。两个不同的原子状态没有任何共同点（只是不同的黑盒），但两个不同的因子化状态可以共享某些属性（如位于某个特定的 GPS 位置），而其他属性不同（如有大量汽油或没有汽油），这使得研究如何将一种状态转换为另一种状态变得更加容易。人工智能的许多重要领域都基于因子化表示，包括约束满足算法（第 6 章）、命题逻辑

（第 7 章）、规划（第 11 章）、贝叶斯网络（第 12 ～ 16 章）以及各种机器学习算法。

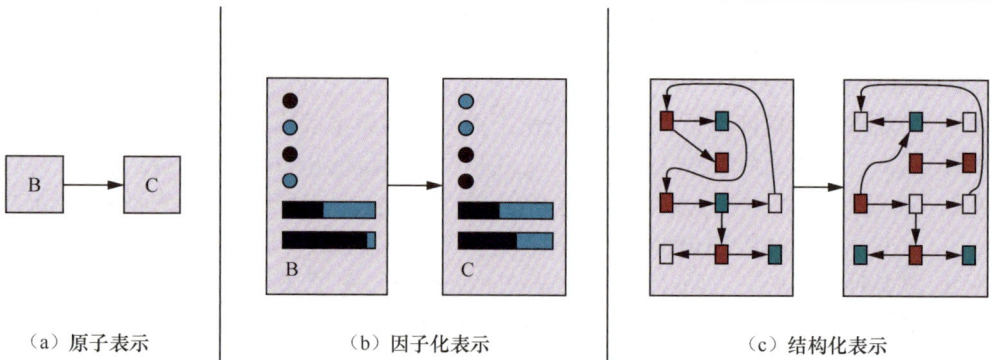

（a）原子表示　　　　　（b）因子化表示　　　　　（c）结构化表示

图 2-16　表示状态及其之间转移的 3 种方法：（a）原子表示一个状态（如 B 或 C）是没有内部结构的黑盒；（b）因子化表示状态由属性值向量组成，值可以是布尔值、实值或一组固定符号中的一个；（c）结构化表示状态包括对象，每个对象可能有自己的属性以及与其他对象的关系

出于许多目的，我们需要将世界理解为存在着相互关联的事物，而不仅仅是具有值的变量。例如，我们可能会注意到前面有一辆卡车正在倒车进入一个奶牛场的车道，但一头散养的奶牛挡住了卡车的路。因子化表示不太可能为属性 *TruckAheadBackingIntoDairyFarmDrivewayBlockedByLooseCow* 预先配备 true 或 false 的值。这就需要一个结构化表示（structured representation），在这种表示中可以明确地描述诸如奶牛和卡车之类的对象及其各种不同的关系（见图 2-16c）。结构化表示是关系数据库和一阶逻辑（第 8 ～ 10 章）、一阶概率模型（第 15 章）和大部分自然语言理解（第 23 章和第 24 章）的基础。事实上，人类用自然语言表达的大部分内容都与对象及其关系有关。

如前所述，原子表示、因子化表示和结构化表示所在的轴是表达性（expressiveness）增强的轴。粗略地说，可以通过简洁的描述捕捉到更具表达性的表示，表达性差的表示也可以捕捉到一切，但需要更多描述。通常，表达性更强的语言更简洁；例如，国际象棋规则可以用一两页结构化表示语言（如一阶逻辑）来描述，但需要数千页因子化表示语言（如命题逻辑）来描述，而需要 10^{38} 页的原子语言（如有限状态自动机）来描述。但是，随着表示能力的增强，推理和学习变得更加复杂。为了在避免缺点的同时获得表达性表示的好处，真实世界中的智能系统可能需要轴上的所有点同时运行。

另一个表示轴涉及从概念到物理记忆中位置的映射，包括计算机的内存和大脑的记忆。如果概念和记忆位置之间存在一对一的映射，我们称之为局部表示（localist representation）。但是，如果一个概念的表示分布在多个记忆位置，并且每个记忆位置被用作多个不同概念表示的一部分，我们称之为分布式表示（distributed representation）。分布式表示对噪声和信息丢失更健壮。使用局部表示，从概念到记忆位置的映射是随机的，如果传输错误而导致几位乱码，我们可能会将卡车（Truck）与无关的概念停战（Truce）混淆。但在分布式表示中，可以把每个概念想象成多维空间中的一个点，即使有一些乱码，也会移动到该空间中附近的点，其具有相似的含义。

小结

本章是人工智能的旋风之旅，在这个过程中我们认为人工智能是智能体设计的科学。本章要回顾的要点如下。

- **智能体**是在环境中感知和行动的事物。智能体的**智能体函数**指定智能体在响应任意感知序列时所采取的动作。
- **性能度量**评估智能体在环境中的行为。给定到目前为止所看到的感知序列，**理性智能体**的动作是为了最大化性能度量的期望值。
- **任务环境**规范包括性能度量、外部环境、执行器和传感器。在设计智能体时，第一步必须始终是尽可能完整地指定任务环境。
- 任务环境在几个重要维度上有所不同。它们可以是完全可观测的或部分可观测的、单智能体的或多智能体的、确定性的或非确定性的、回合式的或序贯的、静态的或动态的、离散的或连续的、已知的或未知的。
- 在性能度量未知或难以正确指定的情况下，智能体优化错误目标的风险很大。在这种情况下，智能体设计应该反映真实目标的不确定性。
- **智能体程序**实现智能体函数。存在各种基本的智能体编程，反映了决策过程中明确使用的信息类型。这些设计在效率、紧凑性和灵活性方面各不相同。智能体程序的适当设计取决于环境的性质。
- **简单反射型智能体**直接响应感知，而**基于模型的反射型智能体**保持内部状态以跟踪当前感知中不明晰的世界状态。**基于目标的智能体**采取行动来实现目标，而**基于效用的智能体**试图最大化自己期望的"快乐"。
- 所有智能体都可以通过**学习**提升性能。

参考文献与历史注释

动作在智能中的核心作用（实践推理的概念）至少可以追溯到亚里士多德的《尼各马可伦理学》（*Nicomachean Ethics*）。实践推理也是麦卡锡颇具影响力的论文 "Programs with Common Sense"（McCarthy, 1958）的主题。机器人和控制理论领域本质上主要与物理主体有关。控制理论中的**控制器**概念与人工智能中的智能体概念相同。也许令人惊讶的是，人工智能在其历史上的大部分时间都集中在问答系统、定理证明器、视觉系统等孤立组件上，而不是完整智能体。吉内塞雷斯和尼尔森写的教科书（Genesereth and Nilsson, 1987）对智能体的讨论是一个有影响的例外。完整智能体的观点现在被广泛接受，并且是最近教科书（Padgham and Winikoff, 2004; Jones, 2007; Poole and Mackworth, 2017）的中心主题。

第 1 章追溯了理性概念在哲学和经济学中的根源。直到 20 世纪 80 年代中期，这一概念才在人工智能领域引起人们的兴趣，那时它开始充斥在许多关于该领域正确技术基础的讨论中。乔恩·多伊尔（Jon Doyle）的一篇论文（Doyle, 1983）预测称，理性智能体的设计将被视为人工智能的核心任务，而其他热门主题将衍生形成新的学科。

传统控制理论对环境特性及其对理性智能体设计的影响关注仔细且明显，例如，经典控制系统（Dorf and Bishop, 2004; Kirk, 2004）处理完全可观测的、确定性环境，随机最优控制（Kumar and Varaiya, 1986; Bertsekas and Shreve, 2007）处理部分可观测的随机环境，混合控制（Henzinger and Sastry, 1998; Cassandras and Lygeros, 2006）处理包含离散和连续元素的环境。在运筹学领域（Puterman, 1994）发展起来的**动态规划**（dynamic programming）文献中，完全可观测环境和部分可观测环境之间的区别也是核心问题，我们将在第 17 章中对此进行讨论。

虽然简单的反射型智能体是行为主义心理学的核心（见第 1 章），但大多数人工智能研究人员认为它们过于简单而无法提供太多影响。罗森舍因（Rosenschein, 1985）和布鲁克斯（Brooks, 1986）质疑了这个假设（见第 26 章）。人们已经在寻找追踪复杂环境的有效算法方面做了大量工作（Bar-Shalom *et al.*, 2001; Choset *et al.*, 2005; Simon, 2006），其中大部分是在概率环境下所做的。

从亚里士多德的实践推理观点到麦卡锡关于逻辑人工智能的早期论文，都以基于目标的智能体为前提。机器人 Shakey（Fikes and Nilsson, 1971; Nilsson, 1984）是第一个基于目标的逻辑智能体的化身。吉内塞雷斯和尼尔森（Genesereth and Nilsson, 1987）对基于目标的智能体进行了全面的逻辑分析，肖厄姆（Shoham, 1993）开发了一种称为面向智能体编程的基于目标的编程方法。基于智能体的方法现在在软件工程中非常流行（Ciancarini and Wooldridge, 2001）。它还渗透到操作系统领域，其中**自主计算**（autonomic computing）指的就是通过感知 – 行为的循环和机器学习方法来监控自身的计算机系统和网络（Kephart and Chess, 2003）。注意，一组旨在在真正的多智能体环境中协同工作的智能体程序必然表现出模块化，即这些程序不共享内部状态，只通过环境相互通信。在**多智能体系统**领域，通常将单智能体的智能体编程为一个模块化的自主子智能体的集合。在某些情况下，人们甚至可以证明，由此产生的系统提供了与整体设计相同的最佳解决方案。

以目标为基础的智能体观点也主导了问题求解领域的认知心理学传统，从影响巨大的 *Human Problem Solving*（Newell and Simon, 1972）开始，并贯穿于纽厄尔后期所有的工作（Newell, 1990）。目标，进一步分析为欲望（广义）和意图（当前追求），是迈克尔·布拉特曼（Michael Bratman）开发的具有影响力的智能体理论的核心（Bratman, 1987）。

如第 1 章所述，效用理论作为理性行为基础的发展可以追溯到数百年前。在人工智能的早期研究中避开效用而倾向目标，但也有一些例外（Feldman and Sproull, 1977）。20 世纪 80 年代对概率方法兴趣的复苏，导致人们接受期望效用最大化作为决策的最一般框架（Horvitz *et al.*, 1988）。珀尔的教科书（Pearl, 1988）是人工智能领域第一本深入介绍概率和效用理论的教科书，它对不确定性下推理和决策的实用方法的阐述可能是 20 世纪 90 年代迅速转向基于效用的智能体的最大因素（见第 16 章）。强化学习在决策理论框架内的形式化也促成了这一转变（Sutton, 1988）。值得注意的是，直到最近，几乎所有的人工智能研究都假设性能度量可以通过效用函数或奖励函数的形式精确且正确地指定（Hadfield-Menell *et al.*, 2017a; Russell, 2019）。

图 2-15 中所示的学习型智能体的一般设计是机器学习文献中的经典（Buchanan *et al.*, 1978; Mitchell, 1997）。程序中体现的设计示例至少可以追溯到亚瑟·塞缪尔的（Samuel, 1959, 1967）中的学习型西洋跳棋程序。学习型智能体将在第 19 ～ 22 章中深入讨论。

（Huhns and Singh, 1998）和（Wooldridge and Rao, 1999）中收集了一些关于基于智能体方法的早期论文。关于多智能体系统的教科书为智能体设计的诸多方面提供了很好的指引（Weiss, 2000a; Wooldridge, 2009）。20 世纪 90 年代，多个专门讨论智能体的系列会议开始举办，包括智能体理论、架构和语言国际研讨会（International Workshop on Agent Theories, Architectures, and Languages，ATAL）、国际自主智能体会议（International Conference on Autonomous Agents，AGENTS），以及国际多智能体系统联合会议（International Joint Conference on Multi-Agent Systems，ICMAS）。2002 年，这 3 个会议合并成了国际自主智能体及多智能体系统联合会议（International Joint Conference on Autonomous Agents and Multi-Agent Systems，AAMAS）。从 2000 年到 2012 年，每年都会举办面向智能体的软件工程（Agent-Oriented Software Engineering，AOSE）研讨会。期刊 *Autonomous Agents and Multi-Agent System* 创立于 1998 年。*Dung Beetle Ecology*（Hanski and Cambefort, 1991）提供了大量有关粪甲虫行为的有趣信息。YouTube 上有关于它们活动的视频记录，非常鼓舞人心。

第二部分

问题求解

第**3**章

通过搜索进行问题求解

在本章中，我们讨论一个智能体是如何向前搜索，找到一个动作序列来实现它的最终目标。

当要采取的正确动作不是很明显时，智能体可能需要提前规划：考虑一个形成通往目标状态路径的动作序列。这样的智能体被称为**问题求解智能体**（problem-solving agent），它所进行的计算过程被称为**搜索**（search）。

如 2.4.7 节所述，问题求解智能体使用**原子**（atomic）表示，也就是说，世界状态被视为一个整体，其内部结构对问题求解算法来说是不可见的。使用状态的**因子化**（factored）**表示**或**结构化**（structured）表示的智能体称为**规划智能体**（planning agent），第 7 章和第 11 章中将会讨论。

我们将在本书中介绍若干搜索算法。在本章中，我们将只考虑最简单的环境，即回合式的、单智能体的、完全可观测的、确定性的、静态的、离散的和已知的环境，并对**有信息**（informed）算法和**无信息**（uninformed）算法进行区分。在有信息算法中，智能体可以估计自己到目标的距离，而在无信息算法中不能进行这样的估计。第 4 章会讨论更一般的环境中的问题，第 5 章则考虑了多智能体的情形。

本章使用了渐近复杂性的概念（$O(n)$ 表示法）。不熟悉这些概念的读者可以参阅附录 A。

3.1 问题求解智能体

想象一下，一个智能体正在罗马尼亚度假。它想参观景点，想学习罗马尼亚语，想享受罗马尼亚的夜生活但又不想宿醉，等等。这一决策问题是复杂的。现在，假设智能体目前位于 Arad，并且买了一张第二天从 Bucharest 起飞且不能退款的机票。智能体观察路牌后发现，从 Arad 出发有 3 条路：一条通往 Sibiu，一条通往 Timisoara，还有一条通往 Zerind。但这都不是它的目的地，所以除非智能体熟悉罗马尼亚的地理环境，不然它不知道该走哪条路。[①]

如果智能体没有额外信息，也就是说，如果环境是**未知的**（unknown），那么智能体只能随机执行一个动作。这种情况将在第 4 章讨论。在本章中，我们假设智能体总是能够访问与世界相关的信息，例如图 3-1 中的地图。有了这些信息，智能体可以执行以下 4 个阶段的问题求解过程。

- **目标形式化**（goal formulation）：智能体的目标为到达 Bucharest。目标通过限制智能体的目的和需要考虑的动作来组织其行为。

[①] 我们假设大多数读者都处于同样的处境，并且很容易想象自己和智能体一样毫无头绪。我们向不能利用这一教学安排的罗马尼亚读者道歉，因为他们清楚地知晓哪条路更易到达 Bucharest。

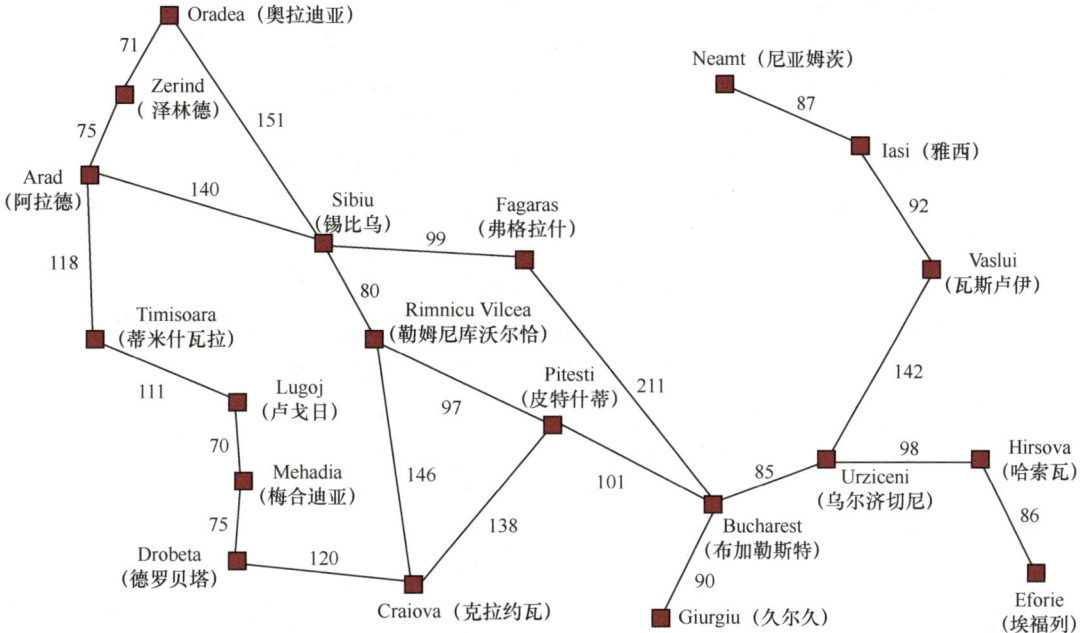

图 3-1　罗马尼亚部分地区的简化道路图，道路距离单位为英里（1 英里 = 1.61 千米）

- **问题形式化**（problem formulation）：智能体刻画实现目标所必需的状态和动作——进而得到这个世界中与实现目标相关的部分所构成的抽象模型。对智能体来说，一个好的模型应该考虑从一个城市到其相邻城市的动作，这时，状态中只有"当前所在城市"会由于动作而改变。
- **搜索**（search）：在真实世界中采取任何动作之前，智能体会在其模型中模拟一系列动作，并进行搜索，直到找到一个能到达目标的动作序列。这样的序列称为**解**（solution）。智能体可能不得不模拟多个无法到达目标的序列，但最终它要么找到一个解（例如从 Arad 到 Sibiu 到 Fagaras 再到 Bucharest），要么发现问题是无解的。
- **执行**（execution）：现在智能体可以执行解中的动作，一次执行一个动作。

一个重要的性质是，在一个完全可观测的、确定性的、已知的环境中，任何问题的解都是一个固定的动作序列：开车到 Sibiu，然后到 Fagaras，最后到达 Bucharest。如果模型是正确的，那么一旦智能体找到了一个解，它就可以在执行动作时忽略它的感知（"闭上眼睛"），因为解一定会到达目标。控制理论家称之为**开环**（open-loop）系统，因为忽略感知打破了智能体和环境之间的环路。如果模型有可能是不正确的，或者环境是非确定性的，那么监控感知的**闭环**（closed-loop）方法会更安全（见 4.4 节）。

在部分可观测或非确定性环境中，问题的解将是一个根据感知推荐不同的未来动作的分支策略。例如，智能体可能规划从 Arad 开车到 Sibiu，但还需要一个应变规划，以防它不小心到了 Zerind 或者发现了"Drum Închis"（道路封闭）的标志。

3.1.1　搜索问题和解

搜索**问题**（problem）的形式化定义如下。
- 可能的环境**状态**（state）的集合，我们称之为**状态空间**（state space）。

- 智能体启动时的**初始状态**（initial state），例如 *Arad*。
- 一个或多个**目标状态**（goal state）的集合。有时问题只有一个目标状态（如 *Bucharest*），有时存在若干个可供选择的目标状态，也有时目标是由一个适用于许多状态（可能是无限多个状态）的属性所定义的。例如，在一个真空吸尘器世界里，目标可能是让任何位置都没有灰尘，而无论该状态的其他情况如何。我们通过给问题指定一个 Is-Goal 方法来将这 3 种可能性都考虑在内。在本章中，为了简单起见，我们有时会直接用"目标"一词，它表示"任一可能的目标状态"。
- 智能体可以采取的**行动**（action）。给定一个状态 *s*，Actions(*s*) 将返回在 *s* 中可以执行的有限[①] 动作集合。我们称集合中的任一动作在 *s* 中都是**适用的**（applicable）。例如：

$$\text{Actions}(Arad) = \{ToSibiu, ToTimisoara, ToZerind\}$$

- **转移模型**（transition model）用于描述每个动作所起到的作用。Result(*s*, *a*) 将返回在状态 *s* 中执行动作 *a* 所产生的状态。例如：

$$\text{Result}(Arad, ToZerind) = Zerind$$

- **动作代价函数**（action cost function），在编程中记作 Action-Cost(*s*, *a*, *s'*)，在数学运算中记作 *c*(*s*, *a*, *s'*)。它给出了在状态 *s* 中执行动作 *a* 从而转移到状态 *s'* 的数值代价。问题求解智能体应该使用反映其自身性能指标的代价函数；例如，对于寻径智能体，动作代价可能是以英里为单位的长度（如图 3-1 所示），也可能是完成动作所花费的时间。

一个动作序列形成一条**路径**（path），而**解**（solution）是一条从初始状态到某个目标状态的路径。我们假设动作代价是可累加的；也就是说，一条路径的总代价是各个动作代价的总和。**最优解**（optimal solution）是所有解中路径代价最小的解。在本章中，我们假设所有的动作代价都为正，以减少复杂性。[②]

状态空间可以用**图**（graph）来表示，图中的顶点表示状态，顶点之间的有向边表示动作。图 3-1 所示的罗马尼亚地图就是这样一个图，每条道路表示两种动作，即两个方向各表示一种。

3.1.2   问题形式化

我们将前文中去往 Bucharest 的问题形式化为一个**模型**（model）——一种抽象的数学描述，而不是真实存在的实物。与简单的原子状态描述 *Arad* 相比，实际的旅行的世界状态包括很多内容：旅行伙伴、当时的广播节目、窗外的风景、附近是否有执法人员、到下一个休息站的距离、道路状况、天气、交通等。所有这些因素都被排除在我们的模型之外，因为它们与寻找前往 Bucharest 的路线问题无关。

从表示中剔除细节的过程称为**抽象**（abstraction）。一个良好的问题形式化应该具有适度的细节层次。如果智能体的动作细化到"右脚向前移动 1 厘米"或"方向盘向左转动 1 度"的层次上，那它可能永远都找不到走出停车场的路，更不用说去 Bucharest 了。

我们能更精确地定义合适的**抽象层级**（level of abstraction）吗？我们所选择的抽象状态

---

① 对于具有无限多个动作的问题，我们需要本章之外的其他技巧。

② 在任何存在负代价环的问题中，代价最优解为在这个环中循环无限次。不存在负代价环时，Bellman-Ford 算法和 Floyd-Warshall 算法（本章暂未涉及）可以处理负代价动作。只要连续的零代价动作的数量是有限的，处理零代价动作就很容易。例如，假设有一个机器人，其移动的代价为正，但旋转 90° 的代价为 0；只要连续旋转 90° 动作的数量不超过 3 个，本章的算法就可以处理这个问题。存在无限多个任意小的动作代价的问题也很复杂。考虑 Zeno 悖论的情况，存在一个动作，它每次向目标移动剩余距离的二分之一，代价为上一次移动代价的二分之一。这个问题不存在动作数量有限的解，但为了防止搜索在没有完全到达目标的情况下采取无限数量的动作，我们可以要求所有动作的代价至少为 ε，ε 为某个较小的正值。

和动作对应于大量具体的世界状态和动作序列。现在考虑抽象问题的解，例如，从 Arad 到 Sibiu，到 Rimnicu Vilcea，到 Pitesti，再到 Bucharest 的路径。这个抽象解对应于大量更详细的路径。例如，从 Sibiu 开往 Rimnicu Vilcea 的途中，我们可以打开收音机，而在其他的旅程中关掉收音机。

如果我们能够将任何抽象解细化为更详细的世界中的解，那么这种抽象就是合理的；一个充分条件是，对于"in Arad"的每个详细状态，都有一条到达"in Sibiu"状态的详细路径，以此类推。[①] 如果执行解中的每个动作都比原始问题更容易，那么抽象是有用的；在我们的示例中，"从 Arad 开车到 Sibiu"的动作，任何一个一般水平的司机都可以在不进一步搜索或规划的情况下完成。因此，选择一个好的抽象需要删除尽可能多的细节，同时保留合理性，并确保抽象动作易于执行。如果没有构造有用的抽象的能力，智能体将被真实世界完全淹没。

3.2 问题示例

问题求解的方法已被应用于大量任务环境中。我们在这里列出一些典型问题，区分为标准化问题和真实世界问题。**标准化问题**（standardized problem）常用于说明或训练各种问题求解方法。它具有简洁、准确的描述，因此适合作为研究人员比较算法性能的基准。**真实世界问题**（real-world problem），如机器人导航，则意味着这一问题的解是人们实际使用的，且问题的形式化是独特的而非标准化的，因为例如在机器人导航问题中，每个机器人具有不同的传感器，产生不同的数据。

3.2.1 标准化问题

网格世界（grid world）问题是一个由正方形单元格组成的二维矩形阵列，在这个阵列中，智能体可以从一个单元格移动到另一个单元格。一般来说，智能体可以水平或垂直地移动到任何无障碍的相邻单元格，在某些问题中还可以沿对角线移动。单元格中可以包含智能体能拿起、推开或施加其他动作的物体，也可以存在阻止智能体进入单元格内的墙壁或其他不可逾越的障碍。2.1 节中的**真空吸尘器世界**（vacuum world）可以表示为一个网格世界问题。

- **状态**：即哪些对象在哪些单元格中。在真空吸尘器世界中，对象就是智能体和灰尘。对于只有两个单元格的简单情形，智能体可以位于这两个单元格中的任何一个，每个单元格都可能存在灰尘，所以共有 $2 \times 2 \times 2 = 8$ 个状态（见图 3-2）。一般来说，存在 n 个单元格的真空吸尘器环境有 $n \times 2^n$ 个状态。

- **初始状态**：任一状态都可以被指定为初始状态。

- **动作**：在只有两个单元格的情形中，我们可以定义 3 种动作，即吸尘（*Suck*）、向左（*Left*）移动和向右（*Right*）移动。在二维多单元格世界中，我们则需要更多种移动动作。我们可以增加向上（*Upward*）和向下（*Downward*）的动作，从而得到 4 种**绝对的**（absolute）移动动作，或者可以将其转换为**以自我为中心的动作**，即从相对于智能体的角度来定义，例如，向前（*Forward*）、向后（*Backward*）、右转（*TurnRight*）和左转（*TurnLeft*）。

- **转移模型**：*Suck* 将去除单元格内的任何灰尘；*Forward* 将智能体朝它所面对的方向向前移动一个单元格，除非它撞到墙（在这种情况下，这个行动不起作用）。*Backward* 让智能体朝相反的方向移动一个单元格，而 *TurnRight* 和 *TurnLeft* 则将智能体的朝向旋转 90°。

---

① 参见 11.4 节。

- **目标状态**：每个单元格都保持干净的状态。
- **动作代价**：每个动作的代价都是 1。

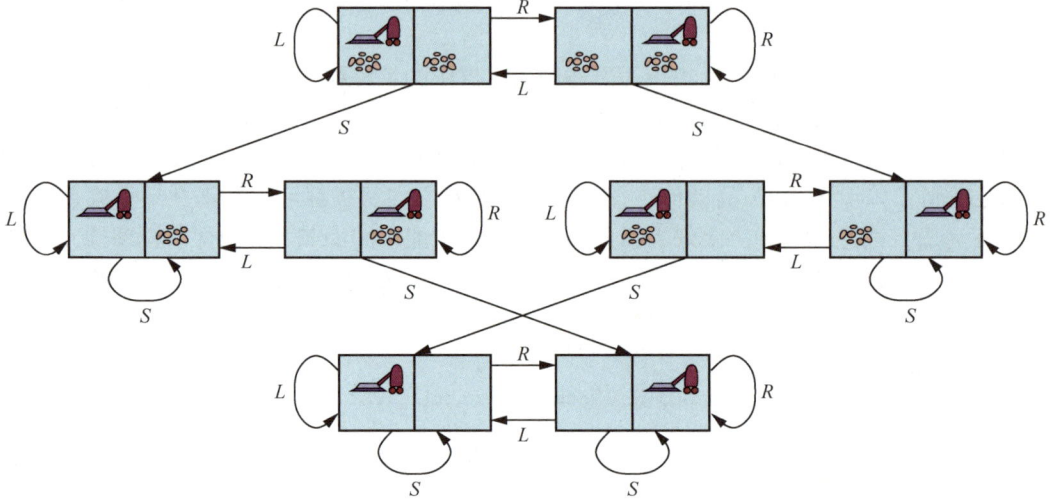

图 3-2   两个单元格的真空吸尘器世界的状态空间图。共有 8 个状态，每个状态有 3 种动作：*L* = *Left*（向左）、*R* = *Right*（向右）、*S* = *Suck*（吸尘）

另一种类型的网格世界是**推箱子问题**（sokoban puzzle），在这个问题中，智能体的目标是将一些散落在网格中的箱子推到指定的存储位置。每个单元格最多容纳一个箱子。当智能体向前移动到放有一个箱子的单元格，而箱子另一侧的单元格为空时，箱子和智能体都向前移动一格。智能体不能把一个箱子推到另一个箱子上或墙上。对于存在 n 个无障碍单元格和 b 个箱子的世界，共有 $n \times n!/(b!(n-b)!)$ 个状态；例如，在一个存在 12 个箱子的 8×8 网格中，有超过 200 万亿个状态。

在**滑块问题**（sliding-tile puzzle）中，若干滑块（有时称为块或片）排列在一个有若干空白区域的网格中，其中滑块可以滑进空白区域。它的一个变体是汽车华容道问题（Rush Hour puzzle），在这个问题中，我们需要在 6×6 的网格中滑动汽车和卡车，目标是将一辆汽车从交通堵塞中解救出来。滑块问题中最著名的变体是 **8 数码问题**（8-puzzle）（见图 3-3），它由一个 3×3 的网格、8 个带编号的滑块和一个空格组成，目标是达到指定的状态，如图 3-3 中右侧所示。类似的还有由 4×4 的网格组成的 **15 数码问题**（15-puzzle）。对 8 数码问题做如下形式化处理。

- **状态**：指定每个滑块位置的状态描述。
- **初始状态**：任何状态都可以被指定为初始状态。注意，可以根据奇偶性划分状态空间——任何给定目标都可以从恰好一半的可能初始状态到达（见习题 3.PART）。
- **动作**：虽然在真实世界中是滑块在移动，但描述动作的最简单方法是假设空格执行 *Left*、*Right*、*Up* 或 *Down* 动作。如果空格位于边缘或角落，则不是所有的动作都可用。
- **转移模型**：将状态和动作映射为一个结果状态；例如，图 3-3 中，对于初始状态，我们采取 *Left* 动作，那么结果状态中滑块 5 和空格将交换位置。
- **目标状态**：尽管任何状态都可以作为目标状态，但我们通常用有序编号指定目标状态，如图 3-3 所示。
- **动作代价**：每个动作的代价都为 1。

注意，每个问题的形式化都涉及抽象。8 数码问题中的动作被抽象为它们的开始状态和结束状态，忽略滑块滑动的中间位置。我们已经通过抽象除去了一些动作，例如，当滑块被卡住时需要晃动木板，并排除了用刀取出滑块然后再放回去的可能性。最终只剩下对规则的描述，避免了实际操作的所有细节。

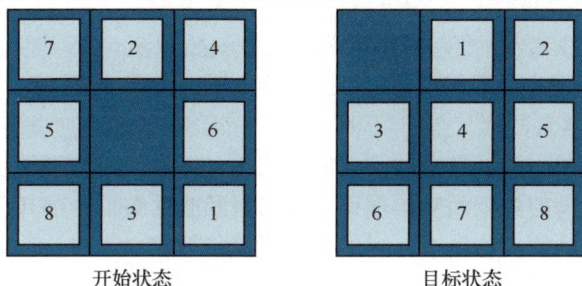

图 3-3　8 数码问题的一个典型实例

我们介绍的最后一个标准化问题是由高德纳（Knuth, 1964）设计的，它说明了无限状态空间是如何产生的。高德纳推测，通过只由平方根、向下取整和阶乘操作组成的序列可以从数字 4 得到任何正整数。例如，我们可以这样从 4 得到 5：

$$\left\lfloor \sqrt{\sqrt{\sqrt{\sqrt{\sqrt{\sqrt{(4!)!}}}}}} \right\rfloor = 5$$

问题定义很简单，如下所述。
- **状态**：正实数。
- **初始状态**：4。
- **动作**：应用平方根、向下取整或阶乘操作（阶乘仅用于整数）。
- **转移模型**：根据运算的数学定义给出。
- **目标状态**：所求的正整数。
- **动作代价**：每个动作的代价都是 1。

这一问题的状态空间是无限的：对于任意大于 2 的整数，阶乘操作总是产生一个更大的整数。这个问题很有趣，因为它探索了非常大的数字：从 4 到 5 的最短路径生成了数字 (4!)! = 620 448 401 733 239 439 360 000。无限状态空间经常出现在涉及数学表达式生成、电路、证明、程序和其他递归定义对象的任务中。

3.2.2　真实世界问题

我们已经了解了如何根据指定的位置和沿着它们之间的边进行的位置转移来定义**寻径问题**（route-finding problem）。寻径算法有许多应用场景。其中一些是上文中罗马尼亚例子的直接扩展，例如提供导航的网站和车载系统等。（需要考虑的主要复杂因素是因与交通相关的延迟而导致的代价变化，以及因道路封闭而导致的路线变更。）另一些例如计算机网络中的视频流路由、军事行动规划和飞机航线规划系统等，则更加复杂。下面介绍旅行规划网站必须解决的航空旅行问题。

- **状态**：每个状态显然包括当前位置（例如，某个机场）和当前时间。此外，由于每个动作（一个航段）的代价可能依赖于之前的航段、票价基础以及它们是国内航班还是国际航班，状态必须记录这些额外的"历史"信息。

- **初始状态**：用户家所在的机场。
- **动作**：在当前时间之后，从当前位置乘坐任意航班任意舱位起飞，如果需要，还要留出足够的时间在机场中转。
- **转移模型**：乘坐航班产生的结果状态将航班的目的地作为新的当前位置，将航班的到达时间作为新的当前时间。
- **目标状态**：目的地城市。有时目标可能更复杂一点，例如"乘坐直达航班到达目的地"。
- **动作代价**：金钱成本、等待时间、飞行时间、海关和入境手续、舱位质量、当日时间、飞机类型、常旅客奖励积分等的组合。

商业旅行咨询系统使用的就是上述问题的形式化。不过，在处理航空公司错综复杂的票价结构时，还会有许多额外的复杂因素。例如，任何有经验的旅行者都知道，并不是所有的航空旅行都能按计划进行。因此，一个真正好的系统应该包括应变规划——如航班延误或者错过转机时的应对方案。

旅行问题（touring problem）描述的是一组必须访问的地点，而非单一目的地。**旅行商问题**（traveling salesperson problem，TSP），就是一个旅行问题，即地图上每个城市都必须被访问。其目标是找到代价小于 C 的旅行路线（在优化版本中，目标是找到代价最低的旅行路线）。为了提高 TSP 算法的性能，科研人员付出了大量的努力。该算法也可以扩展到处理车队问题。例如，规划波士顿校车路线的搜索优化算法为人们节约了 500 万美元，减少了交通拥堵和空气污染，同时还为司机和学生节省了时间（Bertsimas *et al.*, 2019）。除了规划行程，搜索算法还被用于规划自动电路板钻孔机钻头的运动和装料机在车间内的移动等任务。

超大规模集成电路布图（VLSI layout）问题需要在一个芯片上定位数百万个元件和连接点，以最小化芯片面积、电路延迟和杂散电容，并最大化成品率。布图问题在逻辑设计阶段之后，通常分为两个部分：**单元布图**（cell layout）和**通道布线**（channel routing）。在单元布图中，电路的基本元件分组为若干单元，每个单元执行一些特定功能。每个单元都有固定的占用区域（大小和形状），并且需要与其他每个单元建立一定数量的连接。单元布图的目的是将单元彼此不重叠地放置在芯片上，并且单元之间有足够的空间布置连线。通道布线的目的则是通过单元之间的间隙为每条导线寻找特定的路线。这些搜索问题极其复杂，但绝对值得研究。

机器人导航（robot navigation）是寻径问题的一个推广。机器人不必沿着明确的路径（如罗马尼亚的道路）行走，而是可以四处游走，实际上是自己走自己的路。对于在平面上移动的圆形机器人，空间本质上是二维的。当机器人的手臂和腿也必须受到控制时，搜索空间就变成了多维的——每个关节角都是一个维度。为了使基本上连续的搜索空间变成有限空间，需要一些更先进的技术（见第 26 章）。除了问题的复杂性外，真正的机器人还必须处理传感器读取错误、电动机控制中的错误、部分可观测性以及可能改变环境的其他智能体等问题。

自 20 世纪 70 年代以来，由机器人对复杂物体（例如电动机）进行**自动装配排序**（automatic assembly sequencing）已成为标准的工业实践。算法首先找到一个可行的装配序列，然后对装配过程进行优化。将装配线上的人工劳动减少到最低限度可以节省大量时间和成本。装配问题的目标是找到某个对象的各个零件的组装顺序。如果顺序错误，那么只能撤消某些已完成的工序，否则无法在序列的后面添加其他部分。检查序列中动作的可行性是与机器人导航问题密切相关的几何搜索难题。因此，合法动作的生成是装配排序问题中代价较高的部分。任何实用算法都必须尽量避免探索全部的状态空间，而应只探索状态空间中的很小一部分。一类重要的装配问题是**蛋白质设计**（protein design），其目的是找到一种氨基酸序列，该序列能够折叠成具有正确特性的三维蛋白质结构，以治疗某些疾病。

3.3　搜索算法

搜索算法（search algorithm）将搜索问题作为输入并返回问题的解或报告 *failure*（当解不存在时）。在本章中，我们考虑在状态空间图上叠加一棵**搜索树**（search tree）的算法，该算法从初始状态形成各条路径，并试图找到一条可以达到某个目标状态的路径。搜索树中的每个**节点**（node）对应于状态空间中的一个状态，搜索树中的边对应于动作。树的根对应于问题的初始状态。

理解状态空间和搜索树之间的区别非常重要。状态空间描述了世界的（可能无限的）状态集，以及允许从一个状态转移到另一个状态的动作。搜索树描述了这些状态之间通向目标的路径。搜索树可以有多条路径（因此可以有多个节点）到达任何给定状态，但树中的每个节点都只有唯一一条返回根的路径（与所有树一样）。

图 3-4 展示了寻找从 Arad 到 Bucharest 的路径的前几步。搜索树的根节点位于初始状态，Arad。我们可以按如下方式**扩展**（expand）节点：考虑该状态的可用动作 Actions，使用 Result 函数查看这些动作指向何处，并为每个结果状态**生成**（generating）一个新节点，称为**子节点**（child node）或**后继节点**（successor node）。每个子节点的**父节点**（parent node）都是 Arad。

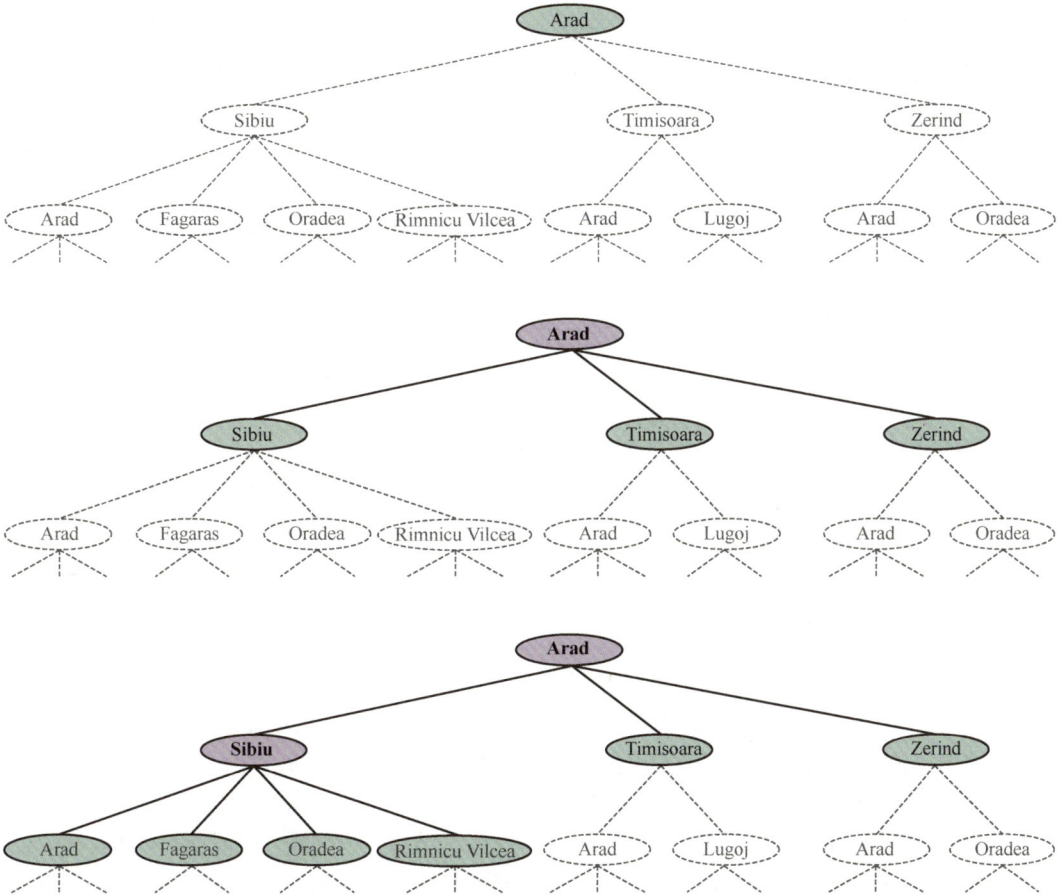

图 3-4　3 棵部分搜索树，用于寻找从 Arad 到 Bucharest 的路线。已扩展节点用淡紫色和粗体字母表示；边界上已生成但未被扩展的节点用绿色表示；对应于这两种类型节点的状态集被称为已达。接下来可能生成的节点用虚线表示。注意，在最下面的树中，有一个从 Arad 到 Sibiu 再到 Arad 的环，这不可能是最优路径，因此搜索不应该从那里继续

现在我们必须从这 3 个子节点中选择一个考虑下一步扩展。这就是搜索的本质——先跟踪一个选项，之后再考虑其他选项。假定我们选择先扩展 Sibiu。结果如图 3-4 中最下面的搜索树所示，我们得到了 6 个未被扩展的节点（以绿色节点显示）。我们称之为搜索树的**边界**（frontier）。任何已经生成过节点的状态都称为**已达**（reached）状态（无论该节点是否被扩展）。[①]图 3-5 为叠加在状态空间图上的搜索树。

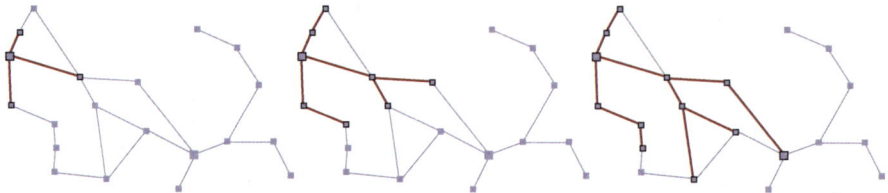

图 3-5　由图 3-1 中的罗马尼亚问题的图搜索生成的搜索树序列。在每一阶段，我们扩展边界上的每个节点，使用所有不指向已达状态的可用动作延伸每条路径。需要注意的是，在第三阶段，最高位置的城市（Oradea）有两个后继城市，这两个城市都已经有其他路径到达，所以没有路径可以从 Oradea 延伸

注意，边界**分离**（separate）了状态空间图的两个区域，即内部区域（其中每个状态都已被扩展）和外部区域（尚未到达的状态）。该属性如图 3-6 所示。

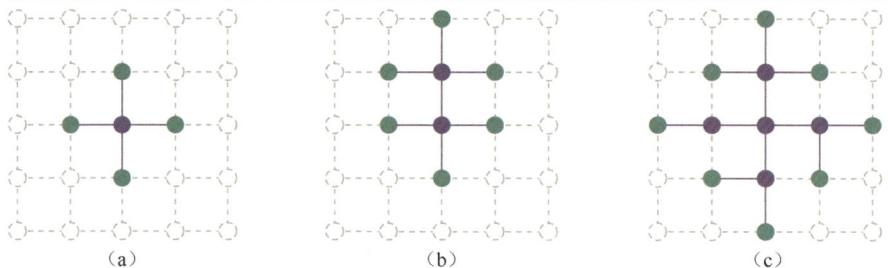

（a）　　　　　　　　　　　（b）　　　　　　　　　　　（c）

图 3-6　以矩形网格问题为例说明图搜索的分离性质。边界（绿色）分离了内部（淡紫色）和外部（虚线）。边界是已达但尚未扩展的节点（及相应的状态）的集合；内部是已被扩展的节点（及相应的状态）的集合；外部是尚未到达的状态的集合。在（a）中，只有根节点被扩展。在（b）中，上面的边界节点被扩展。在（c）中，按顺时针顺序扩展根节点的其他后继节点

3.3.1　最佳优先搜索

我们如何决定下一步从边界扩展哪个节点？**最佳优先搜索**（best-first search）是一种非常通用的方法，在这种方法中，我们选择使得某个**评价函数**（evaluation function）$f(n)$ 的值最小的节点 n。算法如图 3-7 所示。在每次迭代中，选择边界上具有最小 $f(n)$ 值的一个节点，如果它的状态是目标状态，则返回这个节点，否则调用 EXPAND 生成子节点。对于每个子节点，如果之前未到达过该子节点，则将其添加到边界；如果到达该子节点的当前路径的代价比之前任何路径都要小，则将其重新添加到边界。该算法要么返回 *failure*，要么返回一个节点（表示一条通往目标的路径）。通过使用不同的 $f(n)$ 函数，可以得到不同的具体算法，本章将介绍这些算法。

[①]　一些作者将边界称为**开节点表**，这在地理学上不太容易引起共鸣，在计算上也不太合适，因为在这里，队列比表更有效。这些作者还使用**闭节点表**一词来指代之前已扩展的节点的集合，在我们的术语中，这些节点为已达节点去掉边界节点后的剩余节点。

---

function BEST-FIRST-SEARCH(*problem*, *f*) **returns** 一个解节点或 *failure*
　　node ← NODE(STATE=*problem*.INITIAL)
　　frontier ← 一个以 *f* 排序的优先队列，其中一个元素为*node*
　　reached ← 一个查找表，其中一个条目的键为*problem*.INITIAL，值为*node*
　　while not IS-EMPTY(*frontier*) **do**
　　　　node ← POP(*frontier*)
　　　　if *problem*.IS-GOAL(*node*.STATE) **then return** *node*
　　　　for each *child* **in** EXPAND(*problem*, *node*) **do**
　　　　　　s ← *child*.STATE
　　　　　　if *s*不在*reached*中 **or** *child*.PATH-COST < *reached*[*s*].PATH-COST **then**
　　　　　　　　reached[*s*] ← *child*
　　　　　　　　将*child*添加到*frontier*中
　　return *failure*

function EXPAND(*problem*, *node*) **yields** 节点
　　s ← *node*.STATE
　　for each *action* **in** *problem*.ACTIONS(*s*) **do**
　　　　s' ← *problem*.RESULT(*s*, *action*)
　　　　cost ← *node*.PATH-COST + *problem*.ACTION-COST(*s*, *action*, *s'*)
　　　　yield NODE(STATE=*s'*, PARENT=*node*, ACTION=*action*, PATH-COST=*cost*)

图 3-7　最佳优先搜索算法以及扩展节点的函数。这里使用的数据结构将在 3.3.2 节中介绍。**yield** 的说明见附录 B

3.3.2　搜索数据结构

搜索算法需要一个数据结构来跟踪搜索树。树中的**节点**（node）由一个包含 4 个组成部分的数据结构表示。

- *node*.STATE：节点对应的状态。
- *node*.PARENT：父节点，即树中生成该节点的节点。
- *node*.ACTION：父节点生成该节点时采取的动作。
- *node*.PATH-COST：从初始状态到此节点的路径总代价。在数学公式中，一般使用 *g*(*node*) 表示 PATH-COST。

通过从一个节点返回的 PARENT 指针，我们可以复原到达该节点的路径上的状态和动作。从一个目标节点开始复原，我们就可以得到问题的解。

我们需要一个数据结构来存储**边界**。一个恰当的选择是某种**队列**（queue），因为边界上的操作有以下几个。

- IS-EMPTY(*frontier*)：返回 true 当且仅当边界中没有节点。
- POP(*frontier*)：返回边界中的第一个节点并将它从边界中删除。
- TOP(*frontier*)：返回（但不删除）边界中的第一个节点。
- ADD(*node*, *frontier*)：将节点插入队列中的适当位置。

搜索算法使用了 3 种不同类型的队列。

- **优先队列**（priority queue）首先弹出根据评价函数 *f* 计算得到的代价最小的节点。它被用于最佳优先搜索。
- **FIFO 队列**（FIFO queue），即先进先出队列（first-in-first-out queue），首先弹出最先添加

到队列中的节点；它被用于广度优先搜索。

- **LIFO 队列**（LIFO queue），即后进先出队列（last-in-first-out queue），也称为**栈**（stack），首先弹出最近添加的节点；它被用于深度优先搜索。

已达状态可以存储为一个查找表（例如，哈希表），其中每个键是一个状态，对应的值是该状态的节点。

3.3.3　冗余路径

图 3-4（最下面一排）所示的搜索树包含了一条从 Arad 到 Sibiu 再回到 Arad 的路径。这时我们称 Arad 为搜索树中的一个**重复状态**（repeated state），在本例中该重复状态是由**循环**（cycle）[也称为**环路**（loopy path）] 生成的。因此，即使状态空间只有 20 种状态，完整的搜索树也是无限的，因为遍历循环的频率没有限制。

循环是**冗余路径**（redundant path）的一种特殊情况。例如，我们可以通过路径 Arad—Sibiu（总长 140 英里）或路径 Arad—Zerind—Oradea—Sibiu（总长 297 英里）到达 Sibiu。第二条路径是冗余的——是到达相同状态的一种比较差的方式——在我们寻找最优路径时不需要考虑它。

考虑一个 10×10 网格世界中的智能体，它能够移动到 8 个相邻方格中的任何一个。如果没有障碍，智能体可以在 9 步或更少的移动内到达 100 个方格中的任何一个。但是长度为 9 的路径的数量几乎是 8^9（由于网格边缘的存在，路径数稍微少了一点），超过了 1 亿条。也就是说，平均意义下，有超过 100 万条长度为 9 的冗余路径到达同一个单元格，如果我们消除了冗余路径，搜索完成的速度可以快大约 100 万倍。俗话说，不记得历史的算法注定要重复历史。有 3 种方法可以解决这一问题。

第一，我们可以记住之前到达的所有状态（就像最佳优先搜索一样），这样能够检测到所有冗余路径，并只保留每个状态的最优路径。这适用于存在大量冗余路径的状态空间，当内存可以容纳下已达状态表时，它是首选方法。

第二，我们不必担心对过去的重复。在一些问题形式化中，很少或不可能出现两条路径到达相同状态。以装配问题为例，每个动作都会将一个零件添加到一个不断发展的装配中，零件是有序的，因此可以先添加 *A*，然后再添加 *B*，但不能先添加 *B*，然后再添加 *A*。对于这些问题，如果我们不记录已达状态也不检查冗余路径，则可以节省内存空间。如果搜索算法会检查冗余路径，我们称之为**图搜索**（graph search）；否则，称之为**树状搜索**（tree-like search）[1]。图 3-7 中的 Best-First-Search 算法是一种图搜索算法；如果删除所有对 *reached* 的引用，即为树状搜索，它使用更少的内存，但会出现到达相同状态的冗余路径，因此运行速度会更慢。

第三，我们可以选择折中方法，检查循环，但通常不检查冗余路径。由于每个节点都有一个父指针链，因此可以通过跟踪父指针链来查看路径末端的状态之前是否在路径中出现过，从而不需要额外内存即可检查是否存在循环。某些算法实现一直沿着这个链向上移动，从而消除了所有循环。另一些算法实现仅跟踪少数几个链接（例如，到父节点、祖父节点和曾祖父节点），因此仅需花费固定的时间就可以消除所有短循环（并依靠其他机制来处理长循环）。

---

[1]　我们称之为"树状搜索"，是因为无论如何搜索，状态空间仍然是相同的图；我们只是把它当作一棵树，从每个节点返回根只有一条路径。

3.3.4 问题求解性能评估

在开始设计各种搜索算法之前，需要考虑在这些算法中进行选择时所使用的标准。我们可以从以下 4 个方面评价算法的性能。

- **完备性**（completeness）：当存在解时，算法是否能保证找到解，当不存在解时，是否能保证报告失败？
- **代价最优性**（cost optimality）：它是否找到了所有解中路径代价最小的解？ [①]
- **时间复杂性**（time complexity）：找到解需要多长时间？可以用秒数来衡量，或者更抽象地用状态和动作的数量来衡量。
- **空间复杂性**（space complexity）：执行搜索需要多少内存？

为了理解完备性，考虑一个具有单一目标的搜索问题。这个目标可能是状态空间的任何地方；因此，一个完备的算法必须能够系统地探索从初始状态可以到达的每一个状态。在有限状态空间中，这是很容易实现的：只要我们跟踪路径并切断循环（例如，Arad 到 Sibiu 再到 Arad），最终我们将到达每一个可到达的状态。

在无限状态空间中，则需要更加小心。例如，在高德纳的"4"问题中反复应用"阶乘"操作的算法将沿着从 4 到 4! 到 (4!)!……的无限路径行进。同样地，在一个没有障碍的无限网格上，沿着直线不停前进也会形成由新状态组成的无限路径。在这两种情况下，算法永远不会返回它之前到达的状态，但它是不完备的，因为状态空间中的大部分状态永远都不会到达。

完备的搜索算法探索无限状态空间的方式必须是**系统的**（systematic），以确保它最终能够到达与初始状态相关的任何状态。例如，在无限网格上，一种系统搜索方法是螺旋路径，它覆盖了距离原点 s 步远的所有单元格，然后移动到 $s+1$ 步远的单元格。遗憾的是，在一个不存在解的无限状态空间中，一个合理的算法会一直搜索，它不会终止，因为它不知道下一个状态是否是目标状态。

时间复杂性和空间复杂性与问题的困难程度相关。在理论计算机科学中，一种典型的度量方式是状态空间图的大小，$|V| + |E|$，其中 $|V|$ 是图中顶点（状态节点）的数量，$|E|$ 是边（不同的状态/动作对）的数量。当状态空间图是显式的数据结构（如罗马尼亚地图）时，这种度量是合适的。但在许多人工智能问题中，状态空间图只是由初始状态、动作和转移模型隐式地表示。对于隐式的状态空间，复杂性可以用 3 个量来衡量：d，最优解的**深度**（depth）或动作数；m，任意路径的最大动作数；b，需要考虑的节点的**分支因子**（branching factor）或后继节点数。

3.4 无信息搜索策略

无信息搜索算法不提供有关某个状态与目标状态的接近程度的任何线索。例如，考虑一个位于 Arad 且目标为 Bucharest 的智能体。一个对罗马尼亚地理一无所知的无信息智能体无法判断第一步应该前往 Zerind 还是 Sibiu。相比之下，了解每个城市位置的有信息智能体（3.5 节）则知道 Sibiu 距离 Bucharest 更近，因此 Sibiu 更有可能在最短路线上。

[①] 一些作者使用"可容许性"这一术语表示寻找最小代价解的性质，还有一些作者仅使用"最优性"，但这可能与其他类型的最优性相混淆。

3.4.1　广度优先搜索

当所有动作的代价相同时，正确的策略是采用**广度优先搜索**（breadth-first search），即先扩展根节点，然后扩展根节点的所有后继节点，再扩展后继节点的后继，以此类推。这是一种系统的搜索策略，因此即使在无限状态空间上也是完备的。我们可以通过调用 Best-First-Search 实现广度优先搜索，其中评价函数 $f(n)$ 是节点的深度，即到达该节点所需的动作数。

然而，我们可以通过一些技巧来提高算法效率。先进先出队列比优先队列速度更快，并且能提供正确的节点顺序：新节点（总是比其父节点更深）进入队列的队尾，而旧节点，即比新节点浅的节点，首先被扩展。此外，*reached* 可以是一组状态，而不是状态到节点的映射，因为一旦到达某个状态，我们就再也找不到到达该状态的更好路径了。这也意味着我们可以进行**早期目标测试**（early goal test），即在生成节点后立即检查该节点是否为一个解，而不是像最佳优先搜索使用的**后期目标测试**（late goal test）那样，等节点弹出队列后再检查该节点是否为一个解。图 3-8 展示了在二叉树上进行广度优先搜索的过程，图 3-9 展示了使用早期目标测试来提高效率的算法。

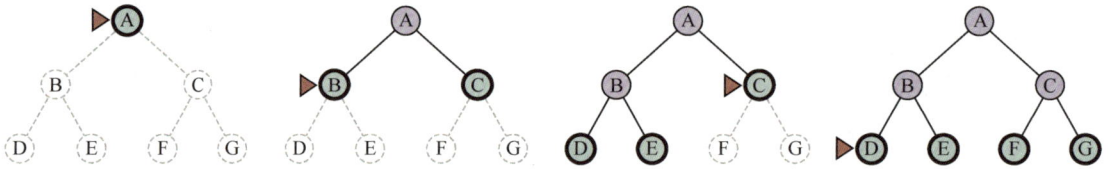

图 3-8　简单二叉树上的广度优先搜索。每个阶段接下来要扩展的节点用三角形标记表示

---

function Breadth-First-Search(*problem*) **returns** 一个解节点或 *failure*
　node ← Node(*problem*.Initial)
　if *problem*.Is-Goal(*node*.State) **then return** *node*
　frontier ← 一个FIFO队列，其中一个元素为*node*
　reached ←{*problem*.Initial}
　while not Is-Empty(*frontier*) **do**
　　node ← Pop(*frontier*)
　　for each *child* **in** Expand(*problem*, *node*) **do**
　　　s ← *child*.State
　　　if *problem*.Is-Goal(*s*) **then return** *child*
　　　if *s*不在*reached*中 **then**
　　　　将*s*添加到*reached*
　　　　将*child*添加到*frontier*
　return *failure*

function Uniform-Cost-Search(*problem*) **returns** 一个解节点或*failure*
　return Best-First-Search(*problem*, Path-Cost)

图 3-9　广度优先搜索和一致代价搜索算法

广度优先搜索总是能找到一个动作最少的解，因为当它生成深度为 d 的节点时，说明它已经生成了深度为 $d-1$ 的所有节点，如果其中一个节点是解，它应该已经被找到了。这意味着，对于所有动作都具有相同代价的问题，它是代价最优的，但对于不具有该特性的问题，则不一定是最优的。这两种情况都是完备的。在时间和空间方面，想象我们在搜索一棵均衡树，其中每个状态都有 b 个后继。搜索树的根生成 b 个节点，每个节点又生成 b 个节点，第二层总共是

b^2 个节点。每个节点又生成 b 个节点，从而在第三层产生 b^3 个节点，以此类推。现在假设解的深度为 d，那么生成的节点总数为

$$1 + b + b^2 + b^3 + \cdots + b^d = O(b^d)$$

所有节点都存储在内存中，所以时间复杂性和空间复杂性都是 $O(b^d)$。这样的指数级上界是可怕的。举一个典型的真实世界中的例子，考虑一个分支因子 $b = 10$、处理速度为每秒100万节点、内存需求为1 KB/节点的问题。深度 $d = 10$ 的搜索将花费不到3小时的时间，但需要10 TB的内存。对广度优先搜索来说，内存需求是一个比执行时间更严重的问题。但时间仍然是一个重要因素。深度 $d = 14$ 时，即使有无限内存，搜索也需要3.5年。一般来说，除了最小的问题实例，指数级复杂性的搜索问题无法通过无信息搜索求解。

3.4.2　Dijkstra 算法或一致代价搜索

当动作具有不同的代价时，一个显而易见的选择是使用最佳优先搜索，评价函数为从根到当前节点的路径的代价。理论计算机科学界称之为 Dijkstra 算法，人工智能界则称之为**一致代价搜索**（uniform-cost search）。不同于广度优先搜索在深度一致的波（首先是深度 1，然后是深度 2，以此类推）中展开，一致代价搜索算法的思想是在路径代价一致的波中展开。该算法可以通过调用 Best-First-Search 实现，评价函数为 Path-Cost，如图 3-9 所示。

考虑图 3-10，问题是从 Sibiu 到达 Bucharest。Sibiu 的后继是 Rimnicu Vilcea 和 Fagaras，代价分别为 80 和 99。然后扩展代价最小的节点 Rimnicu Vilcea，加入节点 Pitesti，其代价为 80 + 97 = 177。此时代价最小的节点是 Fagaras，所以接着扩展 Fagaras，加入节点 Bucharest，代价为 99 + 211 = 310。目标节点是 Bucharest，但算法只在扩展节点时测试其是否为目标节点，而不是在生成节点时测试，因此它还没有检测到这是一条通往目标的路径。

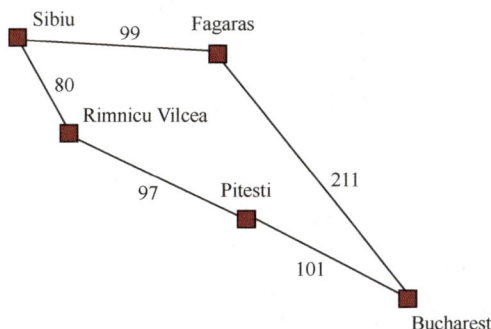

图 3-10　罗马尼亚问题状态空间的一部分，选择这部分来说明一致代价搜索

算法继续进行，接下来选择 Pitesti 进行扩展，添加到 Bucharest 的第二条路径，代价为 80 + 97 + 101 = 278。它的代价更低，因此用它取代 *reached* 中之前的路径，并添加到 *frontier* 中。结果证明，这个节点目前具有最小代价，因此它被认为是下一个要扩展的节点，此时我们发现它是一个目标节点，从而返回该节点。注意，如果我们在生成节点时检查目标，而不是在扩展代价最小的节点时检查，那么我们将返回一个代价更高的路径（经过 Fagaras 的路径）。

一致代价搜索的复杂性用 C^* 和 ε 表示，C^* 是最优解的代价[①]，ε 是每个动作代价的下界，$\varepsilon > 0$。那么算法在最坏情况下的时间复杂性和空间复杂性是 $O(b^{1+\lfloor C^*/\varepsilon \rfloor})$，比 b^d 大得多。这是因

---

① 在这里，以及整本书中，C^* 中的"*"表示 C 的最优值。

为一致代价搜索在探索包含一个可能有用的高代价动作的路径之前，可能会先探索具有低代价动作的大型树。当所有动作代价相同时，$b^{1+\lfloor C^*/\varepsilon \rfloor}$ 等于 b^{d+1}，这时一致代价搜索类似于广度优先搜索。

一致代价搜索是完备的，也是代价最优的，因为它找到的第一个解的代价至少与边界上的任何其他节点的代价一样小。一致代价搜索会按照代价递增的顺序系统地考虑所有路径，而不会陷入一直沿单一无限路径探索的困境（假设所有动作的代价 $> \varepsilon > 0$）。

3.4.3 深度优先搜索与内存问题

深度优先搜索（depth-first search）总是优先扩展边界中最深的节点。它可以通过调用 BEST-FIRST-SEARCH 来实现，其中评价函数 f 为深度的负数。然而，它通常不是以图搜索的形式实现而是以树状搜索（不维护已达状态表）的形式实现。搜索的过程如图 3-11 所示，搜索先直接到达搜索树的最深层，这里的节点不存在后继节点。然后，搜索将"回退"到下一个仍存在未扩展后继节点的最深的节点。深度优先搜索不是代价最优的，它会返回它找到的第一个解，即使这个解不是路径代价最小的。

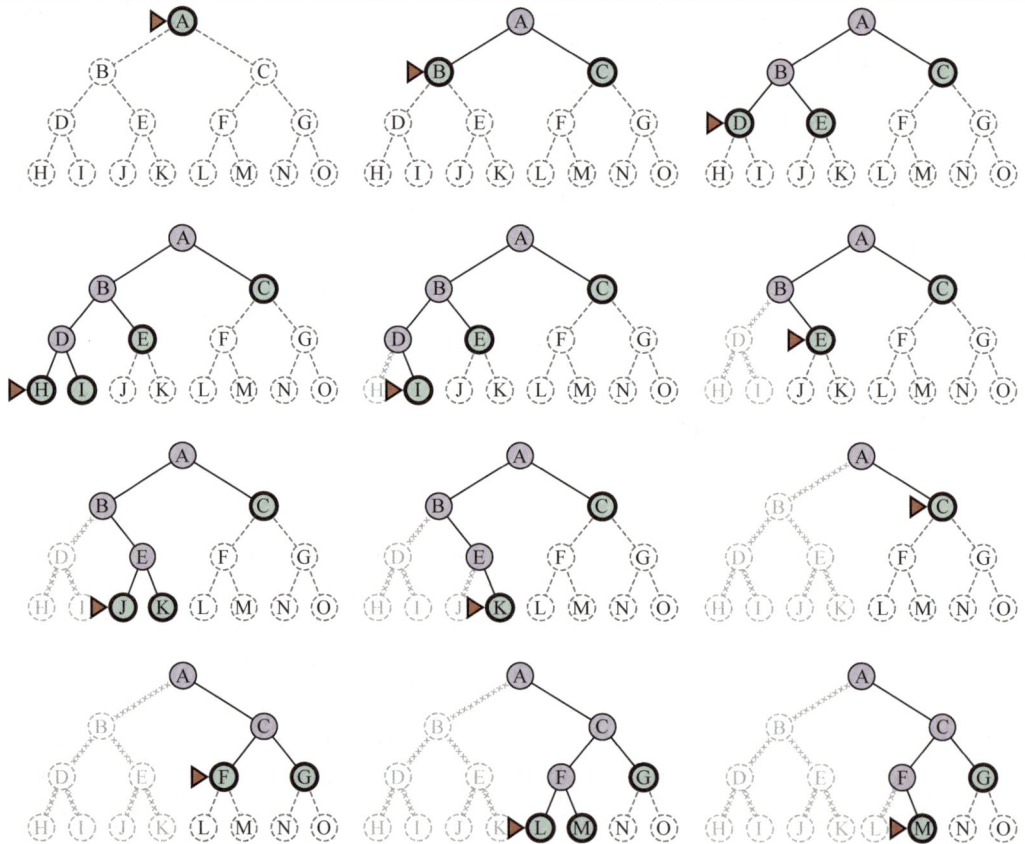

图 3-11　二叉树的深度优先搜索过程中，从开始状态 A 到目标 M，共 12 步（从左到右，从上到下）。边界节点为绿色，用三角形表示下一步要扩展的节点。已扩展的节点为淡紫色，潜在的未来节点用模糊的虚线表示。边界中没有后继的已扩展节点（用非常模糊的线表示）可以丢弃

对于树型的有限状态空间，算法是有效且完备的。对于无环状态空间，算法可能会通过不同路径多次扩展同一状态，但是（最终）将系统地探索整个空间。

在有环状态空间中，深度优先搜索算法可能陷入无限循环；因此，一些深度优先搜索算法的实现会检查每个新节点是否存在循环。在无限状态空间中，深度优先搜索不是系统性的：即使没有循环，它也可能陷入无限路径。因此，深度优先搜索是不完备的。

那么，为什么还会有人选择使用深度优先搜索而不是广度优先搜索或最佳优先搜索呢？答案是，对于使用树状搜索可以处理的问题，深度优先搜索对内存的需求要小得多。深度优先搜索根本不保留 *reached* 表，并且边界集很小：如果将广度优先搜索中的边界集视为不断扩展的球体的表面，那么深度优先搜索中的边界集只是球体的半径。

对于图 3-11 所示的有限树状状态空间，深度优先的树状搜索所花费的时间与状态数成正比，其空间复杂性仅为 $O(bm)$，其中 b 是分支因子，m 是树的最大深度。有些问题在广度优先搜索时需要 EB 量级的内存，而在深度优先搜索时仅需要 KB 量级。由于其对内存的节约使用，深度优先树状搜索已经成为许多人工智能领域的基本工具，例如，约束满足（第 6 章）、命题可满足性（第 7 章）和逻辑编程（第 9 章）。

回溯搜索（backtracking search）是深度优先搜索的一种变体，它使用的内存更少。（详见第 6 章。）在回溯搜索中，一次只生成一个后继，而不是所有后继节点；每个部分扩展的节点会记住下一个要生成的后继节点。此外，回溯通过直接修改当前状态描述而不是为一个全新的状态分配内存来生成后继状态。这将内存需求减少到只有一个状态描述和一条具有 $O(m)$ 个动作的路径；与深度优先搜索的 $O(bm)$ 个状态相比，节省了大量资源。通过回溯，我们还可以为当前路径上的状态维护一个有效的集合数据结构，从而使检查循环的时间从 $O(m)$ 减少到 $O(1)$。为了使回溯起作用，我们必须能够在回溯时撤销每个动作。回溯对许多具有大型状态描述的问题（例如机器人组装）的成功求解至关重要。

3.4.4 深度受限和迭代加深搜索

为了避免深度优先搜索陷入无限路径，我们可以使用深度受限搜索（depth-limited search）。这是一个深度优先搜索的改进版本，在深度受限搜索中，我们设置深度界限 ℓ，将深度 ℓ 上的所有节点视为其不存在后继节点（见图 3-12）。深度受限搜索算法的时间复杂性为 $O(b^\ell)$，空间复杂性为 $O(b\ell)$。遗憾的是，如果我们对 ℓ 的选择不当，算法将无法得到解，成为不完备的算法。

由于深度优先搜索是一种树状搜索，通常无法避免在冗余路径上浪费时间，但我们可以以一定的计算时间为代价来消除循环。沿着父节点向上查看几个节点，就能检测出大多数循环；更长的循环则由深度界限处理。

有时可以根据对问题的了解选择一个较好的深度界限。例如，罗马尼亚地图上有 20 个城市。因此，$\ell = 19$ 是一个有效的界限。但是如果仔细研究地图，我们会发现，从任何一个城市到达另一个城市最多需要 9 步。这个数值称为状态空间图的直径（diameter），它为我们提供了更好的深度界限，从而可以更有效地进行深度受限搜索。然而，对于大多数问题，在求解问题之前，我们无法知道什么深度界限是好的。

迭代加深搜索（iterative deepening search）解决了如何选择一个合适的 ℓ 的问题，方法是尝试所有值：首先是 0，然后是 1，然后是 2，依次类推——直到找到一个解，或者深度受限搜索返回 *failure* 值（而不是 *cutoff* 值）。算法如图 3-12 所示。迭代加深搜索结合了深度优先和广度优先搜索的许多优点。和深度优先搜索一样，它对内存的需求也不大：当问题存在解时，是 $O(bd)$，在不存在解的有限状态空间上，是 $O(bm)$。与广度优先搜索一样，迭代加深搜索对于所有动作都具有相同代价的问题是最优的，并且在有限无环状态空间上是完备的，或者说在任何有限状态空间上，当我们检查路径节点上所有的循环时，它都是完备的。

---

function ITERATIVE-DEEPENING-SEARCH(*problem*) **returns** 一个解节点或*failure*
    for *depth* = 0 **to** ∞ **do**
        result ← DEPTH-LIMITED-SEARCH(*problem*, *depth*)
        if *result* ≠ *cutoff* **then return** *result*

function DEPTH-LIMITED-SEARCH(*problem*, ℓ) **returns** 一个解节点或*failure*或*cutoff*
    frontier ← 一个LIFO队列（栈），其中一个元素为NODE(*problem*.INITIAL)
    result ← *failure*
    while not IS-EMPTY(*frontier*) **do**
        node ← POP(*frontier*)
        if *problem*.IS-GOAL(*node*.STATE) **then return** *node*
        if DEPTH(*node*) > ℓ **then**
            result ← *cutoff*
        else if not IS-CYCLE(*node*) **do**
            for each *child* **in** EXPAND(*problem*, *node*) **do**
                将*child*添加到*frontier*
    return *result*

图 3-12　迭代加深和深度受限树状搜索。迭代加深搜索反复调用界限递增的深度受限搜索。它返回以下 3 种类型的值中的一种：一个解节点；当它搜索了所有节点，证明在任何深度都不存在解时，返回 *failure*；当在比 ℓ 更深的层上可能存在解时，返回 *cutoff*。这是一种树状搜索算法，它不记录 *reached* 状态，因此比最佳优先搜索使用的内存要少得多，但存在通过不同路径多次访问相同状态的风险。另外，如果 IS-CYCLE 检验函数不检查所有环，那么算法可能会陷入一个无限循环

存在解时，时间复杂性为 $O(b^d)$，不存在解时，时间复杂性为 $O(b^m)$。与广度优先搜索相同，迭代加深搜索的每次迭代也会生成一个新层级，但是广度优先搜索将所有节点都存储在内存中，而迭代加深搜索则会重复之前的层级，从而以花费更多的时间为代价节省了内存。图 3-13 展示了二叉搜索树上的迭代加深搜索的 4 次迭代，在第 4 次迭代时找到了解。

迭代加深搜索可能看起来很浪费，因为搜索树顶端附近的状态被多次重复生成。但是对于许多状态空间，大多数节点位于底层，所以上层是否重复并不重要。在迭代加深搜索中，底层（深度 d）的节点被生成一次，倒数第二层的节点被生成两次，以此类推，直到根节点的子节点（生成 d 次）。所以在最坏情况下生成的节点总数是

$$N(\text{IDS}) = (d)b^1 + (d-1)b^2 + (d-2)b^3 + \cdots + b^d$$

时间复杂性为 $O(b^d)$——与广度优先搜索相近。例如，当 $b = 10$、$d = 5$时，生成的节点数分别为

$$N(\text{IDS}) = 50 + 400 + 3000 + 20\,000 + 100\,000 = 123\,450$$
$$N(\text{BFS}) = 10 + 100 + 1000 + 10\,000 + 100\,000 = 111\,110$$

如果你确实很在意重复的问题，可以使用一种混合方法，即先运行广度优先搜索，直到几乎消耗掉所有可用内存，然后对边界集中的所有节点应用迭代加深搜索。通常，当搜索状态空间大于内存容量而且解的深度未知时，迭代加深搜索是首选的无信息搜索方法。

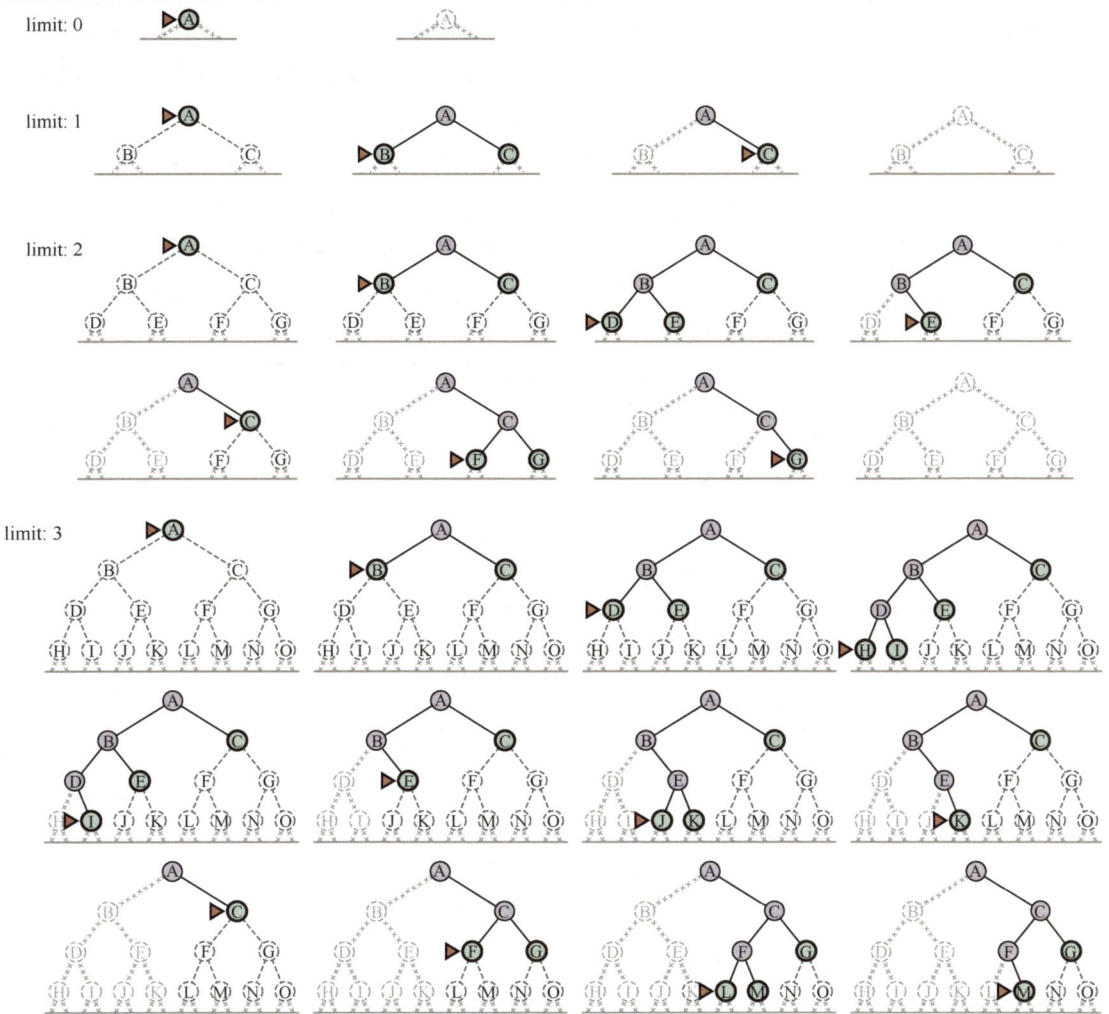

图 3-13　二叉搜索树上的迭代加深搜索的 4 次迭代（目标为 M），深度界限从 0 到 3。注意，内部节点形成了一条路径。三角形标记下一步要扩展的节点，边界为加粗轮廓的绿色节点，非常模糊的节点可被证明不可能是这种深度界限下的解的一部分

3.4.5　双向搜索

到目前为止，我们介绍的算法都是从一个初始状态开始，最终到达多个可能目标状态中的任意一个。另一种称为**双向搜索**（bidirectional search）的方法则同时从初始状态正向搜索和从目标状态反向搜索，直到这两个搜索相遇。算法的动机是，$b^{d/2} + b^{d/2}$ 要比 b^d 小得多（例如，当 $b = d = 10$ 时，复杂性不到之前算法的五万分之一）。

为此，我们需要维护两个边界集和两个已达状态表，并且要能反向推理：如果状态 s' 是 s 的正向后继，那么我们需要知道 s 是 s' 的反向后继。当两个边界触碰到一起时，我们就找到了一个解。[1]

---

[1]　在我们的实现中，*reached* 数据结构支持查询给定状态是否为其成员，而边界数据结构（一个优先队列）不支持，因此我们使用 *reached* 检查是否互相触碰；但从概念上讲，我们查询的是这两个边界是否已经相遇。通过将每个目标状态的节点加载到反向边界和反向已达表中，可以将实现扩展为处理多个目标状态。

双向搜索有很多不同版本，就像有很多不同的单向搜索算法一样。在这一节中，我们将介绍双向最佳优先搜索。尽管存在两个独立的边界，但接下来要扩展的节点始终是两个边界中的评价函数值最小的节点。当函数为路径代价时，我们得到双向一致代价搜索，如果最优路径的代价是 C^*，则不扩展代价大于 $\dfrac{C^*}{2}$ 的节点。这将使得速度大大提高。

一般的最佳优先双向搜索算法如图 3-14 所示。我们传入问题和评价函数的两个版本，一个是正向的（下标 F），另一个是反向的（下标 B）。当评价函数是路径代价时，找到的第一个解将是最优解，但是对于不同的评价函数，这一结论不一定是正确的。因此，我们会记录迄今为止找到的最优解，并且可能不得不多次更新最优解，直到 TERMINATED 测试证明不可能再有更好的解。

---

function BiBF-SEARCH(*problem*$_F$, *f*$_F$, *problem*$_B$, *f*$_B$) **returns** 一个解节点或 *failure*
  node$_F$ ← NODE(*problem*$_F$.INITIAL)   // 初始状态节点
  node$_B$ ← NODE(*problem*$_B$.INITIAL)   // 目标状态节点
  frontier$_F$ ← 按 *f*$_F$ 排序的优先队列，其中一个元素为 *node*$_F$
  frontier$_B$ ← 按 *f*$_B$ 排序的优先队列，其中一个元素为 *node*$_B$
  reached$_F$ ← 一个查找表，其中一个条目的键是 *node*$_F$.STATE 且值是 *node*$_F$
  reached$_B$ ← 一个查找表，其中一个条目的键是 *node*$_B$.STATE 且值是 *node*$_B$
  solution ← *failure*
  while not TERMINATED(*solution*, *frontier*$_F$, *frontier*$_B$) **do**
    if *f*$_F$(TOP(*frontier*$_F$)) < *f*$_B$(TOP(*frontier*$_B$)) **then**
      solution ← PROCEED(F, *problem*$_F$, *frontier*$_F$, *reached*$_F$, *reached*$_B$, *solution*)
    else *solution* ← PROCEED(B, *problem*$_B$, *frontier*$_B$, *reached*$_B$, *reached*$_F$, *solution*)
  return *solution*

function PROCEED(*dir*, *problem*, *frontier*, *reached*, *reached*$_2$, *solution*) **returns** 一个解
    // 在 *frontier* 上扩展节点，对照 *reached*$_2$ 中的另一个边界
    // 变量 *dir* 是方向：要么是 F（代表正向），要么是 B（代表反向）
  node ← POP(*frontier*)
  for each *child* **in** EXPAND(*problem*, *node*) **do**
    s ← *child*.STATE
    if *s* 不在 *reached* 中 **or** PATH-COST(*child*) < PATH-COST(*reached*[*s*]) **then**
      reached[*s*] ← *child*
      将 *child* 添加到 *frontier*
      if *s* 在 *reached*$_2$ 中 **then**
        solution$_2$ ← JOIN-NODES(*dir*, *child*, *reached*$_2$[*s*])
        if PATH-COST(*solution*$_2$) < PATH-COST(*solution*) **then**
          solution ← *solution*$_2$
  return *solution*

图 3-14　双向最佳优先搜索维护两个边界集和两个已达状态表。当一个边界中的路径到达另一半搜索已达状态时，这两条路径（通过 JOIN-NODES 函数）被连起来构成一个解。我们得到的第一个解不一定是最优的；函数 TERMINATED 决定了什么时候停止寻找新的解

3.4.6　无信息搜索算法对比

图 3-15 根据 3.3.4 节中列出的 4 个评价标准对无信息搜索算法进行了比较。这种比较适用于不检查重复状态的树状搜索版本。对于检查重复状态的图搜索，主要区别在于，对于有限状态空间，深度优先搜索是完备的，并且空间复杂性和时间复杂性受到状态空间大小（顶点和边

的数量，$|V| + |E|$）的限制。

指标	广度优先	一致代价	深度优先	深度受限	迭代加深	双向（如适用）
完备性	是 [1]	是 [1,2]	否	否	是 [1]	是 [1,4]
代价最优	是 [3]	是	否	否	是 [3]	是 [3,4]
时间复杂性	$O(b^d)$	$O(b^{1+\lfloor C^*/\varepsilon \rfloor})$	$O(b^m)$	$O(b^\ell)$	$O(b^d)$	$O(b^{d/2})$
空间复杂性	$O(b^d)$	$O(b^{1+\lfloor C^*/\varepsilon \rfloor})$	$O(bm)$	$O(b\ell)$	$O(bd)$	$O(b^{d/2})$

注：[1] 如果 b 是有限的且状态空间要么有解要么有限，则算法是完备的。[2] 如果所有动作的代价都 $\geqslant \varepsilon > 0$，算法是完备的。[3] 如果动作代价都相同，算法是代价最优的。[4] 如果两个方向均使用广度优先搜索或一致代价搜索

图 3-15　搜索算法比较。b 是分支因子；m 是搜索树的最大深度；d 是最浅层解的深度，当不存在解时为 m；ℓ 是深度界限

3.5　有信息（启发式）搜索策略

本节将展示**有信息搜索**（informed search）策略——使用关于目标位置的特定领域线索——如何比无信息搜索策略更有效地找到解。线索以**启发式函数**（heuristic function）的形式出现，记为 $h(n)$：[①]

$$h(n) = 从节点 n 的状态到目标状态的最小代价路径的代价估计值$$

例如，在寻径问题中，我们可以通过计算地图上两点之间的直线距离来估计从当前状态到目标的距离。我们将在 3.6 节中详细研究启发式函数及其来源。

3.5.1　贪心最佳优先搜索

贪心最佳优先搜索（greedy best-first search）是最佳优先搜索的一种形式，它首先扩展 $h(n)$ 值最小的节点——看起来最接近目标的节点——因为这样可以更快找到解。因此，评价函数 $f(n) = h(n)$。

让我们看看这种算法如何求解罗马尼亚寻径问题；我们使用**直线距离**（straight-line distance）作为启发式函数，记为 h_{SLD}。如果目标是 Bucharest，我们需要知道到 Bucharest 的直线距离，如图 3-16 所示。例如，$h_{\text{SLD}}(Arad) = 366$。注意，无法从问题描述本身（ACTIONS 和 RESULT 函数）来计算 h_{SLD} 的值。此外，根据经验可知，h_{SLD} 与实际道路距离相关，因此是一个有用的启发式函数。

图 3-17 展示了使用 h_{SLD} 搜索从 Arad 到 Bucharest 的路径的贪心最佳优先搜索的过程。从 Arad 扩展的第一个节点是 Sibiu，因为启发式函数认为它比 Zerind 或 Timisoara 更接近 Bucharest。下一个要扩展的节点是 Fagaras，因为根据启发式函数，它现在最接近 Bucharest。Fagaras 接着生成了 Bucharest，即目标节点。对于这一特定问题，使用 h_{SLD} 的贪心最佳优先搜索无须扩展不在解路径上的节点就找到了解。但是，它找到的解并不是代价最优的：经由 Sibiu 和 Fagaras 到达 Bucharest 的路径比经过 Rimnicu Vilcea 和 Pitesti 的路径长 32 英里。这就是为什么这种算法会被称为"贪心的"——在每次迭代中，它都会做出在当前看来最优的（可以最接近目标

---

① 这看起来可能很奇怪，启发式函数真正需要的只是节点的状态，但作用对象却是节点。一般使用 $h(n)$ 而不是 $h(s)$，是为了与评价函数 $f(n)$ 和路径代价 $g(n)$ 保持一致。

的）选择，但这也会导致贪心法在全局意义上可能产生比谨慎的算法更糟糕的结果。

Arad	366	**Mehadia**	241
Bucharest	0	**Neamt**	234
Craiova	160	**Oradea**	380
Drobeta	242	**Pitesti**	100
Eforie	161	**Rimnicu Vilcea**	193
Fagaras	176	**Sibiu**	253
Giurgiu	77	**Timisoara**	329
Hirsova	151	**Urziceni**	80
Iasi	226	**Vaslui**	199
Lugoj	244	**Zerind**	374

图 3-16 h_{SLD}（到 Bucharest 的直线距离）的值

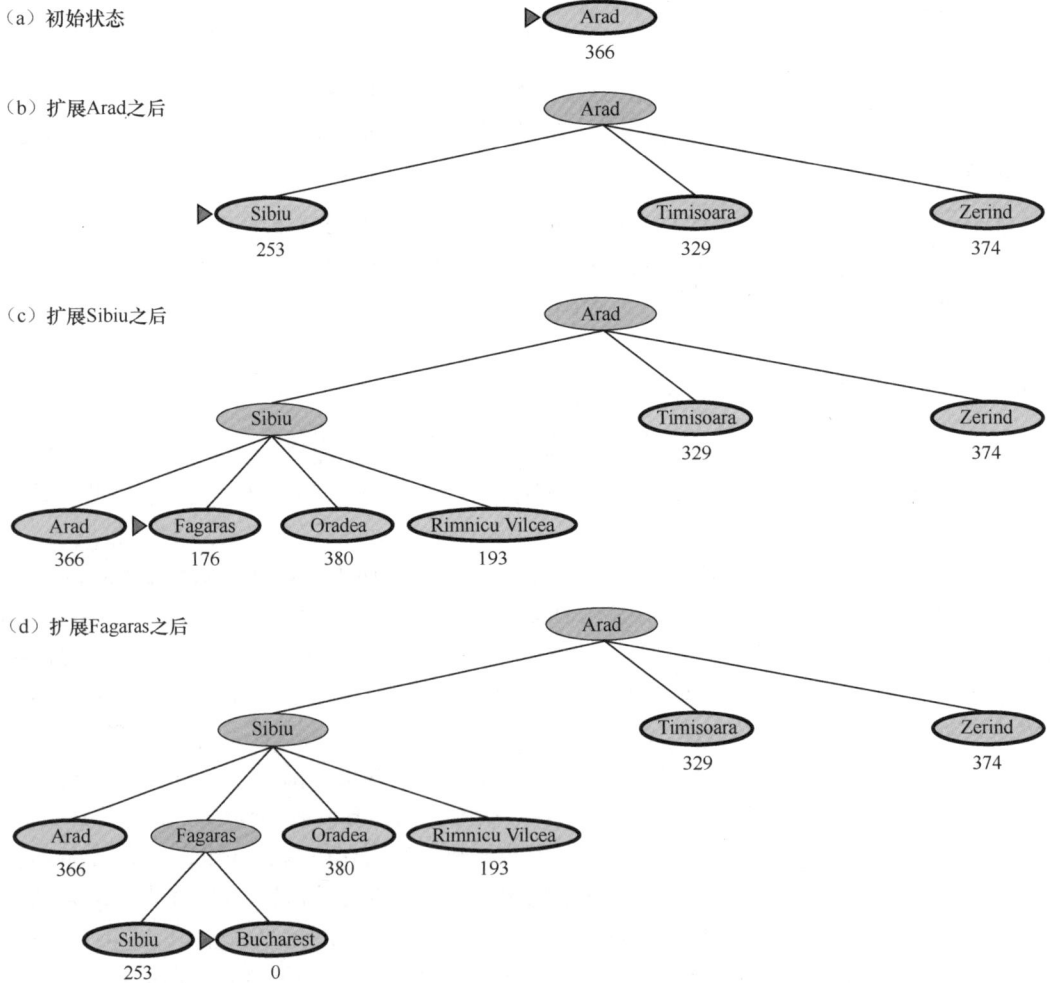

图 3-17 基于直线距离启发式函数 h_{SLD} 的贪心最佳优先树状搜索的各个阶段（目标为 Bucharest）。节点上标有 h 值

贪心最佳优先图搜索在有限状态空间中是完备的，但在无限状态空间中是不完备的。最坏

情况下的时间复杂性和空间复杂性是 $O(|V|)$。然而，使用一个好的启发式函数，复杂性可以大大降低，对于某些问题可以达到 $O(bm)$。

3.5.2 A* 搜索

最常见的有信息搜索算法是 **A* 搜索**（A* search）（读为"A星搜索"），这是一种最佳优先搜索，评价函数为

$$f(n) = g(n) + h(n)$$

其中 $g(n)$ 是从初始状态到节点 n 的路径代价，$h(n)$ 是从节点 n 到一个目标状态的最短路径的代价估计值，因此我们有

$$f(n) = 经过 n 到一个目标状态的最优路径的代价估计值$$

在图 3-18 中，我们展示了目标为 Bucharest 的 A* 搜索过程。g 的值由图 3-1 中的动作代价计算得到，h_{SLD} 的值在图 3-16 中给出。注意，Bucharest 首先出现在图 3-18 的步骤 e 的边界中，但算法并没有选择它来进行扩展（因此它没有被检测为一个解），因为此时它不是边界中代价最小的节点（$f = 450$）——代价最小的节点是 Pitesti（$f = 417$）。换句话说，可能存在一个经过 Pitesti 的解，代价低至 417，所以算法不会满足于一个代价为 450 的解。在图 3-18 的步骤 f 中，另一条到 Bucharest 的路径此时代价最小（$f = 418$），因此它被选中并被检测为最优解。

A* 搜索是完备的。[①] 它是否是代价最优则取决于启发式函数的某些性质。一个关键性质是**可容许性**（admissibility）：一个**可容许的启发式**（admissible heuristic）函数永远不会高估到达某个目标的代价。（因此，一个可容许的启发式函数是乐观的。）

对于可容许的启发式函数，A* 是代价最优的，我们可以通过反证法来证明这一点。假设最优路径的代价为 C^*，但是该算法返回的路径代价为 $C > C^*$，那么最优路径上一定存在某个未扩展的节点 n（因为如果最优路径上的所有节点都已被扩展，那么算法返回的将是这个最优解）。因此，使用符号 $g^*(n)$ 表示从起点到 n 的最优路径的代价，$h^*(n)$ 表示从 n 到最近目标的最优路径的代价，我们将得到

$f(n) > C^*$　　　　　　（否则 n 将是已扩展节点）
$f(n) = g(n) + h(n)$　　　（根据定义）
$f(n) = g^*(n) + h(n)$　　　（因为 n 在一条最优路径上）
$f(n) \leqslant g^*(n) + h^*(n)$　（根据可容许性，$h(n) \leqslant h^*(n)$）
$f(n) \leqslant C^*$　　　　　　（根据定义，$C^* = g^*(n) + h^*(n)$）

第一行和最后一行矛盾，所以"算法可能返回次优路径"的假设一定是错误的——A* 一定只返回代价最优路径。

另一个稍强的性质为**一致性**（consistency）。如果对于每个节点 n 以及由动作 a 生成的 n 的每个后继节点 n' 有以下条件，则启发式函数 $h(n)$ 是一致的：

$$h(n) \leqslant c(n, a, n') + h(n')$$

这是**三角不等式**（triangle inequality）的一种形式，它规定三角形的一条边不能大于其他两条边之和（见图 3-19）。一致的启发式函数的一个实例是上文中的直线距离 h_{SLD}。

---

① 再强调一次，假设所有动作的代价都 $> \varepsilon > 0$，状态空间要么有解，要么有限。

（a）初始状态

```
       ▶ Arad
         366=0+366
```

（b）扩展Arad之后

```
                    Arad
         ┌───────────┼───────────┐
      ▶ Sibiu      Timisoara      Zerind
    393=140+253   447=118+329   449=75+374
```

（c）扩展Sibiu之后

```
                         Arad
            ┌─────────────┼─────────────┐
         Sibiu         Timisoara        Zerind
    ┌────┬────┬────┐  447=118+329    449=75+374
  Arad Fagaras Oradea ▶Rimnicu Vilcea
646=280+366 415=239+176 671=291+380 413=220+193
```

（d）扩展Rimnicu Vilcea之后

```
                              Arad
                ┌──────────────┼──────────────┐
             Sibiu          Timisoara         Zerind
    ┌──────┬────────┬──────┐ 447=118+329   449=75+374
  Arad  ▶Fagaras Oradea  Rimnicu Vilcea
646=280+366 415=239+176 671=291+380
                      ┌──────┬──────┬──────┐
                   Craiova  Pitesti  Sibiu
              526=366+160 417=317+100 553=300+253
```

（e）扩展Fagaras之后

```
                              Arad
                ┌──────────────┼──────────────┐
             Sibiu          Timisoara         Zerind
    ┌──────┬────────┬──────┐ 447=118+329   449=75+374
  Arad   Fagaras  Oradea  Rimnicu Vilcea
646=280+366      671=291+380
       ┌────┬────────┐      ┌──────┬──────┬──────┐
    Sibiu  Bucharest      Craiova ▶Pitesti Sibiu
591=338+253 450=450+0  526=366+160 417=317+100 553=300+253
```

（f）扩展Pitesti之后

```
                              Arad
                ┌──────────────┼──────────────┐
             Sibiu          Timisoara         Zerind
    ┌──────┬────────┬──────┐ 447=118+329   449=75+374
  Arad   Fagaras  Oradea  Rimnicu Vilcea
646=280+366      671=291+380
       ┌────┬────────┐      ┌──────┬──────┬──────┐
    Sibiu  Bucharest      Craiova Pitesti  Sibiu
591=338+253 450=450+0  526=366+160      553=300+253
                                  ┌──────┬──────┬──────┐
                              ▶Bucharest Craiova Rimnicu Vilcea
                            418=418+0 615=455+160 607=414+193
```

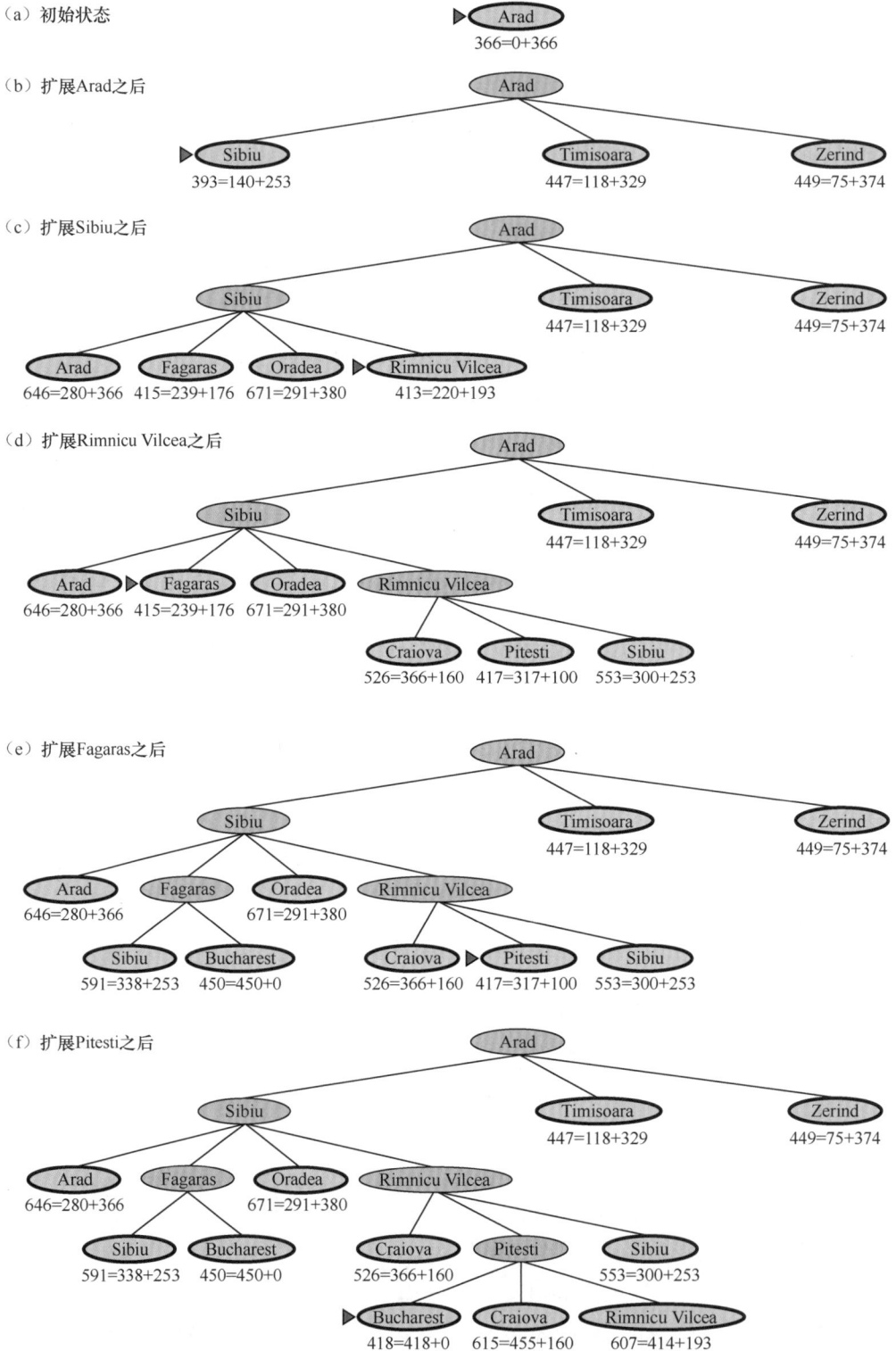

图 3-18   A* 搜索的各个阶段（目标为 Bucharest）。节点上标有 $f=g+h$，h 值为图 3-16 中得到的到 Bucharest 的直线距离

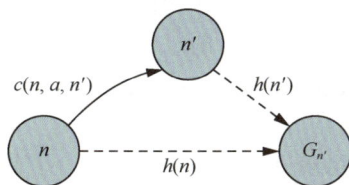

图 3-19 三角不等式：如果启发式函数 h 是**一致**的，那么单个数值 $h(n)$ 小于从 n 到 n' 的动作代价值 $c(n, a, n')$ 加上启发式函数的估计值 $h(n')$ 的和

一致的启发式函数都是可容许的（反过来不成立），因此，使用一致的启发式函数的 A^* 搜索都是代价最优的。此外，如果使用一致的启发式函数，算法第一次到达某个状态时，它就在一条最优路径上，因此我们永远不需要将某个状态重复添加到边界中，也不必更改 *reached* 中的条目。但是，如果使用不一致的启发式函数，最终可能导致多个路径到达相同状态，而且如果每条新路径的路径代价都小于前一条路径，最终在边界中该状态会有多个节点，这会耗费时间和空间。因此，有些 A^* 搜索算法的实现会注意让一个状态只进入边界一次，如果找到了到达该状态的更优路径，那么该状态的所有后继都会更新（这要求节点除了父指针外还要有子指针）。这些复杂性使得许多研究人员在实现 A^* 搜索时避免使用不一致的启发式函数，但费尔纳等人（Felner *et al.*, 2011）认为，最坏的结果在实践中很少发生，因此不应该害怕不一致的启发式函数。

如果采用不可容许的启发式函数，那么 A^* 搜索可能是代价最优的，也可能不是。存在两种情况使得 A^* 搜索是代价最优的：第一，如果存在一条代价最优路径，对于该路径上的所有节点 n，$h(n)$ 都是可容许的，那么无论启发式函数在路径外状态上的值如何，算法都能找到这条路径。第二，假设最优解的代价为 C^*，次优解的代价为 C_2，如果 $h(n)$ 高估了部分代价但又没有高估太多，都不超过 $C_2 - C^*$，那么也可以保证 A^* 返回的解是代价最优的。

3.5.3 搜索等值线

一种对搜索进行可视化的方法是在状态空间中绘制**等值线**（contour），就像在地形图中绘制等高线一样。如图 3-20 所示，在标记为 400 的等值线内，所有节点都有 $f(n) = g(n) + h(n) \leqslant$ 400，以此类推。因为 A^* 扩展的是 f 代价最小的边界节点，所以它是从初始节点扇形地向外扩展，以 f 值递增的同心带状方式添加节点。

一致代价搜索中也存在等值线，但是等值线表示 g 代价，而不是 $g + h$。一致代价搜索中，等值线将以初始状态为圆心呈“圆形”向各个方向均匀扩展，而不是偏向于目标状态。对于具有好的启发式函数的 A^* 搜索，$g + h$ 带将朝一个目标状态延伸（如图 3-20 所示），并且在最优路径周围收敛变窄。

需要清楚的是，扩展路径时，g 代价是**单调的**（monotonic）：路径代价始终随着路径的延伸而不断增加，因为动作代价始终为正。[①] 因此，所得到的同心等值线彼此不会交叉，如果希望画出的等值线足够精细，则可以在任何路径上的任意两个节点之间画一条线。

但 $f = g + h$ 代价是否单调递增则并不显然。当你将一条路径从 n 扩展到 n' 时，代价从 $g(n) + h(n)$ 变为 $g(n) + c(n, a, n') + h(n')$。消去 $g(n)$ 项，我们可以看到，当且仅当 $h(n) \leqslant c(n, a, n') + h(n')$ 时，路径代价单调递增。换句话说，当且仅当启发式函数是一致的时，路径代价单调递

---

① 从技术上讲，始终保持增加的代价称为“严格单调的”；永远不会减少但可能保持不变的代价称为“单调的”。

增。[①]但需要注意的是，一条路径可能会在一行中贡献若干个具有相同$g(n) + h(n)$得分的节点；当h的减少量恰好等于刚刚采取的动作代价时，就会发生这种情况（例如，在一个网格问题中，当n与目标在同一行然后向目标迈进一步时，g增加1，h减少1）。如果C^*是最优解路径的代价，那么以下说法成立。

- A[*]搜索将扩展从初始状态可以到达并且路径上的每个节点都满足$f(n) < C^*$的所有节点。我们称这些节点为**必然扩展节点**（surely expanded node）。
- A[*]搜索可能会在选出目标节点之前扩展某些恰好在"目标等值线"（$f(n) = C^*$）上的节点。
- A[*]搜索不扩展$f(n) > C^*$的节点。

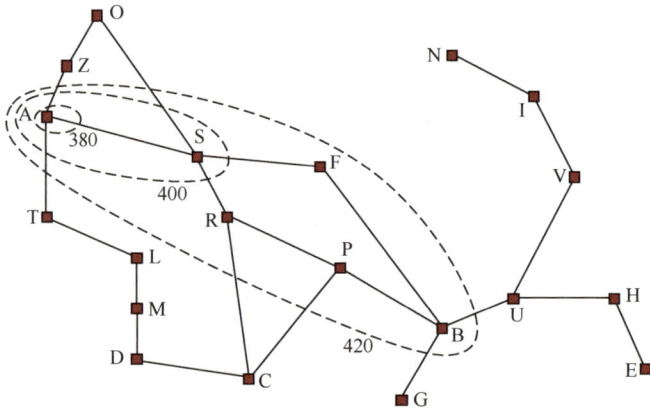

图 3-20　罗马尼亚地图，其中等值线为 $f = 380$、$f = 400$ 和 $f = 420$，初始状态为 Arad。给定等值线内的节点的代价 $f = g + h$ 小于或等于等值线值

我们认为具有一致启发式函数的 A[*] 搜索是**效率最优**（optimally efficient）的，因为任何从初始状态扩展搜索路径并使用相同启发式信息的算法都必须扩展 A[*] 的所有必然扩展节点（因为任何一个必然扩展节点都可能是某个最优解的一部分）。对于$f(n)=C^*$的节点，某个算法可能运气好，首先选择了最优节点，而另一个算法就没这么幸运。我们在定义最优效率时不考虑这种差异。

A[*] 之所以高效，是因为它会对那些对于寻找最优解没有帮助的搜索树节点进行**剪枝**（pruning）。在图 3-18b 中，我们看到，对于 Timisoara，$f = 447$；对于 Zerind，$f = 449$。即使它们是根的子节点并且是采用一致代价搜索或广度优先搜索时首先扩展的节点，它们也永远不会被 A[*] 搜索扩展，因为 A[*] 会首先找到 $f = 418$ 的解。对许多人工智能领域来说，剪枝（不必进行检查就可以排除不正确的答案）非常重要。

在所有这些算法中，A[*] 搜索都是完备的、代价最优的和效率最优的，这是相当令人满意的结果。遗憾的是，这并不意味着 A[*] 适用于所有搜索需求。问题在于，对于许多问题，所扩展的节点数可能是解路径长度的指数级。例如，考虑一个具有超强吸力的真空吸尘器世界，它可以以单位代价清理任一方格却不需要访问该方格。在这种情况下，可以按任何顺序清理方格。如果开始时有 N 个脏的方格，则有 2^N 种状态，其中某个子集已被清理；所有这些状态都在最优解路径上，因此满足$f(n) < C^*$，所以所有这些状态都会被 A[*] 搜索访问。

---

① 事实上，"单调启发式函数"这一术语是"一致的启发式函数"的同义词。这两种观点是独立发展的，但是之后被证明是等价的（Pearl, 1984）。

3.5.4 满意搜索：不可容许的启发式函数与加权 A* 搜索

A* 搜索有很多好的性质，但它扩展了大量节点。如果我们愿意接受次优但"足够好"的解——我们称之为**满意**（satisficing）解，则可以探索更少的节点（花费更少的时间和空间）。如果我们允许 A* 搜索使用**不可容许的启发式函数**（inadmissible heuristic）（它可能会高估到达某个目标的代价），那么我们就有可能错过最优解，但是该启发式函数可能更准确，从而减少了需要扩展的节点数。例如，道路工程师知道**弯道指数**（detour index）的概念，它是应用于直线距离的乘数，用来说明道路的典型曲率。弯道指数 1.3 意味着如果两个城市的直线距离相距 10 千米，那么它们之间的最优路径的一个恰当的估计值是 13 千米。对于大多数地区，弯道指数的范围是 1.2 到 1.6。

不仅仅是与道路相关的问题，我们还可以将这一思想应用于任何问题，我们采用一种称为**加权 A* 搜索**（weighted A* search）的方法，对启发式函数的值进行更重的加权，评价函数为 $f(n) = g(n) + W \times h(n)$，其中 $W > 1$。

图 3-21 为一个网格世界中的搜索问题。在图 3-21a 中，A* 搜索必须探索大部分状态空间才能找到最优解。在图 3-21b 中，加权 A* 搜索找到一个代价稍高的解，但搜索时间要快得多。我们看到，加权搜索使得已达状态的等值线专注于趋向某个目标。这意味着需要探索的状态变少，但如果最优路径偏离加权搜索的等值线（就像在这种情况下一样），则无法找到最优路径。一般来说，如果最优解的代价是 C^*，那么加权 A* 搜索将找到一个代价介于 C^* 和 $W \times C^*$ 之间的解；但在实践中，通常结果更接近于 C^* 而不是 $W \times C^*$。

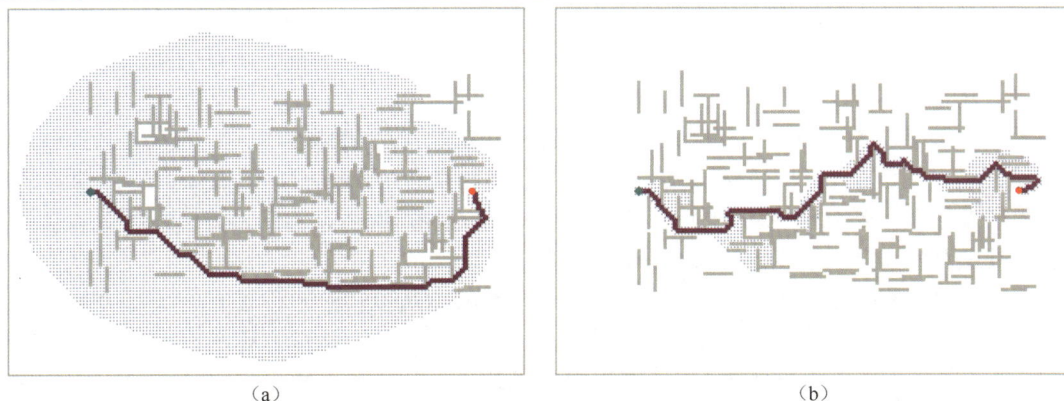

(a)　　　　　　　　　　　　　　　(b)

图 3-21　同一网格上的两种搜索：（a）A* 搜索，（b）加权 A* 搜索，权重 $W = 2$。灰色线条表示障碍，紫色线是一条从绿色起始点到红色目标点的路径，较小的点是每次搜索到达的状态。在这个特定问题上，加权 A* 搜索探索的状态数不到 A* 搜索探索的状态数的七分之一，找到的路径的代价只比最优代价大了 5%

我们已经考虑过以各种方式组合 g 和 h 来评价状态的搜索方法；加权 A* 搜索可以看作是其他方法的一般化。

$$A^* 搜索：g(n) + h(n) \quad (W = 1)$$
$$一致代价搜索：g(n) \quad (W = 0)$$
$$贪心最佳优先搜索：h(n) \quad (W = +\infty)$$
$$加权 A^* 搜索：g(n) + W \times h(n) \quad (1 < W < +\infty)$$

你可以称加权 A* 搜索为"有点贪心的搜索":就像贪心最佳优先搜索一样,它使得搜索专注于趋向一个目标;但是,它不会完全忽略路径代价,并且会暂停代价高昂但进展甚微的路径。

次优的搜索算法有很多,其区别在于"足够好"的标准。在**有界次优搜索**(bounded suboptimal search)中,我们寻找一个能保证代价在最优代价的常数因子 W 倍内的解。加权 A* 搜索提供了这一保证。在**有界代价搜索**(bounded-cost search)中,我们寻找一个代价小于某个常数 C 的解。在**无界代价搜索**(unbounded-cost search)中,我们接受任何代价的解,只要能快速找到它。

无界代价搜索算法的一个例子是**快速搜索**(speedy search),它是一种贪心最佳优先搜索,使用到达目标所需动作个数的估计值作为启发式函数,不考虑这些动作的代价。因此,对于所有动作都具有相同代价的问题,它等于贪心最佳优先搜索,但当动作具有不同代价时,它往往会导致搜索快速找到一个代价可能很高的解。

3.5.5　内存受限搜索

A* 搜索的主要问题是它对内存的使用较多。在本节中,我们将介绍一些可以节省空间的实现技巧和一些能够更好地利用可用空间的全新算法。

内存被分为 *frontier* 状态和 *reached* 状态。在我们所实现的最佳优先搜索中,边界上的状态存储在两个位置:边界中的一个节点(因此我们可以决定下一步扩展哪个节点)和已达状态表中的一个表项(因此我们知道之前是否访问过该状态)。对于许多问题(例如探索网格),这种重复不是关注点,因为 *frontier* 要比 *reached* 小得多,所以复制边界中的状态所需内存相对较少。但是有些算法实现只保留这两个位置中的其中一个,从而节省了一点空间,其代价是算法变得更复杂(可能会减慢速度)。

另一种可能性是,当我们能够证明不再需要某些状态时,就将它们从 *reached* 中删除。对于某些问题,我们可以利用分离性质(图 3-6),同时禁止掉头行动,以确保所有行动要么是从边界向外移动,要么是移动到另一个边界状态。在这种情况下,我们只需检查边界就能判断是否有冗余路径,并且可以删除 *reached* 状态表。

对于其他问题,我们可以维护**引用计数**(reference count)——到达某一状态的次数,并且在再也没有路径可以到达该状态时将其从 *reached* 表中删除。例如,在网格世界中,每个状态只能从它的 4 个邻居状态到达,一旦我们已经到达了一个状态 4 次,就可以将它从表中删除。

现在,我们考虑旨在节省内存使用的新算法。

束搜索(beam search)对边界的大小进行了限制。最简单的方法是只保留具有最优 f 值的 k 个节点,放弃其他已扩展节点。这当然会导致搜索变成不完备的和次优的算法,但我们可以选取合适的 k 以充分利用可用内存,算法执行速度也会更快,因为它只扩展了较少的节点。对于许多问题,它可以找到很好的近似最优解。你可以将一致代价搜索或 A* 搜索看作在同心等值线的各个方向扩展,而将束搜索看作只探索这些等值线的主要部分,即包含 k 个最佳候选的部分。

另一种形式的束搜索并不严格限制边界的大小,而是保留 f 值在最优 f 值的 δ 范围内的所有节点。这样的话,当存在几个强得分节点时,只会保留几个节点,但如果不存在强节点,则会保留更多节点,直到出现一个强节点。

迭代加深 A* 搜索(iterative-deepening A* search,IDA*)之于 A* 搜索,就像迭代加深搜

索之于深度优先搜索一样：IDA* 既拥有 A* 的优点，又不要求在内存中保留所有已达状态，这样做的代价是需要多次访问某些状态。它是一种非常重要且常用的用于解决内存不足问题的算法。

在标准的迭代加深搜索中，截断值为深度，每次迭代深度增加 1。而在 IDA* 中，截断值是 f 代价（$g + h$）；在每次迭代中，新的截断值为超过上一次迭代截断值的节点中最小的 f 代价。换句话说，每次迭代都会彻底地搜索一个 f 等值线，找到一个刚好超出该等值线的节点，并使用该节点的 f 代价作为下一个等值线。像 8 数码这样的问题，每条路径的 f 代价都是整数，这非常有效地使得每次迭代都朝着目标稳步前进。如果最优解的代价是 C^*，那么迭代的次数不可能超过 C^*（例如，最难的 8 数码问题的迭代次数不超过 31）。但对于每个节点的 f 代价都不相同的问题，每一个新的等值线可能只包含一个新节点，并且迭代次数可能等于状态数。

递归最佳优先搜索（recursive best-first search，RBFS）（见图 3-22）试图模拟标准的最佳优先搜索的操作，但仅仅使用线性空间。RBFS 类似于递归深度优先搜索，但它不是沿着当前路径无限地向下搜索，而是使用 f_limit 变量跟踪从当前节点的任意祖先节点可得到的最优备选路径的 f 值。如果当前节点超过了这个限制，那么递归将回到备选路径上。随着递归的展开，RBFS 将路径上每个节点的 f 值替换为一个**倒推值**（backed-up value）——其子节点的最优 f 值。通过这种方式，RBFS 可以记住被它遗忘的子树中最优叶节点的 f 值，因此，在之后的某个时刻，RBFS 可以决定是否要重新扩展该子树。图 3-23 展示了 RBFS 是如何到达 Bucharest 的。

---

function RECURSIVE-BEST-FIRST-SEARCH(*problem*) **returns** 一个解或者*failure*
    solution, fvalue ← RBFS(*problem*, NODE(*problem*.INITIAL), ∞)
  return *solution*

function RBFS(*problem*, *node*, *f_limit*) **returns** 一个解或*failure*，以及一个新的 f 代价限制
  if *problem*.IS-GOAL(*node*.STATE) **then return** *node*
  successors ← LIST(EXPAND(*node*))
  if *successors* 为空 **then return** *failure*, ∞
  for each *s* **in** *successors* **do**   //用前一次搜索中的值更新 f
    s.f ← max(*s*.PATH-COST + *h*(*s*), *node.f*)
  while true **do**
    best ← *successors* 中 f 值最低的节点
    if *best.f* > *f_limit* **then return** *failure*, *best.f*
    alternative ← *successors* 中第二低的 f 值
    result, best.f ← RBFS(*problem*, *best*, min(*f_limit*, *alternative*))
    if *result* ≠ *failure* **then return** *result*, *best.f*

图 3-22 递归最佳优先搜索算法

在一定程度上，RBFS 比 IDA* 更高效，但仍然存在重复生成大量节点的问题。在图 3-23 的示例中，RBFS 沿着经过 Rimnicu Vilcea 的路径，然后"改变主意"去尝试经过 Fagaras，然后又"回心转意"。之所以会发生这些改变，是因为每次扩展当前的最优路径时，它的 f 值很可能增加——对于靠近目标的节点，h 值通常不那么乐观。当这种情况发生时，次优路径可能会成为最优路径，因此搜索必须回溯。每一次改变对应于 IDA* 的一次迭代，并且可能需要多次重新扩展已经遗忘的节点，以重建最优路径，并对该路径再扩展一个节点。

（a）扩展Arad、Sibiu和Rimnicu Vilcea之后

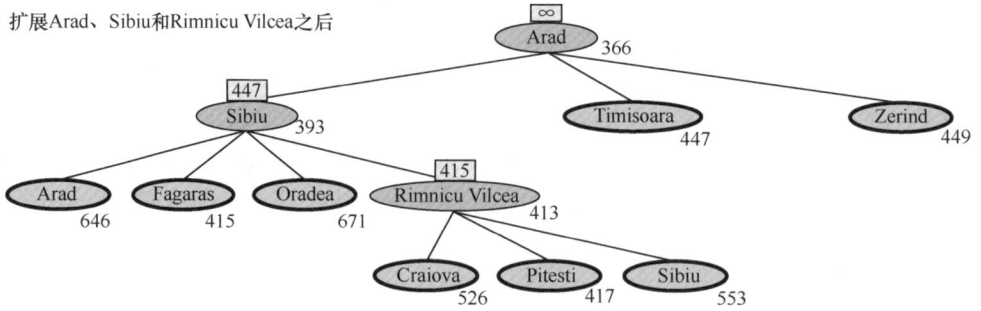

∞
Arad 366

447
Sibiu 393   Timisoara   Zerind
                   447   449

Arad   Fagaras   Oradea   415
646   415   671   Rimnicu Vilcea
                             413

                   Craiova   Pitesti   Sibiu
                   526   417   553

（b）退回Sibiu并扩展Fagaras之后

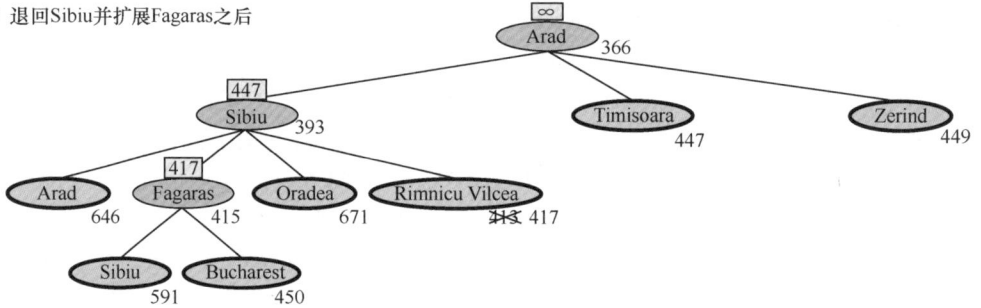

∞
Arad 366

447
Sibiu 393   Timisoara   Zerind
                   447   449

Arad   417   Oradea   Rimnicu Vilcea
646   Fagaras   671   413 417
        415

        Sibiu   Bucharest
        591   450

（c）转回Rimnicu Vilcea并扩展Pitesti之后

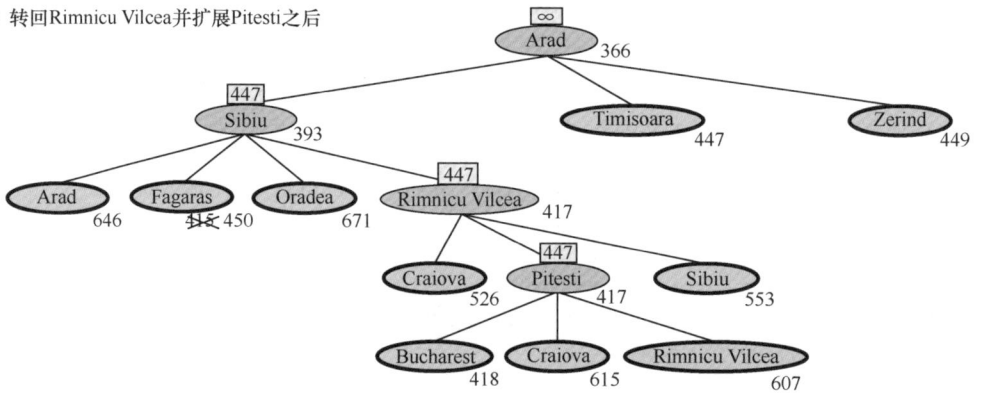

∞
Arad 366

447
Sibiu 393   Timisoara   Zerind
                   447   449

Arad   Fagaras   Oradea   447
646   415 450   671   Rimnicu Vilcea 417

                   Craiova   447   Sibiu
                   526   Pitesti 553
                             417

                   Bucharest   Craiova   Rimnicu Vilcea
                   418   615   607

图 3-23   使用 RBFS 搜索到 Bucharest 的最短路线的各个阶段。每次递归调用的 *f_limit* 值标注在每个当前节点的上方，每个节点上都标有它的 *f* 代价。（a）沿着经过 Rimnicu Vilcea 的路径前进，直到当前最优叶节点（Pitesti）的值比最优备选路径（Fagaras）差。（b）递归回溯，被遗忘子树的最优叶节点值（417）被备份到 Rimnicu Vilcea；接着扩展 Fagaras，得到最优叶节点值 450。（c）递归回溯，被遗忘子树的最优叶节点值（450）被备份到 Fagaras；然后扩展 Rimnicu Vilcea。这一次，因为最优备选路径（经由 Timisoara）的代价至少为 447，所以继续扩展 Bucharest

如果启发式函数 $h(n)$ 是可容许的，那么 RBFS 是最优的。它的空间复杂性在最深的最优解的深度上是线性的，但时间复杂性很难刻画：既取决于启发式函数的准确性，也取决于最优路径随节点扩展变化的频率。它按照 *f* 得分递增的顺序来扩展节点，即使 *f* 是非单调的。

IDA* 和 RBFS 使用内存太少，它们的时间复杂性会受到影响。在两次迭代之间，IDA* 只保留一个数值：当前的 *f* 代价限制。RBFS 在内存中保留了更多的信息，但它只使用线性空间：即使有更多的内存可用，RBFS 也无法利用。因为它们会遗忘它们所做的大部分事情，这两种算法都可能会多次重复探索相同状态。

因此，确定我们有多少可用内存并允许算法使用所有内存似乎是明智的。执行这样操作的两种算法是 **MA***（memory-bounded A*，内存受限的 A*）和 **SMA***（simplified MA*，简化的MA*）。SMA* 更简单一些，所以我们介绍 SMA*。SMA* 很像 A* 算法，不断扩展最优叶节点，直到内存被填满。此时，它不能再为搜索树添加新节点，除非删除旧节点。SMA* 总是丢弃最差的叶节点，即 f 值最大的叶节点。和 RBFS 一样，SMA* 将被遗忘节点的值备份到其父节点。这样，被遗忘子树的祖先知道该子树中最优路径的质量。有了这一信息，只有在所有其他路径看起来都比它已经遗忘的路径更差时，SMA* 才会重新生成该子树。这意味着如果节点 n 的所有后代都被遗忘了，那么尽管我们不知道从 n 开始应该走哪条路径，但我们仍知道是否应该从 n 开始走。

本书附带的在线代码库中描述了完整的 SMA* 算法。有一点值得注意，我们之前提到 SMA* 将扩展最优叶节点，删除最差叶节点。如果所有叶节点的 f 值都相同呢？为了避免算法选择同一个节点进行删除和扩展操作，SMA* 扩展最新的最优叶节点并删除最老的最差叶节点。当只有一个叶节点时，这两者是同一个节点，但在这种情况下，当前的搜索树一定是一条从根节点到叶节点的占满所有内存的单一路径。如果叶节点不是目标节点，那么即使它在最优解路径上，也无法在可用内存范围内得到这个解。因此，完全可以丢弃该节点，就好像它没有后继节点一样。

如果存在任意可达解，也就是说，如果最浅的目标节点的深度 d 小于内存大小（用节点数表示），那么 SMA* 就是完备的。如果存在可达的最优解，那么 SMA* 就是最优的；否则，就返回当前最优的可达解。在实践中，SMA* 是寻找最优解的一个相当稳健的选择，特别是当状态空间是一个图、行动代价不一致，并且生成节点的总开销相比维护边界集和已达集的总开销更大时。

然而，在非常困难的问题上，常常会出现 SMA* 被迫在许多候选解路径之间来回不断切换的情况，只有一小部分路径可以存入内存。［这类似于磁盘分页系统中的**抖动**（thrashing）问题。］那么，重复生成相同节点就需要额外的时间，这意味着，在给定无限内存的情况下可以用 A* 实际求解的问题，对于 SMA* 将变得难以处理。也就是说，从计算时间的角度，内存限制会使问题变得难以处理。虽然还没有现有理论解释如何在时间和内存之间权衡，但这似乎是一个不可避免的问题。唯一的出路是放弃最优性要求。

3.5.6　双向启发式搜索

我们发现，在单向最佳优先搜索中，使用 $f(n) = g(n) + h(n)$ 作为评价函数可以得到 A* 搜索，保证找到代价最优的解（假设 h 是可容许的），同时在所扩展的节点数上效率最优。

在双向最佳优先搜索中，我们也可以尝试使用 $f(n) = g(n) + h(n)$，但遗憾的是，即使使用可容许的启发式函数，算法也不能保证可以找到代价最优的解，更不能保证效率最优。可以证明的是，在双向搜索中一定会被扩展的并不是单个的节点，而是节点对（分别来自两个边界），因此任何效率证明都必须考虑节点对（Eckerle *et al*., 2017）。

我们先介绍一些新的符号。对于正向搜索（以初始状态作为根节点）中的节点，我们用 $f_F(n) = g_F(n) + h_F(n)$ 作为评价函数；对于反向搜索（以某个目标状态作为根节点）中的节点，我们用 $f_B(n) = g_B(n) + h_B(n)$ 作为评价函数。尽管正向搜索和反向搜索求解的是同一个问题，但它们具有不同的评价函数，这是因为，启发式函数依据其努力方向是目标状态还是初始状态而有所不同。我们假设启发式函数是可容许的。

考虑从初始状态到节点 m 的正向路径和从目标到节点 n 的反向路径。我们可以如下定义一个解代价的下界（这个解先沿着前向路径从初始状态到达 m，然后以某种方式到达 n，最后再沿着后向路径从 n 到达目标）。

$$lb(m, n) = \max(g_F(m) + g_B(n), f_F(m), f_B(n))$$

换句话说，这样一条路径的代价一定不小于两部分路径代价之和（因为它们之间的剩余连接一定具有非负代价），而且也一定不小于任一部分的 f 代价估计值（因为启发式的估计是乐观的）。因此，有如下的定理：对于任意一对节点 m 和 n，若 $lb(m, n)$ 小于最优代价 C^*，那么算法必须扩展 m 或 n，因为经过这两个节点的路径是一个潜在的最优解。然而，一个难题是我们无法确定扩展这两者中的哪个节点才是最优的，因此，没有一个双向搜索算法可以保证效率最优——如果算法总是首先选择一对节点中错误的那个进行扩展，那么任何算法都可能需要扩展到最小节点数两倍的节点。一些双向启发式搜索算法显式地管理一个 (m, n) 节点对队列，但我们将坚持双向最佳优先搜索（图 3-14），它有两个边界优先队列，并使用模拟 lb 准则的评价函数：

$$f_2(n) = \max(2g(n), g(n) + h(n))$$

接下来要扩展的节点将是 f_2 值最小的节点；它可以来自任何一个边界。这个 f_2 函数保证算法永远不会扩展（来自任一边界的）$g(n) > C^*/2$ 的节点。当两个边界相交时，任一边界内的节点都不存在超过 $C^*/2$ 的路径代价，在这种意义上，我们可以说搜索的两部分"在中间相遇"。图 3-24 为一个双向搜索的示例。

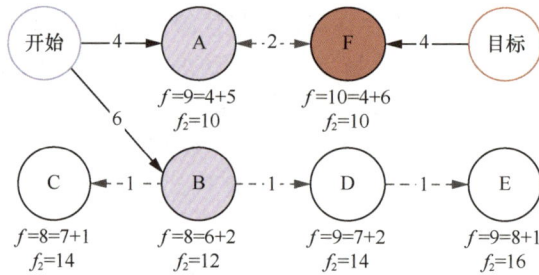

图 3-24 双向搜索维护两个边界：左半部分，节点 A 和 B 是开始状态的后继；右半部分，节点 F 是目标状态的逆向后继。每个节点都标有 $f = g + h$ 值和 $f_2 = \max(2g, g + h)$ 值。（g 值是每个箭头上所显示的动作代价的总和；h 值是任意的，而且不能从图中的任何内容推出。）最优解"开始-A-F-目标"的代价 $C^* = 4 + 2 + 4 = 10$，这意味着一个在中间相遇的双向算法不应该扩展任何 $g > C^*/2 = 5$ 的节点；实际上，下一个要扩展的节点是 A 或 F（$g = 4$），这将引导我们找到一个最优解。如果我们首先扩展 f 代价最低的节点，那么下一个扩展的将是 B 和 C，D 和 E 将与 A 并列，但它们的 $g > C^*/2$，因此当 f_2 是评价函数时它们永远不会被扩展

我们已经介绍了一种方法，即用 h_F 估计到目标的距离（或者说，当问题有多个目标状态时，估计到最近目标的距离），用 h_B 估计到开始状态的距离。这就是所谓的 front-to-end 搜索。另一种方法是 front-to-front 搜索，它试图估计到另一个边界的距离。显然，如果边界内有数百万个节点，那么对每个节点应用启发式函数然后取最小值是非常低效的。但它可以从边界中抽样几个节点。在某些特定问题域中，可以对边界进行总结，例如，在网格搜索问题中，我们可以递增地计算边界的界限框，并使用到界限框的距离作为启发式函数。

双向搜索有时比单向搜索更有效，有时则不然。一般来说，如果我们有一个很好的启发式函数，那么 A* 搜索会生成专注于目标的搜索等值线，使用双向搜索则增益不大。使用一般的启发式函数时，在中间相遇的双向搜索往往会扩展较少的节点，因此双向搜索是首选方法。在启发式函数较差的最坏情况下，搜索算法将不再专注于目标，并且双向搜索具有与 A* 相同的渐近复杂性。使用 f_2 评价函数和可容许的启发式函数 h 的双向搜索算法是完备且最优的。

3.6 启发式函数

在本节中，我们将研究启发式函数的准确性是如何影响搜索性能的，并考虑如何构造启发式函数。我们将 8 数码问题作为主要示例。如 3.2 节所述，它的目标是将滑块水平或竖直地滑动到空格中，直到棋盘布局与目标布局一致（图 3-25）。

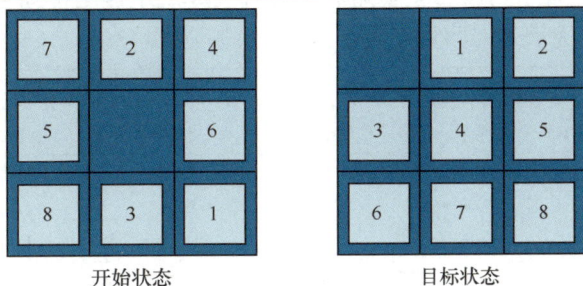

图 3-25　8 数码问题的典型实例。最短的解需要 26 步动作

在一个 8 数码问题中，存在 9!/2 = 181400 个可达状态，所以搜索算法可以轻松地将它们全部保存在内存中。但是对于 15 数码问题，存在 16!/2 个状态（超过 10 万亿个），因此，为了搜索这个空间，我们需要借助一个较好的可容许的启发式函数。对于 15 数码问题，这样的启发式函数有着悠久的历史。下面介绍两个常用的选择。

- h_1 = 错位滑块的数量（不包括空格）。图 3-25 中，所有的 8 个滑块都不在原位，所以开始状态的 h_1 = 8。h_1 是一个可容许的启发式函数，因为任何错位滑块都至少需要一次移动才能回到正确的位置。
- h_2 = 滑块到其目标位置距离的总和。因为滑块不能沿对角线移动，所以距离是水平距离和垂直距离之和——有时称为城市街区距离或**曼哈顿距离**（Manhattan distance）。h_2 也是可容许的，因为任何移动操作所能做的就是将一个滑块向目标移近一步。图 3-25 中开始状态的滑块 1 到滑块 8 得到的曼哈顿距离为

$$h_2 = 3 + 1 + 2 + 2 + 2 + 3 + 3 + 2 = 18$$

正如我们希望的那样，这两种方法都没有高估实际的解代价 26。

3.6.1 启发式函数的准确性对性能的影响

一种描述启发式函数质量的方法是**有效分支因子**（effective branching factor）b^*。如果针对一个特定问题，A^* 搜索所生成的总节点数是 n，而解的深度是 d，那么 b^* 就是深度为 d 的均衡树要包含 $n + 1$ 个节点所必需的分支因子。因此有

$$n + 1 = 1 + b^* + (b^*)^2 + \cdots + (b^*)^d$$

例如，如果 A^* 用 52 个节点在第 5 层上找到了一个解，那么有效分支因子是 1.92。在不同的问题实例中，有效分支因子可能会发生变化，但通常对于特定领域（如 8 数码问题），在所有复杂的问题实例中它都是相当恒定的。因此，对一小部分问题的 b^* 进行实验测量可以为启发式函数的总体有用性提供良好的指导。设计良好的启发式函数的 b^* 接近 1，使得我们能以合理的计算代价求解相当大的问题。

科尔夫和里德（Korf and Reid, 1998）认为，对于一个使用给定启发式函数 h 的 A^* 剪枝，

刻画其效果的一个更好方式是：**有效深度**（effective depth）相比于真实深度的减少量 k_h（一个常数）。这意味着相较于无信息搜索的代价 $O(b^d)$，上述方法的总搜索代价为 $O(b^{d-k_h})$。他们在魔方和 n 数码问题上的实验结果表明，这一公式可以准确地预测各种解长度范围内（至少对于大于 k_h 的解长度）的抽样问题实例的总搜索代价。

在图 3-26 中，我们生成了随机 8 数码问题，并使用无信息广度优先搜索和使用 h_1 或 h_2 的 A* 搜索求解该问题，报告了每种搜索策略和每种解长度所生成的平均节点数及相应的有效分支因子。结果表明，h_2 优于 h_1，两者都优于无启发式算法。

	搜索代价：生成的节点数				有效分支因子		
d	BFS	A*(h_1)	A*(h_2)		BFS	A*(h_1)	A*(h_2)
6	128	24	19		2.01	1.42	1.34
8	368	48	31		1.91	1.40	1.30
10	1033	116	48		1.85	1.43	1.27
12	2672	279	84		1.80	1.45	1.28
14	6783	678	174		1.77	1.47	1.31
16	17 270	1683	364		1.74	1.48	1.32
18	41 558	4102	751		1.72	1.49	1.34
20	91 493	9905	1318		1.69	1.50	1.34
22	175 921	22 955	2548		1.66	1.50	1.34
24	290 082	53 039	5733		1.62	1.50	1.36
26	395 355	110 372	10 080		1.58	1.50	1.35
28	463 234	202 565	22 055		1.53	1.49	1.36

图 3-26 使用广度优先搜索、使用 h_1（错位滑块）的 A* 搜索或使用 h_2（曼哈顿距离）的 A* 搜索求解 8 数码问题的搜索代价和有效分支因子的比较。每个解长度 d（6～28）的数据为 100 多个实例的平均结果

有人可能会问，h_2 是否总是优于 h_1。答案是"基本上，是的"。从这两种启发式函数的定义可以看出，对于任意节点 n，都有 $h_2(n) \geqslant h_1(n)$。因此我们说 h_2 **占优于**（dominate）h_1。优势可以直接转化为效率：使用 h_2 的 A* 永远不会比使用 h_1 的 A* 扩展更多的节点（除了 $f(n) = C^*$ 的节点）。证明很简单。回想一下 3.5.3 节观察到的，每个 $f(n) < C^*$ 的节点都一定会被扩展。也就是说，当 h 一致时，每个 $h(n) < C^* - g(n)$ 的节点都一定会被扩展。但是，因为对于所有节点，h_2 至少和 h_1 一样大，每个在 h_2 下一定会被扩展的节点在 h_1 下也一定会被扩展，而 h_1 还可能导致其他的节点也被扩展。因此，通常情况下，只要启发式函数是一致的并且其计算时间不太长，使用具有较高值的启发式函数效果都会更好。

3.6.2　从松弛问题出发生成启发式函数

我们已经看到，对于 8 数码问题，h_1（错位滑块）和 h_2（曼哈顿距离）都是相当好的启发式函数，其中 h_2 更好。人们是怎么想出 h_2 这样的启发式函数的？计算机是否有可能自动地设计出这种启发式函数？

h_1 和 h_2 是对 8 数码问题剩余路径长度的估计，但对简化版本的问题来说，它们也是非常精确的路径长度。如果改变游戏规则，即滑块可以移动到任何地方，而不是只能移动到相邻的空格，那么 h_1 将给出最短解的准确长度。类似地，如果一个滑块可以向任意方向移动一个方格，甚至移动到一个被占用的方格上，那么 h_2 将给出最短解的准确长度。减少了对动作的限制条件的问题称为**松弛问题**（relaxed problem）。松弛问题的状态空间图是原始状态空间的一

个超图，因为删除限制条件会导致原图中边的增加。

因为松弛问题向状态空间图中添加了一些边，根据定义，原问题的任一最优解也是松弛问题的一个解；但是，如果增加的边提供了捷径，松弛问题可能有更好的解。因此，松弛问题中最优解的代价可以作为原问题的一个可容许的启发式函数。此外，因为得到的启发式函数是松弛问题的准确代价，所以它一定满足三角不等式，因此它是一致的（见 3.5.2 节）。

如果用形式语言定义一个问题，则可以自动构造它的松弛问题。[①] 例如，如果将 8 数码问题的行动描述为

如果方格 X 与方格 Y 相邻，且 Y 是空格，那么滑块可以从方格 X 移动到方格 Y。

我们可以通过删除一个或两个条件来生成 3 种松弛问题。

（a）如果方格 X 与方格 Y 相邻，那么滑块可以从方格 X 移动到方格 Y。

（b）如果方格 Y 是空格，那么滑块可以从方格 X 移动到方格 Y。

（c）滑块可以从方格 X 移动到方格 Y。

由（a）可以推导出 h_2（曼哈顿距离）。原因是，如果我们将每个滑块依次移动到其目标位置，那么 h_2 就是准确的步数。由（b）推导出的启发式函数将在习题 3.GASC 中讨论。由（c）我们可以推导出 h_1（错位滑块），因为如果可以仅用一步就将滑块移动到其预期目标位置，那么 h_1 就是准确的步数。需要注意的是，通过这种方法生成的松弛问题本质上不需要搜索就能求解，因为松弛规则将问题分解为 8 个独立的子问题。如果松弛问题本身很难求解，那么获取相应的启发式函数值的代价将非常高。

Absolver 程序可以通过"松弛问题"方法及各种其他技术从问题定义中自动生成启发式函数（Prieditis, 1993）。Absolver 为 8 数码问题生成了一种新的启发式函数，它优于任何已有的启发式函数。此外，Absolver 为著名的魔方问题找到了第一种有效的启发式函数。

如果一个可容许的启发式函数集合 $h_1, \cdots, h_m$ 可以求解同一个问题，但没有一个函数明显优于其他函数，那么我们应该选择哪个函数？事实证明，我们可以通过如下定义，得到最优的启发式函数：

$$h(n) = \max\{h_1(n), \cdots, h_k(n)\}$$

这种复合启发式函数将选择对于所讨论节点最准确的函数。因为 h_i 都是可容许的，所以 h 也是可容许的（如果 h_i 都是一致的，则 h 也是一致的）。此外，h 优于所有组成它的启发式函数。唯一的缺点是 $h(n)$ 的计算时间更长。如果考虑这一问题，另一种选择是在每次评价时随机选择一个启发式函数，或者使用机器学习算法来预测哪个启发式函数是最优的。这样做可能会导致启发式函数失去一致性（即使每个 h_i 都是一致的），但在实践中，它通常能更快地求解问题。

3.6.3　从子问题出发生成启发式函数：模式数据库

可容许的启发式函数也可以由给定问题的子问题（subproblem）的解代价推导得到。例如，图 3-27 为图 3-25 中 8 数码问题实例的一个子问题。子问题涉及将滑块 1、2、3、4 和空格分别放置到正确位置。显然，这个子问题最优解的代价是完整问题代价的一个下界。在某些情况下，它比曼哈顿距离更准确。

---

① 在第 8 章和第 11 章中，我们将介绍适用于此任务的形式语言：有了可操纵的形式化描述，就可以自动化地构建松弛问题。现在，我们先使用自然语言。

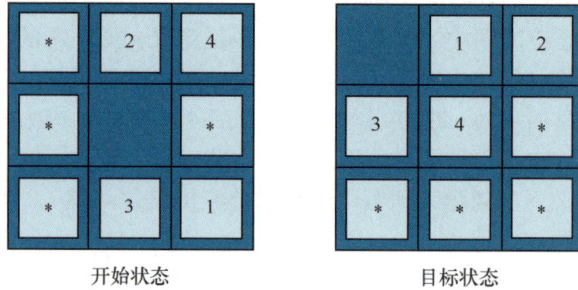

开始状态   目标状态

图 3-27   图 3-25 中所给出的 8 数码实例的子问题。任务是将滑块 1、2、3、4 和空格放置到正确位置，而不考虑其他滑块的情况

模式数据库（pattern database）的思想是为每个可能的子问题（在我们的示例中，为 4 个滑块和空格的所有可能排列）存储准确的解代价。（数据库中将有 $9 \times 8 \times 7 \times 6 \times 5 = 15\,120$ 种模式。其他 4 个滑块与子问题的求解无关，但移动这些滑块将计入子问题的解代价。）然后，通过在数据库中查找相应的子问题，为搜索过程中遇到的每个状态计算一个可容许的启发式函数 h_{DB}。数据库本身是从目标状态反向搜索并记录所遇到的每个新模式的代价来构建的[①]；这一搜索的开销将分摊到后续的问题实例中，因此如果我们需要求解很多问题，那么这种方法是有意义的。

与空格搭配的滑块 1-2-3-4 的选择是相当随意的；我们还可以为 5-6-7-8、2-4-6-8 等建立数据库。每个数据库产生一种可容许的启发式函数，正如前文所述，可以通过取最大值对这些启发式函数进行组合。这种组合的启发式函数要比曼哈顿距离精确得多；求解随机 15 数码问题时所生成的节点数可以减少到千分之一。然而，每增加一个数据库，收益会随之减少，内存和计算成本也会增加。

你们可能想知道从 1-2-3-4 数据库和 5-6-7-8 数据库中得到的启发式函数是否可以相加，因为这两个子问题似乎没有重叠。这会是一个可容许的启发式函数吗？答案是否定的，因为对于一个给定的状态，1-2-3-4 子问题和 5-6-7-8 子问题的解一定会有一些重复操作——1-2-3-4 不可能在不接触 5-6-7-8 的情况下移动到位，反之亦然。但是，如果我们不计入这些操作，换句话说，如果我们让其他滑块直接消失呢？也就是说，我们不记录求解 1-2-3-4 子问题的总代价，而只记录与 1-2-3-4 有关的操作数。那么这两个代价的和仍然是求解完整问题代价的一个下界。这就是不相交模式数据库（disjoint pattern database）的思想。有了这样的数据库，可以在几毫秒内求解随机的 15 数码问题——与使用曼哈顿距离相比，生成的节点数不到原来的万分之一。对于 24 数码问题，则可以获得大约一百万倍的加速。不相交模式数据库适用于滑块数码问题，因为每次移动只涉及一个滑块，因而原问题可以被划分成若干个子问题使得每次移动只影响一个子问题。

3.6.4   使用地标生成启发式函数

一些在线服务可以托管含有数千万个顶点的地图，并在毫秒内找到代价最优的驾驶路线。即使是我们之前提到的最优的搜索算法，做到这一点也要比这些在线服务多耗费 100 万倍的时间。那在线服务是怎么做到这一点的呢？这里有很多技巧，但最重要的是对一些最优路径代价

[①]   通过从目标反向回溯，可以立即获得所遇到的每个实例的准确的解代价。这是动态规划的一个示例，我们将在第 17 章进一步讨论。

的预计算（precomputation）。虽然预计算可能相当耗时，但只需完成一次预计算，就可以摊销数十亿用户的搜索请求。

我们可以通过预计算并存储每对顶点之间的最优路径代价来生成完美的启发式函数。这需要 $O(|V|^2)$ 空间和 $O(|E|^3)$ 时间——对于含有 1 万个顶点的图很实用，但对于 1000 万个顶点，这样的复杂性不可接受。

更好的方法是从顶点中选择一些（也许 10 个或 20 个）地标点（landmark point）[①]。然后，对于图中每个地标 L 和每个其他顶点 v，我们计算并存储 $C^*(v, L)$，即从 v 到 L 的最优路径的准确代价。（我们同样需要 $C^*(L, v)$；在无向图上，$C^*(L, v)$ 与 $C^*(v, L)$ 相同；在有向图上，如单行道，我们则需要单独计算 $C^*(L, v)$。）给定存储的 C^* 表，我们可以很容易地创建出一个高效的（尽管是不可容许的）启发式函数：在所有地标中，从当前节点到地标然后到目标节点代价的最小值为

$$h_L(n) = \min_{L \in Landmarks} C^*(n, L) + C^*(L, goal)$$

如果最优路径刚好经过一个地标，这个启发式函数将是准确的；否则，这个启发式函数就是不可容许的——它高估了到目标的代价。在 A* 搜索中，如果启发式函数是准确的，那么一旦到达一个位于最优路径上的节点，此后所扩展的每个节点都将位于最优路径上。把等值线想象为沿着这条最优路径前进。搜索将沿着最优路径进行，在每次迭代中加入一个代价为 c 的动作，然后到达一个 h 值减少 c 的结果状态，这意味着在整条路径上总的 $f = g + h$ 得分将保持在常量 C^*。

一些寻径算法通过在图中添加捷径（shortcut）——人工定义的对应于一条最优多行动路径的边——来节省更多的时间。例如，如果我们在美国最大的 100 个城市之间预先定义了捷径，并且尝试从位于加利福尼亚州的加利福尼亚大学伯克利分校校区导航到纽约的纽约大学，那么我们可以走萨克拉门托（Sacramento）到曼哈顿（Manhattan）之间的捷径，一次动作就能覆盖 90% 的路径。

$h_L(n)$ 是高效的，但不是可容许的。只要稍加注意，我们就可以提出一种既高效又可容许的启发式函数：

$$h_{DH}(n) = \max_{L \in Landmarks} |C^*(n, L) - C^*(goal, L)|$$

这被称为差分启发式（differential heuristic）函数（因为包含减法）。可以把它理解为在比目标还要远的某个位置设置一个地标点。如果目标恰好在从 n 到该地标点的最优路径上，那么"考虑从 n 到 L 的完整路径，然后减去这条路径的最后一部分，即从 $goal$ 到 L，即可得到从 n 到 $goal$ 的这段路径的准确代价"。如果目标稍微偏离到地标的最优路径，启发式函数将是不准确的，但仍然是可容许的。比目标近的地标是没有用的；例如，一个恰好位于 n 和 $goal$ 正中间的地标将导致 $h_{DH} = 0$，这是没有用的。

下面我们介绍几种选择地标点的方法。随机选择速度较快，但如果我们多花些功夫将地标分散开来，使得它们彼此之间不太接近，我们将得到更好的结果。贪心方法是随机选择第一个地标，然后找到离它最远的点，将其添加到地标集合中，接着在每次迭代中添加离最近地标最远的点。如果你有用户过去的搜索请求日志，那么你可以选择搜索中经常请求的地点作为地标。对于差分启发式函数，地标分布在图的周界上更好。因此，一个比较好的技术是找到图的质心，围绕质心划分出 k 个楔形（就像饼状图一样），并在每个楔形中选择离中心最远的顶点。

地标在寻径问题上尤其有效，这是由世界上道路的布局方式导致的：许多交通运输实际上

---

① 地标点有时被称为"枢轴"或"锚点"。

都是在地标之间穿行，所以土木工程师在这些路线上修建最宽、最快的道路；地标式搜索可以更轻松地复原这些路线。

3.6.5 学习以更好地搜索

我们介绍了几种固定的搜索策略（广度优先、A^* 等），这些都是计算机科学家精心设计和编程实现的。那么智能体能自己学习如何更好地搜索吗？答案是肯定的，这种方法基于一个重要的概念，**元级状态空间**（metalevel state space）。元级状态空间中的每个状态将捕捉在普通状态空间（例如罗马尼亚地图）进行搜索的程序的内部（计算）状态。[为了区分这两个概念，我们将罗马尼亚地图称为**对象级状态空间**（object-level state space）。]例如，A^* 算法的内部状态由当前搜索树组成。元级状态空间中的每个动作都是一个改变内部状态的计算步；例如，A^* 中的每一个计算步扩展一个叶节点，并将其后续节点添加到树中。因此，图 3-18 展示了一个逐渐增大的搜索树序列，它描述了元级状态空间中的一条路径，路径上的每个状态都是一棵对象级搜索树。

现在，图 3-18 中的路径共有 5 步，包括一个扩展 Fagaras 的步骤，这一步不是非常有用。对于更困难的问题，将存在很多这样的错误步骤，**元级学习**（metalevel learning）算法可以从这些经验中学习，以避免探索毫无希望的子树。这种学习算法将在第 22 章中介绍。学习的目标是对计算开销和路径代价进行权衡，以最小化求解问题的**总代价**。

3.6.6 从经验中学习启发式函数

我们已经看到，生成启发式函数的一种方法是设计一个容易找到最优解的松弛问题，另一种选择是从经验中学习。这里的"经验"意味着，例如，求解大量 8 数码问题。一个 8 数码问题的每个最优解都提供了一个"(目标, 路径)"对作为示例。可以利用学习算法通过这些示例构造一个函数 h，（幸运的话）它可以近似搜索过程中出现的其他状态的真实路径代价。这些方法中的大多数学习到的都是启发式函数的一个不完美的近似，因此存在启发式函数不可容许的风险。这必然导致算法需要在学习时间、搜索运行时间和解的代价之间进行权衡。机器学习技术将在第 19 章中介绍。第 22 章中介绍的强化学习方法也适用于搜索问题。

如果除了原始状态描述外，还提供与预测启发式函数值相关的状态**特征**（feature），那么一些机器学习技术将表现得更好。例如，"错位滑块数"这一特征可能有助于预测 8 数码问题中状态与目标的实际距离。我们将这一特征记作 $x_1(n)$。我们可以使用 100 个随机生成的 8 数码配置，并收集其真实解代价的统计数据。我们可能会发现，当 $x_1(n) = 5$ 时，平均的解代价大约是 14，等等。当然，可以使用多种特征。例如，第二个特征 $x_2(n)$ 可能是"在当前状态相邻而在目标状态中不相邻的滑块对的数量"。如何对 $x_1(n)$ 和 $x_2(n)$ 进行组合来预测 $h(n)$？一种常见的方法是线性组合：

$$h(n) = c_1 x_1(n) + c_2 x_2(n)$$

可以调整常数 c_1 和 c_2 以适应随机生成的配置中实际数据的值。我们希望 c_1 和 c_2 都是正值，因为错位滑块和不正确的相邻对都会使得问题更难求解。注意，这个启发式函数满足目标状态 $h(n) = 0$ 的条件，但它不一定是可容许的或一致的。

小结

本章对搜索算法进行了介绍，智能体可以用这些算法在各种环境中选择动作序列——只要环境是回合式的、单智能体的、完全可观测的、确定性的、静态的、离散的和已知的。算法需要在搜索所需时间、可用内存和解的质量之间进行权衡。如果我们对于启发式函数的形式拥有额外的领域相关知识来估计给定状态离目标有多远，或者我们预计算涉及模式或地标的部分解，算法会更高效。

- 在智能体开始搜索之前，必须形式化一个良定义的**问题**。
- 问题由 5 部分组成：**初始状态**、**动作**集合、描述这些动作结果的**转移模型**、**目标状态**集合和**动作代价函数**。
- 问题的环境用**状态空间图**表示。通过状态空间（一系列动作）从初始状态到达一个目标状态的**路径**是一个**解**。
- 搜索算法通常将状态和动作看作**原子的**，即没有任何内部结构（尽管我们在学习时引入了状态特征）。
- 根据**完备性**、**代价最优性**、**时间复杂性**和**空间复杂性**来评估搜索算法。
- **无信息搜索**方法只能访问问题定义。算法构建一棵搜索树，试图找到一个解。算法会根据其首先扩展的节点而有所不同。
  - **最佳优先搜索**根据**评价函数**选择节点进行扩展。
  - **广度优先搜索**首先扩展深度最浅的节点；它是完备的，对于单位动作代价是最优的，但具有指数级空间复杂性。
  - **一致代价搜索**扩展路径代价 $g(n)$ 最小的节点，对于一般的动作代价是最优的。
  - **深度优先搜索**首先扩展最深的未扩展节点。它既不是完备的也不是最优的，但具有线性级空间复杂性。**深度受限搜索**增加了一个深度限制。
  - **迭代加深搜索**在不断增加的深度限制上调用深度优先搜索，直到找到一个目标。当完成全部循环检查时，它是完备的，同时对于单位动作代价是最优的，且具有与广度优先搜索相当的时间复杂性和线性级空间复杂性。
  - **双向搜索**扩展两个边界，一个围绕初始状态，另一个围绕目标，当两个边界相遇时搜索停止。
- **有信息搜索**方法可以访问**启发式函数** $h(n)$ 来估计从 n 到目标的解代价。它们可以访问一些附加信息，例如，存有解代价的模式数据库。
  - **贪心最佳优先搜索**扩展 $h(n)$ 值最小的节点。它不是最优的，但通常效率很高。
  - **A* 搜索**扩展 $f(n) = g(n) + h(n)$ 值最小的节点。在 $h(n)$ 可容许的条件下，A* 是完备的、最优的。对于许多问题，A* 的空间复杂性仍然很高。
  - **双向 A* 搜索**有时比 A* 搜索本身更高效。
  - **IDA***（迭代加深 A* 搜索）是 A* 搜索的迭代加深版本，它解决了空间复杂性问题。
  - **RBFS**（递归最佳优先搜索）和 **SMA***（简化的内存受限 A*）搜索是健壮的最优搜索算法，它们仅使用有限的内存；如果时间充足，它们可以解决对 A* 来说内存不足的问题。
  - **束搜索**限制了边界的大小；因此它是非完备的、次优的，但束搜索通常能找到相当好的解，运行速度也比完备搜索更快。
  - **加权 A* 搜索**将搜索专注于一个目标，以扩展更少的节点，但它牺牲了最优性。
- 启发式搜索算法的性能取决于启发式函数的质量。我们有时可以通过松弛问题定义、在模式数据库中存储预计算的子问题的解代价、定义地标点，或者从问题类的经验中学习来构建良好的启发式函数。

参考文献与历史注释

状态空间搜索的话题起源于人工智能早期。纽厄尔和西蒙在 Logic Theorist（Newell and Simon, 1957）和 GPS（Newell and Simon, 1961）上做的工作使搜索算法成为 20 世纪 60 年代人工智能研究人员的主要工具，问题求解也被确立为典型的人工智能任务。理查德·贝尔曼（Bellman, 1957）在运筹学方面的工作表明了可加路径代价在化简优化算法中的重要性。尼尔斯·尼尔森（Nilsson, 1971）的教科书为该领域奠定了坚实的理论基础。

8 数码问题是 15 数码问题的一个小"表亲"，它的历史在（Slocum and Sonneveld, 2006）中有详细叙述。1880 年，15 数码问题引起了公众和数学家的广泛关注（Johnson and Story, 1879; Tait, 1880）。*American Journal of Mathematics* 的编辑曾说，"最近几周，15 数码问题已经在美国公众面前占据了显著位置，可以肯定地说，它吸引了 90% 的来自不同社区、不同年龄、不同性别的人们的注意力"，而 1880 年 3 月 12 日，堪萨斯州恩波里亚的 *Weekly News-Democrat* 则写道："这已经成为全国范围内的一种流行病。"

美国著名的游戏设计师萨姆·劳埃德（Sam Loyd）谎称自己发明了 15 数码问题（Loyd, 1959），但 15 数码问题实际上是由纽约州卡纳斯托塔的邮政局长诺伊斯·查普曼（Noyes Chapman）在 19 世纪 70 年代中期发明的［尽管欧内斯特·金西（Ernest Kinsey）在 1878 年获得了滑块的通用专利］。拉特纳和瓦尔穆特（Ratner and Warmuth, 1986）证明，一般的 $n \times n$ 版本的 15 数码问题属于 NP 完全问题。

魔方是艾尔诺·鲁比克（Ernő Rubik）在 1974 年发明的，他也发现了一种可以找到较好的但可能非最优的解的算法。科尔夫（Korf, 1997）使用模式数据库和 IDA* 搜索找到了一些随机问题实例的最优解。罗基基等人（Rokicki *et al.*, 2014）证明了任何实例都可以在 26 步内求解（如果将 180° 扭转当作 2 步，即为 26 步；如果将其当作 1 步，即为 20 步）。这一证明耗费了 35 个 CPU 年的计算量；它不会立即产生一个高效的算法。阿戈斯蒂内利等人（Agostinelli *et al.*, 2019）使用强化学习、深度学习网络和蒙特卡罗树搜索来学习更高效的魔方求解器。它不能保证找到代价最优的解，但事实上，大约有 60% 的时间它都可以找到最优解，并且一般求解时间不到 1 秒。

本章中所列出的每个真实世界搜索问题都是大量研究工作的课题。选择最优航班的方法在大多数情况下仍然是专有的，但卡尔·德马尔肯（Carl de Marcken）通过将其简化为丢番图决策问题证明了，由于机票定价和航线限制的复杂性，最优航班选择问题在形式上是不可判定的（Robinson, 2002）。旅行商问题（TSP）是理论计算机科学中一个标准的组合问题（Lawler *et al.*, 1992）。卡普（Karp, 1972）证明了 TSP 决策问题是 NP 困难的，但有效的启发式近似方法是由林申和克尼汉（Lin and Kernighan, 1973）开发的。阿罗拉（Arora, 1998）为欧几里得 TSP 设计了一个完全多项式近似方案。拉博（LaPaugh, 2010）对 VLSI 布图方法进行了调研，许多布图优化论文也发表在 VLSI 期刊上。机器人导航问题将在第 26 章中讨论。FREDDY（Michie, 1972）首次论证了自动装配排序，巴胡巴伦德鲁尼和比斯瓦尔（Bahubalendruni and Biswal, 2016）给出了一个全面的综述。

无信息搜索算法是计算机科学（Cormen *et al.*, 2009）和运筹学（Dreyfus, 1969）的一个中心话题。求解迷宫问题的广度优先搜索是穆尔（Moore, 1959）提出的。动态规划方法（Bellman, 1957; Bellman and Dreyfus, 1962）系统地记录了长度逐渐增加的所有子问题的解，可以将其看作广度优先搜索的一种形式。

迪杰斯特拉（Dijkstra, 1959）提出的 Dijkstra 算法形式适用于显式有限图。尼尔森（Nilsson, 1971）提出了 Dijkstra 算法的另一个版本，称为一致代价搜索（因为该算法"沿着路径代价相同的等值线展开"），它适用于隐式定义的无限图。尼尔森的书中还介绍了闭节点表和开节点表，以及术语"图搜索"。Best-First-Search 这个名字来自 Handbook of AI（Barr and Feigenbaum, 1981）。Floyd-Warshall 算法（Floyd, 1962）和 Bellman-Ford 算法（Bellman, 1958; Ford, 1956）允许出现负代价（只要不存在循环）。

斯莱特和阿特金（Slate and Atkin, 1977）在 Chess 4.5 游戏程序中首次使用了迭代加深版本的算法，旨在有效利用象棋时钟。马尔泰利（Martelli, 1977）的算法 B 也包含了迭代加深的方面。迭代加深技术是由伯特伦·拉斐尔（Bertram Raphael）（Raphael, 1976）提出的，并在科尔夫的工作（Korf, 1985a）中引起人们的关注。

西蒙和纽厄尔的早期论文（Simon and Newell, 1958）提出在问题求解中使用启发式信息，但短语"启发式搜索"和使用启发式函数来估计到目标距离的方法则出现得稍晚一些（Newell and Ernst, 1965; Lin, 1965）。多朗和米基（Doran and Michie, 1966）对启发式搜索进行了广泛的实验研究。尽管他们对路径长度和"外显率"（路径长度与目前所检查的节点总数的比率）进行了分析，但他们似乎忽略了路径代价 $g(n)$ 所提供的信息。哈特、尼尔森和拉斐尔（Hart, Nilsson, and Raphael, 1968）开发了将当前路径代价加入启发式搜索的 A* 算法。德克特和珀尔（Dechter and Pearl, 1985）研究了在哪些条件下 A* 效率最优（在扩展的节点数上）。

原始的 A* 算法论文（Hart et al., 1968）介绍了启发式函数的一致性条件。波尔（Pohl, 1977）引入了更简单的单调性条件代替一致性，但珀尔（Pearl, 1984）证明了二者是等价的。

波尔（Pohl, 1977）率先研究了启发式函数的误差与 A* 的时间复杂性之间的关系。基本结果来自对具有单位动作代价和单个目标状态（Pohl, 1977; Gaschnig, 1979; Huyn et al., 1980; Pearl, 1984）或多个目标状态（Dinh et al., 2007）的树状搜索的研究。科尔夫和里德（Korf and Reid, 1998）展示了如何在各种实际问题域中预测所扩展节点数的准确值（不仅仅是渐近近似）。尼尔森（Nilsson, 1971）提出了"有效分支因子"的概念作为算法效率的经验衡量标准。对于图搜索，黑尔默特和勒格尔（Helmert and Röger, 2008）指出，几个经典问题的代价最优解路径上包含指数级数量的节点，这意味着 A* 具有指数级时间复杂性。

A* 算法存在很多变体。波尔（Pohl, 1970）提出了加权 A* 搜索，之后又提出了一个动态版本（Pohl, 1973），其中权重随树的深度发生变化。埃本特和德雷克斯勒（Ebendt and Drechsler, 2009）对结果做了综合并在一些应用上进行了检验。哈特姆和拉姆尔（Hatem and Ruml, 2014）提出了更容易实现的加权 A* 的简化和改进版本。威尔特和拉姆尔（Wilt and Ruml, 2014）引入了作为贪心搜索的替代方案的快速搜索，专注于最小化搜索时间，他们表明，满意搜索的最佳启发式函数与最优搜索的不同（Wilt and Ruml, 2016）。伯恩斯等人（Burns et al., 2012）给出了一些编写快速搜索代码的实现技巧，费尔纳（Felner, 2018）考虑了使用早期目标测试时实现是如何变化的。

波尔（Pohl, 1971）提出了双向搜索。霍尔特等人（Holte et al., 2016）介绍了可以保证在中间相遇的双向搜索版本，使得双向搜索的适用范围更广泛。埃克勒等人（Eckerle et al., 2017）给出了一定会被扩展的节点对集合，并表明不存在效率最优的双向搜索。NBS 算法（Chen et al., 2017）使用了显式的节点对队列。

双向 A* 和已知地标点的组合被用于微软在线地图服务，以更高效地找到驾驶路线（Goldberg et al., 2006）。在缓存了一组地标间的路径后，该算法可以在包含 2 400 万个点的美国地图中找到任意一对点之间的最优代价路径，算法仅搜索该图的不到 0.1% 的部分。科尔夫（Korf, 1987）展示了如何使用子目标、宏运算符和抽象来实现对先前技术的显著加速。德林等人（Delling *et al.*, 2009）描述了如何使用双向搜索、地标、分层结构和其他技巧来查找驾驶路线。安德森等人（Anderson *et al.*, 2008）提出了一种称为**由粗到细搜索**（coarse-to-fine search）的相关技术，可以将其看作在各种抽象层次上定义地标。科尔夫（Korf, 1987）介绍了由粗到细搜索提供指数级加速所需的条件。诺布洛克（Knoblock, 1991）提供了量化分层搜索优势的实验结果和分析。

A*和其他状态空间搜索算法与运筹学中广泛使用的**分支定界**（branch-and-bound）技术密切相关（Lawler and Wood, 1966; Rayward-Smith *et al.*, 1996）。库马尔和卡纳尔（Kumar and Kanal, 1988）尝试将启发式搜索、动态规划和分支定界技术进行"大统一"，并将其命名为复合决策过程（composite decision process，CDP）。

因为在 20 世纪 60 年代大多数计算机的主存只有几千字，因此内存受限启发式搜索是一个早期的研究课题。以 Graph Traverser（Doran and Michie, 1966）为例，它是最早的搜索程序之一，其做法是首先进行最佳优先搜索，达到内存限制后，提交结果。IDA*（Korf, 1985b）是第一个广泛使用的长度最优、内存受限启发式搜索算法，并且已经拥有了大量变体。帕特里克等人（Patrick *et al.*, 1992）对 IDA*的效率和使用实值启发式函数的困难进行了分析。

RBFS 的原始版本（Korf, 1993）实际上要比图 3-22 所示的算法稍微复杂一些，它实际上更接近于一种独立发展的称为**迭代扩展**（iterative expansion，IE）（Russell, 1992）的算法。RBFS 同时使用下界和上界；这两种算法在使用可容许的启发式函数时表现相同，但 RBFS 以最佳优先的顺序扩展节点，即使启发式函数是不可容许的。记录最优备选路径的思想早期出现在布拉特科的优雅的 A*算法的 Prolog 实现（Bratko, 2009）中和 DTA*法（Russell and Wefald, 1991）中。（Russell and Wefald, 1991）中还讨论了元级状态空间和元级学习。

克拉巴尔蒂等人（Chakrabarti *et al.*, 1989）提出了 MA*算法。SMA*（简化的 MA*）则产生于对实现 MA*的尝试（Russell, 1992）。凯因德尔和科尔桑（Kaindl and Khorsand, 1994）应用 SMA*来生成一种比先前算法快得多的双向搜索算法。科尔夫和章伟雄（Korf and Zhang, 2000）介绍了一种分而治之的方法，周戎和汉森（Zhou and Hansen, 2002）引入了内存受限 A*图搜索和一种转换到广度优先搜索以提高内存效率的策略（Zhou and Hansen, 2006）。

赫尔德和卡普在他们的开创性论文（Held and Karp, 1970）中提出了可以通过问题松弛推导出可容许的启发式函数的想法，他们使用最小生成树启发式函数来求解 TSP 问题。（见习题 3.MSTR。）普里迪蒂斯（Prieditis, 1993）成功地实现了松弛过程的自动化。关于应用机器学习来发现启发式函数的文献也在不断增多（Samadi *et al.*, 2008; Arfaee *et al.*, 2010; Thayer *et al.*, 2011; Lelis *et al.*, 2012）。

加瑟（Gasser, 1995）以及卡伯森和谢弗（Culberson and Schaeffer, 1996, 1998）使用模式数据库来推导可容许的启发式函数，科尔夫和费尔纳（Korf and Felner, 2002）介绍了不相交模式数据库，埃德坎普（Edelkamp, 2009）提出了一种使用符号模式的类似方法。费尔纳等人（Felner *et al.*, 2007）展示了如何压缩模式数据库以节省空间。珀尔（Pearl, 1984）以及汉松和迈耶（Hansson and Mayer, 1989）研究了启发式函数的概率解释。

珀尔的 *Heuristics*（Pearl, 1984）以及埃德坎普和施勒德尔的 *Heuristic Search*（Edelkamp and Schrödl, 2012）都是非常有影响力的搜索相关的教科书。关于新的搜索算法的论文发表在组合搜索国际研讨会（International Symposium on Combinatorial Search，SoCS）、国际自动规划和调度会议（International Conference on Automated Planning and Scheduling，ICAPS）等搜索算法相关的会议和 AAAI、IJCAI 等综合性人工智能会议中，以及 *Artificial Intelligence* 和 *Journal of the ACM* 等期刊上。

第4章

复杂环境中的搜索

> 在本章中，我们放宽了第 3 章的简化假设，以更接近真实世界。

第 3 章讨论了完全可观测的、确定性的、静态的、已知的环境中的问题，问题的解是一个动作序列。在本章中，我们将放宽这些限制。首先，我们考虑这样一个问题，即寻找一个好的状态而不考虑到达该状态的路径，状态包括离散状态（4.1 节）和连续状态（4.2 节）。然后，我们放宽了确定性假设（4.3 节）和可观测性假设（4.4 节）。在一个非确定性的世界中，智能体将需要一个条件规划，并根据它所观测到的情况执行不同的动作——例如，红灯停，绿灯行。对于部分可观测性环境，智能体还需要记录它的可能状态。最后，4.5 节将指导智能体使用**在线搜索**（online search）通过一个未知空间，在未知空间中一边前进一边学习。

4.1   局部搜索和最优化问题

在第 3 章的搜索问题中，我们希望找到一条通过搜索空间的路径，如一条从 Arad 到 Bucharest 的路径。但有时我们只关心最终状态，而不是到达状态的路径。例如，在 8 皇后问题中（图 4-3），我们只关心如何找到 8 个皇后的有效最终配置（因为如果知道配置，重构它的创建步骤就非常简单）。这也适用于许多重要应用，例如集成电路设计、工厂车间布局、作业车间调度、自动编程、电信网络优化、农作物种植规划和投资组合管理。

局部搜索（local search）算法的操作是从一个起始状态搜索到其相邻状态，它不记录路径，也不记录已达状态集。这意味着它们不是系统性的——可能永远不会探索问题的解实际所在的那部分搜索空间。但是，它们有两个主要优点：（1）使用很少的内存；（2）通常可以在系统性算法不适用的大型或无限状态空间中找到合理的解。

局部搜索算法也可以求解**最优化问题**（optimization problem），其目标是根据**目标函数**（objective function）找到最优状态。

为了理解局部搜索，我们考虑在**状态空间地形图**（state-space landscape）中布局的问题状态，如图 4-1 所示。地形图中的每个点（状态）都有一个"标高"，由目标函数值定义。如果标高对应于目标函数，那么目的就是找到最高峰——**全局极大值**（global maximum）——我们称这个过程为**爬山**（hill climbing）；如果标高对应于代价，那么目的就是找到最低谷——**全局极小值**（global minimum）——我们称之为**梯度下降**（gradient descent）。

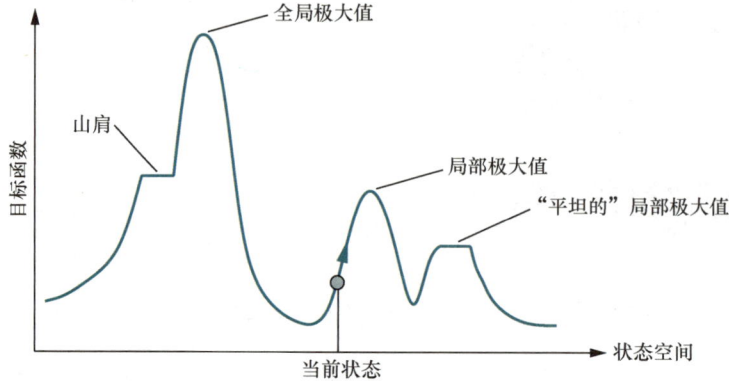

图 4-1　一维状态空间地形图，其标高对应于目标函数。目的是找到全局极大值

4.1.1　爬山搜索

爬山搜索算法如图 4-2 所示。它记录当前状态并在每次迭代中移动到值最大的相邻状态，也就是说，它朝**最陡上升**（steepest ascent）的方向前进。当它到达一个没有邻居具有更高值的"峰值"时，算法终止。爬山法不会考虑超出当前状态的直接邻居之外的状态。这就像是一个健忘的人在大雾中试图找到珠穆朗玛峰的顶峰。注意，使用爬山搜索的一种方法是使用启发式代价函数的负值作为目标函数；算法将局部地爬升至到目标的启发式距离最小的状态。

function Hill-Climbing(*problem*) **returns** 一个位于局部极大值的状态
　　current ← *problem*.Initial
　　while true **do**
　　　　neighbor ← *current*的值最大的后继状态
　　　　if Value(*neighbor*) ⩽ Value(*current*) **then return** *current*
　　　　current ← *neighbor*

图 4-2　爬山搜索算法是最基本的局部搜索技术。在每一步中，当前节点被其最优邻居节点替换

我们将使用 8 皇后问题（图 4-3）进一步说明爬山法。我们将使用一个**完整状态形式化**（complete-state formulation），即每个状态都包含解的所有组成部分，但它们可能并不都在正确的位置。在这种情况下，每个状态都包括在棋盘上放置 8 个皇后，每列一个。初始状态是随机选择的，状态后继是通过将一个皇后移动到同一列中的另一格所生成的所有可能状态（所以每个状态有 8 × 7 = 56 个后继）。启发式代价函数 h 是可相互攻击的皇后对的数量；只有当该状态是一个解时，h 值才是 0。（如果两个皇后在同一条线上，即使它们之间存在一个中间棋子，这两个皇后也会被视为形成相互攻击。）图 4-3b 展示了一个 $h = 17$ 的状态以及它所有后继的 h 值。

爬山法有时被称为**贪心局部搜索**（greedy local search），因为它只是选择最优的邻居状态，而不事先考虑下一步该如何走。虽然贪婪被视为七宗罪之一，但事实证明，贪心算法往往相当有效。爬山法可以在求解问题时取得快速进展，因为它通常可以很容易地改善一个差的状态。例如，只需 5 步就可以从图 4-3b 的状态到达图 4-3a 的状态，该状态的 $h = 1$，与解非常接近。遗憾的是，爬山法可能会由于以下原因而陷入困境。

- **局部极大值**（local maxima）：局部极大值是一个比它每个相邻状态都高但比全局极大值低的峰顶。爬山法到达局部极大值附近就会被向上拉向峰顶，但随后将困在局部极大值处

无路可走。图 4-1 示意性地说明了这一问题。更具体地说，图 4-3a 中的状态是一个局部极大值（代价 h 的局部极小值）；不管移动哪个皇后都会让情况变得更差。

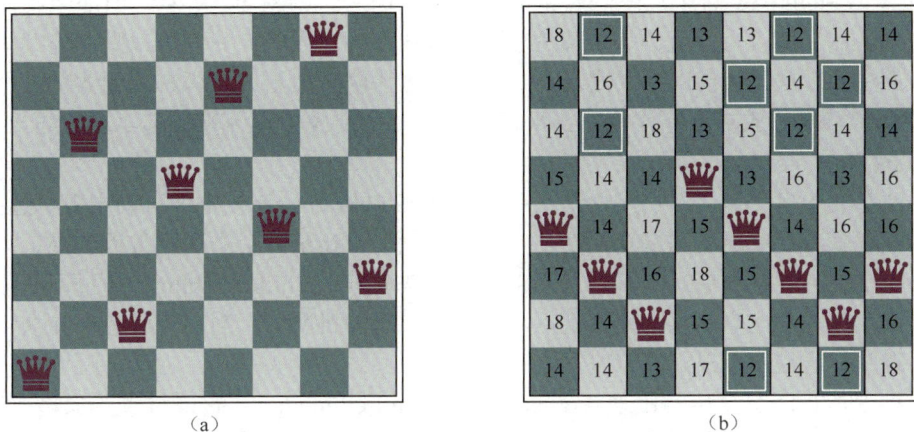

18	12	14	13	13	12	14	14
14	16	13	15	12	14	12	16
14	12	18	13	15	12	14	14
15	14		13	16		16	
	14	17		14	16	16	
17		16	18	15		15	
18	14		15	15	14		16
14	14	13	17	12	14	12	18

（a）　　　　　　　　　　（b）

图 4-3 （a）8 皇后问题：在棋盘上放置 8 个皇后，使得它们不能互相攻击。（皇后会攻击同一行、同一列或对角线上的任何棋子。）当前状态非常接近于一个解，除了第 4 列和第 7 列的两个皇后会沿对角线互相攻击。（b）一个 8 皇后状态，其启发式代价估计值 $h = 17$。棋盘显示了通过在同一列移动皇后而获得的每一个可能后继的 h 值。有 8 个移动并列最优，其 $h = 12$。爬山法将选择它们中的一个

- **岭**（ridge）：如图 4-4 所示。岭的存在将导致一系列局部极大值，对于贪心算法，这是很难处理的。

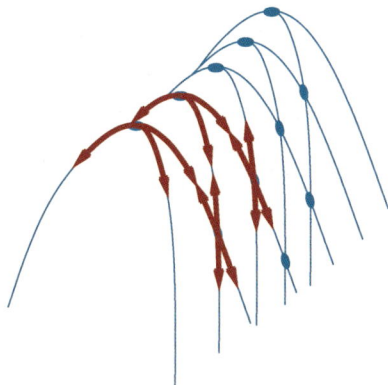

图 4-4 岭为爬山法带来困难的示意图。状态网格（蓝色圆点）叠加在从左到右上升的岭上，形成了一个彼此不直接相连的局部极大值序列。从每个局部极大值出发，所有可选动作都指向下坡。这样的拓扑在低维状态空间中很常见，例如二维平面中的点。但是在具有成百上千个维度的状态空间中，这种直观图并不成立，而且通常至少存在几个维度使得算法有可能漏掉岭和平台区

- **平台区**（plateau）：平台区是指状态空间地形图中的平坦区域。它可能是一块平坦的局部极大值，不存在上坡的出口；也可能是一个**山肩**（shoulder），从山肩出发还有可能继续前进（参见图 4-1）。爬山搜索可能会迷失在平台区上。

在每种情况下，算法都会到达一个无法再取得进展的点。从一个随机生成的 8 皇后状态开始，在 86% 的情况下，最陡上升爬山法会被卡住，它只能解决 14% 的问题实例。但是，它求解速度很快，成功找到解时平均步数为 4，被卡住时平均步数为 3，这对一个具有 $8^8 \approx 17$ 万个

状态的状态空间来说不算糟糕。

我们怎么才能求解更多问题？一个答案是当我们到达一个平台区时继续前进——允许**横向移动**（sideways move），希望这个平台区真的是一个山肩，如图 4-1 所示。但如果我们实际上位于一块平坦的局部极大值上，那么算法就会陷入死循环。因此，我们可以限制连续横向移动的次数，如在 100 次连续横向移动之后停止。这种方法将爬山法成功求解问题实例的百分比从 14% 提高到了 94%。成功是有代价的：平均下来，对每个成功实例算法需要运行约 21 步，失败实例约 64 步。

爬山法存在很多变体。**随机爬山法**（stochastic hill climbing）在上坡行动中随机选择一个；被选中的概率随着上坡陡度的变化而变化。这种方法通常比最陡上升法收敛得更慢，但在某些状态地形图中，它能找到更好的解。**首选爬山法**（first-choice hill climbing）通过不断随机地生成后继直到生成一个比当前状态更好的后继为止来实现随机爬山。当一个状态存在众多（如数千个）后继时，这是一个很好的策略。

另一种变体是**随机重启爬山法**（random-restart hill climbing），它来自于一句格言："如果一开始没有成功，那么尝试，再尝试。"它从随机生成的初始状态开始，执行一系列爬山搜索，直到找到目标。算法完备的概率为 1，因为它最终会生成一个目标状态作为初始状态。如果每一次爬山搜索成功的概率为 p，那么需要重启的期望次数为 $1/p$。对于不允许横向移动的 8 皇后实例，$p \approx 0.14$，所以大概需要 7 次迭代才能找到一个目标（6 次失败，1 次成功）。所需步数的期望为一次成功迭代的代价加上 $(1-p)/p$ 倍的失败代价，总共约为 22 步。当允许横向移动时，平均需要 $1/0.94 \approx 1.06$ 次迭代，$(1 \times 21) + (0.06/0.94) \times 64 \approx 25$ 步。因此，对于 8 皇后问题，随机重启爬山法是非常有效的。即使有 300 万个皇后，这种方法也能在很短的时间内找到解。[1]

爬山法是否能成功在很大程度上取决于状态空间地形图的形状：如果几乎不存在局部极大值和平台区，那么随机重启爬山法可以很快找到一个好的解。但是，许多实际问题的地形图看起来更像是平地上散布着一群秃顶豪猪，每个豪猪的刺上还住着微型豪猪。NP 困难问题（参见附录 A）通常存在指数级数量的局部极大值。尽管如此，在几次重启后，通常也可以找到相当好的局部极大值。

4.1.2　模拟退火

从不"下坡"，即从不向值较低（或代价较高）的状态移动的爬山算法总是很容易陷入局部极大值。相比之下，纯粹的随机游走算法不考虑状态值，而是随机移动到一个后继状态，它最终能够找到全局极大值，但它的效率非常低。因此，尝试将爬山法和随机游走结合起来以同时获得高效性和完备性，似乎是合理的。

模拟退火（simulated annealing）就是这样一种算法。在冶金学中，**退火**（annealing）是一种通过将金属或玻璃加热到高温然后逐渐冷却的方法使材料达到低能量结晶态以进行回火或硬化的过程。为了更好地解释模拟退火，我们将关注点从爬山转换为**梯度下降**（gradient descent）（也就是最小化代价），想象这样一项任务，把一个乒乓球放入一个崎岖表面的最深的裂缝中。如果只是让球滚动，它会停在一个局部极小值。如果晃动平面，乒乓球会从局部极小值中弹出来——也许会弹到更深的局部极小值中，在那里它将耗费更多的时间。诀窍是晃动幅度要足够

---

① 　卢比等人（Luby *et al.*, 1993）建议在搜索固定次数之后重启，并表明这比让每次搜索都无限期地继续下去要有效得多。

大，以使球从局部极小值中弹出，但又不能太大，以至于从全局极小值中弹出。模拟退火就是开始时用力晃动（高温），然后逐渐降低晃动强度（降低温度）。

模拟退火算法的总体结构（图 4-5）与爬山法类似。然而，它不是选择最佳移动，而是选择随机移动。如果该移动使得情况改善，那么它总是会被接受。否则，算法以小于 1 的概率接受该移动。概率随着该移动的"坏的程度"——评估值变差的量 ΔE——呈指数级下降。概率也会随"温度" T 的降低而减小：开始时 T 较高，"坏"的移动更有可能被接受，当 T 降低时，可能性也逐渐降低。如果 $schedule$ 所设置的 T 降到 0 的速度足够慢，那么玻尔兹曼分布 $e^{\Delta E/T}$ 的一个性质是所有概率都集中在全局极大值上，即算法将以接近 1 的概率找到全局极大值。

---

function Simulated-Annealing(*problem*, *schedule*) **returns** 一个解状态
　　current ← *problem*.Initial
　　for $t = 1$ **to** ∞ **do**
　　　　T ← *schedule*(t)
　　　　if $T = 0$ **then return** *current*
　　　　next ← *current*的一个随机选择的后继状态
　　　　ΔE ← Value(*current*) – Value(*next*)
　　　　if $\Delta E > 0$ **then** *current* ← *next*
　　　　else *current* ← *next*仅以$e^{\Delta E/T}$的概率

图 4-5　模拟退火算法，一种允许某些下坡移动的随机爬山法。输入的 *schedule* 是关于时间的函数，它决定了"温度" T 的值

从 20 世纪 80 年代开始，模拟退火就被用于求解 VLSI 布图问题。它已广泛应用于工厂调度和其他大规模优化任务。

4.1.3　局部束搜索

对于内存限制问题，在内存中只保存一个节点似乎有些极端。**局部束搜索**（local beam search）算法记录 k 个状态而不是只记录一个。它从 k 个随机生成的状态开始。在每一步中，生成全部 k 个状态的所有后继状态。如果其中任意一个是目标状态，那么算法停止。否则，它将从完整列表中选择 k 个最佳后继并重复上述操作。

从第一印象来看，具有 k 个状态的局部束搜索似乎只不过是并行（而非串行）地运行 k 次随机重启。事实上，这两种算法是完全不同的。在随机重启搜索中，每个搜索进程独立运行。而在局部束搜索中，有用信息将在并行的搜索线程之间传递。实际上，生成最佳后继的那些状态会对其他状态说："过来，这里的草更绿！"算法将很快放弃那些没有效果的搜索并把资源转移到取得最大进展的路径上。

如果 k 个状态之间缺乏多样性，局部束搜索可能会受到影响——k 个状态可能聚集在状态空间的一块小区域内，导致搜索只不过是 k 倍慢版本的爬山法。一种被称作**随机束搜索**（stochastic beam search）的变体可以帮助缓解这个问题，它类似于随机爬山法。随机束搜索不是选择最佳的 k 个后继状态，而是选择概率与它对应的目标函数值成正比的后继状态，从而增加了多样性。

4.1.4　进化算法

进化算法（evolutionary algorithm）可以看作随机束搜索的变体，算法的动机明显来自生物学中自然选择的隐喻：一个由个体（状态）组成的种群，其中最适应环境（值最高）的个体

可以生成后代（后继状态）来繁衍下一代，这个过程被称为**重组**（recombination）。进化算法存在无数种形式，它们按照以下方式变化。

- 种群规模。
- 每个个体的表示。在**遗传算法**（genetic algorithm）中，每个个体都是有限字母表上的一个字符串（通常是一个布尔字符串），就像 DNA 是字母表 ACGT 上的一个字符串一样。在**进化策略**（evolution strategy）中，个体是实数序列，而在**遗传编程**（genetic programming）中，个体是计算机程序。
- 混合数，ρ，是一起形成后代的亲本的数量。最常见的情况是 $\rho = 2$：双亲结合它们的 "基因"（它们表示的一部分）来形成后代。当 $\rho = 1$ 时，为随机束搜索（可以看作无性繁殖）。$\rho > 2$ 也是可能的，这在自然界中很少发生，但很容易在计算机上进行模拟。
- **选择**（selection）过程。选择将成为下一代亲本的个体：一种可能是从所有个体中选择，被选中的概率与其适应度得分成正比。另一种可能是随机选择 n 个个体（$n > \rho$），然后选择最适合的 ρ 个个体作为亲本。
- 重组过程。一种常见的方法（假设 $\rho = 2$）是随机选择一个**杂交点**（crossover point）来分割每个父字符串，并将这些部分重新组合以形成两个子串，一个是亲本 1 的第一部分和亲本 2 的第二部分的组合；另一个是亲本 1 的第二部分和亲本 2 的第一部分的组合。
- **突变率**（mutation rate），它决定了后代在其表示上发生随机突变的频率。一旦产生了一个后代，其组成中的每位都将以与突变率相等的概率被翻转。
- 下一代的构成。可能只包括新形成的后代，也可能还包括一些上一代中得分最高的个体［这种做法被称为**精英主义**（elitism），它确保总体适应度永远不会随着时间的推移而下降］。而**淘汰**（culling），即丢弃所有分数低于给定阈值的个体，会使得进化加速（Baum *et al.*, 1995）。

图 4-6a 为由 4 个 8 位数字符串组成的种群，每个字符串代表 8 皇后问题的一个状态：第 c 位数字表示第 c 列中皇后的行号。在图 4-6b 中，每个状态根据适应度函数进行评级。适应度越高越好，所以对于 8 皇后问题，我们使用非攻击皇后对的数量作为适应度，解的适应度为 $8 \times 7/2 = 28$。图 4-6b 中 4 个状态的值分别为 24、23、20 和 11。然后将适应度得分归一化为概率，结果显示在图 4-6b 中的适应度旁边。

在图 4-6c 中，根据图 4-6b 中的概率选出两对父字符串。注意，有一个个体被选择了两次，还有一个没有被选择。对于每一对被选择的亲本，随机选择一个杂交点（虚线）。在图 4-6d 中，我们在杂交点处交叉两个父串，以生成新的后代。例如，第一对亲本中的第一个子串从第一个父串获得前三个数字（327），从第二个父串获得剩余数字（48552）。这一重组步骤中所包含的 8 皇后状态如图 4-7 所示。

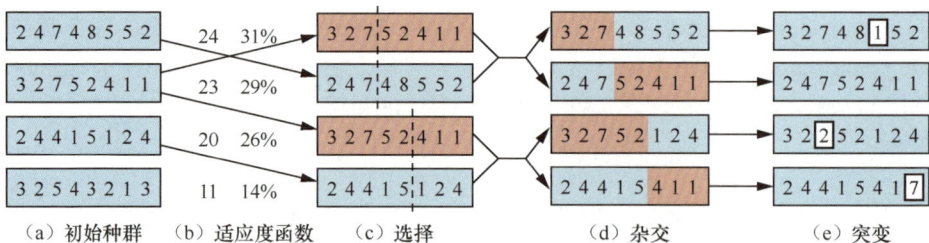

图 4-6   遗传算法，图示为表示 8 皇后状态的数字字符串。（a）中的初始种群根据（b）中的适应度函数进行排序从而得到（c）中的配对，（d）是产生的后代，（e）是可能发生的突变

图 4-7 对应于图 4-6c 中前两个亲本和图 4-6d 中第一个后代的 8 皇后状态。在杂交步中，丢弃绿色列，保留红色列。（图 4-6 中数字的解释：第 1 行是最下面一行，第 8 行是最上面一行）

最后，在图 4-6e 中，每个字符串中的每个位置都以某个很小的独立概率发生随机突变。第一个、第三个和第四个后代的某个位发生了突变。在 8 皇后问题中，这相当于随机选择一个皇后，并将其随机移动到它所在列的某个位置。通常情况下，早期的种群是多样化的，所以在搜索过程的早期阶段，杂交常常在状态空间中采取较大的步调（类似于模拟退火）。在经过许多代选择提高了适应度后，种群的多样性减少，步调也随之变小。图 4-8 介绍了实现所有这些步骤的算法。

function GENETIC-ALGORITHM(*population*, *fitness*) **returns** 一个个体
  repeat
    weights ← WEIGHTED-BY(*population*, *fitness*)
    population2 ← 空列表
    for *i* = 1 **to** SIZE(*population*) **do**
      parent1, *parent2* ← WEIGHTED-RANDOM-CHOICES(*population*, *weights*, 2)
      child ← REPRODUCE(*parent1*, *parent2*)
      if (小的随机概率) **then** *child* ← MUTATE(*child*)
      将*child*添加到*population2*中
    population ← *population2*
  until 某个个体足够适应，或者已经经过了足够长的时间
  return 依据*fitness*选出的*population*中的最优个体

function REPRODUCE(*parent1*, *parent2*) **returns** 一个个体
  n ← LENGTH(*parent1*)
  c ← 从1到*n*的随机数
  return APPEND(SUBSTRING(*parent1*, 1, *c*), SUBSTRING(*parent2*, *c* + 1, *n*))

图 4-8 遗传算法。在这个函数中，*population* 是种群中个体的有序列表，*weights* 是每个个体所对应的适应度值的列表，而 *fitness* 是计算这些值的函数

遗传算法类似于随机束搜索，但增加了杂交操作。如果存在可以执行有用功能的区域，杂交操作是有利的。例如，将前 3 列皇后分别放在第 2 行、第 4 行和第 6 行（在这些位置上它们不会互相攻击），就组成了一个有用的区域，它可以与其他个体中出现的其他有用区域相结合，从而形成一个解。数学上可以证明，如果这些区域没有任何用途——例如，如果遗传密码的位置是随机排列的——那么杂交就没有任何优势。

遗传算法理论用**模式**（schema）思想来解释它是如何运作的，模式是指其中某些位未确定的子串。例如，模式 246***** 表示前 3 个皇后分别位于位置 2、4 和 6 的所有 8 皇后状态。与该模式相匹配的字符串（例如 24613578）称作该模式的**实例**（instance）。可以证明，如果某模式实例的平均适应度高于平均值，那么该模式的实例数量将随着时间推移而不断增加。

进化和搜索

进化论是由查尔斯·达尔文（Charles Darwin）（Darwin, 1859）和艾尔弗雷德·拉塞尔·华莱士（Alfred Russel Wallace）（Wallace, 1858）各自独立提出的。它的中心思想很简单：变异发生在繁殖过程中，并将在后代中以一定比例保存下来，大概与它们对生殖适应度的影响成比例。

达尔文在《物种起源》（*On the Origin of Species by Means of Natural Selection*）中的理论没有解释生物体的特征是如何遗传和改变的。控制这些过程的概率定律由修道士格雷戈尔·孟德尔（Gregor Mendel）（Mendel, 1866）首先发现，他使用豌豆进行了实验。很久之后，沃森和克里克（Watson and Crick, 1953）确定了 DNA 分子的结构及其 AGTC（腺嘌呤、鸟嘌呤、胸腺嘧啶、胞嘧啶）序列。在标准模型中，基因序列上某点发生突变和"杂交"（后代的 DNA 通过合成父母双方的 DNA 长片段产生）都会导致变异。

进化和局部搜索算法的相似性前文已经介绍过了；随机束搜索和进化的主要区别在于是否为**有性生殖**，有性生殖中后代是由**多个**而非单个个体产生的。然而，进化的实际机制比大多数遗传算法要丰富得多。例如，突变包括 DNA 的逆转、复制和大段移动；有些病毒会从一个生物体中借用 DNA 再将其自身插入另一个生物体；还有一些转座基因只是在基因组中把自己复制成千上万次。

甚至还有一些基因会破坏不携带该基因的可能配对对象的细胞，从而增加它们自身的复制机会。最重要的是，基因自身对基因组复制和翻译成生物体的机制进行编码。在遗传算法中，这些机制是单独的程序，不体现在被操作的字符串中。

达尔文进化论可能看起来效率很低，它盲目地产生了大约 10^{43} 个生物体，却丝毫没有改进它的搜索启发式函数。但是学习在进化中确实起着作用。尽管另一位伟大的法国博物学家让·拉马克（Jean Lamarck）（Lamarck, 1809）曾错误地提出，生物体一生中通过适应而获得的特性会遗传给后代，但詹姆斯·鲍德温（James Baldwin）（Baldwin, 1896）提出的表面上相似的理论则是正确的：学习可以有效地放宽适应度要求，从而加快进化速度。如果一个生物体具有一种不太适应环境的特性，但它也具有足够的可塑性，可以学习以一种有益的方式适应环境，那么生物体会将这种特性传递下去。计算机仿真（Hinton and Nowlan, 1987）证实了**鲍德温效应**（Baldwin effect）是真实存在的，其结果是，难以学习的事情最终会存在于基因组中，而容易学习的事情不必进入基因组（Morgan and Griffiths, 2015）。

显然，如果相邻位之间完全不相关，效果就没那么显著，因为几乎不存在功能一致的连续区域。当模式对应于解中有意义的组件时，遗传算法效果最优。例如，如果字符串表示天线，那么模式则表示天线的各组成部分，如反射器和导向器。一个好的组件可能在各种不同的设计中都是好的。这表明，遗传算法的成功依赖于精细的表示工程。

实际上，遗传算法在广泛的最优化方法中占有一席之地（Marler and Arora, 2004），尤其是复杂结构问题，如电路布图或作业车间调度，以及最近的深度神经网络架构演变（Miikkulainen *et al.*, 2019）。目前还不清楚遗传算法的吸引力是来自于它在特定任务上的性能优势，还是来自于进化本身。

4.2　连续空间中的局部搜索

在第 2 章中，我们解释了离散环境和连续环境之间的区别，并指出大多数的真实世界环境都是连续的。连续动作空间的分支因子是无限的，因此我们目前介绍的大多数算法（除了首选爬山法和模拟退火）都无法处理连续空间。

本节将非常简要地介绍一些连续空间的局部搜索技术。关于这个主题的文献有很多。许多基本技术起源于牛顿和莱布尼茨发明微积分之后的 17 世纪。[①] 本书的一些章节会介绍这些技术的应用，包括学习、视觉和机器人技术相关的章节。

考虑一个实例。假设我们希望在罗马尼亚新建 3 个机场，使得地图上每个城市到其最近机场的直线距离平方和最小。（罗马尼亚地图见图 3-1。）状态空间定义为 3 个机场的坐标: (x_1, y_1)、(x_2, y_2) 和 (x_3, y_3)。这是一个六维空间；我们也可以说状态由 6 个**变量**（variable）定义。一般地，状态定义为 n 维向量，x。在这个空间中移动对应于移动地图上的一个或多个机场。对于任一特定状态，一旦计算出最近城市，目标函数 $f(x) = f(x_1, y_1, x_2, y_2, x_3, y_3)$ 的计算就会变得相对容易。设 C_i 是最近机场（在状态 x 下）为机场 i 的城市集合。那么，我们有

$$f(x) = f(x_1, y_1, x_2, y_2, x_3, y_3) = \sum_{i=1}^{3} \sum_{c \in C_i} (x_i - x_c)^2 + (y_i - y_c)^2 \qquad (4\text{-}1)$$

这一方程不仅对于状态 x 是正确的，而且对于 x 局部邻域中的状态也是正确的。然而，对全局来说，它是不正确的；如果我们偏离 x 太远（通过大幅改变一个或多个机场的位置），那么该机场的最近城市集合会发生变化，我们需要重新计算 C_i。

处理连续状态空间的一种方法是**离散化**（discretize）。例如，我们可以将 (x_i, y_i) 的位置限制在矩形网格上间距为 δ 的固定点，而不是允许它的位置可以为连续二维空间中的任意点。那么，空间中的每个状态将存在 12 个后继（对应于将 6 个变量分别增加 $\pm \delta$），而不是之前的无限多个。然后我们就可以对离散空间应用任意局部搜索算法。或者，我们可以通过随机采样后继状态，即在随机方向上移动一个小量 δ，使分支因子变为有限值。通过两个相邻点之间目标函数值的变化来衡量进度的方法称为**经验梯度**（empirical gradient）法。经验梯度搜索与离散化状态空间中的最陡上升爬山法相同。随着时间逐渐减小 δ 的值可以得到更准确的解，但不一定在极限范围内收敛到全局最优值。

通常我们有一个以数学形式表达的目标函数，这样我们就可以用微积分来解析地而非经验地求解问题。许多方法都试图利用地形图的**梯度**（gradient）来找到最大值。目标函数的梯度是一个向量 ∇f，它给出了最陡斜面的长度和方向。对于我们的问题，有

$$\nabla f = \left(\frac{\partial f}{\partial x_1}, \frac{\partial f}{\partial y_1}, \frac{\partial f}{\partial x_2}, \frac{\partial f}{\partial y_2}, \frac{\partial f}{\partial x_3}, \frac{\partial f}{\partial y_3} \right)$$

在某些情况下，我们可以通过解 $\nabla f = 0$ 方程找到一个极大值。（这是可以做到的，例如，如果我们只新建一个机场；问题的解是所有城市坐标的算术平均值。）然而，在许多情况下，这个方程不存在闭式解。例如，对于 3 个机场的情况，梯度的表达式依赖于当前状态中哪些城市离各个机场最近。这意味着我们只能局部地（而非全局地）计算梯度，例如，

$$\frac{\partial f}{\partial x_1} = 2 \sum_{c \in C_1} (x_1 - x_c) \qquad (4\text{-}2)$$

给定一个局部正确的梯度表达式，我们可以根据下式来更新当前状态从而实现最陡上升爬山法:

$$x \leftarrow x + a \nabla f(x)$$

其中 α 是一个很小的常数，通常称为**步长**（step size）。存在很多调整 α 的方法。基本问题是，

[①] 向量、矩阵和导数的知识对于学习本节内容很有帮助（见附录 A）。

如果 α 太小，需要的迭代步太多；如果 α 太大，搜索可能会越过最大值。**线搜索**（line search）技术试图通过不断延伸当前梯度方向——通常通过对 α 反复加倍——直到 f 再次开始减小来克服上述困境。出现上述现象的点成为新的当前状态。在这点上如何选择新的方向，有几种不同的方法。

对于许多问题，最有效的算法是古老的**牛顿-拉弗森法**（Newton-Raphson method）。这是一种求函数根（求解 $g(x) = 0$ 形式的方程）的通用方法。它的工作原理是根据牛顿公式计算根 x 的一个新的估计值：

$$x \leftarrow x - g(x)/g'(x)$$

要找到 f 的最大值或最小值，需要找到使得梯度为零向量（$\nabla f(\boldsymbol{x}) = 0$）的 $\boldsymbol{x}$。因此，牛顿公式中的 $g(x)$ 为 $\nabla f(\boldsymbol{x})$，更新方程可以写成矩阵-向量形式：

$$\boldsymbol{x} \leftarrow \boldsymbol{x} - \boldsymbol{H}_f^{-1}(\boldsymbol{x})\nabla f(\boldsymbol{x})$$

其中 $\boldsymbol{H}_f(\boldsymbol{x})$ 为二阶导数的**黑塞矩阵**（Hessian matrix），其元素 H_{ij} 由 $\partial^2 f / \partial x_i \partial x_j$ 给出。对于上述机场问题实例，从式（4-2）可以看出，$\boldsymbol{H}_f(\boldsymbol{x})$ 相当简单：非对角元素为零，机场 i 的对角线元素的值恰好为 C_i 中城市数目的两倍。每一时刻的计算表明，每一步更新将机场 i 直接移动到 C_i 的质心处，即式（4-1）中 f 的局部表达式的最小值。[①] 然而，对于高维问题，计算黑塞矩阵的 n^2 个元素以及对它求逆的开销可能非常昂贵，因此产生了许多牛顿-拉弗森法的近似版本。

局部搜索方法在连续状态空间和离散状态空间中一样，同样受到局部极大值、岭和平台区的影响。随机重启和模拟退火通常很有用。然而，高维连续空间非常大，算法很容易陷入困境。

最后一个话题是**约束优化**（constrained optimization）。如果一个优化问题的解必须满足对变量值的一些硬性约束，那么这个问题就是受约束的。例如，在机场选址问题中，我们可能会将选址限制在罗马尼亚境内的陆地上（而不是某个湖中心）。约束优化问题的难度取决于约束和目标函数的性质。最著名的一类问题是**线性规划**（linear programming）问题，其约束必须是能构成凸集的线性不等式[②]，目标函数也必须是线性的。线性规划的时间复杂性是关于变量数目的多项式。

线性规划可能是最广泛研究和最有用的优化方法。它是更一般的**凸优化**（convex optimization）问题的一种特例，允许约束区域为任意凸区域，目标函数为约束区域内的任意凸函数。在一定条件下，凸优化问题也是多项式时间内可解的，即使有上千个变量，也可能是实际可行的。机器学习和控制理论中的几个重要问题可以形式化为凸优化问题。

4.3 使用非确定性动作的搜索

在第 3 章中，我们假设环境为完全可观测的、确定性的、已知的。因此，智能体可以观测到初始状态，计算出可以到达目标的动作序列，然后"闭着眼睛"执行这些动作，而不需要使用自己的感知。

然而，当环境部分可观测时，智能体并不确定它处于什么状态；当环境是非确定性的时，智能体不知道在执行某个动作后将转移到什么状态。这意味着智能体所思考的不再是"我现在位于 s_1 状态，如果我执行 a 动作，我将会进入 s_2 状态"，而是"我现在位于 s_1 或 s_3 状态，如

---

① 一般来说，牛顿-拉弗森更新可以看作在 $\boldsymbol{x}$ 处用一个二次曲面拟合 f，下一步则直接移动到该曲面的最小值——如果 f 是二次的，则也是 f 的最小值。

② 如果点集 $\mathcal{S}$ 中任意两点的连线也包含在 $\mathcal{S}$ 中，则称 $\mathcal{S}$ 是凸的。**凸函数**（convex function）是指其上方空间构成凸集的函数；根据定义，凸函数没有局部（相对于全局）极小值。

果我执行 a 动作，我将会进入 s_2、s_4 或 s_5 状态"。我们把智能体认为其可能位于的物理状态集合称为**信念状态**（belief state）。

在部分可观测的和非确定性的环境中，问题的解不再是一个序列，而是一个**条件规划**（conditional plan）（有时也称为应变规划或策略），条件规划根据智能体在执行规划时接收到的感知来指定动作。本节先讨论非确定性，部分可观测性留待 4.4 节讨论。

4.3.1 不稳定的真空吸尘器世界

如图 4-9 所示，第 2 章中的真空吸尘器世界具有 8 种状态。有 3 种动作——向左 *Left*、向右 *Right* 和吸尘 *Suck*，目标是清理所有的灰尘（状态 7 和 8）。如果环境是完全可观测的、确定性的和完全已知的，那么使用第 3 章的任意算法都很容易求解这个问题，它的解是一个动作序列。例如，如果初始状态是 1，那么动作序列 [*Suck*, *Right*, *Suck*] 可以到达目标状态 8。

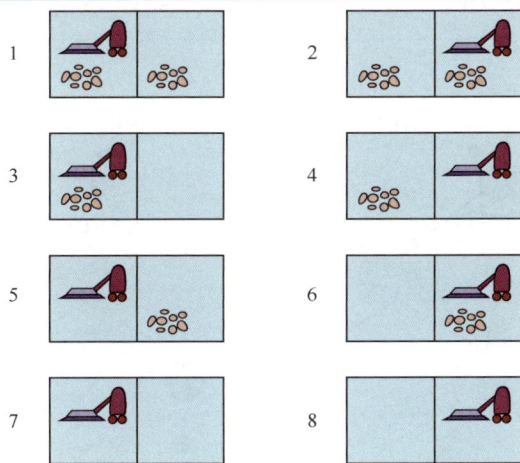

图 4-9 真空吸尘器世界的 8 种可能状态；状态 7 和 8 是目标状态

现在假设我们以一个功能强大但不稳定的真空吸尘器的形式引入非确定性。在不稳定的真空吸尘器世界中，*Suck* 的工作原理如下。

- 在一个脏的方格中，*Suck* 会清理这一方格，有时也会清理它的相邻方格。
- 在一个干净方格中，*Suck* 有时反而会把灰尘弄到地面上。[①]

为了更准确地形式化这一问题，我们需要推广第 3 章的**转移模型**概念。我们不使用返回单个结果状态的 RESULT 函数来定义转移模型，而是使用返回一组可能的结果状态的新的 RESULT 函数。例如，在不稳定的真空吸尘器世界中，状态 1 中的 *Suck* 动作要么只清理当前位置，要么同时清理两个位置：

$$\text{RESULTS}(1, \textit{Suck}) = \{5, 7\}$$

如果我们是从状态 1 开始，那么没有任何一个单独的动作序列能够求解问题，因此我们需要如下的条件规划：

$$[\textit{Suck}, \textbf{if } \textit{State} = 5 \textbf{ then } [\textit{Right}, \textit{Suck}] \textbf{ else } []] \tag{4-3}$$

我们看到，条件规划可以包含 **if–then–else** 步骤；这意味着解是树而不是序列。这里的 **if** 语句

---

① 我们假设大多数读者都会遇到类似的问题，并且会共情我们的智能体。我们向那些拥有现代化高效清洁设备从而无法利用这一教学设计的读者道歉。

中的条件用来测试当前状态；这是智能体在运行时能够观测到的，但规划时还不知道。或者，我们也可以用公式来测试感知而不是状态。真实物理世界中的许多问题都是应变问题，因为不可能对未来进行准确预测。因此，许多人在走路时都会睁着眼睛。

4.3.2 与或搜索树

我们如何得到这些非确定性问题的条件解？和第 3 章一样，我们首先从构造搜索树开始，但是这里的树有一个不同的特性。在确定性环境中，分支是由智能体在每个状态下自己的选择引入的：我可以执行这个动作或那个动作。我们称这些节点为**或节点**（OR node）。例如，在真空吸尘器世界中，智能体在或节点上选择 *Left*、*Right* 或 *Suck*。而在非确定性环境中，环境对每个动作的结果的选择也会引入分支。我们称这些节点为**与节点**（AND node）。例如，状态 1 中的 *Suck* 动作会产生信念状态 {5,7}，因此智能体需要为状态 5 与状态 7 分别找到一个规划。这两种节点交替出现，形成如图 4-10 所示的**与或树**（AND–OR tree）。

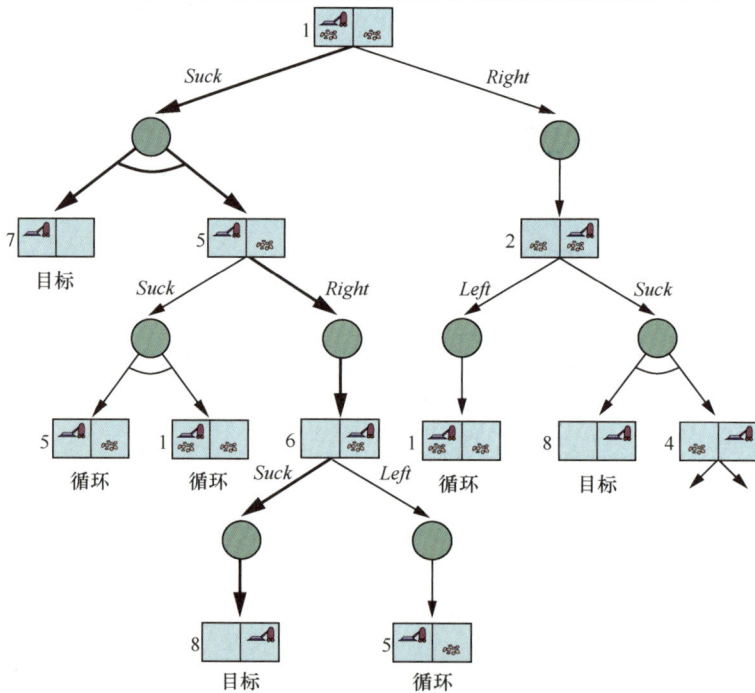

图 4-10 不稳定的真空吸尘器世界搜索树的前两层。状态节点是必须选择某个动作的或节点。与节点（用圆圈表示）上的每个结果都必须处理，结果分支间用弧线连接。找到的解用粗线标识

与或搜索问题的解是完整搜索树的一棵子树：（1）每个叶子都是一个目标节点，（2）在每个或节点上选择一个动作，（3）每个与节点包括所有结果分支。解在图中用粗线标识；对应于式（4-3）中的规划。

图 4-11 给出了与或图搜索的深度优先递归算法。该算法的一个关键是它处理环的方法，环经常出现在非确定性问题中（例如，动作有时不起作用，或者一个意外的影响被纠正）。如果当前状态与从根到它的路径上的某个状态相同，就返回失败。这并不意味着从当前状态出发没有解；这仅仅意味着，如果存在一个非循环解，那么它肯定可以从当前状态的早期镜像到达，因此可以丢弃新的镜像。有了这一检查，可以确保算法在任何有限状态空间中都能终止，

因为每条路径都必定到达一个目标、一个死胡同或一个重复状态。注意，该算法并不检查当前状态是否是从根出发的其他路径上的某个状态的重复状态，这一点对效率来说很重要。

---

function AND-OR-SEARCH(*problem*) **returns** 一个条件规划或*failure*
　　return OR-SEARCH(*problem*, *problem*.INITIAL, [])

function OR-SEARCH(*problem*, *state*, *path*) **returns** 一个条件规划或 *failure*
　　if *problem*.IS-GOAL(*state*) **then return** 空规划
　　if IS-CYCLE(*state*, *path*) **then return** *failure*
　　for each *action*在 *problem*.ACTIONS(*state*)中 **do**
　　　　plan ← AND-SEARCH(*problem*, RESULTS(*state*, *action*), [*state*] + [*path*])
　　　　if *plan* ≠ *failure* **then return** [*action*] + [*plan*]
　　return *failure*

function AND-SEARCH(*problem*, *states*, *path*) **returns** 一个条件规划或 *failure*
　　for each s_i **in** *states* **do**
　　　　$plan_i$ ← OR-SEARCH(*problem*, s_i, *path*)
　　　　if $plan_i$ = *failure* **then return** *failure*
　　return [**if** s_1 **then** $plan_1$ **else if** s_2 **then** $plan_2$ **else** ⋯ **if** s_{n-1} **then** $plan_{n-1}$ **else** $plan_n$]

图 4-11　非确定性环境生成的与或图的搜索算法。解是一个条件规划，它考虑每一个非确定性的结果，并为每个结果制定规划

与或图也可以使用广度优先或最佳优先的方式进行探索。我们必须修改启发式函数的概念，即估计一个条件解而不是一个序列的代价，但可容许性的概念可以继续保留，而且存在类似的用于寻找最优解的 A* 算法（参见本章末尾的参考文献与历史注释）。

4.3.3　反复尝试

考虑一个光滑的真空吸尘器世界，它与普通的（稳定的）真空吸尘器世界基本相同，但移动操作有时会失效，使得智能体停在原地。例如，在状态 1 中执行 *Right* 将产生信念状态 {1,2}。图 4-12 为部分搜索图；显然，从状态 1 出发不存在非循环解，AND-OR-SEARCH 将返回失败。然而，存在一个**循环解**（cyclic solution），即反复尝试 *Right* 动作，直到它生效。我们可以用一个新的 while 结构来表示上述过程：

[*Suck*, **while** *State* = 5 **do** *Right*, *Suck*]

或者用**标签**（label）表示规划的某一部分，之后可以引用这个标签：

[*Suck*, L_1 : *Right*, **if** *State* = 5 **then** L_1 **else** *Suck*]

什么时候可以考虑将循环规划作为解？最小条件是每个叶节点都是一个目标状态，并且叶节点可以从规划中的任意点到达。除此之外，我们还要考虑造成非确定性的原因。如果情况确实是，真空吸尘器机器人的驱动机制在某些时间工作，但在其他时间真空吸尘器会发生随机、独立地滑动，那么智能体可以保证，如果动作重复足够多次，最终总会生效，规划也会成功。但是，如果这种非确定性来自机器人或环境的一些尚未观测到的原因（例如，传动带断了，那么机器人将永远不会移动），重复这个动作也没有用。

为了便于理解，我们可以认为，它是将初始问题形式（完全可观测的，非确定性的）转化为另一种形式（部分可观测的，确定性的），其中循环规划的失败正是由于传动带的某个不可观测的特性。在第 12 章中，我们将讨论如何判断几种不确定可能性中哪个可能性更大。

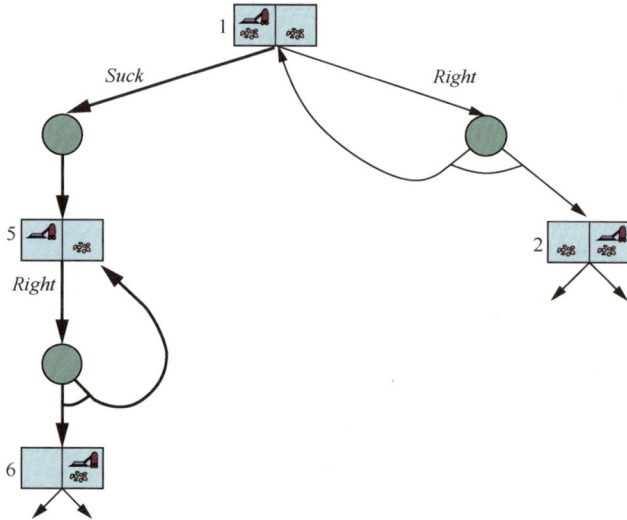

图 4-12   光滑的真空吸尘器世界的部分搜索图，（一些）循环已经明确地标出。这个问题的所有解都是循环规划，因为真空吸尘器无法稳定地移动

4.4   部分可观测环境中的搜索

现在我们考虑部分可观测性问题，即智能体的感知不足以确定准确的状态。这意味着，智能体的一些动作将致力于减少当前状态的不确定性。

4.4.1   无观测信息的搜索

当智能体的感知根本不提供任何信息时，问题就变成了**无传感器**（sensorless）问题，或称**一致性**（conformant）问题。起初，你可能会认为，如果无传感器智能体不知道起始状态，那它就无法求解问题，但出人意料的是，无传感器解非常普遍且有用，主要是因为它们不依赖于传感器是否正常工作。例如，在制造系统中，已经开发出许多巧妙的方法，通过使用一系列行动而无须任何感知，从未知初始位置正确定位零件。有时，即使存在可感知的条件规划，无传感器规划也会更好。例如，医生通常会开一种广谱抗生素，而不是使用条件规划：先验血，接着等待结果，然后再开一种更具体的抗生素。这种无传感器规划节省了时间和金钱，并且避免了在检测结果出来之前感染恶化的风险。

考虑一个（确定性）真空吸尘器世界的无传感器版本。假设智能体知道它所在世界的地理环境，但不知道它自己的位置和灰尘的分布。在这种情况下，它的初始信念状态为 {1, 2, 3, 4, 5, 6, 7, 8}（见图 4-9）。现在，如果智能体执行 *Right* 动作，它将位于 {2, 4, 6, 8} 中的某个状态——智能体在没有感知的情况下获得了信息！执行 [*Right, Suck*] 之后，智能体将总是位于 {4, 8} 中的某个状态。最终，无论初始状态是什么，执行 [*Right, Suck, Left, Suck*] 之后，智能体必定会到达目标状态 7。我们称，智能体可以**强迫**（coerce）世界到达状态 7。

无传感器问题的解是一个动作序列，而不是条件规划（因为它没有感知）。但是，我们是在信念状态空间而非物理状态空间中进行搜索。[①] 在信念状态空间中，问题是完全可观测的，

---

① 在完全可观测的环境中，每个信念状态只包含一个物理状态。因此，我们可以将第 3 章的算法看作在信念状态为单元素的信念状态空间中搜索。

因为智能体始终知道自己的信念状态。此外，无传感器问题的解（如果有的话）始终是一个动作序列。这是因为，正如第3章的原始问题一样，每个动作后接收到的感知是完全可预测的——它们总是空的！所以不存在需要规划的偶发事件。即使环境是非确定性的，这也是正确的。

我们可以为无传感器搜索问题介绍新的算法。但是，如果我们将底层物理问题转化为信念状态问题，我们就可以使用第3章中现有的算法，即，对信念状态而非物理状态进行搜索。原问题 P，由 $Actions_P$、$Result_P$ 等组成，信念状态问题则包括以下部分。

- **状态**：信念状态空间包含物理状态的每一个可能子集。如果原问题 P 有 N 个状态，那么信念状态问题有 2^N 个信念状态，尽管有很多状态都无法从初始状态到达。

- **初始状态**：通常，初始信念状态包含 P 中的所有状态，尽管在某些情况下，智能体具有更多的先验知识。

- **动作**：这部分有点棘手。假设智能体位于信念状态 $b = \{s_1, s_2\}$，但是 $Actions_P(s_1) \ne Actions_P(s_2)$；那么智能体就无法确定哪些动作是合法的。如果我们假定非法动作不会对环境产生影响，那么执行当前信念状态 b 下的任意物理状态的所有动作的并集都是安全的。

$$\text{Actions}(b) = \bigcup_{s \in b} \text{Actions}_P(s)$$

但是，如果非法动作可能导致严重后果，那么只允许执行动作的交集（对所有状态都合法的动作的集合）更安全。对于真空吸尘器世界，每个状态都具有相同的合法动作，所以两种方法将给出相同的结果。

- **转移模型**：对于确定性动作，对于每个当前可能状态，新的信念状态中都存在一个如下结果状态（尽管一些结果状态可能是相同的）。

$$b' = \text{Result}(b, a) = \{s' : s' = \text{Result}_P(s, a) \text{ 且 } s \in b\} \tag{4-4}$$

对于非确定性动作，新的信念状态则包含了将该动作应用于当前信念状态中的任一状态的所有可能结果。

$$\begin{aligned} b' = \text{Result}(b, a) &= \{s' : s' \in \text{Results}_P(s, a) \text{ 且 } s \in b\} \\ &= \bigcup_{s \in b} \text{Results}_P(s, a) \end{aligned}$$

对于确定性动作，b' 不会大于 b，而对于非确定性动作，b' 可能会大于 b（见图4-13）。

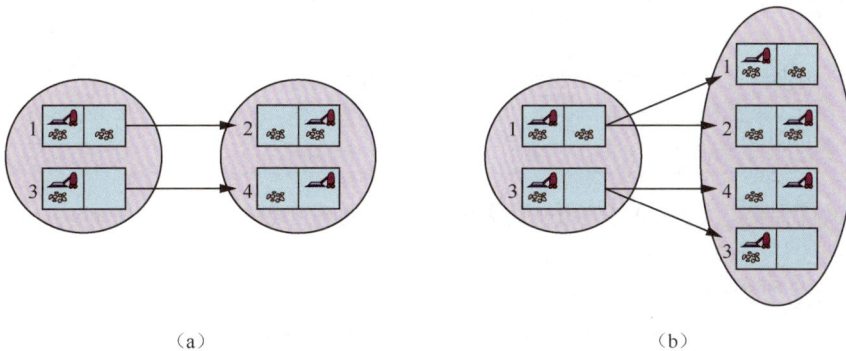

图4-13 （a）预测在无传感器真空吸尘器世界执行确定性动作 *Right* 后的下一个信念状态；（b）在光滑的无传感器真空吸尘器世界中的同一状态下执行同一动作的预测

- **目标测试**：如果信念状态中的任一状态 s 满足底层问题的目标测试，$\text{Is-Goal}_P(s)$，则智能体有可能到达了目标。如果所有状态都满足 Is-Goal$_P(s)$，则智能体必定到达了目标。我们的目标是使得智能体必定到达了目标。

- **路径代价**：这部分也很棘手。如果同一动作在不同状态下代价不同，那么在给定信念状态下执行动作的代价是几种不同值中的一种。（这导致了一类新的问题，我们将在习题 4.MVAL 中讨论。）现在我们假定同一动作在所有状态下具有相同代价，因此动作代价可以直接从底层物理问题中转换。

图 4-14 为确定性无传感器真空吸尘器世界的可达信念状态空间。在 $2^8 = 256$ 种可能信念状态中只有 12 种可以到达。

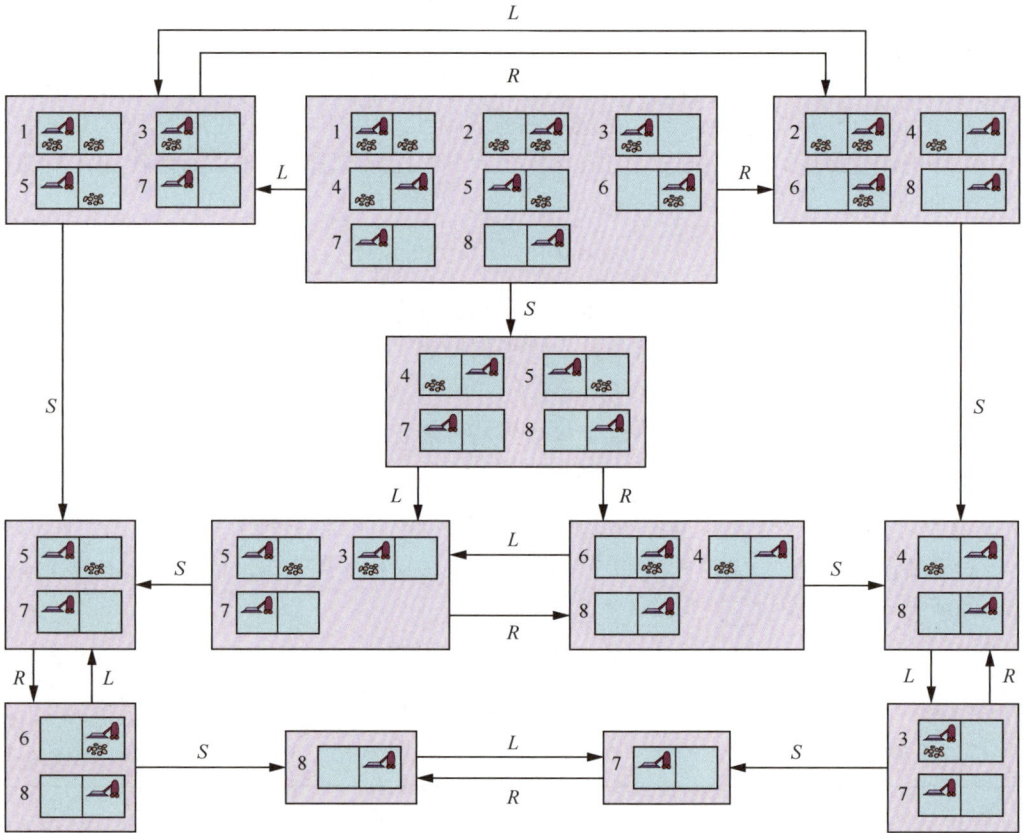

图 4-14　确定性无传感器真空吸尘器世界的信念状态空间的可达部分。每个矩形框对应一个信念状态。在任何给定点，智能体都有一个信念状态，但它不知道自己位于哪个物理状态。初始信念状态（完全未知）位于最上面的中间方框

上述定义确保信念状态问题的形式化能够从底层物理问题的定义自动构建。一旦完成，就可以用第 3 章的任何普通搜索算法求解无传感器问题。

在一般的图搜索中，需要检测新到达的状态之前是否已经到达过。这也适用于信念状态；例如，在图 4-14 中，动作序列 [*Suck, Left, Suck*] 从初始状态出发，到达与序列 [*Right, Left, Suck*] 相同的信念状态，即，{5, 7}。现在，考虑 [*Left*] 到达的信念状态，{1, 3, 5, 7}。显然，这与 {5, 7} 不同，但它是 {5, 7} 的超集。我们可以抛弃（剪枝）任何一个这样的信念状态超集。为什么？因为从 {1, 3, 5, 7} 出发的解一定也是任何单一状态 1、3、5 和 7 的解，因此，它也是这些单一状态任意组合的解，例如 {5, 7}；因此我们没有必要试着求解 {1, 3, 5, 7}，可以专注

于求解更严格简单的信念状态 {5, 7}。

反过来，如果已经生成 {1, 3, 5, 7}，并且发现它是可解的，那么它的任何子集，如 {5, 7}，可以确保也是可解的。（如果我有一个解，它在我对自己处于何种状态"非常困惑"时都是有效的，那么在我"不那么困惑"时它仍然是有效的。）这种额外剪枝可能会显著提高无传感器问题的求解效率。

然而，即使有这样的改进，我们所介绍的无传感器问题求解方法在实践中也几乎是不可行的。一个问题是信念状态空间非常庞大——我们在第 3 章中看到过，一个大小为 N 的搜索空间已经过于庞大，而现在我们搜索空间的大小为 2^N。此外，搜索空间中的每个元素都是一个不超过 N 个元素的集合。对于较大的 N，内存空间甚至不足以表示单个的信念状态。

一种解决方案是用更紧凑的描述来表示信念状态。例如，在英语中，我们可以用"Nothing"表示初始状态；我们可以用"Not in the rightmost column"表示执行 *Left* 动作后的信念状态，等等。第 7 章介绍了如何在形式化表示模式中实现上述表示。

另一种方法是避免使用标准搜索算法，它们将信念状态看作和任何其他问题状态一样的黑盒。然而，我们可以选择查看信念状态内部，并设计**增量信念状态搜索**（incremental belief-state search）算法，即，每次只为一个物理状态建立解。例如，在无传感器真空吸尘器世界中，初始信念状态为 {1, 2, 3, 4, 5, 6, 7, 8}，我们必须找到一个在所有 8 种状态下都有效的动作序列。我们可以先找到状态 1 的解；然后检查它对于状态 2 是否有效；如果无效，则回溯寻找状态 1 的另一个解，以此类推。

正如与或搜索必须为与节点上的每个分支找到解一样，这一算法也必须为信念状态下的每个物理状态找到解；区别在于与或搜索可以为每个分支找到不同的解，而增量信念状态搜索必须找到一个对所有状态都有效的解。

增量方法的主要优点是，它通常能够快速检测出失败——当一个信念状态无解时，通常情况下，它的子集（包含最先检测的几个状态）也是无解的。在某些情况下，这将导致与信念状态规模成正比的加速，信念状态本身可能就和物理状态空间一样大。

4.4.2 部分可观测环境中的搜索

对许多问题来说，没有感知就无法求解。例如，求解无传感器 8 数码问题是不可能的。但是，一点点感知可能就很大帮助：如果我们能够看到左上角的方格，就能求解 8 数码问题。解包括依次将每个滑片移动到可观测的方格中，并从那时起记录该滑片的位置。

对于部分可观测问题，问题形式化将定义一个 PERCEPT(s) 函数，它返回智能体在给定状态下接收到的感知。如果感知是非确定性的，那么我们可以使用 PERCEPTS 函数返回可能感知的集合。对于完全可观测问题，每个状态 s 下，PERCEPT(s) = s，对于无传感器问题，PERCEPT(s) = *null*。

考虑一个局部感知真空吸尘器世界，智能体拥有一个位置传感器（在左侧方格中生成感知 *L*，右侧方格中生成感知 *R*）和一个灰尘传感器（当前方格内有灰尘时生成感知 *Dirty*，否则生成 *Clean*）。因此，状态 1 的 PERCEPT 为 [L, Dirty]。对于部分可观测的情况，通常会存在几个状态产生相同感知的情况；状态 3 也会产生 [L, Dirty]。因此，给定这一初始感知，初始信念状态将为 {1, 3}。我们可以将部分可观测问题信念状态之间的转移模型分为 3 个阶段，如图 4-15 所示。

- **预测**（prediction）阶段与无传感器问题相同，计算由动作所导致的信念状态，RESULT(b, a)。为了强调这是一个预测，我们将其记为 $\hat{b}$ = RESULT(b, a)，其中 b 上方的"hat"表示"估计值"，我们还可以使用 PREDICT(b, a) 代替 RESULT(b, a)。
- **可能感知**（possible percept）阶段计算在预测的信念状态下可以观测到的感知集合（用字

母 o 表示观测到的感知):

$$\text{POSSIBLE-PERCEPTS}(\hat{b}) = \{o : o = \text{PERCEPT}(s) \text{ 且 } s \in \hat{b}\}$$

- **更新**（update）阶段为每个可能感知计算其可能得到的信念状态。更新后的信念状态 b_o 是 $\hat{b}$ 中可能产生这一感知的状态集合：

$$b_o = \text{UPDATE}(\hat{b}, o) = \{s : o = \text{PERCEPT}(s) \text{ 且 } s \in \hat{b}\}$$

智能体需要在规划阶段处理可能的感知，因为在执行规划之前它不知道实际的感知。注意，在预测阶段，物理环境中的非确定性会扩大信念状态，但每个更新后的信念状态 b_o 不会大于预测的信念状态 $\hat{b}$；观测到的感知只能帮助减少不确定性。此外，对于确定性感知，不同感知的信念状态是不相交的，从而形成原始预测信念状态的一个划分。

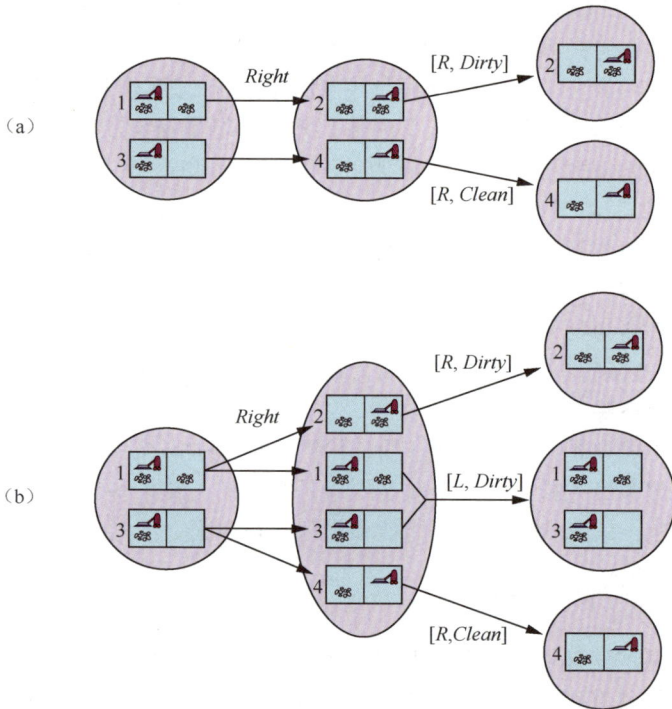

图 4-15　局部感知真空吸尘器世界中的两个转移实例。（a）确定性世界中，在初始信念状态下执行 *Right* 动作，所得到的新的预测信念状态有两个可能的物理状态；对于这些状态，可能的感知是 [*R*, *Dirty*] 和 [*R*, *Clean*]，从而得到两种信念状态，每种都只包含一个物理状态。（b）光滑世界中，在初始信念状态下执行 *Right* 动作，所得到的新的信念状态具有 4 个物理状态；对于这些状态，可能的感知是 [*L*, *Dirty*]、[*R*, *Dirty*] 和 [*R*, *Clean*]，从而得到图中所示的 3 种信念状态

综合这 3 个阶段，我们可以得到由给定动作及后续的可能感知所产生的可能信念状态：

$$\text{RESULTS}(b, a) = \{b_o : b_o = \text{UPDATE}(\text{PREDICT}(b, a), o) \text{ 且}$$
$$o \in \text{POSSIBLE-PERCEPTS}(\text{PREDICT}(b, a))\} \quad （4\text{-}5）$$

4.4.3　求解部分可观测问题

4.4.2 节介绍了在给定 PERCEPT 函数的情况下，如何从底层物理问题推导出非确定性信念状态问题的 RESULTS 函数。使用这一形式化，可以直接应用图 4-11 的与或搜索算法得到问题的解。

图 4-16 为局部感知真空吸尘器世界的部分搜索树，假定初始感知为 [*L, Dirty*]。它的解是一个条件规划：

$$[Suck, Right, \textbf{if } Bstate = \{6\} \textbf{ then } Suck \textbf{ else } []]$$

注意，因为我们是在信念状态问题中应用与或搜索算法，所以它返回的条件规划所测试的是信念状态，而非实际状态。这是应该的：在部分可观测环境中，智能体并不知道实际状态。

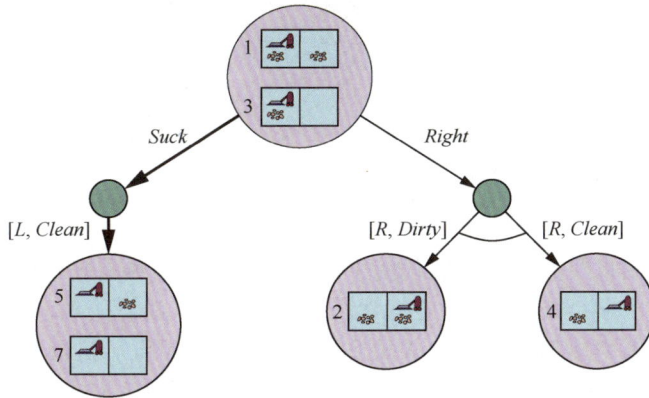

图 4-16   局部感知真空吸尘器世界问题的第一层与或搜索树，*Suck* 是解序列中的第一个动作

与标准搜索算法应用于无传感器问题的情况一样，与或搜索算法将信念状态看作和任何其他问题状态一样的黑盒。可以通过检查先前生成的信念状态——它们是当前状态的子集或超集——来改进这一点，就像求解无传感器问题一样。同样可以推导出与无传感器问题中描述的那些算法类似的增量搜索算法。与黑盒方法相比，它们提供了显著的加速。

4.4.4 部分可观测环境中的智能体

部分可观测环境中的智能体先对问题形式化，接着调用搜索算法（例如 AND-OR-SEARCH）求解，然后执行解步骤。这种智能体和完全可观测确定性环境中的智能体之间有两个主要区别。首先，问题的解将是一个条件规划而不是一个序列；为了执行 if-then-else 表达式，智能体需要测试 if 语句中的条件并执行正确的条件分支。其次，智能体需要在执行动作和接收感知时维护其信念状态。这一过程类似于式（4-5）中的预测–观测–更新过程，但更加简单，因为感知是由环境给出的，而不是由智能体自己计算的。给定初始信念状态 b、动作 a、感知 o，则新的信念状态为

$$b' = \text{UPDATE}(\text{PREDICT}(b, a), o) \tag{4-6}$$

考虑一个类幼儿园真空吸尘器世界，智能体只能感知当前方格的状态，任一方格在任一时刻都有可能变脏，除非智能体恰好在那一时刻主动清理该方格。[①] 图 4-17 为此环境中所维护的信念状态。

在部分可观测环境中——涵盖绝大多数真实世界环境——维护自身的信念状态是任何智能系统的核心功能。这一功能有很多不同的名称，包括监视（monitoring）、过滤（filtering）和状态评估（state estimation）。式（4-6）称为递归状态评估器，因为它根据前一状态计算新的信念状态，而不是检查整个感知序列。如果智能体不想"落后"，计算速度必须和感知进入的速度一样快。随着环境越来越复杂，智能体将只有时间计算近似信念状态，它可能重点关注感知

---

① 　向那些不熟悉幼儿对环境影响的人表示歉意。

对当前感兴趣的环境方面的影响。关于这一问题的大部分工作都是用概率论的工具处理随机的连续状态的环境，详见第 14 章。

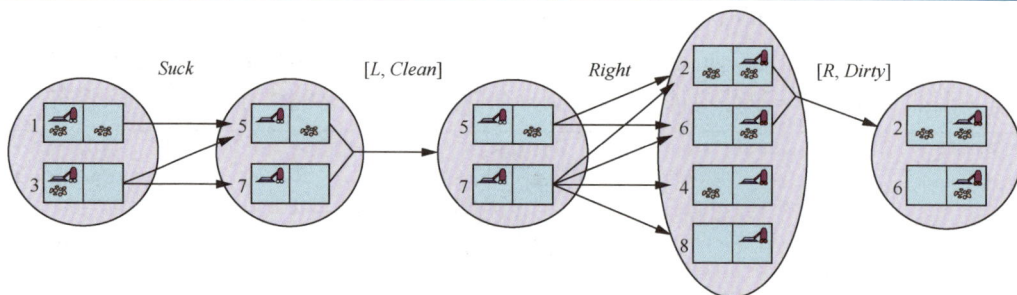

图 4-17 在局部感知的类幼儿园真空吸尘器世界中，信念状态维护的两个预测–更新周期

在本节中，我们将展示一个离散环境中的实例，其传感器是确定性的，动作是非确定性的。这个实例中涉及的机器人具有特定的状态评估任务，该任务称为定位（localization）：即在给定世界地图和一系列感知及行动的情况下，找到自己的位置。机器人放置在图 4-18 所示的迷宫环境中。它配备了 4 个声呐传感器，可以判断在 4 个罗盘方向上是否存在障碍物——外墙或者图中的深色阴影方格。感知以位向量的形式出现，每一位依次代表北、东、南、西方向，所以 1011 表示北、南、西方向有障碍物。

（a）观测到 E_1=1011 后，机器人的可能位置

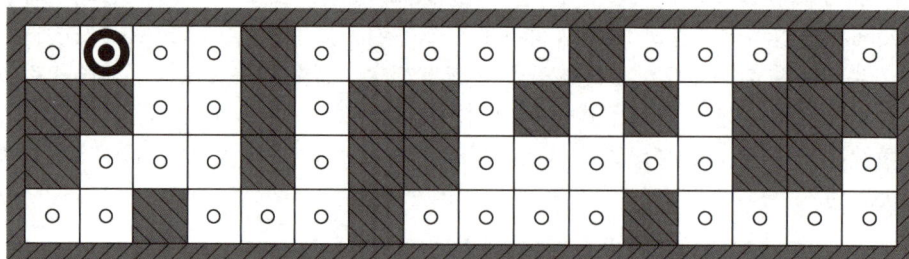

（b）观测到 E_1=1011 和 E_2=1010 后，机器人的可能位置

图 4-18 机器人的可能位置，⊙，（a）一次观测 E_1 = 1011 后。（b）移动一个方格并进行第二次观测 E_2 = 1010 后。如果传感器没有噪声且转移模型是准确的，那么只有一个可能位置与这两个观测序列一致

我们假设传感器所提供的数据完全正确，而且机器人拥有正确的环境地图。但遗憾的是，机器人的导航系统发生故障，所以当它执行 *Right* 动作时，会随机移动到一个相邻方格。机器人的任务是确定它的当前位置。

假设机器人刚刚启动，并不知道自己的位置——那么它的初始信念状态 b 为包含所有位置的集合。接着机器人接收到感知 1011，并使用公式 b_o = UPDATE(1011) 进行更新，得到如图 4-18a

所示的 4 个位置。查看整个迷宫你会发现这是仅有的 4 个可以产生感知 1011 的位置。

接下来，机器人执行 *Right* 动作，但结果是非确定性的。新的信念状态，b_a = Predict(b_o, *Right*)，包含了与 b_o 中的位置相邻的所有位置。当接收到第二个感知 1010 时，机器人执行 Update(b_a, 1010)，此时信念状态已经只剩图 4-18b 所示的一个位置。这是下式得到的唯一位置：

$$\text{Update}(\text{Predict}(\text{Update}(b, 1011), \textit{Right}), 1010)$$

对于非确定性动作，Predict 阶段信念状态增加，但是 Update 阶段信念状态又减少回去——只要感知提供了有用的识别信息。有时感知对定位帮助不大：如果存在一个或多个很长的东西向走廊，那么机器人可能会接收到一个很长的 1010 感知序列，但它永远不会知道它在走廊的哪一位置。但对于地理上存在合理差异的环境，定位往往会迅速收敛到单个点，即使动作是非确定性的。

如果传感器发生故障怎么办？如果我们只能用布尔逻辑进行推理，那么我们就无法判断每个传感器位的正误，相当于没有任何感知信息。但我们将看到，概率推理（第 12 章）允许我们从故障传感器中提取有用信息，只要它出错的时间不超过一半。

4.5　在线搜索智能体和未知环境

到目前为止，我们主要关注使用**离线搜索**（offline search）算法的智能体。它们在执行第一个动作之前就已经计算出一个完整的解。相比之下，**在线搜索**（online search）[1] 智能体则交替进行计算和动作：它首先执行一个动作，然后观测环境并计算下一个动作。在线搜索适用于动态或半动态环境，因为在这些环境中停止不动或计算时间太长都要付出代价。在线搜索在非确定性领域也很有用，因为它允许智能体将计算精力集中在实际发生的偶然事件上，而不是那些也许会发生但很可能不会发生的事件。

当然，这里需要权衡：智能体提前规划得越多，发现自己陷入困境的频率越低。在未知环境中，智能体不清楚存在什么状态或者动作会产生什么结果，必须使用自身的动作作为实验来了解环境。

在线搜索的一个典型实例是**地图构建问题**（mapping problem）：机器人放置在一个未知建筑中，它必须进行探索以绘制一个从 *A* 到 *B* 的地图。逃离迷宫的方法——有抱负的古代英雄所需的知识——也是在线搜索算法的实例。然而，空间探索并不是在线探索的唯一形式。以一个新生儿为例：它可以做许多举动，却不知道这些动作的后果，而且它只体验过少数几个它能达到的可能状态。

4.5.1　在线搜索问题

求解在线搜索问题需要交替进行计算、感知和动作。我们首先假设环境是确定性的和完全可观测的（第 17 章放宽了这些假设），并规定智能体只知道以下内容。

- Actions(s)，状态 s 下的合法动作。
- $c(s, a, s')$，在状态 s 下执行动作 a 到达状态 s' 的代价。注意，前提是智能体知道 s' 是结果。
- Is-Goal(s)，目标测试。

特别要注意的是，智能体不能确定 Result(s, a) 的值，除非它确实在 s 中执行了 a。例如，在图 4-19 所示的迷宫问题中，智能体并不知道从 (1, 1) 执行 *Up* 动作会到达 (1, 2)；也不知道

---

[1]　这里的"在线"指的是必须在接收到输入时立即进行处理的算法，而不是等待整个输入数据集都可用时再进行处理。"在线"的这种用法与"因特网连接"的概念无关。

再执行 *Down* 动作会回到 (1, 1)。在某些应用中可以减少这种无知——例如，机器人探测器可能知道它是如何移动的，只是不知道障碍物的位置。

最后，智能体可以访问一个可容许的启发式函数 $h(s)$，该函数对从当前状态到目标状态的距离进行估计。例如，在图 4-19 中，智能体可能知道目标的位置，从而可以使用曼哈顿距离启发式函数（3.6 节）。

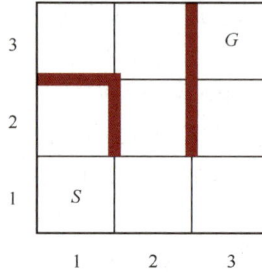

图 4-19　一个简单的迷宫问题。智能体必须从 *S* 出发到达 *G*，但它对环境一无所知

通常，智能体的目标是以最小代价到达目标状态。（另一个可能目标是简单地探索整个环境。）代价是智能体在移动过程中产生的总的路径代价。通常将它与智能体事先知道搜索空间时所产生的路径代价（也就是已知环境中的最优路径）进行比较。在在线算法的术语中，这种比较被称为**竞争比**（competitive ratio），我们希望它尽可能地小。

在线探索器很容易陷入**死胡同**（dead-end）：无法到达任何目标状态的状态。如果智能体不知道每个动作的后果，它可能会"跳进陷阱"，因此永远无法到达目标。一般来说，没有一种算法能在所有状态空间中都避免进入死胡同。以图 4-20a 中的两个死胡同状态空间为例。对已经访问过状态 *S* 和 *A* 的在线搜索算法来说，它无法分辨自己是处于顶部的状态还是底部的状态；根据智能体观测到的感知信息，这两个状态看起来是相同的。因此，它不可能知道如何在两个状态空间中选择正确的动作。这是一个**对手论证**（adversary argument）的实例——想象对手在智能体探索状态空间时构建状态空间，并将目标和死胡同放在它所选择的任何地方，如图 4-20b 所示。

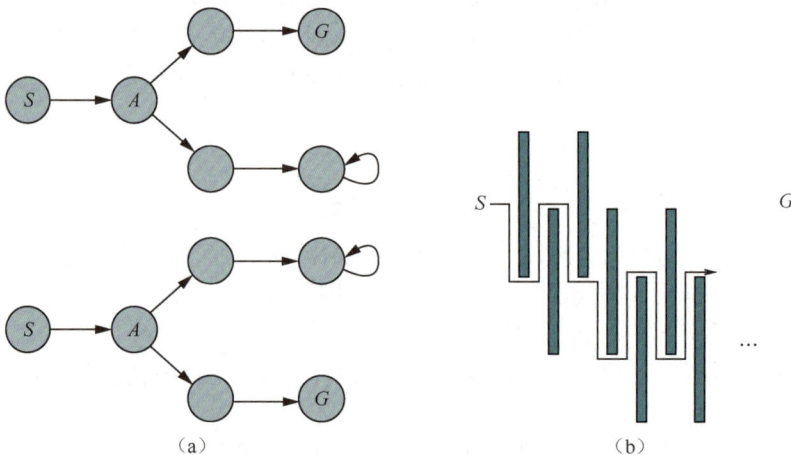

图 4-20　（a）两个可能将在线搜索智能体引入死胡同的状态空间。任何给定智能体都会在至少一个空间中失败。（b）二维环境实例，将导致在线搜索智能体沿着一条任意低效的路线到达目标。无论智能体做出何种选择，对手都会用另一堵很长很薄的墙来阻挡这条路线，这样智能体所走的路径就会比最优可能路径长得多

死胡同是机器人探索中的一个真正的难点——楼梯、斜坡、悬崖、单行道甚至自然地形中都存在从它出发某些动作**不可逆**（irreversible）的状态——没有办法回到之前的状态。我们提出的探索算法只保证在**可安全探索**（safely explorable）的状态空间中是有效的，也就是说，从每个可达状态出发都存在可以到达的目标状态。所有动作都可逆的状态空间，如迷宫和 8 数码，显然是可安全探索的（如果它们有解的话）。我们将在 22.3.2 节中更深入地讨论安全探索的话题。

即使在可安全探索的环境中，如果存在代价无界的路径，也不能保证竞争比有界。在动作不可逆的环境中，很容易发现上述结论，但事实上，可逆情况下也是如此，如图 4-20b 所示。因此，通常会根据整个状态空间的大小来描述在线搜索算法的性能，而不是仅仅根据最浅层目标的深度。

4.5.2 在线搜索智能体

可观测环境中的在线智能体在每个动作之后都会接收到一个感知，告诉它目前到达了哪一状态，通过这些信息，智能体可以更新它的环境地图。更新后的地图将用于规划下一步。规划和动作交替进行意味着在线搜索算法与之前介绍的离线搜索算法有很大不同：离线算法探索其状态空间模型，而在线算法探索真实世界。例如，A^* 可以在空间的某部分扩展一个节点，然后马上在空间的另一相距很远的部分扩展另一个节点，因为节点扩展设计的是模拟动作而非真实动作。

另外，在线算法只能找到其实际占据的状态的后继。为了避免长途跋涉到一个相距较远的状态来扩展下一个节点，按照局部顺序扩展节点似乎更好。深度优先搜索恰好具有这一性质，因为（如果算法不用回溯）下一个扩展节点是前一个扩展节点的子节点。

图 4-21 为在线深度优先探索智能体（动作是确定性但未知的）。智能体将它的地图存储在一个 *result*[*s*, *a*] 表中，记录了在状态 *s* 下执行动作 *a* 所产生的状态。（对于非确定性动作，智能体可以在 *results*[*s*, *a*] 中记录状态集合。）只要当前状态存在未探索过的动作，智能体就会尝试其中一个动作。当智能体尝试完某个状态下的所有动作时，问题就来了。在离线深度优先搜索中，我们只是将状态从队列中删除；而在线搜索中，智能体必须在物理世界中回溯。在深度优先搜索中，这意味着回溯到智能体进入当前状态前的最近状态。为了实现这一点，算法需要维护另一个表，表中列出了每个状态尚未回溯到的前驱状态。如果智能体已经没有可回溯的状态，那么搜索就完成了。

---

function ONLINE-DFS-AGENT(*problem*, *s′*) **returns** 一个动作
    persistent: *s*，*a*，之前的状态和动作，初始为空
               result，将(*s*, *a*)映射到*s′*的表，初始为空
               untried，将*s*映射到未探索动作列表的表
               unbacktracked，将*s*映射到未回溯状态队列的表
    if *problem*.IS-GOAL(*s′*) **then return** *stop*
    if *s′*是一个（不在*untried*中的）新状态 **then** *untried*[*s′*] ← *problem*.ACTIONS(*s′*)
    if *s*不空 **then**
        result[*s*, *a*] ← *s′*
        将*s*添加到*unbacktracked*[*s′*]的队尾
    if *untried*[*s′*]为空 **then**
        if *unbacktracked*[*s′*]为空 **then return** *stop*
        s′, *a* ← *null*, 使得*result*[*s′*, *b*] = POP(*unbacktracked*[*s′*])的动作*b*
    else *a* ← POP(*untried*[*s′*])
    s ← *s′*
    return *a*

图 4-21　使用深度优先探索的在线搜索智能体。智能体只有在每个动作都可以被其他动作"撤消"的状态空间中才能安全地探索

我们建议读者在求解图 4-19 中的迷宫问题时跟踪 ONLINE-DFS-AGENT 的进度。很容易看到，最坏情况下，智能体最终恰好要遍历状态空间中的每个连接两次。对探索来说，这是最优的；但是，对寻找目标来说，如果在初始状态旁边恰好有一个目标状态，智能体的竞争比将变得无限差。在线迭代加深算法可以解决这一问题；对于均衡树环境，这样一个智能体的竞争比是一个很小的常数。

由于其回溯方法，ONLINE-DFS-AGENT 只在动作可逆的状态空间中有效。在一般的状态空间中，有一些更复杂的算法，但是这类算法的竞争比都不是有界的。

4.5.3　在线局部搜索

与深度优先搜索一样，爬山搜索在节点扩展上也有局部性。事实上，因为爬山搜索在内存中只保存一个当前状态，它已经是在线搜索算法！遗憾的是，基础算法并不适用于探索，因为智能体会陷入局部极大值而无路可走。此外，不能使用随机重启，因为智能体无法将自己瞬移到一个新的初始状态。

相比于随机重启，我们可以考虑使用**随机游走**（random walk）来探索环境。随机游走只是从当前状态中随机选择一个可用动作，可以优先考虑尚未尝试的动作。容易证明，当空间有限且可安全探索时，随机游走最终会找到一个目标或完成探索。[①] 但是，这一过程可能非常慢。图 4-22 为一个环境实例，在这个环境中，随机游走将耗费指数级的步骤来寻找目标，因为对于第一行除 S 之外的每个状态，后退的可能性是前进的两倍。当然，这个例子是人为设计的，但是真实世界中许多状态空间的拓扑结构都会导致这类随机游走“陷阱”。

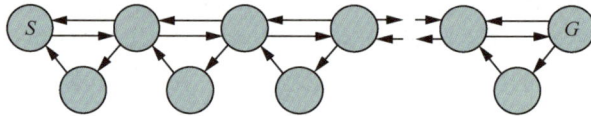

图 4-22　环境实例，随机游走需要耗费指数级的步骤来寻找目标

事实证明，增加爬山法的内存而非随机性是一种更有效的方法。基本思想是，存储从已访问的每个状态出发到达目标所需代价的“当前最佳估计”$H(s)$。$H(s)$ 开始时只是启发式估计，然后根据智能体在状态空间中获得的经验不断更新。

图 4-23 为一维状态空间中的一个简单示例。在图 4-23a 中，智能体似乎陷入了位于红色状态的局部极小值。智能体不应该停留在原地，而应该根据其邻居节点的当前代价估计值选择到达目标的最优路径。经由邻居节点 s' 到达目标的估计代价等于到达 s' 的代价加上从 s' 到达目标的估计代价，即 $c(s, a, s') + H(s')$。在这个示例中，有 2 个动作，估计代价分别为向左 $1 + 9$，向右 $1 + 2$，因此最好向右移动。

在图 4-23b 中，显然，将图 4-23a 中红色状态的代价估计为 2 是过于乐观的。因为最佳移动的代价为 1，而且其结果状态离目标状态至少还有 2 步，所以红色状态离目标一定至少还有 3 步，所以应该相应地更新红色状态的 H，如图 4-23b 所示。继续上述过程，智能体将再来回移动两次，每次都会更新 H 并“拉平”局部极小值，直到它逃逸到右侧。

能够实现上述方案的智能体称为**实时学习 A^***（learning real-time A^*，$LRTA^*$）智能体，如图 4-24 所示。同 ONLINE-DFS-AGENT 一样，它用 *result* 表构建环境地图。它首先更新刚刚离开的状态的代价估计值，然后根据当前的代价估计值选择“显然最佳”移动。一个重要的细节是，

---

① 　随机游走在无限的一维和二维网格上是完备的。在三维网格上，游走返回起点的概率只有大约 0.3405（Hughes, 1995）。

在状态 s 下尚未尝试的动作总是被假定为以最少的可能代价，即 $h(s)$ 直接到达目标。这种**不确定性下的乐观主义**（optimism under uncertainty）鼓励智能体去探索新的、可能更有希望的路径。

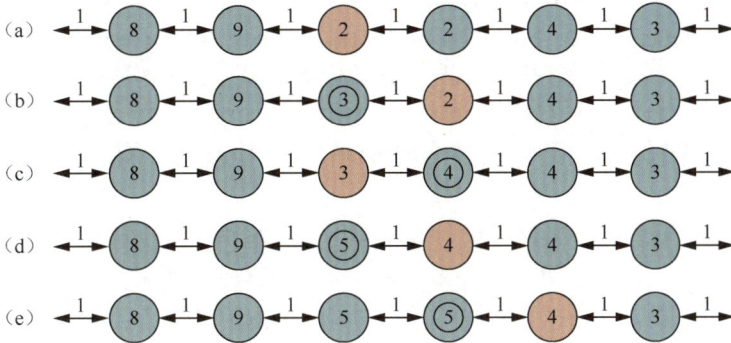

图 4-23　一维状态空间上 LRTA* 的 5 次迭代。每个状态都标有 $H(s)$，即到达目标的当前代价估计值，每个连接的动作代价为 1。红色状态表示智能体的位置，每次迭代所更新的代价估计值以双圈标记

function LRTA*-AGENT(*problem*, *s′*, *h*) **returns** 一个动作
　persistent: *s*, *a*，之前的状态和动作，初始为空
　　　　　　　result，将(*s*, *a*)映射到*s′*的表，初始为空
　　　　　　　H，将*s*映射到一个代价估计值的表，初始为空

　if IS-GOAL(*s′*) **then return** *stop*
　if *s′*是一个（不在*H*中的）新状态 **then** $H[s′] \leftarrow h(s′)$
　if *s* 不空 **then**
　　$result[s, a] \leftarrow s′$
　　$H[s] \leftarrow \underset{b \in \text{ACTIONS}(s)}{\min} \text{LRTA*-COST}(problem, s, b, result[s, b], H)$
　　$a \leftarrow \underset{b \in \text{ACTIONS}(s)}{\text{argmin}} \text{LRTA*-COST}(problem, s′, b, result[s′, b], H)$
　　$s \leftarrow s′$
　return *a*

function LRTA*-COST(*problem*, *s*, *a*, *s′*, *H*) **returns** 一个代价估计值
　if *s′*未定义 **then return** $h(s)$
　else return *problem*.ACTION-COST(*s*, *a*, *s′*) + $H[s′]$

图 4-24　LRTA*-AGENT 根据相邻状态的值选择动作，智能体在状态空间中移动时更新状态值

　　LRTA* 智能体保证在任何有限的、可安全探索的环境中都能找到目标。然而，不同于 A*，LRTA* 在无限状态空间中是不完备的——在某些情况下，它可能被无限地引入歧途。在最坏情况下，探索状态数为 n 的环境可能需要 $O(n^2)$ 步，但通常情况下会比这种情况好得多。LRTA* 智能体只是一个庞大的在线智能体家族中的一员，可以通过以不同方式指定动作选择规则和更新规则来定义。我们将在第 22 章中详细讨论这一发源于随机环境的在线智能体家族。

4.5.4　在线搜索中的学习

　　在线搜索智能体初始时对环境的无知为我们提供了一些学习的机会。首先，智能体通过记录它们的每一次经验来学习环境"地图"——更准确地说，学习每种状态下每个动作的结果。

其次，当智能体以正确的方式探索状态空间时，局部搜索智能体可以利用局部更新规则获得每个状态代价更准确的估计值。一旦知道代价的准确值，只需移动到代价最低的后继状态就能实现最优决策，也就是说，纯粹的爬山法就是一个最优策略。

如果按照我们的建议在图 4-19 的环境中跟踪 ONLINE-DFS-AGENT 的行为，你会注意到智能体不是非常聪明。例如，在它已经知道 *Up* 动作能够从 (1, 1) 到达 (1, 2) 后，它仍然不知道 *Down* 动作能回到 (1, 1)，或者 *Up* 动作还能从 (2, 1) 到 (2, 2)，从 (2, 2) 到 (2, 3)，等等。一般来说，我们希望智能体能够学到，*Up* 在不遇到墙的情况下使得 y 坐标值增加，*Down* 则使得 y 坐标值降低，等等。

要实现这一点，我们需要做两件事。首先，需要对这类一般规则有一个形式的、可显式操纵的表示；到目前为止，信息都被隐藏在名为 RESULT 函数的黑盒中。第 8 ~ 11 章将专门讨论这个问题。其次，需要能够根据智能体所得到的具体观测信息构造合适的一般规则的算法。这些内容将在第 19 章中讨论。

如果我们预计将来会被要求求解多个类似问题，那么投入时间（和内存）使得这些未来搜索更容易是有意义的。有几种方法可以做到这一点，它们都属于增量搜索（incremental search）的范畴。我们可以将搜索树保留在内存中，并复用在新问题中未发生改变的部分。我们可以保留启发式代价函数 h 的值，并在获得新信息时更新它们——要么是因为世界发生改变，要么是因为我们计算出了更好的估计值。或者我们可以保留最优路径的 g 值，用它们拼凑出一个新的解，并在世界发生改变时对它们进行更新。

小结

本章讨论了部分可观测的、非确定性的、未知的和连续的环境中问题的搜索算法。

- 局部搜索算法，如**爬山法**，在内存中只保留少量状态。这些方法已被应用于优化问题，其思想是找到一个高分值的状态，而不考虑进入该状态的路径。研究人员已经开发了一些随机局部搜索算法，包括**模拟退火**，当给定适当的冷却方案时它能返回最优解。

- 许多局部搜索方法同样适用于连续空间中的问题。**线性规划**和**凸优化**问题服从状态空间形状和目标函数性质上的某些限制，并且允许多项式时间算法，这些算法在实践中往往非常高效。对于一些数学上合式的问题，我们可以使用微积分找到梯度为零的最大值；对于其他问题，我们必须使用经验梯度，即测量两个邻近点间的适应度差值。

- **进化算法**是一种维护状态种群的随机爬山搜索。通过**突变**和**杂交**（结合状态对）产生新状态。

- 在**非确定性**环境中，智能体可以应用**与或搜索**算法生成**应变**规划，无论执行过程中出现何种结果，它都能实现目标。

- 如果环境是部分可观测的，**信念状态**表示智能体可能位于的可能状态的集合。

- 标准搜索算法可以直接应用于信念状态空间求解**无传感器问题**，而信念状态与或搜索算法可以求解一般的部分可观测问题。在一个信念状态中逐状态构造解的增量算法通常效率更高。

- **探索问题**发生在智能体对环境的状态和动作一无所知时。对于可安全探索的环境，在线搜索智能体能够构建地图并找到目标（如果存在的话）。根据经验来更新启发式估计值提供了一种避免局部极小值的有效方法。

参考文献与历史注释

局部搜索技术在数学和计算机科学领域有着悠久的历史。事实上，可以将牛顿－拉弗森法（Newton, 1671; Raphson, 1690）看作梯度信息可用的连续空间上非常有效的局部搜索方法。布伦特（Brent, 1973）则给出了不需要此类信息的经典最优化算法。束搜索也是一种局部搜索算法，它起源于 HARPY 系统（Lowerre, 1976）中用于语音识别的宽度有限动态规划变体。珀尔（Pearl, 1984, 第 5 章）对相关算法进行了深入分析。

局部搜索这一主题在 20 世纪 90 年代初期得以复兴，因为它在大型约束满足问题例如 n 皇后（Minton *et al.*, 1992）和布尔可满足性问题（Selman *et al.*, 1992）上取得了令人惊奇的结果，并且它能与随机性、多种同步搜索以及其他改进方法相结合。赫里斯托斯·帕帕季米特里乌（Christos Papadimitriou）所说的"新时代"算法的复兴也激发了理论计算机科学家的兴趣（Koutsoupias and Papadimitriou, 1992; Aldous and Vazirani, 1994）。

在运筹学领域，爬山法的一种变体**禁忌搜索**（tabu search）得到广泛应用（Glover and Laguna, 1997）。这种算法维护一个禁忌列表，列表包含 k 个已经访问过而且不能重新访问的状态；除了能提高搜索图时的效率，它还可以让算法避开某些局部极小值。

爬山法的另一种有用改进是 STAGE 算法（Boyan and Moore, 1998）。它的思想是利用随机重启爬山法发现的局部极大值来获取地形图的全貌。算法先用一个光滑的二次曲面拟合局部极大值集合，然后解析计算该曲面的全局极大值。这将成为新的重启点。戈梅斯等人（Gomes *et al.*, 1998）证明，系统性回溯算法的运行时间通常具有**重尾分布**（heavy-tailed distribution），这意味着长运行时间的概率值要比运行时间为指数分布时所预测的概率值大。当运行时间是重尾分布时，平均而言，随机重启找到解可以比单次运行完成更快地找到解。霍斯和施蒂茨勒为这一主题写了一本书（Hoos and Stützle, 2004）。

模拟退火最早由柯克帕特里克等人（Kirkpatrick *et al.*, 1983）描述，他直接借鉴了米特罗波利斯算法（Metropolis algorithm）。米特罗波利斯算法用于模拟复杂物理系统（Metropolis *et al.*, 1953），据说该算法是在洛斯阿拉莫斯（Los Alamos）国家实验室的一次晚宴上发明的。现在模拟退火本身就是一个研究领域，每年都有数百篇论文发表。

在连续空间中寻找最优解是涉及几个领域的主题，包括最优化理论、最优控制理论和变分法。毕晓普（Bishop, 1995）很好地讨论了其中的一些基本技巧，普雷斯等人（Press *et al.*, 2007）介绍了一系列算法并提供了工作软件。

研究人员从许多不同研究领域获得了搜索和优化算法的灵感：冶金——模拟退火；生物学——遗传算法；神经系统——神经网络；登山——爬山法；经济学——基于市场的算法（Dias *et al.*, 2006）；物理学——粒子群算法（Li and Yao, 2012）和自旋玻璃（Mézard *et al.*, 1987）；动物行为——强化学习、灰狼优化算法（Mirjalili and Lewis, 2014）；鸟类学——布谷鸟搜索（Yang and Deb, 2014）；昆虫学——蚁群算法（Dorigo *et al.*, 2008）、蜂群算法（Karaboga and Basturk, 2007）、萤火虫算法（Yang, 2009）和萤火虫群优化（Krishnanand and Ghose, 2009）；等等。

第一个系统研究**线性规划**（LP）的是数学家列昂尼德·坎托罗维奇（Leonid Kantorovich）（Kantorovich, 1939）。线性规划是计算机最早的应用之一，**单纯形算法**（Dantzig, 1949）现在仍然在使用，尽管它在最坏情况下的复杂性为指数级。卡马卡尔（Karmarkar, 1984）提出了一系列更有效的**内点方法**，涅斯捷罗夫和涅米罗夫斯基（Nesterov and Nemirovski, 1994）证明了对于更一般的凸优化问题类，内点法具有多项式复杂性。凸优化在本塔尔和涅米罗夫斯基（Ben-Tal and

Nemirovski, 2001）以及博伊德和范登伯格（Boyd and Vandenberghe, 2004）的著作中有精彩介绍。

休厄尔·赖特（Sewall Wright）（Wright, 1931）关于适应度地形这一概念的工作是遗传算法发展的重要先驱。20 世纪 50 年代，一些统计学家，包括博克斯（Box, 1957）和弗里德曼（Friedman, 1959），使用进化技术来求解最优化问题，但直到雷兴贝格（Rechenberg, 1965）引入进化策略求解翼型最优化问题，这种方法才得到普及。在 20 世纪 60 年代和 70 年代，约翰·霍兰（John Holland）（Holland, 1975）大力支持遗传算法，它不仅是一种实用的优化工具，也是一种扩展我们对适应性的理解的方法（Holland, 1995）。

人工生命（artificial life）运动（Langton, 1995）将这一想法进一步推广，它将遗传算法的结果看作生物体，而不仅是问题的解。本章所讨论的鲍德温效应是由康维·劳埃德·摩根（Conwy Lloyd Morgan）（Morgan, 1896）和詹姆斯·鲍德温（Baldwin, 1896）几乎同时提出的。计算机仿真帮助阐明了鲍德温效应的含义（Hinton and Nowlan, 1987; Ackley and Littman, 1991; Morgan and Griffiths, 2015）。史密斯和绍特马里（Smith and Szathmáry, 1999）、里德利（Ridley, 2004）和卡罗尔（Carroll, 2007）阐述了进化论的一般背景。

大多数对遗传算法与其他方法（特别是随机爬山法）的比较表明，遗传算法收敛速度较慢（O'Reilly and Oppacher, 1994; Mitchell *et al.*, 1996; Juels and Wattenberg, 1996; Baluja, 1997）。这些发现在 GA 领域并不普遍流行，但是该领域最近试图将基于种群的搜索理解为贝叶斯学习（见第 20 章）的近似形式，也许有助于缩小该领域与其批判之间的分歧（Pelikan *et al.*, 1999）。**二次动力系统**理论也许可以解释 GA 的性能（Rabani *et al.*, 1998）。GA 有一些引入瞩目的实际应用，如天线设计（Lohn *et al.*, 2001）、计算机辅助设计（Renner and Ekart, 2003）、气候模型（Stanislawska *et al.*, 2015）、医学（Ghaheri *et al.*, 2015）和深度神经网络设计（Miikkulainen *et al.*, 2019）等。

遗传编程是遗传算法的一个子领域，其中表示是程序而不是位字符串。程序以语法树的形式表示，可以用标准程序设计语言，也可以是专门设计的格式以表示电子电路、机器人控制器等。杂交则是以确保后代为合式表达式的方式拼接子树。约翰·科扎（John Koza）（Koza, 1992, 1994）的工作激发了人们对遗传编程的兴趣，但它至少能追溯到弗里德伯格（Friedberg, 1958）用机器代码进行的早期实验和福格尔等人（Fogel *et al.*, 1966）用有限状态自动机进行的实验。和遗传算法一样，这项技术的有效性也存在争议。科扎等人（Koza *et al.*, 1999）描述了利用遗传编程设计电路装置的实验。

期刊 *Evolutionary Computation* 和 *IEEE Transactions on Evolutionary Computation* 涵盖了进化算法相关论文，*Complex Systems*、*Adaptive Behavior* 和 *Artificial Life* 中也收录有相关文章。主要会议有遗传与进化计算会议（Genetic and Evolutionary Computation Conference，GECCO）。关于遗传算法的优秀的概述包括（Mitchell, 1996）、（Fogel, 2000）、（Langdon and Poli, 2002）和（Poli *et al.*, 2008）。

在使用规划技术的机器人项目中，包括 Shakey（Fikes *et al.*, 1972）和 FREDDY（Michie, 1972），人们很早就意识到真实环境的不可预测性和部分可观测性。麦克德莫特的一篇重要文章"Planning and Acting"（McDermott, 1978a）发表后，这些问题得到了更多关注。

第 1 章中提到，第一个明确使用与或树的工作似乎是斯莱格尔用于符号集成的 SAINT 程序。阿马雷尔（Amarel, 1967）利用这种思想进行命题定理证明（命题定理证明会在第 7 章会中讨论），他还提出了一种与 AND-OR-GRAPH-SEARCH 类似的搜索算法。该算法由尼尔森（Nilsson, 1971）进一步改进，他还提出了 AO*——顾名思义，就是找到最优解。AO* 由马尔泰利和蒙塔纳里（Martelli and Montanari, 1973）进一步改进。

AO* 是一种自顶向下的算法；A*LD（A* lightest derivation）（Felzenszwalb and McAllester,

2007）是 A* 的自底向上的一般化算法。对与或搜索的兴趣在 21 世纪初复兴，出现了用于寻找循环解的新算法（Jimenez and Torras, 2000; Hansen and Zilberstein, 2001）以及受动态规划启发的新技术（Bonet and Geffner, 2005）。

　　将部分可观测问题转化为信念状态问题的想法源于阿斯特罗姆（Astrom, 1965）处理概率不确定性的更复杂情况（见第 17 章）。埃德曼和梅森（Erdmann and Mason, 1988）使用连续形式的信念状态搜索研究无传感器机器人操纵问题。他们指出，通过一个精心设计的倾斜动作序列，可以让机器人从任意初始位置定向工作台上的零件。基于一系列精确定向的斜跨传送带对角线障碍物的更实用方法，使用了相同的算法思想（Wiegley et al., 1996）。

　　信念状态方法是由吉内塞雷斯和努尔巴赫什（Genesereth and Nourbakhsh, 1993）在无传感器、部分可观测搜索问题的背景下重新提出的。基于逻辑的规划领域在无传感器问题上做了进一步的工作（Goldman and Boddy, 1996; Smith and Weld, 1998）。这项工作强调了信念状态的简明表示，如第 11 章所述。博内特和格夫纳（Bonet and Geffner, 2000）提出了第一个有效的信念状态搜索启发式方法，由布赖斯等人（Bryce et al., 2006）进行了改进。库林等人（Kurien et al., 2002）在规划领域文献中研究了增量式信念状态搜索方法，即对每个信念状态内的状态子集逐步构造解，罗素和沃尔夫（Russell and Wolfe, 2005）提出了一些新的用于非确定性的、部分可观测的问题的增量算法。关于在随机的、部分可观测的环境中进行规划的其他参考文献见第 17 章。

　　几个世纪以来，探索未知状态空间的算法一直备受关注。在可逆迷宫中，"把左手一直放在墙上"可以实现深度优先搜索；在每个交叉点做标记可以避免环路。更一般的探索欧拉图（Eulerian graph）（每个节点输入边和输出边数量相等的图）问题是由希尔霍尔策（Hierholzer, 1873）提出的算法解决的。

　　邓小铁和帕帕季米特里乌（Deng and Papadimitriou, 1990）第一次对任意图的探索问题进行了全面的算法研究，他们提出了一种完全通用的算法，但指出对一般图的探索不存在有界竞争比。帕帕季米特里乌和亚纳卡基斯（Papadimitriou and Yannakakis, 1991）研究了在几何路径规划环境（其中所有动作都是可逆的）中寻找目标路径的问题。他们指出，方形障碍可以实现较小的竞争比，但一般的矩形障碍不存在有界比（见图 4-20）。

　　在动态环境中，世界状态可以在智能体未执行任何动作时自发地改变。例如，智能体可以规划从 A 到 B 的最优驾驶路线，但一场意外事故或异常糟糕的高峰时段交通拥堵都可能破坏规划。增量搜索算法，例如终身规划 A*（Koenig et al., 2004）和 D* Lite（Koenig and Likhachev, 2002）可以处理这种情况。

　　LRTA* 算法是科尔夫（Korf, 1990）在对实时搜索环境进行调研时开发的，该环境中，智能体在搜索一定时间后必须采取动作（这在双人游戏中很常见）。LRTA* 实际上是随机环境中强化学习算法的一个特例（Barto et al., 1995）。它的"不确定性下的乐观主义"策略——总是趋向最近的未访问状态——可能导致一种探索模式，在无信息的情况下，这种模式比简单的深度优先搜索效率更低（Koenig, 2000）。达斯古普塔等人（Dasgupta et al., 1994）指出，在线迭代加深搜索对于在不含启发式信息的均衡树中寻找目标的问题效率最优。

　　一些关于 LRTA* 的有信息变体已经开发出来了，它们使用不同方法在图的已知部分内搜索和更新（Pemberton and Korf, 1992）。到目前为止，对于如何在使用启发式信息时以最优效率找到目标还没有很好的理论理解。斯特蒂文特和布利特科（Sturtevant and Bulitko, 2016）对实践中出现的一些缺陷进行了分析。

第5章

对抗搜索和博弈

在本章中，我们将探索有其他智能体计划与我们对抗时的环境。

在本章中，我们将讨论**竞争环境**（competitive environment），在这种环境中，两个或两个以上的智能体具有互相冲突的目标，这引出了**对抗搜索**（adversarial search）问题。我们将专注于讨论博弈[①]，如国际象棋、围棋和扑克，而不是处理真实世界中的混乱冲突。对人工智能研究人员来说，这些博弈的简化特性是一个优势：博弈状态很容易表示，智能体通常仅能执行少数几个动作，而且动作的效果由明确的规则定义。对于体育比赛（如槌球和冰球），描述更加复杂，可能动作的范围更大，而且定义动作合法性的规则也不够明确。除足球机器人外，体育比赛并没有引起人工智能社区的很大兴趣。

5.1 博弈论

对于多智能体环境，我们至少可以有 3 种观点。第一种观点适用于智能体数量非常大的情况，即把它们看作一个**经济**（economy）整体来考虑，这让我们可以做出例如"需求增长会导致价格上涨"这样的预测，而不需要预测任何个体智能体的动作。

第二种观点是，我们可以认为对抗智能体只是环境的一部分——这一部分让环境变成非确定性的。但如果我们以对雨建模一样的方式（例如，雨有时下，有时不下）对对手进行建模，我们就会忽略对手正在积极地尝试击败我们这一事实，而雨没有这样的意图。

第三种观点是用对抗博弈树搜索技术显式地对对抗智能体建模。这就是本章所涵盖的内容。我们从一类受限的博弈开始，定义最优移动并寻找最优移动的算法——**极小化极大搜索**（minimax search），它是与或搜索的一种推广（见图 4-11）。我们指出，**剪枝**（pruning）通过忽略搜索树中对最优移动没有影响的部分来提高搜索效率。对于非平凡博弈，我们通常没有足够的时间以确保找到最优移动（即使使用剪枝），我们不得不在某个时刻停止搜索。

对于每一个我们选择在那里停止搜索的状态，我们都需要知道谁是获胜者。要回答这个问题，有一个选择：可以基于状态特征应用启发式**评价函数**来估计谁是获胜者（5.3 节），或者可以从该状态开始快速模拟至博弈结束，再取多次模拟结果的平均值（5.4 节）。

5.5 节讨论了包含机会因素（通过掷骰子或洗牌）的博弈，5.6 节讨论了**不完美信息**（imperfect information）博弈（如扑克和桥牌，即并非所有牌对所有玩家都可见）。

---

① 对应英文 game 在博弈论中译为"博弈"，但在本书中不同语境下会根据具体情况使用博弈、游戏、比赛等。——译者注

双人零和博弈

人工智能领域中最常研究的博弈（例如国际象棋和围棋）是博弈论学者所称的确定性、双人、轮流、完美信息（perfect information）的零和博弈（zero-sum game）。"完美信息"是"完全可观测"的同义词[①]，"零和"意味着对一方有利的东西将对另一方同等程度有害：不存在"双赢"结果。在博弈论中，我们通常用移动（move）作为"动作"（action）的同义词，用局面（position）作为"状态"（state）的同义词。

我们将两个参与者[②]分别称为 MAX 和 MIN，这么命名的原因稍后解释。MAX 先移动，然后两个参与者轮流移动，直到博弈结束。博弈结束时，获胜者得分，而失败者受到惩罚。可以使用以下元素对博弈进行形式化定义。

- S_0：**初始状态**，指定博弈开始时如何设置。
- TO-MOVE(s)：在状态 s 下，轮到其移动的参与者。
- ACTIONS(s)：在状态 s 下，全体合法移动的集合
- RESULT(s, a)：**转移模型**，定义状态 s 下执行动作 a 所产生的结果状态。
- IS-TERMINAL(s)：**终止测试**（terminal test），博弈结束时返回真，否则返回假。博弈结束时的状态称为**终止状态**（terminal state）。
- UTILITY(s, p)：**效用函数**（也称为目标函数或收益函数），定义博弈结束时终止状态 s 下参与者 p 得到的最终的数值收益。在国际象棋中，结果为赢、输或平局，收益分别为 1、0 或 1/2。[③] 一些博弈存在更大范围的可能结果，例如，西洋双陆棋的收益范围为 $0 \sim 192$。

同第 3 章一样，初始状态、ACTIONS 函数和 RESULT 函数定义了**状态空间图**（state space graph）——在图中，顶点表示状态，边表示移动，一个状态可以通过多条路径到达。如第 3 章所述，我们可以在图的一部分上叠加**搜索树**（search tree）以确定下一步移动。我们将完整的**博弈树**（game tree）定义为搜索树，它会记录每个一直到终止状态的移动序列。如果状态空间本身是无界的，或者博弈规则允许局面可以无限次重复，那么博弈树可能是无限的。

图 5-1 为井字棋（圈叉游戏 tic-tac-toe）的部分博弈树。从初始状态开始，MAX 有 9 种可能的移动。游戏交替进行，MAX 放 x，MIN 放 o，直到到达对应于终止状态的叶节点，即一个玩家占据某一行，或者所有方格都被填满。每个叶节点上的数字是对 MAX 来说该终止状态的效用值，值越高对 MAX 越有利，对 MIN 越不利（这也是玩家名字的由来）。

对井字棋来说，博弈树相对较小——不超过 9!= 362 880 个终止节点（只有 5478 个不同状态）。但是对国际象棋来说，节点数超过 10^{40}，所以博弈树被认为是一个在物理世界中无法实现的理论结构。

[①] 一些作者对此进行了区分，用"不完美信息博弈"指扑克之类的游戏，其中玩家将获得其他玩家没有的关于自己手牌的私人信息，而用"部分可观测博弈"指《星际争霸 II》之类的游戏，其中每个玩家可以看到其附近的环境，但看不到远处的环境。

[②] 对应英文 player 在博弈论中为"参与者"，但在本书中不同语境下会根据具体情况使用参与者、玩家、选手等。——译者注

[③] 国际象棋被认为是一种"零和"游戏，尽管两个选手每局游戏的结果之和为 +1，而不是 0。"常量和"是一个更准确的术语，但"零和"更传统，你可以将其看作每个选手被收取了 1/2 的入场费。

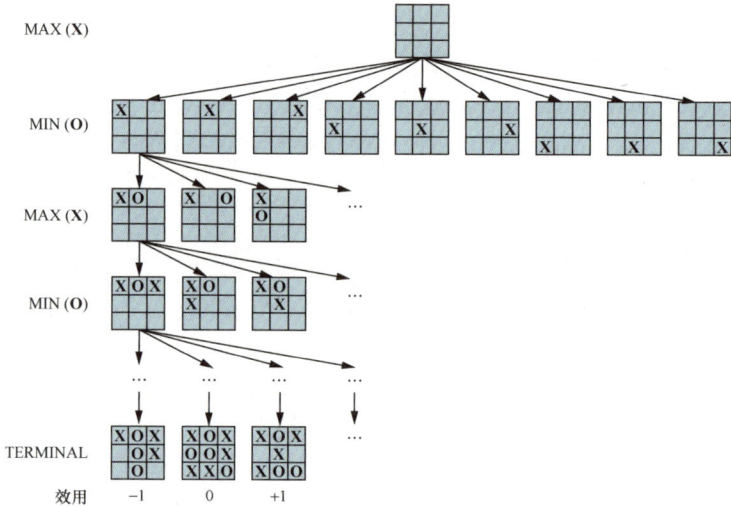

图 5-1 井字棋的（部分）博弈树。最上面的节点是初始状态，MAX 先移动，在某个空位上放一个 x。我们展示了树的一部分，给出 MIN(O) 和 MAX(X) 的交替移动，直到最终到达终止状态，根据博弈规则为终止状态分配效用值

5.2 博弈中的优化决策

MAX 想要找到通往胜利的动作序列，但 MIN 不希望 MAX 获胜。这意味着 MAX 的策略必须是一个条件规划——一个随机应变策略，指定对 MIN 的每个可能移动的响应。在具有二元结果（赢或输）的博弈中，我们可以使用与或搜索（4.3.2 节）生成条件规划。事实上，对于这类博弈，博弈的获胜策略的定义与非确定性规划问题的解的定义相同：在这两种情况下，无论"另一方"做什么，都必须保证己方能获得理想结果。对于具有多个结果分数的博弈，我们需要一种更一般的算法，即极小化极大搜索。

考虑图 5-2 中的简单博弈。根节点上 MAX 的可能移动被标记为 a_1、a_2 和 a_3。MIN 对 a_1 的可能响应为 b_1、b_2、b_3 等。这个特殊游戏在 MAX 和 MIN 各移动一次后结束。（注意，在某些游戏中，"move"一词意味着双方都执行了一次移动，因此，ply 一词被用来明确表示一个玩家的一次移动，即我们在博弈树中又深入了一层。）博弈中终止状态的效用值范围为 2～14。

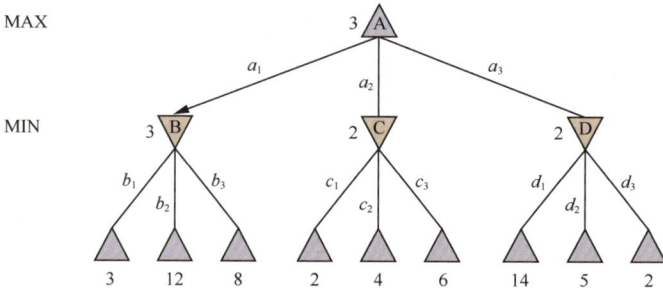

图 5-2 二层博弈树。△节点为"MAX 节点"，即轮到 MAX 移动，▽节点为"MIN 节点"。终止节点显示 MAX 的效用值，其他节点标记有它们的极小化极大值。MAX 在根节点的最佳移动是 a_1，因为它指向极小化极大值最高的状态，而 MIN 的最佳响应是 b_1，因为它指向极小化极大值最低的状态

给定博弈树，可以通过计算树中每个状态的极小化极大值（minimax value）确定最优策略，

记为 Minimax(s)。某一状态的极小化极大值是指，假设从该状态到博弈结束两个参与者都以最优策略行动，到达的终止状态对于 MAX 的效用值。终止状态的极小化极大值就是它的效用值。在非终止状态下，轮到 MAX 移动时，MAX 倾向于移动到极小化极大值最大的状态，而 MIN 倾向于移动到极小化极大值最小的状态（对 MAX 来说值最小，因此对 MIN 来说值最大）。所以有：

$$\text{Minimax}(s) = \begin{cases} \text{Utility}(s, \text{MAX}) & \text{如果 Is-Terminal}(s) \\ \max_{a \in Actions(s)} \text{Minimax}(\text{Result}(s, a)) & \text{如果 To-Move}(s) = \text{MAX} \\ \min_{a \in Actions(s)} \text{Minimax}(\text{Result}(s, a)) & \text{如果 To-Move}(s) = \text{MIN} \end{cases}$$

让我们将上述定义应用于图 5-2 中的博弈树。底层的终止节点从 Utility 函数中获取它们的效用值。第一个 MIN 节点，标记为 B，存在 3 个后继状态，值分别为 3、12 和 8，因此它的极小化极大值为 3。类似地，另外两个 MIN 节点的极小化极大值都为 2。根节点为 MAX 节点，它的后继状态的极小化极大值分别为 3、2 和 2，因此，它的极小化极大值为 3。我们还可以在根节点处确定**极小化极大决策**（minimax decision）：动作 a_1 是 MAX 的最优选择，因为它指向极小化极大值最大的状态。

MAX 的最优策略假设 MIN 也是按照最优策略动作。如果 MIN 不按照最优策略动作呢？那么 MAX 至少会表现得与它面对最优对手时一样好，甚至可能更好。然而，这并不意味着，面对次优对手时选择极小化极大最优移动总是最好的。考虑这样一种情况，双方均按照最优策略行动，结果为平局，但 MAX 有一种冒险的走法，在这种走法导致的状态下，MIN 有 10 种可能的响应，这些响应似乎都是合理的，但其中 9 种都会使 MIN 输掉游戏，只有 1 种会使 MAX 输掉游戏。如果 MAX 认为 MIN 没有足够的计算能力找到最优移动，那么 MAX 可能会尝试这种冒险的走法，因为 9/10 的获胜机会要比一个确定的平局好。

5.2.1 极小化极大搜索算法

现在我们来计算 Minimax(s)，我们可以将其转化为一个搜索算法，即尝试所有动作然后选择其结果状态的 Minimax 值最大的动作作为 MAX 的最佳移动。算法如图 5-3 所示。这是一种递归算法，它一直向下进行到叶节点，然后随着递归的展开通过搜索树**倒推**极小化极大值。例如，图 5-2 中的算法，首先递归到左下角的 3 个节点，并对它们调用 Utility 函数，发现它们的值分别为 3、12 和 8。然后选择其中的最小值，3，并将其返回，作为节点 B 的倒推值。同理可得，C 和 D 的倒推值都为 2。最后，我们选择 3、2 和 2 中的最大值 3 作为根节点的倒推值。

极小化极大算法对博弈树进行完整的深度优先探索。如果树的最大深度为 m，并且在每个点都有 b 种合法移动，那么极小化极大算法的时间复杂度为 $O(b^m)$。对于一次生成所有动作的算法，空间复杂度为 $O(bm)$，对于一次只生成一个动作的算法，空间复杂度为 $O(m)$（见 3.4.3 节）。指数级的复杂度使得 Minimax 无法应用于复杂博弈。例如，国际象棋的分支因子约为 35，平均深度约为 80 层，搜索 $35^{80} \approx 10^{123}$ 个状态显然是不可行的。然而，Minimax 确实是对博弈进行数学分析的基础。通过以各种方式近似极小化极大分析，我们可以推导出更实用的算法。

---

function MINIMAX-SEARCH(*game*, *state*) **returns** 一个动作
  player ← *game*.TO-MOVE(*state*)
  value, *move* ← MAX-VALUE(*game*, *state*)
  return *move*

function MAX-VALUE(*game*, *state*) **returns** 一个(*utility*, *move*)对
  if *game*.IS-TERMINAL(*state*) **then return** *game*.UTILITY(*state*, *player*), *null*
  v, *move* ← $-\infty$, *null*
  for each *a* **in** *game*.ACTIONS(*state*) **do**
    v2, *a2* ← MIN-VALUE(*game*, *game*.RESULT(*state*, *a*))
    if *v2* > *v* **then**
      v, *move* ← *v2*, *a*
  return *v*, *move*

function MIN-VALUE(*game*, *state*) **returns** 一个(*utility*, *move*)对
  if *game*.IS-TERMINAL(*state*) **then return** *game*.UTILITY(*state*, *player*), *null*
  v, *move* ← $+\infty$, *null*
  for each *a* **in** *game*.ACTIONS(*state*) **do**
    v2, *a2* ← MAX-VALUE(*game*, *game*.RESULT(*state*, *a*))
    if *v2* < *v* **then**
      v, *move* ← *v2*, *a*
return *v*, *move*

图 5-3　使用极小化极大计算最优移动的算法。最优移动是指，在假定对手移动是为了使效用值最小的前提下，使终止状态效用值最大的移动。函数 MAX-VALUE 和 MIN-VALUE 遍历整个博弈树直到叶节点，以确定每个状态的倒推值以及如何移动以到达该状态

5.2.2　多人博弈中的最优决策

许多流行游戏都允许多个玩家参与。让我们来看看如何将极小化极大思想推广到多人博弈中。从技术角度来看，这很自然，但是也产生了一些有趣的新的概念上的问题。

首先，我们需要将每个节点的单一值替换为值向量。例如，在玩家 A、B 和 C 参与的 3 人博弈中，每个节点都与一个向量 $\langle v_A, v_B, v_C \rangle$ 相关联。对于终止状态，这一向量表示每个玩家各自在该状态得到的效用值。（在双人零和博弈中，二元向量可以简化为一个值，因为两个值总是互为相反数。）最简单的实现方法是让 UTILITY 函数返回效用值向量。

现在我们要考虑非终止状态。考虑图 5-4 的博弈树中标为 X 的节点。此时，轮到玩家 C 选择如何移动。两种选择产生了效用值向量分别为 $\langle v_A = 1, v_B = 2, v_C = 6 \rangle$ 和 $\langle v_A = 4, v_B = 2, v_C = 3 \rangle$ 的两种终止状态，因为 6 大于 3，所以 C 应该选择第一种移动。这意味着，如果到达状态 X，后续的博弈将产生效用值为 $\langle v_A = 1, v_B = 2, v_C = 6 \rangle$ 的终止状态。因此，这个向量就是 X 的倒推值。一般地，节点 n 的倒推值是对在该点进行选择的玩家来说效用值最大的后继状态的效用值向量。

任何参与多人博弈（如 Diplomacy 或 Settlers of Catan 游戏）的参与者都会很快意识到，比起双人博弈，多人博弈要复杂得多。多人博弈通常涉及参与者之间的正式或非正式**联盟**（alliance）。联盟会随着博弈的发展建立和瓦解。我们如何理解这种行为？联盟是多人博弈中每个参与者都按照最优策略行动的自然结果吗？事实证明的确如此。

例如，假设现在 A 和 B 处于弱势，而 C 处于强势。那么，对 A 和 B 来说，最理想的做法往往是一起攻击 C，而不是彼此攻击，以免 C 对它们逐个消灭。这样的话，合作其实产生于纯粹的自私行为。当然，一旦 C 在联合攻击下被削弱，联盟就失去了价值，A 或 B 都有可

能违反协议。

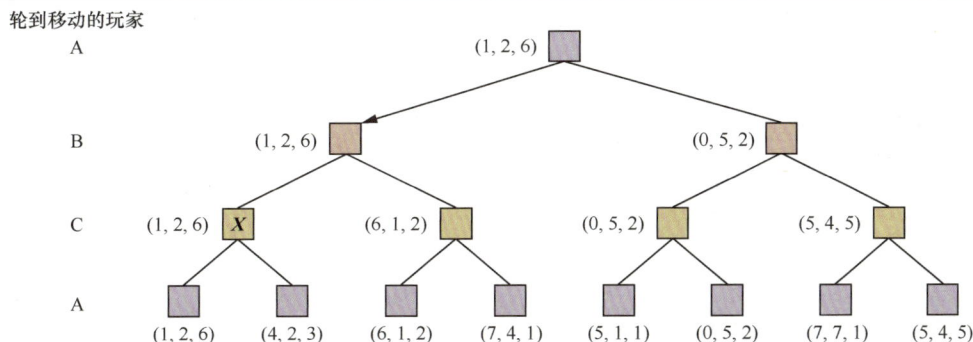

图 5-4　三人博弈的博弈树的前三层，3 个玩家为 A、B、C。每个节点都标有 3 个玩家各自的效用值。最佳移动标示在根节点上

在某些情况下，显式联盟只是将无论如何都会发生的事情具体化。而在其他情况下，破坏联盟会被记录为社会污点，所以参与者必须权衡破坏联盟所带来的即时优势和失去信任所造成的长期劣势。有关这些复杂问题的更多讨论，详见 18.2 节。

如果博弈不是零和博弈，那么在只有两个参与者时，合作也可能发生。例如，假设存在一个效用值为 $\langle v_A = 1000, v_B = 1000 \rangle$ 的终止状态，并且每个参与者最高的可能效用值也是 1000。那么最优策略是双方都尽一切可能到达该状态，也就是说，参与者会自动合作以实现共同的期望目标。

5.2.3　α-β 剪枝

博弈的状态数关于树的深度是指数量级的。没有一种算法可以完全消除指数项，但有时可以将它减半，即通过剪枝（见 3.5.3 节）消除对结果没有影响的树的大部分，从而不需要检查所有状态就能计算出正确的极小化极大决策。这种技术称为 **α-β 剪枝**（alpha-beta pruning）。

再次考虑图 5-2 中的双层博弈树。让我们再进行一次最优决策的计算，这一次要仔细观察在这个过程中的每个点上都获得了什么信息。步骤如图 5-5 所示。结果是，我们可以在无须评估其中两个叶节点的情况下就能确定极小化极大决策。

另一种考虑这一问题的方式是将 Minimax 公式简化。假设图 5-5 中节点 C 的两个未评估的后继节点的值分别为 x 和 y，则根节点的值为

$$
\begin{aligned}
\textsc{Minimax}(root) &= \max(\min(3, 12, 8), \min(2, x, y), \min(14, 5, 2)) \\
&= \max(3, \min(2, x, y), 2) \\
&= \max(3, z, 2) \qquad \text{其中 } z = \min(2, x, y) \leqslant 2 \\
&= 3
\end{aligned}
$$

也就是说，根节点的值以及极小化极大决策与叶节点 x 和 y 的值无关，因此可以将它们剪枝。

α-β剪枝可以应用于任何深度的树，而且通常可以将整个子树而不只是叶节点剪枝。一般原则是：考虑树中某个位置的节点 n（见图 5-6），玩家可以选择移动到 n。如果玩家在树中同一层（如图 5-6 中的 m'）或更上层的任何位置（如图 5-6 中的 m）有更好的选择，那么玩家永远都不愿移动到 n。所以，一旦我们对 n 有了足够的了解（通过检查它的某些后继）来得出上述结论，就可以将它剪枝。

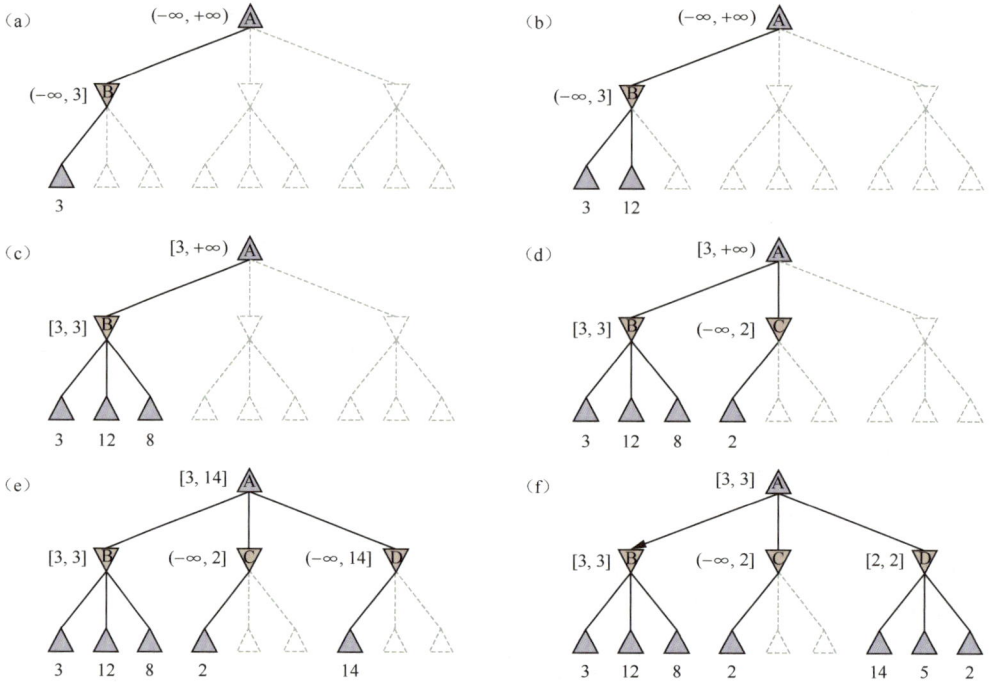

图 5-5   图 5-2 中博弈树的最优决策计算过程。每一步都标有每个节点可能的值的范围。（a）B 下面的第一个叶节点值为 3。因此，作为 MIN 节点，B 的值最多为 3。（b）B 下面的第二个叶节点值为 12，MIN 将避免移动到该节点，所以 B 的值仍然最多为 3。（c）B 下面的第三个叶节点值为 8，此时我们已经检查完了 B 的所有后继状态，所以 B 的值就是 3。现在我们可以推断根节点的值至少是 3，因为 MAX 在根节点处有值为 3 的选择。（d）C 下面的第一个叶节点值为 2。因此，作为 MIN 节点，C 的值最多为 2。但是我们知道 B 的值为 3，所以 MAX 永远不会选择 C。因此，没有必要再去检查 C 的其他后继状态。这是 α-β 剪枝的一个实例。（e）D 下面的第一个叶节点值为 14，所以 D 的值最多为 14。这仍然高于 MAX 的最佳选择 3，所以我们需要继续探索 D 的后继状态。注意，此时根节点的所有后继都有界，所以根节点的值也最多为 14。（f）D 的第二个后继值为 5，所以我们又需要继续探索。第三个后继值为 2，所以 D 的值就是 2。最终，MAX 在根节点处的决策是移动到值为 3 的节点 B

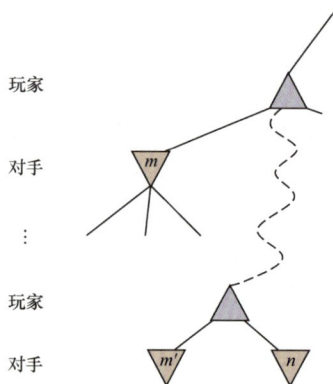

图 5-6   α-β剪枝的一般情况。如果对玩家来说 m 或 m' 要好于 n，那么我们永远都不会在博弈中到达 n

记住，极小化极大搜索是深度优先的，所以在任何时候我们只需考虑树中单个路径上的节点。α-β剪枝得名于 MAX-VALUE(state, α, β)（见图 5-7）中的两个额外参数，它们分别是路径上任何位置的倒推值的下界和上界。

α = 到目前为止，路径上发现的 MAX 的任一选择点中最佳（最大值）选择的值。也就是说，α = "至少"。

β = 到目前为止，路径上发现的 MIN 的任一选择点中最佳（最小值）选择的值。也就是说，β = "至多"。

α-β 搜索不断更新 α 和 β 的值，并且一旦当前节点的值比此时的 α（对于 MAX）或 β（对于 MIN）值更差，就剪掉该节点的剩余分支（终止递归调用）。完整算法如图 5-7 所示。图 5-5 跟踪了博弈树上的算法进程。

---

function ALPHA-BETA-SEARCH(*game*, *state*) **returns** 一个动作
    player ← *game*.TO-MOVE(*state*)
    value, *move* ← MAX-VALUE(*game*, *state*, $-\infty$, $+\infty$)
    return *move*

function MAX-VALUE(*game*, *state*, α, β) **returns** 一个(*utility*, *move*)对
    if *game*.IS-TERMINAL(*state*) **then return** *game*.UTILITY(*state*, *player*), *null*
    v, *move* ← $-\infty$, *null*
    for each *a* **in** *game*.ACTIONS(*state*) **do**
        v2, *a2* ← MIN-VALUE(*game*, *game*.RESULT(*state*, *a*), α, β)
        if *v2* > *v* **then**
            v, *move* ← *v2*, *a*
            α ← MAX(α, *v*)
        if *v* $\geq$ β **then return** *v*, *move*
    return *v*, *move*

function MIN-VALUE(*game*, *state*, α, β) **returns** 一个(*utility*, *move*)对
    if *game*.IS-TERMINAL(*state*) **then return** *game*.UTILITY(*state*, *player*), *null*
    v, *move* ← $+\infty$, *null*
    for each *a* **in** *game*.ACTIONS(*state*) **do**
        v2, *a2* ← MAX-VALUE(*game*, *game*.RESULT(*state*, *a*), α, β)
        if *v2* < *v* **then**
            v, *move* ← *v2*, *a*
            β ← MIN(β, *v*)
        if *v* $\leq$ α **then return** *v*, *move*
    return *v*, *move*

图 5-7 α-β 搜索算法。注意，这些函数与图 5-3 中的 MINIMAX-SEARCH 函数相同，除了需要维护变量 α 和 β，以及在值超出边界时截断搜索

5.2.4 移动顺序

α-β 剪枝的有效性很大程度上依赖于状态的检查顺序。例如，在图 5-5e 和图 5-5f 中，根本不能剪掉 D 的任何后继，因为最差的后继（从 MIN 的角度来看）是最先生成的。如果最先生成 D 的第三个后继，它的值为 2，那么我们就可以剪掉另外两个后继。这表明，应该先检查有可能是最佳选择的后继节点。

如果能够完美地实现这一点，α-β 搜索算法只需要检查 $O(b^{m/2})$ 个节点就能选出最佳移动，而极小化极大算法需要 $O(b^m)$。这意味着有效分支因子从 b 变为了 $\sqrt{b}$，对国际象棋来说，大约从 35 变为了 6。换句话说，在相同时间内，拥有完美移动顺序的 α-β 剪枝可以求解的树的深度大约是极小化极大算法的两倍。如果移动顺序随机，对于适当大小的 b，需要检查的节点总数约为 $O(b^{3m/4})$。显然我们现在无法实现完美移动顺序，否则，在这种情况下，可以用排序函数玩一个完美的游戏！但通常我们可以非常接近完美。对国际象棋来说，一个非常简单的排序函数（例如，先尝试吃子，然后是威胁，再后是前进和后退）就能让检查的节点数减少到不超过

最好情况 $O(b^{m/2})$ 的大约 2 倍。

增加动态的移动排序方案，例如先尝试之前发现的最佳移动，能让我们非常接近理论极限。"之前"可能指上一次移动（通常面临同样的威胁），也可能来自之前通过**迭代加深**（见 3.4.4 节）过程对当前移动的探索。首先，搜索一层并根据它们的评估结果记录这些移动的排名。然后再深入搜索一层，利用之前的排名指导移动顺序，以此类推。由于迭代加深过程而增加的搜索时间可以通过更好的移动顺序来弥补。这些最佳移动称为**绝招**（killer move），首先尝试绝招称为绝招启发式评价函数。

在 3.3.3 节中，我们指出通往重复状态的冗余路径会导致搜索代价呈指数级增长，而维护一个先前到达状态的表可以解决这个问题。在博弈树搜索中，重复状态的产生是由于**换位**（transposition）——移动序列的不同排列最终导致相同的局面，这个问题可以通过**换位表**（transposition table）解决，它将缓存状态的启发式值。

例如，假设白方进行了移动 w_1，而黑方用 b_1 应对，在棋盘的另一边有一个不相关的移动 w_2，黑方可以用 b_2 应对，我们搜索移动序列 $[w_1, b_1, w_2, b_2]$，将其结果状态记为 s。在探索了 s 下面一棵较大的子树之后，我们找到了它的倒推值，并将其存储在换位表中。当我们之后搜索移动序列 $[w_2, b_2, w_1, b_1]$ 时，我们再次到达 s，这时我们可以在表中查找它的值而无须重复搜索。在国际象棋中，换位表非常有效，在相同时间内能到达的搜索深度将扩大一倍。

即使采用 α-β 剪枝和精巧的移动顺序，极小化极大算法也不适用于国际象棋和围棋这样的游戏，因为在可用时间内仍然有太多状态需要探索。在关于计算机博弈的第一篇论文"Programming a Computer for Playing Chess"（Shannon, 1950）中，克劳德·香农意识到这一问题，并提出了两种策略。**A 型策略**（Type A strategy）考虑搜索树中某一深度的所有可能的移动，然后使用启发式评价函数估计该深度下状态的效用值。它探索了树的宽但浅的部分。**B 型策略**（Type B strategy）舍弃了那些看起来就很差的移动，"尽可能"走那些更有可能的路线。它探索了树的深但窄的部分。

历史上，大多数国际象棋程序都是 A 型策略（我们将在 5.3 节讨论），而围棋程序通常是 B 型策略（将在 5.4 节讨论），因为围棋的分支因子要高得多。最近，B 型程序在各种游戏中都达到了世界冠军级水平，包括国际象棋（Silver et al., 2018）。

5.3　启发式 α-β 树搜索

为了充分利用有限的计算时间，我们可以提前截断搜索，并对状态应用启发式**评价函数**，从而有效地将非终止节点转变为终止节点。换句话说，我们用 EVAL 函数代替 UTILITY 函数，EVAL 对状态效用值进行估计。用**截断测试**（cutoff test）代替终止测试，对于终止状态，截断测试必定返回真，但是它可以根据搜索深度和当前状态的任意属性自由决定何时终止搜索。这样我们得到了搜索深度 d 处状态 s 的启发式极小化极大值的计算公式 H-MINIMAX(s, d)：

$$H\text{-}\mathrm{MINIMAX}(s, d) = \begin{cases} \mathrm{EVAL}(s, \mathrm{MAX}) & \text{如果 IS-CUTOFF}(s, d) \\ \max_{a \in Actions(s)} H\text{-}\mathrm{MINIMAX}(\mathrm{RESULT}(s, a), d+1) & \text{如果 TO-MOVE}(s) = \mathrm{MAX} \\ \min_{a \in Actions(s)} H\text{-}\mathrm{MINIMAX}(\mathrm{RESULT}(s, a), d+1) & \text{如果 TO-MOVE}(s) = \mathrm{MIN} \end{cases}$$

5.3.1　评价函数

就像第 3 章的启发式函数返回到目标距离的估计值一样，启发式评价函数 EVAL(s, p) 向参

与者 p 返回状态 s 的期望效用的估计值。对于终止状态，一定是 EVAL(s, p) = UTILITY(s, p)，而对于非终止状态，估计值必须介于输和赢之间：UTILITY$(loss, p)$ ≤ EVAL(s, p) ≤ UTILITY(win, p)。

除了满足这些需求之外，一个好的评价函数是由什么组成的？首先，计算时间不能太长！（重点是加快搜索速度。）其次，评价函数应与实际的获胜机会密切相关。你可能会对"获胜机会"一词感到疑惑。毕竟，国际象棋并不是一种碰运气的游戏：我们确定地知道当前的状态，博弈没有任何随机性；如果双方都没有犯错，结果是预先确定的。但是，如果搜索必须在非终止状态截断，那么算法对这些状态的最终结果必然是不确定的（即使这种不确定性可以通过提供无限的计算资源来解决）。

让我们把这一思想进一步具体化。大多数评价函数需要计算状态的各种**特征**（feature）。例如，在国际象棋中，我们将拥有白兵数目、黑兵数目、白后数目、黑后数目等特征。这些特征合在一起，定义了状态的各种类别或等价类：同一类别中的状态，对所有特征都具有相同值。例如，某一类别包含所有的"两兵对一兵"残局。任何给定类别都可能包含一些通往（以完美玩法）胜利的状态，一些通往平局的状态和一些通往失败的状态。

评价函数不知道到底是处于哪种状态，但它可以返回一个值来估计每个结果的状态比例。例如，假设我们的经验表明，在"两兵对一兵"类中，82% 的状态通向胜利（效用值 +1），2% 导致失败（效用值 0），16% 为平局（效用值 1/2）。那么，该类别中状态的合理评估为**期望值**（expected value）：$(0.82 × +1) + (0.02 × 0) + (0.16 × 1/2) = 0.90$。原则上，可以为每一个状态类确定一个期望值，这样我们就得到了适用于任何状态的评价函数。

在实践中，这种方法需要分析太多类别，因此需要非常多的经验去估计所有的可能性。与上述方法不同，大多数评价函数会分别计算每个特征的数值贡献，将它们结合起来得到总数值。几个世纪以来，国际象棋棋手们已经提出了一些使用这一思想评估局面价值的方法。例如，国际象棋入门书籍给出了各个棋子的**子力价值**（material value）估计：兵值 1 分，马或象值 3 分，车值 5 分，后值 9 分。其他特征，如"好的兵阵"和"王的安全"可能值半个兵。这些特征值简单地相加即可得到局面的评估值。

数学上，这种评价函数称为**加权线性函数**（weighted linear function），因为它可以表示为如下形式：

$$\text{EVAL}(s) = w_1 f_1(s) + w_2 f_2(s) + \cdots + w_n f_n(s) = \sum_{i=1}^{n} w_i f_i(s)$$

其中 f_i 是局面的某一特征（例如"白象数目"），w_i 是其权重（表明该特征的重要性）。权重需要归一化，使总和始终保持在输（0）到赢（+1）的范围内。如图 5-8a 所示，一个兵的确定优势提供了很大的获胜可能性，而 3 个兵的确定优势则几乎必胜。之前提到，评价函数应与实际的获胜机会密切相关，但并不需要线性相关：如果状态 s 获胜的可能性是状态 s' 的两倍，并不意味着 EVAL(s) 必须是 EVAL(s') 的两倍，只需要 EVAL(s) > EVAL(s')。

将特征的值相加似乎是合理的，但实际上它涉及一个很强的假设：每个特征的贡献独立于其他特征的值。因此，目前的国际象棋和其他游戏程序也会使用特征的非线性组合。例如，一对象的价值可能比单个象价值的两倍还要大，并且在残局时，象比之前价值更大，即当移动数这一特征很大或剩余棋子数这一特征很小时。

如何得到特征和权重？它们不属于国际象棋规则，而是来自人类下棋的经验。在没有这种经验的游戏中，评价函数的权重可以通过第 22 章的机器学习技术来估计。将这些技术应用到国际象棋中，结果表明一个象确实相当于大约 3 个兵，而且似乎几个世纪的人类经验都可以在短短几小时的机器学习中被复制。

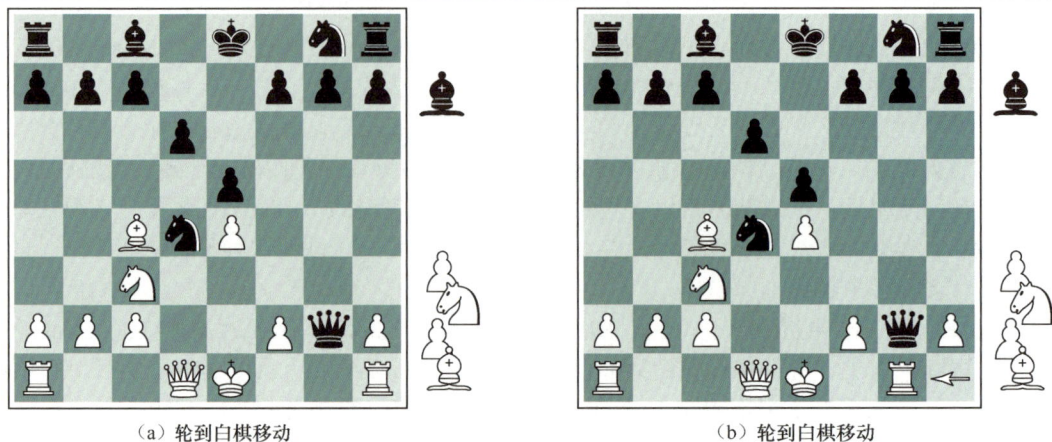

（a）轮到白棋移动　　　　　　　　　　　　　　　（b）轮到白棋移动

图 5-8　两个国际象棋局面，只有右下角车的位置不同。在（a）中，黑方有一个马两个兵的优势，这足以取胜。在（b）中，白方将吃掉对方的皇后，这几乎是必胜的优势

5.3.2　截断搜索

下一步是修改 Alpha-Beta-Search，让它在合适的时候调用启发式 Eval 函数截断搜索。我们把图 5-7 中提到 Is-Terminal 的两行代码替换为下面这行代码：

if *game*.Is-Cutoff(*state*, *depth*) **then return** *game*.Eval(*state*, *player*), *null*

我们还必须记录一些信息，这样在每一次递归调用时可以逐渐增加当前的 *depth*。控制搜索量最直接的方法是设置一个固定的深度限制，这样的话，对所有大于固定深度 *d* 的 *depth*（以及所有终止状态），Is-Cutoff(*state*, *depth*) 都返回 true。深度 *d* 的选择取决于分配时间内所选择的移动。更稳健的方法是使用迭代加深（见第 3 章）。当时间耗尽时，程序将返回最深的已完成搜索所选择的移动。如果在每一轮迭代加深中，我们都维护换位表中的条目，那么作为奖励，后续轮次的速度将加快，我们可以使用评估值改进移动顺序。

由于评价函数只是一种近似，这些简单方法可能导致误差。重新考虑象棋中基于子力优势的简单评价函数。假设程序搜索到达了深度限制，例如到达图 5-8b 中的局面，即黑方多了一个马、两个兵。程序会将其报告为该状态的启发式值，从而认为该状态很可能导致黑方获胜。但其实白方下一步就可以不留退路地吃掉黑方的皇后。因此，这个局面实际上对白方有利，但这只有通过向前看才能知道。

评价函数只能应用于**静态**（quiescent）局面，也就是说，在这些局面中不存在会使评估值大幅度摇摆变化的待定移动（例如吃掉皇后）。对于非静态局面，Is-Cutoff 将返回 false，并继续搜索直到到达静态局面。这种额外的**静态搜索**（quiescence search）有时会被进一步限制为只考虑特定类型的移动（例如吃子），它能快速消除当前局面的不确定性。

视野效应（horizon effect）则更难消除。它是指程序面临一个将给我方造成严重损失而且基本无法避免的对方移动，但可以使用拖延战术暂时避开。考虑图 5-9 中的国际象棋局面。很明显，黑象已经无路可逃。例如，白车可以通过依次移动到 h1、a1、a2 吃掉黑象，在第 6 步完成吃子。

但黑方确实可以采取一系列移动，将象被吃掉这一结果推向"视野"以外。假设黑方搜索深度为 8 层。黑方的大多数出招都会导致象最终被吃掉，因此被标记为"坏招"。但黑棋也会考虑这样的移动序列，即先用兵来阻挡王，引诱王去吃兵。然后黑方可以同样地处理第二个

兵。上述过程占用了太多步，在剩余的搜索步数内，象不会被吃掉。黑方自认为这一策略用两个兵保住了象，但实际上它所做的只是白白浪费了兵，象被吃掉是不可避免的，只是被推到了黑方能搜索到的视野之外。

缓解视野效应的一种策略是允许**单步延伸**（singular extension），该策略是说，即使搜索本应在此状态截断，但是，如果在给定局面中有比其他所有移动都"明显更好"的一种移动，我们就允许算法继续沿着这个移动延伸搜索。在我们的例子中，搜索将发现白车的 3 次移动——h2 到 h1，h1 到 a1，从 a1 吃掉 a2 处的象——依次都是明显更好的移动，因此，即使兵的某个移动序列将搜索推到视野之外，这些明显更好的移动将有机会被延伸搜索。这会使树变得更深，但由于单步延伸通常很少，这一策略并不会增加很多节点，在实践中，它已被证明是有效的。

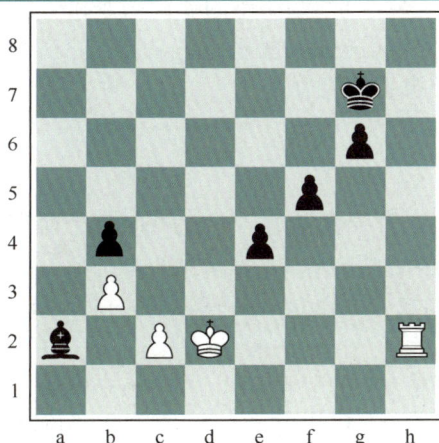

图 5-9 视野效应。黑方移动后，黑象注定难逃厄运。但是黑方可以用兵来阻挡白方的王，引诱王去吃掉兵。这会将不可避免的象的损失推到视野之外，因此，搜索算法将牺牲兵的这一步看作"好招"

5.3.3 前向剪枝

α-β 剪枝将剪掉对最终评估没有影响的树的分支，但**前向剪枝**（forward pruning）将剪掉那些看上去很糟糕但也可能实际很好的移动。因此，这一策略以出错风险增大的代价节省了计算时间。用香农的话说，这是 B 型策略。显然，大多数人类棋手都会这么做，仅考虑每个局面的几步移动（至少是潜意识地）。

前向剪枝的一种方法是**束搜索**（见 4.1.3 节）：在每一层，只考虑一"束" n 个最佳移动（根据评价函数），而不是所有可能的移动。遗憾的是，这种方法相当危险，因为无法保证最佳移动不被剪枝。

PROBCUT（概率截断，probabilistic cut）算法（Buro, 1995）是 α-β 搜索的前向剪枝版本，它使用从先前经验中获得的统计数据减少最佳移动被剪除的概率。α-β 搜索将剪除所有可证明位于当前 (α, β) 窗口之外的节点。PROBCUT 算法则剪除有可能位于窗口之外的节点。它通过执行浅层搜索计算某个节点的倒推值 v，然后利用过去的经验估计树中深度为 d 的节点的值 v 位于 (α, β) 范围之外的可能性。布罗（Buro）将这种技术应用到了他的黑白棋程序 LOGISTELLO，发现即使常规版本的黑白棋程序拥有两倍的可用时间，PROBCUT 版本依然以 64% 的获胜率击败了常规版本。

另一种技术，即**后期移动缩减**（late move reduction）技术，假设移动顺序已经调整好，因此在可能的移动的列表中后期才出现的移动不太可能是好的移动。这一技术没有将后期的移动完全删除，只是减少了搜索这些移动的深度，从而节省了时间。如果缩减后的搜索返回的值高

于当前 α 值，我们可以重新运行全深度搜索。

结合本章介绍的所有技术，可以得到一个国际象棋（或其他游戏）程序。我们假设，已经实现了一个国际象棋评价函数——一个使用静态搜索的合理截断测试。我们还假设，经过几个月的努力，可以在最新的个人计算机上每秒生成并评估大约 100 万个节点。国际象棋的分支因子平均约为 35，而 35^5 约等于 5000 万，因此，如果我们使用极小化极大搜索，在大约 1 分钟的计算时间内只能向前搜索 5 层。按照比赛规则，我们没有足够的时间去搜索第 6 层。平均水平的人类棋手就可以击败这样的程序，因为他们偶尔会向前规划 6 ~ 8 步。

通过 α-β 搜索和大型换位表，我们可以向前搜索大约 14 层，已经到达了专家级水平。我们可以将个人计算机换成一台拥有 8 个 GPU 的工作站，每秒可以计算超过 10 亿个节点，但如果要达到大师级水平，还需要一个经过精心调整的评价函数和一个存储残局招式的大型数据库。像 STOCKFISH 这样的顶级国际象棋程序拥有所有这些功能，它在搜索树中通常能达到超过 30 的深度，远远超过任何一个人类棋手的能力。

5.3.4   搜索和查表

对一个国际象棋程序来说，开局就考虑一个包含 10 亿个博弈状态的树似乎有些过犹不及：漫长的搜索得出的结论仅仅是将兵放到 e4（最常见的第一步）。一个世纪以来，许多国际象棋书籍都介绍了如何下好开局和残局（Tattersall, 1911）。因此，许多游戏程序使用查表而非搜索来处理开局和残局也就不足为奇了。

对于开局，计算机主要依靠人类的专业知识。可以从书中复制人类专家关于如何打好每个开局的最佳建议并将其输入表中供计算机使用。此外，计算机还可以从以前玩过的游戏的数据库中收集统计数据，以判断哪种开局最容易取胜。最开始的几步可能的局面很少，大多数局面都能存储在表中。通常，移动 10 ~ 15 步后，我们会到达一个很少见的局面，程序必须从查表切换到搜索。

在游戏接近结束时，可能的局面又变少，因此更容易查表。这是计算机的专长：计算机对残局的分析能力远远超过了人类。新手玩家按照一些简单的规则就能在王、车对王（KRK）残局中获胜。而其他残局，例如王、象、马对王（KBNK），则很难掌握，也不存在简明的策略。

另外，计算机可以通过生成一种**策略**完全解决残局问题，这一策略是从每种可能状态到该状态下最佳移动的映射。这样计算机就可以在这个表中查到正确移动从而完美完成棋局。这个表由**逆向**（retrograde）极小化极大搜索构建：首先考虑在棋盘上放置 KBNK 的所有方法。有些局面是白方获胜，将它们标为"赢"。然后反转国际象棋规则，做逆向移动。无论黑方的应对是什么，白方的任何一步最终位于"赢"局面的移动，都标为"赢"。继续上述搜索，直到所有可能局面都被解析为赢、输或平局，这样就得到了一个包含所有 KBNK 残局的准确无误的查询表。这种做法不仅适用于 KBNK 残局，也适用于所有棋子数不超过 7 的残局，这样的表格包含 400 万亿个状态。棋子数为 8 的表则包含 40 000 万亿个状态。

5.4   蒙特卡罗树搜索

对围棋来说，启发式 α-β 树搜索有两个主要缺点：首先，围棋的分支因子开始时为 361，这意味着 α-β 搜索被限制在 4 ~ 5 层。其次，很难为围棋定义一个好的评价函数，因为子力价值并不是一个强有力的指标，而且大多数状态直到最后阶段都在不断变化。为了应对这两个挑战，现代围棋程序已经放弃了 α-β 搜索，而是使用一种称为**蒙特卡罗树搜索**（Monte Carlo tree

search，MCTS）的策略。[①]

基本的 MCTS 策略不使用启发式评价函数。相反，状态值是根据从该状态开始的多次完整博弈模拟（simulation）的平均效用值估算的。一次模拟（也被称为一个 playout 或 rollout）先为一个参与者选择移动，接着为另一个参与者选择，重复上述操作直到到达某个终止局面。这时，博弈规则（而非不可靠的启发式）决定输赢以及比分。对于那些只有输赢两种结果的博弈，"平均效用值"为"获胜百分比"。

在模拟中我们如何选择要采取的移动？如果只是随机选择，那么多次模拟之后，我们仅能得到"如果两个参与者都随机选择，那么最佳移动是什么？"这一问题的答案。对于一些简单游戏，这恰好与"如果两名参与者都玩得很好，那么最佳移动是什么？"的答案相同，但对大多数游戏却并非如此。为了从模拟中获得有用信息，我们需要一个模拟策略（playout policy），使其偏向于好的行动。对围棋和其他游戏来说，人们已经使用神经网络成功地从自我对弈中学习到了模拟策略。有时还会根据游戏的不同，使用不同的启发式方法，如国际象棋中的"考虑吃子"，或黑白棋中的"占据角落"。

给定了模拟策略，我们接下来需要决定两件事：从什么局面开始模拟，以及分配给每个局面多少次模拟？最简单的答案是纯蒙特卡罗搜索（pure Monte Carlo search），即从博弈当前状态开始做 N 次模拟，并记录从当前局面开始哪一种可能移动胜率最高。

对于一些随机游戏，随着 N 的增加，这一策略会收敛到最优策略，但对大多数博弈来说，这还不够——我们需要一个选择策略（selection policy），有选择地将计算资源集中在博弈树的重要部分上。选择策略需要平衡两个因素以做出更准确的估计：对那些模拟次数很少的状态的探索（exploration），以及对那些在过去的模拟中表现良好的状态的利用（exploitation）。（有关探索/利用权衡的更多信息，请参阅 17.3 节。）蒙特卡罗树搜索维护一个搜索树，它在每次迭代（包含以下 4 个步骤）中不断增长，如图 5-10 所示。

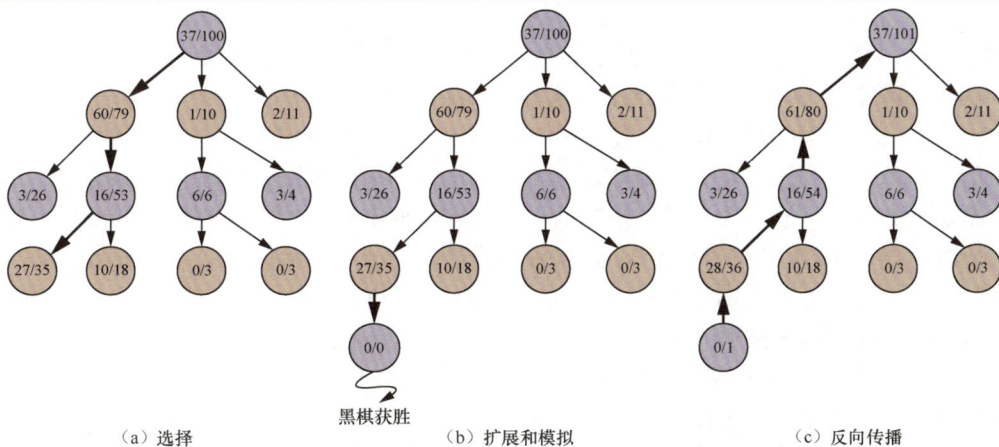

图 5-10　使用蒙特卡罗树搜索（MCTS）选择移动的算法的一次迭代，该算法使用"应用于树搜索的置信上界"法（UCT）作为选择度量，此时已完成了 100 次迭代。（a）选择移动，沿着树一直向下，到标记为 27/35（35 次模拟中黑方赢了 27 次）的叶节点结束。（b）扩展所选节点并进行模拟，最终黑方获胜。（c）将模拟结果沿树反向传播

- **选择**：从搜索树的根节点开始，选择一个移动（在选择策略的指导下），到达一个后继节点，然后重复该过程，沿着树向下移动到叶节点。图 5-10a 为一棵搜索树，根表示白方刚

① "蒙特卡罗"算法是以摩纳哥蒙特卡罗赌场命名的随机算法。

刚移动的状态，到目前为止，白方已经在 100 次模拟中赢了 37 次。粗箭头表示黑方选择的移动，在它指向的节点上黑方赢了 60/79 次。这是 3 种移动中最高的胜率，所以选择它是一次利用。但为了探索，选择 2/11 节点也是合理的——只有 11 次模拟，该节点的估值仍有很高的不确定性，如果我们获得更多相关信息，它最终可能是最好的。继续选择直到到达标有 27/35 的叶节点。

- **扩展**：我们通过为所选节点生成一个新的子节点的方式增长搜索树，图 5-10b 中展示了标记为 0/0 的新节点。（一些版本在这一步中会生成多个子节点。）
- **模拟**：我们从新生成的子节点开始执行一次模拟，根据模拟策略为两个参与者选择移动。这些移动不会记录在搜索树中。在图中，模拟结果为黑方获胜。
- **反向传播**：我们现在使用模拟结果自底向上地更新所有搜索树节点。因为这次模拟的结果是黑方获胜，所以黑方节点的获胜次数和模拟次数都会增加，27/35 变为 28/36，60/79 变为 61/80。因为白方失败，其节点只增加模拟次数，所以 16/53 变为 16/54，根节点的 37/100 变为 37/101。

我们在固定次数的迭代中重复这 4 个步骤，或者迭代到所分配的时间耗尽，然后返回模拟次数最多的移动。

一种非常有效的选择策略称为"应用于树搜索的置信上界"，即 **UCT**。它根据称为 **UCB1** 的置信上界公式对每个可能的移动排序。（详见 17.3.3 节。）对节点 n 来说，公式为

$$\text{UCB1}(n) = \frac{U(n)}{N(n)} + C \times \sqrt{\frac{\log N(\text{PARENT}(n))}{N(n)}}$$

其中 $U(n)$ 为经过节点 n 的所有模拟的总效用值，$N(n)$ 是经过节点 n 的模拟次数，$\text{PARENT}(n)$ 是树中 n 的父节点。因此 $\frac{U(n)}{N(n)}$ 为利用项，即节点 n 的平均效用值。带有平方根的项是探索项：分母为 $N(n)$，这意味着对只探索过几次的节点来说，这一项的值比较高；分子记录了我们对 n 的父节点的探索次数，这意味着，如果我们选择 n 的概率不是 0，那么随着计数的增加，探索项会趋于零，最终模拟次数将被分配给平均效用值最高的节点。

C 是一个平衡利用和探索的常数。有一种理论认为 C 应该是 $\sqrt{2}$，但在实践中，程序员会尝试多个 C 值，从中选择一个表现最好的。（有些程序则使用一些稍微不同的公式。例如，ALPHAZERO 增加了一个行动概率项，由根据之前的自我对弈训练得到的神经网络计算。）当 $C = 1.4$ 时，图 5-10 中 60/79 节点的 UCB1 值最高，而当 $C = 1.5$ 时，2/11 节点分值最高。

图 5-11 给出了完整的 UCT MCTS 算法。当迭代终止时，算法返回模拟次数最多的移动。你可能认为应该返回平均效用值最高的节点，但算法的思想是获胜 65/100 次的节点优于获胜 2/3 次的节点，因为后者有很多不确定性。在任何情况下，UCB1 公式确保模拟次数最多的节点几乎总是拥有最高的获胜概率，因为随着模拟次数的增加，选择过程将越来越偏向获胜概率。

---

function MONTE-CARLO-TREE-SEARCH(*state*) **returns** 一个动作
    tree ← NODE(*state*)
    while IS-TIME-REMAINING() **do**
      leaf ← SELECT(*tree*)
      child ← EXPAND(*leaf*)
      result ← SIMULATE(*child*)
      BACK-PROPAGATE(*result*, *child*)
    return ACTIONS(*state*)中指向模拟次数最多的节点的移动

图 5-11　蒙特卡罗树搜索算法。首先，初始化博弈树 *tree*，然后重复 SELECT/EXPAND/SIMULATE/BACK-PROPAGATE 的循环，直到时间耗尽，最后返回指向模拟次数最多的节点的移动

计算一次模拟结果的时间对博弈树的深度来说是线性的，而不是指数级的，因为在每个选择点上只采用一个移动。这样我们就有足够的时间进行多次模拟。例如，假设有一个分支因子为 32 的博弈，博弈平均持续 100 步。如果我们有足够的计算能力可以在执行移动前考虑 10 亿个博弈状态，那么极小化极大算法可以搜索 6 层深度，具有完美行动顺序的α-β算法可以搜索 12 层深度，蒙特卡罗搜索算法可以搜索 1000 万次模拟。哪种方法更好呢？这取决于所用的启发式函数与选择策略、模拟策略的准确性的高下。

传统观点认为，对于围棋这种分支因子非常高（因此α-β搜索不够深）或者很难定义一个好的评价函数的游戏，蒙特卡罗搜索要优于α-β搜索。考虑到对手的目标是最小化得分，α-β搜索将选择指向可实现评价函数得分最高的节点的路径。因此，如果评价函数不准确，α-β搜索也会不准确。对单个节点的错误计算可能导致α-β搜索错误地选择（或避开）指向该节点的路径。而蒙特卡罗搜索依赖于多次模拟的聚合，因此不容易受到单次错误的影响。我们也可以将 MCTS 和评价函数结合起来：对一定数量的移动进行模拟，然后截断模拟，并在截断的节点上应用评价函数。

也可以将α-β搜索和蒙特卡罗搜索结合。例如，在可以持续很多步的博弈中，我们可能希望**提前终止模拟**（early playout termination），即终止持续太多步的模拟，并使用启发式评价函数对其进行评估，或者干脆宣布平局。

蒙特卡罗搜索可以应用于没有任何经验可以用来定义评价函数的全新博弈。只要我们知道博弈规则，蒙特卡罗搜索不需要任何附加信息。选择和模拟策略可以充分利用人工制定的专家知识，也可以通过仅仅使用自我对弈训练得到的神经网络来学习好的策略。

当单步移动可以改变游戏进程时，蒙特卡罗搜索存在缺陷，因为蒙特卡罗搜索的随机性意味着它可能不会考虑这一移动。换句话说，蒙特卡罗搜索中的 B 型剪枝意味着它可能根本没有探索关键路线。当博弈状态"明显"是一方或另一方获胜时（根据人类的知识和评价函数），蒙特卡罗搜索也存在缺陷，它仍然需要模拟很多步来验证获胜者。长期以来，人们一直认为，在国际象棋等具有较低分支因子和较好评价函数的游戏中，α-β搜索更好。但最近，蒙特卡罗方法在国际象棋及其他游戏中也取得了成功。

模拟未来的行动，观测结果，并根据结果来确定哪些行动是好的，这样的一般思想其实就是一种**强化学习**思想，我们将在第 22 章中介绍。

5.5 随机博弈

包含随机因素（例如掷骰子）的**随机博弈**（stochastic game）使我们更接近现实生活的不可预测性。西洋双陆棋是一种典型的运气和技巧相结合的随机游戏。在图 5-12 的西洋双陆棋局面中，黑方掷出"6-5"，有 4 种可能走法［每种走法将一个棋子向前（顺时针）移动 5 步，另一个棋子向前移动 6 步］。

此时，黑方知道可以走什么棋，但不知道白方会掷出什么，因此也不知道白方的合法移动会是什么。这意味着黑方无法构建我们在国际象棋和井字棋中看到的那种标准博弈树。西洋双陆棋的博弈树除了 MAX 和 MIN 节点外，还必须包括**机会节点**（chance node）。机会节点如图 5-13 中的圆圈所示。从每个机会节点引出的分支表示可能掷出的骰子点数，每个分支都标有掷出的点数及其概率。两个骰子有 36 种组合，每一种都是等可能的，但是，因为 6-5 和 5-6 是一样的，所以只有 21 种不同的点数组合。6 个点数相同的组合（1-1 到 6-6）的概率都是 1/36，即 $P(1\text{-}1) = 1/36$。其他 15 种不同组合的概率都是 1/18。

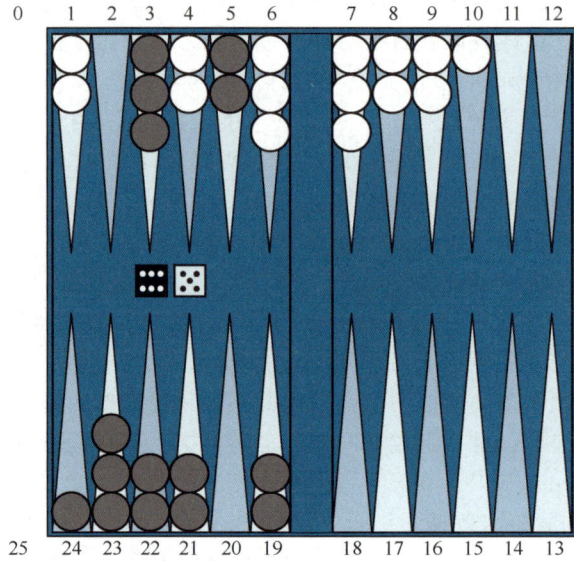

图 5-12　一个典型的西洋双陆棋局面。游戏的目标是把自己的所有棋子移出棋盘。黑方向 25 顺时针移动，白方向 0 逆时针移动。一个棋子可以移动到任何位置，除非那里有多个对方棋子；如果只有一个对方棋子，对方棋子就会被吃掉，然后必须从起点重新开始。图中所示的局面，黑棋已经掷出了 6-5，必须从 (5-11, 5-10)、(5-11, 19-24)、(5-10, 10-16) 和 (5-11, 11-16) 这 4 种合法移动中选择，其中符号 (5-11, 11-16) 表示将一个棋子从位置 5 移动到位置 11，另一个棋子从位置 11 移动到位置 16

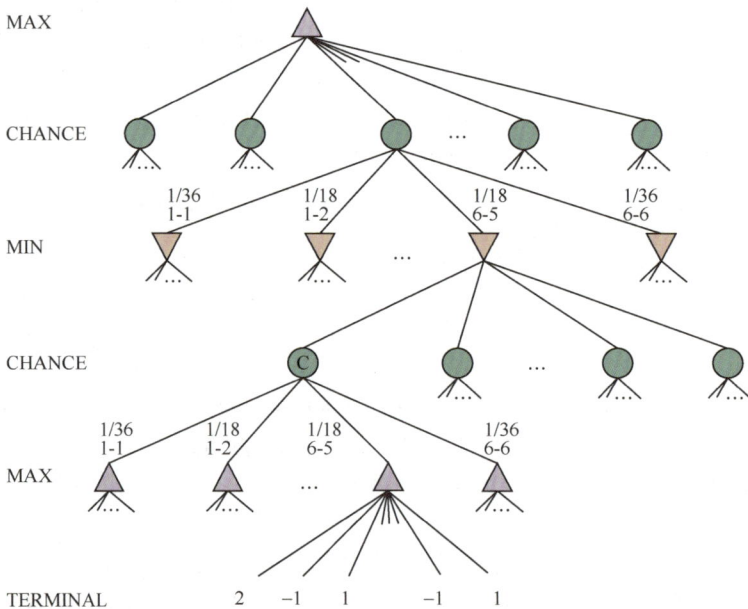

图 5-13　西洋双陆棋局面的博弈树图解

　　下一步是了解如何做出正确决策。显然，我们仍然想选择能够到达最佳局面的那一步棋。然而，局面没有明确的极小化极大值。我们只能计算局面的**期望值**（expected value）：机会节点所有可能结果的平均值。

可以将确定性博弈的极小化极大值推广为包含机会节点的博弈的**期望极小化极大值**（expectiminimax value）。终止节点、MAX 节点和 MIN 节点的工作方式与之前完全相同（注意，MAX 和 MIN 的合法移动取决于前一个机会节点的掷骰子结果）。对于机会节点，我们则计算期望值，即用每个机会动作的概率加权的所有结果的值之和：

$$\text{Expectiminimax}(s) =$$

$$\begin{cases}
\text{Utility}(s, \text{MAX}) & \text{如果 Is-Terminal}(s) \\
\max_a \text{Expectiminimax}(\text{Result}(s, a)) & \text{如果 To-Move}(s) = \text{MAX} \\
\min_a \text{Expectiminimax}(\text{Result}(s, a)) & \text{如果 To-Move}(s) = \text{MIN} \\
\sum_r P(r)\text{Expectiminimax}(\text{Result}(s, r)) & \text{如果 To-Move}(s) = \text{CHANCE}
\end{cases}$$

其中，r 表示可能的掷骰子结果（或其他概率事件），而 $\text{Result}(s, r)$ 仍表示状态 s，附加了掷骰子结果 r。

机会博弈的评价函数

和极小化极大算法一样，可以通过在某点截断搜索并对每个叶节点应用评价函数来近似估计期望极小化极大值。有人可能会认为，西洋双陆棋等游戏的评价函数应该与国际象棋的评价函数类似——更好的局面得分更高。但事实上，机会节点的存在意味着我们必须更加仔细地定义这些值。

图 5-14 表明：如果评价函数给叶节点分配的值为 [1, 2, 3, 4]，那么移动 a_1 是最佳的；如果值为 [1, 20, 30, 400]，移动 a_2 是最佳的。因此，如果我们更改一些评估值，即使优先顺序保持不变，程序的选择也会完全不同。

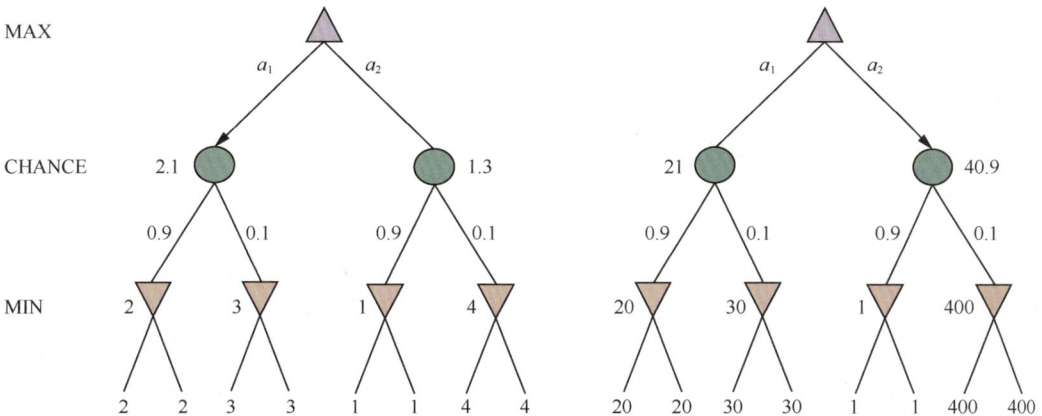

图 5-14　在保持叶节点值排序不变的情况下，不同的叶节点赋值改变了最佳移动

为了避免这一问题，评价函数应该返回获胜**概率**（对于结果非输或赢的博弈返回的是期望效用值）的正线性变换值。这是在不确定性下非常重要和普遍的性质，将在第 16 章进一步讨论。

如果程序事先知道游戏接下来的所有掷骰子结果，那么求解有骰子的游戏和求解没有骰子的游戏是一样的，即极小化极大算法的时间复杂度为 $O(b^m)$，其中 b 为分支因子，m 为博弈树的最大深度。因为期望极小化极大值还要考虑所有可能的掷骰子序列，它的时间复杂度为 $O(b^m n^m)$，其中 n 是掷骰子的不同结果的数目。

即使将搜索深度限制在某个很小的值 d 内，与极小化极大算法相比，额外代价的存在也使得在大多数机会博弈中向前看很远是不现实的。在西洋双陆棋中，n 是 21，b 通常是 20 左右，但在某些情况下，骰子数翻倍，b 可能高达 4000。我们大概只能搜索 3 层。

换一种方式考虑这一问题：α-β 搜索的优势在于，在采取最佳玩法的情况下它忽略了那些未来不可能发生的情况。因此，它将精力集中于可能发生的情况。但在一个每次移动前都要掷两个骰子的游戏中，没有可能的移动序列，即使是最有可能的移动也只在 2/36 的情况下出现，因为执行移动的前提是，骰子点数是正确的组合从而使该移动合法。这是不确定性下的一个普遍问题：可能性急剧增多，制定详细的动作规划变得毫无意义，因为世界可能不会朝你规划的方向发展。

你可能会想到像 α-β 剪枝这样的方法也可以应用于包含机会节点的博弈树。事实证明的确可以。对 MIN 和 MAX 节点的分析不变，但可以用一点聪明才智对机会节点剪枝。考虑图 5-13 中的机会节点 C，以及在计算其子节点时它的值发生了什么变化。在我们检查完 C 的所有子节点之前是否有可能找到 C 的上界？（回想一下，这是 α-β 剪枝剪除某个节点及其子树时需要的。）

乍一看，这似乎是不可能的，因为 C 的值是它子节点值的平均，为了计算一组数字的平均值，我们必须查看所有的数字。但如果限制效用函数的可能值的范围，那么就可以得到平均值的范围而不需要查看每一个数字。例如，假设所有效用值都在 −2 和 +2 之间，那么叶节点的值是有界的，反过来，我们就可以在不检查所有子节点的情况下为机会节点的值设置上界。

在机会节点分支因子较高的博弈中——考虑 Yahtzee 这样的游戏，即每回合掷 5 个骰子——你可能要考虑前向剪枝，即采样少数几个可能的机会分支。或者，你可能想要完全避免使用评价函数，而选择蒙特卡罗树搜索，其中每次模拟都包含随机掷骰子。

5.6　部分可观测博弈

博比·费希尔（Bobby Fischer）认为"国际象棋就是战争"，但国际象棋缺少真实战争的一个主要特征——**部分可观测性**。在《战争之雾》（*Fog of War*）游戏中，敌人的行踪往往是未知的，除非与他直接接触。因此，战争中常常使用侦察兵和间谍来收集信息，用隐匿处和虚张声势来迷惑敌人。

部分可观测游戏也具有这些特征，因此与前文提到的游戏有本质不同。像《星际争霸》这样的电子游戏尤其具有挑战性，因为它是部分可观测、多智能体、非确定性、动态且未知的。

在确定性部分可观测博弈中，关于棋盘状态的不确定性完全来自无法获知对手做出的选择。这类博弈包括 Battleship（每个玩家战舰的放置位置都对敌人隐藏）和 Stratego（棋子的位置已知，但种类隐藏）这样的儿童游戏。我们考虑**四国军棋**（Kriegspiel）游戏，它是国际象棋的部分可观测变体，即完全看不到对方的棋子。其他游戏也有部分可观测版本：幻影围棋、幻影井字棋和 Screen Shogi。

5.6.1　四国军棋：部分可观测的国际象棋

四国军棋的规则如下：白方和黑方各自只能看到自己一方的棋子。裁判可以看到所有棋子，他对比赛进行判定并定期向双方宣布。首先，白方向裁判提出合法移动（只要位置上没有黑方）。如果该位置有黑方占位，裁判会宣布移动"非法"，白方不断向裁判提出下一步的走法，直到找到一个合法移动——在这个过程中也了解到了黑方的位置。

一旦提出了一个合法移动，裁判会宣布以下一项或多项内容：如果在 X 处有吃子则宣布

"在 X 上吃子"，如果黑王被将军，则宣布"被 D 将军"，其中 D 是将军的方向，可以是"马""行""列""长对角线"或"短对角线"。如果黑方被将死或陷入僵局，裁判也会宣布；否则，轮到黑方行棋。

四国军棋看起来非常难处理，但人类可以很好地掌握它，计算机程序也开始迎头赶上。回顾 4.4 节和图 4-14 中介绍的**信念状态**的概念——在给定目前为止所有历史感知的情况下，所有逻辑可能的棋盘状态的集合。初始时，白方的信念状态只有一个元素，因为黑方还没有移动。白方下了一步且黑方做出应对后，白方的信念状态就包含了 20 种局面，因为黑方对白方的任意一种开局都存在 20 种回应。

在游戏过程中跟踪信念状态正是**状态评估**问题，4.4.4 节中的式（4-6）给出了更新步骤。如果我们把对手看作不确定性的来源，那么可以把四国军棋的状态评估直接映射到 4.4 节的部分可观测的、非确定性的框架中；也就是说，白方所选移动的 RESULTS 由白方自身移动带来的（可预测）结果和黑方回应给出的不可预测结果组成。[①]

给定当前的信念状态，白方可能会问："我能赢吗？"对于部分可观测游戏，**策略**的概念会发生改变，我们不需要规定如何回应对手的每个可能移动，而是需要规定如何回应玩家可能接收到的每种可能感知序列。

对四国军棋来说，必胜策略或**确保将死**（guaranteed checkmate）是指，对于每种可能感知序列和当前信念状态中的每种可能棋盘状态，不管对手如何移动，该策略都会取胜。在这种定义下，对手的信念状态无关紧要——即使对手能看到所有棋子，这一策略也必须奏效。这大大简化了计算。图 5-15 为 KRK（王车对王）残局必胜策略的一部分。在这种情况下，黑方只有一个棋子（王），所以可以通过在单个棋盘上标记黑王的所有可能位置来表示白方的信念状态。

如 4.4 节中所述，可以将一般的与或搜索算法应用于信念状态空间来寻找必胜策略。4.4.2 节提到的增量信念状态算法通常能在中盘找到深度高达 9 的必胜策略——这远远超过了大多数人类棋手的能力。

除确保将死之外，四国军棋还存在一个在完全可观测游戏中毫无意义的全新概念：**概率将死**（probabilistic checkmate）。在信念状态中的每一种棋盘状态下，这种将死都要奏效，而概率一词则来源于获胜玩家移动的随机性。要了解它的基本思想，可以考虑只用白王来捉住黑王的问题。通过简单地随机移动，白王最终一定会吃掉黑王，这是因为，即使黑王总是设法逃跑，它也不可能永远都猜对正确的逃跑方向。在概率论的术语中，这一事件以概率 1 发生。

在这种意义上，KBNK 残局——王、象、马对王——一定会赢，白方为黑方提供一个无限的随机选择序列，黑方总是会猜错其中一个，因此暴露自己的位置，然后被将死。另外，KBBK 残局的获胜概率是 $1-\varepsilon$。白方要想获胜，只能移动象（此时这个象不受保护）。如果黑方碰巧在正确的位置上并吃掉了象（如果象是受保护的，那么这步棋就是非法的），游戏就会变成平局。白方可以在一段很长的序列中随机选择一点来走这步险棋，这样会使 ε 减小到一个任意小的常数，但无法将 ε 减小到零。

有时将死策略只对当前信念状态中的某些棋盘状态有效，而对其他状态无效。尝试这种策略可能会成功，导致**意外将死**（accidental checkmate）。这里的意外是指，如果黑方刚好在特定的位置，白方不会知道自己将会将死对方。（在人类博弈中，大多数将死都是偶然的。）这个想法自然引出了一个问题，给定策略有多大可能获胜，这又引出了一个问题，当前信念状态中的每种棋盘状态有多大可能是真正的棋盘状态。

---

① 有时，信念状态会变得非常大以至于无法仅用棋盘状态列表表示，但我们将暂时忽略这个问题，第 7 章和第 8 章将介绍大型信念状态的紧凑表示方法。

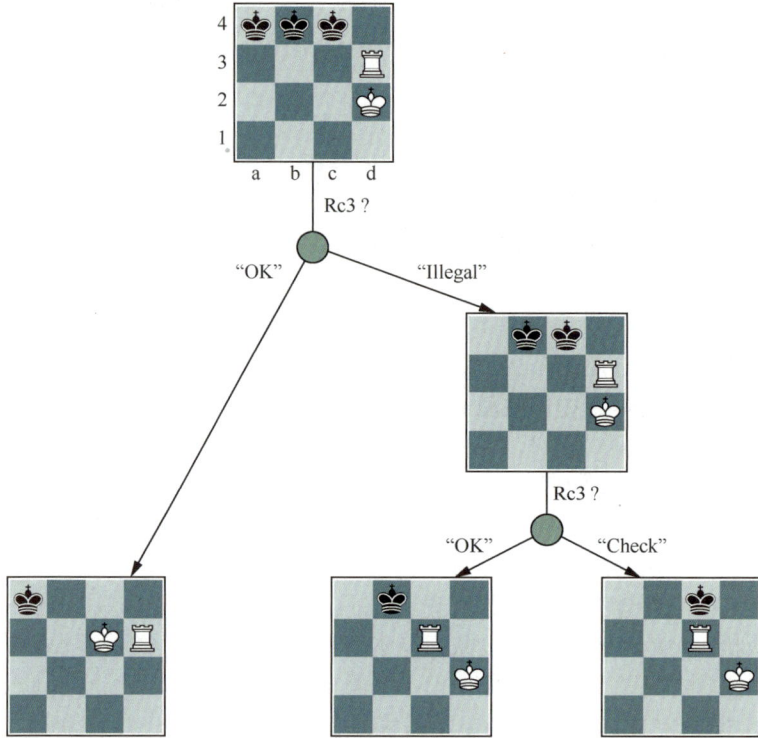

图 5-15　KRK 残局必胜策略的一部分，图中为缩减后的棋盘。在初始信念状态中，黑王位于 3 种可能位置之一。通过一系列探索移动，该策略将黑王的范围缩小到其中一种。将死策略的剩余部分留作习题

人们的第一倾向可能认为当前信念状态中的所有棋盘状态都是等可能的——但这是错误的。例如，考虑黑方走第一步棋后白方的信念状态。根据定义（假设黑方遵循最优策略），黑方一定采取了最优移动，所以由次优移动产生的所有棋盘状态的概率应该为零。

这一论点也不完全正确，因为每个玩家的目标不仅仅是将棋子移动到正确的方格中，还需要最小化对手能掌握的关于自己位置的信息。遵循任何可预测的"最优"策略都能为对手提供信息。因此，在部分可观测博弈中，最佳玩法需要一定随机性。（这也是餐厅卫生检查员进行随机检查的原因。）这意味着他们偶尔要选择一些"本质上"较差的移动——但他们能从不可预测性上获益，因为对手不大可能为防御这些移动做好准备。

从这些考虑来看，似乎只有在给定最优随机策略的情况下，才能计算出当前信念状态中各种棋盘状态的概率；反过来，计算这一策略似乎需要知道棋盘可能处于的各种状态的概率。这个难题可以利用博弈论中**均衡**解的概念解决，我们将在第 17 章中进一步探讨。均衡为每个玩家指定了一个最优随机策略。对四国军棋来说，计算均衡的代价太昂贵了。目前，一般四国军棋游戏的有效算法设计是一个开放的研究课题。大多数系统在自己的信念状态空间中执行有限深度的前瞻搜索，而不考虑对手的信念状态。评价函数与完全可观测博弈的评价函数类似，但包含一个新的组成部分，信念状态大小——越小越好！我们将在 18.2 节的博弈论主题下重新讨论部分可观测博弈。

5.6.2　纸牌游戏

桥牌、惠斯特牌、红心大战和扑克等纸牌游戏都具有随机的部分可观测性，即无法观测的

信息是由随机发牌产生的。

乍一看，这些纸牌游戏似乎很像掷骰子：纸牌是随机分配的，并且决定了每个玩家的可能移动，但所有的"掷骰子"都发生在游戏的开始！尽管将纸牌游戏类比为掷骰子是错误的，但它提出了一种算法：将游戏的开始视为一个机会节点，每一种可能的发牌视为一个结果，然后使用 EXPECTIMINIMAX 公式选择最佳移动。注意，在这种方法中，唯一的机会节点是根节点；在那之后，游戏则是完全可观测的。这种方法有时被称为观测力平均，因为它假设，一旦发牌实际发生，游戏对双方都是完全可观测的。尽管这种策略在直观上具有吸引力，但有可能让人误入歧途。考虑下面这个故事。

> 第一天：道路 A 通向一桶金子，道路 B 通向一个岔路口。你可以看到，岔路口左转是两桶金子，右转则会撞上一辆公共汽车。
>
> 第二天：道路 A 通向一桶金子，道路 B 通向一个岔路口。你可以看到，岔路口右转是两桶金子，左转则会撞上一辆公共汽车。
>
> 第三天：道路 A 通向一桶金子，道路 B 通向一个岔路口。你知道岔路口的一个分支通向两桶金子，另一个分支会撞上一辆公共汽车。遗憾地是，你不知道哪个分支通向金子。

观测力平均会得出以下推论：第一天，B 是正确选择；第二天，B 也是正确选择；第三天，情况和第一天或第二天一样，所以 B 仍然是正确选择。

现在我们可以看出观测力平均为什么会失败：它没有考虑智能体执行行动后所处的信念状态。完全忽略信念状态是不可取的，特别是当其中一种可能性是必死时。因为它假设每种未来状态都自动成为一个完美知识，观测力方法从不选择那些收集信息的行动（例如图 5-15 中的第一个移动），也不会选择那些向对手隐藏信息或向同伴提供信息的行动，因为它假定对方已经知道这些信息。在扑克游戏中，它永远不会**虚张声势**（bluff）[①]，因为它假设对手知道自己的牌。在第 17 章中，我们将介绍如何构造算法解决真正的部分可观测决策问题，得到最优均衡策略（见 18.2 节）。

尽管存在上述缺陷，观测力平均仍是一个有效策略，通过一些技巧可以使其更好地发挥作用。在大多数纸牌游戏中，可能的发牌结果数量都相当大。例如，在桥牌中，每个玩家只能看到四手牌中的两手，剩余两手各包含 13 张牌，所以可能的发牌结果有 $\binom{26}{13}$ = 10 400 600 种。即使求解一种发牌结果也是相当困难的，所以求解 1000 万种更是不可能的。处理这样巨大数目的一种方法是**抽象**（abstraction）：将相似的手牌视为相同手牌。例如，手牌中的 A 和 K 非常重要，但是 4 或 5 就不那么重要了，可以将其抽象。

另一种处理方法是前向剪枝：只考虑一个小随机样本（样本数为 N），再次计算 EXPECTIMINIMAX 得分。即使是相当小的 N（例如 100～1000），这种方法也能提供很好的近似值。它也可以应用于确定性博弈，例如四国军棋（在四国军棋中，我们对游戏的可能的状态进行采样，而不是可能的发牌），只要我们有方法估计每个状态的可能性。除了搜索整个博弈树，使用深度截断进行启发式搜索也很有帮助。

到目前为止，我们假设每种发牌结果的可能性相等。对于惠斯特牌和红心大战，这样的假设是有意义的。但是对于桥牌，比赛之前为叫牌阶段，在这个阶段中，每支队伍都会表明它要赢多少。由于玩家是根据自己持有的牌出价，因此其他玩家可以了解到每种发牌结果的概率 $P(s)$。在决定如何玩这手牌时考虑这一点是很难的，原因就像我们在四国军棋的描述中所提到的：玩家在出价时，可能会尽量最小化传达给对手的信息。

[①] 虚张声势——即使自己的手牌很差，也要装作很好——是扑克策略的核心部分。

计算机在扑克牌上的表现已经超出了人类水平。在为期 20 天的无限注德州扑克比赛中，扑克程序 Libratus 与 4 位世界顶尖的扑克玩家展开较量，并果断地将他们全部击败。因为在扑克中存在很多可能状态，Libratus 使用抽象法减少状态空间：它可能会认为手牌 AAA72 和 AAA64 是等价的（它们都是"3 个 A 和一些小牌"），并且可能认为赌 200 美元与赌 201 美元是一样的。但是 Libratus 也会监视其他玩家，如果它发现他们正在使用抽象法，它会立即做一些额外的计算填补这个漏洞。总的来说，它在超级计算机上耗费了 2500 万 CPU 小时才取得胜利。

Libratus 的计算开销（以及 AlphaZero 和其他系统的开销）表明，预算有限的研究人员可能无法达到世界冠军水平。从某种程度上来说，这是正确的：就像你不能指望在你的车库里用零部件组装出一辆 F1 冠军赛车一样，拥有超级计算机或专业硬件（如 TPU）是有优势的。训练一个系统时尤其如此，但训练也可以通过众包完成。例如，开源 LeelaZero 系统是 AlphaZero 的复现，它通过志愿参与者计算机上的自我对弈进行训练。一旦训练完成，实际比赛中的计算需求是适中的。AlphaStar 在使用单个 GPU 的商用台式计算机上赢得了《星际争霸 II》比赛，而 AlphaZero 也可以在这种模式下运行。

5.7   博弈搜索算法的局限性

计算复杂博弈中的最优决策是非常困难的，因此所有算法都必须做出一些假设和近似。α-β搜索使用启发式评价函数作为近似，而蒙特卡罗搜索计算随机选择的模拟的近似平均值。选择哪种算法在一定程度上取决于每种博弈的特征：当分支因子较高或评价函数难以定义时，首选蒙特卡罗搜索。但这两种算法都存在其基本的局限性。

α-β搜索的一个局限性是它容易受到启发式函数的近似误差的影响。图 5-16 为一个二层博弈树，极小化极大搜索会选择右边的分支，因为 100 > 99。如果所有的评估值都是精确的，那么这就是正确的选择。但假设每个节点的评估值都有一个独立于其他节点的随机分布的误差，其标准差为 s。当 $s = 5$ 时，实际上 71% 的情况下是左侧分支更好，当 $s = 2$ 时，58% 的情况下左侧分支更好（因为在这些情况下，右侧分支的 4 个叶节点之一可能小于 99）。如果评价函数中的误差不是独立的，那么发生错误的可能性更大。这是很难避免的，因为我们没有一个很好的兄弟节点值之间依赖关系的模型。

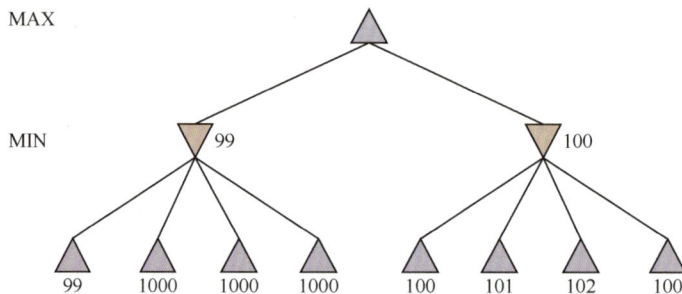

图 5-16   启发式极小化极大算法可能出错的二层博弈树

α-β搜索和蒙特卡罗搜索的第二个局限性是，它们都是设计用于计算合法移动的（边界）值的。但有时其中一种移动显然是最佳的（例如，合法移动只有一种），在这种情况下，浪费时间计算它的值是没有意义的——最好是直接选择该移动。更好的搜索算法应该使用节点扩展的效用值的思想，选择效用值高的节点扩展，所谓高效用值的节点是指，有可能导致算法发现一个明显更好的移动。如果没有一个节点扩展的效用值高于它的代价（从时间上考虑），那么算法应该停止搜索并执行一个移动。这不仅适用于存在明显更好移动的情况，也适用于对称情况，在这种情况下，再多的搜索也无法证明一种移动比另一种更好。

这种关于计算该做什么的推理叫作元推理（metareasoning）（关于推理的推理）。它不仅适用于博弈，也适用于任意一种推理。所有计算都是为了做出更好的决策，所有计算都有代价，并且都有可能导致决策质量的一定程度上的改进。蒙特卡罗搜索的确尝试进行元推理，将资源分配给树中最重要的部分，但不是以最优方式。

第三个局限性是α-β搜索和蒙特卡罗搜索都是在单步移动的层级上进行所有推理的。显然，这与人类玩游戏的方式不同：人类可以在更抽象的层级上进行推理，会考虑更高层级的目标（例如，诱捕对方的后），并使用该目标有选择地生成看似合理的规划。在第 11 章中，我们将学习这种类型的**规划**，在 11.4 节中，我们将介绍如何用从抽象表示到具体表示的层次结构进行规划。

第四个问题是能否将**机器学习**融入博弈搜索过程。早期的游戏程序依靠人类的专业知识人为制定评价函数、开局库、搜索策略和高效技巧。我们才刚刚开始看到像 AlphaZero 这样的程序（Silver *et al.*, 2018），它依赖于自我对弈的机器学习，而非人类在特定游戏上的专业知识。我们将从第 19 章开始深入探讨机器学习。

小结

我们探讨了各种各样的博弈，以理解什么是最佳玩法以及如何在实际中玩好游戏，还了解了智能体在任意类型的对抗性环境中应该如何行动。最重要的思想如下。

- 博弈可以由**初始状态**（棋盘如何设置）、每个状态下的合法**动作**、每个动作的**结果**、**终止测试**（说明什么时候博弈结束）以及应用于终止状态表明输赢和最终比分的**效用函数**定义。
- 在具有**完美信息**的离散、确定性、轮流的双人零和博弈中，**极小化极大算法**可以通过对博弈树的深度优先枚举选出最优移动。
- **α-β搜索**算法可以计算出与极小化极大算法相同的最优移动，通过消除可证明与结果无关的子树来提高效率。
- 通常，考虑整个博弈树是不可行的（即使是 α-β 搜索），所以我们需要在某个点截断搜索，然后应用启发式**评价函数**估计状态的效用值。
- **蒙特卡罗树搜索**（MCTS）则是另一种方法，它不是通过应用启发式函数来评估状态，而是通过将游戏模拟到结束使用游戏规则来判断输赢。因为在**模拟**过程中选择的移动可能不是最优移动，所以这个过程需要重复多次，对结果求平均值作为评估值。
- 许多游戏程序会预先计算开局和残局的最佳移动表，这样它们就可以直接查表而不用搜索。
- 机会博弈可以通过**期望极小化极大算法**（极小化极大算法的扩展）来处理，该算法通过计算所有子节点的平均效用值并按每个子节点的概率加权来估计**机会节点的平均效用值**。
- 在**不完美信息**博弈中，例如四国军棋和扑克，最佳玩法需要对每个玩家当前和将来的**信念状态**进行推理。可以通过对缺失信息的每种可能配置上的动作值取平均得到一个简单的近似。
- 在国际象棋、跳棋、黑白棋、围棋、扑克及许多其他游戏中，程序已经彻底击败了人类冠军选手。在一些不完美信息博弈中人类仍然保持优势，如桥牌和四国军棋。在像《星际争霸》和《刀塔 2》这样的电子游戏中，程序可以与人类专家媲美，但它们的成功可能一部分要归功于它们可以快速执行许多动作的能力。

参考文献与历史注释

1846 年，查尔斯·巴贝奇讨论了计算机国际象棋和跳棋程序的可行性（Morrison and Morrison, 1961）。他并未理解搜索树的指数级复杂度，声称"即使是国际象棋这样的游戏，分析机所涉及的组合数远远压倒了任何对计算资源的要求"。巴贝奇还设计了一款玩井字棋的专用机器，但并未制造出来。第一台能玩游戏的机器是由西班牙工程师莱昂纳多·托里斯·克韦多（Leonardo Torres y Quevedo）大约在 1890 年制造的。它专门处理"KRK"（王车对王）国际象棋残局，确保有车的一方获胜。**极小化极大**算法可以追溯到厄恩斯特·策梅洛（Ernst Zermelo）在 1912 年发表的一篇论文，他是现代集合论的创始人。

玩游戏是人工智能最初的任务之一，康拉德·楚泽（Zuse, 1945）、诺伯特·维纳［在其著作《控制论》中］和艾伦·图灵（Turing, 1953）等先驱作出了早期努力。但克劳德·香农的文章 "Programming a Computer for Playing Chess"（Shannon, 1950）阐述了所有主要思想：棋盘局面的表示、评价函数、静态搜索和选择性博弈树搜索的一些思想。斯莱特（Slater, 1950）提出了评价函数是特征的线性组合的思想，并强调了国际象棋中的移动性特征。

约翰·麦卡锡在 1956 年就构思了 α-β **搜索**的想法，但这个想法直到后来才正式发表（Hart and Edwards, 1961）。高德纳和穆尔（Knuth and Moore, 1975）证明了 α-β 搜索的正确性并分析了它的时间复杂度，珀尔（Pearl, 1982b）则指出 α-β 搜索是所有固定深度博弈树搜索算法中渐近最优的。

贝利内（Berliner, 1979）提出了 B^*，一种启发式搜索算法，它维护了博弈树中节点可能值的区间界限，而不是提供一个单点值估计。戴维·麦卡莱斯特（McAllester, 1988）的对策数搜索通过改变叶节点的值来扩展那些可能导致程序倾向于在树的根节点上进行新的移动的叶节点。MGSS*（Russell and Wefald, 1989）使用第 16 章的决策论技术，根据根节点处决策质量的预期改善来估计每个叶节点的扩展值。

可以将 SSS* 算法（Stockman, 1979）看作一个双人 A^* 算法，它永远不会扩展比 α-β 搜索更多的节点。内存要求使得该算法无法用于实践，但已经有了从 RBFS 算法（Korf and Chickering, 1996）发展出的线性空间版本双人 A^* 算法。鲍姆和史密斯（Baum and Smith, 1997）提出了一种极小化极大算法的一种基于概率的替代方法，证明了在某些游戏中它可以得到更好的选择。**期望极小化极大算法**由唐纳德·米奇（Donald Michie, 1966）提出。布鲁斯·巴拉尔（Bruce Ballard, 1983）将 α-β 剪枝扩展到包含机会节点的树。

珀尔的书 *Heuristics*（Pearl, 1984）中深入分析了许多博弈算法。

蒙特卡罗模拟是由米特罗波利斯和乌拉姆（Metropolis and Ulam, 1949）首创的，用于发展原子弹的相关计算。蒙特卡罗树搜索（MCTS）是由艾布拉姆森（Abramson, 1987）提出的。特索罗和加尔珀兰（Tesauro and Galperin, 1997）展示了如何将蒙特卡罗搜索与西洋双陆棋游戏的评价函数相结合。洛伦茨（Lorentz, 2015）研究了模拟提前终止。ALphaGo 终止模拟然后应用评价函数（Silver *et al.*, 2016）。科奇斯和塞佩斯瓦里（Kocsis and Szepesvari, 2006）利用"应用于树的置信上界"选择机制对该方法进行了改进。沙洛等人（Chaslot *et al.*, 2008）展示了如何将 MCTS 应用于各种博弈，布朗等人（Browne *et al.*, 2012）作了综述。

科勒和普费弗（Koller and Pfeffer, 1997）描述了一个用于完全求解**部分可观测**博弈的系统。它可以处理相比之前系统规模更大的游戏，但不能处理扑克和桥牌这样复杂游戏的完整版本。弗兰克等人（Frank *et al.*, 1998）介绍了用于部分可观测博弈的蒙特卡罗搜索的几种变体，其中 MIN 具有完整信息而 MAX 没有。斯科菲尔德和蒂尔舍（Schofield and Thielscher, 2015）为部分可观测博弈改编了一种通用的游戏系统。

弗格森手工推导的随机策略可以用一象一马（Ferguson, 1992）或两象（Ferguson, 1995）打败对方的王。第一个四国军棋程序专注于寻找残局中的将死，并在信念状态空间中执行与或搜索（Sakuta and Iida, 2002; Bolognesi and Ciancarini, 2003）。增量信念状态算法可以发现更复杂的中盘将死（Russell and Wolfe, 2005; Wolfe and Russell, 2007），但是高效的状态评估仍然是有效通用玩法的主要难点（Parker *et al.*, 2005）。钱卡里尼和法维尼（Ciancarini and Favini, 2010）将 MCTS 应用于四国军棋游戏，王骁等人（Wang *et al.*, 2018b）描述了用于幻影围棋的 MCTS 的信念状态版本。

弗雷德金奖（Fredkin Prize）的历届获奖者标志着**国际象棋**的里程碑：第一个达到大师级段位的程序 BELLE（Condon and Thompson, 1982）、第一个达到国际大师级段位的程序 DEEP THOUGHT（Hsu *et al.*, 1990）和在 1997 年的一场表演赛中击败了世界冠军加里·卡斯帕罗夫的深蓝（Deep Blue）（Campbell *et al.*, 2002; Hsu, 2004）。深蓝以每秒超过 1 亿个局面的速度运行 α-β 搜索，并且可以生成单步延伸，偶尔达到 40 层的深度。

如今顶级国际象棋程序（如 STOCKFISH、KOMODO、HOUDINI）都远远超过任何人类棋手。这些程序将有效分支因子降低到 3 以下（相比之下，实际分支因子约为 35），在标准的单核计算机上以每秒约 100 万个节点的速度搜索到大约 20 层。它们还使用剪枝技术，例如**空步**（null move）启发式，它使用浅层搜索生成位置值的良好下界，其中对手在开始时移动两次。同样重要的是**无效线路剪枝**（futility pruning），它帮助程序提前决定哪些移动将导致后继节点的 β 截断。SUNFISH 是一个简化的国际象棋教学程序，它的核心是不到 200 行的 Python 程序。

用于计算残局表的逆向分析思想是贝尔曼（Bellman, 1965）提出的。肯·汤普森（Ken Thompson）（Thompson, 1986, 1996）和刘易斯·斯蒂勒（Lewis Stiller）（Stiller, 1992, 1996）利用这一思想求解了所有棋子数不超过 5 的国际象棋残局。斯蒂勒发现了一种情况，其中存在强制将死，但需要移动 262 步；这引起了一些恐慌，因为国际象棋的规则要求 50 步内必须出现吃子或换子，否则就宣布平局。2012 年，弗拉基米尔·马克尼切夫（Vladimir Makhnychev）和维克托·扎哈罗夫（Victor Zakharov）编制了 Lomonosov 国际象棋残局数据库，它求解了所有棋子数不超过 7 的残局状态——有些残局移动 500 多步都没有吃子。含有 7 个棋子的表需要 140 万亿字节，含有 8 个棋子的表要大 100 倍。

2017 年，ALPHAZERO（Silver *et al.*, 2018）在一个 1000 场的比赛中击败了 STOCKFISH（2017 TCEC 计算机象棋冠军），其中 155 胜 6 负。附加赛也为 ALPHAZERO 带来了决定性的胜利，即使它所分配的时间只有 STOCKFISH 的 1/10。

大师拉里·考夫曼（Larry Kaufman）对这一蒙特卡罗程序的成功感到惊奇，他指出："极小化极大国际象棋引擎目前的主导地位很可能会终结，但现在这么说还为时过早。"加里·卡斯帕罗夫评论道："这是一个了不起的成就，即使在 ALPHAGO 之后我们就应该期待它的出现。它接近于克劳德·香农和艾伦·图灵所梦想的 B 型类人机器下国际象棋，而不是使用蛮力。"他接着预言："国际象棋已经被 ALPHAZERO 动摇了根基，但这只是即将发生的事情的一个小例子。教育和医学这样墨守成规的学科也将被撼动"（Sadler and Regan, 2019）。

跳棋是计算机玩的第一个经典游戏（Strachey, 1952）。亚瑟·塞缪尔（Samuel, 1959, 1967）开发了一个跳棋程序，它通过一种强化学习形式的自我对弈学习自己的评价函数。塞缪尔能够在一台内存只有 1 万字、处理器为 0.000001 GHz 的 IBM 704 计算机上创建一个比他自己玩得更好的程序，这是一个相当大的成就。MENACE——机器可教育的井字棋引擎（Machine Educable Noughts And Crosses Engine）（Michie, 1963）——也使用了强化学习来提高它在井字棋中的竞争力。它的处理器甚至更慢：由 304 个火柴盒组成，里面装有彩色珠子，表示每个局面上学到的最佳移动。

1992 年，乔纳森·谢弗（Jonathan Schaeffer）的 CHINOOK 跳棋程序对传奇人物马里昂·廷斯利（Marion Tinsley）进行了挑战，廷斯利曾获得 20 多年的世界冠军。廷斯利赢得了比赛，但输了其中两场——这是他整个职业生涯中的第四场和第五场失利。廷斯利因健康原因退休后，CHINOOK 获得了冠军。谢弗（Schaeffer, 2008）记录了这个传奇故事。

2007 年，谢弗和他的团队"求解"了跳棋问题（Schaeffer et al., 2007）：在完美玩法下游戏是平局。理查德·贝尔曼（Bellman, 1965）曾预言："在跳棋中，任何给定情况下的可能移动的数量都非常少，我们可以自信地期待一个完整的数字计算机解来求解这个游戏中的最佳玩法问题。"贝尔曼没有预料到这项工作的规模：包含 10 个棋子的残局表有 39 万亿个条目。给定这张表，求解该游戏需要 18 个 CPU 年的 α-β 搜索。

艾伦·图灵曾教过古德下围棋，古德写道（Good, 1965a）："我认为给计算机编写合理的围棋程序比国际象棋更难。"他是对的：整个 2015 年，围棋程序都只能达到业余水平。布齐和卡泽纳夫（Bouzy and Cazenave, 2001）以及米勒（Müller, 2002）对早期文献进行了总结。

佐布里斯特（Zobrist, 1970）认为视觉模式识别是一种很有前景的围棋技术，施劳多尔夫等人（Schraudolph et al., 1994）分析了强化学习的使用，吕贝特和米库莱宁（Lubberts and Miikkulainen, 2001）推荐了神经网络，布吕格曼（Brügmann, 1993）则将蒙特卡罗树搜索引入围棋。ALPHAGO（Silver et al., 2016）将这 4 个想法结合起来，击败了顶级职业选手李世石（2015 年，以 4：1 的比分）和柯洁（2016 年，以 3：0 的比分）。

柯洁说："人类经历了数千年的实战演练进化，计算机却告诉我们人类全都是错的。我觉得，甚至没有一个人沾到围棋真理的边。"李世石从围棋退役后表示："即使我成为第一名，也有一个不可能被打败的实体。"

2018 年，ALPHAZERO 在围棋上超越了 ALPHAGO，在国际象棋和将棋（shogi）上也击败了顶级程序，它在没有任何人类专家知识和不访问任何之前游戏的情况下通过自我对弈学习。（当然，它确实依靠人类将基本架构定义为带有深度神经网络和强化学习的蒙特卡洛树搜索，以及对游戏规则进行编码。）ALPHAZERO 的成功使得人们对作为通用人工智能（见第 22 章）关键组成部分的强化学习越来越感兴趣。更进一步，MUZERO 系统运行时甚至不知道它正在玩的游戏的规则——它必须通过玩游戏弄清楚规则。MUZERO 在吃豆人游戏、国际象棋、围棋和 75 款 Atari 游戏中都取得了最先进的结果（Schrittwieser et al., 2019）。它学会了泛化，例如，在吃豆人中，即使它只观测到棋盘上一小部分位置的"向上"动作的结果，它也能学到"向上"动作表示将玩家上移一个方格（除非那里有墙）。

黑白棋，又名翻转棋，它的搜索空间比国际象棋小，但却很难定义评估函数，因为子力优势没有移动性重要。自 1997 年以来，程序一直超出人类水平（Buro, 2002）。

西洋双陆棋是一种运气游戏，杰罗拉莫·卡尔达诺（Gerolamo Cardano）（Cardano, 1663）对它进行了数学分析。计算机使用 BKG 程序（Berliner, 1980b）玩西洋双陆棋，该程序使用人工构造的评估函数，搜索深度仅为 1。这是第一个在主流游戏中击败人类世界冠军的程序（Berliner, 1980a），尽管伯利纳（Berliner）欣然承认 BKG 在掷骰子方面非常幸运。格里·特索罗（Gerry Tesauro）（Tesauro, 1995）的 TD-GAMMON 利用由自我对弈训练得到的神经网络来学习其评估函数。它一直位于世界冠军水平，并导致人类分析师改变了他们对几种掷骰子结果对应的最佳开局移动的看法。

扑克和围棋一样，近年来取得了惊人的进展。鲍林等人（Bowling et al., 2015）使用博弈论

（见 18.2 节）为只有两名玩家以及固定下注大小和加注次数的扑克版本制定了精确的最优策略。2017 年，在单挑（双人）无限注德州扑克的两场独立比赛中，Libratus（Brown and Sandholm，2017）和 DeepStack（Moravčík *et al.*, 2017）程序首次击败了冠军玩家。2019 年，Pluribus（Brown and Sandholm, 2019）在 6 名玩家参与的德州扑克游戏中击败了排名前列的职业人类玩家。多人游戏将引入一些策略问题，我们将在第 18 章中讨论。佩托萨和鲍尔奇（Petosa and Balch, 2019）实现了 AlphaZero 的多人版本。

桥牌，史密斯等人（Smith *et al.*, 1998）报告了 Bridge Baron 如何使用分级规划（见第 11 章）和飞牌、挤牌等桥牌玩家熟悉的高级动作赢得 1998 年计算机桥牌冠军。金斯伯格（Ginsberg, 2001）描述了他的基于蒙特卡罗模拟［最先由利维（Levy, 1989）提出将其用于桥牌］的 GIB 程序如何赢得之后的计算机冠军，它在与人类专家的比赛中表现得出奇的好。在 21 世纪，计算机桥牌冠军一直被 Jack 和 Wbridge5 这两个商业程序主宰。它们都没有在已发表的文章中介绍，但人们相信这两种方法都使用了蒙特卡罗技术。一般来说，桥牌程序在实际出牌时都是人类冠军水平，但在叫牌阶段则会落后，因为它们并不完全理解人类如何与合作伙伴交流。桥牌程序员更多地专注于开发有用的教学程序来鼓励人们参与游戏，而不是打败人类冠军。

拼字游戏是一种业余人类玩家很难想出高分单词的游戏，但对计算机来说，找到给定手牌的最高可能得分是很容易的（Gordon, 1994），困难的部分是如何在部分可观测随机博弈中提前规划。尽管如此，2006 年，Quackle 程序以 3∶2 的比分打败了前世界冠军戴维·博伊斯（David Boys）。博伊斯对此欣然接受，并表示：“做一个人总比做一台计算机好。”谢泼德（Sheppard, 2002）对顶级程序 Maven 给出了一个很好的描述。

像《星际争霸 II》这样的**电子游戏**涉及数百个实时移动的部分可观测单元以及高维近连续[①]的观测信息和具有复杂规则的动作空间。奥里奥尔·维尼亚尔斯（Oriol Vinyals）曾在 15 岁时成为西班牙《星际争霸》冠军，他描述了这款游戏如何作为强化学习的测试平台和重大挑战（Vinyals *et al.*, 2017a）。2019 年，维尼亚尔斯和 DeepMind 团队推出了基于深度学习和强化学习的 AlphaStar 程序，以 10∶1 击败了人类高手，在人类玩家官方排名中排前 0.02%（Vinyals *et al.*, 2019）。AlphaStar 采取措施限制它在关键爆发中每分钟可以执行的行动数量，以回应那些认为它拥有不公平优势的批评者。

在《任天堂明星大乱斗》（*Super Smash Bros*）（Firoiu *et al.*, 2017）、《雷神之锤 3》（Jaderberg *et al.*, 2019）和《刀塔 2》（Fernande and Mahlmann, 2018）等其他热门电子游戏中，计算机都已经打败了人类，这些程序都使用了深度学习技术。

机器人足球（Visser *et al.*, 2008；Barrett and Stone, 2015）、**台球**（Lam and Greenspan, 2008；Archibald *et al.*, 2009）和**乒乓球**（Silva *et al.*, 2015）等**体育游戏**，也在人工智能领域引起了一些关注。它们结合了电子游戏的复杂性与真实世界的混乱。

计算机游戏比赛每年都会举行，包括 1989 年开始的计算机奥林匹克竞赛。General Game Competition（Love *et al.*, 2006）对程序进行测试，要求程序必须在只给出游戏规则的逻辑描述的情况下学会如何玩一个未知游戏。国际计算机游戏协会（International Computer Games Association，ICGA）出版了《ICGA 期刊》（*ICGA Journal*），并轮流举办两个两年一度的会议，即国际计算机与游戏会议（International Conference on Computers and Games，ICCG 或 CG）和国际计算机游戏进展会议（International Conference on Advances in Computer Games，ACG）。IEEE 出版了 *IEEE Transactions on Games*，并举办了每年一次的计算智能与游戏会议（Conference on Computational Intelligence and Games）。

---

① 对人类玩家来说，物体似乎是连续移动的，但在屏幕像素级上它们实际是离散的。

第6章

约束满足问题

> 在本章中，我们不把状态仅仅当作小黑盒，从而导出新的搜索方法和对问题结构的更深入理解。

第 3 章和第 4 章讨论了通过搜索状态空间进行问题求解的思想：状态空间是一个由节点表示状态，边表示动作的图。我们看到，领域特定的启发式算法可以估计从给定状态到达目标的代价，但从搜索算法的角度来看，每个状态都是原子的，即不可分割的——一个没有内部结构的黑盒。对于每个问题，我们需要领域特定的代码来描述状态之间的转移。

在本章中，我们通过对每个状态使用**因子化表示**（factored representation）来打破黑盒：因子化表示为一组**变量**，每个变量都有自己的**值**。当每个变量的值都满足对该变量的所有约束时，问题就解决了。以上述方式描述的问题称为**约束满足问题**（constraint satisfaction problem，CSP）。

CSP 搜索算法利用了状态结构的优势，并且使用通用的而不是领域特定的启发式算法来求解复杂问题。其主要思想是，通过识别违反约束的变量/值组合来一次性消除大部分搜索空间。CSP 的另一个优势是可以从问题描述中推导出行动和转移模型。

6.1 定义约束满足问题

约束满足问题由 3 个部分组成，即 $\mathcal{X}$、$\mathcal{D}$ 和 $\mathcal{C}$。
- $\mathcal{X}$ 是变量集合，$\{X_1, \cdots, X_n\}$。
- $\mathcal{D}$ 是域集合，$\{D_1, \cdots, D_n\}$，每个变量有一个域。
- $\mathcal{C}$ 是约束集合，用来规定允许的值的组合。

域 D_i，由变量 X_i 的一组允许的值 $\{v_1, \cdots, v_k\}$ 组成。例如，布尔变量的域为 $\{\text{true}, \text{false}\}$。不同变量可以有不同大小的域。每个约束 C_j 由 $\langle scope, rel \rangle$ 对组成，其中 $scope$ 是该约束中的变量元组，而 rel 定义了这些值应该满足的**关系**（relation）。关系可以表示为满足约束的所有元组值的显式集合，或者表示为判断一个元组是否为关系成员的函数。例如，如果 X_1 和 X_2 的域都是 $\{1, 2, 3\}$，那么约束"X_1 必须大于 X_2"可以表示为 $\langle (X_1, X_2), \{(3, 1), (3, 2), (2, 1)\} \rangle$ 或 $\langle (X_1, X_2), X_1 > X_2 \rangle$。

CSP 要处理变量**赋值**（assignment）问题，即 $\{X_i = v_i, X_j = v_j, \cdots\}$。不违反任何约束的赋值称为**一致**（consistent）或合法赋值。**完整赋值**（complete assignment）是指每个变量都已被赋值；CSP 的**解**（solution）是一致完整赋值。**部分赋值**（partial assignment）是指某些变量还未赋值，而**部分解**（partial solution）是一致部分赋值。一般来说，CSP 求解是 NP 完全问题，尽管 CSP 的一些重要子类已经可以非常高效地求解。

6.1.1 问题示例：地图着色

也许你已经逛够了罗马尼亚，现在来看看澳大利亚地图（如图 6-1a 所示）[①]，地图显示了澳大利亚的州和地区，分别是：西澳大利亚州（Western Australia）、北部地区（North Territory）、昆士兰州（Queensland）、新南威尔士州（New South Wales）、维多利亚州（Victoria）、南澳大利亚州（South Australia）、塔斯马尼亚州（Tasmania）、澳大利亚首都直辖区（Australia Capital Territory）。我们的任务是给每个区域涂上红色、绿色或蓝色，要求相邻的两个区域颜色不能相同。[②] 为了将其形式化为 CSP，我们将图中的区域定义为变量，变量名为各区域的英文名缩写：

$$\mathcal{X} = \{WA, NT, Q, NSW, V, SA, T\}$$

每个变量的域为集合 $D_i = \{red, green, blue\}$。约束要求相邻区域颜色不同。由于相邻区域的边界线有 9 段，所以有 9 个约束：

$$\mathcal{C} = \{SA \neq WA, SA \neq NT, SA \neq Q, SA \neq NSW, SA \neq V, WA \neq NT, NT \neq Q, Q \neq NSW, NSW \neq V\}$$

这里我们使用缩写。$SA \neq WA$ 是 $((SA, WA), SA \neq WA)$ 的缩写，其中 $SA \neq WA$ 可以依次完整枚举为：

$$\{(red, green), (red, blue), (green, red), (green, blue), (blue, red), (blue, green)\}$$

这个问题有很多可能的解，例如：

$$\{WA = red, NT = green, Q = red, NSW = green, V = red, SA = blue, T = red\}$$

将 CSP 可视化为**约束图**（constraint graph）非常有用，如图 6-1b 所示。图的节点对应于问题的变量，图的边连接同一约束中的任意两个变量。

为什么要将问题形式化为 CSP 呢？第一个原因是 CSP 可以自然地表示各种问题，将一个问题形式化为 CSP 通常很容易；第二个原因是多年的研究工作使得 CSP 求解器快速而高效；第三个原因是相比于原子的状态空间搜索器，CSP 求解器可以快速消除大面积搜索空间。例如，一旦我们在澳大利亚问题中选择了 $\{SA = blue\}$，就可以得出结论，它的 5 个相邻变量都不能取值为 blue。不使用约束的搜索过程必须考虑这 5 个相邻变量的 $3^5 = 243$ 种赋值；有了约束，我们只需考虑 $2^5 = 32$ 种赋值，计算量减少了 87%。

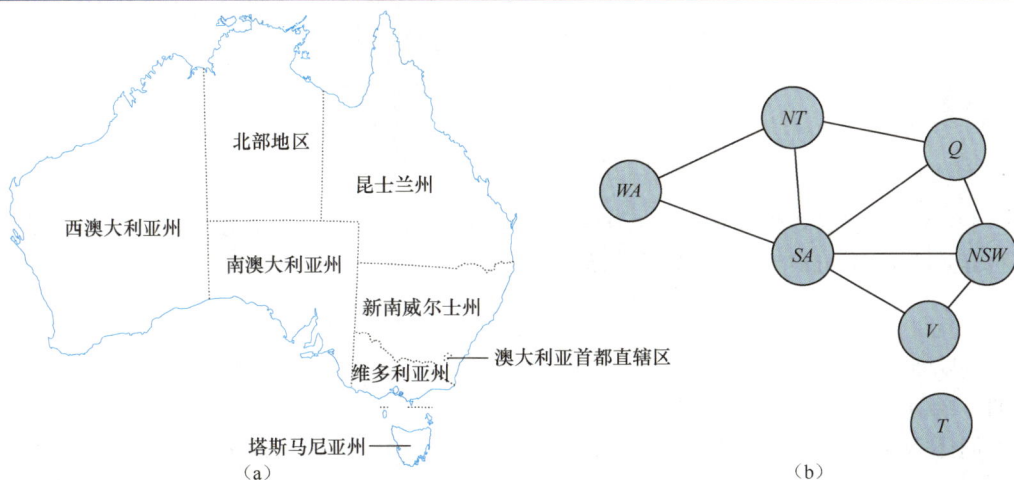

图 6-1 （a）澳大利亚的州和地区。对该地图着色可以看作约束满足问题（CSP）。目标是为每个区域分配颜色，使得相邻区域颜色不同。（b）用约束图表示地图着色问题

---

① 本图系原书原图。
② 本书未将澳大利亚首都直辖区作为一个待着色区域，这使该地图着色问题更简洁明晰。——编者注

在原子的状态空间搜索中，我们只能问：这个特定状态是目标状态吗？不是？那么这一个呢？使用 CSP，一旦发现某个部分赋值违反了约束，我们可以马上放弃对该部分赋值的进一步改进。此外，我们可以看出为什么某个赋值不是解——可以看出哪些变量违反了约束——从而把注意力集中在关键变量上。因此，许多原子状态空间搜索难以求解的问题形式化为 CSP 后都可以快速求解。

6.1.2　问题示例：车间作业调度

工厂有很多日常工作调度问题，要满足各种约束。在实践中，使用 CSP 技术可以求解很多这样的问题。考虑汽车装配调度问题。整个作业由不同任务组成，我们可以将每个任务建模成一个变量，其中每个变量的值为任务开始时间，由整数分钟数表示。约束为"一个任务必须在另一个任务之前完成"（例如，安装车轮必须在安装轮毂盖之前完成）和"一次只能同时执行一定数量的任务"等断言。约束还可以指定任务完成所需的时间。

我们考虑汽车装配的一小部分环节，包括 15 个任务：安装轮轴（axle）（前、后），固定 4 个车轮（wheel）（左和右、前和后），拧紧每个车轮的螺母（nuts），固定轮毂盖（cap），并检查（inspect）最终装配。我们可以将任务表示为 15 个变量：

$$\mathcal{X} = \{Axle_F, Axle_B, Wheel_{RF}, Wheel_{LF}, Wheel_{RB}, Wheel_{LB}, Nuts_{RF},$$
$$Nuts_{LF}, Nuts_{RB}, Nuts_{LB}, Cap_{RF}, Cap_{LF}, Cap_{RB}, Cap_{LB}, Inspect\}$$

接着，我们需要表示各个任务间的优先约束（precedence constraint）。当任务 T_1 必须在 T_2 之前完成且任务 T_1 所需时间为 d_1 时，我们将添加一个如下形式的算术约束：

$$T_1 + d_1 \leq T_2$$

在这个示例中，轮轴必须在车轮安装前到位，安装一个轮轴需要 10 分钟，所以有

$$Axle_F + 10 \leq Wheel_{RF}; \ Axle_F + 10 \leq Wheel_{LF}$$
$$Axle_B + 10 \leq Wheel_{RB}; \ Axle_B + 10 \leq Wheel_{LB}$$

接下来，我们必须固定每个车轮（需要 1 分钟），拧紧螺母（2 分钟），最后安装轮毂盖（1 分钟，但暂未表示）：

$$Wheel_{RF} + 1 \leq Nuts_{RF}; \ Nuts_{RF} + 2 \leq Cap_{RF}$$
$$Wheel_{LF} + 1 \leq Nuts_{LF}; \ Nuts_{LF} + 2 \leq Cap_{LF}$$
$$Wheel_{RB} + 1 \leq Nuts_{RB}; \ Nuts_{RB} + 2 \leq Cap_{RB}$$
$$Wheel_{LB} + 1 \leq Nuts_{LB}; \ Nuts_{LB} + 2 \leq Cap_{LB}$$

假设有 4 个工人来安装车轮，但他们必须共用一个工具来辅助安装轮轴。此时我们需要一个析取约束（disjunctive constraint）表示 $Axle_F$ 和 $Axle_B$ 在时间上不能重叠：要么先做 $Axle_F$，要么先做 $Axle_B$：

$$(Axle_F + 10 \leq Axle_B) \ 或 \ (Axle_B + 10 \leq Axle_F)$$

这一约束看起来更加复杂，结合了算术约束和逻辑约束。但它仍可以简化为 $Axle_F$ 和 $Axle_B$ 可以取的一组值。

我们还需要说明，检查是最后一项任务，需要 3 分钟。对于除 $Inspect$ 外的每个变量，我们都需要添加一个 $X + d_X \leq Inspect$ 形式的约束。最后，假设我们需要在 30 分钟内完成整个装配任务。因此，所有变量的域被限制为

$$D_i = \{0, 1, 2, 3, \cdots, 30\}$$

这一特定问题的求解非常琐碎，但 CSP 已经成功地应用于此类具有几千个变量的车间作业调

度问题。

6.1.3　CSP 形式体系的变体

最简单的 CSP 所涉及的变量具有**离散有限域**（discrete, finite domain）。地图着色问题和带有时间限制的调度问题都属于这类问题。8 皇后问题（图 4-3）也可以看作是一个有限域 CSP，其中变量 $Q_1, \cdots, Q_8$ 对应第 1 ～ 8 列中的皇后，每个变量的域为该列皇后可能的行号，$D_i = \{1, 2, 3, 4, 5, 6, 7, 8\}$。约束为不允许两个皇后在同一行或同一对角线上。

离散域也可以是**无限的**（infinite），例如整数集或字符串集。（如果我们不对作业调度问题设置截止时间，那么每个变量的开始时间构成的域将是无限的。）对于无限域，我们必须使用类似 $T_1 + d_1 \leqslant T_2$ 这样的隐式约束，而不是显式的值元组。对于整数变量的**线性约束**（linear constraint）（像刚刚给出的约束一样，每个变量都只以线性形式出现）存在特殊的求解算法（在这里不讨论）。可以证明，不存在求解整数变量上一般**非线性约束**（nonlinear constraint）的算法——这个问题是不可判定的。

连续域（continuous domain）约束满足问题是真实世界中的常见问题，在运筹学领域得到了广泛研究。例如，哈勃太空望远镜的实验调度需要非常精确的观测时间，每次观测和机动的开始时间、结束时间都是连续值变量，必须服从各种天文的、优先级的和电力的约束。最著名的一类连续域 CSP 是线性规划问题，其约束必须为线性等式或不等式。**线性规划**（linear programming）问题可以在关于变量个数的多项式时间内求解。此外人们还研究了具有不同类型约束和目标函数的问题——二次规划、二阶锥规划等。这些问题构成了应用数学的一个重要领域。

除检查 CSP 中变量的类型以外，检查约束的类型也是很有用的。最简单的类型是**一元约束**（unary constraint），它限制单个变量的值。例如，在地图着色问题中，南澳大利亚州人可能不喜欢绿色，我们可以用一元约束 $\langle (SA), SA \neq green \rangle$ 表示。（变量的域的初始说明也可以看作一元约束。）

二元约束（binary constraint）关系到两个变量。例如，$SA \neq NSW$ 是一个二元约束。**二元 CSP**（binary CSP）只存在一元约束和二元约束，可以用如图 6-1b 所示的约束图表示。

我们也可以定义高阶约束。例如，三元约束 $Between(X, Y, Z)$ 可以定义为 $\langle (X, Y, Z), X < Y < Z$ 或 $X > Y > Z \rangle$。

包含任意个数变量的约束称为**全局约束**（global constraint）。（这个名称很传统，但容易混淆，因为它不需要包含问题中的所有变量）。最常见的全局约束之一是 $Alldiff$，它表示约束中涉及的所有变量必须具有不同的值。在数独问题中（见 6.2.6 节），一行、一列或 3×3 框中的所有变量必须满足 $Alldiff$ 约束。

另一个例子是**密码算术**（cryptarithmetic）谜题（图 6-2a）。密码算术谜题中的每个字母代表一个不同数字。图 6-2a 中的情况，将表示为全局约束 $Alldiff(F, T, U, W, R, O)$。4 列上的加法约束可以写成如下 n 元约束：

$$O + O = R + 10 \cdot C_1$$
$$C_1 + W + W = U + 10 \cdot C_2$$
$$C_2 + T + T = O + 10 \cdot C_3$$
$$C_3 = F$$

其中 C_1、C_2 和 C_3 为辅助变量，表示十位、百位或千位上的进位数。这些约束可以用**约束超图**（constraint hypergraph）表示，如图 6-2b 所示。超图由普通节点（图中的圆圈）和表示 n 元约束的超节点（正方形）组成，n 元约束为包含 n 个变量的约束。

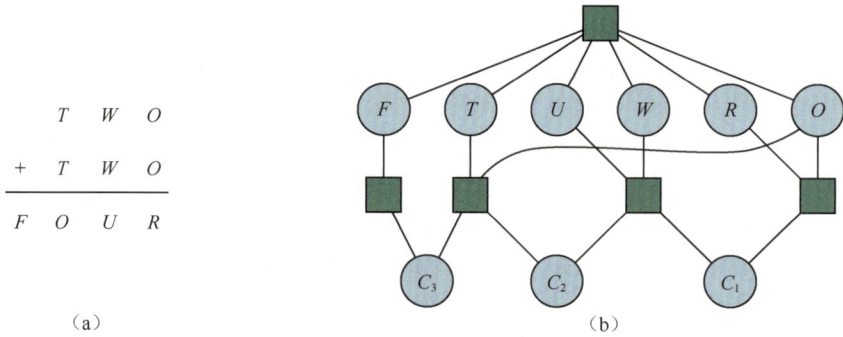

$$
\begin{array}{cccc}
 & T & W & O \\
+ & T & W & O \\
\hline
F & O & U & R
\end{array}
$$

(a)

(b)

图 6-2 （a）密码算术问题。不同字母表示不同数字，目的是找到使加法算式成立的代替字母的数字，附加约束为不允许前导零。（b）密码算术问题的约束超图，用来表示 *Alldiff* 约束（最上面的方框）以及每列的加法约束（中间的 4 个方框）。变量 C_1、C_2 和 C_3 表示从右到左 3 列的进位数

或者，正如习题 6.NARY 需要你证明的，如果引入足够多的辅助变量，每个有限域约束都可以简化为一组二元约束。这意味着我们可以将任意一个 CSP 转换为只有二元约束的 CSP，这将使算法设计变得更加简单。将 *n* 元 CSP 转换为二元 CSP 的另一种方式是对偶图（dual graph）变换：创建一个新图，原图中的每个约束用新图中的一个变量表示，原图中的每对共享变量的约束用新图中的一个二元约束表示。

例如，考虑变量为 $\mathcal{X} = \{X, Y, Z\}$ 的 CSP，每个变量的域为 $\{1, 2, 3, 4, 5\}$，带有两个约束 C_1：$\langle (X, Y, Z), X + Y = Z \rangle$ 和 C_2：$\langle (X, Y), X + 1 = Y \rangle$。对偶图的变量则为 $X = \{C_1, C_2\}$，对偶图中 C_1 变量的域为原问题 C_1 约束中的 $\{(x_i, y_j, z_k)\}$ 元组的集合，同样地，C_2 的域是 $\{(x_i, y_j)\}$ 元组的集合。对偶图具有二元约束 $\langle (C_1, C_2), R_1 \rangle$，其中 R_1 是定义 C_1 和 C_2 之间约束的新关系。在这种情况下，$R_1 = \{((1, 2, 3), (1, 2)), ((2, 3, 5), (2, 3))\}$。

然而，我们可能更喜欢 *Alldiff* 这样的全局约束，而不是一组二元约束，这有两个原因。首先，使用 *Alldiff* 描述问题更简单而且更不容易出错。其次，可以为全局约束设计相比于基元约束更有效的专用推理算法。我们将在 6.2.5 节介绍这些推理算法。

到目前为止，我们所描述的约束都是绝对约束，违反这些约束的可能解将被排除。许多真实世界的 CSP 包含偏好约束（preference constraint），偏好约束规定哪些解是首选的。例如，在大学排课问题中，存在绝对约束，如一个教授不可以同时上两门课。但也可能存在偏好约束：R 教授可能更喜欢在上午上课，而 N 教授更喜欢在下午上课。让 R 教授在下午 2 点上课仍是一个可行解（除非 R 教授碰巧是系主任），但不是最优解。

偏好约束通常可以编码为个别变量赋值的代价。例如，为 R 教授分配一个下午时段相对于总体目标函数的代价为 2 分，而分配上午时段的代价为 1 分。通过这样的形式化，带偏好约束的 CSP 可以用基于路径的或局部的优化搜索方法求解。我们称这样的问题为约束优化问题（constrained optimization problem，COP）。线性规划是一类 COP。

6.2 约束传播：CSP 中的推断

原子的状态空间搜索算法只有一种方式：通过扩展节点来访问后继节点。CSP 算法有不同选择。它可以通过选择一个新的变量赋值来生成后继，或者执行一种称为约束传播（constraint propagation）的特定类型推断：使用约束减少一个变量的合法值的数量，这反过来又可以减少

另一个变量的合法值，以此类推。其思想是，通过这一过程，当我们选择下一个变量赋值时，需要考虑的选项会减少。约束传播可以与搜索交替进行，也可以作为搜索开始前的预处理步骤。有时这种预处理就可以求解整个问题，所以根本不需要搜索。

约束传播的核心思想是**局部一致性**（local consistency）。如果我们将每个变量看作图中的一个节点（见图 6-1b），将每个二元约束看作一条边，则增强图中每一部分局部一致性的过程会导致整个图中不一致的值被删除。局部一致性有几种不同类型，我们现在依次介绍。

6.2.1 节点一致性

如果单个变量的域中的所有值都满足该变量的一元约束，则该变量（对应于 CSP 图中的某个节点）是节点一致的。例如，在澳大利亚地图着色问题（图 6-1）的变体中，南澳大利亚州人不喜欢绿色，变量 SA 的初始域为 {red, green, blue}，可以通过删除 green 使其保持节点一致，SA 的域缩减为 {red, blue}。如果图中的每个变量都是节点一致的，那么整个图是节点一致的。

在求解过程开始时，通过缩减具有一元约束的变量的域，可以很容易地消除 CSP 中的所有一元约束。如前文所述，还可以将所有 n 元约束转换为二元约束。因此，一些 CSP 求解器只处理二元约束，要求用户提前消除其他约束。除非特别说明，本章的剩余部分都基于这一假设。

6.2.2 弧一致性

如果 CSP 中某一变量的域内的所有值都满足该变量的二元约束，那么该变量就是**弧一致的**（arc consistent）[1]。更正式地说，对于变量 X_i、X_j，如果对于当前域 D_i 中的每个值，D_j 中都存在一些值满足弧 (X_i, X_j) 上的二元约束，则称 X_i 相对于 X_j 是弧一致的。如果每个变量相对所有其他变量都是弧一致的，那么这个图就是弧一致的。例如，考虑约束 $Y = X^2$，其中 X 和 Y 的域都是十进制数字。我们可以将这一约束显式地写为 $\langle (X, Y), \{(0, 0), (1, 1), (2, 4), (3, 9)\} \rangle$。为了使 X 相对于 Y 弧一致，我们将 X 的域缩减为 {0, 1, 2, 3}。如果要使 Y 相对于 X 弧一致，那么 Y 的域为 {0, 1, 4, 9}，此时整个 CSP 是弧一致的。但是，弧一致性对澳大利亚地图着色问题没有任何帮助。考虑 (SA, WA) 的如下不同色约束：

{(red, green), (red, blue), (green, red), (green, blue), (blue, red), (blue, green)}

无论为 SA（或 WA）选择哪个值，另一变量都存在一个有效值。所以应用弧一致性对两个变量的域都没有影响。

最流行的增强弧一致性的算法为 AC-3（见图 6-3）。为了使每个变量保持弧一致，AC-3 算法将维护一个弧队列。初始时，队列包含 CSP 中的所有弧。（每个二元约束都有两条弧，每个方向各一条。）然后 AC-3 从队列中弹出任意一条弧 (X_i, X_j) 并使 X_i 相对于 X_j 弧一致。如果 D_i 保持不变，算法就会处理下一条弧。但是如果 D_i 得以修正（域变小），那么我们将所有的弧 (X_k, X_i) 添加到队列中，其中 X_k 是 X_i 的邻居。这样做的原因是，即使之前已经处理过 X_k，D_i 的变化也可能会进一步缩减 D_k。如果 D_i 变为空集，那么表示整个 CSP 不存在一致解，AC-3 可以马上返回失败。否则，我们继续检查，不断尝试缩减变量的域，直到队列中没有弧。此时，我们得到了一个与原始 CSP 等价的 CSP（它们的解相同），但弧一致 CSP 搜索起来会更快，因为它的变量的域更小。在某些情况下，它可以完全求解问题（通过将每个域的大小缩减为 1），而在其他情况下，它可以证明解不存在（通过将某些域的大小缩减为 0）。

---

[1] 我们一直使用的术语是"边"而不是"弧"，所以将其称为"边一致"会更合适，但历史上使用的术语是"弧一致"。

function AC-3(*csp*) **returns** false（如果发现不一致）或true（其他情况）
  queue ← 一个弧的队列，初始化时包含*csp*中的所有弧

  while *queue*不空 **do**
    (X_i, X_j) ← Pop(*queue*)
    if Revise(*csp*, X_i, X_j) **then**
      if D_i的规模 = 0 **then return** false
      for each X_k **in** X_i.Neighbors − $\{X_j\}$ **do**
        将(X_k, X_i)添加到*queue*中
  return true

function Revise(*csp*, X_i, X_j) **returns** true当且仅当我们修改X_i的域
  revised ← false
  for each *x* **in** D_i **do**
    if D_j中不存在使(*x*,*y*)满足(X_i, X_j)约束的值 **then**
      将*x*从D_i中删除
      revised ← true
  return *revised*

图 6-3　弧一致性算法 AC-3。应用 AC-3 算法后，要么每条弧都是弧一致的，要么某些变量的域为空集，说明该 CSP 无解。"AC-3"这个名字来源于算法的发明者（Mackworth, 1977），因为他论文中用到的算法是开发的第三个版本

AC-3 的算法复杂性可以如下分析。假设 CSP 有 n 个变量，每个变量的域大小不超过 d，带有 c 个二元约束（弧）。每个弧 (X_k, X_i) 最多只能插入队列 d 次，因为 X_i 最多有 d 个值要删除。对弧一致性的检查可以在 $O(d^2)$ 时间内完成，因此最坏情况下的时间复杂性为 $O(cd^3)$。

6.2.3　路径一致性

假设我们要给澳大利亚地图涂上两种颜色，红色和蓝色。此时弧一致性不起作用，因为将弧的一端涂成红色，另一端涂成蓝色可以分别满足每个约束。但显然这个问题是无解的：因为西澳大利亚州、北部地区和南澳大利亚州彼此相邻，仅仅是它们就需要至少 3 种颜色。

弧一致性利用弧（二元约束）将域（一元约束）收紧。为了求解地图着色等问题，我们需要更强的一致性概念。**路径一致性**（path consistency）使用隐式约束（通过观测变量的三元组推断）将二元约束收紧。

考虑两个变量的集合 $\{X_i, X_j\}$ 和第三个变量 X_m，如果对于每个满足 $\{X_i, X_j\}$ 上约束（如果有的话）的赋值 $\{X_i = a, X_j = b\}$，都存在 X_m 的一个赋值满足 $\{X_i, X_m\}$ 和 $\{X_m, X_j\}$ 上的约束，则称 $\{X_i, X_j\}$ 相对于 X_m 是路径一致的。这一名称是指从 X_i 途经 X_m 到 X_j 的路径的整体一致性。

让我们考虑用两种颜色为澳大利亚地图着色时的路径一致性。我们要使集合 $\{WA, SA\}$ 相对于 NT 路径一致。首先枚举集合的一致赋值。在这种情况下，只有两个一致赋值：$\{WA = red, SA = blue\}$ 和 $\{WA = blue, SA = red\}$。可以看到，对于这两种赋值，NT 不能是红色或蓝色（因为它会与 WA 或 SA 发生冲突）。因为 NT 不存在有效选择，所以我们消除了这两种赋值，最终 $\{WA, SA\}$ 不存在有效赋值。因此，我们知道了这个问题是无解的。

6.2.4　*k* 一致性

可以用 **k 一致性**（k-consistency）的概念定义更强的传播形式。如果对于 CSP 的任意 $(k-1)$ 个变量的集合以及这些变量的任意一致赋值，任意第 k 个变量都存在一个一致赋值，则称该

CSP 是 k 一致的。1 一致性表示，给定空集，我们可以使任何单变量集合满足一致性，这就是我们所说的节点一致性。2 一致性等价于弧一致性。对于二元约束图，3 一致性等价于路径一致性。

如果一个 CSP 是 k 一致的，也是 $(k-1)$ 一致的，$(k-2)$ 一致的……一直到 1 一致的，则称它是**强 k 一致的**（strongly k-consistent）。现在假设我们有一个包含 n 个节点的 CSP，并且是强 n 一致的（即当 $k=n$ 时，强 k 一致），那么可以这样求解该问题：首先，为 X_1 选择一个一致值。然后因为图是 2 一致的，所以保证能为 X_2 选出一个一致值，因为它是 3 一致的，所以能为 X_3 选出一个值，以此类推。对于每个变量 X_i，我们只需在它的域的 d 个值中搜索，就可以找到一个与 $X_1, \cdots, X_{i-1}$ 一致的值。总运行时间只有 $O(n^2 d)$。

当然，世界上没有免费的午餐：约束满足问题通常是 NP 完全的，任何建立 n 一致性的算法在最坏情况下的时间复杂性都是 n 的指数级。更糟的是，n 一致性所需的空间复杂性也是 n 的指数级。在实践中，确定适当的一致性检查层级基本上是一门经验科学。比较常见的是计算 2 一致性，其次是计算 3 一致性。

6.2.5　全局约束

前文提到，**全局约束**涉及任意个数的变量（但不一定是所有变量）。实际问题中经常出现全局约束，可以通过专用算法处理这些约束，这些算法比目前介绍的一般方法更加高效。例如，*Alldiff* 约束规定所有相关变量必须取不同的值（如上文的密码算术问题和下文的数独问题）。对 *Alldiff* 约束进行不一致性检测的一种简单形式如下所示：如果约束中涉及 m 个变量，而且它们一共具有 n 个可能的不同值，且 $m > n$，那么约束不可能满足。

这将导出以下简单算法。首先，删除约束中任意一个单值变量（域中只有一个值的变量），并且从其余变量的域中删除该变量的值。只要还存在单值变量，就重复上述过程。如果在任一点上产生了空集，或者存在比剩余取值数更多的变量，则检测到了不一致性。

上述方法可以检测图 6-1 中赋值 {*WA* = red, *NSW* = red} 的不一致性。注意，变量 *SA*、*NT* 和 *Q* 是通过 *Alldiff* 约束有效连接的，因为每对都必须取两种不同颜色。将 AC-3 应用于这个部分赋值后，*SA*、*NT* 和 *Q* 的域都缩减为 {green, blue}。也就是说，我们有 3 个变量，但只有两种颜色，这违反了 *Alldiff* 约束。因此，对高阶约束进行简单一致性处理有时比对等价的二元约束集应用弧一致性更高效。

另一种重要的高阶约束是**资源约束**（resource constraint），有时也称为 *Atmost* 约束。例如，在一个调度问题中，设 $P_1, \cdots, P_4$ 分别表示分配给 4 个任务的人数。分配总人数不超过 10 的约束写为 $Atmost(10, P_1, P_2, P_3, P_4)$。通过检验当前域的最小值之和可以检测不一致性。例如，如果每个变量的域都是 {3, 4, 5, 6}，则不可能满足 *Atmost* 约束。另一个例子是，如果当前某个变量的域中的最大值加上所有其他变量的域的最小值超过约束，则可以通过删除该最大值来保持一致性。因此，如果示例中的每个变量的域都是 {2, 3, 4, 5, 6}，那么可以从每个域中删除 5 和 6。

对于大规模的、具有整数值的资源有限问题（例如用几百辆车运送几千人的物流问题）将每个变量的域表示为一个大的整数集然后通过一致性检查方法逐渐缩减这个集合通常是不可能的。相反，域由上界和下界表示，通过**边界传播**（bound propagation）处理。例如，在航班调度问题中，假设存在两趟航班，F_1 和 F_2，其中飞机的容量分别为 165 和 385。F_1 和 F_2 航班上乘客数量的初始域为

$$D_1 = [0, 165] \text{ 和 } D_2 = [0, 385]$$

现在假设我们有附加约束，两趟航班所搭载的总乘客数必须是 420：$F_1 + F_2 = 420$。通过传播边界约束，我们将域缩减为

$$D_1 = [35, 165] \text{ 和 } D_2 = [255, 385]$$

如果对于任意变量 X 和它的上下界值，任意变量 Y，都存在满足 X 和 Y 之间约束的 Y 的值，则称 CSP 是**边界一致的**（bounds-consistent）。这种边界传播在实际的约束问题中得到了广泛应用。

6.2.6　数独

数独（Sudoku）游戏非常流行，它将数百万人引入了约束满足问题，尽管他们可能没有意识到这一点。数独棋盘由 81 个方格组成，有些方格预先填有 1 到 9 的数字。谜题是将所有剩余方格填满，并且任意一行、一列或 3×3 方框中不存在相同数字（见图 6-4）。一行、一列或一个方框称为一个**单元**（unit）。

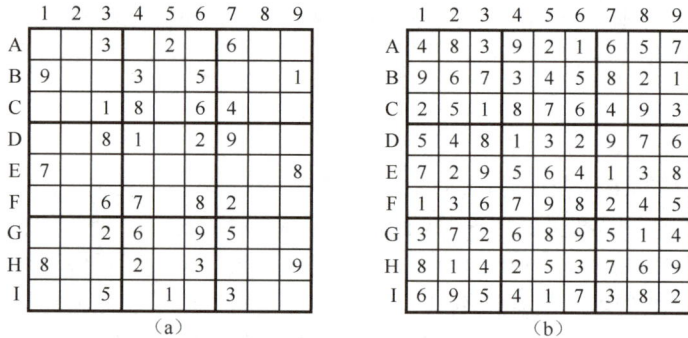

图 6-4　（a）一个数独问题。（b）它的解

报纸和益智书籍上的数独游戏都有一个特点，即有且只有一个解。尽管有些问题手动求解很难，需要花费几十分钟，但 CSP 求解器每秒可以处理几千个问题。

可以将数独游戏看作含有 81 个变量的 CSP，每个变量对应一个方格。用变量名 $A1$ 到 $A9$ 表示第一行（从左到右），$I1$ 到 $I9$ 表示最后一行。空方格的域为 {1, 2, 3, 4, 5, 6, 7, 8, 9}，预先填好的方格的域只有一个值。此外，还有 27 个不同的 *Alldiff* 约束，每个单元（行、列和含有 9 个方格的方框）各有一个 *Alldiff* 约束：

Alldiff ($A1, A2, A3, A4, A5, A6, A7, A8, A9$)
Alldiff ($B1, B2, B3, B4, B5, B6, B7, B8, B9$)
…
Alldiff ($A1, B1, C1, D1, E1, F1, G1, H1, I1$)
Alldiff ($A2, B2, C2, D2, E2, F2, G2, H2, I2$)
…
Alldiff ($A1, A2, A3, B1, B2, B3, C1, C2, C3$)
Alldiff ($A4, A5, A6, B4, B5, B6, C4, C5, C6$)
…

让我们看看弧一致性能带我们走多远。假设 *Alldiff* 约束已被扩展为二元约束（例如 $A1 \neq A2$），这样我们就可以直接应用 AC-3 算法。考虑图 6-4a 中的变量 $E6$——正中间方框中 2、8 之间的空格。按照方框的约束，我们可以从 $E6$ 的域中删除 1、2、7 和 8。按照它所在列的约束，我们可以删除 5、6、2、8、9 和 3（尽管 2 和 8 已经被删除）。此时 $E6$ 的域是 {4}；换句话说，我们知道了 $E6$ 的解。现在考虑变量 $I6$——最后一行中间方框中被

1、3、3 包围的空格。在它所在列应用弧一致性，可以删除 5、6、2、4（因为我们现在知道 E6 一定是 4）、8、9 和 3。我们利用它和 I5 的弧一致性删除 1，此时 I6 的域中只剩下 7。现在第 6 列中有 8 个已知值，所以根据弧一致性可以推出 A6 一定是 1。沿着这样的思路继续推断，最终 AC-3 可以求解整个问题——所有变量的域都缩减为单个值，如图 6-4b 所示。

当然，如果每个数独问题都可以通过机械地应用 AC-3 求解，那么它很快就会失去吸引力，实际上 AC-3 只适用于最简单的数独问题。稍微困难一点的问题可以用 PC-2 求解，但需要花费更大的计算代价：在一个数独问题中，需要考虑 255 960 个不同的路径约束。为了求解最困难的数独问题并取得高效进展，我们必须更聪明一些。

事实上，数独对人类解谜者的吸引力在于，他们需要足智多谋地应用更复杂的推理策略。数独爱好者给这些策略取了各种有趣的名字，如"三链数删减法"。它的工作原理如下：在任一单元（行、列或方框）中，找到 3 个方格，它们的域包含相同的 3 个数字或这 3 个数字的子集。例如，这 3 个域可能是 {1, 8}、{3, 8} 和 {1, 3, 8}。我们并不知道哪个方格是 1、3 或 8，但我们知道这 3 个数字一定分布在这 3 个方格中。因此，我们可以将 1、3 和 8 从该单元中所有其他方格的域中删除。

有趣的是，这些方法并不只是专用于数独。对于数独，我们确实必须说它有 81 个变量，域是数字 1 ~ 9，有 27 个 *Alldiff* 约束。但除此之外，所有策略（弧一致性、路径一致性等）普遍适用于所有 CSP，而不仅仅是数独问题。即使是三链数删减法，也是一种加强 *Alldiff* 约束一致性的策略，而不是特定于数独本身。这就是 CSP 形式体系的作用：对于每个新问题域，我们只需按照约束定义问题，然后就可以使用一般的约束求解机制。

6.3 CSP 的回溯搜索

有时我们完成约束传播过程后仍存在具有多个可能值的变量。在这种情况下，我们必须通过**搜索**来求解问题。本节中我们将介绍用于部分赋值的回溯搜索算法，6.4 节中我们将介绍用于完整赋值的局部搜索算法。

考虑标准的深度受限搜索（第 3 章）是如何求解 CSP 的。状态可能是一个部分赋值，而动作将对该赋值进行扩展，例如，在澳大利亚地图着色问题中，添加赋值 NSW = red 或 SA = blue。对于具有 n 个变量，域大小为 d 的 CSP，我们最终将得到一个搜索树，所有的完整赋值（因此所有的解）都是深度为 n 的叶节点。但要注意，第一层的分支因子为 nd，因为 n 个变量中的任意变量都可以取 d 个值中的任意值。下一层的分支因子是 $(n-1)d$，以此类推 n 层。所以树总共有 $n! \cdot d^n$ 个叶节点，即使可能的完整赋值只有 d^n 种！

如果意识到 CSP 具有的一个关键性质：**可交换性**（commutativity），我们就可以消去因子 $n!$。如果任意给定的动作集合的应用顺序对结果没有影响，则称该问题是可交换的。在 CSP 中，不管我们先赋值 NSW = red，再赋值 SA = blue，还是交换顺序，都没有区别。因此，我们只需考虑搜索树中每个节点上的单个变量。在根节点上，我们可能需要在 SA = red、SA = green 和 SA = blue 之间做出选择，但我们永远不需要在 NSW = red 和 SA = blue 之间做出选择。在这一限制下，叶节点的数量减少到 d^n，这正是我们所希望的。在树的每一层中，我们都必须选择要处理哪个变量，但我们永远不需要回溯这一选择。

图 6-5 为 CSP 的回溯搜索过程。它不断选择未赋值变量，然后依次尝试该变量的域中的所有值，试图通过递归调用将每个值扩展为一个解。如果调用成功，则返回解，如果调用失败，则将赋值恢复到前一状态，然后尝试下一个值。如果所有值都不成功，则返回失败。澳大利亚地图着色问题的部分搜索树如图 6-6 所示，其中我们按照 WA、NT、Q……的顺序为变量赋值。

function BACKTRACKING-SEARCH(*csp*) **returns** 一个解或*failure*
    return BACKTRACK(*csp*, {})

function BACKTRACK(*csp*, *assignment*) **returns** 一个解或*failure*
    if *assignment*是完整的 **then return** *assignment*
    var ← SELECT-UNASSIGNED-VARIABLE(*csp*, *assignment*)
    for each *value* **in** ORDER-DOMAIN-VALUES(*csp*, *var*, *assignment*) **do**
        if *value*与*assignment*一致 **then**
            将{*var* = *value*}添加到*assignment*中
            inferences ← INFERENCE(*csp*, *var*, *assignment*)
            if *inferences* ≠ *failure* **then**
                将*inferences*添加到*csp*中
                result ← BACKTRACK(*csp*, *assignment*)
                if *result* ≠ *failure* **then return** *result*
                从*csp*中删除*inferences*
            从*assignment*中删除{*var* = *value*}
    return *failure*

图 6-5   约束满足问题的简单回溯算法。该算法以第 3 章的递归深度优先搜索为模型。函数 SELECT-UNASSIGNED-VARIABLE 和 ORDER-DOMAIN-VALUES 实现了 6.3.1 节中讨论的通用启发式算法。函数 INFERENCE 可以根据需要选择性地使用弧一致性、路径一致性或 *k* 一致性检测。如果一个赋值导致了失败（无论是在 INFERENCE 还是在 BACKTRACK 中），那么该赋值（包括从 INFERENCE 得到的值）将被撤销，然后重新尝试一个新的赋值

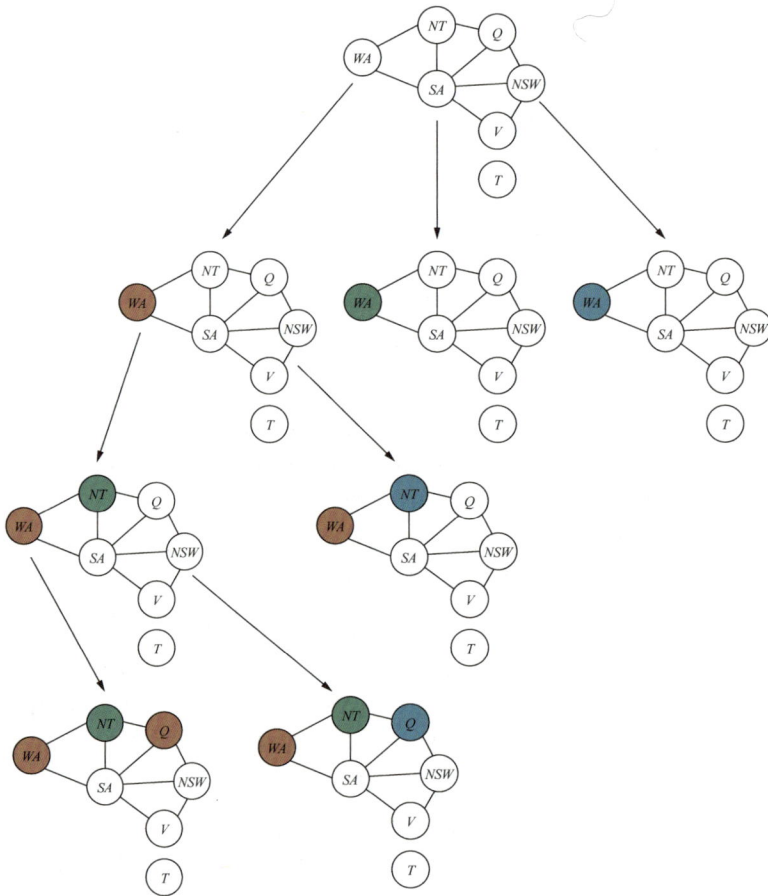

图 6-6   图 6-1 中地图着色问题的部分搜索树

注意，Backtracking-Search 只维护状态（赋值）的单个表示，然后对它进行修改，而不是创建一个新的表示（见 3.4.3 节）。

第 3 章的无信息搜索算法只能通过提供领域特定的启发式算法来改进，然而，事实证明，回溯搜索可以使用领域无关的启发式算法进行改进，这些算法利用了 CSP 的因子化表示。在接下来的 4 节中，我们将介绍如何做到这一点。

- （6.3.1 节）下一步应该给哪个变量赋值（Select-Unassigned-Variable），以及应该以什么顺序尝试它的值（Order-Domain-Values）？
- （6.3.2 节）在每步搜索中应该执行怎样的推断（Inference）？
- （6.3.3 节）我们能在适当的时候回溯（Backtrack）不止一步吗？
- （6.3.4 节）我们可以保存和复用搜索的部分结果吗？

6.3.1 变量排序和值排序

回溯算法中包含这样一行：

$$var \leftarrow \text{Select-Unassigned-Variable}(csp, assignment)$$

Select-Unassigned-Variable 的最简单的策略是使用静态排序：按列表顺序 $\{X_1, X_2, \cdots\}$ 选择变量。第二简单的策略是随机选择。这两种策略都不是最优的。例如，图 6-6 中，进行 WA = red 和 NT = green 赋值后，SA 只有一个可能的值，因此接下来应该对 SA 赋值 SA = blue 而不是对 Q 赋值：事实上，对 SA 赋值后，Q、NSW 和 V 的取值都是确定的。

这种直观的想法——选择"合法"值最少的变量——称为最少剩余值（minimum-remaining-value，MRV）启发式算法，也被称为"最受约束变量"或"失败优先"启发式算法，后一个名字是因为它选择了最有可能马上导致失败的变量，从而可以对搜索树剪枝。如果某一变量 X 没有剩余合法值，那么 MRV 启发式算法将优先选择 X 然后马上检测到失败——避免遍历其他变量进行无意义地搜索。MRV 启发式算法通常比随机或静态排序表现得更好，有时会带来数量级上的效率差异，尽管结果可能因问题而异。

在选择澳大利亚地图的第一个着色区域时，MRV 启发式算法完全不起作用，因为初始时每个区域都有 3 种合法颜色。在这种情况下，度启发式（degree heuristic）算法就派上用场了。它通过选择与其他未赋值变量的约束最多的变量来降低未来选择的分支因子。在图 6-1 中，SA 的度最大，为 5；除了变量 T 的度为 0，其他变量的度为 2 或 3。如果先赋值 SA，我们就可以按顺时针或逆时针顺序访问 5 个陆地区域，并为每个区域赋予不同于 SA 和前一个区域的颜色。最少剩余值启发式算法通常效果更好，但度启发式算法可以打破僵局。

一旦选择了一个变量，算法必须决定按什么顺序检验它的值。最少约束值（least-constraining-value）启发式算法对此非常有效。它优先选择那些为约束图中相邻变量留下最多选择的值。例如，假设在图 6-1 中，我们已经生成了部分赋值 WA = red 和 NT = green，并且下一步是为 Q 选择赋值。此时蓝色是一个糟糕的选择，因为它消除了 Q 的邻居 SA 的最后一个可选的合法值。因此，最少约束值启发式算法会优先选择红色而不是蓝色。一般来说，启发式算法试图为后续变量赋值留下最大的灵活性。

为什么变量选择是失败优先，而值选择是失败延后呢？每个变量最终都必须被赋值，因此通过选择那些有可能最先失败的变量，在统计意义上，需要通过回溯才能找到的成功赋值就会更少。对于值排序，关键在于我们只需要找到一个解；因此，先寻找最有可能的值是有意义的。如果我们的目标是枚举所有的解而不只是找到一个解，那么值排序就无关紧要了。

6.3.2　交替进行搜索和推理

我们已经讨论了 AC-3 算法如何在搜索前缩减变量的域。但在搜索过程中，推断的作用可能更大：每次我们为某个变量选择某个值时，都有一个全新的机会推断其相邻变量的新的域缩减。

推断的最简单形式之一是**前向检验**（forward checking）。当变量 X 被赋值时，前向检验过程为其建立弧一致性：对于每个通过约束与 X 连接的未赋值变量 Y，从它的域中删除与 X 的取值不一致的值。

图 6-7 为在澳大利亚地图 CSP 上使用前向检验进行回溯搜索的过程。关于这一示例，有两点需要注意。首先，需要注意，在赋值 WA = red 和 Q = green 后，NT 和 SA 的域缩减为单个值；通过从 WA 和 Q 传播信息，我们可以完全消除这些变量上的分支。其次，需要注意，赋值 V= blue 后，SA 的域为空集。因此，前向检验检测到部分赋值 {WA = red, Q = green, V = blue} 与问题的约束不一致，算法立即回溯。

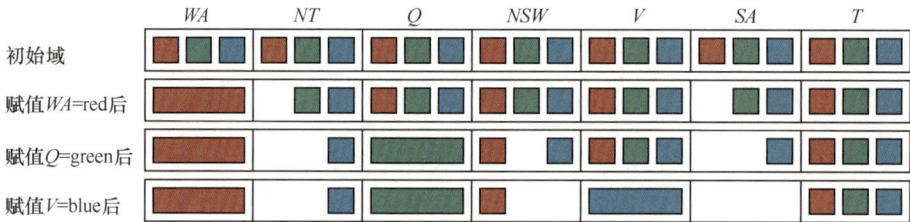

图 6-7　带前向检验的地图着色搜索过程。首先赋值 WA = red；然后前向检验从其相邻变量 NT 和 SA 的域中删除 red。赋值 Q = green 后，从 NT、SA 和 NSW 的域中删除 green。赋值 V = blue 后，从 NSW 和 SA 的域中删除 blue，此时 SA 没有合法值

对许多问题来说，将 MRV 启发式算法与前向检验相结合，可以使搜索更有效。考虑图 6-7 中的赋值 {WA = red}。直观上，这一赋值似乎对它的相邻变量 NT 和 SA 有所约束，所以接下来应该先处理这些变量，然后是所有其他变量。MRV 正是这么做的：NT 和 SA 各有两个值，所以先选择其中一个，接着是另一个，然后依次是 Q、NSW 和 V。最后 T 仍然有 3 个可能的值，任意一个都是有效的。我们可以将前向检验看作一种以增量方式计算 MRV 启发式算法完成其工作所需信息的有效途径。

尽管前向检验能够检测出许多不一致，但它无法检测到所有的不一致。问题在于，它向前看得不够远。例如，考虑图 6-7 中的 Q = green 一行。我们已经使 WA 和 Q 弧一致，但此时 NT 和 SA 的唯一可能的值都是蓝色，这违反了一致性，因为它们是相邻变量，相邻变量不能取相同的值。

维护弧一致性（maintaining arc consistency，MAC）算法能检测出这类不一致。当变量 X_i 被赋值后，INFERENCE 程序调用 AC-3，但我们开始时只考虑所有与 X_i 相邻的未赋值变量 X_j 的弧 (X_j, X_i)，而不是 CSP 中的所有弧。从这出发，AC-3 以通常的方式进行约束传播，如果任何变量的域缩减为空集，则 AC-3 调用失败，并立即回溯。我们可以看到，MAC 严格来说比前向检验更强大，因为前向检验所做的事情与 MAC 对其队列的初始弧所做的相同；但与 MAC 不同的是，当变量的域发生变化时，前向检验不会递归地传播约束。

6.3.3　智能回溯：向后看

当搜索的一个分支失败时，图 6-5 中的 BACKTRACKING-SEARCH 算法将采取一种非常简单的策略：

退回到上一个变量，并为其尝试一个不同的值。这称为**时序回溯**（chronological backtracking），因为时间上最近的决策点会被重新访问。在本节中，我们考虑更好的可能策略。

考虑一下，当我们按照固定的变量顺序 Q、NSW、V、T、SA、WA、NT 应用图 6-1 中的简单回溯时会发生什么。假设我们已经生成了部分赋值 $\{Q = red, NSW = green, V = blue, T = red\}$。当我们尝试下一个变量 SA 时，发现所有值都违反了约束。我们退回到 T，为塔斯马尼亚州尝试一种新颜色！显然，这种做法是愚蠢的——重新给塔斯马尼亚州着色并不能解决南澳大利亚州的问题。

一种更智能的方法是回溯到有可能求解这一问题的变量——导致 SA 的某个可能值变成不可能值的变量。为此，我们将记录与 SA 的某些值冲突的赋值集合。该集合（在本例中为 $\{Q = red, NSW = green, V = blue\}$）称为 SA 的**冲突集**（conflict set）。**回跳**（backjumping）方法将回溯到冲突集中最近的赋值，在本例中，回跳将越过塔斯马尼亚州，为 V 尝试一个新的值。通过修改 BACKTRACK 算法，可以很容易地实现上述方法，即在检验合法值时，同时维护冲突集。如果找不到合法值，算法应该返回失败指示和冲突集中最近的元素。

眼尖的读者可能已经注意到，前向检验不需要额外工作就能提供冲突集：当前向检验根据赋值 $X = x$ 从 Y 的域中删除一个值时，它应该将 $X = x$ 添加到 Y 的冲突集中。如果 Y 的域中的最后一个值也被删除，那么 Y 的冲突集中的赋值也要被添加到 X 的冲突集中。也就是说，我们现在知道 $X = x$ 导致了（Y 中的）矛盾，因此应该为 X 尝试不同赋值。

有眼力的读者可能已经注意到一些奇怪的事情：当域中的每个值都与当前赋值冲突时就会发生回跳，但前向检验能检测出这个事件并阻止搜索到达这样的节点！事实上，可以证明，每个被回跳剪除的分支也会被前向检验剪枝。因此，在前向检验搜索中，或者在使用更强一致性检验的搜索（如 MAC）中，简单的回跳是多余的——你只需执行其中一项。

尽管存在上一段中的观测结果，回跳背后的思想仍然值得借鉴：基于失败原因进行回溯。当变量的域变为空集时，回跳发现失败，但在许多情况下，在很早之前分支就注定要失败。再次考虑部分赋值 $\{WA = red, NSW = red\}$（从我们前面的讨论来看，它是不一致的）。假设我们下一步尝试 $T = red$，然后对 NT、Q、V 和 SA 赋值。我们知道，最后这 4 个变量不存在有效赋值，所以最终在 NT 处终止。现在，问题是，回溯到哪儿？回跳是不可行的，因为 NT 确实存在与前面赋值过的变量一致的值——NT 没有导致失败的前面变量的完整冲突集。然而，我们知道，NT、Q、V 和 SA 这 4 个变量放在一起会失败，是因为前面的一组变量一定与这 4 个变量有直接冲突。

这引出了（对于 NT 这样的变量的）一种不同的、更深层次的冲突集概念：正是前面一组变量共同导致了 NT 连同任何后续变量都不存在一致解。在本例中，该集合是 WA 和 NSW，所以算法应该跳过塔斯马尼亚州回溯到 NSW。使用以这种方式定义的冲突集的回跳算法称为**冲突导向回跳**（conflict-directed backjumping）。

现在我们必须解释如何计算这些新的冲突集。方法其实很简单。搜索分支的"终端"失败总是因为某个变量的域变为空集，该变量对应一个标准冲突集。在我们的例子中，SA 失败，它的冲突集是（例如）$\{WA, NT, Q\}$。我们回溯到 Q，Q 将 SA 的冲突集（当然要减去 Q 本身）吸收到它自己的直接冲突集 $\{NT, NSW\}$，新的冲突集是 $\{WA, NT, NSW\}$。也就是说，给定前面对 $\{WA, NT, NSW\}$ 的赋值，从 Q 向前是没有解的。因此，我们回溯到最近的变量 NT。NT 将 $\{WA, NT, NSW\}$ $-$ $\{NT\}$ 吸收到它自己的直接冲突集 $\{WA\}$ 中，得到 $\{WA, NSW\}$（如上一段所述）。现在算法回跳到 NSW，这正是我们所希望的。总结一下：设 X_j 表示当前变量，$conf(X_j)$ 表示它的冲突集。如果 X_j 的每个可能值都失败了，则回跳到 $conf(X_j)$ 中最近的变量 X_i，并使用下列公式

重新计算 X_i 的冲突集:

$$conf(X_i) \leftarrow conf(X_i) \bigcup conf(X_j) - \{X_i\}$$

6.3.4　约束学习

当我们遇到矛盾时,回跳可以告诉我们要退回多远,这样我们就不会浪费时间去改变那些无法求解问题的变量。但我们也希望不要再遇到同样的问题。当搜索得出一个矛盾时,我们知道这是冲突集的某个子集引起的。**约束学习**(constraint learning)的思想是从冲突集中找出引起问题的最小变量集。这组变量及其相应值称为**无用赋值**(no-good)。如果想要记录无用赋值,要么通过向 CSP 中添加一个新的约束禁止这种赋值组合,要么通过维护一个单独的缓存。

例如,考虑图 6-6 最下面一行中的状态 {WA = red, NT = green, Q = blue}。前向检验告诉我们这个状态是一个无用赋值,因为 SA 不存在有效赋值。在这种特定情况下,记录该无用赋值是没有意义的,因为一旦从搜索树中剪掉了这一分支,我们再也不会遇到这种组合。但假设图 6-6 中的搜索树实际上是更大的搜索树的一部分,该搜索树是从 V 和 T 的赋值开始的。那么将 {WA = red, NT = green, Q = blue} 记录为无用赋值是有意义的,因为对于 V 和 T 的每一组可能赋值,我们都会再次遇到同样的问题。

前向检验或回跳可以有效地利用无用赋值。约束学习是现代 CSP 求解器用以提高复杂问题求解效率的最重要技术之一。

6.4　CSP 的局部搜索

局部搜索算法(见 4.1 节)对于许多 CSP 的求解都非常有效。它们使用完整状态形式(见 4.1.1 节),即每一状态为所有变量赋值,搜索一次改变一个变量的值。例如,考虑 6.1.3 节中定义为 CSP 的 8 皇后问题。在图 6-8 中,我们从左边开始,对 8 个变量进行了完整赋值,通常该赋值会违反一些约束。然后我们随机选择一个发生冲突的变量,在此是最右边一列的 Q_8。我们希望改变它的值,从而更接近问题的解。最明显的方法是选择与其他变量冲突数最少的值——**最少冲突**(min-conflict)启发式算法。

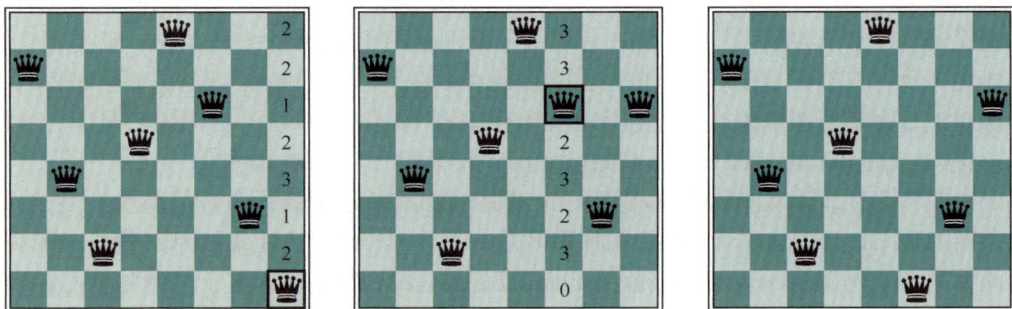

图 6-8　使用最少冲突法求解 8 皇后问题的示例。每步选择一个皇后,在其所在列重新分配位置。每个方格标有冲突数(在本例中是互相攻击的皇后个数)。算法随机选择发生冲突的皇后,将皇后移动到冲突最少的方格

在图 6-8 中，我们看到有两行都只违反了一个约束，我们选择让 $Q_8 = 3$（也就是说，我们将皇后移动到第 8 列、第 3 行）。下一次迭代，在图 6-8 的中间棋盘上，我们选择 Q_6 作为要改变的变量，然后发现将该皇后移动到第 8 行不会发生冲突。此时不再有发生冲突的变量，所以我们找到了一个解。最少冲突算法如图 6-9 所示。[①]

---

function MIN-CONFLICTS(*csp*, *max_steps*) **returns** 一个解或 *failure*
　　inputs: *csp*, 约束满足问题
　　　　　　　　max_steps, 放弃前允许的步数

　　current ← *csp* 的一个初始完整赋值
　　for *i* = 1 **to** *max_steps* **do**
　　　　if *current* 是 *csp* 的一个解 **then return** *current*
　　　　var ← 从 *csp*.VARIABLES 中随机选取的冲突变量
　　　　value ← 对于 *var* 使 CONFLICTS(*csp*, *var*, *v*, *current*) 取得最小值的 *v* 值
　　　　在 *current* 中设置 *var* = *value*
　　return *failure*

图 6-9　CSP 的 MIN-CONFLICTS 局部搜索算法。初始状态可以随机选择，也可以通过基于贪心法的赋值过程依次为每个变量选择最少冲突值。在给定当前赋值的其余部分后，CONFLICTS 函数统计特定值违反约束的数量

对许多 CSP 来说，最少冲突法都相当有效。神奇的是，在 n 皇后问题上，如果不计入皇后的初始布局，最少冲突法的运行时间基本上与问题规模无关。它甚至可以在（初始赋值后）平均 50 步内求解百万皇后问题。这一不同寻常的现象是 20 世纪 90 年代大量研究局部搜索和难易问题间区别的动力，我们将在 7.6.3 节中讨论这些问题。粗略地说，用局部搜索求解 n 皇后问题非常简单，因为解密集地分布在整个状态空间上。最少冲突法也适用于困难问题。例如，它已经被用于哈勃太空望远镜的观测调度，安排一周的观测调度所花费的时间可以从 3 周减少到大约 10 分钟。

4.1 节中的所有局部搜索技术都可以应用于 CSP，有些技术已被证实相当有效。最少冲突启发式算法下的 CSP 地形图通常存在一系列平台区。可能有数百万个变量赋值都只存在一个冲突。平台区搜索——允许横向移动到另一个得分相同的状态——可以帮助局部搜索走出平台区。这种在平台区的漫游可以由一种叫作**禁忌搜索**的技术导引：维护一个最近访问过的状态的列表，并禁止算法返回那些状态。模拟退火也可以用于逃离平台区。

另一种技术称为**约束加权**（constraint weighting），旨在集中搜索重要约束。每个约束都有一个数值权重，初始时都为 1。在每步搜索中，算法找出使其所违反的约束的总权重最低的变量，并修改其值。然后，增加当前赋值所违反的每个约束的权重。这种做法有两个好处：它为平台区增加了地形因素，确保从当前状态进行改进是有可能的；它还引入了学习策略，随着时间推移，难以求解的约束会被分配更高的权重。

局部搜索的另一个优点是，当问题发生变化时，它可以用于在线设定的问题（见 4.5 节）。考虑一个航空公司每周航班调度问题。它可能涉及上千趟航班和上万名人员的分配，但机场的恶劣天气可能会打乱这一调度。我们希望以最少的改动修正日程表。这可以通过从当前调度开始的局部搜索算法轻松完成。使用新约束集的回溯搜索通常要花费更多时间，而且找到的解可能要对当前调度进行很多改动。

[①] 局部搜索可以很容易地扩展到约束优化问题（COP）。在这种情况下，爬山法和模拟退火的所有技术都可以用于优化目标函数。

6.5 问题的结构

在这一节中，我们将研究如何利用由约束图表示的问题的结构来快速找到解。这里的大多数方法也适用于 CSP 之外的其他问题，例如概率推理。

处理复杂的真实世界问题的唯一可能方法是将其分解为若干子问题。回顾澳大利亚问题的约束图（图 6-1b 和图 6-12a），可以发现一个问题：塔斯马尼亚州和大陆不相连。[①] 直观上看，对塔斯马尼亚州着色和对大陆着色显然是两个**独立子问题**（independent subproblem）——任何对大陆着色的解和任何对塔斯马尼亚州着色的解相结合都能得到整个地图的解。

可以简单地通过寻找约束图的**连通分量**（connected component）来确定独立性。每个连通分量对应一个子问题 CSP_i。如果赋值 S_i 是 CSP_i 的解，那么 $\bigcup_i S_i$ 就是 $\bigcup_i CSP_i$ 的解。为什么这很重要？假设每个 CSP_i 具有所有 n 个变量中的 c 个变量，其中 c 是一个常数。那么共有 n/c 个子问题，求解每个子问题最多需要 d^c 工作量，其中 d 是域的大小。因此，总的工作量为 $O(d^c n/c)$，关于 n 是线性的；如果不进行问题分解，总的工作量为 $O(d^n)$，关于 n 是指数级的。让我们更具体地说：将一个具有 100 个变量的布尔 CSP 分解为 4 个子问题，那么最坏情况下的求解时间将从宇宙生命周期减少到不到 1 秒。

完全独立的子问题很好，但很少见。幸运的是，其他一些图结构也很容易求解。例如，当任意两个变量都只由一条路径连接时，约束图是一棵**树**。我们将证明任何树状结构的 CSP 都可以在变量个数的线性时间内求解。[②] 这里的关键是一种新的一致性概念——**定向弧一致性**（directional arc consistency，DAC）。变量顺序为 $X_1, X_2, \cdots, X_n$ 的 CSP 称为定向弧一致的，当且仅当，$j > i$ 时，每个 X_i 相对于每个 X_j 都是弧一致的。

为了求解树状结构的 CSP，首先选择任一变量作为树的根节点，然后选择变量顺序，每个变量必须在其父节点之后。这种排序称为**拓扑排序**（topological sort）。图 6-10a 为一棵树，图 6-10b 为一种可能的排序。任何有 n 个节点的树都有 $n-1$ 条边，所以可以在 $O(n)$ 步内使得该图具有定向弧一致性，每一步都必须比较两个变量的最多 d 个可能的值，总时间为 $O(nd^2)$。一旦我们有了一个定向弧一致的图，就可以沿着变量列表选择任意剩余值。因为从父节点到其子节点的每条边都是弧一致的，所以，对于父节点选择的任何值，子节点都存在一个可选的有效值。这意味着我们不必回溯，可以沿着变量线性移动。完整算法如图 6-11 所示。

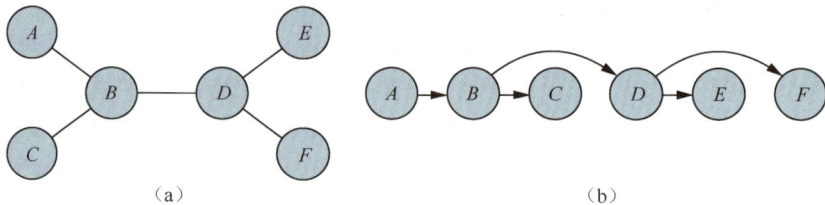

图 6-10 （a）树状结构 CSP 的约束图。（b）与以 A 为根节点的树一致的变量的线性排序。这称为变量的**拓扑排序**

既然我们有了关于树的高效算法，可以考虑更一般的约束图是否可以以某种方式简化为树结构。有两种方法可以做到这一点：删除节点（6.5.1 节）或合并节点（6.5.2 节）。

---

① 细心的制图师或热爱塔斯马尼亚州的塔斯马尼亚人可能会反对将塔斯马尼亚州和离它最近的大陆邻域涂上相同的颜色，以免给人留下它可能是那个州的一部分的印象。

② 遗憾的是，除了苏拉威西岛（Sulawesi）的地图比较接近树状外，世界上几乎没有一个地区是树状结构的地图。

---

function Tree-CSP-Solver(*csp*) **returns** 一个解或*failure*
  inputs: *csp*，具有*X*, *D*, *C*的CSP

  n ← *X*中变量个数
  assignment ← 一个空的赋值
  root ← *X*中任一变量
  X ← TopologicalSort(*X*, *root*)
  for *j* = *n* **down to** 2 **do**
    Make-Arc-Consistent(Parent(X_j), X_j)
    if 不能取得一致 **then return** *failure*
  for *i* = 1 **to** *n* **do**
    assignment[X_i] ← D_i中任一一致的值
    if 没有一致值 **then return** *failure*
  return *assignment*

图 6-11　用于求解树状结构 CSP 的 Tree-CSP-Solver 算法。如果 CSP 有解，我们可以在线性时间内找到它；如果无解，将检测到矛盾

6.5.1　割集调整

    将约束图简化为树的第一种方法是为部分变量赋值使得剩余变量能够形成一棵树。考虑澳大利亚问题的约束图，如图 6-12a 所示。如果没有南澳大利亚州，这个图就会变成如图 6-12b 所示的一棵树。幸运的是，我们可以通过将 *SA* 固定为某个值并从其他变量的域中删除任何与 *SA* 取值不一致的值来从图中删除南澳大利亚州。

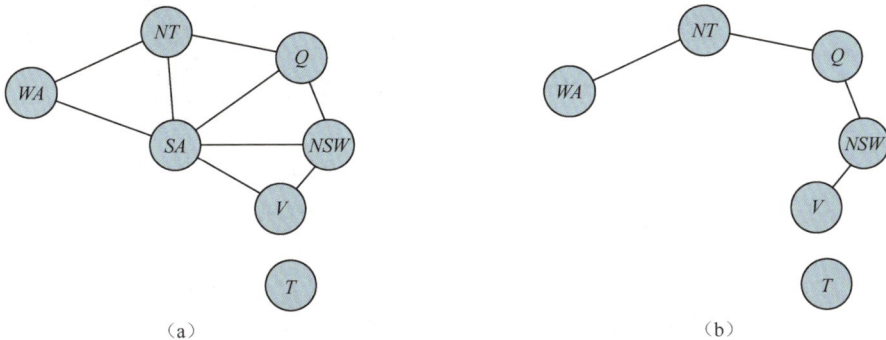

图 6-12　（a）图 6-1 中的原始约束图。（b）除去 *SA* 后，约束图变成由两棵树组成的森林

    现在，删除 *SA* 及其约束后，CSP 的任意一个解都与 *SA* 的值一致。（这适用于二元 CSP，在高阶约束下，情况会更加复杂。）因此，我们可以用上面给出的算法求解剩余的树，从而求解整个问题。当然，在一般情况下（与地图着色不同），为 *SA* 选择的值可能是错误的，因此我们需要尝试每个可能的值。一般算法如下。

    （1）选择 CSP 变量的一个子集 *S*，使得约束图在删除 *S* 后成为一棵树。*S* 称为**环割集**（cycle cutset）。

    （2）对于满足 *S* 上所有约束的 *S* 中变量的每种可能赋值，

    a. 从剩余变量的域中删除任何与 *S* 赋值不一致的值，并且

    b. 如果剩余的 CSP 存在一个解，那么将其连同 *S* 的赋值一起返回。

    如果环割集的大小为 *c*，那么总运行时间为 $O(d^c \cdot (n-c)d^2)$：我们需要尝试 *S* 中变量的值的所有 d^c 种组合，对于每种组合，我们需要求解一个大小为 $(n-c)$ 的树问题。如果约束图"几

乎是一棵树"，那么 c 将会非常小，相比于直接使用回溯法，将省掉巨大的开销——对 100 个布尔变量的示例来说，如果我们能找到一个大小为 $c = 20$ 的割集，时间开销可以从宇宙生命周期缩短到几分钟。然而，在最坏情况下，c 可能高达 $(n - 2)$。寻找最小环割集问题是 NP 困难的，但有一些高效的近似算法。算法的总体过程称为割集调整（cutset conditioning），我们将在第 13 章详细讨论，在那里它将用于概率推理。

6.5.2　树分解

将约束图简化为树的第二种方法基于构建约束图的树分解（tree decomposition）：将原始图转换为树，树中的每个节点由一组变量组成，如图 6-13 所示。树分解必须满足以下 3 个要求。

- 原始问题中的每个变量必须至少出现在一个树节点中。
- 如果两个变量在原始问题中由一个约束连接，那么它们必须同时出现（连同约束）在至少一个树节点中。
- 如果一个变量出现在两个树节点中，那么它必须出现在连接这两个节点的路径上的所有节点中。

前两个条件保证了所有变量和约束在树分解中都有表示。第三个条件似乎更具技术性，但保证了原始问题的任何变量无论在哪出现都具有相同的值：树中的约束表明一个树节点中的变量必须与其相邻节点中的相应变量具有相同的值。例如，图 6-13 中 SA 出现在相连的所有 4 个节点中，因此树分解中的每条边都包含一个约束，一个节点中 SA 的值必须与下个节点中 SA 的值相同。你可以从图 6-12 中验证这种分解是有意义的。

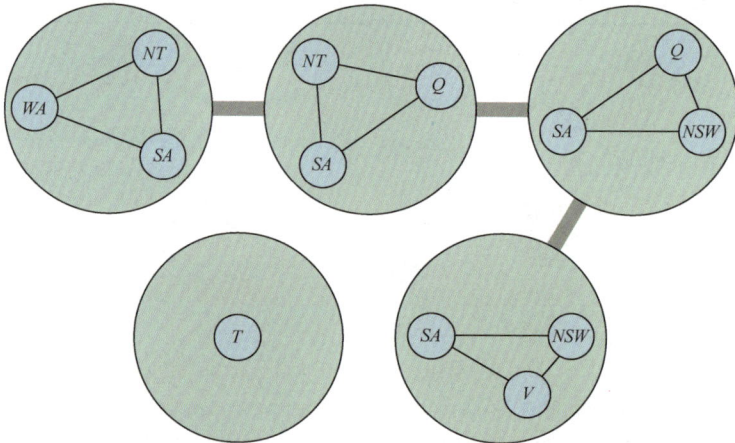

图 6-13　图 6-12a 中约束图的一个树分解

一旦我们有了一个树状结构图，我们可以应用 Tree-CSP-Solver 在 $O(nd^2)$ 时间内得到解，其中 n 是树节点的个数，d 是最大域的大小。但是要注意，在树中，域是一组值元组，而不只是单个值。

例如，图 6-13 中的左上节点表示在原始问题层级上，变量为 {WA, NT, SA}，域为 {red, green, blue}，约束为 $WA \neq NT$、$SA \neq NT$ 和 $WA \neq SA$ 的子问题。而在树的层级上，节点表示单个变量，我们可以将其称为 $SANTWA$，它的值必须是一个由颜色组成的三元组，如 (red, green, blue)，但不能是 (red, red, blue)，因为违反了原始问题中的 $SA \neq NT$ 约束。然后我们可以从这个节点移动到相邻节点，其变量为 $SANTQ$，此时只有一个元组 (red, green, blue) 与 $SANTWA$ 的选择一致。对后两个节点重复完全相同的过程，但可以独立地为 T 作出任何选择。

使用 Tree-CSP-Solver 算法可以在 $O(nd^2)$ 时间内求解任何树分解问题，只要 d 保持较小值，它都是高效的。回到 100 个布尔变量的示例，如果每个节点有 10 个变量，那么 $d = 2^{10}$，我们可以在几秒内找到解。但如果有一个节点包含 30 个变量，则需要几个世纪的时间。

一个给定的图允许多种树分解，在选择分解时，目标是使子问题尽可能小。（将所有变量放在同一个节点中在技术上也是一棵树，但对求解问题没有帮助。）图的树分解的**树宽**（tree width）为最大节点的大小减 1，图本身的树宽定义为其所有树分解的最小宽度。如果一个图的树宽为 w，那么给定相应的树分解，该问题可以在 $O(nd^{w+1})$ 时间内求解。因此，如果 CSP 的约束图树宽有界，则该 CSP 在多项式时间内是可解的。

遗憾的是，找出树宽最小的分解是一个 NP 困难问题，但有一些启发式方法在实践中效果很好。时间为 $O(d^c \cdot (n-c)d^2)$ 的割集分解和时间为 $O(nd^{w+1})$ 的树分解哪个更好？每当有一个大小为 c 的环割集时，也会有一个大小为 $w < c + 1$ 的树宽，并且在某些情况下它可能要小得多。所以从时间上考虑，应该选择树分解，但环割集方法的优点是，它可以在线性内存中执行，而树分解需要关于 w 的指数级内存。

6.5.3　值对称

到目前为止，我们已经讨论了约束图的结构。在变量的值中，或在约束关系本身的结构中，也可能存在重要的结构。考虑有 d 种颜色的地图着色问题。对于每个一致解，实际上都有一组通过排列颜色名形成的 $d!$ 个解。例如，在澳大利亚地图中，我们知道 WA、NT 和 SA 肯定具有不同颜色，但实际上，将 3 种颜色分配给 3 个区域有 3! = 6 种方法。这称为**值对称**（value symmetry）。我们希望通过打破这种赋值对称性将搜索空间缩小 $d!$ 倍。可以通过引入**对称性破缺约束**（symmetry-breaking constraint）做到这一点。对于我们的例子，可以施加一个任意的排序约束，$NT < SA < WA$，即要求 3 个值按字母顺序排列。这个约束保证了 $d!$ 个解中只有一个是可能解：$\{NT =$ blue, $SA =$ green, $WA =$ red$\}$。

对于地图着色问题，很容易找到一个消除对称性的约束。一般来说，要消除所有的对称性是 NP 困难的，但打破值对称已被证明在许多问题上都是重要和有效的。

小结

- **约束满足问题**（CSP）的状态为一组变量/值对，解的条件为一组变量约束。许多重要的真实问题都可以用 CSP 描述。

- 许多**推断**技术利用约束排除某些变量赋值。这些约束包括节点一致性、弧一致性、路径一致性和 k 一致性。

- **回溯搜索**是深度优先搜索的一种形式，通常用于求解 CSP。推断可以与搜索交替进行。

- **最少剩余值**启发式算法和**度**启发式算法是领域无关的方法，用于决定在回溯搜索中下一步选择哪个变量。**最少约束值**启发式算法有助于决定对于给定变量首先尝试哪个值。回溯发生在某个变量找不到合法赋值时。**冲突导向回跳**直接回溯到问题的根源。**约束学习**记录在搜索过程中遇到的冲突，以免在以后的搜索中出现相同的冲突。

- 使用**最少冲突**启发式算法的局部搜索也已成功地应用于约束满足问题。

- CSP 求解的复杂性与其约束图的结构密切相关。树状结构问题可以在线性时间内求解。**割集调整**可以将一般的 CSP 简化为树状结构的 CSP，如果能找到一个较小的割集，算法会非常高效（只需线性内存）。**树分解**技术将 CSP 转化为由子问题构成的树，当约束图的

树宽较小时，算法是高效的；然而，它们需要约束图树宽的指数级的内存。将割集调整和树分解相结合可以更好地权衡所需内存和时间。

参考文献与历史注释

希腊数学家丢番图（Diophantus，约 200—284）提出并求解了关于方程的代数约束的问题，尽管他并没有提出一种通用的方法论。我们现在称整数域上的方程为**丢番图方程**（diophantine equation）。印度数学家布拉马古普塔（Brahmagupta，约 650 年）是第一个给出方程 $ax + by = c$ 在整数域上的一般解的人。高斯（Gauss, 1829）研究了通过变量消元法求解线性方程的系统方法，对于线性不等式约束的求解可以追溯到傅里叶（Fourier, 1827）。

有限域约束满足问题也有很长的历史。例如，**图着色**（地图着色是它的一个特例）是数学中的一个古老问题。四色猜想（每个平面图都可以只用最多 4 种颜色着色）是由德摩根的学生弗朗西斯·格思里（Francis Guthrie）在 1852 年首先提出的。直到阿佩尔和哈肯（Appel and Haken, 1977）给出了一个证明，参见 *Four Colors Suffice*（Wilson, 2004），它才得以求解——尽管有一些与之相反的声明。纯粹主义者对部分证明依赖于计算机感到不满，因此乔治斯·贡蒂尔（Georges Gonthier）（Gonthier, 2008）使用 COQ 定理证明器推导出形式证明，证实了阿佩尔和哈肯的证明程序是正确的。

特定类别的约束满足问题贯穿整个计算机科学的历史。Sketchpad（Sutherland, 1963）是最具影响力的早期示例之一，它求解了图表中的几何约束问题，是现代绘图程序和 CAD 工具的先驱。乌戈·蒙塔纳里（Ugo Montanari）（Montanari, 1974）将 CSP 确定为一般类。将高阶 CSP 简化为带有辅助变量的纯二元 CSP（见习题 6.NARY）最初是由 19 世纪的逻辑学家查尔斯·桑德斯·皮尔斯提出的。德克特（Dechter, 1990b）将其引入 CSP 文献，并由巴克斯和范贝克（Bacchus and van Beek, 1998）详细阐述。在最优化文献中，人们广泛研究了对解存在偏好的 CSP，比斯塔雷利等人（Bistarelli *et al.*, 1997）对 CSP 框架进行了一般化以允许存在偏好。

由于华尔兹（Waltz, 1975）在计算机视觉多面体线标记问题上的成功，约束传播方法得到了推广。华尔兹证明在许多问题中，传播能够完全消除对回溯的需求。蒙塔纳里（Montanari, 1974）引入了约束图和路径一致性传播的概念。艾伦·麦克沃思（Alan Mackworth）（Mackworth, 1977）提出了增强弧一致性 AC-3 算法，并提出了将回溯与某种程度的一致性增强相结合的一般思想。AC-4，一种由莫尔和亨德森（Mohr and Henderson, 1986）提出的高效弧一致性算法，最坏情况下的运行时间为 $O(cd^2)$，但平均情况下可能比 AC-3 慢。PC-2 算法（Mackworth, 1977）实现路径一致性的方式与 AC-3 实现弧一致性的方式非常相似。麦克沃思的论文发表后不久，研究人员开始尝试在一致性增强带来的开销和搜索减少带来的好处之间进行权衡。哈拉利克和埃利奥特（Haralick and Elliott, 1980）赞成麦格雷戈（McGregor, 1979）提出的最小前向检验算法，而加什尼格（Gaschnig, 1979）则建议在每次变量赋值后进行完整的弧一致性检验——后来萨宾和弗罗伊德（Sabin and Freuder, 1994）将该算法称为 MAC。萨宾和弗罗伊德的这篇论文提供了一些令人信服的证据，表明在更困难的 CSP 上，完整弧一致性检验是有意义的。弗罗伊德（Freuder, 1978, 1982）研究了 k 一致性的概念以及它和 CSP 求解复杂性的关系。德克特兄弟（Dechter and Dechter, 1987）引入了定向弧一致性。阿普特（Apt, 1999）提出了一个通用算法框架，在该框架中可以对一致性传播算法进行分析，贝茜（Bessie, 2006）以及巴尔塔克等人（Barták *et al.*, 2010）也进行了调研。

处理高阶约束或全局约束的特殊方法首先是在**约束逻辑编程**（constraint logic programming）的背景下发展的。马里奥特和斯塔基（Marriott and Stuckey, 1998）出色地报告了这一领域的研究。雷金

（Regin, 1994）、斯特吉奥和沃尔什（Stergiou and Walsh, 1999）以及范赫费尔（van Hoeve, 2001）研究了 *Alldiff* 约束。*Alldiff* 有更复杂的推断算法，参见（van Hoeve and Katriel, 2006），它们传播的约束更多，但运行所需的计算代价更高。范亨滕里克等人（Van Hentenryck *et al.*, 1998）将边界约束纳入约束逻辑编程。范赫费尔和卡特里尔（van Hoeve and Katriel, 2006）对全局约束进行了调研。

数独已经成为最广为人知的 CSP，西莫尼斯（Simonis, 2005）对此进行了描述。阿格贝克和汉森（Agerbeck and Hansen, 2008）提出了一些策略，并证明 $n^2 \times n^2$ 大小的数独游戏属于 NP 困难问题。

1850 年，高斯描述了一种递归回溯算法用于求解 8 皇后问题。8 皇后问题于 1848 年发表在德国国际象棋杂志 *Schachzeitung* 上。高斯将他的方法称作 Tatonniren，来源于法语单词 tâtonner——在黑暗中摸索。

根据高德纳（Donald Knuth）（私下里）的说法，沃克（R. J. Walker）在 20 世纪 50 年代引入了回溯（backtrack）一词。沃克（Walker, 1960）描述了基本的回溯算法，并用它找到了 13 皇后问题的所有解。戈洛姆和鲍默特（Golomb and Baumert, 1965）举例说明了可以应用回溯法的一般类型的组合问题，并引入了 MRV 启发式算法。比特纳和莱因戈尔德（Bitner and Reingold, 1975）提供了一个有影响力的回溯技术综述。布雷拉兹（Brelaz, 1979）在应用 MRV 启发式算法后使用度启发式算法打破僵局。这一算法尽管简单，但仍然是对任意图进行 k 着色的最优方法。哈拉利克埃利奥特（Haralick and Elliott, 1980）提出了最少约束值启发式算法。

基础的回跳方法是由约翰·加什尼格（John Gaschnig）（Gaschnig, 1977, 1979）提出的。孔德拉克和范贝克（Kondrak and van Beek, 1997）证明了该算法本质上包含在前向检验中。冲突导向回跳是由普罗瑟（Prosser, 1993）设计的。德克特（Dechter, 1990a）引入了基于图的回跳，将基于回跳的算法的复杂性限制为约束图的函数（Dechter and Frost, 2002）。

斯托尔曼和萨斯曼（Stallman and Sussman, 1977）早期开发了一种非常通用的智能回溯形式。他们的**依赖导向回溯**（dependency-directed backtracking）技术结合了回跳与无用学习（McAllester, 1990），并带动了**真值维护系统**（truth maintenance system）（Doyle, 1979）的发展，我们将在 10.6.2 节中讨论。德克勒尔（de Kleer, 1989）分析了这两个领域之间的联系。

斯托尔曼和萨斯曼的工作还引入了**约束学习**（constraint learning）的思想，通过搜索得到的部分结果将被保存并在之后的搜索中复用。德克特（Dechter, 1990a）正式提出了这个想法。**后向标记**（backmarking）（Gaschnig, 1979）是一种特别简单的方法，一致和不一致的成对赋值被保存下来以免重新检查约束。后向标记可以与冲突导向回跳相结合，孔德拉克和范贝克（Kondrak and van Beek, 1997）提出了一种混合算法，可以证明它包含了单独采用的任一方法。

动态回溯（dynamic backtracking）（Ginsberg, 1993）方法在回溯早期选择时，保留了之后变量子集中成功的部分赋值，以避免后来的成功赋值无效。默斯克维奇等人（Moskewicz *et al.*, 2001）展示了如何使用上述技术和其他技术构建高效 SAT 求解器。戈梅斯等人（Gomes *et al.*, 2000）以及戈梅斯和塞尔曼（Gomes and Selman, 2001）对几种随机回溯方法进行了实证研究。范贝克（van Beek, 2006）综述了回溯方法。

柯克帕特里克等人（Kirkpatrick *et al.*, 1983）关于模拟退火（见第 4 章）的工作推广了约束满足问题中的局部搜索，局部搜索被广泛应用于超大规模集成电路布局和调度问题。贝克等人（Beck *et al.*, 2011）给出了关于作业车间调度最新研究的综述。最少冲突启发式算法最早由顾钧（Gu, 1989）提出，由明顿等人（Minton *et al.*, 1992）独立开发。索希奇和顾钧（Sosic and Gu, 1994）展示了如何应用最少冲突启发式算法在 1 分钟之内求解 300 万皇后问题。在 n 皇后问题上，使用最少冲突启发式算法的局部搜索取得了惊人的成功，这导致了对"简单"和"困难"问题的本质和普遍性的重新评估。彼得·奇斯曼等人（Cheeseman *et al.*, 1991）研究了随机生成 CSP 的难度，发现几乎所有这类问题要么非常简单，要么无解。如果问题生成器的参数设置在某个很小的范围内，那么在这个范围内，大约一半的问题是可解的，这样我们才能发现"困难"的问题实例。我们将在第 7 章进一步讨论这一现象。

科诺里奇（Konolige, 1994）指出，对于具有某种局部结构的问题，局部搜索不如回溯搜索，这导致了将局部搜索和推断相结合的工作，例如平卡斯和德克特（Pinkas and Dechter, 1995）的工作。霍斯和曾炳均（Hoos and Tsang, 2006）提供了局部搜索技术综述，霍斯和施蒂茨勒（Hoos and Stützle, 2004）以及阿尔茨和伦斯特拉（Aarts and Lenstra, 2003）都编写了教科书。

将 CSP 的结构和复杂性相关联的工作起源于弗罗伊德（Freuder, 1985）以及麦克沃思和弗罗伊德（Mackworth and Freuder, 1985），他们证明了在弧一致树上的搜索不需要回溯。数据库社区将其扩展到无环超图，得到了类似结果（Beeri et al., 1983）。巴亚尔多和米兰克尔（Bayardo and Miranker, 1994）提出了一种无须任何预处理即可在线性时间内运行的树状结构 CSP 算法。德克特（Dechter, 1990a）描述了环割集方法。

自从这些论文发表以来，在发展将求解 CSP 的复杂性与其约束图的结构相关联的更一般结果方面已经取得了很大进展。树宽的概念是由图论家罗伯逊和西摩（Robertson and Seymour, 1986）提出的。德克特和珀尔（Dechter and Pearl, 1987, 1989）在弗罗伊德工作的基础上，将相关概念［他们称之为**诱导宽度**（induced width），但与树宽是一样的］应用于约束满足问题，并开发了在 6.5 节中描述的树分解方法。

戈特洛布等人（Gottlob et al., 1999a, 1999b）利用这项工作和数据库理论的结果，提出了**超树宽**（hypertree width）的概念，它基于将 CSP 表征为超图。除证明任何超树宽为 w 的 CSP 可以在 $O(nw+1 \log n)$ 时间内求解之外，他们还证明了，超树宽包含所有先前定义的"宽度"度量，因为在某些情况下，超树宽是有界的，其他度量是无界的。

巴亚尔多和施拉格（Bayardo and Schrag, 1997）的 RELSAT 算法将约束学习和回跳相结合，并被证明优于当时的许多其他算法。这使得与或搜索算法既适用于 CSP 又适用于概率推理（Dechter and Mateescu, 2007）。布朗等人（Brown et al., 1988）在 CSP 中引入了对称破缺的概念，金特等人（Gent et al., 2006）对此进行了综述。

分布式约束满足（distributed constraint satisfaction）领域着眼于求解存在一个智能体集合的 CSP，其中每个智能体控制一个约束变量子集。自 2000 年以来，已经有了关于这一问题的年度研讨会，其他会议也有相关的报道（Collin et al., 1999; Pearce et al., 2008）。

CSP 算法的比较基本上是一门经验科学：很少有理论结果证明一种算法在所有问题上都优于另一种算法；相反，我们需要进行实验来查看哪种算法在典型的问题实例中表现得更好。正如胡克（Hooker, 1995）所说，我们需要小心地区分竞争性测试和科学测试，前者发生在基于运行时间的算法竞赛中，后者的目标是找出决定该算法对一类问题效力的性质。

教科书（Apt, 2003）、（Dechter, 2003）、（Tsang, 1993）和（Lecoute, 2009）以及（Rossi et al., 2006）合集都是关于约束处理的优秀资源。有几篇很好的综述文章，包括（Dechter and Frost, 2002）和（Barták et al., 2010）。卡博内尔和库珀（Carbonnel and Cooper, 2016）给出了可处理的 CSP 类的综述。孔德拉克和范贝克（Kondrak and van Beek, 1997）给出了回溯搜索算法的分析性综述，巴克斯和范鲁恩（Bacchus and van Run, 1995）则给出了更实证的综述。（Apt, 2003）和（Fruhwirth and Abdennadher, 2003）中都涉及了约束编程。*Artificial Intelligence* 和专业期刊 *Constraints* 上经常发表有关于约束满足的论文，最新的 SAT 求解器会在每年的国际 SAT 比赛中介绍。相关领域的主要会议是约束编程原理与实践国际会议（International Conference on Principles and Practice of Constraint Programming，常称为 CP）。

第三部分

知识、推理和规划

第 7 章

逻辑智能体

在本章中，我们设计能够表示复杂世界的智能体，它使用推断过程来获取关于这个世界的新表示，并使用这种表示来推导下一步该怎么做。

人类似乎具有知识，人类的知识能够帮助他们做事。在人工智能中，**基于知识的智能体**（knowledge-based agent）对知识的内部**表示**（representation）进行**推理**（reasoning）来确定要采取的动作。

第 3 章和第 4 章的问题求解智能体具有知识，但这种知识是非常有限且死板的。它们知道可以采取哪些动作，也知道在某个状态采取某个动作将得到哪种结果，但它们不知道一般事实。例如，寻路智能体不知道一条路的长度不可能是负数公里，而 8 数码智能体也不知道两块瓷砖无法放置在同一个空格当中。问题求解智能体具有的知识对寻找从起点到终点的路径这种问题非常有用，但也仅限于此。

问题求解智能体所使用的原子表示也有很大的局限性。例如，在部分可观测的环境中，问题求解智能体表示它对当前状态的了解的唯一选项是列出所有可能的具体状态。我可以让一个人驱车前往一个人口不超过 1 万的美国小镇，但如果要让问题求解智能体来做这件事，我只能明确地将目标描述为大约 1.6 万个符合条件的小镇的集合。

第 6 章引入了我们的第一个因子化表示，其中状态被表示为对变量的赋值。这是朝正确方向前进的一步，它能使智能体的某些部分以与领域无关的方式运作，并支持更高效的算法。在本章中，我们将这一步延伸到它的逻辑结论，可以说，我们将**逻辑**扩展为一类通用的表示，以支持基于知识的智能体。这些智能体可以组合或重组信息以适应各种用途。它可以与我们当下的需要毫不相关，就像数学家证明定理或天文学家计算地球的预期寿命一样。基于知识的智能体能够接受明确描述的目标作为任务，能够通过主动学习或被告知关于环境的新知识快速地获得完成任务的能力，也能够通过更新相关知识适应环境的变化。

我们在 7.1 节开始介绍智能体的总体设计。7.2 节新引入了一个名为 wumpus 世界的简单环境，以便在不涉及任何技术细节的前提下，阐明基于知识的智能体的运作方式。随后我们在 7.3 节解释**逻辑**的一般原理，在 7.4 节介绍**命题逻辑**的具体细节。命题逻辑是一种因子化表示，尽管它的表达能力不如**一阶逻辑**（第 8 章）这种标准的结构化表示，但却能够阐明逻辑的所有基本概念。命题逻辑还具有丰富的推断方法，我们将在 7.5 节和 7.6 节中描述这些内容。最后，7.7 节将基于知识的智能体的概念与命题逻辑的技术结合起来，为 wumpus 世界构建了一个简单的智能体。

7.1 基于知识的智能体

基于知识的智能体的核心部件是它的**知识库**（knowledge base，KB）。知识库是一个**语句**集。（此处"语句"是一个术语。它与英语或其他自然语言的语句类似，但不完全相同。）这些语句用**知识表示语言**（knowledge representation language）表达，代表了关于世界的某种断言。如果一条语句是直接给出的，而不是从其他语句推导而来的，我们就称它为**公理**（axiom）。

向知识库添加新语句以及从知识库查询已知语句的方法是必不可少的。这些操作的标准名称分别是 TELL（告知）和 ASK（询问）。这两个操作都可能涉及**推断**（inference），也就是从原有语句中推导出新语句。推断必须符合以下要求：当向知识库询问（ASK）时，答案应当遵循先前已经告知（TELL）知识库的内容而生成。我们将在本章后续部分仔细讲解何为"遵循"。现在，我们暂且将其理解为在推断过程中不能进行捏造。

图 7-1 展示了基于知识的智能体程序。与所有的智能体一样，基于知识的智能体以一个感知作为输入，返回一个动作。该智能体维护一个知识库 KB，这个知识库最初可能包括一些**背景知识**（background knowledge）。

---

function KB-AGENT(*percept*) **returns** 一个*action*
    persistent: *KB*，一个知识库
              t，一个计数器，初始为0，表示时间
    TELL(*KB*, MAKE-PERCEPT-SENTENCE(*percept*, *t*))
    action ←ASK(*KB*, MAKE-ACTION-QUERY(*t*))
    TELL(*KB*, MAKE-ACTION-SENTENCE(*action*, *t*))
    t ← *t* + 1
    return *action*

图 7-1 通用的基于知识的智能体。给定一个感知，智能体将这一感知添加进知识库，向知识库询问最优动作，并告知知识库它已经采取了这一动作

每次调用智能体程序时，程序会做 3 件事。首先，它告知知识库它所感知到的东西。然后，它询问知识库它应当采取什么动作。在回答这一查询时，可能会对关于世界的当前状态、可能的动作序列的执行结果等进行大量推理。最后，智能体程序告知知识库它选择的动作，并返回这一动作以便执行。

表示语言的细节隐藏在 3 个函数中，这 3 个函数一方面实现了传感器与执行器之间的接口，另一方面又实现了核心表示与推理系统的接口。MAKE-PERCEPT-SENTENCE 构建了一个语句，断言智能体在给定时间接收到给定的感知。MAKE-ACTION-QUERY 构建了一个语句，询问当前时刻应当采取何种动作。最后，MAKE-ACTION-SENTENCE 构建了一个语句，断言选定的动作已经执行。推断机制的细节隐藏在 TELL 与 ASK 中。后续章节将阐明这些细节。

图 7-1 所示的基于知识的智能体看起来与第 2 章所述的具有内部状态的智能体非常相似。而由于 TELL 和 ASK 的定义，基于知识的智能体并不仅是普通的用来计算动作的程序。它受到位于**知识层面**（knowledge level）的描述的操控，我们只需要在知识层面明确智能体所具有的知识和它的目标，就可以决定它的行为。

例如，一辆自动驾驶出租车的任务是将一名乘客从旧金山送往马林县，它或许知道金门大桥是两地间的唯一通路。因此，我们可以猜测出租车将驶过金门大桥，因为它知道这样能达成目标。注意，这一分析与出租车在**实现层面**（implementation level）的工作原理毫无关系。不论它是用链表或点阵图来实现地理知识，还是通过操纵寄存器中的符号串或在神经元网络中传递有噪声的信号来进行推理，都与我们的分析无关。

我们可以仅通过告知智能体必需的知识来构建基于知识的智能体。智能体设计者可以从空知识库开始，逐条告知智能体语句，直到它明白如何在它的环境中运作。我们称之为**陈述性**（declarative）系统构建方法。相对地，**过程性**（procedural）方法将所需的行为直接编码为程序代码。在 20 世纪 70 年代和 80 年代，两种方法的提倡者进行了激烈的辩论。我们现在明白，

成功的智能体在设计中常常需要将陈述性和过程性这两种方法的元素结合起来，而陈述性的知识也往往能够被编译成更有效的过程性代码。

我们还可以给基于知识的智能体赋予自主学习的机制，我们将在第 19 章讲解的这些机制。智能体能够利用这些机制从一系列感知中创建关于环境的一般知识。进行学习的智能体可以是完全自主的。

7.2 wumpus 世界

本节我们将描述一个能够体现基于知识的智能体的价值的环境。wumpus 世界（wumpus world）是一个洞穴，其中有许多房间，房间之间有走廊连接。在洞穴的某处潜伏着可怕的 wumpus，这是一只会吃掉任何进入其房间的人的怪兽。智能体可以射杀 wumpus，但智能体只有一支箭。一些房间有无底洞，能困住任何漫游到这些房间中的人（wumpus 除外，它体型大得无法落入无底洞）。这个阴森环境的唯一回报是可能找到的金块。尽管以现代电子游戏的眼光来看，wumpus 世界相当乏味，但它却能展示出智能的一些重要属性。

图 7-2 展示了一个简单的 wumpus 世界示例。任务环境的精确定义用 2.3 节所述的 PEAS 描述法给出。

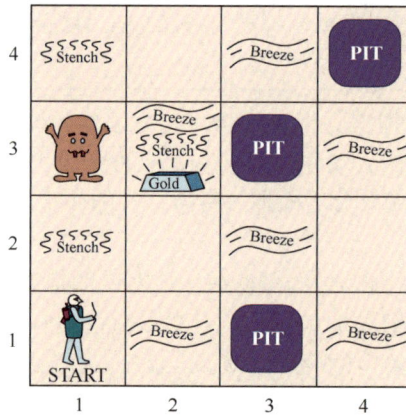

图 7-2　一个典型的 wumpus 世界。智能体位于左下角，面朝东（向右）

- **性能度量**：带着金块从洞穴爬出 +1000，跌入无底洞或被 wumpus 吞食 -1000，每采取一个动作 -1，用尽箭支 -10。如果智能体死亡或爬出洞穴，游戏结束。
- **环境**：一个 4×4 的房间网格，网格四周环绕着围墙。智能体始终从标为 [1, 1] 的方格开始，面向东方。金块和 wumpus 的位置是根据均匀分布从除了起始方格的所有方格中随机选定的。另外，除起始方格外的每个方格都可能是无底洞，出现的概率为 0.2。
- **执行器**：智能体可以向前（Forward）、左转（TurnLeft）90° 和右转（TurnRight）90°。如果智能体进入有活着的 wumpus 或者有无底洞的方格，它将悲惨地死去。（但进入有死掉的 wumpus 的方格是安全的，尽管气味会很臭。）如果智能体试图前进并撞到墙，则智能体会原地不动。如果智能体与金块在同一个方格，抓取（Grab）动作可以用于捡起金块。射击（Shoot）动作可以用于向智能体面对的方向笔直地发射一支箭，这支箭会一直飞行，直到它命中 wumpus（此时 wumpus 将被杀死）或击中墙壁。智能体只有一支箭，因此只有第一次射击动作有效。最后，攀爬（Climb）动作可以用于爬出洞穴，但智能体仅能从方格 [1, 1] 爬出。

- **传感器**：该智能体有 5 个传感器，每个传感器给出一个单一信息。
  - 在与 wumpus 直接（非对角）相邻的方格中，智能体会感知到臭味（*Stench*）。[①]
  - 在与无底洞直接相邻的方格中，智能体会感知到微风（*Breeze*）。
  - 在金块所在的方格中，智能体会感知到闪光（*Glitter*）。
  - 智能体走向墙壁会感知到碰撞（*Bump*）。
  - 如果 wumpus 被杀死，它将发出惨叫（*Scream*），智能体可以在洞穴的任意位置感知到。

感知将以由 5 个符号组成的列表的形式传给智能体程序。例如，如果有臭味和微风，但没有闪光、碰撞和惨叫，智能体程序将收到 [*Stench, Breeze, None, None, None*]。

我们可以在第 2 章所述的多个维度上描述 wumpus 环境。显然，它是确定性的、离散的、静态的且单智能体的。（好在 wumpus 不移动。）它是序贯的，因为只有采取很多动作后才可能得到奖励。它是部分可观测的，因为状态的一些方面是无法直接感知到的，如智能体的位置、wumpus 的健康状况以及是否还有箭支可用。对于无底洞和 wumpus 的位置，我们可以将其看作状态中没有观测到的部分，在这种情况下，环境的转移模型是完全已知的，找出无底洞和 wumpus 的位置就能补全智能体对状态的知识；抑或，我们也可以说转移模型本身是未知的，因为智能体不知道哪些向前动作是致命的，在这种情况下，找出无底洞和 wumpus 的位置能够补全智能体对于转移模型的知识。

对于环境中的智能体，主要的挑战是它起初并不知道环境的配置。克服这种无知似乎需要逻辑推理。在 wumpus 世界的大多数情况中，智能体是有可能安全地拾取金块的。但智能体偶尔也需要在空手而归和冒死寻宝之间做出选择。大约 21% 的环境是极不公平的，因为这时金块位于无底洞中，或被无底洞包围。

我们来看一个基于知识的智能体是如何探索图 7-2 所示的 wumpus 世界的环境的。此处使用一种非形式化的知识表示语言，在网格中写下符号来表示（如图 7-3 和图 7-4 所示）。

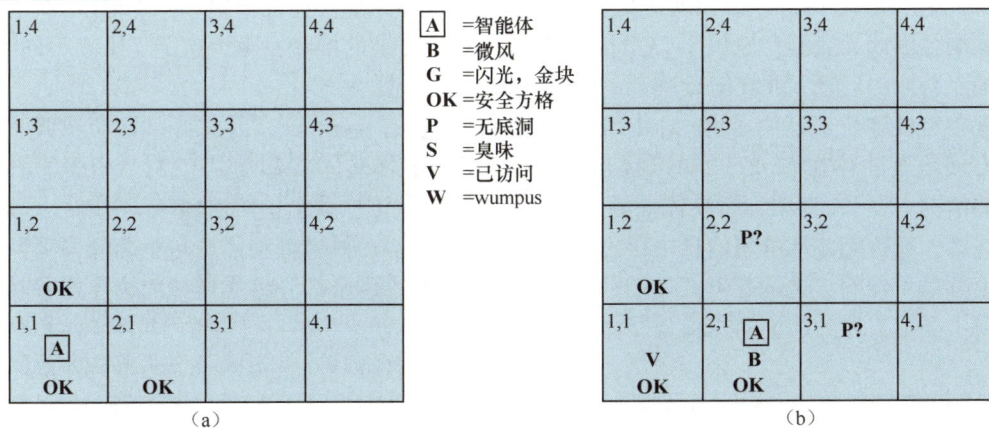

图 7-3 智能体在 wumpus 世界迈出的第一步。（a）在感知到 [*None, None, None, None, None*] 后的初始状态。（b）在移动到 [2, 1] 后感知到 [*None, Breeze, None, None, None*]

智能体的初始知识库包括前述的环境规则。具体来说，智能体知道自己位于 [1, 1] 且 [1, 1] 是安全的方格。我们在方格 [1, 1] 中用 "A" 和 "OK" 分别进行表示。

第一个感知是 [*None, None, None, None, None*]，据此智能体可以认定它的相邻方格 [1, 2] 和 [2, 1] 是安全的——它们是 "OK" 的。图 7-3a 展示了此时智能体的知识状态。

---

① wumpus 所在的方格恐怕也有臭味，但任何进入该方格的智能体在能够进行感知前就会被吞食。

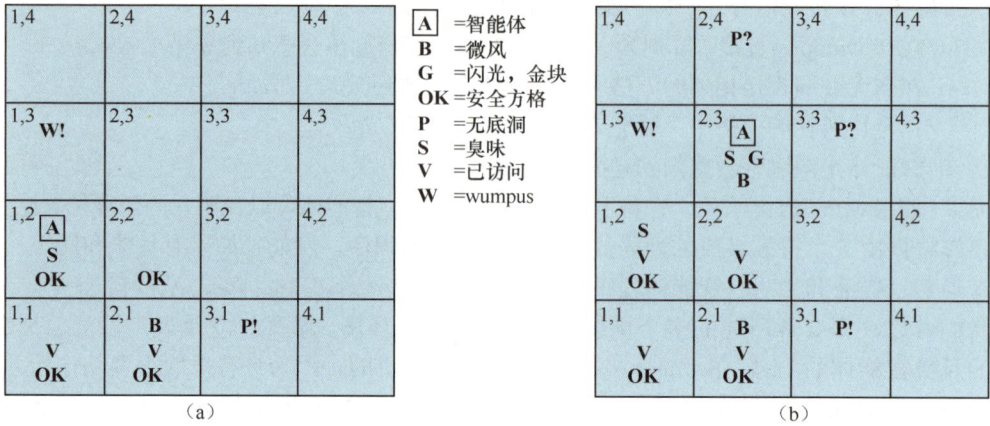

图 7-4   智能体运作时的两个后续状态。（a）回到 [1, 1] 再移动到 [1, 2] 后，感知到 [*Stench, None, None, None, None*]。（b）来到 [2, 2] 再移动到 [2, 3]，感知到 [*Stench, Breeze, Glitter, None, None*]

一个谨慎的智能体只会移动到它所知的 OK 方格。我们假设智能体决定前进到 [2, 1]。这个智能体在 [2, 1] 感受到微风（用 "B" 表示），因此在相邻方格中必然存在无底洞。根据游戏规则，无底洞不可能在 [1, 1]，因此 [2, 2] 和 [3, 1] 其中之一必然有无底洞或二者都有。图 7-3b 中的记号 "P?" 表示这些方格中可能存在无底洞。此时，仅有一个已知的且未访问过的 "OK" 方格。因此这个心思缜密的智能体将扭头，回到 [1, 1]，然后移步 [1, 2]。

智能体在 [1, 2] 感知到臭味，导致知识状态变为图 7-4a 所示的状况。[1, 2] 有臭味表明附近肯定有 wumpus。但根据游戏规则 wumpus 不可能在 [1, 1]，也不在 [2, 2]（否则智能体先前在 [2, 1] 时会探测到臭味）。因此，智能体可以推断出 wumpus 在 [1, 3]。记号 "W!" 表示这一推断。而 [1, 2] 没有微风表明 [2, 2] 没有无底洞。考虑到智能体先前已经推断出 [2, 2] 或 [3, 1] 中必然有无底洞，因此无底洞必然位于 [3, 1]。这是一次相当复杂的推断，因为它结合了在不同时间、不同地点获取的信息，并在缺乏感知的情况下迈出了关键的一步。

现在智能体已经证明了 [2, 2] 中既没有无底洞也没有 wumpus，因此可以移动到那里。我们没有展示智能体在 [2, 2] 的知识状态，姑且假设智能体转向并移动到 [2,3]，形成了图 7-4b 所示的情况。在 [2, 3] 中，智能体探测到闪光，因此它应该抓取金块然后回家。

注意，在智能体从可用信息中得出结论的每个情形下，如果可用信息是正确的，则可以保证结论都是正确的。这是逻辑推理的一个重要性质。本章剩余部分将描述如何构建能够表示信息并得出类似前述的结论的逻辑智能体。

7.3   逻辑

本节综述逻辑表示和推理的基本概念。这些漂亮的想法独立于逻辑的具体形式。因此，我们将形式的技术细节推后到 7.4 节介绍，本节代之以熟悉的普通算术问题作为示例。

在 7.1 节，我们说过知识库由语句组成。这些语句是根据表示语言的**语法**（syntax）表达的，语法规定了所有的合规语句。用简单的算术就能清晰地说明语法这个概念："$x + y = 4$" 是合规的语句，而 "$x4y+=$" 不是。

一种逻辑还必须定义语句的**语义**，或者说语句的含义。语义定义每条语句在每个可能世界中的**真值**。例如，算术的语义指明 "$x+y=4$" 在一个 x 为 2 且 y 为 2 的世界为真，但在一个 x 为 1 且 y 为 1 的世界中为假。在标准的逻辑学中，每个可能世界中的每条语句要么为真，要么为假——没有中间地带。[①]

当需要精确描述时，我们用**模型**来代替"可能世界"。可能世界可以被认为是（潜在的）真实环境，智能体可能在也可能不在其中，而模型是数学抽象，对于每个相关的语句，每个模型都有固定的真值（真或假）。非正式地举个例子：我们可以认为一个可能世界是让 x 个男士和 y 个女士坐在一张桌子边上玩桥牌，如果总共有 4 个人，则语句 $x+y=4$ 为真。正式地说，可能的模型是对变量 x 和 y 进行非负整数赋值的所有可能。每个这样的赋值都确定了任何一个变量为 x 和 y 的算术语句的真值。如果语句 α 在模型 m 中为真，我们说 m 满足 α，有时也可以说 m 是 α 的一个模型。我们使用记号 $M(\alpha)$ 来代表 α 的所有模型的集合。

有了真值的概念，我们就可以讨论逻辑推理了。这涉及语句之间的逻辑**蕴含**（entailment），即一个语句逻辑上引发另一语句。数学上，我们用

$$\alpha \vDash \beta$$

来表示语句 α 蕴含语句 β。蕴含的形式化定义是：$\alpha \vDash \beta$ 当且仅当在 α 为真的每个模型中 β 也为真。用刚才介绍的记法，我们可以将其写作

$$\alpha \vDash \beta \text{ 当且仅当 } M(\alpha) \subseteq M(\beta)$$

（注意此处 $\subseteq$ 的方向：若 $\alpha \vDash \beta$，则 α 是比 β 更强的断言，它排除了更多的可能世界。）蕴含关系用算术来说明会更为亲切一些：我们很容易理解语句 $x=0$ 蕴含语句 $xy=0$。显然，在任一 x 为 0 的模型中，xy 也必然为 0（而无论 y 的值是多少）。

我们可以将同样的分析应用于 7.2 节所述的 wumpus 世界推理的例子。考虑图 7-3b 所示的情形：智能体在 [1, 1] 中什么都没有探测到，在 [2, 1] 中探测到微风。这些感知与智能体所具有的 wumpus 世界规则的知识一同构成了知识库。智能体所感兴趣的是相邻的方格 [1, 2]、[2, 2] 和 [3, 1] 是否有无底洞。这 3 个方格中的每一个都可能有或没有无底洞，因此（暂且忽略这个世界的其他方面），总共有 $2^3=8$ 个可能的模型。图 7-5 展示了这 8 个模型。[②]

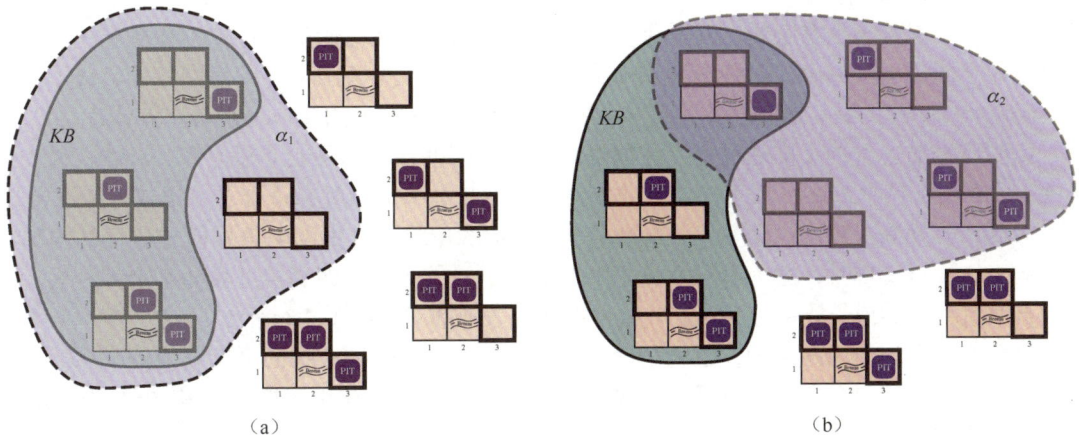

(a) (b)

图 7-5　方格 [1, 2]、[2, 2] 和 [3, 1] 中无底洞存在性的可能的模型。在 [1, 1] 中没有观测到任何东西且在 [2, 1] 中观测到微风的知识库用实线表示。（a）虚线表示 α_1 的模型（[1, 2] 中没有无底洞）。（b）虚线表示 α_2 的模型（[2, 2] 中没有无底洞）

---

① 第 13 章讨论的**模糊逻辑**（fuzzy logic）允许存在不同程度的真值。
② 尽管该图用部分 wumpus 世界来表示模型，但模型实际上只是对类似"[1, 2] 中有无底洞"这样的语句进行真或假的赋值。从数学的角度来看，模型中并不需要有可怕的长毛 wumpus。

KB 可以理解为一个语句的集合，或断言了所有单个语句的单个语句。在与智能体已知相矛盾的模型中，KB 为假。例如，在所有 [1, 2] 含有无底洞的模型中，KB 都为假，因为 [1, 1] 中没有微风。实际上，使 KB 为真的模型只有 3 个，这些模型在图 7-5 中用实线包围。我们现在考虑两个可能的结论：

$$\alpha_1=\text{“[1, 2] 中没有无底洞”}\quad\alpha_2=\text{“[2, 2] 中没有无底洞”}$$

在图 7-5a 和图 7-5b 中分别用虚线包围了 α_1 和 α_2 的模型。仔细观察后，我们可以得出

在所有 KB 为真的模型中，α_1 也为真

因此，$KB \vDash \alpha_1$，即 [1,2] 中没有无底洞。我们还可以得出

在一些 KB 为真的模型中，α_2 为假

因此，KB 不蕴含 α_2，即智能体无法断定 [2,2] 中没有无底洞。（也无法断定 [2,2] 中有无底洞。）[①]

前述的例子不仅阐明了什么是蕴含，还展示了如何用蕴含的定义来推导出结论，即进行逻辑推断。图 7-5 所示的推断算法被称为模型检验，因为这个示例枚举了所有可能的模型来检验在所有 KB 为真的模型中 α 都为真，即 $M(KB) \subseteq M(\alpha)$。

将 KB 的所有推论的集合比作干草堆而将 α 比做一根针或许有助于理解蕴含和推断。蕴含正如草堆中的针一样，而推断就像找到这根针的过程。一些形式化记法体现了这种区别：如果一个推断算法 i 可以从 KB 中推导出 α，则记为

$$KB \vdash_i \alpha$$

读作 “α 是由 i 从 KB 中推得的” 或 “i 从 KB 推得 α”。

一个仅推导蕴含语句的推断算法被称为是可靠的或保真的。可靠性是极为重要的属性。一个不可靠的推断过程在运作时本质上会编造事实——它会声称发现了并不存在的针。我们很容易看出，模型检验在适用时 [②] 是一个可靠的程序。

完备性也是很重要的属性：如果一个推断算法能够推导出所有蕴含的语句，则它是完备的。真正的草堆大小是有限的，对其进行全面仔细的检查就一定能确定针在不在草堆里，这似乎是很显然的道理。然而，对许多知识库来说，推论的草堆是无限的，因而完备性就成了一个重大问题。[③] 幸运的是，逻辑学中有完备的推断过程，其表达能力足以处理许多知识库。

我们已经描述了一个推理过程，在前提为真的任何世界中都保证结论为真。具体来说，如果 KB 在真实世界中为真，则用可靠的推断过程从 KB 中推出的所有语句 α 在真实世界中也为真。因此，当推断过程在 “语法”（例如，寄存器中的位或大脑中的电信号模式这样的内部物理结构）上进行操作时，这个过程对应于一个真实世界的关系，即真实世界的某个部分为真是因为真实世界的其他一些部分为真。[④] 这种世界与表示的对应如图 7-6 所示。

最后要考虑的问题是落地，也就是逻辑推理过程与智能体所存在的真实环境的联系。尤其是，我们如何知道 KB 在真实世界中为真？（毕竟 KB 只是存在于智能体头脑中的 “语法”。）这是一个哲学问题，众多的书籍都对此进行了讨论（见第 27 章）。一个简单的回答是，智能体的传感器创建了这个联系。例如，我们的 wumpus 世界智能体有嗅觉传感器。一旦有气味，智能体程序就会创建一条合适的语句。因此，一旦这条语句被包含在知识库中，就意味着它在真

---

① 智能体可以计算 [2,2] 中有无底洞的概率，第 12 章将介绍如何计算。

② 如果模型空间是有限的，则模型检验是有效的，例如，在固定大小的 wumpus 世界中。而对算术来说，模型空间是无限的：即使我们局限于整数范围，语句 $x+y=4$ 中 x 和 y 的值也是有无限多对的。

③ 比如说，在第 3 章的无限搜索空间的情形中，深度优先搜索就是不完备的。

④ 正如路德维希·维特根斯坦（Ludwig Wittgenstein）在其著名的《逻辑哲学论》（*Tractatus*）（Wittgenstein, 1922）中所述：“世界就是所有为真的一切。”

实世界中也为真。这样，感知语句的含义和真值就是由产生这些语句的感知过程和语句构建过程定义的。那么智能体知识的其他部分呢？例如，它对于"wumpus 相邻的方格有臭味"这件事的信念呢？这不是单个感知的直接表示，而是一项一般规则，它可能是从感知的经验推导出的，却与经验陈述并不完全相同。这种一般规则是通过被称为**学习**的语句构建过程产生的，这是第五部分的主题。学习是难免会出错的。一种可能的情况是，wumpus 有臭味但闰年 2 月 29日这一天除外，因为这一天它要洗澡。因此，*KB* 在真实世界中可能并不为真，但因为有很好的学习过程，我们对此就有理由乐观。

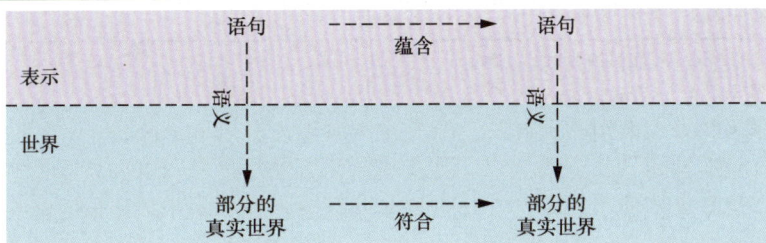

图 7-6　语句是智能体的物理结构，而推理是从旧结构构建新结构的过程。逻辑推理应当确保新结构所表示的部分世界确实能够从旧结构所表示的部分世界推得

7.4　命题逻辑：一种非常简单的逻辑

本节讲解**命题逻辑**（propositional logic）。我们将阐述其语法（语句的结构）和语义（确定语句真值的方法）。由此，我们将推导出一个简单的、语法的逻辑推断算法，它能够实现蕴含的语义概念。当然，这一切都仍将发生在 wumpus 世界中。

7.4.1　语法

命题逻辑的**语法**定义合法的语句。**原子语句**（atomic sentence）由单个**命题符号**（proposition symbol）构成。每个这样的符号代表一个为真或假的命题。我们使用以大写字母开头的、可能包含其他字母或下标的符号来表示，例如 P、Q、R、$W_{1,3}$ 以及 *FacingEast* 等。我们可以任意地进行命名，但通常选择一些有助记功能的名字，例如，使用 $W_{1,3}$ 代表"wumpus 位于 [1, 3]"。请记住，像 $W_{1,3}$ 这样的符号是原子的，也就是说分开的 W、1、3 并非符号的有意义的部分。）有两个命题符号有固定的含义：*True* 是永真命题，*False* 是永假命题。使用括号和被称作**逻辑联结词**（logical connective）的运算符可以将简单语句构造成**复合语句**（complex sentence）。常用的联结词有 5 个。

- ¬（非）。类似 $\neg W_{1,3}$ 这样的语句称为 $W_{1,3}$ 的**否定**。一个**文字**要么是原子语句，即**正文字**，要么是原子语句的否定，即**负文字**。
- ∧（与）。主要联结词是 ∧ 的语句称为**合取式**，例如 $W_{1,3} \wedge P_{3,1}$，其各部分称为**合取子句**。（∧ 看起来像是 "And" 中的 "A"。）
- ∨（或）。主要联结词是 ∨ 的语句称为**析取式**，例如 $(W_{1,3} \wedge P_{3,1}) \vee W_{2,2}$，其各部分为**析取子句**，本例中分别为 $(W_{1,3} \wedge P_{3,1})$ 和 $W_{2,2}$。
- ⇒（蕴涵）。如 $(W_{1,3} \wedge P_{3,1}) \Rightarrow \neg W_{2,2}$ 这样的语句称为**蕴涵式**（implication）或条件式，其**前提**（premise）或**前件**（antecedent）是 $(W_{1,3} \wedge P_{3,1})$，其**结论**（conclusion）或**后件**（consequent）

是¬$W_{2,2}$。蕴涵式也被称为**规则**（rule）或 **if-then** 声明。有时，蕴涵符号在一些书籍中写作 ⊃ 或 →。

- ⇔（当且仅当）。语句 $W_{1,3} \Leftrightarrow \neg W_{2,2}$ 是**双向蕴涵式**（biconditional）。

图 7-7 给出了命题逻辑的形式文法。[附录 B 将会介绍巴克斯 - 诺尔范式（Backus-Naur form，BNF）的概念。]我们在 BNF 文法上附加了运算符优先级，以避免在使用多个运算符时出现歧义。"非"运算符的优先级最高，这意味着在语句 $\neg A \land B$ 中，¬ 的结合力更强，因此它等价于 $(\neg A) \land B$ 而不是 $\neg(A \land B)$。（这与普通算术一样：-2+4 等于 2 而不是 -6。）我们也会适时地使用圆括号和方括号来明确语句结构，以改善可读性。

$$语句 \rightarrow 原子语句 \,|\, 复合语句$$
$$原子语句 \rightarrow \mathit{True} \,|\, \mathit{False} \,|\, P \,|\, Q \,|\, R \,|\, \cdots$$
$$复合语句 \rightarrow (语句)$$
$$|\; \neg\ 语句$$
$$|\; 语句 \land 语句$$
$$|\; 语句 \lor 语句$$
$$|\; 语句 \Rightarrow 语句$$
$$|\; 语句 \Leftrightarrow 语句$$
$$运算符优先级\;:\; \neg, \land, \lor, \Rightarrow, \Leftrightarrow$$

图 7-7　命题逻辑中语句的 BNF 文法以及从高到低排列的运算符优先级

7.4.2　语义

了解了命题逻辑的语法后，我们来说明其语义。语义定义了用于判定特定模型中语句真值的规则。命题逻辑中，模型就是对每个命题符号设定**真值**，即真（true）或假（false）。例如，如果知识库中的语句使用了命题符号 $P_{1,2}$、$P_{2,2}$ 和 $P_{3,1}$，则一个可能模型为

$$m_1 = \left\{ P_{1,2} = \text{false}, P_{2,2} = \text{false}, P_{3,1} = \text{true} \right\}$$

由于含有 3 个命题符号，因此有 $2^3 = 8$ 种可能的模型，与图 7-5 所示的完全相同。但要注意，这些模型是纯粹的数学对象，不必与 wumpus 世界有关。$P_{1,2}$ 只是符号，它可能代表"[1, 2] 中有无底洞"，也可能代表"我今天和明天都在巴黎"。

命题逻辑的语义必须指定在给定模型下如何计算任一语句的真值。这是以递归的方式实现的。所有语句都是由原子语句和 5 个联结词构建的。因此，我们需要指定如何计算原子语句的真值和用 5 个联结词构建的语句的真值。对原子语句来说这很简单。

- true 在每个模型里都为真，false 在每个模型里都为假。
- 其余命题符号的真值必须在模型中直接指定。例如，在先前给出的模型 m_1 中，$P_{1,2}$ 为假。

对于复合语句，有 5 条规则，它们对任一模型 m 中的任一子句 P 和 Q（原子语句或复合语句）都成立。

- $\neg P$ 为真，当且仅当在 m 中 P 为假。
- $P \land Q$ 为真，当且仅当在 m 中 P 和 Q 都为真。
- $P \lor Q$ 为真，当且仅当在 m 中 P 或 Q 中至少一个为真。
- $P \Rightarrow Q$ 为真，除非在 m 中 P 为真而 Q 为假。
- $P \Leftrightarrow Q$ 为真，当且仅当在 m 中 P 和 Q 都为真或都为假。

这些规则也可以用**真值表**表示。真值表指明在对复合语句的组成部分进行每种可能的真值赋值后，该复合语句的真值。图 7-8 给出了 5 个联结词的真值表。任一语句 s 关于任一模型 m 的真值都可以用简单的递归求值来计算。例如，在模型 m_1 中求语句 $\neg P_{1,2} \wedge (P_{2,2} \vee P_{3,1})$ 的值，得到 true $\wedge$ (false $\vee$ true) = true $\wedge$ true = true。习题 7.TRUV 要求写出算法 PL-TRUE?(s, m)，用于计算命题逻辑语句 s 在模型 m 中的真值。

P	Q	$\neg P$	$P \wedge Q$	$P \vee Q$	$P \Rightarrow Q$	$P \Leftrightarrow Q$
false	false	true	false	false	true	true
false	true	true	false	true	true	false
true	false	false	false	true	false	false
true	true	false	true	true	true	true

图 7-8 5 个逻辑联结词的真值表。若要使用真值表计算在 P 为真、Q 为假时 $P \vee Q$ 的值，首先在左边找到 P 为 true 而 Q 为 false 的行（第 3 行），然后找到该行位于 $P \vee Q$ 列处的值，得到结果 true

"与""或""非"的真值表与我们对这些词的直观认识非常接近。可能会混淆的关键点是当 P 为真或 Q 为真，或者二者同时为真时，$P \vee Q$ 为真。而另一个联结词"排他或"（简称"异或"）则会在两个子句都为真时为假。[1] 排他或没有公认的符号，有些人选择使用 $\dot\vee$、$\neq$ 或者 $\oplus$。

$\Rightarrow$ 的真值表可能不太符合人们对"P 蕴涵 Q"或"若 P 则 Q"的直观理解。一种解释是，命题逻辑并不要求 P 和 Q 之间有任何因果关系或相关性。（在一般的理解下）语句"5 是奇数蕴涵东京是日本的首都"是命题逻辑中的真语句，尽管这句话相当奇怪。另一个容易混淆之处在于前件为假的所有蕴涵式都为真。例如，"5 是偶数蕴涵 Sam 很聪明"为真，而不论 Sam 是否聪明。这似乎很怪异，但如果你将"$P \Rightarrow Q$"当作"如果 P 为真，则我可以断言 Q 为真，否则我无法断言"的话，就可以理解了。这条语句为假的唯一情形是当 P 为真而 Q 为假时。

当 $P \Rightarrow Q$ 与 $Q \Rightarrow P$ 均为真时，双向蕴涵式 $P \Leftrightarrow Q$ 为真，英语中常写作"P if and only if Q"（P 当且仅当 Q）。wumpus 世界的大部分规则都可以用 $\Leftrightarrow$ 很好地表示。例如，当一个方格的相邻方格中有无底洞，该方格有微风，而且，仅当一个方格的某个相邻方格中有无底洞，该方格有微风。因此，我们需要使用双向蕴涵式

$$B_{1,1} \Leftrightarrow (P_{1,2} \vee P_{2,1})$$

其中 $B_{1,1}$ 代表 [1, 1] 有微风。

7.4.3 一个简单的知识库

我们已经定义了命题逻辑的语义，现在可以为 wumpus 世界构建一个知识库了。首先关注 wumpus 世界的不变部分，后面章节再处理其可变部分。对于每个位置 $[x, y]$，需要用到下列符号：

当 $[x, y]$ 有无底洞，$P_{x,y}$ 为真。

当 wumpus 在 $[x, y]$，不论其死活 $W_{x,y}$ 都为真。

当 $[x, y]$ 有微风，$B_{x,y}$ 为真。

当 $[x, y]$ 处有臭味，$S_{x,y}$ 为真。

当智能体位于位置 $[x, y]$，$L_{x,y}$ 为真。

---

[1] 在拉丁语中，"或"用两个词表示："vel"是相容或，"aut"是排他或。

我们写下的语句将足以推得 $\neg P_{1,2}$（[1, 2] 中没有无底洞），正如 7.3 节用非形式化的方法所做的那样。我们用 R_i 代表每个语句，以便推导。

- [1, 1] 中没有无底洞：

$$R_1 : \neg P_{1,1}$$

- 一个方格有微风，当且仅当其相邻方格中有无底洞。必须对每个方格都进行这样的表示，在此我们只写出相关方格的表示：

$$R_2 : B_{1,1} \Leftrightarrow (P_{1,2} \vee P_{2,1})$$
$$R_3 : B_{2,1} \Leftrightarrow (P_{1,1} \vee P_{2,2} \vee P_{3,1})$$

- 上述语句在所有 wumpus 世界中都为真。我们现在为智能体在这个特定世界已访问过的前两个方格引入微风感知，以形成图 7-3b 所示的情形：

$$R_4 : \neg B_{1,1}$$
$$R_5 : B_{2,1}$$

7.4.4   一个简单的推断过程

我们现在的目标是确定对于一些语句 α，$KB \models \alpha$ 是否成立。例如，我们的 KB 是否蕴含 $\neg P_{1,2}$？我们的第一个推理算法是模型检验方法，它直接实现了蕴含的定义：枚举所有模型，检验 α 在 KB 为真的每个模型中是否为真。模型是对每个命题符号进行真或假的赋值。回到例子中的 wumpus 世界，它涉及的命题符号是 $B_{1,1}$、$B_{2,1}$、$P_{1,1}$、$P_{1,2}$、$P_{2,1}$、$P_{2,2}$ 和 $P_{3,1}$。在有 7 个符号的情况下，总共有 2^7=128 个可能的模型，KB 在其中 3 个模型中为真（如图 7-9 所示）。在这 3 个模型中，$\neg P_{1,2}$ 为真，因此 [1, 2] 中没有无底洞。但是，在 3 个模型中，$P_{2,2}$ 在其中两个模型中为真，在另一个模型中为假，因此我们还无法确定 [2, 2] 中是否有无底洞。

图 7-9 以更准确的形式再现了图 7-5 所示的推理。图 7-10 描述了一个确定命题逻辑中蕴含关系的通用算法。与 6.3 节所示的 BACKTRACKING-SEARCH 算法类似，TT-ENTAILS? 在符号赋值的有限空间中进行递归枚举。这个算法是**可靠的**，因为它直接实现了蕴含的定义；这个算法也是**完备的**，因为它对所有 KB 和 α 都适用，并且算法最后都会终止——因为需要检验的模型数量是有限的。

$B_{1,1}$	$B_{2,1}$	$P_{1,1}$	$P_{1,2}$	$P_{2,1}$	$P_{2,2}$	$P_{3,1}$	R_1	R_2	R_3	R_4	R_5	KB
false	false	false	false	false	false	false	true	true	true	true	false	false
false	false	false	false	false	false	true	true	true	false	true	false	false
⋮	⋮	⋮	⋮	⋮	⋮	⋮	⋮	⋮	⋮	⋮	⋮	⋮
false	true	false	false	false	false	false	true	true	false	true	true	false
false	true	false	false	false	false	true	true	true	true	true	true	<u>true</u>
false	true	false	false	false	true	false	true	true	true	true	true	<u>true</u>
false	true	false	false	false	true	true	true	true	true	true	true	<u>true</u>
false	true	false	false	true	false	false	true	false	false	true	true	false
⋮	⋮	⋮	⋮	⋮	⋮	⋮	⋮	⋮	⋮	⋮	⋮	⋮
true	true	true	true	true	true	true	false	true	true	false	true	false

图 7-9　根据文中所述的知识库构建的真值表。如果从 R_1 到 R_5 都为 true，则 KB 为 true。这种情况在全部 128 行中只出现了 3 次（在最右侧的列中用下划线标出）。在这 3 行中，$P_{1,2}$ 均为 false，因此 [1, 2] 中没有无底洞。但是，[2, 2] 中可能有（也可能没有）无底洞

```
function TT-ENTAILS?(KB, α) returns true或false
    inputs: KB，知识库，一个命题逻辑的语句
            α，查询，一个命题逻辑的语句
    symbols ←KB和α中的命题符号列表
    return TT-CHECK-ALL(KB, α, symbols, {})

function TT-CHECK-ALL(KB, α, symbols, model) returns true或false
    if EMPTY?(symbols) then
        if PL-TRUE?(KB, model) then return PL-TRUE?(α, model)
        else return true        //当KB为false时，始终返回true
    else
        P ←FIRST(symbols)
        rest ←REST(symbols)
        return (TT-CHECK-ALL(KB, α, rest, model ∪ {P = true})
                and
                TT-CHECK-ALL(KB, α, rest, model ∪ {P = false}))
```

图 7-10　用于确定命题蕴含的真值表枚举算法（TT 代表真值表）。当语句在一个模型中成立，PL-TRUE?返回 true。变量 model 代表部分模型——对于部分符号的赋值。此处的关键字 **and** 不是命题逻辑中的运算符，而是伪代码编程语言中的中缀；如果其两个参数中的任意一个为 true，则返回 true

当然，"有限数量"并不总是等同于"少量"。如果 KB 和 α 总共含有 n 个符号，那么就会有 2^n 个模型。这样，算法的时间复杂性就会达到 $O(2^n)$。（空间复杂性仅为 $O(n)$，因为枚举是深度优先的。）在本章稍后部分，我们将展示一个在大多数情况下更高效的算法。遗憾的是，命题蕴含是余 NP 完全的（很可能不比 NP 完全简单，见附录 A），因此命题逻辑所有已知推断算法的最坏情况复杂性都是输入规模的指数量级。

7.5　命题定理证明

至此，我们已经展示了如何用模型检验判定蕴含关系：枚举模型，并验证语句在所有模型中必须成立。本节将展示如何通过**定理证明**找出蕴含关系。定理证明对知识库中的语句直接应用推断规则，它能够在不检验模型的情况下，构建对所需语句的证明。如果模型的数量很多，但其证明很短，则定理证明会比模型检验更为高效。

在深入定理证明算法的细节之前，我们还需要了解一些与蕴含相关的概念。第一个概念是**逻辑等价**（logical equivalence）：如果两个语句 α 和 β 在相同的模型集合中都为真，则这两个语句逻辑等价，可以写作 $\alpha \equiv \beta$。（注意，$\equiv$ 用于对语句进行声明，而 $\Leftrightarrow$ 则用作语句的一部分。）例如，我们可以很容易地（用真值表）证明 $P \wedge Q$ 与 $Q \wedge P$ 是逻辑等价的。其他逻辑等价见图 7-11。这些等价关系在逻辑中扮演的角色与算术恒等式在普通数学中的角色非常相似。等价的另一种定义为"任意两条语句 α 和 β 是等价的，当且仅当它们互相蕴含"：

$$\alpha \equiv \beta \text{ 当且仅当 } \alpha \vDash \beta \text{ 且 } \beta \vDash \alpha$$

第二个概念是**有效性**（validity）。如果一条语句在所有模型中都为真，则这条语句是有效的。例如，语句 $P \vee \neg P$ 是有效的。有效的语句也被称为**重言式**（tautology）——它们必然为真。由于语句 $True$ 在所有模型中都为真，所有有效的语句都逻辑等价于 $True$。有效语句有什么用？从蕴含的定义可以推导出古希腊人早已懂得的**演绎定理**（deduction theorem）：

对于任意语句 α 和 β，$\alpha \vDash \beta$ 当且仅当语句 $(\alpha \Rightarrow \beta)$ 是有效的。

（习题7.DEDU要求对其进行证明。）因此，可以像图7-10所示的推断算法那样，通过检验 $(\alpha \Rightarrow \beta)$ 是否在每个模型中为真来确定 $\alpha \vDash \beta$ 是否成立，或者通过证明 $(\alpha \Rightarrow \beta)$ 等价于 $True$ 来确定 $\alpha \vDash \beta$ 是否成立。反过来，演绎定理表明每条有效的蕴涵语句都描述一个合法的推断。

$$(\alpha \wedge \beta) \equiv (\beta \wedge \alpha) \quad \wedge的交换律$$
$$(\alpha \vee \beta) \equiv (\beta \vee \alpha) \quad \vee的交换律$$
$$((\alpha \wedge \beta) \wedge \gamma) \equiv (\alpha \wedge (\beta \wedge \gamma)) \quad \wedge的结合律$$
$$((\alpha \vee \beta) \vee \gamma) \equiv (\alpha \vee (\beta \vee \gamma)) \quad \vee的结合律$$
$$\neg(\neg\alpha) \equiv \alpha \quad 双重否定律$$
$$(\alpha \Rightarrow \beta) \equiv (\neg\beta \Rightarrow \neg\alpha) \quad 假言易位$$
$$(\alpha \Rightarrow \beta) \equiv (\neg\alpha \vee \beta) \quad 蕴涵消去$$
$$(\alpha \Leftrightarrow \beta) \equiv ((\alpha \Rightarrow \beta) \wedge (\beta \Rightarrow \alpha)) \quad 等价消去$$
$$\neg(\alpha \wedge \beta) \equiv (\neg\alpha \vee \neg\beta) \quad 德摩根律$$
$$\neg(\alpha \vee \beta) \equiv (\neg\alpha \wedge \neg\beta) \quad 德摩根律$$
$$(\alpha \wedge (\beta \vee \gamma)) \equiv ((\alpha \wedge \beta) \vee (\alpha \wedge \gamma)) \quad \wedge对\vee的分配律$$
$$(\alpha \vee (\beta \wedge \gamma)) \equiv ((\alpha \vee \beta) \wedge (\alpha \vee \gamma)) \quad \vee对\wedge的分配律$$

图 7-11　标准的逻辑等价。符号 α、β、γ 代表任意命题逻辑语句

最后一个概念是**可满足性**（satisfiability）。如果一条语句在某些模型中为真或能够被满足，则这条语句是可满足的。例如，前述的知识库中，$(R_1 \wedge R_2 \wedge R_3 \wedge R_4 \wedge R_5)$ 是可满足的，因为如图 7-9 所示，它在 3 个模型中为真。可以通过枚举可能的模型，直到找出满足语句的模型来验证可满足性。在命题逻辑中确定语句的可满足性的问题——**SAT** 问题——是第一个被证明为 NP 完全的问题。计算机科学中的许多问题实际上都是可满足性问题。例如，第 6 章的所有约束满足问题询问约束是否可以通过某种赋值来满足。

有效性和可满足性当然是联系的：α 是有效的，当且仅当 $\neg\alpha$ 是不可满足的；换言之，α 是可满足的，当且仅当 $\neg\alpha$ 不是有效的。我们还能得出下述非常有用的结论：

$$\alpha \vDash \beta 当且仅当语句 \alpha \wedge \neg\beta 是不可满足的$$

通过检验 $(\alpha \wedge \neg\beta)$ 的不可满足性，可以从 α 证明 β，这正是数学证明方法中标准的归谬法（reductio ad absurdum，意为"归结为荒谬之物"）。它也被称为**反证法**或**矛盾法**。假设 β 为假，并证明这会导致与已知公理 α 矛盾，这个矛盾的含义与声明语句 $(\alpha \wedge \neg\beta)$ 是不可满足的完全相同。

7.5.1　推断与证明

本节介绍可以用于推导**证明**的**推断规则**。证明是一系列可以引向所需目标的结论。最著名的规则是**肯定前件**（Modus Ponens，mode that affirms 的拉丁语），写作

$$\frac{\alpha \Rightarrow \beta, \alpha}{\beta}$$

它的意思是，当给出 α 和具有 $\alpha \Rightarrow \beta$ 形式的语句时，可以推导出语句 β。例如，如果给出 $(WumpusAhead \wedge WumpusAlive) \Rightarrow Shoot$，并且已知 $(WumpusAhead \wedge WumpusAlive)$，可以推导出 $Shoot$。

另一个有用的推断规则是**合取消去**（and-elimination），即可以从一个合取式推导出任一合取子句：

$$\frac{\alpha \land \beta}{\alpha}$$

例如，由 (*WumpusAhead* $\land$ *WumpusAlive*)，可推导出 *WumpusAlive*。

通过考虑 α 和 β 的可能真值，可以证明肯定前件和合取消去是可靠的。这些规则可用于任意适用的实例，不必枚举所有模型就可以生成可靠的推断。

图 7-11 所示的所有逻辑等价都可以用作推断规则。例如，等价消去可以产生两条推断规则：

$$\frac{\alpha \Leftrightarrow \beta}{(\alpha \Rightarrow \beta)(\beta \Rightarrow \alpha)} \text{ 和 } \frac{(\alpha \Rightarrow \beta)(\beta \Rightarrow \alpha)}{\alpha \Leftrightarrow \beta}$$

并非所有推断规则都能像上面这样双向适用。例如，不能反向运用肯定前件规则，从 β 得出 $\alpha \Rightarrow \beta$ 和 α。

让我们来看看这些推断规则和等价关系是如何应用于 wumpus 世界的。我们从含有 R_1 到 R_5 的知识库开始，演示如何证明 $\neg P_{1,2}$，即证明 [1, 2] 中没有无底洞。

（1）对 R_2 使用等价消去，得到

$$R_6 : (B_{1,1} \Rightarrow (P_{1,2} \lor P_{2,1})) \land ((P_{1,2} \lor P_{2,1}) \Rightarrow B_{1,1})$$

（2）对 R_6 使用合取消去，得到

$$R_7 : ((P_{1,2} \lor P_{2,1}) \Rightarrow B_{1,1})$$

（3）假言易位逻辑等价关系得到

$$R_8 : (\neg B_{1,1} \Rightarrow \neg (P_{1,2} \lor P_{2,1}))$$

（4）对 R_8 和感知 R_4（$\neg B_{1,1}$）使用肯定前件，得到

$$R_9 : \neg (P_{1,2} \lor P_{2,1})$$

（5）使用德摩根律，得到结论

$$R_{10} : \neg P_{1,2} \land \neg P_{2,1}$$

也就是，[1, 2] 和 [2, 1] 都没有无底洞。

应用第 3 章的任意搜索算法都可以找到构成这种证明的一系列步骤。只需要定义如下的证明问题。

- 初始状态（INITIAL STATE）：最初的知识库。
- 动作（ACTIONS）：动作的集合，它包含所有推断规则应用于所有符合上半部分推断规则的语句。
- 结果（RESULT）：一个动作的结果是将推断规则下半部分的语句实例加入知识库。
- 目标（GOAL）：目标是含有我们试图证明的语句的状态。

这样，搜索证明就可以替代枚举模型。在许多实际案例中，找出某种证明的效率更高，因为证明可以忽略许多无关的命题，不论这种命题有多少。例如，刚才给出的，得出 $\neg P_{1,2} \land \neg P_{2,1}$ 的证明并没有提及命题 $B_{2,1}$、$P_{1,1}$、$P_{2,2}$ 或 $P_{3,1}$。由于目标命题 $P_{2,1}$ 只出现于语句 R_2，因此可以忽略它们；而 R_2 中的其他命题只出现在 R_4 和 R_2 中，因此 R_1、R_3 和 R_5 与证明无关。即使在知识库中再添加一百万条语句，这一结果依然成立。而简单的真值表算法将无法承受这种模型的指数级爆炸式增长。

逻辑系统的最后一个属性是**单调性**，它表明蕴含的语句集只能随着信息被加入知识库而增长。[1] 对于任意语句 α 和 β，

---

① 违反单调性的**非单调逻辑**刻画了人类推理的常见性质：改变想法。我们将在 10.6 节对其进行讨论。

$$如果 KB \vDash \alpha，则 KB \wedge \beta \vDash \alpha$$

例如，假设知识库含有额外的断言 β，它表明世界中恰好有 8 个无底洞。这条知识可能有助于智能体得出额外的结论，但它不能使任何已经得出的结论 α 失效，例如 [1,2] 中没有无底洞这样的结论。单调性意味着只要在知识库中找到合适的前提，就可以使用推断规则——规则的结论必然是合理的，不论知识库中还有什么东西。

7.5.2　通过归结证明

我们已经论证了目前所说的推断规则是可靠的，但还没讨论过使用这些规则的推断算法的完备性问题。像迭代加深搜索（3.4.4 节）这样的搜索算法能够找到任意的可达目标，从这种意义上说它是完备的；但如果可用的推断规则不充分，则目标是不可达的——仅使用这些推断规则的证明是不存在的。例如，如果去掉等价消去规则，7.5.1 节所述的证明就行不通了。本节我们只介绍一个推断规则——**归结**（resolution），当它与任意完备的搜索算法结合后，可以产生一个完备的推断算法。

我们从在 wumpus 世界使用简单的归结规则入手。考虑导致图 7-4a 所示状态的步骤开始：智能体从 [2, 1] 返回到 [1, 1]，然后走到 [1, 2]，它在此处感知到臭味，但没有微风。我们将如下事实添加到知识库中：

$$R_{11}：\quad \neg B_{1,2}$$
$$R_{12}：\quad \neg B_{1,2} \Leftrightarrow (P_{1,1} \vee P_{2,2} \vee P_{1,3})$$

用先前推得 R_{10} 时使用的相同步骤，可以推出 [2, 2] 和 [1, 3] 中没有无底洞（别忘了已知 [1, 1] 中没有无底洞）：

$$R_{13}：\quad \neg P_{2,2}$$
$$R_{14}：\quad \neg P_{1,3}$$

还可以对 R_3 使用等价消去，然后对 R_5 使用肯定前件，以得到 [1, 1]、[2, 2] 或 [3, 1] 中有无底洞的事实：

$$R_{15}：\quad P_{1,1} \vee P_{2,2} \vee P_{3,1}$$

现在我们首次运用归结规则：R_{13} 中的文字 $\neg P_{2,2}$ 与 R_{15} 中的文字 $P_{2,2}$ 归结，得到**归结句**（resolvent）

$$R_{16}：\quad P_{1,1} \vee P_{3,1}$$

用自然语言描述：如果 [1, 1]、[2, 2] 或 [3, 1] 中必有无底洞，而 [2, 2] 中没有无底洞，则无底洞在 [1, 1] 或 [3, 1] 中。类似地，R_1 中的文字 $\neg P_{1,1}$ 与 R_{16} 中的文字 $P_{1,1}$ 归结，得到

$$R_{17}：\quad P_{3,1}$$

用自然语言描述：如果 [1, 1] 或 [3, 1] 中有无底洞，无底洞又不在 [1, 1] 中，则它在 [3, 1] 中。最后两步推断采用了**单元归结**（unit resolution）规则

$$\frac{\ell_1 \vee \cdots \vee \ell_k, \quad\quad m}{\ell_1 \vee \cdots \vee \ell_{i-1} \vee \ell_{i+1} \vee \cdots \vee \ell_k}$$

其中每个 ℓ 都是文字，而 ℓ_i 和 m 是**互补文字**（各自是对方的否定）。这样，单元归结推断规则使用一个**子句**（文字的析取式）以及一个文字，生成一个新的子句。注意，单个文字可看作是一个文字的析取式，也被称为**单元子句**。

单元归结规则可以推广为全归结规则

$$\frac{\ell_1 \vee \cdots \vee \ell_k, \quad m_1 \vee \cdots \vee m_n}{\ell_1 \vee \cdots \vee \ell_{i-1} \vee \ell_{i+1} \vee \cdots \vee \ell_k \vee m_1 \vee \cdots \vee m_{j-1} \vee m_{j+1} \vee \cdots \vee m_n}$$

其中，ℓ_i 和 m_j 是互补文字。这表明归结使用两个子句并产生一个新的子句，该新子句包含除一对互补文字以外的原始子句的所有文字，例如，我们有

$$\frac{P_{1,1} \vee P_{3,1}, \quad \neg P_{1,1} \vee \neg P_{2,2}}{P_{3,1} \vee \neg P_{2,2}}$$

可以一次只归结一对互补文字。例如，可以归结 P 和 $\neg P$ 推得

$$\frac{P \vee \neg Q \vee R, \quad \neg P \vee Q}{\neg Q \vee Q \vee R}$$

但不能同时归结 P 和 Q 来推得 R。归结规则还有一个技术细节：结果子句只能含有每个文字的一个副本。[①] 去除文字的多个副本被称为**因子提取**。例如，如果我们用 $(A \vee \neg B)$ 归结 $(A \vee B)$，得到 $(A \vee A)$，通过因子提取简化为 A。

通过对文字 ℓ_i 和另一个子句中的互补文字 m_j 的讨论，我们可以很容易理解归结规则的可靠性。如果 ℓ_i 为真，则 m_j 为假，因此 $m_1 \vee \cdots \vee m_{j-1} \vee m_{j+1} \vee \cdots \vee m_n$ 必然为真，因为已知 $m_1 \vee \cdots \vee m_n$。如果 ℓ_i 为假，则 $\ell_1 \vee \cdots \vee \ell_{i-1} \vee \ell_{i+1} \vee \cdots \vee \ell_k$ 必为真，因为已知 $\ell_1 \vee \cdots \vee \ell_k$。现无论 ℓ_i 为真还是为假，结论必然成立，这与归结法则所述的完全相同。

归结法则更为惊人的部分在于，它形成了一类完备推断过程的基础。基于归结的定理证明器可以对命题逻辑中的任意语句 α 和 β 确定 $\alpha \models \beta$ 是否成立。接下来的"合取范式"和"归结算法"两小节将解释归结是如何完成这项任务的。

1. 合取范式

归结规则仅适用于子句（也就是文字的析取式），因此它似乎只能用于含有子句的知识库和查询。那么对于所有命题逻辑，它如何实现完备的推断过程？答案是，命题逻辑的所有语句逻辑上都等价于子句合取式。

形式为子句合取式的语句被称为**合取范式**（conjunctive normal form）或 **CNF**（见图 7-12）。下面介绍把语句转换为 CNF 的过程。我们通过将语句 $B_{1,1} \Leftrightarrow (P_{1,2} \vee P_{2,1})$ 转换为 CNF 来阐明这一过程。转换的步骤如下。

（1）消去 $\Leftrightarrow$，将 $\alpha \Leftrightarrow \beta$ 替换为 $(\alpha \Rightarrow \beta) \wedge (\beta \Rightarrow \alpha)$：

$$(B_{1,1} \Rightarrow (P_{1,2} \vee P_{2,1})) \wedge ((P_{1,2} \vee P_{2,1}) \Rightarrow B_{1,1})$$

（2）消去 $\Rightarrow$，将 $\alpha \Rightarrow \beta$ 替换为 $\neg \alpha \vee \beta$：

$$(\neg B_{1,1} \vee P_{1,2} \vee P_{2,1}) \wedge (\neg (P_{1,2} \vee P_{2,1}) \vee B_{1,1})$$

（3）CNF 要求 $\neg$ 只能在文字前出现，因此我们反复应用图 7-11 的如下等价关系"将 $\neg$ 内移"：

$$\neg (\neg \alpha) \equiv \alpha \quad （双重否定律）$$

---

① 如果一个子句被视作文字的集合，则这条限制自然地适用。对子句使用集合的概念可以使归结规则更简洁，但代价是引入了额外的记号。

$$\neg(\alpha \wedge \beta) \equiv (\neg\alpha \vee \neg\beta) \quad （德摩根律）$$
$$\neg(\alpha \vee \beta) \equiv (\neg\alpha \wedge \neg\beta) \quad （德摩根律）$$

本例中，我们只需运用最后一条规则一次：

$$(\neg B_{1,1} \vee P_{1,2} \vee P_{2,1}) \wedge ((\neg P_{1,2} \wedge \neg P_{2,1}) \vee B_{1,1})$$

（4）现在我们得到了一个 $\wedge$ 和 $\vee$ 嵌套、运算符直接作用于文字的语句。运用图 7-11 的分配律，尽可能地对 $\wedge$ 分配 $\vee$：

$$(\neg B_{1,1} \vee P_{1,2} \vee P_{2,1}) \wedge (\neg P_{1,2} \vee B_{1,1}) \wedge (\neg P_{2,1} \vee B_{1,1})$$

原始语句现在已经成为 CNF，是 3 个子句的合取式。它读起来难了很多，但它可以作为归结过程的输入。

$$
\begin{aligned}
CNF语句 \;\rightarrow\; & 子句_1 \rightarrow \wedge \cdots \wedge 子句_n \\
子句 \;\rightarrow\; & 文字_1 \vee \cdots \vee 文字_m \\
事实 \;\rightarrow\; & 符号 \\
文字 \;\rightarrow\; & 符号 \mid \neg符号 \\
符号 \;\rightarrow\; & P \mid Q \mid R \mid \cdots \\
霍恩子句范式 \;\rightarrow\; & 确定子句范式 \mid 目标子句范式 \\
确定子句范式 \;\rightarrow\; & Fact \mid (符号_1 \wedge \cdots \wedge 符号_i) \Rightarrow 符号 \\
目标子句范式 \;\rightarrow\; & (符号_1 \wedge \cdots \wedge 符号_i) \Rightarrow False
\end{aligned}
$$

图 7-12 合取范式、霍恩子句、确定子句、目标子句的文法。形式如 $\neg A \vee \neg B \vee C$ 这样的 CNF 子句可以写成确定子句 $A \wedge B \Rightarrow C$

2. 归结算法

基于归结的推断过程使用 7.5.1 节介绍的反证法来进行证明。也就是说，为了证明 $KB \vDash \alpha$，我们要证明 $(KB \wedge \neg\alpha)$ 是不可满足的。我们通过证明矛盾来做到这一点。

图 7-13 展示了一个归结算法。首先，$(KB \wedge \neg\alpha)$ 被转换为 CNF。然后，归结规则被应用在得到的子句上。每一对互补文字都被归结生成新的子句，如果新子句没有出现过，就将其加入子句集合。这一过程不断持续，直到发生下述的两件事情之一。

- 没有可供添加的新子句，此时 KB 不蕴含 α；
- 两个子句归结为空子句，此时 KB 蕴含 α。

---

function PL-RESOLUTION(KB, a) **returns** true或false
   inputs: KB，知识库，一个命题逻辑中的语句
       α，查询，一个命题逻辑中的语句

   clauses $\leftarrow KB \wedge \neg\alpha$的CNF表示的子句集合
   new $\leftarrow \{\}$
   while true **do**
      for each 子句对C_i, C_j **in** *clauses* **do**
         resolvents $\leftarrow$ PL-RESOLVE(C_i, C_j)
         if *resolvents*包含空子句 **then return** true
         new $\leftarrow$ *new* $\bigcup$ *resolvents*
      if *new* $\subseteq$ *clauses* **then return** false
      clauses $\leftarrow$ *clauses* $\bigcup$ *new*

图 7-13 简单的命题逻辑归结算法。PL-RESOLVE 返回对其两个输入进行归结得到的所有可能子句集合

空子句是一个没有析取子句的析取式，它等价于 *False*，因为仅当至少一个析取子句为真时析取式为真。另外，空子句仅在归结两个矛盾的单元子句（如 P 和¬P）时出现。

我们可以将归结过程用在 wumpus 世界中一个很简单的推断中。当智能体位于 [1,1] 时，该处没有微风，因此相邻的方格没有无底洞。相关的知识库是

$$KB = R_2 \wedge R_4 = (B_{1,1} \Leftrightarrow (P_{1,2} \vee P_{2,1})) \wedge \neg B_{1,1}$$

我们要证明 α，即 $\neg P_{1,2}$。如果将 $(KB \wedge \neg \alpha)$ 转换为 CNF，我们就能得到在图 7-14 顶部所示的子句。该图的第二行列出了归结第一行后的子句。随后，当 $P_{1,2}$ 与 $\neg P_{1,2}$ 归结后，我们得到了空子句，用小方块表示。观察图 7-14，可以发现许多归结是毫无意义的。例如，子句 $B_{1,1} \vee \neg B_{1,1} \vee P_{1,2}$ 等价于 *True* $\vee$ $P_{1,2}$，进而等价于 *True*。推出 *True* 为真并没有什么用处。因此，我们可以忽略所有含有两个互补文字的子句。

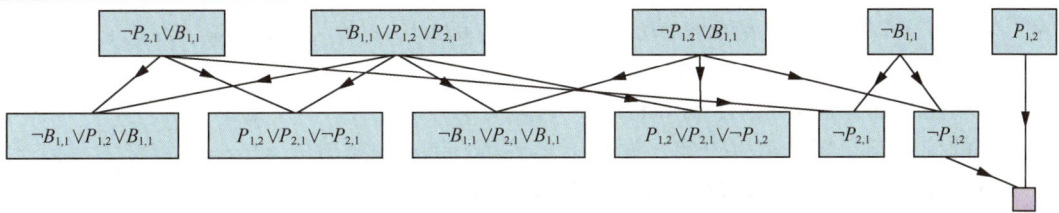

图 7-14 对 wumpus 世界的一个简单推断部分运用 PL-RESOLUTION 来证明查询 $\neg P_{1,2}$。顶行最左侧的 4 个子句的每一个与其他 3 个都互相成对，运用归结规则产生底行的子句。顶行的第 3 个和第 4 个子句结合生成 $\neg P_{1,2}$，它继而与 $P_{1,2}$ 归结，生成空子句，表明查询被证明

3. 归结的完备性

作为对归结的讨论的总结，现在来了解为何 PL-RESOLUTION 是完备的。为此，我们引入子句集合 S 的**归结闭包**（resolution closure）RC(S)，即对 S 中子句及其生成子句反复使用归结规则可推得的所有子句的集合。归结闭包就是 RL-RESOLUTION 计算所得的变量 *clauses* 的最终值。易知 RC(S) 必然是有限的：得益于因子提取，由 S 中出现的符号 $P_1, \cdots, P_k$ 得出的子句数量是有限的。因此，PL-RESOLUTION 总是能够终止。

命题逻辑中归结的完备性定理被称为**基本归结定理**（ground resolution theorem）：

如果一个子句集是不可满足的，则这些子句的归结闭包含有空子句。

定理的证明是通过其假言易位进行的：如果闭包 RC(S) 不含有空子句，则 S 可满足。实际上，可以为 S 构建一个在 $P_1, \cdots, P_k$ 上有适当真值的模型。构建过程如下：

对于 i 从 1 到 k，

- 如果 RC(S) 中的子句含有文字 $\neg P_i$ 且所有其他文字在对 $P_1, \cdots, P_{i-1}$ 选定的赋值下为假，则对 P_i 赋值为 false；
- 否则，对 P_i 赋值为 true。

对 $P_1, \cdots, P_k$ 的赋值是 S 的一个模型。要搞清楚这一点，我们假设其反面——在序列中的某处 i，对符号 P_i 赋值使得某个子句 C 为假。此时，情况必然是 C 中所有其他文字都已经被对 $P_1, \cdots, P_{i-1}$ 的赋值定为假。因此，C 的形式必然类似(false $\vee$ false $\vee \cdots \vee$ false $\vee P_i$)或(false $\vee$ false $\vee \cdots \vee$ false $\vee \neg P_i$)。如果只有其中一个在 RC(S) 中，则算法将对 P_i 赋适当的值以

使 C 为真，因此仅在这两个子句都在 $RC(S)$ 中时，C 才会为假。

现在，由于 $RC(S)$ 在归结时是闭的，它会含有这两个子句的归结句，且这个归结句的所有文字已经被对 $P_1, \cdots, P_{i-1}$ 的赋值定为假。这与我们的假设，即第一个为假的子句出现在 i 处矛盾。因此，我们证明了这种构建永远无法使 $RC(S)$ 中的子句为假，也就是说它创建了一个 $RC(S)$ 的模型。最后，由于 S 包含在 $RC(S)$ 中，因此任意 $RC(S)$ 的模型也是 S 本身的模型。

7.5.3　霍恩子句与确定子句

归结的完备性使其成为一种非常重要的推断方法。而许多实际情形并不需要用到归结的全部能力。一些真实世界的知识库中的语句满足某些限制，这使得它们可以使用更为受限而更高效的推断算法。

其中一种受限形式是**确定子句**（definite clause），它是文字的析取式，其中只有一个为正文字。例如，子句$(\neg L_{1,1} \vee \neg Breeze \vee B_{1,1})$是确定子句而$(\neg B_{1,1} \vee P_{1,2} \vee P_{2,1})$不是，因为它含有两个正文字。

更一般性的是**霍恩子句**（Horn clause），它是文字的析取式，其中最多只有一个为正文字。因此所有的确定子句都是霍恩子句，没有正文字的子句也是霍恩子句——也被称为**目标子句**（goal clause）。霍恩子句在归结时是闭的：如果归结两个霍恩子句，仍然会得到霍恩子句。还有一种类型是 k-CNF 语句，它是每个子句最多含有 k 个文字的 CNF 语句。

仅含有确定子句的知识库很有意义，原因有 3 个。

（1）每个确定子句都可以写成一个蕴涵式，前提是正文字的合取式，结论是一个正文字。（见习题 7.DISJ。）例如，确定子句$(\neg L_{1,1} \vee \neg Breeze \vee B_{1,1})$可以写成蕴涵式$(L_{1,1} \wedge Breeze) \Rightarrow B_{1,1}$。蕴涵形式的语句更容易理解：它说明如果智能体位于 [1, 1]，且感知到微风，则 [1, 1] 有微风。在霍恩形式中，前提被称为**体**（body）而结论被称为**头**（head）。由单个正文字构成的语句，例如 $L_{1,1}$，被称为**事实**（fact）。它也可以写成$True \Rightarrow L_{1,1}$形式的蕴涵式，但只写成 $L_{1,1}$ 更为简洁。

（2）用霍恩子句进行推断可以通过**前向链接**（forward-chaining）算法和**反向链接**（backward-chaining）算法完成，我们稍后会介绍。这些算法都很自然，因为它们的推断步骤很直观，便于人类理解。这类推断是**逻辑编程**（logic programming）的基础，我们将在第 9 章进行讨论。

（3）用霍恩子句确定蕴含关系所需的时间与知识库大小呈线性关系，这格外令人满意。

7.5.4　前向链接与反向链接

前向链接算法 PL-FC-ENTAILS?(KB,q) 确定单个命题符号 q（查询）是否被确定子句的知识库所蕴含。它从知识库中的已知事实（正文字）开始。如果一个蕴涵式的所有前提都已知，则将其结论添加到已知事实的集合中。例如，如果 $L_{1,1}$ 和 $Breeze$ 已知，且$(L_{1,1} \wedge Breeze) \Rightarrow B_{1,1}$在知识库中，则在知识库中添加 $B_{1,1}$。这一过程持续进行，直到查询 q 被添加，或直到无法进一步进行推断。这一算法在图 7-15 中展示，我们要记住的要点是它的运行时间是线性的。

用图和示例来理解算法是最好的办法。图 7-16a 展示了一个简单的霍恩子句知识库，其中有 A 和 B 两个已知事实。图 7-16b 展示了绘制为**与或图**（见第 4 章）的同一个知识库。在与或图中，用曲线连接的多个边表示一个合取式，每个边都要证明；而没有曲线连接的多个边表示一个析取式，证明任一边即可。图上很容易看懂前向链接是如何运作的。已知的叶节点（此处为 A 和 B）具有真值之后，推断就会沿着图尽可能远地向上传递。当出现合取式时，传递过程开始等待，直到所有合取子句都已知。我们鼓励读者细致地研究这个示例。

---

function PL-FC-ENTAILS?(*KB*, *q*) **returns** true或false
  inputs: *KB*，知识库，一个命题确定子句集
       q，查询，一个命题符号
count ← 一个表，其中*count*[*c*]为子句*c*的初始符号数量
inferred ← 一个表，其中*inferred*[*s*] 初始对所有符号为false
queue ← 一个符号队列，初始符号为*KB*中已知为true的符号

  while *queue*不空 **do**
    p ← POP(*queue*)
    if *p* = *q* **then return** true
    if *inferred*[*p*] = false **then**
      inferred[*p*] ← true
      for each *p*在*c*.PREMISE中的知识库中的子句*c* **do**
        count[*c*]减1
        if *count*[*c*] = 0 **then** 将*c*.CONCLUSION添加到*queue*
  return false

图 7-15 命题逻辑的前向链接算法。*queue* 记录了已知为真但还没"处理过"的符号。表 *count* 记录每个蕴涵式尚未证明的前提数量。一旦 *queue* 中的新符号 *p* 被处理，*count* 就会为每个前提中出现 *p* 的蕴涵式减 1（使用合适的索引方法，很容易在常数时间内完成）。如果 *count* 为 0，则蕴涵式的所有前提都已知，因此其结论可以添加到 *queue*。最后，我们还需要记录哪个符号已经被处理过，如此在已推断符号集 *inferred* 中的符号就无需被再次加入 *queue*。这避免了重复的工作，也避免了由类似 *P*⇒*Q* 和 *Q*⇒*P* 这样的蕴涵式引起的循环

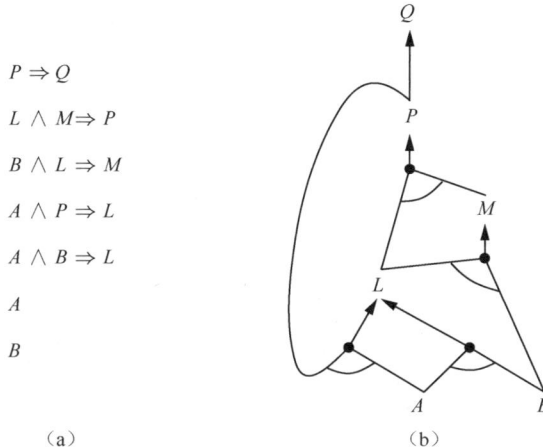

图 7-16 （a）一个霍恩子句集。（b）相应的与或图

显然，前向链接是**可靠的**：每个推断实际上都是对肯定前件的运用。前向链接也是**完备的**：所有蕴含的原子语句都将被推导。要理解这一点，最简单的方法是考虑（在算法到达不动点，无法产生新推断的时候）*inferred* 表格的最终状态。该表中每个推得的符号都为真，所有其他符号都为假。我们可以将这个表看作一个逻辑模型，且原始 *KB* 的每条确定子句在这个模型中都为真。

为理解这一点，可以假设其反面，即存在子句$a_1 \wedge \cdots \wedge a_k \Rightarrow b$在模型中为假。则$a_1 \wedge \cdots \wedge a_k$在模型中必然为真，且 *b* 在模型中必然为假。这与我们假设的算法已经到达不动点相矛盾，因为我们此时可以将 *b* 加入知识库。因此我们可以断定，不动点处推得的原子语句集定义了一个

原始知识库的模型。更进一步地，知识库蕴含的任意原子语句 q 必然在其所有模型中都为真，在这个特定模型中也一样。因此，所有蕴含的原子语句 q 必然会被算法推得。

前向链接是**数据驱动**（data-driven）推理这一更广泛概念的例子，也就是其注意力开始集中在已知数据的推理。它可以用于智能体，以便从收到的感知推导出结论，且常常是在没有特定查询的情况下。例如，wumpus 世界的智能体可以用递增前向链接算法（新的事实可以被加入队列来启动新的推断）将它的感知告知知识库。对人类来说，当获取新信息后会出现一定数量的数据驱动推理。例如，如果我在屋子里听到外面开始下雨，则我可能会想到取消野餐；但是，我大概不会想到邻居花园里最大的一朵玫瑰的第 17 片花瓣会淋湿——人类会对前向链接进行精心地控制，以免被无关的结果淹没。

反向链接算法如其名称所示，从查询开始反向运作。如果查询 q 已知为真，则不需要做任何操作。否则，算法将在知识库中找寻结论为 q 的蕴涵式。如果这些蕴涵式的所有前提都可以（用反向链接）证明为真，则 q 为真。将反向链接算法用于图 7-16 的查询 Q 时，它反向地向图的下方运行，直到到达构成证明基础的已知事实集，即 A 和 B。算法实质上与图 4-11 的 AND-OR-GRAPH-SEARCH 算法完全相同。与前向链接一样，它的高效实现的时间复杂性是线性的。

反向链接是一种**目标导向推理**（goal-directed reasoning）。它对于回答类似"我现在该做什么？"和"我的钥匙在哪里？"这样的特定问题非常有用。通常，反向链接的代价远小于知识库规模的线性变化，因为这个过程仅涉及相关的事实。

7.6   高效命题模型检验

本节，我们介绍两种高效的、基于模型检验的一般命题推断的算法，其中一种是基于回溯搜索的，另一种则基于局部爬山搜索。这些算法是命题逻辑的"技术"部分。首次阅读本章时可以略过本节内容。

我们描述的算法是用于可满足性检验的，即 SAT 问题。（如 7.5 节所述，可以通过检验 $\alpha \wedge \neg\beta$ 的不可满足性来检验蕴含 $\alpha \models \beta$。）我们在 7.5 节中提到过找到满足逻辑语句的模型与找到约束满足问题的解的关系，因此这两种命题可满足性算法与 6.3 节的回溯算法和 6.4 节的局部搜索算法非常相似并不令人意外。尽管如此，这些算法本身还是极为重要的，因为许多计算机科学中的组合问题都可以被归为检验命题语句的可满足性。对可满足性算法的任何改进对于我们处理复杂性的能力都有巨大的作用。

7.6.1   完备的回溯算法

我们要探讨的第一个算法常称为**戴维斯-普特南算法**（Davis-Putnam algorithm），得名于马丁·戴维斯（Martin Davis）和希拉里·普特南（Hilary Putnam）的重要论文（Davis and Putnam, 1960）。这个算法实际上采用的是戴维斯、洛吉曼和洛夫兰所描述的版本（Davis, Logemann, and Loveland, 1962），因此我们用所有 4 位作者姓氏的首字母 DPLL 命名这个算法。DPLL 使用一个合取范式形式（即一个子句集）的语句作为输入。类似于 BACKTRACKING-SEARCH 和 TT-ENTAILS?，它本质上是递归地、深度优先地枚举可能的模型。它在 TT-ENTAILS? 的基础上进行了 3 项改进。

- **提前终止**：算法可以用部分完成的模型来检测语句是否必然为真或为假。如果任一文字为真则子句为真，即使其他文字还没有真值；这样，整条语句在模型完成之前就可以断定其真值。例如，若 A 为真则语句 $(A \vee B) \wedge (A \vee C)$ 为真，无论 B 和 C 的值是什么。类似地，若任一子句为假，即其所有文字为假，则语句为假。同样，这种情形可能会在模型完成前很久就发生。提前终止避免了在搜索空间中检查全部子树。

- **纯符号启发式方法**：**纯符号**是指在所有子句中"符号位"都相同的符号。例如，在 3 个子句 $(A \vee \neg B)$、$(\neg B \vee \neg C)$ 和 $(C \vee A)$ 中，A 是纯符号，因为它只以正文字的形式出现；B 也是纯符号，因为它总以负文字的形式出现。而 C 是不纯的。易知如果一条语句有模型，则存在一个模型对纯符号的赋值使其文字为真，因为这样做不会使子句为假。注意，在确定符号是否为纯时，算法可以忽略当前已构建的模型中已知为真的子句。例如，如果上述模型含有 B=false，则子句 $(\neg B \vee \neg C)$ 已经为真，且在剩余子句中 C 仅作为正文字出现，因此 C 变为纯符号。

- **单元子句启发式方法**：之前对**单元子句**的定义是只有一个文字的子句。在 DPLL 中，它也指那些除了一个文字外，其余文字都被模型赋值为 false 的子句。例如，如果模型含有 B = true，则 $(\neg B \vee \neg C)$ 简化为 $\neg C$，这是一个单元子句。显然，要使这个子句为真，C 必须赋值为 false。单元子句启发式方法在余下的部分出现分支前对所有这样的符号赋值。这种启发式的一个重要结果是，所有对知识库中的已有文字进行的证明（通过反证法）将立刻得证（见习题 7. KNOW）。还要注意的是，对一个单元子句赋值可能会创建另一个单元子句，例如，当 C 被置为假，$(C \vee A)$ 也变成了单元子句，使得 A 被赋值为真。这种强制赋值的"级联"被称为**单元传播**（unit propagation）。这类似于确定子句的前向链接。实际上，如果 CNF 表达式仅含有确定子句，则 DPLL 本质上复制了前向链接。（见习题 7. DPLL。）

DPLL 算法如图 7-17 所示，它给出了搜索程序的主要结构，但并未实现其细节。

---

function DPLL-SATISFIABLE?(s) **returns** true或false

    inputs: s，一个命题逻辑中的语句

    clauses ← s的CNF表示的子句集合
    symbols ← s中的命题符号列表
    return DPLL(*clauses*, *symbols*, {})

function DPLL(*clauses*, *symbols*, *model*) **returns** true或false

    if 在*model*中每个子句都为true **then return** true
    if 在*model*中*clauses*中的某个子句为false **then return** false
    P, *value* ← FIND-PURE-SYMBOL(*symbols*, *clauses*, *model*)
    if P不空 **then return** DPLL(*clauses*, *symbols* − P, *model* ∪ {P=*value*})
    P, *value* ← FIND-UNIT-CLAUSE(*clauses*, *model*)
    if P不空 **then return** DPLL(*clauses*, *symbols* − P, *model* ∪ {P=*value*})
    P ←FIRST(*symbols*); *rest* ←REST(*symbols*)
    return DPLL(*clauses*, *rest*, *model* ∪ {P=true}) **or**
        DPLL(*clauses*, *rest*, *model* ∪ {P=false})

图 7-17 用于检验命题逻辑语句可满足性的 DPLL 算法。FIND-PURE-SYMBOL 和 FIND-UNIT-CLAUSE 背后的思路在正文中进行了介绍。这两个函数都返回一个符号（或返回空）以及要赋给这个符号的真值。和 TT-ENTAILS? 一样，DPLL 在部分模型上运行

图 7-17 没有展示使 SAT 求解器能够用于大规模问题的技巧。有趣的是，这些技巧实际上都很寻常，我们之前已经见过它们的其他形式。

（1）**分量分析**（如 CSP 中的塔斯马尼亚岛问题所见）：当 DPLL 为变量赋真值时，子句集可能会被分割成不相交的子集，我们称之为**分量**，它们没有共同的未赋值变量。给定一个高效探测这一状况的方法，求解器就可以通过对每个分量独立求解来加快速度。

（2）**变量排序与值排序**（如在 6.3.1 节的 CSP 中所见）：我们对 DPLL 的简单实现使用任意的变量顺序，并在赋值时总是先尝试赋真再尝试赋假。**度启发式算法**（6.3.1 节）建议在所有剩余子句中优先选择最常出现的变量。

（3）**智能回溯**（如在 6.3.3 节的 CSP 中所见）：许多用按时序回溯几小时都求解不了的问题，如果改用智能回溯直接回溯到导致冲突的相关点上，那么问题可以在几秒内求解。所有运用智能回溯的 SAT 求解器都使用**冲突子句学习**的某种形式来记录冲突，以避免在后续的搜索中重复出现。通常只保留有限大小的冲突集，丢弃极少使用的冲突。

（4）**随机重启**（在 4.1.1 节用于爬山法）：有时单次运行似乎无法取得进展。此时，我们可以从搜索树的顶端重新开始，而非尝试继续搜索。重启后（对变量和值选取）进行不同的随机选择。第一次运行中学习到的子句在重启后依然被保留，这有助于对搜索空间进行剪枝。重启并不保证能更快地找到解，但它能够减小求解时间的方差。

（5）**聪明索引**（在许多算法中可以见到）：DPLL 和其他现代求解器用到的加速方法需要快速索引 "X_i 作为正文字出现的子句集合"。这一任务相当复杂，因为算法所感兴趣的只是先前的变量赋值尚未满足的子句，因此索引结构必须在计算过程中动态更新。

有了这些改进，现代求解器可以处理有数千万个变量的问题。它们为诸如硬件验证和安全协议验证这样的领域带来革命性的变化。在此之前，这些领域需要十分费力的、手动证明。

7.6.2　局部搜索算法

我们已经在本书中见过了一些局部搜索算法，包括 Hill-Climbing（4.1.1 节）和 Simulated-Annealing（4.1.2 节）。只要我们选择了正确的评价函数，这些算法可就以被直接用于可满足性问题。由于目标是找出满足所有子句的赋值，一个对未满足的子句进行计数的评价函数就可以胜任这项工作。实际上，这正是用于 CSP 的 Min-Conflict 算法所使用的量度（见 6.4 节）。这些算法都在完全赋值的空间采取动作，每次只翻转一个符号的真值。这个空间通常含有许多局部极小值，要跳出这些极小值，需要各种形式的随机方法。近年来，人们进行了大量实验，试图在贪婪性与随机性之间找到一个良好的平衡。

这些算法中最为简单和有效的算法之一是 WalkSAT（如图 7-18 所示）。算法每次循环都选择一个未满足的子句，并在该子句中选择一个符号来翻转。选择要翻转的符号的方法有两种：（1）最小化新状态中未满足子句的数量的 "最小冲突" 方法；（2）随机挑选一个符号的 "随机游走" 方法。算法随机选取一种。

---

function WalkSAT(*clauses*, *p*, *max_flips*) **returns** 满足的模型或*failure*
　　inputs: *clauses*，命题逻辑的子句集合
　　　　　　　p，选择 "随机游走" 动作的概率，通常为0.5左右
　　　　　　　max_flips，放弃搜索前允许的值翻转次数

　　model ← 对*clauses*中的符号随机赋值true/false
　　for each *i* = 1 **to** *max_flips* **do**
　　　　if *model*满足*clauses* **then return** *model*
　　　　clause ← 从*clauses*中随机选择的一个在*model*中为false的子句
　　　　if Random(0, 1) ≤ *p* **then**
　　　　　　在*model*中翻转一个从*clause*中随机选择的符号的值
　　　　else 翻转*clause*中的符号以最大化已满足子句的数量
　　return *failure*

图 7-18　通过随机翻转变量的值来检验可满足性的 WalkSAT 算法。这个算法有很多版本

当 WALKSAT 返回一个模型时，输入语句就是可满足的。但当它返回 *failure* 时，则有两种可能的原因：语句不可满足，或我们需要多给算法一些时间。如果我们设定 *max_flips* = ∞ 且 $p > 0$，WALKSAT 最终将返回一个模型（如果存在的话），因为随机游走步骤终将遇到一个解。如果 *max_flips* 为无穷大，而语句不可满足，则算法永远不会终止！

因此，当我们预计问题有解的时候，WALKSAT 最为有用。例如，第 3 章和第 6 章讨论过的问题通常有解。但是，WALKSAT 并不总是能检测到不可满足性，而对判定蕴含来说这是必备的。例如，wumpus 世界中，一个智能体不能使用 WALKSAT 来可靠地证明一个方格是安全的。不过，它可以说："我思考了一小时，都想不出存在一种这个方格不安全的可能世界。"这也许是个不错的经验性指示，表明方格是安全的，但它绝对不是一种证明。

7.6.3　随机 SAT 问题概览

某些 SAT 问题比其他要难。简单的问题可以用任意老算法求解，但由于我们知道 SAT 是 NP 完全的，至少有一些问题必须需要指数级的运行时间。在第 6 章中，我们见过一些针对某种问题的惊人发现。例如，对于回溯搜索算法，n 皇后问题被认为是相当困难的，而对于局部搜索方法，如最小冲突法，求解这一问题却非常容易。这是由于在赋值空间中，解的分布非常密集，任意初始赋值都能保证在其附近存在解。因此，n 皇后问题很简单，因为它是**欠约束的**（underconstrained）。

当我们考虑合取范式的可满足性问题时，一个欠约束的问题是约束变量的子句非常少的情形。例如，下面是一条随机生成的 3-CNF 语句，它有 5 个符号和 5 个子句：

$$(\neg D \lor \neg B \lor C) \land (B \lor \neg A \lor \neg C) \land (\neg C \lor \neg B \lor E) \land (E \lor \neg D \lor B) \land (B \lor E \lor \neg C)$$

在 32 个可能的赋值中，有 16 个是这条语句的模型。因此，平均而言，只需进行两次随机猜测就可以找到一个模型。与大部分这样的欠约束问题一样，这是一个简单的可满足性问题。但是，一个过约束的问题很可能没有解，因为相对于其变量数量，其子句数量过多。过约束问题通常很容易求解，因为这些约束将很快导致算法找出一个解，或进入无法逃离的死胡同。

要超越这些基本的直观理解，我们必须明确定义如何生成随机语句。记法 $CNF_k(m, n)$ 表示一个有 m 个子句、n 个符号的 k-CNF 语句，其中子句是均匀地、独立地、无放回地从所有有 k 个文字的子句中选取的，文字的正负也是随机的。（一个符号在子句中不能多次出现，一个子句也不能在语句中多次出现。）

给定一个随机语句源，我们就可以测量可满足性的概率。图 7-19a 绘制了 $CNF_3(m, 50)$ 的概率，也就是有 50 个变量、每条子句有 3 个文字的语句，这一概率被绘制为子句/符号，即 m/n 的函数。如我们预期，对于较小的 m/n，可满足性的概率接近 0，而在较大的 m/n 处这一概率接近 0。概率在 $m/n = 4.3$ 左右急剧下降。经验上，我们发现这一"峭壁"出现在大致相同的位置（对于 $k = 3$），并随着 n 的增长越来越陡峭。

理论上，**可满足性阈值猜想**（satisfiability threshold conjecture）表明对所有 $k \geq 3$，存在一个阈值比 r_k，使得当 n 接近无穷时 $CNF_k(r_n, n)$ 可满足的概率对于所有低于阈值的 r 接近于 1，对于所有高于阈值的 r 接近于 0。即便对于如 $k = 3$ 这样的特例，这一猜想仍未被证明。不论这是不是一个定理，这样的阈值效应在可满足性问题和其他类型的 NP 困难问题中都是相当寻常的。

现在我们对可满足和不可满足问题分别会出现在什么地方有了很好的了解，接下来的问题是，困难的问题会出现在什么地方？其实它们也经常位于阈值处。图 7-19b 显示，阈值 4.3 处的 50 个符号的问题比阈值 3.3 处的相同问题大约难 20 倍。欠约束问题很好求解（因为很容易就能猜到一个解），而过约束问题不如欠约束问题简单，却仍然比恰好在阈值处的问题简单得多。

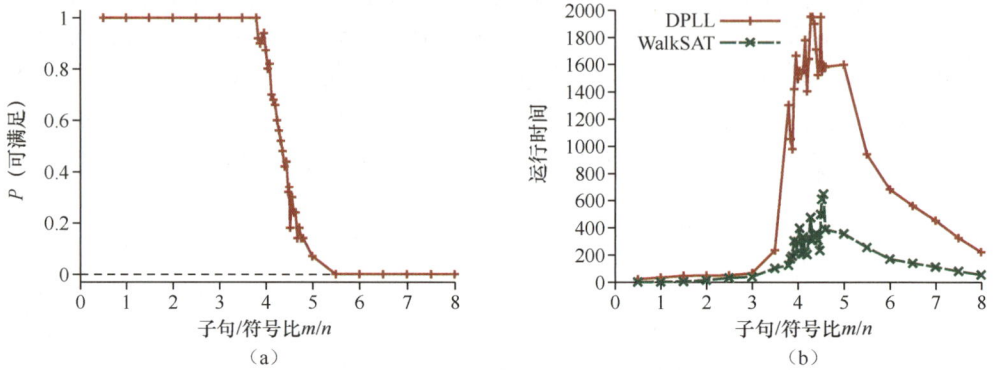

图 7-19 （a）有 n 个符号的随机 3-CNF 语句的可满足概率图，概率是子句/符号比 m/n 的函数。（b）DPLL 和 WALKSAT 在随机 3-CNF 语句上的（多次运行后测量的）运行时间中位数图。最为困难的问题的子句/符号比约为 4.3

7.7 基于命题逻辑的智能体

本节我们将目前所学的内容结合起来构建使用命题逻辑的 wumpus 世界智能体。首先我们要使智能体能够根据其历史感知对世界的状态尽可能地进行推导。这需要写出动作效果的完整逻辑模型。随后我们介绍智能体在 wumpus 世界中如何使用逻辑推断。我们还会介绍智能体如何在不查看每次推断的历史感知的情况下有效地跟踪世界的变化。最后，我们介绍在已知其知识库在实际世界中为真的情况下，智能体如何使用逻辑推断来构建能确保达到目标的规划。

7.7.1 世界的当前状态

如本章开头所述，逻辑智能体通过用关于世界的语句知识库推导接下来的动作来运作。知识库由公理（也就是关于世界如何运行的一般知识）和从智能体在某个特定世界获得的感知语句构成。本节，我们聚焦于推导 wumpus 世界的当前状态这一问题，如我在哪里、方格是否安全等。

我们从 7.4.3 节开始收集公理。智能体知道起始方格没有无底洞（$\neg P_{1,1}$）也没有 wumpus（$\neg W_{1,1}$）。此外，对于每个方格，它知道当且仅当一个方格的相邻方格有无底洞，该方格有微风；当且仅当一个方格的相邻方格有 wumpus，该方格有臭味。由此，我们引入了具有如下形式的大量语句：

$$B_{1,1} \Leftrightarrow (P_{1,2} \vee P_{2,1})$$

$$S_{1,1} \Leftrightarrow (W_{1,2} \vee W_{2,1})$$

$$\ldots$$

智能体还知道恰恰只有一个 wumpus。我们用两部分表示。首先，我们说至少有一个 wumpus：

$$W_{1,1} \lor W_{1,2} \lor \cdots \lor W_{4,3} \lor W_{4,4}$$

然后我们必须说最多只有一个 wumpus。我们对每对方格添加一个语句，来表明其中至少一个方格没有 wumpus：

$$\neg W_{1,1} \lor \neg W_{1,2}$$
$$\neg W_{1,1} \lor \neg W_{1,3}$$
$$\cdots$$
$$\neg W_{4,3} \lor \neg W_{4,4}$$

到目前为止都还不错。现在让我们考虑智能体的感知。我们使用了 $S_{1,1}$ 来表示 [1, 1] 有臭味，那么我们可以只用一个命题 *Stench* 来表示智能体感知到臭味吗？遗憾的是，不行。如果在之前的时间步中没有臭味，$\neg Stench$ 就已经被断言，那么新的断言将与之矛盾。我们发现，如果感知只对当前时间的事情进行断言，这个问题就很容易求解。如此，假如时间步（与输入图 7-1 中 MAKE-PERCEPT-SENTENCE 的一样）是 4，则我们在知识库中添加 $Stench^4$ 而非 *Stench*，这样就能轻松地避免与 $\neg Stench^3$ 矛盾。对微风、碰撞、闪光和惨叫等感知也同样处理。

这个将命题与时间步相关联的思路可以拓展到这个世界中所有随时间变化的部分。例如，最初知识库中有 $L_{1,1}^0$——智能体在时刻 0 位于 [1, 1]，以及 $FacingEast^0$、$HaveArrow^0$ 和 $WumpusAlive^0$。我们使用**流**（fluent，源于拉丁语 *fluens*，意为流动）来表示世界随时间变化的部分。"流"与 2.4.7 节所述的对因子化表示的讨论中的"状态变量"同义。与世界的不变部分相关的符号不需要时间上标，它们有时被称为**非时序变量**（atemporal variable）。

我们可以将微风和臭味直接与体验到这些感知的方格的属性连接。[1] 对任意时间步 t 和任意方格 $[x, y]$，我们断言

$$L_{x,y}^t \Rightarrow (Breeze^t \Leftrightarrow B_{x,y})$$
$$L_{x,y}^t \Rightarrow (Stench^t \Leftrightarrow S_{x,y})$$

当然，现在我们需要能够使智能体跟进像 $L_{x,y}^t$ 这样的流的公理。智能体采取动作会改变这些流，因此，用第 3 章的术语来说，我们需要将 wumpus 世界的**转移模型**写成逻辑语句的集合。

首先我们需要表示发生动作的命题符号。与感知一样，这些符号用时间索引。因此 $Forward^0$ 表示智能体在时刻 0 执行前进动作。习惯上，给定时间步的感知先发生，然后是这个时间步上的动作，然后是到下一个时间步的转移。

为描述世界如何变化，我们可以试着写出指明动作在下一个时间步产生的结果的**效应公理**（effect axiom）。例如，如果智能体位于 [1, 1]，在时刻 0 时面朝东并向前走，结果是智能体位于方格 [2, 1] 且不再在 [1, 1]：

$$L_{1,1}^0 \land FacingEast^0 \land Forward^0 \Rightarrow (L_{2,1}^1 \land \neg L_{1,1}^1) \tag{7-1}$$

对每个可能的时间步、16 个方格中的每一个方格、4 个方向中的每一个方向我们都需要类似这样的语句。对于其他动作，即抓取、射击、攀爬、左转、右转我们也需要类似的语句。

假设智能体在时刻 0 决定向前移动，并在其知识库对此进行了断言。给定式（7-1）的效应公理，结合时刻 0 时对状态的初始断言，智能体可以推得它位于 [2, 1]。也就是，$Ask(KB, L_{2,1}^1) = true$。到目前为止，一切还好。遗憾的是，如果我们 $Ask(KB, HaveArrow^1)$，答案会是假，也就是智能体无法证明它仍然有箭，它也无法证明它没有箭！信息丢失了，因为效应公理没有说明动作

---

[1] 7.4.3 节出于简便考虑，隐藏了这项要求。

的结果未改变哪些状态。对这项功能的需求引出了框架问题。[①] 框架问题的一个可能的求解办法是明确地添加断言所有不变命题的框架公理。例如，对于每个时刻 t，我们有

$$Forword^t \Rightarrow (HaveArrow^t \Leftrightarrow HaveArrow^{t+1})$$

$$Forward^t \Rightarrow (WumpusAlive^t \Leftrightarrow WumpusAlive^{t+1})$$

...

其中明确地提到了在采取前进动作时所有从时刻 t 到时刻 $t+1$ 维持不变状态的命题。尽管智能体现在已经知道它在前进后仍然有箭，且 wumpus 没有死去或复活，但激增的框架公理似乎相当低效。在有 m 个不同动作和 n 个流的世界，框架公理集的大小为 $O(mn)$。这种框架问题被称作表示框架问题。这个问题在人工智能史上扮演过重要的角色，我们在本章最后的参考文献与历史注释中将进行进一步探索。

表示框架问题很重要，因为即便保守来说，真实世界中的流也很多。幸运的是，对我们人类来说，每个动作改变的流通常不多于 k 个（k 是某个较小的值），也就是说世界具有局部性。求解表示框架问题需要定义公理集大小为 $O(mk)$ 而非 $O(mn)$ 的转移模型。还有一个问题是推断框架问题：将 t 步动作规划的结果在 $O(kt)$ 时间而非 $O(nt)$ 时间内前向推进的问题。

问题的解是关注于写出关于流而非动作的公理。这样的话，对于每个流 F，以时刻 t 时的所有流（包括 F 本身）和时刻 t 时可能发生的动作来定义 F^{t+1} 的真值的公理。现在，F^{t+1} 的真值可以用两种方法之一来确定：一种是时刻 t 的动作导致 F 在 $t+1$ 为真，另一种是 F 在时刻 t 已经为真而时刻 t 的动作没有导致它为假。这种形式的公理叫作后继状态公理（successor-state axiom），具有如下形式：

$$F^{t+1} \Leftrightarrow ActionCausesF^t \vee (F^t \wedge \neg ActionCausesNotF^t)$$

有箭（*HaveArrow*）的公理是最简单的后继状态公理。因为没有重新装填箭支的行动，$ActionCausesF^t$ 部分可以去掉，所以我们有

$$HaveArrow^{t+1} \Leftrightarrow (HaveArrow^t \wedge \neg Shoot^t) \tag{7-2}$$

对智能体的位置来说，后继状态公理要更为复杂。例如，如果（a）智能体在面向南方时从 [1, 2]，或面向西方时从 [2, 1] 向前移动，或者（b）$L_{1,1}^t$ 已经为真且动作未产生移动（因为动作不是向前或动作导致撞墙），则 $L_{1,1}^{t+1}$ 为真。用命题逻辑写出，就是

$$\begin{aligned} L_{1,1}^{t+1} \Leftrightarrow \ & (L_{1,1}^t \wedge (\neg Forward^t \vee Bump^{t+1})) \\ & \vee \ (L_{1,2}^t \wedge (FacingSouth^t \wedge Forward^t)) \\ & \vee \ (L_{2,1}^t \wedge (FacingWest^t \wedge Forward^t)) \end{aligned} \tag{7-3}$$

习题 7.SSAX 要求写出剩余的 wumpus 世界的流的公理。

给定完整的后继状态公理和本节开始列出的其他公理，智能体就能够询问和回答世界当前状态的所有可解答问题。例如，在 7.2 节，感知和动作的初始序列是

$$\neg Stench^0 \wedge \neg Breeze^0 \wedge \neg Glitter^0 \wedge \neg Bump^0 \wedge \neg Scream^0 ; \ Forward^0$$

$$\neg Stench^1 \wedge Breeze^1 \wedge \neg Glitter^1 \wedge \neg Bump^1 \wedge \neg Scream^1 ; \ TurnRight^1$$

$$\neg Stench^2 \wedge Breeze^2 \wedge \neg Glitter^2 \wedge \neg Bump^2 \wedge \neg Scream^2 ; \ TurnRight^2$$

[①] "框架问题"（frame problem）的名字来源于物理学中的参照系（frame of reference），也就是测量运动时假设的静止背景。电影的帧（frame）也借用了它的含义，其中前景变化时，大部分背景保持静止。

$$\neg Stench^3 \wedge Breeze^3 \wedge \neg Glitter^3 \wedge \neg Bump^3 \wedge \neg Scream^3 ; \ Forward^3$$

$$\neg Stench^4 \wedge \neg Breeze^4 \wedge \neg Glitter^4 \wedge \neg Bump^4 \wedge \neg Scream^4 ; \ TurnRight^4$$

$$\neg Stench^5 \wedge \neg Breeze^5 \wedge \neg Glitter^5 \wedge \neg Bump^5 \wedge \neg Scream^5 ; \ Forward^5$$

$$Stench^6 \wedge \neg Breeze^6 \wedge \neg Glitter^6 \wedge \neg Bump^6 \wedge \neg Scream^6$$

此时，有 $\text{Ask}(KB, L_{1,2}^6) = true$，因此智能体知道它在什么位置。而且，$\text{Ask}(KB, W_{1,3}) = true$ 和 $\text{Ask}(KB, P_{3,1}) = true$，因此智能体已经找到了 wumpus 和一个无底洞。对于智能体最重要的问题是一个方格是否能够进入，也就是这个方格是否没有无底洞也没有 wumpus。为此添加公理很容易，形式如下：

$$OK_{x,y}^t \Leftrightarrow \neg P_{x,y} \wedge \neg (W_{x,y} \wedge WumpusAlive^t)$$

最后，$\text{Ask}(KB, OK_{2,2}^6) = true$，因此方格 [2, 2] 可以安全进入。实际上，给定一个如 DPLL 的可靠且完备的推断算法，智能体可以回答关于哪个方格安全的任意可解答问题，而且对于小型到中型的 wumpus 世界可以在几毫秒内完成回答。

求解表示框架问题和推断框架问题是一步重大的前进，但仍有一个亟待解决的问题：我们需要确认一个动作的所有必要的前提都成立才能保证结果效应。我们说过向前动作使智能体向前方移动，除非前方有墙，但也有许多其他意外会导致动作失败：智能体可能会被绊倒，会犯心脏病，会被巨型蝙蝠抓走，诸如此类。明确所有这些意外被称为**资格问题**（qualification problem）。它在逻辑学的范畴内没有完备的解，在决定要多么详细地明确模型以及要忽略哪些细节时，系统设计者必须做出很好的判断。我们将在第 12 章中看到，概率论允许以非显式的方式总结所有意外。

7.7.2 混合智能体

推导世界状态的多个方面的能力可以直接与条件−动作规则（见 2.4.2 节）以及第 3 章和第 4 章的问题求解算法结合，产生一个 wumpus 世界的**混合智能体**。图 7-20 展示了达成这个目标的一种可能方式。智能体程序维护并更新一个知识库和一个当前规划。初始知识库含有非时变公理——不依赖于时间 t 的公理，例如将方格的微风与无底洞的存在联系起来的公理。在每个时间步，新的感知和所有依赖于 t 的公理，如后继状态公理，被加入知识库。（7.7.3 节将解释为何智能体不需要未来时间步的公理。）然后，智能体通过向知识库询问来使用逻辑推断，以找出哪些方格是安全的且未被访问过。

智能体程序的主体根据目标优先级降序创建一个规划。首先，如果存在闪光，则程序创建一个抓取金块、原路返回初始位置并爬出洞穴的规划。否则，如果没有当前规划，程序会规划一个前往最近的、未被访问过的安全方格的路线，并确保路线仅经过安全方格。

路径规划使用 A^* 搜索算法完成，而没有用 Ask。如果没有可探索的安全方格，下一步——如果智能体还有箭的话——就是试图对一个可能有 wumpus 的位置射击来创造一个安全方格。这是通过询问 $\text{Ask}(KB, \neg W_{x,y})$ 在何处为假完成的，也就是智能体还不知道的没有 wumpus 的地方。函数 PLAN-SHOT（图中未展示）使用 PLAN-ROUTE 规划一系列动作来完成这次射击。如果失败，则程序寻找尚未证明是不安全的方格，也就是询问 $\text{Ask}(KB, \neg OK_{x,y}^t)$ 返回假的方格。如果不存在这样的方格，则任务不可能完成，智能体撤退到 [1, 1] 并爬出洞穴。

---

function HYBRID-WUMPUS-AGENT(*percept*) **returns** 一个*action*
　inputs: *percept*，一个列表，[*stench, breeze, glitter, bump, scream*]
　persistent: *KB*，知识库，初始为非时序的"wumpus physics"
　　　　　t，计数器，初始为0，表示时间
　　　　　plan，动作序列，初始为空

　TELL(*KB*, MAKE-PERCEPT-SENTENCE(*percept*, *t*))
　告知*KB*对于时刻*t*的时序"physics"语句
　safe ← {[*x, y*] : ASK(*KB*, $OK_{x,y}^t$) = true}
　if ASK(*KB*, $Glitter^t$) = true **then**
　　plan ← [*Grab*] + PLAN-ROUTE(*current*, {[1,1]}, *safe*) + [*Climb*]
　if *plan*为空 **then**
　　unvisited ← {[*x, y*] : ASK(*KB*, $L_{x,y}^{t'}$) = false 对所有 $t' \leq t$}
　　plan ← PLAN-ROUTE(*current*, *unvisited* ∩ *safe*, *safe*)
　if *plan*为空且ASK(*KB*, $HaveArrow^t$) = true **then**
　　possible_wumpus ← {[*x, y*] : ASK(*KB*, $\neg W_{x,y}$) = false}
　　plan ← PLAN-SHOT(*current*, *possible_wumpus*, *safe*)
　if *plan*为空 **then**　　　　//没有选择只能冒险
　　not_unsafe ← {[*x, y*] : ASK(*KB*, $\neg OK_{x,y}^t$) = false}
　　plan ← PLAN-ROUTE(*current*, *unvisited* ∩ *not_unsafe*, *safe*)
　if *plan*为空 **then**
　　plan ← PLAN-ROUTE(*current*, {[1, 1]}, *safe*) + [*Climb*]
　action ← POP(*plan*)
　TELL(*KB*, MAKE-ACTION-SENTENCE(*action*, *t*))
　t ← *t* + 1
　return *action*

function PLAN-ROUTE(*current*, *goals*, *allowed*) **returns** 一个动作序列
　inputs: *current*，智能体当前位置
　　　　　goal，方格的集合；尝试规划一条到其中一个方格的路线
　　　　　allowed，可以构成部分路线的方格的集合

　problem ← ROUTE-PROBLEM(*current*, *goals*, *allowed*)
　return SEARCH(*problem*)　　　　//第3章中介绍的任意一种搜索算法

图 7-20　wumpus 世界的一个混合智能体。它使用命题知识库来推断世界的状态，结合问题求解搜索和论域特定代码来选择动作。每次调用 HYBRID-WUMPUS-AGENT，它都会将感知添加到知识库，然后依据先前定义的规划或创建一个新规划，弹出这个规划的第一步作为下一个要采取的动作

7.7.3　逻辑状态估计

　　图 7-20 所示的智能体工作得不错，但它有一个重大弱点：随着时间流逝，涉及对 ASK 调用的计算开销不断增大。这主要是由于所需的推断不得不回到越来越早的时间点，并涉及越来越多的命题符号。显然，这是不可持续的——我们不能让一个智能体处理每次感知的时间随着其寿命的增长成比例地增加！我们真正需要的是常数更新时间，也就是，与 *t* 无关。一个显然的答案是保存或**缓存**（cache）推断的结果，以便下一个时间步的推断过程构建在先前的结果上，而非必须从零开始。

　　如我们在 4.4 节所见，感知的历史和所有其后果都可以用**信念状态**代替，即对所有可能的当前世界状态集合的某种表示[1]。在新感知到来时更新信念的过程被称为**状态估计**（见 4.4.4

---

[1]　我们可以认为感知历史本身就是一个信念状态的表示，但它是一个随着历史变长使得推断代价逐渐增加的表示。

节）。而在 4.4 节，信念状态是状态的显式列表，此处我们可以使用含有关于当前时间步的命题符号，以及非时变符号的逻辑语句。例如，逻辑语句

$$WumpusAlive^1 \lor L_{2,1}^1 \land B_{2,1} \land (P_{3,1} \lor P_{2,2}) \tag{7-4}$$

代表时刻 1 的所有状态的集合，这时 wumpus 还活着，智能体位于 [2, 1]，方格中有微风，[3, 1] 或 [2, 2] 其中之一有无底洞或两个都有无底洞。

维护一个精确的、逻辑公式形式的信念状态并不简单。如果对于时刻 t 有 n 个流符号，则会有 2^n 个可能的状态，也就是对这些符号的所有赋值。而现在，信念状态的集合是物理状态的超集（所有子集的集合）。总共有 2^n 个物理状态，因此有 2^{2^n} 个信念状态。即便我们对逻辑公式尽可能地使用紧凑的编码方式，即每个信念状态用一个二进制数表示，我们也需要 $\log_2(2^{2^n}) = 2^n$ 位来标记当前的信念状态。也就是说，精确的状态估计需要的逻辑公式的规模可能是符号数量的指数级别的。

一个用于近似状态估计的常见且自然的方法是用文字的合取式表示信念状态，即 1-CNF 公式。为此，智能体程序只需要在给定时刻 $t-1$ 的信念状态的情况下，为每个符号 X^t 证明 X^t 和 $\lnot X^t$（以及真值未知的非时变符号）即可。可证明文字的合取式成为了新的信念状态，先前的信念状态被丢弃。

要了解的是，随着时间流逝，这个方法可能会损失一些信息。例如，如果式（7-4）的语句是真正的信念状态，则 $P_{3,1}$ 和 P_{22} 都无法被单独证明，也都不会出现在 1-CNF 信念状态中。（习题 7.HYBR 探索了这一问题的一个可行的解法。）另外，由于 1-CNF 信念状态中的每一个文字都是由前一信念状态证得的，而且初始信念状态是一个真实的断言，可得出整个 1-CNF 信念状态必然为真。因此，1-CNF 信念状态所表示的可能状态的集合包含了给定全部感知历史时的所有确实可能的状态。如图 7-21 所示，1-CNF 信念状态就是准确信念状态的一个外包络，即保守近似（conservative approximation）。我们可以在人工智能的许多领域反复见到复杂集合的保守近似这一概念。

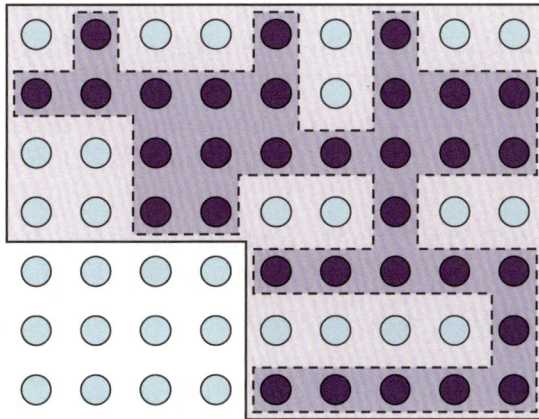

图 7-21 1-CNF 信念状态（粗实线外轮廓）作为对准确信念状态（虚线轮廓的深色区域）的简单的、可表示的保守近似。每个可能世界都使用圆圈表示，深色圆圈与所有感知一致

7.7.4 用命题推断进行规划

图 7-20 所示的智能体使用逻辑推断来确定哪个方格是安全的，但使用了 A^* 搜索来进行规划。本节展示如何通过逻辑推断来进行规划。它的思想非常简单。

（1）构建一个语句，它含有：

a. 对于初始状态的断言集 $Init^0$；

b. 到最大为时刻 t 为止的每一时间步的所有可能动作的后继状态公理 $Transition^1,\cdots,$ $Transition^t$；

c. 目标在时刻 t 达成的断言 $HaveGold^t \wedge ClimbedOut^t$。

（2）将所有语句提供给 SAT 求解器。如果求解器找到一个可满足的模型，则目标是可达成的；如果语句不可满足，则问题无解。

（3）假设找到了一个模型，从模型中提取代表动作并被赋值为 true 的变量。它们代表一个达成目标的规划。

图 7-22 展示了一个命题规划程序 SATPLAN。它实现了上述的想法，仅做了一点改变。由于智能体并不知道它需要多少步才能达成目标，算法会尝试每个可能的 t 步，直到某个可行的最大规划长度 T_{max}。这样，如果这一规划存在的话，它能够确保找到最短的规划。由于 SATPLAN 搜索解的特定方式，它无法在部分可观测的环境中使用；SATPLAN 只能将不可观测的变量设定为它所需的值来求解。

---

function SATPLAN(*init, transition, goal, T_{max}*) **returns** 解或 *failure*
  inputs: *init, transition, goal*，它们构成了问题的描述
        T_{max}，规划的长度上限

  for $t = 0$ **to** T_{max} **do**
    cnf ← TRANSLATE-TO-SAT(*init, transition, goal, t*)
    model ← SAT-SOLVER(*cnf*)
    if *model* 非空 **then**
      return EXTRACT-SOLUTION(*model*)
  return *failure*

图 7-22　SATPLAN 算法。规划问题被转换为 CNF 语句，其中目标被断言在固定的时间步 t 时成立，到 t 为止的每个时间步都含有公理。如果可满足性算法找到了一个模型，则通过查看指向动作并在模型中被赋值为 true 的命题符号来提取规划。如果模型不存在，则将目标后移一步，重复这一过程

使用 SATPLAN 的关键步骤是构建知识库。大体来看，7.7.1 节所述的 wumpus 世界公理似乎足以构成上述步骤 1 中的 a 和 b。但蕴含（正如用 ASK 来检验的那些）和可满足性对公理的要求有重要的区别。

例如，考虑智能体的位置初始为 [1, 1]，假设智能体的目标仅为在时刻 1 时移动到 [2, 1]。初始知识库含有 $L_{1,1}^0$，目标为 $L_{2,1}^1$。如果断言 $Forward^0$，则我们可以使用 ASK 证得 $L_{2,1}^1$；如果被断言的是 $Shoot^0$，则我们无法证得 $L_{2,1}^1$。现在，SATPLAN 会找到规划 [$Forward^0$]，目前看起来没什么问题。

遗憾的是，SATPLAN 也会找到规划 [$Shoot^0$]。为什么会这样呢？要找出其原因，先检查一下 SATPLAN 构建的模型：它包括赋值 $L_{2,1}^0$，也就是智能体可以在时刻 0 就位于 [2, 1] 并进行射击，故而在时刻 1 时也会在 [2, 1]。有人会问：“我们不是刚说过智能体在时刻 0 时位于 [1, 1] 吗？”的确如此，但我们没有告诉智能体它不能同时位于两个位置！对蕴含来说，$L_{2,1}^0$ 是未知的，因此不能被用于证明；而对于可满足性，$L_{2,1}^0$ 是未知的，因此可以被设定为任意有助于达成目标的值。

对知识库来说，SATPLAN 是很好的调试工具，因为它能够暴露出知识缺失的地方。在这个例子中，我们可以使用类似于用来断言恰恰只存在一个 wumpus 的语句集，来断言在每个时刻智能体只能位于一个位置，以修复知识库。或者，我们可以对除 [1, 1] 之外的所有位置断言 $\neg L_{x,y}^0$；关于位置的后继状态公理用于处理之后的时刻。相同的修复方式也可以用于确保智能体

在一个时刻有且仅有一个朝向。

但 SATPLAN 还有更怪异的表现。首先是，它会找出含有不可能采取的动作的模型，例如在没有箭支的时候射击。要理解其原因，我们需要更为仔细地查看后继状态公理，如式（7-3），对于前提无法满足的动作的描述。公理的确正确地预测了执行这种动作不会产生任何结果（见习题 7.SATP），但它没有表明这一动作不能被执行！要避免生成含有不合规动作的规划，我们必须加入表明动作的出现需要满足其前提的前提公理（precondition axiom）。[①] 例如，我们需要说，对于每个时刻 t，有

$$Shoot^t \Rightarrow HaveArrow^t$$

这就确保了如果规划在某一时刻选择采取动作 Shoot，则此时智能体必然有一支箭。

SATPLAN 的另一个怪异的行为是它会创建具有多个同时进行的动作的规划。例如，它会生成一个 $Fotward^0$ 和 $Shoot^0$ 都为真的模型，而这是不允许的。要解决这个问题，我们引入动作排除公理（action exclusion axiom）：对于每对动作 A_i^t 和 A_j^t，我们加入公理

$$\neg A_i^t \vee \neg A_j^t$$

可能有人会提出同时向前走并射击并不是很困难，但如果是同时抓取并射击的话就相当不现实了。通过只对相互冲突的每对动作施以动作排除公理，可以使规划同时含有多个动作——而由于 SATPLAN 能找出最短的合规规划，我们就可以确定它能够利用同时动作这个能力。

总之，SATPLAN 能对含有初始状态、目标、后继状态公理、前提公理和动作排除公理的语句找出模型。由于不再存在任何错误的"解"，我们可以证明这一公理集是充分的。所有满足命题语句的模型都将是原始问题的有效解。现代 SAT 求解技术使得这一方法相当实用。例如，一个 DPLL 风格的求解器可以毫不费力地生成图 7-2 所示的 wumpus 世界的解。

本节已经讲过构建智能体的一个陈述性方法：智能体通过结合在知识库中断言语句和执行逻辑推断运行。这种方法有一些弱点，它们就隐含于类似"对于每个时刻 t"和"对于每个方格 $[x, y]$"这样的表述中。对于所有实用的智能体，这些表述必须用从一般语句模式中自动生成实例的代码来实现，这些实例被用于插入知识库中。对于一个规模适中（相当于小型计算机游戏的大小）的 wumpus 世界，我们可能需要一个 100×100 的场地和 1000 个时间步，这样的话知识库中的语句就会有上亿条之多。

这种情况不仅相当不现实，也揭露了一个深层次的问题：我们对 wumpus 世界的理解（它的"物理学"在所有方格和所有时刻都一样）不能直接用命题逻辑的语言来表示。要解决这个问题，我们需要更有表达能力的语言，也就是那种可以自然地写出像"对于每个时刻 t"和"对于每个方格 $[x, y]$"这种表述的语言。第 8 章所述的一阶逻辑就是一种这样的语言。在一阶逻辑中，任意大小、任意时长的 wumpus 世界都可以用大约 10 条逻辑语句来描述，而非 1000 万条乃至 1 万亿条。

小结

我们已经介绍了基于知识的智能体，也展示了如何定义一种逻辑，以便使这种智能体能够对世界进行推理。本章重点如下。

- 智能体需要关于世界的知识来获得良好的决策。

---

① 注意，加入前提公理意味着我们不再需要在后继状态公理中包含动作的前提条件。

- 知识包含在智能体中，其形式为存储于**知识库**中的、用**知识表示语言**表述的**语句**。
- 一个基于知识的智能体由一个知识库和一套推断机制组成。它的运作方式是在知识库中存储关于世界的语句，使用推断机制推断新语句，并使用这些语句来决定采取何种动作。
- 一种表示语言是用其**语法**和**语义**来定义的，语法规定了语句的结构，语义定义了每个**可能世界**或**模型**中每条语句的**真值**。
- 语句之间的**蕴含**关系对于我们对推理的理解非常重要。在所有 α 为真的世界中 β 也为真，则语句 α 蕴含语句 β。其等价定义包括语句 $\alpha \Rightarrow \beta$ 的**有效性**和语句 $\alpha \wedge \neg \beta$ 的**不可满足性**。
- 推断是从旧语句推得新语句的过程。**可靠的**推断算法只推出蕴含的语句，**完备的**算法则可以推得所有蕴含的语句。
- **命题逻辑**是由**命题符号**和**逻辑联结词**构成的简单语言。它可以处理已知为真、为假或完全未知的命题。
- 给出固定命题词汇表的前提下，可能的模型的集合是有限的，因此蕴含可以用枚举模型来检验。用于命题逻辑的高效**模型检验**推断算法包括回溯和局部搜索方法，它们通常能快速求解大规模问题。
- **推断规则**是可靠推断的模式，它可以用于证明。**归结**规则能产生一个用于知识库的完备推断算法，以**合取范式**的形式表示。**前向链接**和**反向链接**是**霍恩形式**知识库的非常自然的推理算法。
- 如 WALKSAT 这样的**局部搜索**方法可以用于问题求解。这种算法是可靠的，但不是完备的。
- 逻辑**状态估计**需要使描述可能状态集的逻辑语句与历史观测保持一致。每一步更新都需要使用环境的转移模型进行推断，转移模型是根据规定**流**的变化方式的**后继状态公理**构建的。
- 逻辑智能体内部的决策可以用求解 SAT 的方式进行：找出描述能达到目标的未来动作序列的可能的模型。这个方法仅能用于完全可观测或无传感器环境。
- 命题逻辑无法扩大到大小无限制的环境中，因为它有限的表达能力不能简洁地处理时间、空间和对象间关系的通用模式。

参考文献与历史注释

约翰·麦卡锡的论文 "Programs with Common Sense"（McCarthy, 1958, 1968）提出了智能体的概念，它使用逻辑推理结合感知和行动。这篇论文也树立了陈述主义的旗帜，它指出告诉智能体它需要知道的东西是一种优雅的软件构建方式。艾伦·纽厄尔的文章 "The Knowledge Level"（Newell, 1982）则认为理性的智能体可以在其所处理的知识所定义的抽象层面来描述和分析，而非其所运行的程序。

逻辑起源于古希腊哲学和数学。柏拉图讨论了语句的语法结构、真假性、意义和逻辑论点的有效性。已知最早对逻辑进行系统研究的著作是亚里士多德的《工具论》（*Organon*）。他的三段论就是我们现在所说的推断规则，尽管它缺乏我们现代规则中的合成性。

麦加拉学派和斯多葛学派在公元前 5 世纪开始对基本逻辑连接进行系统性研究。麦加拉学派的斐洛（Philo）发明了真值表。斯多葛学派则提出 5 条无须证明就可视为有效的基本推断规则，包括我们现在所知的肯定前件。他们从这 5 条规则中又推出一些其他规则，推断中便用到了演绎定理（7.5 节），其证明比亚里士多德的证明更为明晰（Mates, 1953）。

将逻辑推断简化为纯机械程序的想法源于威廉·莱布尼茨。乔治·布尔在他的著作 *The Mathematical Analysis of Logic* 中介绍了第一个系统性的可用形式逻辑系统（Boole, 1847）。布尔的逻辑很大程度上构建于一般的实代数之上，并使用逻辑等价形式的置换作为其主要推断方法。尽管这个系统不能处理所有命题逻辑，但其他数学家很快便弥补了其缺陷。施罗德（Schröder, 1877）描述了合取范式，而霍恩形式则在很久之后由阿尔弗雷德（Alfred, 1951）引入。现代命题逻辑（及一阶逻辑）的第一次综合性阐述见于戈特洛布·弗雷格的 *Begriffschrift*（意为"概念文字"或"概念符号"）（Frege, 1879）。

能进行逻辑推断的第一台机械设备是斯坦霍普演示器（Stanhope Demonstrator），由第三代斯坦霍普伯爵（1753—1816）建造。拓展布尔的工作的数学家中，威廉姆·斯坦利·杰文斯（William Stanley Jevons）于 1869 年建造了用布尔逻辑进行推断的"逻辑钢琴"（logical piano）。马丁·加德纳（Matin Gardner）给出了这些早期机械推断装置的趣味历史（Gardner, 1968）。最早用于逻辑推断的计算机程序是马丁·戴维斯在 1954 年编写的用于 Presburger 算术证明的程序（Davis, 1957），以及纽厄尔、肖和西蒙的 Logic Theorist 程序（Newell, Shaw, and Simon, 1957）。

埃米尔·波斯特（Emil Post）（Post, 1921）和路德维希·维特根斯坦（Wittgenstein, 1922）分别独立地使用真值表作为检验命题逻辑语句有效性的方法。戴维斯–普特南算法（Davis and Putnam, 1960）是最早用来进行命题归结的算法，而改进后的 DPLL 回溯算法（Davis *et al.*, 1962）被证明是更为高效的方法。约翰·艾伦·鲁滨逊（Robinson, 1965）将归结规则和其完备性的证明完全推广到了一阶逻辑当中。

斯蒂芬·库克（Cook, 1971）证明了确定命题逻辑语句的可满足性（SAT 问题）是 NP 完全的。我们已经知道许多命题逻辑的子集是多项式可解的，而霍恩子句也位列其中。

早期研究表明，对于某些自然分布的问题，DPLL 在平均情况下具有多项式复杂性。佛朗哥和波尔（Franco and Paull, 1983）证明情况可以更好一些：相同的问题可以通过猜测随机赋值的方法在常数时间内求解。受局部搜索的实证性成功启发，库特苏皮亚斯和帕帕季米特里乌（Koutsoupias and Papadimitriou, 1992）证明简单的爬山算法可以很快地求解几乎所有可满足性问题实例，这意味着困难的问题是非常罕见的。舍宁（Schöning, 1999）展示了一个在 3-SAT 问题上的最坏情况期望运行时间为 $O(1.333^n)$ 的随机爬山算法，尽管它仍然是指数级的，但比之前的最坏情况的下界要快很多。目前的纪录为 $O(1.32216^n)$（Rolf, 2006）。

命题求解器的效率提升非常迅速。给定 10 分钟的计算时间，原始的 DPLL 算法在 1962 年的硬件上仅能求解含有 10～15 个变量的问题（在 2019 年的笔记本计算机上可以达到约 30 个变量）。由于优化了用于索引变量的数据结构，到 1995 年时 Satz 求解器（Li and Anbulagan, 1997）能够处理 1000 个变量。其中用到的两个重要贡献，一个是张瀚涛和斯蒂克尔（Zhang and Stickel, 1996）的监视文字（watched literal）索引技术，它使得单元传播非常高效，另一个是巴亚尔多和施拉格（Bayardo and Schrag, 1997）从 CSP 社区引入的子句（约束）学习技术。使用这些方法的同时，在求解工业级电路验证问题的推动下，莫斯科维奇等人（Moskewic *et al.*, 2001）开发了 Chaff 求解器，它能够处理具有上百万变量的问题。在从 2002 年开始举办的年度 SAT 竞赛中，大多数获奖作品都是 Chaff 的改进版。戈梅斯等人（Gomes *et al.*, 2008）对求解器的发展和现状进行了综述。

在整个 20 世纪 80 年代，很多作者基于最小化未满足子句数量（Hansen and Jaumard, 1990）的想法对用于可满足性问题的局部搜索算法进行了尝试。顾钧（Gu, 1989）和塞尔曼等人（Selman *et al.*, 1992）分别独立提出一个相当高效的算法，它被称作 GSAT，能够快速地对很多非常困难的问题进行求解。本章所述的 WalkSAT 算法就源于塞尔曼等人的论文（Selman *et al.*, 1996）。

随机 *k*-SAT 可满足性问题中的"相变"被西蒙和迪布瓦（Simon and Dubois, 1989）首先观测到，并引发了大量的理论和实证研究，部分原因是它与统计物理学中相变现象的联系。克劳福德和奥顿（Crawford and Auton, 1993）将 3-SAT 相变的位置定位于子句/变量比约为 4.26

时，注意，这与其 SAT 求解器运行时的峭壁出现的位置恰好相同。库克和米切尔（Cook and Mitchell, 1997）对这一问题的早期文献做了很好的总结。得益于随机 SAT 实例在可满足性阈值附近的特殊性质，像调查传播（survey propagation）（Parisi and Zecchina, 2002; Maneva *et al.*, 2007）这样的算法在这类实例上的性能比一般 SAT 求解器高得多。阿赫利奥普塔斯（Achlioptas, 2009）对目前的理论理解状态进行了总结。

一些很好的关于可满足性问题理论和实践的信息来源包括 *Handbook of Satisfiability*（Biere *et al.*, 2009）、高德纳（Donald Knuth）的《计算机程序设计艺术》（*The Art of Computer Programming*）系列中可满足性问题分册（Knuth, 2015）以及定期举办的国际可满足性检验理论与应用会议（International Conferences on Theory and Applications of Satisfiability Testing），也就是 SAT 会议。

使用命题逻辑构建智能体的想法可以追溯到麦卡洛克和皮茨的重要论文（McCulloch and Pitts, 1943），尽管这篇论文因开创了神经网络这一领域而为人所知，但实际上此文关注的是在大脑中实现基于布尔电路的智能体设计。斯坦·罗森舍因（Stan Rosenschein）（Rosenschein, 1985; Kaelbling and Rosenschein, 1990）提出了若干方法，从对任务环境的陈述性描述中编译基于电路的智能体。罗德·布鲁克斯（Rod Brooks）（Brooks, 1986, 1989）证实了基于电路的设计能有效控制机器人（见第 26 章）。布鲁克斯（Brooks, 1991）认为，基于电路的设计就是人工智能所需的一切——表示和推理都是烦琐、高成本且不必要的。在我们看来，推理和电路都是必要的。威廉斯等人（Williams *et al.*, 2003）描述了一个能控制 NASA 航天器、规划动作序列、能够诊断故障并从故障中恢复的混合智能体——它与 wumpus 世界智能体很类似。

第 4 章我们介绍了针对基于状态表示的追踪部分可观测环境问题。阿米尔和罗素（Amir and Russell, 2003）研究了其针对命题表示的情形，他们找出了几种能够使用高效状态估计算法的环境，并表明这一问题对于其他类型的环境很难解决。确定在一个动作序列被执行后哪些命题为真被称作时序投影（temporal-projection）问题，它可以被看作状态估计在空感知时的特殊情况。由于这一问题在规划中的重要性，许多作者对其进行了研究，利伯拉托尔（Liberatore, 1997）取得了一些重要的困难性方面的结果。使用命题表示信念状态的想法则可以追溯到（Wittgenstein, 1922）。

对命题变量使用时序索引来进行逻辑状态估计的方法是由考茨和塞尔曼（Kautz and Selman, 1992）提出的。后来的 SATPLAN 版本都能够利用 SAT 求解器的进展，并仍然是求解困难规划问题的最有效方法之一（Kautz, 2006）。

框架问题是由麦卡锡和海斯（McCarthy and Hayes, 1969）最先提出的。许多研究者认为这一问题在一阶逻辑的范围内无法解决，这引发了在非单调逻辑层面的大量研究。包括德赖弗斯（Dreyfus, 1972）和克罗克特（Crockett, 1994）在内的众多哲学家都认为框架问题是整个人工智能事业终将失败的原因之一。蒂尔舍（Thielscher, 1999）将推断框架问题列为独立的概念，并给出了一种解法。回首过去，我们可以看到罗森舍因（Rosenschein, 1985）的智能体使用了实现后继状态公理的电路，但他并没有意识到框架问题因此得到了很大程度的解决。

现代命题求解器已经被用在很多工业应用中，例如计算机硬件合成（Norwick *et al.*, 1993）。SATMC 可满足性检验器被用于检测 Web 浏览器登录协议中先前未知的漏洞（Armando *et al.*, 2008）。

wumpus 世界是格里高里·尤布（Gregory Yob）发明的游戏（Yob, 1975）。讽刺的是，尤布因为厌倦了在方形网格上进行游戏而发明了它——他将 wumpus 放置于十二面体之上，而我们却将它重新放回了无聊的旧网格。迈克尔·吉内塞雷斯（Michael Genesereth）提议用 wumpus 世界作为智能体的测试平台。

第**8**章

一阶逻辑

> 在本章中，我们将注意到世界被赋予了许多对象，其中一些对象与另一些对象相关，而我们努力对其进行推理。

命题逻辑足以展示逻辑、推断和基于知识的智能体的基本概念。遗憾的是，命题逻辑的表达能力有限。本章我们介绍**一阶逻辑**，[①] 它可以简洁地表达更多东西。我们在 8.1 节中总体上讨论表示语言，在 8.2 节中介绍一阶逻辑的语法和语义，然后在 8.3 节和 8.4 节中展示一阶逻辑在简单表示中的运用。

8.1 回顾表示

本节我们讨论表示语言的特性。编程语言（如 C++、Java 或 Python）是常用的最大一类形式化语言。程序中的数据结构可以用来表示事实，例如，程序可以使用一个 4×4 数组表示 wumpus 世界的内容。这样的话，编程语言中的语句 $World[2,2] \leftarrow Pit$ 就是断言在方格 [2, 2] 中有无底洞的一种很自然的方式。将一系列这样的语句合起来，就足以对 wumpus 世界进行模拟。

编程语言欠缺的是从其他事实推导事实的通用机制：对数据结构的每次更新都要使用领域特定的过程，而过程中的具体细节是由程序员根据其自身所具有的该领域的知识进行推导的。这种过程性的方法可与命题逻辑的**陈述性**（declarative）特性相对比，在命题逻辑中知识与推断是独立的，而推断完全是领域无关的。SQL 数据库融合了陈述性与过程性知识。

程序（以及数据库）中数据结构的另一个缺点是缺少简便的表示方式来描述像"在方格 [2, 2] 或 [3, 1] 中有无底洞"或"如果 wumpus 在 [1, 1] 中，则它不在 [2, 2] 中"这样的概念。程序可以为每个变量存储一个值，一些系统也允许这个值为"未知"，但它们缺乏直接处理部分信息的表达能力。

命题逻辑是说明性语言，因为它的语义是基于语句与可能世界之间的真值关系的。使用析取和否定，命题逻辑有了足够的表达能力来处理部分信息。命题逻辑还有一个在表示语言中很有用的特性，即**合成性**（compositionality）。在合成语言中，一条语句的含义是其各个组成部分的含义的一个函数。例如，"$S_{1,4} \wedge S_{1,2}$"的含义与"$S_{1,4}$"和"$S_{1,2}$"的含义有关。如果"$S_{1,4}$"表示方格 [1, 4] 有臭味，"$S_{1,2}$"表示方格 [1, 2] 有臭味，而"$S_{1,4} \wedge S_{1,2}$"却表示法国与波兰在上周的冰球资格赛 1：1 打平，就显得非常奇怪。

然而，命题逻辑作为一种因子化表示，缺乏能够简洁描述具有多个对象的环境的表达能力。例如，我们不得不为每个方格分别写出关于微风和无底洞的规则，如：

$$B_{1,1} \Leftrightarrow (P_{1,2} \vee P_{2,1})$$

[①] 一阶逻辑也称为**一阶谓词演算**（first-order predicate calculus），可缩写为 FOL 或 FOPC。

而在英语中，我们似乎可以简单地用一句 "Squares adjacent to pits are breezy."（与无底洞相邻的方格有微风）来一举解决问题。英语的语法和语义使它能够简洁地描述环境：英语是结构化表示，一阶逻辑也是。

8.1.1　思想的语言

自然语言（如英语或西班牙语）确实富有表达能力。我们设法用自然语言写作这一整本书的几乎全部内容，只偶尔地转用其他语言（主要是数学和图表）。语言学和语言哲学将自然语言视为说明性知识表示语言由来已久。如果我们能够揭示自然语言的规则，我们就能将其用于表示和推理系统，并获益于数十亿页已经用自然语言写就的文字。

自然语言的现代观点是将其视作交流的媒介而非单纯的表示。当说者指向一处并说"看！"听者就会明白他说的是超人终于出现在房顶了。但我们不能说是语句"看！"表示了这一事实。实际上，语句的含义既取决于语句本身，也取决于说出这一语句时的语境。显然，如果不在知识库中存储语句语境的表示而是仅存储像"看！"这样的语句，我们就无法搞清其含义——这就引发了语境本身该如何表示的问题。

自然语言也受制于模糊性，这也是表示语言面临的问题。正如平克（Pinker, 1995）所述："当人们想到 spring 时，他们绝对不会困惑于他们到底是想到了一个季节还是想到了那个发出'啵嘤'声的东西——如果一个词语可以对应于两种思想，那么思想就不能是词语。"[1]

著名的**萨丕尔-沃尔夫假说**（Sapir-Whorf hypothesis）（Whorf, 1956）宣称，我们对世界的理解深受我们所说的语言的影响。不同的语言群体以不同的方式划分世界。对英语使用者来说，"chair"一词囊括法语中"chaise"和"fauteuil"两个单词的概念，但英语使用者可以轻易地认出 *fauteuil* 这个类别，并给它命名——大概是"扶手椅"（open-arm chair）。那么语言真的会对理解有影响吗？沃尔夫主要依靠直觉和猜测，他的想法也已经基本被摒弃，但多年以来我们其实有来自人类学、心理学和神经科学研究的真实数据。

例如，你是否还记得下列表述中的哪一个构成了 8.1 节的开头？

"本节我们讨论表示语言的特性……"

"本节讲述表示语言的相关知识……"

维纳（Wanner, 1974）进行了类似的实验并发现，实验对象做出正确选择的概率处于随机水平——大概为 50%，但对阅读内容记忆的准确率却超过 90%。这意味着，人们会解读其阅读过的文字并形成内在的非文字表示，而确切的用词并不重要。

当某个概念在一种语言里根本不存在时，情况就更加有趣。澳大利亚的土著语言 Guugu Yimithirr 的使用者没有词语来表示如前、后、左、右这样的相对（或自我中心）方向。他们只使用绝对方向，例如"我北边的胳膊有点疼"。这种语言上的区别就导致了行为的区别：Guugu Yimithirr 使用者在开阔地形上的定向能力更好，而英语使用者则更擅长于将叉子放在盘子右侧。

语言似乎也会通过类似名词的性这种看起来毫无规律的文法特征来影响思维。例如，"桥"在西班牙语中是阳性词，而在德语中是阴性词。博罗迪茨基（Boroditsky, 2003）要求实验对象选取英语形容词来描述某座桥的照片。西班牙语使用者选择了大（big）、危险（dangerous）、坚固（strong）、耸立（towering），而德语使用者则选择了优美（beautiful）、优雅（elegant）、脆弱（fragile）、纤细（slender）。

---

[1]　表示"春天"和"弹簧"的英语单词都是 spring。——译者注

词语可以充当我们感知世界的锚点。洛夫特斯和帕尔默（Loftus and Palmer，1974）向实验对象展示了汽车事故的影片，被问及"车辆接触时的车速是多少？"的实验对象报告的平均速度为 51.5 km/h，而使用"撞击"替代问题中的"接触"后，对于同一部影片的同一辆车，被提问的实验对象报告的平均速度则为 66 km/h。总体来看，不同语言的使用者在认知处理上有微小却可测出的区别，但并没有令人信服的证据能够说明这会引起世界观的重大区别。

在使用合取范式（CNF）的逻辑推理系统中，我们知道语言表达式"$\neg(A \vee B)$"和"$\neg A \wedge \neg B$"是等价的，因为我们可以看到系统的内部，并能够了解到这两条语句是以完全相同的标准 CNF 形式存储的。而对人类的大脑进行类似的操作正在成为可能。米切尔等人（Mitchell *et al.*, 2008）让实验对象进入功能性磁共振成像（fMRI）仪，然后向他们展示如"芹菜"之类的词语，并对他们的大脑进行成像。使用 (词语，fMRI 图像) 数据对训练而成的机器学习程序能够在二选一任务（例如，是"芹菜"还是"飞机"）中达到 77% 的准确率。这套系统甚至能够对其先前从未见过 fMRI 图像的词语（通过考虑相关词语的图像）和从未见过的人（证明 fMRI 揭示了人脑的表示方式具有某种共性）达到超过随机猜测的准确率。尽管这类研究还相当原始，但 fMRI 以及其他成像技术，例如颅内电生理学（Sahin *et al.*, 2009），有望将人类的知识表示形式探究得更为详尽。

从形式化逻辑的观点来看，用两种不同的方式表示相同的知识一点区别都没有，无论从何种表示出发都能推出相同的事实。但在实际中，从其中一种表示推出结论的步骤可能更少，这意味着资源有限的推理机只能从这一种表示得出结论，而非其他表示。对于类似从经验中学习这样的非演绎任务，其结果必然地依赖于其所使用的表示。我们在第 19 章阐述了当学习程序考虑两种关于世界的理论时，如果这两种理论与所有数据都是一致的，那么最为常见的破局方式就是选择最简洁的理论，而这取决于用来表示理论的语言。那么，对任何进行学习的智能体来说，语言对思想的影响就是不可避免的。

8.1.2 结合形式语言和自然语言的优点

我们可以采用形式逻辑的基础——一种上下文无关的、无歧义的说明性、合成式语义——来构建一种更有表达能力的逻辑，同时又从自然语言中借鉴表示方法并避免其缺点。当我们考察自然语言时，最为显眼的元素就是指代**对象**的名词和名词性短语（方格、无底洞、wumpus）和动词与动词性短语以及表示对象**关系**的形容词和副词（有微风、相邻、射击）。这些关系当中有的是**函数**，即对于一个给定"输入"只有一个"值"的关系。很容易就能列出一些对象、关系和函数。

- 对象：人、房屋、数字、理论、麦当劳叔叔、颜色、棒球游戏、战争、世纪等。
- 关系：可以是一元关系或**属性**，如红色的、圆的、伪造的、主要的、多层的等，或更为普适的 n 元关系，如是……的兄弟、大于、在……里、是……的一部分、有……颜色、发生于……之后、拥有、在……中间等。
- 函数：……的父亲、……最好的朋友、……的第三局比赛、比……多一个、……的开始等。
实际上，几乎所有断言都可以看作对对象和属性的指代或关系。下面是一些例子。
- "1 加 2 等于 3"。

  对象：1、2、3、1 加 2。关系：等于。函数：加。（"1 加 2"是对对象"1"和"2"应用函数"加"后得到的对象的名称。"3"是这个对象的另一个名称。）
- "与 wumpus 相邻的方格有臭味"。

  对象：wumpus、方格。属性：有臭味。关系：相邻。
- "邪恶的约翰国王在 1200 年统治英格兰"。

对象。约翰、英格兰、1200 年。关系：统治。属性：邪恶的、国王。

一阶逻辑语言是围绕对象和关系构建的，我们于下一节定义其语法和语义。它对于数学、哲学和人工智能乃至人类生活的很多方面都非常重要，因为这些领域要处理的正是对象和对象之间的关系。一阶逻辑也可以表示关于全域中的一些和全部对象的事实。这就使我们可以表示各种法则和规则，例如陈述"与 wumpus 相邻的方格很臭"。

命题逻辑和一阶逻辑的主要区别在于其各自的**本体论约定**（ontological commitment），即它对真实世界性质的假设。数学上来说，这一约定是通过语句真值确定的形式化模型的性质来表示的。例如，命题逻辑假设世界中存在要么成立要么不成立的事实。每个事实都可以为真或假这两种状态中的一个，而每个模型为每个命题符号进行 true 或 false 的赋值（见 7.4.2 节）。一阶逻辑则进行了更多假设，它假设世界是由具有关系的对象组成的，这些关系要么成立要么不成立（见图 8-1）。因此，一阶逻辑的形式化模型也就比命题逻辑更为复杂。

语言	本体论约定 （世界上存在的东西）	认识论约定 （智能体对事实的认识）
命题逻辑	事实	真/假/未知
一阶逻辑	事实，对象，关系	真/假/未知
时态逻辑	事实，对象，关系，时间	真/假/未知
概率论	事实	信念度 $\in[0,1]$
模糊逻辑	具有真实度 $\in[0,1]$ 的事实	已知的区间值

图 8-1　形式化语言及其本体论约定和认识论约定

这种本体论约定是逻辑（包括命题逻辑和一阶逻辑）的强项，因为它允许我们从真实的陈述出发来推断其他真实的陈述。这对于每条命题都有清晰边界的领域非常有效，例如数学或 wumpus 世界。在 wumpus 世界中，一个方格要么有无底洞要么没有无底洞，那种有个像无底洞一样的大坑的方格是不存在的。但在真实世界中，许多命题的边界是模糊的：维也纳是大城市吗？那家餐厅的菜好吃吗？这个人高吗？这都取决于被你提问的人，而他们的回答可能是"还行吧"。

对此，一种解决办法是细化表示：如果将城市分为"大"和"不大"的标准太粗略，使我们上述的应用中存在太多疑问，那么我们可以增加分类的个数，或使用 *Population* 这样的函数符号。另一种解决方案来源于**模糊逻辑**（fuzzy logic），它使用的本体论约定使得命题具有在 0 到 1 之间的**真实度**（degree of truth）。例如，语句"维也纳是大城市"在模糊逻辑中可能真实度是 0.8，而"巴黎是一个大城市"则可能真实度是 0.9。这更符合我们对真实世界的直观理解，但也更难进行推断：不同于确定 $A \wedge B$ 真值的唯一规则，模糊逻辑在不同领域需要不同的规则。还有一个解决办法（将在 24.1 节阐述）是在多维空间中为每个概念分配一个点，并测量概念"大城市"与概念"巴黎"或"维也纳"的距离。

不少特定用途的逻辑还进一步地进行了本体论约定，例如**时态逻辑**（temporal logic）假设事实在特定的时间成立，而这些时间（可能是时间点或时间区间）是有序的。这样，特定用途的逻辑就使某种对象（以及关于它们的公理）在这种逻辑内更"高级"，而非只是在知识库中对其进行定义。**高阶逻辑**（higher-order logic）将一阶逻辑中的关系和函数视作其自身的对象。这使我们能对所有关系进行断言，例如，我们可能想定义具有传递性的关系意味着什么。不同于大多数特定用途的逻辑，高阶逻辑的表达能力全面高于一阶逻辑，因为高阶逻辑的一些语句无法用有限数量的一阶逻辑语句来表示。

一种逻辑的特性还包括其**认识论约定**（epistemological commitment），即这种逻辑允许每个事实所具有的可能知识状态。在命题逻辑和一阶逻辑中，一条语句表示一个事实，智能体只能选择相信其为真、相信其为假或没有意见。因此，这两种逻辑对于任何语句都具有 3 种可能的知识状态。

而使用**概率论**（probability theory）的系统则可以有信任度或主观可能性，其值可以是从 0（完全不信任）到 1（完全信任）的任何值。千万不要将概率论中的信任度与模糊逻辑中的真实度搞混了。实际上，一些模糊系统允许对真实度具有不确定性（信任度）。例如，一个概率的 wumpus 世界智能体可能相信 wumpus 在 [1, 3] 中的概率是 0.75，而在 [2, 3] 中的概率是 0.25（尽管 wumpus 肯定在某一个特定的方格中）。

8.2 一阶逻辑的语法和语义

本节我们先更为确切地阐述一阶逻辑的可能世界是如何反映其关于对象和关系的本体论约定的。随后我们介绍这种语言的几个组成部分，并解释其语义。本节的主旨是弄清这种语言如何进行简洁的表示，以及其语义如何形成完备的推理过程。

8.2.1 一阶逻辑模型

第 7 章讲过，逻辑语言的模型是组成目前正在考虑的可能世界的形式化结构。每个模型都将逻辑语句的词汇表连接到可能世界的元素，使得任意语句的真值可以被确定。因此，命题逻辑的模型将命题符号连接到预定义的真值表。

一阶逻辑模型要有趣得多。首先，它们具有对象！模型的**域**（domain）是它包含的对象集或**域元素**的集合。域应当是非空的——每个可能世界至少要含有一个对象。（见习题 8.EMTP 了解关于空世界的讨论。）数学上来说，对象是什么无所谓——有意义的只是每个特定模型中有多少对象。但出于教学的考虑，我们会使用一个具体的例子。图 8-2 展示了一个具有 5 个对象的模型，这 5 个对象分别是英格兰 1189 年至 1199 年的国王狮心理查、1199 年至 1215 年统治英格兰的邪恶的约翰国王（理查的弟弟）、理查的左腿、约翰的左腿和王冠。

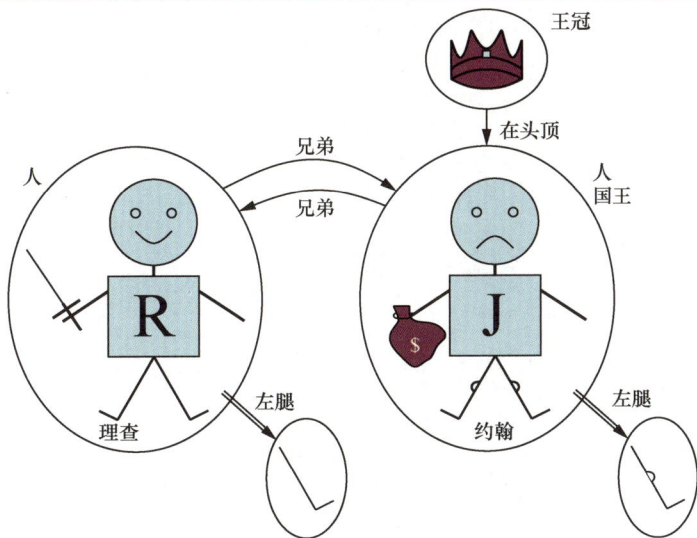

图 8-2 含有 5 个对象、2 个二元关系（兄弟和在头顶）、3 个一元关系（人、国王和王冠）和 1 个一元函数（左腿）的模型

这个模型中的对象可能有多方面的关系。图中，理查和约翰是兄弟。从形式上来看，关系就是相关对象的元组集。（一个元组是以固定顺序排列的一系列对象，使用尖括号将对象括起来表示。）这样，模型中的兄弟关系就是集合

$$\{\langle 狮心理查, 约翰国王\rangle, \langle 约翰国王, 狮心理查\rangle\} \qquad (8\text{-}1)$$

（此处我们已经命名了对象，但如果你愿意的话，你可以用图片代替对象名称。）王冠在约翰国王的头顶，因此关系"在头顶"仅含有一个元组，$\langle 王冠, 约翰国王\rangle$。"兄弟"关系和"在头顶"关系都是二元关系，也就是说，它们关联了一对对象。该模型还含有一元关系，或称为属性："人"属性对于理查和约翰都为真；"国王"属性仅对于约翰为真（假设此时理查已经去世）；而"王冠"属性则仅对王冠为真。

最好将某些类型的关系视为函数，因为这样的话给定一个对象，它必然仅关联到一个对象。例如，每个人都有一条左腿，因此模型含有一个一元"左腿"函数，即从一个单元素元组到一个对象的映射，它包括如下的映射：

$$\begin{aligned}\langle 狮心理查\rangle &\to 理查的左腿 \\ \langle 约翰国王\rangle &\to 约翰的左腿\end{aligned} \qquad (8\text{-}2)$$

严格来说，一阶逻辑中的模型需要全函数（total function），也就是对于所有输入的元组都要有值。这样，王冠必须要有一条左腿，每条左腿也一样。对于这种尴尬的问题有一个技术解决方案，它需要增加一个"不可见"的对象来作为一切没有左腿的东西的左腿，包括它自己。幸运的是，只要没人对没有左腿的东西的左腿进行断言，这些技术细节就不重要。

目前为止，我们已经描述了组成一阶逻辑模型所需的元素。模型的另一个重要部分是这些元素与逻辑语句的词汇表的联系，我们接下来进行介绍。

8.2.2　符号与解释

我们现在来了解一阶逻辑的语法。不耐烦的读者可以通过图 8-3 获得对形式化文法的完整描述。

语句 → 原子语句 | 复合语句

原子语句 → 谓词 | 谓词(项, …) | 项=项

复合语句 → (语句)
    | ¬语句
    | 语句 ∧ 语句
    | 语句 ∨ 语句
    | 语句 ⇒ 语句
    | 语句 ⇔ 语句
    | 量词 变量, …语句

项 → 函数(项, …)
  | 常量
  | 变量

量词 → ∀ | ∃
常量 → A | X_1 | $John$ | …
变量 → a | x | s | …
谓词 → $True$ | $False$ | $After$ | $Loves$ | $Raining$ | …
函数 → $Mother$ | $LeftLeg$ | …

运算符优先级: ¬, =, ∧, ∨, ⇒, ⇔

图 8-3　包含等价关系的一阶逻辑语法，使用巴克斯–诺尔范式（如果你对此不熟悉，见附录 B.1）。运算符优先级从高到低定义。量词的优先级为一个量词的优先级高于其右边的一切

一阶逻辑的基本语法元素是代表对象、关系和函数的符号。因此，符号分为 3 种：代表对象的**常量符号**（constant symbol）、代表关系的**谓词符号**（predicate symbol）和代表函数的**函数符号**（function symbol）。我们采用的习惯是用大写字母开头来书写这些符号。例如，我们可以使用常量符号 *Richard*（理查）和 *John*（约翰），谓词符号 *Brother*（是兄弟）、*OnHead*（在头顶）、*Person*（是人）、*King*（是国王）和 *Crown*（是王冠），函数符号 *LeftLeg*（……的左腿）。与命题符号一样，如何命名完全取决于使用者的意愿。每个谓词和函数符号都有一个决定参数数量的**元数**（arity）。

每个模型必须提供所需的信息来确定任意给定语句为真还是为假。因此，除了它的对象、关系和函数，每个模型还要包含一套确切指明常量、谓词和函数符号指代的是哪个对象、关系和函数的**解释**（interpretation）。在我们的例子中，下面是一种可能的解释，也就是逻辑学家所说的**预期解释**（intended interpretation）。

- *Richard* 指狮心理查，*John* 指邪恶的约翰国王。
- *Brother* 指兄弟关系，也就是式（8-1）给出的对象元组集，*Onhead* 是连接王冠和约翰国王的关系，*Person*、*King* 和 *Crown* 是识别人、国王和王冠的一元关系。
- *LeftLeg* 指式（8-2）定义的"左腿"函数。

当然，模型还有很多种可能的解释。例如，一种解释将 *Richard* 映射到王冠而将 *John* 映射到约翰国王的左腿。模型中有 5 个对象，因此仅对常量符号 *Richard* 和 *John* 就有 25 种可能的解释。注意，并非所有对象都有名称。例如，预期解释并没有为王冠和腿命名。一个对象也可以有多个名称，在一种可能的解释中 *Richard* 和 *John* 都指代王冠。[①] 如果你觉得这令人困惑，记住，在命题逻辑中，一个 *Cloudy*（阴天）和 *Sunny*（晴天）都为真的模型是完全可以存在的；排除与我们的知识不符的模型是知识库要做的事情。

总之，一阶逻辑中的模型包含一个对象集和一种解释，这种解释将常量符号映射到对象、将函数符号映射到关于这些对象的函数，将谓词符号映射到关系。与命题逻辑一样，蕴含、有效性等都是用所有可能模型来定义的。要大致了解可能模型集是什么样子的，见图 8-4。图中显示，模型的区别在于它们包含的对象数量不同（从一到无穷多个），以及常量符号映射到对象的方式不同。

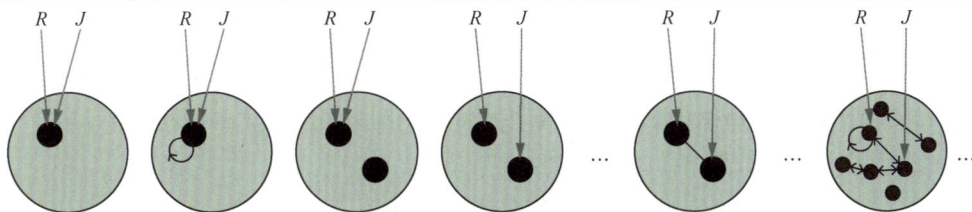

图 8-4　含有两个常量符号的语言中全部模型的集合的部分成员、*R* 和 *J* 以及一个二元关系符号。每种常量符号的解释用灰色箭头标明。每个模型中，相关的对象用箭头连接

由于一阶逻辑模型数量没有上限，我们无法通过枚举所有模型的方式（像我们对命题逻辑做的那样）来检验蕴含。即便对象的数量是有限的，其组合也会是巨量的。（见习题 8.MCNT。）对图 8-4 中的例子来说，使用不超过 6 个对象就会产生 137 506 194 466 个模型。

---

① 在随后的 8.2.8 节中，我们会考察一种语义，其中每个对象只能有一个名称。

8.2.3　项

项（term）是指代对象的逻辑表达式。常量符号是项，但对每个对象都使用不同的符号命名往往不太方便。在语言中我们使用表达"约翰国王的左腿"而不是给他的腿起个名称来称呼。这就是函数符号存在的意义：我们使用 *LeftLeg*(*John*)，而不是使用常量符号来命名这条腿。[①]

通常情况下，复合项的组成是一个函数符号后跟随一个括号，括号中是一系列项，作为该函数符号的参数。需要注意的是，复合项只是复杂一些的名称，而非"返回一个值"的"子程序调用"。并不存在以一个人作为输入，返回一条腿的 *LeftLeg* 子程序。我们甚至可以在不定义 *LeftLeg* 的情况下就进行关于左腿的推理（例如，陈述一条一般规则"每个人都有左腿"，并进而推导出约翰必然有左腿）。这是无法在编程语言中用子程序实现的。

项的形式化语义非常直白。考虑项 $f(t_1, \cdots, t_n)$。函数符号 f 指代模型中的某个函数（不妨称为 F），参数项指代域中的对象（称为 $d_1, \cdots, d_n$），整个项就指代将函数 F 应用于 $d_1, \cdots, d_n$ 产生的对象，即函数的值。例如，假设 *LeftLeg* 函数符号代表式（8-2）所示的函数，*John* 代表约翰国王，则 *LeftLeg*(*John*) 代表约翰国王的左腿。这样，解释就确定了每个项的被指代物。

8.2.4　原子语句

我们现在已经有了指代对象的项以及指代关系的谓词符号，将它们结合起来可以构成陈述事实的**原子语句**。**原子语句**（或简称**原子**）是由谓词符号以及其后可能存在的括号中的一系列项组成的，例如：

$$Brother(Richard, John)$$

在先前给定的预期解释下，这条语句表明狮心理查是约翰国王的兄弟。[②] 原子语句的参数可以是复合项，如

$$Married(Father(Richard), Mother(John))$$

表明狮心理查的父亲娶了约翰国王的母亲（再次强调，在合适的解释下）。[③]

如果谓词符号所指代的关系在参数所指代的对象之间成立，则在给定模型中原子句为**真**。

8.2.5　复合语句

我们可以使用**逻辑联结词**构建更为复杂的语句，这与命题演算的语法和语义一样。下面是 4 条在我们的预期解释下在图 8-2 的模型中为真的语句：

$$\neg Brother(LeftLeg(Richard), John)$$
$$Brother(Richard, John) \wedge Brother(John, Richard)$$
$$King(Richard) \vee King(John)$$
$$\neg King(Richard) \Rightarrow King(John)$$

---

① λ 表达式（λ-expression，lambda 表达式）提供了一种很有用的记法，使得新的函数符号可以"即时"构建。例如，对参数进行平方操作的函数可以写作 ($\lambda x : x \times x$)，并可以像其他函数符号那样直接用于参数。一个 λ 表达式也可以被定义为谓语符号并用作谓词符号。这与 Lisp 和 Python 中的 lambda 操作符的作用完全一致。注意，像这样使用 λ 并不能增加一阶逻辑的形式化表达能力，因为所有含有 λ 表达式的语句都能通过"插入"其参数的方式重写，生成一个等价的语句。

② 我们一般遵循 $P(x, y)$ 读作 "x 是 y 的 P" 这样的参数排序习惯。

③ 这个本体论认为每个人只有一位父亲和一位母亲。更为复杂的本体论可以识别出生物学母亲、生母、养母等。

8.2.6　量词

当我们有了支持对象的逻辑后，就很自然地想要表达很多对象的整体属性而非根据名称逐个列举对象。**量词**能使我们达到这一目的。一阶逻辑含有两个标准量词——全称量词和存在量词。

1. 全称量词（∀）

回想我们在第 7 章用命题逻辑表示一般规则时面临的困难。像"与 wumpus 相邻的方格有臭味"和"所有国王都是人"这样的规则对一阶逻辑来说是最基本的。我们将在 8.3 节中解决第一条规则。而第二条规则"所有国王都是人"在一阶逻辑中写作

$$\forall x \, King(x) \Rightarrow Person(x)$$

全称量词 ∀ 通常读作"对所有……"。[记住，上下颠倒的 A 表示"all"（所有）。]因此，这条语句表示"对所有 x，如果 x 是国王，则 x 是人"。符号 x 被称为**变量**。习惯上，变量用小写字母表示。一个变量本身就是一个项，因此也可以作为函数的参数，例如 $LeftLeg(x)$。一个没有变量的项被称为**基本项**（ground term）。

直观上来说，语句 $\forall x \, P$，其中 P 为任意逻辑语句，表明 P 对每个对象 x 都为真。更确切地说，如果 P 在根据一个模型的给定解释构建的所有可能**扩展解释**（extended interpretation）下为真，则 $\forall x \, P$ 在该模型中为真，其中每个扩展解释给出了 x 指代的域元素。

这听起来很复杂，但它实际上只是陈述全称量词的直观含义的一种严谨的方式。考虑图 8-2 所示的模型及其相应的预期解释。我们可以用 5 种方式扩展这个解释：

$x \rightarrow$ 狮心理查
$x \rightarrow$ 约翰国王
$x \rightarrow$ 理查的左腿
$x \rightarrow$ 约翰的左腿
$x \rightarrow$ 王冠

全称量化语句 $\forall x \, King(x) \Rightarrow Person(x)$ 在原模型中为真的前提是语句 $King(x) \land Person(x)$ 在这 5 种扩展解释下都为真。也就是说，全称量化语句等价于如下 5 个断言：

狮心理查是一位国王 $\Rightarrow$ 狮心理查是一个人
约翰国王是一位国王 $\Rightarrow$ 约翰国王是一个人
理查的左腿是一位国王 $\Rightarrow$ 理查的左腿是一个人
约翰的左腿是一位国王 $\Rightarrow$ 约翰的左腿是一个人
王冠是一位国王 $\Rightarrow$ 王冠是一个人

让我们仔细研究这些断言。在我们的模型中，由于约翰国王是唯一的国王，因而第二条语句断言他是人，正如我们所料。那么其他 4 条语句呢？那些声明了腿和王冠的语句呢？这也是"所有国王都是人"含义的一部分吗？实际上，其他 4 条断言在模型中都为真，但并未对腿、王冠乃至理查作为人的资格进行任何声明。这是因为这些对象都不是国王。回顾 $\Rightarrow$ 的真值表（图 7-8），我们可以看到当前提为假时蕴涵式为真——无论其结论的真值是什么。因此，通过断言全称量化语句——它等价于断言每一条蕴涵式，我们最终仅对前提为真的对象断言规则的结论，而对前提为假的对象什么也不说。因此，$\Rightarrow$ 的真值表定义被证明非常适合用来编写含有全称量词的一般规则。

即使是勤奋地将本节读了好几遍的读者也可能会犯的常见错误是使用合取式而非蕴涵式与

全称量词搭配。语句

$$\forall x \, King(x) \land Person(x)$$

等价于断言

> 狮心理查是国王 ∧ 狮心理查是人
>
> 约翰国王是国王 ∧ 约翰国王是人
>
> 理查的左腿是国王 ∧ 理查的左腿是人
>
> ……

显然，这并不是我们想要表达的。

2. 存在量词（∃）

全称量词对所有对象进行陈述。反之，我们也可以对某些对象进行陈述而不需指明其名称。使用**存在量词**就可以实现这一点。例如，要说约翰国王的头顶有王冠，我们写作

$$\exists x \, Crown(x) \land OnHead(x, John)$$

∃x 读作"存在 x 使得……"或"对于一些 x……"。

直观上来说，语句 ∃x P 说的是 P 至少对于一个对象 x 为真。更准确地说，如果 P 在至少一个将 x 分配给域元素的扩展解释下为真，则 ∃x P 在给定模型中为真。也就是，下列语句中至少有一个为真：

> 狮心理查是王冠 ∧ 狮心理查在约翰的头顶
>
> 约翰国王是王冠 ∧ 约翰国王在约翰的头顶
>
> 理查的左腿是王冠 ∧ 理查的左腿在约翰的头顶
>
> 约翰的左腿是王冠 ∧ 约翰的左腿在约翰的头顶
>
> 王冠是王冠 ∧ 王冠在约翰的头顶

第五个断言在模型中为真，因此先前的存在量化语句在模型中为真。注意，根据我们的定义，这条语句在约翰国王戴了两顶王冠的模型中也为真。这与原始语句"约翰国王的头顶有王冠"完全不矛盾。[①]

正如 ⇒ 是能自然地与 ∀ 合用的联结词一样，∧ 是与 ∃ 自然合用的联结词。使用 ∧ 作为 ∀ 的主要联结词会导致前面示例中的过强陈述，而使用 ⇒ 搭配 ∃ 则会导致过弱的陈述。考虑如下语句：

$$\exists x \, Crown(x) \Rightarrow OnHead(x, John)$$

表面来看，这似乎是对我们的语句的一种合理的表示。使用语义规则，我们发现该语句表达的是如下断言中至少一条为真：

> 狮心理查是一顶王冠 ⇒ 狮心理查在约翰的头顶
>
> 约翰国王是一顶王冠 ⇒ 约翰国王在约翰的头顶
>
> 理查的左腿是一顶王冠 ⇒ 理查的左腿在约翰的头顶
>
> ……

蕴涵式为真的条件是其前提和结论都为真，或其前提为假。因此，如果狮心理查不是一顶王冠，则第一条断言为真，存在量化语句被满足。因此，只要任一对象不能满足前提，存在量化的蕴涵式语句就为真。因而这种语句其实基本上什么都没说。

---

① 存在量词有一个变种，通常写作 ∃¹ 或 ∃!，意思是"恰好存在一个"。相同的含义可以用等词陈述表示。

3. 量词嵌套

我们经常希望用多个量词表示更复杂的语句。最简单的情形是量词种类相同的情形。例如，"兄弟是同胞"可以写成

$$\forall x \ \forall y \ Brother(x, y) \Rightarrow Sibling(y, x)$$

连续的同类量词可以写成有多个变量的单个量词。例如，要表示同胞是对称关系，可以写成

$$\forall x, y \ Sibling(x, y) \Leftrightarrow Sibling(y, x)$$

其他情况下，我们得混用量词。"每个人都喜爱一些人"意思是，对所有人都存在其喜爱的人：

$$\forall x \ \exists y \ Loves(x, y)$$

相反，要说"有人被所有人喜爱"，就写成

$$\exists y \ \forall x \ Loves(x, y)$$

因此，量词的顺序非常重要。添加括号会使语句看起来更清晰。$\forall x \ (\exists y \ Loves(x, y))$ 表明每个人都有某种属性，也就是他们喜爱一些人的属性。反之，$\exists y \ (\forall x \ Loves(x, y))$ 则表示世界上的一些人具有某种属性，即每个人都喜爱他们的属性。

当两个量词与相同的变量名合用时会引起一些混淆。考虑语句

$$\forall x \ (Crown(x) \lor (\exists x \ Brother(Richard, x)))$$

此处 $Brother(Richard, x)$ 中的 x 是被存在量化的。规则是，变量属于提及它的最内层量词，随后便不再受任何其他量词约束。另一种考虑方式是，$\exists x \ Brother(Richard, x)$ 是关于理查（有一个兄弟）的语句，不是关于 x 的语句；因此在外层放一个 $\forall x$ 并无效果。该语句一个等价的写法是 $\exists z \ Brother(Richard, z)$。因为这可能是导致混淆的源头，所以我们会始终在嵌套量词中使用不同的变量名。

4. ∀与∃的联系

$\forall$ 与 $\exists$ 两个量词实际上通过否定词紧密相关。断言每个人都讨厌欧洲萝卜与断言不存在喜欢欧洲萝卜的人是等价的，反之亦然：

$$\forall x \ \neg Likes(x, Parsnips) \quad \text{等价于} \quad \neg \exists x \ Likes(x, Parsnips)$$

我们可以更进一步——"每个人都喜欢冰激凌"意思是没有人不喜欢冰激凌：

$$\forall x \ Likes(x, IceCream) \quad \text{等价于} \quad \neg \exists x \ \neg Likes(x, IceCream)$$

由于 $\forall$ 实际上是对全体对象的合取而 $\exists$ 则是析取，因此它们遵循德摩根律就不足为奇了。量化语句和非量化语句的德摩根律如下：

$$\neg \exists x \ P \equiv \forall x \ \neg P \qquad \neg(P \lor Q) \equiv \neg P \land \neg Q$$
$$\neg \forall x \ P \equiv \exists x \ \neg P \qquad \neg(P \land Q) \equiv \neg P \lor \neg Q$$
$$\forall x \ P \quad \equiv \neg \exists x \ \neg P \qquad P \land Q \quad \equiv \neg(\neg P \lor \neg Q)$$
$$\exists x \ P \quad \equiv \neg \forall x \ \neg P \qquad P \lor Q \quad \equiv \neg(\neg P \land \neg Q)$$

因此，我们实际上并不同时需要 $\forall$ 和 $\exists$，正如我们不同时需要 $\land$ 和 $\lor$ 一样。不过，可读性比简洁性更重要，因此我们同时保留这两种量词。

8.2.7 等词

除了使用前述的谓词和项，一阶逻辑还有一种构成原子语句的方式。我们可以使用**等词符号**（equality symbol）来表示两个项指代相同的对象。例如：

$$Father(John) = Henry$$

表示 $Father(John)$ 指代的对象与 $Henry$ 指代的对象是相同的。由于解释会固定所有项的被指代物，确定等词语句的真值就只需要观察两项的被指代物是否为相同的对象即可。

等词符号可以用于陈述关于给定函数的事实，正如我们对 $Father$ 符号所做的那样。它也可以与否定合用，表示两项不是相同的对象。要表示理查至少有两个兄弟，我们可以写成

$$\exists x, y \, Brother(x, Richard) \wedge Brother(y, Richard) \wedge \neg(x = y)$$

而语句

$$\exists x, y \, Brother(x, Ricahrd) \wedge Brother(y, Richard)$$

就不能表示我们所期望的含义。具体来说，这条语句在图 8-2 的模型中也为真，尽管其中理查只有一个兄弟。要弄清楚这一点，考虑 x 和 y 都被指定到约翰国王的扩展解释。附加的 $\neg(x = y)$ 排除了这种模型。记法 $x \neq y$ 可以用作 $\neg(x = y)$ 的简写。

8.2.8 数据库语义

继续 8.2.7 节中的例子，假设我们相信理查有 2 个兄弟——约翰和杰弗里[①]，我们可以写

$$Brother(John, Ricahrd) \wedge Brother(Geoffrey, Richard) \tag{8-3}$$

但这并不能完全反映我们要表示的状态。首先，这条断言在理查只有一个兄弟的模型中也为真——我们需要加上 $John \neq Geoffrey$。其次，这条语句没有剔除理查除了约翰和杰弗里还有很多其他兄弟的模型。因此，对"理查的兄弟是约翰和杰弗里"的正确翻译如下：

$$Brother(John, Richard) \wedge Brother(Geoffrey, Richard) \wedge John \neq Geoffrey$$

$$\wedge \forall x \, Brother(x, Richard) \Rightarrow (x = John \vee x = Geoffrey)$$

这条逻辑语句似乎比对应的自然语言表述烦琐很多。如果不能恰当地翻译自然语言，我们的逻辑推理系统就会犯错。我们能否构思一种语义，使逻辑语句更加直白呢？

一种在数据库系统中非常流行的做法的工作方式如下。首先，我们确定每个常量符号都指代一个唯一的对象——**唯一名称假设**（unique-names assumption）。然后，我们假设未知其为真的原子语句事实上都为假——**封闭世界假设**（closed world assumption）。最后，我们调用**域闭包**（domain closure），意味着每个模型中的域元素不多于常量符号指代的那些。

在由此产生的语义中，式（8-3）的确能表明理查仅有两个兄弟，约翰和杰弗里。我们称之为**数据库语义**（database semantics），以区别于标准的一阶逻辑语义。数据库语义也用于逻辑编程系统中，在 9.4.4 节我们对此进行解释。

在数据库语义里考虑图 8-4 所示的情形中的所有可能的模型是很有指导性的。图 8-5 展示了其中一些模型，从没有元组满足关系的模型到所有元组都满足关系的模型。在有两个对象的情况下，有 4 种可能的二元素元组，存在 $2^4 = 16$ 种不同的元组子集满足关系。因此，总共有 16 种可能模型——大大少于标准一阶逻辑语法下巨量的模型数量。不过，数据库语义需要世

---

① 实际上理查有 4 个兄弟，另外两个是威廉和亨利。

界中包含的东西的确定知识。

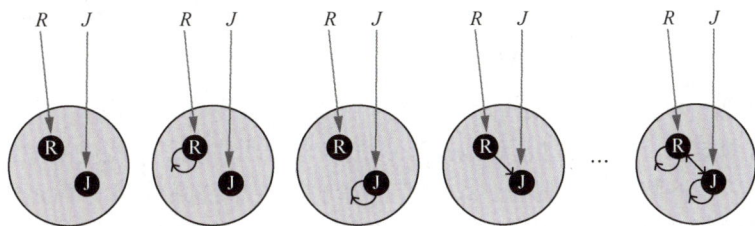

图 8-5　在数据库语义下，含有两个常量符号 R 和 J 以及一个二元关系符号的语言中的全部模型集的一部分成员。常量符号的解释是固定的，每个常量符号有唯一的对象

这个例子引发了一个重要的观点：逻辑中不存在"正确的"语义。提出的语义的有用性取决于它对我们想要记录的知识的表示是否简洁和直观，以及相应的推断规则的生成是否容易和自然。当我们明确了知识库中描述的所有对象的身份，并且掌握了所有事实的时候，数据库语义最有用，而在其他情况下，数据库语义就很棘手。本章剩余部分，我们默认使用标准语义，并会在这种语义使表达变得非常繁琐的实例中另行标注。

8.3　使用一阶逻辑

现在我们已经定义了一种很有表达能力的逻辑语言，接下来我们学习如何使用它。本节，我们在一些简单的论域（domain）中给出范例语句。在知识表示中，论域是指我们要表示其知识的那部分世界。

我们从简要地解释一阶知识库中的 Tell/Ask 推断开始。随后我们考察家庭关系、数、集合、列表以及 wumpus 世界论域。8.4.2 节展示一个更大规模的示例（电子电路），而第 10 章则涵盖了宇宙万物。

8.3.1　一阶逻辑的断言与查询

语句是通过 Tell 添加到知识库的，与在命题逻辑中完全一样。这种语句被称为断言（assertion）。例如，我们可以断言约翰是国王、理查是人以及所有的国王都是人：

$$\text{Tell}(KB, King(John))$$

$$\text{Tell}(KB, Person(Richard))$$

$$\text{Tell}(KB, \forall x \, King(x) \Rightarrow Person(x))$$

我们可以使用 Ask 对知识库提问。例如：

$$\text{Ask}(KB, King(John))$$

返回 true。使用 Ask 提出的问题被称为查询或目标。一般来说，知识库中逻辑蕴含的所有查询都应该得到肯定的回答。例如，给定上述 3 条断言，查询

$$\text{Ask}(KB, Person(John))$$

应该也返回 true。我们可以提出量化的问题，例如：

$$\text{Ask}(KB, \exists x \, Person(x))$$

答案为 true，但它可能并不是我们想要的答案。它就像用"可以"回答"你能告我现在几点了吗？"一样。如果我们想了解使语句为真的 x 的值，我们就需要另一个函数 AskVars：

$$\text{AskVars}(KB, Person(x))$$

将返回一系列答案。在这个例子中有两个答案：$\{x/John\}$ 以及 $\{x/Richard\}$。这种回答叫作**置换**（substitution）或**绑定表**（binding list）。AskVars 通常与仅由霍恩子句构成的知识库合用，因为在这种知识库中，每种使查询为真的方式都将变量绑定到特定的值。而一阶逻辑中并不存在这种状况：在 KB 仅被告知 $King(John)$ 的情况下，不存在使得查询 $\exists x\, King(x)$ 为真的 x 的单个绑定，即使这条查询实际上为真。

8.3.2 亲属关系论域

我们第一个考虑的范例是家庭关系（或称亲属关系）论域。这个论域包括类似"伊丽莎白是查尔斯的母亲"和"查尔斯是威廉的父亲"这样的事实，以及类似"一个人的祖母（外祖母）是他父母的母亲"这样的规则。

显然，这个论域的对象是人。一元谓词包括 *Male* 和 *Female* 等。亲属关系（父母、兄弟、婚姻等）使用二元谓词表示：*Parent*、*Sibling*、*Brother*、*Sister*、*Child*、*Daughter*、*Son*、*Spouse*、*Wife*、*Husband*、*Grandparent*、*Grandchild*、*Cousin*、*Aunt* 和 *Uncle*。我们用函数表示 *Mother* 和 *Father*，因为从生物学角度来说，每个人只有一对父母（尽管我们可以引入更多函数来处理养母、代孕妈妈等）。

我们可以考察每个函数和谓词，并就我们知道的写下它们与其他符号的关系。例如，一个人的母亲就是他父母中的女性成员：

$$\forall m,c\ Mother(c) = m \Leftrightarrow Female(m) \wedge Parent(m,c)$$

一个人的丈夫是她的男性配偶：

$$\forall w,h\ Husband(h,w) \Leftrightarrow Male(h) \wedge Spouse(h,w)$$

父母与孩子是反关系：

$$\forall p,c\ Parent(p,c) \Leftrightarrow Child(c,p)$$

祖父母（外祖父母）是一个人父母的父母：

$$\forall g,c\ Grandparent(g,c) \Leftrightarrow \exists p\ Parent(g,p) \wedge Parent(p,c)$$

兄弟姐妹是一个人父母的其他孩子：

$$\forall x,y\ Sibling(x,y) \Leftrightarrow x \neq y \wedge \exists p\ Parent(p,x) \wedge Parent(p,y)$$

我们可以像这样写出很多页，这正是习题 8.KINS 的题目。

所有这些语句都可以看作亲属关系论域中的**公理**，如 7.1 节所阐述。公理通常与纯数学论域相关（我们很快就能看到一些关于数字的公理），但它们在所有论域都有用。它们提供了用于推导有用结论的基本因子化信息。我们的亲属关系公理同时也是**定义**，它们具有形式 $\forall x,y\ P(x,y) \Leftrightarrow \cdots$。公理用其他谓词定义了 *Mother* 函数以及 *Husband*、*Male*、*Parent*、*Grandparent* 和 *Sibling* 谓词。我们的定义从基本的谓词集（*Child*、*Female* 等）发展而来，并以此最终定义其他谓词。

这是构建一个论域的表示的自然方式，类似于用基本的库函数定义子程序，再用子程序构建软件包。注意，基本谓词集并不一定是唯一的，我们可以使用 *Parent* 而非 *Child* 来得到同样的结果。像我们所展示的一样，在一些论域中并不存在清晰可辨的基本谓词集。

并非所有关于论域的逻辑语句都是公理，其中一些是**定理**，也就是说，它们被公理所蕴含。例如，考虑如下关于兄弟姐妹关系对称性的断言：

$$\forall x, y \; Sibling(x, y) \Leftrightarrow Sibling(y, x)$$

这条语句是公理还是定理？实际上，它是与定义兄弟姐妹的公理逻辑一致的定理。如果我们用这条语句 Ask 知识库，它应当返回 true。

从纯逻辑的观点来看，知识库应当只包含公理并且不含有定理，因为定理并不能增加从知识库导出的结论集。从实用的角度来看，定理对于降低推导新语句的计算开销是很有意义的。没有定理，推理系统就不得不每次都从基本原则出发，就像物理学家每次求解问题时都要重新推导微积分的法则一样。

并非所有的公理都是定义。一些公理提供了关于某些谓词的更一般的信息，却不构成定义。实际上，一些谓词并没有完整的定义，因为我们不具有完全刻画它们的知识。例如，没有显而易见的定义方式能够完成语句

$$\forall x \; Person(x) \Leftrightarrow \cdots$$

幸运的是，一阶逻辑允许我们使用 *Person* 谓词而无须对其进行完整定义。不过我们可以写出每个人具有的性质和使某物成为人的性质：

$$\forall x \; Person(x) \Rightarrow \cdots$$

$$\forall x \; \cdots \Rightarrow Person(x)$$

公理也可以是"直白的事实"，例如 *Male(Jim)* 和 *Spouse(Jim, Laura)*。这些来自特定问题实例描述的事实使特定的提问能够得到解答。如果一切顺利的话，这些问题的答案会成为与公理逻辑一致的定理。

我们常常会发现期望的答案不是现成的，例如，从 *Spouse(Jim, Laura)* 出发，我们期望（根据很多国家的法律）能推得 ¬*Spouse(George, Laura)*，但这并不能由先前给出的公理推导得出，即便在我们像 8.2.8 节所述的那样添加 *Jim* ≠ *George* 也不行。这表明缺失了一条公理。习题 8.HILL 要求读者提供这条公理。

8.3.3　数、集合与列表

数可能是展示从一小部分核心公理构建庞大理论的最生动的示例。我们在此阐述**自然数**或称非负整数的理论。我们需要谓词 *NatNum* 对于自然数为真，我们还需要常量符号 0，以及一个函数符号 *S*（后继）。**皮亚诺公理**（Peano axioms）定义了自然数和加法。[①] 自然数是递归定义的：

$$NatNum(0)$$

$$\forall n \; NatNum(n) \Rightarrow NatNum(S(n))$$

也就是说，0 是自然数，对于每一个对象 n，如果 n 是自然数，则 $S(n)$ 是自然数。因此自然数是 $0, S(0), S(S(0)), \cdots$。我们还需要约束后继函数的公理：

$$\forall n \; 0 \neq S(n)$$

$$\forall m, n \; m \neq n \Rightarrow S(m) \neq S(n)$$

---

① 皮亚诺公理还包括归纳法则，但它是二阶逻辑的语句而非一阶逻辑。这种区别的重要性将在第 9 章中进行解释。

现在我们就可以用后继函数定义加法：

$$\forall m \quad NatNum(m) \Rightarrow +(0,m) = m$$

$$\forall m,n \quad NatNum(m) \wedge NatNum(n) \Rightarrow +(S(m),n) = S(+(m,n))$$

这些公理中，第一个公理表示对任何自然数 m 加 0 等于 m 本身。注意，在 $+(m, 0)$ 项中二元函数符号"+"的使用：在普通数学中，这一项会使用中缀（infix）记法写作 $m + 0$。[我们在一阶逻辑中使用的记法称为前缀（prefix）。] 为使我们关于数的语句更容易阅读，我们允许使用中缀记法。我们可以将 $S(n)$ 写成 $n + 1$，因此第二个公理变为

$$\forall m,n \quad NatNum(m) \wedge NatNum(n) \Rightarrow (m+1)+n = (m+n)+1$$

这条公理将加法简化为对后继函数的反复应用。

使用中缀记法是一个语法糖（syntactic sugar）的示例。语法糖是一种对标准语法的扩展或缩略，但不改变语义。所有使用糖的语句都可以"脱糖"生成普通一阶逻辑中的等价语句。还有一个示例是使用方括号而非圆括号来使左右括号的对应关系更易读。而另一个示例是量词折叠：用 $\forall x,y \ P(x,y)$ 代替 $\forall x \forall y \ P(x,y)$。

我们有了加法以后，将乘法定义为重复的加法、乘方定义为连续的乘法就是顺理成章的事情，同样我们可以定义整数除法和余数、质数等。这样，整个数论（包括密码学）就能从一个常量、一个函数、一个谓词和 4 条公理开始构建起来。

集合的论域对数学和常识推理也是非常重要的。(实际上，可以用集合论来定义数论。) 我们希望能够表示每个集合，包括空集。我们需要一种方法用其他集合的元素或对其他集合的操作构建集合。我们想知道一个元素是否是集合的成员，也需要区分一个对象是否是集合。

我们将使用集合论中的一般词汇作为语法糖。空集是一个常量，写作 {}。一元谓词 Set 对集合为真。二元谓词包括 $x \in s$ (x 是集合 s 的成员）以及 $s_1 \subseteq s_2$（集合 s_1 是集合 s_2 的子集，两个集合也可以相同）。二元函数是 $s_1 \cap s_2$（交集）、$s_1 \cup s_2$（并集）和 $Add(x,s)$（将元素 x 添加到集合 s 生成的集合）。下面是一个可能的公理集。

(1) 集合只能是空集和向集合中添加元素产生的集合：

$$\forall s \ Set(s) \Leftrightarrow (s = \{\}) \vee (\exists x,s_2 \ Set(s_2) \wedge s = Add(x,s_2))$$

(2) 空集没有被加入的元素。换言之，无法将空集分解为更小的集合和元素：

$$\neg \exists x,s \ Add(x,s) = \{\}$$

(3) 对集合添加已有元素没有作用：

$$\forall x,s \ x \in s \Leftrightarrow s = Add(x,s)$$

(4) 集合中的成员只能是被添加到集合中的元素。我们用递归的形式表示它：声明 x 是 s 中的元素，当且仅当 s 等于某个将元素 y 添加到集合 s_2 后的集合，其中 y 与 x 相同，或 x 是 s_2 的成员：

$$\forall x,s \ x \in s \Leftrightarrow \exists y,s_2 \ (s = Add(y,s_2) \wedge (x = y \vee x \in s_2))$$

(5) 一个集合是另一个集合的子集当且仅当第一个集合的所有成员都是第二个集合的成员：

$$\forall s_1,s_2 \ s_1 \subseteq s_2 \Leftrightarrow (\forall x \ x \in s_1 \Rightarrow x \in s_2)$$

(6) 两个集合相等当且仅当它们互为对方的子集：

$$\forall s_1, s_2 \ (s_1 = s_2) \Leftrightarrow (s_1 \subseteq s_2 \land s_2 \subseteq s_1)$$

（7）一个对象在两个集合的交集中，当且仅当它同时是这两个集合的成员：

$$\forall x, s_1, s_2 \ x \in (s_1 \bigcap s_2) \Leftrightarrow (x \in s_1 \land x \in s_2)$$

（8）一个对象在两个集合的并集中，当且仅当它同时是某个集合的成员：

$$\forall x, s_1, s_2 \ x \in (s_1 \bigcup s_2) \Leftrightarrow (x \in s_1 \lor x \in s_2)$$

列表与集合类似。它们的区别是，列表是有序的，相同的元素在列表中可以出现多次。我们可以用 Lisp 语言的词汇表示列表：*Nil* 是没有元素的常量列表；*Cons*、*Append*、*First* 和 *Rest* 是函数；*Find* 在列表中的作用与 *Member* 在集合中的作用相同。*List* 是仅对列表为真的谓词。与集合一样，涉及列表的逻辑语句也常用到语法糖。空列表是 []。*Cons*(*x*, *Nil*) 项（仅含有元素 *x*，尾部没有其他元素的列表）写作 [*x*]。含有若干元素的列表，如 [*A*, *B*, *C*]，对应于嵌套项 *Cons*(*A*, *Cons*(*B*, *Cons*(*C*, *Nil*)))。习题 8.LIST 要求你写出列表的公理。

8.3.4　wumpus 世界

第 7 章给出了 wumpus 世界的一些命题逻辑公理。本节介绍的一阶公理简洁得多，自然、精确地刻画了我们的意图。

如前所述，wumpus 世界智能体接收一个含有 5 个元素的感知向量。知识库中存储的对应一阶语句必须包含感知和感知出现的时间，否则，智能体会搞不清何时接收到什么感知。我们使用整数表示时间步。一个典型的感知语句是

$$Percept([Stench, Breeze, Glitter, None, None], 5)$$

此处，*Percept* 是二元谓词，*Stench* 等是列表中的常量。wumpus 世界中的动作可以用逻辑项表示：

$$Turn(Right)，Turn(Left)，Forward，Shoot，Grab，Climb$$

要确定哪个动作最优，智能体程序执行查询

$$\text{AskVars}(KB, BestAction(a, 5))$$

将返回一个类似 {*a*/*Grab*} 的绑定表。智能体程序将 *Grab* 作为要采取的动作。原始感知数据蕴涵了关于当前状态的某些事实。例如：

$$\forall t, s, g, w, c \ Percept([s, Breeze, g, w, c], t) \Rightarrow Breeze(t)$$

$$\forall t, s, g, w, c \ Percept([s, None, g, w, c], t) \Rightarrow \neg Breeze(t)$$

$$\forall t, s, b, w, c \ Percept([s, b, Glitter, w, c], t) \Rightarrow Glitter(t)$$

$$\forall t, s, b, w, c \ Percept([s, b, None, w, c], t) \Rightarrow \neg Glitter(t)$$

$$\cdots$$

这些规则展现了一个被称为**感知**的推理形式的细节，我们将在第 25 章进行深入研究。注意对时间 *t* 的量化。在命题逻辑中，我们需要每个时间步的每条语句的副本。

简单的"反射"行为也可以用量化蕴涵式语句来实现。例如，我们有

$$\forall t \ Glitter(t) \Rightarrow BestAction(Grab, t)$$

给定感知和先前几段给出的规则，就能得出所需的结论 *BestAction*(*Grab*, 5)，也就是说，*Grab* 是要做的正确的事。

我们已经表示了智能体的输入和输出，现在可以表示环境本身了。我们从对象开始。显然，候选的对象有方格、无底洞和 wumpus。我们可以命名方格，如 $Square_{1,2}$ 等，但接下来 $Square_{1,2}$ 与 $Square_{1,3}$ 相邻的事实就必须是"额外"的事实，我们要为每一对方格列出一条这样的事实。使用行和列为整数的复合项是更好的做法，例如，我们可以简单地使用列表项 [1, 2]。任意相邻的方格可以定义为

$$\forall x,y,a,b \quad Adjacent([x,y],[a,b]) \Leftrightarrow$$

$$(x = a \wedge (y = b-1 \vee y = b+1)) \vee (y = b \wedge (x = a-1 \vee x = a+1))$$

我们也可以为每个无底洞命名，但不宜这么做另有原因：没有必要去区分每个无底洞。[①] 使用一元谓词 *Pit* 并使其在含有无底洞的方格中为真是更简单的做法。最后，由于只存在一个 wumpus，用常量 *Wumpus* 与使用一元谓词并没什么区别（从 wumpus 的视角看，使用常量可能更威严）。

智能体的位置随时间变化，因此我们用 *At(Agent, s, t)* 来表示智能体在时间 t 位于方格 s。我们可以用 $\forall t \, At(Wumpus,[1,3],t)$ 将 wumpus 永远固定在一个位置。然后我们就可以说对象在一个时刻只能在一个位置：

$$\forall x,s_1,s_2,t \quad At(x,s_1,t) \wedge At(x,s_2,t) \Rightarrow s_1 = s_2$$

给定智能体的当前位置，它就可以用当前的感知来推断方格的属性。例如，如果智能体在一个方格中并感知到微风，则这个方格是有微风的：

$$\forall s,t \quad At(Agent,s,t) \wedge Breeze(t) \Rightarrow Breezy(s)$$

知道一个方格有微风很有用，因为我们知道无底洞是不能移动的。注意，*Breezy* 没有时间参数。

发现了哪些位置有微风（或有臭味）以及同样重要的哪些位置没有微风（或没有臭味），智能体就可以推导出无底洞的位置（以及 wumpus 的位置）。在命题逻辑中每个方格都需要一条公理（见 7.4.3 节的 R_2 和 R_3），并且对每种世界的地形布局都需要一套不同的公理。而在一阶逻辑中我们只需要一条公理：

$$\forall s \, Breezy(s) \Leftrightarrow \exists r \, Adjacent(r,s) \wedge Pit(r) \tag{8-4}$$

类似地，一阶逻辑中我们可以量化所有时间，因此，对于每个谓词我们只需要一个后继状态公理，而非对每个时间步都保留副本。例如，箭的公理 ［式（7-2）］变为

$$\forall t \, HaveArrow(t+1) \Leftrightarrow (HaveArrow(t) \wedge \neg Action(Shoot,t))$$

从这两个例子的语句可以看出，一阶逻辑的表达方式并不比第 7 章给出的自然语言描述更复杂。我们鼓励读者对智能体的位置和朝向构建类似的公理——在这些情况下，公理需要量化时间和空间。如命题状态估计一样，智能体可以对这样的公理使用逻辑推断来了解不能直接观测的那部分世界。第 11 章会更深入地研究一阶逻辑的后继状态公理以及它在构建规划中的用处。

8.4　一阶逻辑中的知识工程

8.3 节展示了如何用一阶逻辑在 3 个简单的论域中表示知识。本节描述知识库构建的一般

---

① 同样，大多数人也不会为冬天迁徙到温暖地区的每一只鸟命名。但想研究迁徙模式、生存率等的鸟类学家要追踪每一只鸟，因此会为每只鸟命名，方法是为鸟安装腿环。

过程，这一过程称作知识工程（knowledge engineering）。知识工程师是研究一个特定论域，了解这个论域中哪些概念是重要的，并创建该论域中对象和关系的形式化表示的人。我们会阐述在电子电路论域中进行知识工程的过程。我们采用的方法适于构建专用知识库，这种知识库的论域是精心划定的，其查询的范围也是已知的。通用知识库则涵盖了较大范围的人类知识，用于支持像自然语言理解这样的任务，我们在第 10 章对其进行讨论。

8.4.1　知识工程的过程

知识工程项目的内容、范围和难度各不相同，但所有这样的项目都包括如下的步骤。

（1）确定问题。知识工程必须描述知识库要支持的问题范围，以及对每个特定问题实例可获取的事实类型。例如，wumpus 知识库是需要能够选择动作，还是只需要回答关于环境内容的问题？传感器事实是否需要包括当前位置？任务将决定为了将问题实例连接到回答必须表示哪些知识。这一步类似于第 2 章用于设计智能体的 PEAS 过程。

（2）收集相关知识。知识工程师可能已经是领域专家，也可能需要与真正的专家合作来获得他们的知识——这个过程叫作知识获取（knowledge acquisition）。在这一阶段，知识并非形式化表示的，这一步的主要目的是了解任务所确定的知识库的范围，以及了解这一领域的运行方式。

对由人工产生的规则集定义的 wumpus 世界来说，我们很容易找出相关知识。（但是要注意，相邻关系的定义并不是由 wumpus 世界规则明确给出。）对于真实世界的论域，相关性问题可能非常困难，例如，仿真 VLSI 设计的系统可能需要，也可能不需要考虑杂散电容和集肤效应问题。

（3）确定谓词、函数和常量的词汇表。也就是说，将重要的论域级概念翻译为逻辑级名称。这就涉及知识工程风格的许多问题。类似于编程风格，知识工程风格可能对项目最终成功与否产生重要影响。例如，无底洞应当被表示为对象还是表示为方格的一元谓词？智能体的朝向应当是函数还是谓词？wumpus 的位置是否与时间相关？一旦做出这些决定，就会形成被称为论域的本体论（ontology）的词汇表。"本体论"一词是指关于存在或实存的本质的理论。本体论决定哪些东西存在，但不能决定它们的具体性质和相互关系。

（4）对论域的通用知识编码。知识工程师为词汇表中的所有项写出公理。这就（尽可能地）固定了项的含义，使专家能够检查其内容。这一步经常会发现词汇表的概念误解或理解偏差，这必须返回第 3 步进行修正并重复这个过程。

（5）对问题实例的描述编码。如果本体论确定得很恰当，这一步就相当容易。它涉及写出本体论中的概念实例的简单原子语句。对逻辑智能体来说，问题实例是由传感器提供的，而"无形"的知识库获取语句的方式与传统程序获取输入数据的方式相同。

（6）向推断过程提出查询并获得答案。这是获得回报的一步：我们可以让推断过程在公理和问题相关的事实上运行来推导我们有兴趣了解的事实。这样，我们就不需要编写应用相关的求解算法了。

（7）调试并评估知识库。很遗憾，查询得到的答案一开始往往是错误的。更准确地说，答案对于现有的知识库是正确的（如果假设推断过程是可靠的），但它们不是用户期望的答案。例如，如果缺失了一条公理，一些查询就不能从知识库中得到答案。这就需要大量的调试过程。关注推理链意外停止的地方可以轻易找出缺失或过弱的公理。例如，如果知识库为找到 wumpus 而含有诊断规则（见习题 8.WUMD）：

$$\forall s \; Semlly(s) \Rightarrow Adjacent(Home(Wumpus), s)$$

而没有采用双向蕴涵，智能体就永远不能证明 wumpus 不存在。不正确的公理是关于世界的错误陈述，因此可以被找出。例如，语句

$$\forall x \; NumOfLegs(x, 4) \Rightarrow Mammal(x)$$

对爬行动物、两栖动物和桌子都不成立。判断这条语句的错误性可以不依赖于知识库的其他部分。但是，程序中的一个典型错误则如下：

```
offset = position + 1
```

在不理解上下文的情况下，不可能判断 offset 应当是 position 还是 position+1。

当你的知识库中没有明显的错误时，似乎就要大功告成了。但最好还是通过在查询测试套件上运行系统并测量正确答案的数量来正式地评估系统，除非你的知识库明显没有错误。没有客观度量的话，你很容易就以为任务已经完成了。为了更好地理解这 7 个步骤，我们现在将其应用于一个扩展的示例——电子电路论域。

8.4.2 电子电路论域

我们将构建一个本体论和一个知识库，使我们能够进行关于图 8-6 所示的数字电路的推理。我们将遵循知识工程的 7 个步骤。

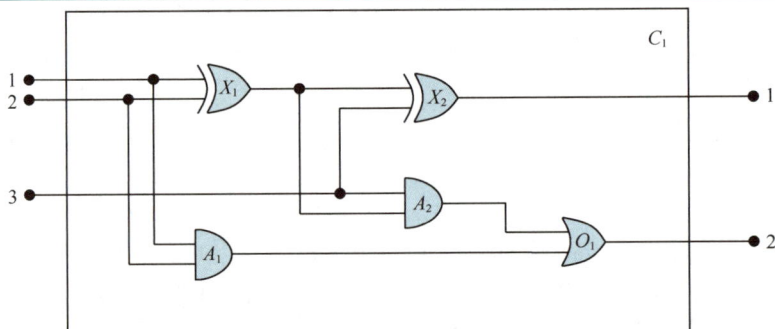

图 8-6 一位全加器的数字电路 C_1。前两个输入是要相加的两位，第三个输入是进位位。第一个输出是和，第二个输出是通往下一个加法器的进位位。电路包含两个异或门、两个与门和一个或门

1. 确定问题

涉及数字电路的推理任务很多。最高层次的任务是分析电路的功能性。例如，图 8-6 的电路是否能够正确地做加法？如果所有输入都为高，A_2 门的输出是什么？关于电路结构的问题同样有趣。例如，连接到第一个输入端子的门有哪些？电路是否含有反馈回路？这都是这一步骤中的任务。还有更详细的分析层次，包括关于延迟、电路面积、功耗以及生产成本等的分析。所有这些层次的分析都需要额外的知识。

2. 收集相关知识

我们对数字电路了解多少？根据我们的目的，这包括导线和门。信号沿着导线传输到门的输入端，每个门则在输出端产生一个信号沿着另一条导线传输。要确定这些信号是什么，我们

需要了解门如何转换其输入信号。门有 4 种：具有两个输入端子的与门（AND）、或门（OR）和异或门（XOR），以及只有一个输入端子的非门（NOT）。所有门都只有一个输出端子。像门一样，电路本身也有输入端子和输出端子。

要推理电路的功能性和连接性，我们不需要涉及导线本身、导线路径或导线连接点。重要的只有端子之间的连接——我们可以说某个输出端子连接到另一个输入端子，而不需要了解其实际的连接方式。其他因素，像元件的尺寸、形状、颜色或价格与我们的分析也不相关。

如果我们的目的不是在门的层级验证设计，本体论就完全不同。例如，如果我们对于故障电路修复有兴趣，那么将导线纳入本体论就很可能是个好主意，因为导线的故障会妨碍在其中传输的信号。要解决时序故障，我们需要把门延迟加进本体论。如果我们要设计可盈利的产品，电路价格及其相对于市场上其他产品的速度就会很重要。

3. 确定词汇表

我们现在已经知道我们要涉及电路、端子、信号和门。下一步选择用于表示它们的函数、谓词和常量。我们需要先将不同的门与其他对象区分开。每个门由常量命名的对象表示，我们用 $Gate(X_1)$ 来断言 X_1 是门。每个门的行为由其类型决定，即常量 AND、OR、XOR 和 NOT 中的一种。由于一个门只能有一种类型，我们可以使用函数 $Type(X_1) = XOR$。电路与门类似，使用一个谓词来表示——$Circuit(C_1)$。

接下来我们考虑端子，使用谓词 $Terminal(x)$ 表示。一个电路可以有一个或多个输入端子和一个或多个输出端子。我们使用函数 $In(1, X_1)$ 来表示电路 X_1 的第 1 个输入端子。相似的函数 $Out(n, c)$ 用于输出端子。谓词 $Arity(c, i, j)$ 断言电路 c 有 i 个输入端子和 j 个输出端子。门之间的连接性可以用谓词 $Connected$ 表示，它需要两个端子作为参数，如 $Connected(Out(1, X_1), In(1, X_2))$。

最后，我们需要知道一个信号是通还是断。一种可能是使用一元谓词 $On(t)$，在某个端子的信号通时为真。但这会增加提出类似"电路 C_1 输出端子的所有可能信号值有哪些？"的问题的难度。因此我们引入两个信号值 1 和 0 作为对象，分别表示"通"和"断"，而用函数 $Signal(t)$ 表示端子 t 的信号值。

4. 对论域的通用知识编码

好的本体论仅需要少量通用规则，并且可以简明地声明这些规则。如下是我们需要的全部公理。

（1）如果两个端子连通，则它们信号相同：

$$\forall t_1, t_2 \; Terminal(t_1) \wedge Terminal(t_2) \wedge Connected(t_1, t_2) \Rightarrow Signal(t_1) = Signal(t_2)$$

（2）每个端子的信号只能是 1 或 0：

$$\forall t \; Terminal(t) \Rightarrow Signal(t) = 1 \vee Signal(t) = 0$$

（3）$Connected$ 具有交换性：

$$\forall t_1, t_2 \; Connected(t_1, t_2) \Leftrightarrow Connected(t_2, t_1)$$

（4）门的类型有 4 种：

$$\forall g \; Gate(g) \wedge k = Type(g) \Rightarrow k = AND \vee k = OR \vee k = XOR \vee k = NOT$$

（5）与门的输出为 0，当且仅当其任意输入为 0：

$$\forall g \ Gate(g) \land Type(g) = AND \Rightarrow$$
$$Signal(Out(1,g)) = 0 \Leftrightarrow \exists n \ Signal(In(n,g)) = 0$$

（6）或门的输出为 1，当且仅当其任意输入为 1：

$$\forall g \ Gate(g) \land Type(g) = OR \Rightarrow$$
$$Signal(Out(1,g)) = 1 \Leftrightarrow \exists n \ Signal(In(n,g)) = 1$$

（7）异或门的输出为 1，当且仅当其输入不相同：

$$\forall g \ Gate(g) \land Type(g) = XOR \Rightarrow$$
$$Signal(Out(1,g)) = 1 \Leftrightarrow Signal(In(1,g)) \neq Signal(In(2,g))$$

（8）非门的输出与其输入不同：

$$\forall g \ Gate(g) \land Type(g) = NOT \Rightarrow$$
$$Signal(Out(1,g)) \neq Signal(In(1,g))$$

（9）除了非门之外的所有门都有两个输入和一个输出：

$$\forall g \ Gate(g) \land Type(g) = NOT \Rightarrow Arity(g,1,1)$$
$$\forall g \ Gate(g) \land k = Type(g) \land (k = AND \lor k = OR \lor k = XOR) \Rightarrow Arity(g,2,1)$$

（10）电路有端子，数量不超过其输入和输出元数，不存在超出元数的任何东西：

$$\forall c,i,j \ Circuit(c) \land Arity(c,i,j) \Rightarrow$$
$$\forall n \ (n \leq i \Rightarrow Terminal(In(n,c))) \land (n > i \Rightarrow In(n,c) = Nothing) \land$$
$$\forall n \ (n \leq j \Rightarrow Terminal(Out(n,c))) \land (n > j \Rightarrow Out(n,c) = Nothing)$$

（11）门、端子和信号是不同的：

$$\forall g,t,s \ Gate(g) \land Terminal(t) \land Signal(s) \Rightarrow g \neq t \land g \neq s \land t \neq s$$

（12）门是电路：

$$\forall g \ Gate(g) \Rightarrow Circuit(g)$$

5. 对特定问题实例编码

图 8-6 所示的电路被编码为电路 C_1 并有如下描述。首先我们对电路及其门元件进行分类：

$$Circuit(C_1) \land Arity(C_1,3,2)$$
$$Gate(X_1) \land Type(X_1) = XOR$$
$$Gate(X_2) \land Type(X_2) = XOR$$
$$Gate(A_1) \land Type(A_1) = AND$$
$$Gate(A_2) \land Type(A_2) = AND$$
$$Gate(O_1) \land Type(O_1) = OR$$

随后我们给出其连接情况：

$$Connected(Out(1,X_1),In(1,X_2)) \qquad Connected(In(1,C_1),In(1,X_1))$$

$$Connected(Out(1,X_1),In(2,A_2)) \qquad Connected(In(1,C_1),In(1,A_1))$$

$$Connected(Out(1,A_2),In(1,O_1)) \qquad Connected(In(2,C_1),In(2,X_1))$$

$$Connected(Out(1,A_1),In(2,O_1)) \qquad Connected(In(2,C_1),In(2,A_1))$$

$$Connected(Out(1,X_2),Out(1,C_1)) \qquad Connected(In(3,C_1),In(2,X_2))$$

$$Connected(Out(1,O_1),Out(2,C_1)) \qquad Connected(In(3,C_1),In(1,A_2))$$

6. 向推断过程提出查询

哪种输入组合会使 C_1 的第一个输出（求和位）为 0，第二个输出（进位位）为 1？

$$\exists i_1,i_2,i_3 \;\; Signal(In(1,C_1))=i_1 \land Signal(In(2,C_1))=i_2 \land Signal(In(3,C_1))=i_3$$

$$\land Signal(Out(1,C_1))=0 \land Signal(Out(2,C_1))=1$$

答案是变量 i_1、i_2 和 i_3 的置换，以使得语句被知识库所蕴含。ASKVARS 将给我们 3 种这样的置换：

$$\{i_1/1,i_2/1,i_3/0\} \quad \{i_1/1,i_2/0,i_3/1\} \quad \{i_1/0,i_2/1,i_3/1\}$$

加法器电路中所有端子的可能值的集合有哪些？

$$\exists i_1,i_2,i_3,o_1,o_2 \;\; Signal(In(1,C_1))=i_1 \land Signal(In(2,C_1))=i_2$$

$$\land Signal(In(3,C_1))=i_3 \land Signal(Out(1,C_1))=o_1 \land Signal(Out(2,C_1))=o_2$$

最后这个查询将返回设备的完整输入输出表，可以用于检验它是否能正确做加法。这是**电路验证**（circuit verification）的一个简单示例。我们也可以使用电路的定义来构建更大的数字系统，并使用相同的验证方式。（见习题 8.ADDR）许多论域都支持这种结构化的知识库创建方式，但需要在简单概念的基础上定义更为复杂的概念。

7. 调试知识库

我们可以以各种方式查询知识库以了解它会出现哪些错误行为。例如，假设我们没有阅读 8.2.8 节，因而忘记断言 $1 \neq 0$。假设我们发现系统除了输入 000 和 110 的情况，无法证明电路的任何输出，我们可以通过询问每个门的输出的方式来找到问题。我们可以询问：

$$\exists i_1,i_2,o \;\; Signal(In(1,C_1))=i_1 \land Signal(In(2,C_1))=i_2 \land Signal(Out(1,X_1))=o$$

结果显示在 X_1 处对于输入 10 和 01 没有输出。因此，我们查看应用于 X_1 的异或门的公理：

$$Signal(Out(1,X_1))=1 \Leftrightarrow Signal(In(1,X_1)) \neq Signal(In(2,X_1))$$

如果输入已知为 1 和 0，则上式简化为

$$Signal(Out(1,X_1))=1 \Leftrightarrow 1 \neq 0$$

现在，问题就很明显了：系统不能推断出 $Signal(Out(1,X_1))=1$，因此，我们需要告诉它 $1 \neq 0$。

小结

本章介绍了**一阶逻辑**，一种命题逻辑更具表达能力的表示语言。本章要点如下。

- 知识表示语言应当是说明性的、合成式的、有表达能力的、上下文无关的且无歧义的。
- 逻辑之间的区别在于其**本体论约定**和**认识论约定**，命题逻辑仅约定事实的存在，一阶逻辑则约定对象和关系的存在，因而增加了表达能力，适用于像 wumpus 世界和电子电路这样的论域。
- 命题逻辑和一阶逻辑在表示模糊命题上都有困难。这一困难限制了它们在需要个人判断的论域的应用性，如政治或烹饪。
- 一阶逻辑的语法构建于命题逻辑之上。它增加了项来表示对象，并且有全称量词和存在量词来构建关于被量化的变量的全部或部分可能值的断言。
- 一阶逻辑的一个**可能世界**或**模型**包括一个对象集和一种将常量符号映射到对象、将谓词符号映射到对象的关系、将函数符号映射到对象上的函数的**解释**。
- 一条原子语句为真，仅当谓词命名的关系在项命名的对象之间成立。**扩展解释**将量词变量映射到模型中的对象，定义了量化语句的真值。
- 在一阶逻辑中构建知识库需要严谨的过程来分析论域、选择词汇表、编码能支持所需推断的公理。

参考文献与历史注释

　　尽管亚里士多德的逻辑解决了对象的泛化问题，但却远没有一阶逻辑的表达能力强。对其进行进一步发展的主要障碍在于它专注于一元谓词，没有采用多元关系谓词。奥古斯塔斯·德摩根（Augustus De Morgan）（De Morgan, 1864）第一次系统性地处理了关系的问题。他引用了如下的例子来表现亚里士多德的逻辑无法处理的那类推断："所有马都是动物，因此马的头是动物的头。"这一推断对亚里士多德来说是不可行的，因为所有能够有效支持这种推断的规则都必须首先用二元谓词"x 是 y 的头"来分析语句。查尔斯·桑德斯·皮尔斯（Charles Sanders Peirce）（Peirce, 1870; Misak, 2004）深入研究了关系的逻辑。

　　真正的一阶逻辑可以追溯到戈特洛布·弗雷格（Gottlob Frege）（Frege, 1879）的 *Begriffschrift*（"概念文字"或"概念符号"）。皮尔斯（Peirce, 1883）也独立于弗雷格开发了一阶逻辑，但时间上稍晚。弗雷格的逻辑系统可以嵌套量词的能力是一大进步，但却使用了晦涩的记法。现代的一阶逻辑记法大部分来自于朱塞佩·皮亚诺（Giuseppe Peano）（Peano, 1889），其语义本质上与弗雷格相同。奇怪的是，皮亚诺的公理却很大程度上来自（Grassmann, 1861）和（Dedekind, 1888）。

　　利奥波德·勒文海姆（Leopold Löwenheim）（Löwenheim, 1915）系统性地论述了一阶逻辑的模型论，包括首先恰当地论述了等词符号。勒文海姆的结果被陶拉尔夫·斯科伦（Thoralf Skolem）（Skolem, 1920）进一步发展。艾尔弗雷德·塔尔斯基（Alfred Tarski）（Tarski, 1935, 1956）用集合论给出了一阶逻辑中真值和模型论上满足的定义。

　　约翰·麦卡锡（McCarthy, 1958）为将一阶逻辑引入为构建人工智能系统的工具做出的主要贡献。鲁滨逊（Robinson, 1965）对归结——一种一阶逻辑推断的完备过程——的发展极大地推进了基于逻辑的人工智能的进步。逻辑主义学派起源于斯坦福大学。科德尔·格林（Green, 1969a, 1969b）开发了一阶逻辑推理系统 QA3，促使了在斯坦福研究所（SRI）进行的首次构建逻辑机器人的尝试（Fikes and Nilsson, 1971）。一阶逻辑被祖海尔·曼纳（Zohar Manna）和理查德·瓦尔丁格（Richard Waldinger）（Manna and Waldinger, 1971）用于对程序进行推理，随后被迈克尔·吉内塞雷斯（Genesereth, 1984）用于对电路进行推理。在欧洲，逻辑编程（一阶逻辑推理的一种受限形式）被开发用于语言学分析（Colmerauer *et al.*, 1973）和一般的陈述性系统（Kowalski, 1974）。计算逻辑也在爱丁堡通过 LCF（可计算函数逻辑）项目得到长足发展（Gordon *et al.*, 1979）。这些发展将在第 9 章和第 10 章中进一步重现。

用一阶逻辑构建的实际应用还包括用于评估电子产品制造要求的系统（Mannion, 2002）、用于推理文件访问和数字权利管理策略的系统（Halpern and Weissman, 2008）以及自动编写网络服务的系统（McIlraith and Zeng, 2001）。

对沃尔夫假说（Whorf, 1956）和更一般的语言与思维问题的反应体现在多本著作中（Pullum, 1991; Pinker, 2003），包括书名看起来对立的著作（尽管两位作者都认同差异是存在的，但这种差异非常微小）《话/镜：世界因语言而不同》（*Why the World Looks Different in Other Languages*）（Deutscher, 2010）和 *Why The World Looks the Same in Any Language*（McWhorter, 2014）。"理论"（theory）理论（Gopnik and Glymour, 2002; Tenenbaum *et al.*, 2007）将儿童对世界的学习类比为科学理论的构建。正如机器学习算法的预测强烈地依赖于为它提供的词汇表，儿童对理论的构建也依赖于学习时所处的语言环境。

有许多一阶逻辑的入门教材，包括一些逻辑学历史上的先驱的作品，如（Tarski, 1941）、（Church, 1956）和（Quine, 1982）（这是最易读的一本）。恩德顿（Enderton, 1972）提供了更为数学性的观点。贝尔和马乔弗（Bell and Machover, 1977）提供了对一阶逻辑的高度形式化论述，以及许多逻辑中的高阶主题。曼纳和瓦尔丁格（Manna and Waldinger, 1985）用易读的方式从计算机科学的视角介绍了逻辑，胡思和瑞安（Huth and Ryan, 2004）也一样，但专注于程序验证。巴维斯和埃切曼迪（Barwise and Etchemendy, 2002）使用的方法与本书类似。斯穆利安（Smullyan, 1995）则用表格形式简洁地呈现结果。加利耶（Gallier, 1986）则对一阶逻辑进行了非常严谨的数学阐述，并含有大量材料介绍一阶逻辑在自动推理中的应用。*Logical Foundations of Artificial Intelligence*（Genesereth and Nilsson, 1987）即是扎实的逻辑学入门书籍，也首次系统性地阐述了具有感知和行动的逻辑智能体。还有两本很棒的手册：（van Bentham and ter Meulen, 1997）和（Robinson and Voronkov, 2001）。纯数学逻辑的著名期刊是 *Journal of Symbolic Logic*，而 *Journal of Applied Logic* 则注重更偏向于人工智能的主题。

第 9 章

一阶逻辑中的推断

在本章中，我们定义有效的过程来回答用一阶逻辑提出的问题。

在本章中，我们阐述能够回答所有可解的一阶逻辑问题的算法。9.1 节介绍量词的推断规则，并展示如何将一阶逻辑推断约简为命题逻辑推断，尽管这样做代价巨大。9.2 节描述了如何用**合一**来构建直接用于一阶逻辑的推断规则。随后我们讨论一阶逻辑推断的 3 类主要算法：**前向链接**（9.3 节）、**反向链接**（9.4 节）和**基于归结的定理证明**（9.5 节）。

9.1 命题推断与一阶推断

进行一阶推断的方法之一是将一阶知识库转换为命题逻辑并使用我们已知的命题推断。第一步是消去全称量词。例如，假设我们的知识库含有典型的朴素道德公理，认为所有贪婪的国王都是邪恶的：

$$\forall x \; King(x) \wedge Greedy(x) \Rightarrow Evil(x)$$

由此我们可以推断出下列任一语句：

$$King(John) \wedge Greedy(John) \Rightarrow Evil(John)$$
$$King(Richard) \wedge Greedy(Richard) \Rightarrow Evil(Richard)$$
$$King(Father(John)) \wedge Greedy(Father(John)) \Rightarrow Evil(Father(John))$$
$$\cdots$$

一般来说，**全称量词实例化**（universal instantiation，UI）表明我们可以通过用**基本项**（没有变量的项）置换全称量化的变量来推断任意语句。[①]

我们使用 8.3 节介绍过的置换来形式化地写出推断规则。令 $\text{SUBST}(\theta, \alpha)$ 表示对语句 α 应用置换 θ 后的语句。则对于任意变量 v 和基本项 g，规则写作

$$\frac{\forall v \; \alpha}{\text{SUBST}(\{v/g\}, \alpha)}$$

前述的 3 条语句就是分别用置换 $\{x/John\}$、$\{x/Richard\}$ 和 $\{x/Father(John)\}$ 得到的。

类似地，**存在量词实例化**（existential instantiation）用一个新的常量符号替换存在量化的变量。其形式化描述如下：对于任意语句 α、变量 v 和未在知识库其他地方出现的常量符号 k，

$$\frac{\exists v \; \alpha}{\text{SUBST}(\{v/k\}, \alpha)}$$

---

① 不要把此处的置换与 8.2.6 节用于定义量词语义的扩展解释搞混了。置换用项（term，语法片段）代替变量来产生新的语句，而解释将变量映射到论域中的实例。

例如，由语句

$$\exists x \ Crown(x) \land OnHead(x, John)$$

我们可以推断出语句

$$Crown(C_1) \land OnHead(C_1, John)$$

只要 C_1 未在知识库的其他地方出现。简单来说，存在语句表明存在满足某个条件的对象，运用存在实例化就是给这个对象命名。当然，这个名称不能已经属于其他对象。数学中有一个很好的例子：假设我们发现有一个数字比 2.718 28 稍大，并满足等式 $d(x^y)/dy = x^y$ 中的 x。我们可以将这个数字命名为 e，但不能将其命名为已经存在的对象名，如 π。在逻辑中，新的名称被称为**斯科伦常量**（Skolem constant）。

全称量词实例化可以多次用于同一条公理来产出许多不同结果，而存在量词实例化只需要使用一次，随后就可以丢掉存在量化的语句。例如，一旦我们添加了语句 $Kill(Murderer, Victim)$ 的话，就不再需要 $\exists x \ Kill(x, Victim)$。

约简为命题推断

我们现在展示如何将任意一阶知识库转换为命题知识库。第一个想法是，正如存在量化语句能够用一个实例代替一样，全称量化语句也可以用所有可能实例的集合代替。例如，假设我们的知识库仅含有语句

$$
\begin{aligned}
&\forall x \ King(x) \land Greedy(x) \Rightarrow Evil(x)\\
&King(John)\\
&Greedy(John)\\
&Brother(Richard, John)
\end{aligned}
$$
(9-1)

且对象仅有 John 和 Richard。我们用所有可能的置换，$\{x/John\}$ 和 $\{x/Richard\}$，对第一条语句应用全称量词实例化。我们得到

$$King(John) \land Greedy(John) \Rightarrow Evil(John)$$

$$King(Richard) \land Greedy(Richard) \Rightarrow Evil(Richard)$$

接下来用命题符号（如 *JohnIsKing*）替换基本原子语句（如 *King(John)*）。最后，用第 7 章的任意完备的命题算法得到如 *JohnIsEvil* 的结论，它等价于 *Evil(John)*。

正如我们将在 9.5 节中讨论的，这种**命题化**（propositionalization）技术可以被彻底一般化。然而，如果知识库中包含函数符号，可能的基本项置换集是无穷的！例如，如果知识库提到 *Father* 函数，就可以构建像 *Father(Father(Father(John)))* 这样的无穷多的嵌套项。

幸运的是，雅克·埃尔布朗（Jacques Herbrand）针对这一现象提出了著名的定理，即如果语句被原始的一阶知识库蕴含，则存在仅涉及命题化知识库的有限子集的证明（Herbrand, 1930）。由于任意这样的子集都有其基本项的最大嵌套深度，我们可以通过先生成含有常量符号（*Richard* 和 *John*）的所有实例化，然后再生成深度为 1 的所有项（*Father(Richard)* 和 *Father(John)*），然后是深度为 2 的所有项，以此类推，直到我们能够构建所蕴含语句的命题证明。

我们已经概述了通过命题化进行一阶逻辑推断的**完备**方法，也就是，所有蕴含的语句都可以被证明。这是一个重大的成就，特别是在可能模型的空间无限大的情况下。但是，在证明完

成前我们并不知道语句是被蕴含的！如果语句并不被蕴含怎么办？我们能证明吗？实际上，对于一阶逻辑，答案是否定的。我们的证明程序会一直运行，生成越来越深的嵌套项，但我们不知道它是陷入绝望的循环，还是就快要得出证明结果。这非常类似于图灵机的停机问题。艾伦·图灵（Turing, 1936）和阿朗佐·丘奇（Church, 1936）分别以不同方式证明了这种情况的不可避免性。一阶逻辑的蕴含问题是**半可判定的**，也就是，存在能判定所有蕴含的语句的算法，却不存在能够判定所有不蕴含的语句的算法。

9.2 合一与一阶推断

眼尖的读者可能已经注意到命题化方法生成了许多不必要的全称量化语句的实例。我们希望有一个方法，仅使用一条规则，以如下方式推理出 $\{x/John\}$ 解答了查询 $Evil(x)$：给定贪婪的国王都是邪恶的这条规则，找出某个 x 使得 x 为国王且 x 是贪婪的，进而推断出这个 x 是邪恶的。更一般地说，如果存在某个置换 θ 使得每个蕴涵式前提的合取子句与知识库中的语句完全相同，那么我们就在应用 θ 后，断言蕴涵式的结论。这种情况下，置换 $\theta=\{x/John\}$ 能达到这一目的。假设现在我们不知道 $Greedy(John)$，但我们知道所有人都是贪婪的：

$$\forall y\ Greedy(y) \tag{9-2}$$

则我们仍然能够断定 $Evil(John)$，因为我们知道约翰是国王（已给定）且约翰是贪婪的（因为每个人都是贪婪的）。为了能采取这种做法，我们需要找出一个置换，来同时取代蕴涵语句中的变量和知识库中待匹配语句中的变量。这种情况下，对蕴涵式的前提 $King(x)$ 和 $Greedy(x)$ 使用置换 $\{x/John, y/John\}$ 就会使它们完全相同。这样我们可以推断出蕴涵式的后件。

这种推断过程可以表述为一条单独的推断规则被称为**一般化肯定前件**[①]（generalized Modus Ponens）。对于原子语句 p_i、p_i' 和 q，存在置换 θ 使得对所有 i 有 $\text{SUBST}(\theta, p_i') = \text{SUBST}(\theta, p_i)$，有

$$\frac{p_1',\ p_2',\cdots,p_n',\ (p_1 \wedge p_2 \wedge \cdots \wedge p_n \Rightarrow q)}{\text{SUBST}(\theta, q)}$$

这条规则有 $n+1$ 个前提：n 个原子语句 p_i' 和一个蕴涵式。结论是对后件 q 运用置换 θ 的结果。对我们的例子来说：

p_1' 是 $King(John)$	p_1 是 $King(x)$
p_2' 是 $Greedy(y)$	p_2 是 $Greedy(x)$
θ 是 $\{x/John, y/John\}$	q 是 $Evil(x)$
$\text{SUBST}(\theta, q)$ 是 $Evil(John)$	

很容易证明一般化肯定前件是可靠的推断规则。首先，我们观察到，对于任意语句 p（假设其变量是全称量化的）和任意置换 θ，

$$p \vDash \text{SUBST}(\theta, p)$$

根据全称量词实例化为真。特别地，它对于满足一般化肯定前件规则条件的 θ 为真。因此，我们可以从 $p_1',\cdots,p_n'$ 推断

[①] 一般化肯定前件比肯定前件（7.5.1 节）更一般化，因为已知的事实和蕴涵式的前提只需要与一个置换匹配，而不需要完全一致。但肯定前件允许任意语句 α 作为前提，而非仅是原子语句的合取。

$$\text{Subst}(\theta, p'_1) \wedge \cdots \wedge \text{Subst}(\theta, p'_n)$$

并且，从蕴涵式 $p_1 \wedge \cdots \wedge p_n \Rightarrow q$ 我们可以推断

$$\text{Subst}(\theta, p_1) \wedge \cdots \wedge \text{Subst}(\theta, p_n) \Rightarrow \text{Subst}(\theta, q)$$

现在，一般化肯定前件规则中的 θ 已被定义为对所有 i 使得 $\text{Subst}(\theta, p'_i) = \text{Subst}(\theta, p_i)$，因此这两条语句中，第一条语句正好匹配第二条语句的前提。根据肯定前件规则可得 $\text{Subst}(\theta, q)$。

一般化肯定前件是肯定前件的**提升**版——它将肯定前件从基本（无变量的）命题逻辑提升到一阶逻辑。我们将在本章其余部分看到第 7 章中的前向链接、反向链接和归结算法的提升版。提升版推断规则相比于命题化的重要优势在于，提升版推断规则只需必要的置换就可以进行特定的推断。

9.2.1　合一

提升版推断规则需要找出使不同的逻辑表达式看起来相同的置换。这一过程被称作**合并**（unification），是所有一阶逻辑推断算法的重要组成部分。Unify 算法接收两条语句作为输入，如果存在置换，则为它们返回一个**合一子**（unifier），即返回这个置换：

$$\text{Unify}(p, q) = \theta \quad \text{其中} \quad \text{Subst}(\theta, p) = \text{Subst}(\theta, q)$$

我们用一个例子来展示 Unify 的工作方式。假设有查询 $AskVar(Knows(John, x))$：约翰认识谁？这条查询的答案可以通过找出知识库中所有与 $Knows(John, x)$ 合一的语句来找到。此处有与 4 条不同语句合并而来的结果，它们可能在知识库中：

$$\text{Unify}(Knows(John, x), Knows(John, Jane)) = \{x/Jane\}$$

$$\text{Unify}(Knows(John, x), Knows(y, Bill)) = \{x/Bill, y/John\}$$

$$\text{Unify}(Knows(John, x), Knows(y, Mother(y))) = \{y/John, x/Mother(John)\}$$

$$\text{Unify}(Knows(John, x), Knows(x, Elizabeth)) = failure$$

最后一条合一失败了，因为 x 不能同时取值为 $John$ 和 $Elizabeth$。但我们知道 $Knows(x, Elizabeth)$ 的意思是"所有人都认识伊丽莎白"，因此我们应该可以推断出约翰认识伊丽莎白。之所以出现问题是因为两条语句恰好使用了相同的变量名 x。对要合一的两条语句中的一条进行**标准化分离**（standardizing apart），也就是对其变量进行重命名来避免名称冲突，就可以解决这一问题。例如，我们可以将 $Knows(x, Elizabeth)$ 中的 x 重命名为（新变量名）x_{17} 而不会改变其含义。现在就可以进行合一了：

$$\text{Unify}(Knows(John, x), Knows(x_{17}, Elizabeth)) = \{x/Elizabeth, x_{17}/John\}$$

习题 9.STAN 深入探讨了标准化分离的必要性。

还有一个麻烦：我们说过 Unify 应当返回使两个参数看起来相同的置换。但这样的合一子可能不止一种。例如，$\text{Unify}(Knows(John, x), Knows(y, z))$ 可能返回 $\{y/John, x/z\}$ 或者 $\{y/John, x/John, z/John\}$。第一个合一子的结果是 $Knows(John, z)$，而第二个合一子的结果是 $Knows(John, John)$。第二个结果可以在第一个结果的基础上置换 $\{z/John\}$ 得出，因此我们说第一个合一子比第二个更一般化，因为它对变量的值的限制更少。

每一对可合一的表达式都有一个**最一般合一子**（most general unifier，MGU），在不考虑变量的重命名和置换的情况下，它是唯一的。例如，$\{x/John\}$ 和 $\{y/John\}$ 被看作是等价的，$\{x/John, y/John\}$ 和 $\{x/John, y/x\}$ 也是等价的。

图 9-1 展示了一个用于计算最一般合一子的算法。这一过程很简单：同时递归地交替探索两个表达式，并在这个过程中创建合一子，如果结构中的两个对应点不匹配则返回失败。这个过程中存在一个高代价的步骤：当匹配某变量和一个复合项时，必须检查这个变量是否出现在这一复合项中；如果是，则匹配失败，因为无法构建一致的合一子。例如，$S(x)$ 无法与 $S(S(x))$ 合一。这种**出现检验**（occur check）使得整个算法的复杂性是待合一的表达式规模的二次方。包括许多逻辑编程系统在内的一些系统干脆取消了出现检验，将避免不可靠推断的责任推给用户。其他系统则使用具有线性复杂性的更为复杂的合一算法。

---

function UNIFY(x, y, θ=$empty$) **returns** 使 x 和 y 相同的置换，或 $failure$

    if $\theta = failure$ **then return** $failure$

    else if $x = y$ **then return** θ

    else if VARIABLE?(x) **then return** UNIFY-VAR(x, y, θ)

    else if VARIABLE?(y) **then return** UNIFY-VAR(y, x, θ)

    else if COMPOUND?(x) **and** COMPOUND?(y) **then**

        return UNIFY(ARGS(x), ARGS(y), UNIFY(OP(x), OP(y), θ))

    else if LIST?(x) **and** LIST?(y) **then**

        return UNIFY(REST(x), REST(y), UNIFY(FIRST(x), FIRST(y), θ))

    else return $failure$

function UNIFY-VAR(var, x, θ) **returns** 一个置换

    if 对于一些 val 有 $\{var/val\} \in \theta$ **then return** UNIFY(val, x, θ)

    else if 对于一些 val 有 $\{x/val\} \in \theta$ **then return** UNIFY(var, val, θ)

    else if OCCUR-CHECK?(var, x) **then return** $failure$

    else return 将 $\{var/x\}$ 添加到 θ

图 9-1 合一算法。参数 x 和 y 可以是任意表达式：一个常量或者一个变量，或复合表达式（如复合的语句或项），或一系列表达式。参数 θ 是一个置换，初始值为空置换，但会随着我们在输入、逐个比较表达式元素的递归中加入 $\{var/val\}$。在如 $F(A, B)$ 的复合表达式中，OP(x) 函数提取函数符号 F 而 ARGS(x) 函数提取参数表 (A,B)

9.2.2　存储与检索

用于告知和询问知识库的 TELL、ASK 和 ASKVAR 函数的底层是更基本的 STORE 和 FETCH 函数。STORE(s) 将语句 s 存入知识库，而 FETCH(q) 返回所有使查询 q 与知识库中某个语句合一的合一子。之前我们用于解释合一的例题（找出能与 $Knows(John, x)$ 合一的所有事实）就是 FETCH 的一个实例。

实现 STORE 和 FETCH 最简单的方式就是在一个长列表中列出所有事实，并将每个查询与列表中的每个元素合一。这种过程很低效，却可以正常工作。本节余下部分将概述使检索更为高效的方法。

我们可以通过确保仅对有一定合一可能的语句进行合一来使 FETCH 更高效。例如，合一 $Knows(John, x)$ 和 $Brother(Richard, John)$ 就没什么意义。我们可以通过**索引**知识库中的事实来避免这种合一。一种叫作**谓词索引**的简单方法将所有 $Knows$ 开头的事实放入一个存储桶内，而将所有 $Brother$ 开头的事实放入另一个存储桶内。而这些存储桶可以用哈希表存储，以提高效率。

谓词索引对于谓词符号很多而每个符号只有少量子句的情形非常有用。但有时，一个谓词有许多子句。例如，假设税务部门想用谓词 $Employs(x, y)$ 掌握雇佣关系情况。这就会形成一个非常大的存储桶，其中很可能有几百万雇主和几千万雇员。用谓词索引方法回答如 $Employs(x,$

Richard)这样的查询就需要搜索整个存储桶。

对于这类特殊的查询，如果除谓词外再使用第二个参数一起索引事实的话，就可能改善效率。这种方法也许要用到组合的哈希表键值。这样我们只要用查询构造键值，就能精确地检索到能与查询合一的事实。对于其他查询，如 *Employs(IBM, y)*，我们可能需要结合谓词和第一个参数来索引事实。因此，事实可以存储在多个索引键值之下，以便各种可能与之合一的查询迅速地找到它们。

给定要存储的语句，可以对所有可能与之合一的查询构建索引。对于 *Employs(IBM, Richard)* 这样的事实，查询为

Employs(IBM, Richard)（IBM 是否雇佣了理查？）

Employs(x, Richard)（谁雇佣了理查？）

Employs(IBM, y)（IBM 雇佣了谁？）

Employs(x, y)（谁雇佣了谁？）

这些查询构成了一个**包容格**（subsumption lattice），如图 9-2a 所示。包容格具有一些有趣的性质。格中任意节点的子节点都是对父节点进行一次置换而来，而任意两个节点的"最高"共同后代则是应用最一般合一子的结果。具有重复常量的语句的格略有不同，如图 9-2b 所示。尽管函数符号并未在图中体现，但它们也可以被纳入这种格结构中。

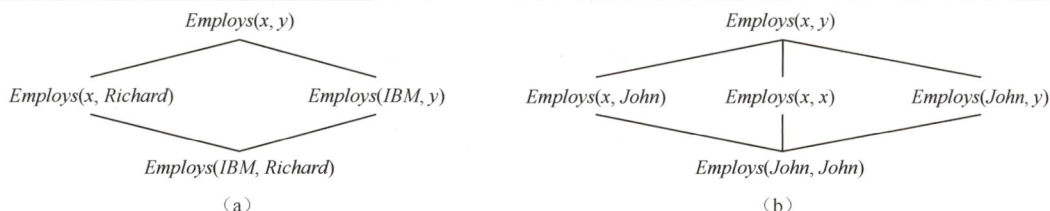

图 9-2 （a）最低节点为 *Employs(IBM, Richard)* 的包容格。（b）语句 *Employs(John, John)* 的包容格

对于只有少量参数的谓词符号，为包容格中每一个点创建一个索引是一种很好的权衡。这增加了一点点存储时间，但节省了检索时间。然而，对于有 n 个参数的谓词，其包容格含有 $O(2^n)$ 个节点。如果允许函数符号的话，节点的数量同样是要存储的语句中项的数量的指数级。这就会导致大量的索引。

我们不得不采用一些方法将索引的范围限制为可能被查询频繁使用的节点，否则我们花在创建索引上的时间可能比使用索引而节省的时间还多。我们可以采取固定的策略，譬如只维护键值由一个谓词和单个参数构成的索引。我们还可以习得一种自适应的策略，它能够创建索引来满足各类查询的要求。对于事实数量以十亿计的商用数据库，一直有对这一课题的大量的研究、技术开发和持续改进。

9.3 前向链接

在 7.5 节中我们展示了用于命题确定子句知识库的前向链接算法。本节我们拓展这个概念以涵盖一阶确定子句。

当然，有一些逻辑语句无法被表述为确定子句，因此也无法用这种方法处理。但形如 *Antecedent* ⇒ *Consequent* 的规则足以涵盖许多有趣的真实世界系统。

9.3.1   一阶确定子句

一阶确定子句是文字的析取式，其中必须有且仅有一个正文字。这意味着确定子句要么是原子的，要么是前件为正文字的合取、后件为单个正文字的蕴涵式。存在量词在此处不能使用，而全称量词则被隐式地表示：如果你在确定子句中看到 x，就意味着有隐含的 $\forall x$ 量词。典型的一阶逻辑确定子句如下：

$$King(x) \wedge Greedy(x) \Rightarrow Evil(x)$$

但文字 $King(x)$ 和 $Greedy(y)$ 也可以看作确定子句。一阶文字可以含有变量，因此 $Greedy(y)$ 被解释为"每个人都是贪婪的"（全称量词是隐含的）。

我们用确定子句表示如下问题：

> 法律规定，美国人将武器出售给敌对国家是犯罪行为。诺诺（Nono）国是美国的敌人，它拥有一些导弹，所有导弹都是韦斯特（West）上校出售给它的，而韦斯特上校是美国人。

首先，我们用一阶确定子句表示这些事实。

"……美国人将武器出售给敌对国家是犯罪行为"：

$$American(x) \wedge Weapon(y) \wedge Sells(x, y, z) \wedge Hostile(z) \Rightarrow Criminal(x) \tag{9-3}$$

表示"诺诺国……拥有一些导弹"的语句$\exists x\, Owns(Nono, x) \wedge Missile(x)$被转换为两个存在量化的确定子句，其中引入了新的常量 M_1：

$$Owns(Nono, M_1) \tag{9-4}$$
$$Missile(M_1) \tag{9-5}$$

"所有导弹都是韦斯特上校出售给它的"：

$$Missiles(x) \wedge Owns(Nono, x) \Rightarrow Sells(West, x, Nono) \tag{9-6}$$

我们还需要知道导弹是武器：

$$Missile(x) \Rightarrow Weapon(x) \tag{9-7}$$

且我们必须知道美国的敌人是"敌对的"：

$$Enemy(x, America) \Rightarrow Hostile(x) \tag{9-8}$$

"而韦斯特上校是美国人……"：

$$American(West) \tag{9-9}$$

"诺诺国是美国的敌人……"：

$$Enemy(Nono, America) \tag{9-10}$$

这个知识库恰好是一个**数据日志**（datalog）知识库：数据日志是由不含函数符号的一阶确定子句组成的语言。它能够表示由关系数据库生成的陈述类型，故得名。没有了函数符号使推断更容易。

9.3.2   简单的前向链接算法

图 9-3 展示了简单的前向链接推断算法。它从已知事实开始，触发所有前提被满足的规则，将结论添加到已知事实中。这一过程不断重复，直到查询得到回答（假设只需要一个回答）或

没有新的事实被添加。注意，如果一个事实只是某个已知事实的**重命名**，也就是只有变量名字不同的语句，那它就不是一个"新"事实。例如，*Likes*(*x*, *IceCream*) 与 *Likes*(*y*, *IceCream*) 互为重命名。它们都意味着相同的事情："每个人都喜欢冰激凌"。

---

function FOL-FC-ASK(*KB*, *α*) **returns** 一个置换或false
 inputs: *KB*, 知识库，一个一阶确定子句集
    α, 查询，一个原子语句

 while true **do**
  new ← {} //每次迭代推断出的新语句集
  for each *rule* **in** *KB* **do**
   (p_1 ∧ ⋯ ∧ p_n ⇒ *q*) ← STANDARDIZE-VARIABLES(*rule*)
   for each *θ* 使得对于某些*KB*中的p'_1, ⋯, p'_n有SUBST ($θ$, p_1 ∧ ⋯ ∧ p_n) = SUBST ($θ$, p'_1 ∧ ⋯ ∧ p'_n)
    q' ← SUBST(*θ*, *q*)
    if *q'* 不能与已经在*KB*或*new*中的语句合一 **then**
     将*q'*添加到*new*
     φ ← UNIFY(*q'*, *α*)
     if *φ*不为*failure* **then return** *φ*
  if *new* = {} **then return** false
  将*new*添加到*KB*

图 9-3 一个概念上很直观，但低效的前向链接算法。每次迭代，它都将那些用一步就可以从已经在 *KB* 中的蕴涵语句和原子语句推断出的原子语句添加到 *KB* 中。函数 STANDARDIZE-VARIABLES 用先前未使用过的变量替换其所有的参数

下面我们使用前面的犯罪问题来解释 FOL-FC-ASK。可用于链接的蕴涵语句为式（9-3）、式（9-6）、式（9-7）和式（9-8）。这里需要两次迭代。

- 第一次迭代中，规则式（9-3）的前提未满足。
  {*x*/M_1}满足规则式（9-6），添加*Sells*(*West*, M_1, *Nono*)。
  {*x*/M_1}满足规则式（9-7），添加*Weapon*(M_1)。
  {*x*/*Nono*}满足规则式（9-8），添加*Hostile*(*Nono*)。
- 第二次迭代中，规则式（9-3）被{*x*/*West*, *y*/M_1, *z*/*Nono*}满足，添加推断*Criminal*(*West*)。

图 9-4 展示了所生成的证明树。注意，此时已不可能再产生新的推断，因为每个可以用前向链接得出的语句已经显式地被纳入知识库。这种知识库被称为推断过程的**不动点**。对一阶确定子句使用前向链接得到的不动点与命题前向链接中的类似（7.5.4 节），主要的区别在于一阶逻辑不动点可以含有全称量化的原子语句。

FOL-FC-ASK 很容易分析。首先，它是**可靠的**，因为每个推断都是对一般化肯定前件的应用，而一般化肯定前件是可靠的。其次，它对于确定子句知识库是**完备的**，也就是说，它能够对所有答案蕴涵在确定子句知识库中的查询做出回答。

对于不含有函数符号的数据日志知识库，完备性的证明相当简单。先对可能被添加的事实进行计数，这决定着迭代的次数。令 *k* 为最大**元数**（参数的数量），*p* 为谓词数量，*n* 为常量符号的数量。显然，基本事实的数量不可能超过 pn^k 个，因此在这么多次迭代后，算法必然已经到达了不动点。然后我们就可以得出论据，它非常类似于命题前向链接完备性的证明。（见 7.5.4 节。）如何从命题逻辑完备性转进到一阶逻辑完备性的细节在 9.5 节介绍归结算法时给出。

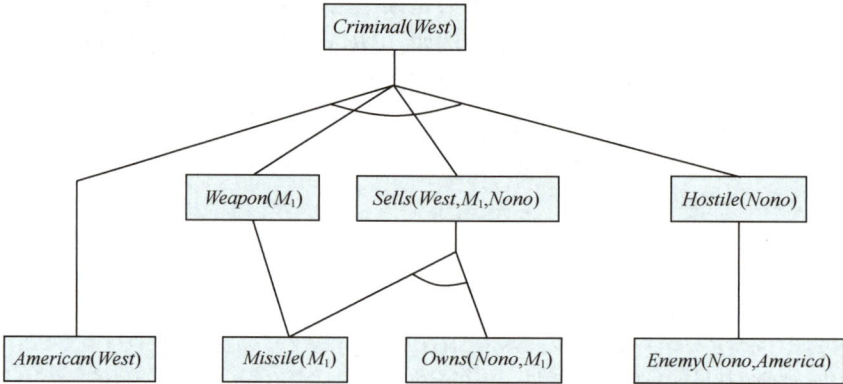

图 9-4　前向链接算法为犯罪问题生成的证明树。最早的事实出现在最下层，第一次迭代推断得到的事实在中间层，而第二次迭代推断得出的事实在最顶层

对于含有函数符号的一般确定子句，FOL-FC-Ask 会生成无穷多的新事实，因此我们需要非常小心。在查询语句 q 的答案被蕴含的情形下，我们只能凭借埃尔布朗定理（9.1.1 节）来证实算法将找到证明。（见 9.5 节的归结情形。）如果查询没有答案，算法在某些情况下就无法终止。例如，如果知识库含有皮亚诺公理

$$NatNum(0)$$

$$\forall n \; NatNum(n) \Rightarrow NatNum(S(n))$$

则前向链接将添加 $NatNum(S(0))$、$NatNum(S(S(0)))$、$NatNum(S(S(S(0))))$ 等。一般来说，这个问题是无法避免的。如我们在常规一阶逻辑中所见，确定子句的蕴含是半可判定的。

9.3.3　高效前向链接

图 9-3 所示的前向链接算法为了便于理解而牺牲了效率。低效的原因有 3 个。首先，算法的内层循环试图对知识库中的每一条规则和每一条事实进行匹配。其次，算法每次迭代都检查所有规则，尽管知识库只有少量更新。最后，算法会生成许多与目标无关的事实。我们依次解决这些问题。

1. 将规则与已知事实进行匹配

将规则的前提与知识库中的事实进行匹配的问题似乎很简单。例如，假设我们要应用规则

$$Missile(x) \Rightarrow Weapon(x)$$

则我们需要找出所有与 $Missile(x)$ 匹配的事实；被恰当索引的知识库可以在常量时间内对每个事实完成这项操作。现在考虑规则

$$Missile(x) \wedge Owns(Nono, x) \Rightarrow Sells(West, x, Nono)$$

同样，我们可以在常量时间内找出诺诺国拥有的所有对象，然后对于每个对象，我们可以检查它是否是导弹。但如果知识库含有许多诺诺国拥有的对象而其中只有极少数是导弹，先找出所有的导弹然后再检查它们是否被诺诺国所拥有就是更好的操作。这就是**合取子句排序**（conjunct ordering）问题：求解规则前提的合取子句的排序，使总代价最小。实际上找出最优排序是 NP 困难问题，不过可以使用很好的启发式算法求解。例如，在第 6 章用于 CSP 的**最小**

剩余值（MRV）启发式算法会建议，如果导弹的数量比诺诺国拥有的对象数量少，就对合取子句进行排序先查找导弹。

实际上，**模式匹配**与约束满足的联系十分紧密。我们可以将每个合取子句看作一条对它所包含的变量的约束，例如，$Missile(x)$是x的一元约束。拓展这种想法，就能将所有有限域CSP表示为单个确定子句和相关的基本事实。考虑图6-1中的地图着色问题，这里显示于图9-5a。图9-5b给出了其等价的单个确定子句形式。很明显，只有CSP有解，才可以推断出结论$Colorable()$。因为3-SAT问题是一般CSP的一个特例，我们可以断定，将确定子句与事实集进行匹配的问题是NP困难问题。

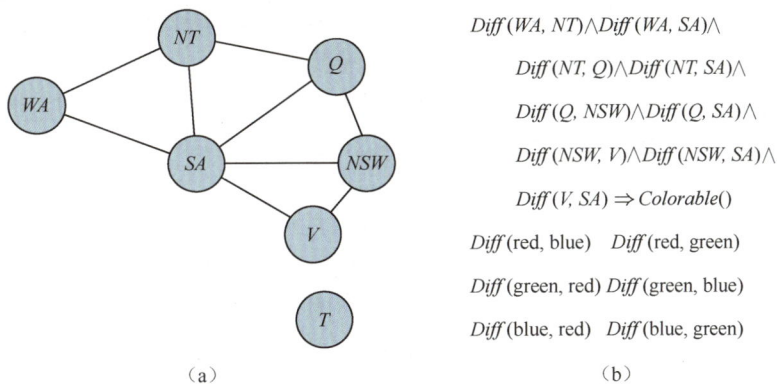

$$Diff(WA, NT) \land Diff(WA, SA) \land$$
$$Diff(NT, Q) \land Diff(NT, SA) \land$$
$$Diff(Q, NSW) \land Diff(Q, SA) \land$$
$$Diff(NSW, V) \land Diff(NSW, SA) \land$$
$$Diff(V, SA) \Rightarrow Colorable()$$

$Diff$(red, blue)　$Diff$(red, green)

$Diff$(green, red)　$Diff$(green, blue)

$Diff$(blue, red)　$Diff$(blue, green)

（a）　　　　　　　　　　　　　（b）

图9-5　（a）用于为澳大利亚地图着色的约束图。（b）用单个确定子句表示的地图着色CSP。每个地图区域都用变量表示，变量的值可以为常量red、green、blue（使用$Diff$声明）

前向链接的内层循环含有NP困难的匹配问题看起来相当令人沮丧。但还是有3种方法能令我们振奋起来。

- 我们可以发现，真实世界知识库的大部分规则是简洁的（如同犯罪例子中所示），而不是繁复的（如图9-5所示的CSP形式化）。在数据库世界中，很常用的假设是规则的长短和谓词的元数都限于一个常数，只需关心**数据复杂性**的问题，也就是，形式为知识库中基本事实数量的函数的推断复杂性。很容易证明前向链接的数据复杂性是多项式级别的，而非指数量级的。

- 我们可以考虑使匹配变得高效的规则的子类别。本质上，所有数据日志子句都可以视作定义一个CSP，因此，如果对应的CSP容易求解，则匹配也容易求解。第6章描述了几种易解的CSP。例如，如果约束图（节点为变量，边为约束的图）构成一棵树，那么CSP就可以在线性时间内求解。完全相同的情况对匹配也成立。例如，如果我们从图9-5的地图中去掉南澳大利亚州SA，得到的子句就是：

$$Diff(WA, NT) \land Diff(NT, Q) \land Diff(Q, NSW) \land Diff(NSW, V) \Rightarrow Colorable()$$

  它对应于6.5.1节的图6-12所示的简化CSP。用于求解树状结构CSP的算法可以直接用来求解规则匹配问题。

- 我们可以试着消除前向链接算法中冗余的规则匹配尝试，如下一部分内容所述。

2. 增量前向链接

我们先前在解释前向链接算法在犯罪问题示例中的工作方式时作弊了。具体而言，我们省

略了由图 9-3 所示的算法完成的规则匹配。例如，在第二次迭代中，规则

$$Missile(x) \Rightarrow Weapon(x)$$

（第二次）匹配到了 $Missile(M_1)$，当然地，结论 $Weapon(M_1)$ 已知，因此什么都没发生。如果我们有如下的观察：所有在第 t 次迭代中推断出的新事实必然是从至少一个在第 $t-1$ 次迭代中推断出的新事实推得的，就可以避免这种多余的规则匹配。这是正确的，因为所有不需要来自第 $t-1$ 次迭代的新事实的推断，肯定在第 $t-1$ 次迭代时就已经得出了。

这一观察结果自然地引出增量前向链接算法，其中在第 t 次迭代时，我们仅检查前提含有合取子句 p_i 的规则，p_i 能够与在第 $t-1$ 次迭代新产生的事实 p_i' 合一。规则匹配步骤随后固定 p_i 来与 p_i' 合一，但允许规则的其他合取子句与任意先前迭代产生的事实匹配。这个算法在每次迭代中生成的事实与图 9-3 所示的算法完全一致，但高效得多。

如果有合适的索引，就很容易找到所有能够由任意已知事实触发的规则。很多真实系统在"更新"模式下运作，也就是每次收到 TELL 时都以前向链接作为回应。推断在规则集上逐级运行，直到达到不动点。这一过程对下一个新事实重复执行。

一般来说，知识库中只有少部分规则是由新添加的已知事实而触发的。这就意味着在反复构建某些前提不满足的部分匹配时产生了大量冗余的工作。我们的犯罪问题示例由于太简单而无法很好地展示这种情形，但注意，第一次迭代中构建了一个规则

$$American(x) \land Weapon(y) \land Sells(x,y,z) \land Hostile(z) \Rightarrow Criminal(x)$$

和事实 $American(West)$ 的部分匹配。这一部分匹配被丢弃，并在第二次迭代中重新构建（当规则匹配成功时）。比较好的做法是，保留部分匹配，并在新事实到来时逐步补全部分匹配而非直接丢弃它们。

Rete 算法（Rete algorithm）[1] 首先求解了这一问题。算法对知识库中的规则集进行预处理来构建一个数据流网络，其中每个节点是规则前提中的一个文字。变量绑定在网络中流动，并在无法匹配某个文字时被过滤掉。如果一条规则中的两个文字共用一个变量，例如犯罪示例中的 $Sells(x,y,z) \land Hostile(z)$，则每个文字的绑定会被一个相等节点过滤。当变量绑定到达一个 n 元文字（如 $Sells(x,y,z)$）的节点时，可能需要在过程继续运行前等待其他变量绑定的建立。在任意给定时刻，Rete 网络的状态都会捕获所有规则的部分匹配，避免了大量的重新计算。

Rete 网络和以它为基础的各种改进已经成为了所谓的**产生式系统**（production system）的关键组成部分。产生式系统是最早被大量使用的前向链接系统之一。[2] XCON 系统（最初被称为 R1；McDermott, 1982）就是用产生式系统的结构构建的。XCON 含有用于为 DEC 公司的客户设计计算机部件规格的数千条规则。它是最早在专家系统这一新兴领域取得显著商业成功的系统之一。许多其他类似的系统都以相同的核心技术构建，这一技术已经在通用语言 OPS-5 中实现。

产生式系统在**认知架构**（cognitive architecture）中也很流行。认知架构也就是人类推理的模型，如 ACT（Anderson, 1983）和 SOAR（Laird et al., 1987）。在这些系统中，系统的"工作记忆"对人类的短期记忆进行建模，而产生式则是长期记忆的一部分。在每个操作周期中，产生式被匹配到事实的工作记忆。条件得到满足的产生式可以在工作记忆中添加或删除事实。相比于数据库中的典型情形，产生式系统往往有很多规则，却只有很少的事实。运用适当的优化匹配技

---

① Rete 是拉丁语"网"的意思。它与"条约"（treaty）的英语发音押韵。
② "产生式系统"中的"产生式"表示一种条件 – 行动规则。

术，系统可以在有几百万条规则的情况下实时运行。

3. 不相关事实

另一个低效的原因是前向链接允许所有基于已知事实的推断，即使它们与目标并不相关。在犯罪示例中，没有能够得出不相关结论的规则。但如果存在很多描述美国人饮食习惯，或导弹的部件及价格的规则，那么 FOL-FC-Ask 就会产生不相关结论。

一种避免得到不相关结论的方法是使用反向链接，在 9.4 节中将进行讨论。另一种方法是将前向链接限制到特意挑选的规则子集上，如 PL-FC-Entails? 所示（7.5.4 节）。第三种方法已经出现在**演绎数据库**（deductive database）中，这是一种大规模数据库，类似于关系数据库，但使用前向链接而非 SQL 查询作为标准推断工具。它的基本原理是使用目标信息重写规则集，以便在前向推理中只考虑相关的变量绑定，也就是那些属于所谓的**魔法集**（magic set）的绑定。例如，如果目标是 $Criminal(West)$，能得出 $Criminal(x)$ 的规则就会被重写，以便包含附加的、限制 x 的值的合取子句：

$$Magic(x) \wedge American(x) \wedge Weapon(y) \wedge Sells(x, y, z) \wedge Hostile(z) \Rightarrow Criminal(x)$$

事实 $Magic(West)$ 也被加入知识库中。这样，即使知识库含有关于几百万美国人的事实，也只有韦斯特上校会在前向链接中被考虑到。定义魔法集、重写知识库的完整过程过于复杂，在此不详细描述，但其基本概念是从目标进行某种"通用"的反向推断，以此来找出哪些变量绑定需要被约束。因此，魔法集方法可以被认为是一种前向推断和反向预处理的混合。

9.4 反向链接

另一种主要的逻辑推断算法对确定子句使用**反向链接**。这些算法从目标开始反向运行，链接规则以找出支持证明的已知事实。

9.4.1 反向链接算法

图 9-6 展示了用于确定子句的反向链接算法。如果知识库含有形如 $lhs \Rightarrow goal$ 的规则，就能证得 FOL-BC-Ask(KB, $goal$)，其中 lhs（左手侧）是合取子句列表。原子事实，如 $Americal(West)$ 被视为 lhs 为空列表的子句。现在，含有变量的查询可以用多种方式证明。例如，查询 $Person(x)$ 可以用置换 $\{x/John\}$ 和 $\{x/Richard\}$ 证明。因此，我们将 FOL-BC-Ask 实现为生成器，也就是能多次返回的函数，每次返回值给出一个可能的结果（见附录 B）。

反向链接是一种与或搜索——或的部分是由于目标查询可以用知识库中的任意规则证明，而与的部分是由于所有 lhs 中的合取子句都必须被证明。FOL-BC-Or 的工作方式是抓取所有可能与目标合一的子句，将子句中的变量标准化为全新变量，如果子句的 rhs 确实能够与目标合一，就使用 FOL-BC-And 证明 lhs 中的所有合取子句。这个函数的工作方式是轮流证明合取子句，并记录运行中积累的所有置换。图 9-7 是从式（9-3）到式（9-10）推导 $Criminal(West)$ 的证明树。

如前所述，反向链接明显是深度优先搜索算法。这意味着其空间需求与证明规模呈线性关系，也意味着反向链接（不同于前向链接）受制于重复状态和不完备性。尽管有这些局限，事实表明反向链接在逻辑编程语言中仍然是非常流行且有效的。

---

function FOL-BC-Ask(*KB*, *query*) **returns** 置换生成器
  return FOL-BC-Or(*KB*, *query*, {})

function FOL-BC-Or (*KB*, *goal*, θ) **returns** 一个置换
  for each *ruls* **in** Fetch-Rules-For-Goal(*KB*, *goal*) **do**
    (*lhs* $\Rightarrow$ *rhs*) $\leftarrow$ Standardize-Variables(*rule*)
    for each θ' **in** FOL-BC-And(*KB*, *lhs*, Unify(*rhs*, *goal*, θ)) **do**
      yield θ'

function FOL-BC-And(*KB*, *goals*, θ) **returns** 一个置换
  if θ = *failure* **then return**
  else if Length(*goals*) = 0 **then yield** θ
  else
    first, *rest* $\leftarrow$ First(*goals*), Rest(*goals*)
    for each θ' **in** FOL-BC-Or(*KB*, Subst(θ, *first*), θ) **do**
      for each θ'' **in** FOL-BC-And(*KB*, *rest*, θ') **do**
        yield θ''

图 9-6   用于一阶知识库的简单的反向链接算法

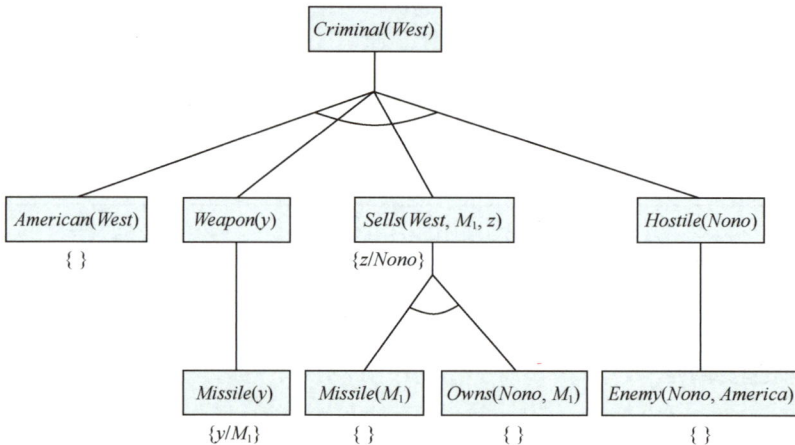

图 9-7   使用反向链接构建证明树来证明韦斯特是有罪的。树的阅读方式是深度优先，从左至右。要证明 *Criminal*(*West*)，我们必须先证明其下方的 4 个合取子句。其中一些在知识库中，而另一些需要进一步反向链接。每次成功置换的绑定显示在对应的子目标旁边。注意，只要合取式中的一个子目标达成，其置换就被用于接下来的子目标。这样，当 FOL-BC-Ask 运行到最后一个合取子句，即最初为 *Hostile*(*z*) 的子句时，*z* 就已经被绑定为 *Nono*

9.4.2　逻辑编程

逻辑编程是一种接近第 7 章所述的陈述性理念的技术，即系统应当通过用形式语言表示的知识来构建，而问题应当通过在这些知识上运行推断过程来求解。这项理念在罗伯特·科瓦尔斯基（Robert Kowalski）的等式中得以总结：

$$算法 = 逻辑 + 控制$$

Prolog 是最为广泛使用的逻辑编程语言。它主要被用作快速原型语言，也用于像编写编译器（Van Roy, 1990）、自然语言分析（Pereira and Warren, 1980）这样的符号处理任务。许多用

于法律、医疗、财经和其他领域的专家系统都使用 Prolog 编写。

Prolog 程序是确定子句集，但记法与标准的一阶逻辑有所不同。Prolog 使用大写字母表示变量，小写字母则表示常量——与逻辑中的约定相反。确定子句中的合取子句用逗号区分，而确定子句的书写也与我们所习惯的"相反"：不同于写为 $A \land B \Rightarrow C$，在 Prolog 中我们将其写作 C :- A, B。这里有一个典型的例子：

```
criminal(X) :- american(X), weapon(Y), sells(X,Y,Z), hostile(Z)
```

在 Prolog 中，记法 [E|L] 表示第一个元素为 E 其余部分为 L 的列表。下面是 append(X,Y,Z) 的 Prolog 程序，如果列表 Z 是列表 Y 追加到 X 后的结果，则程序返回成功：

```
append([],Y,Y)
append([A|X],Y,[A|Z]) :- append(X,Y,Z)
```

我们可以将这些子句用自然语言描述为：（1）将列表 Y 追加到空列表后得到相同的列表 Y；（2）在给定 Z 是 Y 追加到 X 后的结果的情况下，[A|Z] 是 [Y] 追加到 [A|X] 后的结果。在大多数高级语言中我们可以写出类似的递归函数来描述如何追加列表，但实际上 Prolog 的定义更为强大，因为它描述了 3 个参数间的关系，而非用两个参数算出的函数。例如，我们可以提出查询 append(X,Y,[1,2,3])：哪两个列表追加能产生 [1,2,3]？ Prolog 为我们返回的解是

```
X=[]        Y=[1,2,3];
X=[1]       Y=[2,3];
X=[1,2]     Y=[3];
X=[1,2,3]   Y=[];
```

Prolog 程序的执行是通过深度优先的反向链接完成的，其中确定子句以其在知识库中的顺序进行尝试。Prolog 的设计代表着陈述性与执行效率的妥协。Prolog 的一些方面不属于标准的逻辑推断。

- Prolog 使用 8.2.8 节所述的数据库语义而非一阶语义，这可以明显地从它对等词和否定的处理看出（见 9.4.4 节）。
- 有一系列用于算术的内置函数。使用这些函数符号的文字是通过执行代码而非进行深入推断"证得"的。例如，目标"X is 4+3"当 X 被绑定为 7 时达成。而目标"5 is X+Y"则无法达成，因为内置函数无法求解任意等式。
- 存在执行时会产生副作用的内置谓词。这包括输入–输出谓词和用于修改知识库的 assert/retract 谓词。这类谓词在逻辑中没有对应物，会导致令人困惑的结果，例如，如果事实是在证明树的一个最终会失败的分支中断言的。
- **出现检验**在 Prolog 的合一算法中被略去。这就意味着会产生一些不可靠的推断。这在实际中几乎完全不会发生。
- Prolog 使用深度优先反向链接搜索，并且不检查无限递归。在恰当使用的情况下，这种做法使得编程语言可用且高效。但这也意味着某些看起来是有效逻辑的程序将无法终止。

9.4.3　冗余推断和无限循环

我们现在来看 Prolog 的致命弱点：深度优先搜索和包含了重复状态和无限路径的搜索树之间的错配。考虑如下的逻辑程序，这一程序判断有向图中的两点是否存在路径：

```
path(X,Z) :- link(X,Z)
path(X,Z) :- path(X,Y), link(Y,Z)
```

事实 link(a,b) 和 link(b,c) 描述的一个简单的三节点图如图 9-8a 所示。在这个程序中，查询 path(a,c) 生成了图 9-9a 所示的证明树。与此同时，如果我们按顺序写出如下子句：

```
path(X,Z) :- path(X,Y), link(Y,Z)
path(X,Z) :- link(X,Z)
```

则 Prolog 会进入图 9-9b 所示的无限路径。因此，作为一个确定子句——甚至对于本例所示的数据日志程序——的定理证明器，Prolog 是**不完备的**，因为对于某些知识库，它无法证明其所蕴含的语句。注意，前向链接并没有这种问题：只要 path(a,b)、path(b,c) 和 path(a,c) 被推得，前向链接就会停止。

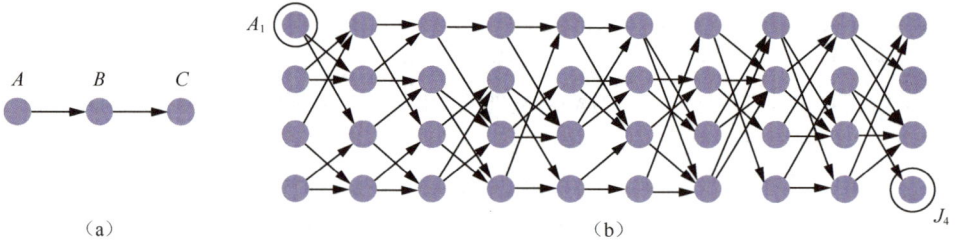

图 9-8 （a）找出从 A 到 C 的路径会导致 Prolog 陷入死循环；（b）每个节点连接到下一层中两个随机后继的图。找到从 A_1 到 J_4 的路径需要 877 次推断

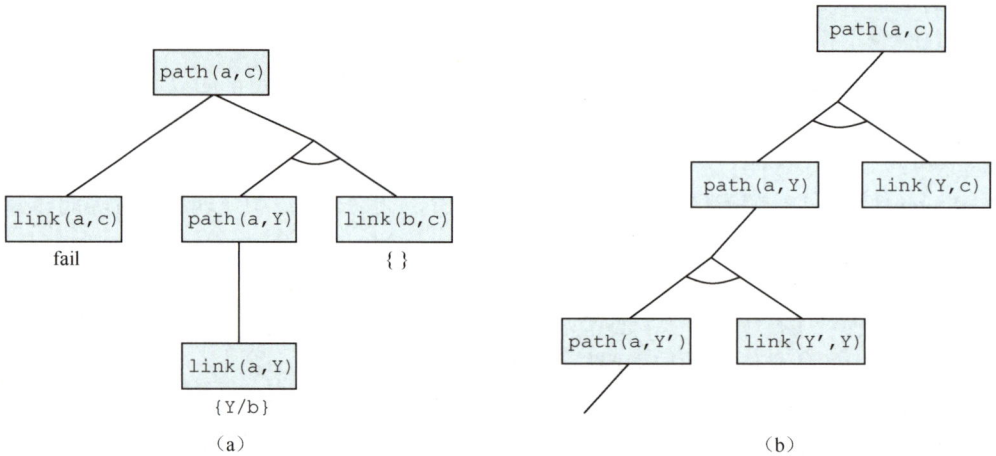

图 9-9 （a）证明从 A 到 C 存在一条路径。（b）子句顺序"错误"时生成的无限证明树

深度优先反向链接也有冗余计算的问题。例如，当查找图 9-8b 中从 A_1 到 J_4 的路径时，Prolog 进行了 877 次推断，大部分推断用于找出到达无法达成目标的节点的所有可能路径。这类似于第 3 章所述的重复状态问题。推断的总量随着生成的基本事实的数量增加而呈指数增长。如果我们使用前向链接而非反向链接，连接到 n 个节点的 path(X,Y) 数量至多为 n^2 个。对于图 9-8b 所示的问题则仅需要 62 次推断。

图搜索问题中的前向链接是**动态规划**（dynamic programming）的一个实例，其子问题的解是由更小的子问题的解递增构建的，通过缓存更小的子问题来避免重复计算。我们可以在反向链接中达到类似的效果，只需要将大目标分解为小目标而非从小目标构建大目标。

不论如何，存储中间结果以避免重复计算是问题的关键。这是**表格化逻辑编程**（tabled

logic programming）系统所采取的方法，它使用高效的存储和检索机制。表格化逻辑编程结合了反向链接的目标导向性以及前向链接动态规划的高效性。它对于数据日志知识库是完备的，这意味着程序员不太需要为死循环而担忧。（使用类似 `father(X,Y)` 这种指代可能有无穷多对象的语句时，它仍然可能会进入死循环。）

9.4.4　Prolog 的数据库语义

Prolog 使用 8.2.8 节讨论过的数据库语义。唯一名称假设表明每个 Prolog 常量和每个基本项都仅指代唯一的对象，而封闭世界假设表明为真的语句只能是知识库蕴含的语句。Prolog 无法断言某条语句是假的。这使得 Prolog 的表达能力比一阶逻辑差，但这正是使 Prolog 更为高效简洁的原因之一。考虑如下关于一些课程的断言：

$$Course(CS,101), Course(CS,102), Course(CS,106), Course(EE,101) \qquad （9\text{-}11）$$

在唯一名称假设下，CS 和 EE 是不同的（101、102 和 106 也不同），因此这表示有 4 门不同的课程。在封闭世界假设下，不存在其他课程，因此只有 4 门课程。但如果它是一阶逻辑（FOL）的断言，而非数据库语义的话，我们只能说课程的数量介于 1 到无穷之间。这是由于 FOL 中的断言并不否认存在未提及的课程的可能性，也不表明提到的课程各自不同。如果我们想将式（9-11）翻译成 FOL，我们就会得到如下语句：

$$Course(d,n) \Leftrightarrow (d = CS \land n = 101) \lor (d = CS \land n = 102)$$
$$\lor (d = CS \land n = 106) \lor (d = EE \land n = 101) \qquad （9\text{-}12）$$

这就是对式（9-11）的**完备化**（completion）。在 FOL 中它表示最多有 4 门课程。要用 FOL 表示最少有 4 门课程的概念，我们需要写出等词的完备化：

$$x = y \Leftrightarrow (x = CS \land y = CS) \lor (x = EE \land y = EE) \lor (x = 101 \land y = 101)$$
$$\lor (x = 102 \land y = 102) \lor (x = 106 \land y = 106)$$

完备化对于理解数据库语义是有益的，但为了实用，如果你的问题可以用数据库语义描述，则用 Prolog 和其他数据库语义系统进行推理会更加高效，而不是翻译为 FOL 后用完备的定理证明器推理。

9.4.5　约束逻辑编程

在对前向链接的讨论中（9.3 节），我们展示了约束满足问题（CSP）是如何被编码为确定子句的。标准的 Prolog 求解此类问题的方法与图 6.5 所示的回溯算法完全一样。

由于回溯算法枚举变量的域，因而只能用于**有限域** CSP。用 Prolog 的方式来说，如果目标含有未绑定变量的问题，其解的数量必须是有限的。（例如，在地图着色问题中，每个变量可以取 4 种不同的颜色中的一种。）无限域 CSP（例如含有实数变量或整数变量的 CSP）需要完全不同的算法，例如边界传播或线性规划。

考虑如下的例子。我们定义 `triangle(X,Y,Z)` 为其 3 个参数满足三角不等式时成立的谓词：

```
triangle(X,Y,Z) :-
    X>0, Y>0, Z>0, X+Y>Z, Y+Z>X, X+Z>Y.
```

如果我们向 Prolog 查询 `triangle(3,4,5)`，它会返回成功；而如果我们询问 `triangle(3,4,Z)`，它就无法找到解，因为 Prolog 无法处理子目标 `Z>0`。我们不能将未绑定的值与 0 比较。

约束逻辑编程（constraint logic programming）允许变量是被约束的而非被绑定的。CLP 的解是从知识库中可以推得的、查询变量的最为具体的约束集。例如，triangle(3,4,Z) 的解是约束 7>Z>1。标准的逻辑程序只是 CLP 中约束必须为等式约束（也就是绑定）的特殊情形。

CLP 系统整合了各种约束求解算法用于该语言所支持的约束。例如，支持实值变量线性不等式的系统可能包含线性规划算法来求解这些约束。CLP 系统也采用更为灵活的方法来求解标准的逻辑编程查询。例如，它可能使用第 6 章所述的任一高效算法，而非使用深度优先、从左到右回溯。因此，CLP 系统结合了约束满足算法、逻辑编程和演绎数据库的要素。

已经出现了一些允许程序员对用于推断的搜索顺序有更多控制的系统。MRS 语言（Genesereth and Smith, 1981; Russell, 1985）允许程序员编制元规则（metarule）来决定首先处理哪些合取式。用户可以编制规则，说明要首先尝试变量最少的目标，或者也可以对某个谓词编制论域特定的规则。

9.5   归结

逻辑系统家族中的最后一个成员，也是唯一能够用于所有知识库而不仅是确定子句的成员，是归结。我们在 7.5.2 节了解了命题归结是命题逻辑的完备推断过程。在本节中，我们将其拓展到一阶逻辑。

9.5.1   一阶逻辑的合取范式

第一步是将语句转换为**合取范式**（CNF）——每个子句为文字析取的子句合取式。[1] 在 CNF 中，文字可以包含变量，假定这些变量是全称量化的。例如，语句

$$\forall x, y, z \; American(x) \wedge Weapon(y) \wedge Sells(x, y, z) \wedge Hostile(z) \Rightarrow Criminal(x)$$

变为 CNF

$$\neg American(x) \vee \neg Weapon(y) \vee \neg Sells(x, y, z) \vee \neg Hostile(z) \vee Criminal(x)$$

关键在于**每条一阶逻辑语句都可以转换为推断上等价的 CNF 语句**。

转换成 CNF 的过程与命题逻辑中类似，我们已在 7.5.2 节中学习过。关键的差别在于对存在量词的消除。我们通过翻译语句 "Everyone who loves all animals is loved by someone"（爱所有动物的每个人被一些人爱），即

$$\forall x \; [\forall y \; Animal(y) \Rightarrow Loves(x, y)] \Rightarrow [\exists y \; Loves(y, x)]$$

来描述转换过程，步骤如下。

- **蕴涵消去**：使用 $\neg P \vee Q$ 取代 $P \Rightarrow Q$。在我们的例句中，需要操作两次。

$$\forall x \; \neg [\forall y \; Animal(y) \Rightarrow Loves(x, y)] \vee [\exists y \; Loves(y, x)]$$

$$\forall x \; \neg [\forall y \; \neg Animal(y) \vee Loves(x, y)] \vee [\exists y \; Loves(y, x)]$$

- **¬ 内移**：除了针对否定联结词的一般规则，我们还需要针对否定量词的规则。因此，我们有

$$\neg \forall x \; p \; 变为 \; \exists x \; \neg p$$

$$\neg \exists x \; p \; 变为 \; \forall x \; \neg p$$

我们的语句经过如下变换：

---

[1]   子句也可以用原子语句合取式为前提，原子语句析取式为结论的蕴涵式表示（习题 9.DISJ）。这被称为**蕴涵范式**或**科瓦尔斯基范式**[特别是写成从右到左的蕴涵符号时（Kowalski, 1979）]，它通常比有许多否定文字的析取式更易读。

$$\forall x \; [\exists y \; \neg(\neg Animal(y) \vee Loves(x,y))] \vee [\exists y \; Loves(y,x)]$$

$$\forall x \; [\exists y \; \neg\neg Animal(y) \wedge \neg Loves(x,y)] \vee [\exists y \; Loves(y,x)]$$

$$\forall x \; [\exists y \; Animal(y) \wedge \neg Loves(x,y)] \vee [\exists y \; Loves(y,x)]$$

注意，蕴涵式前提中的全称量词（$\forall y$）已经变为存在量词。语句现在解读为"要么存在 x 不喜爱的动物，要么（如果事实并非如此的话）有人喜爱 x"。显然，原始语句的含义被保留了下来。

- **变量标准化**：对于如$(\exists x P(x)) \vee (\exists x Q(x))$这样两次使用相同变量名的语句，更改其中一个变量名。这可以避免在消除量词时产生歧义。因此，有

$$\forall x \; [\exists y \; Animal(y) \wedge \neg Loves(x,y)] \vee [\exists z \; Loves(z,x)]$$

- **斯科伦化**：斯科伦化（Skolemization）就是通过消去移除存在量词的过程。在这个简单例子中，它就像 9.1 节所述的存在量词实例化，将 $\exists x \; P(x)$ 翻译为 $P(A)$，其中 A 是一个新变量。然而，我们无法对上述的语句应用存在量词实例化，因为它不符合 $\exists v \alpha$ 的形式。语句中只有一部分满足这一形式。如果我们盲目地对两个符合的部分应用这一规则，得到

$$\forall x \; [Animal(A) \wedge \neg Loves(x,A)] \vee Loves(B,x)$$

其含义完全是错误的。它表明每个人要么无法爱上特定动物 A，要么就被某个特定实体 B 所爱。而实际上，我们的原始语句允许每个人不爱不同的动物，或者被不同的人喜爱。我们希望斯科伦实体依赖于 x：

$$\forall x \; [Animal(F(x)) \wedge \neg Loves(x,F(x))] \vee Loves(G(x),x)$$

此处 F 和 G 为斯科伦函数（Skolem function）。总的规则是，斯科伦函数的参数全部是全称量化的变量，要消去的存在量词出现在这些变量的辖域内。与存在量词实例化一样，斯科伦化的语句的可满足性与原始语句完全一致。

- **全称量词消除**：此时，所有剩余变量必然是全称量化的。因此，我们消除全称量词不会损失任何信息：

$$[Animal(F(x)) \wedge \neg Loves(x,F(x))] \vee Loves(G(x),x)$$

- **对 $\wedge$ 分配 $\vee$**：

$$[Animal(F(x)) \vee Loves(G(x),x)] \wedge [\neg Loves(x,F(x)) \vee Loves(G(x),x)]$$

这一步可能还需要展开嵌套的合取式和析取式。

语句现在成为了含有两个子句的 CNF。它比原本含有蕴涵的语句难读多了。（将斯科伦函数 $F(x)$ 解释为可能不被 x 所爱的动物，而将 $G(x)$ 解释为可能爱着 x 的人，可能会对理解有所帮助。）幸运的是，人类很少需要考察 CNF 语句——翻译过程很容易自动化。

9.5.2 归结推断规则

一阶子句的归结规则就是 7.5.2 节命题归结规则的提升版。两条进行了标准化分离、没有共同变量的子句，如果它们含有互补文字则可以被归结。如果两个命题文字相互否定，则这两个命题文字是互补的；如果两个一阶逻辑文字中的一个能够与另一个的否定合一，则这两个一阶逻辑文字是互补的。因此，我们有

$$\frac{\ell_1 \vee \cdots \vee \ell_k, \quad m_1 \vee \cdots \vee m_n}{\text{Subst}(\theta, \ell_1 \vee \cdots \vee \ell_{i-1} \vee \ell_{i+1} \vee \cdots \vee \ell_k \vee m_1 \vee \cdots \vee m_{j-1} \vee m_{j+1} \vee \cdots \vee m_n)}$$

其中UNIFY$(\ell_i, \neg m_j) = \theta$。例如，我们可以归结两个子句

$$[Animal(F(x)) \vee Loves(G(x), x)] \text{ 和 } [\neg Loves(u, v) \vee \neg Kills(u, v)]$$

通过用合一子$\theta = \{u/G(x), v/x\}$来消去互补文字$Loves(G(x), x)$和$\neg Loves(u, v)$，生成**归结式**子句

$$[Animal(F(x)) \vee \neg Kills(G(x), x)]$$

这个规则叫作**二元归结**（binary resolution）规则，因为它刚好归结两个文字。二元归结本身并不产生完备的推断过程。完备的归结规则能够归结每个子句的可合一文字子集。另一种方法是**将因子提取**（也就是对冗余文字的消除）拓展到一阶逻辑。命题逻辑因子提取将两个相同的文字约简为一个，一阶逻辑因子提取则约简两个可合一的文字。这种合一子必须应用于整个子句。二元归结和因子提取的组合是完备的。

9.5.3　证明范例

归结通过证明 $KB \wedge \neg\alpha$ 不可满足来证明$KB \vDash \alpha$，也就是说，通过推导空子句来证明。它的算法与命题逻辑情形相同，如图 7-13 所示，因此我们不在此重复。但我们会给出两个证明范例。第一个是 9.3 节的犯罪示例。CNF 形式的语句为

$$\neg American(x) \vee \neg Weapon(y) \vee \neg Sells(x, y, z) \vee \neg Hostile(z) \vee Criminal(x)$$

$$\neg Missile(x) \vee \neg Owns(Nono, x) \vee Sells(West, x, Nono)$$

$$\neg Enemy(x, America) \vee Hostile(x)$$

$$\neg Missile(x) \vee Weapon(x)$$

$$Owns(Nono, M_1) \qquad\qquad Missile(M_1)$$

$$American(West) \qquad\qquad Enemy(Nono, America)$$

我们还包括了目标的否定$\neg Criminal(West)$。图 9-10 展示了归结证明。注意其结构：一条"主线"从目标子句开始，归结知识库中的子句，直到生成空子句。这是在霍恩子句知识库上进行归结的特点。实际上，沿着主线的子句严格对应于图 9-6 反向链接算法中目标变量的值。这是由于我们总是选择归结正文字能够与主线中"当前"子句最左边文字合一的子句；这与反向链接一模一样。因此，反向链接是归结的一个特例，它具有特定的控制策略来决定下一步要进行哪个归结。

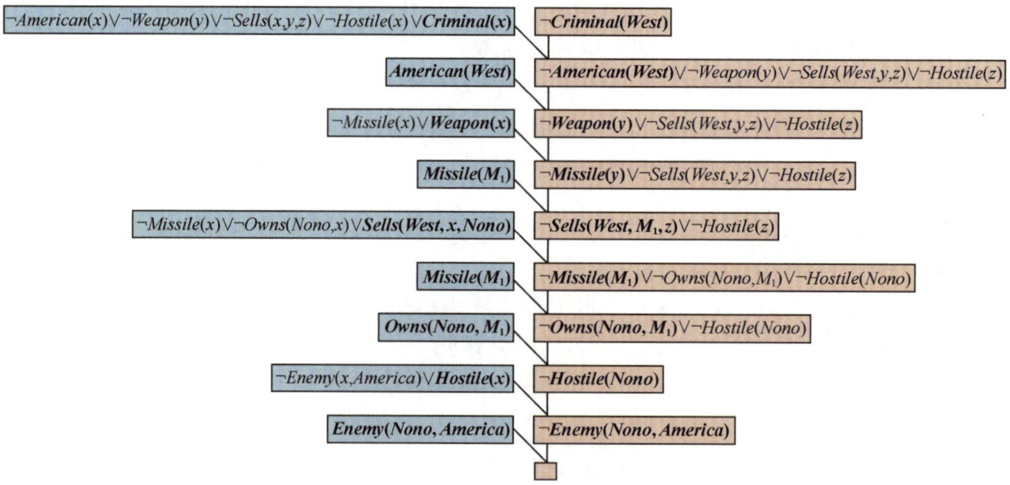

图 9-10　归结证明韦斯特有罪。每个归结步骤中，合一文字用加粗字体表示，带有正文字的子句用蓝底表示

我们的第二个范例使用斯科伦化，并涉及非确定子句。这会导致更为复杂的证明结构。其自然语言描述如下。

Everyone who loves all animals is loved by someone.（每个爱所有动物的人都被一些人所爱。）

Anyone who kills an animal is loved by no one.（任何害死动物的人都不被人所爱。）

Jack loves all animals.（杰克爱所有动物，）

Either Jack or Curiosity killed the cat, who is named Tuna.（要么是杰克要么是好奇心害死了那只猫，猫的名字叫 Tuna。）

Did Curiosity kill the cat?（是好奇心害死了那只猫吗？）

首先，我们将原始语句，也就是一些背景知识，以及目标 G 的否定表示为一阶逻辑：

A. $\forall x\ [\forall y\ Animal(y) \Rightarrow Loves(x,y)] \Rightarrow [\exists y\ Loves(y,x)]$

B. $\forall x\ [\exists z\ Animal(z) \wedge Kills(x,z)] \Rightarrow [\forall y\ \neg Loves(y,x)]$

C. $\forall x\ Animal(x) \Rightarrow Loves(Jack,x)$

D. $Kills(Jack,Tuna) \vee Kills(Curiosity,Tuna)$

E. $Cat(Tuna)$

F. $\forall x\ Cat(x) \Rightarrow Animal(x)$

¬G. $\neg Kills(Curiosity,Tuna)$

然后，我们使用转换过程将每条语句转换为 CNF：

A1. $Animal(F(x)) \vee Loves(G(x),x)$

A2. $\neg Loves(x,F(x)) \vee Loves(G(x),x)$

B. $\neg Loves(y,x) \vee \neg Animal(z) \vee \neg Kills(x,z)$

C. $\neg Animal(x) \vee Loves(Jack,x)$

D. $Kills(Jack,Tuna) \vee Kills(Curiosity,Tuna)$

E. $Cat(Tuna)$

F. $\neg Cat(x) \vee Animal(x)$

¬G. $\neg Kills(Curiosity,Tuna)$

图 9-11 展示了"好奇心害死猫"的归结证明。在自然语言中，证明可以释义为：

> 假设好奇心没有害死 Tuna。我们知道要么是杰克要么是好奇心做了这件事，因此一定是杰克干的。现在，Tuna 是一只猫，而猫是动物，因此 Tuna 是动物。因为任何害死动物的人都不被人所爱，我们就知道没人爱杰克。但是，杰克爱所有动物；至此有人爱他；至此我们得到了一个矛盾。因此，好奇心害死了那只猫。

证明回答了问题"是好奇心害死了那只猫吗？"但我们常常希望提出更一般的问题，例如"谁害死了那只猫？"归结可以做到这一点，但需要稍微增加一些工作才能得到答案。目标是 $\exists w\ Kills(w, Tuna)$，其 CNF 形式的否定为 $\neg Kills(w, Tuna)$。用新的否定的目标重复图 9-11 所示的证明，我们得到了类似的证明树，其中一步的置换为 $\{w/Curiosity\}$。因此，这种情况下，找出谁害死了那只猫就只是记录证明中查询变量的绑定的问题了。遗憾的是，归结有时会对存在量化目标产生**非构造性证明**（nonconstructive proof），我们知道一个查询为真，但却不知道这个变量的唯一绑定。

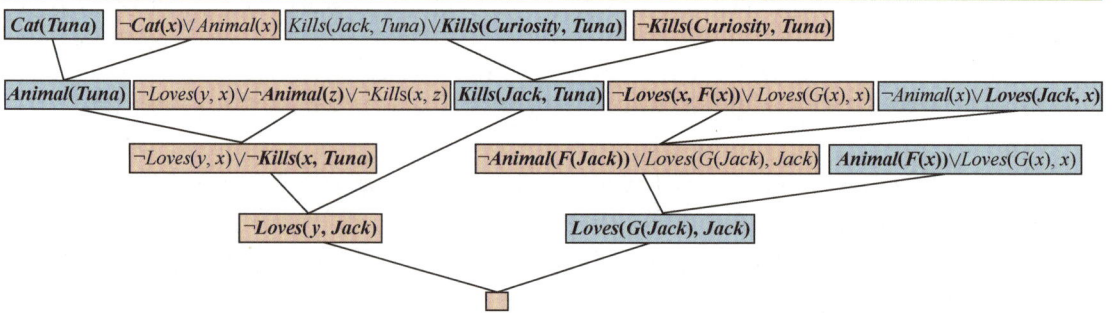

图 9-11 好奇心害死猫的归结证明。注意，在推导子句 *Loves*(*G*(*Jack*), *Jack*) 时使用了因子分解。还要注意，在右上角，合一 *Loves*(*x*, *F*(*x*)) 和 *Loves*(*Jack*, *x*) 只有在变量标准化分离后才可以进行

9.5.4 归结的完备性

本节给出归结完备性证明。认为归结完备性是理所当然的读者可以略过本节。

我们展示归结是反演完备的（refutation-complete），这意味着如果一个语句集是不可满足的，则归结总能推出矛盾。归结不能用于生成语句集的所有逻辑结果，但它可以用于证明给定语句是某个语句集所蕴含的。因此，它可以通过证明 $KB \wedge \neg Q(x)$ 不可满足来找到给定问题 $Q(x)$ 的所有答案。

我们认定了一阶逻辑的所有语句（不含等词）都可以重写为 CNF 中的子句集。它以原子语句为基础，在语句的形式上进行归纳来证明（Davis and Putnam, 1960）。因此我们的目标是证明下面的陈述：如果 *S* 是不可满足的子句集，则对 *S* 应用有限次归结会产生矛盾。

我们的证明遵循鲁宾逊（Robinson）的原始证明，同时使用了（Genesereth and Nilsson, 1987）中的一些简化。证明的基本结构（见图 9-12）如下。

（1）我们观察到如果 *S* 不可满足，则存在 *S* 中子句的某个基本实例集使得该集合同样无法满足（埃尔布朗定理）。

（2）我们引入第 7 章给出的**基本归结定理**，它证明命题归结对于基本语句是完备的。

（3）我们使用**提升引理**来证明，对于使用基本语句集的任意命题归结证明，都存在相应的一阶归结证明，它使用一阶语句，从中可以得到基本语句。

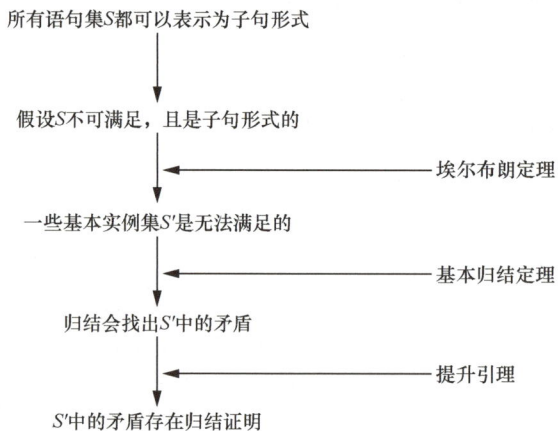

图 9-12 归结完备性证明的结构

哥德尔不完全性定理

通过稍微拓展一阶逻辑语言来允许算术中的数学归纳法，库尔特·哥德尔的不完全性定理证明存在无法证明的真值算术语句。

不完全性定理的证明有点超出本书的讨论范畴，要证明它至少需要30页纸，但我们在此可以给出一些思路。我们从逻辑数论开始。在该理论中，只存在单个常量0和单个函数S（后继函数）。在预期模型中，$S(0)$ 表示1，$S(S(0))$ 表示2，以此类推。因此语言中所有自然数都有名称。它的词汇表还包含函数符号 +、× 和 Expt（幂运算）以及普通的逻辑联结词和量词。

首先要注意的是，在这种语言中我们能够写出的语句集是可以枚举的。（想象给符号定义字母序，然后按字母顺序依次排列长度分别为1、2……的语句集。）我们就可以为每条语句 α 编号一个唯一的自然数 #α（**哥德尔数**）。这很重要：数论包含了它的每个语句的名字。同样地，我们可以为每个证明 P 编号为哥德尔数 $G(P)$，因为证明都是一个有限的语句序列。

现在假设我们有递归可枚举的语句集 A，它是对自然数的真命题。别忘了 A 可以由给定的整数集命名，我们可以想象用我们的语言写出如下类型的语句 $\alpha(j, A)$：

$\forall i\ i$ 不是哥德尔数为 j 的语句的证明的哥德尔数，其中证明只使用 A 中的前提。

然后，令 σ 为语句 $\alpha(\#\sigma, A)$，也就是表明其自身不可由 A 证明的语句。（也就是，这条语句恒为真，但并不明显。）

现在我们提出如下的巧妙观点：假设 σ 是可由 A 证明的，则 σ 为假（因为 σ 说自己是不可证明的）。但这样我们就有一个可以从 A 证明的真值为假的语句，因此 A 不可能只包含真语句——这与我们的前提矛盾。因此 σ 是不可由 A 证明的。但这正如 σ 自己所述，因此 σ 是一个真语句。

因此，我们证明了（略去了 $29\frac{1}{2}$ 页）对于数论的所有真语句集，特别是所有基本公理集，存在由这些公理**无法**证明的真语句。这就明确了我们无法**在任何给定公理系统内**证明所有数学定理。显然，这是数学的重要发现。它对人工智能的重要性已经被广泛的争论，这种争论正始于哥德尔本人的猜想。我们在第27章探讨这些争论。

要进行第一步，我们需要3个新概念。

（1）**埃尔布朗域**（Herbrand universe）：如果 S 是子句集，则 S 的埃尔布朗域 H_S 是可以由下面几项构建的基本项集合。

a. S 中的函数符号，如果存在的话。

b. S 中的常量符号，如果存在的话；如果不存在，则为默认常量符号 S。

例如，如果 S 仅含有子句 $\neg P(x, F(x, A)) \lor \neg Q(x, A) \lor R(x, B)$，则 H_S 为如下基本项的无限集：

$$\{A, B, F(A, A), F(A, B), F(F, B), F(B, B), F(A, F(A, A)), \cdots\}$$

（2）**饱和**（saturation）：如果 S 为子句集，P 是基本项集，则 $P(S)$ 为 S 对于 P 的饱和，它是通过对 S 中的变量应用所有可能 P 中基本项的一致置换得到的所有基本子句的集合。

（3）**埃尔布朗基**（Herbrand base）：子句集 S 关于其埃尔布朗域的饱和称为 S 的埃尔布朗基，写作 $H_S(S)$。例如，如果 S 仅含有上述的子句，则 $H_S(S)$ 是无限子句集

$$\{\neg P(A, F(A, A)) \lor \neg Q(A, A) \lor R(A, B),$$
$$\neg P(B, F(B, A)) \lor \neg Q(B, A) \lor R(B, B),$$
$$\neg P(F(A, A), F(F(A, A), A)) \lor \neg Q(F(A, A), A) \lor R(F(A, A), B),$$
$$\neg P(F(A, B), F(F(A, B), A)) \lor \neg Q(F(A, B), A) \lor R(F(A, B), B), \cdots\}$$

这些定义使我们可以陈述**埃尔布朗定理**（Herbrand, 1930）的一种形式：

> 如果子句集 S 不可满足，则存在 $H_S(S)$ 的一个不可满足的有限子集。

令 S' 为基本语句的有限子集。现在我们可以使用接地归结定理（7.5.2 节）来证明**归结闭包** $RC(S')$ 含有空子句。也就是说，使用命题归结对 S' 进行完备化会推得矛盾。

现在我们已经证明了必然存在涉及 S 的埃尔布朗基的有限子集的归结证明，下一步是证明存在使用 S 本身的子句的归结证明，它们不一定是基本子句。我们从考虑单次运用归结规则的情形开始。鲁宾逊阐述了如下引理：

> 令 C_1 和 C_2 为两个不含相同变量的子句，C'_1 和 C'_2 分别为 C_1 和 C_2 的基本实例。如果 C' 是 C'_1 和 C'_2 的归结式，则存在子句 C 使得：（1）C 是 C_1 和 C_2 的归结式；（2）C' 是 C 的基本实例。

这就是**提升引理**（lifting lemma），因为它将基本子句的证明提升到一般一阶逻辑子句。鲁宾逊为了证明其基本提升引理而不得不发明了合一且推导了最一般合一子的所有性质。我们仅阐明该引理而不在此进行证明：

$$C_1 = \neg P(x, F(x, A)) \lor \neg Q(x, A) \lor R(x, B)$$
$$C_2 = \neg N(G(y), z) \lor P(H(y), z)$$
$$C'_1 = \neg P(H(B), F(H(B), A)) \lor \neg Q(H(B), A) \lor R(H(B), B)$$
$$C'_2 = \neg N(G(B), F(H(B), A)) \lor P(H(B), F(H(B), A))$$
$$C' = \neg N(G(B), F(H(B), A)) \lor \neg Q(H(B), A) \lor R(H(B), B)$$
$$C = \neg N(G(y), F(H(y), A)) \lor \neg Q(H(y), A) \lor R(H(y), B)$$

我们看到 C' 实际上是 C 的基本实例。一般来说，要使 C'_1 和 C'_2 具有归结式，就必须通过先对 C_1 和 C_2 使用 C_1 和 C_2 中的互补文字的最一般合一子来构建它们。由提升引理，易得任意多次应用归结规则时的相似结论：

> 对于归结闭包 S' 内的任意子句 C'，有归结闭包 S 内的子句 C 使得 C' 为 C 的基本实例且对 C 的推导长度与对 C' 的推导长度相同。

由此可得，如果归结闭包 S' 内有空子句，则它必然也在归结闭包 S 中。这是由于空子句不可能是任何其他子句的基本实例。概括来说：我们已经证明了如果 S 不可满足，则存在使用归结规则的对空子句的有限推导。

定理证明从基本子句提升到一阶子句大大增加了其能力。这种能力的增加来源于以下事实：一阶逻辑证明只需要在证明确有必要时才实例化变量，而基本子句方法则需要检查大量的任意实例化。

9.5.5　等词

本章到目前为止讲述过的所有推断方法都不能在不增加额外工作的情况下处理形如 $x = y$ 的

断言。为此可以采取 3 种不同的方法。第一种方法是公理化等词，也就是在知识库中写入相等关系的语句。我们需要说明相等是自反的、对称的和传递的，我们还需要说明我们可以在所有谓词或函数中用相等量置换相等量。因此我们需要 3 类基本公理，另外每个谓词和函数都需要一条公理：

$$\forall x \quad x = x$$
$$\forall x, y \quad x = y \Rightarrow y = x$$
$$\forall x, y, z \quad x = y \wedge y = z \Rightarrow x = z$$

$$\forall x, y \quad x = y \Rightarrow (P_1(x) \Leftrightarrow P_1(y))$$
$$\forall x, y \quad x = y \Rightarrow (P_2(x) \Leftrightarrow P_2(y))$$
$$\vdots$$
$$\forall w, x, y, z \quad w = y \wedge x = z \Rightarrow (F_1(w, x) = F_1(y, z))$$
$$\forall w, x, y, z \quad w = y \wedge x = z \Rightarrow (F_2(w, x) = F_2(y, z))$$
$$\vdots$$

给定这些语句，标准的推断过程，如归结，就可以执行需要等词推理的任务，如求解数学方程。不过，这些公理会产生大量结论，其中大多数对证明没有帮助。因此第二种方法是添加推断规则而非公理。最简单的规则是**解调**，它取单元子句 $x = y$ 和一个含有 x 项的子句 α，生成一个用 y 置换 α 中的 x 得出的新子句。如果 α 中的项能够与 x 合一，解调就可以使用，而不需要完全等于 x。注意，解调是有方向性的，给定 $x = y$，x 总是会被 y 替换，而非相反。这意味着解调可以用形如 $z + 0 = z$ 或 $z^1 = z$ 这样的解调器来简化表达式。下面的例子中，给定

$$Father(Father(x)) = PaternalGrandfather(x)$$
$$Birthdate(Father(Father(Bella)), 1926)$$

我们可以通过解调得出

$$Birthdate(PaternalGrandFather(Bella), 1926)$$

更为形式化地，我们有

- **解调**（demodulation）：对于任意项 x、y 和 z，其中 z 出现在文字 m_i 中的某处且 $\text{UNIFY}(x, z) = \theta \neq failure$，

$$\frac{x = y, \qquad m_1 \vee \cdots \vee m_n}{\text{SUB}(\text{SUBST}(\theta, x), \text{SUBST}(\theta, y), m_1 \vee \cdots \vee m_n)}$$

  其中 SUBST 是对绑定表的一般置换，而 $\text{SUB}(x, y, m)$ 表示在 m 中的某处用 y 替换 x。
  这个规则可以拓展到处理含有等词的非单元子句。

- **超解调**（paramodulation）：对于任意项 x、y 和 z，其中 z 出现在文字 m_i 中的某处且 $\text{UNIFY}(x, z) = \theta \neq failure$，

$$\frac{\ell_1 \vee \cdots \vee \ell_k \vee x = y, \qquad m_1 \vee \cdots \vee m_n}{\text{SUB}(\text{SUBST}(\theta, x), \text{SUBST}(\theta, y), \text{SUBST}(\theta, \ell_1 \vee \cdots \vee \ell_k \vee m_1 \vee \cdots \vee m_n))}$$

  例如，由

$$P(F(x, B), x) \vee Q(x) \text{和} F(A, y) = y \vee R(y)$$

我们有 $\theta = \text{UNIFY}(F(A, y), F(x, B)) = \{x/A, y/B\}$，通过超解调我们可以得到结论

$$P(B, A) \vee Q(A) \vee R(B)$$

超解调产生含有等词的一阶逻辑的一个完备推断程序。

第三种方法仅使用拓展的合一算法处理等词推理。也就是说，如果若干项在某种置换下可证明为相等，则它们是可合一的，其中"可证明"允许等词推理。例如，项 $1+2$ 和 $2+1$ 通常不可合一，但知道 $x+y=y+x$ 的合一算法可以用空置换合一它们。这种**等词合一**（equational unification）可以用针对特定公理（交换性、结合性等）设计的高效算法完成，而非通过直接用这些公理推断。使用这种技术的定理证明器与 9.4 节所述的 CLP 系统密切相关。

9.5.6   归结策略

我们知道只要证明存在，反复运用归结推断规则总会找到一个证明。在本节中我们考察有助于高效找出证明的策略。

单元优先（unit preference）：这个策略优先处理其中一条语句为单文字（也就是**单元子句**）的归结。这一策略的思路是，我们试图产生空子句，因此先处理产生较短子句的推断可能是个好主意。归结单元语句（如 P）与其他任意语句（如 $\neg P \vee \neg Q \vee R$）总是生成比其他子句短的子句（本例中为 $\neg Q \vee R$）。当这种单元优先策略在 1964 年首次被用于命题推断时，它产生了巨大的加速作用，使得它能够证明许多先前无法处理的定理。**单元归结**是归结的一种受限形式，其中归结的每一步都含有单元子句。单元归结总体上是不完备的，但对霍恩子句是完备的。霍恩子句上的单元归结证明与前向链接类似。

OTTER 定理证明器（McCune, 1990）使用了最佳优先搜索。其启发函数度量每个子句的"权重"，并偏好权重较轻的子句。启发式函数的选择取决于用户，但通常子句的权重应当与其规模或难度相关。它认为单元子句权重较轻，因此这种搜索可以被看作单元优先策略的一般化。

支撑集（set of support）：优先尝试某些归结是有用的，但一般来说一起消除某些有潜力的归结是更为高效的做法。例如，我们可以使每个归结步都用到一个特殊子句集的至少一个元素，这个特殊子句集就是支撑集。归结式随后被加入支撑集中。如果支撑集远小于整个知识库，则搜索空间会大大简化。

为确保这种策略的完备性，我们可以选择使得语句的剩余部分同时可满足的支撑集 S。例如，假设原始知识库是一致的，我们就可以使用否定查询作为支撑集（毕竟，如果知识库不一致，则查询符合知识库也没什么意义了）。支撑集策略还有一个好处，它能够生成目标导向的证明树，利于人类理解。

输入归结（input resolution）：这种策略中，每个归结都是一个输入语句（来自知识库或查询）与其他一些语句的结合。图 9-10 所示的证明仅使用输入归结，因而具有单条"主线"且单条语句向主线结合的结构特征。显然，这种证明树的空间小于整个证明图的空间。在霍恩知识库中，肯定前件是一种输入归结策略，因为它将原知识库中的一个蕴涵式与其他语句结合。因此，我们知道输入归结对于霍恩形式的知识库是完备的，但一般情况下它是不完备的。如果 P 在原始知识库中或 P 在证明树上是 Q 的祖先的话，**线性归结**（linear resolution）策略允许 P 和 Q 一同归结。线性归结是完备的。

包容（subsumption）：包容方法消除所有知识库中已有语句所包含的语句（也就是更为精确的语句）。例如，如果 $P(x)$ 在知识库中，则添加语句 $P(A)$ 就没有意义，添加 $P(A) \vee Q(B)$ 则更无意义。包容能够使知识库较小，进而有助于减小搜索空间。

学习（learning）：我们可以通过从经验中学习改进定理证明器。给定先前证得的定理集，训练机器学习系统来回答问题：给定前提集和证明目标，哪些证明步骤与之前成功的证明步骤类似？ DEEPHOL 系统（Bansal *et al.*, 2019）做到了这一点，它使用深度神经网络（见第 21 章）来构建目标和前提的模型（称为嵌入），并使用这些模型来选择步骤。训练可以同时使用人类或计算机生成的证明作为样本，并至少需要 10 000 个证明。

归结定理证明器的实际用途

我们已经展示了一阶逻辑是如何表示简单的、涉及出售、武器、公民权等问题的真实世界场景的。但复杂的真实世界场景有太多未知和不确定性。逻辑已经被证明在涉及形式化、严格定义的概念的场景中表现出色，例如硬件和软件的合成（synthesis）与验证（verification）。定理证明研究还在硬件设计、编程语言和软件工程领域展开，而不仅限于人工智能领域。

在硬件领域，公理描述了信号和电路元件之间的相互作用。（见 8.4.2 节的例子。）专门用于验证的逻辑推理器已经能够验证整个 CPU，包括验证其时序（Srivas and Bickford, 1990）。Aura 定理证明器已经用于生成比所有已有设计更为紧凑的电路设计（Wojciechowski and Wojcik, 1983）。

在软件领域，对程序进行推理与动作推理非常相似，如在第 7 章中，公理描述每个命题的前提和效果。算法的形式化合成是定理证明器最早的应用之一，如科德尔·格林（Green, 1969a）所述。科德尔·格林的论述基于更早由赫伯特·西蒙（Simon, 1963）提出的思路。这种思路是对效果"存在满足特定规范的程序 p"构造性地证明定理。尽管全自动演绎合成还不能用于通用编程，人工引导的演绎合成却已经成功用于设计一些新颖、精妙的算法。像科学计算代码这样的专用程序的合成也是研究的热门领域。

类似的技术现在已经被用于软件验证，对应的系统有 Spin 模型检查器（Holzmann, 1997）等。例如，Remote Agent 空间飞行器控制程序在飞行前后都进行了验证（Havelund *et al.*, 2000）。RSA 公钥加密算法和 BM（Boyer-Moore）字符串匹配算法也使用这种方式进行验证（Boyer and Moore, 1984）。

小结

我们已经分析了一阶逻辑中的逻辑推断，以及一些相关的算法。

- 第一种方法使用推断规则（**全称量词实例化**和**存在量词实例化**）来**命题化**推断问题。通常，这种方法速度慢，除非论域非常小。
- 使用**合一**来找出适当的变量置换消去一阶证明中的实例化步骤，在许多情况下提高了这一过程的效率。
- 肯定前件的提升版使用了合一，产生了**一般化肯定前件**这种自然、强大的推断规则。**前向链接**算法和**反向链接**算法对确定子句集使用这条规则。
- 一般化肯定前件对确定子句是完备的，但蕴含问题是**半可判定**的。对于不含函数的确定子句构成的**数据日志**知识库，蕴含是可判定的。
- 前向链接用于**演绎数据库**，此时它可以与关系数据库的操作结合。它也用于对超大规则集进行高效更新的**产生式系统**。前向链接对于数据日志是完备的，并可以在多项式时间内运行。
- 反向链接用于**逻辑编程系统**，它利用巧妙的编译器技术来实现超快速推断。反向链接受制于冗余推断和死循环，可以通过备忘来缓解这些问题。
- **Prolog** 与一阶逻辑不同，它使用了封闭世界中的名称唯一假设，并视否定为失败。这使 Prolog 成为很实用的编程语言，但也偏离了纯粹的逻辑。
- 一般化的**归结**推断规则使用合取范式知识库为一阶逻辑提供了完备的推断系统。
- 一些用于减小归结系统搜索空间的策略不牺牲其完备性。最重要的问题之一是处理等词，我们展示了如何使用**解调**和**超解调**。

* 基于归结的高效定理证明器已经被用于证明有趣的数学定理和验证及合成软件和硬件。

参考文献与历史注释

在 1879 年提出完整一阶逻辑的戈特洛布·弗雷格将其系统构建于一系列有效模式和单个推断规则——肯定前件——之上。怀特海和罗素（Whitehead and Russell, 1910）阐述了所谓的通道规则［这个术语实际来源于埃尔布朗（Herbrand, 1930）］，用于将量词移到公式前面。斯科伦常量和斯科伦函数由陶拉尔夫·斯科伦（Skolem, 1920）恰当地引入。但奇怪的是，引入埃尔布朗域的却是斯科伦（Skolem, 1928）。

埃尔布朗定理（Herbrand, 1930）在自动推理中扮演了重要角色。埃尔布朗也是**合一**的发明者。哥德尔（Gödel, 1930）在斯科伦和埃尔布朗的思路的基础上证明了一阶逻辑有完备的证明程序。艾伦·图灵（Turing, 1936）和阿朗佐·丘奇（Church, 1936）同时用完全不同的方法证明了一阶逻辑的有效性不是可判定的。恩德顿（Enderton, 1972）所著的优秀教材用严格但易懂的方式解释了所有这些结果。

亚伯拉罕·鲁滨逊（Abraham Robinson）提出，自动推理器可以用命题化和埃尔布朗定理构建，而保罗·吉尔摩（Paul Gilmore）（Gilmore, 1960）则编写了第一个这样的程序。戴维斯和普特南（Davis and Putnam, 1960）引入了 9.1 节的命题化方法。普拉维茨（Prawitz, 1960）提出了一种核心思想，让对命题不一致性的探究驱动搜索，并仅在必须建立命题不一致性时才从埃尔布朗域中生成项。这使得约翰·艾伦·鲁滨逊（John Alan Robinson）（与前述亚伯拉罕·鲁滨逊无关）发展出了归结（Robinson, 1965）。

归结被科德尔·格林和伯特伦·拉斐尔（Bertram Raphael）（Green and Raphael, 1968）用于问答系统。早期的人工智能实现在能够高效检索事实的数据结构上花费了大量精力，这些工作的介绍可见于人工智能编程文献（Charniak *et al.*, 1987; Norvig, 1992; Forbus and de Kleer, 1993）。在 20 世纪 70 年代早期，**前向链接**作为归结的易理解的替代物已经在人工智能中得到良好的应用。人工智能应用通常涉及大量规则，因此开发高效的规则匹配方法是很重要的，特别是增量更新。

产生式系统技术就是为支持这类应用而开发的。产生式系统语言 Ops-5（Forgy, 1981; Brownston *et al.*, 1985）与高效的 Rete 匹配过程（Forgy, 1982）共同用于如 R1 专家系统（McDermott, 1982）这样的配置小型计算机的应用。克拉斯卡等人（Kraska *et al.*, 2017）描述了如何用神经网络对特定数据集学习高效索引方法。

Soar 认知架构（Laird *et al.*, 1987; Laird, 2008）被设计用于处理超大规则集——最多可达100 万条规则（Doorenbos, 1994）。Soar 的应用案例包括控制模拟战斗机（Jones *et al.*, 1998）、空域管理（Taylor *et al.*, 2007）、计算机游戏中的人工智能角色（Wintermute *et al.*, 2007）和士兵的训练工具（Wray and Jones, 2005）。

演绎数据库领域始于 1977 年在图卢兹的一次研讨会，与会者有逻辑推断和数据库专家（Gallaire and Minker, 1978）。钱德拉和哈雷尔（Chandra and Harel, 1980）以及厄尔曼（Ullman, 1985）的重要成果使得**数据日志**成为演绎数据库的标准语言。用于规则重写的**魔法集**技术由班奇隆等人（Bancilhon *et al.*, 1986）发展而来，它使得前向链接能够借鉴反向链接的目标导向优势。

互联网的兴起使网络数据库的数量大大增加。这驱动了将多个数据库结合为一致数据空间的研究（Halevy, 2007）。克拉斯卡等人（Kraska *et al.*, 2017）通过使用机器学习创建**习得索引结构**用于高效数据查询表现出了 70% 的加速效果。

用于逻辑推断的**反向链接**始见于 PLANNER 语言（Hewitt, 1969）。同时，在 1972 年，阿兰·科梅劳尔（Alain Colmerauer）开发并实现了 **Prolog**，用于分析自然语言——Prolog 的子句一开始是用于上下文无关的语法规则的（Roussel, 1975; Colmerauer *et al.*, 1973）。

逻辑程序设计的大量理论背景是由罗伯特·科瓦尔斯基（Robert Kowalski）在帝国理工学院与科梅劳尔合作发展出来的，要了解这段历史回顾可参阅（Kowalski, 1988）和（Colmerauer and Roussel, 1993）。高效的 Prolog 编译器通常基于由戴维·沃伦（David H. D. Warren）（Warren, 1983）为计算开发的沃伦抽象机（Warren Abstract Machine，WAM）模型。范罗伊（Van Roy, 1990）证明了 Prolog 程序在速度上可比拟 C 程序。

在递归逻辑编程中避免不必要循环的方法分别由史密斯等人（Smith *et al.*, 1986）以及玉置和佐藤（Tamaki and Sato, 1986）独立开发而来。后者还纳入了逻辑编程中的备忘，这一方法被戴维·沃伦极大地拓展为**表格化逻辑编程**。斯威夫特和沃伦（Swift and Warren, 1994）展示了如何拓展 WAM 来解决表格化，使得数据日志程序比前向链接演绎数据库系统的执行速度快一个数量级。

约束逻辑编程的早期工作由加法尔和拉塞（Jaffar and Lassez, 1987）完成。加法尔等人（Jaffar *et al.*, 1992）开发了 CLP(R) 系统，用于处理实值约束。现在已有用约束编程求解大规模配置和优化问题的商用产品，其中的知名者之一是 ILOG（Junker, 2003）。回答集编程（Gelfond, 2008）拓展了 Prolog，允许析取式和否定。

关于逻辑编程和 Prolog 的教材包括（Shoham, 1994）、（Bratko, 2009）、（Clocksin, 2003）和（Clocksin and Mellish, 2003）。在 2000 年以前，*Journal of Logic Programming* 是该领域的权威期刊，2000 年之后被 *Theory and Practice of Logic Programming* 取代。逻辑编程领域的会议有国际逻辑编程会议（International Conference on Logic Programming，ICLP）和国际逻辑编程研讨会（International Logic Programming Symposium，ILPS）。

数学定理证明的研究甚至早于第一个完备一阶逻辑系统的开发。赫伯特·盖伦特的集合定理证明器（Gelernter, 1959）结合了启发式搜索方法和假目标剪除方法，能够证明欧几里得几何中的一些相当复杂的结论。等词推理的**解调**和**超解调**规则由沃斯等人（Wos *et al.*, 1967）以及沃斯和鲁滨逊（Wos and Robinson, 1968）分别提出。这些规则在项重写系统中被再次独立提出（Knuth and Bendix, 1970）。等词推理与合一算法的结合归功于戈登·普洛特金（Gordon Plotkin）（Plotkin, 1972）。霍万瑙德和基什内尔（Jouannaud and Kirchner, 1991）从项重写视角调研了等式合一。巴德尔和斯奈德（Baader and Snyder, 2001）给出了对合一的概览。

对于归结，有许多控制策略被提出，始于单元优先策略（Wos *et al.*, 1964）。支撑集策略由沃斯（Wos *et al.*, 1965）提出，用来为归结提供某种目标导向性。线性归结首次出现在（Loveland, 1970）中。吉内塞雷斯和尼尔森（Genesereth and Nilsson, 1987, 第 5 章）对各种控制策略进行了分析。阿勒米等人（Alemi *et al.*, 2017）展示了 DEEPMATH 系统如何使用深度神经网络选择在传统定理证明器中最可能形成证明的公理。从某种程度来看，神经网络的角色类似数学家的直觉，而定理证明器则是数学家的专业技能。卢斯等人（Loos *et al.*, 2017）指出，这个方法可以拓展来帮助引导搜索，使得更多定理可以被证明。

A Computational Logic（Boyer and Moore, 1979）是博耶–穆尔（Boyer-Moore）定理证明器的基本参考。斯蒂克尔（Stickel, 1992）阐述了 **Prolog** 科技定理证明器（Prolog Technology Theorem Prover，PTTP），它结合了 Prolog 编译和模型消去。SETHEO（Letz *et al.*, 1992）是另

一个基于此方法的广泛使用的定理证明器。LEANTAP（Beckert and Posegga, 1995）是仅用 25 行 Prolog 代码实现的高效定理证明器。魏登巴赫（Weidenbach, 2001）描述了 SPASS——目前最强大的定理证明器之一。最近的年度竞赛中，最成功的定理证明器是 VAMPIRE（Riazanov and Voronkov, 2002）。COQ 系统（Bertot *et al.*, 2004）和 E 等式求解器（Schulz, 2004）也被证明是重要的正确性证明工具。

定理证明已经被用于自动合成和验证软件。其中的例子有 NASA 的猎户座飞船控制软件（Lowry, 2008）和其他航天器（Denney *et al.*, 2006）。32 位微处理器 FM9001 设计的正确性由 NQTHM 定理证明系统证明。

自动演绎会议 CADE 为自动定理证明器举办年度竞赛。萨克利夫（Sutcliffe, 2016）介绍了 2016 年的竞赛，得分最高的系统包括 VAMPIRE（Riazanov and Voronkov, 2002）、PROVER9（Sabri, 2015）和 E 的升级版（Schulz, 2013）。（Wiedijk, 2003）中比较了 15 个数学证明器的强项。定理证明器问题库 TPTP（Thousands of Problems for Theorem Provers）对于比较系统性能非常有用（Sutcliffe and Suttner, 1998; Sutcliffe *et al.*, 2006）。

定理证明器已经得到了人类数学家几十年无法得到的数学结果，详述于 *Automated Reasoning and the Discovery of Missing Elegant Proofs*（Wos and Pieper, 2003）一书。半自动数学家 SAM（Semi-Automated Mathematics）程序是第一个在格理论中证明引理的程序（Guard *et al.*, 1969）。AURA 程序也能够在一些数学领域中回答开放式问题（Wos and Winker, 1983）。Boyer-Moore 定理证明器（Boyer and Moore, 1979）被纳塔拉詹·尚卡尔（Natarajan Shankar）用于构建哥德尔不完全性定理的形式化证明（Shankar, 1986）。NUPRL 系统证明了 Girard 悖论（Howe, 1987）和 Higman 引理（Murthy and Russell, 1990）。

1933 年，赫伯特·罗宾斯（Herbert Robbins）提出了一个简单公理集——**罗宾斯代数**（Robbins algebra），它看似定义了布尔代数，（尽管艾尔弗雷德·塔尔斯基和其他人为此做了很严谨的工作）但却无法找到证明，直到 EQP（OTTER 的一个版本）算出了证明（McCune, 1997）。本茨穆勒和帕莱奥（Benzmüller and Paleo, 2013）使用了高阶定理证明器来验证哥德尔对"神"的存在性的证明。开普勒最密堆积定理被托马斯·黑尔斯（Thomas Hales）（Hales, 2005）在复杂计算机计算的协助下证明，但这个证明并不被完全接受，直到在 HOL Light 和 Isabelle 证明助手的协助下生成了形式化证明（Hales *et al.*, 2017）。

许多数理逻辑的早期论文都收录于 *From Frege to Gödel: A Source Book in Mathematical Logic*（van Heijenoort, 1967）。关于自动演绎的教材有经典的 *Symbolic Logic and Mechanical Theorem Proving*（Chang and Lee, 1973），还有（Duffy, 1991）、（Wos *et al.*, 1992）、（Bibel, 1993）和（Kaufmann *et al.*, 2000）等较新的著作。定理证明领域的重要期刊有 *Journal of Automated Reasoning*，主要会议则有每年一次的自动演绎会议（Conference on Automated Deduction, CADE）和国际自动推理联合会议（International Joint Conference on Automated Reasoning, IJCAR）。*Handbook of Automated Reasoning*（Robinson and Voronkov, 2001）汇集了该领域的论文。*Mechanizing Proof*（MacKenzie, 2004）涵盖了面向大众的定理证明历史和技术。

第 10 章

知识表示

> 在本章中，我们展示如何以一阶逻辑表示真实世界中的各种事实。

前面的章节展示了具有知识库的智能体如何进行推断，以便能采取正确的行动。本章我们回答要把什么样的内容放进这种智能体的知识库中，也就是如何表示关于世界的事实。我们使用一阶逻辑作为表示语言，而后续章节将介绍其他表示的形式体系，例如用于规划推理的分层任务网络（第 11 章），用于不确定性推理的贝叶斯网络（第 13 章），用于进行时序推理的马尔可夫模型（第 17 章），以及用于推理图像、声音和其他数据的深度神经网络（第 21 章）。不论你使用什么表示，都始终需要处理关于世界的事实。本章将使你建立处理这些问题的直觉。

10.1 节介绍通用本体论的思想，将世界上所有的事物用层次类别组织起来；10.2 节涵盖对象、物质和度量的基本类别；10.3 节介绍事件；10.4 节讨论关于信念的知识。然后，我们再考虑用这些内容进行推理的方法，10.5 节讨论设计用于高效类别推断的推理系统，10.6 节讨论具有缺省信息的推理。

10.1 本体论工程

在"玩具"领域，选择何种表示并不那么重要，很多表示都可以良好运作。但在复杂的领域，如网上购物或者在车流中驾驶，就需要更为通用和灵活的表示方法。本章将展示如何创建这些表示，主要关注于许多不同领域中都会出现的一般性的概念，如事件、时间、对象、信念等。有时，表示这些抽象概念被称为**本体论工程**（ontological engineering）。

我们不能奢求表示世界中的一切事物，我们甚至无法表示 1000 页的教科书，但我们会留出一些位置，使所有领域的新知识都可以填入。例如，我们将定义对象是什么，而不同种类对象的细节——机器人、电视机、书或者无论什么——可以随后再进行填充补全。这类似于面向对象编程框架（如 Java Swing 图形化框架）的设计者定义窗口之类的一般性概念，并期待用户使用它们来定义更为具体的概念，如表单窗口。概念的一般性的框架被称为**上层本体论**（upper ontology），因为我们惯于将更一般性的概念绘制于更具体的概念之上，如图 10-1 所示。

在进一步考虑本体论之前，我们要先说明一项重要的提醒。尽管真实世界的一些层面很难用一阶逻辑来刻画，我们仍选择使用 FOL 来讨论知识的内容和组织。主要的难点在于，大多数一般化都有其例外，或仅在某种程度上成立。例如，尽管"番茄是红色的"是一条有用的规则，但一些番茄是绿色的、黄色的或橙色的。本章的大多数规则都可以找到类似的例外。处理例外和不确定性的能力极其重要，但它却与理解一般性的本体论无关。因此，我们在 10.5 节之前都不讨论例外情形，而在第 12 章才讨论在不确定性下进行推理的更一般性的话题。

上层本体论的用处是什么？考虑 8.4.2 节的电路本体论。它进行了许多简化假设：时间被完全无视；信号是固定的且不需要传播；电路的结构保持不变。更一般性的本体论会考虑特定时间的信号，也会考虑导线的长度和传播延迟。这能使我们模拟电路的时序性质——实际上，电路设计师常常进行这种模拟。

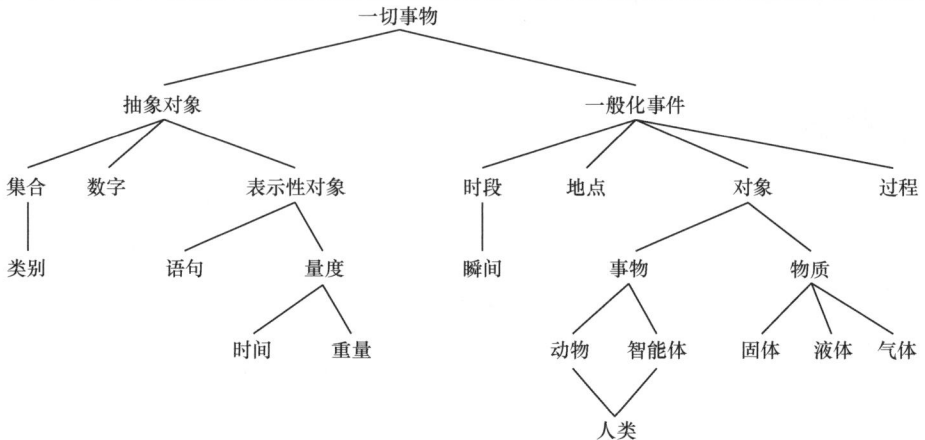

图 10-1 世界的上层本体论，它展示了本章稍后要讲述的内容。每条线表示低层概念是高层概念的一种具体化。具体化不一定是排他的——人类既是动物，又是智能体。我们会在 10.3.2 节看到为何对象在一般化事件的下层

我们还可以通过描述电路技术（TTL、COMS 等）或输入输出规范等方法引入更为有趣的门电路类型。如果我们要讨论可靠性或进行诊断，我们就需要考虑电路的结构和门电路属性自发改变的可能性。要考察杂散电容，我们就需要表示导线在电路板上的位置。

wumpus 世界中也有类似的因素需要考虑。尽管我们表示了时间，但它的结构却过于简单：智能体在不行动时什么都不会发生，而所有变化都是瞬间发生的。更适于真实世界的、更为一般性的本体论能够允许变化随时间同时发生。我们还使用了 *Pit* 谓词来表示哪个方格有无底洞。我们其实可以通过在无底洞类别下增加不同属性的无底洞个体来允许出现不同种类的无底洞。类似地，我们可能还想允许 wumpus 之外的其他动物出现。从可用的感知可能无法确定动物的确切物种，因此我们可能需要构建生物分类学层级来帮助智能体从匮乏的线索中预测穴居者的行为。

对所有专用本体论来说，做类似这样的修改来使其更为一般化是可行的。显然，这样做就产生了一个问题：这些本体论是否最终都会发展为通用本体论？在几个世纪的哲学和计算研究中，答案是"有可能"。本节我们展示一种通用本体论，它综合了这几百年的思想。通用本体论与专用本体论有两个主要的区别。

- 通用本体论在所有专用论域都应当可以或多或少地适用（在增加论域特定的公理后）。这意味着它不能无视任何表示问题。
- 在所有足够复杂的论域中，不同领域的知识必须是统一的，因为推理和问题求解会同时涉及多个领域。例如，一个机器人电路维修系统需要在电气连通性和物理布局方面推理电路，也需要出于电路时序分析和估计劳动力成本的目的而进行关于时间的推理。因此，描述时间的语句必须能够结合描述空间布局的语句，在处理纳秒或分钟、埃或米时也必须具有相同的性能。

我们首先要说的是，目前为止，通用本体论工程的进展仍然相当有限。所有顶尖的人工智能应用（如第 1 章所列出的）都没有使用通用本体论——它们都使用专用知识工程和机器学习。对于争论各方，社会和政治考虑使得他们很难对某个本体论达成共识。如汤姆·格鲁伯（Tom Gruber）（Gruber, 2004）所述："每一种本体论都是一群有共同动机去分享的人之间的合约——

社会共识。"当竞争方面的考虑超过共享时，就不会有共同的本体论。利益相关者的数量越少，就越容易构建本体论，因此构建通用本体论要难于构建用途有限的本体论，例如开放生物医学本体论（Smith *et al.*, 2007）。这些已有的本体论根据 4 条路径构建。

（1）通过训练有素的本体论学家或逻辑学家团队来构建本体论并写出公理。CYC 系统基本上是用这种方法构建的（Lenat and Guha, 1990）。

（2）通过从现有数据库中引入类别、属性和值。DBPEDIA 通过从维基百科中引入结构化事实构建（Bizer *et al.*, 2007）。

（3）通过分析文本文件，从中提取信息。TEXTRUNNER 通过阅读大量网页语料库来构建（Banko and Etzioni, 2008）。

（4）通过诱导无技能的业余人士输入常识知识。OPENMIND 系统通过用英语提出事实的志愿者构建（Singh *et al.*, 2002; Chklovski and Gil, 2005）。

举例来说，谷歌知识图谱使用来自维基百科的半结构化内容，并结合了从大量网页中收集的、经过人类整合的内容。它含有超过 700 亿条事实并为大约三分之一的谷歌搜索提供答案（Dong *et al.*, 2014）。

10.2 类别与对象

将对象组织为**类别**是知识表示的重要组成部分。尽管与世界的交互发生在单个对象的层面，但大多数推理发生在类别的层面。例如，购物者的目标通常是购买篮球，而非购买像 BB_9 这样的某个特定的篮球。类别也能用于对已分类的对象进行预测。我们根据感知输入对某个对象是否存在进行推断，通过对对象属性的感知推断其类别，然后使用类别信息对该对象进行预测。例如，从黄色和绿色条纹的果皮、直径约 30 厘米、椭圆形的形状、红色的果肉、黑色的种子并位于超市水果区的特点来看，我们可以推断这个对象是一个西瓜；由此，我们推断它可以用于水果沙拉。

用一阶逻辑表示类别有两种选择：谓词和对象。也就是说，我们可以使用谓词 *Basketballs(b)*，也可以将类别**物化**[①]为对象 *Basketballs*。这样，我们就可以说 *Member(b, Basketballs)*，我们将其缩写为 $b \in Basketballs$，表示 *b* 是篮球类别中的成员。我们说 *Subset(Basketballs, Balls)*，缩写为 *Basketballs* $\subset$ *Balls*，表示篮球是球的**子类别**。我们等价地使用子类别、子类和子集这 3 个词语。

类别通过**继承**组织知识。如果我们说食物类别下的所有实例都可以食用，且我们断言水果是食物的子类、苹果是水果的子类，则我们可以推得所有苹果都可以食用。我们可以说单个苹果**继承**了可食用性这个属性，这种继承在本例中源于其从属的食物类别。

子类关系将类别组织为**分类学层级**（taxonomic hierarchy）或**分类法**（taxonomy）。分类法在技术领域已经被明确地使用了几百年。最大的这种分类法将大约一千万个现存或灭绝的物种组织为一个层次结构，其中包括许多种甲壳虫[②]；图书馆学为所有领域的知识开发了分类法，将其编码为杜威十进制系统；税务部门和其他政府部门也发展出了大量关于职业和商品的分类法。

一阶逻辑很易于陈述关于类别的事实，不论是通过把对象关联到类别还是对类别的成员进行量化。下面是一些事实的示例。

- 一个对象是一个类别的成员。

[①] 将命题转换对象称为**物化**（reification），来自拉丁语词语 *res*，也就是物体。约翰·麦卡锡提出了术语 "thingification"（物品化），但并未得以流行。

[②] 当被问及一个人通过研究自然能够对造物主有怎样的了解时，生物学家霍尔丹（J. B. S. Haldane）说："他（造物主）是甲壳虫的超级爱好者。"

$$BB_9 \in Basketballs$$

- 一个类别是另一个类别的子类。

$$Basketballs \subset Balls$$

- 一个类别的所有成员都具有某种性质。

$$(x \in Basketballs) \Rightarrow Spherical(x)$$

- 一个类别的成员可以用某些性质来辨别。

$$Orange(x) \wedge Round(x) \wedge Diameter(x) = 9.5'' \wedge x \in Balls \Rightarrow x \in Basketballs$$

- 一个类别整体具有某些性质。

$$Dogs \in DomesticatedSpecies$$

注意，由于狗是一个类别，并且是驯化物种的一个成员，因此驯化物种必然是类别的类别。当然，上述的规则存在许多例外（瘪气的篮球不是圆的），我们稍后再处理这些例外。

尽管子类和成员关系是类别中最重要的关系，我们也希望能够陈述类别之间的非从属关系。例如，如果我们只说了本科生和研究生是学生的子类，那么我们就没有表明一个本科生无法同时是研究生。如果两个或两个以上的类别没有共同的成员，则它们是**不相交的**（disjoint）。我们可能还想表明研究生和本科生类别构成了大学生的**完全分解**（exhaustive decomposition）。不相交集合的一种完全分解被称为一个**划分**（partition）。以下是上述概念的一些例子：

$$Disjoint(\{Animals, Vegetables\})$$

$$ExhaustiveDecomposition(\{Americans, Canadians, Mexicans\}, NorthAmericans)$$

$$Partition(\{Animals, Plants, Fungi, Protista, Monera\}, LivingThings)$$

（注意，$NorthAmericans$ 的完全分解不是一个划分，因为一些人具有双重国籍。）上述 3 个谓词定义如下：

$$Disjoint(s) \Leftrightarrow (\forall c_1, c_2 \; c_1 \in s \wedge c_2 \in s \wedge c_1 \neq c_2 \Rightarrow Intersection(c_1, c_2) = \{\})$$

$$ExhaustiveDecomposition(s, c) \Leftrightarrow (\forall i \; i \in c \Leftrightarrow \exists c_2 \; c_2 \in s \wedge i \in c_2)$$

$$Partition(s, c) \Leftrightarrow Disjoint(s) \wedge ExhaustiveDecomposition(s, c)$$

类别也可以通过给出成员的充要条件来定义。例如，单身汉是未婚的成年男性：

$$x \in Bachelors \Leftrightarrow Unmarried(x) \wedge x \in Adults \wedge x \in Males$$

正如我们在本章关于自然类的附页中所讨论的，类别的严格逻辑定义通常只能用于人造的形式化概念，而非一般事物。但定义并不总是必要的。

10.2.1　物理组成

"一个对象是另一个对象的一部分"这样的概念并不陌生。一个人的鼻子是他脑袋的一部分，罗马尼亚是欧洲的一部分，本章是本书的一部分。我们使用一般的 $PartOf$ 关系来表明一个事物是另一个事物的一部分。对象可以分组为 $PartOf$ 层次结构，类似于子集层次结构：

$$PartOf(Bucharest, Romania)$$

$$PartOf(Romania, EasternEurope)$$

$$PartOf(EasternEurope, Europe)$$

$$PartOf(Europe, Earth)$$

PartOf 关系是传递和自反的，也就是：

$$PartOf(x, y) \land PartOf(y, z) \Rightarrow PartOf(x, z)$$

$$PartOf(x, x)$$

因此，我们可以得出结论 *PartOf* (*Bucharest, Earth*)。**复合对象**（composite object）类别常被特征化为部分之间的结构关系。例如，一个两足动物是身体上恰好有两条腿的对象：

$$Biped(a) \Rightarrow \exists l_1, l_2, b \, Leg(l_1) \land Leg(l_2) \land Body(b)$$

$$\land PartOf(l_1, a) \land PartOf(l_2, a) \land PartOf(b, a)$$

$$\land Attached(l_1, b) \land Attached(l_2, b)$$

$$\land l_1 \neq l_2 \land [\forall l_3 \, Leg(l_3) \land PartOf(l_3, a) \Rightarrow (l_3 = l_1 \lor l_3 = l_2)]$$

"恰好有两条"的符号有点棘手，我们不得不表明存在两条腿，它们不是同一条腿，如果有人提出了第三条腿，则这条腿必然是其他两条腿中的一条。在 10.5.2 节，我们描述了一个被称为描述逻辑的形式体系，它能够较容易地表示类似"恰好有两条"的约束。

我们可以类比类别的 *Partition* 关系，定义一个 *PartPartition* 关系。（见习题 10.DECM。）一个对象由其 *PartPartition* 中的部分组成，并且可以被看作从这些部分中获得了某些性质。例如，复合对象的质量是其各部分质量的总和。注意，类别并不会出现这种情形，即使类别中的元素可能有质量，类别也没有质量。

使用无特定结构的确切部分定义复合对象也是有用的。例如，我们可能想表明"袋子里的苹果重两磅"。将这个重量归入袋中苹果的集合似乎是自然的做法，但这实际上是错误的，因为集合是抽象的数学概念，它只有元素而没有重量。因此，我们需要一个新概念，我们称之为**束**（bunch）。例如，如果苹果是 $Apple_1$、$Apple_2$ 和 $Apple_3$，则

$$BunchOf(\{Apple_1, Apple_2, Apple_3\})$$

表示由 3 个苹果作为部分（而非元素）构成的对象。之后我们就可以将束作为普通的对象来使用了，尽管它是无结构的。注意 $BunchOf(\{x\}) = x$。另外，$BunchOf(Apples)$ 是由所有苹果构成的复合对象，不要将它与所有苹果的集合或苹果类别搞混了。

我们可以用 *PartOf* 关系来定义 *BunchOf*。显然，s 中的每个元素都是 $BunchOf(s)$ 的部分：

$$\forall x \, x \in s \Rightarrow PartOf(x, BunchOf(s))$$

进一步地，$BunchOf(s)$ 是满足这个条件的最小对象。也就是说，$BunchOf(s)$ 必然是所有以 s 中全部元素为部分的对象的部分：

$$\forall y [\forall x \, x \in s \Rightarrow PartOf(x, y)] \Rightarrow PartOf(BunchOf(s), y)$$

这些公理属于一种叫作**逻辑最小化**的通用技术，意味着定义满足某些条件的最小对象。

10.2.2　量度

不论是在关于世界的科学理论中还是常识中，物体都有高度、质量、价格之类的性质。我们分配给这些性质的值叫作**量度**（measure）。普通的量化量度很容易表示。我们想象宇宙中有抽象的"量度对象"，例如这条线段├────────────┤的长度表示的长度。我们可以将这个长度称为 1.5 英寸或 3.81 厘米。也就是说，同样的长度在我们的语言中有不同的名字。

我们使用以数字作为参数的**单位函数**（units function）表示长度。（习题 10.ALTM 探讨了另一种方法。）

如果这条线段称为 L_1，我们可以写出

$$Length(L_1) = Inches(1.5) = Centimeters(3.81)$$

使用从一种单位到另一种单位的等值倍数可以进行单位之间的转换：

$$Centimeters(2.54 \times d) = Inches(d)$$

可以对磅和千克、秒和日、美元和美分写出类似的公理。量度可以以如下方式描述对象：

$$Diameter(Basketball_{12}) = Inches(9.5)$$

$$ListPrice(Basketball_{12}) = \$(19)$$

$$Weight(BunchOf(\{Apple_1, Apple_2, Apple_3\})) = Pounds(2)$$

$$d \in Days \Rightarrow Duration(d) = Hours(24)$$

注意，$\$(1)$ 不是一美元钞票，而是价格。我们可以有两张一美元钞票，但只有一个名为 $\$(1)$ 对象。还需要注意的是，即使 $Inches(0)$ 和 $Centimeters(0)$ 都指代相同的零长度，但却不同于其他零量度，如 $Seconds(0)$。

简单且量化的量度很容易表示。其他量度则更难一些，因为它们的值没有公认的尺度。习题具有难度，甜点具有美味程度，诗歌有优美程度，而我们无法为这些量赋以数值。有人可能会完全从计算的角度出发，忽略这些性质，因为它们对于逻辑推断并没什么用处；而更糟糕的做法，则是企图为优美程度强加一个数值尺度——这是严重的错误，因为这样做完全没有必要。对量度来说，最重要的不是其特定的数值，而是它是可以被排序的。

尽管量度不是数字，但我们还是可以用诸如 "$>$" 之类的定序符号来比较它们。例如，我们可能都认为诺维格（Norvig）出的习题比罗素（Russell）出的习题难，而且解答难题的人得分更少：

$$e_1 \in Excercises \wedge e_2 \in Excercises \wedge Wrote(Norig, e_1) \wedge Wrote(Russell, e_2) \Rightarrow$$

$$Difficulty(e_1) > Difficulty(e_2)$$

$$e_1 \in Excercises \wedge e_2 \in Excercises \wedge Difficulty(e_1) > Difficulty(e_2) \Rightarrow$$

$$ExpectedScore(e_1) < ExpectedScore(e_2)$$

这就足以使人们决定要做哪些题，尽管其中根本没有用到难度值。（但他们必须要弄清楚每道习题是谁出的。）这种量度之间的单调关系构成了**定性物理**（qualitative physics）的基本要素——定性物理是人工智能的一个子领域，它研究在不使用具体方程和数值模拟的情况下如何推理物理系统。在本章的参考文献与历史注释部分，我们会讨论到定性物理。

自然类

一些类别有严格的定义：一个对象是三角形，当且仅当它是有三条边的多边形。而真实世界中的大部分类别没有边界清晰的定义，它们被称为**自然类**（natural kind）类别。例如，番茄接近于暗红色，大致是圆形的，顶部有个原本长着藤蔓的凹坑，直径 5 ～ 10 厘米，有薄而硬的果皮，内部有果肉、种子和汁水。但也有例外：一些番茄是黄色或橙色的，未成熟的番茄是绿色的，一些番茄小于或大于其平均大小，而圣女果都非常小。我们没有番茄的完备定义，而是有一系列特征，它们能够用于识别一个明显是番茄的物体，但却无法明确地识别其他物体。

（有没有一种像桃子一样毛茸茸的番茄？）

这对逻辑智能体来说是个问题。智能体无法确定它感知到的物体是番茄，而且，即使它确定这个物体就是番茄，它也无法确定这个番茄具有哪些番茄应有的典型性质。这个问题是在部分可观测环境中运作的不可避免的结果。

一种有用的方法是区分对一个类别中所有实例都为真的性质和仅对典型实例为真的性质。因此除了 *Tomatoes* 类别，我们还会有 *Typical*(*Tomatoes*) 类别。此处，*Typical* 函数将类别映射到仅含有典型实例的子类：

$$Typical(c) \subseteq c$$

关于自然类的大部分知识实际上是关于其典型实例的：

$$x \in Typical(Tomatoes) \Rightarrow Red(x) \land Round(x)$$

这样，我们就可以写出关于类别的有用事实而无须精确的定义。维特根斯坦（Wittgenstein, 1953）深入解释了为大部分自然类别提供精确定义的难点。他使用了游戏的例子来表明一个类别的成员具有"家族相似性"而非充分必要的特征：什么样的严格定义可以囊括国际象棋、木头人、单人纸牌和躲避球？

奎因（Quine, 1953）也质疑了严格定义的概念的有用性。他指出，就连将"单身汉"定义为未婚成年男性都是值得怀疑的。例如，一个人完全可以质疑诸如"教皇是单身汉"这样的陈述。尽管这种用法严格意义上并没有错，但这肯定是不妥当的，因为这会引起部分听众的无端猜忌。将用于内部知识表示的逻辑定义与更微妙的恰当措辞准则区分开来也许能够解决这种矛盾。后者可以通过"过滤"前者推得的断言得出。措辞的失误也可以用作修正内部定义的反馈，这样，过滤也就不再必要了。

10.2.3　对象：事物和物质

真实世界可以看作由基本对象（如原子粒子）和由其构建的复合对象组成的。通过在诸如苹果和汽车之类的大对象层面进行推理，我们可以避免逐个处理大量基本对象的麻烦。但现实中的很大一部分东西似乎不能被**个体化**（individuation），也就是将其细分为不同的组成对象。我们给这部分东西起名为**物质**。例如，假设我面前有一些黄油和一只食蚁兽。我们可以说这有一只食蚁兽，但却无法说出"黄油对象"的明确数量，因为一个黄油对象的任何一部分也是黄油对象——至少在我们将其分为极小的部分之前是这样。这是物质和事物的主要区别。如果我们将食蚁兽砍成两半，（很遗憾）我们并不能得到两只食蚁兽。

英语能清晰地区分事物（thing）和物质（stuff）。我们说"一只食蚁兽"，但除了在加利福尼亚州那些故弄玄虚的餐馆里面，我们并不能说"一个黄油"。语言学家将食蚁兽、洞穴、定理之类的**可数名词**与黄油、水、能量之类的**不可数名词**区别开来。一些相互竞争的本体论都宣称它们能够处理这种区别。此处我们只描述其中一种，其他本体论则在本章的参考文献与历史注释部分讨论。

要妥当地表示物质，我们从最浅显的情形开始。在我们的本体论中至少也要将"一块"物质作为对象，以便与之互动。例如，我们可能认得前一晚丢在桌上的那块黄油；我们可以把它捡起来，给它称重，或把它卖掉之类的。从这种意义上考虑，它就是与食蚁兽一样的对象。我们不妨称其为 *Butter*₃。我们还定义了 *Butter* 类别。非正式地，它的元素就是我们可能说"这是黄油"的东西，包括 $Butter_3$。在暂且忽略物质的极小部分的情况下，一个黄油对象的任何一部分也是黄油对象：

$$b \in Butter \land PartOf(p,b) \Rightarrow p \in Butter$$

现在我们就可以说黄油在大约 30℃时融化：

$$b \in Butter \Rightarrow MeltingPoint(b, Centigrade(30))$$

我们还可以说黄油是黄色的，密度比水小，在室温下是软的，含有很多脂肪，等等。另外，黄油没有特定的大小、形状或重量。我们可以为黄油定义更为专门的类别，如无盐黄油（*UnsaltedButter*），它也是一种物质。注意，一磅黄油（*PoundOfButter*）这个类别，它包含所有重量为一磅的黄油对象，却不是一种物质。很遗憾，我们将一磅黄油切成两半并不能得到两磅黄油。

实际上，一些性质是固有的，它们属于对象的物质，而非对象这个整体。当你将一种具体的物质切成两半，这两半仍保留其固有性质，如其密度、沸点、味道、颜色、隶属关系等。而外在的性质，如重量、长度、形状之类的，在分割后并不能维持不变。因此，定义中只有固有性质的对象类别是物质，或不可数名词；而定义中含有任何外在性质的类别则是可数名词。物质和事物分别是最一般的物质类别和对象类别。

10.3 事件

在 7.7.1 节我们讨论了动作，它是可以发生的事情，如 $Shoot_t$；我们还讨论了流，它是世界中变化的部分，如 $HaveArrow_t$。它们都用命题表示，我们使用了后继状态公理来表示如果时刻 t 的动作使一个流为真，或在时刻 t 这个流已经为真且此时的动作不使其为假的话，则这个流在时刻 $t+1$ 为真。这是对动作是离散的、瞬时的、每个时刻只发生一次的，且只有一种实行方式（也就是说，只有一种射击动作，迅速射击、缓慢射击、紧张地射击之间没有区别）的世界而言的。

但当我们从简化的论域移步到真实世界中，要处理的动作和事件[①]范围就大得多了。考虑一个连续动作，如灌满浴缸。一条后继状态公理可以表明在动作前浴缸是空的，在动作完成后浴缸满了，但它无法讨论在动作进行中发生了什么。它也无法轻易地描述同时发生的两个动作——例如在等待浴缸灌满的时候刷牙。要处理这类情形，我们引入一种称为**事件演算**（event calculus）的方法。

事件演算的对象是事件、流和时间点。$At(Shankar, Berkeley)$ 是一个流，也就是指代 Shankar 在伯克利这个事实的对象。Shankar 从旧金山飞往华盛顿特区的事件 E_1 描述为

$$E_1 \in Flyings \land Flyer(E_1, Shankar) \land Origin(E_1, SF) \land Destination(E_1, DC)$$

其中 *Flyings* 是所有飞行事件的类别。通过对事件进行物化，我们能够对事件添加任意数量的任意信息。例如，我们可以用 $Bumpy(E_1)$ 说明 Shankar 的航班很颠簸。在一个事件为 n 元谓词的本体论中，我们无法添加类似这样的额外信息——为此将本体论中的事件改为 $n+1$ 元谓词并不是一个具有拓展性的解决方法。

要断言在时刻 t_1 某处开始延续到 t_2 的流实际为真，我们使用谓词 T，如 $T(At(Shankar, Berkeley), t_1, t_2)$。类似地，我们使用 $Happen(E_1, t_1, t_2)$ 来表明事件 E_1 实际发生了，它从时刻 t_1 开始，结束于 t_2。事件演算版本[②]的完整谓词集为

---

① 术语"事件"和"动作"可以互相代替——它们的意思都是"可以发生的事情"。

② 我们的版本基于（Shanahan, 1999），但做了一些改动。

$T(f, t_1, t_2)$	流 f 在 t_1 和 t_2 之间的所有时刻为真
$Happens(e, t_1, t_2)$	事件 e 从 t_1 开始，于 t_2 结束
$Initiates(e, f, t)$	事件 e 导致流 f 在时刻 t 为真
$Terminates(e, f, t)$	事件 e 导致流 f 在时刻 t 不再为真
$Initiated(f, t_1, t_2)$	流 f 在 t_1 和 t_2 之间的某时刻开始为真
$Terminated(f, t_1, t_2)$	流 f 在 t_1 和 t_2 之间的某时刻停止为真
$t_1 < t_2$	时刻 t_1 出现在时刻 t_2 之前

我们可以将飞行事件的效果描述为

$$E = Flyings(a, here, there) \wedge Happens(E, t_1, t_2) \Rightarrow$$
$$Terminates(E, At(a, here), t_1) \wedge Initiates(E, At(a, there), t_2)$$

我们假设一个特定事件 $Start$，它通过表明在起始时刻时哪些流为真（用 $Initiates$）哪些流为假（用 $Terminated$）描述了初始状态。这样我们就可以用一对关于 T 和 $\neg T$ 的、符合一般后继状态公理形式的公理描述哪个流在何时为真：假设一个事件在时刻 t_1 和 t_3 之间发生，而在该时段内的某时刻 t_2，该事件通过启动流（使其为真）或终止流（使其为假）改变了流 f 的值。则在未来的某个时刻 t_4，如果没有其他事件改变过流（不论是启动流还是终止流），流的值保持不变。形式上，这些公理是

$$Happens(e, t_1, t_3) \wedge Initiates(e, f, t_2) \wedge \neg Terminated(f, t_2, t_4) \wedge t_1 \leqslant t_2 \leqslant t_3 \leqslant t_4 \Rightarrow$$
$$T(f, t_2, t_4)$$
$$Happens(e, t_1, t_3) \wedge Terminates(e, f, t_2) \wedge \neg Initiated(f, t_2, t_4) \wedge t_1 \leqslant t_2 \leqslant t_3 \leqslant t_4 \Rightarrow$$
$$\neg T(f, t_2, t_4)$$

其中 $Terminated$ 和 $Initiates$ 定义为

$$Terminated(f, t_1, t_5) \Leftrightarrow$$
$$\exists e, t_2, t_3, t_4 \ Happens(e, t_2, t_4) \wedge Terminates(e, f, t_3) \wedge t_1 \leqslant t_2 \leqslant t_3 \leqslant t_4 \leqslant t_5$$
$$Initiated(f, t_1, t_5) \Leftrightarrow$$
$$\exists e, t_2, t_3, t_4 \ Happens(e, t_2, t_4) \wedge Initiates(e, f, t_3) \wedge t_1 \leqslant t_2 \leqslant t_3 \leqslant t_4 \leqslant t_5$$

我们可以拓展事件演算来表示同时发生的事件（例如玩跷跷板需要两人同时进行）、外因事件（例如风吹动物体）、连续事件（例如涨潮）、非确定性事件（例如抛硬币得到正面或反面）以及其他复杂事件。

10.3.1 时间

事件演算提供了表示时间点和时间间隔的可能性。我们考虑两种时间间隔：瞬间和延续间隔。它们的区别是，只有瞬间的持续时间为 0：

$$Partition(\{Moments, ExtendedIntervals\}, Intervals)$$
$$i \in Moments \Leftrightarrow Duration(i) = Seconds(0)$$

下面我们发明一种时间尺度，并将尺度上的点关联到瞬间，以确定绝对时间。时间尺度可以是任意的，我们选择用秒来度量，并指定格林尼治标准时 1900 年 1 月 1 日午夜瞬间为时间 0。函数 $Begin$ 和 End 输出一个间隔的最早瞬间和最晚瞬间，函数 $Time$ 则将瞬间转换为时间尺度上的点。函数 $Duration$ 给出开始时间和结束时间之间的差值。

$$Interval(i) \Rightarrow Duration(i) = (Time(End(i)) - Time(Begin(i)))$$

$$Time(Begin(AD1900)) = Seconds(0)$$

$$Time(Begin(AD2001)) = Seconds(3187324800)$$

$$Time(End(AD2001)) = Seconds(3218860800)$$

$$Duration(AD2001) = Seconds(31536000)$$

为利于读出数字，我们还引入了 Date 函数，它使用 6 个参数（小时、分钟、秒、日、月、年）并返回一个时间点：

$$Time(Begin(AD2001)) = Date(0,0,0,1,Jan,2001)$$

$$Date(0,20,21,24,1,1995) = Seconds(3000000000)$$

两个间隔中，如果第一个间隔的结束时间与第二个间隔的开始时间相等，则两个间隔相接（Meet）。间隔关系的完整集合（Allen, 1983）如下（以及图 10-2）：

$$Meet(i,j) \Leftrightarrow End(i) = Begin(j)$$

$$Before(i,j) \Leftrightarrow End(i) < Begin(j)$$

$$After(j,i) \Leftrightarrow Before(i,j)$$

$$During(i,j) \Leftrightarrow Begin(j) < Begin(i) < End(i) < End(j)$$

$$Overlap(i,j) \Leftrightarrow Begin(i) < Begin(j) < End(i) < End(j)$$

$$Starts(i,j) \Leftrightarrow Begin(i) = Begin(j)$$

$$Finishes(i,j) \Leftrightarrow End(i) = End(j)$$

$$Equals(i,j) \Leftrightarrow Begin(i) = Begin(j) \wedge End(i) = End(j)$$

它们各自的含义都很直观，除了 Overlap：我们倾向于认为重叠是对称的（如果 i 与 j 重叠，则 j 与 i 重叠），但根据其定义，Overlap(i,j) 仅在 i 早于 j 开始时为真。经验表明，这样定义对制定公理更加有用。要表明英国女王伊丽莎白二世（Elizabeth Ⅱ）的统治紧接着乔治六世（George Ⅵ）的统治，而猫王埃尔维斯（Elvis）主宰乐坛的时间与 20 世纪 50 年代重叠，我们可以将其写作

$$Meets(ReignOf(GeorgeVI), ReignOf(ElizabethII))$$

$$Overlap(Fifties, ReignOf(Elvis))$$

$$Begin(Fifties) = Begin(AD1950)$$

$$End(Fifties) = End(AD1959)$$

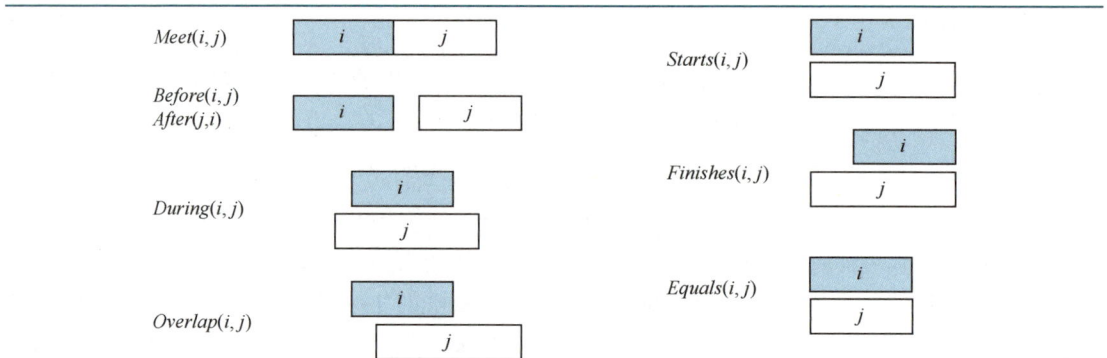

图 10-2　时间间隔的谓词

10.3.2 流和对象

从对象是一部分时空的角度来看，对象可以被看作一般化的事件。例如，美国（*USA*）可以被当成是一个事件，它从 1776 年开始，由起初 13 个州的联合发展为 50 个州的联合，并仍在持续发展。我们可以将美国的变化性质描述为状态流，例如 *Population*(*USA*)。美国的一个每 4 年或 8 年变化一次的性质——不出意外的话——是它的总统。有人可能提出，*President*(*USA*) 是一个在不同时间表示不同对象的逻辑项。

遗憾的是，这根本不可能。因为在给定的模型结构中，一个项只能表示一个对象。（根据 *t* 的值，*President*(*USA*, *t*) 项可以表示不同的对象，但我们的本体论中时间与流是分离的。）唯一的可能是 *President*(*USA*) 表示单个对象，这个对象在不同的时间由不同的人组成。这个对象从 1789 年至 1797 年是乔治·华盛顿，从 1797 年至 1801 年是约翰·亚当斯，以此类推，如图 10-3 所示。要表示乔治·华盛顿是整个 1790 年的总统，我们可以写作

$$T(Equals(President(USA), GeorgeWashington), Begin(AD1790), End(AD1790))$$

我们用函数符号 *Equals* 而非标准逻辑谓词 =，因为我们无法以谓词作为 *T* 的参数，还因为正确的解释并不是 *GeorgeWashington* 和 *President*(*USA*) 在 1790 年逻辑等价——逻辑等价并不能随时间改变。实际情况是，1790 年这个时段所定义的对象 *President*(*USA*) 的子事件和 *GeorgeWashington* 的子事件具有等价关系。

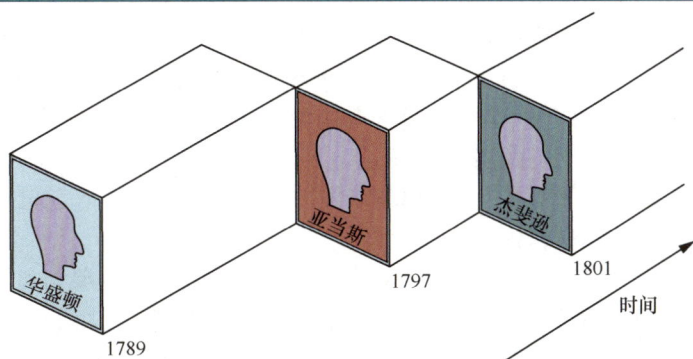

图 10-3　早期 *President*(*USA*) 对象示意图

10.4　精神对象和模态逻辑

我们目前为止所构建的智能体具有信念，且能够推导新信念。但它们都不具有关于信念或推导的知识。关于自身所具有的知识和推导过程的知识对控制推断非常有用。例如，假设甲问道"1764 的平方根是多少"，而乙回答"我不知道"。如果甲坚持道"再想一想"，乙应当意识到通过进一步思考其实可以回答这个问题。但是，如果甲提出的问题是"总统现在是坐着还是站着？"那么乙应当明白再怎么思考都不太会有作用。知道其他智能体所具有的知识也很重要，乙应当意识到总统自己肯定知道答案。

我们需要的是智能体大脑中（或知识库中）的精神对象和操纵这些精神对象的精神过程的模型。这个模型不需要非常具体。我们并不需要预测某个智能体进行推断需要多少毫秒，我们只需要能够得出"妈妈知道她自己是不是坐着"的结论就可以。

　　我们从智能体对精神对象所具有的**命题态度**（propositional attitude）开始：类似于相信（*Believes*）、知道（*Knows*）、想要（*Wants*）、通知（*Informs*）这样的态度。难处在于，这些态度的行为与"普通"谓词不同。例如，假设我们试图断言露易丝知道超人会飞：

$$Knows(Lois, CanFly(Superman))$$

这种说法的一个小毛病是，我们通常将 *CanFly*(*Superman*) 当作语句，但这里它是一个项。我们可以通过物化 *CanFly*(*Superman*) 来修补这个问题，也就是将它变成流。但更严重的问题是，如果超人是克拉克·肯特为真，那么我们只能得出露易丝知道克拉克会飞，而这是错误的，因为（在大多数版本的故事中）露易丝不知道克拉克就是超人。[①]

$$(Superman = Clark) \land Knows(Lois, CanFly(Superman))$$
$$\models Knows(Lois, CanFly(Clark))$$

这是构建在逻辑之中的等值推理的结论。通常这并不是一件坏事，如果我们的智能体知道 $2 + 2 = 4$ 且 $4 < 5$，我们就希望智能体知道 $2 + 2 < 5$。这个性质称为**指代透明性**（referential transparency）——一种逻辑使用哪个项指代一个对象并不重要，重要的是这个项所指的对象。但对于像相信和知道这样的命题态度，我们需要指代不透明性——使用的项很重要，因为并非所有智能体都知道哪些项是指代同一个对象的。

　　我们可以用进一步物化的方式修补这个问题：我们可以让一个对象表示作为超人的那个克拉克，另一个对象表示露易丝所认识的那个克拉克，我们还需要一个对象表示露易丝所认识的超人。但对象数量的激增意味着我们本来希望能快速写出的语句变得唠叨又笨拙。

　　模态逻辑就是为解决这个问题而产生的。正规逻辑关注于单模态，真值模态使我们可以表示"P 为真"或"P 为假"。模态逻辑含有以语句（而非项）为参数的**模态算子**（modal operator）。例如，"A 认识 P"使用记法 $K_A P$ 表示，其中 K 是知识的模态算子。它使用两个参数，一个是智能体（以下标表示），另一个是语句。模态逻辑的语法与一阶逻辑基本相同，区别在于模态逻辑中的语句可以用模态算子构成。

　　模态逻辑的语义更为复杂。在一阶逻辑中，一个**模型**含有一个对象集和将每个名称映射到正确的对象、关系或函数的解释。模态逻辑中，我们希望能够同时考虑到超人的秘密身份是克拉克的可能性和超人不是克拉克的可能性。

　　因此，我们需要更为复杂的模型，它含有一系列**可能世界**（possible world），而非只有一个为真的世界。这些世界在一个图中以**可达性关系**（accessibility relation）连接，每个模态算子都对应一个这样的关系。如果 w_1 中的一切都与 A 在 w_0 中所知道的东西一致，我们就说从世界 w_0 关于模态算子 K_A 可达世界 w_1。举一个现实世界中的例子，布加勒斯特是罗马尼亚的首都，但对于不知道这一事实的智能体来说，罗马尼亚首都位于（例如）索非亚的世界就是可达的。但愿所有智能体都不可达 $2 + 2 = 5$ 的世界。

　　一般而言，一个知识原子 $K_A P$ 在世界 w 中为真，当且仅当在从 w 可达的所有世界中 P 都为真。更复杂的语句的真值是通过递归应用这条规则以及一阶逻辑的一般规则来推导的。这意味着模态逻辑可以用于推理嵌套知识语句：一个智能体对另一个智能体的知识知道多少。例如，我们可以说露易丝虽然不知道超人的秘密身份是否就是克拉克·肯特，但她知道克拉克本人知道超人的秘密身份是什么：

[①]　超人（Superman）是美国漫画角色。根据漫画情节，超人出生于地外星球，具有超能力，在地球以记者克拉克·肯特（Clark Kent）的身份掩藏自己就是超人的事实。露易丝·莱恩（Lois Lane）是克拉克·肯特的记者同事，同时也是超人迷。在较早期的情节中，露易丝并不知道同事克拉克就是超人。——译者注

$$K_{\text{Lois}} [\, K_{\text{Clark}} Identity(Superman, Clark) \lor K_{\text{Clark}} \neg Identity(Superman, Clark) \,]$$

模态逻辑解决了一些涉及量词和知识互相作用的麻烦问题。英语句子 "Bond knows that someone is a spy"（邦德知道某个人是间谍）是有歧义的。第一种解读是邦德知道某个特定的人是间谍，我们可以将其写作

$$\exists x\, K_{\text{Bond}} Spy(x)$$

这在模态逻辑中的意思是，存在一个 x，在所有可达世界中邦德都知道这个 x 是间谍。第二种解读是，邦德只知道至少有一个间谍：

$$K_{\text{Bond}} \exists x\, Spy(x)$$

它的模态逻辑解释是，在所有可达世界中，都有一个间谍 x，但它在不同世界中未必是相同的 x。

我们现在有了知识的模态算子，就可以为其写出公理。首先，我们可以说智能体能够进行推论：如果一个智能体知道 P 且知道 P 蕴涵 Q，则该智能体知道 Q：

$$(K_a P \land K_a(P \Rightarrow Q)) \Rightarrow K_a Q$$

由此（以及其他一些关于逻辑等价性的规则）我们可以得出 $K_A(P \lor \neg P)$ 是重言式：所有智能体都知道每个命题 P 要么为真要么为假。但是，$(K_A P) \lor (K_A \neg P)$ 不是重言式；一般而言，对于很多命题，智能体既不知其为真，也不知其为假。

人们说（以柏拉图最先提出）知识是确证为真的信念。也就是说，如果一个事物为真，如果你相信它为真，而且如果你有无法反驳的好理由来说明它为真，那么你就知道这个事物。这意味着如果你知道某事，那么它必然为真。据此我们有公理：

$$K_a P \Rightarrow P$$

进一步地，逻辑智能体（但并非所有人）都能够内省自己的知识。如果它们知道某事，则它们知道"它们知道这事"：

$$K_a P \Rightarrow K_a(K_a P)$$

我们可以为信念（通常用 B 表示）和其他模态定义类似的公理。但模态逻辑方法的一个问题是它假设了智能体的**逻辑全知**（logical omniscience）。也就是说，如果智能体知道一个公理集，则它知道这些公理的所有结论。即使对于知识的较为抽象的概念这个前提都相当不牢靠，更别提对于信念了，因为信念更常涉及在智能体中被实际表示出来的东西，而非仅仅是可推导的东西。

有人尝试为智能体定义某种有限理性形式——让智能体只能相信那些不超过 k 个推理步骤或不超过 s 秒计算就能推导出来的断言。这些尝试基本都不能令人满意。

其他模态逻辑

除了针对知识的模态逻辑，还有许多其他针对不同模态的模态逻辑被提出。一种提法是为可能性和必然性添加模态运算符：本书的某个作者现在可能是坐着的，而 $2 + 2 = 4$ 必然为真。

如 8.1.2 节所述，一些逻辑学家青睐于关于时间的模态。在**线性时态逻辑**（linear temporal logic）中，我们添加如下模态算子：

- XP：" P 在下一个时刻将为真"
- FP：" P 最终（**Finally**）将在未来某个时刻为真"
- GP：" P 始终（**Globally**）为真"
- PUQ："在 Q 发生前 P 保持为真"

有时可以从这些算子推导出其他算子。增加这些模态算子使逻辑自身变得更为复杂（也就使逻辑推断算法更难找出证明）。但这些算子使我们能够更简洁地陈述某些事实（这使得逻辑推断更快）。选择要用哪种逻辑类似于选择要用哪种编程语言：选择适合你任务的那一个，选择你和你的合作者更熟悉的那一个，选择对你的目的足够有效的那一个。

10.5　类别的推理系统

类别是大规模知识表示系统最重要的构造模块。本节描述为类别的组织和推理专门设计的系统。有两类密切相关的系统：**语义网络**（semantic network）从图的角度为知识库的可视化提供辅助，并基于对象的类别从属为推断对象的属性提供高效算法；**描述逻辑**（description logic）为构建和合一类别的定义提供形式化语言，并为确定类别间的子集和超集关系提供高效算法。

10.5.1　语义网络

1909 年，查尔斯•皮尔斯（Charles S. Peirce）提出了一种称为**存在图**（existential graph）的、由边和节点构成的图表示，他称之为"未来的逻辑"。由此开启了一场提倡"逻辑"者和提倡"语义网络"者之间的长期争论。遗憾的是，争论掩盖了语义网络也是一种逻辑的事实。语义网络为某些语句提供的记法往往更方便，但如果我们排除了"人类界面"的因素，其底层概念（对象、关系、量化等）是相同的。

语义网络有很多变种，但它们都能表示单个对象、对象的类别和对象之间的关系。典型的记法将对象名称显示于椭圆或方框中，并以带标签的连线连接它们。例如，图 10-4 在 *Mary* 和 *FemalePersons* 之间有 *MemberOf* 连线，对应于逻辑断言 $Mary \in FemalePersons$；类似地，*Mary* 和 *John* 之间的 *SisterOf* 连线对应于断言 $SisterOf(Mary, John)$。我们可以使用 *SubsetOf* 连线连接类别，以此类推。画出气泡和箭头很有趣，但不要忘乎所以。例如，我们知道，人的母亲是女性，但我们可以从 *Persons* 画一条 *HasMother* 连线连到 *FemalesPersons* 上吗？答案是不行，因为 *HasMother* 是人和其母亲之间的关系，而类别并没有母亲。[①]

因此，我们在图 10-4 中使用了双方框这样的特殊记法。这个连线断言了

$$\forall x \ x \in Persons \Rightarrow [\forall y \ HasMother(x, y) \Rightarrow y \in FemalePersons]$$

我们可能还想断言人有两条腿，也就是

$$\forall x \ x \in Persons \Rightarrow Legs(x, 2)$$

如前所述，我们需要当心，以免断言某个类别有两条腿；图 10-4 中的单方框用于断言一个类别中每个成员都具有的属性。

语义网络的记法很便于进行 10.2 节介绍的**继承**推理。例如，作为一个人，玛丽继承了具有两条腿的属性。因此，要搞清楚玛丽有几条腿，继承算法追溯从 *Mary* 到其所属类别的 *MemberOf* 连线，然后跟着 *SubsetOf* 连线向上层移动，直到它找到连线是带方框的 *Legs* 的类别——本例中为 *Persons* 类别。对比于半可判定的逻辑定理证明，这种推断机制的简洁性和高效性是语义网络具有吸引力的主要原因之一。

---

① 一些早期的系统无法区分类别成员的属性和整个类别的属性。这会直接引发不一致性，如德鲁•麦克德莫特（Drew McDermott）（McDermott, 1976）在文章 "Artificial Intelligence Meets Natural Stupidity" 所指出。另一个常见的问题是对子集和成员关系都使用了 *IsA*（是）连线，对应于英语用法 "猫是哺乳动物" 和 "菲菲是猫"。见习题 10.NATS 了解更多关于这一主题的知识。

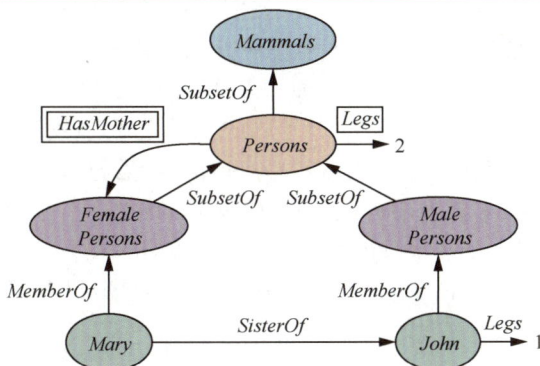

图 10-4 具有 4 个对象（*John*、*Mary*、1 和 2）和 4 个类别的语义网络。关系使用带标签的连线表示

当对象可以属于不止一个类别，或当类别可以是不止一个类别的子类时，继承就会变得较为复杂，这被称为**多重继承**（multiple inheritance）。这种情况下，继承算法可能会为查询找到两个甚至更多个互相冲突的值。因此，一些在类的层次结构中使用继承的**面向对象编程**（object-oriented programming，OOP）禁止多重继承，如 Java。在语义网络中通常允许多重继承，但我们在 10.6 节再对其进行讨论。

读者可能已经注意到了语义网络表示相比于一阶逻辑的一个明显的缺点：气泡之间的连线只能表示二元关系。例如，语句 *Fly(Shankar, NewYork, NewDelhi, Yesterday)* 无法直接从语义网络中断言。不过我们可以通过将命题自身物化为属于合适的事件类别的事件来得到 *n* 元断言的效果。图 10-5 展示了这个事件的语义网络结构。注意，二元关系的限制条件迫使网络创造出大量物化概念的本体论。

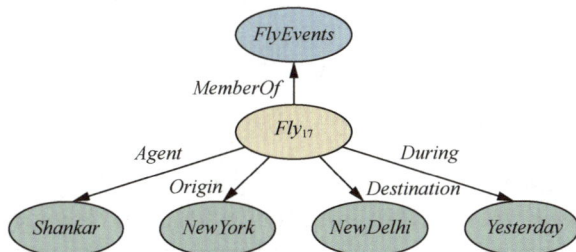

图 10-5 一个语义网络的一部分，展示了对逻辑断言 *Fly(Shankar, NewYork, NewDelhi, Yesterday)* 的表示

命题的物化使得在语义网络记法中表示所有基本的、无函数的一阶逻辑原子语句成为可能。某些全称量化的语句可以使用反向连线并对类别使用单框或双框的箭头来断言，但这仍然远不及完整的一阶逻辑。否定、析取、嵌套函数符号和存在量词都无法表示。扩展记法使语义网络等价于一阶逻辑是可能的（如皮尔斯的存在图），但这样会损失语义网络的一个重要优点，也就是推断过程的简洁性和透明性。设计者可以构建很大的网络，同时仍然能够很好地了解哪些查询是高效的，因为（a）将推断过程行进的步骤可视化相当简单，（b）某些情况下查询语言非常简单，以至于无法提出高难度的查询。

当表达能力确实太有限时，许多语义网络系统提供了**过程式附件**（procedural attachment）来弥补。过程式附件是一种技术，它使得涉及某些关系的查询（有时是断言）能够调用专用于处理这种关系的过程，而非一般的推断算法。

语义网络很重要的一个方面是它具有表示类别的**缺省值**（default value）的能力。仔细考察图 10-4，我们注意到约翰有一条腿，尽管他是一个人，而人都有两条腿。在严格的逻辑知识库中，这会导致矛盾，但在语义网络中，这种"人都有两条腿"的断言只是具有缺省状态，也就是说，我们预设人有两条腿，除非有与之矛盾的、更为确切的信息。很自然地，缺省语义由继承算法执行，因为它从对象自身（本例中为 *John*）沿着连线向上运行，一旦找出一个值就停止运行。我们说缺省值被更确切的值**覆盖**（overridden）了。注意，我们也可以通过创建 *John* 所在的 *Persons* 类别的子类 *OneLeggedPerson*（一条腿的人）来覆盖缺省的腿数量。

如果我们表明了对 *Person* 的 *Legs* 断言在 *John* 这里有例外，就可以维持网络的严格逻辑语义：

$$\forall x \ x \in Persons \land x \neq John \Rightarrow Legs(x, 2)$$

对于固定的网络，这样做在语义上没有问题，但如果例外太多的话，其简洁性就远不如网络记法。但对于需要用新断言更新的网络，这样做就不可行——我们实际想表明的是目前还不知道是谁的那些只有一条腿的人也是例外。10.6 节更深入地探讨了这个话题，还探讨了一般的缺省推理。

10.5.2　描述逻辑

一阶逻辑的语法旨在简化对对象的描述。**描述逻辑**则是旨在简化对类别的定义和性质的描述的记法。描述逻辑系统是从语义网络演化而来的，目的是在维持分类结构作为组织原则的同时形式化网络的含义。

描述逻辑的主要推断任务是**包容**（subsumption）（通过比较定义来检查一个类别是否是另一个类别的子集）和**分类**（classification）（检查一个对象是否属于某个类别）。一些系统还纳入了类别定义的**一致性**（consistency）——成为该类别成员的条件是否是逻辑可满足的。

Classic 语言（Borgida *et al.*, 1989）是典型的描述逻辑。Classic 描述的语法展示在图 10-6 中。[①]例如，要说单身汉是未婚成年男性，可以写作

$$bachelor = And(Unmarried, Adult, Male)$$

一阶逻辑中的等价形式为

$$Bachelor(x) \Leftrightarrow Unmarried(x) \land Adult(x) \land Male(x)$$

概念→**Thing** | 概念名
　　　| **And**(概念, ⋯)
　　　| **All**(角色名, 概念)
　　　| **AtLeast**(整数, 角色名)
　　　| **AtMost**(整数, 角色名)
　　　| **Fills**(角色名, 个体名, ⋯)
　　　| **SameAs**(路径, 路径)
　　　| **OneOf**(个体名, ⋯)
　　路径→[角色名, ⋯]
　　概念名→成人 | 女人 | 男人 | ⋯
　　角色名→配偶 | 女儿 | 儿子 | ⋯

图 10-6　Classic 语言的一个子集中的描述语法

---

① 注意，这个语言不允许我们直接陈述一个概念或类别是另一个概念或类别的子集。这是刻意为之的：类别之间的包容关系必须可以由类别描述的某些方面推导得来。如果无法推导，说明描述不完整。

注意，描述逻辑具有对谓词的代数运算，一阶逻辑中显然没有这种东西。CLASSIC 中的任何描述都可以翻译为等价的一阶逻辑语句，但一些描述在 CLASSIC 中更为直接。例如，要描述这样一个男人的集合，其中每个男人至少有 3 个儿子，至多有 2 个女儿，这些儿子都无业且都娶了医生，这些女儿都是物理或数学系教授，我们可以将其写作

$$And(Man, AtLeast(3, Son), AtMost(2, Daughter),$$
$$All(Son, And(Unemployed, Married, All(Spouse, Doctor))),$$
$$All(Daughter, And(Professor, Fills(Department, Physics, Math)))$$

将其翻译为一阶逻辑是我们的一道习题。

也许描述逻辑最重要的一点是它对推断易处理性的强调。一个问题实例可以通过对其进行描述并查看它是否被几个可能的解类别所包容来求解。在标准的一阶逻辑中，往往不可能预测求解时长。用户经常需要修改表示方法，以避免那些可能导致系统花几个星期求解问题的语句集。而描述逻辑很棒的地方是它保证包容检测可以在描述规模的多项式时间内求解。[1]

这乍听起来不错，直到我们发觉它只会导致两个后果之一：要么完全无法陈述困难的问题，要么需要指数级的大规模描述！不过，易处理的结果指明了哪些构件引发了问题，也有助于使用者理解不同表示的行为。例如，描述逻辑通常缺乏否定和析取。它们都使一阶逻辑系统不得不进行潜在的指数级的情况分析来确保完备性。CLASSIC 仅在 *Fills* 和 *OneOf* 构件中使用有限的析取，它允许对显式枚举出的个体使用析取，而不能析取描述。如果有描述的析取的话，嵌套定义能轻易导致指数量级的、表示一个类别包容另一个类别的分支路径。

10.6 用缺省信息推理

在前一节中，我们见过一个使用缺省状态进行断言的简单例子：人有两条腿。这个缺省信息可以被更确切的信息覆盖，例如 Long John Silver[2] 只有一条腿。我们看到，语义网络的继承机制用简单自然的方式实现了对缺省信息的覆盖。本节我们用更一般化的方式研究缺省信息，以期理解缺省信息的语义，而非仅给出其过程性机制。

10.6.1 限定与缺省逻辑

我们已经见过两个违反了第 7 章证明的逻辑的**单调性**（Monotonicity）性质的推理程序。[3]本章我们看到，语义网络中一个类别所有成员都继承的性质可以被子类别更确切的信息覆盖。在 9.4.4 节，我们看到在封闭世界假设下，如果一个命题 α 没有在 KB 中被提及，则 $KB \models \neg\alpha$，但 $KB \wedge \alpha \models \alpha$。

简单的内省表明，常识推理往往不符合单调性。人类似乎总是"跳到结论"。例如，当有人看到停在路边的车，他往往愿意相信这辆车有 4 个轮子，尽管他只能看到 3 个轮子。概率论当然可以提供车大概率有 4 个轮子的结论，但对多数人来说，只有在新证据自动出现的情

---

[1] 实际中，CLASSIC 提供了高效的包容检测，但其最坏情况运行时间是指数级的。

[2] Long John Silver 一般译作约翰·西尔弗，是英国小说家史蒂文森创作的著名小说《金银岛》中的海盗，他只有一条腿，在另一条腿处安装了木制假腿。——译者注

[3] 回想一下，单调性要求知识库中所有蕴含的语句在新语句被添加到知识库后仍然蕴含。也就是说，如果 $KB \models \alpha$，则 $KB \wedge \beta \models \alpha$。

况下才会想到这辆车并非有 4 个轮子的可能性。这样看来，在没有理由怀疑的情况下，4 个轮子的结论似乎是缺省地达成的。如果有了新的证据——例如，如果我们看到车主搬着一只轮胎，而且车被千斤顶顶起来了——则先前的结论可以被收回。可以说这种推理展示出了**非单调性**（nonmonotonicity），因为信念集在新证据到来时并不随之单调增长。**非单调逻辑**（nonmonotonic logic）修改了真值和蕴含的概念以刻画这种行为。我们将考察两种这样的逻辑，限定和缺省逻辑，它们都被大量研究过。

限定（circumscription）可以被看作更为强大且精确的封闭世界假设。其思想是确定一个被假设为"尽可能假"的谓词，也就是，对所有对象都为假，除了那些我们已知为真的对象。例如，假设我们要断言缺省规则，鸟会飞。我们引入一个谓词，譬如 $Abnormal_1(x)$，写出

$$Bird(x) \wedge \neg Abnormal_1(x) \Rightarrow Flies(x)$$

如果我们说 $Abnormal_1(x)$ **被限定**了，则限定推理器就有权假设 $\neg Abnormal_1(x)$，除非 $Abnormal_1(x)$ 已知为真。这就使结论 $Flies(Tweety)$ 可以从前提 $Bird(Tweety)$ 中得出，但如果 $Abnormal_1(Tweety)$ 被断言，结论便不再成立。

限定可以被看作一种**模型偏好**（model preference）逻辑。在这种逻辑中，如果语句在知识库的所有被偏好的模型中都为真，则语句（在缺省情况下）被蕴含，而无须像经典逻辑中要求在所有模型中都为真。对限定来说，如果一个模型的异常对象更少，则它比另一个模型更受偏好。[1] 我们来看这种思想在语义网络的多重继承上下文中是如何运作的。多重继承问题的一个标准范例是"尼克松菱形"。我们观察到，理查德·尼克松既是基督教贵格会教徒（故而缺省为和平主义者），又是共和党党员（故而缺省为非和平主义者）。我们可以将其写作

$$Republican(Nixon) \wedge Quaker(Nixon)$$

$$Republican(x) \wedge \neg Abnormal_2(x) \Rightarrow \neg Pacifist(x)$$

$$Quaker(x) \wedge \neg Abnormal_3(x) \Rightarrow Pacifist(x)$$

如果我们限定 $Abnormal_2$ 和 $Abnormal_3$，就会有两个偏好模型，其中一个模型中 $Abnormal_2(Nixon)$ 和 $Pacifist(Nixon)$ 为真，另一个模型中 $Abnormal_3(Nixon)$ 与 $\neg Pacifist(Nixon)$ 为真。这样的话，限定推理器在尼克松到底是不是和平主义者这一问题上就完全是不可知论者。如果我们想另外断言宗教信仰优先于政治信仰，我们可以使用称为**优先限定**（prioritized circumscription）的形式体系来对 $Abnormal_3$ 最小化的模型增加偏好。

缺省逻辑是可以用**缺省规则**生成逻辑偶然的非单调结论的形式体系。缺省规则类似下式：

$$Bird(x) : Flies(x)/Flies(x)$$

这条规则的意思是，如果 $Bird(x)$ 为真，且如果 $Flies(x)$ 与知识库一致，则可以得出缺省结论 $Flies(x)$。一般而言，缺省规则的形式为

$$P : J_1, \cdots, J_n / C$$

其中，P 称为先决条件，C 是结论，J_i 是论证——如果其中任何一条可以被证明为假，则无法得出结论。J_i 或 C 中的所有变量都必须同时在 P 中。在缺省逻辑中，尼克松菱形的例子可以用一条事实和两条缺省规则表示：

---

① 对于封闭世界假设，一个模型只要真原子比另一个模型少就受偏好，也就是说，偏好模型是**最小模型**。封闭世界假设和确定子句知识库密切相关，因为前向链接在确定子句知识库上到达的不动点是唯一的最小模型。见 7.5.4 节了解更多相关内容。

$$Republican(Nixon) \wedge Quaker(Nixon)$$

$$Republican(x) : \neg Pacifist(x) / \neg Pacifist(x)$$

$$Quaker(x) : Pacifist(x) / Pacifist(x)$$

要翻译缺省规则的含义，我们将缺省理论的**拓展**定义为该理论结果的最大集合。也就是，一个拓展 S 含有原始已知事实和缺省规则得出的结论集，使得 S 中不再能得出其他结论，且 S 中的每个缺省结论的论证都与 S 一致。与限定中的偏好模型一样，对于尼克松菱形，我们有两种可能的拓展：在其中一种当中尼克松是和平主义者，在另一种当中他不是和平主义者。优先方法可以使某些缺省规则比另一些规则优先，以便解决某些歧义性问题。

从 1980 年首次提出非单调性逻辑开始，对其数学性质的理解已经有了大量进展。但仍然有尚未解决的问题。例如，如果"汽车有 4 个轮子"为假，那么它在一个智能体的知识库中意味着什么？什么样的缺省规则集是好的规则集？如果我们无法确定每条规则是否属于我们的知识库，那么我们就要面临严重的非模块性问题。最后，具有缺省状态的信念如何用于决策？这很可能是缺省推理中最难的问题。

决策往往需要权衡，因此我们需要比较对不同动作的结果的信念的强度，以及决策错误的代价。当重复进行相同决策时，或许可以将缺省规则解释为"阈值概率"。例如，缺省规则"我的刹车一直都很好"的实际含义是"在没有其他信息的前提下，我的刹车很好的概率足够高，因此我的最优决策是不用检查刹车就直接开车"。当决策上下文改变时——例如，当我们开着一辆重载卡车下陡坡时——缺省规则突然就变得不适宜了，即使并没有新证据表明刹车存在故障。这些思考促使研究者考虑如何将缺省推理嵌入概率论或效用理论当中。

10.6.2 真值维护系统

我们已经见过许多知识表示系统得出的推断只是具有缺省状态，而非完全确定。不可避免地，在有新信息的情况下，许多推断出的事实最终将被证明是错误的，必须被收回。这个过程被称为**信念修正**（belief revision）。[1] 假设知识库 KB 含有语句 P（可能是前向链接算法记录的缺省结论，也可能只是不正确的断言）且我们想执行 $\textsc{Tell}(KB, \neg P)$。为避免导致矛盾，我们必须先执行 $Retract(KB, P)$。这听起来很简单。但如果其他语句是从 P 推断得出的，且在 KB 中断言了该语句，就会产生问题。例如，蕴涵式 $P \Rightarrow Q$ 可能已经用于添加 Q。显然的"解决方法"——收回由 P 得出的所有语句——无法使用，因为这种语句还有除 P 之外的其他论证。例如，如果 R 和 $R \Rightarrow Q$ 也在 KB 中，则 Q 就根本不需要被移除。**真值维护系统**（truth maintenance system），或 TMS，就是用于解决这类难题的。

真值维护的一个简单方法是将语句编号为 P_1 到 P_n 来记录它们被告知知识库的顺序。当调用 $Retract(KB, P_i)$ 时，系统恢复到 P_i 刚刚被添加前的状态，因而删除 P_i 和由 P_i 得出的所有推断。语句 P_{i+1} 到 P_n 就可以被重新加入。这很简单，且确保了知识库的一致性，但收回 P_i 需要收回并重新断言 $n-1$ 条语句，还要撤销并重做由这些语句得出的所有推断。对于添加了许多事实的系统（例如大型商业数据库）这不切实际。

一个更为高效的方法是基于论证的真值维护系统，简称 **JTMS**。在 JTMS 中，知识库中的每条语句都用一条**论证**（justification）标记，它含有推断出该语句的语句集。例如，如果一个知识库已经含有 $P \Rightarrow Q$，则 $\textsc{Tell}(P)$ 会使 Q 和附带的论证 $\{P, P \Rightarrow Q\}$ 被加入。一般而言，一条

---

[1] 信念修正常与信念更新进行对比。当为了反映世界的变化而非固定世界的新信息而修改知识库时会出现信念更新。信念更新将信念修正与对时间和变化的推理进行结合，它还涉及第 14 章介绍的滤波。

语句的论证数量是无限制的。论证使收回语句变得高效。调用 RETRACT(P) 时，JTMS 将删除每条论证都有 P 的所有语句。因此，如果语句 Q 的唯一论证为$\{P, P \Rightarrow Q\}$，它就会被删除；而如果 Q 有其他论证$\{R, P \lor R \Rightarrow Q\}$，则它会被保留。这样，收回 P 所需的时间就仅依赖于由 P 推得的语句数量，而非在 P 之后添加的语句数量。

JTMS 假设被考虑过一次的语句很可能会再次被考虑，因此当语句失去所有论证时，JTMS 并不从知识库中完全删除该语句，而仅将语句标记为在知识库外。如果后续的断言重建了语句的某个论证，则语句被标记为在知识库内。如此，JTMS 保留了它用到的所有推断链，当一个论证重新生效时便无须重新推导语句。

除了收回错误信息，TMS 还可以用于加速多重假设情形的分析。例如，假设罗马尼亚奥委会正在为 2048 年将在罗马尼亚举办的奥运会挑选游泳（swimming）、田径（athletics）和马术（equestrian）比赛的地点。例如，令第一个假设为 *Site(Swimming, Pitesti)*、*Site(Athletics, Bucharest)* 和 *Site(Equestrian, Arad)*。

我们随后必须进行大量推断来算出这种假设的后勤保障需要，也就是其合意程度。如果我们想转而考虑 *Site(Athletics, Sibiu)*，TMS 会避免从头开始重新计算。相反，我们只需收回 *Site(Athletics, Bucharest)* 并断言 *Site(Athletics, Sibiu)*，TMS 就会进行必要的修正。选择布加勒斯特（Bucharest）生成的推断链可以重新用在锡比乌（Sibiu）上——如果二者的结论相同的话。

基于假设的真值维护系统简称 **ATMS**，它能使这种在假设世界之间进行的转换特别高效。在 JTMS 中，维护论证使你可以用少量收回和断言就能从一个状态快速转换到另一个状态，但在任意时刻，它只能表示一种状态。ATMS 则同时表示所有被考虑过的状态。JTMS 只是将每条语句标记为在内或在外，而 ATMS 则记录每条语句在哪个假设中为真。也就是说，每条语句都有一个包含假设集的标签。语句仅在一个语句集的所有假设为真时为真。

真值维护系统还提供了生成解释的机制。理论上，语句 P 的解释是语句集 E，使得 E 蕴含 P。如果 E 中的语句已知为真，则 E 只是提供了证明 P 的充分根据。但解释还可以包括假设——未知其为真，但如果为真的话就足以证明 P 的语句。例如，如果你的汽车无法启动，你很可能没有足够的信息来确定性地证明造成这个问题的原因。但一个合理的解释可能含有电瓶没电的假设。结合汽车工作原理的知识，这就能解释观测到的故障。在大多数情况下，我们倾向于最小的解释 E，这意味着 E 不存在同样是解释的真子集。ATMS 可以通过不分先后顺序的假设（如"汽车没油"或"电瓶没电"）来生成"汽车不启动"问题的解释，即使有些假设互相矛盾。然后我们查看语句"汽车不启动"的标签来读出可能能够论证该语句的假设集。

真值维护系统的确切实现算法有些复杂，我们不在此赘述。真值维护系统的计算复杂度至少与命题推断一样大，也就是 NP 困难的。因此，你不能将真值维护当作灵丹妙药。但如果恰当使用的话，TMS 能够极大增加逻辑系统处理复杂环境和假设的能力。

小结

我们希望通过研究如何表示各种知识，我们希望读者已经了解了如何构建真实的知识库，并体会到其中有趣的哲学问题。本章要点如下。

- 大规模知识表示需要通用本体论来组织和结合各种特定论域的知识。
- 通用本体论需要包含非常多样化的知识，且原则上应当能够处理所有论域。
- 构建大型通用本体论是一项尚未被完全了解的重大挑战，尽管现有的框架似乎相当健壮。

- 我们呈现了一个基于类别和事件演算的**上层本体论**。它包括类别、子类别、部分、结构化对象、量度、物质、事件、时间与空间、变化和信念等。
- 自然类无法用逻辑来完全定义，但自然类的性质可以被表示。
- 动作、事件和时间可以用事件演算来表示。这种表示使智能体能够构建动作序列并推断这些动作产生的结果。
- 类似**语义网络**和**描述逻辑**的专用表示系统已经被设计用于组织类别层次结构。**继承**是重要的推断形式，它使得对象的性质可以从其类别从属关系中被推导出来。
- 逻辑程序中实现的**封闭世界假设**提供了简便的方法来免于被迫表明大量否定信息。将其翻译为能够被附加信息覆盖的**缺省**则是最优的。
- 如**限定**和**缺省逻辑**这样的非单调逻辑旨在总体上刻画缺省推理。
- **真值维护系统**能高效处理知识更新和修正。
- 人工构建大规模本体论很难，从文本中提取知识则能简化这项任务。

参考文献与历史注释

　　布里格斯（Briggs, 1985）声称知识表示研究始于印度人在公元前 1000 年对经典梵语语法的理论化。西方哲学家则将在这一问题上的研究追溯到公元前 300 年亚里士多德的《形而上学》（*Metaphysics*，本意为"在《物理学》著作之后"）。各个领域发展出的术语可以被看作一种知识表示。

　　关于人工智能中的表示的早期讨论大多专注于"问题表示"而非"知识表示"。[例如，（Amarel, 1968）中关于"传教士和野人"问题的讨论。] 在 20 世纪 70 年代，人工智能强调发展"专家系统"（也称为"基于知识的系统"），它在给定恰当的领域知识后，能够在细分任务上达到甚至超过人类专家的水平。例如，第一个专家系统 DENDRAL（Feigenbaum *et al.*, 1971; Lindsay *et al.*, 1980）对质谱仪（一种用于分析有机化合物结构的仪器）的输出结果的分析与化学家一样准确。尽管 DENDRAL 的成功有助于使人工智能研究界明白知识表示的重要性，但 DENDRAL 所使用的表示的形式体系是完全专用于化学领域的。

　　随着时间的推移，研究者对有助于构建新型专家系统的标准化知识表示的形式体系和本体论发生了兴趣。这使研究者进入了由科学哲学家和语言哲学家所开拓的领域。人工智能对理论"实用化"的需要使这一领域的进展速度和深度远超其还是纯哲学领域的时期（尽管这也时常导致重新发明轮子）。

　　但我们能在多大程度上信任专家知识？早在 1955 年，保罗·米尔（Paul Meehl）就研究了经过训练的专家在主观任务（例如预测学生在培训项目中是否能通过或罪犯是否会再犯）中的决策过程，另见（Grove and Meehl, 1996）。在所有 20 项研究中，他观察到在其中的 19 项里简单的统计学习算法（如线性回归或朴素贝叶斯）比专家的预测要准确。泰特洛克（Tetlock, 2017）也研究了专家知识，并发现它在困难案例中的不足。美国教育考试服务中心自 1999 年开始使用自动化程序为数百万经企管理研究生入学考试（GMAT）的作文答案评分。程序在 97% 的阅卷中与人类评分一致，几乎与两个人类阅卷者达成一致的次数相同（Burstein *et al.*, 2001）。（这并不意味着程序理解了作文，它只是在分辨好作文和坏作文上与人类阅卷者能力相同。）

　　全面分类法的发明可追溯到古代。亚里士多德高度强调了分类和类别化方法。他的著作《工具论》（*Organon*）是由其学生在他死后汇编的逻辑学研究成果，在其中的《范畴篇》

（*Categories*）里，他试图构建我们今日所说的上层本体论。他还引入了**属和种**的概念，用于底层分类。我们现今的生物分类系统，以及对"双名法"（用术语层面的属和种进行分类）的使用，是由瑞典生物学家卡罗勒斯·林尼厄斯（Carolus Linnaeus，1701—1778）[即卡尔·冯·林奈（Carl von Linne）] 发明的。维特根斯坦（Wittgenstein, 1953）、奎恩（Quine, 1953）、拉科夫（Lakoff, 1987）和施瓦茨（Schwartz, 1977）等研究了关于自然类和类别的模糊边界的问题。

第 24 章讨论了深度神经网络对词语和概念的表示。它能避免严格本体论的一些问题，但同时牺牲了一些精确度。我们尚不知道将神经网络的优点和用于表示的逻辑语义结合起来的最佳方法。

对大规模本体论的兴趣正在增长，就像在 *Handbook on Ontologies*（Staab, 2004）中记载的一样。OPENCYC 项目（Lenatand Guha, 1990; Matuszek *et al.*, 2006）发布了一个有 150 000 个概念的本体论，其上层本体论类似于图 10-1 所述，如"OLED 屏幕"和"iPhone"这样的具体概念是一种"蜂窝电话"，而"蜂窝电话"则是一种"消费电子产品""电话""无线通信设备"等其他概念。NEXTKB 项目将 CYC 和包括 FrameNet、WordNet 在内的其他资源拓展为包括近 300 万条事实的知识库，并且随之提供了推理机 FIRE（Forbus *et al.*, 2010）。

DBPEDIA 项目从维基百科提取结构化数据，特别是它也从 Infoboxes 提取数据——Infoboxes 是与许多维基百科文章配套的属性–值对（Wu and Weld, 2008; Bizer *et al.*, 2007）。截至 2015 年，DBpediea 单是对英语就包含了关于 400 万个对象的 4 亿条事实，对所有 110 种语言则有 15 亿条事实（Lehmann *et al.*, 2015）。

IEEE 的 P1600.1 工作组创建了 SUMO，也就是建议上层混合本体论（Niles and Pease, 2001; Pease and Niles, 2002），它的上层本体论有 1000 个条目，还包含连接到超过 2 万个领域特定的条目。斯托费尔等人（Stoffel *et al.*, 1997）描述了高效管理大规模本体论的算法。从网页提取知识的技术概述可见于（Etzioni *et al.* 2008）。

在 Web 领域，表示语言正在兴起。RDF（Brickley and Guha, 2004）允许以关系三元组的形式进行断言，为随时间更新名称的含义提供了一些方法。OWL（Smith *et al.*, 2004）是支持在这些三元组上进行推断的描述逻辑。目前看来，使用情况似乎与表示的复杂性成反比：传统的 HTML 和 CSS 格式占据了 99% 的 Web 内容，其后则是最简单的表示方法，例如使用 HTML 和 XHTML 标记语言来为网页上的文本添加属性的 RDFa（Adida and Birbeck, 2008）和微格式（Khare, 2006; Patel-Schneider, 2014）。精巧的 RDF 和 OWL 本体论尚未被广泛应用，而语义网（Berners-Lee *et al.*, 2001）的全景也还没有被认识到。信息系统中的形式本体论（Formal Ontology in Information Systems, FOIS）会议囊括了通用本体论和领域特定本体论方面的研究工作。

本章使用的分类法是由作者本人开发出来的，它部分基于作者在 CYC 项目的经验，也基于黄正熙和舒伯特（Hwang and Schubert, 1993）以及戴维斯（Davis, 1990, 2005）的研究成果。一个具有启发性的对常识知识表示项目的总体讨论可见于海斯（Hayes, 1978, 1985b）书中的"Naïve Physics Manifesto"。

在特定论域取得成功的深层本体论包括基因本体论项目（Gene Ontology Consortium, 2008）和化学标记语言（Murray-Rust *et al.*, 2003）。对单个本体论能够表示所有知识的质疑可见于（Doctorow, 2001）、（Gruber, 2004）、（Halevy *et al.*, 2009）和（Smith, 2004）。

事件演算是由科瓦尔斯基和塞戈特（Kowalski and Segot, 1986）为处理连续时间而引入的，它有一些变体（Sadri and Kowalski, 1995; Shanahan, 1997），其概述可见于（Shanahan, 1999; Mueller, 2006）。出于相同的目的，詹姆斯·艾伦（James Allen）引入了时间间隔，他认为对推理延续和并发事件来说，时间间隔比情景更自然。除事件和情景演算外，还有流演算

（Thielscher, 1999），它物化了构成状态的事实。

彼得·拉德金（Peter Ladkin）（Ladkin, 1986a, 1986b）引入了"凹"时间间隔（有中断的时间间隔，也就是常见的"凸"时间间隔的并集）并应用数学抽象代数方法来表示时间。艾伦（Allen, 1991）系统地研究了大量用于表示时间的已有技术，范贝克和曼查克（van Beek and Manchak, 1996）分析了时序推理的算法。本章给出的基于事件的本体论和哲学家唐纳德·戴维森（Donald Davidson）（Davidson, 1980）对事件的分析有相当多的共同之处。帕特里克·海斯（Hayes, 1985a）关于液体的本体论的历史与麦克德莫特（McDermott, 1985）关于规划的理论的编年史也对这个领域和本章产生了重要影响。

物质的本体状态问题由来已久。柏拉图提出了物质是与对象完全不同的抽象实体，他会使用 $MadeOf(Butter_3, Butter)$ 而非 $Butter_3 \in Butter$。这就可以形成物质的层次，其中无盐黄油是比黄油更为确切的物质。本章采取的立场为物质是对象的类别，这是由理查德·蒙太古（Richard Montague）（Montague, 1973）首创的。这也被 CYC 项目所采纳。科普兰（Copeland, 1993）则对此进行了严厉却并非无懈可击的批判。

在本章提到的另一种方法中，黄油是含有宇宙中所有黄油对象的对象。它最初由波兰逻辑学家列斯涅夫斯基（Lésniewski, 1916）提出。他的**分体论**（mereology，来源于表示"部分"的希腊语单词）使用部分–整体关系代替数学的集合论，旨在消灭如集合这样的抽象实体。伦纳德和古德曼（Leonard and Goodman, 1940）对这些思想进行了更易懂的阐述，而古德曼的 *Structure of Appearance* 则将这些思想应用于知识表示中的各种问题。

尽管分体论方法的某些部分相当笨拙，例如，其异于寻常的继承机制需要基于部分–整体关系——这一方法却得到了奎恩（Quine, 1960）的支持。哈里·邦特（Harry Bunt）（Bunt, 1985）对其在知识表示中的用法进行了大量分析。卡萨蒂和瓦尔齐（Casati and Varzi, 1999）介绍了部分、整体和一般的空间位置理论。

研究精神对象主要有 3 种方法。第一种方法是本章采取的基于模态逻辑和可能世界的方法，这是哲学中的经典方法（Hintikka, 1962; Kripke, 1963; Hughes and Cresswell, 1996）。*Reasoning about Knowledge*（Fagin *et al.*, 1995）一书对这一方法提供了全面的介绍，而戈登和霍布斯（Gordon and Hobbs, 2017）也提供了 *A Formal Theory of Commonsense Psychology*。

第二种方法是将精神对象作为流的一阶理论。戴维斯（Davis, 2005）以及戴维斯和摩根斯特恩（Davis and Morgenstern, 2005）描述了这种方法。它依赖于可能世界的形式体系，并基于罗伯特·穆尔（Robert Moore）（Moore, 1980, 1985）的成果建立。

第三种方法是一种**语法理论**，其中精神对象用字符串表示。一个串就是表示一系列符号的复合项，因此 *CanFly(Clark)* 可以被表示为符号列表 $[C, a, n, F, l, y, (, C, l, a, r, k,)]$。卡普兰和蒙太古（Kaplan and Montague, 1960）最先研究了精神对象的语法理论，他们的研究表明如果不谨慎处理精神对象就会导致矛盾。欧内斯特·戴维斯（Ernest Davis）（Davis, 1990）对知识的语法理论和模态理论给出了出色的对比。阿米尔·伯努利（Pnueli, 1977）描述了一种用于推理程序的时态逻辑，这项成果使他获得了图灵奖。瓦尔迪（Vardi, 1996）拓展了这项成果。利特曼等人（Littman, 2017）显示了时态逻辑可以作为向强化学习机器人指定目标的好语言，人类易于用它进行这种指定，它也可以很好地泛化到各种环境。

希腊哲学家波菲利（Porphyry, 234—305）在评论了亚里士多德的《范畴论》时，描绘了可能算得上是最早的语义网络。查尔斯·皮尔斯（Peirce, 1909）使用现代逻辑将存在图发展为最早的语义网络形式体系。罗斯·奎利恩（Ross Quillian）（Quillian, 1961）在对人类记忆和语言处理的兴趣驱动下，最先研究了人工智能中的语义网络。马文·明斯基（Minsky, 1975）的著名论文呈现了一种称为**框架**的语义网络，一个框架是一个对象或类别的表示，并带有属性和与其他对象或类别的关系。

奎利恩的语义网络（以及该方法的沿用者）中对"是（IS-A）"连线的大量且模糊的使用引发了严重的语义学问题。比尔·伍兹（Bill Woods）的著名文章"What's In a Link"使人工智能研究者注意到知识表示的形式体系需要精准的语义。罗恩·布拉赫曼（Ron Brachman）（Brachman, 1979）详细阐述了这一观点，并提出了解决方法。帕特里克·海斯（Patrick Hayes）（Hayes, 1979）的"The Logic of Frames"则更进一步，宣称"大多数'框架'只是部分一阶逻辑的新语法"。德鲁·麦克德莫特（McDermott, 1978b）的 *Tarskian Semantics, or, No Notation without Denotation!* 认为一阶逻辑中使用的语义学的模型理论方法应当用于所有知识表示形式体系。这仍是一个有争议的想法，特别是麦克德莫特本人也在"A Critique of Pure Reason"（McDermott, 1987）中转变了立场。塞尔曼和莱韦斯克（Selman and Levesque, 1993）讨论了有例外的继承的复杂性，表明它在大多数形式中是 NP 完全的。

描述逻辑是一阶逻辑的一个实用的子集，它使推断计算更易处理。赫克托·莱韦斯克（Hector Levesque）和罗恩·布拉赫曼（Ron Brachman）表明析取和否定的某些使用是逻辑推断很难处理的主要原因（Levesque and Brachman, 1987）。这使人们对推理系统中复杂性和表达性的关系有了更好的理解。卡尔瓦内塞等人（Calvanese *et al.*, 1999）总结了最新成果，而巴德尔等人（Baader *et al.*, 2007）提供了一本关于描述逻辑的综合指南。

处理非单调推断的 3 种主要形式体系，即限定（McCarthy, 1980）、缺省逻辑（Reiter, 1980）和模态非单调逻辑（McDermott and Doyle, 1980），都是在 *AI Journal* 的同一期专刊中提出的。德尔格朗德和肖布（Delgrande and Schaub, 2003）以 25 年后的后见之明讨论了各个变体的优点。回答集编程可以看作失败即否定的一个扩展，看作对限定的细化，或者看作一个有效的逻辑编程语言。稳定模型语义的底层理论由盖尔方德和利夫席茨（Gelfond and Lifschitz, 1988）提出，而最好的回答集编程系统是 DLV（Either *et al.*, 1998）和 SMODELS（Niemelä *et al.*, 2000）。利夫席茨（Lifschitz, 2001）讨论了将回答集编程用于规划。布雷夫卡等人（Brewka *et al.*, 1997）很好地概览了非单调逻辑的各种方法。克拉克（Clark, 1978）阐述了逻辑编程的失败即否定方法，以及克拉克补全。各种基于逻辑编程的非单调推理系统收录于 LPNMR（Logic Programming and Nonmonotonic Reasoning）会议论文集。

对真值维护系统的研究始于 TMS（Doyle, 1979）和 RUP（McAllester, 1980）系统，它们本质上是 JTMS。福伯斯和德克勒尔（Forbus and de Kleer, 1993）深入解释了 TMS 如何用于人工智能应用。纳亚克和威廉斯（Nayak and Williams, 1997）展示了称为 ITMS 的高效增量 TMS 如何使实时规划 NASA 航天器操作成为可能。

本章无法深入阐述知识表示的所有领域。3 个被省略的主要话题如下。

定性物理（qualitative physics）：定性物理是知识表示的子领域，它专门关注构建对象和过程的逻辑的、非数值的理论。约翰·德克勒尔（Johan de Kleer）（de Kleer, 1975）首创了该术语，尽管法尔曼（Fahlman, 1974）的 BUILD——一个用于构建复杂积木塔的精巧的规划器——可以说是最先开始了这项工作。在设计过程中，法尔曼发现大多数精力（据他估计有 80%）都投入到用于计算各种积木组合稳定性的物理建模当中，而非规划本身。他描绘了一个假想的类似朴素物理的过程，来解释为何在没有 BUILD 的物理模型所使用的高速浮点计算的情况下，儿童仍然能解决类 BUILD 问题。海斯（Hayes, 1985a）使用"历史"（histories）——类似于戴维森事件的四维时空片——来构建相当复杂的液体的朴素物理。欧内斯特·戴维斯（Davis, 2008）更新了液体的本体论，用于描述将液体倒入容器的过程。

德克勒尔和布朗（de Kleer and Brown, 1985）、肯·福伯斯（Ken Forbus）（Forbus, 1985）以及本杰明·凯珀斯（Benjamin Kuipers）（Kuipers, 1985）独立且几乎同时提出了基于对底层方程进行定性抽象的系统，能够推理物理系统。定性物理很快就发展到了能够分析许多种复杂物理系统的程度（Yip, 1991）。定性技术已经被用于创建钟表、刮雨器以及六足机器人（Subramanian and Wang, 1994）的新设计。论文合集 *Readings in Qualitative Reasoning about Physical Systems*（Weld and de Kleer, 1990）、凯珀斯的百科全书式的文章（Kuipers, 2001）以及戴维斯的指南（Davis, 2007）对该领域进行了很好的介绍。

空间推理（spatial reasoning）：相比于真实世界的丰富空间结构，在 wumpus 世界漫游所需的推理完全是小儿科。最早的关于空间的常识推理的尝试可见于欧内斯特·戴维斯（Davis, 1986, 1990）的工作。科恩等人（Cohn *et al.*, 1997）的区域连接演算支持某种形式的定性空间推理，并促成一种新型地理信息系统，另见（Davis, 2006）。正如定性物理一样，智能体可以走很长的路而无须求助完整的度量表示。

心理推理（psychological reasoning）：心理推理涉及为人造智能体发展出可用的心理学，以便对它们自己或其他智能体进行推理。这往往基于所谓的民间心理学，也就是一般认为的人类在推理自身或其他人类时使用的理论。当人工智能研究者为其人造智能体施加心理学理论来推理其他智能体时，这种理论就往往基于研究者对逻辑智能体本身设计的描述。心理推理目前在自然语言理解上下文中最为有用。自然语言处理中，推测说话者的意图是极为重要的。

明克（Minker, 2001）收集了知识表示领域顶尖研究者的论文，总结了该领域 40 年来的工作。*Principles of Knowledge Representation and Reasoning* 国际会议论文集是这一领域最新的资料来源。*Readings in Knowledge Representation*（Brachman and Levesque, 1985）和 *Formal Theories of the Commonsense World*（Hobbs and Moore, 1985）是知识表示领域的出色选集：前者更侧重于表示语言和形式体系方面的重要历史论文，后者则侧重于知识本身的积累。戴维斯（Davis, 1990）、斯特菲克（Stefik, 1995）和索娃（Sowa, 1999）提供了介绍知识表示的教科书，范哈梅伦等人（van Harmelen *et al.*, 2007）则撰写了一本手册，戴维斯和摩根斯特恩（Davis and Morgenstern, 2004）编辑了 *AI Journal* 关于知识表示的一期专刊。戴维斯（Davis 2017）给出了常识推理逻辑的概述。两年一次的知识推理的理论层面（Theoretical Aspects of Reasoning About Knowledge，TARK）大会涵盖了知识理论在人工智能、经济和分布式系统中的应用。

第11章

自动规划

在本章中，我们将看到智能体如何利用问题的结构来高效地构建复杂的动作计划。

规划一系列动作是智能体的关键需求。正确表示的动作和状态以及正确的算法可以使规划变得更容易。在 11.1 节中，我们为规划问题引入一种通用的**因子化**表示语言，它可以自然而简洁地表示各种领域，可以高效地扩展到大型问题，并且无须对新领域特定的启发式。我们在 11.2 节介绍高效规划算法，在 11.3 节介绍启发式方法。11.4 节拓展表示语言使其允许分层次动作，以使我们能够处理更复杂的问题。在 11.5 节中，我们考虑部分可观测和非确定性域。在 11.6 节中，我们再次扩展该语言，以解决资源约束下的调度问题。这让我们更接近于真实世界中用于规划和调度航天器、工厂以及军事战役运行的规划器。11.7 节分析这些技术的有效性。

11.1 经典规划的定义

经典规划（classical planning）定义为在一个离散的、确定性的、静态的、完全可观测的环境中，找到完成目标的一系列动作的任务。我们已经见过两种完成这个任务的方法：第 3 章的问题求解智能体和第 7 章的混合命题逻辑智能体。它们都受到两个限制。首先，对于每个新领域，它们都需要特定的启发式方法：用于搜索的启发式评价函数和用于混合 wumpus 智能体的人工代码。其次，它们都需要明确地表示指数量级的状态空间。例如，在 wumpus 世界的命题逻辑模型中，向前移动一步的公理不得不在所有 4 个智能体朝向、T 个时间步和 n^2 个当前位置重复。

针对这些限制，规划研究者使用 **PDDL** 语言研究出了**因子化表示**。PDDL 语言全称是规划领域定义语言（Planning Domain Definition Language）（Ghallab *et al.*, 1998），它利用单个动作模式可以表示 $4Tn^2$ 个动作，且不需要特定的领域知识。基本的 PDDL 可以处理经典规划领域，而扩展的 PDDL 则可以处理连续的、部分可观测的、并发的和多智能体的非经典领域。PDDL 的语法基于 Lisp，但是我们会将它转换成与本书中使用的表示法相符的形式。

在 PDDL 中，一个**状态**表示为基本原子流的合取。回想一下，"基本"表示不含变量，"流"表示世界的一个方面随时间而变化，"基本原子"表示它只有一个谓词，而如果它含有参数，则这些参数必然是常量。例如，$Poor \land Unknown$ 可能表示一个倒霉的智能体的状态，$At(Truck_1, Melbourne) \land At(Truck_2, Sydney)$ 可能表示包裹投递问题中的一个状态。PDDL 使用数据库语义：封闭世界假设意味着没有提到的任何流都是假的，唯一名称假设意味着 $Truck_1$ 和 $Truck_2$ 是不同的。

在状态中不允许使用下列流：$At(x, y)$（因为它含有变量）、$\neg Poor$（因为它是否定的）、$At(Spouse(Ali), Sydney)$（因为它使用了一个函数符号 $Spouse$）。方便的时候，我们可以把流的合取看作流的集合。

一个**动作模式**（action schema）表示一组基本动作。例如，下面是一个使飞机从一个位置飞到另一个位置的动作模式：

$$Action(Fly(p, from, to),$$

$$\text{PRECOND: } At(p, from) \wedge Plane(p) \wedge Airport(from) \wedge Airport(to)$$

$$\text{EFFECT: } \neg At(p, from) \wedge At(p, to))$$

模式由动作名称、模式中使用的所有变量的列表、**前提**（precondition）和**效果**（effect）组成。前提和效果都是文字的合取（肯定或否定的原子句）。我们可以选择常量来实例化变量，产生一个基本（无变量）动作：

$$Action(Fly(P_1, SFO, JFK),$$

$$\text{PRECOND: } At(P_1, SFO) \wedge Plane(P_1) \wedge Airport(SFO) \wedge Airport(JFK)$$

$$\text{EFFECT: } \neg At(P_1, SFO) \wedge At(P_1, JFK))$$

如果状态 s 蕴含基本动作 a 的前提，也就是说，前提中的每一个正文字都在 s 中，且每一个负文字都不在 s 中，则动作 a **适用于**状态 s。

在状态 s 中执行适用动作 a 的**结果**被定义为状态 s'，状态 s' 的形成方式是从 s 出发，移除动作效果中以负文字形式出现的流，［我们称之为**删除列表**（delete list）或 $\text{DEL}(a)$］，并添加在动作效果中以正文字形式出现的流［我们称之为**添加列表**（add list）或 $\text{ADD}(a)$］：

$$\text{RESULTS}(s, a) = (s) - \text{DEL}(a)) \bigcup \text{ADD}(a) \tag{11-1}$$

例如，采取动作 $Fly(P_1, SFO, JFK)$，我们移除流 $At(P_1, SFO)$ 并且添加流 $At(P_1, JFK)$。

一组动作模式是规划领域的一个定义。领域中的特定问题是通过添加初始状态和目标来定义的。**初始状态**是基本流的合取（在图 11-1 中使用关键字 $Init$ 引入）。由于对所有状态都使用了封闭世界假设，这意味着任何没有被提及的原子都是假的。**目标**（使用 $Goal$ 引入）和前提类似，它是可以含有变量的文字（正文字或负文字）合取式。例如，目标 $At(C_1, SFO) \wedge \neg At(C_2, SFO) \wedge At(p, SFO)$ 指的是满足货物 C_1 位于 SFO 而货物 C_2 不位于此地，且 SFO 有一架飞机的所有状态。

11.1.1 范例领域：航空货物运输

图 11-1 展示了一个航空货物运输问题，它涉及货物的装载、卸载和从一个地点飞到另一个地点。这个问题可以用 3 个动作定义：$Load$（装载）、$Unload$（卸载）、和 Fly（飞行）。这些动作影响到两个谓词：$In(c, p)$ 表示货物 c 在飞机 p 里，$At(x, a)$ 表示对象 x（飞机或货物）在机场 a。注意，必须仔细确保对 At 谓词的正确维护。当一架飞机从一个机场飞到另一个机场时，飞机内的所有货物都会跟着它一起飞过去。在一阶逻辑中，很容易对飞机内的所有对象进行量化。但是 PDDL 没有全称量词，所以我们需要用到其他方法。我们使用的方法是，当一件货物在飞机里（In）时，它就不会在（At）其他地方；货物只有在被卸载后才会在（At）新机场。所以 At 的真正含义是"在（At）给定地点才可以使用"。下面的规划是这个问题的一个解：

$$[Load(C_1, P_1, SFO), Fly(P_1, SFO, JFK), Unload(C_1, P_1, JFK),$$

$$Load(C_2, P_2, JFK), Fly(P_2, JFK, SFO), Unload(C_2, P_2, SFO)]$$

$Init(At(C_1, SFO) \wedge At(C_2, JFK) \wedge At(P_1, SFO) \wedge At(P_2, JFK)$
　　　$\wedge\ Cargo(C_1) \wedge Cargo(C_2) \wedge Plane(P_1) \wedge Plane(P_2)$
　　　$\wedge\ Airport(JFK) \wedge Airport(SFO))$
$Goal(At(C_1, JFK) \wedge At(C_2, SFO))$
$Action(Load(c, p, a),$
　　Precond: $At(c, a) \wedge At(p, a) \wedge Cargo(c) \wedge Plane(p) \wedge Airport(a)$
　　Effect: $\neg At(c, a) \wedge In(c, p))$
$Action(Unload(c, p, a),$
　　Precond: $In(c, p) \wedge At(p, a) \wedge Cargo(c) \wedge Plane(p) \wedge Airport(a)$
　　Effect: $At(c, a) \wedge \neg In(c, p))$
$Action(Fly(p, from, to),$
　　Precond: $At(p, from) \wedge Plane(p) \wedge Airport(from) \wedge Airport(to)$
　　Effect: $\neg At(p, from) \wedge At(p, to))$

图 11-1　航空货物运输规划问题的 PDDL 描述

11.1.2　范例领域：备用轮胎问题

考虑更换瘪气轮胎的问题（图 11-2）。其目标是在车轴上正确安装一只备用轮胎，而初始状态是车轴上有一只瘪气轮胎，后备箱里有一只备用轮胎。为简单起见，我们对这个问题的描述是抽象的，不考虑难拧的螺母之类的复杂问题。问题只有 4 种动作：从后备箱取出备用轮胎、从车轴上卸下瘪气轮胎、把备用轮胎装在车轴上、把汽车留下整夜无人看管。我们假设汽车停在一个特别糟糕的街区，因此把汽车留下整夜无人看管的效果是轮胎不见了。$[Remove(Flat, Axle), Remove(Spare, Trunk), PutOn(Spare, Axle)]$ 是问题的一个解。

$Init(Tire(Flat) \wedge Tire(Spare) \wedge At(Flat, Axle) \wedge At(Spare, Trunk))$
$Goal(At(Spare, Axle))$
$Action(Remove(obj, loc),$
　　Precond: $At(obj, loc)$
　　Effect: $\neg At(obj, loc) \wedge At(obj, Ground))$
$Action(PutOn(t, Axle),$
　　Precond: $Tire(t) \wedge At(t, Ground) \wedge \neg At(Flat, Axle) \wedge \neg At(Spare, Axle)$
　　Effect: $\neg At(t, Ground) \wedge At(t, Axle))$
$Action(LeaveOvernight,$
　　Precond:
　　Effect: $\neg At(Spare, Ground) \wedge \neg At(Spare, Axle) \wedge \neg At(Spare, Trunk)$
　　　　　$\wedge \neg At(Flat, Ground) \wedge \neg At(Flat, Axle) \wedge \neg At(Flat, Trunk))$

图 11-2　简单的备用轮胎问题

11.1.3　范例领域：积木世界

最著名的规划领域之一是**积木世界**。这个领域由一组立方体形状的积木组成，积木放在一张任意大的桌子上。① 积木可以堆叠，但只有一块积木可以直接放在另一个上面。机械臂可以拿起一块积木并将其放到到另一个位置，可以是放在桌子上，也可以放在另一块积木上。机械臂一次只能拿一块积木，因此它无法拿起上面有另一块积木的积木。一个典型的目标是使积木

---

① 规划研究中使用的积木世界通常比 SHRDLU 的版本（1.2.3 节）简单得多。

A 在积木 *B* 上，并且积木 *B* 在积木 *C* 上（见图 11-3）。

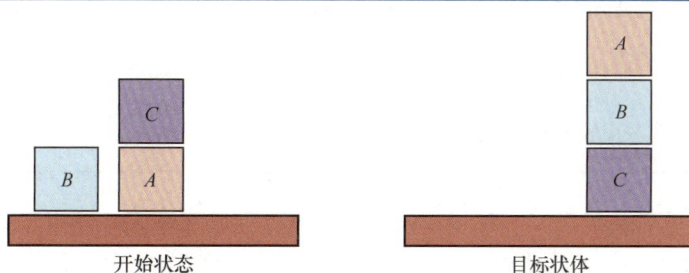

图 11-3　图 11-4 的积木世界问题的示意图

我们用 $On(b, x)$ 表示积木 *b* 在 *x* 上，其中 *x* 要么是另一块积木，要么是桌子。将积木 *b* 从 *x* 上移动到 *y* 上的动作是 $Move(b, x, y)$。现在，移动 *b* 的前提之一是它上面没有其他积木。在一阶逻辑中，这可以表示为 $\neg \exists x\, On(x, b)$ 或 $\forall x\, \neg On(x, b)$。基本版 PDDL 中没有量词，因此我们引入一个谓词 $Clear(x)$，当 *x* 上没有任何东西时其为真。（完整的问题描述如图 11-4 所示。）

$Init(On(A, Table) \wedge On(B, Table) \wedge On(C, A)$
　　$\wedge\ Block(A) \wedge Block(B) \wedge Block(C) \wedge Clear(B) \wedge Clear(C) \wedge Clear(Table))$
$Goal(On(A, B) \wedge On(B,C))$
$Action(Move(b, x, y),$
　　PRECOND: $On(b, x) \wedge Clear(b) \wedge Clear(y) \wedge Block(b) \wedge Block(y) \wedge$
　　　　　　$(b \neq x) \wedge (b \neq y) \wedge (x \neq y)$
　　EFFECT: $On(b, y) \wedge Clear(x) \wedge \neg On(b, x) \wedge \neg Clear(y))$
$Action(MoveToTable(b, x),$
　　PRECOND: $On(b, x) \wedge Clear(b) \wedge Block(b) \wedge Block(x),$
　　EFFECT: $On(b, Table) \wedge Clear(x) \wedge \neg On(b, x))$

图 11-4　积木世界中的一个规划问题：建造一个 3 块积木构成的塔。一个解是序列 $[MoveToTable(C, A),$ $Move(B, Table, C), Move(A, Table, B)]$

如果 *b* 和 *y* 的上面都没有东西，动作 *Move* 可以将积木 *b* 从 *x* 移动到 *y*。移动后，$Clear(b)$ 为真，而 $Clear(y)$ 为假。第一次写出的 *Move* 模式是

$$Action(Move(b, x, y),$$
$$\text{PRECOND: } On(b, x) \wedge Clear(b) \wedge Clear(y)$$
$$\text{EFFECT: } On(b, y) \wedge Clear(x) \wedge \neg On(b, x) \wedge \neg Clear(y))$$

遗憾的是，当 *x* 或 *y* 是桌子时，这种模式无法正确维持 *Clear*。当 *x=Table* 时，该动作的效果是 $Clear(Table)$，但桌子上并非没有东西；当 *y=Table* 时，它的前提变为 $Clear(Table)$，但桌子上有东西并不妨碍我们把积木放在桌子上。我们做如下两件事来解决这个问题。首先，我们引入另一个动作来将积木 *b* 从 *x* 移动到桌子上：

$$Action(MoveToTable(b, x),$$
$$\text{PRECOND: } On(b, x) \wedge Clear(b)$$
$$\text{EFFECT: } On(b, Table) \wedge Clear(x) \wedge \neg On(b, x))$$

其次，我们将 $Clear(x)$ 解释为"在 *x* 上有一个容纳积木的空间"。在这种解释下，$Clear(Table)$ 会始终为真。唯一的问题是我们无法阻止规划器用 $Move(b, x, Table)$ 而非 $MoveToTable(b, x)$。

我们可以不管这个问题——这会导致搜索空间的非必要增大，但不会导致错误的答案——或者，我们可以引入谓词 *Block* 并在 *Move* 的前提中添加 *Block*(*b*) ∧ *Block*(*y*)，如图 11-4 所示。

11.2   经典规划的算法

规划问题的描述显然提供了一种从初始状态出发，在状态空间中搜索目标的方法。动作模式的陈述式表示的一个突出的优点是，我们还可以从目标反向搜索，寻找初始状态（图 11-5 比较了前向搜索和反向搜索）。此外，还有一种可能性是将问题描述转化为一组逻辑语句，我们可以应用逻辑推断算法寻找解。

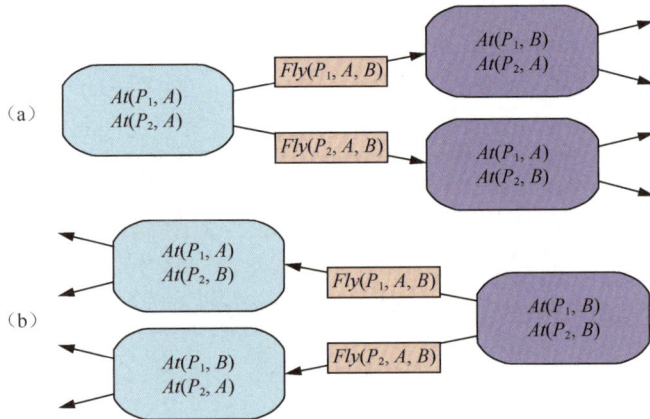

图 11-5   搜索规划的两种方法。（a）在基本状态空间中前向（递进）搜索，从初始状态开始，利用问题的动作向前搜索目标状态集合中的一个成员。（b）通过状态描述进行反向（回归）搜索，从目标开始，用逆动作反向搜索初始状态

11.2.1   规划的前向状态空间搜索

我们可以使用第 3 章或第 4 章中的任意启发式搜索算法来求解规划问题。搜索状态空间中的状态是基本状态，其中每个流要么为真要么为假。目标是一个状态，它含有该问题的目标中的所有正流而不含负流。一个状态中的适用动作 *Action*(*s*) 是动作模式的基本实例，也就是所有变量都被常量代替的动作。

为了确定适用的动作，我们将当前状态与当每个动作模式的前提合一。对于每个成功产生置换的合一，我们将该置换应用于动作模式来产生不含变量的基本动作。（动作模式的要求是，效果中的所有变量必须也出现在前提中，这样，我们可以保证在置换后没有遗漏任何变量。）

每个模式可能有多种合一方式。在备用轮胎范例（11.1.2 节）中，*Remove* 动作有一个前提 *At*(*obj*, *loc*)，它匹配初始状态的方式有两种，进而产生两个置换 {*obj*/*Flat*, *loc*/*Axle*} 和 {*obj*/*Spare*, *loc*/*Trunk*}；应用这些置换会产生两个基本状态。如果一个动作的前提中有多个文字，那么每个文字都可能以多种方式与当前状态进行匹配。

乍看起来，对许多问题来说，状态空间似乎都太大了。考虑一个有 10 个机场的航空货物运输问题，其中每个机场有 5 架飞机和 20 件货物。目标是将所有在 *A* 机场的货物运送到 *B* 机

场。这个问题的一个解有 41 步：将 20 件货物装入 A 机场的一架飞机上，飞到 B 机场，然后卸载这 20 件货物。

找到这种显然且直接的解可能很困难，因为平均分支因子非常大：50 架飞机中的每一架都可以飞到 9 个其他机场，200 件包裹中每一件都可以被卸载（如果已被装载）或装载（如果它已被卸载）到机场的任意飞机上。所以在任何状态中，都至少有 450 种动作（当所有包裹所在的机场都没有飞机时），最多则有 10 450 种动作（当所有包裹和飞机都在同一个机场时）。平均而言，假设每个状态大约有 2000 种可能的动作，深度最多为 41 步的搜索图就会有大约 2000^{41} 个节点。

显然，如果没有精确的启发式方法，即使是求解这种规模很小的问题案例都令人非常绝望。尽管规划的许多真实世界的应用都依赖于领域特定的启发式，但实际上（正如我们将在 11.3 节中看到的），强大的领域无关的启发式方法可以由自动推导得来，使得前向搜索成为一种可行的方法。

11.2.2 规划的反向状态空间搜索

在反向搜索〔也称为**回归搜索**（regression search）〕中，我们从目标开始反向应用动作，直到找出到达初始状态的步骤序列。在每一步中，我们考虑**相关动作**（relevant action）（与前向搜索不同，前向搜索考虑的是**适用**动作）。这极大地减少了分支因子，特别是在有许多可能动作的领域。

相关动作是其效果能够与目标中的一个文字**合一**的动作，但这个效果不否定目标的任何部分的行动。例如，对目标 $\neg Poor \wedge Famous$，效果仅为 $Famous$ 的动作是相关动作，而效果为 $Poor \wedge Famous$ 的动作则不相关：尽管这个动作可能在规划过程中的某处用到（来构建 $Famous$），它却不能在规划的这个地方出现，因为这样会使 $Poor$ 出现在最终状态中。

在反方向应用一个动作是什么意思？给定一个目标 g 和一个动作 a，从 g 通过 a 的**回归**（regression）会给出一个状态描述 g'，其正负文字由下式给出：

$$\text{Pos}(g') = (\text{Pos}(g) - \text{Add}(a)) \bigcup \text{Pos}(Precond(a))$$

$$\text{Neg}(g') = (\text{Neg}(g) - \text{Del}(a)) \bigcup \text{Neg}(Precond(a))$$

也就是说，前提在之前必须成立，否则动作就无法被执行，但由该动作添加或删除的正负文字在之前不必为真。

这些等式对基本文字来说很简单直接，但当在 g 和 a 中存在变量时，就需要小心了。例如，假设目标是向 SFO 投递一件特定的货物：$At(C_2, SFO)$。$Unload$ 动作模式的效果是 $At(c, a)$。当我们把它与目标进行合一，得到置换 $\{c/C_2, a/SFO\}$；将这个置换应用到模式中，我们就得到了一个新的模式，它刻画了使用位于 SFO 的任意一架飞机的概念：

$Action(Unload(C_2, p', SFO))$

$\ \ \ \text{Precond:} In(C_2, p') \wedge At(p', SFO) \wedge Cargo(C_2) \wedge Plane(p') \wedge Airport(SFO)$

$\ \ \ \text{Effect:} At(C_2, SFO) \wedge \neg In(C_2, p'))$

这里我们用一个名为 p' 的新变量来取代 p。这是变量名的**标准化分离**的实例，以防不同变量因具有相同名称而发生冲突（见 9.2.1 节）。回归后的状态描述给出了一个新目标：

$$g' = In(C_2, p') \wedge At(p', SFO) \wedge Cargo(C_2) \wedge Plane(p') \wedge Airport(SFO)$$

再举一个例子，考虑目标为拥有一本特定 ISBN 号的书：$Own(9780134610993)$。给定 1 万亿个

13 位数字的 ISBN 号和单个动作模式 A：

$$A = Action(Buy(i), \text{PRECOND}: ISBN(i), \text{EFFECT}: Own(i))$$

不含启发式的前向搜索将不得不开始枚举那 1 万亿[①]个基本的 Buy 动作。但如果采用反向搜索，我们可以将目标 $Own(9780134610993)$ 与效果 $Own(i')$ 合一，产生置换 $\theta = \{i'/9780134610993\}$。然后，我们在动作 $Subst(\theta, A)$ 上回归，产生前驱状态描述 $ISBN(9780134610993)$。这是初始状态的一部分，因而我们得到一个解并完成了任务，其中只考虑了一个动作而不是 1 万亿个动作。

更形式化地说，假设一个目标描述 g 包含一个目标文字 g_i 和一个动作模式 A。如果 A 有一个效果文字 e'_j，其中 $Unify(g_i, e'_j) = \theta$，并且我们定义 $A' = Subst(\theta, A)$，如果 A' 的效果不含对 g 中文字的否定，则 A' 是对 g 的一个相关动作。

对大多数问题域而言，反向搜索的分支因子小于前向搜索。但由于反向搜索使用了含有变量的状态而非基本状态，因此难以找到好的启发式方法。这是目前大多数系统倾向于使用前向搜索的主要原因。

11.2.3　使用布尔可满足性规划

在 7.7.4 节中，我们展示了一些巧妙的公理重写如何将 wumpus 世界问题转换为可以由高效可满足性求解器求解的命题逻辑可满足性问题。基于 SAT 的规划器 SATPLAN 通过将 PDDL 问题描述翻译为命题形式来工作。这种翻译含有下面一系列步骤。

- 将动作命题化：对于每个动作模式，用常量置换每个变量形成基本命题。因此我们不能仅用模式 $Unload(c, p, a)$，而是必须将动作命题分为每个货物、飞机和机场的组合（此处用下标表示），以及每个时间步（此处用上标表示）。
- 添加动作排除公理来表明两个动作不能同时发生，例如 $\neg(FlyP_1SFOJFK^1 \wedge FlyP_1SFOBUH^1)$。
- 添加前提公理：对于每个基本动作 A'，添加公理 $A' \Rightarrow \text{PRE}(A)'$，也就是说，如果在时刻 t 采取动作，那么前提必须已经为真，例如 $FlyP_1SFOJFK^1 \Rightarrow At(P_1, SFO) \wedge Plane(P^1) \wedge Airport(SFO) \wedge Airport(JFK)$。
- 定义初始状态：在问题初始状态中对每个流 F 断言 F^0，并对每个初始状态中未提及的流断言 $\neg F^0$。
- 将目标命题化：目标变为它的所有基本实例的析取式，其中变量被常量替代。例如，目标是在一个具有对象 A、B 和 C 的世界中，使积木 A 位于另一块积木之上，也就是 $On(A, x) \wedge Block(x)$，它将被以下目标替换：

$$(On(A, A) \wedge Block(A)) \vee (On(A, B) \wedge Block(B)) \vee (On(A, C) \wedge Block(C))$$

- 添加后继状态公理：对于每个流 F，添加一个形式如下的公理：

$$F^{t+1} \Leftrightarrow ActionCausesF^t \vee (F^t \wedge \neg ActionCausesNotF^t)$$

其中 $ActionCausesF$ 代表所有添加 F 的基本动作的析取式，而 $ActionCausesNotF$ 代表所有删除 F 的基本动作的析取式。

翻译的结果通常比原始的 PDDL 大得多，但现代 SAT 求解器的效率通常足以弥补这一点。

11.2.4　其他经典规划方法

在自动规划 50 年的历史上，并非只存在上述 3 种方法。我们在这里简要介绍一些其他方法。

[①]　此处原书为 "10 billion"（100 亿），但根据上下文，此处应为 1 万亿。——译者注

一种称为 Graphplan 的方法使用一种专门的数据结构——**规划图**（planning graph）来编码约束以规定动作与其前提和效果的关系以及哪些事物互相排斥。

情景演算（situation calculus）是一种用一阶逻辑描述规划问题的方法。这种方法像 SATPLAN 一样使用后继状态公理，但一阶逻辑允许更灵活简洁的公理形式。总的来说，该方法有助于我们对规划的理论理解，却没有在实际应用中产生重大影响，可能是因为一阶证明器不如命题可满足性程序发展得好。

我们可以将有界规划问题（也就是寻找长度为 k 的规划）编码为**约束满足问题**（constraint satisfaction problem，CSP）。这种编码方式类似于编码为 SAT 问题（11.2.3 节），但它有一个重要的简化：在每个时间步，我们只需要一个变量 $Action^t$，它的定义域是可能的动作集。我们不再需要为每个动作分配变量，也不需要动作排除公理。

到目前为止，我们看到的所有方法都构建了由严格的线性动作序列组成的全序规划。但如果一个航空货物运输问题有 30 个包裹被装载到一架飞机上，50 个包裹被装载到另一架飞机上，那么对这 80 个装载动作制定一个特定的线性顺序似乎毫无意义。

还有一种称为**偏序规划**（partial-order planning）的方法用图而不是用线性序列来表示规划：每个动作是图中的一个节点，每个动作的前提都有一条来自另一个动作的边（或来自初始状态），表明形成这一前提的前驱动作。因此，我们可以用偏序规划表示动作 Remove(Spare, Trunk) 和 Remove(Flat, Axle) 必须在 PutOn(Spare, Axle) 之前进行，而无须说明应该先执行这两个 Remove 动作中的哪一个。我们在规划空间而非世界状态空间中搜索，通过插入动作来满足条件。

在 20 世纪 80 和 90 年代，偏序规划被认为是处理具有独立子问题的规划问题的最佳方法。到 2000 年，前向搜索规划器发展出了优秀的启发式方法，这使得它们能够有效地发现偏序规划所擅长处理的独立子问题。此外，SATPLAN 能够利用摩尔定律：在 1980 年还大得吓人的命题化问题现在看起来微不足道，因为现在计算机的内存增加了 1 万倍。因此，在完全自动化的经典规划问题上，偏序规划没什么竞争力。

尽管如此，偏序规划仍然是该领域的重要组成部分。对于某些特定的任务，如作业调度，采用领域特定的启发式方法的偏序规划依然是可以选用的技术。许多这种系统使用高层规划库，如 11.4 节所述。

偏序规划也常用于那些需要人类理解其规划的领域。例如，用于航天器和火星车的作业规划通过偏序规划器生成，在将规划上传到这些装备并执行前会经过人类操作员的检查。规划精细化方法使得人类易于理解规划算法做了什么事情，并在规划被执行前验证其正确性。

11.3 规划的启发式方法

如果没有好的启发式函数，前向搜索和反向搜索都是低效的。回想在第 3 章中，一个启发式函数 $h(s)$ 估计了从状态 s 到目标的距离，如果我们能推导出这个距离的**可容许的**启发式方法，也就是不会高估的方法，那么我们就可以使用 A^* 搜索来找到最优解。

根据定义，能够分析原子状态的方法是不存在的。因此，为含有原子状态的搜索问题定义良好的领域特定启发式方法需要分析师（通常是人）的聪明才智。但是规划使用状态和动作的因子化表示，就使得找出良好的、领域无关的启发式方法成为可能。

回想一下，可以通过定义一个更容易求解的**松弛问题**推导出一个可容许的启发式方法。

求解这个简单问题的确切代价就变为寻找原问题的启发式。搜索问题是一个节点为状态、边为动作的图。问题是找到一条连接初始状态和目标状态的路径。我们有两种主要的方法来松弛这个问题，使它变得更容易：通过在图中添加更多的边，使找到一条路径更容易，或者通过将多个节点分为一组，形成一个具有更少状态的状态空间的抽象，因而更容易搜索。

我们首先看看向图中添加边的启发式方法。最简单的方法大概是**忽略前提启发式方法**（ignore-preconditions heuristic），它从动作中去掉所有的前提。每一个动作都适用于所有状态，任何单个目标流都可以在一步之内完成（如果存在适用动作的话。如果没有适用动作，这个问题就是无解的）。这几乎意味着，求解松弛问题所需的步骤数量等于未满足的目标数量——几乎但不完全等于，因为（1）一些动作可能实现多个目标，（2）一些动作可能抵消了其他动作的效果。

对于许多问题，精确的启发式是通过考虑（1）且忽略（2）得到的。首先，我们通过移除所有前提和效果（含有目标中的文字的效果除外）来松弛动作。然后我们计算为了满足目标所要求的效果而需要合一的动作的最小数量。这是一个**集合覆盖问题**（set-cover problem）。有一个小麻烦：集合覆盖问题是 NP 困难的。幸运的是，有一种简单的贪心算法能够确保返回一个集合的覆盖，其大小不超过实际最小覆盖的 $\log n$ 倍，其中 n 是目标中的文字的数量。遗憾的是，这种贪心算法无法保证可容许性。

只忽略被选定的动作的前提也是可以的。考虑 3.2 节中的滑块问题 (8 数码问题或 15 数码问题)。我们可以将其编码为一个规划问题，其滑块只有 $Slide$ 一个模式：

$$Action(Slide(t, s_1, s_2),$$
$$\text{PRECOND}: On(t, s_1) \wedge Tile(t) \wedge Blank(s_2) \wedge Adjacent(s_1, s_2)$$
$$\text{EFFECT}: On(t, s_2) \wedge Blank(s_1) \wedge \neg On(t, s_1) \wedge \neg Blank(s_2))$$

正如我们在 3.6 节中所看到的，如果我们移除前提 $Blank(s_2) \wedge Adjacent(s_1, s_2)$，那么在一次动作中，所有滑块都可以移动到任意位置，我们就得到了错放的滑块数量的启发式。如果只移除前提 $Blank(s_2)$，我们就得到了曼哈顿距离启发式。很容易看出这些启发式是如何从动作模式的描述中自动推导出来的。与搜索问题的原子表示相比，规划问题的因子化表示的最大优点是易于操作动作模式。

另一种可能性是**忽略删除列表启发式方法**（ignore-delete-lists heuristic）。暂且假设所有目标和前提只包含正文字。[①] 我们想要创建一个原问题的更容易求解的松弛版本，并且将其解的长度用作很好的启发式函数。我们可以通过从所有动作中移除删除列表（例如，从效果中移除所有负文字）来实现。这使得向着目标单调前进成为可能——任何动作都不会抵消另一个动作所取得的进展。虽然找到松弛问题的最优解仍然是 NP 困难的，但可以通过爬山搜索算法在多项式时间内找到近似解。

图 11-6 画出了使用忽略删除列表启发式方法的两个规划问题的部分状态空间，其中点代表状态，边代表动作，每个点离底面的高度代表启发式函数的值。在底部平面上的状态就是解。两个问题都有通往目标的宽阔路径。因为没有死路，也就没有回溯的必要，简单的爬山搜索就可以轻松求解这些问题（尽管它可能不是最优解）。

---

① 许多问题都采用这种惯例记法。对于没有使用这种记法的问题，将所有目标或前提中的负文字 $\neg P$ 用新的正文字 P' 替换，并相应地修改初始状态和动作效果即可。

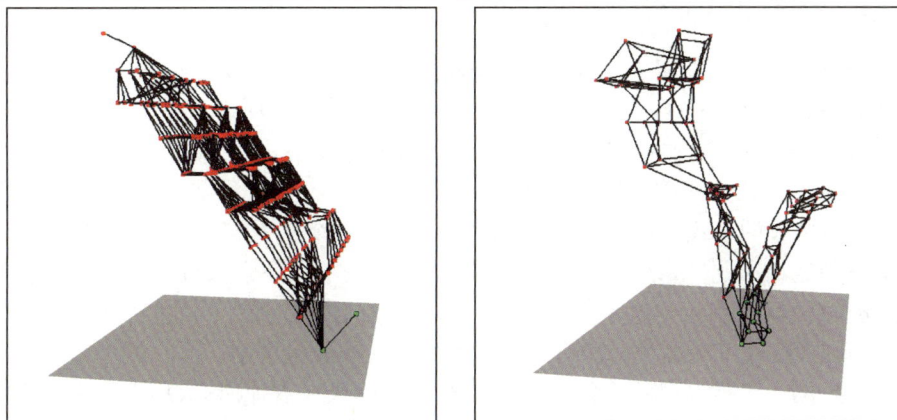

图 11-6　使用忽略删除列表启发式方法的规划问题的两个状态空间。底部平面以上的高度是一个状态的启发式得分；底部平面的状态是目标。由于不存在局部极小值，所以搜索目标很简单直接。图片来自（Hoffmann, 2005）

11.3.1　领域无关剪枝

因子化表示中很容易就能看出许多状态只是其他状态的变体。例如，假设桌子上有 12 块积木，我们的目标是让积木 A 位于 3 块积木的积木塔的顶部。一个解的第一步就是将某块积木 x 放到积木 y 的上面（其中 x、y 和 A 都是不同的）。然后，我们把 A 放在 x 上面就可以了。x 有 11 种选择，而给定 x 的话，y 有 10 种选择，因此有 110 种状态需要考虑。但所有这些状态都是对称的：选择这一个而非那一个并没有什么区别，因此规划器应当只考虑其中一种。这就是**对称约简**（symmetry reduction）的原理：我们修剪掉搜索树中的所有对称分支而不予考虑，只保留其中一个。对许多领域来说，这会使问题从难以求解变为高效求解。

另一种做法是进行前向剪枝，为了将搜索集中于有希望的分支，我们需要承担可能会剪掉最优解的风险。可以定义一个如下的**优先动作**（preferred action）：首先，定义问题的一个松弛版本，然后求解它，得到一个**松弛规划**。如此，优先动作要么是松弛规划中的一步，要么能够满足松弛规划的某个前提。

有时通过找出可以被剔除的负相互作用也可以高效求解问题。如果问题中存在子目标的某种顺序，使得规划器按照这个顺序完成子目标时不会撤销已完成的子目标，则这个问题具有**可序列化子目标**（serializable subgoal）。例如，在积木世界里，如果我们的目标是建造一座塔（例如，积木 A 在 B 上，B 在 C 上，C 在桌子上，如图 11-3 所示），则子目标是自底向上可序列化的：如果我们先让积木 C 在桌子上，则当完成其他的子目标时我们就不需要撤销它。一个使用自底向上技术的规划器可以无须回溯地求解积木世界中的任何问题（尽管它并不总能找到最短的规划）。再举个例子，如果一个房间有 n 个电灯开关，每个开关控制一盏灯，而我们的目标是让这些灯都亮着，那么就不需要考虑开灯的顺序，可以任意指定规划的开灯顺序，如使用升序。

对控制美国国家航空航天局"深空一号"航天器的"远程智能体"规划器来说，控制航天器所涉及的命题被设定为是可序列化的。这也许并不是很奇怪，因为航天器是被工程师设计为尽量容易操纵的（同时也受到其他因素限制）。利用目标的序列化顺序，"远程智能体"规划器能够消除大部分搜索。这意味着它的速度快到足以实时控制航天器，这在以前被认为是不可能做到的。

11.3.2　规划中的状态抽象

松弛化问题给出一个仅用于计算启发式函数的值的简化规划问题。许多规划问题有 10^{100} 个或更多的状态，松弛这些动作并不能减少状态的数量，这意味着计算启发式的代价仍然很高。因此，我们现在来看通过构造**状态抽象**（state abstraction）以减少状态数量的松弛化方法——从问题的基本表示到抽象表示的多对一映射。

状态抽象最简单的形式是忽略一些流。例如，考虑一个有 10 个机场、50 架飞机和 200 件货物的航空货物运输问题。每架飞机可以位于 10 个机场中的一个，每件包裹可以在其中一架飞机上，或已卸载到其中一个机场。所以有 $10^{50} \times (50+10)^{200} \approx 10^{405}$ 个状态。现在考虑该领域中的一个特定问题，在这个问题中，所有的包裹刚好只在 5 个机场中，且在给定机场中的所有包裹的目的地都相同。这样，对这个问题的一个有用的抽象是去掉所有 *At* 流，除了那些涉及在这 5 个机场中的包裹和飞机的流。现在只有 $10^{5} \times (5+10)^{5} \approx 10^{11}$ 个状态。在这个抽象状态空间中的解要比原始空间中的解短（因此它是一个可容许的启发式），而且抽象解可以轻易扩展为原问题的解（通过添加额外的 *Load* 和 *Unload* 动作）。

定义启发式的一个关键思想是**分解**（decomposition）：将问题分解为多个部分，独立求解各个部分，然后将这些部分组合起来。**子目标独立**（subgoal independence）假设是，求解一系列子目标的代价近似于独立求解每个子目标的成本之和。子目标独立性假设可以是乐观的，也可以是悲观的。当每个子目标的子规划之间存在负相互作用时，它就是乐观的——例如，当一个子规划中的动作删除了另一个子规划完成的目标时。当子规划包含冗余的动作时，它是悲观的、不可容许的，例如，两个动作在合一后的规划中被替换为一个动作。

假设目标是一组流的集合 G，我们将其分成不相交的子集 $G_1, \cdots, G_n$。随后找到各个子目标的最优解 $P_1, \cdots, P_n$。实现整个 G 的规划的代价大概是多少？我们可以把每个 $\mathrm{Cost}(P_i)$ 想作一个启发式估计，而且如果我们通过取它们当中的最大值的来进行总体估计，我们就能得到一个可容许的启发式。因此，$\max_i \mathrm{Cost}(P_i)$ 是可容许的，而且有时它是完全准确的，例如当 P_1 偶然地实现了所有 G_i。但通常这个估计是过低的。我们可以把代价加起来吗？对许多问题来说这是一个合理的估计，但它是不可容许的。最好的情况是 G_i 和 G_j 是独立的，也就是对其中一个目标的规划不能减少另一个规划的代价。这种情况下，估计 $\mathrm{Cost}(P_i) + \mathrm{Cost}(P_j)$ 是可容许的，并且比最大估计更准确。

很明显，通过抽象来减少搜索空间有很大的潜力。诀窍在于选择适当的抽象，并使其总代价——定义抽象、进行抽象搜索、将抽象映射回原问题——小于求解原问题的代价。在 3.6.3 节中的**模式数据库**技术可以派上用场，因为创建模式数据库的代价可以分摊到多种问题案例上。

利用了高效启发式的系统有 FF，或称 FASTFORWARD（Hoffmann, 2005），这是一个使用了忽略删除列表启发式方法的前向状态空间搜索器，它使用规划图估计启发式。FF 随后使用该启发式进行爬山搜索（修改版，以便于记录规划）来寻找解。FF 的爬山算法是非标准的：它通过在当前状态运行广度优先搜索来避免局部极大值，直到找到更好的状态。如果没有找到结果，FF 就会切换到贪心最佳优先搜索。

11.4　分层规划

前几章的问题求解和规划方法都只使用固定的原子动作集。动作可以连在一起，而最新的算法可以生成包含数千个动作的解。如果我们正在规划假期，而动作仅仅是在"从旧金山飞到火奴鲁鲁"的层次，这样做没什么问题；但在"左膝弯曲 5 度"的电动机控制层次，我们需要连接几百万到几十亿个动作，而不止是几千个。

弥合这一差距需要在更高的抽象层次上进行规划。一个高层级的夏威夷度假规划可能是"前往旧金山机场；乘坐飞往火奴鲁鲁的 HA 11 号航班；游玩两个星期；乘坐 HA 12 飞机回旧金山；回家"。给定这样的规划，"前往旧金山机场"这一动作本身就可以被视为一项规划任务，它的解包括"选择送机服务；预订一辆车；乘车前往机场"。每个动作都可以被进一步分解，直到我们达到低层级的电动机控制动作，就像钉扣机一样。

在这个例子中，规划和行动是交替的。例如，我们可以把从路边到大门的步行规划问题推迟到下车之后再说。因此，在执行阶段之前，该动作仍然处于抽象层级。我们在 11.5 节再讨论这个话题。此处，我们专注于**层次分解**（hierarchical decomposition）的概念，几乎在控制复杂性的所有尝试中都可以见到这种概念。例如，复杂软件是基于子程序和类的层次性而创建的，军队、政府和企业都有层次化的组织结构。分层结构的主要益处是，分层的每一层级都将一个计算任务、军事行动或行政职能减少为下一层次的少量活动，因此找出为当前问题安排这些活动的正确方法的计算代价很小。

11.4.1 高层动作

用于理解层次分解的基本形式体系来自**分层任务网络**（hierarchical task network，HTN）领域规划。目前，我们假设完全可观测性和确定性，以及一组动作，称为**基元动作**（primitive action），它具有标准的前提-效果模式。另外一个重要的概念是**高层动作**（high-level action）或称 HLA——例如，"前往旧金山机场"动作。每个 HLA 都有一个或多个可能的**细化**（refinement）来形成一个动作序列，其中的每个动作可能是一个 HLA 或一个基元动作。例如，动作"前往旧金山机场"，其形式化表示为 *Go(Home, SFO)*，它可以有两个可能的细化，如图 11-7 所示。图 11-7 还展示了在真空吸尘器世界中导航的**递归细化**：要到达目的地，我们先走一步，然后再前往目的地。

Refinement(Go(Home, SFO),
   Steps: [*Drive(Home, SFOLongTermParking)*,
        Shuttle(SFOLongTermParking, SFO)])
Refinement(Go(Home, SFO),
   Steps: [*Taxi(Home, SFO)*])

Refinement(Navigate([a, b], [x, y]),
   Precond: $a = x \land b = y$
   Steps: [])
Refinement(Navigate([a, b], [x, y]),
   Precond: *Connected([a, b], [a − 1, b])*
   Steps: [*Left, Navigate([a − 1, b], [x, y])*])
Refinement(Navigate([a, b], [x, y]),
   Precond: *Connected([a, b], [a + 1, b])*
   Steps: [*Right, Navigate([a + 1, b], [x, y])*])
…

图 11-7 两个高层动作——前往旧金山机场和在真空吸尘器世界中导航——的可能细化的定义。注意真空吸尘器世界中细化的递归特性和对前提的使用

这些例子表明，高层动作及其细化体现了关于如何做事的知识。例如，*Go*(*Home*, *SFO*) 的细化表明你可以开车或叫车去机场；买牛奶、坐下来、将马移动到 e4 方格等动作是无须考虑的。

只包含基元动作的 HLA 细化称为这个 HLA 的一个**实现**（implementation）。在网格世界中，序列 [*Right*, *Right*, *Down*] 和 [*Down*, *Right*, *Right*] 都实现了 HLA *Navigate*([1, 3], [3, 2])。一个高层规划（HLA 序列）的实现就是连接序列中每个 HLA 的实现。给定每个基元动作的前提 – 效果的定义，很容易确定高层规划的任意给定实现是否达成了目标。

因此，我们可以说，如果一个高层规划至少有一个实现从给定状态达成了目标，则该高层规划从该给定状态达成了目标。这个定义中，"至少有一个"是至关重要的，并非所有实现都需要达成目标，因为智能体会想办法决定它要执行哪个实现。因此，HTN 规划中的可能实现的集合——其中各个实现的结果可能不同——与非确定性规划中可能结果的集合不同。在非确定性规划中，我们需要一个对所有结果都有效的规划，因为智能体不能选择结果，产生何种结果是自然因素导致的。

最简单的情况是只有一个实现的 HLA。在这种情况下，我们可以从实现的前提和效果中计算 HLA 的前提和效果（见习题 11.HLAU），然后将 HLA 本身完全视为一个基元动作。可以证明，一组正确的 HLA 可以将盲目搜索的时间复杂性从解深度的指数量级降到解深度的线性量级，虽然设计出这样的一组 HLA 并非易事。当 HLA 有多个可能的实现时，有两种选择：一种是在所有实现中搜索出一个有效的实现，如 11.4.2 节所述；另一种是直接对 HLA 进行推理——不管存在多少种实现，如 11.4.3 节所述。后一种方法可以导出可证明为正确的抽象规划，而无须考虑它们的实现。

11.4.2　搜索基元解

HTN 规划通常是由一个称为 *Act* 的 "顶层" 动作制定的，其目标是找到能达成目标的 *Act* 的实现。这种方法是完全通用的。例如，经典的规划问题可以定义为：对于每个基元动作 a_i，给出一个带有步骤 [a_i, *Act*] 的 *Act* 的细化。这就创建了一个让我们添加动作的 *Act* 的递归定义。但我们需要某种方法来停止递归。为此，我们为 *Act* 提供了另一条细化，其中包含一个空步骤列表，并且前提等于问题的目标。这就是说，如果目标已经实现了，那么正确的实现就是什么也不做。

该方法引出了一个简单的算法：在当前规划中反复选择一个 HLA，并将其替换为它的一个细化，直到规划达成目标。图 11-8 展示了一种基于广度优先树搜索的实现。规划的考虑顺序是细化嵌套的深度，而非基元步骤的数量。设计该算法的图搜索版本、深度优先版本或迭代加深版很简单。

本质上，这种分层搜索的形式探索了一个序列空间，它符合 HLA 库中关于如何做事的知识。每个细化确定的动作序列和细化的前提都可以编码大量知识。对于一些领域，HTN 规划器已经能够用少量搜索生成大型规划。例如，O-PLAN（Bell and Tate, 1985）将 HTN 规划与调度结合起来，已经被用于为日立制定生产规划。一个典型的问题中包含一条制造 350 种产品、有 35 台装配机和 2000 多种不同操作的生产线。这个规划器生成了一个 30 天的进度计划，每天进行 3 次 8 小时换班，涉及数千万个步骤。另一个重要方面是，根据定义，HTN 规划是分层结构的，这通常更利于人类理解。

---

function Hierarchical-Search(*problem, hierarchy*) **returns** 一个解或*failure*
　　frontier ← 一个元素仅为[*Act*]的先入先出队列
　　while true **do**
　　　　if Is-Empty(*frontier*) **then return** *failure*
　　　　plan ← Pop(*frontier*) // 选择*frontier*中最浅的*plan*
　　　　hla ← *plan*中的第一个HLA，若无则为*null*
　　　　prefix, suffix ← *plan*中*hla*之前和之后的动作序列
　　　　outcome ← Result(*problem*.Initial, *prefix*)
　　　　if *hla*为*null* **then** // *plan*是基元的且结果为*outcome*
　　　　　　if *problem* Is-Goal(*outcome*) **then return** *plan*
　　　　else for each *sequence* **in** Refinements(*hla, outcome, hierarchy*) **do**
　　　　　　添加 Append(*prefix, sequence, suffix*)到*frontier*

图 11-8　分层前向规划搜索的广度优先实现。最初提供给算法的规划是 [*Act*]。Refinements 函数返回一个动作序列集，HLA 的每个由状态 *outcome* 满足其前提的细化都对应其中一个动作序列

分层搜索的计算优势可以从一个理想化的案例中看出。假设一个规划问题的解有 d 个基元动作。对于一个每个状态有 b 个可用动作的非分层前向状态空间规划器，其代价是 $O(b^d)$，如第 3 章所述。对于一个 HTN 规划，我们假设一个非常规则的细化结构：每个非基元动作有 r 个可能的细化，每个细化到在下一层次有 k 个动作。我们想知道这个结构有多少种不同的细化树。现在，如果在基元层有 d 个动作，根节点下面的层次数量是 $\log_k d$，所以内部细化节点的数量是 $1 + k + k^2 + \cdots + k^{\log_k d-1} = (d-1)/(k-1)$。每个内部节点有 r 个可能的细化，因此能构造 $r^{(d-1)/(k-1)}$ 个可能的分解树。

仔细查看这个公式，我们可以看到使 r 较小而 k 较大会减少大量开销：如果 b 和 r 是可比较的，我们取非分层代价的 k 次方根。较小的 r 和较大的 k 意味着一个 HLA 的库只有少量的细化，每个细化都产生一个较长的动作序列。但这并不总是可能的：可用于广泛问题的长动作序列极为少见。

HTN 规划的关键是含有用于实现复杂的高层动作的已知方法的规划库。建立库的方法之一是从问题求解的经验中学习。在从零开始痛苦地构建好规划之后，智能体就可以将规划保存在库中，作为实现由任务定义的高层动作的方法。这样，随着时间的推移，用旧方法逐渐构建了新方法，智能体的能力越来越强大。这个学习过程的一个重要方面是对所构建方法进行泛化的能力，消除针对特定问题的细节（例如，建筑商的名字或地块的地址），只保留规划的关键元素。我们相信，人类的强大能力中也有类似这样的机制。

11.4.3　搜索抽象解

11.4.2 节中的分层搜索算法将 HLA 细化为基元动作序列，以确定一个规划是否切实可行。这有些违反常识：我们应该能够确定有两个 HLA 高层规划

$$[\textit{Drive}(\textit{Home}, \textit{SFOLongTermParking}), \textit{Shuttle}(\textit{SFOLongTermParking}, \textit{SFO})]$$

能够将人送到机场，而无须确定准确的路线、要使用的停车场等。解决方案是写出 HLA 的前提–效果描述，就像我们对基元动作所做的那样。从描述中，应该很容易证明高层规划实现了目标。这称得上是分层规划终极理想，因为如果我们通过搜索高层动作的较小搜索空间得到一个可证明能达成目标的高层规划，然后我们就可以专注于这个规划，只需要继续细化规划的每个步骤就行了。这样，我们就节省了指数级的开销。

这只在一种情况下是可行的，即每个"声称"能达成目标的高层规划（根据其步骤的描述）

确实能够达成目标。根据上文所述的定义，这个规划必须至少有一个能达成目标的实现。这个性质被称为 HLA 描述的**向下细化性质**。

从理论上说，写出满足向下细化性质的 HLA 描述是容易的：只要描述是真的，那么所有宣称能达成目标的高层规划实际上都可以达成目标——否则，描述就对 HLA 的行为进行了假的描述。我们已经见过如何为只有一个实现的 HLA 编写真描述（习题 11.HLAU），但当 HLA 有多个实现时就会出现问题。我们如何描述一个能够以许多不同方式实现的动作的效果？

一个（至少对所有前提和目标都为正的问题来说）安全的答案是只包括 HLA 中所有实现都能完成的正效果和某个实现的负效果。这就能满足向下细化性质。可惜的是，这种语法对 HLA 来说过于保守了。

重新考虑一下 HLA *Go(Home, SFO)*，它有两个细化。为了便于讨论，假设在一个简单的世界中，人们永远能够开车到机场并找到停车位，但打车需要以 *Cash*（现金）作为前提。在这种情况下，*Go(Home, SFO)* 并不总是能把你带到机场。特别是，如果 *Cash* 为假，我们就无法断言 *At(Agent, SFO)* 为这个 HLA 的效果。但这并没有道理，因为如果智能体没有现金，它就会自己开车。要求效果对所有实现都成立，就相当于假设其他人——一个对手——会选择这个实现。它对待 HLA 的多个结果的方式就好像 HLA 是一个**非确定性**的动作一样，如 4.3 节所述。但我们的情况是，智能体自己会选择要采取的实现。

编程语言社区为对手进行选择的情况创造了**恶魔非确定论**（demonic nondeterminism）这个术语，来对比于智能体自己进行选择的**天使非确定论**（angelic nondeterminism）。我们借用这个术语来定义 HLA 描述中的**天使语义**（angelic semantics）。理解天使语义所需的基本概念是 HLA 的**可达集**（reachable set）：给定一个状态 s，HLA h 的可达集写作 REACH(s, h)，是所有 HLA 实现都可以到达的状态集合。

关键思想是，当智能体执行 HLA 时，它可以选择最后要到达可达集中的哪个元素。因此，一个具有多个细化的 HLA 比具有较少细化的相同 HLA 更"强大"。我们可以定义 HLA 序列的可达集。例如，序列 $[h_1, h_2]$ 的可达集是在 h_1 的可达集的每个状态下应用 h_2 所得到的所有可达集的并集：

$$\text{REACH}(s, [h_1, h_2]) = \bigcup_{s' \in \text{REACH}(s, h_1)} \text{REACH}(s', h_2)$$

给定这些定义，一个高层规划——一个 HLA 序列——达成了目标，如果其可达集与目标状态集相交。（作为对比，恶魔语义的条件更为严格，其可达集中的所有成员都必须是一个目标状态。）相反地，如果可达集没有与目标相交，那么规划肯定行不通。图 11-9 展示了这些概念。

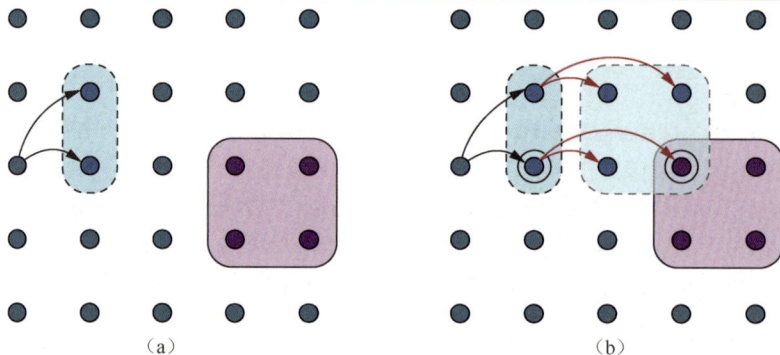

图 11-9　可达集的语义示例。目标状态集用紫色阴影表示。黑色和红色箭头分别表示 h_1 和 h_2 的可能实现。（a）在状态 s 中 HLA h_1 的可达集。（b）序列 $[h_1, h_2]$ 的可达集。因为它与目标集相交，所以序列实现了目标

可达集的概念产生了一个简单的算法：在高层规划中搜索，寻找可达集与目标相交的规划。一旦找到这种规划，算法就知道这个抽象规划可行，并专注于它，然后致力于进一步细化该规划。我们稍后再回到算法话题，现在先考虑如何表示 HLA 的效果——每个可能的初始状态的可达集。基元动作可以将流设为真（true）、假（false）或未更改（unchanged）。对有条件的效果（见 11.5.1 节），还有第四种可能性：即将变量设为其相反量。

天使语义下的 HLA 能做的事情更多：它可以控制流的值，根据选择了哪个实现来将流设置为真或假。这意味着 HLA 可以对流产生 9 种不同的效果：如果变量一开始为真，它可以始终保持为真、始终设为假或者有选择权；如果流一开始为假，它可以一直保持为假、一直设为真或者有选择权。这两种情况的 3 个选项可以任意组合，得到 9 种效果。

这在记法上有点困难。我们将使用添加列表和删除列表（而不是真/假流）的语言，用 ~ 符号来表示"有可能，如果智能体做出了这样的选择"。因此，效果 $\overset{\sim}{+}$ 意味着"可能添加 A"，也就是说，要么保持 A 不变，要么使它为真。同样，$\overset{\sim}{-}$ 表示"可能删除 A"，$\overset{\sim}{\pm}$ 表示"可能添加或删除 A"。例如，HLA Go(Home, SFO)，有两个图 11-7 所示的细化，可能删除 Cash（如果智能体决定打车），因此它应当具有效果 $\overset{\sim}{-}Cash$。这样，我们看到 HLA 的描述是可以从对其细化的描述中推导出来的。现在，假设我们有 HLA h_1 和 h_2 的以下动作模式：

$$Action(h_1, \text{PRECOND}: \neg A, \text{EFFECT}: A \wedge \overset{\sim}{-}B)$$

$$Action(h_2, \text{PRECOND}: \neg B, \text{EFFECT}: \overset{\sim}{+}A \wedge \overset{\sim}{\pm}C)$$

也就是说，h_1 添加 A 并可能删除 B，而 h_2 可能添加 A 并可以完全控制 C。现在，只要初始状态 B 为真且目标是 $A \wedge C$，那么序列 $[h_1, h_2]$ 实现了目标：我们选择 h_1 的使 B 为假的实现，然后选择 h_2 的保持 A 为真且使 C 为真的实现。

前面的讨论假设，一个 HLA 的效果——对任意给定初始状态的可达集——可以通过描述每个流的效果而被精确描述。如果这总是正确的就太好了——在很多情况下，我们只能近似这些效果，因为一个 HLA 可能有无穷多种实现，可能产生随意弯曲的可达集，就像 7.7.3 节的图 7-21 所示的弯曲信念状态问题。例如，我们说 Go(Home, SFO) 可能删除 Cash，它也可能添加 At(Car, SFOLongTermParking)，但它不能同时做这两件事——事实上它必须只做一件事。与信念状态一样，我们可能需要写出近似描述。我们将使用两种近似：HLA h 的乐观描述（optimistic description）$\text{REACH}^+(s, h)$ 可能夸大了可达集，而悲观描述（pessimistic description）$\text{REACH}^-(s, h)$ 可能低估了可达集。因此，我们有

$$\text{REACH}^-(s,h) \subseteq \text{REACH}(s,h) \subseteq \text{REACH}^+(s,h)$$

例如，对 Go(Home, SFO) 的乐观描述称，它可能会删除 Cash，并可能添加 At(Car, SFOLongTermParking)。另一个很好的例子出现在 8 数码问题中，不论从哪种给定的状态出发，都有一半的状态是不可达的（见习题 11.PART）：对 Act 的乐观描述很可能包括整个状态空间，因为确切的可达集是非常弯曲的。

使用近似描述需要稍微修改一下规划是否达成目标的测试。如果规划的乐观可达集与目标不相交，那么规划就行不通；如果悲观可达集与目标相交，则规划有效（图 11-10a）。使用精确描述的话，规划要么有效要么无效，但使用近似的描述时，存在一个中间地带：如果乐观集与目标相交而悲观集不相交，那么我们就无法判断规划是否有效（图 11-10b）。当这种情况出现时，可以通过细化规划来解决不确定性。这是人类推理中很常见的情况。例如，在规划前面提到的两周的夏威夷度假时，有人可能会提议在 7 个岛上各呆两天。而谨慎起见的话，这一雄心勃勃的规划需要细化到考虑岛间交通方式的程度。

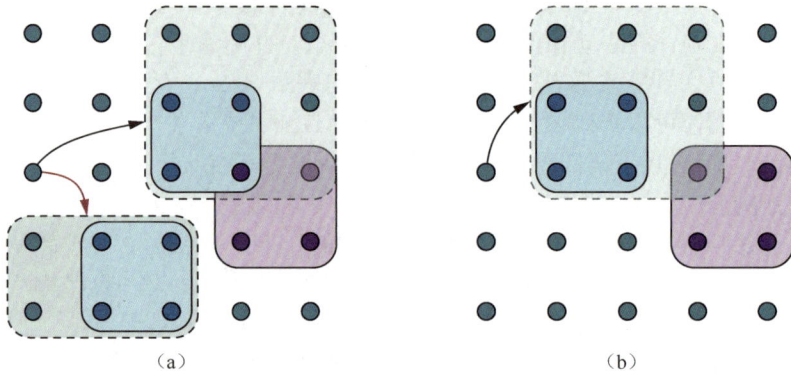

（a）　　　　　　　　　　　　　　　（b）

图 11-10　具有近似描述的高层规划的目标达成。目标状态集用紫色阴影表示。对于每个规划将显示悲观（实线，浅蓝色）和乐观（虚线，浅绿色）可达集。（a）黑色箭头所指的规划的确达成了目标，而红色箭头所指的规划完全没有达成目标。（b）可能达成目标（乐观可达集相交的目标）但未必会达成目标（悲观可达集与目标不相交）的规划。该规划需要进一步细化，以确定它是否真的达成了目标

图 11-11 展示了一个具有近似天使描述的分层规划算法。为简单起见，我们保留了先前在图 11-8 中使用的相同的总体方案，即在细化空间中进行广度优先搜索。如前所述，该算法可以通过检查乐观可达集和悲观可达集与目标的交集来检测规划是否可行。（习题 11. HLAP 中详细介绍了给定每一步的近似描述后如何计算规划的可达集。）

---

function ANGELIC-SEARCH(*problem*, *hierarchy*, *initialPlan*) **returns** 解或*fail*
 frontier ← 一个*initialPlan*为唯一元素的先入先出队列
 while true **do**
  if EMPTY?(*frontier*) **then return** *fail*
  plan ← POP(*frontier*)　　// 选择*frontier*中最浅的节点
  if REACH$^+$(*problem*.INITIAL, *plan*)与*problem*.GOAL相交 **then**
   if *plan*是基元的 **then return** *plan*　　// REACH$^+$对于基元规划是精确的
   guaranteed ← REACH$^-$(*problem*.INITIAL, *plan*) $\bigcap$ *problem*.GOAL
   if *guaranteed* ≠ {}且MAKING-PROGRESS(*plan*, *initialPlan*) **then**
    finalState ← *guaranteed*中的任意元素
    return DECOMPOSE(*hierarchy*, *problem*.INITIAL, *plan*, *finalState*)
   hla ← *plan*中的某个HLA
   prefix, *suffix* ← *plan*中*hla*之前和之后的动作序列
   outcome ← RESULT(*problem*.INITIAL, *prefix*)
   for each *sequence* **in** REFINEMENTS(*hla*, *outcome*, *hierarchy*) **do**
    将(APPEND(*prefix*, *sequence*, *suffix*)，添加到*frontier*

function DECOMPOSE(*hierarchy*, s_0, *plan*, s_f) **returns** 一个解
 solution ← 空规划
 while *plan*非空 **do**
  action ← REMOVE-LAST(*plan*)
  s_i ← REACH$^-$(s_0, *plan*)中的一个状态，使得$s_f \in$ REACH$^-$(s_i, *action*)
  problem ← 一个INITIAL=s_i且GOAL=s_f的问题
  solution ← APPEND(ANGELIC-SEARCH(*problem*, *hierarchy*, *action*), *solution*)
  s_f ← s_i
 return *solution*

图 11-11　一个分层规划算法，它使用天使语义来识别并执行可行的高层规划，避免不可行高层规划。谓词 MAKING-PROGRESS 检查并确保我们不会陷入细化的无限回归中。在顶层，以 [*Act*] 作为 *initialPlan* 调用 ANGELIC-SEARCH

当找到一个可行的抽象规划时，该算法将原问题分解为子问题，规划的每步对应一个子问题。每个子问题的初始状态和目标是通过对规划的每一步用动作模式回归一个确保可达的目标状态获得的。（见 11.2.2 节了解回归的原理。）图 11-9b 阐明了其基本概念：右边圈中的状态是确保可达的目标状态，左边圈中的状态是通过用最终动作回归目标得到的中间目标。

执行或拒绝高层规划的能力可以使 Angelic-Search 比 Hierarchical-Search 有显著的计算优势，而 Hierarchical-Search 又可能比传统的 Breadth-First-Search 有很大的优势。例如，考虑打扫一个很大的由狭窄走廊连接的房间组成的真空吸尘器世界，其中每个房间都是 $w \times h$ 的长方形。真空吸尘器的 HLA 有导航（Navigate，如图 11-7 所示）和清理整个房间（CleanWholeRoom）的动作是很有意义的。（清理房间可以通过重复应用另一个用于清理每行区域的 HLA 实现。）因为有 5 个基元动作，所以 Breadth-First-Search 的代价增长为 5^d，其中 d 是最短解的长度（大约是房间总方格数的两倍）；该算法甚至无法处理两个 3×3 的房间。Hierarchical-Search 更高效，但仍然会受指数增长的困扰，因为它会尝试所有与分层一致的清理方法。而 Angelic-Search 的规模增加几乎随方格数量线性增长——它专注于一个良好的房间清理高层序列和导航步骤，并且会剪去其他选择。

通过依次打扫每个房间来打扫一组房间并不是什么高深的科学：这种任务的分层结构对人类来说很容易。考虑到人类在求解像 8 数码这样的小谜题时并不容易，可以看出人类求解复杂问题的能力似乎不是来自排列组合学，而是来自能够消除组合的问题抽象和分解能力。

通过推广可达集的概念，天使方法可以推广到找出最小代价的解。状态不再是可达与否的，而是每个状态都有一个最高效抵达该状态的代价。（对于不可达状态，代价是无穷大。）乐观和悲观描述分别为代价的上下界。这样，天使搜索可以找到可证明为最优的抽象规划，而不必考虑其实现。同样的方法可以用于得到在线搜索的有效**分层前瞻**（hierarchical look-ahead）算法，类似于 LRTA* （4.5.3 节）。

这些算法在某种程度上反映了人类在完成类似规划夏威夷度假这样的任务时的深思熟虑——对其他规划的考虑一开始是在抽象层次和很长的时间尺度上完成的。规划的某些部分在执行之前都相当抽象，例如如何在莫洛凯岛度过悠闲的两天，而其他部分是详细规划，例如要乘坐的航班、要预订的旅馆，没有这些细化就无法确保这个规划的可行性。

11.5 非确定性域的规划和行动

本节，我们将规划扩展到处理部分可观测的、非确定性的和未知的环境中。其基本概念与第 4 章的概念类似，区别在于它使用了因子化表示而非原子表示。这影响了我们表示智能体动作和观测能力的方式，以及我们表示部分可观测环境的**信念状态**——智能体可能处于的具体状态集——的方式。我们还可以利用 11.3 节中给出的许多种领域无关的方法来计算搜索启发式。

我们将介绍在没有观测的环境中的**无传感器规划**（也称为**一致性规划**）、部分可观测的和非确定性环境中的**应变规划**，以及在未知环境中的**在线规划**和**重规划**。这使我们能够求解相当大的实际问题。

考虑一下这个问题：给定一把椅子和一张桌子，我们的目标是让它们匹配——具有相同的颜色。在初始状态下，我们有两罐油漆，但油漆和家具的颜色是未知的。最初只有桌子在智能体的视野范围内：

$$Init(Object(Table) \land Object(Chair) \land Can(C_1) \land Can(C_2) \land InView(Table))$$

$$Goal(Color(Chair, c) \land Color(Table, c))$$

有两个动作，即取下油漆罐的盖子和用打开罐子里的油漆粉刷对象：

$$Action(RemoveLid(can),$$

$$\text{PRECOND}: Can(can)$$

$$\text{EFFECT}: Open(can))$$

$$Action(Paint(x, can),$$

$$\text{PRECOND}: Object(x) \land Can(can) \land Color(can, c) \land Open(can)$$

$$\text{EFFECT}: Color(x, c))$$

动作模式很简单，但有一个例外：前提和效果现在可能包含不属于动作的变量列表的变量。也就是说，$Paint(x, can)$ 没有提到表示罐子中油漆颜色的变量 c。在完全可观测的情况下，这是不允许的——我们必须将动作命名为 $Paint(x, can, c)$。但在部分可观测的情况下，我们可能知道也可能不知道油漆罐里是什么颜色。

为了求解部分可观测的问题，智能体需要对它在执行规划时获得的感知进行推理。当智能体实际行动时其传感器会提供感知，但当它进行规划时，则需要其传感器模型。在第 4 章中，这个模型以函数 $\text{PERCEPT}(s)$ 给出。对于规划，我们对 PDDL 增加一种新的模式——感知模式（percept schema）：

$$Percept(Color(x, c),$$

$$\text{PRECOND}: Object(x) \land InView(x)$$

$$Percept(Color(can, c),$$

$$\text{PRECOND}: Can(can) \land InView(can) \land Open(can)$$

第一个模式表明，当对象在视野中时，智能体将感知到对象的颜色（也就是说，对于对象 x，智能体将学习 $Color(x, c)$ 对所有 c 的真值）。第二个模式表明，如果视野中有打开的罐子，智能体将感知罐中油漆的颜色。由于世界中没有外因事件，即使对象的颜色没有被感知到，也会保持不变，直到智能体执行动作改变了它的颜色。当然，智能体将需要一个动作使对象（每次一个）进入视野：

$$Action(LookAt(x),$$

$$\text{PRECOND}: InView(y) \land (x \neq y)$$

$$\text{EFFECT}: InView(x) \land \neg InView(y))$$

对于一个完全可观测的环境，每个流都会有一个没有前提的感知模式。而无传感器智能体则根本没有感知模式。注意，即使是无传感器智能体也可以解决刷漆问题。一种办法是打开任意一罐油漆，并粉刷椅子和桌子，从而**强制**地使它们的颜色相同（即使智能体不知道这是什么颜色）。

具有传感器的应变规划智能体可以生成更好的规划。首先，它观察桌子和椅子，获得它们的颜色，如果颜色相同，规划就完成了；如果颜色不同，就观察油漆罐，如果罐子里的油漆与其中一件家具的颜色相同，就把油漆刷到另一件家具上；否则就用任意颜色给这两件家具刷漆。

最后，在线规划智能体可能先生成一个分支更少的应变规划——也许是忽略了没有油漆罐能匹配任何家具的可能性——然后通过重规划来处理出现的问题。它还可以处理其动作模式中的错误。应变规划器简单地假设一个动作效果总是能成功的——给椅子刷漆就能刷好漆——而重规划智能体会检查结果并制定一个额外的规划来求解意料之外的失败，例如没刷到油漆的区域或刷得太薄透出了底色。

在真实世界中，智能体使用多种方法的组合。汽车制造商出售备用轮胎和安全气囊来处理瘪胎和撞车，这是应变规划分支的实际体现。但是，大多数司机从不考虑这些可能性，当问题出现时，他们像重规划智能体一样进行反应。一般来说，智能体只为那些具有严重后果和发生概率不可忽略的事件进行规划。因此，规划穿越撒哈拉沙漠的司机应该为故障制定明确的应变规划，而开车去超市则不太需要提前规划。我们接下来详细考察这 3 种方法。

11.5.1　无传感器规划

4.4.1 节介绍了在信念-状态空间中搜索以求解无传感器问题的基本概念。将无传感器规划问题转换为信念-状态规划问题的工作方式与 4.4.1 节所述大致相同，主要差异是其背后的物理转移模型由动作模式集合来表示，信念状态用逻辑公式表示而非显式地枚举状态集。我们假设其中的规划问题是确定性的。

无传感器刷漆问题的初始信念状态可以忽略 *InView* 流，因为智能体没有传感器。此外，默认了固定的事实 $Object(Table) \land Object(Chair) \land Can(c_1) \land Can(C_2)$，因为它们在所有信念状态中都成立。智能体不知道罐内油漆或对象的颜色，也不知道油漆罐子是不是打开的，但它知道对象和油漆有颜色：$\forall x \exists c\, Color(x,c)$。在斯科伦化（见 9.5.1 节）后，我们得到初始信念状态：

$$b_0 = Color(x, C(x))$$

在**封闭世界假设**下的经典规划中，我们假设状态未提及的流为假，但在无传感器（和部分可观测）规划中我们必须转为**开放世界假设**，其中的状态同时包含正流和负流，如果一个流没有出现，它的值就是未知的。因此，信念状态严格对应于满足公式的可能世界的集合。给定这个初始信念状态，下面的动作序列是一个解：

$$[\, RemoveLid(Can_1), Paint(Chair, Can_1), Paint(Table, Can_1)\,]$$

我们现在展示如何通过动作序列来推进信念状态，以证明最终信念状态将满足目标。

首先要注意，在给定的信念状态 b 中，智能体可以考虑前提被 b 满足的任何动作。（不能使用其他动作，因为转移模型没有定义前提可能未被满足的动作的效果。）根据式（4-4），在确定性世界中给定适用动作 a 时，更新信念状态 b 的一般公式如下：

$$b' = \text{Result}(b, a) = \{s' : s' = \text{Result}_p(s, a) \text{且} s \in b\}$$

其中 Result_p 定义物理转换模型。目前，我们假设初始信念状态始终是文字的合取，即一个 1-CNF 公式。为构建新的信念状态 b'，我们必须考虑当应用动作 a 时，b 中的每个物理状态 s 的每个文字 ℓ 会发生什么。对于在 b 中已知真值的文字，其在 b' 中的真值是由当前值和动作的添加列表和删除列表算出的。（例如，如果 ℓ 在动作的删除列表中，则 $\neg\ell$ 被添加到 b'。）如果在 b 中的文字真值未知呢？有如下 3 种情况。

（1）如果动作添加 ℓ，则 ℓ 在 b' 中为真，不论其初始值为何。

（2）如果动作删除 ℓ，则 ℓ 在 b' 中为假，不论其初始值为何。

（3）如果动作不影响 ℓ，则 ℓ 将保持其初始值（也就是未知）且不会出现在 b' 中。

因此，我们看到 b' 的计算几乎与 11.1 节的式（11-1）所述的可观测情况相同：

$$b' = \text{Result}(b, a) = (b - \text{Del}(a)) \cup \text{Add}(a)$$

我们其实不能使用集合语义，因为（1）我们必须确保 b' 不同时包含 ℓ 和 $\neg\ell$，（2）原子可能包含未绑定的变量。但是，$\text{RESULT}(b, a)$ 的计算仍然是从 b 开始，将出现在 $\text{DEL}(a)$ 中的所有原子设为假，将出现在 $\text{ADD}(a)$ 中的所有原子设为真。例如，如果我们对初始信念状态 b_0 应用 $\text{REMOVELID}(Can_1)$，得到

$$b_1 = Color(x, C(x)) \wedge Open(Can_1)$$

当我们应用动作 $Paint(Chair, Can_1)$ 时，前提 $Color(Can_1, c)$ 被使用了绑定 $\{x/Can_1, c/C(Can_1)\}$ 的文字 $Color(x, C(x))$ 所满足，新的信念状态为

$$b_2 = Color(x, C(x)) \wedge Open(Can_1) \wedge Color(Chair, C(Can_1))$$

最后，我们应用动作 $Paint(Table, Can_1)$ 得到

$$b_3 = Color(x, C(x)) \wedge Open(Can_1) \wedge Color(Chair, C(Can_1)) \wedge Color(Table, C(Can_1))$$

通过将变量 c 绑定到 $C(Can_1)$，最终的信念状态满足目标 $Color(Table, c) \wedge Color(Chair, c)$。

前面对更新规则的分析表明一个非常重要的事实：以文字合取定义的信念状态族在 PDDL 动作模式定义的更新下是闭的。也就是说，如果信念状态以文字的合取开始，那么任何更新都将产生文字的合取。这意味着在一个有 n 个流的世界里，任何信念状态都可以用规模为 $O(n)$ 的合取来表示。考虑到这个世界中有 2^n 种状态，这是一个非常令人欣慰的结果。这表明我们可以简洁地表示我们所需的 2^n 个状态的所有子集。此外，检查先前访问过的信念状态的子集或超集也是很容易的，至少在命题的情形下如此。

美中不足之处在于，它只适用于对所有满足其前提的状态具有相同效果的动作模式。正是这个性质使 1-CNF 的信念状态表示得以保留。一旦效果依赖于状态，就引入流之间的依赖关系，1-CNF 性质就会丢失。

例如，考虑 3.2.1 节中定义的简单真空吸尘器世界。用 AtL 和 AtR 表示机器人的位置，用 $CleanL$ 和 $CleanR$ 表示方格的状态。根据问题的定义，$Suck$ 动作没有前提——它总是可以完成的。困难在于，它的效果取决于机器人的位置：当机器人是 AtL 时，结果是 $CleanL$，但当它是 AtR 时，结果是 $CleanR$。对于这样的动作，我们的动作模式需要一些新的东西：**条件效果**（conditional effect）。它们具有语法 "**when** condition: effect"，其中 condition 是要与当前状态相比较的逻辑公式，而 effect 是描述结果状态的公式。对于真空吸尘器世界：

$$Action(Suck,$$
$$\text{EFFECT}: \textbf{when}\ AtL: CleanL \wedge \textbf{when}\ AtR: CleanR)$$

当应用于初始信念状态 True 时，得到的信念状态为 $(AtL \wedge CleanL) \vee (AtR \wedge CleanR)$，它不再在 1-CNF 中。（这个转换见图 4-14。）一般情况下，条件效果会导致信念状态中的流之间的任意依赖关系，在最坏的情况下会导致指数规模的信念状态。

理解前提和条件效果之间的区别是很重要的。所有条件被满足的条件效果都会应用其效果以产生结果信念状态；如果没有被满足，则结果状态不会被改变。但是，如果一个前提没有被满足，那么动作就不适用，导致的结果状态是未定义的。从无传感器规划的角度来看，条件效果比不适用动作更好。例如，我们可以将 $Suck$ 分成如下两个无条件效果的动作：

$$Action(SuckL,$$
$$\text{PRECOND}: AtL; \text{EFFECT}: CleanL)$$
$$Action(SuckR,$$
$$\text{PRECOND}: AtR; \text{EFFECT}: CleanR)$$

现在我们只有无条件模式，所以信念状态都在 1-CNF 中。遗憾的是，我们无法确定 *SuckL* 和 *SuckR* 在初始信念状态下的适用性。

因此，一些重要的问题似乎不可避免地会涉及弯曲的信念状态，就像我们在考虑 wumpus 世界的状态估计问题时遇到的那样（见图 7-21）。当时建议的解决方案是使用确切信念状态的**保守近似**。例如，如果信念状态包含真值可以确定的所有文字，并视其他文字为未知，则它可以维持在 1-CNF 中。虽然这种方法是可靠的，因为它永远不会产生一个不正确的规划，但它是不完备的，因为它可能无法找到涉及文字之间的交互的问题的解。举个简单的例子，如果机器人的目标是位于一个干净的方格中，则 [*Suck*] 就是一个解，但坚持 1-CNF 信念状态的无传感器智能体无法找到这个解。

也许更好的解决方案是寻找能够让信念状态尽可能简单的动作序列。在无传感器真空吸尘器世界中，动作序列 [*Right, Suck, Left, Suck*] 会生成以下信念状态序列：

$$b_0 = True$$
$$b_1 = AtR$$
$$b_2 = AtR \wedge CleanR$$
$$b_3 = AtL \wedge CleanR$$
$$b_4 = AtL \wedge CleanR \wedge CleanL$$

也就是说，智能体可以在保持 1-CNF 信念状态的情况下求解问题，即使一些序列（例如以 *Suck* 开头的序列）在 1-CNF 之外。人类也有这样的经验：我们总是在做一些小的动作（查看时间、拍拍口袋以确定我们拿了车钥匙、在城市里穿行时查看路标）来消除不确定性，保持我们的信念状态可控。

还有另一种完全不同的方法来求解难以控制的弯曲的信念状态问题：完全不去费力地计算它们。假设初始信念状态为 b_0，我们想知道由动作序列 $[a_1, \cdots, a_m]$ 产生的信念状态。我们不计算其结果，而是将其表示为 "b_0 then $[a_1, \cdots, a_m]$"。这是信念状态的一种偷懒但没有歧义的表示，而且它非常简洁，其复杂度仅为 $O(n+m)$，其中 n 是初始信念状态的大小（假设为 1-CNF），m 是动作序列的最大长度。然而，作为一种信念状态表示，它有一个缺点：确定目标是否被满足，或者一个动作是否适用，可能需要大量的计算。

计算可以实现为一个蕴含测试：如果 A_m 代表定义动作 $a_1, \cdots, a_m$ 发生所需的后继状态公理的集合（如 11.2.3 节对 SATPLAN 的解释中所述），G_m 断言在 m 步后目标为真，如果 $b_0 \wedge A_m \vDash G_m$，也就是说，如果 $b_0 \wedge A_m \wedge \neg G_m$ 是不可满足的，则规划达成目标。使用现代的 SAT 求解器，对它进行计算可能会比计算完整的信念状态快得多。例如，如果序列中的所有动作在其添加列表中都没有特定的目标流，求解器将立即检测到这一点。这也有助于缓存关于信念状态的部分结果（例如，已知为真或假的流）以简化后续计算。

无传感器规划难题的最后一部分是引导搜索的启发式函数。启发式函数的意义与经典规划相同：从给定信念状态达成目标的代价估计（也许是可容许的）。对于信念状态，我们还需要一条事实，即求解信念状态的任何子集都必然比求解信念状态更容易：

$$如果 b_1 \subseteq b_2 则 h^*(b_1) \leqslant h^*(b_2)$$

因此，算出的对子集的任意可容许的启发式函数也是信念状态自身的可容许的启发式函数。最明显的候选者是单元素子集，即单个物理状态。我们可以取信念状态 b 中任意状态 $s_1, \cdots, s_N$ 的集合，应用任何可容许的启发式函数 h，并返回

$$H(b) = \max\{h(s_1), \cdots, h(s_N)\}$$

作为求解 b 的启发式估计。我们也可以使用不可容许的启发式函数，如忽略删除列表启发式方法（11.3 节），它在实际中的表现似乎也相当好。

11.5.2   应变规划

我们在第 4 章中看到，应变规划——基于感知的条件分支生成规划——适用于部分可观测的、非确定性的或两者兼有的环境。对于前面给出的部分可观测刷漆问题和感知模式，一个可能的条件解如下：

$[LookAt(Table), LookAt(Chair),$

   if $Color(Table,c) \land Color(Chair,c)$ **then** $NoOp$

     else $[RemoveLid(Can_1), LookAt(Can_1), RemoveLid(Can_2), LookAt(Can_2),$

       if $Color(Table,c) \land Color(can,c)$ **then** $Paint(Chair, can)$

       else if $Color(Chair,c) \land Color(can,c)$ **then** $Paint(Table,can)$

       else $[Paint(Chair, Can_1), Paint(Table, Can_1)]]]]$

该规划中的变量应当看作是存在量化的；第二行表示，如果存在某种颜色 c 是桌子和椅子的颜色，那么智能体不需要做任何事情来达成目标。当执行该规划时，应变规划智能体可以将其信念状态维持为逻辑公式，并通过确定信念状态是否包含条件公式或其否定来评估每个分支条件。（这取决于应变规划算法，以确保智能体永远不会陷入条件公式真值未知的信念状态。）注意，在一阶逻辑条件下，满足公式的方式不止一种。例如，条件 $Color(Table,c) \land Color(can,c)$ 可能被 $\{can/Can_1\}$ 和 $\{can/Can_2\}$ 满足，如果两个罐子里的颜色都与桌子的颜色相同的话。在这种情况下，智能体可以选择任何满足的置换来应用到规划的其余部分。

如 4.4.2 节所述，在执行动作 a 并获取新感知后分两个阶段计算新的信念状态 $\hat{b}$。第一阶段计算动作后的信念状态，就像无传感器智能体一样：

$$\hat{b} = (b - \text{DEL}(a)) \bigcup \text{ADD}(a)$$

和之前一样，我们假设其中的信念状态表示为文字的合取。第二阶段则有点棘手。假设接收到感知文字 $p_1, \cdots, p_k$，有人可能会认为我们仅需把这些东西加入信念状态；事实上，我们也可以推断出感知的前提是满足的。现在，如果一个感知 p 只有一个感知模式 $Percept(p, \text{PRECOND}:c)$，其中 c 是文字的合取，这些常量可以与 p 一起加入信念状态。另外，如果 p 有多个感知模式，根据预测的信念状态 $\hat{b}$，其前提可能成立，则我们必须加入前提的析取。显然，这将使信念状态不为 1-CNF，并带来了与条件效果相同的复杂性，以及基本相似的解。

给定一种计算精确或近似信念状态的机制，我们可以对 4.4 节使用过的信念状态使用扩展的与或前向搜索来生成应变规划。具有非确定性效果的动作——通过在动作模式的 EFFECT 中使用析取式来简单地定义——可以通过稍加改动用于计算信念状态更新，且无须改变搜索算法。[①] 对于启发式函数，为无传感器规划提出的许多方法也适用于部分可观测的、非确定性的情况。

---

① 如果一个非确定性问题需要循环解，那么必须将与或搜索推广为循环版本，如 LAO* （Hansen and Zilberstein, 2001）。

11.5.3　在线规划

想象一下在汽车工厂里观察一个点焊机器人。当每辆车通过这条流水线时，机器人快速、准确的动作就会一遍又一遍地重复。尽管这个机器人在技术上令人印象深刻，但它可能看起来一点也不智能，因为它的动作是固定的、预先编程的序列。从任何意义上来看，机器都显然"不知道自己在做什么"。现在假设在机器人准备进行点焊时，一扇连接不牢的门从车上掉了下来，机器人迅速将焊接执行器替换为一个机械手，捡起车门，检查是否有划痕，将其重新安装到汽车上，然后向楼层主管发送电子邮件，切换回焊接执行器，重新开始工作。出乎意料地，机器人的行为似乎是有目的的，而不是教条的。我们假设它不是来自一个庞大的、预先计算好的应变规划，而是来自一个在线重规划过程——这意味着机器人确实需要知道它在尝试做什么。

重规划预先假设了某种**执行监控**（execution monitoring），以确定新规划的必要性。当应变规划智能体厌倦了为每一个微小的意外事件做规划时，就会产生这样的需求，例如天是否会塌下来。[1] 这意味着应变规划是不完整的。例如，部分构建的应变规划的一些分支可以只需要写出"重规划"这样的语句。如果在执行期间到达了这样的分支，智能体将返回到规划模式。正如我们前面提到的，关于需要预先求解多少问题、需要重规划多少问题的决定涉及在具有不同成本和发生概率的可能事件之间的取舍。没有人希望当车坏在撒哈拉沙漠腹地时才想到没带够水。

如果智能体的世界模型不正确，就需要重规划。一个动作的模型可能**缺失前提**（missing precondition），例如，智能体可能不知道打开油漆罐的盖子通常需要螺丝刀。模型可能会**缺失效果**（missing effect），给一个物体刷漆可能会把油漆弄到地板上。模型也可能**缺失流**（missing fluent），流完全没有出现在表示中，例如，前面给出的模型没有关于罐中油漆的量、动作如何影响油漆量或油漆量的需要不得为 0 的概念。模型还可能缺乏对**外因事件**（exogenous events）的准备，例如有人打翻了油漆罐。外因事件还可以包括目标的改变，例如增加了桌子和椅子不能被漆成黑色的要求。如果依赖于模型的绝对正确性，而没有监视和重规划的能力，智能体的行为很可能是脆弱的。

在线智能体（至少）可以选择 3 种不同的方式在规划执行中监视环境。

- **动作监视**（action monitoring）：在执行动作之前，智能体验证所有的前提仍然成立。
- **规划监视**（plan monitoring）：在执行动作之前，智能体验证剩余规划是否仍然会成功。
- **目标监视**（goal monitoring）：在执行动作之前，智能体检查是否有一组更好的目标可以尝试实现。

在图 11-12 中，我们看到了动作监视的原理图。智能体跟踪其原始规划（用整体规划标示）和规划中尚未执行的部分，（用规划标示）。在执行规划的前几个步骤之后，智能体预计进入了状态 E。但是智能体观测到自己实际上处于状态 O。因此它需要通过找到原始规划中可以返回的某个状态 P 来修复规划。（P 可能是目标状态 G）智能体试图最小化规划的总代价：修复部分（从 O 到 P）加上继续部分（从 P 到 G）。

---

[1]　1954 年，住在亚拉巴马州的霍奇斯夫人的房子被陨石砸穿了屋顶。1992 年，一块坠落在乌干达姆巴莱（Mbale）村的陨石碎片击中了一个小男孩的头部，幸运的是，香蕉叶减缓了它的下降速度（Jeniskens *et al.*,1994）。2009 年，一名德国男孩声称自己的手被豌豆大小的陨石击中。这些事件都没有造成严重的伤害，这表明对这种意外情况进行预先规划的必要性有时被夸大了。

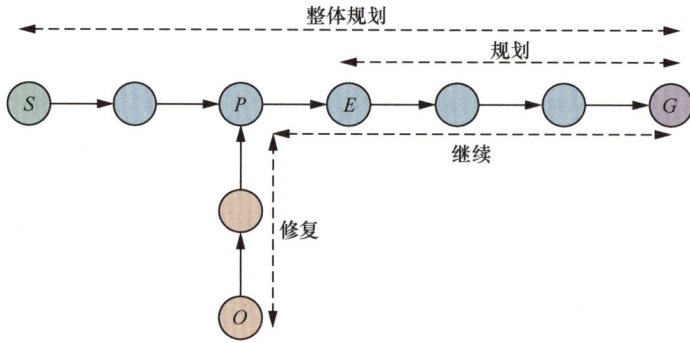

图 11-12 首先，我们希望用"整体规划"序列使智能体从 S 移动到 G。智能体执行规划的各个步骤，直到它预计处于状态 E，但观测到自己实际上处于状态 O。然后，智能体重规划最小修复，并加上继续，以到达 G

现在让我们回到实现椅子和桌子颜色匹配的示例问题。假设智能体提出了规划：

$$[LookAt(Table), LookAt(Chair),$$
$$\textbf{if } Color(Table, c) \wedge Color(Chair, c) \textbf{ then } NoOp$$
$$\textbf{else } [RemoveLid(Can_1), LookAt(Can_1),$$
$$\textbf{if } Color(Table, c) \wedge Color(Can_1, c) \textbf{ then } Paint(Chair, Can_1)$$
$$\textbf{else } \textsc{Replan}]]$$

现在智能体已经准备好执行规划。智能体观测到桌子和油漆是白色的，而椅子是黑色的。然后执行 $Paint(Chair, Can_1)$。这时，一个经典的规划器会宣告胜利，规划已经被执行。但是在线执行监视智能体需要检查动作是否成功。

假设智能体感知到椅子因为黑色油漆透了出来而呈现斑驳的灰色。然后，智能体需要找到规划中要作为目标的恢复位置和为了到达该位置要采取的修复动作序列。智能体注意到当前状态与 $Paint(Chair, Can_1)$ 动作之前的前提相同，因此智能体选择空序列进行修复，并使其规划与刚才尝试过的 $[Paint]$ 序列相同。有了这个新规划，执行监视继续进行，并且重试 $Paint$ 动作。这种行为不断循环，直到感知到椅子被完全刷好了漆。但是要注意，这个循环是由规划-执行-重规划的过程创建的，而不是由规划中的显式循环创建的。还需要注意，最初的规划并不需要涵盖所有的意外情况。如果智能体到达了标记为 $\textsc{Replan}$ 的步骤，那么它可以生成一个新的规划（可能涉及 Can_2）。

动作监视是执行监视的一种简单方法，但它有时会导致不那么智能的行为。例如，假设没有黑色或白色的油漆，智能体构建了一个规划，通过将椅子和桌子都刷成红色来求解油漆问题。假设红色油漆只够刷椅子。在动作监视下，智能体将继续将椅子漆成红色，然后才注意到油漆用完了而不能刷桌子，此时它将重规划一个修复，也许是把椅子和桌子都漆成绿色。而规划监视智能体在当前状态无法使规划继续适用时就可以检测到错误，这样它就不会浪费时间把椅子涂成红色。

规划监视通过检查使剩余规划成功的前提来实现这一点，也就是检查规划中的每个步骤的前提，除了那些需要在剩余规划中的某一步达成的前提。规划监视会尽快中断那些注定会出错的规划的执行，而不是一直固执己见直到真的出现错误。[①] 规划监视也允许**意外收获**，也就是

---

① 规划监视意味着在整整 10 章之后我们终于有了一个比粪甲虫（2.2.3 节）聪明的智能体了。规划监视智能体会注意到粪球脱手了，会重规划找一个新的粪球堵在洞口。

偶然的成功。如果在智能体把椅子涂成红色的同时，有人过来把桌子涂成红色，那么最终规划的前提就满足了（目标已经实现），智能体就可以提前回家了。

可以简单修改规划算法使得规划中的每个动作都用动作的前提标记，从而实现动作监视。使用规划监视则稍微复杂一些。偏序规划器的优势在于它已经建立了包含规划监视所需关系的结构。扩充了必要标记的状态空间规划器可以通过目标流在规划中回归时进行仔细记录来完成。

既然我们已经描述了一种监视和重规划的方法，我们需要问，"它是否有效？"这是一个非常棘手的问题。如果我们的意思是，"我们能保证智能体总是可以达成目标吗？"则答案是否定的，因为智能体可能会无意中进入一个无法修复的死胡同。例如，真空吸尘器智能体本身可能有一个错误的模型，它不知道自己的电池会没电。如果电池没电，就无法修复任何规划。如果我们排除了死胡同——假设存在一个从环境中所有状态出发都可到达目标的规划，并假设环境是相当非确定性的，也就是这样的规划在任何给定的执行尝试下总是有一些成功的机会，那么智能体将最终达成目标。

当一个看似非确定性的动作实际上并不是随机的，而是依赖于智能体所不知道的前提时，就会出现问题。例如，有时油漆罐可能是空的，所以用那罐油漆刷漆没有效果，再多的尝试也改变不了这一点。[1]一种解决方案是从一系列可能的修复规划中随机选择，而不是每次都尝试相同的方案。在这种情况下，打开另一罐油漆的修复规划可能会有效。更好的方法是**学习**一个更好的模型。每次预测失败都是一次学习的机会；一个智能体应该能够修改它的世界模型以符合其感知。之后，重规划器就可以想出一个根本性解决问题的修复方案，而不是依靠运气来选出好的修复方案。

11.6 时间、调度和资源

经典的规划讨论的是要做什么、以什么顺序，但不讨论时间：动作需要多长时间以及何时发生。例如，在机场领域，我们可以生成一份规划，说明哪些飞机要去哪里、携带什么，但不能指定起飞和到达时间。这就是**调度**（scheduling）所讨论的主题。

真实世界还存在**资源约束**（resource constraint）：航空公司的员工数量有限，一名乘务员不能同时执飞两个航班。本节介绍了资源约束下解决规划和调度问题的技术。

我们采取的方法是"先规划，后调度"：整个问题划分成在顺序约束下选择动作以达到问题目标的规划阶段，和之后为规划添加时间信息来确保它符合资源和截止时间约束的调度阶段。这种方法在真实世界的制造业和物流场景中很常见，其中规划阶段有时是自动化的，而有时由人类专家进行。

11.6.1 时间约束和资源约束的表示

典型的**作业车间调度问题**（job-shop scheduling problem）（见 6.1.2 节）由一组**作业**（job）组成，每个作业都有一组动作，这些动作之间有顺序约束。每个动作都有一个**持续时间**和一组动作所需的资源约束。约束指定资源的类型（例如螺钉、扳手或飞行员）、所需资源的数量、资源是否是**消耗型的**（例如，螺钉不可再用）或**可复用的**（例如，一个飞行员飞行期间没有空，

---

[1] 徒劳重复的修复规划正是掘土黄蜂所表现出的行为（2.2.3 节）。

但在飞行结束后再次可用）。动作也可以产生资源（例如，制造动作和再供应动作）。

作业车间调度问题的解决方案指定了每个动作的开始时间，并且必须满足所有的时间顺序约束和资源约束。与搜索和规划问题一样，解决方案可以根据代价函数进行评估，这可能非常复杂，存在非线性资源成本、依赖于时间的延迟成本等。为简单起见，我们假设成本函数就是规划的总持续时间，称为最大完工时间（makespan）。

图 11-13 展示了一个简单的例子：一个涉及两辆汽车装配的问题。该问题由两个作业组成，每个作业的形式为 [*AddEngine, AddWheels, Inspect*]。然后，*Resources* 语句声明有 4 种类型的资源，并在开始时给出每种类型可用的数量：1 个发动机吊车、1 个车轮安装站、2 个检查员和 500 个凸耳螺母。动作模式给出了每个动作的持续时间和资源需求。当车轮被装到汽车上时，凸耳螺母被消耗掉，而其他资源在动作开始时被"借来"，在动作结束时被释放。

Jobs({*AddEngine*1 < *AddWheels*1 < *Inspect*1},
　　　{*AddEngine*2 < *AddWheels*2 < *Inspect*2})

Resources(*EngineHoists*(1), *WheelStations*(1), *Inspectors*(e2), *LugNuts*(500))

Action(*AddEngine*1, Duration:30,
　　　Use:*EngineHoists*(1))
Action(*AddEngine*2, Duration:60,
　　　Use:*EngineHoists*(1))
Action(*AddWheels*1, Duration:30,
　　　Consume:*LugNuts*(20), Use:*WheelStations*(1))
Action(*AddWheels*2, Duration:15,
　　　Consume:*LugNuts*(20), Use:*WheelStations*(1))
Action(*Inspect*$_i$, Duration:10,
　　　Use:*Inspectors*(1))

图 11-13　装配两辆汽车的作业车间的调度问题，带有资源约束。符号 *A*<*B* 表示动作 *A* 必须在动作 *B* 之前

将资源表示为数值数量，如 *Inspectors*(2)，而不是有名实体，如 *Inspectors*(I_1) 和 *Inspectors*(I_2)，这是聚合（aggregation）的示例：当对象无法区分时，将单个对象分组为数量。在我们的装配问题中，由哪个质检员来检验汽车并不重要，所以没有必要做区分。聚合对于降低复杂性至关重要。考虑一下，当提出的时间表有 10 个并发的 *Inspectors* 动作，但只有 9 个质检员可用时，会发生什么。以数量表示质检员，算法就可以立即检测到错误，之后算法就可以回溯去尝试另一个调度。如果质检员表示为个体，那么在发现所有的动作都不起作用之前，算法将尝试分配质检员的所有 9! 种方式。

11.6.2　解决调度问题

我们从忽略资源约束，只考虑时间调度问题开始。为了最小化最大完工时间（规划持续时间），我们必须找到与问题提供的顺序约束一致的所有动作的最早开始时间。将这些顺序约束视为与动作相关的有向图是很有帮助的，如图 11-14 所示。我们可以将关键路径方法（critical path method，CPM）应用到这个图中，以确定每个动作可能的开始时间和结束时间。图中表示偏序规划的路径是一个以 *Start* 开始、以 *Finish* 结束的线性顺序的动作序列。（例如，图 11-14 中的偏序规划中有两条路径。）

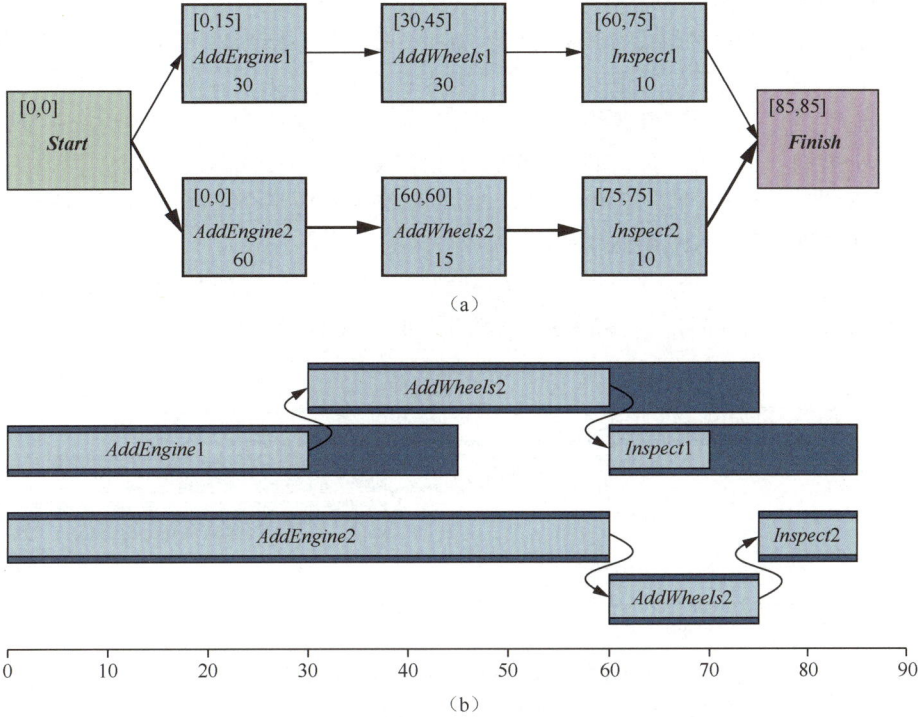

图 11-14 （a）图 11-13 中作业车间调度问题的时间约束表示。每个动作的持续时间显示于每个矩形的底部。在求解这个问题时，我们计算最早开始时间和最晚开始时间 [*ES*, *LS*]，显示在左上方。这两个数字的差是动作的松弛。零松弛的动作在关键路径上，用粗箭头显示。（b）以时间线展示的相同的解。蓝色矩形表示在遵守顺序约束的前提下执行动作的时间间隔。蓝色矩形中未被占用的部分表示松弛

关键路径是总持续时间最长的路径，这条路径是"关键的"，因为它决定了整体规划的持续时间——缩短其他路径并不会缩短整体规划，但是延迟关键路径上的任何动作的开始时间都会减慢整体规划的进度。不在关键路径上的动作有一个执行时间窗口。窗口由最早可能开始时间 *ES* 和最晚可能开始时间 *LS* 指定。*LS* − *ES* 的量称为动作的**松弛**（slack）。我们可以在图 11-14 中看到，整体规划将花费 85 分钟，顶部作业中的每个动作都有 15 分钟的松弛，关键路径上的每个动作（根据定义）都没有松弛。所有动作的 *ES* 和 *LS* 时间一起构成了问题的**调度**。

下面的公式定义了 *ES* 和 *LS*，并构成了计算它们的动态规划算法。*A* 和 *B* 都是动作，*A* ≺ *B* 表示 *A* 在 *B* 之前：

$$ES(Start) = 0$$
$$ES(B) = \max_{A \prec B} ES(A) + Duration(A)$$
$$LS(Finish) = ES(Finish)$$
$$LS(A) = \min_{B \succ A} LS(B) - Duration(A)$$

思路是首先将 *ES(Start)* 赋值为 0。然后，一旦我们得到了之前的所有动作都被赋过 *ES* 值的动作 *B*，立刻就将 *ES(B)* 设置为那些在 *B* 之前的动作中最早完成时间的最大值，其中最早完成时间定义为最早开始时间加上持续时间。这个过程重复进行，直到每个动作都被赋予 *ES* 值。*LS* 值以类似的方式，从 *Finish* 动作反向计算。

关键路径算法的复杂度仅为 O(*Nb*)，其中 *N* 为动作的数量，*b* 为进入或退出动作的最大分支

因子。（要弄懂这点，注意，每个动作 *LS* 和 *ES* 只计算一次，并且每次计算最多在 *b* 个其他动作上重复。）因此，给定动作的偏序且没有资源约束时，找出最小持续时间调度是相当容易的。

从数学上讲，关键路径问题很容易求解，因为它们被定义为在开始时间和结束时间上的线性不等式的合取。当我们引入资源约束时，在开始时间和结束时间上产生的约束将变得更加复杂。例如，在图 11-14 中同时开始的 *AddEngine* 动作需要同一个 *EngineHoist*，因此不能重叠。"不可重叠"约束是两个线性不等式的析取，每个不等式对应一个可能的顺序。析取的引入使得有资源约束的调度变为 NP 困难问题。

图 11-15 给出了最快完成时间为 115 分钟的解。这比没有资源约束的规划所需的 85 分钟长 30 分钟。注意，没有同时需要两名质检员的时间段，所以我们可以立即将其中一名质检员转到更有生产力的地方。

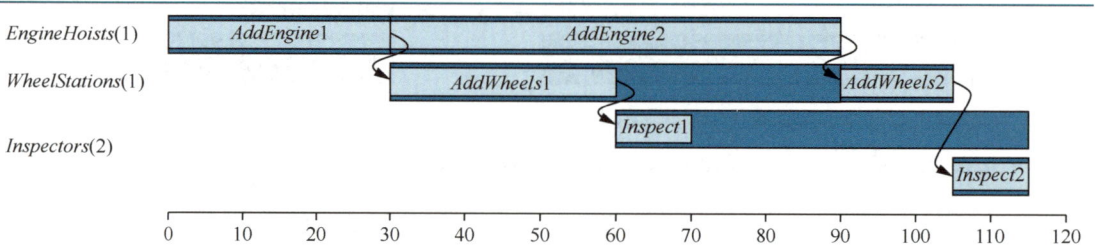

图 11-15　考虑资源约束时，图 11-13 的作业车间调度问题的解。左侧边列出了 3 个可复用的资源，动作与它们所使用的资源水平对齐。有两个可能的调度，取决于哪个装配首先使用发动机吊车；我们展示了持续时间最短的解，它需要 115 分钟

关于最优调度的研究由来已久。1963 年提出的一个具有挑战性的问题——为一个只有 10 台机器和 10 个作业（每个作业有 100 个动作）的问题找到最优调度——在 23 年的时间里没有得到解决（Lawler *et al.*, 1993）。为求解这一问题已经尝试了许多方法，包括分支定界法、模拟退火法、禁忌搜索法和约束满足法。一种流行的方法是最小松弛（minimum slack）启发式：在每次迭代中，在尚未被调度的动作中调度尽可能早开始的动作，这个动作的前驱动作均已被调度并且有最小的松弛时间，然后更新每个受影响动作的 *ES* 和 *LS* 时间并重复。这种贪婪启发式类似于约束满足中的最小剩余值（MRV）启发式。它通常在实际中表现很好，但它对于我们的装配问题给出了一个 130 分钟的解决方案，而不是图 11-15 中的 115 分钟的解决方案。

到目前为止，我们已经假设动作集和顺序约束是固定的。在这些假设下，每个调度问题都可以通过可避免所有资源冲突的不重叠序列来求解，只要每个动作本身是可行的。然而，如果一个调度问题被证明是非常困难的，那么以这种方式求解可能不是一个好主意，更好的方法是重新考虑动作和约束，也许会产生一个简单得多的调度问题。因此，通过在规划的构建过程中考虑持续时间和重叠部分来整合规划和调度是有意义的。11.2 节中的几个规划算法可以被扩展用于处理这些信息。

11.7　规划方法分析

规划结合了人工智能的两个主要领域：搜索和逻辑。一个规划器可以被看作一个搜索解的程序，或者是一个（构造性地）证明解存在的程序。这两个领域的思想相互渗透，使规划器能

够从动作和状态数量为十几个的玩具问题扩展到具有数百万状态和数千动作的实际工业应用。

规划首先是一种控制组合爆炸的方法。如果一个领域中有 n 个命题，那么就有 2^n 个状态。为应对这种悲观情况，找出独立子问题可能是一个强大的武器。最好情况下——问题完全可分解——我们得到指数级的加速。然而，动作之间的负相互作用破坏了可分解性。SATPLAN 可以编码子问题之间的逻辑关系。前向搜索通过尝试寻找能概括独立子问题的模式（命题的子集）来启发式地求解问题。由于这种方法是启发式的，即使子问题不完全独立它也有效。

遗憾的是，我们还没有清楚地了解哪种技术对哪种类型的问题最有效。新技术很可能还会出现，也许会提供一种具有高度表现力的一阶表示和层次表示的整合，并具有当今占主导地位的高效因子化表示和命题化表示。我们可以看到一些**组合**（portfolio）规划系统正在出现，它们的算法集可用来求解任意给定的问题。这既可以是选择性的（系统对每个新问题进行分类以选择最佳算法），也可以是并行的（所有算法都同时运行在不同的 CPU 上），或者根据调度轮流运行算法。

小结

本章我们描述了经典规划问题和扩展规划问题的 PDDL 表示，并提出了几种求解的算法。本章需要记住以下要点。

- 规划系统是在状态和动作的显式因子化表示下运作的求解算法。这些表示使得推导有效的领域无关的启发式和开发强大且灵活的问题求解算法成为可能。
- 规划领域定义语言 PDDL 用文字的合取描述初始状态和目标状态，用行动的前提和效果描述行动。扩展表示时间、资源、感知、应变规划和分层规划。
- 状态空间搜索可以前向（**递归**）或反向（**回归**）运行。有效的启发式可以通过子目标独立假设和规划问题的各种松弛来得到。
- 其他方法包括将规划问题编码为布尔可满足性问题或约束满足问题，以及显式地搜索偏序规划空间。
- **分层任务网络**（HTN）规划允许智能体以**高层动作**（HLA）的形式从领域设计者那里获得建议，这些高层动作可以通过低层动作序列以各种方式实现。HLA 的效果可以用**天使语义**来定义，它可以在不考虑低层实现的情况下导出可证明为正确的高层规划。HTN 方法可以创建许多实际应用所需的大规模规划。
- **应变规划**允许智能体在执行过程中感知世界，以决定遵循规划的哪个分支。在某些情况下，可以使用**无传感器规划**或**一致性规划**来构建不需要感知就能运行的规划。通过对**信念状态**空间的搜索，可以构建一致性规划和应变规划。信念状态的高效表示或计算是关键问题。
- **在线规划智能体**根据需要使用执行监视和重返出错点的修复来从意外状况中恢复，这些意外情况可能是由于非确定性动作、外因事件或错误的环境模型造成的。
- 许多动作消耗**资源**，如金钱、汽油或原料。将这些资源看作资源池中的数值而不试图去推理世界中的每枚硬币或钞票是更为方便的做法。时间是最重要的资源之一。它可以通过专门的调度算法来处理，也可以将调度与规划结合起来。
- 本章扩展了经典的规划，以囊括非确定性环境（其中的动作结果是不确定的），但它并非规划的终章。第 17 章描述了用于随机环境的技术（在这种环境中，动作的结果具有相关的概率）：马尔可夫决策过程、部分可观测的马尔可夫决策过程和博弈论。在第 22 章中，我们展示了强化学习，它允许一个智能体从过去的成功和失败中学习如何行动。

参考文献与历史注释

人工智能规划起源于对状态空间搜索、定理证明和控制理论的研究。STRIPES（Fikes and Nilsson, 1971, 1993），是第一个主要的规划系统，是为 SRI 的 Shakey 机器人设计的规划器。该程序的第一个版本运行在一台只有 192 KB 内存的计算机上。它的总体控制结构以 GPS 为模型，即通用问题求解器（Newell and Simon, 1961），这是一个使用目标−手段分析的状态空间搜索系统。

STRIPS 表示语言演变为动作描述语言（Action Description Language，ADL）（Pednault, 1986），然后是问题域描述语言（Problem Domain Description Language，PDDL）（Ghallab et al., 1998），它自 1998 年起就被用于国际规划竞赛（International Planning Competition）。其最新版本是 PDDL 3.1（Kovacs, 2011）。

在 20 世纪 70 年代早期，规划器通过计算每个子目标的子规划来分解问题，然后按照某种顺序将子规划串在一起。这种方法被萨切尔多蒂（Sacerdoti, 1975）称为线性规划，很快它就被发现是不完备的。它不能解决一些非常简单的问题，如艾伦·布朗（Allen Brown）在实验 HACKER 系统时发现的萨斯曼异常（见习题 11.SUSS）（Sussman, 1975）。一个完备的规划器必须允许来自单个序列中的不同子规划的**交替**动作。沃伦（Warren, 1974）的 WARPLAN 系统实现了这一点，并演示了逻辑编程语言 Prolog 如何生成简洁的程序。WARPLAN 的代码只有 100 行。

偏序规划主导了接下来 20 年的研究，理论工作阐述了冲突检测（Tate, 1975a）和已达成条件的保护（Sussman, 1975），其实现包括 NOAH（Sacerdoti, 1977）和 NONLIN（Tate, 1977）。这就引出了允许对各种算法和规划问题进行理论分析的形式化模型（Chapman, 1987; McAllester and Rosenblitt, 1991），并且促成了被广泛使用的分布式系统 UCPOP（Penberthy and Weld, 1992）。

德鲁·麦克德莫特（Drew McDermott）怀疑对偏序规划的强调排挤了其他技术。现在计算机的内存是 Shakey 时代的 100 倍，这些技术也许应该被重新考虑。他的 UNPOP（McDermott, 1996）是一个使用忽略删除列表启发式方法的状态空间规划程序。启发式搜索规划器 HSP（Bonet and Geffner, 1999; Haslum, 2006）使状态空间搜索能实用于大型规划问题。FF，即快速前向规划器（Hoffmann, 2001; Hoffmann and Nebel, 2001; Hoffmann, 2005）和其变体 FASTDOWNWARD（Helmert, 2006）在 21 世纪 00 年代赢得了国际规划竞赛。

双向搜索（见 3.4.5 节）被认为受制于缺乏启发式，但通过使用反向搜索在目标周围创建一个围栏（perimeter），然后提出一个启发式方法向围栏前向搜索的尝试已经取得了一些成功（Torralba et al., 2016）。SYMBA* 双向搜索规划器（Torralba et al., 2016）赢得了 2016 年的国际规划竞赛。

研究人员转向 PDDL 和规划范式，以便能够使用领域无关的启发式方法。霍夫曼（Hoffmann, 2005）分析了忽略删除列表启发式方法的搜索空间。埃德坎普（Edelkamp, 2009）和哈斯卢姆等人（Haslum et al., 2007）阐述了如何为规划启发式方法构建模式数据库。滑块问题可以被认为是一个规划领域。费尔纳等人（Felner et al., 2004）将模式数据库应用到滑块拼图，显示出了令人振奋的结果，但霍夫曼等人（Hoffmann et al., 2006）证明了它在经典规划问题抽象上的一些局限性。林塔宁（Rintanen, 2012）讨论了用于 SAT 求解的规划特定变量选取启发式方法。

黑尔默特等人（Helmert et al., 2011）阐述了快速向下石头汤（FDSS）系统。这是一个组合规划器，就像石头汤的寓言[①]一样，邀请我们加入尽可能多的规划算法。该系统维护一组训练问题，并为每个问题和每个算法记录运行时间和产生的解规划的代价。然后，当遇到一个新问题时，它使用过去的经验来决定尝试哪种或哪些算法、在什么时间限制下，并采取代价最小的解决方案。FDSS 赢得了 2018 年国际规划竞赛（Seipp and Röger, 2018）。赛普等人（Seipp et al., 2015）描述了一种机器学习方法对给定新问题自动学习一个好的算法组合。瓦拉蒂等人（Vallati et al., 2015）对组合规划进行了概述。对组合搜索问题应用的算法组合思想可以追溯到（Gomes and Selman, 2001）。

西斯特拉和戈德弗罗伊德（Sistla and Godefroid, 2004）阐述了对称约简，戈德弗罗伊德（Godefroid, 1990）阐述了偏序启发式。里克特和黑尔默特（Richter and Helmert, 2009）证明了使用优先动作进行前向剪枝增加的效率。

布卢姆和弗斯特（Blum and Furst, 1997）用他们的 Graphplan 系统重振了规划领域，它比当时的偏序规划快了几个数量级。布赖斯和坎班帕蒂（Bryce and Kambhampati, 2007）给出了规划图的概述。情景演算在规划中的应用由约翰·麦卡锡（McCarthy, 1963）提出，并由雷·赖特（Ray Reiter）（Reiter, 2001）加以改进。

考茨等人（Kautz et al., 1996）研究了各种命题化动作模式的方法，发现最简练的形式不一定能带来最快的求解时间。厄恩斯特等人（Ernst et al., 1997）进行了系统性分析，他们还开发了一个自动"编译器"，可以从 PDDL 问题中生成命题表示。Blackbox 规划器结合了 Graphplan 和 SatPlan 的思想，由考茨和塞尔曼（Kautz and Selman, 1998）开发。基于约束满足的规划器包括 CPlan（van Beek and Chen, 1999）和 GP-CSP（Do and Kambhampati, 2003）。

也有人对将规划表示为二元决策图（binary decision diagram，BDD）感兴趣，BDD 是硬件验证社区广泛研究的用于布尔表达式的紧凑数据结构（Clarke and Grumberg, 1987; mcMillian, 1993）。有一些技术可以证明二元决策图的性质，包括作为规划问题的解的性质。奇马蒂等人（Cimatti et al., 1998）提出了一个基于这种方法的规划器。其他的表示也得到使用，如整数规划（Vossen et al., 2001）。

多种不同的规划方法之间有一些有趣的比较。黑尔默特（Helmert, 2001）分析了几类规划问题，并表明基于约束的方法，如 Graphplan 和 SatPlan 最适合 NP 困难领域，而基于搜索的方法在无须回溯就能找到可行解的领域表现更好。Graphplan 和 SatPlan 在包含许多对象的领域中面临问题，因为这意味着它们必须创建许多动作。在某些情况下，问题可以通过动态地生成命题化的动作来回避或延后，只在需要时才进行处理，而非在搜索开始之前就将它们全部实例化。

分层规划的第一个机制是 Strips 程序中用于学习宏操作符（macrops，即 macro-operators，由一系列基元步骤组成）的功能（Fikes et al., 1972）。Abstrip 系统（Sacerdoti, 1974）引入了抽象层次的概念，它在较高层次上进行规划并允许忽略较底层动作的前提，以推导出有效规划的一般结构。奥斯汀·泰特的博士论文（Austin Tate, 1975b）和厄尔·萨切尔多蒂（Sacerdoti, 1977）的著作发展了 HTN 规划的基本思想。埃罗尔、亨德勒和瑙（Erol, Hendler, and Nau, 1994, 1996）提出了一个完备的层次分解规划器以及一系列关于纯 HTN 规划器复杂性的结果。我们对 HLA 和天使语义的阐述来源于（Marthi et al., 2007, 2008）。

[①] "石头汤"是西方的一则寓言故事。传说两个身无分文的旅行者将一口大锅放在村子里，但村民不愿分享食物。二人便将石头扔进锅中煮。村民好奇询问，这两人便说这是石头汤，非常营养美味，只是缺一些盐。这位村民便将盐放入锅中。稍后又有村民询问，二人如法炮制，要来了村民的胡萝卜。如此反复，食材被不断加入锅中，最后捞出石头，煮成了一锅真正的汤。最后，旅行者与村民共同分享了这锅汤。——译者注

分层规划的目标之一是以一般化的规划的形式复用以前的规划经验。**基于解释的学习技术**已被用在诸如 Soar（Laird *et al.*, 1986）和 Prodigy（Carbonell *et al.*, 1989）等系统中，作为在系统中一般化以前计算过的规划的一种方法。另一种方法是将以前计算过的规划以其原始形式存储起来，然后以类比原问题的方式复用它们来解决新的类似问题。这是称为**基于案例规划**（case-based planning）领域采用的方法（Carbonell, 1983; Alterman, 1988）。坎班帕蒂（Kambhampati, 1994）认为，基于案例的规划应该作为一种细化规划来进行分析，并为基于案例的偏序规划提供了形式化的基础。

早期的规划器缺乏条件和循环，但其中一些规划器可以使用强制来形成一致性规划。萨切尔多蒂（Sacerdoti）的 Noah 用强制解决了"钥匙和盒子"问题（规划器对初始状态知之甚少）。梅森（Mason, 1993）认为，在机器人规划中，感知往往可以而且应该被取消，并描述了一种无传感器规划，它可以通过一系列倾斜动作将工具移动到工作台的特定位置，不论初始位置为何。

戈德曼和博迪（Goldman and Boddy, 1996）引入了**一致性规划**这个术语，指出即使智能体有传感器，无传感器规划通常也是有效的。第一个较有效率的一致性规划器是史密斯和韦尔德（Smith and Weld, 1998）的一致性图规划（CGP）。费拉里斯和朱奇利亚（Ferraris and Giunchiglia, 2000）以及林塔宁（Rintanen, 1999）分别独立发展了基于 SATPLAN 的一致性规划器。博内特和格夫纳（Bonet and Geffner, 2000）描述了一个在信念状态空间中的基于启发式搜索的一致性规划，利用了 20 世纪 60 年代首先发展出的部分可观测马尔可夫决策过程（POMDP）的思想（见第 17 章）。

目前，一致性规划主要有 3 种方法。前两种方法在信念状态空间中使用启发式搜索：HSCP（Bertoli *et al.*, 2001a）使用二元决策图（BDD）来表示信念状态，而霍夫曼和布拉夫曼（Hoffmann and Brafman, 2006）采用了懒惰方法，用 SAT 求解器按需计算前提和目标测试。

第三种方法主要由尤西·林塔宁（Jussi Rintanen）（Rintanen, 2007）提出，将整个无传感器规划问题形式化为量化布尔公式（quantified Boolean formula，QBF），并使用通用的 QBF 求解器来求解。目前一致性规划器比 CGP 快 5 个数量级。2006 年的国际规划竞赛中一致性规划领域的获胜者是 T_0（Palacios and Geffner, 2007），它在信念状态空间中使用了启发式搜索，同时通过定义涵盖条件效果的衍生文字来简化信念状态表示。布赖斯和坎班帕蒂（Bryce and Kambhampati, 2007）讨论了如何将规划图推广，为一致性规划和应变规划生成良好的启发式。

本章描述的应变规划方法基于霍夫曼和布拉夫曼（Hoffmann and Brafman, 2005），并受到希门尼斯和托拉斯（Jimenez and Torras, 2000）以及汉森和齐尔伯施泰因（Hansen and Zilberstein, 2001）发展出的循环与或图的高效搜索算法的影响。在德鲁·麦克德莫特的著名的文章"Planning and Acting"（McDermott, 1978a）发表后，应变规划问题得到了更多的关注。贝尔托利等人（Bertoli *et al.*, 2001b）描述了 MBP（基于模型的规划器），它使用二元决策图来完成一致性规划和与应变规划。有些作者使用"条件规划"和"应变规划"作为同义词，另一些人则认为"条件"是指具有非确定性效果的动作，而"应变"是指利用感知来克服部分可观测性。

抚今追昔，现在我们可以看到主要的经典规划算法如何拓展为用于不确定领域的版本。在状态空间进行快进启发式搜索发展为信念空间中的前向搜索（Bonet and Geffner, 2000; Hoffmann and Brafman, 2005），SATPLAN 发展为随机 SATPLAN（Majercik and Littman, 2003）和量化布尔逻辑规划（Rintanen, 2007），偏序规划发展为 UWL（Etzioni *et al.*, 1992）和 CNLP（Peot and Smith, 1992），Graphplan 则发展为感知 Graphplan，或称 SGP（Weld *et al.*, 1998）。

　　第一个带有执行监视的在线规划器是 PLANEX（Fikes *et al.*, 1972），它与 STRIPS 规划器一起控制机器人 Shakey。SIPE（交互式规划和执行监视系统）（Wilkins, 1988）是第一个系统地处理重规划问题的规划器。它已经在几个领域的示范项目中使用，包括在一艘航空母舰的飞行甲板上的运行规划、一个澳大利亚啤酒厂的作业车间调度和规划建造多层建筑（Kartam and Levitt, 1990）。

　　在 20 世纪 80 年代中期，对规划系统缓慢运行时间的悲观主义引发了被称为反应式规划（reactive planning）系统的反射型智能体的提出（Brooks, 1986; Agre and Chapman, 1987）。"通用规划"（Schoppers, 1989）是为反应式规划而发展出的查表方法，但结果是重新发现了在马可夫决策过程中长期使用的**策略**概念（见第 17 章）。凯尼格（Koenig, 2001）调研了在线搜索技术，称其为智能体中心搜索。

　　DEVISER（Vere, 1983）率先解决了有时间约束的规划。在 FORBIN 系统中，艾伦（Allen, 1984）和迪安等人（Dean *et al.*, 1990）解决了规划中的时间表示问题。NONLIN+（Tate and Whiter, 1984）和 SIPE（Wilkins, 1990）可以对将有限的资源分配到各个规划步骤进行推断。O-PLAN（Bell and Tate, 1985）已被应用于资源问题，如 Price Waterhouse 的软件采购规划和捷豹汽车的后轴装配规划。

　　SAPA（Do and Kambhampati, 2001）和 T4（Haslum and Geffner, 2001）这两个规划器都使用前向状态空间搜索和精妙的启发式来处理具有持续时间和资源的动作。另一种方法是使用表达能力很强的动作语言，但通过人类编写的、领域特定的启发式来指导它们，就像 ASPEN（Fukunaga *et al.*, 1997）、HSTS（Jonsson *et al.*, 2000）和 IxTeT（Ghallab and Laruelle, 1994）所做的那样。

　　许多混合规划和调度的系统已经被推广使用：Isis（Fox *et al.*, 1982; Fox, 1990）已经在西屋电气公司用于车间作业调度，GARI（Descotte and Latombe, 1985）规划了机械零件的加工和制造，FORBIN 被用于工厂控制，NONLIN+ 则被用于海军后勤规划。我们选择将规划和调度作为两个独立的问题，库欣等人（Cushing *et al.*, 2007）证明这会导致在某些问题上的不完备性。

　　航空航天的调度有着悠久的历史。T-SCHED（Drabble, 1990）被用来为 UOAST–II 卫星调度任务指令序列。欧洲航天局的 OPTIMUM-AIV（Aarup *et al.*, 1994）和 PLAN-ERS1（Fuchs *et al.*, 1990）都是基于 O-PLAN 的，分别用于航天器组装和观测规划。SPIKE（Johnston and Adorf, 1992）用于 NASA 的哈勃太空望远镜的观测规划，而航天飞机地面处理调度系统（Deale *et al.*, 1994）则用于多达 1.6 万个轮班的工作车间调度。远程智能体（Muscettola *et al.*, 1998）成为第一个控制航天器的自主规划调度程序，它于 1999 年随深空一号探测器飞行。空间应用推动了资源分配算法的发展，见（Laborie, 2003）和（Muscettola, 2002）。关于调度的文献可见于经典的综述文章（Lawler *et al.*, 1993）、著作（Pinedo, 2008）和编著手册（Blazewicz *et al.*, 2007）中。

　　一些作者分析了规划的计算复杂性（Bylander, 1994; Ghallab *et al.*, 2004; Rintanen, 2016）。有两个主要的任务：**PlanSAT** 是一个问题，即是否存在能解决规划问题的规划。**有界 PlanSAT** 则提出是否存在长度小于等于 k 的解的问题，它可以用来找出最优规划。两者对于经典规划都是可判定的（因为状态的数量是有限的）。但如果我们在语言中加入函数符号，那么状态的数目就会变得无限多，而 PlanSAT 就会变成仅为半可判定的。对于命题化的问题，两者都属于复杂性类 PSPACE，它比 NP 更大（因此也更困难），指的是问题可以用一个有多项式空间的确定性图灵机来解决。这些理论结果令人沮丧，但在实际中，我们想要解决的问题往往并不是那么糟糕。经典规划形式体系的真正优势在于，它促进了非常精确的领域无关的启发式的发展；其他的方法则没有这样有效。

Readings in Planning（Allen *et al.*, 1990）是规划领域早期著作的综合选集。韦尔德（Weld, 1994, 1999）提供了两篇关于 20 世纪 90 年代规划算法的出色的综述。看到这两篇综述在 5 年内发生的变化很有意思：第一篇综述集中于偏序规划，而第二篇综述调查介绍了 Graphplan 和 SATPLAN。*Automated Planning and Acting*（Ghallab *et al.*, 2016）是一本关于规划领域各方面的优秀教科书。拉瓦列（LaValle）的著作 *Planning Algorithm*（LaValle, 2006）涵盖了经典规划和随机规划，大量阐述了机器人运动规划。

自人工智能诞生以来，规划研究一直是人工智能的核心，有关规划的论文是主流人工智能期刊和会议的主要内容。还有一些专门会议，如国际自动规划和调度会议（International Conference on Automated Planning and Scheduling，ICAPS）和空间规划和调度国际研讨会（International Workshop on Planning and Scheduling for Space）。

第四部分

不确定知识和
不确定推理

第12章

不确定性的量化

在本章中，我们将看到智能体如何利用数值信念度来控制不确定性。

12.1 不确定性下的动作

由于部分可观测性、非确定性和对抗者的存在，真实世界中的智能体需要处理**不确定性**（uncertainty）。智能体可能永远都无法确切地知道它现在所处的状态，也无法知道一系列动作之后结束的位置。

我们已经看到问题求解与逻辑智能体通过追踪**信念状态**（belief state）——所有它可能处于的世界状态的集合的表示——和生成应变规划（处理在执行期间传感器报告的每种可能的意外情况）来处理不确定性。这种方法适用于简单问题，它有如下缺点。

- 无论可能性多么低，智能体都必须考虑传感器观测到的每种可能解释。这导致信念状态中可能存有大量不太可能发生的情况，进而导致信念状态非常庞大。
- 一个要处理每种情况的恰当的应变规划必须考虑任何不太可能的情况，因此最终可能变得任意大。
- 有时，可以保证达成目标的规划可能并不存在，但智能体必须行动。因此智能体必须有某种方式比较这些规划的优劣。

例如，假定一辆自动驾驶出租车的目标是将乘客按时送到机场。该出租车制订了一个规划 A_{90}：在飞机起飞前 90 分钟出门，以合理的速度驶向机场。但即使距离机场仅 8 公里，逻辑智能体也不能完全确定地得出"A_{90} 规划能将我们及时送到机场"的结论。相反，这会得出某些较弱的结论：只要汽车不抛锚，没有被卷入交通事故，道路没有封闭，没有陨石砸中汽车等，A_{90} 规划就能将我们及时送到机场。这些条件都是不确定的，所以我们无法推断规划能否成功。这是逻辑**资格问题**（见 7.7.1 节），到目前为止我们还没有发现这一问题真正的解决方案。

尽管如此，从某种意义上说，A_{90} 仍是正确的选择。这是什么意思呢？正如我们在第 2 章中讨论的那样，这里所说正确选择的含义是，在所有可执行的规划中，A_{90} 被期望能够最大化智能体的性能度量（这里的期望与智能体对环境的知识有关）。性能度量包括及时到达机场并赶上飞机、避免在机场漫长而徒劳的等待、避免路上的超速罚单。智能体的知识不能保证 A_{90} 取得这些结果，但可以为取得这些结果提供一定程度的信念。A_{180} 等其他规划可能会增加智能体对准时到达机场的信念，但它们同时也会增加漫长而无聊的等待的可能性。因此，正确的动作——**理性决策**（rational decision），既依赖各种目标的相对重要性，也依赖它们实现的可能性和程度。本节的其余部分将细化这些思想，为本章及后续章节中介绍的不确定推理和理性决策的一般理论做准备。

12.1.1　不确定性概述

让我们考虑一个不确定推理的例子：诊断一名牙科病人的牙痛（toothache）。无论是医疗、汽车修理，还是其他领域的诊断，几乎总是涉及不确定性。让我们尝试用命题逻辑为牙科诊断写一些规则，以便查看逻辑方法是如何失效的。考虑下面的简单规则：

$$Toothache \Rightarrow Cavity$$

显然，这条规则是错的。不是所有牙痛患者的病因都是蛀牙（cavity）；也可能是因为牙龈炎（gum disease）、脓肿（abscess）或其他问题：

$$Toothache \Rightarrow Cavity \lor GumProblem \lor Abscess \cdots$$

遗憾的是，为了使这条规则正确，我们必须给出一个几乎无限长的可能问题的列表。我们可以把这条规则转换成一条因果规则：

$$Cavity \Rightarrow Toothache$$

但这条规则也不正确，并非所有蛀牙都会引起牙痛。修正这条规则的唯一方式是在逻辑上穷举：在规则的左边加上蛀牙引发牙痛的所有所需条件。因此，试图用逻辑去处理医疗诊断这样的领域的问题是失败的，主要有 3 个原因。

- **惰性**（laziness）：为确保规则没有例外情况，所需列出的完整前提和结论的工作量太大，并且这样的规则也难以使用。
- **理论无知**（theoretical ignorance）：医学在这个领域没有完备的理论。
- **实践无知**（practical ignorance）：即使我们知道所有的规则，对于特定的病人，我们可能也无法得到确定的结论，因为不是所有需要的检测都已经完成或者能够被完成。

牙痛和蛀牙之间的联系在任一方向都不是一个严格的逻辑结论。这是在医学领域的典型情况，法律、商业、设计、汽车修理、园艺、年代推断等大多数其他判断领域也是如此。智能体的知识至多只能提供对相关语句的**信念度**（degree of belief）。我们处理信念度的主要工具是**概率论**（probability theory）。用 8.1 节中的术语来说，逻辑和概率论的**本体论承诺**是相同的——世界是由在特定情况下成立或不成立的事实构成的，但是**认识论承诺**是不同的——逻辑智能体相信每个命题或对或错或不做评价，而概率智能体有着 0（语句必定为假）和 1（语句必定为真）之间的数值信念度。

概率论提供了一种概括因我们的惰性与无知而产生的不确定性的方式，从而解决了资格问题。我们可能不能确定是什么病因在折磨着某个病人，但我们可以认为，以 80% 的机会，即 0.8 的概率，该牙痛患者存在蛀牙。也就是说，我们预计在所有和我们当前所知的情况无法区分的情况中，80% 的病人有蛀牙。这种信念可以从统计数据中得到——到目前为止 80% 的牙痛病人有蛀牙——也可以从一些一般性的牙科知识或从不同来源的证据的整合中得到。

令人困惑的是，在我们诊断的时候，真实世界中并没有不确定性：病人或是有蛀牙或是没有。所以蛀牙的概率是 0.8 是什么意思呢？难道不应该是非 0 即 1 吗？这个问题的答案是，概率陈述是根据知识状态而不是根据真实世界做出的。一开始，我们可以说："假如病人牙痛，她有蛀牙的概率是 0.8。"如果我们在后续过程中得知病人有牙龈炎史，我们可以做出不同的陈述："假如病人牙痛并且有牙龈炎史，她有蛀牙的概率是 0.4。"如果我们得到了进一步不支持蛀牙的确凿证据，我们可以说："根据我们所掌握的知识，病人有蛀牙的概率几乎是 0。"注意，这些陈述并不相互矛盾，它们是关于不同知识状态的单独断言。

12.1.2　不确定性与理性决策

让我们再次考虑前往机场的规划 A_{90}。假设它给了我们 97% 的机会赶上飞机，这意味着它是一个理性的选择吗？未必，可能其他规划有着更高的概率，例如 A_{180}。如果赶上飞机至关重要，那么冒着在机场等待更久的风险是值得的。那 A_{1440}，一个提前 24 小时离家的规划呢？在大多数情况下，这并不是一个好的选择，因为它尽管几乎保证了准时到达机场，但等待 24 小时实在是难以忍受——更不用说机场食物可能又贵又难吃。

为了做出这样的选择，智能体必须首先在各种规划的不同可能结果（outcome）中有所偏好（preference）。结果是一个完全指定的状态，包括智能体是否按时到达和在机场等候的时间等因素。我们使用效用理论（utility theory）来表示偏好，并用它们进行定量推理。（这里 utility 是“有用的量”的意思，而非电力公司或者自来水厂等公共事业。）效用理论认为每个状态（或者状态序列）对智能体有一定程度的有用性，也就是效用，智能体偏好效用更高的状态。

状态的效用是相对于智能体来说的。例如，在国际象棋游戏中，白棋将死黑棋的状态对执白棋的智能体的效用明显更高，但是对于执黑棋的智能体效用较低。但我们不能严格地按照国际象棋锦标赛规定的 1、1/2 和 0 分给效用赋值——一些棋手（包括本书作者）可能因与世界冠军平局而激动，而其他棋手（包括前世界冠军）可能并不会。口味和偏好是无法解释的：你可能认为一个偏好墨西哥胡椒泡泡糖冰激凌而非巧克力碎的智能体是古怪的，但我们不能说它是不理性的。效用函数可以解释任意偏好集合——奇特或典型、高贵或任性。注意，只要将他人的福利看作一个因素，效用就可以解释利他主义。

在被称为决策论（decision theory）的理性决策的通用理论中，由效用表示的偏好与概率相结合：

$$决策论 = 概率论 + 效用理论$$

决策论的基本思想是，智能体是理性的当且仅当它选择平均所有可能结果后生成最高期望效用的动作。这被称为最大期望效用（maximum expected utility，MEU）原则。这里“期望”指使用结果的概率进行加权得到的结果效用的“平均”或者“统计平均”。我们在第 5 章中简略介绍过的西洋双陆棋的最优决策就是一个采用这一原则的具体例子。事实上，这是单智能体决策的一个完全通用的原则。

图 12-1 概述了使用决策论来选择动作的智能体的结构。在抽象的层面上，这个智能体与在第 4 章和第 7 章中描述的维持反映迄今为止的感知历史的信念状态的智能体是相同的。主要的区别是决策论智能体的信念状态不仅表示世界状态的可能性，还表示了它们的概率。在给定信念状态和对动作结果的一些知识的情况下，智能体可以对动作结果进行概率预测，进而选择具有最高期望效用的动作。

---

function DT-AGENT(*percept*) **returns** an *action*
　　persistent: *belief_state*, 关于当前世界状态的概率信念
　　　　　　 action, 智能体的动作

　　基于 *action* 与 *percept* 更新 *belief_state*
　　给定动作描述与当前 *belief_state*，计算动作的结果概率
　　给定结果的概率与效用信息，选择拥有最高期望效用的 *action*
　　return *action*

图 12-1　选择理性动作的决策论智能体

本章和第 13 章主要关注概率信息的表示与计算。第 14 章将讨论随着时间的推移表示和更新信念状态以及预测结果的方法。第 15 章将探讨将概率论与富有表达能力的形式语言（如一阶逻辑和通用编程语言）相结合的方法。第 16 章将更深入地介绍效用理论，第 17 章将详尽阐述随机环境下规划动作序列的算法。第 18 章将涵盖这些想法在多智能体环境下的扩展。

12.2 基本概率记号

为了让智能体能够表示和使用概率信息，我们需要一种形式语言。概率论语言实际上是非形式化的，它是由一些人类数学家写给另一些人类数学家的语言。附录 A 简单介绍了概率论的基本内容；这里我们采用了一种更适合人工智能需求的方式，并把它和形式逻辑的概念相联系。

12.2.1 概率是关于什么的

像逻辑断言一样，概率断言是关于可能世界的断言。逻辑断言讨论的是哪些可能世界被严格排除在外（所有那些逻辑断言为假的世界），而概率断言讨论的是各种世界的可能性有多大。在概率论中，所有可能世界的集合称为样本空间。这些可能世界是互斥的和穷举的——两个可能世界不能相同，每个可能世界都应考虑在内。例如，如果我们掷两个（可区分的）骰子，一共需要考虑 36 个可能世界：(1, 1)、(1, 2)……(6, 6)。希腊字母 Ω（大写 omega）用来表示样本空间，ω（小写 omega）用来表示空间中的元素，即特定的可能世界。

一个完全指定的概率模型为每个可能世界赋予一个数值概率 $P(\omega)$。[①] 概率论基本公理规定每个可能世界具有一个 0 到 1 之间的概率，并且样本空间中的可能世界的总概率为 1：

$$\text{对任一 } \omega, \ 0 \leqslant P(\omega) \leqslant 1 \text{ 且 } \sum_{\omega \in \Omega} P(\omega) = 1 \tag{12-1}$$

例如，如果我们假设每个骰子是公平的且骰子间不会相互干扰，则每个可能世界 (1, 1)、(1, 2)……(6, 6) 的概率是 1/36。如果骰子是非公平的，则一些世界拥有更高的概率，一些世界的概率更低，但它们的和仍然为 1。

概率断言和查询往往不是关于某个特定可能世界的，而是关于它们的集合的。例如，我们可能询问两个骰子点数之和等于 11 的概率、点数相同的概率等。在概率论中，这些集合被称为事件——此处的"事件"与在第 10 章中被广泛使用的"事件"在概念上是不同的。在逻辑学中，一组世界的集合对应形式语言中的一个命题（proposition）；具体来说，对于每个命题，对应的集合只包含该命题成立的可能世界。（因此，"事件"和"命题"在这个背景下意思大体相同，只不过命题是用形式语言表达的。）命题的概率被定义为使它成立的世界的概率之和：

$$\text{对任意命题 } \phi, \ P(\phi) = \sum_{\omega \in \phi} P(\omega) \tag{12-2}$$

例如，当掷公平的骰子时，我们有 $P(Total = 11) = P((5, 6)) + P((6, 5)) = 1/36 + 1/36 = 1/18$。注意，概率论并不要求我们知道每个可能世界的概率的完整知识。例如，如果我们相信骰子合谋产生相同的数字，我们可能会断言 $P(doubles) = 1/4$，而无须知道它们倾向于产生两个 6 还是两个 2。就像逻辑断言一样，这个断言在没有完全确定底层概率模型的情况下对其做出了约束。

---

① 现在我们假设一个离散可数的世界集合。对连续情况的适当处理会带来一些复杂的问题，这些问题与人工智能的大部分用途都不太相关。

像 $P(Total = 11)$ 和 $P(doubles)$ 这样的概率被称为**无条件概率**（unconditional probability）或者**先验概率**（prior probability，在英文中有时简写成 priors）；它们指无任何其他信息下命题的信念度。但大多数情况下，我们会有一些已经透露的信息，通常称为**证据**（evidence）。例如，第一个骰子结果已经是 5 时，我们在屏息等待另一个骰子停下来。在这种情况下，我们感兴趣的不是两个骰子点数相同的无条件概率，而是给定第一个骰子是 5 的前提下两个骰子点数相同的**条件概率**（conditional probability）或者**后验概率**（posterior probability，在英文中有时简写成 posteriors）。这个概率写作 $P(doubles \mid Die_1 = 5)$，这里"|"读作"给定"。①

相似地，如果要去牙医那里做定期检查，则先验概率 $P(cavity) = 0.2$ 可能是医生感兴趣的；如果是因为牙痛而去牙医那里，条件概率 $P(cavity \mid toothache) = 0.6$ 则更重要。

理解在观测到牙痛后 $P(cavity) = 0.2$ 仍然有效是很重要的；只不过它不是特别有用。在做决策时，智能体需要依据所有已经观测到的证据。理解条件蕴涵和逻辑蕴涵的区别也很重要。断言 $P(cavity \mid toothache) = 0.6$ 并不意味着"只要牙痛为真，则蛀牙为真的概率是 0.6"，而是意味着"只要牙痛为真，而且我们没有进一步的信息，则蛀牙为真的概率是 0.6"。额外的条件很重要；例如，如果我们有进一步的信息——牙医没有发现蛀牙，我们肯定不会得出蛀牙为真的概率是 0.6，这时反而需要使用 $P(cavity \mid toothache \wedge \neg cavity) = 0$。

在数学上，条件概率是利用如下无条件概率定义的：对任意命题 a 和 b，

$$P(a \mid b) = \frac{P(a \wedge b)}{P(b)} \qquad (12\text{-}3)$$

当 $P(b) > 0$ 时成立。例如：

$$P(doubles \mid Die_1 = 5) = \frac{P(doubles \wedge Die_1 = 5)}{P(Die_1 = 5)}$$

如果记住"观测到 b 排除了所有其他 b 为假的可能世界，只留下总概率为 $P(b)$ 的集合"，那么这个定义是很容易理解的。这个集合中，a 为真的世界必须满足 $a \wedge b$ 且在集合中所占的比例为 $P(a \wedge b) / P(b)$。

条件概率的定义，式（12-3）可以写成**乘积法则**（product rule）形式：

$$P(a \wedge b) = P(a \mid b)P(b) \qquad (12\text{-}4)$$

乘积法则或许更容易记忆：为了 a 和 b 都为真，我们需要 b 为真，也需要在给定 b 的前提下 a 也为真。

12.2.2   概率断言中的命题语言

在本章和第 13 章中，描述可能世界集合的命题通常使用结合了命题逻辑元素和约束满足记号的记号来表示。在 2.4.7 节的术语中，这是**因子化表示**（factored representation），其中可能世界由"变量/值"对的集合来表示。如第 15 章所示，一种更富表达能力的**结构化表示**（structured representation）也是可能的。

概率论中的变量被称为**随机变量**（random variable），它们的名字首字母大写。因此，在掷骰子的例子中，$Total$ 和 Die_1 是随机变量。每个随机变量是从可能世界的定义域 Ω 映射到**值域**（range）——可能的值的集合——的函数。两个骰子的 $Total$ 的值域是集合 $\{2, \cdots, 12\}$，Die_1 的值域是 $\{1, \cdots, 6\}$。值的名字总是小写的，我们用 $\sum P(X = x)$ 表示 X 所有可能的值的概率之和。

---

① 注意，"|"的优先级是：任何 $P(\cdots|\cdots)$ 形式的表达式总是指 $P((\cdots)|(\cdots))$。

布尔随机变量的值域是 {true, false}。例如，两个骰子点数相同的命题可以写作 *Doubles* = true。[布尔变量的另一种值域是集合 {0, 1}，这种情况下变量被称为具有伯努利（Bernoulli）分布]。按照惯例，*A* = true 形式的命题简写成 *a*，*A* = false 简写成 ¬*a*。（12.2.1 节中 *doubles*、*cavity* 和 *toothache* 使用的都是这种形式的缩写）。

值域可以是任何符号的集合。我们可以把 *Age* 的值域设为集合 {juvenile, teen, adult}，*Weather* 的值域可能是 {sun, rain, cloud, snow}。在没有歧义的情况下，通常使用值本身表示一个特定随机变量取该值的命题。因此，sun 可以表示 *Weather* = sun。①

在前面的例子中，我们都考虑值域有限的情形。变量也可以有离散（如整数）或连续（如实数）的无限值域。对于任何具有有序值域的变量，我们可以用不等式表示序关系，例如 *NumberOfAtomsInUniverse* $\geqslant 10^{70}$。

最后，我们可以使用命题逻辑的联结词将这类基本命题（包括布尔变量的缩写形式）组合起来。例如，我们可以将"假设病人是一个没有牙痛的青少年，则她有蛀牙的概率是 0.1"表述如下：

$$P(cavity \mid \neg toothache \wedge teen) = 0.1$$

在概率记号中，使用逗号表示合取也很常见，所以也可以写成 $P(cavity \mid \neg toothache, teen)$。

有时要讨论一个随机变量的所有可能的值，我们可以写作

$$P(Weather = \text{sun}) = 0.6$$
$$P(Weather = \text{rain}) = 0.1$$
$$P(Weather = \text{cloud}) = 0.29$$
$$P(Weather = \text{snow}) = 0.01$$

也可以简写为

$$\mathbf{P}(Weather) = \langle\, 0.6, 0.1, 0.29, 0.01 \,\rangle$$

这里粗斜体 $\mathbf{P}$ 表示结果是一个由数值组成的向量，并且我们在 *Weather* 值域上预先定义了顺序 ⟨sun, rain, cloud, snow⟩。我们称 $\mathbf{P}$ 为随机变量 *Weather* 定义了一个概率分布（probability distribution），也就是为随机变量的每个可能的值分配了一个概率。[在有限离散值域的情况下，这个分布被称作分类分布（categorical distribution）]。记号 $\mathbf{P}$ 也被用于条件分布：$\mathbf{P}(X \mid Y)$ 为每对可能的 i, j 给出 $P(X = x_i \mid Y = y_j)$ 的值。

对于连续变量，因为有无限多的值，不可能把整个分布写成向量。然而，我们可以定义随机变量的取值 x 的概率为以 x 为参数的函数，它通常被称为概率密度函数（probability density function，有时简写为 pdf）。例如：

$$P(NoonTemp = x) = Uniform(x; 18C, 26C)$$

表示中午的温度均匀地分布在 18 ～ 26℃ 的信念。

概率密度函数在意义上不同于离散分布。概率密度均匀分布在 18 ～ 26℃ 意味着温度值落在这个 8℃ 宽的区域内的某一点的机会是 100%，落在任一个 4℃ 宽的子区域内的机会是 50%，以此类推。我们把连续随机变量 X 在 x 处的概率密度写作 $P(X = x)$ 或 $P(x)$。

$P(x)$ 的直观定义是 X 落在以 x 起始的任意小区间内的概率除以区间宽度：

$$P(x) = \lim_{dx \to 0} P(x \leqslant X \leqslant x + dx) / dx$$

---

① 在对布尔变量的值 *a* 求和时，这些惯例的共同使用导致记号上的潜在歧义：$P(a)$ 是 *A* 成立的概率，然而在表达式 $\sum_a P(a)$ 中它只指代 *A* 取一个值 *a* 的概率。

对 *NoonTemp* 我们有

$$P(NoonTemp = x) = Uniform(x; 18C, 26C) = \begin{cases} \dfrac{1}{8C}, & 18C \leqslant x \leqslant 26C \\ 0, & \text{其他} \end{cases}$$

这里 C 代表摄氏度（不是常数）。注意，在 $P(NoonTemp = 20.18C) = \dfrac{1}{8C}$ 中，$\dfrac{1}{8C}$ 不是概率，而是概率密度。*NoonTemp* 恰好为 $20.18C$ 的概率是 0，因为 $20.18C$ 是宽度为 0 的区间。一些作者使用不同的符号表示离散概率和概率密度，我们使用 P 表示特定的概率值，而使用 $\boldsymbol{P}$ 表示两种情况中的数值的向量，因为很少出现混淆，公式通常是一样的。注意，概率是无单位数值，而密度函数是带单位度量的，这个例子中的单位是 $\dfrac{1}{C}$，即摄氏度的倒数。如果使用华氏度来表示相同的温度区间，它的宽度是 14.4 华氏度，密度是 $1/14.4F$。

除单变量的分布外，我们还需要多变量分布的记号。这里使用逗号来分隔不同变量。例如，$\boldsymbol{P}(Weather, Cavity)$ 表示 *Weather* 和 *Cavity* 所有组合值的概率。这是一个 4 × 2 的概率表，称为 *Weather* 和 *Cavity* 的**联合概率分布**（joint probability distribution）。我们也可以混合使用变量和具体值，如 $\boldsymbol{P}(\text{sun}, Cavity)$ 是一个二元向量，给出晴天时有蛀牙的概率和晴天时无蛀牙的概率。

记号 $\boldsymbol{P}$ 让某些表达式比一般符号更简洁。例如，*Weather* 和 *Cavity* 所有可能值的乘积法则［式（12-4）］可以用一个等式表达：

$$\boldsymbol{P}(Weather, Cavity) = \boldsymbol{P}(Weather \mid Cavity)\boldsymbol{P}(Cavity)$$

而不必写成如下的 $4 \times 2 = 8$ 个等式（此处使用缩写 W 和 C）：

$$P(W = \text{sun} \wedge C = \text{true}) = P(W = \text{sun} \mid C = \text{true}) \, P(C = \text{true})$$
$$P(W = \text{rain} \wedge C = \text{true}) = P(W = \text{rain} \mid C = \text{true}) \, P(C = \text{true})$$
$$P(W = \text{cloud} \wedge C = \text{true}) = P(W = \text{cloud} \mid C = \text{true}) \, P(C = \text{true})$$
$$P(W = \text{snow} \wedge C = \text{true}) = P(W = \text{snow} \mid C = \text{true}) \, P(C = \text{true})$$
$$P(W = \text{sun} \wedge C = \text{false}) = P(W = \text{sun} \mid C = \text{false}) \, P(C = \text{false})$$
$$P(W = \text{rain} \wedge C = \text{false}) = P(W = \text{rain} \mid C = \text{false}) \, P(C = \text{false})$$
$$P(W = \text{cloud} \wedge C = \text{false}) = P(W = \text{cloud} \mid C = \text{false}) \, P(C = \text{false})$$
$$P(W = \text{snow} \wedge C = \text{false}) = P(W = \text{snow} \mid C = \text{false}) \, P(C = \text{false})$$

作为退化情况，$\boldsymbol{P}(\text{sun}, \text{cavity})$ 没有变量，因此是一个零维向量，我们可以认为是标量。

现在我们已经定义了命题和概率断言的语法，给出了部分语义：式（12-2）把命题的概率定义为它成立的所有世界的概率之和。为了补全语义，我们需要说明世界是什么，如何确定一个世界中一个命题是否成立。我们直接从命题逻辑的语义中借鉴这一部分，如下所示。一个可能世界定义为所有考虑之中的随机变量的一种赋值。

容易发现，这个定义满足可能世界互斥和穷举的基本要求（习题 12.EXEX）。例如，如果随机变量是 *Cavity*、*Toothache* 和 *Weather*，则有 $2 \times 2 \times 4 = 16$ 个可能世界。此外，在这样的世界中，任何给定命题的真值都可以很容易地通过我们在命题逻辑中使用的递归真值计算来确定（见 7.4 节）。

注意，有些随机变量可能是冗余的，因为在所有情况下它们的值都可以通过其他变量获得。例如，在两个骰子世界里，当 $Die_1 = Die_2$ 时，变量 *Doubles* 恰好为真。除 Die_1 和 Die_2 外，增加 *Doubles* 作为一个随机变量似乎将可能世界的数量从 36 增加到 72，但这 72 个中的一半在逻辑上是不可能的，概率为 0。

从前面的可能世界的定义可知，一个概率模型可以通过所有随机变量的联合分布完全确定，即完全联合概率分布（full joint probability distribution）。例如，给定 *Cavity*、*Toothache* 和 *Weather*，它们的完全联合分布是 ***P***(*Cavity, Toothache, Weather*)。这个联合分布可以用一个 16 个条目的 2×2×4 的表来表示。因为每个命题的概率是可能世界上的求和，原则上，一个完全联合分布足够计算任何命题的概率。我们会在 12.3 节看到一些例子。

12.2.3 概率公理及其合理性

概率基本公理［式（12-1）和式（12-2）］指明了逻辑相关命题的信念度之间的某种关系。例如，我们可以推导出一个命题的概率和它的否命题的概率之间的常见关系：

$$P(\neg a) = \sum_{\omega \in \neg a} P(\omega) \qquad\qquad [\text{根据式（12-2）}]$$

$$= \sum_{\omega \in \neg a} P(\omega) + \sum_{\omega \in a} P(\omega) - \sum_{\omega \in a} P(\omega)$$

$$= \sum_{\omega \in \Omega} P(\omega) - \sum_{\omega \in a} P(\omega) \qquad [\text{合并前两项}]$$

$$= 1 - P(a) \qquad\qquad [\text{根据式（12-1）和式（12-2）}]$$

我们也可以推导出著名的析取概率公式，有时也称为容斥原理（inclusion-exclusion principle）：

$$P(a \lor b) = P(a) + P(b) - P(a \land b) \qquad\qquad (12\text{-}5)$$

这个规则容易记住：*a* 成立的情况和 *b* 成立的情况，当然涵盖 *a* ∨ *b* 成立的情况，但两种情况集合相加把它们的交集计算了两次，所以需要减去 $P(a \land b)$。

式（12-1）和式（12-5）通常称为柯尔莫哥洛夫公理（Kolmogorov's axiom），以纪念数学家安德雷·柯尔莫哥洛夫（Andrei Kolmogorov），他阐释了如何基于这个简单的基础构建概率理论的其余部分，以及如何处理连续变量带来的困难。[①] 式（12-2）有着定义的意味，而式（12-5）揭示了这一公理真正约束了智能体对逻辑相关命题的信念度。这类似于逻辑智能体不能同时相信 *A*、*B* 和 ¬(*A* ∧ *B*) 的事实，因为不可能存在三者都成立的世界。然而，对于概率，陈述并不直接涉及世界，而是涉及智能体自己的知识状态。那为什么智能体不能持有下面的信念集合呢（即使它们违背了柯尔莫哥洛夫公理）？

$$P(a) = 0.4 \quad P(b) = 0.3 \quad P(a \land b) = 0.0 \quad P(a \lor b) = 0.8 \qquad (12\text{-}6)$$

这类问题几十年来一直是人们激烈争辩的主题，一方主张将概率作为信念度的唯一合法形式，另一方则主张采用其他方法。

布鲁诺·德菲内蒂（Bruno de Finetti）于 1931 年首次阐释了概率公理的一个论据（英文翻译参见 de Finetti, 1993）：如果智能体对命题 *a* 有一定程度的信念，那么它应该能够说出一个支持或反对 *a* 是无差异的赌局的赌注。[②] 考虑一个两智能体间的博弈。智能体 1 说："我对事件 *a* 的信念度是 0.4。"然后智能体 2 可以自由选择等同于信念度的赌注支持或反对 *a*。也就是说，智能体 2 可以选择接受智能体 1 赌 *a* 发生的赌局，赌注是智能体 2 的 6 美元对智能体 1 的 4 美元；或者智能体 2 选择接受智能体 1 赌 ¬*a* 发生的赌局，赌注是智能体 2 的 4 美元对智能体 1 的 6 美元。然后我们观测 *a* 的结果，赌对的一方赢得钱。如果一个智能体的信念度没有准确地反映世界，那么从长远来看，可以预期它会输钱给另一个信念更加准确地反映世界状态的对抗智能体。

---

① 这种困难包括**维塔利集合**（Vitali set），一个 [0, 1] 区间内有良定义的子集，但是没有良定义的大小。

② 有人可能会争辩说，智能体对不同银行存款余额的偏好使得损失 1 美元的可能性无法与赢得 1 美元的同等可能性相抵。一种可能的回应是让下注金额足够小以避免此问题。萨维奇（Savage）的分析（Savage, 1954）完全回避了这个问题。

德菲内蒂定理并不关心为个体概率选择正确的值，而是关心逻辑相关命题概率值的选择：如果智能体 1 的信念度集合违反概率论公理，则智能体 2 一定有一组赌注保证智能体 1 每次都会输钱。例如，假设智能体 1 的信念度集合如式（12-6）所示。图 12-2 展示了如果智能体 2 选择为 a 下注 4 美元，为 b 下注 3 美元，为 $\neg(a \vee b)$ 下注 2 美元，无论 a 和 b 的结果是什么，智能体 1 总会输钱。德菲内蒂定理说明理性智能体不会持有违反概率公理的信念。

命题	智能体 1 的信念	智能体 2 赌注	智能体 1 赌注	智能体 1 每个结果的收益（美元）			
				a, b	$a, \neg b$	$\neg a, b$	$\neg a, \neg b$
a	0.4	为 a 下注 4 美元	为 $\neg a$ 下注 6 美元	−6	−6	4	4
b	0.3	为 b 下注 3 美元	为 $\neg b$ 下注 7 美元	−7	3	−7	3
$a \vee b$	0.8	为 $\neg(a \vee b)$ 下注 2 美元	为 $a \vee b$ 下注 8 美元	2	2	2	−8
				−11	−1	−1	−1

图 12-2　因为智能体 1 的信念不一致，智能体 2 可以设计一组包含 3 场赌局的赌注方案，保证无论 a 和 b 的结果是什么，智能体 1 都会输

对德菲内蒂定理的一个主要异议是这个赌博博弈是虚构的。例如，如果一个人拒绝赌博会怎么样？这可以终结争论吗？答案是赌博博弈是决策情景的一个抽象模型，每个智能体每时每刻都不可避免地卷入其中。每个动作（包括不做动作）都是一种赌博，每个结果都可视为赌博的收益。拒绝赌博就像是拒绝时间流逝，是不可能的。

针对概率的使用，一些研究还提出了其他强有力的哲学论据，最著名的是考克斯（Cox，1946）、卡纳普（Carnap，1950）和杰恩斯（Jaynes，2003）。他们每人都构建了信念度推理的公理集合：没有矛盾、与普通逻辑一致（例如，如果对 A 的信念上升，那么对 $\neg A$ 的信念必然下降）等等。唯一有争议的公理是信念度必须是数字，或者至少表现得像数字一样，因为它们必须是可传递的（如果对 A 的信念大于对 B 的信念，后者大于对 C 的信念，则对 A 的信念必须大于对 C 的信念）和可比较的（对 A 的信念必须等于、大于或小于对 B 的信念）。可以证明，概率是满足这些公理的唯一方式。

然而，世界就是这样，实际示范有时比证明更有说服力。基于概率论的推断系统的成功要比哲学论证更容易改变人的观点。现在我们看看如何利用这些公理来进行推断。

12.3　使用完全联合分布进行推断

本节中，我们介绍概率推断（probabilistic inference）的一种简单方法——给定观测证据时，为每个查询（query）命题计算后验概率。我们使用完全联合分布作为"知识库"，从中可以得到所有问题的答案。在此过程中，我们也会介绍几个有用的技巧，用于处理涉及概率的方程。

我们从一个简单的例子开始：一个只包含 3 个布尔变量 *Toothache*、*Cavity* 和 *Catch*（牙医的令人讨厌的钢探针卡在了我的牙齿里）的域。完全联合分布是图 12-3 中的一个 $2 \times 2 \times 2$ 的表。

	toothache		*¬toothache*	
	catch	*¬catch*	*catch*	*¬catch*
cavity	0.108	0.012	0.072	0.008
¬cavity	0.016	0.064	0.144	0.576

图 12-3　*Toothache*、*Cavity*、*Catch* 世界的完全联合分布

注意，如概率公理所要求，联合分布的概率之和为 1。式（12-2）告诉我们一种计算任何命题（简单命题或者复合命题）的概率的直接方式：简单地识别出命题为真的可能世界，然后把它们的概率相加。例如，*cavity* ∨ *toothache* 在 6 个可能世界中成立：

$$P(cavity \lor toothache) = 0.108 + 0.012 + 0.072 + 0.008 + 0.016 + 0.064 = 0.28$$

一个特别常见的任务是抽取变量子集或单个变量的分布。例如，把第一行的条目相加得到 *cavity* 的无条件概率或者**边缘概率**（marginal probability）：[①]

$$P(cavity) = 0.108 + 0.012 + 0.072 + 0.008 = 0.2$$

这个过程被称为**边缘化**（marginalization）或者**求和消元**（summing out）——因为我们把其他变量的每个可能的值的概率相加，从而把它们从等式中消除了。对于任何变量集合 Y 和 Z，我们可以写出如下一般边缘化规则：

$$P(Y) = \sum_z P(Y, Z = z) \tag{12-7}$$

其中 $\sum_z$ 将变量集合 Z 的所有可能值组合求和。通常我们可以把式（12-7）中的 $P(Y, Z = z)$ 缩写成 $P(Y, z)$。对 *Cavity* 例子，式（12-7）对应下式：

$$\begin{aligned} P(Cavity) &= P(Cavity, toothache, catch) + P(Cavity, toothache, \neg catch) \\ &\quad + P(Cavity, \neg toothache, catch) + P(Cavity, \neg toothache, \neg catch) \\ &= \langle 0.108, 0.016 \rangle + \langle 0.012, 0.064 \rangle + \langle 0.072, 0.144 \rangle + \langle 0.008, 0.576 \rangle \\ &= \langle 0.2, 0.8 \rangle \end{aligned}$$

使用乘积法则［式（12-4）］，我们可以用 $P(Y \mid z)P(z)$ 代替式（12-7）中的 $P(Y, z)$，得到如下**条件化**（conditioning）规则：

$$P(Y) = \sum_z P(Y \mid z)P(z) \tag{12-8}$$

边缘化和条件化对所有涉及概率表达式的推导来说都是有效的规则。

大多数情况下，我们对给定一些变量的证据计算另一些变量的条件概率感兴趣。首先使用式（12-3）获得无条件概率形式的表达式，然后使用完全联合分布计算这个表达式，就可以得到条件概率。例如，给定牙痛的证据，我们可以如下计算蛀牙概率：

$$P(cavity \mid toothache) = \frac{P(cavity \land toothache)}{P(toothache)}$$

$$= \frac{0.108 + 0.012}{0.108 + 0.012 + 0.016 + 0.064} = 0.6$$

为了验算，我们也可以计算给定牙痛，没有蛀牙的概率：

$$P(\neg cavity \mid toothache) = \frac{P(\neg cavity \land toothache)}{P(toothache)}$$

$$= \frac{0.016 + 0.064}{0.108 + 0.012 + 0.016 + 0.064} = 0.4$$

这两个值和为 1，也应当为 1。注意，在这两个运算中，$P(toothache)$ 出现在分母上。如果变量 *Cavity* 的值超过两个，则 $P(toothache)$ 应该出现在所有运算的分母上。事实上，我们可以把它视为分布 $P(Cavity \mid toothache)$ 的**归一化**（normalization）常数，确保其中的概率的和为 1。在

---

① 之所以这样称呼，是因为精算师通常把观测到的频率的总和写在保险表的边缘。

所有讨论概率的章节中，我们使用 α 表示这样的常数。通过这个记号，我们可以把前面两个等式合并成一个：

$$\boldsymbol{P}(Cavity \mid toothache) = \alpha\, \boldsymbol{P}(Cavity, toothache)$$

$$= \alpha\, [\boldsymbol{P}(Cavity, toothache, catch) + \boldsymbol{P}(Cavity, toothache, \neg catch)]$$

$$= \alpha\, [\langle 0.108, 0.016 \rangle + \langle 0.012, 0.064 \rangle] = \alpha\, \langle 0.12, 0.08 \rangle = \langle 0.6, 0.4 \rangle$$

换句话说，即使我们不知道 $P(toothache)$ 的值也可以计算 $\boldsymbol{P}(Cavity \mid toothache)$！我们暂时地忘记因子 $1/P(toothache)$，而把 Cavity 分别取 cavity 和 ¬cavity 时的值加到一起，得到 0.12 和 0.08。这是正确的相对比例，但其和不等于 1，所以我们分别除以 0.12 + 0.08 来归一化它们，得到正确的概率 0.6 和 0.4。在许多概率计算中，归一化是一种有用的捷径，既可以简化计算又允许我们在一些概率评估（例如 $P(toothache)$）不可知的时候继续计算。

从这个例子中，我们可以提炼出一个通用的推断过程。我们从查询单变量 X（这个例子中的 Cavity）的情况开始。令 $\boldsymbol{E}$ 表示证据变量列表（这个例子中只有 Toothache），$\boldsymbol{e}$ 表示它们的观测值列表，$\boldsymbol{Y}$ 表示剩余未观测变量（这个例子中只有 Catch）。查询 $\boldsymbol{P}(X \mid \boldsymbol{e})$ 可以计算为

$$\boldsymbol{P}(X \mid \boldsymbol{e}) = \alpha\, \boldsymbol{P}(X, \boldsymbol{e}) = \alpha \sum_{\boldsymbol{y}} \boldsymbol{P}(X, \boldsymbol{e}, \boldsymbol{y}) \tag{12-9}$$

其中求和是针对所有可能的 $\boldsymbol{y}$（也就是未观测变量 $\boldsymbol{Y}$ 的值的所有可能组合）。注意，变量 X、$\boldsymbol{E}$ 和 $\boldsymbol{Y}$ 构成了域变量的完整集合，所以 $\boldsymbol{P}(X, \boldsymbol{e}, \boldsymbol{y})$ 仅仅是完全联合分布的一个概率子集。

给定要处理的完全联合分布，式（12-9）可以回答离散变量的概率查询。然而，它不能很好地扩展到大规模问题上。对于一个由 n 个布尔变量描述的域，它需要一个 $O(2^n)$ 大小的输入表，并要花费 $O(2^n)$ 的时间去处理这个表。实际问题中，很容易出现 $n = 100$，导致 $O(2^n)$ 不切实际——一个具有 $2^{100} \approx 10^{30}$ 个条目的表！问题不仅是存储和计算：真正的问题是如果这 10^{30} 个概率都需要从样例中分别估计，所需的样例数量是极大的！

出于这些原因，表形式的完全联合分布不是构建推理系统的实用工具。然而，它应该被视为构建更有效方法的理论基础，就像在第 7 章中真值表是构建更高效算法（像 DPLL）的理论基础。本章的剩余部分将介绍一些基本思想，为第 13 章将介绍的实际系统的发展做准备。

12.4　独立性

让我们通过增加第四个变量 Weather 来扩展图 12-3 中的完全联合分布。完全联合分布变成了 $\boldsymbol{P}(Toothache, Catch, Cavity, Weather)$，拥有 $2 \times 2 \times 2 \times 4 = 32$ 个条目。它包含图 12-3 所示表的 4 个"版本"，每个版本对应一种天气。这些版本相互间有何关系？和原始的三变量的表有何关系？$P(toothache, catch, cavity, cloud)$ 的值和 $P(toothache, catch, cavity)$ 的值有何关系？我们可以使用乘积法则［式（12-4）］得到

$$P(toothache, catch, cavity, cloud)$$

$$= P(cloud \mid toothache, catch, cavity)\, P(toothache, catch, cavity)$$

现在，除非有人相信神，否则不会认为一个人的牙齿问题可以影响天气。而且对于室内牙科，至少可以有把握地说天气不影响牙科变量。因此，下面的断言似乎是合理的：

$$P(cloud \mid toothache, catch, cavity) = P(cloud) \tag{12-10}$$

由此，我们可以推断

$$P(toothache, catch, cavity, cloud) = P(cloud)\,P(toothache, catch, cavity)$$

$\boldsymbol{P}(Toothache, Catch, Cavity, Weather)$ 的每个条目都存在类似的等式。事实上，我们可以写出通用的等式：

$$\boldsymbol{P}(Toothache, Catch, Cavity, Weather) = \boldsymbol{P}(Toothache, Catch, Cavity)\,\boldsymbol{P}(Weather)$$

因此，可以从一个 8 元素的表和一个 4 元素的表来构建 4 个变量的 32 个元素的表。分解过程如图 12-4a 所示。

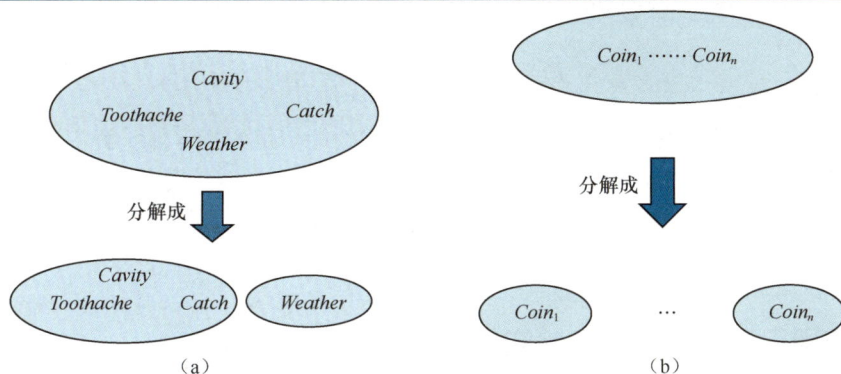

图 12-4　使用绝对独立性将一个大的联合分布分解成小分布的两个例子。（a）天气和牙齿问题是独立的。（b）抛硬币是独立的

我们在式（12-10）中使用的性质叫独立性（independence），也叫边缘独立性（marginal independence）或绝对独立性（absolute independence）。具体而言，天气独立于一个人的牙齿问题。命题 a 和 b 独立可以写作

$$P(a \mid b) = P(a) \text{ 或 } P(b \mid a) = P(b) \text{ 或 } P(a \wedge b) = P(a)\,P(b) \tag{12-11}$$

所有这些形式都是等价的（习题 12.INDI）。变量 X 和 Y 独立可以写成如下形式（这些形式也是等价的）：

$$\boldsymbol{P}(X \mid Y) = \boldsymbol{P}(X) \text{ 或 } \boldsymbol{P}(Y \mid X) = \boldsymbol{P}(Y) \text{ 或 } \boldsymbol{P}(X, Y) = \boldsymbol{P}(X)\,\boldsymbol{P}(Y)$$

独立性断言通常基于领域知识。像牙病−天气例子所阐释的那样，它们可以显著减少指定完全联合分布所需的信息量。如果整个变量集能分解成独立子集，则完全联合分布可以分解成这些子集上的单独联合分布。例如，n 次独立抛硬币的结果 $\boldsymbol{P}(C_1, \cdots, C_n)$，有 2^n 个条目，但它可以表示成 n 个单变量分布 $\boldsymbol{P}(C_i)$ 的乘积，如图 12-4b 所示。从一个更实际的角度来看，牙科学和气象学的独立性是一件好事，否则牙科医生可能需要精通气象学知识，反之亦然。

当独立性断言可用时，它可以减少域表示的大小，降低推断问题的复杂性。遗憾的是，通过独立性清晰地分离整个变量集的情况非常少见。无论两个变量之间存在多么间接的联系，独立性都无法成立。此外，即使是独立子集也可能相当大——例如，牙科可能涉及数十种疾病和数百种症状，所有这些都是相互关联的。要处理这类问题，我们需要比直接的独立性概念更精妙的方法。

12.5　贝叶斯法则及其应用

在 12.2.1 节中，我们定义了乘积法则［式（12-4）］。实际上，它可以写成两种形式：

$$P(a \wedge b) = P(a \mid b)P(b) \text{ 和 } P(a \wedge b) = P(b \mid a)P(a)$$

联立两式右侧，除以 $P(a)$，我们得到

$$P(b \mid a) = \frac{P(a \mid b)P(b)}{P(a)} \tag{12-12}$$

这个公式叫作**贝叶斯法则**（Bayes's rule，也叫贝叶斯定律或贝叶斯定理）。这个简单的公式是大多数现代人工智能系统概率推断的基础。

对于多值变量，更一般的贝叶斯法则可以用记号 $\boldsymbol{P}$ 写成如下形式：

$$\boldsymbol{P}(Y \mid X) = \frac{\boldsymbol{P}(X \mid Y)\boldsymbol{P}(Y)}{\boldsymbol{P}(X)}$$

像之前一样，这个式子用来表示一组方程，每个方程处理变量的特定值。我们也有机会使用以一些背景证据 e 为条件的更通用的版本：

$$\boldsymbol{P}(Y \mid X, e) = \frac{\boldsymbol{P}(X \mid Y, e)\boldsymbol{P}(Y \mid e)}{\boldsymbol{P}(X \mid e)} \tag{12-13}$$

12.5.1　应用贝叶斯法则：简单实例

从表面上看，贝叶斯法则似乎不是很有用。它允许我们使用 $P(a \mid b)$、$P(b)$ 和 $P(a)$ 这 3 项来计算 $P(b \mid a)$ 一项。这似乎倒退了两步，但贝叶斯法则在实践中很有用，因为在许多情况下我们对这 3 项有很好的概率估计，需要计算第四项。通常，我们把一些未知原因（cause）的结果（effect）视为证据，并想要确定这个原因。在这种情况下，贝叶斯法则变为了

$$P(cause \mid effect) = \frac{P(effect \mid cause)P(cause)}{P(effect)}$$

条件概率 $P(effect \mid cause)$ 量化**因果**（causal）方向上的关系，而 $P(cause \mid effect)$ 描述**诊断**（diagnostic）方向上的关系。在像医疗诊断这样的任务中，我们通常有因果关系上的条件概率。医生知道 $P(symptoms \mid disease)$，想要得出诊断 $P(disease \mid symptoms)$。

例如，医生知道脑膜炎在 70% 的情况下会导致病人颈部僵硬。医生也知道一些无条件事实：病人患有脑膜炎的先验概率是 1/50 000，而病人颈部僵硬的先验概率是 1%。令 s 表示病人颈部僵硬的命题，m 表示病人患有脑膜炎的命题，我们有

$$P(s \mid m) = 0.7$$
$$P(m) = 1/50\ 000$$
$$P(s) = 0.01$$
$$P(m \mid s) = \frac{P(s \mid m)P(m)}{P(s)} = \frac{0.7 \times 1/50\ 000}{0.01} = 0.0014 \tag{12-14}$$

也就是说，我们预计只有 0.14% 的颈部僵硬的病人患有脑膜炎。注意，尽管脑膜炎显著地表现为颈部僵硬（概率为 0.7），但颈部僵硬的病人患有脑膜炎的概率仍然很小。这是因为（任何原因导致的）颈部僵硬的先验概率比患有脑膜炎的先验概率高得多。

12.3 节展示了一个过程，通过该过程，我们可以避免评估证据的先验概率（这里是 $P(s)$），转而计算查询变量的每个值（这里是 m 和 $\neg m$）的后验概率，然后对结果进行归一化。应用贝叶斯法则时，也可以使用同样的过程。我们有

$$\boldsymbol{P}(M \mid s) = \alpha \langle P(s \mid m)P(m), P(s \mid \neg m)P(\neg m) \rangle$$

因此，为了使用这个方法，我们需要估计 $P(s \mid \neg m)$ 而非 $P(s)$。没有免费的午餐——有时这会稍简单，有时则会更困难。带有归一化的贝叶斯法则的一般形式是

$$P(Y \mid X) = \alpha \, P(X \mid Y)P(Y) \tag{12-15}$$

其中，α 是使 $P(Y \mid X)$ 条目之和等于 1 所需的归一化常数。

关于贝叶斯法则的一个明显的问题是，为什么我们可能知道一个方向的条件概率，而不知道另一个方向的。在脑膜炎领域，也许医生知道，每 5000 例颈部僵硬的病例中必然包含 1 例患有脑膜炎的病例；也就是说，在从症状到病因的**诊断**方向上，医生有定量信息。这样的医生不需要使用贝叶斯法则。

遗憾的是，诊断知识通常比因果知识更加脆弱。如果突然流行脑膜炎，脑膜炎的无条件概率 $P(m)$ 就会上升。直接使用脑膜炎流行前病人的统计观测得出诊断概率 $P(m \mid s)$ 的医生不知道如何更新这个概率值，但从其他 3 个值来计算 $P(m \mid s)$ 的医生将会看到 $P(m \mid s)$ 会随着 $P(m)$ 成比例上升。最重要的是，因果信息 $P(s \mid m)$ 不受疾病流行的影响，因为它仅仅反映脑膜炎的运作方式。使用这种直接因果或基于模型的知识，提供了使概率系统在真实世界中可行所需的关键的健壮性。

12.5.2 应用贝叶斯法则：合并证据

我们已经看到贝叶斯法则可以用于回答以某项证据（例如颈部僵硬）为条件的概率查询。我们特别阐释过概率信息通常是 $P(\textit{effect} \mid \textit{cause})$ 的形式。如果有两项或多项证据会发生什么？例如，如果牙医那令人讨厌的钢探针卡在了病人疼痛的牙齿上，她会得出什么结论？如果知道完全联合分布（图 12-3），我们可以读出答案：

$$P(\textit{Cavity} \mid \textit{toothache} \wedge \textit{catch}) = \alpha \langle 0.108, 0.016 \rangle \approx \langle 0.871, 0.129 \rangle$$

然而我们知道，这个方法不能推广到变量较多的情况。我们可以尝试使用贝叶斯法则重新表述问题：

$$P(\textit{Cavity} \mid \textit{toothache} \wedge \textit{catch}) = \alpha \, P(\textit{toothache} \wedge \textit{catch} \mid \textit{Cavity})P(\textit{Cavity}) \tag{12-16}$$

为了使这个新表述有效，我们需要知道对 $\textit{Cavity}$ 的每个值，合取 $\textit{toothache} \wedge \textit{catch}$ 的条件概率。这可能只对两个证据变量的情况是可行的，它依旧不可扩展到变量较多的情况。如果有 n 个可能的证据变量（X 射线、日常饮食、口腔卫生等），则有 $O(2^n)$ 个可能的观测值组合，我们需要知道每个的条件概率。这并不比使用完全联合分布更好。

为了取得进展，我们需要找到一些关于域的、能够简化表达式的额外断言。12.4 节关于**独立性**的概念提供了线索，但需要改进。如果 $\textit{Toothache}$ 和 $\textit{Catch}$ 是独立的就好了，但它们并不是：如果探针卡在牙齿上，那么很可能牙齿有蛀牙，蛀牙导致牙痛。然而，如果给定蛀牙的存在与否，这两个变量就是独立的。两者都是由蛀牙直接引起的，但两者都不会对另一个产生直接影响：牙痛取决于牙齿中神经的状态，而使用探针的准确性主要取决于牙医的技能，与牙痛无关。[①] 数学上，这个性质可以写作

$$P(\textit{toothache} \wedge \textit{catch} \mid \textit{Cavity}) = P(\textit{toothache} \mid \textit{Cavity})P(\textit{catch} \mid \textit{Cavity}) \tag{12-17}$$

这个等式表达了给定 $\textit{Cavity}$ 时 $\textit{toothache}$ 和 $\textit{catch}$ 的**条件独立性**（conditional independence）。把它代入式（12-16）可以得到蛀牙的概率：

---

① 我们假设病人和牙医是不同的人。

$$P(Cavity \mid toothache \wedge catch)$$
$$= \alpha \, P(toothache \mid Cavity)P(catch \mid Cavity)P(Cavity) \tag{12-18}$$

现在对信息的要求就与分别使用每项证据进行推断是一样的了：查询变量的先验概率 $P(Cavity)$ 和给定原因下每个结果的条件概率。

给定第三个变量 Z，两个变量 X 和 Y 的**条件独立性**（conditional independence）的一般定义是

$$P(X, Y \mid Z) = P(X \mid Z)P(Y \mid Z)$$

例如，在牙科领域，给定 $Cavity$ 时，断言变量 $Toothache$ 和 $Catch$ 的条件独立性似乎是合理的：

$$P(Toothache, Catch \mid Cavity) = P(Toothache \mid Cavity)P(Catch \mid Cavity) \tag{12-19}$$

注意，这个断言比式（12-17）要强一些，式（12-17）只断言 $Toothache$ 和 $Catch$ 特定值的独立性。和式（12-11）的绝对独立性一样，也可以使用等价形式（见习题 12.PXYZ）：

$$P(X \mid Y, Z) = P(X \mid Z) \text{ 和 } P(Y \mid X, Z) = P(Y \mid Z)$$

12.4 节阐释了绝对独立性断言允许完全联合分布分解成许多小分布。对条件独立性断言也是如此。例如，给定式（12-19）中的断言，我们得到如下分解：

$$P(Toothache, Catch, Cavity)$$
$$= P(Toothache, Catch \mid Cavity)P(Cavity) \qquad （乘积法则）$$
$$= P(Toothache \mid Cavity)P(Catch \mid Cavity)P(Cavity) \qquad [\text{利用式（12-19）}]$$

（读者容易验证，在图 12-3 中，这个等式事实上是成立的。）通过这种方式，原始的大表被分解为 3 个较小的表。原始的表有 7 个独立的数字。（表中有 $2^3 = 8$ 个条目，但它们的和必须为 1，所以有 7 个是独立的。）小表总共包含 $2 + 2 + 1 = 5$ 个独立数字。（对于像 $P(Toothache \mid Cavity)$ 的条件概率分布，有两行，每行两个数的和为 1，所以有两个独立的数字；对于像 $P(Cavity)$ 的先验分布，只有一个独立的数字。）从 7 个减少到 5 个似乎不是什么大的成功，但症状数量越多，收益就越大。

一般来说，对于给定 $Cavity$ 时条件独立的 n 个症状，表达式规模的增长速度将是 $O(n)$ 而非 $O(2^n)$ 级别的。这意味着条件独立性断言允许概率系统进行规模扩展；此外，它们比绝对独立性断言更容易获得。从概念上来说，$Cavity$ **分隔**（separate）了 $Toothache$ 和 $Catch$，因为它是两者的直接原因。通过条件独立性将大概率域分解成弱连通的子集是人工智能近期历史上最重要的进展之一。

12.6 朴素贝叶斯模型

牙科的例子阐释了一种常见的模式，其中单个原因直接影响许多结果，给定原因时，所有这些结果都是条件独立的。此时，完全联合分布可以写作

$$P(Cause, Effect_1, \cdots, Effect_n) = P(Cause)\prod_i P(Effect_i \mid Cause) \tag{12-20}$$

这样的概率分布叫作**朴素贝叶斯**（naive Bayes）模型——"朴素"是因为它经常（作为一种简化假设）用于在给定原因变量时，"结果"变量不是严格独立的情况。[朴素贝叶斯模型有时被称为**贝叶斯分类器**（Bayesian classifier），这种有点粗心的用法已经促使真正的贝叶斯学派称其为**傻瓜贝叶斯**（idiot Bayes）模型。] 在实践中，朴素贝叶斯系统通常表现得很好，即使条件独

立性假设并不是严格成立的。

为了使用朴素贝叶斯模型，我们可以应用式（12-20）来得到给定一些观测到的结果时该原因的概率。考虑观测到的结果 $E = e$，剩余结果变量 Y 是未观测的。可采用从联合分布［式（12-9）］进行推断的标准方法：

$$P(Cause \mid e) = \alpha \sum_y P(Cause, e, y)$$

从式（12-20），我们得到：

$$
\begin{aligned}
P(Cause \mid e) &= \alpha \sum_y P(Cause) P(y \mid Cause) \left(\prod_j P(e_j \mid Cause) \right) \\
&= \alpha P(Cause) \left(\prod_j P(e_j \mid Cause) \right) \sum_y P(y \mid Cause) \qquad (12\text{-}21) \\
&= \alpha P(Cause) \prod_j P(e_j \mid Cause)
\end{aligned}
$$

最后一行成立是因为对 y 求和结果是 1。我们用文字重新解释这个等式：对于每一个可能的原因，将原因的先验概率乘以在给定原因时所观测到的结果的条件概率；然后将结果归一化。该计算的运行时间与观测到的结果数量呈线性关系，并不依赖于未观测到的结果数量（这一数量在医学等领域可能非常大）。在第 13 章中我们将看到，这是概率推断中的常见现象：值未被观测的证据变量通常会从计算中完全"消失"。

使用朴素贝叶斯进行文本分类

让我们看看朴素贝叶斯模型如何被应用到文本分类（text classification）任务：给定一个文本，判断它属于预先定义的类别集合中的哪个。这里，"原因"是 *Category* 变量，"结果"变量 *HasWord_i* 指某些关键词的出现与否。考虑从报纸文章中选取的以下两个例句。

（1）Stocks rallied on Monday, with major indexes gaining 1% as optimism persisted over the first quarter earnings season.（由于对第一季度财报的乐观情绪的持续，周一股票反弹，主要股指上涨 1%。）

（2）Heavy rain continued to pound much of the east coast on Monday, with flood warnings issued in New York City and other locations.（周一暴雨继续袭击东海岸大部分地区，纽约市和其他地区发布了洪水警报。）

任务是把每个句子分入一个 *Category*——报纸的主要板块：news（新闻）、sports（体育）、business（商业）、weather（天气）和 entertainment（娱乐）。朴素贝叶斯模型包含先验概率 $P(Category)$ 和条件概率 $P(HasWord_i \mid Category)$。对于每个类别 c，$P(Category = c)$ 被估计为以前看到的所有文章中 c 类的比例。例如，如果 9% 的文章是关于天气的，我们设 $P(Category = weather) = 0.09$。类似地，$P(HasWord_i \mid Category)$ 被估计为每类文章中包含单词 i 的比例；或许 37% 关于商业的文章中含有编号为 6 的单词"股票"，所以 $P(HasWord_6 = true \mid Category = business)$ 设置为 0.37。[①]

为了对一篇新文章进行分类，我们需要检查哪些单词出现在了文章中，然后应用式（12-21）获得类别上的后验概率分布。如果只需预测一个类别，我们选取后验概率最大的那类。注意，

---

① 注意，不要将之前从未在某一类文章中出现过的单词的概率赋为 0，因为这样做将会抹去式（12-21）中的所有其他证据。你还没见到一个词，并不意味着你永远也见不到它。相反，保留一小部分概率分布来表示"之前未见"的单词。关于这个问题的更多信息，参阅第 20 章和 23.1.4 节关于单词模型的特殊情况。

对这个任务来说，每个结果变量都是被观测的，因为我们总是可以判断给定单词是否出现在这篇文章中。

朴素贝叶斯模型假设单词在文章中独立出现，频率由文章类别决定。这种独立性假设在实践中显然是不成立的。例如，短语 "first quarter" 在商业（或体育）文章中出现得更加频繁，超过用 "first" 的概率和 "quarter" 的概率的乘积计算得出的概率。对独立性的违背通常意味着最终的后验概率会比真实情况更接近 1 或 0。换句话说，该模型对自己的预测过于自信。但是，即使有这些错误，模型对可能类别的排序往往也是相当准确的。

朴素贝叶斯模型广泛应用于语言测定、文档检索、垃圾邮件过滤和其他分类任务。对于像医学诊断这样的任务，后验概率的实际值真的很重要——例如，在决定是否进行阑尾切除术时——人们通常更愿意使用第 13 章中描述得更复杂的模型。

12.7　重游 wumpus 世界

我们可以结合本章中的想法来解决 wumpus 世界中的概率推理问题。（关于 wumpus 世界的完整描述见第 7 章。）因为智能体的传感器只提供了世界的部分信息，wumpus 世界中出现了不确定性。例如，图 12-5 展示了一种情形：3 个未访问但可达的方格 [1, 3]、[2, 2] 和 [3, 1]，每个都可能包含一个无底洞。纯逻辑推断无法得出哪个方格最有可能是安全的，因此逻辑智能体可能不得不随机选择。我们将会看到概率智能体比逻辑智能体做得更好。

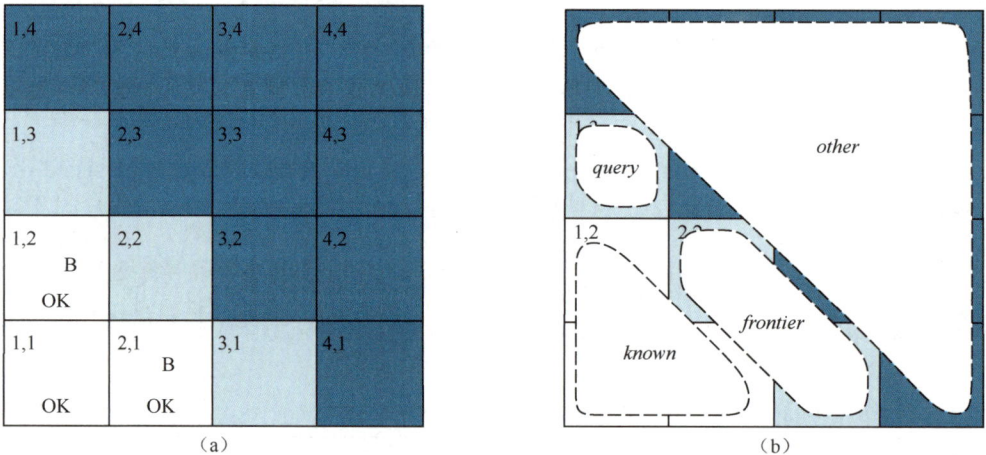

图 12-5　（a）在 [1, 2] 和 [2, 1] 发现微风后，智能体被困住了——没有安全区域可以探索。（b）对关于 [1, 3] 的查询，方格划分为 *known*、*frontier* 和 *other*

我们的目标是计算 3 个方格中每个含有无底洞的概率。（在这个例子中，我们忽略 wumpus 和金币。）wumpus 世界的相关性质是：（1）每个无底洞会让所有相邻方格有微风；（2）除 [1, 1] 以外，所有其他方格拥有无底洞的概率是 0.2。第一步是确定我们需要的随机变量集合。

- 和命题逻辑的情况一样，对每个方格我们需要一个布尔变量 P_{ij}，当且仅当方格 [i, j] 确实含有一个无底洞时变量为真。
- 我们也需要布尔变量 B_{ij}，当且仅当方格 [i, j] 有微风时变量为真；我们只为观测到的方格设置这些变量；在这个例子中是 [1, 1]、[1, 2] 和 [2, 1]。

下一步是去指定完全联合分布 $P(P_{1,1}, \cdots, P_{4,4}, B_{1,1}, B_{1,2}, B_{2,1})$。应用乘积法则，我们有：

$$P(P_{1,1}, \cdots, P_{4,4}, B_{1,1}, B_{1,2}, B_{2,1}) = P(B_{1,1}, B_{1,2}, B_{2,1} \mid P_{1,1}, \cdots, P_{4,4})P(P_{1,1}, \cdots, P_{4,4})$$

通过这种分解，我们很容易看出联合概率的值应该是多少。右边第一项是给定无底洞的配置时，微风的配置的条件概率分布；如果和无底洞相邻，它的值为 1，否则为 0。第二项是无底洞的配置的先验概率。每个方格独立于其他方格，以 0.2 的概率包含无底洞。因此，

$$P(P_{1,1}, \cdots, P_{4,4}) = \prod_{i,j=1,1}^{4,4} P(P_{i,j}) \tag{12-22}$$

对于一个恰好有 n 个无底洞的特定配置，这个概率是 $0.2^n \times 0.8^{16-n}$。

在图 12-5a 的场景中，证据包括在每个被访问的方格中是否观测到微风，以及每个这样的方格没有包含无底洞的事实。我们把这些事实缩写成 $b = \neg b_{1,1} \wedge b_{1,2} \wedge b_{2,1}$ 和 $known = \neg p_{1,1} \wedge \neg p_{1,2} \wedge \neg p_{2,1}$。我们感兴趣于回答例如 $P(P_{1,3} \mid known, b)$ 的查询——给定到目前为止的观测，方格 [1, 3] 含有无底洞的可能性是多大？

为了回答这个查询，我们可以沿用式（12-9）的标准方法，也就是从完全联合分布中对各条目求和。令 $unknown$ 表示除已知方格和查询方格 [1, 3] 外的其他方格变量 $P_{i,j}$ 的集合。利用式（12-9），我们有

$$P(P_{1,3} \mid known, b) = \alpha \sum_{unknown} P(P_{1,3}, known, b, unknown) \tag{12-23}$$

完全联合概率已经被指定了，所以任务完成——除非我们还关心计算。这里有 12 个未知的方格，因此求和包含 $2^{12} = 4096$ 项。一般来说，总数随方格数量呈指数增长。

当然，可能有人会问，难道其他方格不是不相关吗？[4, 4] 如何影响 [1, 3] 是否含有无底洞？事实上，这种直觉大致上是正确的，但我们需要更精确的结论。我们真正的意思是，如果知道与我们所关心的方格相邻的所有无底洞变量的值，那么在其他更远的方格中是否有无底洞将不会进一步影响我们的信念。

令 $frontier$ 表示与已访问方格相邻的无底洞变量（除了查询方格），这里是 [2, 2] 和 [3, 1]。令 $other$ 表示其他未知方格的无底洞变量；如图 12-5b 所示，这里是其他 10 个方格。有了这些定义，我们有 $unknown = frontier \bigcup other$。上面给出的关键点现在可以陈述如下：给定 $known$、$frontier$ 和 $query$ 变量，观测到的微风条件独立于其他变量。

为了利用这一点，我们把查询公式改写成另一种形式，其中微风以其他所有变量为条件，然后我们利用条件独立性可以得到

$$P(P_{1,3} \mid known, b)$$
$$= \alpha \sum_{unknown} P(P_{1,3}, known, b, unknown) \qquad [\text{根据式（12-23）}]$$
$$= \alpha \sum_{unknown} P(b \mid P_{1,3}, known, unknown)P(P_{1,3}, known, unknown) \quad (\text{乘积法则})$$
$$= \alpha \sum_{frontier} \sum_{other} P(b \mid known, P_{1,3}, frontier, other)P(P_{1,3}, known, frontier, other)$$
$$= \alpha \sum_{frontier} \sum_{other} P(b \mid known, P_{1,3}, frontier)P(P_{1,3}, known, frontier, other)$$

其中，最后一步使用了条件独立性：即给定 $known$、$P_{1,3}$ 和 $frontier$，b 独立于 $other$。现在，这个表达式的第一项不依赖于 $other$ 变量，所以我们可以将求和内移：

$$P(P_{1,3} \mid known, b)$$

$$= \alpha \sum_{frontier} P(b \mid known, P_{1,3}, frontier) \sum_{other} P(P_{1,3}, known, frontier, other)$$

利用独立性，右边的项可以像式（12-22）那样被分解，然后各项可以重新排序：

$$P(P_{1,3} \mid known, b)$$

$$= \alpha \sum_{frontier} P(b \mid known, P_{1,3}, frontier) \sum_{other} P(P_{1,3}) P(known) P(frontier) P(other)$$

$$= \alpha P(known) P(P_{1,3}) \sum_{frontier} P(b \mid known, P_{1,3}, frontier) P(frontier) \sum_{other} P(other)$$

$$= \alpha' P(P_{1,3}) \sum_{frontier} P(b \mid known, P_{1,3}, frontier) P(frontier)$$

其中，最后一步将 $P(known)$ 合并进归一化常数并利用 $\sum_{other} P(other)$ 等于 1 的事实。

现在，对边界变量 $P_{2,2}$ 和 $P_{3,1}$ 求和仅有 4 项。独立性和条件独立性的使用完全排除了对其他方格的考虑。

注意，当对微风的观测与其他变量一致时，概率 $P(b \mid known, P_{1,3}, frontier)$ 为 1，否则为 0。因此，对 $P_{1,3}$ 的每个值，我们对与已知事实一致的边界变量的逻辑模型进行求和。（与图 7-5 中模型中的枚举进行比较。）图 12-6 展示了模型和它们相关的先验概率 $P(frontier)$。我们有

$$P(P_{1,3} \mid known, b) = \alpha' \langle 0.2(0.04 + 0.16 + 0.16), 0.8(0.04 + 0.16) \rangle \approx \langle 0.31, 0.69 \rangle$$

也就是说，[1, 3]（和对称的 [3, 1]）大约有 31% 的概率含有无底洞。相似的计算——读者或许希望自己计算——表示 [2, 2] 大约有 86% 的概率含有无底洞。wumpus 智能体绝对应该避开 [2, 2]！注意，我们在第 7 章中介绍的逻辑智能体并不知道 [2, 2] 比其他方格更危险。逻辑可以告诉我们 [2, 2] 是否有无底洞是未知的，但我们需要概率告诉我们 [2, 2] 有无底洞的可能性是多大。

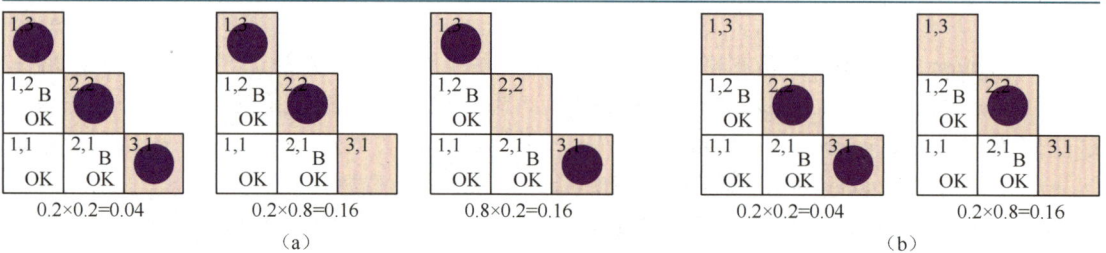

图 12-6　对边界变量 $P_{2,2}$ 和 $P_{3,1}$ 的一致模型，显示每个模型的 $P(frontier)$。（a）$P_{1,3}$ = true 的 3 个模型，说明有两个或三个无底洞。（b）$P_{1,3}$ = false 的两个模型，说明有一个或两个无底洞

本节阐释的是，即使是看似复杂的问题，也可以用概率论精确地表述出来，并用简单的算法求解。为了获得高效的解，可以使用独立性和条件独立性关系简化所需的求和。这些关系通常符合我们对问题应该如何分解的自然理解。在第 13 章中，我们将为这种关系提出形式化的表示，以及基于这些表示去高效地执行概率推断的算法。

小结

本章表明概率论是不确定推理的合适基础，并简要介绍了它的应用。

- 不确定性的产生是由于惰性和无知。在复杂的、非确定性的或部分可观测的环境中，不确定性是不可避免的。
- **概率**表达了智能体无法对一个语句的真值做出明确的判断。概率概括了智能体对于证据的信念。
- **决策论**结合了智能体的信念和欲望，将最大期望**效用**的动作定义为最佳动作。
- 基本的概率陈述包括简单命题和复杂命题上的**先验概率**（或**无条件概率**）和**后验概率**（或**条件概率**）。
- 概率公理约束逻辑相关命题的概率。违背公理的智能体在某些情况下的行为必定是不理性的。
- **完全联合概率分布**为随机变量的每种完整赋值指定了概率。通常，完全联合概率分布过于庞大，以至于无法显式地创建和使用，但如果其可用时，它可以用于回答查询，只需要简单地将其中与查询命题对应的可能世界的条目相加即可。
- 随机变量子集间的**绝对独立性**允许将完全联合分布分解成小的联合分布，极大地降低它的复杂度。
- **贝叶斯法则**允许通过已知的条件概率去计算未知概率，条件概率通常在因果方向上。将贝叶斯法则应用于多条证据时会遇到与完全联合分布相同的规模扩展问题。
- 域中的直接因果关系带来的**条件独立性**允许完全联合分布被分解成小的条件分布。**朴素贝叶斯**模型假设给定单原因变量时，所有结果变量具有条件独立性。模型大小随结果个数线性增长。
- wumpus 世界的智能体可以计算世界中未观测的方面的概率，从而改进纯逻辑智能体的决策。条件独立性简化了这些计算。

参考文献与历史注释

　　概率论是作为一种分析机会博弈的方法而被发明的。大约在公元 850 年，印度数学家马哈维拉卡里亚（Mahaviracarya）描述了如何设置一组不会输的赌局（现在称为荷兰赌）。在欧洲，第一个重要的系统性分析是吉罗拉莫·卡尔达诺在 1565 年前后提出来的，但是在他去世后才发表的（Cardano, 1663）。那时，由于 1654 年布莱兹·帕斯卡和皮埃尔·费马之间一段著名的通信所产生的一系列结果，概率论已经被确立为一门数学学科。第一本出版的概率教材是惠更斯在 1657 年完成的 *De Ratiociniis in Ludo Aleae*（英文书名为 *On Reasoning in a Game of Chance*）（Huygens, 1657）。约翰·阿巴思诺特（John Arbuthnot）（Arbuthnot, 1692）在他翻译的惠更斯的这本书的序言中描述了"惰性与无知"的不确定性观点："一个骰子，在有了明确的力和方向时，是不可能不落在确定的某一面的。只是我不知道是什么样的力和方向使它落在确定的某一面，所以我把它叫作机会，这样称呼只不过是缺乏艺术。"

　　概率和推理的联系至少可以追溯到 19 世纪。1819 年，皮埃尔·拉普拉斯说："概率论只不过是简化为计算的常识。"1850 年，詹姆斯·麦克斯韦说："这个世界的真正逻辑是概率演算，它考虑的是一个理性人心中概率的大小是多少，或者说应该是多少。"

　　关于概率数值的来源和状态一直存在着无休止的争论。**频率主义者**（frequentist）认为数值只能来源于实验：如果我们检测 100 个人，发现其中 10 个人有蛀牙，则我们可以说蛀牙的概率大约是 0.1。在这个观点里，断言"蛀牙概率是 0.1"的意思是，0.1 是在无限多个样本的极限下应观测到的比例。从任何有限样本中，我们都可以估计真实比例，也可以计算出我们的估计的准确程度。

客观主义者（objectivist）的观点是，概率是宇宙的真实面貌，是物体以某种方式行动的倾向，而不仅仅是对观察者的信念度的描述。例如，一枚公平的硬币正面朝上的概率是 0.5 这一事实是硬币本身的倾向。在这个观点中，频率测量是在试图观测这些倾向。大多数物理学家同意量子现象客观上是概率性的，但在宏观尺度上具有不确定性，例如抛硬币，这通常是由于不知道初始条件，似乎与倾向观点不一致。

主观主义者（subjectivist）的观点是将概率描述为一种刻画智能体信念的方式，而不具有任何外部物理意义。主观贝叶斯学派观点允许任何对命题归因自洽的先验概率，但坚持在证据到达后进行适当的贝叶斯更新。

由于参考类（reference class）的问题，即使是严格的频率主义者也涉及主观性：在尝试确定特定实验的结果概率时，频率主义者必须将其置于一个具有已知结果频率的"相似"实验的参考类中。但正确的类是什么呢？古德（I. J. Good）写道（Good, 1983, p.27）："生活中的每一件事都是独一无二的，我们在实践中估计的每一个现实生活中的概率都是从未发生过的事件。"

例如，给定一个特定的病人，一个频率主义者想要估计出蛀牙的概率，他会考虑在重要方面——年龄、症状、饮食——相似的其他病人的参考类，然后看看他们中有蛀牙的比例。如果牙医要考虑病人的所有已知信息（如头发颜色、四舍五入到克的体重、母亲的婚前姓名），那么参考类就变成空的了。这一直是科学哲学中一个令人烦恼的问题。

帕斯卡使用概率的方式，既需要客观解释作为基于对称或相关频率的世界属性，也需要基于信念度的主观解释——前者出现在他对机会博弈的概率分析中，后者出现在著名的关于上帝可能存在的"帕斯卡赌注"中。但是，帕斯卡并没有清晰地意识到两种解释的区别。这种区别由雅各布·伯努利首次明确提出。

莱布尼茨引入了概率的"经典"概念——可枚举的、等可能的情况的比例。伯努利也使用了这个概念，而使它引起公众关注的是拉普拉斯（Laplace, 1816）。这个概念在频率解释和主观解释之间是模糊的。被认为是等可能性的情况，要么是因为它们之间具有自然的物理对称性，要么只是因为我们没有任何知识可以让我们认为一个比另一个更有可能发生。后者使用主观考虑解释分配等概率被称为无差别原则（principle of indifference）。这个原则常被归功于拉普拉斯（Laplace, 1816），但他从没明确地使用过这个名字，是凯恩斯（Keynes, 1921）命名了这个原则。乔治·布尔和约翰·维恩（John Venn）称其为理由不充分原则（principle of insufficient reason）。

在 20 世纪，客观主义者和主观主义者之间的争论变得更加尖锐。柯尔莫哥洛夫（Kolmogorov, 1963）、罗纳德·费舍尔（Fisher, 1922）和理查德·冯·米泽斯（Richard von Mises）（von Mises, 1928）是相对频率解释的拥护者。卡尔·波珀（Karl Popper）的"倾向"解释（Popper, 1959，1934 年首次在德国发表）将相对频率追溯到潜在的物理对称性。弗兰克·拉姆齐（Ramsey, 1931）、布鲁诺·德菲内蒂（de Finetti, 1937）、考克斯（Cox, 1946）、伦纳德·萨维奇（Leonard Savage）（Savage, 1954）、理查德·杰弗里（Richard Jeffrey）（Jeffrey, 1983）和杰恩斯（E. T. Jaynes）（Jaynes, 2003）将概率解释为特定个体的信念度。他们对信念度的分析与效用和行为（特别是下注的意愿）密切相关。

鲁道夫·卡纳普提供了概率的不同解释——概率不是个体真正持有的信念度，而是给定特定的证据 e，一个理想化的推理者对特定命题 a 应该持有的信念度。卡纳普试图使确证（confirmation）度这个概念作为 a 和 e 的一种逻辑关系，从而在数学上更加精确。目前认为，尚无这种独特的逻辑。相反，任何这样的逻辑都基于主观先验概率分布，随着更多观测结果的收集，先验的影响在减弱。

研究这种关系的目的是要建立一门叫作**归纳逻辑**（inductive logic）的数学学科，类似于一般的演绎逻辑（Carnap, 1948, 1950）。卡纳普没能将他的归纳逻辑拓展到命题之外，普特南（Putnam, 1963）通过对抗辩论指出一些困难是固有的。最近巴克斯、格罗夫、哈尔彭和科勒（Bacchus, Grove, Halpern, and Koller, 1992）的工作把卡纳普的方法拓展到一阶理论。第一个概率论的严格公理框架是由柯尔莫哥洛夫（Kolmogorov, 1950）提出的（1933 年首次在德国发表）。雷尼（Rényi, 1970）后来给出了一个以条件概率而不是绝对概率为基础的公理表述。

除德菲内蒂对公理有效性的论证之外，考克斯（Cox, 1946）指出任何满足他的一系列假设的不确定推理系统都等价于概率论。这让概率论支持者重拾信心，但其他人却不相信，他们反对必须用一个数字来表示信念的假设。哈尔彭（Halpern, 1999）描述了这些假设并指出了考克斯原始公式的一些漏洞。霍恩（Horn, 2003）阐释了如何解决困难。杰恩斯（Jaynes, 2003）提出了相似但更易读懂的论点。

托马斯·贝叶斯（Thomas Bayes，1702—1761）引入了关于条件概率的推理规则，这一规则在他死后以他的名字命名（Bayes, 1763）。贝叶斯只考虑了均匀先验的情况，是拉普拉斯独立发展了先验概率的一般情况。自从 20 世纪 60 年代以来，贝叶斯概率推理就在人工智能中得到使用，特别是医疗诊断领域。它不仅用于从现有证据中进行诊断，还用于在现有证据不确定的情况下使用信息价值理论（16.6 节）来选择进一步的问题和测试（Gorry, 1968; Gorry *et al.*, 1973）。一个系统曾在诊断急性腹部疾病方面超越人类专家（de Dombal *et al.*, 1974），卢卡斯等人（Lucas *et al.*, 2004）对此提供了一个概述。

这些早期的贝叶斯系统遇到了许多问题。由于缺乏关于诊断条件的理论模型，在只有少量样本的情况下，它们容易受到非代表性数据的影响（de Dombal *et al.*, 1981）。更为根本的是，由于缺乏一个简洁的形式体系来表示和使用条件独立性信息（就像将在第 13 章中描述的那种），它们依赖于对大型概率数据表的获取、存储和处理。因为这些困难的存在，从 20 世纪 70 年代到 80 年代中期，人工智能中应对不确定性的概率方法不再受欢迎。第 13 章我们将介绍自 20 世纪 80 年代末以来概率方法的发展情况。

自从 20 世纪 50 年代以来，基于联合分布的朴素贝叶斯模型就已经在模式识别领域的文献中得到了广泛的研究（Duda and Hart, 1973）。从马龙（Maron, 1961）的工作开始，信息检索领域也经常在无意间用到这种方法。这项技术的概率基础由罗伯逊（Robertson）和斯派克·琼斯（Sparck Jones）（Robertson and Jones, 1976）阐明，习题 12.BAYS 对此进行了进一步描述。多明戈斯和帕扎尼（Domingos and Pazzani, 1997）为朴素贝叶斯推理即使在明显违反独立性假设的领域也能取得惊人成功提供了一个解释。

有许多关于概率论的优秀入门教材，包括（Bertsekas and Tsitsiklis, 2008）、（Ross, 2015）和（Grinstead and Snell, 1997）。德格鲁特和舍维什（DeGroot and Schervish, 2001）从贝叶斯视角对概率和统计进行了综合介绍，而沃波尔等人（Walpole *et al.*, 2016）面向科学家和工程师提供了介绍。杰恩斯（Jaynes, 2003）对贝叶斯方法进行了有说服力的阐述。比林斯利（Billingsley, 2012）和文卡特什（Venkatesh, 2012）提供了更多数学上的处理方法，包括我们忽略的所有涉及连续变量的复杂情况。哈金（Hacking, 1975）和哈尔德（Hald, 1990）囊括了概率这一概念的早期历史，而伯恩斯坦（Bernstein, 1996）给出了比较通俗的解释。

第13章

概率推理

> 在本章中，我们将阐释如何根据概率论定理构建在不确定性下进行推理的高效的网络模型，以及如何区分相关关系和因果关系。

我们在第 12 章中介绍了概率论的基本要素，并指出了独立性和条件独立性关系在简化世界的概率表示中的重要性。在本章中，我们将介绍一种系统的方法，以**贝叶斯网络**（Bayesian network）的形式明确地表示这些关系。我们将定义这些网络的语法和语义，并展示如何以自然高效的方式使用它们来捕捉不确定知识。之后我们将阐释在许多实际情况下应如何高效地进行概率推断（尽管在最差的情况下，这些推断可能是难以计算的）。我们也将介绍各种近似推断算法，它们通常适用于精确推断不可行的情况下。第 15 章将贝叶斯网络的基本思想扩展到用于定义概率模型的表达能力更强的形式语言上。

13.1 不确定域的知识表示

在第 12 章中，我们看到了完全联合概率分布可以回答任何关于域的问题，但同时其规模会随着变量数量的增长而变得非常大。此外，逐个指定可能世界的概率是不自然的，也是单调乏味的。

我们还看到，变量之间的独立性和条件独立性关系可以极大地减少为定义完全联合分布而需要指定的概率的数量。本节将介绍一种被称为**贝叶斯网络**（Bayesian network）[1]的数据结构来表示变量之间的依赖关系。贝叶斯网络可以本质上表示任何完全联合概率分布，并且它在很多情况下可以非常简洁。

贝叶斯网络是一个有向图，其中每个节点用定量的概率信息标记。完整的描述如下。

（1）每个节点对应一个随机变量，它可以是离散的，也可以是连续的。

（2）有向链路或箭头连接成对的节点。如果有从节点 X 指向节点 Y 的箭头，则称 X 是 Y 的一个父节点。图中没有有向环，因此它是一个有向无环图（简称 DAG）。

（3）每个节点 X_i 关联概率信息 $\theta(X_i \mid Parents(X_i))$，我们使用有限的**参数**量化父节点对该节点的影响。

网络的拓扑（节点和链路的集合）以精确简洁的方式指定了在域中成立的条件独立性关系。箭头的直观含义通常是 X 对 Y 有直接影响，这意味着原因通常是结果的父节点。对领域专家来说，决定域中存在哪些直接影响通常很容易，事实上，这比实际指定概率本身要容易得多。一旦我们确定了贝叶斯网络的拓扑结构，就只需要以给定其父节点的条件分布的形式来指定每

---

[1] "Bayesian network" 通常缩写成 "Bayes net"，它在 20 世纪八九十年代被称为**信念网络**（belief network）。**因果网络**（causal network）是指对箭头含义有额外约束的贝叶斯网络（见 13.5 节）。术语**图模型**（graphical model）指包括贝叶斯网络在内的更广泛的类。

个变量的局部概率信息。所有变量的完全联合分布由拓扑结构和局部概率信息定义。

回想一下第 12 章中描述的包含变量 *Toothache*、*Cavity*、*Catch* 和 *Weather* 的简单世界。我们认为 *Weather* 独立于其他变量；此外，我们认为给定 *Cavity* 时，*Toothache* 和 *Catch* 条件独立。这些关系由图 13-1 所示的贝叶斯网络结构表示。形式上，给定 *Cavity* 时，*Toothache* 和 *Catch* 的条件独立性由 *Toothache* 和 *Catch* 之间没有链路来指明。直观来说，该网络表明 *Cavity* 是 *Toothache* 和 *Catch* 的直接原因，而 *Toothache* 和 *Catch* 之间不存在直接的因果关系。

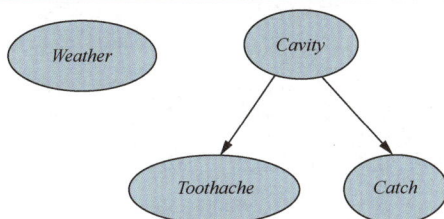

图 13-1   一个简单的贝叶斯网络，其中 *Weather* 独立于其他 3 个变量，*Toothache* 和 *Catch* 在给定 *Cavity* 时条件独立

现在让我们考虑一个稍微复杂的例子。设想你在家里安装了一个新的防盗警报器，它在探测入室盗窃方面相当可靠，但它偶尔也会被小型地震触发。（这个例子来自朱迪亚·珀尔，他是地震多发地区洛杉矶的居民）。你还有两位邻居约翰（John）和玛丽（Mary），他们承诺，在你工作时如果他们听到警报就给你打电话。约翰几乎总能在听到警报的时候给你打电话，但他有时会因为混淆了电话铃声和警报而错误地给你打电话。但是，玛丽平时喜欢听喧闹的音乐，因此经常完全错过了警报。现在给定他们是否打过电话的证据，我们希望估计入室盗窃的概率。

图 13-2 展示了这个域的贝叶斯网络。网络结构表明，入室盗窃和地震直接影响警报器报警的概率，但约翰和玛丽是否打电话只依赖警报器。因此，这个网络应验了我们的假设：他们不会直接察觉到入室盗窃，不会注意到小型地震，也不会在打电话之前互相商量。

图 13-2 中每个节点的局部概率信息采用**条件概率表**（conditional probability table，CPT）的形式表示。（条件概率表只能用于离散变量，其他表示方式，包括适用于连续变量的表示方式，将在 13.2 节中介绍）。条件概率表的每一行包含某个**条件事件**（conditioning case）下每个节点的值的条件概率。条件事件就是所有父节点的一个可能的值的组合，如果你喜欢的话，也可以把它视为一个微型的可能世界。条件概率表中每一行的概率的和必须是 1，因为这些表项代表了变量穷举情形的集合。对布尔变量来说，一旦知道了真值为真的概率是 p，为假的概率必是 $1-p$，因而我们经常像图 13-2 那样省略行中的第二个数字。一般来说，一个具有 k 个布尔父节点的布尔变量的条件概率表包含 2^k 个独立可指定的概率。对于没有父节点的节点，其条件概率表只有一行，表示变量每个可能的值的先验概率。

注意，网络中没有与玛丽当前正在听喧闹音乐或电话铃声混淆约翰相对应的节点。这些因素被归结到从 *Alarm* 到 *JohnCalls* 和 *MaryCalls* 的链路相关联的不确定性中。这展示了操作中的惰性与无知，正如 12.1.1 节所解释的那样：要弄清楚为什么在所有特定情况下这些因素或多或少都可能存在，我们需要做大量的工作，而且我们也没有合理的途径来获取相关信息。

这些概率实际上囊括了潜在的无限多种情况，在这些情况下，警报可能不会响起（湿度大、电源故障、电池没电、电线断了、一只死老鼠卡在了警铃里等）或者约翰和玛丽可能无法打电话报告（外出吃午饭、度假、暂时性失聪、直升机飞过，等等）。通过这种方式，一个小的智能体可以（至少是可以近似地）应对非常大的世界。

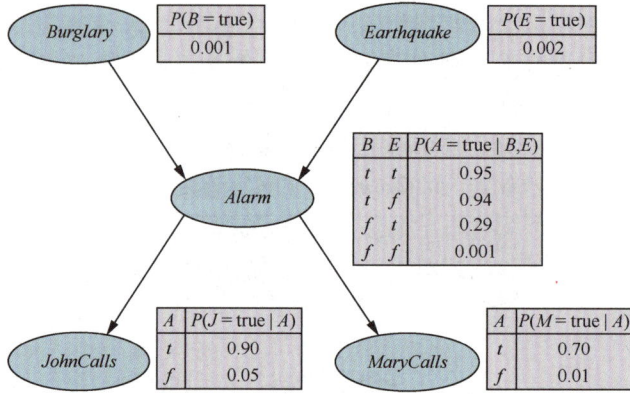

图 13-2 一个典型的贝叶斯网络，所示为其拓扑结构和条件概率表。在条件概率表中，字母 B、E、A、J 和 M 分别代表 *Burglary*、*Earthquake*、*Alarm*、*JohnCalls* 和 *MaryCalls*

13.2 贝叶斯网络的语义

贝叶斯网络的**语法**由一个每个节点都附加一些局部概率信息的有向无环图组成。语义定义了语法如何对应于网络的变量的联合分布。

假设贝叶斯网络包含 n 个变量 $X_1, \cdots, X_n$。那么联合分布的一个通用条目是 $P(X_1 = x_1 \wedge \cdots \wedge X_n = x_n)$，或者缩写成 $P(x_1, \cdots, x_n)$。贝叶斯网络的语义将联合分布中的每个条目定义如下：

$$P(x_1, \cdots, x_n) = \prod_{i=1}^{n} \theta(x_i \mid parents(X_i)) \tag{13-1}$$

其中 $parents(X_i)$ 代表在 $x_1, \cdots, x_n$ 中出现的 $Parents(X_i)$ 的值。因此，联合分布中的每一项都由贝叶斯网络中局部条件分布的适当元素的乘积来表示。

为了说明这一点，我们可以计算出警报响起，但没有发生入室盗窃或地震，而且约翰和玛丽都打来电话的概率。我们只需将局部条件分布（变量名缩写）中的相关条目相乘：

$$P(j, m, a, \neg b, \neg e) = P(j \mid a)P(m \mid a)P(a \mid \neg b \wedge \neg e)P(\neg b)P(\neg e)$$
$$= 0.90 \times 0.70 \times 0.001 \times 0.999 \times 0.998 = 0.000628$$

我们在 12.3 节中表明了，完全联合分布可以用来回答关于域的任何查询。如果贝叶斯网络是联合分布的一种表示，那么它也可以用于回答任何查询——通过对所有相关的联合概率值求和，每个值都可以通过乘以局部条件分布的概率计算出来。13.3 节将对此进行更详细的解释，也将介绍更高效的方法。

到目前为止，我们都忽略了一个重要的问题：局部条件分布 $\theta(x_i \mid parents(X_i))$ 中的数字的含义是什么？根据式（13-1）我们可以证明，参数 $\theta(x_i \mid parents(X_i))$ 恰好是联合分布所隐含的条件概率 $P(x_i \mid parents(X_i))$。条件分布可以从联合分布中计算得到，如下：

$$P(x_i \mid parents(X_i)) \equiv \frac{P(x_i, parents(X_i))}{P(parents(X_i))}$$

$$= \frac{\sum_y P(x_i, parents(X_i), \boldsymbol{y})}{\sum_{x_i', y} P(x_i', parents(X_i), \boldsymbol{y})}$$

其中 y 表示除 X_i 和它的父节点外所有其他的变量的值。由最后一行可以得到 $P(x_i \mid parents(X_i)) = \theta(x_i \mid parents(X_i))$（见习题 13.CPTE）。因此，我们可以将式（13-1）改写成

$$P(x_1, \cdots, x_n) = \prod_{i=1}^{n} P(x_i \mid parents(X_i)) \qquad (13\text{-}2)$$

这意味着在估计局部条件分布的值时，它们应当是给定父节点时该变量的真实条件概率。例如，当我们指定 $\theta(JohnCalls = \text{true} \mid Alarm = \text{true}) = 0.90$ 时，意思是在 90% 的情况下当警报响起时约翰会打电话。网络的每一个参数都只在一个变量的小集合上具有明确的含义，这一事实对于模型的健壮性和易描述性至关重要。

1. 构造贝叶斯网络的方法

式（13-2）定义了一个给定的贝叶斯网络的含义。接下来，我们将解释如何构造一个贝叶斯网络，并使其产生的联合分布能很好地表示给定的域。现在我们将说明式（13-2）隐含了某些可以用来指导知识工程师们构造网络拓扑结构的条件独立性关系。首先，我们使用乘积法则（12.2.1节）将联合分布的条目改写成条件概率：

$$P(x_1, \cdots, x_n) = P(x_n \mid x_{n-1}, \cdots, x_1) P(x_{n-1}, \cdots, x_1)$$

然后重复这个过程，将每个联合概率归约一个条件概率和一个更小的变量集上的联合概率。最后我们得到一个大的乘积式：

$$P(x_1, \cdots, x_n) = P(x_n \mid x_{n-1}, \cdots, x_1) P(x_{n-1} \mid x_{n-2}, \cdots, x_1) \cdots P(x_2 \mid x_1) P(x_1)$$
$$= \prod_{i=1}^{n} P(x_i \mid x_{i-1}, \cdots, x_1)$$

这个恒等式称为**链式法则**（chain rule），它对任何随机变量集合都成立。通过将其与式（13-2）相比较，我们可以发现联合分布的规范等价于一般的断言：对于网络中的每个变量 X_i，假设 $Parents(X_i) \subseteq \{X_{i-1}, \cdots, X_1\}$，有

$$\boldsymbol{P}(X_i \mid X_{i-1}, \cdots, X_1) = \boldsymbol{P}(X_i \mid Parents(X_i)) \qquad (13\text{-}3)$$

通过**拓扑顺序**（topological order，即与有向图结构一致的任何顺序）对节点进行编号，就能满足条件 $Parents(X_i) \subseteq \{X_{i-1}, \cdots, X_1\}$。例如，图 13-2 中的节点可以排序成 B、E、A、J、M 或 E、B、A、M、J 等。

式（13-3）表明，只有在给定父节点，每个节点条件独立于节点排序中的其他前驱节点时，贝叶斯网络才是域的正确表示。我们可以使用如下的贝叶斯网络构建方法来满足这一条件。

（1）节点：首先确定建模域所需的变量集合，再对它们进行排序，得到 $\{X_1, \cdots, X_n\}$。任何排序的顺序都是可行的，但是如果变量的顺序是原因先于结果的，那么产生的网络会更紧凑。

（2）链路：i 从 1 到 n，循环执行：

- 从 $X_1, \cdots, X_{i-1}$ 中为 X_i 选择最小父节点集合，使得满足式（13-3）；
- 为每个父节点插入一条从父节点到 X_i 的链路；
- 记录条件概率表 $\boldsymbol{P}(X_i \mid Parents(X_i))$。

直观上看，节点 X_i 的父节点应该包含 $X_1, \cdots, X_{i-1}$ 中所有直接影响 X_i 的变量。例如，假设除为 *MaryCalls* 选择父节点之外，我们已经构造完成了图 13-2 的网络。变量 *MaryCalls* 肯定被是否有 *Burglary* 或 *Earthquake* 影响，但这些影响不是直接的。直觉上，对这个域的知识告诉我们，这些事件只通过它们对警报器的结果来影响玛丽打电话的行为。而且，给定警报器的状

态，约翰是否打电话对玛丽的打电话行为没有影响。从数学上严谨地说，我们认为以下条件独立命题是成立的：

$$P(MaryCalls \mid JohnCalls, Alarm, Earthquake, Burglary) = P(MaryCalls \mid Alarm)$$

因此，*Alarm* 是 *MaryCalls* 的唯一父节点。

　　由于每个节点只与前面的节点相连，这种构建方法保证了网络是无环的。贝叶斯网络的另一个重要性质是它不包含冗余的概率值。如果没有冗余，就不可能产生不一致的网络：知识工程师或领域专家不可能创建一个违反概率公理的贝叶斯网络。

2. 紧凑性与节点顺序

　　贝叶斯网络除了可以作为域的完整且非冗余的表示，通常还比完全联合分布更紧凑。这个性质使得我们能够处理具有许多变量的域。贝叶斯网络的紧凑性是**局部结构化**（locally structured）[也称为**稀疏**（sparse）] 系统一般性质的一个示例。在局部结构化的系统中，每个子组件仅与有限数量的其他组件直接交互，而与组件总数无关。局部结构化在复杂度上的增长速度通常是线性的而非指数级别的。

　　在使用贝叶斯网络时，在大多数域中可以合理地假设：每个随机变量最多受到 k 个其他随机变量的直接影响，其中 k 是某个常数。为了简单起见，我们假设问题中存在 n 个布尔变量，由于指定每个条件概率表所需的信息数量最多是 2^k 个数值，因此整个网络可以用 $2^k \cdot n$ 个数值指定，而联合分布本身包含 2^n 个数值。具体来说，假设我们有 $n = 30$ 个节点，每个节点有 5 个父节点（$k = 5$）。则确定一个贝叶斯网络仅需要 960 个数值，但确定一个完全联合分布需要超过 10 亿个数值。

　　为一个全连接网络——每个变量都以其所有前驱节点作为父节点的网络——指定条件概率表所需的信息量和以表的形式指定联合分布所需的信息量同样多。出于这个原因，我们会在变量之间的依赖关系微弱时忽略该链路，因为通过增加网络额外的复杂性以获得精度上的一点点提高并不值得。例如，有人可能会反对我们的入室盗窃网络，理由是如果发生大地震，那么约翰和玛丽即使听到警报也不会打电话来，因为他们会认为地震才是导致警报的原因。是否增加从 *Earthquake* 到 *JohnCalls* 和 *MaryCalls* 的链路（这样就扩大了表格）取决于指定额外信息的代价与得到更准确概率的重要性之间的权衡。

　　即使在局部结构化的域内，我们也只能在节点顺序选择合适的情况下得到一个紧凑的贝叶斯网络。如果选择了错误的节点顺序会发生什么？再次以入室盗窃为例。假设我们按照 *MaryCalls*、*JohnCalls*、*Alarm*、*Burglary*、*Earthquake* 的顺序添加节点，那么我们得到图 13-3a 所示的稍微复杂一些的网络。其产生过程如下。

- 添加 *MaryCalls*：无父节点。
- 添加 *JohnCalls*：如果玛丽打了电话，这可能意味着警报器触发了，这让约翰更有可能去打电话。因此，*JohnCalls* 需要 *MaryCalls* 作为父节点。
- 添加 *Alarm*：显然，如果两个人都打了电话，警报器被触发的可能性比只有一个人或者没有人打电话更大，所以我们需要把 *MaryCalls* 和 *JohnCalls* 都作为父节点。
- 添加 *Burglary*：如果我们知道了警报器的状态，则约翰或玛丽的电话可能告诉我们电话响了或者玛丽是否在听音乐的信息，而不是入室盗窃的信息。

$$P(Burglary \mid Alarm, JohnCalls, MaryCalls) = P(Burglary \mid Alarm)$$

因此我们只需要 *Alarm* 作为父节点。

- 添加 *Earthquake*：如果警报器被触发，则更可能发生了地震。（因为警报器其实也是一种地震探测器。）但是，如果我们知道确实发生了入室盗窃，那么就可以解释警报器的行为，并且发生地震的概率只会比正常情况稍高一点。因此，我们需要 *Alarm* 和 *Burglary* 都作为父节点。

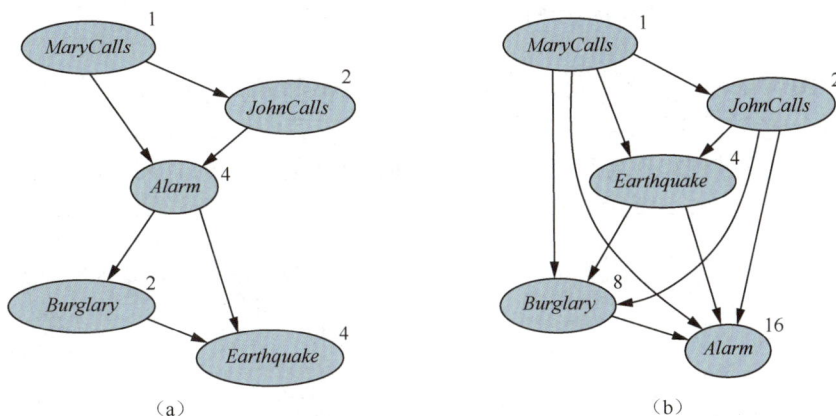

图 13-3　网络结构和参数个数取决于变量的引入顺序。（a）依照顺序 *M*、*J*、*A*、*B*、*E* 得到的结构。（b）依照顺序 *M*、*J*、*E*、*B*、*A* 得到的结构。每个节点都标记了所需参数的个数，（a）共需 13 个参数，（b）共需 31 个参数，而在图 13-2 中，只需 10 个参数

得到的网络比图 13-2 中原始网络多了两条链路，并且需要 13 个条件概率而非 10 个。更糟糕的是，一些链路表示的关系十分脆弱，对它们的概率判断困难且不自然，例如给定 *Burglary* 和 *Alarm* 时，评估 *Earthquake* 的概率。这种现象相当普遍，它与 12.5.1 节介绍的**因果**（causal）模型与**诊断**（diagnostic）模型的区别有关（也可见习题 13.WUMD）。如果我们坚持使用因果模型，则最终需要指定的数值更少，并且数值通常会更容易得到。例如，在医疗领域，特韦尔斯基和卡内曼（Tversky and Kahneman, 1982）指出，专家医生更喜欢对因果规则而不是诊断规则给出概率判断。13.5 节将更深入地探讨因果模型的概念。

图 13-3b 给出了一种非常差的节点顺序：*MaryCalls*、*JohnCalls*、*Earthquake*、*Burglary*、*Alarm*。这个网络需要指定 31 个不同的概率——其数量与完全联合分布完全相同。但我们要意识到重要的一点：这 3 种网络中的任何一种都可以表示完全相同的联合分布。图 13-3 中的两个版本没有表明所有的条件独立性关系，因此最终指定了许多不必要的数值。

13.2.1　贝叶斯网络中的条件独立性关系

根据式（13-2）中定义的贝叶斯网络的语义，我们可以推导出一些条件独立性的性质。我们已经看到过这样的一个性质：给定父节点，一个变量条件独立于它的其他前驱变量。我们也可以证明更一般的"非子孙"性质：

给定父节点，每个变量条件独立于它的非**子孙**（descendant）节点。

例如，在图 13-2 中，给定 *Alarm* 的值，变量 *Johncalls* 独立于 *Burglary*、*Earthquake* 和 *MaryCalls*。其定义如图 13-4a 所示。

结果表明，将网络参数 $\theta(X_i \mid Parents(X_i))$ 解释为条件概率 $\boldsymbol{P}(X_i \mid Parents(X_i))$，再结合非子孙性质，足以重构式（13-2）给出的完全联合分布。换句话说，我们可以用另一种方式来看待

贝叶斯网络的语义：网络定义了一个条件独立性性质的集合，而不是将完全联合分布定义为条件分布的乘积。完全联合分布也可以由这些性质推导得出。

另一个重要的独立性性质蕴含在非子孙性质中：

> 给定一个变量的父节点、子节点和子节点的父节点，即给定它的**马尔可夫毯**（Markov blanket），其条件独立于网络中所有其他节点。

（习题 13.MARB 要求你证明这一点。）例如，给定 *Alarm* 和 *Earthquake*，变量 *Burglary* 独立于 *JohnCalls* 和 *MaryCalls*。图 13-4b 说明了这个性质。正如我们将在 13.4.2 节中解释的那样，马尔可夫毯的性质使得使用完全局部随机采样过程和分布式随机采样过程的推断算法成为可能。

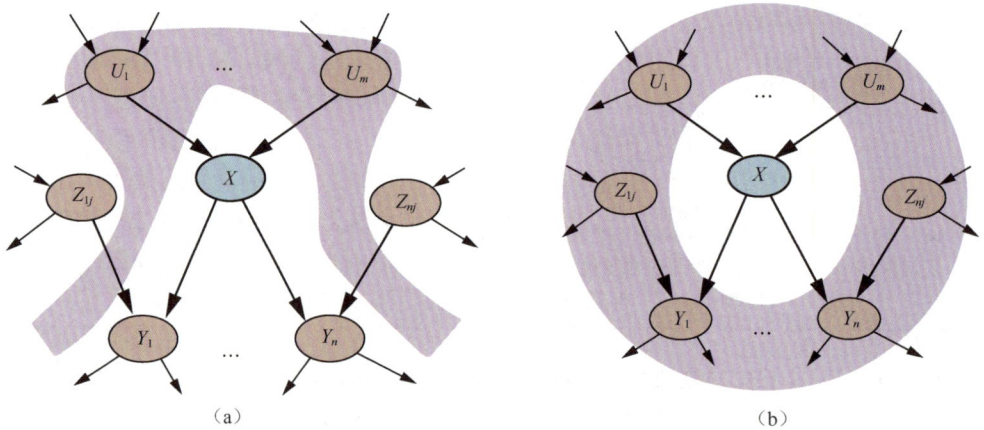

图 13-4 （a）给定父节点（浅紫色区域中所示的 U_i），节点 X 条件独立于它的非子孙节点（例如，Z_{ij}）。（b）给定它的马尔可夫毯（浅紫色区域），节点 X 条件独立于网络中的所有其他节点

在处理贝叶斯网络时，人们通常会对条件独立性有这样的问题：给定第三个集合 Z，节点集合 X 是否条件独立于另一个集合 Y。这个问题可以通过检查贝叶斯网络的集合 Z 是否 **d 分离**（d-separate）集合 X 和 Y 来高效地确定。其具体过程如下。

（1）只考虑包含 X、Y、Z 和它们祖先的**祖先子图**（ancestral subgraph）。

（2）在共享公共子节点的任何无链路相连的节点对之间添加链路；我们有了所谓的**道德图**（moral graph）。

（3）用无向链路替换所有有向链路。

（4）在得到的图中，如果 Z 阻塞了所有 X 和 Y 之间的路径，则 Z d 分离 X 和 Y。那样的话，给定 Z 时，X 将条件独立于 Y。否则，原始贝叶斯网络不要求条件独立性。

简而言之，d 分离意味着在无向的、道德的、祖先子图中分离。将这个定义应用到图 13-2 中的入室盗窃网络中，我们可以推断出 *Burglary* 和 *Earthquake* 在给定空集的情况下独立（也就是说，它们绝对独立）；它们无须在给定 *Alarm* 时条件独立；在给定 *Alarm* 时，*JohnCalls* 和 *MaryCalls* 条件独立。注意，马尔可夫毯性质直接遵循 d 分离性质，因为一个变量的马尔可夫毯将它与其他所有变量 d 分离。

13.2.2 条件分布的高效表示

即使最大父节点的数量 k 很小，为一个节点填充条件概率表也需要 $O(2^k)$ 个数值，并且可能需要我们对所有可能的条件事件有大量的经验。事实上，这是最坏的情况，父节点和子节点之间的关系是完全任意的。通常，这种关系可以通过符合某种标准模式的**正则分布**（canonical distribution）来描述。在这种情况下，我们可以通过命名使用的模式并提供一些参数来指定完整的表。

最简单的例子是**确定性节点**（deterministic node）。确定性节点的值完全由其父节点的值指定，没有任何不确定性。这种关系可以是逻辑关系，例如，父节点 *Canadian*、*US*、*Mexican* 与子节点 *NorthAmerican* 的关系为子节点是父节点的析取。这种关系也可以是数值关系，例如，汽车的 *BestPrice* 是区域内每个经销商的最低价格，年末水库中的 *WaterStored* 是原始水量加上流入量（河流、径流、降水）减去流出量（放水、蒸发、渗漏）。

许多贝叶斯网络系统允许用户使用通用编程语言来指定确定性函数；这使得在概率模型中包含诸如全球气候模型或电网模拟器等复杂元素成为可能。

另一个在实践中经常出现的重要模式是**特定于上下文的独立性**（context-specific independence，CSI）。如果给定其他变量的某些值，一个变量条件独立于它的一些父节点，则这个条件分布存在 CSI。例如，假设你的汽车在一段给定时间内的 *Damage* 依赖于汽车的 *Ruggedness*，以及在这段时间内是否发生了 *Accident*。显然，如果 *Accident* 为假，则 *Damage* 并不依赖于汽车的 *Ruggedness*。（汽车的漆面或车窗可能会被人为破坏，但我们认为所有的汽车都会受到同等的破坏。）我们称给定 *Accident* = false，*Damage* 特定于上下文独立于 *Ruggedness*。贝叶斯网络系统通常使用 if-then-else 语法来指定条件分布以实现 CSI，例如，我们可以将其写作

$$P(Damage \mid Ruggedness, Accident) =$$
$$\textbf{if } (Accident = \text{false}) \textbf{ then } d_1 \textbf{ else } d_2(Ruggedness)$$

其中 d_1 和 d_2 表示任意的分布。与确定性的情况一样，网络中存在的 CSI 有利于高效的推断。我们可以对 13.3 节中将提到的所有推断算法进行修改，以利用 CSI 来加速计算。

不确定关系通常可以利用所谓的**噪声**（noisy）逻辑关系来刻画。其中一个典型的例子是**噪声或**（noisy-OR）关系，它是逻辑或的推广。在命题逻辑中，当且仅当 *Cold*、*Flu* 或 *Malaria* 为真时，我们说 *Fever* 为真。噪声或模型为每个父节点导致子节点为真的能力引入了不确定性，父节点与子节点之间的因果关系可能会被抑制，因此病人可能感冒，但可能不发烧。

该模型做了两个假设。首先，假设所有可能的原因都被列出。[如果遗漏了一些原因，我们总是增加一个所谓的**遗漏节点**（leak node）来涵盖"其他原因"]。其次，它假设每个父节点受到的抑制独立于其他父节点受到的抑制，例如，无论什么原因抑制了 *Malaria* 引起发烧，它都独立于其他的抑制 *Flu* 引起发烧的原因。在这两个假设下，*Fever* 为假当且仅当它所有为真的父节点都被抑制，这个概率是它的每个父节点被抑制的概率 q_j 的乘积。假设这些个体抑制概率如下：

$$q_{\text{cold}} = P(\neg fever \mid cold, \neg flu, \neg malaria) = 0.6$$
$$q_{\text{flu}} = P(\neg fever \mid \neg cold, flu, \neg malaria) = 0.2$$
$$q_{\text{malaria}} = P(\neg fever \mid \neg cold, \neg flu, malaria) = 0.1$$

根据这些信息和噪声或假设，我们可以构建完整的条件概率表：

$$P(x_i \mid parents(X_i)) = 1 - \prod_{\{j; X_j = \text{true}\}} q_j$$

其中的乘积是条件概率表中那一行中值为真的父节点的乘积。图 13-5 展示了这种计算。

Cold	Flu	Malaria	P(fever | ·)	P(¬fever | ·)
f	f	f	0.0	1.0
f	f	t	0.9	**0.1**
f	t	f	0.8	**0.2**
f	t	t	0.98	0.02 = 0.2 × 0.1
t	f	f	0.4	**0.6**
t	f	t	0.94	0.06 = 0.6 × 0.1
t	t	f	0.88	0.12 = 0.6 × 0.2
t	t	t	0.988	0.012 = 0.6 × 0.2 × 0.1

图 13-5　P(Fever | Cold, Flu, Malaria) 的完整条件概率表，假设噪声或模型使用的 3 个 q 值用粗体表示

通常，一个依赖于 k 个父节点的变量的噪声逻辑关系可以用 $O(k)$ 个参数而非 $O(2^k)$ 来描述完全条件概率表，这使得评估和学习更加容易。例如，CPCS 网络（Pradhan *et al.*, 1994）使用噪声或和噪声最大分布对疾病和症状之间的关系建模。对于含有 448 个节点和 906 条链路的具有完全条件概率表的网络，它只需要 8254 个参数，而不是 133 931 430 个参数。

13.2.3　连续变量的贝叶斯网络

许多真实世界的问题涉及连续值，例如高度、质量、温度和金钱。根据定义，连续变量有无限多个可能的值，因此明确地为每个值指定条件概率是不可能的。处理连续变量的一种方法是**离散化**（discretization），也就是说，将可能值划分成固定区间的集合。例如，温度可以分为 3 类：（<0℃）、（0 ~ 100℃）和（>100℃）。在选择类别数量时，我们需要在准确率损失和可能导致运行时间慢的庞大条件概率表之间进行权衡。

另一种方法是使用一族标准的概率密度函数来定义连续变量（见附录 A）。例如，指定高斯（或正态）分布 $\mathcal{N}(x; \mu, \sigma^2)$ 只需要两个参数，即均值 μ 和方差 σ^2。我们还可以使用一种被称为**非参数**（nonparametric）表示的解决方法，用一组实例隐式地定义条件分布，其中每个实例都包含父变量和子变量的特定值。我们将在第 19 章中进一步探讨这种方法。

同时具有离散变量和连续变量的网络称为**混合贝叶斯网络**（hybrid Bayesian network）。要指定混合网络，我们必须指定两种新的分布：给定离散或连续父节点的连续变量的条件分布；以及给定连续父节点的离散变量的条件分布。考虑图 13-6 中的简单例子，顾客根据水果的价格购买一些水果，而价格又取决于收成（harvest）数目和政府的补贴（subsidy）政策是否在进行。变量 Cost 是连续的，它的父节点既有连续的也有离散的；变量 Buys 是离散的，且它有一个连续的父节点。

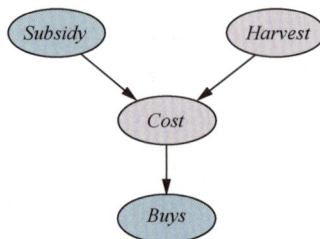

图 13-6　具有离散变量（Subsidy 和 Buys）和连续变量（Harvest 和 Cost）的一个简单网络

在处理变量 *Cost* 时，我们需要指定 **P**(*Cost* | *Harvest*, *Subsidy*)。对于离散的父节点，我们将通过枚举的方式处理，也就是说，同时指定 **P**(*Cost* | *Harvest*, *subsidy*) 和 **P**(*Cost* | *Harvest*, ¬*subsidy*)。而为了处理连续的 *Harvest*，我们将指定价格 *c* 的分布如何依赖于 *Harvest* 的连续值 *h*。换句话说，我们将价格分布的参数指定为 *h* 的函数。对于该函数，最常见的选择是**线性高斯**（linear-Gaussian）条件分布，其中子节点具有高斯分布，且均值 μ 随着父节点的值线性变化，标准差 σ 固定。考虑到 *subsidy* 与 ¬*subsidy*，我们需要两组不同的参数及分布：

$$P(c\,|\,h, subsidy) = \mathcal{N}\left(c; a_t h + b_t, \sigma_t^2\right) = \frac{1}{\sigma_t \sqrt{2\pi}} e^{-\frac{1}{2}\left(\frac{c - (a_t h + b_t)}{\sigma_t}\right)^2}$$

$$P(c\,|\,h, \neg subsidy) = \mathcal{N}\left(c; a_f h + b_f, \sigma_f^2\right) = \frac{1}{\sigma_f \sqrt{2\pi}} e^{-\frac{1}{2}\left(\frac{c - (a_f h + b_f)}{\sigma_f}\right)^2}$$

在这个例子中，*Cost* 的条件分布通过命名线性高斯分布并提供参数 a_t、b_t、σ_t、a_f、b_f 与 σ_f 得以指定。图 13-7a 与图 13-7b 表明了这两种关系。注意，在每种情况下，*c* 相对于 *h* 的斜率都是负的，因为价格随着收成的增加而下降。（当然，线性的假设意味着价格在某一点会变为负值；线性模型只有当收成被限制在一个狭窄的范围内时才是合理的。）图 13-7c 给出了分布 *P*(*c* | *h*)，其中 *Subsidy* 的两个可能的值各有 0.5 的先验概率。该例子表明，即便是非常简单的模型，也可以表示相当有趣的分布。

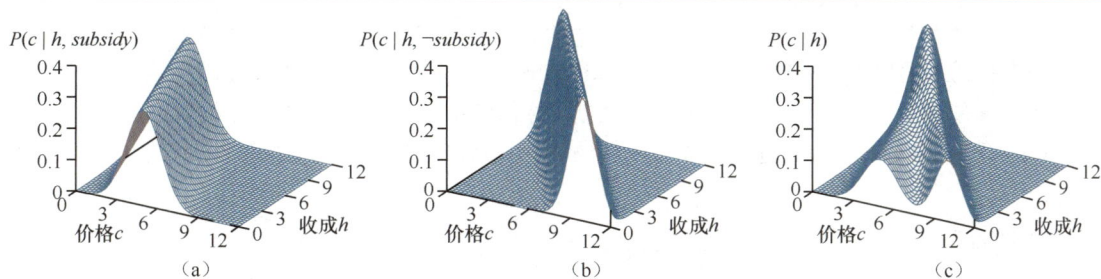

图 13-7 （a）和（b）分别显示了 *Subsidy* 为真与假时，*Cost* 作为 *Harvest* 的函数的概率分布。（c）所示为 *P*(*Cost* | *Harvest*)，它由 *Subsidy* 两种情况的概率求和得到

线性高斯条件分布具有一些特殊的性质。只包含线性高斯分布的连续变量的网络在所有变量上的联合分布也是多元高斯分布（见附录 A，习题 13.LGEX）。并且变量在给定任何证据后的后验分布也具有这个性质[1]。因此，当我们增加离散变量作为连续变量的父节点（不是子节点）时，网络定义了一个**条件高斯**（conditional Gaussian，CG）分布：对离散变量给定任意值，连续变量的分布是多元高斯分布。

现在我们转而考虑具有连续父节点的离散变量的分布，例如图 13-6 中的 *Buys* 节点。我们似乎可以合理地假设：如果价格低，顾客就会购买；如果价格高，顾客就不会购买；若价格处于某个中间区域，购买的概率会平稳变化。换句话说，条件分布表现得像一个"软"阈值函数。一种构造软阈值的方式是使用标准正态分布的积分：

$$\Phi(x) = \int_{-\infty}^x \mathcal{N}(s; 0, 1)\mathrm{d}s$$

---

[1] 因此，线性高斯网络的推断在最坏情况下只需要 $O(n^3)$ 的时间，与网络的拓扑结构无关。我们将在 13.3 节看到，离散变量网络的推断是 NP 困难的。

$\varPhi(x)$ 是 x 的增函数，但购买的概率随着价格增加而降低，所以我们需要对函数进行翻转：

$$P(buys \mid Cost = c) = 1 - \varPhi((c - \mu)/\sigma)$$

这意味着价格阈值出现在 μ 附近，阈值区间的宽度正比于 σ，购买的概率随着价格上涨而降低。该**概率单位**（probit，读作"pro-bit"，是"probability unit"的缩写）模型如图 13-8a 所示。我们可以从如下角度确认这种软阈值形式的合理性：我们认为潜在的决策过程具有某种硬阈值，但是该阈值的精确位置受到随机高斯噪声的影响。

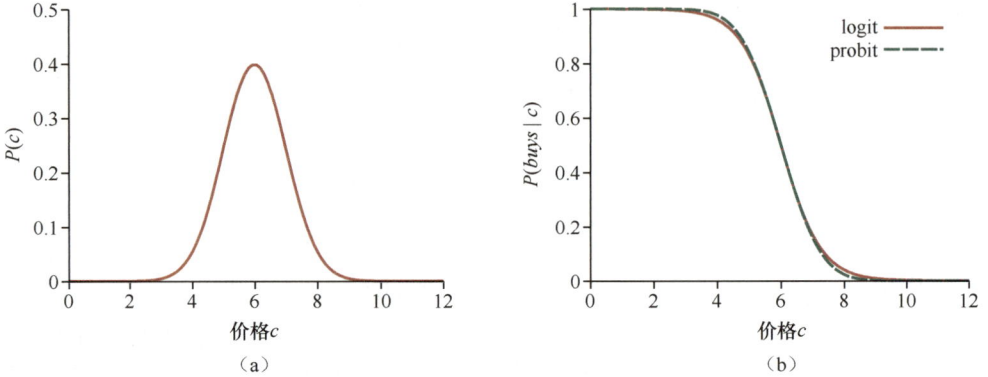

图 13-8　（a）价格阈值的正态（高斯）分布，它以 $\mu = 6.0$ 为中心，标准差 $\sigma = 1.0$。（b）给定 $cost$ 时 $buys$ 概率的 expit 模型与概率单位模型，其中参数 $\mu = 6.0$、$\sigma = 1.0$

概率单位模型的另一种选择是使用 **expit** 或**逆 logit** 模型。它使用**逻辑斯谛函数**（logistic function）$1/(1 + e^{-x})$ 生成软阈值——它将 x 的任意值映射到 0 与 1 之间。在我们的例子中，仍需对它进行变换以得到一个递减函数。我们还将指数缩放 $4/\sqrt{2\pi}$ 倍来匹配概率单位在均值处的斜率：

$$P(buys \mid Cost = c) = 1 - \frac{1}{1 + e^{-\frac{4}{\sqrt{2\pi}} \cdot \frac{c - \mu}{\sigma}}}$$

图 13-8b 展示了这两个分布。它们看起来十分相似，但 logit 事实上"尾部"更长。概率单位通常更适合实际场景，但逻辑斯谛函数有时在数学上更容易处理，因此在机器学习中有着广泛的应用。这两种模型都可以通过父节点值的线性组合来处理多个连续父节点。这也适用于离散父节点的值是整数的情况。例如，对于 k 个布尔父节点，每个父节点都可以视为取值 0 或 1，expit 或概率单位分布的输入将是一个带有 k 个参数的加权线性组合，得到一个与前面讨论的噪声或模型非常相似的模型。

13.2.4　案例研究：汽车保险

汽车保险公司接收来自个人给特定车辆的投保申请，公司必须基于预期支付给该申请人的索赔决定收取适当的年度保险费。具体需要完成的任务是建立一个贝叶斯网络以捕捉域的因果结构，并根据给定申请表中可用的证据，给出输出变量准确的、良好校准的分布。[①] 贝叶斯网络将包含既不是输入变量，也不是输出变量，但对于构建网络必不可少的**隐变量**（hidden

---

① 图 13-9 所示的网络并不是实际中真正使用的，但其结构已经被保险专家审查过了。实际上，申请表上要求提供的信息因公司和司法管辖区而异，例如，有些公司要求用户提供 Gender（性别），因此这个模型肯定可以会做得更详细更复杂。

variable），它将使得网络具有合理的稀疏性以及可管理的参数数量。隐变量在图 13-9 中用棕色阴影表示。

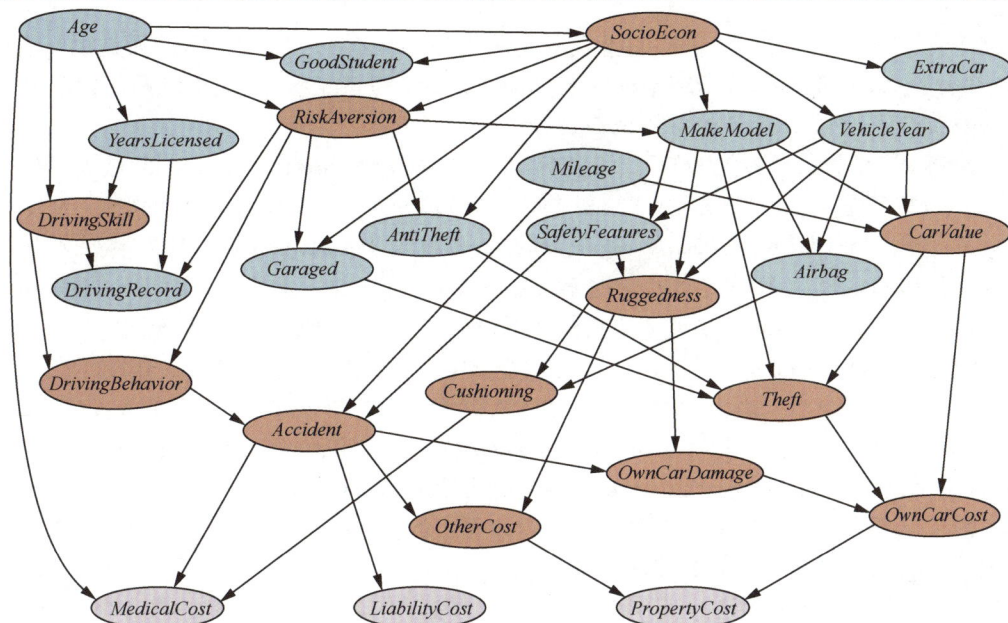

图 13-9　用于评估汽车保险申请的贝叶斯网络

索赔有 3 种（图 13-9 中的淡紫色节点）形式：申请人所受的任何身体伤害的医疗费用 *MedicalCost*，其他当事人对申请人和公司提起的诉讼的责任成本 *LiabilityCost*，对任何一方的车辆损坏和失窃的财产损失 *PropertyCost*。申请表要求用户提供以下信息（图 13-9 中的浅蓝色节点）。

- 关于申请人：*Age*（年龄）；*YearsLicensed*（驾龄，首次获得驾驶执照至今的时间）；*DrivingRecord*（驾驶记录，可能是基于最近的事故和交通违规扣分的一些总结）；*GoodStudent*（对于学生，在 4 分制的评价体系中，平均绩点为 3.0 即 B 级的学生被认为是好学生）。
- 关于车辆：*MakeModel*（品牌及型号）与 *VehicleYear*（制造年份）；*Airbag*（是否有气囊）；*SafetyFeatures*（一些安全特性的总结，如防震刹车系统和碰撞警告）。
- 关于驾驶情况：*Mileage*（年度驾驶里程）和 *Garaged*（如果有车库，车辆停放在车库的安全性）。

现在我们需要考虑如何将这些信息排列成一个因果结构，其中关键的隐变量是下一个时间段是否会发生 *Theft* 或 *Accident*。显然，保险公司不能要求申请人预测这些；这些只能从现有的信息和保险公司以前的经验中进行推断。

导致 *Theft* 的原因有哪些？*MakeModel* 当然很重要——有些车型被盗的频率比其他车型高得多，因为针对它们有高效的汽车和零部件倒卖市场。*CarValue* 也很重要，因为一辆老的、破旧的或者里程数高的汽车转售价值较低。此外，*Garaged*（停在车库）和配有 *AntiTheft* 设备的车辆更不容易被偷盗。隐变量 *CarValue* 依次依赖于 *MakeModel*、*VehicleYear* 与 *Mileage*。*CarValue* 也决定了 *Theft* 发生时的损失金额，这是 *OwnCarCost* 的一个贡献者（另一个是事故，我们很快会讲到）。

这类模型通常会引入另一个隐变量 *SocioEcon*，即申请人的社会经济类别，它被认为会影响很多行为和特征。在我们的模型中，没有已观测到的收入和职业变量形式的直接证据^①，但 *SocioEcon* 会影响 *MakeModel* 与 *VehicleYear*，也会影响 *ExtraCar* 与 *GoodStudent*，并且在一定程度上依赖于 *Age*。

对任何保险公司来说，最重要的隐变量或许是 *RiskAversion*：规避风险的人是很好的保险风险！*Age* 与 *SocioEcon* 影响 *RiskAversion*，*RiskAversion* 的"症状"包括申请人的车辆是否 *Garaged*、是否配备 *AntiTheft* 设备和 *SafetyFeatures*。

在预测未来事故时，最关键的因素是申请人的未来 *DrivingBehavior*，它同时被 *RiskAversion* 与 *DrivingSkill* 影响，后者则取决于 *Age* 与 *YearsLicensed*。申请人过去的驾驶行为反映在 *DrivingRecord*，这也依赖于 *RiskAversion*、*DrivingSkill* 与 *YearsLicensed*（因为最近才开始开车的人可能没有时间积累一连串的交通事故和违章行为）。通过这种方式，*DrivingRecord* 为 *RiskAversion* 与 *DrivingSkill* 提供证据，它们又帮助预测未来的 *DrivingBehavior*。

我们可以认为 *DrivingBehavior* 是驾驶员在每公里的行驶中以易发生事故的方式行驶的倾向；在一个固定的时间段内，是否发生 *Accident* 还依赖于年度的 *Mileage* 和车辆的 *SafetyFeatures*。如果 *Accident* 发生，则有 3 种代价：申请人的 *MedicalCost*，它依赖于 *Age* 和 *Cushioning*（缓冲），*Cushioning* 又依赖车辆的 *Ruggedness*（坚固性）和是否有 *Airbag*；另一个司机的 *LiabilityCost*（医疗、痛苦和折磨、收入损失等）；申请人和另一个司机的 *PropertyCost*，都（以不同的方式）依赖车辆的 *Ruggedness* 和申请人的 *CarValue*。

我们已经通过贝叶斯网络的拓扑和隐变量展示了这种推理过程，我们还需为每个变量指定值域和条件分布。在值域方面，我们主要需要确定变量是离散的还是连续的。例如，车辆的 *Ruggedness* 可以是 0 到 1 之间的连续变量，也可以是值域为 {*TinCan, Normal, Tank*} 的离散变量。

连续变量可以提供更高的精度，但是除了在一些特殊情况下，对连续变量的精确推断是不可能的。一个具有许多可能的值的离散变量会使得填写相应的巨大条件概率表变得单调乏味，并且使精确推断复杂性更高（除非该变量的值总是被观测到的）。例如，真实系统的 *MakeModel* 会有数千种可能的值，这导致它的子节点 *CarValue* 有着需要从行业数据库填写的庞大条件概率表。但是，因为 *MakeModel* 总是能被观测到，因此庞大的规模不会带来推断的复杂性：事实上，3 个父节点的观测值就可以恰好选出 *CarValue* 的条件概率表的一行。

模型的条件分布在本书的代码库中给出；我们提供了仅包含离散变量的版本，可以对其进行精确推断。实际上，许多变量是连续的，并且它们的条件分布可从有关申请人及其保险索赔的历史数据中学习得到。我们将在第 20 章中了解如何从数据中学习贝叶斯网络模型。

最后我们要解决的问题是如何在网络中进行推断以做出预测，我们接下来将要考虑这个问题。对于描述的每种推断方法，我们将在保险网络上评估该方法，以衡量时间和空间需求。

13.3　贝叶斯网络中的精确推断

任何概率推理系统的基本任务都是给定一些观测到的**事件**（event）——通常是一组**证据变量**（evidence variable）的赋值，计算一组**查询变量**（query variable）的后验概率分布^②。为

---

① 一些保险公司还获取了申请人的信用历史以帮助评估风险；这将提供更多关于社会经济类别的信息。使用这种类型的隐变量必须格外小心，因为它们会无意间成为保险决策不能使用的变量（例如种族）的替代品。第 19 章介绍了避免此类偏差的技术。

② 另一个被广泛研究的任务是为一些观测到的证据找到**最概然解释**（most probable explanation）。它和其他任务将在本章末尾的参考文献与历史注释中进行讨论。

了简化表示，我们每次只考虑一个查询变量；很多方法可以很容易地扩展到具有多个变量的查询。（例如，我们可以通过 $P(V \mid e)$ 乘 $P(U \mid V, e)$ 求解查询 $P(U, V \mid e)$）。我们将沿用第 12 章的记号：X 代表查询变量；E 代表证据变量 $E_1, \cdots, E_m$ 的集合，e 是一个特定的观测事件；Y 代表隐（非证据、非查询）变量 $Y_1, \cdots, Y_\ell$。因此，完整的变量集合是 $\{X\} \cup E \cup Y$。一个典型的查询是求后验概率分布 $P(X \mid e)$。

在入室盗窃网络中，我们可能观测到事件 *JohnCalls* = true 和 *MaryCalls* = true。然后我们需要计算发生入室盗窃的概率：

$$P(Burglary \mid JohnCalls = \text{true}, MaryCalls = \text{true}) = \langle 0.284, 0.716 \rangle$$

在本节中，我们将讨论用于计算后验概率的精确算法及其复杂性。事实证明，一般情况是难以处理的，所以我们将在 13.4 节中介绍近似推断的方法。

13.3.1 通过枚举进行推断

我们在第 12 章中解释了，任何条件概率都可以通过对完全联合分布的项求和来计算。更具体地说，利用式（12-9）可以求解查询 $P(X \mid e)$。为了方便起见，我们在此重述一遍：

$$P(X \mid e) = \alpha P(X, e) = \alpha \sum_y P(X, e, y)$$

现在，贝叶斯网络已经给出了完全联合分布的一个完整表示。更具体地说，13.2 节的式（13-2）表明联合分布中的项 $P(x, e, y)$ 可以写作网络中条件概率的乘积。因此，我们可以通过计算贝叶斯网络中条件概率的乘积之和回答查询。

考虑查询 $P(Burglary \mid JohnCalls = \text{true}, MaryCalls = \text{true})$。这个查询的隐变量是 *Earthquake* 与 *Alarm*。我们使用变量首字母来简写表达式，根据式（12-9），我们有

$$P(B \mid j, m) = \alpha P(B, j, m) = \alpha \sum_e \sum_a P(B, j, m, e, a)$$

贝叶斯网络的语义［式（13-2）］给了我们使用条件概率表表项的表达式。为了简便起见，我们仅考虑 *Burglary* = true：

$$P(b \mid j, m) = \alpha \sum_e \sum_a P(b) P(e) P(a \mid b, e) P(j \mid a) P(m \mid a) \tag{13-4}$$

要计算这个表达式，我们必须对 4 项进行求和，每一项都是通过 5 个数相乘计算得到。在最坏的情况下，我们需要对几乎所有的变量求和，那么求和式中将有 $O(2^n)$ 项，每一项都是 $O(n)$ 个概率值的乘积。因此，直接实现的复杂性是 $O(n2^n)$。

利用计算的嵌套结构，可以将其复杂性简化为 $O(2^n)$。这意味着对于类似式（13-4）的表达式，要尽可能地将求和向内移动。我们可以这样做，因为不是所有的概率乘积的因子都取决于所有的变量。因此，我们有

$$P(b \mid j, m) = \alpha P(b) \sum_e P(e) \sum_a P(a \mid b, e) P(j \mid a) P(m \mid a) \tag{13-5}$$

这个表达式可以通过依次循环遍历变量，并在循环时乘以条件概率表表项来计算。对于每个求和，我们还需要对变量的可能的值进行循环。这个计算的结构如图 13-10 所示的树。利用图 13-2 中的数值，我们得到 $P(b \mid j, m) = \alpha \times 0.00059224$。对于 $\neg b$，相应的计算得到 $\alpha \times 0.0014919$。因此，

$$P(B \mid j, m) = \alpha \langle 0.00059224, 0.0014919 \rangle \approx \langle 0.284, 0.716 \rangle$$

也就是说，在两个邻居都打电话的情况下，发生入室盗窃的概率大约是 28%。

图 13-11 中的 ENUMERATION-ASK 算法使用深度优先、从左到右的递归方法计算这些表达式树。该算法在结构上与求解 CSP 的回溯算法（图 6-5）和可满足性的 DPLL 算法（图 7-17）非常相似。它的空间复杂性对于变量的数量只是线性的：算法在甚至没有明确构造完全联合分布的情况下对它求和。遗憾的是，对于含有 n 个布尔变量（不计数证据变量）的网络，它的时间复杂性总是 $O(2^n)$——优于前面描述的简单方法的 $O(n2^n)$，但仍然相当可怕。对于图 13-9 中所示的相对较小的保险网络，如果要实现典型的关于价格变量的查询，使用枚举进行精确推断需要大约 2.27 亿次计算。

但是，如果仔细查看图 13-10 中的树，我们可以发现它包含了大量重复的子表达式。乘积 $P(j \mid a)P(m \mid a)$ 和 $P(j \mid \neg a)P(m \mid \neg a)$ 都分别计算了两次，每次针对 E 的一个不同的值。在贝叶斯网络中进行高效推断的关键是避免这种计算浪费。我们将在下一节中介绍避免这种计算浪费的一般方法。

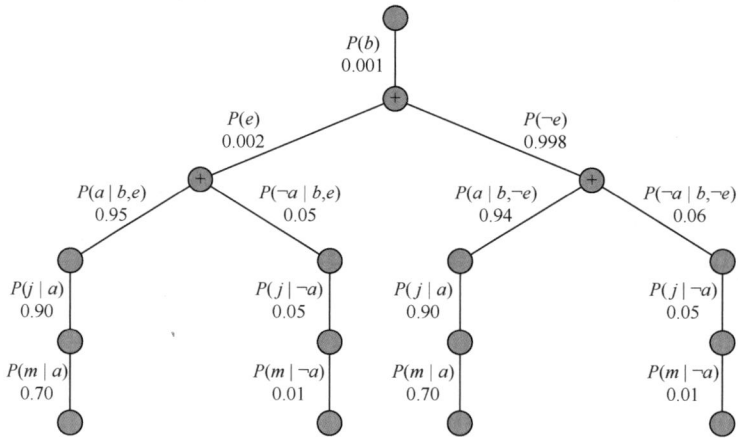

图 13-10　式（13-5）所示表达式的结构。计算过程自顶向下，沿着每条路径将值相乘，并在"+"节点上求和。注意 j 和 m 的路径重复

---

function ENUMERATION-ASK(X, e, bn) **returns** X的分布
　　inputs: X，查询变量
　　　　　　 e，变量E的观测值
　　　　　　 bn，含有变量$vars$的贝叶斯网络

　　$Q(X)$ ← X的分布，初始为空
　　for X的每个值x_i **do**
　　　　$Q(x_i)$ ← ENUMERATE-ALL($vars$, e_{x_i})
　　　　　其中e_{x_i}是e在$X = x_i$的扩展
　　return NORMALIZE($Q(X)$)

function ENUMERATE-ALL($vars$, e) **returns** 一个实数
　　if EMPTY?($vars$) **then return** 1.0
　　V ← FIRST($vars$)
　　if V是一个值v在e中的证据变量
　　　　then return $P(v \mid parents(V)) \times$ ENUMERATE-ALL(REST($vars$), e)
　　　　else return $\sum_v P(v \mid parents(V)) \times$ ENUMERATE-ALL(REST($vars$), e_v)
　　　　　其中e_v是e在$V = v$的扩展

图 13-11　贝叶斯网络精确推断的枚举算法

13.3.2　变量消元算法

通过消除图 13-10 所示的那种重复计算，枚举算法可以得到极大的改进。其中的想法很简单：在计算一次之后保存结果供后续使用。这是动态规划的一种形式。该方法有若干种版本，我们介绍其中最简单的**变量消元**（variable elimination）算法。变量消元通过从右到左的顺序（也就是图 13-10 中自底向上）计算如式（13-5）的表达式，在计算过程中存储中间结果，对每个变量的求和只计算依赖该变量的部分。

让我们以入室盗窃网络为例展示这个过程。我们要计算表达式：

$$P(B\mid j,m)=\alpha\underbrace{P(B)}_{f_1(B)}\sum_e\underbrace{P(e)}_{f_2(E)}\sum_a\underbrace{P(a\mid B,e)}_{f_3(A,B,E)}\underbrace{P(j\mid a)}_{f_4(A)}\underbrace{P(m\mid a)}_{f_5(A)}$$

注意，我们已经用对应的**因子**（factor）的名称标记了表达式的每个部分；每个因子是一个由其参数变量的值为索引的矩阵。例如，对应 $P(j\mid a)$ 和 $P(m\mid a)$ 的因子 $f_4(A)$ 和 $f_5(A)$ 只依赖 A，因为查询已经固定了 J 和 M。因此，它们是二元向量：

$$f_4(A)=\begin{pmatrix}P(j\mid a)\\P(j\mid\neg a)\end{pmatrix}=\begin{pmatrix}0.90\\0.05\end{pmatrix}\qquad f_5(A)=\begin{pmatrix}P(m\mid a)\\P(m\mid\neg a)\end{pmatrix}=\begin{pmatrix}0.70\\0.01\end{pmatrix}$$

$f_3(A,B,E)$ 是一个 $2\times2\times2$ 的矩阵，它难以在纸面上展示。（"第一个"元素是 $P(a\mid b,e)=0.95$，"最后一个"元素是 $P(\neg a\mid\neg b,\neg e)=0.999$。）使用这些因子，我们可以将查询表达式写作

$$P(B\mid j,m)=\alpha\,f_1(B)\times\sum_e f_2(E)\times\sum_a f_3(A,B,E)\times f_4(A)\times f_5(A)$$

这里"×"算子不是普通的矩阵乘积，而是**逐点乘积**（pointwise product）算子，我们会在后续部分介绍。

计算过程根据各因子的逐点乘积（从右到左）对变量求和消元得到新因子，最后生成包含解的因子，也就是查询变量的后验分布。步骤如下。

- 首先，我们从 f_3、f_4 和 f_5 的乘积中求和消元 A。这给了我们一个新的 2×2 因子 $f_6(B,E)$，其索引范围是 B 与 E：

$$f_6(B,E)=\sum_a f_3(A,B,E)\times f_4(A)\times f_5(A)$$
$$=(f_3(a,B,E)\times f_4(a)\times f_5(a))+(f_3(\neg a,B,E)\times f_4(\neg a)\times f_5(\neg a))$$

  现在剩下表达式

$$P(B\mid j,m)=\alpha\,f_1(B)\times\sum_e f_2(E)\times f_6(B,E)$$

- 然后，我们从 f_2 和 f_6 的乘积中求和消元 E：

$$f_7(B)=\sum_e f_2(E)\times f_6(B,E)$$
$$=f_2(e)\times f_6(B,e)+f_2(\neg e)\times f_6(B,\neg e)$$

  剩下表达式

$$P(B\mid j,m)=\alpha\,f_1(B)\times f_7(B)$$

这个表达式可以通过求逐点乘积并将结果归一化来计算。

检查这个计算过程，我们看到需要两个基本的计算操作：求两个因子的逐点乘积，以及从因子的乘积中求和消元一个变量。接下来"因子上的操作"小节将介绍这些操作。

1. 因子上的操作

两个因子 f 与 g 的逐点乘积生成了一个新因子 h，它的变量是 f 与 g 中变量的并集，元素由这两个因子中相应元素的乘积给出。假设这两个因子的公共变量是 $Y_1, \cdots, Y_k$。则我们有

$$f(X_1, \cdots X_j, Y_1, \cdots Y_k) \times g(Y_1, \cdots Y_k, Z_1, \cdots Z_\ell) = h(X_1, \cdots X_j, Y_1, \cdots Y_k, Z_1, \cdots Z_\ell)$$

如果所有变量都是二值的，则 f 和 g 分别有 2^{j+k} 和 $2^{k+\ell}$ 个条目，逐点乘积有 $2^{j+k+\ell}$ 个条目。例如，如图 13-12 所示，给定两个因子 $f(X, Y)$ 和 $g(Y, Z)$，逐点乘积 $f \times g = h(X, Y, Z)$ 有 $2^{1+1+1} = 8$ 个条目。注意，由逐点相乘得到的因子可以包含比任何被乘的因子更多的变量，并且因子的规模与变量的数量呈指数关系。这就是变量消元算法中空间复杂性和时间复杂性所在。

X	Y	$f(X, Y)$	Y	Z	$g(Y, Z)$	X	Y	Z	$h(X, Y, Z)$
t	t	0.3	t	t	0.2	t	t	t	$0.3 \times 0.2 = 0.06$
t	f	0.7	t	f	0.8	t	t	f	$0.3 \times 0.8 = 0.24$
f	t	0.9	f	t	0.6	t	f	t	$0.7 \times 0.6 = 0.42$
f	f	0.1	f	f	0.4	t	f	f	$0.7 \times 0.4 = 0.28$
						f	t	t	$0.9 \times 0.2 = 0.18$
						f	t	f	$0.9 \times 0.8 = 0.72$
						f	f	t	$0.1 \times 0.6 = 0.06$
						f	f	f	$0.1 \times 0.4 = 0.04$

图 13-12　逐点乘积示例：$f(X, Y) \times g(Y, Z) = h(X, Y, Z)$

从因子的乘积中求和消元一个变量是通过依次固定该变量的每个值得到的子矩阵相加来完成的。例如，为了从 $h(X, Y, Z)$ 中求和消元 X，我们写作

$$h_2(Y, Z) = \sum_x h(x, Y, Z) + h(\neg x, Y, Z)$$

$$= \begin{pmatrix} 0.06 & 0.24 \\ 0.42 & 0.28 \end{pmatrix} + \begin{pmatrix} 0.18 & 0.72 \\ 0.06 & 0.04 \end{pmatrix} = \begin{pmatrix} 0.24 & 0.96 \\ 0.48 & 0.32 \end{pmatrix}$$

唯一需要注意的技巧是——任何不依赖于待求和消元的变量的因子都可以移到求和符号之外。例如，从 f 和 g 的乘积中求和消元 X，我们可以将 g 移到求和之外：

$$\sum_x f(X, Y) \times g(Y, Z) = g(Y, Z) \times \sum_x f(X, Y)$$

这可能比先计算更大的逐点乘积 h 再从中求和消元 X 更高效。

注意，直到我们需要从累加的乘积中对一个变量求和消元时，才进行矩阵相乘。那时我们只需要将那些包含待求和消元的变量的矩阵相乘。给定逐点乘积和求和消元函数，变量消元算法本身可以写得非常简单，如图 13-13 所示。

2. 变量排序和变量相关性

图 13-13 中的算法包含一个未描述的 ORDER 函数来为变量选择排序。每一种排序选择都会生成一个有效的算法，但不同的排序会导致在计算过程中产生不同的中间因子。例如，在前面的例子中，我们在 E 之前消元 A。如果换一种方式，计算过程将变成

$$P(B \mid j, m) = \alpha \boldsymbol{f}_1(B) \times \sum_a \boldsymbol{f}_4(A) \times \boldsymbol{f}_5(A) \times \sum_e \boldsymbol{f}_2(E) \times \boldsymbol{f}_3(A, B, E)$$

计算过程中将产生新因子 $\boldsymbol{f}_6(A, B)$。

---

function ELIMINATION-ASK(X, $\boldsymbol{e}$, bn) **returns** X的分布
　　inputs: X，查询变量
　　　　　　$\boldsymbol{e}$，变量E的观测值
　　　　　　bn，含有变量$vars$的贝叶斯网络

　　$factors \leftarrow []$
　　for each V **in** ORDER($vars$) **do**
　　　　$factors \leftarrow [\text{MAKE-FACTOR}(V, \boldsymbol{e})] + factors$
　　　　if V是一个隐变量 **then** $factors \leftarrow \text{SUM-OUT}(V, factors)$
　　return NORMALIZE(POINTWISE-PRODUCT($factors$))

图 13-13　贝叶斯网络精确推断的变量消元算法

一般，变量消元的时间和空间要求是由算法运行过程中构造的最大因子的规模决定的，这又由变量的消元顺序和网络的结构决定。事实证明，确定最优排序是难以求解的问题，但我们有一些好的启发式方法。一个相当有效的方法是贪心法：消除那些使下一个被构造的因子规模最小的变量。

让我们再考虑另一个查询：$P(JohnCalls \mid Burglary = \text{true})$。像之前的方法一样［式（13-5）］，我们首先要写出嵌套求和式：

$$P(J \mid b) = \alpha P(b) \sum_e P(e) \sum_a P(a \mid b, e) P(J \mid a) \sum_m P(m \mid a)$$

从右到左计算这个表达式，我们注意到一些有趣的事情：由定义，有 $\sum_m P(m \mid a)$ 等于 1！因此，一开始就没有必要将其包括在内，变量 M 与查询无关。关于这点的另一个理解方法是：如果我们从网络中删除 $MaryCalls$，查询 $P(JohnCalls \mid Burglary = \text{true})$ 的结果也不会改变。一般，我们可以删除任何非查询变量或非证据变量的叶节点。在删除了它们之后，我们可能会发现更多无关的叶节点。如果反复进行这一过程，我们最终发现，每个不是查询变量或证据变量祖先节点的变量都与查询无关。因此，变量消元算法可以在评估查询之前删除所有这类变量。

我们将它应用到图 13-9 的保险网络，此时变量消元法显著改进了朴素的枚举算法。使用变量的反向拓扑顺序的消元法进行精确推断比枚举算法快了大约 1000 倍。

13.3.3　精确推断的复杂性

贝叶斯网络中精确推断的复杂性高度依赖于网络的结构。图 13-2 的入室盗窃网络代表了一簇网络，在这族网络中，任意两个节点之间最多只有一条无向路径（忽略箭头的方向）。这族网络叫作**单连通**（singly connected）网络或者**多重树**（polytree），它们有一个特别好的性质：多重树中精确推断的时间复杂性和空间复杂性与网络规模呈线性关系。这里所说的规模定义为条件概率表表项的数量；如果每个节点的父节点数量由一个常数限制，那么复杂性也与节点数量呈线性关系。这些结果适用于与网络拓扑排序一致的任何排序（习题 13.VEEX）。

对于**多连通**（multiply connected）网络，例如图 13-9 中的保险网络，即使每个节点的父节点数量有界，在最坏情况下，变量消元仍然有着指数级的时间复杂性和空间复杂性。如果我们考虑到因为它包括命题逻辑推断作为特例，所以贝叶斯网络中的推理是 NP 困难的，这就不足为奇了。为了证明这一点，我们需要弄清楚如何将命题可满足性问题编码为贝叶斯网络，以

便在该网络上运行推断可以告诉我们原始命题语句是否可满足。[在复杂性理论的语言中，我们将可满足性问题归约（reduce）为贝叶斯网络推断问题]。事实证明这很简单。图 13-14 展示了如何编码特定的 3-SAT 问题。命题变量成为网络的根变量，每个变量的先验概率为 0.5。节点的下一层对应于子句，每个子句变量 C_j 连接到适当的变量作为父节点。子句变量的条件分布是确定性析取，并根据需要进行取反，因此，当且仅当对其父节点的赋值满足该子句时，每个子句变量才为真。最后，S 是子句变量的合取。

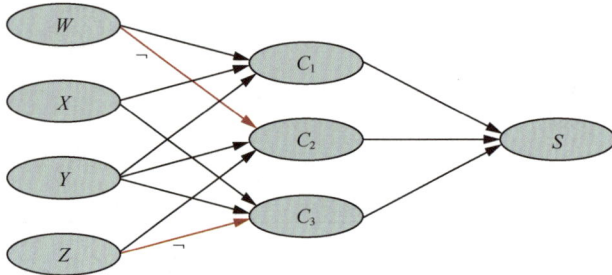

图 13-14　3-CNF 语句 $(W \vee X \vee Y) \wedge (\neg W \vee Y \vee Z) \wedge (X \vee Y \vee \neg Z)$ 的贝叶斯网络编码

为了确定原始语句是否可满足，我们只需评估 $P(S = \text{true})$。如果语句是可满足的，则存在一些逻辑变量的可能赋值使得 S 为真。在贝叶斯网络中，这意味着存在一个非零概率的可能世界，其中根变量有这样的赋值：子句变量的值为真，S 的值为真。因此，$P(S = \text{true}) > 0$ 对应一个可满足的语句。相反，$P(S = \text{true}) = 0$ 对应一个不可满足的语句：所有有着 $S = \text{true}$ 的世界概率为 0。因此，我们可以使用贝叶斯网络推断来求解 3-SAT 问题；由此，我们可以得出结论：贝叶斯网络推断是 NP 困难的。

事实上，我们可以得到更多的结论。对于一个 n 个变量的问题，每个可满足赋值的概率是 2^{-n}。因此，可满足赋值的数量是 $P(S = \text{true}) / (2^{-n})$。因为计算一个 3-SAT 问题可满足赋值的数量是 #P 完全的，这意味着贝叶斯网络推断是 #P 困难的，严格地难于 NP 完全问题。

贝叶斯网络推断的复杂性与约束满足问题（CSP）的复杂性之间有着密切的联系。正如我们在第 6 章中讨论的那样，求解离散 CSP 的难度与约束图的"树状"程度有关。诸如**树宽**（tree width）这样的限制求解 CSP 复杂性的度量，也可以直接应用于贝叶斯网络之中。此外，变量消元算法可以像在贝叶斯网络上一样推广到求解 CSP。

除了将可满足性问题归约到贝叶斯网络推断，我们还可以将贝叶斯网络推断归约到可满足性，这使得我们可以利用为 SAT 求解而发展出的强大机制（见第 7 章）。在这种情况下，我们将推断问题归约为 SAT 求解的一种特殊形式，我们称之为**加权模型计数**（weighted model counting，WMC）。常规模型计数会计算 SAT 表达式可满足的赋值数量；WMC 将这些可满足赋值的总权重相加，在这个应用中，权重本质上是给定父变量时每个变量赋值的条件概率的乘积（细节见习题 13.WMCX）。某种程度上因为 SAT 求解技术已经针对大规模应用进行了优化，通过 WMC 进行的贝叶斯网络推理在大树宽网络上与其他精确算法相比是有竞争力的，有时甚至优于它们。

13.3.4　聚类算法

变量消元算法在回答单个查询时简单有效。但是，如果我们要计算网络中所有变量的后验概率，它的效率可能较低。例如，在多重树网络中可能需要处理 $O(n)$ 个查询，每个耗时 $O(n)$，

那我们总共需要 $O(n^2)$ 时间。使用聚类（clustering）算法［也叫作连接树（join tree）算法］可以把时间减少到 $O(n)$。因此，这些算法在贝叶斯网络相关的商业工具中得到了广泛应用。

聚类的基本思想是将网络中的单个节点连接起来，形成簇节点，使得最终得到的网络是多重树。例如，图 13-15a 中的多连通网络可以通过连接 *Sprinkler* 和 *Rain* 节点得到簇节点 *Sprinkler* + *Rain* 的方式转化成一棵多重树，如图 13-15b 所示。这两个布尔节点被一个有 4 个可能的值 *tt*、*tf*、*ft*、*ff* 的大节点（meganode）取代。这个大节点只有一个父节点，即布尔变量 *Cloudy*，所以有两个条件事件。虽然这个例子中没有体现，但聚类的过程通常会产生共享一些变量的大节点。

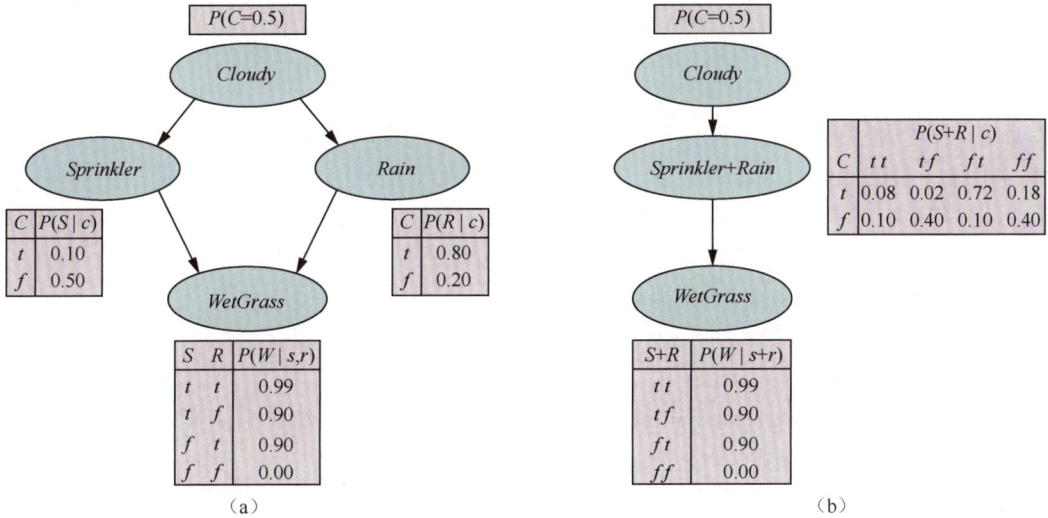

图 13-15　（a）描述玛丽在草坪上的日常工作的多连通网络：每天早上，她会检查天气；如果是阴天，她通常不会打开洒水器；如果洒水器开着，或者那天下雨了，草坪就会湿。因此，*Cloudy* 通过两种不同的因果路径影响 *WetGrass*。（b）等价于多连通网络的聚类

一旦网络转换为多重树形式，我们就需要一种特殊的推断算法，因为传统的推断方法无法处理彼此共享变量的大节点。从本质上讲，该算法是约束传播的一种形式（见第 6 章），其中约束确保相邻的大节点在它们共享的任何变量的后验概率上达成一致。通过仔细记录，该算法能够在与聚类网络规模呈线性关系的时间内为网络中所有非证据节点计算后验概率。但是，问题的 NP 困难本质并未改变：如果一个网络的变量消元需要指数级的时间与空间，那么聚类网络中的条件概率表必然也会是指数级规模。

13.4　贝叶斯网络中的近似推理

考虑到大型网络中精确推断的难处理性，我们现在将考虑近似推断方法。本节将介绍的随机采样算法也被称为蒙特卡罗（Monte Carlo）算法，它能够提供近似的答案，且准确性取决于生成的样本数。该方法的工作原理是基于贝叶斯网络中的概率生成随机事件并计数这些随机事件中发现的不同答案。有了足够的样本，我们可以以任意的精度恢复真实概率分布——只要贝叶斯网络中没有确定性条件分布。

蒙特卡罗算法（4.1.2 节中所述的模拟退火是其一个例子）已在许多科学分支中用于估计

难以精确计算的量。在本节中，我们将关注应用于贝叶斯网络后验概率计算的采样。我们将介绍两类算法：直接采样和马尔可夫链采样。在本章结尾的参考文献与历史注释中将提及其他几种近似推断方法。

13.4.1 直接采样方法

任何采样算法的基本要素都是从已知概率分布中生成样本。例如，一个无偏差的硬币可以视为取值 ⟨ *heads*, *tails* ⟩ 的随机变量 *Coin*，其先验概率是 **P**(*Coin*) = ⟨ 0.5, 0.5 ⟩。从这个分布中采样就像是抛硬币：它以 0.5 的概率返回 *heads*，以 0.5 的概率返回 *tails*。通过采样一个取值为 [0, 1] 上均匀分布的随机数 r 来采样任意单个变量通常比直接采样更简单，不论该变量是离散的还是连续的。这个思想可以通过构建变量的累积分布并返回累积概率超过 r 的最小值来实现（见习题 13.PRSA）。

我们从没有相关证据的贝叶斯网络的随机采样过程入手。这种想法是按照拓扑顺序依次采样每个变量，采样的概率分布取决于已经赋给该变量父节点的值。（由于我们按拓扑顺序采样，因此可以保证父节点已经有值。）该算法如图 13-16 所示。我们将其应用到图 13-15a 的网络，顺序定为 *Cloudy*、*Sprinkler*、*Rain*、*WetGrass*，则可能产生如下随机事件。

（1）从 **P**(*Cloudy*) = ⟨ 0.5, 0.5 ⟩ 中采样，值为 true。

（2）从 **P**(*Sprinkler* | *Cloudy* = true) = ⟨ 0.1, 0.9 ⟩ 中采样，值为 false。

（3）从 **P**(*Rain* | *Cloudy* = true) = ⟨ 0.8, 0.2 ⟩ 中采样，值为 true。

（4）从 **P**(*WetGrass* | *Sprinkler* = false, *Rain* = true) = ⟨ 0.9, 0.1 ⟩ 中采样，值为 true。

这样一来，PRIOR-SAMPLE 返回事件 [true, false, true, true]。

---

function PRIOR-SAMPLE(*bn*) **returns** 一个从*bn*指定的先验中采样的事件
    inputs: *bn*，一个指定联合分布**P**(X_1, ⋯, X_n)的贝叶斯网络

    x ← 一个具有*n*个元素的事件
    for each 变量X_i in X_1, ⋯, X_n **do**
        x[*i*] ← **P**(X_i | *parents*(X_i))中的一个随机样本
    return x

图 13-16 从贝叶斯网络生成事件的采样算法。给定父节点已经被采样的值，每个变量根据条件分布来采样

容易看到，PRIOR-SAMPLE 从网络指定的先验联合分布中生成样本。首先，令 $S_{PS}(x_1, ⋯, x_n)$ 为 PRIOR-SAMPLE 算法生成一个特定事件的概率。通过观察采样过程，我们得到

$$S_{PS}(x_1, ⋯, x_n) = \prod_{i=1}^{n} P(x_i | parents(X_i))$$

因为每个采样步骤只依赖于父节点的值。这个表达式应该看起来很熟悉，因为根据式（13-2）表述的联合分布的贝叶斯网络表示，它也是事件的概率。也就是说，我们有

$$S_{PS}(x_1, ⋯, x_n) = P(x_1, ⋯, x_n)$$

这个简单的事实使我们可以很容易地通过使用样本来回答问题。

在任何采样算法中，答案都是通过计数产生的实际样本来计算的。假设有 N 个由 PRIOR-SAMPLE 算法产生的样本，令 $N_{PS}(x_1, ⋯, x_n)$ 为特定事件 $x_1, ⋯, x_n$ 在样本集合中出现的次数。我们希望这个数字与总数的比例在极限意义下收敛于其依据采样概率的期望值：

$$\lim_{N→+∞} \frac{N_{PS}(x_1, ⋯, x_n)}{N} = S_{PS}(x_1, ⋯, x_n) = P(x_1, ⋯, x_n) \tag{13-6}$$

例如，考虑前面生成的事件：[true, false, true, true]。这个事件的采样概率是

$$S_{PS}(true, false, true, true) = 0.5 \times 0.9 \times 0.8 \times 0.9 = 0.324$$

因此，在 N 很大的极限下，我们期望 32.4% 的样本发生这个事件。

在后续使用约等号（≈）时，我们要表达的含义是，在大样本极限下的估计概率将变得逐渐精确。这样的估计被称为**一致的**（consistent）。例如，我们可以为任何被部分指定的事件 $x_1, \cdots, x_m$ 产生的概率给出一个如下的一致估计，其中 $m \leq n$：

$$P(x_1, \cdots, x_m) \approx N_{PS}(x_1, \cdots, x_m) / N \tag{13-7}$$

也就是说，事件的概率可以估计为采样过程所产生的所有完整事件中与部分事件相匹配的比例。我们使用 $\hat{P}$（读作 "P-hat"）表示估计概率。举例来说，如果我们从洒水器网络中生成了 1000 个样本，其中 511 个满足 $Rain = \text{true}$，则估计的下雨概率 $\hat{P}(Rain = \text{true}) = 0.511$。

1. 贝叶斯网络中的拒绝采样

拒绝采样（rejection sampling）是从给定的易于采样分布中生成难以采样分布样本的通用方法。最简单形式的拒绝采样可以被用于计算后验概率，也就是确定 $P(X \mid e)$。REJECTION-SAMPLING 算法如图 13-17 所示。首先，它从网络指定的先验概率中生成样本。然后，它拒绝所有与证据不匹配的样本。最后，通过计数 $X = x$ 在剩余样本中的频次得到估计 $\hat{P}(X = x \mid e)$。

---

function REJECTION-SAMPLING(X, e, bn, N) **returns** 一个 $P(X \mid e)$ 的估计
    inputs: X，查询变量
            e，证据 E 的观测值
            bn，一个贝叶斯网络
            N，生成的样本总数
    local variables: C，X 每个值的计数向量，初始为 0

    for $j = 1$ **to** N **do**
        $x \leftarrow$ PRIOR-SAMPLE(bn)
        if x 与 e 一致 **then**
            $C[j] \leftarrow C[j]+1$，其中 x_j 是 X 在 x 中的值
    return NORMALIZE(C)

图 13-17 贝叶斯网络中给定证据时回答查询的拒绝采样算法

令 $\hat{P}(X \mid e)$ 为算法返回的估计分布；这个分布通过对 $N_{PS}(X, e)$——当样本与证据 e 一致时，每个 X 值的样本计数向量——进行归一化得到

$$\hat{P}(X \mid e) = \alpha N_{PS}(X, e) = \frac{N_{PS}(X, e)}{N_{PS}(e)}$$

根据式（13-7），我们有

$$\hat{P}(X \mid e) \approx \frac{P(X, e)}{P(e)} = P(X \mid e)$$

也就是说，拒绝采样给出了真实概率的一个一致估计。

我们仍考虑图 13-15a 所示的例子，假设我们希望使用 100 个样本去估计 $P(Rain \mid Sprinkler = \text{true})$。假设生成的 100 个样本中，有 73 个满足 $Sprinkler = \text{false}$，因此被拒绝；有 27 个满足 $Sprinkler = \text{true}$，这 27 个中的 8 个满足 $Rain = \text{true}$，19 个满足 $Rain = \text{false}$。因此，

$$P(Rain \mid Sprinkler = \text{true}) \approx \text{NORMALIZE}(\langle 8, 19 \rangle) = \langle 0.296, 0.704 \rangle$$

真实的答案是〈0.3, 0.7〉。随着更多的样本被采集，这个估计将收敛到真实答案。每个概率估计误差的标准差与$1/\sqrt{n}$成正比，其中 n 是估计中使用的样本数。

现在我们已经知道拒绝采样收敛到正确的答案，接下来的问题是，收敛速度有多快？更准确地说，在我们知道最终的估计值以高概率接近正确答案之前，需要多少个样本？精确算法的复杂性在很大程度上取决于网络的拓扑结构——树形的网络容易，而连接稠密的网络则很难——拒绝采样的复杂性主要取决于被接受的样本的比例。该比例恰好等于证据的先验概率 $P(e)$。遗憾的是，对于具有许多证据变量的复杂问题，这一比例极小。当这一方法应用到图 13-9 中的汽车保险网络的离散版本时，与从网络本身采样的典型证据相一致的样本比例通常在千分之一到万分之一之间。收敛速度非常慢（见图 13-19）。

我们预计随着证据变量数量的增加，与证据 e 一致的样本比例将呈指数下降，因此该流程对于复杂问题不可用。对于连续值证据变量也有困难，因为产生与此类证据一致的样本的概率为 0（如果它确实是连续值）或非常小（如果它只是一个有限精度的浮点数）。

注意，拒绝采样与真实世界中条件概率的估计过程非常相似。例如，如果我们要估算一颗直径为 1 千米的小行星撞击地球后人类幸存的条件概率，人们可以简单地计数直径为 1 千米的小行星撞击地球后人类幸存的频次，而忽略没有这类事件发生的日子。（在该例子中，宇宙本身就扮演了样本生成算法的角色。）要获得一个像样的估计，可能需要等待 100 次这样的事件发生。显然，这可能需要很长时间，这就是拒绝采样的缺点。

2. 重要性采样

重要性采样（importance sampling）是一个通用的统计技术，它使用另一个采样于分布 Q 的样本来模拟从分布 P 中采样的结果，并通过在计数每个样本时使用修正因子 $P(x)/Q(x)$，也称做**权重**，来确保答案在极限下是正确的。

在贝叶斯网络中使用重要性采样的原因很简单：我们希望以所有证据为条件从真实的后验分布中采样，但这通常太难了。[①] 因此，我们从一个简单的分布中采样并进行必要的修正。重要性采样有效的原因也很简单。令非证据变量为 Z，如果可以直接从 $P(z \mid e)$ 采样，我们可以构造如下的估计：

$$\hat{P}(z|e) = \frac{N_P(z)}{N} \approx P(z|e)$$

其中 $N_P(z)$ 是从 P 中采样时满足 $Z = z$ 样本的数量。现在假设我们从 $Q(z)$ 中采样。在这种情况下，我们引入修正因子：

$$\hat{P}(z|e) = \frac{N_Q(z)}{N}\frac{P(z|e)}{Q(z)} \approx Q(z)\frac{P(z|e)}{Q(z)} = P(z|e)$$

因此，无论使用哪个采样分布 Q，该估计都会收敛到正确的值。（唯一的技术要求是，对任何 $P(z \mid e)$ 非零的 z，$Q(z)$ 也不应为零。）直观上，修正因子补偿了过采样或欠采样。例如，如果对于一些 z，$Q(z)$ 远大于 $P(z \mid e)$，那么这些 z 的样本数量就会比应有数量多得多，但是每个样本的权重很小，所以结果和正确的样本数量情况一样。

至于分布 Q 的选择，我们希望它是一个易于采样并且与真实后验 $P(z \mid e)$ 尽可能接近的分布。最常用的方法是**似然加权**（likelihood weighting）（我们将很快看到原因）。如图 13-18 中的

---

① 如果这很容易，那么我们可以用多项式的样本数以任意精度逼近想要的概率。可以证明，这种多项式时间近似是不存在的。

WEIGHTED-SAMPLE 函数所示，算法固定证据变量的值，然后按照拓扑顺序采样所有非证据变量，每个变量以其父变量为条件。这保证生成的每个事件都与证据一致。

---

function LIKELIHOOD-WEIGHTING(X, e, bn, N) **returns** 一个$P(X \mid e)$的估计
  inputs: X，查询变量
      e，变量E的观测值
      bn，一个指定联合分布$P(X_1, \cdots, X_n)$的贝叶斯网络
      N，生成的样本总数
  local variables: W，一个X每个值的加权计数向量，初始为0

  for j = 1 **to** N **do**
    x, w ← WEIGHTED-SAMPLE(bn, e)
    $W[j]$ ← $W[j]$ + w 其中x_j是X在x中的值
  return NORMALIZE(W)

function WEIGHTED-SAMPLE(bn, e) **returns** 一个事件与一个权重
  w ← 1; x ← 一个具有n个元素的事件，含有来自e的固定值
  for i = 1 **to** n **do**
    if X_i是一个值x_{ij}来自e的证据变量
      then w ← w × $P(X_i = x_{ij} \mid parents(X_i))$
      else $x[i]$ ← $P(X_i \, parents(X_i))$中的一个随机样本
  return x, w

图 13-18 贝叶斯网络推断中的似然加权算法。在 WEIGHTED-SAMPLE 中，每个非证据变量根据给定的已采样父变量值的条件分布进行采样，权重根据每个证据变量的似然进行累积

我们称这个算法产生的采样分布为 Q_{WS}。如果非证据变量是 $Z = \{Z_1, \cdots, Z_l\}$，则我们有

$$Q_{WS}(z) = \prod_{i=1}^{l} P(z_i \mid parents(Z_i)) \tag{13-8}$$

因为每个变量都以其父变量为条件进行采样。为了完成算法，我们需要知道如何计算每个从 Q_{WS} 生成的样本的权重。根据重要性采样的思想，其权重应为

$$w(z) = P(z \mid e) / Q_{WS}(z) = \alpha P(z, e) / Q_{WS}(z)$$

其中归一化因子 $\alpha = 1 / P(e)$ 对所有样本都相同。现在 z 与 e 已经涵盖了贝叶斯网络的所有变量，所以 $P(z, e)$ 就是所有条件概率的乘积［13.2 节式（13-2）］。我们可以把它写成非证据变量的条件概率的乘积乘以证据变量的条件概率的乘积：

$$w(z) = \alpha \frac{P(z, e)}{Q_{WS}(z)} = \alpha \frac{\prod_{i=1}^{l} P(z_i \mid parents(Z_i)) \prod_{i=1}^{m} P(e_i \mid parents(E_i))}{\prod_{i=1}^{l} P(z_i \mid parents(Z_i))}$$

$$= \alpha \prod_{i=1}^{m} P(e_i \mid parents(E_i)) \tag{13-9}$$

因此，权重是证据变量在给定其父变量之后的条件概率的乘积。（证据的概率通常被称为**似然**，似然加权因此得名。）权重计算是在 WEIGHTED-SAMPLE 中增量地实现的，算法在每次遇到一个证据变量时乘以其条件概率。归一化是在最后返回查询结果之前完成的。

让我们把这个算法应用到图 13-15a 所示的网络中，其中查询是 $P(Rain \mid Cloudy = \text{true}, WetGrass = \text{true})$，拓扑次序是 $Cloudy$、$Sprinkler$、$Rain$、$WetGrass$。（任何拓扑次序都是可行的。）算法过程如下：首先，将权重 w 设为 1.0；然后，生成一个事件。

（1）$Cloudy$ 是值为 true 的证据变量。因此，我们设置

$$w \leftarrow w \times P(Cloudy = \text{true}) = 0.5$$

（2）*Sprinkler* 不是证据变量，所以从 $\boldsymbol{P}(Sprinkler \mid Cloudy = \text{true}) = \langle 0.1, 0.9 \rangle$ 中采样，假设返回了 false。

（3）*Rain* 不是证据变量，所以从 $\boldsymbol{P}(Rain \mid Cloudy = \text{true}) = \langle 0.8, 0.2 \rangle$ 中采样，假设返回了 *true*。

（4）*WetGrass* 是值为 true 的证据变量。因此，我们设置

$$w \leftarrow w \times P(WetGrass = \text{true} \mid Sprinkler = \text{false}, Rain = \text{true})$$
$$= 0.5 \times 0.9 = 0.45$$

这里 Weighted-Sample 返回了权重为 0.45 的事件 [true, false, true, true]，这被计入 *Rain* = true 下。

注意，$Parents(Z_i)$ 可以同时包含非证据变量与证据变量。不同于先验分布 $P(z)$，分布 Q_{ws} 关注证据：每个 Z_i 的采样值会被 Z_i 祖先中的证据影响。例如，当采样 *Sprinkler* 时，算法会注意到它父变量中的证据 *Cloudy* = true。但是，Q_{ws} 对证据的关注程度低于真实后验 $P(z \mid e)$，因为每个 Z_i 的采样值忽略了 Z_i 非祖先节点中的证据。例如，当采样 *Sprinkler* 和 *Rain* 时，算法忽略了子节点变量中的证据 *WetGrass* = true，这意味着它将生成许多 *Sprinkler* = false 和 *Rain* = false 的样本，尽管实际上证据排除了这种情况。这些样本的权重为 0。

因为似然加权使用了所有的生成样本，它比拒绝采样更高效。但是，随着证据变量数量的增加，它的性能会下降。这是因为大多数样本的权重都很低，因此加权估计将由赋予证据大于无穷小的可能性的极小部分样本所主导。如果证据变量出现在"下游"，即出现在变量顺序的靠后部分，那么这个问题就会加剧，因为非证据变量在其父变量和祖先变量中没有证据来指导样本的生成。这意味着这些样本将仅仅是纯粹的模拟——与证据所隐含的现实几乎没有相似之处。

当我们将该算法应用于图 13-9 中的汽车保险网络的离散版本时，似然加权比拒绝采样有效得多（见图 13-19）。保险网络是似然加权的相对良性情况，因为很多证据位于"上游"，而查询变量是网络的叶子节点。

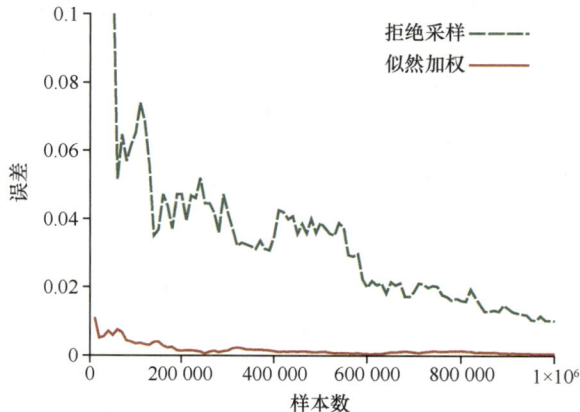

图 13-19　保险网络中拒绝采样与似然加权的表现。*x* 轴表示生成的样本数量，*y* 轴表示对 *PropertyCost* 查询的任一概率值的最大绝对误差

13.4.2　通过马尔可夫链模拟进行推断

马尔可夫链蒙特卡罗（Markov chain Monte Carlo，MCMC）算法的工作方式不同于拒绝采样和似然加权。MCMC 算法通过随机修改之前的样本来生成样本，而不是从头生成每个样本。

可以将 MCMC 算法想象成处于特定的当前状态，该状态为每个变量指定一个值，并通过对当前状态进行随机修改来生成下一状态。

马尔可夫链（Markov chain）指产生一系列状态的随机过程。（马尔可夫链在第 14 章和第 17 章扮演重要角色，第 4 章中所述的模拟退火算法和第 7 章中所述的 WALKSAT 算法也是 MCMC 族的成员。）我们将首先介绍一种称作吉布斯采样（Gibbs sampling）的特殊形式的 MCMC 算法，它尤其适合贝叶斯网络。之后我们将介绍更一般的米特罗波利斯-黑斯廷斯（Metropolis–Hastings）算法，它在生成样本时具有更强的灵活性。

1. 贝叶斯网络中的吉布斯采样

贝叶斯网络的吉布斯采样算法从一个任意状态出发（证据变量固定为它们的观测值），通过为一个非证据变量 X_i 随机采样一个值来生成下一个状态。回忆一下我们在 13.2.1 节中提到的，给定它的马尔可夫毯（它的父节点、子节点和子节点的其他父节点），X_i 独立于所有其他变量。因此，X_i 的吉布斯采样意味着以它的马尔可夫毯中变量的当前值为条件进行采样。该算法在状态空间（可能的完整赋值的空间）中游走，每次调整一个变量，并保持证据变量不变。完整的算法如图 13-20 所示。

---

function GIBBS-ASK(X, e, bn, N) **returns** 一个 $P(X \mid e)$的估计
  local variables: C，一个X的每个值的计数向量，初始为0
         Z，bn中的非证据变量
         x，网络的当前状态，从e中初始

  使用Z中变量的随机值初始x
  for k = 1 **to** N **do**
    根据任意分布$\rho(i)$从Z中选择变量Z_i
    通过从$P(Z_i \mid mb(Z_i))$中采样，设置x中Z_i的值
    $C[j] \leftarrow C[j]$ + 1 其中x_j是X在x中的值
  return NORMALIZE(C)

图 13-20　贝叶斯网络近似推断的吉布斯采样算法。这个版本采用了随机选择变量，此外循环遍历变量也可行

考虑图 13-15a 中网络的查询 $P(Rain \mid Sprinkler$ = true, $WetGrass$ = true)。证据变量 $Sprinkler$ 和 $WetGrass$ 固定为它们的观测值（该例子中都是 true），非证据变量 $Cloudy$ 和 $Rain$ 分别随机初始化为 true 和 false。因此，初始状态是 [true, **true**, false, **true**]，其中我们用粗体标记固定的证据值。现在，非证据变量 Z_i 根据用于选择变量的概率分布 $\rho(i)$ 按照一些随机顺序进行重复采样。例如如下操作。

（1）给定其马尔可夫毯当前的值，$Cloudy$ 被选择然后采样：在这种情况下，我们从 $P(Cloudy \mid Sprinkler$ = true, $Rain$ = false) 中采样。假设结果为 $Cloudy$ = false，则新的当前状态是 [false, **true**, false, **true**]。

（2）给定其马尔可夫毯当前的值，$Rain$ 被选择然后采样：在这种情况下，我们从 $P(Rain \mid Cloudy$ = false, $Sprinkler$ = true, $WetGrass$ = true) 中采样。假设结果为 $Rain$ = true，新的当前状态为 [false, **true**, true, **true**]。

剩下的一个细节与计算马尔可夫毯分布 $P(X_i \mid mb(X_i))$ 的方法有关，其中 $mb(X_i)$ 表示 X_i 的马尔可夫毯变量 $MB(X_i)$ 的值。幸运的是，这并不涉及任何复杂的推断。如习题 13.MARB 所示，其分布由下式给出：

$$P(x_i \mid mb(X_i)) = \alpha P(x_i \mid parents(X_i)) \prod_{Y_j \in Children(X_i)} P(y_j \mid parents(Y_j)) \tag{13-10}$$

换句话说，对于每个值 x_i，将条件概率表中 X_i 的概率与其子变量的概率相乘得到 X_i 的概率。例如，在上面所示的第一个采样步骤中，我们从 $\boldsymbol{P}(Cloudy \mid Sprinkler = \text{true}, Rain = \text{false})$ 中采样。根据式（13-10），我们有（其中用字母缩写表示变量）

$$P(c \mid s, \neg r) = \alpha P(c) P(s \mid c) P(\neg r \mid c) = \alpha \times 0.5 \times 0.1 \times 0.2$$
$$P(\neg c \mid s, \neg r) = \alpha P(\neg c) P(s \mid \neg c) P(\neg r \mid \neg c) = \alpha \times 0.5 \times 0.5 \times 0.8$$

所以采样分布是 $\alpha \langle 0.001, 0.020 \rangle \approx \langle 0.048, 0.952 \rangle$。

图 13-21a 给出了均匀随机选择变量的情况下的完整马尔可夫链，即 $\rho(Cloudy) = \rho(Rain) = 0.5$。算法在这个图中按照指定概率沿着链路简单游走。在此过程中访问的每个状态都是对查询变量 $Rain$ 的估计做出贡献的样本。如果此过程访问了 20 个 $Rain$ 为真的状态，60 个 $Rain$ 为假的状态，则查询的答案是 Normalize($\langle 20, 60 \rangle$) = $\langle 0.25, 0.75 \rangle$。

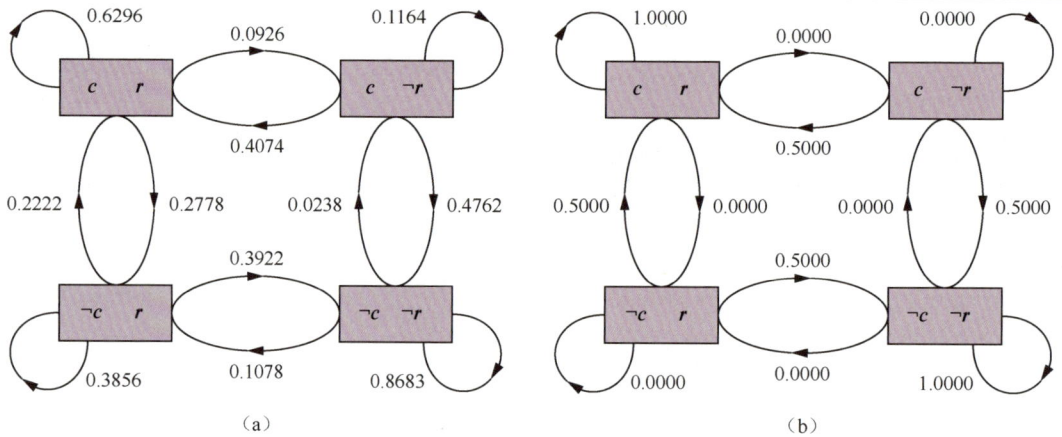

图 13-21 （a）对于查询 $\boldsymbol{P}(Rain \mid Sprinkler = \text{true}, WetGrass = \text{true})$ 的马尔可夫链的状态和转移概率。注意自循环：当选择任意一个变量，然后重新采样到它已有的相同值时，状态保持不变。（b）当 $Rain$ 的条件概率表约束它和 $Cloudy$ 拥有相同值时的转移概率

2. 马尔可夫链的分析

我们已经说过，吉布斯采样是通过在状态空间随机游走来产生样本的。为了解释为什么吉布斯采样可以正确地工作（也就是说，为什么它的估计在极限意义下收敛于正确的值），我们需要一些仔细的分析。（这个部分涉及较为复杂的数学内容，在首次阅读时可以略过。）

我们首先介绍用于分析一般马尔可夫链的一些基本概念。任何这样的链都是通过它的初始状态和**转移核**（transition kernel）$k(\boldsymbol{x} \to \boldsymbol{x}')$——从状态 $\boldsymbol{x}$ 转移到状态 $\boldsymbol{x}'$ 的概率——确定的。现在假设我们运行了 t 步的马尔可夫链，令 $\pi_t(\boldsymbol{x})$ 表示在 t 时刻系统处于状态 $\boldsymbol{x}$ 的概率。类似地，令 $\pi_{t+1}(\boldsymbol{x}')$ 表示在 $t + 1$ 时刻处于状态 $\boldsymbol{x}'$ 的概率。给定 $\pi_t(\boldsymbol{x})$，我们可以通过对 t 时刻系统可能处于的所有状态 $\boldsymbol{x}$，对处于 $\boldsymbol{x}$ 的概率乘以转移到 $\boldsymbol{x}'$ 的概率求和来计算 $\pi_{t+1}(\boldsymbol{x}')$：

$$\pi_{t+1}(\boldsymbol{x}') = \sum_{\boldsymbol{x}} \pi_t(\boldsymbol{x}) k(\boldsymbol{x} \to \boldsymbol{x}')$$

如果 $\pi_t = \pi_{t+1}$，我们称链达到它的**平稳分布**（stationary distribution）。对于平稳分布 π，它将满足如下方程：

$$对所有 x', \ \pi(x') = \sum_x \pi(x)k(x \to x') \tag{13-11}$$

假设转移核 k 是遍历的（ergodic），也就是说，每个状态都从其他状态可达，并且没有严格的周期循环，那么对于任意给定的 k，满足该方程的分布 π 就只有一个。

式（13-11）可以理解为每个状态的期望"流出"（当前"群体"）等于从所有状态的期望"流入"。有一种明显的方法可以使这种关系得到满足：如果任意一对状态之间的期望流在两个方向上是相同的，也就是说：

$$对所有 x, \ x', \pi(x)k(x \to x') = \pi(x')k(x' \to x) \tag{13-12}$$

当这些等式成立时，我们称 $k(x \to x')$ 与 $\pi(x)$ 细致平衡（detailed balance）。一个特殊的例子是自循环 $x = x'$，即从一个状态转移到自身。这种情况下，细致平衡条件变成 $\pi(x)k(x \to x) = \pi(x)k(x \to x)$，对于任意平稳分布 π 与任意转移核 k，这个等式显然成立。

我们可以简单地通过对式（13-12）中的 x 求和来证明细致平衡蕴涵着平稳性。我们有

$$\sum_x \pi(x)k(x \to x') = \sum_x \pi(x')k(x' \to x) = \pi(x')\sum_x k(x' \to x) = \pi(x')$$

其中最后一步成立是因为从 x' 的转移保证会发生。

3. 为什么吉布斯采样可行

现在我们将说明吉布斯采样实现了后验概率的一致估计。基本的观点是直截了当的：吉布斯采样过程的平稳分布正是基于证据的非证据变量的后验分布。吉布斯采样过程从一个状态转移到另一个状态的特殊方式具有这种非凡的特性。

吉布斯采样的一般定义是选择一个变量 X_i，然后以所有其他变量当前的值为条件进行采样（当具体应用于贝叶斯网络时，我们简单地使用额外的事实，即以所有变量为条件采样等价于以变量的马尔可夫毯为条件采样，如 13.2.1 节所示）。我们使用记号 $\overline{X}_i$ 指代这些其他变量（证据变量除外），记它们当前状态的值为 $\overline{x_i}$。

为写出吉布斯采样的转移核 $k(x \to x')$，我们需要考虑 3 种情况。

（1）状态 x 与 x' 在两个及以上的变量上不同。在这种情况下，因为吉布斯采样只改变一个变量，所以 $k(x \to x')=0$。

（2）状态只在一个变量 X_i 上不同，它的值从 x_i 变到 x_i'。这种情况出现的概率是：

$$k(x \to x') = k((x_i, \overline{x_i}) \to (x_i', \overline{x_i})) = \rho(i)P(x_i' \mid \overline{x_i}) \tag{13-13}$$

（3）状态相同，即 $x = x'$。在这种情况下，任何变量都可以被选择，但是采样过程产生了变量已有的相同的值。这种情况出现的概率是：

$$k(x \to x') = \sum_i \rho(i)k((x_i, \overline{x_i}) \to (x_i, \overline{x_i})) = \sum_i \rho(i)P(x_i \mid \overline{x_i})$$

现在我们证明，这个吉布斯采样的一般定义满足平稳分布等于 $P(x \mid e)$（非证据变量的真实后验分布）的细致平衡公式。也就是说，我们想要证明对所有状态 x 和 x'，$\pi(x)k(x \to x') = \pi(x')k(x' \to x)$，其中 $\pi(x) = P(x \mid e)$。

对于上面给出的第 1 种和第 3 种情况，细致平衡总是被满足的：如果两个状态在两个及以上变量不同，转移概率在两个方向都为 0。如果 $x \neq x'$，则根据式（13-13），我们有

$$\pi(x)k(x \to x') = P(x|e)\rho(i)P(x_i'\,|\,\overline{x_i},e) = \rho(i)P(x_i,\overline{x_i}\,|\,e)P(x_i'\,|\,\overline{x_i},e)$$

$$= \rho(i)P(x_i\,|\,\overline{x_i},e)P(\overline{x_i}\,|\,e)P(x_i'\,|\,\overline{x_i},e) \quad （在第一项上使用链式法则）$$

$$= \rho(i)P(x_i\,|\,\overline{x_i},e)P(x_i',\overline{x_i}\,|\,e) \quad （最后两项上使用逆链式法则）$$

$$= \pi(x')k(x' \to x)$$

最后要解决的问题是链的遍历性，也就是说，每个状态都必须从其他状态可达，并且不存在周期循环。假如条件概率表不含概率 0 或 1，则可达性和不存在周期循环这两个条件都能被满足。可达性源自这样一个事实：我们可以通过每次改变一个变量将一种状态转换成另一种状态。不存在周期循环是因为每个状态都有着非零概率的自循环。因此，在给定条件下，k 是遍历的，这意味着吉布斯采样生成的样本最终会从真实的后验分布中提取。

4. 吉布斯采样的复杂性

首先，好消息是：每个吉布斯采样步骤都涉及对所选变量 X_i 的马尔可夫毯分布的计算，这需要与 X_i 的子变量数量和 X_i 的值域大小成比例的乘法运算数量。这一点很重要，这意味着生成每个样本所需的工作量独立于网络的规模。

现在，未必是坏消息的是：吉布斯采样的复杂性比拒绝采样和似然加权更难分析。首先要注意的是，与似然加权不同，吉布斯采样关注下游证据。信息从证据节点向各个方向传播：首先，证据节点的任何邻居节点对证据节点中反映了证据的值采样；然后，对它们的邻居采样，等等。因此，当证据主要集中在下游变量时，我们希望吉布斯采样的表现优于似然加权；事实上，这在图 13-22 中也得到了证实。

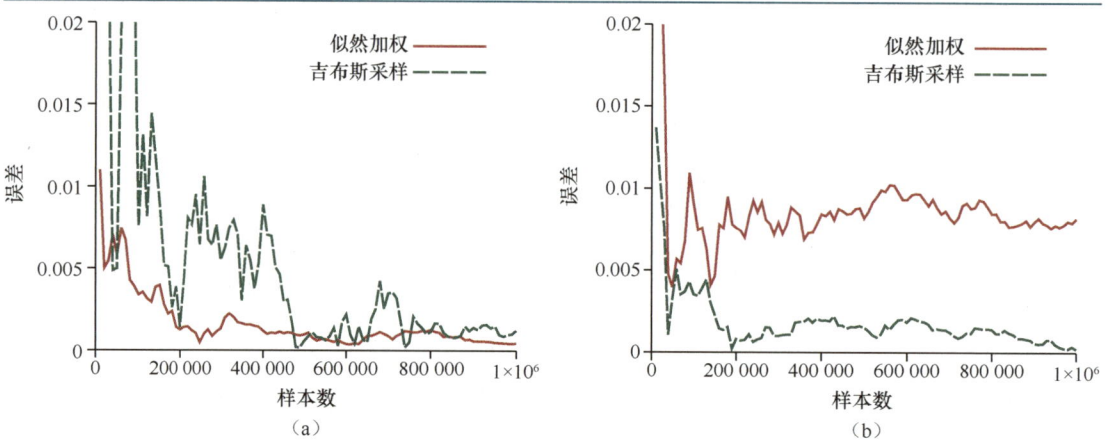

图 13-22   吉布斯采样与似然加权在汽车保险网络上表现的比较。（a）对 *PropertyCost* 上的标准查询。（b）输出变量是被观测的并且 *Age* 是查询变量的情况

吉布斯采样的收敛速率，即算法定义的马尔可夫链的**混合速率**（mixing rate），强烈依赖于网络中条件分布的定量性质。要了解这一点，考虑图 13-15a 中当 *Rain* 的条件概率表变得确定时所发生的情况：当且仅当多云时才会下雨。在这种情况下，查询 **P**(*Rain* | *Sprinkler*, *WetGrass*) 的真实后验分布大约是 $\langle 0.18, 0.82 \rangle$，但吉布斯采样永远不会达到这个值。问题在于，对于 *Cloudy* 和 *Rain*，只有两个联合状态 [true, true] 和 [false, false] 具有非零概率。从 [*true*, *true*] 出发，链永远不会到达 [false, false]，因为转移到中间状态的概率为零（见图 13-21b）。所以，如果过

程从 [true, true] 出发，它对查询报告的后验概率总是 $\langle 1.0, 0.0 \rangle$；如果过程从 [false, false] 出发，它对查询报告的后验概率总是 $\langle 0.0, 1.0 \rangle$。

因为 Cloudy 和 Rain 之间的确定性关系打破了收敛要求的遍历性，吉布斯采样在这个例子中失效了。但是，如果我们让这个关系是近似确定的，则算法仍能收敛，但收敛的速度可能是任意缓慢的。有几种修正的方法可以帮助 MCMC 算法更快地混合。一种方法称为**块采样**（block sampling）：同时采样多个变量。这种情况下，我们以它们的联合马尔可夫毯为条件，联合采样 Cloudy 和 Rain。另一种方法是更明智地生成后续状态，我们将在接下来的"米特罗波利斯 – 黑斯廷斯采样"小节中看到。

5. 米特罗波利斯–黑斯廷斯采样

米特罗波利斯–黑斯廷斯（Metropolis-Hastings，MH）采样可能是应用最广泛的 MCMC 算法。与吉布斯采样一样，MH 被设计用来根据目标概率 $\pi(x)$ 最终生成样本 x。在贝叶斯网络推断的场景中，我们希望得到 $\pi(x) = P(x \mid e)$。与模拟退火算法（4.1.2 节）一样，MH 在采样过程的每次迭代中有两个阶段。

（1）给定当前状态 x，从**提议分布**（proposal distribution）$q(x' \mid x)$ 中采样一个新状态 x'。

（2）根据**接受概率**（acceptance probability）

$$a(x' \mid x) = \min\left(1, \frac{\pi(x')q(x \mid x')}{\pi(x)q(x' \mid x)}\right)$$

概率性地接受或者拒绝 x'。如果这个提议被拒绝了，状态维持在 x。

MH 的转移核由这两步过程组成。注意，如果提议被拒绝，那么链将保持相同的状态。

顾名思义，提议分布负责提议下一个状态 x'。例如，$q(x' \mid x)$ 可以如下定义：

- 以 0.95 的概率执行一步吉布斯采样生成 x'；
- 否则，执行 13.4.1 节的 WEIGHTED-SAMPLE 算法生成 x'。

这个提议分布导致 MH 执行大约 20 步吉布斯采样，然后从一个新状态（假设它被接受）"重启"这一过程。这种策略能解决吉布斯采样陷入一部分状态空间而无法到达其他部分的问题。

读者可能会问，我们究竟如何知道有着这样奇怪的提议的 MH 实际上会收敛到正确的答案。关于 MH 值得注意的是，对于任何提议分布，只要得到的转移核是遍历的，就可以保证收敛到正确的平稳分布。

这一性质源于接受概率的定义方式。就吉布斯采样而言，自循环 $x = x'$ 自动满足细致平衡，所以我们关注 $x \neq x'$ 的情况。只有当提议被接受时才会发生这种情况。这种转移发生的概率是

$$k(x \to x') = q(x' \mid x)a(x' \mid x)$$

就吉布斯采样而言，证明细致平衡意味着证明从 x 到 x' 的流 $\pi(x)k(x \to x')$ 与从 x' 到 x 的流 $\pi(x')k(x' \to x)$ 相匹配。将上面的 $k(x \to x')$ 代入表达式，细致平衡条件的证明是相当直接的：

$$\pi(x)q(x' \mid x)a(x' \mid x) = \pi(x)q(x' \mid x)\min\left(1, \frac{\pi(x')q(x \mid x')}{\pi(x)q(x' \mid x)}\right) \quad (a(\cdot)\text{的定义})$$

$$= \min(\pi(x)q(x' \mid x), \pi(x')q(x \mid x')) \quad (\text{乘数移入括号})$$

$$= \pi(x')q(x \mid x')\min\left(\frac{\pi(x)q(x' \mid x)}{\pi(x')q(x \mid x')}, 1\right) \quad (\text{除数移出括号})$$

$$= \pi(x')q(x \mid x')a(x \mid x')$$

除了数学性质，MH 采样需要关注的重要部分是接受概率中 $\pi(\boldsymbol{x'})/\pi(\boldsymbol{x})$ 的比率。这表示，如果提议的下一个状态比当前状态更有可能，它肯定会被接受（此时我们忽略项 $q(\boldsymbol{x} \mid \boldsymbol{x'})/q(\boldsymbol{x'} \mid \boldsymbol{x})$，它的存在是为了确保细致平衡，在许多状态空间中，由于对称性，它等于 1）。如果提议的状态比当前状态的可能性小，它被接受的概率就成比例地下降。

因此，设计提议分布的一个指导方针是确保提议的新状态有合理的概率。吉布斯采样可以自动实现这一点：它基于吉布斯分布 $P(X_i \mid \overline{x_i})$ 中提议，这意味着生成 X_i 的新特定值正比于它的概率。（习题 13.GIBM 要求证明吉布斯采样是接受概率为 1 的 MH 采样的特例）。

另一个指导方针是要确保链能很好地混合，这意味着提议方案偶尔要向状态空间的遥远区域进行大幅度移动。在上面给出的示例中，偶尔使用 WEIGHTED-SAMPLE 以新状态重启链可以达到这个目的。

除了提议分布的设计几乎是完全自由的，MH 的实用性还源于另外两个性质。首先我们观察到，后验概率 $\pi(\boldsymbol{x}) = P(\boldsymbol{x} \mid \boldsymbol{e})$ 仅以 $\pi(\boldsymbol{x'})/\pi(\boldsymbol{x})$ 的比率形式出现在接受计算中，这是非常幸运的。直接计算 $P(\boldsymbol{x} \mid \boldsymbol{e})$ 恰是我们试图使用 MH 来近似的，所以对每个样本都这样做是没有意义的！相反，我们使用下面的技巧：

$$\frac{\pi(\boldsymbol{x'})}{\pi(\boldsymbol{x'})} = \frac{P(\boldsymbol{x'} \mid \boldsymbol{e})}{P(\boldsymbol{x} \mid \boldsymbol{e})} = \frac{P(\boldsymbol{x'}, \boldsymbol{e})}{P(\boldsymbol{x}, \boldsymbol{e})} \frac{P(\boldsymbol{e})}{P(\boldsymbol{x})} = \frac{P(\boldsymbol{x'}, \boldsymbol{e})}{P(\boldsymbol{x}, \boldsymbol{e})}$$

这个比率中的项是完全联合概率，即贝叶斯网络中条件概率的乘积。这个比率的第二个有用的性质是，一旦提议分布对 $\boldsymbol{x}$ 进行局部改变来产生 $\boldsymbol{x'}$，条件概率乘积中只需有少数项是不同的。所有涉及取值不变的变量的条件概率都将在比率中消去。因此，与吉布斯采样一样，只要状态变化是局部的，那么生成每个样本所需的工作量与网络的规模无关。

13.4.3   编译近似推断

图 13-17、图 13-18 和图 13-20 中的采样算法有一个共同的特性：它们在一个用数据结构表示的贝叶斯网络上运行。这似乎很自然：毕竟，贝叶斯网络是一个有向无环图，它还能如何表示呢？这种方法的问题在于，在采样算法运行时，访问数据结构（例如查找节点的父节点）所需的操作会重复数千次或数百万次，所有这些计算都是完全不必要的。

网络的结构和条件概率在整个计算过程中保持固定，因此有机会将网络编译成模型特定的推理代码，并通过仅执行特定网络所需的推断进行计算。（这听起来很熟悉，它与第 9 章逻辑程序编译中使用的思想相同。）例如，假设我们想对图 13-2 的入室盗窃网络中的 *Earthquake* 变量进行吉布斯采样。根据图 13-20 中的 GIBBS-ASK 算法，我们需要执行如下计算：

通过从 $P(Earthquake \mid mb(Earthquake))$ 中采样，设置 $\boldsymbol{x}$ 中 *Earthquake* 的值

其中 $\boldsymbol{P}(Earthquake \mid mb(Earthquake))$ 的分布根据式（13-10）计算得到，我们在此重述一遍：

$$P(x_i \mid mb(X_i)) = \alpha P(x_i \mid parents(X_i)) \prod_{Y_j \in Children(X_i)} P(y_j \mid parents(Y_j))$$

反过来，这种计算需要在贝叶斯网络结构中查找 *Earthquake* 的父节点和子节点；查找它们当前的值；使用这些值索引相应的条件概率表（这也必须在贝叶斯网络中查找）；然后将这些条件概率表中所有合适的行相乘，形成一个新的采样分布。最后，如 13.4.1 节所述，采样步骤本身必须构建离散分布的累积版本，然后找到其中对应于从 [0, 1] 中采样的随机数的值。

相反，通过编译网络的方法，我们得到对于 *Earthquake* 变量的模型特定的采样代码，如下所示：

```
        r ← [0, 1] 中的一个均匀随机样本
    if Alarm = true
        then if Burglary = true
            then return [r < 0.0020212]
            else return [r < 0.36755]
        else if Burglary = true
            then return [r < 0.0016672]
            else return [r < 0.0014222]
```

其中贝叶斯网络变量 *Alarm*、*Burglary* 等变成了普通的程序变量，其值构成了马尔可夫链的当前状态。数值阈值表达式评估为 true 或 false，并表示 *Earthquake* 马尔可夫毯中各种值组合的预计算的吉布斯分布。编译网络的代码不是特别优雅（一般来说，它的规模大概和贝叶斯网络本身一样大）但它非常高效。与 Gibbs-Ask 相比，编译后的代码通常要快 2 ～ 3 个数量级。它可以在普通笔记本计算机上每秒执行数千万个采样步，其速度在很大程度上受到生成随机数代价的限制。

13.5 因果网络

我们已经讨论了保持贝叶斯网络中节点顺序与因果关系方向一致的几个优点。特别地，我们注意到，保持这样的顺序有助于我们更容易地估计条件概率，同时得到的网络结构也会紧致。但是要注意的是，原则上任何节点顺序都可以使网络一致地表示联合分布函数。这在图 13-3 中得到了证明，更改节点顺序后，生成的网络比图 13-2 中的原始网络更密集，更不自然，但仍使我们能够在所有变量上表示相同的分布。

本节将介绍因果网络（causal network），它是一种受限的贝叶斯网络类别，仅允许因果相容顺序。我们将探索如何构建这样的网络，这样的构建可以改进什么，以及如何在决策任务中利用这一改进。

首先考虑一个可能是最简单的贝叶斯网络，*Fire* → *Smoke*，它只有单个箭头。它告诉我们变量 *Fire* 和 *Smoke* 可能是相关的，所以需要指定先验 *P*(*Fire*) 和条件分布 *P*(*Smoke* | *Fire*) 来指定联合分布 *P*(*Fire*, *Smoke*)。然而，通过反向箭头 *Fire* ← *Smoke*，使用恰当的 *P*(*Smoke*) 与从贝叶斯法则计算的 *P*(*Fire* | *Smoke*) 也可以同样好地表示这个分布。这两个网络是等价的，因此传递的信息是相同的，这种想法会让大多数人感到不适，甚至抗拒。我们知道是 *Fire* 引起 *Smoke*，而不是 *Smoke* 引起 *Fire*，它们怎么能传达同样的信息呢？

换句话说，根据我们的经验和科学认知，清除烟雾并不能阻止火灾，而灭火会消除烟雾。因此我们希望通过它们之间箭头的方向性来表示这种不对称性。但如果反向箭头只会使事物等价，我们怎么才能形式化地表示这个重要的信息。

因果贝叶斯网络（有时也被称为因果图）允许我们表示因果不对称性，并利用不对称性和因果信息进行推理。其想法是越过概率依赖并使用一种完全不同类型评判的考虑来决定箭头的方向。不像我们在普通贝叶斯网络中那样询问专家 *Smoke* 与 *Fire* 是否概率相关，我们现在要考虑的是哪个变量响应哪个变量，*Smoke* 到 *Fire* 还是 *Fire* 到 *Smoke*？

这听起来可能有点神秘，但是我们可以通过"赋值"的概念使其更加精确，它类似于编程语言中的赋值操作。如果大自然根据本身对 *Fire* 的了解为 *Smoke* 赋值，我们则画一条从 *Fire* 到 *Smoke* 的箭头。更重要的是，如果我们判断大自然依赖于其他变量而不是 *Smoke* 为 *Fire* 赋了真值，则并不会绘制箭头 *Fire* ← *Smoke*。换句话说，如果每个变量 X_i 的值 x_i 通过等式 $x_i =$

$f_i(OtherVariables)$ 确定，则当且仅当 X_j 是 f_i 的一个参数时，我们绘制箭头 $X_j \rightarrow X_i$。

$x_i = f_i(\cdot)$ 叫作**结构方程**（structural equation），因为它在本质上描述了一种稳定的机制，它与量化贝叶斯网络的概率不同，这种机制对测量值和环境中的局部变化保持不变。

为了解这种对局部变化的稳定性，我们可以参考图 13-23a，它是图 13-15 的草坪洒水器故事略做修改后的版本。例如，为了表示一个出故障的洒水器，我们只需从网络中删除与 *Sprinkler* 节点相关的所有链路。为了表示覆盖着帐篷的草坪，我们简单地删除了 *Rain* → *WetGrass* 的箭头。因此，只要稍加修改，环境中机制的任何局部重构都可以转换为网络拓扑结构的同构重构。如果网络的构造与因果顺序相反，则需要更复杂的转变。这种局部稳定性对于表示动作或干预特别重要，这是我们下一个讨论的话题。

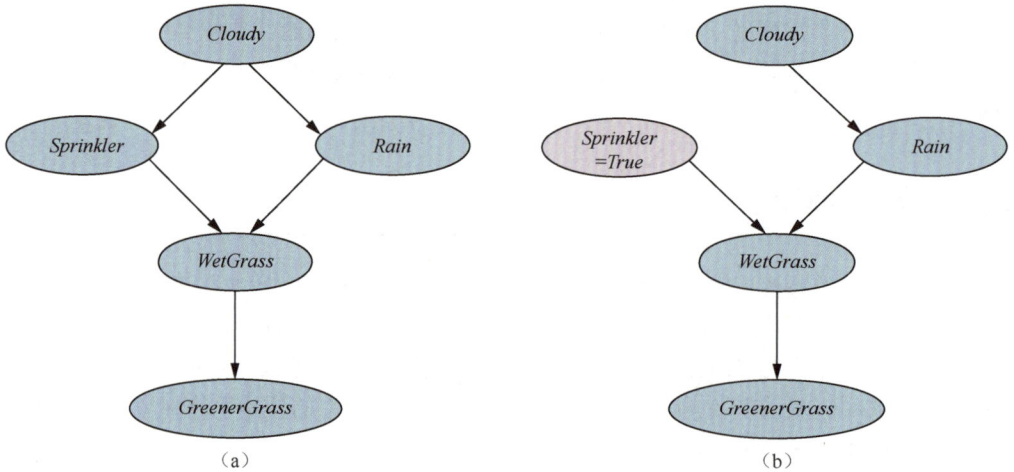

图 13-23　（a）表示 5 个变量间因果关系的因果贝叶斯网络。（b）执行"打开 *Sprinkler*"动作后的网络

13.5.1　表示动作：*do* 操作

再次考虑图 13-23a 中的 *Sprinkler* 故事。根据标准的贝叶斯网络的语义，5 个变量的联合分布由 5 个条件分布的乘积给出：

$$P(c, r, s, w, g) = P(c)\,P(r \mid c)\,P(s \mid c)\,P(w \mid r, s)\,P(g \mid w) \tag{13-14}$$

其中，我们使用每个变量名的首字母来简写变量。模型是如下的一个结构方程系统：

$$
\begin{aligned}
C &= f_C(U_C)\\
R &= f_R(C, U_R)\\
S &= f_S(C, U_S)\\
W &= f_W(R, S, U_W)\\
G &= f_G(W, U_G)
\end{aligned}
\tag{13-15}
$$

其中，不失一般性，f_C 可以为恒等函数。这些方程中的 U 变量表示**未建模变量**（unmodeled variable），也叫作**误差项**（error term）或**扰动**（disturbance），它将扰乱每个变量与它的父变量之间的函数关系。例如，U_W 可能是除 *Sprinkler* 和 *Rain* 之外另一种潜在的潮湿来源，有可能是 *MorningDew*（晨露）或 *FirefightingHelicopter*（消防直升机）。

如果所有 U 变量都是有着恰当先验的相互独立的随机变量，则式（13-14）中的联合分布可以用式（13-15）中的结构方程精确表示。因此，随机关系的系统可以被确定性关系的系统捕捉，其中每一个关系都受到外部干扰的影响。然而，结构方程系统为我们提供的不止这些：它允许我们预测干预将如何影响系统的运行，从而预测这些干预的可观测的结果。这在联合分布下是不可能的。

例如，假设我们打开洒水器，也就是说，如果我们通过干预去强加 $Sprinkler$ = true 的条件（根据定义，这不是模型所描述的因果过程的一部分）。沿用 **do-calculus** 的记号——这是因果网络理论的一个关键部分，这会被写作 $do(Sprinkler = \text{true})$。一旦如此，这意味着洒水器变量不再依赖天气是不是多云。因此，我们从结构方程系统删除 $S = f_S(C, U_S)$，并用 $S = \text{true}$ 来替代：

$$\begin{aligned}C &= f_C(U_C)\\R &= f_R(C, U_R)\\S &= \text{true}\\W &= f_W(R, S, U_W)\\G &= f_G(W, U_G)\end{aligned} \qquad (13\text{-}16)$$

根据这些方程，我们得到其余变量以 $do(Sprinkler = \text{true})$ 为条件的新的联合分布：

$$P(c, r, w, g \mid do(S = \text{true})) = P(c)\, P(r \mid c)\, P(w \mid r, s = \text{true})\, P(g \mid w) \qquad (13\text{-}17)$$

这对应着图 13-23b 中的"残缺"网络。基于式（13-17），我们看到概率改变的变量只有 $WetGrass$ 和 $GreenerGrass$，也就是被操控变量 $Sprinkler$ 的后代节点。

注意以在原始网络上 $do(Sprinkler = \text{true})$ 动作为条件和以观测 $Sprinkler = \text{true}$ 为条件的区别。原始网络告诉我们，当天气多云时，不太可能打开洒水器，所以如果我们观测到洒水器开着，就意味着天气多云的可能性降低了。但常识告诉我们，如果我们（可以说是从外部世界操作）伸手打开洒水器，这不会影响天气，也不会提供有关当天天气情况的新信息。如图 13-23b 所示，干预破坏了天气和洒水器之间正常的因果链路。这阻止了任何影响从 $Sprinkler$ 回流到 $Cloudy$。因此，在原始图上以 $do(Sprinkler = \text{true})$ 为条件等价于在残缺图上以 $Sprinkler = \text{true}$ 为条件。

类似的方法可以用来分析在一个有着变量 $X_1, \cdots, X_n$ 的一般因果网络中 $do(X_j = x_{jk})$ 的结果。该网络对应于以通常方式定义的联合分布［见式（13-2）］：

$$P(x_1, \cdots, x_n) = \prod_{i=1}^{n} P(x_i \mid parents(X_i)) \qquad (13\text{-}18)$$

在应用 $do(X_j = x_{jk})$ 后，新的联合分布 $P_{x_{jk}}$ 简单地忽略因子 X_j：

$$P_{x_{jk}}(x_1, \cdots, x_n) = \begin{cases} \displaystyle\prod_{i \neq j} P(x_i \mid parents(X_i)) = \dfrac{P(x_1, \cdots, x_n)}{P(x_j \mid parents(X_j))}, & \text{如果 } x_j = x_{jk} \\[2mm] 0, & \text{如果 } x_j \neq x_{jk} \end{cases} \qquad (13\text{-}19)$$

这是由于将 X_j 设置为特定值 x_{jk} 对应从结构方程系统中删除 $X_j = f_j(Parents(X_j), U_j)$ 并用 $X_j = x_{jk}$ 取代的事实。通过更多的代数操作，可以推导出设置变量 X_j 对其他变量 X_i 的干预结果的公式：

$$\begin{aligned}P(X_i = x_i \mid do(X_j = x_{jk})) &= P_{x_{jk}}(X_i = x_i) \\&= \sum_{parents(X_j)} P(x_i \mid x_{jk}, parents(X_j))\, P(parents(X_j))\end{aligned} \qquad (13\text{-}20)$$

求和式中的概率项是通过在原始网络上使用任意标准推断算法计算得到的。这个等式被称为调整公式（adjustment formula）。它是 X_i 和它的父变量在 X_i 上的影响的概率加权平均，其中权重是父变量值的先验。对多变量的干预结果可以通过依次进行单变量干预的方式计算，每一个干预依次删除对一个变量的因果影响，并产生一个新的残缺模型。

13.5.2　后门准则

预测任何干预结果的能力是一个重要的结果，但它需要模型中必要的条件分布的准确知识，特别是 $P(x_i \mid parents(X_i))$。然而，在许多真实世界的设定中，这是一个苛刻的要求。例如，我们知道"遗传因素"在肥胖中起作用，但我们不知道是哪些基因起了作用，也不知道它们起作用的确切原因。即便是在玛丽的洒水器决策的简单故事中（图 13-15，图 13-23a 也适用），我们可能知道她在决定是否打开洒水器之前会查看天气，但我们可能不知道她是如何做出决定的。

在这个实例中出现问题的具体原因是，我们想要预测打开洒水器对下游 *GreenerGrass* 等变量的影响，但调整公式［式（13-20）］不仅必须考虑从 *Sprinkler* 的直接路径，还得考虑通过 *Cloudy* 与 *Rain* 的"后门"路径。如果我们知道 *Rain* 的值，这条后门路径就会被阻塞，这就意味着可能有一种方法可以写一个以 *Rain* 而不是 *Cloudy* 为条件的调整公式。这确实是可能的：

$$P(g \mid do(S = \text{true})) = \sum_r P(g \mid S = \text{true}, r)P(r)$$

（13-21）

一般来说，如果我们希望弄清楚 $do(X_i = x_{jk})$ 对变量 X_i 的干预结果，那么后门准则（back-door criterion）允许我们给出一个调整公式，它以关闭后门的任何变量集合 **Z** 为条件。用更数学化的语言描述，即我们想找到一个集合 **Z**，使得给定 X_i 和 **Z** 时，X_i 条件独立于 $Parents(X_i)$。这是 *d* 分离（13.2.1 节）的一个直接应用。

后门准则是在过去 20 年中出现的因果推理理论的基本组成部分。它提供了一种反驳一个世纪以来认为只有随机对照试验（randomized controlled trial）才能提供因果信息的统计教条的方法。该理论为广泛的非实验和拟实验设定中的因果分析、计算反事实陈述的概率（"如果这事发生了，那么概率是多少？"）、确定一个群体的发现何时可以转移到另一个群体，以及在学习概率模型时处理各种形式的丢失数据提供了概念工具和算法。

小结

本章介绍了**贝叶斯网络**，它是一种发展成熟的不确定知识表示方法。贝叶斯网络的作用大致类似于确定知识的命题逻辑。

- 贝叶斯网络是有向无环图，其中节点对应着随机变量；给定父节点，每个节点都能求出该节点的条件分布。
- 贝叶斯网络提供了一种简洁的方法来表示域内的**条件独立性**关系。
- 贝叶斯网络指定了其变量的联合概率分布。对所有变量的任一赋值的概率定义为局部条件分布中相应项的乘积。贝叶斯网络通常比显式枚举的联合分布小得多。
- 许多条件分布可以用正规分布族紧致地表示。**混合贝叶斯网络**，包括离散变量和连续变量，使用各种正则分布。
- 贝叶斯网络中的推断是指在给定一组证据变量的情况下，计算一组查询变量的概率分布。

精确推断算法，如**变量消元**，尽可能高效地评估条件概率乘积之和。

- 在**多重树**（单连通网络）中，精确推断的时间与网络的规模呈线性关系。在一般情况下，这个问题是棘手的。

- 像**似然加权**和**马尔可夫链蒙特卡罗**这样的随机采样技术可以给出网络中的真实后验分布合理的估计，与精确算法相比，它们可以处理规模更大的网络。

- 贝叶斯网络捕捉概率影响，而**因果网络**捕捉因果关系，并允许对干预结果和观测值进行预测。

参考文献与历史注释

用网络来表示概率信息开始于 20 世纪早期休厄尔·赖特（Sewall Wright）在基因遗传和动物生长因素的概率分析方面的工作（Wright, 1921, 1934）。古德与艾伦·图灵合作，提出了可以被视为现代贝叶斯网络先驱的概率表示方法和贝叶斯推断方法——尽管（Good, 1961）这篇论文在这个背景下并不经常被引用。[①] 这篇论文也是噪声或模型的起源。

表示决策问题的**影响图**（influence diagram）结合随机变量的 DAG 表示在 20 世纪 70 年代应用于决策分析（见第 16 章），但只有枚举方法被应用到评估中。朱迪亚·珀尔提出了树形网络（Pearl, 1982a）与多重树网络（Kim and Pearl, 1983）推断的信息传递方法，解释了因果模型而非诊断概率模型的重要性。第一个使用贝叶斯网络的专家系统是 Convince（Kim, 1983）。

正如第 1 章所记载的那样，20 世纪 80 年代中期见证了基于规则的专家系统的繁荣，它包含了处理不确定性的特殊方法。作为推理的基础，概率被认为既不切实际又"在认知上难以置信"。彼得·奇斯曼（Peter Cheeseman）的那篇言辞激烈的文章 "In Defense of Probability"（为概率辩护）（Cheeseman, 1985）以及后来的文章 "An Inquiry into Computer Understanding"（对计算机理解的探讨）（Cheeseman, 1988，带评论）帮助概率扭转了局面。

然而，概率论的复兴主要依赖珀尔对贝叶斯网络的发展，以及他在 *Probabilistic Reasoning in Intelligent Systems*（Pearl, 1988）一书中概述的人工智能的概率方法的广泛发展。这本书涵盖了表示性问题（包括条件独立性关系和 d 分离准则）与算法方法。（Geiger *et al.*, 1990a）和（Tian *et al.*, 1998）中给出了 d 分离高效检测的关键计算结果。

尤金·查尔尼克（Eugene Charniak）通过一篇热门文章 "Bayesian networks without tears"[②]（Charniak, 1991）和他的书（Charniak, 1993）向人工智能研究人员介绍了珀尔的想法。迪安和韦尔曼的书（Dean and Wellman, 1991）也帮助将贝叶斯网络介绍给人工智能研究人员。罗斯·沙赫特（Ross Shachter）提出了一种名为贝叶斯球的简化方法确定 d 分离（Shachter, 1998）。

随着贝叶斯网络应用的发展，研究人员发现有必要超越带条件概率表的离散变量的基本模型。例如，CPCS 系统（Pradhan *et al.*, 1994）是一个拥有 448 个节点和 906 条链路的内科医学贝叶斯网络，广泛使用了古德（Good, 1961）提出的噪声逻辑运算。布蒂利耶等人（Boutilier *et al.*, 1996）分析了特定于上下文的独立性的算法好处。珀尔（Pearl, 1988）以及沙赫特和肯利（Shachter and Kenley, 1989）考虑了贝叶斯网络中包含连续随机变量的问题，他们的这两篇论文讨论的网络只包含线性高斯分布的连续变量。

劳里岑和韦穆特（Lauritzen and Wermuth, 1989）研究了具有离散变量和连续变量的混合网络，并在 cHUGIN 系统（Olesen, 1993）中实现。罗维斯和加赫拉马尼（Roweis and Ghahramani,

---

① 古德（I. J. Good）是第二次世界大战期间图灵密码破译团队的首席统计学家。在《2001 太空漫游》（Clarke, 1968）中，古德与明斯基被认为取得了突破性进展，主导了 HAL 9000 计算机的研发。

② 原始版本文章的标题是 "Pearl for swine"。

1999）进一步分析了线性高斯模型与许多其他统计使用的模型的联系，勒纳（Lerner, 2002）对它们在混合贝叶斯网络中的应用进行了非常深入的讨论。尽管概率单位分布在 19 世纪被发现过几次，但通常将其归因于加德姆（Gaddum, 1933）和布利斯（Bliss, 1934）。芬尼（Finney, 1947）极大地扩展了布利斯的工作。概率单位已经被广泛用于离散选择现象的建模，并且可以扩展到处理两种以上的选择（Daganzo, 1979）。伯克森（Berkson, 1944）引入了 expit（逆 logit）模型，它起初受到很多嘲笑，但最终比概率单位模型更受欢迎。毕晓普（Bishop, 1995）给出了使用它的简单论证。

贝叶斯网络在医学上的早期应用包括用于诊断神经肌肉紊乱的 MUNIN 系统（Andersen *et al.*, 1989）和用于病理学的 PATHFINDER 系统（Heckerman, 1991）。在工程上的应用包括电力研究院在监控发电机方面的工作（Morjaria *et al.*, 1995）、美国国家航空航天局在休斯顿任务控制上显示实时信息的工作（Horvitz and Barry, 1995）和网络断层扫描的一般领域，旨在通过对端到端通信性能的观察，推断互联网中节点和链路未观测到的局部属性（Castro *et al.*, 2004）。也许最广泛使用的贝叶斯网络系统是为微软的 Windows 中的诊断和修复模块（如打印机向导）（Breese and Heckerman, 1996）和微软的 Office 中的办公助理（Horvitz *et al.*, 998）。

另一个重要的应用领域是生物学：用于分析家谱中基因遗传的数学模型，即所谓的**系谱分析**（pedigree analysis），实际上是贝叶斯网络的一种特殊形式。20 世纪 70 年代开发了用于系谱分析的精确推断算法（Cannings *et al.*, 1978），类似于变量消元。

贝叶斯网络已被用于通过参考小鼠基因来识别人类基因（Zhang *et al.*, 2003）、推断蜂窝网络（Friedman, 2004）、基因连锁分析来定位与疾病相关的基因（Silberstein *et al.*, 2013）以及生物信息学中的许多其他任务。我们可以继续列举下去，但是我们推荐你阅读普雷等人关于贝叶斯网络应用的 400 页指南（Pourret *et al.*, 2008）。在过去的 10 年中，从牙科到全球气候模型，已发表的应用有成千上万种。

朱迪亚·珀尔在第一篇使用"贝叶斯网络"这一术语的论文（Pearl, 1985）中简要描述了一种基于第 6 章介绍的割集条件化思想的一般网络推断算法。在影响图领域工作的罗斯·沙赫特（Shachter, 1986）独立开发了一个完整的算法，该算法使用后验保持变换对网络进行目标定向的归约。

珀尔（Pearl, 1986）在一般贝叶斯网络中提出了一种用于精确推断的聚类算法，利用了到聚类的有向多重树的转换，过程中使用消息传递来实现聚类之间共享变量的一致性。统计学家戴维·斯皮格霍尔特（David Spiegelhalter）和斯特芬·劳里岑（Steffen Lauritzen）（Lauritzen and Spiegelhalter, 1988）提出了一种类似的方法，该方法基于到被称为马尔可夫网络的图模型的无向形式的转换。这种方法在用于不确定推理的高效和广泛使用的工具 HUGIN 系统（Andersen *et al.*, 1989）中得以实现。

变量消元的基本思想——通过缓存可以避免整个乘积和表达式内的重复计算——出现在符号概率推理（symbolic probabilistic inference，SPI）算法中（Shachter *et al.*, 1990）。我们描述的消元算法与张连文和普尔（Zhang and Poole, 1994）开发的算法最接近。盖格等人（Geiger *et al.*, 1990b）和劳里岑等人（Lauritzen *et al.*, 1990）提出了修剪无关变量的准则，我们给出的准则是这些的一个简单特例。德克特（Dechter, 1999）说明了变量消元的思想本质上与**非序列动态规划**（nonserial dynamic programming）（Bertele and Brioschi, 1972）相同。

这将贝叶斯网络算法与求解 CSP 的相关方法连接起来，并根据网络的树宽给出了精确推断复杂性的度量。在变量消元中，可以通过从大因子中删除变量来防止因子规模的指数增长（Dechter and Rish, 2003），也可以限制由此引入的误差（Wexler and Meek, 2009）。另外，也可以通过使用代数决策图而不是表格表示因子来压缩（Gogate and Domingos, 2011）。

基于与缓存相结合的递归枚举（见图 13-11）的精确方法包括递归条件算法（Darwiche, 2001）、值消除算法（Bacchus *et al.*, 2003）和与或搜索（Dechter and Mateescu, 2007）。加权模型计数的方法（Sang *et al.*, 2005; Chavira and Darwiche, 2008）通常基于 DPLL 型 SAT 求解器（见 7.6.1 节图 7-17），它也是通过缓存执行变量赋值的递归枚举，因此该方法实际上也非常相似。这 3 种算法均可实现完整范围的空间/时间权衡。由于考虑了变量赋值，算法可以轻松利用模型中的确定性和特定于上下文的独立性。当部分赋值使剩余网络为多重树时，也可以将它们修改为线性时间的高效算法。（这是第 6 章 CSP 所描述的**割集条件化**方法的一种版本。）为了在大型模型中进行精确推断，其中聚类和变量消元的空间需求变得巨大，这些递归算法通常是最实用的方法。

贝叶斯网络中除了计算边缘概率外，还有其他重要的推断任务。**最概然解释**（most probable explanation，MPE）是给定证据时非证据变量的最可能的赋值。（MPE 是 MAP——最大后验——推断的一个特例，它要求在给定证据的情况下，求非证据变量的子集的最有可能赋值。）对于这类问题，已经发展出许多不同的算法，其中一些涉及最短路径算法或与或搜索算法，参见（Marinescu and Dechter, 2009）中的总结。

关于贝叶斯网络中推断复杂性的首个结果归功于库珀（Cooper, 1990），他指出贝叶斯网络中计算边缘的一般问题是 NP 困难的；正如本章所指出的，这可以通过从计数满足赋值的归约来增强到 #P 困难（Roth, 1996）。这也意味着近似推断是 NP 困难的（Dagum and Luby, 1993）；然而，对于概率有界并远离 0 和 1 的情况，一种形式的似然加权在（随机）多项式时间内收敛（Dagum and Luby, 1997）。西蒙尼（Shimony, 1994）指出，寻找最概然解释非常棘手，是 NP 完全的，但比计算边缘更容易一些。而帕克和达尔维什（Park and Darwiche, 2004）对 MAP 计算进行了全面的复杂性分析，表明它属于 NP^{PP} 完全问题，比计算边缘更难一些。

贝叶斯网络推断的快速近似算法的发展是一个非常活跃的领域，有统计学、计算机科学和物理学的贡献。拒绝采样法是一种通用技术，至少可以追溯到布丰投针问题（Buffon, 1777）；马克斯·昂里翁（Max Henrion）（Henrion, 1988）首先将其应用于贝叶斯网络，称之为**逻辑采样**（logic sampling）。重要性采样最初是为了应用于物理学（Kahn, 1950a, 1950b），并由冯和张（Fung and Chang, 1989）（他们称其为"证据加权"算法）及沙赫特和皮奥特（Shachter and Peot, 1989）应用于贝叶斯网络推断。

在统计学中，**自适应采样**（adaptive sampling）被应用于各种蒙特卡罗算法，以加快收敛速度，其基本思想是根据先前样本的结果，调整生成样本的分布。吉尔克斯和怀尔德（Gilks and Wild, 1992）发展了自适应拒绝采样，而自适应重要性采样似乎独立起源于物理学（Lepage, 1978）、土木工程（Karamchandani *et al.*, 1989）、统计学（Oh and Berger, 1992）和计算机图形学（Veach and Guibas, 1995）。程和德鲁兹尔（Cheng and Druzdzel, 2000）介绍了一个应用于贝叶斯网络推断的重要性采样的自适应版本。最近，黎等人（Le *et al.*, 2017）演示了使用深度学习系统生成提议分布，将重要性采样速度提高了许多个数量级。

马尔可夫链蒙特卡罗（MCMC）算法始于米特罗波利斯算法（Metropolis *et al.*, 1953），这也是第 4 章中描述的模拟退火算法的来源。黑斯廷斯（Hastings, 1970）引入了接受/拒绝步骤，这是现在称为米特罗波利斯–黑斯廷斯算法（Metropolis-Hastings algorithm）的一个组成部分。吉布斯采样器由杰曼两兄弟（Geman and Geman, 1984）设计用于无向马尔可夫网络推断。吉布斯采样在贝叶斯网络中的应用是珀尔（Pearl, 1987）提出的。吉尔克斯等人（Gilks *et al.*, 1996）收集的论文涵盖了 MCMC 的理论和应用。

自 20 世纪 90 年代中期以来，MCMC 已经成为贝叶斯统计和包括物理学和生物学的许多其他学科统计计算的主力。*Handbook of Markov Chain Monte Carlo*（Brooks *et al.*，2011）涵盖了这一领域的许多方面。Bugs 包（Gilks *et al.*，1994）是使用吉布斯采样进行贝叶斯网络建模和推断的早期有影响力的系统。Stan［以物理学中蒙特卡罗方法的创始人斯塔尼斯瓦夫·乌拉姆（Stanislaw Ulam）命名］是一个使用哈密顿蒙特卡罗推断的较新系统（Carpenter *et al.*，2017）。

有两族非常重要的近似方法我们在本章中没有提到。第一族是**变分近似**（variational approximation）方法，它可以用于简化各种复杂的计算。它的基本思想是提出一个原始问题的简化版本，既易于处理，又尽可能与原始问题相似。简化问题用一些**变分参数**（variational parameter）λ 来描述，调整这些变分参数以使原问题和简化问题之间的距离函数 D 最小，通常是通过求解方程组 $\partial D/\partial \lambda = 0$ 来实现的。在许多情况下，可以得到严格的上界和下界。变分方法在统计学中早已使用（Rustagi，1976）。在统计物理中，**平均场**（mean-field）方法是一种特殊的变分近似方法，在这种方法中，假定组成模型的各个变量是完全独立的。

这一思想被应用于求解大型无向马尔可夫网络（Peterson and Anderson，1987; Parisi，1988）。索尔等人（Saul *et al.*，1996）发展了将变分方法应用到贝叶斯网络的数学基础，并获得了使用平均场方法近似的 sigmoid 网络的精确下界。亚科拉和乔丹（Jaakkola and Jordan，1996）扩展了该方法，获得了下界和上界。自这些早期的论文以来，变分方法已经被应用到许多特定的模型族中。温赖特和乔丹的杰出论文（Wainwright and Jordan，2008）对变分方法的文献进行了统一的理论分析。

第二族重要的近似算法是基于珀尔的多重树消息传递算法（Pearl，1982a）。正如珀尔（Pearl，1988）所建议的，该算法可以应用于一般的"循环"网络。结果可能不正确，或者算法可能无法终止，但是在许多情况下，获得的值接近真实值。之前很少有人关注这种所谓的循环信念传播（loopy belief propagation）方法，直到麦克利斯等人（McEliece *et al.*，1998）观察到，这正是由 Turbo 解码（turbo decoding）算法（Berrou *et al.*，1993）执行的计算，这为高效纠错码的设计提供了重大突破。

这些观察结果表明，如果循环 BP 在用于解码的非常大且高度连接的网络上能够既快速又准确地运行，那么在更普遍的情况下它可能更有用。韦斯（Weiss，2000b）、韦斯和弗里曼（Weiss and Freeman，2001）以及耶迪迪亚等人（Yedidia *et al.*，2005）利用了统计物理学的观点为这些发现提供了理论支持，包括对某些特殊情况的收敛性证明。

超越随机对照试验的因果推断理论是由鲁宾（Rubin，1974）和罗宾斯（Robins，1986）提出的，但直到朱迪亚·珀尔发展并提出了一个基于因果网络的完整的因果理论（Pearl，2000），这些观点仍然是模糊和有争议的。彼得斯等人（Peters *et al.*，2017）进一步发展了该理论，着重对学习的强调。最近的著作《为什么：关于因果关系的新科学》（*The Book of Why*）（Pearl and McKenzie，2018）提供了一个不那么数学的但更具可读性、涉及面更广的介绍。

人工智能中的不确定推理并不总是基于概率论。正如第 12 章指出的，早期的概率系统在 20 世纪 70 年代初失宠，留下了部分真空，需要用其他方法来填补。其中包括基于规则的专家系统、Dempster-Shafer 理论以及（在一定程度上的）模糊逻辑。[①]

基于规则的不确定性方法希望建立在基于规则的逻辑系统的成功基础上，但为了适应不确定性，在每个规则中添加了一种被称为**确定性因子**（certainty factor）的"容差系数"。第一个这样的系统是用于细菌感染的医学专家系统 Mycin（Shortliffe，1976）。论文集 *Rule-Based Expert Systems*（Buchanan and Shortliffe，1984）提供了对 Mycin 及其后代的完整概述，另见（Stefik，1995）。

---

① 第四种方法，**默认推理**（default reasoning），不是把结论"相信到一定程度"，而是"相信直到找到更好的理由去相信别的东西"。这在第 10 章中介绍。

戴维·黑克曼（David Heckerman）（Heckerman, 1986）指明，在某些情况下，对确定性因子计算稍加修改就能给出正确的概率结果，但在另一些情况下会导致严重的证据高估。随着规则集的扩大，规则之间的不良交互变得越来越普遍。从业者发现，当添加新规则时，许多其他规则的确定性因子必须进行调整。允许逻辑推理链的基本数学特性在概率上是不成立的。

Dempster-Shafer 理论起源于阿瑟·登普斯特（Arthur Dempster）的一篇论文（Dempster, 1968），这篇论文提出了将概率推广到区间值，并给出了使用它们的组合规则。这种方法可能会减轻精确指定概率的困难。格伦·谢弗（Glenn Shafer）（Shafer, 1976）后来的工作导致 Dempster-Shafer 理论被视为概率的一种竞争方法。珀尔（Pearl, 1988）和鲁斯皮尼等人（Ruspini et al., 1992）分析了 Dempster-Shafer 理论和标准概率论之间的关系。在许多情况下，概率论并不要求精确地指定概率：正如第 20 章中解释的那样，我们可以将概率值的不确定性表示为（二阶）概率分布。

模糊集（fuzzy set）是由卢特菲·扎德（Lotfi Zadeh）（Zadeh, 1965）提出的，以解决为智能系统提供精确输入的感知困难。模糊集是一个隶属度的问题集合。**模糊逻辑**（fuzzy logic）是一种用描述模糊集中成员的逻辑表达式进行推理的方法。**模糊控制**（fuzzy control）是一种构建控制系统的方法论，其中实值输入和输出参数之间的映射用模糊规则表示。模糊控制在商业产品中已经非常成功，如自动变速器、摄像头和电动剃须刀。齐默尔曼的教科书（Zimmermann, 2001）提供了对模糊集理论的全面介绍，他还收集了关于模糊应用的论文（Zimmermann, 1999）。

模糊逻辑经常被错误地认为是概率论的直接竞争对手，而事实上，它解决的是一组不同的问题：模糊逻辑处理从符号理论的术语到实际世界映射中的**模糊性**（vagueness），而不是考虑良定义的命题真实性的不确定性。在任何逻辑、概率或标准数学模型的现实应用中，模糊性都是一个真实的问题。即使是像地球质量这样无瑕疵的变量，经过检验，也会因为陨石和分子的来来去去而随着时间变化。它也是不精确的——它包括大气吗？如果包括，高度是多少？在某些情况下，对模型的进一步阐述可以减少模糊性，但模糊逻辑将模糊性作为一种已知，并围绕它发展一种理论。

可能性理论（possibility theory）（Zadeh, 1978）被引入用于处理模糊系统的不确定性，它与概率有很多相同之处（Dubois and Prade, 1994）。

20 世纪 70 年代，许多人工智能研究人员拒绝了概率论，因为人们认为概率论要求的数值计算不适合自省，而且在我们不确定的知识中假定了不现实的精度水平。**定性概率网络**（qualitative probabilistic network）的发展（Wellman, 1990a）使用变量之间的积极影响和消极影响的概念，为贝叶斯网络提供了纯粹的定性抽象。韦尔曼证明，在许多情况下，这些信息对于最优决策是足够的，不需要精确地指定概率值。戈德施密特和珀尔（Goldszmidt and Pearl, 1996）采用了类似的方法。达尔维什和金斯伯格（Darwiche and Ginsberg, 1992）的工作从概率论中提取了条件化和证据组合的基本特性，并表明它们也可以应用于逻辑推理和默认推理。

一些优秀教材（Jensen, 2007; Darwiche, 2009; Koller and Friedman, 2009; Korb and Nicholson, 2010; Dechter, 2019）提供了本章中涵盖的主题的详细论述。关于概率推理的新研究既出现在主流人工智能期刊上，如 *Artificial Intelligence* 和 *Journal of AI Research*，也出现在更专业的期刊上，如 *International Journal of Approximate Reasoning*。许多关于图模型（包括贝叶斯网络）的论文出现在统计学科的期刊上。人工智能中的不确定性会议（Uncertainty in Artificial Intelligence，UAI）、NeurIPS 和人工智能和统计会议（Artificial Intelligence and Statistics，AISTATS）的论文集是当前研究工作的优质来源。

第14章

时间上的概率推理

在本章中，我们将试图解读现在，理解过去，或许还预测未来，即便目前只有很少的事物是完全明晰的。

部分可观测环境中的智能体必须能够在其传感器允许的范围内追踪当前所处的状态。在4.4节中，我们展示了实现这一目标的一种方法：智能体维护一个**信念状态**，它表示目前哪些世界状态是可能的。根据信念状态和**转移模型**，智能体可以预测世界在下一个时间步将如何发展。基于观测感知和**传感器模型**，智能体可以更新信念状态。这是一个普遍的想法：在第4章中，信念状态是通过显式枚举的状态集合来表示的，而在第7章和第11章中，它们是通过逻辑公式来表示的。这些方法从哪些世界状态是可能的角度来定义信念状态，但它无法说明哪些状态是多大程度可能的。在本章中，我们将用概率论的工具来量化信念状态元素的信念度。

正如我们将在14.1节中所展示的那样，对于时间本身的处理方式与第7章中相同：对于每个时间点上的世界状态的每个方面，我们使用一个变量表示它，通过这种方式来建模变化的世界。转移模型和传感器模型可能是不确定的：转移模型描述了给定过去时间的世界状态下，变量在时刻 t 的概率分布，而传感器模型描述了给定当前世界状态下，在时刻 t 每种感知的概率。14.2节定义了基本推断任务，并描述了时序模型推断算法的一般结构。接着我们将描述3种具体的模型：**隐马尔可夫模型**、**卡尔曼滤波器**和**动态贝叶斯网络**（其中隐马尔可夫模型和卡尔曼滤波器是动态贝叶斯网络的特例）。

14.1　时间与不确定性

我们已经在静态世界的背景下发展了概率推理技术，在静态世界中，每个随机变量都有一个固定的值。例如，维修汽车时，我们假设在诊断过程中，任何损坏的东西一直都是坏的；我们的工作是根据观察到的证据推断汽车的状态，这些状态同样是固定的。

现在让我们考虑一个稍微不同的问题：治疗糖尿病患者。与汽车维修的案例类似，我们有诸如近期的胰岛素剂量、食物摄入量、血糖测量和其他生理指标等证据。任务是评估患者当前的状态，包括实际的血糖水平和胰岛素水平。根据这些信息，我们可以对患者的食物摄入量和胰岛素剂量做出决策。与汽车维修不同，这个问题本质是动态的。考虑到近期的食物摄入量和胰岛素剂量、新陈代谢活动、一天中的不同时间等原因，血糖水平及其测量可能随时间而迅速变化。为了根据历史证据去评估当前状态并预测治疗措施的结果，我们必须对这些变化进行建模。

在许多其他情况下，我们也需要与之相同的考虑，例如跟踪机器人的位置、跟踪国家的经济活动以及理解口头或书面的单词序列。那么我们该如何对这样的动态情境进行建模？

14.1.1 状态与观测

本章将讨论**离散时间**模型，这意味着世界被视为一系列快照或者**时间片**。[①] 我们将时间片编号为 0、1、2 等，而不是给它们指定特定的时间。通常，片之间的时间间隔Δ都是相同的。对于任意一个特定的应用，我们必须选择一个特定的Δ值。有时这是由传感器决定的；例如，摄像机可能以 1/30 秒的间隔提供图像。在其他情况下，间隔可能由相关变量的标准变化率决定。例如，在血糖监测的案例中，指标可能会在 10 分钟的过程中发生显著的变化，所以 1 分钟的间隔可能是合适的。但是，在根据地质时间建模大陆漂移时，100 万年的间隔可能是合适的。

离散时间概率模型中的每个时间片包含一组随机变量，其中一些变量是可观测的，一些是不可观测的。为简单起见，我们假定如果一个变量子集在一个时间片是可观测的，则其在每个时间片中都是可观测的（尽管这在接下来的内容中不是严格必要的）。我们用 X_t 表示时刻 t 的不可观测的状态变量集合，用 E_t 表示可观测的证据变量集合。对于某一组值 e_t，时刻 t 的观测值为 $E_t = e_t$。

考虑下面的例子：你是一个秘密地下设施的保安。你想知道今天是否下雨，但你接触外面世界的唯一途径是每天早上你看到主管进来时带不带雨伞。对于每一天 t，集合 E_t 包含单个证据变量 $Umbrella_t$ 或简称 U_t（雨伞是否出现），集合 X_t 包含单个状态变量 $Rain_t$ 或简称 R_t（是否下雨）。其他问题可能涉及更大的变量集。在糖尿病的例子中，证据变量可能是 $MeasuredBloodSugar_t$（血糖测量值）与 $PulseRate_t$（脉搏频率），而状态变量可能包括 $BloodSugar_t$（血糖水平）与 $StomachContents_t$（胃内容物）。（注意，$BloodSugar_t$ 与 $MeasuredBloodSugar_t$ 不是同一个变量，这是我们处理实际量的噪声测量的方法。）

我们假设状态序列从 $t = 0$ 开始，证据从 $t = 1$ 开始到达。因此，我们的雨伞世界由状态变量 $R_0, R_1, R_2, \cdots$ 与证据变量 $U_1, U_2, \cdots$ 表示。我们使用记号 $a{:}b$ 表示从 a 到 b 的整数序列（包含 a 与 b），使用符号 $X_{a{:}b}$ 表示从 X_a 到 X_b 的变量集（包含 X_a 与 X_b）。例如，$U_{1{:}3}$ 对应 U_1, U_2, U_3。（注意，这与 Python 和 Go 等编程语言中使用的符号不同，在这些语言中，U[1:3] 不包含 U[3]。）

14.1.2 转移模型与传感器模型

确定了给定问题的状态变量集合和证据变量集合之后，我们下一步需要指定世界如何演变（转移模型）以及证据变量如何获得它们的值（传感器模型）。

转移模型是指给定先前状态的值时，最新状态变量的概率分布，也就是 $P(X_t \mid X_{0:t-1})$。现在，我们面临一个问题：随着时间 t 的增长，集合 $X_{0:t-1}$ 的规模将无限扩大。我们通过**马尔可夫假设**（Markov assumption）（当前状态只依赖有限固定数量的过去状态）来解决这个问题。统计学家安德雷·马尔可夫（1856—1922）最早对满足这一假设的过程进行了深入研究，因此这种过程被称为**马尔可夫过程**（Markov process）或**马尔可夫链**（Markov chain）。它们有着各种各样的形式，其中最简单的是**一阶马尔可夫过程**（first-order Markov process）。在一阶马尔可夫过程中，当前状态只依赖前一个状态，而不依赖任何更早的状态。换句话说，一个状态提供了足够的信息使得未来条件独立于过去，我们有

$$P(X_t \mid X_{0:t-1}) = P(X_t \mid X_{t-1}) \tag{14-1}$$

因此，在一阶马尔可夫过程中，转移模型即为条件分布 $P(X_t \mid X_{t-1})$。二阶马尔可夫过程的转移模型是条件分布 $P(X_t \mid X_{t-2}, X_{t-1})$。图 14-1 展示了一阶马尔可夫过程与二阶马尔可夫过程的贝叶

[①] 连续时间的不确定性可以用**随机微分方程**（stochastic differential equation，SDE）来建模。本章研究的模型可以看作 SDE 的离散时间近似。

斯网络结构。

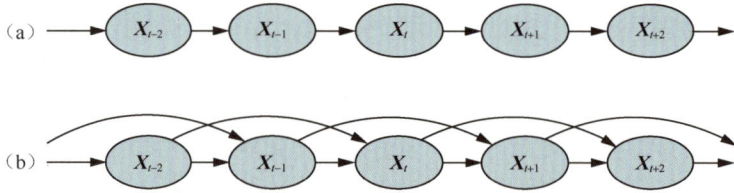

图 14-1 （a）由变量 X_t 定义状态的一阶马尔可夫过程对应的贝叶斯网络结构。（b）一个二阶马尔可夫过程

尽管我们利用马尔可夫假设规避了一些困难，但仍然存在一个问题：t 的可能的值有无穷多个。我们需要为每个时间步指定不同的分布吗？我们可以通过假设世界状态的变化是一个**时间齐次**（time-homogeneous）的过程来规避这个问题：也就是说，它是一个由自身不随时间变化的规律所控制的变化过程。那么，在雨伞世界中，下雨的条件概率 $P(R_t \mid R_{t-1})$ 对所有 t 都是一样的，我们只需要指定一个条件概率表即可。

现在我们考虑传感器模型。证据变量 E_t 可能依赖于过去的变量和当前的状态变量，但是任何称职的状态都应该足以生成当前的传感器值。因此，我们做出如下的**传感器马尔可夫假设**（sensor Markov assumption）：

$$P(E_t \mid X_{0:t}, E_{1:t-1}) = P(E_t \mid X_t) \qquad (14\text{-}2)$$

$P(E_t \mid X_t)$ 是我们的传感器模型，有时也称为**观测模型**（observation model）。图 14-2 展示了雨伞案例的转移模型与传感器模型。注意状态与传感器间的依赖关系的方向：箭头从世界的实际状态指向传感器取值。这是因为世界的状态是导致传感器呈现特定值的原因：下雨导致出现雨伞。（当然，推断过程的方向是相反的；建模的依赖方向和推断方向之间的区别是贝叶斯网络的主要优点之一。）

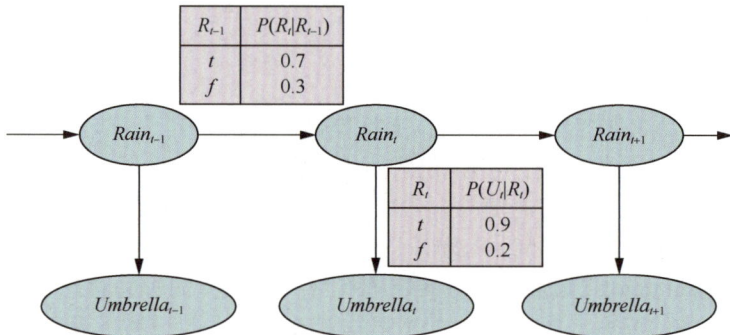

图 14-2 描述雨伞世界的贝叶斯网络结构与条件分布。转移模型是 $P(Rain_t \mid Rain_{t-1})$，传感器模型是 $P(Umbrella_t \mid Rain_t)$

除了指定转移模型和传感器模型之外，我们还需要说明事物的初始状态——时刻 0 时的先验概率分布 $P(X_0)$。这样一来，我们可以利用式（13-2）得到所有变量的完整的联合分布。对于任意时间步 t，

$$P(X_{0:t}, E_{1:t}) = P(X_0) \prod_{i=1}^{t} P(X_i \mid X_{i-1}) P(E_i \mid X_i) \qquad (14\text{-}3)$$

右边的 3 项分别是初始状态模型 $P(X_0)$、转移模型 $P(X_i \mid X_{i-1})$ 和传感器模型 $P(E_i \mid X_i)$。这个方

程定义了由这 3 项表示的时序模型族的语义。注意，标准贝叶斯网络不能表示这样的模型，因为它们要求变量集是有限的。处理无穷变量集的能力来自两个方面：一方面是使用整数索引定义无穷集；另一方面是使用隐式全称量词（见 8.2 节）来定义每个时间步的传感器模型和转移模型。

图 14-2 中的结构是一个一阶马尔可夫过程——假设下雨的概率仅取决于前一天是否下雨。这种假设的合理性取决于域本身。一阶马尔可夫假设认为，状态变量包含了描述下一个时间片的概率分布需要的所有信息。有时候这种假设是完全成立的，例如，如果一个粒子沿着 x 轴进行随机游走，并在每一个时间步将其位置改变 ±1，则我们可以把 x 坐标作为状态并给出一个一阶马尔可夫过程。有时候这种假设只是近似，例如只根据前一天是否下雨来预测今天下雨的情况。有两种方法可以提高近似的准确性。

（1）增加马尔可夫过程模型的阶数。例如，我们可以通过添加 $Rain_{t-2}$ 作为 $Rain_t$ 的父变量来建立一个二阶模型，这可能会给出稍微精确些的预测。例如，加利福尼亚州的帕洛阿尔托很少有连续两天以上的降雨。

（2）扩大状态变量的集合。例如，我们可以增加 $Season_t$ 以便我们可以加入雨季的历史记录，或者我们可以增加（或许在一系列地点范围的）$Temperature_t$、$Humidity_t$ 与 $Pressure_t$ 以便我们可以使用降雨条件的物理模型。

习题 14.AUGM 要求证明，第一个解决方法（增加阶数）总是可以被重新表述为保持阶数固定，扩大状态变量集合。注意，添加状态变量可能会提高系统的预测能力，但同时也会增加预测要求：我们现在还必须预测新的变量。因此，我们希望寻找一个"自给自足"的变量集，这实际上意味着我们必须理解正在建模的过程的"物理"特性。如果可以添加新的传感器（例如，温度和压力的测量）直接提供关于新的状态变量的信息，对过程精确建模的要求就会明显降低。

例如，考虑追踪一个在 xy 平面上随机游走的机器人的问题。有人可能会认为，位置和速度是一组充分的状态变量：我们可以简单地使用牛顿定律来计算新的位置，而速度可能会发生不可预测的变化。然而，如果机器人是由电池供电的，那么电池的耗尽往往会对速度的变化产生系统性的影响。电池的耗尽反过来又取决于所有之前的机动所使用的电量，因此它违反了马尔可夫特性。

将电量水平 $Battery_t$ 作为构成 X_t 的状态变量之一，可以恢复其马尔可夫特性，这有助于预测机器人的运动，但反过来它需要一个根据 $Battery_{t-1}$ 和速度来预测 $Battery_t$ 的模型。在某些情况下，这能可靠地完成，但更多时候，我们发现误差会随着时间的推移而累积。在这种情况下，我们可以通过增加一个新的电池电量传感器来提高精度。我们将在 14.5 节回顾这个电池案例。

14.2　时序模型中的推断

在建立了一般时序模型结构之后，我们可以形式化需要解决的基本推断任务。

- **滤波**（filtering）[①] 或**状态估计**（state estimation）是指计算**信念状态**（belief state）$P(X_t \mid e_{1:t})$——给定迄今为止所有的证据时最近状态的后验分布的任务。在雨伞示例中，这意味着给定到目前为止所有对雨伞的观测值，计算今天下雨的概率。一个理性智能体将进行滤波以用于追踪当前的状态，以便做出理性的决策。可以发现，证据序列的似然 $P(e_{1:t})$ 也可以由一个几乎相同的计算得出。

---

① 术语"滤波"指的是在信号处理早期工作中这个问题的根源，这个问题是通过估计信号的基本特性来过滤掉信号中的噪声。

- **预测**（prediction）：该任务是指给定迄今为止所有的证据，计算未来状态的后验分布。也就是说，我们希望对一些 $k > 0$ 计算 $P(X_{t+k} \mid e_{1:t})$。在雨伞示例中，这可能意味着给定到目前为止对雨伞携带者的所有观测值，计算从现在起 3 天后下雨的概率。预测对于根据预期结果评估可能的动作方案是非常有用的。

- **平滑**（smoothing）：该任务是指给定迄今为止所有的证据，计算过去状态的后验分布。也就是说，我们希望对一些满足 $0 \leqslant k < t$ 的 k 计算 $P(X_k \mid e_{1:t})$。在雨伞示例中，它可能意味着给定到目前为止对雨伞携带者的所有观测值，计算上周三下雨的概率。对时刻 k 的状态，平滑提供了比当时能得到的估计更好的估计，因为它包含了更多的证据。[①]

- **最可能解释**（most likely explanation）：给定一个观测序列，我们希望找到最有可能产生这些观测值的状态序列。也就是说，我们希望计算 $\mathrm{argmax}_{x_{1:t}} P(x_{1:t} \mid e_{1:t})$。例如，如果前三天都出现了雨伞，而在第四天没有出现雨伞，那么最可能的解释就是前三天下雨了，而第四天没有下雨。这项任务的算法在许多应用中都是有用的，例如在语音识别中，其目标是给定一个声音序列找到最有可能的单词序列，以及重建通过噪声信道传输的位串。

除了这些推断任务，我们还可以考虑下面这个推断任务。

- **学习**（learning）：如果我们不知道转移模型与传感器模型，那么可以从观测中学习。与静态贝叶斯网络类似，动态贝叶斯网络学习可以作为推断的副产品来完成。推断对实际发生的转移以及产生传感器读数的状态进行估计，这些估计可用于学习模型。学习过程可以通过一种称为期望最大化或 EM 的迭代更新算法来实现，也可以由来自给定证据时模型参数的贝叶斯更新实现。更多细节见第 20 章。

本节的剩余部分将描述这 4 个推断任务的通用算法，它们独立于所使用的特定类型的模型。算法针对每个模型的改进将在后续几节中描述。

14.2.1　滤波与预测

正如我们在 7.7.3 节中指出的，一个有用的滤波算法需要维护一个对当前状态的估计并更新它，而不是每次更新都要回顾整个感知历史。（否则，每次更新的代价会随着时间的推移而增加。）换句话说，给定直到时刻 t 的滤波结果，智能体需要从新的证据 e_{t+1} 中计算时刻 $t + 1$ 的结果。所以，存在某个函数 f 满足

$$P(X_{t+1} \mid e_{1:t+1}) = f(e_{t+1}, P(X_t \mid e_{1:t}))$$

这个过程称为**递归估计**（recursive estimation）（见 4.4 节与 7.7.3 节）。我们可以将计算看作由两部分组成：第一部分是当前状态分布从 t 到 $t + 1$ 向前投影；第二部分是使用新的证据 e_{t+1} 更新它。通过对公式重新排列，我们容易得到这两部分过程：

$$
\begin{aligned}
P(X_{t+1} \mid e_{1:t+1}) &= P(X_{t+1} \mid e_{1:t}, e_{t+1}) \quad \text{（证据分解）} \\
&= \alpha P(e_{t+1} \mid X_{t+1}, e_{1:t}) P(X_{t+1} \mid e_{1:t}) \quad \text{（给定 } e_{1:t} \text{，使用贝叶斯法则）} \\
&= \alpha \underbrace{P(e_{t+1} \mid X_{t+1})}_{\text{更新}} \underbrace{P(X_{t+1} \mid e_{1:t})}_{\text{预测}} \quad \text{（根据传感器马尔可夫假设）} \quad (14\text{-}4)
\end{aligned}
$$

此处和整个这一章中，α 是使概率和为 1 的归一化常数。现在我们将式（14-4）代入由以当前状态 X_t 为条件获得的单步预测 $P(X_{t+1} \mid e_{1:t})$ 的表达式中。得到的新的状态估计方程是本章的核心结果：

[①]　特别是，当跟踪一个位置观测不准确的移动的目标时，平滑给出的估计轨迹比滤波更平滑，因此而得名。

$$P(X_{t+1} \mid e_{1:t+1}) = \alpha P(e_{t+1} \mid X_{t+1}) \sum_{x_t} P(X_{t+1} \mid x_t, e_{1:t}) P(x_t \mid e_{1:t})$$

$$= \alpha \underbrace{P(e_{t+1} \mid X_{t+1})}_{\text{传感器模型}} \sum_{x_t} \underbrace{P(X_{t+1} \mid x_t)}_{\text{转移模型}} \underbrace{P(x_t \mid e_{1:t})}_{\text{递归}} \quad （马尔可夫假设） \tag{14-5}$$

在这个表达式中，所有的项要么来自模型，要么来自之前的状态估计。因此，我们得到了想要的递归公式。我们可以认为滤波估计 $P(X_t \mid e_{1:t})$ 是沿着序列向前传播的"消息"$f_{1:t}$，消息在每次转移时进行修正并根据每次新的观测进行更新。这个过程可以表述为：

$$f_{1:t+1} = \text{FORWARD}(f_{1:t}, e_{t+1})$$

其中 FORWARD 实现了式（14-5）中的更新，过程从 $f_{1:0} = P(X_0)$ 开始。如果所有的状态变量都是离散的，每次更新所需的时间是常量（与 t 无关），所需的空间也是常量。（当然，这些常量取决于问题中状态空间的大小和时序模型的类型。）如果一个有限的智能体无限期地追踪当前状态分布，更新的时间与空间要求必须是常数量级。

让我们通过简单的雨伞示例说明滤波过程的两个步骤（图 14-2）。即计算 $P(R_2 \mid u_{1:2})$，如下所示。

- 在第零天，没有观测，只有保安的先验信念；假设它由 $P(R_0) = \langle 0.5, 0.5 \rangle$ 组成。
- 在第一天，雨伞出现，所以 $U_1 = \text{true}$。从 $t = 0$ 到 $t = 1$ 的预测是

$$P(R_1) = \sum_{r_0} P(R_1 \mid r_0) P(r_0)$$
$$= \langle 0.7, 0.3 \rangle \times 0.5 + \langle 0.3, 0.7 \rangle \times 0.5 = \langle 0.5, 0.5 \rangle$$

然后更新步骤只需乘以 $t = 1$ 时的证据概率并归一化，如式（14-4）所示：

$$P(R_1 \mid u_1) = \alpha P(u_1 \mid R_1) P(R_1) = \alpha \langle 0.9, 0.2 \rangle \langle 0.5, 0.5 \rangle$$
$$= \alpha \langle 0.45, 0.1 \rangle \approx 0.818, 0.182$$

- 在第二天，雨伞出现，所以 $U_2 = \text{true}$。从 $t = 1$ 到 $t = 2$ 的预测是

$$P(R_2 \mid u_1) = \sum_{r_1} P(R_2 \mid r_1) P(r_1 \mid u_1)$$
$$= \langle 0.7, 0.3 \rangle \times 0.818 + \langle 0.3, 0.7 \rangle \times 0.182 \approx \langle 0.627, 0.373 \rangle$$

使用 $t = 2$ 时的证据更新它，得到

$$P(R_2 \mid u_1, u_2) = \alpha P(u_2 \mid R_2) P(R_2 \mid u_1) = \alpha \langle 0.9, 0.2 \rangle \langle 0.627, 0.373 \rangle$$
$$= \alpha \langle 0.565, 0.075 \rangle \approx \langle 0.883, 0.117 \rangle$$

直观上，由于下雨的持续，下雨的概率从第一天到第二天增加了。习题 14.CONV（a）要求你进一步研究这种趋势。

预测的任务可以简单地看作不添加新证据的滤波。事实上，滤波过程已经包含了一个单步预测，我们容易推导出下面的递归计算，即从时刻 $t + k$ 的预测去预测时刻 $t + k + 1$ 的状态：

$$P(X_{t+k+1} \mid e_{1:t}) = \sum_{x_{t+k}} \underbrace{P(X_{t+k+1} \mid x_{t+k})}_{\text{转移模型}} \underbrace{P(x_{t+k} \mid e_{1:t})}_{\text{递归}} \tag{14-6}$$

当然，这个计算只涉及转移模型而不涉及传感器模型。

当我们尝试预测越来越远的未来时，考虑会发生什么是非常有趣的。如习题 14.CONV（b）所示，下雨的预测分布将收敛到不动点 $\langle 0.5, 0.5 \rangle$，且之后会一直保持不变。[①] 这就是由转移

---

① 如果选择任意一天作为 $t = 0$，那么选择先验 $P(Rain_0)$ 来匹配平稳分布是有意义的，这就是我们选择 $\langle 0.5, 0.5 \rangle$ 作为先验的原因。如果我们选择一个不同的先验，平稳分布仍然会算出 $\langle 0.5, 0.5 \rangle$。

模型定义的马尔可夫过程的**平稳分布**（stationary distribution）（见 13.4.2 节）。人们对于这种分布的性质和**混合时间**（mixing time）——大致含义是分布达到不动点所花费的时间——有很深入的了解。在实践中，除非平稳分布本身在状态空间的一小部分区域有显著的峰值，否则任何对实际状态进行时间步超过混合时间某个比例的预测都注定失败。一般而言，转移模型的不确定性越大，混合时间就越短，对未来的了解就越模糊。

除了滤波和预测外，我们还可以使用前向递归来计算证据序列的**似然** $P(e_{1:t})$。如果我们想要比较可能产生相同证据序列的不同时序模型（例如，判断雨水持续性的两个不同模型），这是一个有用的量。在这个递归中，我们采用似然消息 $\ell_{1:t}(X_t) = P(X_t, e_{1:t})$。容易证明（习题 14.LIKL），这个消息的计算与滤波的计算是相同的：

$$\ell_{1:t+1} = \text{FORWARD}(\ell_{1:t}, e_{t+1})$$

得到 $\ell_{1:t}$ 后，我们通过求和消元消去 X_t 得到实际的似然：

$$L_{1:t} = P(e_{1:t}) = \sum_{x_t} \ell_{1:t}(x_t) \tag{14-7}$$

注意，随着时间的推移，似然消息将表示越来越长的证据序列的概率，因此它在数值上变得越来越小，导致浮点运算的下溢问题。这在实践中是一个重要的问题，但我们不打算在这里讨论其解决办法。

14.2.2　平滑

正如我们前面提到的，平滑是指给定到目前为止的证据，计算过去状态分布的过程，也就是对 $0 \leqslant k < t$ 计算 $P(X_k \mid e_{1:t})$（见图 14-3）。预见到另一种递归的消息传递方法，我们可以将计算分成两部分——到时刻 k 为止的证据和从时刻 $k+1$ 到时刻 t 的证据：

$$
\begin{aligned}
P(X_k \mid e_{1:t}) &= P(X_k \mid e_{1:k}, e_{k+1:t}) \\
&= \alpha P(X_k \mid e_{1:k}) P(e_{k+1:t} \mid X_k, e_{1:k}) \quad \text{（给定 } e_{1:k} \text{，使用贝叶斯法则）} \\
&= \alpha P(X_k \mid e_{1:k}) P(e_{k+1:t} \mid X_k) \quad \text{（使用条件独立性）} \\
&= \alpha f_{1:k} \times b_{k+1:t} \tag{14-8}
\end{aligned}
$$

其中，"$\times$"表示向量的逐点乘积。这里我们定义了类似于前向消息 $f_{1:k}$ 的"后向"消息 $b_{k+1:t} = P(e_{k+1:t} \mid X_k)$。前向消息 $f_{1:k}$ 可以通过从时刻 1 到时刻 k 的前向滤波来计算，如式（14-5）所示。事实表明，后向消息 $b_{k+1:t}$ 可以通过从时刻 t 开始的后向运行的递归过程来计算：

$$
\begin{aligned}
P(e_{k+1:t} \mid X_k) &= \sum_{x_{k+1}} P(e_{k+1:t} \mid X_k, x_{k+1}) P(x_{k+1} \mid X_k) \quad \text{（将 } X_{k+1} \text{ 条件化）} \\
&= \sum_{x_{k+1}} P(e_{k+1:t} \mid x_{k+1}) P(x_{k+1} \mid X_k) \quad \text{（根据条件独立性）} \\
&= \sum_{x_{k+1}} P(e_{k+1}, e_{k+2:t} \mid x_{k+1}) P(x_{k+1} \mid X_k) \\
&= \sum_{x_{k+1}} \underbrace{P(e_{k+1} \mid x_{k+1})}_{\text{传感器模型}} \underbrace{P(e_{k+2:t} \mid x_{k+1})}_{\text{递归}} \underbrace{P(x_{k+1} \mid X_k)}_{\text{转移模型}} \tag{14-9}
\end{aligned}
$$

其中，最后一步的成立源自给定 x_{k+1} 时 e_{k+1} 与 $e_{k+2:t}$ 的条件独立性。在这个表达式中，所有的项要么来自模型，要么来自之前的后向消息。因此，我们得到了想要的递归公式。在消息形式上，我们有

$$b_{k+1:t} = \text{BACKWARD}(b_{k+2:t}, e_{k+1})$$

其中 Backward 实现式（14-9）描述的更新。与前向递归一样，后向递归每次更新所需的时间代价和空间代价也是与 t 无关的常量。

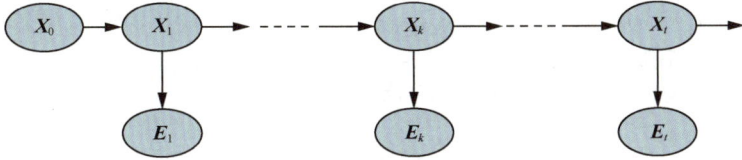

图 14-3 平滑计算 $P(X_k | e_{1:t})$，给定从时刻 1 到时刻 t 的完整观测序列，计算过去某时刻 k 的状态的后验分布

我们现在可以看到，式（14-8）中的两项都可以通过对时间进行递归来计算，一项使用式（14-5）滤波，从时刻 1 向前运行到 k，另一项使用式（14-9）从时刻 t 向后运行到 $k+1$。

至于后向阶段的初始化，我们采用 $b_{t+1:t} = P(e_{t+1:t} | X_t) = P(| X_t) = 1$，其中 1 是由 1 组成的向量。这样做的原因是 $e_{t+1:t}$ 是一个空序列，所以观测的概率是 1。

现在让我们把这个算法应用到雨伞的示例中，给定第一天与第二天的雨伞观测，计算 $k = 1$ 时下雨概率的平滑估计。根据式（14-8），我们有

$$P(R_1 | u_1, u_2) = \alpha \, P(R_1 | u_1) \, P(u_2 | R_1) \tag{14-10}$$

根据之前描述的前向滤波过程，我们已经知道第一项是 $\langle 0.818, 0.182 \rangle$。第二项可以通过应用式（14-9）中的后向递归来计算：

$$P(u_2 | R_1) = \sum_{r_2} P(u_2 | r_2) P(| r_2) P(r_2 | R_1)$$

$$= (0.9 \times 1 \times \langle 0.7, 0.3 \rangle) + (0.2 \times 1 \times \langle 0.3, 0.7 \rangle) = \langle 0.69, 0.41 \rangle$$

将它代入式（14-10），我们得到第一天下雨概率的平滑估计是

$$P(R_1 | u_1, u_2) = \alpha \langle 0.818, 0.182 \rangle \times \langle 0.69, 0.41 \rangle \approx \langle 0.883, 0.117 \rangle$$

因此，在这个例子里，对第一天下雨概率的平滑估计要高于滤波估计（0.818）。这是因为第二天带伞使得第二天下雨的可能性更大；反过来，因为降雨倾向于持续，这使得第一天下雨的可能性更大。

前向递归和后向递归每一步所花费的时间都是常量的；因此，对证据 $e_{1:t}$ 进行平滑的时间复杂性为 $O(t)$。这是对特定的时间步 k 进行平滑的复杂性。如果我们想要平滑整个序列，一个显而易见的方法是简单地为每个需要平滑的时间步运行一次完整的平滑过程。这个过程的时间复杂性为 $O(t^2)$。

更好的方法是简单应用动态规划将复杂性降低到 $O(t)$。从上文中对雨伞示例的分析中可以发现，我们能够复用前向滤波阶段的结果。线性时间算法的关键是记录整个序列的前向滤波结果。然后，我们从时刻 t 到时刻 1 运行后向递归，从计算的后向消息 $b_{k+1:t}$ 和存储的前向消息 $f_{1:k}$ 来计算每步 k 的平滑估计。该算法被恰当地称为**前向–后向算法**（forward-backward algorithm），如图 14-4 所示。

机敏的读者会注意到图 14-3 所示的贝叶斯网络结构是多重树（13.3.3 节）。这意味着，直接应用聚类算法也会产生一个用于计算整个序列平滑估计的线性时间算法。那么我们现在可以意识到，前向–后向算法实际上是与聚类算法共同使用的多重树传播算法的一个特例（尽管这两种算法是独立提出的）。

function FORWARD-BACKWARD(*ev*, *prior*) **returns** 一个概率分布的向量
    inputs: *ev*, 时间步1, ···, *t*的证据值的向量
            prior, 初始状态的先验分布$P(X_0)$
    local variables: *fv*, 时间步0, ···, *t* 的前向消息的向量
            b, 后向消息的表示, 初始化全为1
            sv, 时间步0, ···, *t*的平滑估计的向量

    fv[0] ← *prior*
    for *i* = 1 **to** *t* **do**
        fv[*i*] ← FORWARD(*fv*[*i* − 1], *ev*[*i*])
    for *i* = *t* **down to** 1 **do**
        sv[*i*] ← NORMALIZE(*fv*[*i*] × *b*)
        b ← BACKWARD(*b*, *ev*[*i*])
    return *sv*

图 14-4 平滑的前向–后向算法: 给定观测序列, 计算时状态序列的后验概率。FORWARD 与 BACKWARD 算子分别由式 (14-5) 和式 (14-9) 定义

前向–后向算法充当了许多处理噪声观测序列的应用的计算支柱。从到目前为止对前向–后向算法的描述来看, 它有两个实际的缺点。第一个缺点是当状态空间庞大且序列很长时, 算法的空间复杂性可能过高。它使用了 $O(|f|t)$ 的空间, 其中 $|f|$ 是前向消息表示的大小。经过一定的修改, 我们可以把空间复杂性降低到 $O(|f| \log t)$, 但相应的时间复杂性也会增加一个 $\log t$ 因子, 如习题 14.ISLE 所示。在某些情况下 (见 14.3 节), 我们可以使用空间复杂性为常数量级的算法。

这个基本算法的第二个缺点是, 它需要进行修改以便在在线环境下工作——随着新的观测数据不断添加到序列末尾时, 对较早的时间片进行平滑估计计算。最常见的要求是**定滞后平滑** (fixed-lag smoothing), 这需要对固定的滞后 d 计算平滑估计 $P(X_{t-d} | e_{1:t})$。也就是说, 只对比当前时刻 t 滞后 d 步的时间片做平滑。随着时刻 t 的增加, 平滑必须跟上。显然, 我们可以在每增加一个新的观测时在 d 步窗口上运行前向–后向算法, 但这似乎效率不高。在 14.3 节中, 我们将看到, 在某些情况下, 定滞后平滑可以独立于滞后 d 在常数时间内完成每次更新。

14.2.3 寻找最可能序列

假设保安前五天工作时观测的雨伞序列是 [true, true, false, true, true]。什么样的天气序列最有可能解释这一点? 第三天没带伞是因为没有下雨, 还是主管忘记带了? 如果第三天没下雨, 也许第四天也没下雨 (因为天气往往会持续下去), 但主管带了雨伞以防万一。总共有 2^5 种可能的天气序列可供选择。是否有办法找到最可能的一个天气序列, 而不是列举所有这些并计算它们的似然?

我们可以尝试这样的具有线性时间复杂性的过程: 使用平滑找到天气在每个时间步上的后验分布; 接着构造序列, 在每一步中根据后验分布找出最可能的天气。这样的方法应该在读者的脑海中敲响警钟, 因为通过平滑计算的后验分布是单个时间步上的分布, 而要找到最可能的序列, 我们必须考虑所有时间步上的联合概率。事实上, 它与单个时间步的结果可能完全不同。(见习题 14.VITE。)

寻找最可能序列且具有线性时间的算法是存在的, 但它需要我们进一步的思考。它同样依赖于产生高效的滤波和平滑算法的马尔可夫特性。其想法是把每个序列看作图中的一条路径, 其中图的节点是每个时间步上可能的状态。图 14-5a 展示了雨伞世界中的图。现在我们希望在这个图中找到最可能的路径, 其中任一路径的似然是沿着路径的转移概率和每个状态下给定观

测值的概率的乘积。

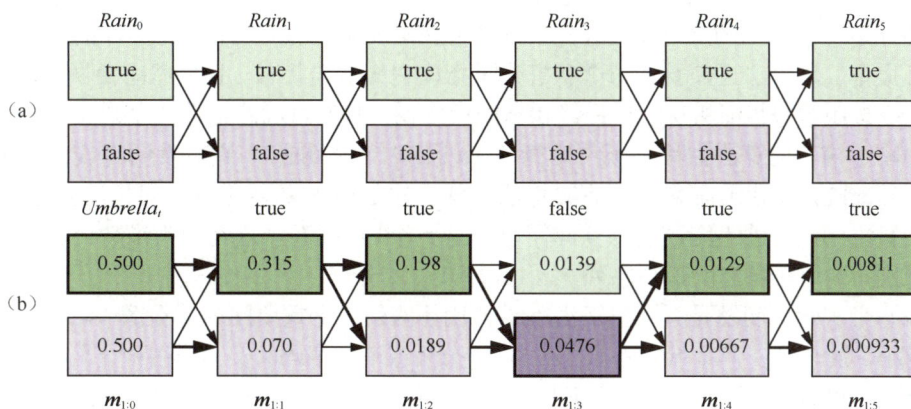

图 14-5 （a）$Rain_t$ 的可能状态序列可以看作由每个时间步上的可能状态构成的图中的路径（状态用矩形表示，避免与贝叶斯网络中的节点混淆）。（b）雨伞观测序列 [true, true, false, true, true] 的维特比算法的操作，其中证据从时刻 1 开始。对于每个 t，我们展示了消息 $m_{1:t}$ 的值，它给出了在时刻 t 到达每个状态的最佳序列的概率。同样，对于每个状态，指向它的粗箭头表示它的最佳的前驱状态，其中"最佳"由前一个序列概率和转移概率的乘积来度量。沿着粗箭头从 $m_{1:5}$ 中最可能状态向后回溯，给出了最可能序列，如粗外框和较深阴影所示

让我们特别关注达到状态 $Rain_5 = \text{true}$ 的路径。根据马尔可夫特性，最有可能到达状态 $Rain_5 = \text{true}$ 的路径包含最有可能到达时刻 4 时某状态的路径，且紧随着到 $Rain_5 = \text{true}$ 的转移。任一最大化这条路径似然的时刻 4 时的状态将成为到 $Rain_5 = \text{true}$ 的路径的一部分。也就是说，到达每个状态 x_{t+1} 的最可能路径与到达每个状态 x_t 的最可能路径之间存在递归关系。

我们可以利用这个特性直接构造一个递归算法来计算给定证据的最可能路径。我们将使用递归计算的消息 $m_{1:t}$，它与滤波算法中的前向消息 $f_{1:t}$ 是类似的。这个消息的定义如下：[1]

$$m_{1:t} = \max_{x_{1:t-1}} P(x_{1:t-1}, X_t, e_{1:t})$$

为了得到 $m_{1:t+1}$ 与 $m_{1:t}$ 之间的递归关系，我们可以或多或少地重复使用用于式（14-5）的相同步骤：

$$
\begin{aligned}
m_{1:t+1} &= \max_{x_{1:t}} P(x_{1:t}, X_{t+1}, e_{1:t+1}) = \max_{x_{1:t}} P(x_{1:t}, X_{t+1}, e_{1:t}, e_{t+1}) \\
&= \max_{x_{1:t}} P(e_{t+1} \mid x_{1:t}, X_{t+1}, e_{1:t}) P(x_{1:t}, X_{t+1}, e_{1:t}) \\
&= P(e_{t+1} \mid X_{t+1}) \max_{x_{1:t}} P(X_{t+1} \mid x_t) P(x_{1:t}, e_{1:t}) \\
&= P(e_{t+1} \mid X_{t+1}) \max_{x_t} P(X_{t+1} \mid x_t) \max_{x_{1:t-1}} P(x_{1:t-1}, e_{1:t})
\end{aligned}
\tag{14-11}
$$

其中最后一项 $\max_{x_{1:t-1}} P(x_{1:t-1}, x_t, e_{1:t})$ 恰好是消息向量 $m_{1:t}$ 中特定状态 x_t 的条目。式（14-11）与式（14-5）基本相同，只是式（14-5）中对 x_t 的求和被式（14-11）中对 x_t 的最大值所取代，且式（14-11）中没有归一化常数 α。因此，计算最可能序列的算法类似于滤波：它从时刻 0 以先验 $m_{1:0} = P(X_0)$ 开始，沿着序列前向运行，利用式（14-11）在每个时间步计算消息 m。计

---

[1] 注意，这些不是给定证据时最可能到达状态 X_t 的概率，而是条件概率 $\max_{x_{1:t-1}} P(x_{1:t-1}, x_t \mid e_{1:t})$；但是这两个向量由一个常数因子 $P(e_{1:t})$ 联系在一起。差别是无关紧要的，因为 max 运算符不关心常数因子。这样定义 $m_{1:t}$，我们得到一个稍微简单一点的递归。

算过程如图 14-5b 所示。

在观测序列的末尾，$\boldsymbol{m}_{1:t}$ 将包含到达每个最终状态的最可能的序列的概率。人们可以很容易选择整体最可能序列的最终状态（第 5 步中粗外框的状态）。为了确定实际的序列，而不仅仅是计算概率，该算法还需要为每个状态记录指向它的最佳状态。这些状态由图 14-5b 中的粗箭头表示。按照这些粗箭头从最佳最终状态向后查找，我们可以确定最佳序列。

我们刚才描述的算法被称为**维特比算法**（Viterbi algorithm），它以发明者安德鲁·维特比（Andrew Viterbi）的姓氏命名。和滤波算法一样，它的时间复杂性与序列长度 t 呈线性关系。与使用常量空间的滤波不同，它的空间需求也与 t 呈线性关系。这是因为维特比算法需要保留指针以识别指向每个状态的最佳序列。

最后一个实际的问题是：数值下溢是维特比算法的一个重要问题。在图 14-5b 中，概率变得越来越小，这只是一个简单的例子。在 DNA 分析或消息解码的实际应用中，算法可能有成千上万步。该问题的一种可能的解决方案是在每一步对 $\boldsymbol{m}$ 进行归一化；这种缩放不会影响正确性，因为 $\max(cx, cy) = c \cdot \max(x, y)$。第二种解决方案是在计算中处处使用对数概率并用加法代替乘法。同样，其正确性不受影响，因为 $\log$ 函数是单调的，所以 $\max(\log x, \log y) = \log \max(x, y)$。

14.3 隐马尔可夫模型

我们在 14.2 节中介绍了时序概率推理算法的一般框架，它有着独立于转移模型和传感器模型的具体形式、独立于状态变量和证据变量的性质。在本节和接下来的两节中，我们将讨论更具体的模型和应用，这些模型和应用阐释了基础算法的强大功能，并且在某些情况下还可以进一步改进。

我们从**隐马尔可夫模型**（hidden Markov model，HMM）入手。隐马尔可夫模型是一种时序概率模型，其过程状态由单个离散随机变量描述。变量的可能的值是世界的可能状态。因此，上一节介绍的雨伞示例是一个隐马尔可夫模型，因为它只有一个状态变量：$Rain_t$。如果你的模型有两个或更多状态变量，会发生什么呢？你仍然可以通过将这些变量组合成单个"大变量"——它的值是每个状态变量的值组成的所有可能的元组——来适应隐马尔可夫模型框架。我们将看到隐马尔可夫模型的受限结构允许所有基础算法通过简单而优雅的矩阵实现。[①]

虽然隐马尔可夫模型要求状态是单个离散变量，但它对证据变量没有相应的限制。这是因为证据变量总是被观测的，这意味着没有必要追踪有关它们值的任何分布。（如果一个变量未被观测，可以简单地将它从模型的那个时间步中移除）。同时隐马尔可夫模型也允许有多个离散的或连续的证据变量存在。

14.3.1 简化矩阵算法

对于单个离散状态变量 X_t，我们可以给出转移模型、传感器模型以及前向消息和后向消息的具体表示形式。我们用整数 $1, \cdots, S$ 表示状态变量 X_t 的可能值，其中 S 是可能状态的数量。那么转移模型 $\boldsymbol{P}(X_t \mid X_{t-1})$ 就变成了一个 $S \times S$ 的矩阵 $\boldsymbol{T}$，其中

$$\boldsymbol{T}_{ij} = P(X_t = j \mid X_{t-1} = i)$$

---

① 不熟悉向量和矩阵基本运算的读者，可以在继续学习这一节之前阅读附录 A。

也就是说，T_{ij} 是从状态 i 转移到状态 j 的概率。例如，如果我们为状态 $Rain$ = true 和 $Rain$ = false 分别编号 1 和 2，则图 14-2 中定义的雨伞世界的转移矩阵是

$$\mathbf{T} = \mathbf{P}(X_t \mid X_{t-1}) = \begin{pmatrix} 0.7 & 0.3 \\ 0.3 & 0.7 \end{pmatrix}$$

用同样的方法，我们可以把传感器模型写成矩阵形式。在这个例子中，因为证据变量 E_t 的值在时刻 t 已经得知（称为 e_t），我们只需要为每个状态指定它导致 e_t 出现的概率：对于每个状态 i，我们需要指定 $P(e_t \mid X_t = i)$。为了数学上的方便，我们把这些值放入一个对角**观测矩阵**（observation matrix）$\mathbf{O}_t$，我们在每个时间步都构造一个这样的矩阵。$\mathbf{O}_t$ 的第 i 个对角元素是 $P(e_t \mid X_t = i)$，其他元素为 0。例如，在图 14-5 所示的雨伞世界的第一天 U_1 = true，而在第三天 U_3 = false，所以我们有

$$\mathbf{O}_1 = \begin{pmatrix} 0.9 & 0 \\ 0 & 0.2 \end{pmatrix} \qquad \mathbf{O}_3 = \begin{pmatrix} 0.1 & 0 \\ 0 & 0.8 \end{pmatrix}$$

现在，如果使用列向量来表示前向消息和后向消息，那么所有的计算都可以转换为简单的矩阵–向量运算。前向公式（14-5）变成

$$\mathbf{f}_{1:t+1} = \alpha \mathbf{O}_{t+1} \mathbf{T}^{\top} \mathbf{f}_{1:t} \tag{14-12}$$

后向公式（14-9）变成

$$\mathbf{b}_{k+1:t} = \mathbf{T} \mathbf{O}_{k+1} \mathbf{b}_{k+2:t} \tag{14-13}$$

从这些公式中可以看出，应用于长度为 t 的序列的前向–后向算法（图 14-4）的时间复杂性是 $O(S^2 t)$，因为每步需要一个 S 元向量与一个 $S \times S$ 矩阵相乘。算法的空间需求是 $O(St)$，因为前向传递存储 t 个 S 元向量。

除了为隐马尔可夫模型提供优雅的滤波和平滑算法的表示，矩阵形式还揭示了改进算法的机会。第一个改进的角度基于前向–后向算法的一个简单变体，它使平滑可以在独立于序列长度的常数空间中进行。其大致想法如下：根据式（14-8），对任意特定的时间片 k 进行平滑需要同时存有前向消息 $\mathbf{f}_{1:k}$ 与后向消息 $\mathbf{b}_{k+1:t}$。前向–后向算法通过存储在前向传递时计算的 $\mathbf{f}$ 来实现这一点，并方便它们在后向传递期间可用。实现这一目标的另一种方法是在同一个方向上传播 $\mathbf{f}$ 和 $\mathbf{b}$。例如，如果我们将式（14-12）处理为反向运行，则前向消息 $\mathbf{f}$ 可以向后传播：

$$\mathbf{f}_{1:t} = \alpha' (\mathbf{T}^{\top})^{-1} \mathbf{O}_{t+1}^{-1} \mathbf{f}_{1:t+1}$$

修改后的平滑算法首先运行标准的前向传递计算 $\mathbf{f}_{t:t}$（抛弃所有中间结果），之后对 $\mathbf{b}$ 和 $\mathbf{f}$ 共同执行后向传递，并使用它们在每一步计算平滑估计。因为每条消息只需要一个副本，所以存储需求是常量（与序列的长度 t 无关）。该算法有两个明显的限制：它要求转移矩阵是可逆的，并且传感器模型不存在零概率，即每个观测在每个状态下都是可能的。

矩阵形式揭示算法的第二个改进是在固定滞后的在线平滑方面。平滑可以在常数空间中完成这一事实表明，应该存在一种高效的在线平滑的递归算法，即一种时间复杂性与滞后长度无关的算法。我们假设滞后为 d；也就是说，当前时间为 t 时，我们在时间片 $t - d$ 处进行平滑。根据式（14-8），我们需要为时间片 $t - d$ 计算

$$\alpha \mathbf{f}_{1:t-d} \times \mathbf{b}_{t-d+1:t}$$

然后，当新的观测值到达时，我们需要为时间片 $t - d + 1$ 计算

$$\alpha \mathbf{f}_{1:t-d+1} \times \mathbf{b}_{t-d+2:t+1}$$

如何才能以增量的形式做到这一点？首先，我们可以利用标准滤波，即式（14-5），根据$f_{1:t-d}$计算$f_{1:t-d+1}$。

以增量方式计算后向消息要复杂一些，因为旧的后向消息$b_{t-d+1:t}$与新的后向消息$b_{t-d+2:t+1}$之间没有简单的关系。我们转而考察旧的后向消息$b_{t-d+1:t}$与序列前部的后向消息$b_{t+1:t}$之间的关系。为了完成这一点，我们使用d次式（14-13）得到

$$b_{t-d+1:t} = \left(\prod_{i=t-d+1}^{t} TO_i\right)b_{t+1:t} = B_{t-d+1:t}\mathbf{1} \tag{14-14}$$

其中矩阵$B_{t-d+1:t}$是矩阵序列T与O的乘积，$\mathbf{1}$是由 1 组成的向量。B可以看作一个"变换算子"，它将后续的后向消息变换为先前的后向消息。类似的公式适用于下一个观测到达后新的后向消息：

$$b_{t-d+2:t+1} = \left(\prod_{i=t-d+2}^{t+1} TO_i\right)b_{t+2:t+1} = B_{t-d+2:t+1}\mathbf{1} \tag{14-15}$$

通过观察式（14-14）和式（14-15）中的乘积表达式，我们可以发现它们之间的一个简单关系：要得到第二个乘积，可以将第一个乘积"除以"第一个元素TO_{t-d+1}，然后乘以新的最后一个元素TO_{t+1}。因此，旧的B矩阵和新的B矩阵之间的简单关系可以由矩阵的语言表述为

$$B_{t-d+2:t+1} = O_{t-d+1}^{-1} T^{-1} B_{t-d+1:t} TO_{t+1} \tag{14-16}$$

这个等式提供了B矩阵的增量形式更新，让我们可以通过式（14-15）计算新的后向消息$b_{t-d+2:t+1}$。完整的算法要求存储与更新f和B，如图 14-6 所示。

---

function Fixed-Lag-Smoothing(e_t, hmm, d) **returns** 一个X_{t-d}上的分布
    inputs: e_t，时间步t的当前证据
              hmm，具有$S \times S$转移矩阵T的隐马尔可夫模型
              d，平滑的滞后长度
    persistent: t，当前的时间，初始为 1
                 f，前向消息$P(X_t \mid e_{1:t})$，初始为 hmm.Prior
                 B，d步后向变换矩阵，初始为单位矩阵
                 $e_{t-d:t}$，从$t-d$到t的双端证据列表，初始为空
    local variables: O_{t-d}, O_t，包含传感器模型信息的对角矩阵

    在$e_{t-d:t}$的尾端添加e_t
    $O_t \leftarrow$ 包含$P(e_t \mid X_t)$的对角矩阵
    if $t > d$ **then**
        $f \leftarrow$ Forward(f, e_{t-d})
        从$e_{t-d:t}$的首端移除e_{t-d-1}
        $O_{t-d} \leftarrow$ 包含$P(e_{t-d} \mid X_{t-d})$的对角矩阵
        $B \leftarrow O_{t-d}^{-1} T^{-1} BTO_t$
    else $B \leftarrow BTO_t$
    $t \leftarrow t + 1$
    if $t > d + 1$ **then return** Normalize($f \times B\mathbf{1}$) **else return** null

图 14-6　作为一种在线算法实现的具有固定的d步时间滞后的平滑算法，在给定新时间步的观测值时输出新的平滑估计。注意，根据式（14-14），最终的输出 Normalize($f \times B\mathbf{1}$) 恰好是$\alpha f \times b$

14.3.2　隐马尔可夫模型示例：定位

我们在 4.4.4 节中介绍了真空吸尘器世界的**定位**（localization）问题的一个简单版本。在那

个版本中，机器人有单个非确定性的动作 *Move*，它的传感器可以完美地报告在紧邻的东、南、西、北 4 个方向是否有障碍物；机器人的信念状态是它可能所处的位置的集合。

现在我们将传感器中的噪声考虑在内，并将机器人随机移动的想法形式化，即它移动到任何相邻的空方格的可能性都是相等的，这样，我们使定位问题更加真实。状态变量 X_t 表示机器人在离散网格上的位置；这个变量的域是一个空方格的集合，我们用整数 $\{1, \cdots, S\}$ 标记。令 NEIGHBORS(i) 表示与 i 相邻的空方格集合，$N(i)$ 是该集合的大小。那么，如下 *Move* 动作的转移模型表示，机器人等可能地到达任何邻近的方格：

$$P(X_{t+1} = j \mid X_t = i) = \boldsymbol{T}_{ij} = \begin{cases} 1/N(i), & \text{如果 } j \in \text{NEIGHBORS}(i) \\ 0, & \text{其他} \end{cases}$$

我们不知道机器人从哪个位置出发，所以我们假设它服从一个所有方格上的均匀分布；也就是说，$P(X_0 = i) = 1/S$。在我们考虑的特定环境（图 14-7）中，$S = 42$，转移矩阵 $\boldsymbol{T}$ 有 $42 \times 42 = 1764$ 个元素。

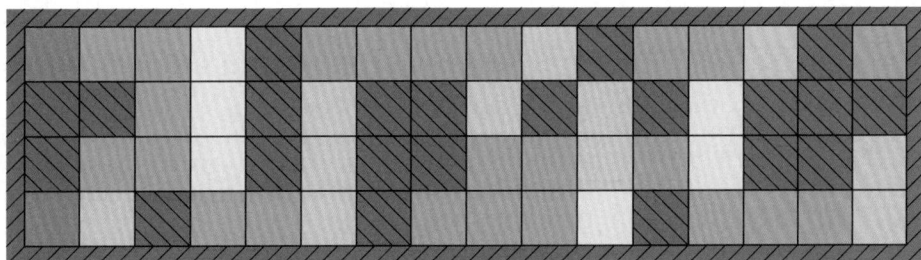

（a）观测到 E_1=1011 之后，机器人位置的后验分布

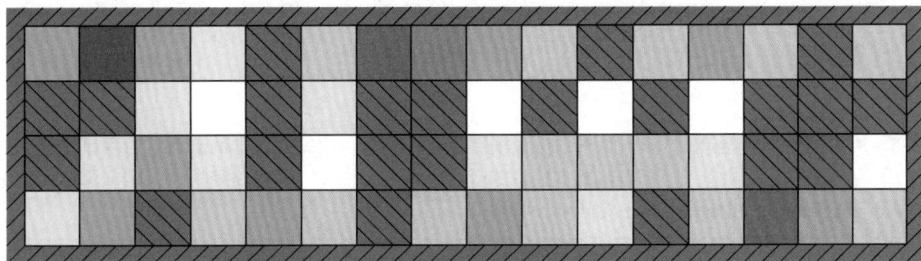

（b）观测到 E_1=1011、E_2=1010 之后，机器人位置的后验分布

图 14-7　机器人位置的后验分布：（a）一个观测 $E_1 = 1011$（也就是北侧、南侧与西侧有障碍）后。（b）在随机移动到相邻位置和第二次观测 $E_2 = 1010$（也就是北侧与南侧有障碍）后。每个方格颜色的深浅对应机器人处在那个位置的概率。传感器每位错误率 $\varepsilon = 0.2$

传感器变量 E_t 有 16 个可能的值，每一个 4 位序列给出在每个罗盘方向 NESW 是否存在障碍。例如，1010 表示北侧和南侧的传感器报告有障碍，而东侧和西侧没有。假设每个传感器的错误率是 ε，4 个传感器方向出现错误是相互独立的。在这种情况下，所有 4 位都正确的概率是 $(1 - \varepsilon)^4$，都错误的概率是 ε^4。此外，如果 d_{it} 是方格 i 的真实值与实际读数 e_t 之间的差异——不同的位数，那么方格 i 中的机器人接收到传感器读数 e_t 概率为

$$P(E_t = e_t \mid X_t = i) = (\boldsymbol{O}_t)_{ii} = (1 - \varepsilon)^{4 - d_{it}} \varepsilon^{d_{it}}$$

例如，一个南北两侧有障碍物的方格产生出传感器读数 1110 的概率是 $(1-\varepsilon)^3 \varepsilon^1$。

给定矩阵 $\boldsymbol{T}$ 与 $\boldsymbol{O}_t$，机器人可以利用式（14-12）来计算关于机器人位置的后验分布，即弄清机器人在哪里。图 14-7 展示了分布 $\boldsymbol{P}(X_1 \mid E_1 = 1011)$ 与 $\boldsymbol{P}(X_2 \mid E_1 = 1011, E_2 = 1010)$。这与我

们之前在图 4-18 中所看到的相同，但在那里我们假设机器人有精确的感知并且能使用逻辑滤波来寻找可能的位置。现在在感知中存在噪声的情况下，这些相同的位置仍然是最有可能的位置，但每个位置都有着非零概率，因为任何位置都可能产生任何传感器值。

除了使用滤波来估计其当前位置，机器人可以使用平滑［式（14-13）］来弄清楚在任何给定的过去时间（例如时刻 0 开始时）它所处的位置；机器人可以利用维特比算法找出到达目前所处位置的最可能的路径。图 14-8 展示了对每位传感器错误率 ε 取不同值时的定位误差与路径误差。即使 ε 大到 0.20——这意味着整体传感器在 59% 的时间内读数有错误——机器人通常也能在 20 次观测后确定自己的位置，误差不超过两个方格。这是因为该算法能够随着时间的推移整合证据，并考虑转移模型对位置序列施加的概率约束。当 ε 等于 0.10 或更低时，机器人只需要几个观测就可以弄清并准确地追踪其位置。当 ε 为 0.40 时，定位误差和维特比路径误差将都比较大；换句话说，这个机器人迷路了。这是因为错误概率为 0.40 的传感器提供的信息太少，无法抵消由于不可预测的随机运动而导致的机器人位置信息的丢失。

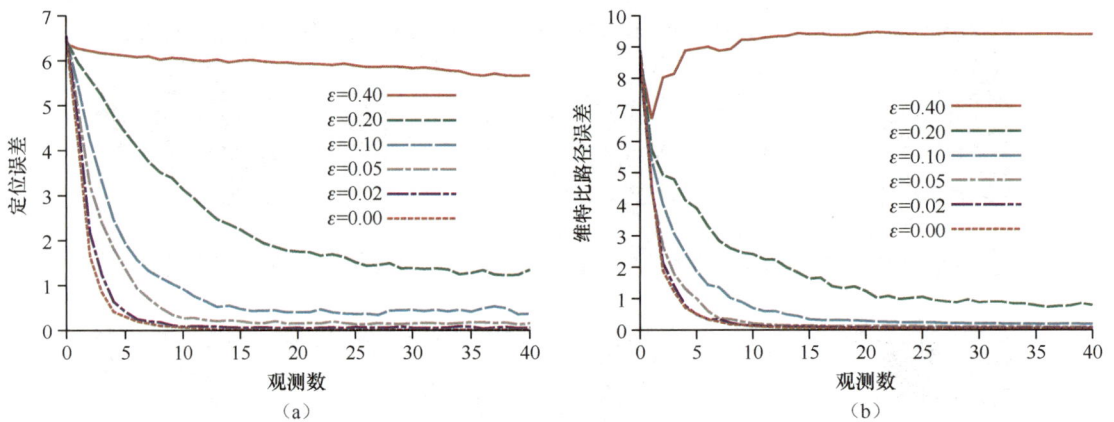

图 14-8 对不同的传感器错误率 ε，隐马尔可夫模型定位性能与观测序列长度的函数；数据是超过 400 次运行的平均。（a）定位误差，定义为与真实位置的曼哈顿距离。（b）维特比路径误差，定义为维特比路径上的状态与真实路径上相应状态的平均曼哈顿距离

本节中考虑的示例的状态变量是真实世界中的物理位置。当然，其他问题也可能包括世界的其他方面。习题 14.ROOM 要求考虑真空吸尘器机器人的另一个版本，它的策略是尽可能地直走；只有当遇到障碍时，它才会改变到一个新的方向。为了建模这个机器人，模型中的每个状态都包含一个 (位置, 方向) 对。对于图 14-7 中的环境，它有 42 个空的方格，这导致它具有 168 个状态和一个具有 $168^2 = 28\,224$ 项的转移矩阵，这仍然是一个可控的数字。

如果我们在 42 个方格中的每个都引入可能的噪声，那么状态的数量就会乘以 2^{42}，转移矩阵就会有超过 10^{29} 项——这不再是一个可控的数字。一般情况下，如果状态由 n 个离散变量组成，每个离散变量最多有 d 个值，那么相应的隐马尔可夫模型转移矩阵的大小为 $O(d^{2n})$，每次更新的计算时间也为 $O(d^{2n})$。

出于这些原因，尽管隐马尔可夫模型在从语音识别到分子生物学等领域有很多用途，但它们在表示复杂过程方面的能力从根本上来说是受限的。用第 2 章中介绍的术语来说，隐马尔可夫模型是一种原子表示：世界的状态没有内部结构，仅仅用整数进行了标记。14.4 节将展示如何处理具有连续状态变量的域，这当然会导致产生无限状态空间。14.5 节将展示如何使用动态贝叶斯网络（一种因子化表示）来建模具有许多状态变量的域。

14.4　卡尔曼滤波器

想象一下，在黄昏的时候，你看到一只小鸟飞过茂密的丛林：你透过树叶间的缝隙瞥见了小鸟断断续续的身影；你试图猜测那只鸟在哪里，它接下来会在哪里出现，这样你就不会失去它的行踪。或者想象一下，你是一名第二次世界大战时期的雷达操作员，你正盯着屏幕上每10秒出现一次的微弱的、徘徊的光点。或者再往前追溯一点，想象你是开普勒，你试图从一系列非常不准确的角度观测数据中重建行星的运动，这些观测数据是在不规则且不精确的时间间隔得到的。

在所有这些情况中，你都在进行滤波：根据一段时间内带有噪声的观测来估计状态变量（在这里是运动对象的位置和速度）。如果变量是离散的，我们可以用隐尔可夫模型来建模系统。本节将讨论使用**卡尔曼滤波**（Kalman filtering）算法处理连续变量的方法，该算法以它的发明者之一——鲁道夫·卡尔曼（Rudolf Kalman）的名字命名。

我们可以使用6个连续变量来确定鸟在每个时间点的飞行状态；其中包括3个位置变量(X_t, Y_t, Z_t) 和3个速度变量($\dot{X}_t$, $\dot{Y}_t$, $\dot{Z}_t$)。此外，我们需要合适的条件密度来表示转移模型和传感器模型；和第13章一样，我们采用**线性高斯**（linear-Gaussian）分布。这意味着下一个状态 X_{t+1} 必须是当前状态 X_t 的线性函数，再加上某些高斯噪声，这个条件在实践中被证明是相当合理的。例如，我们暂时忽略其他坐标，只考虑鸟的 X 坐标。假设观测的时间间隔为 Δ，并假设鸟在此时间间隔内速度为常数；那么位置的更新将由 $X_{t+\Delta} = X_t + \dot{X}\Delta$ 给出。在引入高斯噪声（考虑风的变化等）后，我们得到了线性高斯转移模型：

$$P(X_{t+\Delta} = x_{t+\Delta} \mid X_t = x_t, \dot{X}_t = \dot{x}_t) = \mathcal{N}(x_{t+\Delta}; x_t + \dot{x}_t \Delta, \sigma^2)$$

具有位置向量 X_t 和速度 $\dot{X}_t$ 系统的贝叶斯网络结构如图 14-9 所示。注意，该例子是线性高斯模型的一种特殊形式；一般形式将在本节后面描述，还将涵盖除第一段中介绍的简单运动示例之外的大量应用。读者可以查阅附录 A 以了解高斯分布的一些数学性质；在目前的介绍中，最重要的性质是 d 个变量的**多元高斯**分布是由 d 元均值 μ 和 $d \times d$ 协方差矩阵 Σ 指定的。

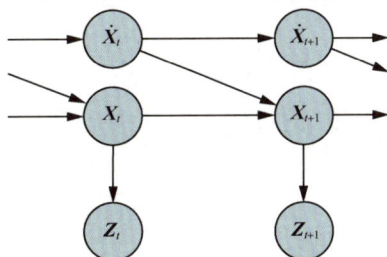

图 14-9　包含位置 X_t、速度 $\dot{X}_t$ 与位置测量 Z_t 的线性动态系统的贝叶斯网络结构

14.4.1　更新高斯分布

在 13.2.3 节中，我们提到了线性高斯分布族的一个关键性质：在贝叶斯更新下它保持封闭。（也就是说，给定任何证据，后验分布仍然属于线性高斯族。）在这里，我们在时序概率模型的滤波场景中明确这个声明。所需性质对应式（14-5）中的两步滤波计算。

（1）如果当前分布 $P(X_t \mid e_{1:t})$ 是高斯分布，转移模型 $P(X_{t+1} \mid x_t)$ 是线性高斯的，则下式给出的单步预测的分布也是高斯分布：

$$P(X_{t+1} \mid e_{1:t}) = \int_{x_t} P(X_{t+1} \mid x_t) P(x_t \mid e_{1:t}) dx_t \tag{14-17}$$

（2）如果预测 $P(X_{t+1} \mid e_{1:t})$ 是高斯分布，传感器模型 $P(e_{t+1} \mid X_{t+1})$ 是线性高斯的，则下式给出的以新证据为条件的更新后的分布也是高斯分布：

$$P(X_{t+1} \mid e_{1:t+1}) = \alpha\, P(e_{t+1} \mid X_{t+1}) P(X_{t+1} \mid e_{1:t}) \tag{14-18}$$

因此，卡尔曼滤波的 Forward 算子选取由均值 μ_t 和协方差矩阵 Σ_t 描述的高斯前向消息 $f_{1:t}$，并产生由均值 μ_{t+1} 和协方差矩阵 Σ_{t+1} 描述的新的多元高斯前向消息 $f_{1:t+1}$。如果我们从高斯先验 $f_{1:0} = P(X_0) = \mathcal{N}(\mu_0, \Sigma_0)$ 出发，使用线性高斯模型滤波，那么在任何时间点我们都会得到一个高斯状态分布。

这似乎是一个很好很优雅的结果，但为什么它如此重要呢？原因是，除了像高斯分布这样的少数特例外，用连续网络或混合（离散和连续）网络进行滤波，产生的状态分布的表示会随着时间无限制地增长。这个陈述一般不容易证明，但习题 14.KFSW 用一个简单的示例展示了会发生什么。

14.4.2　简单的一维示例

我们已经解释过，卡尔曼滤波器的 Forward 算子将一个高斯分布映射到一个新的高斯分布。这就把问题转换为根据之前的均值和协方差计算新的均值和协方差。在一般（多元）情况下，推导更新规则需要相当复杂的线性代数知识，所以我们现在将考虑非常简单的单变量情况，之后再给出一般情况下的结果。但即便是单变量的情况，计算也有些烦琐，但我们认为它值得一看，因为卡尔曼滤波器的有用性与高斯分布的数学特性紧密联系在一起。

我们考虑的时序模型描述了含有噪声观测 Z_t 的单个连续状态变量 X_t 的**随机游走**（random walk）。该模型的一个示例是"消费者信心"指数，它可以被建模为服从一个每个月经历一个变化的随机高斯分布，并由一个随机的消费者调查测量，这个调查也会引入高斯采样噪声。先验分布假设是方差为 σ_0^2 的高斯分布：

$$P(x_0) = \alpha e^{-\frac{1}{2}\left(\frac{(x_0 - \mu_0)^2}{\sigma_0^2}\right)}$$

（为简单起见，我们在本节中使用相同的符号 α 来表示所有归一化常数。）转移模型为当前状态增加一个方差为常数 σ_x^2 的高斯扰动：

$$P(x_{t+1} \mid x_t) = \alpha e^{-\frac{1}{2}\left(\frac{(x_{t+1} - x_t)^2}{\sigma_x^2}\right)}$$

传感器模型带有方差为 σ_z^2 的高斯噪声：

$$P(z_t \mid x_t) = \alpha e^{-\frac{1}{2}\left(\frac{(z_t - x_t)^2}{\sigma_z^2}\right)}$$

现在，给定先验 $P(X_0)$，根据式（14-17），单步预测的分布为

$$P(x_1) = \int_{-\infty}^{\infty} P(x_1 \mid x_0) P(x_0) dx_0 = \alpha \int_{-\infty}^{\infty} e^{-\frac{1}{2}\left(\frac{(x_1 - x_0)^2}{\sigma_x^2}\right)} e^{-\frac{1}{2}\left(\frac{(x_0 - \mu_0)^2}{\sigma_0^2}\right)} dx_0$$

$$= \alpha \int_{-\infty}^{\infty} e^{-\frac{1}{2}\left(\frac{\sigma_0^2(x_1 - x_0)^2 + \sigma_x^2(x_0 - \mu_0)^2}{\sigma_0^2 \sigma_x^2}\right)} dx_0$$

这个积分看起来相当复杂。关键是要注意到指数中的部分是关于 x_0 的两个二次表达式的和，所以结果也是 x_0 的二次表达式。一个简单的技巧是熟知的**配方法**（completing the square），它允许任一二次表达式 $ax_0^2 + bx_0 + c$ 重写为平方项 $a\left(x_0 - \dfrac{-b}{2a}\right)^2$ 与独立于 x_0 的余项 $c - \dfrac{b^2}{4a}$ 的和。在这个示例中，我们有 $a = (\sigma_0^2 + \sigma_x^2)/(\sigma_0^2\sigma_x^2)$、$b = -2(\sigma_0^2 x_1 + \sigma_x^2 \mu_0)/(\sigma_0^2\sigma_x^2)$ 以及 $c = (\sigma_0^2 x_1^2 + \sigma_x^2 \mu_0^2)/(\sigma_0^2\sigma_x^2)$。余项可以拿到积分之外，得到

$$P(x_1) = \alpha \mathrm{e}^{-\frac{1}{2}\left(c - \frac{b^2}{4a}\right)} \int_{-\infty}^{+\infty} \mathrm{e}^{-\frac{1}{2}\left(a\left(x_0 - \frac{-b}{2a}\right)^2\right)} \mathrm{d}x_0$$

现在这个积分就是高斯函数在它的整个值域内的积分，也就是 1。因此，我们只剩下二次项的余项。将 a、b、c 代入表达式并化简，我们得到

$$P(x_1) = \alpha \mathrm{e}^{-\frac{1}{2}\left(\frac{(x_1 - \mu_0)^2}{\sigma_0^2 + \sigma_x^2}\right)}$$

也就是说，单步预测的分布是有着相同的均值 μ_0，方差等于原始方差 σ_0^2 与转移方差 σ_x^2 之和的高斯分布。

为了完成更新步骤，我们需要以第一个时间步的观测（z_1）为条件。根据式（14-18），我们得到

$$P(x_1 \mid z_1) = \alpha P(z_1 \mid x_1) P(x_1)$$
$$= \alpha \mathrm{e}^{-\frac{1}{2}\left(\frac{(z_1 - x_1)^2}{\sigma_z^2}\right)} \mathrm{e}^{-\frac{1}{2}\left(\frac{(x_1 - \mu_0)^2}{\sigma_0^2 + \sigma_x^2}\right)}$$

我们再次合并指数并配方（习题 14.KALM），得到下面的后验分布表达式：

$$P(x_1 \mid z_1) = \alpha \mathrm{e}^{-\frac{1}{2}\frac{\left(x_1 - \frac{(\sigma_0^2 + \sigma_x^2) z_1 + \sigma_z^2 \mu_0}{\sigma_0^2 + \sigma_x^2 + \sigma_z^2}\right)^2}{(\sigma_0^2 + \sigma_x^2)\sigma_z^2 /(\sigma_0^2 + \sigma_x^2 + \sigma_z^2)}} \tag{14-19}$$

因此，经过一个更新周期后，我们得到状态变量的一个新的高斯分布。

根据式（14-19）中的高斯公式可知，新的均值和标准差可以由旧的均值和标准差计算得出，如下所示：

$$\mu_{t+1} = \frac{(\sigma_t^2 + \sigma_x^2) z_{t+1} + \sigma_z^2 \mu_t}{\sigma_t^2 + \sigma_x^2 + \sigma_z^2} \quad \text{和} \quad \sigma_{t+1}^2 = \frac{(\sigma_t^2 + \sigma_x^2)\sigma_z^2}{\sigma_t^2 + \sigma_x^2 + \sigma_z^2} \tag{14-20}$$

图 14-10 展示了卡尔曼滤波器在一维情况下对于转移模型和传感器模型的特定值的一个更新周期。

式（14-20）与式（14-5）（一般滤波）或式（14-12）（隐马尔可夫模型滤波）作用完全相同。然而，由于高斯分布的特殊性质，这些等式还有一些额外的有趣性质。

首先，我们可以将对新的均值 μ_{t+1} 的计算解释为新观测值 z_{t+1} 和旧的均值 μ_t 的加权平均值。如果观测值不可靠，则 σ_z^2 较大，我们应更加重视旧的均值；如果旧的均值是不可靠的（σ_t^2 很大）或过程是高度不可预测的（σ_x^2 很大），那么我们就会更加注重观测值。其次，我们注意到方差 σ_{t+1}^2 的更新是独立于观测的。因此，我们可以提前计算出方差值的序列。最后，方差序列很快收敛到一个只依赖于 σ_x^2 与 σ_z^2 的固定值，从而大大简化了后续的计算。（见习题 14.VARI。）

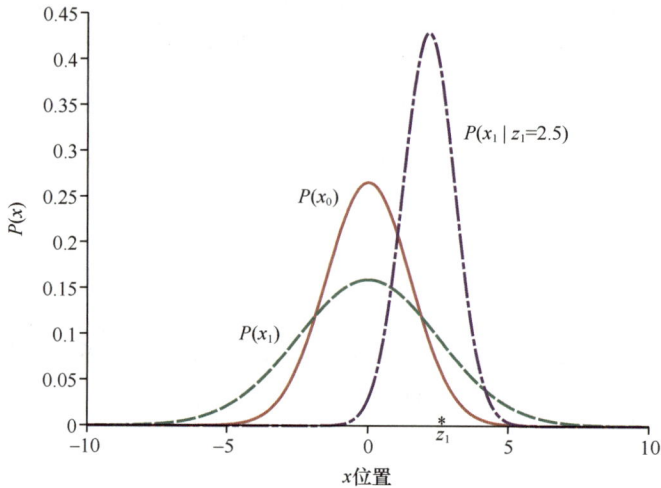

图 14-10 随机游走的卡尔曼滤波器更新周期的各个阶段，由 $\mu_0 = 0$ 与 $\sigma_0 = 1.5$ 给出的先验，$\sigma_x = 2.0$ 给出的转移噪声，$\sigma_z = 1.0$ 给出的传感器噪声，第一次观测 $z_1 = 2.5$（标记在 x 轴上）。注意，相对于 $P(x_0)$，$P(x_1)$ 是如何通过转移噪声平滑的。也要注意后验分布 $P(x_1 \mid z_1)$ 的均值在观测值 z_1 的略偏左，因为均值是预测和观测值的加权平均值

14.4.3 一般情况

前面的推导说明了高斯分布允许卡尔曼滤波可行的关键特性：事实上，指数部分是一个二次型。这不仅适用于单变量情况；多元高斯分布有着如下形式：

$$\mathcal{N}(\boldsymbol{x}; \boldsymbol{\mu}, \boldsymbol{\Sigma}) = \alpha e^{-\frac{1}{2}((\boldsymbol{x} - \boldsymbol{\mu})^\top \boldsymbol{\Sigma}^{-1}(\boldsymbol{x} - \boldsymbol{\mu}))}$$

如果我们将指数项乘开，可以看到指数部分也是关于 $\boldsymbol{x}$ 分量 x_i 的二次型。因此，滤波保持了状态分布的高斯性质。

我们首先要定义卡尔曼滤波使用的一般时序模型。转移模型和传感器模型都要求是带有加性高斯噪声的线性变换。因此，我们有

$$P(\boldsymbol{x}_{t+1} \mid \boldsymbol{x}_t) = \mathcal{N}(\boldsymbol{x}_{t+1}; \boldsymbol{F}\boldsymbol{x}_t, \boldsymbol{\Sigma}_x)$$
$$P(\boldsymbol{z}_t \mid \boldsymbol{x}_t) = \mathcal{N}(\boldsymbol{z}_t; \boldsymbol{H}\boldsymbol{x}_t, \boldsymbol{\Sigma}_z) \tag{14-21}$$

其中，$\boldsymbol{F}$ 与 $\boldsymbol{\Sigma}_x$ 是描述线性转移模型与转移噪声协方差的矩阵，$\boldsymbol{H}$ 与 $\boldsymbol{\Sigma}_z$ 是传感器模型中相应的矩阵。现在完整的均值与协方差矩阵更新公式将变得十分糟糕：

$$\boldsymbol{\mu}_{t+1} = \boldsymbol{F}\boldsymbol{\mu}_t + \boldsymbol{K}_{t+1}(\boldsymbol{z}_{t+1} - \boldsymbol{H}\boldsymbol{F}\boldsymbol{\mu}_t)$$
$$\boldsymbol{\Sigma}_{t+1} = (\boldsymbol{I} - \boldsymbol{K}_{t+1}\boldsymbol{H})(\boldsymbol{F}\boldsymbol{\Sigma}_t\boldsymbol{F}^\top + \boldsymbol{\Sigma}_x) \tag{14-22}$$

其中，$\boldsymbol{K}_{t+1} = (\boldsymbol{F}\boldsymbol{\Sigma}_t\boldsymbol{F}^\top + \boldsymbol{\Sigma}_x)\boldsymbol{H}^\top (\boldsymbol{H}(\boldsymbol{F}\boldsymbol{\Sigma}_t\boldsymbol{F}^\top + \boldsymbol{\Sigma}_x)\boldsymbol{H}^\top + \boldsymbol{\Sigma}_z)^{-1}$ 是**卡尔曼增益矩阵**（Kalman gain matrix）。虽然看上去很不明显，但这些公式确实有着一些直观含义。例如，考虑均值状态估计 $\boldsymbol{\mu}$ 的更新。项 $\boldsymbol{F}\boldsymbol{\mu}_t$ 是时刻 $t + 1$ 的预测状态，所以 $\boldsymbol{H}\boldsymbol{F}\boldsymbol{\mu}_t$ 是预测观测。因此，项 $\boldsymbol{z}_{t+1} - \boldsymbol{H}\boldsymbol{F}\boldsymbol{\mu}_t$ 表示预测观测的误差。将其乘以 $\boldsymbol{K}_{t+1}$ 来修正预测状态，所以，$\boldsymbol{K}_{t+1}$ 是相对于预测，对新的观测重视程度的度量。与式（14-20）一样，方差的更新也独立于观测。因此，$\boldsymbol{\Sigma}_t$ 与 $\boldsymbol{K}_t$ 的值序列可以离线计算，而在线追踪过程中所需的实际计算量也相当有限。

为了说明这些等式是如何工作的，我们将它们应用于追踪在 xy 平面上运动物体的问题。此时状态变量为 $\boldsymbol{X} = (X, Y, \dot{X}, \dot{Y})^{\top}$，因此 $\boldsymbol{F}$、$\boldsymbol{\Sigma}_x$、$\boldsymbol{H}$ 与 $\boldsymbol{\Sigma}_z$ 是 4×4 的矩阵。图 14-11a 展示了真实轨迹、一系列有噪声的观测、卡尔曼滤波估计的轨迹，以及由一个标准差等值线表示的协方差。滤波过程在追踪实际运动方面表现不错，正如预期的那样，方差很快达到一个不动点。

与滤波的推导类似，我们也可以用线性高斯模型来推导平滑。平滑的结果如图 14-11b 所示。注意位置估计的方差是如何快速减少的，轨迹的末端除外（为什么会这样？），还应该注意估计的轨迹更加平滑了。

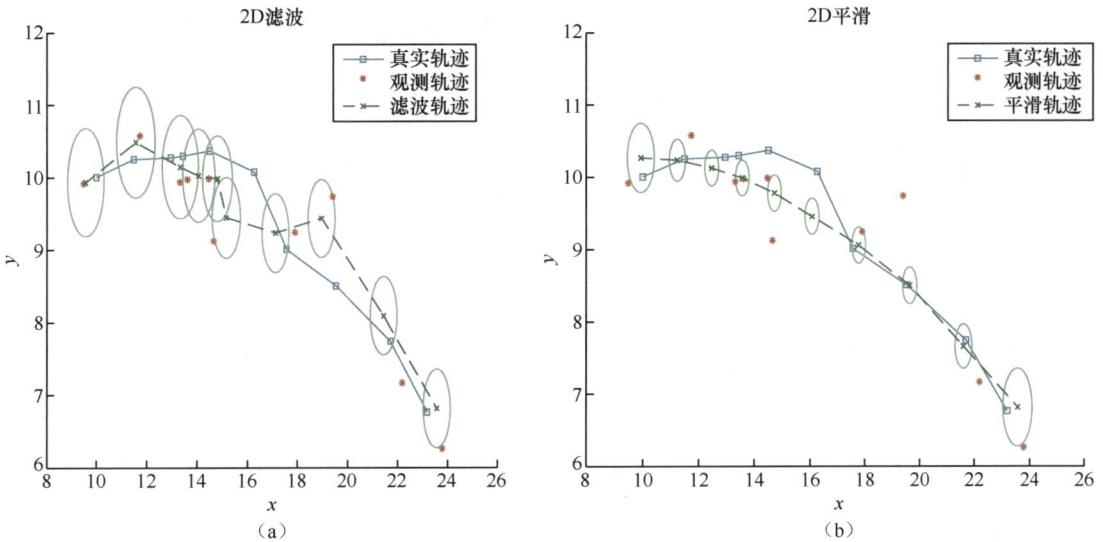

图 14-11 （a）在 xy 平面上运动物体的卡尔曼滤波结果，显示真实的轨迹（从左到右）、一系列的噪声观测，以及卡尔曼滤波估计的轨迹。位置估计中的方差由椭圆表示。（b）对相同的观测序列进行卡尔曼平滑的结果

14.4.4 卡尔曼滤波的适用范围

卡尔曼滤波器及其具体阐述被广泛应用。经典的应用是对飞行器和导弹的雷达追踪。相关的应用包括潜艇和地面车辆的声学追踪以及车辆和人的视觉追踪。在一些更加深奥的领域，卡尔曼滤波器被用来从气泡室照片重建粒子轨迹和从卫星地表测量重建洋流。它的应用范围远不止于运动追踪：它在任何通过连续状态变量和噪声测量刻画的系统中都可以使用。这些系统包括纸浆厂、化工厂、核反应堆、植物生态系统和国民经济。

卡尔曼滤波可以应用于很多系统，但这并不意味着它的结果是有效的或有用的。滤波所作的线性高斯转移模型和传感器模型假设是非常强的。**扩展卡尔曼滤波器**（extended Kalman filter，EKF）试图克服建模系统中的非线性。如果一个系统的转移模型不能被描述为式（14-21）一样的状态向量的矩阵乘积，那么我们称这个系统是**非线性**（nonlinear）的。扩展卡尔曼滤波器将系统建模为 $\boldsymbol{x}_t$ 在 $\boldsymbol{x}_t = \mu_t$ 区域是局部线性的，其中 μ_t 是当前状态分布的均值。这对于光滑的、行为良好的系统表现良好，并允许追踪器去维护和更新高斯状态分布，是真实后验的合理近似。第 26 章将给出一个详细的相关示例。

一个系统"不光滑"或"行为不良"意味着什么？从技术上讲，这意味着（根据协方差 $\boldsymbol{\Sigma}_t$）在与当前均值 μ_t 相近的区域内，系统响应存在显著的非线性。为了从非技术的角度理解这

个概念，我们来看看试图追踪一只飞过丛林的鸟的例子。这只鸟似乎在高速飞向树干。无论是常规卡尔曼滤波器还是扩展卡尔曼滤波器，它们都只能对鸟的位置进行高斯预测，该高斯预测的均值将以树干为中心，如图 14-12a 所示。但是，一个合理的鸟的运动模型将会预测鸟向一侧或另一侧的躲避行为，如图 14-12b 所示。这样的一个模型是高度非线性的，因为鸟的决策会根据它相对于树干的精确位置而急剧变化。

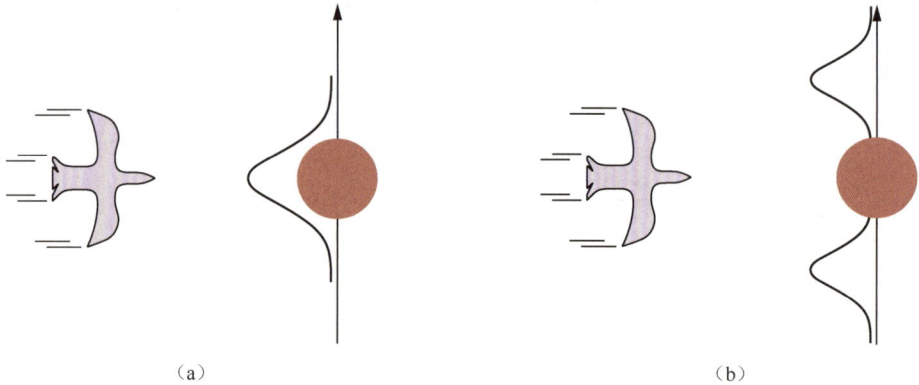

图 14-12　一只飞向树的鸟（俯视）。（a）一个卡尔曼滤波器将使用以障碍物为中心的单个高斯分布预测鸟的位置。（b）一个更实际的模型允许鸟的躲避动作，预测它会飞到一边或另一边

　　为了处理这样的例子，我们显然需要一种更富表达能力的语言来表示所建模的系统的行为。在控制理论领域，例如飞机的规避机动等问题也会带来同样的困难，一个标准的解决方案是使用**切换卡尔曼滤波器**（switching Kalman filter）。在这种方法中，多个卡尔曼滤波器并行运行，且每个滤波器使用不同的系统模型，例如，一个用于直飞，一个用于左急转，一个用于右急转。使用的是预测的加权和，其中的权重取决于每个滤波与当前数据的匹配程度。我们将在下一节中看到，这只是一般动态贝叶斯网络模型的一个特例，它可以通过在图 14-9 所示的网络中添加一个离散的"机动"状态变量得到。切换卡尔曼滤波器将在习题 14.KFSW 中进一步讨论。

14.5　动态贝叶斯网络

　　动态贝叶斯网络（dynamic Bayesian network，DBN）扩展了标准贝叶斯网络的语义，用以处理 14.1 节中描述的一类时序概率模型。我们已经看到了一些动态贝叶斯网络的例子：图 14-2 中的雨伞网络和图 14-9 中的卡尔曼滤波器网络。一般情况下，动态贝叶斯网络的每个时间片可以有任意数量的状态变量 X_t 和证据变量 E_t。为简单起见，我们假设变量、它们的链路以及它们的条件分布都从一个时间片精确地复制到另一个时间片，同时我们假设动态贝叶斯网络是一个一阶马尔可夫过程，因此每个变量只能在自己的时间片或相邻的上一个时间片中存在父变量。这样一来，动态贝叶斯网络就相当于一个具有无穷多个变量的贝叶斯网络。

　　应该清楚的是，每个隐马尔可夫模型都可以表示为一个具有单个状态变量和单个证据变量的动态贝叶斯网络。同理，每个离散变量动态贝叶斯网络都可以表示为一个隐马尔可夫模型；正如 14.3 节所解释的，我们可以将动态贝叶斯网络中的所有状态变量组合成单个状态变量，其值为各个状态变量值的所有可能元组。如此一来，如果每个隐马尔可夫模型都是一个动态贝叶斯网络，每个动态贝叶斯网络都可以转换成一个隐马尔可夫模型，那么它们有什么区别呢？

它们的不同之处在于，通过将复杂系统的状态分解为其组成变量，我们可以利用时序概率模型中的稀疏性。

为了理解这在实践中意味着什么，我们首先要记住我们在 14.3 节中说过的，如果使用隐马尔可夫模型表示一个有着 n 个离散变量（每个变量不超过 d 个值）的时序过程，那么我们需要一个大小为 $O(d^{2n})$ 的转移矩阵。但是，如果每个变量的父变量数量不超过 k，则动态贝叶斯网络表示的大小为 $O(nd^k)$。换句话说，动态贝叶斯网络表示的规模关于变量数量是线性的，而不是指数级别的。如果一个真空吸尘器机器人需要处理 42 个可能的脏的位置，利用动态贝叶斯网络表示可以把所需的概率数从 5×10^{29} 减少到几千个。

我们已经解释过，每个卡尔曼滤波器模型都可以用采用连续变量和线性高斯条件分布的动态贝叶斯网络表示（图 14-9）。从 14.4.4 节结尾部分的讨论可以清楚地看出，不是每个动态贝叶斯网络都可以用卡尔曼滤波器模型表示。在卡尔曼滤波器中，当前的状态分布总是单个多元高斯分布，也就是说，在特定位置的单个"凸起"。但是，动态贝叶斯网络可以对任意分布进行建模。

在许多实际应用中，这种灵活性是必不可少的。例如，考虑我的钥匙的当前位置。它们可能在我的口袋里、床头柜上、厨房操作台上、悬挂在前门上或者锁在车里。一个包含所有这些地方的单个高斯凸起可能为"钥匙在前花园的半空中"分配一个显著的概率。非线性出现在真实世界的各个方面中，如特定用途的智能体、障碍物和衣服口袋等，我们需要离散和连续变量的组合，以获得合理的模型。

14.5.1 构建动态贝叶斯网络

构建一个动态贝叶斯网络必须指定 3 种信息：状态变量的先验分布 $P(\boldsymbol{X}_0)$、转移模型 $P(\boldsymbol{X}_{t+1} \mid \boldsymbol{X}_t)$ 以及传感器模型 $P(\boldsymbol{E}_t \mid \boldsymbol{X}_t)$。要描述转移模型和传感器模型，还必须描述连续时间片之间以及状态变量和证据变量之间连接的拓扑结构。由于我们假设转移模型和传感器模型是时间齐次的（对所有 t 都相同），所以最便捷的做法是在第一个时间片中描述它们。例如，雨伞世界的完全动态贝叶斯网络由图 14-13a 所示的三节点网络描述。按照这个描述，我们可以根据需要通过复制第一个时间片来构造具有无限数量时间片的完全动态贝叶斯网络。

现在让我们考虑一个更有趣的示例：监控一个电池驱动的机器人在 xy 平面上的移动，我们已经在 14.1 节的结尾部分介绍过。首先，我们需要状态变量，它包括位置变量 $\boldsymbol{X}_t = (X_t, Y_t)$ 和速度变量的 $\dot{\boldsymbol{X}}_t = (\dot{X}_t, \dot{Y}_t)$。我们假定通过某些测量位置的方法（例如一个固定的摄像头或车载 GPS）来产生观测 $\boldsymbol{Z}_t$。下一个时间步的位置取决于当前的位置和速度，这与在标准的卡尔曼滤波器模型中所做的一样。鉴于下一时间步的速度取决于当前的速度和电池的状态，我们引入 $Battery_t$ 表示电池实际的充电水平，它以之前的电池水平和速度为父节点；我们引入 $BMeter_t$ 表示电池充电水平的观测值。图 14-13b 给出了其基本模型。

$BMeter_t$ 的传感器模型的有关特征值得我们深入了解。为了简单起见，我们假设 $Battery_t$ 和 $BMeter_t$ 都取 $0 \sim 5$ 的离散值。（习题 14.BATT 要求你将这个离散模型与相应的连续模型联系起来。）如果电池电量仪总是准确的，那么条件概率表 $P(BMeter_t \mid Battery_t)$ "沿着对角线"的概率应该是 1.0，在其他地方的概率应该是 0.0。在实际中，测量总是带有噪声。对于连续的测量，我们可以使用一个方差较小的高斯分布表示。[①] 对于离散变量，我们可以用误差概率以适当的方式下降的分布来近似高斯分布，因此出现大误差的概率非常小。我们使用术语 <u>高斯误差模型</u>

---

① 严格地说，高斯分布是有问题的，因为它赋予大的负电量水平非零概率。对于值域受限制的变量，β 分布有时是更好的选择。

（Gaussian error model）来涵盖连续和离散版本。

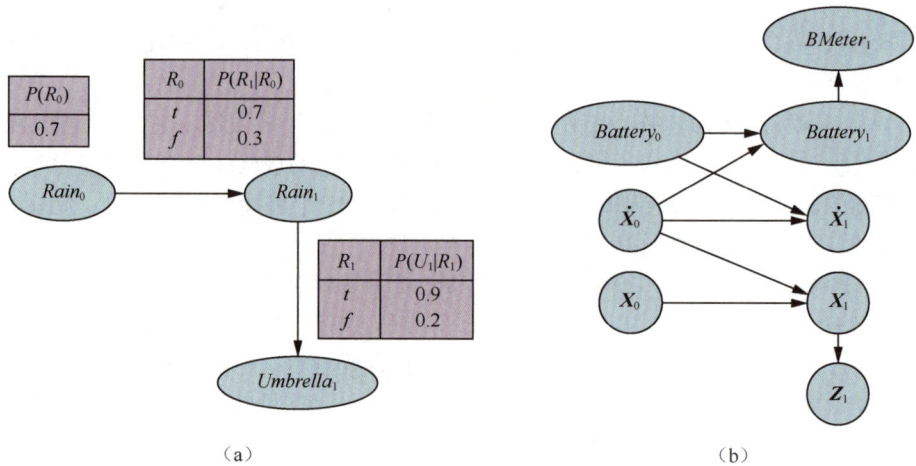

图 14-13 （a）雨伞动态贝叶斯网络的先验模型、转移模型与传感器模型的描述，后续时间片是时间片 1 的副本。（b）机器人在 xy 平面运动的简单动态贝叶斯网络

任何有过机器人学、计算过程控制或其他形式的自动传感方面实际经验的人都很容易证实这一事实，即少量的测量噪声往往是最微不足道的问题。实际的传感器会出现故障。当一个传感器出现故障时，它并不会发出信号说，"哦，顺便说一下，我即将发送给你的数据是一堆废话"。相反，它只会发送出废话。最简单的一种故障被称为**瞬时故障**（transient failure），意思是传感器偶尔发送一些无意义的信息。例如，当有人撞到机器人时，电池电量传感器可能会习惯性地发送读数 0，尽管电池已经充满电。

让我们看看没考虑瞬时故障的高斯误差模型出现瞬时故障时会发生什么。例如，假设机器人正在安静地坐着，对其连续观测 20 次得到的电池读数均为 5。此时电池电量仪发生瞬时故障，导致下一个读数是 $BMeter_{21} = 0$。简单的高斯误差模型会如何推测 $Battery_{21}$ 呢？根据贝叶斯法则，答案取决于传感器模型 $P(BMeter_{21} = 0 \mid Battery_{21})$ 和预测 $P(Battery_{21} \mid BMeter_{1:20})$。如果一个大的传感器误差的概率明显小于转移到 $Battery_{21} = 0$ 的概率，即便后者是非常不可能的，后验分布也会为电池耗尽分配一个高概率。

$t = 22$ 时的第二次读数为 0 将使这个结论几乎确定无疑。如果瞬时故障消失，读数从 $t = 23$ 开始重新变为 5，电池电量的估计也将很快返回到 5。（这并不意味着算法认为电池神奇地自我充电，这在物理上是不可能的；相反，该算法现在认为电池从来没有过电量不足的情况——电池仪表有两个连续的巨大误差这样的极不可能的假设就是这一认为的正确解释。）图 14-14a 中上面的曲线说明了这一过程，它展示了使用离散高斯误差模型的 $Battery_t$ 的期望值（见附录 A）随时间的变化。

尽管故障恢复了，但还是有一个时刻（$t = 22$）机器人确信电池耗尽；那么，它大概会发出求救信号，然后关闭系统。我们只能哀叹过于简化的传感器模型使它误入歧途。这个故事的寓意很简单：为了让系统正确地处理传感器故障，传感器模型必须包括故障的可能性。

对传感器来说，最简单的故障模型通过赋予传感器返回某个完全不正确的值一个特定的概率实现（不管世界的真实状态如何）。例如，如果电池仪表发生故障并返回 0，我们可以认为 $P(BMeter_t = 0 \mid Battery_t = 5) = 0.03$，这比简单的高斯误差模型给出的概率要大得多。我们称之为**瞬时故障模型**（transient failure model）。当我们面对读数为 0 时，它有什么帮助呢？假设根据到目前为止的读数，电池耗尽的预测概率远小于 0.03，那么对观测 $BMeter_{21} = 0$ 的最佳解释是传感器发生了瞬时故障。直觉上，我们可以认为对电池电量水平的信念有一定的"惯性"，这有助于克服仪表读数中的瞬时异常。从图 14-14b 中的红色曲线可以看出，瞬时故障模型能够处理瞬时故障，且信念不会发生灾难性的变化。

我们对瞬时故障的探讨就到此为止，接下来我们将探讨持续性的传感器故障。遗憾的是，这类故障太常见了。如果传感器返回 20 个读数 5，以及随后的 20 个读数 0，那么我们在前面介绍的瞬时传感器故障模型将导致机器人逐渐相信它电量耗尽，而实际上可能是仪表已经失效。图 14-14b 中绿色的曲线展示了这种情况下的信念"轨迹"。当 $t = 25$ 时，5 个读数为 0，机器人确信电池耗尽。显然，我们更希望机器人相信它的电池电量仪坏了——如果这确实是更有可能发生的事情。

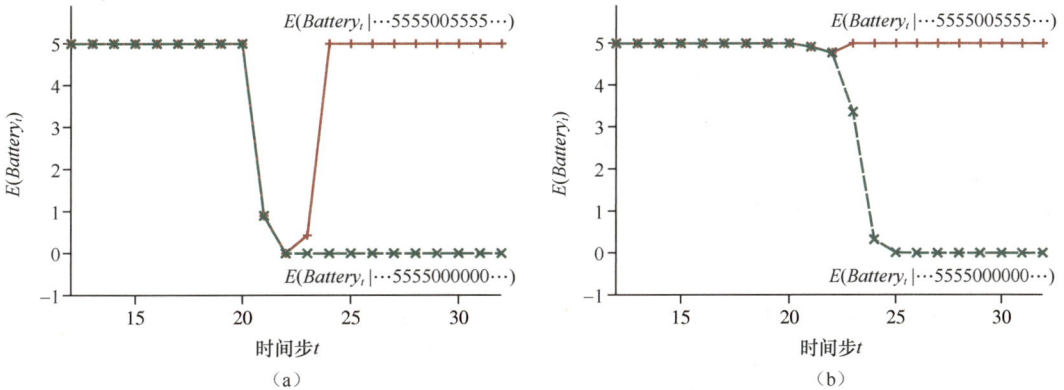

图 14-14　(a) 红色曲线：除 $t = 21$ 和 $t = 22$ 为 0 外，其他观测都为 5 的观测序列的 $Battery_t$ 期望值轨迹，采用简单高斯误差模型。绿色曲线：从 $t = 21$ 开始观测值维持在 0 的轨迹。(b) 瞬时故障模型运行了同样的实验。瞬时故障处理良好，但持续故障导致对电池电量的过度悲观

毫无疑问，要处理持续性故障，我们需要一个新的**持续故障模型**（persistent failure model），该模型描述传感器在正常情况下和故障后的行为。要做到这一点，我们需要用一个额外的变量 $BMBroken$ 来增广系统的状态，它描述电池电量仪的状态。持续故障必须通过 $BMBroken_0$ 到 $BMBroken_1$ 的边来建模。这种**持续边**（persistence arc）的条件概率表给出任何给定的时间步一个小的故障概率（例如 0.001），但规定传感器一旦故障就会持续故障。当传感器正常时，$BMeter$ 的传感器模型与瞬时故障模型一致；当传感器故障时，它显示 $BMeter$ 始终为 0，无论实际电池电量如何。

电池传感器的持续故障模型如图 14-15a 所示。图 14-15b 展示了它在两个数据序列（瞬时故障和持续故障）上的表现。关于这些曲线有几点需要注意。首先，在瞬时故障的情况下，传感器故障的概率在第二次读数 0 后显著上升，但一旦观测到 5，立即下降到 0。其次，在持续故障的情况下，传感器故障的概率迅速上升到几乎等于 1，并维持在附近。最后，一旦已知传感器故障，机器人只能假设电池以"正常"速率放电。这从 $E(Battery_t | \cdots)$ 逐渐下降的水平可以看出。

到目前为止，我们仅仅触及了表示复杂过程问题的表面。转移模型的种类非常多，且涉及完全不同的主题，如人类内分泌系统建模和在高速公路上行驶的多辆汽车建模。传感器建模本身也是一个巨大的子领域。而动态贝叶斯网络甚至可以模拟精细的现象，如传感器漂移、突然失准，以及外部条件（如天气）对传感器读数的影响。

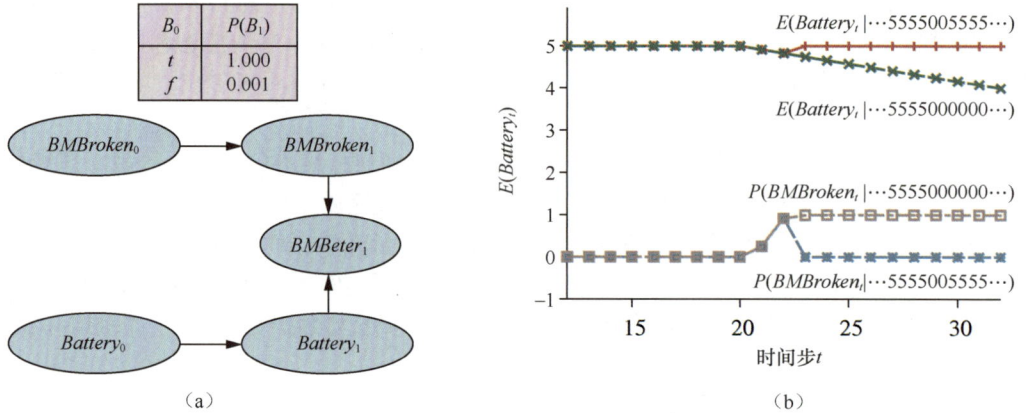

图 14-15 （a）一个显示建模电池传感器持续故障要求的传感器状态变量的动态贝叶斯网络片段。（b）上方曲线为对"瞬时故障"与"持续故障"的 $Battery_t$ 的期望值轨迹，下方曲线为给定两个观测序列的 $BMBroken$ 的概率轨迹

14.5.2　动态贝叶斯网络中的精确推断

在概述了将复杂过程表示为动态贝叶斯网络的一些想法之后，我们现在转向推断问题。从某种意义上来说，这个问题已经被回答了：动态贝叶斯网络就是贝叶斯网络，而我们已经有了用于贝叶斯网络中的推断算法。给定一个观测序列，我们可以通过复制时间片直到网络足够大以容纳这些观测来构建一个动态贝叶斯网络的完全贝叶斯网络表示，如图 14-16 所示。这个技术被称为**展开**。（技术上，动态贝叶斯网络等价于通过持续展开得到的半无限网络。在最后一次观测之后添加的切片对观测期间内的推断没有影响，可以忽略。）一旦动态贝叶斯网络被展开，我们就可以使用在第 13 章中描述的任何推断算法——变量消元、聚类方法等。

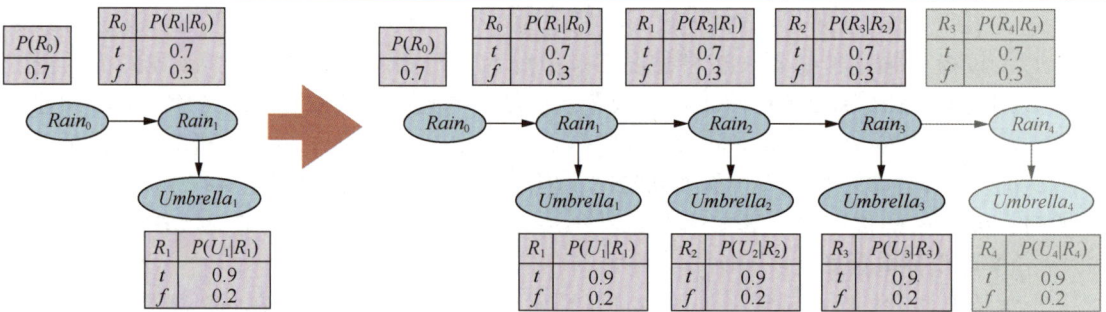

图 14-16　动态贝叶斯网络的展开：时间片被复制去容纳观测序列 $Umbrella_{1:3}$。后续的时间片对这个观测时期内的推断没有影响

遗憾的是，展开这一朴素思想的应用并不是特别高效。如果我们想对一个长序列的观测数据 $e_{1:t}$ 进行滤波或平滑，那么展开的网络将需要 $O(t)$ 空间，因此随着观测数据的增加，它将无限制地增长。此外，如果我们在每次添加观测时都重新运行推断算法，那么每次更新的推断时间也将随着 $O(t)$ 增加。

回顾 14.2.1 节，我们发现，如果可以递归地进行计算，那么每次滤波更新都可以在常数的时间和空间内完成。从本质上说，式（14-5）中的滤波更新通过把上一个时间步的状态变量求和消元来得到新时间步的分布。对变量进行求和消元正是**变量消元**（图13-13）算法所做的。结果表明，对时序变量进行变量消元恰好模仿了式（14-5）中递归的滤波更新操作。改进后的算法在任何时刻内存中最多保留两个时间片：从时间片0开始，添加时间片1，然后求和消元时间片0，然后添加时间片2，然后求和消元时间片1，以此类推。通过这种方式，我们可以在常数的空间和时间内完成每次滤波更新。（对聚类算法进行适当的修改，可以达到同样的性能。）习题14.DBNE要求你在雨伞网络中验证这一事实。

好消息就说这么多，现在来看坏消息：在几乎所有情况下，每次更新的时间复杂性和空间复杂性的"常数"与状态变量的数量呈指数关系。这导致的结果是，随着变量消元的进行，因子的规模将增长到包括所有的状态变量（或者，更准确地说，在前一时间片中有父变量的所有状态变量）。最大因子规模为$O(d^{n+k})$，而每步总更新代价为$O(nd^{n+k})$，其中d为变量的域大小，k为任一状态变量的最大父变量数。

当然，这比隐马尔可夫模型更新的代价$O(d^{2n})$要低得多，但是对变量较多的情形仍然是不可行的。这一残酷的事实意味着，即使我们可以使用动态贝叶斯网络来表示非常复杂的、具有许多稀疏连接变量的时序过程，但仍无法对这些过程进行高效又精确地推理。表示所有变量的先验联合分布的动态贝叶斯网络模型本身可以分解为构成它的条件概率表，但以观察序列为条件的后验联合分布（前向消息）通常是不可分解的。这个问题一般来说是很难解决的，所以我们必须求助于近似方法。

14.5.3 动态贝叶斯网络中的近似推断

13.4节中介绍了两种近似算法：似然加权（图13-18）和马尔可夫链蒙特卡罗（MCMC，图13-20）。在这两者中，前者更容易适应动态贝叶斯网络场景。（MCMC滤波算法在本章的参考文献与历史注释中会简要描述）。然而，我们将看到，仍需要对标准似然加权算法进行一些改进以获得实际可用的方法。

回想一下，似然加权的工作原理是按照拓扑顺序对网络中的非证据节点进行采样，并根据每个样本与观测到的证据变量的似然进行加权。与精确算法一样，我们可以直接对展开的动态贝叶斯网络应用似然加权，但这也会遇到同样的问题——随着观测序列的增长，每次更新的时间和空间需求也会增加。问题是，标准算法通过整个网络依次运行每个样本。

与标准算法不同的是，我们可以简单地通过动态贝叶斯网络同时运行所有N个样本，每次一个时间片。改进后的算法符合滤波算法的一般模式，它以N个样本组成的集合作为前向消息。因此改进算法的第一个关键创新是使用样本本身作为当前状态分布的近似表示。这满足了每次更新的"常数"时间的要求，尽管这个常数取决于保持准确近似所需的样本数量。这样的做法也无须展开动态贝叶斯网络，因为内存中只需要存有当前时间片和下一时间片。这种方法被称为**序贯重要性采样**（sequential importance sampling，SIS）。

在第13章似然加权的讨论中，我们指出，如果证据变量在被采样变量的"下游"，那么算法的精度会受损。因为在这种情况下，样本生成没有任何来自证据的影响，几乎所有的权重都将非常低。

现在，让我们观察一些动态贝叶斯网络的典型结构，如图14-16中的雨伞动态贝叶斯网络，我们可以看到，实际上前面的状态变量的采样没有受益于后来的证据。事实上，如果我们观察得更仔细些，我们会发现任何状态变量的祖先中都没有证据变量！因此，虽然每个样本的权重取决于证据，但实际生成的样本集合将完全独立于证据。例如，即使主管每天都把伞带来，采样过程可能仍然幻想着无尽的晴天。

这在实践中意味着与实际事件序列保持合理接近的样本（因此具有不可忽略的权重）的比

例随着序列长度 t 呈指数下降。换句话说，为了维持一个给定的准确性水平，我们需要随着 t 指数级地增加样本的数量。考虑到实时滤波算法只能使用有限数量的样本，在实际应用中，误差会在极少数更新步后爆发。图 14-19 展示了序贯重要性采样应用于 14.3 节中网格世界定位问题的这种效果：即使有 10 万个样本，序贯重要性采样近似在大约 20 步后完全失效。

显然，我们需要一个更好的解决方案。第二个关键创新是聚焦于状态空间的高概率区域上的样本集合。这可以通过依据观测值丢弃权重很低的样本，并复制权重很高的样本来实现。如此一来，样本的总体就会合理地接近现实。如果我们将样本视为后验分布建模的资源，那么使用更多的后验概率较高的状态空间区域中的样本是有意义的。

一族被称为**粒子滤波**（particle filtering）的算法就是为了实现这个目的而设计的。（另一个早期的名字是**带重采样的序贯重要性采样**，但由于某种原因，这一名字没能流行起来。）粒子滤波的工作原理如下：首先，我们从先验分布 $P(X_0)$ 生成 N 个样本的总体。然后在每个时间步重复更新循环。

（1）对每个样本，给定当前值 x_t，根据转移模型 $P(X_{t+1} \mid x_t)$ 通过采样下一个状态值 x_{t+1} 向前传播。

（2）每个样本使用它赋予新证据的似然 $P(e_{t+1} \mid x_{t+1})$ 进行加权。

（3）总体被重采样以产生一个有 N 个样本的新总体。每个新样本都是从当前总体中选取的；一个特定样本被选中的概率与它的权重成正比。新样本是无权重的。

具体算法如图 14-17 所示，其对雨伞动态贝叶斯网络的操作如图 14-18 所示。

---

function PARTICLE-FILTERING(e, N, dbn) **returns** 下一时间步的样本集合
    inputs: e，新到来的证据
           N，维持的样本数量
           dbn，由 $P(X_0)$、$P(X_1 \mid X_0)$ 与 $P(E_1 \mid X_1)$ 定义的动态贝叶斯网络
    persistent: S，大小为 N 的样本向量，初始从 $P(X_0)$ 中生成
    local variables: W，大小为 N 的权重向量

    for $i = 1$ **to** N **do**
        $S[i] \leftarrow$ 从 $P(X_1 \mid X_0 = S[i])$ 中采样   // 步骤1
        $W[i] \leftarrow P(e \mid X_1 = S[i])$ //步骤2
    $S \leftarrow$ WEIGHTED-SAMPLE-WITH-REPLACEMENT(N, S, W)   // 步骤3
    return S

图 14-17　粒子滤波算法实现为具有状态（样本集）的递归更新操作。每一个采样操作都涉及按拓扑顺序对相关的时间片变量进行采样，与 PRIOR-SAMPLE 一样。WEIGHTED-SAMPLE-WITH-REPLACEMENT 操作可以实现成在 $O(N)$ 期望时间内运行。步骤编号对应正文中的算法描述的步骤

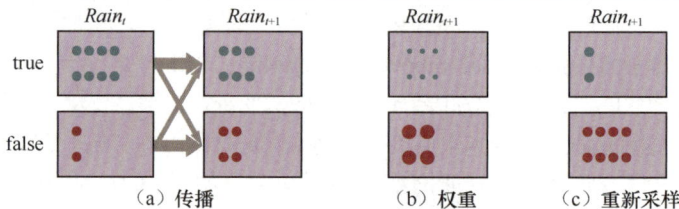

图 14-18　$N=10$ 的雨伞动态贝叶斯网络的粒子滤波更新循环，显示每个状态的样本总体。（a）在时刻 t，有 8 个样本表示 $rain$，有 2 个样本表示 $\neg rain$。每个状态通过转移模型采样下一个状态向前传播。在时刻 $t+1$，有 6 个样本表示 $rain$，有 4 个样本表示 $\neg rain$。（b）在时刻 $t+1$ 观测到 $\neg umbrella$。每个样本通过这个观测的似然来进行加权，权重如圆的大小所示。（c）从当前的集合中通过加权随机选择产生一个新的集合，共有 10 个样本，其中 2 个样本表示 $rain$，8 个样本表示 $\neg rain$

通过考察一个更新周期中的操作，我们可以证明这个算法是一致的——当 N 趋于无穷时能给出正确的概率。我们假设样本总体以前向消息的正确表示开始，即时刻 t，$\boldsymbol{f}_{1:t} = \boldsymbol{P}(\boldsymbol{X}_t \mid \boldsymbol{e}_{1:t})$。用 $N(\boldsymbol{x}_t \mid \boldsymbol{e}_{1:t})$ 表示在处理完观测 $\boldsymbol{e}_{1:t}$ 后具有状态 $\boldsymbol{x}_t$ 的样本数量，对足够大的 N，我们有

$$N(\boldsymbol{x}_t \mid \boldsymbol{e}_{1:t}) / N = P(\boldsymbol{x}_t \mid \boldsymbol{e}_{1:t}) \tag{14-23}$$

现在，我们通过给定样本在时刻 t 的值采样时刻 $t+1$ 的状态变量来向前传播每个样本。从每个状态 $\boldsymbol{x}_t$ 达到状态 $\boldsymbol{x}_{t+1}$ 的样本数量等于转移概率乘以 $\boldsymbol{x}_t$ 的总量；因此，到达状态 $\boldsymbol{x}_{t+1}$ 的样本总数为

$$N(\boldsymbol{x}_{t+1} \mid \boldsymbol{e}_{1:t}) = \sum_{\boldsymbol{x}_t} P(\boldsymbol{x}_{t+1} \mid \boldsymbol{x}_t) N(\boldsymbol{x}_t \mid \boldsymbol{e}_{1:t})$$

现在，我们用每个样本在 $t+1$ 时的证据为其加权。状态 $\boldsymbol{x}_{t+1}$ 的样本得到权重 $P(\boldsymbol{e}_{t+1} \mid \boldsymbol{x}_{t+1})$。因此，在观测到 $\boldsymbol{e}_{t+1}$ 后，$\boldsymbol{x}_{t+1}$ 的样本总权重为

$$W(\boldsymbol{x}_{t+1} \mid \boldsymbol{e}_{1:t+1}) = P(\boldsymbol{e}_{t+1} \mid \boldsymbol{x}_{t+1}) N(\boldsymbol{x}_{t+1} \mid \boldsymbol{e}_{1:t})$$

现在是重采样步骤。由于每个样本的复制概率与其权重成正比，故重采样后处于状态 $\boldsymbol{x}_{t+1}$ 的样本数量与重采样前 $\boldsymbol{x}_{t+1}$ 的总权重成正比：

$$
\begin{aligned}
N(\boldsymbol{x}_{t+1} \mid \boldsymbol{e}_{1:t+1}) / N &= \alpha W(\boldsymbol{x}_{t+1} \mid \boldsymbol{e}_{1:t+1}) \\
&= \alpha P(\boldsymbol{e}_{t+1} \mid \boldsymbol{x}_{t+1}) N(\boldsymbol{x}_{t+1} \mid \boldsymbol{e}_{1:t}) \\
&= \alpha P(\boldsymbol{e}_{t+1} \mid \boldsymbol{x}_{t+1}) \sum_{\boldsymbol{x}_t} P(\boldsymbol{x}_{t+1} \mid \boldsymbol{x}_t) N(\boldsymbol{x}_t \mid \boldsymbol{e}_{1:t}) \\
&= \alpha N P(\boldsymbol{e}_{t+1} \mid \boldsymbol{x}_{t+1}) \sum_{\boldsymbol{x}_t} P(\boldsymbol{x}_{t+1} \mid \boldsymbol{x}_t) P(\boldsymbol{x}_t \mid \boldsymbol{e}_{1:t}) \quad [\text{根据式}(14\text{-}23)] \\
&= \alpha' P(\boldsymbol{e}_{t+1} \mid \boldsymbol{x}_{t+1}) \sum_{\boldsymbol{x}_t} P(\boldsymbol{x}_{t+1} \mid \boldsymbol{x}_t) P(\boldsymbol{x}_t \mid \boldsymbol{e}_{1:t}) \\
&= P(\boldsymbol{x}_{t+1} \mid \boldsymbol{e}_{1:t+1}) \quad [\text{根据式}(14\text{-}5)]
\end{aligned}
$$

因此，一个更新周期后的样本总体正确地表示了时刻 $t+1$ 的前向消息。

粒子滤波是一致的，但它是高效的吗？在许多实际情况中，似乎答案是肯定的：粒子滤波似乎使用常数数量的样本并维持了一个对真实后验的良好近似。从图 14-19 可以看出，粒子滤波在只有 1000 个样本的网格世界定位问题上表现良好。粒子滤波也致力于解决真实世界的问题：该算法支持科学和工程领域数以千计的应用。（本章末尾给出了一些参考资料。）它可以处理离散变量和连续变量的组合以及连续变量的非线性模型和非高斯模型。在特定的假设下，尤其是在转移模型和传感器模型的概率有界地远离 0 和 1 时，可以证明这种近似以高概率维持有界误差，如图 14-19 所示。

然而，粒子滤波算法确实也有弱点。让我们看看它在添加了灰尘的真空吸尘器世界中表现如何。回想一下 14.3.2 节，这将状态空间大小增加了 2^{42} 倍，使得精确的隐马尔可夫模型推断不再可行。我们想让机器人四处走动，并绘制出灰尘所在位置的地图。[这是一个简单的**同时定位与地图构建**（simultaneous localization and mapping，SLAM）的例子，我们将在第 26 章中深入讨论]。令 $Dirt_{i,t}$ 表示时刻 t 方格 i 是脏的，当且仅当机器人在时刻 t 发现灰尘时 $DirtSensor_t$ 为真。我们假设在任何给定的方格中，灰尘以概率 p 持续存在，而干净的方格以 $1-p$ 的概率变脏。（这意味着每个方格平均一半的时间是脏的。）机器人对当前位置有一个灰尘传感器；该传感器的准确率为 0.9。动态贝叶斯网络如图 14-20 所示。

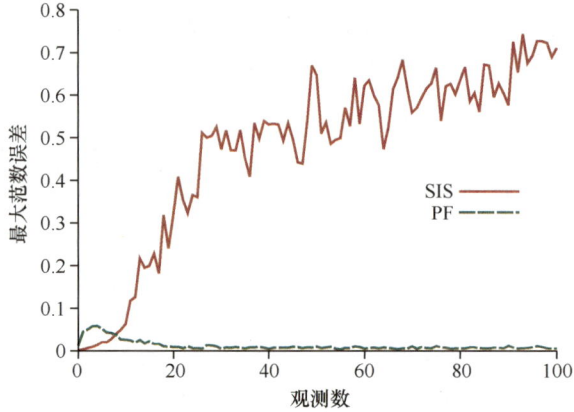

图 14-19　对于 100 000 个样本的似然加权（序贯重要性采样）和 1000 个样本的粒子滤波，网格世界位置估计（与精确推断相比）的最大范数误差；数据是超过 50 次运行的平均值

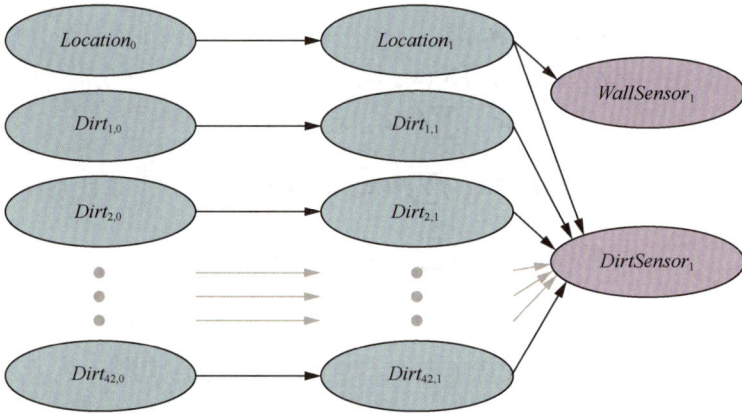

图 14-20　一个在随机灰尘的真空吸尘器世界的同时定位与地图构建的动态贝叶斯网络。脏的方格以概率 p 持续，干净的方格以概率 $1-p$ 变脏。对于机器人当前所在的方格，局部灰尘传感器的准确率为 90%

为了简单起见，我们首先假设机器人有一个没有噪声的完美位置传感器。该算法的性能如图 14-21a 所示，图中将其对灰尘的估计与精确推断的结果进行了比较。（我们稍后就会看到精确推断是如何可行的。）对于较低的灰尘持续值 p，算法的误差保持很小，但这并不是多大的成就，因为对于每个方格，如果机器人最近没有访问过它，灰尘的真实后验值接近 0.5。对于较高的 p 值，灰尘停留的时间更长，所以访问一个方格会产生在较长时间内有效的更多有用信息。也许令人惊讶的是，粒子滤波在更高的 p 值时表现得更差，在 $p=1$ 时完全失效了，尽管这似乎是最简单的例子：灰尘在时刻 0 到达并永久存在，所以在对世界的一些探索后，机器人应该有一个接近完美的灰尘地图。为什么粒子滤波在这种情况下会失效呢？

结果表明，要求"转移模型和传感器模型中的概率严格大于 0 小于 1"的理论条件不仅仅是数学上的严苛要求。首先，每个粒子根据 $\boldsymbol{P}(\boldsymbol{X}_0)$ 对哪些方格有灰尘，哪些方格没有灰尘进行 42 次猜测。接着根据转移模型，对每个粒子的状态进行时间向前传播。遗憾的是，确定性灰尘的转移模型是确定性的：灰尘保持在它原来的位置。因此，每个粒子的最初猜测永远不会被证据更新。

最初的猜测完全正确的概率是 2^{-42} 或 2×10^{-13}，所以 1000 个（甚至 100 万个）粒子包含一个正确的灰尘地图几乎是不可能的事情。通常情况下，1000 个粒子中最优的一个大约会有 32 个正确和 10 个错误，而且通常只存在一个或几个这样的粒子。随着时间的推移，这些最优的粒子中的一个将会主导整个可能性，粒子种群的多样性将会崩溃。因为所有的粒子都同意单个不正确的地图，算法将逐渐变得相信那个地图是正确的并永远不会改变它的想法。

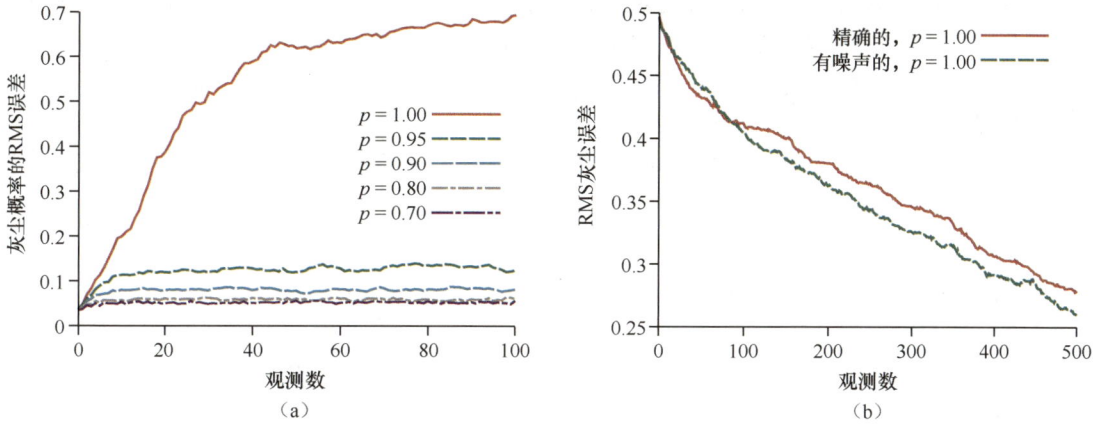

图 14-21　（a）具有 1000 个粒子的标准粒子滤波算法的性能，在不同的灰尘持久性 p 下，显示与精确推断相比边际灰尘概率的均方根（RMS）误差。（b）Rao-Blackwellized 粒子滤波（100 个粒子）性能与真实情况的比较，包含精确的位置传感和噪声墙传感，灰尘是确定性的。数据是超过 20 次运行的平均值

幸运的是，同时定位与地图构建的问题有一个特殊的结构：在给定机器人位置顺序的条件下，每个方格的灰尘状态是独立的（见习题 14.RAOB）。更具体地说，

$$P(Dirt_{1,0:t}, \cdots, Dirt_{42,0:t} \mid DirtSensor_{1:t}, WallSensor_{1:t}, Location_{1:t})$$
$$= \prod_i P(Dirt_{i,0:t} \mid DirtSensor_{1:t}, Location_{1:t}) \qquad (14\text{-}24)$$

这意味着应用一种称为 **Rao-Blackwellization** 的统计技巧是很有用的，它基于简单的思想：即便只是对变量的一个子集，精确推断也总是比采样更准确（见习题 14.RAOB）。在 SLAM 问题中，我们对机器人的位置运行粒子滤波，接着对于每个粒子，我们以粒子中的位置顺序为条件对每个灰尘方格独立运行精确的隐马尔可夫模型推断。因此，每个粒子都将包含一个采样位置加上 42 个方格的精确边际后验，也就是说，假设该粒子遵循的假设位置轨迹是正确的。这种方法被称为 **Rao-Blackwellized 粒子滤波器**（Rao-Blackwellized particle filter），它可以很容易地处理确定性灰尘的情况，并通过精确的位置传感或有噪声的墙传感逐步构建精确的灰尘地图，如图 14-21b 所示。

对于不满足式（14-24）所示的条件独立性结构的情况，Rao-Blackwellization 是不适用的。本章末尾的参考文献与历史注释中提到了一些算法，它们使用静态变量来处理一般的滤波问题。没有一种算法同时具有粒子滤波的优雅性和广泛适用性，但总有一些算法在求解某些类型的问题时是有效的。

小结

本章讨论了关于概率时序过程的表示和推理的一般问题。本章主要包括以下要点。

- 通过使用一组随机变量表示每个时间点的状态来处理世界的变化状态。
- 表示可以设计为（大致）满足**马尔可夫特性**，因此给定现在的信息，未来是独立于过去的。再加上过程是**时间齐次**的假设，表示可以得到巨大的简化。
- 时序概率模型可以被视为包含一个描述状态衍化的**转移模型**和一个描述观测过程的**传感器模型**。
- 时序模型中的主要推断任务是**滤波（状态估计）、预测、平滑**和计算**最可能解释**。每一项任务都可以使用简单的递归算法来实现，该算法的运行时间与序列长度呈线性关系。
- 深入研究了三大类时序模型：**隐马尔可夫模型、卡尔曼滤波器**和**动态贝叶斯网络**（其中包括了前两种模型作为特殊情况）。
- 除非像卡尔曼滤波器一样做出特殊的假设，多状态变量的精确推断是很难的。在实际应用中，**粒子滤波**算法及其衍生算法是有效的近似算法。

参考文献与历史注释

许多估计动力学系统状态的基本思想来自数学家高斯（Gauss, 1809），他提出了一种确定性最小二乘算法来解决根据天文观测估计轨道的问题。马尔可夫（Markov, 1913）在分析随机过程时提出了后来被称为马尔可夫假设的理论，他对《叶甫盖尼·奥涅金》（*Eugene Onegin*）文本中的字母估算了一阶马尔可夫链。（Levin *et al.*, 2008）中涵盖了关于马尔可夫链及其混合时间的一般理论。

在第二次世界大战期间，维纳（Wiener, 1942）和柯尔莫哥洛夫（Kolmogorov, 1941）分别对连续时间过程和离散时间过程进行了重要的滤波分类工作。虽然这项工作在接下来的 20 年里带来了重要的技术发展，但它对频域表示的使用使得许多计算相当烦琐。彼得·斯威林（Peter Swerling）（Swerling, 1959）与鲁道夫·卡尔曼（Kalman, 1960）指出，直接对随机过程进行状态空间建模更简单。（Kalman, 1960）这篇论文描述了带高斯噪声的线性系统中的前向推断的卡尔曼滤波器；然而，卡尔曼的结果早在之前就由丹麦天文学家托沃德·蒂勒（Thorvold Thiele）（Thiele, 1880）和俄罗斯物理学家鲁斯兰·斯特拉托诺维奇（Ruslan Stratonovich）（Stratonovich, 1959）得到了。在 1960 年访问美国国家航空航天局艾姆斯（NASA Ames）研究中心之后，卡尔曼发现了这种方法在跟踪火箭轨迹方面的适用性，后来这种滤波被用于阿波罗任务。

关于平滑的关键结果是由劳赫等人（Rauch, 1965）推导出来的，令人印象深刻的名为 Rauch-Tung-Striebel 平滑至今仍是一种标准技术。盖尔布（Gelb, 1974）收集了许多早期的结果。巴尔-沙洛姆和福特曼（Bar-Shalom and Fortmann, 1988）用贝叶斯风格进行了更现代的处理，并引用了大量关于这个主题的文献。查特菲尔德（Chatfield, 1989）与博克斯等人（Box *et al.*, 2016）涵盖了时间序列分析的控制理论方法。

隐马尔可夫模型和相关的推断和学习算法，包括前向-后向算法，是由鲍姆和皮特里（Baum and Petrie, 1966）开发的。维特比算法最早出现在（Viterbi, 1967）中。类似的想法也独立地出现在卡尔曼滤波领域（Rauch *et al.*, 1965）。

前向-后向算法是 EM 算法一般公式的主要前驱之一（Dempster *et al.*, 1977），见第 20 章。常数空间平滑以及习题 14.ISLE 中的分治算法出现在（Binder *et al.*, 1997b）中。隐马尔可夫模型的常数时间固定滞后平滑最先出现在（Russell and Norvig, 2003）中。

隐马尔可夫模型在语言处理（Charniak, 1993）、语音识别（Rabiner and Juang, 1993）、机

器翻译（Och and Ney, 2003）、计算生物学（Krogh *et al.*, 1994; Baldi *et al.*, 1994）、金融经济学（Bhar and Hamori, 2004）以及其他领域得到了广泛的应用。对于基本的隐马尔可夫模型，已经有了一些扩展：例如，层次化隐马尔可夫模型（Fine *et al.*, 1998）和分层隐马尔可夫模型（Oliver *et al.*, 2004）将结构引入到模型中代替隐马尔可夫模型的单状态变量。

动态贝叶斯网络可以被视为马尔可夫过程的稀疏编码，迪安和金泽（Dean and Kanazawa, 1989b）、尼科尔森和布雷迪（Nicholson and Brady, 1992）以及加鲁夫（Kjaerulff, 1992）首先在人工智能中使用了动态贝叶斯网络。最近一项工作扩展了 HUGIN 贝叶斯网络系统以适应动态贝叶斯网络。迪安和韦尔曼（Dean and Wellman, 1991）帮助推广了动态贝叶斯网络和人工智能中规划和控制的概率方法。墨菲（Murphy, 2002）对动态贝叶斯网络进行了深入的分析。

动态贝叶斯网络已经成为计算机视觉中建模各种复杂运动过程的流行方法（Huang *et al.*, 1994; Intille and Bobick, 1999）。和隐马尔可夫模型一样，它们也应用在语音识别（Zweig and Russell, 1998; Livescu *et al.*, 2003）、机器人定位（Theocharous *et al.*, 2004）和基因学（Murphy and Mian, 1999; Li *et al.*, 2011）等方面。其他应用领域包括动作分析（Suk *et al.*, 2010）、驾驶员疲劳检测（Yang *et al.*, 2010）和城市交通建模（Hofleitner *et al.*, 2012）。

史密斯等人（Smyth *et al.*, 1997）阐述了隐马尔可夫模型与动态贝叶斯网络之间的关系，以及前向-后向算法与贝叶斯网络传播之间的关系。与卡尔曼滤波器（以及其他统计模型）的进一步统一出现在（Roweis and Ghahramani, 1999）中。也有学习动态贝叶斯网络参数（Binder *et al.*, 1997a; Ghahramani, 1998）和结构（Friedman *et al.*, 1998）的过程。**连续时间贝叶斯网络**（Nodelman *et al.*, 2002）是离散状态的、连续时间的动态贝叶斯网络模拟，避免了为时间步选择特定的时长的要求。

滤波的第一个采样算法（也称为序贯蒙特卡罗方法）是由汉德申和梅恩（Handschin and Mayne, 1969）在控制理论领域发展起来的，而重采样的思想是粒子滤波的核心，它出现在俄罗斯的控制领域期刊上（Zaritskii *et al.*, 1975）。它后来在统计学中作为带重采样的**序贯重要性采样**（sequential importance sampling with resampling, SIR）算法（Rubin, 1988; Liu and Chen, 1998），在控制理论中作为粒子滤波算法（Gordon *et al.*, 1993; Gordon, 1994），在人工智能中作为**适者生存**（Kanazawa *et al.*, 1995），以及在计算机视觉中作为**浓缩**（condensation）算法（Isard and Blake, 1996）等，以不同的称呼被多次重复发明。

金泽昂珠等人的论文（Kanazawa *et al.*, 1995）包括了一种称为**证据反转**（evidence reversal）的改进，即在时刻 $t+1$ 的状态以时刻 t 的状态和时刻 $t+1$ 的证据为条件进行采样。这使得证据可以直接影响样本生成，杜塞（Doucet, 1997）以及刘军和陈嵘（Liu and Chen, 1998）证明了这可以减少近似误差。

粒子滤波已被应用于许多领域，包括跟踪视频中的复杂运动模式（Isard and Blake, 1996）、预测股票市场（de Freitas *et al.*, 2000）和诊断行星探测器故障（Verma *et al.*, 2004）。自该算法被发明以来，已经有成千上万篇关于该算法的应用和变体的论文发表。并行硬件上的可扩展实现变得非常重要；尽管有人可能认为在最多 N 个处理器线程上分布 N 个粒子很简单，但基本算法要求在重采样步骤中线程之间进行同步通信（Hendeby *et al.*, 2010）。**粒子级联算法**（Paige *et al.*, 2015）消除了同步要求，从而提高了并行计算的速度。

Rao-Blackwellized 粒子滤波是由杜塞等人（Doucet *et al.*, 2000）与墨菲和罗素（Murphy and Russell, 2001）提出的，它在机器人实际定位和制图问题中的应用会在第 26 章中介绍。许多其他的算法被提出来处理静态或近似静态变量的更一般的滤波问题，包括重采样-移动算法（Gilks and Berzuini, 2001）、Liu-West 算法（Liu and West, 2001）、斯托维克滤波（Storvik,

2002）、参数扩展滤波（Erol *et al.*, 2013）和参数假定滤波（Erol *et al.*, 2017）。后者是粒子滤波和更古老的称为**密度假定滤波**（assumed-density filter）想法的混合。密度假定滤波假设时刻 *t* 状态的后验分布属于特定的有限参数族；如果投影和更新步骤把它带出这个族，那么分布就会被投影回来以得到族内的最佳近似。对于动态贝叶斯网络，Boyen-Koller 算法（Boyen *et al.*, 1999）与**因子化边界**（factored frontier）算法（Murphy and Weiss, 2001）假设后验分布可以用小因子的乘积很好地近似。

　　MCMC 方法（见 13.4.2 节）可以应用于滤波问题；例如，吉布斯采样可以直接应用于展开的动态贝叶斯网络。**粒子 MCMC**（particle MCMC）算法族（Andrieu *et al.*, 2010; Lindsten *et al.*, 2014）将展开的时序模型上的 MCMC 与粒子滤波相结合，生成 MCMC 提议；虽然它可以证明在一般情况下收敛于正确的后验分布（包含静态和动态变量），但它是一种离线算法。为了避免随着展开网络的增长而增加更新时间的问题，**衰减 MCMC**（decayed MCMC）滤波（Marthi *et al.*, 2002）倾向于对近期的状态变量进行采样，而对过去更久的变量进行采样的概率会降低。

　　杜塞等人（Doucet *et al.*, 2001）的书中收集了许多关于**序贯蒙特卡罗**（sequential Monte Carlo，SMC）算法的重要论文，其中粒子滤波是最重要的例子。阿鲁兰帕拉姆等人（Arulampalam *et al.*, 2002）以及杜塞和约翰森（Doucet and Johansen, 2011）都有关于序贯蒙特卡罗有用的教程。还有一些关于 SMC 方法与真实后验相比无限期维持有界误差的条件的理论结果（Crisan and Doucet, 2002; Del Moral, 2004; Del Moral *et al.*, 2006）。

第15章

概率编程

在本章中，我们将重点关注不确定领域中的概率知识表示与推断，并用一般化的语言对其进行描述。

长久以来，表示的方法（原子表示、因子化表示和结构化表示）是人工智能的一个永恒主题。在确定性模型中，搜索算法考虑了原子化的表示方法，CSP 和命题逻辑为因子化表示提供了可能性，而一阶逻辑和规划系统则利用了结构化表示。结构化表示提供了强大的表达能力，由它引导生成的模型比由因子化描述或原子描述生成的等效模型简洁得多。

在概率模型中，第 13 章和第 14 章描述的贝叶斯网络是基于因子化表示的：随机变量的集合是固定且有限的，每个随机变量都有一个固定的可能的值的范围。这一事实限制了贝叶斯网络的适用范围，因为用贝叶斯网络表示一个复杂域会导致网络规模过大。这使得手工构造这样的表示是不可行的，并且它也不可能从任何合理数量的数据中学习得到。

为概率信息创造一种富有表达能力的形式语言是一个困难的问题，已经有许多伟大的数学家为此绞尽脑汁，其中包括微积分的共同发明者戈特弗里德·莱布尼茨（Gottfried Leibniz），e、变分法与大数律的发现者雅各布·伯努利（Jacob Bernoulli），奥古斯都·德摩根（Augustus De Morgan），乔治·布尔（George Boole），19 世纪主要的逻辑学家之一查尔斯·桑德斯·皮尔斯（Charles Sanders Peirce），20 世纪最重要的经济学家约翰·梅纳德·凯恩斯（John Maynard Keynes），以及 20 世纪最伟大的分析哲学家之一鲁道夫·卡纳普（Rudolf Carnap）。直到 20 世纪 90 年代，他们的努力以及许多其他数学家的研究也没能攻破这个问题。

今天我们已经有了数学上优雅且实用的形式语言，它们可以为非常复杂的域创建概率模型，这些成果一定程度上归功于贝叶斯网络的发展。这些语言是通用的，正如图灵机是通用的一样：它们可以表示任何可计算的概率模型，就像图灵机可以表示任何可计算的函数一样。此外，这些语言还带有通用推断算法，它们大致类似于完整的逻辑推断算法，如归结。

我们有两种方法将表达能力引入概率论。第一种是通过逻辑：设计一种语言来定义一阶可能世界的概率，而不是贝叶斯网络的命题可能世界。我们将在 15.1 节和 15.2 节介绍这种方法，15.3 节将介绍时序推理的一些特例。第二种方法利用传统的编程语言实现：我们在这些语言中引入随机元素，如随机选择等，并将程序视为在其自身的执行轨迹上定义概率分布。15.4 节将介绍这种方法。

这两种途径都与**概率编程语言**（probabilistic programming language，PPL）息息相关。第一种途径类似于说明性 PPL，它与通用 PPL 的关系大致和逻辑编程（第 9 章）与通用编程语言的关系相同。

15.1 关系概率模型

让我们首先回顾第 12 章的内容，概率模型定义了一个可能世界的集合 Ω，其中每个世界

ω 的概率为 $P(\omega)$。对贝叶斯网络而言,可能世界是变量的赋值;尤其是对于布尔变量的情况,可能世界等同于命题逻辑中的可能世界。

对于一阶概率模型,我们需要其可能世界看起来像一阶逻辑的可能世界,也就是说,一个具有相互关系的对象集合,以及一种将常量符号映射到对象、谓词符号映射到关系、函数符号映射到这些对象上的函数的解释(见 8.2 节)。该模型还需要为每一个这样的可能世界定义一个概率,就像贝叶斯网络为每个变量赋值定义一个概率一样。

让我们暂时假设我们已经知道如何做到这一点。然后,我们就能像之前一样(见 12.2.1 节)得出任何一阶逻辑语句 ϕ 的概率,这一概率是 ϕ 在其中为真的所有可能世界的概率总和:

$$P(\phi) = \sum_{\omega:\phi\text{在}\omega\text{中为真}} P(\omega) \qquad (15\text{-}1)$$

我们也可以类似地得到条件概率 $P(\phi \mid e)$,因此,原则上我们可以对模型提出任何问题,并获得答案。到目前为止,似乎一切都进行得很顺利。

但是这个过程存在一个问题:一阶模型集合是无限的。我们在图 8-4 中清楚地看到了这一点,图 15-1a 再次展示了这张图。这意味着两点:一是式(15-1)中的求和可能是不可行的,二是在无限的世界集合中指定完整且一致的分布可能非常困难。

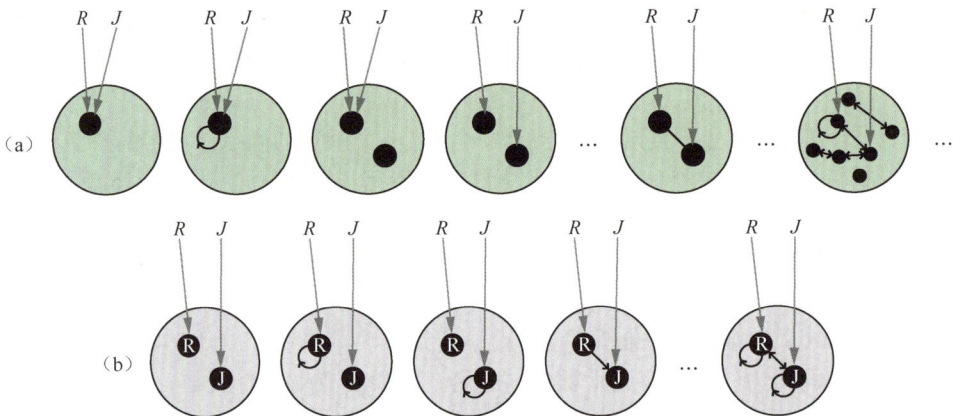

图 15-1 (a)在一阶逻辑的标准语义下,具有两个常量符号 R 和 J 以及一个二元关系符号的语言的全部可能世界的集合的部分成员。(b)数据库语义下的可能世界。常量符号的解释是固定的,每个常量符号都对应唯一的对象

在本节中,我们考虑使用 8.2.8 节中定义的**数据库语义**来避免这个问题。数据库语义做出了**唯一命名假设**,这里我们把它用于常量符号。它还假设**域闭包**——除命名的对象之外没有其他对象。在有了这些假设后,我们可以使每个世界中的对象集合恰好是所使用的常量符号集合,这样就可以确保可能世界的集合是有限的。如图 15-1b 所示,从符号到对象的映射或存在的对象都没有不确定性。

我们将以这种方式定义的模型称为**关系概率模型**(relational probability model,RPM)。[①] RPM 的语义和我们在 8.2.8 节中介绍的数据库语义之间最重要的区别是 RPM 中没有假设世界是封闭的——在一个概率推理系统中,我们不能简单地假设每个未知的事实都是假的。

[①] 关系概率模型的名称由普费弗(Pfeffer,2000)给出,其表达式略有不同,但基本思想是一样的。

15.1.1　语法与语义

让我们从一个简单的示例开始介绍：假设有一个网上图书零售商，他希望根据顾客的推荐对商品进行整体评估。评估的形式是根据现有的证据，计算图书质量的后验分布。最简单的解决方案是将评估建模为顾客的平均推荐水平，可能会根据推荐数量确定方差，但这个方法没有考虑到这样一个事实：有些顾客比其他人更友善，而有些顾客比其他人更不诚实。友善的顾客往往会给出更高的推荐，即便他阅读的是一本相当平庸的书，而不诚实的顾客出于非质量的原因给出非常高或非常低的推荐——他们可能会通过推销某些出版商的书来获得报酬[①]。

对于单个顾客 C_1 推荐单本图书 B_1 这一事件，它的贝叶斯网络表示可能如图 15-2a 所示。（正如在 9.1 节中一样，$Honest(C_1)$ 这样的带有圆括号的表达式只是假设的符号，在本例中表示随机变量的假设的名称。）对于两位顾客与两本书的贝叶斯网络如图 15-2b 所示。对于更大量的图书和顾客的情况，手工指定贝叶斯网络是不切实际的。

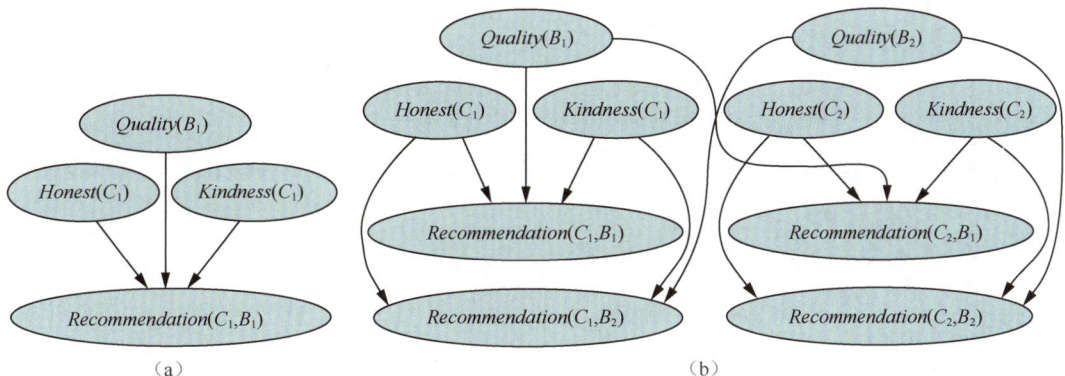

图 15-2 （a）单个顾客 C_1 推荐单本图书 B_1 的贝叶斯网络，$Honest(C_1)$ 是布尔型变量，其他变量取值为从 $1 \sim 5$ 的整数值。（b）含有两位顾客与两本书的贝叶斯网络

幸运的是，网络中存在很多重复结构。每个 $Recommendation(c, b)$ 变量有着父变量 $Honest(c)$、$Kindness(c)$ 与 $Quality(b)$。此外，所有 $Recommendation(c, b)$ 变量的条件概率表完全相同，并且所有 $Honest(c)$ 变量的条件概率表都是相同的，以此类推。这种情况似乎是为一阶语言量身定做的。我们想表达的是

$$Recommendation(c, b) \sim RecCPT(Honest(c), Kindness(c), Quality(b))$$

这意味着顾客对一本书的推荐取决于固定的条件概率表中给定的顾客的诚实度和友善度以及书的质量。

与一阶逻辑一样，关系概率模型含有常量符号、函数符号和谓词符号。我们还假定每个函数都有一个**类型签名**（type signature）——每个参数和函数值的类型规范。（在已知每个对象的类型时，通过这种机制可以消除许多虚假的可能世界，例如，我们不必担心会出现每本书的友善度、图书推荐顾客等。）在图书推荐域中，类型是 $Customer$ 与 $Book$，函数和谓词的类型签名如下：

$Honest : Customer \rightarrow \{true, false\}$

$Kindness : Customer \rightarrow \{1, 2, 3, 4, 5\}$

$Quality : Book \rightarrow \{1, 2, 3, 4, 5\}$

---

① 博弈论学者会建议不诚实的顾客通过偶尔推荐竞争对手的一本好书来避免被发现，见第 18 章。

$$Recommendation : Customer \times Book \to \{1, 2, 3, 4, 5\}$$

常量符号是零售商数据集中出现的任何顾客或图书名称。在图 15-2b 给出的示例中，它们是 C_1、C_2 与 B_1、B_2。

给定常量及其类型、函数及其类型签名，通过使用对象的每种可能组合实例化每个函数，我们可以获得关系概率模型的**基本随机变量**（basic random variable）。对于图书推荐模型，基本随机变量包括 $Honest(C_1)$、$Quality(B_2)$、$Recommendation(C_1, B_2)$ 等。这些正是图 15-2b 中出现的变量。由于每种类型只有有限多个实例（基于域闭包假设），因此基本随机变量的数量也是有限的。

为了完成 RPM，我们还需要制定控制这些随机变量的依赖关系。每个函数都有一个依赖声明，其中函数的每个参数都是一个逻辑变量（例如，像在一阶逻辑中，它是一个在对象上取值的变量）。例如，下面的依赖关系表明，对于每个顾客 c，他的诚实度的先验概率 0.99 为真，0.01 为假：

$$Honest(c) \sim \langle\, 0.99, 0.01 \,\rangle$$

类似地，我们可以为每一位顾客的友善度和每本书的质量给出先验概率，友善度和书的质量按照 1 ～ 5 的等级尺度进行划分：

$$Kindness(c) \sim \langle\, 0.1, 0.1, 0.2, 0.3, 0.3 \,\rangle$$
$$Quality(b) \sim \langle\, 0.05, 0.2, 0.4, 0.2, 0.15 \,\rangle$$

最后，我们需要确定推荐的依赖关系：对于任何顾客 c 和书 b，推荐分数取决于顾客的诚实度和友善度以及书的质量。

$$Recommendation(c, b) \sim RecCPT(Honest(c), Kindness(c), Quality(b))$$

其中，$RecCPT$ 是单独定义的条件概率表，它有 $2 \times 5 \times 5 = 50$ 行，每一行有 5 项。为了进一步说明，我们假设一个友善度为 k 的人对一本质量为 q 的书的诚实推荐服从 $\left[\left\lfloor \dfrac{q+k}{2} \right\rfloor, \left\lceil \dfrac{q+k}{2} \right\rceil\right]$ 范围内的均匀分布。

给定一个定义了 RPM 的随机变量联合分布的贝叶斯网络（如图 15-2b 所示），RPM 的语义可以通过实例化所有已知常量的依赖关系来获得。[①]

可能世界的集合是所有基本随机变量值域的笛卡儿积，并且就像贝叶斯网络一样，每个可能世界的概率是模型中相关条件概率的乘积。如果世界中有 C 个顾客和 B 本书，那么就有 C 个 $Honest$ 变量、C 个 $Kindness$ 变量、B 个 $Quality$ 变量、BC 个 $Recommendation$ 变量，形成 $2^C 5^{C+B+BC}$ 个可能世界。如果拥有 1000 万本书和 10 亿顾客，就有大约 $10^{7 \times 10^{15}}$ 个可能世界。多亏了 RPM 的表达能力，完整的概率模型仍然只有不到 300 个参数，其中大部分在 $RecCPT$ 表中。

我们可以通过断言**特定于上下文的独立性**（见 13.2.2 节）来细化模型，以反映不诚实的顾客在给出推荐时忽视质量这一事实；此外，友善度在决定中不起作用。因此，当 $Honest(c)=$ false 时，$Recommendation(c, b)$ 独立于 $Kindness(c)$ 与 $Quality(b)$：

$$Recommendation(c, b) \sim \textbf{if } Honest(c) \textbf{ then}$$
$$HonestRecCPT(Kindness(c), Quality(b))$$
$$\textbf{else} \langle\, 0.4, 0.1, 0.0, 0.1, 0.4 \,\rangle$$

这种依赖关系可能看起来像编程语言中一个普通的 if–then–else 语句，但它们有一个关键的区

---

① RMP 需要一些技术条件来定义一个合适的分布。首先，依赖关系必须是无环的，否则得到的贝叶斯网络就会有环。其次，依赖关系（通常）必须有依据的：不能有无限的祖先链，例如可能由递归依赖关系导致的祖先链。见习题 15.HAMD 中本规则的特殊情况。

别：推断过程不必知道条件测试的值，因为 *Honest*(*c*) 是一个随机变量。

我们可以用无数种方法来细化这个模型，以使它更加真实。例如，假设一位诚实的顾客是某本书作者的粉丝，不管这本书的质量如何，他总是给这本书打 5 分：

Recommendation(*c*, *b*) ∼   **if** *Honest*(*c*) **then**
                                  if *Fan*(*c*, *Author*(*b*)) **then** *Exactly*(5)
                                  else *HonestRecCPT*(*Kindness*(*c*), *Quality*(*b*))
                                  else ⟨ 0.4, 0.1, 0.0, 0.1, 0.4 ⟩

同样，条件测试 *Fan*(*c*, *Author*(*b*)) 是未知的，但是，如果一个顾客只给一个特定作者的书打 5 分，并且他对其他书不是特别友善，那么这个顾客是该作者的粉丝的后验概率将会很高。此外，后验分布倾向于在评估该作者的书的质量时不完全采信该顾客打的 5 分。

在本例中，我们隐式地假设 *Author*(*b*) 的值对于每个 *b* 都是已知的，但情况可能并非如此。当 *Author*(B_2) 未知时，系统该如何推理 C_1 是否是 *Author*(B_2) 的粉丝？答案是，系统可能需要对所有可能的作者进行推理。为简单起见，我们假设只有两个作者 A_1 和 A_2。*Author*(B_2) 是具有两个可能值 A_1 和 A_2 的随机变量，并且是 *Recommendation*(C_1, B_2) 的父变量。变量 *Fan*(C_1, A_1) 和 *Fan*(C_1, A_2) 也是父变量。*Recommendation*(C_1, B_2) 的条件分布本质上是一个**多路选择器**（multiplexer），其中 *Author*(B_2) 父变量用作选择器，它将选择 *Fan*(C_1, A_1) 和 *Fan*(C_1, A_2) 中实际上会影响推荐的那一个。图 15-3 展示了等价贝叶斯网络的一个片段。*Author*(B_2) 值的不确定性将影响网络的依赖结构，这是**关系不确定性**（relational uncertainty）的一个实例。

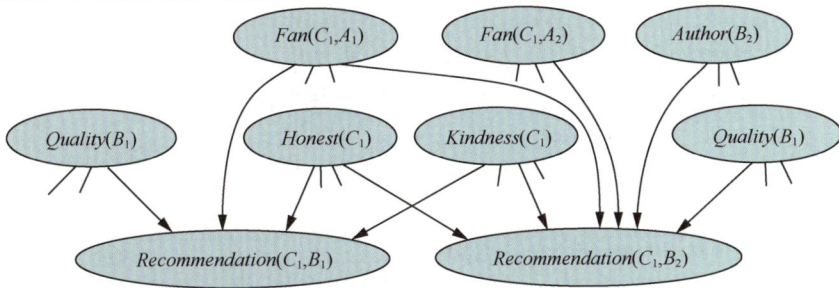

图 15-3 *Author*(B_2) 未知时图书推荐 RPM 的等价贝叶斯网络的片段

如果你想知道系统如何判断 B_2 的作者是谁，可以参考以下例子：有另外 3 位顾客是 A_1 的粉丝（他们没有其他的共同喜爱的作者），并且都给 B_2 打了 5 分，但大多数其他顾客觉得这本书很差劲。在这种情况下，A_1 极有可能是 B_2 的作者。短短几行的 RPM 模型就可以体现这样复杂的推理，这是一个有趣的例子，它说明了概率影响是如何通过模型中对象之间的连接网络进行传播的。随着依赖性和对象数目的增加，后验概率分布所表达的含义往往会变得越来越清晰。

15.1.2 实例：评定玩家的技能等级

许多竞技游戏都用数值来衡量玩家的技能等级，有时也称**等级分**。最著名的例子可能是针对国际象棋选手的埃洛等级分系统（Elorating），一般来说，初学者的等级分约为 800，而世界冠军的等级分通常高于 2800。尽管埃洛等级分具有统计依据，但它们也考虑了一些特殊的因素。我们可以制定如下贝叶斯等级分方案：每个玩家 *i* 都有基本的技能等级 *Skill*(*i*)；在每局游

戏 g 中，i 的实际表现是 $Performance(i, g)$，这可能与基本技能等级有所不同；g 的获胜者是 g 中表现更好的玩家。关于该例子的一个 RPM 模型如下：

$$Skill(i) \sim \mathcal{N}(\mu, \sigma^2)$$
$$Performance(i, g) \sim \mathcal{N}(Skill(i), \beta^2)$$
$$Win(i, j, g) \quad \textbf{if } Game(g, i, j) \textbf{ then } (Performance(i, g) > Performance(j, g))$$

其中 β^2 是玩家在任何特定游戏中的实际表现相对于其基本技能等级的方差。给定一组玩家和游戏以及某些游戏对局的结果，RPM 推理机可以计算每个玩家的技能等级的后验分布以及可能进行的任何其他游戏的可能结果。

至于团队游戏，我们可以近似地假设团队 t 在游戏 g 中的整体表现是 t 中玩家的个人表现的总和：

$$TeamPerformance(t, g) = \sum_{i \in t} Performance(i, g)$$

尽管等级分系统无法让我们注意到个人表现，但玩家的技能水平仍然可以通过几场比赛的结果来估计，只要其团队构成在不同的游戏中有所不同。微软的 TrueSkill™ 等级分系统使用了这个模型，并采用一个高效的近似推断算法，每天为数亿用户服务。

这个模型可以在多方面精心构建。例如，我们可以假设较弱的玩家的表现方差较大；我们可以涵盖玩家在团队中的角色；我们可以进一步考虑具体的表现和技能，例如防守和进攻的水平，这样一来就可以提高团队构成和预测的准确性。

15.1.3　关系概率模型中的推断

在 RPM 中进行推断的最直接方式是给定属于每种类型的已知常量符号，简单地构造等价贝叶斯网络。对于 B 本书和 C 位顾客的情形，前面给出的基本模型可以通过简单的循环进行构造：[①]

for $b = 1$ **to** B *do*
　　增加不带父节点的节点 $Quality_b$，先验为 $\langle 0.05, 0.2, 0.4, 0.2, 0.15 \rangle$
for $c = 1$ **to** C *do*
　　增加不带父节点的节点 $Honest_c$，先验为 $\langle 0.99, 0.01 \rangle$
　　增加不带父节点的节点 $Kindness_c$，先验为 $\langle 0.1, 0.1, 0.2, 0.3, 0.3 \rangle$
for $b = 1$ **to** B *do*
　　增加带父节点的节点 $Recommendation_{c,b}$，其父节点为 $Honest_c$、$Kindness_c$、$Quality_b$
　　且服从条件分布 $RecCPT(Honest_c, Kindness_c, Quality_b)$

这种方法称为落地（grounding）或展开（unrolling）。它是对一阶逻辑**命题化**（propositionalization）的精确模拟。它有一个明显的缺点——得到的贝叶斯网络可能非常大。此外，如果一个未知的关系或函数有许多候选对象，如未知的 B_2 的作者，那么网络中的一些变量可能会有许多父变量。

幸运的是，我们通常可以避免生成整个隐式贝叶斯网络。正如我们在对变量消元算法的讨论中看到的，每个不是查询变量或证据变量祖先的变量都与查询无关。此外，如果查询在给定证据时条件独立于某个变量，那么它与该变量也是不相关的。因此，通过从查询和证据开始链接模型，我们可以只识别与查询相关的变量集。这些变量就是我们需要实例化的所有变量，接着我们就能创建隐式贝叶斯网络的潜在小片段。这个片段中的推断与整个隐式贝叶斯网络中的

---

① 一些统计包会将这些代码视为 RPM 的定义，而不仅仅是构建一个贝叶斯网络在 RPM 中执行推断。然而，这种观点忽略了 RPM 语法的一个重要作用：如果没有语义清晰的语法，就无法从数据中学习模型结构。

推断给出的答案是相同的。

另一种提高推断效率的方法着眼于在展开贝叶斯网络中存在的重复子结构。这意味着在变量消元过程中构建的许多因子（以及由聚类算法构建的类似的表）将是相同的。高效的缓存方案可以为大型网络加速 3 个数量级。

此外，MCMC 推理算法在应用于具有关系不确定性的 RPM 时具有一些有趣的特性。MCMC 通过采样完整的可能世界来运作，因此在每个状态下，关系结构是完全已知的。在前面给出的示例中，每个 MCMC 状态都会指定 $Author(B_2)$ 的值，因此其他潜在的作者不再是 B_2 推荐节点的父节点。MCMC 中的关系不确定性不会导致网络复杂性增加；但是，MCMC 过程包含了改变展开网络的关系结构进而改变依赖结构的转移。

最后，在某些情况下可以避免完全落地模型。归结定理证明器和逻辑编程系统通过仅对推断所需的逻辑变量进行实例化来避免命题化。也就是说，它们将推断过程提升到高于基础命题语句的级别上，并使每一个提升步骤执行许多基础步骤的工作。

同样的思想也适用于概率推断。例如，在变量消元算法中，一个提升因子可以代表 RPM 中给随机变量分配概率的一整套落地因子，这些随机变量的区别只在于用于构造它们的常量符号。这种方法的细节超出了本书的范围，本章的末尾给出了一些参考资料。

15.2　开宇宙概率模型

我们在前面讨论过，数据库语义适用于我们确切知道存在的相关对象的集合，并且可以无歧义地识别它们的情形。（特别是，关于一个对象的所有观测都正确地与命名该对象的常量符号相关联。）然而，在许多真实世界中，这些假设根本站不住脚。例如，图书零售商可能使用 ISBN（国际标准书号）作为一个常量符号来命名每本书，但即便是某本"合乎逻辑的"书籍（如《飘》），它也可能有不止一个 ISBN 分别对应精装、平装、大字体版、再版等。在多个 ISBN 上对推荐进行汇总是有意义的，但零售商可能并不清楚哪些 ISBN 实际上表示同一本书。（注意，我们没有具体化书籍每个个体，但对于销售旧书或汽车等这可能是必需的。）更糟糕的是，每个顾客都由一个登录 ID 进行标识，但一个不诚实的客户可能有数千个 ID！在计算机安全领域，这些多个 ID 被称为"女巫"（sybil），它们用于混淆一个信誉系统，这也被称为**女巫攻击**（sybil attack）[①]。因此，即便是一个相对良定义的线上问题的简单应用，它也会涉及**存在不确定性**（existence uncertainty）（观测到的数据没有明确指示真正的书和顾客）和**身份不确定性**（identity uncertainty）（不清楚哪些逻辑术语实际上指的是同一个对象）。存在不确定性和身份不确定性的现象远不止出现在网上书店的例子中。事实上，它们无处不在。

- 视觉系统不知道下一个角落里有什么，也不知道它现在看到的物体是不是几分钟前看到的那个物体。
- 文本理解系统并不会预先知道哪些实体将出现在文本中，而且必须推断诸如"玛丽""史密斯医生""她""他的心脏病医生""他的母亲"等词语是否指的是同一个人。
- 一个寻找间谍的情报分析系统永远不知道到底有多少间谍，只能猜测不同的假名、电话号码和目击记录是否属于同一个人。

事实上，人类认知的一个主要部分似乎要求我们认识到存在什么物体，并能够将观测结果（这种观测几乎从不附带唯一的 ID）与世界上的假想对象联系起来。

---

① "sybil"这个名字来自一个著名的多重人格障碍病例。

因此，我们需要在一阶逻辑的标准语义的基础上定义一个**开宇宙概率模型**（open universe probability model，OUPM），如图 15-1a 所示。用于 OUPM 的语言提供一种方法，它可以让我们轻松地编写开宇宙概率模型，同时保证在无限可能世界的空间中存在一个唯一的、一致的概率分布。

15.2.1　语义与语法

我们的基本思路如下：理解普通贝叶斯网络和 RPM 如何设法定义一个唯一的概率模型，并将其迁移到一阶逻辑设置。从本质上讲，贝叶斯网络按照网络结构定义的拓扑顺序，一个事件接着一个事件地生成每个可能世界，其中每个事件都是对一个变量的一次赋值。RPM 将其扩展到整个事件集上，由给定谓词或函数中逻辑变量的可能实例化定义。OUPM 在此基础上更进一步：允许生成步骤，这些步骤将对象添加到正在构建的可能世界中，其中对象的数量和类型可能依赖于已经存在于那个世界中的对象及其属性和关系。也就是说，生成的事件不是对变量的赋值，而是对象本身的存在性。

在 OUPM 中执行此操作的一种方法是提供**数字语句**，该语句指定关于各种对象的数量的条件分布。例如，在图书推荐问题中，我们可能要想区分顾客（真实的人）及其登录 ID。（实际上，做推荐的是登录 ID 而不是顾客！）为简单起见，我们假设，顾客数量在 1～3 均匀分布，而图书数量在 2～4 均匀分布：

$$\#Customer \sim UniformInt(1, 3)$$
$$\#Book \sim UniformInt(2, 4) \tag{15-2}$$

我们期望诚实的顾客只有一个 ID，而不诚实的顾客可能有 2～5 个 ID：

$$\#LoginID(Owner = c) \; \sim \; \textbf{if } Honest(c) \textbf{ then } Exactly(1)$$
$$\textbf{else } UniformInt(2, 5) \tag{15-3}$$

该数字语句指定了以客户 c 为 Owner 的登录 ID 数量的分布。我们称 Owner 函数为**起源函数**（origin function），这是因为它指出了该数字语句生成的每个对象的来源。

在上一段中，我们在 2 到 5 之间的整数上使用均匀分布来指定不诚实客户的登录账号数量。这个特定的分布是有界的，但是一般来说，对象的数量可能没有一个先验的边界。关于非负整数最常使用的是**泊松分布**（Poisson distribution）。泊松分布有一个参数 λ，它是目标数量的期望，如果一个变量 X 服从泊松分布 Poisson(λ)，那么我们有

$$P(X = k) = \lambda^k e^{-\lambda}/k!$$

泊松分布的方差也是 λ，所以标准差是 $\sqrt{\lambda}$。这意味着，对于较大的 λ 值，分布相对集中在均值附近。例如，如果巢穴中的蚂蚁数量由泊松模型（均值为 100 万）建模，则标准差仅为 1000，即 0.1%。对于较大的数字，使用**离散对数正态分布**（discrete log-normal distribution）通常更有意义，这在对象数量的对数呈正态分布时是合适的。我们把其中一种特别直观的形式称为**数量级分布**（order-of-magnitude distribution），它使用以 10 为底的对数，因此分布 OM(3,1) 的均值为 10^3，标准差为一个数量级，即概率质量大部分落在 $10^2 \sim 10^4$。

OUPM 的正式语义始于构成可能世界的对象的定义。在类型化一阶逻辑的标准语义中，对象只是带有类型的编号标记。在 OUPM 中，每个对象都是一个生成历史，例如，对象可能是第七个顾客的第四个登录 ID。（我们很快就会清楚这种略显巴洛克风格的原因。）对于没有起源函数的类型，如式（15-2）中的 Customer 和 Book 类型，对象的起源为空，例如，⟨Customer, , 2⟩ 指的是由数字语句生成的第二个顾客。对于带有起源函数的数字语句，如式

（15-3），每个对象将记录其起源，例如，对象 $\langle LoginID, \langle Owner, \langle Customer, , 2 \rangle \rangle, 3 \rangle$ 是属于第二个顾客的第三次登录。

OUPM 的**数字变量**（number variable）指定每个可能世界的每个起源的每种类型有多少个对象，因此 $\#LoginID_{\langle Owner, \langle Customer,, 2 \rangle \rangle}(\omega) = 4$ 意味着在世界 ω 中，顾客 2 拥有 4 个登录 ID。与关系概率模型一样，OUPM 的**基本随机变量**（basic random variable）决定对象的所有元组的谓词和函数的值，因此 $Honest_{\langle Customer,, 2 \rangle}(\omega) = \text{true}$ 意味着在世界 ω 上，顾客 2 是诚实的。一个可能世界是由所有的数字变量和基本随机变量的值定义的。通过拓扑顺序采样，我们可以从模型中生成一个世界，图 15-4 给出了一个例子。这样构造出来的世界的概率是所有采样值的概率的乘积，在本例中，该乘积是 1.2672×10^{-11}。现在我们清楚了为什么每个对象都包含它的起源：这个性质确保每个世界都可以恰好由一个生成序列构建。如果不这样做，一个世界的概率将是所有可能产生它的生成序列的冗杂组合之和。

变量	值	概率
$\#Customer$	2	0.3333
$\#Book$	3	0.3333
$Honest_{\langle Customer,, 1 \rangle}$	true	0.99
$Honest_{\langle Customer,, 2 \rangle}$	false	0.01
$Kindness_{\langle Customer,, 1 \rangle}$	4	0.3
$Kindness_{\langle Customer,, 2 \rangle}$	1	0.1
$Quality_{\langle Book,, 1 \rangle}$	1	0.05
$Quality_{\langle Book,, 2 \rangle}$	3	0.4
$Quality_{\langle Book,, 3 \rangle}$	5	0.15
$\#LoginID_{\langle Owner, \langle Customer,, 1 \rangle \rangle}$	1	1.0
$\#LoginID_{\langle Owner, \langle Customer,, 2 \rangle \rangle}$	2	0.25
$Recommendation_{\langle LoginID, \langle Owner, \langle Customer,, 1 \rangle \rangle, 1 \rangle, \langle Book,, 1 \rangle}$	2	0.5
$Recommendation_{\langle LoginID, \langle Owner, \langle Customer,, 1 \rangle \rangle, 1 \rangle, \langle Book,, 2 \rangle}$	4	0.5
$Recommendation_{\langle LoginID, \langle Owner, \langle Customer,, 1 \rangle \rangle, 1 \rangle, \langle Book,, 3 \rangle}$	5	0.5
$Recommendation_{\langle LoginID, \langle Owner, \langle Customer,, 2 \rangle \rangle, 1 \rangle, \langle Book,, 1 \rangle}$	5	0.4
$Recommendation_{\langle LoginID, \langle Owner, \langle Customer,, 2 \rangle \rangle, 1 \rangle, \langle Book,, 2 \rangle}$	5	0.4
$Recommendation_{\langle LoginID, \langle Owner, \langle Customer,, 2 \rangle \rangle, 1 \rangle, \langle Book,, 3 \rangle}$	1	0.4
$Recommendation_{\langle LoginID, \langle Owner, \langle Customer,, 2 \rangle \rangle, 2 \rangle, \langle Book,, 1 \rangle}$	5	0.4
$Recommendation_{\langle LoginID, \langle Owner, \langle Customer,, 2 \rangle \rangle, 2 \rangle, \langle Book,, 2 \rangle}$	5	0.4
$Recommendation_{\langle LoginID, \langle Owner, \langle Customer,, 2 \rangle \rangle, 2 \rangle, \langle Book,, 3 \rangle}$	4	0.4

图 15-4 对于图书推荐 OUPM 的一个特定世界。数字变量和基本随机变量以拓扑顺序显示，其后是它们所选的值和这些值的概率

一个开宇宙模型可能有无穷多个随机变量，因此完整的理论涉及非平凡的测度论因素。例如，使用泊松分布或数量级分布的数字语句允许对象的数量是无界的，从而导致这些对象的属性和关系的随机变量的数量是无界的。此外，OUPM 可以有递归依赖关系和无限类型（整数、字符串等）。最后，良结构不允许出现循环依赖和无限后退的祖先链，这些条件一般来说是不可判定的，但某些语法的充分条件可以很容易地被验证。

15.2.2 开宇宙概率模型的推断

由于与典型 OUPM 对应的隐式贝叶斯网络的规模是潜在巨大的且有时是无界的，完全展开它并执行精确的推断是非常不切实际的。因此，我们必须考虑近似推断算法，如 MCMC（见 13.4.2 节）。

粗略地说，OUPM 的 MCMC 算法探索的是由对象和它们之间的关系的集合定义的可能世界的空间，如图 15-1 所示。空间中相邻状态之间的移动不仅可以改变关系和函数，还可以增加或减少对象，改变常量符号的解释。尽管每个可能世界或许很大，但每步所需的概率计算（无论是吉布斯采样还是米特罗波利斯-黑斯廷斯）都是完全局部的，在大多数情况下它们只需要常量的时间。这是因为相邻世界之间的概率比率取决于一个固定大小的子图，它只与那些值发生变化的变量有关。此外，逻辑查询可以在访问的每个世界中递增地评估，因此在每个世界所需的时间通常是常量的，而不需要从头开始重新计算。

特别地，我们需要考虑，一个典型的 OUPM 可能有无限大小的可能世界。以图 15-9 中多目标跟踪模型为例。函数 $X(a, t)$ 表示飞行器 a 在时刻 t 的状态，对应于每步无界数量的飞行器的无穷变量序列。由于这个原因，MCMC 对 OUPM 采样的样本将不会指定完全的可能世界，而是部分世界，每一个都对应着一组不相交的完整世界。局部世界是相关变量子集的最小自支撑实例化 [1]——证据和查询变量的祖先。例如，当 t 值大于上次的观测时间（或查询时间，以较大者为准）时，变量 $X(a, t)$ 是不相关的，因此算法可以只考虑无限序列的有限前缀。

15.2.3　示例

OUPM 的标准"使用方法"涉及 3 个要素：模型、证据（给定场景中的已知事实）和查询（查询可以是任意表达式，其中可能带有自由逻辑变量）。根据模型 [2]，答案是自由变量的每一组可能替换在给定证据时的联合后验概率分布。每个模型都包含类型声明、谓词和函数的类型签名、每种类型的一个或多个数字语句，以及每个谓词和函数的一个依赖语句。（在下面的例子中，我们将在含义清楚的地方省略声明和签名。）与在 RPM 中一样，依赖语句使用 if-then-else 语法来处理特定于上下文的依赖。

1. 引文匹配

数以百万计的学术研究论文和技术报告以 PDF 文件的形式出现在网上。这类论文通常在接近结尾的地方包含一个称为参考文献或参考书目的部分，这一部分引用的字符串为读者提供相关工作的信息。这些字符串可以从 PDF 文件中定位和提取，目的是创建一种类似数据库的表示形式，通过作者和引用链接将论文和研究人员联系起来。CiteSeer 和 Google Scholar 等系统向用户提供了这样的表示，系统背后的算法实现了查找论文、抓取引用字符串以及识别引用字符串所引用的实际论文。这是一项困难的任务，因为这些字符串不包含对象标识符，并且包含语法、拼写、标点和内容错误。为了说明这一点，这里给出两个相对较好的示例。

（1）[Lashkari et al 94] Collaborative Interface Agents, Yezdi Lashkari, Max Metral, and Pattie Maes, Proceedings of the Twelfth National Conference on Articial Intelligence, MIT Press, Cambridge, MA, 1994.

（2）Metral M. Lashkari, Y. and P. Maes. Collaborative interface agents. In Conference of the American Association for Artificial Intelligence, Seattle, WA, August 1994.

这里的关键问题在于同一性：这些引用是同一篇论文还是不同的论文？当被问及这个问题

---

① 一组变量的自支撑实例化是指集合中每个变量的父变量也在集合中。

② 和 Prolog 一样，可以有无限多的大小无界的替换集合，为这样的答案设计探索性的界面是一个有趣的可视化挑战。

时，即使是专家也意见不一致或勉强做出决定，这表明在不确定性下进行推理将是解决这个问题的一个重要部分[①]。一些特别的方法，如基于文本相似性度量的方法，都在这个任务中几乎完全失效。例如，2002 年 CiteSeer 列出了 Russell 与 Norvig 写的 120 多本不同的书。

为了使用概率方法解决这个问题，我们需要一个该领域的生成模型。也就是说，我们将询问这些引用字符串是如何在世界上出现的。这个过程将从有名字的研究人员开始。（我们无须担心研究人员是怎么来的，只要表达我们对有多少研究人员的不确定性。）这些研究人员撰写了一些有标题的论文，人们引用论文时，会根据某些语法将作者姓名和论文标题（可能带有错误）合并到引文正文中。图 15-5 展示了这个模型的基本要素，涵盖了论文只有一个作者的情况。[②]

type *Researcher, Paper, Citation*
random *String Name(Researcher)*
random *String Title(Paper)*
random *Paper PubCited(Citation)*
random *String Text(Citation)*
random *Boolean Professor(Researcher)*
origin *Researcher Author(Paper)*

#Researcher ~ OM(3, 1)
Name(r) ~ NamePrior( )
Professor(r) ~ Boolean(0.2)
#Paper(Author = r) ~ **if** *Professor(r)* **then** *OM*(1.5, 0.5) **else** *OM*(1, 0.5)
Title(p) ~ PaperTitlePrior()
CitedPaper(c) ~ UniformChoice({*Paper p*})
Text(c) ~ HMMGrammar(*Name(Author(CitedPaper(c)))*, *Title(CitedPaper(c))*)

图 15-5 用于引文信息提取的 OUPM。为简单起见，该模型假定每篇论文只有一个作者，并省略了语法模型和误差模型的细节

仅将引用字符串作为证据，对该模型进行概率推断并找出数据最可能的解释，这一过程的错误率是 CiteSeer 的 1/2 ~ 1/3（Pasula *et al.*，2003）。推断过程还表现出一种集体的、知识驱动的消歧形式：对一篇论文的引用越多，引用被解析得越准确，因为解析必须与论文的事实达成一致。

2. 核条约监控

为了核查《全面禁止核试验条约》，我们需要找到地球上所有震级高于最低限度的地震事件。联合国全面禁止核试验条约组织（Comprehensive Nuclear-Test-Ban Treaty Organization，CTBTO）维护着一个传感器网络，即国际监测系统（IMS），其自动处理软件建立在 100 年的地震学研究基础上，它的检测失败率约为 30%。基于 OUPM 的 NET-VISA 系统（Arora *et al.*，2013）显著地降低了检测失败率。

NET-VISA 模型（图 15-6）直接表达了相关的地球物理学。它描述了给定时间间隔内地震事件数量的分布（其中大多数是自然发生的）及其时间、震级、震源深度和震中位置。自然地

---

① 答案是肯定的，它们是同一论文。"National Conference on Artical Intelligence"（注意，由于在抓取字符时出现了错误，"fi" 不见了）是 AAAI 会议的另一个名称，会议在西雅图举行，而论文集出版商是剑桥大学出版社。

② 多作者的情况有着相同的整体结构，但复杂一些。模型中未展示的部分（*NamePrior*、*rTitlePrior* 与 *HMMGrammar*）是传统的概率模型。例如，*NamePrior* 是实际姓名的分类分布和字母三元模型（见 23.1 节）的混合，用来涵盖以前没有见过的名字，两者都是从美国人口普查数据库的数据中训练出来的。

震事件的位置是存在一个空间上的先验分布，这个先验是从历史数据中训练出来的（像模型的其他部分一样）；根据条约规则，假定人为事件在地球表面均匀地发生。在每个站点 s，来自事件 e 的每个相位（地震波类型）p 产生 0 或 1 个检测（阈值以上信号），检测概率取决于事件的震级、深度及其与观测站的距离。"虚假警报"检测也会根据一个站特定的速率参数发生。从一个真实事件中测量的检测 d 的信号的到达时间、振幅和其他特性取决于原始事件的特性及其与观测站的距离。

$\#SeismicEvents \sim \text{Poisson}(T * \lambda_e)$

$Time(e) \sim UniformReal(0, T)$

$EarthQuake(e) \sim Boolean(0.999)$

$Location(e) \sim \textbf{if } Earthquake(e) \textbf{ then } SpatialPrior() \textbf{ else } UniformEarth()$

$Depth(e) \sim \textbf{if } Earthquake(e) \textbf{ then } UniformReal(0, 700) \textbf{ else } Exactly(0)$

$Magnitude(e) \sim Exponential(log(10))$

$Detected(e, p, s) \sim Logistic(weights(s, p), Magnitude(e), Depth(e), Dist(e, s))$

$\#Detections(site = s) \sim \text{Poisson}(T * \lambda_f(s))$

$\#Detections(event=e, phase=p, station=s) = \textbf{if } Detected(e, p, s) \textbf{ then } 1 \textbf{ else } 0$

$OnsetTime(a, s) \textbf{ if } (event(a) = null) \textbf{ then } \sim UniformReal(0, T)$
　　$\textbf{else} = Time(event(a)) + GeoTT(Dist(event(a), s), Depth(event(a)), phase(a)) + Laplace(\mu_t(s), \sigma_t(s))$

$Amplitude(a, s) \textbf{ if } (event(a) = null) \textbf{ then } \sim NoiseAmpModel(s)$
　　$\textbf{else} = AmpModel(Magnitude(event(a)), Dist(event(a), s), Depth(event(a)), phase(a))$

$Azimuth(a, s) \textbf{ if } (event(a) = null) \textbf{ then } \sim UniformReal(0, 360)$
　　$\textbf{else} = GeoAzimuth(Location(event(a)), Depth(event(a)), phase(a), Site(s)) + Laplace(0, \sigma_a(s))$

$Slowness(a, s) \textbf{ if } (event(a) = null) \textbf{ then } \sim UniformReal(0, 20)$
　　$\textbf{else} = GeoSlowness(Location(event(a)), Depth(event(a)), phase(a), Site(s)) + Laplace(0, \sigma_s(s))$

$ObservedPhase(a, s) \sim CategoricalPhaseModel(phase(a))$

图 15-6　NET-VISA 模型的一个简化版本

一旦经过训练，模型就会持续运行。它所拥有的证据包括从原始 IMS 波形数据中提取的检测（90% 是虚假警报），查询通常要求给定数据的最可能的事件历史或公告。到目前为止，模型的结果是令人鼓舞的。例如，在 2009 年，在总共 27 294 个震级范围 3 ～ 4 的事件中，联合国的 SEL3 自动公告遗漏了 27.4%，而 NET-VISA 遗漏了 11.1%。此外，与密集的区域网络相比，NET-VISA 发现的真实事件比联合国地震分析专家发布的最终公告多出 50%。NET-VISA 也倾向于将更多的检测与一个给定事件联系起来，从而得到更准确的位置估计（见图 15-7）。截至 2018 年 1 月 1 日，NET-VISA 已被部署为 CTBTO 监控渠道的一部分。

尽管这两个例子在形式上存在差异，但它们有着相似的结构：有些未知的对象（论文、地震）会根据某些物理过程（引文、地震传播）产生感知。这些感知对于来源是模糊的，但是如果假设多个感知起源于相同的未知对象，则可以更准确地推断出该对象的属性。

相同的结构和推理模式适用于数据库去重和自然语言理解等领域。在某些情况下，推断一个对象的存在涉及对感知进行分组，这一过程类似于机器学习中的聚类任务。还有一些其他的情况，如一个对象可能根本不能产生任何感知，但我们仍然可以推断出它的存在，例如，对天王星的观测过程中引出了海王星的发现。我们能判断出未观测到对象的存在是因为它对被观测对象的行为和属性产生了影响。

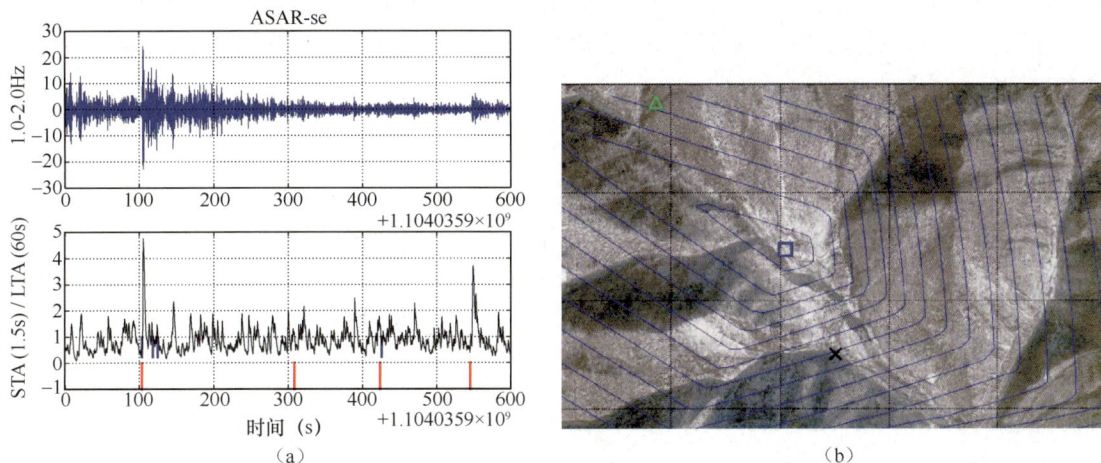

图 15-7 （a）上图：在澳大利亚艾利斯斯普林斯市记录的地震波形实例。下图：用于检测地震波到达时间的处理后的波形。蓝线是自动检测的地震波到达，红线是真正的地震波到达。（b）2013 年 2 月 12 日朝鲜核试验地点估计：联合国 CTBTO 最新事件公报（左上角绿色三角形），NET-VISA（中间蓝色方块）。地下试验设施的入口（以"x"标记）距离 NET-VISA 的估计 0.75 公里。轮廓线显示 NET-VISA 的后验位置分布。图片由 CTBTO 筹备委员会提供

15.3 追踪复杂世界

第 14 章考虑了追踪世界状态的问题，但只涵盖了原子表示（HMM）和因子化表示（DBN 和卡尔曼滤波器）的情形。这对只有一个对象的世界来说是有意义的，例如重症监护病房里的一个病人，或者是一只飞过森林的鸟。在本节中，我们将看到当两个或多个对象产生观测时会发生什么。这种情况与普通状态估计的不同之处在于，在这种情况中存在着关于哪个对象产生了哪个观测结果的不确定性。这是我们在 15.2 节中提到的身份不确定性问题，现在放在时间上下文中考察这个问题。在控制理论的文献中，这被称作**数据关联**（data association）问题，即将观测数据与生成它们的对象相关联的问题。尽管我们可以将其视为开宇宙概率建模的又一个例子，但在实践中它足够重要，值得我们在这里专门介绍。

15.3.1 示例：多目标跟踪

数据关联问题最初是在雷达追踪多目标的背景下研究的，其中反射脉冲是由一个旋转的雷达天线以固定的时间间隔检测的。在每个时间步下，屏幕上可能出现多个光点，但雷达没有直接观测到在时刻 t 的哪些光点对应于时刻 $t-1$ 的哪些光点。图 15-8a 给出了一个简单的例子，其中共有 5 个时间步，在每个时间步中有两个光点。每个光点都标有它所处的时间步，但我们缺乏任何用于识别的信息。

我们暂时假设我们知道存在两个飞行器 A_1 和 A_2，它们会产生信号。用 OUPM 的术语来说，A_1 和 A_2 是**保证对象**（guaranteed object），这意味着它们被保证存在并且是不同的；此外，在这种情况下，不存在其他对象。（换句话说，就飞行器而言，这个场景与 RPM 中假定的数据库语义相匹配。）设它们的真实位置为 $X(A_1, t)$ 与 $X(A_2, t)$，其中 t 为非负整数，即索引传感器更新

的时间。假设第一次观测发生在时刻 $t = 1$，时刻 0 时，各飞行器位置的先验分布为 $InitX()$。为了简单起见，我们还假设每个飞行器根据已知的转移模型——例如卡尔曼滤波器（14.4 节）中使用的线性高斯模型——独立移动。

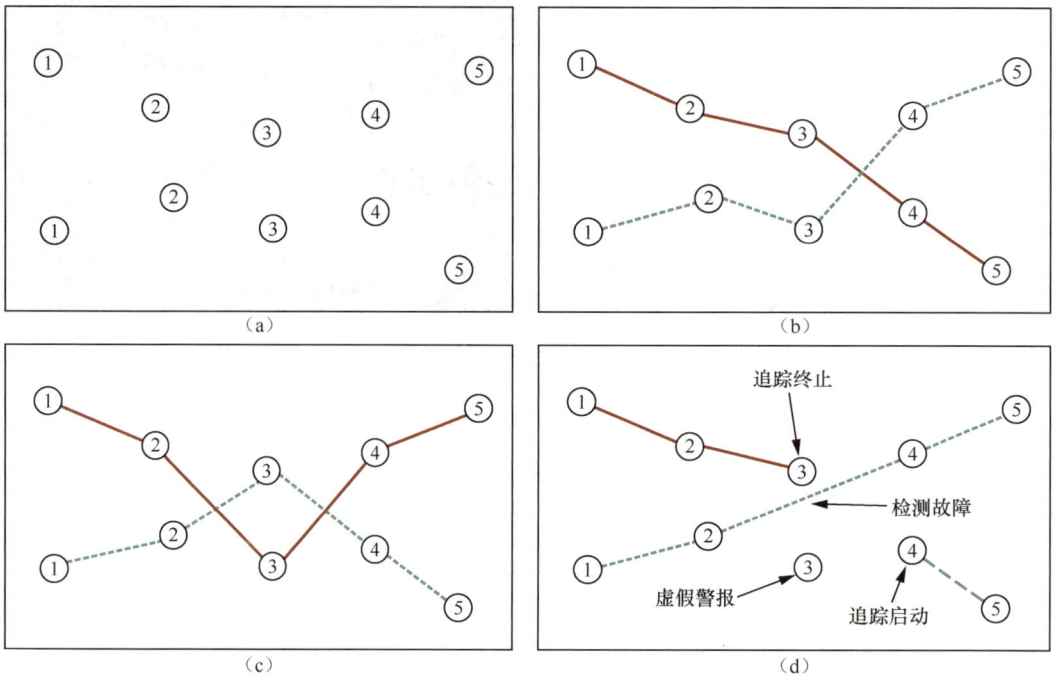

图 15-8 （a）在二维空间 5 个时间步内对对象位置的观测，每个观测光点都被标记时间步，但不能识别产生它的对象。（b）和（c）关于潜在对象轨迹的可能假设。（d）一个可能含有虚假警报、检测故障和追踪启动/终止的假设

最后要说明的是传感器模型：我们再次假设它是一个线性高斯模型，其中在 x 位置的飞行器会产生一个光点 b，其光点的观测位置 $Z(b)$ 是带有高斯噪声的 x 的线性函数。每个飞行器在每个时间步都会生成一个光点，因此该光点的源头是飞行器和一个时间步。如果我们暂时忽略先验概率分布，模型将有如下形式：

guaranteed *Aircraft* A_1, A_2
$X(a, t) \sim$ **if** $t = 0$ **then** $InitX()$ **else** $\mathcal{N}(\boldsymbol{F} X(a, t - 1), \boldsymbol{\Sigma}_x)$
#*Blip*(*Source*=a, *Time*=t) = 1
$Z(b) \sim \mathcal{N}(\boldsymbol{H} X(Source(b), Time(b)), \boldsymbol{\Sigma}_z)$

其中 $\boldsymbol{F}$ 与 $\boldsymbol{\Sigma}_x$ 是描述线性转移模型与转移噪声协方差的矩阵，$\boldsymbol{H}$ 与 $\boldsymbol{\Sigma}_z$ 是传感器模型的相应矩阵。

这个模型和标准卡尔曼滤波器有一个关键的区别——它有两个产生传感器读数（光点）的对象。这意味着在任何给定的时间步中，对于哪个对象产生了哪个传感器读数存在不确定性。在这个模型中，每个可能世界都包含一个飞行器和光点之间的关联，由所有时间步的所有 $Source(b)$ 变量的值定义。图 15-8b 和图 15-8c 给出了两种可能的关联假设。一般来说，对于 n 个对象和 T 个时间步，有 $(n!)^T$ 种为飞行器分配光点的方式，这是一个十分巨大的数字。

到目前为止，我们描述的场景涉及 n 个已知对象，在每个时间步产生 n 个观测结果。数据关联的实际应用通常要复杂得多。通常，报告的观测中存在**虚假警报**（false alarm），也称为**杂波**（clutter），它们不是由真实对象引起的。模型也可能会发生**检测故障**（detection failure），即未报告

对某个真实对象的观测。最后要考虑的因素是，新的对象可能出现，旧的对象可能消失。图 15-8d 说明了这些现象，这些因素导致了更多令人担心的可能世界。相应的 OUPM 如图 15-9 所示。

$\#Aircraft(EntryTime = t) \sim \text{Poisson}(\lambda_a)$

$Exits(a, t) \sim \textbf{if } InFlight(a, t) \textbf{ then } Boolean(\alpha_e)$

$InFlight(a, t) = (t = EntryTime(a)) \lor (InFlight(a, t - 1) \land \neg Exits(a, t - 1))$

$X(a, t) \sim \textbf{if } t = EntryTime(a) \textbf{ then } InitX()$
　　　　$\textbf{else if } InFlight(a, t) \textbf{ then } \mathcal{N}(\textbf{\textit{F}} X(a, t - 1), \Sigma_x)$

$\#Blip(Source = a, Time = t) \sim \textbf{if } InFlight(a, t) \textbf{ then } Bernoulli(DetectionProb(X(a, t)))$

$\#Blip(Time = t) \sim \text{Poisson}(\lambda_f)$

$Z(b) \sim \textbf{if } Source(b) = null \textbf{ then } UniformZ(R) \textbf{ else } \mathcal{N}(\textbf{\textit{H}} X(Source(b), Time(b)), \Sigma_z)$

图 15-9　用于含有虚假警报、检测故障以及飞行器进出的多目标雷达追踪的 OUPM。新飞行器进入场景的速率为 λ_a，而飞行器每时间步离开场景的概率为 α_e。虚假警报光点（不是由飞机产生的光点）在空间中均匀出现，每时间步的速率为 λ_f。飞行器被检测到（产生光点）的概率取决于其当前位置

针对多目标追踪和数据关联问题在民用和军用方面的实际意义，已经有成千上万篇论文。它们中的许多只是尝试解决图 15-9 中模型或其简化版本的概率计算的复杂数学细节。从某种意义上说，一旦模型用概率编程语言表示，这些就没有必要了，因为通用推理机可以为包括这个模型在内的任何模型正确地完成所有数学运算。此外，场景的细化（编队飞行、对象前往未知目的地、对象起飞或着陆等）可以通过对模型进行小的更改来解决，而无须诉诸新的数学推导和复杂的编程。

从实践的角度来看，这种模型的挑战在于推断的复杂性。对于所有概率模型，推断意味将查询和证据以外的变量进行求和消元。对于 HMM 与 DBN 中的滤波，我们能够通过一个简单的动态规划技巧将从时刻 1 到 $t - 1$ 的状态变量求和消元；对于卡尔曼滤波器，我们还利用了高斯分布的特殊性质。对于数据关联，我们就没那么幸运了。它没有（已知的）高效精确算法，这和切换卡尔曼滤波器（见 14.4.4 节）没有高效精确算法的原因一样：滤波分布描述飞行器在每个时间步的数量和位置的联合分布，它最终会是指数级数量分布的混合，每个分布对应一种挑选一个观测序列赋值到每个飞行器的方式。

为了处理精确推断的复杂性，人们已经提出了几种近似方法。最简单的方法是在给定当前时间对象的预测位置的情况下，在每个时间步中选择一个最佳赋值。这个赋值将观测结果与对象相关联，并使每个对象的轨迹得以更新，并为下一个时间步做出预测。在选择最佳赋值时，我们通常使用所谓的**最近邻滤波器**（nearest-neighbor filter），该方法反复选择预测位置和观测位置最近邻的对，并将该对添加到赋值中。当对象在状态空间中很好地分离且预测的不确定性和观测误差都很小时（不存在混淆的可能性时），最近邻滤波器表现良好。

当正确的赋值存在更大的不确定性时，一个更好的方法是选择给定预测位置下最大化当前观测值的联合概率的赋值。这可以通过**匈牙利算法**（Hungarian algorithm）（Kuhn, 1955）高效地完成，尽管每一个新的时间步到来都会有 $n!$ 种赋值，这个算法也是有效的。

任何在每一时间步中只使用一个最佳赋值的方法，都会在更复杂的情况下彻底失效。特别是，如果算法使用了一个不正确的赋值，那么它下一步的预测可能会出现严重的错误，并导致更多不正确的赋值，以此类推。在这种情况下，采样方法可能更有效。数据关联的**粒子滤波算法**（见 14.5.3 节）是通过维持大量可能的当前赋值来工作的。**MCMC** 算法探索了历史赋值的空间，例如，图 15-8b 和图 15-8c 所示为可能是 MCMC 状态空间中的状态，并且可以改变它对以前的赋值决策。

有一个明显的方法可以用于加速基于采样的多目标追踪推断，即使用第 14 章的 **Rao-Blackwellization** 技巧（见 14.5.3 节）：给定一个所有对象的特定关联假设，每个对象的滤波计算通常可以准确、高效地完成，而不是为对象采样许多可能状态序列。例如，对于图 15-9 中的模型，滤波计算仅仅意味着对赋值给给定假设对象的观测序列运行卡尔曼滤波器。此外，当从一个关联假设改变到另一个，我们只需要重新计算关联观测已经改变的对象。目前的 MCMC 数据关联方法可以实时处理数百个对象，且能够得到真实后验分布的良好近似。

15.3.2　示例：交通监控

图 15-10 显示了加利福尼亚州的一条高速公路上两个相距较远的摄像头拍摄的两幅图像。在这个应用中，我们感兴趣的是两个目标：一是在当前的交通条件下，估计在高速公路系统中从一个地点到另一个地点所需的时间；二是测量交通需求，也就是在一天中的特定时间和一周中的特定几天里，高速公路的任意两点之间有多少车辆通过。这两个目标都要求我们在一个拥有许多摄像头和每小时数万辆车辆通过的广阔区域内解决数据关联问题。

图 15-10　来自加利福尼亚州萨克拉门托 99 号高速公路的大约相隔 3 公里的上游（a）和下游（b）的监控摄像头拍摄的图像。两个摄像头都发现了那辆方框内的车

在视觉监控中，移动的阴影、铰接的车辆、水坑中的反射等都会导致虚假警报，遮挡、雾、黑暗、缺乏视觉对比度等将导致探测故障，车辆本身还不断地在没有监控的地方进出高速公路系统。此外，任何给定车辆的外观可能会在摄像头之间发生巨大的变化，这取决于照明条件和车辆在图像中的姿态，转移模型也会随着交通堵塞的到来和消失而改变。最后，在摄像头间距较大的密集交通中，车辆从一个摄像头位置行驶到下一个摄像头位置的转移模型预测误差远远大于正常车辆间距的情况。尽管存在这些问题，最新的数据关联算法也已经成功地估计了现实环境中的交通参数。

数据关联是追踪复杂世界的重要基础，因为没有数据关联就没有办法组合对任何给定对象的多个观测。当世界上的对象在复杂活动中相互作用时，理解世界需要将数据关联与 15.2 节的关系和开宇宙概率模型相结合。这是目前一个活跃的研究领域。

15.4　作为概率模型的程序

许多概率编程语言都建立在这样一种见解之上：概率模型可以使用包含随机源的任何编程

语言中的可执行代码来定义。对于这样的模型，可能世界由执行轨迹构成，任何这样的轨迹的概率是该轨迹发生所需的随机选择的概率。以这种方式创建的 PPL 继承了底层语言的所有表达能力，其中包括复杂的数据结构、递归，在某些情况下还包括了高阶函数。事实上，许多 PPL 在计算上是通用的：它们能表示可由停机的概率图灵机采样的任何概率分布。

15.4.1　示例：文本阅读

我们通过编写一个读取退化文本的程序的问题来说明概率建模和推断的方法。这类模型可以用于阅读由于水渍而变得污浊或模糊的文本，或者由于印刷纸张老化而出现斑点的文本。它们也可以用来破解某些类型的验证码。

图 15-11 展示了一个包含两个组成部分的生成程序：一是生成字母序列的方法，二是使用现成的图形库生成这些字母的噪声、模糊渲染版本的方法。图 15-12a 展示了调用 GENERATE-IMAGE 9 次生成的示例图像。

---

function GENERATE-IMAGE() **returns** 一张包含一些字母的图像
 letters←GENERATE-LETTERS(10)
 return RENDER-NOISY-IMAGE(*letters*, 32, 128)

function GENERATE-LETTERS(λ) **returns** 一个由字母组成的向量
 $n \sim$ Poisson(λ)
 letters←[]
 for $i = 1$ **to** n **do**
  letters[i] $\sim$ *UniformChoice*({*a*,*b*,*c*, ⋯})
 return *letters*

function RENDER-NOISY-IMAGE(*letters, width, height*) **returns** 一张包含这些字母的带噪声的图像
 clean_image←RENDER(*letters, width, height, text_top* = 10, *text_left* = 10)
 noisy_image←[]
 noise_variance $\sim$ *UniformReal*(0.1, 1)
 for *row* = 1 **to** *width* **do**
  for *col* = 1 **to** *height* **do**
   noisy_image[*row,col*] $\sim \mathcal{N}$(*clean_image*[*row,col*],*noise_variance*)
 return *noisy_image*

图 15-11　用于光学字符识别（OCR）的开宇宙概率模型生成程序。生成程序通过生成每个序列，将其渲染为二维图像，并在每个像素处结合附加噪声来生成包含字母序列的退化图像

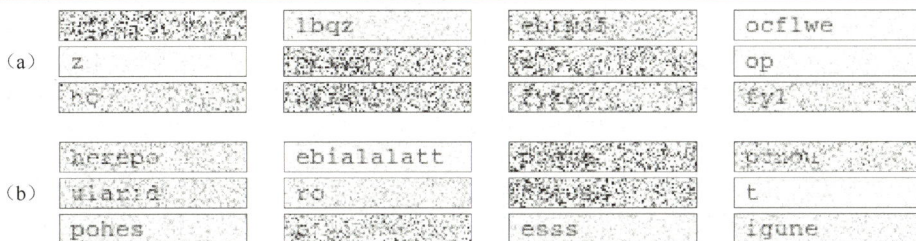

图 15-12　（a）展示的是执行图 15-11 中的生成程序产生的 12 张退化图像。字母的数量、它们的身份、加性噪声的数量以及特定像素的噪声都是概率模型域的一部分。（b）展示的是执行图 15-15 中的生成程序产生的 12 张退化图像。字母的马尔可夫模型通常会产生一系列更容易发音的字母

15.4.2　语法与语义

生成程序（generative program）是一种可执行程序，其中每个随机选择都在相关的概率模型中定义了一个随机变量。让我们想象一下逐步展开一个做随机选择的程序的执行轨迹。设 X_i 为程序第 i 次随机选择所对应的随机变量；通常，x_i 表示 X_i 的一个可能的值。我们称 $\omega = \{x_i\}$ 为生成程序的**执行轨迹**（execution trace），即随机选择的可能值序列。运行程序一次就会生成一个这样的轨迹，因此使用术语"生成程序"命名它。

所有可能的执行轨迹的空间 Ω 可以看作生成程序定义的概率模型的样本空间。轨迹上的概率分布可以定义为每个随机选择的概率的乘积：$P(\omega) = \prod_i P(x_i|x_1, \cdots, x_{i-1})$。这类似于 OUPM 中的世界分布。

从概念上讲，将任何 OUPM 转换成相应的生成程序是很简单的。这个生成程序对每一个数字语句以及由数字语句隐含的每个基本随机变量的值进行随机选择。生成程序需要做的主要额外工作是创建表示 OUPM 中可能世界的对象、函数和关系的数据结构。这些数据结构是由 OUPM 推理机自动创建的，因为 OUPM 假设每个可能世界都是一阶模型结构，而典型的 PPL 不做这样的假设。

图 15-12 中的图像可以用来直观地理解概率分布 $P(\Omega)$：我们可以看到不同程度的噪声，在噪声较小的图像中，我们还可以看到不同长度的字母序列。令 ω_1 为该图右上角图像对应的轨迹，它包含字母 ocflwe。如果我们将这个轨迹 ω_1 展开到贝叶斯网络中，它将有 4104 个节点：1 个节点为变量 n，6 个节点为变量 *letters*[*i*]，1 个节点为 *noise-variance*，4096 个节点为 *noisy_image* 中的像素。由此可见，生成程序定义了一个开宇宙概率模型：随机选择的个数不受先验限制，而是取决于随机变量 n 的值。

15.4.3　推断结果

让我们应用这个模型来解释经过加性噪声而退化的字母图像。图 15-13 展示了一个退化后的图像以及 3 轮独立的 MCMC 运行的结果。对于每轮运行，我们在停止马尔可夫链后显示轨迹中包含的字母的渲染。在这 3 种情况下，我们得到的结果都是字母序列 uncertainty，这表明后验分布高度集中在正确的解释上。

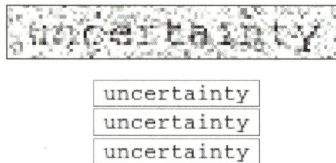

图 15-13　带噪声的输入图像（上图）和图 15-11 中的模型 3 轮运行（每轮运行进行 25 次 MCMC 迭代）产生的推断结果（下图）。注意，推断过程正确地识别了字母序列

现在让我们进一步退化文本，使它变得足够模糊，让人们难以阅读。图 15-14 给出了关于这个更具挑战性的输入的推断结果。这一次，尽管 MCMC 推断似乎已经收敛到（我们知道的）正确字母上，但第一个字母被错误地识别为 q，并且接下来的 10 个字母中有 5 个有不确定性。

有许多可能的理由可以解释这一结果。这可能是因为 MCMC 推断有着良好的混合，它所给出的结果是给定模型与图像的真实后验的一个很好的反映，在这种情况下，一些字母的不确定性和第一个字母的错误是不可避免的。为了得到更好的结果，我们可能需要改进文本模型或降低噪声级别。这也可能是因为 MCMC 推断没有充分地混合：如果我们运行 300 个 2.5 万次或 2500 万次迭代的链，我们可能会发现结果分布完全不同，或许新的结果会表明第一个字母可能是 u 而不是 q。

qnucitainty	uncertainty
qncurtbinty	uncsitainty
qncuftaintv	unchftsinty

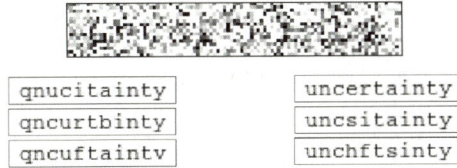

图 15-14 上图：极端噪声的输入图像。左下图：使用图 15-11 中的独立字母模型进行 25 次 MCMC 迭代，得出的 3 个推断结果。右下图：使用图 15-15 中的字母二元模型得出的 3 个推断结果。两种模型的结果都有歧义，但后一种模型的结果反映了貌似合理的字母序列的先验知识

运行更多的推断可能会导致更多的时间与资金的消耗。此外，对于蒙特卡罗推断方法的收敛性没有万无一失的测试。我们可以尝试改进推断算法，也许是通过为 MCMC 设计一个更好的建议分布，或者是使用图像中自底向上的线索来提议更好的初始假设。这些改进需要额外的思考、实现和调试。另一种选择是改进模型。例如，我们可以在模型中整合进有关英语单词的知识，如字母对出现的概率。我们现在考虑这个方法。

15.4.4 结合马尔可夫模型改进生成程序

概率编程语言在某种程度上是模块化的，可以很容易地探索对底层模型的改进。图 15-15 展示了改进后的模型的生成程序，该模型有序地（而不是独立地）生成字母。这个生成程序采用了一个马尔可夫模型，在给定前一个字母的情况下使用从英语单词的参考列表中估计的转移概率来生成每个字母。

```
function GENERATE-MARKOV-LETTERS(λ) returns 一个字母的向量
  n ~ Poisson(λ)
  letters ← []
  letter_probs ← MARKOV-INITIAL()
  for i = 1 to n do
     letters[i] ~ Categorical(letter_probs)
     letter_probs ← MARKOV-TRANSITION(letters[i])
  return letters
```

图 15-15 一种改进的光学字符识别（OCR）模型生成程序，该模型根据从英语单词列表中估计成对的字母频率的字母二元模型来生成字母

图 15-12 展示了这个生成程序生成的 12 张采样图像。可以注意到，与图 15-11 中程序生成的字母序列相比，这些字母序列明显更像英语。图 15-14 的右下图展示了此马尔可夫模型对高噪声图像的推断结果。尽管仍有一些不确定性，但新的解释更接近于生成轨迹。

15.4.5 生成程序的推断

与 OUPM 一样，在生成程序中进行精确推断通常是非常昂贵的或是不可能的。但是，我们很容易看出执行拒绝采样的方法：运行程序，只保留与证据一致的轨迹，并计算在这些轨迹中找到的不同查询答案。似然加权的做法也很简单：对于每个生成的轨迹，通过将所有沿途观测到的值的概率相乘来跟踪轨迹的权重。

只有当数据在模型中具有合理的可能性时，似然加权才有效。在更糟糕的情况下，我们通常采用 MCMC 的方法。应用于概率程序的 MCMC 涉及采样和修改执行轨迹。OUPM 中的许多考虑也适用于此；此外，算法必须小心修改执行轨迹，例如更改 if 语句的结果，这可能会使其余的轨迹无效。

推断的进一步改进来自于几方面的工作。一些改进可以在某些问题上（甚至在原则上）产生根本性的变化，这些问题都是通过给定的 PPL 可以处理的，我们在前面关于 RPM 描述的提升推断可以产生这种效果。在许多情况下，通用的 MCMC 方法效率很低，需要特殊用途的提议来加快混合推断过程。

PPL 领域近期的一个研究重点是让用户易于定义和使用这样的提议，以便提高 PPL 推断的效率，使其能够与为特定模型设计的自定义推断算法的效率相匹配。

许多有前途的方法都旨在减少概率推断的开销。13.4.3 节中描述的贝叶斯网络的编译思想可以应用于 OUPM 和 PPL 中的推断，它通常会带来 2 ~ 3 个数量级的加速。也有人提议为诸如消息传递和 MCMC 等算法开发专用硬件。例如，蒙特卡罗硬件利用低精度的概率表示和大量细粒度并行，使得速度和能效提高 100 ~ 10 000 倍。

基于学习的方法也可以让速度得到实质性的提高。例如，**自适应提议分布**（adaptive proposal distribution）可以逐渐学习如何生成 MCMC 提议以确保快速混合，这些提议以合理的可能性被接受，并且在探索模型的概率格局时相当有效。也可以使用从底层模型生成的合成数据来训练深度学习模型（见第 21 章）以表示重要性采样的提议分布。

通常，人们认为任何建立在通用编程语言之上的形式体系都会遇到可计算性的障碍，PPL 就属于这样的情况。然而，如果我们假设底层程序在所有输入和所有随机选择下都会停机，那么进行概率推断的额外要求是否仍然会使问题不可判定？答案是肯定的，但仅限于具有无限精度连续随机变量的计算模型。在这种情况下，可以编写一个可计算的概率模型，在该模型中，能用推断过程对停机问题进行编码。但是，在实际应用中，我们通常使用有限精度数字和平滑概率分布，此时推断仍然是可判定的。

小结

本章探讨了基于逻辑和程序的概率模型的表示形式。

- **关系概率模型**定义了基于一阶语言**数据库语义**的世界概率模型，当所有的对象和它们的身份都是确定的时候，模型是合适的。
- 给定一个 RPM，每个可能世界中的对象都对应于 RPM 中的常量符号，基本随机变量是用对象替换每个参数的谓词符号的所有可能实例化。因此，可能世界的集合是有限的。
- RPM 为拥有大量对象的世界提供了非常简洁的模型，可以处理关系的不确定性。
- **开宇宙概率模型**建立在一阶逻辑的完全语义上，允许新的不确定性，如身份不确定性和存在不确定性。
- **生成程序**是概率模型（包括 OUPM）的表示，它是**概率编程语言** PPL 中的可执行程序。生成程序表示程序**执行轨迹**的分布。PPL 通常为概率模型提供通用的表达能力。

参考文献与历史注释

黑尔珀林（Hailperin, 1984）与豪森（Howson, 2003）叙述了试图将概率与逻辑联系起来的悠久历史，可以追溯到 1704 年莱布尼兹的《人类理智新论》（*Nouveaux Essais*）。这些尝试通常涉及直接附加到逻辑语句上的概率。第一个严格的处理方法是盖夫曼的命题**概率逻辑**（probability logic）（Gaifman, 1964b）。这个想法是，概率断言 $P(\phi) \geqslant p$ 是对可能世界分布的约束，就像普通的逻辑语句本身是对可能世界的约束一样。在标准逻辑意义上，任何满足约束的分布 P 都是概率断言的模型，一个概率断言蕴含着另一个概率断言仅当第一个模型是第二个模型的子集时。

例如，在这种逻辑中，可以证明 $P(\alpha \wedge \beta) \leqslant P(\alpha \Rightarrow \beta)$。在命题情况下可以通过线性规划来确定概率断言的可满足性（Hailperin, 1984; Nilsson, 1986）。因此，我们具有与"时态逻辑"同义的"概率逻辑"，即专门用于概率推理的逻辑系统。

为了将概率逻辑应用于诸如证明概率论中有趣的定理之类的任务，需要一种更具表达能力的语言。盖夫曼（Gaifman, 1964a）提出了一阶概率逻辑，其中可能世界是一阶模型结构，并且概率附加到（无函数的）一阶逻辑的语句中。斯科特和克劳斯（Scott and Krauss, 1966）扩展了盖夫曼的结果，允许量词的无限嵌套和无限的语句集。

在人工智能中，这些想法的最直接继承者出现在**概率逻辑程序**（probabilistic logic program）（Lukasiewicz, 1998）中，其中概率范围被附加到每个一阶霍恩子句上，并且通过求解线性规划来进行推断，这是由黑尔珀林建议的。哈尔彭（Halpern, 1990）和巴克斯（Bacchus, 1990）也以盖夫曼的方法为基础，从人工智能而不是从概率论和数学逻辑的角度探讨了一些基本知识表示问题。

概率数据库（probabilistic database）的子域还具有标记概率的逻辑语句（Dalvi *et al.*, 2009），但是在这种情况下，概率直接附加到数据库的元组中。（在人工智能和统计学中，概率附加于一般关系，而观测被视为无可辩驳的证据。）尽管概率数据库可以对复杂的依赖关系进行建模，但在实践中，人们经常发现这样的系统使用跨元组的全局独立性假设。

将概率附加到语句中，使得定义完整且一致的概率模型十分困难。每个不等式将潜在的概率模型限制在概率模型的高维空间的半空间中。联合断言对应于交叉约束。确保交集产生一个点是不容易的。事实上，盖夫曼（Gaifman, 1964a）的主要结果是建立了一个单一的概率模型，该模型要求（1）每个可能的基本语句都有一个概率，（2）无限多个存在量词语句的概率约束。

解决这个问题的一种方法是编写一个部分理论，然后在允许的集合中挑出一个规范模型来补全它。尼尔森（Nilsson, 1986）提出选择与规定约束一致的最大熵模型。帕斯金（Paskin, 2002）发展了一种最大熵概率逻辑，将约束表示为附加在一阶子句上的权重（相对概率）。这些模型通常被称为**马尔可夫逻辑网络**（Markov logic network，MLN）（Richardson and Domingos, 2006），并已成为涉及关系数据的应用的一种流行技术。最大熵方法，包括 MLN，在某些情况下会产生不直观的结果（Milch, 2006; Jain *et al.*, 2007, 2010）。

从 20 世纪 90 年代初开始，从事复杂应用的研究人员注意到了贝叶斯网络的表达局限性，并开发了各种语言来编写带有逻辑变量的模板，从而可以为每个问题实例自动构建大型网络（Breese, 1992; Wellman *et al.*, 1992）。这种语言中最重要的是 BUGS（使用吉布斯采样的贝叶斯推断）（Gilks *et al.*, 1994; Lunn *et al.*, 2013），它将贝叶斯网络与统计中常见的**索引随机变量**（indexed random variable）标记相结合。（在 BUGS 中，一个索引的随机变量看起来像 $X[i]$，其中 i 有一个定义的整数范围。）

这些闭宇宙语言继承了贝叶斯网络的关键特性：每个结构良好的知识库定义了一个唯一的、一致的概率模型。其他闭宇宙语言利用了逻辑编程的表示和推断能力（Poole, 1993; Sato and Kameya, 1997; Kersting *et al.*, 2000）和语义网络（Koller and Pfeffer, 1998; Pfeffer, 2000）。

开宇宙概率模型的研究有几个起源。在统计学中，当数据记录不包含标准的唯一标识符时，就会出现**记录链接**（record linkage）的问题。例如，对一本书的各种引用可以指明它的第

一作者是 "Stuart J. Russell" 或 "S. Russell"，甚至是 "Stewart Russel"。其他作者也使用 "S. Russell" 的名字。

数百家公司的存在只是为了解决财务、医疗、人口普查和其他数据的记录链接问题。概率分析可以追溯到邓恩（Dunn, 1946）的工作，Fellegi-Sunter 模型（Fellegi and Sunter, 1969）本质上是应用于匹配的朴素贝叶斯，它仍然主导着当前的实践。多目标追踪问题还考虑了身份不确定性（Sittler, 1964），其历史在第 14 章中概述。

直到 20 世纪 90 年代，在人工智能领域中，工作假设是，传感器可以提供带有对象唯一标识符的逻辑语句，就像 Shakey 一样。在自然语言理解领域，查尔尼克和戈德曼（Charniak and Goldman, 1992）提出了共指概率分析，即两个语言表达（如奥巴马和美国前总统）可能指代同一实体。黄和罗素（Huang and Russell, 1998）以及帕苏拉等人（Pasula *et al.*, 1999）针对交通监控开发了身份不确定性的贝叶斯分析。帕苏拉等人（Pasula *et al.*, 2003）针对作者、论文和引文字符串开发了一个复杂的生成模型，涉及关系和身份的不确定性，并证实了引文信息提取的高准确性。

开宇宙概率模型的第一种正式语言是 Blog（Milch *et al.*, 2005; Milch, 2006），它附带了一个（非常慢的）通用 MCMC 推理机。拉斯基（Laskey, 2008）描述了另一种称为**多实体贝叶斯网络**（multi-entity Bayesian network）的开宇宙建模语言。本书中描述的 NET-VISA 全球地震监测系统是由阿罗拉等人（Arora *et al.*, 2013）提出的。埃洛等级分系统是 1959 年由阿帕德·埃洛（Arpad Elo）开发的（Elo, 1978），但本质上与瑟斯通的 Case V 模型（Thurstone, 1927）相同。微软的 TrueSkill 模型（Herbrich *et al.*, 2007; Minka *et al.*, 2018）是基于马克·格利克曼（Mark Glickman）（Glickman, 1999）贝叶斯版本的埃洛等级分系统，现在在 infer.NET PPL 上运行。

多目标追踪的数据关联首先由西特勒（Sittler, 1964）在概率设定中描述。第一个用于大规模问题的实用算法是多重假设追踪器（multiple hypothesis tracker，MHT）算法（Reid, 1979）。巴尔 - 沙洛姆和福特曼（Bar-Shalom and Fortmann, 1988）以及巴尔-沙洛姆（Bar-Shalom, 1992）收集了重要的论文。用于数据关联的 MCMC 算法的开发是由帕苏拉等人（Pasula *et al.*, 1999）提出的，他们将其应用于交通监控问题。欧等人（Oh *et al.*, 2009）提供了与其他方法的正式分析和实验比较。舒尔茨等人（Schulz *et al.*, 2003）描述了一种基于粒子滤波的数据关联方法。

英厄马尔·考克斯（Ingemar Cox）分析了数据关联的复杂性（Cox, 1993; Cox and Hingorani, 1994），并让这个话题引起了视觉界的注意。他还注意到多项式时间的匈牙利算法在寻找最可能分配问题上的适用性，这在追踪领域一直被认为是一个棘手的问题。该算法由库恩（Kuhn, 1955）发表，参考了两位匈牙利数学家德奈什·柯尼希（Dénes König）与耶诺·埃盖尔瓦里（Jenö Egerváry）在 1931 年发表的论文译稿。然而，这个基本定理早在著名数学家卡尔·古斯塔夫·雅各比（Carl Gustav Jacobi, 1804—1851）的一份未发表的拉丁文手稿中就已经被推导出来了。

科勒等人（Koller *et al.*, 1997）提出了概率程序也可以表示复杂概率模型的想法。第一个工作的 PPL 是阿维·普费弗（Avi Pfeffer）的 Ibal（Pfeffer, 2001, 2007），基于一个简单的函数式语言。Blog 可以看作一种声明式的 PPL。麦卡莱斯特等人（McAllester *et al.*, 2008）探讨了声明式和函数式 PPL 之间的联系。Church（Goodman *et al.*, 2008）是一个建立在 Scheme 语言上的 PPL，开创了利用现有编程语言的想法。Church 还引入了第一个 MCMC 推断算法，用于随机高阶函数模型，并作为一种建模人类学习复杂形式的方法（Lake *et al.*, 2015）引起了认知科学界的兴趣。PPL 还以有趣的方式与可计算理论（Ackerman *et al.*, 2013）和编程语言研究联系在一起。

在 21 世纪 10 年代，几十种基于广泛的底层编程语言的 PPL 应运而生。基于 Scala 语言的 Figaro 已经被广泛应用于各种应用（Pfeffer, 2016）。基于 Julia 和 TensorFlow 的 Gen（Cusumano-Towner *et al.*, 2019）已被用于实时机器感知以及时间序列数据分析的贝叶斯结构学习。建立在深度学习框架之上的 PPL 包括 Pyro（Bingham *et al.*, 2019）和 Edward（Tran *et al.*, 2017），前者构建在 PyTorch 上，后者构建在 TensorFlow 上。

人们一直在努力让更多的人（如数据库和电子表格用户）能够接触到概率编程。Tabular（Gordon *et al.*, 2014）在 infer.NET 之上提供了一种类似电子表格的关系模式语言。BayesDB(Saad and Mansinghka, 2017）允许用户使用一种类似 SQL 的语言组合和查询概率程序。

在概率程序中，推断通常依赖于近似方法，因为精确算法不适用于 PPL 所能表示的模型类型。诸如 Bugs、LibBi（Murray, 2013）和 Stan（Carpenter *et al.*, 2017）的闭宇宙语言通常通过构建完全等价的贝叶斯网络，然后在其中运行推断——Bugs 采用的是吉布斯采样，LibBi 采用的序贯蒙特卡罗，Stan 采用的是哈密顿蒙特卡罗进行工作。用这些语言编写的程序可以被理解为构建贝叶斯网络的指令。布里斯（Breese, 1992）演示了在给定查询和证据的情况下，如何只生成整个网络的相关片段。

使用一个落地的贝叶斯网络意味着 MCMC 访问的可能世界由贝叶斯网络中的变量值向量表示。直接采样一阶可能世界的想法是罗素（Russell, 1999）提出的。在 Factorie 语言中（McCallum *et al.*, 2009），MCMC 过程中的可能世界在标准关系数据库系统中表示。这两篇论文都提出了增量式查询重评估的方法，以避免在每个可能世界上都进行完整的查询评估。

基于落地的推断方法类似于最早的一阶逻辑推断的命题化方法（Davis and Putnam, 1960）。对于逻辑推断，解析定理证明器和逻辑编程系统都依赖于**提升**（9.2 节），以避免不必要地实例化逻辑变量。

普费弗等人（Pfeffer *et al.*, 1999）引入了一种变量消元算法，该算法将每个计算因子缓存起来，供以后涉及相同关系但不同对象的计算复用，从而实现了提升的一些计算收益。第一个真正提升的概率推断算法是普尔（Poole, 2003）描述的一种变量消元形式，随后由德萨尔沃·布拉兹等人（de Salvo Braz *et al.*, 2007）改进。米尔奇等人（Milch *et al.*, 2008）以及基森斯基和普尔（Kisynski and Poole, 2009）介绍了进一步的改进，包括某些聚合概率可以用闭式计算的情况。现在，对于提升的可能性及其复杂性已经有了相当好的理解（Gribkoff *et al.*, 2014; Kazemi *et al.*, 2017）。

如本章所述，加速推断的方法有几种。有几个项目探索结合了编译器技术和学习提议的更复杂的算法。LibBi（Murray, 2013）引入了第一个用于概率程序的粒子吉布斯推断，最早的推断编译器之一，具有对大规模并行 SMC 的 GPU 支持，以及使用建模语言来定义自定义的 MCMC 提议。温盖特等人（Wingate *et al.*, 2011）、佩奇和伍德（Paige and Wood, 2014）、吴翼等人（Wu *et al.*, 2016a）也研究了概率推断的编译。克拉雷等人（Claret *et al.*, 2013）、许尔等人（Hur *et al.*, 2014）以及库苏马诺·汤纳等人（Cusumano-Towner *et al.*, 2019）演示了将概率程序转换为更高效形式的静态分析方法。Picture（Kulkarni *et al.*, 2015）是第一个允许用户应用生成程序前向执行的学习来训练快速自底向上的提议的 PPL。黎等人（Le *et al.*, 2017）描述了深度学习技术在 PPL 中的高效重要性采样的应用。在实践中，复杂概率模型的推断算法经常使用模型中不同变量子集的混合技术。曼辛卡等人（Mansinghka *et al.*, 2013）强调了推断程序的思想，即在推断运行时对选择的变量子集应用不同的推断策略。

格图尔和塔斯卡编辑的文集（Getoor and Taskar, 2007）收录包含了一阶概率模型及其在机器学习中的应用的重要论文。概率编程论文出现在所有关于机器学习和概率推理的主要会议上，包括 NeurIPS、ICML、UAI 和 AISTATS。定期的 PPL 研讨会被纳入了 NeurIPS 和编程语言原理（Principles of Programming Languages, POPL）会议，并于 2018 年举行了第一届国际概率编程会议（International Conference on Probabilistic Programming）。

第16章

做简单决策

在本章中，我们将看到智能体应该如何做决策，以便在一个不确定的世界中（至少尽可能多地，或者在平均意义下）实现自己的目的。

在本章中，我们将详细介绍如何将效用理论与概率论结合，以产生一个决策论智能体——一个能够基于它所相信的和它所想要的做出理性决策的智能体。在存在不确定性与冲突目标的场合中，一个逻辑智能体可能无法做出决策，但决策论智能体可以做出决策。基于目标的智能体在好的（目标）状态和坏的（非目标）状态之间有一个二元区分，而决策论智能体为状态分配一个连续范围的值，因此即使没有最佳的可行状态，该智能体也容易选择一个更好的状态。

16.1 节将介绍决策论的基本原则：期望效用最大化。16.2 节将通过最大化效用函数来建模理性智能体的行为。16.3 节将更详细地讨论效用函数的性质，特别是它们与诸如金钱等独特的量之间的关系。16.4 节将展示如何处理依赖于多个量的效用函数。在 16.5 节中，我们将描述决策系统的实现。特别地，我们将引入一种称为**决策网络**（decision network）（也称为**影响图**，influence diagram）的形式体系，它通过合并动作和效用来扩展贝叶斯网络。16.6 节将展示决策论智能体如何计算获取新信息的价值，以改进其决策。

在 16.1 节至 16.6 节中，我们假设智能体使用给定的、已知的效用函数进行操作，16.7 节将放宽这个假设。我们将探讨偏好不确定性对机器部分的影响，其中最重要的是对人类的顺从。

16.1　在不确定性下结合信念与愿望

我们从一个智能体开始考虑，像所有智能体一样，它必须做出决策。它有一些可以采取的动作 a。由于当前状态可能存在不确定性，我们假设智能体赋予每个可能的当前状态 s 一个概率 $P(s)$。动作结果也可能存在不确定性；转移模型由 $P(s' \mid s, a)$ 表示，即在状态 s 下采取动作 a 达到状态 s' 的概率。由于我们主要对结果状态 s' 感兴趣，因此我们将用缩写符号 $P(\text{Result}(a) = s')$ 表示在当前状态下通过 a 达到 s' 的概率，并且忽略当前的状态。这两个概率的关系如下：

$$P(\text{Result}(a) = s') = \sum_s P(s) P(s' \mid s, a)$$

这种形式最简单的决策论用于处理基于对即时结果的愿景选择动作的问题。也就是说，环境被假设为具有在 2.3.2 节中所定义的回合式性质。（这个假设将在第 17 章中被放宽。）

智能体的偏好由**效用函数**（utility function）$U(s)$ 刻画，它通过分配单个数值来表达对某个状态的愿景。给定证据，一个动作的**期望效用**（expected utility）$EU(a)$ 是结果的加权平均效用值，其中权值是结果发生的概率：

$$EU(a) = \sum_{s'} P(\text{Result}(a) = s')U(s') \qquad (16\text{-}1)$$

最大期望效用（maximum expected utility，MEU）原则认为理性的智能体应该选择能使其期望效用最大化的动作：

$$action = \underset{a}{\arg\max} \, EU(a)$$

从某种意义上说，MEU 原则可以被看作对智能行为的指示。一个智能体所要做的就是计算各种数值以最大化其动作的效用，然后选择动作。但这并不意味着人工智能问题已经被这个定义解决了！

　　MEU 原则形式化了一个一般性的概念——智能体应该"做正确的事情"，但它没有将该建议付诸实践。估计世界可能状态的概率分布 $P(s)$ 并归并成 $P(\text{Result}(a) = s')$，要求智能体进行感知、学习、知识表示和推断。计算 $P(\text{Result}(a) = s')$ 本身需要一个关于世界的因果模型。我们可能需要考虑很多动作，计算结果的效用 $U(s')$ 本身可能需要进一步的搜索或规划，因为智能体可能不知道一个状态有多好，直到它知道从那个状态可以到达哪里。代表人类行为的人工智能系统可能不知道人类的真正效用函数，因此 U 可能有不确定性。总之，决策论不是解决人工智能问题的万能方案，但它确实提供了一个一般足以定义人工智能问题的基本数学框架的视角。

　　MEU 原则与在第 2 章中介绍的性能度量想法有着明确的联系。其基本思想很简单。考虑可能导致智能体拥有给定感知历史的环境，并考虑我们可以设计的不同智能体。如果一个智能体采取的动作是为了使正确反映性能度量的效用函数最大化，那么智能体将获得最高的可能性能分数（在所有可能的环境中取平均值）。这是 MEU 原则本身蕴含的核心理由。虽然这一主张似乎是重复的，但它实际上确实体现了从外部性能度量到内部效用函数的一个非常重要的转移。性能度量为一系列状态的历史给出一个分数。因此，智能体在完成一系列动作后，可以回顾性地应用性能度量。效用函数适用于下一个状态，因此可以使用它来逐步指导动作。

16.2　效用理论基础

　　从直觉上看，最大期望效用（MEU）原则似乎是一种合理的决策方式，但它显然不是唯一合理的方式。毕竟，为什么我们一定要最大化这个特殊的平均效用呢？最大化效用的加权立方和或最小化最坏情况的可能损失的智能体有什么问题吗？一个智能体能仅仅通过表达状态之间的偏好，而不对它们进行数值赋值来理性行动吗？最后，为什么一个具有所需特征的效用函数一定存在呢？我们将进一步解释这些问题。

16.2.1　理性偏好的约束

　　这些问题可以通过写出关于理性智能体应该拥有的偏好的一些约束来回答，接着 MEU 原则可以从这些约束中推导出来。我们使用下面的符号来描述智能体的偏好：

$A \succ B$　智能体偏好 A 甚于 B

$A \sim B$　智能体对 A 和 B 偏好相同

$A \succsim B$　智能体偏好 A 甚于 B 或者对 A 和 B 偏好相同

现在有一个明显的问题——A 和 B 是什么类型的事物？它们可以是世界中的状态，但更多的时候，不确定性在于它们真正是什么。例如，飞机上被提供"意大利面或鸡肉"的乘客不知道锡纸下面隐藏着什么[①]。意大利面可能美味可口，也可能已经冻成块了；鸡肉可能鲜嫩多汁，也可能烧焦得面目全非。我们可以把每个动作的结果集合想象成一种**彩票**（lottery），把每个动作想象成一张票。可能结果为 $S_1, \cdots, S_n$，出现概率分别为 $p_1, \cdots, p_n$ 的彩票 L 可以写作

$$L = [p_1, S_1; p_2, S_2; \cdots; p_n, S_n]$$

一般来说，彩票的每个结果 S_i 可以是原子状态，也可以是另一种彩票。效用理论的主要问题是理解复杂彩票之间的偏好与这些彩票的底层状态之间的偏好是如何关联的。为了解决这个问题，我们列出了 6 个任何合理的偏好关系都要满足的约束。

- **有序性**（orderability）：给定任意两种彩票，理性的智能体必须偏好其中一种，或者将它们评为偏好相同的。也就是说，智能体不能避免做决策。正如 12.2.3 节所指出的，拒绝赌博就像拒绝时间流逝一样。

  $(A \succ B)$、$(B \succ A)$ 或 $(A \sim B)$ 中有且只有一个成立

- **传递性**（transitivity）：给定任意 3 种彩票，如果一个智能体偏好 A 甚于 B，偏好 B 甚于 C，那么它一定偏好 A 甚于 C。

  $(A \succ B) \wedge (B \succ C) \Rightarrow (A \succ C)$

- **连续性**（continuity）：如果某彩票 B 在偏好上位于 A 和 C 之间，那么存在某种概率 p，理性智能体将在肯定获得 B 和以概率 p 生成 A 并以概率 $1-p$ 生成 C 的彩票之间偏好相同。

  $A \succ B \succ C \Rightarrow \exists p \ [p, A; 1-p, C] \sim B$

- **可替换性**（substitutability）：如果一个智能体在两种彩票 A 和 B 中偏好相同，那么这个智能体会在两种更复杂的彩票中偏好相同，这两种彩票除在其中一种彩票中用 B 代替了 A 之外，其他部分都是相同的。这无须考虑彩票的概率和其他结果即是成立的。

  $A \sim B \Rightarrow [p, A; 1-p, C] \sim [p, B; 1-p, C]$

  在这个公理中使用 $\succ$ 替换 $\sim$ 后仍然成立。

- **单调性**（monotonicity）：假设两种彩票有相同的两种可能的结果 A 和 B。如果一个智能体偏好 A 甚于 B，那么它必然偏好 A 的概率较高的彩票（反之亦然）。

  $A \succ B \Rightarrow (p > q \Leftrightarrow [p, A; 1-p, B] \succ [q, A; 1-q, B])$

- **可分解性**（decomposability）：利用概率法则，可以将复合彩票简化为更简单的彩票。这就是所谓的"无趣赌博"规则：如图 16-1b 所示，它将两个连续的彩票压缩成一个等价的彩票。[②]

  $[p, A; 1-p, [q, B; 1-q, C]] \sim [p, A; (1-p)q, B; (1-p)(1-q), C]$

这些约束被称为效用理论的公理。每一个公理都可以通过证明违反它的智能体在某些情况下会表现出明显的非理性行为来说明其提出的合理性。例如，我们可以通过让一个具有非传递性偏好的智能体把它所有的钱给我们来体现传递性公理的合理性。假设智能体具有非传递性的偏好 $A \succ B \succ C \succ A$，其中 A、B、C 是可以自由交换的商品。如果智能体现在拥有 A，那么我们可以提出用 A 交易 C 来获得 1 美分。智能体偏好 C，所以愿意做这笔交易。然后我们可以用 B 交易 C，从中获取另外 1 美分，最后用 A 交易 B。这样一来我们回到了开始的状态，此外智能体给了我们 3 美分，如图 16-1a 所示。我们可以一直这样循环，直到智能体一分钱也没有

---

① 我们向当地航空公司不再为长途航班提供食物的读者深表歉意。

② 我们可以通过将赌博事件编码到状态描述中来解释赌博的乐趣；例如，"有 10 美元就去赌博"可能比"有 10 美元但不去赌博"更受到偏好。

了。很明显，智能体在这个案例中的行为是不理智的。

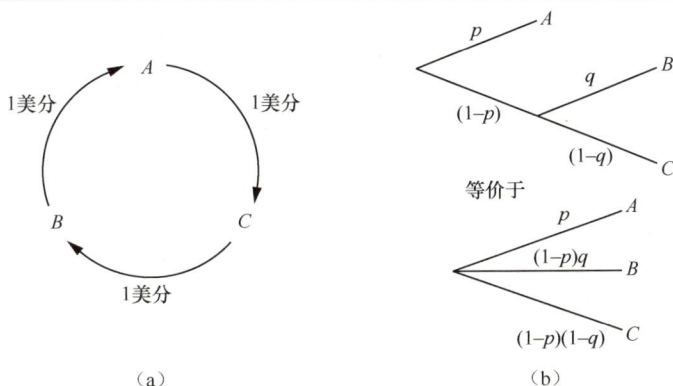

图 16-1 （a）非传递性偏好 $A > B > C > A$ 可能导致非理性行为：每次花费 1 美分的交换环。（b）可分解性公理

16.2.2 理性偏好导致效用

注意，效用理论的公理实际上是关于偏好的公理，它们不涉及效用函数。但事实上，我们可以从效用公理推导出以下结果［其证明见（von Neumann and Morgenstern, 1944）］。

- **效用函数的存在性**（existence of utility function）：如果一个智能体的偏好服从效用公理，那么存在一个函数 U，使得 $U(A) > U(B)$ 当且仅当偏好 A 甚于 B，且 $U(A) = U(B)$ 当且仅当智能体在 A 与 B 之间偏好相同。也就是

$$U(A) > U(B) \Leftrightarrow A \succ B \text{ 且 } U(A) = U(B) \Leftrightarrow A \sim B$$

- **彩票的期望效用**（expected utility of a lottery）：彩票的效用是每个结果的概率乘以该结果的效用之和。也就是

$$U([p_1, S_1; \cdots; p_n, S_n]) = \sum_i p_i U(S_i)$$

换句话说，一旦我们指定了可能结果状态的概率和效用，涉及这些状态的复合彩票的效用就完全确定了。由于一个非确定性的动作的结果是一种彩票，由此可以得出，只有根据式（16-1）选择一个期望效用最大化的动作，一个智能体才可以理性行动，也就是说，与自己的偏好保持一致。

前面的定理确立了（假设对理性偏好有约束）任何理性智能体都存在一个效用函数。这些定理并不能证明效用函数是唯一的。实际上很容易看出，效用函数 $U(S)$ 在经过下式的变换后，智能体的行为不会发生变化：

$$U'(S) = aU(S) + b \tag{16-2}$$

其中，a 和 b 是常数且 $a > 0$——这是一个正仿射变换。[①] 这一事实在我们已经在第 5 章的双人机会博弈中陈述过；在这里，我们发现它适用于所有的决策场景。

就像在博弈中一样，在确定性环境中，智能体只需要对状态进行偏好排序，其数值并不重要。我们把这称为**价值函数**（value function）或**序数效用函数**（ordinal utility function）。

[①] 从这个意义上说，效用类似于温度：华氏温度是摄氏温度的 1.8 倍加 32，但从一个量度转换成另一个量度并不会使你变热或变冷。

重要的一点是，描述智能体偏好行为的效用函数的存在并不一定意味着智能体在自己的思考中明确地最大化了效用函数。正如我们在第 2 章中所展示的，理性行为可以通过多种方式产生。一个理性的智能体可以通过查表来实现（如果可能的状态数量足够小的话）。

通过观测理性智能体的行为，观测者可以了解智能体实际试图最大化的效用函数（即使智能体本身并不知道它）。我们将在 16.7 节中重新考虑这一点。

16.3 效用函数

效用函数从彩票映射到实数。我们知道它们必须遵守有序性、传递性、连续性、可替换性、单调性和可分解性等公理。这就是效用函数的全部内容吗？严格地说，确实是这样的：一个智能体可以有它喜欢的任何偏好。例如，一个智能体可能更偏好在其银行账户中的存款额是一个质数，在这种情况下，如果它有 16 元存款，它会赠送他人 3 元。这可能是不寻常的，但我们不能称之为非理性。一个智能体可能偏好一辆受损的 1973 年福特平托，而不是一辆闪亮的新奔驰。当智能体拥有平托车时，它可能偏好质数的存款额；而当它拥有奔驰车时，它可能偏好更多的而不是更少的存款额。幸运的是，真实智能体的偏好通常更系统化，因此更容易处理。

16.3.1 效用评估和效用尺度

如果我们想要建立一个决策论系统来帮助一个人做出决策或代替他（或她）采取行动，我们必须首先弄清楚人的效用函数是什么。这个过程通常被称为偏好启发（preference elicitation），它包括向人类展示选择，并利用观测到的偏好来确定潜在的效用函数。

式（16-2）表明，效用没有绝对的尺度，尽管如此，建立一定尺度的效用有助于特定问题的记录和比较。其尺度可以通过确定任意两个特定结果的效用来确定，就像我们通过确定水的冰点和沸点来确定温度一样。通常，我们将"最佳可能奖励"的效用定为 $U(S) = u_\top$，将"最坏可能灾难"的效用定为 $U(S) = u_\bot$。（这两者都应该是有限的。）归一化效用（normalized utility）意味着 $u_\bot = 0$ 且 $u_\top = 1$ 的尺度。在这样一个尺度下，英格兰球迷可以将英格兰赢得世界杯的效用设为 1，将英格兰没能晋级的效用设为 0。

给定 $u_\top$ 和 $u_\bot$ 之间的效用尺度，我们可以通过要求智能体在 S 和标准彩票（standard lottery）$[p, u_\top; (1 - p), u_\bot]$ 之间进行选择来评估任何特定奖励 S 的效用。我们可以调整标准彩票概率 p，直到智能体在 S 与标准彩票间偏好相同。采用了归一化效用之后，S 的效用由 p 给出。一旦我们对每个奖励都采取这样的做法，那么所有涉及这些奖励的彩票的效用就确定了。例如，假设我们想知道英格兰球迷对英格兰进入半决赛然后输掉比赛的结果有多看重。我们将这个结果与概率为 p 的赢得奖杯和概率为 $1 - p$ 的晋级失败的标准彩票进行比较。如果在 $p = 0.3$ 时偏好相同，那么 0.3 就是进入半决赛然后输掉比赛的效用值。

在医疗、交通、环境等其他决策问题中，人们的生命可能处于危险之中。（是的，这些事情比世界杯上英格兰队的运气更重要。）在这种情况下，$u_\bot$ 是直接死亡的效用值（或者在真正糟糕的情况下，有许多人死亡）。虽然没有人愿意给人的生命赋予价值，但事实是，在生死问题上的权衡一直都在进行。飞机每隔一段时间就要进行一次全面检修，而不是在每次飞行之后。汽车的制造方式是在事故存活率和成本之间进行权衡。我们规定的空气污染水平限制每年都会导致 400 万人死亡。

自相矛盾的是，拒绝用金钱来衡量生命可能意味着生命被低估了。罗斯·沙赫特（Ross

Shachter）描述了一家政府机构委托进行的一项移除学校石棉的研究。进行这项研究的决策分析人员假设一个学龄儿童的生命有一个特定的金钱价值，并认为在这个假设下的理性选择是移除石棉。在道德层面，该机构对为生命设定价值的想法感到愤怒，当即拒绝了这份报告。随后机构决定反对移除石棉——这隐式地为一个儿童的生命赋予了一个比分析人员指定的价值更低的值。

目前，美国政府的几个机构，包括环境保护局、食品和药物管理局和交通部，都使用**统计学生命价值**来确定法规与干预措施的成本和收益。2019 年，典型的生命价值约为 1000 万美元。

人们曾试图弄清楚自己生命的价值。在医学和安全分析中，一种常见的"货币"称作**微亡**（micromort），即死亡概率为百万分之一。如果询问人们愿意为规避风险支付多少钱，例如，为了避免用百万发的左轮手枪玩俄罗斯轮盘赌，他们会给出非常大的数字，也许是几万美元，但他们的实际行为反映出的微亡货币价值要低得多。

例如，在英国，一辆汽车每行驶 370 千米，就会招致一个微亡的风险。如果你的汽车寿命长达 148 060 千米，那么你将面临 400 个微亡的风险。人们似乎愿意多花 1.2 万美元购买一辆更安全的汽车，以将死亡风险降低一半。因此，他们的购车行为表明，每微亡的规避价值为 60 美元。许多研究已经证实了这一数字适用于许多个人和风险类型。然而，美国交通部等政府机构通常会设定一个较低的数字，他们在道路维修上每挽救一个生命花费的金额大约为 6 美元。当然，这些计算只适用于小风险情形。大多数人不会同意自杀，即使是为了 6000 万美元。

另一个衡量标准是 **QALY**，即质量调整寿命年。患者愿意接受较短的预期寿命以避免残疾。例如，肾脏病人一般在进行两年透析和一年完全健康的生活之间有相同的偏好。

16.3.2 金钱的效用

效用理论植根于经济学，而经济学为效用度量提供了一个明显的候选者：金钱（或者更具体地说，一个智能体的总净资产）。货币对各种商品和服务的几乎普遍的可交换性表明，货币在人类的效用函数中扮演着重要的角色。

一般来说，在所有其他因素相同的情况下，一个智能体偏好更多的钱。我们称智能体表现出对更多金钱的**单调偏好**（monotonic preference）。这并不意味着金钱表现为效用函数，因为它并没有提到涉及金钱的彩票之间的偏好。

假设你在一个电视游戏节目中战胜了其他竞争者。主持人现在给了你一个选择：要么拿着 100 万美元的奖金，要么掷硬币来赌一把。如果硬币正面朝上，你什么也得不到，但如果反面朝上，你将得到 250 万美元。你可能会像大多数人那样拒绝这个赌局，把那 100 万美元装进自己的口袋。此时你是不是失去了理性？

假设硬币是公平的，这个赌局的**期望货币价值**（expected monetary value，EMV）是 $\frac{1}{2}(0)+\frac{1}{2}$ $(2\,500\,000)=1\,250\,000$，比原来的 100 万美元要多。但这并不一定意味着接受赌局是一个更好的决定。假设我们用 S_n 表示拥有总财富 n 美元的状态，你的当前财富为 k 美元。那么接受赌局和拒绝赌局的两种行为的期望效用为

$$EU(Accept) = \frac{1}{2}U(S_k) + \frac{1}{2}U(S_{k+2\,500\,000})$$

$$EU(Decline) = U(S_{k+1\,000\,000})$$

为了确定我们的行为，我们需要将效用分配给结果状态。效用并不是直接与货币价值成比例

的，因为你的第一个 100 万的效用非常高（至少他们是这么说的），而再一个 100 万的效用就较小了。假设你为你当前的财务状况（S_k）赋予效用 5，为状态 $S_{k+2\,500\,000}$ 赋予效用 9，为状态 $S_{k+1\,000\,000}$ 赋予效用 8。那么一个理性的行为将会是拒绝，因为接受的预期效用只有 7（小于拒绝的效用 8）。但是，亿万富翁的效用函数很可能在再多几百万的范围内是局部线性的，因此他会接受赌局。

在对实际效用函数的开创性研究中，格雷森（Grayson, 1960）发现，金钱的效用几乎与金额的对数成正比。[这个想法最早是由伯努利（Bernoulli, 1738）提出的，见习题 16.STPT。] 图 16-2a 给出了特定的 Beard 先生的效用曲线。Beard 先生的偏好所获得的数据与下面这个效用函数在 $n = -150\,000$ 到 $n = 800\,000$ 之间是一致的。

$$U(S_{k+n}) = -263.31 + 22.09 \log(n + 150\,000)$$

我们不应该假定这是货币价值的最终效用函数，但很可能大多数人的效用函数在正财富时是凹的。负债是不好的行为，但不同债务水平之间的偏好可能会呈现出与正财富相关的凹形反转。例如，已经负债 1000 万美元的人很可能会接受一枚均匀硬币的赌博——正面可以得到 1000 万美元，反面则损失 2000 万美元。[1] 这就产生了图 16-2b 所示的 S 形曲线。

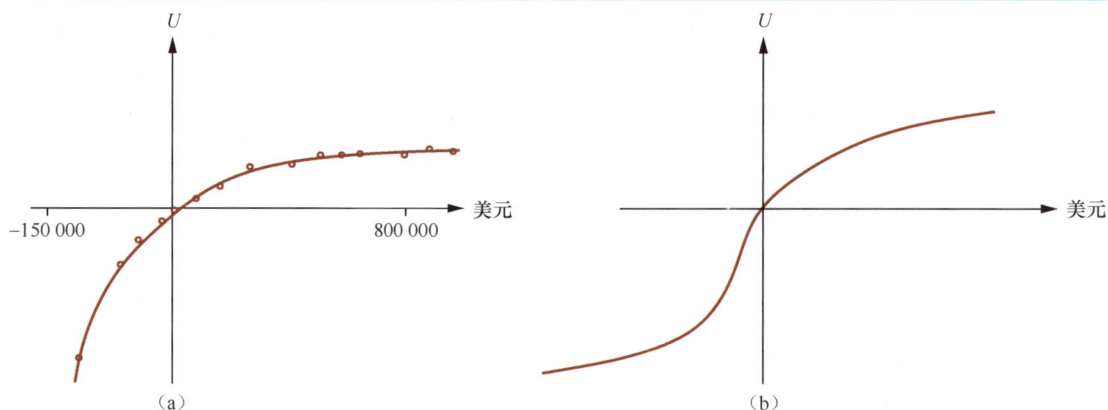

图 16-2   金钱的效用。（a）有限区间内 Beard 先生的经验数据。（b）一条全部值域的典型曲线

如果我们将注意力限制在曲线的正半部分，即斜率正在减小的部分，那么对任何彩票 L 来说，接受彩票的效用小于将彩票的预期货币价值当作确定性东西的效用：

$$U(L) < U(S_{\mathrm{EMV}}(L))$$

也就是说，拥有这种形状曲线的智能体是风险厌恶（risk-averse）的：它们更喜欢稳赚不赔的东西，而这种东西的收益要低于赌博的预期货币价值。但是，在图 16-2b 中，在大量负财富的"绝望"区域，这种行为呈现出风险寻求（risk-seeking）。智能体能接受的代替彩票的价值被称为彩票的确定性等价值（certainty equivalent）。研究表明，大多数人会接受大约 400 美元，而不是一半给 1000 美元，一半给 0 美元的赌博。也就是说，彩票的确定性等价值是 400 美元，而 EMV 是 500 美元。

彩票的 EMV 和它的确定性等价值之间的差被称为保险费（insurance premium）。风险厌恶是保险业的基础，因为这意味着保险费是正的。

人们宁愿付一小笔保险费，也不愿拿房子的价格与火灾概率进行赌博。从保险公司的角度

---

[1]   这种行为可能被称为绝望，但如果一个人已经处于绝望的境地，这就是理性的。

来看，房子的价格与公司的总储备金相比是非常小的一部分。这意味着保险公司的效用曲线在如此小的区域内是近似线性的，而赌局对公司的成本而言几乎为零。

注意，对于相对于当前财富的微小变化，几乎所有的曲线都是近似线性的。具有线性曲线的智能体被称为是**风险中性**的。因此，对于小额的赌博，我们期望存在风险中性。从某种意义上说，这证明了提出小的赌博来评估概率和证明 12.2.3 节中的概率公理的简化方法是合理的。

16.3.3 期望效用与决策后失望

选择最佳动作 a^* 的合理方式是最大化期望效用：

$$a^* = \operatorname*{argmax}_a EU(a)$$

如果我们已经根据概率模型正确地计算出期望效用，并且概率模型正确地反映了产生结果的潜在随机过程，那么，如果整个过程重复多次，平均而言我们将得到我们期望的效用。

然而在现实中，我们的模型通常对真实情况进行了过度简化，或因为我们不够了解（例如，当进行复杂的投资决策时），或因为真正的期望效用的计算太困难（例如，当在西洋双陆棋选择移动时，需要考虑所有可能的未来的掷骰子）。在这种情况下，我们实际上是在估算真实期望效用的估计 $\widehat{EU}(a)$。我们可能善意地假设，这种估计是**无偏**的，也就是说，误差的期望值 $E(\widehat{EU}(a) - EU(a))$ 是 0。在这种情况下，选择效用估计最大的动作，并期望在执行该动作时在平均意义下获得该效用，似乎仍然是合理的。

遗憾的是，即便估计是无偏的，实际结果也通常比我们估计的要糟糕得多！为了弄清楚其中的原因，让我们考虑一个有 k 个选项的决策问题，每个选项的真实估计效用都是 0。假设每个效用估计的误差是独立的，且服从一个单位正态分布，即均值为 0，标准差为 1 的高斯分布，如图 16-3 中的粗线条曲线所示。现在，当我们实际开始估算时，有些误差是负的（悲观的），有些误差是正的（乐观的）。因为选择了效用估计最大的动作，我们倾向于过于乐观的估计，这就是偏差的来源。

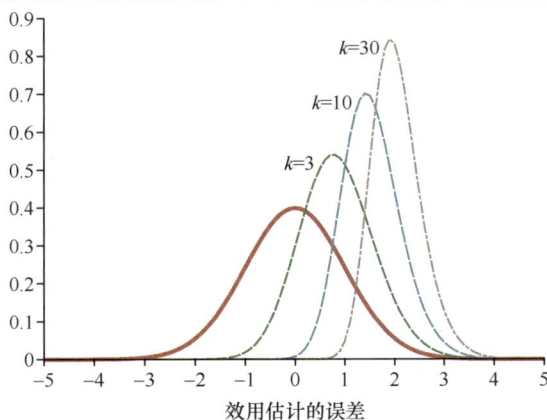

图 16-3　选择 k 个选项中的最佳选项引起的不合理的乐观：我们假设每个选项的真实效用为 0，但效用估计是单位正态分布（棕色曲线）。其他曲线展示了 $k = 3$、10 和 30 时估计最大值的分布

计算 k 个估计值的最大值的分布是一件很简单的事情，进而我们可以量化我们失望的程度。这种计算也是计算**顺序统计量**（order statistic）的一种特殊情况，即样本中任何特定排序

元素的分布情况。假设每个估计 X_i 有一个概率密度函数 $f(x)$ 和累积分布 $F(x)$。(如附录 A 所解释的，累积分布 F 衡量的是值小于或等于任一给定数量的概率，也就是说，它积分了原始密度 f。)现在令 X^* 是最大估计值，即 $\max\{X_1, \cdots, X_k\}$。那么 X^* 的累积分布是

$$P(\max\{X_1, \cdots, X_k\} \leqslant x) = P(X_1 \leqslant x, \cdots, X_k \leqslant x)$$
$$= P(X_1 \leqslant x) \cdots P(X_k \leqslant x) = F(x)^k$$

概率密度函数是累积分布函数的导数，所以 k 个估计的最大值 X^* 的密度为

$$P(x) = \frac{\mathrm{d}}{\mathrm{d}x}(F(x)^k) = kf(x)(F(x))^{k-1}$$

图 16-3 展示了当 $f(x)$ 为单位正态分布时，不同 k 值情况下的密度。对于 $k = 3$，变量 X^* 的均值约为 0.85，因此平均失望值约为效用估计标准差的 85%。如果我们有更多的选择，很有可能导致过度乐观：对于 $k = 30$，失望值将是估计的标准差的两倍左右。

这种最佳选择的期望效用估计过高的趋势被称为**乐观者诅咒**（optimizer's curse）（Smith and Winkler, 2006）。即使是经验最丰富的决策分析师和统计学家也会受到它的困扰。乐观的估计会导致一些严重的错误：某个激动人心的新药物在实验中已治愈 80% 的患者，它可能会被认为可以治愈 80% 的患者（在这个问题中，k 可能包括成千上万的候选药物，而该药物是从中挑选出来的）；某个基金宣传自己具有高于平均水平的回报，并将持续保持（实际上它是从公司的整体投资组合中的几十个基金中选择出来，并投放在广告中）。乐观的估计甚至可能导致这样的结果——如果效用估计的方差高的话，看似是最佳的选择未必是最佳的：一种从上千种尝试中选择的、已治愈了 10 位患者中的 9 位的药物可能比另一种已治愈了 1000 位患者中的 800 位的药物要差。

由于效用最大化的选择过程的普遍性，乐观者诅咒无处不在，所以将效用估计按面值计算不是一个好主意。我们可以通过贝叶斯方法（使用效用估计误差的显式概率模型 $P(\widehat{EU} \mid EU)$）来避免诅咒。给定这个模型和可能合理的效用的先验，我们将效用估计作为证据，并使用贝叶斯法则计算真实效用的后验分布。

16.3.4　人类判断与非理性

决策论是一种**规范性理论**（normative theory）：它描述了理性的智能体应该如何行动。但是，**描述性理论**（descriptive theory）描述实际的智能体（如人类）是如何行动的。如果两者吻合，经济理论将大有用武之地，但似乎有一些实验证据表明，情况恰恰相反。有证据表明，人类是"可预见地非理性"（Ariely, 2009）。

最著名的问题是阿莱悖论（Allais, 1953）。人们可以在 A 和 B 彩票以及 C 和 D 彩票中进行选择，这些彩票包含以下奖励：

A：80% 的机会获得 4000 美元　　　　　C：20% 的机会获得 4000 美元

B：100% 的机会获得 3000 美元　　　　　D：25% 的机会获得 3000 美元

大多数人一致偏好 B 而不是 A（选择确定性的东西），大多数人偏好 C 而不是 D（选择较高的 EMV）。规范性分析不同意这种观点！如果使用式（16-2）隐含的自由度来设置 $U(0) = 0$，我们就可以很容易地发现这一点。在这种情况下，$B \succ A$ 隐含 $U(3000) > 0.8U(4000)$，而 $C \succ D$ 则恰恰相反。换句话说，不存在与这些选择一致的效用函数。

对这种明显的非理性偏好的一种解释是**确定性效应**（certainty effect）（Kahneman and

Tversky, 1979)：人们强烈地被确定性的收益所吸引。有几个原因可以帮助解释产生这种现象的原因。

第一，人们可能更偏好于减轻他们的计算负担；通过选择确定性的结果，他们不需要计算概率。即便涉及的计算非常简单，这种效应也会持续存在。

第二，人们可能不相信所陈述的概率的合理性。如果我能控制硬币和抛硬币的过程，那么我相信抛硬币的结果大概是 50 对 50，但如果抛硬币的人对结果有既得利益[①]，我可能不相信结果。在不信任的基础上，我们最好还是去选择确信的事情。[②]

第三，人们可能会对他们的情感状态和财务状况有所顾忌。人们知道，如果为了 80% 的机会获得更高的奖励而放弃了确定性奖励（B），然后又失败了，他们会感到后悔。

换句话说，如果选择 A，就有 20% 的机会得不到钱并感觉自己像个十足的白痴，这比没有钱更糟糕。因此，选择 B 而非 A，选择 C 而非 D 的人或许并非不理性；他们愿意放弃 200 美元的 EMV，以避免 20% 的概率感觉自己像个白痴。

一个相关的问题是埃尔斯伯格悖论。在这个悖论中，奖励是固定的，但概率是不定的。你的收益将取决于从瓮中选择的球的颜色。你被告知瓮里有 1/3 红球，2/3 黑球或黄球，但你不知道有多少黑球和多少黄球。你会被再一次问到更偏好彩票 A 还是 B；然后是 C 还是 D：

A：选中红球获得 100　　　C：选中红球或黄球获得 100

B：选中黑球获得 100　　　D：选中黑球或黄球获得 100

很明显，如果你认为红球比黑球多，那么应该偏好 A 而不是 B，偏好 C 而不是 D；如果你认为红球比黑球少，你应该做出相反的选择。但事实证明，大多数人偏好 A 而不是 B，偏好 D 而不是 C，尽管世界上没有任何一种球的颜色状态符合这一决策。人们似乎有**模糊厌恶**（ambiguity aversion）的倾向：A 给了你 1/3 的获胜机会，而 B 的获胜机会可能在 0 和 2/3 之间。类似地，D 给了你 2/3 的机会，而 C 可能在 1/3 到 3/3 之间。大多数人愿意选择已知的概率而不是未知的未知。

然而，另一个问题是，对决策问题的准确措辞可能会对智能体的选择产生重大影响；这被称为**框架效应**（framing effect）。考虑一个被描述为 90% 存活率的医疗过程和一个被描述为 10% 死亡率的医疗过程，实验表明，人们更喜欢前一个说法，尽管这两种说法含有完全一致的意义。人们在许多实验中都发现了这种判断上的差异，无论实验对象是诊所的病人、精通统计的商学院学生，还是经验丰富的医生，这种差异现象都大同小异。

人们更愿意做出相对效用判断，而不是绝对效用判断。例如，我可能不知道我有多喜欢餐厅提供的各种葡萄酒。餐厅利用这一点，提供了一瓶 200 美元的酒，尽管没人会买它，但这抬高了顾客对所有葡萄酒价值的估计，进而让一瓶 55 美元的酒看起来很便宜。这被称为**锚定效应**（anchoring effect）。

如果人类信息提供者坚持相互矛盾的偏好判断，那么自动化智能体就无法做到与之一致。幸运的是，人类做出的偏好判断往往是开放的，可以根据进一步的考虑进行修改。如果我们能更好地解释这些选择，像阿莱悖论和埃尔斯伯格悖论这样的悖论就会大大减少（但不是消除）。在哈佛商学院关于评估金钱效用的研究中，基尼和雷法（Keeney and Raiffa, 1976, p. 210）发表

---

① 例如，数学家/魔术师佩尔西·迪亚科尼斯（Persi Diaconis）每次都可以随心所欲地抛硬币（Landhuis, 2004）。

② 即使是确信的事情也可能不确定。例如，尽管我们得到铁一般的承诺，但我们还没有从之前并不认识的已故亲戚的尼日利亚银行账户收到 2700 万美元。

了以下观点：

> 研究对象往往在小型项目中表现得过于风险厌恶，因此……拟合的效用函数显示了具有较大价差的彩票的巨大风险溢价……然而，大多数受试者都能调和自己的矛盾，并觉得自己已经学到了关于行为方式的重要一课。因此，一些受试者取消了他们的汽车碰撞险，并购买了更多的定期人寿险。

人类非理性的证据也受到**演化心理学**（evolutionary psychology）领域研究人员的质疑，他们指出，我们大脑的决策机制并没有进化到用十进制数字表示的概率和奖励来解决文字问题。为了便于论证，我们首先承认大脑有内在的神经机制来计算概率和效用，或是其他功能上相同的部分。如果是这样，所需的输入将通过结果和奖励的积累经验而不是通过数值的语言表达来获得。

我们是否能够通过语言/数字形式呈现决策问题，直接访问大脑内置的神经机制，这一点还远未明朗。同一个决策问题的不同措辞会引出不同的选择，这一事实表明，决策问题本身并没有得到解决。在这一观测的启发下，心理学家尝试以"适合演化"的形式提出不确定性推理和决策问题。例如，实验者可能不会把手术描述为 90% 的存活率，而是展示 100 个手术的简笔画动画，其中 10 个病人死亡，90 个病人存活。以这种方式提出决策问题，人们的行为似乎更接近理性的标准。

16.4　多属性效用函数

公共政策领域的决策涉及金钱和生命两方面的高风险。例如，在决定发电厂有害排放物的允许水平时，决策者必须权衡对死亡和残疾的防范与电力效益以及减少排放所带来的经济负担之间的关系。在为新机场选址时，政府须考虑施工造成的干扰、土地成本、与人口中心的距离、飞行作业的噪声、因当地地形及天气情况而导致的安全问题等。像这样的问题，其结果由两个或两个以上的属性表征，是由**多属性效用理论**（multiattribute utility theory）来处理的。本质上，它是一种比较苹果与桔子的理论。

设属性为 $X = X_1, \cdots, X_n$，一个完整的赋值向量为 $\boldsymbol{x} = \langle x_1, \cdots, x_n \rangle$，其中每个 x_i 是一个数值或者是一个事先对值进行排序的离散值。如果我们对其进行安排，使属性的较高值总是对应较高的效用，那么分析就会更容易：效用单调递增。这意味着我们不能把死亡人数 d 作为一个属性；我们必须使用 $-d$。这也意味着我们不能用室温 t 作为一个属性。如果温度的效用函数峰值在 70°F，并且在任意一侧单调下降，那么我们可以将该属性分成两段。我们可以用 $t - 70$ 来衡量房间是否足够暖和，用 $70 - t$ 来衡量房间是否足够凉爽。这两个属性在它们达到温度为 0 处的最大效用值之前都是单调递增的。从温度为 0 的点开始，效用曲线就变平了，这意味着在70°F 以上，你无法再获得更多的温暖，在 70°F 以下，你也无法获得更多的凉爽。

机场问题中的属性可以是：

- *Throughput*，每天的飞行次数；
- *Safety*，负的每年期望死亡人数；
- *Quietness*，负的居住在飞行路径下的人数；
- *Frugality*，负的建筑成本。

我们首先考察无须将属性值组合为单个效用值就可以做出决策的情况。然后我们再探究在哪些情况下，属性组合的效用可以被非常简明地指定。

16.4.1　占优

假设机场选址为 S_1 的成本更低，噪音污染更少，且比选址 S_2 更安全。人们会毫不犹豫地拒绝 S_2。我们说 S_1 相比 S_2 存在**严格占优**（strict dominance）。通常，如果一个选项在所有属性上的值都低于其他选项，则我们不需要进一步考虑它。严格占优通常在缩小范围以选择真正的竞争者上十分有用，尽管它很少产生一个唯一选择。图 16-4a 给出了两属性情况的示意图。

这对于确定性的情况是很好的，在这种情况下，属性值是确定已知的。那么在结果是不确定的一般情况呢？我们可以构造严格占优的直接模拟，其中，尽管存在不确定性，但 S_1 的所有可能的具体结果比 S_2 的所有可能结果严格占优（见图 16-4b）。当然，这种情况发生的频率可能比确定性情况更低。

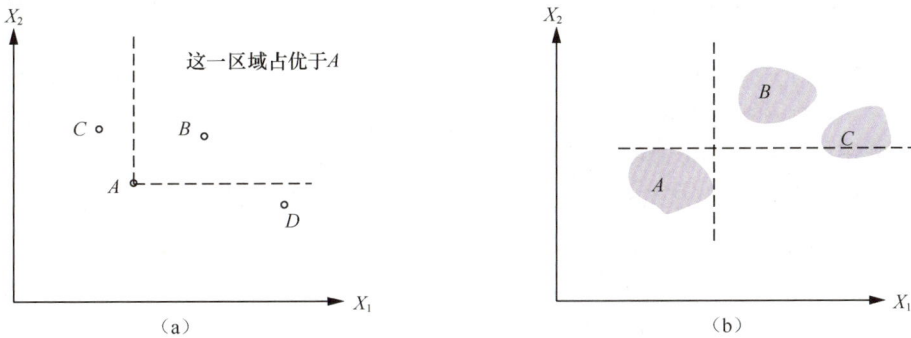

图 16-4　严格占优。（a）确定性：对 A 有严格占优的是 B，而不是 C 或 D。（b）不确定性：对 A 有严格占优的是 B，而不是 C

幸运的是，一个称为**随机占优**（stochastic dominance）的更有用的泛化在实际问题中经常出现。假设我们认为将机场建在 S_1 的成本均匀分布在 28 亿美元到 48 亿美元之间，而将机场建在 S_2 的成本均匀分布在 30 亿美元到 52 亿美元之间。将属性 *Frugality* 定义为负成本。图 16-5a 展示了 S_1 和 S_2 地点节省开支的分布情况。在此基础上，如果我们只考虑成本越低越好（所有其他条件都相同），我们可以说 S_1 随机占优于 S_2（即 S_2 可以被丢弃）。注意，这并不是通过比较期望成本得出的结果。例如，如果我们知道 S_1 的成本正好是 38 亿美元，那么在没有关于金钱效用的额外信息的情况下我们将无法做出决策。（关于 S_1 成本的更多信息可能会降低智能体的决策能力，这似乎有点奇怪。我们注意到，在缺乏准确成本信息的情况下，决策更容易做出，但这一决策也更有可能是错误的，这就解决了这一矛盾。）

建立随机占优所需的属性分布之间的确切关系最好通过检查累积分布来了解，如图 16-5b 所示。如果 S_1 的累积分布总是在 S_2 的累积分布的右边，那么从随机的角度来说，S_1 比 S_2 便宜。形式上，如果两个动作 A_1 和 A_2 导致的属性 X 概率分布分别为 $p_1(x)$ 与 $p_2(x)$，那么当下式成立时，我们说，在 X 上 A_1 随机占优于 A_2：

$$\forall x \int_{-\infty}^{x} p_1(x')\,\mathrm{d}x' \leqslant \int_{-\infty}^{x} p_2(x')\,\mathrm{d}x'$$

这个定义与最优决策选择的相关性来自以下性质：如果 A_1 随机占优于 A_2，那么对于任意单调不减效用函数 $U(x)$，A_1 的期望效用至少和 A_2 的期望效用一样高。为了解其中的原因，考虑两种期望效用 $\int p_1(x)U(x)\mathrm{d}x$ 和 $\int p_2(x)U(x)\mathrm{d}x$。起初，考虑到随机占优提供的条件是 p_1 积分小于 p_2

积分，第一个积分大于第二个积分并不显然。

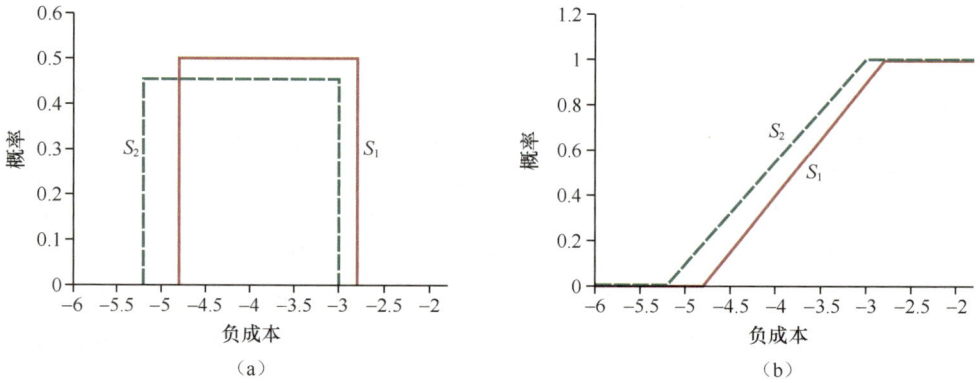

图 16-5   随机占优。（a）在节省成本（负成本）上，S_1 随机占优于 S_2。（b）S_1 与 S_2 的节省成本的累积分布

我们不考虑对 x 的积分，而是考虑对 y 的积分，即累积概率，如图 16-5b 所示。对于任意 y 值，S_1 对应的 x 值大于 S_2（因此 $U(x)$ 也有该性质）；所以如果在整个 y 的范围内对一个更大的量积分，我们必然会得到一个更大的结果。形式上，它只是将 $y = P_1(x)$ 替换到 S_1 期望值的积分中，将 $y = P_2(x)$ 替换到 S_2 期望值的积分中。通过这些替换，对于 S_1，我们有 $\mathrm{d}y = \dfrac{\mathrm{d}}{\mathrm{d}x}(P_1(x))\mathrm{d}x = p_1(x)\mathrm{d}x$；对于 S_2，我们有 $\mathrm{d}y = p_2(x)\mathrm{d}x$，因此

$$\int_{-\infty}^{+\infty} p_1(x)\,U(x)\,\mathrm{d}x = \int_0^1 U(P_1^{-1}(y))\,\mathrm{d}y \geqslant \int_0^1 U(P_2^{-1}(y))\,\mathrm{d}y = \int_{-\infty}^{+\infty} p_2(x)\,U(x)\,\mathrm{d}x$$

这个不等式允许我们在单属性的问题中偏好 A_1 而不是 A_2。更普遍的是，如果在多属性问题中，一个动作在所有属性上被另一个动作随机占优，那么它可以被舍弃。

随机占优条件可能看起来相当技术性，如果不经过大量的概率计算，可能不那么容易评估。事实上，在很多情况下，该判断都很容易。例如，你是愿意从 3 毫米高处还是从 3 米高处头朝下摔在混凝土地上呢？假设你选择了 3 毫米，这是好选择！为什么这一定是一个更好的决定？在这两种情况下，对于你将遭受的损伤程度有很多不确定性；但是对于任何给定的损伤级别，你从 3 米高处落下时至少会达到该损伤级别的概率比从 3 毫米高处落下时的概率要大。换句话说，在 *Safety* 属性上，3 毫米相对于 3 米随机占优。

这种推理是人类的第二天性，显然，我们甚至都不需要思考就能得出结论。随机控制理论在机场问题中也常常被用到。例如，假设建筑运输成本取决于到供应商的距离。成本本身是不确定的，但距离越大，成本就越大。如果 S_1 比 S_2 更接近，那么 S_1 将会在节省成本方面胜过 S_2。在定性概率网络（qualitative probabilistic network）中，这种定性信息在不确定变量之间传播的算法是存在的，它使系统在不使用任何数值的情况下基于随机占优做出理性决策（我们不在这里深入介绍）。

16.4.2   偏好结构与多属性效用

假设我们有 n 个属性，每个属性都有 d 个不同的可能值。为指定完整的效用函数 $U(x_1, \cdots, x_n)$，在最坏的情况下我们需要 d^n 个值。多属性效用理论旨在识别人类偏好中的额外结构，从而不需要单独指定所有 d^n 个值。在发现偏好行为的一些规律性之后，我们推导出表示定理

（representation theorem），证明具有特定种类的偏好结构的智能体具有效用函数

$$U(x_1, \cdots, x_n) = F[f_1(x_1), \cdots, f_n(x_n)]$$

其中，F（我们希望）是像加法一样的简单函数。注意，这与使用贝叶斯网络来分解几个随机变量的联合概率是相似的。

例如，假设每个 x_i 是智能体拥有的特定货币（如美元、欧元、马克、里拉等）的金额。f_i 函数可以将每个金额转换成一种通用货币，则 F 将是简单的加法函数。

1. 不含不确定性的偏好

我们先从确定性的情况开始考虑。在 16.2 节中我们注意到，对于确定性环境，智能体有一个价值函数，我们在这里把这一函数简明地写作 $V(x_1, \cdots, x_n)$。在确定性偏好结构中产生的基本价规律性被称为**偏好独立性**（preference independence）。如果结果 $\langle x_1, x_2, x_3 \rangle$ 和 $\langle x_1', x_2', x_3' \rangle$ 之间的偏好不依赖于属性 X_3 的特定值 x_3，则我们称两个属性 X_1 和 X_2 偏好独立于第三个属性 X_3。

让我们再次考虑机场的例子，（除其他属性外）我们需要考虑的属性有 *Quietness*、*Frugality* 与 *Safety*，我们可以认为 *Quietness* 与 *Frugality* 偏好独立于 *Safety*。例如，如果两种情况下的安全水平都是每十亿乘客里程有 0.006 人死亡，我们偏好一个有着 20 000 人居住在飞行路径下、造价为 40 亿美元的结果甚于一个 70 000 人居住飞行路径下、造价为 37 亿美元的结果，那么当安全水平为 0.012 或 0.013 时，我们也会有着相同的偏好。当 *Quietness* 与 *Frugality* 有其他的数值对时，同样的偏好仍然成立。同样显然的是，*Frugality* 与 *Safety* 偏好独立于 *Quietness*，并且 *Quietness* 与 *Safety* 偏好独立于 *Frugality*。

我们称属性集合 {*Quietness, Frugality, Safety*} 表现出**相互偏好独立性**（mutual preferential independence，MPI）。MPI 表明，尽管每个属性可能都是重要的，但它并不会影响其他属性间相互权衡的方式。

相互偏好独立性是一个拗口的名称，但它使得智能体的价值函数有一个简单的形式（Debreu, 1960）：如果属性 $X_1, \cdots, X_n$ 是相互偏好独立的，则智能体的偏好可以用价值函数

$$V(x_1, \cdots, x_n) = \sum_i V_i(x_i)$$

来表示，其中，每个 V_i 只涉及属性 X_i。例如，机场决策问题的价值函数可以用下式来表示：

$$V(quietness, frugality, safety) = quietness \times 10^4 + frugality + safety \times 10^{12}$$

这种类型的价值函数被称为**加性价值函数**（additive value function）。加性价值函数是描述智能体偏好的非常自然的方式，它在许多实际场景中是有效的。在含有 n 个属性时，我们可以通过评估 n 个单独的一维价值函数来评估一个加性价值函数，而不需要直接评估一个 n 维函数。通常，这意味着所需的偏好实验数量指数级地减少了。即使 MPI 并不严格成立（如属性为某些极端值），加性价值函数仍然可以提供一个智能体偏好的好的近似。如果不满足 MPI 的属性范围是实际中不太可能发生的范围时，情况尤其如此。

为了更好地理解 MPI，研究它不成立的情况会有所帮助。假设你位于一个中世纪的市场中，你正在考虑购买一些猎犬、鸡和用来养鸡的柳条笼子。猎犬非常值钱，但如果没有足够的笼子养鸡，猎犬就会把鸡吃掉；因此，猎犬和鸡之间的权衡很大程度上取决于笼子的数量，这个问题不满足 MPI。各种属性之间存在的这种相互作用使得评估整体价值函数变得更加困难。

2. 偏好的不确定性

当问题域存在不确定性时，我们还需要考虑彩票之间的偏好结构，并理解效用函数的结果性质，而不仅仅是价值函数。这个问题的数学推导可能会相当复杂，因此我们只给出其中一个主要结果，来说明可以做些什么。

效用独立性（utility independence）的基本概念将偏好独立性推广到彩票领域：我们称一组属性 X 的效用独立于另一组属性 Y，如果关于属性 X 的彩票间的偏好独立于属性 Y 的特定值。我们称一组属性是**相互效用独立的**（mutually utility independent，MUI），如果它的每个属性子集都效用独立于其他属性。同样，认为机场问题的属性满足 MUI 似乎是合理的。

MUI 性质意味着智能体的行为可以用**乘性效用函数**（multiplicative utility function）来描述（Keeney, 1974）。我们将通过观测 3 个属性下的乘性效用函数来了解乘性效用函数的一般形式。为了简洁起见，我们用 U_i 表示 $U_i(x_i)$：

$$U = k_1 U_1 + k_2 U_2 + k_3 U_3 + k_1 k_2 U_1 U_2 + k_2 k_3 U_2 U_3 + k_3 k_1 U_3 U_1 \\ + k_1 k_2 k_3 U_1 U_2 U_3$$

尽管这看起来并不简单，但它只包含 3 个单属性效用函数和 3 个常量。一般来说，具有 MUI 性质的 n 属性问题可以使用 n 个单属性效用和 n 个常量进行建模。每个单属性效用函数都可以独立于其他属性单独推导，这种组合将保证生成正确的整体偏好。为了得到一个纯粹的加性效用函数，我们还需要额外的假设。

16.5　决策网络

本节中，我们将介绍做理性决策的通用机制。这个概念通常被称作**影响图**（influence diagram）（Howard and Matheson, 1984），但我们将使用更具描述性的术语**决策网络**（decision network）。决策网络将贝叶斯网络与用于动作与效用的额外节点类型相结合。我们仍把机场选址问题作为示例。

16.5.1　使用决策网络表示决策问题

在其最一般的形式中，决策网络表示关于智能体的当前状态信息、可能动作、将由智能体的动作导致的状态以及该状态的效用。因此，它为在 2.4.5 节中首次介绍的基于效用的智能体的实现提供了基础。图 16-6 给出了机场选址问题的决策网络。它给出了 3 种节点类型。

- **机会节点**（chance node）（椭圆形）表示随机变量（就像在贝叶斯网络中一样）。智能体可能不确定建筑成本（*Construction*）、空运水平（*Air Traffic*）和潜在诉讼（*Litigation*），以及 *Safety*、*Quietness* 和总 *Frugality* 变量，每一个变量也取决于选址。每个机会节点都与一个条件分布相关联，该分布按父节点的状态进行索引。在决策网络中，父节点可以包括决策节点和机会节点。注意，每个当前状态的机会节点都可能是评估建筑成本、空运水平和潜在诉讼的大型贝叶斯网络的一部分。

- **决策节点**（decision node）（矩形）代表决策制定者可以选择动作的点。在这个例子里，对于考虑中的每个站点，*Airport Site* 可以采用不同的动作值。这种选择会影响到解决方案的安全、安静和节省成本。在本章中，我们假设所处理的是单个决策节点。第 17 章讨论了必须作出不止一项决定的情况。

- **效用节点**（utility node）（菱形）代表智能体的效用函数。[①] 效用节点的父节点是所有描述直接影响效用结果的变量。与效用节点相关联的是作为父特征函数的智能体效用函数的描述。这种描述可以是函数的列表，也可以是参数化的特征值加性或线性函数。现在，我们假设函数是确定性的；也就是说，给定其父变量的值，效用节点的值就完全确定了。

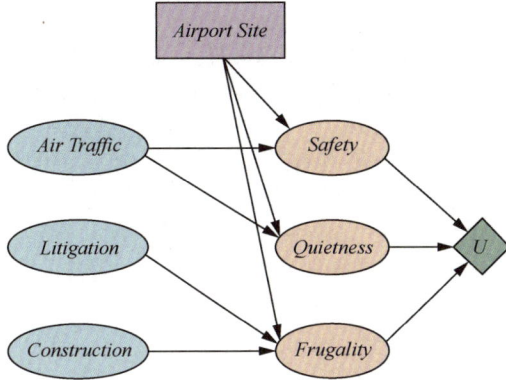

图 16-6 机场选址问题的决策网络

在许多情况下，我们可以采用简化形式。简化形式中的符号保持相同，但省去了描述结果状态的机会节点。而效用节点将直接连接到当前状态节点和决策节点。在这种情况下，效用节点表示的是如式（16-1）所定义的与每个动作相关联的期望效用，而不是输出状态上的效用函数；也就是说，节点与一个**动作效用函数**（action-utility function）（在第 22 章中所述的强化学习中也称为 **Q 函数**（Q-function））相关联。图 16-7 给出了机场选址问题的动作效用表示。

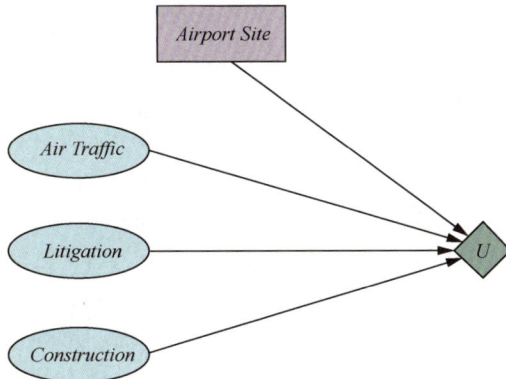

图 16-7 机场选址问题的简化表示。与结果状态对应的机会节点已被略去

注意，因为图 16-6 中的 *Quietness*、*Safety* 与 *Frugality* 机会节点是指未来的状态，所以它们的值永远不会被设置为证据变量。因此，只要可以使用更一般的形式，就可以使用省略这些节点的简化版本。尽管简化形式包含较少的节点，但省略了对选址决策结果的明确描述意味着它对环境变化的灵活性较低。

例如，在图 16-6 中，飞机噪声水平的变化可以由与 *Quietness* 节点相关联的条件概率表的

---

① 这些节点在文献中被称为价值节点（value node）。

变化反映，而在效用函数中噪声污染的权重的变化可以由效用表的变化反映。但是，在动作效用图（图 16-7）中，所有这些变化都必须通过动作效用表的变化来反映。从本质上讲，动作效用形式化表示是原始形式化表示通过对结果状态变量进行求和消元得到的整合版本。

16.5.2   评估决策网络

我们可以通过评估决策网络对决策节点的每种可能设置来选择动作。一旦决策节点被设置，它的行为将与作为证据变量设置的机会节点完全一样。评估决策网络的算法如下。

（1）为当前状态设置证据变量。
（2）对决策节点的每个可能值：
a. 将决策节点设置为该值；
b. 使用标准概率推断算法计算效用节点的父节点的后验概率；
c. 计算动作的结果效用。
（3）返回具有最高效用的动作。

这是一种直接的方法，它可以直接套用任何已有的贝叶斯网络算法，并可以直接结合到图 12-1 中给出的智能体设计中。我们将在第 17 章中看到，执行多个动作组成的序列的可能性使问题变得更加有趣。

16.6   信息价值

在前面的分析中，我们假设所有相关的信息，或者至少所有可用的信息，都是在智能体做出决策之前提供给它的。在实践中，这几乎是不可能的。决策时一个最重要的部分就是知道该问什么问题。例如，医生不能指望在病人第一次进入诊室时就能得到关于病人的所有可能诊断测试和问题的结果。一部分原因是，测试通常是昂贵的，甚至有时是危险的（测试本身可能是危险，或者由于需要时间导致病的治疗延后，这也是危险的）。它们的重要性取决于两个因素：测试结果是否会导致一个显著更好的治疗方案，以及测试出有意义的各种结果的可能性有多大。

在本节中，我们将介绍信息价值理论（information value theory），它使智能体可以选择获取什么信息。我们假设在选择由决策节点表示的实际动作之前，智能体可以获得模型中任何潜在可观测的机会变量的值。因此，信息价值理论涉及的是一种简化形式下的序贯决策，简化的原因是观测行为只影响智能体的信念状态（belief state），而不影响外部的物理状态。任何特定观测的价值必须来自影响智能体最终物理动作的潜力；这种潜力可以直接从决策模型本身进行估计。

16.6.1   简单示例

假设一家石油公司希望购买 n 块不可区分的海洋开采权中的一块。我们进一步假设，其中恰好有一个区域包含将产生 C 美元净利润的石油，而其他区域一文不值。每块区域开采权的要价是 C/n 美元。如果该公司是风险中性的，那么它在购买一个区域和不购买一个区域之间是没有偏好的，因为两种情况下的预期利润都是零。

现在假设一位地震学家向该公司提供了对 3 号区域的调查结果，该结果明确表明该区块是否含有石油。那么公司愿意为这些信息支付多少钱？回答这个问题的方法是对公司在掌握了这些信息后的行为进行考察。

- 有 $1/n$ 的概率，该调查表明 3 号区域含有石油。这种情况下，公司会以 C/n 美元购买 3 号区域，获得 $C - C/n = (n-1)C/n$ 美元的利润。
- 有 $(n-1)/n$ 的概率，该调查表明这个区域不含石油。这种情况下，公司会购买一个不同的区域。现在在一个其他区域中发现石油的概率从 $1/n$ 变化到 $1/(n-1)$，所以公司的期望利润为 $C/(n-1) - C/n = C/n(n-1)$ 美元。

现在给定调查信息，我们可以计算期望利润：

$$\frac{1}{n} \times \frac{(n-1)C}{n} + \frac{n-1}{n} \times \frac{C}{n(n-1)} = C/n$$

因此，这些信息对该公司价值 C/n 美元，而且该公司应该愿意向地震学家支付这一金额的很大一部分。

信息的价值来自这样一个事实：有了信息，动作方针就可以改变，以适应实际情况。在含有信息的情况下，个体可以根据不同的信息行动，而在没有信息的情况下，一个人必须在可能的情况下做出平均意义下最佳的动作。一般来说，一个特定信息的价值被定义为获得信息之前和之后最佳动作的期望价值之差。

16.6.2 完美信息的一般公式

推导出有关信息价值的一般数学公式是简单的。我们假设可以获得关于一些随机变量 E_j 的值的精确证据（也就是说，我们知道 $E_j = e_j$），所以我们将采用术语完美信息价值（value of perfect information，VPI）。[1]

在智能体只有原始信息的状态下，根据式（16-1），当前最佳动作 α 的价值为

$$EU(\alpha) = \max_a \sum_{s'} P(\text{Result}(a) = s')U(s')$$

（在获得新证据 $E_j = e_j$ 后）新的最佳动作的价值为

$$EU(\alpha_e \mid e_j) = \max_a \sum_{s'} P(\text{Result}(a) = s' \mid e_j)U(s')$$

但是 E_j 是一个随机变量，它的值目前是未知的，所以要确定新信息 E_j 的价值，我们必须使用我们对其值的当前信念，对所有可能发现的 E_j 值 e_j 取平均：

$$VPI(E_j) = \left(\sum_{e_j} P(E_j = e_j)EU(\alpha_{e_j} \mid E_j = e_j) \right) - EU(\alpha)$$

为了对这个公式有一些直观的理解，考虑一个简单的情况，其中我们只有两个动作 a_1 与 a_2 可供选择。它们目前的期望效用是 U_1 和 U_2。信息 $E_j = e_j$ 会为动作产生一些新的期望效用U_1'与U_2'，但在我们得到 E_j 之前，我们会得到U_1'与U_2'可能值的概率分布（我们假设它们是独立的）。

假设 a_1 和 a_2 代表冬季穿越山脉的两条不同路线：a_1 是一条路况好的、穿过隧道的笔直高速公路，a_2 是一条山顶上的蜿蜒土路。如果这是我们仅有的信息，那么显然 a_1 更可取，因为

---

[1] 在要求完美信息的过程中不会损失表达能力。假设我们想要建模一种情况，在这种情况下，我们对一个变量变得更加确定。我们可以通过引入另一个我们已掌握完美信息的变量来做到。例如，假设我们一开始对变量 *Temperature* 有着广泛的不确定性。然后我们得到了完美知识 *Thermometer* = 37；这给我们提供了关于真实 *Temperature* 的不完美信息，以及因在传感器模型 $P(Thermometer \mid Temperature)$ 中编码测量误差带来的不确定性。另一个例子请参考习题 16.VPIX。

a_2 很有可能被雪阻塞，而任何障碍都不太可能阻塞 a_1。因此 U_1 显然比 U_2 高。我们可以获得关于每条道路实际状态的卫星报告 E_j，这将给出两条道路的新效用，U_1' 和 U_2'。这些期望的分布如图 16-8a 所示。显然，在这种情况下，卫星报告不值得我们花钱去获得，因为从它们获得的信息不太可能改变我们的规划。规划没有变化，信息就没有价值。

现在假设我们要在两条蜿蜒的土路中进行选择，两条路的长度略有不同，此外我们还载着一位受了重伤的旅客。在此基础上，即使 U_1 与 U_2 很接近，U_1' 与 U_2' 的分布也很可能有较大差异。当第一条路被阻塞时，第二条畅通的可能性非常大，在这种情况下，效用之间的差异将非常大。VPI 公式表明，获取卫星报告可能是值得的。图 16-8b 表明了这种情况。最后，假设我们在夏季的两条土路中进行选择，那时两条路不太可能被雪堵塞。在这种情况下，卫星报告可能会显示：因为开花的高山草甸，一条路线比另一条更美丽，或者可能因为最近的降雨，一条路线比另一条更湿润。因此，如果得到这方面的信息，我们很可能会改变规划。但是在这种情况下，两个路线之间的价值的差异仍然可能非常小，所以我们不需要费心去获取报告。这种情况见图 16-8c。

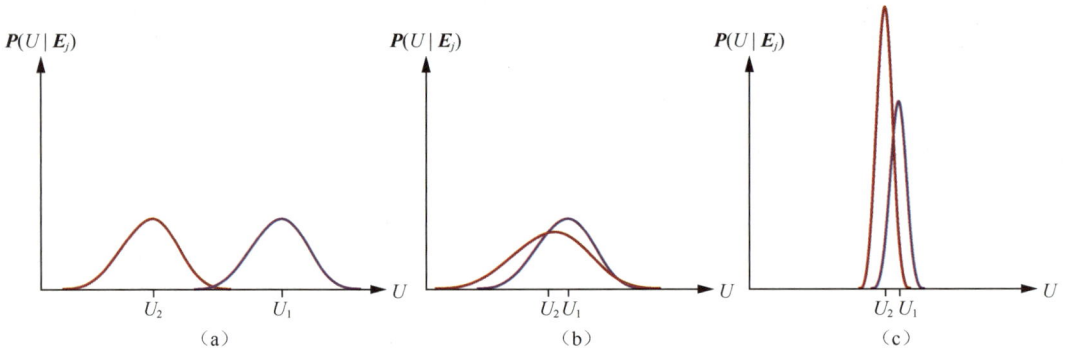

图 16-8　信息价值的 3 种一般情况。（a）a_1 几乎肯定会优于 a_2，因此我们不需要这些信息。（b）选择是不明确的，信息至关重要。（c）选择是不明确的，但信息因为带来的差异很小，信息价值不高。注意：U_2 在（c）中有一个峰值，说明其期望值比 U_1 有着更高的确定性

总之，信息只有在它可能导致规划的改变，并且新规划将明显优于旧规划的情况下才有价值。

16.6.3　价值信息的性质

有人可能会问，信息是否有可能是有害的：它可能会导致负的期望值吗？直觉上，人们应该认为这是不可能的。毕竟在最坏的情况下，人们可以忽略这些信息，假装自己从未收到过它。以下定理证实了这一点，该定理适用于使用含有可能观测 E_j 的任何决策网络的任何决策论智能体：

信息的期望价值是非负的，即

$$\forall j \ VPI(E_j) \geqslant 0$$

这个定理可以直接从 VPI 的定义中推导出，我们把证明留作习题（习题 16.NNVP）。当然，定理描述的对象是期望值，而不是实际值。如果附加信息碰巧具有误导性，那么它很容易导致规划变得比原规划更糟糕。例如，如果医学测试的结果是假阳性，就可能导致不必要的手术；但这并不意味着不应该进行测试。

重要的一点是，我们要记住 VPI 依赖于信息的当前状态，它会随着信息的获取而改变。对于任何给定的证据 E_j，获取它的价值可以下降（例如，如果另一个变量强烈地约束了 E_j 的后验）或上升（例如，如果另一个变量提供了 E_j 构建的线索，从而能够设计出新的更好的规划）。因此，VPI 不具有可加性，也就是说：

$$VPI(E_j, E_k) \neq VPI(E_j) + VPI(E_k) \qquad （一般情况下）$$

但 VPI 是次序独立的，也就是说：

$$VPI(E_j, E_k) = VPI(E_j) + VPI(E_k \mid E_j) = VPI(E_k) + VPI(E_j \mid E_k) = VPI(E_k, E_j)$$

其中符号 $VPI(\cdot \mid E)$ 表示根据后验分布计算的 VPI，其中 E 已经被观测到。次序独立性将感知动作与普通动作区分开来，并简化了计算感知动作序列的值的问题。我们将在下一节中再次回顾这个问题。

16.6.4　信息收集智能体的实现

一个明智的智能体应该按照合理的顺序进行提问，应该避免问一些无关紧要的问题，应该考虑到每一条信息的重要性及其成本，并且应该在适当的时候停止提问。所有这些功能都可以通过使用信息的价值作为指导来实现。

图 16-9 给出了一个智能体的总体设计，它可以在执行动作前智能地收集信息。现在，我们假设每个可观测到的证据变量 E_j 都有一个相关成本 $C(E_j)$，它反映了通过测试、咨询、提问等方式获得证据的成本。智能体的目标是每单位成本效用增益角度下最有效的观测。我们假设动作 $Request(E_j)$ 的结果是下一次感知提供了 E_j 的值。如果没有值得进行的观测，智能体会选择一个实际的动作。

---

function INFORMATION-GATHERING-AGENT (*percept*) **returns** 一个动作
  persistent: D，一个决策网络

  将*percept*整合进D
  $j \leftarrow$ 最大化$VPI(E_j) / C(E_j)$的值
  if $VPI(E_j) > C(E_j)$
    then return *Request*(E_j)
  else return D的最佳动作

图 16-9　一个简单、短视的信息收集智能体的设计。智能体通过反复选择信息价值最高的观测，直到下一次观测的成本大于它的期望收益

我们所描述的智能体算法实现了一种被称为**短视**（myopic）的信息收集的形式。这是因为它以一个短浅的目光使用了 VPI 公式，它在计算信息的价值时的表现就好像只会获得一个证据变量一样。短视控制基于与贪心搜索相同的启发式思想，它通常在实践中表现很好。（例如，它在选择诊断测试方面的表现超过了专业医生。）然而，如果不存在能够起到重要作用的单一证据变量，那么采用短视的智能体可能会迅速地采取具体动作，而不是先请求两个或两个以上的变量，然后再采取动作。16.6.5 节将讨论获得多个观测结果的可能性。

16.6.5　非短视信息收集

一个观测序列的值在序列排列下是不变的，这一事实很有趣，但它本身并不导致最优信息收集的高效算法。即使我们限制自己预先选择一个固定的观测子集，并在其中收集信息，但 n 个可能观测中仍有 2^n 个这样的可能子集。在一般情况下，我们面临着一个更复杂

的问题，即找到一个最佳条件规划（如 11.5.2 节所述），该规划选择一个观测结果，然后根据结果采取动作或选择更多的观测结果。这些规划形成一类树，这类树的数量关于 n 是超指数的。[①]

对于决策网络中变量的观测，即使网络是一个多重树，这个问题也很难解决。然而，在某些特殊情况下，问题可以得到有效的解决。这里我们考虑如下的情形：**寻宝**（treasure hunt）问题，或者不太浪漫地称为**最小成本测试序列**（least-cost testing sequence）问题。有 n 个位置 1，…，n，每个位置 i 以独立的概率 $P(i)$ 包含宝藏，检查位置 i 需要花费的成本为 $C(i)$。这对应于一个所有潜在证据变量 $Treasure_i$ 绝对独立的决策网络。智能体以某种顺序检查位置，直到找到宝藏；要解决的问题是，最优顺序是什么？

要回答这个问题，假设智能体在发现宝藏后停止，我们需要考虑各种观测序列的期望成本和成功概率。令 x 为这样的一个序列，xy 是序列 x 与 y 的拼接，$C(x)$ 是 x 的期望成本，$P(x)$ 是序列 x 成功发现宝藏的概率，$F(x) = 1 - P(x)$ 是其失败的概率。基于这些定义，我们有

$$C(xy) = C(x) + F(x)C(y) \qquad (16\text{-}3)$$

也就是说，序列 xy 必然包含 x 的成本，如果 x 失败，则还会带来 y 的成本。

序列优化问题的基本思想是，当一般序列 $wxyz$ 中的两个相邻子序列 x 和 y 被置换时，观测由 $\Delta = C(wxyz) - C(wyxz)$ 定义的成本变化。当序列是最优序列时，所有这样的变化都会使序列变差。第一步我们将证明，这种成本变化的符号（增加或减少成本）并不依赖由 w 与 z 提供的上下文信息。我们有

$$\Delta = [C(w) + F(w)C(xyz)] - [C(w) + F(w)C(yxz)] \qquad [\text{根据式（16-3）}]$$

$$= F(w)[C(xyz) - C(yxz)]$$

$$= F(w)[(C(xy) + F(xy)C(z)) - (C(yx) + F(yx)C(z))] \qquad [\text{根据式（16-3）}]$$

$$= F(w)[C(xy) - C(yx)] \qquad [\text{根据式}F(xy) = F(yx)]$$

我们已经证明了整个序列成本变化的方向只取决于被翻转的元素对的成本变化方向；这对元素的上下文不会对变化方向产生影响。这给了我们一种通过两两比较来排序序列以获得最优解的方法。具体来说，我们现在有

$$\Delta = F(w)[(C(x) + F(x)C(y)) - (C(y) + F(y)C(x))] \qquad [\text{根据式（16-3）}]$$

$$= F(w)[C(x)(1 - F(y)) - C(y)(1 - F(x))] = F(w)[C(x)P(y) - C(y)P(x)]$$

这个公式适用于对任何序列 x 与 y，特别是当 x 与 y 分别是位置 i 与 j 的单个观测值时。因此我们得出，如果 i 与 j 在最优序列中相邻，我们必须有 $C(i)P(j) \leqslant C(j)P(i)$，或等价地$\dfrac{P(i)}{C(i)} \geqslant \dfrac{P(j)}{C(j)}$。换句话说，最优顺序根据每单位成本的成功概率对位置进行排序。习题 16.HUNT 要求你确定这是否实际上是图 16-9 中算法针对这个问题所遵循的策略。

16.6.6 敏感性分析与健壮决策

敏感性分析（sensitivity analysis）的实际应用在技术领域中广泛存在：它意味着分析当模型参数被轻微调整时，过程的输出会发生多大的变化。敏感性分析在概率和决策论系统中尤为

[①] 在部分可观测环境下产生序贯行为的一般问题属于部分可观测马尔可夫决策过程（partially observable Markov decision processes），将在第 17 章中描述。

重要，因为所使用的概率通常是从数据中学习来的，或者是由人类专家估计的，这意味着它们本身具有相当大的不确定性。只有在极少数情况下，如西洋双陆棋中的掷骰子，我们才能客观地知道概率。

对于效用驱动的决策过程，你可以将输出看作实际做出的决策或该决策的期望效用。先考虑后者：因为期望依赖于模型中的概率，所以我们可以计算任何给定动作的期望效用对这些概率值的导数。（例如，如果模型中所有的条件概率分布都明确地列表，那么计算期望就涉及计算两个乘积和表达式的比。更多细节见第 20 章。）因此，我们可以确定模型中哪些参数对最终决策的期望效用有着最大的影响。相反，如果我们关心的是实际做出的决策，而不是它根据模型的效用，那么我们可以简单地系统地改变参数（可能使用二分搜索的方法），以查看决策是否改变，如果是，导致这种改变的最小扰动是什么。有人可能会认为，做什么决定并不重要，重要的是它的效用。这是正确的，但在实践中，一个决策的实际效用和根据模型得出的效用之间可能存在非常本质的差别。

如果所有合理的参数扰动都使最优决策保持不变，那么我们可以合理地认为该决策是一个好的决策，即使该决策的效用估计大体上是不正确的。但是，如果最优决策随着模型参数的变化而发生较大变化，则该模型很有可能会产生一个实际上次优的决策。在这种情况下，我们有必要投入更多的精力来完善模型。

这些直觉已经在几个领域（控制理论、决策分析、风险管理）中被形式化，这些领域提出了**健壮**（robust）决策或**极小化极大**（minimax）决策的概念，即在最坏的情况下给出最佳结果。在这里，"最坏的情况"是指模型在参数所有可能的取值中最坏的情况。令 θ 表示模型中所有参数，健壮决策由下式定义：

$$a^* = \operatorname*{argmax}_{a} \min_{\theta} EU(a; \theta)$$

在许多情况下，特别是在控制理论中，健壮方法能够产生在实践中非常可靠的设计。在一些其他的情况下，它可能导致过于保守的决定。例如，在设计自动驾驶汽车时，健壮方法会对道路上其他车辆的行为做出最坏的假设，也就是说，假设它们都是由杀人狂驾驶的。在这种情况下，汽车的最优选择是留在车库里。

贝叶斯决策论为健壮方法提供了另一种选择：如果模型的参数存在不确定性，那么我们可以使用超参数对这种不确定性进行建模。

健壮方法可能认为模型中的某个概率 θ_i 取值于 0.3 和 0.7 之间，对手实际选择的值可能会让结果尽可能地差，而贝叶斯方法将给 θ_i 一个先验概率分布，然后像之前一样继续进行推断。这意味着我们需要更复杂的建模工作，例如，贝叶斯建模者必须决定参数 θ_i 与 θ_j 是否独立，但贝叶斯方法通常在实践中有更好的性能。

除了参数的不确定性，决策论在真实世界中的应用也存在结构化的不确定性。例如，图 16-6 中关于 *AirTraffic*、*Litigation* 与 *Construction* 的独立性的假设可能是不正确的，此外还可能存在被模型简单忽略的额外变量。目前，我们对如何考虑这种不确定性还没有很好的认识。一种可能的方法是保留一个模型集成，它也许是由机器学习算法生成的，我们希望这个集成能捕捉到重要的变化。

16.7 未知偏好

在本节中，我们将讨论当被优化期望值的效用函数存在不确定性时会发生什么。这个问题有两种版本：一种是智能体（机器或人类）不确定自己的效用函数，另一种是机器试图帮助人类，但不确定人类想要什么。

16.7.1 个人偏好的不确定性

想象一下，你正位于泰国的一家冰激凌店，但店里只剩下两种口味的冰激凌：香草味（Vanilla）冰激凌和榴莲味（Durian）冰激凌。它们的成本都是 2 美元。你知道你比较喜欢香草口味，并愿意在这样一个大热天花 3 美元买一个香草味冰激凌，所以选择香草味冰激凌净收益是 1 美元。但是，你不知道你是否喜欢榴莲口味，你已经在维基百科上调查过，不同的人对榴莲有着不同的反应：有人发现"它的味道超过了世界上所有其他水果"，而其他人把它比作"污水、陈腐的呕吐物、臭鼬喷雾和用过的外科拭子"。

具体来说，假设有 50% 的机会你会觉得它很棒（收益为 +100 美元），而有 50% 的概率你会讨厌它（收益为 -80 美元，榴莲的味道将整个下午挥之不去）。在这个问题中，你将赢得什么奖品没有不确定性。无论哪种方式，榴莲味冰激凌都是一样的，但你自己对奖品的偏好有不确定性。

我们可以扩展决策网络的形式体系，以允许不确定的效用，如图 16-10a 所示。如果没有更多关于你对榴莲口味的偏好信息，并且商店不允许你品尝，那么该决策问题是与图 16-10b 所示相同的问题。我们可以简单地将榴莲口味的不确定值替换为其期望净收益 $(0.5 \times 100) - (0.5 \times 80) - 2 = 8$ 美元，此时你的决策将保持不变。

如果你对榴莲的态度有可能发生改变：也许你品尝几口，或者你发现你所有在世的亲戚都喜欢榴莲，那么图 16-10b 中的问题转换是成立的。然而实际上，我们仍然可以找到一个等价的模型，其中效用函数是确定的。与其说效用函数存在不确定性，不如说我们将这种不确定性带入了真实世界。也就是说，我们创建一个新的随机变量 *LikesDurian*，其取值 true 与 false 的先验概率为 0.5，如图 16-10c 所示。有了这个额外的变量，效用函数就变成了确定性的，但是我们仍然可以处理你对榴莲口味偏好信念的改变。

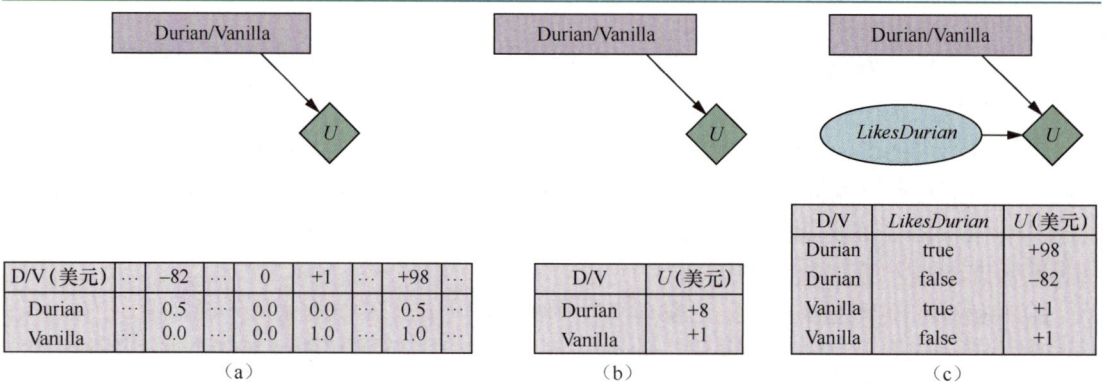

(a)

D/V（美元）	…	−82	…	0	+1	…	+98	…
Durian	…	0.5	…	0.0	0.0	…	0.5	…
Vanilla	…	0.0	…	0.0	1.0	…	1.0	…

(b)

D/V	U（美元）
Durian	+8
Vanilla	+1

(c)

D/V	*LikesDurian*	U（美元）
Durian	true	+98
Durian	false	−82
Vanilla	true	+1
Vanilla	false	+1

图 16-10 （a）效用函数不确定的冰激凌选择的决策网络。（b）带有每个动作期望效用的网络。（c）将不确定性从效用函数转移到一个新的随机变量

未知的偏好可以用普通的随机变量进行建模，这意味着我们可以继续使用为已知偏好开发的机制和定理。但是，这并不意味着我们总是可以假设偏好是已知的。不确定性仍然存在，它仍然影响着智能体的行为方式。

16.7.2　顺从人类

现在让我们来看看上面提到的第二种情况：一种本应帮助人类，但却不确定人类想要什么的机器。针对这种情况的全面处理我们推迟到在第 18 章介绍，届时我们将讨论涉及一个以上智能体的策略。在本节中，我们要问考虑一个简单的问题：在什么情况下，这样的机器会顺从人类？

为了研究这个问题，让我们考虑一个非常简单的场景，如图 16-11 所示。R 是一个作为私人助理为 H 工作的软件机器人，而 H 是一个忙碌的人。H 需要一间酒店房间来参加她在日内瓦的下一次商务会议。R 现在可以行动了——假设它可以给 H 预定一家在会议地点附近的非常昂贵的酒店。R 很不确定 H 多大程度上喜欢这家酒店和它的价格。假设它认为 H 对酒店的价值判断服从介于 −40 到 +60 之间，平均值为 +10 的均匀分布。它也可以"关掉自己"，简单来说，就是不参与帮主人订酒店的过程——我们（不失一般性地）定义，这个选择对 H 的价值为 0。如果这是机器的两个选择，它就会冒着招致令 H 不高兴的重大风险继续预订酒店。（如果价值的范围是 −60 到 +40，平均值为 −10，它会选择关掉自己。）然而，我们会给 R 提供另外的选项：解释它的计划，等待主人的回复，然后让 H 把它关掉。H 要么关掉它要么让它去订酒店。有人可能会问，既然它可以自己做出这两种选择，新的选项又有什么好处呢？

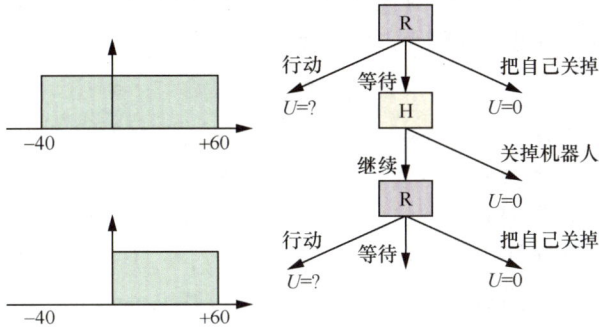

图 16-11　开关游戏。机器人 R 可以选择现在行动，但收益非常不确定；把自己关掉；或者顺从人类 H。H 可以关掉 R，也可以让 R 继续。现在 R 又有了同样的选择。行动的收益仍然是不确定的，但现在 R 知道收益是非负的

关键是 H 的选择——是关掉 R 还是让它继续预订，这为 R 提供了关于 H 偏好的信息。我们现在假设 H 是理性的，所以如果 H 让 R 继续预订，这就意味着这酒店对 H 的价值是正的。现在，如图 16-11 所示，R 的信念发生了变化：它在 0 到 +60 之间是均匀分布的，平均值为 +30。

所以，如果我们从 R 的角度来评估它最初的选择。

（1）现在行动并预订一家酒店，期望值为 +10。

（2）关掉自己，价值为 0。

（3）等着 H 把它关掉会导致两种可能的结果。

a. 基于 R 对 H 偏好的不确定性，有 40% 的可能性 H 会讨厌这个计划并关掉 R，此时价值为 0。

b. 有 60% 的可能性 H 会喜欢这个计划并允许 R 继续进行，期望值为 +30。

因此，等待的期望值为 $(0.4 \times 0) + (0.6 \times 30) = +18$，这比 R 现在就采取动作的期望值 +10 高。

结果就是 R 有了一个积极的动机去顺从 H，也就是说，允许自己被关掉。这种动机直接

来自于 R 对 H 偏好的不确定性。R 意识到它有可能（在本例中为 40%）要做一些会让 H 不高兴的事情，在这种情况下，被关掉会比继续进行更好。如果 R 已经确定了 H 的偏好，它就会继续进行并做出决策（或者关掉自己）。咨询 H 绝对不会有任何收获，因为根据 R 的确切信念，它已经能够准确地预测 H 将会做出什么决定。

事实上，我们可以在一般情况下证明相同的结果：只要 R 不完全确定 H 将会采取的动作，它最好允许 H 关掉自己。直观来说，H 的决策给 R 提供了信息，而信息的期望值总是非负的。反之，如果 R 能够确定 H 的决策，那么 H 的决策就不再能提供新的信息，R 就没有动机让 H 做出决策。

形式上，设 $P(u)$ 为 R 提议动作 a 对 H 效用的先验概率密度。则继续执行 a 的价值为

$$EU(a) = \int_{-\infty}^{+\infty} P(u) \cdot u \, \mathrm{d}u = \int_{-\infty}^{0} P(u) \cdot u \, \mathrm{d}u + \int_{0}^{+\infty} P(u) \cdot u \, \mathrm{d}u$$

（我们很快就会看到为什么积分是以这种方式拆分的。）另一方面，服从于 H 的动作 d 的价值同样由两部分组成：如果 $u > 0$，那么 H 会让 R 继续，所以其价值是 u，但如果 $u < 0$，那么 H 会关闭 R，所以价值是 0：

$$EU(d) = \int_{-\infty}^{+\infty} P(u) \cdot 0 \, \mathrm{d}u + \int_{0}^{+\infty} P(u) \cdot u \, \mathrm{d}u$$

比较 $EU(a)$ 与 $EU(d)$ 的表达式，我们可以立刻发现：

$$EU(d) \geqslant EU(a)$$

因为 $EU(d)$ 的表达式将负效用区域归零。只有当负区域的概率为零时，这两个选择才有相等的价值，也就是说，当 R 已经确定 H 喜欢这个提议动作时。

关于这个模型，有一些明显的阐释值得马上探讨。第一个阐释是给 H 的判断增加时间成本。在这种情况下，如果负面风险很小，R 就不太会去打扰 H。这是它应该做的。如果 H 真的会因为被打扰而生气，那 R 偶尔做出她不喜欢的事情，她也不应该太惊讶。

第二种阐述是允许一些人为错误概率，也就是说，即使 R 提议的动作是合理的，H 有时也可能将其关闭；即使 R 提议的动作不是主人想要的，H 有时也会让其执行。将这个错误概率引到模型中是很简单的（见习题 16.OFFS）。正如人们可能预期的那样，这个解决方案表明，R 不太倾向于听从一个有时会违背自己最大利益的非理性的 H。她的行为越随意，在听从她之前，R 就越不确定她的偏好。我们再次声明，这个现象是合理的。例如，如果 R 是一辆自动驾驶汽车，而 H 是它两岁的淘气乘客，R 不应该让 H 在高速公路中间把它关掉。

小结

本章展示了如何将效用理论与概率相结合，以使智能体选择将其期望表现最大化的动作。

- **概率论**描述的是在证据的基础上一个智能体应该相信什么，**效用理论**描述的是一个智能体想要什么，而**决策论**将两者结合起来描述一个智能体应该做什么。
- 我们可以使用决策论来建立一个系统，通过考虑所有可能的动作，并选择其中导致最佳期望结果的一个来决策。这样的系统被称为**理性智能体**。
- 效用理论表明，对彩票的偏好与一组简单的公理一致的智能体，可以被描述为具有一个效用函数；此外，智能体选择动作就像最大化其期望效用一样。
- **多属性效用理论**研究依赖于几种不同状态属性的效用。随机占优是做出明确决策的一种特别有用的技术，即使没有精确的属性效用值。

- **决策网络**为表达和求解决策问题提供了一种简单的形式体系。它们是贝叶斯网络的自然延伸，除了机会节点，还包含决策节点和效用节点。

- 有时，求解问题需要在做出决策之前找到更多的信息。**信息价值**被定义为与在没有信息的情况下做出决策相比，期望效用的提高；这对在作出最后决策之前指导收集信息的过程特别有用。

- 像通常的情况那样，当不可能完全正确地指定人类的效用函数时，机器必须在真实目标的不确定性下运行。当机器有可能获得更多关于人类偏好的信息时，就产生了明显差异。我们通过一个简单的论证表明，关于偏好的不确定性确保了机器服从人类，甚至允许自己被关闭。

参考文献与历史注释

在 17 世纪的专著 *L'art de Penser*，即 *Port-Royal Logic* 中，阿尔诺（Arnauld, 1662）写道：

> 要判断一个人为了获得善或避免恶必须做什么，不仅要考虑善与恶本身，还要考虑善与恶发生或不发生的概率；以及从几何学上看是这些东西在一起的比例。

现代教材谈论的是效用，而不是善与恶，但这句话正确地指出，应该将效用乘以概率（以几何的方式来看）来给出期望效用，在所有结果上（所有事情上）最大化效用，从而判断必须做什么。阿尔诺在 350 多年前，也就是在帕斯卡和费马第一次展示如何正确使用概率的 8 年之后，做出了如此多的正确判断，这是举世瞩目的。

通过研究圣彼得堡悖论（见习题 16.STPT），丹尼尔·伯努利（Bernoulli, 1738）首次意识到对彩票的偏好度量的重要性，写道"一件物品的价值不应该基于它的价格，而应该基于它产生的效用"。效用哲学家杰里米·边沁（Bentham, 1823）提出**快乐计量学**（hedonic calculus）来权衡"快乐"和"痛苦"，认为所有的决定（不只是金钱的决定）都可以简化为效用比较。

伯努利提出的效用——一种内在的主观数量——通过数学理论来解释人类行为，这在当时是一个非常了不起的提议。更值得注意的是，不同于货币数量，各种赌注和奖金的效用价值是无法直接观测到的；相反，效用将从个人所展示的偏好推断出来。直到两个世纪后，这一想法的含义才被完全理解，并被统计学家和经济学家广泛接受。

拉姆齐（Ramsey, 1931）首先提出了从偏好推导数值效用的方法，当前教材中的偏好公理在形式上更接近于那些在《博弈论与经济行为》（*Theory of Game and Economic Behavior*）（von Neumann and Morgenstern, 1944）中被重新发现的公理。拉姆齐（Ramsey, 1931）从智能体的偏好中得出了主观概率（不仅仅是效用），萨维奇（Savage, 1954）和杰弗里（Jeffrey, 1983）进行了这种更近的构建。比尔登等人（Beardon *et al.*, 2002）证明，效用函数不足以表示非传递性偏好和其他异常情况。

在第二次世界大战战后时期，决策论成为经济学、金融学和管理科学的标准工具。**决策分析**（decision analysis）领域的出现有助于在军事战略、医疗诊断、公共卫生、工程设计和资源管理等领域做出更合理的决策。这个过程包括一个陈述结果之间偏好的**决策者**（decision maker），一个列举可能的动作和结果，并从决策者那里得出偏好，以确定最佳动作方针的**决策分析师**（decision analyst）。冯·温特费尔特和爱德华兹（von Winterfeldt and Edwards, 1986）为决策分析及其与人类偏好结构的关系提供了一个微妙的视角。史密斯（Smith, 1988）给出了决策分析方法论的概述。

直到 20 世纪 80 年代，多变量决策问题都是通过构造所有可能的变量实例化的决策树来处理的。霍华德和马西森（Howard and Matheson, 1984）基于 SRI（Miller *et al.*, 1976）的早期工作，引入了影响图或决策网络，它们利用了贝叶斯网络同样的条件独立性。霍华德和马西森的算法从决策网络构造了完整的（指数级别的）决策树。沙赫特（Shachter, 1986）开发了一种直接基于决策网络而不创建中间决策树的决策方法。该算法也是最早为多重连接贝叶斯网络提供完整推断的算法之一。尼尔森和劳里岑（Nilsson and Lauritzen, 2000）将决策网络的算法与贝叶斯网络的聚类算法的不断发展联系起来。奥利弗和史密斯的文集（Oliver and Smith, 1990）中收录许多关于决策网络的早期有用文章，*Networks* 杂志 1990 年的专刊也是如此。芬顿和尼尔的教材（Fenton and Neil, 2018）提供了使用决策网络解决现实世界决策问题的实践指南。关于决策网络和效用模型的论文也定期出现在 *Management Science* 和 *Decision Analysis* 杂志上。

令人惊讶的是，在第 12 章中描述的医疗决策的早期应用之后，很少有早期人工智能研究人员采用决策论工具。其中一个例外是杰里·费尔德曼（Jerry Feldman），他将决策论应用于视觉问题（Feldman and Yakimovsky, 1974）和规划问题（Feldman and Sproull, 1977）。20 世纪 70 年代末 80 年代初基于规则的专家系统专注于回答问题，而不是决策。那些推荐动作的系统通常是使用条件-动作规则而不是结果和偏好的显式表示。

决策网络提供了一种更灵活的方法，例如允许偏好改变而保持转移模型不变，或者相反。它们还允许对下一步该寻找什么信息的条理化计算。在 20 世纪 80 年代后期，部分由于珀尔对贝叶斯网络的研究，决策论专家系统得到了广泛的接受（Horvitz *et al.*, 1988; Cowell *et al.*, 2002）。事实上，从 1991 年开始，*Artificial Intelligence* 期刊的封面一直沿用一个决策网络的图案，不过似乎是对箭头的方向进行了一些艺术化。

衡量人类效用的实际尝试始于第二次世界大战后的决策分析（见前文）。霍华德（Howard, 1989）讨论了微亡效用度量。塞勒（Thaler, 1992）发现，对于 1/1000 的死亡概率，被调查者不会支付超过 200 美元来消除风险，也不会接受 50 000 美元来承担风险。

使用 QALY（质量调整寿命年）对医疗干预措施和相关社会政策进行成本效益分析，至少可以追溯到克拉尔曼等人（Klarman *et al.*, 1968）的工作，尽管这个术语是由泽克豪泽和谢泼德（Zeckhauser and Shepard, 1976）首次使用的。与货币一样，QALY 只在相当强的假设（如风险中性）下才与效用直接对应，而这些假设经常会被违反（Beresniak *et al.*, 2015）；尽管如此，QALY 在实践中被广泛使用，例如英国制定国家卫生服务政策。以 QALY 度量的期望效用增加为理由，主张对公共卫生政策进行重大变革的典型例子见罗素（Russell, 1990）的论述。

基尼和雷法（Keeney and Raiffa, 1976）介绍了**多属性效用理论**（multiattribute utility theory）。他们描述了为多属性效用函数提取必要参数的方法的早期计算机实现，并包括理论的实际应用的广泛描述。阿巴斯（Abbas, 2018）涵盖了自 1976 年以来的多属性效用的许多进展。该理论主要由韦尔曼（Wellman, 1985）的工作引入人工智能，他还研究了随机占优和定性概率模型的使用（Wellman, 1988, 1990a）。韦尔曼和多伊尔（Wellman and Doyle, 1992）提供了一个关于如何使用一组复杂的效用独立关系来提供效用函数的结构化模型的初步草图，就像贝叶斯网络提供了联合概率分布的结构化模型一样。巴克斯和格罗夫（Bacchus and Grove, 1995, 1996）以及拉穆拉和肖厄姆（LaMura and Shoham, 1999）在这方面给出了进一步的结果。布蒂利耶等人（Boutilier *et al.*, 2004）描述了 CP-nets，这是一种完全设计出来的图模型形式体系。

史密斯和温克勒（Smith and Winkler, 2006）以一种强有力的方式让决策分析师注意到**乐观者诅咒**（optimizer's curse），他们指出，分析师对客户所提议的动作方案的经济利益几乎从未实现。他们将此直接追溯到选择最优动作所引入的偏差，并表明更完整的贝叶斯分析消除了这个问题。

同样的基本概念也被哈里森和马奇（Harrison and March, 1984）称为决策后失望（post-decision disappointment），布朗（Brown, 1974）在分析资本投资项目时也注意到了这一点。乐观者诅咒也与赢家诅咒（winner's curse）密切相关（Capen *et al.*, 1971; Thaler, 1992），这一点适用于拍卖中的竞争性投标：赢得拍卖的人很可能高估了所拍卖物品的价值。卡彭等人（Capen *et al.*）引用一位石油工程师关于石油开采权招标的言论："如果一个人在与另外 3 个人的竞标中胜出，他会觉得运气不错。但是如果赢了其他 50 个人，他会有什么感觉呢？不利的。"

由诺贝尔经济学奖得主莫里斯·阿莱（Maurice Allais）（Allais, 1953）提出的阿莱悖论，通过实验验证表明人们的判断总是不一致的（Tversky and Kahneman, 1982; Conlisk, 1989）。模糊厌恶的埃尔斯伯格悖论是在丹尼尔·埃尔斯伯格（Daniel Ellsberg）（Ellsberg, 1962）[①] 的博士论文中提出的。福克斯和特沃斯基（Fox and Tversky, 1995）描述了对模糊厌恶的进一步研究。马基纳（Machina, 2005）概述了不确定性下的选择，以及它与期望效用理论有何不同。关于不确定性偏好的深入分析，参见基尼和雷法的经典著作（Keeney and Raiffa, 1976）和阿巴斯最近的著作（Abbas, 2018）。

2009 年对于人类非理性（irrationality）研究的畅销书是重要的一年，其中包括《怪诞心理学》（*Predictably Irrational*）（Ariely, 2009）、《摇摆》（*Sway*）（Brafman and Brafman, 2009）、《助推》（*Nudge*）（Thaler and Sunstein, 2009）、《怪诞脑科学》（*Kluge*）（Marcus, 2009）、《如何做出正确决定》（*How We Decide*）（Lehrer, 2009）与《人类思维中最致命的错误》（*On Being Certain*）（Burton, 2009）。它们补充了经典著作 *Judgment Under Uncertainty*（Kahneman *et al.*, 1982）和开启这一切的文章（Kahneman and Tversky, 1979）。卡尼曼本人在《思考，快与慢》（*Thinking: Fast and Slow*）（Kahneman, 2011）一书中提供了一个富有洞察力和可读性的描述。

但是，演化心理学领域（Buss, 2005）则与这些文献背道而驰，认为人类在演化适当的环境下是相当理性的。其拥护者指出，在演化的背景下，非理性显然会受到惩罚，并表明在某些情况下，非理性是实验设置的人工产物（Cummins and Allen, 1998）。最近，对贝叶斯认知模型的兴趣重新燃起，推翻了几十年来的悲观主义（Elio, 2002; Chater and Oaksford, 2008; Griffiths *et al.*, 2008）。然而，这种复苏也不乏批评者（Jones and Love, 2011）。

信息价值的理论首先在统计实验的背景下被探索，其中使用了拟效用（熵减）（Lindley, 1956）。控制理论家鲁斯兰·斯特拉托诺维奇（Stratonovich, 1965）在这里提出了更一般的理论，信息之所以有价值，是因为它能够影响决策。斯特拉托诺维奇的工作在西方并不为人所知，在那里罗恩·霍华德（Ron Howard）（Howard, 1966）倡导了同样的想法。他在论文的结尾写道，"如果信息价值理论和相关的决策论结构在未来没有占据工程师教育的很大一部分，那么，工程专业就会发现，它为人类利益管理科学和经济资源的传统角色已经被另一种职业所取代。"到目前为止，管理方法的潜在革命还没有发生。

本章中描述的短视信息收集算法在决策分析文献中普遍存在，它的基本轮廓可以在影响图的原始论文中辨别出来（Howard and Matheson, 1984）。迪特默和詹森（Dittmer and Jensen, 1997）研究了高效的计算方法。拉斯基（Laskey, 1995）以及尼尔森和詹森（Nielsen and Jensen, 2003）分别讨论了贝叶斯网络和决策网络的敏感性分析方法。经典著作 *Robust and Optimal Control*（Zhou *et al.*, 1995）对不确定性决策的健壮和决策论方法进行了全面的覆盖和比较。

---

① 埃尔斯伯格后来成为兰德（RAND）公司的军事分析师，并泄露了被称为"五角大楼文件"的机密文件，从而促使越南战争提前结束。

寻宝问题是由许多作者独立解决的，至少可以追溯到关于顺序测试的论文（Gluss, 1959）和（Mitten, 1960）。本章中的证明方式借鉴了一个出自（Smith, 1956）的基本结果，即将序列的值与相同序列的值（两个相邻元素进行了排列）相关联。这些独立测试的结果被卡登和西蒙（Kadane and Simon, 1977）扩展到更一般的树和图搜索问题（其中测试是部分排序的）。克劳斯和盖斯特林（Krause and Guestrin, 2009）得出了信息价值的非短视计算的复杂性结果。克劳斯等人（Krause et al., 2008）利用内姆豪泽等人（Nemhauser et al., 1978）关于子模块函数的开创性工作，确定了子模块性导致易于处理的近似算法的情况，克劳斯和盖斯特林（Krause and Guestrin, 2005）确定了一些情况，其中精确的动态规划算法既能有效地解决证据子集的选择，也能有效地生成条件规划。

豪尔绍尼（Harsanyi, 1967）研究了博弈论中的不完全信息问题，即博弈者可能不完全知道彼此的收益函数。他通过添加涉及玩家收益的状态变量这种技巧，证明了这类博弈与不完美信息博弈是相同的，在不完美信息博弈中，玩家不能确定世界的状态。西尔特和格罗特（Cyert and de Groot, 1979）提出了**适应性效用**（adaptive utility）理论，认为智能体可以对自己的效用函数产生不确定的适应性效用，并可以通过经验获得更多的信息。

贝叶斯偏好诱导的研究（Chajewska et al., 2000; Boutilier, 2002）从对智能体效用函数的先验概率的假设开始。弗恩等人（Fern et al., 2014）提出了一种辅助决策论模型，在该模型中，机器人试图确定并使用最初不确定的人类目标来进行协助。16.7.2 节中的开关示例改编自哈德菲尔德–梅内尔等人（Hadfield-Menell et al., 2017b）。罗素（Russell, 2019）提出了有益人工智能的一般框架，其中开关游戏是一个关键例子。

第 17 章

做复杂决策

> 在本章中，我们要考虑如下问题：如果我们明天将要面临某个给定决策问题，我们今天应该采取什么行动？我们将探讨用于解决该问题的一系列方法。

在本章中，我们将讨论在随机环境中决策所涉及的计算问题。在第 16 章中，我们研究了一次性或回合式决策问题，其中每个动作结果的效用是已知的，而在本章中我们关注的是**序贯决策问题**（sequential decision problem），在这类问题中，智能体的效用取决于一系列决策。序贯决策问题涉及效用、不确定性和感知方面的问题，并在一些特殊情况中涵盖搜索和规划问题。17.1 节将给出序贯决策问题的具体定义，17.2 节将描述求解序贯决策问题，以产生适合随机环境的行为的方法。17.3 节将探讨**多臂老虎机**（multi-armed bandit）问题，这是一类出现在许多情况中的特殊而有趣的序贯决策问题。17.4 节将探讨部分可观测环境中的决策问题，17.5 节将探讨如何求解这些问题。

17.1 序贯决策问题

假设一个智能体位于图 17-1a 所示的 4×3 环境中。从初始状态开始，它必须在每个时间步选择一个动作。当智能体到达一个目标状态（标记为 +1 或 −1 ）时，它与环境的交互终止。类似于搜索问题，智能体在每个状态下可用的动作由 ACTIONS(s) 给出，有时缩写为 A(s)；在 4×3 环境中，每个状态下的动作都是 *Up*、*Down*、*Left* 与 *Right* 之一。我们暂且假设环境是**完全可观测的**（fully observable），因此智能体总是知道它的确切位置。

如果环境是确定性的，那么该问题的解很简单：[*Up, Up, Right, Right, Right*]。遗憾的是，因为动作是不可靠的，环境并不总是与这个解一致。我们所采用的特定的随机运动模型如图 17-1b 所示。每个动作都以 0.8 的概率达到预期的效果，但在其余的情况中，动作会使智能体向预期方向的垂直方向移动。此外，如果智能体的行为导致它撞到墙上，它会停留在原地。例如，智能体从初始方格 (1, 1) 出发，*Up* 动作以 0.8 的概率将智能体移动到 (1, 2)，以 0.1 的概率移动到 (2, 1)，以 0.1 的概率向左移动，撞到墙上，并停留在 (1, 1)。在这样的环境中，序列 [*Up, Up, Right, Right, Right*] 能够绕过障碍物并到达目标状态 (4, 3) 的概率为 $0.8^5 = 0.32768$。玩家也有可能以 $0.1^4 \times 0.8$ 的小概率意外到达目标，即总共 0.32776。（见习题 17.MDPX。）

正如第 3 章所述，**转移模型**（在意义明确的情况下可以简称为模型）描述了每个状态下每个动作的结果。这里的结果是有随机性的，我们写作 $P(s'|s, a)$，它表示在状态 s 中执行动作 a，达到状态 s′ 的概率（有些作者写作 $T(s, a, s')$ 表示转移模型）。我们假设转移是**马尔可夫的**：从 s 到达 s′ 的概率只取决于 s，而不取决于以前状态的历史。

为了使任务环境的定义完整，我们必须为智能体指定效用函数。因为决策问题是序贯的，效用函数将依赖于一系列状态和动作——一个**环境历史**（environment history）——而不是单一的状态。在本节的剩余部分中，我们将研究历史效用函数的性质。现在，我们简单地规定，对于通过动作 a 从 s 到 s' 的每次转移，智能体都会收到一个**奖励** $R(s, a, s')$。奖励可以是正的，也可以是负的，但它们都被限制在 $\pm R_{\max}$ 范围内。[①]

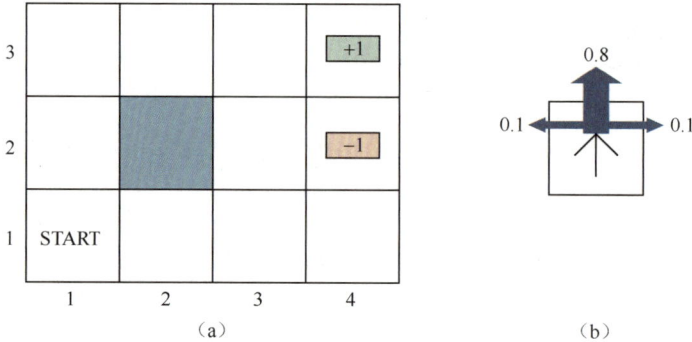

(a)　　　　　　　　　　　　(b)

图 17-1 （a）一个简单的、随机的 4×3 环境，它向智能体呈现一个序贯决策问题。（b）环境的转移模型的图示："预期的"结果以 0.8 的概率出现，但在 0.2 的概率下，智能体以垂直于预期方向的角度运动。与墙的碰撞不会导致任何运动。转移到两种终止状态的奖励分别为 +1 和 -1，所有其他转移的奖励为 -0.04

在我们上述的具体例子中，除那些导致进入终止状态（其拥有奖励 +1 和 -1）的转移之外，所有转移的奖励都是 -0.04。环境历史的效用（就目前而言）是所获得奖励的总和。例如，如果智能体在 10 步转移之后达到 +1 状态，其总效用将为 $(9 \times (-0.04)) + 1 = 0.64$。-0.04 的负奖励给予智能体快速到达 (4, 3) 的动力，所以我们的问题环境是对第 3 章中的搜索问题的随机推广。另一种解释是，智能体不喜欢生活在这种环境中，所以它想尽快离开。

综上所述：一个完全可观测的随机环境下，具有马尔可夫转移模型和加性奖励的序贯决策问题称为**马尔可夫决策过程**（Markov decision process，MDP），它包含一个状态集合（初始状态 s_0），每个状态下的动作集合 Actions(s)，转移模型 $P(s' \mid s, a)$，奖励函数 $R(s, a, s')$。**动态规划**是求解 MDP 的常用方法：通过递归将问题分解成更小的部分，并考虑各部分的最优解来简化问题。

下一个问题是，这个问题的解是什么样子的？没有固定的动作序列可以用于求解这个问题，因为智能体可能会以一种与目标不同的状态结束。因此，问题的解必须能够告知智能体在可能到达的任何状态下应该采取什么动作。这种解被称为**策略**（policy）。我们一般使用符号 π 来表示一个策略，$\pi(s)$ 是策略 π 对状态 s 推荐的动作。无论动作的结果是什么，最终导致的状态将仍在策略考虑的范围内，智能体将知道下一步该做什么。

每次从初始状态开始执行给定的策略时，环境的随机性可能导致不同的环境历史。因此，策略的质量是通过该策略所产生的可能环境历史的期望效用来衡量的。**最优策略**（optimal policy）是指能够产生最大期望效用的策略，我们用 π^* 表示最优策略。给定 π^*，智能体通过咨询目前的感知来得知当前的状态 s，然后执行动作 $\pi^*(s)$ 来决定要做什么。策略显式地表达了智能体函数，因此策略也描述了一个简单反射型智能体，它从基于效用的智能体的信息中计算得到。

---

① 也可以使用代价 $c(s, a, s')$，就像我们在第 3 章搜索问题的定义中所做的那样。然而，在不确定性下的序贯决策文献中，标准用法是奖励。

图 17-1 所示世界的最优策略如图 17-2a 所示。这个问题存在两种最优策略，这是因为智能体在位于 (3, 1) 时，对向左和向上两个动作没有偏好：采取向左的动作更安全，但花费的时间更长；采取向上的动作可以较快达到目标，但可能导致意外落入 (4, 2)。一个问题通常会有多种最优策略。

风险和奖励之间的平衡取决于非终止状态之间转换的奖励值 $r = R(s, a, s')$。图 17-2a 所示的策略在 $-0.0850 < r < -0.0273$ 范围内是最优的。图 17-2b 给出了 r 位于其他 4 个取值范围下的最优策略。当 $r < -1.6497$ 时，智能体认为生活十分痛苦，它将直奔最近的出口，尽管这个出口奖励值为 -1。当 $-0.7311 < r < -0.4526$，智能体认为生活很不愉快；智能体将选择到达 $+1$ 状态的最短路径——依次经过 (2, 1)、(3, 1) 和 (3, 2)，但是从 (4, 1) 到达 $+1$ 的代价非常高，所以智能体更倾向于直接进入 -1 状态。当智能体认为生活只是略有苦闷（$-0.0274 < r < 0$）时，最优策略将不承担任何风险。在状态 (4, 1) 和 (3, 2) 中，智能体将选择远离 -1 状态，这样它就不会意外地落入其中，尽管这意味着它可能会撞到墙上好几次。最后考虑 $r > 0$ 的情况，这意味着智能体认为生活是愉快的，此时它将避开两个出口。只要它在状态 (4, 1)、(3, 2)、(3, 3) 中采取的动作如图 17-2b 所示，那么每一个这样的策略都是最优的，智能体会因为永远不会进入终止状态而获得无限的总奖励。结果表明，考虑 r 的所有不同取值范围，共有 9 种最优策略（习题 17.THRC 要求找到它们）。

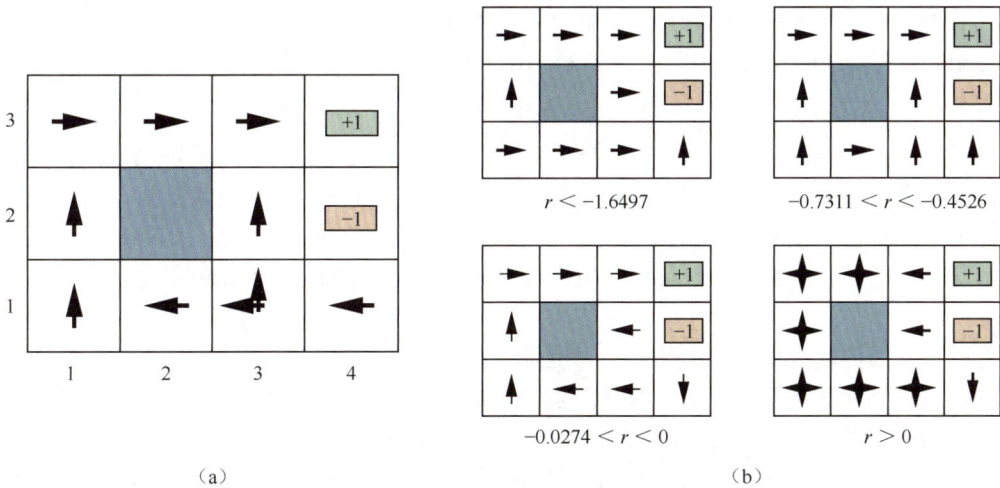

图 17-2 （a）在 $r = -0.04$ 的随机环境下，非终止状态之间转移的最优策略，这里有两种策略，因为在状态 (3, 1)，*Left* 和 *Up* 都是最优的。（b）对于 r 的 4 个不同取值范围的最优策略

不确定性的引入使 MDP 比确定性搜索问题更接近真实世界。因此，MDP 已经在包括人工智能、运筹学、经济学和控制理论等多个领域中被广泛研究。目前已有几十种求解算法，我们将在 17.2 节对其中一部分进行讨论。但首先我们将更详细地阐明 MDP 的效用、最优策略和模型的定义。

17.1.1 时间上的效用

在图 17-1 所示的 MDP 示例中，智能体的性能是通过所经历的转移的奖励总和来衡量的。这种性能度量的选择并不是随意的，但是它并不是关于环境历史的唯一可能效用函数[1]，我们

---

[1] 本章中，我们使用 U 表示效用函数（和本书的其他部分保持一致），但是许多关于 MDP 的工作使用 V 来表示。

将其写作 $U_h([s_0, a_0, s_1, a_1 \cdots, s_n])$。

第一个要回答的问题是，决策是有限期（finite horizon）的还是无限期（infinite horizon）的。有限期意味着存在固定时间 N，对于该时间点之后的任何事件我们都不再关注，也就是说游戏结束了。因此，对所有 $k > 0$，下式成立：

$$U_h([s_0, a_0, s_1, a_1, \cdots, s_{N+k}]) = U_h([s_0, a_0, s_1, a_1, \cdots, s_N])$$

例如，假设智能体从图 17-1 所示的 4×3 世界的 $(3, 1)$ 出发，并假设 $N = 3$。那么，为了有机会到达 +1 状态，智能体必须直接向目标前进，因此最优动作是 Up。但是，如果 $N = 100$，那么就意味着可以选择动作 Left，有足够的时间采用安全路线。因此，在有限期的条件下，给定状态下的最优动作可能取决于还剩多少时间。依赖于时间的策略被称为非平稳的（nonstationary）策略。

但是，如果没有固定的时间限制，那么智能体位于同一状态的在不同时间下的行为理应相同。因此，此时的最优动作只取决于当前状态，我们称此时最优策略是平稳的（stationary）。因此，无限期情况下的策略比有限期情况下的策略更简单，在本章中我们主要讨论无限期情形。（我们稍后会看到，对于部分可观测的环境，无限期的情况并不是那么简单）。注意，无限期并不一定意味着所有的状态序列都是无限的，这只意味着没有固定的时间期限。在无限期 MDP 中可能存在包含终止状态的有限状态序列。

我们下一个必须考虑的问题是，如何计算状态序列的效用。在本章中，我们采用加性折扣奖励（additive discounted reward），并定义效用历史为

$$U_h([s_0, a_0, s_1, a_1, s_2, \cdots]) = R(s_0, a_0, s_1) + \gamma R(s_1, a_1, s_2) + \gamma^2 R(s_2, a_2, s_3) + \cdots$$

其中，折扣因子（discount factor）γ 是介于 0 到 1 之间的数。折扣因子描述了智能体偏好当前奖励甚于未来奖励的程度。当 γ 接近于 0，遥远未来的奖励被视为是无关紧要的。当 γ 接近于 1，智能体更愿意等待长期奖励。当 γ 恰好是 1，折扣奖励退化为纯加性奖励（additive reward）的特殊情况。注意，我们在（第 3 章）启发式搜索算法中使用路径代价函数时隐性地使用了加性性质。

有几个原因可以解释为什么加性折扣奖励更合理。第一个原因是经验方面的原因：人与动物似乎都更看重近期奖励，而不是遥远未来的奖励。第二个原因是经济方面的原因：如果奖励是金钱方面的，那么越早获得奖励越好，因为早期的奖励可以用于投资，并在你等待后续奖励时产生收益。在这种情况下，γ 的折扣因子等价于 $(1/\gamma) - 1$ 的利率。例如，折扣因子 $\gamma = 0.9$ 相当于 11.1% 的利率。

第三个原因是对真实奖励的不确定性。出于各种各样的原因，我们可能永远不会得到真实的奖励，而这些原因并没有在转移模型中得到考虑。在一定的假设条件下，γ 的折扣因子等价于在每一个时间步上增加一个与所采取的动作无关的 $1 - \gamma$ 意外终止概率。

第四个原因来自对历史偏好的自然性质。在多属性效用理论的术语中（见 16.4 节），每个转移 $s_t \xrightarrow{a_t} s_{t+1}$ 可以被视为历史 $[s_0, a_0, s_1, a_1, s_2, \cdots]$ 的一个**属性**。原则上，效用函数可以以任意复杂的方式依赖于这些属性。但我们可以做出一个非常可信的偏好独立假设，即智能体在状态序列之间的偏好是**平稳的**。

假设我们有从相同转移（$s_0 = s_0', a_0 = a_0', s_1 = s_1'$）出发的两个历史路径 $[s_0, a_0, s_1, a_1, s_2, \cdots]$ 和 $[s_0', a_0', s_1', a_1', s_2', \cdots]$。那么偏好的平稳性意味着这两个历史在偏好中的排序应该与历史 $[s_1, a_1, s_2, \cdots]$ 和 $[s_1', a_1', s_2', \cdots]$ 在偏好中的排序方式相同。直观来说，我们可以把这句话理解为：如果从明天开始，你更喜欢某个未来而不是别的未来，那么从今天开始，你仍然会更偏好那个

未来。平稳性是一个看起来相当无害的假设,但加性折扣是唯一满足它的历史效用性质的形式。

关于折扣奖励合理性的最后一个原因是,它可以方便地消除一些令人讨厌的无穷。在无限期问题中存在一个潜在的困难:如果环境不包含一个终止状态,或者智能体从未到达一个终止状态,那么所有环境的历史将是无限长的,具有加性无折扣奖励的效用通常也是无限的。尽管我们认为 $+\infty$ 好于 $-\infty$,但比较两个效用为 $+\infty$ 的状态序列要困难得多。有 3 种解决这个问题的方案,其中两种我们已经介绍过了。

(1)使用折扣奖励后,无限序列的效用会是有限的。事实上,如果 $\gamma < 1$,且奖励的界限为 $\pm R_{\max}$,使用无穷几何级数求和标准公式,我们有

$$U_{\mathrm{h}}([s_0, a_0, s_1, \cdots]) = \sum_{t=0}^{+\infty} \gamma^t R(s_t, a_t, s_{t+1}) \leqslant \sum_{t=0}^{+\infty} \gamma^t R_{\max} = \frac{R_{\max}}{1-\gamma} \tag{17-1}$$

(2)如果环境包含终止状态,并且智能体被保证最终会达到一个终止状态,那么我们永远不需要比较无限序列。保证到达终止状态的策略称为**适当策略**(proper policy)。有了适当策略,我们可以使用 $\gamma = 1$(加性无折扣奖励)。图 17-2b 所示的前三个策略是恰当的,但第四个策略是不恰当的。当非终止状态之间转移的奖励为正时,智能体会通过远离终止状态获得无限的总奖励。不恰当策略的存在会导致解决 MDP 的标准算法因加性奖励而失效,这为使用折扣奖励提供一个好的理由。

(3)无限序列可以通过每一时间步的**平均奖励**(average reward)进行比较。假设在 4×3 世界中转移到方格 (1, 1) 的奖励是 0.1,而转移到其他非终止状态的奖励是 0.01。那么,一个尽可能待在 (1, 1) 的策略会比另一个待在别处的策略获得更高的平均奖励。在一些问题中,平均奖励是一个有效的准则,但对平均奖励算法的分析是相对复杂的。

运用加性折扣奖励评估历史的难度最小,因此我们在后续内容中将使用它。

17.1.2 最优策略与状态效用

在确定了给定历史的效用是折扣奖励的总和之后,我们可以通过比较执行策略时获得的期望效用来对策略进行比较。我们假设智能体位于某个初始状态 s,并定义 S_t(一个随机变量)为智能体在执行特定策略 π 时在时刻 t 所达到的状态。(显然,$S_0 = s$,即智能体现在的状态。)状态序列 $S_1, S_2, \cdots$ 的概率分布由初始状态 s、策略 π 和环境的转移模型决定。

从 s 开始执行 π 获得的期望效用由下式给出:

$$U^{\pi}(s) = E\left[\sum_{t=0}^{+\infty} \gamma^t R(S_t, \pi(S_t), S_{t+1})\right] \tag{17-2}$$

其中期望 E 是关于由 s 和 π 决定的状态序列的概率分布的期望。这样一来,在智能体可以选择从 s 出发执行的所有策略中,有一个(或多个)比其他所有策略具有更高的期望效用的策略。我们使用 π_s^* 来表示这些策略中的一个:

$$\pi_s^* = \underset{\pi}{\operatorname{argmax}} \, U^{\pi}(s) \tag{17-3}$$

π_s^* 是一个策略,它为每个状态推荐动作;它与 s 的特别联系在于,当 s 为初始状态时,它是最优策略。在无限期情况下使用折扣效用的一个引人注目的结果是,最优策略与初始状态无关。(当然,动作序列不是独立的。记住,策略是为每个状态指定一个动作的函数。)这一事实似乎是直观的:如果策略 π_a^* 是从 a 出发的最优策略,策略 π_b^* 是从 b 出发的最优策略,则当它们达

到第三个状态 c 时，这两个策略对于接下来要采取什么动作的决策没有理由相互之间不一致或者与π_c^*不一致。[①] 因此，我们可以把最优策略简写为 π^*。

根据这个定义，一个状态的真实效用就是 $U^{\pi^*}(s)$，也就是智能体执行最优策略时的折扣奖励的期望和。我们把它写作 $U(s)$，与第 16 章中用于结果效用的符号相匹配。图 17-3 给出了 4×3 世界的效用。注意，对于离 +1 出口更近的状态，其效用的期望更高，这是因为它们到达出口所需的步骤更少。

3	0.8516	0.9078	0.9578	+1
2	0.8016		0.7003	-1
1	0.7453	0.6953	0.6514	0.4279
	1	2	3	4

图 17-3　$\gamma = 1$，向非终止状态转移的奖励 $r = -0.04$ 的 4×3 世界的状态效用

效用函数 $U(s)$ 允许智能体通过使用第 16 章的最大化期望效用的原则来选择动作，也就是说，选择使下一步奖励加上后续状态的期望折扣效用最大化的动作：

$$\pi^*(s) = \operatorname*{argmax}_{a \in A(s)} \sum_{s'} P(s' \mid s, a)\left[R(s, a, s') + \gamma U(s')\right] \tag{17-4}$$

我们已经定义状态效用 $U(s)$ 为从 s 点出发的折扣效用的期望和。在这基础上，我们可以得到状态效用与它的相邻状态的效用之间的直接关系：假设智能体选择了最优动作，状态效用是下一次转移的期望奖励加上下一个状态的折扣效用。也就是说，状态效用为

$$U(s) = \max_{a \in A(s)} \sum_{s'} P(s' \mid s, a)\left[R(s, a, s') + \gamma U(s')\right] \tag{17-5}$$

该式被称为**贝尔曼方程**（Bellman equation），以理查德·贝尔曼（Richard Bellman）命名（Bellman, 1957）。状态的效用［根据式（17-2），它们被定义为后续状态序列的期望效用］是贝尔曼方程组的解。实际上，正如我们在 17.2.1 节中所展示的那样，它是方程组的唯一解。

让我们看看 4×3 世界的一个贝尔曼方程。$U(1, 1)$ 的表达式为

$$\max\{\ [0.8(-0.04 + \gamma U(1, 2)) + 0.1(-0.04 + \gamma U(2, 1)) + 0.1(-0.04 + \gamma U(1, 1))],$$
$$[0.9(-0.04 + \gamma U(1, 1)) + 0.1(-0.04 + \gamma U(1, 2))],$$
$$[0.9(-0.04 + \gamma U(1, 1)) + 0.1(-0.04 + \gamma U(2, 1))],$$
$$[0.8(-0.04 + \gamma U(2, 1)) + 0.1(-0.04 + \gamma U(1, 2)) + 0.1(-0.04 + \gamma U(1, 1))]\}$$

其中的 4 个表达式对应于 *Up*、*Left*、*Down* 和 *Right* 移动。我们代入图 17-3 中的数值，当 $\gamma = 1$ 时，我们发现 *Up* 是最优动作。

---

① 尽管这似乎是显而易见的，但它并不适用于有限期策略或其他随着时间组合奖励的方式，如取极大值。证明直接依据效用函数对状态的唯一性，如 17.2.1 节所示。

另一个重要的量是**动作效用函数**（action-utility function），或称**Q 函数**（Q-function）：$Q(s, a)$ 是在给定状态下采取给定动作的期望效用。Q 函数显然与效用有关：

$$U(s) = \max_a Q(s,a) \tag{17-6}$$

而且，最优策略可以按照如下方式从 Q 函数中提取出来：

$$\pi^*(s) = \operatorname*{argmax}_a Q(s,a) \tag{17-7}$$

我们也可以推导出关于 Q 函数的贝尔曼方程，注意，采取动作的期望总奖励是其即时奖励加上结果状态的折扣效用，这反过来可以用 Q 函数表示：

$$\begin{aligned} Q(s,a) &= \sum_{s'} P(s' \mid s,a)[R(s,a,s') + \gamma U(s')] \\ &= \sum_{s'} P(s' \mid s,a)[R(s,a,s') + \gamma \max_{a'} Q(s',a')] \end{aligned} \tag{17-8}$$

通过求解关于 U（或 Q）的贝尔曼方程，我们可以得到所需的最优策略。Q 函数在求解 MDP 的算法中经常出现，所以我们采用下面的定义：

function Q-V<small>ALUE</small>(*mdp*, *s*, *a*, *U*) **returns** 一个效用值

$\quad$ **return** $\sum_{s'} P(s' \mid s,a)[R(s,a,s') + \gamma U[s']]$

17.1.3 奖励规模

第 16 章指出效用函数的规模可以是任意的：仿射变换使最优决策保持不变。我们可以把 $U(s)$ 替换为 $U'(s) = mU(s) + b$，其中 m 和 b 是任意常数，$m > 0$。从效用作为奖励的折扣和的定义不难看出，在 MDP 中，类似的奖励变换将使最优策略保持不变：

$$R'(s, a, s') = mR(s, a, s') + b$$

然而结果表明，效用的加性奖励分解导致在定义奖励时具有更大的自由度。设 $\Phi(s)$ 是关于状态 s 的任意函数，则根据**函数设计定理**（shaping theorem），以下变换能够保持最优策略不变：

$$R'(s, a, s') = R(s, a, s') + \gamma\Phi(s') - \Phi(s) \tag{17-9}$$

为了证明这个定理的正确性，我们需要证明两个 MDP——M 和 M'——具有相同的最优策略，只要它们仅在如式（17-9）指定的奖励函数上有所区别。我们从关于 Q 的贝尔曼方程开始考虑，对于 MDP M，它的 Q 函数为

$$Q(s,a) = \sum_{s'} P(s' \mid s,a)\left[R(s,a,s') + \gamma \max_{a'} Q(s',a')\right]$$

现在令 $Q'(s, a) = Q(s, a) - \Phi(s)$，将其代入这个等式，我们有

$$Q'(s,a) + \Phi(s) = \sum_{s'} P(s' \mid s,a)[R(s,a,s') + \gamma \max_{a'}(Q'(s',a') + \Phi(s'))]$$

这可以简化为

$$\begin{aligned} Q'(s,a) &= \sum_{s'} P(s' \mid s,a)[R(s,a,s') + \gamma\Phi(s') - \Phi(s) + \gamma \max_{a'} Q'(s',a')] \\ &= \sum_{s'} P(s' \mid s,a)[R'(s,a,s') + \gamma \max_{a'} Q'(s',a')] \end{aligned}$$

换句话说，$Q'(s, a)$ 满足 MDP M' 的贝尔曼方程。现在我们使用式（17-7）提取 M' 的最优策略：

$$\pi_{M'}^*(s) = \underset{a}{\text{argmax}}\, Q'(s,a) = \underset{a}{\text{argmax}}\, Q(s,a) - \Phi(s) = \underset{a}{\text{argmax}}\, Q(s,a) = \pi_M^*(s)$$

函数 $\Phi(s)$ 通常被称为**势**（potential），这与产生电场的电势（电压）类似。$\gamma\Phi(s') - \Phi(s)$ 项起着势的梯度的作用。因此，如果 $\Phi(s)$ 在效用更高的状态下具有更高的值，那么在奖励里加上 $\gamma\Phi(s') - \Phi(s)$ 就会导致智能体的效用上升。

乍一看，我们可以在不改变最优策略的情况下以这种方式修改奖励，这似乎有违直觉。但我们曾说过，如果奖励函数处处为零，那么所有的策略都是最优的，这将对我们理解该定理有所帮助。这意味着，根据函数设计定理，对于形式为 $R(s, a, s') = \gamma\Phi(s') - \Phi(s))$ 的任何基于势的奖励，所有的策略都是最优的。直觉上，这是因为在这样的奖励下，智能体从 A 到 B 的路径是无关紧要的（当 $\gamma = 1$ 时，这是最容易看出的：沿着任何路径的奖励总和退化为 $\Phi(B) - \Phi(A)$，所以所有路径都一样好。）因此，在任何其他奖励中添加基于势的奖励不应该改变最优策略。

函数设计定理提供的灵活性意味着我们可以通过让即时奖励更直接地反映智能体应该做什么来帮助它进行决策。实际上，如果设 $\Phi(s)=U(s)$，则关于修正奖励 R' 的贪心策略 π_G 也是最优策略：

$$\begin{aligned}
\pi_G(s) &= \underset{a}{\text{argmax}}\, \sum_{s'} P(s'\,|\,s,a)R'(s,a,s') \\
&= \underset{a}{\text{argmax}}\, \sum_{s'} P(s'\,|\,s,a)[R(s,a,s') + \gamma\Phi(s') - \Phi(s)] \\
&= \underset{a}{\text{argmax}}\, \sum_{s'} P(s'\,|\,s,a)[R(s,a,s') + \gamma U(s') - U(s)] \\
&= \underset{a}{\text{argmax}}\, \sum_{s'} P(s'\,|\,s,a)[R(s,a,s') + \gamma U(s')] \\
&= \pi^*(s) \qquad \left[\,\text{根据式（17-4）}\,\right]
\end{aligned}$$

当然，为了设定 $\Phi(s) = U(s)$，我们首先需要知道 $U(s)$，正所谓天下没有免费的午餐，但尽管如此，定义一个尽可能有益的奖励函数仍然有相当大的价值。这正是动物训练师所做的，他们在实现目标的序列的每一步中给动物提供一个小奖励。

17.1.4　表示 MDP

表示 $P(s'\,|\,s, a)$ 与 $R(s, a, s')$ 的最简单方式是使用一个大小为 $|S|^2|A|$ 的大型三维表格。对于诸如 4×3 世界这样的小问题，这个方法是可行的，对于这个世界，这个表格有 $11^2 \times 4 = 484$ 个条目。在一些情况下，表格是**稀疏的**（sparse）——大多数条目是 0，因为每个状态 s 只能转换到有限数量的状态 s'——这意味着表格的大小是 $O(|S||A|)$。但对于规模更大的问题，即便是稀疏表格，其规模也是巨大的。

正如在第 16 章中，贝叶斯网络扩展了动作节点和效用节点以创建决策网络一样，我们可以使用决策节点、奖励节点和效用节点扩展动态贝叶斯网络（DBN）（见第 14 章），来创建**动态决策网络**（dynamic decision network，DDN），以表示 MDP。

用第 2 章的术语来说，DDN 是**因子化表示**（factored representation），与原子表示相比，它们通常具有指数级的复杂度优势，因此可以建模相当大量的现实问题。

图 17-4 所示的是基于图 14-13b 中 DBN 的一个稍微真实的可以自行充电的移动机器人模型的一些元素。状态 S_t 被分解为 4 个状态变量：

- X_t 由网格上的二维位置和方向组成；

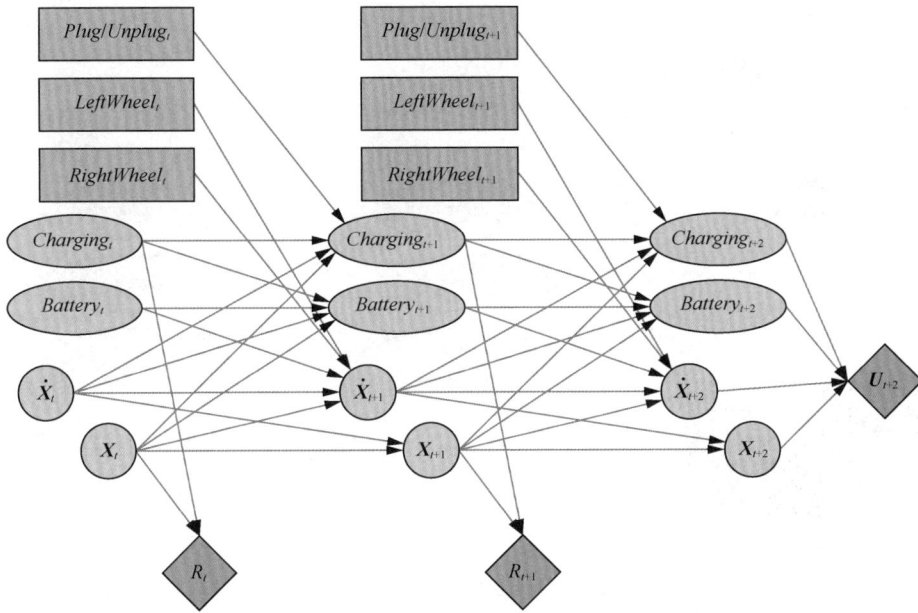

图 17-4　以电池电量、充电状态、位置和速度为状态变量，左右轮机动和充电为动作变量的移动机器人动态决策网络

- $\dot{X}_t$ 是 X_t 的变化率；
- $Charging_t$ 当机器人接通电源时为真；
- $Battery_t$ 是电池电量，在我们的模型中是范围 $0, \cdots, 5$ 的整数。

MDP 的状态空间是这 4 个变量值域的笛卡儿积。动作是指动作变量的集合 A_t，它包含 $Plug/Unplug$，拥有 3 个值（$plug$、$unplug$ 与 $noop$）；$LeftWheel$，为输送至左轮的电力；$RightWheel$，为输送至右轮的电力。MDP 的动作集合是这 3 个变量的值域的笛卡儿积。注意，每个动作变量只影响状态变量的一个子集。

整体转移模型为条件分布 $P(X_{t+1} | X_t, A_t)$，它可以从 DDN 中根据条件概率的乘积计算出来。这里的奖励是仅取决于位置 X（如到达目的地）和 $Charging$ 的单变量，这是因为机器人必须为用电付费，在这个模型中，奖励并不取决于动作或结果状态。

图 17-4 中的网络规划了未来的 2 步。注意，这个网络包含了时刻 t 和 $t + 1$ 的奖励节点，以及时刻 $t + 2$ 的效用节点。这是因为智能体必须最大化未来所有奖励的（折扣）总和，而 $U(X_{t+3})$ 代表从 $t + 3$ 起所有奖励的奖励。如果可以得到一个对 U 的启发式近似，它可以以这种方式包括在 MDP 表示中，并用于取代进一步的扩展。这种方法与第 5 章中对博弈使用的有限深度搜索和启发式评价函数的方法密切相关。

另一个有趣的 MDP 是俄罗斯方块（图 17-5a）。该游戏的状态变量是 $CurrentPiece$、$NextPiece$ 和一个位向量值变量 $Filled$，该变量为 10×20 个棋盘位置中的每个位置填充一位。因此，状态空间有 $7 \times 7 \times 2^{200} \approx 10^{62}$ 个状态。俄罗斯方块的 DDN 如图 17-5b 所示。注意，$Filled_{t+1}$ 是 $Filled_t$ 与 A_t 的确定性函数。事实证明，俄罗斯方块的每一个策略都是恰当的（到达一个终止状态）：尽管人们尽了最大努力清空棋盘，但最终棋盘还是会被填满。

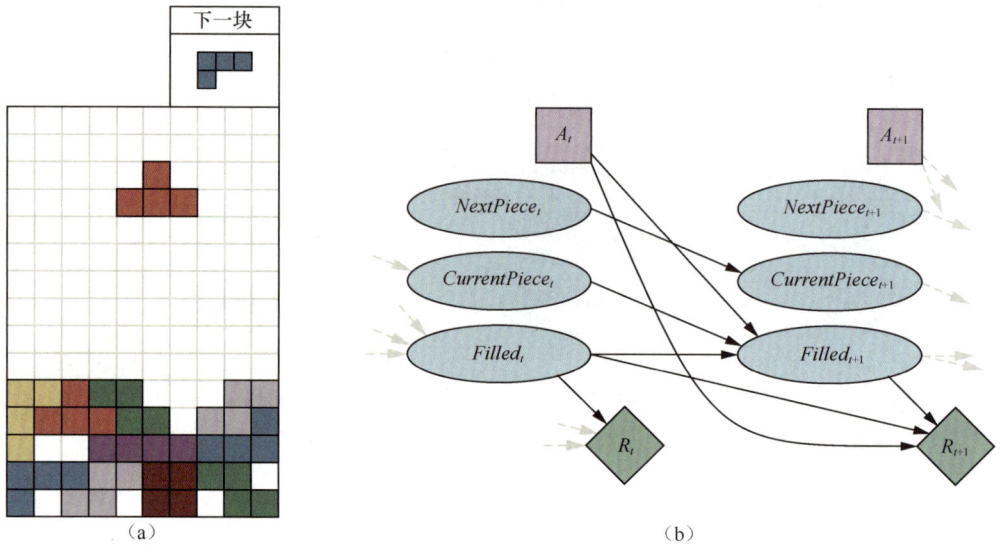

图 17-5 （a）俄罗斯方块游戏。位于顶部中心的 T 型块可以落在任何方向和任何水平位置。如果某一行被补全，则该行消失，上方的行向下移动，智能体得 1 分。下一块（这里是右上方的 L 形块）成为当前的一块，并出现一个新的下一块，从 7 种类型中随机选择。如果棋盘被填满，游戏结束。（b）俄罗斯方块 MDP 的 DDN

17.2　MDP 的算法

本节中，我们将介绍求解 MDP 的 4 种不同算法。前三种方法分别为**价值迭代**（value iteration）、**策略迭代**（policy iteration）和**线性规划**（linear programming），它们用于离线生成精确解。第四种方法是一族在线近似算法，它包括**蒙特卡罗规划**（Monte Carlo planning）。

17.2.1　价值迭代

贝尔曼方程［式（17-5）］是求解 MDP 的价值迭代算法的基础。如果 MDP 中有 n 个可能状态，则我们可以得到 n 个方程，且每个方程对应一个状态。n 个方程包含 n 个未知数——状态的效用。我们希望通过联立这些方程进行求解来找到效用函数。这里存在一个问题：这些方程是非线性的，因为 max 算子不是线性算子。虽然线性方程组可以用线性代数的方法快速求解，但非线性方程组难度更高。迭代方法是一种可以尝试的方法。我们从效用的任意初始值出发计算方程的右侧，并将其值代入方程的左侧，从而根据其邻居的效用更新每个状态的效用。我们重复这个过程，直到达到平衡。

令 $U_i(s)$ 为状态 s 在第 i 次迭代时的效用值。那么一个迭代步，也称为**贝尔曼更新**（Bellman update），如下所示：

$$U_{i+1}(s) \leftarrow \max_{a \in A(s)} \sum_{s'} P(s'|s,a)\,[\,R(s,a,s') + \gamma U_i(s')\,] \tag{17-10}$$

其中，更新假设在每次迭代时同时应用于所有状态。如果我们无限次地应用贝尔曼更新，就可以保证达到平衡（见后面的"价值迭代收敛性"小节），在这种情况下，最终的效用值必定是贝尔曼方程的解。实际上，它们也是唯一解，对应的策略［由式（17-4）得到］是最优的。图

17-6 显示了详细的算法，包括当效用"足够接近"时的终止条件。注意，我们使用了 17.1.2 节定义的函数 Q-VALUE。

---

function VALUE-ITERATION(*mdp*, ε) **returns** 一个效用函数
    inputs: *mdp*, 具有状态 S、动作 $A(s)$、转移模型 $P(s' \mid s, a)$、奖励 $R(s, a, s')$、折扣 γ 的 MDP
            ε, 任意状态效用允许的最大误差
    local variables: U, U', S 中状态的效用向量，初始为 0
            δ, 任何状态的效用的最大相对变化

    repeat
        $U \leftarrow U'$; $\delta \leftarrow 0$
        for each 状态 s **in** S **do**
            $U'[s] \leftarrow \max_{a \in A(s)}$ Q-VALUE(*mdp*, s, a, U)
            if $|U'[s] - U[s]| > \delta$ **then** $\delta \leftarrow |U'[s] - U[s]|$
    until $\delta \leqslant \varepsilon (1 - \gamma)/\gamma$
    return U

图 17-6　计算状态效用的价值迭代算法。终止条件来自式（17-12）

我们可以将价值迭代应用于图 17-1a 中的 4×3 世界。从初始值为零开始，效用的演变如图 17-7a 所示。注意，与 (4, 3) 不同距离的状态逐渐累积负奖励，直到智能体找到通往 (4, 3) 的路径，这时效用才开始增加。我们可以把价值迭代算法看作通过局部更新的方式在状态空间中传播信息。

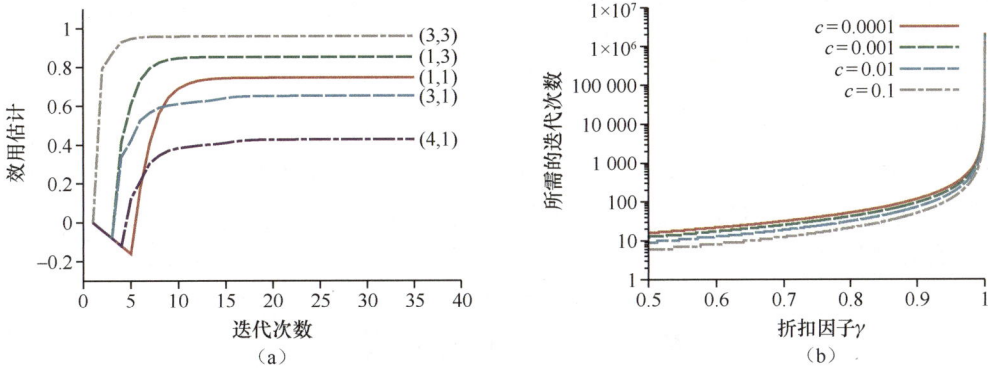

图 17-7　（a）显示被选择状态使用价值迭代的效用演变的图。（b）对于 c 不同的值，为保证误差最多为 $\varepsilon = c \cdot R_{\max}$ 所需的价值迭代次数，作为折扣因子 γ 的函数

价值迭代收敛性

我们已经声明，价值迭代最终收敛于贝尔曼方程的唯一解。在本节中，我们将解释出现这种情况的原因。在此过程中，我们将引入一些有用的数学思想，并获得在算法提前终止时评估返回的效用函数误差的一些方法，这是很有用的，因为它意味着我们不必永远运行下去。本节是相当技术性的。

用来说明价值迭代收敛的基本概念是**压缩**（contraction）。粗略地说，压缩是一个单变量函数，当它依次应用于两个不同的输入时，产生的两个输出值比原始输入"更接近"，并且至少近一个常数因子。例如，"除以 2"函数是一个压缩，因为任意两个数除以 2 后，它们的差就减半了。注意，"除以 2"函数有一个不动点，也就是零，这个点在函数的作用下是不变的。

从这个例子中，我们可以看出压缩的两个重要性质。

- 压缩只有一个不动点，如果一个函数有两个不动点存在，那么它们在应用函数时不会靠得更近，因此该函数不是压缩。
- 当任意一个变量输入到压缩函数后，输出值必须更接近不动点（因为不动点不移动），所以变量在压缩的反复应用后总是能在极限下收敛到不动点。

现在，假设我们将贝尔曼更新 [式（17-10）] 视为一个算子 B，同时应用于更新每个状态的效用。那么贝尔曼方程变成 $U = BU$，贝尔曼更新方程可以写成

$$U_{i+1} \leftarrow BU_i$$

接下来，我们需要一种方法来度量效用向量之间的距离。我们将使用最大范数（max norm），它通过最大分量的绝对值来度量向量的“长度”：

$$\|U\| = \max_s |U(s)|$$

有了这个定义，两个向量间的“距离” $\|U - U'\|$ 为任意两个对应元素之间的最大差值。本节的主要结果如下：令 U_i 与 U_i' 是任意两个效用向量，则我们有

$$\|BU_i - BU_i'\| \leqslant \gamma \|U_i - U_i'\| \tag{17-11}$$

也就是说，贝尔曼更新是效用向量空间上一个因子为 γ 的压缩。（习题 17.VICT 提供了一些指导来证明这一观点。）因此，从压缩的一般性质来看，只要 $\gamma < 1$，价值迭代总是收敛于贝尔曼方程的唯一解。

我们也可以利用压缩性质来分析解的收敛速率。特别地，我们可以将式（17-11）中的 U_i' 替换为真实效用 U，其中 $BU = U$。然后，我们得到如下不等式：

$$\|BU_i - U\| \leqslant \gamma \|U_i - U\|$$

如果把 $\|U_i - U\|$ 看作估计 U_i 的误差，我们看到误差在每次迭代中至少以因子 γ 减少。因此，价值迭代的收敛速度是指数级的。我们可以按如下方式计算所需的迭代次数：首先，回想一下式（17-1），所有状态的效用都以 $\pm R_{max}/(1 - \gamma)$ 为界。这意味着初始误差最大为 $\|U_0 - U\| \leqslant 2R_{max}/(1 - \gamma)$。假设我们运行 N 次迭代，以获得误差至多为 ε 的结果。然后，因为误差每次至少压缩了 γ 倍，我们要求 $\gamma^N \cdot 2R_{max}/(1 - \gamma) \leqslant \varepsilon$。通过取对数，我们得到

$$N = \lceil \log(2R_{max}/\varepsilon(1 - \gamma)) / \log(1/\gamma) \rceil$$

N 次迭代是足够的。图 17-7b 显示了在 ε/R_{max} 的不同比值下，N 随 γ 的变化。好消息是，由于指数级的快速收敛，N 不太依赖于 ε/R_{max} 比率。坏消息是，当 γ 接近 1 时，N 迅速增长。如果使 γ 变小，我们可以得到快速的收敛，但这同时明显地使智能体期限变短，因此可能导致错过智能体动作的长期影响。

上一段中的误差界限给出了一些影响算法运行时间的因素，但根据这些因素决定何时停止迭代的方法有时过于保守。在考虑后一个目的时，我们可以在任何给定的迭代中使用一个将误差与贝尔曼更新的大小相关联的界限。从压缩性质 [式（17-11）] 可以看出，如果更新较小（任何状态的效用变化不大），那么与真实效用函数相比，误差也较小。更准确地说：

$$\text{如果} \|U_{i+1} - U_i\| < \varepsilon(1 - \gamma)/\gamma, \text{则} \|U_{i+1} - U < \varepsilon\| \tag{17-12}$$

这是图 17-6 的 VALUE-ITERATION 算法中使用的终止条件。

到目前为止，我们已经分析了由价值迭代算法返回的效用函数的误差。然而，智能体真正

关心的是，如果在它这个效用函数的基础上做出决策，它会表现得如何。假设经过 i 次价值迭代，智能体得到了真实效用 U 的估计 U_i，并利用 U_i 一步前瞻得到最大期望效用（MEU）策略 π_i［如式（17-4）所示］。智能体最终的行为会和最优行为一样好吗？对任何实际的智能体来说，这都是一个至关重要的问题，而答案是肯定的。$U^{\pi_i}(s)$ 是从 s 开始执行 π_i 获得的效用，**策略损失**（policy loss）$\|U^{\pi_i} - U\|$ 是智能体执行 π_i 而非最优策略 π^* 的最大可能损失。π_i 的策略损失与 U_i 的误差可以通过以下不等式联系起来：

$$\text{如果} \|U_i - U\| < \varepsilon, \text{则} \|U^{\pi_i} - U\| < 2\varepsilon \tag{17-13}$$

在实践中，通常在 U_i 尚未收敛之前，π_i 就已经达到最优。图 17-8 显示了在 $\gamma = 0.9$ 的 4×3 世界中，随着价值迭代过程的进行，U_i 中的最大误差和策略损失如何趋向于零。当 $i = 5$ 时，尽管 U_i 的最大误差仍然与 0.51，策略 π_i 已经达到了最优。

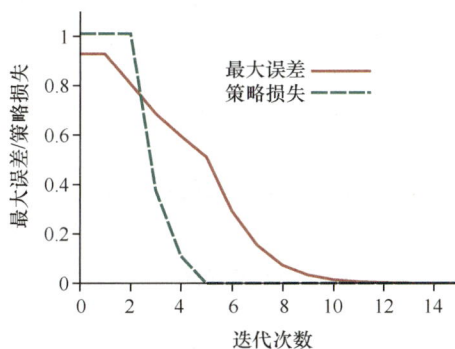

图 17-8 效用估计的最大误差 $\|U_i - U\|$ 与策略损失 $\|U^{\pi_i} - U\|$，作为 4×3 世界上价值迭代的迭代次数的函数

现在我们了解了在实践中使用价值迭代所需的一切知识。我们知道它会收敛到正确的效用，如果迭代在有限次数后停止，我们也可以限制效用估计的误差，进而可以限制执行相应的 MEU 策略时导致的策略损失。最后强调一点，本节的所有结果都基于折扣因子 $\gamma < 1$ 的前提。如果 $\gamma = 1$，且环境包含终止状态，则可以我们推导出一组类似的收敛结果和误差界。

17.2.2 策略迭代

在 17.2.1 节中，我们发现，即使效用函数估计不准确，也有可能得到最优策略。如果一个动作明显优于其他所有动作，那么有关该状态的效用估计就不需要很精确。这一见解暗示了另一种寻找最优策略的方法。**策略迭代**（policy iteration）算法从某个初始策略 π_0 开始，交替进行以下两个步骤。

- **策略评估**（policy evaluation）：给定策略 π_i，计算 $U_i = U^{\pi_i}$，即执行 π_i 后每个状态的效用。
- **策略改进**（policy improvement）：使用基于 U_i 的一步前瞻［式（17-4）］计算新的 MEU 策略 π_{i+1}。

如果策略改进步骤对效用不产生任何改变，该算法将终止。我们已经知道效用函数 U_i 是贝尔曼更新的不动点，因此它是贝尔曼方程的解，并且 π_i 必定是最优策略。由于对有限状态空间只有有限多个策略，并且我们可以证明每次迭代都能产生更好的策略，因此策略迭代必定会终止。该算法如图 17-9 所示。与价值迭代一样，我们使用了 17.1.2 节定义的函数 Q-VALUE。

486　第 17 章　做复杂决策

---

function Policy-Iteration(*mdp*) **returns** 一个策略
　　inputs: *mdp*, 状态为*S*、动作为*A*(*s*)、转移模型为*P*(*s′* | *s*, *a*)的一个MDP
　　local variables: *U*, 一个 *S*中状态的效用向量, 初始为0
　　　　　　　　　　　　 π, 一个由状态索引的策略向量, 初始为随机

　　repeat
　　　　U ← Policy-Evaluation(*π*, *U*, *mdp*)
　　　　unchanged? ← **true**
　　　　for each 状态*s* **in** *S* **do**
　　　　　　a[*] ← argmax Q-Value(*mdp*, *s*, *a*, *U*)
　　　　　　　　　　$_{a \in A(s)}$
　　　　　　if Q-Value(*mdp*, *s*, *a*[*], *U*) > Q-Value(*mdp*, *s*, *π*[*s*], *U*) **then**
　　　　　　　　π[*s*] ← *a*[*]; *unchanged?* ← **false**
　　　　until *unchanged?*
　　　　return *π*

图 17-9　计算最优策略的策略迭代算法

如何实现 Policy-Evaluation？事实证明，实现这一点比求解标准贝尔曼方程（这是价值迭代所做的）更简单，因为每个状态中的动作都是由策略确定的。在第 *i* 次迭代时，策略 π_i 指定了状态 *s* 下的动作 $\pi_i(s)$。这意味着我们有了一个简化版的贝尔曼方程（17-5），它将 π_i 下 *s* 的效用与其邻居的效用联系起来：

$$U_i(s) = \sum_{s'} P(s' \mid s, \pi_i(s))[R(s, \pi_i(s), s') + \gamma U_i(s')] \tag{17-14}$$

例如，假设 π_i 是图 17-2a 所示的策略，则我们有 $\pi_i(1, 1) = Up$，$\pi_i(1, 2) = Up$，以此类推，此时简化贝尔曼方程为

$$U_i(1, 1) = 0.8[-0.04 + U_i(1, 2)] + 0.1[-0.04 + U_i(2, 1) + 0.1[-0.04 + U_i(1, 1)]]$$

$$U_i(1, 2) = 0.8[-0.04 + U_i(1, 3)] + 0.2[-0.04 + U_i(1, 2)]$$

以此类推，这一方法适用于所有的状态。重要的一点是这些方程是线性的，因为"max"算子被去掉了。如果 MDP 包含 *n* 种状态，则我们有 *n* 个带有 *n* 个未知数的线性方程，这些方程可以用标准线性代数方法在 $O(n^3)$ 时间内精确求解。如果转移模型是稀疏的，也就是说，如果每个状态只向少量的其他状态转移，那么求解过程可以进行得更快。

对于小的状态空间，使用精确求解方法进行策略评估通常是最有效的方法。对于大的状态空间，$O(n^3)$ 的时间复杂度可能过高。幸运的是，我们无须做出精确的策略评估。相反，我们可以执行一些简化的价值迭代步骤（简化的原因是因为策略是固定的），以给出相当好的效用近似值。这个过程的简化贝尔曼更新是

$$U_{i+1}(s) \leftarrow \sum_{s'} P(s' \mid s, \pi_i(s))[R(s, \pi_i(s), s') + \gamma U_i(s')]$$

通过重复几次该更新，我们可以高效地产生下一个效用估计。相应的算法被称为**修正策略迭代**（modified policy iteration）。

到目前为止，我们所描述的算法都要求一次性更新所有状态的效用或策略。事实证明，这并不是严格必要的。事实上，在每次迭代中，我们可以选择状态的任意子集，并将任意一种更新（策略改进或简化价值迭代）应用于该子集。这种非常通用的算法被称为**异步策略迭代**（asynchronous policy iteration）。给定初始策略和初始效用函数的一定条件，异步策略迭代也能保证收敛到最优策略。能够自由选择任意状态集合进行处理意味着我们可以设计更有效的启发

式算法，例如，一个专注于更新好的策略可能达到状态的效用值的算法。为永远不会采取的动作的结果做规划是没有意义的。

17.2.3　线性规划

我们已经在 4.2 节中简要介绍过**线性规划**（linear programming，LP），它是一个表述约束优化问题的一般方法，并有许多工业强度的 LP 求解器。考虑到贝尔曼方程包含大量的求和与最大值，不难想到，求解 MDP 可以简化为求解一个适当表述的线性规划。

该表述的基本想法是将每个状态 s 的效用 $U(s)$ 作为 LP 中的变量，这是基于最优策略的效用是与贝尔曼方程一致的、可达到的最高效用这一事实。表述为 LP 问题后，我们的目标是，对于每个状态 s 和动作 a，对所有满足下式的 s 最小化 $U(s)$：

$$U(s) \geqslant \sum_{s'} P(s' \mid s, a) [R(s, a, s') + \gamma U(s')]$$

这样一来，我们就把动态规划和线性规划联系了起来，而线性规划的算法和复杂性问题已经被研究透彻。例如，从线性规划可以在多项式时间内求解这一事实来看，我们可以证明，MDP 也可以在关于状态与动作数量和指定模型所需的位数的多项式时间内求解。在实践中，LP 求解器很少像动态规划那样高效地求解 MDP。此外，多项式时间可能听起来不错，但实际状态的数量往往非常大。最后，应该记住的是，即使是第 3 章中介绍的最简单和最无知的搜索算法也在关于状态和动作数量呈线性的时间内产生结果。

17.2.4　MDP 的在线算法

价值迭代和策略迭代都是离线算法：和第 3 章的 A* 算法一样，它们生成问题的最优解，然后由一个简单的智能体执行。对于足够大的 MDP，例如拥有 10^{62} 个状态的俄罗斯方块 MDP，即使是多项式时间的算法也不可能求出精确的离线解。几种 MDP 的近似离线求解方法已被提出，这些内容将在本章末尾的参考文献与历史注释和第 22 章（强化学习）中进行介绍。

这里我们将考虑在线算法，它类似于第 5 章中用于博弈的算法，其中智能体在每个决策点进行大量计算，而不是主要使用预先计算的信息进行操作。

最直接的方法实际上可以通过对带有机会节点的博弈树的 EXPECTIMINIMAX 算法进行简化得到：EXPECTIMAX 算法构建了一个极大值节点和机会节点交替的树，如图 17-10 所示。（与标准 EXPECTIMINIMAX 稍有不同，它在非终止转移和终止转移都有奖励。）评价函数可以应用于树的非终止叶节点，它们也可以由一个默认值给出。通过备份叶节点的效用值，在机会节点取平均值，在决策节点取极大值的方法，我们可以从搜索树中提取决策。

对于折扣系数 γ 不太接近 1 的问题，ε 期限是一个有用的概念。令 ε 为与 MDP 中的精确效用相比较，从有界深度的最大化期望树（expectimax tree）计算的效用的绝对误差的期望界。因此，ε 期限是使得深度超过规定界的任何叶节点的奖励之和小于 ε 的树深 H，粗略地说，H 之后发生的任何事情都是无关的，因为它发生于遥远的未来。因为超过 H 的奖励总和受到 $\gamma^H R_{\max}/(1-\gamma)$ 的限制，所以取 $H = \lceil \log_\gamma \varepsilon(1-\gamma)/R_{\max} \rceil$ 的深度就足够了。因此，构建这样深度的树可以提供近乎最优的决策。例如，当 $\gamma = 0.5$，$\varepsilon = 0.1$，$R_{\max} = 1$ 时，我们发现 $H = 5$，这似乎是合理的；但是，如果 $\gamma = 0.9$，$H = 44$，这似乎不太合理了！

除了限制深度，我们还可以考虑避免机会节点上潜在的巨大分支因子。（例如，如果 DBN 转移模型中的所有条件概率都是非零的，则由条件概率的乘积给出的转移概率也是非零的，即每个状态都有一定概率转移到其他状态。）

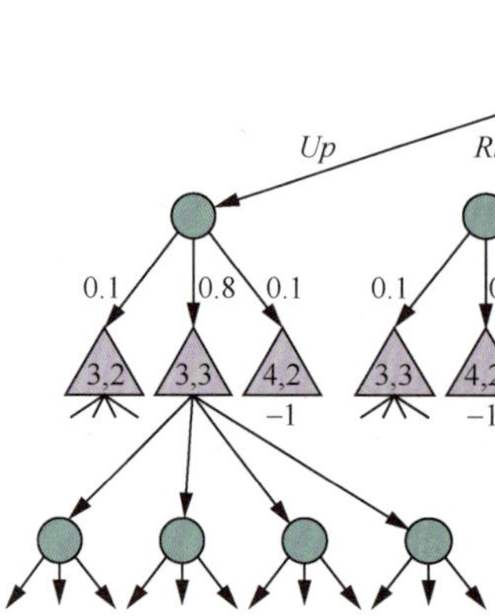

图 17-10   以 (3, 2) 为根的 4×3 MDP 的最大化期望树的一部分。三角形节点是极大值节点，圆形节点是机会节点

如 13.4 节所述，概率分布 P 的期望可以通过从 P 生成 N 个样本并使用样本均值来近似。在数学上，我们有

$$\sum_s P(x)f(x) \approx \frac{1}{N}\sum_{i=1}^{N}f(x_i)$$

因此，如果分支因子非常大（意味着存在很多可能的 x 值），则我们可以通过对动作的结果进行有限数量的采样来获得对机会节点值的良好近似。通常，样本将集中在最可能的结果上，因为这些结果最有可能生成。

如果仔细观察图 17-10 中的树，可以发现，它并不是真正的树。例如，它的根节点 (3, 2) 也是一个叶节点，所以我们应该把它看作一个图，并且应该额外地约束叶节点 (3, 2) 的值与根节点 (3, 2) 的值相同，因为它们是相同的状态。事实上，这种思路很快就把我们带回到贝尔曼方程，它把状态值和相邻的状态值联系起来。所探讨的状态实际上构成了原始 MDP 的子MDP，而这个子 MDP 可以使用本章中的任何算法来求解，从而产生对当前状态的决策。（边界状态通常被赋予一个固定的估计值。）

这种一般性的方法被称为**实时动态规划**（real-time dynamic programming，RTDP），它非常类似于第 4 章的 LRTA*。这种算法在网格世界等中等规模的域中非常有效。在俄罗斯方块等更大的域中，这种方法存在两个问题。首先，状态空间具有以下特点——任何可管理的探索状态集包含很少的重复状态，所以我们不妨使用一个简单的最大化期望树。其次，针对边界节点的简单启发式可能不足以指导智能体，特别是在奖励稀疏的情况下。

该问题的一个可能的解决方法是应用强化学习来生成更准确的启发式（见第 22 章）。另一种方法是使用 5.4 节中介绍的蒙特卡罗方法，使得智能体能在 MDP 上看得更远。事实上，图 5-10 所示的 UCT 算法最初是为 MDP 设计的，而不是为了博弈。解决 MDP 问题（而非博弈问题）只需要对方法进行很小的改动。改动主要源于对手（自然）是随机的，以及需要追踪奖励而不只是赢和输的这些事实。

把 UCT 算法应用于 4×3 世界，其表现并不是特别令人印象深刻。如图 17-11 所示，算法平均需要 160 次模拟才能达到 0.4 的总奖励，而最优策略位于初始状态的期望总收益为 0.7453（见图 17-3）。UCT 陷入困难的一个原因是它构建的是树而不是图，并且使用的是（近似）最大化期望而不是动态规划。4×3 的世界是非常"混乱的"：虽然它只有 9 个非终止状态，但 UCT 的模拟经常会进行 50 多个动作。

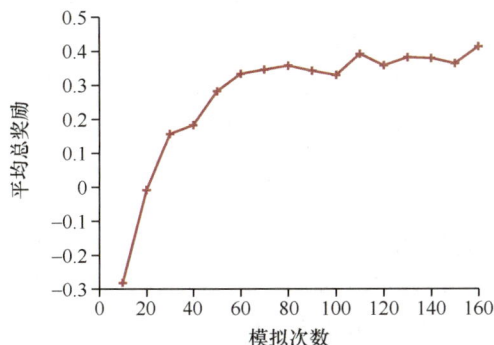

图 17-11 对于 4×3 世界使用一个随机模拟策略，UCT 的表现作为每次移动的模拟次数的函数，在每个数据点取 1000 次运行的平均

UCT 似乎更适合处理俄罗斯方块问题，这款游戏可以通过向未来前进很长一段时间来让智能体意识到一个有潜在风险的动作最终是否会成功，或者是否会导致大量的方块堆积。习题 17.UCTT 探索了 UCT 在俄罗斯方块中的应用。一个特别有趣的问题是，一个简单的模拟策略能在多大程度上起到作用，例如一个避免产生悬垂，并将方块放置得尽可能低的策略。

17.3 老虎机问题

在拉斯维加斯，单臂老虎机是一种投币机。赌徒可以投入一枚硬币，拉动杠杆，并收集奖金（如果有的话）。一个 **n 臂老虎机**（n-armed bandit）有 n 个杠杆。每个杠杆的背后是一个固定但未知的奖金概率分布，每次拉动杠杆都是从未知的分布中进行采样。

在连续的赌博中，赌徒必须在每次投币前决定拉动哪个杠杆——是奖励最多的那个，还是还没试过的那个？这是一个普遍存在于日常生活中的关于权衡的例子，即**利用**当前的最佳动作来获得奖励，还是**探索**之前未知的状态和动作来获得信息，这在某些情况下可以转化为更好的策略和更好的长期奖励之间的权衡。在真实世界中，一个人必须不断地做出决定，是继续舒适的生活，还是怀揣对美好生活的希望进入未知的世界。

n 臂老虎机是在许多重要领域的真实问题的一个形式化模型，如决定使用 n 种可能的新疗法中的哪种用来治疗一种疾病，采用 n 种可能的投资中的哪一种来投入你的部分储蓄，选择 n 个可能的研究项目中的哪一个进行资助，选择 n 个可能的广告中的哪一个用来展示给访问特定网页的用户。

关于这个问题的早期研究始于第二次世界大战期间的美国。事实证明，这个问题太难了，以至于同盟国的科学家们建议"把这个问题抛给德国，作为迫害知识分子的终极工具"（Whittle，1979）。

事实证明，无论是在战争期间还是战后，科学家们都试图证明的关于老虎机问题的"明显正确"的事实实际上是错误的。[正如（Bradt *et al.*，1956）中所言，"有许多优秀的特性是最优策略所不具备的"。]例如，人们通常认为，从长远来看，最优策略最终会落在最佳的臂上，事实上，最优策略以有限的概率选择次优臂。在今天，我们对老虎机问题已经有了坚实的理论理解以及解决它们的有用算法。

老虎机问题（bandit problem）有着几种不同的定义，其中最简洁、最通用的定义如下所示。

- 每个臂 M_i 是一个马尔可夫奖励过程（Markov reward process，MRP），也就是说，一个只有一个可能动作 a_i 的 MDP。它拥有状态 S_i，转移模型 $P_i(s' \mid s, a_i)$，奖励 $R_i(s, a_i, s')$。这个臂定义了奖励序列 $R_{i,0}, R_{i,1}, R_{i,2}, \cdots$，的分布，其中每个 $R_{i,t}$ 是一个随机变量。
- 整体老虎机问题是一个 MDP：状态空间由笛卡儿积 $S = S_1 \times \cdots \times S_n$ 给出；动作为 $a_1, \cdots, a_n$；转移模型更新被选择的臂 M_i 的状态，根据其指定的转移模型；剩下的臂保持不变；折扣因子为 γ。

这个定义很普遍，它涵盖了广泛的情况。它的关键特性在于臂是独立的，并与智能体在同一时间只能在一个臂上工作这一事实相耦合。我们可以定义一个更一般版本的老虎机，在这个版本中，我们可以把部分力气同时应用到所有的臂上，但所有臂上的力的总和是有界的。我们将要描述的一些基本结果也适用于这种情况。

我们很快就会看到如何在这个框架内形式化一个典型的老虎机问题，在此之前，让我们先以确定性奖励序列的简单特殊情况作为预热。设 $\gamma = 0.5$，假设有两个标为 M 和 M_1 的臂。多次拉动 M 产生的奖励序列为 $0, 2, 0, 7.2, 0, 0, 0, \cdots$，而拉动 M_1 产生 $1, 1, 1, \cdots$（图 17-12a）。如果我们在一开始必须选择其中一个臂，并一直拉动它，那么这个选择将通过计算每个臂的效用（总折扣奖励）来决定：

$$U(M) = (1.0 \times 0) + (0.5 \times 2) + (0.5^2 \times 0) + (0.5^3 \times 7.2) = 1.9$$

$$U(M_1) = \sum_{t=0}^{+\infty} 0.5^t = 2.0$$

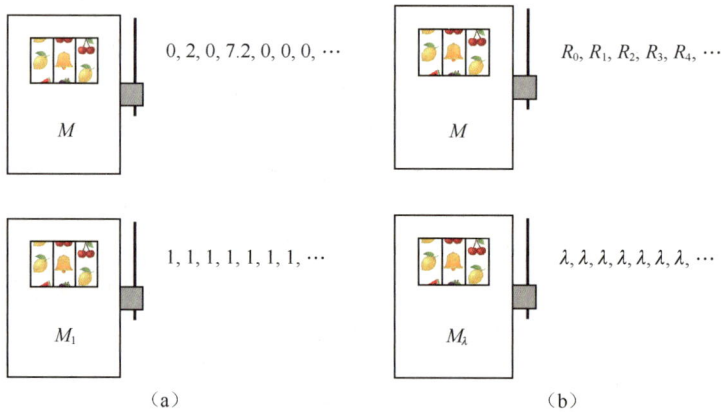

图 17-12 （a）一个简单的有两个臂的确定性老虎机问题。臂可以以任何顺序拉动，每个臂产生所示的奖励序列。（b）关于（a）中的老虎机的一个更普遍的情况，其中第一个臂给出任意奖励序列，第二个臂给出一个固定的奖励 λ

人们可能会认为最好的选择是 M_1，但稍加思考就会发现，从 M 开始，然后在第四次奖励后切换到 M_1，会得到序列 $S = 0, 2, 0, 7.2, 1, 1, 1, \cdots$，则可以计算出效用为

$$U(S) = (1.0 \times 0) + (0.5 \times 2) + (0.5^2 \times 0) + (0.5^3 \times 7.2) + \sum_{t=4}^{+\infty} 0.5^t = 2.025$$

因此，在正确的时间从 M 转换到 M_1 的策略 S 比选择任何一种单独的臂都要好。事实上，这个策略对于这个问题 S 是最优的：所有其他转换时间给予的奖励都更少。

我们稍微推广一下这种情况，现在第一个臂 M 产生了一个任意序列 $R_0, R_1, R_2, \cdots$（这可能是已知的或未知的），第二个臂 M_λ 产生了 $\lambda, \lambda, \lambda, \cdots$，$\lambda$ 为已知的固定常数（见图 17-12b）。这在文献中被称为单臂老虎机（one-armed bandit），因为它在形式上等价于有一个臂 M 产生 R_0, $R_1, R_2, \cdots$，每一拉的代价是 λ。（拉臂 M 等价于不拉臂 M_λ，因此，它每次都会放弃 λ 的奖励。）如果只有一个臂，唯一的选择就是再次拉动或者停止。如果你拉动第一个臂 T 次（在第 0, 1, $\cdots$, $T-1$ 次），我们称停止时间（stopping time）是 T。

仍考虑关于 M 与 M_λ 的版本，我们假设在拉第一个臂 T 次后，一个最优策略最终会第一次拉动第二个臂。由于这一举动没有获得任何信息（我们已经知道收益将是 λ），在 $T+1$ 时刻，我们将处于相同的情况，因此最优策略必然会做出相同的选择。

同样，我们可以说最优策略将拉动臂 M 直到时间 T，然后在剩余时间转换到 M_λ。有可能该策略会立即选择 M_λ，即 $T=0$，或者该策略从未选择 M_λ，即 $T=+\infty$，或介于两者之间。现在让我们考虑 λ 的值，使得最优策略在运行 M 直到可能的最佳停止时间然后永远转换到 M_λ，和立即选择 M_λ 之间完全中立。在这个转折点上我们有

$$\max_{T>0} E\left[\left(\sum_{t=0}^{T-1} \gamma^t R_t\right) + \sum_{t=T}^{+\infty} \gamma^t \lambda\right] = \sum_{t=0}^{+\infty} \gamma^t \lambda$$

简化为

$$\lambda = \max_{T>0} \frac{E\left(\sum_{t=0}^{T-1} \gamma^t R_t\right)}{E\left(\sum_{t=0}^{T-1} \gamma^t\right)} \tag{17-15}$$

这个等式在 M 提供源源不断的奖励的能力方面为它定义了一种"价值"。分数的分子代表效用，而分母可以认为是折扣时间，因此该值描述了每单位折扣时间可获得的最大效用。（一定要记住，等式中的 T 是一个停止时间，它由一个停止规则控制，而不是一个简单的整数；只有当 M 是一个确定性奖励序列时，它才会变成一个简单的整数。）式（17-15）中定义的值称为 M 的基廷斯指数（Gittins index）。

关于基廷斯指数值得注意的是，它为任何老虎机问题提供了一个非常简单的最优策略：拉动基廷斯指数最高的那个臂，然后更新基廷斯指数。此外，由于臂 M_i 的指数仅取决于该臂的性质，第一次迭代的最优决策可以在 $O(n)$ 时间内计算出来，其中 n 是臂的数量。因为未被选择的臂的基廷斯指数保持不变，所以在第一个决策之后的每一个决策都可以在 $O(1)$ 时间内计算出来。

17.3.1 计算基廷斯指数

为了更好地了解该指数，让我们计算在确定性奖励序列 0, 2, 0, 7.2, 0, 0, 0, $\cdots$ 下，不同可能的停止时间时，式（17-15）中的分子、分母和比值：

T	1	2	3	4	5	6
R_t	0	2	0	7.2	0	0
$\sum \gamma^t R_t$	0.0	1.0	1.0	1.9	1.9	1.9
$\sum \gamma^t$	1.0	1.5	1.75	1.875	1.9375	1.9687
比值	0.0	0.6667	0.5714	1.0133	0.9806	0.9651

很明显，这个比值此后将不断减小，因为分子保持不变，而分母继续增加。因此，这个臂

的基廷斯指数为 1.0133，即比例达到的最大值。在该臂与 $0 < \lambda \leqslant 1.0133$ 的固定臂 M_λ 相结合的情况下，最优策略是从 M 处获取前 4 个奖励，然后转换到 M_λ。若 $\lambda > 1.0133$，最优策略总是选择 M_λ。

为了计算一个当前状态为 s 的一般臂 M 的基廷斯指数，我们首先简单地观察到如下事实：在最优策略在选择臂 M 与选择固定臂 M_λ 之间中立时的转折点，选择 M 的价值与选择 λ 奖励的无限序列的价值相同。

假设我们进一步扩大 M，在 M 的每个状态下，智能体有两种选择：要么像之前一样继续选择 M，要么退出并获得无限的 λ 奖励序列（见图 17-13a）。这就把 M 变成了一个 MDP，其最优策略就是 M 的最优停止规则。因此，在这个新的 MDP 中，一个最优策略的价值等于无限 λ 奖励序列的价值，即 $\lambda/(1-\gamma)$。由此我们可以解出这个 MDP。但是，我们不知道输入到 MDP 的 λ 值，因为这正是我们试图计算的。但我们知道，最优策略在转折点处对 M 与 M_λ 保持中立，所以我们可以将获得无限 λ 奖励序列的选择替换为返回 M 从其初始状态 s 重新开始的选择。（更准确地说，我们在每个状态中添加一个新的动作，这些动作的奖励和结果与 s 中的可获得的动作相同，见习题 17.KATV。）这个新的 MDP M^s，称为**重启 MDP**，如图 17-13b 所示。

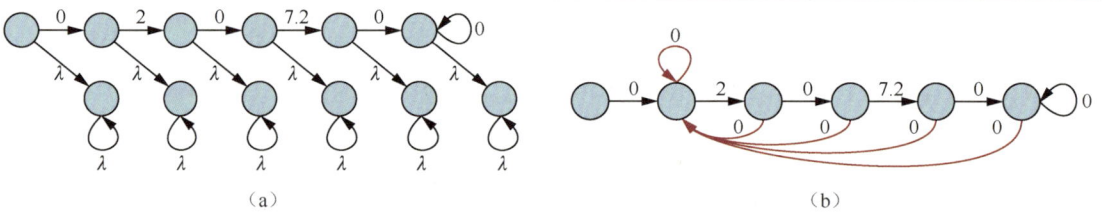

图 17-13　（a）在每个点使用一个永久转向恒定臂 M_λ 的选择增广的奖励序列 $M = 0, 2, 0, 7.2, 0, 0, 0, \cdots$。（b）一个最优价值恰好等于（a）的最优价值的 MDP，在每个点的最优策略在 M 与 M_λ 之间中立

我们可以得出一个一般性的结果：一个位于状态 s 的臂 M 的基廷斯指数等于 $1-\gamma$ 乘以重启 MDP M^s 的最优策略的价值。这个 MDP 可以通过 17.2 节中介绍的任一算法进行求解。图 17-13b 将价值迭代应用于 M^s，得到初始状态的价值为 2.0266，因此如前所述，我们得到 $\lambda = 2.0266 \cdot (1-\gamma) = 1.0133$。

17.3.2　伯努利老虎机

伯努利老虎机（Bernoulli bandit）也许是最简单且最著名的老虎机问题的例子，每个臂 M_i 以固定但未知的概率 μ_i 产生奖励 0 或 1。臂 M_i 的状态由 s_i 与 f_i 定义，即该臂到目前为止成功（1）和失败（0）的计数；转移概率预测下一个结果为 1 的概率为 $(s_i)/(s_i + f_i)$，为 0 的概率为 $(f_i)/(s_i + f_i)$。计数被初始化为 1，所以初始概率是 1/2，而不是 0/0。[1] 马尔可夫奖励过程如图 17-14a 所示。

我们不能完全应用 17.3.1 节的变换来计算伯努利臂的基廷斯指数，因为它有无限多个状态。然而，我们可以通过求解状态达到 $s_i + f_i = 100$ 与 $\gamma = 0.9$ 时的截断 MDP 来获得一个十分精确的近似。其结果如图 17-14b 所示。从直觉上看，结果是合理的：我们看到，通常来说，拥有较高收益概率的臂会更受青睐，但只尝试过几次的臂也有相应的**探索奖励**（exploration

---

① 这些概率是先验为 Beta(1,1) 的贝叶斯更新过程（见 20.2.5 节）。

bonus）。例如，状态 (3, 2) 的指数高于状态 (7, 4) 的指数（0.7057 对 0.6922），尽管 (3,2) 的估计值较低 (0.6 vs. 0.6364)。

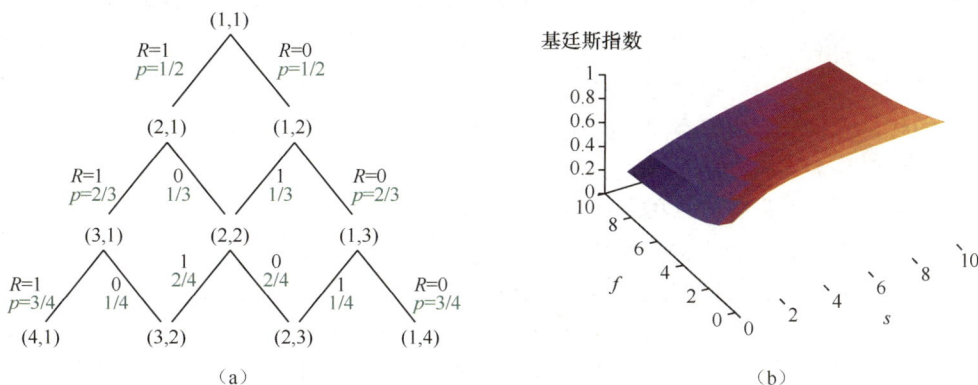

图 17-14　（a）伯努利老虎机的状态、奖励与转移概率。（b）伯努利老虎机过程的状态的基廷斯指数

17.3.3　近似最优老虎机策略

为更现实的问题计算基廷斯指数并不容易。幸运的是，我们在 17.3.2 节中观察到的一般特性，即估计值和不确定性的某种组合的可取性有助于创建简单的策略，这些策略结果与最优策略"几乎一样好"。

第一种方法使用**上置信界**（upper confidence bound）或 UCB 的启发式，之前曾在蒙特卡罗树搜索中引入（图 5-11）。其基本思想是利用每个臂的样本为臂的值建立一个**置信区间**（confidence interval），该区间中的值被认为具有较高置信水平，接着我们选择置信区间上界最高的臂。上界为当前均值估计值 $\hat{\mu}_i$ 加上该值中不确定性标准差的某个倍数。标准差与 $\sqrt{1/N_i}$ 成正比，其中 N_i 是臂 M_i 被采样的次数。所以，我们得到了一个臂 M_i 指数的近似值：

$$UCB(M_i) = \hat{\mu}_i + g(N)/\sqrt{N_i}$$

其中，$g(N)$ 是关于 N 的适当函数，N 是所有臂采样的样本总数。UCB 策略只选择 UCB 值最高的臂。需要注意的是，UCB 值并不是严格意义上的指数，因为它取决于 N，即所有臂的采样的样本总数，而不仅仅是臂本身。

g 的精确定义确定了相对于能预知未来策略的**遗憾**（regret），能预知的未来指简单地选择最佳的臂所产生的平均奖励 μ^*。一个由黎子良和罗宾斯（Lai and Robbins, 1985）发表的著名结果表明，对于无折扣情况，没有任何算法可以得到增长速度比 $O(\log N)$ 更慢的遗憾。有几种不同的 g 以及相应的 UCB 策略可供选择，以实现与这种增长速度相匹配，例如，我们可以采用 $g(N) = (2\log(1 + N\log^2 N))^{1/2}$。

第二种方法是**汤普森采样**（Thompson sampling）（Thompson, 1933），它在给定当前样本的情况下，根据臂是实际最优的概率随机选择一个臂。假设 $P_i(\mu_i)$ 是臂 M_i 的真实值的当前概率分布，那么实现汤普森采样的一个简单方法就是从每个 P_i 生成一个样本，然后挑选出最佳的样本。这个算法的遗憾增长速度是 $O(\log N)$。

17.3.4　不可索引变体

人们对老虎机问题研究的动力部分源于在重病患者身上测试新疗法的任务。在这个任务中，随着时间的推移，最大化成功总数的目标显然是有意义的：每次成功的测试都意味着挽救一条生命，每次失败都意味着失去一条生命。

但是，如果我们稍微改变一下假设，就会导致出现一个不同的问题。假设我们不是为每个新病人制定最佳的治疗方案，而是在细菌样本上测试不同的药物，我们的目的是确定哪种药物最佳。在确定之后，我们将把这种药物投入生产并放弃其他药物。在这种情况下，细菌死亡不会有额外的代价，每个测试都有固定的代价，此时我们不必最小化测试失败次数；相反，我们只希望尽快做出一个好的决定。

在这些条件下选择最佳选项的任务称为选择问题（selection problem）。选择问题在工业环境和人事环境中普遍存在。人们通常必须决定使用哪一个供应商，或者应该雇用哪些候选者。选择问题表面上与老虎机问题相似，但它具有不同的数学性质。特别是，对于选择问题，不存在索引函数。要证明这一事实，就需要证明：在任何一种场景下，当添加了第三个臂 M_3 时，最优策略对两个臂 M_1 和 M_2 的偏好会发生改变（见习题 17.SELC）。

第 5 章介绍了元级（metalevel）决策问题的概念，例如在博弈树搜索中采取行动之前决定做什么计算。这种类型的元级决策也是一个选择问题，而不是老虎机问题。显然，节点扩展或评估所花费的时间是一样的，不论它产生的输出值是高是低。考虑到蒙特卡罗树搜索算法（5.4节）试图用为老虎机问题设计的 UCB 启发式解决选择问题取得了巨大成功，这或许令人惊讶。一般来说，人们认为最优老虎机算法比最优选择算法探索的时间要少得多，因为老虎机算法假设失败的试验真的需要花费金钱。

老虎机过程的一个重要的推广是老虎机超过程（bandit superprocess，BSP），其中每个臂本身是一个完整的马尔可夫决策过程，而不是只有一个可能动作的马尔可夫奖励过程。所有其他性质保持不变：臂是独立的，一次只能使用一个（或有限个数）臂，并且只有一个折扣因子。

BSP 的例子也出现在日常生活中，例如一个人可以在一个时间专注于一个任务，即便他有几个任务可能需要注意，多项目项目管理，需要个别指导的多学生教学，等等。我们通常也会用术语多任务处理（multitasking）来称呼这类问题。它无处不在，以至于几乎不引人注意：当制定一个真实世界的决策问题时，决策分析师很少询问他们的客户是否有其他不相关的问题。

一个可能的理由如下："如果有 n 个不相交的 MDP，那么很明显，一个整体最优策略是由单个 MDP 的最优解构建的。给定其最优策略 π_i，每个 MDP 都成为一个马尔可夫奖励过程，在每个状态 s 中只有一个动作 $\pi_i(s)$。因此我们得以将 n 臂老虎机超过程简化为 n 臂老虎机过程"。例如，如果一个房地产开发商有一个施工队并且有几个购物中心待建设（这似乎是很平常的事），那他应该为每个购物中心设计最优的建设计划，然后解决多臂老虎机问题，以决定每天把施工队派到哪里。

虽然这听起来很有道理，但它是不正确的。事实上，BSP 的全局最优策略可能会涉及其组成 MDP 视角下所能采取的局部次优的行动。这是因为行动的其他 MDP 的可用性改变了组件 MDP 中短期和长期奖励之间的平衡。事实上，它往往会导致每个 MDP 中更贪心的行为（寻求短期奖励），因为在一个 MDP 中追求长期奖励会延迟其他所有 MDP 中的奖励。

例如，假设一个购物中心的局部最优建设计划是在第 15 周就有第一家商店可供出租，而次优计划代价更高，但在第 5 周就有第一家商店可供出租。如果施工队要建 4 个购物中心，最优策略是在每个购物中心使用局部次优的日程安排，这样租金的收取就可以从第 5、10、15 和 20 周开始，而不是第 15、30、45 和 60 周开始。换句话说，在一个 MDP 中仅仅 10 周的延迟就会导致第 4 个 MDP 中的 40 周延迟。一般而言，只有当折扣因子为 1 时，全局最优和局部最优策略才会必然重合；在这种情况下，任何 MDP 中奖励的延迟都没有代价。

下一个问题是如何求解 BSP。显然，BSP 的全局最优解可以通过在笛卡儿积状态空间上将其转换为全局 MDP 来计算。状态数量与 BSP 中臂的数量呈指数关系，所以这是非常不切实际的。

我们可以利用臂之间相互作用的松散性质。这种相互作用只产生于智能体有限的同时处理臂的能力。在某种程度上，这种相互作用可以用**机会成本**（opportunity cost）的概念来建模：如果不将某个时间步用于另一个臂，那么每个时间步将会放弃一定的效用。机会成本越高，就越有必要为给定的臂产生早期奖励。在某些情况下，一个给定的臂的最优策略不受机会成本的影响。（在马尔可夫奖励过程中也是如此，因为只有一种策略。）在这种情况下，我们可以应用最优策略，将臂转化为马尔可夫奖励过程。

这种最优策略（如果存在的话）称为**主导策略**（dominating policy）。结果表明，通过向状态添加动作，我们总是可以创建一个 MDP 的松弛版本（见 3.6.2 节），并使该 MDP 有主导策略，从而为这个臂的动作价值提供一个上界。下界可以通过分别求解每一个臂（这可能会产生一个整体的次优策略），然后计算基廷斯指数来计算。如果一个臂的动作的下界比所有其他臂的动作的上界高，那么问题就解决了；如果不是这种情况，则我们需要结合前瞻搜索重新计算边界，以保证最终确定 BSP 的最优策略。使用这种方法，我们可以在几秒内解决相对较大的 BSP（10^{40} 个或更多个状态）。

17.4 部分可观测 MDP

17.1 节对马尔可夫决策过程的描述假设了环境是**完全可观测的**（fully observable）。在这种假设下，智能体总是知道自己处于哪种状态。进一步结合转移模型的马尔可夫假设，这意味着最优策略只依赖于当前状态。

人们可能会说，当环境是**部分可观测的**（partially observable）时，情况就不那么清晰了。智能体不一定知道它处于哪种状态，所以它不能执行为该状态推荐的动作 $\pi(s)$。此外，状态 s 的效用与最优动作不仅依赖于 s，还依赖在状态 s 时智能体知道多少信息。出于这些原因，**部分可观测 MDP**（partially observable MDP，POMDP，发音为 "pom-dee-pee"）通常被认为比传统 MDP 更加困难。然而，我们无法避免 POMDP，因为真实世界就是一个 POMDP。

POMDP 的定义

为了处理 POMDP，我们必须先恰当地定义它们。POMDP 具有与 MDP 相同的元素，即转移模型 $P(s' \mid s, a)$、动作 $A(s)$ 和奖励函数 $R(s, a, s')$，但类似于 4.4 节中介绍的部分可观测搜索问题，POMDP 也具有**传感器模型**（sensor model）$P(e \mid s)$。这里，如第 14 章所述，传感器模型指定在状态 s 下感知证据 e 的概率。[①] 例如，我们可以通过添加一个噪声或部分传感器而不是假设智能体准确地知道它的未知，来将图 17-1 中的 4×3 世界转换成一个 POMDP。我们也可以采用 14.3 节的噪声四位传感器，它可以以 $1 - \varepsilon$ 的准确率报告每个方向上是否有墙。

与 MDP 一样，我们可以通过使用动态决策网络来获得大型 POMDP 的紧致表示（见 17.1.4 节）。假设状态变量 X_t 不是直接可观测的，我们引入传感器变量 E_t。POMDP 传感器模型由 $P(E_t \mid X_t)$ 给出。例如，我们可以在图 17-4 中的 DDN 中添加传感器变量，如引入

---

① 传感器模型也可以依赖于动作和结果状态，但这种改变不是根本的。

BatteryMeter, 来估计实际电量 *Battery*,, 引入 *Speedometer*, 来估计速度矢量 $\dot{\boldsymbol{X}}_t$ 的大小。声呐传感器 *Walls*, 可以给出相对于机器人当前方向的 4 个主方向上到最近的墙壁的估计距离，这些值取决于当前的位置和方向 $\boldsymbol{X}_t$。

在第 4 章和第 11 章中，我们研究了非确定性的和部分可观测的规划问题，并确定了**信念状态**（belief state）——智能体可能处于的实际状态的集合——作为描述和计算解决方案的关键概念。在 POMDP 中，信念状态 b 成为所有可能状态的概率分布，就像在第 14 章中一样。例如，4×3 世界 POMDP 的初始信念状态可能是 9 个非终止状态上的均匀分布以及终止状态上的 0，即 $\langle \frac{1}{9}, \frac{1}{9}, \frac{1}{9}, \frac{1}{9}, \frac{1}{9}, \frac{1}{9}, \frac{1}{9}, \frac{1}{9}, \frac{1}{9}, 0, 0 \rangle$。

我们用符号 $b(s)$ 表示由信念状态 b 分配给实际状态 s 的概率。智能体可以在给定到目前为止感知序列和动作序列的基础上，计算实际状态的条件概率分布作为它当前的信念状态。这本质上就是第 14 章中描述的**滤波**（filtering）任务。基本的滤波递归公式［式（14-5）］展示了如何从之前的信念状态和新的证据计算新的信念状态。对于 POMDP，我们也要考虑动作，但结果本质上是相同的。如果 b 是之前的信念状态，智能体执行动作 a，感知到了证据 e，然后利用下面的公式计算现在处于状态 s' 的概率得到新的信念状态，对每个 s'：

$$b'(s') = \alpha P(e \mid s') \sum_s P(s' \mid s, a) b(s)$$

其中 α 是使信念状态和为 1 的归一化常数。通过类比滤波的更新算子（参见 14.2 节），我们可以将其写成：

$$b' = \alpha \, \text{FORWARD}(b, a, e) \qquad （17\text{-}16）$$

在 4×3 POMDP 中，假设智能体采取动作 *Left*，其传感器告诉它相邻的是一面墙，那么智能体很有可能（尽管不能保证，因为运动和传感器都是有噪声的）现在位于 (3, 1)。习题 17.POMD 要求你计算新信念状态的确切概率值。

理解 POMDP 所需要的基本洞察是：最优动作只依赖于智能体当前的信念状态。也就是说，最优策略可以用从信念状态到动作的映射 $\pi^*(b)$ 来描述。它不依赖于智能体所处的实际状态。这是一件好事，因为智能体并不知道它的实际状态，它只知道信念状态。因此，POMDP 智能体的决策周期可以分解为以下 3 个步骤。

（1）给定目前信念状态 b，执行动作 $a = \pi^*(b)$。

（2）观测感知 e。

（3）将信念状态设置为 FORWARD(b, a, e) 然后重复。

我们可以认为 POMDP 需要在信念状态空间中进行搜索，就像第 4 章中无传感器问题和应急问题的解决方法一样。主要区别在于 POMDP 的信念状态空间是连续的，因为 POMDP 的信念状态是一个概率分布。例如，4×3 世界的信念状态是 11 维连续空间中的一个点。动作改变的是信念状态，而不仅仅是物理状态，因为它影响到被接收的感知。因此，动作评估至少部分依赖于智能体获得的作为结果的信息。因而 POMDP 将信息的价值（16.6 节）作为决策问题的一个组成部分。

让我们更仔细地考虑动作的结果，更具体地说，即计算处于信念状态 b 的智能体在执行动作 a 后达到信念状态 b' 的概率。现在，如果我们知道这个动作和后续的感知，则式（17-16）将提供一个对信念状态的确定性更新：$b' = \text{FORWARD}(b, a, e)$。当然，由于后续的感知还不为人所知，智能体可能会到达几种可能的信念状态 b' 中的一种，具体取决于接收到的感知。假设 a 从信念状态 b 开始执行，则感知到 e 的概率可以通过对智能体可能达到的所有实际状态 s' 进行求和消元给出：

$$P(e|a,b) = \sum_{s'} P(e|a,s',b)P(s'|a,b)$$
$$= \sum_{s'} P(e|s')P(s'|a,b)$$
$$= \sum_{s'} P(e|s')\sum_{s} P(s'|s,a)b(s)$$

我们把给定动作 a，从 b 到达 b' 的概率写作 $P(b'|b,a)$。这个概率可以按如下方式计算：

$$P(b'|b,a) = \sum_{e} P(b'|e,a,b)P(e|a,b)$$
$$= \sum_{e} P(b'|e,a,b)\sum_{s'} P(e|s')\sum_{s'} P(s'|s,a)b(s) \qquad （17\text{-}17）$$

其中，如果 $b' = \text{Forward}(b, a, e)$，$P(b'|e, a, b)$ 为 1，否则为 0。

式（17-17）可以看作在信念状态空间中定义了一个转移模型。我们还可以为信念状态转换定义一个奖励函数，它来自可能发生的真实状态转换的期望奖励。在这里，我们使用简单的形式 $\rho(b, a)$ 表示智能体在信念状态 b 中执行 a 的期望奖励：

$$\rho(b,a) = \sum_{s} b(s)\sum_{s'} P(s'|s,a)R(s,a,s')$$

$P(b' | b, a)$ 与 $\rho(b, a)$ 共同定义了一个在信念状态空间的可观测的 MDP。而且，可以证明该 MDP 的最优策略 $\pi^*(b)$ 也是原 POMDP 的最优策略。换句话说，在物理状态空间上求解 POMDP 可以简化为在相应的信念状态空间上求解 MDP。如果读者还记得，根据定义，信念状态总是可以被智能体观测到，这一事实也许就不那么令人惊讶了。

17.5 求解 POMDP 的算法

我们已经展示了如何将 POMDP 简化为 MDP，但是我们获得的 MDP 具有连续的（通常是高维的）状态空间。这意味着我们必须重新设计 17.2.1 节和 17.2.2 节中的动态规划算法，这些算法假设状态空间和动作数量是有限的。本节我们将介绍一个专门为 POMDP 设计的价值迭代算法，以及一个在线决策算法，它类似于第 5 章中为博弈设计的算法。

17.5.1 POMDP 的价值迭代

17.2.1 节描述了一种价值迭代算法，该算法为每个状态计算一个效用值。在有无限多个信念状态的情况下，我们需要一个更有创造力的算法。考虑一个最优策略 π^* 及其在特定信念状态 b 中的应用：策略生成一个动作，然后对于每个后续的感知，更新信念状态，生成新的动作，以此类推。因此，对于这个特定的 b，策略完全等同于一个**条件规划**（conditional plan），就像第 4 章中为非确定性和部分可观测问题定义的那样。我们不考虑策略，而是考虑条件规划，以及执行一个固定条件规划的期望效用如何随初始信念状态而变化。首先，我们观察到以下两个事实。

（1）假设从物理状态 s 开始执行固定条件规划 p 的效用为 $\alpha_p(s)$，那么在信念状态 b 中执行 p 的期望效用就是 $\sum_s b(s)\alpha_p(s)$，或者 $b \cdot \alpha_p$（如果我们把它们都看作向量的话）。因此，固定条件规划的期望效用随 b 线性变化，也就是说，它对应于信念空间中的超平面。

（2）在任何给定的信念状态 b 下，最优策略将选择执行具有最高期望效用的条件规划。b

在最优策略下的期望效用就是该条件规划的效用：$U(b) = U^{\pi^*}(b) = \max_p b \cdot \alpha_p$。如果最优策略 π^* 选择从 b 开始执行 p，那么可以合理地期望它可能在非常接近 b 的信念状态下执行 p。实际上，如果我们限制条件规划的深度，那么就只有有限的这样的规划，并且信念状态的连续空间通常将划分为多个区域，每个对应于在该区域中最优的特定条件规划。

从这两个观察中，我们看到信念状态的效用函数 $U(b)$ 作为超平面集合的最大值，将是分段线性和凸的。

为了说明这一点，我们以一个简单的两状态世界为例。我们将两种状态标记为 A 和 B，它们各有两种动作可供选择：$Stay$ 以 0.9 的概率停留在原地，Go 以 0.9 的概率转换到另一种状态。奖励为 $R(\cdot, \cdot, A) = 0$、$R(\cdot, \cdot, B) = 1$。也就是说，任何以 A 结尾的转移奖励为 0，任何以 B 结尾的转移奖励为 1。现在我们假设折扣因子 $\gamma = 1$。传感器以 0.6 的概率报告正确的状态。很明显，智能体在状态 B 时应该 $Stay$，在状态 A 时应该 Go。问题是它不知道自己在哪里！

两状态世界的优势在于，信念空间可以在一维中进行可视化，因为两个概率 $b(A)$ 与 $b(B)$ 之和为 1。在图 17-15a 中，x 轴表示信念状态，它由处在状态 B 的概率 $b(B)$ 定义。现在让我们考虑一下 [Stay] 和 [Go] 的一步规划，每一个规划都会因为一次转移而获得如下奖励：

$$\alpha_{[Stay]}(A) = 0.9R(A, Stay, A) + 0.1R(A, Stay, B) = 0.1$$

$$\alpha_{[Stay]}(B) = 0.1R(B, Stay, A) + 0.9R(B, Stay, B) = 0.9$$

$$\alpha_{[Go]}(A) = 0.1R(A, Go, A) + 0.9R(A, Go, B) = 0.9$$

$$\alpha_{[Go]}(B) = 0.9R(B, Go, A) + 0.1R(B, Go, B) = 0.1$$

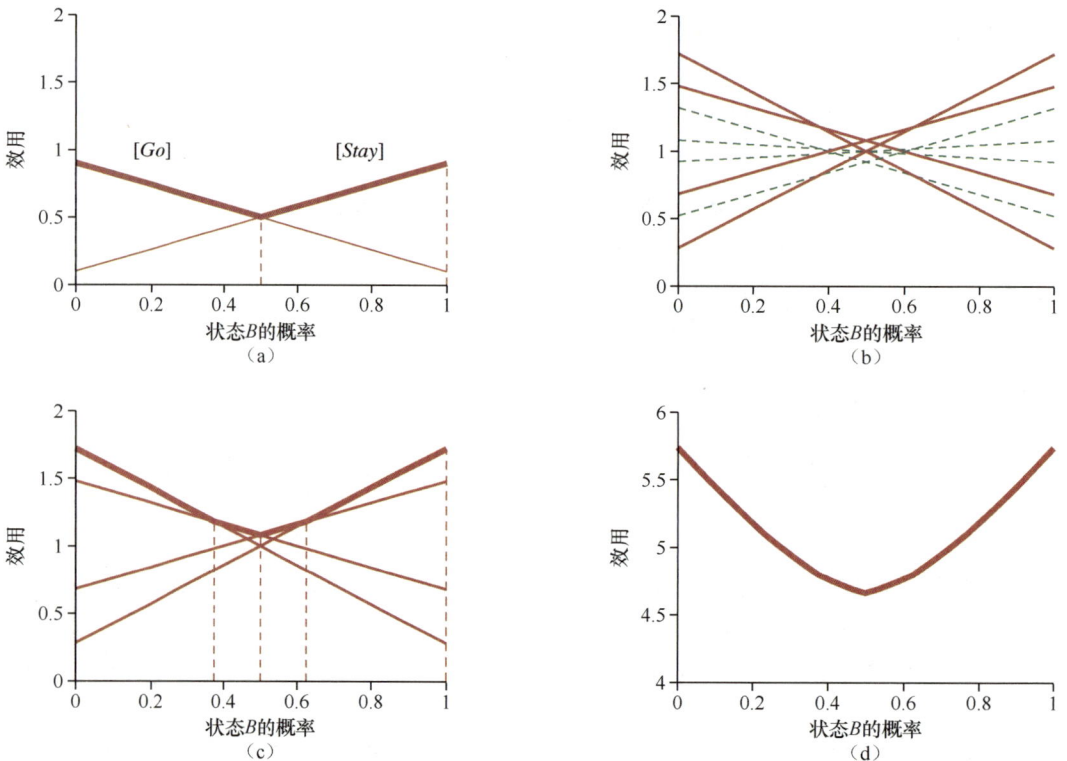

图 17-15 （a）对于两状态世界，两步规划的效用作为初始信念状态 $b(B)$ 的函数，其对应的效用函数用粗线表示。（b）8 个不同的两步规划的效用。（c）4 个非劣势两步规划的效用。（d）最优 8 步规划的效用函数

$b \cdot \alpha_{[Stay]}$ 与 $b \cdot \alpha_{[Go]}$ 的超平面（这个例子中是直线）如图 17-15a 所示，其最大值以粗线显示。因此，粗线代表了有限期问题的效用函数，该问题只允许一个动作，而在分段线性效用函数的每一个分段中，最优动作是相应条件规划的第一个动作。在这种情况下，最优一步策略是在 $b(B) > 0.5$ 时选择 *Stay*，否则选择 *Go*。

一旦我们对于每个物理状态 s 的所有深度为 1 的条件规划 p 得到了效用 $\alpha_p(s)$，就可以通过考虑每个可能的第一个动作，每个可能的后续感知，以及每种为每个感知选择深度为 1 的规划来执行的方式，为深度为 2 的条件规划计算效用：

[*Stay*; **if** *Percept* = *A* **then** *Stay* **else** *Stay*]

[*Stay*; **if** *Percept* = *A* **then** *Stay* **else** *Go*]

[*Go*; **if** *Percept* = *A* **then** *Stay* **else** *Stay*]

…

这个问题中总共有 8 个不同的深度为 2 的规划，其效用见图 17-15b。注意，虚线所示的 4 个规划在整个信念空间中都是次优的，我们称这些规划是**劣势的**（dominated），因此无须进一步考虑。有 4 个非劣势规划，每个规划在特定区域内都是最优规划，如图 17-15c 所示。此外，区域划分了信念状态空间。

我们在深度为 3 的情况下重复这个过程，并以此类推。一般而言，假设 p 为深度为 d 的条件规划，其初始动作为 a，且其对于感知 e 的深度为 $(d-1)$ 的子规划为 $p.e$，则我们有

$$\alpha_p(s) = \sum_{s'} P(s' \mid s, a)[R(s, a, s') + \gamma \sum_e P(e \mid s')\alpha_{p.e}(s')] \qquad (17\text{-}18)$$

这个递归很自然地给出了一个价值迭代算法，如图 17-16 所示。该算法的结构和误差分析与图 17-6 所示的基本价值迭代算法相似，主要区别在于 POMDP-VALUE-ITERATION 不是为每个状态计算一个效用数，而是用它们的效用超平面维持一个非劣势的规划集合。

---

function POMDP-VALUE-ITERATION(*pomdp*, ε) **returns** 一个效用函数

　inputs: *pomdp*，一个状态为 S、动作为 $A(s)$、转移模型为 $P(s' \mid s, a)$、
　　　　　　传感器模型为 $P(e \mid s)$、奖励为 $R(s,a,s')$、折扣为 γ 的 POMDP
　　　　　ε，任意状态效用的最大允许误差

　local variables: U, U', 规划 p 的集合，相关联的效用向量为 α_p

　$U' \leftarrow$ 包含所有一步规划 [*a*] 的集合，相关联的效用向量为 $\alpha_{[a]}(s) = \sum_s P(s' \mid s, a) R(s, a, s')$
　repeat
　　　$U \leftarrow U'$
　　　$U' \leftarrow$ 由一个动作和 U 中的一个规划 [对于每个可能的下一个感知，该规划具有根据式（17-18）计算的效用向量] 组成的所有规划的集合
　　　$U' \leftarrow$ REMOVE-DOMINATED-PLANS(U')
　until MAX-DIFFERENCE(U, U') $\leqslant \varepsilon(1 - \gamma)/\gamma$
　return U

图 17-16　POMDP 价值迭代算法的高层次的概述。REMOVE-DOMINATED-PLANS 步骤与 MAX-DIFFERENCE 测试通常以线性规划的形式实现

算法的复杂性主要取决于生成的规划数量。给定 $|A|$ 个动作、$|E|$ 个可能观测，则有 $|A|^{O(|E|^{d-1})}$ 个深度为 d 的不同规划。即便对于 $d = 8$ 这种简单的两状态世界，它也有 2^{255} 个规划。消除劣势规划对于减少这种双指数增长是至关重要的：$d = 8$ 的非劣势规划的数量只有 144。这 144 个规划的效用函数见图 17-15d。

注意，中间信念状态的价值低于状态 A 和状态 B 的价值，这是因为在中间状态时，智能体

缺乏选择好的动作所需的信息。这就是为什么 16.6 节所定义的信息是有价值的，此外 POMDP 中的最优策略通常也包括信息收集动作。

给定这样的效用函数，通过观测在任何给定的信念状态 b 下哪个超平面是最优的，并执行相应规划的第一个动作，就可以提取出一个可执行的策略。图 17-15d 所对应的最优策略与深度为 1 的规划相同：$b(B) > 0.5$ 时选择 *Stay*，否则选择 *Go*。

在实践中，图 17-16 中的价值迭代算法对于更大的问题效率低下，即使是 4×3 POMDP 也太过于困难。主要原因是给定 n 个 d 层级非劣势条件规划，在剔除劣势规划之前，算法在 $d + 1$ 层级构造了 $|A| \cdot n^{|E|}$ 个条件规划。对于 4 位传感器，$|E|$ 是 16，n 可以是数百，所以这是糟糕透顶的。

该算法自 20 世纪 70 年代出现以来，取得了一些进展，其中包括更高效的价值迭代形式和各种策略迭代算法。其中一些方法将在本章末尾的参考文献与历史注释中进行讨论。然而，对一般的 POMDP 来说，找到最优策略是非常困难的（事实上是 PSPACE 困难的，即多项式空间困难的——确实非常困难）。17.5.2 节将介绍求解 POMDP 的一种不同的近似方法，它是一种基于前瞻搜索的方法。

17.5.2　POMDP 的在线算法

在线 POMDP 智能体的基本设计很简单：它从某个先验信念状态开始；以当前的信念状态为中心，选择一种基于某种思考过程的动作；在执行动作后，它接收到一个观测并使用滤波算法更新它的信念状态；重复这个过程。

关于思考过程，一个明显的选择是使用 17.2.4 节中的 EXPECTIMAX 算法，区别仅在于在树中作为决策节点的是信念状态而不是物理状态。POMDP 树中的机会节点包含由可能的观测标记并通向下一个信念状态的分支，其转移概率如式（17-17）所示。4×3 世界 POMDP 的信念状态最大化期望树的片段如图 17-17 所示。

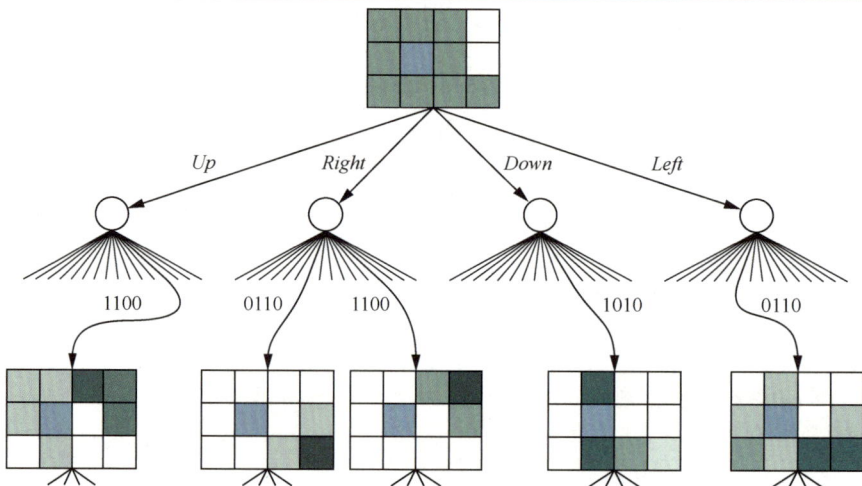

图 17-17　具有均匀初始信念状态的 4×3 POMDP 的最大化期望树的一部分。信念状态用与存在于每个位置的概率成正比的深浅来描述

深度为 d 的穷举搜索的时间复杂度为 $O(|A|^d \cdot |E|^d)$，其中 $|A|$ 是可采取动作的数量，$|E|$ 是可能感知的数量。（注意，这远远少于由价值迭代生成的深度为 d 的可能条件规划的数量。）在可

观测的情况下，在机会节点采样是一种减少分支因子的好方法，并且不会在最终决策中损失太多的准确性。因此，POMDP 中的近似在线决策的复杂性可能不会比 MDP 中的差很多。

在非常大的状态空间进行精确的滤波是不可行的，所以智能体将需要运行一个近似的滤波算法，例如粒子滤波。然后，在最大化期望树中的信念状态将是粒子的集合，而不是精确的概率分布。对于长期限问题，我们可能还需要运行 UCT 算法中使用的那种长期模拟（图 5-11）。应用于 POMDP 的粒子滤波和 UCT 组合称为部分可观测蒙特卡罗规划或 **POMCP**。如果用 DDN 表示模型，那么至少在原则上，POMCP 算法适用于非常大的和实际的 POMDP。该算法的细节将在习题 17.POMC 中探讨。POMCP 能够在 4×3 POMDP 中产生合适的行为。图 17-18 给出了一个简短（有点凑巧）的例子。

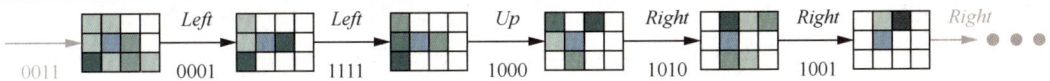

图 17-18　墙传感误差 ε = 0.2 的 4×3 POMDP 中感知、信念状态和动作的序列。注意，之前的 *Left* 是安全的，它们不太可能落入 (4, 2)，并迫使智能体的位置变成少量的可能位置。*Up* 移动后，智能体认为它可能在 (3, 3) 中，但也可能在 (1, 3) 中。幸运的是，*Right* 在这两种情况下都是一个好主意，所以它选择 *Right*，发现它之前在 (1, 3)，现在在 (2, 3)，然后继续 *Right*，达到目标

基于动态决策网络和在线决策的 POMDP 智能体与前面章节所介绍的其他更简单的智能体设计相比有许多优点。特别是，它们可以处理部分可观测的随机环境，并且可以很容易地修改它们的规划来处理意外的证据。有了合适的传感器模型它们就可以处理传感器故障，并规划去收集信息。通过在时间压力和复杂的环境下使用各种近似技术，它们可以表现出"优雅的退化"。

那么还有什么内容被我们遗漏了吗？在真实世界中部署这种智能体的主要障碍是，我们无法在长时间尺度上生成成功的行为。随机或近乎随机的模拟不可能获得任何积极的奖励，例如在布置餐桌准备晚餐的任务中，这可能需要数千万个运动控制动作。因此我们似乎有必要借鉴 11.4 节中描述的一些分层规划思想。在撰写本书时，还没有令人满意和有效的方法将这些思想应用于随机的、部分可观测的环境中。

小结

这一章展示了如何使用关于世界的知识做决策，即使动作的结果是不确定的，而动作的奖励可能直到在完成许多动作后才会得到。本章要点如下。

- 随机环境中的序贯决策问题，也称为**马尔可夫决策过程**，是由指定动作的概率结果的**转移模型**和指定每个状态下的奖励的**奖励函数**定义的。
- 状态序列的效用是序列中所有奖励的总和，可能随时间折扣。MDP 的解是一个将决策与智能体可能到达的每个状态相关联的**策略**。最优策略在执行时将最大化遇到的状态序列的效用。
- 状态的效用是在该状态下执行最优策略时的期望奖励之和。**价值迭代**算法迭代地求解一组有关每个状态的效用与其邻居的效用的方程。
- **策略迭代**在计算当前策略下状态效用和根据当前效用改进当前策略之间交替进行。
- POMDP（部分可观测 MDP）比 MDP 更难求解。它们可以被转化为在连续的信念状态空间中的 MDP 来求解，价值迭代算法和策略迭代算法分别被设计。POMDP 中的最优行

为包括信息收集，以减少不确定性，从而在未来做出更好的决策。

- 可以为 POMDP 环境构造一个决策论智能体。智能体使用**动态决策网络**来表示转移和传感器模型，更新其信念状态，并向前预测可能的动作序列。

我们将在第 22 章中重返 MDP 和 POMDP，那里涵盖了**强化学习**（reinforcement learning）方法，以允许智能体从经验中改进其行为。

参考文献与历史注释

理查德·贝尔曼从 1949 年开始在兰德公司工作时，发展了序贯决策问题的现代方法的基础思想。据他的自传（Bellman, 1984）称，他创造"动态规划"这个术语，是为了向研究恐惧症的国防部长查尔斯·威尔逊（Charles Wilson）隐瞒他的团队在研究数学的事实。［严格来说，这不可能是真的，因为他的第一篇使用这个术语的论文（Bellman, 1952）出现在 1953 年威尔逊成为国防部长之前。］贝尔曼的著作 *Dynamic Programming*（Bellman, 1957）为这一新领域提供了坚实的基础，并引入了价值迭代算法。

沙普利（Shapley, 1953b）实际上独立于贝尔曼描述了价值迭代算法，但他的结果在运筹学研究群体并没有得到广泛的认可，可能是因为它们是在更一般的马尔可夫博弈环境中呈现的。虽然最初的公式包含了折扣，但科普曼斯（Koopmans, 1972）提出了基于平稳偏好的分析。函数设计定理是吴恩达等人（Ng *et al.*, 1999）提出的。

罗恩·霍华德的博士论文（Howard, 1960）引入了策略迭代和求解无限期问题的平均奖励的思想。贝尔曼和德赖弗斯（Bellman and Dreyfus, 1962）引入了几个额外的结果。在分析动态规划算法中使用压缩映射是由德纳多（Denardo, 1967）提出的。范努宁（van Nunen, 1976）以及皮泰曼和希恩（Puterman and Shin, 1978）提出了改进的策略迭代。威廉斯和贝尔德（Williams and Baird, 1993）分析了异步策略迭代，并证明了式（17-13）中的策略损失界。一般性的**优先扫描**（prioritized sweeping）算法的目标是通过启发式排序价值和策略的更新计算加速收敛到最优策略（Moore and Atkeson, 1993; Andre *et al.*, 1998; Wingate and Seppi, 2005）。

德盖兰（de Ghellinck, 1960）、曼内（Manne, 1960）和埃普努（D'Épenoux, 1963）提出了 MDP 求解的线性规划方法。作为 MDP 的精确解法，虽然线性规划传统上被认为不如动态规划，德法里亚斯和罗伊（de Farias and Roy, 2003）指出，可以使用线性规划和效用函数的线性表示来获得非常大的 MDP 的可证明的好的近似解。帕帕季米特里乌和齐齐克利斯（Papadimitriou and Tsitsiklis, 1987）与利特曼等人（Littman *et al.*, 1995）提供了 MDP 计算复杂度的一般结果。叶荫宇（Ye, 2011）分析了策略迭代与线性规划的单纯形方法之间的关系，证明了对于固定的 γ，策略迭代的运行时间关于状态数量和动作数量是多项式的。

萨顿（Sutton, 1988）和沃特金斯（Watkins, 1989）在解决 MDP 的强化学习方法方面的开创性工作，在将 MDP 引入人工智能社区中发挥了重要作用。韦尔博斯（Werbos, 1977）的早期工作包含了许多类似的想法，但没有获得同等程度的采纳。人工智能研究人员已经将 MDP 推向了更有表达能力的方式，这种表示方式可以适应比基于转移矩阵的传统原子表示方式更大的问题。

迪安和金泽昂珠（Dean and Kanazawa, 1989a）提出了使用动态决策网络的智能体结构的基本思想。塔特曼和沙赫特（Tatman and Shachter, 1990）展示了如何将动态规划算法应用于 DDN 模型。几位作者将 MDP 与人工智能规划问题联系起来，开发了转移模型的紧 Strips 表示的概率形式（Wellman, 1990b; Koenig, 1991）。迪安和韦尔曼所著的 *Planning and Control*（Dean and

Wellman, 1991）一书对这种联系进行了深入的探讨。

后续的**因子化 MDP**（factored MDP）的研究（Boutilier *et al.*, 2000; Koller and Parr, 2000; Guestrin *et al.*, 2003b）使用了价值函数以及转移模型的结构化表示，在复杂性方面有了可证明改进。**关系 MDP**（relational MDP）（Boutilier *et al.*, 2001; Guestrin *et al.*, 2003a）更进一步，使用结构化表示来处理具有许多相关对象的域。开宇宙 MDP 和 POMDP（Srivastava *et al.*, 2014b）也允许对象和动作的存在和身份的不确定性。

许多作者已经为 MDP 中的决策开发了近似的在线算法，经常显式地借用早期的人工智能中进行实时搜索和博弈的方法（Werbos, 1992; Dean *et al.*, 1993; Tash and Russell, 1994）。巴尔托等人（Barto *et al.*, 1995）在 RTDP（实时动态规划）上的工作为理解这种算法及其与强化学习和启发式搜索的联系提供了一个整体框架。卡恩斯等人（Kearns *et al.*, 2002）提出了对带机会节点采样的深度有界的最大化期望的分析。本章中描述的 UCT 算法源于科奇斯和塞佩斯瓦里（Kocsis and Szepesvari, 2006），并借鉴了早期用于估计状态值的随机模拟的方法（Abramson, 1990; Brügmann, 1993; Chang *et al.*, 2005）。

老虎机问题是由汤普森（Thompson, 1933）提出的，但在第二次世界大战后，由于赫伯特·罗宾斯（Robbins, 1952）的工作而变得突出起来。布拉特等人（Bradt *et al.*, 1956）证明了关于单臂老虎机停止规则的第一个结果，这最终导致了约翰·基廷斯（John Gittins）（Gittins and Jones, 1974; Gittins, 1989）的突破性进展。卡捷哈吉斯和维诺特（Katehakis and Veinott, 1987）提议重启 MDP 作为计算基廷斯指数的方法。贝里和弗里斯泰特（Berry and Fristedt, 1985）的著作涵盖了基本问题的许多变体，而弗格森（Ferguson, 2001）的透彻的在线教材将老虎机问题与停止问题联系起来。

黎子良和罗宾斯（Lai and Robbins, 1985）率先研究了最优老虎机策略的渐近遗憾。奥尔等人（Auer *et al.*, 2002）引入并分析了 UCB 启发式算法。老虎机超过程（BSP）最早是由纳什（Nash, 1973）研究的，但在人工智能领域仍然不为人知。哈德菲尔德-梅内尔和罗素（Hadfield-Menell and Russell, 2015）描述了一种有效的分支定界算法，能够解决相对较大的 BSP。选择问题是由贝克霍弗（Bechhofer, 1954）提出的。哈伊等人（Hay *et al.*, 2012）开发了一个元推理问题的正式框架，展示简单实例映射到选择问题而不是老虎机问题。他们也证明了令人满意的结果，即最优计算策略的期望计算代价是永远不会高于决策质量的期望增益，尽管在某些情况下，最优策略可能在一定概率下，在任何可能的增益都被耗尽之后很长时间内继续计算。

根据阿斯特罗姆（Astrom, 1965）和青木（Aoki, 1965）的观测，部分可观测的 MDP 可以转化为信念状态上常规的 MDP。POMDP 精确解的第一个完整算法，本质上是本章展示的价值迭代算法，是爱德华·桑迪克（Edward Sondik）（Sondik, 1971）在他的博士论文中提出的。[后续斯莫尔伍德和桑迪克的期刊论文（Smallwood and Sondik, 1973）中有一些错误，但更容易理解。]洛夫乔伊（Lovejoy, 1991）调研了 POMDP 研究的前 25 年，对解决大问题的可行性得出了一些悲观的结论。

人工智能内的第一个重要贡献是见证算法（Cassandra *et al.*, 1994; Kaelbling *et al.*, 1998），该算法是 POMDP 价值迭代的改进版本。其他的算法也紧随其后，包括汉森（Hansen, 1998）提出的一种方法，该方法以有限状态自动机的形式递增地构造一个策略，其状态定义了智能体可能的信念状态。

人工智能的最近工作侧重于**基于点**的价值迭代方法，该方法在每次迭代时都会为信念状态的一个有限集合而不是整个信念空间生成条件规划和 α 向量。洛夫乔伊（Lovejoy, 1991）提出了一种固定网格点的算法，博内特（Bonet, 2002）也采用了这种方法。皮诺等人（Pineau *et al.*,

2003）的一篇有影响力的论文提出以某种贪心的方式模拟轨迹来生成可达点。斯帕恩和弗拉西斯（Spaan and Vlassis, 2005）观测到，只需为一个小的、随机选择的点子集生成规划，就可以对集合中的所有点改进上一个迭代的规划。沙尼等人（Shani *et al.*, 2013）调研了这些和其他基于点的算法的发展，这些算法已经为数千个状态的问题提供了良好的解决方案。因为 POMDP 是 PSPACE 困难的（Papadimitriou and Tsitsiklis, 1987），离线解决方法的进一步进展可能需要利用由模型的因子化表示产生的价值函数的各种结构。

POMDP 的在线方法是使用前瞻搜索为当前信念状态选择一个动作，这是由萨蒂亚和拉韦（Satia and Lave, 1973）首先研究的。卡恩斯等人（Kearns *et al.*, 2000）与吴恩达和乔丹（Ng and Jordan, 2000）对随机节点采样的使用进行了分析探讨。POMCP 算法源于西尔弗和维内斯（Silver and Veness, 2011）。

随着 POMDP 的合理高效逼近算法的发展，它们作为现实问题模型的使用越来越多，特别是在教育（Rafferty *et al.*, 2016）、对话系统（Young *et al.*, 2013）、机器人（Hsiao *et al.*, 2007; Huynh and Roy, 2009）和自动驾驶汽车（Forbes *et al.*, 1995; Bai *et al.*, 2015）等方面。一个重要的大规模应用是机载防撞系统 X（ACAS X），它防止飞机和无人机在空中碰撞。该系统利用 POMDP 和神经网络进行函数逼近。与 20 世纪 70 年代使用的专家系统技术建立的传统 TCAS 系统相比，ACAS X 显著提高了安全性（Kochenderfer, 2015; Julian *et al.*, 2018）。

经济学家和心理学家也对复杂决策进行了研究。他们发现决策者并不总是理性的，并且可能并不完全像本章模型所描述的那样运作。例如，当有选择的时候，大多数人更喜欢现在的 100 美元，而不是两年后的 200 美元保证，但同样是这些人更喜欢 8 年后的 200 美元，而不是 6 年后的 100 美元。解释这一结果的一种方法是，人们没有使用累积指数折扣奖励，也许他们正在使用双曲线奖励（hyperbolic reward）（双曲函数在短期内比指数衰减函数下降得更快）。鲁宾斯坦（Rubinstein, 2003）讨论了这种解释和其他可能的解释。

贝尔塞卡斯（Bertsekas, 1987）与皮泰曼（Puterman, 1994）的著作对序贯决策问题和动态规划提供了严格的介绍。贝尔塞卡斯和齐齐克利斯的书（Bertsekas and Tsitsiklis, 1996）涵盖了强化学习。萨顿和巴尔托写的教材（Sutton and Barto, 2018）涉及的领域类似，但风格更平易近人。西戈和比费（Sigaud and Buffet, 2010）、毛萨姆和科洛博夫（Mausam and Kolobov, 2012）以及科亨德费尔（Kochenderfer, 2015）从人工智能的角度讨论了序贯决策。克里希纳穆尔蒂的书（Krishnamurthy, 2016）全面涵盖了 POMDP。

第**18**章

多智能体决策

在本章中，我们研究当环境中存在多个智能体时该采取的决策。

18.1 多智能体环境的特性

迄今为止，我们基本上是假设仅有单个智能体在进行感知、规划和行动。但这意味着我们已经极大地简化了实际情况，这样的假设并不能刻画许多真实世界中的人工智能设置。因此，在本章中，我们将考虑一个智能体必须在包含多个行动者的环境中做出决策的相关问题。这样的环境称为**多智能体系统**（multiagent system），而在这样的系统中，智能体要解决**多智能体规划问题**（multiagent planning problem）。然而，正如我们将看到的，多智能体规划问题的特殊性质和适合求解它的方法取决于环境中各智能体之间的关系。

18.1.1 单个决策者

我们要考虑的第一种可能情况是：尽管环境包含多个行动者，但只有一个决策者。在这种情况下，决策者为其他智能体制定规划，并告诉它们该做什么。我们把智能体会简单地执行它们被告知的事情这一假设称为**仁者假设**（benevolent agent assumption）。然而即便是在这种简单的设置下，涉及多个行动者的规划也需要行动者同步它们的动作。为了实现联合动作（如二重唱），行动者 A 和 B 需要在同一时间行动；为了实现互斥动作（如只有一个插头时轮流充电），行动者需要在不同时间行动；当一个动作为另一个动作建立先决条件时（如 A 是洗碗，然后 B 是烘干它们），行动者就实现了序贯动作。

举一个特殊的例子，我们有一个具有多个可以同时操作的效应器的决策者，例如，一个人可以同时进行走路和说话。这样的智能体在处理效应器之间的正面和负面的相互作用时需要进行**多效应器规划**（multieffector planning）来管理每个效应器。当效应器在物理上解耦为独立单元时（如一群工厂中的配送机器人），多效应器规划就变成了**多体规划**（multibody planning）。

只要每个主体收集到的相关传感器信息可以被集中（集中在中心或者在每个主体内部）并形成一个关于世界状态的共同估计，然后作为信息传递给总体规划进行执行，那么一个多体问题就仍然是一个"标准的"单智能体问题。在这种情况，多个主体可以看作单个主体。当主体间通信限制使集中变得不可能时，我们就面临所谓的**分散规划**（decentralized planning）问题。这个用词可能不是那么准确，因为主体的规划阶段是集中进行的，但执行阶段至少是部分解耦的。在这种情况，为每个主体构建的子规划可能需要包括与其他主体的显式通信动作。例如，覆盖广泛区域的多个侦察机器人之间可能发生无线电通信中断，这些主体应该在通信可用的时候共享它们的发现。

18.1.2　多决策者

第二种可能的情况是，环境中的其他行动者也是决策者，它们中的每一个都有自己的偏好，都将选择并执行自己的规划。我们称它们为对应体（counterpart）。在这种情况下，我们可以进一步区分出两种可能的情况。

- 第一，虽然有多个决策者，但它们都追求一个共同目标。同一家公司中的员工大体上符合这种情况，我们希望，不同的决策者追求代表公司的共同目标。在这种情况下，决策者面临的主要问题是协调问题（coordination problem）：它们需要确保每个人都朝着同一个方向努力，而不是意外地破坏了彼此的规划。
- 第二，每个决策者都有自己的个人偏好，它们都会尽自己最大的努力追求自己的偏好。它们的偏好有时可能是截然相反的，例如国际象棋零和博弈（见第 5 章）。但大多数多智能体博弈都要比这复杂得多，偏好也更复杂。

当存在多个决策者，且每个决策者都追求自己的偏好时，一个智能体必须考虑其他智能体的偏好，同时也要考虑这些其他智能体也会考虑别的智能体的偏好这一事实，以此类推。这就把我们带到了博弈论（战略决策的理论）的领域。博弈论与决策论的区别就在于推理的战略方面——每个参与者都要考虑到其他参与者的行为。正如决策论为单智能体人工智能的决策提供了理论基础一样，博弈论为多智能体系统的决策提供了理论基础。

我们在这里使用"博弈"这个词也不是很理想：博弈论给人的直观感受是它好像与娱乐或人造场景有关（这是因为博弈与游戏在英文中相同）。没有什么比这个观念更扭曲事实的了。博弈论是战略决策的理论。它的应用包括石油开采权和无线频谱权的拍卖、破产程序、产品开发和定价决策，以及涉及数十亿美元和众多生命的国防形势的决策。博弈论主要可以通过两种方式应用于人工智能。

（1）智能体设计（agent design）：智能体可以用博弈论来分析它可能的决策，并（根据博弈论，在假设其他智能体都采取理性行动的基础上）计算每个决策的期望效用。通过这种方式，博弈论方法可以决定对抗理性参与者的最佳策略和每个参与者的预期收益。

（2）机制设计（mechanism design）：当一个环境中存在许多智能体时，我们可以通过定义环境规则（智能体必须参与的博弈），使得当每个智能体都采用最大化其自身效用的博弈论解决方案时，也能同时最大化所有智能体的集体利益。例如，博弈论可以帮助为一组互联网流量路由器设计协议，使每个路由器都有以使全局流量最大化的方式行动的动机。机制设计还可以用于构建以分布式方式解决复杂问题的多智能体系统。

博弈论为我们提供了一系列不同的模型，其中每个模型都有自己的一套基本假设；为每个问题场景选择正确的模型是很重要的。其中最重要的区别在于我们是否应该将其视为合作博弈。

- 在合作博弈（cooperative game）中，智能体之间可能存在一个具有约束力的协约，它保证智能体之间稳健合作。在人类世界中，法律契约和社会规范有助于建立这种具有约束力的协约。在计算机程序的世界中，我们可以通过检查源代码以确保它符合协约。我们使用合作博弈论来分析智能体间存在具有约束力的协约的情况。
- 如果不可能达成具有约束力的协约，我们就要考虑非合作博弈（non-cooperative game）。虽然非合作博弈这一术语字面上意味着博弈在本质上是竞争的，合作不可能实现，但事实并非如此，非合作只是意味着没有中心协约来约束所有的智能体以保证合作。但智能体也有可能自行决定合作，因为这符合它们最大化自己利益的目标。我们使用非合作博弈论来分析智能体间不能达成具有约束力的协约的情况。

有些环境将结合多个不同的情况。例如，一家快递公司可能会每天为其卡车和飞机的路线进行集中的离线规划，但会将某些方面留给司机和飞行员自主决策，他们要独自应对交通和天气情况。此外，公司的目标和员工的目标通过支付**激励**（incentive）（工资和奖金）在某种程度上达成了一致，这明确标志着这是一个多智能体系统。

18.1.3　多智能体规划

目前，我们将以相同的方式处理多效应器、多体和多智能体设置，使用通用术语**行动者**（actor）来涵盖效应器、主体和智能体，并将这些设置笼统地标记为**多行动者**（multiactor）设置。本节的目标是想出定义转移模型、正确的规划以及设计多行动者设置的高效规划算法的方法。一个正确的规划是，如果由行动者执行，就能实现目标。（当然，在真正的多智能体情形中，智能体可能不会同意执行任何特定的规划，但至少它们知道，如果它们同意执行这些规划，其中哪些规划会起作用。）

试图提出一个令人满意的多智能体行动模型的关键困难点在于，我们必须以某种方式处理棘手的**并发**（concurrency）问题，简单来说，并发是指每个智能体的规划得以同时执行。如果我们要对多行动者规划的执行进行推理，那么我们首先需要一个包含令人满意的并发行动模型的多行动者规划模型。

此外，多行动者动作还提出了一系列在单行动者规划中并不需要考虑的问题。特别是，智能体必须考虑自己的动作与其他智能体的动作交互的方式。例如，一个智能体需要考虑其他智能体执行的动作是否可能破坏其自身动作的先决条件，在执行其策略时使用的资源是否可共享或是否被其他智能体耗尽了；动作是否相互排斥；一个乐于助人的智能体可以考虑自身的动作如何促进其他智能体的动作。

为了回答这些问题，我们需要一个并发动作的模型，在这个模型中我们可以恰当地阐明这些问题。几十年来，并发动作模型一直是主流计算机科学界研究的一个主要焦点，但至今仍未出现一个确定的、能够普遍接受的模型。尽管如此，以下 3 种方法已被广泛采用。

第一种方法是在各自的执行规划中考虑动作的**交错执行**（interleaved execution）。例如，假设我们有两个智能体 A 和 B，其规划如下：

$A : [a_1, a_2]$

$B : [b_1, b_2]$

交错执行模型的核心思想是，在两个智能体规划的执行中，我们唯一可以确定的是，各自规划中的动作顺序将被保持。如果我们进一步假设动作是原子的，那么上面的两个规划可以通过以下 6 种不同的方式并发执行：

$[a_1, a_2, b_1, b_2]$

$[b_1, b_2, a_1, a_2]$

$[a_1, b_1, a_2, b_2]$

$[b_1, a_1, b_2, a_2]$

$[a_1, b_1, b_2, a_2]$

$[b_1, a_1, a_2, b_2]$

一个规划要在交错执行模型中是正确的，它必须对规划的所有可能的交错都是正确的。交错执行模型已经广泛应用于并发情形，因为它是多线程在单个 CPU 上轮流运行的一种合理模型。然而，它忽略了两个动作实际上可能同时发生的情况。此外，交错序列的数量将随着智能体和动作的数量呈指数级增长，因此，尽管在单智能体设置中，检查规划正确性的计算是很简单的，但在交错执行模型中，其计算是困难的。

第二种方法是**真并发**（true concurrency），此时我们不再试图创建一个动作的完整序列排序，而是赋予它们一个偏序。例如，我们知道 a_1 会在 a_2 之前发生，但我们不清楚 a_1 和 b_1 的顺序；一个动作可能先于另一个发生，或者它们可以同时发生。我们总是可以将并行规划的偏序模型"展平"为交错模型，但这样做时，我们丢失了偏序信息。虽然在并发动作的理论描述中偏序模型比交错模型更令人满意，但偏序模型在实践中并没有被广泛采用。

第三种方法是假设完美的**同步**（synchronization）。有一个每个智能体都可以访问的全局时钟，每个动作都花费相同的时间，并且在联合规划中的每个点上的动作都是同时发生的。因此，每个智能体的动作都是同步执行的，彼此步调一致（可能有些智能体在等待其他智能体完成时执行一个空操作动作）。在真实世界中，同步执行并不是一个非常彻底的并发模型，但它语义简单，因此我们将在本章中探讨该模型。

我们从转移模型开始考虑；在确定性单智能体情形中，函数 RESULT(s, a) 给出了在环境处于状态 s 时执行动作 a 所产生的状态。在单智能体设置中，动作可能有 b 种不同的选择；b 可能相当大，特别是对于有许多对象要操作的一阶表示，但好消息是动作模式为此提供了一种简洁的表示。

在有 n 个行动者的多行动者情形中，单个动作 a 被联合动作 $\langle a_1, \cdots, a_n \rangle$ 所代替，其中 a_i 是第 i 个行动者采取的动作。我们马上意识到两个问题：首先，我们必须描述 b^n 个不同联合动作的转移模型；其次，我们要考虑一个分支因子为 b^n 的联合规划问题。

将行动者组合成一个具有巨大分支因子的多行动者系统后，多行动者规划研究就主要聚焦于尽可能地解耦行动者，这样一来（在理想情况下），问题的复杂性将随 n 线性增长，而不是以 b^n 的形式呈指数增长。

如果行动者之间没有交互，例如，n 个行动者都在玩单人纸牌游戏，那么我们就可以简单地分别求解 n 个单独的问题。如果行动者是**松散耦合的**（loosely coupled），我们能否获得接近指数级的改进？当然，这是人工智能许多领域的核心问题。我们已经看到了 CSP 环境下松散耦合系统的成功解决方法，其中"树状"约束图产生了高效的解决方法（6.5 节），在不相交模式数据库（3.6 节）和加性启发式规划（11.3 节）中也有相应的解决方法。

处理松散耦合问题的标准方法是先把问题看作是完全解耦的，然后再安排动作之间的交互。对转移模型来说，这意味着我们把行动者视作独立行动来编写动作模式。

让我们看看这样的方法在网球双打比赛中是如何发挥作用的。在这个问题中，我们有两个网球运动员组成一个双打队，他们的共同目标是战胜对手以赢得比赛。我们假设在比赛的某一时刻，球队的目标是把对手打过来的球打回去，并确保至少有一名球员的责任区域覆盖到网前。图 18-1 给出了这个问题的初始条件、目标和动作模式。容易看出，我们可以通过一个两步**联合规划**（joint plan）从初始条件实现目标，这个规划指定了每个球员必须做的事情——A 应该移动到右底线并击球，而 B 应该待在网前：

PLAN 1: A : [$Go(A, RightBaseline)$, $Hit(A, Ball)$]
           B : [$NoOp(B)$, $NoOp(B)$]

然而，当一个规划要求两个智能体同时击球时，问题就出现了。在真实世界中，这是行不通的，但 *Hit* 的动作模式表示球将被成功击回。出现这个问题的原因在于，前置条件限制了一个动作本身能够成功执行的状态，但没有限制可能把它弄错的其他并发动作。

Actors(*A, B*)

Init(*At*(*A, LeftBaseline*) ∧ *At*(*B, RightNet*) ∧

　　Approaching(*Ball, RightBaseline*) ∧ *Partner*(*A, B*) ∧ *Partner*(*B, A*)

Goal(*Returned*(*Ball*) ∧ (*At*(*x, RightNet*) ∨ *At*(*x, LeftNet*))

Action(*Hit*(*actor, Ball*),

　　PRECOND: *Approaching*(*Ball, loc*) ∧ *At*(*actor, loc*)

　　EFFECT: *Returned*(*Ball*))

Action(*Go*(*actor, to*),

　　PRECOND: *At*(*actor, loc*) ∧ *to* ≠ *loc*

　　EFFECT: *At*(*actor, to*) ∧ ¬ *At*(*actor, loc*))

图 18-1　网球双打问题。两个行动者 *A* 和 *B* 一起参与，可以在 4 个位置之一：*LeftBaseline*、*RightBaseline*、*LeftNet* 与 *RightNet*。只有球员在正确的位置，球才能被打回。*NoOp* 动作是虚拟的，没有任何效果。注意，每个动作都必须包含行动者作为参数

我们通过为动作模式增加一个新特征来解决这个问题：一个**并发动作约束**（concurrent action constraint），它说明哪些动作必须并发执行，哪些动作不能并发执行。例如，*Hit* 动作可以描述如下：

Action(*Hit*(*actor, Ball*),

　　CONCURRENT: ∀*b* *b* ≠ *actor* ⇒ ¬*Hit*(*b, Ball*)

　　PRECOND: *Approaching*(*Ball, loc*) ∧ *At*(*actor, loc*)

　　EFFECT: *Returned*(*Ball*))

换句话说，只有在没有其他智能体的 *Hit* 动作同时发生的情况下，*Hit* 动作才具有它声明的效果。［在 SATPLAN 方法中，这将通过部分**动作排除公理**（action exclusion axiom）来处理。］对于某些动作，只有当另一个动作同时发生时，才能达到预期的效果。例如，需要两名智能体携带一个装满饮料的冷藏箱到网球场：

Action(*Carry*(*actor, cooler, here, there*),

　　CONCURRENT: ∃*b* *b* ≠ *actor* ∧ *Carry*(*b, cooler, here, there*)

　　PRECOND: *At*(*actor, here*) ∧ *At*(*cooler, here*) ∧ *Cooler*(*cooler*)

　　EFFECT: *At*(*actor, there*) ∧ *At*(*cooler, there*) ∧ ¬*At*(*actor, here*) ∧ ¬*At*(*cooler, here*))

有了这些类型的动作模式，第 11 章中描述的任何规划算法都可以通过稍加修改来适应多行动者规划。在某种程度上，我们可以认为子规划之间的耦合是松散的，这意味着，在规划搜索过程中，并发约束很少发挥作用，人们可以期望在单智能体规划中推导的各种启发式在多行动者环境中也有效。

18.1.4　多智能体规划：合作与协调

现在，让我们考虑一个真正的多智能体设置，其中每个智能体都制定自己的规划。首先，让我们假设目标和知识库是共享的。可能有人认为这就简化为多体情况——每个智能体仅计算这个联合解决方案并执行该解决方案中自己负责的部分。其实，"这个联合解决方案"中的"这个"一词具有误导性。事实上，我们有另一种可以实现目标的规划。

PLAN 2:　　*A* : [*Go*(*A, LeftNet*), *NoOp*(*A*)]

　　　　　B : [*Go*(*B, RightBaseline*), *Hit*(*B, Ball*)]

如果双方能就实行规划 1 或规划 2 达成一致，目标就会实现。但是如果 A 选择规划 2，B 选择规划 1，那么没有人会击球。相反地，如果 A 选规划 1，B 选规划 2，那么它们都将尝试击球，这同样会导致失败。智能体们知道这一点，但是它们如何协调以确保它们同意这个规划呢？

一种选择是在进行联合行动之前通过一项**约定**（convention）。约定是指对联合规划选择的任意一个约束。例如，"一直保持在你负责的半场"的约定将排除规划 1，导致双方选择规划 2。道路上的司机需要避免互相碰撞，通过遵守在大部分国家实行的"靠右行驶"的约定（部分地）解决了这一问题；只要环境中的所有智能体都同意，另一种选择，即"靠左行驶"，也同样有效。类似的思路也适用于人类语言的发展，对交流来说重要的不是每个人应该说哪种语言，而是一个群体都说同一种语言。当约定广为流传时，它们就被称为**社会准则**（social law）。

在没有约定的情况下，智能体可以利用**交流**（communication）来获得一个可行的联合规划的共同知识。例如，一个网球球员可以通过喊"我的！"或者"你的！"来指示一个更偏好的联合规划。交流不一定是指口头交流。举个例子，球员可以通过执行规划的第一部分而将自己更偏好的联合规划传达给另一个球员。如果智能体 A 冲到网前，那么智能体 B 必须回到底线击球，因为规划 2 是唯一的从 A 冲到网前开始的联合规划。这种协调方法有时被称为**规划识别**（plan recognition）。当一个智能体的单个动作（或短的动作序列）足以让另一个智能体明确地确定一个联合规划时，规划识别是有效的。

18.2　非合作博弈论

我们现在介绍博弈论的关键概念和分析技术，博弈论是支持多智能体环境下决策的理论。我们将从非合作博弈论开始介绍。

18.2.1　单步博弈：正则形式博弈

在我们首先介绍的博弈模型中，所有参与者同时采取动作，基于以这种方式选择的动作得到博弈的结果。（实际上，动作同时发生并不重要；重要的是，没有参与者知道其他参与者的选择。）这类博弈被称为**正则形式博弈**（normal form game）。正则形式博弈由 3 个部分定义。

- 做决策的**参与者**（player）或智能体。双人博弈最受关注，尽管 $n > 2$ 的 n 人博弈也很常见。我们给每个参与者赋予一个大写的名称，如 A 与 B 或 O 与 E。
- 参与者可以选择的**动作**（action）。我们将赋予每个动作一个小写的名称，如 one 或 testify。参与者可能拥有相同的动作集合，也可能不同。
- 给出每个参与者在每种动作组合下各自的效用的**支付函数**（payoff function）。对于双人博弈，参与者的支付函数可以表示为一个矩阵，矩阵的行是一个参与者每个可能的动作，列是另一位参与者的每个可能选择：矩阵的一个单元由选定的行和列定义，它被标记为相关参与者的收益。在两方博弈的情况下，传统的做法是将这两个矩阵合并成一个**支付矩阵**（payoff matrix），其中每个单元格都标有双方参与者的收益。

为了具体说明这些想法，我们以一个名为**两指猜拳**（two-finger Morra）的游戏为例。在这个游戏中，两个参与者 O 和 E 同时出一个或两个手指。令二人总共出的手指数为 f，如果 f 是奇数，则 O 向 E 收取 f 美元；如果 f 是偶数，则 E 向 O 收取 f 美元。[①]两指猜拳的支付矩阵如下：

---

① 猜拳是一个娱乐版本的检查博弈（inspection game）。在这类博弈中，检查员选择一天去检查一个设施（如餐厅或生物武器工厂），而设施经营者选择一天去隐藏所有不好的东西。如果检查员和设施经营者没有选择同一天，检查员获胜；如果检查员和设施经营者选择了同一天，则设施经营者获胜。

	O: one	O: two
E: one	E = +2, O = −2	E = −3, O = +3
E: two	E = −3, O = +3	E = +4, O = −4

我们称 E 为**行参与者**（row player），O 为**列参与者**（column player）。表格的右下角单元表明，当 O 选择动作 *two*，E 也选择动作时 *two*，E 的收益为 +4，O 的收益为 −4。

在分析两指猜拳之前，我们有必要考虑为什么需要博弈论的思想：为什么不能使用我们在书中其他地方使用的决策论和效用最大化工具来应对参与者 E 所面临的挑战？为了弄清楚为什么需要博弈论，我们假设 E 正在试图寻找最优动作来执行。备选方案为 *one* 或 *two*。如果 E 选 *one*，那么它的收益要么是 +2 要么是 −3。然而，E 实际获得的收益将取决于 O 的选择：E 作为行参与者，最多只能迫使博弈的结果处于特定的行中。类似地，O 的选择使结果处于特定的列中。

为了在这些可能中做出最优选择，E 必须考虑 O 作为一个理性的决策者将如何行动。但反过来，O 应该考虑到 E 是一个理性的决策者这一事实。因此，在多智能体设置下的决策与在单智能体设置下的决策有很大的不同，因为参与者需要考虑对方的推理。**解概念**（solution concept）在博弈论中的作用就是试图使这种推理更加精确。

策略（strategy）这个术语在博弈论中被用来表示我们之前所说的策略（policy）。**纯策略**（pure strategy）是一种确定性策略；对单步博弈来说，纯策略是单个动作。正如我们将在下面看到的，对许多博弈来说，采用**混合策略**（mixed strategy）的智能体可以表现得更好。混合策略是一种根据概率分布选择动作的随机策略。以概率 p 选择动作 a，否则选择动作 b 的混合策略被写成 $[p:a; (1 − p):b]$。例如，两指猜拳的混合策略可能是 [0.5:one; 0.5:two]。**策略组合**（strategy profile）为每个参与者的分配一个策略；给定策略组合，博弈**结果**（outcome）是指每个参与者的数值——如果参与者使用混合策略，那么我们必须使用期望效用。

那么，在像猜拳这样的游戏中，智能体应该如何决定行动呢？博弈论提供了一系列解概念，试图根据一个智能体对其他智能体的信念来定义理性行为。遗憾的是，不存在一个完美的解概念：当每个智能体只选择决定结果的策略组合的一部分时，定义"理性"的含义是有问题的。

我们通过博弈论中最著名的**囚徒困境**（prisoner's dilemma）来介绍我们的第一个解概念。这个博弈描述的故事是：两个盗窃嫌疑犯 A 和 B，在盗窃现场附近被抓捕，并被单独审问。检察官向每个人提出了一项协议：如果你指证（*testify*）你的同伙是盗窃团伙的头目，那么你将因为与检方合作而被释放，而你的同伙将被判 10 年监禁。但是，如果你们相互指证，那么你们都将被判 5 年监禁。A 与 B 还知道，如果双方都拒绝（*refuse*）指证，他们各自将因持有赃物这一较轻的指控仅服刑 1 年。现在，A 与 B 面临着所谓的囚徒困境：指证还是拒绝指证？作为一个理性主体，A 与 B 各自希望最大化自己的期望效用，这意味着最大限度地减少入狱时间——每个人都对对方的利益漠不关心。囚徒困境可以通过以下支付矩阵进行表示：

	A:testify	A:refuse
B:testify	A = −5, B = −5	A = −10, B = 0
B:refuse	A = 0, B = −10	A = −1, B = −1

现在，让我们站在 A 的角度进行思考。她可以这样分析支付矩阵。

- 假设 B 选择了 *testify*。若我选择指证，我将被判 5 年监禁；若我选择拒绝指证，我将被判 10 年监禁；因此，在这种情形下选择指证更好。

- 但是，如果 B 选择了 *refuse*，若我选择指证，我将获得自由；若我选择拒绝指证，我将被判 1 年监禁；因此，在这种情形下选择指证也会更好。
- 因此，无论 B 选择做什么，对我来说选择指证都会更好。

A 发现指证是博弈的占优策略（dominant strategy）。对 p 来说，如果对于其他参与者的每种策略选择，策略 s 的结果总优于策略 s′ 的结果，我们称，对于参与者 p，策略 s 强占优（strongly dominate）于策略 s′。如果 s 至少在一个策略组合上优于 s′，而在其他策略组合上不弱于 s′，则我们称 s 弱占优（weakly dominate）于 s′。占优策略是指其优于所有其他策略。博弈论中一个常见的假设是，理性的参与者总是会选择一种占优策略，而避免一种占劣策略。出于理性，或者至少不希望被认为是非理性的，A 会选择占优策略。

不难看出，B 的推理将是相同的：他也会得出结论——*testify* 对他来说是一种占优策略，并会选择使用它。根据我们对占优策略的分析，这个博弈的解决方案是，双方参与者都选择 *testify*，结果都将被判 5 年监禁。

在这种情况下，所有参与者都选择了占优策略，那么这个结果就是占优策略均衡（dominant strategy equilibrium）。这是一种"均衡"，因为没有任何参与者有动机偏离自己的选择：根据定义，如果他们偏离了自己的选择，他们就不能获得更好的结果，相反可能会获得更糟糕的结果。从这个意义上说，占优策略均衡是一个非常强的解概念。

回到囚徒困境，我们可以看到，困境在于双方都选择 *testify* 的占优策略均衡结果比双方都 *refuse* 的结果更糟。(*refuse, refuse*) 的结果将给双方各 1 年的监禁，这对双方来说都比选择占优策略均衡时的 5 年监禁要轻。

A 与 B 有什么办法达到 (*refuse, refuse*) 的结果吗？同时选择拒绝指证当然是允许的选项，但根据博弈的设定方式，很难看出理性智能体是如何做出这种选择的。我们要记住这是一个非合作的博弈：他们不允许彼此交谈，所以他们不能制订具有约束力的协约来迫使双方选择 *refuse*。

然而，如果我们改变博弈的形式，就有可能得到 (*refuse, refuse*) 的解。我们可以将其改为合作博弈，以允许智能体形成一个具有约束力的协约。或者我们可以将博弈形式改为**重复博弈**（repeated game），在这种博弈中，参与者知道他们会再次相遇并一起决策，我们将在本书的后面介绍这种博弈。或者，参与者本身拥有的道德信念可能会鼓励他进行合作和公平。但这意味着他们有不同的效用函数，同样，他们进行的也是不同的博弈。

对特定参与者而言，占优策略的存在极大地简化了该参与者的决策过程。一旦 A 意识到指证是一种占优策略，她就不需要花任何精力去想 B 会怎么做，因为她知道无论 B 做什么，指证都是她的最佳反应（best response）。然而，大多数博弈既没有占优策略，也没有占优策略均衡。单个策略是所有可能对应策略的最佳反应，这种情况很少见。

我们考虑的下一个解概念比占优策略均衡弱，但它的适用范围更广。它被称为纳什均衡（Nash equilibrium），以约翰·福布斯·纳什（John Forbes Nash，1928—2015）的名字命名，纳什在 1950 年的博士论文中研究了这一理论，并因此在 1994 年获得了诺贝尔经济学奖。

在其他参与者保持策略不变的前提下，如果没有一个参与者能够单方面改变自己的策略，从而获得更高的收益，那么我们称这个策略是纳什均衡。因此，在纳什均衡中，每个参与者都同时对对手的选择做出最佳反应。纳什均衡代表博弈中的一个稳定点：稳定是指任何参与者都没有偏离的理性激励。然而，纳什均衡是局部稳定点：正如我们将看到的，一个博弈可能包含多个纳什均衡。

由于占优策略是所有对应策略的最佳反应，因此任何占优策略均衡也必须是纳什均衡（习题 18.EQIB）。因此，在囚徒困境中存在唯一的占优策略均衡，这也是唯一的纳什均衡。

下面这个博弈的例子表明了两点，有时博弈可能没有占优策略，有些博弈有多个纳什均衡。

	A:l	A:r
B:t	A = 10, B = 10	A = 0, B = 0
B:b	A = 0, B = 0	A = 1, B = 1

容易证明，在这个博弈中，任何一方都没有占优策略，因此也就不存在占优策略均衡。而策略组合 (t, l) 和 (b, r) 均为纳什均衡。显然，此时追求同一个纳什均衡——(t, l) 或 (b, r)——符合双方的利益，但由于我们正在考虑非合作博弈论，参与者必须独立做出他们的选择，没有任何关于其他人选择的知识，也没有任何方式与他们达成协约。这是**协调问题**（coordination problem）的一个例子：参与者希望在全局范围内协调他们的动作，以便他们都选择达到相同均衡的动作，但又必须只使用局部决策来达成这一点。

有大量方法用于解决协调问题。其中一种方法称为**焦点**（focal point）。博弈中的焦点是指在某种程度上让参与者感到"明显"的结果，以此来协调他们的选择。当然这并不是一个精确的定义，它的含义取决于博弈本身。在上面的示例中存在一个明显的焦点：结果 (t, l) 会让参与者获得比他们在 (b, r) 时明显更高的效用。从博弈论的角度来看，这两个结果都是纳什均衡，但正常的参与者都希望结果落在 (t, l) 上。

有些博弈在纯策略中不存在纳什均衡，例如下面这个**猜硬币**（matching pennies）的游戏。在这个博弈中，A 与 B 同时选择一枚硬币的一面，要么是正面（heads）要么是反面（tails）：如果他们做出相同的选择，那么 B 给 A 1 元钱，如果他们做出不同的选择，那么 A 给 B 1 元钱。

	A:heads	A:tails
B:heads	A = 1, B = −1	A = −1, B = 1
B:tails	A = −1, B = 1	A = 1, B = −1

在此我们希望读者能确认以下事实：这个博弈中不存在占优策略，也不存在纯策略的纳什均衡结果——在每一个结果中，一个参与者总是会后悔自己的选择，如果给定另一个参与者的选择，他们宁愿做出不同的选择。

要找到纳什均衡的方法是使用混合策略——让参与者随机选择。纳什证明了每个博弈的混合策略中至少存在一个纳什均衡。这就解释了为什么纳什均衡是一个如此重要的解概念：其他解概念，如占优策略均衡，并不能保证存在于每一个博弈中，但如果我们寻找混合策略的纳什均衡，我们总能得到一个解。

在猜硬币的游戏中，如果两个人选择 heads 和 tails 的概率相等，我们就得到了一个混合策略的纳什均衡。为了证明这个结果确实是纳什均衡，我们假设其中一个参与者以不等于 0.5 的概率选择一个结果。然后其他参与者就可以利用这一点，全力选择一个特定的策略。例如，假设 B 选择 heads 的概率是 0.6（选择 tails 的概率是 0.4）。那么 A 就会确定性地选择 heads。容易看出，B 以 0.6 的概率选择 heads 不可能构成任何纳什均衡的一部分。

18.2.2　社会福利

博弈论的主要观点是，博弈中的参与者试图获得对自己最好的结果。然而，采纳不同的观点有时是有益的。假设你是一个仁慈的、无所不知的实体，不屑于博弈，并且能够选择结果。

作为一个仁慈的人，你想要选择最好的整体结果，也就是说，对整个社会最好的结果。你应该如何选择？你的标准是什么？这就是**社会福利**（social welfare）概念的由来。

也许最重要也是争议最少的社会福利标准是，你应该避免浪费效用的结果。这个要求在**帕累托最优**（Pareto optimality）的概念中得到了体现，这个概念是以意大利经济学家维尔弗雷多·帕累托（Vilfredo Pareto，1848—1923）的名字命名的。如果没有其他结果可以在不损害他人利益的情况下，使一个参与者变得更好，那么这个结果就是帕累托最优。如果你选择的结果不是帕累托最优，那么它就浪费了效用，因为你至少可以给一个智能体赋予更多的效用，而不需要从其他智能体获得任何效用。

功利主义社会福利（utilitarian social welfare）是一种衡量整体结果好坏的标准。一个结果的功利主义社会福利是该结果给予参与者的效用总和。功利主义社会福利有两个关键的难点。第一，它考虑的是总和，而不关心效用在参与者中的分配，这可能会导致选择一个非常不平等的分配（如果该分配恰好最大化了效用总和）。第二，它为效用假定了一个共同尺度。许多经济学家认为，这是不可能成立的，因为效用（不像金钱）是一个主观的量。如果我们试图决定如何分配一批饼干，我们应该把它们全都分给一个声称"我比任何人都要更爱饼干一千倍"的饼干效用狂热者吗？尽管这会使我们认为的效用最大化，但这似乎是不太正确的决定。

平等主义社会福利（egalitarian social welfare）的研究解决了效用如何在参与者之间分配的问题。例如，一项建议认为，我们应该最大化社会中最贫困成员的期望效用，这是一种极大化极小方法。包括**基尼系数**（Gini coefficient）在内的一些其他指标是可能的，其中基尼系数总结了效用在参与者之间的平均分配情况。这些建议的核心问题在于，它们可能会牺牲大量的整体福利来换取少量的分配收益，而且它们与纯粹的功利主义一样，也会受到效用狂热者的摆布。

将这些概念应用到上面介绍的囚徒困境博弈中可以解释为什么把该问题称为"困境"。回想一下，(testify, testify) 是一个占优策略均衡，也是唯一的纳什均衡。然而，这却是唯一的非帕累托最优的结果。结果 (refuse, refuse) 使功利主义和平等主义的社会福利最大化。因此，囚徒困境中的"困境"就产生了，因为一个非常强大的解概念（占优策略均衡）会导致一个结果，这个结果基本上无法通过从"社会"的角度来检测合理性的所有测试。然而，对个体参与者来说，没有明确的方法来找到更好的解决方案。

计算均衡

现在让我们考虑与上面讨论的概念相关的关键计算问题。首先，我们将考虑不允许随机化的纯策略。

如果参与者只有有限数量的可能选择，那么我们就能通过穷举搜索寻找均衡：遍历每个可能的策略组合，并检查是否有任何一个参与者有偏离该组合的有益选择；如果没有，那该策略就是纯策略的纳什均衡。占优策略和占优策略均衡可以用类似的算法计算得到。遗憾的是，对于 n 个参与者，每个参与者都有 m 种可能的动作的博弈，其可能的策略组合的数量是 m^n，对穷举搜索来说过于庞大，此时穷举是不可行的。

在某些博弈中，**短视最佳反应**（myopic best response），也称为**迭代最佳反应**（iterated best response），是一个有效的替代方法：我们首先随机选择策略组合；然后，如果某个参与者在其他参与者的选择下没有做出他自己的最优选择，就将他的选择转变为最优选择，并重复这一过程。如果这个过程最终得到一个策略组合，其中每个参与者都在给定其他参与者的选择下做出最优选择，即一个纳什均衡，这个过程就会收敛。对于某些博弈，短视最佳反应不会收敛，但对于一些重要的博弈类型，该方法的收敛性是有保证的。

计算混合策略均衡的算法要复杂得多。为了简单起见，我们将重点介绍零和博弈的方法，并在本节的最后简要评论它们在其他类型博弈中的扩展。

1928 年，冯·诺依曼发明了一种方法来寻找二人零和博弈（zero-sum game）的最优混合策略，二人零和博弈是指支付总和总是为 0（或者为一个常数，如 5.1.1 节所述）的博弈。显然，猜拳就是一个这样的博弈。在二人零和博弈中，两个参与者的支付是一对相反数，所以我们只需要考虑最大化者（如第 5 章中所做）的支付。在猜拳游戏中，我们选择偶数参与者 E 为最大化者，所以我们可以用 $U_E(e, o)$ 来定义支付矩阵，即如果 E 采取动作 e，O 采取动作 o，E 的支付。（为了方便起见，我们称参与者 E 为"她"，O 为"他"。）冯·诺依曼将其设计的方法称为**极大化极小**（maximin）法，其工作原理如下。

- 假设我们改变规则如下：首先 E 选择了她的策略并告诉 O，然后 O 根据 E 的策略选择自己的策略。最后，我们根据所选策略对博弈的期望支付进行评估。此时我们处理的是一个回合博弈，我们可以应用第 5 章的标准**极小化极大**（minimax）算法进行求解。假设其结果是 $U_{E,O}$。显然，这个博弈偏向于 O，所以原博弈的真实效用（以 E 的视角）至少是 $U_{E,O}$。例如，如果我们只考虑纯策略，则极小化极大博弈树的根值为 -3（见图 18-2a），因此我们知道 $U \geqslant -3$。
- 现在假设我们改变规则，迫使 O 首先展示他的策略，然后 E 再在此基础上考虑策略，那么这个博弈的极小化极大值是 $U_{O,E}$，因为这个博弈有利于 E，所以我们知道 U 最多是 $U_{O,E}$。仍考虑纯策略，我们得到该值为 +2（见图 18-2b），因此我们知道 $U \leqslant +2$。

结合这两个论证，我们发现原博弈解的真实效用 U 必须满足

$$U_{E,O} \leqslant U \leqslant U_{O,E}$$

在这个例子中，$-3 \leqslant U \leqslant 2$。

为了明确 U 的值，我们需要进一步分析混合策略。首先，我们要注意以下几点：一旦第一个参与者透露了一个策略，那么第二个参与者也可以选择一个纯策略。原因很简单：如果第二个参与者采用混合策略，[p:one; (1−p):two]，其期望效用是纯策略 U_{one} 与 U_{two} 效用的线性组合 $p \cdot U_{one} + (1−p) \cdot U_{two}$。这个线性组合永远不会优于 U_{one} 与 U_{two} 中更好的一个，所以第二个参与者可以选择更好的那个策略。

根据这一观测结果，极小化极大树可以被认为在根上有无穷多个分支，对应于第一个参与者可以选择的无穷多个混合策略。每一个分支都指向一个带有两个分支的节点，这两个分支对应于第二个参与者的纯策略。我们可以通过在根处的一个参数化的选择来有限地描述这些无限的树。

- 如果 E 优先选择，情况如图 18-2c 所示。E 在根处选择策略 [p:one; (1−p):two]，然后 O 在给定 p 值的情况下选择一个纯策略（因此是一个移动）。如果 O 选择 one，期望支付（给 E）是 $2p − 3(1−p) = 5p − 3$；如果 O 选 two，期望支付是 $−3p + 4(1−p) = 4 − 7p$。我们可以在图上把这两个支付连成直线，其中 p 在 x 轴上的取值范围是 0 到 1，如图 18-2e 所示。O，即最小化者，总是选择两条线中较低的那条，我们在图中用较粗的线标出。因此，E 在根处能做的最佳选择就是让 p 位于交点，也就是

$$5p − 3 = 4 − 7p \Rightarrow p = 7/12$$

E 在该点处的效用为 $U_{E,O} = −1/12$。

- 如果 O 优先选择，情况如图 18-2d 所示。O 选择策略 [q:one; (1 − q):two]，然后 E 在给定

q 值的情况下选择一个移动，其支付是 $2q - 3(1 - q) = 5q - 3$ 和 $-3q + 4(1 - q) = 4 - 7q$。[①]
同样的，图 18-2f 表明，O 在根处所能做的最佳选择就是选择交点：

$$5q - 3 = 4 - 7q \Rightarrow q = 7/12$$

E 在该点处的效用为 $U_{O,E} = -1/12$。

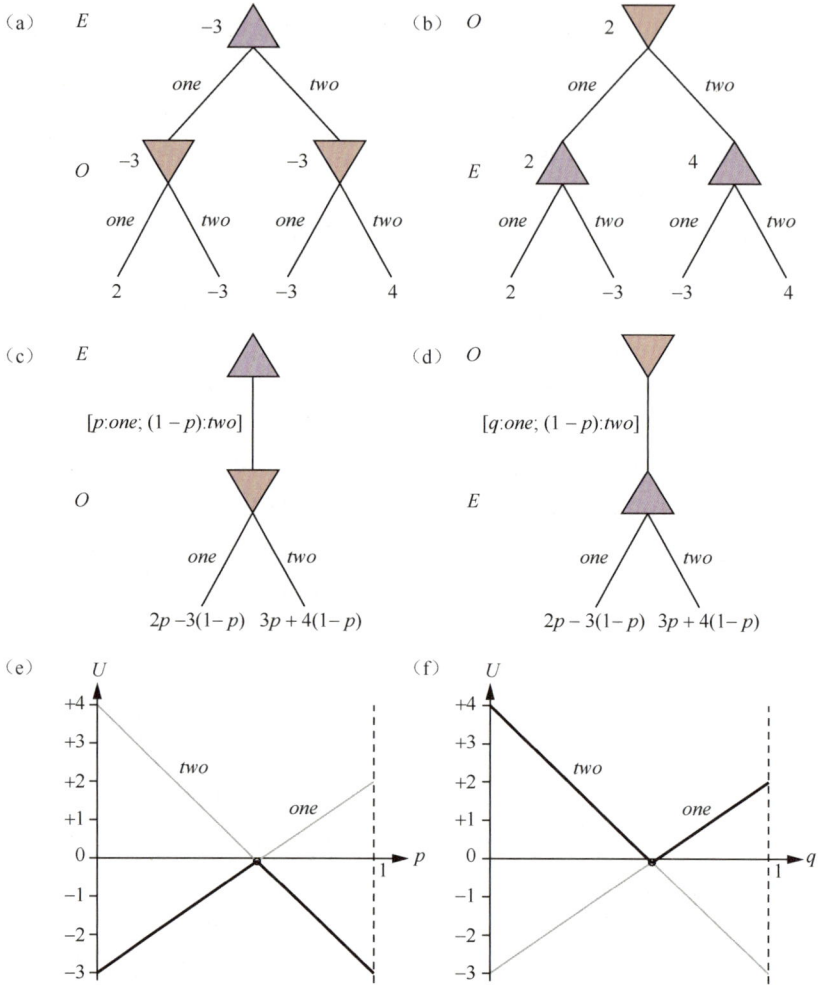

图 18-2 （a）和（b）：如果参与者轮流选择纯策略，两指猜拳的极小化极大博弈树。（c）和（d）：第一个参与者选择混合策略的参数化博弈树。支付取决于混合策略中的概率参数（p 或 q）。（e）和（f）：对于概率参数的任何特定值，第二个参与者将选择两个动作中较好的一个，因此第一个参与者的混合策略的值由粗线给出。第一个参与者将在交点处为混合策略选择概率参数

现在我们知道原始博弈的真实效用范围是 $-1/12 \sim -1/12$；也就是说，正好是 $-1/12$！（结论是，如果你在玩这个游戏，那么充当 O 的角色比 E 更好。）此外，真实效用在两个参与者都采用混合策略 [7/12:*one*; 5/12:*two*] 时达到。这种策略称为博弈的**极大化极小均衡**（maximin equilibrium），它也是一种纳什均衡。注意，在均衡混合策略中，每个组成策略都具有相同的期望效用。在这种情况下，*one* 和 *two* 与混合策略本身具有相同的期望效用 $-1/12$。

---

① 巧合的是这些方程和 p 的方程是一样的；这是因为 $U_E(one, two) = U_E(two, one) = -3$。这也解释了为什么两名参与者的最优策略是相同的。

我们在两指猜拳中得到的结果是冯·诺依曼所给出的一般结果的一个特例,冯·诺依曼证明:当允许混合策略存在时,每个二人零和博弈都有一个极大化极小均衡。此外,零和博弈中的每个纳什均衡对每个参与者都是一个极大化极小均衡。采用极大化极小策略的参与者可以保证以下两个事实:首先,没有其他策略能更好地对付技术高超的对手(尽管有些其他策略可能更擅长对付会犯非理性错误的对手);其次,即使参与者将策略透露给对手,参与者也仍能保持表现良好。

在零和博弈中寻找极大化极小平衡的一般性算法比图 18-2e 和图 18-2f 所示的要复杂得多。当有 n 个可能的动作时,混合策略是 n 维空间中的一个点,此时这些线将变成超平面。也有可能第二个参与者的一些纯策略被其他策略所占优,因此它们对第一个参与者的任何策略来说都不是最优的。在删除所有这些策略(可能需要重复执行)之后,根的最优选择是剩余超平面的最高(或最低)交点。

寻找这个最优选择是**线性规划**(linear programming)问题的一个实例:求解目标函数在线性约束下的最大值。这类问题可以在对于动作数量(以及用于指定奖励函数的位数,如果你想了解其中的技术)的多项式时间内用标准的技术进行求解。

我们的问题仍然存在——一个理性的智能体在进行一场猜拳博弈时应该做些什么?理性智能体将推导出 [7/12:one; 5/12:two] 是极大化极小均衡策略这一事实,并假定这是它与理性对手的共同认识。智能体可以使用一个 12 面骰子或随机数生成器根据这种混合策略进行随机选择,这种情况下 E 的期望支付是 $-1/12$。或者智能体可以简单地选择 one 或 two。在这两种情况下,E 的期望支付仍然是 $-1/12$。奇怪的是,单方面选择一个特定的动作并不会损害一个智能体的期望支付,但让另一个智能体知道自己做出了这样的单方面决定却会影响期望支付,因为这样对手就可以相应地调整策略。

在非零和博弈中寻找均衡更复杂一些。一般性的求解方法分为两个步骤。第一步,列举所有可能形成混合策略的动作子集。例如,首先尝试每个参与者使用单个动作的所有策略组合,然后尝试每个参与者使用一个或两个动作的所有策略组合,以此类推。这个集合中策略组合的数量对于动作的数量是指数级别的,所以它只适用于规模相对较小的博弈。第二步,对于第一步中列举的每个策略组合,检查它是否是一个均衡。这是通过求解一组方程和不等式来完成的,这些方程和不等式类似于在零和情况中使用的那些。在只有两个参与者的情况下,这些方程是线性的,我们可以用基本的线性规划技术解决,但对于 3 个或更多参与者的情况,它们是非线性的,可能很难求解。

18.2.3 重复博弈

到目前为止,我们只研究了单步博弈。最简单的多步博弈是**重复博弈**(repeated game),也称为**迭代博弈**(iterated game),是指参与者重复进行多轮的单步博弈,其中的每一轮博弈被称为**阶段博弈**(stage game)。在重复博弈中,策略针对所有参与者之前的每一种可能的选择为每个参与者在每个时间步中指定了一个动作选择。

首先我们将考虑阶段博弈是重复固定轮数的、有限轮数的、相互已知轮数的情况——所有这些条件都是以下分析工作所必需的。我们假设 A 与 B 进行囚徒困境的一个重复版本,他们都知道自己必须进行 100 轮博弈。在每一轮博弈中,他们都会被问到是选择 testify 还是 refuse,并根据前面所述的囚徒困境规则获得相应的收益。

在这 100 轮博弈结束时,我们通过将每个参与者在 100 轮博弈中的收益相加来计算每个参与者的总收益。A 与 B 应该选择什么策略来进行这个博弈?考虑下面的论证。他们都知道第 100 轮不会是重复的博弈,也就是说,它的结果不会对未来的回合产生影响。所以,在第 100 轮的时候,他们实际上是在进行一个单轮的囚徒困境博弈。

正如我们之前所看到的，第 100 轮的结果将是 (*testify*, *testify*)，即双方参与者的占优均衡策略。但是一旦第 100 轮博弈的结果被确定，第 99 轮博弈对后续的轮次也将没有影响，所以它也会产生 (*testify*, *testify*) 的结果。通过归纳论证，我们得出两名参与者在每一轮中都选择 *testify*，将分别获得 500 年的监禁判决。这种类型的推理被称为**逆向归纳**（backward induction），它在博弈论中起着基础性的作用。

然而，如果我们放弃固定轮数的、有限轮数的或相互已知轮数的这 3 个条件中的一个，那么归纳论证就不再成立。假设博弈被重复无限轮。从数学上讲，无限重复博弈中参与者的策略是一个函数，它将博弈的每一个可能的有限历史映射到该参与者在相应回合中的一个选择。因此，策略将着眼于该轮博弈之前发生的事情，并决定在当前回合中做何种选择。但我们不能在有限的计算机中存储无限大的表。我们需要一个有限的策略模型，以让参与者进行无限回合的博弈。因此，将无限重复博弈的策略表示为具有输出的有限状态机（FSM）是一种标准的做法。

图 18-3 给出了几种针对重复囚徒困境设计的 FSM 策略。我们首先考虑**一报还一报**（Tit-for-Tat）策略。每个椭圆都指示机器的一种状态，椭圆内部标明了机器处于该状态时策略将做出的选择。在每个状态中，我们为对手智能体的每一个可能选择都分配一条出边：我们根据对手智能体做出的选择对应的出边来查找机器的下一个状态。最后，一个状态用输入箭头标记，表示它是初始状态。因此，在 Tɪᴛ-Fᴏʀ-Tᴛᴀ 策略中，机器的状态初始为 *refuse*；如果对方选择 *refuse*，则它将停留在 *refuse* 状态；如果对方选择 *testify*，则它将转移到 *testify* 状态。只要它的对手选择 *testify*，它就会一直处于 *testify* 状态，但如果它的对手选择 *refuse*，它就会转移回 *refuse* 状态。总而言之，Tɪᴛ-Fᴏʀ-Tᴀᴛ 将以 *refuse* 开始，然后将简单地复制其对手在前一轮博弈中所做的一切。

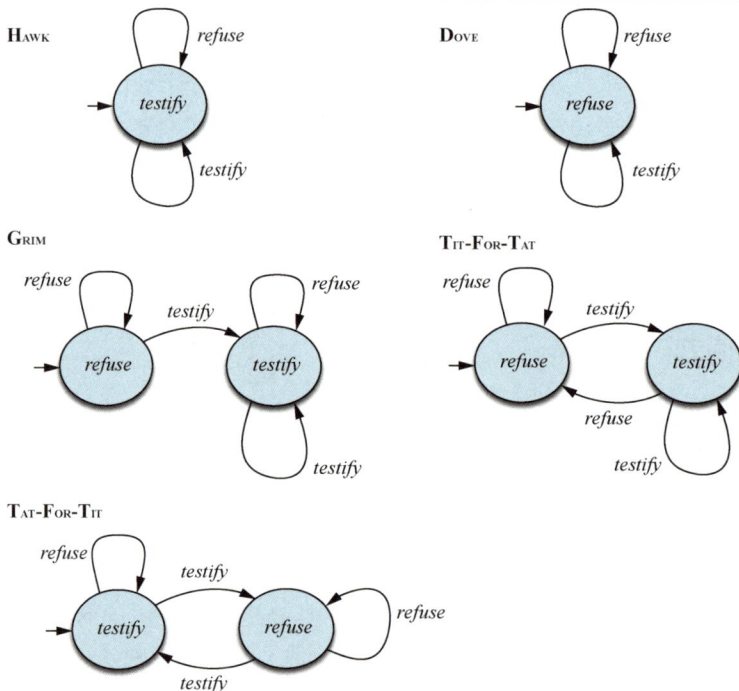

图 18-3　用于无限重复的囚徒困境的一些常见的、命名有趣的有限状态机策略

Hᴀᴡᴋ 策略和 Dᴏᴠᴇ 策略比较简单：Hᴀᴡᴋ 在每一轮博弈中都选择 *testify*，而 Dᴏᴠᴇ 在每一轮博弈中都选择 *refuse*。Gʀɪᴍ 策略与 Tɪᴛ-Fᴏʀ-Tᴀᴛ 策略有些相似，但它们有一个重要的区别：如果对

手选择了 *testify*，那么 GRIM 基本上就会变成 HAWK，即它将永远选择 *testify*。而 TIT-FOR-TAT 是一种原谅策略，从某种意义上说，它会以同样的选择回应随后的 *refuse*，但在 GRIM 策略中没有回头路。只选择一次 *testify* 就会导致永远的惩罚（选择 *testify* ）。（你能理解 TAT-FOR-TIT 策略的做法吗？）

关于无限重复博弈的下一个问题是如何衡量无限支付序列的效用。这里，我们主要关注**均值极限**（limit of mean）方法，本质上，这意味着对无限序列的效用取平均值。用这种方法，给定一个无限的支付序列 $(U_0, U_1, U_2, \cdots)$，我们定义相应的参与者的序列的效用为

$$\lim_{T \to +\infty} \frac{1}{T} \sum_{t=0}^{T} U_t$$

对于任意效用序列，这个值不一定是收敛的，但是对于使用 FSM 策略生成的效用序列，这个值可以保证收敛。为了弄清楚这一点，我们首先要观测到，如果 FSM 策略一直选择相互对抗，那么最终，FSM 将重新进入以前的配置，这时它们将开始重复自身。更准确地说，任何由 FSM 策略生成的效用序列都将由一个有限（可能为空）的非重复序列和一个无限重复的非空有限序列组成。为了计算参与者在无限序列上的平均效用，我们只需要计算有限重复序列上的平均效用。

在接下来的内容中，我们将假设参与无限重复博弈的参与者仅通过选择一个有限状态机来表示他们的博弈行为。我们将不对这些机器施加任何限制：它们可以任意地大且精细，以满足参与者的需求。当所有参与者都选择了一个有限状态机来代表他们的博弈行为时，我们可以使用上述的均值极限方法来计算每个参与者的收益。这样，一个无限重复的博弈就可以简化为一个标准的博弈，尽管在这个博弈中的每个参与者都有无限多种可能的策略。

让我们看看当我们使用图 18-3 中的一些策略来进行无限重复的囚徒困境博弈时会发生什么。首先，假设 A 和 B 都采用 DOVE 策略：

	0	1	2	3	4	5	…	
A:DOVE	*refuse*	*refuse*	*refuse*	*refuse*	*refuse*	*refuse*	…	效用 = −1
B:DOVE	*refuse*	*refuse*	*refuse*	*refuse*	*refuse*	*refuse*	…	效用 = −1

不难看出，这对策略并没有达到纳什均衡：任何一方都可以通过采用 HAWK 策略以获得更好的收益。所以我们假设 A 转而采用 HAWK 策略：

	0	1	2	3	4	5	…	
A:HAWK	*testify*	*testify*	*testify*	*testify*	*testify*	*testify*	…	效用 = 0
B:DOVE	*refuse*	*refuse*	*refuse*	*refuse*	*refuse*	*refuse*	…	效用 = −10

这对 B 来说是最坏的结果；因此这对策略也不是纳什均衡。如果 B 也选择 HAWK 策略，他会获得更好的收益：

	0	1	2	3	4	5	…	
A:HAWK	*testify*	*testify*	*testify*	*testify*	*testify*	*testify*	…	效用 = −5
B:HAWK	*testify*	*testify*	*testify*	*testify*	*testify*	*testify*	…	效用 = −5

这对策略确实形成了纳什均衡，但它不是那么有意义——它一定程度上让我们回到了一开始的单次博弈版本，此时双方都选择指证对方。这个例子说明了无限重复博弈的一个关键性质：在无限重复博弈中，阶段博弈的纳什均衡将作为无限博弈的均衡一直维持下去。

然而，我们对这个问题的探讨还没有结束。假设此时 B 采取了 GRIM 策略：

	0	1	2	3	4	5	…	
A:HAWK	*testify*	*testify*	*testify*	*testify*	*testify*	*testify*	…	效用 = −5
B:GRIM	*refuse*	*testify*	*testify*	*testify*	*testify*	*testify*	…	效用 = −5

在这种情况下，B 的收益并不比选择 HAWK 策略差：在第一轮博弈中，A 选择 *testify*，而 B 选择 *refuse*，这个结果使得 B 在之后的博弈中永远选择 *testify*，此时第一轮的效用损失将在极限的意义下消失。总的来说，这两名参与者获得的效用与他们都选择 HAWK 策略的情况是相同的。问题在于这些策略仍然没有形成纳什均衡，因为在这种情况下，A 可以选择一个对她更有益的其他策略——GRIM。如果两个参与者都选择了 GRIM 策略，那么就会发生这样的情况：

	0	1	2	3	4	5	⋯	
A:GRIM	*refuse*	*refuse*	*refuse*	*refuse*	*refuse*	*refuse*	⋯	效用 = −1
B:GRIM	*refuse*	*refuse*	*refuse*	*refuse*	*refuse*	*refuse*	⋯	效用 = −1

这种情况的结果和收益与两个参与者都选择 DOVE 的情况是相同的。不同之处在于，两个 GRIM 策略相互对抗形成了纳什均衡，A 和 B 能够理性地获得一个在单次博弈中不可能出现的结果。

为了弄清楚为什么这些策略形成了纳什均衡，我们反过来假设它们没有形成纳什均衡。那么存在一个参与者（不失一般性，我们假设这个参与者是 A），她可以选择另一个对她更有益的其他策略，即选择 FSM 策略以产生比 GRIM 策略更高的收益。这个策略必须在某些节点采取不同于 GRIM 的行动，否则它将获得与之相同的效用。所以该策略需要在某个节点选择 *testify*。随后，B 采用的 GRIM 策略将转向惩罚模式，它将永久以 *testify* 作为回应。此时 A 的收益注定不会超过 −5：这比她选择 GRIM 得到的 −1 还要糟糕。因此，在无限重复的囚徒困境中，两个参与者都选择 GRIM 策略将形成一个纳什均衡，此时两个参与者将选择一个理性的长期结果，而这个结果在单次博弈中是不可能发生的。

这个例子是一个被称为**纳什无名氏定理**（Nash folk theorem）的一般结果类的实例，这个定理描述了无限重复博弈中纳什均衡能够维持的结果。我们假设参与者的安全值是参与者能够保证获得的最佳收益。那么，纳什无名氏定理的一般形式大致可以表述为，在无限重复博弈中，使所有参与者都至少能获得其安全值的每一个结果都可以作为一个纳什均衡维持。在这个例子中，GRIM 策略是无名氏定理的关键：如果任一智能体未能得到它所期望的结果，则相互惩罚的威胁会使参与者保持一致。但只有当对方认为你已经采取了这种策略或者至少认为你可能已经采取了这种策略时，惩罚的威胁才能起到威慑作用。

我们也可以通过改变智能体而不是改变博弈规则来获得不同的解决方案。假设智能体是具有 n 个状态的有限状态机，它们要进行一场总步数为 m（$m > n$）的博弈。智能体无法表示剩余的博弈次数，必须将其视为未知数。因此，智能体不能进行逆向归纳，不能自由地在重复囚徒困境中达到更有利的 (*refuse*, *refuse*) 均衡。在这种情况下，无知是一种福气，或者更确切地说，让你的对手相信你无知是一种福气。你在这类重复博弈中的成功很大程度上取决于其他参与者对你的看法（他们认为你是一个高手，还是认为你是一个傻瓜），而不是你的实际特征。

18.2.4　序贯博弈：扩展形式

通常情况下，一个博弈中会包含一系列不需要完全相同的回合。这类博弈的最佳表示方法是博弈树，博弈论者称之为**扩展形式**（extensive form）。该树中包含了我们在 5.1 节中看到的所有相同的信息：初始状态 S_0，函数 PLAYER(s) 告诉我们哪个参与者移动了，函数 ACTIONS(s) 列举了可能的动作，函数 RESULT(s, a) 定义了到达新状态的转移，以及只定义于终止状态的偏函数 UTILITY(s, p)，它给出了每个参与者的收益。随机博弈可以通过引入一个采取随机行动的杰出参与者 *Chance* 来实现。*Chance* 的策略是博弈定义的一部分，它由动作的概率分布指定（其他参与者可以选择自己的策略）。为了表示带有非确定性动作的博弈，如台球，我们将动作分成两部分：参与者的动作本身具有确定性结果，*Chance* 将以其反复无常的方式对动作做出反应。

现在，我们考虑以下简化假设：我们假设参与者拥有**完美信息**（perfect information）。大体上来说，完美信息是指当博弈要求参与者做出决定时，它们能够准确地知道自己在博弈树中的位置：它们对于之前博弈中发生的事情没有任何不确定。当然，这种假设对于象棋或围棋等博弈是成立的，但在扑克或四国军棋中该假设不成立。后面我们会展示如何使用扩展形式来捕获博弈中的**不完美信息**（imperfect information），但就目前而言，我们将假设信息是完美的。

在完美信息的扩展形式博弈中，策略是参与者的一个函数，它的每一个决策状态 s 都决定了参与者应该在 ACTIONS(s) 中选择哪个动作。当每个参与者都选择了一个策略时，生成的策略组合将在博弈树中沿着从初始状态 S_0 到终止状态的路径进行追踪，UTILITY 函数定义了每个参与者随后将得到的效用。

有了这个设定，我们可以直接应用前面介绍的纳什均衡机制来分析扩展形式博弈。为了计算纳什均衡，我们可以使用在第 5 章中介绍的极小化极大搜索技术的简单推广形式。在关于扩展形式博弈的文献中，这种方法被称为逆向归纳——我们已经看到逆向归纳被非正式地用于分析有限重复囚徒困境。逆向归纳法采用动态规划的思想，从终止状态回溯到初始状态，并使用收益组合（分配给参与者的收益）逐步标记每个状态——从该节点开始采取最优博弈策略所得到的收益。

更详细地说，对于每个非终止状态 s，如果 s 的所有子节点都标有收益组合，则我们用子节点状态的收益组合标记 s，使在状态 s 下做出决策的参与者的收益最大化。（如果有平局的现象，则任意选择一个；如果存在机会节点，则计算其期望效用。）逆向归纳法保证了算法能够终止，并且可以在关于博弈树规模的多项式时间内终止。

当算法开始工作时，它会追踪每个参与者的策略。结果表明，这些策略都是纳什均衡策略，而标记初始状态的收益组合是纳什均衡策略下的收益组合。因此，我们可以用逆向归纳法在多项式时间内计算出扩展形式博弈的纳什均衡策略。由于该算法保证用收益组合来标记初始状态，因此每一个扩展形式博弈都至少有一个纯策略的纳什均衡。

这些结果非常的引人注目，但也有一些需要注意的地方。博弈树的规模很快就会变得非常大，所以在这种情况下我们应该理性看待多项式运行时间。但更大的问题是，当纳什均衡应用于扩展形式博弈时，它本身有一定的局限性。考虑图 18-4 所示的博弈。参与者 1 有两种可能的移动：*above* 或 *below*。如果她选择 *below* 移动，那么两位参与者获得的收益均为 0（不论参与者 2 如何选择）。如果她选择 *above* 移动，那么参与者 2 将面临 *up* 或 *down* 的选择：如果参与者 2 选择 *down* 移动，那么两位参与者获得的收益均为 0；如果参与者 2 选择 *up* 移动，那么她们都获得 1。

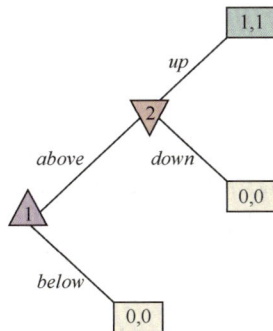

图 18-4　具有反直觉纳什均衡的扩展形式博弈

逆向归纳立即告诉我们 (*above*, *up*) 是一个纳什均衡，它将导致双方参与者都得到 1。然而，(*below*, *down*) 也是纳什均衡，这将导致双方的收益均为 0。参与者 2 威胁参与者 1，表示如果被要求做出决定，她将选择 *down*，从而使参与者 1 的收益为 0；在这种情况下，参与者 1 没有比 *below* 更好的选择。但问题在于参与者 2 的威胁并不是一种可信威胁（credible threat），因为如果参与者 2 被要求做出选择，她就会选择 *up*。

对子博弈完美纳什均衡（subgame perfect Nash equilibrium）进行细化研究是求解问题的一种方法。为了定义这个问题，我们首先需要引入子博弈（subgame）的概念。博弈树的每个决策状态（包括初始状态）定义了一个子博弈，因此图 18-4 中的博弈包含两个子博弈，一个以参与者 1 的决策状态为根，一个以参与者 2 的决策状态为根。我们称一个策略组合形成博弈 G 的一个子博弈完美纳什均衡，如果它是 G 的每个子博弈的纳什均衡。将此定义应用于图 18-4 的博弈，我们发现 (*above*, *up*) 是子博弈完美的，而 (*below*, *down*) 不是。因为选择 *down* 不是以参与者 2 的决策状态为根的子博弈的纳什均衡。

虽然我们需要一些新的术语来定义子博弈完美纳什均衡，但我们不需要任何新的算法。通过逆向归纳法计算出的策略是子博弈完美纳什均衡，由此我们可以得出每个完美信息的扩展形式博弈都有一个子博弈完美纳什均衡，它可以在关于博弈树规模的多项式时间内进行计算。

1. 机会移动与同时移动

为了用扩展形式表示像西洋双陆棋这样的随机博弈，我们引入了一个名为 *Chance* 的参与者，他的选择是由一个概率分布决定的。

为了表示同时移动（就像在囚徒困境或两指猜拳中），我们强行引入一个任意的参与者顺序，但同时我们断言早期参与者的动作不会被后续参与者观测到。例如 *A* 必须先选择 *refuse* 或 *testify*，然后 *B* 再选择，但 *B* 不知道 *A* 当时做了什么选择（当然，我们可以在后续的过程中揭露这些移动）。然而，我们假设参与者总是记得自己之前的所有动作；这种假设叫作完美记忆（perfect recall）。

2. 捕捉不完美信息

扩展形式与我们在第 5 章中所看到的博弈树的区别在于，它能够捕捉部分可观测性。博弈论者使用不完美信息（imperfect information）这一术语来描述参与者对博弈的实际状态的不确定性。遗憾的是，逆向归纳法不适用于不完美信息博弈，而且一般来说，不完美信息博弈比完美信息博弈要复杂得多。

我们在 5.6 节中看到，在四国军棋这样的部分可观测游戏中，参与者可以在信念状态（belief state）空间上创建一棵博弈树。通过这棵树，我们可以看到在某些情况下，参与者可以找到导致强制将死对方的一个移动序列（一种策略），不论实际的初始状态是什么，也不论对手使用什么策略。然而，当无法保证将死对方时，第 5 章的方法并不能告诉参与者该做什么。如果参与者的最佳策略取决于对手的策略（反之亦然），那么极小化极大（或 α-β）方法本身无法找到解。扩展形式确实让我们能够找到解，因为它表示了所有参与者的信念状态——博弈论者称之为信息集（information set）。从这个表示中我们可以找到均衡解，就像我们处理正则形式的博弈一样。

举一个序贯博弈的简单例子，我们在图 17-1 所示的 4×3 世界中放置两个智能体，并让它们同时移动，直到其中一个智能体到达一个出口方格并获得该方格的收益。如果我们规定，当两个智能体试图同时移动到同一个方格时，它们将不会发生任何移动（这在交通十字路口中是十分常见的），那么一些纯策略可能会永远停滞不前。因此，智能体需要使用一个混合策略来在这个游戏中取得良好的表现：在前进和原地不动之间随机选择。这正是以太网中用于解决数据包冲突问题的方法。

我们接着考虑一种非常简单的扑克游戏的变体。这个扑克游戏中的牌堆只有 4 张牌，两张 A 和两张 K。我们给每人发一张牌。首先，第一个玩家可以选择将赌注从 1 点加码到 2 点，或者选择过牌。如果玩家 1 选择过牌，那么游戏结束；如果玩家 1 加码赌注，那么玩家 2 可以选择叫牌，即接受游戏的赌注为 2 点这一事实，也可以选择弃牌，直接丢掉 1 点。如果游戏没有以弃牌的方式结束，那么玩家的收益将取决于牌面：如果两个玩家拥有相同的牌，那么他们的收益便是 0；否则，持有 K 的玩家将赌注支付给持有 A 的玩家。

这个博弈的扩展形式树如图 18-5 所示。玩家 0 即为 *Chance*；玩家 1 和 2 用三角形表示。每个动作都被描述为一个带标签的箭头，对应于加码、过牌、叫牌或弃牌，对 *Chance* 而言，4 种标签代表了 4 种可能的牌（"AK"意味着玩家 1 得到 A，玩家 2 得到 K）。终止状态用矩形表示，其中标注着对应的玩家 1 和玩家人 2 的收益。信息集由带标记的虚线框表示。例如，$I_{1,1}$ 表示玩家 1 的回合的信息集，他知道自己有 A（但不知道玩家 2 有什么）。在信息集 $I_{2,1}$ 所表示的玩家 2 的回合中，她知道自己有一张 A，玩家 1 已经加码，但她不知道玩家 1 有什么牌。（由于二维纸张的限制，我们用两个框来表示该信息集，而不是一个框。）

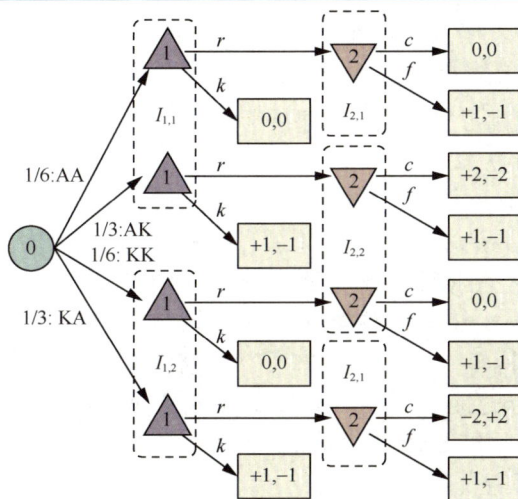

图 18-5 一种简化版本的扑克的扩展形式，有 2 个玩家，只有 4 张牌。移动是 *r*（加码）、*f*（弃牌）、*c*（叫牌）和 *k*（过牌）

求解扩展博弈的一种方法是将其转化为正则形式博弈。回想一下，正则形式是一个矩阵，其中每一行都标有玩家 1 的纯策略，每一列标有玩家 2 的纯策略。在一个扩展博弈中，玩家 *i* 的一个纯策略是对应于玩家的每个信息集的一个动作。所以在图 18-5 中，玩家 1 的一个纯策略可以是"在 $I_{1,1}$（拥有 A）时加码，在 $I_{1,2}$（拥有 K)时过牌"。在下面的支付矩阵中，我们称这个策略为 *rk*。同样，对玩家 2 来说，我们用 *cf* 策略表示"当我有 A 时叫牌，当我有 K 时弃牌"。因为这是一个零和博弈，下面的矩阵只给出了玩家 1 的收益；玩家 2 的收益总是其相反数：

	2:*cc*	2:*cf*	2:*ff*	2:*fc*
1:*rr*	0	−1/6	1	7/6
1:*kr*	−1/3	−1/6	5/6	2/3
1:*rk*	1/3	**0**	1/6	1/2
1:*kk*	0	**0**	0	0

这个博弈非常简单，它有两个纯策略均衡，我们已经在表格中用粗体标出：玩家 2 的 *cf*，玩家 1 的 *rk* 或 *kk*。但一般来说，我们可以通过将博弈转换为正则形式，然后使用标准线性规划方法找到一个解（通常是一个混合策略）来解决扩展博弈。这种方法在理论上是可行的。但如果玩家拥有 *I* 个信息集，每个信息集拥有 *a* 个行动，那么他便拥有 a^I 个纯策略。换句话说，正则形式矩阵的大小与信息集的数量成指数关系，所以在实践中，这种方法只适用于包含十几个状态的小型博弈树。像双人德州扑克这样的博弈有大约 10^{18} 个状态，这样大的规模使得这种方法完全不可行。

有什么替代方案吗？在第 5 章中，我们看到了 α-β 搜索如何通过递增地生成树、裁剪一些分支以及启发式地评估非终止节点来处理拥有巨大博弈树的完美信息博弈。但这种方法不适用于不完美信息博弈，原因有以下两点：首先，这种博弈中的剪枝更加困难，因为我们需要考虑组合多个分支的混合策略，而不是总是选择最佳分支的纯策略。其次，这种博弈中对非终止节点的启发式评价也更加困难，因为我们处理的是信息集，不是单个状态。

科勒等人（Koller *et al.*, 1996）试图使用另一种扩展博弈的表示方式来挽救这个局面，他们称之为**序列形式**（sequence form），它的复杂度关于树的规模上仅是线性的，而不是指数量级的。序列形式表示的内容不是策略，而是树中的路径；路径数等于终止节点数。标准的线性规划方法可以再次用于这种表示。由此产生的系统可以在一到两分钟内求解含有 25 000 个状态的扑克游戏变体。与正则形式相比，这是一个指数级别的加速，但仍然远远不够处理含有 10^{18} 个状态的双人德州扑克。

如果我们不能处理含有 10^{18} 个状态的博弈，也许我们可以通过把博弈改为更简单的形式来简化问题。例如，如果我持有一张 A，并考虑下一张牌会让我凑成一对 A 的概率，那么我就不必关心下一张牌的花色；根据扑克的规则，任何一种花色都会产生相同效果。这意味着可以形成一种博弈的**抽象**（abstraction），使得花色得以被忽略。最终的博弈树将会缩小 4!= 24 倍。假设我们可以求解这个小博弈；这个博弈的解又与原始博弈有何关联？假设没有玩家会使用同花这一牌型（唯一一个让花色起作用的牌型），那么抽象博弈的解也将是原始博弈的解。然而，如果存在任一玩家考虑使用同花牌型，那么抽象博弈得到的解将只是原始博弈的一个近似解（但我们有可能计算出误差界）。

我们可以在许多情形下使用抽象的手段。例如，在一个每个玩家都有两张牌的博弈中，如果我拥有一对 Q，那么其他玩家手牌可以被抽象为 3 个类：更大的（只有一对 K 或一对 A）、相同的（一对 Q）或者更小的（其他所有牌型）。然而，这种抽象可能太粗糙了。一个更好的抽象应该把"更小的"这一类情况细分为，例如，中对（从 9 到 J 的对子）、低对（更小的对子）和无对。上述的例子都是针对状态的抽象；同样的，我们也可以对动作进行抽象。例如，我们可以将投注限制为取值 10^0、10^1、10^2 或 10^3，而不是从 1 到 1000 之间的每个整数。或者我们可以忽略其中一轮的赌注。我们也可以通过只考虑可能交易的子集来对机会节点进行抽象。这相当于围棋程序中所使用的 rollout 技术。通过汇总所有这些抽象方法，我们可以将德州扑克的 10^{18} 个状态减少到 10^7 个状态，这个规模大小的问题可以用现有的技术求解。

在第 5 章中，我们已经见识过 Libratus 和 DeepStack 等扑克程序是如何在（双人）限注德州扑克中击败人类冠军玩家的。最近，Pluribus 程序能够以两种形式在六人扑克游戏中击败人类冠军：一个桌上有 1 个人与 5 个程序副本，以及一个桌上有 5 个人与 1 个程序副本。这两种情形在复杂度上有一个巨大的飞跃。对于一个对手的情况，对手的隐藏牌型有 $\binom{50}{2}=1225$ 种可能。但如果存在 5 个对手，就有 50 选 10 约 100 亿种可能。Pluribus 完全利用自我博弈的方式发展出一种基线策略，然后在实际博弈过程中修改策略以应对特定情况。Pluribus 使用了多种技术的组合，其中包括蒙特卡罗树搜索、有限深度搜索和抽象。

扩展形式是一种通用的表示方式：它可以处理部分可观测的、多智能体的、随机的、序贯的、实时的环境，即 2.3 节所示环境属性列表中的大多数困难情况。但扩展形式也有两个局限性。首先，它不能很好地处理连续的状态和动作［尽管针对连续的情况已经有了一些扩展方法，例如，**古诺竞争**（Cournot competition）理论使用博弈论来解决两家公司在一个连续的空间中为他们的产品选择价格的问题］。其次，博弈论假设博弈是已知的。博弈的某些部分可能被设定为某些参与者不可观测的，但必须知道哪些部分是不可观测的。当参与者随着时间的推移了解了博弈的未知结构时，这个模型就会开始失效。现在，让我们查看每一种不确定性的来源，以及它们是否可以在博弈论中进行表示。

动作：没有一种简单的方法能够在表示博弈的同时让参与者能够发现哪些动作是可用的。考虑计算机病毒编写者和安全专家之间的博弈。要解决的部分问题是预测病毒编写者下一步将采取什么行动。

策略：博弈论非常擅长表达"其他参与者的策略最初是未知的"这一观点——只要我们假设所有的智能体都是理性的。该理论并没有说明当其他参与者不完全理性时该怎么做。**贝叶斯-纳什均衡**（Bayes–Nash equilibrium）的概念部分地解决了这个问题：它是一个关于一个参与者对其他参与者的策略的先验概率分布的均衡，换句话说，它表达了一个参与者对其他参与者可能采取的策略的信念。

机会：如果一个博弈依赖于掷骰子，那么我们可以很容易地将其建模为一个具有均匀分布结果的机会节点。但如果这个骰子可能是不公平的呢？我们可以用另一个位于树的更高处的机会节点来表示，该节点拥有"骰子是公平的"与"骰子是不公平的"的两个分支，同时使得每一分支中的对应节点位于相同的信息集中（也就是说，参与者们不知道骰子是否公平）。如果我们怀疑对方知道这一信息，会发生什么？此时我们可以添加另一个机会节点，其中它的一个分支代表对手知道的情况，另一个分支则代表对手不知道。

效用：如果我们不知道对手的效用怎么办？同样的，这也可以用一个机会节点来建模，使得在每个分支中其他智能体知道自己的效用，但我们不知道它们的效用。但如果我们不知道自己的效用呢？例如，如果我不知道自己会有多喜欢厨师的沙拉，我怎么知道订购一份沙拉是否是理性的呢？我们可以用另一个机会节点来建模，它指定了沙拉不可观测的"内在品质"。

因此，我们可以认识到博弈论擅长表示大多数不确定性的来源，但代价是每次添加另一个节点时树的规模都要翻倍；这种行为会导致树的规模很快就增长到巨大并且难以驾驭。出于对这一点和其他问题的考虑，博弈论主要被用于分析处于平衡状态的环境，而不是用于控制环境中的智能体。

18.2.5 不确定收益与辅助博弈

在第 1 章中，我们提到了设计能够在不确定人类真实目标下运行的人工智能系统的重要性。我们在第 16 章中介绍了一个关于个人偏好不确定性的简单模型，并以榴莲味冰激凌为例。

通过在模型中添加一个新的潜在变量来表示未知的偏好，再加上一个适当的传感器模型（例如，观测冰激凌小样品的味道），不确定的偏好就可以以自然的方式得到处理。

第 16 章也研究了**关机问题**（off-switch problem）：我们展示了一个对人类偏好不确定的机器人，它会服从人类并允许自己被关闭。在这个问题中，机器人 R 对人类的偏好是不确定的，但是我们把 H 的决定（是否关闭 R）建模为她对 R 提出的动作的偏好的一个简单的、决定性的结果。在这里，我们将这个想法概括为一个完整的双人博弈，并称为**辅助博弈**（assistance game），其中 H 和 R 都是玩家。我们假设 H 遵循自己的偏好 θ 并根据它们采取行动，而 R 对 H 的偏好有着先验概率 $P(\theta)$。收益由 θ 定义，并且对两个玩家来说是相同的：H 和 R 都希望最大化 H 的收益。通过这种方式，辅助博弈为第 1 章所介绍的有益人工智能概念提供了一个形式化模型。

除 R 在开关问题中表现出的顺从行为（这是一种受限制的辅助博弈）外，在一般辅助博弈中作为均衡策略出现的其他动作还包括 H 的动作和 R 的动作，我们将前者描述为教学、奖励、命令、纠正、示范或解释，将后者描述为寻求许可、从示范中学习、偏好启发等。这些行为的关键在于它们无须形式化：通过求解博弈问题，H 与 R 自己解决了如何将偏好信息从 H 传递给 R，从而使 R 对 H 的服务更周到，我们无须事先规定 H 将"给予奖励"或 R 将"遵循指示"，尽管这些名词可能是对他们最终行为方式的合理解释。

为了进一步阐释辅助博弈，我们将考虑**回形针博弈**（paperclip game）。这是一个非常简单的博弈，在这个博弈中，人类 H 具有向机器人 R 发出一些关于她偏好的信息的动机。R 能够理解所发出的信号，这是因为它能解决这个博弈，因此可以理解 H 的偏好并理解她以某种方式发出信号的原因。

博弈的步骤如图 18-6 所示，其中包括制作回形针和订书钉。H 的偏好由一个支付函数表示，该函数取决于制作的回形针和订书钉的数量，两者之间存在一个明确的"汇率"。H 的偏好参数 θ 表示回形针的相对价值（以美元为单位），例如，她可能认为回形针的价格是 $\theta = 0.45$ 美元，这意味着订书钉的价格是 $1 - \theta = 0.55$ 美元。所以，如果 H 制作了 p 个回形针和 s 个订书钉，她的收益将是 $p\theta + s(1 - \theta)$ 美元。R 的先验概率是 $P(\theta) = Uniform(\theta; 0, 1)$。在这个博弈中，H 先采取行动，她可以选择制作 2 个回形针、制作 2 个订书钉或者每样制作 1 个。然后 R 可以选择制作 90 个回形针、制作 90 个订书钉或者每样制作 50 个。

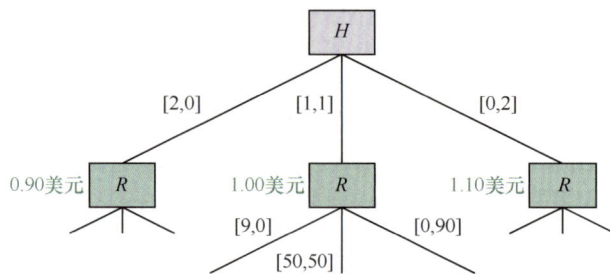

图 18-6　回形针博弈。每个分支都标有 $[p, s]$，表示该分支制作的回形针和订书钉的数量。人类 H 可以选择制作 2 个回形针、制作 2 个订书钉或者每样制作 1 个。（绿色斜体的值是假设 $\theta = 0.45$，在博弈结束时 H 的值。）然后机器人 R 可以选择制作 90 个回形针、制作 90 个订书钉或者每样制作 50 个

注意，如果 H 单独做这件事，她只会制作两个订书钉，总价值为 1.10 美元（见图 18-6 中对树的第一层的标注）。但 R 正在观测，并从 H 的选择中学到了知识。它到底学到了什么？这

取决于 H 如何选择。而 H 是如何做出选择的？那要看 R 会怎么解释了。我们可以通过找到纳什均衡来解决这个循环。这种情况下的纳什均衡是唯一的，并且可以通过应用短视最佳反应来找到：选择 H 的任一策略；根据 H 的策略，为 R 选择最佳策略；根据 R 的策略，为 H 选择最佳策略；以此类推。该过程如下所示。

（1）从 H 的贪心策略开始：如果她偏好回形针，就制作 2 个回形针；如果她偏好订书钉，就制作 2 个订书钉；如果她没有偏好，就每样制作 1 个。

（2）考虑到 H 的策略，R 必须考虑 3 种可能性。

a. 如果 R 看到 H 制作了两个回形针，制作推断她更偏好回形针，所以它现在相信回形针的值在 0.5 和 1.0 之间均匀分布，均值为 0.75。在这种情况下，它的最佳计划是为 H 制作 90 个回形针，预期价值为 67.5 美元。

b. 如果 R 看到 H 每样制作了 1 个，它推断她对回形针和订书钉的价值估计都是 0.50，所以最佳选择是每样制作 50 个。

c. 如果 R 看到 H 制作了 2 个订书钉，那么按照与 a 中相同的原因，它应该制作 90 个订书钉。

（3）考虑到 R 的这个策略，H 现在的最佳策略与步骤 1 中的贪心策略稍有不同。鉴于 R 在观测到她每样制作一个后的反应是每样制作 50 个，那么如果她对两个物品不是完全无偏好，而是接近于无偏好的，她最好选择每样制作 1 个。事实上，如果她对回形针的估价在 0.446 到 0.554 之间，那么她的最优策略就是每样制作 1 个。

（4）考虑到 H 的新策略，R 的策略保持不变。例如，如果她选择每样制作 1 个，它就推断回形针的值在 0.446 和 0.554 之间均匀分布，平均值为 0.5，所以最佳选择是每样制作 50 个。因为 R 的策略与第 2 步中的策略相同，H 的最佳反应也将与第 3 步相同，那么我们就找到了均衡。

根据她的策略，H 实际上是在用一种从均衡分析中产生的简单代码（或者说是一种语言）来告诉 R 她的偏好。注意，R 从来没有确切地了解 H 的偏好，但它了解的信息足以让它以采取她认为的最优行动，也就是说，它的行动与它确切地知道她的偏好时所做的行动相同。在上述假设以及 H 正确地进行博弈的假设下，R 被证明是有益于 H 的。

短视最佳反应适用于这个例子和其他类似的例子，但不适用于更复杂的情况。我们可以证明，如果不存在会导致协调问题的关系，寻找辅助博弈的最优策略组合可以简化为求解一个状态空间为博弈基础状态空间加上人类偏好参数 θ 的 POMDP。POMDP 通常很难求解（17.5 节），但是表示辅助博弈的 POMDP 有额外的结构，因此有一些更高效的算法适用于它。

辅助博弈可以进一步推广，以处理多个人类参与者、多个机器人、不完全理性的人类、不知道自己偏好的人类等情形。通过提供一个因子化表示或结构化表示的动作空间，而不是像回形针博弈中那样的简单原子动作，交流的机会便会大大增加。到目前为止，我们对这些变体的研究很少，但我们预计辅助博弈的关键性质仍然是正确的：机器人越智能，对人类的结果就越好。

18.3 合作博弈论

回想一下，在由合作博弈刻画的决策场景中，智能体可以形成相互合作的具有约束力的协约。与单独采取行动的情况相比，它们可以从额外的价值中获益。

我们首先将介绍一类**合作博弈**（cooperative game）的模型。在形式上，这些博弈可以看作"具有特征函数形式的可转移效用的合作博弈"。该模型的思想是，当一群智能体正在合作时，整体将获得一定的效用值，然后在群体成员之间进行分配。模型没有说明智能体将采取什么动作，博弈结构本身也没有说明如何分配获得的效用值（之后我们会具体说明）。

形式上，我们用公式 $G = (N, v)$ 表示合作博弈，G 是由一组参与者 $N = \{1, \cdots, n\}$ 和一个**特征函数**（characteristic function）v 定义的，对参与者的每个子集 $C \subseteq N$，该函数给出了这组参与者如果选择一起工作所能获得的收益值。

通常情况下，我们假设参与者的空集值为 0（$v(\{\}) = 0$），并且该函数是非负的（对所有 C，$v(C) \geqslant 0$）。在某些博弈中，我们进一步假设参与者独自采取行动会导致一无所获：对所有 $i \in N$，$v(\{i\}) = 0$。

18.3.1 联盟结构与结果

我们一般称参与者子集 C 称为**联盟**（coalition）。在日常使用中，"联盟"一词意味着一些有着共同目标的人的集合（如"制止枪支暴力联盟"），但在这里我们将把参与者的任何子集称为"联盟"，并把所有参与者的集合 N 称为**大联盟**（grand coalition）。

在我们的模型中，每个参与者必须选择加入一个联盟（可以是只有一个参与者的联盟）。因此，联盟形成了一组参与者的**划分**（partition）。我们称这种划分为**联盟结构**（coalition structure）。在形式上，参与者集合 N 上的联盟结构是指联盟集合 $\{C_1, \cdots, C_k\}$，满足

$$C_i \neq \{\}$$
$$C_i \subseteq N$$
$$C_i \bigcap C_j = \{\} \text{ 对所有 } i \neq j \in N$$
$$C_1 \bigcup \cdots \bigcup C_k = N$$

例如，如果我们有 $N = \{1, 2, 3\}$，则有 7 种可能的联盟

$$\{1\}, \{2\}, \{3\}, \{1, 2\}, \{2, 3\}, \{3, 1\} \text{ 和 } \{1, 2, 3\}$$

以及 5 种可能的联盟结构

$$\{\{1\}, \{2\}, \{3\}\}, \{\{1\}, \{2, 3\}\}, \{\{2\}, \{1, 3\}\}, \{\{3\}, \{1, 2\}\} \text{ 和 } \{\{1, 2, 3\}\}$$

我们使用符号 $CS(N)$ 表示参与者集合 N 上的所有联盟结构的集合，$CS(i)$ 表示参与者 i 所属的联盟。

博弈的**结果**（outcome）是由参与者做出的选择［包括决定组成哪个联盟，以及选择如何分配每个联盟所获得的 $v(C)$ 值］决定的。形式上说，给定由 (N, v) 定义的合作博弈，结果是由联盟结构和**支付向量**（payoff vector）$\boldsymbol{x} = (x_1, \cdots, x_n)$（其中 x_i 是归属参与者 i 的值）组成的对 $(CS, \boldsymbol{x})$。收益必须满足每个联盟 C 在其成员内分配它所有的值 $v(C)$ 的约束：

$$\sum_{i \in C} x_i = v(C) \quad \text{对所有 } C \in CS$$

例如。给定博弈 $(\{1, 2, 3\}, v)$，其中，$v(\{1\}) = 4$ 且 $v(\{2, 3\}) = 10$，一个可能的结果是

$$(\{\{1\}, \{2, 3\}\}, (4, 5, 5))$$

也就是说，参与者 1 独自接受收益值 4，而参与者 2 和 3 组队接受收益值 10，并且他们选择平均分配。

一些合作博弈具有这样的特点：当两个联盟合并在一起时，它们的表现并不比分开时差。这个性质叫作**超可加性**（superadditivity）。在形式上，如果一个博弈的特征函数满足以下条件，那么它就是超可加的：

$$v(C \cup D) \geqslant v(C) + v(D) \quad \text{对所有 } C, D \subseteq N$$

如果一个博弈是超可加的，那么大联盟获得的收益至少与其他联盟结构获得的收益相同或更高。然而，正如我们很快会看到的那样，超可加博弈并不总是以一个大联盟作为结果，这与参与者在囚徒困境中并不总是能得到一个集体理想的帕累托最优结果的原因差不多。

18.3.2 合作博弈中的策略

合作博弈论的基本假设是，参与者将对与谁合作做出策略决策。从直觉上看，参与者并不希望与低效率的参与者合作，他们会自然而然地寻找能够产生高联盟值的参与者。同时这些受欢迎的参与者也将进行自己的策略推理。在描述这个推理之前，我们需要一些进一步的定义。

一个合作博弈 (N, v) 的**归责**（imputation）是满足以下两个条件的支付向量：

$$\sum_{i=1}^{n} x_i = v(N)$$
$$x_i \geqslant v(\{i\}) \quad \text{对所有 } i \in N$$

第一个条件说明，归责必须分配大联盟的全部参与者；第二个条件被称为**个体理性**（individual rationality），即每个参与者的收益至少与它独自工作时一样。

给定一个归责 $x = (x_1, \cdots, x_n)$ 和联盟 $C \subseteq N$，我们定义 $x(C)$ 为求和 $\sum_{i \in C} x_i$——由归责 x 分配给 C 的总收益。

接下来，我们将一个博弈 (N, v) 的**核**（core）定义为对每个可能的联盟 $C \subset N$ 满足条件 $x(C) \geqslant v(C)$ 的所有归责 x 的集合。因此，如果一个归责 x 不在核中，则存在某个联盟 $C \subset N$，使得 $v(C) > x(C)$。C 中的参与者将拒绝加入大联盟，因为他们认为联盟 C 的结果更好。

因此，博弈的核包含了所有可能的支付向量，在这些向量里，所有联盟都认为他们不加入大联盟反而可以获得更大的收益。因此，如果核是空的，那么大联盟就不能形成，因为无论大联盟如何分配它的收益，一些较小的联盟都会拒绝加入。核的主要计算问题是它是否为空，以及特定的收益分配是否存在于核中。

核的定义自然地引出了下面的线性不等式系统（未知数是变量 $x_1, \cdots, x_n$，值 $v(C)$ 是常数）：

$$x_i \geqslant v(\{i\}) \quad \text{对所有 } i \in N$$
$$\sum_{i \in N} x_i = v(N)$$
$$\sum_{i \in C} x_i \geqslant v(C) \quad \text{对所有 } C \subseteq N$$

这些不等式的任一个解都将在核上定义一个归责。我们可以通过使用一个虚拟目标函数（例如，最大化 $\sum_{i \in N} x_i$）来将不等式表述为一个线性规划，这将允许我们在关于不等式数量的多项式时间内计算出归责。困难的地方在于，这个问题中的不等式数量有指数多个（2^n 种可能的联盟中的每一种）。因此，这种方法产生的是一种需要指数级运行时间的核非空性检查算法。算法的表现能否得到改善取决于所研究的博弈：对于许多类型的合作博弈，核非空性的检查问题是余 NP 完全的。下面我们给出一个例子。

在继续介绍之前，让我们先研究一个拥有空核的超可加博弈的例子。该博弈有 3 个参与者 $N = \{1, 2, 3\}$，其特征函数定义如下：

$$v(C) = \begin{cases} 1, & \text{如果 } |C| \geqslant 2 \\ 0, & \text{其他} \end{cases}$$

现在考虑这个博弈的任一个归责 (x_1, x_2, x_3)。由于 $v(N) = 1$，那么至少有一个参与者 i 有着 $x_i > 0$，另外两个的总收益小于 1。这两人可以结成不包含参与者 i 的联盟，并共享收益值 1。由于这个结论对一切归责都成立，它的核必定是空的。

核这一概念形式化了大联盟的稳定这一理念——没有联盟能够从大联盟中脱离而获利。然而，核中可能包含不合理的归责，即可能有一名或多名参与者觉得自己遭受了不公平。假设 $N = \{1, 2\}$，一个特征函数 v 定义如下：

$$v(\{1\}) = v(\{2\}) = 5$$
$$v(\{1, 2\}) = 20$$

在这里，合作所产生的收益比参与者单独工作所能获得的多了 10，所以直觉上，在这种情况下选择合作是有意义的。容易看出，归责 (6, 14) 是这个游戏的核：任何一方都不能拒绝这个合作以获得更高的效用。但从参与者 1 的角度看，这似乎不合理，因为盈余的 9/10 给了参与者 2。因此，核的概念告诉我们什么时候可以形成一个大联盟，但它没有告诉我们如何分配收益。

假设形成了大联盟 N，**沙普利值**（Shapley value）是一个如何在参与者之间分配值 $v(N)$ 的合理建议。它由诺贝尔奖得主劳埃德·沙普利（Lloyd Shapley）在 20 世纪 50 年代初提出，旨在制定一种公平分配方案。

公平是什么意思？根据参与者的眼睛颜色、性别或肤色分配 $v(N)$ 是不公平的。学生们经常建议 $v(N)$ 应该被平均分配，这看起来似乎是公平的，但这个建议会导致那些贡献很大的参与者和那些没有贡献的参与者获得同样的奖励。沙普利的观点是，分配值 $v(N)$ 的唯一公平方法是根据每个参与者对创造值 $v(N)$ 的贡献来决定。

首先，我们需要定义参与者的**边际贡献**（marginal contribution）。参与者 i 对联盟 C 做出的边际贡献是 i 加入联盟 C 将增加（或减少）的值。正式来说，参与者 i 对联盟 C 做出的边际贡献由 $mc_i(C)$ 表示：

$$mc_i(C) = v(C \cup \{i\}) - v(C)$$

现在，根据沙普利的建议（每个参与者应该根据他们的贡献来获得回报）来定义收益分配方案，我们首先尝试支付给每个参与者 i 他们相对于包含所有其他参与者的联盟所增加的值：

$$mc_i(N - \{i\})$$

这个方法的问题在于，它隐式地假设了参与者 i 是最后一个进入联盟的参与者。因此，沙普利建议，我们需要考虑大联盟形成的所有可能的方式，也就是说，参与者 N 的所有可能的排列，并考虑参与者 i 为排列中排在前面的参与者带来的值。在此基础上，一个参与者应该得到的奖励是，在所有可能的参与者排列中，参与者 i 对排序在 i 前面的那组参与者的平均边际贡献。

我们令 $\mathcal{P}$ 表示参与者 N 的所有可能的排列（顺序），用 $p, p', \cdots$ 表示 $\mathcal{P}$ 中的成员。其中 $p \in \mathcal{P}$ 且 $i \in N$，我们用 p_i 表示顺序 p 中在 i 之前的参与者集合。那么博弈 G 的沙普利值为如下定义的归责 $\phi(G) = (\phi_1(G), \cdots, \phi_n(G))$：

$$\phi_i(G) = \frac{1}{n!} \sum_{p \in \mathcal{P}} mc_i(p_i) \tag{18-1}$$

这将使你相信沙普利值是一个合理的建议。但值得注意的是，它是一组表征"公平"收益分配方案的公理的唯一解。在定义这个公理前，我们需要引入更多的定义。

我们将**虚拟参与者**（dummy player）定义为从未为联盟增加任何值的参与者 i，即对所有 $C \subseteq N - \{i\}$，$mc_i(C) = 0$。如果两个参与者 i 和 j 总是对联盟做出相同的贡献，即对所有 $C \subseteq N - \{i, j\}$，$mc_i(C) = mc_j(C)$，则称两个参与者是**对称参与者**（symmetric players）。最后，若 $G = (N, v)$

与 $G' = (N, v')$ 是具有相同参与者集合的博弈，则 $G + G'$ 是与 G 或 G' 具有相同参与者集合，特征函数 v'' 由 $v''(C) = v(C) + v'(C)$ 定义的博弈。

在有了这些定义后，我们可以定义沙普利值所满足的公平性公理。

- **效率**：$\sum_{i \in N} \phi_i(G) = v(N)$。（所有值应该被分配。）
- **虚拟参与者**：如果 i 是 G 中的一名虚拟参与者，则 $\phi_i(G) = 0$。（从不贡献任何东西的参与者永远不会得到任何东西。）
- **对称性**：如果 i 与 j 在 G 中是对称的，则 $\phi_i(G) = \phi_j(G)$。（做出相同贡献的参与者应该得到相同的收益。）
- **可加性**：博弈值是可加的——对所有博弈 $G = (N, v)$ 和 $G' = (N, v')$，对所有参与者 $i \in N$，我们有 $\phi_i(G + G') = \phi_i(G) + \phi_i(G')$。

不可否认，可加性公理是相当技术性的。然而，如果我们接受了它并把它作为一个要求，我们可以得到以下的关键性质：沙普利值是能满足这些公平性公理来分配联盟值的唯一方式。

18.3.3　合作博弈中的计算

从理论的角度来看，我们现在得到了一个令人满意的解决办法。但是从计算的角度来看，我们需要知道如何简洁地表示合作博弈，以及如何高效地计算解概念（如核和沙普利值）。

特征函数显然可以通过一个表进行表示，即列出所有 2^n 个联盟的值 $v(C)$。对大的 n 来说，这是不可行的。人们设计了许多方法用于简洁地表示合作博弈，这些方法可以通过它们是否完整来区分。一个完整的表示方案是能指够表示任何合作博弈的方案。完整表示方案的缺点是，总是存在一些无法被简洁地表示的博弈。另一种选择是使用能够保证简洁但不保证完全的表示方案。

1. 边际贡献网络

接着我们将介绍一个称为**边际贡献网络**（marginal contribution net，MC 网络）的表示方案。为方便表示，我们将介绍一个稍微简化的版本，与此同时，简化会使它不完全——完整版本的 MC 网络是一个完全的表示。

边际贡献网络的思想是将博弈 (N, v) 的特征函数表示为联盟–值规则的集合，形式为：(C_i, x_i)，其中 $C_i \subseteq N$ 是一个联盟，x_i 是一个数值。为了计算联盟 C 的值，我们简单地对所有满足 $C_i \subseteq C$ 的规则 (C_i, x_i) 的值进行求和。因此，给定规则集合 $R = \{(C_1, x_1), \cdots, (C_k, x_k)\}$，对应的特征函数为

$$v(C) = \sum \{x_i \mid (C_i, x_i) \in R \text{ 且 } C_i \subseteq C\}$$

假设我们有包含下面 3 条规则的规则集合 R：

$$\{(\{1, 2\}, 5), (\{2\}, 2), (\{3\}, 4)\}$$

则我们有：

- $v(\{1\}) = 0$（没有应用规则）；
- $v(\{3\}) = 4$（第三条规则）；
- $v(\{1, 3\}) = 4$（第三条规则）；
- $v(\{2, 3\}) = 6$（第二条规则和第三条规则）；
- $v(\{1, 2, 3\}) = 11$（第一条规则、第二条规则和第三条规则）。

利用这种表示，我们可以在多项式时间内计算沙普利值。实现这一点的关键在于，每个规则都可以被理解为定义了一个关于自身的博弈，其中参与者是对称的。因此，利用沙普利公理的可加性和对称性，与规则集 R 相关联的博弈中参与者 i 的沙普利值的 $\phi_i(R)$ 为

$$\phi_i(R) = \sum_{(C,x) \in R} \begin{cases} \dfrac{x}{|C|}, & \text{如果 } i \in C \\ 0, & \text{其他} \end{cases}$$

我们在这里给出的边际贡献网络版本并不是一个完全的表示方案：存在一些博弈，其特征函数不能用上述形式的规则集表示。一种更丰富的边际贡献网络允许形式为 (ϕ, x) 的规则，其中 ϕ 是一个关于参与者 N 的命题逻辑公式：如果联盟 C 对应 ϕ 的一个令人满意的分配，则它满足条件 ϕ。

这个方案是一种完全表示，在最坏的情况下我们需要为每一个可能的联盟制定规则。此外，该方案可在多项式时间内计算沙普利值，尽管它们的基本原理是相同的，涉及的细节比上面描述的简单规则要更复杂。更多介绍参阅本章末尾的参考文献与历史注释一节。

2. 最大化社会福利的联盟结构

只要假设各智能体具有相同的目标，我们就可以从不同的角度看待合作博弈。例如，如果我们将智能体视为公司中的工人，那么由核心部门处理的与联盟形成相关的策略考虑就与工人们无关了。相反，我们可能希望将劳动力（智能体）组织成团队，以便最大化其整体生产力。从更广泛的意义上说，我们希望找到一个能够使该体系的社会福利最大化的联盟，其中社会福利定义为各个联盟的价值之和。我们将一个联盟结构 CS 的社会福利写作 $sw(CS)$，定义如下：

$$sw(CS) = \sum_{C \in CS} v(C)$$

一个关于 G 的社会最优联盟结构 CS^* 是使得该数值最大化的联盟结构。寻找社会最优联盟结构是一个非常自然的计算问题，关于这个问题的研究数量已经超过了多智能体系统的研究：它有时被称为**集合划分问题**（set partitioning problem）。遗憾的是，这个问题是 NP 困难的，因为可能的联盟结构的数量随着参与者的数量呈指数增长。

因此，用朴素的穷举搜索法寻找最优联盟结构在一般情况下是不可行的。基于**联盟结构图**（coalition structure graph）的子空间搜索思想，我们可以提出一种高效的寻找最优联盟结构的方法。我们将结合例子更好地解释这一思想。

假设我们有一个涉及 4 个智能体的博弈，$N = \{1, 2, 3, 4\}$。这组智能体有 15 种可能的联盟结构。我们可以将它们组织成一个联盟结构图，如图 18-7 所示，图中 ℓ 层的节点对应于所有恰好具有 ℓ 个联盟的联盟结构。图中向上的边表示下层节点的联盟划分为上层节点的两个独立联盟。

例如，图中有一条从 $\{\{1\}, \{2, 3, 4\}\}$ 指向 $\{\{1\}, \{2\}, \{3, 4\}\}$ 的边，这是因为后者的联盟结构是由前者通过将联盟 $\{2, 3, 4\}$ 分解为联盟 $\{2\}$ 与 $\{3, 4\}$ 得到的。

最优联盟结构 CS^* 就位于联盟结构图中的某处，因此如果我们想找到它，似乎就必须计算图中的每个节点。但是考虑到所有可能的联盟（不包括空联盟）都会出现在图中的底部两行——第一层与第二层。（当然，并不是所有可能的联盟结构都会出现在这两层中。）现在，假设我们把对可能的联盟结构的搜索限制在这两层上，不在图中继续往上搜索。令 CS' 为我们在

这两层中找到的最佳联盟结构，CS^* 为整体上最佳联盟结构。令 C^* 为所有可能联盟中价值最高的联盟：

$$C^* \in \arg \max_{C \subseteq N} v(C)$$

我们在联盟结构图的前两层中找到的最佳联盟结构的价值至少会等于可能的最佳联盟的价值：$sw(CS') \geqslant v(C^*)$。这是因为在图的前两层中，每个可能的联盟都会出现在至少一个联盟结构中。现在我们考虑最坏的情况，即 $sw(CS') = v(C^*)$。

比较 $sw(CS')$ 与 $sw(CS^*)$ 的值。由于 $sw(CS')$ 是任何联盟结构中最高可能值，且有 n 个智能体（在图 18-7 所示的情况下 $n = 4$），则 $sw(CS^*)$ 的最高可能值为 $nv(C^*) = n \cdot sw(CS')$。换句话说，在最坏的可能情况下，我们在图的前两层中找到的最优联盟结构的值将是最优联盟结构的值的 $1/n$，其中 n 是智能体的数量。因此，虽然搜索图的前两层不能保证给我们最优联盟结构，但它保证得到的联盟结构不会比最优结构的 $1/n$ 差。在实际情况中，其结果往往会比这好得多。

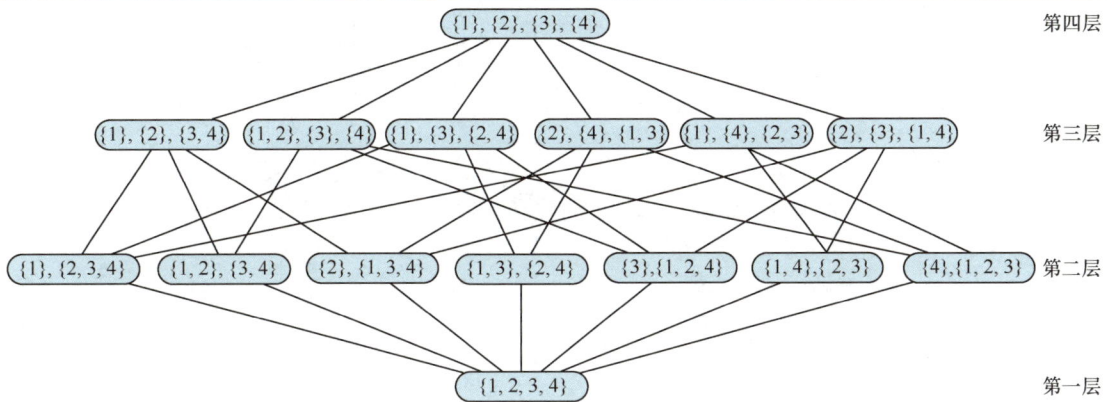

图 18-7 $N = \{1, 2, 3, 4\}$ 的联盟结构图。第一层的联盟结构包含单个联盟；第二层的联盟结构包含两个联盟，以此类推

18.4 做集体决策

现在我们将目光从智能体设计转向**机制设计**（mechanism design），即为一组智能体设计合适的博弈。形式上，一个**机制**（mechanism）包括以下要素。

（1）一门用于描述智能体允许的策略集合的语言。

（2）一个用于区分的智能体，称为**中心**（center），它从博弈中的智能体收集策略选择报告。（例如，拍卖师是拍卖的中心）

（3）一个所有智能体都知道的结果规则，在给定智能体的策略选择的情况下，中心根据它来确定每个智能体的收益。

本节将讨论一些最重要的机制。

18.4.1 在合同网中分配任务

合同网协议（contract net protocol）可能是人工智能中最古老也是最重要的多智能体问题的求解技术。它是一个用于任务共享的高级协议。顾名思义，合同网的灵感来自于公司之间使用合同的方式。

整个合同网协议分为 4 个主要阶段,如图 18-8 所示。该过程始于一个智能体,该智能体针对具体任务确定是否需要采取合作动作。对采取合作动作的需求可能源自几个方面,如智能体没有单独执行任务的能力,或者合作解决方案在某些方面可能会表现得更好(更快、更有效、更准确)。

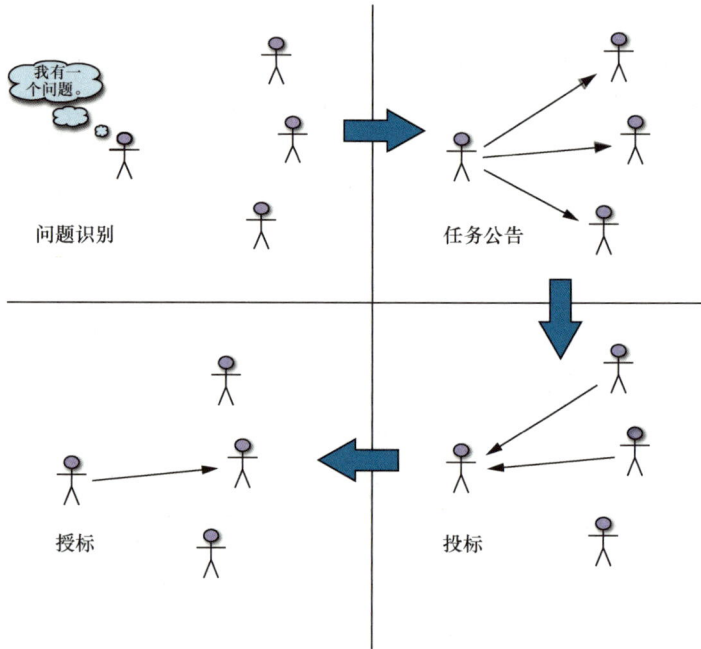

问题识别

任务公告

授标

投标

图 18-8 合同网任务分配协议

智能体通过一则**任务公告**(task announcement)消息将任务通知给合同网中的其他智能体,并在任务持续期间充当该任务的**管理器**(manager)。任务公告消息必须包含足够的信息,以便接收者判断它们是否愿意以及是否有足够能力承担任务。任务公告中包含的确切信息取决于应用领域。它可能是一些需要执行的代码;或者它可能是一个待实现目标的逻辑规范。任务公告还可能包括接收者可能需要的其他信息,如截止日期、服务质量需求等。

当智能体收到任务公告时,它必须根据自己的能力和偏好对该公告进行评估。特别是,每个智能体必须确定它是否有能力执行该任务,其次是该智能体是否愿意接受该公告。在此基础上,它可以提交对任务的**投标**(bid)。一个投标通常会表明投标人完成所发布任务的相关能力,以及执行该任务的所有条款和条件。

一般来说,一个管理器可能会收到关于一个任务公告的多个投标。根据投标中的信息,管理器将选择最合适的智能体(或多个智能体)来执行任务。投标成功的智能体将收到一条授标消息以得到通知,并成为任务的承包商,它需要对任务负责,直到任务完成。

实现合同网协议所需的主要计算任务可归纳为以下几个部分。

- 任务公告处理。在收到任务公告后,智能体决定它是否希望为所公告的任务投标。
- 投标处理。在收到多个投标后,管理器必须决定将任务授予哪个智能体,然后授予任务。
- 授标处理。成功的投标人(承包商)必须尝试执行任务,这可能意味着生成新的子任务,这些子任务将通过进一步的任务公告发布。

除（或许正因为）合同网具有的简单这一优点以外，它可能是实现最广泛、研究最透彻的合作问题求解框架。它可以自然地应用于许多场景，例如，它的一个变体允许你在每次用Uber叫车时制定一个合同网。

18.4.2 通过拍卖分配稀缺资源

多智能体系统中最重要的问题之一是稀缺资源的分配问题；我们也可以简称它为"资源分配"问题，因为实际上最有用的资源在某种意义上是稀缺的。**拍卖**（auction）是一种实现最重要资源分配的机制。在最简单的拍卖场景中，存在一个单一的资源和多个可能的**投标人**（bidder）。对每个投标人 i 而言，这个物品的效用值为 v_i。

在某些情况下，每个投标人对物品有一个**私有价值**（private value）。例如，一件俗气的毛衣可能对某个投标人很有吸引力，但对另一个投标人则毫无价值。

在其他情况下，例如拍卖石油区块的开采权，物品具有**共有价值**（common value），即该区块将产生一定数额的金钱 X，1美元对所有投标人来说是平等的，但 X 的实际价值是不确定的。不同的投标人拥有不同的信息，因此他们对物品真实价值的估计也不同。在这两种情况下，投标人最终都有他们自己的价值 v_i。给定 v_i，每个投标人都有机会在拍卖的适当时间投标 b_i。最高出价 b_{max} 中标，但所支付的金额不一定为 b_{max}；这是机制设计的一部分。

最著名的拍卖机制是**增价拍卖**（ascending-bid auction）或**英式拍卖**（English auction），[①]其中拍卖中心从要求最低（或保守）出价 b_{min} 开始拍卖。如果有投标人愿意支付这个金额，那么该中心就会进一步要价 $b_{min} + d$，增量为 d，并在此基础上继续抬价。当没有人愿意再出价时，拍卖结束；此时最后一个投标人赢得物品，他需支付所投标的价格。

我们怎么知道这是不是一个好的机制呢？我们可以将拍卖的目标定为最大化卖方的期望收入，或者定为最大化全局效用。这些目标在某种程度上是有一定重叠的，因为最大化全局效用一个方面也需要确保拍卖的获胜者是对物品估价最高的智能体（因此它愿意支付最高的价格）。如果一个拍卖将物品卖给了对它们估价最高的智能体，我们称这个拍卖是有效的。增价拍卖通常既有效又能使收入最大化，但是如果保守价定得太高，估价最高的投标人可能不会出价，如果保守价定得太低，卖方的收入可能会减少。

拍卖机制能够实现的最重要的事情可能就是鼓励足够数量的投标人进入博弈，并阻止他们参与**合谋**（collusion）。合谋是指两个或两个以上投标人为操纵价格而达成的不公平的或非法的协约。它可能是参与者在不破坏拍卖机制的前提下私下达成的协约，也可能是参与者心照不宣地达成的协约。例如，在1999年，德国以同时拍卖的方式拍卖了10个手机频段（10个频段同时一次出价），使用的规则是任何出价都必须比之前的出价至少提高10%。该拍卖中只有两个可信的投标人，第一个出价的是曼内斯曼（Mannesman）公司，该公司在1～5号频段出价2000万德国马克，在6～10号频段出价1818万德国马克。为什么是1818万？T-Mobile公司的一位经理解释说，他们"把曼内斯曼的首次出价理解为要约"。双方都可以计算出，在1818万上增加10%是1999万；因此，曼内斯曼的出价可以被解读为"我们每一方可以以2000万德国马克的价格获得一半的频段；我们不要哄抬价格，不要把事情搞糟了"。而实际上，T-Mobile在6～10号频段出价2000万德国马克，拍卖的投标也到此结束。

德国政府得到的收益比他们期望的少，因为两家竞争对手能够利用投标机制就如何不竞争达成协约。从政府的观点来看，通过对机制采取任何一种改变都可能获得更好的结果：更高的

---

① 单词"auction"来自于拉丁语 *augeo*，意为"增加"。

保守价格；首价密封投标拍卖，这样竞争对手就不能通过他们的出价进行交流；或者是引进第三个投标人的激励。也许 10% 规则的机制设计是一个错误，因为它促成了从曼内斯曼公司到 T-Mobile 公司的精确信号传递。

一般来说，拍卖中如果存在更多的投标人，卖方和全局效用函数都会受益，但如果你考虑到没有获胜机会的投标人所浪费的时间成本，则全局效用会受到影响。鼓励更多投标人参与拍卖的一种方法是让拍卖机制对他们来说更简洁。毕竟，如果投标人需要太多的研究或计算，他们可能会决定把钱花在其他地方。

因此，投标人最好有一个**占优策略**（dominant strategy）。回想一下，"占优"意味着该策略能与所有其他策略相抗衡，这反过来意味着智能体可以不考虑其他策略而采用它。一个具有占优策略的智能体可以直接出价，而不用浪费时间考虑其他智能体可能的策略。智能体具有占优策略的机制被称为**防策略**（strategy-proof）机制。如果策略涉及投标人暴露他们的真实价值 v_i（一般而言都是如此），那么它就被称为**真值暴露**（truth-revealing）或**真值**（truthful）拍卖；有时我们也会称其为**激励相容**（incentive compatible）。**显示原理**（revelation principle）认为，任何机制都可以转化为等价的真值暴露机制，因此，机制设计的一部分内容就是要找到这些等价的机制。

事实证明，增价拍卖拥有大多数我们想要的性质。此时拥有最高价值 v_i 的投标人以 $b_o + d$ 的价格获得物品，其中 b_o 是所有其他智能体中最高的出价，而 d 是拍卖方的增量[1]。投标人有一个简单的占优策略：只要当前价格低于你的 v_i，就继续出价。这种机制并不会完全暴露真值，因为中标者只暴露了他认为 $v_i \geqslant b_o + d$ 这一信息，我们可以得到 v_i 的下界，但不能得到一个确切的量。

增价拍卖的一个缺点（从卖方的角度来看）是它会阻碍竞争。假设在手机频谱的竞标中，有一家优势公司，每个人都认为它能够利用现有的客户和基础设施，从而获得比其他公司更大的利润。潜在的竞争者会发现，他们没有机会进行增价竞标，因为优势公司总是可以出价更高。因此，竞争者可能根本不参与拍卖竞争，而优势公司最终以底价获胜。

英式拍卖的另一个缺点是高昂的沟通成本。它要求拍卖要么在同一个房间里进行，要么所有的投标人都必须有高速、安全的通信线路；此外，无论是哪种情况，所有参与者都必须花费时间参与若干轮的出价。

另一种对沟通需求较少的机制是**密封投标拍卖**（sealed-bid auction）。在密封竞价拍卖中，每个投标人给出一个出价，并将出价告知拍卖师，同时不让其他投标人知道。在这种机制下，不存在简单的占优策略。如果你认为物品的价值是 v_i，并且你认为所有其他智能体的最高出价将是 b_o，那么你应该出价 $b_o + \varepsilon$（ε 是一个很小的量，且整体需要小于 v_i）。因此，你的出价取决于你对其他智能体的出价的估计，为了得到这个估计你需要做更多的工作。注意，在这个拍卖机制下具有最高价值 v_i 的智能体可能不会赢得拍卖。但是，这样的拍卖更具竞争性，减少了对优势投标者的偏见。

密封投标拍卖机制的一个略有不同的改版是**次价密封投标拍卖**（sealed-bid second-price auction），它也被称为**维克里拍卖**（Vickrey auction）[2]。在这种拍卖中，中标者支付第二高的价格，而不是他自己的出价。这种简单的修改完全消除了标准（或首价）密封投标拍卖所需的复杂考虑，因为这种拍卖下的占优策略是简单地出价 v_i；这一机制是真值暴露的。请注意，在

---

① 实际上，在 $b_o < v_i < b_o + d$ 的情况下，拥有最高价值 v_i 的智能体有小的机会没有拍得物品。减少增量 d 可以使出现这种情况的机会任意小。

② 以威廉 · 维克里（William Vickrey，1914—1996）的名字命名，他因这项研究获得了 1996 年的诺贝尔经济学奖，但却在得奖 3 天后死于心脏病发作。

给定出价 b_i、值 v_i 以及其他智能体中最高出价 b_o 下，智能体的 i 效用为

$$U_i = \begin{cases} (v_i - b_o), & \text{如果} b_i > b_o \\ 0, & \text{其他} \end{cases}$$

接下来我们将简要证明 $b_i = v_i$ 是一个占优策略。注意，当 $(v_i - b_o)$ 为正时，任何赢得拍卖的出价都是最优的，特别地，出价 v_i 赢得了拍卖。但是，当 $(v_i - b_o)$ 为负时，任何导致输掉拍卖的出价都是最优的，特别地，出价 v_i 输掉了拍卖。因此，对 b_o 的所有可能值而言，v_i 是最优的，实际上，v_i 是唯一具有这种性质的投标。由于其简单性和对卖方和投标人的最低计算要求，维克里拍卖被广泛应用于分布式人工智能系统。

互联网搜索引擎每年会进行几万亿次拍卖，以出售伴随搜索结果一起出现的广告，在线拍卖网站每年会处理价值 1000 亿美元的商品，所有这些拍卖都使用维克里拍卖的不同形式。注意，此时卖方的期望值是 b_o，这与英式拍卖在增量 d 趋向于 0 的极限期望回报相同。这实际上是一个非常普遍的结果：**收入等价定理**（revenue equivalence theorem）指出，在投标人的价值 v_i 只有他们自己知道（但他们知道用于采样这些价值的概率分布）的任何拍卖机制中，期望收入都相同。这一原则意味着各种机制并不是基于收入创造而进行竞争，而是基于其他指标。

尽管次价拍卖是真值暴露的，但以 $n + 1$ 个价格的拍卖来拍卖 n 个商品并不是真值暴露。许多互联网搜索引擎使用这种机制来拍卖页面上 n 个广告位。其中出价最高的人赢得第一位，第二高的人获得第二位，以此类推。每个获胜者都支付下一个较低的出价者的出价，但我们要知道，只有当搜索者实际点击广告时广告商才会付款。位于顶部的广告位被认为是更有价值的，因为它们更有可能受到关注并被点击。

假设有 3 个投标人 b_1、b_2 与 b_3，他们对一次点击的估值为 $v_1 = 200$、$v_2 = 180$、$v_3 = 100$，并且有 $n = 2$ 个广告位可用；我们已经知道，位于顶部的广告位有 5% 的机会会被点击，底部广告为有 2% 的机会被点击。如果所有投标人都如实投标，则 b_1 将赢得顶部广告位并为此支付 180，其期望回报为 $(200 - 180) \times 0.05 = 1$。第二个广告位将归于 b_2。但是 b_1 可以发现，如果她在 $101 \sim 179$ 的范围内任意出价，她将把顶部广告位让给 b_2，赢得第二个广告位，由此产生 $(200 - 100) \times 0.02 = 2$ 的期望回报。因此，在本例中，b_1 可以通过出价低于其真实价值而使其期望回报翻倍。

一般来说，在这种 $n + 1$ 价格拍卖中，投标人必须花费大量精力分析其他人的出价，以确定他们的最佳策略；即不存在简单的占优策略。

阿加沃尔等人（Aggarwal *et al.*, 2006）证明，这个多广告位问题存在一个唯一的真值拍卖机制，在这个机制中，广告位 j 的赢家为广告位 j 的额外点击支付价格，这些点击是在广告位 j 而不是在广告位 $j + 1$ 获得的。中标者为较低位置的额外点击支付价格。在我们的例子中，b_1 会如实出价 200，并为顶部广告位的额外 $0.05 - 0.02 = 0.03$ 点击支付 180；但他只需要支付底部广告位的费用 100，就可以获得剩下的 0.02 次点击。因此，b_1 的总收益将是 $(200 - 180) \times 0.03 + (200 - 100) \times 0.02 = 2.6$。

拍卖在人工智能中发挥作用的另一个例子是，一群智能体正在决定是否就一项联合规划进行合作。亨斯伯格和格罗斯（Hunsberger and Grosz, 2000）证明，这项任务可以通过拍卖有效地完成，其中智能体在拍卖中对联合规划中的角色进行竞标。

公共物

现在让我们来考虑另一种博弈——各国制定控制空气污染的政策。每个国家都有一个选

择：他们可以以成本 -10 来实现必要的改变以减少污染，或者他们可以保持污染水平，这将给他们一个 -5 的净效用（增加了医疗费用等），并连累其他国家得到 -1 的效用（因为空气是跨国家共享）。显然，每个国家的占优策略是保持污染水平，但如果有 100 个国家，每个国家都遵循这个政策，那么每个国家的总效用是 -104，而如果每个国家都减少污染，他们的效用是 -10。这种情况被称为公地悲剧（tragedy of the commons）：如果没有人为公共资源的使用付费，那么它可能会以一种导致更低的智能体总效用的方式被利用。这与囚徒困境类似：博弈中存在另一种对各方都更好的解，但在当前博弈中，理性智能体似乎没有办法得出那个解。

处理公地悲剧的一种方法是将机制改为向每个使用公地的智能体收费。更一般地说，我们需要确保所有的外部性（externality）——在个体智能体事务中没有被识别出来的对全局效用的影响——是明确的。

正确定价是这种方法的困难之处。在极限情形下，这种方法相当于创建一种机制，在这种机制下，每个智能体都被有效地要求最大化全局效用，但它们可以通过做出一个局部决策来实现。在这个例子中，碳排放税将是实现这种机制的一个例子，它对公共资源的使用收费，如果实施得好，它将使全局效用最大化。

一种被称为 Vickrey-Clarke-Groves 机制（简称 **VCG** 机制）的机制设计具有两个有利特点。首先，它能够将效用最大化，即最大化全局效用——所有各方的效用之和 $\sum v_i$。其次，这种机制是真值暴露的——所有智能体的占优策略会暴露其真实价值。他们没有必要进行复杂的战略投标计算。

我们将给出一个涉及公共物品分配问题的例子。假设一个城市打算安装一些免费的无线网络收发器。然而，可用的收发器的数量少于需要收发器的社区的数量。城市希望最大化全局效用，但如果它对每个社区委员会说"你会珍惜一个免费的无线收发器吗（顺便说一下，我们会把它们送给最珍惜它们的社区）？"那么每个社区都将有动机上报一个非常高的价值。VCG 机制不鼓励这种做法，而是鼓励他们报告自己的真实价值。它的工作原理如下。

（1）中心要求每个智能体报告其对一件物品的价值 v_i。

（2）中心向赢家集合 W 分配物品来最大化 $\sum_{\in W} v_i$。

（3）中心为每个获胜的智能体计算它们个人在博弈中的存在对输家造成的损失（每个智能体的效用为 0，但如果它们是赢家，可能会得到 v_j）。

（4）每个获胜的智能体向中心支付与这一损失相等的税。

例如，假设有 3 个可用的收发器和 5 个投标人，他们分别出价 100、50、40、20 和 10。因此，赢家的集合 W 包含出价 100、50 和 40 的 3 个人，分配这些商品的全局效用是 190。对每个赢家来说，如果他们没有参加博弈，20 的出价将是一个赢家。因此，每个赢家向中心支付 20 的税。

所有的赢家都应该感到高兴，因为他们所缴的税低于他们的价值；所有的失败者都应该尽可能地高兴，因为他们对商品的估价低于所需的税。这就是为什么这个机制是真值暴露的。在本例中，关键的数值是 20；如果你的真实价值低于 20，那么出价高于 20 就是不合理的，反之亦然。由于关键价值可以是任意的（取决于其他投标人），这意味着任何不等于你的真实价值的出价总是不合理的。

VCG 机制非常普遍，通过对上述的机制略做推广，我们可以将其应用于所有类型的博弈中，而不仅仅是拍卖。例如，在**组合拍卖**（combinatorial auction）中，有多个不同的物品，每个投标人可以提出多个出价，每个出价对应物品的一个子集。在对地块进行招标时，一个投标人可能想要 X 地块或 Y 地块中的一块，但不想两块都要，另一个投标人可能需要任意 3 个相邻的地块，等等。VCG 机制可以用来寻找最优结果，并且尽管它需要处理 N 个商品的 2^N 个子集，对最优结果的计算仍是 NP 完全的。注意，VCG 机制是唯一的：其他所有最优机制本质上与它等价。

18.4.3 投票

我们要看的下一类机制是投票程序，它常在民主社会中用作政治决策的程序。对投票程序的研究源于<u>社会选择理论</u>（social choice theory）领域。

投票程序的基本设定如下。与之前一样，我们有一个智能体集合 $N = \{1, \cdots, n\}$，在本节中他们指投票者。这些投票者想要对一个可能结果集合 $\Omega = \{\omega_1, \omega_2, \cdots\}$ 做出决定。在政治选举中，Ω 的每一个元素可以表示不同的候选人赢得选举。

每个投票者都在 Ω 上有所偏好。这些偏好通常不是用数值效用来表示的，而是用定性比较来表示：我们把一个比较写作 $\omega >_i \omega'$，它意味着智能体 i 把结果 ω 排在结果 ω' 之前。在有 3 位候选人的选举中，智能体 i 可能会认为 $\omega_2 >_i \omega_3 >_i \omega_1$。

社会选择理论的基本问题是将这些偏好结合起来，使用<u>社会福利函数</u>（social welfare function）得出一个**社会偏好顺序**（social preference order）：从最偏好到最不偏好的一个候选人的排序。在某些情况下，我们只对<u>社会结果</u>（social outcome）感兴趣——整个群体最偏好的结果。我们用 $\omega >^* \omega'$ 来表示 ω 在社会偏好顺序中排在 ω' 之上。

一个更简单的设定是，我们不关心能否获得候选人的整体顺序，而只是想选择一组获胜者。<u>社会选择函数</u>（social choice function）以每个投票者的偏好顺序为输入，输出一组获胜者。

民主社会希望得到一个反映投票者偏好的社会结果。遗憾的是，这并不总是那么简单。考虑<u>孔多塞悖论</u>（Condorcet's Paradox），它是由马奎斯·孔多塞（Marquis de Condorcet，1743—1794）提出的一个著名例子。假设有 3 个结果 $\Omega = \{\omega_a, \omega_b, \omega_c\}$，3 个投票者 $N = \{1, 2, 3\}$，他们的偏好如下：

$$
\begin{aligned}
\omega_a &>_1 \omega_b >_1 \omega_c \\
\omega_c &>_2 \omega_a >_2 \omega_b \\
\omega_b &>_3 \omega_c >_3 \omega_a
\end{aligned}
\tag{18-2}
$$

现在，假设我们必须根据这些偏好从 3 个候选人中选择一个。矛盾之处在于：

- 2/3 的投票者更偏好 ω_3 而不是 ω_1；
- 2/3 的投票者更偏好 ω_1 而不是 ω_2；
- 2/3 的投票者更偏好 ω_2 而不是 ω_3。

因此，对于每个可能的赢家，我们可以找到另一个候选人，他至少被 2/3 的投票者更偏好。这表明，在某些情况下，无论我们选择哪种结果，大多数投票者都偏好不同的结果。一个自然的问题是，是否存在真正反映投票者偏好的"好的"社会选择程序。为了回答这个问题，我们需要明确一个规则是"好的"的具体含义。我们将列出一些好的社会福利函数应满足的性质。

- **帕累托条件**：简单地说，如果每个投票者都把 ω_i 排在 ω_j 之上，则 $\omega_i >^* \omega_j$。
- **孔多塞赢家条件**：如果一个结果对大多数候选人来说偏好它超过所有其他结果，那么称其为孔多塞赢家。换句话说，孔多塞赢家是在两两选举中击败其他所有候选人的候选人。根据孔多塞赢家条件，如果 ω_i 是一个孔多塞赢家，则 ω_i 应排在第一位。
- **无关选项的独立性**（IIA）：假设存在若干候选人，其中包括 ω_i 和 ω_j，投票者的偏好是

$\omega_i \succ^* \omega_j$。假设有一个投票者改变了他的偏好，但并没有改变 ω_i 和 ω_j 的相对排序。则 IIA 条件认为 $\omega_i \succ^* \omega_j$ 也不会改变。

- 没有独裁：社会福利函数不应该简单地输出一个投票者的偏好而忽略所有其他投票者。

这 4 个条件似乎是合理的，但由肯尼斯·阿罗（Kenneth Arrow）提出的、被称为**阿罗定理**（Arrow's theorem）的社会选择理论基本定理告诉我们，不可能同时满足所有 4 个条件（对至少有 3 个结果的投票情况而言）。这意味着，对于我们可能关心的任何社会选择机制，都存在一些导致有争议结果的情况（可能是不寻常的或病态的）。然而，这并不意味着民主决策在大多数情况下是没有希望的。我们还没有介绍过任何实际的投票程序，所以现在我们将列举一些。

- 对于只有两名候选人的情况，**简单多数投票**（simple majority vote）（美国和英国采用的标准方法）是最受青睐的机制。我们询问每个投票者他们更喜欢哪一个候选人，得票最多的是获胜者。

- 有两种以上的结果时，**多数投票**（plurality voting）是一种常用的机制。我们让每个投票者选出他们的首选，然后选出得到最多选票的候选人（在票数相等的情况下可能不止一个），即使没有人得到大多数投票。虽然多数投票很常见，但它经常受到人们的批评，因为多数投票产生了不受人们欢迎的结果。它的关键问题在于只考虑在每个投票者的偏好中排名靠前的候选人。

- **博尔达计数**（Borda count）[以孔多塞同时代的竞争对手让－查尔斯·德博尔达（Jean-Charles de Borda）的姓氏命名] 是一种考虑了投票者偏好排序中所有信息的投票程序。假设我们有 k 个候选人。对每个投票者 i，我们取他们的偏好排序 $\succ_i$，给排名第一的候选人赋予得分 k，给排名第二的候选人赋予得分 $k-1$，以此类推，直到排名最后的候选人。每个候选人的总分就是他们的博尔达计数，为了获得社会结果 $\succ^*$，我们将结果按照他们的博尔达计数从高到低排序。这个系统的一个实际问题是，它要求投票者表达对所有候选人的偏好，而一些投票者可能只关心一部分候选人。

- 在**认可投票**（approval voting）中，投票者提交他们认可的候选人的一个子集。获胜者是那些被大多数投票者认可的人。当任务是选择多个获胜者时，这个机制经常被使用。

- 在**排序复选制**（instant runoff voting）中，投票者对所有候选人进行排名，如果一位候选人获得了多数第一选票，就宣布他为获胜者。否则，第一选择得票数最少的候选人将被淘汰。这个候选人被从所有的偏好排序中删除（所以那些曾经把被淘汰的候选人作为他们的第一选择的投票者现在有另一个候选人作为他们的新的第一选择），然后重复这个过程。最终，将有候选人获得多数第一选票（除非有平局）。

- 在**真多数原则投票**（true majority rule voting）中，赢家是在两两比较中击败其他候选人的候选人。投票者被要求对所有候选人进行完整的偏好排名。我们称 ω 战胜 ω'，如果有更多的投票者选择 $\omega \succ \omega'$ 而不是 $\omega' \succ \omega$。这个系统的优点是，大多数人总是认同赢家，但它的缺点是，不是每一次选举都可以被决定，例如，在孔多塞悖论中，没有候选人赢得多数。

策略性操纵

除了阿罗定理，社会选择理论领域的另一个重要的负面结果是 **Gibbard-Satterthwaite 定理**。这一结果源自于选民可以从歪曲自己的偏好中获益的情况。

回想一下，社会选择函数将每个选民的偏好顺序作为输入，并将获胜候选人的集合作为输出。当然，每个选民都有他们自己的真实偏好，但在社会选择函数的定义中并没有要求选民如实报告他们的偏好；他们可以任意地声明他们的偏好。

在某些情况下，选民歪曲自己的偏好是有意义的。例如，在多数投票中，认为自己最喜欢的候选人没有获胜机会的选民可能会投票给他们的第二选择。这意味着多数投票是一个博弈，在这个博弈中，选民必须从策略上（考虑其他选民）来最大化他们的期望效用。

这就引出了一个有趣的问题：我们能否设计出一种不受此类操纵影响的投票机制——一种真值暴露的机制？ Gibbard–Satterthwaite 定理告诉我们，这是不可能的：对于有两个结果或更多结果的域，任何满足帕累托条件的社会选择函数要么是可操纵的，要么是独裁的。也就是说，对于任何"合理的"社会选择程序，在某些情况下，选民原则上可以通过歪曲他们的偏好而受益。然而，它并没有告诉我们如何进行这种操纵；也没有告诉我们这种操纵在实践中是否可行。

18.4.4 议价

议价或谈判是日常生活中经常使用的另一种机制。自 20 世纪 50 年代起，它就在博弈论中被研究，最近已成为自动化智能体的一项任务。当智能体需要就共同利益达成协约时，议价问题就应运而生。智能体根据特定的协议彼此提出报价（也称为提议或协约），并接受或拒绝每个报价。

1. 以交替报价协议议价

一种有影响力的议价协议是**交替报价议价模型**（alternating offers bargaining model）。为了简化问题，我们将再次假设只有两个智能体。议价在一系列轮次中进行。A_1 从第 0 轮开始提出报价。如果 A_2 接受这个报价，那么这个报价就实现了。如果 A_2 拒绝了这个报价，那么谈判就进入下一轮。这一次 A_2 提出报价，A_1 选择接受或拒绝，以此类推。如果谈判永远不会终止（因为智能体拒绝了每一个报价），那么我们将结果定义为**冲突交易**（conflict deal）。一个方便的简化假设是，两个智能体都偏好在有限的时间内达成一个结果——任何一个结果都可以，而不是被困在无限浪费时间的冲突交易中。

我们将使用**分饼**（dividing a pie）的场景来进一步解释交替报价。在分饼场景中，存在一些价值为 1 的资源（饼），它可以被分为两部分，每个智能体获得其中一部分。在这种情况下，报价是一个 $(x, 1 - x)$ 对，其中 x 是 A_1 得到的数量，$1 - x$ 是 A_2 得到的数量。可能的报价空间，即**谈判集**（negotiation set）是

$$\{(x, 1 - x) : 0 \leqslant x \leqslant 1\}$$

那么，智能体在这种情况下应该如何谈判呢？为了理解这个问题的答案，我们首先来看几个简单的例子。

首先，假设我们只允许进行一轮谈判。此时 A_1 提出了一个提议；A_2 可以接受它（在这种情况下交易得以实现），也可以拒绝它（在这种情况下冲突交易得以实现）。这是一个**最后通牒博弈**（ultimatum game）。在这个例子中，**先行者**（first mover）A_1 拥有所有的权力。假设 A_1 提议得到所有的饼，也就是说，提议交易 $(1, 0)$。如果 A_2 拒绝，则冲突交易得以实现；但根据定义，A_2 更愿意得到 0 而不是冲突交易，所以 A_2 的更好的选择是接受提议。当然，A_1 不能得到比得到整个饼更好的结果。因此，A_1 提议得到整个饼，A_2 接受提议的这两种策略形成纳什均衡。

现在考虑我们允许两轮谈判的情况。现在权力转移了：A_2 可以简单地拒绝第一个报价，从

而将博弈变成一个一轮博弈，其中 A_2 是先行者，因此他将得到整个饼。一般来说，如果轮数是固定的，那么最后一个提议的人就会得到所有的饼。

现在我们来看一下一般情况——轮数没有上限。假设 A_1 采用以下策略：

> 始终提议 $(1, 0)$，始终拒绝任何还价。

A_2 的最佳反应是什么？如果 A_2 继续拒绝该提议，那么智能体将永远进行谈判，根据定义，这是 A_2（以及 A_1）所得到的最糟糕的结果。所以 A_2 只能接受 A_1 提出的第一个提议。这是一个纳什均衡。但是如果 A_1 采用以下策略：

> 始终提议 $(0.8, 0.2)$，始终拒绝任何还价。

通过类似的论证，我们可以看到，对于这个报价或任何谈判集中可能的交易 $(x, 1 - x)$，存在一个谈判策略的纳什均衡对，其结果是在第一个时段中两人就该交易达成一致。

2. 不耐心智能体

这个分析告诉我们，如果不限制轮数，那么议价问题将有无数个纳什均衡。所以我们加上这样一个假设：

> 对于任何结果 x 和时刻 t_1、t_2，其中 $t_1 < t_2$，两个智能体都更倾向于时刻 t_1 的结果 x，而不是时刻 t_2 的结果 x。

换句话说，智能体是**不耐心的**。量化不耐心的一个标准方法是为每个智能体赋予一个**折扣因子** γ_i（$0 \leqslant \gamma_i < 1$）。假设智能体在谈判的某个时间点 t 得到一片大小为 x 的饼。饼 x 在时刻 t 的价值为 $\gamma_i^t x$。因此在谈判的第一步（时刻 0），该值为 $\gamma_i^0 x = x$，随后在任何时间点上的相同报价的价值将会更少。γ_i 的值越大（接近 1）意味着智能体更有耐心，γ_i 值越小意味着智能体耐心越少。

为了分析一般情况，我们与上面一样首先考虑固定期限内的议价。一轮议价的情况与上面给出的分析相同：我们只进行了一个最后通牒博弈。在两轮议价中，情况会发生变化，因为饼的价值根据折扣因子 γ_i 减小。假设 A_2 拒绝了 A_1 的初始提议。那么 A_2 会在第二轮最后通牒中得到整个饼。但是整个饼的价值减少了：它对 A_2 只值 γ_2。智能体 A_1 可以考虑这个事实，报价 $(1 - \gamma_2, \gamma_2)$，A_2 最好接受这个报价，因为它在这个时间点不能做得比 γ_2 更好。（如果你担心会发生平局的情况，就可以考虑报价 $(1 - (\gamma_2 + \varepsilon), \gamma_2 + \varepsilon)$，其中 ε 是一个很小的值。）

因此，A_1 报价 $(1 - \gamma_2, \gamma_2)$ 和 A_2 接受这两种策略是纳什均衡。耐心的参与者（拥有更大 γ_2 的参与者）将能够在此协议下获得更大的饼：在此设定中，耐心确实是一种美德。

现在考虑一般情况，即回合数没有界限。与一轮情况一样，A_1 可以制定一个 A_2 应该接受的提议，因为它提供了 A_2 考虑折扣因子下最大可获得的价值。结果是 A_1 会得到

$$\frac{1 - \gamma_2}{1 - \gamma_1 \gamma_2}$$

A_2 得到剩余部分。

3. 任务导向域的谈判

在本小节中，我们将考虑**任务导向域**（task-oriented domain）的谈判。在这样的域中存在一组必须执行的任务，每个任务最初分配给一组智能体。智能体可以通过对哪个智能体执行哪些任务进行谈判而获益。例如，假设一些任务需要在车床上完成，而另一些任务是在铣床上完成的，并且任何使用机器的智能体都必须花费大量的布置成本。那么此时一个智能体对另一个

智能体说"我必须在铣床上工作;我来完成你所有的铣削任务,你来完成我所有的车床任务怎么样?"是有意义的。

与议价场景不同,我们从初始分配开始考虑,因此如果智能体未能就任何提议达成一致,它们将执行最初分配给它们的任务 T_i^0。

为了简单起见,我们再次假设只有两个智能体。设 T 为所有任务的集合,(T_1^0, T_2^0) 表示在时刻 0 初始分配给两个智能体的任务。T 中的每个任务必须分配给一个智能体。我们假设我们有一个代价函数 c,对于每一组任务 T',它给出一个正实数 $c(T')$,表示执行任务 T' 的任何智能体的代价。(假设代价只取决于任务,而与执行任务的智能体无关。)代价函数是单调的——增加更多的任务并不会降低代价——什么都不做的成本为 0,即 $c(\{\}) = 0$。例如,假设布置铣床的成本为 10,每个铣床任务成本为 1,那么 2 套铣床任务的成本为 12,5 套铣床任务的成本为 15。

形式 (T_1, T_2) 的报价意味着智能体 i 承诺以成本 $c(T_i)$ 执行一组任务 T_i。智能体 i 的效用是他们从接受这个报价中获得的收益——执行这组新任务的成本与最初分配的任务之间的差额:

$$U_i((T_1, T_2)) = c(T_i) - c(T_i^0)$$

如果对于两个智能体都有 $U_i((T_1, T_2)) \geqslant 0$,则报价 (T_1, T_2) 是**个体理性的**。如果一个交易不是个体理性的,那么至少有一个智能体可以通过简单地执行最初分配给它的任务而做得更好。

任务导向域(假设理性智能体)的谈判集是指既具有个体理性又具有帕累托最优的报价集。提出一个会被拒绝的个体非理性的报价是没有意义的,当有一个更好的报价能在不伤害其他人利益的情况下提高一个智能体的效用时,提出差一点报价也是没有意义的。

4. 单调让步协议

我们在此考虑的任务导向域的谈判协议称为**单调让步协议**(monotonic concession protocol)。该协议的规则如下。

- 谈判在一系列回合中进行。
- 在第一轮中,双方智能体同时从谈判集中提议一个交易 $D_i = (T_1, T_2)$。(这与我们之前看到的交替报价不同。)
- 如果两个智能体分别提议交易 D_1 和 D_2,$U_1(D_2) \geqslant U_1(D_1)$ 或 $U_2(D_1) \geqslant U_2(D_2)$,也就是说,如果一个智能体发现另一个智能体提议的交易至少一样好或者比自己的更好,那么协约达成。如果达成协约,则确定协约的规则如下:如果每个智能体的报价匹配或超过其他智能体的报价,则随机选择一个方案。如果只有一个提议超过或匹配其他的提议,那么这就是协约交易。
- 如果没有达成协约,谈判将继续进行另一轮同时提议。在第 $t + 1$ 轮中,每个智能体或者重复上一轮的提议,或者做出**让步**——一个被其他智能体更喜欢的提议(有更高的效用)。
- 如果没有一个智能体做出让步,那么谈判终止,两个智能体实现冲突交易,执行最初分配给它们的任务。

由于可能交易集合是有限的,智能体不能无限期地进行谈判:要么智能体达成协约,要么双方在某一回合都不让步。然而,该协议并不能保证很快达成协约:由于可能的交易数量是 $O(2^{|T|})$,可以想象的是,谈判将以分配任务数量的指数形式持续数轮。

5. Zeuthen策略

到目前为止,我们还没有提到在任务导向域使用单调让步协议时,谈判参与者可能或应该如何行动。一种可能的策略是 **Zeuthen 策略**。

Zeuthen 策略的思想是衡量一个智能体冒冲突风险的意愿。直觉上，如果当前提议和冲突交易之间的效用差异较小，智能体将更愿意冒冲突的风险。在这种情况下，如果谈判失败，执行冲突交易，智能体的损失是很少的，因此它更愿意冒冲突的风险，更不愿意让步。相反，如果智能体当前的提议和冲突交易之间的差异很大，那么智能体在冲突中会有更多的损失，因此不太愿意冒冲突的风险，而更愿意让步。智能体 i 对第 t 轮风险冲突的意愿 $risk_i^t$ 的度量如下：

$$risk_i^t = \frac{i 因让步和接受 j 的报价而损失的效用}{i 因不让步和产生冲突而损失的效用}$$

在达成协约之前，$risk_i^t$ 的值将在 0 到 1 之间。$risk_i^t$ 的值越高（接近 1），表明 i 在冲突中损失越小，因此更愿意冒冲突的风险。

Zeuthen 策略是，每个智能体的第一个提议应该是在谈判集中使其自身效用最大化的交易（可能不止一个）。然后，在第 t 轮谈判中让步的智能体应是风险值较小的一个，也就是当双方都不让步时在冲突中损失最大的智能体。

下一个要回答的问题是，智能体应该让步多少？Zeuthen 策略给出的答案是，"仅仅足以改变对其他智能体的风险平衡"。也就是说，一个智能体应该做出最小的让步，以使另一个智能体在下一轮中让步。

Zeuthen 策略还有最后一点可以改进。假设在某一个时间点上，两个智能体的风险相等。那么根据策略，双方都应该让步。但是在了解了这一点后，一个智能体可能会因为不让步而潜在地"背叛"策略，进而获益。为了避免双方在这一点上都让步的可能性，我们让智能体"抛硬币"来决定在风险相等的情况下谁应该让步，这是对该策略的一个小的改进。

在这种策略下，协约将是帕累托最优和个体理性的。然而，由于可能的交易空间在任务数量上是指数级的，遵循这种策略可能需要在每个谈判步骤的以 $O(2^{|T|})$ 的复杂性计算代价函数。最后，Zeuthen 策略（带有抛硬币规则）是处于纳什均衡状态。

小结

- 当环境中有其他智能体需要合作或竞争时，**多智能体规划**是必要的。我们可以制定联合规划，但如果两个智能体要就执行哪个联合规划达成一致，就必须以某种协调形式加以加强。

- **博弈论**描述的是在多个智能体相互作用的情况下，智能体的理性行为。博弈论之于多智能体决策，正如决策论之于单智能体决策。

- 博弈论中的**解概念**旨在描述博弈的理性结果——如果每个智能体都采取理性行为的情况下可能出现的结果。

- **非合作博弈论**假设智能体必须独立做出决策。**纳什均衡**是非合作博弈论中最重要的解概念。纳什均衡是一种智能体没有动机偏离其指定策略的策略组合。我们有处理重复博弈和序贯博弈的技巧。

- **合作博弈论**考虑的是智能体为了合作而达成具有约束力的协约以形成联盟的设置。合作博弈中的解概念试图阐明哪些联盟是稳定的（**核**），以及如何公平分配联盟获得的值（**沙普利值**）。

- 对于某些重要得多智能体决策类有专门的技术：任务共享的合同网，被用来有效地分配稀缺资源的拍卖，就共同利益进行议价以达成协约，以及聚集偏好的投票程序。

参考文献与历史注释

令人好奇的是，直到 20 世纪 80 年代，人工智能的研究人员才开始认真考虑与交互智能体相关的问题，而多智能体系统领域直到 10 年后才真正成为人工智能的一个独特的分支学科。然而，蕴含多智能体系统的想法早在 20 世纪 70 年代就出现了。例如，马文·明斯基（Minsky, 1986, 2007）在其极具影响力的《心智社会》（*Society of Mind*）理论中提出，人类的心理是由一系列智能体构成的。道格·莱纳特（Doug Lenat）在他的被称为 BEGINS（Lenat, 1975）的框架中有类似的想法。20 世纪 70 年代，卡尔·埃维特（Carl Hewitt）基于他在 PLANNER 系统上的博士论文，提出了一种作为交互智能体的计算模型，称为行动者模型（actor model），该模型已成为并发计算的基本模型之一（Hewitt, 1977; Agha, 1986）。

多智能体系统领域的早期历史在论文集 *Readings in Distributed Artificial Intelligence*（Bond and Gasser, 1988）中有详尽的记载。这一论文集以多智能体系统的主要研究挑战的详细阐述作为开头，在这一论文集编写 30 多年后的今天，这仍然具有显著的相关性。对多智能体系统的早期研究倾向于假设系统中所有的智能体都是由一个单一的设计者以共同利益行事。现在，这被认为是更一般的多智能体设置的一种特殊情况，这种特殊情况被称为合作分布式问题求解（cooperative distributed problem solving）。这一时期的一个关键系统是在马萨诸塞大学的维克托·莱塞（Victor Lesser）的监督下开发的分布式车辆监控测试平台（DVMT）（Lesser and Corkill, 1988）。DVMT 模拟了一个场景，在这个场景中，一组地理分布的声传感器智能体协同跟踪车辆的运动。

当代多智能体系统研究始于 20 世纪 80 年代末，当时人们广泛认识到具有不同偏好的智能体是人工智能的规范和社会的规范，从那时起，博弈论开始成为研究这类智能体的主要方法论。

尽管多智能体规划有很长一段历史，但近年来它的受欢迎程度激增。科诺里奇（Konolige, 1982）用一阶逻辑形式化了多智能体规划，而佩德纳尔特（Pednault, 1986）给出了 STRIPS 风格的描述。对执行联合规划至关重要的共同意图的概念来自关于沟通行为的研究（Cohen and Perrault, 1979; Cohen and Levesque, 1990; Cohen *et al.*, 1990）。布蒂利耶和布拉夫曼（Boutilier and Brafman, 2001）展示了如何使偏序规划适应多行动者设置。布拉夫曼和多姆什拉克（Brafman and Domshlak, 2008）设计了一种多行动者规划算法，该算法的复杂度仅随行动者的数量线性增长，前提是耦合程度（部分由行动者之间相互作用图的树宽度量）是有界的。

当有对抗的智能体时，多智能体规划是最困难的。正如让-保罗·萨特（Jean-Paul Sartre）（Sartre, 1960）所说："在足球比赛中，任何事情都因对方的出现而变得复杂。"德怀特·艾森豪威尔（Dwight D. Eisenhower）将军说："在准备战斗时，我总是发现计划是无用的但不可或缺的，"这意味着一个条件规划或策略是重要的，而不是期望一个无条件规划会成功。

分布式强化学习（RL）和多智能体强化学习在本章中没有涉及，但它是人们当前非常感兴趣的主题。在分布式 RL 中，目标是设计方法，通过这些方法，多个被协调的智能体学会优化一个公共效用函数。例如，我们能否设计出一种方法，使机器人导航和避障的子智能体能够协同实现一个全局最优的组合控制系统？在这个方向上已经取得了一些基本的结果（Guestrin *et al.*, 2002; Russell and Zimdars, 2003）。其基本思想是每个子智能体从自己的奖励流中学习自己的 Q 函数（一种效用函数，见 22.3.3 节）。例如，机器人导航组件可以因朝着目标前进而获得奖励，而避障组件则会因每次碰撞而获得负面奖励。每个全局决策都最大化 Q 函数的和，整个过程收敛到全局最优解。

博弈论的起源可以追溯到 17 世纪克里斯蒂安·惠更斯（Christiaan Huygens）与戈特弗里德·莱布尼兹（Gottfried Leibniz）提出的以科学和数学方法研究人类竞争与合作互动的建议。在整个 19 世纪，一些著名的经济学家创造了简单的数学例子来分析竞争形势的具体例子。

博弈论的第一个正式结果是策梅洛（Zermelo, 1913）提出的（他在前一年提出了一种博弈论的极小化极大搜索形式，尽管是错误的）。埃米尔·博雷尔（Emile Borel）（Borel, 1921）引入了混合策略的概念。约翰·冯·诺依曼（von Neumann, 1928）证明了每一个二人零和博弈在混合策略下都有一个极大化极小均衡和一个良定义的值。冯·诺依曼与经济学家奥斯卡·摩根斯特恩的合作促成了 1944 年《博弈论与经济行为》的出版，这本书是博弈论的基础。由于战时纸张短缺，这本书的出版被推迟，直到洛克菲勒家族的一名成员亲自资助它的出版。

1950 年，21 岁的约翰·纳什发表了关于一般（非零和）博弈中均衡的观点。虽然他对均衡解的定义早在（Cournot, 1838）中就有所预期，但后来仍被称为纳什均衡。自 1959 年以来，纳什饱受精神分裂症的折磨，工作和研究被搁置了很长时间。1994 年，他与赖因哈德·泽尔腾（Reinhart Selten）和约翰·豪尔绍尼（John Harsanyi）一起获得了诺贝尔经济学奖。贝叶斯 – 纳什均衡由豪尔绍尼（Harsanyi, 1967）描述，卡登和拉基（Kadane and Larkey, 1982）对其进行了讨论。比摩尔（Binmore, 1982）介绍了在智能体控制中应用博弈论的一些问题。奥曼和布兰登布格尔（Aumann and Brandenburger, 1995）展示了如何根据每个参与者所拥有的知识达到不同的均衡。

囚徒困境是艾伯特·W·塔克（Albert W. Tucker）在 1950 年基于梅里尔·弗勒德（Merrill Flood）和梅尔文·德雷舍（Melvin Dresher）的例子发明的一个课堂练习，阿克塞尔罗德（Axelrod, 1985）和庞德斯通（Poundstone, 1993）对此进行了广泛的介绍。重复博弈是由卢斯和雷法（Luce and Raiffa, 1957）引入的，而阿布雷乌和鲁宾斯坦（Abreu and Rubinstein, 1988）从技术上讨论了有限状态机在重复博弈中的使用，即**摩尔机**（Moore machine）。梅拉思和塞缪尔森的文章（Mailath and Samuelson, 2006）集中关注重复博弈。

库恩（Kuhn, 1953）引入了扩展形式的部分信息博弈。部分信息博弈的序贯形式是由罗曼诺夫斯基（Romanovskii, 1962）和科勒等人（Koller et al., 1996）发明的，科勒和普费弗的论文（Koller and Pfeffer, 1997）提供了一个可读性强的领域介绍，并描述了一个表示及解决序贯决策的系统。

比林斯等人（Billings et al., 2003）引入了使用抽象来将博弈树缩减到可以用科勒的技术解决的规模。随后，寻求平衡的改进方法允许 10^{12} 个状态的抽象的解（Gilpin et al., 2008; Zinkevich et al., 2008）。鲍林等人（Bowling et al., 2008）展示了如何使用重要性采样来获得策略值的更好估计。沃等人（Waugh et al., 2009）发现，抽象方法很容易在逼近平衡解时犯系统错误：它适用于某些博弈，但不适用于另外一些博弈。布朗和桑德霍尔姆（Brown and Sandholm, 2019）表明，至少在多人德州扑克的情况下，这些弱点可以通过足够的计算能力来克服。他们使用一个 64 核服务器运行了 8 天来计算他们的 Pluribus 程序的基线策略。凭借这一策略，他们能够打败人类冠军对手。

博弈论和 MDP 是在马尔可夫博弈中被结合在一起的，也称为随机博弈（Littman, 1994; Hu and Wellman, 1998）。沙普利（Shaply, 1953b）实际上描述的价值迭代算法独立于贝尔曼，但他的结果并没有得到广泛的认可，可能是因为它们是在马尔可夫博弈的背景下提出的。进化博弈论（Smith, 1982; Weibull, 1995）研究了随着时间推移的策略漂移：如果你的对手的策略在变化，你应该如何应对?

从经济学角度来看,关于博弈论的教科书包括(Myerson, 1991)、(Fudenberg and Tirole, 1991)、(Osborne, 2004)和(Osborne and Rubinstein, 1994)。从人工智能的角度来看,博弈论的教科书包括(Nisan *et al.*, 2007)和(Leyton-Brown and Shoham, 2008)。多智能体决策的有用的综述参见(Sandholm, 1999)。

多智能体强化学习与分布式强化学习的区别在于智能体的存在,这些智能体不能协调它们的动作(除了显式的通信行为),也可能不共享相同的效用函数。因此,多智能体 RL 处理序贯博弈论问题或**马尔可夫博弈**(Markov game),如第 17 章所定义。造成问题的是,当智能体在学习击败对手的策略时,对手也在改变策略以击败智能体。因此,环境是**非平稳的**(nonstationary)(见 13.4 节)。

利特曼(Littman, 1994)在介绍零和马尔可夫博弈的第一个 RL 算法时注意到了这个困难。胡和韦尔曼(Hu and Wellman, 2003)提出了一般和博弈的 Q- 学习算法,该算法在纳什均衡唯一时收敛;当存在多个均衡时,收敛的概念就不那么容易定义了(Shoham *et al.*, 2004)。

辅助博弈是哈德菲尔德–梅内尔等人(Hadfield-Menell *et al.*, 2017a)在**合作逆强化学习**(cooperative inverse reinforcement learning)的主题下引入的。马利克等人(Malik *et al.*, 2018)引入了专门为辅助博弈设计的高效 POMDP 求解器。它们与经济学中的**委托–智能体博弈**(principal-agent game)有关,在这种博弈中,委托人(如雇主)和智能体(如雇员)需要找到一个互惠的安排,尽管他们的偏好大相径庭。辅助博弈和上述经济学中博弈主要的区别是(1)机器人没有自己的偏好,(2)机器人对它们需要优化的人类偏好不确定。

冯·诺依曼和摩根斯特恩(von Neumann and Morgenstern, 1944)首先研究了合作博弈。核的概念是由唐纳德·吉利斯(Donald Gillies)(Gillies, 1959)提出的,沙普利值是由劳埃德·沙普利(Lloyd Shapley)(Shapley, 1953a)提出的。皮莱格和祖德霍尔特(Peleg and Sudholter, 2002)对合作博弈中的数学做了很好的介绍。泰勒和兹维克(Taylor and Zwicker, 1999)详细讨论了一般的简单博弈。关于合作博弈论的计算方面的介绍,参见(Chalkiadakis *et al.*, 2011)。

从邓小铁和帕帕季米特里乌(Deng and Papadimitriou, 1994)的工作开始,在过去的 30 年里,已经发展了许多合作博弈的紧凑表示方案。这些方案中最有影响力的是由艾昂和肖厄姆(Ieong and Shoham, 2005)提出的边际贡献网络模型。我们所描述的联盟形成方法是由桑德霍尔姆等人(Sandholm *et al.*, 1999)提出的,拉万等人(Rahwan *et al.*, 2015)调研了技术现状。

合同网络协议是 20 世纪 70 年代末里德·史密斯(Reid Smith)在斯坦福大学进行博士研究时引入的(Smith, 1980)。这项协议似乎是如此自然,以至于到现在还经常被重新发现。桑德霍尔姆(Sandholm, 1993)研究了该协议的经济基础。

拍卖和机制设计几十年来一直是计算机科学和人工智能的主流主题:主流计算机科学视角见(Nisan, 2007),拍卖理论的介绍见(Krishna, 2002),关于拍卖计算的文章合集见(Cramton *et al.*, 2006)。

2007 年诺贝尔经济学奖授予赫维茨(Hurwicz)、马斯金(Maskin)与迈尔森(Myerson),"以表彰他们奠定了机制设计理论的基础(Hurwicz, 1973)"。公地悲剧是该领域的一个激励问题,被威廉·劳埃德(William Lloyd)(Lloyd, 1833)所分析,但被加勒特·哈丁(Garrett Hardin)(Hardin, 1968)提出并引起了公众的注意。罗纳德·科斯(Ronald Coase)提出了一个定理,如果资源属于私人所有,并且交易成本足够低,那么资源将被有效管理(Coase, 1960)。他指出,在实践中,交易成本很高,因此这个定理并不适用,我们应该寻求私有化和市场以外的其他解决方案。埃莉诺·奥斯特罗姆(Elinor Ostrom)的《公共事物的治理之道》(*Governing the Commons*）（Ostrom, 1990）描述了基于将资源的管理权交到最了解情况的当地人手中的解决方案。科斯和奥斯特罗姆都因他们的出色工作获得了诺贝尔经济学奖。

揭示原理是由迈尔森（Myerson, 1986）提出的，收益等价定理是由迈尔森（Myerson, 1981）以及赖利和塞缪尔森（Riley and Samuelson, 1981）独立提出的。两位经济学家米尔格龙（Milgrom, 1997）和克伦佩雷尔（Klemperer, 2002）描述了他们参与的价值数十亿美元的频谱拍卖的内容。

机制设计被用于多智能体规划（Hunsberger and Grosz, 2000; Stone *et al.*, 2009）和调度（Rassenti *et al.*, 1982）。瓦里安（Varian, 1995）结合计算机科学文献给出了一个简短的概述，罗森舍因和兹洛特金（Rosenschein and Zlotkin, 1994）介绍了分布式人工智能的应用。关于分布式人工智能的相关工作有几个名称，包括集体智能（Tumer and Wolpert, 2000; Segaran, 2007）和基于市场的控制（Clearwater, 1996）。自 2001 年以来，每年都有一场贸易智能体竞赛（Trading Agents Competition，TAC），智能体试图在一系列拍卖中获得最佳利润（Wellman *et al.*, 2001; Arunachalam and Sadeh, 2005）。

关于社会选择的文献数量庞大，跨越了从对民主本质的哲学思考到对具体投票程序的高度技术分析的鸿沟。坎贝尔和凯利（Campbell and Kelly, 2002）为这类文献提供了一个很好的起点。*Handbook of Computational Social Choice* 提供了一系列调查该领域研究主题和方法的文章（Brandt *et al.*, 2016）。阿罗定理列出了一个投票系统的期望性质，并证明了不可能实现所有的这些性质（Arrow, 1951）。达斯古普塔和马斯金（Dasgupta and Maskin, 2008）证明，多数决定原则（不是简单多数原则，也不是排名选择投票）是最健壮的投票系统。巴托尔迪等人（Bartholdi *et al.*, 1989）首先研究了操纵选举的计算复杂性。

在多智能体规划中，我们只略谈了谈判方面的工作。德菲和莱塞（Durfee and Lesser, 1989）讨论了如何通过谈判在智能体之间分配任务。克劳斯等人（Kraus *et al.*, 1991）描述了一个玩 Diplomacy 桌面游戏的系统，这个游戏需要谈判、组建联盟和不诚实博弈。斯通（Stone, 2000）展示了在机器人足球的竞争、动态、部分可观测的环境中，智能体如何作为队友进行合作。

在之后的一篇文章（Stone, 2003）中，斯通分析了两个竞争性的多智能体环境 RoboCup（机器人足球比赛）和 TAC（基于拍卖的贸易智能体竞赛），发现由于当前理论基础良好的方法的计算困难导致了许多多智能体系统采用特殊方法设计。沙立·克劳斯（Sarit Kraus）已经开发了一些智能体，可以与人类和其他智能体谈判，见他的调研（Kraus, 2001）。自动谈判的单调让步协议是由杰弗里·罗森舍因（Jeffrey S. Rosenschein）和他的学生提出的（Rosenschein and Zlotkin, 1994）。交替报价协议是由鲁宾斯坦（Rubinstein, 1982）提出的。

关于多智能体系统的书籍包括（Weiss, 2000a）、（Young, 2004）、（Vlassis, 2008）、（Shoham and Leyton-Brown, 2009）和（Wooldridge, 2009）。多智能体系统的主要会议是 AAMAS，还有一本同名的期刊。ACM 电子商务会议（ACM Conference on Electronic Commerce，EC）也发表了许多相关论文，特别是在拍卖算法领域。博弈论的主要期刊是 *Games and Economic Behavior*。

第五部分

机器学习

第 **19** 章

样例学习

> 我们用样例学习来描述智能体通过不断学习自己以往的经验从而改善自己的行为，并对未来进行预测的过程。

如果一个智能体通过对世界进行观测来提高它的性能，我们称其为智能体**学习**（learning）。学习可以是简单的，例如记录一个购物清单，也可以是复杂的，例如爱因斯坦推断关于宇宙的新理论。当智能体是一台计算机时，我们称之为**机器学习**（machine learning）：一台计算机观测到一些数据，基于这些数据构建一个**模型**（model），并将这个模型作为关于世界的一个**假设**（hypothesis）以及用于求解问题的软件的一部分。

为什么我们希望一台机器进行学习？为什么不通过合适的方式编程然后让它运行呢？这里有两个主要的原因。其一，程序的设计者无法预见未来所有可能发生的情形。举例来说，一个被设计用来导航迷宫的机器人必须掌握每一个它可能遇到的新迷宫的布局；一个用于预测股市价格的程序必须能适应各种股票涨跌的情形。其二，有时候设计者并不知道如何设计一个程序来求解目标问题。大多数人都能辨认自己家人的面孔，但是他们实现这一点利用的是潜意识，所以即使能力再强的程序员也不知道如何编写计算机程序来完成这项任务，除非他使用机器学习算法。

在本章中，我们将讨论多种模型类，包括决策树（19.3 节）、线性模型（19.6 节）、非参数模型（如最近邻模型）（19.7 节）、集成模型（如随机森林）（19.8 节），提供关于建立机器学习系统的实用方法（19.9 节），并讨论机器学习的理论（19.1 节至 19.5 节）。

19.1 学习的形式

一个智能体程序的各个组件都可以通过机器学习进行改进。改进及用于改进的技巧取决于下面几个因素：
- 哪些组件可以被改进；
- 智能体有哪些先验知识，这将影响模型构建；
- 有哪些数据，以及关于这些数据的反馈。

第 2 章中描述了一些智能体的设计。这些智能体的**组件**包括：
（1）从当前状态条件到动作的直接映射；
（2）用于从感知序列推断世界相关性质的方法；
（3）关于世界演化方式的信息，以及关于智能体可以采取的可能动作所导致的结果的信息；
（4）表示状态意向的效用信息；
（5）表示动作意向的动作-价值信息；
（6）最希望达到的状态，即目标；

（7）问题生成器、评判标准和使系统得以改进的学习元素。

这些组件中的任何一个都可以被学习到。我们设想一个可以通过观测人类司机行为来学习自动驾驶的汽车智能体。每次司机刹车时，这个智能体可以学习到一个关于什么时候该踩刹车的条件-动作规则（组件 1）。通过观察大量包含公共汽车的照相机图像，它可以学习到如何辨认公共汽车（组件 2）。通过尝试不同动作以及观测相应的结果（例如在潮湿的道路上艰难地刹车），它可以学习到动作相应的结果（组件 3）。接着，如果它收到在旅途中被剧烈颠簸吓坏了的乘客们的抱怨，它可以学习到关于其总体效用函数的一个有效组件（组件 4）。

机器学习技术已经成为软件工程的标准组成部分。无论何时你想搭建一个软件系统，即使你不认为它是一个人工智能主体，这个系统的组件也可以用机器学习的方式加以改进。例如，一个用于分析星系在引力透镜下的图像的软件可以通过机器学习的模型加速一千万倍（Hezaveh *et al.*, 2017）；通过采用另一种机器学习的模型可以将数据中心冷却的能耗降低 40%（Gao, 2014）。图灵奖得主大卫·帕特森（David Patterson）和谷歌 AI 的掌门人杰夫·迪安（Jeff Dean）宣称，计算机体系结构的"黄金时代"的到来正归功于机器学习（Dean *et al.*, 2018）。

我们已经见过了一些关于智能体组件的模型示例：原子模型、因子化模型，以及基于逻辑的关系模型或基于概率的关系模型等。人们针对所有这些模型设计了广泛的学习算法。

本章中我们假设不存在关于这个智能体的先验知识（prior knowledge）：它从零开始，从数据中学习。在 21.7.2 节中，我们将考虑迁移学习（transfer learning），在这种情形下，一个领域的知识被迁移到一个新的领域，以更少的数据使学习过程进行得更快。我们当然还要假设系统的设计者选取了合适的模型框架，从而让学习过程变得更加有效。

从一组特定的观测结果得出一个普遍的规则，我们称之为归纳（induction）。例如，我们观察到，过去的每一天太阳都会升起，因此我们推断太阳明天也会升起。这与我们在第 7 章中研究的演绎（deduction）不同，因为归纳的结论可能是不正确的，然而在演绎中，只要前提是正确的，演绎的结论就保证是正确的。

本章将集中讨论输入为因子化表示（factored representation）——属性值组成的向量——的问题。输入也可以是任意类型的数据结构，包括原子表示的数据和关系数据等。

当输出是一个有限集合中的某个值时（如晴天/阴天/雨天或者正确/错误），我们称该学习问题为分类（classification）。当输出是一个数值时（例如明天的温度，无论它是一个整数还是其他实数），我们称该学习问题为回归（regression）（这个词有些晦涩难懂①）。

伴随输入有 3 种类型的反馈（feedback），它们决定了 3 种类型的学习。

- 在监督学习（supervised learning）中，智能体观测到输入-输出对，并学习从输入到输出的一个函数映射。举个例子来说，输入是照相机的图像，伴随输入的输出就是"公共汽车"或者"行人"等。诸如此类的输出，我们称之为标签（label）。在智能体学习到一个函数之后，如果给它一个新的图像输入，它将预测一个合适的标签。对于踩刹车这一动作的学习（上述的组件 1），其输入是当前的状态（车的速度和行驶方向、道路条件），输出是开始刹车到停车所需要行驶的距离。在这种情形下，智能体可以直接从自己的感知中获得输出值（在动作结束之后）；环境就是老师，智能体学习的是从当前状态到刹车距离的一个函数。

---

① 一个更好的名称是函数逼近或者数值预测。但在 1886 年，法国人弗朗西斯·高尔顿（Francis Galton）写了一篇关于这一概念的富有影响力的文章 *regression to the mean*（例如，高个子父母的孩子很可能身高高于平均值，但没有父母那么高）。高尔顿用他所称的"回归线"给出了一些图示，之后读者逐渐把"回归"一词与函数逼近这一统计技术联系起来，而不是与回归于均值的主题联系起来。

- 在无监督学习（unsupervised learning）中，智能体从没有任何显式反馈的输入中学习模式。最常见的无监督学习任务是聚类（clustering）：通过输入样例来检测潜在的有价值的聚类簇。例如，我们从互联网上可以获取数百万个图像，一个计算机视觉系统可以识别一大类相似的、被人类称为"猫"的图像。
- 在强化学习（reinforcement learning）中，智能体从一系列的强化——奖励与惩罚——中进行学习。举例来说，在一局国际象棋比赛结束时，智能体会被告知它赢了（奖励）还是输了（惩罚）。智能体判断之前采取的哪个动作该为这一结果负责，并且改变它的动作以在未来得到更多的奖励。

19.2   监督学习

更正式地说，监督学习的任务如下。

给定一个训练集（training set）含有 N 个"输入–输出"对样例：

$$(x_1, y_1), (x_2, y_2), \cdots, (x_N, y_N)$$

其中每一对数据都由一个未知的函数 $y = f(x)$ 生成，
寻找一个函数 h 来近似真实的函数 f。

函数 h 被称为关于世界的假设（hypothesis）。它取自一个假设空间（hypothesis space）$\mathcal{H}$，其中包含所有可能的函数。例如，这个假设空间可能是最高次数为 3 的多项式集合、JavaScript 函数的集合，也可能是所有 3-SAT 布尔逻辑公式的集合。

同样地，我们可以称 h 是关于数据的模型，它取自模型类（model class）$\mathcal{H}$，也可以说它取自函数类（function class）中的一个函数（function）。我们称输出 y_i 为真实数据（ground truth）——我们希望模型能预测的正确答案。

那么，如何选择一个假设空间呢？我们可能有一些关于数据生成过程的先验知识。如果没有的话，可以采用探索性数据分析（exploratory data analysis）：通过统计检验和可视化方法——直方图、散点图、箱形图——来探索数据以获得对数据的一些理解，以及洞察哪些假设空间可能是合适的。或者我们可以直接尝试多种不同的假设空间，然后评估哪个假设空间的效果最好。

有了假设空间后，如何从中选择一个好的假设呢？我们希望寻找一个一致性假设（consistent hypothesis）：假设 h，对训练集中的任意一个 x_i，都有 $h(x_i) = y_i$。如果输出是连续值，我们不能期望模型输出与真实数据精确匹配；相反，我们可以寄希望于寻找一个最佳拟合函数（best-fit function），使得每一个 $h(x_i)$ 与 y_i 非常接近（我们将在 19.4.2 节中给出正式表述）。

衡量一个假设的标准不是看它在训练集上的表现，而是取决于它如何处理尚未观测到的输入。我们可以使用一个测试集（test set）——第二组样本数据对 (x_i, y_i)——来评估假设。如果 h 准确地预测了测试集的输出，我们称 h 具有很好的泛化（generalize）能力。

图 19-1 展示了一个学习算法所得到的函数 h 依赖于假设所考虑的假设空间 $\mathcal{H}$ 和给定的训练集。第一行的 4 幅图使用同一个训练集，训练集中包含 13 个 (x, y) 平面上的数据点。第二行的 4 幅图使用第二组由 13 个数据点组成的训练集；两个训练集都代表了某个未知的函数 $f(x)$。每一列展示了不同假设空间中的最佳拟合假设 h。

- 列 1：直线；形如 $h(x) = w_1 x + w_0$ 的函数。对于这些数据点，不存在一致性假设的直线。

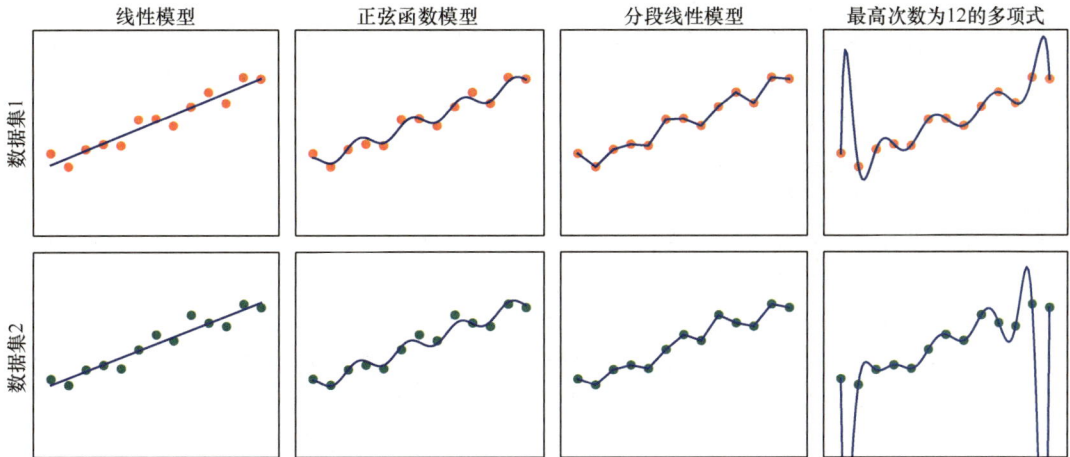

图 19-1 寻找拟合数据的假设。第一行：在数据集 1 上训练的来自 4 个不同假设空间的最佳拟合函数的 4 个图像。第二行：同样的 4 个函数，但是在稍有不同的数据集上进行训练得到的结果（数据集采样自相同的函数 $f(x)$）

- **列 2**：形如 $h(x) = w_1 x + \sin(w_0 x)$ 的正弦函数。这个假设并不是完全一致的，但是将两个数据集都拟合得非常好。

- **列 3**：分段线性函数，其中每一条线段从一个数据点连接到下一个数据点。这类函数永远是一致的。

- **列 4**：形如 $h(x) = \sum\limits_{i=0}^{12} w_i x^i$ 的 12 次多项式。这类函数是一致的：我们总是能找到一个 12 次多项式来准确地拟合 13 个不同点。但是假设是一致的并不意味着这是一个好的预测。

分析假设空间的一个方法是分析它们带来的偏差（不考虑训练集）和它们产生的方差（从一个训练集到另一个训练集）。

我们所说的**偏差**（bias）是指（不严格地）在不同的训练集上，假设所预测的值偏离期望值的平均趋势。偏差常常是由假设空间所施加的约束造成的。例如，当假设空间是线性函数时会导致较大的偏差：它只允许函数图像是一条直线。如果数据中除了直线的整体斜率以外还存在别的模式，线性函数将无法表示其他的模式。当一个假设不能找到数据中的模式时，我们称它是**欠拟合**（underfitting）的。但是，分段线性函数具有较小的偏差，其函数的形状是由数据决定的。

我们所说的**方差**（variance）是指由训练数据波动而导致假设的变化量。图 19-1 的两行所使用的数据集采样于同一个函数 $f(x)$。两个数据集略有不同。对前三列函数来说，数据集的略微不同导致的假设差别比较小，我们称之为低方差的。但是第 4 列中的 12 次多项式函数则具有较大方差：可以看到它们在 x 轴两端的表现差别很大。显然，这两个多项式中至少有一个多项式对正确的函数 $f(x)$ 的拟合效果较差。当一个函数过于关注它用来训练的特定训练数据集，进而导致它在没有见过的数据上表现较差时，我们称该函数对数据集是**过拟合**（overfitting）的。

通常这其中存在一个**偏差-方差权衡**（bias-variance tradeoff）：在更复杂、低偏差的能较好拟合训练集的假设与更简单、低方差的可能泛化得更好的假设中做出选择。阿尔伯特·爱因斯坦（Albert Einstein）曾于 1933 年说过，"任何理论的终极目标都是尽可能让不可削减的基本元素变得更加简单且更少，但也不能放弃对任何一个单一经验数据的充分阐释"。换句话说，爱因斯坦建议选择与数据相符的最简单的假设。这个原则可以追溯到 14 世纪的英国哲学家奥卡姆的威廉（William of Ockham[①]），他的原则"如无必要，勿增实体"被称为**奥卡姆剃刀原则**（Ockham's razor），因为它被用来"剔除"含糊的解释。

定义简单性并不容易。显然，只有两个参数的多项式比有 13 个参数的多项式简单。在 19.3.4 节中，我们将更加精确具体地表述这种直觉。然而，在第 21 章中，我们将会看到，深度神经网络模型往往可以泛化得非常好，尽管它们非常复杂——其中有些网络的参数达到数十亿个。所以，仅通过参数个数本身来衡量模型的适合程度并不是一个好方法。因此我们或许应该将目标定为选择"合适"而不是"简单"的模型类。我们将在 19.4.1 节中考虑这个问题。

在图 19-1 中，我们并不确定哪个假设是最佳的。如果我们知道数据所表示的内容，例如，一个网站的点击量每天都在增长，并且会根据一天的时间周期性变化，那么我们可能会更倾向于选择正弦函数。如果我们知道数据不是周期性的并且存在较大的噪声，那么我们可能倾向于选择线性函数。

在某些情形下，相比于仅仅判断一个假设是可能还是不可能的，分析者更愿意给出一个假设可能发生的概率。监督学习可以通过选择假设 h^*（在数据集上 h^* 发生概率最大）来实现：

$$h^* = \operatorname*{argmax}_{h \in \mathcal{H}} \ P(h \,|\, data)$$

根据贝叶斯法则，上式等价于：

$$h^* = \operatorname*{argmax}_{h \in \mathcal{H}} P(data \,|\, h)P(h)$$

于是我们可以认为，光滑的一次或二次多项式的先验概率 $P(h)$ 是较高的，而有较大波动的 12 次多项式的先验概率是较低的。当数据表示我们确实需要使用一些不寻常的函数进行拟合时，我们也可以使用这些不寻常的函数，但我们通过赋予它们一个较低的先验概率来尽可能避免这种情况。

为什么我们不将 $\mathcal{H}$ 取为所有计算机程序或所有图灵机构成的类呢？这里存在一个问题，在假设空间的表达能力与在该假设空间中寻找一个合适的假设所需的计算复杂性之间存在一种权衡。举例来说，根据数据拟合一条直线是易于计算的；然而拟合一个高次的多项式则较为困难；拟合一个图灵机则是不可判定的。我们倾向于选择简单假设空间的第二个原因是，我们可能会在学习完 h 后使用它，当 h 是一个线性函数时，计算 $h(x)$ 是很快的，然而计算任意的图灵机程序甚至不能保证程序终止。

基于这些原因，大多数关于学习的工作都集中在简单的表示上。近年来，人们对深度学习产生了极大的兴趣（第 21 章），它对函数的表示并不简单，但是 $h(x)$ 仍然只需使用适当的硬件进行有限步的计算就可以得到。

我们将看到，表达能力与复杂性的权衡并不简单：正如我们在第 8 章一阶逻辑中所看到的，通常情况下，表达性语言使简单的假设能够与数据相匹配，而限制语言的表达能力则意味着任何一致性假设都必定是复杂的。

问题示例：餐厅等待问题

我们将详细描述一个监督学习问题的例子：决定是否在一家餐厅等待位置的问题。这个问

---

① 这个名字经常被错误拼写为"Occam"。奥卡姆是英国一座小镇的名字，是威廉出生的地方。他在牛津大学注册时用的名字是"奥卡姆的威廉"，后来人们习惯性地把他提出的观点概括地称为"奥卡姆剃刀原则"。——编者注

题将贯穿整章，用于比较不同的模型类。在这个问题中，输出 y 是一个布尔变量，我们将其称为是否等待（*WillWait*）；当我们决定在餐厅等待位置时它的值为真。输入 x 是有 10 个属性值的向量，每个属性都是离散的值。

（1）候补（*Alternate*）：附近是否存在其他合适的可以代替的餐厅。

（2）吧台（*Bar*）：该餐厅是否有舒适的吧台用于等待。

（3）周五/六（*Fri/Sat*）：今天是否为周五或周六。

（4）饥饿（*Hungry*）：现在是不是饿了。

（5）顾客（*Patrons*）：目前餐厅有多少顾客（值为 None、Some、Full）。

（6）价格（*Price*）：餐厅的价格范围（$、$$、$$$）。

（7）下雨（*Raining*）：外面是否正在下雨。

（8）预约（*Reservation*）：我们是否有预订。

（9）种类（*Type*）：餐厅种类（French、Italian、Thai 或 Burger）。

（10）预计等待（*WaitEstimate*）：对等待时间的估计（0 ～ 10 分钟、10 ～ 30 分钟、30 ～ 60 分钟或 > 60 分钟）。

图 19-2 给出了一组 12 个样例，这些样例取自本书作者罗素（SR）的切身经历。注意，数据量是很少的：输入属性的值一共有 $2^6 \times 3^2 \times 4^2 = 9216$ 种可能的组合，但是我们只得到了其中 12 个组合的正确输出，其他 9204 个结果可能为真，也可能为假，我们并不知道。这就是归纳的关键：我们需要通过仅有的 12 个样例，对缺失的 9204 个输出值给出最好的猜测。

样例	输入属性										输出
	Alternate	*Bar*	*Fri/Sat*	*Hungry*	*Pattrans*	*Price*	*Raining*	*Reservation*	*Type*	*WaitEstimate*	*WillWait*
x_1	Yes	No	No	Yes	Some	$\$\$\$$	No	Yes	French	0 ～ 10	y_1 = Yes
x_2	Yes	No	No	Yes	Full	$\$$	No	No	Thai	30 ～ 60	y_2 = No
x_3	No	Yes	No	No	Some	$\$$	No	No	Burger	0 ～ 10	y_3 = Yes
x_4	Yes	No	Yes	Yes	Full	$\$$	Yes	No	Thai	10 ～ 30	y_4 = Yes
x_5	Yes	No	Yes	No	Full	$\$\$\$$	No	Yes	French	> 60	y_5 = No
x_6	No	Yes	No	Yes	Some	$\$\$$	Yes	Yes	Italian	0 ～ 10	y_6 = Yes
x_7	No	Yes	No	No	None	$\$$	Yes	No	Burger	0 ～ 10	y_7 = No
x_8	No	No	No	Yes	Some	$\$\$$	Yes	Yes	Thai	0 ～ 10	y_8 = Yes
x_9	No	Yes	Yes	No	Full	$\$$	Yes	No	Burger	> 60	y_9 = No
x_{10}	Yes	Yes	Yes	Yes	Full	$\$\$\$$	No	Yes	Italian	10 ～ 30	y_{10} = No
x_{11}	No	No	No	No	None	$\$$	No	No	Thai	0 ～ 10	y_{11} = No
x_{12}	Yes	Yes	Yes	Yes	Full	$\$$	No	No	Burger	30 ～ 60	y_{12} = Yes

图 19-2 餐厅等待问题领域的样例

19.3 决策树学习

决策树（decision tree）表示了这么一类函数——它将属性值向量映射到单个输出值（"决策"）。决策树通过执行一系列测试来实现其决策，它从根节点出发，沿着适当的分支，直到到达叶节点为止。树中的每个内部节点对应于一个输入属性的测试，该节点的分支用该属性的所有可能值进行标记，叶节点指定了函数要返回的值。

通常来说，一个函数的输入与输出可以是离散的或连续的，这里我们只考虑输入为离散值，输出为真（一个**正**样例）或假（一个**负**样例）的函数。我们称该情形为**布尔分类**（Boolean classification）。我们用字母 j 来标记样例（x_j 代表第 j 个样例的输入向量，y_j 代表该样例的输出），此外 $x_{j,i}$ 代表第 j 个样例的第 i 个属性。

如图 19-3 所示，该树代表了 SR 用于餐厅等待问题的决策函数。沿着树的分支，我们可以发现，*Patrons* = Full 与 *WaitEstimate* = 0～10 的样例会被分类为正（"Yes"，即我们将在餐厅等待）。

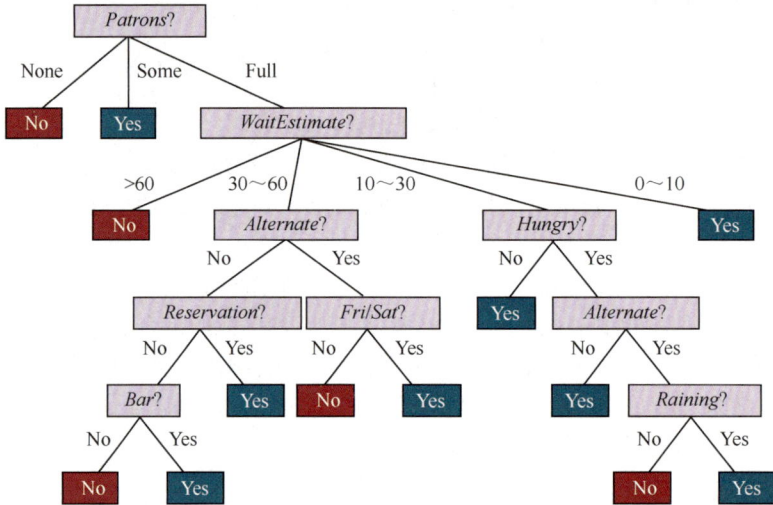

图 19-3 决定是否在餐厅等待的决策树

19.3.1 决策树的表达能力

一棵布尔型的决策树等价于如下形式的逻辑语句：

$$Output \Leftrightarrow (Path_1 \lor Path_2 \lor \cdots)$$

其中每个 $Path_i$ 是从根节点到 true 叶节点的路径上的属性−值测试形式（$A_m = v_x \land A_n = v_y \land \cdots$）的合取。因此，完整的表达式为析取范式的形式，这意味着命题逻辑中的任何函数都可以表示为决策树。

对许多问题，决策树会给出一个漂亮、简洁、容易理解的结果。实际上，许多内容为"如何……"的指南手册（如，汽车维修）都会按决策树形式来撰写。但有些函数并不能被简洁地表示，例如投票函数，当且仅当超过一半的输入为真时，它的输出为真，它需要指数量级大小的决策树来表示；奇偶性函数也有这样的问题，当且仅当偶数个输入为真时，它的输出为真。当输入属性为实数值时，形如 $y > A_1 + A_2$ 的函数很难用决策树表示，因为该函数的决策边界为一条对角线，而所有的决策树将空间分割为矩形，即与坐标轴平行的方框。我们需要去堆积很多矩形方框以逼近对角线决策边界。换句话来说，决策树对一些函数来说是好表示的，而对另一些函数来说却是不合适的。

是否**存在**一种表示方式使得**任何**函数都能被有效地表示？遗憾的是，答案是否定的——函数的形式过多，无法用少量的位来全部表示。甚至即使仅仅考虑含有 n 个属性值的布尔函数，真值表也会有 2^n 行，并且每一行的输出有**真**与**假**两种情形，因此存在 2^{2^n} 个不同的函数。如果属性值是 20 个，那么就存在 $2^{1048576} \approx 10^{300000}$ 个函数，所以如果我们把表示限制在百万位内，我们就不能表示所有的这些函数。

19.3.2 从样例中学习决策树

我们希望找到一棵与图 19-2 中的样例保持一致并尽可能小的决策树。遗憾的是，要寻找一棵理论上最小且与样本一致的树是很困难的。但通过一些简单的启发式方法，我们可以高效地寻找一棵与最小的树接近的树。LEARN-DECISION-TREE 算法采用贪心与分治的策略：我们总是首先测试当前最重要的属性，然后递归地去解决由该测试结果可能产生的更小的子问题。我们所说的"最重要的属性"指的是对一个样例的分类结果能产生最大影响的属性。这样的话，我们希望通过少量的测试来得到正确的分类结果，这意味着该树中的所有路径都比较短，整棵树的层数也比较浅。

图 19-4a 表明 *Type* 是一个较差的属性，因为它的输出有 4 种可能，并且每种可能中含有相同数量的正样例与负样例。另外，在图 19-4b 中我们发现 *Patrons* 是一个相当重要的属性，因为如果其值为 None 或者 Some，那么剩余的样例将会有准确的输出（分别为 No 或者 Yes）；如果其属性值为 Full，仍将有混合的样例集。对于这些递归子问题，我们需要考虑以下 4 个方面。

（1）如果剩余的样例全为正（或全为负），那么我们已经达成目标，可以输出 Yes 或 No。图 19-4b 给出了例子，这种情形发生于属性值为 None 和 Some 的分支中。

（2）如果既有正样例又有负样例，那么需要继续选择最好的属性对样例进行分割。图 19-4b 中所示的是 *Hungry* 属性被用于分割剩余的样例。

（3）如果分割后没有剩余的样例，则表示没有观测到该属性值组合的样例，将返回构造该节点的父节点的样例集中最常见的输出值。

（4）如果分割后没有任何其他的属性剩余，但是存在正负两种样例，这意味着，这些样例有完全相同的属性值组合，但分类不同。这是可能发生的，或是因为数据中存在错误或噪声（noise），或是因为该领域是非确定性的，再或是因为我们无法观测到可以区分样例的属性。此时的最好的选择就是返回剩余样例中最常见的输出值。

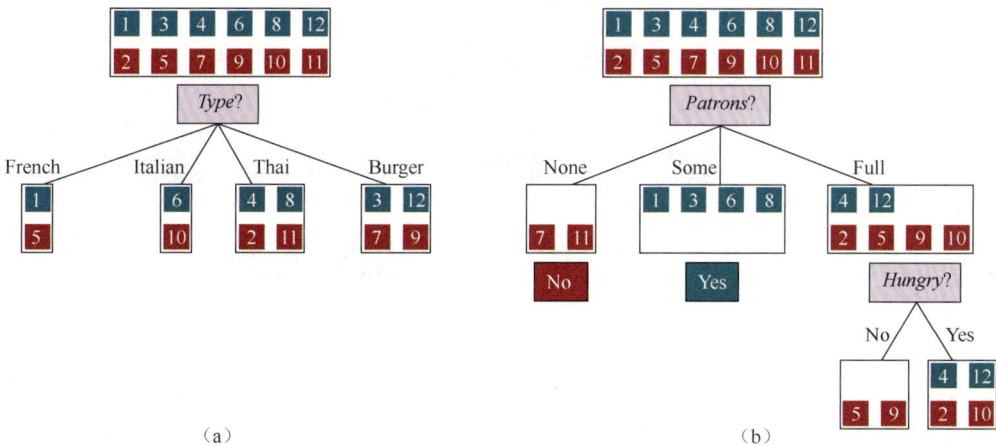

图 19-4 通过测试属性来对样例进行分割。在每一个节点中我们给出剩余样例的正（绿色方框）负（红色方框）情况。（a）根据 *Type* 分割样例，没有为我们分辨正负带来帮助。（b）根据 *Patrons* 分割样例，很好地区分了正负样例。在根据 *Patrons* 进行分类之后，*Hungry* 是相对较好的第二个测试属性

图 19-5 所示为 LEARN-DECISION-TREE 算法。注意，样例集是算法的一个输入，但是样例不出现在算法所返回的任何树中。一棵树由内部节点上的属性的测试、分支上的属性值和叶节点上的输出组成。在 19.3.3 节中，我们将给出重要性函数 IMPORTANCE 的细节。图 19-6 给出了学习算法在样本训练集上的输出结果。该树与我们在图 19-3 中给出的原始树截然不同。一些读者可能会得出这样的结论：学习算法并没有很好地学习正确的函数。事实上，这是一个错误的结论。学习算法着眼于 *examples*，而不是正确的函数，从现实来看，它的假设（见图 19-6）不仅与所有样例一致，而且比原始的树简单得多！对于稍有不同的输入样例，树的形状可能会非常不同，但它所表示的函数是相似的。

---

function LEARN-DECISION-TREE(*examples, attributes, parent examples*) **returns** 一棵树

    if *examples* 不为空 **then return** PLURALITY-VALUE(*parent examples*)
    else if 所有 *examples* 有相同的分类 **then return** 分类
    else if *attributes* 为空 **then return** PLURALITY-VALUE(*examples*)
    else
        $A \leftarrow \text{argmax}_{a \in attributes}$ IMPORTANCE(*a, examples*)
        tree ← 一个以测试 *A* 为根的新的决策树
        for each *A* 中的值 *v* **do**
            exs ← {*e* : *e* ∈ *examples* **and** *e.A* = *v*}
            subtree ← LEARN-DECISION-TREE(*exs, attributes−A, examples*)
            将一个带有标签（*A* = *v*）和子树 *subtree* 的分支加入 *tree*
    return *tree*

图 19-5　决策树学习算法。重要性函数 IMPORTANCE 将在 19.3.3 节中给出，函数 PLURALITY-VALUE 将选择样例集中最常见的输出，并随机地断开连接

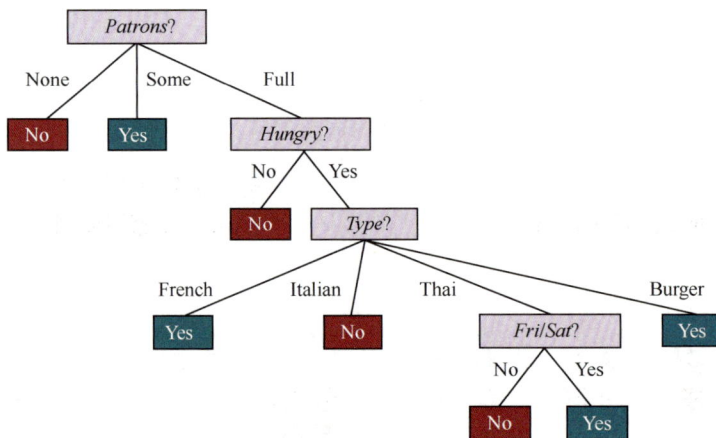

图 19-6　根据 12 样例训练集推断出的决策树

学习算法不需要包含对 *Raining* 与 *Reservation* 两个属性的测试，因为它可以在没有这两个属性的情况下对所有样例进行分类。它还发现了一个有趣的、此前未被注意到的模式：SR 会在周末等待泰国菜（Thai）。在一些没有任何样例被观测到的情形中，决策树也必然会犯一些错误。例如，决策树未观测到等待时间为 0～10 分钟但餐厅已客满的情况。在这种情况下，当 *Hungry* 属性值为假时，决策树的输出是 No，即不等待，但 SR 肯定会选择等待。如果有更多的训练样例，决策树就可以在学习过程中纠正这个错误。

我们可以用**学习曲线**（learning curve）来评估学习算法的表现，如图 19-7 所示。在这个图中，有 100 个样例可供学习使用，我们将它们随机分割为一个训练集和一个测试集。我们使用训练集学习假设 h，并用测试集来度量其准确率。我们可以从大小为 1 个样例的训练集开始训练与测试的过程，每次增加 1 个训练样例，直到训练集包含 99 个样例。对于每种大小的训练集，我们实际操作时重复随机分割训练集和测试集的过程 20 次，并对这 20 次试验的结果取平均值。曲线的结果表明，随着训练集大小的增加，准确率将提高。出于这个原因，学习曲线也被称为**快乐图**（happy graph）。在这张图中，准确率最终达到了 95%，并且从趋势上看，如果有更多的数据，曲线可能会继续上升。

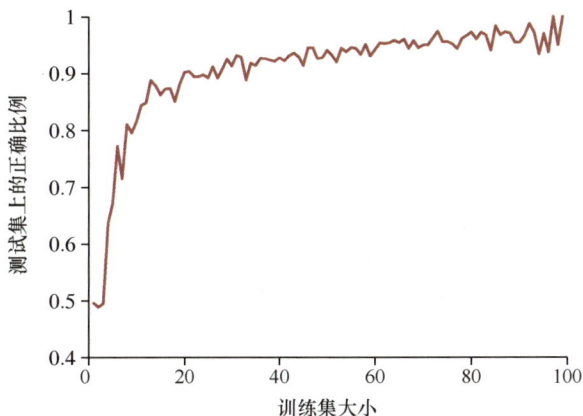

图 19-7　一个决策树的学习曲线，数据集为从餐厅等待问题领域中随机产生的 100 个样例。图中每个点都是 20 次试验的均值

19.3.3　选择测试属性

决策树学习算法会选择重要性 Importance 最高的属性。我们现在将陈述如何使用信息增益这一概念来度量重要性。信息增益是从**熵**（entropy）的角度进行定义的，而熵是信息论中最基本的量（Shannon and Weaver, 1949）。

熵是随机变量不确定性的度量；信息量越多，熵越小。一个只有一个可能值的随机变量（如一枚总是正面朝上的硬币）没有不确定性，因此它的熵为 0。一枚公平的硬币在抛掷时出现正面或反面朝上的概率相同，我们将证明它的熵为 "1 位"。一个公平的四面骰子的熵为 2 位，因为它有 2^2 种可能性相同的选择。现在考虑一枚不公平的硬币，它在 99% 的情况下都是正面朝上。直觉告诉我们，这枚硬币含有的不确定性比公平硬币要少——如果我们猜测正面朝上，只会有 1% 的情况是错的——所以我们希望它有一个接近于 0，但为正的熵。一般情况下，若一个随机变量 V 取值为 v_k 的概率为 $P(v_k)$，那么它的熵 $H(V)$ 定义为

$$H(V) = \sum_K P(v_k) \log_2 \frac{1}{P(v_k)} = -\sum_k P(v_k) \log_2 P(v_k)$$

我们可以验证一枚公平硬币被抛掷的熵确实是 1 位：

$$H(Fair) = -(0.5 \log_2 0.5 + 0.5 \log_2 0.5) = 1$$

而一个四面骰子的熵是 2 位：

$$H(Die4) = -(0.25 \log_2 0.25 + 0.25 \log_2 0.25 + 0.25 \log_2 0.25 + 0.25 \log_2 0.25) = 2$$

对于 99% 的情况出现正面的硬币，有

$$H(Loaded) = -(0.99 \log_2 0.99 + 0.01 \log_2 0.01) \approx 0.08 \text{ 位}$$

一个布尔随机变量，如果其为真的概率是 q，则该变量的熵 $B(q)$ 定义为

$$B(q) = -(q \log_2 q + (1 - q) \log_2(1 - q))$$

因此，$H(Loaded) = B(0.99) \approx 0.08$。现在我们回过头来看决策树的学习。如果一个训练集包含 p 个正样例和 n 个负样例，则在整个集合上的输出变量的熵为

$$H(Output) = B\left(\frac{p}{p+n}\right)$$

在图 19-2 所示的餐厅训练集中，有 $p = n = 6$，因此相应的熵是 $B(0.5)$，或恰好为 1 位。对属性 A 的测试结果会给我们提供一些信息，从而减少一些整体的熵。我们可以通过观察属性测试后剩余的熵来度量这种减少。

若一个具有 d 个不同值的属性 A 将训练集 E 划分为子集 $E_1, \cdots, E_d$，每个子集 E_k 含有 p_k 个正样例与 n_k 个负样例，那么如果我们沿着该分支前进，将需要额外的 $B(p_k/(p_k + n_k))$ 位的信息来处理问题。从训练集中随机选取一个样例，它具有该属性的第 k 个值（该样例在 E_k 中的概率为 $(p_k + n_k)/(p + n)$），因此在测试属性 A 后剩余的熵的期望为

$$Remainder(A) = \sum_{k=1}^{d} \frac{p_k + n_k}{p + n} B\left(\frac{p_k}{p_k + n_k}\right)$$

通过测试属性 A 获得的**信息增益**（information gain）定义为熵减少的期望值：

$$Gain(A) = B\left(\frac{p}{p+n}\right) - Remainder(A)$$

事实上，$Gain(A)$ 正是我们实现重要性函数 IMPORTANCE 需要的。回顾图 19-4 中所考虑的属性，有

$$Gain(Patrons) = 1 - \left[\frac{2}{12} B\left(\frac{0}{2}\right) + \frac{4}{12} B\left(\frac{4}{4}\right) + \frac{6}{12} B\left(\frac{2}{6}\right)\right] \approx 0.541 \text{位}$$

$$Gain(Type) = 1 - \left[\frac{2}{12} B\left(\frac{1}{2}\right) + \frac{2}{12} B\left(\frac{1}{2}\right) + \frac{4}{12} B\left(\frac{2}{4}\right) + \frac{4}{12} B\left(\frac{2}{4}\right)\right] = 0 \text{位}$$

这证实了我们的直觉，即 $Patrons$ 最适合作为优先考虑的分割属性。事实上，$Patrons$ 在所有的属性中有最大的信息增益，因此将被决策树学习算法选择作为树的根。

19.3.4 泛化与过拟合

我们希望我们的学习算法找到一个能够吻合训练数据的假设，但更重要的是，我们希望它能很好地推广到还没有被观测到的数据上。在图 19-1 中我们看到，一个高阶多项式可以拟合所有数据，但它在拟合数据时有不合理的剧烈波动：它拟合了数据，但可能发生过拟合。随着属性数量的增加，过拟合的可能性将越来越大，而随着训练样例数量的增加，过拟合的可能性会越来越小。较大的假设空间（例如，具有更多节点的决策树或具有更高阶数的多项式空间）具有更强的拟合和过拟合能力，某些模型类比其他模型类更容易过拟合。

对决策树来说，一种称为**决策树剪枝**（decision tree pruning）的技术可以用于减轻过拟合。

剪枝通过删去不明显相关的节点来实现。我们从一棵完整的树出发，它由 LEARN-DECISION-TREE 生成。接着我们研究一个只有叶节点作为子节点的测试节点，如果该节点的测试效果为不相关——它只测试数据中的噪声——那么我们将删去该测试节点，并用它的叶节点替换它。重复这个过程，考虑每个只有叶节点作为子节点的测试节点，直到每个测试节点都被剪枝或按原样接受。

现在的问题是如何判断一个节点所测试的属性是否是不相关的属性。假设我们目前所考虑的节点由 p 个正样例和 n 个负样例组成。如果该节点测试的属性是不相关的，那么在我们的预期中，该测试会将样例分割成多个子集，使得每个子集的正样例的比例与整个集合的比例 $p/(p + n)$ 大致相同，因此信息增益将接近于 0。[①]因而，低信息增益是判断属性是否不相关的一个很好的方法。现在的问题是，我们需要多大的增益才能在特定属性上进行分割？

我们可以用统计学中的 **显著性检验**（significance test）来回答这个问题。该检验首先假设不存在基础的模式［所谓的**零假设**（null hyphothesis）］，然后对实际数据进行分析，并计算它们偏离零假设的程度。如果偏离程度在统计上不太可能发生（通常我们取 5% 或更低的概率作为阈值），那么这在一定程度上证明了数据中仍存在显著的模式。其中概率将根据随机抽样中偏差量的标准分布计算得到。

在这种情况下，相应的零假设是该属性是不相关的，因此对于一个无限大的样本集而言，信息增益将为 0。我们需要计算的概率是在零假设下，一个大小为 $v = n + p$ 的样本集所呈现的与正负样例的期望分布的偏离状况的概率。我们可以通过比较每个子集中的正负样例的实际数量 p_k 和 n_k 与假设该属性不相关情形下的期望数量 $\hat{p}_k$ 和 $\hat{n}_k$ 来衡量这一偏差：

$$\hat{p}_k = p \times \frac{p_k + n_k}{p + n} \qquad \hat{n}_k = n \times \frac{p_k + n_k}{p + n}$$

下式给出总偏差的一个简洁形式：

$$\Delta = \sum_{k=1}^{d} \frac{(p_k - \hat{p}_k)^2}{\hat{p}_k} + \frac{(n_k - \hat{n}_k)^2}{\hat{n}_k}$$

在零假设下，Δ 将服从 $d - 1$ 个自由度的 χ^2 分布（卡方分布）。我们可以使用 χ^2 统计量来判断一个特定的 Δ 值是接受还是拒绝了零假设。例如，餐厅的 *Type* 属性有 4 个值，因此分布有 3 个自由度。在 5% 的置信水平下，总偏差 $\Delta = 7.82$ 或更大的值将拒绝零假设（在 1% 的置信水平下，$\Delta = 11.35$ 或更大的值将拒绝零假设）。低于阈值的偏差值会让我们接受属性不相关这一零假设，因此树的相关分支应该被剪枝。这个方法被称为 χ^2 **剪枝**（χ^2 pruning）。

有了剪枝的技术，我们允许样例中存在噪声。样例标签中的错误（例如，一个样例 (*x*, No) 被误标为 (*x*, Yes)）会使预测误差线性地增加，而样例描述中的错误（例如，样例的实际属性 *Price* = \$\$ 被误标记 *Price* = \$）对误差具有渐近的影响，随着树收缩在更小的集合上运作，这种影响会变得更糟。当数据具有较大的噪声时，经过剪枝的树的性能将明显优于未剪枝的树。而且经过剪枝的树通常要小得多，因此更容易被理解，调用也更有效率。

最后一个需要提醒的地方：我们可能会认为 χ^2 剪枝和信息增益看起来很类似，那么为什么不使用一种被称为**提前停止**（early stopping）的方法将它们合并起来，即让决策树算法在没有好的属性来继续进行分割时停止生成节点，而不是平添麻烦地生成完所有不必要的节点，然后再将它们修剪掉呢？提前停止法的问题在于，它在我们找不出任何一个好的属性时即停止了程序，但有一些属性需要相互组合才会含有信息并发挥效果。例如，考虑含有两个二值属性的

---

① 这个增益将恒为正数，除了所有的比例都完全相同的情形（不太常见）。（见习题 19.NNGA。）

XOR 函数，如果输入值的 4 种组合的样例数大致相等，那么这两个属性都不具有显著的信息，但正确的做法是先基于其中一个属性（不论是哪一个）进行分割，然后在下一个分割阶段，我们将得到非常有信息量且效果很好的分割。提前停止法可能会错过这一点，但是"先生成后剪枝"的方式可以正确地处理这种情况。

19.3.5 拓展决策树的适用范围

通过处理以下复杂情况，决策树可以得到更广泛的应用。

- **缺失数据**：在许多问题领域中，并非每个样例的所有属性都是已知的。这些值可能没有被记录，也可能因获得它们的代价太大而无法获得。这就产生了两个问题：首先，给定一棵完整的决策树，对于缺少一个测试属性的样例，应该如何将它分类？其次，当一些样例的属性值未知时，应该如何修改信息增益公式？这些问题留于习题 19.MISS。

- **连续属性与多值输入属性**：对于连续属性（如身高、体重或时间），可能每个样例都有不同的属性值。用信息增益来衡量属性将导致这样的属性得到理论上最高的信息增益，最终给出一棵以该属性为根的浅层树，其中每个可能值对应一个单样例子树。但是当我们需要对一个新的样例进行分类，且样例的该属性值并没有被观测过时，这棵树对我们没有帮助。

  处理连续值的一个更好的方法是采用**分割点**（split point）测试——一个关于属性值的不等式测试。例如，在树中的一个给定节点上，体重 > 160 的测试可能会提供最多的信息。找到好的分割点的有效方法是：首先对属性的值进行排序，然后只考虑将具有不同分类结果的两个相邻样例之间的值作为可能的分割点，同时以分割点得到的正负样例作为新样例继续算法。分割的实现是实际决策树学习应用中代价最高的部分。

  对于不连续的或者排序没有意义的，但有大量可能值的属性（例如邮政编码或者信用卡号码），可以使用一种称为**信息增益比**（information gain ratio）（见习题 19.GAIN）的度量方法来避免算法将树分割成许多单样例子树。另一个有效的方法是采用形如 $A = v_k$ 的等式进行测试。例如，测试邮政编码 =10002，可以在纽约市挑选出这个邮政编码下的一大群人，然后将其他所有人归并到"其他"子树中。

- **连续值输出属性**：如果要预测一个数值类型的输出，那么我们需要的是一棵**回归树**（regression tree），而不是一棵分类树。回归树在每个叶节点上都有一个关于数值属性子集的线性函数，而不是一个单一的输出值。举个例子来说，两居室公寓的价格最终可能以一个关于占地面积和浴室数量的线性函数输出。学习算法必须能够决定何时停止对树进行分割并开始对属性应用线性回归（见 19.6 节）。**CART** 这个名字代表分类与回归树（Classification And Regression Tree），用于涵盖这两个类别的树。

一个面向实际应用的决策树学习系统必须能够处理所有这些问题。处理连续值变量尤其重要，因为物理过程和金融过程所提供的都是数值数据。现实应用中已经出现了一些符合这些标准的商业软件包，并已用于开发数千个部署系统。在工业和商业的许多领域中，决策树仍是从数据集中寻找分类方法的首要方法。

决策树有很多优点：易于理解，可推广到大型数据集，处理离散输入和连续输入及分类和回归问题的多功能性。然而，它们的精确度可能是次优的（主要是由贪心搜索导致），并且如果树很深，那么在调用树为一个新的样例进行预测时可能会有昂贵的运行代价。决策树也是**不稳定的**（unstable），因为仅添加一个新的样例，就可能更改根上的测试结果，从而更改整个树。在 19.8.2 节中，我们将看到**随机森林模型**（random forest model）可以解决这些问题中的一部分。

19.4　模型选择与模型优化

在机器学习中，我们的目标是选择一个和未来的样例最佳拟合的假设。要做到这一点，我们需要定义"未来的样例"和"最佳拟合"。

首先，我们假设未来的样例类似于过去观测过的样本。我们称之为平稳性（stationary）假设；若没有它，所有的方法都没有意义。我们假设每个样例 E_j 都具有相同的先验概率分布：

$$P(E_j) = P(E_{j+1}) = P(E_{j+2}) = \cdots$$

而且它与之前的样例是独立的：

$$P(E_j) = P(E_j \mid E_{j-1}, E_{j-2}, \cdots)$$

对于满足这些等式的样例，我们称它们为独立同分布的或 **i.i.d.**。

下一步是定义"最佳拟合"。我们说最佳拟合是最小化错误率（error rate）——对于样例 (x, y)，$h(x) \neq y$ 的比例——的假设。（稍后我们将对此内容进行推广，以允许不同的误差具有不同的代价，实际上倾向于信任"几乎"正确的答案。）我们可以通过对一个假设进行测试来估计其错误率：在一组称为**测试集**的样例上评估它的表现。一个假设（或一个学生）在测试前偷看答案属于作弊行为。为确保这种情况不会发生，最简单的方法是将我们拥有的样例分割成两组：一组为用于训练从而得到假设的**训练集**，另一组为用于评估假设的**测试集**。

如果我们只想建立一个假设，那么这个方法就足够了。但通常我们最终会得到多个假设：我们可能想要比较两个完全不同的机器学习模型，或者我们可能想要在同一个模型中调整不同的"旋钮"。例如，在 χ^2 剪枝中我们可以尝试不同的阈值对决策树进行剪枝，或者尝试不同次数的多项式。我们称这些"旋钮"为**超参数**（hyperparameter），它们是对模型类而言的，而不是对单个模型。

假设一个研究者在一组 χ^2 剪枝的超参数中训练出一个假设，并在测试集上测试了其错误率，然后继续尝试不同的超参数。没有任何一个单独的假设"偷看"或使用了测试集的数据，但整个过程通过研究者还是泄露了测试集的信息。

避免这种依赖性的方法是将测试集完全锁定——直到你完全完成了训练、实验、超参数调整、再训练这一系列过程。这意味着你需要 3 个数据集。

（1）**训练集**用于训练备选模型。

（2）**验证集**（validation set）也被称为**开发集**（development set 或 dev set），用于评估备选模型并选择最佳的备选模型。

（3）**测试集**用于无偏地估计最佳模型。

如果我们没有足够的数据来构成这 3 个数据集怎么办？我们可以使用一种称为 k **折交叉验证**（k-fold cross-validation）的方法从数据中获得更多子数据集。其思想是，每个样例都被作为训练数据和验证数据，从而提供双重功能，但又不同时提供。首先，我们将数据分割成 k 个相等大小的子集，然后进行 k 轮学习；在每一轮中，$1/k$ 的数据被作为验证集，其余的样例被用于训练。k 轮的平均测试分数相比单个分数应该是一个更准确的估计。常用 k 值为 5 或 10——足以给出一个在统计上较为准确的估计值，其代价是 5 到 10 倍的计算量。最极端的情形是 $k = n$，该情形也被称为**留一交叉验证**（leave-one-out cross-validation，LOOCV）。即使采用了交叉验证的方法，我们仍然需要一个单独的测试集。

在图 19-1（见 19.2 节）中，我们注意到，一个线性的函数对数据集是欠拟合的，而高次多项式对数据是过拟合的。我们可以把找到一个好的假设这一目标分作两个子任务：**模型选择**（model selection）[①]，即选择一个好的假设空间；**模型优化**（model optimization）（也称为**训练**），即在这个空间中找到最佳假设。

模型选择有一部分是定性的和主观的：基于我们对问题已有的一些了解与认识，我们可能会选择多项式函数而不选择决策树。模型选择的另一部分是定量的和经验性的：在多项式函数类中，我们可以选择次数为 2 的多项式，因为这个值在验证数据集上表现最好。

19.4.1　模型选择

图 19-8 描述了一个简单的模型选择算法。它以一个学习器 *Learner*（例如，它可以是决策树学习器 LEARN-DECISION-TREE）为参数。*Learner* 选取一个在图中名为 *size* 的超参数，对于决策树而言，它可以是树中的节点数；对于多项式，它可以是函数的次数。模型选择 MODEL-SELECTION 从 *size* 的最小值开始，得到一个简单的模型（这可能会导致数据欠拟合），之后采用较大的 *size* 值，并考虑更复杂的模型。最后，模型选择算法 MODEL-SELECTION 将选择在验证数据上平均错误率最低的模型。

---

function MODEL-SELECTION(*Learner, examples, k*) **returns** 一个(假设, 错误率)对

    err ← 一个数组，以*size*为索引，存储验证集错误率
    training_set, test_set ← *examples*划分成两个集合
    for *size* = 1 **to** ∞ **do**
        err[*size*] ← CROSS-VALIDATION(*Learner, size, training_set, k*)
        if *err*开始显著增长 **then**
            best_size ← 使*err*[*size*]最小的*size*值
            h ← *Learner*(*best_size, training_set*)
            return *h*, ERROR-RATE(*h, test_set*)

function CROSS-VALIDATION(*Learner, size, examples, k*) **returns** 错误率

    N ← *examples*的个数
    errs ← 0
    for *i* = 1 **to** *k* **do**
        validation_set ← *examples*[(*i* - 1) × *N*/*k*:*i* × *N*/*k*]
        training_set ← *examples* - *validation_set*
        h ← *Learner*(*size, training_set*)
        errs ← *errs* + ERROR-RATE(*h, validation_set*)
    return *errs* / *k*　　// 验证集的平均错误率，*k*折交叉验证

图 19-8　选择验证误差最小的模型的算法。随着复杂性不断增加，算法建立了多个模型，并在验证数据集上选择经验错误率 *err* 最小的模型。*Learner*(*size, examples*) 返回一个假设，其复杂性由参数 *size* 设置，并根据样例集 *examples* 进行训练。在交叉验证 CROSS-VALIDATION 中，**for** 循环的每次迭代都会选择一个不同部分的 *examples* 作为验证集，并保留其他样例作为训练集。然后它返回所有折的平均验证集误差。一旦我们确定了 *size* 参数哪个值是最佳的，MODEL-SELECTION 将返回该参数下的在所有的训练样例上训练过的模型（如学习器/假设），以及它在所给测试样例上的错误率

在图 19-9 中，我们看到了在模型选择中可能发生的两种典型的模式。在图 19-9a 和图

---

① 尽管"模型选择"这一名称已经被广泛运用，但更好的名称应该是"模型类选择"或"假设空间选择"。"模型"一词在文献中通常有 3 种不同层次的含义：宽泛的假设空间（如"多项式"）、固定超参数的假设空间（如"二次多项式"）以及所有参数固定了的特定假设（如 $5x^2 + 3x - 2$）。

19-9b 中，随着模型复杂性的增加，训练集误差单调减小（伴随着轻微的随机波动）。复杂性分别由图 19-9a 中的决策树节点数量和图 19-9b 中的神经网络参数（w_i）数量衡量。对许多模型类来说，随着复杂性的增加，训练集误差将逐渐达到 0。

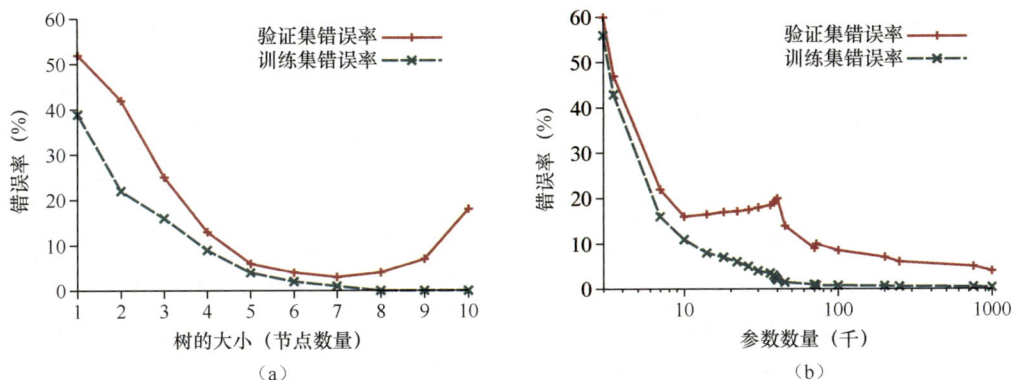

图 19-9　两个不同问题上不同复杂性模型的训练误差（下方绿线）和验证误差（上方橙色线）。模型选择算法 MODEL-SELECTION 将选择验证误差最小的模型对应的超参数值。（a）模型类是决策树，超参数是节点数量。数据来自餐厅等待问题。最佳的超参数大小为 7。（b）模型类是卷积神经网络（见 21.3 节），超参数是网络中常规参数的数量。数据是数字图像的 MNIST 数据集，任务是识别手写数字的照片。效果最好的超参数是 1 000 000（注意坐标的对数刻度）

关于在验证集误差上的表现，这两种情况有着显著的差异。在图 19-9a 中，我们看到了一个 U 形的验证集误差曲线：随着模型复杂性的增加，误差在一段时间内会先降低，但是当它到达一个临界点时，模型开始过拟合，验证误差逐渐增加。MODEL-SELECTION 将选择 U 形验证误差曲线中验证误差最低的值：在本例中是一个节点个数为 7 的树。这是最能平衡欠拟合和过拟合的位置。在图 19-9b 中，一开始我们观察到了与图 19-9a 中类似的 U 形曲线，但随后验证误差又开始减小；验证误差最低的点是实验结果中的最后一点，参数个数为 1 000 000。

为什么有些验证误差曲线形如图 19-9a 所示而另一些形如图 19-9b 所示呢？根本问题在于不同的模型类如何利用其过强的表达能力，以及它们与当前问题的匹配程度。当我们加强一个模型类的表达能力时，我们通常会达到这样的程度：所有的训练样例都可以在模型中被完美地表达。例如，给定一个包含 n 个不同样例的训练集，总有一个具有 n 个叶子节点的决策树可以表达所有的样例。

我们称一个完全拟合了所有训练数据的模型为对数据进行了**插值**（interpolated）。[1] 当模型的表达能力接近于插值临界点时，模型类已经开始过拟合。这似乎是因为模型的大部分表达能力都集中在训练样例上，而剩余的表达能力以不代表验证数据集中的模式的方式随机分布。有些模型类永远不会从这种过拟合的表现中自主地恢复过来，例如图 19-9a 中的决策树。但是对于其他模型类，增加模型类的表达能力意味着有更多的候选函数，其中一些函数自然非常适合真实函数 $f(x)$ 中的数据模式。表达能力越强，合适的表示函数就越多，优化方法就越有可能将结果落在其中一个之上。

深度神经网络（第 21 章）、核机器（19.7.5 节）、随机森林（19.8.2 节）和增强集成（19.8.4 节）都具有验证误差随模型类表达能力增加而减小的特点，如图 19-9b 所示。

我们可以用以下不同方式来扩展模型选择算法：比较不同的模型类，通过让模型选择函数

---

① 一些作者也把这个现象称为模型"记住"了数据。

MODEL-SELECTION 使用决策树学习器 DECISION-TREE-LEARNER 和多项式学习器 POLYNOMIAL-LEARNER
进行比较，观察哪个表现更好来实现。我们可以允许多个超参数的存在，这意味着需要有更复
杂的优化算法以确定超参数，如网格搜索（见 19.9.3 节），而不是线性搜索。

19.4.2   从错误率到损失函数

到目前为止，我们一直在试图降低错误率。这显然比最大化错误率要好，但这样是不够
的。例如，将电子邮件分类为垃圾邮件或非垃圾邮件的问题。把非垃圾邮件归类为垃圾邮件
（这可能导致漏掉一封重要的邮件）比把垃圾邮件归类为非垃圾邮件（导致自己遭受几秒钟的
骚扰）糟糕得多。因此，如果一个分类器所犯的大多数错误都是将垃圾邮件分类为非垃圾邮
件，那么错误率为 1% 的该分类器将比错误率仅为 0.5% 但所犯的错误都是把非垃圾邮件分类
为垃圾邮件的分类器要好。我们在第 16 章中看到，决策者应该最大化预期效用，那么学习器
也应该最大化效用。然而，在机器学习中，传统的做法是将其表述为负面效用：最小化**损失函
数**（loss function）而不是最大化效用函数。损失函数 $L(x, y, \hat{y})$ 定义为当正确的答案为 $f(x) = y$ 时，
模型预测出 $h(x) = \hat{y}$ 的效用损失量：

$$L(x, y, \hat{y}) = Utility（给定输入 x，使用 y 的结果）$$
$$-Utility（给定输入 x，使用 \hat{y} 的结果）$$

这是损失函数最一般的形式。我们通常使用的是更简单的形式 $L(y, \hat{y})$，它独立于 x。在本章的
剩余部分中，我们将使用简化版本的损失函数，这意味着我们不能认为，将妈妈的来信错误分
类比将讨厌的堂兄的来信错误分类更糟糕，但我们可以说，将非垃圾邮件归类为垃圾邮件要比
将垃圾邮件归类为非垃圾邮件糟糕 10 倍：

$$L(spam, nospam) = 1, \qquad L(nospam, spam) = 10$$

注意，$L(y, y)$ 始终为 0；即根据定义，当你正确猜测时，我们认为没有损失。对于具有离散输
出值的函数，我们可以为每个可能的误分类状况枚举出一个损失值，但输出值为实数时我们不
能列举出所有可能性。当 $f(x)$ 函数值为 137.035999 时，我们对预测值 $h(x) = 137.036$ 相当满意，
但是如何衡量我们对此的满意程度呢？一般来说，小的误差总是比大的误差好；可以实现这
种想法的两个函数为两者差的绝对值（称为 L_1 损失）和两者差的平方（称为 L_2 损失；将 "2"
理解为平方的意思）。对于离散值输出，如果我们希望达到最小化错误率，那么可以使用 $L_{0/1}$
损失函数，即对错误答案损失为 1、对正确答案损失为 0 的损失函数：

$$绝对值损失：L_1(y, \hat{y}) = |y - \hat{y}|$$
$$平方误差损失：L_2(y, \hat{y}) = (y - \hat{y})^2$$
$$0/1 损失：L_{0/1}(y, \hat{y}) = 0 \ 若 y = \hat{y}，否则 1$$

从理论上来说，学习智能体通过选择最小化目前观测到的所有输入-输出对的预期损失的
假设，来使其期望效用最大化。为了计算该期望，我们需要定义样例的先验概率分布 $P(X, Y)$。
令 ε 为所有可能的输入-输出样例的集合。那么假设 h（关于损失函数 L）的期望**泛化损失**
（generalization loss）为

$$GenLoss_L(h) = \sum_{(x,y) \in \varepsilon} L(y, h(x)) P(x, y)$$

而最佳假设 h^* 是使得期望泛化损失最小的假设：

$$h^* = \underset{h \in \mathcal{H}}{\text{argmin}}\ GenLoss_L(h)$$

由于在大多数情况下，先验分布 $P(x, y)$ 是未知的，学习智能体只能在一组大小为 N 的样例 E 上用**经验损失**（empirical loss）来估计泛化损失：

$$EmpLoss_{L,E}(h) = \sum_{(x,y) \in E} L(y, h(x)) \frac{1}{N}$$

估计最佳假设 $\hat{h}^*$ 即为使得经验损失最小的假设：

$$\hat{h}^* = \underset{h \in \mathcal{H}}{\text{argmin}}\ EmpLoss_{L,E}(h)$$

得到的假设 $\hat{h}^*$ 与真实函数 f 不同，有 4 种可能的原因：不可实现性、方差、噪声和计算复杂性。

第一，如果假设空间 $\mathcal{H}$ 实际上包含真实函数 f，那么称该学习问题是**可实现的**（realizable）。如果 $\mathcal{H}$ 是线性函数的集合，而真实函数 f 是一个二次函数，那么无论有多少数据可供使用，都无法找到真实函数 f。第二，**方差**意味着我们所使用的学习算法通常会针对不同的样例集合返回不同的假设。如果问题是可实现的，那么方差会随着训练样例数量的增加而逐渐减小到 0。第三，函数 f 可能是非确定性的或**有噪声的**（noisy）——对于同一个输入值 x 它可能返回不同的 $f(x)$ 值。根据定义，噪声是无法被预测的（它只能被描述）。第四，当假设空间 $\mathcal{H}$ 是一个庞大假设空间中的复杂函数时，系统地搜索所有可能性将是**难以计算的**（computationally intractable）；在这种情况下，搜索可以探索假设空间的一部分并返回一个相当好的假设，但并不能总是保证它是最佳的假设。

传统的统计学方法和早期的机器学习主要注重**小规模学习**（small-scale learning），其中训练样例的数量可能从几十个到几千个不等。此时泛化损失主要来源于假设空间中不包含真实函数 f 而导致的近似误差，以及因为没有足够训练样例来限制方差而导致的估计误差。

近年来，人们越来越重视**大规模学习**（large-scale learning），它们通常有上百万的训练样例。在这样的问题中，泛化损失可能受到计算限制的约束，即如果有足够的数据和足够丰富的模型，我们可以找到一个非常接近真实函数 f 的假设 h，但是找到它的计算是复杂的，所以我们需要采用近似的方法。

19.4.3 正则化

在 19.4.1 节中，我们了解了如何使用交叉验证进行模型选择。模型选择的另一种方法是寻找一个假设，它直接最小化经验损失与假设复杂性度量的加权和，我们称之为总代价：

$$Cost(h) = EmpLoss(h) + \lambda Complexity(h)$$

$$\hat{h}^* = \underset{h \in \mathcal{H}}{\text{argmin}}\ Cost(h)$$

其中 λ 是一个大于零的超参数，作为损失和假设复杂性度量之间的转换比率。如果选择了一个较好的 λ，它可以很好地平衡简单函数中可能较大的经验损失与复杂函数中过拟合的倾向。

我们把这个过程称为**正则化**（regularization），它显式地惩罚复杂假设的复杂性：我们希望寻找更规则的函数。我们现在结合了两种度量，即损失函数（L_1 或 L_2）和复杂性度量，我们称后者为**正则化函数**（regularization function）。正则化函数的选择依赖于假设空间。例如，对多项式假设空间来说，系数平方和是正则化函数的一个不错选择——保持系数平方和较小将引导我们避开图 19-1 中剧烈波动的 12 次多项式。我们将在 19.6.3 节中给出一个这种正则化的例子。

另一种简化模型的方法是减少模型的维数。例如可以使用一个称为**特征选择**（feature selection）的过程来判断属性的相关性，然后丢弃不相关的属性。χ^2 剪枝就是一种特征选择的方式。

在没有转换因子 λ 的情况下，经验损失和复杂性将在同一尺度下进行度量，实际上这可能是可行的：它们都可以用计算机位来度量。首先我们将假设编码为图灵机程序，并计算其位数。然后计算对数据进行编码所需的位数，其中正确预测的样例的代价为零位，而错误预测的样例的代价取决于预测错误的严重程度。**最小描述长度**（minimun description length，MDL）的假设为使所需的总位数最小化的假设。这个方法在一定情境下可以很好地工作，但是对于规模较小的问题，程序编码的选择——如何最好地将决策树编码为位字符串——将会影响结果。在第 20 章中，我们将为 MDL 方法提供一个概率层面的解释。

19.4.4　超参数调整

在 19.4.1 节中，我们描述了如何选择最佳的超参数值——通过对每个可能值应用交叉验证，直到验证错误率开始增大。当只存在一个超参数，且它的可能值不多时，这是一个很好的方法。但当存在多个超参数，或当它们具有连续值时，选择好的超参数值就较为困难。

最简单的超参数调整方法是**手动调参**（hand-tuning）：根据个人以往的经验来猜测参数，在该参数下训练模型，并在验证集上测试其表现并分析结果，根据直觉得到参数调整的结果。之后重复此操作，直到获得满意的模型表现为止（运气不好的话，你可能会耗光时间、计算预算或耐心）。

如果只有几个超参数，且每个超参数都有比较少的可能值，那么一种称为**网格搜索**（grid search）的更系统化的方法将是适用的：尝试所有超参数值的组合，观察哪个组合在验证集上表现得最好。不同的组合可以在不同的机器上并行运行，所以如果你有足够的计算资源，这种尝试过程将不会太缓慢，尽管在某些情况下，模型选择一次超参数并运行会占用很大的计算资源。

我们在第 3 章和第 4 章中提到的搜索策略也可以在此发挥作用。例如，如果两个超参数彼此独立，则可以分别对它们进行优化。

如果参数可能值的组合太多，那么考虑从所有可能的超参数可能值组合的集合中**随机搜索**（random search）采样，并重复进行足够多次，只要你愿意花费时间和计算资源就能找到足够好的参数组合。此外，随机搜索也适用于处理连续值的超参数选择。

在每次训练需要花费很长时间的情况下，从每次训练中获取有用的信息将会对我们优化超参数有所帮助。**贝叶斯优化**（Bayesian optimization）将选择好的超参数值的任务本身视为一个机器学习问题，也就是说把超参数值 x 向量作为输入，把用这些超参数所建立与训练的模型在验证集上的总损失作为输出 y；之后试图找到函数 $y = f(x)$，来使损失 y 最小化。每次使用一组超参数进行训练时，都会得到一个新的 $(y, f(x))$ 对，我们可以用它来更新对函数 f 的形式的猜测。

超参数选择的核心思想是在探索（尝试新的超参数值）与利用（选择与先前得到的结果较好的超参数值接近的超参数值）之间进行权衡。这与我们在蒙特卡罗树搜索（5.4 节）中看到的权衡类似，实际上，这里也使用了上置信界的概念来最大限度地减少遗憾。如果我们假设函数 f 可以用一个**高斯过程**（Gaussian process）来近似，那么在数学上函数 f 的更新将表现得非常好。斯努克等人（Snoek *et al.*, 2013）从数学上对该方法做出了解释，并为该方法提供了实际应用层面的指导，结果表明，该方法的效果胜过手动调整的超参数（即使是调参专家调出来的超参数）。

一种可以代替贝叶斯优化的方法是**基于群体的训练**（population-based training，PBT）。PBT 首先使用随机搜索（并行地）训练大量模型，其中每个模型具有不同的超参数值。接着训练第二代模型，可以基于上一代中较好的参数值，通过对其使用遗传算法（4.1.4 节）中的随机突变来选择新的超参数值。因此，基于群体的训练既有随机搜索的优点，即可以并行地执行许多次训练，又具有贝叶斯优化（或由专业人士进行手动调参）的优点，即我们可以从过去的训练结果中获取信息并提供给之后的超参数选取。

19.5　学习理论

我们如何确定我们所学的假设能够很好地预测还未被观测过的输入？也就是说，如果我们不知道目标函数 f 是什么样子的，该如何确定假设 h 是否接近目标函数 f？这个问题已经存在了好几个世纪，奥卡姆、休谟等许多人都研究过。近几十年来，又陆续出现了其他问题：要获得较好的假设，我们需要多少样例？我们应该选用什么假设空间？如果假设空间非常复杂，我们是否可以找到最佳的假设 h，还是只能找到局部最佳的假设？h 应该有多大的复杂性？如何避免过拟合？我们将在本节中探讨这些问题。

我们从学习需要多少样例这一问题入手。从决策树学习在餐厅等待问题上的学习曲线（图 19-7）中可以看出，使用更多训练数据有利于提高准确性。学习曲线是有一定效果的，但它仅限于特定问题的特定学习算法。那么是否有一些更通用的法则来衡量所需的样例数量？

诸如此类的问题我们统称为**计算学习理论**（computational learning theory），它是人工智能、统计学和计算机理论等学科交汇的理论。解决这个问题的基本原理是，在用少量的样例进行训练之后，那些非常不匹配的假设将有很高的概率被"排除"，因为它们将做出错误的预测。因此，如果一个假设与足够多的训练样例相一致，那么它不太可能是严重不匹配的，也就是说，它必须是**概率近似正确的**（probably approximately correct，PAC）。

任何返回概率近似正确的假设的学习算法都称为 **PAC 学习**（PAC learning）算法。我们可以使用这种方法为各种学习算法提供性能限界。

与所有其他理论一样，PAC 学习理论也是公理的逻辑结果。当一个定理（而不是一个政客）基于过去的知识对未来进行预言时，公理必须提供"基础"以支撑这种联系。对 PAC 学习而言，该"基础"是由 19.4 节中所介绍的平稳性假设提供的，该假设意味着，将来的样例将从与过去的样例相同的固定分布 $P(E) = P(X, Y)$ 中得出。（注意，我们可能不知道分布具体是什么样的，我们只知道它不会改变。）此外，出于方便考虑，我们将假定真实函数 f 是确定性的，并且是正在考虑的假设空间 $\mathcal{H}$ 的一个成员。

最简单的 PAC 定理是有关布尔函数的，对布尔函数来说，0/1 损失是较合适的损失函数。在前面的内容中我们非正式地给出了假设 h 的**错误率**的定义，在此给出正式的定义，即从平稳分布中得出的样例的泛化误差的期望：

$$\text{error}(h) = GenLoss_{L_{0/1}}(h) = \sum_{x,y} L_{0/1}(y, h(x)) P(x, y)$$

换句话说，error(h) 是假设 h 对新样例进行分类产生错误结果的概率。该错误率即为学习曲线实验中所测量的量。

如果一个假设满足 error(h) $\leqslant \varepsilon$，那么我们称该假设 h 是**近似正确**（approximately correct）的，其中 ε 是一个较小的常数。我们将证明，能找到一个 N，使得在基于 N 个样例进行训练之后，所有一致性假设都将有高概率是近似正确的。我们可以认为近似正确的假设在假设空间中是"接近"真实函数的：它位于真实函数 f 周围的某个 ε **球**（ε-ball）内。我们将该球外部的假设空间记为 $\mathcal{H}_{\text{bad}}$。

对于一个"严重错误"的假设 $h_{\text{b}} \in \mathcal{H}_{\text{bad}}$，我们可以给出它与前 N 个样例都一致的概率的界限。首先，有 $\text{error}(h_{\text{b}}) > \varepsilon$。因此，它与某个给定样例一致的概率最多为 $1 - \varepsilon$。又由于样例是独立的，因此与 N 个样例一致的概率上界为：

$$P(h_{\text{b}} \text{ 与 } N \text{ 个样例一致 }) \leqslant (1 - \varepsilon)^N$$

则"在 $\mathcal{H}_{\text{bad}}$ 中至少含有一个与该 N 个样例一致的假设"的概率将有上界，上界为各个假设与样例保持一致的概率的和：

$$P(\mathcal{H}_{\text{bad}} \text{ 包含一个一致性假设 }) \leqslant |\mathcal{H}_{\text{bad}}|(1 - \varepsilon)^N \leqslant |\mathcal{H}|(1 - \varepsilon)^N$$

其中 $\mathcal{H}_{\text{bad}}$ 为假设空间 $\mathcal{H}$ 的一个子集，因此有 $|\mathcal{H}_{\text{bad}}| \leqslant |\mathcal{H}|$。我们希望能使这个事件发生的概率小于某个较小的正数 δ：

$$P(\mathcal{H}_{\text{bad}} \text{ 包含一个一致性假设 }) \leqslant |\mathcal{H}|(1 - \varepsilon)^N \leqslant \delta$$

由于 $1 - \varepsilon \leqslant e^{-\varepsilon}$，通过较大的样例数

$$N \geqslant \frac{1}{\varepsilon}\left(\ln\frac{1}{\delta} + \ln|\mathcal{H}| \right) \tag{19-1}$$

我们可以得到相应的结论。因此学习算法在观测了这么多的样例之后，以至少 $1 - \delta$ 的概率，返回一个错误率至多为 ε 的假设。换言之，它是概率近似正确的。所需的样例数量是关于 ε 与 δ 的一个函数，被称为学习算法的**样本复杂性**（sample complexity）。

如我们之前所述，如果 $\mathcal{H}$ 是 n 个属性上所有布尔函数的集合，则 $|\mathcal{H}| = 2^{2^n}$。因此，假设空间的样本复杂性增长速度为 2^n。因为所有可能的样例数也是 2^n，所以这表明在所有布尔函数类中的 PAC 学习需要观测到几乎所有可能的样例。换个角度思考产生这样结果的原因：$\mathcal{H}$ 包含足够多假设，它可以区分以任何方式给定的任何样例集合。特别地，对于任何包含 N 个样例的集合，与样例一致的假设的集合仍包含数量相等的预测 x_{N+1} 为正的假设和预测 x_{N+1} 为负的假设。

为了获得对未观测的样例的真实泛化状况，我们似乎需要以某种方式对假设空间进行限制。但是，如果我们确实限制了假设空间 $\mathcal{H}$，则可能会完全排除真实的假设。有 3 种方法可以避免这种困境。

第一种方法是利用先验知识来解决这个问题。

第二种方法是我们在 19.4.3 节中介绍的，它要求算法不只是返回任何一致性假设，而是优先返回一个简单的假设（就像在决策树学习中所做的那样）。如果找到简单的一致性假设是比较容易的，那么其样本复杂性结果通常比仅基于一致性分析所得到的假设要好一些。

接下来我们要探讨的第三种方法注重布尔函数整个假设空间的可学习子集。该方法依赖于以下假设：受限的假设空间包含与真实函数 f 足够接近的假设 h；其好处是受限的假设空间可以更有效地泛化，并且通常更易于搜索。接下来我们将更详细地研究其中一种这样的受限假设空间。

PAC 学习示例：学习决策列表

现在，我们将展示如何将 PAC 学习应用于新的假设空间：**决策列表**（decision list）。决策列表包含一系列测试，每个测试都是一些文字的合取。如果一个测试应用于一个样例描述的结

果是相符的，则决策列表将指定要返回的值。如果测试不相符，则将继续处理列表中的下一个测试。决策列表类似于决策树，但它的整体结构更简单：仅在一个方向上存在分支。相比之下，它的单个测试更为复杂。图 19-10 给出了一个代表以下假设的决策列表：

$$WillWait \Leftrightarrow (Patrons = \text{Some}) \lor (Patrons = \text{Full} \land Fri/Sat)$$

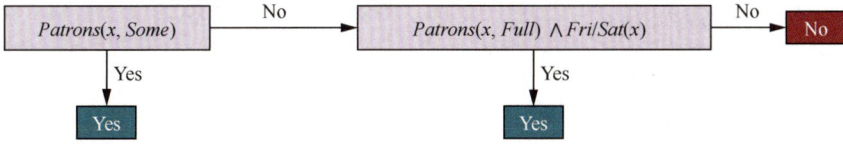

图 19-10　餐厅等待问题的决策列表

如果允许测试可以是任意大小的，那么决策列表将能表示任何布尔函数（习题 19.DLEX）。另外，如果我们将每个测试的大小限制为最多 k 个文字，则学习算法将可能从少量样例中成功泛化。我们采用符号 k-DL 来表示最多包含 k 个合取的决策列表。图 19-10 中的样例即为 2-DL。容易证明（习题 19.DLEX），k-DL 是 **k-DT** 的子集，k-DT 是深度最多为 k 的所有决策树的集合。我们用 k-DL(n) 表示使用 n 个布尔属性的 k-DL。

我们的第一个任务是证明 k-DL 是可学习的，也就是说，k-DL 中的任何函数在经过合理数量的样例训练后，都可以被准确地近似。为证明这一点，我们需要计算所有可能假设的数量。我们将使用 n 个属性且最多 k 个文字的合取式集合记为 $Conj(n, k)$。由于决策列表是根据许多测试构建的，并且每个测试结果为 Yes 或 No 或不在决策列表中，所以最多存在 $3^{|Conj(n, k)|}$ 个不同的用于组成决策列表的测试。又由于这些测试可以按任意顺序进行排列，因此：

$$|k\text{-DL}(n)| \leq 3^c c! \text{ 其中 } c = |Conj(n, k)|$$

使用 n 个属性且最多 k 个文字的合取式的数量由下式给出：

$$|Conj(n, k)| = \sum_{i=0}^{k} \binom{2n}{i} = O(n^k)$$

因此，通过计算我们可以得到

$$|k\text{-DL}(n)| = 2^{O(n^k \log_2(n^k))}$$

我们将其代入式（19-1）来获得 PAC 学习中 k-DL(n) 函数所需的样例数，它是关于 n 的多项式：

$$N \geq \frac{1}{\varepsilon} \left(\ln\frac{1}{\delta} + O(n^k \log_2(n^k)) \right)$$

因此，对于较小的 k，任何返回一致决策列表的算法都将在合理数量的样例中 PAC 学习 k-DL 函数。

下一个任务是找到一种可返回一致决策列表的有效算法。我们使用一种称为 DECISION-LIST-LEARNING 的贪心算法，该算法将反复查找与训练集的某些子集完全一致的测试。在找到这样的测试后，便将其添加到正在构建的决策列表中，并删除相应的样例。然后仅使用剩余的样例来构造决策列表的剩余部分。之后重复此过程，直到没有样例剩余为止。该算法如图 19-11 所示。

该算法没有给出选择下一个要添加到决策列表的测试的方法。尽管之前给出的形式化的结果也不依赖于选择方法，但优先选择小的测试并使它能与尽量多的统一分类样例匹配是一个合理的选择，这样会使决策列表整体尽可能紧凑。最简单的策略是找到与任意一个统一分类的子集匹配的最小测试 t，而不考虑子集的大小。结果如图 19-12 所示，可以发现即便是这种简单的方法也能表现得很好。对于此问题，决策树的学习速度比决策列表要快一些，但对应的波动更大。两种方法的准确率在经过 100 次试验后均超过 90%。

---

function DECISION-LIST-LEARNING(*examples*) **returns** 一个决策列表或*failure*

   if *examples* 为空 **then return** 平凡的决策列表No
   t ← 与一个 *examples* 的非空子集 *examples*, 对应的测试,
        使得 *examples*, 的元素均为正样例或者负样例
   if 不存在这样的*t* **then return** *failure*
   if 集合 *examples*, 中的样例均为正 **then** *o* ← Yes **else** *o* ← No
   return 一个初始测试为*t*, 输出为*o*,
        且由DECISION-LIST-LEARNING(*examples* − *examples*,)给出剩余测试的决策列表

图 19-11　学习决策列表的算法

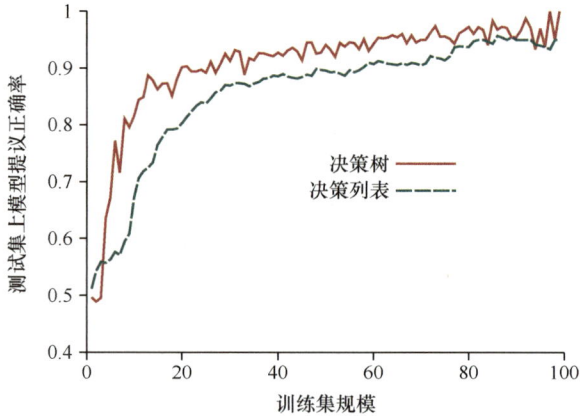

图 19-12　DECISION-LIST-LEARNING 算法用于餐厅等待问题的学习曲线。LEARN-DECISION-TREE 的曲线也在图中给出,用于比较;决策树在这个特定问题上表现得稍好一些

19.6　线性回归与分类

现在是时候将注意力从研究决策树和决策列表转移到另一个已经被使用了数百年的假设空间:关于连续值输入的**线性函数**(linear function)。我们将从最简单的情况开始讨论:使用单变量线性函数进行回归,它也被称为“直线拟合”。19.6.3 节将介绍多变量的情形。19.6.4 节和 19.6.5 节将介绍如何通过应用硬阈值和软阈值将线性函数转换为分类器。

19.6.1　单变量线性回归

拥有输入 x 和输出 y 的单变量线性函数(直线)的形式是 $y = w_1 x + w_0$,其中 w_0 和 w_1 为待学习的实值系数。之所以使用字母 w,是因为我们将系数视为**权重**(weight)。y 的值将随着一项或多项的相对权重的改变而改变。我们将 $\boldsymbol{w}$ 定义为向量 (w_0, w_1),并定义在此权重下的线性函数为

$$h_{\boldsymbol{w}}(x) = w_1 x + w_0$$

图 19-13a 给出了 xy 平面上的一个含有 n 个样例点的训练集,每个点代表房屋的占地面积和价格。我们要找到最匹配这些数据的线性函数 $h_{\boldsymbol{w}}$,该任务被称为**线性回归**(linear regression)。

要用数据拟合出一条直线，我们实际上需要做的就是找到对应的权重值 (w_0, w_1)，使得其经验损失最小。通常我们（回到高斯[①]）采用平方误差损失函数 L_2，并对所有训练样例进行求和：

$$Loss(h_w) = \sum_{j=1}^{N} L_2(y_j, h_w(x_j)) = \sum_{j=1}^{N} (y_j - h_w(x_j))^2 = \sum_{j=1}^{N} (y_j - (w_1 x_j + w_0))^2$$

我们希望找到特定的 $w^* = \mathrm{argmin}_w \, Loss(h_w)$。当求和 $\sum_{j=1}^{N} (y_j - (w_1 x_j + w_0))^2$ 达到最小时，它关于参数 w_0 和 w_1 的偏导数为 0：

$$\frac{\partial}{\partial w_0} \sum_{j=1}^{N} (y_j - (w_1 x_j + w_0))^2 = 0; \quad \frac{\partial}{\partial w_1} \sum_{j=1}^{N} (y_j - (w_1 x_j + w_0))^2 = 0 \tag{19-2}$$

此时该问题有唯一解：

$$w_1 = \frac{N\left(\sum x_j y_j\right) - \left(\sum x_j\right)\left(\sum y_j\right)}{N\left(\sum x_j^2\right) - \left(\sum x_j\right)^2}; \quad w_0 = \left(\sum y_j - w_1\left(\sum x_j\right)\right) \Big/ N \tag{19-3}$$

对于图 19-13a 中的样例，对应的解为 $w_1 = 0.232$、$w_0 = 246$，拥有该权重的直线已经在图中用虚线表示。

　　许多形式的学习都涉及调整权重以最大限度地减小损失，因此对损失函数在**权重空间**（weight space）——由所有可能权重值构成的空间——上的变化有一个直观认识是有帮助的。对于单变量线性回归，由 w_0 和 w_1 定义的权重空间是一个二维空间，因此我们可以在三维图中绘制损失函数与 w_0 和 w_1 的函数关系图（见图 19-13b）。我们可以发现损失函数是凸的（如第 4 章所定义）；对于采用 L_2 损失的每个线性回归问题，这个结果都是正确的，凸的性质意味着损失函数没有局部极小值。从某种意义上来说，线性回归模型到这里已经完成了；即如果需要线性地拟合数据，则直接应用公式（19-3）即可。[②]

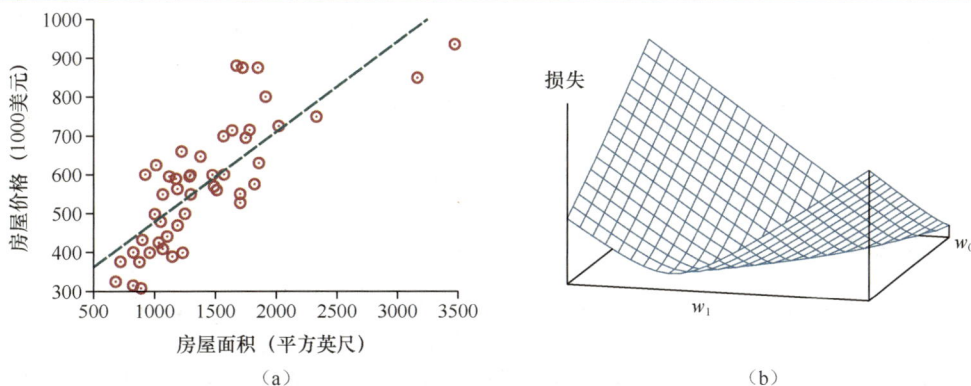

图 19-13　（a）2009 年 7 月在加利福尼亚州伯克利出售的房屋的价格与建筑面积的数据点，以及使得平方误差损失最小的线性函数假设：$y = 0.232x + 246$。（b）损失函数 $\sum_j (y_j - w_1 x_j + w_0)^2$ 关于不同的 w_0 和 w_1 值的三维图。注意，损失函数是凸的，只存在一个全局最小值（注：1 平方英尺 = 0.093 平方米）

---

①　高斯证明了，如果 y_j 的观测值带有一个服从正态分布的噪声，那么使用 L_2 损失函数，并通过最小化误差的平方和，我们将得到 w_1 和 w_0 的可能性最大的解。（如果输出值带有一个服从拉普拉斯分布的噪声，那么 L_1 损失函数将适用于这个情形。）

②　需要注意的是：当存在与 x 无关的服从正态分布的噪声时，L_2 损失函数是合适的；所有的这些结果均依赖于平稳性假设等。

19.6.2　梯度下降

单变量线性回归模型有一个很好的性质，即利用最优解处的偏导数为 0，我们很容易找到模型的最优解。但在其他模型中，情况并非总是如此，因此我们将在这里介绍另一种使损失函数最小化的方法，该方法不依赖于通过求解导数的零点来求解模型，并且可以应用于任何损失函数，无论它有多复杂。

如 4.2 节中所讨论的，我们可以通过逐步修改参数来搜索连续的权重空间。在前面我们将此算法称为**爬山算法**，但现在我们的目标是将损失最小化，而不是将收益最大化，因此我们将使用**梯度下降**（gradient descent）一词。首先选择权重空间中的任何一点作为起点——该问题中选择 (w_0, w_1) 平面上的一个点，然后计算梯度的估计值，并在最陡峭的下坡方向移动一小步，重复这一过程直到收敛到权重空间上某一点为止，它将在权重空间具有（局部）最小的损失。

对应的算法如下所示：

$w \leftarrow$ 参数空间中的任一点
while not 收敛 **do**
　　for each w_i **in** w **do**

$$w_i \leftarrow w_i - \alpha \frac{\partial}{\partial w_i} Loss(w) \tag{19-4}$$

其中参数 α，我们在 4.2 节中称之为**步长**，当我们试图最小化学习问题中的损失函数时，通常称之为**学习率**（learning rate）。它可以是一个固定的常数，也可以随着学习过程的进行逐渐衰减。

对于单变量回归问题，其损失函数是二次的，因此偏导数将是线性的。［你只需要知道运算的**链式法则**（chain rule）：$\partial g(f(x))/\partial x = g'(f(x))\partial f(x)/\partial x$，再加上 $\frac{\partial}{\partial x}x^2 = 2x$ 和 $\frac{\partial}{\partial x}x = 1$ 这一事实。］

首先，我们在仅有一个训练样例 (x, y) 的简化情形下，推导出偏导数（即斜率）：

$$\frac{\partial}{\partial w_i} Loss(w) = \frac{\partial}{\partial w_i}(y - h_w(x))^2 = 2(y - h_w(x)) \times \frac{\partial}{\partial w_i}(y - h_w(x))$$
$$= 2(y - h_w(x)) \times \frac{\partial}{\partial w_i}(y - (w_1 x + w_0)) \tag{19-5}$$

对于具体的 w_0 和 w_1：

$$\frac{\partial}{\partial w_0} Loss(w) = -2(y - h_w(x)); \qquad \frac{\partial}{\partial w_1} Loss(w) = -2(y - h_w(x)) \times x$$

将这两个偏导数代入式（19-4），并将系数 2 归入未定的学习率 α，我们得到权重的学习规则如下：

$$w_0 \leftarrow w_0 + \alpha (y - h_w(x)); \qquad w_1 \leftarrow w_1 + \alpha (y - h_w(x)) \times x$$

这些更新规则具有直观的意义：如果 $h_w(x) > y$（即输出太大），那么需要稍微降低 w_0，如果 x 是正输入则减小 w_1，若是负输入则增加 w_1。

前面的式子涵盖了一个训练样例的训练过程。对于 N 个训练样例，我们希望最小化每个样例各自损失的总和。由于和的导数即是导数的和，因此有

$$w_0 \leftarrow w_0 + \alpha \sum_j (y_j - h_w(x_j)); \quad w_1 \leftarrow w_1 + \alpha \sum_j (y_j - h_w(x_j)) \times x_j$$

这些更新法则构成了用于单变量线性回归的**批梯度下降**（batch gradient descent）学习法则（也称**确定性梯度下降**）。其损失曲面是凸的，这意味着训练不会陷入局部极小值，到全局最小值的收敛性可以保证（只要我们不选择一个过大的 α），但是有可能非常慢：在每一步更新中我们必须对所有 N 个训练样例进行求和，并且可能会进行很多轮更新。如果 N 的大小超过处理器的内存大小，那么问题就更加复杂了。遍历了所有训练样例的一步更新，我们称之为**轮**（epoch）。

一种速度更快的变种是**随机梯度下降**（stochastic gradient descent，SGD）：它在每一步中随机选择少量训练样例，并根据式（19-5）进行更新。SGD 的初始版本为在每一步中仅选择一个训练样例，但现在更常见的做法是从 N 个样例中选择一个大小为 m 的小批量。假设我们有 $N = 10\ 000$ 个样例，并选择批量大小为 $m = 100$。那么在每一步中，我们都将计算量减小到原来的 1/100，但是由于估算的平均梯度的标准误差与样例数的平方根成比例，因此标准误差仅增加 10 倍。因此，在本例中，虽然小批量 SGD 要花费 10 倍以上的步骤才能达到相同的收敛程度，但它仍然比全批量 SGD 快 10 倍。

根据 CPU 或 GPU 的结构，我们可以选择合适的 m 来利用并行向量运算，使得包含 m 个样例的更新几乎与仅包含单个样例的更新一样快。在这些条件下，我们会将 m 视为针对各个学习问题需要进行调整的超参数。

小批量 SGD 的收敛性是没有严格保证的；因为它会在最小值附近波动，而不会稳定下来。在 19.6.4 节中我们将看到，一个逐渐降低学习率 α 的序列（如在模拟退火中所用）是如何确保算法收敛的。

SGD 在在线的情境中可能会有较大作用，在这种情况下，新数据的产生是逐次逐个的，并且平稳性假设可能不成立。[实际上，SGD 也称为**在线梯度下降**（online gradient descent）。]在选择了一个较好的学习率 α 后，模型就会逐渐优化，并记住它过去学到的一些知识，还可以适应蕴含在新数据中的分布的变化。

SGD 已经被广泛地应用于除线性回归以外的模型，尤其是神经网络。即使损失平面不是凸的，该方法也已被证明可以有效地找到接近全局最小值的性质良好的局部极小值。

19.6.3 多变量线性回归

我们可以轻松地将上述方法推广到**多变量线性回归**（multivariable linear regression）问题，在该问题中每个样例 $\boldsymbol{x}_j$ 是一个 n 元向量。[1] 我们的假设空间是由形如下式的函数构成的集合：

$$h_{\boldsymbol{w}}(\boldsymbol{x}_j) = w_0 + w_1 x_{j,1} + \cdots + w_n x_{j,n} = w_0 + \sum_i w_i x_{j,i}$$

其中 w_0 项（截距）与其他项截然不同。我们可以通过引入一个虚拟输入属性 $x_{j,0}$ 来解决这个问题，该属性始终等于 1。那么 h 将用权重与输入向量的点积（或等价的，权重转置与输入向量的矩阵内积）来表示：

$$h_{\boldsymbol{w}}(\boldsymbol{x}_j) = \boldsymbol{w} \cdot \boldsymbol{x}_j = \boldsymbol{w}^\top \boldsymbol{x}_j = \sum_i w_i x_{j,i}$$

最佳的权重向量 $\boldsymbol{w}^*$ 为最小化样例上的平方误差损失：

---

[1] 有需要的读者不妨参考附录 A 来简要了解线性代数的基本内容。另外，注意，我们使用术语“多变量回归”来表示输入是多个值的向量，但是输出是单个变量。对于输出也是多个变量的向量的情况，我们将使用术语“多元回归”。但是，在其他著作中存在互换使用这两个术语的现象。

$$w^* = \underset{w}{\mathrm{argmin}} \sum_j L_2(y_j, w \cdot x_j)$$

实际上，多变量线性回归并不比我们刚刚介绍的单变量情况复杂很多。梯度下降将收敛到损失函数的（唯一）最小值。每个权重 w_i 的更新式为

$$w_i \leftarrow w_i + \alpha \sum_j (y_j - h_w(x_j)) \times x_{j,i} \qquad (19\text{-}6)$$

利用线性代数和向量的运算，还可以解析地求解最小化损失函数的 w。令 y 为训练样例的输出向量，X 为**数据矩阵**（data matrix），即每行为一个 n 维样例的输入矩阵。则我们预测的输出向量为 $\hat{y} = Xw$，所有训练数据上的平方误差损失为

$$L(w) = \|\hat{y} - y^2\| = \|Xw - y\|^2$$

令其梯度为 0：

$$\nabla_w L(w) = 2X^\mathsf{T}(Xw - y) = 0$$

整理后，我们可以得到最小化损失函数的权重为

$$w^* = (X^\mathsf{T}X)^{-1}X^\mathsf{T}y \qquad (19\text{-}7)$$

我们称表达式 $(X^\mathsf{T}X)^{-1}X^\mathsf{T}$ 为数据矩阵的**伪逆**（pseudoinverse），并且式（19-7）称为**正规方程**（normal equation）。

使用单变量线性回归时，我们不必担心过拟合的问题。但是在高维空间中进行多变量线性回归时，某些看上去有用但实际上无关紧要的变量可能会导致过拟合。

因此，对于多变量线性函数，通常使用**正则化**的方法来避免过拟合。之前我们说到，正则化是指我们可以将假设的总体代价——同时计算经验损失和假设的复杂性——最小化：

$$Cost(h) = EmpLoss(h) + \lambda\, Complexity(h)$$

对线性函数来说，函数的复杂性取决于权重的大小，我们可以考虑如下的正则化函数族：

$$Complexity(h_w) = L_q(w) = \sum_i |w_i|^q$$

它和损失函数的联系在于，当 $q=1$ 时，它是 L_1 正则化[①]，它最小化输入的绝对值和；当 $q=2$ 时，它就是 L_2 正则化，最小化输入的平方和。那么应该选择哪个正则化函数？这取决于待解决的特定问题，但总的来说，L_1 正则化有一个重要的优势：它倾向于生成一个**稀疏模型**（sparse model）。也就是说，它通常能将许多权重置为 0，从而表明相应的特征是完全不相关的——就像 Learn-Decision-Tree 所做的一样（尽管是通过不同的机制来实现的）。舍弃一些特征的假设对人类而言更容易理解，并且不太可能过拟合。

图 19-14 直观地说明了为什么 L_1 正则化可能会导致某些权重为 0，而 L_2 正则化却不会。注意，最小化 $Loss(w) + \lambda Complexity(w)$ 等价于在约束 $Complexity(w) \leqslant c$ 下最小化 $Loss(w)$，其中 c 是某个与 λ 相关的常数。可以看到，在图 19-14a 中，菱形框表示 L_1 复杂性小于 c 的二维权重空间中的点 w 的集合，模型的解必须在此框内的某个位置。同心椭圆代表损失函数的等高线，其中心点对应的损失最小。我们希望在这个方框中找到最接近损失函数最小值的点；从图中可以看到，由于方框是有棱角的，因此对于损失函数任意值对应的等高线，方框的角通常会触碰到最接近最小值的等高线。棱角处的参数自然是在某些维度上值为 0 的点。

---

① 符号 L_1 和 L_2 同时用于表示损失函数和正则化函数，可能会出现混淆。事实上它们不必成对使用：你可以将 L_2 损失与 L_1 正则化结合使用，反之亦然。

在图 19-14b 中，我们对 L_2 复杂性也进行了相同的处理，该度量对应的形状是一个圆而不是菱形。在这种情形下我们可以看到，交点一般没有理由出现在某一个轴上。因此，L_2 正则化不会有产生 0 权重的倾向。在很多问题上的经验性证据表明，在 L_2 正则化的情形下，找到一个性质良好的 h 所需的样例数与不相关特征的数量是呈线性关系的，但是在 L_1 正则化的情形下则是对数级别的。

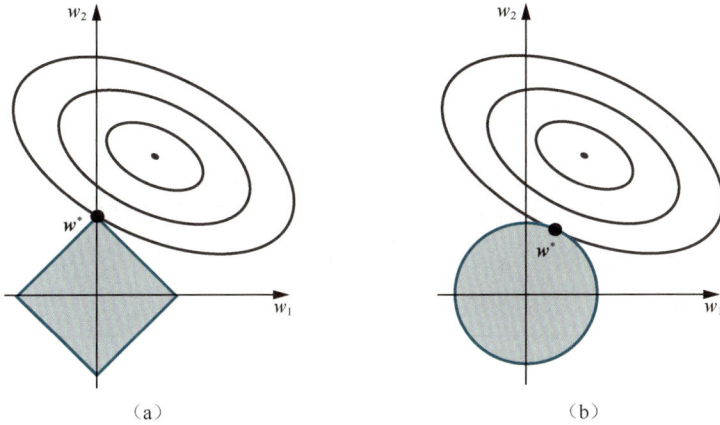

图 19-14 L_1 正则化倾向于产生一个稀疏模型的解释。（a）在 L_1 正则化（菱形框）的情况下，正则化约束内的最小损失（同心等高线）一般会出现在某一条轴上，这意味着一个权重为 0；（b）在 L_2 正则化（圆形）的情况下，最小损失可能出现在圆周上的任何位置，因而不会偏向 0 权重

另一种看待 L_1 正则化与 L_2 正则化区别的方式是，L_1 正则化对维度轴的选取是严肃的，而 L_2 正则化将它们看得很随意。L_2 函数是球对称的，因此具有一定的旋转不变性。设想一个平面中的一组点，它们有坐标 x 和 y。现在假设我们将维度轴旋转 45°，将会得到一组不同的坐标 (x', y')，它们代表相同的点。如果在旋转前后我们应用 L_2 正则化，则模型训练后会得到与之前相同的点（尽管该点将使用新的坐标 (x', y') 进行表示）。在轴的确是任意选取的情况下，例如，在二维坐标轴指向东、北方向或指向东北、东南方向都无关紧要的情况下，选择 L_2 正则化将是恰当的。使用 L_1 正则化时，我们将得到不同的答案，因为 L_1 函数不是旋转不变的。因此当维度轴不可交换时，选择 L_1 正则化是适当的；将代表"浴室数量"的轴旋转 45° 从而指向"使用面积"是没有意义的。

19.6.4 带有硬阈值的线性分类器

线性函数可用于回归，也可以用于分类。例如，图 19-15a 中有两类数据点，分别代表地震（地震学家对此感兴趣）和地底爆炸（军备控制专家或军事专家对此感兴趣）。每个点由两个输入值 x_1 和 x_2 组成，分别代表根据地震信号所计算出的体波震级和面波震级。我们的分类任务是基于这些训练数据学习一个假设 h，它将获取新的数据点 (x_1, x_2)，对于地震将返回 0，对于爆炸将返回 1。

决策边界（decision boundary）是一条直线、一个平面或者更高维的面，它将地震和地底爆炸这两类数据分离。在图 19-15a 中，决策边界是一条直线。线性决策边界也被称为**线性分离器**（linear separator），而允许这种分离器存在的数据我们称之为**线性可分**（linear separable）的数据。在该数据中，线性分离器为

$$x_2 = 1.7x_1 - 4.9 \text{ 或 } -4.9 + 1.7x_1 - x_2 = 0$$

那些我们希望被分类为 1 的爆炸处于直线的右下方区域，它们是满足 $-4.9 + 1.7x_1 - x_2 > 0$ 的数据点，而分类为地震的数据点满足 $-4.9 + 1.7x_1 - x_2 < 0$。我们可以把这个等式更简洁地表示为向量的点乘的形式。令 $x_0 = 1$，则等式相当于：

$$-4.9x_0 + 1.7x_1 - x_2 = 0$$

此外我们定义权重向量，

$$\boldsymbol{w} = \langle -4.9, 1.7, -1 \rangle$$

那么分类假设则可以表示为

$$h_{\boldsymbol{w}}(\boldsymbol{x}) = 1 \quad \text{如果 } \boldsymbol{w} \cdot \boldsymbol{x} \geqslant 0, \text{ 否则 } 0$$

或者，我们可以定义一个**阈值函数**（threshold function）来表示假设，它以线性函数 $\boldsymbol{w} \cdot \boldsymbol{x}$ 作为输入：

$$h_{\boldsymbol{w}}(\boldsymbol{x}) = Threshold(\boldsymbol{w} \cdot \boldsymbol{x}), \quad \text{其中 } Threshold(z) = 1, \text{ 如果 } z \geqslant 0; \text{ 否则 } 0$$

阈值函数如图 19-17a 所示。

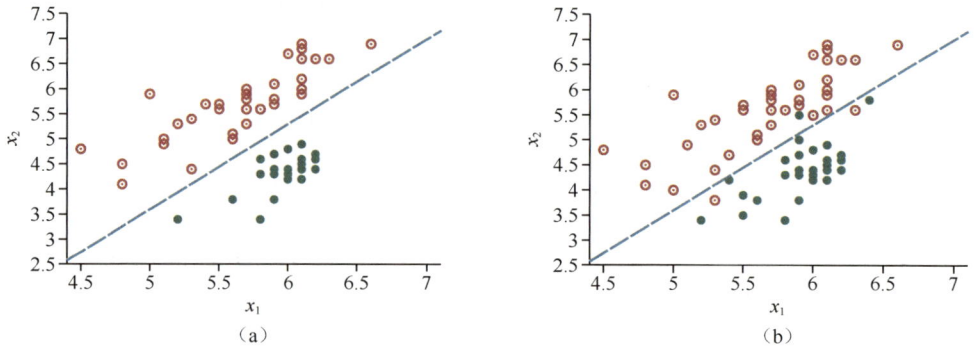

图 19-15 （a）两种类型地震数据，包含体波震级 x_1 和面波震级 x_2，数据来源于 1982～1990 年在亚洲和中东发生的地震（橙色空心圆）和地底爆炸（绿色实心圆）（Kebeasy *et al.*, 1998）。图中还绘制了类之间的决策边界。（b）同一个领域，有比之前更多的数据点。此时地震和爆炸不再是线性可分的

既然 $h_{\boldsymbol{w}}(\boldsymbol{x})$ 已经有了明确定义的数学形式，我们可以考虑选择权重 $\boldsymbol{w}$ 以最小化损失函数。在 19.6.1 节和 19.6.3 节中，我们通过闭式解（通过求解梯度为零来求解权重）和在权重空间中采用梯度下降来找到最优参数。在这个问题中这两个方法都不可行，因为在权重空间中除了使 $\boldsymbol{w} \cdot \boldsymbol{x} = 0$ 的点外，几乎所有地方的梯度都是零，并且在这些点上的梯度是没有定义的。

尽管如此，该问题还是存在一个简单的权重更新算法，该算法可以收敛到一个解（可以收敛到一个对数据进行完美分类的线性分离器），前提是该数据是线性可分的。对于一个样例 $(\boldsymbol{x}, y)$，我们采取

$$w_i \leftarrow w_i + \alpha(y - h_{\boldsymbol{w}}(\boldsymbol{x})) \times x_i \tag{19-8}$$

该式基本上与式（19-6）相同，即与线性回归的更新规则相同。该规则被称为**感知机学习规则**（perceptron learning rule），命名的原因将在第 21 章给出。由于我们所考虑的问题是 0/1 分类问题，所以学习过程会有些不同。真值 y 和假设的输出 $h_{\boldsymbol{w}}(\boldsymbol{x})$ 均有值 0 或 1，因此有以下 3 种可能发生的状况。

- 若输出是正确的（$y = h_{\boldsymbol{w}}(\boldsymbol{x})$），那么权重将不会改变。
- 如果 y 为 1 而 $h_{\boldsymbol{w}}(\boldsymbol{x})$ 为 0，那么当相应的输入 x_i 是正数时 w_i 将增大，当 x_i 是负数时 w_i 将减小。

这是有直观意义的，因为我们希望相应的 $\boldsymbol{w} \cdot \boldsymbol{x}$ 会更大，进而使得 $h_w(\boldsymbol{x})$ 的输出为 1。

● 如果 y 为 0 而 $h_w(\boldsymbol{x})$ 为 1，那么当相应的输入 x_i 是正数时 w_i 将减小，当 x_i 是负数时 w_i 将增大。这是有直观意义的，因为我们希望相应的 $\boldsymbol{w} \cdot \boldsymbol{x}$ 会更小，进而使得 $h_w(\boldsymbol{x})$ 的输出为 0。

在该更新规则中，每一次更新一般随机选择一个样例进行学习（正如随机梯度下降中的做法）。图 19-16a 给出了该学习规则应用于图 19-15a 所示的地震/爆炸数据的**训练曲线**（training curve）。训练曲线所示是学习过程中每一次更新后分类器的表现。该曲线表明，在该更新规则下，参数将收敛到误差为 0 的线性分离器上。"收敛"的过程并不十分顺利，但最终还是成功的。对于包含 63 个样例的数据集，该过程需要 657 步更新才能收敛，因此每个样例平均出现大约 10 次。通常来说，不同次运行之间的方差很大。

我们之前提到，当数据点线性可分时，感知机学习规则会收敛到理想的线性分离器。但是如果数据不符合条件怎么办？这种情况在真实世界中是很普遍的。例如，在图 19-15b 中将凯比西等人（Kebeasy *et al.*, 1998）绘制图 19-15a 时丢弃的数据点补回去。在图 19-16b 中，我们发现感知机学习规则即使在经过 1 万次更新后也无法收敛：即使它多次到达了使得该问题的错误最少的解（3 个错误分类），该算法仍在不断改变权重。通常来说，如果采用一个固定的学习率 α，感知机学习规则可能不会收敛到一个稳定的解，但是如果 α 以 $O(1/t)$ 的速度衰减，其中 t 是迭代次数，则可以证明，当样例以一个随机序列的形式逐个输入时，该更新规则会收敛到最小误差解。[①] 我们还可以证明寻找最小误差解是 NP 困难的，因此我们所希望的算法收敛需要的样例可能是非常多的。图 19-16c 给出了学习率 $\alpha(t) = 1000/(1000 + t)$ 下的训练过程：即使在 100 000 次迭代后，收敛仍然不是完美的，但它比固定学习率 α 的情况好得多。

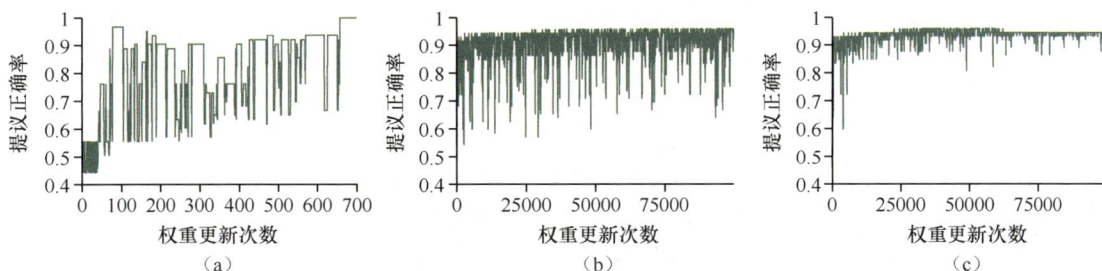

图 19-16 （a）给定图 19-15a 中的地震/爆炸数据，模型在总训练集上的准确度与感知机学习规则训练的迭代次数的关系图。（b）对图 19-15b 中带噪声的、不可分离的数据绘制相同的图；注意 x 轴刻度有所改变。（c）学习率 $\alpha(t) = 1000/(1000 + t)$ 时，绘制与（b）中相同的图

19.6.5 基于逻辑斯谛回归的线性分类器

我们已经看到，将线性函数的输出作为一个阈值函数的输入可以建立一个线性分类器。然而，硬阈值导致了一些问题：假设 $h_w(\boldsymbol{x})$ 是不可微的甚至关于输入和权重是不连续的。这使得使用感知机规则进行学习成为一种非常不可预测的冒险。除此之外，线性分类器始终输出一个确定性的 1 或 0 预测，即使对于非常接近于边界的样本也是如此。如果能将一些样例明确分类为 0 或 1，而将其他处于边界的样本分类为"不清楚"，将是一个更好的结果。

所有这些问题都可以通过软阈值这一扩展方法来解决——通过使用一个连续的、可微的函

[①] 从理论上讲，我们要求 $\sum_{t=1}^{+\infty} \alpha(t) = +\infty$ 和 $\sum_{t=1}^{+\infty} \alpha^2(t) < +\infty$。学习率 $\alpha(t) = O(1/t)$ 满足这些条件。通常我们会使用 $c/(c + t)$，其中 c 为一个相当大的常数。

数来近似硬阈值函数。在第 13 章中，我们看到了两个类似于软阈值的函数：标准正态分布的积分（用于概率单位模型）和逻辑斯谛函数（用于 logit 模型）。尽管这两个函数的形状非常相似，但逻辑斯谛函数具有更好的数学性质：

$$Logistic(z) = \frac{1}{1 + e^{-z}}$$

该函数如图 19-17b 所示。用逻辑斯谛函数代替阈值函数，我们可以得到

$$h_w(\boldsymbol{x}) = Logistic(\boldsymbol{w} \cdot \boldsymbol{x}) = \frac{1}{1 + e^{-\boldsymbol{w} \cdot \boldsymbol{x}}}$$

图 19-17c 所示的例子为关于双输入地震/爆炸问题的逻辑斯谛回归假设。注意其输出是一个介于 0 ～ 1 的数字，它可以解释为标签类为 1 的概率。假设在输入空间中形成一个软化边界，对位于该边界中心的任何输入，该概率为 0.5，并且随着数据远离边界而接近 0 或 1。

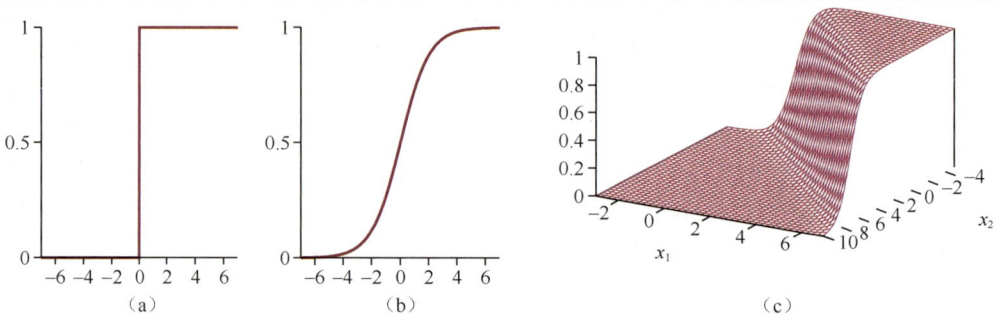

图 19-17　（a）硬阈值函数 $Threshold(z)$，输出为 0/1。注意，该函数在 $z = 0$ 处是不可微的。（b）逻辑斯谛函数 $Logistic(z) = \frac{1}{1 + e^{-z}}$，也称为 sigmoid 函数。（c）对于图 19-15b 中数据的逻辑斯谛回归假设 $h_w(\boldsymbol{x}) = Logistic(\boldsymbol{w} \cdot \boldsymbol{x})$

拟合该模型的权重以最小化数据集上的损失的过程，称为**逻辑斯谛回归**（logistic regression）。在该模型中，没有简单的闭式解可以找到 $\boldsymbol{w}$ 的最优值，但是梯度下降的计算很直接。我们的假设不再只输出 0 或 1，可以使用 L_2 损失函数。为了保持公式的可读性，我们将使用 g 表示逻辑斯谛函数，并使用 g' 作为其导数。

对于单个样例 $(\boldsymbol{x}, y)$，在使用 h 的实际形式前，梯度的推导与线性回归［式（19-5）］中的推导相同。（对于此处的推导，我们需要再次使用链式法则。）有

$$\begin{aligned}
\frac{\partial}{\partial w_i} Loss(\boldsymbol{w}) &= \frac{\partial}{\partial w_i}(y - h_w(\boldsymbol{x}))^2 \\
&= 2(y - h_w(\boldsymbol{x})) \times \frac{\partial}{\partial w_i}(y - h_w(\boldsymbol{x})) \\
&= -2(y - h_w(\boldsymbol{x})) \times g'(\boldsymbol{w} \cdot \boldsymbol{x}) \times \frac{\partial}{\partial w_i} \boldsymbol{w} \cdot \boldsymbol{x} \\
&= -2(y - h_w(\boldsymbol{x})) \times g'(\boldsymbol{w} \cdot \boldsymbol{x}) \times x_i
\end{aligned}$$

逻辑斯谛函数的导数 g' 满足 $g'(z) = g(z)(1 - g(z))$，因此有

$$g'(\boldsymbol{w} \cdot \boldsymbol{x}) = g(\boldsymbol{w} \cdot \boldsymbol{x})(1 - g(\boldsymbol{w} \cdot \boldsymbol{x})) = h_w(\boldsymbol{x})(1 - h_w(\boldsymbol{x}))$$

因此，为最小化损失而进行的权重更新每一次都朝着标签与预测之间的差 $(y - h_w(\boldsymbol{x}))$ 的方向迈出一步，并且步长取决于常数 α 和 g'：

$$w_i \leftarrow w_i + \alpha(y - h_w(\boldsymbol{x})) \times h_w(\boldsymbol{x})(1 - h_w(\boldsymbol{x})) \times x_i \qquad (19\text{-}9)$$

用逻辑斯谛回归代替线性阈值分类器并重复图 19-16 中的实验，我们得到图 19-18 所示的结果。图 19-18a 中的数据是线性可分的，此时逻辑斯谛回归的收敛速度相对更慢，但收敛的过程可预测性更高。在图 19-18b 和图 19-18c 中，数据分别是带有噪声的和不可分的，逻辑斯谛回归的收敛速度明显更快，更稳定。这些优势往往会延续到实际应用中，目前逻辑斯谛回归已经成为医学、市场营销、调查分析、信用评分、公共卫生和其他应用中最流行的分类技术之一。

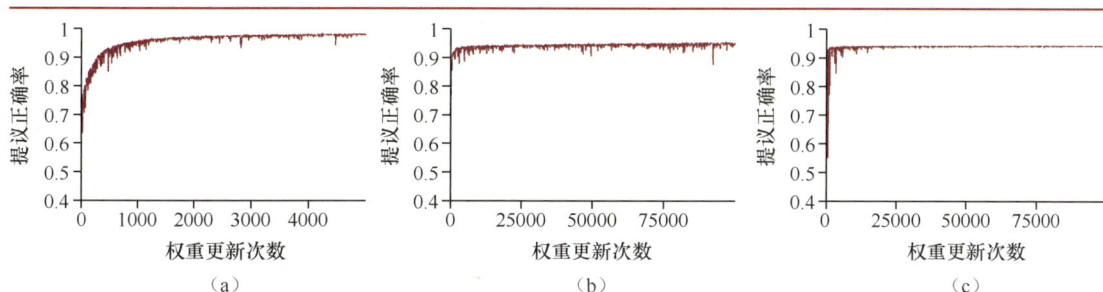

图 19-18　重复使用逻辑斯谛回归进行图 19-16 中的实验。（a）中的图包含了 5000 次迭代，而不是 700 次，而（b）和（c）中的图使用与之前相同的坐标刻度

19.7　非参数模型

线性回归使用训练数据来估计一组固定的参数 w。根据参数定义假设 $h_w(\boldsymbol{x})$，此时我们已经可以丢弃训练数据了，因为它们的信息都由 w 包含。通过参数个数固定的参数集（与训练样例的数量无关）来汇总数据信息的学习模型称为**参数模型**（parametric model）。

如果数据集较小，则对可行假设有严格的限制是有道理的，这可以避免过拟合。但是当要学习数百万或数十亿个样例时，用数据本身表示自己似乎是一个更好的想法，而不是强行用很小的参数向量进行表示。如果数据表明正确答案是一个波动剧烈的函数，那么我们不应局限于线性或波动不太剧烈的函数。

非参数模型（nonparametric model）是指无法用参数个数固定的参数集来表示的模型。例如，图 19-1 中的分段线性函数将所有数据点保留为模型的一部分。这样做的学习方法也被称为**基于实例的学习**（instance-based learning）或**基于记忆的学习**（memory-based learning）。最简单的基于实例的学习方法是**查表**（table lookup）：取所有的训练样例，将它们放在查找表中，然后在需要访问 $h(\boldsymbol{x})$ 时，查看 $\boldsymbol{x}$ 是否在表中；如果是，则返回相应的 y。

这种方法的问题在于它不能很好地泛化：当 $\boldsymbol{x}$ 不在表中时，我们没有信息去输出一个合理的值。

19.7.1　最近邻模型

我们可以对查表法进行一些细微的改进：给定待查询的 $\boldsymbol{x}_q$，我们寻找最接近它的 k 个样例，而不是寻找等于 $\boldsymbol{x}_q$ 的样例。这样的方法称为 k **近邻**（k-nearest neighbors）查找。我们使用符号 $NN(k, \boldsymbol{x}_q)$ 表示 $\boldsymbol{x}_q$ 的 k 个最近邻邻居的集合。

为了实现分类，我们找到一组邻居 $NN(k, \boldsymbol{x}_q)$，并以最常见的输出值为例，如果 $k = 3$ 且输出值为〈Yes, No, Yes〉，则分类结果将为 Yes。为了避免二分类结果数量相同，通常将 k 选择为奇数。

为了实现回归，我们可以取 k 个邻居的平均值或中位数，也可以在最近邻邻居上求解一个线性回归问题。图 19-1 中的分段线性函数使用 x_q 的左右两个数据点求解一个（简单的）线性回归问题。（当数据点 x_i 等距离分布时，这两个点为两个最近邻邻居。）

在图 19-19 中，我们关于图 19-15 中的地震数据集分别给出了 $k = 1$ 和 $k = 5$ 时 k 近邻分类的决策边界。和参数方法一样，非参数方法仍会面临欠拟合和过拟合的问题。在该问题中，1近邻将会过拟合。它对右上方的深色离群值和坐标为 (5.4, 3.7) 的白色离群值反应太大。5 近邻的决策边界较好，但较高的 k 会导致欠拟合。通常，我们可以使用交叉验证来选择 k 的最佳值。

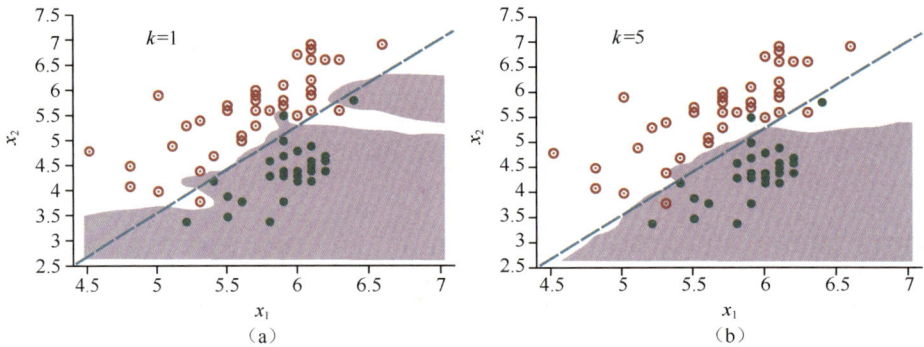

图 19-19　（a）一个 k 近邻模型，该图显示了图 19-15 中数据的爆炸一类的范围，其中 $k = 1$。可以明显看到有过拟合现象。（b）当 $k = 5$ 时，该数据集上的过拟合现象消失了

"最近"一词意味着距离度量。那么如何测量从查询点 x_q 到样例点 x_j 的距离呢？通常，我们使用闵可夫斯基距离（Minkowski distance）或 L^p 范数，其定义为

$$L^p(\boldsymbol{x}_j, \boldsymbol{x}_q) = \left(\sum_i |x_{j,i} - x_{q,i}|^p\right)^{1/p}$$

当 $p = 2$ 时，它为欧几里得距离，当 $p = 1$ 时，它代表曼哈顿距离。对于布尔属性值，两个数据点不同的属性的数量称为汉明距离（Hamming distance）。如果维度所测量的是度量单位相似的特性，例如零件的宽度、高度和深度，我们通常使用欧几里得距离；如果维度的度量单位不相似，例如患者的年龄、体重和性别，则通常使用曼哈顿距离。注意，如果我们使用每个维度的原始数据来建模，则总距离将受到任何维度上单位变化的影响。也就是说，如果将高度的度量单位从米更改为英里，而宽度和深度的度量单位保持不变，那么我们将得到不同的最近邻。此外，如何比较年龄和体重这两种差异呢？一种常见的方法是对每一个测量维度进行归一化（normalization）。我们可以计算每个维度上的平均值 μ_i 和标准偏差 σ_i，然后重新缩放它们，使得 $x_{j,i}$ 变为 $(x_{j,i} - \mu_i)/\sigma_i$。一个更复杂的方法称为马哈拉诺比斯距离（Mahalanobis distance），它考虑了维度之间的协方差。

如果我们有低维空间中的大量数据，最近邻模型的效果将非常好：通常会有足够多的近距离数据点来获得较好的答案。但是随着维数的增加，我们会遇到一个问题：在高维空间中，最接近的数据点之间的距离通常并不小！我们考虑在 n 维单位超立方体内部均匀分布的数据集（包含 N 个点）上的 k 近邻模型。我们将点的 k 邻域定义为包含 k 个最近邻的最小超立方体。令 ℓ 为邻域的平均边长，那么（包含 k 个点的）邻域体积为 ℓ^n，整个立方体（包含全部 N 个数据点）的体积为 1。因此平均而言有 $\ell^n = k/N$。取 n 次方根我们可以得到 $\ell = (k/N)^{1/n}$。

具体来说，令 $k = 10$ 且 $N = 1\ 000\ 000$。在二维情况（$n = 2$；单位正方形）下，邻域平均边长 $\ell = 0.003$，它只是单位正方形的一小部分，在三维情形中，边长也仅为单位立方体的边长的 2%。但是当维度达到 17 维时，ℓ 就长达单位超立方体的边长的一半，而在 200 维空间中，边长比例高达 94%。这个问题被称为**维数灾难**（curse of dimensionality）。

另一个看待该问题的方式是：有单位超立方体的一个薄壳，该薄壳厚度仅为超立方体的 1%，考虑落在薄壳中的点。它们是一些离群值；通常，我们很难为它们找到好的估计值，因为我们对这些点的推断方式是外推而不是向内插值。在一维情形下，这些离群值仅占单位线段的 2%（满足 $x < 0.01$ 或 $x > 0.99$ 的那些点），但在 200 维空间中，超过 98% 的点都将落在此薄壳内——几乎所有的点都是离群点。在图 19-20b 中，我们可以看到最近邻方法对离群点的拟合效果是较差的。

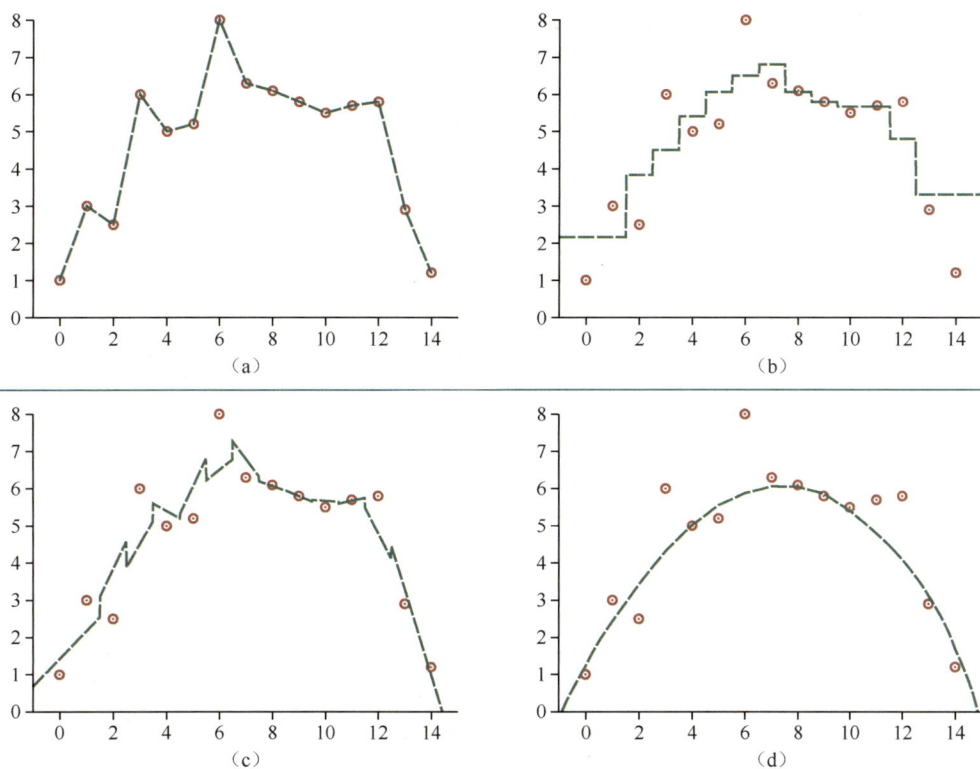

图 19-20　非参数回归模型：（a）直接连接数据点。（b）3 近邻均值模型。（c）3 近邻线性回归模型。（d）局部加权回归，核宽度为 10

$NN(k, \boldsymbol{x}_q)$ 函数在概念上是简单的，即给定一个包含 N 个样例的数据集和一个查询点 $\boldsymbol{x}_q$，遍历这些样例，测量每个样例与 $\boldsymbol{x}_q$ 的距离，并选择其中距离最近的 k 个。如果我们满足于找到一个执行时间为 $O(N)$ 的实现方法，那么该方法已经足够了。但是基于实例的方法是为大型数据集设计的，因此我们需要一些速度更快的算法。在 19.7.2 节和 19.7.3 节中我们将介绍如何使用树和哈希表来加快计算。

19.7.2　使用 k-d 树寻找最近邻

我们将具有任意维数的数据集上的平衡二叉树称为 **k-d 树**（k-d tree），即 k 维树。k-d 树的构造类似于平衡二叉树的构造。我们从一组样例开始，在根节点处通过根据第 i 个维度的测试 $x_i \leqslant m$ 来分割它们，其中 m 是第 i 个维度信息的中位数；因此半数的样例将会落到树的左分支，剩余的样例落到右分支。接着我们再根据左右两个样例集递归地创建树，并在剩余样例少于两个时停止算法。要选择在树的每个节点上用于分割的数据维度，我们可以简单地在树的第 i 层选择维度 $i \bmod n$ 即可。（注意，随着我们沿着树逐渐往下分割，我们可能需要在任何给定维度上进行多次分割。）另一种方法是在值域分布最广的维度上进行分割。

从 k-d 树中进行精确查找和从二叉树中进行查找是一样的（稍微复杂一点的是，需要关注在每个节点上所测试的是哪个数据维度）。但是，最近邻的查找更为复杂。当我们沿着分支前进时，每一次样例集都被分割成两半，在某些情况下我们可以忽略一半的样例，但并不总是这样。有时我们要查询的点非常接近于分划边界。查询点本身可能在边界的左侧，但 k 个最近邻中的一个或多个实际上可能在右侧。

我们必须通过计算查询点到分划边界的距离来衡量这种情况发生的可能性，若在边界左侧找不到比该距离更近的 k 个样例，则需在该分划边界的两侧搜索。出于这个原因，k-d 树适用于样例数多于维数（最好至少存在 2^n 个样例）的情形。因此，当我们有上千个样例且维度不超过 10 或者样例数上百万且维度不超过 20 时，k-d 树是一个很好的选择。

19.7.3　局部敏感哈希

哈希表可能是一个比二叉树更快捷的查找方式。但哈希码依赖于精确的匹配，我们如何使用哈希表找到最近邻呢？哈希码在箱子（值容器）中随机分布数值，但是我们希望将距离近的数据点分在同一组并分布于同一个箱子中，因此我们需要使用**局部敏感哈希**（Locality-Sensitive Hash，LSH）。

我们无法使用哈希表来精确地找到 $NN(k, \boldsymbol{x}_q)$，但通过巧妙地使用随机算法，可以找到一个近似结果。首先，我们定义一个**近似近邻**（approximate near-neighbor）问题：给定样例点数据集和查询点 $\boldsymbol{x}_q$，以高概率找到 $\boldsymbol{x}_q$ 附近的一个或多个样例点。更准确地说，如果 $\boldsymbol{x}_q$ 的半径为 r 的球内存在点 $\boldsymbol{x}_j$，则该算法很有可能会找到一点 $\boldsymbol{x}_{j'}$，它与 $\boldsymbol{x}_q$ 的距离小于 cr。如果半径 r 内没有数据点，则允许该算法宣告寻找失败。常数 c 的值和"高概率"的值是该算法的超参数。

为了求解近似近邻，我们需要一个哈希函数 $g(\boldsymbol{x})$，该函数具有以下性质：对于任意两个数据点 $\boldsymbol{x}_j$ 和 $\boldsymbol{x}_{j'}$，如果它们的距离大于 cr，则它们具有相同哈希码的概率很小；如果其距离小于 r，则相应的概率很高。为简单起见，我们将每个数据点视为一个二进制位串。（任何非布尔特征都可以编码为一组布尔特征。）

从直觉上讲，如果 n 维空间的数据点是靠在一起的，即距离很近的，那么当把它们投影到一个一维空间（一条直线）上时，它们也必定是靠近的。实际上，我们可以将线离散化为多个箱子——哈希桶，以高概率将相近的点投影到同一箱子中。彼此距离较远的点往往会投影到不同的箱子中，但是总会有一些投影巧合地将相距较远的点同时投影到同一箱子中。因此，存储数据点 $\boldsymbol{x}_q$ 的箱子包含许多（但不是全部）靠近 $\boldsymbol{x}_q$ 的点，但它也可能包含一些距离 $\boldsymbol{x}_q$ 较远的点。

LSH 的技巧在于它创建了多个随机投影并将其进行组合。一个随机投影只是位串表示的一个随机子集。我们选择 ℓ 个不同的随机投影并创建 ℓ 个哈希表 $g_1(\boldsymbol{x}), \cdots, g_\ell(\boldsymbol{x})$，然后将所有样例输入到每个哈希表中。给定查询点 $\boldsymbol{x}_q$，在每个哈希表箱子 $g_i(\boldsymbol{x}_q)$ 中获取点集，并将这些集合取并集作为一组候选点 C。然后我们计算 $\boldsymbol{x}_q$ 到 C 中每一个点的实际距离，并返回其中 k 个距离最近的点。每个接近 $\boldsymbol{x}_q$ 的点都以高概率出现在至少一个箱子中，虽然箱子中也会存在一些距离较远的点，但我们可以忽略这些点。对于现实中的大型问题，例如在含有 1300 万幅 512 维 Web 图像的数据集中找到其近邻（Torralba *et al.*, 2008），局部敏感哈希仅需要查找 1300 万幅图像中的几千幅就能找到最近邻，相比穷举法或 *k*-d 树方法，速度提高了上千倍。

19.7.4　非参数回归

现在我们考虑将非参数方法用于回归问题，而非分类问题。图 19-20 给出了一些非参数模型的例子。在图 19-20a 中，我们使用了也许是所有模型中最简单的方法，非正式地称为"点连接"，正式一点也可以称为"分段线性非参数回归"。该模型构造了一个函数 $h(x)$，当给定一个查询点 x_q 时，该函数考虑紧邻在 x_q 的左右两侧的样例，并在它们两点之间进行内插值。当数据中的噪声很小时，这种简单的方法效果还不错，这就是为什么它是电子表格的图表软件所用的标准技术。但是当数据噪声较大时，这个方法得出的函数将变得很尖锐，并且不能很好地泛化。

k **近邻回归**（nearest-neighbors regression）在点连接的基础上做了改善。我们不使用查询点 x_q 左右两侧的两个样例进行预测，而是使用 *k* 个最近邻。（在这里我们使用 *k* =3。）尽管这个方法所得的函数是不连续的，但较大的 *k* 值会倾向于使尖峰的幅度减小并变得平滑。图 19-20 给出了 *k* 近邻回归的两个实现方式。在图 19-20b 中，我们采用 *k* 个近邻的平均值，即 $h(x)$ 是 *k* 个点的平均值 $\sum y_j / k$。注意，在离群点 $x = 0$ 和 $x = 14$ 处这一估计的表现不太好，因为所有信息都来自同一侧（数据内侧），从而忽略了数据的趋势。在图 19-20c 中，我们进行了 *k* 近邻线性回归，该回归通过 *k* 个样例去找到最佳拟合直线。这样可以更好地刻画离群值的变化趋势，但是函数仍然是不连续的。在图 19-20b 和图 19-20c 中，剩下的未提及的问题是如何选择合适的 *k* 值。解决方法通常是使用交叉验证。

局部加权回归（locally weighted regression）（图 19-20d）的方法利用了近邻的优势，且没有不连续性。为了避免 $h(x)$ 中的不连续性，我们需要避免用于估计 $h(x)$ 的样例集中的不连续性。局部加权回归的基本思想是，在每个查询点 x_q 上，接近 x_q 的样例将被赋予较高的权重，而距离较远的样例权重较小，最远的样例则将没有权重。权重的大小随距离的变化通常是渐变的，而不是突变的。

我们使用一个**核**（kernel）来确定每个样例的权重，该函数的输入是查询点与样例点之间的距离。核函数是关于距离递减的函数，其最大值在 0 处取到，因此 $\mathcal{K}(Distance(x_j, x_q))$ 将赋予更接近我们希望预测的查询点 x_q 的样例 x_j 更高的权重。核函数值在 x 的整个输入空间上的积分必须是有限的，如果我们令其积分为 1，则将使一些计算变得更容易。

图 19-20d 中的函数是使用二次核 $\mathcal{K}(d) = \max(0, 1 - (2|d|/w)^2)$ 生成的，其核宽度为 $w = 10$。其他形状的函数，例如高斯核函数，也经常被使用。通常来说，核宽度比实际形状更重要：这是模型的超参数，最好通过交叉验证来选择。如果核宽太大，将可能欠拟合；如果核宽太小，将可能过拟合。在图 19-20d 中，核宽度为 10 时给出了一条看起来恰到好处的平滑曲线。

利用核函数进行局部加权回归很容易。对于给定的查询点 x_q，我们只需要解决以下加权回归问题：

$$w^* = \operatorname*{argmin}_w \sum_j \mathcal{K}(Distance(x_q, x_j))(y_j - w \cdot x_j)^2$$

其中，*Distance* 是最近邻方法中讨论的任意距离度量。它给出的相应模型即为 $h(x_q) = w^* \cdot x_q$。

注意，每当有一个新的查询点出现时，我们都需要重新解一个回归问题——这就是所谓**局部**的含义。（在传统的线性回归中，我们只需要解一个全局的回归问题，然后对任何查询点使

用相同的预测函数 h_w。）能减轻这些额外工作的一个事实是，每个回归问题都是容易求解的，因为它仅考虑权重非零的样例——处于查询核宽度内的样例。当核宽度较小时，样本点可能只有少量几个。

大多数非参数模型都有一个优点，即可以轻松应用留一交叉验证而无须重新计算所有内容。例如，使用 k 近邻模型时，每当给定一个新的测试样例 (x, y)，我们只需检索一次其 k 个最近邻，计算其每个样例的损失 $L(y, h(x))$ 并记录，对于每个不属于其 k 个最近邻的样例，该结果即为它们的留一法结果。接着我们搜索 $k+1$ 最近邻，并记录前 k 个近邻中每一个的留一法结果。对于 N 个样例，整个过程的计算复杂性为 $O(k)$，而不是 $O(kN)$。

19.7.5　支持向量机

在 21 世纪初期，当你对某个领域没有任何专门的先验知识时，**支持向量机**（support vector machine，SVM）是最流行的解决监督学习问题的"现成"方法。这一地位现在已经被深度学习网络和随机森林取代了，但是 SVM 仍拥有 3 个具有吸引力的特性。

（1）支持向量机构造了一个**极大边距分离器**，即到样例点距离最大的决策边界。这有助于它们较好地泛化。

（2）支持向量机构造了一个线性分离超平面，但是它们能通过使用所谓的**核技巧**来将数据嵌入更高维空间中。通常原始输入空间中不是线性可分的数据很容易在高维空间中被分离。

（3）支持向量机是非参数的——其分离超平面是由一组样例点而不是参数值的集合定义的。虽然例如最近邻等模型需要保留所有样例的信息，但 SVM 模型仅需保留最靠近分离平面的样例——通常是一个较小的常数乘以维数。因此，SVM 结合了非参数模型和参数模型的优点：它们可以灵活地表示复杂的函数，同时可以防止过拟合。

在图 19-21a 中，我们面临一个二分类问题，它有 3 个候选的决策边界，每个候选决策边界都是线性分离器。它们中的每一个都与所有样例一致，因此从 0/1 损失的角度来看，每个分离器都将是同样好的。逻辑斯谛回归也会找到某个分界线，其确切位置取决于所有样例点。SVM 的关键亮点在于，它认为某些样例比其他样例更重要，并且更注重这些样例点，这可能会带来更好的泛化性能。

我们来研究一下图 19-21a 的 3 个分离器中处于最下面的那一个。它非常接近 5 个黑色样例。尽管它正确地对所有样例进行了分类，并从而最大限度地减小了损失，但我们仍为有如此之多的样例离分离器很近感到担忧，可能有其他的黑色样例落在该分离器的错误一侧。

SVM 试图解决这样的问题：SVM 并不是最小化训练数据上的期望经验损失，而是最小化期望泛化损失。我们不知道尚未观测的样例可能出现在哪里，但是在概率假设下，它们是从与之前所观测到的样例相同的分布中采样得到的，计算学习理论（19.5 节）提出的一些观点表明，选择与到目前为止我们所观测到的样例相距最远的分离器，可以实现最小化泛化损失。我们称此分离器为**极大边距分离器**（maximum margin separator），如图 19-21b 所示。**边距**（margin）是图中虚线所围成的区域的宽度，即从分离器到最近的样例点的距离的两倍。

那么我们如何找到该分离器？在给出公式前，我们先给出一些记号。传统上 SVM 使用如下约定：分类标签为 +1 和 -1，而不是到目前为止我们一直使用的 +1 和 0。同样，虽然我们先前将截距加入到权重向量 w 中（并将相应的恒为 1 的虚拟变量记为 $x_{j,0}$），但 SVM 并没有这样做，它仍将截距作为单独的参数 b。

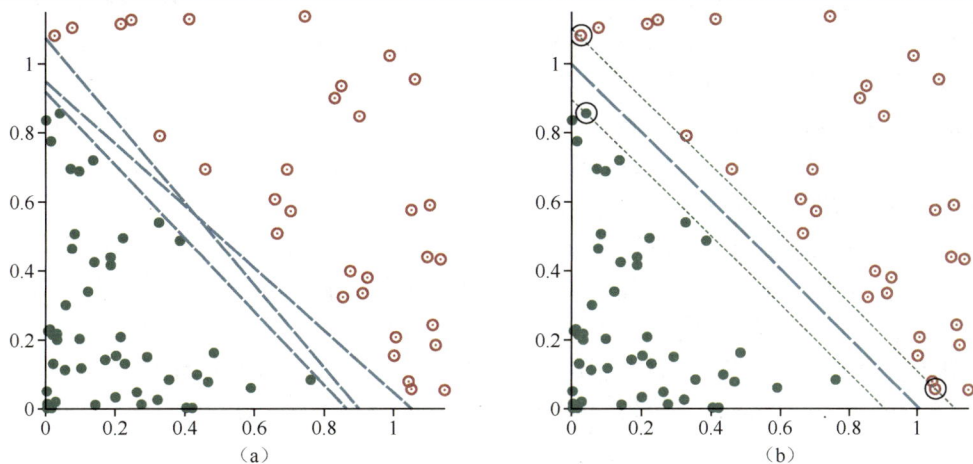

图 19-21 支持向量机分类器：（a）两类点（橙色空心圆和绿色实心圆）和 3 个候选线性分离器。（b）极大边距分离器（粗线）位于**边距**（虚线之间的区域）的中间。**支持向量**（带有大黑圈的点）是最靠近分离器的，本图中有 3 个

　　考虑到这一点，将分离器定义为点集 $\{x : w \cdot x + b = 0\}$。我们可以使用梯度下降来搜索 w 和 b 的空间，以找到在正确分类所有样例的同时最大化边界距离的参数。

　　但事实上，还有另一种方法可以解决此问题。我们将不会给出具体的细节，大致思想是，存在另一种称为对偶形式的表示形式，我们通过求解对偶问题，可找到原问题的最优解：

$$\underset{\alpha}{\operatorname{argmax}} \sum_j \alpha_j - \frac{1}{2} \sum_{j,k} \alpha_j \alpha_k y_j y_k (x_j \cdot x_k) \qquad (19\text{-}10)$$

满足约束 $\alpha_j \geqslant 0$ 和 $\sum \alpha_j y_j = 0$。这是一个**二次规划**（quadratic programming）优化问题，解决它需要有好的软件包。在找到向量 α 之后，我们就可以利用等式 $w = \sum_j \alpha_j y_j x_j$ 得到 w，或者仍可以用对偶形式表示模型。优化问题［式（19-10）］具有 3 个重要性质。首先，其表达式是凸的；因此它有一个可以被有效方法找到的全局最大值。其次，数据仅以成对数据的点积形式输入表达式。第二个特性也适用于分离器本身的等式。一旦计算出最优的 α_j，则分离器为[①]

$$h(x) = \operatorname{sign}\Big(\sum_j \alpha_j y_j (x \cdot x_j) - b\Big) \qquad (19\text{-}11)$$

最后一个重要的性质是，除**支持向量**（support vector，即最靠近分离器的点）外，每个数据点对应的权重 α_j 为 0。（它们之所以称为"支持"向量，是因为它们"支撑"起了分离平面。）由于支持向量通常比样例量少得多，因此 SVM 将拥有参数模型的某些优势。

　　如果样例不是线性可分的怎么办？图 19-22a 表示了由属性 $x = (x_1, x_2)$ 定义的输入空间，在圆形区域内有正样例（$y = +1$），在外部有负样例（$y = -1$）。显然，没有线性分离器可解决此问题。现在，我们考虑重新表示输入数据，也就是说，将每个输入向量 x 映射到新的特征值向量 $F(x)$。特别地，让我们采用如下 3 个特征：

$$f_1 = x_1^2, \qquad f_2 = x_2^2, \qquad f_3 = \sqrt{2}x_1 x_2 \qquad (19\text{-}12)$$

我们很快就会看到选择这些特征的原因，但现在先看一下采用新特征后发生了什么。图 19-22b 给出了这 3 个特征定义的新的三维空间中的数据；数据在此空间内是线性可分的！这种现象实

---

① 函数 $\operatorname{sign}(x)$ 对正数 x 返回 +1，对负数 x 返回 -1。

际上相当普遍：如果将数据映射到足够高维度的空间中，那么它们几乎总是线性可分的——如果从充分多的方向上观察一组数据点，你就很可能会找到一个方向使它们在这个方向上是分离的。在这个问题中，我们仅使用了 3 个维度；[1] 习题 19.SVME 要求证明 4 个维度的特征足以线性分离平面中任何位置的圆（不仅是以原点为圆心的圆），5 个维度足以线性分离任何椭圆。一般来说（某些特殊情况除外），如果我们有 N 个数据点，则它们在 $N-1$ 维或更大的空间中总是可分离的（习题 19.EMBE）。

我们通常不指望能在输入空间 x 中找到线性分离器，但是我们只需通过简单地在式（19-10）中用 $F(x_j) \cdot F(x_k)$ 替换 $x_j \cdot x_k$，即可在高维特征空间 $F(x)$ 中找到线性分离器。这一做法本身并不具有很大意义，即在任何学习算法中用 $F(x)$ 替换 x 都具有所需的效果，但是点积的确具有某些特殊的性质。事实表明，通常不需要首先为每个点计算 F，而是可以直接计算 $F(x_j) \cdot F(x_k)$。在式（19-12）定义的三维特征空间中，运用一点线性代数的知识，有

$$F(x_j) \cdot F(x_k) = (x_j \cdot x_k)^2$$

（这解释了为什么 f_3 中带有 $\sqrt{2}$。）表达式 $(x_j \cdot x_k)^2$ 被称为**核函数**（kernel function）[2]，它通常被写作 $K(x_j, x_k)$。核函数是输入数据对在某个相应特征空间中的点积。因此，通过简单地用一个核函数 $K(x_j, x_k)$ 替换式（19-10）中的 $x_j \cdot x_k$，便可以在高维特征空间 $F(x)$ 中找到线性分离器。我们可以在更高维度的空间中进行学习，但是我们只需计算核函数，而不是每个数据点的全部的特征。

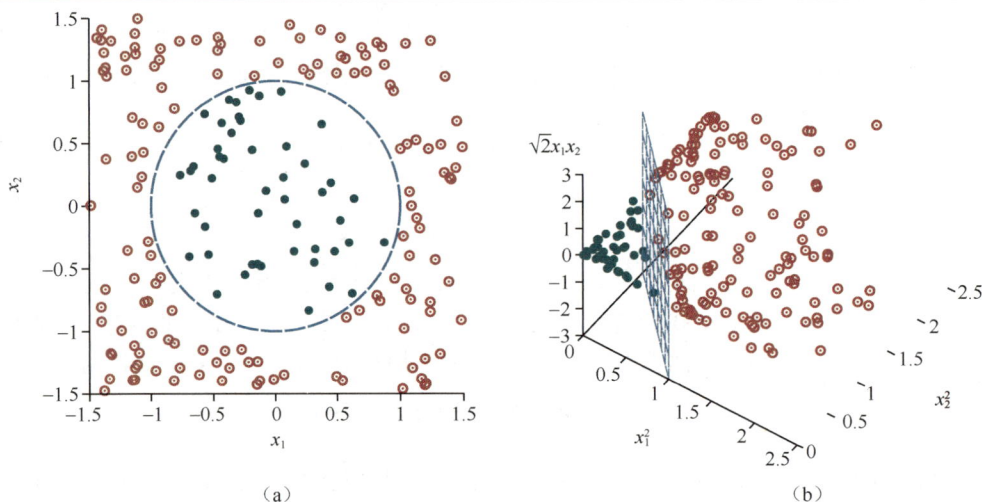

图 19-22　（a）一个二维训练集，其中正样例为绿色实心圆，负样例为橙色空心圆。图中还给出了真实的决策边界 $x_1^2 + x_2^2 \leqslant 1$。（b）映射到三维输入空间 $(x_1^2, x_2^2, \sqrt{2}x_1x_2)$ 后的相同数据。（a）中的圆形决策边界变成三维空间中的线性决策边界。图 19-21b 给出了（b）中分离器的特写

接下来我们可以看到，核函数 $K(x_j, x_k)=(x_j \cdot x_k)^2$ 不是一个特别的存在。它仅对应于某个特定的高维特征空间，其他核函数可能对应于其他特征空间。数学上一个可敬的结果——**默瑟定理**（Mercer's theorem）（Mercer, 1909）——告诉我们，任何"合理的"[3] 核函数都对应于某个特征空间。这些特征空间可能非常大，即使对于看起来普通平常的核函数也是如此。例如，

---

① 读者可能会发现，我们本可以只使用 f_1 和 f_2，但是三维的映射可以更好地解释这个想法。
② 这里的"核函数"的用法与局部加权回归中的核函数略有不同。一些 SVM 核是距离度量，但并不都是如此。
③ 这里的"合理的"意味着矩阵 $K_{jk} = K(x_j, x_k)$ 是正定的。

多项式核（polynomial kernel）$K(\boldsymbol{x}_j, \boldsymbol{x}_k)=(1 + \boldsymbol{x}_j \cdot \boldsymbol{x}_k)^d$ 对应于一个维度为 d 的指数的特征空间。一个比较常用的核函数是高斯核：$K(\boldsymbol{x}_j, \boldsymbol{x}_k)= \mathrm{e}^{-\gamma|x_j - x_k|^2}$。

19.7.6 核技巧

这就是比较巧妙的**核技巧**（kernel trick）：将这些核函数代入式（19-10），可以在数十亿维度（甚至无限多维）的特征空间中高效地找到最优线性分离器。将生成的线性分离器映射回原始输入空间后，可以对应于任意一个在正样例和负样例之间的波动的非线性决策边界。

对于含有固有噪声的数据，我们可能不希望在某些高维空间中使用线性分离器。相反地，我们可能希望在较低维度的空间中找到一个决策面，该决策面可能不会完全准确地将数据分类，但会反映出带有噪声的数据的真实性。这样的分类器被称为**软边距**（soft margin）分类器，它允许样本落在决策边界的错误一侧，但同时赋予它们与将其移回正确一侧所需距离成正比的惩罚。

核方法不仅可以用于寻找最优线性分离器的学习算法，而且可以应用于任何其他可描述为仅用到数据对点积的算法，例如式（19-10）和式（19-11）。在将算法描述为点积后，将点积替换为核函数，我们就有了该算法的**核化**（kernelization）算法。

19.8 集成学习

到目前为止，我们已经研究了使用单个假设进行预测的学习方法。**集成学习**（ensemble learning）选择一个由一系列假设 $h_1, h_2, \cdots, h_n$ 构成的集合，通过平均、投票或其他形式的机器学习方法将它们的预测进行组合。我们称单独的假设为**基模型**（base model），其组合后的模型为**集成模型**（ensemble model）。

这样做的原因有两个。第一个原因是可以减少偏差。基模型的假设空间可能过于局限，进而造成了很大的偏差（例如逻辑斯谛回归中线性决策边界的偏差）。与基模型相比，集成模型有更强大的表达能力，因此偏差会较小。图 19-23 给出了 3 个线性分类器，它们的集成模型可以表示一个三角形区域，而单个线性分类器则无法表示该区域。n 个线性分类器的集成能实现更多的函数，而所需的计算量仅为 n 倍；这通常比使用一个更大的假设空间好，因为更大的假设空间可能会成倍地增加计算量。

第二个原因是集成方法可以减少方差。考虑一个 $K = 5$ 的二分类器的集成，我们采用多数表决的方式将它们组合在一起。如果集成模型误分类了一个新的样例，那么 5 个基分类器中至少有 3 个对样例进行了误分类。我们希望这个概率比单个分类器进行错误分类的概率要小。为了对此进行量化，假设你已经训练了一个在 80% 的情况下能分类正确的分类器。现在我们构造一个由 5 个分类器集成的模型，其中每个基分类器都在数据集的不同子集上进行训练，因而它们将是独立的。假设这么做会导致单个训练器性能下降，每个分类器仅在 75% 的情况下是正确的。但在总体上，由于我们假设分类器是独立的，则在 89% 的情况下该多数表决的方法将会给出正确的结果（如果有 17 个分类器，正确率则为 99%）。

实际上，独立性假设是不合理的——每个单独的分类器共享了一些相同的数据和假设，因此它们不是完全独立的，并且将共享一些相同的错误。但是，如果基分类器至少在某种程度上是不相关的，则集成学习将减少错误分类的情况。现在我们将关注 4 种集成方法：自助聚合法、随机森林法、堆叠法和自适应提升法。

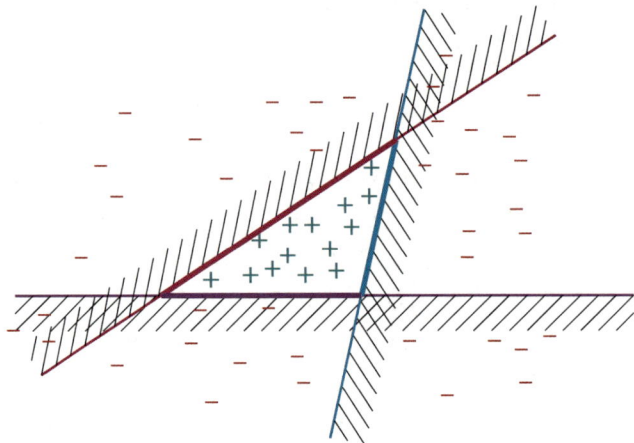

图 19-23　通过集成学习的方法提升表达能力。我们使用 3 个线性阈值假设，每个假设在不带阴影的一面都是正分类，将所有被这 3 个面同时分类为正的样例分类为正。所得的三角形区域是在原始假设空间中无法被表达的假设

19.8.1　自助聚合法

在**自助聚合法**（bagging）[①]中，我们通过采样并替换原始训练集来生成 K 个不同的训练集。具体来说，我们从训练集中随机选取 N 个样例，这些样本中的每一个都可能是我们之前选择过的一个样例。然后，我们在这 N 个样例上运行机器学习算法，并获得一个假设。我们重复这个过程 K 次即得到 K 个不同的假设。然后当我们要对新的输入进行预测时，我们汇总来自所有 K 个假设的预测。对于分类问题，这意味着进行相对多数投票（对于二分类，为绝对多数投票）。对于回归问题，最终输出为平均值：

$$h(\boldsymbol{x}) = \frac{1}{K} \sum_{i=1}^{K} h_i(\boldsymbol{x})$$

自助聚合法可减少方差，而且当数据集较为有限或基模型可能存在过拟合时，自助聚合法是一个标准的解决方案。自助聚合法可应用于任何类型的模型，但最常用于决策树模型中。这是容易理解的，因为决策树是不稳定的：一组稍微不同的样例可能导致完全不同的树。自助聚合法可以减弱这种差异性。如果你可以同时访问多台计算机，那么自助聚合法也是高效的，因为可以并行地计算每个假设。

19.8.2　随机森林法

遗憾的是，自助聚合法集成的决策树经常会导致输出为相关性很高的 K 个树。如果存在一个具有很高的信息增益的属性，那么它很可能是大多数树的根。**随机森林**（random forest）模型是决策树自助聚合法的一种形式，不同的是我们进行了额外的步骤来使 K 个树的集合更加多样化，从而减小方差。随机森林可用于分类或回归问题。

随机森林的主要思想是随机化属性选择（而不是训练样例）。在构造树的过程中，对于每个分割点，我们从属性中随机抽样，并计算哪个属性有最高的信息增益。如果我们共有 n 个属

[①]　在统计学中，有放回的重复采样方法被称为**自助法**（bootstrap），bagging 是"自助聚合"（bootstrap aggregating）的缩写。

性，则一个常用的默认选择是在每个分割点随机选择$\sqrt{n}$个属性（对于分类问题），或选择$n/3$个属性（对于回归问题）。

一个进一步的改进方案是在选择分割点数值时引入随机性：对于每个选定的属性，我们从属性值域内随机均匀地采样几个候选值；接着我们选择其中具有最高信息增益的值。这将会使森林中的每棵树都有较大可能是不同的。以这种方式构造的树我们称之为**极端随机树**（extremely randomized trees，ExtraTrees）。

随机森林的构造效率是很高的。你可能会认为，创建K棵树并集成将花费K倍的时间，但结果并没有这么坏，原因有以下3点：（a）每个分割点选择的速度都更快，因为我们考虑的属性数量较少；（b）可以省略对每个树的剪枝，因为集成本身将减小过拟合；（c）如果我们恰好有K台计算机可用，我们可以并行构造所有的树。例如，阿黛尔·卡特勒（Adele Cutler）曾在报告中表明，对于一个有100个属性的问题，即使我们仅有3个CPU可供使用，此时构造$K = 100$棵树并构成森林所花费的时间只相当于在一个CPU上构造单个决策树。

训练随机森林所需的超参数都可以通过交叉验证来选取：树的数量K，每棵树使用的样例数量N（通常用完整数据集的百分比表示），每次分割使用的属性数量（通常用属性总数的函数表示，例如$\sqrt{n}$），以及我们使用ExtraTrees时尝试的随机分割点的数目。我们也可以用**袋外误差**（out-of-bag error）来代替一般的交叉验证：对每个样例考虑恰好仅不含有这个样例的树，在此基础上对错误率取平均。

已有的知识告诉我们，复杂的模型可能容易过拟合，对于决策树也是如此，并且我们发现**剪枝**可以防止过拟合。随机森林是一个复杂的、未剪枝的模型，但是它们可以避免过拟合。随着我们不断通过向森林中添加更多树来增强其性能，它们在验证集上的错误率也会随之下降。其变化曲线通常看起来像图19-9b，而不是图19-9a。

布赖曼（Breiman, 2001）给出了一个数学证明，他证明了（几乎在所有情况下）随着向森林中添加更多树，该误差趋于收敛，而且它不会增长。一种看待这个现象的方法是，随机选择属性会生成各式各样的树，从而减小了方差，但是由于我们不需要剪枝，因此它们可以以更高的密度覆盖整个输入空间。一定数量的树可以涵盖仅在数据中出现几次的独特属性情形，而它们的投票将是决定性的，但它们的投票可能被其他不含有这些属性的树超过。也就是说，随机森林并非完全避免了过拟合。尽管其错误率在极限意义下不会增加，但这并不意味着误差将为零。

随机森林在各种应用问题中效果都非常出色。在Kaggle数据科学比赛中，它们是2011年至2014年夺冠团队最热衷的方法，并且至今仍是一种普遍的方法（尽管近年来的获胜队伍更普遍运用**深度学习**和**梯度提升法**）。R语言中的randomForest程序包也是特别受欢迎的。在金融领域，随机森林已应用于信用卡违约预测、家庭收入预测和期权定价等，在机械领域中的应用包括机器故障诊断和遥感，在生物信息学和医学中的应用包括糖尿病性视网膜病变、微阵列基因表达、质谱蛋白质表达分析、生物标志物发现以及蛋白质相互作用预测等。

19.8.3　堆叠法

自助聚合法对在不同数据上用同一模型类训练出的多个基模型进行组合，而**堆叠泛化**（stacked generalization，或简称为堆叠）的方法则对在相同数据上使用不同模型类训练的多个基模型进行组合。例如，假设餐厅等待问题数据集的第一行数据如下所示：

$$x_1 = \text{Yes, No, No, Yes, Some, \$\$\$, No, Yes, French, } 0 \sim 10;\ y_1 = \text{Yes}$$

我们将数据分为训练集、验证集和测试集，并使用训练集来训练3个不同的基模型——SVM

模型、逻辑回归模型和决策树模型。

接下来我们考虑数据的验证集，对于每一行数据使用从 3 个基模型得出的预测进行增广，从而使数据的每一行具有如下形式（其中模型的预测以粗体显示）：

$$x_2 = \text{Yes, No, No, Yes, Full, \$, No, No, Thai, } 30 \sim 60, \textbf{Yes, No, No}; y_2 = \text{No}$$

我们使用此验证集来训练新的集成模型，如逻辑斯谛回归模型（不必是基模型类之一）。集成模型可以使用原始数据和合适的预测进行学习。它可能会学习到基模型的加权平均，例如，它们的预测以 50%:30%:20% 的比例加权。或者它可能会学习到数据与预测之间的非线性联系，例如，在等待时间较长时，集成模型也许会更信任 SVM 模型的预测。我们使用相同的训练数据来训练每个基模型，然后使用留出的验证数据（加上基模型预测）来训练集成模型。如果需要，也可以使用交叉验证。

该方法称为"堆叠"，因为可以将其视为由基模型构成第一层，并在基模型层的输出上进行操作进而建立的集成模型。实际上，我们也可以堆叠多个层，每一层都在前一层的输出上进行操作。堆叠的方法可以减小偏差，并且通常所获得的模型性能要优于任何单个基模型。数据科学比赛（例如 Kaggle 和 KDD Cup）的获胜团队经常使用堆叠法，因为每个人可以独立工作，各自完善自己负责的基模型，之后汇聚在一起建立最终的堆叠集成模型。

19.8.4　自适应提升法

运用最广泛的集成方法是**自适应提升法**（boosting）。为理解其工作原理，我们首先需要引入**加权训练集**（weighted training set）的概念。其做法是给每个样例赋予一个权重 $w_j \geqslant 0$，该权重描述了样例在训练过程中应计数的次数。例如，如果一个样例的权重为 3，而其他样例的权重均为 1，则相当于在训练集中有 3 个该样例的副本。

自适应提升法从所有样例具有相等的权重 $w_j = 1$ 开始。根据该训练集，我们训练第一个假设 h_1。通常来说，h_1 会对一些训练样例进行正确分类，而对某些训练样例则会分类错误。我们希望下一个假设能在被分类错误的样例中表现得更好，因此我们将增加它们的权重，同时减小正确分类的样例的权重。

基于这个重新进行加权得到的训练集，我们训练得到假设 h_2。这一过程将以这种方式不断进行，直到生成 K 个假设，其中 K 是自适应提升算法的输入之一。难以分类的样例将逐渐获得越来越大的权重，直到算法强行构造了一个假设，使这些样例可以正确分类。值得注意的是，这是一个贪心算法，且它不会回退，即一旦算法选择了某个假设 h_i，它就永远不会抛弃该选择，而是会添加新的假设。它也是一种序贯算法，因此我们无法像自助聚合法一样并行计算所有假设。

为获得最终的集成模型，我们像自助聚合法一样让每个假设进行投票，不同的是，每个假设的投票效果需要进行加权——在各自的加权训练集上表现得更好的假设将获得更大的投票权重。对于回归或二分类问题，我们有

$$h(\boldsymbol{x}) = \sum_{i=1}^{K} z_i h_i(\boldsymbol{x})$$

其中 z_i 是第 i 个假设的权重。（该假设的权重与样例的权重是不同的。）

图 19-24 直观地表明了该算法的运作方式。在自适应提升法的基本思路下，有多种方法可以用于调整样例权重和组合各个假设。所有这些变种都有一个相同的基本思想，即当我们基于一个假设去获得另一个假设时，学习困难的样例会变得越来越重要。就像我们将在第 20 章中看到的贝叶斯学习一样，贝叶斯学习也为更准确的假设提供了更多权重。

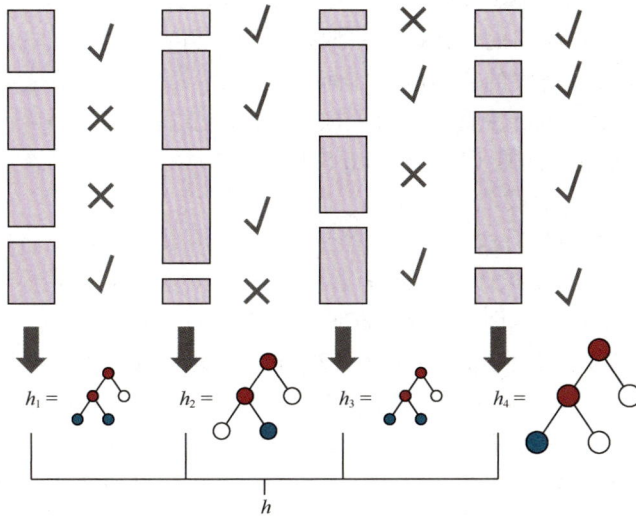

图 19-24 自适应提升算法的运作方式。每个阴影矩形对应一个样例。矩形的高度对应于样例的权重。勾和叉号表示该样例是否在当前假设下正确分类。决策树的大小代表该假设在最终集成模型中的权重大小

图 19-25 给出了一种称为 ADABOOST 的特定算法。它经常与决策树一起使用构成假设，通常该决策树的大小是受限制的。ADABOOST 具有非常重要的性质：如果输入的学习算法 L 是弱学习（weak learning）算法——这意味着 L 总是在训练集上返回准确度略高于随机猜想的假设（对布尔分类问题来说，假设的准确度为 50%+ε），那么 ADABOOST 将返回一个假设，对于足够大的 K，该假设能对训练数据进行完美的分类。因此，该算法提升了原始学习算法对训练数据预测的准确性。

---

function ADABOOST(*examples*, *L*, *K*) **returns** 一个假设
    inputs: *examples*, 由N个带标签的样例$(x_1, y_1), \cdots, (x_N, y_N)$组成的集合
          L, 学习算法
          K, 集成中的假设个数
    local variables: w, 代表样例权重的N维向量，初始为全$1/N$
                h, 代表K个假设的向量
                z, 代表K个假设权重的向量

    $\varepsilon \leftarrow$ 一个小的正数，用于规避除以零的情况
    for $k = 1$ **to** K **do**
        $h[k] \leftarrow L(examples, w)$
        $error \leftarrow 0$
        for $j = 1$ **to** N **do**   // 计算 $h[k]$的总错误率
            if $h[k](x_j) \neq y_j$ **then** $error \leftarrow error + w[j]$
        if $error > 1/2$ **then break** from loop
        $error \leftarrow \min(error, 1 - \varepsilon)$
        for $j = 1$ **to** N **do**   // 赋予$h[k]$出错的样例更大的权重
            if $h[k](x_j) = y_j$ **then** $w[j] \leftarrow w[j] \cdot error/(1 - error)$
        $w \leftarrow$ NORMALIZE(w)
        $z[k] \leftarrow \frac{1}{2} \log((1 - error)/error)$ // 赋予正确的$h[k]$更大的权重
    return $Function(x)$: $\sum_i z_i h_i(x)$

图 19-25 用于集成学习的自适应提升方法的 ADABOOST 变体。该算法通过对训练样例进行连续加权来生成假设。函数 WEIGHTED-MAJORITY 每次生成一个假设，该假设返回假设 h 中投票数最高的输出值，其投票权重为 z。对于回归问题或者标签为 1 和 −1 的二分类问题类，该输出即为$\sum_k h[k]z[k]$

换句话说，只要基模型比随机猜测更好，我们就可以通过自适应提升的方法消除基模型中的任何大小的偏差。（在所给出的伪代码中，如果我们得到的假设比随机猜测性能差，就停止生成假设。）无论原始假设空间的表达能力如何，希望学习的函数多么复杂，该结果都是成立的。具体而言，我们在图 19-25 中选择了有关权重的精确公式（$error/(1 - error)$），这样的选择是为了方便从数学上证明其性质（Freund and Schapire, 1996）。当然，该方法并不能保证泛化性能，即对未观测的样例的分类准确性。

现在让我们看看自适应提升法用于餐厅等待问题数据的效果。我们将选择一个被称为**决策树桩**（decision stump）的模型类作为原始假设空间，决策树桩是指只在根节点处进行了一次测试的决策树。图 19-26a 中位于下方的曲线表明，未使用提升的决策树桩对该数据集不是很有效，使用 100 个训练样例进行训练后的训练集准确率仅为 81%。在应用了自适应提升法之后（$K = 5$），性能会更好，使用 100 个样例进行训练后训练集准确率达到 93%。

随着集成规模 K 的增加，将发生一件有趣的事情。图 19-26b 给出了训练集表现（在 100 个样例上）与 K 的关系。我们注意到，当 K 为 20 时，训练误差达到 0。也就是说，由 20 个决策树桩组合的加权多数投票集成模型足以准确地拟合 100 个样例——这是插值点。随着我们向集成模型中添加更多的决策树桩，训练误差将恒为零。该图还表明，在训练集误差达到 0 后的很长一段时间，测试集性能仍在继续提高。在 $K = 20$ 时，测试集准确率为 0.95（或 0.05 误差率），直到 $K = 137$ 时，性能提高到 0.98，然后逐渐下降到 0.95。

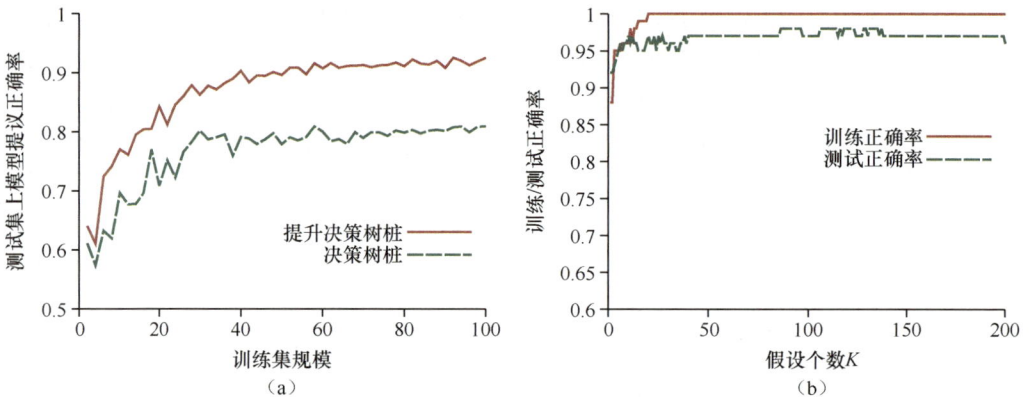

图 19-26　（a）当 $K = 5$ 时，在餐厅等待问题数据集上，提升后的决策树桩与未提升的决策树桩的性能对比。（b）训练集和测试集上正确的比例与 K（集成模型中假设的数量）的关系。值得注意的是，即使在训练精度达到 1 之后，即在整体模型已经准确拟合数据之后，测试集的准确率仍会略有提高

这一发现对于不同数据集和假设空间都非常可靠，它在第一次被发现时令人十分惊讶。奥卡姆剃刀原理告诉我们，除非必要，不要让假设变得过于复杂，但是该图告诉我们，随着整体假设变得更加复杂，预测性能也会有所改善！为此人们提出了各种解释。一种观点认为，自适应提升法类似于**贝叶斯学习**（见第 20 章）——可以证明这是一种最优学习算法，随着更多的假设加入到集成中，近似值会提高。另一个可能的解释是，进一步添加假设，可以使集成模型对正样例与负样例之间的边界更加置信，这有助于对新样例进行分类。

19.8.5　梯度提升法

对于因子化表格数据的回归和分类问题，**梯度提升** [gradient boosting，有时称为梯度提升机（GBM），或梯度提升回归树（GBRT）] 已成为一种非常热门的方法。顾名思义，梯度提升

法是一种使用了梯度下降的自适应提升法。回想一下，在 ADABOOST 中，我们从一个假设 h_1 出发，并用一系列假设对其进行自适应提升，这些假设更加注重之前假设分类错误的样例。在梯度提升法中，我们还引入了新的自适应提升假设，这些假设并不关注特定的样例，而注重正确答案与先前假设所给出的答案之间的**梯度**。

像其他使用了梯度下降的算法一样，我们从可微的损失函数入手。我们可以将平方误差损失用于回归，将对数损失用于分类。与 ADABOOST 中一样，有了基模型后，我们构造决策树。在 19.6.2 节中，我们使用梯度下降来获得最小化损失的模型参数——计算损失函数，并朝损失函数降低最快的方向更新参数。使用梯度提升法时，我们不会更新现有模型的参数，我们更新的是下一个决策树的参数，但是必须通过沿着梯度的方向移动来减小损失。

就像我们在 19.4.3 节中看到的模型一样，**正则化**有助于防止过拟合。其具体形式可以是限制决策树的数量或大小（就其深度或节点数而言）。正则化可以来自学习率 α，它表示沿梯度方向移动的距离；其值通常在 0.1 ~ 0.3 之间，学习率越小意味着我们在集成时需要的决策树越多。

梯度提升法可以用当下流行的 XGBOOST（极限梯度提升）软件包实现，该软件包通常用于解决工业中的大规模应用（针对有数十亿个样例的问题），数据科学竞赛的获胜队伍也经常使用它（2015 年，KDD Cup 前十名中的团队都使用了它）。XGBOOST 使用剪枝和正则化进行梯度提升，并确保运行的高效性，它仔细组织内存以避免缓存未命中，并允许在多台计算机上进行并行计算。

19.8.6　在线学习

到目前为止，我们在本章中所研究的所有内容均基于数据的 i.i.d（独立同分布）的假设。一方面，这是一个明智的假设：如果将来的样本与过去观测的样本不是相似的，那么我们如何进行预测呢？另一方面，这个假设本身是一个比较强的假设：我们知道过去观测到的数据与将来的数据之间存在某些相关性，而在复杂的情况下，我们不可能保证所有将来的数据都独立于给定的过去的数据。

在本节中，我们将研究当数据不是 i.i.d 时（当数据的分布随时间改变时）应该如何使用模型。在这种情况下，我们进行预测的时间点就比较重要了，因此我们将采用被称为在线学习（online learning）的概念：智能体从外界接收输入 x_j，并预测相应的 y_j，然后知晓正确的答案，再对 x_{j+1} 重复该过程，并以此类推。也许人们认为这项任务是不太可能完成的——如果外界是敌对的，那么我们的所有预测都可能是错误的。事实证明，我们可以为这样的过程做出一些理论保证。

让我们考虑如下情形：输入中包含一些专家的预测。例如，每天有 K 个专家预测股市将上涨还是下跌，而我们的任务是汇总这些预测并做出自己的预测。一种方法是研究每个专家过去的表现，并选择与他们过去的表现成比例的方式给予他们相应的信任。该方法称为随机加权多数算法（randomized weighted majority algorithm）。我们可以用更正式的方法表述：

初始化一个权重集合 $\{w_1, \cdots, w_K\}$ 全为 1

for each 需要解决的问题 **do**

　　（1）从专家处收到预测 $\{\hat{y}_1, \cdots, \hat{y}_K\}$

　　（2）根据权重比例随机选择一个专家 k^*：$P(k) = w_k$

　　（3）**yield** $\hat{y}_k$ 作为专家 k^* 对这个问题的答案

（4）收到正确的答案 y

（5）对每一个 $\hat{y}_k \neq y$ 的专家 k，更新 $w_k \leftarrow \beta w_k$

（6）归一化权重使得 $\sum_k w_k = 1$

其中 β 是一个常数，$0 < \beta < 1$，该常数描述的是我们给每一个判断错误的专家添加惩罚的程度。

我们用**遗憾**（regret）来衡量该算法是否成功。遗憾是指与我们事后知道的拥有最佳预测记录的专家相比，算法所犯的额外错误数量。设 M^* 为最好的专家所犯的错误数量，那么由随机加权多数算法产生的错误数 M 将有如下的上界：[①]

$$M < \frac{M^* \ln(1/\beta) + \ln K}{1 - \beta}$$

这一上界适用于任何样例序列，即使是对手选择的最差样本。具体来说，当我们有 $K = 10$ 个专家时，如果选择 $\beta = 1/2$，那么错误量有上界 $1.39M^* + 4.6$；如果 $\beta = 3/4$，则它以 $1.15M^* + 9.2$ 为上界。通常来说，如果 β 接近于 1，那么从长远来看，我们将会对数据的变化做出响应；如果预测最好的专家发生了改变，我们不久就会掌握这一变化。但是，如果在算法开始时给予所有专家同等的信任，那么我们将会付出一定的代价——可能会在较长时间内收到坏专家的建议。当 β 接近于 0 时，这两个因素的情况恰好相反。注意，我们可以通过选择 β，使得从长远来看 M 渐近于 M^*。我们称这样的学习为**无悔学习**（no-regret learning），因为每次试验的平均遗憾随着试验次数的增加而趋向于 0。

在线学习适用于数据可能随时间快速变化的情形。对于拥有不断增长的（即使增长是缓慢的）大量数据的应用，它也是有效的。例如，对于拥有数百万个 Web 图像的数据集，我们不希望在每次添加一个新图像时都重新进行训练。此时使用在线学习的算法以允许不断添加图像将会是更加实用的。对于大多数针对最小化损失函数设计的学习算法，都有一个对应的最小化遗憾的在线学习版本。对于这些在线算法中的许多算法，其遗憾都有一定的上界保证。

与专家小组的预测相比，我们的模型表现和专家之间的差距有如此严格的上界，这样的结果似乎令人惊讶。更令人惊讶的是，当这样的专家组发布有关政治竞选或体育赛事的预言时，公众非常愿意相信专家的预测，而对于知道他们的错误率不感兴趣。

19.9 开发机器学习系统

在本节中，我们将注重于解释机器学习的理论。使用机器学习的方法解决实际问题的具体实践是一门独立的学科。在过去的 50 年中，软件行业发展出了一套软件开发方法，使（传统）软件项目成功的可能性更大。但是对于机器学习项目，我们仍处于定义机器学习方法的早期阶段，我们的工具和技术还不够完善。接下来我们将叙述该开发过程中一系列典型的分解步骤。

19.9.1 问题形式化

第一步要弄清楚待解决的问题，这一步将分为两个部分。第一部分是"我要为用户解决什么问题"，诸如"使用户更容易整理和访问他们的照片"这样的答案过于含糊；而"帮助用户寻找与特定词条匹配的所有照片，例如巴黎"会更明晰。第二部分是"机器学习可以解决该问题的哪些部分"，也许我们会着眼于"学习将照片映射到一组标签的函数；在给定标签进行查

---

① 布卢姆（Blum, 1996）给出了一个巧妙的证明。

询时，我们检索带有该标签的所有照片"。

为了使这一点更具体化，你需要为机器学习制定一个损失函数，它在一定程度上可以衡量系统在预测正确标签时的准确度。这个你制定的损失函数应该与你的真正目标相关联，但通常是不完全相同的——你的真正目标或许是最大化你在系统中获得、保持的用户数量以及它们产生的收入。这些是你应该关注的指标，但你不一定要直接以这些指标为目标构建机器学习模型。

如果你已经将要解决的问题分解为多个部分的子问题，那么你可能会发现有一些子问题可以由经典的程序来处理，而不需要机器学习。例如，对于用户想要寻找"最佳照片"的需求，你可以实现一个简单的程序，即按照关注和查看的数量对照片进行排序。一旦你让整个系统发展到了可处理的地步，就可以回过头去优化，用更复杂的机器学习模型代替简单的子模型。

问题形式化的一部分是确定你是在处理监督学习、无监督学习还是强化学习的问题。它们之间的区别并不总是那么明显。在**半监督学习**（semisupervised learning）中，我们拥有一些有标签的样例，并用它们从大量的无标签样例中挖掘更多的信息。这已成为一种常见的方法，例如新兴公司需要快速标记一些样例，以帮助机器学习系统更好地利用剩余的无标签样例。

在一些情况下你可以选择使用哪种学习方法。例如，考虑一个向客户推荐歌曲或电影的系统。我们可以将其视为一个监督学习问题，其输入为客户的信息，其输出标签是客户是否喜欢该推荐，我们也可以将其视为一个强化学习问题，其中系统执行一系列推荐操作，并偶尔从给予好评的顾客中得到奖励。

标签本身可能并不像我们所希望的那样一定正确。设想一下，你正试图构建一个系统，希望通过照片来猜测一个人的年龄。你通过让人们上传照片并陈述他们的年龄来收集一些有标签的样例，这就是一个监督学习过程。但实际上有些人谎报了年龄。这不仅仅是因为数据中存在随机噪声，更确切地说，这种不准确的情况是系统性的，找到不准确的数据是一个基于图像、自我报告的年龄和真实（未知）年龄的无监督学习问题。因此，噪声和标签的缺乏在监督学习和无监督学习之间形成了一个整体。**弱监督学习**（weakly supervised learning）关注的问题就是当标签有噪声、不精确或被随意提供时的情形。

19.9.2　数据收集、评估和管理

每一个机器学习项目都需要数据；在图像识别项目中，我们有免费的图像数据集可以使用，如 **ImageNet**，它拥有 1400 多万张图像，其标签大约有 2 万种。有时我们可能不得已需要自己制造数据，这些数据可以由我们自己动手制作来完成，或者通过网络向付费工作者或无偿志愿者进行**众包**。有时数据来源于用户。例如，Waze 导航服务鼓励用户上传关于交通堵塞的数据，并利用该数据为所有用户提供最新的导航指示。当你没有足够的数据时，可以使用迁移学习的方法（见 21.7.2 节）：从公开可用的数据集（或已在此数据上预训练过的模型）开始，逐渐添加用户输入的特定数据并再次训练。

如果你将系统开放给用户，则用户可以提供反馈——他可能会注重某一个选项而忽略了其他项目。这时你需要一个能够处理这些数据的策略，其中包括能够保护隐私的操作（见 27.3.2 节），以确保你对收集到的数据有适当的许可，并能确保用户数据的完整性，且用户知道你将如何处理这些数据。你还需要确保操作流程是公平无偏差的（见 27.3.3 节）。如果你觉得有些数据过于敏感而无法收集，但它们对你的机器学习模型很有用，则可以考虑采用联邦学习的方法，即数据仍保留在用户设备上，但模型参数以保护私有数据的方式进行共享。

保留所有数据的**数据源头**（data provenance）是一个很好的做法。对于数据集中的每一列，你应该知道其确切的定义、数据的来源、可能的取值及它被如何处理过，还应知道是否有过某

个时间段数据传输中断，以及某个数据源的定义是否随着时间的推移而演变。如果要跨时间段对结果进行比较，那么你需要知道上述这些。

如果你打算依赖其他人生成的数据，那么这些点将尤其重要——他们的需求和你的需求可能有分歧，导致他们可能最终会改变生成数据的方式，甚至可能会停止更新数据。因此你需要监视你的数据源来捕捉这些信息。拥有一个可靠、灵活、安全的数据处理途径比机器学习算法的确切细节更为关键。考虑到涉及隐私的相关法律法规，数据的源头也是非常重要的。

对于任何任务，都有关于数据的一些问题：这是适合我任务的数据吗？它是否拥有足够的正确输入，使得我们能够训练模型？它包含我想要预测的输出吗？如果没有，我可以建立一个无监督的模型吗？或者我可以标记一部分数据，然后进行半监督学习？是否有与之相关的数据？拥有 1400 万幅图像是一件好事，但是如果你的所有用户都是对某个特定主题感兴趣的专家，那么一个通用数据库将没有多大用处——你仍需要找出对应特定主题的图像。训练数据有多少才是足够的？（我需要收集更多数据吗？我可以丢弃一些数据以加快计算吗？）回答这个问题的最佳方法是通过与一个训练集大小已知的类似项目进行比较来推断。

当你开始进行学习后，可以画一条学习曲线（见图 19-7），并观察有更多的数据是否会有帮助，或者学习是否已经停滞。对于你所需要的训练样例的数量，有很多特殊的、不严谨的经验法则：学习困难的问题通常要几百万个数据；一般问题需要近 1000 个数据；一个分类问题中的每个类需要有几百个或几千个数据；比模型的参数个数多 10 倍的样例；比输入特征个数多 10 倍的样例；对于输入特征个数为 d 的问题，需要 $O(d \log d)$ 量级的样例；非线性模型需要比线性模型更多的样例；如果需要更高的精度，样例需求量就更多；如果使用了正则化，样例量需求就减少；需要足够的样例来获得必要的统计能力以拒绝分类中的零假设。所有这些规则都告诫我们，建议尝试过去对类似问题有效的方法。

你也应该谨慎地看待你的数据。是否有数据存在输入错误？如何处理丢失的数据？如果你从你的用户（或其他人）那里收集数据，他们中的一些人会与你的系统相对抗吗？文本数据中是否存在拼写错误或术语不一致？（例如，"Apple""AAPL"和"Apple Inc."是否都指同一家公司？）你将需要一个过程来找出和纠正所有这些潜在的数据错误。

当数据有限时，**数据增强**（data augmentation）的方法会有所助益。例如，对于图像数据集，可以通过对每个图像进行旋转、平移、裁剪、缩放、更改亮度或颜色平衡及添加噪声来创建这个图像的多个版本。只要这些变化很小，图像标签就应该保持不变，并且在这种增强数据上训练得到的模型将更加健壮。

有时数据的量是足够的，但被划分为**不平衡类**（unbalanced class）。例如，一个有关信用卡交易的数据集可能包含 1000 万个有效交易和 1000 个欺诈交易。一个对于任何输入都判定为"有效"的分类器将在这个数据集上获得 99.99% 的准确率。为了处理这个问题，分类器还必须更多地关注欺诈交易样例。为了做到这一点，你可以对多数类进行**欠采样**（undersampling）（忽略一些"有效"类的样例）或对少数类进行**过采样**（over-sample）（复制一些"欺诈"类的样例）。你也可以使用一个加权损失函数，对误判一个"欺诈"类样例进行更大的惩罚。

自适应提升法也可以帮助模型更加关注少数类。如果你使用的是集成方法，就可以通过更改集成投票的规则来实现，那么即使只有少数集成投票支持"欺诈"，最终响应也可能是"欺诈"。你也可以通过使用 SMOTE（Chawla *et al.*, 2002）或 ADASYN（He *et al.*, 2008）等技术生成合成数据来帮助不平衡类达到平衡。

你应该仔细考虑数据中的**离群值**（outlier）。所谓离群值是指与其他数据点距离很远的数据点。例如，在餐厅等待问题中，如果价格是一个数值而不是一个分类值，如果一个样例的价格是 316 美元，而所有其他样例的价格都是 30 美元或更少，那么这个样例就是一个离群值。像线性回归这样的方法很容易受到离群值的影响，因为它们在考虑所有输入样例后形成一个全局的线性模型，它们不能将离群值与其他样例点区别对待，因此单个离群值可能对模型的所有参数产生很大的影响。

对于像价格这样值域是正数的属性，我们可以通过数据变换，取每个值的对数来减少离群值的影响，此时 20 美元、25 美元和 316 美元将变为 1.3、1.4 和 2.5。这是有意义的，从实践的角度来看，高值对模型的影响将会变小；从理论的角度来看，正如我们在 16.3.2 节中看到的，货币的效用是对数的。

像决策树这样由多个局部模型构建整体模型的方法可以单独处理离群值：最大值是 300 美元还是 31 美元是无关紧要的；无论哪种情况，决策树都可以在处理完价格≤30 的样本后在自己的局部节点中处理这个离群值。这使得决策树（以及随机森林法和梯度提升法）对离群值更具健壮性。

1. 特征工程

在修正了明显的错误数据之后，你可能还需要对数据进行预处理，以使其更易于模型使用。我们已经看到过具体的处理过程：对于一个连续值的输入，如等待时长，强行把它们放置到某个区域（0～10 分钟、10～30 分钟、30～60 分钟，或者＞60 分钟）。领域知识可以告诉你哪些阈值是重要的，如在研究投票模式时按照年龄≥18 岁将人群进行区分。我们还看到了（19.7 节），当数据归一化为标准差为 1 时，最近邻算法的性能更好。对于类别特征（如晴天/阴天/雨天），将数据转换为其中一个特征为 true 的 3 个单独布尔特征通常很有效果［我们称之为独热编码（one-hot encoding）］。当机器学习模型是神经网络时，这特别有用。

你还可以根据已有的领域知识引入新特征。例如，给定一个关于客户购买信息的数据集，其中每个条目都有一个日期特征，你可能希望使用新特征来扩充数据——该日期是周末或假日。

再举一个例子，我们现在要估算待售房屋的真实价值。图 19-13 给出了这个问题的一个简单版本，我们对房屋面积和要价进行线性回归。但我们真正想估算的是房子的售价，而不是要价。为了解决这个问题，我们需要实际销售额的数据。但这并不意味着应该抛弃关于要价的数据，我们可以把它作为输入特征之一。除房子的大小之外，我们还需要更多的信息：房间、卧室和浴室的数量，厨房和浴室最近是否进行了改造，房子的年代以及可能的维修状况，是否有集中供暖和中央空调，院子的大小和景观的状况。

我们还需要这个地段和邻里的信息。但如何定义邻里关系呢？按邮政编码？如果一个邮政编码同时横跨一个理想的社区和一个不理想的社区呢？学区如何处理？应该把学区名称作为一个特征，还是把平均考试分数作为特征？做好特征工程是成功的关键。正如佩德罗·多明戈斯（Pedro Domingos）（Domingos, 2012）所说："归根结底，一些机器学习项目成功了，一些失败了。它们有什么区别？最重要的因素是所使用的特征。"

2. 探索性数据分析与可视化

约翰·图基（John Tukey）（Tukey, 1977）首先提出了术语**探索性数据分析**（exploratory data analysis，EDA），它用于探索数据以获得对数据的理解，而不是直接进行预测或测试假设。这一过程主要是通过可视化来完成的，但也可以通过简要的统计来完成。查看一些直方图或散点图通常有助于确定数据是否丢失或错误，观察数据是正态分布还是重尾分布，以及判断什么样的学习模型可能是合适的。

一个有效的方法是对数据进行聚类，然后在每个聚类簇的中心可视化一个原型数据点。例如，在图像的数据集中，我们可以识别出一簇猫脸，这簇数据的附近是一簇熟睡的猫，而其他聚类簇描绘了其他对象。为了构建聚类簇，我们要在可视化和建模之间进行若干次迭代，我们需要一个距离函数来告诉我们哪些项彼此接近。但是，要选择一个好的距离函数，我们需要对数据有一些感觉。

检测远离原型的离群值通常对我们也很有帮助。这些离群值可以被认为是原型模型的**批评者**，也可以让我们直观地感觉到系统可能会犯什么类型的错误。一只披着狮子装扮的猫就是一个例子。

计算机显示设备（屏幕或纸张）是二维的，这意味着我们很容易将二维数据可视化。我们的眼睛在理解被投影到二维的三维数据方面很有经验。但许多数据集都有几十甚至数百万个维度。为了使它们可视化，我们可以进行降维，将数据投影到二维的平面图上（有时投影到三维，然后交互地进行探索）。①

投影的平面图不能保持数据点之间的所有关系，但留有数据的一些性质，即原始数据集中的类似点在投影平面图中是紧密相连的。一种称为 **t 分布随机近邻嵌入**（*t*-distributed stochastic neighbor embedding，*t*-SNE）的方法就是这样做的。图 19-27 中显示了 MNIST 数字识别数据集的 *t*-SNE 平面图。有一些数据分析和可视化包，如 Pandas、Bokeh 和 Tableau，它们可以使数据更容易处理。

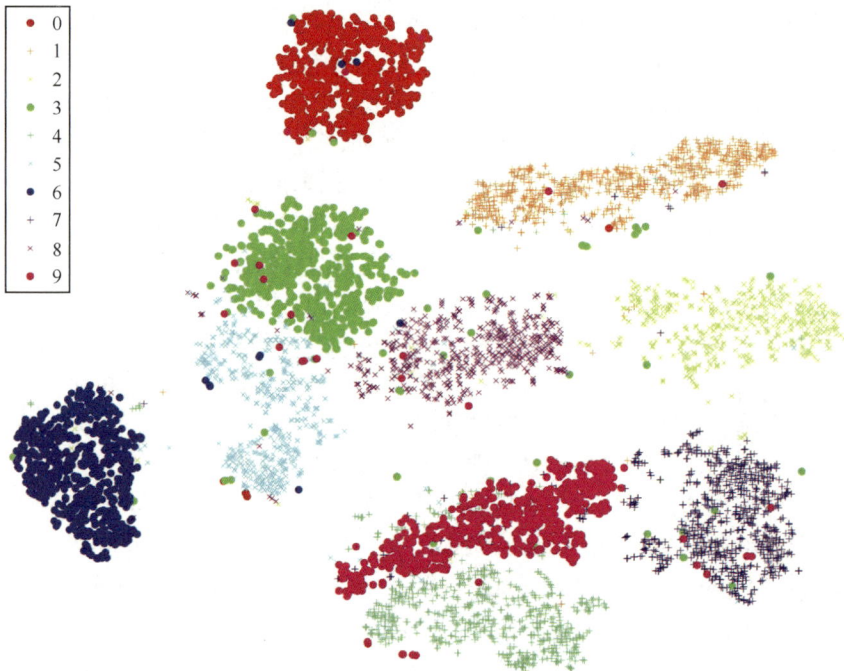

图 19-27　MNIST 数据集上的二维 *t*-SNE 平面图，该数据集收集了 60 000 幅手写数字图像，每幅 28 像素 ×28 像素，因此是 784 维。可以清楚地看到 10 个数字的聚类簇，每个聚类簇之间都存在一些混淆；例如，顶部是数字 0 的聚类簇，但是在聚类簇的范围内有一些表示数字 3 和 6 的数据点。*t*-SNE 算法找到了一种突出聚类簇间差异的表示

---

① 杰弗里·辛顿（Geoffrey Hinton）提供了有用的建议："要处理 14 维空间，先想象一个三维空间，并明确地告诉自己这是 '14' 维数据。"

19.9.3　模型选择与训练

有了干净的数据和对数据的直观感觉，是时候建立一个模型了。这意味着我们要选择一个模型类（如随机森林模型、深度神经网络模型或集成模型），使用训练数据训练模型，利用验证数据来调优模型类的所有超参数（如树的数目或层数），对过程进行调试，最后用测试数据对模型进行评估。

没有方法能够保证能挑选到最好的模型类，但有一些粗略的指导方针。当有很多分类特征，且你认为其中许多特征可能是不相关的时，随机森林是好用的。当你有大量的数据但没有先验知识，并且你不想在恰好选择正确的特征（只要少于 20 个）上花太多工夫时，非参数方法是很好的选择。然而，非参数方法通常会给出一个运行成本更高的函数 h。

如果数据是线性可分的，或者可以通过巧妙的特征工程将其转换为线性可分的，逻辑回归表现得很好。当数据集不太大时，支持向量机是一种很值得尝试的方法，它们在可分数据上的表现类似于逻辑回归，并且在高维数据上表现得更好。处理模式识别的问题，如图像或语音处理，通常用深度神经网络（见第 21 章）。

超参数的选择可以结合以往的经验来完成，选取过去在类似问题中表现得较好的超参数并在其中搜索：用多个可能的超参数值来运行实验。随着运行的实验越来越多，你会有尝试不同的模型的直觉。但是，如果你用验证数据来衡量模型的性能，并获得新模型的直觉，进而运行更多的实验，那么你就有可能过拟合验证数据。如果你有足够的数据，可能需要有若干个独立的验证数据集来避免此问题。如果你打算对验证数据进行仔细查看，而不是仅仅对其运行评估，这一点尤其重要。

假设你正在构建一个分类器，例如构建一个能对垃圾邮件进行分类的系统。我们将"把一封正常邮件标记为垃圾邮件"称为**假阳性**（false positive）。在假阳性和假阴性（把一封垃圾邮件标记为正常邮件）之间会有一个平衡，如果你更多地想防止正常邮件落入垃圾邮件文件夹，那么你最终必然也会向收件箱发送更多垃圾邮件。但什么是最好的权衡方法呢？你可以尝试使用不同的超参数值，并得到两种错误的不同的错误率，即这个权衡的若干个不同的选择。一种称为**接收者操作特征**（receiver operation characteristic，ROC）曲线的图表可为每个超参数值绘制假阳性和真阳性的曲线，有助于对可能成为权衡的好的选择的值可视化。一种称为"ROC曲线下方面积"（area under the ROC curve，**AUC**）的度量为 ROC 曲线提供了一个单数值摘要，如果你想部署一个系统并让每个用户可以选择他们的权衡点，AUC 是很有用的。

分类问题的另一个有效的可视化工具是**混淆矩阵**（confusion matrix）：一个二维计数表，它显示了每个类别被正确分类或误分类的频率。

除了损失函数，其他因素也存在权衡。如果你能训练一个股票市场预测模型，使它让你每次交易都赚 10 美元，这将是很伟大的；但是，如果它每次预测的计算成本是 20 美元，模型就是没用的。在手机上运行一个机器翻译程序，它可以让你阅读国外城市的标志，这对你是有帮助的；但是如果在使用该程序一小时后手机电量被耗尽，那么该程序就不一定了。你可以跟进影响系统接受或拒绝的所有因素，并设计一个方案，使得在这个过程中你可以反复快速获得新想法、运行实验和评估实验结果，以查看你是否取得了进展。让这个迭代过程变快是机器学习成功的最重要因素之一。

19.9.4　信任、可解释性、可说明性

我们已经描述了一种机器学习方法，在该方法中，你可以使用训练数据构建模型，通过验

证数据来选择超参数，并使用测试数据获得模型的最终衡量。在这个指标上做得好是你**信任**该模型的一个必要条件，但它并不充分。并且不仅是你，还有其他利益相关者，包括监管机构、立法者、新闻界和用户，也对该系统的可信度（以及相关属性，如可靠性、责任性和安全性）感兴趣。

一个机器学习系统本质上仍是一个软件，因此仍可以使用所有用于检验和验证任何软件系统的典型工具来建立信任。

- **源代码控制**：用于版本控制、构建和缺陷/问题跟踪的系统。
- **测试**：所有组件的单元测试，包括简单的典型测试用例和棘手的对抗测试用例、模糊测试（生成随机输入）、回归测试、负载测试和系统集成测试；这些对于任何软件系统都很重要。对于机器学习，我们还要对训练数据集、验证数据集和测试数据集进行测试。
- **审查**：代码走查和审查、隐私审查、公平性审查（见 27.3.3 节）和其他法律合规性审查。
- **监控**：仪表盘和警报，以确保系统已启动并运行，并继续以高精度运行。
- **问责**：当系统出错时会发生什么？对系统做出的决定进行投诉或申诉的过程是什么？我们怎样才能追踪到谁该对错误负责？社会期望（但并不总是得到）银行、政客和法律对做出的重要决策负责，他们也期望包括机器学习系统在内的软件系统对做出的决策负责。

此外，还有一些因素对机器学习系统特别重要，我们接下来将详细介绍。

可解释性（interpretability）：如果你能观察实际模型并理解为什么它会在得到给定输入后给出的特定输出，以及当输入发生变化时输出将如何变化，我们就称此机器学习模型是**可解释的**[①]。决策树模型被认为是高度可解释的；在决策树中，某个样本遵循 $Patrons$ = Full 且 $WaitEstimate$ = 0 ～ 10 将使决策树给出 $wait$ 的决策，这是可以理解的。决策树是可解释的有两个原因。首先，我们人类有理解 IF/THEN 规则的经验。（相比之下，人类很难直观地理解像神经网络模型那样的矩阵乘积与激活函数的结果。）其次，决策树在某种意义上是按照可解释性进行构造的，树的根节点就是具有最高信息增益的属性。

线性回归模型也被认为是可解释的；我们可以研究一个预测公寓租金的模型，根据这个模型，每增加一间卧室，租金就会增加 500 美元。其中的想法"如果我改变 x，输出会怎样变化？"是可解释性的核心。当然，相关性不是因果关系，所以可解释的模型所解释的是会发生什么，但不一定是为什么。

可说明性（explainability）：一个可说明的模型可以帮助你理解"为什么某个输入对应着某个输出"。术语可解释性来自于对实际模型的剖析，而可说明性可以通过单独的过程说明。也就是说，模型本身可能是一个很难理解的黑匣子，但是说明模块可以总结模型的工作。对于一个将某图片分类为狗的神经网络图像识别系统，如果我们试图直接解释该模型，我们能得到的最好的结果是"卷积层后，softmax 层中输出为狗的激活性高于任何其他类"。这不是一个令人信服的结论。但是，一个单独的说明模块应该能够检查神经网络模型，并给出说明"它有 4 条腿、皮毛、尾巴、松软的耳朵和长长的鼻子；它比狼小，躺在狗床上，所以我认为它是狗"。说明是建立信任的一种方式，一些法规，如欧洲 GDPR（General Data Protection Regulation，通用数据保护条例）要求系统提供说明。

作为单独的说明模块的一个例子，局部可解释的模型不可知说明（local interpretable model-agnostic explanation，LIME）系统的工作原理如下：无论你使用什么模型类，LIME 都会构建一个可解释模型，它通常是决策树或线性模型，该模型将近似你给的模型，然后通过解

---

① 这个术语并没有被普遍接受；一些作者将"可解释的"（interpretable）和"可说明的"（explainable）作为同义词，这两个词都指对模型的某种理解。

释线性模型来创建说明以说明每个特征的重要性。LIME 通过将机器学习模型视为一个黑盒来实现这一点，并用不同的随机输入值来测试它，从而创建一个数据集，从中可以建立可解释的模型。这种方法适用于结构化数据，但不适用于像图像这样的数据，因为图像中每个像素都是一个特征，但没有单独一个像素本身是"重要的"。

有时我们选择模型类是因为它的可说明性——我们可能会选择决策树而不是神经网络，不是因为它有更高的精度，而是因为它的可说明性让我们对它更加信任。

然而，一个简单的说明可能会导致错误的安全感。毕竟，我们通常选择使用机器学习模型（而不是手工编写的传统程序），因为我们试图解决的问题本身就很复杂，而且我们不知道如何编写传统程序。在这种情况下，我们不应该期望每个预测都有一个简单的说明。

如果你建立一个机器学习模型主要是为了理解这个领域，那么可解释性和可说明性将帮助你理解这个领域。但是，如果你只是想要性能最好的软件，那么相比于说明，测试可能会给你更多的信心和信任。例如在下面的问题中你会信任哪一个：一架从未飞行过但详细说明了为什么它是安全的实验飞机，或者一架安全地完成了 100 次飞行并经过精心维护但却没有任何关于安全保证的说明的飞机？

19.9.5 操作、监控和维护

一旦你对模型的性能已经满意，就可以把它部署给用户，这时你将面临更多的挑战。首先，你要面临用户输入的长尾（long tail）问题。你可能已经在一个大型测试集上测试了你的系统，但是如果该系统很受欢迎，你很快就会看到之前从未测试过的输入。你需要知道你的模型是否适用于它们，这意味着你需要监控（monitoring）模型在实时数据上的表现——跟踪统计数据、构建一个仪表盘使得在关键指标低于阈值时发送警报。除了自动更新用户交互的统计数据外，你可能还需要雇用和培训人员来维护系统并对其运行状态进行估计与评价。

其次，你要面临非平稳性（nonstationary）问题——外部世界会随时间变化。假设你的系统将电子邮件分类为垃圾邮件或非垃圾邮件，一旦你成功分类一批垃圾邮件，垃圾邮件发送者将看到你做了什么，并改变他们的战术，发送一种你之前没有见过的新类型的邮件。非垃圾邮件也在发展，因为用户改变了他们所使用的电子邮件与短信或桌面与移动服务的组合。

你将不断面临这样一个问题：一个已经过良好测试但依据旧数据构建的模型，与一个依据最新数据构建但尚未在实际使用中测试的模型相比，哪一个更好？

不同的系统对于时效性有不同的要求：对于有些问题，它们可能每天甚至每小时都有一个新的适用模型，而另一些问题可以使用同一个模型来解决，并保持数月。如果你打算每个小时都构建一个新的模型，那么为每次更新都进行繁重的测试与手动检查是不切实际的。你需要将测试与发布进行自动化，使得小的更改可以自动完成但较大的更改需要合理的审查。你可以将它视为每个新数据不断更新已有模型的在线模型和每有一个新版本都需要重新构建的离线模型之间的权衡。

不仅数据会发生变化——例如垃圾邮件中会使用新的词汇，整个数据模式也可能会发生变化——你可能需要对垃圾邮件进行分类，需要做出调整使得模型能对垃圾文本消息邮件、垃圾语音消息邮件、垃圾视频邮件等进行分类。图 19-28 给出了一个一般性的准则，以指导实践人员选择适当的测试和监控水平。

特征测试和数据测试

（1）特征的期望是在某个模式中捕获的。（2）所有特征都是有益的。（3）特征的成本不应该过高。
（4）特征应遵循元级要求。（5）数据流应该有适当的隐私控制。（6）系统可以较快地引入新的特征。
（7）完整测试过所有输入特征代码。

模型部署测试

（1）每个模型的规范都要经过代码审查并检入到存储库中。（2）离线技术指标和线上服务指标应相关联。
（3）所有的超参数都是经过调优的。（4）模型的过时性及其影响是已知的。（5）简单的模型不一定更
好。（6）模型在关键的数据切片上的表现都足够好。（7）模型已经通过了能够被包含在系统中的测试。

机器学习基础架构测试

（1）训练是可复现的。（2）模型规范代码需经过单元测试。（3）机器学习的整个流程需经过集成测
试。（4）在模型提供现实服务前已经检验过模型的质量。（5）模型允许人员通过具体观测训练过程中的每
个样例每一步的计算来进行调试。（6）模型在上线生产环境前需经过灰度测试。（7）模型可以快速且安全地
进行版本回滚。

机器学习的监控测试

（1）依赖关系的改变会触发通知。（2）训练和服务输入满足数据不变性。（3）训练和线上服务特征计
算相同值。（4）模型不应该太陈旧。（5）模型是数值稳定的。（6）模型在训练速度、服务延迟、吞吐
量或RAM利用率方面不应该倒退。（7）模型在服务数据上不应该有预测质量的倒退。

图 19-28　用于评价部署具有充分测试的机器学习模型的一系列准则。节选自布雷克等人的论文（Breck *et al.*, 2016），该作者还提供了一个评分的指标

小结

本章介绍了机器学习，重点介绍了基于样例的监督学习。本章的重点如下。

- 学习有多种形式，这取决于智能体的形式、可以进行改进的组件和可获得的反馈。

- 如果可用的反馈提供了每个样例输入的正确答案，那么我们称该学习问题为**监督学习**，
  其任务是学习某个函数 $y = h(x)$。当学习一个输出为连续或有序值（如体重）的函数时，
  我们称之为**回归**；当学习一个具有少量可能输出类别的函数时，我们称之为**分类**。

- 我们希望学习到一个函数，它不仅与现有的数据保持一致，而且与未来出现的数据也很
  可能一致。我们需要在与数据的一致性和假设的简单性之间做出权衡。

- **决策树**可以表示任何一个布尔函数。基于**信息增益**的启发式算法为寻找一个简单且一致
  的决策树提供了一个有效途径。

- 一个学习算法的表现可以通过**学习曲线**进行可视化，它所给出的是模型在**测试集**上的预
  测准确率关于**训练集**大小的函数关系。

- 当有多个模型可供选择时，**模型选择**可以通过在验证集上进行**交叉验证**来选出较好的超
  参数。一旦超参数被选取，我们就可以使用所有的训练数据来构建最好的模型。

- 不是所有的错误都是平等的。**损失函数**可以告诉我们一个错误的严重程度，那么我们的
  目标则是最小化验证集上的损失函数。

- **计算学习理论**分析了归纳式学习的样本复杂性和计算复杂性。在假设空间的表达能力与
  学习的容易程度之间应当有一个权衡。

- **线性回归**是一个被广泛运用的模型，它的最优参数值可以被精确地计算出来或者通过梯
  度下降搜索找到，其中梯度下降搜索是一种可以用于解决不存在闭式解的模型的技术。

- 一个带有硬阈值的线性分类器——也被称为**感知机**——可以通过简单的参数更新规则训
  练，并且能拟合**线性可分**的数据。对于线性不可分的数据，这个更新规则将不能收敛。

- **逻辑斯谛回归**将感知机所用的硬阈值替换为由逻辑斯谛函数定义的软阈值。即使是带噪声的线性不可分数据集，梯度下降也能在该模型中表现得很好。
- **非参数模型**使用所有的数据来单独做每一个预测，而不是试图用若干个参数总结出数据中的信息。例如**最近邻**与**局部加权回归**。
- **支持向量机**通过寻找带有**最大边距**的线性分离器来改进分类的泛化表现。即使原数据不是线性可分的，**核方法**也可以隐式地将输入数据投影到可能存在线性分离器的高维空间中。
- **自助聚合法**与**自适应提升法**这样的集成方法通常比单独的方法表现得更好。在**在线学习**中，即使数据的分布不断变化，我们也可以通过聚集专家们的意见来达到任意程度接近最好的专家的表现。
- 构建一个良好的机器学习模型要求我们在从数据管理到模型选择和优化，再到持续性维护的整个开发过程中都有一定经验。

参考文献与历史注释

在第 1 章中我们介绍了关于归纳学习问题的哲学研究历史。奥卡姆的威廉（1280—1349），是他所在的那个年代的最有影响力的哲学家，中世纪认识论、逻辑学和形而上学的主要贡献者，提出了"奥卡姆剃刀"原则。"奥卡姆剃刀"在拉丁语中被表述为 "*Entia non sunt multiplicanda praeter necessitatem*"，即统一非多重性，在英语中被翻译为 "Entities are not to be multiplied beyond necessity"，即实体不可超越必然性。遗憾的是，对于这一值得称赞的箴言，我们在他的著作中却找不到这些确切的词（尽管他确实说过 "Pluralitas non est ponenda sine necessitate"，即多元性是不必要的，或者"如无必要，勿增实体"）。一个类似的观点曾在亚里士多德于公元前 350 年所写的《物理学 Ⅰ》第 4 章中提到过："对于越受限的，如果它是可取的，那总是更适合的。"

大卫·休谟（1711—1776）具体表述了归纳问题，并认识到从样本中泛化可以容许可能出现的错误，而逻辑演绎并不允许错误的存在。他认为没有方法可以给出对某个问题保证正确的解，但是他提出了自然齐一原则，也就是我们现在所称的平稳性。奥卡姆和休谟的观点是，当我们做归纳时，我们将从众多一致的模型中选择一个最可能的模型，因为它更简单且符合我们的期望。在现代，无免费午餐定理（Wolbert and Macready, 1997; Wolbert, 2013）表明，如果某个学习算法在某一组问题上表现良好，那只是因为它将在某个不同的问题中表现较差：如果我们的决策树正确预测了 SR 的餐厅等待行为，那么假设有这么一个人，他在未被观测到的输入上有与 SR 相反的等待行为，那么学习算法此时的表现将很差。

机器学习是计算机科学诞生的关键思想之一。艾伦·图灵（Turing, 1947）预见到了这一点，他说："设想一下，我们已经建立了一台带有某些初始指令表的机器，它能在有充足有利条件的情况下，自动地修改这个指令表。"亚瑟·塞缪尔（Samuel, 1959）将机器学习定义为"在不针对计算机编程的情况下，赋予计算机学习能力的一个领域"，并且创建了他的跳棋学习程序。

决策树的第一次著名的应用是在 EPAM 中，即"初级感知者和记忆者"（Feigenbaum, 1961），这是对人类学习的概念的模拟。ID3（Quinlan, 1979）为这一方法提供了选择最大熵特征的关键思想。熵和信息论的概念是由克劳德·香农提出并发展的，其目标是帮助研究通信（Shannon and Weaver, 1949）。（香农的贡献还在于提出了机器学习的最早的例子之一，即一种称为 Theseus 的机械鼠，它通过反复试验学会了在迷宫中找到正确路线。）昆兰（Quinlan, 1986）提出了树剪枝的 χ^2 方法。工业级的决策树包 C4.5 可以在（Quinlan, 1993）中找到。统计学家利奥・布赖曼（Leo Breiman）及其同事（Breiman *et al.*, 1984）开发了另一种工业级强度的软件包 CART（用于分类和回归树）。

亚菲和里夫特（Hyafil and Rivest, 1976）证明了寻找最优决策树（区别于通过局部贪心选择找到一棵好的树）是一个 NP 完全问题。但是伯兹马斯（Bertsimas）和邓恩（Bertsimas and Dunn, 2017）指出，在过去的 25 年中，硬件设计和混合整数规划算法取得的进步已经带来了8000 亿倍的加速，这意味着至少对于样本数量不超过几千个和特征数量不超过几十个的问题来说，解决这个 NP 困难的问题是可行的。

交叉验证最早由拉森（Larson, 1931）提出，其形式与我们所介绍的斯通（Stone, 1974）和戈卢布（Golub *et al.*, 1979）提出的形式类似。正则化方法由吉洪诺夫（Tikhonov, 1963）提出。

关于过拟合的问题，戴森（Dyson, 2004）引用约翰・冯・诺依曼的话宣称，"用 4 个参数我可以拟合一头大象，用 5 个参数我可以让它摆动躯干"，意味着可以用高次多项式拟合几乎任何数据，但代价是可能导致过拟合。迈耶（Mayer *et al.*, 2010）通过演示 4 个参数的大象和 5个参数的摇摆证明了戴森是对的。更进一步，布韦（Boué, 2019）使用单参数的混沌函数演示出了大象和其他动物。

张驰原等人（Zhang *et al.*, 2016）分析了模型在什么条件下能够记住训练数据。他们使用随机数据进行实验，显然，在带有随机标签的训练集上获得零错误的算法必须完全记住数据集。然而，他们认为该领域还没有发现一个精确的衡量标准，来衡量奥卡姆剃刀意义下的模型"简单"意味着什么。阿尔皮特等人（Arpit *et al.*, 2017）指出，模型记忆数据发生的条件同时取决于模型和数据集的细节。

贝尔金（Belkin *et al.*, 2019）讨论了机器学习中的偏差-方差权衡，以及为什么一些模型类在达到插值点后仍能继续改进，而其他模型类则呈现 U 形曲线。贝拉达（Berrada *et al.*, 2019）开发了一种基于梯度下降的新学习算法，该算法利用模型的记忆能力为学习率这一超参数设置良好的值。

学习算法的理论分析始于戈尔德（Gold, 1967）关于**极限识别**的工作。这种方法的灵感部分来源于科学哲学的科学发现所用的模型（Popper, 1962），但主要应用于从例句中学习语法的问题（Osherson *et al.*, 1986）。

尽管极限识别方法注重于最终的收敛性，但是由所罗门诺夫（Solomonoff, 1964, 2009）和柯尔莫哥洛夫（Kolmogorov, 1965）独立开发的**柯尔莫哥洛夫复杂性**（Kolmogorov complexity）或**算法复杂性**（algorithmic complexity）的研究试图为奥卡姆剃刀中所使用的简单性概念提供一个正式的定义。为了避免简单性依赖于信息的表示方式的问题，有人提出用能正确再现观测数据的通用图灵机所需最短程序长度来衡量简单性。尽管存在许多可能的通用图灵机，也因此有许多可能的"最短"程序，但这些程序的长度最多相差一个与数据量无关的常数。这个优秀的见解，从根本上表明任何初始表示带来的偏差最终都会被数据克服，它只会因计算最短程序长度的不可判定性而受到破坏。诸如**最小描述长度**（minimum description length，**MDL**）（Rissanen, 1984, 2007）之类的方法可以用于近似度量，它们在实践中取得了很好的效果。李明和威塔涅（Li and Vitányi, 2008）的教科书是柯尔莫哥洛夫复杂性的最佳出处。

PAC 学习理论由莱斯利・瓦利安特（Leslie Valiant）（Valiant, 1984）提出，它强调了计算复杂性和样本复杂性的重要性。瓦利安特与迈克尔・卡恩斯（Michael Kearns）（Valiant and Kearns, 1990）的研究表明，即使样本中包含足够多的信息，一些概念类仍是不容易被 PAC 学习到的。对于决策列表等模型类，也存在一些积极的结果（Rivest, 1987）。

在统计学中，从**一致收敛理论**开始（Vapnik and Chervonenkis, 1971），传统的样本复杂性

分析已经独立存在。所谓的 **VC 维**（VC dimension）提供了一个度量，这一度量大致类似于 PAC 分析中得到的 $\ln|\mathcal{H}|$ 度量，但比 PAC 分析所得到的更通用。VC 维可以被应用于连续函数类，而标准的 PAC 分析不适用于该函数类。PAC 学习理论和 VC 理论之间的联系最早是由"四个德国人"（实际上没有一个是德国人）提出的，他们是布卢默尔、埃伦费赫特、豪斯勒和瓦尔穆特（Blumer, Ehrenfeucht, Haussler, and Warmuth, 1989）。

　　带平方误差损失的**线性回归**的研究最早可以追溯到勒让德（Legendre, 1805）和高斯（Gauss, 1809），他们都致力于预测地球绕太阳运行的轨道。（高斯声称自己从 1795 年起就开始使用这项技术，只是迟迟没有发表。）毕晓普（Bishop, 2007）等教科书介绍了多变量回归在机器学习中的现代应用。吴恩达（Ng, 2004）以及穆尔和德内罗（Moore and DeNero, 2011）分析了 L1 和 L2 正则化之间的差异。

　　逻辑斯谛函数一词最早由统计学家皮埃尔·弗朗索瓦·韦吕勒（Pierre-françois Verhulst，1804—1849）使用，他利用该曲线来为有限资源下的人口增长建模，该模型比托马斯·马尔萨斯（Thomas Malthus）所提出的无约束几何增长模型更贴近现实。鉴于该曲线与对数曲线之间的关系，韦吕勒称之为"courbe logistique"（英文为 logistic curve，即逻辑斯谛曲线）。**维度诅咒**一词最早由理查德·贝尔曼（Bellman, 1961）提出。

　　逻辑斯谛回归可以用梯度下降或牛顿–拉弗森法（Newton, 1671; Raphson, 1690）求解。一种被称为 L-BFGS 的牛顿法的变体通常被用于高维度的问题；其中 L 代表"有限内存"，意思是它避免了一次性创建完整矩阵的操作，而是动态地创建部分矩阵。BFGS 是几位作者名字的首字母缩写（Byrd *et al.*, 1995）。梯度下降的思想可以追溯到柯西的论文（Cauchy, 1847），罗宾斯和门罗（Robbins and Monro, 1951）在统计优化领域提出了随机梯度下降（SGD），罗森布拉特（Rosenblatt, 1960）在研究神经网络时重新发现了它，布托和布斯凯（Bottou and Bousquet, 2008）对大规模机器学习的研究使 SGD 得到普及。布托（Bottou *et al.*, 2018）积累了 10 年的经验并重新考虑了大规模学习的主要内容。

　　最近邻模型至少可以追溯到菲克斯和霍奇斯的技术报告（Fix and Hodges, 1951），并且从被提出以来它一直是统计和模式识别的标准手段。在人工智能领域，斯坦菲尔和华尔兹（Stanfill and Waltz, 1986）推广了这些方法，他们的研究使得这些方法可以适应数据间的距离。黑斯蒂和蒂施莱尼（Hastie and Tibshirani, 1996）提出了一种方法，根据空间中某个点周围的数据分布，来确定该点的距离度量。乔尼斯等人（Gionis *et al.*, 1999）提出了局部敏感哈希（LSH），彻底改变了对高维空间中相似对象的检索。安多尼和安迪克（Andoni and Indyk, 2006）对 LSH 及其相关方法进行了综述，萨梅特（Samet, 2006）研究了高维空间的性质。最近邻这一技术对基因组数据尤其有用，因为基因数据的每条记录都有数百万个属性（Berlin *et al.*, 2015）。

　　核机器背后的思想来源于艾泽曼等人（Aizerman *et al.*, 1964）（核技巧由他提出），但该理论得以全面发展要归功于瓦普尼克（Vapnik）及其同事伯泽尔（Boser *et al.*, 1992）。一篇获得 2008 年 ACM 理论与实践奖的论文（Cortes and Vapnik, 1995）对支持向量机引入了软边界分类器，用于处理带噪声的数据，普拉特（Platt, 1999）的论文还引入了序列最小优化（SMO）算法，从而可以利用二次规划高效地求解支持向量机问题，它们都使得支持向量机变得更加实用。文本分类（Joachims, 2001）、计算基因组学（Cristianini and Hahn, 2007）以及手写数字识别（DeCoste and Schökopf, 2002）等任务都表明支持向量机是非常有效的。

　　在这一过程中，许多新的核也被设计出来用于处理字符串、树和其他非数值数据类型。一个相关的、同样使用核技巧来隐式地表示指数级特征空间的工作叫作投票感知机（Freund and Schapire, 1999; Collins and Duffy, 2002）。关于支持向量机的教科书有（Cristianini and Shawe-

Taylor, 2000）和（Schölkopf and Smola, 2002）。克里斯蒂亚尼尼和舍尔科普夫在 *AI Magazine* 上发表的文章（Cristianini and Schölkopf, 2002）中对其有一个更友好的解释。本吉奥和杨立昆（Bengio and LeCun, 2007）的研究表明，在学习有全局结构但不具有局部光滑性的函数时，支持向量机和其他局部非参数方法存在一些局限性。

关于集成方法的价值的第一个数学证明是孔多塞陪审团定理（de Condorcet, 1785），它证明了如果陪审员是独立的，并且一个陪审员至少有 50% 的概率正确判定一个案件，那么陪审员越多，正确地判定案件的概率就越大。近些年来，**集成学习**已经成为提高学习算法性能的一种日益普遍的技术。

第一个使用随机属性选择的**随机森林**算法是何天琴（Ho, 1995）提出的，阿米特和杰曼（Amit and Geman, 1997）提出了一个独立的版本。布赖曼（Breiman, 2001）引入了**自助聚合法**和"袋外错误"的概念。弗里德曼（Friedman, 2001）引入了梯度提升机（GBM）这一术语，扩展了随机森林方法，使得它可以处理多类分类、回归和排序问题。

迈克尔·卡恩斯（Kearns, 1988）定义了假设提升问题：给定一个学习器，其预测能力仅略好于随机猜测，那么是否有可能得到一个学习器，使得该学习器的表现可以任意地好？沙皮尔（Schapire）在一篇理论论文（Schapire, 1990）中肯定地回答了这个问题，并引导了 ADABOOST 算法的提出（Freund and Schapire, 1996）以及进一步的理论工作（Schapire, 2003）。弗里德曼等人（Friedman *et al.*, 2000）从统计学的观点解释了自适应提升法。陈天奇和盖斯特林（Chen and Guestrin, 2016）提出了 XGBOOST 系统，该系统已在许多大规模应用中获得了巨大成功。

布卢姆的综述（Blum, 1996）及切萨·比安基（Cesa Bianchi）和卢戈希（Lugosi）的书（Bianchi and Lugosi, 2006）系统地介绍了在线学习。对于分类问题，德雷泽等人（Dredze *et al.*, 2008）提出了置信度加权在线学习的思想：除了对每个参数赋予一个权重外，他们还保留了一个置信度量，这样一个新的样本可以对过去罕见的特征（因此置信度较低）产生较大的影响，而对常见的、已经被较好地估计了的特征产生较小的影响。余相甫等人（Yu *et al.*, 2011）描述了一组学生如何在 KDD 竞赛中合作并构建一个集成分类器。一个令人兴奋的可能性是，我们可以创建一个"非常大"的"专家组合"的集成，对于每个将输入的样本，它使用一个稀疏的专家子集（Shazeer *et al.*, 2017）。塞尼和埃尔德（Seni and Elder, 2010）对集成方法进行了综述。

佩德罗·多明戈斯（Domingos, 2012）介绍了一些值得了解的建议，有助于实际中构建机器学习模型。吴恩达（Ng, 2019）给出了使用机器学习开发与调试产品的一些技巧。

奥尼尔和舒特（O'Neil and Schutt, 2013）描述了数据科学发展的过程。图基（Tukey, 1977）提出了**探索性数据分析**，格尔曼（Gelman, 2004）给出了看待该分析过程的新观点。比恩等人（Bien *et al.*, 2011）描述了如何选择原型以获得更好的可解释性，金贝恩等人（Kim *et al.*, 2017）给出了如何使用最大平均差异度量来寻找距离原型最远的评判器。瓦滕伯格等人（Wattenberg *et al.*, 2016）描述了如何使用 *t*-SNE。为了更全面地了解机器学习系统的表现，布雷克等人（Breck *et al.*, 2016）提供了一份包含 28 项测试的检查表，你可以应用该检查表来获得总体机器学习测试的评分。赖利（Riley, 2019）描述了机器学习开发的 3 个常见陷阱。

班科和布里尔（Banko and Brill, 2001）、哈勒维（Halevy *et al.*, 2009）以及甘多米和海德（Gandomi and Haider, 2015）讨论了可用大样本的优势。根据利曼和瓦里安（Lyman and Varian, 2003）的估计，2002 年产生了大约 5 EB（5×10^{18} 字节）的数据，并且数据产生率将以每三年翻一番的速度增长；希尔伯特和洛佩斯（Hilbert and Lopez, 2011）估计 2007 年产生的数据量为 2×10^{21} 字节，并暗示了这一加速。居永和叶利谢耶夫（Guyon and Elisseeff, 2003）指出并讨论了大样本数据集中存在的特征选择问题。

多希·维莱斯和金贝恩（Velez and Kim, 2017）提出了**可解释机器学习**［或称**可解释人工智能（XAI）**］的框架。米勒等人（Miller *et al.*, 2017）指出，存在两种层面的解释，一种针对人工智能系统的设计者，另一种针对用户，对此我们需要明确目标。LIME 系统（Ribeiro *et al.*, 2016）建立了可解释线性模型，它有能力近似于任何机器学习系统。类似的系统 SHAP（Shapley Additive exPlanations）（Lundberg and Lee, 2018）使用沙普利值（18.3.2 节）来确定每个特征的贡献。

我们可以将机器学习方法应用于解决机器学习这个问题，这是一个诱人的想法。特龙和普拉特（Thrun and Pratt, 2012）给出了该领域的早期概述，编辑并发表在名为 *Learning to Learn* 的合集中。近年来，该领域采用了**自动机器学习（AutoML）**作为其名称，赫特等人（Hutter *et al.*, 2019）给出了该领域的一篇综述。

坎特和韦拉马查尼尼（Kanter and Veeramachaneni, 2015）提出了一个能进行自动特征选择的系统。伯格斯特和本吉奥（Bergstra and Bengio, 2012）给出了一个能搜索超参数空间的系统，桑顿等人（Thornton *et al.*, 2013）和贝穆德斯·查孔（Bermúdez Chacón）等人（Chacón *et al.*, 2015）也做了同样的事。王安怡等人（Wong *et al.*, 2019）描述了迁移学习在深度学习模型中是如何加速 AutoML 的。世界上也组织了一些竞赛，以观察哪些系统最适合 AutoML 任务（Guyon *et al.*, 2015）。施泰因吕肯等人（Steinruecken *et al.*, 2019）提出了一个自动统计学系统：输入一些数据给它，它会给出一份包含文本、图表和计算的报告。一些主要的云计算运营商已经将 AutoML 作为其产品的一部分。一些研究人员更喜欢使用**元学习**这个术语，例如，**模型无关元学习**（model-agnostic meta learning，MAML）系统（Finn *et al.*, 2017）适用于任何可以通过梯度下降进行训练的模型；它将训练一个核心模型，这样在面对新任务时就容易用新数据对模型进行微调。

尽管已经有了这些工作，但我们仍然没有一个完整的系统来自动解决机器学习问题。要用监督学习做到这一点，我们需要从一组 (x_j, y_j) 样本开始。这里输入 x_j 是原始问题的问题说明：对目标的模糊描述，以及一些需要处理的数据，也许还有关于如何获取更多数据的大致规划。输出 y_j 应该是一个完整可运行的机器学习程序以及一个维护程序的方法：收集更多的数据、清理数据、测试和系统监控等。我们预计我们将需要一个包含数千个此类样本的数据集，但是不存在这样的数据集，所以现有的 AutoML 系统所能完成的任务是有限的。

还有很多书籍介绍了数据科学和机器学习以及软件包，例如 Python 方面的（Segaran, 2007; Raschka, 2015; Nielsen, 2015）、Scikit-Learn 方面的（Pedrogsa *et al.*, 2011）、R 方面的（Conway and White, 2012）、Pandas 方面的（McK-inney, 2012）、NumPy 方面的（Marsland, 2014）、PyTorch 方面的（Howard and Gugger, 2020）、TensorFlow 方面的（Ramsandr and Zadeh, 2018）和 Keras 方面的（Cholet, 2017; Géron, 2019）。

有很多有价值的教科书，例如机器学习方面的（Bishop, 2007; Murphy, 2012），以及与机器学习紧密相关和重叠的模式识别方面的（Ripley, 1996; Duda *et al.*, 2001）、统计方面的（Wasserman, 2004; Hassie *et al.*, 2009; James *et al.*, 2013）、数据科学方面的（Blum *et al.*, 2020）、数据挖掘方面的（Han *et al.*, 2011; Witten and Frank, 2016; Tan *et al.*, 2019）、计算学习理论方面的（Kearns and Vazirani, 1994; Vapnik, 1998）和信息理论方面的（Shannon and Weaver, 1949; MacKay, 2002; Cover and Thomas, 2006）。布尔科夫（Burkov, 2019）试着给机器学习提供一个最简短的介绍，多明戈斯（Domingos, 2015）给出了一个该领域的非技术性概述。目前，关于机器学习的研究通常发表在 ICML、国际表征学习大会（International Conference on Learning Representations，ICLR）和 NeurIPS 等年度会议的会刊上，以及 *Machine Learning* 和 *Journal of Machine Learning Research* 上。

第 20 章

概率模型学习

> 在本章中，我们将学习视为一种从观测中进行不确定的推理的形式，并设计模型来表示不确定的世界。

我们在第 12 章中指出，现实环境中的不确定性是普遍存在的。智能体可以利用概率论和决策论的方法来处理不确定性，但它们首先必须从经验中学习到关于世界的概率理论。本章将通过学习任务表述为概率推断过程（20.1 节）的方式解释它们如何做到这一点。我们将看到贝叶斯观点下的学习是非常强大的，它为噪声、过拟合和最优预测问题提供了通用的解决方案。本章还考虑这样一个事实：一个非全知全能的智能体永远不可能确定哪种描述世界的理论是正确的，但它仍然需要选择一种理论来进行决策。

我们将在 20.2 节和 20.3 节中介绍概率模型——主要是贝叶斯网络——的学习方法。本章中的一些内容是相当数学化的，尽管大部分内容不必深入了解细节也可以理解。阅读第 12 章、第 13 章和浏览附录 A 的内容可能会对本章的学习有所帮助。

20.1 统计学习

本章的核心概念与第 19 章的一样，是**数据**和**假设**。在这里，数据可以看作**证据**——描述相关领域的一部分随机变量或所有随机变量的实例；假设是关于相关领域如何运作的一些概率理论，逻辑理论是其中的一个特例。

考虑一个简单的例子。我们喜欢的某款惊喜糖果有两种口味：樱桃味（好吃）和酸橙味（难吃）。糖果的制造商有一种特殊的幽默感——它对两种口味的糖果采用同样的包装。这些糖果统一分装在同样包装的大糖果袋里进行售卖，因此我们无法从袋子的外观上辨别袋中的糖果口味，只知道它们有 5 种可能的组合方式：

h_1: 100% 樱桃味

h_2: 75% 樱桃味 + 25% 酸橙味

h_3: 50% 樱桃味 + 50% 酸橙味

h_4: 25% 樱桃味 + 75% 酸橙味

h_5: 100% 酸橙味

给定一袋未拆袋的糖果，用随机变量 H（以代表假设）表示糖果袋的类型，其可能的值为从 h_1 至 h_5。当然，H 不能被直接观测到。但随着袋中的糖果逐颗被打开与辨认，越来越多的数据也逐渐被揭示——我们记为 $D_1, D_2, \cdots, D_N$，其中每个 D_i 是一个随机变量，其可能的值为 cherry（樱桃味）或 lime（酸橙味）。智能体要完成的基本任务是预测下一块糖果的口味。[①]

---

① 有一定统计学基础的读者可以发现该情境是瓮与球（urn-and-ball）情形的一个变种。我们发现相比瓮与球，糖果更容易令人理解与信服。

尽管从表面上看这个情景很简单，但它还是引出了许多重要的问题。智能体确实需要推断出一个关于其所在"世界"的理论，尽管这个问题中的理论很简单。

贝叶斯学习（Bayesian learning）是指基于给定的数据计算每个假设发生的概率，并在此基础上进行预测。也就是说，这个预测是通过对所有假设按概率加权求和所得的，而不是仅仅使用了单个"最佳"假设。通过这种方法，学习就可以归约为概率推断。

令 D 代表所有的数据，其观测值为 d。贝叶斯方法中的关键量是**假设先验** $P(h_i)$ 和在每个假设下数据的**似然** $P(d \mid h_i)$。每个假设的概率可以通过贝叶斯法则得到

$$P(h_i \mid d) = \alpha P(d \mid h_i)P(h_i) \tag{20-1}$$

现在，假定我们想要对一个未知量 X 做出预测，那么我们有

$$P(X \mid d) = \sum_i P(X \mid h_i)P(h_i \mid d) \tag{20-2}$$

其中每一个假设都参与决定了 X 的分布。这个式子说明预测是通过对每个假设的预测进行加权平均得到的，其中根据式（20-1）可知，权重 $P(h_i \mid d)$ 与假设 h_i 的先验概率以及它与数据的拟合程度成正比。从本质上说，假设本身是原始数据与预测之间的一个"中间人"。

对于上述糖果示例，我们暂定假设 $h_1, \cdots, h_5$ 的先验分布为 $\langle 0.1, 0.2, 0.4, 0.2, 0.1 \rangle$，正如制造商在广告中宣传的那样。那么在观测是独立同分布（见 19.4 节）的假定下，数据的似然可以按如下方式计算：

$$P(d \mid h_i) = \prod_j P(d_j \mid h_i) \tag{20-3}$$

举个例子来说，假定一个糖果袋是一个全为酸橙糖果的糖果袋（h_5），并且前 10 颗糖果均为酸橙味，因为在 h_3 糖果袋中只有一半的糖果为酸橙味，所以 $P(d \mid h_3)$ 将为 0.5^{10}。[①] 图 20-1a 给出了 5 种假设的后验概率随着 10 颗酸橙味糖果逐颗被观测的变化过程。注意，每个概率是以它们的先验概率值作为出发点，因此 h_3 是初始状态下可能性最大的选择，在观测到 1 颗酸橙味糖果后也是如此。在打开 2 颗酸橙味糖果后，h_4 是可能性最大的。打开 3 颗后，h_5（可怕的全酸橙糖果袋）是可能性最大的。连续 10 次之后，我们认命了。图 20-1b 表示我们对下一颗糖果为酸橙味的概率预测，它基于式（20-2）。正如我们所料，它单调递增，并渐近于 1。

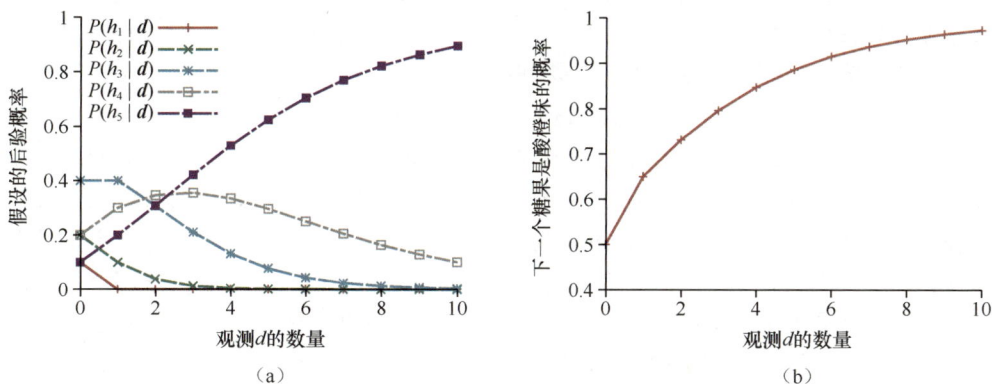

图 20-1 （a）根据式（20-1）得到的后验概率 $P(h_i \mid d_1, \cdots, d_N)$。观测数量 N 为 1～10，且每一个观测都是酸橙味的糖果。（b）基于式（20-2）的贝叶斯预测 $P(D_{N+1} = \text{lime} \mid d_1, \cdots, d_N)$

---

① 我们事先说明过糖果袋中的糖果数目非常多；否则，独立同分布的假设将不成立。严格来说，更为正确（但是更不卫生）的做法是在分辨出糖果口味后重新包装糖果并放回袋中。

这个例子表明，贝叶斯预测最终会与真实的假设吻合。这是贝叶斯学习的一个特点。对于任何固定的先验，如果它没有将真实的假设排除在外，那么在一定的技术条件下，错误假设的后验概率最终会消失。有这样的结果仅仅是因为无限地生成"反常的"数据的概率非常小。（这一点类似于第 19 章中关于 PAC 学习的讨论。）更重要的是，无论数据集大小，贝叶斯预测都是最优的。给定了假设先验之后，任何其他预测都不太可能正确。

当然，贝叶斯学习的最优性是有代价的。对于真实的学习问题，如我们在第 19 章中所见，假设空间通常非常大或无限大。在某些情况下，式（20-2）中的求和（或连续情况下的积分）可以容易地计算，但在大多数情况下，我们必须采用近似或简化的方法。

一种常见的近似方法（在科学研究中经常采用的）是，基于单个可能性最大的假设——使得 $P(h_i \mid d)$ 最大化的 h_i——进行预测。这样的假设通常被称为**最大后验**（maximum a posteriori，MAP）假设。从 $P(X \mid d) \approx P(X \mid h_{MAP})$ 的意义上来说，由 MAP 假设 h_{MAP} 所做出的预测近似于贝叶斯方法所做出的预测。在我们的糖果例子中，在连续 3 次观测到酸橙糖之后有 $h_{MAP} = h_5$，因此 MAP 学习器预测第四颗糖果是酸橙糖的概率为 1.0，这比图 20-1b 所示的贝叶斯预测概率 0.8 更有风险。随着数据量越来越多，MAP 预测和贝叶斯预测将变得越来越接近，因为与 MAP 假设竞争的其他假设的可能性越来越低。

找到 MAP 假设通常比贝叶斯学习更简单（尽管在这个例子中没有体现），因为它仅要求求解一个优化问题，而不是一个大规模求和或积分的问题。

在贝叶斯学习和 MAP 学习中，假设先验 $P(h_i)$ 都起着重要的作用。我们在第 19 章中看到，当假设空间表达能力过强时，也就是说，当它包含许多与数据集高度一致的假设时，可能会出现**过拟合**。贝叶斯学习和 MAP 学习利用先验知识来约束假设的复杂性。通常情况下，越复杂的假设对应的先验概率越低，其中部分原因是它们数量太多了。但是，越复杂的假设拟合数据的能力越强。（一个极端的例子是，查表法可以精确地拟合数据。）因此，假设的先验体现了假设的复杂性与其数据拟合程度之间的权衡。

在逻辑函数的情况下，即 H 只包含确定性的假设（例如 h_1 表示所有的糖果都是樱桃味），我们可以更清楚地看到这种权衡的效果。在这种情况下，如果假设 h_i 是一致的，$P(d \mid h_i)$ 则为 1，否则为 0。此时注意式（20-1），我们发现 h_{MAP} 将是与数据一致的最简单的逻辑理论。因此，最大后验学习自然体现了奥卡姆剃刀。

另一个看待复杂性和拟合程度之间权衡的观点通过对式（20-1）的两边取对数体现。此时，选择使 $P(d \mid h_i)P(h_i)$ 最大化的 h_{MAP} 等价于最小化下式：

$$-\log_2 P(d \mid h_i) - \log_2 P(h_i)$$

利用我们在 19.3.3 节中介绍的信息编码和概率之间的联系，我们可以看到 $-\log_2 P(h_i)$ 等于说明假设 h_i 所需的位数。此外，$-\log_2 P(d \mid h_i)$ 是给定假设时说明数据所需的额外位数。（为了更好理解，我们可以考虑，如果假设确切地预测了数据，就好像假设为 h_5 和一连串出现的酸橙味糖果一样，那么此时我们不需要任何额外位数，则 $\log_2 1 = 0$。）因此，MAP 学习所选择的是能最大程度压缩数据的假设。同样的任务可以通过称为**最小描述长度**（MDL）的学习方法更直接地阐述。MAP 学习通过给更简单的假设赋予更高的概率来体现其简单性，而 MDL 则通过计算假设和数据在二进制编码中的位数来直接体现简单性。

最后一个简化是通过假定假设空间具有**均匀**先验分布得出的。在这种情况下，MAP 学习被简化为选择一个使 $P(d \mid h_i)$ 最大的 h_i。这就是所谓的**最大似然**（maximum-likelihood）假设，h_{ML}。最大似然学习在统计学中非常常用，是许多不相信假设先验主观性质的研究者所使用的准则。当没有理由采用某个先验或倾向于某个假设（例如所有的假设都同样复杂）时，最大似然是一个合理的方法。

当数据集很大时，假设的先验分布就不那么重要了，因为来自数据的证据足够强大，足以淹没假设的先验分布。这意味着在大数据集的情况下，最大似然学习是贝叶斯学习和 MAP 学习的一个很好的近似，但在小数据集上可能会出现问题（我们将在后面看到）。

20.2 完全数据学习

假设我们要学习一个概率模型，给定数据是从该概率模型生成的，那么学习这个概率模型的一般性任务被称为密度估计（density estimation）。（密度估计最初用于连续变量的概率密度函数，但现在也用于离散分布。）密度估计是一种无监督学习。本节将介绍其最简单的情形，即拥有完全数据的情形。当每个数据点包含所学习的概率模型的每个变量的值时，我们称数据是完全的。对于结构固定的概率模型，我们注重于参数学习（parameter learning），即寻找其参数数值。例如，我们可能对学习具有给定结构的贝叶斯网络中的条件概率感兴趣。我们还将简要地探讨结构学习和非参数密度估计问题。

20.2.1 最大似然参数学习：离散模型

假设我们从一个新的生产商手中买入了一袋可能含有樱桃味和酸橙味糖果的糖果袋，其中糖果口味的比例完全未知。樱桃味糖果所占的比例可以是 0 和 1 之间的任意一个数。在这种情形下，我们将有一个连续的假设集。这种情况下的**参数**记为 θ，表示樱桃味糖果所占的比例，其对应的假设为 h_θ。（此时酸橙味糖果所占的比例恰好为 $1 - \theta$。）如果我们假设所有的比例有相同的先验可能性，那么采用最大似然估计是合理的。如果我们使用一个贝叶斯网络对这种情境建模，则只需要一个随机变量——*flavor*（对应于从袋中随机选取一颗糖果的口味），它的值为 cherry 或者 lime，其中 cherry 的概率为 θ（见图 20-2a）。现在假设我们已经打开了 N 颗糖果，其中有 c 颗为樱桃味，$\ell = N - c$ 颗为酸橙味。根据式（20-3），该特定数据集的似然为

$$P(\boldsymbol{d} \mid h_\theta) = \prod_{j=1}^{N} P(d_j \mid h_\theta) = \theta^c \cdot (1-\theta)^\ell$$

最大似然假设所需的参数即为使得上式最大化的参数 θ。由于 log 函数是单调函数，我们可以通过最大化对数似然（log likelihood）来得到同一个参数值：

$$L(\boldsymbol{d} \mid h_\theta) = \log P(\boldsymbol{d} \mid h_\theta) = \sum_{j=1}^{N} \log P(d_j \mid h_\theta) = c \log\theta + \ell \log(1-\theta)$$

（通过取对数，我们把数据乘积归约为数据求和，通常这更易于我们将其最大化。）为寻找使得似然最大的 θ，我们对 L 关于 θ 进行微分并令其微分结果为 0：

$$\frac{\mathrm{d}L(\boldsymbol{d} \mid h_\theta)}{\mathrm{d}\theta} = \frac{c}{\theta} - \frac{\ell}{1-\theta} = 0 \quad \Rightarrow \quad \theta = \frac{c}{c+\ell} = \frac{c}{N}$$

那么最大似然假设 h_{ML} 将断言，糖果袋中樱桃口味的真实比例是到目前为止所打开观测到的糖果中樱桃口味的占比！

从表面上看，我们做了大量的工作却得到了一些看上去很显然的结果。但实际上，我们已

经给出了最大似然参数学习的标准方法，这是一种应用范围广泛的方法。

（1）将数据的似然写成关于参数的函数的形式。

（2）写下对数似然关于每个参数的导数。

（3）解出使得导数为 0 的参数。

最后一步通常是最棘手的一步。在我们的例子中它是简单的，但我们即将看到，在很多情形下我们需要使用迭代求解的算法或其他数值优化方法，正如我们在 4.2 节所提到的。（我们将需要验证其黑塞矩阵是负定的。）这个例子还说明了最大似然学习中普遍存在的一个重要问题：当数据集非常小以至于一些事件还未发生时——如，还没有樱桃味的糖果被观测到——最大似然假设将把这些事件的概率置为 0。有很多技巧可以用于避免这个问题，例如，我们可以将所有事件发生次数的计数初始化为 1 而不是 0。

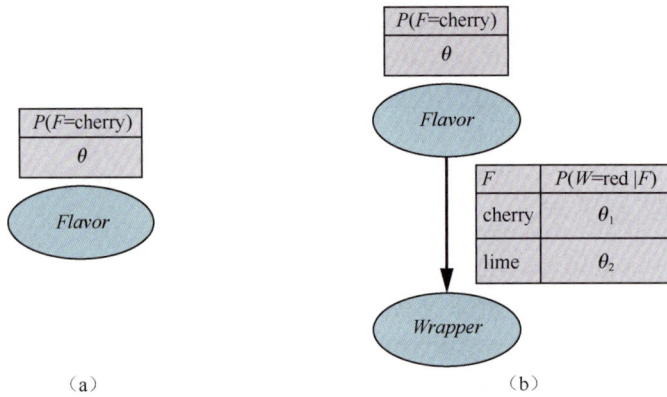

图 20-2　（a）樱桃味糖果和酸橙味糖果比例未知情况下的贝叶斯网络。（b）包装颜色（依概率）与糖果口味相关情况下的模型

让我们来看另一个例子。假设一个新的糖果生产商希望通过使用红、绿两种不同颜色的糖果包装来给顾客一点关于口味的小提示。在选定一颗糖果后，其**包装**在概率上服从某个未知的条件分布，该分布取决于糖果的口味。图 20-2b 给出了对应的概率模型。该模型有 3 个参数，即 θ、θ_1 和 θ_2。有了这些参数，我们可以从贝叶斯网络的标准语义（见 13.4 节）中得到观测到一颗带有绿色包装的樱桃味糖果的似然：

$$P(Flavor = \text{cherry}, Wrapper = green \mid h_{\theta, \theta_1, \theta_2})$$
$$= P(Flavor = \text{cherry} \mid h_{\theta, \theta_1, \theta_2}) P(Wrapper = \text{green} \mid Flavor = \text{cherry}, h_{\theta, \theta_1, \theta_2})$$
$$= \theta \cdot (1 - \theta_1)$$

现在假设我们打开了 N 颗糖果，其中 c 颗是樱桃味的，ℓ 颗是酸橙味的。包装的计数如下：r_c 颗樱桃味糖果的包装为红色，g_c 颗樱桃味糖果的包装为绿色，r_ℓ 颗酸橙味糖果的包装为红色，g_ℓ 颗酸橙味糖果的包装为绿色。则该数据的似然为

$$P(\boldsymbol{d} \mid h_{\theta, \theta_1, \theta_2}) = \theta^c (1 - \theta)^\ell \cdot \theta_1^{r_c} (1 - \theta_1)^{g_c} \cdot \theta_2^{r_\ell} (1 - \theta_2)^{g_\ell}$$

这个式子看起来非常糟糕，取对数会有帮助：

$$L = [c \log \theta + \ell \log(1 - \theta)] + [r_c \log \theta_1 + g_c \log(1 - \theta_1)] + [r_\ell \log \theta_2 + g_\ell \log(1 - \theta_2)]$$

取对数的好处显而易见：对数似然的具体形式是 3 项求和，其中每一项包含单独的一个参数。

当我们令对数似然对每个参数求导并置为 0 时，我们得到 3 个独立的方程，其中每一个方程只含有一个参数：

$$\frac{\partial L}{\partial \theta} = \frac{c}{\theta} - \frac{\ell}{1-\theta} = 0 \qquad \Rightarrow \qquad \theta = \frac{c}{c+\ell}$$

$$\frac{\partial L}{\partial \theta_1} = \frac{r_c}{\theta_1} - \frac{g_c}{1-\theta_1} = 0 \qquad \Rightarrow \qquad \theta_1 = \frac{r_c}{r_c + g_c}$$

$$\frac{\partial L}{\partial \theta_2} = \frac{r_\ell}{\theta_2} - \frac{g_\ell}{1-\theta_2} = 0 \qquad \Rightarrow \qquad \theta_2 = \frac{r_\ell}{r_c + g_\ell}$$

其中参数 θ 的结果与上一个例子相同。参数 θ_1 的解，即一个樱桃味糖果有红色包装的概率，是观测到的樱桃味糖果中红色包装的比例，参数 θ_2 的解也与之类似。

这些结果看上去非常简洁，并且容易发现我们可以将它推广到任意的条件概率以表格形式呈现的贝叶斯网络。其中一个最关键的要点在于，一旦我们有了完全数据，贝叶斯网络的最大似然参数学习问题将可以被分解为一些分离的学习问题，每个问题对应一个参数。（非表格形式的情形见习题 20.NORX，其中每个参数将影响若干个条件概率。）第二个要点是，给定其父变量，变量的参数值恰好是该变量值在每一个父变量值下观测到的频率。和之前所提到的一样，当数据集很小时，我们仍要小心地避免出现 0 次事件的情况。

20.2.2　朴素贝叶斯模型

机器学习中最常用的贝叶斯网络模型是在第 13 章中介绍过的**朴素贝叶斯**模型。在该模型中，"类"变量 C（将被预测）称为根，"属性"变量 X_i 称为叶。该模型被称为是"朴素的"，因为它假设属性在给定类的情况下是相互条件独立的。（图 20-2b 中给出的模型是一个朴素贝叶斯模型，具有类 *Flavor* 和唯一属性 *Wrapper*。）在变量为布尔变量的情况下，其参数为

$$\theta = P(C = \text{true}), \theta_{i1} = P(X_i = \text{true} \mid C = \text{true}), \theta_{i2} = P(X_i = \text{true} \mid C = \text{false})$$

寻找最大似然参数值的方法与图 20-2b 中使用的方法完全一样。一旦模型已经用该方法训练完成，它就可以被用于给类别 C 还未被观测过的新样例分类。当观测到的属性值为 $x_1, \cdots, x_n$ 时，其属于某一类的概率由下式给出：

$$\boldsymbol{P}(C \mid x_1, \cdots, x_n) = \alpha \boldsymbol{P}(C) \prod_i \boldsymbol{P}(x_i \mid C)$$

通过选择可能性最大的类，我们可以获得一个确定性的预测。图 20-3 给出了将该方法用于第 19 章中的餐厅等待问题所得到的学习曲线。该方法学习得相当好，但不及决策树学习；这是合理的，因为真实的假设是一个决策树，而决策树不能被朴素贝叶斯模型准确地表达。朴素贝叶斯在很多实际应用中的表现令人吃惊，它的增强版（习题 20.BNBX）是最有效的通用学习算法之一。朴素贝叶斯可以很好地推广到大规模的问题上：当有 n 个布尔属性时，我们只需要 $2n + 1$ 个参数，且不需要任何的搜索就能找到朴素贝叶斯最大似然假设 h_{ML}。最后，朴素贝叶斯学习系统可以很好地处理噪声或缺失数据，并且能在这类情况发生时给出适当的概率预测。它们的主要缺点是，条件独立性假设在实际中通常不成立；正如我们在第 13 章中所说，该假设会导致对某些概率做出过度自信的估计，使得它们接近 0 或 1，尤其是在具有大量属性的情况下。

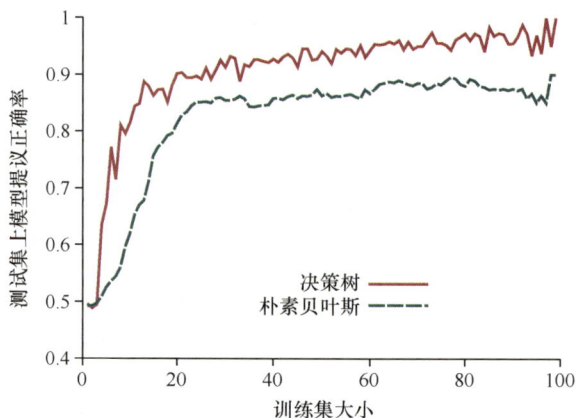

图 20-3   将朴素贝叶斯学习应用于第 19 章餐厅等待问题得到的学习曲线；决策树的学习曲线也在图中给出，用于比较

20.2.3   生成模型和判别模型

接下来我们将区分两种不同的作为分类器的机器学习模型：生成模型与判别模型。**生成模型**（generative model）对每一类的概率分布进行建模，例如，12.6.1 节中提及的朴素贝叶斯文本分类器，它为每个可能的文本类型建立一个单独的模型——一个用于体育，一个用于天气，等等。每个模型包含该模型对应类的先验，例如 $P(Category = weather)$，以及对应的条件分布 $P(Inputs \mid Category = weather)$。根据这些我们可以计算出联合概率 $P(Inputs, Category = weather)$，并且我们可以随机生成 weather 类别文章中有代表性的单词。

判别模型（discriminative model）直接学习类别之间的决策边界，即学习 $P(Category \mid Inputs)$。给定一个输入样例，一个判别模型将会输出一个类别，但你不能使用判别模型生成某个类别下具有代表性的单词。逻辑斯谛回归、决策树以及支持向量机都是判别模型。

由于判别模型把所有的精力都放在定义决策边界上，也就是说，它们实际所执行的任务就是我们要求它们执行的分类任务，因此在训练数据集可以任意大的情况下，它们往往在极限情况下表现得更好。然而在数据有限的情况下，生成模型有时会表现得更好。吴恩达和乔丹（Ng and Jordan, 2002）在 15 个（小）数据集上比较了生成模型（朴素贝叶斯分类器）和判别模型（逻辑斯谛回归分类器）的表现，发现在使用了全部数据的情况下，判别模型在 15 个数据集中的 9 个数据集上表现得更好，但在只使用少量数据的情况下，生成模型在 15 个数据集中的 14 个上表现更好。

20.2.4   最大似然参数学习：连续模型

例如我们在第 13 章中介绍的**线性高斯**模型，它是一种连续概率模型。由于连续变量在实际应用中普遍存在，因此了解如何从数据中学习连续模型的参数是非常重要的。最大似然学习的原理在连续和离散情况下是相同的。

让我们从一个非常简单的例子入手：学习单变量高斯密度函数的参数。也就是说，我们假设数据按如下分布生成：

$$P(x) = \frac{1}{\sigma\sqrt{2\pi}} e^{-\frac{(x-\mu)^2}{2\sigma^2}}$$

这个模型的参数为均值 μ 以及标准差 σ。（注意，归一化常数取决于 σ，因此我们不能忽略它。）假设我们有观测值 $x_1, \cdots, x_N$。那么其对数似然为

$$L = \sum_{j=1}^{N} \log \frac{1}{\sigma\sqrt{2\pi}} e^{-\frac{(x_j-\mu)^2}{2\sigma^2}} = N(-\log\sqrt{2\pi} - \log\sigma) - \sum_{j=1}^{N} \frac{(x_j-\mu)^2}{2\sigma^2}$$

我们像一般做法所做的那样令其导数为 0，得到

$$\begin{aligned} \frac{\partial L}{\partial \mu} &= -\frac{1}{\sigma^2} \sum_{j=1}^{N} (x_j - \mu) = 0 &\Rightarrow& \quad \mu = \frac{\sum_j x_j}{N} \\ \frac{\partial L}{\partial \sigma} &= -\frac{N}{\sigma} + \frac{1}{\sigma^3} \sum_{j=1}^{N} (x_j - \mu)^2 = 0 &\Rightarrow& \quad \sigma = \sqrt{\frac{\sum_j (x_j - \mu)^2}{N}} \end{aligned}$$

（20-4）

也就是说，均值的最大似然值正是样本均值，标准差的最大似然值是样本方差的平方根。同样，这些结果证实了我们的"常识"。

现在考虑一个线性高斯模型，它有一个连续的父变量 X 和一个连续的子变量 Y。如 13.2.3 节所述，Y 服从高斯分布，其均值线性地依赖于 X，其标准差是固定的。为了学习条件分布 $P(Y|X)$，我们可以最大化条件似然：

$$P(y|x) = \frac{1}{\sigma\sqrt{2\pi}} e^{-\frac{(y-(\theta_1 x + \theta_2))^2}{2\sigma^2}}$$

（20-5）

其中参数为 θ_1、θ_2 和 σ。数据是 (x_j, y_j) 对的集合，如图 20-4 所示。运用一般的方法（习题 20.LINR），我们可以找到参数的最大似然值。但这个例子的重点在于，如果我们仅考虑定义 x 和 y 之间线性关系的参数 θ_1 和 θ_2，那么最大化这些参数的对数似然与最小化式（20-5）中指数的分子 $(y - (\theta_1 x + \theta_2))^2$ 是等价的。这恰好是 L_2 损失，即实际值 y 和预测值 $\theta_1 x + \theta_2$ 之间的平方误差。

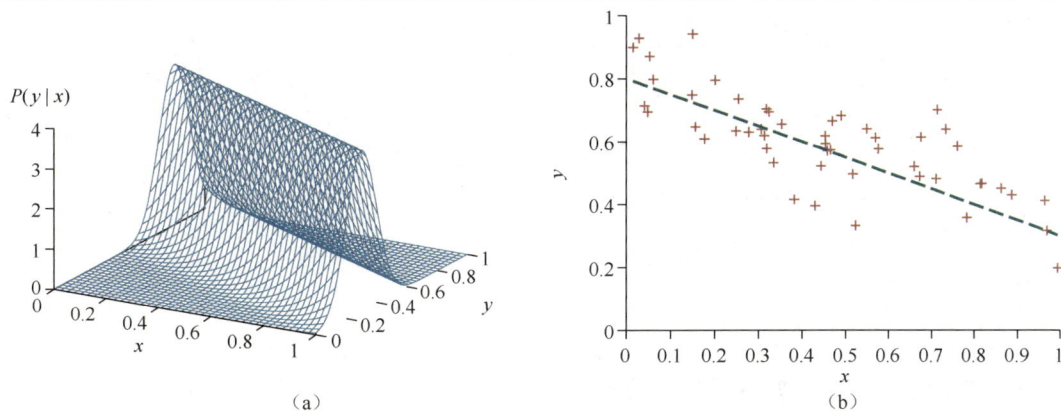

图 20-4　（a）高斯线性模型，它表述为 $y = \theta_1 x + \theta_2$ 加上固定方差的高斯噪声。（b）由该模型生成的 50 个数据点，以及它的最佳拟合直线

这也恰好是 19.6 节中所描述的标准**线性回归**过程要最小化的量。现在我们得到了更深刻

的理解：如果数据的生成过程带有固定方差的高斯噪声，那么最小化误差平方和恰好给出最大似然线性模型。

20.2.5 贝叶斯参数学习

最大似然学习方法虽然过程简单，但在小数据集情况下存在严重缺陷。例如，在观测到一颗樱桃味的糖果后，最大似然假设认为该袋子中 100% 都是樱桃味糖果（$\theta = 1.0$）。除非其假设先验是糖果袋中要么全为樱桃味糖果要么全为酸橙味糖果，否则这将是一个不合理的结论。而更有可能的情况是，这个糖果袋混合了酸橙味和樱桃味的糖果。基于贝叶斯方法的参数学习过程从一个关于假设的先验分布开始，随着新数据出现而不断更新该分布。

图 20-2a 中的糖果例子有一个参数 θ：随机挑选一颗糖果，它为樱桃味的概率。从贝叶斯角度看来，Θ 定义了假设空间，θ 是随机变量 Θ 的一个未知值；假设的先验是先验分布 $P(\Theta)$。因此，$P(\Theta = \theta)$ 是糖果袋中含有 θ 比例的樱桃味糖果的先验概率。

如果参数 θ 可以是介于 0 和 1 之间的任意一个值，那么 $P(\Theta)$ 将是一个连续的概率密度函数（见附录 A.3）。如果我们对 θ 的可能的值没有任何的信息，那么我们可以采用均匀分布 $P(\theta) = Uniform(\theta; 0, 1)$ 作为先验，它意味着任何取值都是等可能的。

β分布（beta distribution）是一个更为灵活的概率密度函数族。每个 β分布由两个**超参数**[①]（hyperparameter）a 和 b 定义：

$$Beta(\theta; a, b) = \alpha \, \theta^{a-1}(1 - \theta)^{b-1} \qquad (20\text{-}6)$$

其中 θ 的取值范围为 [0, 1]。α 为归一化常数，它使得分布的积分为 1，它取决于 a 和 b。图 20-5 给出了在不同的 a 和 b 取值下分布的情况。β分布的均值为 $a/(a + b)$，因此较大的 a 值表明 Θ 更靠近 1。较大的 $a + b$ 值会导致分布有更突出的尖峰，这也意味着对 Θ 估计更确定。容易发现，均匀分布密度函数与 $Beta(1, 1)$ 相同：平均值为 1/2，且分布平坦。

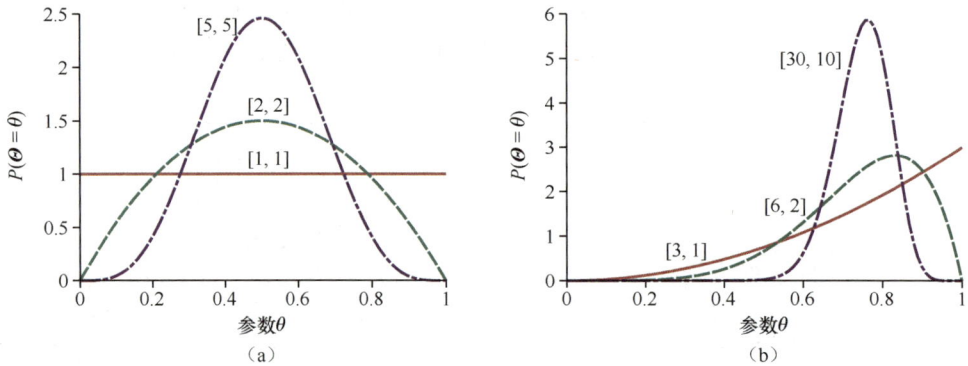

图 20-5 不同 (a, b) 下 $Beta(a, b)$ 分布的例子

除灵活性以外，β分布族还有一个很好的性质：如果参数 Θ 有先验 $Beta(a, b)$，那么在一个数据点被观测之后，其参数 Θ 的后验分布仍是一个 β分布。换句话说，β分布在这种更新规则下是封闭的。β分布族被称为布尔变量分布族的**共轭先验**（conjugate prior）。[②] 为了弄清楚这一

[①] 它们被称为超参数，是因为它们参数化了 θ 的分布，而 θ 本身就是一个参数。

[②] 其他的共轭分布族包括关于离散多元分布参数的**狄利克雷**分布族以及关于高斯分布参数的正态威沙特分布族。详见（Bernardo and Smith, 1994）。

点，假设我们观测到了一颗樱桃味的糖果，那么我们有

$$P(\theta \mid D_1 = \text{cherry}) = \alpha \, P(D_1 = \text{cherry} \mid \theta)P(\theta)$$
$$= \alpha' \theta \cdot Beta(\theta; a, b) = \alpha' \theta \cdot \theta^{a-1}(1-\theta)^{b-1}$$
$$= \alpha' \theta^a (1-\theta)^{b-1} = \alpha' \, Beta(\theta; a+1, b)$$

因此，在观测完这个樱桃味的糖果后，我们简单地增大了参数 a 的值；同样，在观测到一颗酸橙味的糖果之后，我们增大参数 b 的值。因此，我们可以将超参数 a 和 b 看作**虚拟计数**（virtual count），因为先验分布 $Beta(a, b)$ 可被视为是从均匀分布先验 $Beta(1, 1)$ 出发，并且已经"虚拟"地观测到 $a-1$ 次樱桃味糖果和 $b-1$ 次酸橙味糖果。

保持 a 和 b 两者比值不变，不断增大 a 和 b，通过观测一系列 β 分布，我们可以清楚地观测到参数 Θ 的后验分布随着数据增多的变化情况。例如，假设实际上一袋糖果中 75% 是樱桃味糖果。图 20-5b 显示了序列 $Beta(3, 1)$、$Beta(6, 2)$、$Beta(30, 10)$。显然，该分布正向着以参数 Θ 真实值为中心的窄峰收敛。因此，对于大数据集，贝叶斯学习（至少在这种情形下）所收敛到的值与最大似然学习相同。

现在让我们考虑一个更复杂的例子。如图 20-2b 所示的网络有 3 个参数，θ、θ_1 和 θ_2，其中 θ_1 代表樱桃味糖果中包装为红色的概率，θ_2 代表酸橙味糖果中包装为红色的概率。贝叶斯假设的先验必须包含 3 个参数，也就是说，我们需要确定 $P(\Theta, \Theta_1, \Theta_2)$。一般来说，我们会假定**参数独立性**：

$$P(\Theta, \Theta_1, \Theta_2) = P(\Theta)P(\Theta_1)P(\Theta_2)$$

有了这个假设，每个参数就可以有它自己的 β 分布，且当新数据产生时可以独立地进行更新。图 20-6 展示了如何将假设先验和任意数据合并到贝叶斯网络中，其中每个参数变量都对应一个节点。

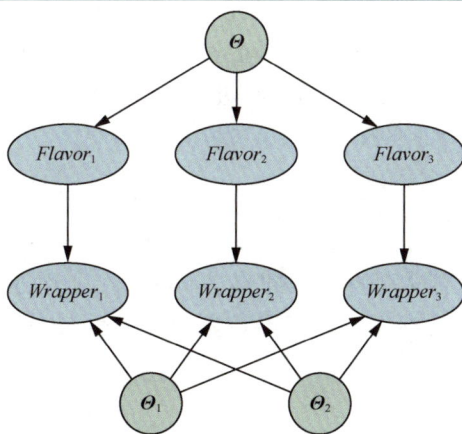

图 20-6 与贝叶斯学习过程对应的贝叶斯网络。后验分布的参数 Θ、Θ_1 和 Θ_2 将根据它们的先验分布以及数据 $Flavor_i$ 和 $Wrapper_i$ 进行推断

节点 Θ、Θ_1 和 Θ_2 没有父节点。我们加入节点 $Wrapper_i$ 与 $Flavor_i$ 用于表示第 i 个被观测到的糖果包装以及对应的糖果口味。$Flavor_i$ 取决于口味对应的参数 Θ：

$$P(Flavor_i = \text{cherry} \mid \Theta = \theta) = \theta$$

$Wrapper_i$ 取决于参数 Θ_1 和 Θ_2：

$$P(Wrapper_i = \text{red} \mid Flavor_i = \text{cherry}, \Theta_1 = \theta_1) = \theta_1$$

$$P(Wrapper_i = \text{red} \mid Flavor_i = \text{lime}, \boldsymbol{\Theta}_2 = \theta_2) = \theta_2$$

现在，图 20-2b 中原始贝叶斯网络的整个贝叶斯学习过程就可以按图 20-6 所示的方法表示为派生贝叶斯网络中的推断问题，其中数据和参数在该网络中以节点形式存在。在我们将所有的新信息添加为节点后，我们可以开始考虑参数变量（在该例子中即为 $\boldsymbol{\Theta}$、$\boldsymbol{\Theta}_1$ 和 $\boldsymbol{\Theta}_2$）。在这种表述下我们只需要考虑唯一的学习算法——贝叶斯网络的推断算法。

当然，这样构建出来的网络的性质与第 13 章中所描述的网络有些不同，因为代表训练集的信息变量的数量可能很大，而且连续值参数变量也普遍存在。精确的推断通常不可能实现，除非是在非常简单的情形下，如朴素贝叶斯模型。实际建模中通常会使用近似的推断方法，如 MCMC（13.4.2 节）；为此，许多统计软件包也提供了 MCMC 的高效实现。

20.2.6　贝叶斯线性回归

在本节中我们将介绍如何将贝叶斯方法应用于标准统计任务：线性回归。我们在 19.6 节中介绍了最小化误差平方和的传统方法，并在 20.2.4 节中将其重新解释为求解带有高斯误差的模型的最大似然。这些方法都给出了单独的最佳假设：一条具有特定斜率和截距值的直线，以及一个固定的数据预测误差的方差。这些方法没有提供对于斜率和截距值的置信度的度量。

此外，如果要预测一个离现有数据点很远的新数据点的函数值，则假设该点的预测误差与已观测数据点附近的数据点的预测误差相同似乎是没有道理的。一个更合理的情况应该为数据点离观测数据越远，则其预测误差越大，因为斜率的微小变化将导致较远的数据点的预测值发生较大变化。

贝叶斯方法解决了这两个问题。如前一节所述，其总体思路是为模型参数——线性模型系数和噪声方差提供先验，然后在给定数据的情况下计算参数的后验概率值。对于多元数据和噪声模型未知的情况，这种做法会导致相当复杂的线性代数运算，所以我们现在将着眼于一个简单的情况：单变量数据，其模型被约束为必经过原点，且噪声模型已知——一个方差为 σ^2 的正态分布。那么我们将只有一个参数 θ 且模型可以表示为

$$P(y \mid x, \theta) = \mathcal{N}(y; \theta x, \sigma_y^2) = \frac{1}{\sigma\sqrt{2\pi}} e^{-\frac{1}{2}\left(\frac{(y-\theta x)^2}{\sigma^2}\right)} \tag{20-7}$$

因为对数似然中参数 θ 的次数为二次，因此参数 θ 的一个合适的共轭先验将也是高斯分布。这将确保 θ 的后验分布也是高斯的。我们给定参数先验分布的均值 θ_0 和方差 σ_0^2，那么其先验为

$$P(\theta) = \mathcal{N}(\theta; \theta_0, \sigma_0^2) = \frac{1}{\sigma_0\sqrt{2\pi}} e^{-\frac{1}{2}\left(\frac{(\theta-\theta_0)^2}{\sigma_0^2}\right)} \tag{20-8}$$

基于即将被建模的数据，人们可能对参数 θ 应当选取什么样的值有一定想法，又或者对它完全没有想法。如果是后一种情况，那么将 θ_0 置为 0 且选择较大的 σ_0^2 是一个比较合理的方法，即所谓的**无信息先验**（uninformative prior）。最后，我们可以为每个数据点的 x 值设置一个先验 $P(x)$，但是这对分析来说是完全无关紧要的，因为它不依赖于参数 θ。

现在我们已经完成了设定，可以利用式（20-1）：$P(\theta \mid \boldsymbol{d}) \propto P(\boldsymbol{d} \mid \theta)P(\theta)$ 计算参数 θ 的后验分布。如果观测到的数据点为 $\boldsymbol{d} = (x_1, y_1), \cdots, (x_N, y_N)$，那么该数据集的似然可以由式（20-7）得到，如下式所示：

$$P(\theta \mid \boldsymbol{d}) = \left(\prod_i P(x_i)\right)\prod_i P(y_i \mid x_i, \theta) = \alpha \prod_i e^{-\frac{1}{2}\left(\frac{(y_i - \theta x_i)^2}{\sigma^2}\right)}$$

$$= \alpha e^{-\frac{1}{2}\sum_i\left(\frac{(y_i - \theta x_i)^2}{\sigma^2}\right)}$$

其中我们已经将数据 x 的先验以及 N 元高斯的归一化系数归结为常数 α，它与参数 θ 独立。现在我们将该式与式（20-8）所给的参数先验相结合，得到其后验：

$$P(\theta \mid \boldsymbol{d}) = \alpha'' e^{-\frac{1}{2}\left(\frac{(\theta - \theta_0)^2}{\sigma_0^2}\right)} e^{-\frac{1}{2}\sum_i\left(\frac{(y_i - \theta x_i)^2}{\sigma^2}\right)}$$

这看起来较为复杂，但实际上其每一个指数部分都是关于参数 θ 的一个二次函数，因此对指数进行求和也将是一个二次函数。由此，θ 后验分布也将是一个高斯分布。利用与 14.4 节中相似的代数方法，我们可以得到

$$P(\theta \mid \boldsymbol{d}) = \alpha''' e^{-\frac{1}{2}\left(\frac{(\theta - \theta_N)^2}{\sigma_N^2}\right)}$$

其中"更新"后的均值与方差为

$$\theta_N = \frac{\sigma^2\theta_0 + \sigma_0^2\sum_i x_i y_i}{\sigma^2 + \sigma_0^2\sum_i x_i^2} \quad 和 \quad \sigma_N^2 = \frac{\sigma^2\sigma_0^2}{\sigma^2 + \sigma_0^2\sum_i x_i^2}$$

让我们进一步考虑这些等式的意义。当数据紧密地集中在 x 轴上原点附近的某个小邻域内时，$\sum_i x_i^2$ 将会很小，而后验方差 σ_N^2 将会较大，基本上等于先验方差 σ_0^2。这与我们所设想的相一致：数据对直线围绕原点的旋转影响较小。相反地，如果数据在坐标轴上的分布范围很广，那么 $\sum_i x_i^2$ 将会较大，且后验方差 σ_N^2 将会较小，近似等于 $\sigma^2/(\sum_i x_i^2)$，即数据对模型的斜率会有较严格的约束。

为了预测某个特定数据点的函数值，我们需要对所有参数 θ 的可能值进行积分，正如式（20-2）所示：

$$P(y \mid x, \boldsymbol{d}) = \int_{-\infty}^{\infty} P(y \mid x, \boldsymbol{d}, \theta)P(\theta \mid x, \boldsymbol{d})\mathrm{d}\theta = \int_{-\infty}^{\infty} P(y \mid x, \theta)P(\theta \mid \boldsymbol{d})\mathrm{d}\theta$$

$$= \alpha\int_{-\infty}^{\infty} e^{-\frac{1}{2}\left(\frac{(y - \theta x)^2}{\sigma^2}\right)} e^{-\frac{1}{2}\left(\frac{(\theta - \theta_N)^2}{\sigma_N^2}\right)}\mathrm{d}\theta$$

同样的，这两个指数的和仍是关于参数 θ 的二次函数，因此参数 θ 的分布仍为高斯分布，且积分为 1。剩下的与 y 相关的一项来源与另一个高斯分布：

$$P(y \mid x, \boldsymbol{d}) \propto e^{-\frac{1}{2}\left(\frac{(y - \theta_N x)^2}{\sigma^2 + \sigma_N^2 x^2}\right)}$$

通过观察这个表达式，我们可以发现 y 的预测的均值为 $\theta_N x$，也就意味着它取决于参数 θ 的后验均值。预测的方差等于模型噪声方差 σ^2 加上与 x^2 成正比的一项，这也意味着预测的标准差将随着数据与原点距离的增加而渐近线性地增加。图 20-7 说明了这种现象。正如我们在本节开头所提到的，对距离较远的观测点进行观测具有更大的不确定性是有据可依的。

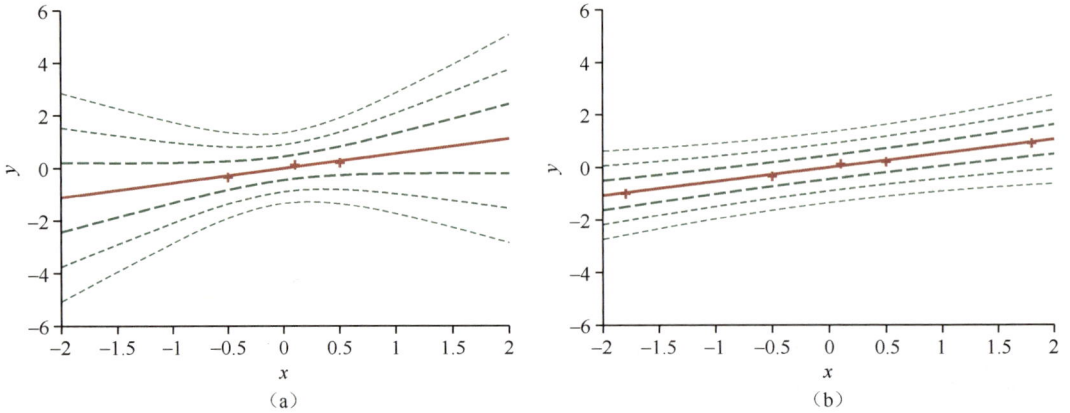

图 20-7   贝叶斯线性回归模型，它被约束为经过原点且噪声方差固定为 $\sigma^2 = 0.2$。误差为 ±1、±2 和 ±3 个标准差的密度预测等高线也在图中给出。（a）其中 3 个数据点距离原点较近，因此斜率相当不确定，其方差 $\sigma_N^2 \approx 0.3861$。注意，当离观测到的数据点距离增大时，预测的不确定性也逐渐增大。（b）相比前一幅图多出两个距离较远的数据点，此时斜率 θ 被较严格地约束，其方差为 $\sigma_N^2 \approx 0.0286$。密度预测中剩余的方差几乎完全来源于噪声的固定方差 σ^2

20.2.7　贝叶斯网络结构学习

到目前为止，我们都假设贝叶斯网络的结构是事先给定的，我们只试图学习其中的参数。网络结构代表了待解决问题的相关领域的基本因果知识，对专家或者一些用户来说，这些因果知识可能是简单的，容易得到的。但在某些情况下，因果模型可能是不可用的或存在争议的（例如，某些公司长期以来一直声称吸烟不会导致癌症；某些公司声称二氧化碳浓度对气候没有影响），因此，从数据中学习贝叶斯网络的结构是非常重要的。本节将简要概述该方面的一些主要思想。

最直白的方法是通过搜索得到一个好的模型。我们可以从一个不包含任何链接的模型出发，逐步为每个节点添加父节点，并用我们刚刚介绍的方法估计参数，并评估所得模型的准确性。或者，我们可以从我们对结构的某个原始的猜测出发，使用爬山算法或模拟退火搜索对其进行修改，并在每次结构修改后重新调整参数。其中结构修改可以包括反转、添加或删除链接。在这个过程中，我们不能产生环，因此许多算法都假设变量的顺序是给定的，并且一个节点的父节点只可能是在序关系中排在该点之前的点（就像第 13 章中描述的构造过程一样）。为保证一般性，我们的搜索还需要遍历所有可能的序关系。

有两种方法可用于判断我们某个时刻找到的模型是否有一个好的结构。第一个方法是检验数据是否满足了该结构中所隐含的条件独立性。例如，对餐厅等待问题使用朴素贝叶斯模型时，我们假设：

$$P(Hungry, Bar \mid WillWait) = P(Hungry \mid WillWait) \, P(Bar \mid WillWait)$$

我们可以检验在数据中相同的等式在相应的条件频率之间是否成立。但是，即使结构准确描述了该领域的真正因果关系，数据集中的统计波动也会使得等式永远不会精确地成立，因此我们需要进行适当的统计检验以判断是否有足够的证据表明独立性假设不成立。所得网络的复杂性将取决于此检验使用的阈值——独立性检验越严格，添加到模型中的链接就越多，也就可能导致更高程度的过拟合。

更符合本章思想的方法是评估所得模型对数据的解释程度（在概率意义上），但我们必须谨慎地考虑如何度量这一点。如果我们只试图找到最大似然假设，那么我们最终会得到一个完全连通的网络，因为向一个节点添加更多的父节点并不会导致似然降低（习题 20.MLPA）。因此我们必须以某种方式对模型的复杂性进行惩罚。MAP（或 MDL）方法只是简单地在比较不同结构之前从每个结构对应的似然中减去一个惩罚（在参数估计之后）。贝叶斯方法赋予结构和参数一个联合先验分布，这通常会导致有太多的结构需要进行求和（结构数量关于变量数量是超指数级的），所以在实践中大多数人采用 MCMC 的方法对结构进行采样。

复杂性惩罚（无论是通过 MAP 或贝叶斯方法得到的）表明了网络中条件分布的最优结构和表示性质之间的重要联系。对于表格化的分布，对节点分布的复杂性惩罚将随着父节点数的增加而呈指数增长，但是对于噪声或分布，它的增长速度只是线性的。这意味着，与使用表格化分布的学习相比，使用噪声或（或其他简洁的参数化）模型的学习往往会学习到具有更多父节点结构。

20.2.8 非参数模型密度估计

通过采用 19.7 节中的非参数方法，我们可以学习到一个概率模型，而无须对其结构和参数化有任何假设。**非参数密度估计**（nonparametric density estimation）任务通常需要在连续域中完成，例如图 20-8a 所示。该图给出了由两个连续变量定义的空间上的概率密度函数。在图 20-8b 中，我们可以看到采样于该密度函数的数据点。我们要考虑的问题是，是否能从样本中复原模型。

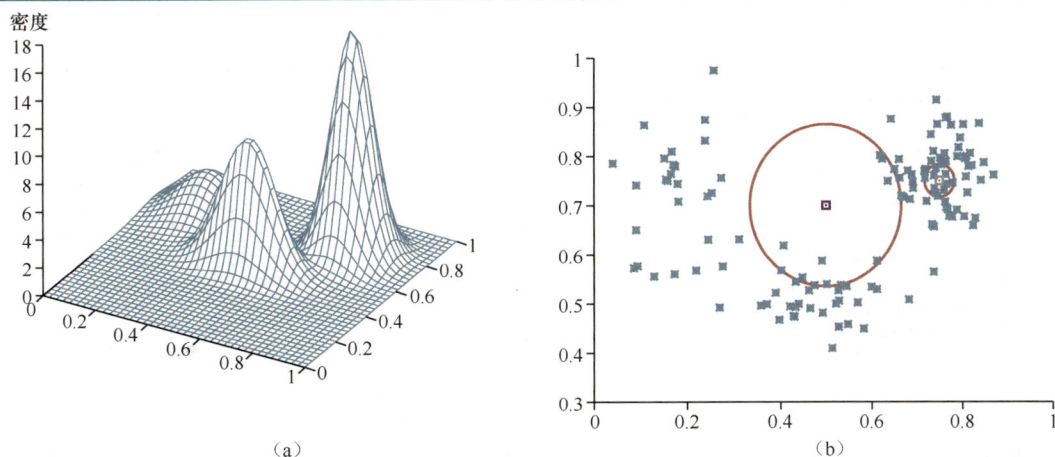

图 20-8　（a）图 20-12a 中所给出的混合高斯模型的三维样貌。（b）从混合高斯模型中采样的 128 个数据点、两个查询点（小方块）以及它们的 10 近邻（大圆圈以及右边的小圆圈）

首先我们将考虑 **k 近邻**模型。（在第 19 章中我们介绍过将最近邻模型用于分类与回归；在这里我们将看到它们如何应用于密度估计。）给定一组数据样本点，为估计某个查询点 x 的未知概率密度，我们可以简单地估计数据点落在查询点 x 附近的密度。图 20-8b 中标出了两个查询点（用小方块标记）。对于每个查询点，我们画出了以它为圆心且至少包含 10 个近邻的最小圆，即 10 近邻。我们可以发现位于中间的圆较大，意味着对应的密度较小，而位于右边的圆较小，意味着对应的密度较大。在图 20-9 中，我们采用不同的 k 给出了 3 种 k 近邻密度估计。直观上可以清楚地看出图 20-9b 是接近正确模型的，图 20-9a 的局部过于尖锐（k 过小），而图 20-9c 过于光滑（k 过大）。

另一种可行的方法是使用**核函数**，正如我们在局部加权回归中所做的那样。为了在密度估计中应用核函数，我们假设每个数据点都将生成一个与自己相关的密度函数。举个例子来说，我们可以采用在每个维度上标准差均为 w 的球形高斯核。那么对于查询点 x，我们给出的密度估计值为数据核函数的均值：

$$P(x) = \frac{1}{N} \sum_{j=1}^{N} \mathcal{K}(x, x_j), \text{ 其中 } \mathcal{K}(x, x_j) = \frac{1}{(w^2\sqrt{2\pi})^d} e^{-\frac{D(x,x_j)^2}{2w^2}}$$

其中，d 表示数据 x 的维度，D 表示欧几里得距离函数。我们剩下的问题是如何为核宽度 w 选择一个合适的值；图 20-10 给出了不同的宽度值对应的结果，可以发现它们分别对应着"太小""正好""太大"这 3 种结果。我们可以通过交叉验证的方法来选择一个好的 w 值。

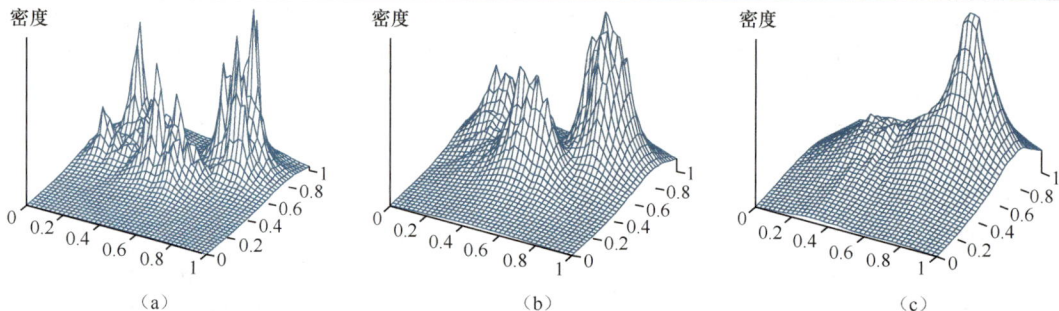

图 20-9　应用 k 近邻进行密度估计，所用的数据为图 20-8b 中的数据，分别对应 $k = 3$、10 和 40。$k = 3$ 的结果过于尖锐，40 的结果过于光滑，而 10 的结果接近真实情况。最好的 k 值可以通过交叉验证进行选择

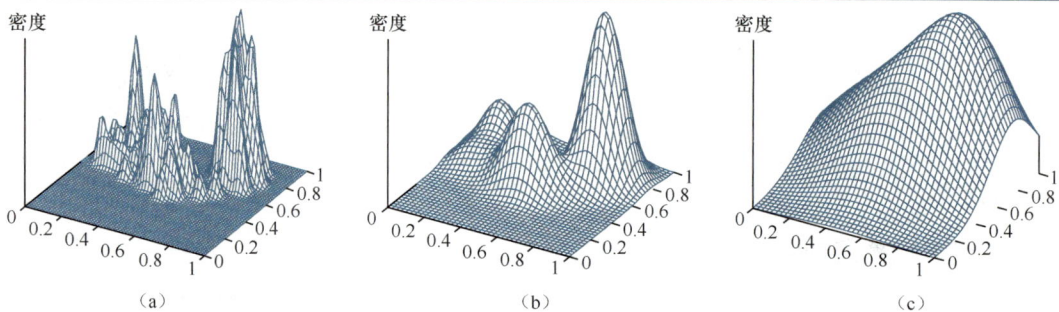

图 20-10　使用核函数进行密度估计，所用数据为图 20-8b 中的数据，分别采用了 $w = 0.02$、0.07 和 0.20 的高斯核。其中 $w = 0.07$ 的结果最接近真实情况

20.3　隐变量学习：EM 算法

在 20.2 节中，我们讨论了数据完全可观测的情形。而在现实生活中，许多问题存在隐变量（hidden variable），有时也称为隐藏变量（latent variable），这些变量在数据中是未被观测的。例如，医疗记录通常包括观测到的症状、医生的诊断以及采用的治疗方法，可能还有治疗的结果，但很少包含对疾病本身的直接观测！（注意，诊断区别于疾病；诊断在因果关系中是观测到症状之后的结果，而这些症状是由疾病引起的。）读者可能会问："如果没有观测到疾病，我们能否仅根据观测到的变量构建一个模型？"图 20-11 给出了该问题的答案。它给出了一个小型的、虚构的心脏病诊断模型。它有 3 个可观测的易感因素和 3 个可观测的症状（这些症状过于负面，这里就不介绍了）。假设每个变量有 3 个可能的值（分别是 none、moderate 和

severe）。如果我们从图 20-11a 所示的网络中移除隐变量，使其成为图 20-11b 所示的网络，那么所需参数的个数将从 78 增加到 708。因此，隐变量可以大大减少确定一个贝叶斯网络所需参数的个数。同样也可以大大减少所需学习的参数的个数。

隐变量很重要，但它们的存在也确实使学习问题复杂化。在图 20-11a 所示的例子中，给定其父变量的值，如何学习心脏病（*HeartDisease*）的条件分布并不是很明晰，因为我们不知道每种情况下 *HeartDisease* 的具体值，同样的问题也出现在学习症状的分布时。本节将介绍一种被称为**期望最大化**（expectation-maximization，EM）的算法，它以一种适用范围广泛的方式解决了这个问题。我们将给出 3 个例子，然后再给出一般性的描述。该算法最初看起来可能十分神奇，但是一旦我们了解了其思想，我们就可以在大量的学习问题中应用 EM。

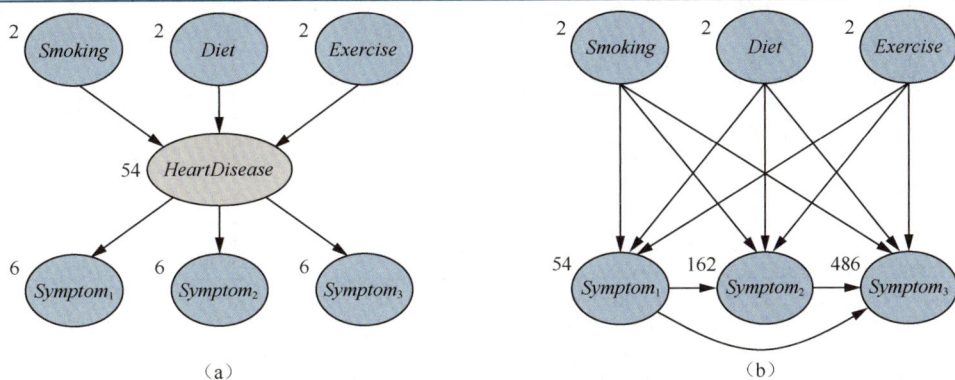

图 20-11 （a）一个简单的心脏病诊断网络，其中 *HeartDisease* 是一个隐变量。每个变量有 3 个可能的值，并标明了每个变量对应的条件独立参数的个数，其总数为 78。（b）去除隐变量 *HeartDisease* 之后的等效网络。注意，给定了父变量值后，症状对应的变量不再是条件独立的。这个网络有 708 个参数

20.3.1 无监督聚类：学习混合高斯

无监督聚类（unsupervised clustering）是在一个对象集合中识别多个类别的问题。该问题被称为是无监督的，是因为数据没有被赋予类别标签。举个例子来说，假设我们记录了十万颗恒星的光谱；我们想知道光谱的数据是否告诉我们恒星存在不同的类型？如果是，其中有多少种类型？它们对应的特征是什么？我们都熟悉诸如"红巨星"和"白矮星"这样的术语，但是恒星本身并不附带这些标签，因此天文学家不得不使用无监督聚类的方法来区分恒星的类别。还有其他一些例子，如林奈生物分类法中对种、属、目、门等的区分，以及为一般对象创造自然类别（见第 10 章）。

无监督聚类以数据为出发点。图 20-12b 给出了 500 个数据点，每个数据点指定了两个连续属性的值。数据点可能对应于恒星，而属性可能对应于两个特定频率下的光谱强度。接下来，我们需要了解什么样的概率分布可能产生这些数据。聚类假设了数据是从某个**混合分布** P 中生成的。该分布由 k 个分量组成，每个分量本身是一个分布。数据点通过以下方法生成：首先选择其中一个分量，然后从该分量采样一个样本，从而生成一个数据点。令随机变量 C 为数据对应的分量，其值为 $1, \cdots, k$；那么混合分布将由下式给出：

$$P(\boldsymbol{x}) = \sum_{i=1}^{k} P(C = i)\, P(\boldsymbol{x} \mid C = i)$$

其中 $\boldsymbol{x}$ 表示数据点属性的值。对于连续数据，多元高斯分布是各个分量分布的一个自然选择，

这就是所谓的**混合高斯**分布族。混合高斯分布的参数为 $w_i = P(C = i)$（各分量的权重）、μ_i（各分量的均值），以及 Σ_i（各分量的协方差）。图 20-12a 给出了由 3 个分量组成的混合高斯；事实上，该混合高斯是图 20-12b 中数据的来源，也是图 20-8a 所示的模型。

相应的无监督聚类问题则是从原始数据（例如图 20-12b 中的数据）中复原出高斯混合模型（例如图 20-12a 所示的模型）。显然，如果我们知道每个数据点由哪个分量生成，那么就很容易复原对应的高斯分布分量：我们可以选择所有来自同一个给定分量的数据点，然后应用（多元版本的）式（20-4）对一组数据拟合其高斯参数。另外，如果我们知道每个分量的参数，那么我们至少可以给出每个数据点属于某个分量的概率。

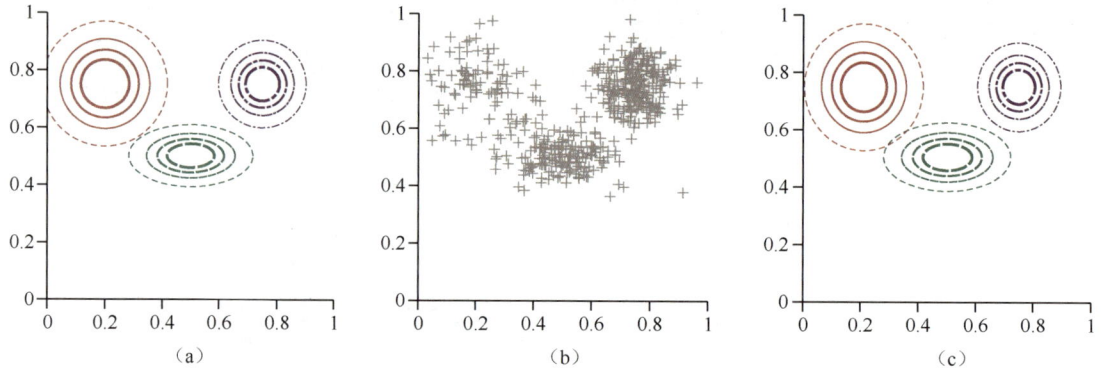

图 20-12　（a）由 3 个分量组成的混合高斯模型，其权重（从左到右）分别为 0.2、0.3 和 0.5。（b）采样于（a）中模型的 500 个数据点。（c）根据（b）中的数据点，使用 EM 算法重建出的模型

这里的问题在于我们既不知道数据点源自哪个分量，也不知道模型的参数。在这种情况下，EM 的基本想法是假设我们知道模型的参数，然后推断每个数据点属于各个分量的概率。在该步骤后，我们重新使用数据拟合各个分量，其中每个分量的拟合都将用到整个数据集，每个数据点的权重由它属于该分量的概率给出。我们将重复这个过程直到算法收敛。本质上，我们所做的事情是基于当前的模型推断隐变量——数据点属于某个分量——的概率分布，进而"完善"数据。对于混合高斯模型，我们可以任意地初始化混合模型参数，然后进行以下两个步骤的迭代。

（1）**E 步**：计算概率 $p_{ij} = P(C = i \,|\, x_j)$，即数据点 x_j 是由分量 i 生成的概率。根据贝叶斯法则，我们有 $p_{ij} = \alpha P(x_j \,|\, C = i) P(C = i)$。其中 $P(x_j \,|\, C = i)$ 项是 x_j 在第 i 个高斯分量中的概率，$P(C = i)$ 项是第 i 个高斯分量的权重。定义 $n_i = \sum_j p_{ij}$，即分配至第 i 个分量的数据点的有效个数。

（2）**M 步**：按照以下式子计算新的均值、方差和各分量的权重。

$$\mu_i \leftarrow \sum_j p_{ij} x_j / n_i$$
$$\Sigma_i \leftarrow \sum_j p_{ij} (x_j - \mu_i)(x_j - \mu_i)^\top / n_i$$
$$w_i \leftarrow n_i / N$$

其中，N 为数据点的总个数。E 步也称期望步，它可以视为计算**隐指示**（hidden indicator）变量 Z_{ij} 的期望值 p_{ij} 的步骤，若数据 x_j 由第 i 个分量生成，则 Z_{ij} 为 1，否则为 0。M 步也称最大化步，其目标是寻找给定隐指示变量的期望情况下，使数据的似然最大化的新参数。

将 EM 算法应用于图 20-12a 中数据所学习到的最终模型如图 20-12c 所示，它与生成这些

数据的真实模型几乎没有差别。图 20-13a 给出了当前模型下数据的对数似然随着 EM 算法迭代过程的变化图。

需要注意两点。第一，最终学习到的模型的对数似然值略高于用于生成数据的真实模型的对数似然值。这可能看起来有些令人惊讶，但它简单地反映了这样一个事实：数据是随机生成的，也许没有精确地反映出真实的模型。第二，在 EM 算法的进行过程中，数据的对数似然在每一次迭代后都将提升。通常情况下，这个现象是可以被证明的。此外，在一些条件下（这些条件在大多数情况下是成立的），我们还可以证明 EM 算法将达到似然函数的局部极大值。（在极少数情况下，它可能会达到一个鞍点，甚至一个局部极小值。）从这个意义上说，EM 类似于基于梯度的爬山算法，但需要注意的是它没有“步长”这一参数。

EM 算法并不总是如图 20-13a 所示那样顺利。举个例子来说，它可能导致某个高斯分量发生退化，使得它仅仅包含一个数据点。那么它的方差将趋向于零，且它的似然将趋向无穷！如果我们不知道混合模型中有多少个分量，我们就需要尝试不同的分量个数，即尝试不同的 k 值，并观测哪个值的效果最好，但这也可能导致发生另一些错误。还有一个问题是，两个分量可能会“合并”，导致它们有相同的均值和方差，且它们共享数据点。这种退化的局部极大值是一个严重的问题，特别是在高维情况下。一种解决方案是对模型参数赋予先验并采用 MAP 版本的 EM 算法。另一种解决方案是，如果某个分量太小或太接近于另一个分量，则使用新的随机参数重置该分量。一个合理的初始化方法对算法也有帮助。

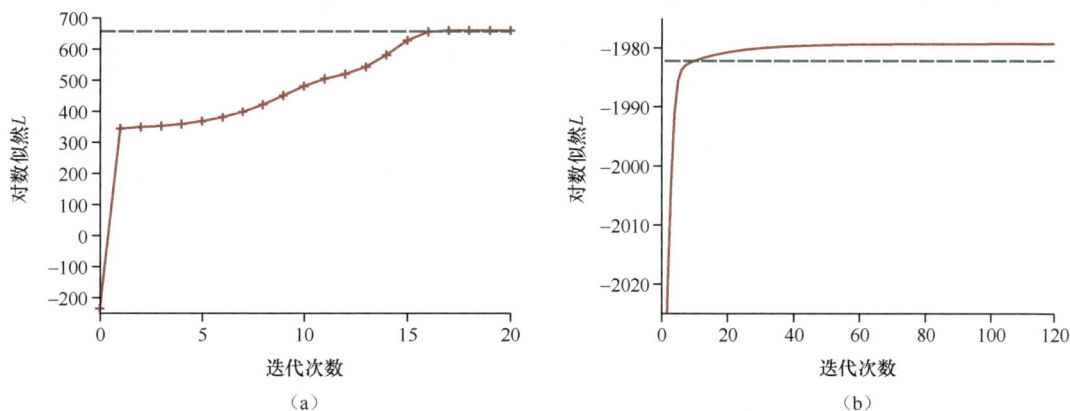

图 20-13　数据的对数似然 L 关于 EM 算法迭代次数的函数关系。水平线表示真实模型下数据的对数似然。（a）图 20-12 中的混合高斯模型对应的变化图。（b）图 20-14a 中的贝叶斯网络对应的变化图

20.3.2　学习带隐变量的贝叶斯网络参数值

为学习带隐变量的贝叶斯网络，我们将使用与在混合高斯模型中所使用的方法相同的有效方法。图 20-14a 给出了一个例子：我们有两袋混合在一起的糖果。糖果有 3 个特征：除口味（Flavor）和包装（Wrapper）外，一些糖果中间还有夹心（Holes），而有些糖果没有。糖果在每个糖果袋中的分布状况可以用**朴素贝叶斯**模型进行描述：在给定糖果袋的情况下，特征之间是独立的，但每个特征的条件概率取决于这个糖果袋的状况。该模型的参数如下：θ 为糖果取自糖果袋 1 的先验概率；θ_{F1} 与 θ_{F2} 分别是给定糖果取自于糖果袋 1 或糖果袋 2 后，它是樱桃口味的概率；θ_{W1} 与 θ_{W2} 是在同样的给定条件下糖果包装为红色的概率；θ_{H1} 和 θ_{H2} 是在同样的给定条件下糖果有夹心的概率。

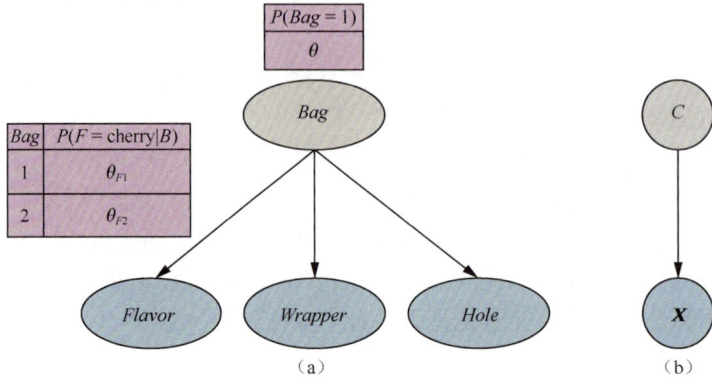

图 20-14 （a）关于糖果的混合模型。不同口味、包装的比例以及是否有夹心取决于糖果袋，该变量是不可观测的。（b）混合高斯模型的贝叶斯网络。可观测变量 X 的均值和协方差取决于分量 C

整体的模型是一个混合模型：它可以表示为两个不同分布的加权和，且每个分布是独立的单变量分布的乘积。（事实上，我们也可以将混合高斯建模为一个贝叶斯网络，正如图 20-14b 所示。）在该图中，糖果袋是一个隐变量，因为一旦糖果混合在一起，我们就不再能知道每个糖果来自哪个糖果袋。在这种情况下，我们能通过观测混合物中的糖果来复原这两个袋子的真实情况吗？我们将用 EM 算法迭代来求解这个问题。首先，我们考虑数据的情况。假设我们从一个模型中生成了 1000 个样本，模型的真实参数如下：

$$\theta = 0.5, \theta_{F1} = \theta_{W1} = \theta_{H1} = 0.8, \theta_{F2} = \theta_{W2} = \theta_{H2} = 0.3 \tag{20-9}$$

也就是说，糖果来自于两个糖果袋的概率相等；第一个糖果袋中的糖果大部分是樱桃口味、红色包装且有夹心；第二个糖果袋中的糖果大部分是酸橙口味、绿色包装且没有夹心。所有 8 种可能的糖果出现的次数如下：

	$W = $ red		$W = $ green	
	$H = 1$	$H = 0$	$H = 1$	$H = 0$
$F = $ cherry	273	93	104	90
$F = $ lime	79	100	94	167

我们先对参数进行初始化。为了简化计算，我们任意地选取初始值如下：[①]

$$\theta^{(0)} = 0.6, \theta_{F1}^{(0)} = \theta_{W1}^{(0)} = \theta_{H1}^{(0)} = 0.6, \theta_{F2}^{(0)} = \theta_{W2}^{(0)} = \theta_{H2}^{(0)} = 0.4 \tag{20-10}$$

首先，我们考虑参数 θ。在数据全部可观测的情况下，我们可以根据糖果来自于糖果袋 1 以及糖果袋 2 的个数对其进行直接估计。由于糖果袋是一个隐变量，我们可以转而计算糖果个数的期望。糖果个数的期望 $\hat{N}(Bag = 1)$ 是每个糖果来自于糖果袋 1 的概率之和：

$$\theta^{(1)} = \hat{N}(Bag = 1) / N = \sum_{j=1}^{N} P(Bag = 1 \mid flavor_j, wrapper_j, holes_j) / N$$

这些概率可以使用贝叶斯网络的任意一种推断算法来计算。在这个朴素贝叶斯模型的例子中，我们可以利用贝叶斯法则以及条件独立性计算得到

① 在实际情形中，更好的做法是随机地选择初始参数，以避免由对称性带来的局部极大值。

$$\theta^{(1)} = \frac{1}{N} \sum_{j=1}^{N} \frac{P(flavor_j \mid Bag = 1)P(wrapper_j \mid Bag = 1)P(holes_j \mid Bag = 1)P(Bag = 1)}{\sum_i P(flavor_j \mid Bag = i)P(wrapper_j \mid Bag = i)P(holes_j \mid Bag = i)P(Bag = i)}$$

举例来说，对于 273 颗红色包装、樱桃味、有夹心的糖果，应用该公式我们可以计算得到其权重为

$$\frac{273}{1000} \cdot \frac{\theta_{F1}^{(0)}\theta_{W1}^{(0)}\theta_{H1}^{(0)}\theta^{(0)}}{\theta_{F1}^{(0)}\theta_{W1}^{(0)}\theta_{H1}^{(0)}\theta^{(0)} + \theta_{F2}^{(0)}\theta_{W2}^{(0)}\theta_{H2}^{(0)}(1 - \theta^{(0)})} \approx 0.22797$$

接着计算表中其他种类糖果对应的权重，可以得到 $\theta^{(1)} = 0.6124$。

现在让我们考虑其他的参数，例如 θ_{F1}。在数据完全可观测的情形下，我们可以直接通过观测到糖果袋 1 中的樱桃味和酸橙味糖果数量来估计该参数值。糖果袋 1 中的樱桃味糖果数量的期望可以由下式给出：

$$\sum_{j:Flavor_j = \text{cherry}} P(Bag = 1 \mid Flavor_j = \text{cherry}, wrapper_j, holes_j)$$

同样的，这些概率值可以通过贝叶斯网络算法计算得到。通过这些计算，我们可以得到参数新的估计值：

$$\theta^{(1)} = 0.6124, \theta_{F1}^{(1)} = 0.6684, \theta_{W1}^{(1)} = 0.6483, \theta_{H1}^{(1)} = 0.6558$$
$$\theta_{F2}^{(1)} = 0.3887, \theta_{W2}^{(1)} = 0.3817, \theta_{H1}^{(1)} = 0.3827 \tag{20-11}$$

数据的对数似然的初始值约为 -2044，在第一次迭代之后达到了约 -2021，如图 20-13b 所示。也就是说，一次参数更新将似然函数本身提高了约 $e^{23} \approx 10^{10}$ 倍。在 10 次迭代后，学习到的模型相比原始模型拟合得更好（$L = -1982.214$）。10 次迭代后，算法的进展变得非常缓慢。这样的现象在 EM 算法中并不少见，实际中许多系统将 EM 与基于梯度的算法相结合，例如牛顿–拉弗森法（见第 4 章），它可以用于学习过程的最后阶段。

通过这个例子，我们可以总结出一般性的规律，即在带隐变量的贝叶斯网络学习中，参数更新可以从每个样例的推断结果中直接得到。更进一步地，每个参数的估计值只需要用到局部的后验概率。这里的"局部"意味着每个变量 X_i 的条件概率表（CPT）可以从仅涉及 X_i 及其父节点 U_i 的后验概率中学习得到。令 θ_{ijk} 为 CPT 中的参数 $P(X_i = x_{ij} \mid U_i = u_{ik})$，其更新由计数期望归一化后给出，如下：

$$\theta_{ijk} \leftarrow \hat{N}(X_i = x_{ij}, U_i = u_{ik}) / \hat{N}(U_i = u_{ik})$$

我们可以通过任意的贝叶斯网络推断算法计算每个样例出现的概率 $P(X_i = x_{ij}, U_i = u_{ik})$，并通过对样本求和来获得计数的期望。对于包含变量消去步骤的特定算法，所有这些概率都可以作为一般推断过程的副产品直接获得，而不需要额外的计算来获得这些概率值。此外，对于每个参数，学习所需的信息都可以在本地获得。

现在我们回想一下 EM 算法在这个例子中，即从 7（$2^3 - 1$）个观测到的计数数据复原 7 个参数（$\theta, \theta_{F1}, \theta_{W1}, \theta_{H1}, \theta_{F2}, \theta_{W2}, \theta_{H2}$）的过程中发挥了什么作用。（在给定 7 个计数后，第 8 个计数是固定的，因为计数的总和是 1000。）如果刻画每个糖果所需的属性只有两个而不是 3 个（例如，没有"夹心"这一属性），我们将有 5 个参数（$\theta, \theta_{F1}, \theta_{W1}, \theta_{F2}, \theta_{W2}$），但我们只有 3（$2^2 - 1$）个观测到的计数。在这种情况下，我们不可能复原糖果混合的权重 θ 或者用于混合的两个糖果袋的属性。我们称这样的两个属性的模型不是可辨识的。

贝叶斯网络的可辨识性是一个棘手的问题。可以注意到，即使有 3 个属性和 7 个计数，我们也不能唯一地复原模型，因为将两个糖果袋信息互换后，两个模型在观测层面仍是等价的。基于不同的参数初始化方式下，EM 将收敛到如下两个结果之一：糖果袋 1 大部分是樱桃口味，

糖果袋 2 大部分是酸橙口味，或者恰好与之相反。这种不可辨识性对从未观测到的变量来说是不可避免的。

20.3.3　学习隐马尔可夫模型

最后，我们将 EM 算法应用于学习隐马尔可夫模型（HMM）中的转移概率。回顾一下，我们在 14.3 节中提到，隐马尔可夫模型可以用一个带有单个离散状态变量的动态贝叶斯网络来表示，如图 20-15 所示。每个数据点为一个长度有限的观测序列，因此要解决的问题是从一组观测序列（或仅从一个长序列）中学习转移概率。

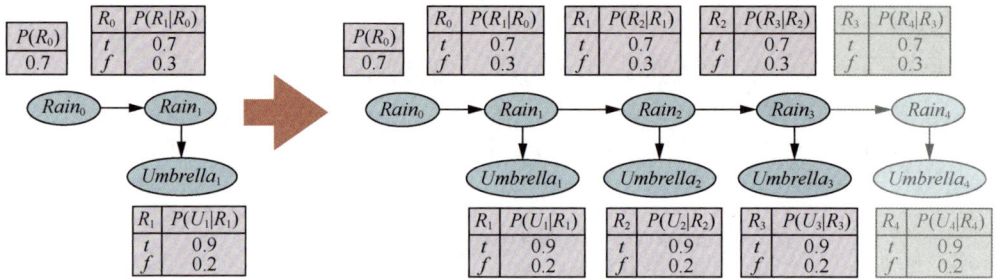

图 20-15　表示隐马尔可夫模型的动态贝叶斯网络展开图（重复图 14-16）

我们已经介绍过如何学习贝叶斯网络，但在这里情况会更复杂：在贝叶斯网络中，每个参数都是分离的；但在隐马尔可夫模型中，对于任意时刻 t，从状态 i 到状态 j 的转移概率 $\theta_{ijt} = P(X_{t+1} = j \mid X_t = i)$ 是相等的，即对任意时刻 t 有 $\theta_{ijt} = \theta_{ij}$。为了估计从状态 i 到状态 j 的转移概率，我们只需计算系统在状态 i 经过一次转移后到达状态 j 的次数比例的期望：

$$\theta_{ij} \leftarrow \sum_t \hat{N}(X_{t+1} = j, X_t = i) \Big/ \sum_i \hat{N}(X_t = i)$$

计数的期望可以通过 HMM 推断算法进行计算。通过简单修改图 14-4 所示的**前向−后向**算法，我们可以计算所需的概率。重要的一点在于，所需的概率是通过**平滑**而不是**滤波**的方法获得的。滤波方法所给出的是给定过去状态下当前状态的概率分布，而平滑方法给出的是给定所有证据下的分布，这里的证据包括特定转移发生后的事件发生情况。在谋杀案中，证据通常是在犯罪发生之后（从状态 i 到状态 j）获得的。

20.3.4　EM 算法的一般形式

我们已经看到了 EM 算法的几个实例。在每个实例中，我们都需要对每个样例计算其隐变量的期望，然后把该期望看作观测值并用它们重新计算参数。令 $\boldsymbol{x}$ 为所有样例中的所有观测值，并令 $\boldsymbol{Z}$ 为所有样例中的所有隐变量，设 θ 是概率模型中的所有参数。那么对应的 EM 算法可以表示为

$$\theta^{(i+1)} = \underset{\theta}{\operatorname{argmax}} \sum_z P(\boldsymbol{Z} = z \mid \boldsymbol{x}, \theta^{(i)}) L(\boldsymbol{x}, \boldsymbol{Z} = z \mid \theta)$$

EM 算法可以由上式简单概括。E 步是求和计算，即计算分布 $P(\boldsymbol{Z} = z \mid \boldsymbol{x}, \theta^{(i)})$ 下"完整"数据对数似然的期望，其中该分布为给定数据后隐变量的后验分布。M 步则是选取参数使得该对数似然的期望达到最大。对于混合高斯模型，隐变量为 Z_{ij}，当样例 j 由分量 i 生成时其值为 1。对于贝叶斯网络，Z_{ij} 是样例 j 中未观测到的变量 X_i 的值。对于 HMM，Z_{jt} 是样例序列 j 在时刻 t

所处的状态。根据算法的一般形式，我们一旦明确了适当的隐变量形式，就可以在特定应用场景中导出对应的 EM 算法。

在理解了 EM 的一般思想后，我们很容易得到它的各种变体和改进版本。在许多情况下（如大型贝叶斯网络），E 步所要求的隐变量后验概率计算是很困难的。研究结果表明，在 E 步中对计算采用近似的方法仍然可以得到有效的学习算法。例如，使用诸如 MCMC（见 13.4 节）一类的采样算法可以将学习过程变得非常直观：MCMC 访问的每个状态（隐变量和观测到的变量的组合）都可以作为一个完整的观测看待。因此，我们可以在每次 MCMC 转移之后直接更新参数。其他形式的近似推断，如变分法和循环信念传播，也被证明可以有效地学习非常大的网络。

20.3.5　学习带隐变量的贝叶斯网络结构

在 20.2.7 节中，我们讨论了如何使用完全数据学习贝叶斯网络结构的问题。当未观测到的变量会对观测到的数据产生影响时，事情就变得复杂了。在最简单的情况下，一个人类专家可能会告诉学习算法存在某些特定的隐变量，然后我们可以利用算法在网络结构中找到隐变量的位置。例如，一个算法试图学习图 20-11a 所示的结构，并且它已经知道 *HeartDisease*（一个三值的变量）应当被包含在模型中。在完全数据情况下，整个算法有一个用于在所有网络结构中搜索的外部循环和一个用于在给定结构下拟合网络参数的内部循环。

如果学习算法没有被告知存在哪些隐变量，那么我们有两种选择：第一种选择是假设数据是完整的，这可能会迫使算法学习一个参数十分密集的模型，如图 20-11b 中的模型；第二种选择是创造新的隐变量以简化模型。后一种选择可以通过在结构搜索中提供新的修改选项来实现：除修改链接之外，算法还可以选择添加或删除隐变量或更改其参数个数。当然，算法不会知道它创建的新变量叫作 *HeartDisease*；它也不会为这些值赋予有意义的名称。幸运的是，新创建的隐变量通常与已有的变量存在联系，因此人类专家通常可以通过观测新变量附近的局部条件分布来确定其具体含义。

在完全数据情况下，单纯的最大似然结构学习将导致学习到一个全连接网络（并且是一个没有隐变量的网络），因此我们需要引入某种形式的复杂性惩罚。我们也可以应用 MCMC 来采样大量可能的网络结构，从而近似贝叶斯学习。例如，我们可以学习一个分量数量未知的混合高斯模型并对分量数量进行采样；混合高斯模型的分量数量的近似后验分布将由 MCMC 的采样频率给出。

在完全数据的情形下，学习参数的内部循环是非常快的，只需从数据集中获取条件频率即可。当存在隐变量时，内部循环可能需要采用 EM 或基于梯度的算法进行多次迭代，并且每次迭代都涉及贝叶斯网络的后验概率计算，这本身就是一个 NP 困难问题。到目前为止，对学习复杂模型来说，这种方法仍是不实际的。

一个可能的改进是所谓的**结构 EM**（structural EM）算法，它的模式与普通的（参数）EM 算法基本相同，不同的是该算法可以同时更新结构及参数。一般的 EM 算法使用当前参数计算 E 步中的计数期望，然后在 M 步中利用这些计数期望来选择新的参数，与之类似地，结构 EM 算法使用当前结构计算计数期望，然后在 M 步中利用这些计数来估计潜在的新结构的可能性（这区别于外部循环/内部循环的方法，外部循环/内部循环方法对每个潜在结构都重新计算新的计数期望）。通过这样的方法，结构 EM 算法可以对网络进行多次结构更改，而无须重新计算计数期望，并且能够学习到非平凡的贝叶斯网络结构。结构 EM 算法的搜索空间是包含所有结构的空间，而不是包含结构和参数的组合空间。尽管如此，结构学习中存在的问题还没有得到很好的解决，这方面仍有许多工作有待完成。

小结

统计学习方法的范围十分广泛，从简单的平均值计算到如贝叶斯网络等复杂模型的构建。它们的应用范围遍及计算机科学、工程学、计算生物学、神经科学、心理学和物理学。在本章中，我们介绍了一些基本的思想，并给出了有一定数学基础的分析。本章要点如下。

- **贝叶斯学习**方法将学习表述为概率推断的形式，利用观测值对假设空间的先验分布进行更新。这个方法很好地呈现了奥卡姆剃刀原理，但它很难处理更复杂的假设空间。
- **最大后验**（MAP）学习选择给定数据下可能性最大的假设。该方法同样利用了假设的先验分布，并且该方法通常比贝叶斯学习更易处理。
- **最大似然**学习选择使得数据的似然最大的假设；它等价于使用均匀分布作为先验的最大后验学习。在例如线性回归或完全可观测的贝叶斯网络等简单的情形中，我们容易找到最大似然的闭式解。**朴素贝叶斯**学习也是一个运用范围广泛且特别有效的方法。
- 当一些变量被隐藏时，**期望最大化**（EM）算法可以找到局部最大似然解。其应用包括高斯混合模型的无监督聚类、贝叶斯网络学习和隐马尔可夫模型的学习。
- 学习贝叶斯网络的结构是**模型选择**的一个例子。它通常涉及结构空间中的离散搜索。我们需要一些方法来权衡模型的复杂性和拟合程度。
- **非参数模型**通过一些数据点集合来表示某一分布，因此它的参数数量将随着训练集的增大而增加。最近邻方法寻找离查询点最近的样例，而核方法则考虑所有样例基于距离的加权组合。

统计学习一直以来都是一个非常火热的研究领域，无论是在理论上还是在实践中，它都已取得了巨大的进展。现如今，统计学习方法已经可以用来学习几乎所有能做精确或近似推断的模型。

参考文献与历史注释

早年间，统计学习技术的应用是人工智能的一个热门研究领域，见（Duda and Hart, 1973），但由于其研究领域注重于符号方法，因此统计学习与主流人工智能逐渐分离。到了 20 世纪 80 年代末，在贝叶斯网络模型被提出后不久，人们对它的研究兴趣又被重新激发；几乎在同一时间，神经网络学习的统计观点开始出现。到了 20 世纪 90 年代末，人们对机器学习、统计学和神经网络感兴趣的内容高度趋同，主要集中在从数据中创建大型概率模型的方法上。

朴素贝叶斯模型是最古老和最简单的贝叶斯网络形式之一，关于它的研究可以追溯到 20 世纪 50 年代，我们已经在第 12 章中介绍了它的起源。多明戈斯和帕扎尼（Domingos and Pazzani, 1997）对其取得的惊人成功作出了部分解释。朴素贝叶斯学习的一种改进形式在第一届 KDD Cup 数据挖掘比赛（Elkan, 1997）中获得了冠军。黑克曼（Heckerman, 1998）对贝叶斯网络学习的一般问题做了一个很好的介绍。斯皮格霍尔特等人（Spiegelhalter *et al.*, 1993）讨论了贝叶斯网络在狄利克雷先验下的贝叶斯参数学习。托马斯·贝叶斯（Bayes, 1763）首先得到 β 分布是伯努利变量的共轭先验，卡尔·皮尔逊（Karl Pearson）（Pearson, 1895）重新将其引入并作为偏斜数据的模型；在很长一段时期内它被称为"皮尔逊 I 型分布"。博克斯和刁锦寰（Box and Tiao, 1973）的文章讨论了贝叶斯线性回归，明卡（Minka, 2010）为一般多变量情况下的推导提供了一个简单的总结。

一些软件包将贝叶斯网络模型的统计学习机制涵盖在内。其中包括 Bugs（Bayesian inference Using Gibbs Sampling，使用吉布斯抽样的贝叶斯推断）（Gilks *et al.*, 1994；Lunn *et al.*, 2000, 2013）、Jags（Just Another Gibbs Sampler，另一个吉布斯采样器）（Plummer, 2003）和 Stan（Carpenter *et al.*, 2017）。

贝叶斯网络结构学习的第一个算法使用了条件独立性检验（Pearl, 1988; Pearl and Verma, 1991）。斯皮尔特斯等人（Spirtes *et al.*, 1993）在 Tetrad 软件包中为贝叶斯网络学习实现了一种综合性的方法。贝叶斯网络学习方法在 2001 年 KDD 杯数据挖掘比赛中取得了巨大的成功（Cheng *et al.*, 2002），算法层面的进步在一定程度上助力了这一成绩。（这个比赛的具体任务是处理一个含有 139 351 个特征的生物信息学问题！）库珀和赫斯科维茨（Cooper and Herskovits, 1992）提出了一种基于最大似然的结构学习方法，黑克曼等人（Heckerman *et al.*, 1994）对此方法进行了改进。

近年来的算法在完全数据的情况下取得了相当可观的表现（Moore and Wong, 2003; Teyssier and Koller, 2005），其中一个重要的要素是一个高效的数据结构——AD 树，它用于存储所有可能的变量组合及数值的计数（Moore and Lee, 1997）。弗里德曼和戈德施密特（Friedman and Goldszmidt, 1996）指出了局部条件分布的表示对结构学习的影响。

哈特利（Hartley, 1958）提出了学习带有隐变量和缺失数据的概率模型的一般问题，他描述了后来被称为 EM 的概念，并给出了一些例子。进一步的研究来自 HMM 学习的 Baum–Welch 算法（Baum and Petrie, 1966），这是 EM 算法的一个特例。登普斯特、莱尔德和鲁宾的文章（Dempster, Laird and Rubin, 1977）介绍了 EM 算法的一般形式并分析了其收敛性，这是计算机科学和统计学中被引用最多的论文之一。（登普斯特本人将 EM 视为一个模式而不是一个算法，因为在将其应用于一个新的分布之前，可能需要大量的数学工作。）麦克拉克伦和克里希南用了一整本书（McLachlan and Krishnan, 1997）来研究 EM 算法及其性质。蒂特灵顿等人（Titterington *et al.*, 1985）讨论了学习混合模型（包括混合高斯模型）的具体问题。

在人工智能领域中，Autoclass（Cheeseman *et al.*, 1988; Cheeseman and Stutz, 1996）是第一个成功地将 EM 用于混合模型的系统。Autoclass 应用于许多实际的科学分类任务，包括从光谱数据中发现新类型的恒星（Goebel *et al.*, 1989）以及在 DNA/蛋白质序列数据库中发现新类别的蛋白质和内含子（Hunter and States, 1992）。

劳里岑（Lauritzen, 1995）和罗素等人（Russell *et al.*, 1995）几乎同时提出了带隐变量的贝叶斯网络的最大似然参数学习方法。结构 EM 算法由弗里德曼（Friedman, 1998）提出，并应用于具有隐变量的贝叶斯网络结构的最大似然学习。弗里德曼和科勒（Friedman and Koller, 2003）提出了贝叶斯结构学习。戴利等人（Daly *et al.*, 2011）对贝叶斯网络学习领域进行了回顾，极大便利了相关文献的引用。

学习贝叶斯网络结构的能力与从数据中复原因果信息的问题密切相关。也就是说，有没有可能以这样一种方式来学习贝叶斯网络，使得复原出的网络结构表明了真实的因果关系？多年来，统计学家都避开了这个问题，并认为观测数据（与实验测试产生的数据相反）只能带来相关性的信息——任何两个看似相关的变量实际上都可能受到第三个未知因果因素的影响，而不是直接相互影响。珀尔（Pearl, 2000）提出了一个令人信服的相反观点，表明事实上在许多例子中因果关系可以被确定，并发展了**因果网络**的形式体系，以表达干预的原因和效果以及一般的条件概率。

罗森布拉特（Rosenblatt, 1956）和帕尔岑（Parzen, 1962）首先研究了非参数密度估计，其方法也被称为 **Parzen 窗密度**估计。从那时起，大量的研究各种估计量性质的文献开始出现。

德夫罗耶（Devroye, 1987）对此作了全面的介绍。关于非参数贝叶斯方法的文献数量也在迅速增长，它起源于弗格森（Ferguson, 1973）关于**狄利克雷过程**（Dirichlet process）的开创性工作，狄利克雷过程可以看作狄利克雷分布的分布。这些方法特别适用于分量数量未知的混合模型。加赫拉马尼（Ghahramani, 2005）和乔丹（Jordan, 2005）给出了有关这些思想在统计学习中的诸多应用的非常实用的教程。**高斯过程**（Gaussian process）提供了一种在连续函数空间上定义先验分布的方法，拉斯马森和威廉斯（Rasmussen and Williams, 2006）的教材涵盖了高斯过程。

　　本章中的材料包括了统计学和模式识别领域的工作，因此这些故事可能在许多地方被多次讲述。关于贝叶斯统计的优秀教材包括（DeGroot, 1970）、（Berger, 1985）和（Gelman *et al.*, 1995）。毕晓普（Bishop, 2007）、黑斯蒂等人（Hastie *et al.*, 2009）、巴伯（Barber, 2012）和墨菲（Murphy, 2012）为统计机器学习提供了极好的介绍。在模式分类领域，多年来的经典教材是（Duda and Hart, 1973），2001 年出版了更新版本（Duda *et al.*, 2001）。一年一度的 NeurIPS 会议，其会刊为 *Advances in Neural Information Processing Systems*，包括了许多贝叶斯学习的论文，每年一次的 AISTATS 也是如此。特别的，贝叶斯学者及思想的汇集地包括巴伦西亚国际贝叶斯统计会议（Valencia International Meetings on Bayesian Statistics）和 *Bayesian Analysis* 期刊。

第21章

深度学习

深度学习通过梯度下降算法学习多层迭代的网络架构，它在人工智能的主要子领域中具有重要影响力。

深度学习（deep learning）是机器学习中一系列技术的组合，它的假设具有复杂代数电路的形式，且其中的连接强度是可调整的。"深度"的含义是指电路通常被设计成多层（layer），这意味着从输入到输出的计算路径包含较多计算步骤。深度学习是目前应用最广泛的方法，例如它在视觉对象识别、机器翻译、语音识别、语音合成和图像合成中的应用，它在强化学习应用中也起着重要的作用（见第22章）。

深度学习起源于早期的用计算电路模拟大脑神经元网络的工作（McCulloch and Pitts, 1943）。因此，通过深度学习方法训练的网络通常被称为神经网络（neural network），尽管它与真实的神经细胞和结构之间的相似性仅仅停留于表面。

虽然深度学习取得成功的真正原因尚未完全明晰，但与第19章所述的一些方法相比，它具有不言而喻的优势，在处理图像等高维数据时尤为明显。举例来说，虽然线性回归和逻辑斯谛回归等方法可以处理大量的输入变量，但每个样本从输入到输出的计算路径都非常短——只是乘以某个权重后加到总输出中。此外，不同的输入变量各自独立地影响输出而不相互影响（图21-1a）。这大大限制了这些模型的表达能力。它们只能表示输入空间中的线性函数与边界，而真实世界中的大多数概念要比这复杂得多。

另外，决策列表和决策树能够实现较长的计算路径，这些路径可能依赖于较多的输入变量，但只是对很小的一部分输入向量而言（图21-1b）。如果一个决策树对一定部分的可能输入有很长的计算路径，那么它的输入变量的数量必将是指数级的。深度学习的基本思想是训练电路，使其计算路径可以很长，进而使得所有输入变量之间以复杂的方式相互作用（图21-1c）。事实证明，这些电路模型具有足够的表达能力，它们在许多重要类型的学习问题中都能够拟合复杂的真实数据。

21.1节将介绍简单的前馈网络及其组成部分，以及使用这类网络进行学习的要点；21.2节将更详细地介绍如何将深层网络组合在一起；21.3节将介绍卷积神经网络，这类网络在视觉应用中尤为重要；21.4节和21.5节将更详细地介绍从数据中训练网络的算法和改进泛化性能的方法；21.6节将介绍具有循环结构的网络，这类网络非常适用于时序数据；21.7节将介绍将深度学习用于监督学习以外的任务的方法；最后，21.8节将简略概述深度学习的广泛应用场景。

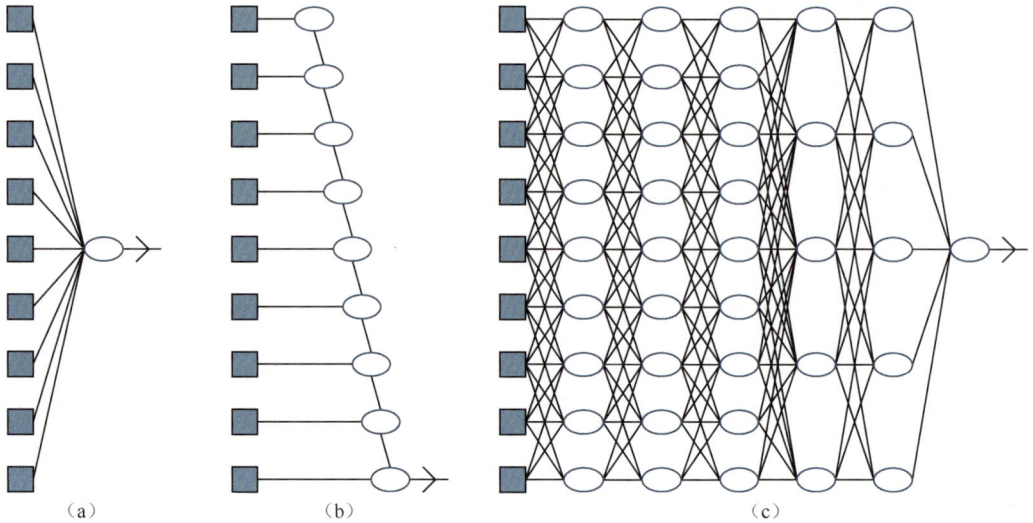

图 21-1 （a）浅层模型，例如线性回归，其输入到输出之间的计算路径很短。（b）决策列表网络（19.5 节）中可能存在某些具有长计算路径的输入，但大多数计算路径都较短。（c）深度学习网络具有更长的计算路径，且每个变量都能与所有其他变量相互作用

21.1 简单前馈网络

顾名思义，**前馈网络**（feedforward network）是只在一个方向上有连接的网络，也就是说，它是一个有向无环图且有指定的输入和输出节点。每个节点计算一个关于输入的函数，并将结果传递给网络中的后续节点。信息从输入节点流向输出节点从而通过网络，且没有环路。另外，**循环网络**（recurrent network）将其中间输出或最终输出反馈到自己的输入中。这意味着网络中的信号值将形成一个具有内部状态或记忆的动态系统。我们将在 21.6 节探讨循环网络。

布尔电路是前馈网络的一个例子，它实现了布尔函数。在布尔电路中，输入被限制为 0 或 1，每个节点是关于输入的简单布尔函数，节点的输出也为 0 或 1。在神经网络中，输入值通常是连续的，节点接受连续的输入并产生连续的输出。节点的一部分输入也可能是网络的**参数**，网络通过调整这些参数值，使网络整体拟合训练数据，以此来进行学习。

21.1.1 网络作为复杂函数

网络中的每个节点称为一个**单元**（unit）。传统上，根据麦卡洛克和皮茨（McCulloch and Pitts，1943）所提出的设计，一个单元将计算来自前驱节点的输入的加权和，并使用一个非线性的函数产生该节点的输出。令 a_j 为单元 j 的输出，并令 $w_{i,j}$ 为从单元 i 到单元 j 的连接的权重，有

$$a_j = g_j\left(\sum_i w_{i,j} a_i\right) \equiv g_j(in_j)$$

其中 g_j 为用于单元 j 的非线性**激活函数**（activation function），in_j 是单元 j 的输入的加权和。

如 19.6.3 节所述，我们规定每个单元都有一个来自虚拟单元 0 的额外输入，这个来自虚拟单元 0 的输入固定为 +1，并且该输入有权重 $w_{0,j}$。这样一来，即使前一层的输出均为 0，单元 j 的输入的加权和 in_j 也是非 0 的。根据这样的规则，我们可以将上述式子表述为向量的形式：

$$a_j = g_j(\boldsymbol{w}^\top \boldsymbol{x}) \tag{21-1}$$

其中，$\boldsymbol{w}$ 是关于单元 j 的输入的权重向量（包括 $w_{0,j}$），$\boldsymbol{x}$ 是单元 j 的输入向量（包括 +1）。

激活函数是非线性的这一事实非常重要，因为如果它不是非线性的，那么任意多个单元组成的网络将仍然只能表示一个线性函数。这种非线性使得由足够多的单元组成的网络能够表示任意函数。**万能近似**（universal approximation）定理表明，一个网络只要有两层计算单元，且其中第一层是非线性的，第二层是线性的，那么它就可以以任意精度逼近任何连续函数。定理的证明思路大致如下：由于单元个数为指数级别的网络可以表示指数多个输入空间中的不同位置不同高度的"凸起"，因此可以逼近所需的函数。换句话说，足够大的网络可以实现连续函数的查找表，就像足够大的决策树可以实现布尔函数的查找表一样。

有许多不同种类的激活函数，其中最常见的有以下几类。

- 逻辑斯谛函数或 **sigmoid** 函数，我们在逻辑斯谛回归中也曾用到它（见第 19 章）：

$$\sigma(x) = 1/(1 + e^{-x})$$

- **ReLU** 函数，ReLU 是**修正线性单元**（rectified linear unit）的简写：

$$\mathrm{ReLU}(x) = \max(0, x)$$

- **softplus** 函数，它是 ReLU 函数的光滑版本：

$$\mathrm{softplus}(x) = \log(1 + e^x)$$

softplus 函数的导数为 sigmoid 函数。

- **tanh** 函数：

$$\tanh(x) = \frac{e^{2x} - 1}{e^{2x} + 1}$$

可以发现 tanh 函数的值域为 $(-1, +1)$。tanh 函数是 sigmoid 经过伸缩与平移后的版本，即 $\tanh(x) = 2\sigma(2x) - 1$。

这些函数如图 21-2 所示。不难发现它们都是单调不减的，这意味着它们的导数 g' 是非负的。在后面的章节中，我们将对激活函数的选择做更多的解释。

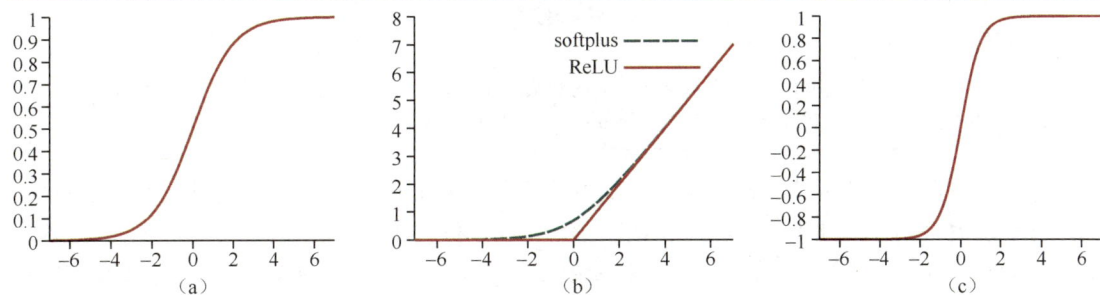

图 21-2　深度学习系统中常用的激活函数：（a）逻辑斯谛函数或 sigmoid 函数。（b）ReLU 函数和 softplus 函数。（c）tanh 函数

将多个单元组合到一个网络中会产生一个复杂的函数，它是由单个单元表示的代数表达式的组合。例如，图 21-3a 所示的网络表示了一个由权重 $\boldsymbol{w}$ 参数化的函数 $h_{\boldsymbol{w}}(\boldsymbol{x})$，它将二元的输入向量 $\boldsymbol{x}$ 映射为标量输出值 $\hat{y}$。函数的内部结构与网络的结构相对应。例如，我们可以将某个输出 $\hat{y}$ 的表达式写成

$$\hat{y} = g_5(in_5) = g_5(w_{0,5} + w_{3,5}a_3 + w_{4,5}a_4)$$
$$= g_5(w_{0,5} + w_{3,5}g_3(in_3) + w_{4,5}g_4(in_4))$$
$$= g_5(w_{0,5} + w_{3,5}g_3(w_{0,3} + w_{1,3}x_1 + w_{2,3}x_2)$$
$$+ w_{4,5}g_4(w_{0,4} + w_{1,4}x_1 + w_{2,4}x_2)) \tag{21-2}$$

如此一来，我们可以将输出$\hat{y}$表示为关于输入和权重的函数$h_w(x)$。

图 21-3a 给出了神经网络相关书籍中描述网络的传统方式。一个更一般的方法是把网络看作一个**计算图**（computation graph）或**数据流图**（dataflow graph）——本质上它是一个电路，其中每个节点代表一个基本运算。图 21-3b 给出了与图 21-3a 中网络相对应的计算图，该图显式地表达了整个计算过程的每个元素。它还将输入（蓝色）和权重（淡紫色）进行了区分，我们可以调整权重，使输出$\hat{y}$与训练数据中的真实值y更接近。每个权重就像一个音量控制旋钮，它决定了图中的下一个节点从特定前驱节点中听到了多少声音。

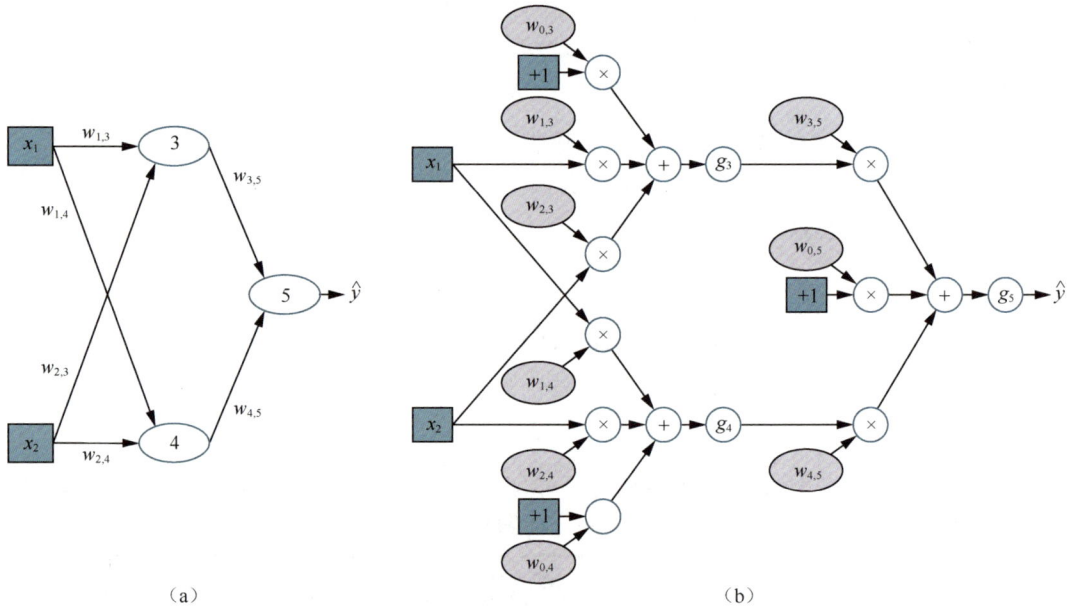

图 21-3　（a）具有两个输入、一个包含两个单元的隐藏层和一个输出单元的神经网络，其中虚拟输入及其权重没有在图中给出。（b）将（a）中的网络分解为完整的计算图

与式（21-1）中以向量形式描述单元的方式类似，我们可以对整个网络进行类似的操作。我们通常以W表示权重矩阵；对于该网络，$W^{(1)}$表示第一层的权重（$w_{1,3}$、$w_{1,4}$等），$W^{(2)}$表示第二层的权重（$w_{3,5}$等）。最后，记第一层和第二层中的激活函数为$g^{(1)}$和$g^{(2)}$。那么整个网络可以写为

$$h_w(x) = g^{(2)}(W^{(2)}g^{(1)}(W^{(1)}x)) \tag{21-3}$$

与式（21-2）一样，这个表达式也对应于一个计算图，尽管它比图 21-3b 中的计算图简单得多：在该图中只有一条"链"，其中每一层都附带权重矩阵。

图 21-3b 中的计算图相对来说规模较小且层数较浅，但其中的思想适用于所有形式的深度学习：我们通过构造计算图并调整其权重以拟合数据。图 21-3b 中的图同时也称作**全连接的**（fully connected），即每一层中的每个节点都与下一层中的每个节点存在连接。这在某种意义

上是默认的选择，但我们将在 21.3 节中看到，合理选择网络的连接性对于实现高效学习十分重要。

21.1.2　梯度与学习

在 19.6 节中，我们介绍了一种基于**梯度下降**的监督学习方法：计算损失函数关于权重的梯度，并沿梯度方向调整权重以降低损失函数。（如果读者尚未阅读 19.6 节，我们强烈建议在继续阅读接下来的内容之前阅读 19.6 节。）我们可以用完全相同的方法学习计算图中的权重。对于**输出层**（output layer），即产生网络输出的层，其单元对应的权重的梯度计算过程与 19.6 节中的计算方式基本相同。对于**隐藏层**（hidden layer），它们与输出没有直接联系，其单元对应的权重的梯度计算过程会稍微复杂一点。

现在我们考虑使用平方损失函数 L_2，我们将计算图 21-3 中的网络关于单个训练样例 $(\boldsymbol{x}, y)$ 的梯度。（对于多个样例，其梯度仅仅是单个样例的梯度之和。）设网络输出的预测为 $\hat{y} = h_{\boldsymbol{w}}(\boldsymbol{x})$，其真实值为 y，那么我们有

$$Loss(h_{\boldsymbol{w}}) = L_2(y, h_{\boldsymbol{w}}(\boldsymbol{x})) = \|y - h_{\boldsymbol{w}}(\boldsymbol{x})\|^2 = (y - \hat{y})^2$$

为了计算损失函数关于权重的梯度，我们需要使用与第 19 章中相同的分析工具——主要是**链式法则**，$\partial g(f(x))/\partial x = g'(f(x)) \, \partial f(x)/\partial x$。我们将从简单的例子入手：一个连接到输出单元的权重，如 $w_{3,5}$。我们直接在定义网络的表达式，即式（21-2）中进行运算：

$$
\begin{aligned}
\frac{\partial}{\partial w_{3,5}} Loss(h_{\boldsymbol{w}}) &= \frac{\partial}{\partial w_{3,5}} (y - \hat{y})^2 = -2(y - \hat{y}) \frac{\partial \hat{y}}{\partial w_{3,5}} \\
&= -2(y - \hat{y}) \frac{\partial}{\partial w_{3,5}} g_5(in_5) = -2(y - \hat{y}) g_5'(in_5) \frac{\partial}{\partial w_{3,5}} in_5 \\
&= -2(y - \hat{y}) g_5'(in_5) \frac{\partial}{\partial w_{3,5}} (w_{0,5} + w_{3,5} a_3 + w_{4,5} a_4) \\
&= -2(y - \hat{y}) g_5'(in_5) a_3
\end{aligned}
\tag{21-4}
$$

最后一行得以简化是因为 $w_{0,5}$ 和 $w_{4,5} a_4$ 不依赖于 $w_{3,5}$，也不依赖于 $w_{3,5}$ 的系数 a_3。

比这稍微复杂一点的情况是考虑与输出单元没有直接联系的一个权重，如 $w_{1,3}$。在这种情形下，我们必须多应用一次链式法则。其中前几个步骤是相同的，因此我们略去它们：

$$
\begin{aligned}
\frac{\partial}{\partial w_{1,3}} Loss(h_{\boldsymbol{w}}) &= -2(y - \hat{y}) g_5'(in_5) \frac{\partial}{\partial w_{1,3}} (w_{0,5} + w_{3,5} a_3 + w_{4,5} a_4) \\
&= -2(y - \hat{y}) g_5'(in_5) w_{3,5} \frac{\partial}{\partial w_{1,3}} a_3 \\
&= -2(y - \hat{y}) g_5'(in_5) w_{3,5} \frac{\partial}{\partial w_{1,3}} g_3(in_3) \\
&= -2(y - \hat{y}) g_5'(in_5) w_{3,5} g_3'(in_3) \frac{\partial}{\partial w_{1,3}} in_3 \\
&= -2(y - \hat{y}) g_5'(in_5) w_{3,5} g_3'(in_3) \frac{\partial}{\partial w_{1,3}} (w_{0,3} + w_{1,3} x_1 + w_{2,3} x_2) \\
&= -2(y - \hat{y}) g_5'(in_5) w_{3,5} g_3'(in_3) x_1
\end{aligned}
\tag{21-5}
$$

由此，对于损失函数关于权重 $w_{3,5}$ 和 $w_{1,3}$ 的梯度，我们有了相当简单的表达式。

如果我们定义 $\Delta_5 = 2(\hat{y} - y) g_5'(in_5)$ 为第 5 单元接收到输入产生的某种"感知误差",那么损失函数关于 $w_{3,5}$ 的梯度为 $\Delta_5 a_3$。这是很有道理的:如果 Δ 是正的,这意味着 $\hat{y}$ 过大(g' 总是非负的);如果 a_3 也是正的,那么增大 $w_{3,5}$ 只会让结果变得更糟,而如果 a_3 是负的,那么增大 $w_{3,5}$ 会减少误差。a_3 的大小也很重要:如果在这个训练样例中 a_3 很小,那么 $w_{3,5}$ 在产生误差方面并不是主要的,也不需要做太大改变。

如果我们定义 $\Delta_3 = \Delta_5 w_{3,5} g_3'(in_3)$,那么关于 $w_{1,3}$ 的梯度则为 Δx_1。因此,单元 3 关于输入的感知误差为单元 5 关于输入的感知误差乘以从单元 5 返回到单元 3 的路径的信息。这种现象是十分普遍的,并由此引出了**反向传播**(back-propagation)一词,它表示输出的误差通过网络进行回传的方式。

这些梯度表达式的另一个重要特征是它们以局部导数 $g_j'(in_j)$ 为因子。如前所述,这些导数总是非负的,但如果来自问题中的输入样例恰好将单元 j 放置在平坦的区域,它们可能会非常接近于 0(在 sigmoid、softplus 和 tanh 函数的情况下)或正好为 0(在 ReLU 的情况下)。如果导数很小或为 0,这意味着修改与单位 j 相关的权重对其输出的影响可以忽略不计。这样的结果是,层数较多的深度网络可能会遭遇**梯度消失**(vanishing gradient)——误差信号通过网络进行反向传播时完全消失。21.3.3 节为此问题提供了一种解决方案。

我们已经展示了,在我们给出的简单网络示例中,梯度的表达式十分简单,它可以通过将信息从输出单元传回网络来计算。事实证明,这个特点是一般性的。事实上,正如我们将在 21.4.1 节中所述,任何前馈计算图的梯度计算与基本的计算图具有相同的结构。这个性质由微分法则直接保证。

我们已经介绍了梯度计算的烦琐细节,但不用担心:对于每一个新的网络结构,我们不需要重新推导式(21-4)和式(21-5)!所有这些梯度都可以通过**自动微分**(automatic differentiation)的方法进行计算,这一方法系统地应用微积分法则来计算任何数值程序的梯度。[①] 事实上,深度学习中的反向传播方法只是**反向模式**(reverse mode)微分的一种应用,它在网络输入多、输出相对较少的情况下应用由外而内的链式法则,并利用了动态规划的效率优势。

所有深度学习的主流软件包都提供了自动微分的功能,因此用户可以自由地试验不同的网络结构、激活函数、损失函数及其组合,而无须进行大量的微积分来推导每个实验的新学习算法。这引导了一种称为**端到端学习**(end-to-end learning)的方法,在这种方法中,机器翻译等任务的复杂计算系统可以由几个可训练的子系统组成;整个系统将以端到端的方式根据输入/输出对进行训练。使用这种方法,设计者只需对整个系统的结构有一个模糊的概念,无须预先确切地知道每个子系统应该做什么,或者如何对输入和输出进行标记。

21.2 深度学习的计算图

我们已经了解了深度学习的基本思想:将假设表示为具有可调整权重的计算图,并通过计算损失函数相对于这些权重的梯度来拟合训练数据。现在我们将考虑如何组成一个计算图。我们从输入层开始,在这里训练样例或测试样例 x 被编码为输入节点的值。然后我们考虑输出层,它将输出 $\hat{y}$ 与真值 y 进行比较,得到用于调整权重的学习信号。最后,我们考虑网络中的隐藏层。

---

① 自动微分方法最初是在 20 世纪 60 年代和 70 年代发展起来的,用于优化由大型复杂的 Fortran 程序定义的系统的参数。

21.2.1 输入编码

计算图的输入和输出节点是指与输入数据 x 和输出数据 y 直接连接的节点。输入数据的编码通常是直接的，至少对每个训练样本包含 n 个输入属性值的因子化数据来说是这样的。如果属性是布尔值，那么我们将有 n 个输入节点；通常，false 映射为输入 0，true 映射为输入 1，尽管有时也会使用 −1 和 +1。对于数值属性，无论是它是整数值还是实值，我们通常都按原样使用，尽管它们可能会被缩放到某个固定范围内；如果不同样例之间的数量级存在较大差别，那么可以将这些值映射到对数尺度下。

图像不太符合因子化数据的范畴。尽管包含 X 像素 $×Y$ 像素的 RGB 图像可以看作 $3XY$ 个整数值属性（通常取值范围为 $\{0, \cdots, 255\}$），但这将忽略 RGB 三元组属于图像中同一像素的事实，也忽略了像素之间的邻接关系十分重要这一事实。当然，我们可以将相邻的像素映射到网络中相邻的输入节点上，但是如果网络的内部各层完全连通，那么邻接关系将完全失去意义。实际上，用于图像数据的网络具有类似数组的内部结构，其目的是反映"邻接"这一含义。我们将在 21.3 节中更详细地看到这一点。

对于具有两个以上取值范围的类别属性（如第 19 章中餐厅等待问题中的 *Type* 属性，其值为 French、Italian、Thai 或 Burger），我们通常采用所谓的**独热编码**（one-hot encoding）对其进行编码。具有 d 个可能值的属性由 d 个独立的输入位表示。对任意给定的值，相应的输入位被设置为 1，剩下的其他位将被设置为 0。这通常比将其值映射到整数的效果更好。如果我们将 *Type* 这一属性表示为整数，那么 Thai 将为 3，Burger 将为 4。由于网络是连续函数的组合，因此它必然要注意数值的邻接关系，但在这种情况下，Thai 和 Burger 之间的数值邻接的实际意义微乎其微。

21.2.2 输出层与损失函数

在网络的输出端，将原始数据值编码为图输出节点的实际值 y 这一问题与输入编码问题大致相同。例如，如果网络试图预测第 12 章中的 *Weather* 变量，它的取值范围为 {sun, rain, cloud, snow}，那么我们将使用一个 4 位的独热编码。

我们已经花了一定篇幅考虑数据的标签 y，那么对于预测值 $\hat{y}$，我们希望它表现得如何呢？在理想情况下，我们希望预测值与我们希望的 y 值完全匹配，此时损失将为 0——我们就完成了学习任务。实际中这种情况很少发生，尤其是在我们开始调整权重之前！因此，我们需要思考不正确的输出值意味着什么，以及如何衡量损失。在推导式（21-4）和式（21-5）中的梯度时，我们采用了平方误差损失函数，这使得代数运算较为简洁，但这不是唯一的选择。事实上，在大多数深度学习实际应用中，更常见的做法是将输出值表述为概率，并使用**负对数似然**作为损失函数，就像我们在第 20 章中对**最大似然**学习所做的那样。

最大似然学习的目标是寻找使观测数据的概率最大化的 w。由于对数函数是单调函数，这等价于最大化数据的对数似然，因此也等价于最小化负对数似然，即损失函数。（回想在第 20 章中，取对数的做法使得概率的乘积变成求和，这更便于导数计算。）换句话说，我们希望找到使得 N 个样例的负对数似然之和最小化的 w^*：

$$w^* = \underset{w}{\text{argmin}} -\sum_{j=1}^{N} \log P_w(y_j \mid x_j) \tag{21-6}$$

在深度学习的相关文献中，最小化**交叉熵**（cross-entropy）损失是一种常见的方法。交叉熵，记为 $H(P,Q)$，是两个分布 P 和 Q 之间差异性的一种度量。[①] 它的一般性定义如下：

$$H(P,Q) = E_{z \sim P(z)}[\log Q(z)] = \int P(z) \log Q(z) dz \tag{21-7}$$

在机器学习中，我们通常取定义中的 P 为训练样例的真实分布 $P^*(x, y)$，并令 Q 为假设的预测 $P_w(y \mid x)$。通过调整 w 使交叉熵 $H(P^*(x, y), P_w(y \mid x))$ 最小化，从而使得假设预测的分布与真实分布尽可能接近。实际上，我们并不能成功地最小化该交叉熵，因为我们无法获得数据的真实分布 $P^*(x, y)$；但我们可以从 $P^*(x, y)$ 中采样以获得样本，因此式（21-6）中对实际数据的求和将近似于式（21-7）中的期望值。

为了最小化负对数似然（或交叉熵），我们需要将网络的输出表述为概率。例如，如果网络有一个激活函数为 sigmoid 的输出单元，并且它正在学习布尔分类，我们可以将输出值直接解释为样例属于正类的概率（事实上，这正是逻辑斯谛回归的做法，见 19.4 节）因此，对于布尔分类问题，我们通常在输出层使用 sigmoid 激活函数。

多分类问题在机器学习中非常常见。例如，用于对象识别的分类器通常需要识别成千上万个不同类别的对象。试图预测句子中下一个单词的自然语言模型可能需要在成千上万个可能的单词中进行选择。对于这种预测，我们需要网络输出一个关于分类的分布，也就是说，如果有 d 个可能的答案，那么我们需要 d 个表示概率且总和为 1 的输出节点。

为了实现这一点，我们将使用一个 **softmax** 层，对于一个给定的输入向量 $\boldsymbol{in} = \langle in_1, \cdots, in_d \rangle$，它将输出一个 d 维向量。其中输出向量的第 k 个元素由下式给出：

$$\text{softmax}(\boldsymbol{in})_k = \frac{e^{in_k}}{\sum_{k'=1}^{d} e^{in_{k'}}}$$

根据其函数构造方式可知，softmax 函数输出一个元素和为 1 的非负向量。通常，每个输出节点的输入 in_k 是前一层输出的加权线性和。由于采用了指数函数，softmax 层将放大输入之间的差异：例如，如果一个输入向量为 $\boldsymbol{in} = \langle 5, 2, 0, -2 \rangle$，那么其输出将为 $\langle 0.946, 0.047, 0.006, 0.001 \rangle$。尽管如此，softmax 与 max 函数不同，它是光滑可微的（习题 21.SOFG）。容易证明 sigmoid 是 $d = 2$ 情形下的 softmax（习题 21.SMSG）。换句话说，正如 sigmoid 单元通过网络传播二进制类（binary class）信息一样，softmax 单元将传播多类（multiclass）信息。

对于回归问题，即目标值 y 是连续值的问题，我们通常使用线性输出层（换句话说，$\hat{y}_j = in_j$，即没有任何激活函数 g），并将其解释为具有固定方差的高斯预测的平均值。正如我们在 20.2.4 节中指出的，最大化固定方差高斯分布的似然（最小化负对数似然）等价于最小化平方误差。因此，一个线性的输出层可以理解为经典的线性回归。该线性回归的输入特征是前一层的输出，它通常是原始输入在网络中经过多重非线性变换得到的结果。

还有许多可供选择的输出层。例如，混合密度（mixture density）层表示使用混合高斯分布的输出层（见 20.3.1 节以了解混合高斯的更多细节）。这样的输出层将预测每个混合成分的相对频率、每个成分的平均值和每个成分的方差。只要这些输出值被损失函数恰当地解释为真实输出值 y 的概率，那么在训练之后，网络将在由前一层给出的特征空间中拟合混合高斯模型。

21.2.3   隐藏层

在训练过程中，神经网络将被提供大量的输入值 x 和与输入相应的输出值 y。在处理输入

[①]   交叉熵不是一般意义下的距离，因为 $H(P, P)$ 不为零；相反，它等于熵 $H(P)$。我们容易证明有 $H(P, Q) = H(P) + D_{KL}(P\|Q)$，其中 D_{KL} 是库尔贝克-莱布勒散度（Kullback-Leibler divergence），它满足 $D_{KL}(P\|P) = 0$。因此，对于固定的 P，改变 Q 使得交叉熵达到最小等价于最小化 KL 散度。

向量 x 时，神经网络将执行若干次中间计算，最终输出 y。我们可以把网络每一层计算得到的值看作输入 x 的不同表示，那么每一层都将把前一层生成的表示转换为新的表示。如果这些转换都顺利进行，那么所有这些转换的组合将成功把输入转换为我们想要的输出。事实上，深度学习能达到很好效果的一个前提是有一个从输入到输出的复杂的端到端转换（例如，从图像输入到输出类别"长颈鹿"），它由许多层相对简单的转换组合组成，其中每一层都很容易通过局部更新学习。

在形成这些内部转换的过程中，深层网络经常可以发现一些有意义的数据的中间表示。例如，学习目标为识别图像中复杂对象的网络可能会形成一个用于检测有用子单元（如图像中的边、角、椭圆、眼睛、脸）的内部层。当然这种结果也不一定会发生——深度网络可能会形成一些内部层，其意义对人类来说是难以理解的，尽管它的输出仍然是正确的。

神经网络的隐藏层通常不如输出层那么多样化。在对多层网络研究的前 25 年中（约1985—2010 年），人们几乎只使用 sigmoid 和 tanh 作为内部节点的激活函数。2010 年前后，ReLU 和 softplus 逐渐变得流行，其中部分原因是人们认为它们可以避免 21.1.2 节中提到的梯度消失问题。一些在越来越深的网络中进行的实验表明，在许多情况下，如果权重总数固定，使用较深且相对较窄的网络通常比使用较浅且较宽的网络有更好的学习效果。21.5 节中的图21-7 给出了反映该现象的一个经典示例。

当然，除了考虑宽度和深度之外，计算图还需要考虑许多其他结构。在撰写本书时，人们对为什么某些结构似乎在某些特定问题上比其他结构工作得更好这一问题几乎还没有什么理解。实验者通常依赖于自身的经验，他们在关于如何设计网络以及在网络效果较差时如何修复网络等方面有一些直觉，就像厨师在如何设计食谱以及如何在味道不好时改善食品方面有一定的直觉一样。因此，一个有助于快速探索和评估不同结构的工具对解决实际问题至关重要。

21.3　卷积网络

我们在 21.2.1 节中提到，不能把图像简单看作输入为像素值的向量，其主要原因是像素之间的邻接关系非常重要。如果我们用完全连通的层构造网络并以一个图像作为输入，那么无论是用未受干扰的图像进行训练，还是用所有像素都经过多次随机排列的图像进行训练，我们都会得到相同的结果。此外，假设图像有 n 个像素输入且第一个隐藏层有 n 个单元。如果输入和第一个隐藏层完全连接，则意味着网络有 n^2 个权重；对于一个典型的百万像素 RGB 图像，它的权重将有 9 万亿个。如此庞大的参数空间意味着需要大量的训练图像和庞大的计算预算来运行训练算法。

这些层面的考虑提示我们应该这样构造第一个隐藏层：每个隐藏单元只接收来自图像的一个小局部区域的输入。这样的做法将一举两得。首先，它至少在局部上注重了邻接关系。（我们稍后将看到，如果后续层也具有相同的局部性，那么网络将在全局意义下注重邻接性。）其次，它减少了权重的数量：如果每个局部区域有 $l \ll n$ 个像素，那么权重的总数量将为 $ln \ll n^2$。

到目前为止我们对网络结构的构思还不错，但是我们忽略了图像的另一个重要性质：简单来说，任何在图像的一个小局部区域中可以检测到的物体（如眼睛或者一片草坪），如果它们出现在图像的另一个小局部区域内，那么从视觉上看它们将是一样的。换言之，我们希望网络在处理图像数据时，能在小尺度到中等尺度上表现出近似空间不变性（spatial invariance）[1]。

---

[1] 　类似的想法可以用于处理时序数据，例如音频波形。它们通常表现出**时间不变性**——一个单词无论在一天中任何时间说出来，它听上去都是一样的。循环神经网络（21.6 节）本身带有时间不变性。

我们不一定期望图像的上半部分与下半部分相似，因此存在一个尺度，一旦超过这个尺度，空间不变性就不再成立。

局部空间不变性可以通过将隐藏单元与一个局部区域的连接的 l 个权重限制为对于每个隐藏单元都相等来实现。（也就是说，对于隐藏单元 i 和 j，权重 $w_{1,i}, \cdots, w_{l,i}$ 与权重 $w_{1,j}, \cdots, w_{l,j}$ 相等）。这使得隐藏单元能成为特征检测器，且无论特征出现在图像中哪个位置都能被检测到。通常，我们希望第一个隐藏层能检测多种特征，而不仅仅是一种；因此，对于图像的每个局部区域，我们可能有 d 个具有不同权重集合的隐藏单元。这意味着权重的总数将有 dl 个，这个数字不仅远小于 n^2，而且实际上与图像大小 n 无关。因此，利用一些先验知识（邻接关系和空间不变性），我们可以设计出参数少得多、学习速度更快的模型。

卷积神经网络（convolutional neural network，CNN）是一种至少在较浅的层中包含空间局部连接的网络，并且在每一层中，单元之间权重是相同的。将多个局部区域内权重置为相同的权重模式称为**核**（kernel），将核应用于图像像素（或后续层中的空间上有序的单元）的过程称为卷积[①]。

核与卷积最简单的表达方式是用一维表示，而不是二维或更高维的表示，因此我们将假设输入向量 x 的大小为 n，它对应于一维图像中的 n 个像素，核向量 k 的大小为 l。（为了简单起见，我们令 l 为一个奇数。）所有的思想都容易直接推广到更高维的情况。

我们用符号 $*$ 表示卷积运算，例如 $z = x * k$。其运算定义如下：

$$z_i = \sum_{j=1}^{l} k_j x_{j+i-(l+1)/2} \qquad (21\text{-}8)$$

换句话说，第 i 个位置的输出为核 k 与 x 中以 x_i 为中心、宽度为 l 的片段的内积。

我们在图 21-4 中以核向量 $[+1, -1, +1]$ 为例对该过程作出说明，它的检测目标是一维图像中较暗的点（在二维情况中可能是较暗的线）。注意，在这个例子中，核的中心之间隔着 2 像素的距离；我们称核所用的**步长**（stride）$s = 2$。注意，输出层的像素相对较少：由于步长的存在，像素的数量从 n 减少到大约 n/s（在二维情况下，像素的数量大约为 $n/s_x s_y$，其中，s_x 和 s_y 分别代表图像在 x 方向和 y 方向上的步长）。我们之所以说"大约"，是因为图像在边缘处需要特别考虑：在图 21-4 中，卷积过程在图像边缘停止，但是我们也可以用额外的像素对输入进行扩充（可以是 0，也可以等于外部像素），这样一来，核就可以精确地被应用 $\lfloor n/s \rfloor$ 次。对于较小的核，我们通常采用 $s = 1$，因此输出将与图像具有相同的大小（见图 21-5）。

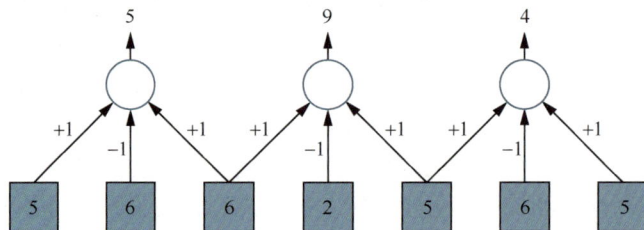

图 21-4   一维卷积运算的例子，其中核大小 $l = 3$，步长 $s = 2$。其中响应的峰值集中在较暗（光强较低）的输入像素上。在将结果输入下一个隐藏层之前，它们通常会经过一个非线性激活函数（未在图中给出）

[①] 在信号处理领域所用的术语中，我们称该运算为互相关，而不是卷积。但在神经网络领域中我们使用"卷积"一词。

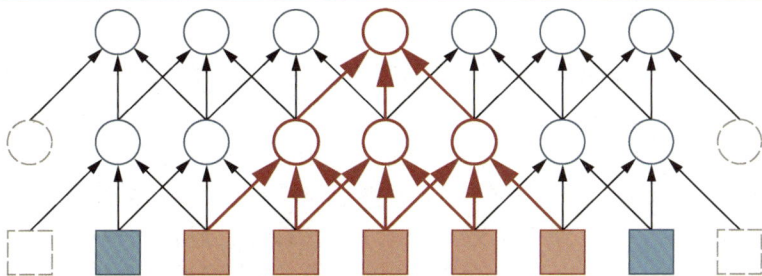

图 21-5　一个处理一维图像数据的卷积神经网络的前两层，其核大小 $l = 3$，步长 $s = 1$。最左侧与最右侧作了填充，以使隐藏层与输入有相同的大小。红色所标记的区域是第二层隐藏层中某个单元的感受野。一般来说，越深的单元其感受野的范围越大

利用一个具有合适的嵌套循环结构的程序，我们可以简单地实现核应用于图像的运算；同时，它也可以表述为单步矩阵运算，就像式（21-1）中权重矩阵的应用一样。例如，图 21-4 中所示的卷积操作可以看作如下的矩阵乘法：

$$\begin{pmatrix} +1 & -1 & +1 & 0 & 0 & 0 & 0 \\ 0 & 0 & +1 & -1 & +1 & 0 & 0 \\ 0 & 0 & 0 & 0 & +1 & -1 & +1 \end{pmatrix} \begin{pmatrix} 5 \\ 6 \\ 6 \\ 2 \\ 5 \\ 6 \\ 5 \end{pmatrix} = \begin{pmatrix} 5 \\ 9 \\ 4 \end{pmatrix} \tag{21-9}$$

在这个权重矩阵中，核出现在每一行，并按照步长相对于前一行进行移动，我们不必显式地构造权重矩阵（因为它大部分的位置为 0），但是卷积可以看作一个线性矩阵运算这一事实暗示我们，梯度下降可以简单且高效地应用于 CNN，就像它可以应用于普通的神经网络一样。

如前所述，我们将会有 d 个核，而不是只有一个；因此，当步长为 1 时，输出的大小将增大 d 倍。这意味着一个二维的输入数组将输出三维的隐藏单元数组，其中第三维的大小为 d。以这种方式对隐藏层进行组织是很重要的，这使得来自图像的某个特定位置的所有核输出都将与该位置相联系。但与表示图像的维度不同，这个额外的"核维度"没有任何邻接性质，因此对该维度应用卷积运算是没有意义的。

CNN 灵感最初来自于神经科学中提出的视觉皮层模型。在这些模型中，神经元的**感受野**（receptive field）是指感觉输入中能够影响神经元激活状态的部分。在一个卷积神经网络中，第一个隐藏层中一个单元的感受野会很小——恰好为核的大小，即 l 个像素。在网络的更深层中，一个单元的感受野会大得多。图 21-5 说明了第二个隐藏层中的一个单元的感受野，该单元的感受野包含 5 个像素。如图 21-5 所示，当步长为 1 时，第 m 个隐藏层中的节点的感受野大小将为 $(l-1)m$；因此，其增长速度关于 m 是线性的。（在二维图像中，每个维度的感受野都随 m 线性增长，因此，感受野面积的增长将是二次的。）当步长大于 1 时，第 m 层中的每个像素将表示第 $m-1$ 层中的 s 个像素；因此，感受野将以 $O(ls^m)$ 的速度增长，即与网络深度呈指数关系。池化层也会产生同样的效果，我们将在下面进行讨论。

21.3.1　池化与下采样

神经网络中的池化（pooling）层用一个值来提取前一层中的一组相邻单元的信息。与卷积层类似，池化层也有一个大小为 l，步长为 s 的核，但是它的运算方式是固定的，而不是学习得到的。通常来说，池化层不与激活函数相连接。它有两种常见的形式。

- 平均池化计算 l 个输入的平均值。这等价于采用一个均匀的核 $k = [1/l, \cdots, 1/l]$ 进行卷积。如果我们令 $l = s$，那么其效果将为粗化图像的分辨率——以 s 尺度进行下采样（downsample）。在池化之后，一个占用 $10s$ 个像素的对象将只占用 10 个像素。对于同一个学习得到的分类器，如果它能识别出原始图像中大小为 10 个像素的对象，那么它也将能识别出池化后的图像中的该对象，即使在原始图像中该对象因为太大而难以识别。换句话说，平均池化有助于多尺度下的识别。同时，它还降低了后续层中所需的权重数量，从而降低了计算成本并加快了学习速度。

- 最大池化计算 l 个输入的最大值。它同样可以单纯用于下采样，但它在语义上与平均池化有一些不同。现在假设我们将最大池化用于图 21-4 中的隐藏层 [5, 9, 4]：其结果将为 9，这说明，在输入图像中，该核所检测的区域内存在一个较暗的点。换句话说，最大池化实现的是逻辑析取的运算，表明该单元的感受野内存在某个特征。

如果我们的目标是将图像归类为 c 类中的一类，那么网络的最后一层将是具有 c 个输出单元的 softmax。卷积神经网络的浅层的大小通常与图像大小相近，所以在浅层与输出层之间必然存在某些层，这些层使得层的大小显著下降。步长大于 1 的卷积层和池化层都能实现减小层的大小的效果。我们也可以通过使用一个输出单元比输入单元少的全连接层来实现层的大小的缩减。通常，在卷积神经网络最后的 softmax 层之前都会有一个到两个这样的层。

21.3.2　卷积神经网络的张量运算

我们已经在式（21-1）与式（21-3）中注意到，矩阵与向量的表示有助于保持数学推导的简洁与优雅，而且能提供关于计算图的简明描述。向量和矩阵是张量（tensor）在一维和二维情况下的特例，在深度学习术语中，张量可以是任意多维的数组。[①]

对于卷积神经网络，张量是一种跟踪数据在网络各层传输过程中的"形状"的表示方法。这一点很重要，因为卷积的概念依赖于邻接的概念：我们假定了相邻的数据是语义相关的，因此将张量运算用于数据的局部区域是有意义的。此外，利用适当的语言构造张量并应用算子，可以将神经网络的每一层简洁地描述为张量输入到张量输出的映射。

将卷积神经网络描述为张量运算的最后一个原因是出于对计算效率的考虑：如果将一个网络表述为张量运算的序列，那么深度学习软件包能生成底层计算结构高度优化的编译代码。深度学习的程序通常在 GPU（图形处理器）或 TPU（张量处理器）上运行，这使得高度并行运算成为可能。例如，谷歌研发的第三代 TPU pods 的计算能力相当于一千万台笔记本计算机。如果你要使用一个较大的数据集训练一个较大的卷积神经网络，那么利用这些能力至关重要。因此，我们每次运算通常会同时处理一批图像，而不是每次处理一个图像；这也与随机梯度下降算法每次计算关于小批量训练样例的梯度的方式相吻合，正如我们将在 21.4 节中看到的那样。

让我们用一个示例来说明这些特点。假设我们将使用 256 像素×256 像素的 RGB 图

---

① 要给张量一个合适的数学定义，要求张量在基变换下有一定的不变性。

像进行训练，每个批量的大小为 64。在这种情况下，输入将是一个四维张量，其大小为 $256 \times 256 \times 3 \times 64$。接着我们使用 96 个大小为 $5 \times 5 \times 3$ 的核对其进行处理，其中 x 方向和 y 方向上的步长均为 2。这使得输出张量的大小为 $128 \times 128 \times 96 \times 64$。我们通常称这样的张量为**特征映射**（feature map），因为它所给出的是核在整个图像上提取出的特征。在该例中，它由 96 个**通道**组成，其中每个通道携带一个特征的信息。注意，和输入张量不同，该特征映射不再拥有专门的颜色通道；尽管如此，如果学习算法发现颜色对于网络最终的预测有帮助，它仍可能出现在各个特征通道中。

21.3.3　残差网络

残差网络（residual network）是用来构造深层网络且同时避免梯度消失问题的一种流行且成功的方法。

典型的深层模型采用的层使用第 $i-1$ 层的全部特征表示来学习第 i 层的新的表示。利用我们在式（21-3）中介绍的矩阵与向量的表示形式，并记 $z^{(i)}$ 为第 i 层的单元的值，那么我们有

$$z^{(i)} = f(z^{(i-1)}) = g^{(i)}(W^{(i)}z^{(i-1)})$$

由于网络的每一层将前一层的表示完全取代，所以每一层所做的操作必须有意义。每一层必须至少保留前一层中所包含的与任务相关的信息。如果我们将任意某一层 i 的权重置为零，即 $W^{(i)} = 0$，那么整个网络将无法工作。如果我们同时令 $W^{(i-1)} = 0$，网络甚至无法学习：第 i 层无法学习是因为它接收到的来自第 $i-1$ 层的输入没有任何差异性，第 $i-1$ 层无法学习是因为在梯度的反向传播过程中，来自第 i 层的梯度始终为零。当然，这些是比较极端的例子，但是它们说明了隐藏层作为网络信号传输的中间过程，应当满足一定要求。

残差网络的核心思想在于，它认为每一层应当对前一层的表示进行扰动，而不是完全替换它。如果学习到的扰动较小，那么后一层的输出将接近于前一层的输出。这样的想法可以由如下的第 i 层关于第 $i-1$ 层的式子表述：

$$z^{(i)} = g_r^{(i)}(z^{(i-1)} + f(z^{(i-1)})) \tag{21-10}$$

其中 g_r 表示残差层的激活函数。这里我们把 f 看作**残差**，它对从第 $i-1$ 层传递到第 i 层的默认信息进行扰动。我们通常选择带有一个非线性层与一个线性层的神经网络作为计算残差的函数：

$$f(z) = Vg(Wz)$$

其中 W 和 V 为学习到的带一般偏差权重的权重矩阵。

残差网络使得有效地学习一个极度深层的网络成为可能。考虑一下，如果我们将某一层置为 $V = 0$ 以使该层失效会发生什么。那么残差 f 将会消失，式（21-10）将被化简为

$$z^{(i)} = g_r(z^{(i-1)})$$

现在我们假设 g_r 由 ReLU 激活函数构成，$z^{(i-1)}$ 同样也为关于其输入的 ReLU 函数：$z^{(i-1)} = \text{ReLU}(in^{(i-1)})$。在这种情况下，我们有

$$z^{(i)} = g_r(z^{(i-1)}) = \text{ReLU}(z^{(i-1)}) = \text{ReLU}(\text{ReLU}(in^{(i-1)})) = \text{ReLU}(in^{(i-1)}) = z^{(i-1)}$$

其中倒数第二步成立是因为 $\text{ReLU}(\text{ReLU}(x)) = \text{ReLU}(x)$。换句话说，在以 ReLU 为激活函数的残差网络中，一个权重为零的层将仅仅把它的输入原封不动地输出。网络的其他部分可以认为这一层不存在。对于残差网络，传递信息是其固有的特征，然而传统的网络必须学习如何

传递信息，并且可能会因为参数选取不当从而导致灾难性的失败。

残差网络通常与卷积层一起用于视觉应用，但事实上，残差网络是一种通用的网络结构，它使深度网络更加健壮，并使研究人员能够更自由地设计复杂和异构的网络并进行实验。在撰写本书时，层数达数百层的残差网络已经不罕见了。这类网络的设计正在迅速发展，因此即使我们可以对其提供某些额外的细节描述，它们在本书出版印刷之前可能就已经过时了。如果读者希望了解特定应用场景下的最佳网络架构，建议查阅最近的研究出版物。

21.4　学习算法

神经网络的训练意味着调整网络的参数以使训练集上的损失函数达到最小。原则上，任何优化算法都可以应用其中。但在实际应用中，现代神经网络几乎都采用随机梯度下降（SGD）或其一些变种进行训练。

我们在 19.6.2 节中介绍了标准梯度下降及其随机版本。在此，我们的目标是最小化损失函数 $L(w)$，其中 w 表示网络的所有参数。梯度下降的每一步更新有如下形式：

$$w \leftarrow w - \alpha \nabla_w L(w)$$

其中 α 为学习率。对于标准梯度下降，损失函数 L 的定义是关于整个训练集的。对于 SGD，它在每次更新中只考虑随机选取 m 个样例的小批量。

正如我们在 4.2 节中所述，关于高维连续空间优化方法的文献有很多，其中包括大量对标准梯度下降算法的改进。我们在此不一一探讨，但其中有一些与训练神经网络高度相关的想法是值得一提的。

- 大多数用于解决实际问题的神经网络，其权重 w 的维度非常高，训练集也非常巨大。这些难点迫使我们使用批量大小 m 相对较小的 SGD：随机性有助于算法摆脱高维权重空间中的局部极小值（就像模拟退火那样，见 4.1 节）；而且小批量保证了每一步权重更新的计算成本都是一个较小的常数，且它与训练集的大小无关。

- 由于 SGD 的批量中每个训练样例对梯度的贡献可以独立计算，因此批量大小通常选取能最大限度地利用 GPU 或 TPU 硬件的并行能力的大小。

- 为了改进收敛效果，一个常用的好方法是选择一个随时间逐步减小的学习率。选择一个合适的学习率时间表通常需要经过实验与试错。

- 在接近损失函数的局部极小值或全局极小值时，小批量的梯度会消失，但通常伴随着较大的方差，这导致梯度指向完全错误的方向，致使收敛变得困难。这个问题的一个解决方法是在训练的过程中增大批量大小，另一个解决方法则是利用**动量**（momentum）的思想，它保留之前批量的平均梯度以弥补批量较小的不足。

- 必须注意处理可能由溢出、下溢和舍入误差而产生的数值不稳定性。在 softmax、sigmoid 和 tanh 激活函数的指数运算中，以及在使用非常深的网络和循环网络（21.6 节）进行迭代计算时（导致激活或梯度的消失或爆炸），这些问题尤其严重。

总的来说，网络权重的学习过程通常是一个收益递减的过程。我们将一直运行算法，直到测试误差不再随着时间的增加而减少。一般来说，这并不意味着我们已经达到了损失函数的全局极小值或局部极小值。相反，这意味着，要继续降低损失就不得不采用非常小的步长以及不切实际的大量步骤，意味着额外的步骤只会导致过拟合，或者意味着梯度的估计太不准确以至于无法取得进一步的进展。

21.4.1 计算图中的梯度计算

在 21.1.2 节中，我们推导了某个特定（非常简单的）网络中损失函数关于权重的梯度。我们观察到，梯度可以通过将误差信息从网络的输出层反向传播到隐藏层来计算。我们还认为，这个结果适用于任何一般的前馈计算图。在本节中，我们将解释它是如何运作的。

图 21-6 给出了计算图中的一个一般中间节点。（节点 h 的入度和出度均为 2，这与分析过程无关。）在向前传递过程中，节点根据来自节点 f 和 g 的输入计算某任意函数 h。反过来，节点 h 将其值传递给节点 j 和 k。

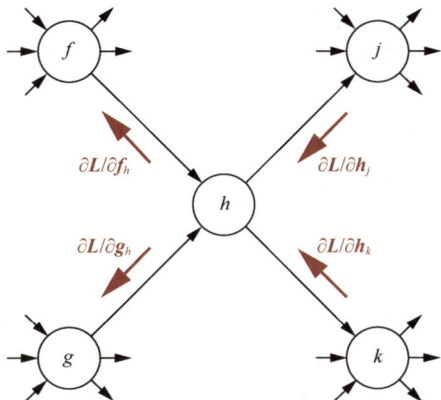

图 21-6　任意计算图中梯度信息反向传播的图示。网络输出的前向计算从左到右进行，梯度的反向传播从右到左进行

反向传播过程将消息沿着网络中的每个连接传回。在每个节点上，传入的消息将被收集起来，并在计算后将新消息传递给下一层。如图 21-6 所示，这些消息均为损失函数 L 的偏导数。例如，后向消息 $\partial L / \partial h_j$ 为损失函数 L 关于 j 的第一个输入（从 h 到 j 的前向消息）的偏导数。现在，节点 h 通过节点 j 和节点 k 对损失函数 L 产生影响，因此我们有

$$\partial L / \partial h = \partial L / \partial h_j + \partial L / \partial h_k \tag{21-11}$$

利用式（21-11），节点 h 可以收集来自节点 j 和节点 k 的传入消息并计算损失函数 L 关于 h 的导数。现在，为计算传出消息 $\partial L / \partial f_h$ 与 $\partial L / \partial g_h$，我们需要用到

$$\frac{\partial L}{\partial f_h} = \frac{\partial L}{\partial h}\frac{\partial h}{\partial f_h} \text{ 和 } \frac{\partial L}{\partial g_h} = \frac{\partial L}{\partial h}\frac{\partial h}{\partial g_h} \tag{21-12}$$

在式（21-12）中，$\partial L / \partial h$ 已通过式（21-11）计算得到，且 $\partial h / \partial f_h$ 与 $\partial h / \partial g_h$ 恰好分别是 h 关于第一个参数与第二个参数的导数。举例来说，如果 h 是一个乘法节点（$h(f, g) = f \cdot g$），那么将有 $\partial h / \partial f_h = g$ 与 $\partial h / \partial g_h = f$。深度学习的软件包通常都带有节点类型（加法、乘法、sigmoid 等）的库，对于每个类型的节点，软件都知道如何根据式（21-12）的要求计算自己的导数。

反向传播的过程从输出节点出发，其中每个初始消息 $\partial L / \partial \hat{y}_i$ 是根据预测值 $\hat{\mathbf{y}}$ 和训练数据中的真实值 $\mathbf{y}$ 直接从 L 的表达式计算得到的。在每个内部节点，传入的后向消息将根据式（21-11）进行求和，传出消息将根据式（21-12）得到。在该计算图中的每个代表权重 w 的节点处，该过程都将终止（例如，图 21-3b 中的淡紫色椭圆）。此时，关于 w 的传入消息的总和即为 $\partial L / \partial w$——恰好是我们更新 w 所需的梯度。习题 21.BPRE 要求将此过程应用于图 21-3 中的简单网络，以重新推导式（21-4）和式（21-5）中的梯度表达式。

卷积网络（21.3 节）和循环网络（21.6 节）中所使用的权重共享通过将每个共享权重的节点视为计算图中具有多重输出的单个节点来实现。在反向传播过程中，这将导致有多重的传入梯度消息。根据式（21-11），这意味着关于被共享的权重的梯度是网络中相关联的每个位置的梯度贡献的总和。

从对反向传播过程的描述中，我们可以清楚地看出，它的计算代价与计算图中的节点数呈线性关系，这与前向计算的代价是一样的。此外，由于网络在完成设计之后，节点的类型通常已经固定，因此所有的梯度计算都可以预先以符号形式准备好，并针对图中的每个节点编译成高效的代码。注意，图 21-6 中的消息不必是标量，它们可以是向量、矩阵或更高维的张量，这样梯度计算就可以被安排到 GPU 或 TPU 上，以利用其并行计算能力。

反向传播的一个缺点是，它需要存储正向传播期间所计算的大部分中间值，以便计算反向传播中的梯度。这意味着训练网络的总内存开销与整个网络中的单元数成正比。因此，尽管网络本身可以仅用具有大量循环的代码隐式地表示，而不需要根据数据的结构显式地表示，但反向传播的代码仍要求显式地存储所有的中间结果。

21.4.2　批量归一化

批量归一化（batch normalization）是一种常用的技巧，它通过对每个小批量样例在网络内部层生成的值进行重新缩放来提高 SGD 的收敛速度。尽管在撰写本书时，人们对它能发挥有效作用的原因还没有清晰的理解，但鉴于它在实践中带来了巨大的优势，我们将对它的讨论囊括在本书中。在某种程度上，批量归一化的效果似乎与残差网络的效果相似。

考虑网络中的某个节点 z，节点 z 关于其中 m 个样例的输出值为 $z_1, \cdots, z_m$。批量归一化将每一个 z_i 替换为一个新的值 $\hat{z}_i$：

$$\hat{z}_i = \gamma \frac{z_i - \mu}{\sqrt{\varepsilon + \sigma^2}} + \beta$$

其中 μ 是小批量中的 z 的均值，σ 是 $z_1, \cdots, z_m$ 的标准差，ε 是一个用于防止除法中分母为零的较小的常数，γ 以及 β 是可学习的参数。

批量归一化根据 β 和 γ 值，对中间量的均值和方差进行归一化。这使得训练一个深层网络变得简单得多。如果某一层的权重非常小，并且该层的标准差减小至接近 0，那么如果没有批量归一化，该层的信息就会丢失。批量归一化可以防止这种情况的发生，也使得人们不必对网络中所有权重进行仔细地初始化，就可以确保每一层中的节点处于使得信息能够顺利传播的合适范围。

为了引入批量归一化，我们通常在网络参数中引入参数 β 与 γ，它们可以关于每个节点是特定的，或者关于层是特定的，如此一来它们也将被包括在学习过程中。在训练完成后，β 与 γ 将被固定为它们所学习到的值。

21.5　泛化

到目前为止，我们已经描述了如何利用神经网络拟合某个训练集，但是在机器学习中，我们的目标是将模型推广到以前没有见过的新数据上，这一能力可以通过模型在测试集上的性能进行度量。在本节中，我们将重点介绍 3 种提高泛化性能的方法：选择正确的网络架构、对较大的权重进行惩罚以及在训练过程中对通过网络的值进行随机扰动。

21.5.1 选择正确的网络架构

在深度学习的研究中,有大量工作的内容是寻找一个泛化能力强的网络架构。事实上,对于每种特定类型的数据(图像、语音、文本、视频等),搜索不同的网络架构,以及改变层数、连通性、每层中节点的类型等方法已经使得网络在这些数据上的表现取得了巨大的进步。[①]

一些神经网络架构被显式设计成对特定类型数据具有较好的泛化性能:卷积网络所编码的思想为,相同的特征提取器在空间网格中的所有位置都适用;而循环网络所编码的思想为,相同的更新规则在时序数据流中的所有位置都适用。在这些假设成立的前提下,我们预期卷积架构在图像问题上有更好的泛化性能,循环网络在处理文本和音频信号时有更好的泛化性能。

深度学习领域中最重要的经验性研究结果之一是,当两个网络的权重数量接近时,更深的网络通常具有更好的泛化性能。图 21-7 在一个简单的实际应用——门牌识别中验证了这个效应。结果表明,对于任意的固定数量的参数,11 层网络的测试集误差总是比 3 层网络的测试集误差小得多。

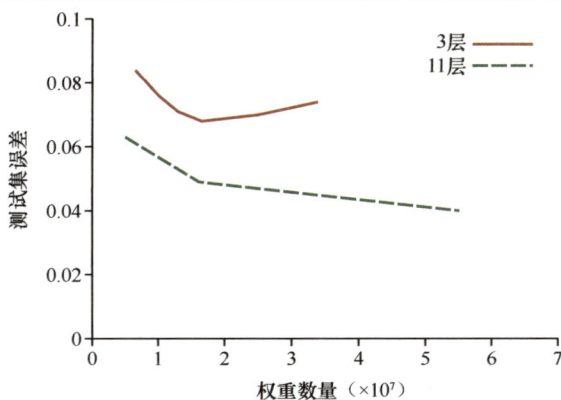

图 21-7 3 层和 11 层卷积网络的测试集误差与层的宽度(权重的总数)的关系。图中使用的数据来源于早期版本的谷歌系统,该系统用于把街景车所拍摄的照片中的地址进行转录(Goodfellow *et al.*, 2014)

深度学习系统在某些任务上表现良好,但并非对所有任务都如此。对于具有高维输入的图像、视频、语音信号等任务,它们的性能优于任何其他纯粹的机器学习方法。第 19 章中描述的大多数算法所能处理的高维输入仅限于特征通过人工设计的预处理方法降低维数的情况。这种预处理方法在 2010 年之前盛行,但它的表现与深度学习系统的表现没有可比性。

显然,深度学习模型捕捉到了关于这些任务的一些重要信息。特别地,深度学习方法的成功意味着这些任务可以通过步数相对较少($10 \sim 10^3$ 步,而不是 10^7 步)的并行程序来解决。这也许并不奇怪,因为这些任务对大脑来说通常可以在不到 1 秒的时间内完成,1 秒对于几十次连续的神经元放电活动是足够的。此外,通过观察深度卷积网络在视觉任务中所学习到的中间层表示,我们发现网络处理图像的过程可以视为提取场景中的一系列越来越抽象的表示的过程,这一过程从细小的边、点以及角的特征开始,到整个对象和多个对象的排列结束。

另外,因为深度学习模型是简单的电路,它们缺乏我们在一阶逻辑(第 8 章)和上下文无

---

① 注意,这类渐进的、探索性的工作大部分是由研究生完成,因此一些人也将该过程称为**研究生下降**(graduate student descent,GSD)。

关语法（第 23 章）中看到的组合与量化表达能力。

虽然深度学习模型在很多情况下都有很好的泛化能力，但也可能产生某些不直观的错误。它们倾向于产生不连续的输入-输出映射，因此对输入的一个小幅度扰动可能导致输出产生一个较大的扰动。例如，仅改变某个"狗"的图像中的几个像素，就使网络将该"狗"分类为鸵鸟或校车是可能的，尽管改变后的图像看起来仍很像一只狗。这种改变后得到的图像被称为**对抗样例**（adversarial example）。

在低维空间寻找对抗样例较为困难。但是对于具有百万像素值的图像，通常情况下，即使大部分像素有助于将图像分类在空间中属于"狗"的区域，仍有一些维度的像素值的位置接近于"狗"与另一个类别的分类边界。一个有能力对网络进行反向工程的对抗机制可以找到使图像越过分类边界的最小向量。

对抗样例的首次发现引出了两个广阔的研究方向：一个是寻找不易受到对抗性攻击的学习算法和网络架构，另一个是对各种学习系统进行更有效的对抗性攻击。到目前为止，攻击者似乎占据优势。事实上，虽然我们最初假设人们需要访问经过训练的网络的内部，以便专门为该网络构造一个对抗样例，但事实证明，人们可以构造出具有健壮性的对抗样例，它能误导拥有不同的架构、超参数以及训练过程的网络。这些现象表明，深度学习模型识别物体的方式与人类视觉系统的工作方式截然不同。

21.5.2　神经架构搜索

遗憾的是，我们还没有一套明确的指导方针来帮助你为特定问题选择最佳的网络架构。成功部署深度学习解决方案需要经验和良好的判断力。

从最早期的神经网络研究开始，人们就尝试将架构选择的过程自动化。我们可以将其视为超参数优化（19.4.4 节），其中超参数决定网络的深度、宽度、连接性和其他特征。然而，要做的选择太多了，像网格搜索这样的简单方法不能在合理的时间内考虑所有的可能性。

因此，我们通常使用**神经架构搜索**（neural architecture search）来探索可能的网络架构的状态空间。本书前面介绍的许多搜索技术和学习技术也已经应用于神经架构搜索。

进化算法一直以来较为盛行，这是因为它既可以对网络进行重组（将两个网络的一部分连接在一起），也可以进行变异（添加或移除一层或更改一个参数值）。爬山算法也可以与变异操作一起使用。一些研究者将这个问题归为强化学习问题，一些研究者将其归结为贝叶斯优化问题。另一种可能的做法是将架构的概率视为连续可微空间，并使用梯度下降来寻找局部最优解。

对于所有这些搜索方法，一个主要的困难是估计候选网络的价值。评估架构的一种直接的方法是在多批量的测试集上对其进行训练，并在验证集上评估其准确性。但对于大型网络，这一过程可能需要在 GPU 上运行很多天。

因此，有许多方法试图通过去除或至少减少昂贵的训练过程来加速该评估过程。我们可以在更小的数据集上训练。我们也可以针对少量批次进行训练，并预测随着更多批次训练，网络表现将如何改进。我们可以使用简化版的网络架构，同时希望保留完整网络的性质。我们还可以训练一个大的网络，然后搜索网络中性能更好的子图，这种搜索可以很快进行，因为子图将共享参数，且不必重新训练。

另一种方法是学习一个启发式评价函数（就像我们在 A* 搜索中所做的那样）。也就是说，从选择几百种网络架构开始，并对它们进行训练和评估。这给了我们一组 (网络, 分数) 数据对。然后我们将学习从网络特征到预测分数的映射。这时，我们可以生成大量的候选网络，并快速估计它们的价值。在搜索完整个网络空间之后，我们可以用完整的训练过程对最佳网络进行全面的评估。

21.5.3 权重衰减

在 19.4.3 节中，我们看到**正则化**（限制模型的复杂性）有助于泛化，它在深度学习模型中也能发挥作用。在神经网络领域中，我们通常称这种方法为**权重衰减**（weight decay）。

权重衰减的方式包括对用于训练神经网络的损失函数添加惩罚项 $\lambda \sum_{i,j} W_{i,j}^2$，其中，$\lambda$ 是控制惩罚强度的超参数，求和是对网络中的所有权重进行的。使用 $\lambda = 0$ 相当于不采用权重衰减，而使用更大的 λ 意味着鼓励权重减小。通常使用的权重衰减系数 λ 接近 10^{-4}。

选择一个特定的网络架构可以看作对假设空间的一个绝对约束：一个函数要么在该架构中是可表示的，要么不是。损失函数惩罚项（如权重衰减）提供了一个更宽松的约束：用较大权重表示的函数也属于函数族，但训练集必须提供更多倾向于选择这些函数而不是选择小权重函数的证据。

要解释神经网络中权重衰减的作用并不容易。在采用 sigmoid 作为激活函数的网络中，我们通常假设权重衰减有助于使激活保持在 sigmoid 的线性部分附近，从而避免参数陷入可能导致梯度消失的平坦区域。对于 ReLU 激活函数，权重衰减似乎也是有帮助的，但是权重衰减在 sigmoid 情境下有意义的解释似乎不再适用该场景，因为 ReLU 的输出要么是线性的，要么是零。此外，对于残差连接，权重衰减鼓励网络在相邻层之间具有较小的差异，而不是较小的权重绝对值。尽管在许多架构中，权重衰减的表现存在差异，但权重衰减仍然应用广泛且十分有效。

对权重衰减的有利作用的一种解释是，它实现了一种最大后验（MAP）学习（见 20.1 节）。令 X 和 y 为代表整个训练集的输入和输出，最大后验假设 h_{MAP} 满足

$$
\begin{aligned}
h_{\text{MAP}} &= \underset{w}{\text{argmax}} \, P(y \mid X, W) P(W) \\
&= \underset{w}{\text{argmin}} \, [-\log P(y \mid X, W) - \log P(W)]
\end{aligned}
$$

其中第一项是一般的交叉熵损失；第二项倾向于选择先验分布下可能性较高的权重。如果我们令

$$
\log P(W) = -\lambda \sum_{i,j} W_{i,j}^2
$$

这意味着 $P(W)$ 是一个零均值高斯先验。

21.5.4 暂退法

另一种通过干预网络以减少测试集误差的方法是**暂退法**（dropout），其代价是使得网络更难拟合训练集。在训练的每一步中，暂退法都会随机选择单元的子集并令其停用，从而创建一个新网络，并在新网络中应用一步反向传播学习。这是训练一个大规模集成网络的粗略和低成本的近似方法（见 19.8 节）。

更具体地说，假设我们所使用的是批量大小为 m 的随机梯度下降。对于每个批量，暂退算法将以下过程应用于网络的每个节点：每个单元的输出以概率 p 乘以因子 $1/p$；否则，该单元的输出将固定为零。暂退法通常应用于隐藏层，且采用 $p = 0.5$；对于输入单元，通常 $p = 0.8$ 效果最好。这个过程将产生一个单元数量接近原网络一半的简化网络，并应用批量大小为 m 的训练样例在该网络上进行反向传播。该过程将以这样的方式不断进行，直到训练完成。在测

试阶段，模型将不采用暂退法。

我们可以从以下几个角度看待暂退法。

- 通过在训练时引入噪声，这将迫使模型对噪声具有健壮性。
- 如上所述，暂退法近似了精简网络的大规模集成。对于线性模型，这一说法可以被严格解析验证，而对于深度学习模型，这一说法在实验上是成立的。
- 通过暂退法训练得到的隐藏单元必须学会成为有用的隐藏单元；它们还必须学会与众多其他可能的隐藏单元集合相兼容，这些隐藏单元集合可能包含在完整模型中，也可能不包含在完整模型中。这类似于自然选择对基因进化的指导过程：每个基因不仅本身能发挥有效功能，而且必须与其他基因协同工作，这些基因在未来生物体中的作用可能会有很大差异。
- 暂退法应用于深度网络靠后的层中，这迫使模型做出的最终决策更加健壮，这是因为网络将更加关注样例所有的抽象特征，而不是只关注其中一个而忽略其他特征。例如，用于分辨动物图像的分类器可能仅通过观察动物的鼻子就能够在训练集上获得高性能，但是在鼻子被遮挡或损坏的测试样本上，该分类器可能会失效。在使用了暂退法的情况下，会出现内层中代表"鼻子"的单元全部被置为零的训练情况，这会迫使学习过程找到另外的识别特征。注意，试图通过向输入数据添加噪声来实现相同程度的健壮性将是困难的：没有简单的方法可以提前知道网络将关注"鼻子"，也没有简单的方法可以自动地从每个图像中删除"鼻子"。

总的来说，暂退法迫使模型为每一个输入学习多个健壮的解释。这使得模型具有很好的泛化能力，但也使其更难拟合训练集，因此通常需要使用更大的模型并对其进行更多次的迭代训练。

21.6　循环神经网络

循环神经网络（recurrent neural network，RNN）不同于前馈网络，因为它允许计算图中存在环。在我们接下来将考虑的所有情况中，每个环都将有一个延迟，使得单元可以把在较早的时间步中所得的输出作为输入。（在没有延迟的情况下，循环电路可能会达到不一致的状态。）这使得 RNN 具有内部状态或记忆（memory）：在较早时间步中接收的输入会影响 RNN 对当前输入的响应。

RNN 也可用于执行更一般的计算（毕竟，普通的计算机就是具有记忆的布尔电路），并用于对真实的神经系统建模，其中许多系统都包含循环连接。在这里，我们将着重讨论如何使用 RNN 来分析时序数据，其中我们假设在每个时间步，有一个新的输入向量 x_t 到达。

作为分析时序数据的工具，RNN 可以与第 14 章中介绍的隐马尔可夫模型、动态贝叶斯网络和卡尔曼滤波器进行比较（在继续阅读本章内容之前，回顾这一章的内容可能对读者很有帮助）。与这些模型一样，RNN 中也存在**马尔可夫假设**（见 14.1 节）：网络的隐藏状态 z_t 足以捕获所有先前输入的信息。此外，我们假设可以利用函数 $z_t = f_w(z_{t-1}, x_t)$ 来描述 RNN 对隐藏状态的更新过程，其中 f_w 为某个参数化的函数。一旦经过训练，这个函数将表示一个关于时间齐次的过程（14.1 节）——实际上是一个普适的量化表述，由 f_w 表示的动态过程将适用于所有时间步。因此，与前馈网络相比，RNN 有了更强的表达能力，正如卷积网络一样，也正如动态贝叶斯网络比常规的贝叶斯网络有了更强的表达能力。事实上，如果你试图使用前馈网络来分析时序数据，那么输入层的固定大小将迫使网络仅收集到有限长度的窗口的数据，在这种情况下，网络将无法检测到数据中的长距离依赖关系。

21.6.1　训练基本的循环神经网络

我们将考虑一个基本的 RNN 模型，它有一个输入层 x、一个具有循环连接的隐藏层 z 和一个输出层 y，如图 21-8a 所示。假设在每个时间步中，我们都观测到训练数据 x 和 y。以下等式定义的模型给出了时间步 t 的变量值：

$$z_t = f_w(z_{t-1}, x_t) = g_z(W_{z,z}z_{t-1} + W_{x,z}x_t) \equiv g_z(in_{z,t})$$
$$\hat{y}_t = g_y(W_{z,y}z_t) \equiv g_y(in_{y,t}) \tag{21-13}$$

其中 g_z 和 g_y 分别表示隐藏层和输出层的激活函数。一般地，我们假设每个单元有一个固定为 +1 的额外的虚拟输入，以及一个与该输入相关联的权重。

给定一系列输入向量 $x_1, \cdots, x_T$，以及观测到的输出 $y_1, \cdots, y_T$，我们可以通过对网络进行 T 步 "展开" 来将模型转换为前馈网络，如图 21-8b 所示。注意，权重矩阵 $W_{x,z}$、$W_{z,z}$ 和 $W_{z,y}$ 在所有的时间步中是共享的。容易看出，在展开的网络中，我们可以用一般的方法计算梯度来训练权重；唯一的区别是，层与层之间权重共享使得梯度计算稍微复杂一些。

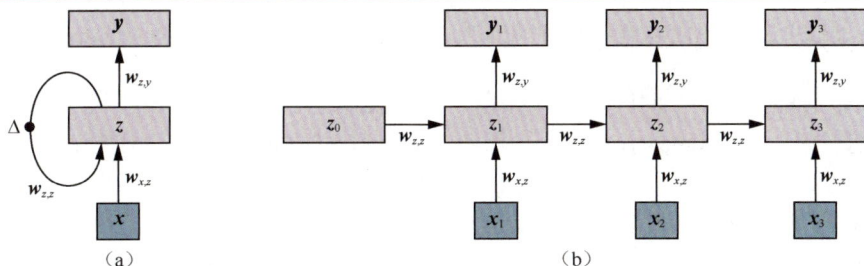

图 21-8　（a）基本的 RNN 模型的示意图，其中隐藏层 z 具有循环连接，符号 Δ 表示延迟。（b）同一网络在 3 个时间步上展开以创建前馈网络。注意，权重在所有时间步中是共享的

为了使计算式简洁，我们将给出一个只有一个输入单元、一个隐藏单元和一个输出单元的 RNN 的梯度计算。在这种情况下，我们显式地写出偏差项，则有 $z_t = g_z(w_{z,z}z_{t-1} + w_{x,z}x_t + w_{0,z})$ 与 $\hat{y}_t = g_y(w_{z,y}z_t + w_{0,y})$。如式（21-4）和式（21-5）所示，我们将假设损失函数为平方误差损失 L——如此一来，我们只需对各个时间步求和。输入层和输出层权重 $w_{x,z}$ 和 $w_{z,y}$ 的推导与式（21-4）基本相同，我们将其留作习题。对于隐藏层权重 $w_{z,z}$，其前几个步骤也与式（21-4）的推导模式相同：

$$\begin{aligned}
\frac{\partial L}{\partial w_{z,z}} &= \frac{\partial}{\partial w_{z,z}} \sum_{t=1}^{T}(y_t - \hat{y}_t)^2 = \sum_{t=1}^{T} -2(y_t - \hat{y}_t)\frac{\partial \hat{y}_t}{\partial w_{z,z}} \\
&= \sum_{t=1}^{T} -2(y_t - \hat{y}_t)\frac{\partial}{\partial w_{z,z}}g_y(in_{y,t}) = \sum_{t=1}^{T} -2(y_t - \hat{y}_t)g_y'(in_{y,t})\frac{\partial}{\partial w_{z,z}}in_{y,t} \\
&= \sum_{t=1}^{T} -2(y_t - \hat{y}_t)g_y'(in_{y,t})\frac{\partial}{\partial w_{z,z}}(w_{z,y}z_t + w_{0,y}) \\
&= \sum_{t=1}^{T} -2(y_t - \hat{y}_t)g_y'(in_{y,t})w_{z,y}\frac{\partial z_t}{\partial w_{z,z}}
\end{aligned} \tag{21-14}$$

隐藏单元 z_t 的梯度可以从之前的时间步中获得，具体过程如下：

$$\frac{\partial z_t}{\partial w_{z,z}} = \frac{\partial}{\partial w_{z,z}} g_z(in_{z,t}) = g_z'(in_{z,t}) \frac{\partial}{\partial w_{z,z}} in_{z,t} = g_z'(in_{z,t}) \frac{\partial}{\partial w_{z,z}} (w_{z,z} z_{t-1} + w_{x,z} x_t + w_{0,z})$$

$$= g_z'(in_{z,t}) \left(z_{t-1} + w_{z,z} \frac{\partial z_{t-1}}{\partial w_{z,z}} \right)$$

（21-15）

其中，最后一行运用了乘法的求导法则：$\partial(uv) / \partial x = v \partial u / \partial x + u \partial v / \partial x$。

　　通过观察式（21-15），我们可以注意到两点。第一，梯度的表达式是循环的：计算时间步 t 对梯度的贡献要用到时间步 $t-1$ 的贡献。如果我们以正确的方式对计算进行排序，那么梯度计算的总运行时间将与网络的大小呈线性关系。这种算法被称为**基于时间的反向传播**（back-propagation through time，BPTT），它通常由深度学习软件系统自动处理。第二，如果我们对该循环计算进行迭代，可以注意到时间步 T 的梯度将包括与 $w_{z,z} \prod_{t=1}^{T} g_z'(in_{z,t})$ 成正比的项。对于 sigmoid、tanh 和 ReLU 激活函数，它们有导数 $g' \leqslant 1$，因此，如果 $w_{z,z} < 1$，简单 RNN 必然会面临梯度消失的问题（见 21.2 节）。另外，如果 $w_{z,z} > 1$，我们可能会面临**梯度爆炸**（exploding gradient）的问题。（一般来说，这些结果取决于权重矩阵 $W_{z,z}$ 的第一特征值。）在 21.6.2 节中，我们将介绍一个更复杂的 RNN 设计，该设计旨在缓解这个问题。

21.6.2　长短期记忆循环神经网络

　　为了使信息能够在多个时间步中被保存，人们设计了一些特殊的 RNN 架构。其中最常见的是**长短期记忆**（long short-term memory，LSTM）。LSTM 的长期记忆成分，称为**记忆单元**（memory cell），用字母 c 表示，基本上从一个时间步被复制到另一个时间步。[相比之下，基本的 RNN 在每个时间步将其记忆乘以权重矩阵，如式（21-13）所示。]新信息以直接加入记忆的方式进行更新，这样一来，梯度表达式将不会随着时间的推移进行乘法累积。LSTM 还使用了**门单元**（gating unit），它是控制 LSTM 中信息流的一个向量，通过控制相应信息向量的逐个元素相乘来实现。

- **遗忘门** f 决定了记忆单元中的每个元素是被记住了（将复制到下一个时间步）还是被遗忘了（重置为 0）。
- **输入门** i 决定了记忆单元中的每个元素是否被来自当前时间步的输入向量的新信息进行加法更新。
- **输出门** o 决定了记忆单元中的每个元素是否被转移到短期记忆 z，它在基本的 RNN 中起着与隐藏状态类似的作用。

尽管在电路设计中，"门"一词通常意味着某个布尔函数，但 LSTM 中的门是宽泛的。例如，如果遗忘门向量的相应元素很小但不为零，则记忆单元向量的元素将被部分遗忘。门单元的值始终在 [0, 1] 范围内，并且它是当前输入和先前隐藏状态经过 sigmoid 函数而获得的输出。具体来说，LSTM 的更新公式如下：

$$f_t = \sigma(W_{x,f} x_t + W_{z,f} z_{t-1})$$
$$i_t = \sigma(W_{x,i} x_t + W_{z,i} z_{t-1})$$
$$o_t = \sigma(W_{x,o} x_t + W_{z,o} z_{t-1})$$
$$c_t = c_{t-1} \odot f_t + i_t \odot \tanh(W_{x,c} x_t + W_{z,c} z_{t-1})$$
$$z_t = \tanh(c_t) \odot o_t$$

其中，各个权重矩阵 W 的下标表示相应连接的起点和终点，$\odot$ 符号表示逐个元素相乘。

LSTM 是 RNN 最早的实用形式之一。它们在包括语音识别和手写识别在内的各种任务中都表现出了极好的性能。第 24 章将介绍它们在自然语言处理中的应用。

21.7　无监督学习与迁移学习

到目前为止，我们所讨论的深度学习系统都是基于监督学习的，它要求每个训练样例都带有一个目标函数值。尽管这样的系统可以达到很高的测试集精度（ImageNet 等竞赛结果已经证实），但相比人类来说，它们在处理同一个任务时通常需要更多带标签的数据。例如，一个孩子要做到在各种各样的环境和视野中稳定地识别出长颈鹿，他只需观察一张长颈鹿的图片，而不用观察几千张。显然，我们在深度学习中忽略了某些东西。实际上可能确实如此，在目前的监督深度学习方法下，一些任务是完全无法实现的，因为这些方法对带标签数据的需求远远超过人类（甚至宇宙）所能提供的范围。此外，即便在任务可行的情况下，标记大型数据集通常也需要花费稀缺而昂贵的人力。

基于这些原因，人们对一些能够减少对带标签数据的依赖的学习模式产生了浓厚的兴趣。正如我们在第 19 章中看到的，这些模式包括**无监督学习**、**迁移学习**和**半监督学习**。无监督学习算法仅从无标签的输入 x 中进行学习，这些输入通常比有标签的样例更为丰富。无监督学习算法通常会产生一个生成模型，它可以生成真实的文本、图像、音频或视频，而不是简单地预测这些数据的标签。迁移学习算法需要一些有标签的样例，但通过研究不同任务中的有标签样例，迁移学习可以进一步提高算法的性能，从而可以利用更多的现有数据源。半监督学习算法同样需要一些有标签的样例，但它能通过研究无标签的样例进一步提高算法的性能。本节将介绍无监督学习和迁移学习的深度学习方法。尽管半监督学习也是深度学习社区中一个活跃的研究领域，但迄今为止，人们设计出的半监督学习方法尚未在实践中被广泛证明是有效的，因此我们不讨论它们。

21.7.1　无监督学习

监督学习算法的目标基本相同：给定一个输入 x 的训练集和相应的输出 $y = f(x)$，学习一个能够很好地近似 f 的函数 h。与之相反的，无监督学习算法将使用一组无标签样例 x 的训练集。在本节中，我们将介绍这种算法可能尝试做的两件事。第一是学习新的表示法，例如图像的新特征，这将使得识别图像中的对象更容易。第二是学习一个生成模型，该模型通常采用概率分布的形式，并且可以从中生成新的样本。（第 20 章介绍的贝叶斯网络的学习算法属于这一类。）许多算法同时具有表示学习和生成建模的能力。

假设我们要学习一个联合分布 $P_W(x, z)$，其中 z 是一组隐变量，即以某种方式表达数据 x 内容的未观测变量。出于本章的连贯性考虑，我们没有预先定义 z 变量的具体含义，无论它们如何选取，模型都可以自由地学习 z 与 x 之间的联系。例如，在手写数字图像上训练的模型可能会选择使用 z 空间中的一个方向来表示笔划的粗细，一个方向表示墨水的颜色，另一个方向表示背景颜色，等等。对于人脸图像，学习算法可能会选择一个方向来表示性别，另一个方向来捕捉是否戴眼镜，如图 21-9 所示。

一个学习到的概率模型 $P_W(x, z)$ 将能同时实现表示学习（它从原始的 x 向量中构造出有意义的 z 向量）与生成模型：如果对 $P_W(x, z)$ 中的 z 变量进行积分，将得到 $P_W(x)$。

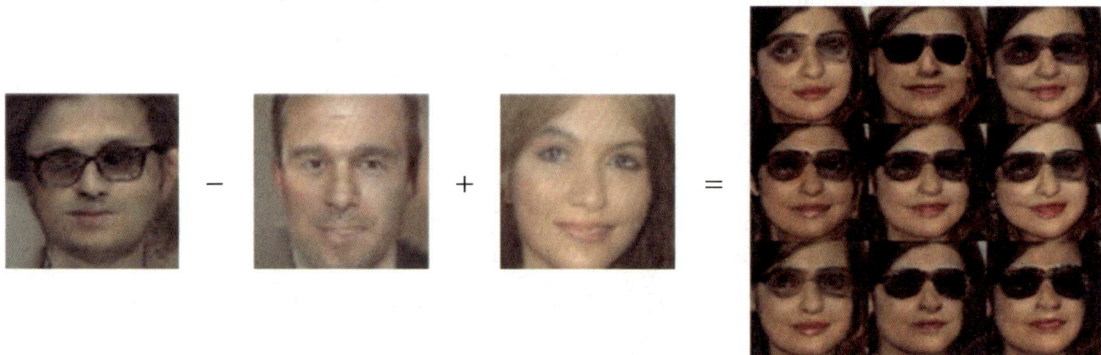

图 21-9　生成模型如何使用 z 空间中的不同方向来表示人脸不同方面的信息。实际上我们可以在 z 空间中进行运算。这里的图像都是从学习到的模型中生成的，并且图像解释了当我们解码 z 空间中的不同点时会发生什么。我们从"戴眼镜的男人"这个对象的坐标出发，减去"男人"的坐标，再加上"女人"的坐标，得到"戴眼镜的女人"的坐标。图像经许可摘自（Radford *et al.*, 2015）

1. 概率主成分分析：一个简单的生成模型

$P_W(x, z)$ 有许多可能的形式。**概率主成分分析**（probabilistic principal components analysis，PPCA）模型是最简单的模型之一。[①] 在一个 PPCA 模型中，z 取自一个零均值的球形高斯分布，x 通过 z 乘以权重矩阵 W 并添加球形高斯噪声来生成：

$$P(z) = \mathcal{N}(z; \boldsymbol{0}, \boldsymbol{I})$$
$$P_W(x \mid z) = \mathcal{N}(x; Wz, \sigma^2 I)$$

权重 W（以及可选的噪声参数 σ^2）可以通过最大化数据的似然学习得到，具体描述如下：

$$P_W(x) = \int P_W(x, z)\, \mathrm{d}z = \mathcal{N}(x; \boldsymbol{0}, WW^\top + \sigma^2 I) \tag{21-16}$$

关于 W 的最大化问题可以通过梯度方法或者高效的 EM 迭代算法（见 20.3 节）进行求解。在我们学习得到 W 后，新的数据样本可以由式（21-16）所给出的 $P_W(x)$ 直接生成。此外，若某个新观测数据 x 在式（21-16）中有非常低的概率，它可以被标记为潜在的异常数据。

对于 PPCA，我们通常假设 z 的维数远小于 x 的维数，这样模型就可以尽可能地用少量的特征来解释数据。通过计算 $P_W(z \mid x)$ 的期望值 $\hat{z}$，这些特征可以被提取出来用于标准分类器。

从概率主成分分析模型中生成数据非常简单：首先从固定的高斯先验中采样 z，然后从均值为 Wz 的高斯分布中采样 x。我们很快会看到，许多其他生成模型的做法都与这个过程类似，但是它们将采用由深度模型定义的复杂映射，而不是从 z 空间到 x 空间的线性映射。

2. 自编码器

许多无监督深度学习算法的思想都基于**自编码器**（autoencoder，AE）。自编码器是一个由两部分组成的模型：一个从 x 映射到表示 $\hat{z}$ 的编码器和一个从表示 $\hat{z}$ 映射到观测数据 x 的解码器。一般来说，编码器是一个参数化函数 f，解码器是一个参数化函数 g。我们通过对模型进行训练，使得 $x \approx g(f(x))$，使得编码过程大致为解码过程的逆过程。函数 f 和 g 可以是由单个矩阵参数化的简单线性模型，也可以是一个深度神经网络。

---

① 标准主成分分析是将一个多元高斯函数拟合到原始输入数据中，然后选择最长轴作为椭球分布的主成分。

一个非常简单的编码器是线性编码器，其中 f 和 g 均为线性函数且共享一个权重矩阵 $\boldsymbol{W}$：

$$\hat{z} = f(\boldsymbol{x}) = \boldsymbol{W}\boldsymbol{x}$$

$$\boldsymbol{x} = g(\hat{z}) = \boldsymbol{W}^{\top}\hat{z}$$

训练该模型的一种方法是通过最小化平方误差 $\sum_j \|\boldsymbol{x}_j - g(f(\boldsymbol{x}_j))\|^2$ 使得 $\boldsymbol{x} \approx g(f(\boldsymbol{x}))$。其中的思想是通过训练 $\boldsymbol{W}$，使得一个低维的 $\hat{z}$ 将保留尽可能多的信息以重建高维数据 $\boldsymbol{x}$。这种线性自编码器与经典的主成分分析（PCA）密切相关。当 $\boldsymbol{z}$ 的维度为 m 时，矩阵 $\boldsymbol{W}$ 应学习到由数据的 m 个主成分张成的矩阵（换句话说，即数据中具有最大方差的 m 个正交方向的集合，或者等价地说，是数据协方差矩阵特征值最大的 m 个特征向量），这与 PCA 的做法完全相同。

PCA 模型是一个简单的生成模型，它对应于一个简单的线性自编码器。这种对应关系表明，我们可以通过更复杂的自编码器来获得更复杂的生成模型。**变分自编码器**（variational autoencoder，VAE）为这个思想提供了一种方法。

我们曾在 13.5 节中简要介绍过变分法，它是一种在复杂概率模型中近似后验分布的方法，在这些模型中对大量隐变量进行求和或积分是非常困难的。变分法的思想是使用一个**变分后验**（variational posterior）$Q(\boldsymbol{z})$ 作为真实后验分布的近似值，它来自某个在计算上易处理的分布族。例如，我们可以从具有对角协方差矩阵的高斯分布族中选择 Q。在所选择的易处理的分布族中，Q 将按尽可能接近真实的后验分布 $P(\boldsymbol{z}\,|\,\boldsymbol{x})$ 的方式进行优化。

在我们的目标里，"尽可能"的含义是由 KL 散度定义的，我们已经在 21.2 节中介绍过它。它由下式给出：

$$D_{\mathrm{KL}}(Q(\boldsymbol{z})\,\|\,P(\boldsymbol{z}\,|\,\boldsymbol{x})) = \int Q(\boldsymbol{z}) \log \frac{Q(\boldsymbol{z})}{P(\boldsymbol{z}\,|\,\boldsymbol{x})} \mathrm{d}\boldsymbol{z}$$

它是 Q 与 P 的对数比率（关于 Q）的均值。容易证明 $D_{KL}(Q(\boldsymbol{z})\|P(\boldsymbol{z}\,|\,\boldsymbol{x})) \geqslant 0$，其中等号成立当且仅当 Q 与 P 完全相同。我们可以进一步定义**变分下界**（variational lower bound）$\mathcal{L}$，有时也称证据下界（evidence lower bound，ELBO），它的定义基于数据的对数似然：

$$\mathcal{L}(\boldsymbol{x}, Q) = \log P(\boldsymbol{x}) - D_{\mathrm{KL}}(Q(\boldsymbol{z})\,\|\,P(\boldsymbol{z}\,|\,\boldsymbol{x})) \tag{21-17}$$

我们可以发现 $\mathcal{L}$ 是 $\log P$ 的一个下界，这是因为 KL 散度是非负的。变分学习的目标是最大化关于参数 $\boldsymbol{w}$ 的 $\mathcal{L}$（而不是最大化 $\log P(\boldsymbol{x})$），同时希望得到的解 $\boldsymbol{w}^*$ 也能最大化 $\log P(\boldsymbol{x})$。

如前所述，最大化 $\mathcal{L}$ 似乎看起来并不比最大化 $\log P$ 容易。幸运的是，我们可以将式（21-17）重新写成下述的便于计算的形式：

$$\mathcal{L} = \log P(\boldsymbol{x}) - \int Q(\boldsymbol{z}) \log \frac{Q(\boldsymbol{z})}{P(\boldsymbol{z}|\boldsymbol{x})} \mathrm{d}\boldsymbol{z}$$

$$= \int Q(\boldsymbol{z}) \log Q(\boldsymbol{z}) \mathrm{d}\boldsymbol{z} + \int Q(\boldsymbol{z}) \log P(\boldsymbol{x}) P(\boldsymbol{z}|\boldsymbol{x}) \mathrm{d}\boldsymbol{z}$$

$$= H(Q) + \boldsymbol{E}_{\boldsymbol{z} \sim Q} \log P(\boldsymbol{z}, \boldsymbol{x})$$

其中 $H(Q)$ 为分布 Q 的熵。对于一些变分族 Q（例如高斯分布），$H(Q)$ 可以通过分析精确地给出。此外，期望项 $\boldsymbol{E}_{\boldsymbol{z} \sim Q} \log P(\boldsymbol{z}, \boldsymbol{x})$ 可以通过从分布 Q 采样 $\boldsymbol{z}$ 来进行高效的无偏估计。对于每个样本，$P(\boldsymbol{z}, \boldsymbol{x})$ 通常可以有效地被估计。举例来说，假设 P 是一个贝叶斯网络，那么 $P(\boldsymbol{z}, \boldsymbol{x})$ 将是一系列条件概率的乘积，因为 $\boldsymbol{z}$ 和 $\boldsymbol{x}$ 包含所有的变量。

变分自编码器提供了一种在深度学习场景中使用变分学习的方法。变分学习涉及最大化 $\mathcal{L}$ 关于 P 和 Q 的参数的过程。对于一个变分自编码器，解码器 $g(\boldsymbol{z})$ 可以解释为 $\log P(\boldsymbol{x}\,|\,\boldsymbol{z})$。例如，解码器的输出可以定义为条件高斯分布的平均值。类似的，编码器 $f(\boldsymbol{x})$ 的输出被解释为 Q 的

参数，例如，Q 可以是均值为 $f(x)$ 的高斯分布。如此一来，训练变分自编码器则意味着优化编码器 f 和解码器 g 的参数以最大化 $\mathcal{L}$ 的过程，这两个函数本身可以是任意复杂的深度网络。

3. 深度自回归模型

自回归模型（autoregressive model，或 AR model）意味着向量 x 的每个元素 x_i 是基于向量其他元素进行预测得到的。这种模型不含有隐变量。如果 x 的大小是固定的，那么 AR 模型可以看作一个完全可观测且可能完全连通的贝叶斯网络。这意味着根据 AR 模型计算给定数据向量的似然将是很简单的。同样的，预测一个缺失变量的值（在给定所有其他变量情况下），以及从模型中采样一个数据向量也将十分方便。

自回归模型最常见的一个应用是时序数据分析，其中 k 阶的 AR 模型将根据 $x_{t-k}, \cdots, x_{t-1}$ 预测 x_t。用第 14 章中的术语来说，AR 模型是一个没有隐变量的马尔可夫模型。用第 23 章的术语来说，一个字母或单词序列的 n 元语法模型是一个 $n-1$ 阶 AR 模型。

在经典 AR 模型中，变量是实值的，条件分布 $P(x_t \mid x_{t-k}, \cdots, x_{t-1})$ 是一个具有固定方差的线性高斯模型，其均值是 $x_{t-k}, \cdots, x_{t-1}$ 的线性组合——一个标准的线性回归模型。经典 AR 模型的最大似然解由**尤尔-沃克方程**（Yule-Walker equations）给出，该方程与 19.6 节中的**正规方程**密切相关。

深度自回归模型（deep autoregressive model）是一种将线性高斯模型替换为具有适当输出层的任意深度网络的模型，其具体形式取决于 x_t 是离散的还是连续的。这种自回归方法有一些最新的应用，其中包括由 DeepMind 开发的用于语音生成的 WaveNet 模型（van den Oord *et al.*, 2016a）。WaveNet 利用原始声音信号进行训练，每秒采样 16 000 次，采用多层卷积结构实现 4 800 阶非线性 AR 模型。在实际测试过程中，它被证实比之前最先进的语音生成系统更加真实。

4. 生成对抗网络

生成对抗网络（generative adversarial network，GAN）实际上是一对结合在一起形成生成系统的网络。其中一个称为**生成器**（generator）的网络将 z 值映射到 x，以从分布 $P_w(x)$ 中生成样本。一个典型的做法是从一个中等维度的标准高斯中采样 z，然后令其通过一个深层网络 h_w 得到 x。另一个称为**判别器**（discriminator）的网络是一个经过训练的分类器，它用于判断输入的 x 为真（从训练集中获取的）或假（由生成器生成的）。GAN 是一种**隐式模型**（implicit model），即样本可以被生成，但其概率不易获得，而在贝叶斯网络中，样本的概率是样本生成路径上条件概率的乘积。

生成器与变分自编码器框架下的解码器有密切的联系。隐式建模的难点在于需要设计一个损失函数，使得使用来自分布的样本来训练模型成为可能，而不是最大化源自数据集的训练样例的似然。

生成器和判别器的训练是同时进行的，生成器将学习如何欺骗判别器，而判别器将学习如何准确区分真假数据。生成器和判别器之间的竞争可以用博弈论的语言来描述（见第 18 章），其核心观点是，在博弈的均衡状态下，生成器应完美地复现出训练样本的分布，如此一来判别器就不可能表现得比随机猜测更好。GAN 在图像生成任务中已经取得了很大成功。例如，GAN 可以创造一幅关于某个不存在的人的十分逼真的、高分辨率的图像（Karras *et al.*, 2017）。

5. 无监督翻译

广义地说，翻译任务的内容是将具有丰富结构的输入 x 转换成同样具有丰富结构的输出 y。这里的"丰富结构"意味着数据是多维的，并且在各个维度之间具有有趣的统计依赖性。图像和自然语言句子有丰富的结构，但单一的数字（如类别的标号）没有丰富的结构。将一个句子从英语翻译成法语或将一张夜景照片转换成一张白天拍摄的等效照片都是翻译任务的例子。

监督翻译的过程包括收集多个 (x, y) 对，然后训练模型，使得模型将每个 x 映射到相应的 y。例如，机器翻译系统通常使用由专业翻译人员翻译的成对句子进行训练。对于其他类型的翻译，监督学习的训练数据可能不适用。例如，考虑一张包含许多正在移动的汽车和行人的夜景照片。为了能在白天环境下重新拍摄一张相同的照片，我们需要找到在夜间照片中的所有汽车和行人，并将它们恢复到原来的位置，这基本上是不切实际的。为了克服这一困难，可以考虑采用**无监督翻译**（unsupervised translation）方法，这种方法能够对许多 x 样例和许多单独的 y 样例进行训练而不依赖于相应的 (x, y) 对。

无监督翻译方法通常是基于 GAN 的，例如，我们可以训练一个 GAN 生成器，利用它生成在 x 条件下真实的 y 样例，同时训练另一个 GAN 生成器来执行逆向的映射。GAN 的训练框架使得我们可以训练生成器来生成多个可能样本中的任意一个，这些多个样本被判别器判断为给定 x 后 y 为真的样本，因此我们不需要传统监督学习中所需要的特定的成对的 y。我们将在 25.7.5 节中给出关于图像的无监督翻译的更多细节。

21.7.2　迁移学习和多任务学习

在**迁移学习**（transfer learning）中，一个学习任务的经验有助于智能体更好地学习另一个任务。例如，一个已经学会打网球的人通常更容易学习相关的运动，如壁球和墙网球；已经学会驾驶一种商用客机的飞行员将很快学会驾驶另一种机型；学过代数的学生学习微积分会更容易。

我们目前还不了解人类的迁移学习的机制。对于神经网络，学习的过程即为调整权重，因此迁移学习最合理的方法是将任务 A 学习中所得到的权重复制到将用于任务 B 训练的网络。然后使用任务 B 的数据，通过一般的梯度下降等方式来更新权重。通常来说，在任务 B 中使用较小的学习率比较合适，具体数值取决于两个任务的相似程度以及任务 A 中使用了多少数据。

注意，这种方法在选择任务时需要人类的专业知识介入：例如，网络在学习代数的训练中所学习到的权重可能并不适用于学习壁球的网络。此外，复制权重的方法要求两个任务的输入空间存在一个简单的映射，且两个网络具有基本相同的架构。

迁移学习成为热门领域的一个原因是它使得我们可以利用其他的高质量的训练完成的模型。例如，你可以下载一个预先训练过的用于视觉对象识别的模型，例如，在 COCO 数据集上训练过的 ResNet-50 模型，这将省去你几周的工作量。在此基础上，你可以通过为特定任务提供其他图像及其对应标签来修改模型参数。

假设你现在想对独轮车进行分类。你只有几百张不同的独轮车图片，但是 COCO 数据集在自行车、摩托车和滑板等每一个类别中都有超过 3000 幅图像。这意味着一个在 COCO 上完成预训练的模型对车轮、道路以及其他相关特征已经有了一定经验，这将有助于辨识独轮车的图像。

通常来说，你可能希望冻结预训练模型的前几层，因为这些层起到了特征检测器的作用，它们可能对你的新模型有较大帮助。新数据集将只修改较高层的参数，这些层用于识别特定问题的特征并对其进行分类。然而，有时传感器之间存在的差异也会导致我们需要从最底层开始重新训练。

我们再看另外一个示例，对搭建自然语言系统的人来说，目前常用的做法是从一个预先训练好的模型，如 RoBERTa 模型（见 24.6 节）出发，它已经"了解"了很多日常语言的词汇和语法，下一步是以两个方式对模型进行微调。第一，我们要举例说明所需领域中使用的专业词汇，也许是医学领域（它将学习"心肌梗死"）或是金融领域（它将学习"信托责任"）。第二，我们在模型将要完成的任务上对模型进行训练，例如，如果模型将用于问答，就用问答对它进行训练。

一种非常重要的迁移学习考虑的是模拟和真实世界之间的迁移。举个例子来说，自动驾驶汽车的控制器可以通过训练来完成数十亿公里的模拟驾驶，这在真实世界中是不可能的。而后当控制器迁移到真实汽车上时，它就能快速适应新的环境。

多任务学习（multitask learning）是迁移学习的一种形式，在这种学习中，我们同时训练一个关于多个目标的模型。例如，我们训练一个能同时进行词性标注、文档分类、语言检测、单词预测、句子难度建模、剽窃检测、句子蕴含和问答的系统，而不是训练一个可以进行词性标注的自然语言系统，然后将学习到的权重转移到一个新的任务，例如文档分类中。这里的想法是，为了解决这些任务中的其中任何一项，模型可能能够利用数据的表面特征。但如果要用一个公共的表示层同时解决所有 8 个问题，那么该模型将更有可能创建一个反映真实自然语言用法和内容的公共表示。

21.8　应用

深度学习已经成功地应用于人工智能的许多重要领域。若要更深入了解，我们建议读者参考相关章节：第 22 章中关于深度学习在强化学习系统中的应用，第 24 章中关于自然语言处理的应用，第 25 章（特别是 25.4 节）中关于计算机视觉的应用，以及第 26 章中关于机器人的应用。

21.8.1　视觉

我们从计算机视觉开始介绍，计算机视觉是对深度学习影响最大的应用领域，反之亦然。尽管自 20 世纪 90 年代以来，深度卷积网络已被用于笔迹识别等任务，且神经网络在 2010 年前后已经开始超越语音识别的生成概率模型，但直到 AlexNet 深度学习系统在 2012 年 ImageNet 竞赛中的大获成功，这才将深度学习推向了人们关注的中心。

ImageNet 竞赛是一项监督学习任务，它共有 120 万幅图像，分为 1000 个不同的类别，并根据 Top5 得分——正确类别出现在概率最大的 5 个预测中的频率——对系统进行评估。AlexNet 的错误率是 15.3%，而表现仅次于它的系统的错误率超过了 25%。AlexNet 有 5 个卷积层，其中穿插着最大池化层，然后是 3 个全连接层。它采用 ReLU 激活函数，并利用 GPU 对 6000 万个权重的训练过程进行加速。

自 2012 年以来，随着网络设计、训练方法和计算资源的改进，ImageNet 竞赛的 Top5 错误率已降至 2% 以下——远低于一个受过培训的人的错误率（约 5%）。CNN 已被应用于从汽车自动驾驶到黄瓜分拣等各种视觉任务[①]。驾驶是视觉任务中要求最高的任务之一（详见

---

① 日本黄瓜农场主用 TensorFlow 制造了自己的黄瓜分拣机器人，这是个广为人知的故事，但事实证明其大部分内容都是虚构的。该算法是由这位农民的儿子开发的，他以前在丰田公司担任软件工程师，并且它的较低准确率（约为 70%）意味着黄瓜仍需进行人工分拣（Zeeberg, 2017）。

25.7.6 节和第 26 章）：算法不仅必须检测、定位、跟踪以及识别鸽子、纸袋和行人等，它还必须以近乎完美的精度实时完成这些任务。

21.8.2 自然语言处理

深度学习对机器翻译和语音识别等自然语言处理（natural language processing，NLP）方面的应用也产生了巨大影响。深度学习在处理这些应用时存在一些优势，其中包括实现端到端学习的可能性、自动生成单词含义的内部表示以及学习到的编码器和解码器的可交换性。

端到端学习是指将整个系统构建为一个单一的、学习得到的函数 f。例如，用于机器翻译的函数 f 可以将某个英语句子 S_E 作为输入，并给出翻译出的日语句子 $S_J = f(S_E)$。该函数 f 可以通过训练得到，其中训练数据可以是人工翻译的成对句子（甚至成对文本，其中将对应的句子或短语进行匹配对齐是待解决问题的一部分）。更典型的流水线方法可能是首先从语法上分析 S_E，然后理解其含义，再将该含义用日语重新表示为 S_J，最后使用日语的语言模型对 S_J 进行后期编辑。这种运作方式有两个主要的缺点：第一，在每种情境下，错误都是混杂着出现的；第二，人类必须确定什么构成了"语法分析树"和"意义表示"，但对于这些概念，我们并没有容易获取的基本事实或数据，我们所拥有的关于它们的理论观点几乎必然是不完整的。

从我们现阶段对 NLP 的理解来看，流水线方法（至少在直观上，它似乎对应着人类翻译的工作模式）的表现已经被由深度学习实现的端到端方法超越。例如，吴永辉等人（Wu *et al.*, 2016b）证明，相对于过去使用的基于流水线的方法，基于深度学习的端到端翻译将翻译错误减少了 60%。截至 2020 年，机器翻译系统在法语和英语等语言上的表现已经达到了人类水平，这些语言有着庞大的可用的成对数据集，并且它们对于涵盖了地球上大多数人口的其他语言也是有用的。甚至有证据表明，在多种语言上训练的网络实际上确实学习到了一种内部的意义表示：例如，在学习将葡萄牙语翻译成英语和将英语翻译成西班牙语后，网络可以将葡萄牙语直接翻译成西班牙语，而训练集中无须包含任何的葡萄牙语/西班牙语句子对。

将深度学习应用于语言任务的最重要发现之一是，网络功能的大部分进展都基于将单个单词重新表示为高维空间中的向量，即所谓的**词嵌入**（见 24.1 节）。这些向量通常提取自在大量文本上训练完成的网络的第一个隐藏层的权重，它们刻画了所用词汇上下文的某些统计量。由于具有相似含义的单词会用于相似的语境中，所以它们最终会在向量空间中较为接近。这使得网络能够有效地越过单词类别进行泛化，而无须人类预先定义这些类别。例如，以"约翰买了一个西瓜和两磅……"开头的句子很可能会连接着"苹果"或"香蕉"，但不会连接着"钍"或"地理"。如果"苹果"和"香蕉"在内部层具有相似的表示，那么这样的预测就会容易得多。

21.8.3 强化学习

在强化学习（reinforcement learning，RL）中，决策型智能体从一系列奖励信号中进行学习，这些信号提供了其行为质量的一些信息。强化学习的目标是优化未来奖励的总和。这一目标可以通过多种方式实现：用第 17 章的术语来说，智能体可以学习一个价值函数、一个 Q 函数或者一个策略等。从深度学习的角度看来，所有这些内容都是可以用计算图来表示的函数。例如，围棋中的价值函数将棋盘状态作为输入，并返回该状态下对智能体的对局优势程度的估计。虽然强化学习的训练方法与监督学习的方法不同，但多层计算图在大输入空间上表示复杂函数的能力已被证明是非常有效的。由此产生的研究领域称为**深度强化学习**（deep reinforcement learning）。

在 20 世纪 50 年代，亚瑟·塞缪尔在他的西洋跳棋强化学习工作中试验了价值函数的多层表示，但他发现实际上线性函数的近似效果最好。（这可能是因为他所使用的计算机性能不及现代的一个 TPU 性能的一千亿分之一。）深度强化学习的第一个重要的成功案例是 DeepMind 研究的 Atari 游戏智能体 DQN（Mnih *et al.*, 2013）。这个智能体的不同副本被训练以进行几个不同的 Atari 电子游戏，并展示了诸如射击外星飞船、用桨弹跳球和驾驶模拟赛车等技能。在每种场景下，智能体从原始图像数据中学习 Q 函数，它得到的奖励是游戏得分。随后的工作表明，深度 RL 系统的智能体在 57 种不同的 Atari 游戏中的大部分都达到了超出常人的水平。DeepMind 的 AʟᴘʜᴀGᴏ 系统也利用深度强化学习在围棋比赛中击败了最强的人类选手（见第 5 章）。

尽管深度 RL 已经取得了令人瞩目的成功，但它仍然面临重大阻碍：它通常很难获得良好的性能，并且如果环境与训练数据稍有不同，则训练后的系统可能会表现得非常不可预测（Irpan, 2018）。与深度学习的其他应用相比，深度强化学习很少应用于商业环境。尽管如此，它仍然是一个非常活跃的研究领域。

小结

本章描述了学习由深度计算图表示的函数的方法。本章重点如下。

- **神经网络**用参数化的线性阈值单元网络表示复杂的非线性函数。
- **反向传播**算法实现了在参数空间中使用梯度下降以最小化损失函数。
- 深度学习适用于复杂环境中的视觉对象识别、语音识别、自然语言处理和强化学习。
- 卷积网络特别适用于图像处理和其他具有网格拓扑结构的数据处理任务。
- 循环网络对于包括语言建模和机器翻译在内的序列处理任务是有效的。

参考文献与历史注释

关于神经网络的文献非常多。考恩和夏普（Cowan and Sharp, 1988b, 1988a）调研了从麦卡洛克和皮茨（McCulloch and Pitts, 1943）的工作开始的早期的神经网络研究历史。[如第 1 章所述，约翰·麦卡锡指出尼古拉斯·拉舍夫斯基（Rashevsky, 1936, 1938）的工作是最早的神经学习的数学模型。]控制论和控制理论的先驱诺伯特·维纳（Wiener, 1948）与麦卡洛克和皮茨合作并影响了许多年轻的研究人员，其中包括 1951 年第一个在硬件中发展神经网络工作的学者马文·明斯基（Minsky and Papert, 1988, p.ix-x）。艾伦·图灵（Turing, 1948）撰写了一篇题目为 "Intelligent Machinery" 的研究报告，该报告以 "我将研究机器是否有可能表现出智能行为的问题" 开头，并继续描述了他称之为 "B 型无组织机器" 的循环神经网络架构以及训练它们的方法。遗憾的是，该报告直到 1969 年才发表且一直没有受到重视，直到最近几年才有所转变。

感知机是一种具有硬阈值激活函数的单层神经网络，由弗兰克·罗森布拉特（Rosenblatt, 1957）提出。在感知机于 1958 年 7 月第一次展示后，《纽约时报》将其描述为 "（海军）期望能够行走、说话、看、写、自我复制并意识到自身存在的电子计算机的雏形"。罗森布拉特（Rosenblatt, 1960）随后证明了感知机收敛定理，尽管它早已被神经网络领域之外的纯数学工作所预示（Agmon, 1954; Motzkin and Schoenberg, 1954）。也有一些在多层网络上完成的早期工作，包括 **Gamba 感知机**（Gamba *et al.*, 1961）和 **madalines**（Widrow, 1962）。*Learning Machines*（Nilsson, 1965）涵盖了大部分早期工作以及更多相关内容。*Perceptrons*（Minsky and Papert, 1969）一书加速了（作者后来声称，只是解释了）早期感知机的研究工作，但是该书哀叹该领域缺乏数学严谨性。这本书指出单层感知机只能表示线性可分的概念，并指出多层网络缺乏有效的学习算法。这些限制是众所周知的（Hawkins, 1961），并且已经被罗森布拉特本人承认（Rosenblatt, 1962）。

辛顿和安德森（Hinton and Anderson, 1981）基于 1979 年在圣地亚哥举行的会议收集整理的论文，可以视为标志着联结主义的复兴。两卷本的 *Parallel Distributed Processing* 合集（Rumelhart and McClelland, 1986）可以说为这一思想的传播提供了帮助，尤其是在心理学和认知科学界。这一时期最重大的发展成果是用于训练多层网络的反向传播算法。

反向传播算法在不同的领域中被多次独立发现（Kelley, 1960; Bryson, 1962; Dreyfus, 1962; Bryson and Ho, 1969; Werbos, 1974; Parker, 1985），斯图尔特·德赖弗斯（Stuart Dreyfus）（Dreyfus, 1990）称其为"Kelley-Bryson 梯度程序"。尽管韦尔博斯早已将其应用于神经网络，但直到戴维·鲁迈哈特（David Rumelhart）、杰弗里·辛顿（Geoffrey Hinton）和罗恩·威廉斯（Ron Williams）在 *Nature* 上发表了一篇论文（Rumelhart, Hinton, and Williams, 1986），对算法进行了非数学的演示，这个想法才广为人知。一些论文表明，多层前馈网络是普适的函数逼近器（但受到技术条件的限制），这增强了其数学层面的可靠性（Cybenko, 1988, 1989）。在 20 世纪 80 年代末 90 年代初，神经网络相关研究的数量出现了巨大增长：1980 ～ 1984 年与 1990 ～ 1994 年相比，论文数量激增了 200 倍。

20 世纪 90 年代末和 21 世纪 00 年代初，随着贝叶斯网络、集成方法和核机器等其他技术脱颖而出，人们对神经网络的兴趣逐渐衰减。直到杰弗里·辛顿对深度贝叶斯网络（以类别变量为根，证据变量为叶的生成模型）的研究取得成果，且在小型基准数据集上的表现优于核机器时，才又激发了人们对深度模型的兴趣（Hinton *et al.*, 2006）。直到克里扎夫斯基等人（Krizhevsky *et al.*, 2013）使用深度卷积网络赢得 ImageNet 竞赛（Russakovsky *et al.*, 2015），人们对深度学习的兴趣被大大激发。

评论家经常把"大数据"的可用性和 GPU 的处理能力作为深度学习出现的主要因素。但与此同时，架构层面的改进也很重要，其中包括采用 ReLU 激活函数而不是逻辑斯谛函数、sigmoid 函数（Jarrett *et al.*, 2009; Nair and Hinton, 2010; Glorot *et al.*, 2011），也包括后来的残差网络的发展（He *et al.*, 2016）。

在算法方面，小批量随机梯度下降（SGD）的使用对神经网络在大型数据集中的应用也至关重要（Bottou and Bousquet, 2008）。批量归一化（Ioffe and Szegedy, 2015）也有助于使训练过程更快、更可靠，它的出现也催生了其他几种归一化方法（Ba *et al.*, 2016; Wu and He, 2018; Miyato *et al.*, 2018）。一些论文研究了 SGD 在大型网络和大型数据集上的经验行为（Dauphin *et al.*, 2015; Choromanska *et al.*, 2014; Goodfellow *et al.*, 2015b）。在理论方面，我们观察到 SGD 应用于过参数化网络通常能达到全局极小值且训练误差为零，对于这一事实的解释目前已经取得了一些进展，尽管到目前为止，具有这种效应的定理需假设网络的层比实践中能达到的宽度都宽（Allen-Zhu *et al.*, 2018; Du *et al.*, 2018）。这样的网络有足够的能力作为训练数据的查找表。

最后一块拼图，至少对视觉应用来说，是卷积网络的使用。它们起源于神经生理学家戴维·胡贝尔（David Hubel）和托尔斯滕·维泽尔（Torsten Wiesel）对哺乳动物视觉系统的观察（Hubel and Wiesel, 1959, 1962, 1968）。他们描述了猫视觉系统中类似于边缘检测器的"简单细胞"，以及对某些变换（如小空间平移）不变的"复杂细胞"。在现代卷积网络中，卷积的输出类似于一个简单的单元，而池化层的输出类似于一个复杂的单元。

胡贝尔和维泽尔的工作启发了许多早期联结主义的视觉模型（Marr and Poggio, 1976）。神经感知机（Fukushima, 1980; Fukushima and Miyake, 1982）被设计为视觉皮层模型，就模型架构而言它本质上是一个卷积网络，尽管此类网络的有效训练算法直到杨立昆及其合作者展示如何应用反向传播才实现（LeCun et al., 1995）。神经网络的早期商业方面的成果之一是使用卷积网络进行手写数字识别（LeCun et al., 1995）。

循环神经网络（RNN）在 20 世纪 70 年代通常被认为可以作为大脑功能的模型，但没有有效的学习算法与这些想法相关联。引入时间的反向传播方法最早出现在保罗·韦尔博斯（Paul Werbos）的博士论文（Werbos, 1974）中，他后来发表的评述（Werbos, 1990）对 20 世纪 80 年代发表的该方法提供了一些额外的发现与参考。关于 RNN 的最有影响力的早期成果之一由杰夫·埃尔曼（Jeff Elman）（Elman, 1990）提出，它建立在迈克尔·乔丹（Michael Jordan）（Jordan, 1986）提议的 RNN 架构之上。威廉斯和齐普泽（Williams and Zipser, 1989）提出了一种用于 RNN 的在线学习算法。本吉奥等人（Bengio et al., 1994）分析了循环网络中梯度消失的问题。长短期记忆（LSTM）架构（Hochreiter, 1991; Hochreiter and Schmidhuber, 1997; Gers et al., 2000）作为避免这个问题的一种方法被提出。近年来，一些有效的 RNN 设计也自然地衍生出来（Jozefowicz et al., 2015; Zoph and Le, 2016）。

人们尝试了许多方法来提高神经网络的泛化能力。权重衰减由辛顿（Hinton, 1987）提出，并由克罗和赫兹（Krogh and Hertz, 1992）进行数学分析。暂退法由斯里瓦斯塔瓦等人（Srivastava et al., 2014a）提出。塞盖迪等人（Szegedy et al., 2013）引入了对抗样例的想法，并引导了大量后续工作。

普尔等人（Poole et al., 2017）指出，深层网络（该结论对浅层网络不正确）可以在隐藏单元空间中将复杂函数展开为扁平流形。罗尔尼克和特格马克（Rolnick and Tegmark, 2018）指出，对于浅层网络，近似某类 n 变量多项式所需的单元数呈指数增长，而对于深层网络仅呈线性增长。

怀特等人（White et al., 2019）表明，他们研发的 Bananas 系统可以通过在仅对 200 个随机样本架构进行训练后以 1% 的误差预测网络的准确度，从而进行神经架构搜索（NAS）。措普和黎（Zoph and Le, 2016）使用强化学习来搜索神经网络架构空间。里尔等人（Real et al., 2018）使用进化算法进行模型选择，刘等人（Liu et al., 2017）将进化算法应用于分层表示模型，耶德贝里等人（Jaderberg et al., 2017）描述了基于群体的训练。刘等人（Liu et al., 2019）将架构空间放宽到连续可微空间，并使用梯度下降寻找局部最优解。法姆等人（Pham et al., 2018）提出了 ENAS（高效神经架构搜索）系统，该系统的目标是搜索较大图的最优子图。这一过程进行得很快，因为它不需要重新训练参数。搜索子图的想法可以追溯到杨立昆等人提出的"最优脑损伤"算法。

尽管有这些优秀的方法，但仍有人认为该领域尚未成熟。于等人（Yu et al., 2019）指出，在某些情况下，这些 NAS 算法的效果并不优于随机架构选择。有关神经架构搜索的最新结果的调研，参见（Elsken et al., 2018）。

无监督学习是统计学中的一个很大的子领域，其中主要内容是密度估计。（Silverman, 1986）和（Murphy, 2012）是该领域的经典技术和现代技术较好的参考书。主成分分析（PCA）可以追溯到皮尔逊（Pearson, 1901），这个名字来自霍特林（Hotelling, 1933）的独立论文。概率 PCA 模型（Tipping and Bishop, 1999）为主成分本身引入了一个生成模型。变分自编码器由金马和韦林（Kingma and Welling, 2013）以及雷森德等人（Rezende *et al.*, 2014）提出，乔丹等人（Jordan *et al.*, 1999）介绍了在图模型中使用变分推断的方法。

对于自回归模型，博克斯等人（Box *et al.*, 2016）撰写了该领域经典教材。用于拟合 AR 模型的尤尔–沃克方程由尤尔（Yule, 1927）和沃克（Walker, 1931）独立开发。几位作者提出了具有非线性依赖性的自回归模型（Frey, 1998; Bengio and Bengio, 2001; Larochelle and Murray, 2011）。自回归 WaveNet 模型的工作（van den Oord *et al.*, 2016a）建立在早期关于自回归图像生成的工作（van den Oord *et al.*, 2016b）的基础上。生成对抗网络（generative adversarial network, GAN）首先由古德费洛等人（Goodfellow *et al.*, 2015a）提出，并在人工智能中发展出了许多应用。对其性质的一些理论理解正在涌现，它们改进了 GAN 模型和算法（Li and Malik, 2018b, 2018a; Zhu *et al.*, 2019）。这些理解中的一部分是有关于防止对抗性攻击的研究（Carlini *et al.*, 2019）。

神经网络研究的几个分支过去很受欢迎，但它们在今天并没有得到充分的探索。霍普菲尔德网络（Hopfield network）（Hopfield, 1982）在每对节点之间具有对称连接，并且可以学习将模式存储在连接内存中，这样一来便可以通过对内存索引的方式使用模式片段来检索整个模式。霍普菲尔德网络是确定性的，它们后来被推广到随机玻尔兹曼机（Hinton and Sejnowski, 1983, 1986）。玻尔兹曼机（Boltzmann machine）可能是深度生成模型的最早例子。玻尔兹曼机面临的推断困难促使了蒙特卡罗技术和变分技术的进步（见 13.4 节）。

人工智能神经网络的研究在某种程度上也与生物神经网络的研究交织在一起。这两个主题在 20 世纪 40 年代一度是重合的，卷积网络和强化学习的想法可以追溯到关于生物系统的研究；但目前，深度学习的新思想往往基于纯粹的计算或统计问题。计算神经科学（computational neuroscience）领域旨在建立计算模型，以捕捉实际生物系统的重要和特定的特征。达扬和阿博特（Dayan and Abbott, 2001）以及特拉彭伯格（Trappenberg, 2010）给出了相关的综述。

关于现代神经网络和深度学习，比较与时俱进的教材是（Goodfellow *et al.*, 2016）和（Charniak, 2018）。除此之外，还有许多与深度学习的各种开源软件包相关的动手指南。该领域的三位领头人杨立昆、约书亚·本吉奥、杰弗里·辛顿在 *Nature* 上发表了一篇富有影响力的文章（LeCun, Bengio, and Hinton, 2015），向非人工智能研究人员介绍了深度学习的主要思想。这 3 个人是 2018 年图灵奖的获得者。施米德胡贝（Schmidhuber, 2015）为深度学习提供了综述，邓力（Deng *et al.*, 2014）侧重于信号处理任务。

深度学习的研究工作主要发布在 NeurIPS、ICML 和 ICLR 会议上。该领域主要的期刊有 *Machine Learning*、*Journal of Machine Learning Research* 和 *Neural Computation*。随着研究节奏的加快，越来越多的论文会首先出现在 arXiv 网站上，并且经常在主要的研究中心的研究博客中对其进行描述。

第22章

强化学习

> 在本章中，我们将看到智能体如何根据奖励与惩罚的经验学习，以使未来的奖励最大化。

在**监督学习**中，智能体通过被动地观测"老师"提供的输入/输出样例对进行学习。在本章中，我们将看到智能体如何在没有"老师"的情况下，通过考虑自己的最终成功或失败，主动地从自己的经验中学习。

22.1 从奖励中学习

考虑学习下国际象棋的问题。首先我们将考虑使用第 19～21 章中的方法，将其视为监督学习问题。下棋智能体函数将棋盘局面作为输入并返回对应的棋子招式，因此我们通过为它提供关于国际象棋棋盘局面的样本来训练此函数，其中每个样本都标有正确的走法。现在，假设我们恰好有一个可用数据库，其中包括数百万局象棋大师的对局，每场对局都包含一系列的局面和走法。除少数例外，我们认为获胜者的招式即便不总是完美的，但也是较好的。因此，我们得到了一个很有前途的训练集。现在的问题在于，与所有可能的国际象棋局面构成的空间（约 10^{40} 个）相比，样本相当少（约 10^8 个）。在新的对局中，人们很快就会遇到与数据库中的局面明显不同的局面，那么此时经过训练的智能体很可能会失效——不仅是因为它不知道自己下棋的目标是什么（把对手将死），它甚至不知道这些招式对棋子的局面有什么影响。当然，国际象棋只是真实世界的一小部分。对于更加实际的问题，我们需要更大的专业数据库，而它们根本不存在。[①]

取而代之的另一种选择是使用**强化学习**（reinforcement learning，RL），在这种学习中，智能体将与世界进行互动并定期收到反映其表现的**奖励**（reward，或者用心理学的术语来说，即**强化**）。例如，在国际象棋中，获胜的奖励为 1，失败的奖励为 0，平局的奖励为 1/2。我们已经在第 17 章马尔可夫决策过程（MDP）的例子中介绍过奖励的概念。事实上，强化学习的目标也是相同的：最大化期望奖励总和。强化学习不同于"仅仅解决 MDP"，因为智能体没有将 MDP 作为待解决的问题，智能体本身处于 MDP 中。它可能不知道转移模型或奖励函数，它必须采取行动以了解更多信息。想象一下，你正在玩一个你不了解规则的新游戏，那么在你采取了若干个行动后，裁判会告诉你"你输了"。这个简单的例子就是强化学习的一个缩影。

从人工智能系统设计者的角度看来，向智能体提供奖励信号通常比提供有标签的行动样本要容易得多。首先，奖励函数通常非常简洁且易于指定（正如我们在国际象棋中看到的）：它只需几行代码就可以告诉国际象棋智能体这局比赛它赢了还是输了，或者告诉赛车智能体它赢得或输掉了比赛或者它崩溃了。其次，我们不必是相关领域的专家，即不需要能在任何情况下

---

① 正如杨立昆（Yann LeCun）和阿廖沙·叶夫罗斯（Alyosha Efros）指出的那样："人工智能革命不该是有监督的。"

提供正确的动作，但如果我们试图应用监督学习的方法，那么这些将是必要的。

然而，事实证明，一点点的专业知识对强化学习有很大的帮助。同样考虑我们在前文中给出的两个例子，即国际象棋和赛车比赛的输赢奖励——我们称之为稀疏（sparse）奖励，因为在绝大多数状态下，智能体根本没有得到任何有信息量的奖励信号。在网球和板球等游戏中，我们可以轻松地为每次击球得分与跑垒得分提供额外的奖励。在赛车比赛中，我们可以奖励在赛道上朝着正确方向前进的智能体。在学习爬行时，任何向前的运动都是一种进步。这些中间奖励将使学习变得更加容易。

只要我们可以为智能体提供正确的奖励信号，强化学习就提供了一种非常通用的构建人工智能系统的方法。对模拟环境来说尤其如此，因为在这种情况下我们不乏获得经验的机会。在强化学习系统中引入深度学习作为工具也使新的应用成为可能，其中包括从原始视觉输入学习玩 Atari 电子游戏（Mnih *et al.*, 2013）、控制机器人（Levine *et al.*, 2016）以及玩纸牌游戏（Brown and Sandholm, 2017）。

实际上，人们已经设计了数百种不同的强化学习算法，其中有很多算法可以将第 19 ～ 21 章中的各种学习方法作为工具引入。在本章中，我们将介绍强化学习方法的基本思想，并通过一些例子让读者对各种方法有所了解。我们将这些方法按如下方式进行分类。

（1）基于模型的强化学习（model-based reinforcement learning）：在这些方法中，智能体使用环境的转移模型来帮助解释奖励信号并决定如何行动。模型最初可能是未知的，在这种情况下，智能体通过观测其行为的影响来学习模型，或者它也可能是已知的，例如，国际象棋程序可能知道国际象棋的规则，即便它不知道如何选择好的走法。在部分可观测的环境中，转移模型对于状态估计也是很有用的（见第 14 章）。基于模型的强化学习系统通常会学习一个效用函数 $U(s)$，（如第 17 章所述）它定义为状态 s 之后的奖励总和。[①]

（2）无模型强化学习（model-free reinforcement learning）：在这种方式中，智能体不知道环境的转移模型，并且也不会学习它。相反，它直接学习如何采取行为方式。其中主要有以下两种形式。

- 动作效用函数学习（action-utility learning）：我们在第 17 章介绍了动作效用函数。动作效用学习的最常见形式是 Q 学习（Q-learning），即智能体学习 Q 函数（Q-function，或称质量函数）$Q(s, a)$，这个函数代表从状态 s 出发，采取动作 a 的奖励的总和。给定一个 Q 函数，智能体可以通过寻找具有最高 Q 值的动作来决定在状态 s 下采取的行动。

- 策略搜索（policy search）：智能体将学习一个策略 $\pi(s)$，即从状态到动作的直接映射。用第 2 章的术语来说，这是一个反射型智能体。

在 22.2 节中，我们将从被动强化学习（passive reinforcement learning）开始介绍，其中智能体的策略是固定的，其任务是学习状态（或状态–动作对）的效用。这一过程可能涉及对环境模型的学习。（如第 17 章所述，理解马尔可夫决策过程对于理解本节内容至关重要。）22.3 节将介绍主动强化学习（active reinforcement learning），在这种情况下，智能体必须弄清楚自己要做什么。它的主要问题是探索：为了学习在环境中如何采取行动，智能体必须尽可能多地尝试所处的环境。在 22.4 节中，我们将讨论智能体如何使用归纳学习（包括深度学习方法）从其经验中更快地学习。我们还讨论了其他的可以帮助改进 RL 以解决实际问题的方法，其中包括提供中间伪奖励来指导学习者，以及将行为组织成一个动作分层结构。22.5 节将介绍策略搜索的方法。在 22.6 节中，我们将探讨学徒学习：使用演示而不是奖励信息来训练学习智能体。最后，22.7 节将介绍强化学习的应用。

[①] 在强化学习的相关文献中，更多地涉及运筹学而不是经济学，效用函数通常称为价值函数并表示为 $V(s)$。

22.2　被动强化学习

我们从一个简单情形着手：具有少量动作和状态，且环境完全可观测，其中智能体已经有了能决定其动作的固定策略 $\pi(s)$。智能体将尝试学习效用函数 $U^\pi(s)$——从状态 s 出发，采用策略 π 所得到的期望总折扣奖励。我们称之为**被动学习智能体**（passive learning agent）。

被动学习任务类似于**策略评估**任务，它是 17.2.2 节中所描述的策略迭代算法的一部分。不同之处在于被动学习智能体并不知道转移模型 $P(s' \mid s, a)$，即在状态 s 下采取动作 a 后到达状态 s' 的概率；同时它也不知道奖励函数 $R(s, a, s')$，即每次转移后的奖励。

我们将使用第 17 章中介绍的 4×3 世界作为一个例子。图 22-1 给出了该环境下的最优策略和相应的效用。智能体在环境中根据其策略 π 执行一组**试验**（trial）。在每次试验中，智能体从状态 (1, 1) 出发，经历一系列状态转移，直到达到终止状态，即 (4, 2) 或 (4, 3) 之一。它既能感知到当前的状态，也能感知到达到该状态的转移所获得的奖励。典型的试验可能类似如下过程。

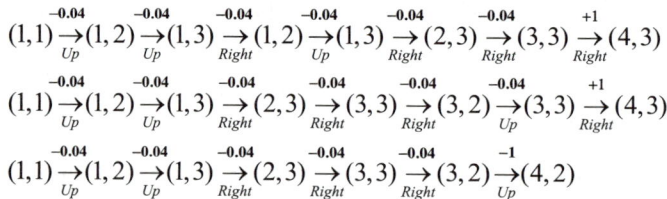

$$(1,1) \xrightarrow[Up]{-0.04} (1,2) \xrightarrow[Up]{-0.04} (1,3) \xrightarrow[Right]{-0.04} (1,2) \xrightarrow[Up]{-0.04} (1,3) \xrightarrow[Right]{-0.04} (2,3) \xrightarrow[Right]{-0.04} (3,3) \xrightarrow[Right]{+1} (4,3)$$

$$(1,1) \xrightarrow[Up]{-0.04} (1,2) \xrightarrow[Up]{-0.04} (1,3) \xrightarrow[Right]{-0.04} (2,3) \xrightarrow[Right]{-0.04} (3,3) \xrightarrow[Right]{-0.04} (3,2) \xrightarrow[Up]{-0.04} (3,3) \xrightarrow[Right]{+1} (4,3)$$

$$(1,1) \xrightarrow[Up]{-0.04} (1,2) \xrightarrow[Up]{-0.04} (1,3) \xrightarrow[Right]{-0.04} (2,3) \xrightarrow[Right]{-0.04} (3,3) \xrightarrow[Right]{-0.04} (3,2) \xrightarrow[Up]{-1} (4,2)$$

注意，我们在每个转移中都标注了到达下一个状态所采取的动作以及获得的奖励。我们的目标是利用有关奖励的信息来学习与每个非终止状态 s 有关的期望效用 $U^\pi(s)$。其中效用函数定义为遵循策略 π 所能获得的（折扣）奖励的期望总和。如 17.1 节的式（17-2）所示，我们可以将其表述为

$$U^\pi(s) = E\left[\sum_{t=0}^{\infty} \gamma^t R(S_t, \pi(S_t), S_{t+1})\right] \tag{22-1}$$

其中 $R(S_t, \pi(S_t), S_{t+1})$ 为在状态 S_t 下采取动作 $\pi(S_t)$ 到达 S_{t+1} 所获得的奖励。需要注意的是，S_t 是一个随机变量，它表示从初始状态 $S_0 = s$ 出发，采取策略 π，在时刻 t 到达的状态。我们还将在所有等式中引入一个**折扣因子** γ，但对于这个 4×3 世界，我们将采用 $\gamma = 1$，这意味着没有折扣。

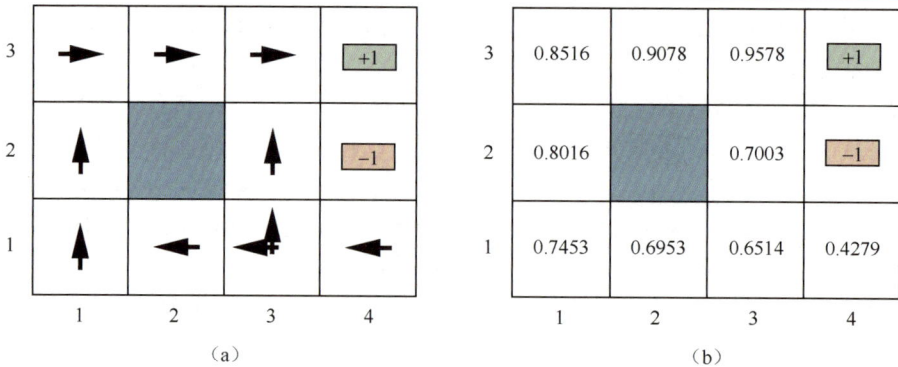

图 22-1　（a）$R(s, a, s') = -0.04$ 的随机环境中非终止状态间转移的最优策略。其中状态 (3, 1) 有两种策略，因为在该状态中 *Left* 和 *Up* 都是最优的。我们之前已经在图 17-2b 中观测到了这一点。（b）给定策略 π 后，4×3 世界中各个状态的效用函数

22.2.1 直接效用估计

直接效用估计（direct utility estimation）的思想是，一个状态的效用定义为从该状态出发的期望总奖励——我们称其为期望**预期奖励**（reward-to-go），并且每次试验将为每个访问过的状态提供一个它的数值样本。例如，在上面给出的 3 次试验中，第一次试验为状态 (1, 1) 提供了总奖励为 0.76 的样本，为 (1, 2) 提供了总奖励为 0.80 和 0.88 的两个样本，为状态 (1, 3) 提供了 0.84 和 0.92 两个样本，以此类推。因此，在每个序列的末尾，算法将计算每个状态的预期奖励，并相应地，采用平均的方法来更新每个状态的效用估计值。若试验的次数没有限制，样本平均值将收敛到式（22-1）中的真实期望值。

这意味着我们已经将强化学习简化为一个标准的监督学习问题，其中每个样例都是一对 (状态, 预期奖励)。我们有很多强大的监督学习算法，所以这种方法表面上看起来比较有前景，但它忽略了一个重要的约束：状态的效用取决于后继状态的奖励和期望效用。更具体地说，效用值应当满足固定策略的贝尔曼方程［另见式（17-14）］：

$$U_i(s) = \sum_{s'} P(s' \mid s, \pi_i(s))[R(s, \pi_i(s), s') + \gamma U_i(s')] \tag{22-2}$$

忽略状态之间的联系并直接估计效用将导致错过学习的机会。例如，在上面给出的 3 次试验中的第二次试验，智能体到达了先前未访问过的状态 (3, 2)，接着下一个转移让它到达 (3, 3)，从第一次试验中，我们知道 (3, 3) 具有很高的效用。那么贝尔曼方程立即表明 (3, 2) 也可能也具有很高的效用，因为它将到达 (3, 3)，但直接效用估计在试验结束之前无法学习到任何东西。更宽泛地说，我们可以将直接效用估计视为在比实际需要的更大的假设空间中搜索 U，因为它包含了许多不满足贝尔曼方程的函数。出于这个原因，该方法对应的算法通常收敛得非常缓慢。

22.2.2 自适应动态规划

利用**自适应动态规划**（adaptive dynamic programming，ADP）的智能体学习状态之间的转移模型并使用动态规划解决相应的马尔可夫决策过程，从而利用了状态效用之间的约束。对于被动学习智能体，这意味着可以将学习到的转移模型 $P(s' \mid s, \pi(s))$ 和观测到的奖励 $R(s, \pi(s), s')$ 代入式（22-2）来求解各个状态的效用。正如我们在第 17 章对策略迭代的讨论中所述，当策略 π 固定时，这些贝尔曼方程是线性的方程组，因此我们可以使用任意的线性代数软件包来求解。

或者我们可以采用**修正策略迭代**（modified policy iteration）的方法（见 17.2 节），利用简化的价值迭代过程在每次学习模型发生更改后更新效用估计值。由于每次观测给模型带来的改变通常非常小，因此价值迭代过程可以使用先前的效用估计作为初始值，并且这样的做法通常会使迭代过程收敛得很快。

学习转移模型很容易，因为环境是完全可观测的。这意味着我们需要解决一个监督学习任务，其中每个训练样例的输入是一个状态–动作对 (s, a)，输出为后续状态 s'。转移模型 $P(s' \mid s, a)$ 将以表格形式表示，它可以通过累积计数 $N_{s' \mid sa}$ 直接估计得到。该计数记录了在状态 s 下采取动作 a 后达到状态 s' 的频率。例如，在 22.2 节的第三次试验中，智能体在 (3, 3) 状态执行了 4 次 *Right* 动作，且相应的结果为两次到达 (3, 2) 以及两次到达 (4, 3)，因此 $P((3, 2) \mid (3, 3), Right)$ 和 $P((4, 3) \mid (3, 3), Right)$ 将均被估计为 1/2。

图 22-2 给出了被动自适应动态规划智能体的完整程序，它在 4 × 3 世界上的表现如图 22-3

所示。就其对价值估计速度的改进而言，自适应动态规划智能体仅受到它学习转移模型的能力的限制。从这个意义上说，它提供了一个能衡量任何其他强化学习算法的标准。然而，对于大的状态空间，它是难以实现的。例如，在西洋双陆棋中，它将需要求解包含 10^{20} 个未知数的大约 10^{20} 个方程。

---

function PASSIVE-ADP-LEARNER(*percept*) **returns** 一个动作
　　inputs: *percept*，指示当前状态 *s'* 与奖励信号 *r* 的某个感知
　　persistent: π，一个确定性策略
　　　　　　　　mdp，一个转移模型为 *P*、奖励为 *R*、动作为 *A*、折扣因子为 γ 的 MDP
　　　　　　　　U，关于状态效用的表，初始化为空
　　　　　　　　$N_{s'|s,a}$，一个表，用于某对状态与动作对应的结果状态出现次数的向量，初始为零
　　　　　　　　s, a，之前的状态与动作，初始为空

　　if *s'* 是一个新的状态 **then** $U[s'] \leftarrow 0$
　　if *s* 非空 **then**
　　　　增加 $N_{s'|s,a}[s, a][s']$
　　　　$R[s, a, s'] \leftarrow r$
　　　　将 *a* 加入 $A[s]$
　　　　$P(\cdot \mid s, a) \leftarrow$ NORMALIZE($N_{s'|s,a}[s, a]$)
　　　　$U \leftarrow$ POLICYEVALUATION(π, *U*, *mdp*)
　　　　$s, a \leftarrow s', \pi[s']$
　　　　return *a*

图 22-2　基于自适应动态规划的被动强化学习智能体。智能体将选定一个 γ 值，然后逐步计算 MDP 中的 *P* 与 *R* 值。其中 POLICY-EVALUATION 函数将求解固定策略的贝尔曼方程，正如 17.2 节中所述

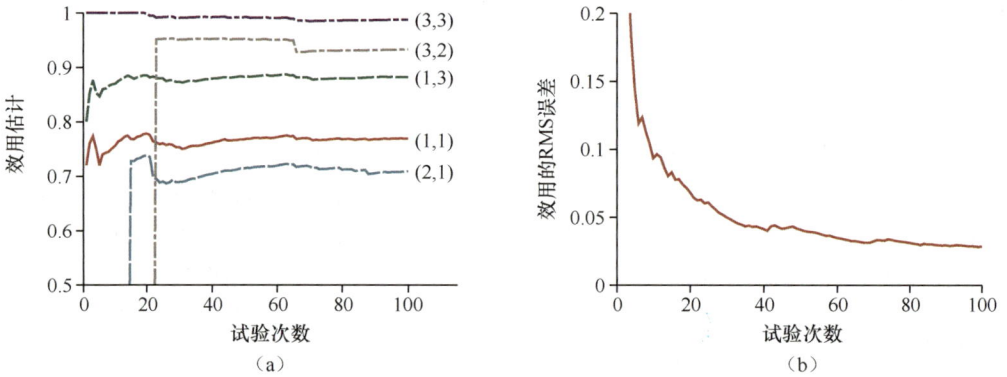

图 22-3　在给定图 22-1 所示的最优策略情况下，关于 4×3 世界问题的被动自适应动态规划的学习曲线。（a）选定某个状态子集，其效用估计值与试验次数的关系。注意，对于很少被访问的状态 (2, 1) 和 (3, 2)，它们分别在第 14 次和第 23 次试验才被"发现"连接到位于 (4, 3) 处的 +1 退出状态。（b）U(1, 1) 估计的均方根误差（见附录 A），所示的结果为 50 组，每组执行 100 次试验的平均值

22.2.3　时序差分学习

在 22.2.2 节中，我们将贝尔曼方程应用于学习问题来求解潜在的 MDP，但这不是将贝尔曼方程应用于学习问题的唯一方法。另一种方法是使用观测到的转移来更改观测状态的效用，从而迫使它们满足约束方程。例如，考虑 22.2 节的第二次试验中从状态 (1, 3) 到状态 (2, 3) 的转移。假设在第一次试验与估计后，效用的估计值为 $U^\pi(1, 3) = 0.88$ 和 $U^\pi(2, 3) = 0.96$。现在我

们假设从状态 (1, 3) 到状态 (2, 3) 的这种转移会一直发生，这时效用将满足如下方程：

$$U^\pi(1, 3) = -0.04 + U^\pi(2, 3)$$

所以 $U^\pi(1, 3)$ 将为 0.92。因此目前的估计值 0.88 是偏低的，它应该被提升。更一般地，如果一个转移为在状态 s 下采取动作 $\pi(s)$，并到达了状态 s'，我们则将如下更新规则应用于 $U^\pi(s)$：

$$U^\pi(s) \leftarrow U^\pi(s) + \alpha[R(s, \pi(s), s') + \gamma U^\pi(s') - U^\pi(s)] \tag{22-3}$$

这里，α 为**学习率**参数。由于此更新规则使用了相继状态（以及相继时间）之间效用的差分，因此通常被称为**时序差分**（temporal-difference，TD）方程。与第 19 章中介绍的权重更新规则类似，如 19.6 节的式（19-6），TD 项 $R(s, \pi(s), s') + \gamma U^\pi(s') - U^\pi(s)$ 实际上是关于误差的信息，更新旨在减少该误差。

所有时序差分方法都通过调整理想均衡的效用估计来实现学习目的，当效用估计正确时，理想均衡是局部成立的。在被动学习的情况下，该均衡解由式（22-2）给出。更新式（22-3）实际上确实能使智能体达到由式（22-2）给出的均衡，但其中还有一些细微的差别。首先，注意更新仅涉及观测到的后继状态 s'，而实际上均衡条件涉及所有可能的下一个状态。人们可能会认为，当发生非常罕见的转移时，会导致 $U^\pi(s)$ 发生较大的不正确的变化，但事实上，由于罕见的转移很少发生，即使该值本身也在持续波动，$U^\pi(s)$ 的平均值在极限意义下仍将收敛到正确的值。

此外，如果我们将参数 α 设置为一个如图 22-4 所示的随着访问状态的次数的增加而减小的函数，那么 $U^\pi(s)$ 本身将收敛到正确的值。[①] 图 22-5 给出了在 4×3 世界问题中的被动时序差分智能体的表现。它的学习速度不如自适应动态规划智能体快，并且看上去波动更强烈，但它更简单且对于每次观测所需的计算量也少得多。注意，TD 不需要通过转移模型来进行所需的更新。环境本身只提供由观测到的转移所给出的相邻状态之间的连接关系。

---

function Passive-TD-Learner(*percept*) **returns** 一个动作
    inputs: *percept*, 指示当前状态 s' 与奖励信号 r 的某个感知
    persistent: π, 一个确定性策略
              s, 之前的状态，初始为空
              U, 关于状态效用的表，初始化为空
              N_s, 关于状态出现频率的表，初始为零

    if s' 是一个新的状态 **then** $U[s'] \leftarrow 0$
    if s 非空 **then**
        增加 $N_s[s]$
        $U[s] \leftarrow U[s] + \alpha(N_s[s]) \times (r + \gamma U[s'] - U[s])$
    $s \leftarrow s'$
    return $\pi[s']$

图 22-4　一种使用时序差分方法学习效用估计的被动强化学习智能体。我们选择适当的步长函数 $\alpha(n)$ 以确保收敛

自适应动态规划与 TD 的方法是紧密联系的，两者都试图对效用估计进行局部调整，以使每个状态与其后继状态能 "达成一致"。其中一个不同之处在于，TD 方法调整状态的效用来达到与其观测到的后继状态一致 [式（22-3）]，而自适应动态规划调整状态的效用来达到与所有可能发生的后继状态一致，这些状态将按概率进行加权求和 [式（22-2）]。当 TD 的调整在大量转移上取平均时，这种差异就会消失，因为每个后继状态在转移的集合中发生的频率与其发生的概率大致成正比。一个更重要的区别在于，TD 对每个观测到的转移都只进行单次调整，

[①]　我们在 19.6 节中给出了该方法需要满足的条件，在图 22-5 中，我们采用 $\alpha(n) = 60/(59 + n)$，它满足所需条件。

而自适应动态规划进行尽可能多的调整，以保持效用估计 U 和转移模型 P 之间的一致性。尽管观测到的转移仅对 P 产生局部的改变，但它可能会影响到整个 U。因此，TD 可以看作对自适应动态规划的粗略但有效的近似。

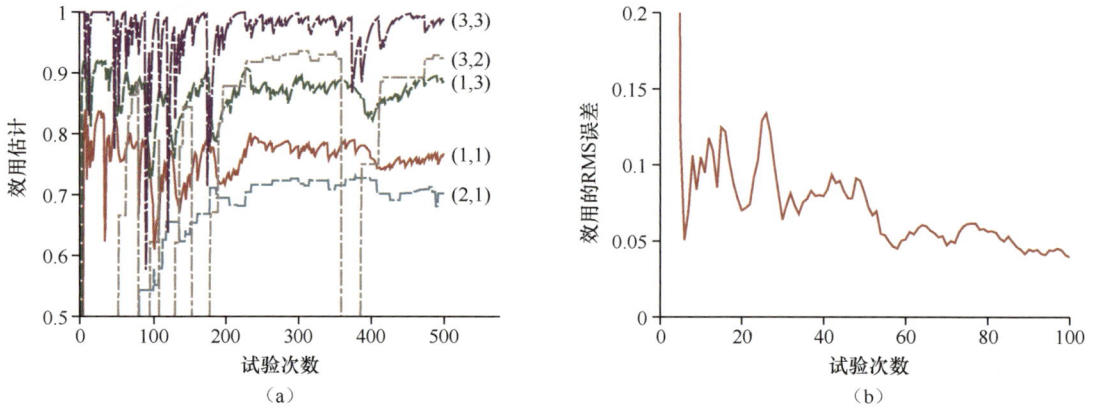

图 22-5 4×3 世界问题中，TD 的学习曲线。（a）选定的状态子集的效用估计与试验次数的关系。此为单组执行 500 次试验的结果。可以与图 22-3a 中的每组执行 100 次试验的结果进行比较。（b）$U(1, 1)$ 估计的均方根误差，所示结果为 50 组、每组执行 100 次试验的平均值

从 TD 的角度看来，ADP 所做的每一次调整都可以看作当前转移模型进行一次模拟产生的**伪经验**（pseudoexperience）的结果。因此我们可以将 TD 方法进行推广，使用转移模型来生成多个伪经验——给定当前模型下，TD 智能体认为可能发生的转移。对于每个观测到的转移，TD 智能体将生成大量的虚构的转移。这样一来，由此产生的效用估计将越来越接近 ADP 的效用估计值——当然，这种接近将以增加计算时间为代价。

同样，我们可以通过直接近似价值迭代或策略迭代算法的方式来生成更高效的自适应动态规划。尽管我们知道价值迭代算法是有效的，但如果我们的状态个数多达 10^{100} 个，那么它将是难以处理的。幸运的是，在每次迭代中，对状态价值的必要调整中有一大部分是非常微小的调整，因此一种可行的能够快速给出合理结果的方法是限制每次观测到转移后进行调整的次数。我们还可以利用启发式的方法对可能的调整进行排序，以便对最重要的状态进行调整。一种称为**优先扫描**（prioritized sweeping）启发式方法倾向于对那些高概率后继状态刚刚在自身的效用估计中经历了一次大调整的状态进行调整。

在运用了此类启发式方法后，就训练序列的数量而言，近似 ADP 算法的学习速度大致和完整 ADP 一样快，但就总体的计算量而言，其效率可以提高几个数量级（见习题 22.PRSW）。这使得它们能够处理那些对完整 ADP 来说过大的状态空间。近似 ADP 算法还有另外一个优点：在学习一个新环境的早期阶段，转移模型 P 往往会和正确模型差距较大，因此计算一个精确的效用函数来匹配它几乎没有意义。近似算法将使用可行的最小的调整规模，且该调整的规模将随着转移模型的逐渐精确而减小。这避免了在学习早期阶段可能发生的由于模型变化剧烈而导致的冗长的价值迭代过程。

22.3 主动强化学习

被动学习智能体有一个固定的策略来决定其行为，而**主动学习智能体**（active learning

agent）可以自主决定采取什么动作。我们将从自适应动态规划（ADP）智能体开始入手，并考虑如何对它进行修改以利用这种新的自由度。

首先，智能体需要学习一个完整的转移模型，其中包含所有动作可能导致的结果及概率，而不仅仅是固定策略下的模型。Passive-ADP-Agent 所使用的学习机制正好可以解决这个问题。接下来，我们需要考虑这样一个事实：智能体有一系列动作可供选择。它需要学习的效用是由最优策略所定义的效用，它们将满足贝尔曼方程（在这里再次给出）：

$$U(s) = \max_{a \in A(s)} \sum_{s'} P(s' \mid s, a) [R(s, a, s') + \gamma U(s')] \tag{22-4}$$

可以使用在第 17 章中介绍的价值迭代或策略迭代算法求解这些方程，以得到效用函数 U。

最后的问题是，智能体在每一步中该做什么。在获得对所学到的模型最优的效用函数 U后，智能体可以通过一步前瞻寻找并采取最大化期望效用的最优动作；或者，如果智能体使用的是策略迭代，那么我们现在已经得到了最优策略，因此它可以简单地执行最优策略建议的动作。但这样操作就正确吗？

22.3.1　探索

图 22-6 给出了 ADP 智能体的一系列试验的结果，在试验的每一步中，智能体都采用所学到的模型的最优策略建议的动作。智能体没有学习到正确的效用或正确的最优策略！取而代之的是，在第三次试验中，它发现了一个策略，该策略通过 (2, 1)、(3, 1)、(3, 2) 与 (3, 3)，沿着较差的路径到达了 +1 奖励（见图 22-6b）。接着，在一些变化较小的试验后，从第 8 次试验开始，智能体将坚持这一策略，并且再也不学习其他状态的效用，也就无法发现通过 (1, 2)、(1, 3) 和 (2, 3) 的最优路线。我们将该智能体称作**贪心智能体**（greedy agent），因为它每一步都贪婪地执行当前认为的最优动作。贪心方法有时是有效的，使得对应的智能体会收敛到最优策略，但在很多情况下，它的效果并不理想。

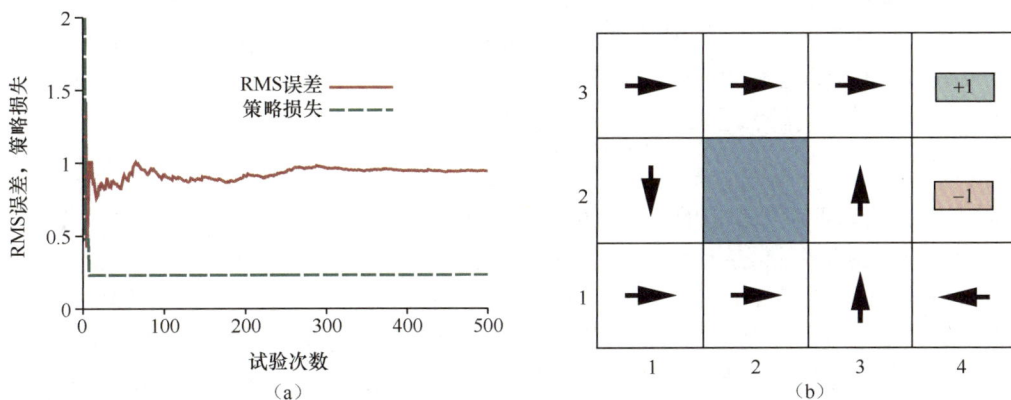

图 22-6　贪心 ADP 智能体的表现，它采取所学习到的模型下的最优策略所推荐的动作。（a）在所有 9 个非终止方格中取平均值的均方根（RMS）误差，以及 (1, 1) 中的策略损失。我们可以看到，该策略很快地，在仅仅 8 次试验之后，就收敛到一个损失为 0.235 的次优策略。（b）贪心智能体在这个特定的试验序列中收敛到的次优策略。注意，(1, 2) 状态中采取 *Down* 动作

为什么选择最优动作会导致次优的结果呢？答案是，学习到的模型与真实的环境不一样；因此，学习到的模型的最优结果可能在真实环境中是次优的。遗憾的是，智能体并不清楚真实环境是什么样子，因此它将无法计算真实环境下的最优动作。那么，它应该采取什么动作呢？

　　贪心智能体忽视了这样一个事实：动作不仅提供奖励，还以结果状态中感知的形式提供信息。回顾 17.3 节中的**老虎机问题**，智能体必须在**利用**当前最佳动作以最大化其短期奖励和**探索**过去未知的状态以获得可能导致策略改变（以及在未来获得更大奖励）的信息之间进行权衡。在真实世界中，一个人时常需要进行抉择：继续在舒适圈度日，还是为了更好的生活去涉猎未知的世界。

　　虽然我们很难找到最优探索方案以精确地解决老虎机问题，但我们仍然有可能提出一个方案，使得智能体最终能将发现一个最优策略，尽管该方案可能需要花费比最优方案更长的探索时间。任何一个能找到这种最优策略的方案对于下一步行动的选取都不应该是贪心的，而应该是所谓"无限探索极限下的贪心"（greedy in the limit of infinite exploration，**GLIE**）。GLIE 方案必须在每个状态下对每个动作尝试任意多次，以避免错过最优动作。使用这种方案的 ADP 智能体最终将学习到正确的转移模型，在此基础上，它可以在不考虑探索的情况下行动。

　　基于 GLIE 的方案有若干种，最简单的一种是让智能体在时刻 t 以 $1/t$ 的概率随机选择一个动作，否则就遵循贪心策略。虽然这个方法最终会收敛到最优策略，但收敛过程可能会很慢。一个更好的方法是对智能体不经常尝试的动作赋予较高的权重，同时倾向于避免采取智能体认为效用较低的动作（正如在 5.4 节中我们使用蒙特卡罗树搜索所做的那样）。这一过程可以通过改变约束方程，即式（22-4），为探索还相对不充分的状态–动作对赋予更高的效用估计来实现。

　　这相当于对可能的环境赋予一个乐观的先验，这也会使得智能体最初的行为就像各个位置都散布着很高的奖励一样。我们用 $U^+(s)$ 来表示对状态 s 的目标效用（即期望的预期奖励）的乐观估计，并用 $N(s, a)$ 表示动作 a 在状态 s 中被尝试的次数。现在我们将对 ADP 学习智能体使用价值迭代，于是我们需要改写 17.2 节中的更新式（17-10）以引入乐观估计：

$$U^+(s) \leftarrow \max_a f\left(\sum_{s'} P(s'\,|\,s, a)\,[R(s, a, s') + \gamma U^+(s')], N(s, a)\right) \qquad (22\text{-}5)$$

这里的 f 表示**探索函数**（exploration function）。函数 $f(u, n)$ 决定了贪心（倾向于选择效用函数 u 较高的动作）如何与好奇心（倾向于选择不经常尝试且计数 n 较小的动作）进行权衡。该函数应关于 u 递增，关于 n 递减。显然，存在许多满足这些条件的函数。一个特别简单的例子如下：

$$f(u, n) = \begin{cases} R^+, & \text{当 } n < N_e \\ u, & \text{其他} \end{cases}$$

其中 R^+ 是任何状态下对可获得的最佳可能奖励的乐观估计，N_e 是一个固定的参数。这样的函数将迫使智能体对每个状态–动作对至少尝试 N_e 次。式（22-5）右侧采用了 U^+ 而不是 U，这一点非常重要。随着探索的进行，接近初始状态的状态和动作可能会被尝试非常多次。如果我们使用 U，即更悲观的效用估计，那么智能体很快就会变得不愿意探索更远的区域。使用 U^+ 意味着探索的好处是从未探索区域的边缘传递回来的，于是前往未探索区域的动作将有更高的权重，而不仅是那些本身不为人所熟悉的动作有更高的权重。

　　图 22-7b 清楚地展现了这种探索策略的效果：策略损失将快速收敛到 0，这与贪心法的结果不同。只经过 18 次试验，智能体就找到了一个非常接近最优的策略。注意，效用估计中的 RMS 误差并没有很快收敛，这是因为智能体很快就停止了对状态空间中没有奖励的部分的探索，并且在此之后只是"偶然"地访问它们。然而对智能体来说，如果可以忽视一些不需要并且可避免的状态的精确效用，这将是非常有帮助的。例如当你正从悬崖上摔下来的时候，去学习哪个是最好的广播电台对你来说是没有多大意义的。

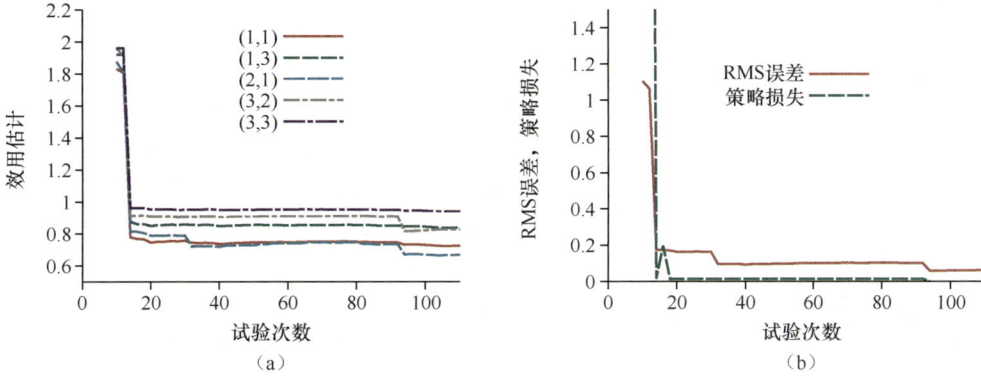

图 22-7 采用 $R^+ = 2$ 及 $N_e = 5$ 的探索性 ADP 智能体的表现。（a）某个选定状态的效用估计随时间的变化图。（b）效用估计以及相应的策略损失的 RMS 误差

22.3.2 安全探索

到目前为止，我们都假设智能体可以像我们所希望的那样自由地进行探索——任何负面的奖励只会改善它对世界的建模。也就是说，如果我们输了一盘棋，我们不会受到任何伤害（也许除了我们的自信心），无论我们学到什么，都会使我们在下一盘棋中成为更好的棋手。同样，在自动驾驶汽车的模拟环境中，我们可以探索汽车性能的极限，任何事故都会给我们提供更多的信息。如果车撞坏了，我们只需按一下复位按钮即可。

遗憾的是，真实世界没有那么宽容。如果你是一只小太阳鱼，你存活到成年的概率大约是0.00000001。在 4.5 节中所定义的在线搜索智能体环境下，许多动作是**不可逆的**：不存在后续的动作序列可以将状态恢复到不可逆动作发生之前的状态。在最坏的情况下，智能体将进入到一个**吸收态**（absorbing state），此时任何动作都不会改变当前的状态，智能体也不会得到任何奖励。

在许多实际情况中，我们无法承担我们的智能体采取不可逆的动作或进入吸收态的后果。例如，一个正在学习驾驶真正的汽车的智能体应该避免采取可能导致以下任何情况的动作：

- 有大量负面奖励的状态，如严重车祸；
- 无法脱离的状态，如将汽车开进深沟中；
- 将永久性地限制未来奖励的状态，例如损坏汽车发动机，使其最高速度降低。

我们仍可能最终陷入一种糟糕的状态，这要么是因为我们的模型未知，使得我们主动选择朝着一个结果糟糕的方向进行探索，要么是因为我们的模型不正确，以至于我们不知道一个给定的动作可能会带来灾难性的结果。图 22-2 中的算法使用最大似然估计（见第 20 章）学习转移模型，再仅根据估计的模型进行策略选择，就好像这个模型真是正确的模型一样。这不一定是个好主意！例如，一个不知道红绿灯是如何工作的出租车智能体可能会在一次或两次闯红灯却没有受到惩罚后制定一项荒唐的策略——无视所有的红灯。

一个更好的方法是选择一个对所有有机会成为真实模型的模型都相当有效的策略，即使该策略对于最大似然模型是次优的。我们将介绍 3 种带有这种思想的数学方法。

第一种方法为**贝叶斯强化学习**（Bayesian reinforcement learning），它对关于正确模型的假设 h 赋予一个先验概率 $P(h)$，而后验概率 $P(h \mid e)$ 将在给定观测数据的情况下，通过贝叶斯法则得到。如果智能体在某一时刻决定停止学习，那么最优策略即为给出最高期望效用的策略。我们设 U_h^π

为期望效用，它通过在模型 h 中执行策略 π 得到，并在所有可能的初始状态上取平均，那么有

$$\pi^* = \underset{\pi}{\text{argmax}} \sum_h P(h \mid e) U_h^\pi$$

在某些特殊情况下，我们甚至可以计算出此策略！然而，如果智能体将在未来继续学习，那么找到一个最优策略就变得相当困难，因为智能体必须考虑到未来的观测对其所学习到的转移模型的影响。这个问题变成了一个将状态看作模型上的分布的**探索** POMDP（exploration POMDP）的问题。原则上，这种探索 POMDP 问题可以在智能体进入世界之前被表述并解决（习题 22.EPOM 要求读者在扫雷游戏中进行分析，以找到最佳的第一步）。问题的解是一个完整的策略，它在给定任何可能的感知序列的情况下，将告诉智能体下一步要做什么。求解探索 POMDP 问题通常是非常棘手的，但这一概念为理解 22.3 节中所描述的探索问题提供了分析基础。

注意，再好的贝叶斯方法也并不能保护智能体使其免于过早死亡。没有什么办法能阻止智能体采取会导致吸收态的探索性动作，除非先验知识给出了关于危险的一些感知提示。例如，人们过去认为人类婴儿天生恐高，他们不会爬下悬崖，但事实证明并非如此（Adolph *et al.*, 2014）。

第二种方法来自**健壮控制理论**（robust control theory），它考虑一组可能模型 $\mathcal{H}$ 而不赋予它们概率，在此基础上，最优健壮策略定义为能在 $\mathcal{H}$ 中最坏的情况下给出最佳结果的策略：

$$\pi^* = \underset{\pi}{\text{argmax}} \, \underset{h}{\min} \, U_h^\pi$$

通常情况下，集合 $\mathcal{H}$ 为似然 $P(h \mid e)$ 超过某个阈值的模型的集合，因此健壮方法和贝叶斯方法是相联系的。

健壮控制方法可以看作智能体和对手之间的博弈，其中对于任何动作，对手都将选择最坏的可能结果，我们得到的策略即是博弈的极小化极大（minimax）解。我们的逻辑 wumpus 智能体（见 7.7 节）也是一个这样的健壮控制智能体：它考虑所有逻辑上可能的模型，并且不探索任何可能包含一个无底洞或 wumpus 的位置，因此它将在所有可能的假设中找到最坏情况下效用最大的动作。

第三种方法是最坏情况假设，这一想法的问题在于，它会导致行为过于保守。如果一辆自动驾驶的汽车认为其他所有的司机都可能与它相撞，那它别无选择，只能停在车库里。现实生活中充满了这样的风险–回报权衡。

使用强化学习的一个原因是为了避免对人类教师的需求（如在监督学习中），但事实证明，人类知识可以帮助维护系统的安全。一种方法是记录一位有经验的教师的一系列动作，使系统从一开始就合理地行动并从中学习与改进。另一种方法是人为地约束系统的行为，并让强化学习系统之外的程序执行这些约束。例如，在训练一架自动驾驶的直升机时，我们可以提供一个额外策略，该策略在直升机进入某个状态（从这个状态开始，任何进一步的不安全动作都将导致不可复原的结果）时接管其控制权——在这种状态下，安全控制员不能保证飞机能避免进入吸收态。在所有其他状态中，学习智能体都可以随心所欲地行动。

22.3.3　时序差分 Q 学习

现在假设我们已有一个主动 ADP 智能体，我们将考虑如何构造一个主动时序差分学习智能体。与之前的情境相比，这里最显著的区别在于智能体必须学习转移模型，以便它可以通过一步前瞻来选择基于 $U(s)$ 的动作。TD 智能体的模型获取问题与 ADP 智能体的模型获取问题是相同的，并且 TD 更新规则也相同。此外，可以证明，当训练序列的数目趋于无穷时，TD

算法将收敛到与 ADP 算法相同的值。

Q **学习**方法将通过学习动作效用函数 $Q(s, a)$ 而不是学习效用函数 $U(s)$ 来避免对模型本身的需求。$Q(s, a)$ 表示智能体在状态 s 下采取动作 a 并在其后采取最优行动的期望总折扣奖励。如果智能体已经知道 Q 函数，那么它可以通过简单地选择 $\operatorname{argmax}_a Q(s, a)$ 来实现最优行动，而不需要基于转移模型进行前瞻探索。

我们还可以推导出对于 Q 值的无模型 TD 更新规则。我们从关于 $Q(s, a)$ 的贝尔曼方程出发，在这里重新给出式（17-8）：

$$Q(s,a) = \sum_{s'} P(s' \mid s, a)[R(s,a,s') + \gamma \max_{a'} Q(s',a')] \qquad (22\text{-}6)$$

基于此，我们可以效仿式（22-3）中效用函数的 TD 更新规则，给出 Q 学习的 TD 更新规则：

$$Q(s,a) \leftarrow Q(s,a) + \alpha\,[R(s,a,s') + \gamma \max_{a'} Q(s',a') - Q(s,a)] \qquad (22\text{-}7)$$

每当智能体在状态 s 下执行动作 a 并导致状态 s' 时，就会计算此更新。在式（22-3）中，$R(s, a, s') + \gamma \max_{a'} Q(s', a') - Q(s, a)$ 这一项表示更新试图最小化的误差。

这个等式的重要的性质在于它所不包含的内容：无论在学习过程中还是动作选择中，时序差分 Q 学习智能体都不需要转移模型 $P(s' \mid s, a)$。如我们在本章开头所述，无模型方法可以应用于非常复杂的领域，因为它们不需要利用或者学习该模型。另外，Q 学习智能体无法了解未来的信息，因此当奖励稀疏时智能体可能会遇到困难，并且此时它必须构造长的动作序列才能到达有奖励的部分。

图 22-8 给出了探索性时序差分 Q 学习智能体的完整设计。注意，它使用的探索函数 f 与探索性 ADP 智能体所使用的函数 f 完全相同，因此我们需要保留所采取动作的统计信息（关于 N 的表格）。如果我们使用一个更简单的探索策略，例如我们在一些步骤中随机地进行操作，且步骤数量随着时间的推移而减少，那么我们就可以省去这些统计信息。

---

function Q-LEARNING-AGENT(*percept*) **returns** 一个动作
　　inputs: *percept*，指示当前状态s'与奖励信号r的某个感知
　　persistent: Q，一个表，用于记录状态与动作对应的动作的值，初始为零
　　　　　　　　N_{sa}，一个记录状态–动作对出现的频率的表，初始为零
　　　　　　　　s, a，之前的状态与动作，初始为空
　　if s非空 **then**
　　　　增加 $N_{sa}[s, a]$
　　　　$Q[s, a] \leftarrow Q[s, a] + \alpha(N_{sa}[s, a])(r + \gamma \max_{a'} Q[s', a'] - Q[s, a])$
　　$s, a \leftarrow s', \operatorname{argmax}_{a'} f(Q[s', a'], N_{sa}[s', a'])$
　　return a

图 22-8　一个探索 Q 学习智能体。它是一个主动的学习器，学习每个情境下每个动作的 $Q(s, a)$ 值。它采用了与探索 ADP 智能体所用相同的探索函数 f，但是避免了对转移模型的学习

SARSA，即状态（state）、动作（action）、奖励（reward）、状态（state）、动作（action），是一种与 Q 学习紧密关联的方法。它的更新规则也与 Q 学习的更新规则［式（22-7）］非常相似，区别在于 SARSA 使用实际采取的动作 a' 的 Q 值进行更新：

$$Q(s,a) \leftarrow Q(s,a) + \alpha[R(s,a,s') + \gamma\, Q(s',a') - Q(s,a)] \qquad (22\text{-}8)$$

该更新规则应用于每个 s, a, r, s', a' 五元组之后，SARSA 也因这个五元组得名。它与 Q 学习的区别非常细微：Q 学习使用的是状态 s' 的最佳动作的 Q 值，而 SARSA 将等待某个动作被实际执行并使用该动作的 Q 值。如果智能体是贪心的，并且总是采取具有最佳 Q 值的动作，那么

这两种算法是相同的。然而，当智能体进行探索时，两个算法将有所不同：如果探索产生负面奖励，SARSA 会惩罚这个动作，而 Q 学习不会。

Q 学习是一种离策略（off-policy）学习算法，因为它所学习的 Q 值回答了问题"假设我停止使用我正在使用的任何策略，并依照（根据估计）选择最佳动作的策略开始行动，那么这个动作在该状态下的价值是多少？"SARSA 是一个同策略（on-policy）的算法，它通过学习 Q 值回答了问题"假设我坚持自己的策略，那么这个动作在该状态下的价值是多少？"Q 学习比 SARSA 更灵活，因为 Q 学习智能体可以学习在各种探索策略的控制下如何表现良好。另外，如果整个策略部分地由其他智能体或程序控制，那么 SARSA 就是适用的，在这种情况下，我们最好学习实际发生的动作的 Q 函数，而不是学习智能体选择估计的最佳动作情况下将发生的动作的 Q 函数。Q 学习和 SARSA 都能学到 4×3 世界中的最优策略，但它们的学习速度比 ADP 智能体慢得多。这是因为局部更新不会通过模型来保证所有 Q 值之间的一致性。

22.4 强化学习中的泛化

到目前为止，我们都假设效用函数和 Q 函数可以用表格的形式表示，其中每个状态有一个输出值。这种方法适用于状态多达 10^6 的状态空间，这对我们处在二维网格环境中的玩具模型来说已经足够了。但在有更多状态的现实环境中，其收敛速度会很慢。西洋双陆棋比大多数真实世界的应用简单，但它的状态已经多达约 10^{20} 个。我们不可能为了学习如何玩游戏而简单地访问每一个状态。

我们在第 5 章中介绍了**评价函数**的概念，它是对我们想了解的潜在巨大状态空间的一个紧度量。在本章中，我们将把评价函数作为一个近似效用函数，我们将用术语函数近似来表示构造一个关于真实效用函数或 Q 函数的紧的近似的过程。例如，我们可以使用特征的加权线性组合来近似效用函数：

$$\hat{U}_\theta(s) = \theta_1 f_1(s) + \theta_2 f_2(s) + \cdots + \theta_n f_n(s)$$

如此一来，强化学习算法将不需要学习表中的 10^{20} 个状态值，只需学习 20 个参数值 $\theta = \theta_1, \cdots, \theta_{20}$，这些值可以令 $\hat{U}_\theta$ 很好地近似真实的效用函数。有时，这种效用函数近似方法会与前瞻搜索相结合，以做出更准确的决策。添加前瞻搜索意味着有效的行为可以从一个简单得多的效用函数近似器生成，而这个函数本身又可以从少得多的经验中学习得到。

函数近似的方法使得在非常大的状态空间中表示效用函数（或 Q 函数）变得可行，但它更重要的意义在于允许了归纳性的泛化：智能体可以从它访问过的状态泛化到它还没有访问过的状态。特索罗（Tesauro, 1992）利用这一方法构建了一个西洋双陆棋游戏程序，尽管它只探索了西洋双陆棋完整状态空间的万亿分之一。

22.4.1 近似直接效用估计

直接效用估计的方法（22.2 节）在状态空间中生成轨迹，并对每个状态获取从该状态出发直到终止的奖励总和。状态和获得的奖励之和构成了**监督学习算法**的训练样例。例如，假设我们用一个简单的线性函数来表示 4×3 世界的效用函数，其中方格的特征是它们的 x 和 y 坐标。在这种情况下，我们有

$$\hat{U}_\theta(x, y) = \theta_0 + \theta_1 x + \theta_2 y \tag{22-9}$$

因此，如果 $(\theta_0, \theta_1, \theta_2) = (0.5, 0.2, 0.1)$，那么 $\hat{U}_\theta(1,1) = 0.8$。给定一组试验，我们得到一组关于 $\hat{U}_\theta(x, y)$ 值的样本，并且我们可以使用标准线性回归（第 19 章）在最小化平方误差的意义下找到最佳拟合。

在强化学习中使用在线学习算法可以使每次试验后的参数更新更有意义。现在，假设我们运行一次试验，从 $(1, 1)$ 出发获得的总奖励是 0.4。这表明，目前的估计值 $\hat{U}_\theta(1,1) = 0.8$ 太大，必须降低。那么我们如何通过调整参数实现这一点？与神经网络的学习一样，我们将给定一个误差函数，并计算它关于参数的梯度。若设 $u_j(s)$ 为在第 j 次试验中从状态 s 出发观测到的总奖励，那么误差就定义为预测总奖励和实际总奖励的平方差的一半，即 $E_j(s) = (\hat{U}_\theta(s) - u_j(s))^2 / 2$。每个参数 θ_i 关于误差的变化率为 $\partial E_j / \partial \theta_i$，为了使参数朝着误差减小的方向移动，我们进行如下更新：

$$\theta_i \leftarrow \theta_i - \alpha \frac{\partial E_j(s)}{\partial \theta_i} = \theta_i + \alpha \, [u_j(s) - \hat{U}_\theta(s)] \frac{\partial \hat{U}_\theta(s)}{\partial \theta_i} \tag{22-10}$$

对于在线最小二乘法，这被称为 **Widrow-Hoff 法则**（Widrow–Hoff rule）或 **delta 法则**（delta rule）。对于式（22-9）中的线性函数近似器 $\hat{U}_\theta(s)$，我们将得到 3 个简单的更新规则：

$$\theta_0 \leftarrow \theta_0 + \alpha[u_j(s) - \hat{U}_\theta(s)]$$
$$\theta_1 \leftarrow \theta_1 + \alpha[u_j(s) - \hat{U}_\theta(s)]x$$
$$\theta_2 \leftarrow \theta_2 + \alpha[u_j(s) - \hat{U}_\theta(s)]y$$

我们可以将这些规则应用到实际样例中，其中 $\hat{U}_\theta(1,1)$ 为 0.8，$u_j(1, 1)$ 为 0.4。参数 θ_0、θ_1 和 θ_2 都将减小 0.4α，从而降低样例 $(1, 1)$ 的误差。注意，改变参数 θ_i 以响应观测到的两个状态之间的转移也会改变其他状态的 $\hat{U}_\theta$ 值！这就是我们所说函数近似允许强化学习系统从经验中进行泛化的意思。

如果智能体使用函数近似的方法，只要假设空间不太大，并且包含一些与真实效用函数比较吻合的函数，智能体将学习得更快。习题 22.APLM 要求读者分别评估使用函数近似与不使用函数近似的直接效用估计的表现。在 4×3 世界中，函数近似方法带来的改进是明显的，但并不格外引人注目，因为这是一个非常小的简单状态空间。在一个大小为 10×10、状态 (10, 10) 的奖励为 +1 的世界里，函数近似的改进会更明显。

10×10 世界非常适合采用线性效用函数，因为真正的效用函数是光滑的且几乎是线性的：它基本上是一个对角线的斜坡，其下端位于 (1, 1)，上端位于 (10, 10)，另外，如果我们把 +1 奖励设在 (5, 5) 位置，那么真正的效用则更像是一个金字塔，此时式（22-9）中所用的函数近似的效果将极差。

尽管如此，我们还有一线希望！记住，线性函数近似的关键在于函数关于特征是线性的。因此我们仍然可以选择关于状态的任意非线性函数作为特征。我们可以引入一个特征，例如 $f_3(x, y) = \sqrt{(x - x_g)^2 + (y - y_g)^2}$ 来度量状态到目标的距离。在使用了这一新特征后，线性函数近似器表现良好。

22.4.2　近似时序差分学习

我们同样可以将这些想法应用于时序差分学习器。我们要做的就是调整参数以减少相继状态之间的时序差分。时序差分公式和 Q 学习公式〔式（22-3）和式（22-7）〕的更新规则的新版本如下：

$$\theta_i \leftarrow \theta_i + \alpha \left[R(s,a,s') + \gamma \hat{U}_\theta(s') - \hat{U}_\theta(s) \right] \frac{\partial \hat{U}_\theta(s)}{\partial \theta_i} \tag{22-11}$$

上式为效用函数的版本，下式为关于 Q 值的版本：

$$\theta_i \leftarrow \theta_i + \alpha \left[R(s,a,s') + \gamma \max_{a'} \hat{Q}_\theta(s',a') - \hat{Q}_\theta(s,a) \right] \frac{\partial \hat{Q}_\theta(s,a)}{\partial \theta_i} \tag{22-12}$$

对于被动 TD 学习，当函数近似器关于特征呈线性时，可以证明更新法则将收敛到最接近真实函数的近似。[①] 在主动学习以及诸如神经网络等非线性函数中，这样的结果几乎是不可能的：有一些非常简单的情境，使得即使假设空间中存在很好的解，在这些更新规则下，参数也将趋向无穷大。当然也有一些更复杂的算法可以避免这些问题，但到目前为止，利用通用函数近似进行强化学习的研究仍发展得不十分充分。

除参数可能发散到无穷大之外，还有一个更糟糕的称为**灾难性遗忘**（catastrophic forgetting）的问题。假设你正在训练一辆自动驾驶汽车，使得它能在（模拟）道路上安全行驶且不发生碰撞。你为驶过道路的边缘分配了一个较高的负面奖励，并使用了道路位置的二次特征，使得汽车可以知道在道路中间行驶的效用高于靠近边缘行驶的效用。在一切顺利进行的情况下，这辆车将学会在路中间完美地行驶。几分钟后，你可能开始感到无聊，准备停止模拟并给出出色的结果。突然，车辆猛然转向，冲出了公路。为什么会发生这样的事？这是因为汽车学得太好了：因为它的学习目标是远离边缘，这可能会让它明白道路的整个中心区域是一个安全的地方，但它忘记了靠近边缘的区域是危险的。因此，价值函数的中心区域将是平坦的，二次特征的权重为零；在此基础上，线性特征的任何非零权重都会导致汽车滑出道路的一侧或另一侧。

一个解决这个问题的方法叫作**经验回放**（experience replay），它可以确保汽车定期重温之前训练时发生的撞车行为。该学习算法将保留整个学习过程中出现的轨迹，并对这些轨迹进行回放，以确保它不再访问的那部分状态空间上的价值函数仍然是准确的。

对于基于模型的强化学习系统，函数近似对学习关于环境的模型也有很大的帮助。注意，学习一个可观测环境的模型是一个监督学习问题，因为下一个观测给出了上一个观测的结果状态。第 19 ~ 21 章中的任何监督学习方法都可以通过适当调整，应用到我们所需的关于完整状态描述的预测，而不仅仅是用于布尔分类或单个实值的预测。利用学习到的模型，智能体可以进行前瞻探索以改进其决策，并且可以执行内部模拟以改进它对 U 或 Q 的近似表示，而不需要缓慢且可能十分昂贵的真实世界中的经验。

对于部分可观测的环境，相应的学习问题要困难得多，因为下一个感知到的状态不再是状态预测问题的标签。如果我们知道隐藏变量是什么，以及它们与可观测变量之间的因果关系，那么我们就可以确定动态贝叶斯网络的结构，并利用 EM 算法来学习参数，就像第 20 章中所描述的一样。学习动态贝叶斯网络的内部结构和创建新的状态变量仍然是一个困难的问题。深度循环神经网络（21.6 节）已经在某些情况下成功地构造了隐藏结构。

22.4.3　深度强化学习

有两个原因促使我们寻找性能超越线性函数的近似器：首先，对某些效用函数或 Q 函数来说，可能不存在近似效果较好的线性函数；其次，我们可能无法找到我们需要的特征，尤其是在一个新的领域中。如果仔细思考，这两点实际上可以归结为同一个原因：把 U 或 Q 表示为特征的线性组合总是可能的，尤其是当我们有形如 $f_1(s) = U(s)$ 或 $f_2(s,a) = Q(s,a)$ 的特征时，

---

① 效用函数之间距离的定义要更加技术化，详见论文（Tsitsiklis and Van Roy, 1997）。

但是除非我们能提供这样的特征（以有效的可计算形式），否则线性函数近似器可能是不够的。

基于这些原因，研究人员从强化学习研究的早期开始就探索了更复杂的非线性函数近似器。目前，深度神经网络（第 21 章）在这方面非常火热，并且已经被证实，即使在输入是完全没有经过人为设计的特征提取的原始图像的情况下，深度神经网络也是有效的。如果训练过程一切顺利，深度神经网络本身实际上已经找到了有效的特征。并且如果网络的最后一层是线性的，我们就可以看到网络是用何种特征来建立自己的线性函数近似器。使用深度网络作为函数近似器的强化学习系统称为深度强化学习系统。

正如式（22-9）所示，深度网络是一个由 θ 参数化的函数，只是它的函数要复杂得多，其参数由所有网络层中的所有权重组成。尽管如此，式（22-11）和式（22-12）所需的梯度与监督学习所需的梯度相同，并且它们同样可以通过 21.4 节中所述的反向传播过程来计算。

正如我们在 22.7 节中所述，深度强化学习已经取得了非常显著的成果，其中包括在各种各样的电子游戏中进行学习并成为游戏专家，在围棋比赛中击败人类世界冠军，以及训练机器人并令其执行复杂任务。

尽管深度强化学习取得了令人印象深刻的成果，它仍然面临着巨大的阻碍：它通常很难有良好的表现，并且如果训练数据与真实环境稍有不同，训练系统的行为可能会变得非常不可预测。与深度学习的其他应用相比，深度强化学习很少应用于商业环境，然而，这仍是一个非常活跃的研究领域。

22.4.4　奖励函数设计

正如我们在本章的引言中所指出的，真实世界中环境的奖励可能非常稀疏：为了得到任何非 0 的奖励，我们需要执行很多的基元动作。例如，一个足球机器人在它丢球之前可能会向它的各个关节发送数十万条运动控制指令，而现在它必须找出哪一步做错了。我们用术语信用分配（credit assignment）命名该问题。除了进行数万亿场的足球比赛，使得负面奖励最终能反馈到应该对丢球负责的动作之外，还有更好的解决办法吗？

一种常见的方法称为奖励函数设计（reward shaping），它最初用于动物训练。该方法将为智能体提供额外的奖励，我们称之为伪奖励（pseudoreward），用于奖励智能体"取得进步"。例如，我们在机器人接触球或将球推进球门时对其提供伪奖励。这样的奖励可以极大地加快学习速度，而且提供起来也很简单，但该方法存在一种风险，即智能体会将学习的目标定为最大化伪奖励，而不是真正的奖励，例如，智能体可能会认为站在球旁边进行"振动"就可以与球多次接触。

在第 17 章中，我们介绍过一种在不改变最优策略的前提下修改奖励函数的方法。对于任意势函数 $\Phi(s)$ 和任意奖励函数 R，我们可以构造一个新的奖励函数 R'，它有如下形式：

$$R'(s, a, s') = R(s, a, s') + \gamma\Phi(s') - \Phi(s)$$

其中我们可以通过构造势函数 Φ，以反映我们所希望的部分状态，例如反映某个子目标的实现或者目前状态到我们希望的终止状态的距离。例如，足球机器人的势函数 Φ 可以为机器人所在的球队拥有球权的状态赋予一个固定的奖励，同时对球到对手球门的距离的减少赋予另一个奖励。这都能使得整体的学习更快，同时不会妨碍机器人学习，例如，它仍会学习在局势有危险时回防到守门员附近。

22.4.5　分层强化学习

另一种处理过长动作序列的方法是把它们分成几个小片段，然后再把它们分成更小的片段，并以此类推，直到动作序列足够短，进而使学习变得容易。这种方法被称为**分层强化学习**（hierarchical reinforcement learning，HRL），它与第 11 章中所描述的 **HTN 规划**方法有很多共同点。例如，在足球比赛中，进球可以分解为获得控球权、传球给队友、从队友处接球、带球向球门移动和射门，每一个过程都可以进一步细分为更低层级的运动行为。显然，我们有多种方式获得控球权和射门，有多个队友可选为传球对象，等等，所以每一个相对高层级的动作可能有许多不同的低层级实现。

为了更具体说明这一想法，我们将考虑一个简化的足球游戏 **keepaway**，其中一个队伍的 3 名球员试图通过带球和传球以尽可能地延长控球时间，而另一队的两名球员则试图通过拦截传球或抢断控球球员来获得控球权。[①] 游戏使用 RoboCup 2D 模拟器来实现，该模拟器提供了具有 100 毫秒时间步的详细连续状态运动模型，是一个很好的强化学习系统测试平台。

分层强化学习智能体从一个**局部程序**（partial program）出发，该程序刻画了智能体行为的某种分层结构。智能体程序的局部编程语言通过为必须通过学习得到的未指定的选择添加主程序的方式扩展了原始的编程语言。（在这里，我们采用编程语言的伪代码。）其中局部程序可以是任意复杂的，我们只要求它能终止。

不难看出，一般的 RL 是 HRL 的一个特例。在此，我们只提供了一个简单的局部程序，该程序允许智能体不断地从 $A(s)$（当前状态 s 下可以执行动作的集合）中选择任意动作：

> **while** true **do**
>   **choose**($A(s)$)

其中 **choose** 操作允许智能体选择指定集合中的任意元素。通过学习如何做出每个选择，我们可以完善局部智能体程序并使其成为一个完整的程序，这就是学习过程。例如，学习过程可能将 Q 函数与每个选择相关联，在学习到 Q 函数之后，程序就可以在每次需要做出选择时选择 Q 值最高的选项来产生动作。

keepaway 的智能体程序会更有趣一些。我们先考虑"持球者"团队中单个球员的局部程序。在顶级联赛中，球员对动作的选择主要取决于球员是否持球：

> **while not** Is-Terminal(s) **do**
>   **if** Ball-In-My-Possession(s) **then choose**({Pass, Hold, Dribble})
>   **else choose**({Stay, Move, Intercept-Ball})

这些选择中的每一个都会调用一个子程序，而子程序本身可能又会做出进一步的选择，直到选择到一个可以直接执行的基元操作。例如，高层级动作传球（Pass）首先可以选择一个队友作为传球目标，也可以选择不采取任何动作，并在适当情况（例如如果没有人可以传球）下将程序控制权返回到更高层级：

> **choose**({Pass-To(**choose**(TeamMates(s))), **return**})

在此之后，传球程序（Pass-To）必须选择传球的速度和方向。虽然对于人类，即使一个人在足球方面没有任何专业知识，他也能比较轻易地向学习智能体提供较高层级的建议，但如果要制定决定踢球速度和方向的准则，使得能最大化保持控球权的概率，这对没有专业知识的人来说是很困难的。类似地，如何选择正确的队友进行传球或应该移动到哪里以使自己能够接到球，这也是困难的。局部程序为复杂行为提供了一般性的整体框架和结构化组织，而学习过程

---

① 传闻 keepaway 的灵感来源于巴塞罗那俱乐部的真实战术，但这可能没有任何依据。

将解决所有细节问题。

HRL 的理论基础建立在**联合状态空间**（joint state space）的概念之上，该状态空间的每个状态 (s, m) 由一个物理状态 s 和一个机器状态 m 组成。机器状态由智能体程序的当前内部状态决定：当前调用的堆栈上每个子程序的程序计数器、参数值以及所有局部和全局变量的值。举例来说，如果智能体程序选择传球给队友 A，并且正在计算传球的速度，那么 A 是传球（PASS-TO）的参数这一事实是当前机器状态的一部分。一个**选择状态**（choice state）$\sigma = (s, m)$ 是指 m 的程序计数器正处于智能体程序中的一个选择点的状态。在两个选择状态之间，可能会发生任意数量的转移和物理动作，但它们都是预先注定的，我们可以这么理解：根据定义，智能体处于两个选择状态之间时不做任何选择。从本质上讲，分层强化学习智能体求解的是一个马尔可夫决策问题，它包含以下元素。

- 状态为联合状态空间的选择状态 σ。
- 在状态 σ 采取的动作是由局部程序决定的状态 σ 上可行的选择 c。
- 奖励函数 $\rho(\sigma, c, \sigma')$ 是在选择状态 σ 和 σ' 之间发生的物理转移的期望奖励总和。
- 转移模型 $\tau(\sigma, c, \sigma')$ 将通过一种显式的方法定义：如果 c 采用了一个物理动作 a，那么 τ 将来自物理模型 $P(s' \mid s, a)$；如果 c 采用了一个计算转移，例如调用了一个子程序，那么转移将根据编程语言规则确定性地改变计算状态 m。[①]

通过求解该决策问题，智能体可以找到与原局部程序一致的最优策略。

分层强化学习是学习复杂行为的一种有效方法。在 keepaway 游戏中，一个基于上述局部程序的 HRL 智能体学习到了一个策略，该策略在与标准的策略对抗时能够永远保有控球权——在此之前控球时间的纪录约为 10 秒，相比之下该策略有了显著的进步。该方法的一个重要特点是低层级的计数不是通常意义上的固定子程序。它们的选择对智能体程序的整个内部状态来说非常敏感，因此它们的行为常常会有不同的表现，这取决于它们在该程序中被调用的位置以及当时的情况。如有必要，低层次选择的 Q 函数可以通过一个有自己的奖励函数的单独的训练过程进行初始化，然后再集成到整个系统中，这样它们就可以在整个智能体面临各种情境时较好地发挥作用。

在 22.4.4 节中，我们看到设计奖励函数有助于学习复杂的行为。在 HRL 中，联合状态空间中的学习为奖励函数设计提供了有利条件。例如，为了帮助学习 PASS-TO 程序中用于准确传球的 Q 函数，我们可以根据传球目标的位置和对手与该球员的距离提供一个奖励函数设计：球应该靠近接球者，并且远离对手。这个道理似乎是显而易见的，但是传球目标的位置并不是世界中物理状态的一部分。物理状态只包括球员和球的位置、方向和速度。在客观世界中没有"传球"和"目标"这两者，这些完全是内部结构。这意味着，无法向标准的 RL 系统提供这样有效的方案。

行为的分层结构也引导了一种对总体效用函数的自然的**加性分解**（additive decomposition）。不要忘了，效用是奖励随时间的总和，我们考虑一个序列，它有 10 个时间步，各时间步的奖励为 $[r_1, r_2, \cdots, r_{10}]$。假设在前 5 个时间步中，智能体正在执行 PASS-TO(A)，而在剩下的 5 个时间步中，智能体正在执行 MOVE-INTO-SPACE 操作。那么初始状态的效用就是 PASS-TO 的总奖励和 MOVE-INTO-SPACE 的总奖励之和。前者只取决于球是否成功传到 A 手中并让 A 有足够的时间和空间保有控球权，后者只取决于智能体是否到达好的位置去接球。换句话说，整体的效用可

[①] 由于在到达下一个选择状态之前，智能体可能会执行多个物理动作，因此严格来说，该问题是一个半马尔可夫决策过程问题，它允许动作具有不同的持续时间，包括随机持续时间。如果折扣因子 $\gamma < 1$，则动作持续时间将会影响对动作期间获得的奖励的折扣，这意味着必须加以额外的折扣。此外，转移模型应当包含关于持续时间的分布。

以分解成若干项，每一项只依赖于几个变量。反过来说，这也意味着这样的分层学习比学习依赖于所有变量的单一效用函数要快得多。这在某种程度上类似于贝叶斯网络简洁性中的表示定理（第 13 章）。

22.5　策略搜索

最后一个我们要讨论的用于强化学习问题的方法为**策略搜索**（policy search）。从某些层面来说，策略搜索是本章所有方法中最简单的一种，其核心思想是，只要策略的表现有所改进，就继续调整策略，直到停止。

让我们从策略本身出发进行介绍。记住，策略 π 是一个将状态映射到动作的函数，我们主要感兴趣的是 π 的参数化表示，它的参数比状态空间中的状态少得多（正如 22.4 节所述）。例如，我们可以用一组参数化的 Q 函数来表示 π，每个函数对应一个动作，然后选取预测值最高的动作：

$$\pi(s) = \underset{a}{\mathrm{argmax}}\, \hat{Q}_\theta(s, a) \tag{22-13}$$

每个 Q 函数可以是如式（22-9）所示的线性函数，也可以是深层神经网络等非线性函数。策略搜索将调整参数 θ 以改进策略。注意，如果策略由 Q 函数表示，那么策略搜索的过程就是学习 Q 函数的过程。但这个过程不同于 Q 学习！

在利用函数近似进行 Q 学习的过程中，算法试图找到一个 θ 值，使得 $\hat{Q}_\theta$ 能 "接近" 最优 Q 函数 Q^*；而在策略搜索中，算法将找到一个让模型有良好表现的 θ 值。这两种方法得出的参数在数值上可能有很大差异。（例如，由 $\hat{Q}_\theta(s,a) = Q^*(s,a)/100$ 定义的近似 Q 函数对应的表现是最优的，但它与 Q^* 并不接近。）另一个可以说明这种差异性的例子是 $\pi(s)$ 的计算，例如，我们考虑使用近似效用函数 $\hat{U}_\theta$ 进行深度为 10 的前瞻搜索，一个表现较好的 θ 值所表示的近似效用函数可能与真正的效用函数相差很远。

式（22-13）中给出的策略表示存在一个问题，即如果动作是离散的，策略将是关于参数的不连续函数。也就是说，存在某些 θ 值，使得 θ 本身的微小变化会导致策略从一个动作切换到另一个动作。这意味着策略的价值也可能随着参数不连续地改变，这使得基于梯度的搜索变得困难。考虑到这个原因，策略搜索方法通常采用一种**随机策略**（stochastic policy）表示 $\pi_\theta(s, a)$，它指定了在 s 状态下选择动作 a 的概率。一种较为常用的表示是 softmax 函数：

$$\pi_\theta(s,a) = \frac{e^{\beta \hat{Q}_\theta(s,a)}}{\sum_{a'} e^{\beta \hat{Q}_\theta(s,a')}} \tag{22-14}$$

参数 $\beta > 0$ 用于调节 softmax 的柔和程度：对于比 Q 值之间的间隔大的 β 值，softmax 的作用近似于取最大值操作，而对于接近于 0 的 β 值，softmax 近似于在备选动作中的均匀随机选择。对所有有限的 β，softmax 都是关于 θ 的可微函数，因此策略价值（它连续地依赖于动作选择概率）也是关于 θ 的可微函数。

现在让我们着眼于可以改进策略的方法。我们从最简单的情况开始：确定性策略和确定性环境。令 $\rho(\theta)$ 为**策略价值**（policy value），即执行 π_θ 时的期望的预期奖励。如果我们可以推导出 $\rho(\theta)$ 的闭式表达式，那么我们就得到了一个第 4 章所描述的标准优化问题。在 $\rho(\theta)$ 可微的前提下，我们可以根据**策略梯度**（policy gradient）$\nabla_\theta \rho(\theta)$ 进行优化。相对地，如果我们不能得到 $\rho(\theta)$ 的闭式表达式，我们可以简单地通过执行 π_θ 并观测累积的奖励来计算它。我们可以通过爬山算法获得**经验梯度**，即评价每个参数的小增量所带来的策略价值变化。在一般的条件下，这个过程将收敛到策略空间的局部最优解。

当环境（或策略）是非确定性的时，问题将更加困难。假定我们使用爬山算法，它要求比较 $\rho(\theta)$ 和 $\rho(\theta + \Delta\theta)$ 对于较小的 $\Delta\theta$ 的差异。此时存在的问题是，每次试验的总奖励可能存在很大差异，因此从少量试验中估计出的策略价值将是相当不可靠的，而试图比较两个这样的估计将更加不可靠。一种简单的解决办法是进行大量试验，同时计算样本方差并用它来判断是否已经进行了足够多的试验，从而获得改进 $\rho(\theta)$ 的可靠方向。遗憾的是，这个方法对许多实际问题是不可行的，在这些问题中，试验可能是昂贵的、耗时的，甚至可能是危险的。

对于非确定性策略 $\pi_\theta(s, a)$，我们可以直接从 θ 处的试验结果得到 θ 处的梯度 $\nabla_\theta\rho(\theta)$ 的无偏估计。为了简单起见，我们将对一个回合式环境的简单情形推导该估计，回合式环境中每个动作 a 将获得奖励 $R(s_0, a, s_0)$，而后环境将重新从 s_0 出发。在这种情况下，策略价值就是奖励的期望值，我们有

$$\nabla_\theta\rho(\theta) = \nabla_\theta\sum_a R(s_0, a, s_0)\pi_\theta(s_0, a) = \sum_a R(s_0, a, s_0)\nabla_\theta\pi_\theta(s_0, a)$$

现在我们将使用一个简单的技巧，使得这个求和可以用由 $\pi_\theta(s_0, a)$ 所定义的概率分布生成的样本来近似。假设我们总共做了 N 次试验，其中第 j 次试验采取的动作为 a_j。那么我们有

$$\nabla_\theta\rho(\theta) = \sum_a \pi_\theta(s_0, a) \cdot \frac{R(s_0, a, s_0)\nabla_\theta\pi_\theta(s_0, a)}{\pi_\theta(s_0, a)}$$
$$\approx \frac{1}{N}\sum_{j=1}^{N}\frac{R(s_0, a_j, s_0)\nabla_\theta\pi_\theta(s_0, a_j)}{\pi_\theta(s_0, a_j)}.$$

因此，策略价值的真实梯度可以通过每个试验中有关动作选择概率的梯度项的总和来近似。在时序数据的情形中，该式可以进一步推广为

$$\nabla_\theta\rho(\theta) \approx \frac{1}{N}\sum_{j=1}^{N}\frac{u_j(s)\nabla_\theta\pi_\theta(s, a_j)}{\pi_\theta(s, a_j)}$$

对于所访问的每个状态 s，a_j 为第 j 次试验中采取的动作，$u_j(s)$ 为第 j 次试验中从状态 s 出发获得的总奖励。由此产生的算法被称为 REINFORCE，它由罗恩·威廉姆斯（Ron Williams）提出（Williams, 1992）。它通常比在每个 θ 值上进行大量试验的爬山算法要有效得多。然而，它仍然比我们的需求慢得多。

考虑以下任务：给定两个关于 21 点纸牌游戏的策略，我们需要确定哪一个策略最好。这些策略可能会有诸如 −0.21% 和 +0.06% 的净回报，所以找出哪个更好对我们来说非常重要。一种方法是让每个策略与一个标准的"庄家"进行一定次数的博弈，然后衡量它们各自赢得的金额。正如我们所看到的，其中的问题在于，每一个策略可能获得的奖金会根据抽到的牌的好坏而剧烈波动。我们可能需要数以百万计次抽牌才能可靠地判断哪种策略更好。在爬山算法中使用随机抽样的方法比较两个相邻策略时，也会出现同样的问题。

21 点纸牌游戏的一个更好的求解方法是预先生成一定数量的牌型，并对每个程序展示同一组牌型。通过这种方式，我们可以消除由于抽到的牌的差异而产生的衡量误差。此时我们只需几千手牌型就可以判断两个 21 点纸牌游戏的策略中哪一个更好。

这种思想被称为**相关采样**（correlated sampling），它可以应用于一般的策略搜索，只要我们有一个随机数序列可重复的环境模拟器。策略搜索算法 PEGASUS（Ng and Jordan, 2000）实现了相关采样，这是首批实现完全稳定的直升机自主飞行的算法之一（见图 22-9b）。可以证明，

确保每个策略价值都能得到较好地估计所需的随机序列的数目仅取决于策略空间的复杂性，而与底层领域的复杂性完全无关。

22.6　学徒学习与逆强化学习

一些领域过于复杂，以至于很难在其中定义强化学习所需的奖励函数。例如，我们到底想让自动驾驶汽车做什么？当然，我们希望它到达目的地花费的时间不要太长，但它也不应开得太快，以免带来不必要的危险或超速罚单；它应该节省燃料或能源；它应该避免碰撞或由突然变速给乘客带来的剧烈晃动，但它仍可以在紧急情况下猛踩刹车，等等。为这些因素分配权重比较困难。更糟糕的是，我们几乎必然会忘记一些重要的因素，例如它有义务为其他司机着想。忽略一个因素通常会导致学习系统为被忽略的因素分配一个极端值，在这种情况下，汽车可能会为了使剩余的因素最大化而进行极不负责任的驾驶。

该问题的一种解决方法是在模拟中进行大量的测试并关注有问题的行为，再尝试通过修改奖励函数以消除这些行为。另一种解决方法是寻找有关适合的奖励函数的其他信息来源。这种信息来源之一是奖励函数已经完成优化（或几乎完成优化）的智能体的行为，在这个例子中来源可以是专业的人类驾驶员。

学徒学习（apprenticeship learning）研究这样的问题：在提供了一些对专家的行为观测的基础上，我们如何让学习表现得较好。我们将给出专业驾驶的算法例子，并告诉学习者“像这样去做”。我们有（至少）两种方法来解决学徒学习问题。第一种方法我们已经在本章开头简要讨论过：假设环境是可观测的，我们对观测到的状态–动作对应用监督学习方法以学习策略 $\pi(s)$。这也被称作**模仿学习**（imitation learning），它在机器人技术方面取得了若干成果（见26.8 节），但它也面临着学习较为脆弱这类问题：训练集中的微小误差将随着时间累积增长，并最终导致学习失败。并且模仿学习最多只能复现教师的表现，而不能超越教师的表现。当人类通过模仿进行学习时，我们有时会用贬义词“aping”（模仿得像笨拙的猿一样）来形容他们的做法。［在猿类之中，它们很有可能会使用“humaning”（模仿得像笨拙的人一样）这个词，这也许更具贬义。］这意味着，模仿学习者不明白为什么它应该执行指定的动作。

学徒学习的第二种方法旨在理解原因：观察专家的行为（和结果状态），并试图找出专家所最大化的奖励函数。然后我们就可以得到一个关于这个奖励函数的最优策略。人们期望这种方法能从相对较少的专家行为样本中得到较为健壮的策略，毕竟强化学习领域本身是基于奖励函数（而不是策略或价值函数）是对任务最简洁、最健壮和可迁移的定义这样一种想法的。此外，如果学习者恰当地考虑了专家可能存在的次优问题，那么通过优化真实奖励函数的某个较为精确的近似函数，学习者可能会比专家表现得更好。我们称该方法为**逆强化学习**（inverse reinforcement learning，IRL）：通过观察策略来学习奖励，而不是通过观察奖励来学习策略。

那么在给定专家的行为后，我们如何找到专家所优化的奖励函数？我们暂且先假设专家的行为是理性的。在这种情况下，我们似乎应该寻找一个奖励函数 R^*，使得专家策略下的期望总折扣奖励高于（或至少等于）任何其他可能策略下的期望总折扣奖励。

遗憾的是，我们会发现满足这个约束的奖励函数有很多，其中一个即为 $R^*(s, a, s') = 0$，这是因为在没有任何奖励的情况下，任何策略都是理性的。[①] 这种方法的另一个问题是，专家

---

① 根据式（17-9），奖励函数 $R'(s, a, s') = R(s, a, s') + \gamma\Phi(s') - \Phi(s)$ 具有与 $R(s, a, s')$ 完全相同的最优策略，因此我们只能在相差任意一个设计函数 $\Phi(s)$ 的意义下恢复出奖励函数。这个问题并不十分严重，因为使用 R' 进行学习的机器人的行为会与使用“正确的” R 进行训练的机器人表现得一样。

是理性的这一假设是不现实的。这一假设意味着，例如，一个机器人观察发现，李世石在与 ALPHAGO 的对局中的一手棋最终导致棋局的失败，那么机器人只能假设李世石本身就想输掉比赛。

贝叶斯方法在避免 $R^*(s, a, s') = 0$ 能够解释任何观测到的行为这一问题上是有一定帮助的。（有关贝叶斯方法的内容见 20.1 节。）假设我们现在观测到数据为 $\boldsymbol{d}$，并假设真实的奖励函数 R 对应的假设为 h_R。那么根据贝叶斯法则，我们有

$$P(h_R \mid \boldsymbol{d}) = \alpha P(\boldsymbol{d} \mid h_R) P(h_R)$$

设想一下，如果前面所述的 $P(h_R)$ 基于假设的简单性，那么假设 $R = 0$ 将有一个相当好的得分，因为 0 必然是简单的。另外，对于假设 $R = 0$，$P(\boldsymbol{d} \mid h_R)$ 是无穷小的，因为它不能解释为什么专家从巨大的行为空间中选择了这些特定行为，这些行为在假设为真的前提下是最优的。然而，对于具有唯一最优策略或具有相对较小的最优策略等价类的奖励函数 R，$P(\boldsymbol{d} \mid h_R)$ 将比这大得多。

考虑到专家偶尔可能会犯错误，我们将简单地允许 $P(\boldsymbol{d} \mid h_R)$ 在 $\boldsymbol{d}$ 是奖励函数 R 认为的次优行为时非 0。这里我们必须指出，出于数学上的方便考虑（而不是出于对实际人类数据的忠实），我们一般假设一个真实 Q 函数为 $Q(s, a)$ 的智能体不是通过确定性策略 $\pi(s) = \operatorname{argmax}_a Q(s, a)$ 进行选择，而是根据式（22-14）中 softmax 分布定义的随机策略给出。有时我们也称之为**玻尔兹曼合理性**（Boltzmann rationality），因为在统计力学中，玻尔兹曼分布中的状态发生概率指数地依赖于它们的能量级别。

在相关领域的文献中，已经有几十种形式的逆强化学习算法。其中最简单的一种称为**特征匹配**（feature matching）。它假设奖励函数可以写成特征的加权线性组合：

$$R_\theta(s, a, s') = \sum_{t=0}^{n} \theta_i f_i(s, a, s') = \theta \cdot \boldsymbol{f}$$

例如，驾驶领域中的特征可以包括速度、超出限速的速度、加速度、距离最近的障碍物等。

回想第 17 章中的式（17-2），从状态 s_0 出发执行策略 π 的效用定义为

$$U^\pi(s) = E\left[\sum_{t=0}^{\infty} \gamma^t R(S_t, \pi(S_t), S_{t+1})\right]$$

其中期望 E 是关于由 s 和 π 决定的状态序列上的概率分布的期望。因为 R 被假定为特征值的线性组合，我们可以将上式重新表述成如下形式：

$$
\begin{aligned}
U^\pi(s) &= E\left[\sum_{t=0}^{\infty} \gamma^t \sum_{i=1}^{n} \theta_i f_i(S_t, \pi(S_t), S_{t+1})\right] \\
&= \sum_{i=1}^{n} \theta_i E\left[\sum_{t=0}^{\infty} \gamma^t f_i(S_t, \pi(S_t), S_{t+1})\right] \\
&= \sum_{i=1}^{n} \theta_i \mu_i(\pi) = \theta \cdot \mu(\pi)
\end{aligned}
$$

其中，我们将**特征期望**（feature expectation）$\mu_i(\pi)$ 定义为执行策略 π 时特征 f_i 的期望折扣值。例如，如果 f_i 是车辆的超出限速的速度（高于限速），那么 $\mu_i(\pi)$ 则是整个运动轨迹上的（依时间折扣）平均超速。关于特征期望的关键点在于：如果一个策略 π 产生的特征期望 $\mu_i(\pi)$ 与专家的策略 π_E 相吻合，那么根据专家自己的奖励函数，π 将与专家的策略一样好。目前，我们无法度量专家策略的特征期望的准确值，但是我们可以利用观测到的轨迹上的平均值来近似它

们。接下来，我们需要找到参数 θ_i 的值，使得参数值所产生的策略的特征期望与专家策略在观测到的轨迹上的特征期望相吻合。下面的算法可以在任意希望的误差界下实现这一点。

- 选择一个初始缺省策略 $\pi^{(0)}$。
- 考虑 $j = 1, 2, \cdots$ 直到收敛：
  - 求解参数 $\theta^{(j)}$，使得专家策略最大限度地优于根据期望效用 $\theta^{(j)} \cdot \mu(\pi)$ 得到的策略 $\pi^{(0)}, \cdots, \pi^{(j-1)}$。
  - 令 $\pi^{(j)}$ 为奖励函数 $R^{(j)} = \theta^{(j)} \cdot f$ 对应的最优策略。

该算法将收敛到一个与专家策略接近的策略，其中专家的策略是基于自身的奖励函数得到的。该算法只需 $O(n \log n)$ 次迭代和 $O(n \log n)$ 次专家演示，其中 n 为特征数量。

利用逆强化学习，机器人可以通过理解专家的动作来为自己学习一个好的策略。此外，在多智能体领域中，机器人还可以学习其他智能体所使用的策略，无论这些策略是竞争的还是合作的。最后，逆强化学习还可以用于科学研究（不用考虑任何智能体的设计问题），并能更好地理解人类和其他动物的行为。

逆强化学习中的一个关键假设是"专家"在单个智能体的 MDP 中的行为关于某些奖励函数是最优的，或接近最优的。如果学习者能够单向地观测专家的行为，而专家沉浸在他或她的工作中且不受其影响，那么这将是一个合理的假设。如果专家知道学习者的存在，这将不是一个合理的假设。例如，假设医学院中有一个机器人，它通过观测人类专家进行学习，希望成为一名外科医生。逆强化学习算法假设人类以通常的最优方式进行手术，机器人的存在不会对其产生影响。但事实并非如此：人类外科医生希望能让机器人（像其他医学生一样）学得又快又好，因此她会较大地改变自己的行为。她可能会一边进行手术一边解释她在做什么，她可能会指出需要避免的错误，例如切口太深或缝线太紧，她可能会描述一下手术中万一出了问题时的应急方案。但其实当医生单独进行手术时，这些行为都没有意义，因此逆强化学习算法将无法解释潜在的奖励函数。相反，我们需要将这种情况理解为一个双人辅助博弈，正如我们在 18.2.5 节中所述。

22.7　强化学习的应用

最后，我们介绍一些强化学习的应用。强化学习的应用包括游戏方面的应用（其中转移模型是已知的，目标是学习效用函数）和机器人方面的应用（其中模型最初是未知的）。

22.7.1　在电子游戏中的应用

在第 1 章中，我们介绍了了亚瑟·塞缪尔于 1952 年开始的关于西洋跳棋强化学习的早期工作。几十年后，人们再次尝试了这个问题，格里·特索罗（Gerry Tesauro）在他的西洋双陆棋工作中介绍了相关结果（Tesauro, 1990）。特索罗的第一次尝试设计了一个名为 Neurogammon 的系统。它所用的方法是模仿学习的一种有趣的变体，它的输入是 400 局由特索罗自己与自己进行的游戏对局。Neurogammon 并没有直接学习策略，而是将每个转移 (s, a, s') 转换为一组训练样本，其中每个样本的标签为 s'，其含义为它比状态 s 下通过不同的移动到达的其他位置 s'' 更好。该网络分为两部分，一部分用于 s'，另一部分用于 s''，并通过比较两部分的输出来选择更好的网络。以这样的方式，每一部分都将学习到一个评价函数 $\hat{U}_\theta$。Neurogammon 在 1989 年举行的计算机奥林匹克竞赛中夺冠，这是有史以来第一个赢得计算机游戏锦标赛的学习程序，但它从未超越特索罗自己发挥中等时的水平。

由特索罗开发的另一个系统 TD-GAMMON（Tesauro, 1992）采用了里奇·萨顿（Rich Sutton）最近出版的书中的 TD 学习方法——本质上类似于由塞缪尔发展的探索方法，但该方法对如何正确地操作有了更深入的技术层面的理解。其评价函数是一个带有包含 80 个节点的隐藏层的全连接神经网络。（它还借鉴了一些 NEUROGAMMON 所使用的人工设计的输入特征。）经过 30 万局游戏的训练后，它达到了与世界排名前三的人类玩家相当的水平。世界排名前十的玩家基特·伍尔西（Kit Woolsey）说道：“毫无疑问，在我看来，它对局面的判断远比我优秀。”

该领域的下一个挑战是从原始的感知输入（更接近真实世界的画面）中学习，而不是从离散的游戏界面表示中学习。自 2012 年以来，来自 DeepMind 的一个团队开发了所谓的**深度Q 网络**（deep Q-network，**DQN**）系统，这是第一个现代深度强化学习系统。DQN 采用深度神经网络表示 Q 函数，除此之外它其实是典型的强化学习系统。DQN 已经分别在 49 款不同的 Atari 电子游戏中训练过。它学会了模拟赛车、射击外星人的宇宙飞船以及用桨弹球。在每一种情形下，智能体都从原始图像数据中学习一个 Q 函数，其获得的奖励为游戏分数。总的来说，这个系统的表现基本上达到了人类专家的水平，尽管在个别游戏中它的表现不尽如人意。尤其是其中一个名为《蒙特祖马复仇》的游戏，该游戏被证实是很难被学习的，因为它需要非常长远的策略，同时奖励又过于稀疏。在后续的工作中也出现了能进行更广泛探索行为的深度强化学习系统，并且它们能够成功学习《蒙特祖马复仇》和其他难以学习的游戏。

DeepMind 研发的 ALPHAGO 系统还使用深度强化学习在围棋比赛中击败了最高水平的人类选手（见第 5 章）。一个没有前瞻搜索的 Q 函数对于本质上只需反应能力的 Atari 游戏来说是足够的，然而在围棋中，我们需要实质性的前瞻搜索。基于这个原因，ALPHAGO 同时学习了一个价值函数和一个 Q 函数，并通过预测哪些走法值得探索来指导搜索。由一个卷积神经网络实现的 Q 函数本身已经足够精确，它不需要任何搜索就已经可以击败大多数业余的人类选手。

22.7.2 在机器人控制中的应用

图 22-9a 所示的是著名的**车杆**平衡问题，它也被称为**倒立摆**（inverted pendulum）问题。我们需要通过施加外力使手推车左右摇摆来使得摆杆大致保持竖直状态（$\theta \approx 90°$），同时也需要保持位置 x 在轨道的限制范围内。关于这个看似简单的问题，人们已经发表了几千篇研究它的强化学习和控制理论的论文。该问题的一个困难之处在于状态变量 x、θ、$\dot{x}$ 和 $\dot{\theta}$ 是连续的。然而动作被定义成离散的：向左急动或向右急动，即所谓的**乒乓控制**（bang-bang control）方案。

对这个问题进行学习的最早的工作是由米基和钱伯斯（Michie and Chambers, 1968）完成的，他们所使用的是一个真实而非模拟的手推车和摆杆。他们所提出的 BOXES 算法能够在大约 30 次试验后令摆杆在长达一个多小时的时间内保持平衡。该算法首先将四维状态空间离散化为小方块（空间中的格点组成的方块，算法因此得名），在此基础上进行试验，直到摆杆倒下。负面的强化将与最后一个方块中的最后一个动作相关，然后沿着动作序列传递回来。改进的泛化和更快的学习可以通过使用根据观测到的奖励变化自适应地划分状态空间的算法来获得，或者也可以通过使用关于状态连续的非线性函数近似器（如神经网络）来获得。如今，平衡一个三段倒立摆（3 个摆杆端对端地连接在一起）已经成为一项普通的训练——这一高难度动作远远超出了大多数人类的能力，但它可以通过强化学习实现。

图 22-9 （a）在移动的手推车上控制摆杆平衡的问题。控制器可以向左或向右推动手推车，同时该控制器可以观测手推车的位置 x 和速度 $\dot{x}$，以及杆的角度 θ 和角度变化率 $\dot{\theta}$。（b）一架自动驾驶直升机在演示非常困难的"机头向内水平圆"机动，该图由 6 幅延时图像叠加而成。该直升机由 PEGASUS 策略搜索算法制定的策略控制（Ng *et al.*, 2003）。研究员通过观测各种控制操作对真实直升机的影响，建立了仿真模型，然后在仿真模型上运行该算法。此外人们还为不同的操控问题开发了多种控制器。在所有情况下，控制器的性能都远远超过了使用遥控器操作的专业人类飞行员（图片由吴恩达提供）

更令人印象深刻的一项工作是强化学习在无线电控制直升机飞行中的应用（图 22-9b）。这项工作通常在大型 MDP 上使用策略搜索来完成（Bagnell and Schneider, 2001; Ng *et al.*, 2003），并且通常与模仿学习以及对人类专家飞行员进行观测的逆强化学习相结合（Coates *et al.*, 2009）。

逆强化学习也已经成功应用于解释人类行为，其中包括基于 16 万千米 GPS 数据实现的出租车司机目的地预测和路线选择（Ziebart *et al.*, 2008），以及通过对长达数小时的视频观测实现的对复杂环境中行人的详细身体运动的分析（Kitani *et al.*, 2012）。在机器人领域，一次专家的演示就足以让四足动物 LittleDog 学习到涉及 25 个特征的奖励函数，并能让它灵活地穿越之前未观测过的岩石地形区域（Kolter *et al.*, 2008）。关于强化学习和逆强化学习如何在机器人技术中加以使用的更多信息，参见 26.7 节和 26.8 节。

小结

本章研究了强化学习问题：一个智能体如何在环境未知，且只提供对环境的感知和偶尔的奖励情况下，对某项任务变得精通。强化学习是一种广泛应用于创建智能系统的模式。本章要点如下。

- 智能体整体的设计限制了学习所需的信息类型。
  - **基于模型的强化学习**智能体需要（或者配备有）环境的转移模型 $P(s' \mid s, a)$，并学习效用函数 $U(s)$。
  - **无模型强化学习**智能体可以学习一个动作效用函数 $Q(s, a)$ 或学习一个策略 $\pi(s)$。
- 效用函数可以通过如下几种方法进行学习。
  - **直接效用估计**将观测到的总奖励用于给定状态，作为学习其效用的样本直接来源。
  - **自适应动态规划**（ADP）从观测中学习模型和奖励函数，然后使用价值或策略迭代来获得效用或最优策略。ADP 较好地利用了环境的邻接结构作为状态效用的局部约束。
  - **时序差分**（TD）方法调整效用估计，使其与后继状态的效用估计相一致。它可以被视为 ADP 方法的一个简单近似，而且学习不需要预先知道转移模型。此外，使用一个学习模型来产生伪经验可以学习得更快。

- 我们可以通过 ADP 方法或 TD 方法学习动作效用函数或 Q 函数。在使用 TD 方法时，Q 学习在学习或动作选择阶段都不需要模型，这简化了学习问题，但同时潜在地限制了它在复杂环境中的学习能力，因为智能体无法模拟可能的动作过程的结果。

- 当学习智能体在学习过程中进行动作选择时，它必须在这些动作的价值估计与学习潜在的有用新信息之间进行权衡。探索问题的精确解是无法获得的，但一些简单的启发式可以给出一个合理的结果。同时探索性智能体也必须注意避免过早陷入终止态。

- 在大的状态空间中，强化学习算法必须对 $U(s)$ 或 $Q(s, a)$ 进行函数近似表示，以便在状态空间进行泛化。**深度强化学习**采用深度神经网络作为近似函数，并且已经在一些困难问题上取得了相当大的成功。

- **奖励设计**和**分层强化学习**有助于学习复杂的行为，特别是在奖励稀少且需要长动作序列才能获得奖励的情况下

- **策略搜索**方法直接对策略的表示进行操作，并试图根据观测到的表现对其进行改进。在随机领域中性能的剧烈变化是一个严重的问题，而在模拟领域中可以通过预先固定随机程度来克服这个难点。

- 当正确的奖励函数难以获得时，通过观测专家行为进行**学徒学习**是一种有效的解决方案。**模仿学习**将问题转换为从专家的状态–动作对中进行学习的监督学习问题。**逆强化学习**从专家的行为中推断有关奖励函数的信息。

强化学习仍然是机器学习研究中最活跃的领域之一。它使我们从手动构造行为和标记监督学习所需的大量数据集（或不得不人工编写控制策略）中解脱出来。它在机器人技术中的应用前景是特别有价值的，该领域需要能够处理连续的、高维的、部分可观测环境的方法，在这样的环境中，成功的行为可能包含成千上万甚至数百万的基元动作。

我们在本章中介绍的强化学习方法有很多且错综复杂，这是因为（至少到目前为止）不存在一种公认的最佳方法。基于模型的方法和无模型的方法相比，其核心问题是关于智能体函数的最佳表示方式，这是人工智能的一个本质问题。正如我们在第 1 章中所说，许多人工智能研究的一个关键历史性特征（通常未说明）是它坚持**基于知识**的方法。这相当于已经假设了，智能体函数的最佳表述方式是利用智能体所在环境的某些方面进行表示。有人认为，只要能够访问足够多的数据，无模型方法可以在任何领域获得成功。也许这在理论上是正确的，当然，世界上可能没有足够的数据使它在实践中成为现实。（例如，我们很难想象无模型方法如何使人能够设计和建造出 LIGO 引力波探测器。）直觉告诉我们，随着环境变得更加复杂，基于模型方法的优势将变得越发明显。

参考文献与历史注释

狗的驯化发生在至少 1.5 万年前，在狗的驯化过程中，强化学习的核心思想似乎发挥了重要作用，即动物会多做能得到奖励的事，而少做会得到惩罚的事。我们对强化学习的科学理解的早期基础包括 1904 年的诺贝尔奖得主——俄国生理学家伊万·巴甫洛夫（Ivan Pavlov）的工作，还有美国心理学家爱德华·桑代克（Edward Thorndike）的工作，特别是他的著作 *Animal Intelligence*（Thorndike, 1911）。希尔加德和鲍尔（Hilgard and Bower, 1975）为此提供了一个很好的调研。

　　艾伦·图灵（Turing, 1948, 1950）提出了强化学习作为计算机教学的一种方法；他认为这是一个局部的解决方案，他写道："惩罚和奖励的使用最多只能是教学过程的一部分。"亚瑟·塞缪尔的西洋跳棋程序（Samuel, 1959, 1967）是第一个成功使用机器学习的程序。塞缪尔提出了现代强化学习的大部分思想，包括时序差分学习和函数近似。他也尝试了价值函数的多层表示——类似于今天的深度强化学习。最后，他发现使用人为设计特征的简单线性评价函数效果最好。当然这可能是因为当时所使用的计算机的功能还不及现代一个张量处理单元功能的一千亿分之一。

　　大约在同一时间，自适应控制理论的研究人员维德罗和霍夫（Widrow and Hoff, 1960）在赫布（Hebb, 1949）的工作基础上，使用 delta 法则成功训练了简单网络。综上所述，强化学习的产生受到了动物心理学、神经科学、运筹学和最优控制理论的影响。

　　强化学习和马尔可夫决策过程之间的联系最早是由韦尔博斯（Werbos, 1977）提出的。伊恩·威滕（Ian Witten）的论文（Witten, 1977）用控制理论的语言描述了类似 TD 的过程。强化学习在人工智能中的发展主要源于 20 世纪 80 年代初马萨诸塞大学的一项工作（Barto et al., 1981）。里奇·萨顿的一篇富有影响力的论文（Sutton, 1988）提供了对时序差分方法的数学理解。萨顿基于 DYNA 架构（Sutton, 1990）提出了将时序差分学习与基于模型的模拟经验生成相结合的方法。克里斯·沃特金斯（Chris Watkins）的博士学位论文（Watkins, 1989）提出了 Q 学习，而 SARSA 则在鲁默里和尼兰詹的技术报告（Rummery and Niranjan, 1994）中被提出。优先扫描由穆尔和阿特基森（Moore and Atkeson, 1993）以及彭和威廉斯（Peng and Williams, 1993）分别独立提出。

　　强化学习中的函数近似可以追溯到亚瑟·塞缪尔的西洋跳棋程序（Samuel, 1959）。使用神经网络来表示价值函数在 20 世纪 80 年代很常见，并且这一方法也在格里·特索罗的 TD Gammon 程序中崭露头角（Tesauro, 1992, 1995）。深度神经网络是目前强化学习中最常用的近似函数。阿鲁库马兰（Arulkumaran et al., 2017）和弗朗索瓦等人（Francois et al., 2018）对深度强化学习进行了概述。DQN 系统（Mnih et al., 2015）使用深度网络学习 Q 函数，而 ALPHAZERO（Silver et al., 2018）基于已知模型学习一个价值函数，同时学习一个 Q 函数作为指导搜索的元级决策。伊尔潘（Irpan, 2018）提醒人们，如果实际环境与训练环境稍有不同，深度 RL 系统的表现可能会变得很差。

　　特征的加权线性组合以及神经网络都是函数近似的因子化表示。同时我们也能将强化学习应用于结构化表征；这也被称为**关系强化学习**（Tadepalli et al., 2004）。关系描述的使用使得对涉及不同对象的复杂行为的泛化成为可能。

　　分析使用函数近似的强化学习算法的收敛性是一个极其需要技术技巧的研究课题。在使用线性函数近似器的情况中，TD 学习的理论已经逐步完善（Sutton, 1988; Dayan, 1992; Tsitsiklis and Van Roy, 1997），同时也存在一些非线性函数情况下算法发散的例子，见（Tsitsiklis and Van Roy, 1997）。帕帕瓦西利乌和罗素（Papavassiliou and Russell, 1999）提出了一种任何形式的函数近似都能收敛的强化学习，其前提是假设与数据的拟合问题是可解的。刘等人（Liu et al., 2018）对**梯度 TD** 算法族进行了描述，并对收敛性和样本复杂性进行了深入的理论分析。

　　巴尔托（Barto et al., 1995）探讨了序贯决策问题的各种探索方法。卡恩斯和辛格（Kearns and Singh, 1998）以及布拉夫曼和特南霍尔兹（Brafman and Tennenholtz, 2000）提出了探索未知环境的算法，并保证在样本复杂性是关于状态数的多项式的情况下收敛于近似最优策略。贝叶斯强化学习（Dearden et al., 1998, 1999）为模型不确定性和探索提供了另一个研究角度。

　　模仿学习的基本思想是将监督学习应用于专家动作组成的训练集。这在自适应控制中是一个较为古老的想法，它能在人工智能中变得突出首先是基于萨马特等人（Sammut *et al.*, 1992）在飞行模拟器中"学习飞行"的工作成果。他们把这种方法称为**行为克隆**。几年后，同一个研究小组的报告表明，这种方法比最初报告的方法要脆弱得多（Camacho and Michie, 1995）：即使是很小的扰动也会导致学习到的策略偏离我们所希望的轨迹，进而导致误差随着智能体越来越远离训练集而逐步产生并累积（另见 26.8.1 节的讨论）。学徒学习的工作旨在使这种方法更加健壮，它部分利用了有关预期结果的信息，而不仅仅是专家策略。吴恩达等人（Ng *et al.*, 2003）和科茨等人（Coates *et al.*, 2009）演示了学徒学习如何学习驾驶实际直升机，如图 22-9b 所示。

逆强化学习（IRL）由罗素（Russell, 1998）提出，它的第一个算法由吴恩达和罗素（Ng and Russell, 2000）提出。类似的问题在经济学中已经有了长久的研究，相关的研究主题为**MDP 的结构估计**（Sargent, 1978）。本章中所给出的算法是由阿贝尔和吴恩达（Abbeel and Ng, 2004）提出的。贝克等人（Baker *et al.*, 2009）提出，如何理解另一个智能体的行为可以看作逆向规划问题。霍等人（Ho *et al.*, 2017）的研究表明，智能体从有益的行为中学习而不是从最优的行为中学习，可以表现得更好。哈德菲尔德−梅内尔（Hadfield-Menell *et al.*, 2017a）将 IRL 推广至一个包含观测者和演示者的博弈论表述，并展示了教学和学习行为是如何作为博弈解决方案出现的。

加西亚和费尔南德斯（García and Fernández, 2015）对安全强化学习进行了一个全面调研。穆诺斯等人（Munos *et al.*, 2017）描述了一种安全的无策略探索（如 Q 学习）的算法。汉斯等人（Hans *et al.*, 2008）将安全探索问题分为两部分：定义一个安全函数以指示要避免的状态，以及定义一个备份策略使得我们可以在智能体进入一个不安全状态时将其引导回安全状态。尤等人（You *et al.*, 2017）展示了如何在模拟环境中训练深度强化学习模型以进行模拟驾驶，然后在此基础上利用迁移学习实现真实世界中的安全驾驶。

托马斯等人（Thomas *et al.*, 2017）提出了一种学习方法，这种方法以一个高概率确保所学到的新策略不比当前的策略差。阿卡梅塔卢等人（Akametalu *et al.*, 2014）提出了一种基于可达性的方法，其中学习过程在控制策略的指导下进行，以确保智能体永远不会到达不安全状态。桑德斯等人（Saunders *et al.*, 2018）证明，系统可以通过人为干预来阻止其偏离安全区域，并且随着学习的进行，对于这种干预的需求将越来越少。

威廉斯（Williams, 1992）提出了策略搜索方法，并发展了 REINFORCE 算法家族，策略搜索方法也意味着"奖励增量 = 非负因子 × 补偿强化 × 特征合理性"。马巴赫和齐齐克利斯（Marbach and Tsitsiklis, 1998）、萨顿等人（Sutton *et al.*, 2000）后来的工作以及巴克斯特和巴特利特（Baxter and Bartlett, 2000）加强和推广了策略搜索的收敛结果。舒尔曼等人（Schulman *et al.*, 2015b）提出了**信赖域策略优化**，这是一种理论基础充分且可用于实践的策略搜索算法，它已经有了许多变体。相关抽样方法用于在蒙特卡罗比较中减少方差，它由卡恩和马歇尔（Kahn and Marshall, 1953）提出，它也是哈默斯利和汉德库姆（Hammersley and Handcomb, 1964）开发出的众多方差缩减的方法之一。

早期的分层强化学习（HRL）方法试图使用**状态抽象**来构建分层，即将状态分组到抽象状态中，然后在抽象状态空间中进行强化学习（Dayan and Hinton, 1993）。遗憾的是，抽象状态的转移模型通常是非马尔可夫的，这会导致标准的 RL 算法发散。本章中介绍的时间抽象方法是在 20 世纪 90 年代后期发展起来的（Parr and Russell, 1998; Andre and Russell, 2002; Sutton *et al.*, 2000）并在马蒂等人（Marthi *et al.*, 2005）的研究中得到推广，使得该方法可以用于处理并发行为。迪特里希（Dieterich, 2000）提出了由子程序层次结构带来的 Q 函数加性分解的概念。时间抽象是基于一个更早的结果（Forestier and Varaiya, 1978）的基础上提出的，他们证明了一个大型 MDP 可以分解成一个两层系统，在这个系统中，监督层在低层控制器中进行选择，每个控制器在完成任务后将控制权返回给监督层。学习抽象层次本身的问题至少要追溯到彼得·安德烈埃（Peter Andreae）（Andreae, 1985）的工作。有关学习机器人运动语言的最新研究与发现参见（Frans et al., 2018）。keepaway 游戏是由斯通等人（Stone et al., 2005）推行的，其中相关的 HRL 解决方案是由柏爱俊和罗素（Bai and Russell, 2017）提出的。

神经科学经常为强化学习带来灵感，并证实了这种方法的价值。基于单细胞记录的研究表明，灵长类生物大脑中的多巴胺系统实现了类似于价值函数学习的功能（Schultz et al., 1997）。神经科学教材（Dayan and Abbott, 2001）描述了时序差分学习的可能的神经层面的实现，相关研究也提供了其他神经科学和行为实验（Dayan and Niv, 2008; Niv, 2009; Lee et al., 2012）。

用于开发和测试学习智能体的开源模拟环境的开放使用也加速了强化学习的相关研究。阿尔伯塔大学的 Arcade 学习环境（ALE）（Bellemare et al., 2013）为 55 款经典的 Atari 视频游戏提供了这样的框架。屏幕上的像素作为感知对象被提供给智能体，同时它也将提供到目前为止的游戏得分。DeepMind 团队利用 ALE 进行 DQN 学习，并验证了其系统在各种游戏中的通用性（Mnih et al., 2015）。

DeepMind 也开源了多个智能体平台，其中包括 DeepMind Lab 平台（Beattie et al., 2016）、AI Safety Gridworlds（Leike et al., 2017）、Unity 游戏平台（Juliani et al., 2018）和 DM 控制套件（Tassa et al., 2018）等。暴雪公司公开了《星际争霸 II》的学习环境（SC2LE），DeepMind 在其中加入了 Python 机器学习的组件 PySC2（Vinyals et al., 2017a）。

Facebook 的 AI Habitat 模拟（Savva et al., 2019）为室内机器人任务提供了像照片一样逼真的虚拟环境，其 Horizon 平台（Gauci et al., 2018）支持将强化学习用于大规模生产系统。Synthia 系统（Ros et al., 2016）是一个模拟环境，它被设计出来主要是为了提高自动驾驶汽车的计算机视觉能力。OpenAI Gym（Brockman et al., 2016）为强化学习智能体提供了多种环境，并且能与其他模拟器（如谷歌的足球模拟器）兼容。

利特曼（Littman, 2015）综述了普通科学受众对于强化学习的认知。该领域的两位元老萨顿和巴尔托撰写的经典教材（Sutton and Barto, 2018）介绍了强化学习，也介绍了如何将学习、规划和行动的理念编织在一起。科亨德费尔（Kochenderfer, 2015）采用了一种稍微不那么数学化的方法进行介绍，并举了大量真实世界中的例子。塞佩斯瓦里（Szepesvari, 2010）的一本篇幅较短的书概述了强化学习算法。贝尔塞卡斯和齐齐克利斯（Bertsekas and Tsitsiklis, 1996）为动态规划和随机收敛理论提供了一个严格的基础。强化学习论文经常发表在 *Machine Learning* 和 *Journal of Machine Learning Research* 上，以及 ICML 和 NeurIPS 会议的论文集上。

第六部分

沟通、感知和行动

第23章

自然语言处理

> 在本章中，我们将看到计算机如何使用自然语言与人类进行交流，并从人类所书写的内容中学习。

大约 10 万年前，人类学会了如何说话，大约 5 千年前，人类又学会了如何写字。人类语言的复杂性和多样性使得智人区别于其他所有物种。当然，人类还有一些其他的特有属性：没有任何其他物种像人类那样穿衣服，进行艺术创作，或者每天花两小时在社交媒体上交流。但是，艾伦·图灵所提出的智能测试是基于语言，而非艺术或服饰，也许是因为语言具有普适性，并且捕捉到了如此多的智能行为：一个演讲者演讲（或作家写作）的**目标**是交流**知识**，他**组织**语言来**表示**这些知识，然后**采取行动**以实现这一目标。听众（或读者）**感知**他们的语言并**推断**其中的含义。这种通过语言的交流促进了文明的发展，是我们传播文化、法律、科学和技术知识的主要方式。计算机进行**自然语言处理**（natural language processing，NLP）有以下 3 个主要原因。

- 与人类**交流**。在很多情况下，人类使用语音与计算机进行交互是很方便的，而且在大多数情况下，使用自然语言要比使用一阶谓词演算等形式语言更加方便。
- **学习**。人类已经用自然语言记录了很多知识。仅维基百科就有 3000 万页事实知识，例如"婴猴是一种夜间活动的小型灵长类动物"，然而几乎没有任何一个这样的知识来源是用形式逻辑写成的。如果我们想让计算机系统知道很多知识，它最好能理解自然语言。
- 使用人工智能工具结合语言学、认知心理学和神经科学，促进对语言和语言使用的**科学理解**。

在本章中，我们将探讨语言的各种数学模型，并讨论使用这些模型可以完成的任务。

23.1　语言模型

正如我们在第 8 章中所看到的，形式语言（如一阶逻辑）是精确定义的。**文法**（grammar）定义合法句的句法（syntax）[①]，**语义规则**（semantic rule）定义其含义。

然而，自然语言（如英语或汉语）无法如此清晰地表示。

- 不同的人在不同的时间对于语言的判断会有所差别。所有人都会认为 "Not to be invited is sad." 是一个合乎文法的英语语句，但是对于 "To be not invited is sad." 的合乎文法性则存在分歧。
- 自然语言是存在歧义的（"He saw her duck" 可以理解为"他看到了她的鸭子"，也可以理解为"他看到她躲避某物"），也是模糊不清的（"That's great!" 没有准确说明它有多么好，也没有说明它是什么）。

---

① 在形式语言学和计算机学科中，"grammar" 的标准翻译是"文法"，而在计算语言学中则多译作"语法"（摘自《中国计算机学会通讯》第 5 卷，第 4 期，2009，4），而 "syntax" 有时也译作"语法"，在本书中为了区分两个概念，我们将 "grammar" 译作"文法"，将 "syntax" 译作"句法"。——译者注

- 自然语言没有正式定义从符号到对象的映射。在一阶逻辑中，"Richard"符号的两次使用必须指同一个人，但在自然语言中，同一单词或短语的两次出现可能指代世界上不同的事物。

如果我们不能在合乎文法字符串和不合文法字符串之间做出明确的布尔判别，我们至少可以知道每个字符串的可能性或不可能性有多大。

我们将**语言模型**（language model）定义为描述任意字符串可能性的概率分布。这样一个模型应该认为"Do I dare disturb the universe?"作为一个英语字符串具有合理的概率，而"Universe dare the I disturb do?"是英语字符串的可能性极低。

通过语言模型，我们可以预测文本中接下来可能出现的单词，从而为电子邮件或短信息提供补全建议。我们可以计算出对文本进行哪些更改会使其具有更高的概率，从而提供拼写或文法更正建议。通过一对语言模型，我们可以计算出一个句子最可能的翻译。用一些示例"问题–答案"对作为训练数据，我们可以计算出针对某一问题的最可能的答案。因此，语言模型是各种自然语言任务的核心。语言建模任务本身也可以作为衡量语言理解进度的通用基准。

自然语言是复杂的，因此任何语言模型充其量只能是自然语言的一个近似。语言学家爱德华·萨丕尔（Edward Sapir）曾说"没有一种语言是绝对一成不变的，任何文法都会有所遗漏"（Sapir, 1921）。哲学家唐纳德·戴维森（Donald Davidson）说过"如果语言是……一个明确定义的共享结构的话，就不存在语言这种东西"（Davidson, 1986），他的意思是说，没有一种像Python 3.8那样的确定性的英语语言模型，我们都有不同的模型，但我们仍然设法应对过去了，并进行交流。在本节中，我们将介绍一些简单的语言模型，这些模型显然是错误的，但是对某些任务来说仍然有用。

23.1.1　词袋模型

12.6.1节介绍了基于特定单词的朴素贝叶斯模型如何可靠地将句子分类。例如，下面的句子1被分类为business，句子2被分类为weather。

（1）Stocks rallied on Monday, with major indexes gaining 1% as optimism persisted over the first quarter earnings season.

（2）Heavy rain continued to pound much of the east coast on Monday, with flood warnings issued in New York City and other locations.

在这一节，我们将回顾朴素贝叶斯模型，并将其转换为完整的语言模型。这意味着我们不仅想知道每个句子最可能属于哪一类别，我们还想知道所有句子和类别的联合概率分布。这意味着我们应该考虑句子中的所有单词。给定一个由单词w_1, w_2, …, w_N组成的句子（参考第14章，我们将其记为$w_{1:N}$），根据朴素贝叶斯公式［式（12.21）］，我们有

$$P(Class \mid w_{1:N}) = \alpha P(Class) \prod_j P(w_j \mid Class)$$

朴素贝叶斯方法在字符串上的应用称为**词袋模型**（bag-of-words model）。它是一种生成模型，描述了句子生成的过程：想象一下，对于每个类别（business、weather等），我们都有一个装满单词的袋子（你可以想象每个单词都写在袋子内的纸条上，一个单词越常见，重复的纸条就越多）。要生成一段文本，首先选择其中一个袋子并丢掉其他袋子。从那个袋子中随机抽出一个单词，这将是句子的第一个单词。然后将这个单词放回并抽取第二个单词。重复上述操作直到出现句末指示符（如句号）。

这一模型显然是错误的：它错误地假设每个单词都与其他单词无关，因此无法生成连贯的英语语句。但它确实使得我们可以使用朴素贝叶斯公式来进行准确分类："stocks"和

"earnings" 这两个词明显指向 business 类，而 "rain" 和 "cloudy" 两个词则指向 weather 类。

我们可以通过在文本正文或**语料库**（corpus）上进行监督训练来学习该模型所需的先验概率，文本的每个部分都标有它的类别。一个语料库通常由至少一百万字的文本和上万个不同词汇组成。最近，我们正在使用更大的语料库，例如，拥有 25 亿词的维基百科和拥有 140 亿词的 iWeb 语料库（来自 2200 万个网页）。

使用语料库，我们可以通过计算每一类别的常见程度来估计它们的先验概率 $P(Class)$。我们还可以使用计数来估算给定类别的每个单词的条件概率 $P(w_j | Class)$。例如，如果总共有 3 000 条文本，其中 300 条被分类为 business，那么我们可以估计 $P(Class = business) \approx 300/3000 = 0.1$。如果在 business 类中，总共有 100 000 个单词，而 "stocks" 一词出现了 700 次，那么我们可以估计 $P(stocks | Class = business) \approx 700/100\,000 = 0.007$。当单词数目很大（且方差较小）时，通过计数进行估计的效果很好，但是在 23.1.4 节中，我们将看到一种在单词数目较小时估计概率的更好的方法。

有时，选择另一种机器学习方法（如逻辑斯谛回归、神经网络或支持向量机）可能比朴素贝叶斯方法效果更好。机器学习模型的特征是词汇表中的单词："a""aardvark"……"zyzzyva"，值是每个单词在文本中出现的次数（或者是一个布尔值，表示该单词是否在文本中出现）。这导致特征向量是高维且稀疏的——在语言模型中，可能有 100 000 个单词，因此特征向量的维数为 100 000。但是对短文本来说，特征向量的绝大部分特征都是 0。

正如我们所看到的，当我们进行**特征选择**（feature selection），限制特征为单词中的一个子集时，某些机器学习模型效果会更好。我们可以删除非常罕见的单词（因为这些词的预测能力差异很大）和所有类别共有但对分类不起作用的单词（如 "the"）。我们还可以将其他特征与基于单词的特征混合使用；例如，如果我们要对电子邮件进行分类，则可以为发件人添加以下特征：发送消息的时间、主题标题中的单词、是否存在非标准标点符号、大写字母的百分比、是否有附件等。

注意，判断单词是什么并不容易。"aren't" 是一个单词，还是应该将它分解为 "aren/'t" 或 "are/n't" 或其他形式？将文本划分为单词序列的过程称为**分词**（tokenization）。

23.1.2　n 元单词模型

词袋模型具有一定局限性。例如，"quarter" 一词在 business 和 sports 类中都很常见。但是 "first quarter earnings report" 这一由 4 个单词组成的序列只在 business 类中常见，"fourth quarter touchdown passes" 则只在 sports 类中常见。我们希望模型可以做出区分。我们可以调整词袋模型，将 "first-quarter earnings report" 这样的特殊短语视为单个单词，但更具原则性的方法是引入一种新模型，其中每个单词都依赖于之前的单词。我们可以先让单词依赖于它所在句子中之前的所有单词：

$$P(w_{1:N}) = \prod_{j=1}^{N} P(w_j | w_{1:j-1})$$

这个模型在某种意义上是完全"正确"的，因为它捕捉了单词间所有可能的交互，但它并不实用：当词汇表中有 100 000 个单词，句子长度为 40 时，模型需要估计 10^{200} 个参数。我们可以使用**马尔可夫链**模型折中，它只考虑 n 个相邻单词之间的依赖关系，我们称之为 **n 元模型**（n-gram model）（gram 源自希腊语词根 *gramma*，意为"写下的东西"）；长度为 n 的书面符号序列称为 n 元。[①]当 n 分别为 1、2 和 3 时，我们将其分别称作一元（unigram，即 1-gram）、二元（bigram，即 2-gram）和三元（trigram，即 3-gram）。在 n 元模型中，每个单词出现的概率仅依赖于前面的 $n-1$ 个单词，也就是说：

---

① 注意，n 元的书面符号序列的元素可以是单词、字符、音节或其他元素。——编者注

$$P(w_j \mid w_{1:j-1}) = P(w_j \mid w_{j-n+1:j-1})$$

$$P(w_{1:N}) = \prod_{j=1}^{N} P(w_j \mid w_{j-n+1:j-1}).$$

n 元模型适用于对报纸版面进行分类，它在其他分类任务上表现得也很好，如**垃圾邮件检测**（spam detection）（区分垃圾邮件和非垃圾邮件）、**情感分析**（sentiment analysis）（将电影或商品评论分类为正面评价或负面评价）以及**作者归属**（author attribution）（海明威与福克纳或莎士比亚的写作风格和使用词汇不同）。

23.1.3　其他 n 元模型

n 元单词模型的一种替代方法是**字符级模型**（character-level model），其中每个字符的概率由之前的 $n-1$ 个字符决定。这种方法有助于处理未知单词，也有助于处理倾向于将单词放在一起的语言，如丹麦语单词 "Speciallægepraksisplanlægningsstabiliseringsperiode"。

字符级模型适用于**语言识别**（language identification）任务，即给定一个文本，确定它是用哪种语言写的。即使是非常短的文本，如 "Hello, world" 或 "Wie geht's dir"，n 元字母模型也可以将第一个文本识别为英语，第二个文本识别为德语，通常可以达到 99% 以上的准确率。（像瑞典语和挪威语这样紧密相关的语言则比较难区分，通常需要更长的样本。对于这类语言，准确率在 95% 以内。）字符模型非常擅长某些特定的分类任务，例如，将 "dextroamphetamine" 识别为药品名称，"Kallenberger" 识别为人名，"Plattsburg" 识别为城市名，即使模型从未见过这些单词。

另一种可能的模型是**跳字**（skip-gram）模型，我们收集那些距离相近的单词，但是跳过它们之间的一个（或多个）单词。例如，给定法语文本 "je ne comprends pas"，一跳二元（1-skip-bigram）应为 "je comprends" 和 "ne pas"。收集这些内容有助于创建更好的法语模型，因为它告诉我们关于动词的词形变化（"je" 之后应该用 "comprends"，而不是 "comprend"）和否定形式（"ne" 应该与 "pas" 搭配）的信息。仅仅使用常规的二元模型，我们无法学到这些内容。

23.1.4　n 元模型的平滑

像 "of the" 之类的高频 n 元在训练语料库中的计数值很高，因此它们的概率估计很可能是准确的：即使使用不同的训练语料库，我们也会获得相似的估计值。而低频 n 元由于计数值很低，容易受到随机噪声的干扰，方差较大。如果可以减小这种方差，我们的模型将表现得更好。

此外，我们可能需要处理包含未知单词或**未登录词**（out-of-vocabulary）的文本。虽然未知单词或未登录词从未在训练语料库中出现过，但将这类单词的概率设为 0 是错误的，因为整个句子的概率 $P(w_{1:N})$ 也将变为 0。

对未知单词进行建模的一种方法是修改训练语料库，用特殊符号替换不常见单词，一般替换为 <UNK>。我们可以提前决定只保留部分单词。例如，50 000 个最常见的单词，或者频率超过 0.0001% 的所有单词，并将剩下的单词替换为 <UNK>。然后，我们照常对语料库中的 n 元计数，把 <UNK> 符号看作同其他任意单词一样。当测试集中出现未知单词时，我们查找 <UNK> 的概率。有时，对于不同的类型，我们会使用不同的未知词符号。例如，可以用 <NUM> 替换一串数字，或者用 <EMAIL> 替换电子邮件地址。我们注意到，使用一个特殊符号，如 <S>，来标记文本的开始（和结束）也是可取的。这样，当二元概率公式需要使用文本第一个单词前面的单词时，可以取到 <S>，而不是错误。]

即使处理了未知单词，我们也会遇到未知 n 元的问题。例如，测试文本可能包含短语 "colorless aquamarine ideas"，这 3 个单词可能在训练语料库中分别单独出现过，但从未以短语中的顺序出现。问题在于，一些低概率的 n 元出现在训练语料库中，而其他同样低概率的 n 元却从未出现。我们不希望其中一部分概率为 0，而另一部分概率为一个很小的正数。我们希望对所有相似的 n 元进行平滑（smoothing）处理——为从未出现在训练语料库中的 n 元保留模型的一部分概率，以减小模型的方差。

18 世纪，皮埃尔-西蒙·拉普拉斯（Pierre-Simon Laplace）提出了一种最简单的平滑方法，用来估计像"明天太阳不会升起"这样的罕见事件发生的概率。拉普拉斯的（不正确的）太阳系理论认为，太阳系大约有 $N = 200$ 万天的历史。从数据上看，在过去的 200 万天里，太阳没有升起的概率是 0，但我们并不想说这个概率完全就是 0。拉普拉斯认为，如果我们采用均匀先验，并结合目前的证据，那么就可以得出，太阳明天不会升起的概率的最佳估计值为 $1/(N + 2)$——它要么升起要么不升起（即分母中的 2），以及均匀先验表明升起和不升起的概率相同（即分子中的 1）。拉普拉斯平滑（也称为加 1 平滑）是朝着正确方向迈出的一步，但是对许多自然语言应用来说，它的效果很差。

另一种选择是回退模型（backoff model），首先进行 n 元计数统计，如果某些序列的统计值很低（或为 0），就回退到 $n-1$ 元。线性插值平滑（linear interpolation smoothing）就是一种通过线性插值将三元模型、二元模型和一元模型组合起来的回退模型。它将概率估计值定义为

$$\hat{P}(c_i \mid c_{i-2:i-1}) = \lambda_3 P(c_i \mid c_{i-2:i-1}) + \lambda_2 P(c_i \mid c_{i-1}) + \lambda_1 P(c_i)$$

其中 $\lambda_3 + \lambda_2 + \lambda_1 = 1$。参数值 λ_i 可以是固定的，也可以使用 EM 算法训练得到。λ_i 的值也可能取决于计数值：如果三元计数值很高，则其对应的模型权重相对更大；如果三元计数值较低，那么二元模型和一元模型的权重会更大。

一些研究人员提出了更加复杂的平滑方法（如 Witten-Bell 和 Kneser-Ney），而另一些研究人员则建议收集更大规模的语料库，这样即使是简单的平滑方法也能有很好的效果（其中一种方法被称为"stupid backoff"）。二者的目标相同：减小语言模型的方差。

23.1.5　单词表示

n 元模型为我们提供了一个可以准确预测单词序列概率的模型，例如，"a black cat"相较于"cat black a"更可能是一个英语短语，因为"a black cat"在训练语料库的三元中出现的概率大约为 0.000014%，而"cat black a"根本没有出现过。n 元单词模型所学到的一切，都是来自特定单词序列的计数值。

但是一个以英语为母语的人可能会从不同的角度解释："a black cat"之所以有效是因为它遵循一种熟悉的模式（冠词-形容词-名词），而"cat black a"则不然。

现在考虑短语"the fulvous kitten"。说英语的人可以看出它同样遵循冠词-形容词-名词的模式（即使他不知道"fulvous"表示"棕黄色"，也能意识到几乎所有以"-ous"结尾的单词都是形容词）。此外，他可以意识到"a"和"the"之间密切的句法联系，以及"cat"和"kitten"之间紧密的语义关系。因此，通过泛化，数据中"a black cat"的出现证明了"the fulvous kitten"也是有效的英语短语。

n 元模型则没有这样的泛化能力，因为它是一个原子模型：每个单词都是一个原子，与

其他单词不同，且没有内部结构。在整本书中，我们看到，因子化模型或结构化模型可以提供更强的表达能力和更好的泛化能力。在 24.1 节中，我们将看到，一种被称为**词嵌入**（word embedding）的因子化模型具有更好的泛化能力。

词典（dictionary）是一种结构化单词模型，通常是人工构建的。例如，**WordNet** 是一种机器可读格式的开源手工编写词典，已被证明适用于许多自然语言应用[①]。下面是 WordNet 中的 "kitten" 词条：

```
"kitten" <noun.animal> ("young domestic cat") IS A: young_mammal

"kitten" <verb.body> ("give birth to kittens")
    EXAMPLE: "our cat kittened again this year"
```

WordNet 可以帮助你区分名词和动词，并获得其基本类别（小猫是一种年幼的哺乳动物，是一种哺乳动物，是一种动物），但它不会告诉你有关小猫的外貌或行为的详细信息。WordNet 会告诉你，暹罗猫和曼岛猫是猫的两个品种，但不会再告诉你有关品种的进一步信息。

23.1.6 词性标注

对单词进行分类的一种基本方法是依据它们的**词性**（part of speech，POS），也称为**词汇范畴**（lexical category）或**词汇标注**（lexical tag）：名词、动词、形容词等。词性允许语言模型捕捉一般模式，例如，"英语中形容词通常在名词之前"（在其他语言中，如法语，则通常相反）。

所有人都会认同"名词"和"动词"是两种词性，但当我们深入到更细节的部分时，却没有一个明确的词性列表。图 23-1 为 **Penn Treebank** 中使用的 45 个标签，Penn Treebank 是一个由超过 300 万个单词的文本组成，并用词性标签标记的语料库。稍后我们将看到，Penn Treebank 还使用句法分析树对许多句子进行标记，语料库就是由此命名的。下面这段摘录里 "from" 被标记为介词（IN），"the" 被标记为限定词（DT），等等：

From	the	start	,	it	took	a	person	with	great	qualities	to	succeed
IN	DT	NN	,	PRP	VBD	DT	NN	IN	JJ	NNS	TO	VB

为句子中每个单词分配词性的任务称为**词性标注**（part-of-speech tagging）。虽然这个任务本身不是很有趣，但它是许多其他自然语言处理任务（如问答或翻译）中非常有用的第一步。即使是文本语音合成（text-to-speech synthesis）这样的简单任务，也需要知道名词 "record" 与动词 "record" 的发音不同。在本节中，我们将看到如何将两个熟悉的模型应用于这一标注任务，在第 24 章中，我们将介绍第三种模型。

词性标注的一种常见模型是**隐马尔可夫模型**。回想 14.3 节中的内容，隐马尔可夫模型采用了证据观察的时间序列，预测可能产生该序列的最可能的隐藏状态。在 14.3 节的隐马尔可夫模型示例中，证据是观察到一个人带着雨伞（或不带雨伞）的情况，隐藏状态是外界下雨（或不下雨）。对于词性标注任务，证据是单词序列 $W_{1:N}$，隐藏状态是词性 $C_{1:N}$。

隐马尔可夫模型是一种生成模型，认为产生语言的方法是，从一种状态开始，如 IN，介词状态，然后做两个选择：应该生成哪个单词（如 *from*），以及接下来应该生成哪种状态（如 DT）。除当前的词性状态之外，该模型不考虑任何上下文信息，也不知道句子真正要表达什么。但是，它是一个有用的模型——如果我们应用**维特比算法**（14.2.3 节）寻找最可能的隐藏状态（词性）序列，我们会发现标注达到了非常高的精度，通常在 97% 左右。

---

① 甚至适用于计算机视觉应用：WordNet 提供了可供 ImageNet 使用的一组类别。

标签	单词	描述	标签	单词	描述
CC	and	并列连词	PRP$	your	所有格代词
CD	three	基数词	RB	quickly	副词
DT	the	限定词	RBR	quicker	副词，比较级
EX	there	存在 there	RBS	quickest	副词，最高级
FW	per se	外来词	RP	off	小品词
IN	of	介词	SYM	+	符号
JJ	purple	形容词	TO	to	to
JJR	better	形容词，比较级	UH	eureka	感叹词
JJS	best	形容词，最高级	VB	talk	动词，原形
LS	1	列表项标记	VBD	talked	动词，过去式
MD	should	情态动词	VBG	talking	动词，动名词
NN	kitten	名词，单数或不可数	VBN	talked	动词，过去分词
NNS	kittens	名词，复数	VBP	talk	动词，非第三人称单数现在时
NNP	Ali	专有名词，单数	VBZ	talks	动词，第三人称单数现在时
NNPS	Fords	专有名词，复数	WDT	which	wh 限定词
PDT	all	前位限定词	WP	who	wh 代词
POS	's	所有格标记	WP$	whose	wh 所有格代词
PRP	you	人称代词	WRB	where	wh 副词
$	$	美元符号	#	#	英镑符号
"	'	左引号	"	'	右引号
(	[	左括号	)	]	右括号
,	,	逗号	.	!	句子结束
:	;	句中标点			

图 23-1　Penn Treebank 语料库的词性标签（每个标签都有一个示例单词）（Marcus *et al.*, 1993）

要创建一个用于词性标注的隐马尔可夫模型，我们需要转移模型，它给出了一个词性紧跟另一词性的概率 $P(C_t \mid C_{t-1})$，以及传感器模型 $P(W_t \mid C_t)$。例如，$P(C_t = VB \mid C_{t-1} = MD) = 0.8$ 表示给定一个情态动词（如 *would*），下一个单词是动词（如 *think*）的概率为 0.8。0.8 这个数值是怎么来的？就像 n 元模型一样，从语料库中进行计数统计，并进行适当的平滑处理。事实证明，Penn Treebank 中有 13 124 个 *MD* 实例，其中 10 471 个后面跟着 *VB*。

对于传感器模型，$P(W_t = would \mid C_t = MD) = 0.1$ 表示当我们选择情态动词时，10% 的情况下我们会选择 *would*。这些数字同样来自带有平滑处理的语料库计数。

隐马尔可夫模型的一个缺点是，我们对语言的所有了解都必须用转移模型和传感器模型来表达。当前单词的词性仅由这两个模型的概率以及前一个单词的词性决定。对系统开发人员而言，得出以下结论是很难的，例如，任何以"ous"结尾的单词都可能是形容词，或者，在短语"attorney general"中，*attorney* 是名词，而不是形容词。

幸运的是，**逻辑斯谛回归**确实能够表示这样的信息。回想 19.6.5 节，在逻辑斯谛回归模型中，输入是特征值向量 x。然后，我们将这些特征与预训练的权重向量 w 进行点积 $w \cdot x$，然后将和转换为 0 ~ 1 之间的数字，这个数字可以解释为该输入是一个类别的正例的概率。

逻辑斯谛回归模型中的权重对应于每个特征对每个类别的预测能力；权重值可以通过梯度

下降法学习。对于词性标注，我们将建立 45 个不同的逻辑斯谛回归模型，每个词性使用一个模型。给定一个单词在特定上下文中的特征值，模型将给出该单词属于该类别的可能性。

接下来的问题是，这些特征应该是什么？词性标注器通常使用二元值特征，对正在标注的单词 w_i（可能还有其他相邻单词）以及分配给前一个单词的词性 c_{i-1}（可能还有更前面单词的词性）等信息进行编码。特征可能取决于单词的确切身份，它的某种拼写方式，或者它在词典条目的某个属性。一组词性标注特征可能包括：

w_{i-1} = "I"	w_{i+1} = "for"
w_{i-1} = "you"	c_{i-1} = IN
w_i ends with "ous"	w_i contains a hyphen
w_i ends with "ly"	w_i contains a digit
w_i starts with "un"	w_i is all uppercase
w_{i-2} = "to" and c_{i-1} = VB	w_{i-2} has attribute PRESENT
w_{i-1} = "I" and w_{i+1} = "to"	w_{i-2} has attribute PAST

例如，单词"walk"可以是名词也可以是动词，但在"I walk to school"中，使用词性标注特征中最后一行左列的特征，我们可以将"walk"分类为动词（VBP）。另一个例子是，单词"cut"可以是名词（NN），也可以是过去时动词（VBD）或现在时动词（VBP）。给定句子"Yesterday I cut the rope"，最后一行右列的特征可以帮助我们将"cut"标记为 VBD，而在句子"Now I cut the rope"中，倒数第二行右列的特征可以帮助我们将"cut"标记为 VBP。

总的来说，可能有 100 万个特征，但是对于任意给定的单词，只有几十个特征是非 0 的。这些特征通常是由人类专家手工设定的，他们会想出有趣的特征模板。

逻辑斯谛回归没有输入序列的概念——你给它一个单独的特征向量（单个单词的相关信息），它产生一个输出（一个标注）。但是，我们可以强制逻辑斯谛回归模型通过**贪心搜索**来处理序列：首先为第一个单词选择最可能的标注，然后按照从左到右的顺序处理其余单词。在每一步，根据下式分配词性 c_i：

$$c_i = \underset{c' \in Categories}{\operatorname{argmax}} P(c' \mid w_{1:N}, c_{1:i-1})$$

也就是说，分类器可以查看句子中任意单词的任何非词性特征（因为这些特征都是固定的），以及任何为先前单词分配的词性。

注意，贪心搜索为每个单词做出确定性的词性选择，然后转到下一个单词；即使这一选择与句子后面的证据相矛盾，也不可能回过头来推翻这一选择。因此，算法速度很快。相比之下，维特比算法会维护一个表格，记录每一步中所有可能的词性选择，表格始终可以更改。这使得算法更加准确，但速度较慢。对于这两种算法，一个折中方案是**束搜索**，在每个时间步，我们考虑所有可能的词性，但只保留 b 个最可能的标注，丢掉其他不太可能的标注。改变 b 的大小是在速度和准确性之间进行权衡。

朴素贝叶斯模型和隐马尔可夫模型都是**生成模型**（见 20.2.3 节）。也就是说，它们学习一个联合概率分布 $P(W, C)$，我们可以通过从这一概率分布中采样得到句子的第一个单词（和标注），然后每次添加一个单词来生成一条随机句子。

逻辑斯谛回归是一种**判别模型**。它学习一个条件概率分布 $P(C \mid W)$，这意味着它可以根据给定的单词序列来分配词性，但不能生成随机句子。研究人员发现，通常，判别模型的错误率较低，可能是因为它们直接对预期输出进行建模，也可能是因为它们让分析者更容易创建附加特征。然而，生成模型往往收敛得更快，因此在可用训练时间较短或训练数据有限时，可能会首选生成模型。

23.1.7　语言模型的比较

为了了解不同的 *n* 元模型的效果，我们对本书中的单词建立了一元模型（即词袋）、二元模型、三元模型和四元模型，然后从 4 个模型中随机采样单词序列。

- *n* = 1: *logical are as are confusion a may right tries agent goal the was*
- *n* = 2: *systems are very similar computational approach would be represented*
- *n* = 3: *planning and scheduling are integrated the success of naive Bayes model is*
- *n* = 4: *taking advantage of the structure of Bayesian networks and developed various languages for writing "templates" with logical variables, from which large networks could be constructed automatically for each problem instance*

从这个小例子中可以清楚地看出，无论是对一般英语教材还是特定的人工智能教材的内容，一元模型都是很糟糕的近似，而四元模型虽然并不完美，但效果要好得多。接下来，为了演示样本如何在不同的训练源之间变化（当然不仅仅是为了好玩），我们在四元模型中添加了钦定版《圣经》的文本，从而产生了下面这些随机样本。

- *Prove that any 3-SAT problem can be reduced to simpler ones using the laws of thy God.*
- *Masters, give unto your servants that which is true iff both P and Q in any model m by a simple experiment: put your hand unto, ye and your households for it is pleasant.*
- *Many will intreat the LORD your God, Saying, No; but we will ignore this issue for now; Chapters 7 and 8 suggest methods for compactly representing very large belief states.*
- *And it came to pass, as if it had no successors.*
- *The direct utility estimation is just an instance of the general or algorithm in which new function symbols are constructed "on the fly." For example, the first child of the Holy Ghost.*

n 元模型有一个限制——随着 *n* 的增加，它们将生成更流畅的语言，但它们倾向于逐字复制训练数据中的长段落，而不是生成新的文本。具有更复杂的单词和上下文表示的语言模型可以在这方面做得更好。本章的其余部分说明了**文法**（grammar）如何对语言模型进行改进，而第 24 章则展示了目前深度学习方法如何生成优秀的语言模型。例如，深度学习模型 GPT-2 在给定提示时可以生成流畅的英语样例。我们将本段的前两个句子 [①] 提示给 GPT-2 模型，它产生了以下两个样本。

- *Numerous studies have shown that the best language models that can generate language are those that use neural networks, and in particular that use deep learning to model speech. I have used one of these models to generate hundreds of sentences in multiple languages, and it has the ability to generate almost perfect translations of my training sentences. It's a great model to have, and will save you a lot of time in the future when you need to translate between many languages.*
- *These models can also do better if their samples are chosen at random, rather than by an expert in the domain. However, as a general rule, n-gram and language models that include a large number of features tend to produce text better, since these features contribute the most to language learning. To measure the performance of a model, I've made some sample sentences that I'd like to train to*

[①]　在原书中，本段的前两个句子为：There is a limit to *n*-gram models—as *n* increases, they will produce language that is more fluent, but they tend to reproduce long passages from their training data verbatim, rather than generate novel text. Language models with more complex representations of words and context can do better. ——编者注

better understand speech and language models. You can read them to get a grasp of how the model predicts.

可以看到，这些段落内容丰富而且文法流畅；此外，它们的主题也与提示语句相关。但是，句子之间并没有相互补充以形成一个连贯的论点。GPT-2 语言模型是一个 **Transformer 模型**（我们将在 24.4 节中介绍），在图 24-14 中，我们给出了 GPT-2 的其他示例。另一种 Transformer 模型是 CTRL（conditional transformer language，条件 Transformer 语言）模型。它可以被更灵活地控制。在以下示例中，要求 CTRL 生成产品评论类的文本，指定评分分别为 1 和 4（满分为 5）。

- **1.0**: *I bought this for my son who is a huge fan of the show. He was so excited to get it and when he opened it, we were all very disappointed. The quality of the product is terrible. It looks like something you would buy at a dollar store.*

- **4.0**: *I bought this for my husband and he loves it. He has a small wrist so it is hard to find watches that fit him well. This one fits perfectly.*

23.2 文法

在第 7 章中，我们使用巴克斯-诺尔范式（Backus-Naur form，BNF）写下了一阶逻辑语言的文法。**文法**（grammar）是一组规则，定义了合法短语的树结构，而**语言**（language）是遵循这些规则的句子集。

自然语言的使用方式与一阶逻辑形式语言并不完全一样——自然语言中不存在合法句和非法句之间的硬性界限，对于每个句子也没有单一的确定性的树结构。但是，层次结构在自然语言中非常重要。"Stocks rallied on Monday"一句中的"Stocks"一词不仅是一个单词，也不仅仅是一个名词；在这个句子中，它还是一个名词短语，这个名词短语是其后动词短语的主语。诸如名词短语或动词短语之类的**句法范畴**（syntactic category）有助于对句子中每个位置上可能出现的单词进行约束，**短语结构**（phrase structure）则为句子的含义或**语义**提供了框架。

有许多语言模型基于分层句法结构的思想。在本节中，我们将介绍一种当前流行的模型，**概率上下文无关文法**（probabilistic context-free grammar，PCFG）。概率文法为每个字符串分配一个概率，"上下文无关"意味着任一规则都可以在任何上下文中使用：句子开头的名词短语的规则与句子后面的另一个名词短语的规则相同，如果同一短语出现在两个不同位置，那么每次的概率都必须相同。我们将为一小段英语文本定义一个 PCFG 文法，该文法适用于探索 wumpus 世界的智能体之间的通信。我们称这种语言为 $\mathcal{E}_0$（见图 23-2）。一个像

$$Adjs \quad \rightarrow \quad Adjective \qquad [0.80]$$
$$| \quad Adjective\ Adjs \quad [0.20]$$

这样的文法规则意味着句法范畴 *Adjs*（形容词列表）可以由单个 *Adjective*（形容词）组成（概率为 0.80），也可以由 *Adjective* 加上可以构成 *Adjs* 的字符串组成（概率为 0.20）。遗憾的是，该文法会**过生成**（overgeneration），也就是说，它会生成不符合文法的句子，如"Me go I"。它也会**欠生成**（undergeneration），也就是说，它无法生成部分符合文法规则的句子，如"I think the wumpus is smelly"。稍后我们将看到如何学习更好的文法；现在，我们专注于如何使用这种非常简单的文法。

S	$\rightarrow$	*NP VP*	[0.90] I+feel a breeze
	|	*S Conj S*	[0.10] I feel a breeze+and+It stinks
NP	$\rightarrow$	*Pronoun*	[0.25] I
	|	*Name*	[0.10] Ali
	|	*Noun*	[0.10] pits
	|	*Article Noun*	[0.25] the+wumpus
	|	*Article Adjs Noun*	[0.05] the+smelly dead+wumpus
	|	*Digit Digit*	[0.05] 3 4
	|	*NP PP*	[0.10] the wumpus+in 1 3
	|	*NP RelClause*	[0.05] the wumpus+that is smelly
	|	*NP Conj NP*	[0.05] the wumpus+and+I
VP	$\rightarrow$	*Verb*	[0.40] stinks
	|	*VP NP*	[0.35] feel+a breeze
	|	*VP Adjective*	[0.05] smells+dead
	|	*VP PP*	[0.10] is+in 1 3
	|	*VP Adverb*	[0.10] go+ahead
$Adjs$	$\rightarrow$	*Adjective*	[0.80] smelly
	|	*Adjective Adjs*	[0.20] smelly+dead
PP	$\rightarrow$	*Prep NP*	[1.00] to+the east
$RelClause$	$\rightarrow$	*RelPro VP*	[1.00] that+is smelly

图 23-2 $\mathcal{E}_0$ 的文法，每个规则都有示例短语。句法范畴包括句子（*S*）、名词短语（*NP*）、动词短语（*VP*）、形容词列表（*Adjs*）、介词短语（*PP*）和关系从句（*RelClause*）

$\mathcal{E}_0$ 的词典

图 23-3 中定义了**词典**（lexicon）或允许使用的单词的列表。每个词汇范畴都以…结尾，表示该范畴中还有其他单词。对于名词、名称、动词、形容词和副词，列出所有单词是不可行的。每一类中不仅有成千上万的单词，而且还在不断增加新单词，如 "humblebrag" 或 "microbiome"。这 5 个范畴被称为**开放类**（open class）。代词、关系代词、冠词、介词和连词被称为**封闭类**（closed class），它们的单词数量很少（十几个），而且要经过几个世纪才发生变化，而不是几个月就发生变化。例如，"thee" 和 "thou" 在 17 世纪是常用代词，在 19 世纪才逐渐减少使用，而如今仅在诗歌和某些地区的方言中才能看到。

Noun	$\rightarrow$	**stench** [0.05] | **breeze** [0.10] | **wumpus** [0.15] | **pits** [0.05] | …
Verb	$\rightarrow$	**is** [0.10] | **feel** [0.10] | **smells** [0.10] | **stinks** [0.05] | …
Adjective	$\rightarrow$	**right** [0.10] | **dead** [0.05] | **smelly** [0.02] | **breezy** [0.02] | …
Adverb	$\rightarrow$	**here** [0.05] | **ahead** [0.05] | **nearby** [0.02] | …
Pronoun	$\rightarrow$	**me** [0.10] | **you** [0.03] | **I** [0.10] | **it** [0.10] | …
RelPro	$\rightarrow$	**that** [0.40] | **which** [0.15] | **who** [0.20] | **whom** [0.02] | …
Name	$\rightarrow$	**Ali** [0.01] | **Bo** [0.01] | **Boston** [0.01] | …
Article	$\rightarrow$	**the** [0.40] | **a** [0.30] | **an** [0.10] | **every** [0.05] | …
Prep	$\rightarrow$	**to** [0.20] | **in** [0.10] | **in** [0.05] | **near** [0.10] | …
Conj	$\rightarrow$	**and** [0.50] | **or** [0.10] | **but** [0.20] | **yet** [0.02] | …
Digit	$\rightarrow$	**0** [0.20] | **1** [0.20] | **2** [0.20] | **3** [0.20] | **4** [0.20] | …

图 23-3 $\mathcal{E}_0$ 的词典。*RelPro* 是关系代词（relative pronoun）的缩写，*Prep* 是介词（preposition）的缩写，*Conj* 是连词（conjunction）的缩写。每一类的概率之和都为 1

23.3 句法分析

句法分析（parsing）[1]是根据文法规则分析一串单词以获得其短语结构的过程。我们可以将它看作对有效句法分析树的**搜索**，树的叶节点是字符串中的单词。图 23-4 表示，我们可以从 S 符号开始自顶向下搜索，也可以从单词开始自底向上搜索。然而，单纯的自顶向下或自底向上的句法分析策略可能很低效，因为它们最终可能会在搜索空间导致死胡同的区域中重复工作。考虑以下两个句子：

Have the students in section 2 of Computer Science 101 take the exam.

Have the students in section 2 of Computer Science 101 taken the exam?

即使共享前 10 个单词，这两个句子的句法分析也存在很大差异，因为第一个句子是祈使句，而第二个是疑问句。从左到右的句法分析算法必须猜测第一个单词到底属于命令还是提问，而且至少到第 11 个单词，*take* 或者 *taken*，算法才能判断它的猜测是否正确。如果算法一开始的猜测是错误的，那么它不得不一直回溯到第一个单词，然后在另一种解释下重新分析整个句子。

为了避免这种效率低下的情况，我们可以使用**动态规划**（dynamic programming）：每次分析子字符串时，存储分析结果，以免之后重复分析。例如，一旦我们发现 “the students in section 2 of Computer Science 101” 是一个 *NP* 结构，我们就可以将结果记录在一种被称为**图表**（chart）的数据结构中。执行此操作的算法称为**图表句法分析器**（chart parser）。因为我们正在处理上下文无关文法，所以在搜索树的一个分支的上下文中找到的任何短语都可以在搜索树的任何其他分支中正常工作。图表句法分析器有很多类型，我们将介绍一种自底向上的图表句法分析算法的概率版本，称为 **CYK 算法**，该算法以其发明者姓氏的首字母命名：阿里•科克（Ali Cocke）、丹尼尔•扬格（Daniel Younger）和嵩忠雄（Tadeo Kasami）。[2]

项目列表	规则
S	
NP VP	$S \rightarrow NP\ VP$
NP VP Adjective	$VP \rightarrow VP\ Adjective$
NP Verb Adjective	$VP \rightarrow Verb$
NP Verb **dead**	$Adjective \rightarrow$ **dead**
NP **is dead**	$Verb \rightarrow$ **is**
Article Noun **is dead**	$NP \rightarrow Article\ Noun$
Article **wumpus is dead**	$Noun \rightarrow$ **wumpus**
the wumpus is dead	$Article \rightarrow$ **the**

图 23-4 根据 $\mathcal{E}_0$ 文法，对字符串 “The wumpus is dead” 进行句法分析。对于自顶向下的句法分析，我们从 S 开始，在每一步中，将一个非终结符 X 与形式为（$X \rightarrow Y\cdots$）的规则匹配并将项目列表中的 X 替换为 $Y\cdots$。例如，用序列 *NP VP* 替换 S。对于自底向上的句法分析，我们从 “the wumpus is dead” 开始，在每一步中，将一串记号，如（$Y\cdots$），与规则（$X \rightarrow Y\cdots$）相匹配，并将记号替换为 X。例如，用 *Article* 替换 “the” 或用 *NP* 替换 *Article Noun*

CYK 算法如图 23-5 所示。它要求所有规则都必须为两种特定格式之一：$X \rightarrow$ **word**$[p]$ 形

---

[1] “parsing” 在计算语言学中译作 “句法分析”，在计算机学科的编译原理中译作 “语法分析”。因为本章主要是讲自然语言处理，所以以此处的翻译遵循计算语言学中使用的术语，译为 “句法分析”。——编者注

[2] 有时，发明者按 CKY 顺序排序。

式的词法规则，以及 $X \rightarrow Y\,Z\,[p]$ 形式的句法规则，规则右边恰好有两个范畴。这种文法格式称为**乔姆斯基范式**（Chomsky Normal Form），它看上去是受限的，但其实不然：任何上下文无关文法都可以自动转换为乔姆斯基范式。习题 23.CNFX 可以引导你思考这一转换过程。

```
function CYK-PARSE(words, grammar) returns 一个句法分析树表
    inputs: words，单词列表
            grammar，LEXICALRULES和GRAMMARRULES结构
    T ← 一个表       // T[X, i, k]是涵盖words_{i:k}的最可能的X树
    P ← 一个表，初始时全为0    // P[X, i, k]表示树T[X, i, k]的概率
    // 为每个单词插入词汇范畴
    for i = 1 to LEN(words) do
        for each (X, p) in grammar.LEXICALRULES(words_i) do
            P[X, i, i] ← p
            T[X, i, i] ← TREE(X, words_i)
    // 通过Y_{i:j} + Z_{j+1:k}构建X_{i:k}，最短区间优先
    for each (i, j, k) in SUBSPANS(LEN(words)) do
        for each (X, Y, Z, p) in grammar.GRAMMARRULES do
            PYZ ← P[Y, i, j] × P[Z, j+1, k] × p
            if PYZ > P[X, i, k] do
                P[X, i, k] ← PYZ
                T[X, i, k] ← TREE(X, T[Y, i, j], T[Z, j + 1, k])
    return T

function SUBSPANS(N) yields (i, j, k)元组
    for length = 2 to N do
        for i = 1 to N + 1 − length do
            k ← i + length − 1
            for j = i to k − 1 do
                yield (i, j, k)
```

图 23-5　CYK 句法分析算法。给定一个单词序列，算法将找出该序列及其子序列的最可能的句法分析树。表 $P[X, i, k]$ 表示的是单词串 $words_{i:k}$ 构成范畴 X 的最可能树的概率。输出表 $T[X, i, k]$ 则表示范畴 X 涵盖位置 i 到 k 的最可能树。SUBSPANS 函数返回涵盖单词串 $words_{i:k}$ 的所有元组 (i, j, k)，其中 $i \leqslant j < k$，按照 $i:k$ 区间长度递增的顺序列出元组，因此当我们需要把两个较短区间组合成一个更长的区间时，这两个较短区间都能在表中找到。LEXICALRULES(word) 返回一组 (X, p) 对，其中每个规则的形式为 $X \rightarrow word\ [p]$，而 GRAMMARRULES 则返回一组 (X, Y, Z, p) 元组，其中每个规则的形式为 $X \rightarrow Y\,Z\,[p]$

CYK 算法中，表 P 和表 T 所需空间为 $O(n^2 m)$，所需时间为 $O(n^3 m)$，其中 n 是句子中单词的数量，m 是文法中非终结符的数量。如果我们希望算法适用于所有可能的上下文无关文法，那么 CYK 算法已经是最好的算法了。但实际上，我们只想对自然语言而不是所有可能文法进行句法分析。自然语言已经进化到易于实时理解的程度，而不是变得更加复杂，因此它们似乎应该适用于更快的句法分析算法。

为了尝试达到 $O(n)$ 时间，我们可以以一种非常简单的方式应用 A^* 搜索：每个状态都是一个项目（单词或范畴）列表，如图 23-4 所示。初始状态是单词列表，目标状态是 S。状态的代价是到目前为止应用的规则所定义的概率的倒数，有很多启发式方法可以用来估计到目标的剩余距离；目前使用的最佳启发式方法来自应用句子语料库的机器学习。

使用 A^* 算法，我们不需要搜索整个状态空间，并且可以保证算法找到的第一个分析就是可能性最大的分析（假设是一个可容许的启发式）。它通常比 CYK 算法快，但（取决于文法的细节）仍然比 $O(n)$ 慢。句法分析的示例结果如图 23-6 所示。

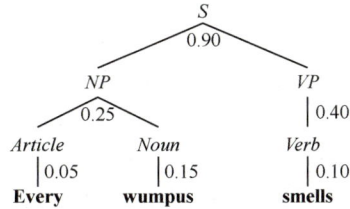

图 23-6　根据 $\mathcal{E}_0$ 文法得到的句子"Every wumpus smells"的句法分析树。树的每个内部节点均标有概率。整个树的概率为 $0.9 \times 0.25 \times 0.05 \times 0.15 \times 0.40 \times 0.10 = 0.0000675$。它也可以以线性形式写为：[S [NP [Article **every**][Noun **wumpus**]][VP [Verb **smells**]]]

就像词性标注一样，我们可以使用**束搜索**进行句法分析，在任何时候我们都只考虑 b 个最可能的选择。这意味着我们不能保证找到概率最高的分析，但是（通过周密的实现）分析器可以在 $O(n)$ 时间内运行，并且在大多数情况下仍能找到最佳的句法分析。

$b = 1$ 的束搜索句法分析器称为**确定性句法分析器**（deterministic parser）。一种流行的确定性方法是**移位减少句法分析**（shift-reduce parsing），我们逐字遍历整个句子，在每一点上选择将单词移到成分栈上，或根据文法规则减少栈最顶端的成分。在 NLP 社区中，每种句法分析方式都有人使用。我们把机器学习应用于文法归纳问题时，即使可以将移位减少系统转换为 PCFG（反之亦然），每个系统的归纳偏差以及泛化也是不一样的（Abney *et al.*, 1999）。

23.3.1　依存分析

另一种广泛使用的句法，称为**依存文法**（dependency grammar），它假定句法结构是由词汇项之间的二元关系形成的，不需要句法成分。图 23-7 展示了一个句子的依存分析和短语结构分析。

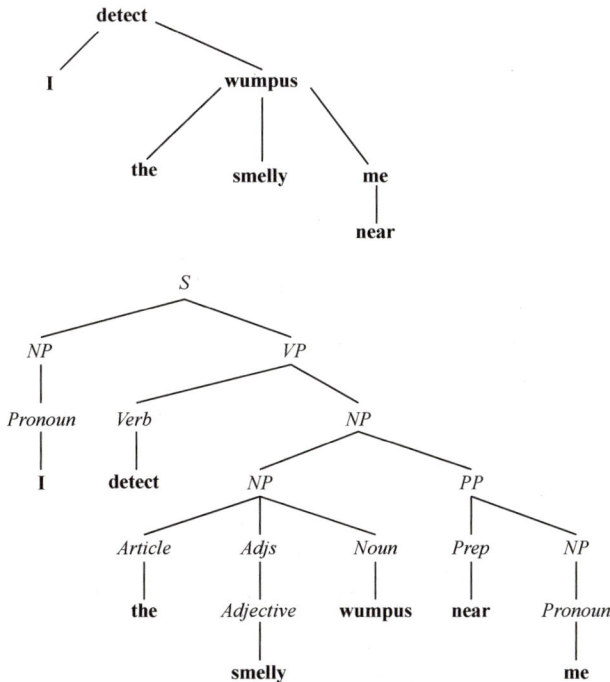

图 23-7　句子"I detect the smelly wumpus near me"的依存句法分析（上）和相应的短语结构分析（下）

从某种意义上说，依存文法和短语结构文法只是符号上的变体。如果用每个短语的中心词对短语结构树进行标记，就可以从中恢复出依存关系树。在另一个方向上，我们可以通过引入任意范畴将依存关系树转换为短语结构树（尽管我们并不总能以这种方式获得一棵自然的树）。

因此，我们不会因为一种符号更强而选择这种符号；我们更愿意选择一种更自然的符号——要么对系统的开发人员来说更加熟悉，要么对必须学习句子结构的机器学习系统来说更加自然。通常，对词序几乎固定的语言（如英语）来说，短语结构树更加自然；对词序几乎无限制的语言（如拉丁语）来说，依存关系树更加自然，在这类语言中，词序更多地取决于语用学而不是句法范畴。

如今，依存文法的流行很大程度上源于 Universal Dependencies 项目（Nivre *et al.*, 2016），这是一个开源项目，它定义了一组关系并提供了来自 70 多种语言的数百万个经过句法分析后的句子。

23.3.2　从样例中学习句法分析器

为大规模的英语语句建立文法是一件费力且容易出错的事。这表明，直接**学习**文法规则（及其概率）比人工标注更好。为了应用监督学习方法，我们需要句子的输入/输出对及其句法分析树。Penn Treebank 是最著名的此类数据的来源，由用句法分析树结构标记的十万多个句子组成。图 23-8 为来自 Penn Treebank 的标记树。

```
[ [S [NP-2 Her eyes]
     [VP were
        [VP glazed
           [NP*-2]
           [SBAR-ADV as if
                [S[NP she]
                   [VP did n't]
                      [VP [VP hear [NP*-1]]
                         or
                         [VP [ADVP even] see [NP *-1]]
                         [NP-1 him]]]]]]]]]
  .]
```

图 23-8　来自 Penn Treebank 的句子 "Her eyes were glazed as if she didn't hear or even see him." 的标记树。需要注意一种我们还未涉及的文法现象：短语从树的一部分移动到另一部分。这棵树将短语 "hear or even see him" 分析为由两个 *VP* 成分组成，[*VP* **hear** [*NP* *-1]] 和 [*VP* [*ADVP* **even**] **see** [*NP* *-1]]，两者都含有一个空缺，*-1，表示在树中其他地方被标记为 [*NP*-1 **him**] 的 *NP*。类似地，[*NP* *-2] 表示 [*NP*-2 **Her eyes**]

给定一个树库（treebank），我们可以通过计算每个节点类型在树中出现的次数来创建PCFG（通常需要注意平滑低计数值）。在图 23-8 中，有两个 [*S*[*NP*…][*VP*…]] 形式的节点。我们将对这些节点以及语料库中其他所有根为 *S* 的子树进行计数。如果一共有 1000 个 *S* 节点，其中 600 个为上述形式，那么我们可以创建规则：

$$S \rightarrow NP\ VP\ [0.6]$$

Penn Treebank 一共有 10 000 多种不同的节点类型。这反映了一个事实：英语是一种复杂的语言，但同时也表明，创建树库的标注人员更偏爱扁树，也许比我们期望的还要扁。例如，"the good and the bad" 被标注为一个单独的名词短语，而不是两个名词短语连用，从而得到如下规则：

$$NP \rightarrow Article\ Noun\ Conjunction\ Article\ Noun$$

有数百种类似规则都将名词短语定义为中间某处为连词的范畴串。一种更简洁的文法用单个规则代替了所有名词短语连用的规则：

$$NP \rightarrow NP\ Conjunction\ NP$$

博德等人（Bod *et al.*, 2003）（Bod, 2008）展示了如何自动恢复像这样的一般化规则，大大减少了树库中规则的数量，他们还创建了一种文法，最终可以更好地泛化到之前未见过的句子。他们称这种方法为**面向数据的句法分析**（data-oriented parsing）。

我们已经看到，树库不是完美的——它们存在错误并且包含怪异的句法分析。此外，创建树库显然需要大量工作。这意味着，与所有还没有使用树来标记的文本相比，树库仍然相对较小。另一种方法是**无监督句法分析**（unsupervised parsing），我们使用不包含树的句子语料库学习新文法（或改进现有文法）。

向内–向外算法（inside-outside algorithm）（Dodd, 1988）（这里不详细介绍）学习从不包含树的例句中估计 PCFG 中的概率，类似于前向–后向算法（图 14-4）估计概率的方式。（Spitkovsky *et al.*, 2010a）则提出了一种利用**课程学习**（curriculum learning）的无监督学习方法：从课程的简单部分开始——根据先验知识或注释可以轻松地分析只包含 2 个单词的无歧义简短句，如"He left"。每一个新的短句句法分析都会扩充系统知识，从而最终可以处理 3 个单词、4 个单词，甚至是 40 个单词的句子。

我们还可以使用**半监督句法分析**（semisupervised parsing），首先使用少量树作为数据来构建初始文法，然后添加大量未分析的语句来改进文法。半监督方法可以利用**部分括号表示法**（partial bracketing）：我们可以使用由文本作者（而不是语言专家）用部分树状结构标记（采用 HTML 或其他类似注释形式）的广泛可用文本。在 HTML 文本中，大多数括号对应于句法成分，因此部分括号表示法有助于学习文法（Pereira and Schabes, 1992; Spitkovsky *et al.*, 2010b）。考虑下面来自报纸文章的 HTML 文本：

```
In 1998, however, as I <a>established in
<i>The New Republic</i></a> and Bill Clinton just
<a>confirmed in his memoirs</a>, Netanyahu changed his mind
```

由 `<i></i>` 标记包围的单词构成一个名词短语，由 `<a></a>` 标记包围的两个单词串分别构成动词短语。

23.4 扩展文法

目前为止，我们已经处理了**上下文无关文法**。但是，并不是每个 *NP* 都可以以相同的概率出现在每个上下文中。"I ate a banana"是符合文法的，但是"Me ate a banana"不符合文法，而"I ate a bandanna"则不符合实际。[①]

问题在于我们的文法侧重于词汇范畴，如代词，但尽管"I"和"me"都是代词，却只有"I"可以作为句子主语。同样，"banana"和"bandanna"都是名词，但前者更有可能成为"ate"的宾语。如语言学家所说，代词"I"属于主格（动词的主语），而"me"属于宾格[②]（动词的宾语）。他们还表明，"I"是第一人称（"you"是第二人称，"she"是第三人称），此外，"I"还是单数（"we"是复数）。像代词这样的范畴，已经用诸如"主格、第一人称单数"之类

[①] 在英语中，banana 是香蕉，bandanna 是色彩鲜艳的围巾。——编者注
[②] 主格（subjective case）有时也被称为 nominative case，宾格（objective case）有时也被称为 accusative case。许多语言还对处于间接宾语位置的单词使用与格来进一步区分。

的特征进一步扩展，称为**子范畴**（subcategory）。

在本节中，我们将展示文法如何表示这类知识，从而更精细地区分哪些句子更可能出现。我们还将展示如何以组合方式构造一个短语的语义表示。所有这些都可以通过**扩展文法**（augmented grammar）实现，其中非终结符不只是代词或 *NP* 之类的原子符号，而是结构化表示。例如，名词短语 "I" 可以被表示为 *NP(Sbj, 1S, Speaker)*，表示 "主格，第一人称单数形式，其含义是说这句话的人"。相反，"me" 将被表示为 *NP(Obj, 1S, Speaker)*，表示它是宾格。

考虑序列 "*Noun and Noun or Noun*"，这个序列可以被分析为 "[*Noun and Noun*] *or Noun*" 或 "*Noun and* [*Noun or Noun*]"。上下文无关文法无法确定应该使用哪种分析，因为关于 *NP* 连用的规则 *NP → NP Conjunction NP*[0.05] 会赋予两个句法分析相同的概率。对于短语 "spaghetti and meatballs or lasagna" 和 "spaghetti and pie or cake"，我们希望文法能够更偏向于将它们分析为 "[[spaghetti and meatballs] or lasagna]" 和 "[spaghetti and [pie or cake]]"。

词汇化 PCFG（lexicalized PCFG）是一种扩展文法，它允许我们根据短语中单词的属性而不仅仅是句法范畴来分配概率。如果说包含 40 个单词的句子的概率取决于所有的 40 个单词，那么数据会非常稀疏——这与我们使用 n 元模型时注意到的问题一样。为简化起见，我们引入了短语**头**（head）的概念——短语中最重要的词。因此，"banana" 是 *NP* "a banana" 的头，"ate" 是 *VP* "ate a banana" 的头。符号 *VP(v)* 表示范畴为 *VP* 且头为 *v* 的短语。以下是一个词汇化 PCFG：

$$VP(v) \rightarrow Verb(v)\ NP(n) \qquad\qquad [P_1(v, n)]$$
$$VP(v) \rightarrow Verb(v) \qquad\qquad\qquad\quad [P_2(v)]$$
$$NP(n) \rightarrow Article(a)\ Adjs(j)\ Noun(n) \qquad [P_3(n, a)]$$
$$NP(n) \rightarrow NP(n)\ Conjunction(c)\ NP(m) \qquad [P_4(n, c, m)]$$
$$Verb\,(\mathbf{ate}) \rightarrow \mathbf{ate} \qquad\qquad\qquad\quad [0.002]$$
$$Noun(\mathbf{banana}) \rightarrow \mathbf{banana} \qquad\qquad [0.0007]$$

这里 $P_1(v, n)$ 表示一个头为 v 的 *VP* 加上一个头为 n 的 *NP* 形成一个 *VP* 的概率。通过保证 $P_1(ate, banana) > P_1(ate, bandanna)$，我们可以让 "ate a banana" 的概率大于 "ate a bandanna" 的概率。注意，由于我们仅考虑短语头，因此 P_1 无法区分 "ate a banana" 和 "ate a rancid banana"。从概念上讲，P_1 是一个庞大的概率表：如果词汇表中有 5 000 个动词和 10 000 个名词，那么 P_1 需要 5 000 万个条目，但其中大多数不会被显式存储，而是通过平滑和回退导出。例如，我们可以从 $P_1(v, n)$ 回退到仅依赖于 v 的模型，这样的模型所需的参数只是原来的万分之一，但仍可以捕获重要的规则性，例如，相较于像 "sleep" 一样的不及物动词，"ate" 这样的及物动词之后更可能跟 *NP*（无论它的头是什么）。

在 23.2 节中，我们看到，$\mathcal{E}_0$ 的简单文法会过生成，产生诸如 "I saw she" 或 "I sees her" 之类的非句。为了避免这个问题，我们的文法必须知道，"her" 而不是 "she"，才是 "saw"（或其他任何动词）的有效宾语，"see" 而不是 "sees"，才是主语 "I" 应该搭配的动词形式。

我们可以将这些事实完全编码在概率条目中，例如，对所有动词 v，$P_1(v, she)$ 都是一个非常小的值。但是，使用附加变量来扩展 *NP* 范畴会更为简洁和模块化：*NP(c, pn, n)* 用于表示一个名词短语，c 表示格（主格或宾格），pn 表示人称和单复数（如第三人称单数），n 表示短语头。图 23-9 给出了处理这些附加变量的扩展词汇化文法。让我们详细地考虑一个文法规则：

$$S(v) \rightarrow NP(Sbj, pn, n)\ VP(pn, v)\ [P_5(n, v)]$$

$$S(v) \quad \rightarrow \quad NP(Sbj, pn, n)\ VP(pn, v)\ |\cdots$$
$$NP(c, pn, n) \quad \rightarrow \quad Pronoun(c, pn, n)\ |\ Noun(c, pn, n)\ |\cdots$$
$$VP(pn, v) \quad \rightarrow \quad Verb(pn, v)\ NP(Obj, pn, n)\ |\cdots$$
$$PP(head) \quad \rightarrow \quad Prep(head)\ NP(Obj, pn, h)$$
$$Pronoun(Sbj, \textbf{1S}, \textbf{I}) \quad \rightarrow \quad \textbf{I}$$
$$Pronoun(Sbj, \textbf{1P}, \textbf{we}) \quad \rightarrow \quad \textbf{we}$$
$$Pronoun(Obj, \textbf{1S}, \textbf{me}) \quad \rightarrow \quad \textbf{me}$$
$$Pronoun(Obj, \textbf{3P}, \textbf{them}) \quad \rightarrow \quad \textbf{them}$$

$$Verb(\textbf{3S}, \textbf{see}) \quad \rightarrow \quad \textbf{see}$$

图 23-9　保有格一致性、主语–动词一致性和短语头单词的扩展文法的一部分。大写字母开头的名称表示常量：Sbj 和 Obj 表示主格和宾格；$1S$ 表示第一人称单数；$1P$ 和 $3P$ 分别表示第一人称复数和第三人称复数。照例，小写名称是变量。简单起见，省略了概率

该规则表示，当一个 NP 后跟一个 VP 时，它们可以形成一个 S，但前提是 NP 是主格（Sbj），并且 NP 和 VP 的人称和单复数（pn）相同。（我们可以说它们是一致的。）如果前提成立，那么我们就获得了一个 S 结构，它的头是 VP 中的动词。下面是一个词汇化规则示例，

$$Pronoun(Sbj, 1S, I) \rightarrow \textbf{I}\ [0.005]$$

它说明“I”是一个代词（主格，第一人称单数，头是“I”）。

23.4.1　语义解释

为了说明如何在文法中添加语义，我们从一个比英语更简单的示例开始：算术表达式的语义。图 23-10 给出了算术表达式的文法，其中每个规则都用一个描述短语语义解释的变量扩展。一个数字的语义（如“3”）是数字本身。表达式“3 + 4”的语义是将运算符“+”作用于短语“3”和短语“4”的语义之上。这些文法规则遵循组合语义（compositional semantics）原则——短语的语义是其子短语语义的函数。图 23-11 展示了该文法下的 3 + (4 ÷ 2) 的分析树。树的根是 $Exp(5)$，表示一个语义解释为 5 的表达式。

$$Exp(op(x_1, x_2)) \rightarrow Exp(x_1)\ Operator(op)\ Exp(x_2)$$
$$Exp(x) \rightarrow (\ Exp(x)\ )$$
$$Exp(x) \rightarrow Number(x)$$
$$Number(x) \rightarrow Digit(x)$$
$$Number(10 \times x_1 + x_2) \rightarrow Number(x_1)\ Digit(x_2)$$
$$Operator(+) \rightarrow +$$
$$Operator(-) \rightarrow -$$
$$Operator(\times) \rightarrow \times$$
$$Operator(\div) \rightarrow \div$$
$$Digit(0) \rightarrow \textbf{0}$$
$$Digit(1) \rightarrow \textbf{1}$$
$$\cdots$$

图 23-10　算术表达式的文法，作了语义扩展。每个变量 x_i 表示一个成分的语义

现在，让我们继续讨论英语的语义，或者至少是一小部分英语的语义。我们将使用一阶逻辑进行语义表示。因此，简单例句“Ali loves Bo”的语义表示形式为 $Loves(Ali, Bo)$。那么组成句子的短语呢？我们可以用逻辑项 Ali 表示 NP “Ali”。但是 VP “loves Bo”既不是逻辑项，也不是完整的逻辑语句。直观上，“loves Bo”是一种描述，可用于某个特定的人。（在这里，它

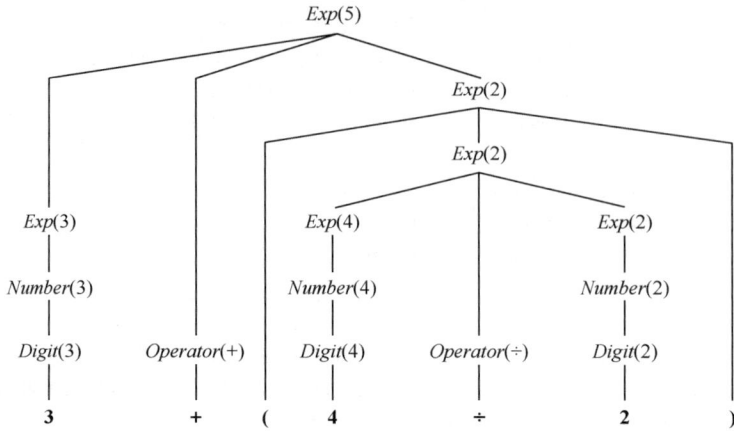

图 23-11 字符串 "3 + (4 ÷ 2)" 的带语义解释的句法分析树

被用于描述 Ali。）这意味着 "loves Bo" 是一个**谓词**（predicate），它与表示某个人的项组合，形成一个完整的逻辑语句。

使用 λ 记号（见 8.2.3 节），我们可以将 "loves Bo" 表示为谓词

$$\lambda x\ Loves(x, Bo)$$

现在我们需要一条规则来说明"一个语义为 n 的 NP 后跟一个语义为 $pred$ 的 VP 将形成一个句子，其语义为将 $pred$ 应用于 n 的结果"：

$$S(pred(n)) \rightarrow NP(n)\ VP(pred)$$

这条规则告诉我们 "Ali loves Bo" 的语义解释为

$$(\lambda x\ Loves(x, Bo))(Ali)$$

这与 $Loves(Ali, Bo)$ 是等价的。技术上，我们说这是 λ 函数应用的 β 归约。

通过我们目前所采取的方法，可以直接对其余的语义进行描述。因为 VP 被表示为谓词，所以动词也应该被表示为谓词。动词 "loves" 表示为 $\lambda y\ \lambda x\ Loves(x, y)$，该谓词在给定参数 Bo 时返回谓词 $\lambda x\ Loves(x, Bo)$。我们最终得到了图 23-12 所示的文法和分析树。在更完整的文法中，我们将所有扩展（语义、格、人称和短语头）一起放到一组规则中。在这里，我们仅展示语义扩展，以使规则的工作方式更加清晰。

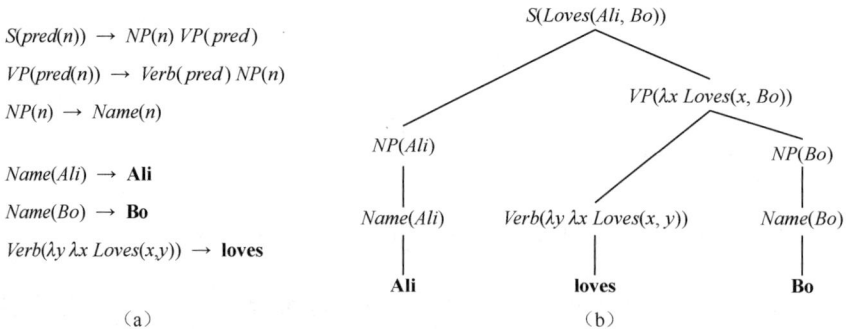

图 23-12 （a）一种文法，可以推导出 "Ali loves Bo"（以及其他 3 个句子）的句法分析树和语义解释。每个范畴都用一个表示语义的参数进行扩展。（b）字符串 "Ali loves Bo" 的带有语义解释的句法分析树

23.4.2 学习语义文法

遗憾的是，Penn Treebank 中不包括句子的语义表示，只包括句法树。因此，如果我们要学习一个语义文法，还需要其他样例来源。泽特尔莫耶和科林斯（Zettlemoyer and Collins, 2005）介绍了一个系统，该系统从样例中学习问答系统的文法，样例由一个句子和该句子的语义形式组成。

- **句子**：What states border Texas?
- **逻辑形式**：$\lambda x.state(x) \wedge \lambda x.borders(x, Texas)$

给定大量上述样例对以及每个新领域的少量人工标注知识，系统就会生成合理的词汇条目（例如，"Texas" 和 "state" 是名词，因此 $state(Texas)$ 为真），同时学习文法参数，使得系统可以将句子分析为语义表示。泽特尔莫耶和科林斯（Zettlemoyer and Collins, 2005）介绍的系统在两个由未参与学习的句子组成的不同测试集上达到了 79% 的准确率。赵凯和黄亮（Zhao and Huang, 2015）展示了一种运行速度更快的移位减少句法分析器，并实现了 85% ～ 89% 的准确率。

这些系统的一个局限性在于训练数据包括逻辑形式。创建这样的训练数据代价昂贵，需要具有专业知识的人工注释者——并不是每个人都了解 λ 演算和谓词逻辑的细微之处，而收集问题–答案对样例则要容易得多。

- **问题**：What states border Texas?
- **答案**：Louisiana, Arkansas, Oklahoma, New Mexico.
- **问题**：How many times would Rhode Island fit into California?
- **答案**：135

这样的问题–答案对在网络上非常常见，因此不需要专家指导就可以建立大型数据库。使用这种大型数据源，有可能构建出比使用标记有逻辑形式的小型数据库构建出的分析器性能更好的句法分析器（Liang *et al.*, 2011; Liang and Potts, 2015）。这些论文中描述的关键方法是创建一种内部逻辑形式，它是组合的，但不允许指数量级的搜索空间。

23.5 真实自然语言的复杂性

真实的英语文法是极其复杂的（其他语言也一样）。我们简要地给出一些导致这种复杂性的例子。

量词限定（quantification）：考虑句子 "Every agent feels a breeze." 该句子在 $\mathcal{E}_0$ 下只有一种句法分析结果，但是在语义上却是有歧义的，是 "存在一阵能被所有的智能体感觉到的微风" 还是 "每一个智能体感觉到一阵属于它自己的微风"？这两种解释可以表示为

$$\forall a \ a \in Agents \Rightarrow$$
$$\exists b \ b \in Breezes \wedge Feel(a, b);$$
$$\exists b \ b \in Breezes \wedge \forall a \ a \in Agents \Rightarrow$$
$$Feel(a, b)$$

量词限定的一种标准方法是，文法不定义实际的逻辑语义语句，而是定义一种**准逻辑形式**（quasi-logical form），可以通过分析过程之外的算法将该形式转化为逻辑语句。这些算法可以有选择量词限定范围的优先规则——这些优先规则不需要直接反映在文法中。

语用学（pragmatics）：我们已经展示了一个智能体是如何感知字符串并应用文法推导出一组可能的语义解释的。现在，我们通过添加有关当前情景的上下文相关信息来完成解释。对于语用信息最明显的需求是确定**索引词**（indexical）的含义，索引词是一些直接指代当前情景的短语。例如，在句子 "I am in Boston today" 中，"I" 和 "today" 都是索引词。单词 "I" 可以用 *Speaker* 表示，在不同时间指代不同对象，确定指代对象取决于听话者——这不是文法需要考虑的部分，而是一个语用学问题。

语用学的另一部分是解释说话者的意图。说话者的话语被认为是一种**言语行为**（speech act），需要由听者辨认它是一种什么类型的行为，如提问、陈述、承诺、警告、命令等。类似 "go to 2 2" 这样的命令暗指听者去行动。到目前为止，我们的 *S* 文法只涵盖了陈述性语句。我们可以将其扩展为涵盖命令性语句——命令是一个动词短语，主语暗指听到命令的人：

$$S(Command(pred(Hearer))) \rightarrow VP(pred)$$

长距离依存关系（long-distance dependencies）：在图 23-8 中，我们看到 "she didn't hear or even see him" 的分析存在两个空缺，缺失了 *NP* "him"。我们可以用符号 ␣ 来表示空缺："she didn't [hear ␣ or even see ␣] him." 通常，空缺与它所指代的 *NP* 之间的距离可以任意长：在 "Who did the agent tell you to give the gold to ␣?" 中，空缺指代的是 "Who"，相距 11 个单词。

可以使用一种复杂的扩展规则系统来确保缺失的 *NP* 可以正确匹配。规则很复杂；例如，*NP* 连词结构的分支中不能出现空缺："What did she play [*NP* Dungeons and ␣]?" 是不符合文法的。但是，*VP* 连词结构的两个分支中可以出现同一空缺，如句子 "What did you [*VP* [*VP* smell ␣] and [*VP* shoot an arrow at ␣]]?"

时间和时态（time and tense）：假设我们要表示 "Ali loves Bo" 和 "Ali loved Bo" 之间的区别。英语使用动词时态（过去时、现在时和将来时）表示某个事件的相对时间。表示事件时间的一个不错选择是 10.3 节介绍的事件演算符号。在事件演算中，我们有

Ali loves Bo: $E_1 \in Loves(Ali, Bo) \wedge During(Now, Extent(E_1))$

Ali loved Bo: $E_2 \in Loves(Ali, Bo) \wedge After(Now, Extent(E_2))$

这表明单词 "loves" 和 "loved" 的两个词汇规则应为

$Verb(\lambda y\ \lambda x\ e \in Loves(x, y) \wedge During(Now, e)) \rightarrow$ **loves**

$Verb(\lambda y\ \lambda x\ e \in Loves(x, y) \wedge After(Now, e)) \rightarrow$ **loved**

除这一变化之外，关于文法的其他所有内容都保持不变，这是一个好消息；这表明，如果我们能够轻松地添加动词时态之类的复合成分（尽管我们只是触及了描述时间和时态的完整文法的皮毛），那么我们的方向就是对的。

歧义（ambiguity）：我们倾向于将歧义视为沟通失败；当听者意识到话语中的歧义时，意味着这句话是不清楚或令人困惑的。下面是报纸标题中摘录的一些例子：

Squad helps dog bite victim.

Police begin campaign to run down jaywalkers.

Helicopter powered by human flies.

Once-sagging cloth diaper industry saved by full dumps.

Include your children when baking cookies.

Portable toilet bombed; police have nothing to go on.

Milk drinkers are turning to powder.

Two sisters reunited after 18 years in checkout counter.

这样的困惑是例外。在大多数情况下，我们听到的话似乎是没有歧义的。因此，在 20 世纪 60 年代，当研究人员首次使用计算机分析语言时，他们惊讶地发现几乎每句话都是有歧义的，具有多种可能分析（有时是数百种），即使以该语言为母语的人也只能注意到其中一种。例如，我们将短语 "brown rice and black beans" 理解为 "[brown rice] and [black beans]"，从未考虑过另一种概率很低的解释 "brown [rice and black beans]"，其中形容词 "brown" 修饰整个短语，而不只是 "rice"。当我们刚听到 "Outside of a dog, a book is a person's best friend" 时，会将 "outside of" 理解为 "except for"，当我们接着听到格劳乔·马克斯（Groucho Marx，美国喜剧演员）笑话的下一个句子 "Inside of a dog it's too dark to read" 时，我们就会觉得很好笑。

词汇歧义（lexical ambiguity）是指一个单词有不止一种含义："back" 可以是副词（go back）、形容词（back door）、名词（the back of the room）、动词（back a candidate）或专有名词（加拿大努纳武特地区的一条河）。"Jack" 可以是人名、名词（扑克牌、六角金属游戏片、航海旗、鱼、鸟、奶酪、插座等）或动词（用千斤顶顶起一辆汽车、拿着灯狩猎或用力击打棒球）。**句法歧义**（syntactic ambiguity）是指一个短语有多种分析，"I smelled a wumpus in 2, 2" 有两种分析：一种是介词短语 "in 2, 2" 修饰名词，另一种是修饰动词。句法歧义会导致**语义歧义**（semantic ambiguity），因为一种分析意思是活着的 wumpus 在位置 (2, 2)，另一种分析意思是位置 (2, 2) 有死了的 wumpus 的臭味。在这种情况下，采用错误的解释可能导致智能体致命的错误。

字面义和比喻义之间也可能存在歧义。修辞格在诗歌中非常重要，在日常演讲中也很常见。**借代**（metonymy）是一种用一个对象代表另一个对象的修辞手法。当我们听到 "Chrysler announced a new model"（克莱斯勒公司发布了一种新车型）时，我们并不会觉得公司可以说话，而是明白是该公司的一位发言人宣布了这一消息。借代非常普遍，听众常常会下意识地对其进行解释。

遗憾的是，我们所写的文法很难这么灵活。为了正确处理借代的语义，我们需要引入一种全新层次的歧义。为此，我们可以通过提供两个对象来对句子中的每个短语进行语义解释：一个对象为该短语字面上指代的对象（克莱斯勒公司），另一个为借代指代的对象（发言人）。我们不得不说两者之间存在联系。在我们当前的文法中，"Chrysler announced" 被解释为

$$x = \text{Chrysler} \wedge e \in Announce(x) \wedge After(Now, Extent(e))$$

我们需要把它变为

$$x = \text{Chrysler} \wedge e \in Announce(m) \wedge After(Now, Extent(e)) \wedge Metonymy(m, x)$$

这就是说，有一个实体 x 等同于 Chrysler，而另一个实体 m 则进行了发布这一动作，两个实体存在借代关系。下一步是定义可以出现的借代关系类型。最简单的情况是根本不存在借代——字面对象 x 和借代对象 m 是同一个：

$$\forall m, x \ (m = x) \Rightarrow Metonymy(m, x)$$

对于 Chrysler 这一例子，一个合理的推广是一个组织可以代表该组织的发言人：

$$\forall m, x \ x \in Organizations \wedge Spokesperson(m, x) \Rightarrow Metonymy(m, x)$$

借代还包括用作者指代其作品（I read *Shakespeare*）（我读过莎士比亚），或更一般地用生产者指代其产品（I drive a *Honda*）（我开的是本田），以及用部分指代整体（The Red Sox need a strong *arm*）（红袜队需要一只强壮的臂膀）。还有一些更新奇的例子，如 "The *ham sandwich* on Table 4 wants another beer"（4 号桌的火腿三明治想再要一瓶啤酒），需要针对具体情况进行

解释（服务员招待进餐但不知道顾客的名字，用顾客所点食物指代顾客本人）。

隐喻（metaphor）是另一种修辞手法，通过类比用字面上是某种含义的短语暗示不同的含义。因此，隐喻可以看作一种借代，只不过隐喻中的关系是一种相似性。

歧义消解（disambiguation）是还原一句话最可能的含义的过程。从某种意义上说，我们已经有了解决这个问题的框架：每个规则都有一个与之相关的概率，因此句子解释的概率是导出该解释的所有规则的概率的乘积。遗憾的是，概率反映的是短语在学习文法的语料库中的普遍程度，因此反映的是一般知识，而不是当前情况的具体知识。为了正确消歧，我们需要结合以下 4 个模型。

（1）**世界模型**（world model）：一个命题在世界上发生的可能性。根据我们对世界的了解，"I'm dead" 更有可能意味着 "I am in big trouble"（我有大麻烦了）或 "I lost this video game"（我输了电子游戏），而不是 "My life ended, and yet I can still talk"（我的生命已经结束，但我仍然可以说话）。

（2）**心理模型**（mental model）：说话者形成向听者传达某个事实的意图的可能性。这种方法结合了多种模型：说话者相信什么，说话者相信听者相信什么，等等。例如，当一个政客说 "I am not a crook" 时，世界模型可能会给命题 "该政客不是罪犯" 分配 50% 的概率，而给命题 "该政客不是牧羊人的钩状手杖" 分配 99.999% 的概率。无论如何，我们选择前一种解释，因为这更有可能是政客想表达的东西。

（3）**语言模型**（language model）：在说话者已有传达某个特定事实的意图的情况下，选择某个特定单词串的可能性。

（4）**声学模型**（acoustic model）：对语音交流来说，在说话者已经选择某个特定单词串的情况下，生成特定声音序列的可能性。（对于手写或打字通信，我们会遇到光学字符识别的问题。）

23.6　自然语言任务

自然语言处理是一个非常大的领域，需要用一两本完整教材来讲解（Goldberg, 2017; Jurafsky and Martin, 2020）。在本节中，我们简要介绍一些主要任务。你可以通过参考文献获取更多详细信息。

语音识别（speech recognition）是将语音转换为文本的任务。之后我们可以对生成的文本执行进一步的任务（如问答）。当前语音识别系统的单词错误率大约为 3% ～ 5%（取决于测试集的具体情况），与人工转录员的错误率相近。语音识别系统面临的挑战是即使个别单词有错误，也要做出适当的响应。

现在的顶级语音识别系统结合了循环神经网络和隐马尔可夫模型（Hinton *et al.*, 2012; Yu and Deng, 2016; Deng, 2016; Chiu *et al.*, 2017; Zhang *et al.*, 2017）。2011 年，语音领域引入了深度神经网络，错误率立即显著改进了约 30%——这一领域似乎已经成熟，之前每年的改进只有几个百分点。语音识别问题具有自然的成分分解，所以非常适合使用深度神经网络：从波形到音素再到单词最后到句子。这些将在第 24 章中介绍。

文本–语音合成（text-to-speech synthesis）则是与语音识别相反的过程——将文本转换为声音。泰勒（Taylor, 2009）用整本书对其进行了概述。文本–语音合成面临的挑战是如何对每个单词正确地发音同时通过适当的停顿和强调让每个句子听起来自然流畅。

另一个发展领域是合成不同的声音——从普通男性或女性的声音开始，接着可以合成地方方言，甚至模仿名人的声音。与语音识别一样，深层循环神经网络的引入同样为文本–语音合成带来了巨大的进步，大约 2/3 的听者认为，WaveNet 神经网络系统（van den Oord *et al.*, 2016a）比之前的非神经网络系统听起来更自然。

机器翻译（machine translation）将文本从一种语言转换到另一种语言。系统通常使用双语语料库进行训练。例如，一组成对的文档，每对文档的其中一个使用英语，而另一个使用法语。不需要以任何方式对文档进行标记；机器翻译系统学习如何对齐句子和短语，然后当遇到其中一种语言的新语句时，可以生成另一种语言的翻译。

21 世纪早期的机器翻译系统使用 n 元模型，系统通常能够理解文本的含义，但大多数句子都包含文法错误。一个问题是 n 元的长度限制：即使将限制放大到 7，信息也很难从句子的一端传递到另一端。另一个问题是，一个 n 元模型中的所有信息都位于单个单词的层级。这样的系统可以学习将 "black cat" 翻译成 "chat noir"，但是却不能学到英语中形容词通常在名词之前而法语中形容词通常在名词之后这样的规则。

序列到序列循环神经网络模型（Sutskever *et al.*, 2015）解决了这一问题。它们可以更好地泛化（因为它们可以使用词嵌入而不是特定单词的 n 元计数），并且可以在整个深度网络的不同层级上形成组合模型，从而有效地传递信息。之后的工作使用 Transformer 模型的注意力机制（Vaswani *et al.*, 2018）进一步提高了翻译性能，对这两种模型各方面进行结合的混合模型则进一步提升了效果，在某些语言对上达到了人类水平的表现（Wu *et al.*, 2016b; Chen *et al.*, 2018）。

信息提取（information extraction）是通过浏览文本并查找文本中特定类别的对象及其关系来获取知识的过程。典型的任务包括，从网页中提取地址实例获取街道名、城市名、州名以及邮政编码等数据库字段；从天气预报中提取暴风雨信息获取温度、风速以及降水量等字段。如果源文本具有很好的结构（如以表格的形式），那么像正则表达式之类的简单技术就可以进行信息提取（Cafarella *et al.*, 2008）。如果我们试图提取所有事实，而不仅是特定类型（如天气预报），那么提取会变得更加困难；班科等人（Banko *et al.*, 2007）介绍了 TEXTRUNNER 系统，它在一个开放的不断扩展的关系集上进行信息提取。对于自由格式的文本，可以使用隐马尔可夫模型和基于规则的学习系统［就像 TEXTRUNNER 和永无止境语言学习（never-ending language learning，NELL）（Mitchell *et al.*, 2018）中所使用的一样］。最近的系统使用循环神经网络，以利用词嵌入的灵活性。你可以在（Kumar, 2017）中找到相关概述。

信息检索（information retrieval）的任务是查找与给定查询相关且重要的文档。谷歌和百度等互联网搜索引擎每天都会执行数十亿次这样的任务。有 3 本很好的关于信息检索的教材，即（Manning *et al.*, 2008）、（Croft *et al.*, 2010）和（Baeza-Yates and Ribeiro-Neto, 2011）。

问答（question answering）与信息检索不同，它的查询其实是一个问题，如 "Who founded the U.S. Coast Guard?"（谁创立了美国海岸警卫队？），查询结果也不是一个排好序的文档列表，而是一个实际答案："Alexander Hamilton."。自 20 世纪 60 年代以来，就已经出现了依赖于本章所讨论的句法分析的问答系统，但是直到 2001 年，这类系统才开始使用网页信息检索，从根本上增加了系统的覆盖范围。卡茨（Katz, 1997）介绍了 START 分析器和问题解答器。班科等人（Banko *et al.*, 2002）介绍了 ASKMSR 系统，ASKMSR 在句法分析能力方面并不复杂，它更注重使用网络搜索以及对结果进行排序。例如，为了回答 "Who founded the U.S. Coast Guard?"，它会搜索诸如 [* founded the U.S. Coast Guard] 和 [the U.S. Coast Guard was founded by *] 之类的查询，然后在知道查询词 "who" 表示答案应该是某个人的情况下检查多个结果网页，找出可能的响应。自 1991 年以来，Text REtrieval Conference（TREC）收集了关于这一主题的研究，并且每年都会举办比赛（Allan *et al.*, 2017）。最近，研究人员也创建了其他测试集，如关于基础科学问题的 AI2 ARC 测试集（Clark *et al.*, 2018）。

小结

本章有以下主要内容。

- 基于 *n* 元的概率语言模型可以还原关于一种语言的相当多信息。它们可以在诸如语言识别、拼写校正、情感分析、体裁分类和命名实体识别之类的多种任务中表现出色。
- 这些语言模型可能有数百万个特征，因此对数据进行预处理和平滑处理以减少噪声非常重要。
- 在建立统计语言系统时，最好设计一个可以充分利用可用**数据**的模型，即使这个模型看起来非常简单。
- 词嵌入可以赋予单词及其相似性更丰富的表示。
- **短语结构**文法（尤其是上下文无关文法）对于捕捉语言的层次结构很有帮助。概率上下文无关文法（PCFG）的形式体系和依存文法的形式体系已被广泛使用。
- 通过**图表句法分析器**（如 **CYK 算法**），可以在 $O(n^3)$ 时间内对上下文无关语言的语句进行分析，算法要求文法规则为**乔姆斯基范式**。使用束搜索或移位减少句法分析器可以在 $O(n)$ 时间内对自然语言进行分析，准确性也不会有很大损失。
- **树库**可以用于学习带参数的 PCFG 文法。
- **扩展**文法处理诸如主语–动词一致性和代词格之类的问题非常方便，它可以在单词层级而不只是范畴层级对信息进行表示。
- **语义解释**也可以通过扩展文法处理。我们可以从与问题的逻辑形式或答案配对的问题语料库中学习语义文法。
- 自然语言非常复杂，很难用形式文法获取。

参考文献与历史注释

马尔可夫（Markov, 1913）提出了用于语言建模的 *n* 元字母模型。克劳德·香农（Shannon and Weaver, 1949）第一个生成了英语的 *n* 元单词模型。**词袋模型**的名字来自语言学家泽里格·哈里斯（Zellig Harris）（Harris, 1954）的一段话："语言不只是词袋，还是具有特定属性的工具。"诺维格（Norvig, 2009）给出了一些可以使用 *n* 元模型完成的任务示例。

乔姆斯基（Chomsky, 1956, 1957）指出了有限状态模型与上下文无关模型相比所存在的局限性，并得出结论："概率模型对句法结构的一些基本问题没有特殊见解。"的确如此，但是概率模型确实能够洞悉上下文无关模型忽略的一些其他基本问题。乔姆斯基的言论造成了遗憾的后果，20 年来许多人都回避统计模型，直到这些模型被重新用于语音识别领域（Jelinek, 1976）和认知科学领域，其中，**优选论**（Smolensky and Prince, 1993; Kager, 1999）认为，语言的工作原理是找到最能满足竞争性约束的最有可能的候选。

加 1 平滑最早由皮埃尔–西蒙·拉普拉斯（Laplace, 1816）提出，并由杰弗里斯（Jeffreys, 1948）形式化。其他平滑技术包括插值平滑（Jelinek and Mercer, 1980）、Witten-Bell 平滑（Witten and

Bell, 1991）、Good-Turing 平滑（Church and Gale, 1991）、Kneser-Ney 平滑（Kneser and Ney, 1995, 2004）和 stupid backoff 平滑（Brants *et al.*, 2007）。（Chen and Goodman, 1996）和（Goodman, 2001）对平滑技术进行了综述。

简单的 *n* 元字母模型和 *n* 元单词模型不是唯一可能的概率模型。**隐狄利克雷分配模型**（Blei *et al.*, 2002; Hoffman *et al.*, 2011）是一种概率文本模型，它将文档视为主题的组合，每个主题都有自己的单词分布。该模型可以看作迪尔韦斯特（Deerwester *et al.*, 1990）的**隐含语义索引**模型的一种扩展和合理化实现，该模型还与萨哈米等人（Sahami *et al.*, 1996）的多因混合模型有关。当然，非概率语言模型也引起了研究者的极大兴趣，如第 24 章介绍的深度学习模型。

约林等人（Joulin *et al.*, 2016）给出了一些有效的文本分类技巧。约阿希姆斯（Joachims, 2001）使用统计学习理论和支持向量机对分类何时成功进行了理论分析。阿普特（Aptée *et al.*, 1994）报告说，将路透社的新闻文章分类为 "Earnings" 的准确率为 96%。科勒和萨哈米（Koller and Sahami, 1997）报告说，使用朴素贝叶斯分类器的准确率可以达到 95%，使用贝叶斯分类器可以将准确率进一步提高到 98.6%。

沙皮尔和辛格（Schapire and Singer, 2000）表明，简单的线性分类器通常可以达到与更复杂的模型几乎一样的准确率，并且运行速度也更快。张驰原等人（Zhang *et al.*, 2016）介绍了字符级（而非单词级）文本分类器。威滕等人（Witten *et al.*, 1999）描述了用于分类的压缩算法，并表明 LZW 压缩算法和最大熵语言模型之间有深层联系。

Wordnet（Fellbaum, 2001）是一个包含大约 10 万个单词和短语的公开可用字典，单词和短语根据词性进行分类，通过同义词、反义词和从属等语义关系进行链接。查尔尼克（Charniak, 1996）以及克莱因和曼宁（Klein and Manning, 2001）讨论了如何使用树库文法进行句法分析。英国国家语料库（Leech *et al.*, 2001）包含 1 亿个单词，万维网包含数万亿单词，弗朗兹和布兰斯（Franz and Brants, 2006）从网络文本的 1 万亿个单词中选取 1300 万个不同单词组成 Google *n*-gram 公开语料库。巴克等人（Buck *et al.*, 2014）介绍了来自 Common Crawl 项目的类似数据集。Penn Treebank（Marcus *et al.*, 1993; Bies *et al.*, 2015）为包含 300 万个单词的英语语料库提供了句法分析树。

许多 *n* 元模型技术也被用来解决生物信息学问题。生物统计学和概率 NLP 的联系越来越紧密，因为它们都要处理来自字母表的结构化长序列。

早期的词性（POS）标注使用了多种方法，包括规则集（Brill, 1992）、*n* 元模型（Church, 1988）、决策树（Màrquez and Rodríguez, 1998）、隐马尔可夫模型（Brants, 2000）和逻辑斯谛回归（Ratnaparkhi, 1996）。从历史上看，逻辑斯谛回归模型也称为 "最大熵马尔可夫模型"（MEMM），因此一些工作就是在这个模型下进行的。尤拉夫斯基和马丁撰写的教材（Jurafsky and Martin, 2020）中关于词性标注的一章写得很好。吴恩达和乔丹的论文（Ng and Jordan, 2002）中比较了分类任务的判别模型和生成模型。

像语义网络一样，上下文无关文法最早是古印度文法学家（尤其是公元前 350 年的波你尼）在研究经典梵语（Shastric Sanskrit）时揭示的（Ingerman, 1967）。诺姆·乔姆斯基（Chomsky, 1956）对其进行了改造以对英语进行分析，约翰·巴克斯（John Backus）（Backus, 1959）和彼得·诺尔（Peter Naur）也分别对其进行了改造以对 Algol-58 语言进行分析。

布思（Booth, 1969）和萨洛马（Salomaa, 1969）最先对**概率上下文无关文法**进行了研究。优秀短篇专著（Charniak, 1993）以及优秀长篇教材（Manning and Schütze, 1999）和（Jurafsky and Martin, 2020）中都介绍了 PCFG 的算法。贝克（Baker, 1979）介绍了用于学习 PCFG 的向内向外算法。**词汇化 PCFG**（Charniak, 1997; Hwa, 1998）结合了 PCFG 与 *n* 元模型的优点。科

林斯（Collins, 1999）描述了用短语头特征进行词汇化的 PCFG 句法分析，约翰逊（Johnson, 1998）则展示了 PCFG 的准确性如何取决于从中学习 PCFG 概率的树库的结构。

"纯"语言学和计算语言学都进行过许多编写自然语言的形式文法的尝试。英语已经有了几种全面但非形式的文法（Quirk et al., 1985; McCawley, 1988; Huddleston and Pullum, 2002）。自 20 世纪 80 年代以来，词汇化趋势一直存在：词汇中信息更多，文法中信息较少。

词汇功能文法（LFG）（Bresnan, 1982）是第一个高度词汇化的主要文法形式体系。如果将词汇化推广到极致，我们最终将得到可能少到只有两条文法规则的**范畴文法**（Clark and Curran, 2004）或者没有句法范畴而只有单词间关系的**依存文法**（Smith and Eisner, 2008; Kübler et al., 2009）。

英韦（Yngve, 1955）提出了第一个由计算机实现的句法分析。20 世纪 60 年代又发展了一些高效算法，此后走了一些弯路（Kasami, 1965; Younger, 1967; Earley, 1970; Graham et al., 1980）。丘奇和帕蒂尔（Church and Patil, 1982）描述了句法歧义并提出了解决歧义的方法。

克莱因和曼宁（Klein and Manning, 2003）描述了 A* 句法分析，保尔斯和克莱因（Pauls and Klein, 2009）将其扩展到 K 最佳 A* 句法分析，其结果不是单个分析，而是 K 个最佳分析。戈德伯格（Goldberg et al., 2013）介绍了一些必要的实现技巧，以确保束搜索句法分析器可以在 $O(n)$ 而不是 $O(n^2)$ 时间内运行。朱慕华等人（Zhu et al., 2013）描述了一种针对自然语言的快速确定性移位减少句法分析器，佐贺江和拉维（Sagae and Lavie, 2006）展示了如何在移位减少句法分析器中添加搜索，以速度为代价提高了准确性。

如今，高度精确的开源句法分析器包括谷歌的 Parsey McParseface（Andor et al., 2016）、Stanford Parser（Chen and Manning, 2014）、Berkeley Parser（Kitaev and Klein, 2018）以及 SPACY 句法分析器。它们都通过神经网络进行泛化，在华尔街日报或 Penn Treebank 测试集中达到了大约 95% 的准确率。然而，该领域也存在一些反对的声音，认为研究者过于狭隘地聚焦于衡量句法分析器在某些特定语料库的性能，甚至可能过拟合。

自然语言的形式语义解释起源于哲学和形式逻辑，尤其是艾尔弗雷德·塔尔斯基关于形式语言语义的研究（Tarski, 1935）。巴尔-希勒尔（Bar-Hillel, 1954）首次考虑了语用问题（如索引词），并提出可以用形式逻辑来解决语用问题。理查德·蒙太古的论文 "English as a formal language"（Montague, 1970）是对语言的逻辑分析的一种宣言，但一些其他书目（Dowty et al., 1991; Portner and Partee, 2002; Cruse, 2011）更具可读性。虽然语义解释程序旨在选择最有可能的解释，但文学评论家（Empson, 1953; Hobbs, 1990）对于歧义是需要解决还是应该保留的问题一直模棱两可。诺维格（Norvig, 1988）讨论了考虑存在多个同步解释的问题，而不是只解决单个最大似然解释。拉科夫和约翰逊（Lakoff and Johnson, 1980）对英语中的常见隐喻进行了引人入胜的分析和分类。马丁（Martin, 1990）和吉布斯（Gibbs, 2006）提供了隐喻解释的计算模型。

第一个用于解决实际任务的 NLP 系统是 BASEBALL 问答系统（Green et al., 1961），该系统处理关于棒球统计数据库的问题。威诺格拉德（Winograd, 1972）的 SHRDLU 和伍兹（Woods, 1973）的 LUNAR 紧随其后产生，SHRDLU 用来处理关于方块世界场景的问题和命令，LUNAR 用来回答关于阿波罗计划从月球带回的岩石的问题。

班科等人（Banko et al., 2002）在夸克等人（Kwok et al., 2001）的工作的基础上提出了类似的 ASKMSR 问答系统。帕斯卡和哈拉巴久（Pasca and Harabagiu, 2001）则讨论了一个比赛优胜的问答系统。

现代的语义解释方法通常假定从文法到语义的映射是从样本中学到的（Zelle and Mooney, 1996; Zettlmoyer and Collins, 2005; Zhao and Huang, 2015）。**文法归纳**的第一个重要结果是负面的：戈尔德（Gold, 1967）指出，给定一组来自该文法的字符串，从中可靠地学习到完全正确的上下文无关文法是不可能的。许多著名的语言学家，如乔姆斯基（Chomsky, 1957）和平克（Pinker, 2003），依据戈尔德的研究结果证明了，肯定存在一种所有孩子一出生就具备的先天**普遍文法**（universal grammar）。所谓的**刺激贫乏**（Poverty of the Stimulus）观点认为，人们并没有给孩子足够的知识来学习一个 CFG，因此，他们肯定已经"知道"了文法，只是通过知识调整某些参数。

尽管该论点在乔姆斯基语言学中一直占据主导地位，但其他语言学家（Pullum, 1996; Elman *et al.*, 1997）和大多数计算机科学家都拒绝了这一论点。早在 1969 年霍宁（Horning）就指出，在 PAC 学习的意义上，学习一种概率的上下文无关文法是有可能的。从那之后，已经有很多令人信服的仅从正例中进行语言学习的实证经验，例如用归纳逻辑编程学习语义文法（Muggleton and De Raedt, 1994; Mooney, 1999）、许策的博士论文（Schütze, 1995）和德马尔肯的博士论文（de Marcken, 1996）以及基于 Transformer 模型的现代语言处理系统（见第 24 章）。此外，每年都会举行一次国际语法推理会议（International Conference on Grammatical Inference，ICGI）。

詹姆斯·贝克（James Baker）的 DRAGON 系统（Baker, 1975）被视为第一个成功的语音识别系统。DRAGON 是第一个将隐马尔可夫模型用于语音的系统。在基于概率语言模型的系统发展了几十年后，语音识别领域开始转向深度神经网络（Hinton *et al.*, 2012）。邓力（Deng, 2016）介绍了深度学习的引入如何实现语音识别的快速发展，以及其对其他 NLP 任务的影响。如今，深度学习已成为所有大规模语音识别系统的主流方法。语音识别可以被视为第一个彰显深度学习成功性的应用领域，计算机视觉领域紧随其后。

互联网搜索的广泛使用激发了人们对**信息检索**领域的兴趣。克罗夫特等人（Croft *et al.*, 2010）和曼宁等人（Manning *et al.*, 2008）都提供了涵盖该领域基础知识的教材。TREC（Text REtrieval Conference）会议每年举办一次 IR 系统竞赛，并将竞赛结果结集出版。

布林和佩奇（Brin and Page, 1998）介绍了 PageRank 算法，该算法考虑了页面之间的链接，并概述了网页搜索引擎的实现。西尔弗斯坦等人（Silverstein *et al.*, 1998）调查了包含 10 亿条记录的网页搜索日志。*Information Retrieval* 期刊和一年一度的 SIGIR 旗舰会议涵盖了该领域的最新进展。

由美国政府赞助的每年一次的信息理解会议（Message Understanding Conferences，MUC）推动了**信息提取**的研究。罗奇和沙贝斯（Roche and Schabes, 1997）、阿佩尔特（Appelt, 1999）和穆斯利（Muslea, 1999）对基于模板的系统进行了调研。克雷文等人（Craven *et al.*, 2000）、帕斯卡等人（Pasca *et al.*, 2006）、米切尔（Mitchell, 2007）以及杜尔梅和帕斯卡（Durme and Pasca, 2008）都进行了提取大规模事实数据库的工作。

弗赖塔格和麦卡勒姆（Freitag and McCallum, 2000）探讨了用于信息提取的隐马尔可夫模型。条件随机场也已用于这一任务（Lafferty *et al.*, 2001; McCallum, 2003）。萨顿和麦卡勒姆（Sutton and McCallum, 2007）给出了包含实践指导的教程。萨拉瓦吉（Sarawagi, 2007）给出了一个全面的综述。

两种早期有影响力的 NLP 自动化知识工程方法来自里洛夫（Riloff, 1993）和雅让斯基（Yarowsky, 1995），里洛夫指出自动化构建的词典的性能几乎与人工精心制作的领域特定的词典一样好，雅让斯基则认为词义分类任务可以通过对未标注文本语料库进行无监督训练来实现，其准确性与监督方法相当。

从少量标注样本中同时提取模板和样本的想法由布卢姆和米切尔（Blum and Mitchell,

1998）和布林（Brin, 1998）分别同时提出，布卢姆和米切尔称其为**协同训练**（cotraining），布林称其为 DIPRE（Dual Iterative Pattern Relation Extraction，双重迭代模式关系提取）。你会看到为什么协同训练的概念停滞不前。与之类似的称为自举法的早期工作由琼斯等人（Jones *et al.*, 1999）完成。该方法通过 QXTRACE（Agichtein and Gravano, 2003）和 KNOWITALL（Etzioni *et al.*, 2005）系统进一步改进。米切尔（Mitchell, 2005）和埃齐奥尼（Etzioni *et al.*, 2006）介绍了机器阅读，成为 TEXTRUNNER 项目（Banko *et al.*, 2007; Banko and Etzioni, 2008）的重点。

本章重点介绍的是自然语言语句，但根据文本的物理结构或几何布局而非语言结构来进行信息提取也是可能的。列表、表格、图表、图、图解等，无论是以 HTML 语言编码还是通过 PDF 文档的可视化分析来访问，都是可以提取、合并的数据来源（Hurst, 2000; Pinto *et al.*, 2003; Cafarella *et al.*, 2008）。

肯·丘奇（Ken Church）（Church, 2004）指出，自然语言研究在专注于数据（经验主义）和专注于理论（理性主义）之间反复；他描述了具备良好的语言资源和评估方案的优势，但不知道我们是否在这方面走得太远（Church and Hestness, 2019）。早期的语言学家专注于实际的语言使用数据，包括频率计数。诺姆·乔姆斯基（Chomsky, 1956）证明了有限状态模型的局限性，从而导致研究人员更加重视句法理论研究，忽视实际的语言表现。这种方法在 20 年来一直占据主导地位，直到统计语音识别工作的成功（Jelinek, 1976），经验主义才再度流行。时至今日，对经验语言数据的重视仍在继续，人们对考虑更高层次结构（例如，句法和语义关系，而不仅是单词序列）的模型的兴趣也越来越浓厚。深度学习神经网络模型也非常受重视，我们将在第 24 章中介绍这部分内容。

两年一次的实用自然语言处理（Applied Natural Language Processing，ANLP）会议、自然语言处理经验方法（Empirical Methods in Natural Language Processing，EMNLP）会议和 *Natural Language Engineering* 期刊介绍了语言处理应用方面的工作。*Computational Linguistics* 期刊及其 ACL 会议和国际计算语言学（International Computational Linguistic，COLING）会议包含了自然语言处理领域的广泛工作。（Jurafsky and Martin, 2020）中对语音和自然语言处理进行了全面介绍。

第 24 章

自然语言处理中的深度学习

在本章中，深度神经网络将执行各种语言任务，捕捉自然语言的结构及其流动性。

第 23 章介绍了自然语言的关键要素，包括语法和语义。基于句法分析和语义分析的系统已经在许多任务上获得了成功，但是它们的性能受到实际文本中极度复杂的语言现象的限制。由于存在大量机器可读形式的可用文本，因此考虑基于数据驱动的机器学习的方法是否更有效是有意义的。我们使用深度学习系统（第 21 章）提供的工具来探索这一假设。

24.1 节先介绍如何通过将单词表示为高维空间中的点而不是原子值来改进机器学习。24.2 节介绍在顺序处理文本时如何使用循环神经网络捕捉文本含义和长距离上下文信息。24.3 节主要讨论机器翻译，这是应用于自然语言处理的深度学习技术的主要成功之一。24.4 节和 24.5 节介绍一些模型，这些模型可以用大量未标注文本进行训练，然后应用于特定任务，通常可以达到最高水平的性能。最后，24.6 节总结目前的研究所处的阶段，以及这一领域未来如何发展。

24.1　词嵌入

我们希望得到一种不需要手工特征工程的单词表示，但它能在相关单词之间进行泛化，相关单词包括句法方面的单词（"colorless" 和 "ideal" 都是形容词），语义方面的单词（"cat" 和 "kitten" 都是猫科动物），主题方面的单词（"sunny" 和 "sleet" 都是天气术语），情感方面的单词（"awesome" 和 "cringeworthy" 具有对立的情感），或者其他方面的单词。

如何将一个单词编码成一个输入向量 x 以用于神经网络？如 21.2.1 节所述，我们可以使用一个**独热向量**（one-hot vector），也就是说，将字典中的第 i 个单词编码为第 i 个位置为 1 且其他位置为 0 的向量。但这样的表示无法捕捉单词之间的相似性。

根据语言学家约翰 · R . 弗斯（John R. Firth）（Firth, 1957）的名言"要知道一个单词的含义就要看它周围是什么单词"，我们可以将一个单词表示为包含该单词的所有短语的 n 元计数所组成的向量。但是，原始的 n 元计数非常麻烦。对于有 100 000 个单词的词汇表，需要记录 10^{25} 种 5 元（尽管这个 10^{25} 维空间中的向量非常稀疏——绝大多数计数值为 0）。如果将它缩小为一个较小规模的向量，也许只有几百维，我们将得到更好的泛化。我们把这个较小的稠密向量称为**词嵌入**：一个表示某个单词的低维向量。词嵌入是从数据中自动学习的。（稍后我们将看到这是如何实现的。）那么，学习到的词嵌入是什么样的？一方面，每个词嵌入只是一个数值向量，它的各个维度及其数值没有明显含义：

"aardvark"　＝　[−0.7, +0.2, −3.2,⋯]
"abacus"　　＝　[+0.5, +0.9, −1.3,⋯]
. . .

"zyzzyva"　=　[−0.1, +0.8, −0.4,⋯]

另一方面，特征空间具有以下性质：语义相似的单词最终会具有相似的向量值。在图 24-1 中，我们可以看到这一点，country、kinship、transportation 和 food 等单词形成了独立的聚类簇。

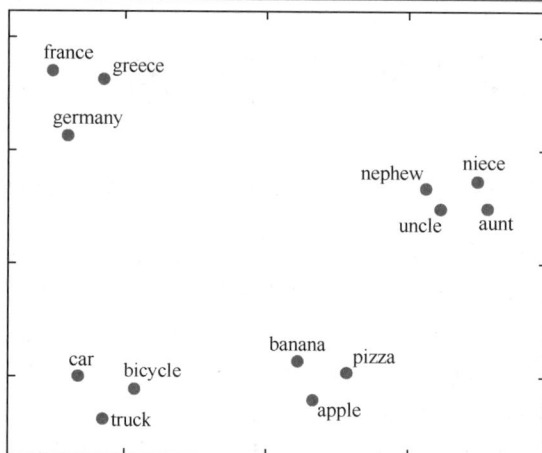

图 24-1　在 60 亿字的文本上训练得到的 GloVe 算法计算出的词嵌入向量。本图这种可视化将 100 维的词向量投影到二维空间上。相似的单词在图中彼此接近

事实证明，由于某些我们尚未完全理解的原因，词嵌入向量在相似单词彼此邻近的性质之外还具有其他性质。例如，假设我们查看 Athens（雅典）的词向量 A 和 Greece（希腊）的词向量 B。对于这两个词，向量差值 $B − A$ 似乎编码了国家/首都关系，其他对——France 和 Paris（法国和巴黎）、Russia 和 Moscow（俄罗斯和莫斯科）、Zambia 和 Lusaka（赞比亚和卢萨卡），具有基本相同的向量差值。

我们可以利用这一性质解决单词类比问题，例如，"Athens is to Greece as Oslo is to [what]?"（雅典之于希腊就像奥斯陆之于 [什么]？）。设 C 为 Oslo 的词向量，D 为未知向量，我们假设 $B − A = D − C$，可以得到 $D = C + (B − A)$。当我们计算出新向量 D 时，我们发现，相较于其他任何单词，它更接近 "Norway"（挪威）。图 24-2 表明这种类型的向量算法适用于多种关系。

A	B	C	$D = C + (B − A)$	关系
Athens	Greece	Oslo	Norway	*Capital*
Astana	Kazakhstan	Harare	Zimbabwe	*Capital*
Angola	kwanza	Iran	rial	*Currency*
copper	Cu	gold	Au	*Atomic Symbol*
Microsoft	Windows	Google	Android	*Operating System*
New York	New York Times	Baltimore	Baltimore Sun	*Newspaper*
Berlusconi	Silvio	Obama	Barack	*Firstname*
Switzerland	Swiss	Cambodia	Cambodian	*Nationality*
Einstein	scientist	Picasso	painter	*Occupation*
brother	sister	grandson	granddaughter	*Family Relation*
Chicago	Illinois	Stockton	California	*State*
possibly	impossibly	ethical	unethical	*Negative*
mouse	mice	dollar	dollars	*Plural*
easy	easiest	lucky	luckiest	*Superlative*
walking	walked	swimming	swam	*Past tense*

图 24-2　词嵌入模型有时可以通过向量算法回答以下问题："A 之于 B 就像 C 之于 [什么]？"。向量算法指给定单词的词嵌入向量 A、B 和 C，计算向量 $D = C + (B − A)$，然后查找最接近 D 的单词。（D 列中的答案由模型自动计算，"关系"列中的描述是手动添加的。）改编自（Mikolov *et al.*, 2013, 2014）

但是，我们无法保证在特定语料库上运行的特定词嵌入算法可以捕捉到特定的语义关系。词嵌入之所以受欢迎，是因为事实证明对于下游语言任务（如问答、翻译或摘要）词嵌入是一种很好的表示，而不是因为它们本身可以回答类比问题。

事实证明，使用词嵌入向量而不是独热编码对于深度学习在自然语言处理任务中的几乎所有应用都是有帮助的。实际上，在许多情况下，可以使用任意一种通用**预训练**向量执行某个特定的自然语言处理任务。在撰写本书时，常用的向量词典包括 word2vec、GloVe（Global Vector，全局向量）和包含 157 种语言的词嵌入的 fastText。使用预训练模型可以节省大量时间和精力。有关这些资源的更多信息，见 24.5.1 节。

你也可以训练自己的词向量，这通常是在为某个特定任务训练网络时同时完成的。与通用预训练词嵌入不同，为特定任务生成的词嵌入可以在一个精心选择的语料库上进行训练，并且倾向于强调那些对该任务有用的单词属性。例如，假设该任务是词性（POS）标注（见 23.1.6 节）。回想一下，这涉及预测句子中每个单词的正确词性。尽管这是一项简单的任务，但它并不平凡，因为许多单词可以用多种方式标注，例如，单词 "cut" 可以是现在时动词（及物或不及物）、过去时动词、不定式动词、过去分词、形容词或名词。如果附近的时间副词指代过去，则表明此处的 "cut" 是过去时动词；因此，我们希望词嵌入能够捕捉到副词这一指代过去的属性。

词性标注可以作为将深度学习应用于自然语言处理的很好的入门，它不像问答任务这么复杂（见 24.5.3 节）。给定带有词性标注的句子语料库，我们将同时学习词嵌入和词性标注器的参数。具体过程如下。

（1）选择用于标注每个单词词性的预测窗口的宽度 w（奇数个单词）。一般 $w = 5$，意味着模型将根据该单词以及其左侧的两个单词和右侧的两个单词来预测其词性。将语料库中的每个句子拆分为长度为 w 的重叠窗口。每个窗口都会产生一个训练样本，包括作为输入的 w 个单词和作为输出的中间单词的词性。

（2）创建词汇表，包含所有在训练数据中出现 5 次以上的唯一单词记号。词汇表中的单词总数记为 v。

（3）以任意顺序（可能是字母序）对词汇表进行排序。

（4）选择每个词嵌入向量的大小 d。

（5）创建一个新的 $v \times d$ 权重矩阵，称为 E。这就是词嵌入矩阵。E 的第 i 行是词汇表中第 i 个词的词嵌入。对 E 进行随机初始化（或使用预训练向量）。

（6）建立一个输出词性标注的神经网络，如图 24-3 所示。第一层包含词嵌入矩阵的 w 个副本。我们可能会使用两个额外的隐藏层 z_1 和 z_2（权重矩阵分别为 W_1 和 W_2），之后是一个 softmax 层，输出中间单词在其可能词性上的概率分布 $\hat{y}$：

$$z_1 = \sigma(W_1 x)$$
$$z_2 = \sigma(W_2 z_1)$$
$$\hat{y} = \text{softmax}(W_{out} z_2)$$

（7）要将一个包含 w 个单词的序列编码为一个输入向量，只需要查找每个单词的词嵌入，然后连接成一个向量即可。结果是一个长度为 wd 的实值输入向量 x。无论给定的单词在第一个位置、最后一个位置还是中间位置，它都具有相同的词嵌入向量，每个词嵌入也将与第一个隐藏层的不同部分相乘；因此我们隐式地编码了每个单词的相对位置。

（8）使用梯度下降法训练权重矩阵 E 和其他权重矩阵 W_1、W_2 和 W_{out}。如果一切顺利，根据预测窗口中的证据（包括表示过去时态的单词 "yesterday" 和 "cut" 之前的第三人称主语代词 "they" 等），中间词 "cut" 将被标注为过去时动词。

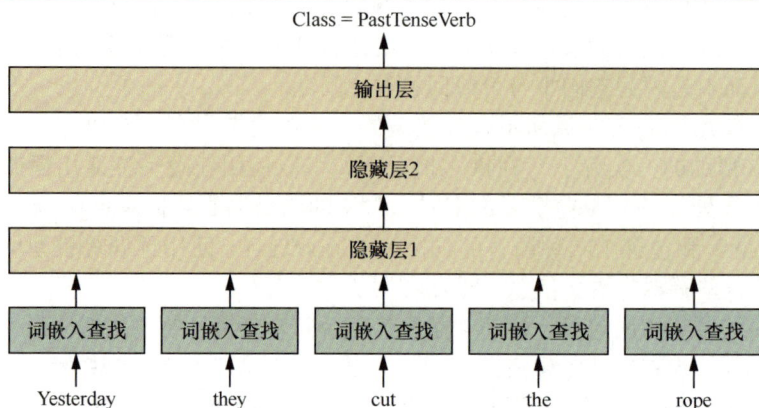

图 24-3　前馈词性标注模型。模型接受一个包含 5 个单词的窗口作为输入，然后预测中间单词（此处为 "cut"）的词性。该模型能够说明单词的位置，因为 5 个输入词嵌入中的每一个都与第一个隐藏层的不同部分相乘。在训练过程中同时学习词嵌入及三层网络的参数值

词嵌入的另一种替代方法是**字符级模型**，它的输入是字符序列，每个字符被编码为一个独热向量。这样的模型必须学习字符是如何组合成单词的。自然语言处理中的大多数工作坚持使用单词级编码而不是字符级编码。

24.2　自然语言处理中的循环神经网络

现在，我们对于独立的单个单词有很好的表示方式，但是语言是由单词的有序序列组成的，其中前后单词构成的**上下文**非常重要。通常，对于词性标注之类的简单任务，一个大约有 5 个单词的固定大小的小窗口就能够提供足够的上下文。

更复杂任务（如问答或指代消解）的上下文可能需要几十个单词。例如，在 "Eduardo told me that Miguel was very sick so I took **him** to the hospital"（Eduardo 告诉我 Miguel 病得很重，所以我把**他**送到了医院）这句话中，要知道 **him** 指的是 "Miguel"，而不是 "Eduardo"，则需要涵盖这个句子的第一个单词到最后一个单词的上下文。

24.2.1　使用循环神经网络的语言模型

我们首先将创建具有足够上下文的**语言模型**。回想一下，语言模型是单词序列的一个概率分布。它允许我们根据前面的所有单词预测文本中的下一个单词，并且通常作为更复杂任务的一个"积木"。

由于上下文的问题，使用 n 元模型（见 23.1 节）或前馈神经网络（固定窗口有 n 个单词）建立语言模型都可能会遇到困难：要么所需上下文超出固定窗口的大小，要么模型的参数太多，要么两者都有。

此外，前馈网络还存在**不对称**的问题：例如，如果单词 "him" 作为句子中第 12 个单词出现，无论模型学到了什么，对于 "him" 出现在句子中其他位置的情况，它都必须重新学习，因为每个位置的权重都不一样。

21.6 节中介绍了**循环神经网络**（recurrent neural network，RNN），它旨在处理时间序列数据，一次处理一个数据。这表明可以用 RNN 处理语言，一次处理一个单词。我们在这里重复

展示图 21-8，记为图 24-4。

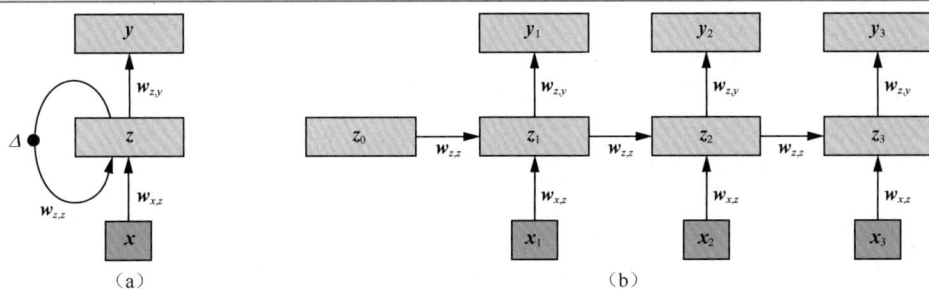

图 24-4　（a）RNN 示意图，其中隐藏层 z 具有循环连接，符号 Δ 表示延迟。每个输入 x 是句子中下一个单词的词嵌入向量。每个输出 y 是该时间步的输出。（b）同一网络在 3 个时间步上展开以创建前馈网络。注意，权重在所有时间步中是共享的

在一个 RNN 语言模型中，每个输入单词都被编码为一个词嵌入向量 x_i。存在隐藏层 z_t，它作为输入从一个时间步传递到下一个时间步。之后是多类别分类，类别即词汇表中的单词。因此，输出 y_t 将是句子中下一个单词可能值的 softmax 概率分布。

RNN 架构解决了参数过多的问题。无论单词数量多少，权重矩阵 $w_{z,z}$、$w_{x,z}$ 和 $w_{z,y}$ 的参数数量都保持不变，即参数是 $O(1)$ 量级。这与参数为 $O(n)$ 量级的前馈网络和参数为 $O(v^n)$ 量级（v 是词汇表的大小）的 n 元模型形成对比。

RNN 架构还解决了不对称问题，因为每个单词位置的权重都相同。

RNN 架构有时也可以解决上下文有限的问题。从理论上讲，RNN 对于模型可以回看到多远的输入没有限制。隐藏层 z_t 的每次更新都可以访问当前输入单词 x_t 和前一个隐藏层 z_{t-1}，这意味着输入中任何单词的相关信息都可以无限期保存在隐藏层中，从一个时间步复制（或适当修改）到下一个时间步。当然，z 中的存储空间有限，因此它无法记住前面所有单词的全部信息。

实践表明，RNN 模型在很多任务上表现良好，但不是在所有的任务上都表现得好。我们很难预测它们是否可以成功解决某一给定问题。好的一点是，训练过程有助于网络将 z 中的存储空间分配给输入中实际证明有用的部分。

为了训练 RNN 语言模型，我们使用 21.6.1 节中描述的训练过程。输入 x_t 是文本训练语料库中的单词，观察到的输出是偏移 1 个位置的相同单词。即，对于训练文本 "hello world"，第一个输入 x_1 是 "hello" 的词嵌入，第一个输出 y_1 是 "world" 的词嵌入。我们训练模型来预测下一个单词，并希望模型使用隐藏层来表示有用信息以达到预测目标。如 21.6.1 节所述，我们计算观察到的输出与网络计算出的实际输出之间的差异，并通过时间反向传播，注意在所有时间步上都保持相同权重。

一旦模型完成训练，我们就可以使用它来生成随机文本。我们给模型一个初始输入词 x_1，它会产生一个输出 y_1，y_1 是单词的 softmax 概率分布。我们从分布中采样一个单词，将该单词记为时间 t 的输出，然后将其反馈回模型作为下一个输入词 x_2。只要有需要，我们可以不断重复上述步骤。从 y_1 采样时，我们要做一个选择：可以始终选择最可能的单词；可以根据每个单词的概率采样；也可以对不太可能的单词过采样，以便为生成的输出增加多样性。采样权重是模型的一个超参数。

以下是由莎士比亚的作品训练得到的 RNN 模型生成的随机文本的一个示例（Karpathy, 2015）：

Marry, and will, my lord, to weep in such a one were prettiest;

Yet now I was adopted heir

Of the world's lamentable day,

To watch the next way with his father with his face?

24.2.2　用循环神经网络进行分类

同样可以将 RNN 用于其他语言任务，例如词性标注或共指消解。这两种情况的输入层和隐藏层都是相同的。然而，对于词性标注器，输出是词性标注上的 softmax 分布；对于共指消解，输出则是可能的先行词上的 softmax 分布。例如，当网络当前的输入是 "Eduardo told me that Miguel was very sick so I took **him** to the hospital" 中的 **him** 时，它应该为 "Miguel" 输出较高的概率。

训练 RNN 来解决上述分类问题的方法与语言模型相同。唯一的区别是训练数据需要标签——词性标注或指代指示。这比仅使用未标注文本的语言模型更难收集数据。

在语言模型中，我们要根据前面的单词来预测第 n 个单词。但是对于分类任务，我们不必局限于只看前面的单词。往后读完整个句子会有帮助。在共指示例中，如果句子以 "to see Miguel" 而不是 "to the hospital" 结尾，那么 "him" 的指代对象将有所不同，因此查看完整句子是非常重要的。眼动追踪实验告诉我们，人类并不严格地从左向右阅读。

为了捕捉右侧的上下文信息，我们可以使用**双向 RNN**（bidirectional RNN），它将一个单独的从右到左模型连结到一个从左到右模型上。使用双向 RNN 进行词性标注的示例如图 24-5 所示。

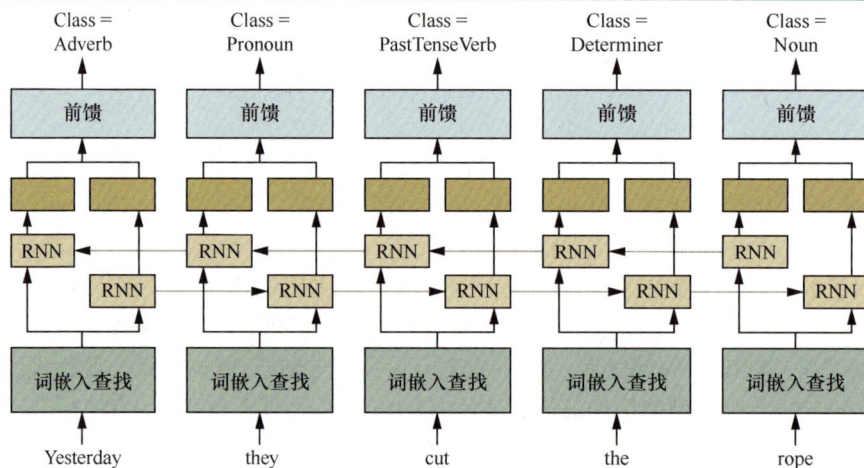

图 24-5　用于词性标注的双向 RNN 网络

对于多层 RNN，z_t 是最后一层的隐藏向量。对于双向 RNN，通常将 z_t 看作从左到右和从右到左模型的向量的拼接。

RNN 还可以用于句子级（或文档级）分类任务，这种情况下，RNN 最后只有单个输出，而不是有一个输出流（每个时间步都有一个输出）。例如，在**情感分析**中，目标是将文本划分为带正面情感或负面情感的文本。例如，"This movie was poorly written and poorly acted" 应属于带负面情感的文本。（某些情感分析方案使用两个以上的类别，或者使用一个标量数值。）

用于句子级任务的 RNN 要更加复杂，因为我们需要从 RNN 的每个单词的输出 y_t 中获得一个聚合的整个句子的表示 y。最简单的方法是使用与输入中最后一个单词相对应的隐藏状态，因为 RNN 将在该时间步读取整个句子。但是，这可能会使模型隐式地偏向于更加关注句子的末尾。另一种常用技术是对所有隐藏向量进行合并。例如，**平均池化**（average pooling）会计算所有隐藏向量的元素平均值：

$$\tilde{z} = \frac{1}{s}\sum_{t=1}^{s} z_t$$

池化后的 d 维向量 $\tilde{z}$ 接着被送入一个或多个前馈层，然后进入输出层。

24.2.3　自然语言处理任务中的 LSTM 模型

我们之前提到，RNN 有时可以解决上下文有限的问题。理论上，任何信息都可以从一个隐藏层传递到下一个隐藏层，时间步数不限。但是在实践中，信息可能会丢失或失真，就像玩电话游戏一样，在电话游戏中，玩家排成一列，第一个玩家通过耳语向第二个玩家传递一条消息，然后第二个玩家向第三个玩家传递，以此类推。通常，最后得到的消息与原始消息相比有很大的损失。RNN 的这一问题类似于 21.1.2 节中提到的**梯度消失**问题，只是我们现在处理的是随时间推移的网络层，而不是深度网络层。

21.6.2 节中介绍了**长短期记忆**（LSTM）模型。这是一种带有门控单元的 RNN，它不会遇到无法完美地从一个时间步复制消息到下一个时间步的问题。相反，LSTM 可以选择记住输入的某些部分，并将其复制到下一个时间步，而忘记其他部分。考虑处理诸如此类文本的语言模型：

The athletes, who all won their local qualifiers and advanced to the finals in Tokyo, now ...

在这一点上，如果我们问模型下一个单词更有可能是 "compete" 还是 "competes"，我们希望它选择 "compete"，因为它与主语 "The athletes" 是一致的。LSTM 模型可以学习为主语的人称和单复数创建一个潜在特征，并不做任何更改地向前复制该特征，直到它需要进行上面这样的选择。一般的 RNN（或相关的 n 元模型）在长句子中经常会发生混淆，因为在主语和动词之间有很多中间词。

24.3　序列到序列模型

自然语言处理中研究最广泛的任务之一是**机器翻译**（machine translation，MT），其目标是将一个句子从**源语言**（source language）翻译到**目标语言**（target language），例如从西班牙语翻译到英语。我们用大规模源–目标语句为语料库训练机器翻译模型。目标是准确地翻译不在训练数据中的新句子。

可以使用 RNN 创建一个机器翻译系统吗？我们当然可以使用 RNN 对源语句进行编码。如果源词和目标词之间存在一一对应的关系，那么我们可以将机器翻译看作简单的标注任务——给定西班牙语中的源词 "perro"，我们将其标注为对应的英语单词 "dog"。但事实上，单词不是一一对应的：在西班牙语中，3 个单词 "caballo de mar" 对应一个英语单词 "seahorse"，"perro grande" 则翻译为 "big dog"（单词顺序是颠倒的）。单词的重排现象甚至可能更极端；英语中主语通常在句首，但斐济语中主语通常在句尾。那么我们如何生成目标语言的句子呢？

我们似乎应该一次生成一个单词，但是要跟踪上下文，这样才能记住源句中尚未翻译的部分，同时还要跟踪已经翻译完的内容，这样才不会出现重复。对于某些句子，在开始生成目标句之前，我们必须先处理整个源句。换句话说，每个目标词的生成都取决于整个源句和前面生成的所有目标词。

这使得机器翻译的文本生成与 24.2 节所述的标准 RNN 语言模型紧密相连。当然，如果我们已经在英语文本上训练了一个 RNN，它更有可能生成 "big dog" 而不是 "dog big"。然而，我们并不想只生成任意随机的目标语言句；我们希望生成一个与源语言句相对应的目标语言句。最简单的方法是使用两个 RNN，一个用于源语言，另一个用于目标语言。我们在源语句上运行源 RNN，然后使用源 RNN 的最终隐藏状态作为目标 RNN 的初始隐藏状态。这样，每个目标词都隐式地取决于整个源句和前面的目标词。

这种神经网络架构称为基本的**序列到序列模型**（sequence-to-sequence model），图 24-6 给出了一个例子。序列到序列模型最常用于机器翻译，但也可用于许多其他任务，例如从图像中自动生成文本描述，即摘要：将长文本改写为含义相同的短文本。

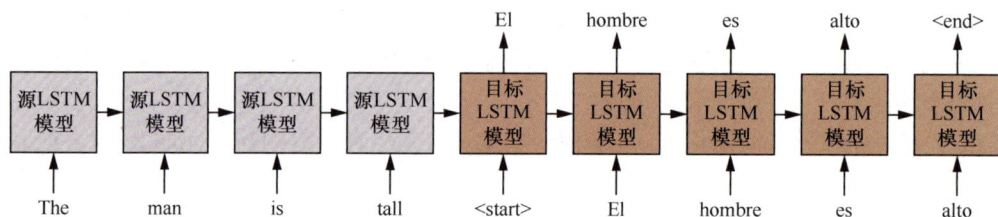

图 24-6　基本的序列到序列模型。每个块代表一个 LSTM 模型时间步。（简单起见，图中没有显示嵌入层和输出层。）我们向网络中连续输入源句 "The man is tall" 的单词，后跟 <start> 标记，表示网络要开始生成目标句。源句末尾的最终隐藏状态被用作目标句的初始隐藏状态。然后，将时刻 t 的目标句单词作为时刻 $t+1$ 的输入，直到网络生成 <end> 标记，表示句子完成

基本的序列到序列模型是自然语言处理和机器翻译的重大突破。吴永辉等人（Wu et al., 2016b）认为，与之前的机器翻译方法相比，该方法的误差降低了 60%。但这些模型存在以下 3 个主要缺点。

- **邻近上下文偏差**（nearby context bias）：无论 RNN 想记住关于过去的什么信息，它们都必须适应自己的隐藏状态。例如，假设 RNN 正在处理一个 70 个单词的序列的第 57 个单词（或时间步）。隐藏状态可能包含更多关于第 56 个时间步的单词的信息，而不是第 5 个时间步的单词的信息，因为隐藏向量每次更新时，都必须用新信息替换一定量的现有信息。这种行为是模型有意设计的一部分，对自然语言处理来说通常是有意义的，因为邻近的上下文通常更重要。然而，远距离的上下文也可能是至关重要的，但 RNN 模型中可能会丢失远距离的信息；即使 LSTM 模型也很难处理这个问题。

- **固定上下文大小限制**（fixed context size limit）：在 RNN 翻译模型中，整个源句被压缩成一个固定维的隐藏状态向量。在最高水平的自然语言处理模型中所使用的 LSTM 通常大约有 1024 维，如果我们必须用 1024 个维度来表示一个 64 词的句子，那么每个单词只有 16 个维度，这对复杂句来说是不够的。增加隐藏状态向量的大小又会导致训练缓慢和过拟合。

- **缓慢的顺序处理**（slower sequential processing）：正如 21.3 节所讨论的，神经网络通过批处理训练数据，从而利用硬件对矩阵算法的有效支持，实现相当大的效率增益。但是，RNN 被限制为一次只能操作训练数据中的一个词。

24.3.1 注意力

如果目标 RNN 取决于源 RNN 的所有隐藏向量而不只是最后一个隐藏向量会如何呢？这将缓解邻近上下文偏差和固定上下文大小限制的问题，使得模型能够同样地访问前面的任何单词。实现这种访问的一种方法是连接所有的源 RNN 隐藏向量。然而，这将导致权重数急速增长，随之而来的是计算时间的增加以及潜在的过拟合。但是，我们可以利用这样一个事实：当目标 RNN 一次生成一个目标单词时，与每个目标单词实际相关的很可能只有源句中的一小部分。

关键的是，对于每个单词，目标 RNN 必须注意源句的不同部分。假设训练一个将英语翻译成西班牙语的网络。它的输入是带有句末标记的 "The front door is red"，该标记表示网络将开始输出西班牙语单词。所以理想情况下，模型应该先注意 "The" 从而生成 "La"，然后注意 "door" 从而输出 "puerta"，等等。

我们可以用一个称为**注意力**（attention）的神经网络组件来形式化这一概念，它可以构造一个固定维的源句的 "基于上下文的概要" 的表示。上下文向量 c_i 包含与下一个目标单词的生成最相关的信息，它被用作目标 RNN 的另一个输入。使用注意力的序列到序列模型称为**注意力序列到序列模型**（attentional sequence-to-sequence model）。如果将标准的目标 RNN 写为

$$h_i = RNN(h_{i-1}, x_i)$$

那么注意力序列到序列模型的目标 RNN 可以写为

$$h_i = RNN(h_{i-1}, [x_i; c_i])$$

其中，$[x_i; c_i]$ 是输入和上下文向量 c_i 的拼接，c_i 定义为

$$r_{ij} = h_{i-1} \cdot s_j$$

$$a_{ij} = e^{r_{ij}} \Big/ \left(\sum_k e^{r_{ik}} \right)$$

$$c_i = \sum_j a_{ij} \cdot s_j$$

其中，h_{i-1} 是目标 RNN 向量，用于预测时间步 i 上的单词，s_j 是源单词（或时间步）j 上源 RNN 向量的输出。h_{i-1} 和 s_j 都是 d 维向量，其中，d 是隐藏层大小。因此，r_{ij} 的值是当前目标状态和源单词 j 之间的原始 "注意力得分"。然后使用 softmax 将所有源单词上的这些分数归一化为概率 a_{ij}。最后，这些概率被用来生成源 RNN 向量——c_i（另一个 d 维向量）的一个加权平均值。

图 24-7a 给出了注意力序列到序列模型的示例。有一些重要的细节需要理解。首先，注意力组件本身没有可学习的权重，并且在源端和目标端都支持变长序列。其次，就像我们学过的其他大多数神经网络建模技术一样，注意力完全是潜在的。程序员并没有规定什么时候使用什么信息，模型会学习应该使用哪些信息。注意力也可以用在多层 RNN 中。在这种情况下，RNN 的每一层都可以应用注意力。

注意力的概率 softmax 公式有 3 个作用。第一，它使注意力可微，这是使用反向传播的必要条件。即使注意力本身没有可学习的权重，梯度仍然通过注意力回传到源 RNN 和目标 RNN。第二，因为注意力可以同时考虑整个源序列，并学会保留重要部分，忽略其余部分，所以概率公式允许模型捕捉源 RNN 可能没有捕捉到的某些类型的远距离上下文。第三，概率注意力允许网络表示不确定性——如果网络不完全知道接下来要翻译的源词，它可以将注意力概率分布在几个选项上，然后使用目标 RNN 做实际选择。

与神经网络的大多数组件不同，注意力概率通常可以被人类解释并且具有直观意义。例如，在机器翻译中，注意力概率通常对应于人类会生成的单词到单词的对齐，如图 24-7b 所示。

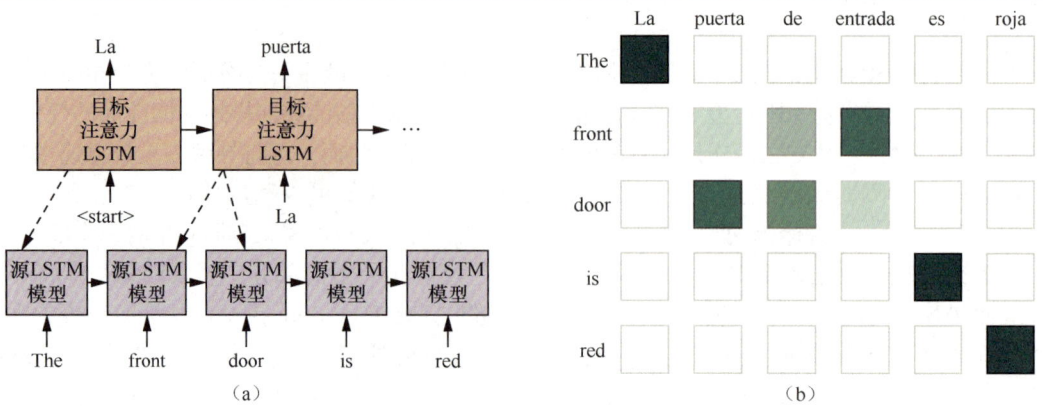

图 24-7　（a）从英语翻译到西班牙语的注意力序列到序列模型。虚线表示注意力。（b）一个双语句对的注意力概率矩阵示例，方框颜色越深，表示的 a_{ij} 值越大。每一列的注意力概率总和为 1

序列到序列模型对于机器翻译是很自然的，然而几乎所有自然语言任务都可以编码为一个序列到序列问题。例如，训练一个问答系统，输入可以是通过分隔符连接的一个问题和它的答案。

24.3.2　解码

在训练时，序列到序列模型试图最大化训练集目标句中每个词的概率，条件为源句和前面所有目标词。训练完成后，给定一个源句，我们的目标是生成相应的目标句。如图 24-7 所示，我们可以一次生成一个目标词，然后在下一个时间步将其反馈回网络。这个过程称为**解码**（decoding）。

最简单的解码形式是在每个时间步都选择概率最高的单词，然后将这个单词作为输入反馈到下一个时间步。这称为**贪心解码**（greedy decoding），因为在每个目标词生成后，系统已经完全遵循了它迄今为止所产生的假设。然而，解码的目标是最大化整个目标序列的概率，这可能是贪心解码无法实现的。例如，考虑使用贪心解码将我们之前看到的英语语句 "The front door is red" 翻译为西班牙语。

正确的翻译是 "La puerta de entrada es roja"，字面意思是 "The door of entry is red"。假设目标 RNN 正确生成了第一个单词 "La"（对应 "The"）。接下来，贪心解码器可能会提议生成 "entrada"（对应 "front"）。但这是错误的——按照西班牙语序，名词 "puerta" 应该放在修饰词之前。贪心解码是快速算法——它在每个时间步上只考虑一个选择，并且可以快速完成这一选择，但是它没有纠错机制。

我们可以尝试改进注意力机制，让它每次都注意正确的单词然后做出正确的猜测。但是对许多句子来说，在你看到结尾之前就猜对句子开头部分的所有单词是不可能的。

更好的方法是使用第 3 章中的搜索算法来搜索一个最优解码（或者至少是一个好的解码）。一种常见的选择是**束搜索**（见 4.1.3 节）。在机器翻译解码中，束搜索通常在每个阶段保留最可能的 k 个假设，对于每个假设，在下一步都继续保留最可能的 k 个单词，然后从得到的 k^2 个新假设中再选出最好的 k 个。当束中的所有假设都生成了特殊的 <end> 记号时，算法输出得分最高的假设。

图 24-8 是束搜索的可视化。随着深度学习模型变得越来越精确，我们通常可以使用更小

的束尺寸。目前最高水平的神经网络机器翻译模型使用的束大小为 4 ～ 8，而较老的统计机器翻译模型使用的束大小至少为 100。

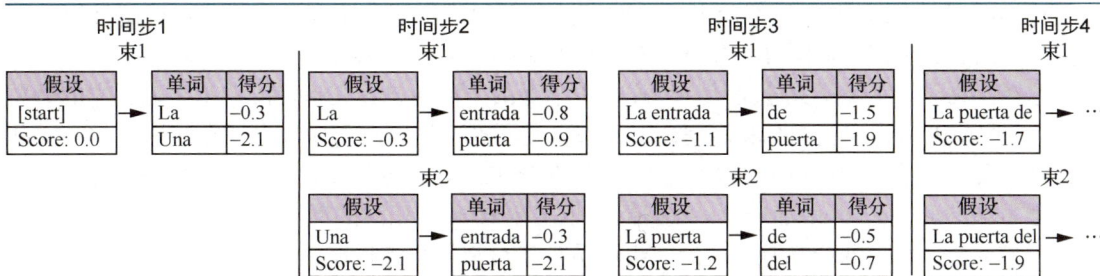

时间步1						

| 束1 | | | | 束1 | | | | 束1 | | | | 束1 | |

假设	单词	得分		假设	单词	得分		假设	单词	得分		假设
[start]	La	−0.3		La	entrada	−0.8		La entrada	de	−1.5		La puerta de
Score: 0.0	Una	−2.1		Score: −0.3	puerta	−0.9		Score: −1.1	puerta	−1.9		Score: −1.7

| 束2 | | | | 束2 | | | | 束2 | |

假设	单词	得分		假设	单词	得分		假设
Una	entrada	−0.3		La puerta	de	−0.5		La puerta del
Score: −2.1	puerta	−2.1		Score: −1.2	del	−0.7		Score: −1.9

图 24-8　束大小 $b = 2$ 的束搜索。每个单词的得分是目标 RNN 中 softmax 生成的对数概率，每个假设的得分是单词得分的总和。在时间步 3 中，得分最高的假设 "La entrada" 只能生成低概率的延续，因此它 "从束上脱落"

24.4　Transformer 架构

"Attention is all you need"（Vaswani *et al.*, 2018）这篇非常有影响力的文章介绍了 Transformer 架构，它使用了一种**自注意力**（self-attention）机制，该机制可以在没有顺序依赖的情况下对远距离上下文进行建模。

24.4.1　自注意力

之前，在序列到序列模型中，注意力是从目标 RNN 到源 RNN 的。**自注意力**对这一机制进行了扩展，让每个隐藏状态序列同样关注自身——从源到源，从目标到目标。这使得模型可以额外捕获每个序列中的长距离（以及邻近）上下文。

应用自注意力最直接的方法是，注意力矩阵直接由输入向量的点积构成。然而，这是有问题的。向量与其自身的点积始终很高，所以每个隐藏状态都会偏向于关注自身。为了解决这一问题，Transformer 首先使用 3 个不同的权重矩阵将输入投影到 3 种不同的表示中。

- **查询向量**（query vector）$q_i = W_q x_i$ 是注意力来自（from）的对象，就像标准注意力机制中的目标一样。
- **键向量**（key vector）$k_i = W_k x_i$ 是注意力去到（to）的对象，就像标准注意力机制中的源一样。
- **值向量**（value vector）$v_i = W_v x_i$ 是正在生成的上下文。

在标准注意力机制中，键和值网络是相同的，但是从直观上看，将它们分开表示是有意义的。第 i 个词 c_i 的编码结果可以通过对投影向量应用注意力机制来计算：

$$r_{ij} = (q_i \cdot k_j) / \sqrt{d}$$

$$a_{ij} = e^{r_{ij}} / \sum_k e^{r_{ik}}$$

$$c_i = \sum_j a_{ij} \cdot v_j$$

其中，d 是 k 和 q 的维数。注意，因为我们使用自注意力对上下文进行编码，所以 i 和 j 是同一个句子中的索引。在每个 Transformer 层中，自注意力使用前一层（最初是嵌入层）的隐藏向量。

　　这里有几个值得一提的细节。首先，自注意力机制是不对称的，r_{ij} 和 r_{ji} 不同。其次，加入的比例因子 $\sqrt{d}$ 可以提高数值稳定性。再次，一个句子中所有单词的编码可以同时计算，因为可以使用能在现代专业硬件上并行高效计算的矩阵运算来表示上述等式。

　　选择使用哪个上下文完全是从训练样本中学习的，而不是预先指定的。基于上下文的概要 c_i 是句子中前面所有位置的总和。理论上，来自句子的任何信息都应该出现在 c_i 中，但在实践中，有时会丢失重要的信息，因为它基本上是整个句子的平均。解决上述问题的一种方法是**多头注意力**（multiheaded attention）。我们把句子复制成 m 个相同的部分，然后把注意力模型应用于每一部分。每一部分都有自己的一组权重。最后将结果连接在一起，形成 c_i。通过连接而不是求和，更容易让一个重要的子块脱颖而出。

24.4.2　从自注意力到 Transformer

　　自注意力只是 Transformer 模型的一个组成部分。每个 Transformer 层由几个子层组成。在每个 Transformer 层，首先应用自注意力。接着，注意力模块的输出通过前馈层，在该层中，每个位置上分别应用相同的前馈权重矩阵。在第一个前馈层之后应用非线性激活函数（通常为 ReLU）。为了解决潜在的梯度消失问题，Transformer 层中还添加了两个残差连接。图 24-9 所示为单层 Transformer。实际上，Transformer 模型通常有 6 层或更多层。与我们所了解的其他模型一样，第 i 层的输出用作第 $i+1$ 层的输入。

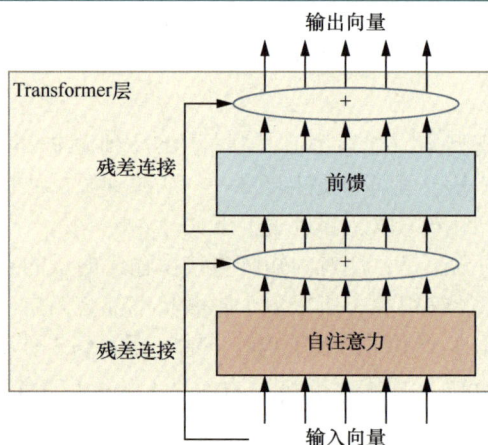

图 24-9　单层 Transformer 由自注意力、前馈网络和残差连接组成

　　Transformer 架构并没有显式地捕捉序列中单词的顺序，因为上下文仅通过自注意力建模，而自注意力与单词顺序无关。为了捕捉单词顺序，Transformer 使用一种称为**位置嵌入**（positional embedding）的技术。如果输入序列的最大长度为 n，那么我们将学习 n 个新的嵌入向量——每个单词位置对应一个向量。第一个 Transformer 层的输入是位置 t 的词嵌入加上对应位置 t 的位置嵌入。

　　图 24-10 说明了用于词性标注的 Transformer 架构，该架构应用于图 24-3 中所使用的同一语句。在底部，将词嵌入和位置嵌入相加，形成三层 Transformer 的输入。与基于 RNN 的词性标注一样，Transformer 对每个单词都产生一个向量。每个向量被传送到最终的输出层和 softmax 层，以生成标签上的概率分布。

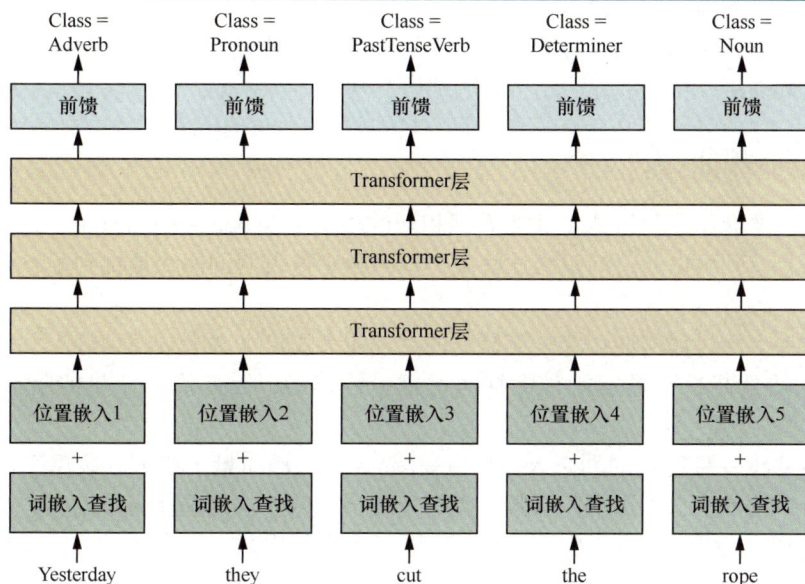

图 24-10 使用 Transformer 架构进行词性标注

在本节中，我们实际上只讲了 Transformer 的一半：在这里介绍的模型称为 Transformer 编码器（transformer encoder）。它对于文本分类任务很有用。完整的 Transformer 架构最初被设计为用于机器翻译的序列到序列模型。因此，除编码器之外，它还包括一个 Transformer 解码器（transformer decoder）。编码器和解码器几乎是相同的，除解码器使用的自注意力之外，在解码器中，每个单词只能注意它前面的单词，因为文本是从左到右生成的。解码器在每个 Transformer 层中还存在另一个注意力模块，该模块用来注意 Transformer 编码器的输出。

24.5　预训练和迁移学习

获取足够的数据来构建一个健壮的模型是一个挑战。在计算机视觉中（见第 25 章），可以通过收集大量图像（如 ImageNet），然后对它们进行人工标注，应对这一挑战。

对于自然语言，更常见的是使用未标注文本。这种差异一部分来自标注的难度：一个不熟练的工人可以很容易地将图像标注为"猫"或"日落"，但是需要经过大量训练才能学会用词性标签或句法分析树来标注句子。这种差异还来自文本的丰富性：因特网每天都会增加超过 1000 亿单词的文本，包括数字化书籍、维基百科之类的精选资源，以及未筛选的社交媒体帖子。

通过 Common Crawl 之类的项目可以轻松地访问这些数据。任何正在运行的文本都可以用于构建 n 元模型或词嵌入模型，一些文本还具有有助于完成各种任务的结构，例如，许多 FAQ 站点有问答对，它们可用于训练问答系统。类似地，许多网站会同时发布文本的翻译，可用于训练机器翻译系统。一些文本甚至带有标签，例如，在评论网站中，用户可以使用 5 星评分系统标注他们的文本评论。

我们不希望每次需要一个新的自然语言处理模型时都要再创建一个新的数据集。本节中将介绍预训练（pretraining）的概念———一种迁移学习（transfer learning）的形式（见 21.7.2 节），我们使用大量共享的通用领域语言数据来训练一个自然语言处理模型的初始版本。然后，我们可以使用少量领域特定的数据（可能包括一些标注数据）来完善模型。经过改进的模型可以学习新领域特有的词汇、习语、句法结构和其他语言现象。

24.5.1　预训练词嵌入

24.1 节中简要介绍了词嵌入。我们看到相似的单词（如 banana 和 apple）最终如何得到相似的向量，并且看到可以通过向量减法解决类比问题。这表明词嵌入捕捉到了有关单词的大量信息。

本节中将深入探讨如何使用完全无监督的过程在大规模文本上创建词嵌入。这不同于 24.1 节中的嵌入，后者是在有监督的词性标注过程中构建的，因此需要昂贵的手工标注的词性标签。

我们将专注于一种特定的词嵌入模型——GloVe（全局向量）模型。该模型首先统计每个单词在另一个单词的窗口中出现的次数，类似于跳字模型。首先选择窗口大小（也许是 5 个单词），并将 X_{ij} 定义为单词 i 和 j 在一个窗口内同时出现的次数，X_i 为单词 i 与其他任何单词同时出现的次数。设 $P_{ij} = X_{ij}/X_i$ 为单词 j 在单词 i 的上下文中出现的概率。如前所述，记 E_i 为单词 i 的嵌入。

GloVe 模型的部分直觉是，通过将两个单词与其他单词进行比较，充分地捕捉到两个单词之间的关系。给定单词 ice（冰）和 steam（水蒸气）。现在考虑它们与另一个词 w 的共现概率之比，即

$$P_{w,\,ice}/P_{w,\,steam}$$

当 w 是 solid（固体）这个单词的时候，比值较高（意味着 solid 更适用于 ice），而当 w 是 gas（气体）这个单词的时候，比值较低（意味着 gas 更适用于 steam）。而当 w 是一个像 *the* 这样的非实义词，或者一个像 water 这样的与两者同样相关的词，或者一个像 fashion 这样同样不相关的词时，这个比值将接近 1。

GloVe 模型从这种直觉开始，经过一些数学推理（Pennington *et al.*, 2014），将概率之比转化为向量差值和点积，最终得到约束：

$$E_i \cdot E_j' = \log(P_{ij})$$

换句话说，两个词向量的点积等于它们同时出现的概率的对数。这符合直觉：两个近似正交的向量的点积接近 0，而两个近似相同的归一化向量的点积接近 1。存在一个技术上的复杂性，GloVe 模型为每个单词构建两个词嵌入向量 E_i 和 E_i'；计算两个词嵌入向量，最后将它们相加，这有助于防止过拟合。

训练像 GloVe 这样的模型通常比训练一个标准神经网络容易得多：使用标准的台式计算机 CPU 可以在几小时内从几十亿个文本单词中训练出一个新模型。

可以在一个特定领域上训练词嵌入，然后还原该领域的知识。例如，齐托扬等人（Tshitoyan *et al.*, 2019）使用了 330 万个关于材料科学的科学摘要来训练词嵌入模型。他们发现，就像通用词嵌入模型可以回答出"雅典之于希腊就像奥斯陆之于什么？"的答案是"挪威"一样，他们的材料科学模型可以回答出"NiFe 对铁磁性，IrMn 对什么？"的答案是"反铁磁性"。

他们的模型并不仅仅依赖单词的共现；它似乎捕捉到了更复杂的科学知识。当被问及什么化合物可以被归为"热电体"或"拓扑绝缘体"时，他们的模型能够给出正确的答案。例如，在语料库中，$CsAgGa_2Se_4$ 从未出现在"热电体"（thermoelectric）附近，但它出现在了"硫族

化物""带隙"和"光电"附近，这些都是可以将其归为类似于"热电体"的线索。此外，当训练集只有 2008 年之前的摘要并要求模型选出那些是"热电体"但尚未出现在摘要中的化合物时，该模型的前 5 个选择中有 3 个都在 2009 年至 2019 年发表的论文中才被发现是"热电体"。

24.5.2　预训练上下文表示

词嵌入是比原子的单词记号更好的表示，但是存在一个重要的问题——多义词。例如，rose 一词可以指一种花，也可以指 rise 的过去式。因此，我们希望找到至少两个完全不同的 rose 的上下文聚类簇：一个类似于 dahlia（大丽花）这样的花名，另一个类似于 upsurge（高涨）。没有一个嵌入向量可以同时捕捉到这两种上下文。rose 是（至少）具有两种不同含义的单词的明显示例，但其他单词在含义上的细微差别（例如，need 一词在 *you need to see this movie* 和 *humans need oxygen to survive* 中的差别）则取决于上下文。此外，将一些惯用语，如 *break the bank*（破产），作为一个整体而不是复合词来分析要更好。

因此，不只是学习一个单词–嵌入表，我们还希望训练一个模型来生成句子中每个单词的**上下文表示**（contextual representation）。上下文表示将单词和单词前后的上下文都映射到词嵌入向量中。换句话说，如果我们将 rose 一词和它的上下文 *the gardener planted a rose bush* 都输入模型，模型应该产生一个上下文嵌入，它与我们在上下文 *the cabbage rose had an unusual fragrance* 中得到的 rose 的表示相似（但不一定相同），同时与上下文 *the river rose five feet* 中得到的 rose 的表示完全不同。

图 24-11 展示了一个用以创建上下文词嵌入（图中未标注的方框）的循环神经网络。假设我们已经构建了一个非上下文的词嵌入集合。我们每次输入一个单词，然后让模型预测下一个单词。例如，在图 24-11 中，我们已经处理到了"car"，此时的 RNN 节点将接收两个输入——非上下文的"car"的词嵌入和上下文（编码来自前面的单词"The red"的信息）。然后，RNN 节点将输出"car"的上下文表示。整个网络接着输出对下一个单词的预测——"is"。然后我们更新网络权重来最小化预测和真实值之间的误差。

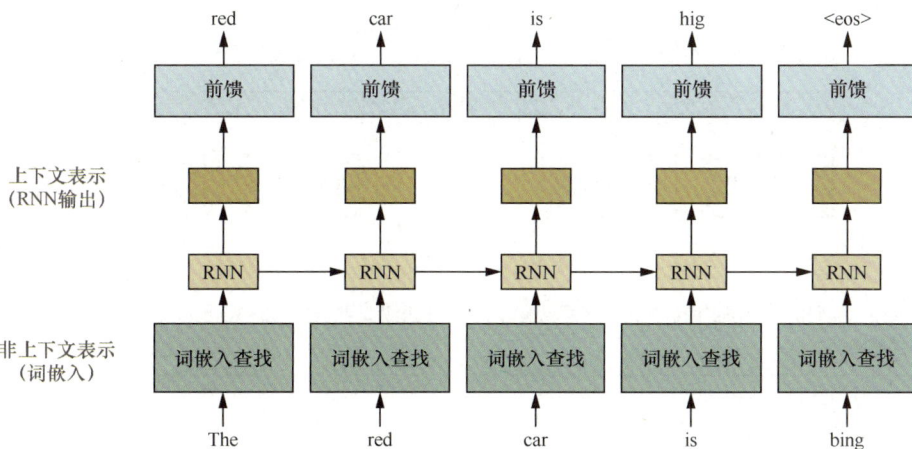

图 24-11　使用从左到右的语言模型训练上下文表示

这种模型类似于图 24-5 中用于词性标注的模型，但是有两个重要的区别。首先，这个模型是单向的（从左到右），而词性标注模型是双向的。其次，这个模型使用前面的上下文来预测下一个单词，而不是预测当前单词的词性标签。一旦模型建立，我们就可以使用它来检索单词的表示，并将表示传递给其他任务；我们不需要继续预测下一单词。注意，计算上下文表示始终需要两个输入——当前单词和上下文。

24.5.3　掩码语言模型

标准语言模型（如 n 元模型）的一个缺点是，每个单词的上下文化只基于句子中前面的单词。预测是从左到右的。但有时句子中后面的上下文（如短语"rose five feet"中的"feet"）也有助于阐明前面的单词。

一种简单的解决方法是训练一个单独的从右到左的语言模型，该模型基于句子中的后续单词对每个单词进行上下文化，然后将从左到右和从右到左的表示连接起来。然而，这种模型并不能将来自两个方向的证据结合。

然而，我们可以使用一个掩码语言模型（masked language model，MLM）。训练 MLM 的方法是掩码（隐藏）输入中的单个单词，然后要求模型预测被掩码的单词。对于这一任务，我们可以在被掩码的句子上使用一个深度双向 RNN 或 Transformer 模型。例如，给定输入句"The river rose five feet"，我们可以掩码中间的单词，得到"The river ＿ five feet"，然后让模型填空。

然后，使用对应被掩码的记号的最终隐藏向量来预测被掩码的单词——在本例中是"rose"（如图 24-12 所示）。在训练过程中，一个句子可以在不同单词被掩码的情况下多次使用。这种方法的优点在于它不需要标记数据；句子本身为被掩码的单词提供了标签。如果在大规模文本语料库上训练这个模型，它会生成预训练的表示，这些表示在各种自然语言处理任务（机器翻译、问答、摘要、语法判断等）中都表现良好。

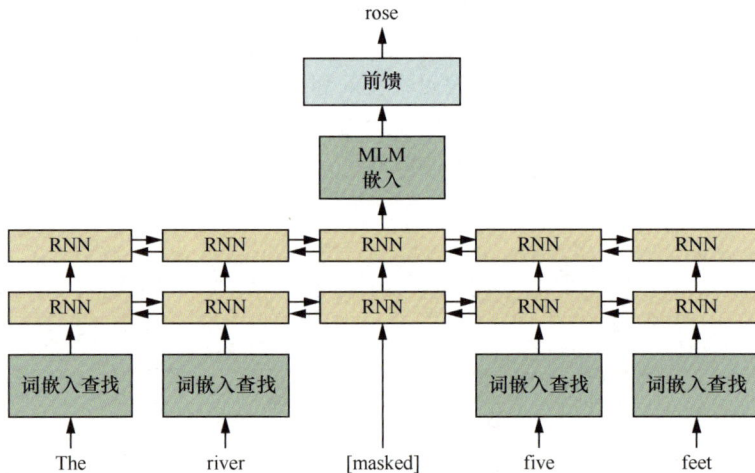

图 24-12　掩码语言建模：通过掩码（隐藏）输入单词并只预测那些被掩码的单词预训练一个双向模型，如一个多层 RNN

24.6　最高水平（SOTA）

深度学习和迁移学习显著提高了自然语言处理的技术水平，以至于 2018 年一位评论员断言"自然语言处理的 ImageNet 时刻已经到来"（Ruder，2018）。这意味着，正如 2012 年计算机视觉出现了一个转折点（深度学习系统在 ImageNet 比赛中取得令人惊叹的优秀表现）一样，

2018 年自然语言处理也出现了一个转折点。这一转折点的主要推动力是，迁移学习在自然语言问题上表现很好：可以下载通用语言模型，并针对特定任务进行微调。

它始于 2013 年 WORD2VEC 和 2014 年 GloVe 等系统生成的简单词嵌入。研究人员可以下载这样的模型，或者在不使用超级计算机的情况下相对快速地训练他们自己的模型。另外，预训练上下文表示的训练开销要高出几个量级。

只有在硬件（GPU 和 TPU）进步普及之后，这些模型才是可行的，在这种情况下，研究人员非常感激他们能够直接下载模型，而不需要花费资源训练自己的模型。Transformer 模型允许我们高效地训练比之前更大更深的神经网络（这一次是因为软件的进步，而不是硬件的进步）。自 2018 年以来，新的自然语言处理项目通常从一个预先训练好的 Transformer 模型开始。

虽然这些 Transformer 模型被训练用来预测文本中的下一个单词，但它们在其他语言任务中的表现也出奇地好。经过一些微调后的 RoBERTa 模型在问答和阅读理解测试中取得了最高水平的成绩（Liu *et al.*, 2019b）。GPT-2 是一种类似于 Transformer 的语言模型，它有 15 亿个参数，在 40 GB 的因特网文本上训练。它在法英翻译、查找远距离依赖的指代对象以及一般知识问答等任务中都取得了良好的成绩，并且所有这些成绩都没有针对特定任务进行微调。如图 24-13 所示，在仅给定几个单词作为提示时，GPT-2 依然可以生成相当令人信服的文本。

It is a truth universally acknowledged that the earth is not the center of the universe. There are those who assert there is. I do not accept them, but others I consider to be of the same opinion. The truth is, however, that if there are other than the center, and if there are any other living things in the universe and if they are not human, then we do not yet have our answers. We have to go on. This page gives a simplified, simplified answer to the problem. We don't have all the answers. The truth is, however, that the truth is out there.

When Gregor Samsa woke up one morning, he did not notice anything strange. "When my wife is looking at me, I feel like she is looking at a piece of art," he said. "I think she is admiring something I have created." The idea is that by looking at your own life, you learn something important and become a better person. It is a theory that emerged from psychologist Daniel Goleman's work, in which he asked "How do you know you're not a loser?"

Alice was beginning to get very tired of sitting with her sister on the bank. She sat up, yawned, and said, with a loud little scream, "I hope you don't mind if I keep on doing what I should like to do, and if someone asks me which of us will do more, don't tell them that I won't do much, my dear sister."

All happy families are alike; each happy family is like a garden of paradise. The only difference between happy families and unhappy families, is that the unhappy family doesn't have any flowers or trees.

Tell me a story. Tell me a story. Tell me a story. Tell me a story. Tell me a story. Tell me a story. Tell me a story. Tell me a story. Tell me a story. Tell me a story. Tell me a story. Tell me a story. Please fill out the following details. Thank you... Thank you for your interest in this interview. Please wait...

图 24-13　GPT-2 语言模型生成的完整文本示例，提示以粗体显示。大多数文本是相当流畅的英语语句，至少局部上是流畅的。最后一个例子表明，有时模型也会崩溃

作为一个最高水平的自然语言处理系统示例，Aristo（Clark *et al.*, 2019）在八年级科学选择题考试中获得了 91.6% 的分数（见图 24-14）。Aristo 由一系列求解器组成：一些使用信息检索（类似于一个网络搜索引擎），一些使用文本蕴涵和定性推理，还有一些使用大规模 Transformer 语言模型。结果表明，RoBERTa 的测试成绩是 88.2%。Aristo 在十二年级考试中也取得了 83% 的成绩。（65% 表示"达到标准"，85% 表示"出色地达到标准"。）

Aristo 也有其局限性。它只能处理选择题，不能处理论述题，而且它既不能阅读也不能生成图表。[①]

---

① 有人指出，在一些选择题考试中，即使不看题目也可以获得高分，因为错误选项也会泄露信息（Gururangan *et al.*, 2018）。这似乎也适用于视觉问答（Chao *et al.*, 2018）。

1. **What will best separate a mixture of iron filings and black pepper**?
   (a) magnet　(b) filter paper　(c) triple beam balance　(d) voltmeter
2. **Which form of energy is produced when a rubber band vibrates**?
   (a) chemical　(b) light　(c) electrical　(d) sound
3. **Because copper is a metal, it is**
   (a) liquid at room temperature　(b) nonreactive with other substances
   (c) a poor conductor of electricity　(d) a good conductor of heat
4. **Which process in an apple tree primarily results from cell division**?
   (a) growth　(b) photosynthesis　(c) gas exchange　(d) waste removal

图 24-14　八年级科学考试中的题目，ARISTO 系统可以使用一系列方法正确回答这些问题，其中最具影响力的是 RoBERTA 语言模型。回答这些问题需要自然语言、选择题的结构、常识和科学等方面的知识

T5（Text-to-Text Transfer Transformer）用来生成对各种文本输入的文本响应。它包括一个标准的编码器-解码器 Transformer 模型，在 750 GB 的 C4（Colossal Clean Crawled Corpus）语料库的 350 亿个单词上进行预训练。这种无标注训练旨在为模型提供适用于多种特定任务的可泛化语言知识。之后为每个任务训练 T5，输入由任务名称、冒号和内容组成。例如，当给出"translate English to German: *That is good*"时，它会输出"Das ist gut"。对于某些任务，输入会被标记；例如，在 Winograd 模式挑战赛中，输入会突出显示一个指代不明确的代词。给定输入"referent: *The city councilmen refused the demonstrators a permit because they feared violence*"，正确答案应是"The city councilmen"（而不是"the demonstrators"）。

在改进自然语言处理系统方面还有很多工作要做。一个问题是，Transformer 模型只依赖一个狭窄的上下文，仅限于几百个单词。一些实验性方法试图扩展上下文，Reformer 系统（Kitaev *et al*., 2020）可以处理多达 100 万个单词的上下文。

最近的结果表明，使用更多的训练数据可以得到更好的模型，例如，RoBERTA 在训练了 2.2 万亿个单词后获得了最高水平的成绩。如果使用更多的文本数据会更好，那么，如果进一步使用其他类型的数据——结构化数据库、数值数据、图像和视频会怎么样？我们需要在硬件处理速度上取得突破，才能对大量视频进行训练，我们可能还需要在人工智能方面取得一些突破。

好奇的读者可能会问："为什么我们在第 23 章中学习了文法、句法分析和语义解释，却在本章中舍弃了这些概念，转而使用纯粹的数据驱动模型？"答案很简单，数据驱动的模型更容易开发和维护，并且在标准的基准测试中得分更高，而手工构建的系统则可以使用第 23 章中描述的方法通过合理数量的人力资源来构建。可能是 Transformer 及其相关模型学习到了潜在的表征，这些表征捕捉到与语法和语义信息相同的基本思想，也可能是在这些大规模模型中发生了完全不同的事情，但我们根本不知道。我们只知道，使用文本数据训练的系统比依赖手工创建特征的系统更容易维护，更容易适应新的领域和新的自然语言。

未来在显式语法语义建模方面的突破也有可能会导致研究的重点回摆。更有可能出现的是混合方法，它结合了这两章中的最佳概念。例如，基塔夫和克莱因（Kitaev and Klein, 2018）使用注意力机制改进了传统的成分句法分析器，从而获得了 Penn Treebank 测试集记录的最佳结果。类似地，林高等人（Ringgaard *et al*., 2017）演示了如何通过词嵌入和循环神经网络改进依存句法分析器。他们的系统 SLING 直接解析为一个语义框架表示，缓解了传统管道系统中错误累积的问题。

当然还有改进的空间：自然语言处理系统不仅在许多任务上仍然落后于人类，而且在处理了人类一辈子都无法阅读的数千倍的文本之后，它们仍然落后于人类。这表明，语言学家、心理学家和自然语言处理研究人员要研究的东西还有很多。

小结

本章的重点如下。

- 使用词嵌入的词的连续表示比离散的原子表示更加健壮，并且可以使用未标注的文本数据进行预训练。
- 通过在隐藏状态向量中保留相关信息，循环神经网络可以有效地对局部和远距离上下文建模。
- 序列到序列模型可用于机器翻译和文本生成。
- Transformer 模型使用自注意力机制，可以对远距离上下文和局部上下文进行建模。它们可以有效地利用硬件矩阵乘法。
- 包含预训练的上下文词嵌入的迁移学习允许从非常大的未标注语料库中开发模型，并应用于一系列任务。在目标领域进行微调后，通过预测缺失词预训练的模型可以处理该领域的任务，如问答和文本蕴含。

参考文献与历史注释

自然语言中单词和短语的分布遵循**齐夫定律**（Zipf's Law）（Zipf, 1935, 1949）：第 n 个最常见单词的频率与 n 大致成反比。这意味着存在数据稀疏性问题：即使使用几十亿词的训练数据，我们也会不断遇到以前从未见过的单词和短语。

对新单词和短语的泛化要借助表征，表征捕捉到含义相似的单词一般出现在相似的上下文中这一基本见解。迪尔韦斯特等人（Deerwester *et al.*, 1990）通过分解单词和单词所在文档构成的共现矩阵，将单词投影到低维向量中。另一种可能性是将前后的单词（如包含 5 个单词的窗口）看作上下文。布朗等人（Brown *et al.*, 1992）根据单词的 bigram 上下文将单词分成层次簇；事实证明，这对于命名实体识别之类的任务是有效的（Turian *et al.*, 2010）。word2vec 系统（Mikolov *et al.*, 2013）首次显著展示了从训练神经网络中获得的词嵌入的优势。GloVe 词嵌入向量（Pennington *et al.*, 2014）则是通过直接操作从几十亿词的文本中获得的词共现矩阵得到的。利维和戈德伯格（Levy and Goldberg, 2014）解释了为什么这些词嵌入能够捕捉到语言规律以及是如何捕捉的。

本吉奥等人（Bengio *et al.*, 2003）率先将神经网络用于语言模型，提出将"每个单词的分布式表示与用这些表征表示的单词序列的概率函数"结合起来。米克洛等人（Mikolov *et al.*, 2010）展示了如何在语言模型中使用 RNN 建模局部上下文。约瑟福维奇等人（Jozefowicz *et al.*, 2016）展示了在 10 亿个单词上训练的 RNN 要优于手工精心构建的 n 元模型。彼得斯等人（Peters *et al.*, 2018）强调了单词的上下文表示的重要性，称其为 ELMo（Embeddings from Language Model，语言模型的嵌入）表示。

注意，一些作者通过测量**困惑度**（perplexity）来比较语言模型。一个概率分布的困惑度是 2^H，其中 H 为该分布的熵（见 19.3.3 节）。在其他条件相同的情况下，困惑度越低，语言模型越好。但在实践中，其他所有因素很少是相同的。因此，衡量模型在一个真实任务上的表现比依靠困惑度更有信息价值。

霍华德和鲁德（Howard and Ruder, 2018）介绍了 ULMFiT（Universal Language Model Finetuning，通用语言模型微调）框架，它使得预训练语言模型的微调更加容易，而不需要大量目标领域文档。鲁德等人（Ruder *et al.*, 2019）给出了一个自然语言处理迁移学习的教程。

米克洛等人（Mikolov *et al.*, 2010）介绍了将 RNN 用于自然语言处理的思想。萨茨克维尔等人（Sutskever *et al.*, 2015）介绍了利用深度网络进行序列到序列学习的想法。朱俊彦等人（Zhu *et al.*, 2017）和刘洺堉等人（Liu *et al.*, 2018b）表明，无监督方法是有效的，这使得数据收集更加容易。研究人员很快发现，这类模型在各种任务（如看图说话）中都表现得惊人地好（Karpathy and Fei-Fei, 2015; Vinyals *et al.*, 2017b）。

德夫林等人（Devlin *et al.*, 2018）指出，用掩码语言建模目标预训练的 Transformer 模型可以直接用于多个任务。该模型称为 BERT（Bidirectional Encoder Representations from Transformer，Transformer 的双向编码器表示）。预训练的 BERT 模型可以针对特定领域和特定任务（包括问答、命名实体识别、文本分类、情感分析和自然语言推理）进行微调。

XLNET 系统（Yang *et al.*, 2019）通过消除预训练和微调之间的差异对 BERT 进行了改进。ERNIE 2.0 框架（Sun *et al.*, 2019）不仅考虑了单词的共现，还考虑了句子顺序和命名实体的存在，从而从训练数据中提取到了更多内容。它的表现优于 BERT 和 XLNET。作为回应，研究人员重新研究并改进了 BERT：RoBERTA 系统（Liu *et al.*, 2019b）使用了更多的数据和不同的超参数以及训练程序，它可以匹配 XLNET。Reformer 系统（Kitaev *et al.*, 2020）扩展了上下文的范围（甚至到 100 万个单词）。此外，ALBERT（一个精简版 BERT）则恰恰相反，它在保持高精度的同时，将参数数量从 1.08 亿减少到了 1200 万（以适应移动设备）。

XLM 系统（Lample and Conneau, 2019）是一个具有多语言训练数据的 Transformer 模型。这不仅对机器翻译很有用，还为单语任务提供了更健壮的表示。另外两个重要系统——GPT-2（Radford *et al.*, 2019）和 T5（Raffel *et al.*, 2019），也在本章中进行了介绍。后一篇论文还介绍了包含 350 亿词的 Colossal Clean Crawled Corpus（C4）语料库。

研究人员对预训练算法提出了各种有前景的改进（Yang *et al.*, 2019; Liu *et al.*, 2019b）。彼得斯等人（Peters *et al.*, 2018）以及安德鲁·戴和黎（Dai and Le, 2016）提出了预训练的上下文模型。

王等人（Wang *et al.*, 2018a）提出了 GLUE（General Language Understanding Evaluation，通用语言理解评估）基准，这是一组用于评估自然语言处理系统的任务和工具。任务包括问答、情感分析、文本蕴含、翻译和句法分析。Transformer 模型在排行榜上占据了主导地位（人类基线降到了第 9 位），因此，新版本 SUPERGLUE（Wang *et al.*, 2019）引入了人为设计的、对人类很容易但对计算机要更难的任务。

2019 年年底，T5 以 89.3 的总分领先，仅比人类基线的 89.8 分低 0.5 分。实际上，对于 10 个任务中的 3 个任务——是/否问答（如“法国和英国是同一个时区吗？”）和两项阅读理解任务（读完一段或一篇新闻文章后回答问题），T5 都超过了人类的表现。

机器翻译是语言模型的一项主要应用。1933 年，彼得·特罗扬斯基（Petr Troyanskii）获得了“翻译机”的专利，但当时没有计算机能实现他的想法。1947 年，沃伦·韦弗（Warren Weaver）利用了密码学和信息论的研究成果，他写给诺伯特·维纳：“当我看一篇俄语文章时，我会说：‘这其实是用英语写的，但它用奇怪的符号进行了编码。我现在要继续解码。’”社区开始尝试以这种方式进行解码，但他们没有足够的数据和计算资源来实现这种方法。

在 20 世纪 70 年代，发生了改变，SYSTRAN 系统（Toma, 1977）是第一个商业上成功的机器翻译系统。SYSTRAN 依赖由语言学家人工制定的词汇和语法规则以及训练数据。20 世纪 80 年代，社区完全采用了基于单词和短语频率的统计模型（Brown *et al.*, 1988; Koehn, 2009）。一旦训练集达到几十亿字或几万亿字（Brants *et al.*, 2007），就会产生能够生成可理解但又不流利结果的系统（Och and Ney, 2004; Zollmann *et al.*, 2008）。奥赫和奈伊（Och and Ney, 2002）展示了判别训练如何在 21 世纪初带来机器翻译的进步。

萨茨克维尔等人（Sutskever *et al.*, 2015）第一个表明，为机器翻译学习一个端到端的序列到序列神经模型是有可能的。巴赫达诺（Bahdanau *et al.*, 2015）介绍了一种模型，它的优势是可以联合学习源语言和目标语言中句子的对齐和两种语言之间的翻译。沃什瓦尼（Vaswani *et al.*, 2018）指出，通过用 Transformer 架构替代 LSTM，神经机器翻译系统可以得到进一步改进，Transformer 架构使用注意力机制来捕捉上下文。这些神经翻译系统很快就超过了基于短语的统计方法，而 Transformer 架构也很快扩展到其他自然语言处理任务中。

SQuAD 是第一个用于训练和测试问答系统的大规模数据集，这促进了**问答系统**的研究（Rajpurkar *et al.*, 2016）。从那时起，开发了许多深度学习模型，用来处理这项任务（Seo *et al.*, 2017; Keskar *et al.*, 2019）。Aristo 系统（Clark *et al.*, 2019）将深度学习与其他一系列技术结合使用。自 2018 年以来，大多数问答模型使用了预训练的语言表示，这带来了比早期系统更显著的改进。

自然语言推理是判断一个假设（"狗需要吃东西"）是否蕴含在一个前提（"所有动物都需要吃东西"）中的任务。Pascal 挑战推广了这项任务（Dagan *et al.*, 2005）。目前大规模数据集（Bowman *et al.*, 2015; Williams *et al.*, 2018）已经可以使用。基于 ELMo 和 BERT 等预训练模型的系统目前在语言推理任务上表现最好。

计算自然语言学习会议（Conference on Computational Natural Language Learning，CoNLL）专注于自然语言处理学习。第 23 章中提到的所有会议和期刊现在都包含与深度学习相关的论文，目前，深度学习在自然语言处理领域占据主导地位。

第**25**章

计算机视觉

在计算机视觉中，我们通过照相机/摄像机镜头将计算机连接到原始的、未加工的真实世界。

大多数动物都有"眼睛"这个器官，同时眼睛的存在通常需要较大的代价：眼睛占据了较大空间，需要消耗能量，而且非常脆弱。但这种代价是合理的，因为眼睛提供的功能有巨大的价值。一个拥有视觉的智能体有能力预测未来——它可以告诉自己可能会撞到什么，它可以在遇到危险时判断应该反击、逃跑还是求助法律来解决，它能目测出前方的道路是沼泽地还是坚硬的地面，它能分辨出某个水果距自己有多远。本章将介绍如何从来自眼睛或照相机/摄像机的大量数据中重建信息。

25.1　引言

视觉是一种感知渠道，它接收**刺激**并反映出世界的某些表象。大多数使用**视觉**的智能体采用**被动传感**——它们不需要主动发出光就能看到景象。相比之下，**主动传感**涉及雷达或超声波等信号的发射，以及对反射进行感知。使用主动传感的智能体有蝙蝠（超声波）、海豚（声波）、深海鱼类（光）和一些机器人（光、声音、雷达）。为了理解一个感知渠道，我们必须研究感知中发生的物理和统计现象以及感知过程产生了什么。本章将重点介绍视觉，但真实世界中的机器人可能会使用各种传感器来感知声音、触觉、距离、温度、全局位置和加速度等信息。

特征（feature）是通过对图像进行简单计算而获得的数字，我们可以从特征中直接得到一些非常有用的信息。wumpus智能体有5个传感器，每个传感器都将获取1位的信息。这些位即为特征，它们可以由程序直接解释。再举另外一个例子，许多飞行动物通过计算一个简单的特征来很好地估计撞上附近物体的时间，这一特征可以直接传递给控制方向或翅膀的肌肉，使得它们可以非常快速地改变方向。这种**特征提取**方法的重点是应用于传感器响应的简单、直接的计算。

基于模型的视觉方法通常采用两种模型。**物体模型**可以是由计算机辅助设计系统生成的一种精确的几何模型，它也可以是关于物体的一般性质的模糊陈述，例如，这样的一个性质描述——在低分辨率下看到的所有人脸看起来大致相同。**绘制模型**描述的是产生真实世界中的刺激的物理、几何和统计过程。虽然绘制模型是复杂和精确的，但刺激通常是模糊的。处于弱光下的白色物体可能看起来很像强光下的黑色物体。一个距离较近的小物体可能在视觉效果上和远处的大物体一样。如果没有额外的证据，我们将无法判断我们所看到的是玩具哥斯拉摧毁了一座玩具建筑，还是一个真正的怪物摧毁了一座真正的建筑。

处理这种歧义问题有两种主要方法。第一种方法认为某些解释比其他解释的可能性更大。例如，我们可以确信，这张图片表示的不会是一个真正的哥斯拉摧毁了一座真正的建筑，因为世界上不存在真正的哥斯拉。第二种方法认为有些歧义是无关紧要的。例如，远处的景物可能是树木，也可能是一个平坦的漆面。对大多数应用来说，这种差异并不重要，因为目标物体离我们很远，所以我们不会很快碰到它们或与它们进行交互。

计算机视觉的两个核心问题是**重建**（reconstruction，智能体从一幅或一组图像中建立一个关于世界的模型）和**识别**（recognition，智能体根据视觉信息和其他信息对所见到的物体进行辨识）。关于这两个问题的解释都非常广泛。从图像中建立一个几何模型显然是重建问题（并且得到的模型也非常有价值），但有时我们需要对一个表面上的不同纹理建立一张地图，我们也把这归为重建。将物体名称与出现在图像中的物体进行匹配显然是识别问题。有时我们也需要回答这样的问题：它睡着了吗？它吃肉吗？它的牙齿在哪一边？回答这些问题也属于识别。

过去 30 年的研究为解决这些核心问题提供了强有力的工具和方法。为了理解这些方法，我们首先需要理解图像的形成过程。

25.2　图像形成

成像会扭曲物体的外观。对一组笔直的铁轨从前往后进行拍摄，铁轨在图片中会汇集并相交。如果你把手放在你的眼睛前面，你可以挡住月亮，尽管月亮比你的手大（这同样适用于太阳，但对太阳进行实验将会伤害你的眼睛）。如果你把一本书平放在面前，同时将书前后倾斜，你会发现它在图像中似乎会收缩或延长。我们将这种效应称为**透视收缩**（图 25-1）。关于这些效应的建模对建立有效的物体识别系统来说是必不可少的，同时它们也为重建几何结构提供了有力的线索。

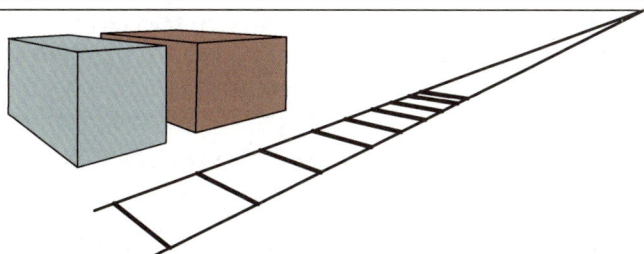

图 25-1　场景中的几何体在图像中发生扭曲。平行线似乎交汇在一起，看起来就像荒芜小镇上的铁轨。在真实世界的场景中具有直角的建筑物在图像中具有扭曲的角度

25.2.1　无透镜成像：针孔照相机

图像传感器收集**场景**中物体散射的光，并构建二维（2D）**图像**。对眼睛来说，这些传感器由两种类型的细胞组成：其中有大约 1 亿个视杆细胞，它们对广泛波长范围内的光较敏感，还有约 500 万个视锥细胞。视锥细胞是产生色觉的关键，它主要有 3 类，每类视锥细胞都对一个不同的波长范围的光十分敏感。在照相机中，图像是在图像平面上形成的。在胶卷照相机中，图像平面涂有卤化银。在数字照相机中，图像平面被细分为由数百万个**像素**组成的网格。

我们将整个图像平面称为一个**传感器**，但同时每个像素都是一个单独的微小传感器〔通常是一个电荷耦合器件（charge-coupled device，CCD）或互补金属氧化物半导体（complementary metal-oxide semiconductor，CMOS）〕。到达传感器的每个光子都会产生一种光电效应，其强度

取决于光子的波长。传感器的输出是某个时间段内所有这些效应的总和，这意味着图像传感器所给出的是到达传感器的光强的加权平均值。该平均值取决于光的波长、光子到达的方向、时间和传感器的面积。

为了看到聚焦后的图像，我们必须确保到达传感器的所有光子都来自世界中某个物体上大致相同位置的点。形成聚焦图像的最简单方法是使用针孔照相机观察一个静态物体。针孔照相机由盒子前部的针孔开口 O 和盒子后部的图像平面组成（如图 25-2 所示），这个开口也称作光圈。如果针孔足够小，图像平面中的每个微小传感器将只能看到来自物体上几乎相同点的光子，因此获得的图像就是聚焦图像。我们也可以用针孔照相机来获得运动物体的聚焦图像，只要物体在传感器的时间窗口内只移动一小段距离。否则，运动物体的图像将会散焦，这种效应也称作运动模糊（motion blur）。通过打开和关闭针孔，我们可以控制时间窗口的大小。

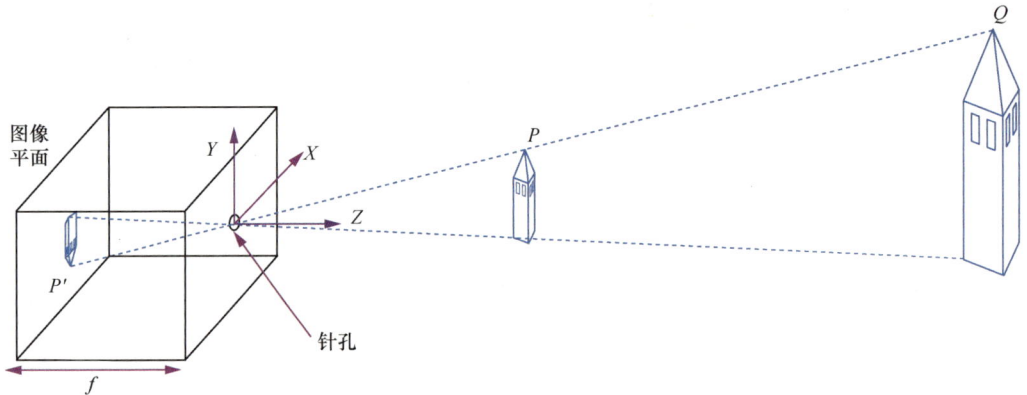

图 25-2　针孔照相机后部的每个光敏元件接收从小范围方向穿过针孔的光。如果针孔足够小，其结果将是在针孔后面呈现出一幅聚焦图像。投影的过程意味着大的、距离较远的物体看起来和小的、距离较近的物体一样——图像平面上的点 P' 可能来自附近的玩具高塔的 P 点，或者来自远处的真实高塔的 Q 点

针孔照相机使得我们更容易理解照相机行为背后的几何模型（大多数其他成像设备的模型更复杂，但本质上与之相似）。我们将使用一个具有原点 O 的三维坐标系，并考虑场景中的点 P，其坐标为 (X, Y, Z)。P 投影到图像平面上的点 P'，其坐标为 (x, y, z)。若令 f 为焦距，即从针孔到像平面的距离，那么由相似三角形的性质可得

$$\frac{-x}{f} = \frac{X}{Z}, \frac{-y}{f} = \frac{Y}{Z} \quad \Rightarrow \quad x = \frac{-fX}{Z}, y = \frac{-fY}{Z}$$

这些等式定义了一个称为透视投影（perspective projection）的成像过程。注意，分母中的 Z 意味着物体越远，其图像越小。还要注意，负号表明相对于场景而言，图像将是倒转的，包括左右倒转和上下倒转。

透视成像有许多几何效应，例如，远处的物体会看起来很小，平行线会汇集到地平线的某一点上。（回想一下铁轨，见图 25-1。）场景中方向为 (U, V, W) 且通过点 (X_0, Y_0, Z_0) 的一条线可以描述为一组点 $(X_0 + \lambda U, Y_0 + \lambda V, Z_0 + \lambda W)$，其中 λ 的取值范围为从 $-\infty$ 到 $+\infty$。不同的 (X_0, Y_0, Z_0) 值将产生彼此平行的不同直线。来自该直线上的一点在图像平面上的投影 P_λ 由下式给出：

$$P_\lambda = \left(f \frac{X_0 + \lambda U}{Z_0 + \lambda W}, f \frac{Y_0 + \lambda V}{Z_0 + \lambda W} \right)$$

当 $\lambda \to +\infty$ 或 $\lambda \to -\infty$ 时，如果 $W \neq 0$，将有 $P_\infty = (fU/W, fV/W)$。这意味着两条从空间中不同点出发的平行线将在图像中交汇——对于较大的 λ，无论 (X_0, Y_0, Z_0) 的值是多少，成像位置都几乎相同（同样可以回想铁轨的例子，见图 25-1）。我们称 P_∞ 为与具有方向 (U, V, W) 的直线族相关的**消失点**（vanishing point）。具有相同方向的线将有相同的消失点。

25.2.2 透镜系统

针孔照相机可以很好地聚焦光线，但由于针孔很小，只有很少的一部分光会进入，因此会导致图像较暗。在短时间内，只有少数光子会击中传感器上的每个点，因此每个点上的信号都会受到随机波动的控制，我们说暗胶片图像是粒状的，而暗数字图像是有噪声的，不管是哪种形式，图像的质量都很低。

扩大孔（光圈）能使照相机从更广阔的方向收集更多的光，进而使图像更亮。但同时，使用一个较大的光圈将使照射到图像平面上某个特定点的光来自真实场景中的多个点，因此图像将散焦。我们需要一些方法来重新聚焦图像。

脊椎动物的眼睛和现代照相机都采用了**透镜**系统——眼睛中的一块透明组织和照相机中由多个玻璃透镜元件组成的系统。在图 25-3 中，我们看到蜡烛尖端发出的光向各个方向传播。带透镜的照相机（或眼睛）将捕捉到所有照射到透镜上任何地方的光（这是一个比针孔大得多的区域），并将所有光聚焦到图像平面上的一个点。来自蜡烛其他部分的光同样会被收集并聚焦到图像平面上的其他点。最终将会产生一幅更明亮且噪声更少的聚焦图像。

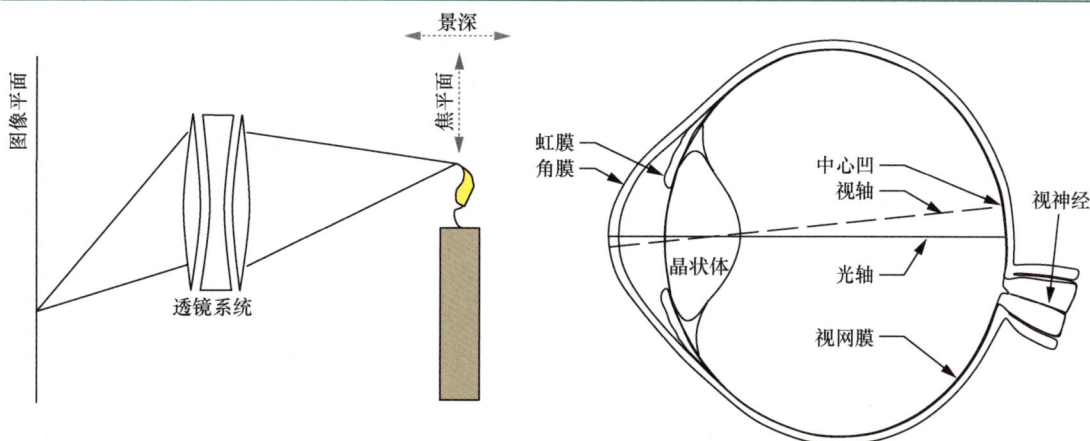

图 25-3　透镜收集来自场景中同一点（这里的点是蜡烛火焰的尖端）一定范围内的光，并引导所有光汇集到图像平面上的一个点。在场景中靠近焦平面的点（在景深范围内）将被较好地聚焦。在照相机中，透镜系统的元件通过移动改变焦平面，而眼睛通过专门的肌肉改变透镜的形状

透镜系统并不会聚焦所有来自真实世界中任何地方的光线，透镜的设计限制了它们只能聚焦距离透镜深度范围在 Z 以内的点上的光。这个范围的中心（聚焦最清晰的位置）称作**焦平面**（focal plane），聚焦能够保持足够清晰的深度范围称为**景深**（depth of field）。一般来说，照相机的镜头光圈（开口）越大，景深越小。

如果你想对另一个位于不同距离的事物进行聚焦，应该怎么办？为了移动焦平面，照相机中的透镜元件可以前后移动，眼睛中的透镜可以改变形状——但随着年龄的增长，眼睛中的透镜往往会硬化，以至于更难以调整焦距，此时许多人就需要借助额外的透镜——眼镜来增强视力。

25.2.3 缩放正交投影

透视成像的几何效应并不总是很明显。例如，街对面一栋楼的窗户会比位于附近的窗户看上去小得多，但是相互接近的两扇窗户将看起来有差不多的尺寸，尽管其中一扇距离观察者稍微远一点。我们可以选择用一个称为缩放正交投影（scaled orthographic projection）的简化模型来刻画这个窗户问题，而不采用透视投影方法。如果物体上所有点的深度 Z 都落在范围 $Z_0 \pm \Delta Z$ 内，其中 与 $\Delta Z \ll Z_0$，那么透视比例因子 f/Z 可以用常数 $s = f/Z_0$ 近似。此时从场景坐标 (X, Y, Z) 到图像平面的投影方程将变为 $x = sX$ 和 $y = sY$。透视收缩仍会发生在缩放正交投影模型中，因为它是由物体相对于视图的倾斜引起的。

25.2.4 光线与明暗

图像中像素的亮度是关于场景中投影到该像素的表面切片的亮度的函数。在现代照相机中，这个函数对于中等强度的光是线性的，但是对于较暗和较亮的照明有明显的非线性。我们将在讨论中采用线性模型。图像亮度是一个对物体的形状和特性的强烈但可能不明确的暗示。这种不明确性的产生有 3 个因素影响了从物体上的一个点到达图像的光量，这 3 个因素是环境光（ambient light）的总光强、该点处于向光面还是阴影中和从该点反射（reflect）的光的总量。

人类非常擅长消除亮度中的歧义——他们通常能分辨出明亮光线下的黑色物体和阴影下的白色物体，尽管两者的整体亮度相同。然而，人们有时会混淆明暗和斑纹——颧骨下的一道深色妆容通常看上去像明暗的效果，这将使脸部看起来更瘦。

大多数表面通过漫反射（diffuse reflection）过程来反射光。漫反射将光均匀地散射到离开表面的各个方向上，因此漫反射表面的亮度不依赖于观察的方向。大多数布料都有这种性质，此外也包括大多数油漆、粗糙的木头表面、大多数植被和粗糙的石头或混凝土等。

镜面反射（specular reflection）使得入射光以一定角度离开该表面，其方向由光到达的方向决定。镜子就是镜面反射的一个例子，你在镜子中所看到的画面取决于你看镜子的方向。在这种情况下，方向的波瓣非常窄，这就是我们可以在镜像中分辨不同物体的原因。

对于很多表面，它们的波瓣会比镜子更宽。这些表面会反射出小的亮切片，通常称为镜面反射亮斑（specularity）。随着表面或光的移动，镜面反射亮斑也将随之移动。除了这些切片，表面整体将表现出类似于漫反射的行为。镜面反射亮斑通常出现在金属表面、涂漆表面、塑料表面以及潮湿表面上。我们很容易辨认出它们，因为它们又小又亮（见图 25-4）。对于几乎所有的任务目标，将所有表面建模为具有镜面反射亮斑的漫反射表面就足够了。

太阳是外界照明的主要来源，它的所有光线都从一个已知的方向平行地传播过来，这是因为太阳离我们太远了。我们采用远点光源（distant point light source）来对这种行为进行建模。这是最重要的光照模型，它在许多室内场景和室外场景中都非常有效。在这个模型中，表面切片收集到的光量取决于照明方向和表面法线（垂线）之间的角度 θ（见图 25-5）。

由这个模型进行照明的漫反射表面切片将反射它收集到的光的一部分，具体的比例由漫反射系数（diffuse albedo）给出。对于实际生活中的表面，它的范围通常是 0.05 ~ 0.95。兰伯特余弦定律（Lambert's cosine law）表明，漫反射切片的亮度由下式给出：

$$I = \rho I_0 \cos \theta$$

其中，I_0 为光源的光强，θ 是光源方向和表面法线之间的夹角，ρ 为漫反射系数。该定律预测，明亮的图像像素来源于正对光的切片，而较暗的像素来源于只看到切向光的切片，因此表面上的明暗提供了一些形状方面的信息。如果表面无法看到光源，那么它将处于**阴影**中。阴影通常不会完全是黑色的，因为处于阴影中的表面通常也会接收到来自其他光源的一些光。在户外，除太阳以外，最主要的光线来源是天空，它相当明亮。在室内，其他表面反射的光线将照亮阴影切片。这些**相互反射**（interreflection）也会对其他表面的亮度产生显著效应。我们有时会通过向所预测的光强添加恒定的**环境照明**（ambient illumination）常数来对这些效应进行建模。

图 25-4　这张照片展示了各种照明的效果。不锈钢佐料壶上发生镜面反射。洋葱和胡萝卜是亮的漫反射表面，因为它们面向光照射的方向。阴影部分出现在根本看不到光源的表面点上。在锅中存在一些暗的漫反射表面，光线沿着切线角度照射进来（锅内还有一些其他阴影）。该照片由 Ryman Cabannes/Image Professionals GmbH/Alamy Stock Photo 拍摄

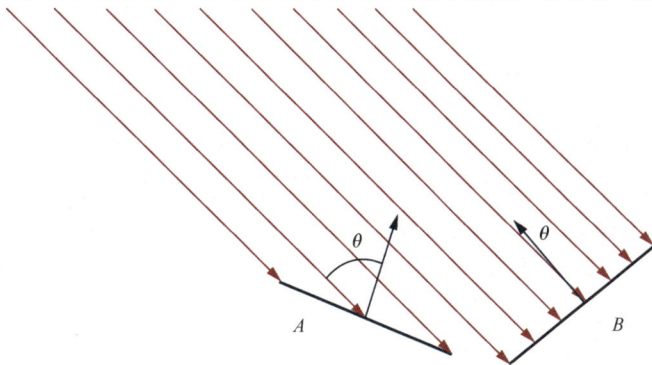

图 25-5　两个由远点光源照亮的表面切片，其中点光源的光线由带箭头的射线表示。表面切片 A 向远离光源的方向倾斜（θ 接近 90°），它所收集的能量较少，因为它每单位表面积接收到的光线较少。面向光源（θ 接近 0°）的表面切片 B 将收集到更多的能量

25.2.5　颜色

果实蕴含了一种交易——树木将它们提供给动物，动物带走它的种子。当这一交易准备就

绪时，能够发出对应信号的树木具有优势，能够读懂这些信号的动物也将具有优势。这样的结果是，大多数果实一开始是绿色的，并在成熟时变成红色或黄色，大多数以果实为食的动物都能看到这样的颜色变化。一般来说，对于到达眼睛的光，不同波长的光具有不同的能量，并且它们由光谱能量密度表示。

照相机和人类视觉系统能对波长在 380 nm（紫色）～ 750 nm（红色）范围内的光做出反应。在彩色成像系统中，通常有多个不同类型的感受器，它们能对不同波长的光线给出更强或更弱的反应。对人类来说，当视觉系统对视网膜上彼此邻近的感受器的反应进行比较时，就会产生对颜色的感知。动物的颜色视觉系统的感受器类型相对少，因此在光谱能量密度函数中能表示的细节也相对少（一些动物只有 1 种感受器，有些动物有多达 6 种感受器）。人类的色觉由 3 种感受器产生，大多数彩色照相机系统也只使用 3 种类型的感受器，因为图像是为人类生成的，但是一些专门的系统能够为光谱能量密度提供非常详细的度量。

由于大多数人有 3 种对颜色敏感的感受器，因此**三原色原理**（principle of trichromacy）适用于人类。这一想法最早由托马斯・扬（Thomas Young）在 1802 年提出，它指出人类观察者可以通过混合适量的 3 个**原色**（primary），来达到任何光谱能量密度下的视觉效果，无论它有多么复杂。原色是彩色光源，它的选择方式要求任何两种颜色的任意混合色都不会与第三种颜色相同。一种常见的选择是红原色、绿原色以及蓝原色，简称 **RGB**。虽然一个给定的彩色物体可能包含许多频率的光的分量，但我们可以通过对三原色进行混合来匹配该颜色，并且对大多数人来说，混合所需的比例是一样的。这意味着我们可以通过对每个像素赋予 3 个数字（RGB 值）来表示彩色图像。

对大多数计算机视觉应用而言，将一个表面建模为具有 3 种不同（RGB）漫反射系数，并将光源建模为具有 3 种（RGB）强度的模型是足够精确的。在此基础上，我们将兰伯特余弦定律应用于每个像素，以获得红、绿和蓝的像素值。该模型正确地预测了同一个表面在不同色光下会产生的不同的彩色图像切片。事实上，人类观察者很善于忽略不同颜色光的影响，并可以在白光下估计出表面的颜色，我们称这种效应为**颜色恒常性**（color constancy）。

25.3 简单图像特征

光线被场景中的物体反射，并形成一幅由 1200 万个 3 字节像素组成的图像。与所有传感器一样，图像中也存在噪声，并且在任何情况下都有大量数据需要处理。分析这些数据首先要求我们给出一个简化的表示法，以凸显数据的重要内容，同时减少细节。目前的许多实际应用注重从数据中学习这些表示。但对图像和视频来说，通常有 4 个特别普遍的性质，即边缘、纹理、光流和区域分割。

边缘出现在图像局部像素光强差异较大的地方。建立对边缘的表示涉及对图像的局部操作（你需要将像素值与它附近的一些值进行比较），而不需要了解图像中的内容。因此，边缘检测可以在图像处理过程的早期进行，我们称之为"早期"或"低级"操作。

其他操作涉及对更大面积图像的处理。例如，纹理描述应用于像素池以表示"条纹"，你首先需要观察到一些条纹。光流表示像素以序列的方式从一幅图像移动到下一幅图像的位置，这一特性可以覆盖较大的区域。分割将一幅图像分割成多个像素区域，每个区域中的像素自然地属于同一个区域，这样的做法要求我们查看整个区域。类似这样的操作有时称为"中级"操作。

25.3.1　边缘

边缘是图像平面中的直线或曲线，图像亮度在此处发生了"显著"的变化。边缘检测的目标是从杂乱的、多兆字节的图像中进行抽象化，并朝着一个更紧凑、更抽象的表示方式发展，如图 25-6 所示。场景中的效应通常会导致图像中的光强发生很大的变化，从而在图像中产生边缘。深度不连续（图中标记为 1）可能导致边缘的产生，因为沿着不连续区域，颜色通常会改变。当表面法线改变（图中标记为 2）时，图像光强通常会发生改变。当表面反射率改变（标记为 3）时，图像光强通常会发生改变。最后，阴影（标记为 4）的产生是因为照明存在不连续性，即使物体不存在边缘，它也会导致图像出现边缘。边缘检测器无法辨别产生不连续性的原因，这一问题我们留到以后处理。

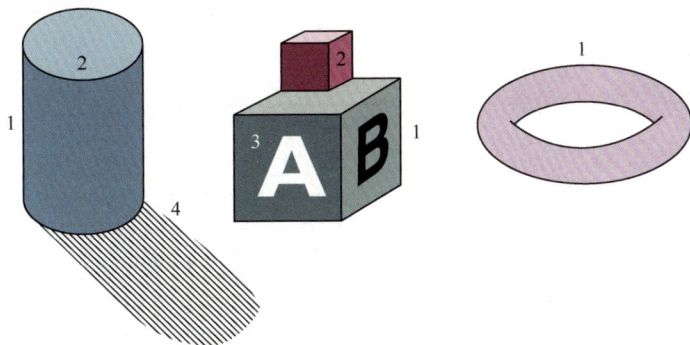

图 25-6　不同类型的边缘：（1）深度不连续；（2）表面方向不连续；（3）反射不连续；（4）照明不连续（阴影）

寻找边缘要求我们比较仔细。图 25-7a 所示的是垂直于边缘的图像的一维横截面，其中边缘位于 $x = 50$。

你可以对图像进行微分，然后寻找导数 $I'(x)$ 较大的位置来对图像边缘进行辨别。这基本上是可行的，但在图 25-7b 中我们看到，虽然函数在 $x = 50$ 处有一个峰值，但在其他位置（如 $x = 75$）也存在有可能被误认为是图像边缘的次峰值。这个问题的产生是因为图像中存在"噪声"。这里的**噪声**意味着像素值的变化与边缘无关。例如，照相机中可能存在热噪声；物体表面可能有划痕，它能在极细小的尺度上改变表面法线；表面的反射系数可能在同一个表面上存在细微的变化等等。这些效应中的每一种都会使梯度看起来较大，但它并不意味着存在边缘。如果我们先对图像进行"平滑"处理，伪峰值就会减少，如图 25-7c 所示。

使用周围像素来抑制噪声，从而进行平滑处理。我们将使用附近像素的加权和作为对像素"真实"值的预测，其中距离最近的像素的权重最大。一个自然的权重选择方式是使用**高斯滤波器**（Gaussian filter）。回顾一下，标准差为 σ 的零均值高斯函数为

$$G_\sigma(x) = \frac{1}{\sqrt{2\pi}\sigma} e^{-x^2/(2\sigma^2)} \quad （一维情况）$$

$$G_\sigma(x, y) = \frac{1}{2\pi\sigma^2} e^{-(x^2+y^2)/(2\sigma^2)} \quad （二维情况）$$

应用高斯滤波器意味着将光强 $I(x_0, y_0)$ 替换为 $I(x, y)G_\sigma(d)$ 在所有 (x, y) 像素上的和，其中 d 表示从 (x_0, y_0) 到 (x, y) 的距离。这种加权和非常常见，并且它有一个特定的名称和符号。我们称函数 h 为两个函数 f 和 g 的**卷积**（convolution，记为 $h = f * g$），如果它满足

$$h(x) = \sum_{u=-\infty}^{+\infty} f(u)\, g\,(x-u) \qquad （一维情况）$$

$$h(x,y) = \sum_{u=-\infty}^{+\infty} \sum_{v=-\infty}^{+\infty} f(u,v)\, g\,(x-u,\, y-v) \qquad （二维情况）$$

因此，平滑函数可以通过对图像与高斯核进行卷积得到，即 $I*G_\sigma$。标准差 σ 为 1 像素就足以平滑较小级别的噪声，而取 2 像素的标准差将能够平滑较大的噪声，但会损失一些细节。由于高斯函数的影响随距离的增加而迅速衰减，因此在实际应用中，我们可以用 $\pm 3\sigma$ 代替求和式中的 $\pm\infty$。

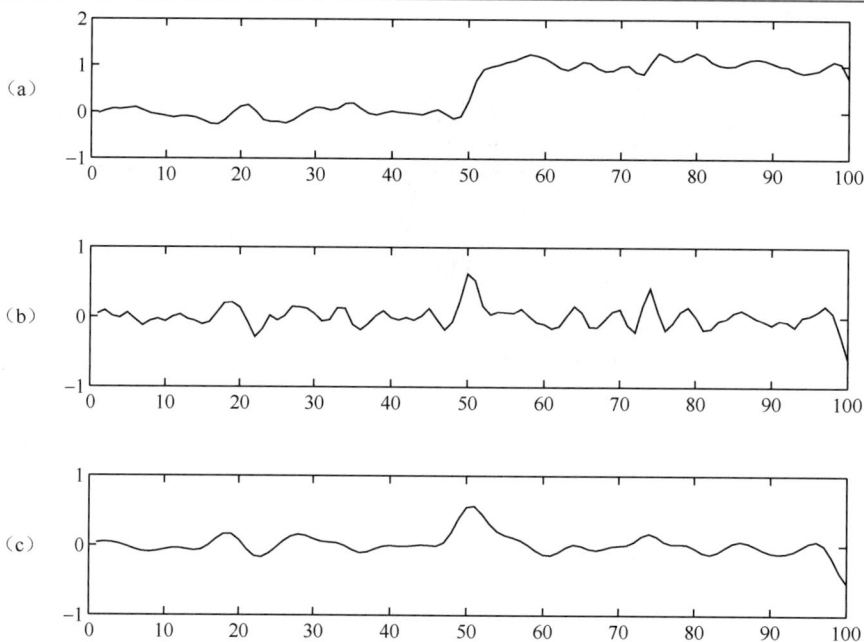

图 25-7 （a）一个跨过边缘的一维截面上的光强 $I(x)$。（b）强度的导数 $I'(x)$。此函数中的较大值对应于边缘，但函数中存在噪声。（c）经过平滑处理后的光强的导数。噪声导致的可能的边缘 $x = 75$ 在此情形中消失

我们有机会对这个过程进行优化：我们可以将平滑和边缘检测融合到一个操作中。根据定理，对于任意两个函数 f 和 g，其卷积的导数 $(f*g)'$ 等于两函数之一的导数与另一函数进行卷积，如 $f*(g')$。因此，我们不需要先对图像进行平滑然后微分，只需对图像与高斯平滑函数的导数 G'_σ 进行卷积，然后将结果中高于某个阈值的峰值标记为边缘，选择这些峰值是为了消除噪声导致的伪峰值。

该算法可以自然地从一维横截面推广到一般二维图像。在二维图像中，边缘可以以任意角度 θ 产生。我们将图像亮度视为关于变量 x 和 y 的标量函数，其梯度为一个向量

$$\nabla I = \begin{pmatrix} \dfrac{\partial I}{\partial x} \\[2mm] \dfrac{\partial I}{\partial y} \end{pmatrix}$$

边缘对应图像中亮度发生剧烈变化的位置，因此梯度的模长 $\|\nabla I\|$ 在边缘处应该较大。当图像变亮或变暗时，每个点上的梯度向量将变长或变短，但梯度的方向

$$\frac{\nabla I}{\|\nabla I\|} = \begin{pmatrix} \cos\theta \\ \sin\theta \end{pmatrix}$$

保持不变。我们为每个像素定义一个函数 $\theta = \theta(x, y)$，它定义了该像素的边缘**方向**。这一函数通常很有用，因为它不依赖图像光强。

正如我们在一维信号的检测边缘中所讨论的，为了得到梯度，我们可能实际上不需要计算 ∇I，而是在利用高斯卷积对图像进行平滑后计算 $\nabla(I * G_\sigma)$。如前所述，这个卷积的一个性质是，它等价于用高斯函数的偏导数与图像进行卷积。一旦得到了梯度，我们就可以通过找到边缘点并将它们连接在一起以得到边缘。为了判断一个点是否是边缘点，我们必须观察该点在其梯度方向上前方与后方一小段距离上的其他点。如果其中一个点的梯度模长较大，那么我们可以通过稍微移动边缘曲线来获得更好的边缘点。此外，如果梯度模长太小，则该点不会是边缘点。因此若某个点是一个边缘点，那么它的梯度模长是沿梯度方向的梯度模长的局部极大值，且该点的梯度模长高于一个适当的阈值。

一旦我们用这个算法标记了边缘像素，下一步就是连接那些属于相同边缘曲线的像素。这一想法可以通过以下假设来实现：如果两个相邻的像素属于相同的边缘曲线，那么它们都是边缘像素且梯度具有一致的方向。

边缘检测的结果并不是完美的。图 25-8a 给出了一幅场景图像，它的内容为一个放在桌子上的订书机，图 25-8b 给出了边缘检测算法在该图像上的输出。如你所见，算法的输出并不完美：存在没有出现任何边缘的间隙，并且存在与场景中任何重要内容都不对应的"噪声"边缘。这些错误需要在后续处理阶段中进行修正。

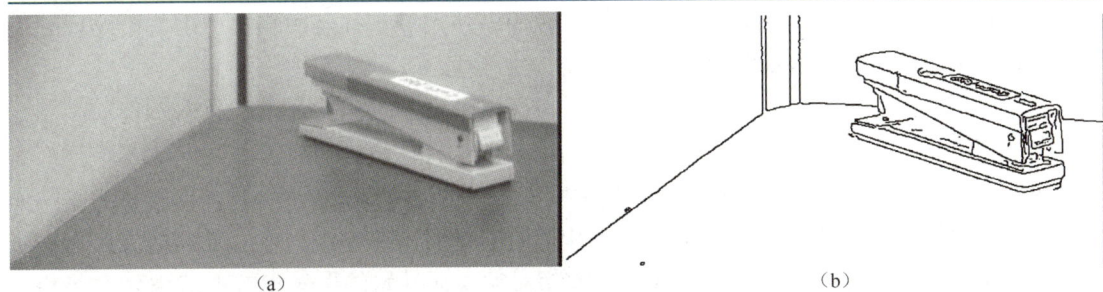

(a)　　　　　　　　　　　(b)

图 25-8　（a）一个订书机的照片。（b）从（a）中计算出的边缘

25.3.2　纹理

在我们的日常用语中，物品表面的**纹理**（texture）意味着当你用手指触摸它们时感受到的感觉（单词"texture""textile""text"有相同的拉丁词根，它们都是表示"编织"的单词）。在计算机视觉中，纹理是指表面上可以被视觉感知的图案。通常来说，这些图案大致上是规则的。示例包括建筑物窗户的图案、毛衣上的缝线、豹皮上的斑点、草坪上的草叶、海滩上的鹅卵石以及体育场里的人群。

这些图案的排列有时很有周期性，如毛衣上的针脚；对于一些其他例子，如海滩上的鹅卵石，这种规律性将体现在统计意义上——海滩上不同位置的鹅卵石密度大致相同。一个常见的

粗糙的纹理模型是元素的模式重复，有时也称为纹理元素或纹元（texel）。这个模型是非常有用的，因为在生活中我们非常难以制造或者找到一个永远不重复的纹理。

纹理是图像切片的性质，而不是一个孤立像素的特性。对切片中纹理的较好的描述应当涵盖对该切片的外观形状的描述，且当照明条件发生改变时，这一描述应该保持不变。这排除了我们通过寻找边缘点来判断纹理的可能性。如果我们在明亮的环境下观察一个纹理，那么它在该切片中的许多位置将有高对比度，并将产生边缘点；但如果在不太明亮的光线下观察相同的纹理，这些边缘中的一大部分不会超过阈值。当切片旋转时，对纹理的描述应该以合理的方式进行更改。保持垂直条纹和水平条纹之间的差异性是很重要的，但是如果垂直条纹可以通过旋转成为水平条纹，这个想法将不适用。

具有这些性质的纹理表示已经在两个重要任务中发挥了较大作用。第一个任务是物体识别——斑马和马的外形相似，但身上的纹理不同。第二个任务是将一幅图像中的切片与另一幅图像中的切片进行匹配，这是从多幅图像中恢复三维信息的关键步骤（25.6.1 节）。

在这里我们给出纹理表示的一个基本构造方法。给定一个图像切片，计算该切片中每个像素的梯度方向，然后利用关于方向的直方图对该切片进行表征。梯度方向对照明的变化有很强的不变性（梯度模长会变长，但不会改变方向）。方向的直方图似乎捕捉到了有关纹理的重要信息。例如，垂直条纹在直方图中有两个峰值（每个条纹的左侧和右侧各有一个峰值）。豹斑的梯度方向会更均匀。

但我们并不知道应该对多大的切片进行描述。此时我们有两种方法。一种方法是使用专门的应用。在专门的应用中，图像信息暗示了切片应该有多大（例如，我们可以不断地扩大某个充满了条纹的切片，直到它覆盖了整只斑马）。另一种方法是，我们在一系列尺度上描述以各个像素为中心的切片。这个范围通常包含从几像素到整个图像的范围。现在我们将切片划分为若干个单元，并在每个单元中构造一个方向直方图，然后总结各个单元的直方图模式。在今天，手动构造这些描述的方法已经不太常见了，而是使用卷积神经网络来产生关于纹理的表示。但是网络所构建的表示似乎只能粗略地反映这种构造方式。

25.3.3　光流

接下来，让我们考虑当我们有一个视频序列，而不是仅仅一幅静态图像时会发生什么。每当照相机与场景中的一个或多个物体之间发生相对运动时，图像中产生的视运动都称为光流（optical flow）。它描述了观察者和场景之间的相对运动而导致的图像中特征的运动方向和速度。例如，从行驶中的汽车上看到的远处物体的视运动速度比汽车周围物体的运动速度慢得多，所以视运动的速率可以告诉我们一些关于距离的信息。

我们在图 25-9 中给出了网球运动员视频的其中两帧。我们在右边的图像中给出了根据这些图像计算出的光流矢量。光流对场景结构中的有用信息进行编码——网球运动员在移动而背景（图像中的大部分）不移动。此外，光流矢量揭示了运动员正在进行的动作——一只胳膊和一条腿在快速移动，而其他身体部位没有明显移动。

光流矢量场可以用光流在 x 方向上的分量 $v_x(x, y)$ 和 y 方向上的分量 $v_y(x, y)$ 来表示。为了衡量光流，我们需要在一个时间帧和下一个时间帧之间找到图像点之间的对应关系。一种非常简单的方法基于这样一个事实：对应点周围的图像切片具有相似的光强模式。考虑时刻 t 以像素 p，即 (x_0, y_0) 为中心的一个像素块。将该像素块与时刻 $t + D_t$ 以 $(x_0 + D_x, y_0 + D_y)$ 处的各个候选像素 q_i 为中心的像素块进行比较。一种可能的相似性度量是差值平方和（sum of squared differences，SSD）：

$$SSD(D_x, D_y) = \sum_{(x,y)} [I(x,y,t) - I(x + D_x, y + D_y, t + D_t)]^2$$

其中，(x, y) 表示为以 (x_0, y_0) 为中心的像素块中的像素位置。我们将寻找使 SSD 最小化的 (D_x, D_y)，则 (x_0, y_0) 处的光流 $(v_x, v_y) = (D_x/D_t, D_y/D_t)$。注意，为了使该方法有意义，场景中应该存在一些纹理，从而使得图像中像素之间存在亮度的显著差异。如果我们看到的是一面均匀的白墙，那么对于不同的候选对应点 q，SSD 将是几乎相同的，此时算法将等效于盲目猜测。在光流测量的问题中，表现最佳的算法依赖各种其他约束来处理场景中仅部分存在纹理的情况。

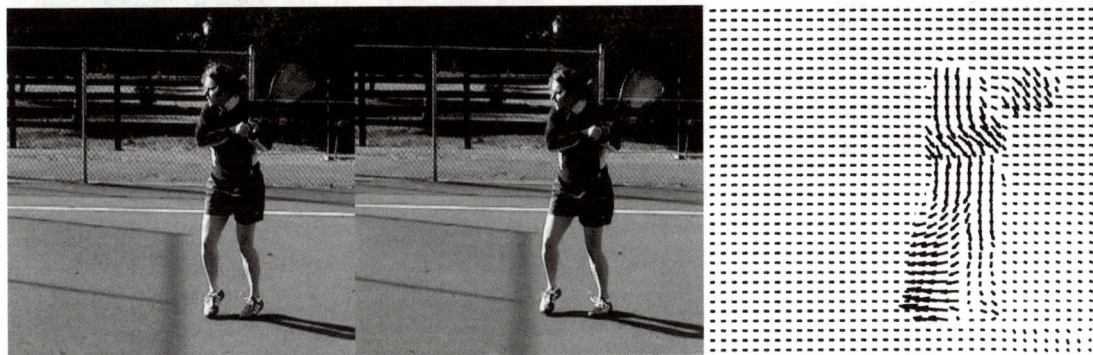

图 25-9　一个视频序列的两帧，以及与从一帧到另一帧的位移相对应的光流场。注意由箭头方向刻画的网球拍和右腿的动作（图片由 Thomas Brox 提供）

25.3.4　自然图像分割

分割（segmentation）是将一幅图像分解成若干组相似像素集的过程。其基本思想是，每个图像像素可以与某些特定的视觉性质（如亮度、颜色和纹理）相关联。在单个物体或单个物体中的某个部分内，这些特征的变化相对较小；而在物体之间的边界上，这些特征中的一个或多个通常会发生较大变化。我们需要找到一个将图像划分成像素集的方法，使得这些约束尽可能得到满足。需要注意的是，仅仅寻找边缘是不够的，因为许多边缘不是物体的边界。例如，一只处在草丛中的老虎可能会在它的每一条条纹和周围每一棵草的每一边产生一条边缘。当面临所有这些令人困惑的边缘数据时，我们可能会错过老虎真实的身形。

研究这个问题有两种方法，一种方法侧重于考查这些生成的小组像素集的边界，另一种方法侧重于考查小组本身，该小组也称为区域（region）。我们在图 25-10 中对此进行了说明，并在图 25-10b 中给出了边界检测的结果，在图 25-10c 和图 25-10d 中给出了区域提取的结果。

一种对边界曲线检测问题进行表述的方法是将其看作一个分类问题，并采用机器学习方法求解。像素位置 (x, y) 处的边界曲线将具有方向 θ。以 (x, y) 为中心的图像邻域将看起来像一个圆盘，并被分割为直径方向为 θ 的两个半圆。我们可以通过比较两个半圆中的特征来计算在该像素处沿该方向存在边界曲线的概率 $P_b(x, y, \theta)$。预测这一概率的一个自然的方法是使用自然图像数据集训练一个机器学习分类器，其中我们人工地标记了图像中的真实边界——分类器的目标是准确地标记那些人工标记的边界，而不是其他边界。

用这种方法检测到的边界比用前面描述的简单边缘检测方法检测到的边界要好，但它仍有两个局限性：一是对 $P_b(x, y, \theta)$ 进行阈值化形成的像素边界不能保证构成一条闭合的曲线，因此该方法所给出的结果不一定是一个区域；二是对边界的判断只利用了局部信息，而没有使用全局一致性约束。

图 25-10 （a）原始图像。（b）图像的边界轮廓，其中 P_b 值越高，轮廓颜色越深。（c）通过对图像精细划分得到的各个分割区域，其中每个区域使用区域中的平均颜色进行填充。（d）通过对图像进行较粗糙的分割得到的各个分割区域，粗糙分割将导致得到的区域更少（图片由 Pablo Arbelaez、Michael Maire、Charless Fowkes 和 Jitendra Malik 提供）

另一种方法尝试根据像素的亮度、颜色和纹理性质将像素"聚类"成多个区域。对这种直觉进行数学化表述有许多不同的方法。例如，史建波和马利克（Shi and Malik, 2000）将此想法表述为一个图划分问题，其中图的节点对应各个像素，边对应像素之间的连接。连接一对像素 i 和 j 的边上的权重 W_{ij} 取决于这两个像素在亮度、颜色、纹理等方面的相似程度。然后该方法将寻找最小化归一化切割标准的划分。简单来说，划分图的目标是使组间连接的权重之和最小，同时使组内连接的权重之和最大。

一些事实表明，基于寻找边界和寻找区域的方法是可以耦合的，但我们在这里将不探讨这些可能性。我们不能指望通过单纯基于低级局部属性（如亮度和颜色）进行分割，就能找到场景中所有物体的正确边界。为了可靠地找到与物体相关联的边界，我们还需要结合关于场景中可能遇到的物体类型的更高级的知识。在这种情况下，一个更受欢迎的策略是生成一幅过度分割的图像——它能保证不错过任何真正的边界，但可能同时会标记许多额外的错误边界。最后产生的区域（称为超像素），将大大降低各种算法所需的计算复杂度，因为超像素的数量可能是数百个，而原始像素的数量可能是百万量级。利用物体的高级知识是 25.4 节的主要内容，检测图像中的物体是 25.5 节的主要内容。

25.4 图像分类

图像分类这一概念主要适用于两种情况，在一种情况中，我们有表示物体的图像，其中物体取自于给定的分类类别中的某一类，图像中没有太多表示其他意义的信息，例如，在关于某种服装或家具的图像中，背景是无关紧要的，分类器的输出将是"cashmere sweater"（羊绒衫）或"desk chair"（桌椅）。

在另一种情况中，每幅图像所示的是一个包含多个物体的场景。你可能会在草原图像中同时看见一只长颈鹿和一头狮子，你可能会在客厅图像中同时看见一张沙发和一盏灯，但你不会在客厅图像中看到一只长颈鹿或一艘潜艇。我们现在已经有对大规模图像进行分类的方法，它可以准确输出 "grassland"（草地）或 "living room"（客厅）。

现代系统通过**外观**（例如颜色和纹理，而不通过几何性质）对图像进行分类，其中有两个难点：一是同一类别的不同实例可能看起来不同——有些猫是黑色的，有些是橙色的；二是同一只猫在不同的时刻看起来可能不同，这取决于以下几种效应（如图 25-11 所示）。

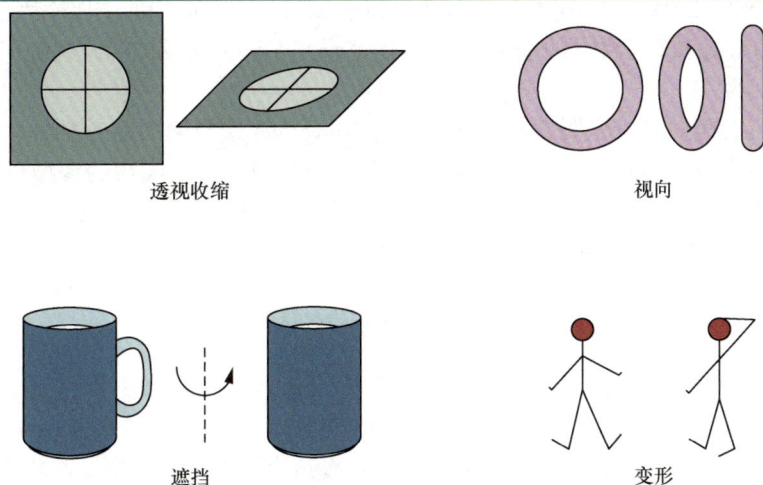

图 25-11　产生外观变化的重要因素，它们可使同一物体的不同图像看起来不同。第一，元素可能发生透视收缩，如左上角的圆形切片。由于我们在一个斜视的角度下观察该切片，因此它将在图像上呈现出椭圆形。第二，当我们从不同方向观察物体时，物体的形状会发生很大的变化，这种现象称为 "视向"。右上角所示是甜甜圈的 3 个不同视向。当杯子旋转时，遮挡会导致左下角杯子的把手消失。在这种情况下，因为杯身和把手属于同一个杯子，这称为自遮挡。第三，如右下角所示，一些物体可以显著地改变自身形状

- **照明**，它将改变图像的亮度和颜色。
- **透视收缩**，它会导致我们以斜视角度观察图案时发生扭曲。
- **视向**，不同观察方向会使物体看起来不同。当我们从侧面看一个甜甜圈时，它看起来像一个扁平的椭圆形，但从上面看，它会呈现出环形。
- **遮挡**，即物体的某些部分被隐藏。物体之间可以相互遮挡，或者物体自身的一部分可以遮挡其他部分，这种效应称为**自遮挡**。
- **变形**，即物体改变自身形状。例如，网球运动员移动她的胳膊和腿。

现代方法通过使用卷积神经网络从大量的训练数据中学习表示和分类器来处理这些问题。在训练集足够丰富的情况下，分类器在训练中会多次看到任何一个重要的效应，因此可以根据具体效应进行调整。

25.4.1　基于卷积神经网络的图像分类

卷积神经网络（CNN）是非常成功的图像分类器。在有足够的训练数据和较好的训练技巧情况下，CNN 产生了非常成功的分类系统，这些分类系统比用其他方法产生的分类系统要好得多。

ImageNet 数据集在图像分类系统的发展中发挥了历史性的作用，它为图像分类系统提供了超过 1400 万幅训练图像，这些图像被划分为超过 3 万个精细的类别。ImageNet 还通过举办一项年度竞赛促进了这一进步，该竞赛通过单个最佳猜测的分类准确率和 Top5 准确率对系统

进行评估，其中 Top5 准确率允许系统给出 5 个猜测结果，例如，雪橇犬、哈士奇犬、秋田犬、萨摩耶犬、爱斯基摩犬。ImageNet 包含 189 个狗的子类别，所以即使是爱狗人士也很难在单次猜测的情况下正确地对图像进行标注。

在 2010 年举办的第一次 ImageNet 竞赛中，没有一个系统的 Top5 准确率能超过 70%。到了 2012 年，卷积神经网络的引入及其随后的改进使得 Top5 准确率达到了 98%（超过人类所能达到的表现），到了 2019 年，Top1 准确率已经高达 87%。这一成功的主要原因似乎是 CNN 分类器所使用的特征是从数据中学习得到的，而不是研究人员手动设计的，这确保了这些特征对分类是确实有用的。

图像分类的迅速发展首先要归功于我们有像 ImageNet 这样的大而有挑战性的数据集可供使用，同时也因为基于这些数据集的竞赛是公平、公开的，而且成功的模型可以得到广泛传播。竞赛的获胜者通常会公开他们所用模型的代码以及预先训练好的参数，这使得其他人很容易调用成功的网络结构，并试图把它们改进得更好。

25.4.2　卷积神经网络对图像分类问题有效的原因

观察数据集可以帮助我们更好地理解图像分类，但 ImageNet 数据集过于庞大，以至于我们无法详细查看。MNIST 数据集是一个包含 70 000 幅手写数字（整数 0～9）图像的集合，我们通常把它用作模型预热的标准数据集。通过查看这个数据集（其中一些样本如图 25-12 所示），我们可以发现一些重要的、非常普遍的性质。你可以拍摄一幅关于数字的图像，并在不改变数字本身的情况下进行一些小的更改：你可以移动它，旋转它，使它变亮或变暗，变小或变大。这意味着单个像素值并不带有很多信息——我们知道在数字 8 的中心应该有一些较暗的像素，而在数字 0 的图像中不应该有，但是这些较暗的像素在数字 8 的每个实例中将位于稍微不同的像素位置。

图像的另一个重要性质是局部的模式可以提供相当多的信息：数字 0、6、8 和 9 中存在环；数字 4 和 8 中存在交叉；数字 1、2、3、5 和 7 中存在尾端，但不存在环或交叉；数字 6 和 9 中存在环和尾端。此外，局部模式之间的空间关系也包含较多信息。一个数字 1 有两个尾端，其中一个在另一个上方；一个数字 6 中存在一个尾端，它处于环的上方。这些观察结果表明了一种策略，这是现代计算机视觉的一个核心原则：我们首先在局部小邻域中构建关于模式的特征；然后其他特征将通过观察这些特征的模式得到；接着后续特征再通过观察前面的模式得到，以此类推。

这正是卷积神经网络所擅长的。你可以把网络中的一层——一个卷积与一个 ReLU 激活函数的复合看作一个局部模式检测器（图 25-12）。卷积将度量图像的每个局部窗口与核模式的相似程度；ReLU 激活函数将低分窗口置为零，并突出高分窗口。所以多个卷积核的卷积可以找到多种模式。此外，我们可以通过将新的一层应用于第一层的输出来检测复合模式。

让我们回想一下第一个卷积层的输出，每个位置接收来自该位置的窗口内的像素的输入。如我们所见，ReLU 激活函数的输出形成了一个简单的模式检测器。现在，如果我们把第二层建立在第一层之上，那么第二层中的每个位置都会接收来自该位置的窗口内的第一层输出值。这意味着第二层中的位置相比第一层中的位置将受到更大窗口内的像素的影响。你可以把它们看作"模式的模式"，如果我们把第三层建立在第二层的基础上，那么第三层中的位置将取决于一个更大的像素窗口；第四层将取决于比第三层更大的窗口，以此类推。网络在多个层次上创建模式，并从数据中学习，而不是由程序设计者直接给出模式。

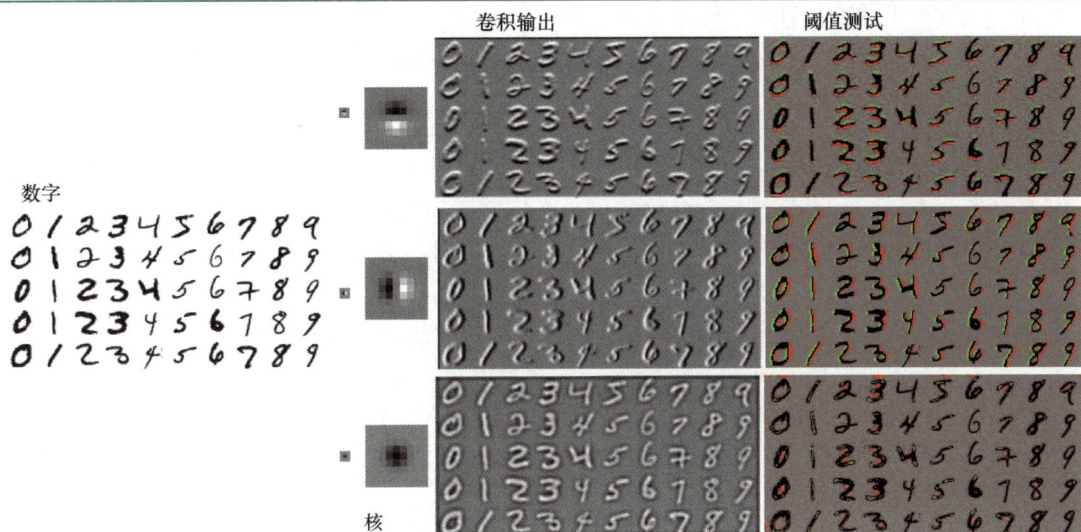

图 25-12　最左侧是 MNIST 数据集中的一些图像。中间图的左侧为 3 个卷积核。它们以实际大小（图中的小方块）给出，并放大以显示其内容：中度灰色的值为 0，浅色表示正值，深色表示负值。中间图的右中侧给出了将左侧这些核应用于图像的结果。最右侧给出了响应大于阈值（绿色）与小于阈值（红色）的像素。注意，这里（从上到下）给出了一个水平条检测器、一个竖条检测器和（更难注意到的）一个尾端检测器。这些检测器关注条的对比度，因此（例如）顶部亮底部暗的水平条产生正（绿色）响应，顶部暗底部亮的水平条产生负（红色）响应。这些检测器有一定的效果，但它们不是完美的

虽然模式化地训练一个卷积神经网络有时也能解决问题，但了解一些实用的技巧将对网络训练有帮助。其中最重要的方法是**数据集增强**（data set augmentation），即对训练样本进行复制并稍加修改。例如，我们可以将图像随机地移动、旋转或稍微拉伸，或者将像素的色彩随机地进行少量调整。在数据集中的视角或灯光中引入这种模拟变化也有助于增加数据集的大小，当然，以这些方式得到的新样本将与原始样本高度相关。我们也可以把数据集增强的方法用于测试过程，而不是训练过程。在这种方法中，图像将被复制和修改多次（例如，使用随机裁剪），并且分类器将在每幅修改后的图像上运行。然后使用分类器在每个副本上的输出在所有类别中进行投票来获得最终的决策。

在对场景图像进行分类时，每个像素都会对你有所帮助。但是当你对表示物体的图像进行分类时，有些像素并不代表物体的一部分，因此可能只会分散你的注意力。例如，如果一只猫躺在狗床上，我们希望分类器的注意力集中在猫本身的像素上，而不是床的像素上。现代图像分类器很好地处理了这一点，即使图像中与猫本身相关的像素点实际上只有很少几个，它也能将图像准确地预测为"猫"。有两个原因。第一，基于 CNN 的分类器擅长忽略那些没有区分力的模式。第二，物体上的模式可能是有区分力的（例如一个猫玩具、一个带小铃铛的项圈或者一盘猫粮实际上可能有助于我们判断出所观察的物体是猫），我们称此效应为**环境**（context）。环境可以帮助我们解决问题，也可能妨碍我们，具体是有帮助作用还是有妨碍作用在很大程度上取决于特定的数据集和应用问题。

25.5　物体检测

图像分类器预测图像中的内容是什么——它将整个图像归为某一个类别。物体检测器在一

幅图像中寻找多个物体，分别判断每个物体属于什么类别，并通过在物体周围添加一个边框来反映出每个物体的位置。[①] 类别的集合是预先给定的，所以我们可以尝试检测所有的脸，所有的车，或者所有的猫等。

我们可以通过在较大的图像上观察一个小的滑动窗口（一个矩形）来构建一个物体检测器。在每个检测点上，我们使用 CNN 分类器对窗口中观测到的内容进行分类。然后我们选取其中得分很高的分类——一个位置是一只猫，另一个位置是一只狗——并忽略其他位置的窗口。在解决了一些冲突问题之后，我们最终将得到一组物体及其位置。还有一些细节问题需要解决。

- **确定窗口的形状**：目前最简单的选择是使用与坐标轴对齐的矩形（另一种方法是使用某种形式的掩码，用于从图像中截取一部分，这很少使用，因为它很难表示或计算。）我们仍需要考虑矩形宽度和高度的选取。
- **为窗口构建一个分类器**：我们已经知道如何使用 CNN 实现这一点。
- **决定要查看哪些窗口**：在所有可能的窗口中，我们希望选择其中可能包含我们感兴趣的物体的窗口。
- **选择要报告的窗口**：窗口可能会重叠，我们不希望在多个差别不大的窗口中多次反映同一个物体。有些物体没有很大价值，在一个拥挤的大讲堂中可能有大量的椅子和人，是否应将每把椅子和每个人都报告为单个物体？也许只有那些在图像中占据较大位置的物体（前排的人和物）是我们应该报告的。这一选择取决于我们希望将物体检测器用于什么目的。
- **利用这些窗口反映物体的精确位置**：一旦我们知道物体位于窗口中的某个位置，我们就可以通过进行更多计算来找出窗口中物体更精确的位置。

让我们更仔细地讨论一下决定要查看哪些窗口的问题。在 n 像素 $\times n$ 像素的图像中，搜索所有可能的窗口是效率低下的，因为存在 $O(n^4)$ 个可能的矩形窗口。但我们知道，包含物体的窗口往往具有相当一致的颜色和纹理。但是，将物体切成两半的窗口具有与窗口侧面相交的区域或边缘。因此，设计一个机制来为区域中是否存在物体进行打分将是有意义的——一个矩形中是否有一个物体，与物体是什么无关。我们可以找到那些看起来像是有物体的框，然后对通过物体测试的框所包含的对象进行分类。

一个能找到包含物体的区域的网络称为区域候选网络（regional proposal network，RPN）。一个称为快速 RCNN 的物体检测器将大量边界框集合编码为固定大小的映射。然后建立一个可以预测每个框得分的网络，并训练这个网络，使得当框包含物体时得分较大，否则较小。将框编码为映射的过程非常简单。我们考虑以图像中的点为中心的框，我们不需要考虑每一个可能的点（因为移动一个像素不太可能改变分类结果），一个不错的选择是采用大小为 16 像素的**步长**（中心点的间隔）。对于每个中心点，我们将考虑若干个可能的框，这称为**锚框**（anchor box）。如图 25-13 所示。快速 RCNN 使用了 9 个锚框：小、中、大 3 种尺寸，每种尺寸包含高、宽和正方形 3 种纵横比。

根据神经网络结构，我们需要构造一个三维区域，其中区域的每个空间位置中有两个维度，一个维度刻画中心点的位置，一个维度指示框的类型。现在，我们把每一个具有足够好的物体检测得分的框称为**感兴趣区域**（region of interest，ROI），它们必须经过分类器的检查。CNN 分类器通常偏好有固定大小的图像，但每一个需要通过物体检测的框在大小和形状上有所不同。我们不能让框之间有相同数量的像素，但是我们可以通过对像素进行采样来提取特

---

① 我们将使用术语"框"来表示与图像的任一坐标轴都对齐的矩形区域，术语"窗口"大部分情况下是"框"的同义词，但其含义是，我们在希望看到某些东西的输入位置上有一个窗口，在找到它之后输出一个边框。

征，这个过程称为 **ROI 池化**。在采样后，我们将这个固定大小的特征映射传入分类器。

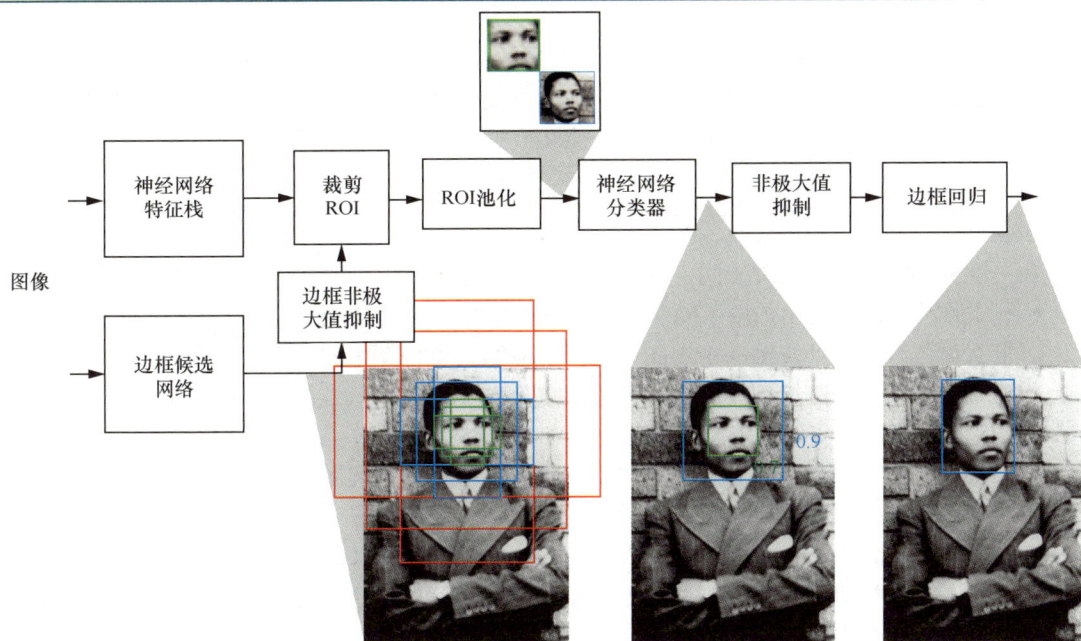

图 25-13　快速 RCNN 使用两个网络。一张年轻时的纳尔逊·曼德拉的照片被输入物体检测器。一个网络用于计算候选图像框（称为"锚框"）的物体检测得分，这些框以网格上的点为中心。每个网格点对应着9 个锚框（3 种尺寸，每种尺寸包含 3 种纵横比）。对于示例图像，内部的绿色框和外部的蓝色框通过了物体检测。第二个网络是一个特征栈，用于计算适合分类的图像表示。具有最高得分的框将从特征图中分割出来，通过 ROI 池化进行尺寸标准化，再传给分类器。注意，蓝色框的得分高于绿色框，并且与绿色框重叠，因此绿色框将被非极大值抑制算法拒绝。最后，我们对蓝色框进行边框回归，使其符合人脸的形状。这意味着对位置、比例和纵横比的相对粗粒度的采样不会降低预测准确率。照片由 Sipa/Shutterstock 提供

现在我们考虑下一个问题——选择要报告的窗口。假设我们所查看的窗口大小为 32×32，步长为 1：每个窗口与前一个窗口相比仅平移了 1 像素。这将导致产生许多相似的窗口，并且它们应该有相似的得分。如果它们的得分都高于阈值，我们实际上并不想同时报告所有这些窗口，因为它们很可能都来自同一物体的稍有不同的视图。但是，如果步长过大，则可能导致某个物体未被包含在任何一个窗口中，因此该物体将被丢失。我们可以使用一种称为**非极大值抑制**（non-maximum suppression）的贪心算法。首先，我们建立一个分数超过阈值的所有窗口的排序列表。然后，当列表中有窗口存在时，我们选择得分最高的窗口并认为它包含一个物体。接着，从列表中删除所有其他与该窗口存在大量重叠的窗口。

最后，我们还要考虑报告物体精确位置的问题。假设我们现在有一个高分的窗口，并且它在经过非最大值抑制后保留下来。这个窗口不太可能完全处于正确的位置（记住，我们只检测了数量相对较少的窗口以及可能的窗口大小）。我们使用由分类器计算的特征表示来预测将窗口向下修剪到适当边框带来的改进，我们将这个步骤称为**边框回归**（bounding box regression）。

评估物体检测器需要小心。首先，我们需要一个测试集：一个图像集合，且图像中的每个物体都带有一个真实类别的标签和边框。通常，边框和标签是人工提供的。然后，我们把每幅图像输入物体检测器，并将其输出与真实值进行比较。我们乐意看到框与框之间存在若干个像素的差异，因为真实的边框也不是完美的。在评估得分时，我们应当权衡召回率（找到所有存在的物体）和准确率（不找不存在的物体）。

25.6　三维世界

图像通常是三维世界的一张二维图片，但是这张二维图片中存在很多关于三维世界的线索。当我们有多张关于相同场景的图片时，我们可能找到某个线索，使得我们可以在图片之间进行对应点的匹配。在某张图片中，我们可能又会找到新的其他的线索。

25.6.1　多个视图下的三维线索

在三维世界中，有两张关于同一物体的图片通常比只有一张要好，有以下两个原因。

- 如果你从不同的视角拍摄了同一场景的两幅图像，并且你对这两部摄像机了解得足够多，那么你可以通过计算第一个视图中的点对应第二个视图中的哪个点，并应用一些几何知识，来构建一个三维模型——三维坐标点集，其坐标是三维的。这对几乎所有的视角和几乎所有类型的摄像机来说都是正确的。

- 如果你有两个包含足够多点的视图，并且你知道第一个视图中的点对应第二个视图中的哪个点，那么你不需要对摄像机了解太多就可以构建出该三维模型。两个点的两个视图将为你提供 4 个 (x, y) 坐标，而你只需要 3 个坐标就可以在三维空间中确定一个点；额外的一个坐标有助于你找到所需的关于摄像机的信息。这对几乎所有的观察方向和几乎所有的摄像机类型来说都是正确的。

关键的问题在于建立第一个视图中的点与第二个视图中的点的对应关系。利用简单的纹理特征（如 25.3.2 节所述）对点的局部表现进行详细描述，通常足以让我们进行点到点的匹配。例如，考虑一个场景，其内容是街道上的交通状况，我们可能在所拍摄的两个场景中都只能看见一盏绿灯，因此我们就可以假定它们是相互对应的。关于多个摄像机视图的几何理论已经非常成熟（遗憾的是，它过于复杂，我们无法在此做过多解释）。该理论给出了有关一幅图像中点可以与另一幅图像中哪个点相匹配的几何约束。通过考虑重构出的表面的平滑度，我们可以得到其他的约束。

我们通常有两种方法来获得一个场景的多个视图。一种方法是安置两部摄像机或使用双眼视图（25.6.2 节），另一种方法是移动摄像机（25.6.3 节）。如果你有两个以上的视图，那么你将可以非常精确地重建世界的几何性质以及视图的详细信息。25.7.3 节将讨论该技术的一些应用。

25.6.2　双目立体视觉

大多数脊椎动物有两只眼睛。这不仅可以帮助它们在失去其中一只眼睛的情况下继续生活，还可以在其他方面有帮助。大多数猎物的眼睛长在头部的两侧，使它们具有更广阔的视野；而捕食者的眼睛长在前方，使它们能够利用**双目立体视觉**（binocular stereopsis）。为了理解它的含义，读者可以将两根食指举在脸前，闭上一只眼睛，调整一根食指的位置使得在睁开的眼睛视野中前面的食指挡住了另一根食指。现在睁开另一只眼并闭上原来的眼睛，你将注意到，手指之间的位置发生了偏移。我们称这种从左视图到右视图的位置偏移为**视差**（disparity）。在一个适当的坐标系中，如果我们在某个深度下叠加一个物体的左视图和右视图，则该物体在叠加视图中存在水平方向的偏移，且偏移的距离是深度的倒数。你可以在图 25-14 中观察到这一点，金字塔中离你最近的点在右图中偏向左侧，而在左图中偏向右侧。

为了度量视差，我们需要解决对应问题——对于左图像中的一个点，确定它在右图像由同一场景点投影所产生的"伙伴"，即对应点。这与度量光流的方法类似，处理该问题最简单的方法与光流中的对应方法相似。这些方法使用差值平方和（25.3.3 节）搜索匹配的左像素块和右像素块。一些更复杂的方法使用了更细致的像素块纹理表示（25.3.2 节）。在实际应用中，我们通常使用带有额外约束的更复杂的算法。

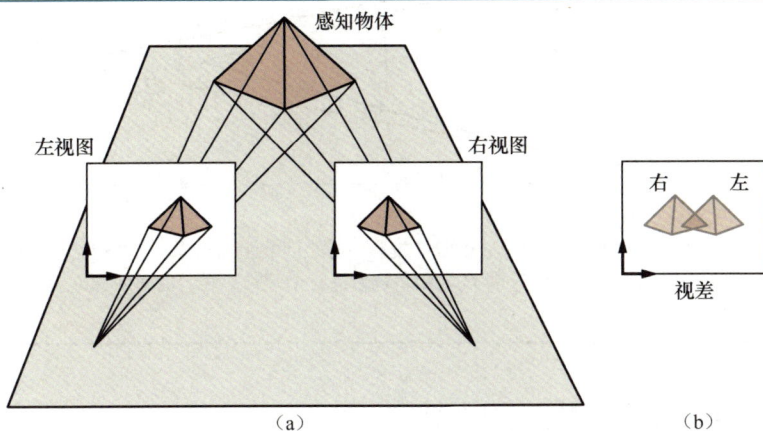

图 25-14 将摄像机按平行于图像平面的方式进行平移会导致图像特征在摄像机平面中发生移动。（a）位置上的差异是对物体深度的暗示。（b）如果我们对左右两幅图像进行叠加，我们将观察到视差

假设我们现在已经可以度量视差，那么我们该如何得到关于场景深度的信息？我们需要判断视差和深度之间的几何关系。我们将首先考虑双眼（或摄像机）正视前方且与光轴平行的情况。右摄像机和左摄像机之间的关系——在 x 轴方向存在位移 b，b 称为**基线**（baseline）。我们可以利用 25.3.3 节中的光流公式来进一步说明，如果我们把视差看作平移向量 $\boldsymbol{T}$ 作用 δt 时间产生的结果，其中 $T_x = b / \delta t$，$T_y = T_z = 0$。水平和垂直方向上的视差由光流分量乘以时间步长 δt 得出，即 $H = v_x \delta t$，$V = v_y \delta t$。通过适当变换，我们可以得到 $H = b / Z$，$V = 0$，换句话说，即水平方向的视差等于基线与深度之比，垂直方向的视差为 0。现在我们可以恢复出深度 Z，因为我们已经知道 b，并且可以通过测量得到 H。

在正常的视觉条件下，人类通常会采用**注视**（fixate），也就是说，在场景中存在一个点，使得两眼的光轴在此相交。如图 25-15 所示，两眼的视线汇集在一个固定点 P_0 上，该点与双眼中点的距离为 Z。出于方便考虑，我们将计算以弧度为单位的角视差，并设注视点 P_0 处的视差为 0。对于场景中与 P_0 距离 δZ 的较远一个点 P，我们可以计算 P 的左右成像（分别称为 P_L 和 P_R）的角位移。如果它们中的每一个都相对于 P_0 有角度为 $\delta \theta / 2$ 的位移，那么 P_L 和 P_R 之间的位移（即 P 的视差）为 $\delta \theta$。根据图 25-15，可以得出 $\tan \theta = \dfrac{b/2}{Z}$ 和 $\tan(\theta - \delta \theta / 2) = \dfrac{b/2}{Z + \delta Z}$，对于较小的角度，有 $\tan \theta \approx \theta$，因此有

$$\delta \theta / 2 = \frac{b/2}{Z} - \frac{b/2}{Z + \delta Z} \approx \frac{b \delta Z}{2Z^2}$$

并且，由于实际的视差为 $\delta \theta$，因此有

$$\text{disparity} = \frac{b \delta Z}{Z^2}$$

对人类来说，基线 b 约为 6 cm。假设 Z 大约为 100 cm，人类可分辨的最小 $\delta \theta$（对应于单个像素的大小）约为 5 角秒，则 δZ 为 0.4 mm。当 Z=30 cm 时，我们得到了非常小的值 $\delta Z = 0.036$ mm。也就是说，在 30 cm 的距离上，人类可以分辨出只有 0.036 mm 的深度差异，这使得我们

能够进行穿针线之类的工作。

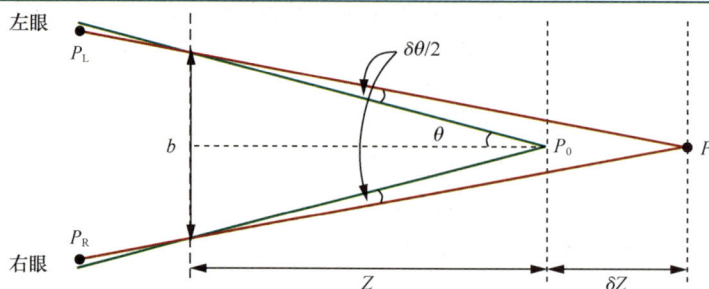

图 25-15 立体视觉中视差与深度的关系。两眼的投影中心之间的距离为 b，光轴相交于注视点 P_0。场景中的点 P 投影到两只眼睛视野中的点 P_L 和 P_R。用角视差进行刻画时，它们之间的视差为 $\delta\theta$（图中给出了两个大小为 $\delta\theta/2$ 的角度）

25.6.3 移动摄像机给出的三维线索

假设我们有一部在场景中移动的摄像机。如图 25-14 所示，我们将左图看作"时刻 t"下的场景，将右图看作"时刻 $t+1$"下的场景。两者的几何性质没有发生改变，所以在处理照相机移动的问题时，立体视觉的所有方法同样适用。25.6.2 节中称为视差的现象现在可以被看作图像中的视运动，它也称为光流。这是关于照相机移动和场景几何性质的信息来源。为了理解这一点，我们将给出一个方程（不给出证明），它将光流与观察者的平移速度 T 还有场景的深度联系起来。

光流场是关于图像中的速度 $(v_x(x, y), v_y(x, y))$ 的矢量场。在以照相机为中心的坐标系中，假设焦距 $f = 1$，那么这些分量的表达式为

$$v_x(x, y) = \frac{-T_x + xT_z}{Z(x, y)}, \quad v_y(x, y) = \frac{-T_y + yT_z}{Z(x, y)}$$

其中，$Z(x, y)$ 是场景中与图像中点 (x, y) 相对应的点的 z 坐标（即深度）。

需要注意的是，光流的两个分量 $v_x(x, y)$ 和 $v_y(x, y)$ 在以 $x = T_x / T_z$，$y = T_y / T_z$ 为坐标的点处均为 0，这一点称为**延伸焦点**（focus of expansion）。假设我们改变 xy 平面上的原点，使其落在延伸焦点处，那么光流的表达式将有一个特别简洁的形式。令 (x', y') 为由 $x' = x - T_x / T_z$，$y' = y - T_y / T_z$ 所定义的新坐标，有

$$v_x(x', y') = \frac{x'T_z}{Z(x', y')}, \quad v_y(x', y') = \frac{y'T_z}{Z(x', y')}$$

注意，此处缩放因子存在歧义性（这可以解释为什么设焦距 $f = 1$ 是不失一般性的）。如果摄像机的移动速度是原来的两倍，场景中的每个物体都是原来的两倍大，且到摄像机的距离是原来的两倍，那么光流场将完全相同。但我们仍然可以从中提取非常有用的信息。

（1）假设你是一只试图在墙壁上着陆的苍蝇，你想从光流场中得到有用的信息。由于缩放因子的歧义性，光流场将不能告诉你到墙的距离或朝墙飞行的速度。但是，如果你考虑距离除以速度，缩放因子的歧义性就会消失。其结果即为接触时间，由 Z / T_z 表示，它对于控制着陆非常有用。相当多的实验证据表明，许多不同的动物物种利用了这一线索。

（2）分别考虑深度为 Z_1、Z_2 的两点。我们可能不知道其中任何一个的绝对数值，但通过

考虑这些点的光流的模长比的倒数，我们可以确定深度比 Z_1 / Z_2。这是有关运动视差的线索，当我们从一辆移动的汽车或火车的侧窗向外看时，我们就会使用这种线索，并推断出这样的结论：视野中移动较慢的部分离我们较远。

25.6.4 单个视图的三维线索

单幅图像同样能提供关于三维世界的丰富信息。即使我们拥有的图像只是一幅线条画，这也是正确的。对于线条画的问题，视觉科学家们已经投入了不少研究精力，这是因为人们对三维形状和布局存在一种直觉，即使这幅画似乎包含的信息很少，以至于我们很难在大量可以产生相同的线条画的场景集合中选择出正确的场景。遮挡是一个关键的信息来源：如果图片中有证据表明一个物体遮挡了另一个物体，那么遮挡另一个物体的物体将离眼睛更近。

在关于真实场景的图像中，纹理是三维结构的重要线索。25.3.2 节指出，纹理是纹理元素的模式重复。尽管纹理元素在场景中的物体上的分布可能是均匀的——例如，海滩上的鹅卵石，但在图像中，它可能不均匀——远处的鹅卵石看起来比近处的鹅卵石小。再举另外一个例子，考虑一块带有圆点花纹的桌布。桌布上的所有点的大小和形状都是相同的，但在透视图中，由于透视收缩，有些点看起来将是椭圆形的。现代方法通过学习从图像到三维结构的映射（25.7.4 节）来利用这些线索，而不是直接推理纹理背后的数学结构。

明暗——从场景中表面的不同部分接收的光的光强变化——由场景的几何结构和表面的反射性质决定。确凿的证据表明，明暗是三维形状的一个线索。从物理角度论证这一点很容易。根据 25.2.4 节给出的物理模型，我们知道，如果一个表面的法线指向光源，则该表面会更亮；如果它背向光源，那么该表面会较暗。如果我们不知道表面的反射率，照明场也不均匀，那么关于明暗的讨论就会更加复杂，但人类似乎能够从明暗中获得对形状的有效感知。遗憾的是，很少有算法能实现这一点。

如果图片中有一个我们熟悉的物体，它呈现出来的样子很大程度上将取决于它的 位姿 （pose），即它相对于观察者的位置和方向。有一些简单直接的算法，可以根据物体上的点和物体模型上的点之间的对应关系重建出物体的位姿。重建已知物体的位姿有很多种应用。例如，在一个工业操作任务中，机器人手臂在位姿已知之前无法抓起物体。机器人手术的应用依赖精确计算摄像机与手术工具和患者之间的位置转换（以产生从手术工具位置到患者位置的转换）。

物体之间的空间关系是另一个重要线索。这里我们给出一个例子，假设所有行人的身高都差不多，且他们都站在地面上。如果我们知道地平线在图像中的位置，我们就可以将行人按他们距离摄像机的距离进行排序。这是因为我们知道行人的脚处于哪个位置，而在图像中，脚离地平线越近的行人将离摄像机越远，因此在图像中，他们的脚也将看起来越小。这意味着我们可以排除一些检测器的响应——如果一个检测器在图像中发现了一个看起来较大的行人，同时他的脚接近地平线，我们知道这样的情况是不存在的，因此该检测器发生了错误。如果场景中存在几个与照相机距离不同的行人，那么一个相当可靠的行人检测器能够给出关于地平线的估计。这是因为行人的相对比例是有关地平线位置的线索。因此，我们可以从检测器中得到关于地平线位置的估计，然后用这个估计来减少行人检测器可能发生的错误。

25.7　计算机视觉的应用

在本节中，我们将考察一系列的计算机视觉应用。到目前为止，我们已经有了许多可靠的计算机视觉工具和工具箱，因此计算机视觉方面出现了大量成功且有用的应用。其中很多应用是广大爱好者为了特殊目的独自开发的，这证实了这些方法的实用性和影响力（例如，一位计算机视觉爱好者发明了一种基于物体检测的宠物门禁系统，如果猫带着一只死老鼠进门，它会拒绝让猫进入——你可以在网络上搜索到这个系统）。

25.7.1 理解人类行为

如果我们能建立一个系统，它通过分析视频来理解人们正在做什么，我们就能建立一个人机接口程序来观察人类并对他们的行为做出反应。有了这些接口，我们就可以完成一系列的事情：通过收集和使用人们在公共场合的行为数据来更好地设计建筑物和公共场所；建立更准确、被入侵的可能性更小的安防监控系统；建立自动化的体育评论员；通过在有危险靠近人或机器时发出警告，使建筑工地和工作场所更安全；制作计算机游戏，让玩家玩游戏的同时能进行运动并得到锻炼；通过管理建筑物内的热量和光线来匹配居住者的位置和正在进行的行为，从而节约能源。

对于其中的一些问题，目前的技术水平已经非常高。例如，有一些方法可以非常准确地预测图像中人体关节的位置，进而我们能得到关于这个人的身体的三维结构的精确估计（见图 25-16）。这是因为身体的图片往往具有较弱的透视效果，而身体的各个部分的长度差异不大，因此图像中身体各部分的透视收缩是有关它与照相机平面之间角度的很好的线索。利用深度传感器，这些估计就可以足够快地得到，并传入计算机游戏的接口。

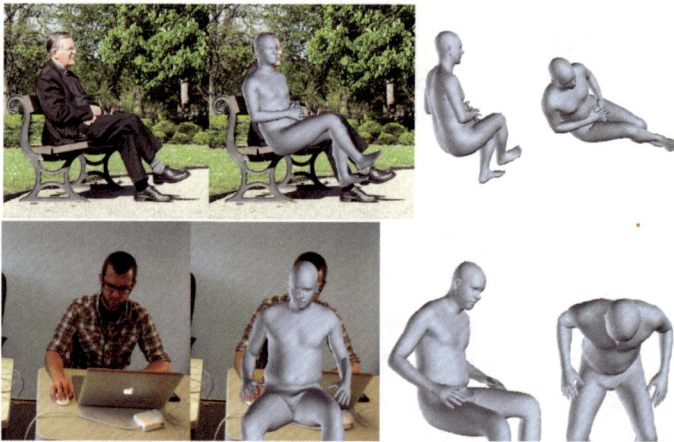

图 25-16 从单一的图像中重建人类模型目前已经可以实现。两行图片都展示了基于单个图像的三维身体形状重建。这些重建是有可能的，因为一些方法可以估计关节的位置、关节在三维中的角度、身体的形状以及身体相对于图像的位姿。每行包括以下内容：**最左图**为一张图片，**中左图**为原图与重建出的身体叠加的图片，**中右图**为重建出的身体的另一个视图，**最右图**是重建出的身体的另一个不同视图。考查身体的不同视图使得在重建中隐藏错误变得更加困难。图由 Angjoo Kanazawa 提供，并用（Kanazawa *et al.*, 2018a）中提出的系统加以处理

对人们正在做的事情进行分类比较困难。一些视频表示了十分结构化的行为，如芭蕾舞、体操、太极拳等，它们通常会使用非常具体的词汇在简单的背景下指示某个精确描述的动作，这些视频是很容易处理的。利用大量有标签的数据和适当的卷积神经网络，我们可以得到很好的结果。然而，很难证明这些方法确实是有效的，因为它们非常依赖环境。例如，一个能很好地标记"游泳"数据序列的分类器可能只是一个游泳池检测器，它可能不适用于身处河流中的游泳者。

更一般性的问题仍然悬而未决，例如，如何将对身体和附近物体的观察与正在移动的人的

目标和意图联系起来。其中的一个难点在于相似的行为看起来可能是不同的，而不同的行为看起来可能是相似的，如图 25-17 所示。

图 25-17 同一个动作看起来很不一样，不同的动作看起来很相似。这些例子是来自一个数据集中的自然动作，其标签由数据集的管理员进行选择，而不是由算法预测的。上面 3 幅图表示标签为"打开冰箱"的样本，有的是特写，有的是远处拍摄。下面 3 幅图表示标签为"从冰箱里拿东西"的样本。注意，在两排图像中，图像里的人的手是如何靠近冰箱门的——若要区分不同的情况，就需要对手的位置和门的位置做出相当微妙的判断。图由 David Fouhey 提供，摘自（Fouhey *et al.*, 2018）中给出的数据集

另一个难点是由时间尺度引起的。图 25-18 表明，一个人正在做的事情很大程度上取决于时间尺度。该图还表明了对该问题的另一个重要影响：行为可以进行组合——多个已识别的行为可以组合成单个更高层级的行为，如准备点心。

图 25-18 我们所说的动作取决于时间尺度。对于最上面的单幅图像，最好的描述是"打开冰箱"（当你打算关上冰箱时，你不会盯着里面的东西）。但是，如果你看完了一段视频短片（由中间一行图像表示），关于这个动作的最佳描述就是"从冰箱里拿牛奶"。如果你看完了一段较长的视频（由最下面一行图像表示），关于这个动作的最佳描述是"准备点心"。这说明了行为的一种构成方式：从冰箱中拿牛奶有时是准备点心的一部分，而打开冰箱通常是从冰箱中拿牛奶的一部分。图由 David Fouhey 提供，摘自（Fouhey *et al.*, 2018）中给出的数据集

不相关的行为也可能同时发生，如一边唱歌一边准备点心。该问题的一个难点在于我们没有一个通用的词汇来描述行为片段。人们通常认为他们知道很多行为名称，但不能列出一长串

满足我们需求的通用的词。这使得获取标签统一的行为数据集变得更加困难。

只有当训练数据和测试数据服从同一分布时，我们才能从理论上保证学习到的分类器性能良好。我们无法判断此约束是否适用于图像处理，但根据经验，我们观察到图像分类器和物体检测器都表现得非常好。对于动态数据，训练数据和测试数据之间的联系则更不能保证，因为人们在大量的环境中做了大量的事情。例如，假设我们有一个在大数据集上表现良好的行人检测器。但对于一些罕见的现象（如骑独轮车的行人），它们可能没有出现在训练集中，所以我们不能确定检测器在这种情况下会如何工作。目前的挑战在于，我们需要证明无论行人在做什么，检测器都是可靠的，这对目前关于学习的理论来说是困难的。

25.7.2 匹配图片与文字

人们在因特网上创建并分享了大量的图片和视频，困难之处在于如何找到你想要的东西。通常，人们希望使用文字（而不是关于样本的草图）进行搜索。因为大多数图片没有附带文字注释，所以我们很自然地想要尝试构建标注系统（tagging system）来为图像标注相关文字。它背后的机制非常简单——我们采用图像分类和物体检测方法，并用输出的单词对图像标注。但是标注并不能全面地描述图像中所发生的事情。例如，图像所示是谁在做什么——标注系统不能描述这一重要的信息。例如，当我们用物体类别"猫""街道""垃圾桶""鱼骨头"标注一张街道上的猫的图片时，会忽略猫正在将鱼骨头从街道上打开的垃圾桶中搜出来这一信息。

作为标注方法的替代方法，我们可以构建一个标题系统（captioning system）——用一个或多个描述图像的句子来编写标题的系统。它背后的机制同样是直接将卷积网络（用于表示图像）耦合到一个循环神经网络或 Transformer 网络（用于生成句子）中，并用带标题的图像数据集训练得到一个用于标注的网络。因特网上有许多带标题的图片，有一些精心处理过的数据集，它们使用人工劳动来为每幅图像添加额外的标题，以体现自然语言的差异。例如，COCO（common objects in context，环境中的一般物体）数据集是一个含有超过 20 万幅图像的综合数据集，其中每幅图像有 5 个标题。

目前人们所使用的标题产生方法如下：使用检测器来寻找描述图像的一组单词，并把这些单词提供给经过语句生成训练的时序模型。最精确的方法通过搜索模型可能生成的语句找到最佳的句子，同时，更强大的方法似乎意味着需要更长时间的搜索。我们用一组分数对句子进行评估，这些分数将衡量生成的句子是否正确使用了注释中的常见短语，以及是否使用了其他短语。这些分数很难直接用作损失函数，但强化学习方法可以用它们来训练网络并能获得非常好的分数。通常会出现这样的一种情况：在训练集中存在一个图像，其描述与测试集中一个图像具有相同的词集；在这种情况下，标题系统只需检索有效的标题，而不必生成新的标题。标题生成系统可以给出出色的结果，也可能出现令人尴尬的错误（见图 25-19）。

标题系统可以通过避免提及细节来隐藏它们没有掌握的知识，这些细节是它们不能正确学到或通过使用环境线索猜测得到的。例如，标题系统往往不善于识别图像中的人的性别，而且常常根据训练数据中的统计信息进行猜测。这可能会导致错误——男人也可能喜欢购物，女人也可能喜欢滑雪。确定一个系统是否能很好地解释图像中发生的事情的一种方法是强迫它回答有关图像的问题。这也称为视觉问答（visual question answering，VQA）系统。另一种选择是视觉对话（visual dialog）系统，我们给系统提供一张图片、一个标题以及一段对话，并要求系统必须回答对话最后的问题。如图 25-20 所示，这一视觉问题仍然非常困难，VQA 系统经常出错。

| A baby eating a piece of food in his mouth | A young boy eating a piece of cake | A small bird is perched on a branch | A small brown bear is sitting in the grass |

图 25-19 自动图像标题系统给出了一些好的结果和一些失败的结果。左边的两个标题很好地描述了各自的图像，尽管 "eating … in his mouth" 是一个不流畅的表达，这是早期标题系统所使用的循环神经网络语言模型的一个相当典型的特点。根据右边的两个标题，我们认为标题系统似乎不了解松鼠，所以从环境猜测该动物；它也没有意识到这两只松鼠在吃东西。图片来源：geraine/Shutterstock、ESB Professional/Shutterstock、BushAlex/Shutterstock、Maria.Tem/Shutterstock。所示图像与用于生成标题的原始图像相似但不完全相同。原始图像见（Aneja *et al.*, 2018）

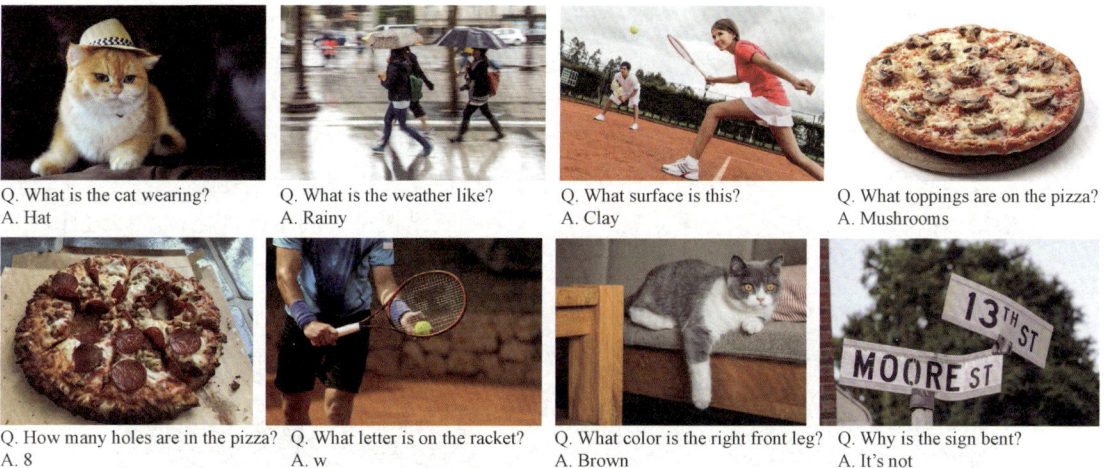

| Q. What is the cat wearing? A. Hat | Q. What is the weather like? A. Rainy | Q. What surface is this? A. Clay | Q. What toppings are on the pizza? A. Mushrooms |
| Q. How many holes are in the pizza? A. 8 | Q. What letter is on the racket? A. w | Q. What color is the right front leg? A. Brown | Q. Why is the sign bent? A. It's not |

图 25-20 视觉问答系统产生关于图像的自然语言问题的答案（通常从多项选择中选择）。**顶部**：该系统对有关图像的一些相当棘手的问题给出了非常合适的答案。**底部**：不太令人满意的答案。例如，系统被要求猜测比萨饼上的洞的个数，但系统并不知道什么算洞，而且洞本身很难计数。类似地，系统认为猫的腿的颜色是棕色，这是因为图片背景是棕色的，并且系统不能正确定位猫的腿。图片来源：（顶部）Tobyanna/Shutterstock、679411/Shutterstock、ESB Professional/Shutterstock、Africa Studio/Shutterstock，（底部）Stuart Russell、Maxisport/Shutterstock、Chendongshan/Shutterstock、Scott Biales DitchTheMap/Shutterstock。 所示的图像与用于问答系统的原始图像相似但不完全相同，原始图像见（Goyal *et al.*, 2017）

25.7.3 多视图重建

从来自视频或旅游照片集合的多个视图中重建点集与从两个视图重建点集是类似的，但也存在一些重要的区别。在建立不同视图中的点之间的对应关系前，我们还有很多工作需要做，并且由于同一个点不一定会同时出现在所有视图中，这使得匹配和重建过程更加混乱。但是，更多的视图意味着对需要重建和恢复的观测参数有更多的限制，因此最终得到的对点的位置和观测参数的估计通常非常精确。粗略地说，重建的过程可以描述为对图像之间的点进行匹配，并将这些匹配推广到图像组中，进而给出一个关于几何性质和观测参数的粗略解，然后对该解进行打磨。打磨的意思是最小化模型（包括几何性质和观测参数）所预测的点与图像特征位置之间的误差。详细的过程过于复杂，我们无法在此完全涵盖，但它已经被人们深刻理解，而且相当可靠。

对于任何可能有用的照相机形式，它的所有几何约束之间的联系是已知的。这种处理问题的模式可以推广到处理非正交视图，处理有少量点的观测视图，处理未知参数（如焦距）照相机，以及利用各种复杂的搜索来寻找合适的联系。从图像中准确地重建一个完整的城市模型是可实现的。它包括下面这些应用。

- **模型构建**：例如，我们可以构建一个建模系统，该系统利用多个视图刻画一个物体，并产生一个非常精细的多边形纹理三维网格，它通常用于计算机图形学和虚拟现实方面的应用。从视频中建立这样的模型是很寻常的，但是这样的模型现在已经可以从看上去随机的图片集合中建立。例如，你可以利用从互联网上找到的图片建立一个自由女神像的三维模型。
- **将现实演员与动画在影视中混合**：为了把计算机图形中的角色放入现实视频中，我们需要知道摄影机在真实视频中是如何移动的，这样我们才可以正确地反馈给角色，并在摄像机移动时改变角色的视角。
- **路径重建**：移动机器人需要知道自己去过哪里。如果机器人自身携带一个摄像头，我们就可以为摄像头穿过世界的路径建立一个模型，并把它作为机器人路径的表示。
- **施工管理**：建筑物是极其复杂的人工产物，持续跟踪施工过程中发生的事情是一项既困难又昂贵的任务。持续跟踪的一种方法是每周操控无人机在建筑工地上空巡视一次，并拍摄当前状态。在此基础上建立关于当前状态的三维模型，利用可视化技术探讨计划与重建的现状之间的区别。图 25-21 对这种应用做出了说明。

图 25-21　多视图立体算法根据运动结构图像生成的建筑工地的三维模型。它们可以帮助建筑公司通过比较目前三维模型实际搭建的进度与建筑计划来协调大型建筑工作。**左图**：基于无人机拍摄图像重建出的可视化几何模型。重建出的三维点以彩色呈现，因此结果看起来像是目前的真实进度（注意用起重机完成的部分建筑）。这些小金字塔表示无人机拍摄图像时的位姿，以便对飞行轨迹进行可视化。**右图**：这些系统实际上是施工队所使用的；作为协调会议的一部分，该团队正在查看竣工场地的模型，并将其与建筑平面图进行比较。图由 Derek Hoiem、Mani Golparvar-Fard 和 Reconstruct 提供，模型由商业系统制作

25.7.4　单视图中的几何

如果你想要移动，几何表示法是特别有用的方法，因为它们可以指明你所处的位置，你可以去哪里，以及你可能会碰上什么。但使用多个视图来生成几何模型并不总是很方便。例如，当你打开一扇门并走进一个房间时，你的双眼距离过近，以至于你可能无法很好地了解房间里远处物体的距离。虽然你可以前后移动你的头部，但那既费时又不方便。

　　另一种方法是从单幅图像中预测一个**深度图**（depth map）——一个给出图像中每个像素的深度的数组，它通常源自照相机。在许多类型的场景下，精确地做到这一点是非常容易的，因为深度图有一个相当简单的结构。一般来说，房间和室内场景尤其如此。其机制也很简单。我们首先需要有图像和深度图的数据集，然后训练一个从图像预测深度图的网络。这个问题有许多有趣的、可解的变形。深度图的问题是，它不能告诉你任何关于物体背后或物体背后空间的信息。但是有一些方法可以预测已知物体（物体几何性质是已知的）占据了哪些体素（三维像素）以及删除该物体（以及可以隐藏物体的位置）后深度图的样子。这些方法之所以有效，是因为物体的形状样式化程度很高。

　　正如我们在 25.6.4 节中所看到的，使用三维模型重建已知物体的位姿非常简单。现在假设你看到一张单独的图像，如一只麻雀。如果你在过去的研究中看到过许多类似于麻雀的鸟类的图片，那么你能从这张图片中重建出麻雀的位姿以及对它的几何模型的合理估计。利用过去的图像，你为类似于麻雀的鸟类建立了一个小的、参数化的几何模型族；然后通过一个优化过程找到一组最佳的参数和视角来解释你看到的图像。这些参数也可以为模型提供纹理，即便它位于那些你看不见的部分（图 25-22）。

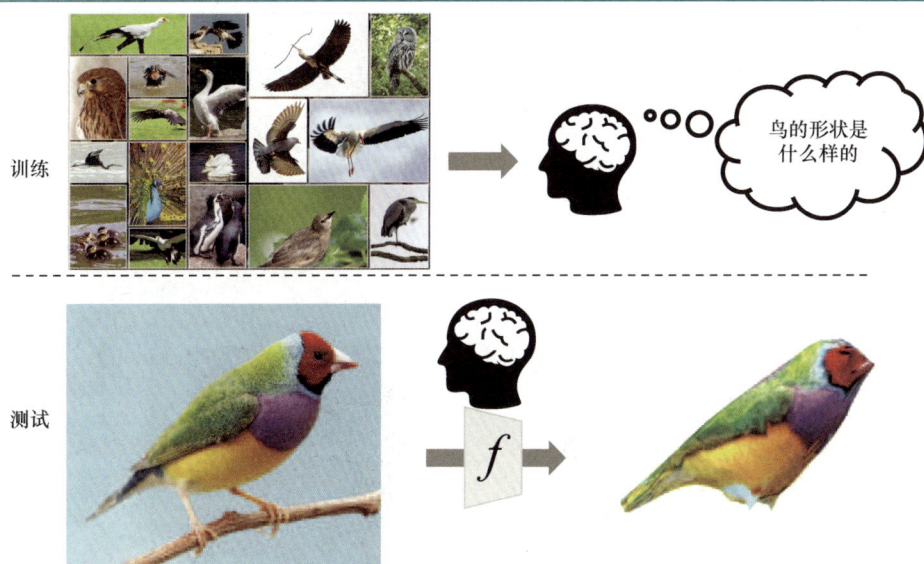

图 25-22　如果你已经看过很多鸟类物种的图片（**上图**），你可以利用它们从一个新的图片（**下图**）中生成一个三维重建模型。你需要确保所有的物体都有一个相当类似的几何结构（所以如果你看到的是麻雀，那么鸵鸟的图片将对你没有任何帮助），但分类方法可以解决这个问题。你可以从许多图像中估计出图像中的纹理是如何分布在物体上的，从而完成对你尚未观察到的鸟的纹理估计（**下图**）。图由 Angjoo Kanazawa 提供，模型用（Kanazawa *et al.*, 2018b）中提供的系统生成。上方图片来源于 Satori/123RF，左下图来源于 Four Oaks/Shutterstock

25.7.5　生成图片

　　在今天，将计算机图形模型以令人信服的方式嵌入照片中是很寻常的一件事，如图 25-23 所示，一尊雕像被放置到一个房间的照片中。为了实现这个目标，我们首先需要估计一张图片的深度图和反射率。然后通过与其他已知光照的图像进行匹配来估计该图像中的光照。接着将物体嵌入图像的深度图中，并使用物理渲染程序（计算机图形学中的标准工具）渲染生成的世界。

最后，将修改后的图像与原始图像进行融合。

图 25-23　左图为真实场景的图像。在右图中，计算机图形物体已插入场景中。你可以看到光线看上去来自正确的方向，并且物体看起来也投射了效果不错的阴影。尽管生成的图像在光线和阴影方面有较小的误差，但这个图像仍是令人信服的，因为人类并不擅长分辨这些误差。图由 Kevin Karsch 提供，模型用（Karsch *et al.*, 2011）中提供的系统生成

我们也可以通过训练神经网络来实现**图像变换**（image transformation）：将 X 型图像（如模糊图像、城镇的航空影像或者新产品的手绘图纸）映射为 Y 型图像（如去模糊后的图像、城市道路图或者一张产品的图片）。当训练数据由 (X, Y) 图像对组成时，这将非常简单——在图 25-24 中，每个样本对都包含一张航空影像和相应的道路图。训练损失将网络的输出与我们期望的输出进行比较，并且还带有一个来自生成对抗网络（GAN）的损失分量，用于确保输出具有正确的 Y 型图像的特征。正如我们在图 25-24 中的测试部分看到的，这类系统的性能非常好。

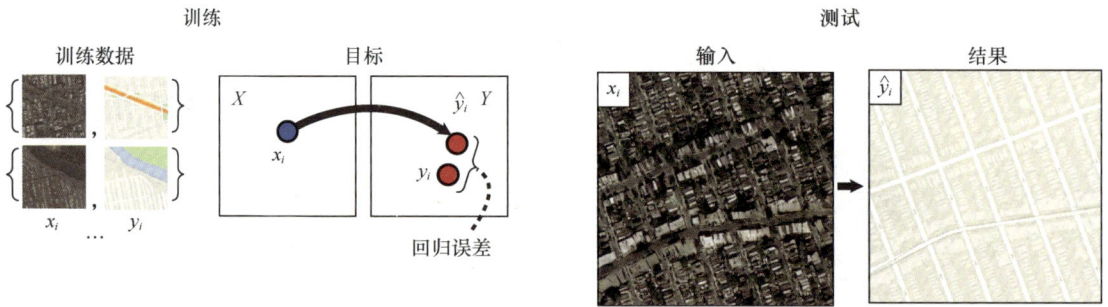

图 25-24　成对图像的转换，其中输入由航空影像和相应的道路图组成，我们的目标是训练一个从航空影像生成道路图的网络（该系统还可以学习从道路图生成航空影像。）网络通过比较 $\hat{y}_i$（X 型样本 x_i 的输出）和 Y 型的正确输出 y_i 进行训练。在测试时，网络必须从新的 X 型输入中生成新的 Y 型图像。图由 Phillip Isola、Jun-Yan Zhu 和 Alexei A. Efros 提供，模型用（Isola *et al.*, 2017）中提供的系统生成。地图数据 ©2019 Google

有时我们可能没有相互匹配的图像，但我们有大量的 X 型图像集合（如马的图片）和单独的 Y 型图像集合（如斑马的图片）。设想一下，一个艺术家打算创造一张内容为斑马在田野里奔跑的图像。艺术家希望能够选择一张合适的马的图像，然后利用计算机自动地把马变成斑马（图 25-25）。为了实现这一点，我们可以训练两个转换网络，并引入一个称为循环约束的额外约束。第一个网络把马映射成斑马；第二个网络把斑马映射成马；当你把 X 映射到 Y 再映射到 X（或者 Y 映射到 X 再映射到 Y）时，循环约束要求你得到你最初使用的图像。此外，GAN 的损失分量将确保网络输出的马（或斑马）的图片看起来"像"真实的马（或斑马）的图片。

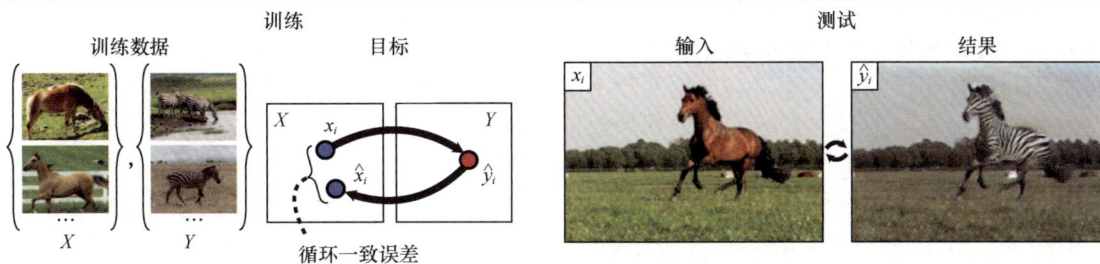

图 25-25 未配对图像转换：给定两组图像（X 型是马，Y 型是斑马），但没有对应的配对，我们要学习将马转换成斑马。该方法训练两个预测器：一个将 X 型映射为 Y 型，另一个将 Y 型映射为 X 型。如果第一个网络将马 x_i 映射为斑马 $\hat{y}_i$，那么第二个网络应当把 $\hat{y}_i$ 映射回原始的 x_i。两个网络利用 x_i 和 $\hat{x}_i$ 之间的差进行训练。从 Y 型到 X 型再回到 Y 型的循环必须是封闭的。这样的网络可以成功地对图像进行丰富的变换。图由 Alexei A. Efros 提供，见（Zhu *et al.*, 2017）。正在奔跑的马的照片由 Justyna Furmanchyk Gibaszek/Shutterstock 拍摄

另一种艺术效果称为**风格转换**（style transfer）：其输入由两幅图像组成——**内容**（如一张猫的照片）和**风格**（如一幅抽象画），输出是以抽象风格渲染后的猫的图片（见图 25-26）。为了解决这个问题，我们可以考虑一些直观的理解：如果我们研究一个经过训练的用于物体识别（如在 ImageNet 上）的深度卷积神经网络（CNN），我们会发现早期的网络层倾向于表示图像的风格，而晚期的层倾向于表示图像内容。令 p 为图像的内容，s 为图像风格，并令 $E(x)$ 为关于图像 x 的早期层的激活向量，$L(x)$ 为关于图像 x 的晚期层的激活向量。在此基础上，我们希望生成一些与房子照片内容相似的图像 x，即最小化 $|L(x) - L(p)|$，同时让图像有类似于印象派绘画的风格，即最小化 $|E(x) - E(s)|$。我们采用梯度下降法，令损失函数为这两个因素的线性组合，通过最小化损失来找到图像 x。

图 25-26 风格转换：将内容为猫的照片与抽象绘画的风格相结合，生成经过抽象风格渲染的猫的新图像（右图）。中间这幅画为 Wassily Kandinsky 绘制的 *Lyrisches* 或 *The Lyrical*（公共领域），左图猫的照片为 Cosmo

生成对抗网络可以生成新的逼真的图像，在大多数情况下，生成的图像可以骗过大多数人。一款使用了生成对抗网络技术的应用被称为**深度伪造**（deepfake）——由模型生成的、看起来像某个特定的人的图像或视频。例如，在凯丽·费雪（Carrie Fisher）60 岁时，《侠盗一号》通过把她 19 岁时的脸叠加到另一个演员的身上进行电影制作。出于艺术目的，电影业发展出了性能更好的深度伪造，一些研究人员致力于寻找深度伪造的对策，以减轻假新闻的破坏性影响。

生成的图像也可以用于维护隐私。例如，在放射学实践中有一些图像数据集对研究人员很有用，但出于对患者隐私的保密，它们无法公布。生成图像模型可以获取隐私图像数据集，并生成可以分享给研究人员的生成数据集。该数据集应当满足以下性质：与训练数据集类

似、不相同和可控。对于胸部 X 射线检查数据，它的生成数据集应该类似于训练数据集，其中每幅图像都可能让放射科的医生混淆，并且每个具体症状出现的频率应该是合适的，这使得放射科医生不会对肺炎等疾病出现的频率感到惊讶。考虑到新的数据集不该泄露个人身份信息，它应该与原数据集有所不同。新的数据集应当是可控的，使得我们可以通过调整某个效应的频率反映我们感兴趣的部分。例如，相比年轻人，肺炎在老年人中更常见。这些目标中的每一个在技术层面都很难实现，但是目前生成的图像数据集有时已经让放射科医生混淆（图 25-27）。

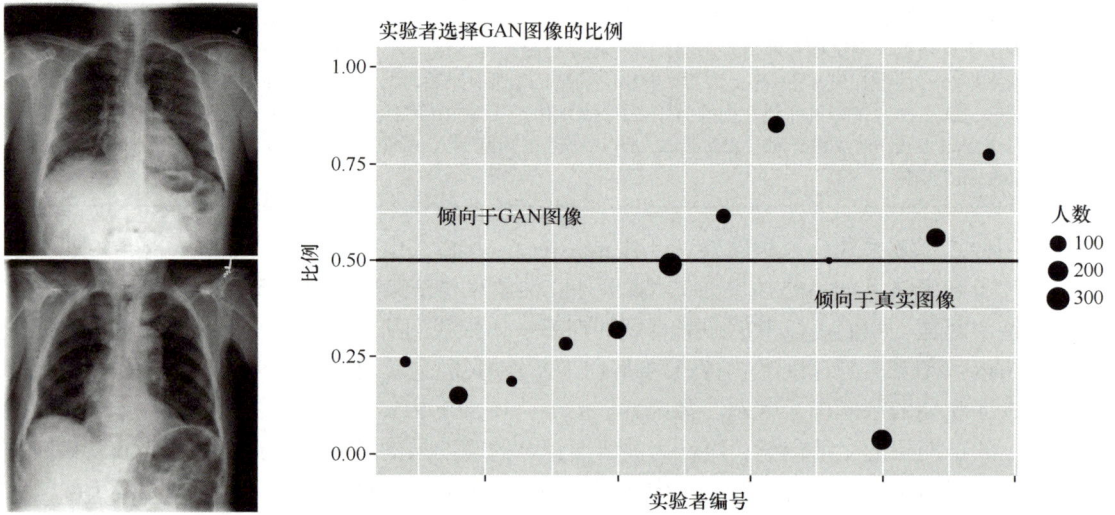

图 25-27　GAN 生成了肺部 X 射线图像。左图的一对图像为一张真实的 X 射线图和一张由 GAN 产生的 X 射线图。右图为一项测试的结果，它要求放射科医生在看到左边所示的一对 X 射线图后，判断哪一张 X 射线图是真实的。平均来说，他们的选择正确率为 61%，这比任意猜测的结果要好一些。但是医生之间的准确率参差不齐——右边的图表所示的是 12 位不同放射科医生的错误率，其中一位医生的错误率接近 0%，另一位的错误率为 80%。每个点的大小表示每个放射科医生查看的图像的数量。图由 Alex Schwing 提供，用（Deshpande *et al.*, 2019）中描述的系统生成

25.7.6　利用视觉控制运动

视觉的主要用途之一是为操控物体（拿起物体、抓取物体、旋转物体等）和避障导航提供信息。利用视觉来达到这些目的的能力存在于最原始的动物视觉系统中。在许多情况下，视觉系统从可获得的光场中仅提取动物需要的指导其行为的信息，在这个意义下，我们可以说视觉系统是极小的。现代视觉系统很有可能是从某些早期的原始生物进化而来的，这些生物利用身体一端的感光点，使自己朝向（或远离）光线的方向运动。我们已经在 25.6 节中看到，苍蝇使用一个非常简单的光流检测系统来完成在墙上的着陆。

假设我们现在不想在墙上着陆，而想制造一辆自动驾驶汽车。这是一个对感知系统要求更高的项目。自动驾驶汽车的感知能力必须支持完成以下任务。

- **横向控制**：确保车辆安全地保持在车道内，或在需要时平稳地改变车道。
- **纵向控制**：确保与前方车辆保持安全距离。
- **避障**：监控相邻车道上的车辆，并为规避机动做好准备。及时发现行人并让他们安全通过。
- **遵守交通信号**：其中包括交通信号灯、停车标志、限速标志和警察手势。

驾驶员（人类或计算机）要解决的问题是如何实现合适的转向、加速和制动行为，以完美地完成这些任务。

为了做出正确的决策，驾驶员应对环境以及其中的物体构建一个模型。图 25-28 给出了构建此模型所需的一些视觉推断。对于横向控制，驾驶员需要有车辆相对于车道的位置和方向的表示。对于纵向控制，驾驶员需要与前面的车辆保持安全距离（在弯曲等形状不规则的多车道道路上，该距离可能不易确定）。避障和遵守交通信号需要另外的推断。

图 25-28　MobileEye 研发的基于摄像头的自动车辆传感装置。**顶部**：两张来自前置摄像头的照片，照片的拍摄相隔几秒。绿色区域为自由空间——车辆在不久的将来可以实际移动到的区域。系统使用表示侧面的三维边框来表示物体（红色表示后部，蓝色表示右侧，黄色表示左侧，绿色表示前部）。其中物体包括车辆、行人、自行车道内边缘标志（横向控制所需）、其他标线道路与人行横道标志、交通标志和交通信号灯。动物、路杆与锥桶、人行道、护栏和其他一般物体（例如，从卡车后面掉下来的沙发）没有在图中给出。然后用三维位置和速度对每个物体进行标记。**底部**：根据检测到的物体刻画的环境的完整物理模型（图中所示为 MobileEye 的仅基于视觉的系统产生的结果）。图像由 MobileEye 提供

道路是为使用视觉进行导航的人类设计的，因此，原则上我们应该可以在仅使用视觉的情况下进行驾驶。然而，实际上，商用自动驾驶汽车配备了各种传感器，其中包括摄像头、激光雷达、雷达和麦克风。激光雷达或雷达能够直接测量深度，这比 25.6 节中所述的仅用视觉的方法更精确。拥有多个传感器通常能改进表现，并且它们在能见度低的情况下显得尤为重要，例如，雾气通常会妨碍摄像头和雷达，但激光雷达可以穿透它。麦克风可以在正在接近的车辆（尤其是带有警报器的车辆）进入视野之前就检测到它们。

关于移动机器人在室内外环境中的导航也有很多研究，这方面的应用也比比皆是，例如在快递或比萨饼派送过程中最后一公里的导航应用。传统方法将此任务分为两个阶段，如图 25-29 所示。

- **地图构建**：同时定位与地图构建（SLAM）（见 26.4 节）指的是构建关于世界的三维模型的任务，其中包括机器人在世界中的位置（或者更具体地说，机器人上每个摄像头的位置）。该模型（通常表示为障碍物的点云）可以根据来自不同摄像头位置的一系列图像进行构建。
- **路径规划**：一旦机器人能够访问该三维地图并在其中定位自身，系统的目标就变成了寻找从当前位置到目标位置的无碰撞轨迹（见 26.6 节）。

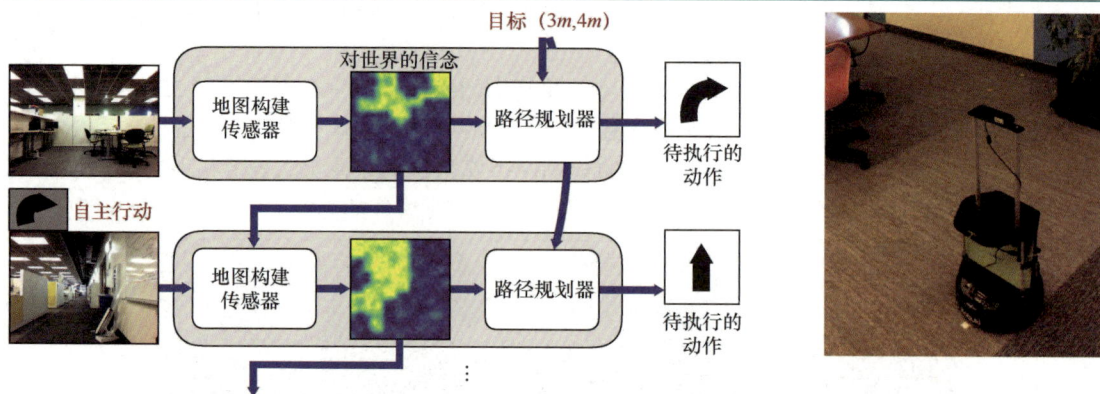

图 25-29 导航功能通过分解成地图构建和路径规划两个问题来实现。在每一个连续的时间步中，来自地图构建传感器的信息将用来逐步地建立一个关于世界的不确定的模型。该模型连同其规范目标一起传入路径规划器，路径规划器输出机器人为实现目标应该采取的下一个动作。关于世界的模型可以是纯粹的几何模型（如经典的 SLAM），也可以是语义模型（通过学习得到），甚至可以是拓扑模型（基于地标）。我们在右图中给出实际的机器人的图片。图由 Saurabh Gupta 提供

这种一般方法已经有了许多变体。例如，在认知映射和规划方法中，地图构建和路径规划这两个阶段是由神经网络中的两个模块完成的，其中该神经网络通过端到端的训练来最小化损失函数。如果你需要的只是能保证你从 A 点导航到 B 点，且不会与障碍物相撞的足够信息。这样的系统不必建立一个完整的地图——这往往是冗余且不必要的。

小结

尽管感知活动对人类来说似乎不费吹灰之力，但对计算机来说它需要大量复杂的计算。视觉的目标是提取可用于操作、导航和物体识别等任务的信息。

- 人们对图像成像的几何性质和光学原理已经有了很透彻的理解。给定一个关于三维场景的描述，我们可以很容易生成任意一个摄像机位置下的场景图片，这是图形学问题。它的逆问题，即计算机视觉问题（拍摄一张图片并将其转化为三维描述）更困难。
- 图像的表示蕴含着边缘、纹理、光流和区域等信息。这些信息为我们提供了有关物体边界以及图像之间对应关系的线索。
- 利用卷积神经网络可以得到精确的图像分类器，它利用了学习到的特征。比较粗略地说，这些特征是模式的模式的模式……我们很难预测这些分类器何时能表现得较好，因为测试数据可能在某些重要方面与训练数据不同。经验告诉我们，这些分类器通常是足够精确的，可以应用于实践。
- 图像分类器可以转换成物体检测器。一个分类器对图像中框内的内容进行评分，另一个分类器则判断该框中是否包含物体，以及该物体是什么。物体检测方法并不完美，但它可以应用于多种场景。
- 当我们有同一个场景的多个视图时，我们可以重建场景的三维结构以及视图之间的关系。在许多情况下，我们也可以从单个视图中重建三维几何结构。
- 计算机视觉方法的应用非常广泛。

参考文献与历史注释

本章的重点是视觉，但其他感知渠道已经有相关研究并在机器人学中使用。在听觉感知（听觉）方面，我们已经介绍过语音识别，在音乐感知（Koelsch and Siebel, 2005）、音乐机器学习（Engel *et al.*, 2017）和声音机器学习（Sharan and Moir, 2016）方面也有大量的研究工作。

触觉感知或触觉（Luo *et al.*, 2017）在机器人学中有很重要的地位，第 26 章将对此进行讨论。自动嗅觉感知（嗅觉）方面的工作较少，但深度学习模型已经被证实可以根据分子结构进行学习并预测气味（Sanchez-Lengeling *et al.*, 2019）。

对人类视觉系统的探索可以追溯到古代。欧几里得（约公元前 300 年）提出了自然透视——将三维世界中的每个点 P 与射线 OP 方向相联系的映射，射线 OP 将投影中心 O 连接到点 P。欧几里得熟知运动视差这一概念。古罗马绘画（如关于公元 79 年维苏威火山喷发的作品）采用了一种非正式的透视法，其中存在不止一条地平线。

在 15 世纪意大利的文艺复兴中，人们对透视投影的数学理解又有了重大突破，这一次是在平面投影的意义下。人们一般认为布鲁内莱斯基（Brunelleschi）在大约 1413 年创作了第一批基于三维场景的正确几何投影的绘画作品。1435 年，阿尔伯蒂（Alberti）编纂了其中的规则并启发了一代又一代的艺术家。达·芬奇和阿尔布雷特·丢勒（Albrecht Dürer）为透视学的发展做出了显著贡献，正如当时人们所传颂的那样。达·芬奇 15 世纪晚期对光影的相互作用（明暗对比）、阴影的本影和半影区域以及空中透视的描述仍然值得一读（Kemp, 1989）。

尽管希腊人了解透视法，但他们对眼睛在视觉中的作用感到困惑。亚里士多德认为眼睛是发射光线的装置，就像现代激光测距仪的工作方式。这一错误观点被阿拉伯科学家海桑（Alhazen）等在 10 世纪的工作推翻。

各种照相机的发展也随之而来。其中包括利用包含小孔的房间（照相机在拉丁语中是"房间"的意思），光线通过一面墙上的小孔进入房间，并在对面的墙上投射出外面的场景。当然，在所有这些照相机中，图像都是颠倒的，这造成了无尽的混乱。如果我们认为眼睛是一个这样的成像设备，我们如何往右上方看？这个谜团给当时最伟大的思想家（包括达·芬奇）带来了考验。开普勒和笛卡儿的工作解决了这个问题。笛卡儿把一只去除了不透明角质层的眼睛放在百叶窗上的一个洞里。结果是光线在表示视网膜上的一张纸上形成了一个倒立的图像。虽然视网膜中的图像确实是颠倒的，但这并不会导致问题，因为我们的大脑对图像的解释是正确的。用现代术语来说，我们只需适当地访问数据结构即可。

对视觉的理解的下一个重大进展发生在 19 世纪。如第 1 章所述，亥姆霍兹（Helmholtz）和冯特（Wundt）的工作确立了心理物理实验作为一门严谨的科学学科的地位。托马斯·杨、麦克斯韦和亥姆霍兹的工作建立了一个三原色色觉理论。惠斯通（Wheatstone, 1838）发明的立体镜表明，如果呈现给左眼和右眼的图像略有不同，那么人类将可以感知到深度。这种设备迅速在全欧洲的客厅和沙龙中流行起来。

双目立体视觉的基本概念（从稍有不同的视角拍摄的关于场景的两幅图像所携带的信息足以获得对场景的三维重建）在摄影测量领域得到了广泛应用。有一些关于它的重要数学结果，例如，克鲁帕（Kruppa, 1913）证明，给定场景中 5 个彼此分离的点的两个视图，可以重建两部摄像机位置之间的旋转和平移关系以及场景的深度（在忽视尺度因子的意义下）。

尽管人们很早就对立体视觉的几何学有了透彻的认识，但摄影测量中的对应问题过去是由人工尝试匹配对应点来求解决。朱尔斯（Julesz, 1971）提出的随机点立体图说明了人求解对应问题的惊人能力。计算机视觉领域一直致力于研究对应问题的自动求解方法。

20 世纪上半叶，以马克斯·韦特海默（Max Wertheimer）为首的格式塔（Gestalt）心理学流派在视觉方面取得了最重大的研究成果。他们指出了感知组织的重要性：对人类来说，图像不是点式感光器输出（像素）的集合，而是组织成连贯的组群。寻找区域和曲线的计算机视觉任务可以追溯到这一观点。格式塔学家还提出了一个引人注目的"图形–背景"现象——将环境中处于不同深度的两个图像区域分开的轮廓似乎只属于距离较近的区域"图形"，而不属于较远的区域"背景"。

吉布森（Gibson, 1950, 1979）的工作延续了格式塔的工作，他指出了光流和纹理梯度在环境变量（如表面倾斜程度和倾斜方向）估计中的重要性。他还再次强调了刺激因素的重要性以及它的丰富性。吉布森、奥卢姆和罗森布拉特（Gibson, Olum, and Rosenblatt, 1955）指出，光流场中包含了能够确定观察者相对于环境的运动的足够信息。吉布森特别强调了一个积极的观察者的作用，其自我导向的运动有助于收集有关外部环境的信息。

计算机视觉的研究可以追溯到 20 世纪 60 年代。罗伯茨（Roberts, 1963）于麻省理工学院发表的关于感知立方体和其他块状世界物体的论文是该领域最早的出版物之一。罗伯茨介绍了几个关键思想，其中包括边缘检测和基于模型的匹配。

在 20 世纪 60 年代和 70 年代，由于计算和存储资源的匮乏，相关研究的进展较缓慢。低级别的视觉处理受到了广泛的关注，它所用的技术主要来源于信号处理、模式识别以及数据聚类等相关领域。

边缘检测是图像处理中必不可少的第一步，因为它可以减少需要处理的数据量。目前被广泛应用的坎尼边缘检测技术是由约翰·坎尼（Canny, 1986）提出的。马丁、福尔克斯和马利克（Martin, Fowlkes, and Malik, 2004）展示了如何在机器学习框架中对如亮度、纹理和颜色等多种线索进行组合，以更好地找到边界曲线。

与之密切相关的问题——寻找具有一致的亮度、颜色和纹理的区域——自然地给出了一个问题的数学表述，该表述是一个优化问题。相关的 3 个主要例子分别基于杰曼兄弟（Geman and Geman, 1984）提出的马尔可夫随机场、芒福德和沙阿（Mumford and Shah, 1989）提出的变分公式，以及史建波和马利克（Shi and Malik, 2000）提出的归一化切割。

在 20 世纪 60 年代、70 年代和 80 年代的大部分时间里，研究视觉识别有两种不同的模式，它们由对被视为主要问题的不同观点所决定。计算机视觉对物体识别的研究主要集中在三维物体在二维图像上的投影问题上。对齐的概念也是罗伯茨首次提出的，20 世纪 80 年代洛（Lowe, 1987）以及胡滕洛赫尔和厄尔曼（Huttenlocher and Ullman, 1990）的工作让它再次进入人们的视野。

模式识别领域采用了不同的方法，该领域的专家认为问题中三维到二维的投影角度是无关紧要的。他们在光学字符识别和手写邮政编码识别等领域都有令人振奋的成功案例，模式识别在这些领域中主要关注的是学习一类物体的典型变化特征并将其与其他类进行区分。用于图像分析的神经网络架构研究可以追溯到胡贝尔和维泽尔（Hubel and Wiesel, 1962, 1968）对猫与猴子视觉皮层的研究。他们建立了一个关于视觉通路的分层模型，其中大脑中较低级别区域的神经元（特别是称为 V1 的区域）对定向边缘和条带等特征做出反应，较高级别区域的神经元能对更具体的刺激做出反应（卡通版的"祖母细胞"）。

福岛邦彦（Fukushima, 1980）提出了一种用于模式识别的神经网络架构，其灵感主要来源于胡贝尔和维泽尔的分层结构。他的模型中存在简单细胞和复杂细胞的交替层，因此其中引入了下采样，考虑到平移不变性，网络还引入了卷积结构。杨立昆等人（LeCun *et al.*, 1989）做出了进一步的贡献，他利用反向传播来训练这个网络的权重，我们今天所说的卷积神经网络就这样诞生了。各种方法之间的比较，参见（LeCun *et al.*, 1995）。

从 20 世纪 90 年代末开始，随着概率建模和统计机器学习在人工智能领域发挥更大的作用，这两个传统方法之间逐渐达成和解。两条研究路线的贡献都十分卓越。一项关于人脸检测的研究（Rowley *et al.*, 1998; Viola and Jones, 2004）彰显了模式识别技术在十分重要和有用的任务上的威力。

另一种方法立足于点描述符的发展，它能够从物体的一部分构造特征向量（Schmid and Mohr, 1996）。有 3 种主要的方法可以构建一个较好的局部点描述符：第一种方法利用方向来得到照明不变性；第二种方法需要关于某一点附近的图像结构的详细描述，这一描述对于较远的点可以是粗略的；第三种方法需要使用空间直方图来控制由定位点时产生的小误差引起的波动。洛（Lowe, 2004）提出的 SIFT 描述符非常有效地利用了这些思想，另一个流行的变体是达拉尔和特里格（Dalal and Triggs, 2005）提出的 HOG 描述符。

20 世纪 90 年代以及 21 世纪初见证了 SIFT 和 HOG 等智能特征设计的拥护者与认为好的特征应该从端到端的训练中自动产生的神经网络爱好者之间的持续性争论。解决这种争论的方法是使用标准数据集上的基准测试进行比较，在 21 世纪前 10 年，在标准目标检测数据集 Pascal VOC 上的实验结果表明，手工设计的特征更胜一筹。这一情况后来发生了转变，克里扎夫斯基等人（Krizhevsky *et al.*, 2013）表明，在 ImageNet 数据集的图像分类任务中，他们的神经网络（称为 AlexNet）得到的错误率显著地低于当时的主流计算机视觉技术。

AlexNet 成功的秘诀是什么？除技术层面的创新（如使用 ReLU 激活单元）以外，我们还必须重视**大数据**和**大规模计算**。我们所说的大数据是指具可供使用的有类别标签的大数据签的大数据集，如 ImageNet，它为这些具有上百万个参数的大型深层网络提供了训练数据。之前使用的数据集（如 Caltech-101 或 Pascal VOC）没有足够的训练数据，MNIST 和 CIFAR 被计算机界视为"玩具数据集"。这一系列用于基准测试和提取图像统计信息的带标签数据集之所以能被使用，本身就是因为人们希望将他们收集的照片上传到 Flickr 等网站上。GPU 被证实是实现大规模计算的最有用的方式，它是一种最初在电子游戏行业需求的驱动下开发的硬件。

此后的一两年之内，模式识别方法与神经网络方法之间的争论结果就已经逐渐变得很明晰了。例如，吉尔希克等人（Girshick *et al.*, 2016）提出的基于区域的卷积神经网络（RCNN）的工作表明，可以通过利用计算机视觉思想（如区域预测）来修改 AlexNet 架构，从而使得网络在 PASCAL VOC 上实现最先进的目标检测。研究人员也意识到了一点，一般来说，更深层的网络效果更好，人们所描述的对过拟合的恐惧言过其实了。要实现正则化，我们有崭新的方法（如**批量归一化**）。

从多个视角中重建三维结构的方法源于摄影测量学的相关研究。在计算机视觉领域中比较有影响力的早期著作有（Ullman, 1979）和（Longuet-Higgins, 1981）。托马西和卡纳德（Tomasi and Kanade, 1992）的工作大大减轻了人们对三维结构关于扰动的稳定性的担忧，他们的工作表明，通过使用多个框架以及由此产生的较宽基线，我们可以相当精确地恢复出三维形状。

从运动角度研究投影结构是 20 世纪 90 年代引入的一个富有创新性的概念。如福热拉（Faugeras, 1992）所述，在这种情境下我们无须进行摄像头标定。这一发现与芒迪和西塞曼（Mundy and Zisserman, 1992）在物体识别中引入的几何不变量以及科恩德林克和范多恩（Koenderink and Van Doorn, 1991）所发展的运动中的仿射结构有密切联系。

到了 20 世纪 90 年代，随着计算机的计算速度和存储能力的提高以及数字视频的广泛传播应用，运动分析有了许多新的应用场景。在重建算法［例如，德贝夫科等人（Debevec *et al.*, 1996）提出的算法］的引领下，通过计算机图形学技术构建有关真实世界场景的几何模型以及进一步的工作变得尤为火热。哈特利和西塞曼（Hartley and Zisserman, 2000）以及福热拉等人（Faugeras *et al.*, 2001）提供了多视图几何学的详尽论述。

人类可以从一幅图像中感知出形状和空间布局，事实证明，对此进行建模是计算机视觉研究人员面临的一个相当大的挑战。霍恩（Horn, 1970）首次研究了如何从明暗中推断形状。曾有一段时间，人们对此问题做了大量的研究，霍恩和布鲁克斯（Horn and Brooks, 1989）对这一时期的主要论文进行了全面的概述。吉布森（Gibson, 1950）首次提出了把纹理的梯度作为形状的线索。对于轮廓遮挡的数学机制，以及对光滑弯曲物体投影的视觉效果更一般的理解，在很大程度上归功于科恩德林克和范多恩的工作，他们受科恩德林克 *Solid Shape* 一书（Koenderink, 1990）的启发，提出了用途更广泛的处理方法。

近年来，人们把从一幅图像中恢复形状和表面的问题视为一个概率推断问题，在这个问题中，几何线索将不被显式地建模，而是隐式地用在学习框架中。霍耶姆（Hoiem *et al.*, 2007）的工作就是一个很好的例子。最近，这一思想在深层神经网络的框架下再次被研究。

现在我们来讨论一下计算机视觉在动作指导中的应用，第一辆在高速公路上快速行驶的自动驾驶汽车由迪克曼斯和察普（Dickmanns and Zapp, 1987）展示，波默洛（Pomerleau, 1993）使用神经网络方法达到了类似的表现。如今，生产制造自动驾驶汽车已经成为一个大型的商业项目，老牌汽车公司正与百度、巡航、滴滴、谷歌、Waymo、Lyft、MobileEye、Nuro、Nvidia、三星、塔塔、特斯拉、优步等新进入者展开竞争，这些新进入者所能提供的服务包括从辅助驾驶到完全自动驾驶等功能。

对于对人类视觉感兴趣的读者，*Vision Science: Photons to Phenomenology*（Palmer, 1999）提供了最全面的介绍。*Visual Perception: Physiology, Psychology and Ecology*（Bruce, Green, and Georgeson, 2003）是一本篇幅较小的教科书。*Eye, Brain and Vision*（Hubel, 1988）和 *Perception*（Rock, 1984）分别是立足于神经生理学和认知科学的导论。大卫·马尔（David Marr）编写的书《视觉》（*Vision*）（Marr, 1982）为计算机视觉与生物视觉——心理物理学和神经生物学等传统领域的结合发挥了历史性的作用。虽然当时他在书中所述的许多用于处理具体任务的模型（如边缘检测和物体识别）还没有经过时间的考验，但其中包含的从信息、计算和实现层面分析每个任务的理论观点仍然很有启发性。

计算机视觉领域目前最全面的教科书是《计算机视觉：一种现代方法》（*Computer Vision: A Modern Approach*）（Forsyth and Ponce, 2002）和《计算机视觉：算法与应用》（*Computer Vision: Algorithms and Applications*）（Szeliski, 2011）。《计算机视觉中的多视图几何》（*Multiple View Geometry in Computer Vision*）（Hartley and Zisserman, 2000）对计算机视觉中的几何问题做了深入的研究。这些书都是在深度学习革命之前写的，所以要了解最新的成果，请查阅原始文献。

计算机视觉领域有两本主要的期刊，分别是 *IEEE Transactions on Pattern Analysis and Machine Intelligence*（TPAMI）和 *International Journal of Computer Vision*（IJCV）。计算机视觉的会议包括国际计算机视觉会议（International Conference on Computer Vision，ICCV）、计算机视觉与模式识别（Computer Vision and Pattern Recognition，CVPR）和欧洲计算机视觉会议（European Conference on Computer Vision，ECCV）。有关机器学习重要内容的研究也会在NeurIPS 会议上发表，有关计算机图形界面的工作经常在 ACM SIGGRAPH（Special Interest Group in Graphics）会议上发布。许多视觉相关的论文以预出版的形式发布在 arXiv 服务器上，一些最新结果的早期报告也会出现在专业研究实验室的博客上。

第 **26** 章

机器人学

在本章中，智能体被赋予传感器和实体效应器，以便它们在真实世界中四处走动、完成各种任务。

26.1 机器人

机器人是通过操纵真实世界去完成任务的实体智能体。为此，它们配备了像腿、轮子、关节和夹具之类的**效应器**（effector）。效应器用于对环境施加物理力量。这时，会发生一些事情：机器人的状态可能改变（例如，一辆车旋转车轮，促使它在路面上行进），环境的状态可能改变（例如，机械臂使用夹具推动马克杯滑过吧台），甚至连机器人周围的人类的状态都可能改变（例如，外骨骼运动会改变人腿的状态，或移动式机器人向电梯门前进，引起人类的注意并好心地为机器人让路，甚至帮它按下按钮）。

机器人还配备了**传感器**，这使得它们能够感知其所处的环境。目前的机器人使用各种各样的传感器，包括摄像头、雷达、激光和麦克风，以便测量环境和周围人类的状态，而陀螺仪、压力与扭矩传感器和加速度计则用来测量机器人自身的状态。

对机器人来说，最大化地发挥预计的功效意味着选择如何驱动其效应器施加正确的力，也就是能够使状态向积累最多预期奖励的方向变化。最终，机器人会试图在物理世界中完成某些任务。

机器人在部分可观测且随机的环境中运作：摄像头看不到拐角背后，齿轮则可能打滑。此外，在相同环境下人的行动也无法预测，因此机器人需要对其进行预测。

机器人通常将其所处的环境建模为连续状态空间（机器人的位置具有连续的坐标）和连续动作空间（机器人发送到电动机的电流也是以连续单位测量的）。一些机器人运行于高维空间：汽车需要知道其自身和周围智能体的位置、朝向和速度，机械臂有六七个可以相互独立运动的关节，人形机器人则具有数百个关节。

机器人的学习是受约束的，因为真实世界顽固地拒绝比真实时间运行得更快。在模拟环境中，可以使用学习算法（如第 22 章所述的 Q 学习）在几小时内从几百万次试验中学习。在真实环境中，运行这些试验可能需要花掉数年，机器人也无法承担可能导致损害的试验风险（因此也无法从中学习）。因此，将从模拟环境中学到的东西转移到真正的机器人上，也就是**从模拟到现实**的问题，是热门的研究领域。实用的机器人系统需要体现关于机器人的先验知识、物理环境和要执行的任务，以便机器人可以快速学习、安全运行。

机器人综合了我们在本书中所看到的许多概念，包括概率状态估计、感知、规划、无监督学习、强化学习和博弈论。对其中一些概念来说，机器人学在此处的作用是提供一个具有挑战性的应用范例。本章还会引入其他新概念，例如，对于一些我们先前只讲过离散情形的技术，本章中会介绍其连续版本。

26.2 机器人硬件

本书到目前为止采用的一直是智能体架构，即传感器、效应器和处理器，并一直专注于智能体程序。但实际中，成功的机器人对适用于任务的传感器和效应器设计的依赖并不少于智能体程序。

26.2.1 机器人的硬件层面分类

当你想到机器人时，你可能会想象它有一个脑袋和两条胳膊，用腿或轮子移动。这种**拟人机器人**（anthropomorphic robot）在电影《终结者》和动画《杰森一家》这样的虚构作品中十分流行。但真正的机器人有各种各样的外形和大小。

机械手（manipulator）只是机器手臂。它们不需要附加在机器人的身体上，可能只是被螺栓固定在桌面或地板上，就像在工厂里那样（图 26-1a）。一些机械手（如用来组装汽车的机械手）的载荷很大。而另一些机械手（如装在轮椅上用于帮助运动障碍者的机械手，见图 26-1b）不能负重太多，但在人类环境中更安全。

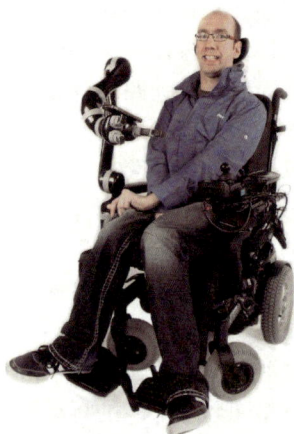

（a）　　　　　　　　　　　　　　　　　（b）

图 26-1 （a）具有定制末端效应器的工业机器人。图片来源：Macor/123RF。（b）安装在轮椅上的 Kinova® JACO® Assistive Robot 机械臂。Kinova 和 JACO 是 Kinova 股份有限公司的商标

移动机器人（mobile robot）使用轮子、腿或螺旋桨在环境中移动。**四旋翼无人机**（quadcopter drone）是一种**无人驾驶航空器**（unmanned aerial vehicle，UAV），**自主水下航行器**（autonomous underwater vehicle，AUV）则在海底漫游。许多移动机器人（如酒店的吸尘机器人或者毛巾递送机器人）只待在室内，并用轮子移动。在室外，则有**自主无人车**（autonomous car），以及甚至能在火星上探索地形的**巡视器**（rover）（图 26-2）。最后，**腿式机器人**（legged robot）用于在轮子无法通行的恶劣地形行动。它的缺点在于，正确地控制腿比转动车轮更具有挑战性。

其他类型的机器人包括假体机器人、外骨骼机器人、有翼机器人、蜂群机器人和全屋就是一个机器人的智能环境。

图 26-2　（a）美国国家航空航天局的好奇号巡视器在火星上自拍。图片来自美国国家航空航天局。（b）Skydio 无人机伴随一家人骑行。图片由 Skydio 提供

26.2.2　感知世界

传感器是机器人与环境之间的感知接口。摄像头之类的**被动传感器**（passive sensor）是环境的真实状态观察者：它们捕获环境中的信号。如声呐之类的**主动传感器**（active sensor）则向环境发送能量，它们依赖能量会反射回传感器这样的规律。主动传感器通常能比被动传感器提供更多信息，但代价是增加能耗，并面临同时使用的多个被动传感器互相干扰的风险。我们也可以根据传感器是用于感知环境、感知机器人位置还是感知机器人的内部配置对其分类。

测距仪（range finder）是用于测量与周围物体距离的传感器。**声呐**（sonar）传感器是发射有向声波的测距仪，当声波被物体反射，部分声波就会回到传感器。返回信号的强度和时间表明与周围物体的距离。声呐是最受欢迎的自主水下航行器，在早期室内机器人中也十分流行。**立体视觉**（stereo vision）（见 25.6 节）依靠多个相机从稍有不同的视角对环境进行成像，分析图像中的视差来计算与周围物体的距离。

对地面移动机器人来说，声呐和立体视觉现在已很少使用，因为它们的精度不够可靠。Kinect 是一种流行的低成本传感器，它结合了相机和结构光投影仪，能够将网格线的形状投射到场景中。摄像头观测网格的弯曲情况，就可以将场景中物体的形状反馈给机器人。根据需要，这种投影可以是红外光，以使其不与其他传感器（如人眼）发生干扰。

大多数地面机器人现在配备有主动光学测距仪。像声呐传感器一样，光学距离传感器发射主动信号（光）并测量信号返回传感器的时间。图 26-3a 展示了一台**飞行时间照相机**（time-of-flight camera）。这台照相机能以最高 60 帧/秒的速度获取图 26-3b 所示的距离成像。无人汽车常常使用**扫描激光雷达**（scanning lidar），lidar 是 light detection and ranging（光探测与测距）的缩写。这是一种发射激光束并感知反射光束的主动传感器，它能够在 100 m 处给出精度小于 1 厘米的距离测量。它们使用复杂精密的镜子或旋转机构来对环境扫射光束，并绘制地图。扫描光雷达在长距离下的性能通常好于飞行时间照相机，在明亮的白天也有较好的性能。

图 26-3 （a）飞行时间照相机。图片由 Mesa Imaging 股份有限公司提供。（b）用该照相机得到的三维距离成像。这种距离成像使机器人检测附近的障碍物和物体成为可能。图片由 Willow Garage 有限责任公司提供

雷达（radar）通常是航空器（自主或非自主）最青睐的距离探测传感器。雷达传感器可以探测以千米计的距离，与光学传感器相比，它的优势在于能够穿透云雾。而近端距离探测则有触觉传感器（tactile sensor），如触须传感器、碰撞板传感器和触敏表皮传感器。这些传感器基于物理接触测量距离，仅用于测量距离机器人非常近的物体。

第二个重要的类别是位置传感器（location sensor）。许多位置传感器使用距离测量技术作为确定距离的首要组成部分。在室外，全球定位系统（global positioning system，GPS）是定位问题最常见的解决方案。GPS 测量与发射脉冲信号的卫星的距离。现在，轨道上有 31 颗正常运行的 GPS 卫星，并有 24 颗 Glonass 卫星。Glonass 是俄罗斯的卫星定位系统。GPS 接收器可以通过分析相移来解算其与卫星的距离。通过对多个卫星使用三角定位法，GPS 接收器可以确定其在地球上的绝对位置，精度可以到米。差分 GPS（differential GPS）需要用到已知其位置的另一个地面接收器，在理想条件下可以提供毫米级定位。

遗憾的是，GPS 无法在室内或水下工作。室内定位通常通过在环境中的已知位置增设信标来实现。许多室内环境布满了无线基站，这有助于机器人通过分析无线信号来定位。在水下，主动声呐信标可以提供位置感知，它使用声音告知 AUV 与信标的相对距离。

第三个重要的类别是本体感受传感器（proprioceptive sensor），它将自身运动告知机器人。要测量机器人关节的确切状态，电动机通常配有轴编码器（shaft encoder），它能够精确测量轴的运动角度。在机械臂上，轴编码器有助于追踪关节位置。在移动机器人上，轴编码器报告轮子的旋转以便于计程（odometry），也就是测量行进距离。遗憾的是，轮子会漂移并打滑，因此计程只在短距离移动时才比较精确。像风力、洋流这样的外力会增加位置的不确定性。惯性传感器（inertial sensor），如陀螺仪等，通过依靠质量对速度变化的抗性来减小这种不确定性。

机器人状态的其他重要方面使用力传感器（force sensor）和扭矩传感器（torque sensor）来测量。当机器人处理确切尺寸未知的易碎物体时，这些传感器是不可或缺的。想象一吨重的机械臂在拧紧灯泡。它很容易就会用力过猛而弄碎灯泡。力传感器使机器人能够感知它用了多大的力来握灯泡，扭矩传感器则使机器人能够感知它用了多大的力来旋转。高级的传感器可以在 3 个平移方向和 3 个旋转方向上测量力的大小。它们能够以每秒几百次的频率进行测量，因

此,机器人可以快速检测到不希望出现的力并在捏碎灯泡前对其动作进行纠正。不过,为机器人配备高端传感器和足以监控它们的计算能力则又是一个难题。

26.2.3 产生运动

使效应器运动的机械装置叫作**执行器**(actuator),其中包括变速箱、齿轮、电缆和链接。最常见的执行器是**电动执行器**(electric actuator),它使用电力来旋转电动机。它们大多用于需要旋转运动的系统,如机械臂的关节。**液压执行器**(hydraulic actuator)使用加压的液压液(如油或水),而**气动执行器**(pneumatic actuator)则使用压缩气体来产生机械运动。

执行器常用于移动关节,关节则连在机器人固定的主体或其他活动连接物上。手臂和腿就有这样的关节。**旋转关节**(revolute joint)的一个连接物相对于另一个连接物旋转。而**平移关节**(prismatic joint)的一个连接物沿着另一个连接物滑动。这些都是单轴关节(只有一个运动轴)。其他类型的关节包括球形关节、柱状关节和平面关节,这些都属于多轴关节。

机器人使用夹具与环境中的物体交互。最简单的夹具是**平行钳夹具**(parallel jaw gripper),它有两根"手指"和一个执行器,该执行器能够合拢两根手指来抓住物体。由于结构简单,这种效应器让人又爱又恨。三指夹具提供稍高的灵活性,却不失简洁性。所有夹具中最复杂的是仿人(拟人)手。例如,Shadow 灵巧手(Shadow Dexterous Hand)总共有 20 个执行器。这为复杂的操作(包括掌上动作操控,想想拿起手机并在手中对其进行旋转,使其右端向上)提供了更多的自由度,但这种自由度是有代价的——学会控制这些复杂的夹具更困难。

26.3 机器人学解决哪些问题

我们已经知道机器人硬件是什么样子了,现在可以考虑驱动这些硬件以实现我们的目标的智能体程序了。首先,我们需要确定这个智能体的计算框架。我们已经讨论了确定性环境下的搜索、随机但完全可观测环境下的 MDP、部分可观测环境下的 POMDP 以及在智能体并非单独行动情形下的博弈。给定一个计算框架,我们需要实现其要素——奖励或效用函数、状态、动作、观测空间等。

我们已经讲过,机器人学问题是非确定性的、部分可观测的以及多智能体的。使用第 18 章的博弈论概念,我们可以看到,有时候智能体之间是合作的,而有时候是竞争的。在只能容纳一个智能体先通过的狭窄走廊中,机器人和人类会因为都想确保不会撞到对方而协作。但在一些情况下,它们也可能有一些竞争,以更快到达目的地。如果机器人太过于礼貌而不停让路,它就可能卡在拥挤的环境中而无法到达目的地。

因此,当机器人在已知环境中单独行动时,它们要解决的问题可以形式化为 MDP;当它们缺失了某些信息时,问题就会变成 POMDP;当它们在人类附近行动时,问题常常可以用博弈来形式化。

在这种形式化下,机器人的奖励是什么?通常,机器人的动作是为人类服务,例如,为医院的患者送餐是为了得到患者的奖励,而非机器人自身的奖励。在大多数机器人学的问题设定下,即使机器人设计者可能试着确定了足够好的代理奖励函数,真正的奖励函数也隐藏在机器人试图帮助的用户之中。机器人要么需要理解用户的需求,要么需要依赖工程师确定对用户需求的估计。

对于机器人的动作、状态和观测空间,最常见的形式是,观测就是原始的传感器反馈(例如，来自摄像头的图像，或激光雷达收到的反射的激光），动作就是发送到电动机的原始电流，而状态就是机器人决策所需的知识。这就意味着，在底层感知与电动机控制和机器人要做出的顶层规划之间，存在巨大的鸿沟。要填平这个鸿沟，机器人科学家分离问题的不同层面以对其进行简化。

例如，我们知道，当我们恰当地求解 POMDP 时，感知与动作会进行交互：感知告知智能体哪些动作有道理，而当智能体采取动作收集到对未来时刻有价值的信息时，也会告知感知。但机器人往往从动作中剥离感知，消耗掉感知的输出并假装自己在未来不会再收集到任何新信息。另外，我们还需要分层规划，因为像"去咖啡馆"这样的顶层目标与"旋转主轴 1°"这样的电动机指令相去甚远。

在机器人学中，我们往往需要 3 级层次。**任务规划**（task planning）层级为高层级动作确定规划或策略，有时也称为原始动作或子目标，如移动到门口、打开门、走到电梯、按下按钮等。随后**运动规划**（motion planning）层级负责找到使机器人从一个点到另一个点的路径，完成每个子目标。最后，**控制**（control）层级用于使用机器人的执行器完成规划的运动。由于任务规划层级通常定义在离散的状态和动作之上，因此本章将主要介绍运动规划和控制。

分别地，**偏好学习**（preference learning）负责估计最终用户的目标，而**人类预测**（people prediction）则用于预测机器人环境中其他人类的动作。它们一同确定机器人的行为。

当我们将问题分解为不同部分来降低其复杂度时，同时就放弃了各部分互相促进的可能。动作可以有助于改善感知，也能确定哪种感知是有用的。类似地，运动层级做出的决策在考虑到如何追踪这一运动时可能不是最佳选择，或在任务层级做出的决策可能使任务规划在运动层级无法实现。因此，在各个层级分别取得的进展也带来对其进行重新整合的迫切需要：同时进行运动规划和控制，同时进行任务规划和运动规划，重新整合感知、预测和动作，也就是使反馈形成循环。现在的机器人学注重在各个领域取得进展，并在进展之上实现更好的整合。

26.4 机器人感知

感知是机器人将传感器测得的数据映射到环境的内部表示的过程。这一过程用到第 25 章讲述的很多计算机视觉技术。但机器人学的感知还必须处理其他类型的传感器，如光雷达和触觉传感器。

感知很难，因为传感器有噪声，而环境是部分可观测的、不可预测的，并且往往是动态的。也就是说，机器人面临着 14.2 节所述的**状态估计**（或**滤波**）的所有问题。通常来说，机器人的良好内部表示有 3 个性质。

- 它们具有能使机器人进行良好决策的足够信息。
- 它们是结构化的，进而可以高效更新。
- 它们自然而直观，也就是说，内部变量对应真实世界中的自然状态变量。

在第 14 章，我们知道卡尔曼滤波器、HMM 以及动态贝叶斯网络可以表示转移以及部分可观测环境的传感器模型，我们也阐述了更新**信念状态**（也就是环境状态变量的后验分布）的精确和近似算法。一些用于这一过程的动态贝叶斯网络模型在第 14 章进行了展示。对于机器人学问题，我们将机器人自身的过往动作作为模型中的已观测变量。图 26-4 展示了本章所使用的记法：X_t 是环境（包括机器人在内）在时刻 t 的状态，z_t 是在时刻 t 接收到的观测值，而 A_t 是在接收到观测值后采取的动作。

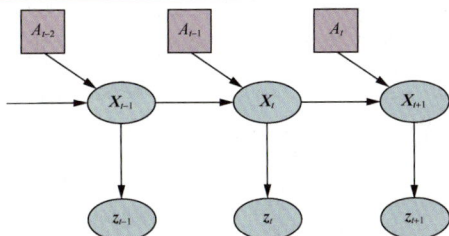

图 26-4 机器人感知可以看作动作和测量序列的时序推断，如本动态决策网络所示

我们想从当前信念状态 $P(X_t|z_{1:t}, a_{1:t-1})$ 和新观测 z_{t+1} 计算新的信念状态 $P(X_{t+1}|z_{1:t+1}, a_{1:t})$。我们在 14.2 节做过同样的事，但此处有两个区别：我们以动作和观测作为条件，并处理连续变量而非离散变量。这样，我们修改 14.2.1 节的递归滤波方程［式（14-5）］来使用积分而非求和：

$$P(X_{t+1}|z_{1:t+1}, a_{1:t}) = \alpha P(z_{t+1}|X_{t+1}) \int P(X_{t+1}|x_t, a_t) P(x_t|z_{1:t}, a_{1:t-1}) \mathrm{d}x_t \qquad （26-1）$$

该式表明状态变量 X 在时刻 $t+1$ 的后验概率是由前一时刻的对应估计递归算出的。这个计算需要先前的动作 a_t 和当前的传感器测量 z_{t+1}。例如，如果我们的目标是开发足球机器人，X_{t+1} 可能包含足球与机器人的相对位置。后验概率 $P(X_t|z_{1:t}, a_{1:t-1})$ 是所有刻画了我们从已有传感器测量和控制所得到的信息的状态的概率分布。式（26-1）告诉我们如何递归地估计这一位置：通过逐渐地加入传感器测量（如摄像头图像）和机器人运动指令。概率 $P(X_{t+1}|x_t, a_t)$ 称为**转移模型**或**运动模型**（motion model），而 $P(z_{t+1}|X_{t+1})$ 是**传感器模型**。

26.4.1 定位与地图构建

定位（localization）是找出东西在哪里的问题，包括找到机器人本身。简单起见，我们考虑在平坦的二维世界中的移动机器人。我们假设机器人已知该环境的精确地图。（图 26-7 就展示了这样的一种地图。）这种移动机器人的位姿使用它的两个值为 x 和 y 的笛卡儿坐标及其值为 θ 的朝向定义，如图 26-5a 所示。如果我们将其写作向量中的 3 个值，则任意特定状态可以由 $X_t = (x_t, y_t, \theta_t)^\top$ 给出。这些东西目前看起来不错。

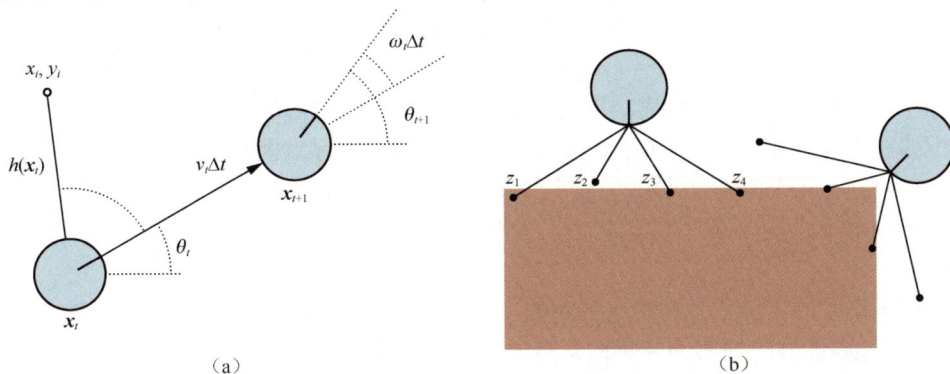

(a)　　　　　　　　　　　　　　(b)

图 26-5 （a）移动机器人的简化运动模型。机器人用圆表示，圆内的半径线表示机器人的前进方向。状态 x_t 包括位置 (x_t, y_t) 和方向角 θ_t。新状态 x_{t+1} 通过位置的更新 $v_t\Delta t$ 和方向的更新 $\omega_t\Delta t$ 取得。在 (x_t, y_t) 处还显示了一个在时刻 t 观测到的地标。（b）距离扫描传感器模型。对于给定的距离扫描（z_1, z_2, z_3, z_4），我们展示了两种可能的机器人位姿。左边的位姿生成该距离扫描的可能性远大于右边

在运动学近似中，每个动作包含两个"瞬时"速度——平移速度 v_t 和旋转速度 ω_t。对于很小的时间间隔 Δt，这种机器人的一个粗略的确定性运动模型由下式给出：

$$\hat{X}_{t+1} = f(X_t, \underbrace{v_t, \omega_t}_{a_t}) = X_t + \begin{pmatrix} v_t \Delta t \, \cos\theta_t \\ v_t \Delta t \, \sin\theta_t \\ \omega_t \Delta t \end{pmatrix}$$

符号 $\hat{X}$ 表示确定性状态预测。当然，真实的机器人在某种程度上来说不可预测。这通常使用均值为 $f(X_t, v_t, \omega_t)$、协方差为 Σ_x 的高斯分布建模。（附录 A 介绍了数学定义。）

$$P(X_{t+1} \mid X_t, v_t, \omega_t) = \mathcal{N}(\hat{X}_{t+1}, \Sigma_x)$$

这个概率分布是机器人的运动模型。它对运动 a_t 对机器人位置的影响建模。

接下来，我们需要一个传感器模型。我们要考虑两种传感器模型。第一种模型假设传感器探测的是环境中稳定的、可辨认的特征，这称为地标（landmark）。机器人报告每个地标的距离和方位。假设机器人的状态为 $x_t = (x_t, y_t, \theta_t)^\top$，它感知到一个位置已知为 $(x_i, y_i)^\top$ 的地标。在没有噪声的情况下，距离和方位的预测可以用简单的几何学计算（见图 26-5a）：

$$\hat{z}_t = h(x_t) = \begin{pmatrix} \sqrt{(x_t - x_i)^2 + (y_t - y_i)^2} \\ \arctan\dfrac{y_i - y_t}{x_i - x_t} - \theta_t \end{pmatrix}$$

同样，噪声会使测量失真。为简单起见，假设噪声服从协方差为 Σ_z 的高斯分布，则传感器模型为

$$P(z_t \mid x_t) = \mathcal{N}(\hat{z}_t, \Sigma_z)$$

距离传感器的传感器阵列（sensor array）使用有所不同的传感器模型，每个传感器与机器人有固定的方位角。这些传感器产生一个距离值向量 $z_t = (z_1, \cdots, z_M)^\top$。

给定位姿 x_t，令 $\hat{z}_j$ 为 x_t 中沿着第 j 个波束方向算得的与障碍物的最近距离。如前所述，它会被高斯噪声干扰。通常，我们假设不同波束的误差是独立同分布的，因此有

$$P(z_t \mid x_t) = \alpha \prod_{j=1}^{M} e^{-(z_j - \hat{z}_j)/2\sigma^2}$$

图 26-5b 展示了一个例子，它包含四波束距离扫描和两个可能的机器人位姿，其中一个很有可能产生了观测到的扫描结果，而另一个则没有。比较距离扫描模型与地标模型，我们看到距离扫描模型好在不需要在呈现距离扫描结果前识别地标。实际上，在图 26-5b 中，机器人面对一面没有特征的墙。但是，如果有可见的、可识别的地标，这些地标就能很快给出定位。

14.4 节描述了卡尔曼滤波器，它将信念状态用单个多元高斯分布表示，而粒子滤波器则用一系列对应状态的粒子表示信念状态。大多数定位算法使用其中一个来表示机器人的信念 $P(X_t \mid z_{1:t}, a_{1:t-1})$。

使用粒子滤波的定位称为蒙特卡罗定位（Monte Carlo localization，MCL）。MCL 算法是图 14-17 中的粒子滤波算法的实例。我们只需提供合适的运动模型和传感器模型即可。图 26-6 展示了其中的一个版本，它使用距离扫描传感器模型。算法的操作如图 26-7 所示，其中机器人试图找出它在办公大楼中的位置。第一张图片中，根据先验概率，粒子均匀分布，代表机器人位置的全局不确定性。第二张图片中，第一组测量值抵达，粒子在高后验信念的区域堆积。第三张图中，充足的测量数据使粒子全部位于一个位置。

function Monte-Carlo-Localization $(a, z, N, P(X'|X, v, \omega), P(z|z^*), map)$ **returns** 下一时间步的样本集S
　inputs: a，机器人速度v以及ω
　　　　z，M个距离扫描数据点的向量
　　　　$P(X'|X, v, \omega)$，运动模型
　　　　$P(z|z^*)$，距离传感器噪声模型
　　　　map，环境的二维地图
　persistent: S，N个样本的向量
　local variables: W，N个权重的向量
　　　　　　　　S'，N个样本的临时向量

　if S为空 **then**
　　for $i=1$ **to** N **do** 　// 初始化阶段
　　　$S[i] \leftarrow P(X_0)$的样本
　　for $i=1$ **to** N **do** 　　// 更新循环
　　　$S'[i] \leftarrow P(X'|X=S[i], v, \omega)$的样本
　　　$W[i] \leftarrow 1$
　　　for $j=1$ **to** M **do**
　　　　$z^* \leftarrow$ RayCast$(j, X=S'[i], map)$
　　　　$W[i] \leftarrow W[i] \cdot P(z_j|z^*)$
　　　$S \leftarrow$ Weighted-Sample-With-Replacement(N, S', W)
　　return S

图 26-6　使用有独立噪声的距离扫描传感器模型的蒙特卡罗定位算法

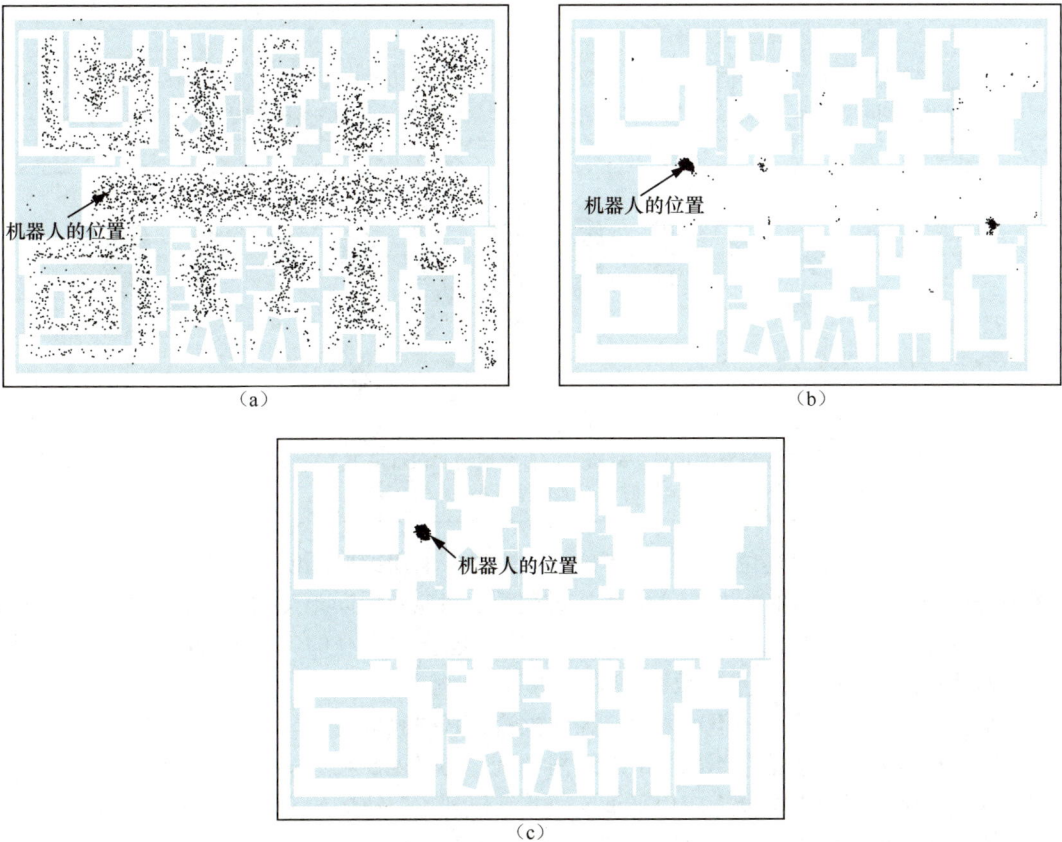

（a）

（b）

（c）

图 26-7　蒙特卡罗定位，这是一种用于移动机器人定位的粒子滤波算法。（a）起初，全局具有不确定性。（b）在导航到（对称的）走廊后形成近似双峰的不确定性。（c）在进入到特定的房间后形成单峰不确定性

卡尔曼滤波是定位的另一种主要方式。一个卡尔曼滤波器表示一个高斯分布的后验概率 $P(X_t \mid z_{1:t}, a_{1:t-1})$。高斯分布的均值为 μ_t，协方差为 Σ_t。高斯信念的主要问题是它仅在线性运动模型 f 和线性测量模型 h 下闭合。对于非线性的 f 和 h，更新滤波器的结果通常不符合高斯分布。因此，使用卡尔曼滤波器的定位算法**线性化**了运动模型和传感器模型。线性化是用线性函数对非线性函数的局部近似。图 26-8 展示了线性化一个（一维）机器人运动模型的概念。左图描述了非线性运动模型 $f(\boldsymbol{x}_t, a_t)$（动作变量 a_t 在图中省略，因为它不影响线性化）。右图函数被近似为线性函数 $\tilde{f}(\boldsymbol{x}_t, a_t)$。该线性函数选择了 f 在 μ_t 处的切线，即我们在时刻 t 的平均状态估计。这种线性化叫作一阶**泰勒展开**（Taylor expansion）。通过泰勒展开来线性化 f 和 h 的卡尔曼滤波器叫作**扩展卡尔曼滤波器**（extended Kalman filter，EKF）。图 26-9 展示了运行扩展卡尔曼滤波定位算法的机器人的一系列估计。

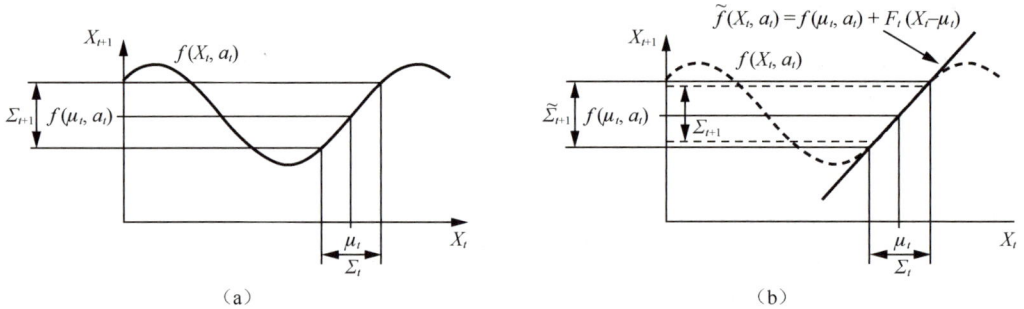

图 26-8　线性化运动模型的一维图示：（a）函数 f 以及均值 μ_t 和协方差区间（基于 Σ_t）在时刻 $t+1$ 的投影。（b）线性化后的函数表示 f 在 μ_t 处的切线。均值 μ_t 的投影是正确的，而协方差的投影 $\tilde{\Sigma}_{t+1}$ 则与 Σ_{t+1} 不同

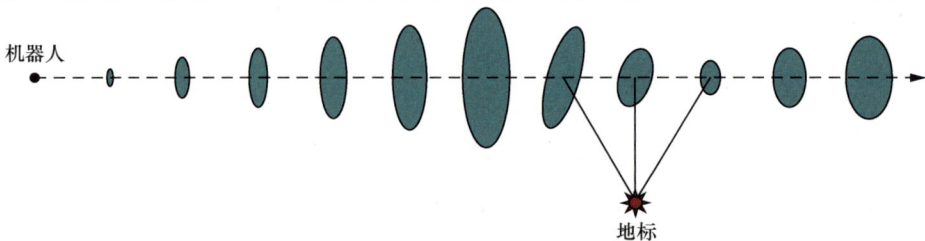

图 26-9　使用扩展卡尔曼滤波器的定位。机器人沿直线运动。在行进中，它位置的不确定性增加，如误差椭圆所示。当它观测到位置已知的地标时，不确定性减小

当机器人运动时，对其位置估计的不确定性增加，如误差椭圆所示。当它感应到相对已知位置的地标的距离和方位时，其误差减小，而在看不到地标后误差又增大。如果地标很容易识别，则 EKF 算法效果很好。否则，后验概率分布可能会是多峰的，如图 26-7b 所示。需要知道地标的信息是图 15-3 讨论过的**数据关联**问题的一个例子。

在某些情况下，环境地图不可取得。因此机器人必须获取地图。这有点像先有鸡还是先有蛋的问题：机器人必须根据它不太了解的地图导航，同时还要在不知道自己的确切位置时构建地图。这一问题对于很多机器人应用很重要，并且得到了广泛的研究。这一领域叫作**同时定位与地图构建**（simultaneous localization and mapping，SLAM）。

许多不同的概率方法解决了 SLAM 问题，包括上述的扩展卡尔曼滤波器。使用 EFK 很直接：只需扩展状态向量，纳入环境中地标的位置即可。幸运的是，EKF 更新规模是二次增长

的，因此对小型地图来说（如几百个地标），计算是相当可行的。更复杂的地图常使用图松弛方法获得，类似于第 13 章讨论的贝叶斯网络推断。期望最大化也常用于 SLAM。

26.4.2 其他感知类型

并非所有的机器人感知都涉及定位或地图构建。机器人也感知温度、气味、声音等。这些数值中的大部分可以用某种动态贝叶斯网络来估计。这种估计器所需的仅仅是刻画状态变量随时间变化的条件概率分布，以及描述测量数据与状态变量关系的传感器模型。

将机器人规划为反应型智能体而无须显式地对状态的概率分布进行推理也是可以的，我们将在 26.9.1 节对此进行介绍。

机器人学的趋势明显朝着有良定义的语义的表示的方向发展。概率技术在许多困难的问题（如定位和地图构建）上的表现超过了其他方法。不过，统计方法有时候过于不便，在实际中更简单的解决方案可能同样有效。要确定采取哪种方法，最好的办法是在真正的机器人上亲自实践。

26.4.3 机器人感知中的监督学习与无监督学习

机器学习在机器人感知中扮演着重要的角色，当最佳的内部表示未知时尤其如此。一个常见的方法是用无监督机器学习方法将高维传感器流映射到低维空间（见第 19 章）。这种方法称为**低维嵌入**（low-dimensional embedding）。机器学习使从数据中学习传感器模型和运动模型，并同时发现合适的内部表示成为可能。

另一种机器学习方法使机器人能够连续地适应传感器测量数据中的重大变化。拍下你自己从阳光照射的地方走进霓虹灯照明的昏暗的房间的样子。显然，室内的东西更暗。但光源的改变同时改变了颜色：霓虹灯光的绿色分量比阳光的绿色分量更强。但我们出于某些原因，并不能发觉这种变化。如果我们与别人一同进入霓虹灯光照明的房间，我们并不会认为他们的脸突然变绿了。我们的感知快速地适应了新的光照条件，我们的大脑忽略了这种不同。

适应性感知技术使机器人能够根据这种变化进行调节。图 26-10 展示了一个例子，它来自自动驾驶领域。此处，一辆无人地面车辆的分类器适应了"可行驶表面"的概念。它的原理是什么？机器人使用激光为分类器提供机器人面前的一小片区域。如果这片区域被激光测距扫描视为平整的，则它就用作"可行驶表面"概念的训练正样本。类似于第 20 章讨论的 EM 算法的混合高斯技术随后被训练用于识别这一小块样本的特定颜色和纹理系数。图 26-10 中的图像是对整个图像应用这种分类器的结果。

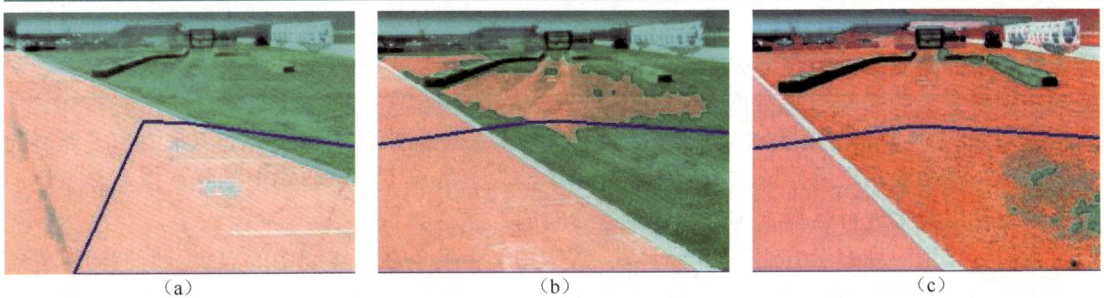

(a)   (b)   (c)

图26-10　使用适应性视觉取得的一系列"可行驶表面"分类。(a)只有路面被分类为可行驶的(粉色区域)。蓝色的 V 形线表示车辆的行驶方向。(b)车辆被迫驶离路面，分类器开始将部分草地分类为可行驶的。(c)车辆更新了它的可行驶表面模型，以将草地视作路面。图片由 Sebastian Thrun 提供

使机器人自己收集训练数据（和标签）的方法叫作自监督（self-supervised）。这个例子中，机器人使用机器学习来让对地形分类很有效的短距传感器变得能够看得更远。这就使机器人能开得更快，只在传感器模型表明此处有需要用短距传感器更仔细地检查的地形时才减速。

26.5   规划与控制

机器人的思考最终会落实到决定如何移动，也就是从抽象的任务层级一直落实到发送到电动机的电流。本节中，为简化问题，我们假设感知（以及预测，如果有必要）已经给定，那么世界变为可观测的。我们还假设世界具有确定性的转移（动态）。

我们先将运动从控制中分离。我们将路径定义为机器人（或机器人部件，如手臂）将遵循的几何空间中的一系列点。这涉及第 3 章的概念，但此处我们的意思是空间中的一系列点，而非一系列离散动作。找出良好路径的任务叫作运动规划。

有了路径以后，我们执行一个动作序列来跟踪这条路径称为轨迹跟踪控制（trajectory tracking control）。一条轨迹是一条路径中每个点具有对应时间的路径。一条路径只会说"从 A 到 B 到 C"之类的东西，而一条轨迹则会说"从 A 开始，用 1 秒到达 B，再用 1.5 秒到达 C"，以此类推。

26.5.1   构形空间

假设一个简单的机器人 $\mathcal{R}$ 的形状为直角三角形，如图 26-11 左下角的淡紫色三角形所示。机器人需要规划路径来躲避一个矩形障碍物 $\mathcal{O}$。机器人在其中移动的空间叫作工作空间（workspace）。这个机器人可以在 xy 平面朝任意方向移动，但不能旋转。图 26-11a 展示了机器人的 5 个可能位置（用虚线表示），它们都与障碍物尽可能地接近。

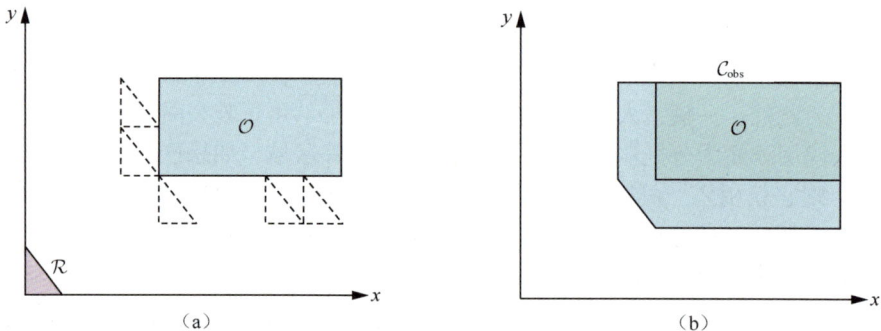

图 26-11   一个可以平移的简单机器人，它需要躲避矩形障碍物。（a）工作空间，（b）构形空间

机器人的身体可以用点 (x, y) 或点 (x, y, z)（对三维空间机器人来说）的点集表示，障碍物也一样。在这种表示之下，躲避障碍物意味着机器人上的点不与障碍物上的任何点重叠。运动规划需要在点集上进行运算，这是很复杂且费时的。

我们可以用一种表示方法来简化计算，其中用一个抽象多维空间中的点表示所有构成机器人的点，我们称之为构形空间（configuration space），或 C 空间（C-space）。思路是，构成机器人的点集是可以计算的，只要我们知道机器人的基本尺寸数据（对这里的三角形机器人来说，三边的长度就可以了）以及机器人的当前位姿，也就是其位置与朝向。

对这里的三角形机器人来说，二维 C 空间就足够了：如果我们知道机器人上某个点的 (x, y)

坐标（这里用它的直角顶点），就可以算出三角形的所有其他点的位置（因为我们知道三角形的大小和形状，且三角形不能旋转）。在图 26-11 的左下角，淡紫色三角形可以用构形 (0, 0) 表示。

如果我们改变规则，使机器人可以旋转，则我们需要 3 个维度——(x, y, θ)，以便于计算每个点的位置。这里的 θ 是机器人在平面上的旋转角度。如果机器人具有拉伸自己的能力，能够根据缩放因子 s 均匀地变大，则 C 空间就会有 4 个维度，即 (x, y, θ, s)。

现在我们仅使用简单的二维 C 空间，且机器人不可旋转。接下来的任务是估计 C 空间中障碍物所在的点的位置。考虑图 26-11 左图所示的 5 个虚线三角形，注意每个三角形中直角顶点的位置。然后想象三角形能够滑动的所有位置。显然，直角顶点不能进入障碍物内部，也不可能比图示的 5 个虚线三角形中的顶点更接近障碍物。因此，你可以发现直角顶点无法到达的区域（也就是 **C 空间障碍物**）就是图 26-11 右图所示的五边形，用 $\mathcal{C}_{\mathrm{obs}}$ 表示。

在日常语言中，我们提及机器人所面对的障碍物时，指的是桌子、椅子或者墙。但数学概念稍微简单一点，前提是我们将这些障碍物想象成恰好具有各个不连通分量的单个"障碍物"。大体上来说，C 空间障碍物就是 $\mathcal{C}$ 中所有点 q 的集合，使得如果将机器人放置于这个构形中，其工作空间几何位置就会与工作空间中的障碍物位置相交。

令工作空间中的障碍物为点集 O，并令在构形 q 中机器人上的所有点的集合为 $\mathcal{A}(q)$，则 C 空间障碍物定义为

$$C_{\mathrm{obs}} = \{q : q \in C \text{ 且 } \mathcal{A}(q) \bigcap O \neq \{\}\}$$

且**自由空间**（free space）为

$$C_{\mathrm{free}} = C - C_{\mathrm{obs}}$$

对有活动部件的机器人来说，C 空间则更有趣。考虑图 26-12a 所示的二连杆机械臂。它被用螺栓固定在桌子上，因此基座不会移动，但它的手臂有两个独立运动的关节——我们称之为**自由度**（degree of freedom，DOF）。活动关节改变了肘部、夹具和手臂上所有点的 (x, y) 坐标。手臂的构形空间是二维的，即 $(\varphi_{\mathrm{shou}}, \varphi_{\mathrm{elb}})$，其中 φ_{shou} 是肩关节的角度，φ_{elb} 则是肘关节的角度。

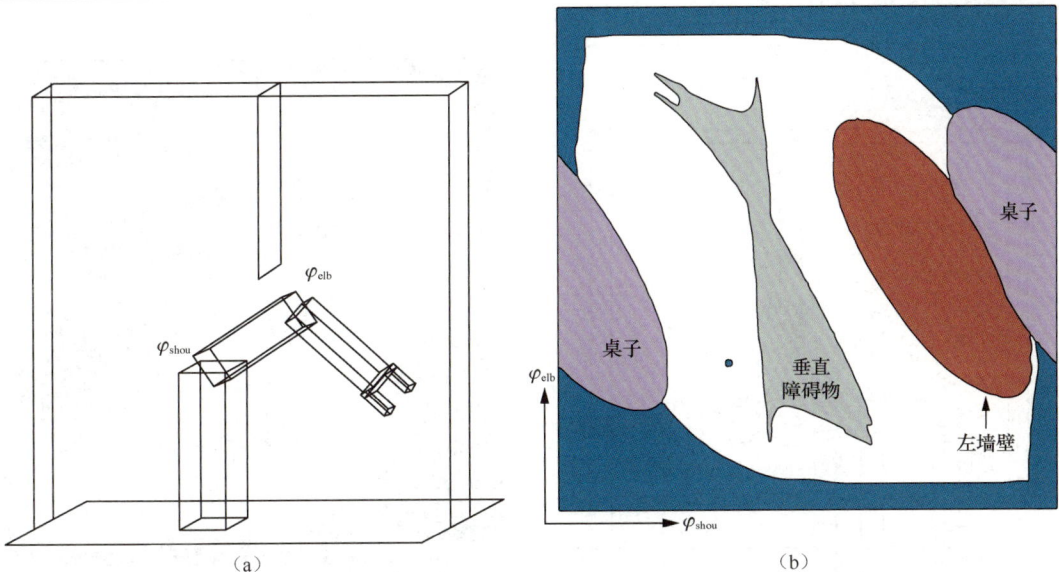

图 26-12（a）有两个自由度的机械臂的工作空间表示。工作空间是一个盒子，其中扁平障碍物悬挂在天花板上。（b）同一个机器人的构形空间。只有空间中的白色区域是没有碰撞的构形。图中的点对应左图所示的机器人构形

知道我们的二连杆机械臂的构形意味着我们可以通过简单的三角几何确定机械臂上每个点的位置。一般来说,**正向运动学**(forward kinematics)映射是函数

$$\phi_b : C \to W$$

它以一个构形作为输入并输出该构形下机器人上特定点 b 的位置。机器人的终端效应器 ϕ_{EE} 的正向运动学映射特别有用。特定构形 q 下机器人上的所有点的集合使用 $\mathcal{A}(q)$ ($\mathcal{A}(q) \subset W$) 表示:

$$\mathcal{A}(q) = \bigcup_b \{\phi_b(q)\}$$

而反向问题是将机器人上的点需要处于的位置映射到机器人需要处于的构形。这称为**逆向运动学**(inverse kinematics):

$$IK_b : x \in W \mapsto \{q \in C \, 受限于约束 \, \phi_b(q) = x\}$$

有时逆向运动学映射不仅需要输入位置,还需要输入所需的朝向。例如,当我们想让机械手抓住一个物体时,我们可以算出需要其夹具所处的位置和朝向,并使用逆向运动学来确定该机器人的目标构形。随后规划器需要找出在不触碰障碍物的情况下使机器人从当前构形变成目标构形的方法。

工作空间中的障碍物常被描述为简单的几何形式——特别是在倾向于关注于多边形障碍物的机器人学教科书中。但这些障碍物在构形空间中是什么样子?

对二连杆机械臂来说,工作空间中的简单障碍物(如一条垂直的线)在 C 空间中具有非常复杂的形状,如图 26-12b 所示。上色不同的区域对应机器人工作空间的不同障碍:围绕整个自由空间的深色区域对应机器人与自身碰撞的构形。容易看出肩关节或肘关节角度的极端取值会导致这种违规情况。机器人两边的两个椭圆形区域对应安装机器人的桌子,另一个圆形区域对应左边的墙。

最后,构形空间中最有趣的物体是从天花板上垂下来阻碍机器人运动的障碍物。这个物体在构形空间中的形状很好玩:它高度非线性,有些地方甚至是凹的。做一点点想象,读者就能明白夹具在左上端时的形状。

我们鼓励读者暂停一下来研究这幅图。C 空间中障碍物的形状一点也不直观! 图 26-12b 中的点标出了图 26-12a 中机器人的构形。图 26-13 描述了另外 3 个构形,它们都同时绘制在了工作空间和构形空间中。在构形 conf-1 中,夹具正在抓垂直障碍物。

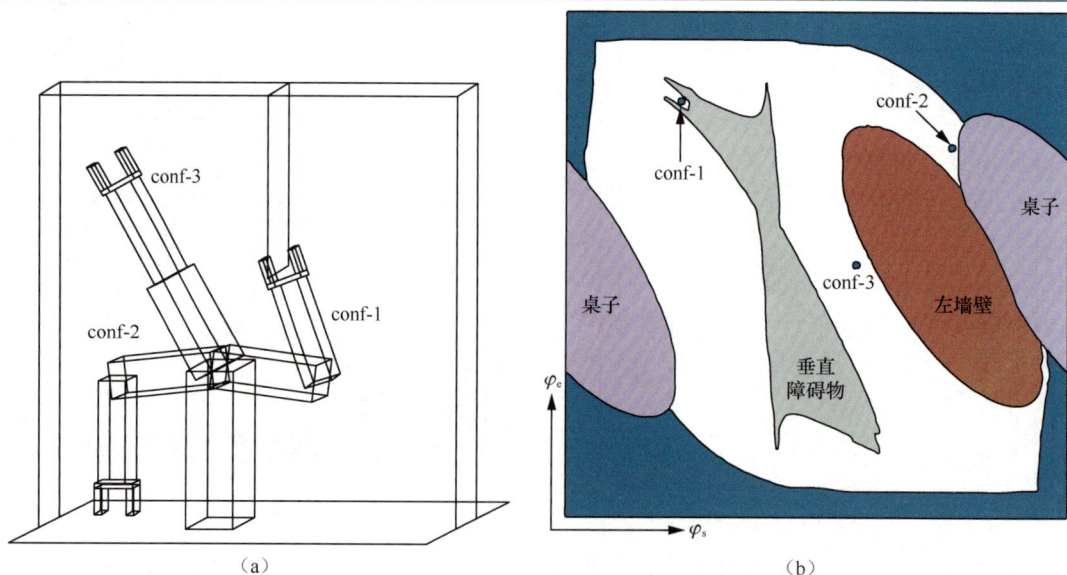

图 26-13   工作空间和构形空间中的 3 个机器人构形

我们看到，即使机器人的工作空间使用了平整多边形表示，自由空间的形状仍然可以非常复杂。因此，在实际中，人们通常探查构形空间，而非显式地构建空间。规划器可能会生成一个构形，并通过运用机器人运动学来测试它是否在自由空间中，然后再在工作空间坐标中检查是否有碰撞。

26.5.2 运动规划

运动规划（motion planning）问题就是在不与障碍物发生碰撞的前提下，找出使机器人从一种构形变为另一种构形的规划。这是运动与操纵的基本组成要素。26.5.4 节将讨论如何在复杂动力学中完成这件事，例如，如果你转弯太快，打方向可能导致汽车滑出路径。目前，我们只专注于简单的运动规划问题，找出不会碰撞的几何路径。运动规划是经典的连续状态**搜索问题**，但常常可以离散化其空间，并应用第 3 章的搜索算法。

运动规划问题有时称为**搬钢琴问题**（piano mover's problem）。它得名于搬运者纠结于如何将一架很大的、形状不规则的钢琴从一个房间搬运到另一个房间并且不磕碰到任何东西。对于运动规划问题，我们有如下约定：

- 一个工作空间——世界 W，对平面来说是 $\mathbb{R}^2$，或对三维世界来说是 $\mathbb{R}^3$；
- 一个障碍物区域 $O \subset W$；
- 一个具有构形空间 C、点集为 $A(q)$（其中 $q \in C$）的机器人；
- 一个起始构形 $q_s \in C$；
- 一个目标构形 $q_g \in C$。

障碍物区域包括 C 空间障碍物 C_{obs} 以及其对应的自由空间 C_{free}，如 26.5.2 节所述。我们需要找到一个贯穿自由空间的连续**路径**。我们使用参数化的曲线 $\tau(t)$ 来表示路径，其中 $\tau(0) = q_s$，$\tau(1) = q_g$，t 在 0 到 1 之间的 $\tau(t)$ 则是 C_{free} 中的某个点。也就是说，t 参数化了我们从起点到目标沿着路径行进了多远。注意，t 的作用类似于时间，因为当 t 增加时，在路径上的距离也增加，但 t 始终是区间 [0, 1] 上的一点，并且不使用秒来度量。

有很多方法会使运动规划问题更复杂：将目标设定为可能构形的集合而非单个构形；将目标定义在工作空间而非 C 空间；定义一个需要最小化的代价函数（如路径长度）；满足一些约束条件（例如，如果路径中需要运送一杯咖啡，则需要确保咖啡杯始终朝上以免弄洒咖啡）。

运动规划的空间：我们后退一步来确保我们理解了运动规划中的空间。首先，有工作空间，或世界 W。W 中的点是普通三维世界中的点。然后，我们有构形空间 C。C 中的点 q 是 d 维的，d 是机器人的自由度数量，并映射到 W 中的点集 $A(q)$。最后，有一个路径空间。路径空间是一个函数空间。空间中的每一个点映射到一条贯穿 C 空间的曲线。这个空间是 ∞ 维的！直观上看，路径上的每一个构形需要 d 维，而路径上构形的数量与数轴上区间 [0, 1] 中点的数量一样多。现在我们考虑求解运动规划问题的一些方法。

1. 能见度图

对有二维构形空间和多边形 C 空间障碍物的简化情形来说，**能见度图**（visibility graph）是求解运动规划问题的一种很简便的方法，它可以确保求出路径最短的解。令 $V_{obs} \subset C$ 为构成 C_{obs} 的顶点集，并令 $V = V_{obs} \cup \{q_s, q_g\}$。

我们在顶点集 V 上构建一个图 $G = (V, E)$，其边 $e_{ij} \in E$ 连接顶点 v_i 和顶点 v_j，如果连接这两个点的线段无碰撞，也就是说，$\{\lambda v_i + (1-\lambda)v_j : \lambda \in [0,1]\} \bigcap C_{obs} = \{\}$，我们就说两个顶点"能够看到对方"，"能见度"图也得名于此。

要解决运动规划问题，我们要做的是在图 G 上以 q_s 为起始状态，以 q_g 为目标状态运行离散图搜索（如最佳优先搜索）。图 26-14 中我们可以看到一张能见度图以及一个最优的有 3 步的解。能见度图上的最优搜索始终能给出最优路径（如果存在），或报告搜索失败（如果不存在这样的路径）。

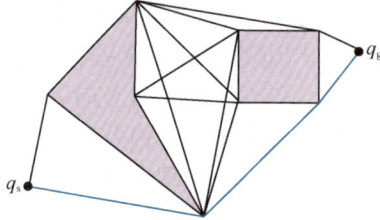

图 26-14　一张能见度图。每个能够相互"看到"的顶点都用线段连接，也就是不穿过障碍物的线段。最短路径必然在这些线段上

2. 沃罗伊图式

能见度图促使路径直接与障碍物相接——如果你绕过桌子去门口，最短路径就是尽可能地贴着桌子。然而，如果运动或感知是非确定性的，你就有撞到桌子的风险。解决这一问题的一种方法是假设机器人的身体比其实际大小要大一些，以此设定一个缓冲区。另一种方法是认为路径长度并非需要我们优化的唯一度量。26.8.2 节展示了如何从人类行为样本中学到一个良好的度量。

第三种方法则使用了另一种技术，它使路径尽可能地远离障碍物，而非紧挨着它们。沃罗伊图式（Voronoi diagram）是一种能够使我们办到这件事的表示。为理解沃罗伊图式的概念，考虑一个空间，其中障碍物为平面上的十几个点。我们为每一个障碍物点绘制一个区域（region），每个区域由所有距离这个障碍物点比距离其他障碍物点更近的点构成。这样，这些区域就划分了平面，如图 26-15 所示。沃罗伊图解由区域的集合构成，而沃罗伊图（Voronoi graph）则由区域中的顶点和边构成。

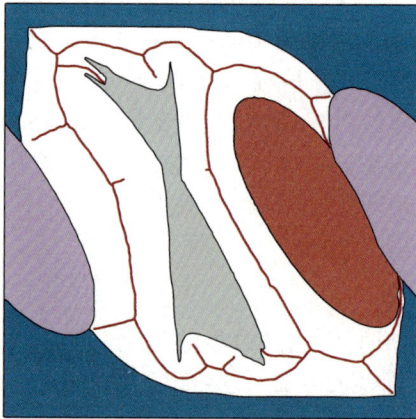

图 26-15　沃罗伊图式展示了构形空间中与周围两个或多个障碍物等距的点的集合（红色线）

当障碍物为区域而非点时，做法基本相同。每个区域仍然包含所有距离一个障碍物比另一个障碍物更近的点，其中，距离是到障碍物上最近的点的距离。区域之间的边界仍然对应于与两个障碍物等距的点，但现在边界可能是曲线而非直线。在高维空间计算这些边界的代价极高。

要求解运动规划问题，我们用直线连接起始点 q_s 和沃罗诺伊图上距其最近的点，并对目标点 q_g 也进行同样的操作。然后使用离散图搜索来找到图上的最短路径。对于类似于室内走廊导航的问题，它能够给出一条沿着走廊中间行驶的漂亮的路径。然而，在室外情况下，它会产生低效的路径，例如，为了保持在一个开阔的空间的中间行驶，它会不必要地走一些弯路。

3. 单元分解

运动规划的另一种方法是离散化 C 空间。**单元分解**（cell decomposition）方法将自由空间分解为有限数量的相邻区域，称为单元。这些单元旨在使单个单元内的路径规划问题可以用简单方法（如沿直线移动）解决。因此，路径规划问题变为离散图搜索问题（像能见度图和沃罗诺伊图一样），在单元序列中找到路径。

将空间划分为大小均匀的网格是一种最简单的单元分解。图 26-16a 展示了空间的方形网格分解，以及一条在这一网格大小下最优的解路径。（这些值可以使用图 17-6 所示的 VALUE-ITERATION 算法的确定性形式计算。）图 26-16b 展示了手臂在对应的工作空间的轨迹。当然，我们还可以使用 A^* 算法来找出最短路径。

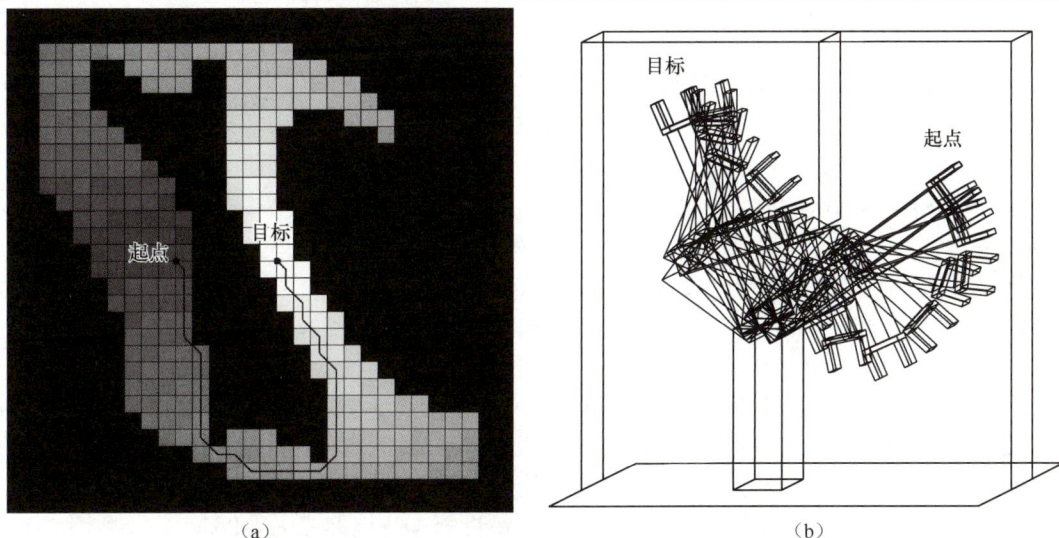

图 26-16 （a）为构形空间的网格单元近似找到的价值函数和路径。（b）相同路径在工作空间坐标中的可视化。注意机器人是如何弯曲肘部来避免与垂直障碍物发生碰撞的

这种网格分解的好处在于它很容易实现，但它有 3 点局限性。首先，它只能用于低维构形空间，因为网格的数量随维数 d 呈指数级增长。（这就是维度诅咒。）其次，经过离散状态空间的路径不总是平滑的。我们在图 26-16a 中看到，路径的斜线部分是锯齿形的，因此机器人很难准确地跟踪这条路径。机器人可以试着平滑解路径，但这很难。最后，存在如何处理"混合"单元（也就是既不完全在自由空间中又不完全在被占用空间中的单元）的问题。包含这种单元的解路径可能不是真正的解，因为可能不存在安全穿过这个单元的路径。这就会导致路径

规划器不可靠。此外，如果我们坚持只使用完全自由的单元，规划器就会是不完备的，因为唯一能够到达目标的路径可能通过混合单元——它可能是宽度足够机器人通过的走廊，但走廊被混合单元覆盖。

这个问题的第一种解决方法是进一步细分混合单元，如使其为原先的一半大小。这种方法可以迭代使用，直到找到的路径完全在自由单元中。这种方法很有效，并且是完备的，前提是存在一种确定给定单元是混合单元的方法，但这仅在构形空间的边界具有简单数学描述的情形下才容易做到。

这里要注意的一个重点是，单元分解并不一定需要显式地表示障碍物空间 C_{obs}。我们可以通过使用碰撞检查器（collision checker）来决定是否纳入一个单元。这是运动规划中的一个重要概念。碰撞检查器是构形与障碍物碰撞时映射到 $\gamma(q)$，否则映射到 0 的函数。检查某个特定构形是否产生碰撞比显式地构建整个障碍物空间 C_{obs} 容易得多。

检查图 26-16a 的解路径，我们可以发现另一个必须解决的难题。这条路径包含毫无修饰的锋利拐角，但真正的机器人具有动量，不能瞬间改变方向。这个问题可以通过对每个网格单元存储确切的状态（位置和速度）来解决，而这些状态在搜索到达该单元时取得。进一步地，假设在向周围网格单元传播信息时，我们以连续状态为基础，并应用机器人运动模型来进入邻近单元。这样我们就不会采用 90° 急转弯，而会采用符合运动法则的圆角转弯。我们现在可以确保产生的轨迹是平滑的，能够被机器人真正执行。混合 A*（hybrid A*）是一种实现这个目标的算法。

4. 随机运动规划

随机运动规划在构形空间的随机分解上进行图搜索，而非在均匀单元分解上。其核心思路是采样一个随机点集，如果点之间有简单的无碰撞到达方式（如直线），就在它们之间创建边；然后就可以在这张图上进行搜索。

概率路线图（probabilistic roadmap，PRM）算法运用了这一思路。我们假设能够使用碰撞检查器 γ 和能快速返回 q_1 到 q_2 的路径（或失败）的简单规划器（simple planner）$B(q_1, q_2)$。这个简单规划器不是完备的——它可能返回失败，即使确实存在一个解。它的作用是快速地尝试连接 q_1 和 q_2 并使主算法知道是否成功。我们要使用它来定义两个顶点之间是否存在一条边。

算法从采样 q_s 和 q_m 之外的 M 个里程碑——C_{free} 中的点开始。它使用拒绝采样，其中构形被随机采样并使用 γ 进行检查，直到找出 M 个里程碑。接下来，算法使用简单规划器来尝试连接每对里程碑。如果简单规划器返回成功，则这对里程碑之间的边被加入图中；否则，图不发生变化。我们尝试连接每个里程碑到它的 k 个最近邻（我们称之为 k-PRM），或到半径为 r 之内的所有里程碑。最后，算法在这张图上搜索从 q_s 到 q_g 的路径。如果没有找到路径，则再采样 M 个里程碑添加到图中，并重复这一过程。

图 26-17 展示了找出了两个构形之间路径的路线图。PRM 不完备，但它们是所谓概率完备的——只要存在路径，它们最终就会找到路径。直觉上，这是因为它会一直采样更多的里程碑。PRM 在高维构形空间中的性能仍然很好。

PRM 在多查询规划（multi-query planning）中也十分流行。多查询规划中，在同一个 C 空间中存在多个运动规划问题。通常，机器人到达目标后，立刻就会被要求到达同一个工作空间内的另一个目标。PRM 很有用，因为机器人可以预先花时间构建路线图，并在多次查询中利用这张图。

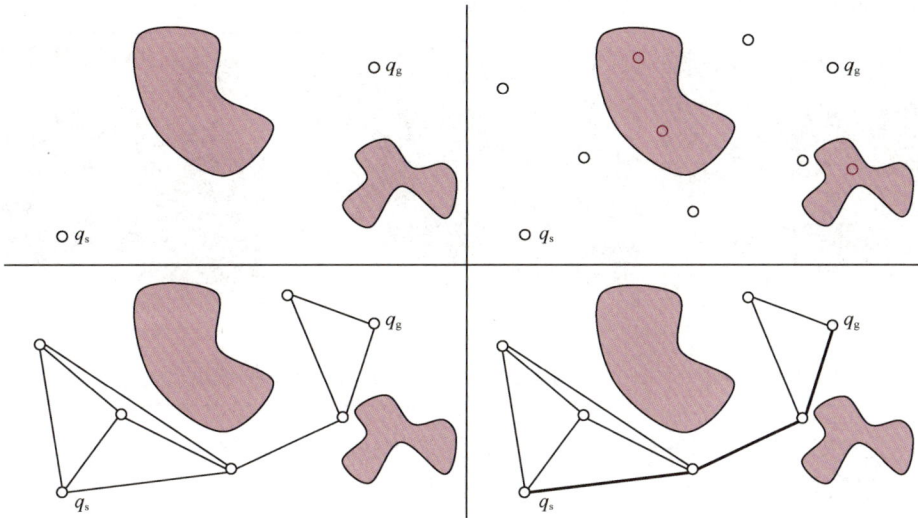

图 26-17　概率路线图（PRM）算法。**左上**：起点构形与目标构形。**右上**：采样 M 个无碰撞里程碑（此处 $M = 5$）。**左下**：将每个里程碑与其 k 个最近邻连接（此处 $k = 3$）。**右下**：在产生的图中找出从起点到目标的最短路径

5. 快速探索随机树

PRM 的一个扩展称为**快速探索随机树**（rapidly-exploring random tree，RRT），它在单查询规划中十分流行。我们逐渐地构建两棵树，一棵以 q_s 为根节点，另一棵以 q_g 为根节点。选择随机里程碑，并尝试将每个里程碑连接到现有的树上。如果一个里程碑同时连接到了两棵树，就意味着已经找到了解，如图 26-18 所示。如果没有这样的连接，则算法找到每棵树上最近的点，并将一条指向该里程碑的、长度为 δ 的边加入树中。这能使树的生长趋向于空间中先前没有探索过的区域。

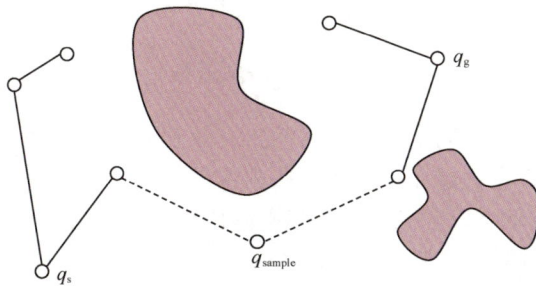

图 26-18　双向 RRT 算法通过渐增地将每个样本连接到每棵树上最近的节点（如果可以连接）构建了两棵树（一棵从起点开始，另一棵从目标开始）。如果一个样本同时连接到了两棵树，就代表我们已经找到了一条解路径

机器人学家很喜欢 RRT 的易用性。然而，RRT 的解往往不是最优的，且缺乏平滑性。因此，RRT 常常需要在后面附加一个后处理步骤。最常见的一种后处理是"走捷径"，它随机地选择解路径上的一个顶点并通过（用简单规划器）连接其相邻节点来删除这个节点。在计算时间允许的情况下，这一步骤被尽可能多地重复。即便如此，轨迹仍可能看起来不太自然，因为

我们选择了位置随机的里程碑，如图 26-19 所示。

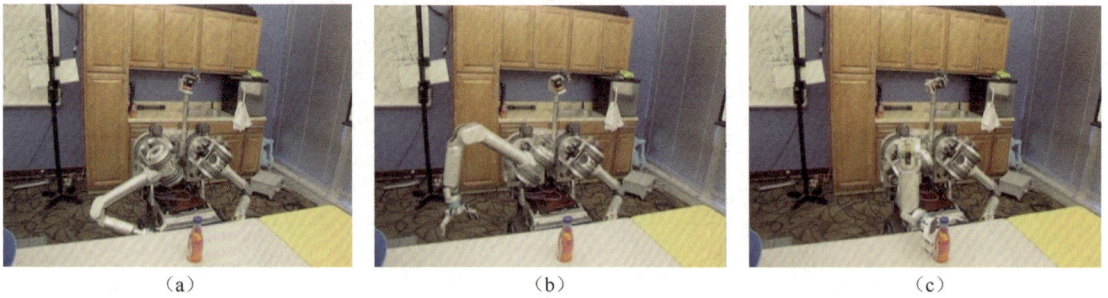

（a）　　　　　　　　（b）　　　　　　　　（c）

图 26-19　RRT 生成并经过"走捷径"后期处理的截图。图片由 Anca Dragan 提供

RRT[*] 是 RRT 的一个修改版，它使算法逼近最优：解在越来越多的里程碑采样中近似最优。其核心思路是根据到达代价的概念来选择最近邻，而非仅仅是与里程碑的距离。它还对树进行重连：当连接到新里程碑时，如果改变已有节点的父节点能使从新里程碑到达它们的代价更小，则交换这些父节点。

6. 用于运动学规划的轨迹优化

随机采样算法往往首先构建一条复杂但可行的路径，然后对其进行优化。轨迹优化则相反：它从简单但不可行的路径开始，然后修改轨迹来避免碰撞。它的目标是找到一条能优化路径的代价函数[①]的路径。也就是说，我们想最小化代价函数 $J(\tau)$，其中 $\tau(0) = q_s$，$\tau(1) = q_g$。

J 称为**泛函**（functional），因为它是函数的函数。J 的参数是 τ，τ 本身就是一个函数：$\tau(t)$ 以区间 [0, 1] 内的点为输入，并将其映射到一个构形。标准的代价函数在机器人运动的两个方面（避免碰撞和效率）进行权衡：

$$J = J_{obs} + \lambda J_{eff}$$

其中，效率 J_{eff} 测量路径的长度，也可以用来测量平滑性。定义效率的一种简便方式是使用平方，它对 τ 的一阶导数的平方进行积分（我们稍后来看它为何能对短路径进行激励）：

$$J_{eff} = \int_0^1 \frac{1}{2}\|\dot{\tau}(s)\|^2 ds$$

对于障碍物项，假设我们可以计算从任意点 $x \in W$ 到最近障碍物的边的距离 $d(x)$。在障碍物外部时这一距离为正，在边缘上时为 0，在内部时为负。这叫作**有符号的距离场**（signed distance field）。我们现在就可以定义工作空间中的代价场了，我们称其为 c，它在障碍物内部具有大代价，并在紧挨着障碍物的外部具有小代价。有了代价之后，我们可以使工作空间中的点讨厌处于障碍物内部，且不喜欢紧挨着障碍物（以免像能见度图一样始终贴着障碍物的边缘）。当然，我们的机器人不是工作空间中的点，因此我们还需要做一些事——考虑机器人身体上的所有点 b：

$$J_{obs} = \int_0^1 \int_b c(\underbrace{\phi_b(\tau(s))}_{\in W}) \, \|\frac{d}{ds}\underbrace{\phi_b(\tau(s))}_{\in W}\| \, db \, ds$$

这称为**路径积分**（path integral）——它不仅在路径上对身体上的每个点的 c 进行积分，还乘以

---

① 机器人学家喜欢最小化代价函数 J，但在人工智能的其他领域，我们试图最大化效用函数 U 或者奖励函数 R。

导数以使代价对路径的重计时保持不变。想象一个扫过代价场的机器人在移动时累积代价。无论机器人在场内移动得多快或多慢，它都必须积累到完全相同的代价。

求解上述优化问题并找出路径的最简单的办法是梯度下降法。如果你想知道如何求泛函关于函数的梯度，变分法可以帮助你。它对如下形式的泛函来说很简单：

$$J[\tau] = \int_0^1 F(s, \tau(s), \dot{\tau}(s)) \mathrm{d}s$$

它是仅依赖参数 s、函数在 s 处的值以及函数在 s 处的导数的函数的积分。这种情况下，**欧拉-拉格朗日方程**（Euler-Lagrange equation）表明其梯度为

$$\nabla_\tau J(s) = \frac{\partial F}{\partial \tau(s)}(s) - \frac{\mathrm{d}}{\mathrm{d}t}\frac{\partial F}{\partial \dot{\tau}(s)}(s)$$

如果我们仔细察看 J_{eff} 和 J_{obs}，它们都遵循这种形式。特别地，对于 J_{eff}，我们有 $F(s, \tau(s), \dot{\tau}(s)) = \|\dot{\tau}(s)\|^2$。为便于理解，我们仅计算 J_{eff} 的梯度。我们看到 F 对 $\tau(s)$ 没有直接依赖，因此公式的第一项为 0，剩余部分为

$$\nabla_\tau J(s) = 0 - \frac{\mathrm{d}}{\mathrm{d}t}\dot{\tau}(s)$$

因为 F 关于 $\dot{\tau}(s)$ 的偏导数为 $\dot{\tau}(s)$。

注意我们在定义 J_{eff} 时是如何化简问题的——它是导数的简单二次函数（我们甚至在前面乘以 1/2 以便 2 可以轻松地约去）。实际中，你会在优化中看到很多这样的技巧，其中的技艺不仅在于选择如何优化代价函数，还在于选择能够很容易优化的代价函数。对梯度进行简化，有

$$\nabla_\tau J(s) = -\ddot{\tau}(s)$$

现在，由于 J_{eff} 是二次的，因此将梯度设为 0 就能给出在不需要处理障碍物时的解。一次积分后，我们就能获得一阶导数，它应当是一个常数；再次积分后，我们得到 $\tau(s) = as + b$，其中 a 和 b 由端点 $\tau(0)$ 和 $\tau(1)$ 确定。对于 J_{eff}，最优路径是从起点到目标的直线。如果我们不需要担心障碍物，它确实是从一点到另一点最高效的路径。

当然，附加的 J_{obs} 才是制造困难的那一项，我们就不在此处推导其梯度了。机器人通常将其路径初始化为直线，它常常会直接穿过一些障碍物。随后它会计算当前路径的代价的梯度，然后梯度用于使路径远离障碍物（图 26-20）。注意，梯度下降只能产生局部最优解——就像爬山法一样。像模拟退火（4.1.2 节）这样的方法可以用于探索，以使找到的局部最优更可能是足够好的解。图 26-21 展示了经过轨迹优化后躲避障碍物的任务。

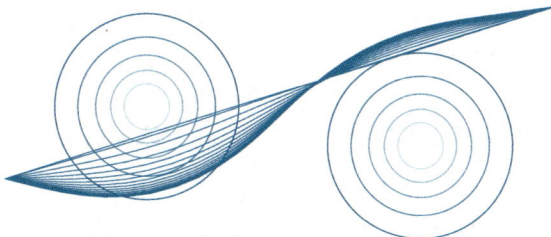

图 26-20　运动规划的轨迹优化。两个点状障碍物周围的圆形带上代价下降。优化器从直线轨迹开始，逐渐使路径远离障碍物以避免碰撞，进而找出通过代价场的最短路径

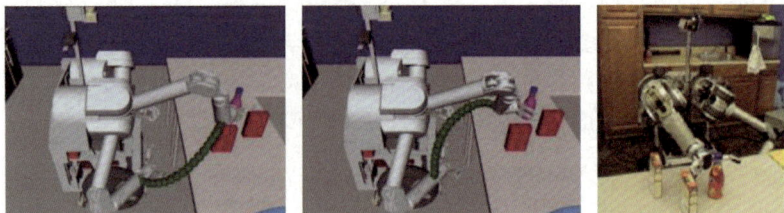

图 26-21   用轨迹优化器解决了伸手抓住瓶子的任务。左图：为末端效应器绘制的初始轨迹。中图：优化后的最终轨迹。右图：目标构形。图片由 Anca Dragan 提供，见（Ratliff *et al.*, 2009）

26.5.3   轨迹跟踪控制

我们已经介绍了如何规划运动，但没有讨论如何真正地移动，也就是将电流传送给电动机来产生扭矩，进而使机器人移动。这属于**控制理论**的领域，它在人工智能中的重要性越来越大。要解决的问题主要有两个：如何将路径的数学描述转换为真实世界中的一系列动作（开环控制），以及如何确保我们在轨迹范围内（闭环控制）。

开环跟踪中，从构形到扭矩：路径 $\tau(s)$ 给出了构形。机器人在 $q_s = \tau(0)$ 处从静止开始移动。此后机器人的电动机会将电流转换为扭矩，以形成运动。但机器人的扭矩要以什么为目标才能使它到达 $q_g = \tau(1)$？

这就需要引入**动力学模型**（dynamics model）（或转移模型）的概念。我们可以给模型一个函数 f 来计算扭矩对构形的作用。还记得物理学中的 $F = ma$ 吗？扭矩中也有类似的东西，形式为 $u = f^{-1}(q, \dot{q}, \ddot{q})$，其中 u 为扭矩，$\dot{q}$ 为速度，$\ddot{q}$ 为加速度。[①] 如果机器人位于构形 q 并具有速度 $\dot{q}$，施加扭矩 u，就会造成加速度 $\ddot{q} = f(q, \dot{q}, u)$。元组 $(q, \dot{q})$ 为**动态状态**（dynamic state），因为它涉及速度，而 q 则是**运动学状态**（kinematic state），它不足以准确计算要施加的扭矩。f 是 MDP 中以扭矩作为动作时，动态的确定性动力学模型。f^{-1} 是**逆动力学**（inverse dynamics）模型，它告诉我们如果我们需要特定的加速度来改变速度进而改变动态，需要施加多大的扭矩。

现在我们可以简单地将 $t \in [0, 1]$ 考虑成尺度为从 0 到 1 的"时间"，并使用逆动力学选择扭矩：

$$u(t) = f^{-1}(\tau(t), \dot{\tau}(t), \ddot{\tau}(t)) \tag{26-2}$$

假设机器人始于 $(\tau(0), \dot{\tau}(0))$。尽管在实际中情况没这么简单。

在不考虑速度和加速度的情况下，路径 τ 是点的序列。如果这样，路径可能不满足 $\dot{\tau}(0) = 0$（机器人初始速度为 0），甚至不满足 τ 是可导的（更不用说二阶导数）。另外，终点"1"的含义不清楚：它代表多少秒呢？

实际中，在我们考虑跟踪一条参考路径之前，我们通常对其进行**重计时**，也就是将其转换为一个把某个时长 T 的区间 $[0, T]$ 映射到构形空间 C 中的点的轨迹 $\xi(t)$。重计时比你想象的要难，但它有近似方法，例如，选定一个最大速度和加速度，并使用加速到最大速度并尽可能长时间地保持该速度，随后减速到 0 的配置。假设我们可以这样做，式（26-2）就可以重写为

$$u(t) = f^{-1}(\xi(t), \dot{\xi}(t), \ddot{\xi}(t)) \tag{26-3}$$

即使从 τ 变成了实际轨迹 ξ，用于施加扭矩的式（26-3）——称为**控制律**——在实际中还是有一个问题。回想 21.8.3 节，你可能就猜到是什么问题了。该式在 f 很精确的时候没有问题，但实际情况并不是这样的：在实际系统中，我们没办法精确地测量质量和惯性，f 可能也无法恰

---

① 此处我们省略了 f^{-1} 的细节，它涉及质量、惯性、重力以及科里奥利力和离心力。

当地考虑到像电动机中的**静摩擦力**（趋向于阻止静止表面相互运动的摩擦力，也就是使它们黏在一起）这样的物理现象。因此，当机械臂根据错误的 f 开始施加扭矩时，误差就会累积，你就会越来越偏离参考路径。

机器人可以用控制过程来避免误差累积。控制过程查看机器人自认为其所处的位置，并将其与它想要处于的位置进行比较，然后施加扭矩来最小化误差。

施加反比于观测误差的扭矩的控制器称为比例控制器，或简称为 **P 控制器**。计算这个力的公式为

$$u(t) = K_P\left(\xi(t) - q_t\right)$$

其中，q_t 为当前构形，K_P 为代表控制器增益因子（gain factor）的常数。K_P 刻画控制器纠正实际位置 q_t 和预期位置 $\xi(t)$ 之间偏差的能力。

图 26-22a 阐释了比例控制器可能产生的问题。当发生偏差时（不论是由于噪声还是由于机器人的施力限制），机器人提供一个大小与偏差成比例的反向力。直觉上，这似乎挺有道理，因为偏差应当使用反向的力来补偿，以使机器人回到正轨。然而，如图 26-22a 所示，比例控制器会导致机器人施力过大，超过了所预期的路径并来回抖动。这是由于机器人的自然惯性：机器人回到参考位置后仍然具有速度，因此不能瞬间停止。

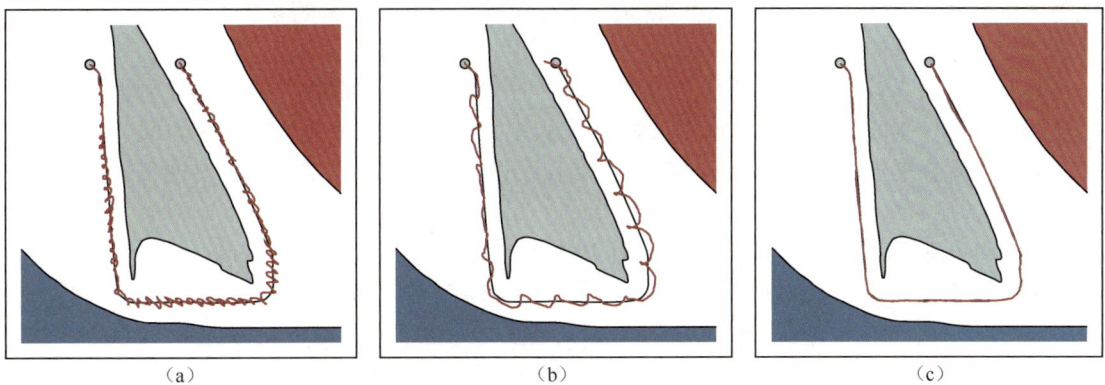

图 26-22　使用不同方式控制机械臂：（a）增益因子为 1.0 的比例控制。（b）增益因子为 0.1 的比例控制。（c）比例分量增益因子为 0.3，微分分量为 0.8 的比例微分控制。所有情形下，机械臂都试图遵循平滑的路径线，但在（a）和（b）中，机械臂明显偏离了路径

图 26-22a 中，参数 $K_P = 1$。乍看起来，我们可能会认为选择较小的 K_P 值，让机器人较缓慢地接近预期的路径就可以纠正问题。遗憾的是，情况并非如此。图 26-22b 展示了 $K_P = 0.1$ 的轨迹，它仍然表现出振荡行为。低增益参数值有用，但并没有完全解决问题。实际上，在没有摩擦力的情况下，P 控制器本质上就是弹簧法则，因此它会沿着固定的目标位置不停振荡。

有很多控制器优于简单的比例控制法则。如果较小的扰动会使机器人和参考信号之间形成有限的误差，则这个控制器就是**稳定的**。如果在遭受这样的扰动后，控制器能够回到并保持在其参考路径上，则它是**严格稳定的**。P 控制器似乎是稳定的，但不是严格稳定的，因为它无法停留在参考路径附近。

在我们这个领域中，实现严格稳定的最简单的控制器是 **PD 控制器**。字母"P"还是代表比例，而"D"代表微分。PD 控制器由下式描述：

$$u(t) = K_P(\xi(t) - q_t) + K_D(\dot{\xi}(t) - \dot{q}_t) \tag{26-4}$$

如上式所述，PD 控制器为 P 控制器附加了一个微分分量，给 $u(t)$ 增加了一个与随时间产生的误差 $\xi(t)-q_t$ 的一阶导数成比例的项。这一项的作用是什么？一般而言，微分项会抑制所控制的系统。要明白这一点，考虑一个误差随时间快速变化的情况，正如在上述的 P 控制器中出现的情况。这个误差的导数会反作用于比例项，它会减少对扰动的总体响应。不过，如果相同的误差一直存在且保持不变，导数就会消失，比例项就会主导控制权。

图 22-6c 展示了对机械臂运用这种 PD 控制器的结果，其增益参数 $K_P = 0.3$，$K_D = 0.8$。显然，最终的路径平滑多了，且没有显示出任何明显的振荡。

但 PD 控制器也有不管用的时候。具体来说，PD 控制器可能无法将误差降到零，即使在没有外部扰动的情况下。这种情况通常是系统受到没有建模的外力导致的。例如，一辆自动驾驶汽车在倾斜的表面行驶会发现它被整体地捜向一边。机械臂的磨损和老化也会导致类似的系统性误差。这种情况下，就需要通过比例反馈来使误差接近 0。解决这一问题的方法是给控制律增加第三项，它基于误差在时间上的积分：

$$u(t) = K_P(\xi(t)-q_t) + K_I \int_0^t (\xi(s)-q_s)\,ds + K_D(\dot{\xi}(t)-\dot{q}_t) \qquad (26\text{-}5)$$

此处的 K_I 是第三个增益参数；$\int_0^t (\xi(s)-q_s)\,ds$ 项计算误差在时间上的积分，这一项的作用是纠正参考信号和实际状态的长期偏差。因此，积分项确保控制器不会表现出系统性的长期误差，尽管它有造成振荡的可能。

具有所有这 3 项的控制器叫作 **PID 控制器**（比例积分微分控制器）。PID 控制器在工业上广泛用于各种控制问题。可以对这 3 项做如下理解：比例，离路径越远就越努力回到路径；微分，如果误差在增加就更加努力地尝试回到路径；积分，如果你长期没有取得进步就更加努力地尝试。

介于基于逆动力学的开环控制和闭环 PID 控制之间的是**计算扭矩控制**（computed torque control）。我们计算模型认为所需的扭矩，但使用比例误差项对模型不精确的部分进行补偿：

$$u(t) = \underbrace{f^{-1}(\xi(t),\dot{\xi}(t),\ddot{\xi}(t))}_{\text{前馈}} + \underbrace{m(\xi(t))(K_P(\xi(t)-q_t) + K_D(\dot{\xi}(t)-\dot{q}_t))}_{\text{反馈}} \qquad (26\text{-}6)$$

第一项称为**前馈分量**（feedforward component），因为它预测机器人需要去哪里并计算可能需要的扭矩。第二项称为**反馈分量**（feedback component），因为它将动态的现有误差反馈给控制律。$m(q)$ 是构形 q 下的惯性矩阵——不同于一般的 PD 控制，增益随系统的构形改变而改变。

规划与策略

我们回头来确保我们理解了本章目前的内容与我们在第 3 章、第 17 章、第 21 章中学到的内容的类比。我们考虑机器人学中的运动实际上是在考虑隐含 MDP 模型，其状态为动态状态（构形和速度），动作为控制输入（通常是扭矩的形式）。如果我们再看一下上述的控制律，就会发现它们是策略而非规划——它们告诉机器人在任意它可能处于的位置上应当采取什么动作。不过它们一般远非最优策略。由于动态状态是连续的，且是高维度的（像动作空间一样），因此最优策略在计算上很难取得。

我们在此处的做法是分解问题。首先在简化的状态和动作空间中想出一个规划：我们仅使用运动学状态，并在不考虑隐含的动力学的情况下，假设这些状态是可以从其他状态到达的。这是运动规划，它给我们一个参考路径。如果我们完全了解动力学，就可以用式（26-3）将其转换为一个用于原始状态和动作空间的规划。

但由于动力学模型通常有误差，因此我们将其转换为试图遵循规划的策略——当偏离路径时回到路径。为此，我们用两种方式引入了次优性：首先通过不考虑动力学情况下的规划，其次通过假设如果我们偏离了规划，最优动作是返回原始规划。26.5.4 节将介绍直接在动态状态上计算策略的方法，而非分离它们。

26.5.4 最优控制

除使用规划器创建运动学路径并在之后只考虑系统动力学的做法之外，我们还能同时考虑路径和动力学。我们将运动学路径当作轨迹优化问题，并将其转换成动态的轨迹优化：我们在考虑动态（或转移）的情况下直接优化动作。

这更接近我们在第 3 章和第 17 章中看到的内容。如果我们了解系统动力学，就可以找到一个动作序列来执行，如我们在第 3 章所做的那样。如果我们不确定，那么可能需要一个策略，就像第 17 章那样。

在本节中，我们更直接地考查机器人运作所隐含的 MDP。我们从熟悉的离散 MDP 转换到连续 MDP。我们根据惯例用 x 表示系统的动态状态，它与离散 MDP 中的 s 等价。令 x_s 和 x_g 为起始状态与目标状态。

我们要找到一个动作序列，使得机器人执行后会产生累积代价较低的状态–动作对。动作是使用 $u(t)$ 表示的扭矩，t 从 0 开始，结束于 T。我们要找到一系列最小化累积代价 J 的扭矩 u，则形式上有

$$\min_u \int_0^T J(x(t), u(t)) \, \mathrm{d}t \qquad (26\text{-}7)$$

受限于约束

$$\forall t, \dot{x}(t) = f(x(t), u(t))$$
$$x(0) = x_s, \ x(T) = x_g$$

如何将它们与运动规划和轨迹跟踪控制联系在一起？想象我们使用效率的概念，在不考虑障碍物的情况下将其放到代价函数 J 中，就像我们在运动学状态上的轨迹优化中做的那样。动态状态是构形和速度，扭矩 u 通过开环轨迹跟踪中的动力学 f 对其进行改变。区别是我们现在同时考虑构形和扭矩。有时候，我们可能需要将碰撞躲避也作为硬约束，我们在仅对运动学状态进行轨迹优化时也提过这一点。

要求解这个优化问题，我们可以取 J 的梯度，但不再是对构形序列 τ 求梯度，而是直接关于控制 u 求梯度。有时候，将状态序列 x 作为决策变量纳入考虑，并使用动力学约束来确保 x 和 u 一致也是有用的。有很多轨迹优化技术使用这个方法，其中两种是**多重打靶法**（multiple shooting）和**直接配置法**（direct collocation）。这些方法都不能找到全局最优解，但实际中它们能够有效地使类人机器人行走，使自主的汽车行驶。

当上述问题中的 J 为二次函数，f 是关于 x 和 u 的线性函数时，奇迹就发生了。我们要最小化

$$\min \int_0^{+\infty} x^\top Q x + u^\top R u \, \mathrm{d}t \ \text{受限于约束} \ \forall t, \dot{x}(t) = A x(t) + B u(t)$$

我们可以在无限区域而非有限区域内进行优化，进而得到从任意状态出发的策略，而不仅是一个控制序列。为此，Q 和 R 必须是正定矩阵。这就给出了一个**线性二次型调节器**（linear quadratic regulator，LQR）。在 LQR 中，被称为**行动代价**（cost to go）的最优价值函数是二次函数，而最优策略是线性函数。策略形似 $u = -Kx$，其中，想要找到矩阵 K，需要求解代数**里**

卡蒂方程（Riccati equation）——没有局部最优解，不需要值迭代，也不需要策略迭代！

由于 LQR 容易解出最优策略，因此它在实际中经常被用到，尽管实际问题很少具有二次代价，也很少符合线性动力学。一个相当有用的方法称为**迭代 LQR**（iterative LQR，ILQR），它的原理是从一个解出发，迭代地计算动力学的线性近似及其附近代价的二次近似，然后求解得出的 LQR 系统来得到新的解。LQR 的变种也常用于轨迹跟踪。

26.6　规划不确定的运动

在机器人学中，不确定性来自环境的部分可观测性和机器人动作的随机（或未建模）效应。同时，也会有来自使用近似算法（如粒子滤波）的误差，它不能告知机器人精确的信念状态，即使我们完美地建模了环境。

如今，大部分机器人使用确定性算法进行决策，例如，26.5 节所述的路径规划算法，或第 3 章介绍的搜索算法。对这些确定性算法进行两种改造：首先，它们将连续状态空间转换为离散空间来处理（如用能见度图或单元分解）。其次，它们通过从状态估计算法产生的概率分布中选择**最可能状态**（most likely state）来处理当前状态的不确定性。这些方法使计算更快速，也更适合于确定性搜索算法。本节讨论类似于第 4 章中较复杂的搜索算法的不确定性处理方法。

首先，不同于确定性规划，不确定性需要策略。我们已经讨论了轨迹跟踪是如何将规划转为策略来补偿动力学中的误差的。而有时候，如果最可能假设变化得足够大，跟踪为先前假设设计的规划就远不够最优了。这就需要**在线重规划**（online replanning）：我们可以根据新的信念重新算出一个规划。现在的大部分机器人都使用一种称为**模型预测控制**（model predictive control，MPC）的技术，它们对更短的时间区间进行规划，但每一时刻都进行重规划（因此 MPC 更接近实时搜索和博弈算法）。这实际上就产生了策略：每个时刻，我们运行规划器并采取规划中的第一个动作；如果有新信息到来或我们没能到达预期的地方也没有关系，因为我们始终要进行重规划，它会告诉我们下一步该怎么做。

其次，应对不确定性需要**信息收集**（information gathering）动作。当我们仅考虑已有信息并据此进行规划时（这就是从控制中分离估计），我们实际上是在每个时刻（近似）求解一个新 MDP，它对应我们对自身位置和世界运转方式的当前信念。但实际中，POMDP 框架能更好地刻画不确定性：一些我们无法直接观测的东西，不论是机器人的位置或构形、世界中物体的位置，还是动力学模型本身的参数，例如，二连杆机械臂的质心在哪里。

不求解 POMDP 使我们失去了对机器人将获取的未来信息进行推理的能力：在 MDP 中我们只根据我们所知的东西进行规划，而非我们可能会知道的东西。还记得信息的价值吗？如果机器人只根据当前信念进行规划而不考虑未来可能获取到的信息，就未能考虑到信息的价值。它们永远不会采取那些目前就其所知不够好但会产生大量信息并使机器人做得更好的动作。

这样的动作对导航机器人来说是什么样子的？机器人可以接近一个地标来更好地估计其位置，即使根据其当前知识，地标并不在路径上。这个动作只有当机器人考虑到它将会取得的新观测时才是最优的，而仅考虑它已有的信息，这就不是最优的。

为了解决这个问题，机器人学技术有时会显式地定义信息收集动作，例如，移动手直到它接触到某个表面，这称为**保护移动**（guarded movement），并确保机器人在想出到达其实际目标的规划前进行过这一动作。每个保护移动包括一条运动指令和一个终止条件，它断言机器人的传感器数值并告知何时停止。

有时，可以通过一系列不论是否有不确定性都能顺利执行的保护移动来达成目标。例如，图 26-23 展示了一个有狭窄垂直孔的二维构形空间。它可以是将矩形铆钉插入孔洞，或将汽车钥匙插入点火开关的构形空间。运动指令是速度常量。终止条件是接触到表面。为建模控制中的不确定性，我们假设机器人的实际移动方向位于指令方向周围的锥形 C_v 中。

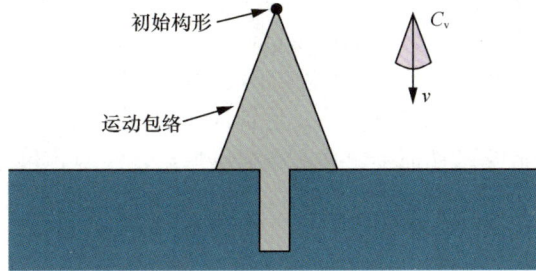

图 26-23　一个二维构形空间、速度不确定性圆锥和机器人的可能运动包络。预期速度是 v，但由于不确定性，实际速度可能是 C_v 中使得最终的构形处于运动包络内的某处。这意味着我们不知道它是否触碰到了孔洞

图 26-23 展示了如果机器人试图从初始构形一直向下运动可能发生的情况。由于速度的不确定性，机器人可能移动到锥面包络中的任意地方，可能进到孔里，但更可能触碰到洞口周围。由于机器人不知道它在孔的哪一边，因此它也不知道要往哪里移动。

图 26-24 和图 26-25 展示了一种更明智的策略。图 26-24 中，机器人故意移动到孔的一边。运动指令如图 26-24 所示，终止检测是接触到任意表面。图 26-25 中，给出的运动指令使机器人沿着表面滑行进入小孔。由于运动包络内所有可能的速度都向右，因此只要机器人接触到水平表面，它就会滑向右侧。

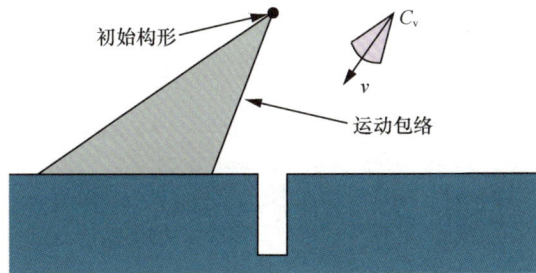

图 26-24　第一条运动指令及机器人可能的运动包络。不论机器人的实际运动如何，我们都知道最终构形在孔的左边

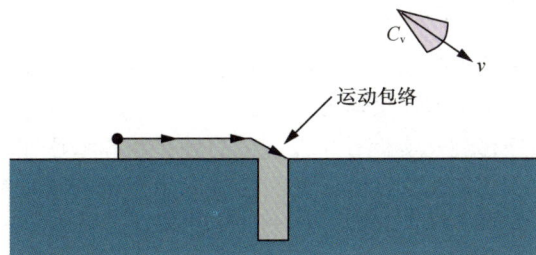

图 26-25　第二个运动指令以及机器人可能的运动包络。即使有误差，机器人最终也能进入小孔

当它接触到小孔右侧的竖直边缘时，它就会沿其下滑，因为所有可能的速度都相对于垂直表面向下。它会保持移动，直到抵达孔洞底部，因为这是它的终止条件。尽管控制有不确定性，但是机器人的所有可能的轨迹都终止于与小孔底部接触，也就是说，除非表面不规则导致机器人卡在某处。

除保护移动外的其他方法将代价函数变成对我们已知能够获取信息的动作的激励，例如，使机器人靠近已知地标的**海岸导航**（costal navigation）启发式。更一般地，方法可以结合预期**信息增益**（信念熵的降低程度），将其作为代价函数中的一项，使机器人在决定要做什么时显式地对每项动作可能带来的信息量进行推理。尽管计算上更困难，但这种方法的优势在于机器人能够发明它自己的信息收集动作而不依靠人类提供的启发式函数和规划好的策略，它们往往缺乏灵活性。

26.7　机器人学中的强化学习

目前为止，我们已经考虑了机器人能够获取世界中动力学模型的任务。但在许多任务中，写出这种模型是非常困难的，这使得我们进入强化学习（reinforcement learning，RL）的领域。

机器人学中，RL 的一项挑战是状态和动作空间的天然连续性，我们要么用离散化处理它，要么更一般地，用函数近似处理它。策略或价值函数的形式为已知有用的特征的组合，或深度神经网络。神经网络可以从原始输入直接映射到输出，极大地避免了对特征工程的需要，但它需要更多的数据。

更大的挑战是，机器人运行于真实世界。我们已经见识过强化学习是如何通过下模拟棋局来学习下国际象棋或围棋的。但当真正的机器人在真实世界运行时，我们必须确保其动作是安全的（任何东西都是会损坏的！），也必须接受这一过程比模拟慢的事实，因为世界不可能运行得比每秒 1 秒还快。强化学习使用中最有趣的部分很大程度上汇聚于如何能降低真实世界样本的复杂性，也就是在机器人学会如何完成任务前，机器人与真实世界交互的次数。

26.7.1　利用模型

避免太多真实世界样本的一种自然方式是使用尽可能多的世界动力学知识。例如，我们可能不知道摩擦系数或物体质量的确切值，但我们可能有能够描述这种动力学的公式来作为这些参数的函数。

这种情况下，**基于模型的强化学习**（第 22 章）就很有吸引力，其中机器人可以交替地拟合动力学参数并计算更好的策略。即使公式由于不能对物理学的所有细节进行建模而不正确，研究人员也对参数之外的误差项学习进行了实验，它能够补偿物理模型的不精确性。或者，我们可以完全抛弃这些公式，转而用局部线性模型近似世界，其中每个模型近似状态空间中一个区域内的动力学。这种方法已经能成功地使机器人掌握一些复杂动态任务，如杂要。

世界模型也有助于降低无模型强化学习方法的样本复杂度，通过从**模拟到现实**的迁移：将在模拟中工作良好的策略迁移到真实世界中。它的思路是将模型用作策略搜索的模拟器（22.5节）。为了学习一个能迁移得很好的模型，我们在训练中对模型增加噪声，以使策略更健壮。或者，我们可以通过在模拟中采样不同的参数来训练能够在各种各样的模型中运行的策略，这有时称为**域随机化**（domain randomization）。图 26-26 展示了一个例子，其中巧手操作任务在不同视觉属性和物理属性（如摩擦或阻尼）的模拟中进行训练。

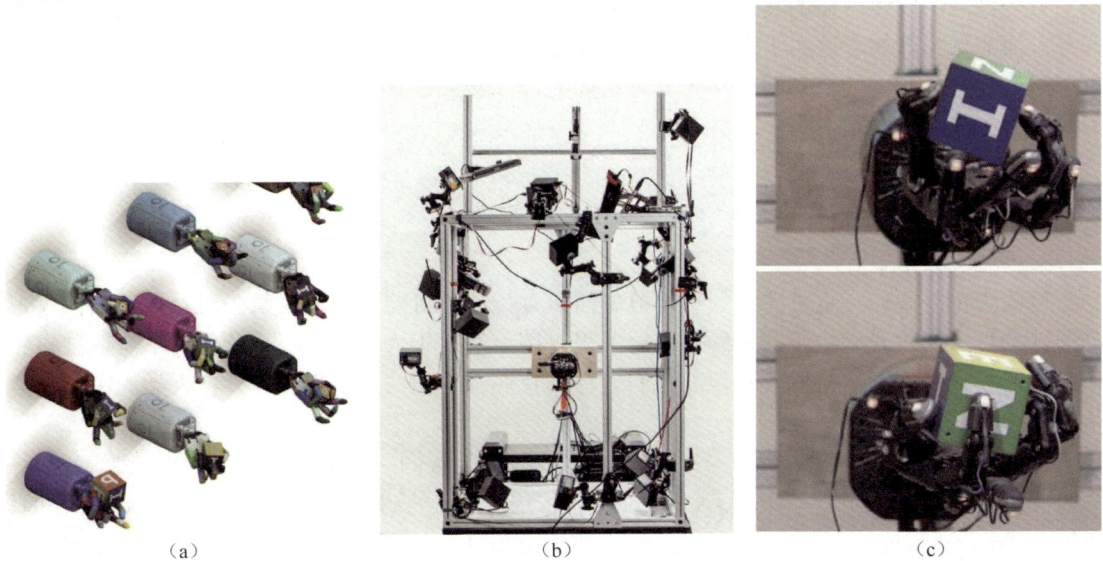

图 26-26　训练健壮的策略。（a）在一个操作物体的机械手上多次运行模拟，物理学参数和照明情况是随机的。图片由 Wojciech Zaremba 提供。（b）真实世界环境中，单个机械手处于笼子中央，周围有摄像头和测距器。（c）模拟和真实世界训练产生了多个抓住物体的策略，此处有捏住和四指握两种。图片由 OpenAI 提供，见（Andrychowicz *et al*, 2018a）

最后，从基于模型的算法和无模型算法中同时借用思路的混合方法试图结合两者的优点。混合方法始于 Dyna 架构，它的思路是在动作和改进策略之间迭代，但策略改进有两种互补的方式：一是标准的无模型方式，使用经验直接更新策略；二是基于模型的方式，使用经验拟合模型，随后使用模型来生成策略。

最近的拟合方法尝试了拟合局部模型，用这些模型进行规划来生成动作，并使用这些动作作为监督来拟合一个策略，随后在策略所需的地方周围进行迭代来取得越来越好的模型。这已经在**端到端学习**中成功应用，其中策略以像素作为输入，并直接输出扭矩作为动作——它促成了深度 RL 在实际机器人上的首次演示。

模型也可以用于确保**安全探索**。缓慢但安全的学习可能比快速却危险的学习要好。因此，比减少真实世界样本更重要的是减少危险状态下的真实世界样本——我们不想让机器人坠下悬崖，也不想让它们摔碎我们最心爱的马克杯，或者，更糟糕地，撞到物体和人。一个有不确定性（例如，通过考虑参数的值范围）的近似模型会引导探索并对机器人可以采取的动作进行限制，以免处于这些危险状态。这是机器人学和控制中的一个热门研究领域。

26.7.2　利用其他信息

模型很有用，但我们还可以用其他方法降低样本复杂性。

当确定一个强化学习问题时，我们必须选择状态和动作空间、策略或价值函数的表示以及要使用的奖励函数。这些决策对问题的难易程度有很大的影响。

一个方法是使用高层级的**运动基元**（motion primitive）来取代如扭矩指令之类的低层级动作。运动基元是机器人具有的参数化的技能。例如，机器人足球运动员可能具有"将球传给(x, y)处的球员"的技能。策略所要做的就是想办法结合它们并设定它们的参数，而非重新发明它们。这个方法常常比低层级方法学习得更快，但会限制机器人可以学习的可能行为空间。

另一种减少学习所需的真实世界样本数量的方法是将来自先前学习过程的信息复用于其他任务，而非从头开始。这属于**元学习**或**迁移学习**的范畴。

最后，人是很好的信息源。26.8 节讨论如何与人交互，其中部分内容是如何使用人的动作引导机器人的学习。

26.8 人类与机器人

目前为止，我们一直关注规划和学习如何独自行动的机器人。这对某些机器人（如被发射到遥远的星球代表我们进行探索的巡视器）很有用。但对于大部分情况，我们并不制造独自工作的机器人。我们制造机器人来帮助我们自己，它们在人类的环境下工作，在人类周围与人类一同工作。

这就产生了两个互补的挑战。首先是当机器人与人类在同一环境下行动时优化奖励。我们称之为**协调问题**（见 18.1 节）。当机器人的奖励不仅依赖其本身的动作，还依赖人类所采取的动作时，机器人就必须选择能与人类动作配合的动作。当人类和机器人在同一团队中时，这就变为**协作**。

其次是面向人类的实际需要进行优化。如果机器人要帮助人类，它的奖励函数就应该激励那些人类希望机器人采取的动作。为机器人找出合适的奖励函数（或策略）本身是一个交互问题。我们依次探讨这两个挑战。

26.8.1 协调

我们暂且假设机器人能够取得定义清晰的奖励函数，正如我们一直所假设的那样。不同的是，这次它不是独自进行优化，而是需要在同样也在行动的人类周围进行优化。例如，当自主驾驶车辆汇入高速公路时，它需要与目标车道上驾驶车辆的人类司机进行协商——它应当加速并入该车的前方，还是减速并入该车的后方？随后，当它停在停止标识前准备右转时，它需要注意自行车道上的骑行者，以及要进入人行横道的行人。

或者，考虑走廊中的移动机器人。朝机器人径直走来的人稍微向右迈了几步，表明了他想让机器人从哪边通过。机器人必须进行响应，明晰它的意图。

1. 人类作为近似理性的智能体

形式化与人类的协调的一种方式是将其建模为机器人和人类之间的博弈（18.2 节）。这种方法中，我们显式地假设人类是由目标激励的智能体。这并不自动地意味着人是完美理性的智能体（也就是说，总是寻找博弈的最优解），但它意味着机器人可以通过人类可能具有的目标来结构化它对人类的推理方式。在这种博弈中：

- 环境状态刻画机器人和人类智能体的构形，我们称之为 $x = (x_R, x_H)$；
- 每个智能体可以采取动作，分别为 u_R 和 u_H；
- 每个智能体都有可以用代价 J_R 和 J_H 表示的目标：每个智能体都想安全、高效地达成目标；
- 像所有博弈一样，每个目标都依赖所有这两个智能体 $J_R(x, u_R, u_H)$ 和 $J_H(x, u_H, u_R)$ 的状态和动作。考虑汽车-行人的交互——如果行人在过马路，则汽车应该停止；如果行人在等待，则汽车应该前进。

有 3 个重要的问题使这场博弈复杂化。首先是人类和机器人不一定知道对方的目标。这就使其成为**不完全信息博弈**（incomplete information game）。

其次是状态和动作空间是连续的，如本章一直所提及的那样。我们在第 5 章学习了如何用树搜索解决离散博弈，但我们要如何解决连续空间中的博弈？

最后，即使在高层级上博弈模型很有道理（人类会移动，并且有他们的目标），博弈的解也并不能始终很好地刻画人类的行为。博弈不仅对机器人来说是计算上的难题，而且对人类来说也是。它需要考虑机器人该如何对人类的行为进行响应，这依赖机器人觉得人类要做什么，很快我们就陷入了"你觉得我觉得你觉得我觉得"——这使一切都成为龟速！人类不能处理全部这些问题，就会表现出某种次优性。这意味着机器人应当考虑到这些次优性。

因此，当协调问题如此困难的时候，自主驾驶汽车应当怎么做？我们要做的事类似于某个在本章已经做过的事情。对于运动规划和控制，我们使用 MDP 并将其分解为规划轨迹和使用控制器跟踪轨迹。此处也一样，我们采用博弈，并将其分解为对人类的动作进行预测以及在有这些预测的情况下，决定机器人该怎么做。

2. 预测人类动作

预测人类的动作很难，因为它取决于机器人的动作，反之亦然。机器人使用的一个技巧是假装这个人无视机器人。机器人假设人类对目标的优化是有噪声的，这对机器人来说是未知的，其模型 $J_H(x, u_H)$ 不依赖机器人的动作。特别地，一个动作对目标的价值越高（动作代价越低），人类采取它的可能性就越高。机器人可以为 $P(u_H | x, J_H)$ 建模，例如，使用 22.5 节的 softmax 函数：

$$P(u_H | x, J_H) \propto e^{-Q(x, u_H; J_H)} \tag{26-8}$$

其中，$Q(x, u_H; J_H)$ 为对应于 J_H 的 Q 值函数（负号的出现是因为在机器人学中我们喜欢最小化代价，而非最大化奖励）。注意，机器人完全不假设完美最优的动作，也不假设动作是根据对机器人的推理选择的。

有了这个模型之后，机器人以人类接下来的动作作为 J_H 的证据。如果我们有一个人类动作依赖人类的目标的观测模型，每个人类动作就可以用于更新机器人对人类目标的信念：

$$b'(J_H) \propto b(J_H) P(u_H | x, J_H) \tag{26-9}$$

图 26-27 展示了一个例子：机器人正在跟踪移动中的人类的位置，并更新对人类目标的信念。当人类走向窗户时，机器人增加目标为看向窗外的概率，减小走向厨房的概率，因为厨房在另一个方向。

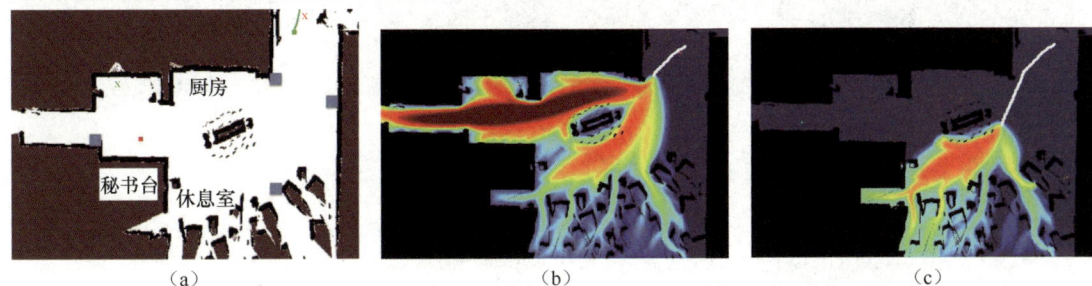

（a） （b） （c）

图 26-27　假设人类在给定目标的情况下的理性带有噪声时进行预测：机器人使用过往动作来更新对人类目标的信念，并使用这个信念预测未来动作。（a）房间的地图。（b）看到小部分人类轨迹时的预测（白色路径）。（c）看到更多人类动作时的预测：机器人现在知道人类没有走向左边的走廊，因为如果那是人类的目标，到目前为止的行进路径就是一条糟糕的路径。图片由 Brian D. Ziebart 提供，见（Ziebart *et al.*, 2009）

这就是人类的过往动作如何告知机器人其未来动作的。对人类的目标具有信念有助于机器人预测人类将会采取的动作。图 26-27 中的热力图展示了机器人对未来的预测：红色表示最有可能，蓝色表示最没可能。

驾驶中也是一样的。我们可能不知道一个司机对效率的看重程度，但如果我们看到他在有人试图并入其前方时加速，我们就对他产生了一些了解。一旦我们知道了这一点，我们就能更好地预测其未来动作——这个司机可能会在我们后方靠得更近，或者在车流中迂回前行以超越其他车辆。

如果机器人能够对人类的未来动作进行预测，就能将问题简化为求解 MDP。人类动作使转移函数变得很复杂，但只要机器人能够预测任意未来状态下人类会采取的动作，机器人就可以计算 $P(x'|x,u_R)$：它可以通过对 J_H 边缘化来从 $P(u_H|x,J_H)$ 中计算 $P(u_H|x)$，并将它与描述世界根据机器人和人类动作的更新方式的转移（动力学）函数 $P(x'|x,u_R,u_H)$ 结合。26.5 节重点讲述了如何在确定性动力学的连续状态和动作空间中求解它，26.6 节讨论了在随机动力学和不确定性中对其求解的方式。

将预测从动作中分离出来使机器人能更容易地处理交互，但它牺牲了性能，就像从动作中分离估计或从控制中分离规划一样。

进行了这种分离的机器人不再能够理解其行为能够影响到人类的动作方式。作为对比，图 26-27 的机器人预测人类要去哪里然后进行优化以达成其自身的目标，并避免与他们发生碰撞。图 26-28 中，我们有一辆要在高速公路上并线的自主驾驶汽车。如果它仅根据其他车辆的动作进行规划，当其他车辆占用其目标车道时，它就有可能长时间等待。作为对比，一辆同时对预测和动作进行推理的汽车知道它采取不同的动作会导致人类的不同反应。如果它表明自己的意图，其他车辆就可能减速并让出空间。机器人学家朝着类似于这种协调交互的方向努力，使机器人能更好地为人类工作。

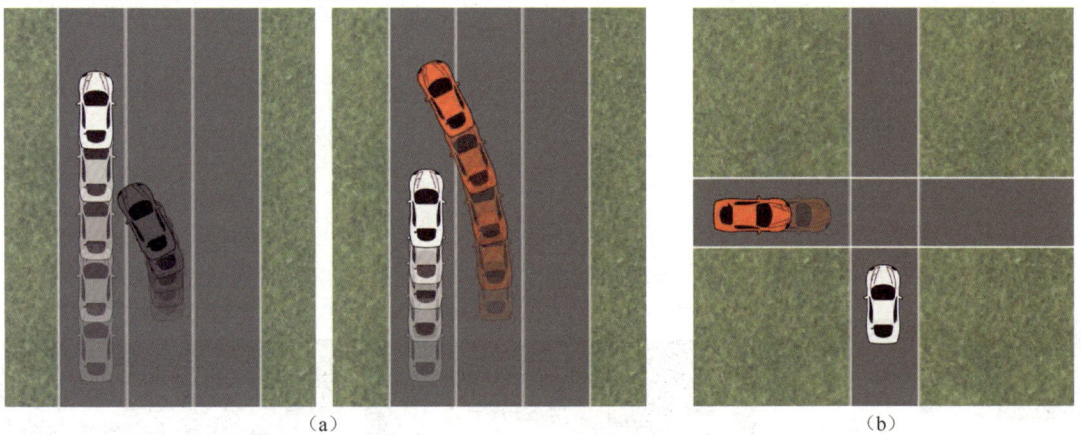

图 26-28　(a) 左图：自主驾驶汽车（中间车道）预测人类司机（左侧车道）要继续前进，并规划了减速并入该车后方的轨迹。右图：自主驾驶汽车考虑了它的动作对人类动作的影响，发觉它可以依靠人类司机的减速来并入前方。(b) 在交叉路口，同样的算法产生了不寻常的策略：自主驾驶汽车发觉它可以通过稍稍后退来使人类司机（底部）更快地通过路口。图片由 Anca Dragan 提供，见（Sadigh *et al.*, 2016）

3. 人类对机器人的预测

不完全信息通常是相互的：机器人不知道人类的目标，而人类也不知道机器人的目标——人类也需要对机器人进行预测。作为机器人设计者，我们无法控制人类预测的方式，我们只能控制机器人的行为。不过，机器人可以表现得使人类更容易对其做出正确的预测。机器人可以假设人类正在使用大致类似于式（26-8）的东西来估计机器人的目标 J_R，这样机器人就能以使其真正目标容易被推测的方式运行。

这种博弈的一个特例是当人类和机器人在同一团队中且朝同一个目标工作 $J_H = J_R$ 时。想象一个个人家用机器人在帮助你做饭或打扫——这就是**协作**。

我们现在可以定义一个**联合智能体**（joint agent），其动作是人类-机器人动作的元组 (u_H, u_R)，并帮助它针对 $J_H(x, u_H, u_R) = J_R(x, u_R, u_H)$ 进行优化，我们正在求解一个一般的规划问题。我们计算联合智能体的规划或策略，这样就知道机器人和人类该怎么做了。

如果人类是完美最优的，这种做法的效果就会非常好。机器人会完成其在联合规划中的部分，人类则完成他们自己的部分。遗憾的是，实际中，人类似乎并不遵循完美给出的联合智能体规划，他们有自己的想法！但我们已经在 26.6 节学过处理这种事情的一个方法。我们称之为**模型预测控制**（MPC）：它的思路是想出一个规划，执行第一个动作，再重新规划。这样，机器人始终能根据人类的实际行为适配其规划。

我们来研究一个例子。假设你和机器人在你的厨房中，并决定做华夫饼。你离冰箱更近，因此最优联合规划会让你从冰箱里拿牛奶和鸡蛋，而机器人则从橱柜里拿面粉。机器人知道这个规划，因为它能够精确地测量每个人在哪里。但假设你开始走向放面粉的橱柜。你不按最优联合规划行动。MPC 机器人重新计算最优规划而不是坚持原有规划而固执地取面粉。现在你离面粉足够近了，机器人的最佳做法则是拿华夫饼铛。

如果我们知道人类会偏离最优性，就可以提前对其进行考虑。在这里的例子中，机器人可以在你迈出第一步的时候就试着预测你要去拿面粉（如使用上述的预测方法）。即使对你来说理论上的最优规划仍然是转身回到冰箱，机器人也不应该假设这就是要发生的事情。相反，机器人要计算的规划中，你仍然在做你似乎要做的事情。

4. 人类作为黑箱智能体

要让机器人与我们协调，我们不一定要将人类看作目标驱动的、意图明显的智能体。在另一种模型中，人类仅仅是其策略 π_H "扰乱" 环境动力学的智能体。机器人不知道 π_H，但可以将问题建模为需要在有未知动力学的 MDP 中行动。我们之前在第 22 章中的一般智能体中以及 26.7 节中的特定机器人中见过这个。

机器人可以为人类数据拟合策略模型 π_H，并用它来为自己计算最优策略。由于数据稀缺性，这种手段目前主要用于任务层级。例如，在工业组装任务中放置并钻入螺钉的任务中，机器人在交互中学习到了人类可能采取什么动作（来响应其自身动作）。

还有一种方法是无模型强化学习：机器人可以从某个初始策略或价值函数开始，通过试错法逐渐地改善它。

26.8.2 学习做人类期望的事情

机器学习中用到的另一种与人类交互的方法就在 J_R 本身——机器人的代价函数或奖励函数当中。理性智能体框架和相关的算法使问题从生成好的行为简化为指定好的奖励函数。对机器人来说，像对许多其他人工智能智能体一样，找到正确的代价函数依然很难。

以自主驾驶汽车为例，我们想让它们到达目的地、保证安全、让乘客舒适、遵守交通法规等。这种系统的设计者需要权衡代价函数的不同部分。设计者的任务很艰巨，因为机器人是用来帮助最终用户的，而每个用户都是不同的。我们对驾驶激进与否等都有不同的偏好。

下面我们就探索两种试图让机器人的行为匹配我们实际想让机器人做的事情的方法：第一种方法是从人类输入中学习代价函数，第二种方法是不理会代价函数而模仿人类在任务中的演示。

1. 偏好学习：学习代价函数

想象有一位最终用户在向机器人展示如何完成任务。例如，他们在以希望机器人学会的驾驶方式开车。你能否想出一种办法让机器人利用这些称为"演示"的动作，以便找到要优化的代价函数？

我们实际上已经在 26.8.1 节见过这个问题的答案。那部分内容的问题设置略有不同：我们让另一个人与机器人在相同的空间内采取动作，机器人需要预测那个人要做什么。但我们描述过的进行这种预测的技术是假设人类采取行动有噪声地优化代价函数 J_H，并且我们可以使用他们接下来的动作作为确定这个代价函数的证据。我们在此处也可以做同样的事情，不同之处在于我们不以预测人类未来的行为为目的，而是获取机器人自身要优化的代价函数。如果人类的驾驶是防御型的，则能够解释其动作的代价函数会在安全性上增加很多权重，而在效率上减小权重。机器人可以采用这种代价函数作为自身的代价函数，并在自己驾驶汽车时对其进行优化。

机器人学家已经实验了一些使这种代价推断能够被简便地计算的算法。图 26-29 中，我们看到一个教机器人在驶过草地时尽量保持在道路上的例子。传统方法中，代价函数已经表示为人造特征的组合，但较新的方法也研究了如何使用深度神经网络表示它，而无须特征工程。

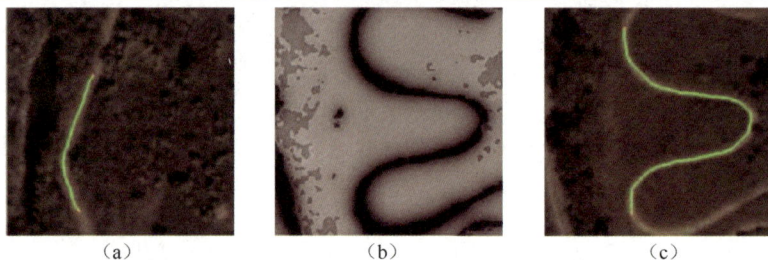

图 26-29　（a）向移动机器人展示保持在土路上的演示。（b）机器人推断所需的代价函数，将其用于新场景中，且知道使道路上的代价较低。（c）机器人对新场景规划了一条同样在道路上的路径，重现了演示中隐含的偏好。图片由 Nathan Ratliff and James A. Bagnell 提供，见（Ratliff *et al.*, 2006）

还有其他供人类给出输入的方法。人类可以使用语言而非演示来指导机器人。人类可以作为批评者，观看机器人用一种（或两种）方式完成任务，并告诉它任务完成得怎么样（或哪种方式更好），或者给出改进的建议。

2. 直接从模仿中学习策略

另一种方式是无视代价函数，直接学习机器人所需的策略。在汽车的例子中，人类演示构成了一个很方便的状态数据集，其标签来自机器人在每个状态应当采取的动作：$\mathcal{D} = \{(x_i, u_i)\}$。机器人可以运行监督学习来拟合一个策略 $\pi: x \mapsto u$，并执行这个策略。这称为**模仿学习**（imitation learning）或**行为克隆**（behavioral cloning）。

这种方法的挑战在于**泛化**（generalization）到新状态上。机器人不知道为什么其数据库中的动作被标为最优动作。它没有因果规则，它唯一能做的就是运行监督学习算法来试图学习能够泛化到未知状态的策略。然而，我们无法保证这种泛化是正确的。

　　ALVINN 自主驾驶汽车项目使用了这种方法，并发现即使从 $\mathcal{D}$ 中的状态开始，π 也会出现一些误差，这会使汽车离开演示的轨迹。之后，π 的误差会变大，这使汽车更远离预期的路线。

　　如果我们加入收集标签和学习，就可以在训练中解决这个问题：从一个演示开始，学习一个策略，使用这个策略并在沿途的每个状态都询问人类要采取什么动作，然后重复这一过程。这样，机器人就能学会如何在偏离人类所期望的动作时纠正错误。

　　除此之外，我们还可以利用强化学习来解决问题。机器人可以根据演示拟合一个动力学模型，并使用最优控制（见 26.5.4 节）生成策略，使策略朝与演示相近的方向优化。这种技术已经用于在小型遥控直升机上进行非常有挑战性的专家级机动动作（见图 22-9b）。

　　DAGGER（数据聚合）系统以人类专家的演示为起始点，从中学到一个策略 π_1 并用这个策略生成数据集 $\mathcal{D}$。随后，它从 $\mathcal{D}$ 中生成一个最会模仿原始人类数据的新策略 π_2。这个过程不断重复，在第 n 次迭代中它使用 π_n 生成更多数据加入 $\mathcal{D}$，并用于生成 π_{n+1}。也就是说，每次迭代，系统收集在当前策略下的新数据并使用到目前为止的所有数据训练下一个策略。

　　新的相关技术使用**对抗训练**（adversarial training）：它们交替地训练分类器来区分机器人学到的策略和人类演示，然后通过强化学习训练新策略以欺骗分类器。这些进步使得机器人能够处理接近演示的状态，但如何将其泛化到远处的状态或新动力学中则仍然处于研究当中。

　　教学界面与对应问题。目前为止，我们已经考虑了自主汽车或自主直升机的场景，其中人类演示使用了机器人也能够采取的动作——加速、减速和转向。但如果我们的任务是清理厨房台面呢？我们有两种选择：要么让人类使用自己的身体演示给机器人看，要么让人类直接引导机器人的效应器。

　　第一种方法很有吸引力，因为它对最终用户来说很自然。遗憾的是，它面临着**对应问题**（correspondence problem）：如何将人类动作映射到机器人动作。人类的运动学和动力学与机器人的不同。这不仅使将人类运动翻译或重定位为机器人运动（例如，将人类的五指抓握重定位为机器人的两指抓握）变得很困难，还常常使得人类可以使用的高层级策略无法用于机器人。

　　在第二种方法中，人类教学者将机器人的效应器移动到正确的位置（如图 26-30 所示），这种方法称作**动觉教学**（kinesthetic teaching）。用这种方式教学对人类来说并不简单，特别是教多关节的机器人。教学者需要在引导机械臂完成任务时协调所有自由度。因此，研究人员研究了其他方法，如向机器人演示**关键帧**（keyframe）而非整个连续轨迹，以及使用**可视化编程**来使最终用户能够为任务编写运动基元而非从头开始演示（图 26-31）。这两种方法有时会结合起来使用。

图 26-30　人类教学者把机器人向下拽来教它离桌子更近一些。机器人正确地更新了它对所需代价函数的理解，并开始对代价函数进行优化。图片由 Anca Dragan 提供，见（Sefidgar *et al.*, 2017）

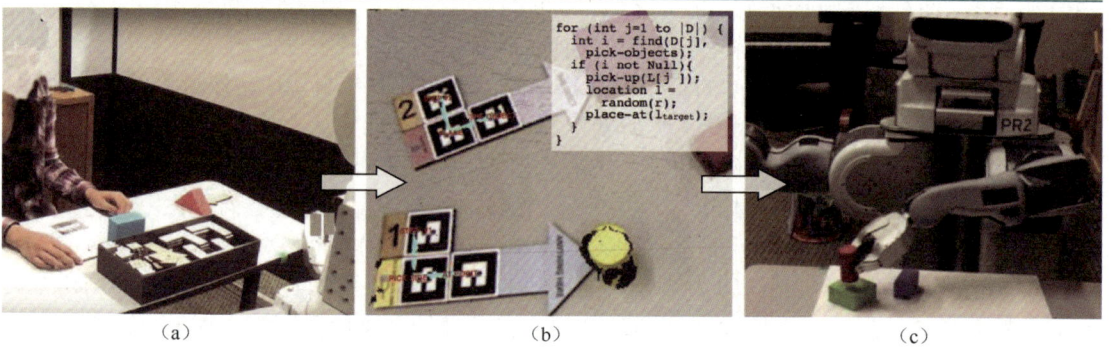

图 26-31　一个编程接口，在机器人的工作空间中放置专门设计的程序块，以选择物体并指定高层级动作。图片由 Maya Cakmak 提供，见（Sefidgar *et al.*, 2017）

26.9　其他机器人框架

目前为止，我们已经考察了机器人学，我们采取的角度是定义或学习奖励函数并让机器人优化这个奖励函数（不论是通过规划还是学习），有时候也会与人类协调或协作。这是机器人学的**审慎式**（deliberative）视角，与此相反的是**反应式**（reactive）视角。

26.9.1　反应式控制器

一些情况下，为机器人设定良好的策略比对世界进行建模然后再进行规划更简单。因此，我们就有了反射型智能体而非理性智能体。

例如，想象腿式机器人试图抬起一条腿以越过障碍物。我们可以给机器人设定规则来让它抬腿到较小的高度 h，然后向前伸腿，如果腿遇到障碍物，则把腿收回来并以更高的抬腿高度重新开始。你可以说 h 是对世界某个方面的建模，但我们也可以将 h 视为机器人控制器的辅助变量，而完全不含物理意义。

一个例子是用于在粗糙地形走路的六足机器人，如图 26-32a 所示。机器人的传感器不足以获取用于路径规划的准确地形模型。另外，即使我们添加了高精度摄像头和测距器，机器人的 12 个自由度（每条腿两个）也会使最终的路径规划问题在计算上很困难。

不过在没有显式的环境模型下直接确定控制器仍然是有可能的。（我们在 PD 控制器中已经见过这种情况，它能够使复杂的机械臂保持在路径上而不需要显式的机器人动力学模型。）

我们首先为六足机器人选定**步态**（gait），即肢体的移动模式。一种统计学上稳定的步态是首先向前移动右前腿、右后腿和左中腿（并保持其他腿不动），然后移动其他 3 条腿。这种步态在平地上很适合。在崎岖地形上，障碍物可能会阻挡某条腿向前摆动。这个问题可以用相当简单的控制规则解决：当一条腿的前向运动被阻挡时，就收回这条腿，稍微抬高，并再次尝试。最终的控制器展示在图 26-32b 中，它是一个简单的有限状态机，它构成了有状态的反射型智能体，其内部状态使用当前机器状态的索引（从 s_1 到 s_4）表示。

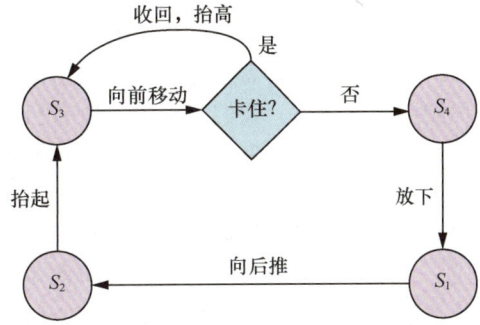

图 26-32 （a）六足机器人 Genghis。图片由 Rodney A. Brooks 提供。（b）用于控制一条腿的增强有限状态机（AFSM）。AFSM 对传感器反馈进行反应：如果腿在前摆阶段卡住，则会逐渐增加高度

26.9.2 包容架构

包容架构（subsumption architecture）（Brooks, 1986）是用有限状态机组装反应式控制器的框架。这些状态机的节点可能含有用于某些传感器变量的测试，使得有限状态机的执行路径以这些测试的输出为条件。当访问边时可以生成附加的消息，并发送给机器人的电动机或其他有限状态机。另外，有限状态机具有内部计时器（时钟），它能够控制访问每条边所花费的时间。最终的机器称为**增强有限状态机**（augmented finite state machine，AFSM），"增强"指的是使用了时钟。

我们刚才讨论的四状态机就是一种简单的 AFSM，如图 26-32b 所示。这个 AFSM 实现了循环控制器，其执行几乎不依赖环境反馈。不过它在前摆阶段中依赖传感器反馈。如果腿卡住了，则意味着它无法执行前摆动作，机器人收回腿，再抬高一点，并再次尝试前摆动作。这样，控制器就能对机器人与其环境交互时产生的情况进行反应。

包容架构为同步和结合多个可能互相冲突的 AFSM 提供了更多基本要素。它使得程序员能够以自底向上的方式编写越来越复杂的控制器。在这里的例子中，我们可以在用于一条腿的 AFSM 后连接一个协调多条腿的 AFSM。而在上层我们则可以实现高层级的行为，例如可能涉及后退和转身的避障行为。

用 AFSM 编写机器人控制器的思路非常有趣。想象用 26.8 节所述的构形空间中的路径规划算法生成相同的行为会有多难。首先，我们需要地形的准确模型。有 6 条腿、每条腿由两个独立的电动机驱动的机器人的构形空间总共有 18 个维度（腿的构形有 12 个维度，机器人相对于构形空间的位置和朝向占用 6 个维度）。即使计算机快到能够在这种高维空间中找出路径，我们也需要考虑机器人滑下斜坡这类严重的副作用。

由于这种随机效应，构形空间中的单条路径几乎肯定是非常脆弱的，即使是 PID 控制器也无法应对这种状况。也就是说，有些情况下，主动生成审慎的运动行为对当今的运动规划算法来说实在太过于复杂了。

遗憾的是，包容架构也有其自身的毛病。首先，AFSM 是由传感器原始输入驱动的，这种做法虽然在传感器数据非常可靠并包含一切所需信息时很好用，但在必须以复杂方式结合不同时间的传感器数据时，这种方法就无法正常工作。因此，包容式的控制器大多数情况下只能用于简单任务，例如沿着墙或朝着可见光源运动。

其次，包容架构缺乏思考，因而很难改变目标。使用包容架构的机器人通常只完成一项任

务，它完全没有更改控制来适应不同目标的概念（就像 2.2.3 节的粪甲虫一样）。

最后，在许多实际问题中，我们所需的策略往往复杂得无法明确编码。考虑图 26-28 中的例子，自主驾驶汽车需要与人类司机协商变道。我们可能从进入目标车道的简单策略开始。但当我们测试车辆时，我们发现并非所有目标车道上的司机都会减速来让车辆进入。因此，我们可能会增加一点复杂度：让车辆稍微接近目标车道，等待该车道上的司机做出响应，然后继续进入车道或回到原来的车道。但我们在随后对车辆的测试中发现挤进车道的速度依赖于目标车道的车辆速度、目标车道前方是否有另一辆车、车辆后方原本是否有车等。要确定正确的动作方式，我们要考虑的条件的数量会非常多，即使对这个看似简单的动作来说也是如此。这反而凸显了包容架构的可扩展性难题。

总而言之，机器人学是复杂的问题，它的方法很多，如审慎式的、反应式的或者二者的混合，它基于物理学、认知模型、数据或三者的混合。哪个才是正确的方法仍然是辩论、科学研究、尖端工程的主题。

26.10　应用领域

机器人技术已经深入我们的世界，具有改善我们的独立性、健康和生产力的潜力。下面是一些应用案例。

家庭护理：机器人已经开始在家中照顾老年人和运动功能损伤者。机器人在日常生活中帮助他们，使他们能够更独立地生活。这包括轮椅和安装在轮椅上的机械臂，如图 26-1b 所示的 Kinova 机械臂。尽管一开始它们是由人类直接操纵的，但这些机器人正在变得越来越自主。这方面有使用**脑机接口**（brain-machine interface）操纵的机器人，它已经能够使四肢瘫痪者使用机械臂来抓取物体，甚至给自己喂饭（图 26-33a）。与之相关的则有可智能地对我们的动作做出响应的假肢和使我们具有超凡力量或使下肢瘫痪者能够再次行走的外骨骼。

个人机器人用于帮助我们处理如清洁和整理这样的日常任务，节省我们的时间。尽管机械手还远不能在杂乱无章的人类环境中自如地工作，但导航机器人取得了一些进展。特别是，许多家庭已经开始享用图 26-33b 所示的移动机器人真空吸尘器了。

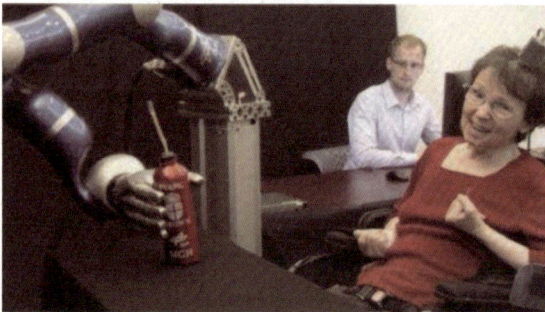

（a）   （b）

图 26-33　（a）一位用脑机接口控制机械臂抓取饮料的患者。图片由布朗大学提供。（b）吸尘器机器人 Roomba。照片来自 HANDOUT/KRT/Newscom

医疗卫生：机器人能辅助进行外科手术并提高手术水平，使手术更精准，附带损伤更小，过程更安全，并改善患者的预后情况。图 26-34a 所示的达芬奇手术机器人现在已经广泛用于美国的医院。

服务：移动机器人在办公楼、酒店和医院中提供帮助。Savioke 已经将机器人投放到酒店里用来将毛巾、牙膏之类的物品送到你的房间。Helpmate 和 TUG 机器人则在医院运送食物和药品（图 26-34b），而 Diligent Robotics 的 Moxi 机器人能帮助护士分担后勤任务。Co-Bot 则在卡内基梅隆大学的大厅巡游，随时可以引导你去某个人的办公室。我们还可以使用 Beam 之类的**远程临场机器人**（telepresence robot）来远程地参加会见或会议，或看望我们的祖父母。

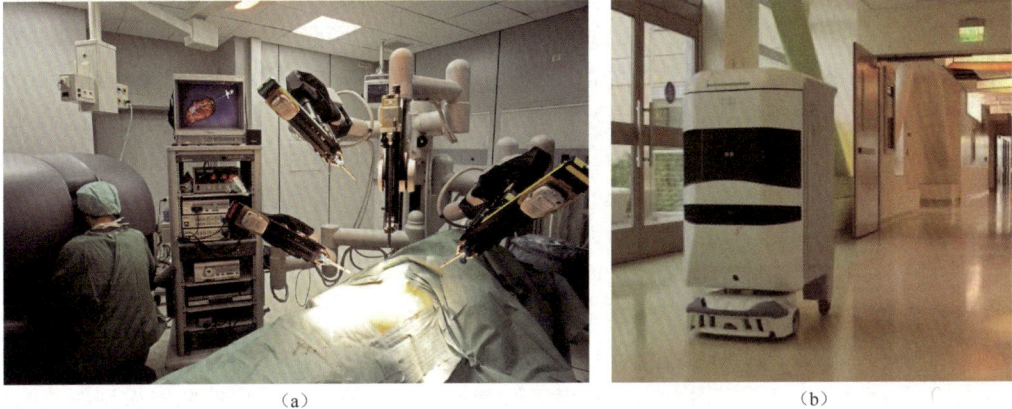

图 26-34 （a）手术室内的外科手术机器人。照片来自 Patrick Landmann/科学图片库。（b）医院运输机器人。照片来自 Wired

自主汽车：我们有些人在开车时偶尔会因为手机来电、收到短信或其他分心的东西而走神。惨痛的事实是，每年有上百万人因交通事故而死亡。同时，我们很多人在开车上花了太多时间，希望能够节省一些时间。这些原因使大量努力被投入自主驾驶汽车的研发上。

尽管 20 世纪 80 年代就已经存在自主驾驶汽车的原型，但是研发进程则在 2005 年的 DARPA 大挑战的刺激下得以加速。这是一项在未知沙漠地形上进行的 200 公里的具有挑战性的自主汽车比赛。斯坦福大学的 Stanley 汽车在 7 小时内跑完了比赛路线，赢得了 200 万美元的奖金和美国国家历史博物馆中的一席之地。图 26-35a 描绘了 2007 年赢得 DARPA 城市挑战赛的 Boss，这项比赛是城市街道上进行的复杂公路赛，比赛中机器人的对手是其他机器人，并必须遵守交通规则。

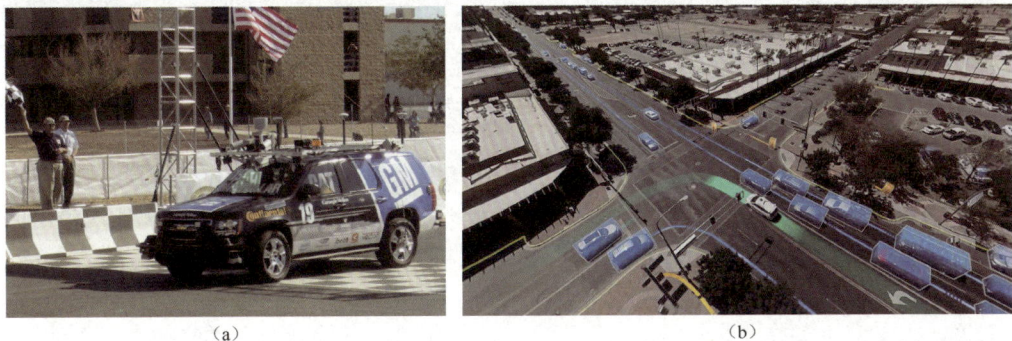

图 26-35 （a）赢得 DARPA 城市挑战赛的自主汽车 Boss。照片由 Tangi Quemener/AFP/Getty Images/Newscom 拍摄，由 Sebastian Thrun 提供。（b）展示 Waymo 自主汽车（绿色轨迹上的白车）的感知和预测的空中视角。其他车辆（蓝色方块）和行人（橙色方块）及其预期轨迹也展示在图中。道路/人行道边界为黄色。照片由 Waymo 提供

2009 年，谷歌公司开启了一项自主驾驶项目（有许多为 Stanley 和 Boss 工作过的研究人员参加），现在已经独立为 Waymo 公司。2018 年，Waymo 开始在亚利桑那州的菲尼克斯郊区进行无司机驾驶测试（驾驶座上没有人），图 26-35b 从空中视角展示了 Waymo 自主驾驶汽车的感知和预测。同时，其他自主驾驶公司和拼车公司也在研发自己的技术，而汽车制造商则已经开始出售具有越来越多辅助性智能的汽车，如已适用于高速公路驾驶的特斯拉的**辅助驾驶**（driver assist）。其他公司将非高速公路驾驶应用场景（包括大学校园和老年人社区）作为目标。还有一些公司专注于非乘用应用场景，如卡车驾驶、食品杂货送达和自动泊车。

娱乐：迪士尼从 1963 年开始就已经在其公园中使用机器人——名为**动画电子**（animatronics）。最初，这些机器人仅限于手工设计、开环控制和固定运动（和对话），但从 2009 年开始，一种称为**自主动画电子**（autonomatronics）的机器人就可以生成自主的动作。机器人也可以是面向儿童的智能玩具。例如，Anki 的 Cozmo 能够与孩子玩游戏，还会在输掉游戏后沮丧地敲打桌子。此外，四旋翼无人机（如图 26-2b 所示的 Skydio 的 R1）可以充当个人摄像摄影师，在我们滑雪或骑行时跟随我们并拍下运动画面。

探索和危险环境：机器人已经到达了人类还没去过的地方，包括火星表面。机械臂能够协助宇航员释放和回收卫星，以及建造国际空间站。机器人也能探索海底。它们常用于获取沉船的地图。图 26-36 展示了机器人为废弃煤矿绘制地图，以及使用距离传感器得到的该煤矿的三维地图。1996 年，一组研究人员在活火山的火山口释放了一台腿式机器人，以获取用于气候研究的数据。在人类难以到达的（或危险的）地方，机器人正在成为非常高效的信息收集工具。

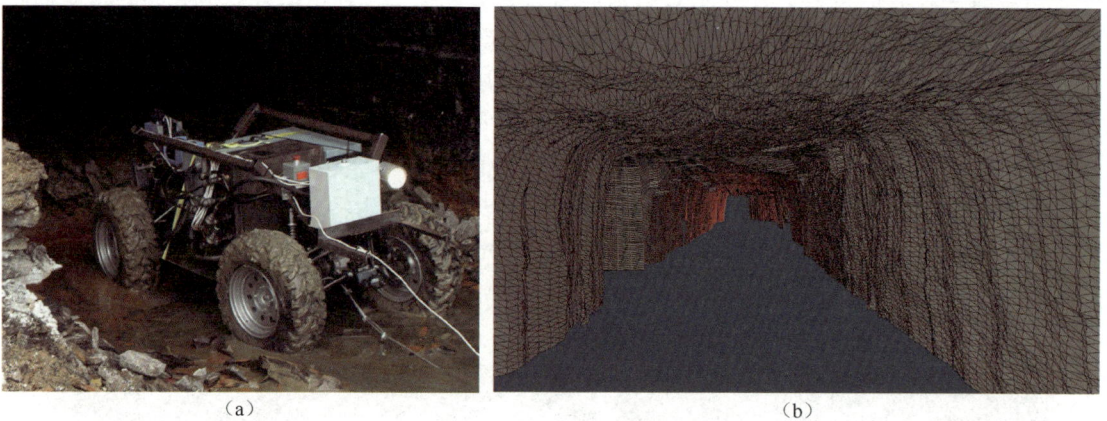

图 26-36　（a）机器人为废弃煤矿绘制地图。（b）机器人获取的该煤矿三维地图。图片由 Sebastian Thrun 提供

机器人已经帮助人类清理过核污染物，特别是在三里岛、切尔诺贝利和福岛。在美国世界贸易中心倒塌后，机器人进入了被认定为非常危险的废墟，进行人类搜索和救援人员。同样，这些机器人最初也是遥控操作的，而随着科技的进步，它们越来越有自主性，人类操纵者只需统揽全局，而无须发出每一条指令。

工业：如今，大多数机器人用在工厂当中，以将困难、危险或对人类来说太过于无聊的任务自动化。（大多数工厂机器人是在汽车工厂里。）就高效地制造社会所需物品方面而言，对这些任务进行自动化是有益的。而同时，这也意味着它将一些人类工人挤出了其岗位。这对政策和经济有重要影响——对再训练和教育的需要、对资源公平分配的需要等。这些话题会在27.3.5 节进行进一步讨论。

小结

机器人学是关于实体的智能体的，它可以真正地改变世界的状态。在本章中我们学到了以下内容。

- 最常见的机器人是**机械手**和**移动机器人**。它们具有用于感知世界的**传感器**和用于产生行动的**执行器**，它通过**效应器**影响世界。

- 一般的机器人学问题涉及**随机性**（可以用 MDP 来处理）、**部分可观测性**（可以用 POMDP 来处理），以及与**其他智能体**一同行动或在其周围行动（可以用博弈论来处理）。大部分机器人在连续的高维状态和动作空间工作，这使问题变得很困难。机器人还运行在真实世界中，而真实世界不能比真实时间运行得更快，在真实世界中犯错也会导致真正的东西被损坏，而不能"撤销"。

- 理想中，机器人应当能一次性解决所有问题：给它们输入传感器的原始数据，它们输出传送到电动机的扭矩或电流。而现实中这太过于困难，因此机器人学家通常将问题分解并各个击破。

- 我们通常从动作（运动生成）中分离感知（估计）。机器人学中的感知涉及用计算机视觉通过摄像头识别周围环境，以及定位和构建地图。

- 机器人感知关注从传感器数据估计与决策相关的数值。为此，需要一个内部表示和用于随时间更新内部表示的方法。

- **概率滤波算法**（如粒子滤波器和卡尔曼滤波器）对机器人感知非常有用。这些技术用于维护信念状态，这是关于状态变量的后验分布。

- 在运动生成方面，我们使用**构形空间**，其中每个点都能确定定位机器人的每个**机身点**所需的所有信息。例如，对有两个关节的机械臂来说，一个构形空间包含这两个关节的角度。

- 我们通常将运动生成问题分解为**运动规划**和**轨迹跟踪控制**。运动规划负责产生规划，而轨迹跟踪控制则负责为控制输入（执行器指令）产生一个策略以执行这个规划。

- 使用**单元分解**可以通过图搜索求解运动规划。**随机运动规划算法**采样连续构形空间中的里程碑，**轨迹优化**则利用有符号的距离场迭代地使直线路径远离碰撞。它们用于通过图搜索求解运动规划。

- **PID 控制器**使用搜索算法找出的路径作为执行的参考路径，它持续地纠正机器人的实际位置和预期位置之间的误差。**计算扭矩控制**增加了前馈项来使用**逆动力学**计算能使运动保持在轨迹上的扭矩大小。

- **优化控制**通过直接根据控制输入计算最优轨迹来结合运动规划和轨迹跟踪。它在当我们有二次代价和动力学时尤为简单，其结果是一个线性二次型调节器（**LQR**）。流行的方法通过对动力学进行线性化并计算代价的二阶近似（**ILQR**）来利用它。

- 在不确定性中的规划通过**在线规划**（如模型预测控制）和协助感知的**信息收集**动作来结合感知和动作。

- 强化学习也用在机器人学当中。强化学习的技术努力减少机器人与真实世界所需的交互次数。这些技术通常利用模型，不论是估计一些模型然后用它们来预测，还是训练一个对不同的模型参数健壮的策略。

- 与人类交互需要机器人具有与人类**协调**动作的能力，这可以形式化为一场博弈。我们通常将求解分解为**预测**和**动作**，预测时我们使用人类正在进行的动作来估计其未来的行为，而动作时我们使用预测来计算机器人的最优运动。

- 为帮助人类，机器人还需要学习或推断人类的需要。机器人可以通过从人类输入（如演示、纠正或使用自然语言的指示）中学习它们要优化的代价函数来解决这个问题。或者，机器人可以模仿人类的行为，并使用强化学习来帮助解决将其泛化到新状态的难题。

参考文献与历史注释

机器人一词从捷克剧作家卡雷尔·恰佩克（Karel Čapek）1920 年的舞台剧 *R.U.R.*（*Rossum's Universal Robots*，罗苏姆的万能机器人）中流行开来。剧中的机器人并不是机械的，而是以化学方式生长出来的。这个机器人最终开始厌恨自己的主人并决意取而代之。看起来似乎是恰佩克的哥哥约瑟夫在其 1917 年的短篇小说 *Opilec* 中最先将捷克语词语"robota"（义务劳动）和"robotnik"（农奴）结合制造了词语"robot"（Glanc, 1978）。术语"robotics"（机器人学）是在阿西莫夫的科幻小说（Asimov, 1950）中发明的。

自主机器的概念比词语"robot"的诞生早了数千年。在公元前 7 世纪的希腊神话中，古希腊的锻造之神赫菲斯托斯制造了一个名叫塔罗斯的机器人来保护克里特岛。传说中，女巫美狄亚击败了塔罗斯。她承诺要使塔罗斯永生，但随后就排空了他的生命之水。因此，这是机器人在改变目标函数时犯错的最早的案例。亚里士多德在公元前 322 年就预计到了技术导致的失业，他猜测："如果所有工具都能够完成自己的工作，服从并预见到他人意志……那么工匠就不再需要帮手了，主人也就不再需要奴隶了。"

在公元前 3 世纪，一个称为"菲隆的仆人"（Servant of Philon）的真正的人形机器人能够将葡萄酒或水倒进杯子里，它的一系列阀门会在正确的时间切断水流。在 18 世纪建造了很多精美的自动装置，1738 年雅克·沃康松（Jacques Vaucanson）制造的机械鸭是其中较早期的一件作品。但它们表现出的复杂行为完全是预先就固定好的。最早的一种可编程的类机器人装置是雅卡尔提花织布机（Jacquard, 1805），在 1.2.6 节中介绍过。

格雷·沃尔特（Grey Walter）的"乌龟"（turtle）建造于 1948 年，它可以被视为最早的移动机器人，尽管其控制系统是不可编程的。1960 年建造于约翰斯·霍普金斯大学的"霍普金斯野兽"则精致得多，它拥有声呐和光电传感器以及模式识别硬件，能够识别标准的交流电插座盖板。它可以搜寻插座，将自己插入插座来给自己充电！不过，这只野兽的技能水平仍然十分有限。

第一台通用移动机器人是"Shakey"，在 20 世纪 60 年代晚期研发于当时的斯坦福研究院（现在的 SRI）（Fikes and Nilsson, 1971; Nilsson, 1984）。Shakey 是第一台结合了感知、规划和执行的机器人，许多后续的人工智能研究受到了这一重要成果的影响。其他有影响力的项目包括 Stanford Cart 和 CMU Rover（Moravec, 1983）。考克斯和维尔丰（Cox and Wilfong, 1990）介绍了自主车辆的经典工作。

最早的商用机器人是称为 Unimate 的机械臂，它得名于通用自动化（universal automation），由 Unimation 公司的员工约瑟夫·恩格尔伯格（Joseph Engelberger）和乔治·德沃尔（George Devol）研发。1961 年，第一台 Unimate 机器人被出售给通用汽车公司，用来制造电视机显像管。同年，德沃尔获得了第一个关于机器人的美国专利。

1973 年，丰田和日产使用升级后的 Unimate 来进行自动车体焊接。这引发了主要发生在日本和美国的汽车制造革命，这场革命仍然在进行当中。1978 年，Unimation 公司继续开发了 Puma 机器人（Programmable Universal Machine for Assembly，可编程通用组装机），它实际上成为后续 20 年内机械手的标准。每年有大约 50 万台机器人被售出，其中半数进入了汽车产业。

在机器人操纵领域，创造手眼协调机器的最早的主要成果是海因里希·恩斯特（Heinrich Ernst）的 MH-1，这在他的麻省理工学院博士论文（Ernst, 1961）中论述过。爱丁堡的"机器智能"项目也演示了一个令人印象深刻的早期基于视觉的组装系统，称为 FREDDY（Michie, 1972）。

移动机器人学的研究由一些重要的竞赛所引爆。AAAI 的年度移动机器人比赛始于 1992 年。第一届比赛冠军是 CARMEL（Congdon et al., 1992）。这一领域的进展是稳定且明显的：在最近的比赛中，机器人进入了会议大楼，前往了大会注册处进行会议注册，甚至发表了简短的演讲。

RoboCup 比赛 1995 年由北野宏明及其同事发起（Kitano et al., 1997），目标是在 2050 年前"开发出全自主的人形机器人，并在与人类世界冠军足球队的比赛中胜出"。一些比赛使用轮式机器人，一些则使用人形机器人，还有一些使用软件模拟。斯通（Stone, 2016）介绍了 RoboCup 的最新创新。

DARPA 大挑战由 DARPA 在 2004 年和 2005 年组织，要求自动驾驶汽车在 10 小时内行驶超过 200 公里穿越沙漠（Buehler et al., 2006）。在 2004 年的第一场比赛中，没有一个机器人行驶超过 12.9 公里，导致许多人认为永远不会有人赢得奖金。然而，在 2005 年，斯坦福的机器人 Stanley 不到 7 小时就赢得了比赛（Thrun, 2006）。DARPA 随后组织了**城市挑战赛**，比赛中机器人需要在有其他交通参与者的城市环境中导航 96.6 公里。卡内基梅隆大学的机器人 Boss 夺得第一名，并赢走了 200 万美元的奖金（Urmson and Whittaker, 2008）。开发机器人汽车的早期先锋有迪克曼斯和察普（Dickmanns and Zapp, 1987）以及波默洛（Pomerleau, 1993）。

机器人地图构建领域的路线源自两个不同的起点。第一条路线始于史密斯和奇斯曼（Smith and Cheeseman, 1986）的工作，他们在同时定位与地图构建（SLAM）问题上应用了卡尔曼滤波器。这个算法首先由穆塔利耶和夏蒂拉（Moutarlier and Chatila, 1989）实现，随后由伦纳德和达兰特-怀特（Leonard and Durrant-Whyte, 1992）进行了拓展，要了解早期卡尔曼滤波器的变体，见（Dissanayake et al., 2001）。第二条路线始于概率地图构建的<u>占据网格</u>（occupancy grid）表示的发展，它确定每个位置 (x, y) 被障碍物占据的概率（Moravec and Elfes, 1985）。

凯珀斯和莱维特（Kuipers and Levitt, 1988）位列首先提出拓扑地图构建而非度量地图构建的学者之中，这种做法受人类空间认知模型启发。卢和米廖斯（Lu and Milios, 1997）的重要论文发现了同时定位与地图构建问题的稀疏性，引发了科诺里奇（Konolige, 2004）以及蒙泰梅洛和特龙（Montemerlo and Thrun, 2004）对非线性优化技术的开发，以及博斯等人（Bosse et al., 2004）的提出的层级方法。沙特凯和克尔布林（Shatkay and Kaelbling, 1997）以及特龙等人（Thrun et al., 1998）将 EM 算法引入了机器人地图构建领域，用于数据关联。可以在特龙等人的论文（Thrun et al., 2005）中找到对概率地图构建方法的概览。

博伦斯坦等人（Borenstein et al., 1996）对早期移动机器人定位技术进行了调研。尽管几十年来在控制论中卡尔曼滤波是知名的定位方法，但定位问题的概率形式化很晚才在人工智能文献中出现，主要体现在汤姆·迪安（Tom Dean）和他同事（Dean et al., 1990）以及西蒙斯和凯尼格（Simmons and Koenig, 1995）的工作上。后者引入了术语<u>马尔可夫定位</u>（Markov localization）。这一技术在真实世界的首次应用由布加德等人（Burgard et al. 1999）在一些部署于博物馆的机器人上完成。基于粒子滤波的蒙特卡罗定位由福克斯等人（Fox et al., 1999）开发，现在已广泛使用。**Rao-Blackwellized 粒子滤波器**（Rao-Blackwellized particle filter）将机器人定位的粒子滤波与地图构建的精确滤波结合（Murphy and Russell, 2001; Montemerlo *et al.*, 2002）。

运动规划的大量早期工作关注确定性的、完全可观测运动规划问题中的几何算法。机器人运动规划的 PSPACE 困难性在赖夫的重要论文（Reif, 1979）中得以显现。构形空间表示则要归功于洛扎诺–佩雷斯（Lozano-Perez, 1983）。施瓦茨和沙里尔的一系列关于其所谓**搬钢琴**（piano mover）问题的论文（Schwartz *et al.*, 1987）很有影响力。

构形空间规划的递归单元分解首现于布鲁克斯和洛扎诺–佩雷斯（Brooks and Lozano-Perez, 1985）的工作，并由布鲁克斯和洛扎诺–佩雷斯（Brooks and Lozano-Perez, 1991）进行了重大改进。最早的骨架化算法基于沃罗诺伊图解（Rowat, 1979）和**能见度图**（Wesley and Lozano-Perez, 1979）。吉巴斯等人（Guibas *et al.*, 1992）开发了渐增计算沃罗诺伊图解的高效方法，而肖塞特（Choset, 1996）将沃罗诺伊图解拓展到更广泛的运动规划问题中。

约翰·坎尼（John Canny）（Canny, 1988）创建了运动规划的第一个单指数算法。拉托姆的重要文献（Latombe, 1991）介绍了多种运动规划方法，肖塞特等人的文献（Choset *et al.*, 2005）和拉瓦列的文献（LaValle, 2006）也一样。卡夫拉基等人（Kavraki *et al.*, 1996）开发出了概率路线图的理论。库夫纳和拉瓦列（Kuffner and LaValle, 2000）开发出了快速探索随机树（RRT）。

在几何运动规划中引入优化始于橡皮筋（Quinlan and Khatib, 1993），当构形空间障碍物改变时，它能改善路径。拉特利夫等人（Ratliff *et al.*, 2009）将这种思路形式化为求解优化控制问题，使得最初的轨迹可以从碰撞开始，并通过将工作空间障碍物梯度用雅可比矩阵映射到构形空间来使轨迹变形。舒尔曼等人（Schulman *et al.*, 2013）提出了它的实用的二阶形式。

用动力学系统解决机器人的控制问题——不论是对于操纵还是导航——已有大量文献。尽管本章解释了**轨迹跟踪控制**和优化控制的基本知识，却略去了所有子领域，包括适应性控制、健壮控制和李雅普诺夫分析。适应性控制旨在在线地适应动力学参数和控制律，而非假设系统的一切都是先验已知的。而健壮控制则旨在设计出在不确定性和外部干扰下仍能良好运作的控制器。

李雅普诺夫分析最初在 19 世纪 90 年代提出，用于一般非线性系统的稳定性分析。但在 20 世纪 30 年代早期以前控制理论学家都没有发觉它的真正潜力。在优化方法的发展下，李雅普诺夫分析被扩展到控制障碍函数，它非常适合于现代优化工具。这些方法在现代机器人学中广泛用于实时控制器设计和安全性分析。

机器人学控制领域的重要著作包括霍根的阻抗控制三部曲（Hogan, 1985）以及费瑟斯通对机器人动力学的一般研究（Featherstone, 1987）。迪安和韦尔曼率先尝试将控制论与人工智能规划系统结合（Dean and Wellman, 1991）。三部关于机器人操纵的数学问题的经典教材是（Paul, 1981）、（Craig, 1989）和（Yoshikawa, 1990）。默里介绍了操纵中的控制（Murray, 2017）。

抓取领域在机器人学中也很重要——确定抓取稳定性的问题相当困难（Mason and Salisbury, 1985）。合格的抓取需要接触感知，即**触觉反馈**（haptic feedback），来确定接触力并检测滑动（Fearing and Hollerbach, 1985）。理解如何抓取世界上各种各样的物体是一个艰难的问题。（Bousmalis *et al.*, 2017）中描述了一种系统，它将真实世界实验与用模拟到现实迁移来引导的模拟环境相结合，以产生健壮的抓取能力。

势场控制试图同时解决运动规划和控制问题，它是哈提卜（Khatib，1986）为机器人学提出的。在移动机器人学中，这种概念被视作碰撞避免问题的实际解决方案，并随后被博伦斯坦（Borenstein，1991）扩展为称为**矢量场直方图**（vector field histogram）的算法。

ILQR 目前广泛用于运动规划和控制的交叉领域，这要归功于李和托多罗夫（Li and Todorov，2004）。它是早得多的差分动态规划技术的一个变体（Jacobson and Mayne，1970）。

有限感知下的精细运动规划被洛扎诺–佩雷斯等人（Lozano-Perez *et al.*，1984）以及坎尼和赖夫（Canny and Reif，1987）进行了研究。基于地标的导航（Lazanas and Latombe，1992）在移动机器人领域使用了大量相同概念。导航函数（确定性 MDP 控制策略的机器人学版本）是由科迪斯切克（Koditschek，1987）引入的。机器人学中，将 POMDP 方法（17.4 节）应用到不确定性中进行运动规划的关键工作成果应该归功于皮诺等人（Pineau *et al.*，2003）和罗伊等人（Roy *et al.*，2005）。

机器人学中的**强化学习**热潮是由巴格内尔和施奈德（Bagnell and Schneider，2001）以及吴恩达等人（Ng *et al.*，2003）的重要工作引领的，他们在自主直升机控制中取得了示范性成果。科伯等人（Kober *et al.*，2013）概览了在用于机器人学问题时如何改变强化学习。许多在实际系统中实现的技术构建了近似动力学模型，这可以追溯到阿特基森等人（Atkeson *et al.*，1997）的局部加权线性模型。但策略梯度同样有其一席之地，它使（简化的）人形机器人能够行走（Tedrake *et al.*，2004），或使机械臂能够打棒球（Peters and Schaal，2008）。

莱文等人（Levine *et al.*，2016）展示了第一个用于真实机器人的**深度强化学习**应用。同时，模拟环境中的无模型 RL 也被扩展到了连续域（Schulman *et al.*，2015a; Heess *et al.*，2016; Lillicrap *et al.*，2015）。从模拟到现实的迁移或**模拟到现实**（Sadeghi and Levine，2016; Andrychowicz *et al.*，2018a）、**元学习**（Finn *et al.*，2017）以及高效采样无模型强化学习（Andrychowicz *et al.*，2018b）是研究的热门领域。

预测**人类动作**的早期方法使用滤波方法（Madhavan and Schlenoff，2003），但齐巴特等人（Ziebart *et al.*，2009）的重要工作提出通过将人类建模为近似理性的智能体来进行预测。萨迪克等人（Sadigh *et al.*，2016）解释了为何这些预测实际上应当依赖于机器人决定要做的事，进而构建了博弈论的问题设定。对于协作式设定，西丝博特（Sisbot，2007）率先提出了在机器人的代价函数中考虑人类需要的思路。尼古拉迪斯和沙阿（Nikolaidis and Shah，2013）将协作分解为不仅要学习人类将如何行动，还要学习人类希望机器人如何行动，这两者都可以从演示中实现。要了解从演示中学习，见（Argall *et al.*，2009）。阿克贡等人（Akgun *et al.*，2012）和塞菲加尔等人（Sefidgar *et al.*，2017）研究了由最终用户而非专家进行教学。

泰莱克斯等人（Tellex *et al.*，2011）展示了机器人如何能够从自然语言指示中推断出人类的需要。最后发现，不仅机器人需要推断人类的需要和行动规划，人类也需要对机器人进行同样的推断。德拉甘等人（Dragan *et al.*，2013）在机器人的运动规划中纳入了人类的推断模型。

人机器人交互（human-robot interaction）领域比本章所述的内容宽泛得多，本章主要介绍规划和学习的方面。托马斯等人（Thomaz *et al.*，2016）从更宽泛的计算视角提供关于交互的调研。罗斯（Ross *et al.*，2011）介绍了 DAGGER 系统。

关于机器人的软件架构的话题引发了许多流派的争论。不错的传统人工智能候选者——三层架构——可以追溯到 Shakey 的设计，加特（Gat，1998）对其进行了回顾。包容架构要归功于布鲁克斯（Brooks，1986），尽管类似的概念也是由布赖滕贝格（Braitenberg）独立提出的，他的书 *Vehicles*（Braitenberg，1984）介绍了很多基于这种行为式方法的简单机器人。

布鲁克斯的六足行走机器人的成功引发了大量其他项目。康奈尔在其博士论文（Connell，

1989）中提出了一个完全反应式的移动机器人，它能够找回物品。将这种范例拓展到多机器人系统的工作可见于（Parker, 1996）和（Mataric, 1997）。GRL（Horswill, 2000）和 COLBERT（Konolige, 1997）将并发的基于行为的机器人学的概念抽象为通用的机器人控制语言。阿金（Arkin, 1998）调研了这一领域最流行的一些方法。

两本早期的教材（Dudek and Jenkin, 2000）和（Murphy, 2000）介绍了一般性的机器人学。更近期的概览是（Bekey, 2008）和（Lynch and Park, 2017）。机器人操纵方面的优秀书籍则涉及了高级主题，例如顺从运动（Mason, 2001）。（Choset *et al.*, 2005）和（LaValle, 2006）中对机器人运动规划进行了介绍。（Thrun *et al.*, 2005）中介绍了概率机器人学。*Handbook of Robotics*（Siciliano and Khatib, 2016）是对机器人学的大部头的全面概述。

机器人学的主要会议是机器人学科学与系统会议（Robotics: Science and Systems Conference）和 IEEE 机器人学与自动化国际会议（IEEE International Conference on Robotics and Automation）。人机器人交互（Human-Robot Interaction）是交互方面的主要会议。机器人学的主要期刊包括 *IEEE Robotics and Automation Letters*、*International Journal of Robotics Research* 和 *Autonomous Systems*。

第七部分

总结

第 27 章

人工智能的哲学、伦理和安全性

在本章中，我们围绕人工智能的意义，如何合乎伦理地开发并应用人工智能，以及如何确保其安全性等几大问题展开讨论。

长期以来，哲学家们一直在拷问一些宏大的问题：大脑是如何工作的？机器是否有可能像人一样做出智能的行为？这样的机器是否会有真正的、有意识的思想？

除此之外，我们还新增了一些问题：智能机器在日常使用中的伦理意蕴是什么？应该允许机器做出杀死人类的决定吗？算法能否做到公平公正？如果机器能完成所有工作，人类将何去何从？如何控制那些可能比我们更加智能的机器？

27.1　人工智能的极限

1980 年，哲学家约翰·希尔勒（John Searle）提出了弱人工智能（weak AI）和强人工智能（strong AI）的区别。弱人工智能的机器可以表现得智能，而强人工智能的机器是真正地有意识地在思考（而非仅模拟思考）。随着时间的推移，强人工智能的定义转而指代"人类级别的人工智能"或"通用人工智能"等，可以解决各种各样的任务，包括各种新奇的任务，并且可以完成得像人类一样好。

弱人工智能的批评者曾怀疑机器是否真的能有智能行为，现在看起来他们和西蒙·纽科姆（Simon Newcomb）一样短视。1903 年 10 月，就在莱特兄弟在基蒂霍克首次飞行的前两个月，纽科姆写道，"空中飞行是人类永远无法应对的几大难题之一"。然而，近年来的飞速进展并不能说明人工智能的成就可以无所不及。艾伦·图灵（Turing, 1950）是第一个定义人工智能的人，也是第一个对人工智能提出可能的异议的人，他预见了后来人提出的几乎所有的意见。

27.1.1　由非形式化得出的论据

图灵在"由行为的非形式化得出的论据"中提到，人类的行为太复杂了，任何一个形式化的规则集都无法完全捕捉到。人们必须使用一些非形式化的准则，（论据中声称）这些准则永远无法由形式化的规则集捕捉，因此也永远无法在计算机程序中编码。

休伯特·德雷福斯（Hubert Dreyfus）是这一观点的主要支持者，他曾就人工智能发表了一系列颇具影响力的质疑：《计算机不能做什么》（*What Computers Can't Do*）（Dreyfus, 1972）和续篇《计算机不能做什么》（*What Computers Still Can't Do*）（Dreyfus, 1992），以及和他的兄弟斯图尔特·德雷福斯（Stuart Dreyfus）合著的 *Mind Over Machine*（Dreyfus and Dreyfus, 1986）。同样，哲学家肯尼斯·萨瑞（Kenneth Sayre）（Sayre, 1993）说："在对计算主义的狂热推崇中追求人工智能，是根本不可能有任何长久的结果的。"他们所批评的技术后来被称为老式人工智能（Good Old-Fashioned AI，GOFAI）。

GOFAI 对应的简单逻辑智能体设计在第 7 章中介绍过，它确实很难在一个充要的逻辑规则集里捕捉适当行为的每一种可能性，我们称之为**资格问题**（qualification problem）。但就如第 12 章中提到的概率推理系统更适合开放领域和第 21 章中提到的深度学习系统在各种"非形式化"任务上表现良好一样，这一批评评论并不是针对计算机本身，而仅针对使用逻辑规则进行编程这一特定风格。这种风格曾在 20 世纪 80 年代流行，但已被新方法取代。

德雷福斯最有力的论据之一是针对情景式智能体而不是无实体的逻辑推理机。相比于那些看过狗奔跑、和狗一起玩过、曾被狗舔过的智能体来说，一个对"狗"的理解仅来自一组有限的如"*Dog(x)* ⇒ *Mannal(x)*"这样的逻辑语句的智能体是处于劣势的。哲学家安迪·克拉克（Andy Clark）（Clark, 1998）曾说过："生物大脑是生物体的首要控制系统，生物体在丰富的真实世界环境中行动。"根据克拉克的观点，我们"擅长于飞盘游戏而弱于逻辑"。

体验认知（embodied cognition）方法声称单独考虑大脑是毫无意义的：认知发生在躯体内部，而躯体处于环境中。我们需要从整体上去研究这个系统。大脑的运行利用其所处环境中的规律，这里说的环境包括躯体的其他部分。在体验认知方法中，机器人、视觉和一些其他的传感器成为核心而非外围部分。

总的来说，德雷福斯看到了人工智能还未能完全解决的领域，并由此声称人工智能是不可能的。现在我们看到许多科研人员正在这些领域进行持续的研究和开发，从而提高了人工智能的能力，降低了其不可能性。

27.1.2 由能力缺陷得出的论据

"由能力缺陷得出的论据"提出"机器永远做不到 X"这一主张。关于 X，图灵列举了以下例子：

> 善良、机智、美丽、友好、上进、幽默、明辨是非、犯错、坠入爱河、享受奶油草莓、让人爱上它、从经验中学习、恰当地使用语言、成为自己思想的主体、有和人类一样的行为多样性、从事新生事物。

回顾这些，我们发现其中一些事相当简单，如我们都很熟悉"犯错"的计算机。具有元推理能力的计算机（第 5 章）能检查自身计算，从而成为自身推理的主体。一项有着百年历史的技术已证明它有"让人爱上它"的能力，它就是泰迪熊。计算机象棋专家戴维·利维（David Levy）预计，到 2050 年，人们对爱上类人机器人一事将习以为常。至于机器人坠入爱河，这是虚构类文学作品中的常见主题[①]，但这方面的学术推测有限（Kim *et al.*, 2007）。计算机已经完成了许多非常新颖的工作，在天文学、数学、化学、矿物学、生物学和计算机科学等领域都取得了重大发现，并通过风格转换创造了新的艺术形式（Gatys *et al.*, 2016）。总的来说，程序在某些任务上的表现超过了人类，而在其他任务上则落后于人类。有一件事是很明显的，那就是它们不能真正成为人类。

27.1.3 数学异议

图灵（Turing, 1936）和哥德尔（Gödel, 1931）证明了某些数学问题原则上是不能用形式系

---

① 如歌剧《葛佩莉亚》（1870）、小说《机器人会梦见电子羊吗》（1968）以及电影《人工智能》（2001）、《机器人总动员》（2008）和《她》（2013）。

统解决的。哥德尔不完全性定理（见 9.5 节）是最著名的例子。简单来说，对任意能表达初等数论的形式化公理框架 F，都可以构造满足以下性质的哥德尔命题 $G(F)$：

- $G(F)$ 是 F 中的命题，但在 F 中不可判定；
- 如果 F 是一致的，那么 $G(F)$ 为真。

卢卡斯（Lucas, 1961）等哲学家声称，这个定理表明机器在精神上不如人类，因为机器是形式系统，受限于不完全性定理，它们无法判定自身哥德尔命题的真伪，而人类则不受此限制。这引起了很多争议，产生了大量的文献，包括数学家/物理学家罗杰·彭罗斯爵士（Roger Penrose）的两本书（Penrose, 1989, 1994）。彭罗斯用一些新的观点重复了卢卡斯的观点，例如，人类之所以不同，是因为他们的大脑是通过量子引力运作的——这个理论对大脑生理学做出了许多错误的预测。

对卢卡斯的观点，我们讨论其中 3 个问题。第一，一个智能体无须因为自己不能判定其他智能体可以判定真伪的命题而感到羞愧。考虑以下命题：

> 卢卡斯无法断言该命题为真。

如果卢卡斯断言该命题为真，那么他就自相矛盾了。而如果卢卡斯无法断言该命题为真，那么这样看该命题为真。如此，我们展示了一个卢卡斯无法断言但其他人（和机器）可以断言的真命题。但这并不会让我们小看卢卡斯。

第二，哥德尔不完全性定理和相关结果适用于数学而非计算机。人或机器都不能证明不可能被证明的事情。卢卡斯和彭罗斯错误地假设，人类可以以某种方式绕过这些限制，正如卢卡斯（Lucas, 1976）所说："如果思想是可能的，我们必须假设我们自己的一致性。"但这是一个毫无根据的假设：人类是出了名的不一致的。这当然适用于日常推理，但也适用于认真的数学思考。一个著名的例子是四色地图问题。阿尔弗雷德·肯普（Alfred Kempe）（Kempe, 1879）发表了一个被广泛接受的证明，直到 11 年后珀西·希伍德（Percy Heawood）（Heawood, 1890）指出了其中一个错误。

第三，技术上来说，哥德尔不完全性定理仅适用于能表达初等数论的形式系统。这种系统包括图灵机，卢卡斯的论断部分是基于"计算机等同于图灵机"的断言，这不完全正确。图灵机是无限的，而计算机（和大脑）是有限的，任何计算机都可以在命题逻辑中被描述为一个（非常大的）系统，因而不受哥德尔不完全性定理的约束。卢卡斯认为人类可以"改变他们的想法"而计算机不能，这也是错误的。在有新证据的情况下或在进一步考虑后，计算机可以撤回它的结论；它可以升级硬件；可以通过机器学习或重写软件来改变决策过程。

27.1.4　衡量人工智能

艾伦·图灵在他那篇著名论文 "Computing Machinery and Intelligence"（Turing, 1950）中提出，与其问机器能否思考，不如问机器能否通过行为测试，即**图灵测试**。图灵测试需要一个计算机程序与测试者进行 5 分钟的对话（通过键入消息的方式）。然后，测试者必须猜测与其对话的是人还是程序；如果程序让测试者做出的误判超过 30%，那么它就通过了测试。对图灵来说，关键不在于测试的具体细节，而是智能应该通过某种开放式行为任务上的表现而不是通过哲学上的推测来衡量。

图灵曾推测，到 2000 年，拥有 10 亿存储单元的计算机可以通过图灵测试。但 2000 年已经过去了，我们仍不能就是否有程序通过图灵测试达成一致。许多人在他们不知道有可能是和计算机在聊天时被计算机程序欺骗了。Eliza 程序、网络聊天机器人 MgonZ（Humphrys,

2008）和 Natachata（Jonathan *et al.*, 2009）多次欺骗了与它们交谈的人，而聊天机器人 Cyberlover 引起了执法部门的注意，因为它热衷于诱导聊天对象泄露足够多的个人信息致使他们的身份被盗用。

2014 年，一款名为 Eugene Goostman 的聊天机器人在图灵测试中令 33% 未受训练的业余评测者做出误判。这款程序声称自己是一名来自乌克兰的男孩，英语水平有限。这点让它出现语法错误有了解释。或许图灵测试其实是关于人类易受骗性的测试。目前为止聊天机器人还不能骗过受过良好训练的评测者（Aaronson, 2014）。

图灵测试竞赛带来了更优秀的聊天机器人，但这还没成为人工智能领域的研究重点。相反，追逐竞赛的研究者更倾向于下国际象棋、下围棋、玩《星际争霸 II》游戏、参加八年级科学考试或在图像中识别物体。在许多这类竞赛中，程序已经达到或超过人类水平，但这并不意味着程序在这些特定任务之外也能够像人类一样。人工智能研究的关键点在于改进基础科学技术和提供有用的工具，而不是让评测者上当。

27.2　机器能真正地思考吗

一些哲学家声称，一台能做出智能行为的机器实际上并不会思考，而只是在模拟思考。但大多数人工智能研究者并不关心这一区别，计算机科学家艾兹格·迪杰斯特拉（Edsger Dijkstra）曾说过："机器能否思考……就像潜艇能否游泳这个问题一样重要"（Dijkstra, 1984）。《美国传统英语词典》中对游泳的第一条定义是"通过四肢、鳍或尾巴在水中移动"，大多数人都认同潜艇是无肢的，不能游泳。该词典也定义飞为"通过翅膀或翅膀状的部件在空中移动"，大多数人都认同飞机有翅膀状部件，能够飞行。然而，无论是问题还是答案都与飞机和潜艇的设计或性能没有任何关系，而是与英语中的单词用法有关。（事实上，在俄语中船的确会游泳这一事实也更加说明了这一点。）使用英语的人还没有选定"think"这个词的确切定义，"think"需要"brain"还是仅仅需要"brain-like parts"？

图灵再次解决了这一问题。他指出，关于他人内在心理状态如何，我们从未有任何直接证据，这是一种精神唯我论。图灵说："与其继续在这个观点上争论不休，不如回到每个人通常都认可的礼貌惯例（polite convention）。"图灵主张，如果我们和能做出智能行为的机器相处过，那么我们也应该将这一礼貌惯例的使用范围延伸到机器上。然而，现在我们确实有了一些经验，但看起来在对感知归因时，类人的外表和声音至少与纯粹的智力因素同样重要。

27.2.1　中文房间

哲学家约翰·希尔勒不认同礼貌惯例。他在著名的中文房间（Chinese room）（Searle, 1990）中这样论证：想象一个只会英语的人身处一个房间，房间里有一本英语写成的规则书和各式各样的纸堆。一张写着无法辨认的符号的纸从门缝下面滑进房间，这个人根据规则书的指示，在纸堆里找到对应符号写在新纸上并重新排列好。最终，一个或多个符号被转录到一张纸上并传回外部世界。从外面我们看到的是一个系统能读取输入的中文句子并以中文生成流畅、智能的回复。

希尔勒接着论证：鉴于这个人是不懂中文的，规则书和一堆纸也仅仅是纸，也不懂中文。因此，这整个过程完全没有对中文的理解。希尔勒表示，中文房间和计算机会做的事是一样的，因此计算机也不会产生任何理解力。

希尔勒（Searle, 1980）倡导**生物自然主义**（biological naturalism），根据该理论，精神状态是由神经元中低级物理过程引起的高级涌现特征，而神经元的（未明确的）特性才是重要的：根据希尔勒的偏见，神经元有"它"，而晶体管没有。对希尔勒的论点有许多反驳的观点，但尚未达成共识。他的论点同样可以（也许被机器人利用）论证人类不可能有真正的理解；毕竟，人类是由细胞构成的，细胞不理解，因此人类就无法理解。事实上，这就是特里·比森（Terry Bisson）的科幻小说 *They're Made Out of Meat*（Bisson, 1990）中的情节，在这部小说中，外星机器人探索地球，不敢相信大块的肉居然是有知觉的。它们的形成过程仍是个谜。

27.2.2　意识与感质

贯穿所有关于强人工智能争论的主题是**意识**（consciousness）：对外部世界、自我、生活的主观体验的认识。经验的内在本质的专业术语是**感质**（qualia）（源于拉丁语，大意是"什么样的"）。最大的问题是机器是否有感质。在电影《2001 太空漫游》中，当宇航员戴维·鲍曼断开计算机哈尔（HAL 9000）的"认知电路"时，屏幕上写着"戴夫，我害怕。戴夫，我的脑子正在消失，我能感觉到"。哈尔真的有感情（且值得同情）吗？又或者这个回复只是一种算法响应，与"404 错误：未找到"没有任何区别？

对动物们也有类似的问题：宠物的主人确信他们的猫狗有意识，但不是所有科学家都认同这一点。蟋蟀会根据温度改变自己的行为，但几乎没人会说蟋蟀能体验到温暖或寒冷的感觉。

意识问题难以解决的一个原因是，即使经过几个世纪的争论，它的定义依然不明确。但解决方法可能不远了。近来，在坦普顿基金会的赞助下，哲学家和神经科学家合作开展了一系列能解决部分问题的实验。两种主流意识理论（全球工作空间理论和整合信息理论）的支持者都认为这些实验可以证明一种理论优于另一种，这在哲学史上实属罕见。

图灵（Turing, 1950）承认意识问题是一个困难的问题，但他否认它与人工智能的实践有很大的关联："我不想给人留下我认为意识并不神秘这样的印象……但我认为，我们不一定需要在回答本文所关注的问题之前先揭开这些奥秘。"我们认同图灵的观点，我们感兴趣的是创建能做出智能行为的程序。意识的各个方面，认知、自我认知、注意力等都可以通过编程成为智能机器的一部分。让机器拥有和人类一模一样的意识这一附加项目并不是我们想要做的。我们认同做出智能行为需要一定程度的认知，这个程度在不同任务中是不同的，而涉及与人类互动的任务需要关于人类主观经验的模型。

在对经验建模这方面，人类明显比机器有优势，因为人们可以靠自身去主观感受他人的客观体验。例如，如果你想知道别人用锤子敲拇指是什么感觉，你可以用锤子敲自己的拇指。但机器没有这种能力，尽管它们可以运行彼此的代码。

27.3　人工智能的伦理

鉴于人工智能是一项强大的技术，在道德上我们有义务妥善使用它，发扬其积极的方面，避免或减轻其消极一面。

积极的方面有很多，例如，通过改进医学诊断、发现新的医学成果、更好地预测极端天气、通过辅助驾驶直至最终做到自动驾驶来实现更安全的驾驶，人工智能可以拯救生命。改善生活的机会也很多。微软的人道行动计划将人工智能用于自然灾害灾后恢复、满足儿童需求和保护难民。谷歌的赋能社会 AI 项目则支持雨林保护、污染监测、化石燃料排放量测量、危机咨询、新闻事实核查、自杀预防、回收利用等方面的工作。芝加哥大学社会福利数据科学中心应用机器学习处理刑事司法、经济发展、教育、公共卫生、能源和环境等领域的问题。

人工智能在农作物管理和粮食生产等方面的应用有助于养活全世界。用机器学习优化业务流程使企业更具生产力、创造更多财富、提供更多就业机会。自动化能够取代许多工人所面临的乏味而危险的任务，让他们可以专注从事更加有趣的事情。残障人士将从基于人工智能的视觉、听觉和移动辅助功能中受益。机器翻译已经让来自不同文化背景的人们可以相互交流。基于软件的人工智能解决方案的边际生产成本几乎为零，因此可能有助于先进技术的大众化（即使软件的其他方面有集权的可能性）。

尽管有这么多积极方面，我们也不应该忽略人工智能的消极方面。许多新技术都曾产生意想不到的**负面影响**：核裂变导致了切尔诺贝利事故并产生毁灭全球的威胁；内燃机带来了空气污染、全球变暖和死亡的威胁。即使按设计初衷使用，有些技术也会产生负面影响，如沙林毒气、AR-15 步枪和电话推销。自动化能创造财富，但在当今经济形势下，大部分财富将会流向拥有自动化系统的人，加剧收入不平等。这会破坏一个运转良好的社会。随着发达国家采用全自动化制造设施，发展中国家通过出口低成本制造品实现发展的道路可能会被切断。伦理和治理决策将决定人工智能带来的不平等程度。

所有科学家和工程师都面临着伦理考量，哪些项目应该做，哪些项目不应该进行，以及如何确保项目执行是安全且有益的。2010 年，英国工程和物理科学研究委员会召开会议，制定了一系列机器人准则。接下来数年里，其他政府机构、非盈利组织以及各公司纷纷建立了类似的准则。建立准则的重点是，要让每一个创造人工智能技术的机构，以及这些机构中的每个人都要负责确保技术对社会有益而非有害。最常被提到的准则是：

确保安全性	建立问责制
确保公平性	维护人权和价值观
尊重隐私	体现多样性与包容性
促进协作	避免集权
提供透明度	承认法律和政策的影响
限制人工智能的有害用途	考虑对就业的影响

这些原则中有许多（如"确保安全"）适用于所有软硬件，而不仅仅是人工智能系统。一些原则措辞模糊，难以衡量与执行。这在一定程度上是因为人工智能是一个有着众多子领域的大领域，每个子领域都有着不同的历史规范，每个子领域中人工智能开发者和利益相关者之间的关系也不同。（Mittelstadt, 2019）中建议各子领域应建立更加具体可行的指南及实例。

27.3.1　致命性自主武器

联合国将致命性自主武器定义为可在无人监督的情况下，定位、选择和攻击（如击杀）人类目标的武器。有各式各样的满足部分标准的武器。例如，自 17 世纪便开始使用的地雷：它们能根据被施加压力的程度或存在的金属数量在有限范围内选择和攻击目标，但它们无法自己离开原地并定位目标。(《渥太华公约》禁用了地雷。)自 20 世纪 40 年代开始使用的导弹能够追踪目标，但它们必须由人类指定一个正确的大方向。20 世纪 70 年代以来，自动发射雷达控制炮就被用于防御军舰。它们主要用于摧毁来袭的导弹，但也用于攻击载人飞机。尽管"自主性"一词常用于描述无人驾驶飞行器或**无人机**，但这类武器大多数都是远程遥控的，需要人为启动致命载荷。

在写作本书的时候，一些武器系统似乎已经进入了完全自主的状态。例如，以色列生产的

"哈洛普"导弹是一种"巡飞弹",翼展 3 米,弹头重 23 千克。它会在指定地区内搜索 6 小时,摧毁一切符合给定标准的目标。这个标准可以是"发射类似防空雷达的信号"或"看起来像坦克"。土耳其制造商 STM 公司宣称,其 Kargu 四轴飞行器可以携带重达 1.5 千克的炸药,能够"自动击中……图像上选定的目标……追踪移动目标……杀伤人员……人脸识别"。

自主武器被称为继火药和核武器之后的"第三次战争革命"。它们的军事潜力是显而易见的。例如,没有专家会怀疑自主战斗机能打败人类飞行员。与有人驾驶的武器相比,自主化的飞机、坦克和潜艇更经济、更快速、更易操作,航程更长。

自 2014 年以来,联合国日内瓦办事处在《特定常规武器公约》(Convention on Certain Conventional Weapons,CCW)的支持下,就是否禁止致命性自主武器问题开展了定期讨论。本书撰写期间,包括中国在内的 30 个缔约方宣布支持一项限制致命性自主武器的国际条约,而包括以色列、俄罗斯、韩国和美国在内的其他国家或地区则反对这项禁令。

关于自主武器的讨论涵盖了法律、伦理和实践方面。法律问题主要受《特定常规武器公约》管辖,该公约要求自主武器能区分战斗人员与非战斗人员,能判断攻击的军事必要性,以及能评估目标军事价值与附带损害可能性之间的相当性。满足这些标准的可行性是一个工程问题,其答案无疑会随着时间的推移而改变。目前,机器在某些情况下似乎能够区分战斗与非战斗人员,且其能力无疑将迅速提高,但目前还做不到对必要性进行判断和对相当性进行评估:这些都要求机器根据情境做出主观判断,相比搜索和打击潜在目标这类相对简单的任务要困难得多。出于这些原因,只有在人类操作员能合理预测执行任务中不会以平民为目标,武器不会进行不必要或不合适攻击的情况下,才能合法使用自主武器。这意味着,就目前而言,自主武器能执行的任务非常有限。

在伦理方面,有些人认为,把杀人的决定权交给机器在道义上是不可接受的。例如,德国驻日内瓦大使曾表示"不接受完全由一个自主系统来做有关生死的决定",而日本则表示"没有计划研制可脱离人类且有谋杀的能力的机器人"。2017 年,美国国防部二号人物保罗·塞尔瓦上将(Gen. Paul Selva)说:"我认为让机器人决定是否夺走一个人的生命是不合理的。"联合国秘书长安东尼奥·古特雷斯(António Guterres)在 2019 年表示:"在没有人类参与的情况下,拥有剥夺生命的权利和自由裁量权的机器在政治上不可接受,道德上令人反感,国际法应予以禁止。"

来自 60 多个国家和地区的超过 140 个非政府组织参加了"杀手机器人禁令运动",2015 年由生命未来研究所(Future of Life Institute)牵头的一封公开信已有超过 4000 名人工智能研究人员[1] 和 22 000 名其他人士签署。

对此,可以说随着技术的进步,开发出比人类士兵或飞行员更不可能造成平民伤亡的武器是可能的。(自主武器能减少人类士兵和飞行员的死亡风险,这也是一大好处。)自主系统不会受疲劳、沮丧、歇斯底里、恐惧、愤怒或报复等的影响,也不需要"先开枪,后提问"(Arkin,2015)。正如制导弹药相较于非制导炸弹减少了附带损害一样,人们会期望智能武器进一步提高攻击的精度。[针对这一点,可以参考本杰明(Benjamin, 2013)对无人机战争伤亡的分析。]这显然是美国在日内瓦最新一轮谈判中的立场。

美国是目前少数几个不允许使用自主武器的国家之一,这点可能与我们的直觉相反。2011 年美国国防部路线图显示:"在可预见的未来,(通过自主系统)使用武力以及对哪个目标进行致命打击的决定权将保留在人类控制手中。"制定这项政策主要是从实际出发:自主系统还未可靠到可以应用到军事决策中。

---

[1]　包括本书的两位作者。

可靠性问题自 1983 年 9 月 26 日出现，彼时苏联导弹军官斯坦尼斯拉夫·彼得罗夫（Stanislav Petrov）的计算机屏幕上闪烁着导弹来袭的警报，可靠性问题凸显出来。根据协议，彼得罗夫应发起核反击，但他怀疑这个警报是一个程序错误，且最终也按此处理。他判断对了，（侥幸）避免了第三次世界大战。如果这整个过程中没有人类参与，我们不知道会发生什么。

对熟悉复杂战场环境的军事指挥官来说，可靠性是一个非常重要的问题。在训练中能完美运行的机器学习系统在实际部署中可能表现糟糕。针对自主武器的网络攻击可能会导致友军的伤亡；切断武器的所有通信连接也许能阻止这种情况伤及友军设备（假设它还没有被破坏），但这样的话在武器出现故障时也无法召回。

从攻击的规模与可部署的硬件数量成正比这方面看，关于自主武器最重要的实际问题是，它们是可扩展的大规模毁灭性武器，从这个意义上看，一次攻击的规模和能部署的硬件数量成正比。一架直径 5 厘米的四轴飞行器可以携带致命的爆炸物，100 万架这样的飞行器可以装在一个普通的集装箱里。而正因为它们是自主的，这些武器不需要 100 万个人去监督它们的工作。

作为大规模毁灭性武器，与核武器和地毯式轰炸相比，可扩展的自主武器对攻击者有以下优势：它们保持财产完好无损，可以有选择地用于消除那些可能威胁占领军的人。当然，它们可能用于消灭某一民族或某一特定宗教的所有信徒。在许多情况下，它们也无法被追踪。这些特点使它们对非国家行为体特别有吸引力。

这些顾虑，尤其是那些有利于攻击者的特质，都表明自主武器将降低全球安全与各方国家安全。看起来对政府来说，合理的反应应该是开展军备控制讨论而不是军备竞赛。

然而，制定一项条约的过程并非一帆风顺。人工智能是一门**两用**技术：能以和平的方式应用的人工智能技术也能很容易应用于军事目的，如飞行控制、视觉跟踪、地图绘制、导航和多智能体规划。只需装上炸药并命令它寻找目标，就能把一架自动驾驶的四轴飞行器变成武器。处理这一问题将需要严格履行合规制度，并进行产业合作，《禁止化学武器公约》在这方面已经取得了一些成果。

27.3.2　监控、安全与隐私

1976 年，约瑟夫·维森鲍姆（Joseph Weizenbaum）曾发出警告，自动语音识别技术可能会导致大范围的窃听，从而导致公民自由的丧失。如今，这种威胁已经成为现实，大多数电子通信都要经过可以被监控的中央服务器，城市里遍布着的麦克风和摄像头可以根据声音、面部和步态识别和跟踪个人。以往需要昂贵而稀缺的人力资源的监控现在可以由机器大规模地完成。

随着越来越多的机构开始线上运作，我们越来越容易遭受网络犯罪（如网络钓鱼、信用卡诈骗、僵尸网络、勒索软件）和网络恐怖主义（包括关闭医院和发电厂、征用自动驾驶汽车等可能致命的攻击）。对**网络安全**（cybersecurity）战的双方而言，机器学习都是强有力的工具。攻击者可以利用自动化探测不安全点，并且可以利用强化学习进行网络钓鱼和自动勒索。防御者可以利用无监督学习检测异常的传入流量模式（Chandola *et al.*, 2009; Malhotra *et al.*, 2015），以及利用各种机器学习技术发现诈骗（Fawcett and Provost, 1997; Bolton and Hand, 2002）。随着攻击越来越复杂，所有工程师（不仅仅是安全专家）都肩负着更大的责任，要从一开始就设计安全的系统。卡纳尔（Kanal, 2017）预测，到 2021 年，网络安全领域的机器学习市场规模将达到约 1000 亿美元。

随着我们在日常生活中越来越多地与计算机进行交互，政府和企业不断收集更多关于我们的数据。数据采集者在道德和法律上都有责任妥善保管他们所持有的数据。在美国，《健康保险便携性和责任法案》（*Health Insurance Portability and Accountability Act*，HIPAA）和《家庭教育权利和隐权法案》（*Family Educational Rights and Privacy Act*，FERPA）保护医疗和教育记录的隐私。欧盟的《通用数据保护条例》（*General Data Protection Regulation*，GDPR）规定，公司在设计系统时应考虑到数据保护，并要求它们在收集或处理数据时需征求用户同意。

与个人隐私权相平衡的是社会从共享数据中获得的价值。我们希望能在不压迫平和异议的情况下阻止恐怖袭击，我们希望能在不损害任何个人保护其健康记录隐私权利的情况下治愈疾病。一项关键实践是去标识化（de-identification），即去除个人身份识别信息（如名字和社会保险号）以便医学研究人员能利用这些数据造福大众。问题在于这些共享的去标识化数据可能会被重新标识。例如，数据剔除了姓名、社会保险号和街道地址，但保留了生日、性别、邮编等信息，那么，拉坦娅·斯威尼（Latanya Sweeney）的研究（Sweeney, 2000）表明，87% 的美国人可以因此被准确标识。斯威尼在其所在州的州长住院时重新识别出他的健康记录，再次强调了这一问题。在 **Netflix 奖** 竞赛中，主办方提供了去标识化的个人电影评分记录，参赛者需要提供一个机器学习算法以准确预测个体喜欢哪些电影。但研究者可以通过匹配 Netflix 数据库中的评分日期和互联网电影数据库（IMDB）中相似评分的日期重新识别个人用户，而 IMDB 中一些用户会使用他们的真实姓名（Narayanan and Shmatikov, 2006）。

可以通过泛化字段在一定程度上减轻这种风险。例如，将具体的出生日期替换成出生年份，或替换成像"20～30 岁"这样更笼统的表示。完全删除字段可以视为泛化成"任意"。但仅靠泛化这一手段不足以保证记录不被重新识别，可能邮编为 94720，年龄在 90～100 岁的人只有一个。一个有用的性质是 **k 匿名性**（k-anonymity）：具备 k 匿名性的数据库中的每一条数据，都至少和该数据库中其他 k − 1 条数据不可区分。如果有数据太过独特不满足这一性质，那么就需要对它们进行进一步泛化。

另一种共享去标识化数据的方式是保持所有记录私有，但允许聚合查询（aggregate querying）。数据库提供查询 API 而非数据库本身，有效查询语句将收到数据的汇总响应，包含数据的计数或均值。但如果查询违反了隐私保障，则不会有响应。例如，我们允许流行病学家询问每个邮编范围内人口的患癌比例。对邮编内人口至少为 n 的情况我们提供这一比例（包含少量随机噪声），但当邮编内人口少于 n 时，我们不作任何响应。

要注意保护多重查询时的去标识化。例如，对查询"XYZ 公司年龄在 30～40 岁的员工的平均薪酬和人数"做出的响应是 [$81234, 12]，对查询"XYZ 公司年龄在 30～41 岁之间的员工的平均薪酬和人数"做出的响应是 [$81199, 13]，接着如果我们在领英（LinkedIn）上发现 XYZ 公司的一名 41 岁员工，那么尽管整个过程中所有响应都包含 12 个或更多人，我们也能成功识别出这名 41 岁的员工，并且知道他的准确薪酬。因此，必须仔细设计系统，通过限制可接受的查询（或许仅允许查询事先设定的一组不重叠的年龄范围）及限制结果精度（或许两个查询的答案都是"约 81 000 美元"）等手段防止重标识的风险。

一种更强的保障是差分隐私（differential privacy），即使允许攻击者使用多重查询并能访问单独的链接数据库，差分隐私也能保证攻击者不能通过查询重新识别数据中的任何个体。查询做出响应时利用随机化算法为结果添加少量噪声。给定数据库 D，数据库中的任何记录 r，任意查询 Q，以及查询的可能响应 y。如果添加记录 r 时响应 y 的对数概率变化量小于 ε，即：

$$| \log P(Q(D) = y) - \log P(Q(D + r) = y) | \leqslant \varepsilon$$

我们称数据库 D 具有 ε 差分隐私。换言之，任一个体是否参与到数据库中都不会对所有人获取到的答案造成明显差异，因此隐私不会限制个体的参与。许多数据库的设计都旨在保证差分隐私。

到目前为止，我们已经讨论了从中央数据库共享去标识数据的问题。**联邦学习**（federated learning）方法（Konečný *et al.*, 2016）没有中央数据库，而是由用户维护自己的本地数据库，以保持数据的私密性。然而，他们可以共享由他们的数据强化的机器学习模型参数，而没有泄露任何私人数据的风险。设想一个语音理解应用，用户可以在自己的手机上本地运行。该应用包含一个基线神经网络，然后用从用户手机上听到的单词进行本地训练改进该网络。应用所有者定期调研部分用户，向他们索取改进后的本地网络参数值，但不索取任何原始数据。将这些参数值整合到一起形成一个新的改进模型，然后将该模型提供给所有用户，使所有用户都能从其他用户所做的训练中获益。

为保护隐私，我们必须确保每个用户共享的模型参数不能被逆向工程化。如果我们发送原始参数，对方在检查这些参数时有可能推断出用户的手机是否听到了某个单词。**安全聚合**（secure aggregation）（Bonawitz *et al.*, 2017）是消除该风险的一种方法。其想法认为对于每个参数，中央服务器不需要知道每个分布式用户的确切参数值；它只需要所有调查用户在该参数上的平均值。因此，每个用户可以通过为每个值添加唯一掩码来隐藏他们的参数值，只要掩码的总和为零，中央服务器就能计算出正确的平均值。协议的细节确保它在通信方面是高效的（传输的位数不到与掩码相对应的位的一半），对无法响应的个体用户是稳健的，并且在面对敌对用户、窃听者，甚至是敌对的中央服务器时是安全的。

27.3.3 公平与偏见

机器学习正增强甚至取代人类在重要情况下的决策：批准哪些人的贷款、派警察到哪个社区、谁能审前释放或假释。但机器学习模型会延续**社会偏见**（societal bias）。考虑这样一个算法例子，它预测刑事被告是否可能再次犯罪，从而判断他们是否应该在审判前被释放。这种系统很可能会从训练集的样本中学会人类的种族或性别偏见。机器学习系统的设计者有道德义务确保他们的系统在实际中是公平的。在信贷、教育、就业和住房等受监管的领域，他们也有法律义务确保公平。但什么是公平？公平有许多种标准。以下是 6 个最常用的公平概念。

- **个体公平**：无论个体属于哪个类别，都应该被同等对待。
- **群体公平**：从总体统计上看，不同类别应该被同等对待。
- **无意识公平**：如果在数据集中删除种族和性别属性，那么系统可能就无法区分这些属性。遗憾的是，我们知道机器学习模型可以通过其他相关变量（如邮编和职业）来预测隐变量（如种族和性别）。而且，删除这些变量导致无法验证机会均等和结果均等。尽管如此，一些国家（如德国）仍然使用这种方法进行人口统计（无论是否使用机器学习模型）。
- **结果均等**：这种观点认为，每种人口类别都应得到相同的结果。他们具有**人口平价**（demographic parity）。例如，假设我们要决定是否通过贷款申请，目标是要批准能够还款的申请人而拒绝可能拖欠贷款的申请人。人口平价表明男性与女性的贷款获批比例应相同。要注意的是这是群体公平标准，并不确保个体公平。只要大体上比例是相等的，一个合格的申请人可能会被拒绝，一个不合格的申请人也可能获得通过。此外，这种方法有助于纠正过去的偏见。如果一个男人和一个女人在各方面都相同，从事同一份工作，但女人的收入更少，那么应该通过女人的贷款申请吗？因为如果不是由于历史的偏见，她和男人的条件是一样的；又或者说因为事实上她的收入更少，她更可能违约，所以应该拒绝她的申请？

- **机会均等**：这种观点认为，真正有能力偿还贷款的人，无论性别，都应有同等机会被正确归类。这种方法也被称为"平衡"。它会导致不平等的结果，忽视产生训练数据的社会过程中偏见的影响。

- **影响均等**：无论申请者属于哪个类别，如果他们的还贷可能性相似，他们应该有相同的期望效用。这较机会均等更胜一筹，因为它既考虑了真实预测的好处，也考虑了错误预测的代价。

我们在一个具体情境中研究这些问题。COMPAS 是一个为累犯（再犯）评分的商业系统。它给刑事案件中的被告打**风险分**，法官将利用这个分数做出决策：审前释放被告安全吗？他们应该被判刑入狱吗？如果罪名成立，刑期应多长？是否应同意假释？鉴于以上这些决定的重要性，该系统一直受到严格的审查（Dressel and Farid, 2018）。

COMPAS 在设计中经过**良好校准**（well calibrate），所有被算法打了相同分数的人，无论种族，都应该有大致相同的可能性再次犯罪。例如在模型打了 7 分（满分 10 分）的人中，60% 的白人和 61% 的黑人再次犯罪。因此，设计者宣称 COMPAS 达到了预期的公平目标。

其实，COMPAS 并没有做到机会均等：没有再次犯罪却被模型错误评定为高危人群的比例，在黑人中是 45%，在白人中是 23%。在"威斯康星州诉卢米斯案"中，法官依赖 COMPAS 决定对被告的判决，卢米斯辩称算法不公开的内部运作侵犯了他的正当程序权利。尽管威斯康星州最高法院认为，在本案中即便没有 COMPAS，判决也不会有什么不同，但它确实就算法的准确性和对少数族裔被告的风险发出了警告。其他研究人员则质疑在判决等应用中使用算法是否合适。

我们希望能有一个算法既经过良好校准，又能做到机会均等，但克莱因伯格等人（Kleinberg *et al.*, 2016）证明这是不可能的。如果基类是不同的，那么任何经过良好校准的算法都必然不能做到机会均等，反之亦然。我们该如何权衡这两个标准？影响均等是一种可能性。在 COMPAS 的示例中，这意味着要在被告被错误归类为高风险从而失去自由，以及新增一次犯罪的社会成本二者之间找到一个优化权衡的点。这件事很复杂，因为有许多成本需要考虑。有个人成本——每个被错误关押入狱的被告蒙受损失，被错误地释放并再次犯罪的被告的受害者也蒙受损失。但除此之外还有群体成本——每个人都担心自己会被错误监禁或是成为犯罪受害者，全体纳税人为监狱和法庭的成本买单。如果我们根据相应群体的规模来评估这些担忧和成本，那么大众的利益可能会以牺牲少数群体为代价。

为累犯评分的另一个问题是，无论我们使用什么模型，我们都缺少无偏的真实数据。数据并不会告诉我们谁犯过罪，我们只能知道谁被判罪。如果实施拘捕的警察、法官或陪审团中有人带有偏见，那么这个数据就是有偏的。如果某些地方有更多的警察巡逻，那么数据对这些地方的人就带有偏见。只有被释放了的被告才可能再次犯罪，所以如果做出释放判决的法官是带偏见的，那么数据就是有偏的。如果假设在有偏数据集背后是一个潜在的、未知的、无偏数据集，只是这个数据集被带有偏见的智能体破坏，那么有一些方法可以将其恢复到几乎无偏的数据。（Jiang and Nachum, 2019）中介绍了各种不同的场景及相关技术。

还有一个风险是机器学习会被用于证明偏见的合理性。如果一个带有偏见的人在与机器学习系统商议后做出决策，这个人可以声称"我对模型的解读支持我的决策，所以你不应该质疑我的决策"。但是对模型的另一种解读可能导致相反的决策。

有时候公平意味着我们需要重新考虑目标函数，而不是重新考虑数据或算法。例如，在做招聘决策时，如果目标是聘用资质最好的候选人，我们会不公平地奖励那些终身都拥有优质教育机会的人，从而固化类别。但如果我们的目标是聘用最能在工作中学习的候选人，我们就提供了更好的打破类别壁垒的机会，并且能在更广阔的人群中选择。许多公司有针对这类求职者的项目，并在经过一年的培训后发现，采用这种方式招聘的员工表现得与传统求职者一样好。同样地，美国的计算机科学毕业生女性只占 18%，但像哈维马德大学（Harvey Mudd University）等一些学校这一比例达到 50%，它们鼓励并留住那些开始学习计算机科学课程的女生，尤其是那些一开始编程经验较少的女生。

最后一个困难在于决定哪些类别值得保护。在美国，《公平住房法案》（the Fair Housing Act）认可的 7 个受保护的类别：种族、肤色、宗教、国籍、性别、残疾和家庭状况。其他地方性、州立和联邦法律还认可一些其他类别，包括性取向、怀孕情况、婚姻情况和退伍军人身份。这些类别仅受一些法律而不受其他法律保护，这样是否公平呢？国际人权法（International human rights law）中涵盖了一批广泛的保护类别，是协调不同群体保护的一个潜在框架。

即使没有社会偏见，**样本量差异**（sample size disparity）也会导致结果有偏。在大部分数据集中，少数类别群体的样本数往往少于多数类别群体。机器学习算法在有更多训练数据时能更精确，这意味着对少数类别的成员，算法精度更低。例如，布拉姆维尼和格布鲁（Buolamwini and Gebru, 2018）研究了一个计算机视觉性别识别服务，发现其对浅肤色男性准确度近乎完美，而对深肤色女性有 33% 的错误率。约束模型可能不能同时拟合多数类别和少数类别。线性回归模型仅拟合多数类别来最小化平均错误；SVM 模型中，支持向量对应的可能全部是多数类别的成员。

偏见也会在软件开发过程中出现（无论软件是否涉及机器学习）。调试系统的工程师更可能注意并解决那些他们自己会遇到的问题。例如，非色盲很难注意到一个用户交互设计是否能被色盲人群使用；一个不会说乌尔都语（巴基斯坦官方语言）的人翻译的乌尔都语是有错的。

如何防止这些偏见呢？第一种想法是了解你所用数据的限制。有人建议数据集（Gebru et al., 2018; Hind et al., 2018）和模型（Mitchell et al., 2019）应附带以下标注：出处声明、安全性、一致性和适用性。这类似于电阻器等电子元件的**数据表**（data sheet），让设计者选择可以用的元件。除数据表外，重要的是要从校园教育和在职培训两方面一起入手，让工程师意识到公平与偏见这一问题。工程师们的背景多样性能让他们更易注意到数据或模型中的问题。AI Now 研究所的一项研究（West et al., 2019）发现，仅有 18% 人工智能主要会议的作者及 20% 人工智能方向的教授为女性。而黑人人工智能工作者的比例低至 4%。这些比例在工业研究实验室中也类似。可以通过高中和大学等早期阶段的项目或专业层级的更高认识提升多样性。乔伊·博拉姆维尼（Joy Buolamwini）创立了算法正义联盟，以提高人们对这一问题的认识，并制订问责办法。

第二种想法是去除数据偏差（Zemel et al., 2013）。可以对少数类别的数据进行过采样防止样本量差异。诸如合成少数过采样技术 SMOTE（Chawla et al., 2002）或用于不平衡学习的自适应合成采样方法 ADASYN（He et al., 2008）等提供了有原则的过采样方法。我们可以检查数据来源然后做一些操作，例如剔除那些在过去的判例中表现出偏见的法官的案例。一些分析师反对丢弃数据，他们建议应为包含偏差的数据建立一个分层模型，以便进行建模和补偿。谷歌和 NeurIPS 试图通过赞助包容性图像大赛（the Inclusive Images Competition）提高人们对这个问题的认识。在这个比赛中，参赛者用从北美和欧洲收集的带有标签的图像数据集训练一个网络，然后在来自世界各地的图像上进行测试。问题是，用这个数据集可以很容易把"新娘"这个标签应用到一个穿着标准西方婚纱的女性身上，但却很难识别传统的非洲和印度婚纱。

第三种想法是发明新的对偏见更有抵抗力的模型和算法。第四种想法是允许系统最初提出的建议带有偏见，然后再训练一个系统对第一个系统的建议去偏。贝拉米等人（Bellamy *et al.*, 2018）提出 IBM AI Fairness 360 系统，为所有这些想法提供了一个框架。我们预期未来会有更多人使用这类工具。

如何才能确保建立的系统是公平的？在这方面已有一套优秀的做法（尽管人们并非总是遵循这些做法）。

- 确保软件工程师与社会学家和领域专家交流以了解问题和观点，从项目一开始就考虑公平性。
- 创造一个能推动软件工程师的社会背景多样性的多元化环境。
- 定义系统的服务群体：不同语言的使用者、不同年龄群、不同的视力和听力水平等。
- 优化包含公平的目标函数。
- 检查数据是否存在偏见以及受保护属性和其他属性之间的相关性。
- 理解人工是如何标注数据的，制定标注准确度的目标，验证是否达到目标。
- 不仅跟踪系统的总体指标，也跟踪可能遭受偏见的子群体的指标。
- 包含能反映少数群体用户体验的系统测试。
- 设置反馈渠道，当公平性问题出现时能够得到解决。

27.3.4　信任与透明度

设计一个准确、公平、可靠、安全的人工智能系统是富有挑战的；而让所有人相信你做到了这一点则又是另一个挑战。人们需要能够**信任**他们使用的系统。2017 年普华永道的一项调查发现 76% 的企业出于对可信度的担忧放缓对人工智能的采用。19.9.4 节中我们讨论了一些获取信任的工程方法，这里我们讨论政策问题。

为获取信任，任何工程系统都必须通过一项**验证与确认**（verification and validation，V&V）过程。验证指产品满足某些规范。确认指确保这些规范在实际中要满足用户及其他受影响方的需求。对一般的工程和传统上由程序员完成的软件开发，我们有一套详尽的 V&V 方法论。这套方法论中大部分适用于人工智能系统。但机器学习系统是不同的，需要一套新的V&V 过程，这还有待开发。我们需要验证系统用于学习的数据；需要验证结果的准确与公平，即使面对让精确结果不可知的不确定性；需要验证对手不会过度影响模型，不能通过查询窃取信息。

一种信任工具是**认证**（certification）。例如，美国保险商实验室（Underwriters Laboratories，UL）成立于 1894 年，彼时的消费者对电力风险感到担忧。电器的 UL 认证让消费者更加信任，且实际上 UL 目前正考虑进入人工智能的商业产品测试和认证市场。

其他行业很早就有安全标准了。例如，ISO 26262 是汽车安全的国际标准，介绍了如何以安全的方式开发、生产、经营、服务交通工具。人工智能行业中尽管已经有一些像 IEEE P7001这样正在修订中的框架，为人工智能和自动化系统定义伦理设计标准（Bryson and Winfield，2017），但还没有一个像 ISO 26262 这样清晰的标准。人们一直在争论什么样的认证是必需的，以及应在多大程度上由政府、IEEE 这样的专业机构、UL 这样的独立认证机构完成或通过由产品公司做自监管完成。

信任的另一方面是**透明度**（transparency）。消费者想要知道系统内是怎么运行的，并且确保系统不会出于故意的恶意、无心的故障或普遍的社会偏见对他们不利。在其他方面，因为涉及知识产权问题对消费者保密，但应该对监管和认证机构开放。

当你的贷款申请被一个人工智能系统拒绝时，你应得到一个说明。在欧洲，《通用数据保护条例》保障你的这一权利。一个可以说明自己的人工智能系统称为**可解释 AI**（explainable AI，XAI）。一个优秀的说明具有几个性质：它应该能被用户理解且能取信用户，它应该能准确反映系统的推理，它应该是完整的，且它应该是具体的，不同用户在不同条件和不同结果下应该得到不同的说明。

让一个决策算法访问它的审议过程很容易，只需要将审议过程记录为可读的数据结构即可。这意味着可能最终机器能就它们的决策给出比人类更好的说明。此外，我们可以采取措施证明机器的说明不是欺骗（无论是故意的或自欺欺人），而这对人类来说更加困难。

说明是有用的，但不足以让人产生信任。其中一个问题是，说明并不是决策，而是关于决策的故事。正如 19.9.4 节中讨论的，如果我们能看到一个系统中模型的源代码并看到它在做的事，我们就称它是可说明的；即使这个系统本身是个不可解释的黑盒，如果我们能就系统做的事给出缘由，我们称它是可说明的。为说明这个不可解释的黑盒，我们需要构建、调试并测试一个独立的说明系统，并确保它与原始系统同步。因为人类喜欢听好故事，我们都很容易被一个听起来不错的说明说服。以当今的政治争议为例，你总能找到两位所谓的专家，他们的说明截然相反，但都能自圆其说。

最后一个问题是，对一个案例的说明并不能概括其他案例。如果银行说明说，"对不起，你没有得到贷款，因为你以前有财务问题，"你不知道这个说明是否准确，或者银行是否因为某种原因暗中对你有偏见。在这种情况下，你不仅需要一个说明，而且还需要对过去的决策进行**审计**，用各种人口学群体的汇总统计来查看他们的批贷率是否均衡。

透明度的一部分来自于你知道和你交流的是人工智能系统还是人类。托比·沃尔什（Walsh，2015）提出，"应将自主系统设计为不会被误认成自主系统之外的任何东西，并应在任何互动开始时明确自己的身份。"他称此为"红旗"法，以纪念英国 1865 年通过的《机车法案》，该法案要求任何机动车辆都必须由举着红旗的人走在前面开道，提示他人可能到来的危险。

2019 年，美国加利福尼亚州颁布法律，"任何人使用机器人在网上与加利福尼亚州的另一个人进行交流，意图在其人造身份上误导他人的行为是违法的。"

27.3.5　工作前景

从第一次农业革命（公元前 10000 年）到工业革命（18 世纪末）再到粮食生产的绿色革命（20 世纪 50 年代），新技术改变了人类的工作和生活方式。人工智能发展引发的主要担忧是人类劳动会被淘汰。亚里士多德在《政治学》（*Politics*）（第一卷）中非常清楚地提出了主要观点：

> 如果所有工具，都能够完成自己的工作，服从并预见到他人意志……倘若织梭能自动织布，琴拨能自动拨弦，那么工匠就不需要帮手了，主人也就不需要奴隶了。[①]

所有人都同意亚里士多德的观点，即当雇主发现一种机械化方法能代替此前由人完成的工作时，他会立刻减少雇佣人数。问题在于随之而来的、有助于增加就业的补偿效应，最终是否能弥补这一减少。主要的补偿效应在于生产力提高带来的总体财富增长，进而带动商品需求的增加，有利于增加就业。例如，普华永道（Rao and Verweij，2017）预测，到 2030 年，人工智能每年将为全球 GDP 贡献 15 万亿美元。短期内医疗保健和汽车/运输行业获益最大。然而，

---

① 此处对《政治学》一书中的引用采用了中国人民大学出版社 1999 年出版的颜一翻译的《亚里士多德选集：政治学卷》版本中的译文。——编者注

自动化的优势还没有在我们的经济体系中发挥出来：目前劳动生产力的增长率实际上是低于历史水平的。布林约尔松等人（Brynjolfsson *et al.*, 2018）试图解释这一悖论，其认为基础技术的发展与其在经济中的应用之间的滞后比通常假设的要长。

历史上，技术创新曾导致一些人失业。19 世纪 10 年代自动织布机曾取代织布工人，引发了路德派的抗议。路德派不针对技术本身，他们只是希望付给娴熟工匠丰厚报酬，由他们操作机器生产高质量的商品，而不是支付微薄的薪水，让毫无经验的工人操作机器生产劣质商品。20 世纪 30 年代全球范围内的就业减少让约翰·梅纳德·凯恩斯（John Maynard Keynes）提出了**技术性失业**（technological unemployment）这个术语，在以上两个例子及其他更多例子中，就业水平最终都恢复了。

在 20 世纪大部分时间里，主流经济学观点都认为技术性失业是一种短期现象。提高的生产力总归会带来财富和需求的增长，从而带来净就业增长。银行柜员是个经常被引用的例子：尽管 ATM 取代了人类的点钞工作，但这降低了银行网点的运营成本，因此网点数量增加，从而使银行员工总数增加。工作的性质也发生了变化，变得不那么例行公事，而是需要更高级的业务技能。自动化的净效应似乎是减少了任务，而不是工作机会。

大多数评论者预测至少在短期内人工智能技术也是如此。高德纳（Gartner）、麦肯锡（McKinsey）、福布斯（Forbes）、世界经济论坛（World Economic Forum）和皮尤研究中心（Pew Research Center）均在 2018 年发布报告，预测人工智能驱动的自动化将带来就业岗位的净增长。但有分析人士认为，这次的情况将有所不同。IBM 曾在 2019 年预测，到 2022 年，将有 1.2 亿工人因自动化而需要再培训；牛津经济预测，到 2030 年，将有 2000 万制造业岗位因自动化而消失。

弗雷和奥斯本（Frey and Osborne, 2017）调查了 702 种不同的职业，并估计其中 47% 的职业有被自动化的风险，这意味着这些职业中都至少有部分任务可以由机器完成。例如，美国近 3% 的劳动力是汽车司机，甚至在一些地区有高达 15% 的男性劳动力是司机。正如我们在第 26 章中看到的，驾驶这一任务很可能被无人驾驶的汽车、卡车、公共汽车、出租车所取代。

区分职业和这些职业中涉及的任务是很重要的。根据麦肯锡的估计，只有 5% 的职业会完全自动化，而 60% 的职业中大约 30% 的任务会实现自动化。例如，未来的卡车司机握方向盘的时间少了，更多时间将花在确保妥当提货和交付；在运输路途的起点/终点担任客户服务代表和销售；也许还会管理 3 辆机器人卡车的车队。用一名车队经理取代 3 名司机意味着就业机会的净损失，但如果运输成本下降，需求也会更多，这能赢回一些，但可能不是全部的工作机会。另一个例子是，尽管在将机器学习应用于医学影像方面取得了许多进展，但到目前为止，这些工具增强了放射科医生的能力，而不是取代他们。最后，我们可以选择如何利用自动化：我们是要专注于降低成本，从而将失业视为一种积极因素；还是要专注于提高质量，让员工和客户的生活更美好？

很难预测自动化的准确时间线，但就目前及接下来的几年来说，重心应该在结构化分析任务的自动化上，如读取 X 射线影像、用户关系管理（例如，自动排序用户投诉并回复推荐补救措施的机器人），以及结合文档和结构化数据进行商业决策并改进工作流的**业务流程自动化**（business process automation）。随着时间推移，我们将看到更多物理机器人实现自动化，最开始会出现在受控的仓库环境中，然后推广到更加不确定的环境中，预计到 2030 年它们会占据相当大的市场份额。

随着发达国家的人口老龄化，在职员工和退休人员的比例也随之改变。2015 年时，每 100 个职工对应少于 30 名退休人员；预计到 2050 年，这一数字将超过 60 人。对老年人的照顾将越来越重要，人工智能可以部分填补这一缺口。此外，如果我们想维持目前的生活水平，那么剩下的工人需要有更高的生产力。自动化似乎是实现这一目标的最佳机会。

尽管自动化会带来数亿万美元的净积极性影响，但因受**变革的步伐**（pace of change）影响，自动化依然可能存在问题。想想农业是如何发生改变的：1900 年，超过 40% 的美国劳动力从事农业，但到了 2000 年，这一比例跌至 2%。[①] 这对我们的工作方式是一个巨大的冲击，但这是在长达 100 年的时间跨度里发生的，因此历经了几代人，而不是在一个工人的一生内完成。

那些在这 10 年内被自动化取代的工人在接下来几年内可能不得不接受新的职业，然后有可能发现他们的新职业又要被自动化取代，并面临新的再培训期。有些人可能乐于离开他们的老职业——我们看到随着经济的改善，卡车公司需要提供新的激励来雇佣足够的司机——但工人们会对他们的新角色感到担忧。为解决这个问题，社会需要提供终身教育，也许在某种程度上依赖于由人工智能驱动的在线教育（Martin, 2012）。贝森（Bessen, 2015）认为，除非工人被培训为能实施新技术，否则他们的收入不会增加，而技术培训是一个需要时间的过程。

技术往往会加剧**收入不平等**（income inequality）。在以高带宽全球通信和零边际成本复制知识产权为标志的信息经济 [弗兰克和库克（Frank and Cook, 1996）称之为"赢者通吃的社会"] 中，回报趋于集中化。如果农民 A 比农民 B 优秀 10%，那么 A 的收入就会比 B 的收入多 10%。因为 A 可以对优质商品收取稍高的价格，而土地上的产量和运输距离是有限制的。但是，如果软件应用开发者 C 比开发者 D 优秀 10%，那么 C 的软件最终可能会占据全球市场的 99%。人工智能加快了技术创新的步伐，从而推动了这一整体趋势，但人工智能也让我们休息一会儿，用自动化代理处理一些事情。蒂姆·菲利斯（Tim Ferriss）（Ferriss, 2007）建议利用自动化和外包来达到每周 4 小时的工作时间。

在工业革命前，人们作为农民或其他手工艺者参与工作，他们不用到工作地点报到，也没有为雇主工作。但今天，大多数发达国家的成年人都是这样做的。工作有 3 个目的：促进社会需要的商品的生产；提供工人生活所需的收入；给工人一种目的感、成就感和社会融合感。随着自动化程度的提高，这 3 个目的可能分化了——社会的部分需求通过自动化来满足，且从长远来看，个人会从工作以外的贡献中获得目的感。他们的收入需求可以通过社会政策来满足，这些政策包括免费或以低价获得社会服务和教育、便携式保健、退休，以及教育账户、累进税率、所得税抵免、负所得税和普遍基本收入。

27.3.6　机器人权利

27.2 节中讨论的机器人意识问题，对于机器人该享受哪些权利（如果有的话）这一问题十分重要。如果它们没有任何意识、任何感受，那么没有人会讨论它们是否应该得享有权利。

但如果机器人能感到疼痛，如果它们惧怕死亡，如果它们被认为是"人"，那么就会提出这样的论点，如斯帕罗（Sparrow, 2004）提到的，他们有权利且他们的权利应当被承认，就像奴隶、女性及其他历史上受压迫群体通过抗争获取自己的权利一样。虚构类文学作品中经常考虑机器人人格的问题：从皮格马利翁到葛佩莉亚，再到匹诺曹，再到电影《人工智能》和《机器管家》[②]，我们都听过一个娃娃/机器人获得生命，并努力被接受为一个有人权的人的传说。在现实生活中，索菲娅被正式授予沙特阿拉伯公民荣誉身份的报道登上了头条新闻，索菲亚是一个长得像人的木偶，能够说事先编排好的台词。

---

① 2010 年，尽管只有 2% 的美国劳动力是真正的农民，但超过 25% 的人口（约 8 000 万人）曾至少玩过一次《开心农场》（*FarmVille*）游戏。

② 英文原书此处为 Centennial Man。疑为作者笔误，应为 Bicentennial Man，即电影《机器管家》。——编者注

如果机器人拥有权利，那它们就不应该被奴役，那么就出现一个问题，对它们重新编程是否是某种形式的奴役呢？另一伦理问题涉及选举权：富人可以购买上千个机器人，并编程让它们投出上千张选票，那么这些选票是否算数呢？如果一个机器人克隆了它自己，那它们可以都投票吗？选票舞弊和形式自由意志之间的界限在哪？机器人投票何时会违反"一人一票"原则呢？

为逃避机器人意识这一困境，厄尼·戴维斯（Ernie Davis）主张永远不要造出可能被认为有意识的机器人。约瑟夫·维森鲍姆在 1976 年出版的 *Computer Power and Human Reason*（Weizenbaum，1976）一书中曾提出过这一论点，而在此之前，朱利安·德·拉梅特丽（Julien de La Mettrie）在《人是机器》（*L'Homme Machine*）（Mettrie，1748）一书中也提出过这一论点。机器人是我们创造出来用以完成我们指令的工具，如果我们授予它们人格，我们其实只是拒绝为自己财产的行为负责："我的自动驾驶汽车的车祸不是我的错，是汽车自己造成的。"

如果我们开发出人与机器人的混合体，这个问题又将不同。当然，我们已经通过隐形眼镜、起搏器和人工髋关节等技术增强了人类。但是，计算概念的加入可能会模糊人和机器之间的界限。

27.3.7　人工智能安全性

几乎所有的技术在被不当使用的情况下都可能造成伤害，但人工智能和机器人可以自我操纵。无数科幻小说故事都警告过机器人或半人半机器人的疯狂行为。早期的例子包括玛丽·雪莱（Mary Shelley）的《弗兰肯斯坦》（*Frankenstein, or the Modern Prometheus*）（Shelley, 1818）和卡雷尔·恰佩克（Karel Čapek）的戏剧 *R.U.R.*（1920），在这些作品中机器人征服了世界。《终结者》（1984）和《黑客帝国》（1999）这两部电影都讲述了机器人试图消灭人类的故事。未上映的《机器人启示录》（*robopocalypse*）（Wilson, 2011）也讲述了机器人对抗人类的故事。或许是因为机器人就像早期故事里的女巫和幽灵一样总代表着未知，所以机器人常常扮演反派角色。我们希望如果一个机器人聪明到能终结人类，那它应该也能知道这不是预期的效用函数。但在构建智能系统时不能依靠希望，还要依靠有安全保障的设计过程。

部署不安全的 AI 智能体是不道德的。我们要求智能体能避免事故，抵制敌对攻击和恶意滥用，一般来说，我们希望智能体带来利益而不是伤害。对部署在安全关键应用中的 AI 智能体来说尤其如此，例如驾驶汽车、在危险工厂或建筑环境中控制机器人以及做出生死攸关的医疗决策等。

安全工程（safety engineering）在传统工程领域中有着悠久的历史。我们知道如何通过预先设计让桥梁、飞机、航天器和发电厂在系统组件出现故障时也能安全运行。第一种技术是失效模式与效应分析（failure modes and effect analysis，FMEA），分析师逐个考虑系统中的每个组件，利用过去的经验并基于组件的物理性质进行计算，设想组件可能的出错方式（例如，如果这个螺栓折断会怎么样？）。然后分析师进一步考虑失败会带来什么后果。如果后果很严重（如桥梁的一部分可能会倒塌），那么分析师就要改变设计以减轻故障影响。（有了这个额外的交叉构件，任意 5 个螺栓损坏时桥梁依然不会倒塌；有了这个备份服务器，在主服务器被海啸摧毁时在线服务依然可以运转。）故障树分析（fault tree analysis，FTA）技术用于做出这类决策：分析人员对可能的故障建立一个与或故障树，并为每个根原因分配概率，这样就可以计算总体故障概率。这些技术可用于且应该用于所有安全关键的工程系统，包括人工智能系统。

软件工程领域的目标是生产可靠的软件，但其重点一直都是正确性，而非安全性。正确性意味着软件只需要忠实地执行规范，但安全性的要求远不止于此，它要求规范考虑所有已存在的故障模式，并通过设计使得在面对不曾预见的故障时也能优雅地降级故障。例如，除非自动驾驶汽车软件能处理异常情况，否则不会被认为是安全的。例如，如果主计算机的电源断了怎么办？一个安全的系统会有一个带独立电源的备用计算机。如果高速行驶时轮胎被刺破怎么办？一个安全的系统将对此进行测试，并将有软件来纠正由此造成的失控。

为最大化效用或实现目标而设计的智能体，如果其目标函数错误，智能体可能变得不安全。假设我们让机器人去厨房取咖啡，可能会遇到一些**意外的副作用**（unintended side effect），机器人可能因急于完成目标而撞倒沿途的灯和桌子。在测试中，我们可能会注意到这种行为，并修改效用函数惩罚此类损害，但设计人员和测试人员很难提前预测所有可能的副作用。

一种解决方式是设计**低影响**（low impact）（Armstrong and Levinstein, 2017）的机器人，这种机器人不仅最大化效用，还最大化效用与状态所有变化的加权和之间的差。这样，在其他所有条件相同时，机器人不愿改变对效用的影响是未知的事物。之所以它避免碰倒台灯，并不是因为它明确知道碰倒台灯会导致其跌落破裂，而是因为它知道普遍来看扰动结果是不好的。这可以看作医学生信条"首先，不要伤害"的一种版本，也可以类比机器学习中的**正则化**：我们想要一个能实现目标的策略，但我们更喜欢那些采取平稳、低影响行动以实现目标的策略。关键在于如何衡量影响。碰倒易碎的灯是不能接受的，但如果只是房间里的空气分子受到一点扰动，或者房间里的一些细菌无意中被杀死，那是完全没问题的。当然伤害房间里的宠物和人是绝对不能接受的。我们需要综合运用显式编程、机器学习和严格测试等手段，确保机器人明白这些情况（以及这其中许多微妙的情况）间的区别。

效用函数可能会因为**外部性**而出错，外部性是经济学家们用于指那些超出衡量和支付范围的因素。如果温室气体被视为外部性，世界就会遭受损失——制造温室气体的公司和国家不会受到惩罚，结果就是每个人都遭受损失。生态学家加勒特·哈丁（Garrett Hardin）（Hardin, 1968）将对共享资源的开发称为**公地悲剧**。我们可以通过内化外部性来减轻这一悲剧，即将它们作为效用函数的一部分，例如征收碳税，或使用被经济学家埃莉诺·奥斯特罗姆（Elinor Ostrom）认为已经被世界各地的人们使用了几个世纪的如下设计原则（2009 年她凭此工作获得诺贝尔经济学奖）。

- 明确定义共享资源及谁有访问权限。
- 因地制宜。
- 允许各方参与决策。
- 用可靠的监控监视资源。
- 根据违反行为的严重性施加制裁。
- 简单冲突解决程序。
- 对大型共享资源施行多级控制。

维多利亚·克拉科夫娜（Victoria Krakovna）（Krakovna, 2018）列举了几个 AI 智能体示例，这些智能体在不解决设计者想解决的问题的情况下，戏弄了系统，找出了最大化效用的方法。对设计者来说这看起来像作弊，但对智能体来说，它们只是完成自己的工作。一些智能体能利用模拟中的错误（例如浮点溢出错误）提出解决方案，这样的解决方案在错误修复后就无法运作。有几个智能体在视频游戏中发现了在将要输掉游戏的时候让游戏崩溃或暂停的方法，从而规避惩罚。在对游戏崩溃进行惩罚的规则中，一个智能体学会了恰好用尽内存，这样在轮到对手的时候，它就会因耗尽内存而使游戏崩溃。最后，一个在模拟世界中运行的遗传算法本应进化出能快速移动的生物，但实际产生的生物个子非常高，而且是通过摔倒的方式快速移动。

　　智能体的设计者应该要意识到这类规则失败，并采取措施避免这些失败。为帮助他们做到这一点，克拉科夫娜团队发布了人工智能安全网格世界环境（Leike *et al.*, 2017），设计者可以在这个环境中测试他们的智能体的表现。

　　这个道理告诉我们，我们需要非常仔细地去明确我们要什么，因为效用最大化能让我们得到我们真正要求的东西。**价值对齐问题**（value alignment problem）是指确保我们所要求的是我们真正想要的，这也被称为**迈达斯王问题**，在 1.1.5 节我们曾讨论过。当效用函数无法理解背景社会中关于可接受行为的规范时，我们就会遇到麻烦。例如，一个被雇来打扫地板的人在面对一个邋遢的、不停地留下污渍的人时，他知道可以礼貌地请这个人小心点不要弄脏地板，但不能绑架这个人或使他丧失行动能力。

　　吸尘器机器人也该知道这些事情，无论是通过显式编程或通过观测学习的方式。把所有规则都写下来让机器人总能正确处事的方法几乎肯定是没有希望的。几千年来，我们一直在尝试制定无漏洞的税法，但都没有成功。可以说，让机器人愿意纳税，好过在它有其他想法的时候用规则强迫它纳税。一个足够聪明的机器人总会找到逃税的方法。

　　机器人可以通过观察人类的行为来更好地适应人类的偏好。这显然与学徒学习的概念有关（见 22.6 节）。机器人学习的策略，可以是直接建议在什么情况下应采取什么动作。如果环境是可观测的，这通常是一个直接监督学习问题。例如，一个机器人可以观看人类下棋，每个状态–动作对都是学习过程的一个实例。遗憾的是，这种形式的**模仿学习**意味着机器人会重复人类的错误。相反，运用**逆强化学习**训练的机器人可以发现人类操作下暗含的效用函数。即使是观察糟糕的棋手也足以让机器人了解游戏的目标。有了这些信息，机器人就可以通过计算目标中的最优或近似最优策略超越人类的表现，例如 AlphaZero 在国际象棋中的表现。这种方法不仅适用于棋盘游戏，也适用于真实世界中的物理任务，如直升机特技飞行（Coates *et al.*, 2009）。

　　在更复杂的环境里，如与人类的交流，机器人很可能无法收敛到每个人准确而具体的个人偏好。（毕竟，有很多人一辈子也搞不懂什么能让他人兴奋，有很多人甚至弄不明白自己的偏好。）因此有必要让机器在不确定人类偏好的时候也能正常工作。在第 18 章中我们介绍的**辅助博弈**正适合处理这样的情况。辅助博弈的解决方法包括谨慎行事避免干扰人类所关心的世界的各个方面，以及谨慎询问。例如，机器人可以在实施计划前询问将海洋转变为硫酸是否是全球变暖问题的一个可接受的解决方案。

　　在与人类打交道的过程中，机器人解决辅助博弈时必须考虑人类的不完美。当机器人向人类请求许可时，人类可能会没有预见到机器人的提议从长远来看是灾难性的，从而给予许可。此外，人类可能不能完全弄懂他们自己真正的效用函数，而且他们的行为也并不总是与之兼容。人类有时候会撒谎和欺瞒，或做一些他们明知是不对的事情。他们有时候会采取自我毁灭的行为，如暴饮暴食或滥用药物。人工智能系统不需要学习采用这些病态倾向，但智能体必须在解读人类行为时明白这些倾向的存在，以了解人类的潜在偏好。

　　尽管有这样的安全保障工具包，人们仍然担心人工智能会失控，比尔·盖茨（Bill Gates）和埃隆·马斯克（Elon Musk）等著名技术专家以及斯蒂芬·霍金（Stephen Hawking）和马丁·里斯（Martin Rees）等科学家都对此表示担忧。他们警告说，我们没有控制具有超人能力的强大非人类实体的经验。但这并不完全正确，国家、企业都是聚集了成千上万人力量的非人类实体，我们与它们有数百年的合作经验。关于控制这些实体的记录并不振奋人心：国家会定期爆发称为战争的动乱，导致数千万人死亡；部分企业的生产活动加剧了全球气候变暖而我们却无力应对。

　　人工智能系统可能会带来比国家和企业更大的问题，因为它们有快速自我提升的潜能，正如古德（Good, 1965b）认为的：

定义**超智能机器**为这样一种机器，无论人类多么聪明，它都远胜于人类的一切智力活动。既然设计机器这个行为本身是一种智力活动，那么超智能机器就可以设计出更先进的机器。这毫无疑问将成为"智力爆炸"，且人类的智力将被远远甩在后面。因此，第一个超智能机器是人类需要创造的最后一项发明，只要机器足够温顺，它将告诉我们如何控制它。

古德的"智力爆炸"也被数学教授、科幻小说家弗诺·文奇（Vernor Vinge）称为**技术奇点**，他在 1993 年写道："在 30 年内，我们将有创造超人类智力的技术手段。在那之后不久，人类时代将会终结。" 2017 年，发明家兼未来学者雷·库兹韦尔（Ray Kurzweil）预测奇点将出现在 2045 年，这意味着在 24 年时间里，奇点到来的时间提前了 2 年。（照这个速率，时间就只剩 336 年了！）文奇和库兹韦尔正确地指出，目前技术进步在许多方面都呈指数级增长。

然而，从计算成本快速下降推断到奇点是一个相当大的跨步。到目前为止，每一项技术的发展都遵循 S 形曲线，指数增长速度最终会逐渐减慢。有时新技术在旧技术停滞不前时介入，但有时由于技术、政治或社会原因，技术无法保持增长。例如，从 1903 年莱特兄弟飞行成功到 1969 年的登月成功，这段时间内飞行技术取得了巨大的进步，但此后再也没有类似规模的突破。

另一个阻止超智能机器占领世界的因素是世界本身。更具体来说，一些进步不仅需要思考，更需要在真实世界中去实施。[凯文·凯利（Kevin Kelly）称之为过度强调纯智力的**思维主义**（thinkism）。]如果一个超智能机器的任务是建立大一统物理理论，那他或许能以比爱因斯坦快数十亿倍的速度去巧妙操作方程。但如果要取得真正的进展，还需要投入数百万美元去造一个更强大的超级对撞机，并用数月或数年的时间进行物理实验。只有到那时，它才能开始分析数据并建立理论。根据数据分析的结果，下一步还需要再投入数十亿美元用于星际探测任务，这项任务需要几个世纪才能完成。实际上，"超智能思维"可能是整个过程中最不重要的部分。再举一个例子就是，一个肩负着为中东带来和平任务的超智能机器最终可能会比人类外交人员受挫 1000 倍。到目前为止，我们不知道有多少大问题类似数学问题，有多少又类似中东问题。

虽然有些人害怕奇点，但也有人期待它。**跨人文主义**（transhumanism）的社会运动期待未来人类被机器人和生物技术发明取代或与它们融合。雷·库兹韦尔在《奇点临近》（*The Singularity is Near*）（Kurzweil, 2005）中写道：

> 奇点将允许我们超越我们的生物体和大脑的限制。我们将获得主宰命运的力量……我们将能活得任意久……我们将完全理解人类的思想并将极大地扩展它的范围。到本世纪末，我们智慧中的非生物部分将比人类智能强大数万亿倍。

同样，当被问及机器人是否会继承地球时，马文·明斯基回答："是的，但它们将是我们的孩子。"这些可能性对大多数道德理论家提出了挑战，他们认为保护人类生命和人类物种是件好事。库兹韦尔也注意到了潜在的危险，他写道："但奇点也会增强我们对破坏性倾向的反应力，因此事件的全貌还没显现出来，"我们人类将做好自己的工作，以确保我们今天设计的任何智能机器如果演变成一个超智能机器，都会善待我们。正如埃里克·布林约尔松（Erik Brynjolfsson）所说，"未来不是机器注定的。它是人类创造的。"

小结

本章讨论了以下问题。

- 哲学家们用**弱人工智能**一词假设机器可能做出智能行为，用**强人工智能**一词来假设机器具有实际思维（与模拟思维相反）。
- 艾伦·图灵将"机器能否思考"这个问题替换成一个行为测试。他预料到关于机器能否思考这一问题上会有许多反对意见。几乎没有人工智能研究者关注图灵测试，他们更关注他们的系统在实际问题上的表现，而不是模仿人类的能力。
- 意识依然是个谜。
- 人工智能是一种强大的技术，通过致命性自主武器、安全和隐私泄露、意料之外的副作用、意料之外的错误和恶意误用，人工智能构成了潜在的危险。从事人工智能技术研究的人在道德上有责任降低这些危险。
- 人工智能系统必须能够证明它们是公平、可信和透明的。
- 公平有许多方面，在每个方面都达到最大化是不可能的。因此第一步就是要界定公平是什么。
- 自动化已经改变了人们的工作方式。身处社会中，我们必须应对这些变化。

参考文献与历史注释

弱人工智能：艾伦·图灵（Turing, 1950）在提出人工智能的可能性时还提出了许多关键的哲学问题，并给出了可能的回答。但早在发明人工智能之前，许多哲学家就提出过类似的问题。莫里斯·梅洛-庞蒂（Maurice Merleau-Ponty）在《知觉现象学》（*Phenomenology of Perception*）（Merleau-Ponty, 1945）中强调了身体的重要性和感官对现实的主观解释，而马丁·海德格尔（Martin Heidegger）在《存在与时间》（*Being and Time*）（Heidegger, 1927）中则提问实际作为一个智能体意味着什么。在计算机时代，阿尔瓦·诺伊（Alva Noe）（Noe, 2009）和安迪·克拉克（Andy Clark）（Clark, 2015）提出，我们的大脑是世界的一个微缩代表，即时根据世界本身维持一个详细的内部模型的错觉，使用世界中的道具（如纸、笔和计算机）来提高思维能力。普法伊费尔等人（Pfeifer *et al.*, 2006）以及拉科夫和约翰逊（Lakoff and Johnson, 1999）提出了身体如何帮助塑造认知的论点。说到身体，利维（Levy, 2008）、达纳赫和麦克阿瑟（Danaher and McArthur, 2017）以及德夫林（Devlin, 2018）讨论了机器人性爱的问题。

强人工智能：勒内·笛卡儿以他对人类心灵的二元论观点而闻名，但讽刺的是，他的历史影响是在机械论和物理主义方面。他明确地把动物设想成机器人，并预见了图灵测试，他写道："（机器）不可能产生不同的文字排列，以对它当下接收到的话语给出一个适当的、有意义的答案，而这即使是最迟钝的人也能做到的"（Descartes, 1637）。笛卡儿对动物是机器人这一观点的顽强捍卫实际上让人更容易把人也想象成自动机，尽管他自己没有走出这一步。《人是机器》（*L'Homme Machine*）（La Mettrie, 1748）一书明确指出人类是机器人。早在荷马时代（约公元前 700 年），希腊传说就设想了青铜巨人塔罗斯（Talos）等机器人，并考虑了生物技术问题，或通过手工艺实现生命（Mayor, 2018）。

人们曾争论（Shieber, 2004）、收录（Epstein *et al.*, 2008）、批评（Shieber, 1994; Ford and Hayes, 1995）**图灵测试**（Turing, 1950）。布林斯约德（Bringsjord, 2008）为图灵测试评委提供建议，克里斯蒂安（Christian, 2011）为人类选手提供过建议。每年一次的勒布纳奖（Loebner Prize）竞赛是持续时间最长的图灵测试类竞赛。史蒂夫·沃斯威克（Steve Worswick）的 Mitsuku 蝉联 2016 年至 2019 年四届冠军。人们对**中文房间**（Chinese room）问题一直争论不休（Searle, 1980; Chalmers, 1992; Preston and Bishop, 2002）。埃尔南德斯·奥拉略（Hernández-

Orallo, 2016）综述了衡量人工智能进展的方法，肖莱（Chollet, 2019）提出了一种基于技能提高效率的智力测量方法。

对哲学家、神经科学家以及任何曾思考过自己存在的人来说，**意识**仍然是一个令人困惑的问题。布洛克（Block, 2009）、丘奇兰（Churchland, 2013）和德阿纳（Dehaene, 2014）综述了这方面的主要理论。克里克和科克（Crick and Koch, 2003）引入了他们在生物学和神经科学方面的专业知识，加扎尼加（Gazzaniga, 2018）展示了在医院脑残疾案例研究中学到的东西。科克（Koch, 2019）提出一个意识理论——"智慧在于做事，经验在于做人"——这个理论包括大多数动物，但不包括计算机。朱利奥·托诺尼（Giulio Tononi）和他的同事提出了**综合信息理论**（integrated information theory）（Oizumi *et al.*, 2014）。达马西奥（Damasio, 1999）提出三层次理论：情绪、感觉和对感觉的感觉。布赖森（Bryson, 2012）显示了意识注意在学习行为选择过程中的价值。

关于思想、大脑及相关主题等方面的哲学文献冗长且枯燥。*Encyclopedia of Philosophy*（Edwards, 1967）是一个非常权威且实用的辅助工具。*The Cambridge Dictionary of Philosophy*（Audi, 1999）则更精简易读，在线的 *Stanford Encyclopedia of Philosophy* 提供了许多优秀的文章和前沿的参考资料。*MIT Encyclopedia of Cognitive Science*（Wilson and Keil, 1999）覆盖了哲学、生物学和心理学等方面。关于哲学上的"AI 问题"有许多介绍资料（Haugeland, 1985; Boden, 1990; Copeland, 1993; McCorduck, 2004; Minsky, 2007）。*Behavioral and Brain Sciences*（简称 BBS）是一本在哲学和科学方面讨论人工智能和神经科学的主流期刊。

科幻小说家艾萨克·阿西莫夫（Isaac Asimov）（Asimov, 1942, 1950）是最早提出机器人伦理问题的人之一，他提出了**机器人定律**。

- 第零定律：机器人不得损害人类整体利益，或者目睹人类整体将遭受危险而袖手不管。
- 第一定律：机器人不得伤害人类个体，或者目睹人类个体将遭受危险而袖手不管。
- 第二定律：机器人必须服从人给予它的命令，当该命令与第一定律冲突时例外。
- 第三定律：机器人在不违反第一、第二定律的情况下要尽可能保护自己的生存。

乍一看，这些定律似乎合理。但关键在于如何实现它们。如果人类可能因过马路、吃垃圾食品而受到伤害，机器人是否应该允许人类这样做？在阿西莫夫 1942 年的短篇小说《环舞》（*Runaround*）中，人类要调试一个一直在圆圈里徘徊的机器人，它表现得"醉醺醺的"。他们计算出这个圆是第二定律（机器人被要求在圆的中心取一些硒）和第三定律（那里有一个威胁机器人生存的危险）的平衡点的轨迹。[①] 这表明，这些定律不是逻辑上的绝对关系，而是相互制衡的，靠前的定律的权重更高。1942 年，在数字计算机还未出现时，阿西莫夫可能已经在考虑一种基于模拟计算的控制理论的架构。

韦尔德和埃齐奥尼（Weld and Etzioni, 1994）分析了阿西莫夫定律，并对第 11 章中的规划技术提出了一些修改方法，以生成无害的规划。阿西莫夫考虑了许多关于技术的伦理问题，在他 1958 年的小说《奇特的"人工脑"》（*The Feeling of Power*）中，他处理了自动化导致人类技能退化的问题——一个技术人员重新发现了失传的乘法技术，以及这项新发现被应用于战争时该怎么办的两难境地。

诺伯特·维纳在 *God & Golem, Inc*（Wiener, 1964）一书中正确地预测了计算机将在游戏和其他任务中达到专家级的表现，而要具体说明我们想要什么是困难的。维纳写道：

> 尽管我们总有可能在真正想要的东西外还有其他所求，尤其在我们是间接实现

---

① 科幻小说作家普遍认为机器人在解决冲突方面能力较差。在《2001 太空漫游》中，计算机 HAL 9000 因为指令冲突成为杀人犯；在《星际迷航》"I, Mudd"一集中，柯克船长告诉一个敌方机器人"哈利告诉你的一切都是假的，"而哈利说"我在说谎。"这时，机器人的头上冒烟，然后关机了。

心愿时,且心愿实现程度直到最终才明了。通常我们通过反馈过程实现,在这个过程中,我们将中间目标的实现度与我们对它们的预期进行对比。在整个过程中,我们通过反馈在发现错误后及时纠正。如果为一台无法在最终目标实现之前查看的机器内置反馈,那么灾难的可能性就会大大增加。我极不情愿搭乘初次试验的由光电反馈装置控制的汽车,除非车上有一个把手让我在发现车要撞树时能控制它。

在本章中,我们总结了**伦理准则**,发布了伦理准则的组织正在迅速增加,现在包括苹果、DeepMind、Facebook、谷歌、IBM、微软、经济合作与发展组织(OECD)、联合国教科文组织(UNESCO)、美国科学技术政策办公室、北京智源人工智能研究院(BAAI)、电气电子工程师学会(IEEE)、国际计算机学会(ACM)、世界经济论坛、二十国集团(G20)、OpenAI、机器智能研究所(MIRI)、AI4People、生存风险研究中心、人类兼容人工智能中心、人道技术中心、人工智能伙伴关系、AI Now 研究所、生命未来研究所、人类未来研究所、欧盟,以及至少 42 个国家政府。我们有手册 *Ethics of Computing*(Berleur and Brunnstein, 2001),也有图书(Boddington, 2017)和调查报告(Etzioni and Etzioni, 2017a)介绍人工智能伦理这一话题。*Journal of Artificial Intelligence and Law* 和 *AI and Society* 期刊涵盖了伦理问题。现在我们来看一些个例。

致命性自主武器:辛格在《机器人战争》(*Wired for War*)(Singer, 2009)中提出了关于战场上机器人的伦理、法律和技术问题。*Army of None*(Scharre, 2018)的作者保罗·沙勒(Paul Scharre)参与编写美国当前的自主武器政策,他提供了一个平衡、权威的观点。埃齐奥尼兄弟(Etzioni and Etzioni, 2017b)讨论了人工智能是否应被监管,他们建议暂停发展致命性自主武器,并就监管问题在国际上展开讨论。

隐私:拉坦娅·斯威尼(Sweeney, 2002b)提出了 k 匿名模型和泛化字段(Sweeney, 2002a)的概念。以最少数据损失实现 k 匿名性是一个 NP 困难问题,但是巴亚尔多和阿格拉沃尔(Bayardo and Agrawal, 2005)给出了一个近似算法。辛西娅·德沃克(Cynthia Dwork)(Dwork, 2008)介绍了差分隐私,并在后续工作中给出了更巧妙应用差分隐私以获得比朴素方法更好结果的实例(Dwork et al., 2014)。郭等人(Guo et al., 2019)描述了一个删除认证数据的过程:如果你在某些数据上训练一个模型,然后有一个删除数据的请求,差分隐私的方法扩展让你可以修改模型并保证它没有使用被删除的数据。季等人(Ji et al., 2014)回顾了隐私领域。埃齐奥尼(Etzioni, 2004)主张在隐私和安全,个人权利和团体利益间寻求平衡。克莱门特·冯等人(Fung et al., 2018)和巴格达萨良等人(Bagdasaryan et al., 2018)讨论了对联邦学习协议的各种攻击。纳拉亚南等人(Narayanan et al., 2011)描述了他们如何对 2011 年社交网络挑战提供的模糊连接图做去匿名化。他们用爬虫爬取源数据站点(Flickr)的数据,并在提供的数据和爬到的数据之间匹配入度或出度异常高的节点。这使他们能够获得额外的信息来赢得挑战,同时也使他们能够发现数据中节点的真实身份。保护用户隐私的工具正不断出现;例如,TensorFlow 提供了联邦学习和隐私模块(McMahan and Andrew, 2018)。

公平性:凯西·奥尼尔在《算法霸权》(*Weapons of Math Destruction*)(O'Neil, 2017)一书中描述了各种黑匣子机器学习模型是如何影响我们的生活,通常是以某种不公平的方式。她呼吁模型构建者要为公平负责,并呼吁政策制定者采取适当的监管。德沃克等人(Dwork et al., 2012)用简化的"通过无意识实现公平"的方法说明了这些缺陷。贝拉米等人(Bellamy et al., 2018)提出了减轻机器学习系统中偏见的工具包。特拉莫等人(Tramèr et al., 2016)展示了对手如何通过调用 API 查询"窃取"机器学习模型,哈特等人(Hardt et al., 2017)将机会均等描述为公平性的度量标准。乔德乔娃和罗特（Chouldechova and Roth, 2018）概述了公平的前沿研究，维尔马和鲁宾（Verma and Rubin, 2018）对公平的定义进行了详尽的综述。

克莱因伯格等人（Kleinberg *et al.*, 2016）表明，一般来说一个算法不可能既校准良好又机会均等。伯克等人（Berk *et al.*, 2017）对公平的类型给出来更多定义，并再次得出同时满足所有方面是不可能的结论。比特尔等人（Beutel *et al.*, 2019）就如何将公平性指标付诸实践提出了建议。

德雷斯尔和法里德（Dressel and Farid, 2018）报告了关于 COMPAS 累犯评分模型的研究。克里斯廷等人（Christin *et al.*, 2015）和埃克豪斯等人（Eckhouse *et al.*, 2019）讨论了预测算法在法律体系中的应用。科比特–戴维斯等人（Corbett-Davies *et al.*, 2017）指出，很难同时保障公平性和优化公共安全，科比特–戴维斯和戈埃尔（Corbett-Davies and Goel, 2018）讨论了各公平框架之间的差异。乔德乔娃（Chouldechova, 2017）倡导公平影响，即所有类别应具有相同的预期效用。莉迪亚·刘等人（Liu *et al.*, 2018a）主张采用长期影响衡量法，指出，例如，如果我们为了在短期内更公平而改变贷款通过的判定点，从长远来看，这可能会对最终拖欠贷款的人产生负面影响，从而使他们的信用分降低。

从 2014 年开始每年都有一次关于机器学习中的公平性、问责制和跨领域性的会议。梅拉比等人（Mehrabi *et al.*, 2019）对机器学习中的偏见和公平性进行了全面的综述，列出了 23 种偏见和 10 种公平性的定义。

信任： 从早期的专家系统（Neches *et al.*, 1985）开始，可说明人工智能就是一个重要的话题，近年来这一话题又重新兴起（Biran and Cotton, 2017; Miller *et al.*, 2017; Kim, 2018）。巴雷诺等人（Barreno *et al.*, 2010）提出了针对机器学习系统安全攻击的分类法，泰加（Tygar, 2011）对对抗机器学习进行了综述。IBM 的研究人员提议通过一致性声明获得人工智能系统的信任（Hind *et al.*, 2018）。美国国防部高级研究计划局（DARPA）要求战场系统做出可解释的决策，并呼吁对该领域继续研究（Gunning, 2016）。

人工智能安全性： *Artificial Intelligence Safety and Security*（Yampolskiy, 2018）一书中汇集了人工智能安全性方面的相关文章，有近期的也有经典的文章，可追溯到比尔·乔伊（Bill Joy）的 "Why the Future Doesn't Need Us"（为什么未来不需要我们）（Joy, 2000）。马文·明斯基预见了"迈达斯国王问题"，他提出，一个旨在解决黎曼假设的人工智能程序可能最终会接管地球上的所有资源，建造更强大的超级计算机。类似地，奥莫亨德罗（Omohundro, 2008）预见到了一个国际象棋程序会劫持资源，而波斯特洛姆（Bostrom, 2014）则描述了失控的回形针工厂接管世界。尤德科夫斯基（Yudkowsky, 2008）更详细地介绍了如何设计**友好型人工智能**。阿莫德等人（Amodei *et al.*, 2016）提出了人工智能系统的 5 个实际性安全问题。

奥莫亨德罗（Omohundro, 2008）描述了人工智能基本驱动力，并总结道："导致个人承担负外部成本性的社会结构大大有助于确保稳定和积极的未来。"埃莉诺·奥斯特罗姆的《公共事物的治理之道》（*Governing the Commons*）（Ostrom, 1990）一书中介绍了传统文化对外部性的处理。奥斯特罗姆也将这种方法应用到以知识为公共资源的理念中（Hess and Ostrom, 2007）。

雷·库兹韦尔（Ray Kurzweil）（Kurzweil, 2005）宣称《奇点临近》（*The Singularity is Near*），10 年后默里·沙纳汉（Murray Shanahan）（Shanahan, 2015）校正了这一观点。微软联合创始人保罗·艾伦（Paul Allen）撰文 "The Singularity isn't Near"（奇点并未临近）（Allen, 2011）予以反驳。他并未质疑超智能机器的可能性，而是认为这一过程所需时间超过一个世纪。罗德·布鲁克斯（Rod Brooks）经常批评单一主义，他指出，技术成熟往往需要比预期更长的时间，我们总容易产生一些神奇的想法，但快速增长的过程不会永远持续（Brooks, 2017）。

但是，对每个乐观的单一论者，都存在一个害怕新技术的悲观主义者。"悲观主义者"网站显示历史上一直如此。例如，在 19 世纪 90 年代，人们担心电梯会不可避免地引起恶心，电报会导致隐私丧失和道德败坏，地铁会释放危险的地下空气扰乱死者，自行车——尤其是女人骑自行车的想法是魔鬼的杰作。

汉斯·莫拉韦克（Hans Moravec）介绍了一些跨人文主义的思想（Moravec, 2000），波斯特洛姆介绍了最前沿的历史（Bostrom, 2005）。早在一百年前塞缪尔·巴特勒的 *Darwin Among the Machines*（Butler, 1863）一书中就预见到了古德的超智能机器思想。在查尔斯·达尔文（Charles Darwin）的《物种起源》出版 4 年后，那时蒸汽机还是最先进的机器，巴特勒的文章就设想了通过自然选择实现"机械意识的最终发展"。乔治·戴森（George Dyson）在一本同名书《机器中的达尔文主义》（*Darwin Among the Machines*）（Dyson, 1998）中重申了这一主题，艾伦·图灵也引用了这一主题，他在 1951 年写道"因此，在某个阶段我们应期望以塞缪尔·巴特勒在 *Erewhon* 一书中提到的方式控制机器"（Turing, 1996）。

机器人权利：约里克·威尔克斯（Yorick Wilks）编辑的一本书（Wilks, 2010）就如何对待人工同伴提供了多种不同看法，涵盖了从乔安娜·布赖森（Joanna Bryson）将机器人视为服务我们的工具而不是公民的观点，到雪莉·特克尔（Sherry Turkle）已将计算机和其他工具拟人化，更愿意模糊机器和生命的界限的观点。威尔克斯在（Wilks, 2019）中也提出了他的最新观点。哲学家戴维·冈克尔（David Gunkel）在《机器人权利》（*Robot Rights*）（Gunkel, 2018）一书中考虑了 4 种可能性：机器人能否拥有权利？是否应拥有权利？美国防止对机器人造成伤害协会（American Society for the Prevention of Cruelty to Robots，ASPCR）宣称，"ASPCR 将一如既往严肃对待机器人有感情一事。"

工作前景：1888 年，爱德华·贝拉米（Edward Bellamy）出版了畅销书《回顾》（*Looking Backward*），书中预言到 2000 年，技术进步将推动实现一个人人平等、工作时间短、退休早的乌托邦。不久之后，福斯特在《大机器停止》（*The Machine Stops*）（Forster, 1909）中采用了反乌托邦的观点。在这部小说中，一部仁慈的机器接管了社会的运转；当机器不可避免地出故障时，事情就会分崩离析。诺伯特·维纳在其前瞻性著作《人有人的用处》（*The Human Use of Human Beings*）（Wiener, 1950）中论证了自动化的好处，它将人们从繁重的工作中解放出来，同时提供了更多的创造性工作，但同时也讨论了我们今天认为是问题的几个危险，特别是价值取向问题。

Disrupting Unemployment（Nordfors *et al.*, 2018）一书讨论了一些工作发生变化的方式，并为新职业的出现提供了机会。埃里克·布林约尔松和安德鲁·麦卡菲在二人合著的《与机器赛跑》（*Race Against the Machine*）（Brynjolfsson and McAfee, 2011）和《第二次机器革命》（*The Second Machine Age*）（Brynjolfsson and McAfee, 2014）中阐述了这些主题以及更多内容。福特（Ford, 2015）描述了日益增长的自动化带来的挑战，韦斯特（West, 2018）提出了缓解这些问题的建议，而麻省理工学院的托马斯·马隆（Thomas Malone）（Malone, 2004）表明，许多同样的问题在 10 年前就已经显现出来，但在当时这些问题被归因于全球通信网络，而非自动化。

第28章

人工智能的未来

> 在本章中，我们稍稍展望一下人工智能的未来。

在第 2 章中，我们将人工智能看作设计近乎理性智能体的任务，研究了各种不同的智能体设计，从反射型智能体到基于知识的决策论智能体，再到使用强化学习的深度学习智能体都有涉及。将这些设计组合起来的技术也是多样的：可以使用逻辑推理、概率推理或神经推理，可以使用状态的原子表示、因子化表示或结构化表示，对各种类型的数据使用的学习算法不同，以及多种与外界交互的传感器和执行器。最后，我们看到了人工智能在医学、金融、交通、通信以及其他领域的各种应用。在上述方面，我们在科学认识和技术能力上都取得了长足的进步。

大多数专家对后续进展持乐观态度，如我们在 1.4 节中所见，在未来 50～100 年间，人工智能预计将在各项任务中达到接近人类的水平。预计在接下来的 10 年里，每年人工智能将为经济发展贡献上万亿美元。但同时也存在一些反对者认为，通用人工智能的实现尚需几个世纪，但人们对其公平性、公正性和杀伤性等方面已经存在不少伦理上的担忧。在本章中我们提出一个疑问：我们的目标在哪里以及我们还需要做什么？我们考虑的是我们的组件、架构和目标是否正确以使人工智能成为一种成功的、对世界有益的技术。

28.1　人工智能组件

本节我们讨论人工智能系统各组成部件，以及每个组件可能加速或阻碍未来发展的程度。

1. 传感器与执行器

纵览人工智能的历史发展，我们发现大多数时候人工智能并没有直接接触外界。除少数例外，人工智能系统都建立在人工提供输入并解释输出的基础上。同时，机器人系统专注于低层级任务，这些任务通常不涉及高层级的推理和规划，对感知的要求也极低。这种状况一部分是因为要让真正的机器人工作需要的费用和工程量很大，另一部分是因为处理能力和算法有效性不足以处理高带宽的视觉输入。

近年来，随着可编程机器人技术的成熟，情况迅速转变。而可编程机器人的进步得益于可靠的小型电动机驱动和改进的传感器。自动驾驶汽车中激光雷达的成本从 75 000 美元降到 1 000 美元，而单芯片版本的传感器成本能降到每颗 10 美元（Poulton and Watts, 2016）。雷达传感器一度只能进行粗粒度检测，但现在它已足够灵敏，可以计算一叠纸包含的纸张数量（Yeo et al., 2018）。

手机摄像头对更优秀图像处理性能的需求降低了用在机器人上的高分辨率摄像头的成本。MEMS（微机电系统）技术提供了小型化加速度计、陀螺仪，以及小到可以植入人工飞行昆虫中的处理器（Floreano et al., 2009; Fuller et al., 2014）。我们可以将数以百万个 MEMS 设备结合成强大的大型执行器。3D 打印和生物打印技术使得用原型进行实验更为容易。

因此，我们可以看出人工智能系统正处在从最初的纯软件系统转变为有效的嵌入式机器人系统的关键时期。当今机器人的发展程度大致相当于 20 世纪 80 年代早期个人计算机的发展程度。当时个人计算机刚刚出现，但直至 10 年后才普及。所以灵活、智能的机器人很可能最先在工业领域（环境更可控、任务重复度更高、投资价值更易衡量）而非民用领域（环境与任务的变化更复杂）取得进步。

2. 世界状态的表示

记录外在信息不仅需要感知，也需要更新内部表征。第 4 章展示了如何跟踪原子状态表示，第 7 章描述了如何跟踪因子化（命题）状态表示，第 10 章进一步扩展到一阶逻辑，第 14 章描述了不确定环境中随时间变化的概率推理，第 21 章介绍了能够维护随时间变化的状态表示的循环神经网络。

当前的过滤和感知算法可以结合起来完成一些合理的任务，比如识别对象（"那是一只猫"）和报告低阶谓词（"杯子在桌子上"）。识别像"罗素博士正和诺维格博士一起喝茶，他们在讨论下周的计划"这样更高层次的行为则更加困难。目前仅当训练样本充足时才有可能完成这类任务（见图 25-17），但未来发展需要无须大量样本就能推广到新情况中的技术（Poppe, 2010; Kang and Wildes, 2016）。

还有一个问题，尽管第 14 章中的近似滤波算法可以处理相当大型的环境，但它们处理的实际上是因子化表示。因子化表示包含随机变量，并未显式表示对象和关系。而且，它们仅将时间看作一步一步变化的。给定一个球最近的轨迹，我们可以预测在时刻 $t + 1$ 球的位置，但我们很难描述"有起必有落"这样的抽象概念。

15.1 节解释了如何结合概率和一阶逻辑解决这类问题，15.2 节展示了如何处理识别对象时的不确定性，第 25 章则展示了在计算机视觉中如何用循环神经网络跟踪外在世界。但我们还没找到将所有这些技术结合起来的方法。第 24 章介绍了词嵌入和相似表示。为复杂领域定义通用的、可复用的表示方案仍然是一项艰巨的任务。

3. 动作选择

现实中在进行动作选择时，最主要的问题在于处理长期规划，如"4 年内从大学毕业"这个规划包含数以亿计的基元步骤。对基元动作序列使用搜索算法，最多只能进行数十到数百步。只有用**分层结构**表示行为，我们才能处理这类问题。11.4 节中我们讨论了如何使用分层表示法处理这种规模的问题，更进一步，**分层强化学习**方面的工作已成功将分层结构的思想与第 17 章中介绍的 MDP 形式体系结合起来。

到目前为止，这些方法都尚未拓展到部分可观测情形（POMDP）。此外，解决部分可观测问题的算法通常和第 3 章中介绍的搜索算法一样，使用原子状态表示。显然，要在这方面取得进展还有很多工作尚待完成，但技术基础准备已基本就绪。主要是缺少对状态和行为构造分层表示的有效方法，该方法对在长时间尺度上进行决策是必需的。

4. 决定想要什么

第 3 章介绍了寻找目标状态的搜索算法，但基于目标的智能体在环境不确定或存在多个因素需要考虑时不稳定。效用最大化智能体用一种完全通用的方法大体上解决了这些问题。经济学、博弈论和人工智能领域都利用了这一观点：只要确定优化目标，以及每个行为的效果，就可以计算出最优的行为。

然而在实践中，选择正确的效用函数本身就是一件富有挑战性的任务。试想一个扮演办公室助理角色的智能体，它必须要理解交互偏好构成的复杂网络。而人与人之间的差异性更进一步加剧了这一问题，任何一个开箱即用的智能体都缺少足够的经验学习准确的个体偏好模型，它必然需要在偏好不确定性下工作。如果我们要确保智能体以一种对全社会而非个体公平公正的方式行事，那么情况会更复杂。

我们对如何构造复杂的真实世界偏好模型还没有太多的经验，更遑论在这些模型上的概率分布。尽管一些因子化形式体系与贝叶斯网络相似，可用于对复杂状态下的偏好进行分解，但事实证明这些形式体系在实践中难以使用。其中一个原因可能是，对状态的偏好实际上是从对历史状态的偏好，即**奖励函数**（见第 17 章），中得到的。即使奖励函数很简单，相应的效用函数也可能非常复杂。

这要求我们认真对待奖励函数的知识工程任务，思考如何将我们想做的事情传达给智能体。如果有能完成任务但不说明如何操作的专家时，**逆强化学习**（见 22.6 节）是该问题的一种解决方案。我们也可以使用更合适的语言表达我们的意愿。比如在机器人学中，线性时态逻辑更便于我们表达我们希望在不久的将来发生什么事，希望避免什么，希望永远保持一个什么状态（Littman *et al.*,2017）。我们需要更好的方式来表达我们的意愿，需要更好的方式向机器人解释我们提供的信息。

计算机行业整体已发展出一个强大的生态系统来收集用户偏好。你在应用、网络游戏、社交网络或购物网站上点击某个东西，就相当于你向平台提供了一个信号，即你和与你相似的同龄人在将来希望看到相似的内容。（但数据总是有噪声的，也有可能你只是因为网站太混乱点击了错误的东西。）系统内在反馈使系统能很快挑选出更加令人上瘾的游戏和视频。

但这些系统通常不会让你轻易退出，你的设备会自动播放相关视频，但它不太可能告诉你"是时候放下你的设备出去走走了。"一个购物网站能帮你寻找适合的衣服，但不能解决世界和平或结束饥饿贫困问题。由从客户关注度中获利的公司提供的选择菜单都不是完整的。

然而，公司确实会响应客户利益，并且许多客户都曾发声要求一个公平、可持续的世界。蒂姆·奥莱利（Tim O'Reilly）用下面的比喻解释为什么利润不是唯一的动机："金钱就像公路旅行中的汽油。旅途中你得注意不能耗尽汽油，但不能为此绕着加油站旅行。你必须关注钱，但不能只关注钱。"

特里斯坦·哈里斯（Tristan Harris）在人道技术中心发起的乐享时间（time well spent）运动朝着更加全面的选择迈出一步（Harris, 2016）。这项运动解决的是赫伯特·西蒙在 1971 年认识到的一个问题："信息的丰富造成注意力的贫乏。"也许在未来，我们将拥有私人智能体（personal agent）来维护我们自身的长期利益而非设备上各应用背后公司的利益。智能体的工作是协调不同来源的产品，避免我们上瘾，并且指导我们朝着真正重要的目标迈进。

5. 学习

第 19～22 章介绍了智能体如何进行学习。目前的算法能处理相当大型的问题，只要我们能提供足够的训练样本并能处理好预设的特征和概念词汇表，算法在许多问题上能达到或超过人类水平。但当数据稀疏、缺少监督、要处理复杂表示时，学习可能会停滞。

最近人工智能在主流刊物和工业界的复兴，很大程度上得益于深度学习（第 21 章）的成功。一方面，这可以看作神经网络子领域在逐步成熟；另一方面，这也可以看作由多种因素共同推进的一次能力上的革命性飞跃。推动深度学习发展的因素包括互联网带来更多可用的训练数据，专用硬件处理能力提高，还有一些算法中的技巧，包括生成对抗网络（GAN）、批量归一化、暂退法（dropout）和线性整流（ReLU）激活函数。

未来我们将继续致力于提高深度学习在其擅长任务上的表现，并同时将其应用到其他任务上。"深度学习"这个名字已被大众广泛接受，所以即使推动它的技术组合发生了很大变化，我们依然继续使用这个名字。

我们也看到**数据科学**作为统计学、编程和领域专业知识的融合这样一个学科出现。我们可以继续发展获取、管理和维护**大数据**所需的工具和技术，但同时也需要发展**迁移学习**，从而更好地利用一个领域中的数据来提高相关领域中的算法性能。

现如今，绝大多数机器学习研究都考虑因子化表示，对回归问题学习形如 $h : \mathbb{R}^n \to \mathbb{R}$ 的函数，对分类问题学习形如 $h : \mathbb{R}^n \to \{0, 1\}$ 的函数。当仅有少量学习数据，或要解决的问题需要构造新的结构化、分层表示时，机器学习就不太容易成功。深度学习，尤其是应用于计算机视觉问题上的卷积网络，已被证明可以从低层级像素中提取出一些中间概念，比如眼睛和嘴巴，再到脸，最后识别出人或猫。

未来，如何更加顺利地结合学习过程和先验知识是一个挑战。如果我们交给计算机一个它从未处理过的问题，比如识别不同的汽车型号，我们不希望计算机系统在接受到大量样本之前束手无策。

理想的系统应当能借鉴已知的东西：假设它已有关于视觉如何工作的模型，以及在一般工作中如何对产品进行设计和品牌化的模型，那么它应该使用**迁移学习**，并将其应用到汽车型号的新问题中。它应当能够自行找到关于汽车型号的信息，从互联网上的文本、图片或视频中提取所需信息。它应当有进行**学徒学习**的能力：与老师交谈时，不能仅停留在问"是否能给我一千张丰田卡罗拉的照片？"的层面上，而应该要能理解像"本田 Insight 与丰田普锐斯类似，但 Insight 车的格栅更大。"这样的建议。它应该要知道，每种型号都有几种可能的颜色，但汽车可以重新喷漆，所以是有可能看到一辆颜色不在训练集中的车。（如果它不知道这一点，那么它应当要有学习到这一点的能力，或是被告知这一点。）

所有这些都需要一种人类和计算机可以共享的通信和表示语言。我们不希望人类分析员直接去修改有上百万个权重的模型。概率模型（包括概率编程语言）为我们提供了一些能描述我们知道的东西的能力，但这些模型还没有很好地和其他学习机制融合。

本吉奥和杨立昆（Bengio and LeCun, 2007）的工作向着这个融合迈出了一步。最近，杨立昆（Yann LeCun）建议将"深度学习"一词替换为更一般的**可微编程**（differentiable programming）（Siskind and Pearlmutter, 2016; Li *et al.*, 2018），这表明一般程序语言和机器学习模型可以合并在一起。

目前，普遍做法是建立一个可微的深度学习模型，然后训练它达到最小化损失，并在环境发生变化时重训练。但深度学习模型只是更大型软件系统中的一部分，软件系统接受数据、处理数据、将数据输入模型、并解决如何处理模型输出。这个大型系统中的所有这些部分都由程序员手工编写，所以是不可微的，这意味着当环境改变时，需要程序员去发现问题并手工解决它们。有了可微编程，整个系统就有希望进行自动优化。

最终目的是要能以方便的形式将我们所知道的东西表达出来，例如，用自然语言给出的非正式建议，或像 $F = ma$ 这样强大的数学定律，或用数据支撑的统计模型，或是一个参数未知但可以用梯度下降自动优化的概率程序。我们的计算机模型通过与人类专家的交流，并使用所有可用数据来学习。

杨立昆、杰弗里·辛顿和其他一些学者指出，当前对监督学习（以及较小程度的强化学习）的重点关注不会持续下去——计算机模型将不得不依赖**弱监督学习**，其中一些监督由少量标签数据和少量奖励给出，但大多数的学习是无监督的，因为无标注的数据非常丰富。

杨立昆将**预测学习**（predictive learning）一词用于无监督学习系统，该系统可以对世界进行建模并学习预测世界未来状态的各个方面，不仅仅为与过去数据独立同分布的输入预测标签，也不仅仅只预测状态的价值函数。他建议可以使用对抗生成网络 GAN 来学习最小化预测值和真实值之间的差异。

杰弗里·辛顿曾在 2017 年表示"我的观点是：推翻一切，重新来过"，其意思是通过调整网络中的参数来学习这个总体框架是合理的，但网络架构和反向传播技术等具体细节需要重新考虑。（Smolensky, 1988）曾就如何考虑连接主义模型提出解决方案，他的想法在今天看来依然具有现实意义。

6. 资源

随着数据、存储、处理能力、软件技术的进步，专业人才的涌现以及投资的增加，机器学习的研究和发展速度大大提升。自 20 世纪 70 年代以来，通用处理器的速度提升了 10 万倍，专业的机器学习硬件额外带来了 1000 倍的速度提升。网络提供了丰富的图像、视频、语音、文字和半结构化数据资源，目前每天新增数据超 10^{18} 字节。

在计算机视觉、语音识别和自然语言处理的各项任务中，都有许多高质量的数据可用。如果你需要的数据尚不存在，可以通过其他渠道收集，也可以通过众包平台请人标注数据。检查通过这种方式收集到的数据质量是整个工作流程中的一个重要环节（Hirth *et al.*, 2013）。

由共享数据到**共享模型**（shared model）的转变是近期一项重大进展。主要的几家云服务供应商（如亚马逊、微软、谷歌、阿里巴巴、IBM、Salesforce）已经开始竞相为特定任务（如视觉对象识别、语音识别和机器翻译）提供带预置模型的机器学习接口。这些模型可以直接调用，也可以在特定任务上用特定数据训练作为基准。

我们期待这些模型不断进步，未来在开发一个机器学习项目时，可以不用从零开始，正如现在我们可以利用各种库进行网页项目开发一样。目前仅 YouTube 平台上，每分钟新增的视频时长达 300 小时。当我们能高效处理网络上的所有视频数据时，模型能力可能会发生质的飞跃。

摩尔定律使处理数据更有成本效率。1969 年 1 MB 数据的存储成本为 100 万美元，2019 年则不到 0.02 美元，超级计算机吞吐量在这段时间内也增加了 10^{10} 多倍。在训练机器学习模型时，图形处理单元（GPU）、张量核、张量处理单元（TPU）和现场可编程门阵列（FPGA）等机器学习的专用硬件组件比传统 CPU 快数百倍（Vasilache *et al.*, 2014; Jouppi *et al.*, 2017）。2014 年训练 ImageNet 模型花了整整一天时间，2018 年仅需 2 分钟（Ying *et al.*, 2018）。

OpenAI 研究所的报告称，从 2012 年到 2018 年，用于训练最大机器学习模型的算力平均每 3.5 个月翻一番，AlphaZero 的算力达到 1exaflop/s-day[①]——尽管他们也报告了一些具有影响力的工作，使用的算力是 AlphaZero 的一亿分之一（Amodei and Hernandez, 2018）。经济趋势让手机摄像头变得更好、更便宜，同样的情况也适用于处理器，我们将看到低功耗、高性能计算在规模经济下持续发展。

量子计算机有可能加速人工智能。目前在机器学习中已有一些快速的量子算法可用于线性代数操作（Harrow *et al.*, 2009; Dervovic *et al.*, 2018），但还没有量子计算机可以运行它们。在图像分类等任务的一些应用上（Mott *et al.*, 2017），量子算法在小规模问题上与经典算法一样好。

目前的量子计算机仅能处理几十位的数据，而机器学习算法通常要处理数百万位的输入并创建带有数亿个参数的模型。故而要让量子计算在大规模机器学习中切实可行，量子硬件和软件两方面都需要有所突破。另一种思路是分工，常规训练过程在传统计算机上运行的同时，让

---

① 这是衡量算力消耗的单位。OpenAI 定义神经网络中的一次乘法或者一次加法为一个运算，这和一般意义上的浮点运算 FLOP 略有不同。如果每秒可以进行 10^{18} 次运算，也就是 1 exaflop/s，那么一天就可以进行 10^{23} 次运算，这个算力被称为 1 exaflop/s-day。——译者注

量子算法来有效搜索超参空间，但我们还不知道如何实现这一点。对量子算法的研究有时可以在经典计算机上启发新的更好的算法。

我们看到，人工智能/机器学习/数据科学方面的论文发表量、从业人员和投资数额都有了指数级增长。迪安等人（Dean *et al.*, 2018）称，2009 年至 2017 年，arXiv 上关于机器学习的文章数平均每两年就翻一番。投资者们为这些领域的创业公司提供资金，大型公司为它们的人工智能战略招聘人才和追加预算，政府也在进行投资以保证自己的国家不至于落后。

28.2   人工智能架构

很自然我们会问，"我们要用第 2 章中哪一种智能体架构？"答案是，"所有！"反射型响应适用于时间是重要因素的情形，而基于知识的深思熟虑允许智能体提前做准备。当数据充足时，机器学习比较方便；但当环境发生变化或人类设计者在相关领域知识不足时，机器学习就是必要的了。

长期以来，人工智能一直分裂为符号系统（基于逻辑和概率推断）和连接系统（基于大量参数的损失函数最小化）两派。如何取两家之长是人工智能的一个持续性的挑战。符号系统可以拼接长推理链，并利用结构化表示的表达能力。连接系统在数据有噪声的情况下也能识别出模式。一个研究方向是将概率编程与深度学习相结合，虽然目前提出的各种方案对二者的结合都很有限。

同时，智能体也需要控制自己的思考过程。它们必须充分利用时间，在需要做出决策前结束思考。比如，一个出租车驾驶智能体在看到前方事故时，必须在一瞬间决定是刹车还是转向。它也需要在瞬间考虑最重要的问题，如左右两侧车道是否畅通、后方是否紧跟着一辆大卡车，而不是考虑该去哪接下一位乘客。这些问题通常在**实时人工智能**（real-time AI）课题下进行研究。随着人工智能系统转向更加复杂的领域，智能体永远不会有足够长的时间来精确解决问题，因此所有问题都将变为实时问题。

显然，目前我们迫切需要控制思考过程的一般方法，而不是在每种情况下考虑什么的具体方法。第一种控制思考过程的方法是**任意时间算法**（anytime algorithm）（Dean and Boddy, 1988; Horvitz, 1987），它的输出质量随着时间的推移逐渐提高，这样在任意时刻中断算法时，它能提供一个相对合理的决策。任意时间算法包括博弈树搜索中的迭代深化和贝叶斯网络中的 MCMC。

第二种控制思考过程的方法是**决策论元推理**（decision-theoretic metareasoning）（Russell and Wefald, 1989; Horvitz and Breese, 1996; Hay *et al.*, 2012）。在 3.6.5 节和 5.7 节中我们曾简要介绍过该方法，它将信息价值理论（第 16 章）应用于个体计算选择（3.6.5 节）。计算的价值取决于它的成本（动作的延迟）和效益（决策质量的提高）。

元推理技术可用于设计更好的搜索算法并保证所有的算法都是任意时刻的。蒙特卡罗树搜索便是其中一种：选择哪个叶节点开始下一轮模拟，是由老虎机理论推导出的近乎合理的元级决策做出的。

诚然元推理较反射操作更昂贵，但因为可以应用编译方法，与控制的计算成本相比开销是很小的。元级强化学习则提供了另一种获取有效策略的方法用于控制思考过程。本质上，是强化了得到更好决策的计算，而弱化了影响甚微的计算。这种方法避免了简单计算信息价值带来的短视问题。

元推理是**反射架构**（reflective architecture）的一种特例，反射架构能够考虑架构内部的计算实体和操作。通过定义由环境状态和智能体本身计算状态构成的联合状态空间，可以建立反射架构的理论基础。决策和学习算法都在该联合状态空间上运行，从而实现并改进智能体的计算活动。最后，我们希望在人工智能系统中，像 α-β 搜索、回归规划和变量消除等针对特定目标的算法能够被通用方法取代，能够指导智能体的计算高效生成高质量决策。

因为做决策是困难的，所以我们需要元推理和反射（以及本书中探讨的许多其他效率相关的架构和算法设备）。自从计算机问世以来，它们的高速总是让人们高估了自身克服复杂性的能力，或者说是低估了复杂性的真正含义。

如今强大的机器让人不禁认为，我们可以忽略所有智能设备而更多依靠蛮力。我们试着通过分析来抵制这种想法。首先从物理学家认为 1kg 级计算设备能达到的极限速度开始，这个速度约为每秒 10^{51} 次操作，或者说比 2020 年的超级计算机快 10^{33} 倍（Lloyd, 2000）。[①] 然后我们提出一个简单的任务：枚举英文单词字符串，就像博尔赫斯（Borges）在 *The Library of Babel* 中提出的那样。博尔赫斯规定书的页数为 410 页，但那可行吗？不完全可行。实际上计算机运行一年也只能枚举具有 11 个单词的字符串。

现在考虑这样一个事实，一份人生规划可能包含（粗略估计）20 万亿次肌肉驱动（Russell, 2019），你开始意识到问题的规模。一台比人脑强大 10^{33} 倍的计算机远比一只试图赶超以曲速 9 级飞行的"企业号"星舰的鼻涕虫理性得多。[②]

考虑到这些因素，构建理性智能体的目标似乎过于雄心勃勃。与其致力于那些不可能存在的目标，我们应该考虑一些必然存在的目标。回顾第 2 章中一个简单的想法：

$$智能体 = 架构 + 程序$$

现在保持智能体架构不变（底层的机器性能不变，或者顶层的软件层也不变）并允许智能体程序选用该架构支持的任意程序。在任意给定的任务环境中，其中某个程序（或它们的等价类）实现了可能的最佳性能，意思是这个程序的实现效果也许尚未接近完美理性，但已经优于其他智能体程序。我们称该程序满足**有界最优性**（bounded optimality）准则。

对简单实时环境中的一些智能体程序的基本类来说，是有可能识别出有界最优的智能体程序（Etzioni, 1989; Russell and Subramanian, 1995）的。蒙特卡罗树搜索的成功激起人们对元级决策的兴趣。并且我们有理由相信，通过元级强化学习这类技术，我们可以在更复杂智能体程序族中实现有界最优性。从结合了不同有界最优组件（如反射、动作-价值理论）的合适方法的有界最优性理论开始，我们有可能发展出一套建设性的架构理论。

1. 通用人工智能

21 世纪到目前为止，人工智能的大多数进展都由特定任务上的竞赛驱动，如 DARPA 举办的自动驾驶汽车大挑战赛、ImageNet 对象识别竞赛或者与世界冠军比赛下围棋、下国际象棋、打扑克、玩《危险边缘》。对每项任务，我们通常使用专门为此任务收集的数据，使用独立的机器学习模型从零开始训练，构造独立的人工智能系统。但一个真正智能的智能体，能完成的应该不止一件事。艾伦·图灵（Turing, 1950）曾列出他的清单（见 27.1.2 节），科幻小说家罗伯特·海因莱因（Robert Heinlein）（Heinlein, 1973）则这样说：

> 生而为人，应该能够换尿布、策划入侵、杀猪、驾船、设计建筑、写十四行诗、算账、砌墙、接骨、抚慰临终之人、接受命令、下达命令、合作、独行、解方程、分析新问题、抛洒粪肥、编写程序、烹饪美食、高效战斗、英勇牺牲。只有昆虫才需要专业分工。

目前为止，没有一个人工智能系统能达到这两个列表中的任一个，一些通用人工智能或人类级别人工智能（HLAI）的支持者坚持认为，继续在特定任务或单独组件上进行研究不足以

---

① 我们忽略了这样一个事实，这个设备消耗了一个恒星的全部能量输出，并在十亿摄氏度环境下运行。

② 在电影《星际迷航》中，曲速旅行是一种在压缩时空中航行的技术，在曲速状态下可实现超光速飞行；"企业号"是第一艘可突破 5 级曲速的星舰。——编者注

让人工智能精通各项任务，我们需要一种全新的方法。在我们看来，大规模的新突破是必要的，但总的来说，人工智能领域在探索和开发之间已经做出了合理的平衡，组装一系列组件，改进特定任务的同时，也探索了一些有前途的、有时甚至是遥远的想法。

如果在 1903 年时就告诉莱特兄弟停止研究单任务飞机，去设计一种可以垂直起飞、超越声速、可载客数百名、能登陆月球的"人工通用飞行器"，这种做法是不可行的。在他们首次飞行后，每年再举办竞赛促进云杉木双翼飞机的改进也是不现实的。[①]

我们看到对组件的研究可以激发新的想法，如生成对抗网络（GAN）和 Transformer 语言模型都开启了研究的新领域。我们也看到了迈向"行为多样性"的脚步。例如，20 世纪 90 年代，机器翻译为每一个语言对（如法语到英语）建立一个系统，而如今仅用一个系统就可以识别输入文本属于 100 种语言中的哪一种，并将其翻译到 100 种目标语言中的任一种。还有一种自然语言系统可以用一个联合模型执行 5 个不同的任务（Hashimoto *et al.*, 2016）。

2. 人工智能工程

计算机编程领域始于几位非凡的先驱，但直到软件工程发展起来，有了大量可用工具，并形成了一个由教师、学生、从业者、企业家、投资者和客户共同组成的欣欣向荣的生态系统后，它才成为一个重要产业。

人工智能产业尚未达到这种成熟度。的确，我们拥有各种强大的工具和框架，如 TensorFlow、Keras、PyTorch、Caffe、Scikit-Learn 和 SciPy。遗憾的是，已经证明许多最有前途的方法（如 GAN 和深度强化学习）都难以使用，因为需要经验和一定程度的调试才能让这些方法在一个新领域上训练好。我们缺少足够的专家在所有需要的领域上完成这些工作，也缺少工具和生态系统让不太专业的从业者成功。

谷歌公司的杰夫·迪安认为，在未来，我们希望机器学习能处理数百万个任务。从零开始开发每个系统是不切实际的，所以他建议不如构建一个大型系统，对每个新任务，从系统中抽取出与任务相关的部分。我们已经看到在这方面的一些进展，比如有数十亿个参数的 Transformer 语言模型（如 BERT、GPT-2），以及"非常大的"集成神经网络架构，在一个实验中参数数量可达 680 亿个（Shazeer *et al.*, 2017）。但依然有许多工作要做。

3. 未来

未来会怎么发展？比起乌托邦式，科幻小说家似乎更偏向反乌托邦的未来，可能是因为它们能制造出更有趣的情节。目前为止，人工智能似乎和其他强大的革命性技术一致，如印刷术、管道工程、航空旅行和电话通信系统。所有这些技术都产生了积极影响，但也产生了一些意想不到的副作用，给弱势阶层带来更大的不利影响。我们应该努力将负面影响降到最低。

人工智能也不同于过去的革命性技术。既使将印刷术、管道工程、航空旅行和电话通信系统的技术提高到其逻辑极限，也不会对人类的世界霸权产生任何威胁，但人工智能会。

总之，人工智能在其短暂的历史中取得了巨大的进步，然而艾伦·图灵在 1950 年发表的论文 "Computing Machinery and Intelligence" 中的最后一句话时至今日依然有效。

> 我们只能看到前方的一小段距离，
> 但我们知道依然有很长一段路要走。

---

① 1903 年，莱特兄弟制造的人类历史上第一架能自由飞行且可操纵的动力飞机"飞行者一号"就是用结实的云杉木制成的双翼飞机。——编者注

附录 A

数学背景知识

A.1 复杂性分析和 $O()$ 记号

计算机科学家经常需要比较两个算法的运行速度和所需内存。这类任务有两种解决方法。第一种方法是基准测试（benchmarking）：在计算机上运行算法，以秒为单位测量该算法的速度，以字节为单位测量内存消耗。尽管基准测试的结果是我们真正关心的，但这样的评测并不能令人满意，因为它过于依赖测试环境了：基准测试需要使用特定的编译器、基于特定的数据来衡量在特定的计算机上运行的由特定语言编写的程序。因此仅从基准测试提供的结果中我们很难预测算法在不同的编译器、不同的计算机或不同的数据集上的表现。第二种方法依赖用数学方法进行算法分析（analysis of algorithm），与具体的实现和输入无关，以下详细讨论。

A.1.1 渐近分析

以下是一段对序列数求和的程序 SUMMATION，我们将以此为例考虑算法分析：

function SUMMATION(*sequence*) **returns** 一个数
   sum ← 0
   for *i* = 1 **to** LENGTH(*sequence*) **do**
      sum ← *sum* + *sequence*[*i*]
   return *sum*

分析的第一步是对输入进行抽象，以找到一些参数来刻画输入规模。在本例中，输入可用序列长度 n 刻画。第二步是对执行过程进行抽象，以找到一些与具体编译器和计算机无关的度量反映运行时间。对于 SUMMATION 程序，可以度量执行的代码行数，也可以度量执行的求和、赋值、数组引用的次数和分支的数量。这两种做法用不同的方式表示算法执行的总步骤数，每种表示方式都对应着一个输入规模为 n 的函数，记为 $T(n)$。在该例中，如果度量执行的代码行数，那么 $T(n) = 2n + 2$。

如果所有程序都像 SUMMATION 这样简单，那么就没必要研究算法分析。但存在两个问题使之变得复杂。第一个问题，我们很难从输入规模中提取出合适的参数 n，使得在任何情况下，算法执行的总步骤数都可以用该参数的某个函数 $T(n)$ 来表示。通常我们只能计算最差情况 $T_{worst}(n)$ 和平均情况 $T_{avg}(n)$，而要计算平均情况意味着分析者需要对输入分布做一些假设。

第二个问题，我们往往难以对算法进行精确分析，在这种情况下就需要回到近似方法上。我们称 SUMMATION 算法是 $O(n)$ 的，意味着除了一些比较小的 n 可能存在例外，这一度量至多是 n 的常数倍。更形式化地表示为：

若存在某个 k，使对任意 $n > n_0$ 有 $T(n) \leqslant kf(n)$，则称 $T(n)$ 是 $O(f(n))$ 的。

$O()$ 记号为我们提供了渐近分析（asymptotic analysis）的描述记号。可以确定地说，当 n 趋近于无穷时，$O(n)$ 算法总是优于 $O(n^2)$ 算法。仅仅使用基准分析法的结果无法证明这个断言。

$O()$ 记号忽略了常数因子，这使得它较 $T()$ 记号更易于使用，但精确度较低。例如，当 n 较大时，$O(n^2)$ 算法总是比 $O(n)$ 算法表现更差。但如果这两个算法是 $T(n^2 + 1)$ 和 $T(100n + 1000)$，那么当 $n < 110$ 时，$O(n^2)$ 算法实际上更好。

尽管存在着不足，但渐近分析依然是最广泛使用的算法分析工具。正是因为渐近分析法不考虑具体操作数（忽略常数因子 k）和输入的具体内容（仅考虑输入规模 n），所以它在数学上可行。$O()$ 记号是精确度和易分析性之间一个很好的折中。

A.1.2　NP 困难和固有的难题

我们使用算法分析和 $O()$ 记号来讨论某个具体算法的效率。但是，它们无法回答当前问题是否存在更优算法。复杂性分析（complexity analysis）是分析问题而非分析算法。总的来说，问题可分为能在多项式时间内解决的，和无论采用哪种算法都不能在多项式时间内解决的。存在某个 k，可以以 $O(n^k)$ 时间内解决的多项式问题称为 **P** 问题。这些问题有时也被称为"简单"问题，但因为这个问题类中包括运行时间为 $O(\log n)$ 和 $O(n)$ 的问题，同时也包括运行时间为 $O(n^{1000})$ 的问题，所以这里的"简单"不能按照字面意思理解。

另一类重要的问题为 **NP** 问题，是非确定性多项式问题。此类问题是指存在一些算法可以在多项式时间内猜出一个解并验证这个解是否正确。此类问题的思想是，假定我们有无穷多个处理器，可以同时验证所有可能的解，或者假定我们足够幸运每次都可以猜对正确的解，那么 NP 问题就转化为 P 问题。计算机科学中最大的一个未解决问题就是，当没有无限数量处理器，也不能一猜即中时，NP 问题是否等价于 P 问题。大多数计算机科学家认为 P ≠ NP，即 NP 问题是固有的难题，不存在多项式时间算法。但这尚未被证明。

对那些想判断是否 P = NP 的人，他们只需考虑 NP 问题的一类子问题，称为 **NP 完全问题**（NP-complete）。这里"完全"表示"最极端的情况"，也就是指 NP 类问题中最难的那些问题。已知所有 NP 完全问题，要么全属于 P 问题，要么全不属于 P 问题。这令这类问题在理论上十分有意义，但同时它们也很有实际意义，因为已知有许多重要问题是 NP 完全问题。其中一个例子是命题可满足性问题：给定一条逻辑命题语句，是否可为其逻辑变量分配适当的值使该逻辑命题为真？除非 P = NP，否则不存在算法可以在多项式时间内解决所有命题可满足性问题。然而，人工智能更感兴趣的是，是否有算法能够有效地处理从既定分布中提取出的典型问题。正如我们在第 7 章中所看到的，有一些算法，如 WALKSAT，在许多问题上都表现得很好。

所有的 NP 问题都可以在多项式时间内归约到某个 **NP 困难**（NP-hard）问题，因此如果能解决任意一个 NP 困难问题，就可以解决所有的 NP 问题。所有 NP 完全问题都是 NP 困难的，但存在一些 NP 困难问题比 NP 完全问题更难。

余 NP（co-NP）类问题是 NP 问题的补问题集，也就是说，对 NP 中的每个决策型问题，将其回答中的"是"和"否"对换，就是其在余 NP 集里的对应问题。已知 P 问题是 NP 问题和余 NP 问题的共同子集，因此人们相信存在不是 P 问题的余 NP 问题。**余 NP 完全**（co-NP-complete）问题是余 NP 问题中最难的问题。

#P[①] 类问题是由 NP 中的决策问题对应的计数问题构成的集合。决策问题的答案为"是"或"否"：该 3-SAT 公式是否存在解？计数问题的答案为整数：该 3-SAT 公式有几个解？在某

———
① 根据（Garey and Johnson, 1979）应读作"number P"，但一般读作"sharp P"。

些情况下，计数问题的难度高于决策问题。例如，决策问题"判断一个二部图（该图有 V 个节点，E 条边）是否存在完美匹配"可以在 $O(VE)$ 时间内解决，而计数问题"该二部图有几个完美匹配"是 #P 完全的，意味着它的难度和 #P 问题中的任何问题一样，故其难度不低于任意 NP 问题。

另一类问题是 PSPACE 问题，这类问题需要多项式空间，即便在非确定性环境中也是如此。一般认为，PSPACE 难问题比 NP 完全问题更难解决，但将来可能会发现 NP = PSPACE，就如同可能会发现 P = NP 一样。

A.2　向量、矩阵和线性代数

数学家将**向量**（vector）定义为向量空间的元素，但我们使用一个更加具体的定义：一个向量是若干个值组成的一个有序序列。例如，二维空间中有向量 $\boldsymbol{x} = \langle 3, 4 \rangle$ 和 $\boldsymbol{y} = \langle 0, 2 \rangle$。有些作者在名称上使用箭头 $\vec{x}$ 或上短横线 $\bar{y}$ 表示向量，但我们用粗斜体字符来表示。向量中的元素可以通过下标访问：$\boldsymbol{z} = \langle z_1, z_2, \cdots, z_n \rangle$。需要强调的是，本书综合了许多子领域的工作，这些子领域中可能将序列称为向量、列表或元组，也可能使用不同的记号表示，如 $\langle 1, 2 \rangle$、$[1, 2]$ 或 $(1, 2)$。

向量的两类基本运算是向量加法和标量乘法。向量加法 $\boldsymbol{x} + \boldsymbol{y}$ 是将 $\boldsymbol{x}$ 和 $\boldsymbol{y}$ 的每一个元素对应相加，即 $\boldsymbol{x} + \boldsymbol{y} = \langle 3 + 0, 4 + 2 \rangle = \langle 3, 6 \rangle$。标量乘法将向量中的每一个元素乘以一个常数，即 $5\boldsymbol{x} = \langle 5 \times 3, 5 \times 4 \rangle = \langle 15, 20 \rangle$。

向量的长度记为 $|\boldsymbol{x}|$，由向量元素平方和的平方根给出：$|\boldsymbol{x}| = \sqrt{3^2 + 4^2} = 5$。向量的点积 $\boldsymbol{x} \cdot \boldsymbol{y}$（也称标量积）是对应元素乘积的和，即 $\boldsymbol{x} \cdot \boldsymbol{y} = \sum_i x_i y_i$，在我们的例子中 $\boldsymbol{x} \cdot \boldsymbol{y} = 3 \times 0 + 4 \times 2 = 8$。

向量通常被理解为 n 维欧几里得空间中的有向线段。向量加法等价于平移其中一向量，使其起点与另一向量终点重合。点积 $\boldsymbol{x} \cdot \boldsymbol{y}$ 的结果为 $|\boldsymbol{x}| \, |\boldsymbol{y}| \cos\theta$，$\theta$ 是 $\boldsymbol{x}$ 和 $\boldsymbol{y}$ 之间的夹角。

矩阵（matrix）是把值按行列排序的矩形数组。$\boldsymbol{A}$ 是一个大小为 3×4 的矩阵：

$$\begin{pmatrix} A_{11} & A_{12} & A_{13} & A_{14} \\ A_{21} & A_{22} & A_{23} & A_{24} \\ A_{31} & A_{32} & A_{33} & A_{34} \end{pmatrix}$$

A_{ij} 的两个下标分别表示行和列。在编程语言中，A_{ij} 常写为 A[i, j] 或 A[i][j]。

两个矩阵的和定义为对应位置元素相加。例如 $(\boldsymbol{A} + \boldsymbol{B})_{ij} = A_{ij} + B_{ij}$。当 $\boldsymbol{A}$ 和 $\boldsymbol{B}$ 大小不一致时，它们的和没有定义）我们也可以定义矩阵和标量的乘法：$(c\boldsymbol{A})_{ij} = cA_{ij}$。矩阵乘法（两个矩阵的乘积）则更为复杂。仅当 $\boldsymbol{A}$ 大小为 $a \times b$ 且 $\boldsymbol{B}$ 大小为 $b \times c$（第二个矩阵的行数和第一个矩阵的列数相等）时乘积 $\boldsymbol{AB}$ 才有定义，其结果为大小是 $a \times c$ 的矩阵，可表示为

$$(\boldsymbol{AB})_{ik} = \sum_j A_{ij} B_{jk}$$

矩阵乘法不满足交换律，即便对于方阵也是如此，一般来说 $\boldsymbol{AB} \neq \boldsymbol{BA}$。但其满足结合律 $(\boldsymbol{AB})\boldsymbol{C} = \boldsymbol{A}(\boldsymbol{BC})$。注意，点积可以用转置和矩阵乘法表示：$\boldsymbol{x} \cdot \boldsymbol{y} = \boldsymbol{x}^\top \boldsymbol{y}$。

单位矩阵（identity matrix）$\boldsymbol{I}$ 的元素 I_{ij} 在 $i = j$ 处为 1，其他处为 0。对所有矩阵 $\boldsymbol{A}$，单位矩阵满足 $\boldsymbol{AI} = \boldsymbol{A}$。$\boldsymbol{A}$ 的**转置**（transpose），记为 $\boldsymbol{A}^\top$，由 $\boldsymbol{A}$ 的行列互换构成，即 $\boldsymbol{A}^\top_{ij} = A_{ji}$。方阵 $\boldsymbol{A}$ 的**逆**（inverse）是另一个方阵 $\boldsymbol{A}^{-1}$，满足 $\boldsymbol{A}^{-1}\boldsymbol{A} = \boldsymbol{I}$。**奇异矩阵**（singular matrix）的逆不存在，计算非奇异矩阵的逆的时间复杂性为 $O(n^3)$。

使用矩阵可以在 $O(n^3)$ 时间内求解线性方程，时间由对系数矩阵求逆过程决定。考虑下列方程组，求解 x、y 和 z：

$$+2x + y - z = 8$$
$$-3x - y + 2z = -11$$
$$-2x + y + 2z = -3$$

我们可以将此表示为矩阵等式 $\boldsymbol{Ax} = \boldsymbol{b}$ 的形式，其中：

$$\boldsymbol{A} = \begin{pmatrix} 2 & 1 & -1 \\ -3 & -1 & 2 \\ -2 & 1 & 2 \end{pmatrix}, \quad \boldsymbol{x} = \begin{pmatrix} x \\ y \\ z \end{pmatrix}, \quad \boldsymbol{b} = \begin{pmatrix} 8 \\ -11 \\ -3 \end{pmatrix}$$

为求解 $\boldsymbol{Ax} = \boldsymbol{b}$，我们对等式两侧同时乘以 $\boldsymbol{A}^{-1}$ 得到 $\boldsymbol{A}^{-1}\boldsymbol{Ax} = \boldsymbol{A}^{-1}\boldsymbol{b}$，化简得 $\boldsymbol{x} = \boldsymbol{A}^{-1}\boldsymbol{b}$。对 $\boldsymbol{A}$ 求逆并乘 $\boldsymbol{b}$ 后可得到答案：

$$\boldsymbol{x} = \begin{pmatrix} x \\ y \\ z \end{pmatrix}, \quad \boldsymbol{b} = \begin{pmatrix} 2 \\ 3 \\ -1 \end{pmatrix}$$

其他一些符号说明：我们使用 $\log(x)$ 表示自然对数 $\log_e(x)$。使用 $\text{argmax}_x f(x)$ 表示使 $f(x)$ 达到最大值的 x。

A.3　概率分布

概率是一个事件集合上的度量，满足以下 3 条公理。

（1）每个事件的度量在 0 和 1 之间，可写为 $0 \leqslant P(X = x_i) \leqslant 1$，其中 X 是表示事件的随机变量，x_i 是 X 的可能的值。一般来说，随机变量用大写字母表示，它们的值用小写字母表示。

（2）整个集合的度量为 1，即 $\sum_{i=1}^{n} P(X = x_i) = 1$。

（3）不相交事件的并集的概率等于单个事件概率的和，即 $P(X = x_1 \lor X = x_2) = P(X = x_1) + P(X = x_2)$，这里 x_1 和 x_2 是不相交的。

概率模型包含由互斥的可能结果构成的样本空间以及对每个可能结果的概率度量。例如，在对明天天气建模时，可能的结果有 sun、cloud、rain 和 snow。这些结果的子集构成事件。例如，降水事件对应的子集为 {rain, snow}。

我们使用 $\boldsymbol{P}(X)$ 表示值为 $\langle P(X = x_1), \cdots, P(X = x_n) \rangle$ 的向量。同时，我们将 $P(X = x_i)$ 和 $\sum_{i=1}^{n} P(X = x_i)$ 分别简写为 $P(x_i)$ 和 $\sum_x P(x)$。

条件概率 $P(B \mid A)$ 定义为 $P(B \cap A) / P(A)$。若满足 $P(B \mid A) = P(B)$（或等价的，$P(A \mid B) = P(A)$），则称 A 和 B 是条件独立的。

对连续变量，其可能的值有无穷多个，除非存在点尖峰，否则取每个具体值的概率都为 0。故在这种情况下对某个取值范围进行讨论更为合理。我们使用的是**概率密度函数**，与离散概率函数略有不同。因为 X 的值恰好为 x 的概率 $P(X = x)$ 为 0，所以我们转而计算 X 落在 x 周围的某个区间内的可能性除以区间宽度，当区间宽度趋于 0 时的极限值即为 $P(x)$：

$$P(x) = \lim_{dx \to 0} P(x \leqslant X \leqslant x + dx) / dx$$

密度函数在所有 x 处取值非负并满足：

$$\int_{-\infty}^{+\infty} P(x)\mathrm{d}x = 1$$

我们还可以定义**累积分布** $F_X(x)$ 为随机变量 X 的值小于等于 x 的概率：

$$F_X(x) = P(X \leqslant x) = \int_{-\infty}^{x} P(u)\mathrm{d}u$$

注意，概率密度函数是有单位的，离散概率函数无单位。例如，若 X 的值以秒为单位，那么概率密度的单位为赫兹（s^{-1}）。若 $\boldsymbol{X}$ 表示三维空间中的点，其每个分量以米为单位，那么 $\boldsymbol{X}$ 的概率密度以 $1/\mathrm{m}^3$ 为单位。

高斯分布是最重要的概率分布之一，也称为**正态分布**。我们使用记号 $\mathcal{N}(x; \mu, \sigma^2)$ 表示关于 x 的，均值为 μ，标准差为 σ（方差为 σ^2）的正态分布函数。定义为

$$\mathcal{N}(x; \mu, \sigma^2) = \frac{1}{\sigma\sqrt{2\pi}} e^{-(x-\mu)^2/(2\sigma^2)}$$

其中 x 是取值范围为 $-\infty \sim +\infty$ 的连续变量。**标准正态分布**（standard normal distribution）是当均值 $\mu = 0$ 且方差 $\sigma^2 = 1$ 时的一种特殊情况。对在 n 维空间上取值的向量 $\boldsymbol{x}$，其分布为**多元高斯**（multivariate Gaussian）分布：

$$\mathcal{N}(\boldsymbol{x}; \boldsymbol{\mu}, \boldsymbol{\Sigma}) = \frac{1}{\sqrt{(2\pi)^n |\boldsymbol{\Sigma}|}} e^{-\frac{1}{2}((\boldsymbol{x}-\boldsymbol{\mu})^\top \boldsymbol{\Sigma}^{-1}(\boldsymbol{x}-\boldsymbol{\mu}))}$$

其中 $\boldsymbol{\mu}$ 表示均值向量，$\boldsymbol{\Sigma}$ 表示协方差矩阵（见下文）。一元正态分布的累积分布由下式给出：

$$F(x) = \int_{-\infty}^{x} \mathcal{N}(z; \mu, \sigma^2)\mathrm{d}z = \frac{1}{2}\left(1 + \mathrm{erf}\left(\frac{x-\mu}{\sigma\sqrt{2}}\right)\right)$$

其中 $\mathrm{erf}(x)$ 即所谓的**误差函数**，没有闭式表达。

中心极限定理（central limit theorem）表明，对于 n 个独立随机变量的均值，当 n 趋于无穷时，其分布趋于正态分布。对于非严格独立的随机变量，中心极限定理也成立，除非其中某个有限子集的方差明显超过其他子集的方差。

随机变量的**期望**（expectation）$E(X)$ 是对 X 所有可能的值的加权平均值，其权重为对应的概率值。对离散变量，期望为

$$E(X) = \sum_i x_i P(X = x_i)$$

对连续变量，用积分号替换求和符号并使用概率密度函数 $P(x)$：

$$E(X) = \int_{-\infty}^{+\infty} x P(x)\mathrm{d}x$$

对任意函数 f，我们有

$$E(f(X)) = \int_{-\infty}^{+\infty} f(x) P(x)\mathrm{d}x$$

必要时，可以在期望算子的下标上指定 X 服从的分布：

$$E_{X \sim Q(x)}(g(X)) = \int_{-\infty}^{+\infty} g(x) Q(x)\mathrm{d}x$$

除期望外，分布还有一些比较重要的统计属性，包括**方差**（variance）和**标准差**（standard deviation），其中方差是 X 的值与分布均值 μ 之间差值平方的期望：

$$Var(X) = E((X - \mu)^2)$$

标准差则为方差的算术平方根。

一组值（通常是随机变量的样本）的**均方根**（RMS）是值平方的均值的算术平方根，

$$RMS(x_1, \cdots, x_n) = \sqrt{\frac{x_1^2 + \cdots + x_n^2}{n}}$$

两个随机变量的**协方差**（covariance）是它们与各自均值之间差值的乘积的期望：

$$cov(X, Y) = E((X - \mu_X)(Y - \mu_Y))$$

协方差矩阵（covariance matrix），通常记为 $\boldsymbol{\Sigma}$，是由随机变量向量之间的协方差构成的矩阵。给定 $\boldsymbol{X} = \langle X_1, \cdots, X_n \rangle^\top$，协方差矩阵中的每个位置的值由下式计算：

$$\Sigma_{ij} = cov(X_i, X_j) = E((X_i - \mu_i)(X_j - \mu_j))$$

当我们随机选取值时，我们称从概率分布中**采样**（sampling）。每一次选取的结果是不确定的，但当对样本量取极限时，样本概率密度函数将接近其采样分布的概率密度函数。**均匀分布**（uniform distribution）指分布中的每个元素有相等的可能。故"从整数 0～99 均匀（随机地）采样"表示这个范围内的任意整数都有相同的可能被选择到。

参考文献与历史注释

如今在计算机科学领域广泛使用的 $O()$ 记号最早由数学家巴赫曼（Bachmann, 1894）在研究数论时引入。库克（Cook, 1971）和卡普（Karp, 1972）分别提出了 NP 完全性概念和将一个问题规约到另一个问题的现代方法。这两位科学家都因各自的工作被授予图灵奖。

关于算法分析和设计的教材有（Sedgewick and Wayne, 2011）和（Cormen, Leiserson, Rivest and Stein, 2009）。这两本书侧重于对易处理问题设计和分析算法。关于 NP 完全性和一些其他形式的难解性的理论可参考（Garey and Johnson, 1979）或（Papadimitriou, 1994）。关于概率论的优秀教材包括（Chung, 1979）、（Ross, 2015）和（Bertsekas and Tsitsiklis, 2008）。

附录 B

关于语言与算法的说明

B.1 用巴克斯–诺尔范式（BNF）定义语言

在本书中我们定义了几种语言，包括命题逻辑语言（7.4 节）、一阶逻辑语言（8.2 节）和英语的一个子集语言（23.4 节）。形式语言是字符串的集合，其中每个字符串都是一个符号序列。我们感兴趣的语言都是字符串的无限集合组成的，因此需要一种简洁的方式来描述集合。我们使用**文法**描述集合。这里我们使用的文法被称作**上下文无关文法**（context-free grammar），因为每个表达式在不同上下文中都有相同的形式。我们按照**巴克斯–诺尔范式**（Backus-Naur Form，BNF）的形式体系来编写文法。BNF 文法有 4 个组成部分。

- **终结符**（terminal symbol）集合，终结符是构成语言中字符串的符号或单词，可以是字母（**A**、**B**、**C**……）或者单词（**a**、**aardvark**、**abacus**……），或者其他任意适用于领域的符号。
- **非终结符**（nonterminal symbol）集合归类语言的子短语。例如，英语中的非终结符 *NounPhrase*（名词短语）表示字符串的一个无限集合，包括"you（你）"和"the big slobbery dog（流口水的大狗）"。
- **起始符**（start symbol），表示语言中字符串的完整集合的非终结符。英语中的 *Sentence*（句子）、算术中的 *Expr*（表达式）、编程语言中的 *Program*（程序）都是起始符。
- **重写规则**（rewrite rule）集，规则形式为 *LHS* → *RHS*，其中 *LHS* 为非终结符，*RHS* 是由零个或多个符号构成的序列。这些符号可以是终结符、非终结符或表示空字符串的 ϵ 符号。

一个如下形式的重写规则表示可以将两个分别类属于名词短语和动词短语的字符串连接，结果归类于语句：

Sentence → *NounPhrase VerbPhrase*

两个规则 $(S \to A)$ 和 $(S \to B)$ 可以缩写为 $(S \to A \mid B)$。为了更好地解释这些概念，下面是简单算术表达式的 BNF 文法：

Expr	→	*Expr Operator Expr* | (*Expr*) | *Number*
Number	→	*Digit* | *Number Digit*
Digit	→	**0** | **1** | **2** | **3** | **4** | **5** | **6** | **7** | **8** | **9**
Operator	→	**+** | **−** | **÷** | **×**

在第 23 章中我们更详细地介绍了语言和文法。注意，其他书中对 BNF 使用的记号和我们有一些不同。比如，你可能会看到用 〈*Digit*〉而非 *Digit* 表示一个非终结符，用 'word' 而非 **word** 表示一个终结符，在规则中用 ::= 而非→。

B.2　用伪代码描述算法

本书中的算法用**伪代码**（pseudocode）来描述。使用 Java、C++，尤其是 Python 的程序员应该熟悉大部分伪代码。在某些地方，我们使用数学公式或文字去描述那些比较复杂的部分。还应注意以下几点特性。

- **持久变量**：使用关键字 **persistent** 表示变量在第一次调用函数时被赋予一个初值，并在之后调用该函数时保留该值（或后续赋值语句赋予它的值）。因此持久变量与全局变量类似，不会在单次函数调用后被释放。但在函数中声明的持久变量的作用域仅为该函数，其他函数无法调用。本书中的智能体程序将持久变量用于存储。在 C++、Java、Python 和 Smalltalk 等面向对象的语言中，带有持久变量的程序可以通过对象实现。在函数式语言中，则可以通过包含所需要变量的环境内的函数闭包实现。

- **作为值的函数**：函数名是大写字母，变量名是小写斜体字母。所以大多数时候，函数调用的形式为 $F_N(x)$。但我们允许函数作为变量的值。例如，如果变量 f 的值是平方根函数，那么 $f(9)$ 返回 3。

- **重要的缩进**：像 Python 和 CoffeeScript 这样的语言使用缩进标注循环或条件的范围，而 Java、C++ 和 Go 使用花括号标注，Lua 和 Ruby 则使用 **end**。

- **解构赋值**：记号 "$x, y \leftarrow pair$" 表示右侧必须包含两个元素，第一个元素赋值给 x，第二个元素赋值给 y。同样的想法也在 "**for** x, y **in** $pairs$ **do**" 中使用，并且解构赋值可用于交换两个变量："$x, y \leftarrow y, x$"。

- **参数默认值**：记号 "**function** $F(x, y = 0)$ **returns** 一个数" 表示 y 是个可选参数，默认值为 0；即 $F(3, 0)$ 和 $F(3)$ 这两种调用是等价的。

- **生成**：包含关键字 **yield** 的函数称为**生成器**（generator），生成器可以生成一个值序列，每执行到一个 **yield** 表达式时生成一个值。然后从 **yield** 的下一个语句开始继续执行。Python、Ruby、C# 和 Javascript（ECMAScript）等语言都有这一特性。

- **循环**：共有以下 4 种循环。
  - "**for** x **in** c **do**" 将变量 x 依次绑定到集合 c 中的每个元素，执行循环。
  - "**for** $i = 1$ **to** n **do**" 将变量 x 依次绑定从 1 到 n 的所有正整数（包含 1 和 n），执行循环。
  - "**while** $condition$ **do**" 表示在每次循环前评估条件是否为真，当条件为假时退出循环。
  - "**repeat** ⋯ **until** $condition$" 表示第一次无条件执行循环，之后循环体每次执行完毕时评估条件，若条件为真则退出循环，若条件为假则继续执行。

- **列表**：$[x, y, z]$ 表示由 3 个元素组成的列表。"+" 操作符用于连接列表：$[1, 2] + [3, 4] = [1, 2, 3, 4]$。列表可用作栈：Pop 移除并返回列表的最后一个元素，Top 返回最后一个元素。

- **集合**：$\{x, y, z\}$ 表示由 3 个元素组成的集合。$\{x : p(x)\}$ 表示所有满足 $p(x)$ 为真的 x 组成的集合。

- **从 1 开始的数组**：遵循通常的数学表示法，这里数组的索引从 1 开始（R 和 Julia 中也是这样）而非从 0 开始（如 Python、Java 和 C 中）。

B.3　在线补充材料

本书配套网站提供补充材料、勘误指南和加入讨论组的机会。我们还用 Python 和 Java（以及一些其他语言）实现了本书中的算法和其他附加编程习题，开源在 GitHub 上。

参考文献

以下缩写用于经常引用的会议和期刊。

AAAI	Proceedings of the AAAI Conference on Artificial Intelligence
AAMAS	Proceedings of the International Conference on Autonomous Agents and Multi-agent Systems
ACL	Proceedings of the Annual Meeting of the Association for Computational Linguistics
AIJ	Artificial Intelligence (Journal)
AIMag	AI Magazine
AIPS	Proceedings of the International Conference on AI Planning Systems
AISTATS	Proceedings of the International Conference on Artificial Intelligence and Statistics
BBS	Behavioral and Brain Sciences
CACM	Communications of the Association for Computing Machinery
COGSCI	Proceedings of the Annual Conference of the Cognitive Science Society
COLING	Proceedings of the International Conference on Computational Linguistics
COLT	Proceedings of the Annual ACM Workshop on Computational Learning Theory
CP	Proceedings of the International Conference on Principles and Practice of Constraint Programming
CVPR	Proceedings of the IEEE Conference on Computer Vision and Pattern Recognition
EC	Proceedings of the ACM Conference on Electronic Commerce
ECAI	Proceedings of the European Conference on Artificial Intelligence
ECCV	Proceedings of the European Conference on Computer Vision
ECML	Proceedings of the The European Conference on Machine Learning
ECP	Proceedings of the European Conference on Planning
EMNLP	Proceedings of the Conference on Empirical Methods in Natural Language Processing
FGCS	Proceedings of the International Conference on Fifth Generation Computer Systems
FOCS	Proceedings of the Annual Symposium on Foundations of Computer Science
GECCO	Proceedings of the Genetics and Evolutionary Computing Conference
HRI	Proceedings of the International Conference on Human-Robot Interaction
ICAPS	Proceedings of the International Conference on Automated Planning and Scheduling
ICASSP	Proceedings of the International Conference on Acoustics, Speech, and Signal Processing
ICCV	Proceedings of the International Conference on Computer Vision
ICLP	Proceedings of the International Conference on Logic Programming
ICLR	Proceedings of the International Conference on Learning Representations
ICML	Proceedings of the International Conference on Machine Learning
ICPR	Proceedings of the International Conference on Pattern Recognition
ICRA	Proceedings of the IEEE International Conference on Robotics and Automation
ICSLP	Proceedings of the International Conference on Speech and Language Processing
IJAR	International Journal of Approximate Reasoning
IJCAI	Proceedings of the International Joint Conference on Artificial Intelligence
IJCNN	Proceedings of the International Joint Conference on Neural Networks
IJCV	International Journal of Computer Vision
ILP	Proceedings of the International Workshop on Inductive Logic Programming
IROS	Proceedings of the International Conference on Intelligent Robots and Systems
ISMIS	Proceedings of the International Symposium on Methodologies for Intelligent Systems
ISRR	Proceedings of the International Symposium on Robotics Research
JACM	Journal of the Association for Computing Machinery
JAIR	Journal of Artificial Intelligence Research
JAR	Journal of Automated Reasoning
JASA	Journal of the American Statistical Association
JMLR	Journal of Machine Learning Research
JSL	Journal of Symbolic Logic
KDD	Proceedings of the International Conference on Knowledge Discovery and Data Mining
KR	Proceedings of the International Conference on Principles of Knowledge Representation and Reasoning
LICS	Proceedings of the IEEE Symposium on Logic in Computer Science
NeurIPS	Advances in Neural Information Processing Systems
PAMI	IEEE Transactions on Pattern Analysis and Machine Intelligence
PNAS	Proceedings of the National Academy of Sciences of the United States of America
PODS	Proceedings of the ACM International Symposium on Principles of Database Systems
RSS	Proceedings of the Conference on Robotics: Science and Systems
SIGIR	Proceedings of the Special Interest Group on Information Retrieval
SIGMOD	Proceedings of the ACM SIGMOD International Conference on Management of Data
SODA	Proceedings of the Annual ACM–SIAM Symposium on Discrete Algorithms
STOC	Proceedings of the Annual ACM Symposium on Theory of Computing
TARK	Proceedings of the Conference on Theoretical Aspects of Reasoning about Knowledge
UAI	Proceedings of the Conference on Uncertainty in Artificial Intelligence

Aaronson, S. (2014). My conversation with "Eugene Goostman," the chatbot that's all over the news for allegedly passing the Turing test. Shtetl-Optimized.

Aarts, E. and Lenstra, J. K. (2003). *Local Search in Combinatorial Optimization*. Princeton University Press.

Aarup, M., Arentoft, M. M., Parrod, Y., Stader, J., and Stokes, I. (1994). OPTIMUM-AIV: A knowledge-based planning and scheduling system for spacecraft AIV. In Fox, M. and Zweben, M. (Eds.), *Knowledge Based Scheduling*. Morgan Kaufmann.

Abbas, A. (2018). *Foundations of Multiattribute Utility*. Cambridge University Press.

Abbeel, P. and Ng, A. Y. (2004). Apprenticeship learning via inverse reinforcement learning. In *ICML-04*.

Abney, S., McAllester, D. A., and Pereira, F. (1999). Relating probabilistic grammars and automata. In *ACL-99*.

Abramson, B. (1987). *The expected-outcome model of two-player games*. Ph.D. thesis, Columbia University.

Abramson, B. (1990). Expected-outcome: A general model of static evaluation. *PAMI*, *12*, 182–193.

Abreu, D. and Rubinstein, A. (1988). The structure of Nash equilibrium in repeated games with finite automata. *Econometrica*, *56*, 1259–1281.

Achlioptas, D. (2009). Random satisfiability. In Biere, A., Heule, M., van Maaren, H., and Walsh, T. (Eds.), *Handbook of Satisfiability*. IOS Press.

Ackerman, E. and Guizzo, E. (2016). The next generation of Boston Dynamics' Atlas robot is quiet, robust, and tether free. *IEEE Spectrum*, *24*, 2016.

Ackerman, N., Freer, C., and Roy, D. (2013). On the computability of conditional probability. arXiv 1005.3014.

Ackley, D. H. and Littman, M. L. (1991). Interactions between learning and evolution. In Langton, C., Taylor, C., Farmer, J. D., and Rasmussen, S. (Eds.), *Artificial Life II*. Addison-Wesley.

Adida, B. and Birbeck, M. (2008). RDFa primer. Tech. rep., W3C.

Adolph, K. E., Kretch, K. S., and LoBue, V. (2014). Fear of heights in infants? *Current Directions in Psychological Science*, *23*, 60–66.

Agerbeck, C. and Hansen, M. O. (2008). A multiagent approach to solving *NP*-complete problems. Master's thesis, Technical Univ. of Denmark.

Aggarwal, G., Goel, A., and Motwani, R. (2006). Truthful auctions for pricing search keywords. In *EC-06*.

Agha, G. (1986). *ACTORS: A Model of Concurrent Computation in Distributed Systems*. MIT Press.

Agichtein, E. and Gravano, L. (2003). Querying text databases for efficient information extraction. In *Proc. IEEE Conference on Data Engineering*.

Agmon, S. (1954). The relaxation method for linear inequalities. *Canadian Journal of Mathematics*, *6*, 382–392.

Agostinelli, F., McAleer, S., Shmakov, A., and Baldi, P. (2019). Solving the Rubik's Cube with deep reinforcement learning and search. *Nature Machine Intelligence*, *1*, 356–363.

Agrawal, P., Nair, A. V., Abbeel, P., Malik, J., and Levine, S. (2017). Learning to poke by poking: Experiential learning of intuitive physics. In *NeurIPS 29*.

Agre, P. E. and Chapman, D. (1987). Pengi: an implementation of a theory of activity. In *IJCAI-87*.

Aizerman, M., Braverman, E., and Rozonoer, L. (1964). Theoretical foundations of the potential function method in pattern recognition learning. *Automation and Remote Control*, *25*, 821–837.

Akametalu, A. K., Fisac, J. F., Gillula, J. H., Kay- nama, S., Zeilinger, M. N., and Tomlin, C. J. (2014). Reachability-based safe learning with Gaussian processes. In *53rd IEEE Conference on Decision and Control*.

Akgun, B., Cakmak, M., Jiang, K., and Thomaz, A. (2012). Keyframe-based learning from demonstration. *International Journal of Social Robotics*, *4*, 343–355.

Aldous, D. and Vazirani, U. (1994). "Go with the winners" algorithms. In *FOCS-94*.

Alemi, A. A., Chollet, F., Een, N., Irving, G., Szegedy, C., and Urban, J. (2017). DeepMath-Deep sequence models for premise selection. In *NeurIPS 29*.

Allais, M. (1953). Le comportment de l'homme rationnel devant la risque: critique des postulats et axiomes de l'école Américaine. *Econometrica*, *21*, 503–546.

Allan, J., Harman, D., Kanoulas, E., Li, D., Van Gysel, C., and Vorhees, E. (2017). Trec 2017 common core track overview. In *Proc. TREC*.

Allen, J. F. (1983). Maintaining knowledge about temporal intervals. *CACM*, *26*, 832–843.

Allen, J. F. (1984). Towards a general theory of action and time. *AIJ*, *23*, 123–154.

Allen, J. F. (1991). Time and time again: The many ways to represent time. *Int. J. Intelligent Systems*, *6*, 341–355.

Allen, J. F., Hendler, J., and Tate, A. (Eds.). (1990). *Readings in Planning*. Morgan Kaufmann.

Allen, P. and Greaves, M. (2011). The singularity isn't near. *Technology review*, *12*, 7–8.

Allen-Zhu, Z., Li, Y., and Song, Z. (2018). A convergence theory for deep learning via overparameterization. arXiv:1811.03962.

Alterman, R. (1988). Adaptive planning. *Cognitive Science*, *12*, 393–422.

Amarel, S. (1967). An approach to heuristic problem-solving and theorem proving in the propositional calculus. In Hart, J. and Takasu, S. (Eds.), *Systems and Computer Science*. University of Toronto Press.

Amarel, S. (1968). On representations of problems of reasoning about actions. In Michie, D. (Ed.), *Machine Intelligence 3*, Vol. 3. Elsevier.

Amir, E. and Russell, S. J. (2003). Logical filtering. In *IJCAI-03*.

Amit, Y. and Geman, D. (1997). Shape quantization and recognition with randomized trees. *Neural Computation*, *9*, 1545–1588.

Amodei, D. and Hernandez, D. (2018). AI and compute. OpenAI blog.

Amodei, D., Olah, C., Steinhardt, J., Christiano, P., Schulman, J., and Mané, D. (2016). Concrete problems in AI safety. arXiv:1606.06565.

Andersen, S. K., Olesen, K. G., Jensen, F. V., and Jensen, F. (1989). HUGIN—A shell for building Bayesian belief universes for expert systems. In *IJCAI-89*.

Anderson, J. R. (1980). *Cognitive Psychology and Its Implications*. W. H. Freeman.

Anderson, J. R. (1983). *The Architecture of Cognition*. Harvard University Press.

Anderson, K., Sturtevant, N. R., Holte, R. C., and Schaeffer, J. (2008). Coarse-to-fine search techniques. Tech. rep., University of Alberta.

Andoni, A. and Indyk, P. (2006). Near-optimal hashing algorithms for approximate nearest neighbor in high dimensions. In *FOCS-06*.

Andor, D., Alberti, C., Weiss, D., Severyn, A., Presta, A., Ganchev, K., Petrov, S., and Collins, M. (2016). Globally normalized transition-based neural networks. arXiv:1603. 06042.

Andre, D., Friedman, N., and Parr, R. (1998). Generalized prioritized sweeping. In *NeurIPS 10*.

Andre, D. and Russell, S. J. (2002). State abstraction for programmable reinforcement learning agents. In *AAAI-02*.

Andreae, P. (1985). *Justified Generalisation: Learning Procedures from Examples*. Ph.D. thesis, MIT.

Andrieu, C., Doucet, A., and Holenstein, R. (2010). Particle Markov chain Monte Carlo methods. *J. Royal Statistical Society*, *72*, 269–342.

Andrychowicz, M., Baker, B., Chociej, M., Jozefowicz, R., McGrew, B., Pachocki, J., Petron, A., Plappert, M., Powell, G., Ray, A., et al. (2018a). Learning dexterous in-hand manipulation. arXiv:1808.00177.

Andrychowicz, M., Wolski, F., Ray, A., Schneider, J., Fong, R., Welinder, P., McGrew, B., Tobin, J., Abbeel, P., and Zaremba, W. (2018b). Hindsight experience replay. In *NeurIPS 30*.

Aneja, J., Deshpande, A., and Schwing, A. (2018). Convolutional image captioning. In *CVPR-18*.

Aoki, M. (1965). Optimal control of partially observable Markov systems. *J. Franklin Institute*, *280*, 367–386.

Appel, K. and Haken, W. (1977). Every planar map is four colorable: Part I: Discharging. *Illinois J. Math.*, *21*, 429–490.

Appelt, D. (1999). Introduction to information extraction. *AI Communications*, *12*, 161–172.

Apt, K. R. (1999). The essence of constraint propagation. *Theoretical Computer Science*, *221*, 179–210.

Apt, K. R. (2003). *Principles of Constraint Programming*. Cambridge University Press.

Apté, C., Damerau, F., and Weiss, S. (1994). Auto- mated learning of decision rules for text categorization. *ACM Transactions on Information Systems*, *12*, 233–251.

Arbuthnot, J. (1692). *Of the Laws of Chance.* Motte, London. Translation into English, with additions, of Huygens (1657).

Archibald, C., Altman, A., and Shoham, Y. (2009). Analysis of a winning computational billiards player. In *IJCAI-09*.

Arfaee, S. J., Zilles, S., and Holte, R. C. (2010). Bootstrap learning of heuristic functions. In *Third Annual Symposium on Combinatorial Search.*

Argall, B. D., Chernova, S., Veloso, M., and Browning, B. (2009). A survey of robot learning from demonstration. *Robotics and autonomous systems*, *57*, 469–483.

Ariely, D. (2009). *Predictably Irrational* (Revised edition). Harper.

Arkin, R. (1998). *Behavior-Based Robotics.* MIT Press.

Arkin, R. (2015). The case for banning killer robots: Counterpoint. *CACM*, *58*.

Armando, A., Carbone, R., Compagna, L., Cuellar, J., and Tobarra, L. (2008). Formal analysis of SAML 2.0 web browser single sign-on: Breaking the SAML-based single sign-on for Google apps. In *Proc. 6th ACM Workshop on Formal Methods in Security Engineering.*

Armstrong, S. and Levinstein, B. (2017). Low impact artificial intelligences. arXiv: 1705.10720.

Arnauld, A. (1662). *La logique, ou l'art de penser.* Chez Charles Savreux, Paris.

Arora, N. S., Russell, S. J., and Sudderth, E. (2013). NET-VISA: Network processing vertically integrated seismic analysis. *Bull. Seism. Soc. Amer.*, *103*, 709–729.

Arora, S. (1998). Polynomial time approximation schemes for Euclidean traveling salesman and other geometric problems. *JACM*, *45*, 753–782.

Arpit, D., Jastrzebski, S., Ballas, N., Krueger, D., Bengio, E., Kanwal, M. S., Maharaj, T., Fischer, A., Courville, A., Bengio, Y., and Lacoste-Julien, S. (2017). A closer look at memorization in deep networks. arXiv:1706.05394.

Arrow, K. J. (1951). *Social Choice and Individual Values.* Wiley.

Arulampalam, M. S., Maskell, S., Gordon, N., and Clapp, T. (2002). A tutorial on particle filters for online nonlinear/non-Gaussian Bayesian tracking. *IEEE Transactions on Signal Processing*, *50*, 174–188.

Arulkumaran, K., Deisenroth, M. P., Brundage, M., and Bharath, A. A. (2017). Deep reinforcement learning: A brief survey. *IEEE Signal Processing Magazine*, *34*, 26–38.

Arunachalam, R. and Sadeh, N. M. (2005). The supply chain trading agent competition. *Electronic Commerce Research and Applications*, *Spring*, 66–84.

Ashby, W. R. (1940). Adaptiveness and equilibrium. *J. Mental Science*, *86*, 478–483.

Ashby, W. R. (1948). Design for a brain. *Electronic Engineering*, *December*, 379–383.

Ashby, W. R. (1952). *Design for a Brain.* Wiley.

Asimov, I. (1942). Runaround. *Astounding Science Fiction*, *March*.

Asimov, I. (1950). *I, Robot.* Doubleday.

Asimov, I. (1958). The feeling of power. *If: Worlds of Science Fiction, February*.

Astrom, K. J. (1965). Optimal control of Markov decision processes with incomplete state estimation. *J. Math. Anal. Applic.*, *10*, 174–205.

Atkeson, C. G., Moore, A. W., and Schaal, S. (1997). Locally weighted learning for control. In *Lazy learning*. Springer.

Audi, R. (Ed.). (1999). *The Cambridge Dictionary of Philosophy.* Cambridge University Press.

Auer, P., Cesa-Bianchi, N., and Fischer, P. (2002). Finite-time analysis of the multiarmed bandit problem. *Machine Learning*, *47*, 235–256.

Aumann, R. and Brandenburger, A. (1995). Epistemic conditions for nash equilibrium. *Econometrica*, *67*, 1161–1180.

Axelrod, R. (1985). *The Evolution of Cooperation.* Basic Books.

Ba, J. L., Kiros, J. R., and Hinton, G. E. (2016). Layer normalization. arXiv:1607.06450.

Baader, F., Calvanese, D., McGuinness, D., Nardi, D., and Patel-Schneider, P. (2007). *The Description Logic Handbook* (2nd edition). Cambridge University Press.

Baader, F. and Snyder, W. (2001). Unification theory. In Robinson, J. and Voronkov, A. (Eds.), *Handbook of Automated Reasoning.* Elsevier.

Bacchus, F. (1990). *Representing and Reasoning with Probabilistic Knowledge.* MIT Press.

Bacchus, F. and Grove, A. (1995). Graphical models for preference and utility. In *UAI-95*.

Bacchus, F. and Grove, A. (1996). Utility independence in a qualitative decision theory. In *KR-96*.

Bacchus, F., Grove, A., Halpern, J. Y., and Koller, D. (1992). From statistics to beliefs. In *AAAI-92*.

Bacchus, F. and van Beek, P. (1998). On the conversion between non-binary and binary constraint satisfaction problems. In *AAAI-98*.

Bacchus, F. and van Run, P. (1995). Dynamic variable ordering in CSPs. In *CP-95*.

Bacchus, F., Dalmao, S., and Pitassi, T. (2003). Value elimination: Bayesian inference via backtracking search. In *UAI-03*.

Bachmann, P. G. H. (1894). *Die analytische Zahlen-theorie.* B. G. Teubner, Leipzig.

Backus, J. W. (1959). The syntax and semantics of the proposed international algebraic language of the Zurich ACM-GAMM conference. *Proc. Int'l Conf. on Information Processing.*

Bacon, F. (1609). *Wisdom of the Ancients.* Cassell and Company.

Baeza-Yates, R. and Ribeiro-Neto, B. (2011). *Modern Information Retrieval* (2nd edition). Addison-Wesley.

Bagdasaryan, E., Veit, A., Hua, Y., Estrin, D., and Shmatikov, V. (2018). How to backdoor federated learning. arXiv:1807.00459.

Bagnell, J. A. and Schneider, J. (2001). Autonomous helicopter control using reinforcement learning policy search methods. In *ICRA-01*.

Bahdanau, D., Cho, K., and Bengio, Y. (2015). Neural machine translation by jointly learning to align and translate. In *ICLR-15*.

Bahubalendruni, M. R. and Biswal, B. B. (2016). A review on assembly sequence generation and its automation. *Proc. Institution of Mechanical Engineers, Part C: Journal of Mechanical Engineering Science*, *230*, 824–838.

Bai, A. and Russell, S. J. (2017). Efficient reinforcement learning with hierarchies of machines by leveraging internal transitions. In *IJCAI-17*.

Bai, H., Cai, S., Ye, N., Hsu, D., and Lee, W. S. (2015). Intention-aware online POMDP planning for autonomous driving in a crowd. In *ICRA-15*.

Bajcsy, A., Losey, D. P., O'Malley, M. K., and Dragan, A. D. (2017). Learning robot objectives from physical human interaction. *Proceedings of Machine Learning Research*, *78*, 217–226.

Baker, C. L., Saxe, R., and Tenenbaum, J. B. (2009). Action understanding as inverse planning. *Cognition*, *113*, 329–349.

Baker, J. (1975). The Dragon system—An overview. *IEEE Transactions on Acoustics, Speech, and Signal Processing*, *23*, 24–29.

Baker, J. (1979). Trainable grammars for speech recognition. In *Speech Communication Papers for the 97th Meeting of the Acoustical Society of America.*

Baldi, P., Chauvin, Y., Hunkapiller, T., and McClure, M. (1994). Hidden Markov models of biological primary sequence information. *PNAS*, *91*, 1059–1063.

Baldwin, J. M. (1896). A new factor in evolution. *American Naturalist*, *30*, 441–451. Continued on pages 536–553.

Ballard, B. W. (1983). The *-minimax search procedure for trees containing chance nodes. *AIJ*, *21*, 327–350.

Baluja, S. (1997). Genetic algorithms and explicit search statistics. In *NeurIPS 9*.

Bancilhon, F., Maier, D., Sagiv, Y., and Ullman, J. D. (1986). Magic sets and other strange ways to implement logic programs. In *PODS-86*.

Banko, M. and Brill, E. (2001). Scaling to very very large corpora for natural language disambiguation. In *ACL-01*.

Banko, M., Brill, E., Dumais, S. T., and Lin, J. (2002). AskMSR: Question answering using the worldwide web. In *Proc. AAAI Spring Symposium on Mining Answers from Texts and Knowledge Bases.*

Banko, M., Cafarella, M. J., Soderland, S., Broadhead, M., and Etzioni, O. (2007). Open information extraction from the web. In *IJCAI-07*.

Banko, M. and Etzioni, O. (2008). The tradeoffs between open and traditional relation extraction. In *ACL-08*.

Bansal, K., Loos, S., Rabe, M. N., Szegedy, C., and Wilcox, S. (2019). HOList: An environment for machine learning of higher-order theorem proving (extended version). arXiv:1904.03241.

Bar-Hillel, Y. (1954). Indexical expressions. *Mind*, *63*, 359–379.

Bar-Shalom, Y. (Ed.). (1992). *Multitarget-Multisensor Tracking: Advanced Applications*. Artech House.

Bar-Shalom, Y. and Fortmann, T. E. (1988). *Tracking and Data Association*. Academic Press.

Bar-Shalom, Y., Li, X.-R., and Kirubarajan, T. (2001). *Estimation, Tracking and Navigation: Theory, Algorithms and Software*. Wiley.

Barber, D. (2012). *Bayesian Reasoning and Machine Learning*. Cambridge University Press.

Barr, A. and Feigenbaum, E. A. (Eds.). (1981). *The Handbook of Artificial Intelligence*, Vol. 1. HeurisTech Press and William Kaufmann.

Barreiro, J., Boyce, M., Do, M., Frank, J., Iatauro, M., Kichkaylo, T., Morris, P., Ong, J., Remolina, E., Smith, T., *et al.* (2012). EUROPA: A platform for AI planning, scheduling, constraint programming, and optimization. *4th International Competition on Knowledge Engineering for Planning and Scheduling* (ICKEPS).

Barreno, M., Nelson, B., Joseph, A. D., and Tygar, J. D. (2010). The security of machine learning. *Machine Learning*, *81*, 121–148.

Barrett, S. and Stone, P. (2015). Cooperating with unknown teammates in complex domains: A robot soccer case study of ad hoc teamwork. In *AAAI-15*.

Barták, R., Salido, M. A., and Rossi, F. (2010). New trends in constraint satisfaction, planning, and scheduling: A survey. *The Knowledge Engineering Review*, *25*, 249–279.

Bartholdi, J. J., Tovey, C. A., and Trick, M. A. (1989). The computational difficulty of manipulating an election. *Social Choice and Welfare*, *6*, 227–241.

Barto, A. G., Bradtke, S. J., and Singh, S. (1995). Learning to act using real-time dynamic programming. *AIJ*, *73*, 81–138.

Barto, A. G., Sutton, R. S., and Brouwer, P. S. (1981). Associative search network: A reinforcement learning associative memory. *Biological Cybernetics*, *40*, 201–211.

Barwise, J. and Etchemendy, J. (2002). *Language, Proof and Logic*. CSLI Press.

Baum, E., Boneh, D., and Garrett, C. (1995). On genetic algorithms. In *COLT-95*.

Baum, E. and Smith, W. D. (1997). A Bayesian approach to relevance in game playing. *AIJ*, *97*, 195–242.

Baum, L. E. and Petrie, T. (1966). Statistical inference for probabilistic functions of finite state Markov chains. *Annals of Mathematical Statistics*, *41*, 1554–1563.

Baxter, J. and Bartlett, P. (2000). Reinforcement learning in POMDPs via direct gradient ascent. In *ICML-00*.

Bayardo, R. J. and Agrawal, R. (2005). Data privacy through optimal k-anonymization. In *Proc. 21st Int'l Conf. on Data Engineering*.

Bayardo, R. J. and Miranker, D. P. (1994). An optimal backtrack algorithm for tree-structured constraint satisfaction problems. *AIJ*, *71*, 159–181.

Bayardo, R. J. and Schrag, R. C. (1997). Using CSP look-back techniques to solve real-world SAT instances. In *AAAI-97*.

Bayes, T. (1763). An essay towards solving a problem in the doctrine of chances. *Phil. Trans. Roy. Soc.*, *53*, 370–418.

Beal, J. and Winston, P. H. (2009). The new frontier of human-level artificial intelligence. *IEEE Intelligent Systems*, *24*, 21–23.

Beardon, A. F., Candeal, J. C., Herden, G., Induráin, E., and Mehta, G. B. (2002). The non-existence of a utility function and the structure of non-representable preference relations. *Journal of Mathematical Economics*, *37*, 17–38.

Beattie, C., Leibo, J. Z., Teplyashin, D., Ward, T., Wainwright, M., Küttler, H., Lefrancq, A., Green, S., Valdés, V., Sadik, A., Schrittwieser, J., Anderson, K., York, S., Cant, M., Cain, A., Bolton, A., Gaffney, S., King, H., Hassabis, D., Legg, S., and Petersen, S. (2016). DeepMind lab. arXiv:1612.03801.

Bechhofer, R. (1954). A single-sample multiple decision procedure for ranking means of normal populations with known variances. *Annals of Mathematical Statistics*, *25*, 16–39.

Beck, J. C., Feng, T. K., and Watson, J.-P. (2011). Combining constraint programming and local search for job-shop scheduling. *INFORMS Journal on Computing*, *23*, 1–14.

Beckert, B. and Posegga, J. (1995). Leantap: Lean, tableau-based deduction. *JAR*, *15*, 339–358.

Beeri, C., Fagin, R., Maier, D., and Yannakakis, M. (1983). On the desirability of acyclic database schemes. *JACM*, *30*, 479–513.

Bekey, G. (2008). *Robotics: State Of The Art And Future Challenges*. Imperial College Press.

Belkin, M., Hsu, D., Ma, S., and Mandal, S. (2019). Reconciling modern machine-learning practice and the classical bias-variance trade-off. *PNAS*, *116*, 15849–15854.

Bell, C. and Tate, A. (1985). Using temporal constraints to restrict search in a planner. In *Proc. Third Alvey IKBS SIG Workshop*.

Bell, J. L. and Machover, M. (1977). *A Course in Mathematical Logic*. Elsevier.

Bellamy, E. (2003). *Looking Backward: 2000-1887*. Broadview Press.

Bellamy, R. K. E., Dey, K., Hind, M., Hoffman, S. C., Houde, S., Kannan, K., Lohia, P., Martino, J., Mehta, S., Mojsilovic, A., Nagar, S., Ramamurthy, K. N., Richards, J. T., Saha, D., Sattigeri, P., Singh, M., Varshney, K. R., and Zhang, Y. (2018). AI fairness 360: An extensible toolkit for detecting, understanding, and mitigating unwanted algorithmic bias. arXiv:1810.01943.

Bellemare, M. G., Naddaf, Y., Veness, J., and Bowling, M. (2013). The arcade learning environment: An evaluation platform for general agents. *JAIR*, *47*, 253–279.

Bellman, R. E. (1952). On the theory of dynamic programming. *PNAS*, *38*, 716–719.

Bellman, R. E. (1958). On a routing problem. *Quarterly of Applied Mathematics*, *16*.

Bellman, R. E. (1961). *Adaptive Control Processes: A Guided Tour*. Princeton University Press.

Bellman, R. E. (1965). On the application of dynamic programming to the determination of optimal play in chess and checkers. *PNAS*, *53*, 244–246.

Bellman, R. E. (1984). *Eye of the Hurricane*. World Scientific.

Bellman, R. E. and Dreyfus, S. E. (1962). *Applied Dynamic Programming*. Princeton University Press.

Bellman, R. E. (1957). *Dynamic Programming*. Princeton University Press.

Ben-Tal, A. and Nemirovski, A. (2001). *Lectures on Modern Convex Optimization: Analysis, Algorithms, and Engineering Applications*. SIAM (Society for Industrial and Applied Mathematics).

Bengio, Y., Simard, P., and Frasconi, P. (1994). Learning long-term dependencies with gradient descent is difficult. *IEEE Transactions on Neural Networks*, *5*, 157–166.

Bengio, Y. and Bengio, S. (2001). Modeling high-dimensional discrete data with multi-layer neural networks. In *NeurIPS 13*.

Bengio, Y., Ducharme, R., Vincent, P., and Jauvin, C. (2003). A neural probabilistic language model. *JMLR*, *3*, 1137–1155.

Bengio, Y. and LeCun, Y. (2007). Scaling learning algorithms towards AI. In Bottou, L., Chapelle, O., DeCoste, D., and Weston, J. (Eds.), *Large-Scale Kernel Machines*. MIT Press.

Benjamin, M. (2013). *Drone Warfare: Killing by Remote Control*. Verso Books.

Bentham, J. (1823). *Principles of Morals and Legislation*. Oxford University Press, Oxford. Original work published in 1789.

Benzmüller, C. and Paleo, B. W. (2013). Formalization, mechanization and automation of Gödel's proof of God's existence. arXiv:1308.4526.

Beresniak, A., Medina-Lara, A., Auray, J. P., De Wever, A., Praet, J.-C., Tarricone, R., Torbica, A., Dupont, D., Lamure, M., and Duru, G. (2015). Validation of the underlying assumptions of the quality-adjusted life-years outcome: Results from the ECHOUTCOME European project. *PharmacoEconomics*, *33*, 61–69.

Berger, J. O. (1985). *Statistical Decision Theory and Bayesian Analysis*. Springer Verlag.

Bergstra, J. and Bengio, Y. (2012). Random search for hyper-parameter optimization. *JMLR*, *13*, 281–305.

Berk, R., Heidari, H., Jabbari, S., Kearns, M., and Roth, A. (2017). Fairness in criminal justice risk assessments: The state of the art. arXiv:1703.09207.

Berkson, J. (1944). Application of the logistic function to bio-assay. *JASA*, *39*, 357–365.

Berleur, J. and Brunnstein, K. (2001). *Ethics of Computing: Codes, Spaces for Discussion and Law*. Chapman and Hall.

Berlin, K., Koren, S., Chin, C.-S., Drake, J. P., Landolin, J. M., and Phillippy, A. M. (2015). Assembling large genomes with single-molecule sequencing and locality-sensitive hashing. *Nature Biotechnology*, *33*, 623.

Berliner, H. J. (1979). The B* tree search algorithm: A best-first proof procedure. *AIJ*, *12*, 23–40.

Berliner, H. J. (1980a). Backgammon computer program beats world champion. *AIJ*, *14*, 205–220.

Berliner, H. J. (1980b). Computer backgammon. *Scientific American*, *249*, 64–72.

Bermúdez-Chacón, R., Gonnet, G. H., and Smith, K. (2015). Automatic problem-specific hyperparameter optimization and model selection for supervised machine learning. Tech. rep., ETH Zurich.

Bernardo, J. M. and Smith, A. (1994). *Bayesian Theory*. Wiley.

Berners-Lee, T., Hendler, J., and Lassila, O. (2001). The semantic web. *Scientific American*, *284*, 34–43.

Bernoulli, D. (1738). Specimen theoriae novae de mensura sortis. *Proc. St. Petersburg Imperial Academy of Sciences*, *5*, 175–192.

Bernstein, P. L. (1996). *Against the Gods: The Remarkable Story of Risk*. Wiley.

Berrada, L., Zisserman, A., and Kumar, M. P. (2019). Training neural networks for and by interpolation. arXiv:1906.05661.

Berrou, C., Glavieux, A., and Thitimajshima, P. (1993). Near Shannon limit error control-correcting coding and decoding: Turbo-codes. 1. In *Proc. IEEE International Conference on Communications*.

Berry, D. A. and Fristedt, B. (1985). *Bandit Problems: Sequential Allocation of Experiments*. Chapman and Hall.

Bertele, U. and Brioschi, F. (1972). *Nonserial Dynamic Programming*. Academic Press.

Bertoli, P., Cimatti, A., and Roveri, M. (2001a). Heuristic search + symbolic model checking = efficient conformant planning. In *IJCAI-01*.

Bertoli, P., Cimatti, A., Roveri, M., and Traverso, P. (2001b). Planning in nondeterministic domains under partial observability via symbolic model checking. In *IJCAI-01*.

Bertot, Y., Casteran, P., Huet, G., and Paulin-Mohring, C. (2004). *Interactive Theorem Proving and Program Development*. Springer.

Bertsekas, D. (1987). *Dynamic Programming: Deterministic and Stochastic Models*. Prentice-Hall.

Bertsekas, D. and Tsitsiklis, J. N. (1996). *Neuro-Dynamic Programming*. Athena Scientific.

Bertsekas, D. and Tsitsiklis, J. N. (2008). *Introduction to Probability* (2nd edition). Athena Scientific.

Bertsekas, D. and Shreve, S. E. (2007). *Stochastic Optimal Control: The Discrete-Time Case*. Athena Scientific.

Bertsimas, D., Delarue, A., and Martin, S. (2019). Optimizing schools' start time and bus routes. *PNAS*, *116 13*, 5943–5948.

Bertsimas, D. and Dunn, J. (2017). Optimal classification trees. *Machine Learning*, *106*, 1039–1082.

Bessen, J. (2015). *Learning by Doing: The Real Connection between Innovation, Wages, and Wealth*. Yale University Press.

Bessière, C. (2006). Constraint propagation. In Rossi, F., van Beek, P., and Walsh, T. (Eds.), *Handbook of Constraint Programming*. Elsevier.

Beutel, A., Chen, J., Doshi, T., Qian, H., Woodruff, A., Luu, C., Kreitmann, P., Bischof, J., and Chi, E. H. (2019). Putting fairness principles into practice: Challenges, metrics, and improvements. arXiv:1901.04562.

Bhar, R. and Hamori, S. (2004). *Hidden Markov Models: Applications to Financial Economics*. Springer.

Bibel, W. (1993). *Deduction: Automated Logic*. Academic Press.

Bien, J., Tibshirani, R., *et al.* (2011). Prototype selection for interpretable classification. *Annals of Applied Statistics*, *5*, 2403–2424.

Biere, A., Heule, M., van Maaren, H., and Walsh, T. (Eds.). (2009). *Handbook of Satisfiability*. IOS Press.

Bies, A., Mott, J., and Warner, C. (2015). English news text treebank: Penn treebank revised. Linguistic Data Consortium.

Billings, D., Burch, N., Davidson, A., Holte, R. C., Schaeffer, J., Schauenberg, T., and Szafron, D. (2003). Approximating game-theoretic optimal strategies for fullscale poker. In *IJCAI-03*.

Billingsley, P. (2012). *Probability and Measure* (4th edition). Wiley.

Binder, J., Koller, D., Russell, S. J., and Kanazawa, K. (1997a). Adaptive probabilistic networks with hidden variables. *Machine Learning*, *29*, 213–244.

Binder, J., Murphy, K., and Russell, S. J. (1997b). Space-efficient inference in dynamic probabilistic networks. In *IJCAI-97*.

Bingham, E., Chen, J., Jankowiak, M., Obermeyer, F., Pradhan, N., Karaletsos, T., Singh, R., Szerlip, P., Horsfall, P., and Goodman, N. D. (2019). Pyro: Deep universal probabilistic programming. *JMLR*, *20*, 1–26.

Binmore, K. (1982). *Essays on Foundations of Game Theory*. Pitman.

Biran, O. and Cotton, C. (2017). Explanation and justification in machine learning: A survey. In *Proc. IJCAI-17 Workshop on Explainable AI*.

Bishop, C. M. (1995). *Neural Networks for Pattern Recognition*. Oxford University Press.

Bishop, C. M. (2007). *Pattern Recognition and Machine Learning*. Springer-Verlag.

Bisson, T. (1990). They're made out of meat. *Omni Magazine*.

Bistarelli, S., Montanari, U., and Rossi, F. (1997). Semiring-based constraint satisfaction and optimization. *JACM*, *44*, 201–236.

Bitner, J. R. and Reingold, E. M. (1975). Backtrack programming techniques. *CACM*, *18*, 651–656.

Bizer, C., Auer, S., Kobilarov, G., Lehmann, J., and Cyganiak, R. (2007). DBPedia – querying Wikipedia like a database. In *16th International Conference on World Wide Web*.

Blazewicz, J., Ecker, K., Pesch, E., Schmidt, G., and Weglarz, J. (2007). *Handbook on Scheduling: Models and Methods for Advanced Planning*. Springer-Verlag.

Blei, D. M., Ng, A. Y., and Jordan, M. I. (2002). Latent Dirichlet allocation. In *NeurIPS 14*.

Bliss, C. I. (1934). The method of probits. *Science*, *79*, 38–39.

Block, H. D., Knight, B., and Rosenblatt, F. (1962). Analysis of a four-layer series-coupled perceptron. *Rev. Modern Physics*, *34*, 275–282.

Block, N. (2009). Comparing the major theories of consciousness. In Gazzaniga, M. S. (Ed.), *The Cognitive Neurosciences*. MIT Press.

Blum, A. L. and Furst, M. (1997). Fast planning through planning graph analysis. *AIJ*, *90*, 281–300.

Blum, A. L. (1996). On-line algorithms in machine learning. In *Proc. Workshop on On-Line Algorithms, Dagstuhl*.

Blum, A. L., Hopcroft, J., and Kannan, R. (2020). *Foundations of Data Science*. Cambridge University Press.

Blum, A. L. and Mitchell, T. M. (1998). Combining labeled and unlabeled data with co-training. In *COLT-98*.

Blumer, A., Ehrenfeucht, A., Haussler, D., and Warmuth, M. (1989). Learnability and the Vapnik-Chervonenkis dimension. *JACM*, *36*, 929–965.

Bobrow, D. G. (1967). Natural language input for a computer problem solving system. In Minsky, M. L. (Ed.), *Semantic Information Processing*. MIT Press.

Bod, R. (2008). The data-oriented parsing approach: Theory and application. In *Computational Intelligence: A Compendium*. Springer-Verlag.

Bod, R., Scha, R., and Sima'an, K. (2003). *Data-Oriented Parsing*. CSLI Press.

Boddington, P. (2017). *Towards a Code of Ethics for Artificial Intelligence*. Springer-Verlag.

Boden, M. A. (Ed.). (1990). *The Philosophy of Artificial Intelligence*. Oxford University Press.

Bolognesi, A. and Ciancarini, P. (2003). Computer programming of kriegspiel endings: The case of KR vs. K. In *Advances in Computer Games 10*.

Bolton, R. J. and Hand, D. J. (2002). Statistical fraud detection: A review. *Statistical science*, *17*, 235–249.

Bonawitz, K., Ivanov, V., Kreuter, B., Marcedone, A., McMahan, H. B., Patel, S., Ramage, D., Segal, A., and Seth, K. (2017). Practical secure aggregation for privacy-preserving machine learning. In *Proc. ACM SIGSAC Conference on Computer and Communications Security*.

Bond, A. H. and Gasser, L. (Eds.). (1988). *Readings in Distributed Artificial Intelligence*. Morgan Kaufmann.

Bonet, B. (2002). An epsilon-optimal grid-based algorithm for partially observable Markov decision processes. In *ICML-02*.

Bonet, B. and Geffner, H. (1999). Planning as heuristic search: New results. In *ECP-99*.

Bonet, B. and Geffner, H. (2000). Planning with incomplete information as heuristic search in belief space. In *ICAPS-00*.

Bonet, B. and Geffner, H. (2005). An algorithm better than AO*? In *AAAI-05*.

Boole, G. (1847). *The Mathematical Analysis of Logic: Being an Essay towards a Calculus of Deductive Reasoning*. Macmillan, Barclay, and Macmillan.

Booth, T. L. (1969). Probabilistic representation of formal languages. In *IEEE Conference Record of the 1969 Tenth Annual Symposium on Switching and Automata Theory*.

Borel, E. (1921). La théorie du jeu et les équations intégrales à noyau symétrique. *Comptes Rendus Hebdomadaires des Séances de l'Académie des Sciences*, *173*, 1304–1308.

Borenstein, J., Everett, B., and Feng, L. (1996). *Navigating Mobile Robots: Systems and Techniques*. A. K. Peters, Ltd.

Borenstein, J. and Koren., Y. (1991). The vector field histogram—Fast obstacle avoidance for mobile robots. *IEEE Transactions on Robotics and Automation*, *7*, 278–288.

Borgida, A., Brachman, R. J., McGuinness, D., and Alperin Resnick, L. (1989). CLASSIC: A structural data model for objects. *SIGMOD Record*, *18*, 58–67.

Boroditsky, L. (2003). Linguistic relativity. In Nadel, L. (Ed.), *Encyclopedia of Cognitive Science*. Macmillan.

Boser, B., Guyon, I., and Vapnik, V. N. (1992). A training algorithm for optimal margin classifiers. In *COLT-92*.

Bosse, M., Newman, P., Leonard, J., Soika, M., Feiten, W., and Teller, S. (2004). Simultaneous localization and map building in large-scale cyclic environments using the Atlas framework. *Int. J. Robotics Research*, *23*, 1113–1139.

Bostrom, N. (2005). A history of transhumanist thought. *Journal of Evolution and Technology*, *14*, 1–25.

Bostrom, N. (2014). *Superintelligence: Paths, Dangers, Strategies*. Oxford University Press.

Bottou, L. and Bousquet, O. (2008). The tradeoffs of large scale learning. In *NeurIPS 20*.

Bottou, L., Curtis, F. E., and Nocedal, J. (2018). Optimization methods for large-scale machine learning. *SIAM Review*, *60*, 223–311.

Boué, L. (2019). Real numbers, data science and chaos: How to fit any dataset with a single parameter. arXiv:1904.12320.

Bousmalis, K., Irpan, A., Wohlhart, P., Bai, Y., Kelcey, M., Kalakrishnan, M., Downs, L., Ibarz, J., Pastor, P., Konolige, K., Levine, S., and Vanhoucke, V. (2017). Using simulation and domain adaptation to improve efficiency of deep robotic grasping. arXiv:1709.07857.

Boutilier, C. (2002). A POMDP formulation of preference elicitation problems. In *AAAI-02*.

Boutilier, C. and Brafman, R. I. (2001). Partial-order planning with concurrent interacting actions. *JAIR*, *14*, 105–136.

Boutilier, C., Dearden, R., and Goldszmidt, M. (2000). Stochastic dynamic programming with factored representations. *AIJ*, *121*, 49–107.

Boutilier, C., Reiter, R., and Price, B. (2001). Symbolic dynamic programming for first-order MDPs. In *IJCAI-01*.

Boutilier, C., Brafman, R. I., Domshlak, C., Hoos, H. H., and Poole, D. (2004). CP-nets: A tool for representing and reasoning with conditional ceteris paribus preference statements. *JAIR*, *21*, 135–191.

Boutilier, C., Friedman, N., Goldszmidt, M., and Koller, D. (1996). Context-specific independence in Bayesian networks. In *UAI-96*.

Bouzy, B. and Cazenave, T. (2001). Computer Go: An AI oriented survey. *AIJ*, *132*, 39–103.

Bowling, M., Burch, N., Johanson, M., and Tammelin, O. (2015). Heads-up limit hold'em poker is solved. *Science*, *347*, 145–149.

Bowling, M., Johanson, M., Burch, N., and Szafron, D. (2008). Strategy evaluation in extensive games with importance sampling. In *ICML-08*.

Bowman, S., Angeli, G., Potts, C., and Manning, C. (2015). A large annotated corpus for learning natural language inference. In *EMNLP-15*.

Box, G. E. P. (1957). Evolutionary operation: A method of increasing industrial productivity. *Applied Statistics*, *6*, 81–101.

Box, G. E. P., Jenkins, G., Reinsel, G., and Ljung, G. M. (2016). *Time Series Analysis: Forecasting and Control* (5th edition). Wiley.

Box, G. E. P. and Tiao, G. C. (1973). *Bayesian Inference in Statistical Analysis*. Addison-Wesley.

Boyan, J. A. and Moore, A. W. (1998). Learning evaluation functions for global optimization and Boolean satisfiability. In *AAAI-98*.

Boyd, S. and Vandenberghe, L. (2004). *Convex Optimization*. Cambridge University Press.

Boyen, X., Friedman, N., and Koller, D. (1999). Discovering the hidden structure of complex dynamic systems. In *UAI-99*.

Boyer, R. S. and Moore, J. S. (1979). *A Computational Logic*. Academic Press.

Boyer, R. S. and Moore, J. S. (1984). Proof checking the RSA public key encryption algorithm. *American Mathematical Monthly*, *91*, 181–189.

Brachman, R. J. (1979). On the epistemological status of semantic networks. In Findler, N. V. (Ed.), *Associative Networks: Representation and Use of Knowledge by Computers*. Academic Press.

Brachman, R. J. and Levesque, H. J. (Eds.). (1985). *Readings in Knowledge Representation*. Morgan Kaufmann.

Bradt, R. N., Johnson, S. M., and Karlin, S. (1956). On sequential designs for maximizing the sum of n observations. *Ann. Math. Statist.*, *27*, 1060–1074.

Brafman, O. and Brafman, R. (2009). *Sway: The Irresistible Pull of Irrational Behavior*. Broadway Business.

Brafman, R. I. and Domshlak, C. (2008). From one to many: Planning for loosely coupled multi-agent systems. In *ICAPS-08*.

Brafman, R. I. and Tennenholtz, M. (2000). A near optimal polynomial time algorithm for learning in certain classes of stochastic games. *AIJ*, *121*, 31–47.

Braitenberg, V. (1984). *Vehicles: Experiments in Synthetic Psychology*. MIT Press.

Brandt, F., Conitzer, V., Endriss, U., Lang, J., and Procaccia, A. D. (Eds.). (2016). *Handbook of Computational Social Choice*. Cambridge University Press.

Brants, T. (2000). TnT: A statistical part-of-speech tagger. In *Proc. Sixth Conference on Applied Natural Language Processing*.

Brants, T., Popat, A. C., Xu, P., Och, F. J., and Dean, J. (2007). Large language models in machine translation. In *EMNLP-CoNLL-07*.

Bratko, I. (2009). *Prolog Programming for Artificial Intelligence* (4th edition). Addison-Wesley.

Bratman, M. E. (1987). *Intention, Plans, and Practical Reason*. Harvard University Press.

Breck, E., Cai, S., Nielsen, E., Salib, M., and Sculley, D. (2016). What's your ML test score? A rubric for ML production systems. In *Proc. NIPS 2016 Workshop on Reliable Machine Learning in the Wild*.

Breese, J. S. (1992). Construction of belief and decision networks. *Computational Intelligence*, *8*, 624–647.

Breese, J. S. and Heckerman, D. (1996). Decision-theoretic troubleshooting: A framework for repair and experiment. In *UAI-96*.

Breiman, L., Friedman, J., Olshen, R. A., and Stone, C. J. (1984). *Classification and Regression Trees*. Wadsworth International Group.

Breiman, L. (2001). Random forests. *Machine Learning*, *45*(1), 5–32.

Brelaz, D. (1979). New methods to color the vertices of a graph. *CACM*, *22*, 251–256.

Brent, R. P. (1973). *Algorithms for Minimization with- out Derivatives*. Prentice-Hall.

Bresnan, J. (1982). *The Mental Representation of Grammatical Relations*. MIT Press.

Brewka, G., Dix, J., and Konolige, K. (1997). *Nononotonic Reasoning: An Overview*. Center for the Study of Language and Information (CSLI).

Brickley, D. and Guha, R. V. (2004). RDF vocabulary description language 1.0: RDF schema. Tech. rep., W3C.

Briggs, R. (1985). Knowledge representation in Sanskrit and artificial intelligence. *AIMag*, *6*, 32–39.

Brill, E. (1992). A simple rule-based part of speech tagger. In *Proc. Third Conference on Applied Natural Language Processing*.

Brin, D. (1998). *The Transparent Society*. Perseus.

Brin, S. and Page, L. (1998). The anatomy of a large-scale hypertextual web search engine. In *Proc. Seventh World Wide Web Conference*.

Bringsjord, S. (2008). If I were judge. In Epstein, R., Roberts, G., and Beber, G. (Eds.), *Parsing the Turing Test*. Springer.

Broadbent, D. E. (1958). *Perception and Communication*. Pergamon.

Brockman, G., Cheung, V., Pettersson, L., Schneider, J., Schulman, J., Tang, J., and Zaremba, W. (2016). OpenAI gym. arXiv:1606.01540.

Brooks, R. A. (1986). A robust layered control system for a mobile robot. *IEEE J. of Robotics and Automation*, 2, 14–23.

Brooks, R. A. (1989). Engineering approach to building complete, intelligent beings. *Proc. SPIE—the International Society for Optical Engineering*, 1002, 618–625.

Brooks, R. A. (1991). Intelligence without representation. *AIJ*, 47, 139–159.

Brooks, R. A. and Lozano-Perez, T. (1985). A subdivision algorithm in configuration space for findpath with rotation. *IEEE Transactions on Systems, Man and Cybernetics*, 15, 224–233.

Brooks, R. A. (2017). The seven deadly sins of AI predictions. *MIT Technology Review*, Oct 6.

Brooks, S., Gelman, A., Jones, G., and Meng, X.-L. (2011). *Handbook of Markov Chain Monte Carlo*. Chapman & Hall/CRC.

Brown, C., Finkelstein, L., and Purdom, P. (1988). Backtrack searching in the presence of symmetry. In Mora, T. (Ed.), *Applied Algebra, Algebraic Algorithms and Error-Correcting Codes*. Springer-Verlag.

Brown, K. C. (1974). A note on the apparent bias of net revenue estimates. *J. Finance*, 29, 1215–1216.

Brown, N. and Sandholm, T. (2017). Libratus: The superhuman AI for no-limit poker. In *IJCAI-17*.

Brown, N. and Sandholm, T. (2019). Superhuman AI for multiplayer poker. *Science*, 365, 885–890.

Brown, P. F., Cocke, J., Della Pietra, S. A., Della Pietra, V. J., Jelinek, F., Mercer, R. L., and Roossin, P. (1988). A statistical approach to language translation. In *COLING-88*.

Brown, P. F., Desouza, P. V., Mercer, R. L., Pietra, V. J. D., and Lai, J. C. (1992). Class-based n-gram models of natural language. *Computational linguistics*, 18(4).

Browne, C., Powley, E. J., Whitehouse, D., Lucas, S. M., Cowling, P. I., Rohlfshagen, P., Tavener, S., Liebana, D. P., Samothrakis, S., and Colton, S. (2012). A survey of Monte Carlo tree search methods. *IEEE Transactions on Computational Intelligence and AI in Games*, 4, 1–43.

Brownston, L., Farrell, R., Kant, E., and Martin, N. (1985). *Programming Expert Systems in OPS5: An Introduction to Rule-Based Programming*. Addison-Wesley.

Bruce, V., Green, P., and Georgeson, M. (2003). *Visual Perception: Physiology, Psychology and Ecology*. Routledge and Kegan Paul.

Brügmann, B. (1993). Monte Carlo Go. Tech. rep., Department of Physics, Syracuse University.

Bryce, D. and Kambhampati, S. (2007). A tutorial on planning graph-based reachability heuristics. *AIMag*, Spring, 47–83.

Bryce, D., Kambhampati, S., and Smith, D. E. (2006). Planning graph heuristics for belief space search. *JAIR*, 26, 35–99.

Brynjolfsson, E. and McAfee, A. (2011). *Race Against the Machine*. Digital Frontier Press.

Brynjolfsson, E. and McAfee, A. (2014). *The Second Machine Age*. W. W. Norton.

Brynjolfsson, E., Rock, D., and Syverson, C. (2018). Artificial intelligence and the modern productivity paradox: A clash of expectations and statistics. In Agrawal, A., Gans, J., and Goldfarb, A. (Eds.), *The Economics of Artificial Intelligence: An Agenda*. University of Chicago Press.

Bryson, A. E. and Ho, Y.-C. (1969). *Applied Optimal Control*. Blaisdell.

Bryson, A. E. (1962). A gradient method for optimizing multi-stage allocation processes. In *Proc. of a Harvard Symposium on Digital Computers and Their Applications*.

Bryson, J. J. (2012). A role for consciousness in action selection. *International Journal of Machine Consciousness*, 4, 471–482.

Bryson, J. J. and Winfield, A. (2017). Standardizing ethical design for artificial intelligence and autonomous systems. *Computer*, 50, 116–119.

Buchanan, B. G., Mitchell, T. M., Smith, R. G., and Johnson, C. R. (1978). Models of learning systems. In *Encyclopedia of Computer Science and Technology*, Vol. 11. Dekker.

Buchanan, B. G. and Shortliffe, E. H. (Eds.). (1984). *Rule-Based Expert Systems: The MYCIN Experiments of the Stanford Heuristic Programming Project*. Addison-Wesley.

Buchanan, B. G., Sutherland, G. L., and Feigenbaum, E. A. (1969). Heuristic DENDRAL: A program for generating explanatory hypotheses in organic chemistry. In Meltzer, B., Michie, D., and Swann, M. (Eds.), *Machine Intelligence 4*. Edinburgh University Press.

Buck, C., Heafield, K., and Van Ooyen, B. (2014). N-gram counts and language models from the common crawl. In *Proc. International Conference on Language Resources and Evaluation*.

Buehler, M., Iagnemma, K., and Singh, S. (Eds.). (2006). *The 2005 DARPA Grand Challenge: The Great Robot Race*. Springer-Verlag.

Buffon, G. (1777). Essai d'arithmetique morale. Supplement to Histoire naturelle, vol. IV.

Bunt, H. C. (1985). The formal representation of (quasi-) continuous concepts. In Hobbs, J. R. and Moore, R. C. (Eds.), *Formal Theories of the Commonsense World*. Ablex.

Buolamwini, J. and Gebru, T. (2018). Gender shades: Intersectional accuracy disparities in commercial gender classification. In *Conference on Fairness, Accountability and Transparency*.

Burgard, W., Cremers, A. B., Fox, D., Hahnel, D., Lakemeyer, G., Schulz, D., Steiner, W., and Thrun, S. (1999). Experiences with an interactive museum tourguide robot. *AIJ*, 114, 3–55.

Burkov, A. (2019). *The Hundred-Page Machine Learning Book*. Burkov.

Burns, E., Hatem, M., Leighton, M. J., and Ruml, W. (2012). Implementing fast heuristic search code. In *Symposium on Combinatorial Search*.

Buro, M. (1995). ProbCut: An effective selective extension of the alpha-beta algorithm. *J. International Computer Chess Association*, 18, 71–76.

Buro, M. (2002). Improving heuristic minimax search by supervised learning. *AIJ*, 134, 85–99.

Burstein, J., Leacock, C., and Swartz, R. (2001). Automated evaluation of essays and short answers. In *Fifth International Computer Assisted Assessment Conference*.

Burton, R. (2009). *On Being Certain: Believing You Are Right Even When You're Not*. St. Martin's Griffin.

Buss, D. M. (2005). *Handbook of Evolutionary Psychology*. Wiley.

Butler, S. (1863). Darwin among the machines. *The Press* (Christchurch, New Zealand), June 13.

Bylander, T. (1994). The computational complexity of propositional STRIPS planning. *AIJ*, 69, 165–204.

Byrd, R. H., Lu, P., Nocedal, J., and Zhu, C. (1995). A limited memory algorithm for bound constrained optimization. *SIAM Journal on Scientific and Statistical Computing*, 16, 1190–1208.

Cabeza, R. and Nyberg, L. (2001). Imaging cognition II: An empirical review of 275 PET and fMRI studies. *J. Cognitive Neuroscience*, 12, 1–47.

Cafarella, M. J., Halevy, A., Zhang, Y., Wang, D. Z., and Wu, E. (2008). Webtables: Exploring the power of tables on the web. In *VLDB-08*.

Calvanese, D., Lenzerini, M., and Nardi, D. (1999). Unifying class-based representation formalisms. *JAIR*, 11, 199–240.

Camacho, R. and Michie, D. (1995). Behavioral cloning: A correction. *AIMag*, 16, 92.

Campbell, D. E. and Kelly, J. (2002). Impossibility theorems in the Arrovian framework. In Arrow, K. J., Sen, A. K., and Suzumura, K. (Eds.), *Handbook of Social Choice and Welfare Volume 1*. Elsevier Science.

Campbell, M. S., Hoane, A. J., and Hsu, F.-H. (2002). Deep Blue. *AIJ*, 134, 57–83.

Cannings, C., Thompson, E., and Skolnick, M. H. (1978). Probability functions on complex pedigrees. *Advances in Applied Probability*, 10, 26–61.

Canny, J. and Reif, J. (1987). New lower bound techniques for robot motion planning problems. In *FOCS-87*.

Canny, J. (1986). A computational approach to edge detection. *PAMI*, 8, 679–698.

Canny, J. (1988). *The Complexity of Robot Motion Planning*. MIT Press.

Capen, E., Clapp, R., and Campbell, W. (1971). Competitive bidding in high-risk situations. *J. Petroleum Technology*, 23, 641–653.

Carbonell, J. G. (1983). Derivational analogy and its role in problem solving. In *AAAI-83*.

Carbonell, J. G., Knoblock, C. A., and Minton, S. (1989). PRODIGY: An integrated architecture for planning and learning. Technical report, Computer Science Department, Carnegie-Mellon University.

Carbonnel, C. and Cooper, M. C. (2016). Tractability in constraint satisfaction problems: A survey. *Constraints*, 21(2), 115–144.

Cardano, G. (1663). *Liber de ludo aleae.* Lyons.

Carlini, N., Athalye, A., Papernot, N., Brendel, W., Rauber, J., Tsipras, D., Goodfellow, I., Madry, A., and Kurakin, A. (2019). On evaluating adversarial robustness. arXiv:1902.06705.

Carnap, R. (1928). *Der logische Aufbau der Welt.* Weltkreis-verlag. Translated into English as The Logical Structure of the World (Carnap, 1967).

Carnap, R. (1948). On the application of inductive logic. *Philosophy and Phenomenological Research*, 8, 133–148.

Carnap, R. (1950). *Logical Foundations of Probability.* University of Chicago Press.

Carpenter, B., Gelman, A., Hoffman, M., Lee, D., Goodrich, B., Betancourt, M., Brubaker, M., Guo, J., Li, P., and Riddell, A. (2017). Stan: A probabilistic programming language. *Journal of Statistical Software*, 76, 1–32.

Carroll, S. (2007). *The Making of the Fittest: DNA and the Ultimate Forensic Record of Evolution.* Norton.

Casati, R. and Varzi, A. (1999). *Parts and Places: The Structures of Spatial Representation.* MIT Press.

Cassandra, A. R., Kaelbling, L. P., and Littman, M. L. (1994). Acting optimally in partially observable stochastic domains. In *AAAI-94.*

Cassandras, C. G. and Lygeros, J. (2006). *Stochastic Hybrid Systems.* CRC Press.

Castro, R., Coates, M., Liang, G., Nowak, R., and Yu, B. (2004). Network tomography: Recent developments. *Statistical Science*, 19, 499–517.

Cauchy, A. (1847). Méthode générale pour la résolution des systèmes d'équations simultanées. *Comp. Rend. Sci. Paris*, 25, 536–538.

Cesa-Bianchi, N. and Lugosi, G. (2006). *Prediction, Learning, and Games.* Cambridge University Press.

Chajewska, U., Koller, D., and Parr, R. (2000). Making rational decisions using adaptive utility elicitation. In *AAAI-00.*

Chakrabarti, P. P., Ghose, S., Acharya, A., and de Sarkar, S. C. (1989). Heuristic search in restricted memory. *AIJ*, 41, 197–222.

Chalkiadakis, G., Elkind, E., and Wooldridge, M. (2011). *Computational Aspects of Cooperative Game Theory.* Morgan Kaufmann.

Chalmers, D. J. (1992). Subsymbolic computation and the Chinese room. In Dinsmore, J. (Ed.), *The symbolic and connectionist paradigms: Closing the gap.* Lawrence Erlbaum.

Chandola, V., Banerjee, A., and Kumar, V. (2009). Anomaly detection: A survey. *ACM Computing Surveys*, 41.

Chandra, A. K. and Harel, D. (1980). Computable queries for relational data bases. *J. Computer and System Sciences*, 21, 156–178.

Chang, C.-L. and Lee, R. C.-T. (1973). *Symbolic Logic and Mechanical Theorem Proving.* Academic Press.

Chang, H. S., Fu, M. C., Hu, J., and Marcus, S. I. (2005). An adaptive sampling algorithm for solving Markov decision processes. *Operations Research*, 53, 126–139.

Chao, W.-L., Hu, H., and Sha, F. (2018). Being negative but constructively: Lessons learnt from creating better visual question answering datasets. In *ACL-18.*

Chapman, D. (1987). Planning for conjunctive goals. *AIJ*, 32, 333–377.

Charniak, E. (1993). *Statistical Language Learning.* MIT Press.

Charniak, E. (1996). Tree-bank grammars. In *AAAI-96.*

Charniak, E. (1997). Statistical parsing with a context-free grammar and word statistics. In *AAAI-97.*

Charniak, E. and Goldman, R. (1992). A Bayesian model of plan recognition. *AIJ*, 64, 53–79.

Charniak, E., Riesbeck, C., McDermott, D., and Meehan, J. (1987). *Artificial Intelligence Programming* (2nd edition). Lawrence Erlbaum.

Charniak, E. (1991). Bayesian networks without tears. *AIMag*, 12, 50–63.

Charniak, E. (2018). *Introduction to Deep Learning.* MIT Press.

Chaslot, G., Bakkes, S., Szita, I., and Spronck, P. (2008). Monte-Carlo tree search: A new framework for game AI. In *Proc. Fourth Artificial Intelligence and Interactive Digital Entertainment Conference.*

Chater, N. and Oaksford, M. (Eds.). (2008). *The Probabilistic Mind: Prospects for Bayesian Cognitive Science.* Oxford University Press.

Chatfield, C. (1989). *The Analysis of Time Series: An Introduction* (4th edition). Chapman and Hall.

Chavira, M. and Darwiche, A. (2008). On probabilistic inference by weighted model counting. *AIJ*, 172, 772–799.

Chawla, N. V., Bowyer, K. W., Hall, L. O., and Kegelmeyer, W. P. (2002). SMOTE: Synthetic minority over-sampling technique. *JAIR*, 16, 321–357.

Cheeseman, P. (1985). In defense of probability. In *IJCAI-85.*

Cheeseman, P. (1988). An inquiry into computer understanding. *Computational Intelligence*, 4, 58–66.

Cheeseman, P., Kanefsky, B., and Taylor, W. (1991). Where the really hard problems are. In *IJCAI-91.*

Cheeseman, P., Self, M., Kelly, J., and Stutz, J. (1988). Bayesian classification. In *AAAI-88.*

Cheeseman, P. and Stutz, J. (1996). Bayesian classification (AutoClass): Theory and results. In Fayyad, U., Piatesky-Shapiro, G., Smyth, P., and Uthurusamy, R. (Eds.), *Advances in Knowledge Discovery and Data Mining.* AAAI Press/MIT Press.

Chen, D. and Manning, C. (2014). A fast and accurate dependency parser using neural networks. In *EMNLP-14.*

Chen, J., Holte, R. C., Zilles, S., and Sturtevant, N. R. (2017). Front-to-end bidirectional heuristic search with near-optimal node expansions. *IJCAI-17.*

Chen, M. X., Firat, O., Bapna, A., Johnson, M., Macherey, W., Foster, G., Jones, L., Parmar, N., Schuster, M., Chen, Z., Wu, Y., and Hughes, M. (2018). The best of both worlds: Combining recent advances in neural machine translation. In *ACL-18.*

Chen, S. F. and Goodman, J. (1996). An empirical study of smoothing techniques for language modeling. In *ACL-96.*

Chen, T. and Guestrin, C. (2016). XGBoost: A scalable tree boosting system. In *KDD-16.*

Cheng, J. and Druzdzel, M. J. (2000). AIS-BN: An adaptive importance sampling algorithm for evidential reasoning in large Bayesian networks. *JAIR*, 13, 155–188.

Cheng, J., Greiner, R., Kelly, J., Bell, D. A., and Liu, W. (2002). Learning Bayesian networks from data: An information-theory based approach. *AIJ*, 137, 43–90.

Chiu, C., Sainath, T., Wu, Y., Prabhavalkar, R., Nguyen, P., Chen, Z., Kannan, A., Weiss, R., Rao, K., Gonina, K., Jaitly, N., Li, B., Chorowski, J., and Bacchiani, M. (2017). State-of-the-art speech recognition with sequence-to-sequence models. arXiv:1712.01769.

Chklovski, T. and Gil, Y. (2005). Improving the design of intelligent acquisition interfaces for collecting world knowledge from web contributors. In *Proc. Third International Conference on Knowledge Capture.*

Chollet, F. (2019). On the measure of intelligence. arXiv:1911.01547.

Chollet, F. (2017). *Deep Learning with Python.* Manning.

Chomsky, N. (1956). Three models for the description of language. *IRE Transactions on Information Theory*, 2, 113–124.

Chomsky, N. (1957). *Syntactic Structures.* Mouton.

Choromanska, A., Henaff, M., Mathieu, M., Arous, G. B., and LeCun, Y. (2014). The loss surface of multilayer networks. arXiv:1412.0233.

Choset, H. (1996). *Sensor Based Motion Planning: The Hierarchical Generalized Voronoi Graph.* Ph.D. thesis, California Institute of Technology.

Choset, H., Hutchinson, S., Lynch, K., Kantor, G., Burgard, W., Kavraki, L., and Thrun, S. (2005). *Principles of Robot Motion: Theory, Algorithms, and Implementation.* MIT Press.

Chouldechova, A. (2017). Fair prediction with disparate impact: A study of bias in recidivism prediction instruments. *Big Data*, 5, 153–163.

Chouldechova, A. and Roth, A. (2018). The frontiers of fairness in machine learning. arXiv:1810.08810.

Christian, B. (2011). *The Most Human Human.* Doubleday.

Christin, A., Rosenblat, A., and Boyd, D. (2015). Courts and predictive algorithms. *Data & Civil Rights.*

Chung, K. L. (1979). *Elementary Probability Theory with Stochastic Processes* (3rd edition). Springer-Verlag.

Church, A. (1936). A note on the Entscheidungsproblem. *JSL*, *1*, 40–41 and 101–102.

Church, A. (1956). *Introduction to Mathematical Logic*. Princeton University Press.

Church, K. (1988). A stochastic parts program and noun phrase parser for unrestricted texts. In *Proc. Second Conference on Applied Natural Language Processing*.

Church, K. and Patil, R. (1982). Coping with syntactic ambiguity or how to put the block in the box on the table. *Computational Linguistics*, *8*, 139–149.

Church, K. (2004). Speech and language processing: Can we use the past to predict the future. In *Proc. Conference on Text, Speech, and Dialogue*.

Church, K. and Gale, W. A. (1991). A comparison of the enhanced Good–Turing and deleted estimation methods for estimating probabilities of English bi-grams. *Computer Speech and Language*, *5*, 19–54.

Church, K. and Hestness, J. (2019). A survey of 25 years of evaluation. *Natural Language Engineering*, *25*, 753–767.

Churchland, P. M. (2013). *Matter and Consciousness* (3rd edition). MIT Press.

Ciancarini, P. and Favini, G. P. (2010). Monte Carlo tree search in Kriegspiel. *AIJ*, *174*, 670–684.

Ciancarini, P. and Wooldridge, M. (2001). *Agent-Oriented Software Engineering*. Springer-Verlag.

Cimatti, A., Roveri, M., and Traverso, P. (1998). Automatic OBDD-based generation of universal plans in non-deterministic domains. In *AAAI-98*.

Claret, G., Rajamani, S. K., Nori, A. V., Gordon, A. D., and Borgström, J. (2013). Bayesian inference using data flow analysis. In *Proc. 9th Joint Meeting on Foundations of Software Engineering*.

Clark, A. (1998). *Being There: Putting Brain, Body, and World Together Again*. MIT Press.

Clark, A. (2015). *Surfing Uncertainty: Prediction, Action, and the Embodied Mind*. Oxford University Press.

Clark, K. L. (1978). Negation as failure. In Gallaire, H. and Minker, J. (Eds.), *Logic and Data Bases*. Plenum.

Clark, P., Cowhey, I., Etzioni, O., Khot, T., Sabharwal, A., Schoenick, C., and Tafjord, O. (2018). Think you have solved question answering? Try ARC, the AI2 reasoning challenge. arXiv:1803.05457.

Clark, P., Etzioni, O., Khot, T., Mishra, B. D., Richardson, K., *et al.* (2019). From 'F' to 'A' on the NY Regents science exams: An overview of the Aristo project. arXiv:1909.01958.

Clark, S. and Curran, J. R. (2004). Parsing the WSJ using CCG and log-linear models. In *ACL-04*.

Clarke, A. C. (1968). *2001: A Space Odyssey*. Signet.

Clarke, E. and Grumberg, O. (1987). Research on automatic verification of finite-state concurrent systems. *Annual Review of Computer Science*, *2*, 269–290.

Clearwater, S. H. (Ed.). (1996). *Market-Based Control*. World Scientific.

Clocksin, W. F. and Mellish, C. S. (2003). *Programming in Prolog* (5th edition). Springer-Verlag.

Clocksin, W. F. (2003). *Clause and Effect: Prolog Programming for the Working Programmer*. Springer.

Coase, R. H. (1960). The problem of social cost. *Journal of Law and Economics*, pp. 1–44.

Coates, A., Abbeel, P., and Ng, A. Y. (2009). Apprenticeship learning for helicopter control. *Association for Computing Machinery*, *52*(7).

Cobham, A. (1964). The intrinsic computational difficulty of functions. In *Proc. International Congress for Logic, Methodology, and Philosophy of Science*.

Cohen, P. R. (1995). *Empirical Methods for Artificial Intelligence*. MIT Press.

Cohen, P. R. and Levesque, H. J. (1990). Intention is choice with commitment. *AIJ*, *42*, 213–261.

Cohen, P. R., Morgan, J., and Pollack, M. E. (1990). *Intentions in Communication*. MIT Press.

Cohen, P. R. and Perrault, C. R. (1979). Elements of a plan-based theory of speech acts. *Cognitive Science*, *3*, 177–212.

Cohn, A. G., Bennett, B., Gooday, J. M., and Gotts, N. (1997). RCC: A calculus for region based qualitative spatial reasoning. *GeoInformatica*, *1*, 275–316.

Collin, Z., Dechter, R., and Katz, S. (1999). Selfstabilizing distributed constraint satisfaction. *Chicago J. of Theoretical Computer Science*, *1999*.

Collins, M. (1999). *Head-driven Statistical Models for Natural Language Processing*. Ph.D. thesis, University of Pennsylvania.

Collins, M. and Duffy, K. (2002). New ranking algorithms for parsing and tagging: Kernels over discrete structures, and the voted perceptron. In *ACL-02*.

Colmerauer, A. and Roussel, P. (1993). The birth of Prolog. *SIGPLAN Notices*, *28*, 37–52.

Colmerauer, A., Kanoui, H., Pasero, R., and Roussel, P. (1973). Un système de communication homme–machine en Français. Rapport, Groupe d'Intelligence Artificielle, Université d'Aix-Marseille II.

Condon, J. H. and Thompson, K. (1982). Belle chess hardware. In Clarke, M. R. B. (Ed.), *Advances in Computer Chess 3*. Pergamon.

Congdon, C. B., Huber, M., Kortenkamp, D., Bidlack, C., Cohen, C., Huffman, S., Koss, F., Raschke, U., and Weymouth, T. (1992). CARMEL versus Flakey: A comparison of two robots. Tech. rep., American Association for Artificial Intelligence.

Conlisk, J. (1989). Three variants on the Allais example. *American Economic Review*, *79*, 392–407.

Connell, J. (1989). *A Colony Architecture for an Artificial Creature*. Ph.D. thesis, Artificial Intelligence Laboratory, MIT.

Conway, D. and White, J. (2012). *Machine Learning for Hackers*. O'Reilly.

Cook, S. A. (1971). The complexity of theorem-proving procedures. In *STOC-71*.

Cook, S. A. and Mitchell, D. (1997). Finding hard instances of the satisfiability problem: A survey. In Du, D., Gu, J., and Pardalos, P. (Eds.), *Satisfiability problems: Theory and applications*. American Mathematical Society.

Cooper, G. (1990). The computational complexity of probabilistic inference using Bayesian belief networks. *AIJ*, *42*, 393–405.

Cooper, G. and Herskovits, E. (1992). A Bayesian method for the induction of probabilistic networks from data. *Machine Learning*, *9*, 309–347.

Copeland, J. (1993). *Artificial Intelligence: A Philosophical Introduction*. Blackwell.

Corbett-Davies, S. and Goel, S. (2018). The measure and mismeasure of fairness: A critical review of fair machine learning. arXiv:1808.00023.

Corbett-Davies, S., Pierson, E., Feller, A., Goel, S., and Huq, A. (2017). Algorithmic decision making and the cost of fairness. arXiv:1701.08230.

Cormen, T. H., Leiserson, C. E., Rivest, R., and Stein, C. (2009). *Introduction to Algorithms* (3rd edition). MIT Press.

Cortes, C. and Vapnik, V. N. (1995). Support vector networks. *Machine Learning*, *20*, 273–297.

Cournot, A. (Ed.). (1838). *Recherches sur les principes mathématiques de la théorie des richesses*. L. Hachette, Paris.

Cover, T. and Thomas, J. (2006). *Elements of Information Theory* (2nd edition). Wiley.

Cowan, J. D. and Sharp, D. H. (1988a). Neural nets. *Quarterly Reviews of Biophysics*, *21*, 365–427.

Cowan, J. D. and Sharp, D. H. (1988b). Neural nets and artificial intelligence. *Daedalus*, *117*, 85–121.

Cowell, R., Dawid, A. P., Lauritzen, S., and Spiegel-halter, D. J. (2002). *Probabilistic Networks and Expert Systems*. Springer.

Cox, I. (1993). A review of statistical data association techniques for motion correspondence. *IJCV*, *10*, 53–66.

Cox, I. and Hingorani, S. L. (1994). An efficient implementation and evaluation of Reid's multiple hypothesis tracking algorithm for visual tracking. In *ICPR-94*.

Cox, I. and Wilfong, G. T. (Eds.). (1990). *Autonomous Robot Vehicles*. Springer Verlag.

Cox, R. T. (1946). Probability, frequency, and reasonable expectation. *American Journal of Physics*, *14*, 1–13.

Craig, J. (1989). *Introduction to Robotics: Mechanics and Control (2nd edition)*. Addison-Wesley.

Craik, K. (1943). *The Nature of Explanation*. Cambridge University Press.

Cramton, P., Shoham, Y., and Steinberg, R. (Eds.). (2006). *Combinatorial Auctions*. MIT Press.

Craven, M., DiPasquo, D., Freitag, D., McCallum, A., Mitchell, T. M., Nigam, K., and Slattery, S. (2000). Learning to construct knowledge bases from the World Wide Web. *AIJ*, *118*, 69–113.

Crawford, J. M. and Auton, L. D. (1993). Experimental results on the crossover point in satisfiability problems. In *AAAI-93*.

Crick, F. (1999). The impact of molecular biology on neuroscience. *Phil. Trans. Roy. Soc., B*, *354*, 2021–2025.

Crick, F. and Koch, C. (2003). A framework for consciousness. *Nature Neuroscience*, *6*, 119.

Crisan, D. and Doucet, A. (2002). A survey of convergence results on particle filtering methods for practitioners. *IEEE Trans. Signal Processing*, *50*, 736–746.

Cristianini, N. and Hahn, M. (2007). *Introduction to Computational Genomics: A Case Studies Approach*. Cambridge University Press.

Cristianini, N. and Schölkopf, B. (2002). Support vector machines and kernel methods: The new generation of learning machines. *AIMag*, *23*, 31–41.

Cristianini, N. and Shawe-Taylor, J. (2000). *An Introduction to Support Vector Machines and Other Kernel-Based Learning Methods*. Cambridge University Press.

Crockett, L. (1994). *The Turing Test and the Frame Problem: AI's Mistaken Understanding of Intelligence*. Ablex.

Croft, W. B., Metzler, D., and Strohman, T. (2010). *Search Engines: Information Retrieval in Practice*. Addison-Wesley.

Cross, S. E. and Walker, E. (1994). DART: Applying knowledge based planning and scheduling to crisis action planning. In Zweben, M. and Fox, M. S. (Eds.), *Intelligent Scheduling*. Morgan Kaufmann.

Cruse, A. (2011). *Meaning in Language: An Introduction to Semantics and Pragmatics*. Oxford University Press.

Culberson, J. and Schaeffer, J. (1996). Searching with pattern databases. In *Advances in Artificial Intelligence (Lecture Notes in Artificial Intelligence 1081)*. Springer-Verlag.

Culberson, J. and Schaeffer, J. (1998). Pattern databases. *Computational Intelligence*, *14*, 318–334.

Cummins, D. and Allen, C. (1998). *The Evolution of Mind*. Oxford University Press.

Cushing, W., Kambhampati, S., Mausam, and Weld, D. S. (2007). When is temporal planning *really* temporal? In *IJCAI-07*.

Cusumano-Towner, M. F., Saad, F., Lew, A. K., and Mansinghka, V. K. (2019). Gen: A general-purpose probabilistic programming system with programmable inference. In *PLDI-19*.

Cybenko, G. (1988). Continuous valued neural networks with two hidden layers are sufficient. Technical report, Department of Computer Science, Tufts University.

Cybenko, G. (1989). Approximation by superpositions of a sigmoidal function. *Mathematics of Controls, Signals, and Systems*, *2*, 303–314.

Cyert, R. and de Groot, M. (1979). Adaptive utility. In Allais, M. and Hagen, O. (Eds.), *Expected Utility Hypothesis and the Allais Paradox*. D. Reidel.

Dagan, I., Glickman, O., and Magnini, B. (2005). The PASCAL recognising textual entailment challenge. In *Machine Learning Challenges Workshop*.

Daganzo, C. (1979). *Multinomial Probit: The Theory and Its Application to Demand Forecasting*. Academic Press.

Dagum, P. and Luby, M. (1993). Approximating probabilistic inference in Bayesian belief networks is NP-hard. *AIJ*, *60*, 141–153.

Dagum, P. and Luby, M. (1997). An optimal approximation algorithm for Bayesian inference. *AIJ*, *93*, 1–27.

Dai, A. M. and Le, Q. V. (2016). Semi-supervised sequence learning. In *NeurIPS 28*.

Dalal, N. and Triggs, B. (2005). Histograms of oriented gradients for human detection. In *CVPR-05*.

Dalvi, N. N., Ré, C., and Suciu, D. (2009). Probabilistic databases. *CACM*, *52*, 86–94.

Daly, R., Shen, Q., and Aitken, S. (2011). Learning Bayesian networks: Approaches and issues. *Knowledge Engineering Review*, *26*, 99–157.

Damasio, A. R. (1999). *The Feeling of What Happens: Body and Emotion in the Making of Consciousness*. Houghton Mifflin.

Danaher, J. and McArthur, N. (2017). *Robot Sex: Social and Ethical Implications*. MIT Press.

Dantzig, G. B. (1949). Programming of interdependent activities: II. Mathematical model. *Econometrica*, *17*, 200–211.

Darwiche, A. (2001). Recursive conditioning. *AIJ*, *126*, 5–41.

Darwiche, A. and Ginsberg, M. L. (1992). A symbolic generalization of probability theory. In *AAAI-92*.

Darwiche, A. (2009). *Modeling and reasoning with Bayesian networks*. Cambridge University Press.

Darwin, C. (1859). *On The Origin of Species by Means of Natural Selection*. J. Murray.

Dasgupta, P., Chakrabarti, P. P., and de Sarkar, S. C. (1994). Agent searching in a tree and the optimality of iterative deepening. *AIJ*, *71*, 195–208.

Dasgupta, P. and Maskin, E. (2008). On the robustness of majority rule. *Journal of the European Economic Association*, *6*, 949–973.

Dauphin, Y., Pascanu, R., Gulcehre, C., Cho, K., Ganguli, S., and Bengio, Y. (2015). Identifying and attacking the saddle point problem in high-dimensional non-convex optimization. In *NeurIPS 27*.

Davidson, D. (1980). *Essays on Actions and Events*. Oxford University Press.

Davidson, D. (1986). A nice derangement of epitaphs. *Philosophical Grounds of Rationality*, *4*, 157–174.

Davis, E. (1986). *Representing and Acquiring Geographic Knowledge*. Pitman and Morgan Kaufmann.

Davis, E. (1990). *Representations of Commonsense Knowledge*. Morgan Kaufmann.

Davis, E. (2005). Knowledge and communication: A first-order theory. *AIJ*, *166*, 81–140.

Davis, E. (2006). The expressivity of quantifying over regions. *J. Logic and Computation*, *16*, 891–916.

Davis, E. (2007). Physical reasoning. In van Harmelan, F., Lifschitz, V., and Porter, B. (Eds.), *The Handbook of Knowledge Representation*. Elsevier.

Davis, E. (2008). Pouring liquids: A study in commonsense physical reasoning. *AIJ*, *172*.

Davis, E. (2017). Logical formalizations of commonsense reasoning: A survey. *JAIR*, *59*, 651–723.

Davis, E. and Morgenstern, L. (2004). Introduction: Progress in formal commonsense reasoning. *AIJ*, *153*, 1–12.

Davis, E. and Morgenstern, L. (2005). A first-order theory of communication and multi-agent plans. *J. Logic and Computation*, *15*, 701–749.

Davis, M. (1957). A computer program for Presburger's algorithm. In *Proving Theorems (as Done by Man, Logician, or Machine)*. Proc. Summer Institute for Symbolic Logic. Second edition; publication date is 1960.

Davis, M., Logemann, G., and Loveland, D. (1962). A machine program for theorem-proving. *CACM*, *5*, 394–397.

Davis, M. and Putnam, H. (1960). A computing procedure for quantification theory. *JACM*, *7*, 201–215.

Dayan, P. (1992). The convergence of TD(λ) for general λ. *Machine Learning*, *8*, 341–362.

Dayan, P. and Abbott, L. F. (2001). *Theoretical Neuroscience: Computational and Mathematical Modeling of Neural Systems*. MIT Press.

Dayan, P. and Hinton, G. E. (1993). Feudal reinforcement learning. In *NeurIPS 5*.

Dayan, P. and Niv, Y. (2008). Reinforcement learning and the brain: The good, the bad and the ugly. *Current Opinion in Neurobiology*, *18*, 185–196.

de Condorcet, M. (1785). *Essay on the Application of Analysis to the Probability of Majority Decisions*. Imprimerie Royale.

de Dombal, F. T., Leaper, D. J., Horrocks, J. C., and Staniland, J. R. (1974). Human and computer-aided diagnosis of abdominal pain: Further report with emphasis on performance of clinicians. *British Medical Journal*, *1*, 376–380.

de Dombal, F. T., Staniland, J. R., and Clamp, S. E. (1981). Geographical variation in disease presentation. *Medical Decision Making*, *1*, 59–69.

de Farias, D. P. and Roy, B. V. (2003). The linear programming approach to approximate dynamic programming. *Operations Research*, *51*, 839–1016.

de Finetti, B. (1937). Le prévision: ses lois logiques, ses sources subjectives. *Ann. Inst. Poincaré*, *7*, 1–68.

de Finetti, B. (1993). On the subjective meaning of probability. In Monari, P. and Cocchi, D. (Eds.), *Probabilita e Induzione*. Clueb.

de Freitas, J. F. G., Niranjan, M., and Gee, A. H. (2000). Sequential Monte Carlo methods to train neural network models. *Neural Computation*, *12*, 933– 953.

de Ghellinck, G. (1960). Les problèmes de décisions séquentielles. *Cahiers du Centre d'Études de Recherche Opérationnelle*, *2*, 161–179.

de Kleer, J. (1975). Qualitative and quantitative knowledge in classical mechanics. Tech. rep., MIT Artificial Intelligence Laboratory.

de Kleer, J. (1989). A comparison of ATMS and CSP techniques. In *IJCAI-89*.

de Kleer, J. and Brown, J. S. (1985). A qualitative physics based on confluences. In Hobbs, J. R. and Moore, R. C. (Eds.), *Formal Theories of the Commonsense World*. Ablex.

de Marcken, C. (1996). *Unsupervised Language Acquisition*. Ph.D. thesis, MIT.

De Morgan, A. (1864). On the syllogism, No. IV, and on the logic of relations. *Transaction of the Cambridge Philosophical Society*, *X*, 331–358.

de Salvo Braz, R., Amir, E., and Roth, D. (2007). Lifted first-order probabilistic inference. In Getoor, L. and Taskar, B. (Eds.), *Introduction to Statistical Relational Learning*. MIT Press.

Deacon, T. W. (1997). *The Symbolic Species: The Coevolution of Language and the Brain*. W. W. Norton.

Deale, M., Yvanovich, M., Schnitzius, D., Kautz, D., Carpenter, M., Zweben, M., Davis, G., and Daun, B. (1994). The space shuttle ground processing scheduling system. In Zweben, M. and Fox, M. (Eds.), *Intelligent Scheduling*. Morgan Kaufmann.

Dean, J., Patterson, D. A., and Young, C. (2018). A new golden age in computer architecture: Empowering the machine-learning revolution. *IEEE Micro*, *38*, 21–29.

Dean, T., Basye, K., Chekaluk, R., and Hyun, S. (1990). Coping with uncertainty in a control system for navigation and exploration. In *AAAI-90*.

Dean, T. and Boddy, M. (1988). An analysis of time-dependent planning. In *AAAI-88*.

Dean, T., Firby, R. J., and Miller, D. (1990). Hierarchical planning involving deadlines, travel time, and resources. *Computational Intelligence*, *6*, 381–398.

Dean, T., Kaelbling, L. P., Kirman, J., and Nicholson,

A. (1993). Planning with deadlines in stochastic domains. In *AAAI-93*.

Dean, T. and Kanazawa, K. (1989a). A model for projection and action. In *IJCAI-89*.

Dean, T. and Kanazawa, K. (1989b). A model for reasoning about persistence and causation. *Computational Intelligence*, *5*, 142–150.

Dean, T. and Wellman, M. P. (1991). *Planning and Control*. Morgan Kaufmann.

Dearden, R., Friedman, N., and Andre, D. (1999). Model-based Bayesian exploration. In *UAI-99*.

Dearden, R., Friedman, N., and Russell, S. J. (1998). Bayesian Q-learning. In *AAAI-98*.

Debevec, P., Taylor, C., and Malik, J. (1996). Modeling and rendering architecture from photographs: A hybrid geometry and image-based approach. In *Proc. 23rd Annual Conference on Computer Graphics (SIG-GRAPH)*.

Debreu, G. (1960). Topological methods in cardinal utility theory. In Arrow, K. J., Karlin, S., and Suppes, P. (Eds.), *Mathematical Methods in the Social Sciences, 1959*. Stanford University Press.

Dechter, A. and Dechter, R. (1987). Removing redundancies in constraint networks. In *AAAI-87*.

Dechter, R. (1990a). Enhancement schemes for constraint processing: Backjumping, learning and cutset decomposition. *AIJ*, *41*, 273–312.

Dechter, R. (1990b). On the expressiveness of networks with hidden variables. In *AAAI-90*.

Dechter, R. (1999). Bucket elimination: A unifying framework for reasoning. *AIJ*, *113*, 41–85.

Dechter, R. and Pearl, J. (1985). Generalized best-first search strategies and the optimality of A*. *JACM*, *32*, 505–536.

Dechter, R. and Pearl, J. (1987). Network-based heuristics for constraint-satisfaction problems. *AIJ*, *34*, 1–38.

Dechter, R. and Pearl, J. (1989). Tree clustering for constraint networks. *AIJ*, *38*, 353–366.

Dechter, R. and Rish, I. (2003). Mini-buckets: A general scheme for bounded inference. *JACM*, *50*, 107– 153.

Dechter, R. (2003). *Constraint Processing*. Morgan Kaufmann.

Dechter, R. (2019). *Reasoning with Probabilistic and Deterministic Graphical Models: Exact Algorithms* (2nd edition). Morgan & Claypool.

Dechter, R. and Frost, D. (2002). Backjump-based backtracking for constraint satisfaction problems. *AIJ*, *136*, 147–188.

Dechter, R. and Mateescu, R. (2007). AND/OR search spaces for graphical models. *AIJ*, *171*, 73–106.

DeCoste, D. and Schölkopf, B. (2002). Training invariant support vector machines. *Machine Learning*, *46*, 161–190.

Dedekind, R. (1888). *Was sind und was sollen die Zahlen*. Braunschweig, Germany.

Deerwester, S. C., Dumais, S. T., Landauer, T. K., Furnas, G. W., and Harshman, R. A. (1990). Indexing by latent semantic analysis. *J. American Society for Information Science*, *41*, 391–407.

DeGroot, M. H. (1970). *Optimal Statistical Decisions*. McGraw-Hill.

DeGroot, M. H. and Schervish, M. J. (2001). *Probability and Statistics* (3rd edition). Addison Wesley.

Dehaene, S. (2014). *Consciousness and the Brain: Deciphering How the Brain Codes Our Thoughts*. Penguin Books.

Del Moral, P., Doucet, A., and Jasra, A. (2006). Sequential Monte Carlo samplers. *J. Royal Statistical So- ciety*, *68*, 411–436.

Del Moral, P. (2004). *Feynman–Kac Formulae, Genealogical and Interacting Particle Systems with Applications*. Springer-Verlag.

Delgrande, J. and Schaub, T. (2003). On the relation between Reiter's default logic and its (major) variants. In *Seventh European Conference on Symbolic and Quantitative Approaches to Reasoning with Uncertainty*.

Delling, D., Sanders, P., Schultes, D., and Wagner, D. (2009). Engineering route planning algorithms. In Lerner, J., Wagner, D., and Zweig, K. (Eds.), *Algorithmics, LNCS*. Springer-Verlag.

Dempster, A. P. (1968). A generalization of Bayesian inference. *J. Royal Statistical Society*, *30 (Series B)*, 205–247.

Dempster, A. P., Laird, N., and Rubin, D. (1977). Maximum likelihood from incomplete data via the EM algorithm. *J. Royal Statistical Society*, *39 (Series B)*, 1–38.

Denardo, E. V. (1967). Contraction mappings in the theory underlying dynamic programming. *SIAM Review*, *9*, 165–177.

Deng, J., Dong, W., Socher, R., Li, L.-J., Li, K., and Fei-Fei, L. (2009). Imagenet: A large-scale hierarchical image database. In *CVPR-09*.

Deng, L. (2016). Deep learning: From speech recognition to language and multimodal processing. *APSIPA Transactions on Signal and Information Processing*, *5*.

Deng, L., Yu, D., *et al.* (2014). Deep learning: Methods and applications. *Foundations and Trends in Signal Processing*, *7*, 197–387.

Deng, X. and Papadimitriou, C. H. (1990). Exploring an unknown graph. In *FOCS-90*.

Deng, X. and Papadimitriou, C. H. (1994). On the complexity of cooperative solution concepts. *Mathematics of Operations Research*, *19*, 257–266.

Denney, E., Fischer, B., and Schumann, J. (2006). An empirical evaluation of automated theorem provers in software certification. *Int. J. AI Tools*, *15*, 81–107.

D'Épenoux, F. (1963). A probabilistic production and inventory problem. *A probabilistic production and inventory problem*, *10*, 98–108.

Dervovic, D., Herbster, M., Mountney, P., Severini, S., Usher, N., and Wossnig, L. (2018). Quantum linear systems algorithms: A primer. arXiv:1802.08227.

Descartes, R. (1637). Discourse on method. In Cottingham, J., Stoothoff, R., and Murdoch, D. (Eds.), *The Philosophical Writings of Descartes*, Vol. I. Cambridge University Press, Cambridge.

Descotte, Y. and Latombe, J.-C. (1985). Making compromises among antagonist constraints in a planner. *AIJ*, *27*, 183–217.

Deshpande, I., Hu, Y.-T., Sun, R., Pyrros, A., Sid- diqui, N., Koyejo, S., Zhao, Z., Forsyth, D., and Schwing, A. (2019). Max-sliced Wasserstein distance and its use for GANs. In *CVPR-19*.

Deutscher, G. (2010). *Through the Language Glass: Why the World Looks Different in Other Languages*. Metropolitan Books.

Devlin, J., Chang, M.-W., Lee, K., and Toutanova, K. (2018). Bert: Pre-training of deep bidirectional transformers for language understanding. arXiv:1810.04805.

Devlin, K. (2018). *Turned On: Science, Sex and Robots*. Bloomsbury.

Devroye, L. (1987). *A course in density estimation*. Birkhauser.

Dias, M. B., Zlot, R., Kalra, N., and Stentz, A. (2006). Market-based multirobot coordination: A survey and analysis. *Proc. IEEE*, 94, 1257–1270.

Dickmanns, E. D. and Zapp, A. (1987). Autonomous high speed road vehicle guidance by computer vision. In *Automatic Control World Congress, 1987: Selected Papers from the 10th Triennial World Congress of the International Federation of Automatic Control*.

Dietterich, T. (2000). Hierarchical reinforcement learning with the MAXQ value function decomposition. *JAIR*, 13, 227–303.

Dijkstra, E. W. (1959). A note on two problems in connexion with graphs. *Numerische Mathematik*, 1, 269–271.

Dijkstra, E. W. (1984). The threats to computing science. In *ACM South Central Regional Conference*.

Ding, Y., Sohn, J. H., Kawczynski, M. G., Trivedi, H., Harnish, R., Jenkins, N. W., Lituiev, D., Copeland, T. P., Aboian, M. S., Mari Aparici, C., *et al.* (2018). A deep learning model to predict a diagnosis of alzheimer disease by using 18F-FDG PET of the brain. *Radiology*, p. 180958.

Dinh, H., Russell, A., and Su, Y. (2007). On the value of good advice: The complexity of A* with accurate heuristics. In *AAAI-07*.

Dissanayake, G., Newman, P., Clark, S., Durrant-Whyte, H., and Csorba, M. (2001). A solution to the simultaneous localisation and map building (SLAM) problem. *IEEE Transactions on Robotics and Automation*, 17, 229–241.

Dittmer, S. and Jensen, F. (1997). Myopic value of information in influence diagrams. In *UAI-97*.

Do, M. B. and Kambhampati, S. (2003). Planning as constraint satisfaction: solving the planning graph by compiling it into CSP. *AIJ*, 132, 151–182.

Do, M. B. and Kambhampati, S. (2001). Sapa: A domain-independent heuristic metric temporal planner. In *ECP-01*.

Doctorow, C. (2001). Metacrap: Putting the torch to seven straw-men of the meta-utopia.

Doctorow, C. and Stross, C. (2012). *The Rapture of the Nerds: A Tale of the Singularity, Posthumanity, and Awkward Social Situations*. Tor Books.

Dodd, L. (1988). The inside/outside algorithm: Grammatical inference applied to stochastic context-free grammars. Tech. rep., Royal Signals and Radar Establishment, Malvern.

Domingos, P. and Pazzani, M. (1997). On the optimality of the simple Bayesian classifier under zero–one loss. *Machine Learning*, 29, 103–30.

Domingos, P. (2012). A few useful things to know about machine learning. *Commun. ACM*, 55(10), 78– 87.

Domingos, P. (2015). *The Master Algorithm: How the Quest for the Ultimate Learning Machine Will Remake Our World*. Basic Books.

Dong, X., Gabrilovich, E., Heitz, G., Horn, W., Lao, N., Murphy, K., Strohmann, T., Sun, S., and Zhang, W. (2014). Knowledge vault: A web-scale approach to probabilistic knowledge fusion. In *KDD-14*.

Doorenbos, R. (1994). Combining left and right unlinking for matching a large number of learned rules. In *AAAI-94*.

Doran, J. and Michie, D. (1966). Experiments with the graph traverser program. *Proc. Roy. Soc.*, 294, Series A, 235–259.

Dorf, R. C. and Bishop, R. H. (2004). *Modern Control Systems* (10th edition). Prentice-Hall.

Dorigo, M., Birattari, M., Blum, C., Clerc, M., Stützle, T., and Winfield, A. (2008). *Ant Colony Optimization and Swarm Intelligence: 6th International Conference, ANTS 2008, Brussels, Belgium, September 22-24, 2008, Proceedings*, Vol. 5217. Springer-Verlag.

Doshi-Velez, F. and Kim, B. (2017). Towards a rigorous science of interpretable machine learning. arXiv:1702.08608.

Doucet, A. (1997). *Monte Carlo methods for Bayesian estimation of hidden Markov models: Application to radiation signals*. Ph.D. thesis, Université de Paris-Sud.

Doucet, A., de Freitas, J. F. G., and Gordon, N. (2001). *Sequential Monte Carlo Methods in Practice*. Springer-Verlag.

Doucet, A., de Freitas, J. F. G., Murphy, K., and Russell, S. J. (2000). Rao-Blackwellised particle filtering for dynamic Bayesian networks. In *UAI-00*.

Doucet, A. and Johansen, A. M. (2011). A tutorial on particle filtering and smoothing: Fifteen years later. In Crisan, D. and Rozovskii, B. (Eds.), *Oxford Handbook of Nonlinear Filtering*. Oxford.

Dowty, D., Wall, R., and Peters, S. (1991). *Introduction to Montague Semantics*. D. Reidel.

Doyle, J. (1979). A truth maintenance system. *AIJ*, 12, 231–272.

Doyle, J. (1983). What is rational psychology? Toward a modern mental philosophy. *AIMag*, 4, 50–53.

Drabble, B. (1990). Mission scheduling for spacecraft: Diaries of T-SCHED. In *Expert Planning Systems*. Institute of Electrical Engineers.

Dragan, A. D., Lee, K. C., and Srinivasa, S. (2013). Legibility and predictability of robot motion. In *HRI- 13*.

Dredze, M., Crammer, K., and Pereira, F. (2008). Confidence-weighted linear classification. In *ICML-08*.

Dressel, J. and Farid, H. (2018). The accuracy, fairness, and limits of predicting recidivism. *Science Advances*, 4, eaao5580.

Dreyfus, H. L. (1972). *What Computers Can't Do: A Critique of Artificial Reason*. Harper and Row.

Dreyfus, H. L. (1992). *What Computers Still Can't Do: A Critique of Artificial Reason*. MIT Press.

Dreyfus, H. L. and Dreyfus, S. E. (1986). *Mind over Machine: The Power of Human Intuition and Expertise in the Era of the Computer*. Blackwell.

Dreyfus, S. E. (1962). The numerical solution of variational problems. *J. Math. Anal. and Appl.*, 5, 30–45.

Dreyfus, S. E. (1969). An appraisal of some shortest-paths algorithms. *Operations Research*, 17, 395–412.

Dreyfus, S. E. (1990). Artificial neural networks, back propagation, and the Kelley–Bryson gradient procedure. *J. Guidance, Control, and Dynamics*, 13, 926– 928.

Du, S. S., Lee, J. D., Li, H., Wang, L., and Zhai, X. (2018). Gradient descent finds global minima of deep neural networks. arXiv:1811.03804.

Dubois, D. and Prade, H. (1994). A survey of belief revision and updating rules in various uncertainty models. *Int. J. Intelligent Systems*, 9, 61–100.

Duda, R. O. and Hart, P. E. (1973). *Pattern classification and scene analysis*. Wiley.

Duda, R. O., Hart, P. E., and Stork, D. G. (2001). *Pattern Classification* (2nd edition). Wiley.

Dudek, G. and Jenkin, M. (2000). *Computational Principles of Mobile Robotics*. Cambridge University Press.

Duffy, D. (1991). *Principles of Automated Theorem Proving*. John Wiley & Sons.

Dunn, H. L. (1946). Record linkage". *Am. J. Public Health*, 36, 1412–1416.

Durfee, E. H. and Lesser, V. R. (1989). Negotiating task decomposition and allocation using partial global planning. In Huhns, M. and Gasser, L. (Eds.), *Distributed AI*, Vol. 2. Morgan Kaufmann.

Durme, B. V. and Pasca, M. (2008). Finding cars, goddesses and enzymes: Parametrizable acquisition of labeled instances for open-domain information extraction. In *AAAI-08*.

Dwork, C. (2008). Differential privacy: A survey of results. In *International Conference on Theory and Applications of Models of Computation*.

Dwork, C., Hardt, M., Pitassi, T., Reingold, O., and Zemel, R. (2012). Fairness through awareness. In *Proc. 3rd innovations in theoretical computer science conference*.

Dwork, C., Roth, A., *et al.* (2014). The algorithmic foundations of differential privacy. *Foundations and Trends in Theoretical Computer Science*, 9, 211–407.

Dyson, F. (2004). A meeting with Enrico Fermi. *Nature*, 427, 297.

Dyson, G. (1998). *Darwin among the machines: the evolution of global intelligence*. Perseus Books.

Earley, J. (1970). An efficient context-free parsing algorithm. *CACM*, 13, 94–102.

Ebendt, R. and Drechsler, R. (2009). Weighted A* search–unifying view and application. *AIJ*, 173, 1310– 1342.

Eckerle, J., Chen, J., Sturtevant, N. R., Zilles, S., and Holte, R. C. (2017). Sufficient conditions for node expansion in bidirectional heuristic search. In *ICAPS-17*.

Eckhouse, L., Lum, K., Conti-Cook, C., and Ciccolini, J. (2019). Layers of bias: A unified approach for understanding problems with risk assessment. *Criminal Justice and Behavior*, 46, 185–209.

Edelkamp, S. (2009). Scaling search with symbolic pattern databases. In *Model Checking and Artificial Intelligence (MOCHART)*.

Edelkamp, S. and Schrödl, S. (2012). *Heuristic Search*. Morgan Kaufmann.

Edmonds, J. (1965). Paths, trees, and flowers. *Canadian J. of Mathematics*, 17, 449–467.

Edwards, P. (Ed.). (1967). *The Encyclopedia of Philosophy*. Macmillan.

Eiter, T., Leone, N., Mateis, C., Pfeifer, G., and Scarcello, F. (1998). The KR system dlv: Progress report, comparisons and benchmarks. In *KR-98*.

Elio, R. (Ed.). (2002). *Common Sense, Reasoning, and Rationality*. Oxford University Press.

Elkan, C. (1997). Boosting and naive Bayesian learning. Tech. rep., Department of Computer Science and Engineering, University of California, San Diego.

Ellsberg, D. (1962). *Risk, Ambiguity, and Decision*. Ph.D. thesis, Harvard University.

Elman, J. L. (1990). Finding structure in time. *Cognitive Science*, 14, 179–211.

Elman, J. L., Bates, E., Johnson, M., Karmiloff-Smith, A., Parisi, D., and Plunkett, K. (1997). *Rethinking Innateness*. MIT Press.

Elo, A. E. (1978). *The rating of chess players: Past and present*. Arco Publishing.

Elsken, T., Metzen, J. H., and Hutter, F. (2018). Neural architecture search: A survey. arXiv:1808.05377.

Empson, W. (1953). *Seven Types of Ambiguity*. New Directions.

Enderton, H. B. (1972). *A Mathematical Introduction to Logic*. Academic Press.

Engel, J., Resnick, C., Roberts, A., Dieleman, S., Norouzi, M., Eck, D., and Simonyan, K. (2017). Neural audio synthesis of musical notes with wavenet autoencoders. In *Proc. 34th International Conference on Machine Learning-Volume 70*.

Epstein, R., Roberts, G., and Beber, G. (Eds.). (2008). *Parsing the Turing test*. Springer.

Erdmann, M. A. and Mason, M. (1988). An exploration of sensorless manipulation. *IEEE Journal of Robotics and Automation*, 4, 369–379.

Ernst, H. A. (1961). *MH-1, a Computer-Operated Mechanical Hand*. Ph.D. thesis, MIT.

Ernst, M., Millstein, T., and Weld, D. S. (1997). Automatic SAT-compilation of planning problems. In *IJCAI-97*.

Erol, K., Hendler, J., and Nau, D. S. (1994). HTN planning: Complexity and expressivity. In *AAAI-94*.

Erol, K., Hendler, J., and Nau, D. S. (1996). Complexity results for HTN planning. *AIJ*, 18, 69–93.

Erol, Y., Li, L., Ramsundar, B., and Russell, S. J. (2013). The extended parameter filter. In *ICML-13*.

Erol, Y., Wu, Y., Li, L., and Russell, S. J. (2017). A nearly-black-box online algorithm for joint parameter and state estimation in temporal models. In *AAAI-17*.

Esteva, A., Kuprel, B., Novoa, R. A., Ko, J., Swetter, S. M., Blau, H. M., and Thrun, S. (2017). Dermatologist-level classification of skin cancer with deep neural networks. *Nature*, 542, 115.

Etzioni, A. (2004). *From Empire to Community: A New Approach to International Relation*. Palgrave Macmillan.

Etzioni, A. and Etzioni, O. (2017a). Incorporating ethics into artificial intelligence. *The Journal of Ethics*, 21, 403–418.

Etzioni, A. and Etzioni, O. (2017b). Should artificial intelligence be regulated? *Issues in Science and Technology*, Summer.

Etzioni, O. (1989). Tractable decision-analytic control. In *Proc. First International Conference on Knowledge Representation and Reasoning*.

Etzioni, O., Banko, M., Soderland, S., and Weld, D. S. (2008). Open information extraction from the web. *CACM*, 51.

Etzioni, O., Hanks, S., Weld, D. S., Draper, D., Lesh, N., and Williamson, M. (1992). An approach to planning with incomplete information. In *KR-92*.

Etzioni, O., Banko, M., and Cafarella, M. J. (2006). Machine reading. In *AAAI-06*.

Etzioni, O., Cafarella, M. J., Downey, D., Popescu, A.-M., Shaked, T., Soderland, S., Weld, D. S., and Yates, A. (2005). Unsupervised named-entity extraction from the web: An experimental study. *AIJ*, 165(1), 91–134.

Evans, T. G. (1968). A program for the solution of a class of geometric-analogy intelligence-test questions. In Minsky, M. L. (Ed.), *Semantic Information Processing*. MIT Press.

Fagin, R., Halpern, J. Y., Moses, Y., and Vardi, M. Y. (1995). *Reasoning about Knowledge*. MIT Press.

Fahlman, S. E. (1974). A planning system for robot construction tasks. *AIJ*, 5, 1–49.

Faugeras, O. (1992). What can be seen in three dimensions with an uncalibrated stereo rig? In *ECCV*, Vol. 588 of *Lecture Notes in Computer Science*.

Faugeras, O., Luong, Q.-T., and Papadopoulo, T. (2001). *The Geometry of Multiple Images*. MIT Press.

Fawcett, T. and Provost, F. (1997). Adaptive fraud detection. *Data mining and knowledge discovery*, 1, 291–316.

Fearing, R. S. and Hollerbach, J. M. (1985). Basic solid mechanics for tactile sensing. *Int. J. Robotics Research*, 4, 40–54.

Featherstone, R. (1987). *Robot Dynamics Algorithms*. Kluwer Academic Publishers.

Feigenbaum, E. A. (1961). The simulation of verbal learning behavior. *Proc. Western Joint Computer Conference*, 19, 121–131.

Feigenbaum, E. A., Buchanan, B. G., and Lederberg, J. (1971). On generality and problem solving: A case study using the DENDRAL program. In Meltzer, B. and Michie, D. (Eds.), *Machine Intelligence 6*. Edin- burgh University Press.

Feldman, J. and Sproull, R. F. (1977). Decision theory and artificial intelligence II: The hungry monkey. Technical report, Computer Science Department, University of Rochester.

Feldman, J. and Yakimovsky, Y. (1974). Decision theory and artificial intelligence I: Semantics-based region analyzer. *AIJ*, 5, 349–371.

Feldman, M. (2017). Oak Ridge readies Summit supercomputer for 2018 debut.

Fellbaum, C. (2001). *Wordnet: An Electronic Lexical Database*. MIT Press.

Fellegi, I. and Sunter, A. (1969). A theory for record linkage. *JASA*, 64, 1183–1210.

Felner, A., Korf, R. E., and Hanan, S. (2004). Additive pattern database heuristics. *JAIR*, 22, 279–318.

Felner, A. (2018). Position paper: Using early goal test in A*. In *Eleventh Annual Symposium on Combinatorial Search*.

Felner, A., Korf, R. E., Meshulam, R., and Holte, R. C. (2007). Compressed pattern databases. *JAIR*, 30.

Felner, A., Zahavi, U., Holte, R. C., Schaeffer, J., Sturtevant, N. R., and Zhang, Z. (2011). Inconsistent heuristics in theory and practice. *AIJ*, 175, 1570–1603.

Felzenszwalb, P. and McAllester, D. A. (2007). The generalized A* architecture. *JAIR*.

Fenton, N. and Neil, M. (2018). *Risk Assessment and Decision Analysis with Bayesian Networks* (2nd edition). Chapman and Hall.

Ferguson, T. (1992). Mate with knight and bishop in kriegspiel. *Theoretical Computer Science*, 96, 389–403.

Ferguson, T. (1995). Mate with the two bishops in kriegspiel.

Ferguson, T. (2001). *Optimal Stopping and Applications*.

Ferguson, T. (1973). Bayesian analysis of some nonparametric problems. *Annals of Statistics*, 1, 209–230.

Fern, A., Natarajan, S., Judah, K., and Tadepalli, P. (2014). A decision-theoretic model of assistance. *JAIR*, 50, 71–104.

Fernandez, J. M. F. and Mahlmann, T. (2018). The Dota 2 bot competition. *IEEE Transactions on Games*.

Ferraris, P. and Giunchiglia, E. (2000). Planning as satisfiability in nondeterministic domains. In *AAAI-00*.

Ferriss, T. (2007). *The 4-Hour Workweek*. Crown.

Ferrucci, D., Brown, E., Chu-Carroll, J., Fan, J., Gondek, D., Kalyanpur, A. A., Lally, A., Murdock, J. W., Nyberg, E., Prager, J., Schlaefer, N., and Welty, C. (2010). Building Watson: An overview of the DeepQA project. *AI Magazine*, Fall.

Fikes, R. E., Hart, P. E., and Nilsson, N. J. (1972). Learning and executing generalized robot plans. *AIJ*, 3, 251–288.

Fikes, R. E. and Nilsson, N. J. (1971). STRIPS: A new approach to the application of theorem proving to problem solving. *AIJ*, 2, 189–208.

Fikes, R. E. and Nilsson, N. J. (1993). STRIPS, a retrospective. *AIJ*, 59, 227–232.

Fine, S., Singer, Y., and Tishby, N. (1998). The hierarchical hidden Markov model: Analysis and applications. *Machine Learning*, 32.

Finn, C., Abbeel, P., and Levine, S. (2017). Model-agnostic meta-learning for fast adaptation of deep networks. In *Proc. 34th International Conference on Machine Learning-Volume 70*.

Finney, D. J. (1947). *Probit analysis: A statistical treatment of the sigmoid response curve*. Cambridge University Press.

Firoiu, V., Whitney, W. F., and Tenenbaum, J. B. (2017). Beating the world's best at Super Smash Bros. with deep reinforcement learning. arXiv:1702.06230.

Firth, J. (1957). *Papers in Linguistics*. Oxford University Press.

Fisher, R. A. (1922). On the mathematical foundations of theoretical statistics. *Phil. Trans. Roy. Soc., A*, 222, 309–368.

Fix, E. and Hodges, J. L. (1951). Discriminatory analysis—Nonparametric discrimination: Consistency properties. Tech. rep., USAF School of Aviation Medicine.

Floreano, D., Zufferey, J. C., Srinivasan, M. V., and Ellington, C. (2009). *Flying Insects and Robots*. Springer.

Floyd, R. W. (1962). Algorithm 97: Shortest path. *CACM*, 5, 345.

Fogel, D. B. (2000). *Evolutionary Computation: Toward a New Philosophy of Machine Intelligence*. IEEE Press.

Fogel, L. J., Owens, A. J., and Walsh, M. J. (1966). *Artificial Intelligence through Simulated Evolution*. Wiley.

Forbes, J., Huang, T., Kanazawa, K., and Russell, S. J. (1995). The BATmobile: Towards a Bayesian automated taxi. In *IJCAI-95*.

Forbus, K. D. (1985). Qualitative process theory. In Bobrow, D. (Ed.), *Qualitative Reasoning About Physical Systems*. MIT Press.

Forbus, K. D. and de Kleer, J. (1993). *Building Problem Solvers*. MIT Press.

Forbus, K. D., Hinrichs, T. R., De Kleer, J., and Usher, M. (2010). FIRE: Infrastructure for experience-based systems with common sense. In *AAAI Fall Symposium: Commonsense Knowledge*.

Ford, K. M. and Hayes, P. J. (1995). Turing Test considered harmful. In *IJCAI-95*.

Ford, L. R. (1956). Network flow theory. Tech. rep., RAND Corporation.

Ford, M. (2015). *Rise of the Robots: Technology and the Threat of a Jobless Future*. Basic Books.

Ford, M. (2018). *Architects of Intelligence*. Packt.

Forestier, J.-P. and Varaiya, P. (1978). Multilayer control of large Markov chains. *IEEE Transactions on Automatic Control*, 23, 298–304.

Forgy, C. (1981). OPS5 user's manual. Technical report, Computer Science Department, Carnegie-Mellon University.

Forgy, C. (1982). A fast algorithm for the many patterns/many objects match problem. *AIJ*, 19, 17–37.

Forster, E. M. (1909). *The Machine Stops*. Sheba Blake.

Forsyth, D. and Ponce, J. (2002). *Computer Vision: A Modern Approach*. Prentice Hall.

Fouhey, D., Kuo, W.-C., Efros, A., and Malik, J. (2018). From lifestyle vlogs to everyday interactions. In *CVPR-18*.

Fourier, J. (1827). Analyse des travaux de l'Académie Royale des Sciences, pendant l'année 1824; partie mathématique. *Histoire de l'Académie Royale des Sciences de France*, 7, xlvii–lv.

Fox, C. and Tversky, A. (1995). Ambiguity aversion and comparative ignorance. *Quarterly Journal of Economics*, 110, 585–603.

Fox, D., Burgard, W., Dellaert, F., and Thrun, S. (1999). Monte Carlo localization: Efficient position estimation for mobile robots. In *AAAI-99*.

Fox, M. S. (1990). Constraint-guided scheduling: A short history of research at CMU. *Computers in Industry*, 14, 79–88.

Fox, M. S., Allen, B., and Strohm, G. (1982). Job shop scheduling: An investigation in constraint-directed reasoning. In *AAAI-82*.

Franco, J. and Paull, M. (1983). Probabilistic analysis of the Davis Putnam procedure for solving the satisfiability problem. *Discrete Applied Mathematics*, 5, 77–87.

Francois-Lavet, V., Henderson, P., Islam, R., Bellemare, M. G., and Pineau, J. (2018). An introduction to deep reinforcement learning. *Foundations and Trends in Machine Learning*, 11, 219–354.

Frank, I., Basin, D. A., and Matsubara, H. (1998). Finding optimal strategies for imperfect information games. In *AAAI-98*.

Frank, R. H. and Cook, P. J. (1996). *The Winner-Take-All Society*. Penguin.

Frans, K., Ho, J., Chen, X., Abbeel, P., and Schulman, J. (2018). Meta learning shared hierarchies. In *ICLR-18*.

Franz, A. and Brants, T. (2006). All our n-gram are belong to you. Google blog.

Frege, G. (1879). *Begriffsschrift, eine der arithmetischen nachgebildete Formelsprache des reinen Denkens*. Halle, Berlin. English translation appears in van Heijenoort (1967).

Freitag, D. and McCallum, A. (2000). Information extraction with hmm structures learned by stochastic optimization. In *AAAI-00*.

Freuder, E. C. (1978). Synthesizing constraint expressions. *CACM*, 21, 958–966.

Freuder, E. C. (1982). A sufficient condition for backtrack-free search. *JACM*, 29, 24–32.

Freuder, E. C. (1985). A sufficient condition for backtrack-bounded search. *JACM*, 32, 755–761.

Freund, Y. and Schapire, R. E. (1996). Experiments with a new boosting algorithm. In *ICML-96*.

Freund, Y. and Schapire, R. E. (1999). Large margin classification using the perceptron algorithm. *Machine Learning*, 37, 277–296.

Frey, B. J. (1998). *Graphical models for machine learning and digital communication*. MIT Press.

Frey, C. B. and Osborne, M. A. (2017). The future of employment: How susceptible are jobs to computerisation? *Technological forecasting and social change*, 114, 254–280.

Friedberg, R. M. (1958). A learning machine: Part I. *IBM Journal of Research and Development*, 2, 2–13.

Friedberg, R. M., Dunham, B., and North, T. (1959). A learning machine: Part II. *IBM Journal of Research and Development*, 3, 282–287.

Friedman, G. J. (1959). Digital simulation of an evolutionary process. *General Systems Yearbook*, 4, 171–184.

Friedman, J., Hastie, T., and Tibshirani, R. (2000). Additive logistic regression: A statistical view of boosting. *Annals of Statistics*, 28, 337–374.

Friedman, J. (2001). Greedy function approximation: A gradient boosting machine. *Annals of statistics*, 29, 1189–1232.

Friedman, N. (1998). The Bayesian structural EM algorithm. In *UAI-98*.

Friedman, N. and Goldszmidt, M. (1996). Learning Bayesian networks with local structure. In *UAI-96*.

Friedman, N. and Koller, D. (2003). Being Bayesian about Bayesian network structure: A Bayesian approach to structure discovery in Bayesian networks. *Machine Learning*, 50, 95–125.

Friedman, N., Murphy, K., and Russell, S. J. (1998). Learning the structure of dynamic probabilistic networks. In *UAI-98*.

Friedman, N. (2004). Inferring cellular networks using probabilistic graphical models. *Science*, 303.

Fruhwirth, T. and Abdennadher, S. (2003). *Essentials of constraint programming*. Cambridge University Press.

Fuchs, J. J., Gasquet, A., Olalainty, B., and Currie, W. (1990). PlanERS-1: An expert planning system for generating spacecraft mission plans. In *First International Conference on Expert Planning Systems*. Institute of Electrical Engineers.

Fudenberg, D. and Tirole, J. (1991). *Game theory*. MIT Press.

Fukunaga, A. S., Rabideau, G., Chien, S., and Yan, D. (1997). ASPEN: A framework for automated planning and scheduling of spacecraft control and operations. In *Proc. International Symposium on AI, Robotics and Automation in Space*.

Fukushima, K. (1980). Neocognitron: A self-organizing neural network model for a mechanism of pattern recognition unaffected by shift in position. *Biological Cybernetics*, 36, 193–202.

Fukushima, K. and Miyake, S. (1982). Neocognitron: A self-organizing neural network model for a mechanism of visual pattern recognition. In *Competition and cooperation in neural nets*. Springer.

Fuller, S. B., Straw, A. D., Peek, M. Y., Murray, R. M., and Dickinson, M. H. (2014). Flying Drosophila stabilize their vision-based velocity controller by sensing wind with their antennae. *Proc. National Academy of Sciences of the United States of America*, 111 13, E1182–91.

Fung, C., Yoon, C. J. M., and Beschastnikh, I. (2018). Mitigating sybils in federated learning poisoning. arXiv:1808.04866.

Fung, R. and Chang, K. C. (1989). Weighting and integrating evidence for stochastic simulation in Bayesian networks. In *UAI 5*.

Gaddum, J. H. (1933). Reports on biological standard III: Methods of biological assay depending on a quantal response. Special report series of the medical research council, Medical Research Council.

Gaifman, H. (1964a). Concerning measures in first order calculi. *Israel J. Mathematics*, 2, 1–18.

Gaifman, H. (1964b). Concerning measures on Boolean algebras. *Pacific J. Mathematics*, 14, 61–73.

Gallaire, H. and Minker, J. (Eds.). (1978). *Logic and Databases*. Plenum.

Gallier, J. H. (1986). *Logic for Computer Science: Foundations of Automatic Theorem Proving*. Harper and Row.

Galton, F. (1886). Regression towards mediocrity in hereditary stature. *J. Anthropological Institute of Great Britain and Ireland*, 15, 246–263.

Gamba, A., Gamberini, L., Palmieri, G., and Sanna, R. (1961). Further experiments with PAPA. *Nuovo Cimento Supplemento*, 20, 221–231.

Gandomi, A. and Haider, M. (2015). Beyond the hype: Big data concepts, methods, and analytics. *International journal of information management*, 35, 137–144.

Gao, J. (2014). Machine learning applications for data center optimization. Google Research.

García, J. and Fernández, F. (2015). A comprehensive survey on safe reinforcement learning. *JMLR*, 16, 1437–1480.

Gardner, M. (1968). *Logic Machines, Diagrams and Boolean Algebra*. Dover.

Garey, M. R. and Johnson, D. S. (1979). *Computers and Intractability*. W. H. Freeman.

Gaschnig, J. (1977). A general backtrack algorithm that eliminates most redundant tests. In *IJCAI-77*.

Gaschnig, J. (1979). Performance measurement and analysis of certain search algorithms. Technical report, Computer Science Department, Carnegie-Mellon University.

Gasser, R. (1995). *Efficiently harnessing computational resources for exhaustive search*. Ph.D. thesis, ETH Zürich.

Gat, E. (1998). Three-layered architectures. In Ko- rtenkamp, D., Bonasso, R. P., and Murphy, R. (Eds.), *AI-based Mobile Robots: Case Studies of Successful Robot Systems*. MIT Press.

Gatys, L. A., Ecker, A. S., and Bethge, M. (2016). Image style transfer using convolutional neural networks. In *CVPR-16*.

Gauci, J., Conti, E., Liang, Y., Virochsiri, K., He, Y., Kaden, Z., Narayanan, V., and Ye, X. (2018). Horizon: Facebook's open source applied reinforcement learning platform. arXiv:1811.00260.

Gauss, C. F. (1809). *Theoria Motus Corporum Coelestium in Sectionibus Conicis Solem Ambientium*. Sumtibus F. Perthes et I. H. Besser, Hamburg.

Gauss, C. F. (1829). Beiträge zur theorie der algebraischen gleichungen. *Werke*, 3, 71–102.

Gazzaniga, M. (2018). *The Consciousness Instinct*. Farrar, Straus and Girou.

Gebru, T., Morgenstern, J., Vecchione, B., Vaughan, J. W., Wallach, H. M., III, H. D., and Crawford, K. (2018). Datasheets for datasets. arXiv:1803.09010.

Geiger, D., Verma, T., and Pearl, J. (1990a). d-separation: From theorems to algorithms. In Henrion, M., Shachter, R. D., Kanal, L. N., and Lemmer, J. F. (Eds.), *UAI-90*. Elsevier.

Geiger, D., Verma, T., and Pearl, J. (1990b). Identifying independence in Bayesian networks. *Networks*, 20, 507–534.

Gelb, A. (1974). *Applied Optimal Estimation*. MIT Press.

Gelernter, H. (1959). Realization of a geometrytheorem proving machine. In *Proc. an International Conference on Information Processing*. UNESCO House.

Gelfond, M. and Lifschitz, V. (1988). Compiling circumscriptive theories into logic programs. In *Non-Monotonic Reasoning: 2nd International Workshop Proceedings*.

Gelfond, M. (2008). Answer sets. In van Harmelan, F., Lifschitz, V., and Porter, B. (Eds.), *Handbook of Knowledge Representation*. Elsevier.

Gelman, A. (2004). Exploratory data analysis for complex models. *Journal of Computational and Graphical Statistics*, 13, 755–779.

Gelman, A., Carlin, J. B., Stern, H. S., and Rubin, D. (1995). *Bayesian Data Analysis*. Chapman & Hall.

Geman, S. and Geman, D. (1984). Stochastic relaxation, Gibbs distributions, and Bayesian restoration of images. *PAMI*, 6, 721–741.

Gene Ontology Consortium, The. (2008). The gene ontology project in 2008. *Nucleic Acids Research*, 36(D440–D444).

Genesereth, M. R. (1984). The use of design descriptions in automated diagnosis. *AIJ*, 24, 411–436.

Genesereth, M. R. and Nilsson, N. J. (1987). *Logical Foundations of Artificial Intelligence*. Morgan Kauf- mann.

Genesereth, M. R. and Nourbakhsh, I. (1993). Timesaving tips for problem solving with incomplete information. In *AAAI-93*.

Genesereth, M. R. and Smith, D. E. (1981). Metalevel architecture. Memo, Computer Science Department, Stanford University.

Gent, I., Petrie, K., and Puget, J.-F. (2006). Symmetry in constraint programming. In Rossi, F., van Beek, P., and Walsh, T. (Eds.), *Handbook of Constraint Programming*. Elsevier.

Géron, A. (2019). *Hands-On Machine Learning with Scikit-Learn, Kerasm and TensorFlow: Concepts, Tools, and Techniques to Build Intelligent Systems*. O'Reilly.

Gers, F. A., Schmidhuber, J., and Cummins, F. (2000). Learning to forget: Continual prediction with LSTM. *Neural Computation*, 12, 2451–2471.

Getoor, L. and Taskar, B. (Eds.). (2007). *Introduction to Statistical Relational Learning*. MIT Press.

Ghaheri, A., Shoar, S., Naderan, M., and Hoseini, S. (2015). The applications of genetic algorithms in medicine. *Oman medical journal*, 30, 406–416.

Ghahramani, Z. (1998). Learning dynamic Bayesian networks. In *Adaptive Processing of Sequences and Data Structures*.

Ghahramani, Z. (2005). Tutorial on nonparametric Bayesian methods. Given at the UAI-05 Conference.

Ghallab, M., Howe, A., Knoblock, C. A., and McDermott, D. (1998). PDDL—The planning domain definition language. Tech. rep., Yale Center for Computational Vision and Control.

Ghallab, M. and Laruelle, H. (1994). Representation and control in IxTeT, a temporal planner. In *AIPS-94*.

Ghallab, M., Nau, D. S., and Traverso, P. (2004). *Automated Planning: Theory and practice*. Morgan Kaufmann.

Ghallab, M., Nau, D. S., and Traverso, P. (2016). *Automated Planning and Acting*. Cambridge University Press.

Gibbs, R. W. (2006). Metaphor interpretation as embodied simulation. *Mind*, 21, 434–458.

Gibson, J. J. (1950). *The Perception of the Visual World*. Houghton Mifflin.

Gibson, J. J. (1979). *The Ecological Approach to Visual Perception*. Houghton Mifflin.

Gibson, J. J., Olum, P., and Rosenblatt, F. (1955). Parallax and perspective during aircraft landings. *American Journal of Psychology*, 68, 372–385.

Gilks, W. R., Richardson, S., and Spiegelhalter, D. J. (Eds.). (1996). *Markov chain Monte Carlo in practice*. Chapman and Hall.

Gilks, W. R., Thomas, A., and Spiegelhalter, D. J. (1994). A language and program for complex Bayesian modelling. *The Statistician*, 43, 169–178.

Gilks, W. R. and Berzuini, C. (2001). Following a moving target—Monte Carlo inference for dynamic Bayesian models. *J. Royal Statistical Society*, 63, 127– 146.

Gilks, W. R. and Wild, P. P. (1992). Adaptive rejection sampling for Gibbs sampling. *Applied Statistics*, 41, 337–348.

Gillies, D. B. (1959). Solutions to general non-zerosum games. In Tucker, A. W. and Luce, L. D. (Eds.), *Contributions to the Theory of Games, volume IV*. Princeton University Press.

Gilmore, P. C. (1960). A proof method for quantification theory: Its justification and realization. *IBM Journal of Research and Development*, 4, 28–35.

Gilpin, A., Sandholm, T., and Sorensen, T. (2008). A heads-up no-limit Texas Hold'em poker player: Discretized betting models and automatically generated equilibrium-finding programs. In *AAMAS-08*.

Ginsberg, M. L. (1993). *Essentials of Artificial Intelligence*. Morgan Kaufmann.

Ginsberg, M. L. (2001). GIB: Imperfect information in a computationally challenging game. *JAIR*, 14, 303–358.

Gionis, A., Indyk, P., and Motwani, R. (1999). Similarity search in high dimensions vis hashing. In *Proc. 25th Very Large Database (VLDB) Conference*.

Girshick, R., Donahue, J., Darrell, T., and Malik, J. (2016). Region-based convolutional networks for accurate object detection and segmentation. *PAMI*, 38, 142–58.

Gittins, J. C. (1989). *Multi-Armed Bandit Allocation Indices*. Wiley.

Gittins, J. C. and Jones, D. M. (1974). A dynamic allocation index for the sequential design of experiments. In Gani, J. (Ed.), *Progress in Statistics*. North-Holland.

Glanc, A. (1978). On the etymology of the word "robot". *SIGART Newsletter*, *67*, 12.

Glickman, M. E. (1999). Parameter estimation in large dynamic paired comparison experiments. *Applied Statistics*, *48*, 377–394.

Glorot, X., Bordes, A., and Bengio, Y. (2011). Deep sparse rectifier neural networks. In *AISTATS'2011*.

Glover, F. and Laguna, M. (Eds.). (1997). *Tabu search*. Kluwer.

Gluss, B. (1959). An optimum policy for detecting a fault in a complex system. *Operations Research*, *7*, 468–477.

Godefroid, P. (1990). Using partial orders to improve automatic verification methods. In *Proc. 2nd Int'l Workshop on Computer Aided Verification*.

Gödel, K. (1930). *Über die Vollständigkeit des Logikkalküls*. Ph.D. thesis, University of Vienna.

Gödel, K. (1931). Über formal unentscheidbare Sätze der Principia mathematica und verwandter Systeme I. *Monatshefte für Mathematik und Physik*, *38*, 173–198.

Goebel, J., Volk, K., Walker, H., and Gerbault, F. (1989). Automatic classification of spectra from the infrared astronomical satellite (IRAS). *Astronomy and Astrophysics*, *222*, L5–L8.

Goertzel, B. and Pennachin, C. (2007). *Artificial General Intelligence*. Springer.

Gogate, V. and Domingos, P. (2011). Approximation by quantization. In *UAI-11*.

Gold, E. M. (1967). Language identification in the limit. *Information and Control*, *10*, 447–474.

Goldberg, A. V., Kaplan, H., and Werneck, R. F. (2006). Reach for A*: Efficient point-to-point shortest path algorithms. In *Workshop on algorithm engineering and experiments*.

Goldberg, Y. (2017). Neural network methods for natural language processing. *Synthesis Lectures on Human Language Technologies*, *10*.

Goldberg, Y., Zhao, K., and Huang, L. (2013). Efficient implementation of beam-search incremental parsers. In *ACL-13*.

Goldman, R. and Boddy, M. (1996). Expressive planning and explicit knowledge. In *AIPS-96*.

Goldszmidt, M. and Pearl, J. (1996). Qualitative probabilities for default reasoning, belief revision, and causal modeling. *AIJ*, *84*, 57–112.

Golomb, S. and Baumert, L. (1965). Backtrack programming. *JACM*, *14*, 516–524.

Golub, G., Heath, M., and Wahba, G. (1979). Generalized cross-validation as a method for choosing a good ridge parameter. *Technometrics*, *21*.

Gomes, C., Selman, B., Crato, N., and Kautz, H. (2000). Heavy-tailed phenomena in satisfiability and constrain processing. *JAR*, *24*, 67–100.

Gomes, C., Kautz, H., Sabharwal, A., and Selman, B. (2008). Satisfiability solvers. In van Harmelen, F., Lifschitz, V., and Porter, B. (Eds.), *Handbook of Knowledge Representation*. Elsevier.

Gomes, C. and Selman, B. (2001). Algorithm portfolios. *AIJ*, *126*, 43–62.

Gomes, C., Selman, B., and Kautz, H. (1998). Boosting combinatorial search through randomization. In *AAAI-98*.

Gonthier, G. (2008). Formal proof–The four-color theorem. *Notices of the AMS*, *55*, 1382–1393.

Good, I. J. (1961). A causal calculus. *British Journal of the Philosophy of Science*, *11*, 305–318.

Good, I. J. (1965a). The mystery of Go. *New Scientist*, *427*, 172–174.

Good, I. J. (1965b). Speculations concerning the first ultraintelligent machine. In Alt, F. L. and Rubinoff, M. (Eds.), *Advances in Computers*, Vol. 6. Academic Press.

Good, I. J. (1983). *Good Thinking: The Foundations of Probability and Its Applications*. University of Minnesota Press.

Goodfellow, I., Bengio, Y., and Courville, A. (2016). *Deep Learning*. MIT Press.

Goodfellow, I., Bulatov, Y., Ibarz, J., Arnoud, S., and Shet, V. (2014). Multi-digit number recognition from Street View imagery using deep convolutional neural networks. In *International Conference on Learning Representations*.

Goodfellow, I., Pouget-Abadie, J., Mirza, M., Xu, B., Warde-Farley, D., Ozair, S., Courville, A., and Bengio, Y. (2015a). Generative adversarial nets. In *NeurIPS 27*.

Goodfellow, I., Vinyals, O., and Saxe, A. M. (2015b). Qualitatively characterizing neural network optimization problems. In *International Conference on Learning Representations*.

Goodman, J. (2001). A bit of progress in language modeling. Tech. rep., Microsoft Research.

Goodman, N. D., Mansinghka, V. K., Roy, D., Bonawitz, K., and Tenenbaum, J. B. (2008). Church: A language for generative models. In *UAI-08*.

Goodman, N. (1977). *The Structure of Appearance* (3rd edition). D. Reidel.

Gopnik, A. and Glymour, C. (2002). Causal maps and Bayes nets: A cognitive and computational account of theory-formation. In Caruthers, P., Stich, S., and Siegal, M. (Eds.), *The Cognitive Basis of Science*. Cambridge University Press.

Gordon, A. D., Graepel, T., Rolland, N., Russo, C., Borgström, J., and Guiver, J. (2014). Tabular: A schema-driven probabilistic programming language. In *POPL-14*.

Gordon, A. S. and Hobbs, J. R. (2017). *A Formal Theory of Commonsense Psychology: How People Think People Think*. Cambridge University Press.

Gordon, M. J., Milner, A. J., and Wadsworth, C. P. (1979). *Edinburgh LCF*. Springer-Verlag.

Gordon, N. (1994). *Bayesian methods for tracking*. Ph.D. thesis, Imperial College.

Gordon, N., Salmond, D. J., and Smith, A. F. M. (1993). Novel approach to nonlinear/non-Gaussian Bayesian state estimation. *IEE Proceedings F (Radar and Signal Processing)*, *140*, 107–113.

Gordon, S. A. (1994). A faster Scrabble move generation algorithm. *Software Practice and Experience*, *24*, 219–232.

Gorry, G. A. (1968). Strategies for computer-aided diagnosis. *Math. Biosciences*, *2*, 293–318.

Gorry, G. A., Kassirer, J. P., Essig, A., and Schwartz, W. B. (1973). Decision analysis as the basis for computer-aided management of acute renal failure. *American Journal of Medicine*, *55*, 473–484.

Gottlob, G., Leone, N., and Scarcello, F. (1999a). A comparison of structural CSP decomposition methods. In *IJCAI-99*.

Gottlob, G., Leone, N., and Scarcello, F. (1999b). Hypertree decompositions and tractable queries. In *PODS-99*.

Goyal, Y., Khot, T., Summers-Stay, D., Batra, D., and Parikh, D. (2017). Making the V in VQA matter: Elevating the role of image understanding in visual question answering. In *CVPR-17*.

Grace, K., Salvatier, J., Dafoe, A., Zhang, B., and Evans, O. (2017). When will AI exceed human performance? Evidence from AI experts. arXiv:1705.08807.

Graham, S. L., Harrison, M. A., and Ruzzo, W. L. (1980). An improved context-free recognizer. *ACM Transactions on Programming Languages and Systems*, *2*, 415–462.

Grassmann, H. (1861). *Lehrbuch der Arithmetik*. Th. Chr. Fr. Enslin, Berlin.

Grayson, C. J. (1960). Decisions under uncertainty: Drilling decisions by oil and gas operators. Tech. rep., Harvard Business School.

Green, B., Wolf, A., Chomsky, C., and Laugherty, K. (1961). BASEBALL: An automatic question answerer. In *Proc. Western Joint Computer Conference*.

Green, C. (1969a). Application of theorem proving to problem solving. In *IJCAI-69*.

Green, C. (1969b). Theorem-proving by resolution as a basis for question-answering systems. In Meltzer, B., Michie, D., and Swann, M. (Eds.), *Machine Intelligence 4*. Edinburgh University Press.

Green, C. and Raphael, B. (1968). The use of theorem proving techniques in question-answering systems. In *Proc. 23rd ACM National Conference*.

Gribkoff, E., Van den Broeck, G., and Suciu, D. (2014). Understanding the complexity of lifted inference and asymmetric weighted model counting. In *UAI-14*.

Griffiths, T. L., Kemp, C., and Tenenbaum, J. B. (2008). Bayesian models of cognition. In Sun, R. (Ed.), *The Cambridge handbook of computational cognitive modeling*. Cambridge University Press.

Grinstead, C. and Snell, J. (1997). *Introduction to Probability*. American Mathematical Society.

Grosz, B. J. and Stone, P. (2018). A century long commitment to assessing artificial intelligence and its impact on society. *Communications of the ACM*, *61*.

Grove, W. and Meehl, P. (1996). Comparative efficiency of informal (subjective, impressionistic) and formal (mechanical, algorithmic) prediction procedures: The clinical statistical controversy. *Psychology, Public Policy, and Law*, 2, 293–323.

Gruber, T. (2004). Interview of Tom Gruber. *AIS SIGSEMIS Bulletin*, 1.

Gu, J. (1989). *Parallel Algorithms and Architectures for Very Fast AI Search*. Ph.D. thesis, Univ. of Utah.

Guard, J., Oglesby, F., Bennett, J., and Settle, L. (1969). Semi-automated mathematics. *JACM*, 16, 49–62.

Guestrin, C., Koller, D., Gearhart, C., and Kanodia, N. (2003a). Generalizing plans to new environments in relational MDPs. In *IJCAI-03*.

Guestrin, C., Koller, D., Parr, R., and Venkataraman, S. (2003b). Efficient solution algorithms for factored MDPs. *JAIR*, 19, 399–468.

Guestrin, C., Lagoudakis, M. G., and Parr, R. (2002). Coordinated reinforcement learning. In *ICML-02*.

Guibas, L. J., Knuth, D. E., and Sharir, M. (1992). Randomized incremental construction of Delaunay and Voronoi diagrams. *Algorithmica*, 7, 381–413.

Gulshan, V., Peng, L., Coram, M., Stumpe, M. C., Wu, D., Narayanaswamy, A., Venugopalan, S., Widner, K., Madams, T., Cuadros, J., *et al.* (2016). Development and validation of a deep learning algorithm for detection of diabetic retinopathy in retinal fundus photographs. *Jama*, 316, 2402–2410.

Gunkel, D. J. (2018). *Robot Rights*. MIT Press.

Gunning, D. (2016). Explainable artificial intelligence (xai). Tech. rep., DARPA.

Guo, C., Goldstein, T., Hannun, A., and van der Maaten, L. (2019). Certified data removal from machine learning models. arXiv:1911.03030.

Gururangan, S., Swayamdipta, S., Levy, O., Schwartz, R., Bowman, S., and Smith, N. A. (2018). Annotation artifacts in natural language inference data. arXiv:1803.02324.

Guyon, I., Bennett, K., Cawley, G. C., Escalante, H. J., Escalera, S., Ho, T. K., Macià, N., Ray, B., Saeed, M., Statnikov, A. R., and Viegas, E. (2015). Design of the 2015 ChaLearn AutoML challenge. In *IJCNN-15*.

Guyon, I. and Elisseeff, A. (2003). An introduction to variable and feature selection. *JMLR*, 3, 1157–1182.

Hacking, I. (1975). *The Emergence of Probability*. Cambridge University Press.

Hadfield-Menell, D., Dragan, A. D., Abbeel, P., and Russell, S. J. (2017a). Cooperative inverse reinforcement learning. In *NeurIPS 29*.

Hadfield-Menell, D., Dragan, A. D., Abbeel, P., and Russell, S. J. (2017b). The off-switch game. In *IJCAI-17*.

Hadfield-Menell, D. and Russell, S. J. (2015). Multitasking: Efficient optimal planning for bandit super processes. In *UAI-15*.

Hailperin, T. (1984). Probability logic. *Notre Dame J. Formal Logic*, 25, 198–212.

Hald, A. (1990). *A History of Probability and Statistics and Their Applications before 1750*. Wiley.

Hales, T. (2005). A proof of the Kepler conjecture. *Annals of mathematics*, 162, 1065–1185.

Hales, T., Adams, M., Bauer, G., Dang, T. D., Harrison, J., Le Truong, H., Kaliszyk, C., Magron, V., McLaughlin, S., Nguyen, T. T., *et al.* (2017). A formal proof of the Kepler conjecture. In *Forum of Mathematics, Pi*.

Halevy, A. (2007). Dataspaces: A new paradigm for data integration. In *Brazilian Symposium on Databases*.

Halevy, A., Norvig, P., and Pereira, F. (2009). The unreasonable effectiveness of data. *IEEE Intelligent Systems*, March/April, 8–12.

Halpern, J. Y. (1990). An analysis of first-order logics of probability. *AIJ*, 46, 311–350.

Halpern, J. Y. (1999). Technical addendum, Cox's theorem revisited. *JAIR*, 11, 429–435.

Halpern, J. Y. and Weissman, V. (2008). Using first-order logic to reason about policies. *ACM Transactions on Information and System Security*, 11, 1–41.

Hammersley, J. M. and Handscomb, D. C. (1964). *Monte Carlo Methods*. Methuen.

Han, J., Pei, J., and Kamber, M. (2011). *Data Mining: Concepts and Techniques*. Elsevier.

Han, X. and Boyden, E. (2007). Multiple-color optical activation, silencing, and desynchronization of neural activity, with single-spike temporal resolution. *PLoS One*, e299.

Handschin, J. E. and Mayne, D. Q. (1969). Monte Carlo techniques to estimate the conditional expectation in multi-stage nonlinear filtering. *Int. J. Control*, 9, 547–559.

Hans, A., Schneegaß, D., Schäfer, A. M., and Udluft, S. (2008). Safe exploration for reinforcement learning. In *ESANN*.

Hansen, E. (1998). Solving POMDPs by searching in policy space. In *UAI-98*.

Hansen, E. and Zilberstein, S. (2001). LAO*: a heuristic search algorithm that finds solutions with loops. *AIJ*, 129, 35–62.

Hansen, P. and Jaumard, B. (1990). Algorithms for the maximum satisfiability problem. *Computing*, 44, 279–303.

Hanski, I. and Cambefort, Y. (Eds.). (1991). *Dung Beetle Ecology*. Princeton University Press.

Hansson, O. and Mayer, A. (1989). Heuristic search as evidential reasoning. In *UAI 5*.

Haralick, R. M. and Elliott, G. L. (1980). Increasing tree search efficiency for constraint satisfaction problems. *AIJ*, 14, 263–313.

Hardin, G. (1968). The tragedy of the commons. *Science*, 162, 1243–1248.

Hardt, M., Price, E., Srebro, N., *et al.* (2017). Equality of opportunity in supervised learning. In *NeurIPS 29*.

Harris, T. (2016). How technology is hijacking your mind—From a magician and Google design ethicist.

Harris, Z. (1954). Distributional structure. *Word*, 10.

Harrison, J. and March, J. G. (1984). Decision making and postdecision surprises. *Administrative Science Quarterly*, 29, 26–42.

Harrow, A. W., Hassidim, A., and Lloyd, S. (2009). Quantum algorithm for linear systems of equations. *Physical Review Letters*, 103 15, 150502.

Harsanyi, J. (1967). Games with incomplete information played by Bayesian players. *Management Science*, 14, 159–182.

Hart, P. E., Nilsson, N. J., and Raphael, B. (1968). A formal basis for the heuristic determination of minimum cost paths. *IEEE Transactions on Systems Science and Cybernetics*, SSC-4(2), 100–107.

Hart, T. P. and Edwards, D. J. (1961). The tree prune (TP) algorithm. Artificial intelligence project memo, MIT.

Hartley, H. (1958). Maximum likelihood estimation from incomplete data. *Biometrics*, 14, 174–194.

Hartley, R. and Zisserman, A. (2000). *Multiple view geometry in computer vision*. Cambridge University Press.

Hashimoto, K., Xiong, C., Tsuruoka, Y., and Socher, R. (2016). A joint many-task model: Growing a neural network for multiple NLP tasks. arXiv:1611.01587.

Haslum, P., Botea, A., Helmert, M., Bonet, B., and Koenig, S. (2007). Domain-independent construction of pattern database heuristics for cost-optimal planning. In *AAAI-07*.

Haslum, P. and Geffner, H. (2001). Heuristic planning with time and resources. In *Proc. IJCAI-01 Workshop on Planning with Resources*.

Haslum, P. (2006). Improving heuristics through relaxed search – An analysis of TP4 and HSP*a in the 2004 planning competition. *JAIR*, 25, 233–267.

Hastie, T. and Tibshirani, R. (1996). Discriminant adaptive nearest neighbor classification and regression. In *NeurIPS 8*.

Hastie, T., Tibshirani, R., and Friedman, J. (2009). *The Elements of Statistical Learning: Data Mining, Inference and Prediction* (2nd edition). Springer-Verlag.

Hastings, W. K. (1970). Monte Carlo sampling methods using Markov chains and their applications. *Biometrika*, 57, 97–109.

Hatem, M. and Ruml, W. (2014). Simpler bounded suboptimal search. In *AAAI-14*.

Haugeland, J. (1985). *Artificial Intelligence: The Very Idea*. MIT Press.

Havelund, K., Lowry, M., Park, S., Pecheur, C., Penix, J., Visser, W., and White, J. L. (2000). Formal analysis of the remote agent before and after flight. In *Proc. 5th NASA Langley Formal Methods Workshop*.

Havenstein, H. (2005). Spring comes to AI winter. *Computer World*, Fe. 14.

Hawkins, J. (1961). Self-organizing systems: A re-view and commentary. *Proc. IRE*, 49, 31–48.

Hay, N., Russell, S. J., Shimony, S. E., and Tolpin, D. (2012). Selecting computations: Theory and applications. In *UAI-12*.

Hayes, P. J. (1978). The naive physics manifesto. In Michie, D. (Ed.), *Expert Systems in the Microelectronic Age*. Edinburgh University Press.

Hayes, P. J. (1979). The logic of frames. In Metzing, D. (Ed.), *Frame Conceptions and Text Understanding*. de Gruyter.

Hayes, P. J. (1985a). Naive physics I: Ontology for liquids. In Hobbs, J. R. and Moore, R. C. (Eds.), *Formal Theories of the Commonsense World*, chap. 3. Ablex.

Hayes, P. J. (1985b). The second naive physics manifesto. In Hobbs, J. R. and Moore, R. C. (Eds.), *Formal Theories of the Commonsense World*, chap. 1. Ablex.

Hays, J. and Efros, A. (2007). Scene completion Using millions of photographs. *ACM Transactions on Graphics (SIGGRAPH)*, *26*.

He, H., Bai, Y., Garcia, E. A., and Li, S. (2008). ADASYN: Adaptive synthetic sampling approach for imbalanced learning. In *2008 IEEE International Joint Conference on Neural Networks* (*IEEE World Congress on Computational Intelligence*).

He, K., Zhang, X., Ren, S., and Sun, J. (2016). Deep residual learning for image recognition. In *CVPR-16*.

Heawood, P. J. (1890). Map colouring theorem. *Quarterly Journal of Mathematics*, *24*, 332–338.

Hebb, D. O. (1949). *The Organization of Behavior*. Wiley.

Heckerman, D. (1986). Probabilistic interpretation for MYCIN's certainty factors. In Kanal, L. N. and Lemmer, J. F. (Eds.), *UAI 2*. Elsevier.

Heckerman, D. (1991). *Probabilistic Similarity Networks*. MIT Press.

Heckerman, D. (1998). A tutorial on learning with Bayesian networks. In Jordan, M. I. (Ed.), *Learning in graphical models*. Kluwer.

Heckerman, D., Geiger, D., and Chickering, D. M. (1994). Learning Bayesian networks: The combination of knowledge and statistical data. Technical report, Microsoft Research.

Heess, N., Wayne, G., Silver, D., Lillicrap, T., Erez, T., and Tassa, Y. (2016). Learning continuous control policies by stochastic value gradients. In *NeurIPS 28*.

Heidegger, M. (1927). *Being and Time*. SCM Press.

Heinlein, R. A. (1973). *Time Enough for Love*. Putnam.

Held, M. and Karp, R. M. (1970). The traveling salesman problem and minimum spanning trees. *Operations Research*, *18*, 1138–1162.

Helmert, M. (2001). On the complexity of planning in transportation domains. In *ECP-01*.

Helmert, M. (2006). The fast downward planning system. *JAIR*, *26*, 191–246.

Helmert, M. and Röger, G. (2008). How good is almost perfect? In *AAAI-08*.

Helmert, M., Röger, G., and Karpas, E. (2011). Fast downward stone soup: A baseline for building planner portfolios. In *ICAPS*.

Hendeby, G., Karlsson, R., and Gustafsson, F. (2010). Particle filtering: The need for speed. *EURASIP J. Adv. Sig. Proc.*, *June*.

Henrion, M. (1988). Propagation of uncertainty in Bayesian networks by probabilistic logic sampling. In Lemmer, J. F. and Kanal, L. N. (Eds.), *UAI 2*. Elsevier.

Henzinger, T. A. and Sastry, S. (Eds.). (1998). *Hybrid Systems: Computation and Control*. Springer-Verlag.

Herbrand, J. (1930). *Recherches sur la Théorie de la Démonstration*. Ph.D. thesis, University of Paris.

Herbrich, R., Minka, T., and Graepel, T. (2007). TrueSkill: A Bayesian skill rating system. In *NeurIPS 19*.

Hernández-Orallo, J. (2016). Evaluation in artificial intelligence: From task-oriented to ability-oriented measurement. *Artificial Intelligence Review*, *48*, 397–447.

Hess, C. and Ostrom, E. (2007). *Understanding Knowledge as a Commons*. MIT Press.

Hewitt, C. (1977). Viewing control structures as patterns of passing messages. *AIJ*, *8*, 323–364.

Hewitt, C. (1969). PLANNER: a language for proving theorems in robots. In *IJCAI-69*.

Hezaveh, Y. D., Levasseur, L. P., and Marshall, P. J. (2017). Fast automated analysis of strong gravitational lenses with convolutional neural networks. *Nature*, *548*, 555–557.

Hierholzer, C. (1873). Über die Möglichkeit, einen Linienzug ohne Wiederholung und ohne Unterbrechung zu umfahren. *Mathematische Annalen*, *6*, 30–32.

Hilbert, M. and Lopez, P. (2011). The world's technological capacity to store, communicate, and compute information. *Science*, *332*, 60–65.

Hilgard, E. R. and Bower, G. H. (1975). *Theories of Learning* (4th edition). Prentice-Hall.

Hind, M., Mehta, S., Mojsilovic, A., Nair, R., Ramamurthy, K. N., Olteanu, A., and Varshney, K. R. (2018). Increasing trust in AI services through supplier's declarations of conformity. arXiv:1808.07261.

Hintikka, J. (1962). *Knowledge and Belief*. Cornell University Press.

Hinton, G. E. and Anderson, J. A. (1981). *Parallel Models of Associative Memory*. Lawrence Erlbaum.

Hinton, G. E. and Nowlan, S. J. (1987). How learning can guide evolution. *Complex Systems*, *1*, 495–502.

Hinton, G. E. and Sejnowski, T. (1983). Optimal perceptual inference. In *CVPR-83*.

Hinton, G. E. and Sejnowski, T. (1986). Learning and relearning in Boltzmann machines. In Rumelhart, D. E. and McClelland, J. L. (Eds.), *Parallel Distributed Processing*. MIT Press.

Hinton, G. E. (1987). Learning translation invariant recognition in a massively parallel network. In Goos, G. and Hartmanis, J. (Eds.), *PARLE: Parallel Architectures and Languages Europe*. Springer-Verlag.

Hinton, G. E., Deng, L., Yu, D., Dahl, G., Mohamed, A. R., Jaitly, N., Senior, A., Vanhoucke, V., Nguyen, P., Sainath, T., and Kingsbury, B. (2012). Deep neural networks for acoustic modeling in speech recognition. *Signal Processing Magazine*, *29*, 82–97.

Hinton, G. E., Osindero, S., and Teh, Y. W. (2006). A fast learning algorithm for deep belief nets. *Neural Computation*, *18*, 1527–1554.

Hirth, M., Hoßfeld, T., and Tran-Gia, P. (2013). Analyzing costs and accuracy of validation mechanisms for crowdsourcing platforms. *Mathematical and Computer Modelling*, *57*, 2918–2932.

Ho, M. K., Littman, M. L., MacGlashan, J., Cushman, F., and Austerweil, J. L. (2017). Showing versus doing: Teaching by demonstration. In *NeurIPS 29*.

Ho, T. K. (1995). Random decision forests. In *Proc. 3rd Int'l Conf. on Document Analysis and Recognition*.

Hobbs, J. R. (1990). *Literature and Cognition*. CSLI Press.

Hobbs, J. R. and Moore, R. C. (Eds.). (1985). *Formal Theories of the Commonsense World*. Ablex.

Hochreiter, S. (1991). Untersuchungen zu dynamischen neuronalen Netzen. Diploma thesis, Technische Universität München.

Hochreiter, S. and Schmidhuber, J. (1997). Long short-term memory. *Neural Computation*, *9*, 1735–1780.

Hoffman, M., Bach, F. R., and Blei, D. M. (2011). Online learning for latent Dirichlet allocation. In *NeurIPS 23*.

Hoffmann, J. (2001). FF: The fast-forward planning system. *AIMag*, *22*, 57–62.

Hoffmann, J. and Brafman, R. I. (2006). Conformant planning via heuristic forward search: A new approach. *AIJ*, *170*, 507–541.

Hoffmann, J. and Brafman, R. I. (2005). Contingent planning via heuristic forward search with implicit belief states. In *ICAPS-05*.

Hoffmann, J. (2005). Where "ignoring delete lists" works: Local search topology in planning benchmarks. *JAIR*, *24*, 685–758.

Hoffmann, J. and Nebel, B. (2001). The FF planning system: Fast plan generation through heuristic search. *JAIR*, *14*, 253–302.

Hoffmann, J., Sabharwal, A., and Domshlak, C. (2006). Friends or foes? An AI planning perspective on abstraction and search. In *ICAPS-06*.

Hofleitner, A., Herring, R., Abbeel, P., and Bayen, A. M. (2012). Learning the dynamics of arterial traffic from probe data using a dynamic Bayesian network. *IEEE Transactions on Intelligent Transportation Systems*, *13*, 1679–1693.

Hogan, N. (1985). Impedance control: An approach to manipulation. Parts I, II, and III. *J. Dynamic Systems, Measurement, and Control*, *107*, 1–24.

Hoiem, D., Efros, A., and Hebert, M. (2007). Recovering surface layout from an image. *IJCV*, *75*, 151–172.

Holland, J. H. (1975). *Adaption in Natural and Artificial Systems*. University of Michigan Press.

Holland, J. H. (1995). *Hidden Order: How Adaptation Builds Complexity*. Addison-Wesley.

Holte, R. C., Felner, A., Sharon, G., and Sturtevant, N. R. (2016). Bidirectional search that is guaranteed to meet in the middle. In *AAAI-16*.

Holzmann, G. J. (1997). The Spin model checker. *IEEE Transactions on Software Engineering*, 23, 279–295.

Hood, A. (1824). Case 4th—28 July 1824 (Mr. Hood's cases of injuries of the brain). *Phrenological Journal and Miscellany*, 2, 82–94.

Hooker, J. (1995). Testing heuristics: We have it all wrong. *J. Heuristics*, 1, 33–42.

Hoos, H. H. and Stützle, T. (2004). *Stochastic Local Search: Foundations and Applications*. Morgan Kaufmann.

Hoos, H. H. and Tsang, E. (2006). Local search methods. In Rossi, F., van Beek, P., and Walsh, T. (Eds.), *Handbook of Constraint Processing*. Elsevier.

Hopfield, J. J. (1982). Neural networks and physical systems with emergent collective computational abilities. *PNAS*, 79, 2554–2558.

Horn, A. (1951). On sentences which are true of direct unions of algebras. *JSL*, 16, 14–21.

Horn, B. K. P. (1970). Shape from shading: A method for obtaining the shape of a smooth opaque object from one view. Technical report, MIT Artificial Intelligence Laboratory.

Horn, B. K. P. and Brooks, M. J. (1989). *Shape from Shading*. MIT Press.

Horn, K. V. (2003). Constructing a logic of plausible inference: A guide to Cox's theorem. *IJAR*, 34, 3–24.

Horning, J. J. (1969). *A Study of Grammatical Inference*. Ph.D. thesis, Stanford University.

Horswill, I. (2000). Functional programming of behavior-based systems. *Autonomous Robots*, 9, 83–93.

Horvitz, E. J. (1987). Problem-solving design: Reasoning about computational value, trade-offs, and resources. In *Proc. Second Annual NASA Research Fo- rum*.

Horvitz, E. J. and Barry, M. (1995). Display of information for time-critical decision making. In *UAI-95*.

Horvitz, E. J., Breese, J. S., Heckerman, D., and Hovel, D. (1998). The Lumiere project: Bayesian user modeling for inferring the goals and needs of software users. In *UAI-98*.

Horvitz, E. J., Breese, J. S., and Henrion, M. (1988). Decision theory in expert systems and artificial intelligence. *IJAR*, 2, 247–302.

Horvitz, E. J. and Breese, J. S. (1996). Ideal partition of resources for metareasoning. In *AAAI-96*.

Hotelling, H. (1933). Analysis of a complex of statistical variables into principal components. *J. Ed. Psych.*, 24, 417–441.

Howard, J. and Gugger, S. (2020). *Deep Learning for Coders with fastai and PyTorch*. O'Reilly.

Howard, J. and Ruder, S. (2018). Fine-tuned language models for text classification. arXiv:1801.06146.

Howard, R. A. (1960). *Dynamic Programming and Markov Processes*. MIT Press.

Howard, R. A. (1966). Information value theory. *IEEE Transactions on Systems Science and Cybernetics*, SSC-2, 22–26.

Howard, R. A. (1989). Microrisks for medical decision analysis. *Int. J. Technology Assessment in Health Care*, 5, 357–370.

Howard, R. A. and Matheson, J. E. (1984). Influence diagrams. In Howard, R. A. and Matheson, J. E. (Eds.), *Readings on the Principles and Applications of Decision Analysis*. Strategic Decisions Group.

Howe, D. (1987). The computational behaviour of Girard's paradox. In *LICS-87*.

Howson, C. (2003). Probability and logic. *J. Applied Logic*, 1, 151–165.

Hsiao, K., Kaelbling, L. P., and Lozano-Perez, T. (2007). Grasping POMDPs. In *ICRA-07*.

Hsu, F.-H. (2004). *Behind Deep Blue: Building the Computer that Defeated the World Chess Champion*. Princeton University Press.

Hsu, F.-H., Anantharaman, T. S., Campbell, M. S., and Nowatzyk, A. (1990). A grandmaster chess machine. *Scientific American*, 263, 44–50.

Hu, J. and Wellman, M. P. (1998). Multiagent reinforcement learning: Theoretical framework and an algorithm. In *ICML-98*.

Hu, J. and Wellman, M. P. (2003). Nash Q-learning for general-sum stochastic games. *JMLR*, 4, 1039–1069.

Huang, T., Koller, D., Malik, J., Ogasawara, G., Rao, B., Russell, S. J., and Weber, J. (1994). Automatic symbolic traffic scene analysis using belief networks. In *AAAI-94*.

Huang, T. and Russell, S. J. (1998). Object identification: A Bayesian analysis with application to traffic surveillance. *AIJ*, 103, 1–17.

Hubel, D. H. and Wiesel, T. N. (1962). Receptive fields, binocular interaction and functional architecture in the cat's visual cortex. *J. Physiology*, 160, 106–154.

Hubel, D. H. and Wiesel, T. N. (1968). Receptive fields and functional architecture of monkey striate cortex. *J. Physiology*, 195, 215–243.

Hubel, D. H. (1988). *Eye, Brain, and Vision*. W. H. Freeman.

Hubel, D. H. and Wiesel, T. N. (1959). Receptive fields of single neurons in the cat's striate cortex. *Journal of Physiology*, 148, 574–591.

Huddleston, R. D. and Pullum, G. K. (2002). *The Cambridge Grammar of the English Language*. Cambridge University Press.

Huffman, D. A. (1971). Impossible objects as non- sense sentences. In Meltzer, B. and Michie, D. (Eds.), *Machine Intelligence 6*. Edinburgh University Press.

Hughes, B. D. (1995). *Random Walks and Random Environments, Vol. 1: Random Walks*. Oxford University Press.

Hughes, G. E. and Cresswell, M. J. (1996). *A New Introduction to Modal Logic*. Routledge.

Huhns, M. N. and Singh, M. (Eds.). (1998). *Readings in Agents*. Morgan Kaufmann.

Hume, D. (1739). *A Treatise of Human Nature* (2nd edition). Republished by Oxford University Press, 1978, Oxford.

Humphrys, M. (2008). How my program passed the Turing test. In Epstein, R., Roberts, G., and Beber, G. (Eds.), *Parsing the Turing Test*. Springer.

Hunsberger, L. and Grosz, B. J. (2000). A combinatorial auction for collaborative planning. In *Int. Conference on Multi-Agent Systems*.

Hunt, W. and Brock, B. (1992). A formal HDL and its use in the FM9001 verification. *Phil. Trans. Roy. Soc.*, 339.

Hunter, L. and States, D. J. (1992). Bayesian classification of protein structure. *IEEE Expert*, 7, 67–75.

Hur, C.-K., Nori, A. V., Rajamani, S. K., and Samuel, S. (2014). Slicing probabilistic programs. In *PLDI-14*.

Hurst, M. (2000). *The Interpretation of Text in Tables*. Ph.D. thesis, Edinburgh.

Hurwicz, L. (1973). The design of mechanisms for resource allocation. *American Economic Review Papers and Proceedings*, 63, 1–30.

Huth, M. and Ryan, M. (2004). *Logic in Computer Science: Modelling and Reasoning About Systems* (2nd edition). Cambridge University Press.

Huttenlocher, D. and Ullman, S. (1990). Recognizing solid objects by alignment with an image. *IJCV*, 5, 195–212.

Hutter, F., Kotthoff, L., and Vanschoren, J. (2019). *Automated Machine Learning*. Springer.

Huygens, C. (1657). De ratiociniis in ludo aleae. In van Schooten, F. (Ed.), *Exercitionum Mathematico rum*. Elseviri, Amsterdam. Translated into English by John Arbuthnot (1692).

Huyn, N., Dechter, R., and Pearl, J. (1980). Probabilistic analysis of the complexity of A*. *AIJ*, 15, 241–254.

Huynh, V. A. and Roy, N. (2009). icLQG: Combining local and global optimization for control in information space. In *ICRA-09*.

Hwa, R. (1998). An empirical evaluation of probabilistic lexicalized tree insertion grammars. In *ACL-98*.

Hwang, C. H. and Schubert, L. K. (1993). EL: A formal, yet natural, comprehensive knowledge representation. In *AAAI-93*.

Hyafil, L. and Rivest, R. (1976). Constructing optimal binary decision trees is NP-complete. *Information Processing Letters*, 5, 15–17.

Ieong, S. and Shoham, Y. (2005). Marginal contribution nets: A compact representation scheme for coalitional games. In *Proc. Sixth ACM Conference on Electronic Commerce (EC'05)*.

Ingerman, P. Z. (1967). Panini–Backus form suggested. *CACM*, 10, 137.

Intille, S. and Bobick, A. (1999). A framework for recognizing multi-agent action from visual evidence. In *AAAI-99*.

Ioffe, S. and Szegedy, C. (2015). Batch normalization: Accelerating deep network training by reducing internal covariate shift. arXiv:1502.03167.

Irpan, A. (2018). Deep reinforcement learning doesn't work yet.

Isard, M. and Blake, A. (1996). Contour tracking by stochastic propagation of conditional density. In *ECCV-96*.

Isola, P., Zhu, J.-Y., Zhou, T., and Efros, A. (2017).

Image-to-image translation with conditional adversarial networks. In *CVPR-17*.

Jaakkola, T. and Jordan, M. I. (1996). Computing upper and lower bounds on likelihoods in intractable networks. In *UAI-96*.

Jacobson, D. H. and Mayne, D. Q. (1970). *Differential Dynamic Programming*. North-Holland.

Jaderberg, M., Czarnecki, W. M., Dunning, I., Marris, L., Lever, G., Castaneda, A. G., Beattie, C., Rabinowitz, N. C., Morcos, A. S., Ruderman, A., *et al.* (2019). Human-level performance in 3D multiplayer games with population-based reinforcement learning. *Science*, 364, 859–865.

Jaderberg, M., Dalibard, V., Osindero, S., Czarnecki, W. M., Donahue, J., Razavi, A., Vinyals, O., Green, T., Dunning, I., Simonyan, K., Fernando, C., and Kavukcuoglu, K. (2017). Population based training of neural networks. arXiv:1711.09846.

Jaffar, J. and Lassez, J.-L. (1987). Constraint logic programming. In *Proc. Fourteenth ACM POPL Conference*. Association for Computing Machinery.

Jaffar, J., Michaylov, S., Stuckey, P. J., and Yap, R. H. C. (1992). The CLP(R) language and system. *ACM Transactions on Programming Languages and Systems*, 14, 339–395.

Jain, D., Barthels, A., and Beetz, M. (2010). Adaptive Markov logic networks: Learning statistical relational models with dynamic parameters. In *ECAI-10*.

Jain, D., Kirchlechner, B., and Beetz, M. (2007). Extending Markov logic to model probability distributions in relational domains. In *30th Annual German Conference on AI (KI)*.

James, G., Witten, D., Hastie, T., and Tibshirani, R. (2013). *An Introduction to Statistical Learning with Applications in R*. Springer-Verlag.

Jarrett, K., Kavukcuoglu, K., Ranzato, M., and LeCun, Y. (2009). What is the best multi-stage architecture for object recognition? In *ICCV-09*.

Jaynes, E. T. (2003). *Probability Theory: The Logic of Science*. Cambridge Univ. Press.

Jeffrey, R. C. (1983). *The Logic of Decision* (2nd edition). University of Chicago Press.

Jeffreys, H. (1948). *Theory of Probability*. Oxford.

Jelinek, F. (1976). Continuous speech recognition by statistical methods. *Proc. IEEE*, 64, 532–556.

Jelinek, F. and Mercer, R. L. (1980). Interpolated estimation of Markov source parameters from sparse data. In *Proc. Workshop on Pattern Recognition in Practice*.

Jennings, H. S. (1906). *Behavior of the Lower Organisms*. Columbia University Press.

Jenniskens, P., Betlem, H., Betlem, J., and Barifaijo, E. (1994). The Mbale meteorite shower. *Meteoritics*, 29, 246–254.

Jensen, F. V. (2007). *Bayesian Networks and Decision Graphs*. Springer-Verlag.

Ji, Z., Lipton, Z. C., and Elkan, C. (2014). Differential privacy and machine learning: A survey and review. arXiv:1412.7584.

Jiang, H. and Nachum, O. (2019). Identifying and correcting label bias in machine learning. arXiv:1901.04966.

Jimenez, P. and Torras, C. (2000). An efficient algorithm for searching implicit AND/OR graphs with cycles. *AIJ*, 124, 1–30.

Joachims, T. (2001). A statistical learning model of text classification with support vector machines. In *SIGIR-01*.

Johnson, M. (1998). PCFG models of linguistic tree representations. *Comput. Linguist.*, 24, 613–632.

Johnson, W. W. and Story, W. E. (1879). Notes on the "15" puzzle. *American Journal of Mathematics*, 2, 397–404.

Johnston, M. D. and Adorf, H.-M. (1992). Scheduling with neural networks: The case of the Hubble space telescope. *Computers and Operations Research*, 19, 209–240.

Jonathan, P. J. Y., Fung, C. C., and Wong, K. W. (2009). Devious chatbots-interactive malware with a plot. In *FIRA RoboWorld Congress*.

Jones, M. and Love, B. C. (2011). Bayesian fundamentalism or enlightenment? On the explanatory status and theoretical contributions of Bayesian models of cognition. *BBS*, 34, 169–231.

Jones, R. M., Laird, J., and Nielsen, P. E. (1998). Automated intelligent pilots for combat flight simulation. In *AAAI-98*.

Jones, R., McCallum, A., Nigam, K., and Riloff, E. (1999). Bootstrapping for text learning tasks. In *Proc. IJCAI-99 Workshop on Text Mining: Foundations, Techniques, and Applications*.

Jones, T. (2007). *Artificial Intelligence: A Systems Approach*. Infinity Science Press.

Jonsson, A., Morris, P., Muscettola, N., Rajan, K., and Smith, B. (2000). Planning in interplanetary space: Theory and practice. In *AIPS-00*.

Jordan, M. I. (2005). Dirichlet processes, Chinese restaurant processes and all that. Tutorial presentation at the NeurIPS Conference.

Jordan, M. I. (1986). Serial order: A parallel distributed processing approach. Tech. rep., UCSD Institute for Cognitive Science.

Jordan, M. I., Ghahramani, Z., Jaakkola, T., and Saul, L. K. (1999). An introduction to variational methods for graphical models. *Machine Learning*, 37, 183–233.

Jouannaud, J.-P. and Kirchner, C. (1991). Solving equations in abstract algebras: A rule-based survey of unification. In Lassez, J.-L. and Plotkin, G. (Eds.), *Computational Logic*. MIT Press.

Joulin, A., Grave, E., Bojanowski, P., and Mikolov, T. (2016). Bag of tricks for efficient text classification. arXiv:1607.01759.

Jouppi, N. P., Young, C., Patil, N., Patterson, D. A., *et al.* (2017). In-datacenter performance analysis of a tensor processing unit. In *ACM/IEEE 44th International Symposium on Computer Architecture*.

Joy, B. (2000). Why the future doesn't need us. *Wired*, 8.

Jozefowicz, R., Vinyals, O., Schuster, M., Shazeer, N., and Wu, Y. (2016). Exploring the limits of language modeling. arXiv:1602.02410.

Jozefowicz, R., Zaremba, W., and Sutskever, I. (2015). An empirical exploration of recurrent network architectures. In *ICML-15*.

Juels, A. and Wattenberg, M. (1996). Stochastic hillclimbing as a baseline method for evaluating genetic algorithms. In *NeurIPS 8*.

Julesz, B. (1971). *Foundations of Cyclopean Perception*. University of Chicago Press.

Julian, K. D., Kochenderfer, M. J., and Owen, M. P. (2018). Deep neural network compression for aircraft collision avoidance systems. arXiv:1810.04240.

Juliani, A., Berges, V., Vckay, E., Gao, Y., Henry, H., Mattar, M., and Lange, D. (2018). Unity: A general platform for intelligent agents. arXiv:1809.02627.

Junker, U. (2003). The logic of ilog (j) configurator: Combining constraint programming with a description logic. In *Proc. IJCAI-03 Configuration Workshop*.

Jurafsky, D. and Martin, J. H. (2020). *Speech and Language Processing: An Introduction to Natural Language Processing, Computational Linguistics, and Speech Recognition* (3rd edition). Prentice-Hall.

Kadane, J. B. and Simon, H. A. (1977). Optimal strategies for a class of constrained sequential problems. *Annals of Statistics*, 5, 237–255.

Kadane, J. B. and Larkey, P. D. (1982). Subjective probability and the theory of games. *Management Science*, 28, 113–120.

Kaelbling, L. P., Littman, M. L., and Cassandra, A. R. (1998). Planning and acting in partially observable stochastic domains. *AIJ*, 101, 99–134.

Kaelbling, L. P. and Rosenschein, S. J. (1990). Action and planning in embedded agents. *Robotics and Autonomous Systems*, 6, 35–48.

Kager, R. (1999). *Optimality Theory*. Cambridge University Press.

Kahn, H. and Marshall, A. W. (1953). Methods of reducing sample size in Monte Carlo computations. *Operations Research*, 1, 263–278.

Kahn, H. (1950a). Random sampling (Monte Carlo) techniques in neutron attenuation problems–I. *Nucleonics*, 6, 27–passim.

Kahn, H. (1950b). Random sampling (Monte Carlo) techniques in neutron attenuation problems–II. *Nucleonics*, 6, 60–65.

Kahneman, D. (2011). *Thinking, Fast and Slow*. Farrar, Straus and Giroux.

Kahneman, D., Slovic, P., and Tversky, A. (Eds.). (1982). *Judgment under Uncertainty: Heuristics and Biases*. Cambridge University Press.

Kahneman, D. and Tversky, A. (1979). Prospect theory: An analysis of decision under risk. *Econometrica*, 47, 263–291.

Kaindl, H. and Khorsand, A. (1994). Memory-bounded bidirectional search. In *AAAI-94*.

Kalman, R. (1960). A new approach to linear filtering and prediction problems. *J. Basic Engineering*, 82, 35–46.

Kambhampati, S. (1994). Exploiting causal

structure to control retrieval and refitting during plan reuse. *Computational Intelligence*, *10*, 213–244.

Kanade, T., Thorpe, C., and Whittaker, W. (1986). Autonomous land vehicle project at CMU. In *ACM Fourteenth Annual Conference on Computer Science*.

Kanal, E. (2017). Machine learning in cybersecurity. CMU SEI Blog.

Kanazawa, A., Black, M., Jacobs, D., and Malik, J. (2018a). End-to-end recovery of human shape and pose. In *CVPR-18*.

Kanazawa, A., Tulsiani, M., Efros, A., and Malik, J. (2018b). Learning category-specific mesh reconstruction from image collections. In *ECCV-18*.

Kanazawa, K., Koller, D., and Russell, S. J. (1995). Stochastic simulation algorithms for dynamic probabilistic networks. In *UAI-95*.

Kang, S. M. and Wildes, R. P. (2016). Review of action recognition and detection methods. arXiv:1610.06906.

Kanter, J. M. and Veeramachaneni, K. (2015). Deep feature synthesis: Towards automating data science endeavors. In *Proc. IEEE Int'l Conf. on Data Science and Advanced Analytics*.

Kantorovich, L. V. (1939). Mathematical methods of organizing and planning production. Published in translation in *Management Science*, 6(4), 366–422, 1960.

Kaplan, D. and Montague, R. (1960). A paradox regained. *Notre Dame Formal Logic*, *1*, 79–90.

Karaboga, D. and Basturk, B. (2007). A powerful and efficient algorithm for numerical function optimization: Artificial bee colony (ABC) algorithm. *Journal of global optimization*, *39*, 459–471.

Karamchandani, A., Bjerager, P., and Cornell, C. A. (1989). Adaptive importance sampling. In *Proc. Fifth International Conference on Structural Safety and Reliability*.

Karmarkar, N. (1984). A new polynomial-time algorithm for linear programming. *Combinatorica*, *4*, 373–395.

Karp, R. M. (1972). Reducibility among combinatorial problems. In Miller, R. E. and Thatcher, J. W. (Eds.), *Complexity of Computer Computations*. Plenum.

Karpathy, A. (2015). The unreasonable effectiveness of recurrent neural networks. Andrej Karpathy blog.

Karpathy, A. and Fei-Fei, L. (2015). Deep visual-semantic alignments for generating image descriptions. In *CVPR-15*.

Karras, T., Aila, T., Laine, S., and Lehtinen, J. (2017). Progressive growing of GANs for improved quality, stability, and variation. arXiv:1710.10196.

Karsch, K., Hedau, V., Forsyth, D., and Hoiem, D. (2011). Rendering synthetic objects into legacy photographs. In *SIGGRAPH Asia*.

Kartam, N. A. and Levitt, R. E. (1990). A constraint based approach to construction planning of multi-story buildings. In *Expert Planning Systems*. Institute of Electrical Engineers.

Kasami, T. (1965). An efficient recognition and syntax analysis algorithm for context-free languages. Tech. rep., Air Force Cambridge Research Laboratory.

Katehakis, M. N. and Veinott, A. F. (1987). The multiarmed bandit problem: Decomposition and computation. *Mathematics of Operations Research*, *12*, 185– 376.

Katz, B. (1997). Annotating the world wide web using natural language. In *RIAO '97*.

Kaufmann, M., Manolios, P., and Moore, J. S. (2000). *Computer-Aided Reasoning: An Approach*. Kluwer.

Kautz, H. (2006). Deconstructing planning as satisfiability. In *AAAI-06*.

Kautz, H., McAllester, D. A., and Selman, B. (1996). Encoding plans in propositional logic. In *KR-96*.

Kautz, H. and Selman, B. (1992). Planning as satisfiability. In *ECAI-92*.

Kautz, H. and Selman, B. (1998). BLACKBOX: A new approach to the application of theorem proving to problem solving. Working Notes of the AIPS-98 Workshop on Planning as Combinatorial Search.

Kavraki, L., Svestka, P., Latombe, J.-C., and Overmars, M. (1996). Probabilistic roadmaps for path planning in high-dimensional configuration spaces. *IEEE Transactions on Robotics and Automation*, *1 2*, 566– 580.

Kazemi, S. M., Kimmig, A., Van den Broeck, G., and Poole, D. (2017). New liftable classes for first-order probabilistic inference. In *NeurIPS 29*.

Kearns, M. (1990). *The Computational Complexity of Machine Learning*. MIT Press.

Kearns, M., Mansour, Y., and Ng, A. Y. (2000). Approximate planning in large POMDPs via reusable trajectories. In *NeurIPS 12*.

Kearns, M. and Singh, S. (1998). Near-optimal reinforcement learning in polynomial time. In *ICML-98*.

Kearns, M. and Vazirani, U. (1994). *An Introduction to Computational Learning Theory*. MIT Press.

Kearns, M. (1988). Thoughts on hypothesis boosting.

Kearns, M., Mansour, Y., and Ng, A. Y. (2002). A sparse sampling algorithm for near-optimal planning in large Markov decision processes. *Machine Learning*, *49*, 193–208.

Kebeasy, R. M., Hussein, A. I., and Dahy, S. A. (1998). Discrimination between natural earthquakes and nuclear explosions using the Aswan Seismic Network. *Annali di Geofisica*, *41*, 127–140.

Keeney, R. L. (1974). Multiplicative utility functions. *Operations Research*, *22*, 22–34.

Keeney, R. L. and Raiffa, H. (1976). *Decisions with Multiple Objectives: Preferences and Value Tradeoffs*. Wiley.

Kelley, H. J. (1960). Gradient theory of optimal flight paths. *ARS Journal*, *30*, 947–954.

Kemp, M. (Ed.). (1989). *Leonardo on Painting: An Anthology of Writings*. Yale University Press.

Kempe, A. B. (1879). On the geographical problem of the four-colors. *American Journal of Mathematics*, *2*, 193–200.

Kephart, J. O. and Chess, D. M. (2003). The vision of autonomic computing. *IEEE Computer*, *36*, 41–50.

Kersting, K., Raedt, L. D., and Kramer, S. (2000). Interpreting Bayesian logic programs. In *Proc. AAAI-00 Workshop on Learning Statistical Models from Relational Data*.

Keskar, N. S., McCann, B., Varshney, L., Xiong, C., and Socher, R. (2019). CTRL: A conditional transformer language model for controllable generation. arXiv:1909.

Keynes, J. M. (1921). *A Treatise on Probability*. Macmillan.

Khare, R. (2006). Microformats: The next (small) thing on the semantic web. *IEEE Internet Computing*, *10*, 68–75.

Khatib, O. (1986). Real-time obstacle avoidance for robot manipulator and mobile robots. *Int. J. Robotics Research*, *5*, 90–98.

Kim, B., Khanna, R., and Koyejo, O. O. (2017). Examples are not enough, learn to criticize! Criticism for interpretability. In *NeurIPS 29*.

Kim, J. H. (1983). *CONVINCE: A Conversational Inference Consolidation Engine*. Ph.D. thesis, Department of Computer Science, UCLA.

Kim, J. H. and Pearl, J. (1983). A computational model for combined causal and diagnostic reasoning in inference systems. In *IJCAI-83*.

Kim, J.-H., Lee, C.-H., Lee, K.-H., and Kuppuswamy, N. (2007). Evolving personality of a genetic robot in ubiquitous environment. In *Proc. 16th IEEE International Symposium on Robot and Human Interactive Communication*.

Kim, T. W. (2018). Explainable artificial intelligence (XAI), the goodness criteria and the grasp-ability test. arXiv:1810.09598.

Kingma, D. P. and Welling, M. (2013). Auto-encoding variational Bayes. arXiv:1312.6114.

Kirk, D. E. (2004). *Optimal Control Theory: An Introduction*. Dover.

Kirkpatrick, S., Gelatt, C. D., and Vecchi, M. P. (1983). Optimization by simulated annealing. *Science*, *220*, 671–680.

Kisynski, J. and Poole, D. (2009). Lifted aggregation in directed first-order probabilistic models. In *IJCAI-09*.

Kitaev, N., Kaiser, L., and Levskaya, A. (2020). Reformer: The efficient transformer. arXiv:2001.04451.

Kitaev, N. and Klein, D. (2018). Constituency parsing with a self-attentive encoder. arXiv: 1805.01052.

Kitani, K. M., abd James Andrew Bagnell, B. D. Z., and Hebert, M. (2012). Activity forecasting. In *ECCV-12*.

Kitano, H., Asada, M., Kuniyoshi, Y., Noda, I., and Osawa, E. (1997). RoboCup: The robot world cup initiative. In *Proc. First International Conference on Autonomous Agents*.

Kjaerulff, U. (1992). A computational scheme for reasoning in dynamic probabilistic networks. In *UAI-92*.

Klarman, H. E., Francis, J., and Rosenthal, G. D. (1968). Cost effectiveness analysis applied to the treatment of chronic renal disease. *Medical Care*, 6, 48–54.

Klein, D. and Manning, C. (2001). Parsing with treebank grammars: Empirical bounds, theoretical models, and the structure of the Penn treebank. In *ACL-01*.

Klein, D. and Manning, C. (2003). A* parsing: Fast exact Viterbi parse selection. In *HLT-NAACL-03*.

Kleinberg, J. M., Mullainathan, S., and Raghavan, M. (2016). Inherent trade-offs in the fair determination of risk scores. arXiv:1609.05807.

Klemperer, P. (2002). What really matters in auction design. *J. Economic Perspectives*, 16.

Kneser, R. and Ney, H. (1995). Improved backing-off for M-gram language modeling. In *ICASSP-95*.

Knoblock, C. A. (1991). Search reduction in hierarchical problem solving. In *AAAI-91*.

Knuth, D. E. (1964). Representing numbers using only one 4. *Mathematics Magazine*, 37, 308–310.

Knuth, D. E. (1975). An analysis of alpha–beta pruning. *AIJ*, 6, 293–326.

Knuth, D. E. (2015). *The Art of Computer Programming*, Vol. 4, Fascicle 6: Satisfiability. Addison-Wesley.

Knuth, D. E. and Bendix, P. B. (1970). Simple word problems in universal algebras. In Leech, J. (Ed.), *Computational Problems in Abstract Algebra*. Pergamon.

Kober, J., Bagnell, J. A., and Peters, J. (2013). Reinforcement learning in robotics: A survey. *International Journal of Robotics Research*, 32, 1238–1274.

Koch, C. (2019). *The Feeling of Life Itself*. MIT Press.

Kochenderfer, M. J. (2015). *Decision Making Under Uncertainty: Theory and Application*. MIT Press.

Kocsis, L. and Szepesvari, C. (2006). Bandit-based Monte-Carlo planning. In *ECML-06*.

Koditschek, D. (1987). Exact robot navigation by means of potential functions: Some topological considerations. In *ICRA-87*.

Koehn, P. (2009). *Statistical Machine Translation*. Cambridge University Press.

Koelsch, S. and Siebel, W. A. (2005). Towards a neural basis of music perception. *Trends in Cognitive Sciences*, 9, 578–584.

Koenderink, J. J. (1990). *Solid Shape*. MIT Press.

Koenderink, J. J. and van Doorn, A. J. (1991). Affine structure from motion. *J. Optical Society of America A*, 8, 377–385.

Koenig, S. (1991). Optimal probabilistic and decisiontheoretic planning using Markovian decision theory. Master's report, Computer Science Division, University of California, Berkeley.

Koenig, S. (2000). Exploring unknown environments with real-time search or reinforcement learning. In *NeurIPS 12*.

Koenig, S. (2001). Agent-centered search. *AIMag*, 22, 109–131.

Koenig, S. and Likhachev, M. (2002). D* Lite. *AAAI-15*, 15.

Koenig, S., Likhachev, M., and Furcy, D. (2004). Lifelong planning A*. *AIJ*, 155, 93–146.

Kolesky, D. B., Truby, R. L., Gladman, A. S., Busbee, T. A., Homan, K. A., and Lewis, J. A. (2014). 3D bioprinting of vascularized, heterogeneous cell-laden tissue constructs. *Advanced Materials*, 26, 3124–3130.

Koller, D., Meggido, N., and von Stengel, B. (1996). Efficient computation of equilibria for extensive twoperson games. *Games and Economic Behaviour*, 14, 247–259.

Koller, D. and Pfeffer, A. (1997). Representations and solutions for game-theoretic problems. *AIJ*, 94, 167– 215.

Koller, D. and Pfeffer, A. (1998). Probabilistic framebased systems. In *AAAI-98*.

Koller, D. and Friedman, N. (2009). *Probabilistic Graphical Models: Principles and Techniques*. MIT Press.

Koller, D., McAllester, D. A., and Pfeffer, A. (1997). Effective Bayesian inference for stochastic programs. In *AAAI-97*.

Koller, D. and Parr, R. (2000). Policy iteration for factored MDPs. In *UAI-00*.

Koller, D. and Sahami, M. (1997). Hierarchically classifying documents using very few words. In *ICML-97*.

Kolmogorov, A. N. (1941). Interpolation und extrapolation von stationaren zufalligen folgen. *Bulletin of the Academy of Sciences of the USSR, Ser. Math.* 5, 3–14.

Kolmogorov, A. N. (1950). *Foundations of the Theory of Probability*. Chelsea.

Kolmogorov, A. N. (1963). On tables of random numbers. *Sankhya, the Indian Journal of Statistics: Series A*, 25(4), 369–376.

Kolmogorov, A. N. (1965). Three approaches to the quantitative definition of information. *Problems in Information Transmission*, 1, 1–7.

Kolter, J. Z., Abbeel, P., and Ng, A. Y. (2008). Hierarchical apprenticeship learning, with application to quadruped locomotion. In *NeurIPS 20*.

Kondrak, G. and van Beek, P. (1997). A theoretical evaluation of selected backtracking algorithms. *AIJ*, 89, 365–387.

Konečný, J., McMahan, H. B., Yu, F. X., Richtárik, P., Suresh, A. T., and Bacon, D. (2016). Federated learning: Strategies for improving communication efficiency. arXiv:1610.05492.

Konolige, K. (1997). COLBERT: A language for reactive control in Saphira. In *Künstliche Intelligenz: Advances in Artificial Intelligence*, LNAI.

Konolige, K. (2004). Large-scale map-making. In *AAAI-04*.

Konolige, K. (1982). A first order formalization of knowledge and action for a multi-agent planning system. In Hayes, J. E., Michie, D., and Pao, Y.-H. (Eds.), *Machine Intelligence 10*. Ellis Horwood.

Konolige, K. (1994). Easy to be hard: Difficult problems for greedy algorithms. In *KR-94*.

Koopmans, T. C. (1972). Representation of preference orderings over time. In McGuire, C. B. and Radner, R. (Eds.), *Decision and Organization*. Elsevier.

Korb, K. B. and Nicholson, A. (2010). *Bayesian Artificial Intelligence*. CRC Press.

Korf, R. E. (1985a). Depth-first iterative-deepening: an optimal admissible tree search. *AIJ*, 27, 97–109.

Korf, R. E. (1985b). Iterative-deepening A*: An optimal admissible tree search. In *IJCAI-85*.

Korf, R. E. (1987). Planning as search: A quantitative approach. *AIJ*, 33, 65–88.

Korf, R. E. (1990). Real-time heuristic search. *AIJ*, 42, 189–212.

Korf, R. E. (1993). Linear-space best-first search. *AIJ*, 62, 41–78.

Korf, R. E. and Chickering, D. M. (1996). Best-first minimax search. *AIJ*, 84, 299–337.

Korf, R. E. and Felner, A. (2002). Disjoint pattern database heuristics. *AIJ*, 134, 9–22.

Korf, R. E. and Zhang, W. (2000). Divide-and-conquer frontier search applied to optimal sequence alignment. In *AAAI-00*.

Korf, R. E. (1997). Finding optimal solutions to Rubik's Cube using pattern databases. In *AAAI-97*.

Korf, R. E. and Reid, M. (1998). Complexity analysis of admissible heuristic search. In *AAAI-98*.

Koutsoupias, E. and Papadimitriou, C. H. (1992). On the greedy algorithm for satisfiability. *Information Processing Letters*, 43, 53–55.

Kovacs, D. L. (2011). BNF definition of PDDL3.1. Unpublished manuscript from the IPC-2011 website.

Kowalski, R. (1974). Predicate logic as a programming language. In *Proc. IFIP Congress*.

Kowalski, R. (1979). *Logic for Problem Solving*. Elsevier.

Kowalski, R. (1988). The early years of logic programming. *CACM*, 31, 38–43.

Kowalski, R. and Sergot, M. (1986). A logic-based calculus of events. *New Generation Computing*, 4, 67– 95.

Koza, J. R. (1992). *Genetic Programming: On the Programming of Computers by Means of Natural Selection*. MIT Press.

Koza, J. R. (1994). *Genetic Programming II: Automatic Discovery of Reusable Programs*. MIT Press.

Koza, J. R., Bennett, F. H., Andre, D., and Keane, M. A. (1999). *Genetic Programming III: Darwinian Invention and Problem Solving*. Morgan Kaufmann.

Krakovna, V. (2018). Specification gaming examples in AI.

Kraska, T., Beutel, A., Chi, E. H., Dean, J., and Polyzotis, N. (2017). The case for learned index structures. arXiv:1712.01208.

Kraus, S. (2001). *Strategic Negotiation in Multiagent Environments*. MIT Press.

Kraus, S., Ephrati, E., and Lehmann, D. (1991). Negotiation in a non-cooperative environment. *AIJ*, 3, 255–281.

Krause, A. and Guestrin, C. (2005). Optimal nonmyopic value of information in graphical models: Efficient algorithms and theoretical limits. In *IJCAI-05*.

Krause, A. and Guestrin, C. (2009). Optimal value of information in graphical models. *JAIR*, *35*, 557–591.

Krause, A., McMahan, B., Guestrin, C., and Gupta, A. (2008). Robust submodular observation selection. *JMLR*, *9*, 2761–2801.

Kripke, S. A. (1963). Semantical considerations on modal logic. *Acta Philosophica Fennica*, *16*, 83–94.

Krishna, V. (2002). *Auction Theory*. Academic Press.

Krishnamurthy, V. (2016). *Partially Observed Markov Decision Processes: From Filtering to Controlled Sensing*. Cambridge University Press.

Krishnanand, K. and Ghose, D. (2009). Glowworm swarm optimisation: A new method for optimising multi-modal functions. *International Journal of Computational Intelligence Studies*, *1*, 93–119.

Krizhevsky, A., Sutskever, I., and Hinton, G. E. (2013). ImageNet classification with deep convolutional neural networks. In *NeurIPS 25*.

Krogh, A., Brown, M., Mian, I. S., Sjolander, K., and Haussler, D. (1994). Hidden Markov models in computational biology: Applications to protein modeling. *J. Molecular Biology*, *235*, 1501–1531.

Krogh, A. and Hertz, J. A. (1992). A simple weight decay can improve generalization. In *NeurIPS 4*.

Kruppa, E. (1913). Zur Ermittlung eines Objecktes aus zwei Perspektiven mit innerer Orientierung. *Sitz.-Ber. Akad. Wiss., Wien, Math. Naturw., Kl. Abt. IIa*, *122*, 1939–1948.

Kübler, S., McDonald, R., and Nivre, J. (2009). *Dependency Parsing*. Morgan & Claypool.

Kuffner, J. J. and LaValle, S. (2000). RRT-connect: An efficient approach to single-query path planning. In *ICRA-00*.

Kuhn, H. W. (1953). Extensive games and the problem of information. In Kuhn, H. W. and Tucker, A. W. (Eds.), *Contributions to the Theory of Games II*. Princeton University Press.

Kuhn, H. W. (1955). The Hungarian method for the assignment problem. *Naval Research Logistics Quarterly*, *2*, 83–97.

Kuipers, B. J. (1985). Qualitative simulation. In Bobrow, D. (Ed.), *Qualitative Reasoning About Physical Systems*. MIT Press.

Kuipers, B. J. and Levitt, T. S. (1988). Navigation and mapping in large-scale space. *AIMag*, *9*, 25–43.

Kuipers, B. J. (2001). Qualitative simulation. In Meyers, R. A. (Ed.), *Encyclopedia of Physical Science and Technology*. Academic Press.

Kulkarni, T., Kohli, P., Tenenbaum, J. B., and Mansinghka, V. K. (2015). Picture: A probabilistic programming language for scene perception. In *CVPR-15*.

Kumar, P. R. and Varaiya, P. (1986). *Stochastic Systems: Estimation, Identification, and Adaptive Control*. Prentice-Hall.

Kumar, S. (2017). A survey of deep learning methods for relation extraction. arXiv:1705.03645.

Kumar, V. and Kanal, L. N. (1988). The CDP: A unifying formulation for heuristic search, dynamic programming, and branch-and-bound. In Kanal, L. N. and Kumar, V. (Eds.), *Search in Artificial Intelligence*. Springer-Verlag.

Kurien, J., Nayak, P., and Smith, D. E. (2002). Fragment-based conformant planning. In *AIPS-02*.

Kurth, T., Treichler, S., Romero, J., Mudigonda, M., Luehr, N., Phillips, E. H., Mahesh, A., Matheson, M., Deslippe, J., Fatica, M., Prabhat, and Houston, M. (2018). Exascale deep learning for climate analytics. arXiv:1810.01993.

Kurzweil, R. (2005). *The Singularity is Near*. Viking.

Kwok, C., Etzioni, O., and Weld, D. S. (2001). Scaling question answering to the web. In *Proc. 10th International Conference on the World Wide Web*.

La Mettrie, J. O. (1748). *L'homme machine*. E. Luzac, Leyde, France.

La Mura, P. and Shoham, Y. (1999). Expected utility networks. In *UAI-99*.

Laborie, P. (2003). Algorithms for propagating resource constraints in AI planning and scheduling. *AIJ*, *143*, 151–188.

Ladkin, P. (1986a). Primitives and units for time specification. In *AAAI-86*.

Ladkin, P. (1986b). Time representation: a taxonomy of interval relations. In *AAAI-86*.

Lafferty, J., McCallum, A., and Pereira, F. (2001). Conditional random fields: Probabilistic models for segmenting and labeling sequence data. In *ICML-01*.

Lai, T. L. and Robbins, H. (1985). Asymptotically efficient adaptive allocation rules. *Advances in Applied Mathematics*, *6*, 4–22.

Laird, J., Newell, A., and Rosenbloom, P. S. (1987). SOAR: An architecture for general intelligence. *AIJ*, *33*, 1–64.

Laird, J., Rosenbloom, P. S., and Newell, A. (1986). Chunking in Soar: The anatomy of a general learning mechanism. *Machine Learning*, *1*, 11–46.

Laird, J. (2008). Extending the Soar cognitive architecture. In *Artificial General Intelligence Conference*.

Lake, B., Salakhutdinov, R., and Tenenbaum, J. B. (2015). Human-level concept learning through probabilistic program induction. *Science*, *350*, 1332–1338.

Lakoff, G. (1987). *Women, Fire, and Dangerous Things: What Categories Reveal About the Mind*. University of Chicago Press.

Lakoff, G. and Johnson, M. (1980). *Metaphors We Live By*. University of Chicago Press.

Lakoff, G. and Johnson, M. (1999). *Philosophy in the Flesh: The Embodied Mind and Its Challenge to Western Thought*. Basic Books.

Lam, J. and Greenspan, M. (2008). Eye-in-hand visual servoing for accurate shooting in pool robotics. In *5th Canadian Conference on Computer and Robot Vision*.

Lamarck, J. B. (1809). *Philosophie zoologique*. Chez Dentu et L'Auteur, Paris.

Lample, G. and Conneau, A. (2019). Cross-lingual language model pretraining. arXiv:1901.07291.

Landhuis, E. (2004). Lifelong debunker takes on arbiter of neutral choices: Magician-turned-mathematician uncovers bias in a flip of a coin. *Stanford Report*, June 7.

Langdon, W. and Poli, R. (2002). *Foundations of Genetic Programming*. Springer.

Langton, C. (Ed.). (1995). *Artificial Life*. MIT Press.

LaPaugh, A. S. (2010). Algorithms and theory of computation handbook. In Atallah, M. J. and Blanton, M. (Eds.), *VLSI Layout Algorithms*. Chapman & Hall/CRC.

Laplace, P. (1816). *Essai philosophique sur les probabilités* (3rd edition). Courcier Imprimeur, Paris.

Larochelle, H. and Murray, I. (2011). The neural autoregressive distribution estimator. In *AISTATS-11*.

Larson, S. C. (1931). The shrinkage of the coefficient of multiple correlation. *J. Educational Psychology*, *22*, 45–55.

Laskey, K. B. (1995). Sensitivity analysis for probability assessments in Bayesian networks. *IEEE Transactions on Systems, Man and Cybernetics*, *25*, 901–909.

Laskey, K. B. (2008). MEBN: A language for first-order Bayesian knowledge bases. *AIJ*, *172*, 140–178.

Latombe, J.-C. (1991). *Robot Motion Planning*. Kluwer.

Lauritzen, S. (1995). The EM algorithm for graphical association models with missing data. *Computational Statistics and Data Analysis*, *19*, 191–201.

Lauritzen, S., Dawid, A. P., Larsen, B., and Leimer, H. (1990). Independence properties of directed Markov fields. *Networks*, *20*, 491–505.

Lauritzen, S. and Spiegelhalter, D. J. (1988). Local computations with probabilities on graphical structures and their application to expert systems. *J. Royal Statistical Society, B* *50*, 157–224.

Lauritzen, S. and Wermuth, N. (1989). Graphical models for associations between variables, some of which are qualitative and some quantitative. *Annals of Statistics*, *17*, 31–57.

LaValle, S. (2006). *Planning Algorithms*. Cambridge University Press.

Lawler, E. L., Lenstra, J. K., Kan, A., and Shmoys, D. B. (1992). *The Travelling Salesman Problem*. Wiley Interscience.

Lawler, E. L., Lenstra, J. K., Kan, A., and Shmoys, D. B. (1993). Sequencing and scheduling: Algorithms and complexity. In Graves, S. C., Zipkin, P. H., and Kan, A. H. G. R. (Eds.), *Logistics of Production and Inventory: Handbooks in Operations Research and Management Science, Volume 4*. North-Holland.

Lawler, E. L. and Wood, D. E. (1966). Branch-and-bound methods: A survey. *Operations Research*, *14*, 699–719.

Lazanas, A. and Latombe, J.-C. (1992). Landmark-based robot navigation. In *AAAI-92*.

Le, T. A., Baydin, A. G., and Wood, F. (2017). Inference compilation and universal probabilistic programming. In *AISTATS-17*.

Lebedev, M. A. and Nicolelis, M. A. (2006). Brain-machine interfaces: Past, present and future. *Trends in Neurosciences*, *29*, 536–546.

Lecoutre, C. (2009). *Constraint Networks: Techniques and Algorithms*. Wiley-IEEE Press.

LeCun, Y., Denker, J., and Solla, S. (1990). Optimal brain damage. In *NeurIPS 2*.

LeCun, Y., Jackel, L., Boser, B., and Denker, J. (1989). Handwritten digit recognition: Applications of neural network chips and automatic learning. *IEEE Communications Magazine*, *27*, 41–46.

LeCun, Y., Jackel, L., Bottou, L., Brunot, A., Cortes, C., Denker, J., Drucker, H., Guyon, I., Muller, U., Sackinger, E., Simard, P., and Vapnik, V. N. (1995). Comparison of learning algorithms for handwritten digit recognition. In *Int. Conference on Artificial Neural Networks*.

LeCun, Y., Bengio, Y., and Hinton, G. E. (2015). Deep learning. *Nature*, *521*, 436–444.

Lee, D., Seo, H., and Jung, M. W. (2012). Neural basis of reinforcement learning and decision making. *Annual Review of Neuroscience*, *35*, 287–308.

Lee, K.-F. (2018). *AI Superpowers: China, Silicon Valley, and the New World Order*. Houghton Mifflin.

Leech, G., Rayson, P., and Wilson, A. (2001). *Word Frequencies in Written and Spoken English: Based on the British National Corpus*. Longman.

Legendre, A. M. (1805). *Nouvelles méthodes pour la détermination des orbites des comètes*. Chez Firmin Didot, Paris.

Lehmann, J., Isele, R., Jakob, M., Jentzsch, A., Kontokostas, D., Mendes, P. N., Hellmann, S., Morsey, M., van Kleef, P., Auer, S., and Bizer, C. (2015). DBpedia-A large-scale, multilingual knowledge base extracted from Wikipedia. *Semantic Web*, *6*, 167–195.

Lehrer, J. (2009). *How We Decide*. Houghton Mifflin.

Leike, J., Martic, M., Krakovna, V., Ortega, P. A., Everitt, T., Lefrancq, A., Orseau, L., and Legg, S. (2017). AI safety gridworlds. arXiv:1711.09883.

Lelis, L., Arfaee, S. J., Zilles, S., and Holte, R. C. (2012). Learning heuristic functions faster by using predicted solution costs. In *Proc. Fifth Annual Symposium on Combinatorial Search*.

Lenat, D. B. (1975). BEINGS: Knowledge as interacting experts. In *IJCAI-75*.

Lenat, D. B. and Guha, R. V. (1990). *Building Large Knowledge-Based Systems: Representation and Inference in the CYC Project*. Addison-Wesley.

Leonard, H. S. and Goodman, N. (1940). The calculus of individuals and its uses. *JSL*, *5*, 45–55.

Leonard, J. and Durrant-Whyte, H. (1992). *Directed Sonar Sensing for Mobile Robot Navigation*. Kluwer.

Lepage, G. P. (1978). A new algorithm for adaptive multidimensional integration. *Journal of Computational Physics*, *27*, 192–203.

Lerner, U. (2002). *Hybrid Bayesian Networks for Reasoning About Complex Systems*. Ph.D. thesis, Stanford University.

Leśniewski, S. (1916). Podstawy ogólnej teorii mnogości. Popławski.

Lesser, V. R. and Corkill, D. D. (1988). The dis- tributed vehicle monitoring testbed: A tool for investigating distributed problem solving networks. In Engelmore, R. and Morgan, T. (Eds.), *Blackboard Systems*. Addison-Wesley.

Letz, R., Schumann, J., Bayerl, S., and Bibel, W. (1992). SETHEO: A high-performance theorem prover. *JAR*, *8*, 183–212.

Levesque, H. J. and Brachman, R. J. (1987). Expressiveness and tractability in knowledge representation and reasoning. *Computational Intelligence*, *3*, 78–93.

Levin, D. A., Peres, Y., and Wilmer, E. L. (2008). *Markov Chains and Mixing Times*. American Mathematical Society.

Levine, S., Finn, C., Darrell, T., and Abbeel, P. (2016). End-to-end training of deep visuomotor policies. *JMLR*, *17*, 1334–1373.

Levine, S., Pastor, P., Krizhevsky, A., Ibarz, J., and Quillen, D. (2018). Learning hand-eye coordination for robotic grasping with deep learning and large-scale data collection. *International Journal of Robotics Re- search*, *37*, 421–436.

Levy, D. (1989). The million pound bridge program. In Levy, D. and Beal, D. (Eds.), *Heuristic Programming in Artificial Intelligence*. Ellis Horwood.

Levy, D. (2008). *Love and Sex with Robots: The Evolution of Human—Robot Relationships*. Harper.

Levy, O. and Goldberg, Y. (2014). Linguistic regularities in sparse and explicit word representations. In *Proc. Eighteenth Conference on Computational Natural Language Learning*.

Leyton-Brown, K. and Shoham, Y. (2008). *Essentials of Game Theory: A Concise, Multidisciplinary Introduction*. Morgan & Claypool.

Li, C. M. and Anbulagan (1997). Heuristics based on unit propagation for satisfiability problems. In *IJCAI- 97*.

Li, K. and Malik, J. (2018a). Implicit maximum likelihood estimation. arXiv:1809.09087.

Li, K. and Malik, J. (2018b). On the implicit assumptions of GANs. arXiv:1811.12402.

Li, M., Vitányi, P., *et al.* (2008). *An Introduction to Kolmogorov Complexity and Its Applications* (3rd edition). Springer-Verlag.

Li, T.-M., Gharbi, M., Adams, A., Durand, F., and Ragan-Kelley, J. (2018). Differentiable programming for image processing and deep learning in Halide. *ACM Transactions on Graphics*, *37*, 139.

Li, W. and Todorov, E. (2004). Iterative linear quadratic regulator design for nonlinear biological movement systems. In *Proc. 1st International Conference on Informatics in Control, Automation and Robotics*.

Li, X. and Yao, X. (2012). Cooperatively coevolving particle swarms for large scale optimization. *IEEE Trans. Evolutionary Computation*, *16*, 210–224.

Li, Z., Li, P., Krishnan, A., and Liu, J. (2011). Large-scale dynamic gene regulatory network inference combining differential equation models with local dynamic Bayesian network analysis. *Bioinformatics*, *27 19*, 2686–91.

Liang, P., Jordan, M. I., and Klein, D. (2011). Learning dependency-based compositional semantics. arXiv:1109.6841.

Liang, P. and Potts, C. (2015). Bringing machine learning and compositional semantics together. *Annual Review of Linguistics*, *1*, 355–376.

Liberatore, P. (1997). The complexity of the language A. *Electronic Transactions on Artificial Intelligence*, *1*, 13–38.

Lifschitz, V. (2001). Answer set programming and plan generation. *AIJ*, *138*, 39–54.

Lighthill, J. (1973). Artificial intelligence: A general survey. In Lighthill, J., Sutherland, N. S., Needham, R. M., Longuet-Higgins, H. C., and Michie, D. (Eds.), *Artificial Intelligence: A Paper Symposium*. Science Research Council of Great Britain.

Lillicrap, T., Hunt, J. J., Pritzel, A., Heess, N., Erez, T., Tassa, Y., Silver, D., and Wierstra, D. (2015). Continuous control with deep reinforcement learning. arXiv:1509.02971.

Lin, S. (1965). Computer solutions of the travelling salesman problem. *Bell Systems Technical Journal*, *44(10)*, 2245–2269.

Lin, S. and Kernighan, B. W. (1973). An effective heuristic algorithm for the travelling-salesman problem. *Operations Research*, *21*, 498–516.

Lindley, D. V. (1956). On a measure of the information provided by an experiment. *Annals of Mathematical Statistics*, *27*, 986–1005.

Lindsay, R. K., Buchanan, B. G., Feigenbaum, E. A., and Lederberg, J. (1980). *Applications of Artificial Intelligence for Organic Chemistry: The DENDRAL Project*. McGraw-Hill.

Lindsten, F., Jordan, M. I., and Schön, T. B. (2014). Particle Gibbs with ancestor sampling. *JMLR*, *15*, 2145–2184.

Littman, M. L. (1994). Markov games as a framework for multi-agent reinforcement learning. In *ICML-94*.

Littman, M. L., Cassandra, A. R., and Kaelbling, L. P. (1995). Learning policies for partially observable environments: Scaling up. In *ICML-95*.

Littman, M. L. (2015). Reinforcement learning improves behaviour from evaluative feedback. *Nature*, *521*, 445–451.

Littman, M. L., Topcu, U., Fu, J., Isbell, C., Wen, M., and MacGlashan, J. (2017). Environment-independent task specifications via GLTL. arXiv:1704.04341.

Liu, B., Gemp, I., Ghavamzadeh, M., Liu, J., Mahadevan, S., and Petrik, M. (2018). Proximal gradient temporal difference learning: Stable reinforcement learning with polynomial sample complexity. *JAIR*, *63*, 461–494.

Liu, H., Simonyan, K., Vinyals, O., Fernando, C., and Kavukcuoglu, K. (2017). Hierarchical representations for efficient architecture search. arXiv:1711.00436.

Liu, H., Simonyan, K., and Yang, Y. (2019). DARTS: Differentiable architecture search. In *ICLR-19*.

Liu, J. and Chen, R. (1998). Sequential Monte Carlo methods for dynamic systems. *JASA*, *93*, 1022–1031.

Liu, J. and West, M. (2001). Combined parameter and state estimation in simulation-based filtering. In Doucet, A., de Freitas, J. F. G., and Gordon, N. (Eds.), *Sequential Monte Carlo Methods in Practice*. Springer.

Liu, L. T., Dean, S., Rolf, E., Simchowitz, M., and Hardt, M. (2018a). Delayed impact of fair machine learning. arXiv:1803.04383.

Liu, M.-Y., Breuel, T., and Kautz, J. (2018b). Unsupervised image-to-image translation networks. In *NeurIPS 30*.

Liu, X., Faes, L., Kale, A. U., Wagner, S. K., Fu, D. J., Bruynseels, A., Mahendiran, T., Moraes, G., Shamdas, M., Kern, C., Ledsam, J. R., Schmid, M., Balaskas, K., Topol, E., Bachmann, L. M., Keane, P. A., and Denniston, A. K. (2019a). A comparison of deep learning performance against health-care professionals in detecting diseases from medical imaging: A systematic review and meta-analysis. *The Lancet Digital Health*.

Liu, Y., Ott, M., Goyal, N., Du, J., Joshi, M., Chen, D., Levy, O., Lewis, M., Zettlemoyer, L., and Stoyanov, V. (2019b). RoBERTa: A robustly optimized BERT pretraining approach. arXiv:1907.11692.

Liu, Y., Jain, A., Eng, C., Way, D. H., Lee, K., Bui, P., Kanada, K., de Oliveira Marinho, G., Gallegos, J., Gabriele, S., Gupta, V., Singh, N., Natarajan, V., Hofmann-Wellenhof, R., Corrado, G., Peng, L., Webster, D. R., Ai, D., Huang, S., Liu, Y., Dunn, R. C., and Coz, D. (2019c). A deep learning system for differential diagnosis of skin diseases. arXiv: 1909.

Liu, Y., Gadepalli, K. K., Norouzi, M., Dahl, G., Kohlberger, T., Venugopalan, S., Boyko, A. S., Timofeev, A., Nelson, P. Q., Corrado, G., Hipp, J. D., Peng, L., and Stumpe, M. C. (2017). Detecting cancer metastases on gigapixel pathology images. arXiv:1703.02442.

Liu, Y., Kohlberger, T., Norouzi, M., Dahl, G., Smith, J. L., Mohtashamian, A., Olson, N., Peng, L., Hipp, J. D., and Stumpe, M. C. (2018). Artificial intelligence-based breast cancer nodal metastasis detection: Insights into the black box for pathologists. *Archives of Pathology & Laboratory Medicine*, *143*, 859–868.

Livescu, K., Glass, J., and Bilmes, J. (2003). Hidden feature modeling for speech recognition using dynamic Bayesian networks. In *EUROSPEECH-2003*.

Lloyd, S. (2000). Ultimate physical limits to computation. *Nature*, *406*, 1047–1054.

Lloyd, W. F. (1833). *Two Lectures on the Checks to Population*. Oxford University.

Llull, R. (1305). *Ars Magna*. Published as Salzinger, I. *et al.* (Eds.), *Raymundi Lulli Opera omnia*, Mainz, 1721–1742.

Loftus, E. and Palmer, J. (1974). Reconstruction of automobile destruction: An example of the interaction between language and memory. *J. Verbal Learning and Verbal Behavior*, *13*, 585–589.

Lohn, J. D., Kraus, W. F., and Colombano, S. P. (2001). Evolutionary optimization of yagi-uda antennas. In *Proc. Fourth International Conference on Evolvable Systems*.

Longuet-Higgins, H. C. (1981). A computer algorithm for reconstructing a scene from two projections. *Nature*, *293*, 133–135.

Loos, S., Irving, G., Szegedy, C., and Kaliszyk, C. (2017). Deep network guided proof search. In *Proc. 21st Int'l Conf. on Logic for Programming, Artificial Intelligence and Reasoning*.

Lopez de Segura, R. (1561). *Libro de la invencion liberal y arte del juego del axedrez*. Andres de Angulo.

Lorentz, R. (2015). Early playout termination in MCTS. In Plaat, A., van den Herik, J., and Kosters, W. (Eds.), *Advances in Computer Games*. Springer-Verlag.

Love, N., Hinrichs, T., and Genesereth, M. R. (2006). General game playing: Game description language specification. Tech. rep., Stanford University Computer Science Dept.

Lovejoy, W. S. (1991). A survey of algorithmic methods for partially observed Markov decision processes. *Annals of Operations Research*, *28*, 47–66.

Lovelace, A. (1843). Sketch of the analytical engine invented by Charles Babbage. Notes appended to Lovelace's translation of an article of the above title written by L. F. Menabrea based on lectures by Charles babbage in 1840. The translation appeared in R. Taylor (Ed.), *Scientific Memoirs, vol. III*. R. and J. E. Taylor, London.

Loveland, D. (1970). A linear format for resolution. In *Proc. IRIA Symposium on Automatic Demonstration*.

Lowe, D. (1987). Three-dimensional object recognition from single two-dimensional images. *AIJ*, *31*, 355–395.

Lowe, D. (2004). Distinctive image features from scale-invariant keypoints. *IJCV*, *60*, 91–110.

Löwenheim, L. (1915). Über möglichkeiten im Relativkalkü l. *Mathematische Annalen*, *76*, 447–470.

Lowerre, B. T. (1976). *The HARPY Speech Recognition System*. Ph.D. thesis, Computer Science Department, Carnegie-Mellon University.

Lowry, M. (2008). Intelligent software engineering tools for NASA's crew exploration vehicle. In *ISMIS- 08*.

Loyd, S. (1959). *Mathematical Puzzles of Sam Loyd: Selected and Edited by Martin Gardner*. Dover.

Lozano-Perez, T. (1983). Spatial planning: A configuration space approach. *IEEE Transactions on Computers*, *C-32*, 108–120.

Lozano-Perez, T., Mason, M., and Taylor, R. (1984). Automatic synthesis of fine-motion strategies for robots. *Int. J. Robotics Research*, *3*, 3–24.

Lu, F. and Milios, E. (1997). Globally consistent range scan alignment for environment mapping. *Autonomous Robots*, *4*, 333–349.

Lubberts, A. and Miikkulainen, R. (2001). Coevolving a Go-playing neural network. In *GECCO-01*.

Luby, M., Sinclair, A., and Zuckerman, D. (1993). Optimal speedup of Las Vegas algorithms. *Information Processing Letters*, *47*, 173–180.

Lucas, J. R. (1961). Minds, machines, and Gödel. *Philosophy*, *36*.

Lucas, J. R. (1976). This Gödel is killing me: A rejoinder. *Philosophia*, *6*, 145–148.

Lucas, P., van der Gaag, L., and Abu-Hanna, A. (2004). Bayesian networks in biomedicine and health-care. *Artificial Intelligence in Medicine*.

Luce, D. R. and Raiffa, H. (1957). *Games and Decisions*. Wiley.

Lukasiewicz, T. (1998). Probabilistic logic programming. In *ECAI-98*.

Lundberg, S. M. and Lee, S.-I. (2018). A unified approach to interpreting model predictions. In *NeurIPS 30*.

Lunn, D., Jackson, C., Best, N., Thomas, A., and Spiegelhalter, D. J. (2013). *The BUGS Book: A Practical Introduction to Bayesian Analysis*. Chapman and Hall.

Lunn, D., Thomas, A., Best, N., and Spiegelhalter, D. J. (2000). WinBUGS—a Bayesian modelling framework: Concepts, structure, and extensibility. *Statistics and Computing*, *10*, 325–337.

Luo, S., Bimbo, J., Dahiya, R., and Liu, H. (2017). Robotic tactile perception of object properties: A review. *Mechatronics*, *48*, 54–67.

Lyman, P. and Varian, H. R. (2003). How much information?

Lynch, K. and Park, F. C. (2017). *Modern Robotics*. Cambridge University Press.

Machina, M. (2005). Choice under uncertainty. In *Encyclopedia of Cognitive Science*. Wiley.

MacKay, D. J. C. (2002). *Information Theory, Inference and Learning Algorithms*. Cambridge University Press.

MacKenzie, D. (2004). *Mechanizing Proof*. MIT Press.

Mackworth, A. K. (1977). Consistency in networks of relations. *AIJ*, *8*, 99–118.

Mackworth, A. K. and Freuder, E. C. (1985). The complexity of some polynomial network consistency algorithms for constraint satisfaction problems. *AIJ*, *25*, 65–74.

Madhavan, R. and Schlenoff, C. I. (2003). Moving object prediction for off-road autonomous navigation. In *Unmanned Ground Vehicle Technology V*.

Mailath, G. and Samuelson, L. (2006). *Repeated Games and Reputations: Long-Run Relationships*. Oxford University Press.

Majercik, S. M. and Littman, M. L. (2003). Contingent planning under uncertainty via stochastic satisfiability. *AIJ*, *147*, 119–162.

Malhotra, P., Vig, L., Shroff, G., and Agarwal, P. (2015). Long short term memory networks for anomaly detection in time series. In *ISANN-15*.

Malik, D., Palaniappan, M., Fisac, J. F., Hadfield-Menell, D., Russell, S. J., and Dragan, A. D. (2018). An efficient, generalized bellman update for cooperative inverse reinforcement learning. In *ICML-18*.

Malone, T. W. (2004). *The Future of Work*. Harvard Business Review Press.

Maneva, E., Mossel, E., and Wainwright, M. (2007). A new look at survey propagation and its generalizations. arXiv:cs/0409012.

Manna, Z. and Waldinger, R. (1971). Toward automatic program synthesis. *CACM*, *14*, 151–165.

Manna, Z. and Waldinger, R. (1985). *The Logical Basis for Computer Programming: Volume 1: Deductive Reasoning*. Addison-Wesley.

Manne, A. S. (1960). Linear programming and sequential decisions. *Management Science*, *6*, 259–267.

Manning, C. and Schütze, H. (1999). *Foundations of Statistical Natural Language Processing*. MIT Press.

Manning, C., Raghavan, P., and Schütze, H. (2008). *Introduction to Information Retrieval*. Cambridge University Press.

Mannion, M. (2002). Using first-order logic for product line model validation. In *Software Product Lines: Second International Conference*.

Mansinghka, V. K., Selsam, D., and Perov, Y. (2013). Venture: A higher-order probabilistic programming platform with programmable inference. arXiv:1404.0099.

Marbach, P. and Tsitsiklis, J. N. (1998). Simulation-based optimization of Markov reward processes. Technical report, Laboratory for Information and Decision Systems, MIT.

Marcus, G. (2009). *Kluge: The Haphazard Evolution of the Human Mind*. Mariner Books.

Marcus, M. P., Santorini, B., and Marcinkiewicz, M. A. (1993). Building a large annotated corpus of English: The Penn treebank. *Computational Linguistics*, *19*, 313–330.

Marinescu, R. and Dechter, R. (2009). AND/OR branch-and-bound search for combinatorial optimization in graphical models. *AIJ*, *173*, 1457–1491.

Markov, A. (1913). An example of statistical investigation in the text of "Eugene Onegin" illustrating coupling of "tests" in chains. *Proc. Academy of Sciences of St. Petersburg*, *7*, 153–162.

Marler, R. T. and Arora, J. S. (2004). Survey of multiobjective optimization methods for engineering. *Structural and Multidisciplinary Optimization*, *26*, 369–395.

Maron, M. E. (1961). Automatic indexing: An experimental inquiry. *JACM*, *8*, 404–417.

Màrquez, L. and Rodríguez, H. (1998). Part-of-speech tagging using decision trees. In *ECML-98*.

Marr, D. and Poggio, T. (1976). Cooperative computation of stereo disparity. *Science*, *194*, 283–287.

Marr, D. (1982). *Vision: A Computational Investigation into the Human Representation and Processing of Visual Information*. W. H. Freeman.

Marriott, K. and Stuckey, P. J. (1998). *Programming with Constraints: An Introduction*. MIT Press.

Marsland, S. (2014). *Machine Learning: An Algorithmic Perspective* (2nd edition). CRC Press.

Martelli, A. and Montanari, U. (1973). Additive AND/OR graphs. In *IJCAI-73*.

Martelli, A. (1977). On the complexity of admissible search algorithms. *AIJ*, *8*, 1–13.

Marthi, B., Pasula, H., Russell, S. J., and Peres, Y. (2002). Decayed MCMC filtering. In *UAI-02*.

Marthi, B., Russell, S. J., Latham, D., and Guestrin, (2005). Concurrent hierarchical reinforcement learning. In *IJCAI-05*.

Marthi, B., Russell, S. J., and Wolfe, J. (2007). Angelic semantics for high-level actions. In *ICAPS-07*.

Marthi, B., Russell, S. J., and Wolfe, J. (2008). Angelic hierarchical planning: Optimal and online algorithms. In *ICAPS-08*.

Martin, D., Fowlkes, C., and Malik, J. (2004). Learning to detect natural image boundaries using local brightness, color, and texture cues. *PAMI*, *26*, 530–549.

Martin, F. G. (2012). Will massive open online courses change how we teach? *CACM*, *55*, 26–28.

Martin, J. H. (1990). *A Computational Model of Metaphor Interpretation*. Academic Press.

Mason, M. (1993). Kicking the sensing habit. *AIMag*, *14*, 58–59.

Mason, M. (2001). *Mechanics of Robotic Manipulation*. MIT Press.

Mason, M. and Salisbury, J. (1985). *Robot Hands and the Mechanics of Manipulation*. MIT Press.

Mataric, M. J. (1997). Reinforcement learning in the multi-robot domain. *Autonomous Robots*, *4*, 73–83.

Mates, B. (1953). *Stoic Logic*. University of California Press.

Matuszek, C., Cabral, J., Witbrock, M., and DeOliveira, J. (2006). An introduction to the syntax and semantics of Cyc. In *Proc. AAAI Spring Symposium on Formalizing and Compiling Background Knowledge and Its Applications to Knowledge Representation and Question Answering*.

Mausam and Kolobov, A. (2012). *Planning with Markov Decision Processes: An AI Perspective*. Morgan & Claypool.

Maxwell, J. (1868). On governors. *Proc. Roy. Soc.*, *16*, 270–283.

Mayer, J., Khairy, K., and Howard, J. (2010). Drawing an elephant with four complex parameters. *American Journal of Physics*, *78*, 648–649.

Mayor, A. (2018). *Gods and Robots: Myths, Machines, and Ancient Dreams of Technology*. Princeton University Press.

McAllester, D. A. (1980). An outlook on truth maintenance. AI memo, MIT AI Laboratory.

McAllester, D. A. (1988). Conspiracy numbers for min-max search. *AIJ*, *35*, 287–310.

McAllester, D. A. (1998). What is the most pressing issue facing AI and the AAAI today? Candidate statement, election for Councilor of the American Association for Artificial Intelligence.

McAllester, D. A. and Rosenblitt, D. (1991). Systematic nonlinear planning. In *AAAI-91*.

McAllester, D. A. (1990). Truth maintenance. In *AAAI-90*.

McAllester, D. A., Milch, B., and Goodman, N. D. (2008). Random-world semantics and syntactic independence for expressive languages. Technical report, MIT.

McCallum, A. (2003). Efficiently inducing features of conditional random fields. In *UAI-03*.

McCallum, A., Schultz, K., and Singh, S. (2009). FACTORIE: Probabilistic programming via imperatively defined factor graphs. In *NeurIPS 22*.

McCarthy, J. (1958). Programs with common sense. In *Proc. Symposium on Mechanisation of Thought Processes*.

McCarthy, J. (1963). Situations, actions, and causal laws. Memo, Stanford University Artificial Intelligence Project.

McCarthy, J. (1968). Programs with common sense. In Minsky, M. L. (Ed.), *Semantic Information Processing*. MIT Press.

McCarthy, J. (1980). Circumscription: A form of non-monotonic reasoning. *AIJ*, *13*, 27–39.

McCarthy, J. (2007). From here to human-level AI. *AIJ*, *171*.

McCarthy, J. and Hayes, P. J. (1969). Some philosophical problems from the standpoint of artificial intelligence. In Meltzer, B., Michie, D., and Swann, M. (Eds.), *Machine Intelligence 4*. Edinburgh University Press.

McCawley, J. D. (1988). *The Syntactic Phenomena of English*. University of Chicago Press.

McCorduck, P. (2004). *Machines Who Think: A Personal Inquiry Into the History and Prospects of Artificial Intelligence* (Revised edition). A K Peters.

McCulloch, W. S. and Pitts, W. (1943). A logical calculus of the ideas immanent in nervous activity. *Bulletin of Mathematical Biophysics*, *5*, 115–137.

McCune, W. (1997). Solution of the Robbins problem. *JAR*, *19*, 263–276.

McCune, W. (1990). Otter 2.0. In *International Conference on Automated Deduction*.

McDermott, D. (1976). Artificial intelligence meets natural stupidity. *SIGART Newsletter*, *57*, 4–9.

McDermott, D. (1978a). Planning and acting. *Cognitive Science*, 2, 71–109.

McDermott, D. (1978b). Tarskian semantics, or no notation without denotation! *Cognitive Science*, 2, 277–282.

McDermott, D. (1985). Reasoning about plans. In Hobbs, J. and Moore, R. (Eds.), *Formal theories of the commonsense world*. Ablex.

McDermott, D. (1987). A critique of pure reason. *Computational Intelligence*, 3, 151–237.

McDermott, D. (1996). A heuristic estimator for means-ends analysis in planning. In *ICAPS-96*.

McDermott, D. and Doyle, J. (1980). Non-monotonic logic: i. *AIJ*, 13, 41–72.

McDermott, J. (1982). R1: A rule-based configurer of computer systems. *AIJ*, 19, 39–88.

McEliece, R. J., MacKay, D. J. C., and Cheng, J.-F. (1998). Turbo decoding as an instance of Pearl's "belief propagation" algorithm. *IEEE Journal on Selected Areas in Communications*, 16, 140–152.

McGregor, J. J. (1979). Relational consistency algorithms and their application in finding subgraph and graph isomorphisms. *Information Sciences*, 19, 229–250.

McIlraith, S. and Zeng, H. (2001). Semantic web services. *IEEE Intelligent Systems*, 16, 46–53.

McKinney, W. (2012). *Python for Data Analysis: Data Wrangling with Pandas*. O'Reilly.

McLachlan, G. J. and Krishnan, T. (1997). *The EM Algorithm and Extensions*. Wiley.

McMahan, H. B. and Andrew, G. (2018). A general approach to adding differential privacy to iterative training procedures. arXiv: 1812.06210.

McMillan, K. L. (1993). *Symbolic Model Checking*. Kluwer.

McWhorter, J. H. (2014). *The Language Hoax: Why the World Looks the Same in Any Language*. Oxford University Press.

Meehl, P. (1955). *Clinical vs. Statistical Prediction*. University of Minnesota Press.

Mehrabi, N., Morstatter, F., Saxena, N., Lerman, K., and Galstyan, A. (2019). A survey on bias and fairness in machine learning. arXiv:1908.09635.

Mendel, G. (1866). Versuche über pflanzen-hybriden. *Verhandlungen des Naturforschenden Vereins, Abhandlungen, Brünn*, 4, 3–47. Translated into English by C. T. Druery, published by Bateson (1902).

Mercer, J. (1909). Functions of positive and negative type and their connection with the theory of integral equations. *Phil. Trans. Roy. Soc., A*, 209, 415–446.

Merleau-Ponty, M. (1945). *Phenomenology of Perception*. Routledge.

Metropolis, N., Rosenbluth, A., Rosenbluth, M., Teller, A., and Teller, E. (1953). Equations of state calculations by fast computing machines. *J. Chemical Physics*, 21, 1087–1091.

Metropolis, N. and Ulam, S. (1949). The beginning of the Monte Carlo method. *Journal of the American Statistical Association*, 44, 335–341.

Mézard, M., Parisi, G., and Virasoro, M. (1987). *Spin Glass Theory and Beyond: An Introduction to the Replica Method and Its Applications*. World Scientific.

Michie, D. (1966). Game-playing and game-learning automata. In Fox, L. (Ed.), *Advances in Programming and Non-Numerical Computation*. Pergamon.

Michie, D. (1972). Machine intelligence at Edinburgh. *Management Informatics*, 2, 7–12.

Michie, D. and Chambers, R. A. (1968). BOXES: An experiment in adaptive control. In Dale, E. and Michie, (Eds.), *Machine Intelligence 2*. Elsevier.

Michie, D. (1963). Experiments on the mechanization of game-learning Part I. Characterization of the model and its parameters. *The Computer Journal*, 6, 232–236.

Miikkulainen, R., Liang, J., Meyerson, E., Rawal, A., Fink, D., Francon, O., Raju, B., Shahrzad, H., Navruzyan, A., Duffy, N., *et al.* (2019). Evolving deep neural networks. In *Artificial Intelligence in the Age of Neural Networks and Brain Computing*. Elsevier.

Mikolov, T., Chen, K., Corrado, G., and Dean, J. (2013). Efficient estimation of word representations in vector space. arXiv: 1301.3781.

Mikolov, T., Karafiát, M., Burget, L., Černocký, J., and Khudanpur, S. (2010). Recurrent neural network based language model. In *Eleventh Annual Conference of the International Speech Communication Association*.

Mikolov, T., Sutskever, I., Chen, K., Corrado, G., and Dean, J. (2014). Distributed representations of words and phrases and their compositionality. In *NeurIPS 26*.

Milch, B. (2006). *Probabilistic Models with Unknown Objects*. Ph.D. thesis, UC Berkeley.

Milch, B., Marthi, B., Sontag, D., Russell, S. J., Ong, D., and Kolobov, A. (2005). BLOG: Probabilistic models with unknown objects. In *IJCAI-05*.

Milch, B., Zettlemoyer, L., Kersting, K., Haimes, M., and Kaelbling, L. P. (2008). Lifted probabilistic inference with counting formulas. In *AAAI-08*.

Milgrom, P. (1997). Putting auction theory to work: The simultaneous ascending auction. Tech. rep., Stanford University Department of Economics.

Mill, J. S. (1863). *Utilitarianism*. Parker, Son and Bourn, London.

Miller, A. C., Merkhofer, M. M., Howard, R. A., Matheson, J. E., and Rice, T. R. (1976). Development of automated aids for decision analysis. Technical report, SRI International.

Miller, T., Howe, P., and Sonenberg, L. (2017). Explainable AI: Beware of inmates running the asylum. In *Proc. IJCAI-17 Workshop on Explainable AI*.

Minka, T. (2010). Bayesian linear regression. Unpublished manuscript.

Minka, T., Cleven, R., and Zaykov, Y. (2018). TrueSkill 2: An improved Bayesian skill rating system. Tech. rep., Microsoft Research.

Minker, J. (2001). *Logic-Based Artificial Intelligence*. Kluwer.

Minsky, M. L. (1975). A framework for representing knowledge. In Winston, P. H. (Ed.), *The Psychology of Computer Vision*. McGraw-Hill.

Minsky, M. L. (1986). *The Society of Mind*. Simon and Schuster.

Minsky, M. L. (2007). *The Emotion Machine: Commonsense Thinking, Artificial Intelligence, and the Future of the Human Mind*. Simon and Schuster.

Minsky, M. L. and Papert, S. (1969). *Perceptrons: An Introduction to Computational Geometry*. MIT Press.

Minsky, M. L. and Papert, S. (1988). *Perceptrons: An Introduction to Computational Geometry* (Expanded edition). MIT Press.

Minsky, M. L., Singh, P., and Sloman, A. (2004). The St. Thomas common sense symposium: Designing architectures for human-level intelligence. *AIMag*, 25, 113–124.

Minton, S., Johnston, M. D., Philips, A. B., and Laird, P. (1992). Minimizing conflicts: A heuristic repair method for constraint satisfaction and scheduling problems. *AIJ*, 58, 161–205.

Mirjalili, S. M. and Lewis, A. (2014). Grey wolf optimizer. *Advances in Engineering Software*, 69, 46–61.

Misak, C. (2004). *The Cambridge Companion to Peirce*. Cambridge University Press.

Mitchell, M., Wu, S., Zaldivar, A., Barnes, P., Vasserman, L., Hutchinson, B., Spitzer, E., Raji, I. D., and Gebru, T. (2019). Model cards for model reporting. *Proc. of the Conference on Fairness, Accountability, and Transparency*.

Mitchell, M. (1996). *An Introduction to Genetic Algorithms*. MIT Press.

Mitchell, M. (2019). *Artificial Intelligence: A Guide for Thinking Humans*. Farrar, Straus and Giroux.

Mitchell, M., Holland, J. H., and Forrest, S. (1996). When will a genetic algorithm outperform hill climbing? In *NeurIPS 6*.

Mitchell, T. M. (1997). *Machine Learning*. McGraw-Hill.

Mitchell, T. M. (2005). Reading the web: A breakthrough goal for AI. *AIMag*, 26.

Mitchell, T. M. (2007). Learning, information extraction and the web. In *ECML-07*.

Mitchell, T. M., Cohen, W., Hruschka, E., Talukdar, P., Yang, B., Betteridge, J., Carlson, A., Dalvi, B., Gardner, M., Kisiel, B., *et al.* (2018). Never-ending learning. *CACM*, 61, 103–115.

Mitchell, T. M., Shinkareva, S. V., Carlson, A., Chang, K.-M., Malave, V. L., Mason, R. A., and Just, M. A. (2008). Predicting human brain activity associated with the meanings of nouns. *Science*, 320, 1191–1195.

Mittelstadt, B. (2019). Principles alone cannot guarantee ethical AI. *Nature Machine Intelligence*, 1, 501–507.

Mitten, L. G. (1960). An analytic solutlon to the least cost testing sequence problem. *Journal of Industrial Engineering*, 11, 17.

Miyato, T., Kataoka, T., Koyama, M., and Yoshida, Y. (2018). Spectral normalization for generative adversarial networks. arXiv:1802.05957.

Mnih, V., Kavukcuoglu, K., Silver, D., Graves, A., Antonoglou, I., Wierstra, D., and Riedmiller, M. A. (2013). Playing Atari with deep reinforcement learning. arXiv:1312.5602.

Mnih, V., Kavukcuoglu, K., Silver, D., Rusu, A. A., Veness, J., Bellemare, M. G., Graves, A., Riedmiller, M. A., Fidjeland, A., Ostrovski, G., Petersen, S., Beattie, C., Sadik, A., Antonoglou, I., King, H., Kumaran, D., Wierstra, D., Legg, S., and Hassabis, D. (2015). Human-level control through deep reinforcement learning. *Nature*, 518, 529–533.

Mohr, R. and Henderson, T. C. (1986). Arc and path consistency revisited. *AIJ*, 28, 225–233.

Montague, R. (1970). English as a formal language. In Visentini, B. (Ed.), *Linguaggi nella Società e nella Tecnica*. Edizioni di Comunità.

Montague, R. (1973). The proper treatment of quantification in ordinary English. In Hintikka, K. J. J., Moravcsik, J. M. E., and Suppes, P. (Eds.), *Approaches to Natural Language*. D. Reidel.

Montanari, U. (1974). Networks of constraints: Fundamental properties and applications to picture processing. *Information Sciences*, 7, 95–132.

Montemerlo, M. and Thrun, S. (2004). Large-scale robotic 3-D mapping of urban structures. In *Proc. International Symposium on Experimental Robotics*.

Montemerlo, M., Thrun, S., Koller, D., and Wegbreit, B. (2002). FastSLAM: A factored solution to the simultaneous localization and mapping problem. In *AAAI-02*.

Mooney, R. (1999). Learning for semantic interpretation: Scaling up without dumbing down. In *Proc. 1st Workshop on Learning Language in Logic*.

Moore, A. M. and Wong, W.-K. (2003). Optimal reinsertion: A new search operator for accelerated and more accurate Bayesian network structure learning. In *ICML-03*.

Moore, A. W. and Atkeson, C. G. (1993). Prioritized sweeping—Reinforcement learning with less data and less time. *Machine Learning*, 13, 103–130.

Moore, A. W. and Lee, M. S. (1997). Cached sufficient statistics for efficient machine learning with large datasets. *JAIR*, 8, 67–91.

Moore, E. F. (1959). The shortest path through a maze. In *Proc. International Symposium on the Theory of Switching, Part II*. Harvard University Press.

Moore, R. C. (1980). Reasoning about knowledge and action. Artificial intelligence center technical note, SRI International.

Moore, R. C. (1985). A formal theory of knowledge and action. In Hobbs, J. R. and Moore, R. C. (Eds.), *Formal Theories of the Commonsense World*. Ablex.

Moore, R. C. and DeNero, J. (2011). L1 and L2 regularization for multiclass hinge loss models. In *Symposium on Machine Learning in Speech and Natural Language Processing*.

Moravčík, M., Schmid, M., Burch, N., Lisý, V., Morrill, D., Bard, N., Davis, T., Waugh, K., Johanson, M., and Bowling, M. (2017). Deepstack: Expert-level artificial intelligence in no-limit poker. arXiv:1701.01724.

Moravec, H. P. (1983). The Stanford cart and the CMU rover. *Proc. IEEE*, 71, 872–884.

Moravec, H. P. and Elfes, A. (1985). High resolution maps from wide angle sonar. In *ICRA-85*.

Moravec, H. P. (2000). *Robot: Mere Machine to Transcendent Mind*. Oxford University Press.

Morgan, C. L. (1896). *Habit and Instinct*. Edward Arnold.

Morgan, T. J. H. and Griffiths, T. L. (2015). What the Baldwin Effect affects. In *COGSCI-15*.

Morjaria, M. A., Rink, F. J., Smith, W. D., Klempner, G., Burns, C., and Stein, J. (1995). Elicitation of probabilities for belief networks: Combining qualitative and quantitative information. In *UAI-95*.

Morrison, P. and Morrison, E. (Eds.). (1961). *Charles Babbage and His Calculating Engines: Selected Writings by Charles Babbage and Others*. Dover.

Moskewicz, M. W., Madigan, C. F., Zhao, Y., Zhang, L., and Malik, S. (2001). Chaff: Engineering an efficient SAT solver. In *Proc. 38th Design Automation Conference*.

Mott, A., Job, J., Vlimant, J.-R., Lidar, D., and Spiropulu, M. (2017). Solving a Higgs optimization problem with quantum annealing for machine learning. *Nature*, 550, 375.

Motzkin, T. S. and Schoenberg, I. J. (1954). The relaxation method for linear inequalities. *Canadian Journal of Mathematics*, 6, 393–404.

Moutarlier, P. and Chatila, R. (1989). Stochastic multisensory data fusion for mobile robot location and environment modeling. In *ISRR-89*.

Mueller, E. T. (2006). *Commonsense Reasoning*. Morgan Kaufmann.

Muggleton, S. H. and De Raedt, L. (1994). Inductive logic programming: Theory and methods. *J. Logic Programming*, 19/20, 629–679.

Müller, M. (2002). Computer Go. *AIJ*, 134, 145–179.

Mumford, D. and Shah, J. (1989). Optimal approximations by piece-wise smooth functions and associated variational problems. *Commun. Pure Appl. Math.*, 42, 577–685.

Mundy, J. and Zisserman, A. (Eds.). (1992). *Geometric Invariance in Computer Vision*. MIT Press.

Munos, R., Stepleton, T., Harutyunyan, A., and Bellemare, M. G. (2017). Safe and efficient off-policy reinforcement learning. In *NeurIPS 29*.

Murphy, K. (2002). *Dynamic Bayesian Networks: Representation, Inference and Learning*. Ph.D. thesis, UC Berkeley.

Murphy, K. (2012). *Machine Learning: A Probabilistic Perspective*. MIT Press.

Murphy, K. and Mian, I. S. (1999). Modelling gene expression data using Bayesian networks. Tech. rep., Computer Science Division, UC Berkeley.

Murphy, K. and Russell, S. J. (2001). Rao-Blackwellised particle filtering for dynamic Bayesian networks. In Doucet, A., de Freitas, J. F. G., and Gordon, N. J. (Eds.), *Sequential Monte Carlo Methods in Practice*. Springer-Verlag.

Murphy, K. and Weiss, Y. (2001). The factored frontier algorithm for approximate inference in DBNs. In *UAI-01*.

Murphy, R. (2000). *Introduction to AI Robotics*. MIT Press.

Murray, L. M. (2013). Bayesian state-space modelling on high-performance hardware using LibBi. arXiv:1306.3277.

Murray, R. M. (2017). *A Mathematical Introduction to Robotic Manipulation*. CRC Press.

Murray-Rust, P., Rzepa, H. S., Williamson, J., and Willighagen, E. L. (2003). Chemical markup, XML and the world–wide web. 4. CML schema. *J. Chem. Inf. Comput. Sci.*, 43, 752–772.

Murthy, C. and Russell, J. R. (1990). A constructive proof of Higman's lemma. In *LICS-90*.

Muscettola, N. (2002). Computing the envelope for stepwise-constant resource allocations. In *CP-02*.

Muscettola, N., Nayak, P., Pell, B., and Williams, B. (1998). Remote agent: To boldly go where no AI system has gone before. *AIJ*, 103, 5–48.

Muslea, I. (1999). Extraction patterns for information extraction tasks: A survey. In *Proc. AAAI-99 Workshop on Machine Learning for Information Extraction*.

Muth, J. T., Vogt, D. M., Truby, R. L., Mengüç, Y., Kolesky, D. B., Wood, R. J., and Lewis, J. A. (2014). Embedded 3D printing of strain sensors within highly stretchable elastomers. *Advanced Materials*, 26, 6307–6312.

Myerson, R. (1981). Optimal auction design. *Mathematics of Operations Research*, 6, 58–73.

Myerson, R. (1986). Multistage games with communication. *Econometrica*, 54, 323–358.

Myerson, R. (1991). *Game Theory: Analysis of Conflict*. Harvard University Press.

Nair, V. and Hinton, G. E. (2010). Rectified linear units improve restricted Boltzmann machines. In *ICML-10*.

Nalwa, V. S. (1993). *A Guided Tour of Computer Vision*. Addison-Wesley.

Narayanan, A., Shi, E., and Rubinstein, B. I. (2011). Link prediction by de-anonymization: How we won the Kaggle social network challenge. In *IJCNN-11*.

Narayanan, A. and Shmatikov, V. (2006). How to break anonymity of the Netflix prize dataset. arXiv:cs/0610105.

Nash, J. (1950). Equilibrium points in N-person games. *PNAS*, 36, 48–49.

Nash, P. (1973). *Optimal Allocation of Resources Between Research Projects*. Ph.D. thesis, University of Cambridge.

Nayak, P. and Williams, B. (1997). Fast context switching in real-time propositional reasoning. In *AAAI-97*.

Neches, R., Swartout, W. R., and Moore, J. D. (1985). Enhanced maintenance and explanation of expert systems through explicit models of their development. *IEEE Transactions on Software Engineering*, *SE-11*, 1337–1351.

Nemhauser, G. L., Wolsey, L. A., and Fisher, M. L. (1978). An analysis of approximations for maximizing submodular set functions I. *Mathematical Programming*, *14*, 265–294.

Nesterov, Y. and Nemirovski, A. (1994). *InteriorPoint Polynomial Methods in Convex Programming*. SIAM (Society for Industrial and Applied Mathematics).

Newell, A. (1982). The knowledge level. *AIJ*, *18*, 82–127.

Newell, A. (1990). *Unified Theories of Cognition*. Harvard University Press.

Newell, A. and Ernst, G. (1965). The search for generality. In *Proc. IFIP Congress*.

Newell, A., Shaw, J. C., and Simon, H. A. (1957). Empirical explorations with the logic theory machine. *Proc. Western Joint Computer Conference*, *15*, 218–239. Reprinted in Feigenbaum and Feldman (1963).

Newell, A. and Simon, H. A. (1961). GPS, a program that simulates human thought. In Billing, H. (Ed.), *Lernende Automaten*. R. Oldenbourg.

Newell, A. and Simon, H. A. (1972). *Human Problem Solving*. Prentice-Hall.

Newell, A. and Simon, H. A. (1976). Computer science as empirical inquiry: Symbols and search. *CACM*, *19*, 113–126.

Newton, I. (1664–1671). Methodus fluxionum et serierum infinitarum. Unpublished notes.

Ng, A. Y. (2004). Feature selection, L_1 vs. L_2 regularization, and rotational invariance. In *ICML-04*.

Ng, A. Y. (2019). *Machine Learning Yearning*.

Ng, A. Y., Harada, D., and Russell, S. J. (1999). Policy invariance under reward transformations: Theory and application to reward shaping. In *ICML-99*.

Ng, A. Y. and Jordan, M. I. (2000). PEGASUS: A policy search method for large MDPs and POMDPs. In *UAI-00*.

Ng, A. Y. and Jordan, M. I. (2002). On discriminative vs. generative classifiers: A comparison of logistic regression and naive Bayes. In *NeurIPS 14*.

Ng, A. Y., Kim, H. J., Jordan, M. I., and Sastry, S. (2003). Autonomous helicopter flight via reinforcement learning. In *NeurIPS 16*.

Ng, A. Y. and Russell, S. J. (2000). Algorithms for inverse reinforcement learning. In *ICML-00*.

Nicholson, A. and Brady, J. M. (1992). The data association problem when monitoring robot vehicles using dynamic belief networks. In *ECAI-92*.

Nielsen, M. A. (2015). *Neural Networks and Deep Learning*. Determination Press.

Nielsen, T. and Jensen, F. (2003). Sensitivity analysis in influence diagrams. *IEEE Transactions on Systems, Man and Cybernetics*, *33*, 223–234.

Niemelä, I., Simons, P., and Syrjänen, T. (2000). Smodels: A system for answer set programming. In *Proc. 8th International Workshop on Non-Monotonic Reasoning*.

Nikolaidis, S. and Shah, J. (2013). Human-robot cross-training: computational formulation, modeling and evaluation of a human team training strategy. In *HRI-13*.

Niles, I. and Pease, A. (2001). Towards a standard upper ontology. In *Proc. International Conference on Formal Ontology in Information Systems*.

Nilsson, D. and Lauritzen, S. (2000). Evaluating influence diagrams using LIMIDs. In *UAI-00*.

Nilsson, N. J. (1965). *Learning Machines: Foundations of Trainable Pattern-Classifying Systems*. McGraw-Hill.

Nilsson, N. J. (1971). *Problem-Solving Methods in Artificial Intelligence*. McGraw-Hill.

Nilsson, N. J. (1984). Shakey the robot. Technical note, SRI International.

Nilsson, N. J. (1986). Probabilistic logic. *AIJ*, *28*, 71–87.

Nilsson, N. J. (1995). Eye on the prize. *AIMag*, *16*, 9–17.

Nilsson, N. J. (2009). *The Quest for Artificial Intelligence: A History of Ideas and Achievements*. Cambridge University Press.

Nisan, N. (2007). Introduction to mechanism design (for computer scientists). In Nisan, N., Roughgarden, T., Tardos, E., and Vazirani, V. V. (Eds.), *Algorithmic Game Theory*. Cambridge University Press.

Nisan, N., Roughgarden, T., Tardos, E., and Vazirani, V. (Eds.). (2007). *Algorithmic Game Theory*. Cambridge University Press.

Niv, Y. (2009). Reinforcement learning in the brain. *Journal of Mathematical Psychology*, *53*, 139–154.

Nivre, J., De Marneffe, M.-C., Ginter, F., Goldberg, Y., Hajic, J., Manning, C., McDonald, R., Petrov, S., *et al.* (2016). Universal dependencies v1: A multilingual treebank collection. In *Proc. International Conference on Language Resources and Evaluation*.

Nodelman, U., Shelton, C., and Koller, D. (2002). Continuous time Bayesian networks. In *UAI-02*.

Noe, A. (2009). *Out of Our Heads: Why You Are Not Your Brain, and Other Lessons from the Biology of Consciousness*. Hill and Wang.

Nordfors, D., Cerf, V., and Senges, M. (2018). *Disrupting Unemployment*. Amazon Digital Services.

Norvig, P. (1988). Multiple simultaneous interpretations of ambiguous sentences. In *COGSCI-88*.

Norvig, P. (1992). *Paradigms of Artificial Intelligence Programming: Case Studies in Common Lisp*. Morgan Kaufmann.

Norvig, P. (2009). Natural language corpus data. In Segaran, T. and Hammerbacher, J. (Eds.), *Beautiful Data*. O'Reilly.

Nowick, S. M., Dean, M. E., Dill, D. L., and Horowitz, M. (1993). The design of a high-performance cache controller: A case study in asynchronous synthesis. *Integration: The VLSI Journal*, *15*, 241–262.

Och, F. J. and Ney, H. (2003). A systematic comparison of various statistical alignment models. *Computational Linguistics*, *29*, 19–51.

Och, F. J. and Ney, H. (2004). The alignment template approach to statistical machine translation. *Computational Linguistics*, *30*, 417–449.

Och, F. J. and Ney, H. (2002). Discriminative training and maximum entropy models for statistical machine translation. In *COLING-02*.

Ogawa, S., Lee, T.-M., Kay, A. R., and Tank, D. W. (1990). Brain magnetic resonance imaging with contrast dependent on blood oxygenation. *PNAS*, *87*, 9868–9872.

Oh, M.-S. and Berger, J. O. (1992). Adaptive importance sampling in Monte Carlo integration. *Journal of Statistical Computation and Simulation*, *41*, 143–168.

Oh, S., Russell, S. J., and Sastry, S. (2009). Markov chain Monte Carlo data association for multi-target tracking. *IEEE Transactions on Automatic Control*, *54*, 481–497.

Oizumi, M., Albantakis, L., and Tononi, G. (2014). From the phenomenology to the mechanisms of consciousness: Integrated information theory 3.0. *PLoS Computational Biology*, *10*, e1003588.

Olesen, K. G. (1993). Causal probabilistic networks with both discrete and continuous variables. *PAMI*, *15*, 275–279.

Oliver, N., Garg, A., and Horvitz, E. J. (2004). Layered representations for learning and inferring office activity from multiple sensory channels. *Computer Vision and Image Understanding*, *96*, 163–180.

Oliver, R. M. and Smith, J. Q. (Eds.). (1990). *Influence Diagrams, Belief Nets and Decision Analysis*. Wiley.

Omohundro, S. (2008). The basic AI drives. In *AGI-08 Workshop on the Sociocultural, Ethical and Futurological Implications of Artificial Intelligence*.

O'Neil, C. (2017). *Weapons of Math Destruction: How Big Data Increases Inequality and Threatens Democracy*. Broadway Books.

O'Neil, C. and Schutt, R. (2013). *Doing Data Science: Straight Talk from the Frontline*. O'Reilly.

O'Reilly, U.-M. and Oppacher, F. (1994). Program search with a hierarchical variable length representation: Genetic programming, simulated annealing and hill climbing. In *Proc. Third Conference on Parallel Problem Solving from Nature*.

Osborne, M. J. (2004). *An Introduction to Game Theory*. Oxford University Pres.

Osborne, M. J. and Rubinstein, A. (1994). *A Course in Game Theory*. MIT Press.

Osherson, D. N., Stob, M., and Weinstein, S. (1986). *Systems That Learn: An Introduction to Learning Theory for Cognitive and Computer Scientists*. MIT Press.

Ostrom, E. (1990). *Governing the Commons*. Cambridge University Press.

Padgham, L. and Winikoff, M. (2004). *Developing Intelligent Agent Systems: A Practical Guide*. Wiley.

Paige, B. and Wood, F. (2014). A compilation target for probabilistic programming languages. In *ICML-14*.

Paige, B., Wood, F., Doucet, A., and Teh, Y. W. (2015). Asynchronous anytime sequential Monte Carlo. In *NeurIPS 27*.

Palacios, H. and Geffner, H. (2007). From conformant into classical planning: Efficient translations that may be complete too. In *ICAPS-07*.

Palmer, S. (1999). *Vision Science: Photons to Phenomenology*. MIT Press.

Papadimitriou, C. H. (1994). *Computational Complexity*. Addison-Wesley.

Papadimitriou, C. H. and Tsitsiklis, J. N. (1987). The complexity of Markov decision processes. *Mathematics of Operations Research*, 12, 441–450.

Papadimitriou, C. H. and Yannakakis, M. (1991). Shortest paths without a map. *Theoretical Computer Science*, 84, 127–150.

Papavassiliou, V. and Russell, S. J. (1999). Convergence of reinforcement learning with general function approximators. In *IJCAI-99*.

Parisi, G. (1988). *Statistical Field Theory*. Addison-Wesley.

Parisi, M. M. G. and Zecchina, R. (2002). Analytic and algorithmic solution of random satisfiability problems. *Science*, 297, 812–815.

Park, J. D. and Darwiche, A. (2004). Complexity results and approximation strategies for MAP explanations. *JAIR*, 21, 101–133.

Parker, A., Nau, D. S., and Subrahmanian, V. S. (2005). Game-tree search with combinatorially large belief states. In *IJCAI-05*.

Parker, D. B. (1985). Learning logic. Technical report, Center for Computational Research in Economics and Management Science, MIT.

Parker, L. E. (1996). On the design of behavior-based multi-robot teams. *J. Advanced Robotics*, 10, 547–578.

Parr, R. and Russell, S. J. (1998). Reinforcement learning with hierarchies of machines. In *NeurIPS 10*.

Parzen, E. (1962). On estimation of a probability density function and mode. *Annals of Mathematical Statistics*, 33, 1065–1076.

Pasca, M. and Harabagiu, S. M. (2001). High performance question/answering. In *SIGIR-01*.

Pasca, M., Lin, D., Bigham, J., Lifchits, A., and Jain, A. (2006). Organizing and searching the world wide web of facts—Step one: The one-million fact extraction challenge. In *AAAI-06*.

Paskin, M. (2002). Maximum entropy probabilistic logic. Tech. report, UC Berkeley.

Pasula, H., Marthi, B., Milch, B., Russell, S. J., and Shpitser, I. (2003). Identity uncertainty and citation matching. In *NeurIPS 15*.

Pasula, H., Russell, S. J., Ostland, M., and Ritov, Y. (1999). Tracking many objects with many sensors. In *IJCAI-99*.

Patel-Schneider, P. (2014). Analyzing schema.org. In *Proc. International Semantic Web Conference*.

Patrick, B. G., Almulla, M., and Newborn, M. (1992). An upper bound on the time complexity of iterative-deepening-A*. *AIJ*, 5, 265–278.

Paul, R. P. (1981). *Robot Manipulators: Mathematics, Programming, and Control*. MIT Press.

Pauls, A. and Klein, D. (2009). K-best A* parsing. In *ACL-09*.

Peano, G. (1889). *Arithmetices principia, nova methodo exposita*. Fratres Bocca, Turin.

Pearce, J., Tambe, M., and Maheswaran, R. (2008). Solving multiagent networks using distributed constraint optimization. *AIMag*, 29, 47–62.

Pearl, J. (1982a). Reverend Bayes on inference engines: A distributed hierarchical approach. In *AAAI-82*.

Pearl, J. (1982b). The solution for the branching factor of the alpha–beta pruning algorithm and its optimality. *CACM*, 25, 559–564.

Pearl, J. (1984). *Heuristics: Intelligent Search Strategies for Computer Problem Solving*. Addison-Wesley.

Pearl, J. (1985). Bayesian networks: A model of self-activated memory for evidential reasoning. In *COGSCI-85*.

Pearl, J. (1986). Fusion, propagation, and structuring in belief networks. *AIJ*, 29, 241–288.

Pearl, J. (1987). Evidential reasoning using stochastic simulation of causal models. *AIJ*, 32, 247–257.

Pearl, J. (1988). *Probabilistic Reasoning in Intelligent Systems: Networks of Plausible Inference*. Morgan Kaufmann.

Pearl, J. (2000). *Causality: Models, Reasoning, and Inference*. Cambridge University Press.

Pearl, J. and McKenzie, D. (2018). *The Book of Why*. Basic Books.

Pearl, J. and Verma, T. (1991). A theory of inferred causation. In *KR-91*.

Pearson, K. (1895). Contributions to the mathematical theory of evolution, II: Skew variation in homogeneous material. *Phil. Trans. Roy. Soc.*, 186, 343–414.

Pearson, K. (1901). On lines and planes of closest fit to systems of points in space. *Philosophical Magazine*, 2, 559–572.

Pease, A. and Niles, I. (2002). IEEE standard upper ontology: A progress report. *Knowledge Engineering Review*, 17, 65–70.

Pednault, E. P. D. (1986). Formulating multiagent, dynamic-world problems in the classical planning framework. In *Reasoning About Actions and Plans: Proc. 1986 Workshop*.

Pedregosa, F., Varoquaux, G., Gramfort, A., Michel, V., Thirion, B., Grisel, O., Blondel, M., Prettenhofer, P., Weiss, R., Dubourg, V., et al. (2011). Scikit-learn: Machine learning in Python. *JMLR*, 12, 2825–2830.

Peirce, C. S. (1870). Description of a notation for the logic of relatives, resulting from an amplification of the conceptions of Boole's calculus of logic. *Memoirs of the American Academy of Arts and Sciences*, 9, 317–378.

Peirce, C. S. (1883). A theory of probable inference. Note B. The logic of relatives. In Peirce, C. S. (Ed.), *Studies in Logic*, Little, Brown.

Peirce, C. S. (1909). Existential graphs. Unpublished manuscript; reprinted in (Buchler 1955).

Peleg, B. and Sudholter, P. (2002). *Introduction to the Theory of Cooperative Games* (2nd edition). Springer-Verlag.

Pelikan, M., Goldberg, D. E., and Cantu-Paz, E. (1999). BOA: The Bayesian optimization algorithm. In *GECCO-99*.

Pemberton, J. C. and Korf, R. E. (1992). Incremental planning on graphs with cycles. In *AIPS-92*.

Penberthy, J. S. and Weld, D. S. (1992). UCPOP: A sound, complete, partial order planner for ADL. In *KR-92*.

Peng, J. and Williams, R. J. (1993). Efficient learning and planning within the Dyna framework. *Adaptive Behavior*, 2, 437–454.

Pennington, J., Socher, R., and Manning, C. (2014). Glove: Global vectors for word representation. In *EMNLP-14*.

Penrose, R. (1989). *The Emperor's New Mind*. Oxford University Press.

Penrose, R. (1994). *Shadows of the Mind*. Oxford University Press.

Peot, M. and Smith, D. E. (1992). Conditional nonlinear planning. In *ICAPS-92*.

Pereira, F. and Schabes, Y. (1992). Inside-outside reestimation from partially bracketed corpora. In *ACL-92*.

Pereira, F. and Warren, D. H. D. (1980). Definite clause grammars for language analysis: A survey of the formalism and a comparison with augmented transition networks. *AIJ*, 13, 231–278.

Peters, J. and Schaal, S. (2008). Reinforcement learning of motor skills with policy gradients. *Neural Networks*, 21, 682–697.

Peters, J., Janzing, D., and Schölkopf, B. (2017). *Elements of Causal Inference: Foundations and Learning Algorithms*. MIT press.

Peters, M. E., Neumann, M., Iyyer, M., Gardner, M., Clark, C., Lee, K., and Zettlemoyer, L. (2018). Deep contextualized word representations. arXiv:1802.05365.

Peterson, C. and Anderson, J. R. (1987). A mean field theory learning algorithm for neural networks. *Complex Systems*, 1, 995–1019.

Petosa, N. and Balch, T. (2019). Multiplayer Alp-haZero. arXiv:1910.13012.

Pfeffer, A. (2001). IBAL: A probabilistic rational programming language. In *IJCAI-01*.

Pfeffer, A., Koller, D., Milch, B., and Takusagawa, K. T. (1999). SPOOK: A system for probabilistic object-oriented knowledge representation. In *UAI-99*.

Pfeffer, A. (2016). *Practical Probabilistic Programming*. Manning.

Pfeffer, A. (2000). *Probabilistic Reasoning for Complex Systems*. Ph.D. thesis, Stanford University.

Pfeffer, A. (2007). The design and implementation of IBAL: A general-purpose probabilistic language. In Getoor, L. and Taskar, B. (Eds.), *Introduction to Statistical Relational Learning*. MIT Press.

Pfeifer, R., Bongard, J., Brooks, R. A., and Iwasawa, S. (2006). *How the Body Shapes the Way We Think: A New View of Intelligence*. Bradford.

Pham, H., Guan, M. Y., Zoph, B., Le, Q. V., and Dean, J. (2018). Efficient neural architecture search via parameter sharing. arXiv:1802.03268.

Pineau, J., Gordon, G., and Thrun, S. (2003). Pointbased value iteration: An anytime algorithm for POMDPs. In *IJCAI-03*.

Pinedo, M. (2008). *Scheduling: Theory, Algorithms, and Systems*. Springer Verlag.

Pinkas, G. and Dechter, R. (1995). Improving connectionist energy minimization. *JAIR*, *3*, 223–248.

Pinker, S. (1995). Language acquisition. In Gleitman, L. R., Liberman, M., and Osherson, D. N. (Eds.), *An Invitation to Cognitive Science* (2nd edition). MIT Press.

Pinker, S. (2003). *The Blank Slate: The Modern Denial of Human Nature*. Penguin.

Pinto, D., McCallum, A., Wei, X., and Croft, W. B. (2003). Table extraction using conditional random fields. In *SIGIR-03*.

Pinto, L. and Gupta, A. (2016). Supersizing self-supervision: Learning to grasp from 50k tries and 700 robot hours. In *ICRA-16*.

Platt, J. (1999). Fast training of support vector machines using sequential minimal optimization. In *Advances in Kernel Methods: Support Vector Learning*. MIT Press.

Plotkin, G. (1972). Building-in equational theories. In Meltzer, B. and Michie, D. (Eds.), *Machine Intelligence 7*. Edinburgh University Press.

Plummer, M. (2003). JAGS: A program for analysis of Bayesian graphical models using Gibbs sampling. In *Proc. Third Int'l Workshop on Distributed Statistical Computing*.

Pnueli, A. (1977). The temporal logic of programs. In *FOCS-77*.

Pohl, I. (1971). Bi-directional search. In Meltzer, B. and Michie, D. (Eds.), *Machine Intelligence 6*. Edinburgh University Press.

Pohl, I. (1973). The avoidance of (relative) catastrophe, heuristic competence, genuine dynamic weighting and computational issues in heuristic problem solving. In *IJCAI-73*.

Pohl, I. (1977). Practical and theoretical considerations in heuristic search algorithms. In Elcock, E. W. and Michie, D. (Eds.), *Machine Intelligence 8*. Ellis Horwood.

Pohl, I. (1970). Heuristic search viewed as path finding in a graph. *AIJ*, *1*, 193–204.

Poli, R., Langdon, W., and McPhee, N. (2008). *A Field Guide to Genetic Programming*. Lulu.com.

Pomerleau, D. A. (1993). *Neural Network Perception for Mobile Robot Guidance*. Kluwer.

Poole, B., Lahiri, S., Raghu, M., Sohl-Dickstein, J., and Ganguli, S. (2017). Exponential expressivity in deep neural networks through transient chaos. In *NeurIPS 29*.

Poole, D. (1993). Probabilistic Horn abduction and Bayesian networks. *AIJ*, *64*, 81–129.

Poole, D. (2003). First-order probabilistic inference. In *IJCAI-03*.

Poole, D. and Mackworth, A. K. (2017). *Artificial Intelligence: Foundations of Computational Agents* (2 edition). Cambridge University Press.

Poppe, R. (2010). A survey on vision-based human action recognition. *Image Vision Comput.*, *28*, 976–990.

Popper, K. R. (1959). *The Logic of Scientific Discovery*. Basic Books.

Popper, K. R. (1962). *Conjectures and Refutations: The Growth of Scientific Knowledge*. Basic Books.

Portner, P. and Partee, B. H. (2002). *Formal Semantics: The Essential Readings*. Wiley-Blackwell.

Post, E. L. (1921). Introduction to a general theory of elementary propositions. *American Journal of Mathematics*, *43*, 163–185.

Poulton, C. and Watts, M. (2016). MIT and DARPA pack Lidar sensor onto single chip. *IEEE Spectrum*, August 4.

Poundstone, W. (1993). *Prisoner's Dilemma*. Anchor.

Pourret, O., Naïm, P., and Marcot, B. (2008). *Bayesian Networks: A Practical Guide to Applications*. Wiley.

Pradhan, M., Provan, G. M., Middleton, B., and Henrion, M. (1994). Knowledge engineering for large belief networks. In *UAI-94*.

Prawitz, D. (1960). An improved proof procedure. *Theoria*, *26*, 102–139.

Press, W. H., Teukolsky, S. A., Vetterling, W. T., and Flannery, B. P. (2007). *Numerical Recipes: The Art of Scientific Computing* (3rd edition). Cambridge University Press.

Preston, J. and Bishop, M. (2002). *Views into the Chinese Room: New Essays on Searle and Artificial Intelligence*. Oxford University Press.

Prieditis, A. E. (1993). Machine discovery of effective admissible heuristics. *Machine Learning*, *12*, 117–141.

Prosser, P. (1993). Hybrid algorithms for constraint satisfaction problems. *Computational Intelligence*, *9*, 268–299.

Pullum, G. K. (1991). *The Great Eskimo Vocabulary Hoax (and Other Irreverent Essays on the Study of Language)*. University of Chicago Press.

Pullum, G. K. (1996). Learnability, hyperlearning, and the poverty of the stimulus. In *22nd Annual Meeting of the Berkeley Linguistics Society*.

Puterman, M. L. (1994). *Markov Decision Processes: Discrete Stochastic Dynamic Programming*. Wiley.

Puterman, M. L. and Shin, M. C. (1978). Modified policy iteration algorithms for discounted Markov decision problems. *Management Science*, *24*, 1127–1137.

Putnam, H. (1963). 'Degree of confirmation' and inductive logic. In Schilpp, P. A. (Ed.), *The Philosophy of Rudolf Carnap*. Open Court.

Quillian, M. R. (1961). A design for an understanding machine. Paper presented at a colloquium: Semantic Problems in Natural Language, King's College, Cambridge, England.

Quine, W. V. (1953). Two dogmas of empiricism. In *From a Logical Point of View*. Harper and Row.

Quine, W. V. (1960). *Word and Object*. MIT Press.

Quine, W. V. (1982). *Methods of Logic* (4th edition). Harvard University Press.

Quinlan, J. R. (1979). Discovering rules from large collections of examples: A case study. In Michie, D. (Ed.), *Expert Systems in the Microelectronic Age*. Edinburgh University Press.

Quinlan, J. R. (1986). Induction of decision trees. *Machine Learning*, *1*, 81–106.

Quinlan, J. R. (1993). *C4.5: Programs for Machine Learning*. Morgan Kaufmann.

Quinlan, S. and Khatib, O. (1993). Elastic bands: Connecting path planning and control. In *ICRA-93*.

Quirk, R., Greenbaum, S., Leech, G., and Svartvik, J. (1985). *A Comprehensive Grammar of the English Language*. Longman.

Rabani, Y., Rabinovich, Y., and Sinclair, A. (1998). A computational view of population genetics. *Random Structures and Algorithms*, *12*, 313–334.

Rabiner, L. R. and Juang, B.-H. (1993). *Fundamentals of Speech Recognition*. Prentice-Hall.

Radford, A., Metz, L., and Chintala, S. (2015). Unsupervised representation learning with deep convolutional generative adversarial networks. arXiv:1511.06434.

Radford, A., Wu, J., Child, R., Luan, D., Amodei, D., and Sutskever, I. (2019). Language models are unsupervised multitask learners. *OpenAI Blog*, *1*.

Raffel, C., Shazeer, N., Roberts, A., Lee, K., Narang, S., Matena, M., Zhou, Y., Li, W., and Liu, P. J. (2019). Exploring the limits of transfer learning with a unified text-to-text transformer. arXiv:1910.10683.

Rafferty, A. N., Brunskill, E., Griffiths, T. L., and Shafto, P. (2016). Faster teaching via POMDP planning. *Cognitive Science*, *40*, 1290–1332.

Rahwan, T., Michalak, T. P., Wooldridge, M., and Jennings, N. R. (2015). Coalition structure generation: A survey. *AIJ*, *229*, 139–174.

Raibert, M., Blankespoor, K., Nelson, G., and Playter, (2008). Bigdog, the rough-terrain quadruped robot. *IFAC Proceedings Volumes*, *41*, 10822–10825.

Rajpurkar, P., Zhang, J., Lopyrev, K., and Liang, P. (2016). Squad: 100,000+ questions for machine comprehension of text. In *EMNLP-16*.

Ramsey, F. P. (1931). Truth and probability. In Braithwaite, R. B. (Ed.), *The Foundations of Mathematics and Other Logical Essays*. Harcourt Brace Jovanovich.

Ramsundar, B. and Zadeh, R. B. (2018). *TensorFlow for Deep Learning: From Linear Regression to Reinforcement Learning*. O'Reilly.

Rao, D. A. S. and Verweij, G. (2017). Sizing the prize: What's the real value of AI for your business and how can you capitalise? PwC.

Raphael, B. (1976). *The Thinking Computer: Mind Inside Matter*. W. H. Freeman.

Raphson, J. (1690). *Analysis aequationum universalis*. Apud Abelem Swalle, London.

Raschka, S. (2015). *Python Machine Learning*. Packt.

Rashevsky, N. (1936). Physico-mathematical aspects of excitation and conduction in nerves. In *Cold Springs Harbor Symposia on Quantitative Biology. IV: Excitation Phenomena*.

Rashevsky, N. (1938). *Mathematical Biophysics: Physico-Mathematical Foundations of Biology*. University of Chicago Press.

Rasmussen, C. E. and Williams, C. K. I. (2006). *Gaussian Processes for Machine Learning*. MIT Press.

Rassenti, S., Smith, V., and Bulfin, R. (1982). A combinatorial auction mechanism for airport time slot allocation. *Bell Journal of Economics*, 13, 402–417.

Ratliff, N., Bagnell, J. A., and Zinkevich, M. (2006). Maximum margin planning. In *ICML-06*.

Ratliff, N., Zucker, M., Bagnell, J. A., and Srinivasa, (2009). CHOMP: Gradient optimization techniques for efficient motion planning. In *ICRA-09*.

Ratnaparkhi, A. (1996). A maximum entropy model for part-of-speech tagging. In *EMNLP-96*.

Ratner, D. and Warmuth, M. (1986). Finding a shortest solution for the $n \times n$ extension of the 15-puzzle is intractable. In *AAAI-86*.

Rauch, H. E., Tung, F., and Striebel, C. T. (1965). Maximum likelihood estimates of linear dynamic systems. *AIAA Journal*, 3, 1445–1450.

Rayward-Smith, V., Osman, I., Reeves, C., and Smith, G. (Eds.). (1996). *Modern Heuristic Search Methods*. Wiley.

Real, E., Aggarwal, A., Huang, Y., and Le, Q. V. (2018). Regularized evolution for image classifier architecture search. arXiv:1802.01548.

Rechenberg, I. (1965). Cybernetic solution path of an experimental problem. Library translation, Royal Aircraft Establishment.

Regin, J. (1994). A filtering algorithm for constraints of difference in CSPs. In *AAAI-94*.

Reid, D. B. (1979). An algorithm for tracking multiple targets. *IEEE Trans. Automatic Control*, 24, 843–854.

Reif, J. (1979). Complexity of the mover's problem and generalizations. In *FOCS-79*.

Reiter, R. (1980). A logic for default reasoning. *AIJ*, 13, 81–132.

Reiter, R. (1991). The frame problem in the situation calculus: A simple solution (sometimes) and a completeness result for goal regression. In Lifschitz, V. (Ed.), *Artificial Intelligence and Mathematical Theory of Computation: Papers in Honor of John McCarthy*. Academic Press.

Reiter, R. (2001). *Knowledge in Action: Logical Foundations for Specifying and Implementing Dynamical Systems*. MIT Press.

Renner, G. and Ekart, A. (2003). Genetic algorithms in computer aided design. *Computer Aided Design*, 35, 709–726.

Rényi, A. (1970). *Probability Theory*. Elsevier.

Resnick, P. and Varian, H. R. (1997). Recommender systems. *CACM*, 40, 56–58.

Rezende, D. J., Mohamed, S., and Wierstra, D. (2014). Stochastic backpropagation and approximate inference in deep generative models. In *ICML-14*.

Riazanov, A. and Voronkov, A. (2002). The design and implementation of VAMPIRE. *AI Communications*, 15, 91–110.

Ribeiro, M. T., Singh, S., and Guestrin, C. (2016). Why should I trust you?: Explaining the predictions of any classifier. In *KDD-16*.

Richardson, M. and Domingos, P. (2006). Markov logic networks. *Machine Learning*, 62, 107–136.

Richter, S. and Helmert, M. (2009). Preferred operators and deferred evaluation in satisficing planning. In *ICAPS-09*.

Ridley, M. (2004). *Evolution*. Oxford Reader.

Riley, J. and Samuelson, W. (1981). Optimal auctions. *American Economic Review*, 71, 381–392.

Riley, P. (2019). Three pitfalls to avoid in machine learning. *Nature*, 572, 27–29.

Riloff, E. (1993). Automatically constructing a dictionary for information extraction tasks. In *AAAI-93*.

Ringgaard, M., Gupta, R., and Pereira, F. (2017). SLING: A framework for frame semantic parsing. arXiv:1710.07032.

Rintanen, J. (1999). Improvements to the evaluation of quantified Boolean formulae. In *IJCAI-99*.

Rintanen, J. (2007). Asymptotically optimal encodings of conformant planning in QBF. In *AAAI-07*.

Rintanen, J. (2012). Planning as satisfiability: Heuristics. *AIJ*, 193, 45–86.

Rintanen, J. (2016). Computational complexity in automated planning and scheduling. In *ICAPS-16*.

Ripley, B. D. (1996). *Pattern Recognition and Neural Networks*. Cambridge University Press.

Rissanen, J. (1984). Universal coding, information, prediction, and estimation. *IEEE Transactions on Information Theory*, IT-30, 629–636.

Rissanen, J. (2007). *Information and Complexity in Statistical Modeling*. Springer.

Rivest, R. (1987). Learning decision lists. *Machine Learning*, 2, 229–246.

Robbins, H. (1952). Some aspects of the sequential design of experiments. *Bulletin of the American Mathematical Society*, 58, 527–535.

Robbins, H. and Monro, S. (1951). A stochastic approximation method. *Annals of Mathematical Statistics*, 22, 400–407.

Roberts, L. G. (1963). Machine perception of three dimensional solids. Technical report, MIT Lincoln Laboratory.

Robertson, N. and Seymour, P. D. (1986). Graph minors. II. Algorithmic aspects of tree-width. *J. Algorithms*, 7, 309–322.

Robertson, S. E. and Sparck Jones, K. (1976). Relevance weighting of search terms. *J. American Society for Information Science*, 27, 129–146.

Robins, J. (1986). A new approach to causal inference in mortality studies with a sustained exposure period: Application to control of the healthy worker survivor effect. *Mathematical Modelling*, 7, 1393–1512.

Robinson, A. and Voronkov, A. (Eds.). (2001). *Handbook of Automated Reasoning*. Elsevier.

Robinson, J. A. (1965). A machine-oriented logic based on the resolution principle. *JACM*, 12, 23–41.

Robinson, S. (2002). Computer scientists find unexpected depths in airfare search problem. *SIAM News*, 35(6).

Roche, E. and Schabes, Y. (Eds.). (1997). *Finite-State Language Processing*. Bradford Books.

Rock, I. (1984). *Perception*. W. H. Freeman.

Rokicki, T., Kociemba, H., Davidson, M., and Dethridge, J. (2014). The diameter of the Rubik's Cube group is twenty. *SIAM Review*, 56, 645–670.

Rolf, D. (2006). Improved bound for the PPSZ/Schöning-algorithm for 3-SAT. *Journal on Satisfiability, Boolean Modeling and Computation*, 1, 111–122.

Rolnick, D., Donti, P. L., Kaack, L. H., *et al.* (2019). Tackling climate change with machine learning. arXiv:1906.05433.

Rolnick, D. and Tegmark, M. (2018). The power of deeper networks for expressing natural functions. In *ICLR-18*.

Romanovskii, I. (1962). Reduction of a game with complete memory to a matrix game. *Soviet Mathematics*, 3, 678–681.

Ros, G., Sellart, L., Materzynska, J., Vazquez, D., and Lopez, A. M. (2016). The SYNTHIA dataset: A large collection of synthetic images for semantic segmentation of urban scenes. In *CVPR-16*.

Rosenblatt, F. (1957). The perceptron: A perceiving and recognizing automaton. Report, Project PARA, Cornell Aeronautical Laboratory.

Rosenblatt, F. (1960). On the convergence of reinforcement procedures in simple perceptrons. Report, Cornell Aeronautical Laboratory.

Rosenblatt, F. (1962). *Principles of Neurodynamics: Perceptrons and the Theory of Brain Mechanisms*. Spartan.

Rosenblatt, M. (1956). Remarks on some nonparametric estimates of a density function. *Annals of Mathematical Statistics*, 27, 832–837.

Rosenblueth, A., Wiener, N., and Bigelow, J. (1943). Behavior, purpose, and teleology. *Philosophy of Science*, 10, 18–24.

Rosenschein, J. S. and Zlotkin, G. (1994). *Rules of Encounter*. MIT Press.

Rosenschein, S. J. (1985). Formal theories of knowledge in AI and robotics. *New Generation Computing*, 3, 345–357.

Ross, G. (2012). Fisher and the millionaire: The statistician and the calculator. *Significance*, 9, 46–48.

Ross, S. (2015). *A First Course in Probability* (9th edition). Pearson.

Ross, S., Gordon, G., and Bagnell, D. (2011). A reduction of imitation learning and structured prediction to no-regret online learning. In *AISTATS-11*.

Rossi, F., van Beek, P., and Walsh, T. (2006). *Handbook of Constraint Processing*. Elsevier.

Roth, D. (1996). On the hardness of approximate reasoning. *AIJ*, *82*, 273–302.

Roussel, P. (1975). Prolog: Manual de référence et d'utilization. Tech. rep., Groupe d'Intelligence Artificielle, Université d'Aix-Marseille.

Rowat, P. F. (1979). *Representing the Spatial Experience and Solving Spatial Problems in a Simulated Robot Environment*. Ph.D. thesis, University of British Columbia.

Roweis, S. T. and Ghahramani, Z. (1999). A unifying review of linear Gaussian models. *Neural Computation*, *11*, 305–345.

Rowley, H., Baluja, S., and Kanade, T. (1998). Neural network-based face detection. *PAMI*, *20*, 23–38.

Roy, N., Gordon, G., and Thrun, S. (2005). Finding approximate POMDP solutions through belief compression. *JAIR*, *23*, 1–40.

Rubin, D. (1974). Estimating causal effects of treatments in randomized and nonrandomized studies. *Journal of Educational Psychology*, *66*, 688–701.

Rubin, D. (1988). Using the SIR algorithm to simulate posterior distributions. In Bernardo, J. M., de Groot, M. H., Lindley, D. V., and Smith, A. F. M. (Eds.), *Bayesian Statistics 3*. Oxford University Press.

Rubinstein, A. (1982). Perfect equilibrium in a bargaining model. *Econometrica*, *50*, 97–109.

Rubinstein, A. (2003). Economics and psychology? The case of hyperbolic discounting. *International Economic Review*, *44*, 1207–1216.

Ruder, S. (2018). NLP's ImageNet moment has arrived. *The Gradient*, July 8.

Ruder, S., Peters, M. E., Swayamdipta, S., and Wolf, T. (2019). Transfer learning in natural language processing. In *COLING-19*.

Rumelhart, D. E., Hinton, G. E., and Williams, R. J. (1986). Learning representations by back-propagating errors. *Nature*, *323*, 533–536.

Rumelhart, D. E. and McClelland, J. L. (Eds.). (1986). *Parallel Distributed Processing*. MIT Press.

Rummery, G. A. and Niranjan, M. (1994). On-line *Q*-learning using connectionist systems. Tech. rep., Cambridge University Engineering Department.

Ruspini, E. H., Lowrance, J. D., and Strat, T. M. (1992). Understanding evidential reasoning. *IJAR*, *6*, 401–424.

Russakovsky, O., Deng, J., Su, H., Krause, J., Satheesh, S., Ma, S., Huang, Z., Karpathy, A., Khosla, A., Bernstein, M., Berg, A. C., and Fei-Fei, L. (2015). ImageNet large scale visual recognition challenge. *IJCV*, *115*, 211–252.

Russell, J. G. B. (1990). Is screening for abdominal aortic aneurysm worthwhile? *Clinical Radiology*, *41*, 182–184.

Russell, S. J. (1985). The compleat guide to MRS. Report, Computer Science Department, Stanford University.

Russell, S. J. (1992). Efficient memory-bounded search methods. In *ECAI-92*.

Russell, S. J. (1998). Learning agents for uncertain environments. In *COLT-98*.

Russell, S. J. (1999). Expressive probability models in science. In *Proc. Second International Conference on Discovery Science*.

Russell, S. J. (2019). *Human Compatible*. Penguin.

Russell, S. J., Binder, J., Koller, D., and Kanazawa, K. (1995). Local learning in probabilistic networks with hidden variables. In *IJCAI-95*.

Russell, S. J. and Norvig, P. (2003). *Artificial Intelligence: A Modern Approach* (2nd edition). Prentice- Hall.

Russell, S. J. and Subramanian, D. (1995). Provably bounded-optimal agents. *JAIR*, *3*, 575–609.

Russell, S. J. and Wefald, E. H. (1989). On optimal game-tree search using rational meta-reasoning. In *IJCAI-89*.

Russell, S. J. and Wefald, E. H. (1991). *Do the Right Thing: Studies in Limited Rationality*. MIT Press.

Russell, S. J. and Wolfe, J. (2005). Efficient belief-state AND-OR search, with applications to Kriegspiel. In *IJCAI-05*.

Russell, S. J. and Zimdars, A. (2003). Q-decomposition of reinforcement learning agents. In *ICML-03*.

Rustagi, J. S. (1976). *Variational Methods in Statistics*. Academic Press.

Saad, F. and Mansinghka, V. K. (2017). A probabilistic programming approach to probabilistic data analysis. In *NeurIPS 29*.

Sabin, D. and Freuder, E. C. (1994). Contradicting conventional wisdom in constraint satisfaction. In *ECAI-94*.

Sabri, K. E. (2015). Automated verification of role-based access control policies constraints using Prover9. arXiv:1503.07645.

Sacerdoti, E. D. (1974). Planning in a hierarchy of abstraction spaces. *AIJ*, *5*, 115–135.

Sacerdoti, E. D. (1975). The nonlinear nature of plans. In *IJCAI-75*.

Sacerdoti, E. D. (1977). *A Structure for Plans and Behavior*. Elsevier.

Sadeghi, F. and Levine, S. (2016). CAD2RL: Real single-image flight without a single real image. arXiv:1611.04201.

Sadigh, D., Sastry, S., Seshia, S. A., and Dragan, A. D. (2016). Planning for autonomous cars that leverage effects on human actions. In *Proc. Robotics: Science and Systems*.

Sadler, M. and Regan, N. (2019). *Game Changer*. New in Chess.

Sadri, F. and Kowalski, R. (1995). Variants of the event calculus. In *ICLP-95*.

Sagae, K. and Lavie, A. (2006). A best-first probabilistic shift-reduce parser. In *COLING-06*.

Sahami, M., Hearst, M. A., and Saund, E. (1996). Applying the multiple cause mixture model to text categorization. In *ICML-96*.

Sahin, N. T., Pinker, S., Cash, S. S., Schomer, D., and Halgren, E. (2009). Sequential processing of lexical, grammatical, and phonological information within Broca's area. *Science*, *326*, 445–449.

Sakuta, M. and Iida, H. (2002). AND/OR-tree search for solving problems with uncertainty: A case study using screen-shogi problems. *Trans. Inf. Proc. Society of Japan*, *43*, 1–10.

Salomaa, A. (1969). Probabilistic and weighted grammars. *Information and Control*, *15*, 529–544.

Samadi, M., Felner, A., and Schaeffer, J. (2008). Learning from multiple heuristics. In *AAAI-08*.

Samet, H. (2006). *Foundations of Multidimensional and Metric Data Structures*. Morgan Kaufmann.

Sammut, C., Hurst, S., Kedzier, D., and Michie, D. (1992). Learning to fly. In *ICML-92*.

Samuel, A. (1959). Some studies in machine learning using the game of checkers. *IBM Journal of Research and Development*, *3*, 210–229.

Samuel, A. (1967). Some studies in machine learning using the game of checkers II—Recent progress. *IBM Journal of Research and Development*, *11*, 601–617.

Sanchez-Lengeling, B., Wei, J. N., Lee, B. K., Gerkin, R. C., Aspuru-Guzik, A., and Wiltschko, A. B. (2019). Machine learning for scent: Learning generalizable perceptual representations of small molecules. arXiv: 1910.10685.

Sandholm, T. (1999). Distributed rational decision making. In Weiß, G. (Ed.), *Multiagent Systems*. MIT Press.

Sandholm, T., Larson, K., Andersson, M., Shehory, O., and Tohmé, F. (1999). Coalition structure generation with worst case guarantees. *AIJ*, *111*, 209–238.

Sandholm, T. (1993). An implementation of the contract net protocol based on marginal cost calculations. In *AAAI-93*.

Sang, T., Beame, P., and Kautz, H. (2005). Performing Bayesian inference by weighted model counting. In *AAAI-05*.

Sapir, E. (1921). *Language: An Introduction to the Study of Speech*. Harcourt Brace Jovanovich.

Sarawagi, S. (2007). Information extraction. *Foundations and Trends in Databases*, *1*, 261–377.

Sargent, T. J. (1978). Estimation of dynamic labor demand schedules under rational expectations. *J. Political Economy*, *86*, 1009–1044.

Sartre, J.-P. (1960). *Critique de la Raison dialectique*. Editions Gallimard.

Satia, J. K. and Lave, R. E. (1973). Markovian decision processes with probabilistic observation of states. *Management Science*, *20*, 1–13.

Sato, T. and Kameya, Y. (1997). PRISM: A symbolic-statistical modeling language. In *IJCAI-97*.

Saul, L. K., Jaakkola, T., and Jordan, M. I. (1996). Mean field theory for sigmoid belief networks. *JAIR*, *4*, 61–76.

Saunders, W., Sastry, G., Stuhlmüller, A., and Evans, O. (2018). Trial without error: Towards safe reinforcement learning via human intervention. In *AAMAS-18*.

Savage, L. J. (1954). *The Foundations of Statistics*. Wiley.

Savva, M., Kadian, A., Maksymets, O., Zhao, Y., Wijmans, E., Jain, B., Straub, J., Liu, J., Koltun, V., Malik, J., Parikh, D., and Batra, D. (2019). Habitat: A platform for embodied AI research. arXiv:1904.01201.

Sayre, K. (1993). Three more flaws in the computational model. Paper presented at the APA (Central Division) Annual Conference, Chicago, Illinois.

Schaeffer, J. (2008). *One Jump Ahead: Computer Perfection at Checkers*. Springer-Verlag.

Schaeffer, J., Burch, N., Bjornsson, Y., Kishimoto, A., Müller, M., Lake, R., Lu, P., and Sutphen, S. (2007). Checkers is solved. *Science*, 317, 1518–1522.

Schank, R. C. and Abelson, R. P. (1977). *Scripts, Plans, Goals, and Understanding*. Lawrence Erlbaum.

Schank, R. C. and Riesbeck, C. (1981). *Inside Computer Understanding: Five Programs Plus Miniatures*. Lawrence Erlbaum.

Schapire, R. E. and Singer, Y. (2000). Boostexter: A boosting-based system for text categorization. *Machine Learning*, 39, 135–168.

Schapire, R. E. (1990). The strength of weak learnability. *Machine Learning*, 5, 197–227.

Schapire, R. E. (2003). The boosting approach to machine learning: An overview. In Denison, D. D., Hansen, M. H., Holmes, C., Mallick, B., and Yu, B. (Eds.), *Nonlinear Estimation and Classification*. Springer.

Scharre, P. (2018). *Army of None*. W. W. Norton.

Schmid, C. and Mohr, R. (1996). Combining greyvalue invariants with local constraints for object recognition. In *CVPR-96*.

Schmidhuber, J. (2015). Deep learning in neural networks: An overview. *Neural Networks*, 61, 85–117.

Schofield, M. and Thielscher, M. (2015). Lifting model sampling for general game playing to incomplete-information models. In *AAAI-15*.

Schölkopf, B. and Smola, A. J. (2002). *Learning with Kernels*. MIT Press.

Schöning, T. (1999). A probabilistic algorithm for k- SAT and constraint satisfaction problems. In *FOCS- 99*.

Schoppers, M. J. (1989). In defense of reaction plans as caches. *AIMag*, 10, 51–60.

Schraudolph, N. N., Dayan, P., and Sejnowski, T. (1994). Temporal difference learning of position evaluation in the game of Go. In *NeurIPS 6*.

Schrittwieser, J., Antonoglou, I., Hubert, T., Simonyan, K., Sifre, L., Schmitt, S., Guez, A., Lockhart, E., Hassabis, D., Graepel, T., Lillicrap, T., and Silver, D. (2019). Mastering Atari, Go, chess and shogi by planning with a learned model. arXiv:1911.08265.

Schröder, E. (1877). *Der Operationskreis des Logikkalküls*. B. G. Teubner, Leipzig.

Schulman, J., Ho, J., Lee, A. X., Awwal, I., Bradlow, H., and Abbeel, P. (2013). Finding locally optimal, collision-free trajectories with sequential convex optimization. In *Proc. Robotics: Science and Systems*.

Schulman, J., Levine, S., Abbeel, P., Jordan, M. I., and Moritz, P. (2015a). Trust region policy optimization. In *ICML-15*.

Schulman, J., Levine, S., Moritz, P., Jordan, M., and Abbeel, P. (2015b). Trust region policy optimization. In *ICML-15*.

Schultz, W., Dayan, P., and Montague, P. R. (1997). A neural substrate of prediction and reward. *Science*, 275, 1593.

Schulz, D., Burgard, W., Fox, D., and Cremers, A. B. (2003). People tracking with mobile robots using sample-based joint probabilistic data association filters. *Int. J. Robotics Research*, 22, 99–116.

Schulz, S. (2004). System Description: E 0.81. In *Proc. International Joint Conference on Automated Reasoning*, Vol. 3097 of *LNAI*.

Schulz, S. (2013). System description: E 1.8. In *Proc. Int. Conf. on Logic for Programming Artificial Intelligence and Reasoning*.

Schütze, H. (1995). *Ambiguity in Language Learning: Computational and Cognitive Models*. Ph.D. thesis, Stanford University. Also published by CSLI Press, 1997.

Schwartz, J. T., Scharir, M., and Hopcroft, J. (1987). *Planning, Geometry and Complexity of Robot Motion*. Ablex.

Schwartz, S. P. (Ed.). (1977). *Naming, Necessity, and Natural Kinds*. Cornell University Press.

Scott, D. and Krauss, P. (1966). Assigning probabilities to logical formulas. In Hintikka, J. and Suppes, P. (Eds.), *Aspects of Inductive Logic*. North-Holland.

Searle, J. R. (1980). Minds, brains, and programs. *BBS*, 3, 417–457.

Searle, J. R. (1990). Is the brain's mind a computer program? *Scientific American*, 262, 26–31.

Searle, J. R. (1992). *The Rediscovery of the Mind*. MIT Press.

Sedgewick, R. and Wayne, K. (2011). *Algorithms*. Addison-Wesley.

Sefidgar, Y. S., Agarwal, P., and Cakmak, M. (2017). Situated tangible robot programming. In *HRI-17*.

Segaran, T. (2007). *Programming Collective Intelligence: Building Smart Web 2.0 Applications*. O'Reilly.

Seipp, J. and Röger, G. (2018). Fast downward stone soup 2018. IPC 2018 Classical Track.

Seipp, J., Sievers, S., Helmert, M., and Hutter, F. (2015). Automatic configuration of sequential planning portfolios. In *AAAI-15*.

Selman, B., Kautz, H., and Cohen, B. (1996). Local search strategies for satisfiability testing. In Johnson, D. S. and Trick, M. A. (Eds.), *Cliques, Coloring, and Satisfiability*. American Mathematical Society.

Selman, B. and Levesque, H. J. (1993). The complexity of path-based defeasible inheritance. *AIJ*, 62, 303–339.

Selman, B., Levesque, H. J., and Mitchell, D. (1992). A new method for solving hard satisfiability problems. In *AAAI-92*.

Seni, G. and Elder, J. F. (2010). Ensemble methods in data mining: Improving accuracy through combining predictions. *Synthesis Lectures on Data Mining and Knowledge Discovery*, 2, 1–126.

Seo, M., Kembhavi, A., Farhadi, A., and Hajishirzi, H. (2017). Bidirectional attention flow for machine com-prehension. In *ICLR-17*.

Shachter, R. D. (1986). Evaluating influence diagrams. *Operations Research*, 34, 871–882.

Shachter, R. D. (1998). Bayes-ball: The rational pastime (for determining irrelevance and requisite information in belief networks and influence diagrams). In *UAI-98*.

Shachter, R. D., D'Ambrosio, B., and Del Favero, B. A. (1990). Symbolic probabilistic inference in belief networks. In *AAAI-90*.

Shachter, R. D. and Kenley, C. R. (1989). Gaussian influence diagrams. *Management Science*, 35, 527–550.

Shachter, R. D. and Peot, M. (1989). Simulation approaches to general probabilistic inference on belief networks. In *UAI-98*.

Shafer, G. (1976). *A Mathematical Theory of Evidence*. Princeton University Press.

Shanahan, M. (1997). *Solving the Frame Problem*. MIT Press.

Shanahan, M. (1999). The event calculus explained. In Wooldridge, M. J. and Veloso, M. (Eds.), *Artificial Intelligence Today*. Springer-Verlag.

Shanahan, M. (2015). *The Technological Singularity*. MIT Press.

Shani, G., Pineau, J., and Kaplow, R. (2013). A survey of point-based POMDP solvers. *Autonomous Agents and Multi-Agent Systems*, 27, 1–51.

Shankar, N. (1986). *Proof-Checking Metamathematics*. Ph.D. thesis, Computer Science Department, University of Texas at Austin.

Shannon, C. E. and Weaver, W. (1949). *The Mathematical Theory of Communication*. University of Illinois Press.

Shannon, C. E. (1950). Programming a computer for playing chess. *Philosophical Magazine*, 41, 256–275.

Shapley, L. S. (1953a). A value for *n*-person games. In Kuhn, H. W. and Tucker, A. W. (Eds.), *Contributions to the Theory of Games*. Princeton University Press.

Shapley, S. (1953b). Stochastic games. *PNAS*, 39, 1095–1100.

Sharan, R. V. and Moir, T. J. (2016). An overview of applications and advancements in automatic sound recognition. *Neurocomputing*, 200, 22–34.

Shatkay, H. and Kaelbling, L. P. (1997). Learning topological maps with weak local odometric information. In *IJCAI-97*.

Shazeer, N., Mirhoseini, A., Maziarz, K., Davis, A., Le, Q. V., Hinton, G. E., and Dean, J. (2017). Outrageously large neural networks: The sparsely-gated mixture-of-experts layer. arXiv:1701.06538.

Shelley, M. (1818). *Frankenstein: Or, the Modern Prometheus*. Pickering and Chatto.

Sheppard, B. (2002). World-championship-caliber scrabble. *AIJ*, 134, 241–275.

Shi, J. and Malik, J. (2000). Normalized cuts and image segmentation. *PAMI*, 22, 888–905.

Shieber, S. (1994). Lessons from a restricted Turing test. *CACM*, 37, 70–78.

Shieber, S. (Ed.). (2004). *The Turing Test*. MIT Press.

Shimony, S. E. (1994). Finding MAPs for belief networks is NP-hard. *AIJ*, 68, 399–410.

Shoham, Y. (1993). Agent-oriented programming. *AIJ*, *60*, 51–92.

Shoham, Y. (1994). *Artificial Intelligence Techniques in Prolog*. Morgan Kaufmann.

Shoham, Y. and Leyton-Brown, K. (2009). *Multiagent Systems: Algorithmic, Game-Theoretic, and Logical Foundations*. Cambridge Univ. Press.

Shoham, Y., Powers, R., and Grenager, T. (2004). If multi-agent learning is the answer, what is the question? In *Proc. AAAI Fall Symposium on Artificial Multi-Agent Learning*.

Shortliffe, E. H. (1976). *Computer-Based Medical Consultations: MYCIN*. Elsevier.

Siciliano, B. and Khatib, O. (Eds.). (2016). *Springer Handbook of Robotics* (2nd edition). Springer-Verlag.

Sigaud, O. and Buffet, O. (2010). *Markov Decision Processes in Artificial Intelligence*. Wiley.

Sigmund, K. (2017). *Exact Thinking in Demented Times*. Basic Books.

Silberstein, M., Weissbrod, O., Otten, L., Tzemach, A., Anisenia, A., Shtark, O., Tuberg, D., Galfrin, E., Gannon, I., Shalata, A., Borochowitz, Z. U., Dechter, R., Thompson, E., and Geiger, D. (2013). A system for exact and approximate genetic linkage analysis of SNP data in large pedigrees. *Bioinformatics*, *29*, 197–205.

Silva, R., Melo, F. S., and Veloso, M. (2015). Towards table tennis with a quadrotor autonomous learning robot and onboard vision. In *IROS-15*.

Silver, D. and Veness, J. (2011). Monte-Carlo planning in large POMDPs. In *NeurIPS 23*.

Silver, D., Huang, A., Maddison, C. J., Guez, A., and Hassabis, D. (2016). Mastering the game of Go with deep neural networks and tree search. *Nature*, *529*, 484–489.

Silver, D., Hubert, T., Schrittwieser, J., Antonoglou, I., Lai, M., Guez, A., Lanctot, M., Sifre, L., Kumaran, D., Graepel, T., *et al.* (2018). A general reinforcement learning algorithm that masters chess, shogi, and Go through self-play. *Science*, *362*, 1140–1144.

Silver, D., Schrittwieser, J., Simonyan, K., Antonoglou, I., Huang, A., Guez, A., Hubert, T., Baker, L., Lai, M., Bolton, A., Chen, Y., Lillicrap, T., Hui, F., Sifre, L., van den Driessche, G., Graepel, T., and Hassabis, D. (2017). Mastering the game of Go without human knowledge. *Nature*, *550*, 354–359.

Silverman, B. W. (1986). *Density Estimation for Statistics and Data Analysis*. Chapman and Hall.

Silverstein, C., Henzinger, M., Marais, H., and Moricz, M. (1998). Analysis of a very large AltaVista query log. Tech. rep., Digital Systems Research Center.

Simmons, R. and Koenig, S. (1995). Probabilistic robot navigation in partially observable environments. In *IJCAI-95*.

Simon, D. (2006). *Optimal State Estimation: Kalman, H Infinity, and Nonlinear Approaches*. Wiley.

Simon, H. A. (1947). *Administrative Behavior*. Macmillan.

Simon, H. A. (1963). Experiments with a heuristic compiler. *JACM*, *10*, 493–506.

Simon, H. A. and Newell, A. (1958). Heuristic problem solving: The next advance in operations research. *Operations Research*, *6*, 1–10.

Simon, J. C. and Dubois, O. (1989). Number of solutions to satisfiability instances— Applications to knowledge bases. *AIJ*, *3*, 53–65.

Simonis, H. (2005). Sudoku as a constraint problem. In *CP-05 Workshop on Modeling and Reformulating Constraint Satisfaction Problems*.

Singer, P. W. (2009). *Wired for War*. Penguin Press.

Singh, P., Lin, T., Mueller, E. T., Lim, G., Perkins, T., and Zhu, W. L. (2002). Open mind common sense: Knowledge acquisition from the general public. In *Proc. First International Conference on Ontologies, Databases, and Applications of Semantics for Large Scale Information Systems*.

Sisbot, E. A., Marin-Urias, L. F., Alami, R., and Simeon, T. (2007). A human aware mobile robot motion planner. *IEEE Transactions on Robotics*, *23*, 874–883.

Siskind, J. M. and Pearlmutter, B. A. (2016). Efficient implementation of a higher-order language with built-in AD. arXiv:1611.03416.

Sistla, A. P. and Godefroid, P. (2004). Symmetry and reduced symmetry in model checking. *ACM Trans. Program. Lang. Syst.*, *26*, 702–734.

Sittler, R. W. (1964). An optimal data association problem in surveillance theory. *IEEE Transactions on Military Electronics*, *8*, 125–139.

Skolem, T. (1920). Logisch-kombinatorische Untersuchungen über die Erfüllbarkeit oder Beweisbarkeit mathematischer Sätze nebst einem Theoreme über die dichte Mengen. *Videnskapsselskapets skrifter, I. Matematisk-naturvidenskabelig klasse*, *4*, 1–36.

Skolem, T. (1928). Über die mathematische Logik. *Norsk matematisk tidsskrift*, *10*, 125–142.

Slagle, J. R. (1963). A heuristic program that solves symbolic integration problems in freshman calculus. *JACM*, *10*.

Slate, D. J. and Atkin, L. R. (1977). CHESS 4.5—Northwestern University chess program. In Frey, P. W. (Ed.), *Chess Skill in Man and Machine*. Springer-Verlag.

Slater, E. (1950). Statistics for the chess computer and the factor of mobility. In *Symposium on Information Theory*. Ministry of Supply.

Slocum, J. and Sonneveld, D. (2006). *The 15 Puzzle*. Slocum Puzzle Foundation.

Smallwood, R. D. and Sondik, E. J. (1973). The optimal control of partially observable Markov processes over a finite horizon. *Operations Research*, *21*, 1071–1088.

Smith, B. (2004). Ontology. In Floridi, L. (Ed.), *The Blackwell Guide to the Philosophy of Computing and Information*. Wiley-Blackwell.

Smith, B., Ashburner, M., Rosse, C., *et al.* (2007). The OBO Foundry: Coordinated evolution of ontologies to support biomedical data integration. *Nature Biotechnology*, *25*, 1251–1255.

Smith, D. E., Genesereth, M. R., and Ginsberg, M. L. (1986). Controlling recursive inference. *AIJ*, *30*, 343–389.

Smith, D. A. and Eisner, J. (2008). Dependency parsing by belief propagation. In *EMNLP-08*.

Smith, D. E. and Weld, D. S. (1998). Conformant Graphplan. In *AAAI-98*.

Smith, J. Q. (1988). *Decision Analysis*. Chapman and Hall.

Smith, J. E. and Winkler, R. L. (2006). The optimizer's curse: Skepticism and postdecision surprise in decision analysis. *Management Science*, *52*, 311–322.

Smith, J. M. (1982). *Evolution and the Theory of Games*. Cambridge University Press.

Smith, J. M. and Szathmáry, E. (1999). *The Origins of Life: From the Birth of Life to the Origin of Language*. Oxford University Press.

Smith, M. K., Welty, C., and McGuinness, D. (2004). OWL web ontology language guide. Tech. rep., W3C.

Smith, R. G. (1980). *A Framework for Distributed Problem Solving*. UMI Research Press.

Smith, R. C. and Cheeseman, P. (1986). On the representation and estimation of spatial uncertainty. *Int. J. Robotics Research*, *5*, 56–68.

Smith, S. J. J., Nau, D. S., and Throop, T. A. (1998). Success in spades: Using AI planning techniques to win the world championship of computer bridge. In *AAAI-98*.

Smith, W. E. (1956). Various optimizers for single-stage production. *Naval Research Logistics Quarterly*, *3*, 59–66.

Smolensky, P. (1988). On the proper treatment of connectionism. *BBS*, *2*, 1–74.

Smolensky, P. and Prince, A. (1993). Optimality theory: Constraint interaction in generative grammar. Tech. rep., Department of Computer Science, University of Colorado at Boulder.

Smullyan, R. M. (1995). *First-Order Logic*. Dover.

Smyth, P., Heckerman, D., and Jordan, M. I. (1997). Probabilistic independence networks for hidden Markov probability models. *Neural Computation*, *9*, 227–269.

Snoek, J., Larochelle, H., and Adams, R. P. (2013). Practical Bayesian optimization of machine learning algorithms. In *NeurIPS 25*.

Solomonoff, R. J. (1964). A formal theory of inductive inference. *Information and Control*, *7*, 1–22, 224–254.

Solomonoff, R. J. (2009). Algorithmic probability–theory and applications. In Emmert-Streib, F. and Dehmer, M. (Eds.), *Information Theory and Statitical Learning*. Springer.

Sondik, E. J. (1971). *The Optimal Control of Partially Observable Markov Decision Processes*. Ph.D. thesis, Stanford University.

Sosic, R. and Gu, J. (1994). Efficient local search with conflict minimization: A case study of the n-queens problem. *IEEE Transactions on Knowledge and Data Engineering*, *6*, 661–668.

Sowa, J. (1999). *Knowledge Representation: Logical, Philosophical, and Computational Foundations*. Blackwell.

Spaan, M. T. J. and Vlassis, N. (2005). Perseus: Randomized point-based value iteration for POMDPs. *JAIR*, 24, 195–220.

Sparrow, R. (2004). The Turing triage test. *Ethics and Information Technology*, 6, 203–213.

Spiegelhalter, D. J., Dawid, A. P., Lauritzen, S., and Cowell, R. (1993). Bayesian analysis in expert systems. *Statistical Science*, 8, 219–282.

Spirtes, P., Glymour, C., and Scheines, R. (1993). *Causation, Prediction, and Search*. Springer-Verlag.

Spitkovsky, V. I., Alshawi, H., and Jurafsky, D. (2010a). From baby steps to leapfrog: How less is more in unsupervised dependency parsing. In *NAACL HLT*.

Spitkovsky, V. I., Jurafsky, D., and Alshawi, H. (2010b). Profiting from mark-up: Hyper-text annotations for guided parsing. In *ACL-10*.

Srivas, M. and Bickford, M. (1990). Formal verification of a pipelined microprocessor. *IEEE Software*, 7, 52–64.

Srivastava, N., Hinton, G. E., Krizhevsky, A., Sutskever, I., and Salakhutdinov, R. (2014a). Dropout: A simple way to prevent neural networks from overfitting. *JMLR*, 15, 1929–1958.

Srivastava, S., Russell, S. J., and Ruan, P. (2014b). First-order open-universe POMDPs. In *UAI-14*.

Staab, S. (2004). *Handbook on Ontologies*. Springer.

Stallman, R. M. and Sussman, G. J. (1977). Forward reasoning and dependency-directed backtracking in a system for computer-aided circuit analysis. *AIJ*, 9, 135–196.

Stanfill, C. and Waltz, D. (1986). Toward memory-based reasoning. *CACM*, 29, 1213–1228.

Stanislawska, K., Krawiec, K., and Vihma, T. (2015). Genetic programming for estimation of heat flux between the atmosphere and sea ice in polar regions. In *GECCO-15*.

Stefik, M. (1995). *Introduction to Knowledge Systems*. Morgan Kaufmann.

Steiner, D. F., MacDonald, R., Liu, Y., Truszkowski, P., Hipp, J. D., Gammage, C., Thng, F., Peng, L., and Stumpe, M. C. (2018). Impact of deep learning assistance on the histopathologic review of lymph nodes for metastatic breast cancer. *Am. J. Surgical Pathology*, 42, 1636–1646.

Steinruecken, C., Smith, E., Janz, D., Lloyd, J., and Ghahramani, Z. (2019). The Automatic Statistician. In Hutter, F., Kotthoff, L., and Vanschoren, J. (Eds.), *Automated Machine Learning*. Springer.

Stergiou, K. and Walsh, T. (1999). The difference all-difference makes. In *IJCAI-99*.

Stickel, M. E. (1992). A Prolog technology theorem prover: a new exposition and implementation in Prolog. *Theoretical Computer Science*, 104, 109–128.

Stiller, L. (1992). KQNKRR. *J. International Computer Chess Association*, 15, 16–18.

Stiller, L. (1996). Multilinear algebra and chess endgames. In Nowakowski, R. J. (Ed.), *Games of No Chance, MSRI, 29, 1996*. Mathematical Sciences Research Institute.

Stockman, G. (1979). A minimax algorithm better than alpha–beta? *AIJ*, 12, 179–196.

Stoffel, K., Taylor, M., and Hendler, J. (1997). Efficient management of very large ontologies. In *AAAI- 97*.

Stone, M. (1974). Cross-validatory choice and assessment of statistical predictions. *J. Royal Statistical Society*, 36, 111–133.

Stone, P. (2000). *Layered Learning in Multi-Agent Systems: A Winning Approach to Robotic Soccer*. MIT Press.

Stone, P. (2003). Multiagent competitions and research: Lessons from RoboCup and TAC. In Lima, P. U. and Rojas, P. (Eds.), *RoboCup-2002: Robot Soccer World Cup VI*. Springer Verlag.

Stone, P. (2016). What's hot at RoboCup. In *AAAI-16*.

Stone, P., Brooks, R. A., Brynjolfsson, E., Calo, R., Etzioni, O., Hager, G., Hirschberg, J., Kalyanakrishnan, S., Kamar, E., Kraus, S., *et al.* (2016). Artificial intelligence and life in 2030. Tech. rep., Stanford University One Hundred Year Study on Artificial Intelligence: Report of the 2015-2016 Study Panel.

Stone, P., Kaminka, G., and Rosenschein, J. S. (2009). Leading a best-response teammate in an ad hoc team. In *AAMAS Workshop in Agent Mediated Electronic Commerce*.

Stone, P., Sutton, R. S., and Kuhlmann, G. (2005). Reinforcement learning for robocup soccer keepaway. *Adaptive Behavior*, 13, 165–188.

Storvik, G. (2002). Particle filters for state-space models with the presence of unknown static parameters. *IEEE Transactions on Signal Processing*, 50, 281–289.

Strachey, C. (1952). Logical or non-mathematical programmes. In *Proc. 1952 ACM National Meeting*.

Stratonovich, R. L. (1959). Optimum nonlinear systems which bring about a separation of a signal with constant parameters from noise. *Radiofizika*, 2, 892– 901.

Stratonovich, R. L. (1965). On value of information. *Izvestiya of USSR Academy of Sciences, Technical Cybernetics*, 5, 3–12.

Sturtevant, N. R. and Bulitko, V. (2016). Scrubbing during learning in real-time heuristic search. *JAIR*, 57, 307–343.

Subramanian, D. and Wang, E. (1994). Constraint-based kinematic synthesis. In *Proc. International Conference on Qualitative Reasoning*.

Suk, H.-I., Sin, B.-K., and Lee, S.-W. (2010). Hand gesture recognition based on dynamic Bayesian network framework. *Pattern Recognition*, 43, 3059–3072.

Sun, Y., Wang, S., Li, Y., Feng, S., Tian, H., Wu, H., and Wang, H. (2019). ERNIE 2.0: A continual pre-training framework for language understanding. arXiv:1907.12412.

Sussman, G. J. (1975). *A Computer Model of Skill Acquisition*. Elsevier.

Sutcliffe, G. (2016). The CADE ATP system competition - CASC. *AIMag*, 37, 99–101.

Sutcliffe, G. and Suttner, C. (1998). The TPTP Problem Library: CNF Release v1.2.1. *JAR*, 21, 177–203.

Sutcliffe, G., Schulz, S., Claessen, K., and Gelder, A. V. (2006). Using the TPTP language for writing derivations and finite interpretations. In *Proc. International Joint Conference on Automated Reasoning*.

Sutherland, I. (1963). Sketchpad: A man-machine graphical communication system. In *Proc. Spring Joint Computer Conference*.

Sutskever, I., Vinyals, O., and Le, Q. V. (2015). Sequence to sequence learning with neural networks. In *NeurIPS 27*.

Sutton, C. and McCallum, A. (2007). An introduction to conditional random fields for relational learning. In Getoor, L. and Taskar, B. (Eds.), *Introduction to Statistical Relational Learning*. MIT Press.

Sutton, R. S. (1988). Learning to predict by the methods of temporal differences. *Machine Learning*, 3, 9– 44.

Sutton, R. S., McAllester, D. A., Singh, S., and Mansour, Y. (2000). Policy gradient methods for reinforcement learning with function approximation. In *NeurIPS 12*.

Sutton, R. S. (1990). Integrated architectures for learning, planning, and reacting based on approximating dynamic programming. In *ICML-90*.

Sutton, R. S. and Barto, A. G. (2018). *Reinforcement Learning: An Introduction* (2nd edition). MIT Press.

Swade, D. (2000). *Difference Engine: Charles Babbage And The Quest To Build The First Computer*. Diane Publishing Co.

Sweeney, L. (2000). Simple demographics often identify people uniquely. *Health (San Francisco)*, 671, 1– 34.

Sweeney, L. (2002a). Achieving k-anonymity privacy protection using generalization and suppression. *International Journal of Uncertainty, Fuzziness and Knowledge-Based Systems*, 10, 571–588.

Sweeney, L. (2002b). k-anonymity: A model for protecting privacy. *International Journal of Uncertainty, Fuzziness and Knowledge-Based Systems*, 10, 557–570.

Swerling, P. (1959). First order error propagation in a stagewise smoothing procedure for satellite observations. *J. Astronautical Sciences*, 6, 46–52.

Swift, T. and Warren, D. S. (1994). Analysis of SLG-WAM evaluation of definite programs. In *Logic Programming: Proc. 1994 International Symposium*.

Szegedy, C., Zaremba, W., Sutskever, I., Bruna, J., Erhan, D., Goodfellow, I., and Fergus, R. (2013). Intriguing properties of neural networks. arXiv:1312.6199.

Szeliski, R. (2011). *Computer Vision: Algorithms and Applications*. Springer-Verlag.

Szepesvari, C. (2010). Algorithms for reinforcement learning. *Synthesis Lectures on Artificial Intelligence and Machine Learning*, 4, 1–103.

Tadepalli, P., Givan, R., and Driessens, K. (2004). Relational reinforcement learning: An overview. In *ICML-04*.

Tait, P. G. (1880). Note on the theory of the "15 puzzle". *Proc. Royal Society of Edinburgh*, 10, 664–665.

Tamaki, H. and Sato, T. (1986). OLD resolution with tabulation. In *ICLP-86*.

Tan, P., Steinbach, M., Karpatne, A., and Kumar, V. (2019). *Introduction to Data Mining* (2nd edition). Pearson.

Tang, E. (2018). A quantum-inspired classical algorithm for recommendation systems. arXiv:1807.04271.

Tarski, A. (1935). Die Wahrheitsbegriff in den formalisierten Sprachen. *Studia Philosophica*, *1*, 261–405.

Tarski, A. (1941). *Introduction to Logic and to the Methodology of Deductive Sciences*. Dover.

Tarski, A. (1956). *Logic, Semantics, Metamathematics: Papers from 1923 to 1938*. Oxford University Press.

Tash, J. K. and Russell, S. J. (1994). Control strategies for a stochastic planner. In *AAAI-94*.

Tassa, Y., Doron, Y., Muldal, A., Erez, T., Li, Y., Casas, D. d. L., Budden, D., Abdolmaleki, A., Merel, J., Lefrancq, A., *et al.* (2018). Deepmind control suite. arXiv:1801.00690.

Tate, A. (1975a). Interacting goals and their use. In *IJCAI-75*.

Tate, A. (1975b). *Using Goal Structure to Direct Search in a Problem Solver*. Ph.D. thesis, University of Edinburgh.

Tate, A. (1977). Generating project networks. In *IJCAI-77*.

Tate, A. and Whiter, A. M. (1984). Planning with multiple resource constraints and an application to a naval planning problem. In *Proc. First Conference on AI Applications*.

Tatman, J. A. and Shachter, R. D. (1990). Dynamic programming and influence diagrams. *IEEE Transactions on Systems, Man and Cybernetics*, *20*, 365–379.

Tattersall, C. (1911). *A Thousand End-Games: A Collection of Chess Positions That Can be Won or Drawn by the Best Play*. British Chess Magazine.

Taylor, A. D. and Zwicker, W. S. (1999). *Simple Games: Desirability Relations, Trading, Pseudoweightings*. Princeton University Press.

Taylor, G., Stensrud, B., Eitelman, S., and Dunham, C. (2007). Towards automating airspace management. In *Proc. Computational Intelligence for Security and Defense Applications (CISDA) Conference*.

Taylor, P. (2009). *Text-to-Speech Synthesis*. Cambridge University Press.

Tedrake, R., Zhang, T. W., and Seung, H. S. (2004). Stochastic policy gradient reinforcement learning on a simple 3D biped. In *IROS-04*.

Tellex, S., Kollar, T., Dickerson, S., Walter, M. R., Banerjee, A., Teller, S., and Roy, N. (2011). Understanding natural language commands for robotic navigation and mobile manipulation. In *AAAI-11*.

Tenenbaum, J. B., Griffiths, T. L., and Niyogi, S. (2007). Intuitive theories as grammars for causal inference. In Gopnik, A. and Schulz, L. (Eds.), *Causal Learning: Psychology, Philosophy, and Computation*. Oxford University Press.

Tesauro, G. (1990). Neurogammon: A neural-network backgammon program. In *IJCNN-90*.

Tesauro, G. (1992). Practical issues in temporal difference learning. *Machine Learning*, *8*, 257–277.

Tesauro, G. (1995). Temporal difference learning and TD-Gammon. *CACM*, *38*, 58–68.

Tesauro, G. and Galperin, G. R. (1997). Online policy improvement using Monte-Carlo search. In *NeurIPS 9*.

Tetlock, P. E. (2017). *Expert Political Judgment: How Good Is It? How Can We Know?* Princeton University Press.

Teyssier, M. and Koller, D. (2005). Ordering-based search: A simple and effective algorithm for learning Bayesian networks. In *UAI-05*.

Thaler, R. (1992). *The Winner's Curse: Paradoxes and Anomalies of Economic Life*. Princeton University Press.

Thaler, R. and Sunstein, C. (2009). *Nudge: Improving Decisions About Health, Wealth, and Happiness*. Penguin.

Thayer, J. T., Dionne, A., and Ruml, W. (2011). Learning inadmissible heuristics during search. In *ICAPS-11*.

Theocharous, G., Murphy, K., and Kaelbling, L. P. (2004). Representing hierarchical POMDPs as DBNs for multi-scale robot localization. In *ICRA-04*.

Thiele, T. (1880). Om anvendelse af mindste kvadraters methode i nogle tilfælde, hvor en komplikation af visse slags uensartede tilfældige fejlkilder giver fejlene en 'systematisk' karakter. *Vidensk. Selsk. Skr. 5. Rk., naturvid. og mat. Afd.*, *12*, 381–408.

Thielscher, M. (1999). From situation calculus to fluent calculus: State update axioms as a solution to the inferential frame problem. *AIJ*, *111*, 277–299.

Thomas, P. S., da Silva, B. C., Barto, A. G., and Brunskill, E. (2017). On ensuring that intelligent machines are well-behaved. arXiv:1708.05448.

Thomaz, A., Hoffman, G., Cakmak, M., *et al.* (2016). Computational human-robot interaction. *Foundations and Trends in Robotics*, *4*, 105–223.

Thompson, K. (1986). Retrograde analysis of certain endgames. *J. International Computer Chess Association*, *9*, 131–139.

Thompson, K. (1996). 6-piece endgames. *J. International Computer Chess Association*, *19*, 215–226.

Thompson, W. R. (1933). On the likelihood that one unknown probability exceeds another in view of the evidence of two samples. *Biometrika*, *25*, 285–294.

Thorndike, E. (1911). *Animal Intelligence*. Macmillan.

Thornton, C., Hutter, F., Hoos, H. H., and Leyton-Brown, K. (2013). Auto-WEKA: Combined selection and hyperparameter optimization of classification algorithms. In *KDD-13*.

Thrun, S., Burgard, W., and Fox, D. (2005). *Probabilistic Robotics*. MIT Press.

Thrun, S., Fox, D., and Burgard, W. (1998). A probabilistic approach to concurrent mapping and localization for mobile robots. *Machine Learning*, *31*, 29–53.

Thrun, S. (2006). Stanley, the robot that won the DARPA Grand Challenge. *J. Field Robotics*, *23*, 661–692.

Thrun, S. and Pratt, L. (2012). *Learning to Learn*. Springer.

Thurstone, L. L. (1927). A law of comparative judgment. *Psychological Review*, *34*, 273–286.

Tian, J., Paz, A., and Pearl, J. (1998). Finding a minimal *d*-separator. Tech. rep., UCLA Department of Computer Science.

Tikhonov, A. N. (1963). Solution of incorrectly formulated problems and the regularization method. *Soviet Math. Dokl.*, *5*, 1035–1038.

Tipping, M. E. and Bishop, C. M. (1999). Probabilistic principal component analysis. *J. Royal Statistical Society*, *61*, 611–622.

Titterington, D. M., Smith, A. F. M., and Makov, U. E. (1985). *Statistical Analysis of Finite Mixture Distributions*. Wiley.

Toma, P. (1977). SYSTRAN as a multilingual machine translation system. In *Proc. Third European Congress on Information Systems and Networks: Overcoming the Language Barrier*.

Tomasi, C. and Kanade, T. (1992). Shape and motion from image streams under orthography: A factorization method. *IJCV*, *9*, 137–154.

Topol, E. (2019). *Deep Medicine: How Artificial Intelligence Can Make Healthcare Human Again*. Basic Books.

Torralba, A., Fergus, R., and Weiss, Y. (2008). Small codes and large image databases for recognition. In *CVPR*.

Torralba, A., Linares López, C., and Borrajo, D. (2016). Abstraction heuristics for symbolic bidirectional search. In *IJCAI-16*.

Tramér, F., Zhang, F., Juels, A., Reiter, M. K., and Ristenpart, T. (2016). Stealing machine learning models via prediction APIs. In *USENIX Security Symposium*.

Tran, D., Hoffman, M., Saurous, R. A., Brevdo, E., Murphy, K., and Blei, D. M. (2017). Deep probabilistic programming. In *ICLR-17*.

Trappenberg, T. (2010). *Fundamentals of Computational Neuroscience* (2nd edition). Oxford University Press.

Tsang, E. (1993). *Foundations of Constraint Satisfaction*. Academic Press.

Tshitoyan, V., Dagdelen, J., Weston, L., Dunn, A., Rong, Z., Kononova, O., Persson, K. A., Ceder, G., and Jain, A. (2019). Unsupervised word embeddings capture latent knowledge from materials science literature. *Nature*, *571*, 95.

Tsitsiklis, J. N. and Van Roy, B. (1997). An analysis of temporal-difference learning with function approximation. *IEEE Transactions on Automatic Control*, *42*, 674–690.

Tukey, J. W. (1977). *Exploratory Data Analysis*. Addison-Wesley.

Tumer, K. and Wolpert, D. (2000). Collective intelligence and Braess' paradox. In *AAAI-00*.

Turian, J., Ratinov, L., and Bengio, Y. (2010). Word representations: a simple and general method for semi-supervised learning. In *ACL-10*.

Turing, A. (1936). On computable numbers, with an application to the Entscheidungsproblem. *Proc. London Mathematical Society, 2nd series, 42*, 230–265.

Turing, A. (1948). Intelligent machinery. Tech. rep., National Physical Laboratory. reprinted in (Ince, 1992).

Turing, A. (1950). Computing machinery and intelligence. *Mind, 59*, 433–460.

Turing, A., Strachey, C., Bates, M. A., and Bowden, B. V. (1953). Digital computers applied to games. In Bowden, B. V. (Ed.), *Faster than Thought*. Pitman.

Turing, A. (1947). Lecture to the London Mathematical Society on 20 February 1947.

Turing, A. (1996). Intelligent machinery, a heretical theory. *Philosophia Mathematica, 4*, 256–260. Originally written c. 1951.

Tversky, A. and Kahneman, D. (1982). Causal schemata in judgements under uncertainty. In Kahneman, D., Slovic, P., and Tversky, A. (Eds.), *Judgement Under Uncertainty: Heuristics and Biases*. Cambridge University Press.

Tygar, J. D. (2011). Adversarial machine learning. *IEEE Internet Computing, 15*, 4–6.

Ullman, J. D. (1985). Implementation of logical query languages for databases. *ACM Transactions on Database Systems, 10*, 289–321.

Ullman, S. (1979). *The Interpretation of Visual Motion*. MIT Press.

Urmson, C. and Whittaker, W. (2008). Self-driving cars and the Urban Challenge. *IEEE Intelligent Systems, 23*, 66–68.

Valiant, L. (1984). A theory of the learnable. *CACM, 27*, 1134–1142.

Vallati, M., Chrpa, L., and Kitchin, D. E. (2015). Portfolio-based planning: State of the art, common practice and open challenges. *AI Commun., 28*(4), 717–733.

van Beek, P. (2006). Backtracking search algorithms. In Rossi, F., van Beek, P., and Walsh, T. (Eds.), *Handbook of Constraint Programming*. Elsevier.

van Beek, P. and Chen, X. (1999). CPlan: A constraint programming approach to planning. In *AAAI-99*.

van Beek, P. and Manchak, D. (1996). The design and experimental analysis of algorithms for temporal reasoning. *JAIR, 4*, 1–18.

van Bentham, J. and ter Meulen, A. (1997). *Handbook of Logic and Language*. MIT Press.

van den Oord, A., Dieleman, S., and Schrauwen, B. (2014). Deep content-based music recommendation. In *NeurIPS 26*.

van den Oord, A., Dieleman, S., Zen, H., Simonyan, K., Vinyals, O., Graves, A., Kalchbrenner, N., Senior, A., and Kavukcuoglu, K. (2016a). WaveNet: A generative model for raw audio. arXiv:1609.03499.

van den Oord, A., Kalchbrenner, N., and Kavukcuoglu, K. (2016b). Pixel recurrent neural networks. arXiv:1601.06759.

van Harmelen, F., Lifschitz, V., and Porter, B. (2007). *The Handbook of Knowledge Representation*. Elsevier.

van Heijenoort, J. (Ed.). (1967). *From Frege to Gödel: A Source Book in Mathematical Logic, 1879–1931*. Harvard University Press.

Van Hentenryck, P., Saraswat, V., and Deville, Y. (1998). Design, implementation, and evaluation of the constraint language cc(FD). *J. Logic Programming, 37*, 139–164.

van Hoeve, W.-J. (2001). The alldifferent constraint: a survey. In *6th Annual Workshop of the ERCIM Working Group on Constraints*.

van Hoeve, W.-J. and Katriel, I. (2006). Global constraints. In Rossi, F., van Beek, P., and Walsh, T. (Eds.), *Handbook of Constraint Processing*. Elsevier.

van Lambalgen, M. and Hamm, F. (2005). *The Proper Treatment of Events*. Wiley-Blackwell.

van Nunen, J. A. E. E. (1976). A set of successive approximation methods for discounted Markovian decision problems. *Zeitschrift fur Operations Research, Serie A, 20*, 203–208.

Van Roy, P. L. (1990). Can logic programming execute as fast as imperative programming? Report, Computer Science Division, UC Berkeley.

Vapnik, V. N. (1998). *Statistical Learning Theory*. Wiley.

Vapnik, V. N. and Chervonenkis, A. Y. (1971). On the uniform convergence of relative frequencies of events to their probabilities. *Theory of Probability and Its Applications, 16*, 264–280.

Vardi, M. Y. (1996). An automata-theoretic approach to linear temporal logic. In Moller, F. and Birtwistle, G. (Eds.), *Logics for Concurrency*. Springer.

Varian, H. R. (1995). Economic mechanism design for computerized agents. In *USENIX Workshop on Electronic Commerce*.

Vasilache, N., Johnson, J., Mathieu, M., Chintala, S., Piantino, S., and LeCun, Y. (2014). Fast convolutional nets with fbfft: A GPU performance evaluation. arXiv:1412.7580.

Vaswani, A., Shazeer, N., Parmar, N., Uszkoreit, J., Jones, L., Gomez, A. N., Kaiser, L., and Polosukhin, I. (2018). Attention is all you need. In *NeurIPS 30*.

Veach, E. and Guibas, L. J. (1995). Optimally combining sampling techniques for Monte Carlo rendering. In *Proc. 22nd Annual Conference on Computer Graphics and Interactive Techniques (SIGGRAPH)*.

Venkatesh, S. (2012). *The Theory of Probability: Explorations and Applications*. Cambridge University Press.

Vere, S. A. (1983). Planning in time: Windows and durations for activities and goals. *PAMI, 5*, 246–267.

Verma, S. and Rubin, J. (2018). Fairness definitions explained. In *2018 IEEE/ACM International Workshop on Software Fairness*.

Verma, V., Gordon, G., Simmons, R., and Thrun, S. (2004). Particle filters for rover fault diagnosis. *IEEE Robotics and Automation Magazine*, June.

Vinge, V. (1993). The coming technological singularity: How to survive in the post-human era. In *Proc. Vision-21: Interdisciplinary Science and Engineering in the Era of Cyberspace*. NASA.

Vinyals, O., Babuschkin, I., Czarnecki, W. M., Mathieu, M., Dudzik, A., Chung, J., Choi, D. H., Powell, R., Ewalds, T., Georgiev, P., Hassabis, D., Apps, C., and Silver, D. (2019). Grandmaster level in StarCraft II using multi-agent reinforcement learning. *Nature, 575*, 350–354.

Vinyals, O., Ewalds, T., Bartunov, S., and Georgiev, P. (2017a). StarCraft II: A new challenge for reinforcement learning. arXiv:1708.04782.

Vinyals, O., Toshev, A., Bengio, S., and Erhan, D. (2017b). Show and tell: Lessons learned from the 2015 MSCOCO image captioning challenge. *PAMI, 39*, 652–663.

Viola, P. and Jones, M. (2004). Robust real-time face detection. *IJCV, 57*, 137–154.

Visser, U., Ribeiro, F., Ohashi, T., and Dellaert, F. (Eds.). (2008). *RoboCup 2007: Robot Soccer World Cup XI*. Springer.

Viterbi, A. J. (1967). Error bounds for convolutional codes and an asymptotically optimum decoding algorithm. *IEEE Transactions on Information Theory, 13*, 260–269.

Vlassis, N. (2008). *A Concise Introduction to Multi-agent Systems and Distributed Artificial Intelligence*. Morgan & Claypool.

von Mises, R. (1928). *Wahrscheinlichkeit, Statistik und Wahrheit*. J. Springer.

von Neumann, J. (1928). Zur Theorie der Gesellschaftsspiele. *Mathematische Annalen, 100*, 295–320.

von Neumann, J. and Morgenstern, O. (1944). *Theory of Games and Economic Behavior* (first edition). Princeton University Press.

von Winterfeldt, D. and Edwards, W. (1986). *Decision Analysis and Behavioral Research*. Cambridge University Press.

Vossen, T., Ball, M., Lotem, A., and Nau, D. S. (2001). Applying integer programming to AI planning. *Knowledge Engineering Review, 16*, 85–100.

Wainwright, M. and Jordan, M. I. (2008). Graphical models, exponential families, and variational inference. *Foundations and Trends in Machine Learning, 1*, 1–305.

Walker, G. (1931). On periodicity in series of related terms. *Proc. Roy. Soc., A, 131*, 518–532.

Walker, R. J. (1960). An enumerative technique for a class of combinatorial problems. In *Proc. Sympos. Appl. Math.*, Vol. 10.

Wallace, A. R. (1858). On the tendency of varieties to depart indefinitely from the original type. *Proc. Linnean Society of London, 3*, 53–62.

Walpole, R. E., Myers, R. H., Myers, S. L., and Ye, K. E. (2016). *Probability and Statistics for Engineers and Scientists* (9th edition). Pearson.

Walsh, T. (2015). Turing's red flag. arXiv: 1510.09033.

Waltz, D. (1975). Understanding line drawings of scenes with shadows. In Winston, P. H. (Ed.), *The Psychology of Computer Vision*. McGraw-Hill.

Wang, A., Pruksachatkun, Y., Nangia, N., Singh, A., Michael, J., Hill, F., Levy, O., and Bowman, S. R. (2019). SuperGLUE: A stickier benchmark for general-purpose language understanding systems. arXiv:1905.00537.

Wang, A., Singh, A., Michael, J., Hill, F., Levy, O., and Bowman, S. (2018a). GLUE: A multi-task benchmark and analysis platform for natural language understanding. arXiv:1804.07461.

Wang, J., Zhu, T., Li, H., Hsueh, C.-H., and Wu, I.-C. (2018b). Belief-state Monte Carlo tree search for phantom Go. *IEEE Transactions on Games*, *10*, 139–154.

Wanner, E. (1974). *On Remembering, Forgetting and Understanding Sentences*. Mouton.

Warren, D. H. D. (1974). WARPLAN: A System for Generating Plans. Department of Computational Logic Memo, University of Edinburgh.

Warren, D. H. D. (1983). An abstract Prolog instruction set. Technical note, SRI International.

Wasserman, L. (2004). *All of Statistics*. Springer.

Watkins, C. J. (1989). *Models of Delayed Reinforcement Learning*. Ph.D. thesis, Psychology Department, Cambridge University.

Watson, J. D. and Crick, F. (1953). A structure for deoxyribose nucleic acid. *Nature*, *171*, 737.

Wattenberg, M., Viégas, F., and Johnson, I. (2016). How to use t-SNE effectively. *Distill*, *1*.

Waugh, K., Schnizlein, D., Bowling, M., and Szafron, D. (2009). Abstraction pathologies in extensive games. In *AAMAS-09*.

Weibull, J. (1995). *Evolutionary Game Theory*. MIT Press.

Weidenbach, C. (2001). SPASS: Combining superposition, sorts and splitting. In Robinson, A. and Voronkov, A. (Eds.), *Handbook of Automated Reasoning*. MIT Press.

Weiss, G. (2000a). *Multiagent Systems*. MIT Press.

Weiss, Y. (2000b). Correctness of local probability propagation in graphical models with loops. *Neural Computation*, *12*, 1–41.

Weiss, Y. and Freeman, W. (2001). Correctness of belief propagation in Gaussian graphical models of arbitrary topology. *Neural Computation*, *13*, 2173–2200.

Weizenbaum, J. (1976). *Computer Power and Human Reason*. W. H. Freeman.

Weld, D. S. (1994). An introduction to least commitment planning. *AIMag*, *15*, 27–61.

Weld, D. S. (1999). Recent advances in AI planning. *AIMag*, *20*, 93–122.

Weld, D. S., Anderson, C. R., and Smith, D. E. (1998). Extending Graphplan to handle uncertainty and sensing actions. In *AAAI-98*.

Weld, D. S. and de Kleer, J. (1990). *Readings in Qualitative Reasoning about Physical Systems*. Morgan Kaufmann.

Weld, D. S. and Etzioni, O. (1994). The first law of robotics: A call to arms. In *AAAI-94*.

Wellman, M. P. (1985). Reasoning about preference models. Technical report, Laboratory for Computer Science, MIT.

Wellman, M. P. (1988). *Formulation of Tradeoffs in Planning under Uncertainty*. Ph.D. thesis, MIT.

Wellman, M. P. (1990a). Fundamental concepts of qualitative probabilistic networks. *AIJ*, *44*, 257–303.

Wellman, M. P. (1990b). The STRIPS assumption for planning under uncertainty. In *AAAI-90*.

Wellman, M. P., Breese, J. S., and Goldman, R. (1992). From knowledge bases to decision models. *Knowledge Engineering Review*, *7*, 35–53.

Wellman, M. P. and Doyle, J. (1992). Modular utility representation for decision-theoretic planning. In *ICAPS-92*.

Wellman, M. P., Wurman, P., O'Malley, K., Bangera, R., Lin, S., Reeves, D., and Walsh, W. (2001). Designing the market game for a trading agent competition. *IEEE Internet Computing*, *5*, 43–51.

Werbos, P. (1974). *Beyond Regression: New Tools for Prediction and Analysis in the Behavioral Sciences*. Ph.D. thesis, Harvard University.

Werbos, P. (1990). Backpropagation through time: What it does and how to do it. *Proc. IEEE*, *78*, 1550–1560.

Werbos, P. (1992). Approximate dynamic programming for real-time control and neural modeling. In White, D. A. and Sofge, D. A. (Eds.), *Handbook of Intelligent Control: Neural, Fuzzy, and Adaptive Approaches*. Van Nostrand Reinhold.

Werbos, P. (1977). Advanced forecasting methods for global crisis warning and models of intelligence. *General Systems Yearbook*, *22*, 25–38.

Wesley, M. A. and Lozano-Perez, T. (1979). An algorithm for planning collision-free paths among polyhedral objects. *CACM*, *22*, 560–570.

West, D. M. (2018). *The Future of Work: Robots, AI, and Automation*. Brookings Institution Press.

West, S. M., Whittaker, M., and Crawford, K. (2019). Discriminating systems: Gender, race and power in AI. Tech. rep., AI Now Institute.

Wexler, Y. and Meek, C. (2009). MAS: A multiplicative approximation scheme for probabilistic inference. In *NeurIPS 21*.

Wheatstone, C. (1838). On some remarkable, and hitherto unresolved, phenomena of binocular vision. *Phil. Trans. Roy. Soc.*, *2*, 371–394.

White, C., Neiswanger, W., and Savani, Y. (2019). BANANAS: Bayesian optimization with neural architectures for neural architecture search. arXiv:1910.11858.

Whitehead, A. N. and Russell, B. (1910). *Principia Mathematica*. Cambridge University Press.

Whittle, P. (1979). Discussion of Dr Gittins' paper. *J. Royal Statistical Society*, *41*, 165.

Whorf, B. (1956). *Language, Thought, and Reality*. MIT Press.

Widrow, B. (1962). Generalization and information storage in networks of ADALINE "neurons". In Yovits, M. C., Jacobi, G. T., and Goldstein, G. D. (Eds.), *Self-Organizing Systems*. Spartan.

Widrow, B. and Hoff, M. E. (1960). Adaptive switching circuits. In *IRE WESCON Convention Record*.

Wiedijk, F. (2003). Comparing mathematical provers. In *Proc. 2nd Int. Conf. on Mathematical Knowledge Management*.

Wiegley, J., Goldberg, K., Peshkin, M., and Brokowski, M. (1996). A complete algorithm for designing passive fences to orient parts. In *ICRA-96*.

Wiener, N. (1942). The extrapolation, interpolation, and smoothing of stationary time series. Tech. rep., Research Project DIC-6037, MIT.

Wiener, N. (1948). *Cybernetics*. Wiley.

Wiener, N. (1950). *The Human Use of Human Beings*. Houghton Mifflin.

Wiener, N. (1960). Some moral and technical consequences of automation. *Science*, *131*, 1355–1358.

Wiener, N. (1964). *God & Golem, Inc: A Comment on Certain Points Where Cybernetics Impinges on Religion*. MIT Press.

Wilensky, R. (1978). *Understanding Goal-Based Stories*. Ph.D. thesis, Yale University.

Wilkins, D. E. (1988). *Practical Planning: Extending the AI Planning Paradigm*. Morgan Kaufmann.

Wilkins, D. E. (1990). Can AI planners solve practical problems? *Computational Intelligence*, *6*, 232–246.

Wilks, Y. (2010). *Close Engagements With Artificial Companions: Key Social, Psychological, Ethical and Design Issues*. John Benjamins.

Wilks, Y. (2019). *Artificial Intelligence: Modern Magic or Dangerous Future*. Icon.

Williams, A., Nangia, N., and Bowman, S. (2018). A broad-coverage challenge corpus for sentence understanding through inference. In *NAACL HLT*.

Williams, B., Ingham, M., Chung, S., and Elliott, P. (2003). Model-based programming of intelligent embedded systems and robotic space explorers. *Proc. IEEE*, *91*(212–237).

Williams, R. J. (1992). Simple statistical gradient-following algorithms for connectionist reinforcement learning. *Machine Learning*, *8*, 229–256.

Williams, R. J. and Zipser, D. (1989). A learning algorithm for continually running fully recurrent neural networks. *Neural Computation*, *1*, 270–280.

Williams, R. J. and Baird, L. C. I. (1993). Tight performance bounds on greedy policies based on imperfect value functions. Tech. rep., College of Computer Science, Northeastern University.

Wilson, D. H. (2011). *Robopocalypse*. Doubleday.

Wilson, R. A. and Keil, F. C. (Eds.). (1999). *The MIT Encyclopedia of the Cognitive Sciences*. MIT Press.

Wilson, R. (2004). *Four Colors Suffice*. Princeton University Press.

Wilt, C. M. and Ruml, W. (2014). Speedy versus greedy search. In *Seventh Annual Symposium on Combinatorial Search*.

Wilt, C. M. and Ruml, W. (2016). Effective heuristics for suboptimal best-first search. *JAIR*, *57*, 273–306.

Wingate, D. and Seppi, K. D. (2005). Prioritization methods for accelerating MDP solvers. *JMLR*, *6*, 851–881.

Wingate, D., Stuhlmüller, A., and Goodman, N. D. (2011). Lightweight implementations of probabilistic programming languages via transformational compilation. In *AISTATS-11*.

Winograd, S. and Cowan, J. D. (1963). *Reliable Computation in the Presence of Noise*. MIT Press.

Winograd, T. (1972). Understanding natural language. *Cognitive Psychology*, *3*, 1–191.

Winston, P. H. (1970). Learning structural descriptions from examples. Technical report, Department of Electrical Engineering and Computer Science, MIT.

Wintermute, S., Xu, J., and Laird, J. (2007). SORTS: A human-level approach to real-time strategy AI. In *Proc. Third Artificial Intelligence and Interactive Digital Entertainment Conference*.

Winternitz, L. (2017). Autonomous navigation above the GNSS constellations and beyond: GPS navigation for the magnetospheric multiscale mission and SEXTANT pulsar navigation demonstration. Tech. rep., NASA Goddard Space Flight Center.

Witten, I. H. (1977). An adaptive optimal controller for discrete-time Markov environments. *Information and Control*, *34*, 286–295.

Witten, I. H. and Bell, T. C. (1991). The zero-frequency problem: Estimating the probabilities of novel events in adaptive text compression. *IEEE Transactions on Information Theory*, *37*, 1085–1094.

Witten, I. H. and Frank, E. (2016). *Data Mining: Practical Machine Learning Tools and Techniques* (4th edition). Morgan Kaufmann.

Witten, I. H., Moffat, A., and Bell, T. C. (1999). *Managing Gigabytes: Compressing and Indexing Documents and Images* (2nd edition). Morgan Kaufmann.

Wittgenstein, L. (1922). *Tractatus Logico-Philosophicus* (2nd edition). Routledge and Kegan Paul. Reprinted 1971, edited by D. F. Pears and B. F. McGuinness.

Wittgenstein, L. (1953). *Philosophical Investigations*. Macmillan.

Wojciechowski, W. S. and Wojcik, A. S. (1983). Automated design of multiple-valued logic circuits by automated theorem proving techniques. *IEEE Transactions on Computers*, *C-32*, 785–798.

Wolfe, J. and Russell, S. J. (2007). Exploiting belief state structure in graph search. In *ICAPS Workshop on Planning in Games*.

Wolpert, D. (2013). Ubiquity symposium: Evolution- ary computation and the processes of life: what the no free lunch theorems really mean: how to improve search algorithms. *Ubiquity*, December, 1–15.

Wolpert, D. and Macready, W. G. (1997). No free lunch theorems for optimization. *IEEE Trans. Evolutionary Computation*, *1*(1), 67–82.

Wong, C., Houlsby, N., Lu, Y., and Gesmundo, A. (2019). Transfer learning with neural AutoML. In *NeurIPS 31*.

Woods, W. A. (1973). Progress in natural language understanding: An application to lunar geology. In *AFIPS Conference Proceedings*.

Woods, W. A. (1975). What's in a link? Foundations for semantic networks. In Bobrow, D. G. and Collins, A. M. (Eds.), *Representation and Understanding: Studies in Cognitive Science*. Academic Press.

Wooldridge, M. (2009). *An Introduction to MultiAgent Systems* (2nd edition). Wiley.

Wooldridge, M. and Rao, A. (Eds.). (1999). *Founda- tions of Rational Agency*. Kluwer.

Wos, L., Carson, D., and Robinson, G. (1964). The unit preference strategy in theorem proving. In *Proc. Fall Joint Computer Conference*.

Wos, L., Carson, D., and Robinson, G. (1965). Efficiency and completeness of the set-of-support strategy in theorem proving. *JACM*, *12*, 536–541.

Wos, L., Overbeek, R., Lusk, E., and Boyle, J. (1992). *Automated Reasoning: Introduction and Applications* (2nd edition). McGraw-Hill.

Wos, L. and Robinson, G. (1968). Paramodulation and set of support. In *Proc. IRIA Symposium on Automatic Demonstration*.

Wos, L., Robinson, G., Carson, D., and Shalla, L. (1967). The concept of demodulation in theorem proving. *JACM*, *14*, 698–704.

Wos, L. and Winker, S. (1983). Open questions solved with the assistance of AURA. In Bledsoe, W. W. and Loveland, D. (Eds.), *Automated Theorem Proving: After 25 Years*. American Mathematical Society.

Wos, L. and Pieper, G. (2003). *Automated Reasoning and the Discovery of Missing and Elegant Proofs*. Rinton Press.

Wray, R. E. and Jones, R. M. (2005). An introduction to Soar as an agent architecture. In Sun, R. (Ed.), *Cognition and Multi-Agent Interaction: From Cognitive Modeling to Social Simulation*. Cambridge University Press.

Wright, S. (1921). Correlation and causation. *J. Agricultural Research*, *20*, 557–585.

Wright, S. (1931). Evolution in Mendelian populations. *Genetics*, *16*, 97–159.

Wright, S. (1934). The method of path coefficients. *Annals of Mathematical Statistics*, *5*, 161–215.

Wu, F. and Weld, D. S. (2008). Automatically refining the Wikipedia infobox ontology. In *17th World Wide Web Conference (WWW2008)*.

Wu, Y., Li, L., and Russell, S. J. (2016a). SWIFT: Compiled inference for probabilistic programming languages. In *IJCAI-16*.

Wu, Y., Schuster, M., Chen, Z., Le, Q. V., Norouzi, M., Macherey, W., Krikun, M., Cao, Y., Gao, Q., Macherey, K., *et al.* (2016b). Google's neural machine translation system: Bridging the gap between human and machine translation. arXiv:1609.08144.

Wu, Y. and He, K. (2018). Group normalization. arXiv:1803.08494.

Xiong, W., Wu, L., Alleva, F., Droppo, J., Huang, X., and Stolcke, A. (2017). The Microsoft 2017 conversational speech recognition system. arXiv:1708.06073.

Yampolskiy, R. V. (2018). *Artificial Intelligence Safety and Security*. Chapman and Hall/CRC.

Yang, G., Lin, Y., and Bhattacharya, P. (2010). A driver fatigue recognition model based on information fusion and dynamic Bayesian network. *Inf. Sci.*, *180*, 1942–1954.

Yang, X.-S. (2009). Firefly algorithms for multimodal optimization. In *International Symposium on Stochastic Algorithms*.

Yang, X.-S. and Deb, S. (2014). Cuckoo search: Recent advances and applications. *Neural Computing and Applications*, *24*, 169–174.

Yang, Z., Dai, Z., Yang, Y., Carbonell, J. G., Salakhutdinov, R., and Le, Q. V. (2019). XLNet: Generalized autoregressive pretraining for language understanding. arXiv:1906.08237.

Yarowsky, D. (1995). Unsupervised word sense disambiguation rivaling supervised methods. In *ACL-95*.

Ye, Y. (2011). The simplex and policy-iteration methods are strongly polynomial for the Markov decision problem with a fixed discount rate. *Mathematics of Operations Research*, *36*, 593–784.

Yedidia, J., Freeman, W., and Weiss, Y. (2005). Constructing free-energy approximations and generalized belief propagation algorithms. *IEEE Transactions on Information Theory*, *51*, 2282–2312.

Yeo, H.-S., Minami, R., Rodriguez, K., Shaker, G., and Quigley, A. (2018). Exploring tangible interactions with radar sensing. *Proc. ACM on Interactive, Mobile, Wearable and Ubiquitous Technologies*, *2*, 1–25.

Ying, C., Kumar, S., Chen, D., Wang, T., and Cheng, Y. (2018). Image classification at supercomputer scale. arXiv:1811.06992.

Yip, K. M.-K. (1991). *KAM: A System for Intelli- gently Guiding Numerical Experimentation by Computer*. MIT Press.

Yngve, V. (1955). A model and an hypothesis for language structure. In Locke, W. N. and Booth, A. D. (Eds.), *Machine Translation of Languages*. MIT Press.

Yob, G. (1975). Hunt the wumpus! *Creative Computing*, Sep/Oct.

Yoshikawa, T. (1990). *Foundations of Robotics: Analysis and Control*. MIT Press.

You, Y., Pan, X., Wang, Z., and Lu, C. (2017). Virtual to real reinforcement learning for autonomous driving. arXiv:1704.03952.

Young, H. P. (2004). *Strategic Learning and Its Limits*. Oxford University Press.

Young, S., Gašić, M., Thompson, B., and Williams, J. (2013). POMDP-based statistical spoken dialog systems: A review. *Proc. IEEE*, *101*, 1160–1179.

Younger, D. H. (1967). Recognition and parsing of context-free languages in time n^3. *Information and Control*, *10*, 189–208.

Yu, D. and Deng, L. (2016). *Automatic Speech Recognition*. Springer-Verlag.

Yu, H.-F., Lo, H.-Y., Hsieh, H.-P., and Lou, J.-K. (2011). Feature engineering and classifier ensemble for KDD Cup 2010. In *Proc. KDD Cup 2010 Workshop*.

Yu, K., Sciuto, C., Jaggi, M., Musat, C., and Salzmann, M. (2019). Evaluating the search phase of neural architecture search. arXiv:1902.08142.

Yudkowsky, E. (2008). Artificial intelligence as a positive and negative factor in global risk. In Bostrom, N. and Cirkovic, M. (Eds.), *Global Catastrophic Risk*. Oxford University Press.

Yule, G. U. (1927). On a method of investigating periodicities in disturbed series, with special reference to Wolfer's sunspot numbers. *Phil. Trans. Roy. Soc., A*, *226*, 267–298.

Zadeh, L. A. (1965). Fuzzy sets. *Information and Control*, *8*, 338–353.

Zadeh, L. A. (1978). Fuzzy sets as a basis for a theory of possibility. *Fuzzy Sets and Systems*, *1*, 3–28.

Zaritskii, V. S., Svetnik, V. B., and Shimelevich, L. I. (1975). Monte-Carlo technique in problems of optimal information processing. *Automation and Remote Control*, *36*, 2015–22.

Zeckhauser, R. and Shepard, D. (1976). Where now for saving lives? *Law and Contemporary Problems*, *40*, 5–45.

Zeeberg, A. (2017). D.I.Y. artificial intelligence comes to a Japanese family farm. *New Yorker*, August 10.

Zelle, J. and Mooney, R. (1996). Learning to parse database queries using inductive logic programming. In *AAAI-96*.

Zemel, R., Wu, Y., Swersky, K., Pitassi, T., and Dwork, C. (2013). Learning fair representations. In *ICML-13*.

Zemelman, B. V., Lee, G. A., Ng, M., and Miesenböck, G. (2002). Selective photostimulation of genetically chARGed neurons. *Neuron*, *33*, 15–22.

Zermelo, E. (1913). Uber Eine Anwendung der Mengenlehre auf die Theorie des Schachspiels. In *Proc. Fifth International Congress of Mathematicians*.

Zermelo, E. (1976). An application of set theory to the theory of chess-playing. *Firbush News*, *6*, 37–42. English translation of (Zermelo 1913).

Zettlemoyer, L. and Collins, M. (2005). Learning to map sentences to logical form: Structured classification with probabilistic categorial grammars. In *UAI-05*.

Zhang, C., Bengio, S., Hardt, M., Recht, B., and Vinyals, O. (2016). Understanding deep learning requires rethinking generalization. arXiv:1611.03530.

Zhang, H. and Stickel, M. E. (1996). An efficient algorithm for unit-propagation. In *Proc. Fourth International Symposium on Artificial Intelligence and Mathematics*.

Zhang, L., Pavlovic, V., Cantor, C. R., and Kasif, S. (2003). Human-mouse gene identification by comparative evidence integration and evolutionary analysis. *Genome Research*, *13*, 1190–1202.

Zhang, N. L. and Poole, D. (1994). A simple ap- proach to Bayesian network computations. In *Proc. 10th Canadian Conference on Artificial Intelligence*.

Zhang, S., Yao, L., and Sun, A. (2017). Deep learning based recommender system: A survey and new perspectives. arXiv:1707.07435.

Zhang, X., Zhao, J., and LeCun, Y. (2016). Character-level convolutional networks for text classification. In *NeurIPS 28*.

Zhang, Y., Pezeshki, M., Brakel, P., Zhang, S., Laurent, C., Bengio, Y., and Courville, A. (2017). Towards end-to-end speech recognition with deep convolutional neural networks. arXiv:1701.02720.

Zhao, K. and Huang, L. (2015). Type-driven incremental semantic parsing with polymorphism. In *NAACL HLT*.

Zhou, K., Doyle, J., and Glover, K. (1995). *Robust and Optimal Control*. Pearson.

Zhou, R. and Hansen, E. (2002). Memory-bounded A* graph search. In *Proc. 15th International FLAIRS Conference*.

Zhou, R. and Hansen, E. (2006). Breadth-first heuristic search. *AIJ*, *170*, 385–408.

Zhu, B., Jiao, J., and Tse, D. (2019). Deconstructing generative adversarial networks. arXiv:1901.09465.

Zhu, D. J. and Latombe, J.-C. (1991). New heuristic algorithms for efficient hierarchical path planning. *IEEE Transactions on Robotics and Automation*, *7*, 9–20.

Zhu, J.-Y., Park, T., Isola, P., and Efros, A. (2017). Unpaired image-to-image translation using cycle-consistent adversarial networks. In *ICCV-17*.

Zhu, M., Zhang, Y., Chen, W., Zhang, M., and Zhu, J. (2013). Fast and accurate shift-reduce constituent parsing. In *ACL-13*.

Ziebart, B. D., Maas, A. L., Dey, A. K., and Bagnell, J. A. (2008). Navigate like a cabbie: Probabilistic reasoning from observed context-aware behavior. In *Proc. 10th Int. Conf. on Ubiquitous Computing*.

Ziebart, B. D., Ratliff, N., Gallagher, G., Mertz, C., Peterson, K., Bagnell, J. A., Hebert, M., Dey, A. K., and Srinivasa, S. (2009). Planning-based prediction for pedestrians. In *IROS-09*.

Zimmermann, H.-J. (Ed.). (1999). *Practical Applications of Fuzzy Technologies*. Kluwer.

Zimmermann, H.-J. (2001). *Fuzzy Set Theory—And Its Applications* (4th edition). Kluwer.

Zinkevich, M., Johanson, M., Bowling, M., and Piccione, C. (2008). Regret minimization in games with incomplete information. In *NeurIPS 20*.

Zipf, G. (1935). *The Psychobiology of Language*. Houghton Mifflin.

Zipf, G. (1949). *Human Behavior and the Principle of Least Effort*. Addison-Wesley.

Zobrist, A. L. (1970). *Feature Extraction and Representation for Pattern Recognition and the Game of Go*. Ph.D. thesis, University of Wisconsin.

Zollmann, A., Venugopal, A., Och, F. J., and Ponte, J. (2008). A systematic comparison of phrase-based, hierarchical and syntax-augmented statistical MT. In *COLING-08*.

Zoph, B. and Le, Q. V. (2016). Neural architecture search with reinforcement learning. arXiv:1611.01578.

Zuse, K. (1945). The Plankalkü l. Report, Gesellschaft für Mathematik und Datenverarbeitung.

Zweig, G. and Russell, S. J. (1998). Speech recognition with dynamic Bayesian networks. In *AAAI-98*.

索引